주기율표

원소 기호 — C, 6 — 원자 번호
영어명 — Carbon
한글명 — 탄소
원자량 — 12.011

- 금속 (Metal)
- 준금속 (Semimetal)
- 비금속 (Nonmetal)

■ 검은색 원소는 고체(Solid)
■ 붉은색 원소는 기체(Gas)
■ 푸른색 원소는 액체(Liquid)

주기 \ 족	1 (1A)	2 (2A)	3 (3B)	4 (4B)	5 (5B)	6 (6B)	7 (7B)	8 (8B)	9 (8B)	10 (8B)	11 (1B)	12 (2B)	13 (3A)	14 (4A)	15 (5A)	16 (6A)	17 (7A)	18 (8A)
1	H 1 Hydrogen 수소 1.008																	He 2 Helium 헬륨 4.0026
2	Li 3 Lithium 리튬 6.94	Be 4 Beryllium 베릴륨 9.0122											B 5 Boron 붕소 10.81	C 6 Carbon 탄소 12.011	N 7 Nitrogen 질소 14.007	O 8 Oxygen 산소 15.999	F 9 Fluorine 플루오린 18.998	Ne 10 Neon 네온 20.180
3	Na 11 Sodium 소듐(나트륨) 22.990	Mg 12 Magnesium 마그네슘 24.305											Al 13 Aluminium 알루미늄 26.982	Si 14 Silicon 규소 28.085	P 15 Phosphorus 인 30.974	S 16 Sulfur 황 32.06	Cl 17 Chlorine 염소 35.45	Ar 18 Argon 아르곤 39.948
4	K 19 Potassium 포타슘(칼륨) 39.098	Ca 20 Calcium 칼슘 40.078	Sc 21 Scandium 스칸듐 44.956	Ti 22 Titanium 타이타늄 47.867	V 23 Vanadium 바나듐 50.942	Cr 24 Chromium 크로뮴 51.996	Mn 25 Manganese 망가니즈 54.938	Fe 26 Iron 철 55.845	Co 27 Cobalt 코발트 58.933	Ni 28 Nickel 니켈 58.693	Cu 29 Copper 구리 63.546	Zn 30 Zinc 아연 65.38	Ga 31 Gallium 갈륨 69.723	Ge 32 Germanium 저마늄 72.64	As 33 Arsenic 비소 74.922	Se 34 Selenium 셀레늄 78.96	Br 35 Bromine 브로민 79.904	Kr 36 Krypton 크립톤 83.798
5	Rb 37 Rubidium 루비듐 85.468	Sr 38 Strontium 스트론튬 87.62	Y 39 Yttrium 이트륨 88.906	Zr 40 Zirconium 지르코늄 91.224	Nb 41 Niobium 나이오븀 92.906	Mo 42 Molybdenum 몰리브데넘 95.96	Tc 43 Technetium 테크네튬 [97.91]	Ru 44 Ruthenium 루테늄 101.07	Rh 45 Rhodium 로듐 102.91	Pd 46 Palladium 팔라듐 106.42	Ag 47 Silver 은 107.87	Cd 48 Cadmium 카드뮴 112.41	In 49 Indium 인듐 114.82	Sn 50 Tin 주석 118.71	Sb 51 Antimony 안티모니 121.76	Te 52 Tellurium 텔루륨 127.60	I 53 Iodine 아이오딘 126.90	Xe 54 Xenon 제논 131.29
6	Cs 55 Cesium 세슘 132.91	Ba 56 Barium 바륨 137.33	La 57 Lanthanum 란타넘 138.91	Hf 72 Hafnium 하프늄 178.49	Ta 73 Tantalum 탄탈럼 180.95	W 74 Tungsten 텅스텐 183.84	Re 75 Rhenium 레늄 186.21	Os 76 Osmium 오스뮴 190.23	Ir 77 Iridium 이리듐 192.22	Pt 78 Platinum 백금 195.08	Au 79 Gold 금 196.97	Hg 80 Mercury 수은 200.59	Tl 81 Thallium 탈륨 204.38	Pb 82 Lead 납 207.2	Bi 83 Bismuth 비스무트 208.98	Po 84 Polonium 폴로늄 [208.98]	At 85 Astatine 아스타틴 [209.99]	Rn 86 Radon 라돈 [222.02]
7	Fr 87 Francium 프랑슘 [223.02]	Ra 88 Radium 라듐 [226.03]	Ac 89 Actinium 악티늄 [227.03]	Rf 104 Rutherfordium 러더포듐 [265.12]	Db 105 Dubnium 더브늄 [268.13]	Sg 106 Seaborgium 시보귬 [271.13]	Bh 107 Bohrium 보륨 [272]	Hs 108 Hassium 하슘 [277.15]	Mt 109 Meitnerium 마이트너륨 [276.15]	Ds 110 Darmstadtium 다름슈타튬 [281.16]	Rg 111 Roentgenium 뢴트게늄 [280.16]	Cn 112 Copernicium 코페르니슘 [285.17]	Nh 113 Nihonium 니호늄 [284.18]	Fl 114 Flerovium 플레로븀 [289.19]	Mc 115 Moscovium 모스코븀 [288.19]	Lv 116 Livermorium 리버모륨 [293]	★Ts 117 Tennessine 테네신 [294]	Og 118 Oganesson 오가네손 [294]

★ 금속성, 준금속성, 비금속성이 아직 명확히 밝혀지지 않음.

	주기														
란타넘족 (Lanthanoids)	6	Ce 58 Cerium 세륨 140.12	Pr 59 Praseodymium 프라세오디뮴 140.91	Nd 60 Neodymium 네오디뮴 144.24	Pm 61 Promethium 프로메튬 144.91	Sm 62 Samarium 사마륨 150.36	Eu 63 Europium 유로퓸 151.96	Gd 64 Gadolinium 가돌리늄 157.25	Tb 65 Terbium 터븀 158.93	Dy 66 Dysprosium 디스프로슘 162.50	Ho 67 Holmium 홀뮴 164.93	Er 68 Erbium 어븀 167.26	Tm 69 Thulium 툴륨 168.93	Yb 70 Ytterbium 이터븀 173.05	Lu 71 Lutetium 루테튬 174.97
악티늄족 (Actinoides)	7	Th 90 Thorium 토륨 232.04	Pa 91 Protactinium 프로트악티늄 231.04	U 92 Uranium 우라늄 238.03	Np 93 Neptunium 넵투늄 [237.05]	Pu 94 Plutonium 플루토늄 [244.06]	Am 95 Americium 아메리슘 [243.06]	Cm 96 Curium 퀴륨 [247.07]	Bk 97 Berkelium 버클륨 [247.07]	Cf 98 Californium 캘리포늄 [251.08]	Es 99 Einsteinium 아인슈타이늄 [252.08]	Fm 100 Fermium 페르뮴 [257.10]	Md 101 Mendelevium 멘델레븀 [258.10]	No 102 Nobelium 노벨륨 [259.10]	Lr 103 Lawrencium 로렌슘 [262.11]

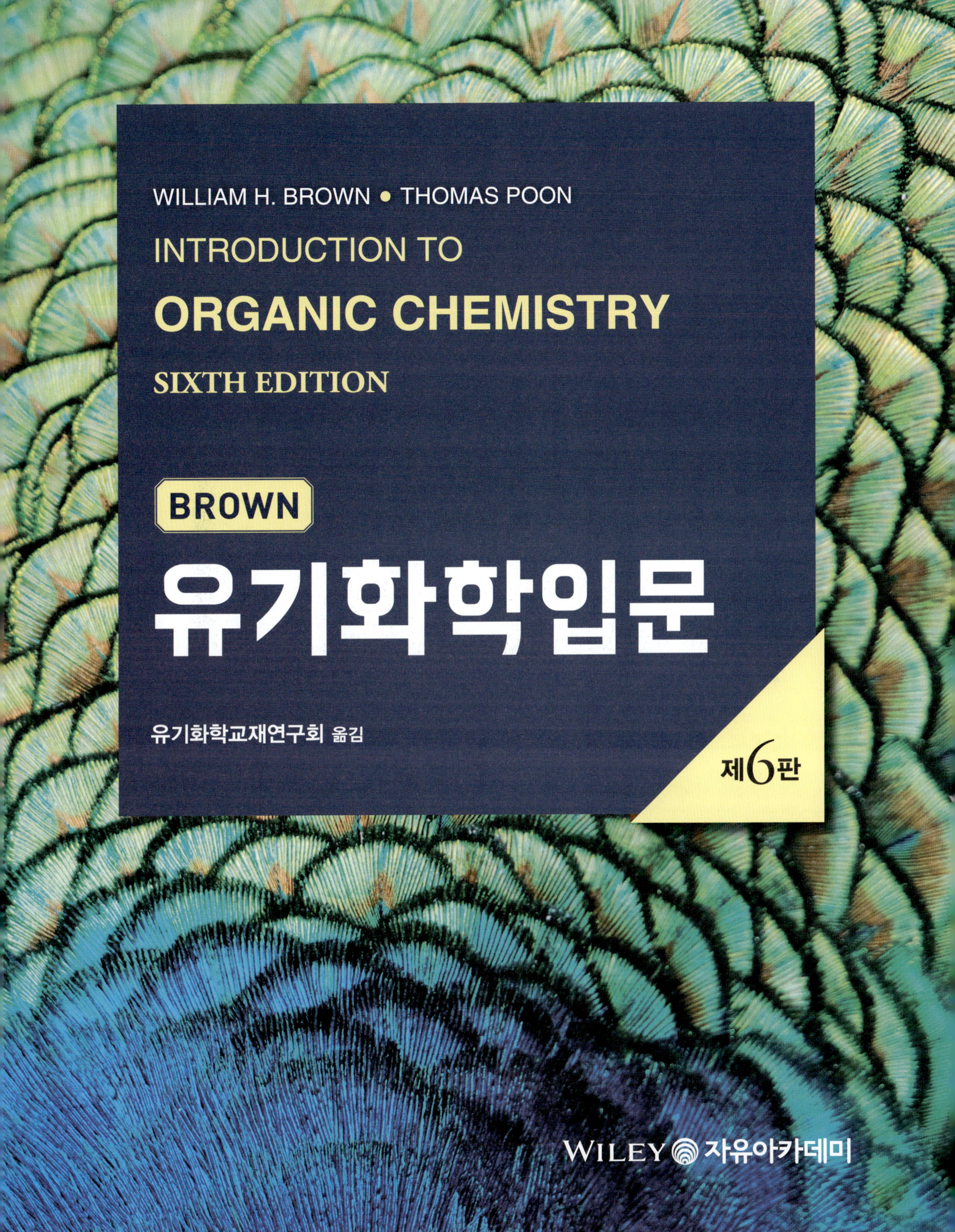
WILLIAM H. BROWN • THOMAS POON
INTRODUCTION TO
ORGANIC CHEMISTRY
SIXTH EDITION
BROWN
유기화학입문
유기화학교재연구회 옮김
제6판
WILEY 자유아카데미

WILLIAM H. BROWN은 벨루아(Beloit) 대학의 명예교수이며, 이곳에서 두 번이나 최고의 강의로 이름을 얻었다. 그는 다른 두 권의 대학 교재의 공동저자이기도 하다[Chris Foote, Brent Iverson, Eric Anslyn과 작업하여 2009년 유기화학 5/e, Fred Bettelheim, Mary Campbell, Shawn Farrell과는 2010년 출간한 일반화학, 유기화학 및 생화학 9/e(general, organic, and biochemistry)]. 그는 컬럼비아 대학교에서 Gilbert Stork의 지도하에 박사학위(Ph.D.)를 취득하였으며, 칼텍 및 애리조나 대학교에서 박사 후 연구원(Post Doc.)을 지냈다. 벨루아 대학, 세계문제센터의 책임자로 두 번이나 스코틀랜드 글래스고우 대학에서 국제회의를 주도하였다. 벨루아 대학에서 은퇴한 1999년 이후로 저술과 교육용 자료 연구에 더 많은 시간을 보내고 있다. 공식적으로는 은퇴하였으나, 일 년 기준으로 유기합성의 특정 주제 강의를 계속하고 있다. Bill과 그의 아내 Carolyn은 남서쪽 협곡의 하이킹을 좋아한다. 게다가 천을 누벼서 하는 퀼트를 즐기기도 한다.

THOMAS POON은 캘리포니아 클레어몬에 있는 클레어몬 대학의 5개 학부 과정 중 3개인 메키나 클레어몬의 W. M. Keck 자연과학, 화이자, 스크립스 대학의 화학과 교수이다. 그는 코네티컷의 페어필드 대학교에서 학사학위(B.S.)를 받았으며, 캘리포니아 주립대학(UCLA)에서 Christopher S. Foote의 지도하에 박사학위(Ph.D.)를 취득하였다. 그는 버지니아 주 랜돌프-메이콘 대학에서 1999년 최우수 강의로 토마스 브랜치 상을 수상하기 전에는 메인주 콜비 대학의 Bradford P. Mundy 교수 밑에서 Camille and Henry Drefus 박사후 연구원이었다. 그는 2002년과 2004년에 뉴욕 주 컬럼비아 대학의 방문교수였으며, 그곳에서 그의 작고한 친구이자 스승인 Nicholas J. Turro와 함께 연구와 교육에 관한 과제를 수행하였다. 그는 유기화학, 범죄과학적 화학, 고급실험기법 및 '과학의 본질(science of identity)'에 관한 1학년 세미나 강좌를 담당하였다. 그는 제올라이드, 제올라이드 광화학, 물질분리, 단일항 산소의 반응 등에 관한 합성법을 찾아내는 것에 관련된 문제를 연구하는 실험실에서 학부생들과 함께 일하는 것을 좋아한다. 실험실에 있지 않을 때는 그의 학생들이나 딸 Sophie에게 화학 관련 노래를 들려주거나 기타를 연주하는 것을 좋아한다.

본문의 목적

이 교재는 학생들이 일반 화학 교과 과정을 이수했다고 가정하고 유기 화학 기초 강좌에 맞게 집필하였다. 형식과 내용은 실제 수업 경험과 유기 화학 기초 과정의 현재와 미래 방향의 평가를 바탕으로 결정되었다.

유기 화학 기초 과정은 여러 가지 학습 목표가 있다. 첫째, 이 교과 과정을 선택한 대부분의 학생들은 과학 분야를 전공하지만 화학 전문가가 되겠다고 생각하는 학생들은 얼마 되지 않을 것이다. 그보다는 유기 화학의 기초 지식이 필요한 분야를 전공하는 학생들이 많다. 이 교과 과정에서는 다소 간단한 분자의 구조, 특성, 반응에 대해 학습한다. 이에 따라 학생들은 차후의 교과 과정과 직장 생활을 위해 필요한 기본 지식을 쌓을 수 있다.

둘째, 기초 과정은 유기 화학의 적용 범위와 내용, 우리가 생활하고 일하는 방식에 미치는 커다란 영향에 대해 다루어야 한다. 이를 위해서 본문 중에 의약품, 플라스틱, 비누, 세제, 천연 섬유와 합성 섬유, 석유 정제, 석유 화학 제품, 살충제, 인공 감미료, 화학 생태학 등에 대한 특정한 예를 추가하였다.

셋째, 기초 과정은 학생들에게 유기 화학이 단순히 화학 명칭과 반응을 다루는 분야가 아니라는 것을 이해시켜야 한다. 교과 내용을 더 이해하기 쉽게 만들 뿐만 아니라 새로운 화학 반응을 분석하는 방법을 제공하는 특정한 체계적인 주제 또는 원리가 있다. 분자 구조와 화학 반응의 관계가 그러한 주제 중 하나이다. 1장에서는 루이스 구조, 원자 궤도, 원자 궤도의 혼성화, 공명 이론을 포함한 유기 화학의 전자 이론을 다룬다. 2장에서는 분자 구조와 하나의 화학적 특성, 즉 산성과 염기성의 관계를 화합물에서 산성과 염기성 변화의 상호 관련성으로 설명한다. 본문 전반에서 분자 구조와 화학 반응성을 다룰 때 이와 동일한 개념을 사용한다. 입체 화학의 개념도 본문 전반에 걸쳐 나온다. 원자의 공간 배열의 개념과 중요성을 3장에서 소개하고 알케인과 사이클로알케인의 구조의 개념과 시스/트랜스 이성질체의 내용이 3장(사이클로알케인)과 4장(알케인)에 나온다. 분자 대칭과 비대칭, 거울상체, 절대 배열, 생물학 분야에서 비대칭의 의미는 6장에서 설명한다. 유기 물질 반응의 기계론적 이해의 개념에 대해서도 다룬다. 5장에서는 반응 메커니즘이 먼저 나오는데, 이것은 기억 작업을 최소화하는 데 도움을 줄 뿐만 아니라 유기 반응이 발생하는 방법과 이유를 결정짓는 분자학적 논리를 이해할 수 있게 해 준다. 이 장에서는 유기 반응의 분자학적 논리의 기초가 되는 다섯 가지 기초 형태를 설명한다. 이러한 형태의 이해와 응용은 기억 작업을 최소화하는 데 도움을 줄 뿐만 아니라 유기 반응이 발생하는 방법과 이유를 충분히 이해할 수 있게 해 준다.

독자

이 교재는 과학 분야를 전공하는 학생들과 유기 화학의 기초 지식이 필요한 학생들을 위한 유기 화학의 기초 내용을 다룬다. 이러한 이유로 유기 화학과 특히 생물학과 보건학 같은 다른 과학 분야의 상호 관계를 보여 주기 위해 처음부터 끝까지 특별한 노력을 기울였다. 학생들이 이 교재로 학습하는 동안 유기 화학이 이러한 많은 분야를 위한 도구이고 천연과 합성 모두의 유기 화합물이 의약품, 플라스틱, 섬유, 농약, 표면 코팅제, 화장품, 식품 첨가제, 접착제, 탄성체와 같이 생활에 널리 사용된다는 점을 이해하기를 기대한다. 또한 학생들이 유기 화학은 교육과 호기심을 바탕으로 질문하고 탐구할 준비가 되어 있는 사람들을 적극적으로 환영하는 동적이고 계속해서 확장되는 과학 분야라는 것을 인식하기를 기대한다.

새로운 특징

- **각 장의 도입부 수정**: 학생들의 관심을 끌어내고 내용에 대한 흥미를 높이기 위해 안내형 탐구 접근법을 사용하였다.
- **더 많은 연습 문제**: 130여 개의 연습 문제를 추가하였다. 교수들의 수업에 대한 관심과 염려를 고려해서 이전 버전의 연습 문제 번호를 그대로 사용하였다.
- **실생활 관련 강화**: 유기 화학과 다른 분야의 관련성을 보여 주기 위해서 실생활 제품이나 응용 사례에 대한 40여 개의 참고

자료를 본문 내에 또는 칼럼 형식으로 추가하였다.

- 본문 길이를 줄였다. 19장 지질, 20장 핵산, 21장 대사의 유기 화학은 본문 웹사이트(www.wiley.com/college/brown)에 제공할 것이다.

특징

- **메커니즘 글상자**: 교재에 나온 각각의 메커니즘에 대해 이 글상자가 나온다. 메커니즘 글상자는 로드맵 역할을 하며 대부분의 유기 반응 메커니즘에서 공통적이고 기본적인 단계와 반복적으로 나오는 주제를 사용해 메커니즘을 설명한다. 이러한 접근법으로, 학생들은 반응이 많은 공통적인 단계로 이루어진다는 것을 볼 수 있어 반응을 더 쉽게 이해하고 기억할 수 있다.
- **그룹 학습 활동**: 각 장의 끝에 나오는 연습 문제를 활용해 학생들이 유기 화학을 협력적이고 더 활동적으로 학습할 수 있다.
- **주요 용어와 개념**: 주요 연습 문제 요약에 나온다.
- **방법 설명 글상자**: 학생들이 종종 어렵게 느끼는 문제와 개념에 대해 단계별 방법 설명 안내가 나온다.
- **화학 관련 글상자**: 유기 화학을 일상생활, 특히 생화학, 보건학, 생물학에 응용하는 사례가 나온다. 이 글상자의 내용은 일상생활에서 이루어지는 유기 화학의 적용을 설명하고 유기 화학과 학생들의 향후 직업 생활의 관련성을 보여 준다.
- **'종합 검토' 연습 문제**: 각 장의 끝에 단원별로 연습 문제가 정리되어 있어 학생들이 어려움을 느끼는 해당 단원으로 쉽게 되돌아가서 내용을 살펴볼 수 있다. 종합 검토 연습 문제는 3장, 6장, 10장, 14장, 17장 끝에 나와 있다. 각각의 종합 검토 연습 문제는 시험 문제처럼 여러 가지 유형(객관식, 단답형, 이름 맞추기, 메커니즘 문제, 생성물 예측, 합성 문제 등)과 난이도로 이루어져 있다.
- **문제 해결 전략**: 학생들이 어디서 시작해야 할 것인지 잘 알아낼 수 있도록 본문에 나오는 모든 예제에 전략 단계를 추가하였다. 이 전략 단계는 학생들이 각각의 예제의 시작점을 결정하는 데 도움이 될 것이다.
- **OX 퀴즈**: 각 장의 마지막에 나온 참 또는 거짓 문제는 해당 장에 나오는 기본 개념을 학생들이 이해했는지 시험할 수 있도록 설계되었다. 해답이 페이지 아래에 나오기 때문에 학생들이 빠르게 진행 상태를 점검하고 필요하다면 해당 단원으로 되돌아가서 내용을 다시 살펴볼 수 있다.
- **시각적 학습에 대한 집중력 강화**: 지식과 인식에 대한 연구 결과에 따르면 시각화와 조직화가 학습 효과를 크게 향상시킬 수 있다. 본문 전반에 나오는 많은 삽화의 중요한 특징을 설명하기 위해 100여 개의 글풍선(짧은 대화 풍선)을 추가하였다. 대부분의 중요한 내용이 한곳에 나온다. 이것을 사용하면 학생들이 개념을 다시 살펴보거나 문제를 풀 때 본문에서 관련된 삽화를 시각적으로 떠올릴 수 있다. 글풍선에 나오는 시각적 요소가 관련 내용과 삽화를 기억하는 데 놀랄 만큼 도움이 될 것이다.

구성: 개요

1장에서 10장까지는 유기 화합물을 다룬다. 먼저 공유 결합의 기초, 분자의 형태, 산-염기 화학 반응을 살펴본다. 그다음 알케인, 알켄과 알카인, 할로알케인, 알코올과 에터, 벤젠과 유도체, 아민, 알데하이드, 케톤, 카복실산과 유도체와 같은 여러 가지 중요한 유기 화합물의 구조와 일반적인 반응을 설명한다.

11장에서는 IR, ^{1}H-NMR, ^{13}C-NMR 분광법을 소개한다. 분광법을 이해하려면 일반 화학 수준의 배경 지식만 있으면 된다. 이 장은 독립적이므로 특정 교과 과정에 적합하게 순서를 바꿀 수 있다.

12장에서 16장까지는 계속해서 알데하이드와 케톤, 카복실산, 카복실산과 유도체를 포함한 유기 화합물을 다룬다. 15장에서는 새로운 탄소-탄소 결합의 형성에 중요한 알돌, Claisen, Michael 반응을 설명한다. 16장에서는 유기 고분자 화학을 간략하게 소개한다.

17장에서 20장까지는 탄수화물, 아미노산과 단백질, 핵산, 지질의 유기 화학을 소개한다. 21장(대사의 유기 화학)에서는 세 가지 주요 대사 경로, 즉 해당 작용, 지방산의 산화, 시트르산 회로를 이해하기 위해 현재까지 개발된 화학 반응을 적용할 수 있는 방법을 설명한다.

감사의 말씀

어떤 교재의 저자는 한 명 또는 몇 명으로 나와 있지만 이 교재는 많은 사람들이 참여한 협력 작업의 결과물이다. 각자의 참여도는 다양하다. 그분들의 공헌에 감사드린다. 먼저 해답 풀이집과 본문의 모든 부분에 나오는 연습 문제의 해답을 위해 수년에 걸쳐 저희와 함께 일해 온 Felix Lee에게 감사드린다. 그의 예리한 식견과 전문적인 화학 지식은 여러 부분에서 이번 6판을 개선하는 데 도움이 되었다. 이전 버전에서 발견된 오류에 대해 알려주신 Robert White(Dalhousie University) 교수님께 특별히 감사드린다. 또한 대단한 조직 능력과 인내심을 보여 준 SPi Global의 Patty Donovan 선임 제작 편집자에게도 감사드린다. 인내심, 기량, 전문 직업 의식을 보여 준 Joan Kakut 화학 개발 편집자, Alyson Rentrop 개발 부편집자, Mallory Fryc 화학 부편집자, Sandra Dumas 선임 제작 편집자와 이번 판과 이전 판의 표지에서 창의력을 발휘해 준 Wendy Lai 선임 그래픽 디자이너를 포함해 전체 Wiley 제작 및 편집 팀에게도 감사드린다. 학생의 입장에서 파워포인트 강의 시리즈를 검토해 준 Sophia Brown에게도 감사드린다. 마지막으로 이 교재를 만드는 데 많은 도움을 준 과거와 현재의 모든 학생들에게도 감사드린다.

검토자 목록

저자들은 6판을 만드는 동안 여러 단계에서 이 교재에 대한 귀중한 논평을 제공해 주신 아래의 검토자들에게 감사드린다.

Tammy Davidson, *University of Florida*
Kimberly Griffin, *California Polytechnic State University*
Ron Swisher, *Oregon Institute of Technology*
Felix Lee, *University of Western Ontario*
Joseph Sumrak, *Kansas State University*
Lisa Stephens, *Marist College*

또한 이전 버전을 준비하는 데 도움이 된 논평을 제공해 주신 많은 분들께도 감사드린다.

Jennifer Batten, *Grand Rapids Community College*
Debbie Beard, *Mississippi State University*
Stefan Bossman, *Kansas State University*
Richard Bretz, *Miami University*
Jared Butcher, *Ohio University*
Dana Chatellier, *University of Delaware*
Patricia Chernovitz, *Grantham University*
Steven Chung, *Bowling Green State University*
Mary Cloninger, *Montana State University-Bozeman*
Sushama Dandekar, *University of North Texas*
Wendy David, *Texas State University-San Marcos*
Jordan Fantini, *Denison University*
Maria Gallardo-Williams, *North Carolina State University*
Joseph Gandler, *California State University-Fresno*
Michel Gravel, *University of Saskatchewan*
John Grutzner, *Purdue University*
Ben Gung, *Miami University*
Peter Hamlet, *Pittsburgh State University*
Bettina Heinz, *Palomar College*
John F. Helling, *University of Florida-Gainesville*
Amanda Henry, *Fresno City College*
James Hershberger, *Miami University*
Klaus Himmeldirk, *Ohio University-Athens*
Steven Holmgren, *Montana State University*
Roger House, *Harper College*
Richard P. Johnson, *University of New Hampshire*
Dennis Neil Kevill, *Northern Illinois University*
Dalila G. Kovacs, *Michigan State University-East Lansing*
Spencer Knapp, *Rutgers University*
Douglas Linebarrier, *University of North Carolina at Greensboro*
Brian A. Logue, *South Dakota State University*
Brian Love, *East Carolina University*
David Madar, *Arizona State University Polytechnic*
Jacob Magolan, *University of Idaho*
Gagik Melikyan, *California State University-Northridge*
James Miranda, *California State University-Sacramento*
Katie Mitchell-Koch, *University of Kansas*
Tom Munson, *Concordia University*
Robert H. Paine, *Rochester Institute of Technology*
Jeff Piquette, *University of Southern Colorado-Pueblo*
Amy Pollock, *Michigan State University*
Ginger Powe-McNair, *Louisiana State University*
Christine Pruis, *Arizona State University*
Michael Rathke, *Michigan State University*
Christian Ray, *University of Illinois at Urbana-Champaign*

Toni Rice, *Grand Valley State University*
Michelle Richards-Babb, *West Virginia University*
David Rotella, *Montclair State University*
Joe Saunders, *Pennsylvania State University*
K. Barbara Schowen, *University of Kansas-Lawrence*
Jason Serin, *Glendale Community College*
Mary Setzer, *University of Alabama*
Robert P. Smart, *Grand Valley State University*
Joshua R. Smith, *Humboldt State University*
Alline Somlai, *Delta State University*
Richard T. Taylor, *Miami University-Oxford*
Eric Trump, *Emporia State University*
Eduardo Veliz, *Nova Southeastern University*
Kjirsten Wayman, *Humboldt State University*

과학이 점점 더 발전하고, 이에 따라 얻어지는 물질과 그 기능도 그 양과 질 만큼이나 많이 변화하고 있다. 우리가 생활하는 데 필요한 거의 모든 물질을 다루는 중심 학문은 화학이고, 따라서 화학의 중요성도 단순한 기초과목이 아닌 응용 및 종합적인 관점으로 증대되고 있다. 화학의 여러 분야들 중에서도 특히 유기 화학이 차지하는 부분과 역할은 기초와 응용의 모든 영역에 상당히 넓다. 이것은 헤아릴 수 없을 만큼 많고, 다양한 유기물이 갖는 특징인 화합물의 구조와 성질 때문이라고 해도 과언이 아니다. 이렇듯 다양하고 많은 물질들의 구조와 성질들 때문에 얻는 혜택에 비하여 막상 유기 화학을 배우는 학생들의 입장에서는 여간 힘든 과목이 아닐 수 없다. 그러나 어렵게 보이는 물질들을 자세히 관찰하고 분석해 보면 의외로 간단한 몇 개의 기본 조합들에 지나지 않음을 쉽게 알 수 있다. 따라서 학부 유기 화학 교재들은 대개 이러한 기본 구조들로 이루어지고, 서로 연관되도록 전체 내용을 구성하여 유기 화학 전반에 대한 이해를 돕는 방법을 쓰고 있으며, 이 교재도 예외는 아니다.

특히 이 교재가 개론서로서 추구하고자 하는 몇 가지 돋보이는 목표의 첫 번째는 비교적 간단한 분자를 이용하여 구조, 특징, 반응들의 개념을 이해하고, 이를 토대로 고급 과정이나 전문 과정을 소화하도록 하고 있고, 두 번째로는 약품, 플라스틱, 비누, 세제, 천연 및 합성 섬유, 석유 정제화학, 살충제, 인공 감미료, 화학 생태학 등의 실제 사용되는 물질을 예로 사용하고 있으며, 세 번째는 유기 화학 교재가 단순한 물질들의 이름이나 합성법의 나열이 아니라 분자 구조와 반응성의 관계를 이해하고 새로운 화학을 분석하는 법을 제공하도록 구성하고 있다.

따라서 이 교재를 배우는 학생들도 위에 언급된 목표를 이해하고, 본 교재의 내용을 차분히 학습하여 유기 화학의 넓은 바다를 기꺼이 즐기고 도전하는 진정한 과학도가 되기를 바란다.

끝으로 원 저자의 의도를 최대한 충실히 반영하고자 노력하였으며 질 높은 교재를 완성하기 위해 여러 번의 감수 과정을 거쳤다. 그럼에도 번역 과정에서 불가피하게 의미 전달이 부족한 부분이 있으리라 생각한다. 이러한 부분은 앞으로 꾸준히 수정 보완할 것을 약속한다. 출간 후에라도 수정 사항이 있을 경우에는 자유아카데미 홈페이지(www.freeaca.com) 자료실에 제공할 예정이다.

이 책이 출판되기까지 교정과 편집을 위하여 수고한 자유아카데미 관계자 여러분의 노고에 감사를 표한다.

유기화학교재연구회 일동

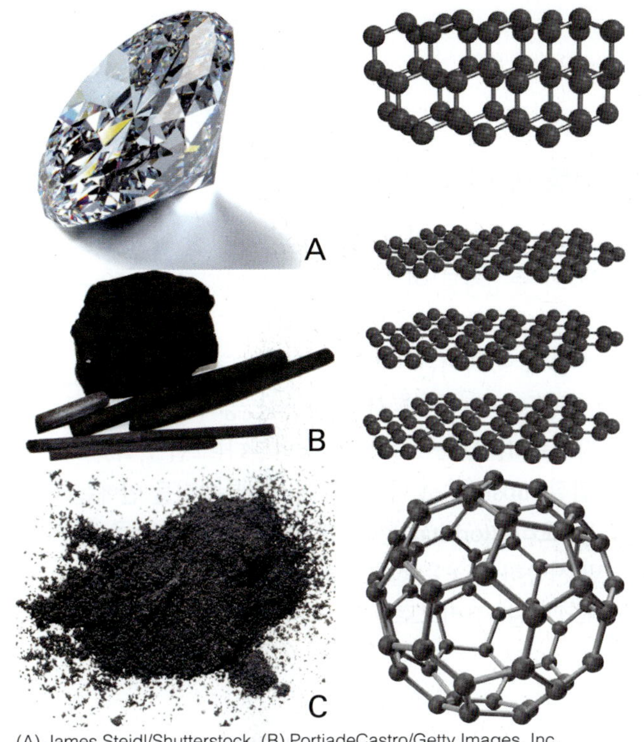

(A) James Steidl/Shutterstock, (B) PortiadeCastro/Getty Images, Inc.
(C) Charles D. Winters/Science Source Images

탄소 원소의 세 가지 모양과 그것에 따른 분자 모형. (A) 다이아몬드, (B) 흑연, (C) 버크민스터풀러렌. 다이아몬드는 원자 간 상호 연결된 네트워크 구조, 흑연은 층으로 존재하며, 버크민스터풀러렌의 탄소 원자는 마치 축구공과 같은 구조를 갖고 있다. 이러한 원자의 배열에 따라 분자 구조가 크게 다르다는 것에 주목하자.

1 공유 결합과 분자의 모양

중요한 질문

1.1 원자의 전자 구조는 어떻게 나타내는가?

1.2 Lewis 결합 모형이란 무엇인가?

1.3 결합각과 분자의 모양은 어떻게 알 수 있는가?

1.4 극성 및 무극성 분자는 어떻게 알 수 있는가?

1.5 공명이란 무엇인가?

1.6 공유 결합의 오비탈 겹침 모형이란 무엇인가?

1.7 작용기란 무엇인가?

해결 방법

1.1 분자와 이온의 Lewis 구조 그리기

화학 관련

1A 버키볼: 탄소의 새로운 형태

우리가 먹는 음식, 맡는 냄새, 먹는 약, 생명체를 이루고 있는 세포, 연료, 삶의 편리를 위해 사용하고 있는 많은 제품들은 무엇인가? 이들 모두는 하나 이상의 탄소 원자와 수소, 산소, 질소, 황, 또는 다른 원자를 포함하고 있는 유기 화합물이다. 유기 화학은 이러한 **유기 화합물**을 연구하는 학문이다. 우리는 이제 여러 범주에 속해 있는 8천8백만 개 가량의 화합물을 총괄하는 유기 화학을 탐구하고자 한다. 어떻게 이 한 권의 책으로 수천만 개의 화합물에 대해 공부할 수 있을까? 원자는 대부분 예측이 가능하며, 비슷한 성질을 나타내는 것끼리 나눌 수 있다. 이 장에서는 탄소, 수소, 산소, 질소 등의 원자가 어떻게 전자쌍을 공유하여 화학 결합을 이루며 분자를 생성하는지 살펴보려고 한다. 이러한 배열과 지식을 통해 화학적 동향은 물론이고, 유기 화학이 얼마나 배우기 쉽고 재미있는 학문인지 알 수 있을 것이다.

유기 화학 탄소 화합물의 화학적, 물리적 성질을 연구하는 학문

1.1 원자의 전자 구조는 어떻게 나타내는가?

껍질 전자들을 발견할 수 있는 원자핵 주변의 공간 영역

오비탈 한 개의 전자 또는 전자쌍이 운동 시간의 90~95%를 보내는 공간 영역

이제까지 공부했던 화학 지식으로 원자의 전자 구조에 대한 기본 원리는 이미 잘 알고 있을 것이다. 간단히 말해서, 원자는 양전하의 양성자와 중성자로 이루어진 작고 밀집된 원자핵을 가지고 있다(그림 1.1a).

전자들은 원자핵의 주변 공간에서 자유롭게 움직이는 것이 아니며, 오히려 **주에너지 준위**(principal energy level), 또는 더 간단히 **껍질**(shell)이라고 불리는 공간 영역에서 제한적으로 움직인다. 껍질은 안쪽에서 바깥쪽으로 자연수 1, 2, 3,⋯ 등으로 정의된다(그림 1.1b).

껍질들은 *s*, *p*, *d*, *f* 등으로 표시되는 부껍질(subshell)로 나누어지며, 이 부껍질들 안에는 전자가 채워지는 오비탈(orbital)이 있다(표 1.1). **오비탈**(orbital)은 두 개의 전자가 들어갈 수 있는 공간이다. 여기서는 *s*와 *p* 오비탈의 전자들만 사용하여 공유 결합을 하고 있는 수소, 산소, 질소 등을 가진 탄소 화합물에 중점을 두고 살펴볼 것이다. 그러므로 우선 *s*와 *p* 오비탈만 고려하기로 하자.

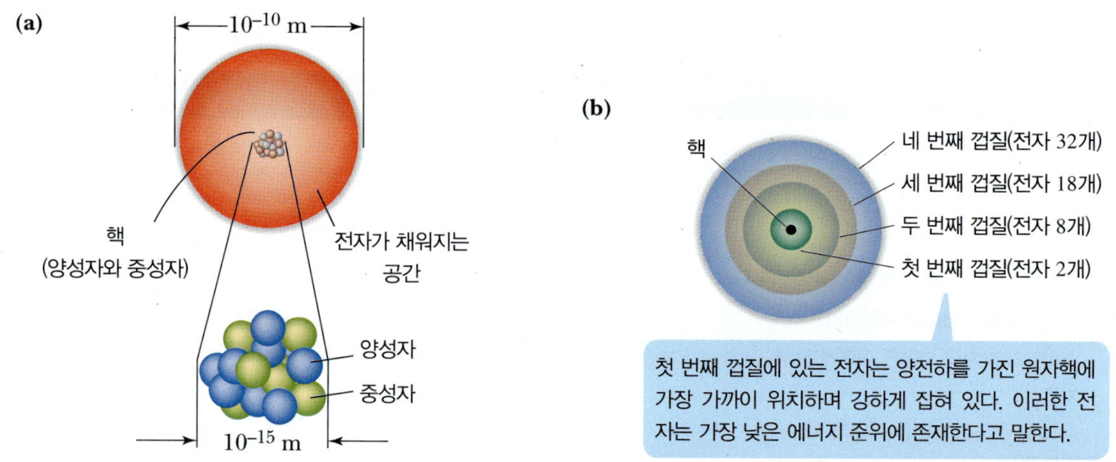

그림 1.1 원자의 모형. (a) 원자 질량의 대부분은 10^{-14}~10^{-15} m 크기의 작고 밀집된 원자핵에 집중되어 있다. (b) 각 껍질에는 최대 $2n^2$(n은 껍질의 개수)개의 전자가 채워진다. 따라서 첫 번째 껍질에는 2개, 두 번째 껍질에는 8개, 세 번째 껍질에는 18개, 네 번째 껍질에는 32개의 전자, ⋯ 등을 채울 수 있다(표 1.1).

첫 번째 껍질에는 1*s* 오비탈이라고 하는 한 개의 오비탈이 있다. 두 번째 껍질에는 한 개의 2*s* 오비탈과 세 개의 2*p* 오비탈이 있다. 모든 *p* 오비탈은 세 개로 구성되어 있으며 6개의 전자를 채울 수 있다. 세 번째 껍질은 한 개의 3*s* 오비탈, 3개의 3*p* 오비탈, 5개의 3*d* 오비탈을 가지고 있다. 모든 *d* 오비탈은 5개로 구성되며 10개의 전자를 가질 수 있다. 모든 *f* 오비탈은 7개이며 14개의 전자를 가지게 된다.

표 1.1 껍질 안의 오비탈 분포

껍질	각 껍질에 포함된 오비탈	껍질에 채울 수 있는 최대 전자 수	각 껍질 속 전자의 상대 에너지
4	4*s* 1개, 4*p* 3개, 4*d* 5개, 4*f* 7개 오비탈	2 + 6 + 10 + 14 = 32	높다
3	3*s* 1개, 3*p* 3개, 3*d* 5개 오비탈	2 + 6 + 10 = 18	↑
2	2*s* 1개, 2*p* 3개 오비탈	2 + 6 = 8	
1	1*s* 1개 오비탈	2	낮다

A. 원자의 전자 배치

바닥 상태 전자 배치 원자, 분자 또는 이온의 가장 낮은 에너지 상태의 전자 배치

원자의 전자 배치는 원자 안의 전자가 채워지는 오비탈로 표현된다. 모든 원자는 무한한 수의 전자 배치가 가능하다. 하지만 여기서는 **바닥 상태 전자 배치**(ground state electron configuration; 가장 낮은 에너지의 전자 배치)에 대해서만 생각해 보자. 표 1.2는 주기율표에서 처음 18개 원소

표 1.2 원소 1~18의 바닥 상태 전자 배치*

1주기	H	1	$1s^1$	
	He	2	$1s^2$	
2주기	Li	3	$1s^2s^1$	$[He]2s^1$
	Be	4	$1s^22s^2$	$[He]2s^2$
	B	5	$1s^22s^22p_x^{\ 1}$	$[He]2s^22p_x^{\ 1}$
	C	6	$1s^22s^22p_x^{\ 1}2p_y^{\ 1}$	$[He]2s^22p_x^{\ 1}2p_y^{\ 1}$
	N	7	$1s^22s^22p_x^{\ 1}2p_y^{\ 1}2p_z^{\ 1}$	$[He]2s^22p_x^{\ 1}2p_y^{\ 1}2p_z^{\ 1}$
	O	8	$1s^22s^22p_x^{\ 2}2p_y^{\ 1}2p_z^{\ 1}$	$[He]2s^22p_x^{\ 2}2p_y^{\ 1}2p_z^{\ 1}$
	F	9	$1s^22s^22p_x^{\ 2}2p_y^{\ 2}2p_z^{\ 1}$	$[He]2s^22p_x^{\ 2}2p_y^{\ 2}2p_z^{\ 1}$
	Ne	10	$1s^22s^22p_x^{\ 2}2p_y^{\ 2}2p_z^{\ 2}$	$[He]2s^22p_x^{\ 2}2p_y^{\ 2}2p_z^{\ 2}$
3주기	Na	11	$1s^22s^22p_x^{\ 2}2p_y^{\ 2}2p_z^{\ 2}3s^1$	$[Ne]3s^1$
	Mg	12	$1s^22s^22p_x^{\ 2}2p_y^{\ 2}2p_z^{\ 2}3s^2$	$[Ne]3s^2$
	Al	13	$1s^22s^22p_x^{\ 2}2p_y^{\ 2}2p_z^{\ 2}3s^23p_x^{\ 1}$	$[Ne]3s^23p_x^{\ 1}$
	Si	14	$1s^22s^22p_x^{\ 2}2p_y^{\ 2}2p_z^{\ 2}3s^23p_x^{\ 1}3p_y^{\ 1}$	$[Ne]3s^23p_x^{\ 1}3p_y^{\ 1}$
	P	15	$1s^22s^22p_x^{\ 2}2p_y^{\ 2}2p_z^{\ 2}3s^23p_x^{\ 1}3p_y^{\ 1}3p_z^{\ 1}$	$[Ne]3s^23p_x^{\ 1}3p_y^{\ 1}3p_z^{\ 1}$
	S	16	$1s^22s^22p_x^{\ 2}2p_y^{\ 2}2p_z^{\ 2}3s^23p_x^{\ 2}3p_y^{\ 1}3p_z^{\ 1}$	$[Ne]3s^23p_x^{\ 2}3p_y^{\ 1}3p_z^{\ 1}$
	Cl	17	$1s^22s^22p_x^{\ 2}2p_y^{\ 2}2p_z^{\ 2}3s^23p_x^{\ 2}3p_y^{\ 2}3p_z^{\ 1}$	$[Ne]3s^23p_x^{\ 2}3p_y^{\ 2}3p_z^{\ 1}$
	Ar	18	$1s^22s^22p_x^{\ 2}2p_y^{\ 2}2p_z^{\ 2}3s^23p_x^{\ 2}3p_y^{\ 2}3p_z^{\ 2}$	$[Ne]3s^23p_x^{\ 2}3p_y^{\ 2}3p_z^{\ 2}$

*원소를 기호, 원자 번호, 바닥 상태의 전자 배치, 그다음 바닥 상태 전자 배치의 간략 표기법으로 나열하였다.

규칙 1. 원소들의 오비탈은 $1s$, $2s$, $2p$, $3s$, $3p$ 순서로 채워지게 된다.

규칙 2. 각 오비탈은 최대 두 개의 전자를 채울 수 있다는 것에 주목하라. 네온의 경우 $1s$, $2s$ 오비탈을 채우고 6개의 전자가 더 있다. 이를 $2p_x^{\ 2}$, $2p_y^{\ 2}$, $2p_z^{\ 2}$로 표시한다. 또한 채워진 세 $2p$ 오비탈은 함께 묶어서 $2p^6$로 줄여서 쓸 수 있다.

규칙 3. p_x, p_y, p_z 오비탈은 동일한 에너지 준위를 갖기 때문에 각 $2p$ 오비탈에 한 개의 전자가 채워진 다음, $3p_x$에 두 번째 전자가 채워진다. 즉 $3p$ 오비탈 각각에 한 개의 전자가 채워진 다음, $3p_x$에 두 번째 전자가 채워진다.

의 바닥 상태 전자 배치를 나타낸 것이다. 원자의 바닥 상태 전자 배치는 다음 세 가지 규칙으로 결정한다.

- **규칙 1. 오비탈은 가장 낮은 에너지 준위부터 높은 에너지로 순차적으로 채워진다**(그림 1.2).
- **규칙 2. 각 오비탈은 짝지어진 스핀으로 두 개의 전자를 채울 수 있다. 스핀 짝지음**(spin pairing)은 각 전자가 상대방에 대하여 서로 반대 방향으로 회전한다는 것을 의미한다(그림 1.3). 스핀 짝지음은 하나는 머리가 위로, 다른 하나는 머리가 아래로 표시된 화살표로서 표시된다.
- **규칙 3. 에너지 준위가 같은 오비탈이 여러 개 있을 때, 다 채워질 만큼 충분한 전자가 없다면, 한 오비탈에 두 개의 전자가 동시에 채워지는 것이 아니라 같은 에너지 준위의 다른 오비탈부터 하나씩 채워진다.**

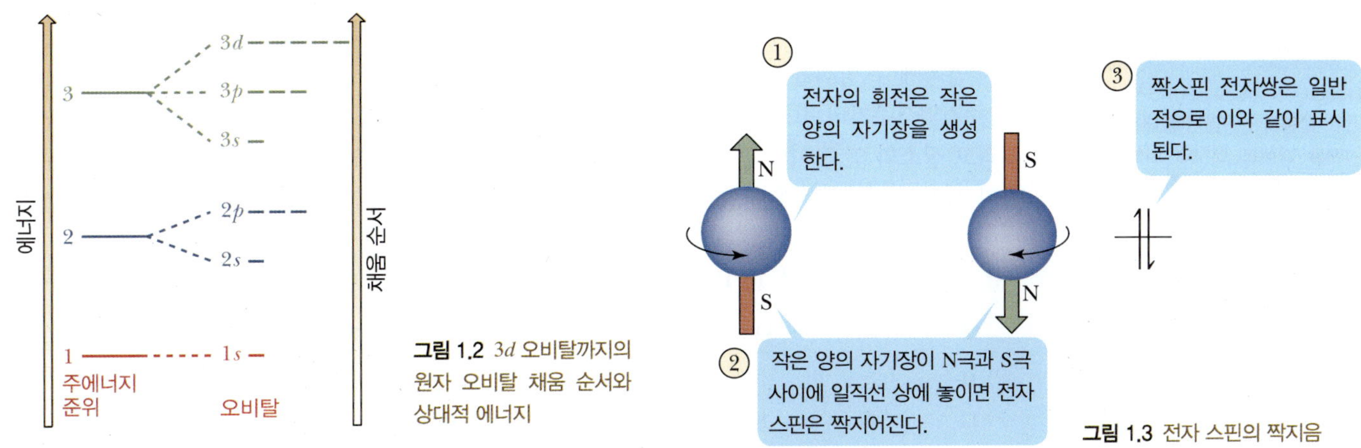

그림 1.2 $3d$ 오비탈까지의 원자 오비탈 채움 순서와 상대적 에너지

그림 1.3 전자 스핀의 짝지음

예제 1.1

다음 원소들의 바닥 상태 전자 배치를 쓰시오.

(a) 리튬 **(b)** 산소 **(c)** 염소

전략

주기율표에서 각 원자의 위치를 찾고 원자 번호를 확인한다. 오비탈에 채워지는 순서는 $1s$, $2s$, $2p_x$, $2p_y$, $2p_z$ 등이다.

풀이

(a) 리튬(원자 번호 3): $1s^2 2s^1$. 또는 바닥 상태의 전자 배치를 [He] $2s^1$로 바꾸어 쓸 수 있다.

(b) 산소(원자 번호 8): $1s^2 2s^2 2p_x{}^2 2p_y{}^1 2p_z{}^1$. $2p^2$ 오비탈의 네 개의 전자를 묶어서 바닥 상태의 전자 배치를 $1s^2 2s^2 2p^4$로, 또는 [He] $2s^2 2p^4$로 쓸 수 있다.

(c) 염소(원자 번호 17): $1s^2 2s^2 2p^6 3s^2 3p^5$. 또는 [Ne] $3s^2 3p^5$로 쓸 수 있다.

문제 1.17~1.20 참조

문제 1.1

다음 원소들의 바닥 상태 전자 배치를 쓰고 비교하시오. 각 원소쌍의 최외각 껍질의 오비탈에 관해 어떠한 설명이 가능한가?

(a) 탄소–규소
(b) 산소–황
(c) 질소–인

B. 루이스 구조

원자가 전자 원자의 원자가 껍질(최외각)에 있는 전자

원자가 껍질 원자의 최외각 전자 껍질

원자의 Lewis 구조 원자의 원자가 껍질에 있는 전자의 개수와 같은 점으로 둘러싸여 있는 원소 기호

원소의 물리적 및 화학적 성질을 설명할 때 화학자들은 흔히 원자의 최외각 껍질을 중요하게 생각한다. 이들 껍질에 들어 있는 전자들이 화학 결합의 형성과 화학 반응에 관여하기 때문이다. 바깥 껍질에 들어 있는 전자를 **원자가 전자**(valence electron)라고 하고, 이 전자들이 들어 있는 에너지 준위를 **원자가 껍질**(valence shell)이라고 한다. 예를 들어 탄소는 $1s^2 2s^2 2p^2$의 바닥 상태 전자 배치를 가지고 있으며, 네 개의 원자가(바깥 껍질) 전자를 가지고 있다.

원자의 최외각 전자를 표현하기 위하여 미국의 화학자 Gilbert. N. Lewis(1875~1946)가 고안한 **Lewis 구조**(Lewis structure)를 사용한다. Lewis 구조는 원소 기호 주위에 그 원소의 바깥 껍질 오비탈에 있는 전자의 수만큼 점을 찍어서 표시한다. Lewis 구조에서, 원자 기호는 채워진 모든 핵과 내부 오비탈을 나타낸다. 표 1.3은 주기율표의 처음 18개 원소의 Lewis 구조를 나타낸 것이다. 표에 있는 것처럼, 헬륨을 제외하고 원자가 전자의 수와 주기율표 족의 번호가 같음에 유의하라. 예를 들면 6개의 원자가 전자를 가진 산소는 6A족에 있다.

UPI/© Corbis

Gilbert N. Lewis(1875~1946)는 공유 결합과 산–염기에 대한 개념의 이해를 넓히는 전자쌍 이론을 제시하였다. '전자점' 구조를 Lewis 구조로 부르며 경의를 표하고 있다.

이러한 관점에서 주기율표에서 세로줄(족)의 표현에 대해 살펴보자. Dmitri Mendeleev는 어떤 족에는 숫자와 글자 A, 다른 족에는 숫자와 글자 B를 사용하였다. 이러한 형태는 오늘날 미국에서 사용하고 있다. 그러나 1985년에 국제 순수 및 응용 화학 연맹(International Union of Pure and Applied Chemistry: IUPAC)에서 문자를 사용하지 않고 왼쪽에서부터 시작해서 1에서 18이란 숫자를 사용하자고 제안하였다. 비록 이 책에서는 원래 Mendeleev 방식을 사용하지만, 책 표지 안쪽에 두 방식을 모두 보여 주고 있다.

2주기와 3주기의 원소들에 대하여 가능한 원자가 껍질의 수와 종류가 다르기 때문에 산소와 황 그리고 질소와 인 사이의 공유 결합은 성질에서 상당한 차이가 있다. 예를 들어 산소와 질소는 원자가 껍질에 전자를 8개 이상 수용할 수 없지만, 인을 함유하는 많은 화합물은 인의 원자가 껍질

표 1.3 주기율표의 원소 1~18의 Lewis 구조

1A	2A	3A	4A	5A	6A	7A	8A
H·							He:
Li·	Be:	·B:	·C:	·N:	:O:	:F:	:Ne:
Na·	Mg:	·Al:	·Si:	·P:	:S:	:Cl:	:Ar:

s 오비탈만을 포함한 1주기 원소의 원자가 껍질

s와 p 오비탈을 포함한 2주기 원소의 원자가 껍질

s, p, d 오비탈을 포함한 3주기 원소의 원자가 껍질. 3주기 원자의 d 오비탈은 확장된 형태의 공유 결합을 할 수 있다.

에 10개의 전자를 가지고 있으며, 황을 함유하는 많은 화합물에서 황의 원자가 껍질에는 10개 심지어 12개의 전자를 가지고 있다.

1.2 Lewis 결합 모형이란 무엇인가?

A. 이온의 형성

Lewis는 1916년에 원소들의 수많은 화학 결합과 화학 반응을 관찰하여 그 결과를 단순화한 모형으로 제안하였다. 그는 비활성(8A족) 기체의 비활성은 이들 원소의 전자 배치의 안정도에서 기인한다는 것에 주목하였다. 헬륨은 원자가 껍질에 전자가 2개($1s^2$) 있고, 네온은 8개($2s^22p^6$) 있으며, 아르곤은 8개($3s^23p^6$)가 있다.

비활성 기체	비활성 기체 표기법
He	$1s^2$
Ne	[He] $2s^22p^6$
Ar	[Ne] $3s^23p^6$
Kr	[Ar] $4s^24p^63d^{10}$
Xe	[Kr] $5s^25p^64d^{10}$

1A에서 7A족(주족 원소)에 속하는 원소의 화학 반응의 경향성은 외각 전자 껍질에 8개의 원자가 전자가 채워지는 것이다. 이러한 경향성을 **팔전자 규칙**(octet rule)이라고 한다. 8개의 원자가 전자가 거의 채워진 원자는 원자가 껍질에 필요한 수만큼 전자를 더 얻어서 8개의 전자를 채우려고 하며, 그리고 그의 원자 번호에 가장 가까운 비활성 기체와 같은 전자 배치를 가지게 된다. 전자를 얻은 원자는 **음이온**(anion)이라고 하며, 음전하를 가진 이온이 된다. 한 개 또는 두 개의 원자가 전자를 가진 원자는 그 원자 번호와 가장 가까운 비활성 기체의 전자 배치와 같아지기 위하여 필요한 수만큼의 전자를 잃는 경향이 있다. 한 개 또는 더 많은 전자를 잃은 원자는 **양이온**(cation)이라고 하는 양전하를 가진 이온이 된다.

팔전자 규칙 1A에서 7A족 원소의 원자들이 바깥 껍질에 8개의 원자가 전자를 채우는 경향성

음이온 음으로 하전된 원자나 기

양이온 양으로 하전된 원자나 기

B. 화학 결합의 형성

Lewis의 결합 모형에 따라 화학 결합에 참여하는 각 원자는 해당 원자 번호에서 가장 가까운 비활성 기체와 같은 원자가 껍질의 전자 배치를 이루는 방식으로 서로 상호작용한다. 원자들은 다음의 두 가지 방법으로 완전한 원자가 껍질을 가지게 된다.

1. 원자는 채워진 원자가 껍질을 이루는 데 충분한 전자를 얻거나 잃을 수 있다. 전자를 얻은 원자는 음이온이 되고, 전자를 잃은 원자는 양이온이 된다. 양이온과 음이온 사이의 화학 결합을 **이온 결합**(ionic bond)이라고 한다.

이온 결합 음이온과 양이온의 정전기적 상호작용으로 생긴 화학 결합

소듐(원자 번호 11)은 네온(원자 번호 10)과 같은 원자가 껍질 전자 배치를 이루기 위해 전자를 잃는다.

$$\text{Na}\cdot + :\ddot{\text{Cl}}\cdot \longrightarrow \text{Na}^+ :\ddot{\text{Cl}}:^-$$

염소(원자 번호 17)는 아르곤(원자 번호 18)과 같은 원자가 껍질 전자 배치를 이루기 위해 전자를 얻는다.

2. 채워진 원자가 껍질을 이루기 위해서 하나 이상의 원자와 전자를 공유할 수 있다. 전자를 공유하여 형성된 화학 결합을 **공유 결합**(covalent bond)이라고 한다.

공유 결합 한 개 이상의 전자쌍을 공유함으로써 생긴 화학 결합

$$:\ddot{\text{Cl}}\cdot + \cdot\ddot{\text{Cl}}: \longrightarrow :\ddot{\text{Cl}}\cdot\cdot\ddot{\text{Cl}}:$$

각각의 염소(원자 번호 17)는 한 개씩의 전자를 공유함으로써 채워진 원자가 껍질을 이룬다.

화합물에서 두 원자의 결합이 공유 결합인지, 이온 결합인지 어떻게 알아낼 수 있을까? 이 질문에 대한 한 가지 답은 주기율표에서 두 원자의 상대적 위치를 살펴보는 것이다. 이온 결합은 보통

예제 1.2

소듐 원자로부터 전자 한 개를 잃고 어떻게 안정한 팔전자계의 소듐 이온을 형성하는지 설명하시오.

$$\underset{\text{소듐 원자}}{Na} \longrightarrow \underset{\text{소듐 이온}}{Na^+} + \underset{\text{전자}}{e^-}$$

전략

이 화학 변화에서 어떻게 안정한 팔 전자계를 이루는지 설명하기 위해, 소듐 원자와 소듐 이온의 축약된 바닥 상태의 전자 배치를 쓰고, 소듐과 원자 번호가 가장 가까운 비활성 기체의 전자 배치와 비교하라.

풀이

소듐은 원자가 껍질에 한 개의 전자를 가지고 있다. 원자가 전자에서 전자를 한 개 잃어 소듐 이온 Na^+으로 되고, 원자가 껍질의 전자는 소듐과 원자 번호가 가장 가까운 비활성 기체인 네온의 팔전자계 전자 배치를 이루게 된다.

Na (전자 11개): $1s^22s^22p^63s^1$

Na^+ (전자 10개): $1s^22s^22p^6$

Ne (전자 10개): $1s^22s^22p^6$

문제 1.22~1.23 참조

문제 1.2

황 원자가 두 개의 전자를 얻어서 어떻게 안정한 팔전자계의 황화 이온을 형성하는지를 설명하시오.

$$S + 2e^- \longrightarrow S^{2-}$$

금속과 비금속 사이에서 이루어진다. 이온 결합의 한 예를 들면 염화 소듐(Na^+Cl^-) 화합물은 금속 소듐과 비금속 염소 사이에서 형성된 것이다. 반면에 두 비금속, 또는 한 준금속과 한 비금속 사이의 결합은 보통 공유 결합이다. 비금속 간의 공유 결합으로는 Cl_2, H_2O, CH_4, NH_3 등이 있다. 준금속과 비금속 간의 공유 결합으로는 BF_3, $SiCl_4$, AsH_4가 있다.

결합의 형태를 알아내는 또 다른 방법은 원자의 전기 음성도를 비교해 보는 것이다. 이 부분은 다음 절에 살펴보도록 하자.

C. 전기 음성도와 화학 결합

전기 음성도 한 원자가 다른 원자와 화학 결합에서 공유하는 전자들을 당기는 힘의 척도

UPI/© Corbis

Linus pauling(1901~1994)은 노벨상을 두 번 수상한 최초의 인물이다. 1954년에 화학 결합의 본질에 대한 공로로 노벨 화학상을 수상하였으며, 1962년에 핵실험과 핵폭탄의 국제 규제에 대한 공로로 노벨 평화상을 수상하였다.

전기 음성도(electronegativity)는 화학 결합을 이루는 원자가 다른 원자와 공유하고 있는 전자에 대한 인력의 척도이다. 가장 널리 사용되는 전기 음성도의 척도(표 1.4)는 1930년대에 Linus Pauling에 의하여 제안된 것이다. Pauling 척도에서, 전기 음성도가 가장 큰 플루오린은 4.0의 전기 음성도가 주어졌으며, 모든 다른 원소들은 플루오린의 상대적 값으로 나타내었다.

이 표에서 전기 음성도 값을 보면, 주기율표 안에서 왼쪽에서 오른쪽으로 갈수록, 같은 족에서는 아래에서 위로 갈수록 일반적으로 증가한다. 왼쪽에서 오른쪽으로 갈수록 값이 증가하는 것은 원자핵에서 양전하의 증가로 원자가 껍질 안의 전자에 대한 더 큰 인력이 작용하기 때문이다. 같은 족에서 값의 증가는 원자핵과 원자가 전자들 사이에 거리가 가까워지기 때문이며, 거리가 가까워지면 더 센 인력이 작용하게 된다.

표 1.4에 주어진 값들은 단지 근삿값이라는 것에 유의하라. 특정 원소의 전기 음성도 값은 주기율표의 위치뿐만 아니라 그의 산화 상태에도 영향을 받는다. 예를 들어 Cu_2O에서 Cu(I)의 전기 음성도는 1.8이지만, CuO에서 Cu(II)의 전기 음성도는 2.0이다. 이러한 변화에도 불구하고 전기 음성도는 화학 결합에서 전자의 분포에 대하여 유용한 정보를 준다.

이온 결합

이온 결합은 전기 음성도가 더 작은 원자의 원자가 껍질에서 전기 음성도가 더 큰 원자의 원자가 껍질로 전자가 이동하여 형성된다. 전기 음성도가 더 큰 원자는 한 개 이상의 원자가 전자를 얻어

표 1.4 전기 음성도 값과 경향(Pauling 척도)

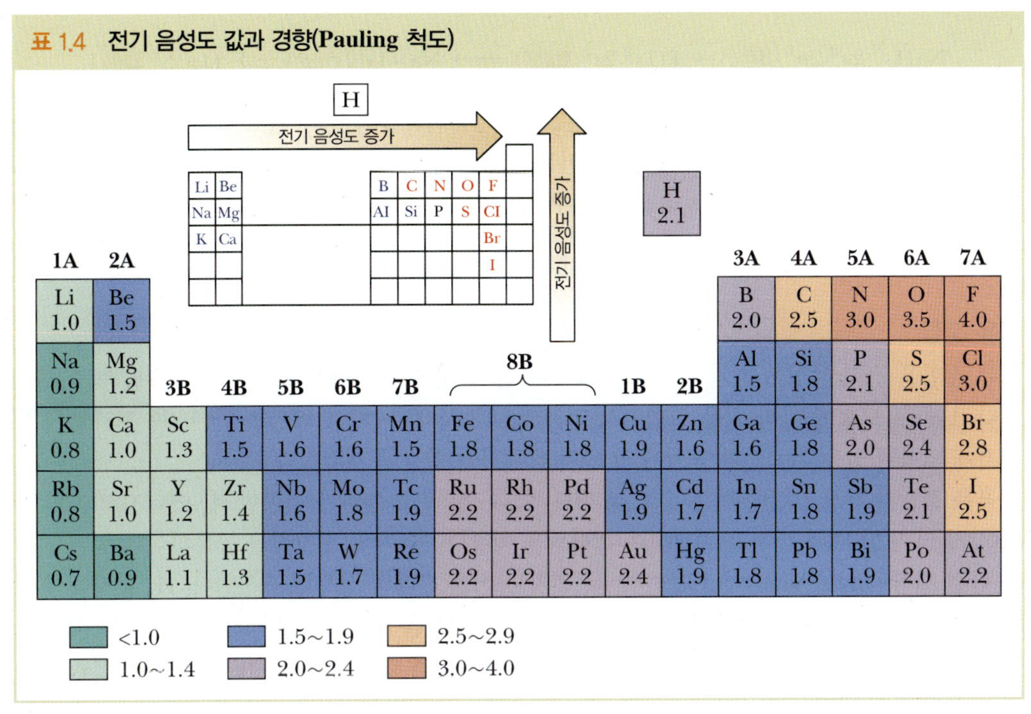

1A	2A	3B	4B	5B	6B	7B	8B	8B	8B	1B	2B	3A	4A	5A	6A	7A
																H 2.1
Li 1.0	Be 1.5											B 2.0	C 2.5	N 3.0	O 3.5	F 4.0
Na 0.9	Mg 1.2											Al 1.5	Si 1.8	P 2.1	S 2.5	Cl 3.0
K 0.8	Ca 1.0	Sc 1.3	Ti 1.5	V 1.6	Cr 1.6	Mn 1.5	Fe 1.8	Co 1.8	Ni 1.8	Cu 1.9	Zn 1.6	Ga 1.6	Ge 1.8	As 2.0	Se 2.4	Br 2.8
Rb 0.8	Sr 1.0	Y 1.2	Zr 1.4	Nb 1.6	Mo 1.8	Tc 1.9	Ru 2.2	Rh 2.2	Pd 2.2	Ag 1.9	Cd 1.7	In 1.7	Sn 1.8	Sb 1.9	Te 2.1	I 2.5
Cs 0.7	Ba 0.9	La 1.1	Hf 1.3	Ta 1.5	W 1.7	Re 1.9	Os 2.2	Ir 2.2	Pt 2.2	Au 2.4	Hg 1.9	Tl 1.8	Pb 1.8	Bi 1.9	Po 2.0	At 2.2

유기 화학에서 주로 다루는 원소들을 나타낸 부분 주기율표.
전기 음성도는 일반적으로 주기 내에서는 왼쪽에서 오른쪽으로 갈수록, 같은 족에서는 아래에서 위로 갈수록 증가한다. 수소는 빨간색 원소보다 전기 음성도가 작고, 파란색 원소보다 전기 음성도가 크다. 수소와 인은 Pauling 척도에서 같은 전기 음성도를 가진다.

서 음이온이 되고, 전기 음성도가 더 작은 원자는 한 개 이상의 전자를 잃고 양이온이 된다. 지침에 따르면, 이온 결합 화합물을 형성하기 위한 전자의 이동 방식은 일반적으로 두 원자의 전기 음성도 차이가 약 1.9 이상일 때 일어난다. 전기 음성도의 차이가 1.9 이하이면 결합은 대부분 공유 결합이다. 1.9라는 값은 다소 대략적인 값이다. 경우에 따라서 약간 더 큰 값이나 약간 더 작은 값을 나타내기도 한다. 1.9라는 값의 기본적인 의미는 이온 결합성인지, 공유 결합성인지를 결정하는 지표가 된다.

소듐(전기 음성도 0.9)과 플루오린(전기 음성도 4.0) 사이에서 형성되는 이온 결합의 한 예를 보자. 두 원소의 전기 음성도 차이는 3.1이다. $Na^{+}F^{-}$가 생성되면, 소듐의 3*s* 원자가 전자 한 개가 부분적으로 채워진 플루오린의 원자가 껍질로 이동하게 된다.

예제 1.3

주기율표의 상대적 위치로 볼 때, 다음 중 어느 원소가 더 큰 전기 음성도를 갖는가?

(a) 리튬과 탄소
(b) 질소와 산소
(c) 탄소와 산소

전략

주기율표에서 비교 대상의 원소들이 같은 주기나 같은 족에 있는지 살펴보라. 같은 주기에 있다면 전기 음성도는 왼쪽에서 오른쪽으로 갈수록 증가한다. 같은 족에 있다면 아래에서 위로 갈수록 증가한다.

풀이

모든 원소가 2주기에 있다. 같은 주기에서는 왼쪽에서 오른쪽으로 갈수록 전기 음성도가 증가한다.

(a) C > Li
(b) O > N
(c) O > C

문제 1.24 참조

문제 1.3

주기율표의 상대적 위치로 볼 때, 다음 중 어느 원소가 더 큰 전기 음성도를 갖는가?

(a) 리튬과 포타슘
(b) 질소와 인
(c) 탄소와 규소
(d) 산소와 인
(e) 산소와 규소

$$Na(1s^2\,2s^2\,2p^6\,3s^1) + F(1s^2\,2s^2\,2p^5) \longrightarrow Na^+(1s^2 2s^2 2p^6) + F^-(1s^2 2s^2\,2p^6)$$

전자 한 개의 이동 결과로, 소듐과 플루오린 모두가 각 원자들의 원자 번호에서 가장 가까운 비활성 기체인 네온과 같은 전자 배치를 가진 이온을 생성한다. 다음 반응식에서는 소듐에서 플루오린으로 한 개의 전자가 이동하는 것을 보여 주기 위하여 단일머리 굽은 화살표를 사용하였다.

$$Na\cdot + \cdot\ddot{F}: \longrightarrow Na^+ \; :\ddot{F}:^-$$

공유 결합

공유 결합은 전기 음성도 차가 1.9 또는 그 이하인 두 원자 사이에서 전자쌍이 공유될 때 이루어진다. Lewis 모형에 따라 공유 결합에서 전자쌍은 동시에 두 가지 역할을 한다. 즉 전자쌍은 두 원자에 의하여 공유되는 것과 동시에 각 원자의 원자가 껍질에 채워진다.

공유 결합의 가장 간단한 예는 수소 분자(H_2)이다. 두 수소 원자가 결합할 때, 에너지 방출과 함께 각 원자의 한 개의 전자가 결합하여 전자쌍을 이룬다. 한 개의 전자쌍을 공유하여 형성된 결합을 **단일 결합**(single bond)이라고 하며, 두 원자 사이에 하나의 선으로 표시한다. H_2 분자에서 두 수소 원자 사이에 공유된 전자쌍은 각 수소의 원자가 껍질을 완성한다. 따라서 H_2 분자의 각 수소는 원자가 껍질에 두 개의 전자를 가지게 되어 원자 번호에 가장 가까운 비활성 기체인 헬륨의 전자 배치를 갖게 된다.

$$H\cdot + \cdot H \rightarrow H—H \qquad \Delta H^0 = -435 \text{ kJ / mol } \ (-104 \text{ kcal / mol})$$

공유 결합을 이룬 원자들의 안정성을 Lewis 모형으로 설명하여 보자. 공유 결합 형성에서, 한 개의 전자쌍이 두 핵 사이의 영역에 놓이게 되고 양전하의 한 원자핵으로부터 양전하를 가진 다른 원자핵의 반발을 막아 주게 된다. 동시에, 이 전자쌍은 양쪽 원자핵으로부터 인력을 받게 된다. 즉 두 원자핵 사이의 공간에 놓인 전자쌍은 매우 좁은 범위 안에 상호 원자 간 거리를 고정시키게 되어 공유 결합은 일정한 결합 길이를 가지게 된다. 화학 결합을 이루고 있는 두 원자핵 간의 거리를 **결합 길이**(bond length)라고 한다. 각각의 공유 결합은 일정한 결합 길이를 갖는다. H—H의 결합 길이는 74 pm이며, 1 pm는 10^{-12} m이다.

모든 공유 결합이 전자를 공유하지만, 공유하는 정도는 크게 다르다. 공유 결합을 하는 두 원자의 전기 음성도 차이에 의하여, 공유 결합을 무극성 공유 결합과 극성 공유 결합의 두 종류로 분류할 수 있다. **무극성 공유 결합**(nonpolar covalent bond)은 전자를 동등하게 공유한다. **극성 공유 결합**(polar covalent bond)은 전자를 동등하게 공유하지 않는다. 그리고 두 유형을 명확하게 구분할 수 없으며, 또한 그런 점에서 이온 결합인지, 극성 공유 결합인지도 명확하게 구분할 수 없다. 그렇지만 표 1.5의 어림 기준은 무극성 공유 결합, 극성 공유 결합, 이온 결합을 구분하는 데 도움을 줄 것이다.

무극성 공유 결합 전기 음성도의 차이가 약 0.5 이하인 원자 사이의 공유 결합

극성 공유 결합 전기 음성도의 차이가 약 0.5와 1.9 사이인 원자 사이의 공유 결합

예를 들어 탄소와 수소의 공유 결합은 무극성 공유 결합으로 분류되는데, 두 원자의 전기 음성도 차이가 2.5 − 2.1 = 0.4이기 때문이다. H—Cl은 극성 공유 결합의 예이며, 염소와 수소 사이의 전기 음성도 차이는 3.0 − 2.1 = 0.9이다.

표 1.5 화학 결합의 분류

결합된 원자 사이의 전기 음성도 차이	결합 유형	가장 적합한 조합
0.5보다 작은 경우	무극성 공유 결합 }	두 금속, 비금속과 준금속
0.5~1.9	극성 공유 결합 }	
1.9보다 큰 경우	이온 결합	금속과 비금속

예제 1.4

각 결합을 무극성 공유 결합, 극성 공유 결합, 이온 결합으로 분류하시오.

(a) O—H
(b) N—H
(c) Na—F
(d) C—Mg

전략
두 원자 사이의 전기 음성도 차이를 표 1.5에 주어진 값과 비교해 보라.

풀이
결합된 원자들 사이의 전기 음성도 차이를 기초로 하여 살펴보면, 세 개는 극성 공유 결합이고 나머지 하나는 이온 결합이다.

결합	전기 음성도 차이	결합 유형
(a) O—H	3.5 − 2.1 = 1.4	극성 공유
(b) N—H	3.0 − 2.1 = 0.9	극성 공유
(c) Na—F	4.0 − 0.9 = 3.1	이온
(d) C—Mg	2.5 − 1.2 = 1.3	극성 공유

문제 1.25 참조

문제 1.4

각 결합을 무극성 공유 결합, 극성 공유 결합, 이온 결합으로 분류하시오.

(a) S—H **(b)** P—H **(c)** C—F **(d)** C—Cl

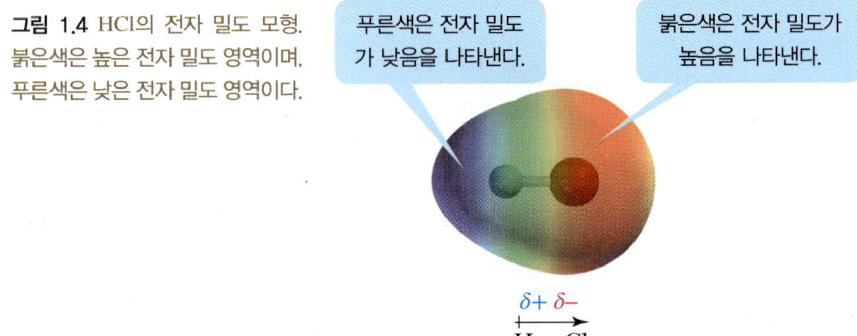

그림 1.4 HCl의 전자 밀도 모형. 붉은색은 높은 전자 밀도 영역이며, 푸른색은 낮은 전자 밀도 영역이다.

극성 공유 결합에서 전자들이 불균일하게 공유됨으로써 나타나는 중요한 결과로 더 큰 전기 음성도의 원자가 더 큰 비율의 공유된 전자를 가지게 되며, 기호 $\delta-$(delta minus로 읽음)로 표시되는 부분 음전하를 얻게 된다. 전기 음성도가 더 작은 원자는 적은 비율의 공유된 전자를 가지며, 기호 $\delta+$(delta plus로 읽음)로 표시되는 부분 양전하가 된다. 이러한 전하의 분리로 **쌍극자**(dipole, 이중 극자)가 만들어지게 된다. 화살표로 쌍극자의 존재를 표시할 수 있으며, 화살표의 머리는 쌍극자의 음전하 끝 가까이에 놓고, 화살표의 꼬리는 양전하의 끝 가까이에 놓는다(그림 1.4).

공유 결합의 극성은 **전자 밀도 모형**(electron density model)이라는 일종의 분자 모형으로 표시할 수 있다. 이러한 모형에서 푸른색은 $\delta+$ 전하 부분이며, 붉은색은 $\delta-$ 전하 부분이다. 그림 1.4는 HCl의 전자 밀도 모형이다. 가운데에 보이는 공–막대 모형은 공간에서 두 원자의 배열을 나타낸다. 공–막대 모형을 둘러싸고 있는 투명 표면은 원자들의 상대적 크기(공간 채움 모형에 의하여 나타낸 크기와 동일)를 보여 주며, 표면의 색은 전자 밀도의 분포를 보여 준다. $\delta+$ 전하를 가진 수소는 푸른색으로, $\delta-$ 전하를 가진 염소는 붉은색으로 나타내었다.

요약하면, 유기 화학에서 전기 음성도와 공유 결합의 극성이라는 두 개념은 화학 반응을 이해하는 데 매우 도움이 된다. 앞으로 배우게 되는 많은 화학 반응은 부분 양전하와 부분 음전하 사이의 인력에 의해 일어난다.

예제 1.5

기호 $\delta+$와 $\delta-$를 사용하여 결합의 극성 방향을 나타내시오.

(a) C—O **(b)** N—H **(c)** C—Mg

전략

공유 결합의 극성도와 극성 방향을 알기 위해서는 결합된 원자의 전기 음성도를 비교해 보라. 화살표는 항상 전기 음성도가 큰 방향으로 향한다는 것을 기억하라.

풀이

(a)에서 탄소와 산소는 주기율표의 2주기 원소이다. 산소가 탄소보다 더 오른쪽에 있기 때문에 산소가 더 전기 음성적이다. (b)에서 질소가 수소보다 더 전기 음성적이다. (c)에서 마그네슘은 주기율표에서 훨씬 왼쪽에 있는 금속이며, 탄소는 비금속으로 오른쪽에 놓여 있다. 수소를 포함한 모든 비금속은 1A와 2A 열에서 금속보다 더 큰 전기 음성도를 가진다. 각 원소의 전기 음성도는 원소 기호 밑에 표시하였다.

(a) $\overset{\delta+}{\mathrm{C}}—\overset{\delta-}{\mathrm{O}}$ (2.5, 3.5) **(b)** $\overset{\delta-}{\mathrm{N}}—\overset{\delta+}{\mathrm{H}}$ (3.0, 2.1) **(c)** $\overset{\delta-}{\mathrm{C}}—\overset{\delta+}{\mathrm{Mg}}$ (2.5, 1.2)

문제 1.26, 1.38, 1.40 참조

문제 1.5

화살표와 기호 $\delta+$, $\delta-$를 사용하여 다음 극성 공유 결합의 극성 방향을 나타내시오.

(a) C—N **(b)** N—O **(c)** C—Cl

표 1.6 몇 종류 분자의 Lewis 구조. 원자가 전자의 수는 분자식 옆의 괄호에 표시

H—Ö—H H_2O (8) 물	H—N̈—H (N에 H 하나 더) NH_3 (8) 암모니아	H—C—H (C에 H 위아래) CH_4 (8) 메테인	H—C̈l: HCl (8) 염화 수소
$H_2C=CH_2$ C_2H_4 (12) 에틸렌	H—C≡C—H C_2H_2 (10) 아세틸렌	$H_2C=\ddot{O}$ CH_2O (12) 폼알데하이드	H—Ö—C(=O:)—Ö—H H_2CO_3 (24) 탄산

표 1.6의 화합물과 다른 유기 화합물에서 다음과 같은 일반적 원칙을 만들 수 있다. 중성(하전되지 않은) 유기 화합물에서,

- H는 한 개의 결합
- C는 네 개의 결합
- N는 세 개의 결합과 한 개의 비공유 전자쌍
- O는 두 개의 결합과 두 개의 비공유 전자쌍

D. 형식 전하

이 과정에서는 분자뿐만 아니라 다원자 양이온과 다원자 음이온에 대해서도 다룰 것이다. 다원자 양이온의 예로는 하이드로늄 이온(H_3O^+)과 암모늄 이온(NH_4^+)이 있다. 다원자 음이온의 예로는 탄산수소 이온(HCO_3^-)을 들 수 있다. 다원자 이온이나 분자 내의 원자 또는 원자들이 양전하 또는 음전하를 가지고 있는지를 결정하는 것은 매우 중요한 일이다. 분자나 다원자 이온에서 특정한 원자가 가지는 전하를 **형식 전하**(formal charge)라고 한다. 형식 전하를 계산하기 위해서는

형식 전하 분자나 다원자 이온에서 특정 원자의 전하

해결방법 1.1

분자와 이온의 Lewis 구조 그리기 

분자와 이온의 Lewis 구조를 그리는 능력은 유기 화학을 배우기 위한 기초 기술이다. 다음 지침은 Lewis 구조를 그리는 데 도움을 줄 것이다(표 1.6의 예를 참조). 예를 들어 $C_2H_4O_2$의 분자식을 갖는 아세트산의 Lewis 구조를 그려 보자. CH_3COOH와 같은 구조식은 많은 도움이 된다.

1단계: 분자 또는 이온의 원자가 전자 수를 확인한다.
먼저 주어진 각 원자의 원자가 전자 수를 더한다. 이온의 경우, 음이온의 각 음전하수를 전자 수에 더하고, 양이온은 양이온의 전하수만큼 전자 수에서 뺀다. 예를 들어 물 분자(H_2O)의 Lewis 구조는 각 수소에서 한 개씩과 산소에서 6개로, 8개의 원자가 전자를 가져야 한다. 수산화 이온(OH^-)의 Lewis 구조는 역시 수소에서 한 개, 산소에서 6개, 음이온 전하수를 더하면 8개의 전자를 가져야 한다. 분자식이 $C_2H_4O_2$인 아세트산의 경우, Lewis 구조는 8(두 개 탄소)+4(네 개 수소)+12(두 개 산소)=24개의 원자가 전자를 가진다.

2단계: 분자 또는 이온의 원자 간의 연결을 결정한다.
이 단계가 Lewis 구조를 그리는 데 가장 어려운 부분이다. 때로는 화합물의 구조식이 결합된 상태에 관한 중요한 단서가 된다. 원자의 결합된 순서는 구조식에 나타나 있다. 예를 들어 아세트산의 구조식에서 CH_3는 왼쪽에 있는 탄소에 세 개의 수소가 연결되어 있고, COOH는 두 개의 산소가 같은 탄소에 연결되어 있고 수소는 하나의 산소에 연결되어 있다는 것을 말해 준다.

```
      H     O
      |    /
  H — C — C
      |    \
      H     O — H
```

간단한 분자와 이온을 제외하고, 원자들의 결합된 상태는 실험적으로 결정된다. 몇몇 분자와 이온에 대한 예제에서 원자들의 연결을 연습하게 될 것이다. 하지만 대부분의 경우 실험적으로 결정된 연결이 주어진다.

3단계: 각 원자가 채워진 바깥 껍질을 갖도록 전자를 쌍으로 배열한다. 결합 전자(bonding electron)**의 한 쌍은 하나의 선으로 표시하며, 비결합 전자**(nonbonding electron) **쌍은 Lewis 점으로 표시한다.**
단일 결합으로 원자를 연결한다. 이후 분자나 이온에 있는 각 원자가 채워진 바깥 껍질을 갖도록 남은 전자쌍을 배열한다. 수소 원자는 두 개의 전자를 가져야 한다. 탄소, 산소, 질소, 할로젠 원자들은 주위에 8개의 전자를 가져야 한다(팔전자 규칙). 중성의 탄소 원자는 네 개, 산소 원자는 6개의 원자가 전자를 가진다는 것을 항상 기억하라. 왼쪽 탄소는 네 개의 단일 결합과 채워진 원자가 전자를 가지고 있다. 수소 역시 채워진 원자가 전자를 가지고 있다. 아래쪽 산소는 두 개의 단일 결합, 두 개의 비공유 전자쌍을 가지고 있으므로 채워진 원자가 껍질을 가지고 있다. 위쪽 산소는 원래 6개의 원자가 전자를 가지고 있지만 원자가 껍질을 다 채우지 못하였다. 마찬가지로 오른쪽 탄소는 네 개의 원자가 전자를 가지고 있지만 원자가 껍질을 다 채우지 못하였다.

```
      H    ·Ö:
      |    /
  H — C — C
      |    \
      H     Ö — H
```

지금까지의 구조에서 두 원소는 채워진 원자가 껍질을 갖지 못하였다는 것을 주목하라. 또한 하나의 탄소 원자와 산소 원자는 각각 하나의 홀전자를 가지고 있다.

4단계: 홀전자를 없애기 위해 필요하면 다중 결합을 사용한다.
단일 결합(single bond)에서 두 원자는 전자쌍 한 개를 공유한다. 때때로 원자가 한 개 이상의 전자쌍이 필요할 수 있다. **이중 결합**(double bond)에서는 두 개의 전자쌍을 공유하며, 결합된 원자 사이를 두 개의 선으로 표시한다. **삼중 결합**(triple bond)에서는 두 원자가 세 개의 전자쌍을 공유하며, 결합된 두 원자 사이를 세 개의 선으로 표시한다. 다음 구조는 탄소와 산소에 있는 홀전자를 연결하고 탄소와 산소 사이에 이중 결합을 만들었다. 이제 Lewis 구조가 완성되었다.

```
      H     Ö:
      |    //
  H — C — C
      |    \
      H     Ö — H
```

예제 1.6

모든 원자가 전자가 표시된 Lewis 구조를 그리시오.

(a) H_2O_2 **(b)** CH_3OH **(c)** CH_3Cl

전략

원자가 전자의 수와 각 분자에서 원자 간의 결합을 결정한다. 단일 결합으로 원자를 연결하고 각 원자가 채워진 원자가 껍질을 갖도록 남아 있는 원자가 전자를 배열하라.

해결

(a) 과산화 수소(H_2O_2)의 Lewis 구조는 각 산소에서 6개의 원자가 전자와 각 수소에서 1개의 원자가 전자에 의해 총 12 + 2 = 14개의 원자가 전자가 나타나야 한다. 수소 원자는 단지 한 개의 공유 결합을 형성하므로 원자의 결합 순서는 다음과 같다.

H—O—O—H

세 개의 단일 결합에는 6개의 원자가 전자가 있다. 산소 원자에 남은 8개의 원자가 전자를 그려야 팔전자계 규칙을 만족한다.

H—Ö—Ö—H

Lewis 구조

공-막대 모형은 오직 핵과 공유 결합만 나타낸다. 비공유 전자쌍을 표시하지 않는다.

(b) 메탄올(CH_3OH)의 Lewis 구조는 탄소에서 4개, 각 수소에서 1개, 산소 원자에서 6개의 원자가 전자로, 총 4 + 4 + 6 = 14개의 원자가 전자가 있다. 메탄올에서 각 원자의 결합은 왼쪽과 같다. 5개의 단일 결합은 10개의 원자가 전자를 가진다. 남은 4개의 원자가 전자는 Lewis 점전자쌍으로 산소에 표시함으로써 팔전자계를 완성하게 된다.

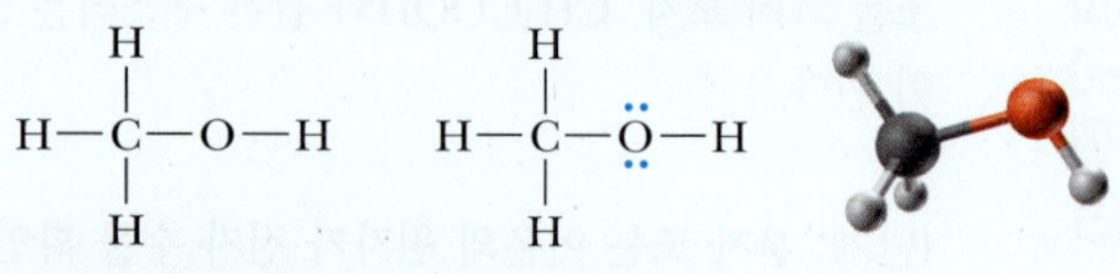

원소들의 결합 Lewis 구조

(c) 클로로메테인(CH_3Cl)의 Lewis 구조는 탄소에서 4개, 수소에서 각 1개씩, 염소에서 7개의 원자가 전자에 의하여 총 4 + 3 + 7 = 14개의 원자가 전자를 가진다. 탄소는 4개, 수소 각각에 대하여 1개, 염소는 1개의 결합을 가질 수 있다. 남은 6개의 원자가 전자는 Lewis 점전자쌍으로 염소에 표시하여 팔전자계를 완성하게 된다.

Lewis 구조

문제 1.27, 1.28 참조

문제 1.6

다음 분자에 대하여 모든 원자가 전자가 표시된 Lewis 구조를 그리시오.

(a) C_2H_6 **(b)** CS_2 **(c)** HCN **(d)** HCHO

비결합 전자 공유 결합 형성에 관여하지 않은 원자가 전자, 즉 비공유 전자

결합 전자 공유 결합에서 공유된 원자가 전자

1단계: **분자나 이온에 대한 정확한 Lewis 구조를 그려라.**

2단계: **각 원자의 모든 비공유(비결합) 전자의 수와 공유(결합) 전자 수의 절반을 더하라.**

3단계: **2단계에서 얻은 수와, 결합되지 않았을 때(중성인 원자)의 원자가 전자 수를 비교하라.** 결합된 원자의 전자 수가 결합되지 않은 원자의 전자 수보다 적다면 이 원자는 전자를 잃은 상태가 되므로 양전하를 가지게 된다. 역으로, 결합된 원자의 전자 수가 결합되지 않은 원자의 전자 수보다 많으면 그 원자는 음전하를 가지게 된다.

$$\text{형식 전하} = \frac{\text{결합을 이루지 않은 중성}}{\text{원자의 원자가 전자 수}} - (\text{모든 비공유 전자의 수} + \text{모든 공유 전자의 수 절반})$$

분자나 이온의 Lewis 구조 그리기에서, 2주기 원소인 탄소, 질소, 산소는 그들의 원자가 껍질에 있는 네 개의 오비탈($2s$, $2p_x$, $2p_y$, $2p_z$)에 8개의 전자를 넘을 수 없다는 것을 반드시 기억하여야 한다. 질산(HNO_3)에 대한 다음 두 Lewis 구조에서, 각각 정확한 수(24개)의 원자가 전자를 가지고 있지만, 하나는 가능하고, 다른 하나는 맞지 않다.

질소의 원자가 껍질에 10개의 전자가 있으므로 팔전자 규칙에 위배된다.

올바른 Lewis 구조 맞지 않는 Lewis 구조

예제 1.7

다음 이온에 대한 Lewis 구조를 그리고, 각 원자의 형식 전하를 표시하시오.

(a) H_3O^+ **(b)** CH_3O^-

전략

각 원자에서 모든 원자가 전자를 나타내는 올바른 Lewis 구조를 그린다. 이후 형식 전하의 위치를 나타내면 된다.

해결

(a) 하이드로늄 이온의 Lewis 구조는 세 수소에서 3개, 산소에서 6개, 양전하에 대한 −1에 의하여 8개의 원자가 전자를 가져야 한다. 중성이며 결합되지 않은 산소의 6개 전자로부터 1개를 빼주어야 단일 양전하를 가지게 된다. H_3O^+에서 산소는 두 개의 비공유 전자들과 세 개의 공유 전자쌍에서 세 개를 할당하면, 형식 전하는 $6-(2+3) = +1$이 된다.

할당된 5개의 원자가 전자:
+1의 형식 전하

H—Ö⁺—H
|
H

(b) 메톡시화 이온(CH_3O^-)에 대한 Lewis 구조는 탄소에서 4개, 산소에서 6개, 수소에서 3개, 음전하에서 +1에 의하여 12개의 원자가 전자를 가져야 한다. 탄소의 각 결합 전자쌍에서 1개의 전자를 할당하면 형식 전하는 $4-4=0$이 된다. 산소에 7개의 원자가 전자를 할당하면 $6-7=-1$의 형식 전하가 된다.

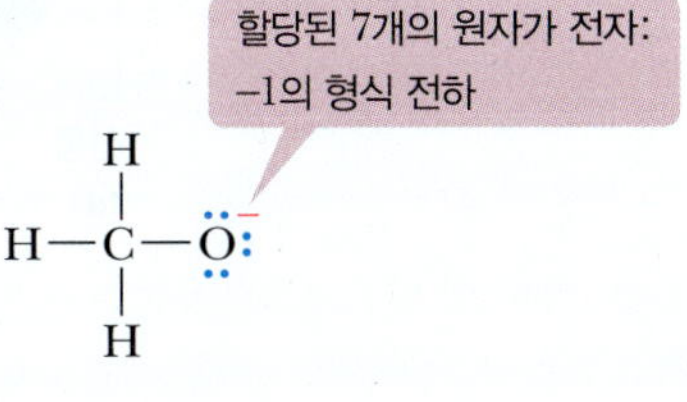

문제 1.30~1.32, 1.34 참조

문제 1.7

다음 이온에 대한 Lewis 구조를 그리고, 원자의 형식 전하를 표시하시오.

(a) $CH_3NH_3^+$ **(b)** CH_3^+

왼쪽은 가능한 Lewis 구조이다. 필요한 24개의 원자가 전자를 가지고 있으며, 각 산소와 질소는 원자가 껍질에 8개의 전자를 가지고 있다. 더욱이 왼쪽의 구조는 질소 원자에 양의 형식 전하가 있으며, 산소들 중에서 하나는 음의 형식 전하가 있다. 올바른 Lewis 구조에는 이들 형식 전하가 반드시 나타나야 한다. 오른쪽의 구조는 맞지 **않는** Lewis 구조이다. 비록 정확한 원자가 전자 수를 가지고 있지만, 질소가 10개의 전자를 가진다. 두 번째 껍질의 네 개의 오비탈(2*s*, $2p_x$, $2p_y$, $2p_z$)에는 총 8개보다 많은 원자가 전자가 들어갈 수 없다.

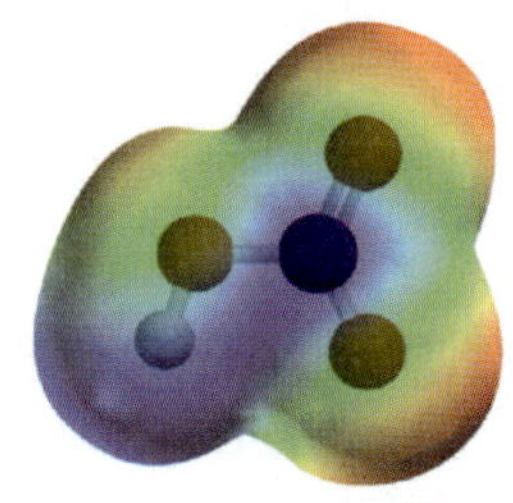

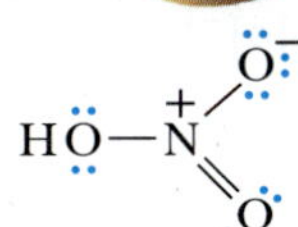

HNO_3의 Lewis 구조를 그려 보면 산소 원자 하나에만 음의 형식 전하가 있는 것으로 표시된다. 그러나 전자 밀도 모형을 보면 오른쪽의 두 산소 원자에 음전하가 똑같이 분포된 것으로 나타난다. 이러한 현상은 공명의 개념으로 설명할 수 있으며 1.6절에서 다시 설명할 것이다. 질소가 진한 푸른색으로 나타나는 것은 질소가 양의 형식 전하를 가짐을 의미한다.

1.3 결합각과 분자의 모양은 어떻게 알 수 있는가?

1.2절에서는 공유 결합의 기본 단위인 공유된 전자쌍을 사용하여 단일, 이중, 삼중 결합이 다양하게 포함하는 여러 작은 분자에 대한 Lewis 구조를 그렸다(예: 표 1.6). **원자가 껍질 전자쌍 반발** (valence shell electron pair repulsion: VSEPR) 모형을 이용하면 이러한 분자의 결합각을 직접 예측할 수 있다. 이 모형에 따라 원자가 전자는 단일, 이중, 삼중 결합 형성에 참여할 수 있으며, 또는 비공유 전자쌍으로 남아 있을 수 있다. 각 전자들의 조합으로 음전하를 가진 공간 영역이 형성된다. 같은 전하는 서로 반발하므로 원자 주변의 여러 전자들은 가능한 한 서로 멀리 떨어져 있게 된다.

분자의 모양을 예측하는 데 VSEPR 모형을 사용할 수 있다는 점을 상기시켜 보자. 아주 간단하게 이러한 모형으로 예측된 결합각을 설명할 수 있다. 그림 1.5에서와 같이 풍선을 이용하면 간단히 설명할 수 있다.

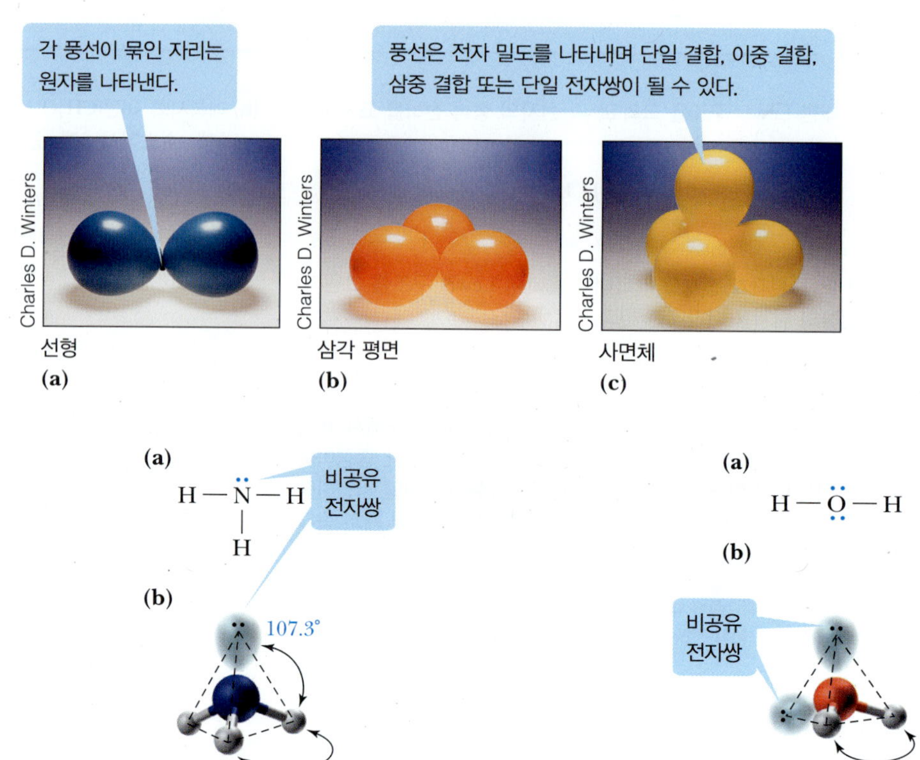

그림 1.5 결합각의 예측에 사용되는 풍선 모형. (a) 두 풍선은 묶인 점에서 결합각이 180°인 선형 모양을 가진다. (b) 세 풍선은 묶인 점에서 결합각이 120°인 삼각 평면 모양을 가진다. (c) 네 풍선은 묶인 점에서 결합각이 109.5°인 사면체 모양을 가진다.

(a)

H
|
H — C — H
|
H

(b)

109.5°
109.5°

그림 1.6 메테인 분자(CH_4)의 모양. (a) Lewis 구조, (b) 공–막대 모형. 단일 결합은 전자 밀도의 네 개의 영역에 있으므로 분자의 모양은 **사면체**가 된다. 수소는 정사면체의 모서리에 있으며, 모든 H—C—H 결합각은 109.5°이다.

(a)

H — N̈ — H
|
H

비공유 전자쌍

(b)

107.3°
107.3°

그림 1.7 암모니아 분자(NH_3)의 모양. (a) Lewis 구조, (b) 공–막대 모형. 세 개의 단일 결합과 한 개의 단일 전자쌍이 네 개의 전자 밀도 영역을 형성한다. 따라서 단일 전자쌍과 세 개의 단일 결합이 정사면체의 모서리에 있게 된다. 하지만 분자의 모양을 설명함에 있어 단일 전자쌍을 설명하지 않을 수 없다. 이러한 이유로 암모니아의 입체 구조는 **피라미드** 모양(pyramidal)으로 설명된다. 즉 정점에 질소를, 바닥에 세 개의 수소를 가진 삼각 피라미드 같은 모양을 가진다. 관찰된 결합각은 107.3°이다. 예상과 관찰된 값의 차이는 비공유 전자쌍과 인접 결합 전자쌍들 사이의 반발이 결합 전자쌍들 사이의 반발보다 더 크기 때문인 것으로 생각할 수 있다.

(a)

H — Ö — H

(b)

비공유 전자쌍

104.5°

그림 1.8 물 분자(H_2O) 의 모양. (a) Lewis 구조, (b) 공–막대 모형. VSEPR 모형으로 산소 주변 네 개의 전자 밀도 영역은 정사면체 방식으로 배열되며, H—O—H 결합각은 109.5°를 이룰 것으로 예상된다. 실험 측정 결과에서 H—O—H의 결합각은 예상보다 작은 104.5°이다. 예상과 관찰된 값의 차이는 NH_3에서와 같이, 비공유 전자쌍과 인접 결합 전자쌍들 사이의 반발이 결합 전자쌍들 사이의 반발보다 더 크기 때문인 것으로 생각할 수 있다. 109.5°로부터 벗어남의 정도는 비공유 전자쌍을 한 개 가지고 있는 NH_3보다 비공유 전자쌍을 두 개 가지고 있는 H_2O가 더 크다. 이러한 물의 모양을 **굽은형**이라고 한다.

메테인(CH_4), 암모니아(NH_3), 물(H_2O) 분자를 풍선 모형의 예로 살펴보자. 그림 1.6~1.8에 나타낸 분자의 (1) Lewis 구조에서 나타낸 전자 밀도 영역의 개수, (2) 이러한 전자 밀도 영역이 최대로 떨어질 수 있는 기하 구조와 (3) VSEPR 모형에 따라 결정된 모양의 이름에 주목하라.

이러한 CH_4, NH_3, H_2O 분자 모양의 설명으로부터 예측의 일반성이 생기게 된다. Lewis 구조에서 한 원자의 주변에 네 개의 전자 밀도 영역이 있다면, VSEPR 모형을 통해 전자 밀도는 정사면체의 모양이며, 결합각은 109.5° 근삿값으로 예상할 수 있다.

한 원자가 세 개의 전자 밀도 영역으로 둘러싸여 있는 분자도 흔히 볼 수 있다. 그림 1.9는 폼알데하이드(CH_2O)와 에틸렌(C_2H_4)의 Lewis 구조이다. 이 두 분자의 (1) Lewis 구조에서 나타낸 전자 밀도 영역의 개수, (2) 이러한 전자 밀도 영역이 최대로 떨어질 수 있는 기하 구조와 (3) VSEPR 모형에 따라 결정된 모양의 이름에 주목하라. 또한 VSEPR 모형을 이용하면 전자 밀도의 단일 영역을 이중 결합으로 취급할 수 있음에 주목하라.

그렇지만 어떤 분자는 중심 원자가 단지 두 개의 전자 밀도 영역을 가진 것들이 있다. 그림 1.10은 이산화 탄소(CO_2)와 아세틸렌(C_2H_2)의 Lewis 모형과 공–막대 모형이다. 이중 결합과 마찬가지로, VSEPR 모형에서는 삼중 결합도 하나의 전자 밀도 영역으로 취급한다.

표 1.7은 VSEPR 모형의 예측을 요약한 것이다.

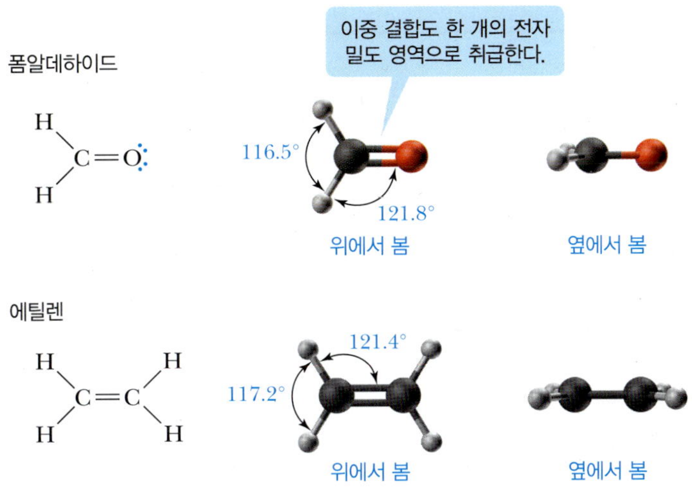

폼알데하이드
이중 결합도 한 개의 전자 밀도 영역으로 취급한다.
116.5°
121.8°
위에서 봄
옆에서 봄
에틸렌
121.4°
117.2°
위에서 봄
옆에서 봄

그림 1.9 폼알데하이드(CH_2O)와 에틸렌(C_2H_4)의 모양. 분자의 탄소는 세 개의 전자 밀도 영역으로 둘러싸여 있다. 세 개의 전자 밀도 영역은 평면에 놓이면서 서로 120° 각을 이룰 때 가장 멀리 떨어지게 된다. 이러한 구조를 **삼각평면** 모양이라고 부른다.

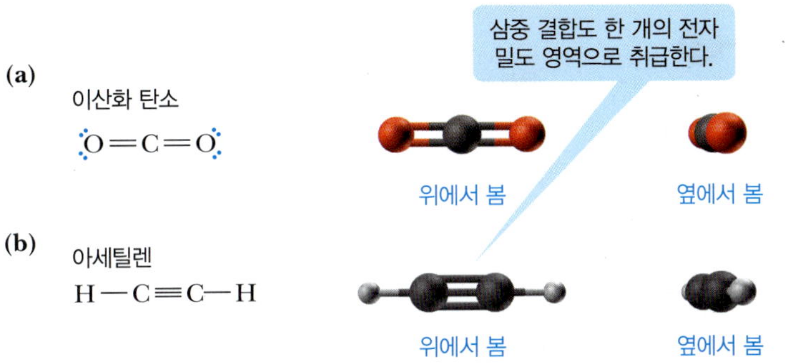

(a)
이산화 탄소
삼중 결합도 한 개의 전자 밀도 영역으로 취급한다.
위에서 봄
옆에서 봄
(b)
아세틸렌
H—C≡C—H
위에서 봄
옆에서 봄

그림 1.10 (a) 이산화 탄소(CO_2), (b) 아세틸렌(C_2H_2)의 모양. 두 개 전자 밀도 영역은 두 중심 원자에 대하여 직선을 이루고, 180° 각도에 의해서 가장 멀리 떨어져 있게 된다. 이산화 탄소와 아세틸렌은 모두 **선형** 분자이다.

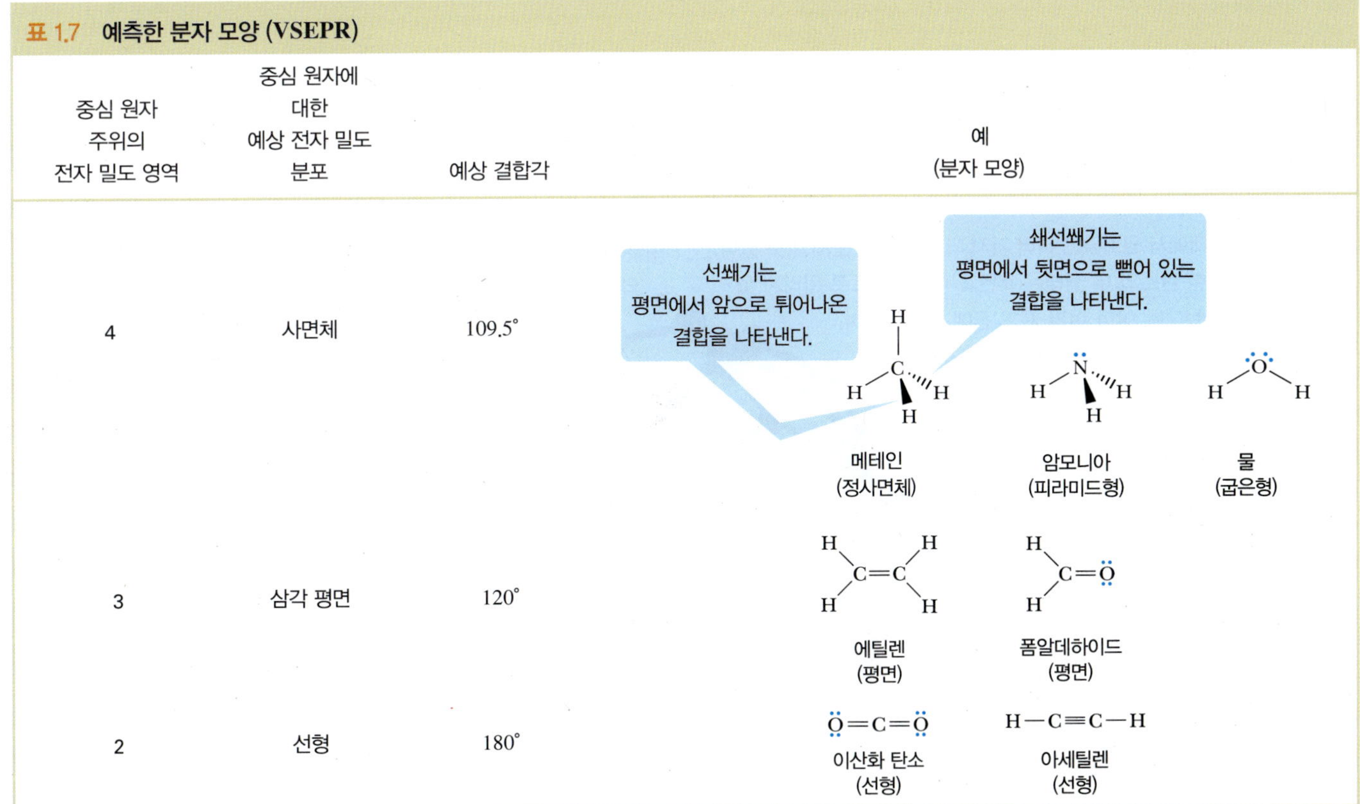

표 1.7 예측한 분자 모양 (VSEPR)

중심 원자 주위의 전자 밀도 영역	중심 원자에 대한 예상 전자 밀도 분포	예상 결합각	예 (분자 모양)
4	사면체	109.5°	선쐐기는 평면에서 앞으로 튀어나온 결합을 나타낸다. 쇄선쐐기는 평면에서 뒷면으로 뻗어 있는 결합을 나타낸다. 메테인 (정사면체), 암모니아 (피라미드형), 물 (굽은형)
3	삼각 평면	120°	에틸렌 (평면), 폼알데하이드 (평면)
2	선형	180°	이산화 탄소 (선형), 아세틸렌 (선형)

예제 1.8

다음 분자의 모든 결합각을 예측하시오.

(a) CH_3Cl **(b)** $CH_2{=}CHCl$

전략

결합각을 예측하기 위해 먼저 분자의 정확한 Lewis 구조를 그린다. 모든 비공유 전자쌍을 정확하게 나타내어 본다. 각 원자 주위의 전자 밀도 영역의 개수(2, 3, 4)를 확인하고, 영역의 개수를 사용해 결합각(180°, 120°, 109.5°)을 예측하면 된다.

풀이

(a) CH_3Cl의 Lewis 구조는 네 개의 전자 밀도 영역으로 둘러싸인 탄소가 있다. 탄소에 대한 전자쌍의 분포는 사면체로 예상되며, 모든 결합각은 109.5°이며, CH_3Cl의 모양은 사면체이다.

(b) $CH_2{=}CHCl$의 Lewis 구조에서 각 탄소는 세 개의 전자 밀도 영역을 가지고 있다. 모두 120° 결합각이 예상된다.

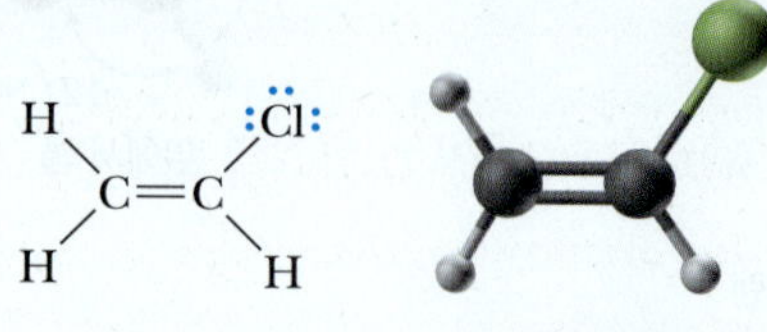

(위에서 봄)

(C=C 결합을 따라 봄)

문제 1.41~1.43 참조

문제 1.8

다음 분자의 모든 결합각을 예측하시오.

(a) CH_3OH **(b)** CH_2Cl_2 **(c)** H_2CO_3 (탄산)

화학 관련 1A

버키볼: 탄소의 새로운 형태

순수한 상태에서 원소들은 여러 가지 다른 형태로 존재할 수 있다. 보통 순수한 탄소의 두 형태는 흑연과 다이아몬드로 알려져 있다. 이 두 형태는 이미 여러 세기 전에 알려졌으며, 이 두 종류의 형태가 오직 탄소가 존재할 수 있는 방법으로 인식되었다.

그러나 1985년에 미국의 Rice 대학교 Richimond Smalley, 영국의 Sussex 대학교 Harry W. Kroto 및 공동 연구자들은 분자식이 C_{60}인 새로운 형태의 탄소를 발견하여 세계 과학계를 놀라게 하였다. 이들이 제시한 구조는 축구공을 닮은 구조로 20개의 육원자 고리가 12개의 오원자 고리를 감싸고 있는 형태의 연결된 구형의 형태이다. 이 구조는 유명한 미국 공학자이며 철학자인 R. Buckminster Fuller에 의해 고안된 기하학적 둥근 천장의 구조물을 연상시켰기 때문에, 이 새로운 탄소의 동소체 이름을 풀러렌(fullerene)으로 명명하게 되었다. Kroto, Smalley, Robert F. Curl은 이러한 풀러렌에 대한 연구로 1996년에 노벨 화학상을 수상하였다. 그 후 이러한 동소체에는 C_{60}뿐만 아니라 C_{70}나 C_{84}와 같은 더 큰 풀러렌도 존재함이 확인되었다.

문제

C_{60} 탄소의 결합각을 예상해 보시오. 전형적인 탄소–탄소 결합을 갖는 화합물의 결합각과 비교해 볼 때, C_{60} 탄소의 결합각은 어떠한 특징이 있는가?

1.4 극성 및 무극성 분자는 어떻게 알 수 있는가?

1.2C절에서 **극성**(polar) 및 **쌍극자**(dipole)라는 용어로 한 원자는 부분 양전하를, 다른 원자는 부분 음전하를 가지는 공유 결합을 설명하였다. 또한 공유 결합의 극성과 극성의 방향을 결정하기 위해 결합된 원자들 사이의 전기 음성도 차이를 사용하여 설명하였다. 분자의 극성을 예측하기 위해서는 결합의 극성과 분자의 기하 구조(1.3절)를 함께 이용해야 한다.

분자가 (1) 무극성 결합만을 하고 있거나 (2) 극성 결합을 하고 있으나 극성 결합의 벡터 합이 0인 경우(즉 각 결합의 극성이 상쇄된다)라면 무극성이다. 먼저 두 개의 극성 탄소–산소 이중 결합을 가지고 있는 이산화 탄소(CO_2)를 생각해 보자. 이산화 탄소는 선형 분자이므로 두 결합 극성의 벡터 합이 0이다. 따라서 이 분자는 무극성이다.

동일한 세기의 두 결합 쌍극자가 서로 반대 방향으로 배열됨으로써 상쇄된다.

δ− δ+ δ−

:O=C=O:

이산화 탄소
(무극성 분자)

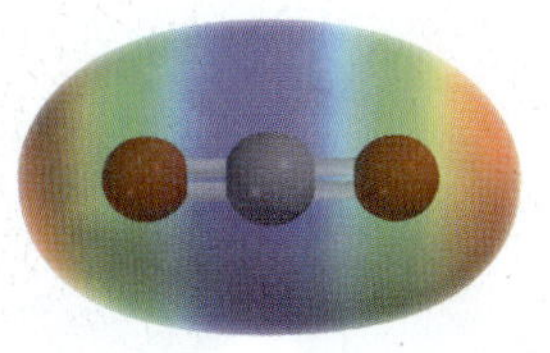

Charles D. Winters/Science Source Images

이산화 탄소(CO_2)는 무극성 분자로, 고체 상태를 드라이 아이스라고 한다.

분자가 극성 결합을 하고 있고 결합 극성의 벡터 합이 0이 아니라면 극성이다. 물 분자의 각 O—H 결합은 극성이다. 전기 음성도가 더 큰 산소는 부분 음전하를 가지며, 각 수소는 부분 양전하를 가진다. 물은 굽은형 분자이므로, 부분 양전하의 중심이 두 수소 원자 사이에 있으며 부분 음전하의 중심은 산소 원자이다. 따라서 분자의 기하 구조에 따라 물 분자는 극성 결합을 가지며, 극성 분자이다.

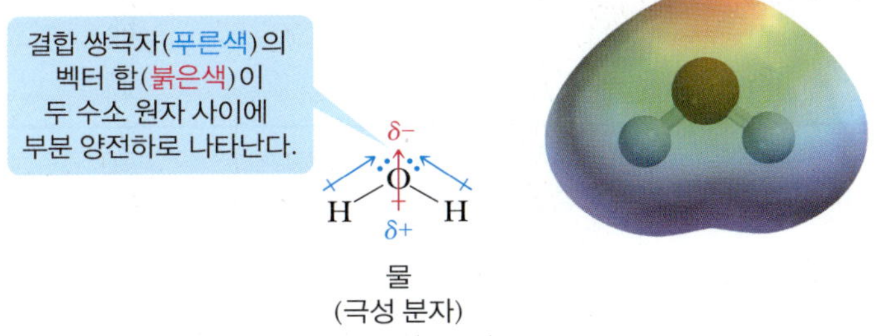

물
(극성 분자)

암모니아는 세 개의 극성 N–H 결합을 가진다. 분자의 기하 구조 때문에 결합 극성의 합은 0이 아니다. 따라서 암모니아는 극성 분자이다.

부분 양전하(δ+)의 중심이 세 개의 수소 원자 중간에 있다.

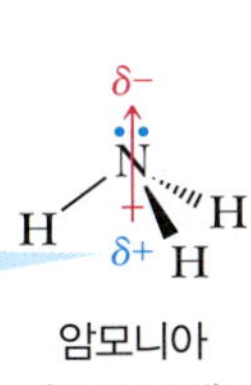

암모니아
(극성 분자)

예제 1.9

다음 중 어느 것이 극성 분자인가? 각각에 대하여 극성의 방향을 표시하시오.

(a) CH_3Cl **(b)** CH_2O **(c)** C_2H_2

전략

어떤 분자가 극성인지, 아닌지를 알아내기 위해서는 먼저 그 분자가 극성 결합을 가지고 있는지 살펴보고, 결합 쌍극자의 벡터 합이 0인지, 아닌지를 파악한다. 만약 결합 쌍극자의 벡터 합이 0이 아니라면 극성 분자이다.

풀이

클로로메테인(CH_3Cl)과 폼알데하이드(CH_2O)는 극성 결합을 가지며, 분자의 입체 구조 때문에 극성 분자이다. 아세틸렌(C_2H_2)은 선형이고, 각 C—H 결합은 무극성 공유 결합이므로 무극성 분자이다.

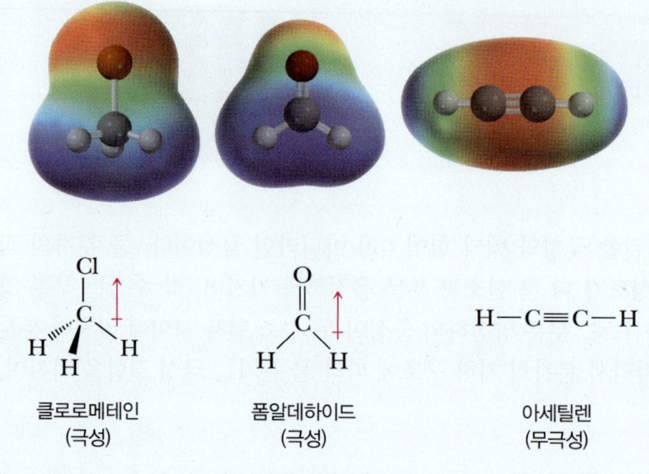

문제 1.44, 1.46 참조

문제 1.9

이산화 탄소(CO_2)와 이산화 황(SO_2)은 둘 다 삼원자 분자이다. 이산화 탄소는 무극성 분자이지만, 이산화 황은 극성 분자인 이유를 설명하시오.

1.5 공명이란 무엇인가?

유기 화합물의 결합 특성에 대해 더 많이 알게 됨에 따라 Lewis 구조만으로는 분자나 이온의 구조를 정확하게 표현할 수 없다는 것을 깨닫게 되었다. 예를 들어 그림 1.11에서 탄산 이온(CO_3^{2-})의 Lewis 구조는 세 가지이며, 각 탄소는 한 개의 이중 결합과 두 개의 단일 결합으로 세 개의 산소와 결합하고 있다. 각 Lewis 구조를 살펴보면 하나의 탄소–산소 결합이 나머지 두 개와 다름을 알 수 있다. 그러나 실제 탄산 이온은 이들 세 개의 탄소–산소 결합이 동일하다.

이처럼 하나의 Lewis 구조만으로는 실제 구조를 정확히 나타낼 수 없는 단점을 보완하기 위해서 공명 이론이 도입되었다.

그림 1.11 탄산 이온의 세 가지 Lewis 구조

A. 공명 이론

공명 이론은 1930년대 Linus Pauling에 의하여 개발되었다. 이 이론에 따르면, 여러 개의 Lewis 구조가 존재할 때 이들 구조의 혼합에 의하여 분자나 이온의 실제 구조를 가장 잘 설명할 수 있다. 가능한 Lewis 구조 각각을 **공명 기여 구조**(resonance contributing structure)라고 하고, 실

굽은 화살표는 항상 전자쌍에서 시작하며, 전자쌍은 결합이거나…

… 비공유 전자쌍이다.

(a) (b) (c)

그림 1.12 탄산 이온은 세 가지의 동등한 공명에 기여하는 구조의 혼성으로서 표현된다. 곡선 화살표는 한 기여 구조와 다음 사이에 원자가 전자의 재분포를 나타내는 것이다.

제 분자나 이온은 **양쪽머리 화살표**(double-headed arrow)를 이용해 나타내는 각 기여 구조의 **공명 혼성**(resonance hybrid) 구조이다.

공명 기여 구조 원자가 전자의 분포만 다른 분자 또는 이온을 나타내는 구조

양쪽머리 화살표 기여 구조의 상호 관계에 사용되는 부호

공명 혼성 여러 공명 기여 구조의 혼합으로 나타낸 분자 또는 이온으로 실제 구조에 가장 가까운 구조

그림 1.12는 탄산 이온에 대한 세 개의 공명 혼성 구조이다. 이들 세 개는 동등하며, 동일한 형식의 공유 결합(각각의 참여 구조는 한 개의 이중 결합과 두 개의 단일 결합으로 이루어져 있다)과 동일한 에너지 상태를 의미한다.

공유 결합을 얘기하면서 **'공명'**이라는 용어를 사용하게 되면 자칫 화학 결합과 전자쌍은 한 위치에서 다른 위치로 끊임없이 이동하고 변한다고 생각하기 쉽다. 그러나 이 생각은 옳지 않다. 예를 들어 탄산 이온의 실제 구조는 단 하나인데, 이 '탄산 이온의 실제 구조를 어떻게 나타낼 수 있을까?' 이러한 의문에 대한 해결책으로 제시된 것이 공명 구조라고 할 수 있다. 공명 구조를 나타내는 것은 실제 구조를 설명하는 한 가지 방편이다. 공명 구조는 Lewis 구조를 유지하면서 전자의 위치만 바꾸어 나타낸다. 그림 1.12에서 나타낸 구조 중 한 개의 공명 기여 구조로 나타낸 탄산 이온은 실제 구조는 아니지만 편의상 이들 중의 하나를 탄산 이온의 구조로 계속 사용할 것이다.

주의: 공명 기여 구조와 화학 평형을 혼동해서는 안 된다. 여러 개의 공명 기여 구조로 나타낸 분자는 각 구조 사이의 평형 반응이 아니다. 실제 분자는 오직 하나의 구조를 가지지만, 이것은 여러 가지 공명 기여 구조의 혼성으로 가장 잘 나타낼 수 있다. 이것을 색에 비유하여 생각해 보자. 녹색은 하나의 고유한 색이 아니며, 노란색과 푸른색을 섞으면 녹색을 만들 수 있다. 그러나 녹색이 때로는 노란색, 때로는 푸른색이 되지는 않는다. 녹색은 녹색이다. 유사한 방법으로, 공명 혼성으로 표현된 분자가 가끔은 기여 구조로 가끔은 다른 구조로 되지는 않는다. 항상 공명 혼성은 하나의 구조이다.

B. 굽은 화살표와 전자 이동

그림 1.12는 공명 기여 구조 (a)에서 (b)로, 이어서 (b)에서 (c)로 원자가 전자의 재분포만 달라졌음을 의미한다. 화학자들은 원자가 전자의 재분포를 나타내기 위하여 **굽은 화살표**(curved arrow)를 사용하며, 한 구조(화살표의 꼬리)에서 다음 구조(화살표의 머리)로 전자쌍의 이동을 나타내 준다. 이러한 전자의 이동은 한 원자로부터 인접 결합으로, 또는 한 결합에서 인접 원자로 일어날 수도 있다.

굽은 화살표 원자가 전자들의 재분포를 나타내는 기호

굽은 화살표는 전자쌍의 움직임 또는 **전자 밀기**(electron pushing)를 나타내는 기호일 뿐이다. 전자 밀기는 기여 구조 사이의 관계를 이해하는 데 도움을 준다. 나아가 유기 반응에서 결합의 해리와 생성을 추적하는 데 도움을 준다. 이러한 전자 밀기를 완벽히 이해하면 유기 화학을 훨씬 잘 할 수 있으며 쉬워진다. 이번 강좌의 성공 여부는 여기에 달려 있다.

C. 공명 기여 구조를 그리는 규칙

올바른 공명 기여 구조를 그리기 위해서는 다음 네 가지 규칙을 따라야 한다.

1. 모든 공명 기여 구조는 같은 수의 원자가 전자를 가져야 한다.

2. 모든 공명 기여 구조는 공유 결합의 규칙을 따라야 한다. 기여 구조에서 수소는 두 개의 전자, 2주기 원소의 전자 껍질에는 8개의 전자를 갖는다. 황, 인 같은 3주기 원소는 그들의 원자가 껍질에 12개의 전자까지 가질 수 있다.
3. 공명 기여 구조는 모든 원자의 위치가 같아야 하며, 단지 그들의 원자가 전자의 분포만 다를 뿐이다.
4. 모든 공명 기여 구조는 공유 전자와 비공유 전자의 전체 개수가 같아야 한다.

예제 1.10

어느 쌍이 공명 기여 구조인가?

(a) $CH_3-C(=\ddot{O}:)-CH_3 \longleftrightarrow CH_3-\overset{+}{C}(-:\ddot{O}:^-)-CH_3$

(b) $CH_3-C(=\ddot{O}:)-CH_3 \longleftrightarrow CH_2=C(-\ddot{O}-H)-CH_3$

해결

(a) 공명 기여 구조의 짝. 원자가 전자의 분포만 다름.

(b) 공명 기여 구조가 아님. 원자의 배열이 다름. 오른쪽에 있는 Lewis 구조에서 산소는 수소와 결합하고 있지만, 왼쪽 구조는 그러한 결합을 가지고 있지 않다.

전략

핵심 개념은 공명이 원자가 전자의 재분배를 의미하며, 원자의 연결은 변하지 않는다.

문제 1.47 참조

문제 1.10

어느 쌍이 공명 기여 구조인가?

(a) $CH_3-C(=\ddot{O}:)(-:\ddot{O}:^-) \longleftrightarrow CH_3-\overset{+}{C}(-:\ddot{O}:^-)(-:\ddot{O}:^-)$ (b) $CH_3-C(=\ddot{O}:)(-:\ddot{O}:^-) \longleftrightarrow CH_3-\overset{-}{C}(=\ddot{O}:)(=\ddot{O}:)$ (c) $H_2C=\overset{+}{N}=\ddot{N}^- \longleftrightarrow H_2\overset{-}{\ddot{C}}-\overset{+}{N}\equiv N$

예제 1.11

굽은 화살표에 의하여 공명 기여 구조를 그리시오. 모든 원자가 전자와 형식 전하를 모두 표시하시오.

(a) $CH_3-C(=\ddot{O}:)-H \longleftrightarrow$

(b) $H-\overset{-}{\ddot{C}}H-C(=\ddot{O}:)-H \longleftrightarrow$

(c) $CH_3-\ddot{O}-\overset{+}{C}H-H \longleftrightarrow$

(d) $^-\ddot{N}=\overset{+}{N}=\ddot{N}^- \longleftrightarrow$

풀이

(a) $CH_3-\overset{+}{C}(-:\ddot{O}:^-)-H$

(b) $H-C(-:\ddot{O}:^-)=C(H)-H$

(c) $CH_3-\overset{+}{\ddot{O}}=C(H)-H$

(d) $N\equiv\overset{+}{N}-\ddot{N}:^{2-}$

전략

원자 쪽으로 표시된 굽은 화살표는 비공유 전자쌍의 생성을 나타낸다. 결합 쪽으로 향한 굽은 화살표는 원래 결합 외에 또 하나의 결합이 생김을 나타낸다. 즉 단일 결합은 이중 결합이, 이중 결합은 삼중 결합이 된다.

문제 1.48, 1.50 참조

문제 1.11

다음 공명 기여 구조에서 서로 달라진 원자가 전자의 재분포를 굽은 화살표로 나타내시오. 구조 (a)에서 (b)를 통하지 않고 (c)로 변할 수 있음을 굽은 화살표로 나타내시오.

$CH_3-C(=\ddot{O}:)-\ddot{O}:^-$ $\longleftrightarrow$ $CH_3-C^+(-\ddot{O}:^-)-\ddot{O}:^-$ $\longleftrightarrow$ $CH_3-C(-\ddot{O}:^-)=\ddot{O}:$

(a) (b) (c)

1.6 공유 결합의 오비탈 겹침 모형이란 무엇인가?

분자의 Lewis 모형과 VSEPR 모형은 공유 결합 분자의 입체 구조를 이해하는 데 큰 도움을 주지만, 몇 가지 문제점이 있다. 이러한 문제점 중에서 가장 핵심이 되는 것은 분자의 구조와 화학 반응성 사이의 관계이다. 예를 들어 탄소-탄소 이중 결합은 탄소-탄소 단일 결합과 화학 반응성이 매우 다르다. 탄소-탄소 단일 결합은 반응성이 낮지만, 탄소-탄소 이중 결합은 여러 가지 물질과 반응한다(5장). Lewis 모형과 VSEPR로는 이러한 반응성의 차이를 잘 설명할 수 없다. 따라서 비교적 새로운 이론인 원자 오비탈의 겹침에 의한 결합의 생성으로 공유 결합을 설명해 보자.

A. 원자 오비탈의 모양

원자에서 오비탈의 전자 밀도를 나타내는 방법은 그 오비탈을 전하 밀도의 백분율로 표시된 공간 영역으로 나타내는 것이다. 오비탈은 음전하의 백분율이 95% 이상인 공간 영역으로 나타낸다. 이러한 방식으로 그리면, 모든 s 오비탈은 원자핵을 중심으로 구형으로 나타난다(그림 1.13). 구형의 공간으로 나타나는 s 오비탈에서, $1s$ 오비탈을 나타내는 구형의 모양이 가장 작다. $2s$ 오비탈은 더 큰 공 모양이며, $3s$ 오비탈은 더 큰 공 모양이다.

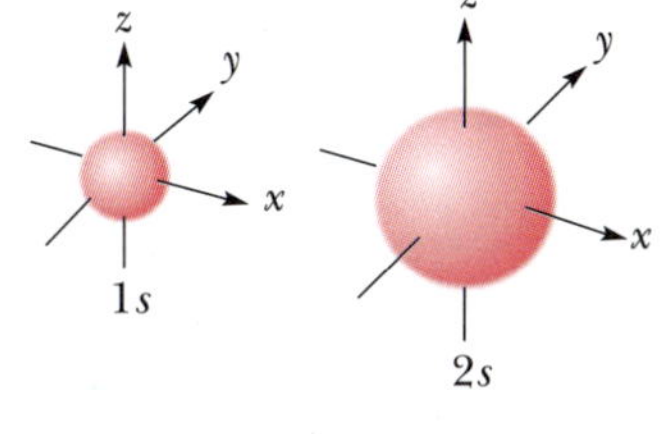

그림 1.13 $1s$ 및 $2s$ 원자 오비탈의 모양

그림 1.14는 세 개의 $2p$ 오비탈의 삼차원적 모양이며, 공간에서 그들의 상대적 배향만 다른 오비탈을 한 군데 모아 놓았다. 각 $2p$ 오비탈은 중앙의 핵과 함께 직선으로 놓여진 두 개의 둥근 형태로 구성되어 있다. 세 개의 $2p$ 오비탈은 서로 수직으로 놓이며 $2p_x$, $2p_y$, $2p_z$로 표시한다.

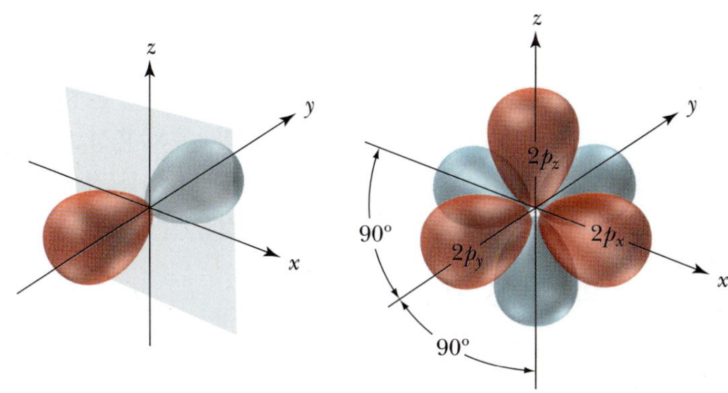

그림 1.14 $2p_x$, $2p_y$, $2p_z$ 원자 오비탈의 모양. 세 개의 $2p$ 오비탈은 서로 수직이다. 각 오비탈의 로브의 하나는 붉게, 그리고 다른 것은 푸르게 표시하였다.

B. 원자 오비탈의 겹침에 의한 공유 결합의 형성

공유 결합은 한 원자의 원자 오비탈 한 부분과 다른 원자의 원자 오비탈 한 부분의 겹침이다. 예를 들어 H_2에서 공유 결합의 형성은 두 수소가 서로 접근하여 그들의 1*s* 원자 오비탈의 겹침이 일어나 시그마 결합을 형성한다(그림 1.15). **시그마(σ) 결합**은 두 원자핵을 연결하는 축을 따라 오비탈의 겹침이 형성된 공유 결합이다.

시그마 결합 원자 오비탈의 겹침이 결합 축에 따라 집중되어 있는 공유 결합

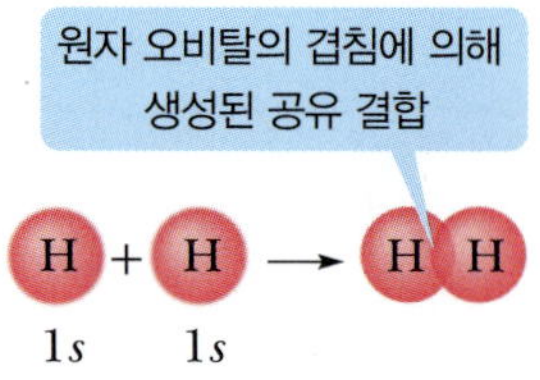

그림 1.15 각 수소의 1*s* 원자 오비탈의 겹침에 의한 수소 분자(H_2)의 공유 결합의 형성

C. 원자 오비탈의 혼성화

두 수소 원자 사이의 공유 결합 형성은 선형이다. 그러나 2주기 원소들과 공유 결합 형성에서는 다음과 같은 문제점이 존재한다. 탄소, 질소, 산소(모두 2주기 원소)는 공유 결합 형성에 2*s*, 2*p* 원자 오비탈을 모두 사용한다. 세 개의 2*p* 원자 오비탈은 서로 90° 각도이다(그림 1.14). 만약 2주기 원소가 공유 결합을 형성하기 위해 이들 오비탈만 사용한다면, 결합각은 대략 90°가 되어야 한다. 그러나 90° 결합각은 유기 분자에서 거의 발견되지 않는다. 그 대신 발견된 결합각은 단일 결합으로만 이루어진 분자에서는 약 109.5°, 이중 결합의 분자에서는 120°, 삼중 결합의 분자에서는 180°이다.

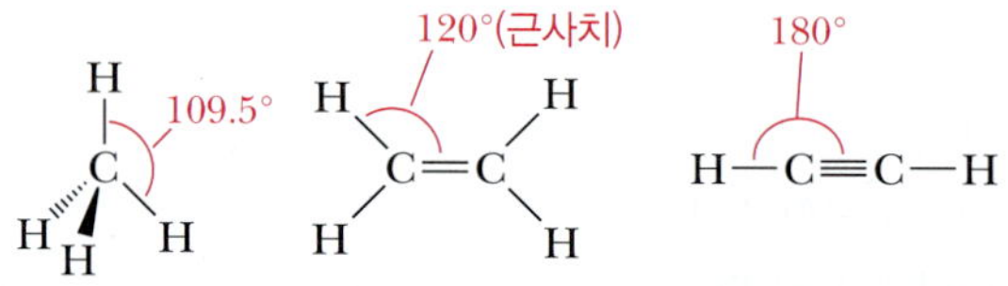

Pauling은 이러한 결합각의 차이를 설명하기 위하여 원자 오비탈들이 혼성되어 새로운 오비탈, 소위 **혼성 오비탈**(hybrid orbital)을 형성한다고 제안하였다. 입문 화학 과정에서는 *s*, *p*, *d* 원자 오비탈로 구성된 몇몇의 혼성 오비탈만 살펴보기로 하자. 유기 화학에서는 주로 주기율표의 1, 2 주기의 원소들을 다루므로, *s*와 *p* 오비탈의 혼합으로 이루어진 혼성 오비탈만 고려하면 된다. 세 가지 형의 이들 혼성 오비탈을 *sp*형 혼성 오비탈이라고 부른다. 형성된 혼성 오비탈의 수는 혼합된 원자 오비탈의 수와 같다. 2주기의 원소들은 sp^3, sp^2, *sp*로 부르는 세 가지 형의 혼성 오비탈을 형성할 수 있으며, 각 오비탈에 대하여 두 개의 전자를 가진다. 이러한 혼성 오비탈에 대해 검토해 보자. 혼성 오비탈 명칭의 위 첨자는 몇 개의 원자 오비탈이 혼합되어 혼성 오비탈을 형성하는가를 말해 준다. 예를 들어 명칭 sp^3는 혼성 오비탈을 만드는 데 **한 개**의 *s* 원자 오비탈과 **세 개의** *p* 원자 오비탈이 합해진 것이다. 이 위 첨자와 바닥 상태의 전자 배치 쓰기(예를 들어 플루오린의 $1s^22s^22p^5$)에서 위 첨자와 혼동하지 말라. 바닥 상태의 전자 배치의 경우에서, 위 첨자는 각 오비탈 또는 한 오비탈 전자 수이다.

다음 절에서 각 형태의 혼성 오비탈에 대해 살펴볼 때 (1) 분자 오비탈을 형성할 때 혼합되는 원자 오비탈의 수와 형태, (2) 혼합되지 않고 남아 있는 *p* 오비탈의 수, (3) 혼성 오비탈과 혼성에 참여하지 않은 *p* 오비탈의 삼차원 공간상에서의 배열에 주목하라. 특히 혼성 오비탈의 삼차원적 배열은 VSEPR 부분(1.3절)에서 분자의 모양을 설명할 때 사용했던 이름(정사면체, 삼각 평면, 선형)과 결합각(109.5°, 120°, 180°)을 그대로 유지하고 있다는 것을 알 수 있다.

D. sp^3 혼성 오비탈: 약 109.5°의 결합각

sp^3 **혼성 오비탈** 한 개의 *s* 원자 오비탈과 세 개의 *p* 원자 오비탈이 합하여 생성된 오비탈

한 개의 2*s* 원자 오비탈과 세 개의 2*p* 원자 오비탈이 합해져서 네 개의 동등한 sp^3 **혼성 오비탈**을 만든다. 1.2절에서는 CH_4, NH_3, H_2O의 공유 결합을 Lewis 모형으로 설명하였고, 1.3절에서는 VSEPR 모형으로 각 분자의 결합각이 약 109.5°임을 예측하였다. 그림 1.17은 이러한 분자의 결합을 오비탈의 겹침으로 설명하고 있다. 각 화합물의 중심 원자는 수소와 시그마 결합을 형성하고 있는 4개의 sp^3 혼성 오비탈 또는 비공유 전자쌍을 갖고 있다는 점에 주목하라. 각각의 경우, 분자의 모양을 원자의 배열에만 입각하여 설명하는 한, 오비탈은 정사면체 구조로 배열된다.

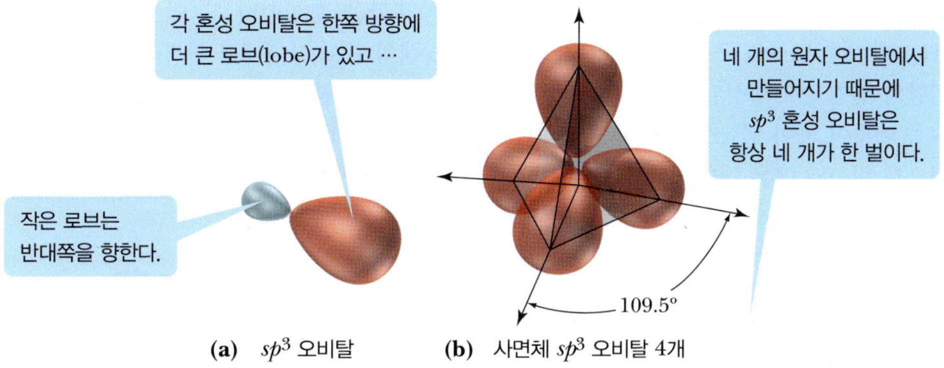

각 혼성 오비탈은 한쪽 방향에 더 큰 로브(lobe)가 있고 …

작은 로브는 반대쪽을 향한다.

네 개의 원자 오비탈에서 만들어지기 때문에 sp^3 혼성 오비탈은 항상 네 개가 한 벌이다.

109.5°

(a) sp^3 오비탈 **(b)** 사면체 sp^3 오비탈 4개

그림 1.16 sp^3 혼성 오비탈. (a) 크기가 다른 두 개의 로브를 갖는 하나의 sp^3 혼성 오비탈, (b) 사면체의 모서리를 향한 네 개의 sp^3 혼성 오비탈. 각 sp^3 혼성 오비탈의 작은 로브는 큰 로브 뒤쪽에 가려져 있다.

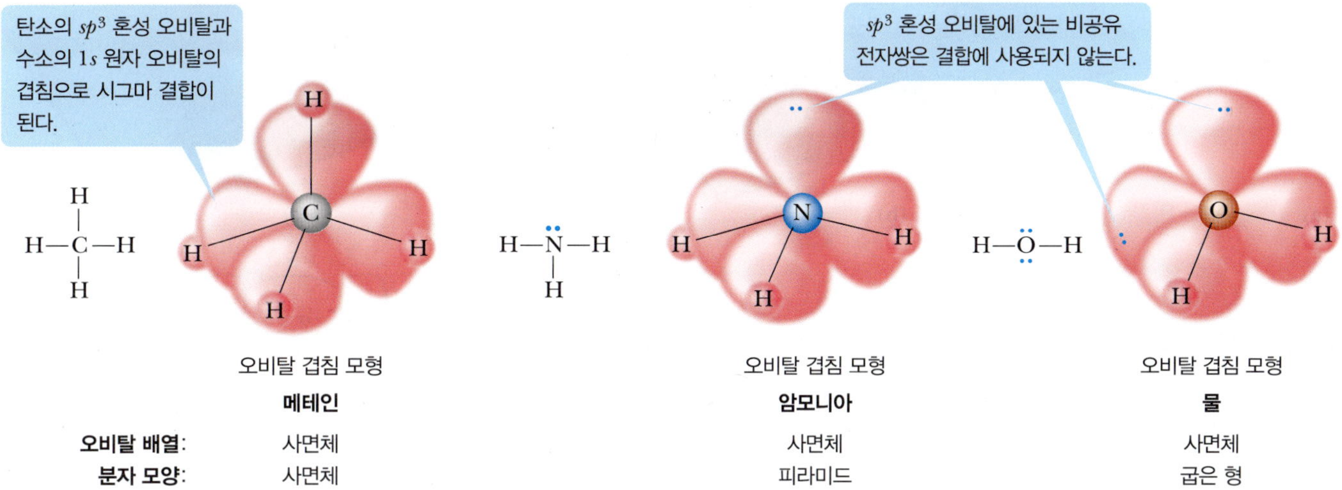

탄소의 sp^3 혼성 오비탈과 수소의 1s 원자 오비탈의 겹침으로 시그마 결합이 된다.

sp^3 혼성 오비탈에 있는 비공유 전자쌍은 결합에 사용되지 않는다.

	메테인	암모니아	물
	오비탈 겹침 모형	오비탈 겹침 모형	오비탈 겹침 모형
오비탈 배열:	사면체	사면체	사면체
분자 모양:	사면체	피라미드	굽은 형

그림 1.17 메테인, 암모니아, 물의 분자 오비탈

E. sp^2 혼성 오비탈: 약 120°의 결합각

한 개의 2s 원자 오비탈과 두 개의 2p 원자 오비탈이 합해져서 세 개의 동등한 **sp^2 혼성 오비탈**을 형성한다. 이것은 세 개의 원자 오비탈에 의해 만들어졌으므로 sp^2 혼성 오비탈은 항상 세 개가 한 벌이다. 세 번째 2p 원자 오비탈(2p_x, 2p_y, 2p_z를 기억하라)은 혼성화에 참여하지 않으며 sp^2 혼성 오비탈들이 놓인 평면에 두 개의 로브가 수직으로 놓이게 된다[(그림 1.18(c)].

sp^2 혼성 오비탈 한 개의 s 원자 오비탈과 두 개의 p 원자 오비탈이 합해져서 생성된 오비탈

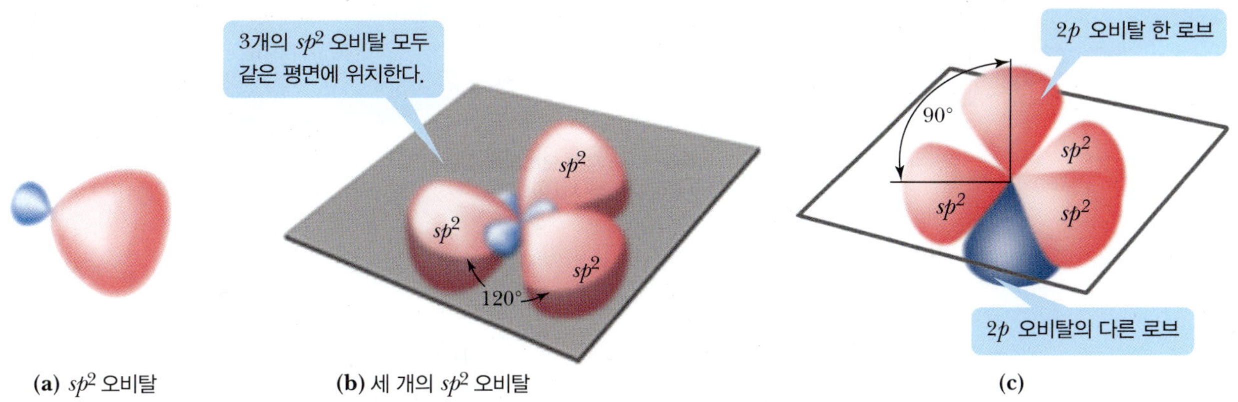

그림 1.18 sp^2 혼성 오비탈. (a) 크기가 다른 두 개의 로브로 보이는 하나의 sp^2 혼성 오비탈, (b) 평면에서 120° 각도를 이룬 세 개의 sp^2 혼성 오비탈, (c) sp^2 혼성 오비탈에 의해 만들어진, 평면에 대하여 수직인 혼성화되지 않은 하나의 2p 원자 오비탈

파이(π) 결합 평행한 p 오비탈에 의하여 형성된 공유 결합

2주기 원소는 sp^2 혼성 오비탈을 이용하여 이중 결합을 형성한다. 그림 1.19(a)는 에틸렌(C_2H_4) 에 대한 Lewis 구조이다. 시그마 결합은 에틸렌의 탄소 사이에서 연결축에 따라 sp^2 혼성 오비탈의 겹침으로 형성된다[그림 1.19(b)]. 인접한 두 탄소 원자의 남은 $2p$ 오비탈은 평행으로 겹침을 이루어 파이 결합을 형성하게 된다[그림 1.19(c)]. **파이(pi, π) 결합**은 평행한 p 오비탈의 겹침으로 형성된 공유 결합이다. 시그마 결합의 형성에 비하여 파이 결합의 겹침은 그 정도가 약하므로, 일반적으로 파이 결합이 시그마 결합보다 약하다.

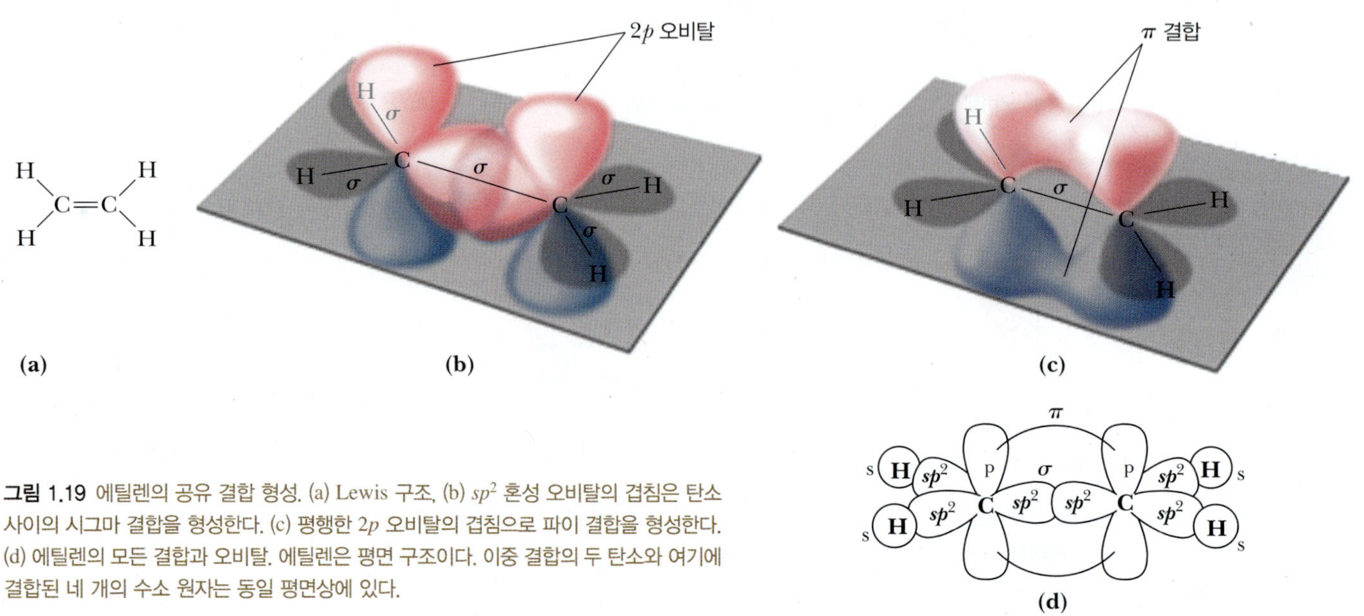

그림 1.19 에틸렌의 공유 결합 형성. (a) Lewis 구조, (b) sp^2 혼성 오비탈의 겹침은 탄소 사이의 시그마 결합을 형성한다. (c) 평행한 $2p$ 오비탈의 겹침으로 파이 결합을 형성한다. (d) 에틸렌의 모든 결합과 오비탈. 에틸렌은 평면 구조이다. 이중 결합의 두 탄소와 여기에 결합된 네 개의 수소 원자는 동일 평면상에 있다.

오비탈의 겹침 모형은 탄소-탄소 이중 결합을 설명한 방법으로 모든 이중 결합을 설명할 수 있다. 폼알데하이드(CH_2O)는 탄소-산소 이중 결합을 가지는 가장 간단한 유기 분자이며, 탄소는 두 개의 sp^2 혼성 오비탈과 각각 수소의 $1s$ 원자 오비탈의 겹침으로 시그마 결합을 이룬다. 탄소와 산소는 sp^2 혼성 오비탈의 겹침으로 시그마 결합이 되며, 혼성화되지 않고 서로 평행한 $2p$ 원자 오비탈의 겹침으로 파이 결합이 형성된다(그림 1.20).

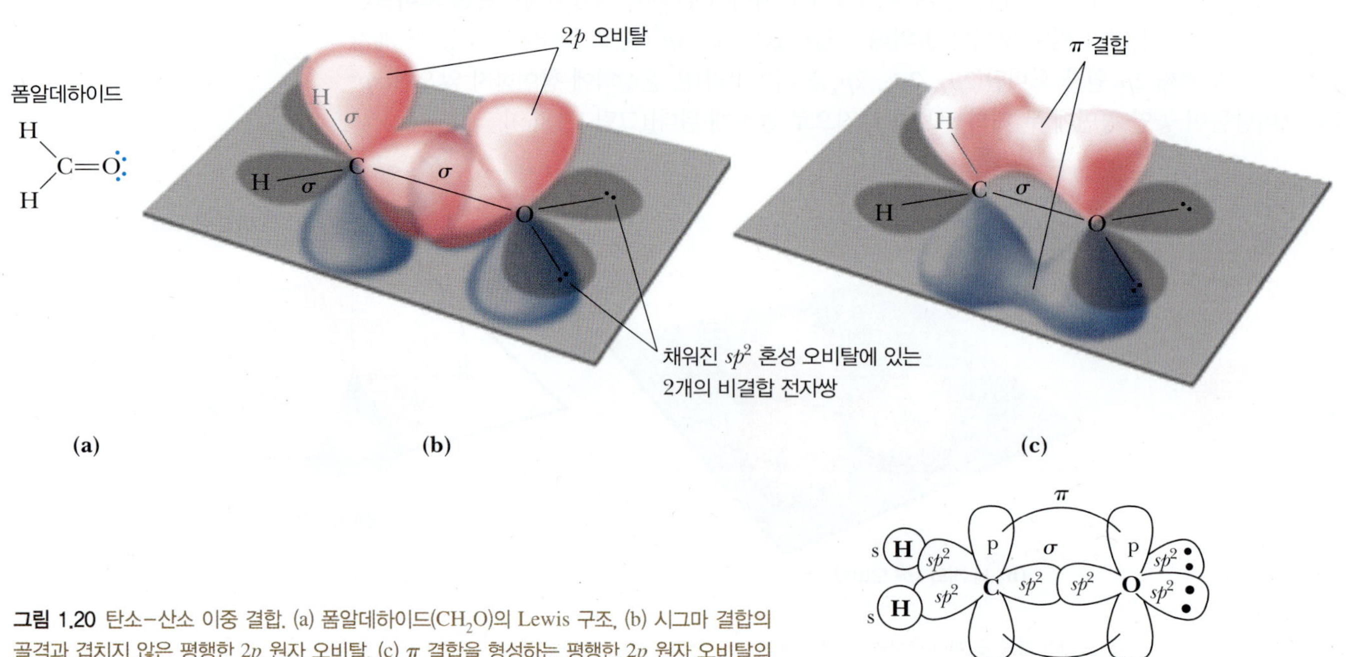

그림 1.20 탄소-산소 이중 결합. (a) 폼알데하이드(CH_2O)의 Lewis 구조, (b) 시그마 결합의 골격과 겹치지 않은 평행한 $2p$ 원자 오비탈, (c) π 결합을 형성하는 평행한 $2p$ 원자 오비탈의 겹침, (d) 폼알데하이드의 모든 결합과 오비탈

F. *sp* 혼성 오비탈: 약 180°의 결합각

한 개의 2*s* 원자 오비탈과 하나의 2*p* 원자 오비탈이 합해져서 두 개의 동등한 ***sp* 혼성 오비탈**을 형성한다. 이것은 두 개의 원자 오비탈에 의하여 만들어졌으므로 *sp* 혼성 오비탈은 항상 두 개가 한 벌이다(그림 1.21).

***sp* 혼성 오비탈** 한 개의 *s* 원자 오비탈과 한 개의 *p* 원자 오비탈이 합해져서 생성된 혼성 원자 오비탈

그림 1.22는 아세틸렌(C_2H_2)에 대한 Lewis 구조와 원자 오비탈을 나타낸 것이다. 탄소–탄소 삼중 결합은 한 개의 시그마 결합과 두 개의 파이 결합으로 구성된다. 시그마 결합은 *sp* 혼성 오비탈의 겹침으로 형성되었다. 한 개의 파이 결합은 한 쌍의 서로 평행한 2*p* 원자 오비탈의 겹침으로 형성되었다. 두 번째 파이 결합은 서로 평행한 2*p* 원자 오비탈의 겹침으로 형성되었다.

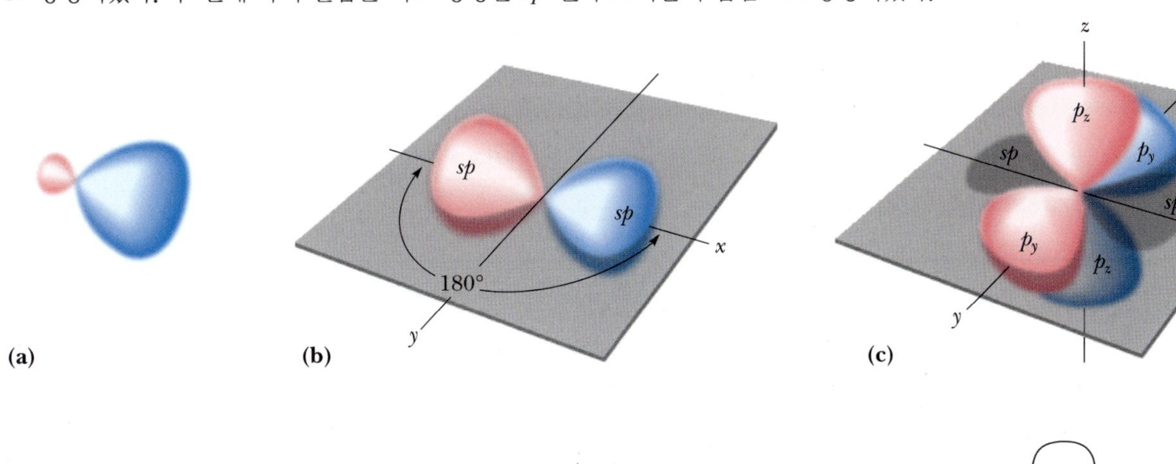

그림 1.21 *sp* 혼성 오비탈. (a) 한 개의 *sp* 혼성 오비탈은 다른 크기의 두 로브로 구성되어 있다. (b) 두 개의 *sp* 혼성 오비탈은 선형으로 배열되어 있다. (c) 혼성화되지 않은 2*p* 원자 오비탈은 두 *sp* 혼성 오비탈의 축으로 만들어진 선에 대하여 수직이다. (d) *sp* 혼성화된 원자의 모든 오비탈

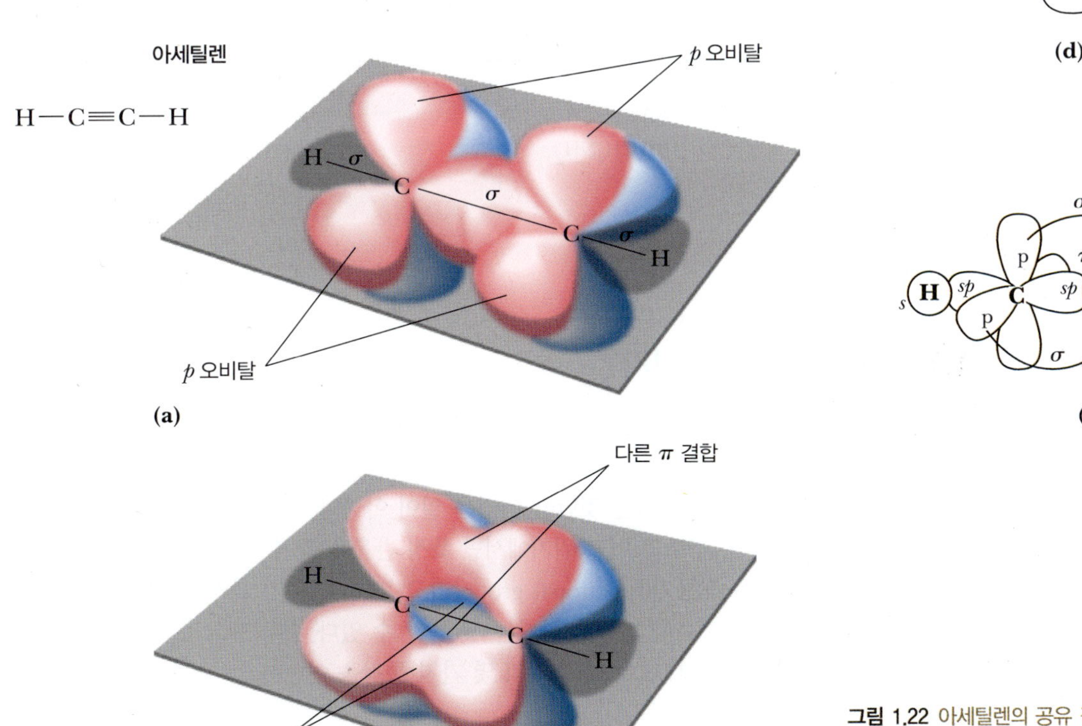

그림 1.22 아세틸렌의 공유 결합. (a) 2*p* 원자 오비탈이 겹치지 않은 시그마 결합의 골격. (b) 서로 평행한 두 2*p* 원자 오비탈의 겹침으로 형성된 두 개의 파이 결합. (c) 아세틸렌의 모든 결합과 오비탈

표 1.8은 탄소에 결합된 기의 수, 오비탈의 혼성화, 결합의 종류의 관계를 요약한 것이다.

표 1.8 탄소의 공유 결합

탄소에 결합된 기의 수	오비탈 혼성	예상되는 결합각	결합의 종류	예	이름
4	sp^3	109.5°	4개의 σ 결합	$H_3C{-}CH_3$	에테인
3	sp^2	120°	3개의 σ 결합과 1개의 π 결합	$H_2C{=}CH_2$	에틸렌
2	sp	180°	2개의 σ 결합과 2개의 π 결합	$H{-}C{\equiv}C{-}H$	아세틸렌

예제 1.12

오비탈 모형으로 아세트산(CH_3COOH)의 결합을 설명하고, 모든 결합각을 예측하시오.

전략

먼저 아세트산의 Lewis 구조를 그린 다음, 각 원자의 전자 밀도 영역의 수를 세어 보라.

풀이

다음은 동일한 세 가지 Lewis 구조이다. 처음 구조는 원자의 혼성화를 나타내고, 두 번째 구조는 파이 및 시그마의 결합의 종류를 나타낸 것이고, 세 번째는 원자가 껍질 전자쌍 반발에 의해 예측된 각 원자의 결합각을 나타낸 것이다.

sp2
sp3
σ
π
σ
120°
109.5°

문제 1.51, 1.52 참조

문제 1.12

오비탈 모형으로 다음 분자의 결합을 설명하고, 모든 결합각을 예측하시오.

(a) $CH_3CH{=}CH_2$
(b) CH_3NH_2

1.7 작용기란 무엇인가?

작용기 분자 내에서 물리적·화학적 성질을 나타내는 원자나 원자단

지금까지 천만 가지 이상의 유기 화합물이 유기 화학자들에 의해 만들어지거나 발견되었다. 이 많은 화합물의 물리·화학적 성질을 모두 이해하는 것은 거의 불가능한 것처럼 보인다. 그러나 유기 화합물을 공부하는 것은 생각하는 것만큼 어려운 일이 아니다. 유기 화합물은 넓고 다양하게 화학 반응을 할 수 있지만, 구조의 어떤 위치에서만 특정 반응을 할 수 있다. 화학 반응을 일으키는 유기 분자의 한 부분을 **작용기**(functional group)라고 부른다. 유기 분자에서 발견할 수 있는 같은 작용기는 언제나 같은 화학 반응을 한다는 것을 알 수 있다. 그러므로 수많은 유기 화합물의 반응을 개별적으로 배우는 대신에, 작용기의 몇 가지 특징을 이해하고, 각기 수행하는 화학 반응을 배워야 한다.

작용기는 유기 화합물을 계열별로 분류하는 단위로도 중요하다. 예를 들어 사면체 탄소에 결합된 $-OH$(하이드록실)기를 가지는 화합물은 알코올(alcohol)이라는 단위로 분류하며,

표 1.9 가장 흔한 7가지 작용기

작용기	기의 이름	존재하는 곳	예	예의 이름
$-OH$	하이드록실	알코올	CH_3CH_2OH	에탄올
$-NH_2$	아미노	아민	$CH_3CH_2NH_2$	에탄아민
$-\overset{O}{\overset{\Vert}{C}}-H$	카보닐	알데하이드	$CH_3\overset{O}{\overset{\Vert}{C}}H$	에탄알
$-\overset{O}{\overset{\Vert}{C}}-$	카보닐	케톤	$CH_3\overset{O}{\overset{\Vert}{C}}CH_3$	아세톤
$-\overset{O}{\overset{\Vert}{C}}-OH$	카복실	카복실산	$CH_3\overset{O}{\overset{\Vert}{C}}OH$	아세트산
$-\overset{O}{\overset{\Vert}{C}}-O-$	카복실산	에스터	$CH_3\overset{O}{\overset{\Vert}{C}}OCH_3$	아세트산 에틸
$-\overset{O}{\overset{\Vert}{C}}-\underset{\vert}{N}-$	카바마이드	아마이드	$CH_3\overset{O}{\overset{\Vert}{C}}NH_2$	아세트아마이드

—COOH(카복실)기를 가진 화합물은 카복실산이라고 묶어 분류하고 있다. 표 1.9는 가장 흔한 7가지 작용기를 소개한 것이다. 모든 작용기의 목록은 이 책 끝의 I.10절에 나와 있다.

이제 작용기의 형태를 알아보자. 작용기를 알아보는 방법과 이것이 포함된 분자의 구조식을 그리는 방법이다.

작용기는 유기 화합물 명명법의 기초가 된다. 이론적으로는 천만 개 이상의 유기 화합물이 각각의 이름을 가져야 한다.

요약하면, 작용기는

- 화학 반응이 일어나는 곳이다. 어떤 작용기든지 화합물의 종류에 관계없이 같은 유형의 화학 반응을 한다.
- 화합물의 물리적 성질을 결정한다.
- 유기 화합물을 분류하는 단위이다.
- 유기 화합물 명명법에 대한 근거를 제공한다.

A. 알코올

알코올(alcohol)은 정사면체(sp^3 혼성화) 탄소에 작용기인 —OH(**하이드록실**)기가 결합되었다. 일반식에서 기호 R은 수소 또는 다른 탄소기이다. 일반 구조식에서 중요한 점은 —OH기가 정사면체 탄소 원자에 결합된 것이다.

하이드록실기 —OH기

$$R-\underset{R}{\overset{R}{\underset{\vert}{\overset{\vert}{C}}}}-\ddot{\underset{\cdot\cdot}{O}}-H \qquad H-\underset{H}{\overset{H}{\underset{\vert}{\overset{\vert}{C}}}}-\underset{H}{\overset{H}{\underset{\vert}{\overset{\vert}{C}}}}-\ddot{\underset{\cdot\cdot}{O}}-H \qquad CH_3CH_2OH$$

작용기 (R=H 또는 탄소기) 구조식 축약 구조식

알코올의 가장 손쉬운 표현은 **축약 구조식**(condensed structural formular)인 CH_3CH_2OH이다. 축약 구조식에서 CH_3는 한 탄소에 세 개의 수소가, CH_2는 탄소에 두 개의 수소가, CH는 한 개의 수소가 결합된 것을 나타낸다. 보통 축약 구조식에서는 비공유 전자쌍을 표시하지 않는다.

알코올은 —OH기를 가지고 있는 탄소에 결합된 탄소 원자의 수에 따라 **일차**(primary, 1°), **이차**(secondary, 2°), **삼차**(tertiary, 3°) 알코올로 분류된다.

CH_3CH_2OH (1° 알코올) $(CH_3)_2CHOH$ (2° 알코올) $(CH_3)_3COH$ (3° 알코올)

1° 알코올 2° 알코올 3° 알코올

예제 1.13

분자식이 C_3H_8O인 두 알코올에 대한 축약 구조식을 그리시오. 각각을 일차, 이차, 삼차로 분류하시오.

전략

먼저 사슬에서 가운데의 탄소와 끝의 탄소에 결합된 —OH(하이드록실)기와 세 개의 탄소 원자를 사슬로 연결한다. 이어서 각 구조식을 완성하기 위하여 각 탄소는 네 개의 결합을 가지므로 7개의 수소를 추가한다.

풀이

1° 알코올: —OH기를 가지고 있는 탄소가 오직 한 개의 탄소와 결합한다.

H—C—C—C—O—H (각 탄소에 H 2개씩) 또는 $CH_3CH_2CH_2OH$

2° 알코올: —OH기를 가지고 있는 탄소가 두 개의 다른 탄소와 결합한다.

H—C—C(OH)—C—H 또는 $CH_3CH(OH)CH_3$

문제 1.53~1.56, 1.58, 1.59 참조

문제 1.13

분자식이 $C_4H_{10}O$인 네 개의 알코올에 대한 축약 구조식을 그리고, 일차, 이차, 삼차로 분류하시오.

B. 아민

아미노기 한 개, 두 개, 또는 세 개의 탄소기와 결합된 sp^3 혼성화 질소 원자

아민의 작용기는 **아미노기**(amino group)이며, 하나의 질소에 한 개, 두 개, 또는 세 개의 탄소 원자와 결합하고 있다. **일차**(primary, 1°) **아민**(amine)은 질소에 한 개의 탄소가, **이차**(secondary, 2°) **아민**은 질소 원자에 두 개의 탄소가, **삼차**(tertiary, 3°) **아민**은 질소 원자에 세 개의 탄소가 결합되어 있다. 이차와 삼차의 구조식은 CH_3기를 모아서 각각 $(CH_3)_2NH$와 $(CH_3)_3N$으로 더 간략한 형태로 쓸 수 있다.

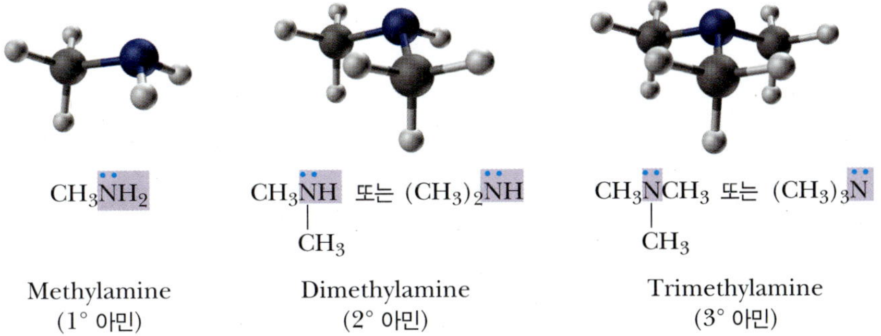

예제 1.14

분자식이 C_3H_9N인 두 개의 일차 아민에 대한 축약 구조식을 쓰시오.

전략

일차 아민에 대하여 한 개의 탄소와 두 개의 수소가 결합된 질소 원자를 그린다. 질소는 세 개의 탄소 사슬에 두 가지 다른 방식으로 결합시킬 수 있다. 이어서 7개의 수소를 추가하여 각 탄소와 네 개의 결합을 만들고 올바른 분자식을 완성한다.

풀이

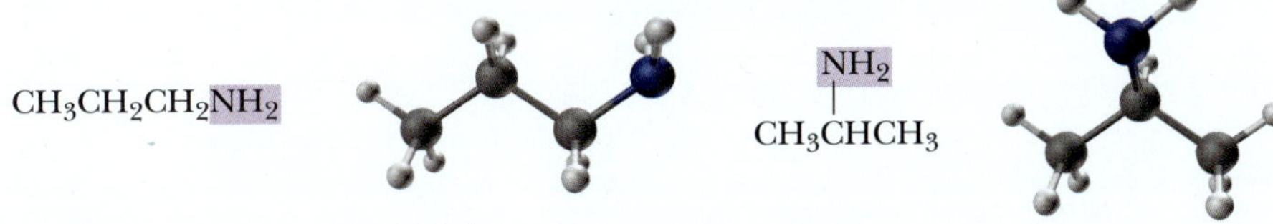

문제 1.53~1.56, 1.58, 1.59 참조

문제 1.14

분자식이 $C_4H_{11}N$인 세 개의 이차 아민에 대한 축약 구조식을 쓰시오.

C. 알데하이드와 케톤

알데하이드(aldehyde)와 케톤(ketone)은 모두 C=O[**카보닐기**(carbonyl group)]를 가지고 있다. **알데하이드**(aldehyde)기는 수소에 결합된 카보닐기를 가지고 있다. 가장 간단한 알데하이드인 폼알데하이드(CH_2O)는 카보닐의 탄소에 두 개의 수소 원자가 결합되어 있다. 축약 구조식에서 알데하이드기는 CH=O로서, 탄소–탄소 이중 결합이 나타나게 쓰거나 —CHO로 쓸 수도 있다. **케톤**(ketone)기는 카보닐기의 탄소에 두 개의 탄소 원자가 결합되어 있다.

카보닐기 C=O기

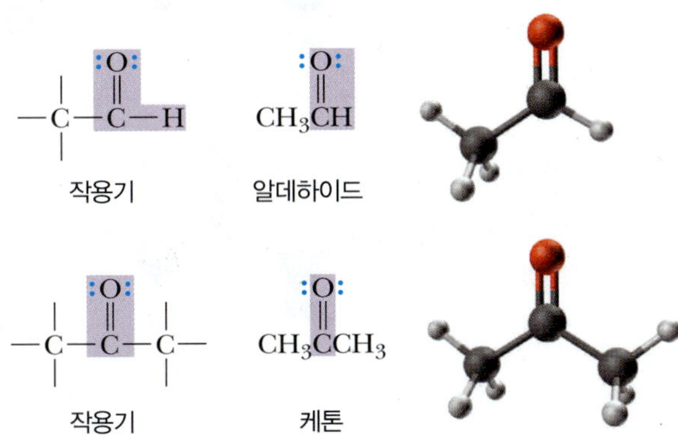

예제 1.15

C_4H_8O의 분자식을 가지는 두 개의 알데하이드에 대한 축약 구조식을 쓰시오.

전략

먼저 알데하이드기를 그리고, 두 가지 다른 방식으로 결합할 수 있는 남은 탄소를 그린다. 이어서 각 탄소에 네 개의 결합이 되도록 7개의 수소 원자를 그리고 옳은 분자식을 만들라. 알데하이드기는 C=O와 같이 탄소–산소 이중 결합이 보이도록 쓸 수도 있고, —CHO로 쓸 수도 있다.

풀이

$CH_3CH_2CH_2CH{=}O$ 또는 $CH_3CH_2CH_2CHO$

$CH_3CH(CH_3)CH{=}O$ 또는 $(CH_3)_2CHCHO$

문제 1.53~1.56, 1.58, 1.59 참조

문제 1.15

$C_5H_{10}O$의 분자식을 가지는 세 개의 케톤에 대한 축약 구조식을 쓰시오.

D. 카복실산

카복실기 —COOH기

카복실산(carboxylic acid)의 작용기는 —COOH[**카복실**(carboxyl: *car*bonyl + hydr*oxyl*)]기이다. 카보닐기 옆의 —OH기를 —OR기로 바꾸면 **에스터**(ester)의 작용기가, 카보닐기 옆의 —OH기를 $—NH_2$기, —NHR기, 또는 $—NR_2$기로 바꾸면 **아마이드**(amide)의 작용기가 된다.

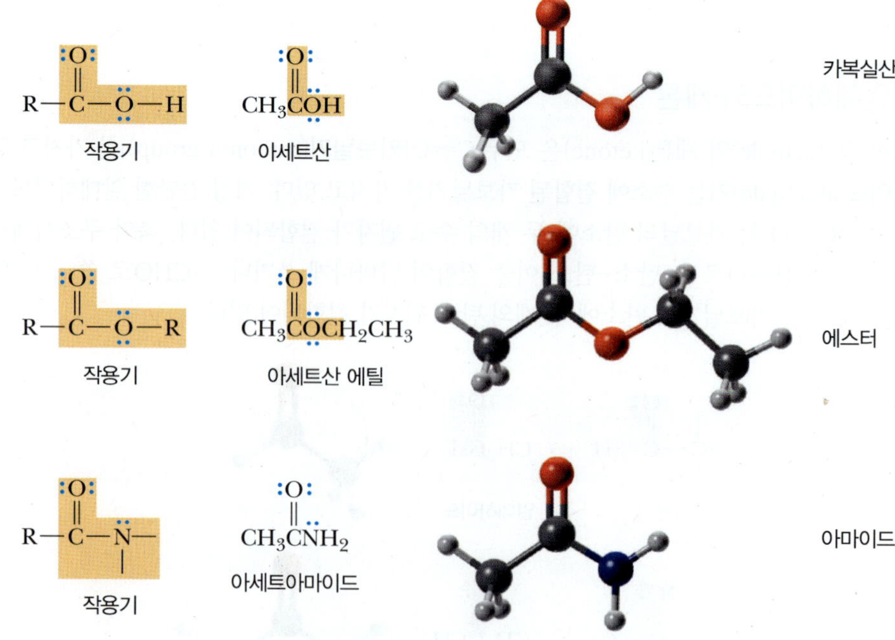

예제 1.16

$C_3H_6O_2$의 분자식을 가지는 카복실산에 대한 축약 구조식을 쓰시오.

전략

먼저 카복실기를 그리고 나머지 두 탄소를 그린다. 마지막으로 탄소가 네 개의 결합을 갖도록 남아 있는 5개의 수소를 더하라.

풀이

$CH_3CH_2\overset{\overset{:\ddot{O}:}{\|}}{C}\ddot{O}H$ 또는 CH_3CH_2COOH

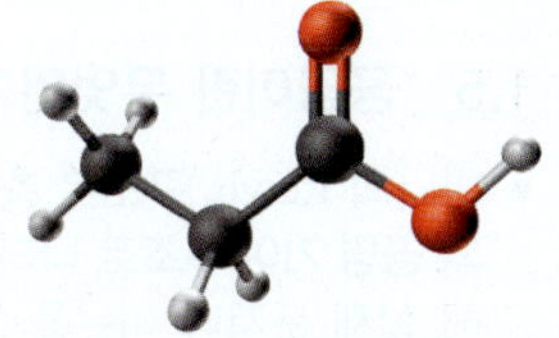

문제 1.53~1.56, 1.58, 1.59 참조

문제 1.16

$C_4H_8O_2$의 분자식을 가지는 두 개의 카복실산과 네 개의 에스터 에 대한 축약 구조식을 쓰시오.

중요한 질문에 대한 요약

1.1 원자의 전자 구조는 어떻게 나타내는가?

- 원자는 작고 밀집된 원자핵과, 원자핵 주변에 **껍질**이라고 부르는 공간 영역 안에 들어 있는 전자로 구성되어 있다.
- 각 껍질은 $2n^2$개의 전자를 가질 수 있으며, n은 껍질의 수이다. 각 껍질은 **오비탈**이라는 공간 영역으로 다시 나누어진다.
- 첫 번째 껍질($n=1$)은 한 개의 s 오비탈을 가지며, $2\times1^2=2$개의 전자를 가진다.
- 두 번째 껍질($n=2$)은 한 개의 s 오비탈과 세 개의 p 오비탈을 가지며 $2\times2^2=8$개의 전자를 가질 수 있다.
- 한 원소의 Lewis **구조**는 그의 **원자가 껍질**에 있는 전자 수와 같은 수의 점으로서 원소 기호의 둘레에 기호를 나타낸 것이다.

1.2 Lewis 결합 모형이란 무엇인가?

- Lewis **결합 모형**에 의하면 결합에 참여하는 각 원자는 원자 번호가 가장 가까운 비활성 기체의 원자가 껍질과 같은 완성된 전자 배치가 되도록 결합한다.
- 채워진 원자가 껍질이 되기 위하여 남은 전자를 잃으면 원자는 **양이온**이 된다. 그러나 채워진 원자가 껍질이 되기 위해 부족한 전자를 얻은 원자는 **음이온**이 된다.
- **이온 결합**은 음이온과 양이온 사이의 인력으로 형성된 화학 결합이다.
- **공유 결합**은 원자들 사이에 전자쌍을 공유함으로써 형성된 화학 결합이다.
- 바깥 껍질에 8개의 **원자가 전자**를 채우는 주족(1A~7A족) 원소의 경향성을 **팔전자 규칙**이라고 한다.
- **전기 음성도**는 화학 결합에서 어떤 원자의 다른 원자와 공유된 전자에 대한 인력의 척도이다. 전기 음성도는 주기율표의 왼쪽에서 오른쪽으로, 아래에서 위로 갈수록 증가한다.
- 이온이나 분자에 대한 Lewis **구조**는 (1) 바른 원자들의 배열, (2) 바른 원자가 전자의 수, (3) 수소의 바깥 껍질은 두 개의 전자, (4) 2주기의 모든 원소의 바깥 전자는 8개 이하여야 하고, (5) 모든 형식 전하를 만족시켜야 한다.
- **형식 전하**는 분자 또는 다원자 이온에서 각 원자의 전하이다.

1.3 결합각과 분자의 모양은 어떻게 알 수 있는가?

- 분자나 다원자 이온의 결합각은 Lewis 구조와 **원자가 껍질 전자쌍 반발(VSEPR)** 모형으로 예측할 수 있다. 원자가 네 개의 전자 밀도 영역으로 둘러싸이면 109.5°, 세 개의 전자 밀도 영역이면 120°, 두 개의 전자 밀도 영역이면 180°의 결합각이 예상된다.
- 작은 분자의 일반적인 모양은 **정사면체**, **피라미드형**, **선형**, **굽은형**이다.

1.4 극성 및 무극성 분자는 어떻게 알 수 있는가?

- **무극성 공유 결합**은 결합된 원자 사이의 전기 음성도 차이가 대략 0.5 이하인 공유 결합이다.
- **극성 공유 결합**은 결합된 원자 사이의 전기 음성도 차이가 0.5~1.9인 사이의 공유 결합이다. 극성 공유 결합에서 전기 음성이 더 큰 원자는 부분 음전하($\delta-$)를 가지며, 전기 음성이 작은 원자는 부분 양전하($\delta+$)를 가진다.
- 결합 **쌍극자**의 벡터 합이 0이 아니면 분자는 극성이다.

- (1) 분자의 결합이 모두 무극성이거나 (2) 분자가 극성 결합을 하고 있고 결합 극성의 벡터 합이 0이면 분자는 무극성이다 (즉 결합 극성은 서로 상쇄된다).

1.5 공명이란 무엇인가?

- 하나의 Lewis 구조로 충분하지 않은 분자나 이온은 두 개 이상의 **공명 기여 구조**로 나타내고, 여러 기여 구조의 공명 **혼성**에 의해 실제 분자나 이온을 가장 잘 설명할 수 있다.
- 공명 기여 구조들은 **양쪽머리 화살표**에 의하여 상호 연관을 지을 수 있다.
- 원자가 전자들이 한 기여 구조에서 다른 기여 구조로 다시 분포하는 모양은 **굽은 화살표**로 나타낼 수 있다. 굽은 화살표는 전자들이 처음 있던 곳(한 원자 또는 공유 결합)에서 새로운 위치(인접 원자 또는 인접 공유 결합)로 움직이는 것을 보여 준다.
- 이러한 방법으로 굽은 화살표를 사용하는 것을 **전자 밀기**라고 한다.

1.6 공유 결합의 오비탈 겹침 모형이란 무엇인가?

- **오비탈 겹침 모형**에 따라, 공유 결합의 형성은 **원자 오비탈**의 겹침에 의한 결과이다.
- 겹침이 클수록 더 강한 공유 결합이 생긴다.
- 원자 오비탈들의 조합을 **혼성화**라고 하며, 그 결과 생기는 오비탈을 **혼성 오비탈**이라고 한다.
- 한 개의 $2s$ 원자 오비탈과 세 개의 $2p$ 원자 오비탈의 조합은 네 개의 동등한 **sp^3 혼성 오비탈**을 만들며, 각각은 109°의 각도로 정사면체의 모서리를 향한다.
- 한 개의 $2s$ 원자 오비탈과 두 개의 $2p$ 원자 오비탈의 조합은 세 개의 동등한 **sp^2 혼성 오비탈**을 만들며, 세 오비탈의 축은 120°의 각도로 평면에 놓인다. 대부분의 C=C, C=O, C=N **이중 결합**은 **sp^2 혼성 오비탈**의 겹침으로 형성된 한 개의 **시그마(σ) 결합**과 평행한 $2p$ 원자 오비탈의 겹침으로 형성된 한 개의 **π 결합**으로 구성되어 있다.
- $2s$ 원자 오비탈 한 개와 $2p$ 원자 오비탈 한 개가 겹침으로 두 개의 **sp 혼성 오비탈**이 만들어진다. 두 축은 180°의 한 평면에 놓인다.
- 모든 C≡C 삼중 결합은 혼성 오비탈의 겹침으로 형성된 시그마 결합과 평행한 두 쌍의 $2p$ 원자 오비탈의 겹침으로 형성된 두 개의 파이 결합으로 이루어졌다.
- 혼성 오비탈은 정사면체, **삼각 평면**, 선형의 구조로 배열될 수 있다.

1.7 작용기란 무엇인가?

- **작용기**는 유기 화합물을 종류별로 나누거나 명명법의 근거를 주는 기본 단위이며, 화학 반응이 일어나는 자리이다. 특정 작용기는 화합물의 종류에 관계없이 같은 유형의 화학 반응을 일으킨다. 이 단계에서 중요한 작용기는
- **1°, 2°, 3° 알코올**의 **하이드록실기**
- **1°, 2°, 3° 아민**의 **아미노기**
- **알데하이드** 및 **케톤**의 **카보닐기**
- **카복실산**의 **카복실기**이다.

OX퀴즈

이 장에서 배운 개념들을 이해하였는지 알아보기 위해 아래 질문이 맞는지 틀린지 답하라. 답이 틀렸거나 어렵다면, 장 끝의 문제를 풀기 전에 괄호 속에 표시한 해당 절을 복습하라.

1. 다음 결합은 극성이 증가하는 순으로 배열되어 있다. C—H < N—H < O—H (1.2)
2. 기여 구조에서 모든 원자는 원자가 껍질이 완벽하게 채워져야 한다. (1.5)
3. $1s$ 오비탈에 있는 전자는 $2s$ 오비탈에 있는 전자보다 핵 가까이에 잡혀 있다. (1.1)
4. 시그마 결합과 파이 결합은 일반적으로 원자 오비탈의 겹침에 의해 생긴 것이다. (1.6)
5. 가장 작은 알데하이드의 분자식은 C_3H_6O이고, 가장 작은 케톤의 분자식도 C_3H_6O이다. (1.7)
6. 공유 결합성 분자가 극성인지, 무극성인지 알기 위해 공유 결합의 극성과 분자의 기하 구조(모양)를 알아야 한다. (1.4)
7. 오비탈은 두 개의 전자를 채울 수 있는 공간 영역이다. (1.1)
8. 원자의 바닥 상태 전자 배치에서는 가장 낮은 에너지 오비탈만 채워진다. (1.1)
9. 일반적으로 전기 음성도는 원자 번호가 증가할수록 증가한다. (1.2)
10. 짝을 이룬 전자 스핀은 두 전자가 나란히 짝지어져 있는 것을 의미한다. (1.1)
11. 결합의 Lewis 모형에 따르면, 원자들은 서로 결합에 참여하는 각 원자가 원자 번호가 가장 가까운 비활성 기체의 바깥 껍질과 같은 완성된 전자 배치가 되도록 결합한다. (1.2)
12. 일차 아민은 한 개의 N—H 결합, 이차 아민은 두 개의 N—H 결합, 삼차 아민은 세 개의 N—H 결합을 갖는다. (1.7)
13. 공명 기여 구조의 모든 결합각은 같아야 한다. (1.5)
14. 전기 음성도는 다른 원자와 화학적 결합에서 원자의 전자에 대한 친화도의 척도이다. (1.2)
15. 오비탈은 짝지어진 스핀과 함께 최대 두 개의 전자를 가질 수 있다. (1.1)
16. 주기율표의 오른쪽 위 모퉁이에 있는 플루오린은 가장 전기 음성도가 큰 원소이다. 왼쪽 위 모퉁이에 있는 수소는 가장 전기 음성도가 작은 원소이다. (1.2)
17. 일차 알코올은 한 개의 —OH기, 이차 알코올은 두 개의 —OH기, 삼차 알코올은 세 개의 —OH기를 갖는다. (1.7)

18. H_2O와 NH_3는 극성 분자이지만 CH_4는 무극성이다. (1.4)

19. 주기율표에서 전기 음성도는 일반적으로 위에서 아래로 갈수록 증가한다. (1.2)

20. 모든 기여 구조는 같은 수의 원자가 전자를 가져야 한다. (1.5)

21. 탄소–탄소 이중 결합은 sp^2 혼성 오비탈의 겹침, 삼중 결합은 sp^3 혼성 오비탈의 겹침으로 형성된다. (1.6)

22. 전자 두 개를 공유하여 생성되는 공유 결합을 이중 결합이라고 한다. (1.2)

23. 일반적으로 알코올, 알데하이드 및 케톤의 작용기는 각각 한 개의 산소 원자를 가지고 있다. (1.7)

24. 원자에 있는 전자는 주에너지 준위라 불리는 공간 영역에 한정된다. (1.1)

25. 단일 결합에서 두 원자는 한 개의 전자쌍을 공유하고, 이중 결합은 두 개의 전자쌍, 삼중 결합은 세 개의 전자쌍을 공유한다. (1.2)

26. 에텐(C_2H_4)의 Lewis 구조는 8개의 원자가 전자를 나타내야 한다. (1.2)

27. 폼알데하이드(CH_2O)의 Lewis 구조는 8개의 원자가 전자를 보여 주어야 한다. (1.2)

28. VSEPR은 원자가 껍질 전자쌍 반발의 약자이다. (1.3)

29. 공유 결합에서 중심 원자의 결합각을 예측할 때, VSEPR은 오직 공유 전자쌍(공유 결합 형성에 관여한)만을 고려한다. (1.3)

30. sp 혼성 오비탈은 최대 네 개의 전자를, sp^2는 6개의 원자가 전자를, sp^3는 최대 8개의 전자를 가진다. (1.6)

31. 세 개의 전자 밀도 영역으로 둘러싸인 중심 원자에서 결합각은 $360/3 = 120°$로 VSEPR 모형으로 알 수 있다. (1.3)

32. 세 개의 $2p$ 오비탈은 서로 평행하게 위치한다. (1.1)

33. 극성 결합을 가지고 있는 모든 분자는 극성이다. (1.4)

34. 주기율표에서 일반적으로 전기 음성도는 왼쪽에서 오른쪽으로 갈수록 증가한다. (1.2)

35. C_3H_6O의 분자식을 갖는 화합물은 알데하이드, 케톤 또는 카복실산이다. (1.7)

36. 다이클로로메테인(CH_2Cl_2)은 극성이지만, 테트라클로로메테인(CCl_4)은 무극성이다. (1.4)

37. 공유 결합은 전기 음성도가 1.9보다 작은 서로 다른 원자 사이에서 형성된다. (1.2)

38. 주에너지 준위는 두 개의 전자를 갖는다. (1.1)

39. 원자가 껍질이 채워진 전자를 공유하는 원자는 공유 결합을 형성한다. (1.2)

40. 기여 구조는 오직 원자가 전자의 분포만 다르다. (1.5)

41. 혼성 오비탈(sp, sp^2, sp^3)을 만드는 것에서 형성된 혼성 오비탈의 수는 혼성화된 원자 오비탈의 수와 같다. (1.6)

42. VSEPR은 전자 밀도의 한 영역으로 이중 결합의 두 전자쌍과 삼중 결합의 세 전자쌍을 다룬다. (1.3)

43. 두 원자 사이에 전기 음성도의 차이가 없다면(동등한 전기 음성도) 두 원자는 공유 결합을 형성하지 못한다. (1.2)

44. 탄소–탄소 삼중 결합은 한 개의 시그마 결합과 두 개의 파이 결합의 조합이다. (1.6)

45. 탄소–탄소 이중 결합은 두 시그마 결합의 조합이다. (1.6)

46. s 오비탈은 핵의 구면의 중심과 함께 구의 형태를 하고 있다. (1.1)

47. 유기 분자에서 작용기는 화학 반응을 예측할 수 있는 원자의 집단이다. (1.7)

48. 극성 공유 결합에서 더 전기 음성적인 원자는 부분적 음전하($\delta-$)를, 덜 전기 음성적인 원자는 부분적 양전하($\delta+$)를 갖는다. (1.2)

49. 전기 음성도는 핵의 전하와 핵으로부터 떨어진 원자가 전자의 거리에 영향을 받는다. (1.2)

50. C_3H_8O의 분자식을 갖는 두 개의 알코올이 가능하다. (1.7)

51. 메탄올(CH_3OH)에서 O—H 결합은 C—O 결합보다 더 극성이다. (1.4)

52. 가장 간단한 카복실산의 분자식은 $C_2H_6O_2$이다. (1.7)

53. 각 $2p$ 오비탈은 중앙의 핵을 중심으로 아령 모양을 하고 있다. (1.1)

54. 채워진 원자가 껍질을 만들기 위해 전자를 잃은 원자는 양이온이 되고 음이온과 함께 이온 결합을 형성한다. (1.1)

55. C_3H_9N의 분자식을 갖는 세 가지 아민이 가능하다. (1.7)

정답: (1) ○ (2) × (3) ○ (4) ○ (5) × (6) ○ (7) ○ (8) ○ (9) × (10) ×
(11) ○ (12) × (13) × (14) ○ (15) ○ (16) × (17) × (18) ○ (19) × (20) ○
(21) × (22) × (23) ○ (24) ○ (25) ○ (26) × (27) × (28) ○ (29) × (30) ×
(31) ○ (32) × (33) × (34) ○ (35) × (36) ○ (37) ○ (38) × (39) ○ (40) ○
(41) ○ (42) ○ (43) × (44) ○ (45) × (46) ○ (47) ○ (48) ○ (49) × (50) ○
(51) ○ (52) × (53) ○ (54) ○ (55) ×

문 제

별표를 붙인 문제는 본문의 '실생활' 문제를 나타낸다. 푸른색으로 된 문제의 답은 부록 D에 있다.

1.1절 원자의 전자 구조

1.17 각 원소에 대한 바닥 상태의 전자 배치를 쓰시오. (예제 1.1 참조)

(a) 소듐
(b) 마그네슘
(c) 산소
(d) 질소
(e) 포타슘
(f) 알루미늄
(g) 인
(h) 아르곤

1.18 각 이온에 대한 바닥 상태의 전자 배치를 쓰시오.

(a) Na^+ (e) H^-
(b) Cl^- (f) K^+
(c) Mg^{2+} (g) Br^+
(d) H^+ (h) Li^+

1.19 다음 바닥 상태의 전자 배치는 어느 원소인가? (예제 1.1 참조)

(a) $1s^22s^22p^63s^23p^4$
(b) $1s^22s^22p^4$
(c) $[He]2s^22p^2$
(d) $[Ne]3s^23p^5$

1.20 바닥 상태의 전자 배치가 $1s^22s^22p^63s^23p^6$이 아닌 이온과 원소는 어느 것인가? (예제 1.1 참조)

(a) S^{2-} (c) Ar (e) K
(b) Cl^- (d) Ca^{2+}

1.21 원자가 껍질과 원자가 전자를 정의하시오. 왜 다른 종류의 전자보다 원자가 전자가 결합을 형성하는데 더 중요한가?

1.22 각 원소의 원자가 껍질에 몇 개의 전자를 가지고 있는가? (예제 1.2 참조)

(a) 탄소 (d) 알루미늄
(b) 질소 (e) 산소
(c) 염소 (f) 규소

1.23 각 이온의 원자가 껍질에 몇 개의 전자가 있는가? (예제 1.2 참조)

(a) H^+ (b) H^- (c) F^- (d) Cl^+ (e) S^{2-}

1.2절 Lewis 구조

1.24 주기율표의 상대적 위치로 볼 때, 각 조합에서 어느 것이 더 전기 음성적인가? (예제 1.3 참조)

(a) 탄소와 질소 (c) 산소와 황
(b) 염소와 브로민 (d) 산소와 인

1.25 다음 중 무극성 공유 결합, 극성 공유 결합, 이온 결합인 화합물은 어느 것인가? (예제 1.4 참조)

(a) LiF (c) $MgCl_2$
(b) CH_3F (d) HCl

1.26 기호 $\delta+$와 $\delta-$를 사용하여 다음 각 공유 결합에서 극성의 방향을 나타내시오. (예제 1.5 참조)

(a) C—Cl (c) C—S
(b) S—H (d) P—H

1.27 다음 화합물의 모든 원자가 전자를 나타내는 Lewis 구조를 쓰시오(모두 고리 화합물이 아님). (예제 1.6 참조)

(a) 과산화 수소(H_2O_2) (b) 하이드라진(N_2O_4)
(c) 메탄올(CH_3OH) (j) 아세틸렌(C_2H_2)
(d) 메테인싸이올(CH_3SH) (k) 이산화 탄소(CO_2)
(e) 메탄아민(CH_3NH_2) (l) 폼알데하이드(CH_2O)
(f) 클로로메테인(CH_3Cl) (m) 아세톤(CH_3OCH_3)
(g) 다이메틸 에터(CH_3OCH_3) (n) 탄산(H_2CO_3)
(h) 에테인(C_2H_6) (o) 아세트산(CH_3COOH)
(i) 에틸렌(C_2H_4)

1.28 다음 이온의 Lewis 구조를 쓰시오. (예제 1.6 참조)

(a) 탄산수소 이온(HCO_3^-) (c) 아세트산 이온(CH_3COO^-)
(b) 탄산 이온(CO_3^{2-}) (d) 염화 이온(Cl^-)

1.29 왜 다음 분자식이 불가능한가?

(a) CH_5 (c) H_2^{2+}
(b) C_2H_7 (d) HN^{3-}

1.30 탄소, 산소, 질소의 각 원자가 바깥 껍질에 8개의 원자가 전자를 채우기 위하여 반응한다는 규칙에 따라, 다음 이온에서 각 원자에 대하여 원자가 껍질을 완전히 채우는 데 필요한 수만큼 비공유 전자쌍을 그리시오. 그리고 적절한 형식 전하를 표시하시오. (예제 1.7 참조)

```
            O                       H   H
            ‖                       |   |
(a) H—O—C—O              (c) H—C—C
                                    |   |
                                    H   H

        H   H                       H   H   O
        |   |                       |   |   ‖
(b) H—C—C—O              (d) H—N—C—C—O
        |   |                       |   |
        H   H                       H   H
```

1.31 다음 Lewis 구조는 모든 원자가 전자를 보여 주고 있다. 각 구조에 적절한 형식 전하를 표시하시오. (예제 1.7 참조)

```
        H  :O:
        |   ‖   ..
(a) H—C—C—C—H
        |       |
        H       H
```

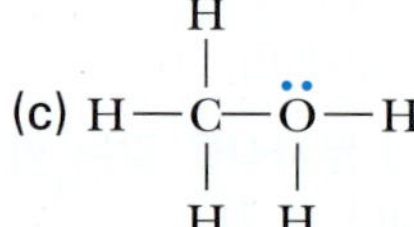

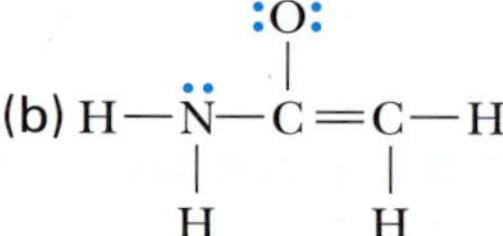

```
        H
        |
(d) H—C
        |
        H
```

1.32 다음 각 화합물에는 이온 및 공유 결합이 포함되어 있다. 각각에 대하여 Lewis 구조를 그리고, 결합이 이온성이면 전하로, 공유 결합성이면 선으로 나타내시오. (예제 1.7 참조)

(a) NaOH (d) CH_3COONa
(b) $NaHCO_3$ (e) CH_3ONa
(c) NH_4Cl (f) KCN

1.33 은과 산소 원자는 안정한 화합물을 만들 수 있다. 이 화합물의 분자식을 예상해 보고, 어떠한 화합물이 이온 결합 혹은 공유 결합으로 구성되어 있는지 설명하시오.

1.34 다음 분자와 이온의 Lewis 구조를 쓰시오. (예제 1.7 참조)

(a) NH_3 (c) NH_2^-
(b) NH_4^+ (d) CH_3^+

1.2절 공유 결합의 극성

1.35 전기 음성도에 관한 설명 중 옳은 것은 어느 것인가?

(a) 전기 음성도는 주기율표의 같은 주기에서 왼쪽에서 오른쪽으로 갈수록 증가한다.
(b) 전기 음성도는 주기율표의 같은 족에서 위에서 아래로 갈수록 증가한다.
(c) 원자 번호가 가장 작은 수소는 가장 작은 전기 음성도를 갖는다.
(d) 원소의 원자 번호가 높을수록 더 큰 전기 음성도를 가진다.

1.36 왜 주기율표의 오른쪽 맨 위에 있는 플루오린(F)이 가장 전기 음성도가 큰가?

1.37 다음 각 세트의 단일 공유 결합을 극성이 증가하는 순서로 나열하시오.

(a) C—H, O—H, N—H (c) C—C, C—O, C—N
(b) C—H, C—Cl, C—I (d) C—Li, C—Hg, C—Mg

1.38 표 1.4의 전기 음성도 값을 사용하여, 각 표시된 결합에서 더 강한 극성인 것을 예측하고, $\delta+$와 $\delta-$를 사용하여 극성의 방향을 나타내시오. (예제 1.5 참조)

(a) CH_3—OH와 CH_3O—H
(b) H—NH_2와 CH_3—NH_2
(c) CH_3—SH와 CH_3S—H
(d) CH_3—F와 H—F
(e) H_2C=NH와 H_2C=O
(f) H_2B—H와 F_2B—F
(g) H_2C=O와 H_2C=S
(h) CH_3—MgBr와 CH_3—Li

1.39 각 분자에서 가장 극성인 결합을 나타내시오.

(a) $HSCH_2CH_2OH$ (d) CH_3OCH_2OH
(b) $CHCl_2F$ (e) HOCl
(c) $HOCH_2CH_2NH_2$ (f) $CH_3NCHCHO$

1.40 각 유기 금속 화합물들의 탄소-금속 결합이 무극성 공유, 극성 공유, 이온 결합인지 예측하시오. $\delta+$와 $\delta-$를 사용하여 각각의 극성 공유 결합의 극성의 방향을 나타내시오. (예제 1.5 참조)

(a) CH_3CH_2—Pb(CH_2CH_3)(CH_2CH_3)—CH_2CH_3
Tetraethyllead

(b) CH_3—Mg—Cl
Methylmagnesium chloride

(c) CH_3—Hg—CH_3
Dimethylmercury

1.3절 분자의 결합각과 모양

1.41 VSEPR 모형으로, 표시된 원자의 결합각을 예측하시오. (예제 1.8 참조)

(a) 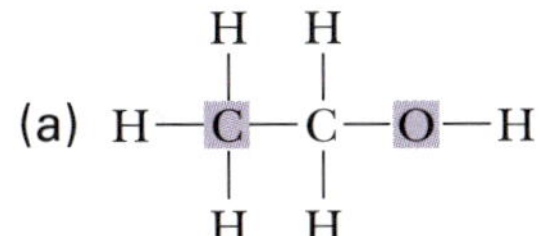

(b) H—C(H)=C(H)—Cl

(c) 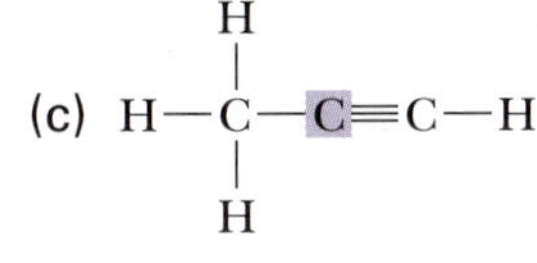

(d) 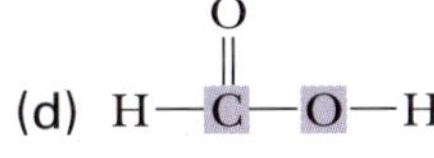

(e) 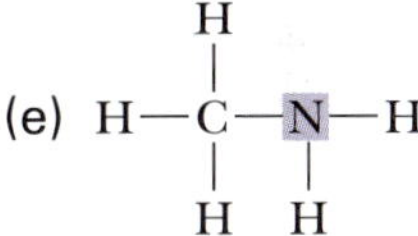

(f) H—O—N=O

1.42 VSEPR 모형으로, 다음 분자의 탄소, 산소, 질소 각각에 대하여 결합각을 예측하시오. (각 원자의 전자가 껍질을 완전히 채울 수 있는 비공유 전자쌍을 넣고, 결합각을 예측하시오.) (예제 1.8 참조)

(a) CH_3—CH_2—CH_2—OH (d) CH_3—C≡C—OCH_3
(b) CH_3—CH_2—C(=O)—H (e) CH_3—C(=O)—O—CH_3
(c) CH_3—CH=CH_2 (f) CH_3—N(CH_3)—CH_3

1.43 규소는 주기율표에서 탄소 바로 아래에 위치하고 있다. 테트라메틸실레인 $(CH_3)_4Si$의 C—Si—C의 결합각을 예측하시오.

1.4절 극성 및 무극성 분자

1.44 다음의 각 분자에 대한 삼차원 모양을 그리시오. 극성 분자와 그의 극성 방향을 표시하시오. (예제 1.9 참조)

(a) CH_3F (d) CCl_4 (g) CH_3C≡N
(b) CH_2Cl_2 (e) CH_2=CCl_2 (h) $(CH_3)_2C$=O
(c) $CHCl_3$ (f) CH_2=CHCl (i) $N(CH_3)_3$

***1.45** 테트라플루오로에틸렌(C_2F_4)은 보통 테플론으로 알려진 중합체 폴리(테트라플루오로에틸렌)의 합성을 위한 출발물이다. 테트라플루오로에틸렌 분자는 무극성이다. 이 분자의 구조식을 제시하시오.

***1.46** 수년 전까지 냉각기의 냉매로 가장 넓게 사용되었던 물질은 클로로플루오로탄소(CFC)로 프레온-11(트라이클로로플루오로메테인, CCl_3F)과 프레온-12(다이클로로플루오로메테인, CCl_2F_2)이다. 각 분자의 삼차원 구조를 그리고, 극성의 방향을 나타내시오. (예제 1.9 참조)

1.5절 공명 기여 구조

1.47 공명 기여 구조에 관하여 옳은 설명은 어느 것인가? (예제 1.10 참조)

(a) 모든 공명 기여 구조는 같은 수의 원자가 전자를 가져야 한다.

(b) 모든 공명 기여 구조는 같은 동일한 원자의 배열을 가져야 한다.

(c) 공명 기여 구조에서 모든 원자는 채워진 원자가 껍질을 가져야 한다.

(d) 공명 기여 구조의 한 세트에서 결합각은 모두 같아야 한다.

(e) 다음의 두 구조는 올바른 공명 기여 구조를 나타낸다.

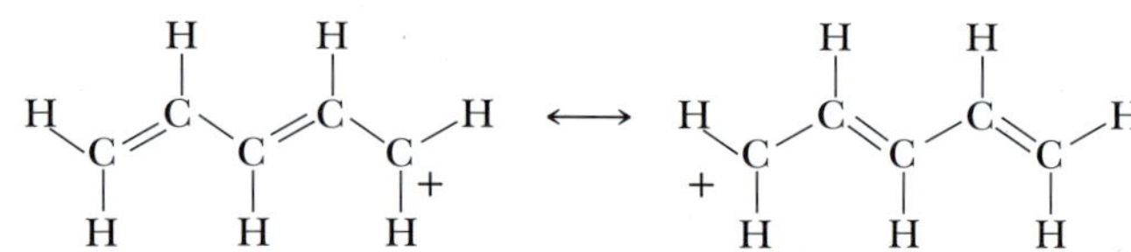

(f) 다음의 두 구조는 올바른 공명 기여 구조를 나타낸다.

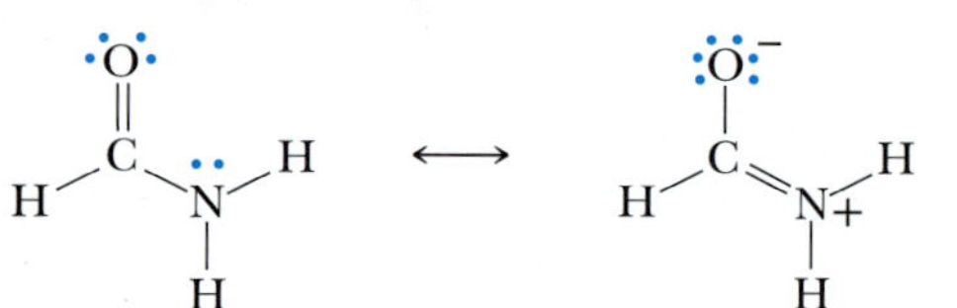

(g) 다음의 두 구조는 올바른 공명 기여 구조를 나타낸다.

O=C=NH ⟷ $^{-}$O−C≡NH^{+}

1.48 굽은 화살표를 사용하여 공명 기여 구조를 그리시오. 그리고 적절한 형식 전하를 표시하시오. (예제 1.11 참조)

(a) H—O—C(=O)—O^{-} ⟷

(b) $H_2C=O$ ⟷

(c) CH_3—O—C(=O)—O^{-} ⟷

(d) CH_3—N^{+}(=O)—O^{-} ⟷

1.49 VSEPR을 이용하여, 문제 1.48의 각 공명 기여 구조의 탄소 원자의 결합각을 예측하시오. 어떤 방식으로 한 기여 구조에서 다른 기여 구조로 결합각이 변하였는가?

1.50 아래 주어진 화합물의 공명 기여 구조를 그리시오. (예제 1.11 참조)

(a) O=O^{+}—O^{-}

(b) H—N^{+}≡C—N^{-}—H

(c)

(d)

(e)

(f)

1.6절 원자 오비탈의 혼성화

1.51 밝게 표시된 원자의 혼성화를 나타내시오. (예제 1.12 참조)

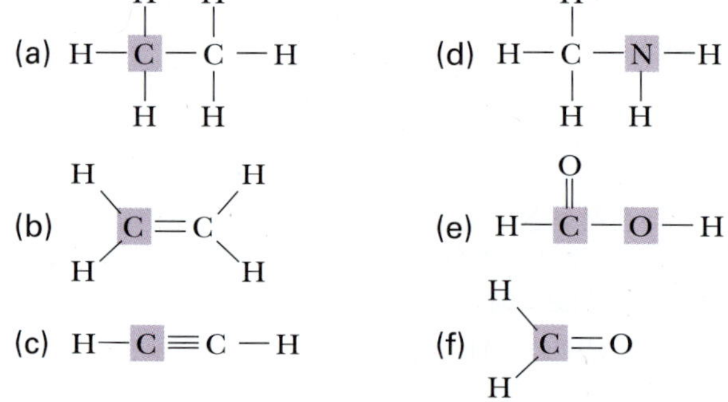

1.52 밝게 표시된 결합이 어떠한 종류의 결합인지 쓰고, 표시된 원자의 혼성화를 나타내시오. (예제 1.12 참조)

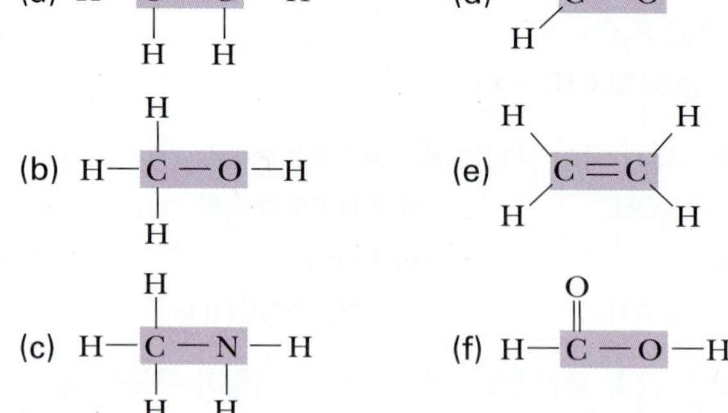

1.7절 작용기

1.53 다음 작용기에 대한 Lewis 구조를 그리고, 각각에 대하여 모든 원자가 전자를 나타내시오. (예제 1.13~1.16 참조)

(a) 카보닐기

(b) 카복실기

(c) 하이드록실기

(d) 일차 아미노기

1.54 다음 분자식을 가지는 화합물의 구조를 그리시오. (예제 1.13~1.16 참조)

(a) C_2H_6O인 알코올

(b) C_3H_6O인 알데하이드

(c) C_3H_6O인 케톤

(d) $C_3H_6O_2$인 카복실산

(e) $C_4H_{11}N$인 삼차 아민

1.55 다음 내용을 만족하는 분자식이 C_4H_8O인 모든 화합물에 대한 축약 구조식을 그리시오. (예제 1.13~1.16 참조)

(a) 카보닐기(두 개의 알데하이드와 한 개의 케톤)

(b) 탄소–탄소 이중 결합과 하이드록실기(8개)

1.56 다음의 구조식을 그리시오.

(a) 분자식이 $C_5H_{12}O$인 8개의 알코올

(b) 분자식이 $C_6H_{12}O$인 8개의 알데하이드

(c) 분자식이 $C_6H_{12}O$인 6개의 케톤

(d) 분자식이 $C_6H_{12}O_2$인 8개의 카복실산

(e) 분자식이 $C_5H_{13}N$인 세 개의 삼차 아민

***1.57** 다음 각 화합물에서 작용기를 확인하시오(각 화합물은 표시한 장에서 보다 자세히 배울 것이다).

(a) $CH_3-CH(OH)-C(=O)-OH$

Lactic acid
(21.4A절)

(b) $HO-CH_2-CH_2-OH$

Ethylene glycol
(8.2C절)

(c) $CH_3-CH(NH_2)-C(=O)-OH$

Alanine
(18.2B절)

(d) $HO-CH_2-CH(OH)-C(=O)-H$

Glyceraldehyde
(17.2A절)

(e) $CH_3-C(=O)-CH_2-C(=O)-OH$

Acetoacetic acid
(13.2B절)

(f) $H_2NCH_2CH_2CH_2CH_2CH_2CH_2NH_2$

1,6-Hexanediamine
(16.4A절)

***1.58** 빛이 없이 피부를 태우는 로션의 활성 성분인 다이하이드록시아세톤($C_3H_6O_3$)은 한 개의 케톤기와 두 개의 탄소 각각에 두 개의 1° 하이드록실기를 가진다. 다이하이드록시아세톤의 구조식을 그리시오. (예제 1.13~1.16 참조)

***1.59** 비행기 결빙 방지제로 사용되는 프로필렌 글라이콜($C_3H_8O_2$)은 1° 및 2° 알코올기를 가지고 있다. 프로필렌 글라이콜의 구조식을 그리시오. (예제 1.13~1.16 참조)

***1.60** 식이 요법 보조제에서 발견되는 분자인 에페드린은 심장 발작, 뇌졸중, 심계 항진과 같은 건강에 해를 주는 작용과 관련되어 있다. FDA에서는 현재 식이 요법으로 에페드린의 사용을 금지하고 있다.

(a) 에페드린에서 최소한 두 개 이상의 작용기를 확인하시오.

(b) 에페드린은 극성인가? 무극성인가?

Ephedrine: $C_6H_5-CH(OH)-CH(NHCH_3)-CH_3$ (벤젠 고리의 모든 C–H 결합과 O–H, N–H 결합을 표시한 구조식)

***1.61** 오존(O_3)과 이산화 탄소(CO_2)는 모두 온실가스로 잘 알려져 있다. 그들의 모양을 비교하고, 두 분자에서 각 원자의 혼성화를 설명하시오.

1.62 불연소 탄화수소가 있는 대기에서 NO_2는 일련의 반응에 참여한다. 이러한 반응의 결과물 중 하나가 질산 과산화아세틸(PAN)이다. PAN에서 원소의 결합은 다음과 같다.

$H_3C-C(=O)-O-O-N(=O)-O$ (화살표는 CH_3의 C, C=O의 C, N 원자를 가리킴)

(a) 이 화합물의 원자가 전자의 수는 얼마인가? 또한 Lewis 구조를 완성하시오.

(b) 화살표가 가리키는 각 원자 주변의 대략적인 결합각은 얼마인가?

발전 학습

1.63 알렌(C_3H_4)은 구조식이 $H_2C{=}C{=}CH_2$이다. 각 탄소의 혼성화를 결정하고, 분자의 모양을 예상하시오.

1.64 다이메틸설폭사이드[$(CH_3)_2SO$]는 유기 화학에서 흔히 사용되는 용매이다.

(a) Lewis 구조를 그리시오.

(b) 분자 내에서 황 원자의 혼성화를 예측하시오.

(c) 다이메틸설폭사이드의 입체 구조를 예측하시오.

(d) 다이메틸설폭사이드는 극성인가? 무극성인가?

1.65 5장에서 탄소 양이온이라는 유기 양이온을 배운다. 다음은 삼차 뷰틸 양이온이라는 탄소 양이온의 구조이다.

삼차 뷰틸 양이온 $(H_3C)_2C^+—CH_3$

(a) 양전하를 가진 탄소의 원자가 껍질에 있는 전자는 몇 개인가?

(b) 이 양이온의 결합각을 예측하시오.

(c) 이 탄소의 혼성화를 설명하시오.

1.66 5장에서도 아이소프로필 양이온[$(CH_3)_2CH^+$]을 배울 것이다.

(a) 이 양이온의 Lewis 구조를 그리시오. 양전하의 위치가 나타나도록 +기호를 사용하시오.

(b) 양전하를 가진 탄소의 원자가 껍질에는 몇 개의 전자가 있는가?

(c) VSEPR 모형을 사용하여 양전하를 가진 탄소의 결합각을 예측하시오.

(d) 이 양이온의 각 탄소에 대한 혼성화를 설명하시오.

1.67 9장에서 벤젠(C_6H_6)과 그의 유도체를 배울 것이다.

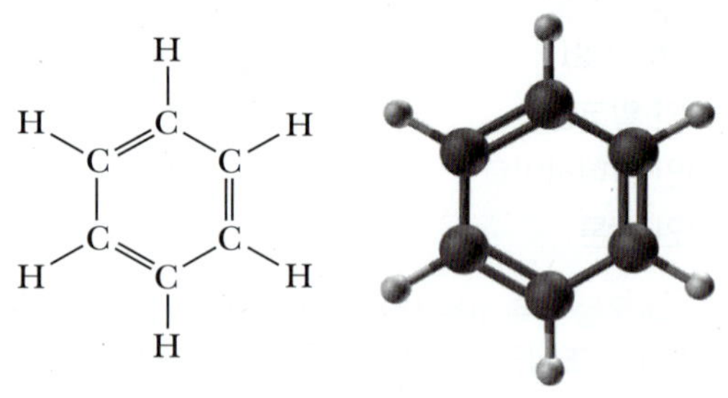

(a) 벤젠의 H—C—C 및 C—C—C의 결합각을 예측하시오.

(b) 벤젠에서 각 탄소의 혼성화를 설명하시오.

(c) 벤젠 분자의 모양을 예측하시오.

1.68 벤젠에서 모든 탄소–탄소 결합 길이가 같은 이유를 설명하시오.

1.39×10^{-10} m

그룹 학습 활동

그룹을 지어 지식과 우정을 쌓으며 다음을 학습해 보시오. 다음 문제는 두 사람 이상 그룹을 지어 할 수 있는 과제입니다.

1.69 차례로 작용기를 말하고, 탄소 원자를 적어도 3개 이상 포함하고 있는 작용기를 지닌 유기 분자를 그려 보시오.

1.70 아래 분자의 혼성에 기여할 수 있는 구조를 모두 그려 보시오. 이러한 구조 중 공명 혼성에 크게 기여하지 않는 구조에 대해 토론하고, 제외한 이유를 설명하시오.

(a) (b)

1.71 교재 뒤에 있는 1.10장의 작용기 목록을 살펴보시오. 차례로 목록의 예를 하나 선택하여, 선택한 작용기의 C, O, N, S 원자의 혼성을 나타내시오.

1.72 세 종류의 혼성 오비탈(sp, sp^2, sp^3)을 가장 타당한 것에서 가장 타당하지 않은 순으로 순위를 매겨 보시오. 그렇게 순위를 매긴 이유를 설명하시오.

(a) 가장 큰 s 성질

(b) 가장 높은 에너지

(c) 가장 긴 시그마 결합의 형태

1.73 원자가 껍질 전자쌍 모형을 사용하여 다음 분자의 구조와 결합각을 예측해 보시오.

(a) XeF_4 (b) PCl_5 (c) SF_6

2 산과 염기

밀감류는 시트르산의 공급원이다. 예를 들어 레몬 주스는 5~8%의 시트르산을 포함하고 있다. 삽화: 시트르산의 모형

중요한 질문

해결 방법

아세트산이 강한 유기산 중에 하나임에도 여전히 식초로 소비되고 있다는 사실을 알고 있는가? 가장 강한 산 중 하나로 알려진 염산이 대부분의 포유류의 위에 상당량 존재한다는 것과, 아세트산과 구조와 반응성이 유사한 약염기인 탄산수소염이 염산에 의해 우리의 위가 손상되지 않도록 보호하는 역할을 하고 있다는 사실을 알면 놀라겠는가? 산과 염기의 구조를 비교하는 것만으로 많은 산과 염기의 상대적 세기를 예측할 수 있다는 것을 알고 있는가? 이 장에서는 산–염기의 성질과 주요 부류의 유기 화합물의 산–염기 성질에 대해 배울 것이다. 기초적인 산–염기 화학의 이해를 통해 이러한 질문에 대답할 수 있고, 이번 수업에서 배우게 될 주요 반응에 대해 이해할 수 있을 것이다.

아세트산 | 염산 (H—Cl:) | 탄산수소염

2.1 Arrhenius 산과 염기란 무엇인가?

Arrhenius 산 물에 용해되어 H^+ 이온을 생성하는 물질

Arrhenius 염기 물에 용해되어 OH^- 이온을 생성하는 물질

산(acid)과 **염기**(base)에 대한 정의는 Svante Arrhenius(1859~1927)에 의해 1884년에 최초로 발표되었다(1903년 노벨 화학상 수상). 초기 Arrhenius 정의에 의하면, 산은 물에 용해되어 H^+ 이온을 내는 물질이며, 염기는 물에 용해되어 OH^- 이온을 내는 물질이다. 오늘날 우리는 H^+ 이온은 H_2O와 반응하여 즉시 하이드로늄 이온(H_3O^+)를 생성하기 때문에 물속에서는 존재하지 않는다는 것을 알고 있다.

$$H^+(aq) + H_2O(l) \longrightarrow \underset{\text{하이드로늄 이온}}{H_3O^+(aq)}$$

약간 수정된 내용에도 불구하고 Arrhenius 산–염기 정의는 수용액에서 반응을 논의할 때 여전히 유효하며, 유용하게 쓰이고 있다. 그러나 산과 염기의 Arrhenius 개념은 물에서 일어나는 반응으로 제한되어 있기 때문에 물이 아닌 용액에서 일어나는 산–염기 반응에 대해서는 적용되지 않는다. 이러한 이유 때문에 이 장에서는 유기 화합물의 반응에 대한 설명에 더 유용한 Brønsted–Lowry의 산–염기 정의에 대해 집중적으로 살펴볼 것이다.

해결방법 2.1

산에서 염기로 양성자 이동을 표시하는 굽은 화살표의 사용법 

산에서 염기로 양성자 이동은 **굽은 화살표**(curved arrow)를 사용하여 표시할 수 있다. 유기 화학을 공부하는 동안 굽은 화살표는 반응이 어떻게 진행되었는지를 표시할 때 사용한다. 그러므로 굽은 화살표 사용에 능숙해지는 것은 매우 중요하다.

1. 먼저 원자가 전자가 모두 나타나도록 각 반응물과 생성물의 Lewis 구조를 그린다.
2. 반응 중 전자쌍의 이동을 나타내는 굽은 화살표를 그린다. 굽은 화살표의 꼬리는 전자쌍에 머무르게 한다.
3. 원자가 가지고 있던 전자쌍의 자리 변화는 원자의 새로운 결합을 형성하는 반면, 결합으로부터의 전자쌍의 자리 변화는 결합이 끊어지는 결과를 가져온다.

예 1

이 전자쌍은 염소로 이동하여 염화 이온을 형성한다.

H—Ö(H): + H—Cl: ⟶ H—Ö⁺(H)—H + :Cl:⁻

이 전자쌍은 새로운 O—H 결합을 형성하는 데 사용한다.

예 2

이 굽은 화살표는 공유 전자쌍에서 출발하여 산소를 가리키고 있으므로 산소에 고립 전자쌍이 생기게 된다.

H_3N: + H—Ö—H ⟶ H_3N^+—H + :Ö⁻—H

이 굽은 화살표는 고립 전자쌍에서 출발하므로 새로운 결합이 생기게 된다.

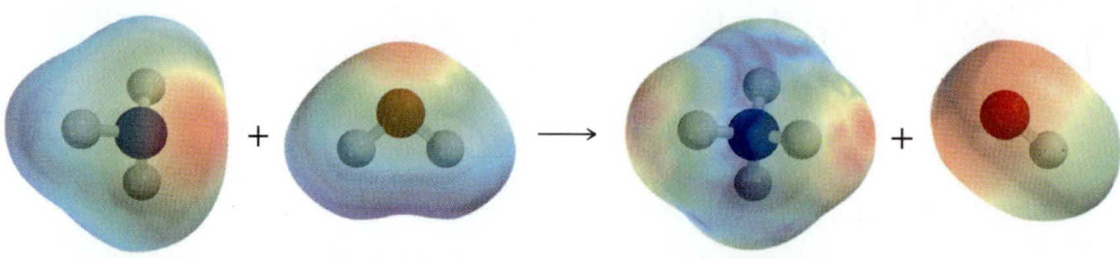

NH_3의 양성자 첨가 반응과 H_2O의 양성자 이탈 반응에 의한 전하 분포의 증가에 유의하라. NH_4^+의 질소는 NH_3의 질소보다 더 푸르게 보이고, OH^-의 산소는 H_2O의 산소보다 더 붉게 보인다.

2.2 Brønsted–Lowry 산과 염기란 무엇인가?

1923년에 덴마크의 화학자 Johannes Brønsted와 영국 화학자의 Thomas Lowry는 독립적으로 다음 정의를 제안하였다. **산**(acid)은 **양성자 주개**(proton donor)이고, **염기**(base)는 **양성자 받개**(proton acceptor), 그리고 산–염기 반응은 **양성자 이동 반응**(proton transfer reaction)이다. 더 나아가 Brønsted–Lowry 정의에 따라 양성자 이동에 의하여 상호 변환이 될 수 있는 분자나 이온의 짝을 **짝산–짝염기쌍**(conjugate acid–base pair)이라고 한다. 산은 양성자를 염기로 전달할 때 **짝염기**(conjugate base)로 바뀌며, 염기는 양성자를 받을 때 **짝산**(conjugate acid)으로 바뀐다.

Brønsted–Lowry 산 양성자 주개

Brønsted–Lowry 염기 양성자 받개

짝염기 산이 양성자를 주고서 형성되는 화학종

짝산 염기가 양성자를 받고서 형성되는 화학종

이들의 상호 관계는 염화 이온과 하이드로늄 이온을 형성하는 물과 염산의 반응으로 설명할 수 있다.

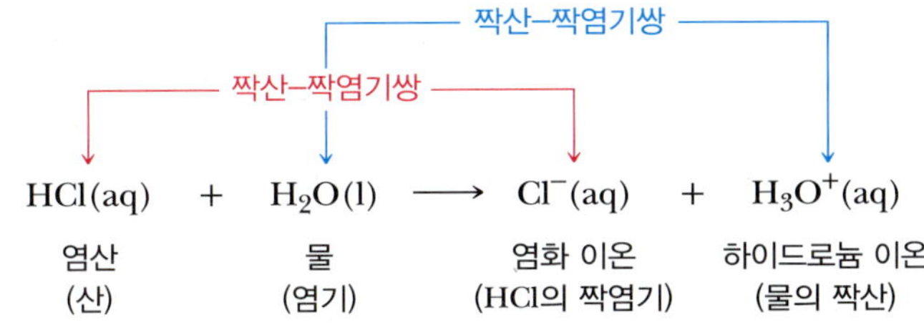

이 반응에서 산 HCl은 양성자를 주고 그의 짝염기 Cl^-로 변한다. 염기 H_2O는 양성자를 받아서 그의 짝산 H_3O^+로 변한다.

우리는 반응물로서 물을 이용하여 Brønsted–Lowry 정의의 응용을 설명하였다. 그렇지만 이들 정의는 반응물로서 물이 필요하지 않을 수도 있다. 다음의 아세트산과 암모니아 사이의 반응을 생각해 보자.

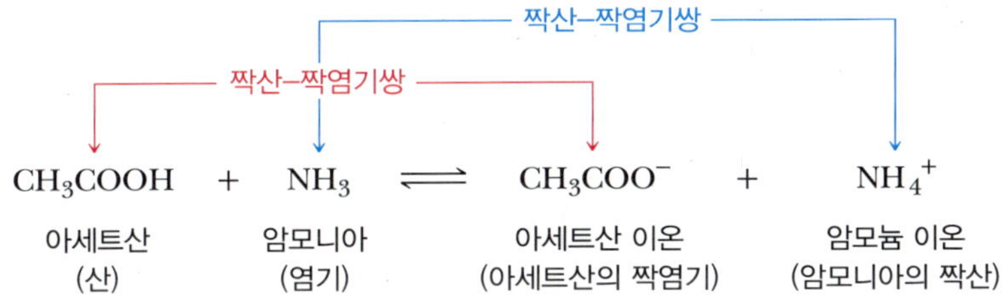

굽은 화살표를 이용하면 이 반응이 어떻게 일어나는지 볼 수 있다.

이 전자쌍은 산소로 이동하여 아세트산 이온을 형성한다.

이 전자쌍은 새로운 N—H 결합을 형성한다.

$$CH_3-\overset{\overset{\displaystyle :O:}{\|}}{C}-\ddot{O}-H \;+\; :NH_3 \;\rightleftharpoons\; CH_3-\overset{\overset{\displaystyle :O:}{\|}}{C}-\ddot{O}:^- \;+\; H-\overset{+}{N}H_3$$

아세트산 (양성자 주개) 암모니아 (양성자 받개) 아세트산 이온 암모늄 이온

오른쪽의 굽은 화살표는 질소의 비공유 전자쌍이 N과 H 사이에 공유되어 새로운 H—N 결합을 형성하는 것을 보여 준다. H—N 결합이 형성되는 같은 시간에 O—H 결합이 분해되고 O—H 결합의 전자쌍이 산소로 이동하여 아세트산 이온의 O^-를 형성한다. 이들 두 전자쌍의 이동 결과는 아세트산에서 양성자 한 개가 암모니아 분자로 이동한 것이다. 표 2.1은 일반 산과 그의 짝염기의 예를 나타낸 것이다. 표에서 짝산–짝염기쌍에 대해 다음 사항을 유의하라.

1. 산은 양전하, 중성, 음전하를 가질 수 있다. 이들 전하의 형태의 예는 H_3O^+, H_2CO_3, $H_2PO_4^-$ 등이다.
2. 염기는 음전하나 중성을 가질 수 있다. 이들 전하의 형태의 예는 Cl^-와 NH_3 등이다.
3. 산은 각각이 내줄 수 있는 양성자수에 따라 일양성자산, 이양성자산, 삼양성자산으로 분류된다. 예를 들어 **일양성자산**(monoprotic acid)은 HCl, HNO_3, CH_3COOH이며, **이양성자산**(diprotic acid)은 H_2CO_3, **삼양성자산**(triprotic acid)은 H_3PO_4이다. 탄산은 양성자 한 개를 잃고 탄산수소 이온이 되며, 이어서 두 번째 양성자를 잃으면 탄산 이온이 된다.

$$\underset{\text{탄산}}{H_2CO_3} + H_2O \rightleftharpoons \underset{\text{탄산수소 이온}}{HCO_3^-} + H_3O^+$$

$$\underset{\text{탄산수소 이온}}{HCO_3^-} + H_2O \rightleftharpoons \underset{\text{탄산 이온}}{CO_3^{2-}} + H_3O^+$$

4. 여러 분자들과 이온들 중에는 산과 그 짝염기 모두가 또 다른 산 또는 염기로서 기능을 가질 수 있다. 예를 들어 탄산수소 이온(HCO_3^-)은 양성자를 내고 CO_3^{2-}가 될 수 있으며(산의 경우), 또는 양성자를 얻어서 H_2CO_3가 될 수 있다(염기의 경우).
5. 산의 세기와 그 짝염기의 세기는 서로 반대이다. **강산일수록 그 짝염기의 염기성은 더 약하다.** 예를 들어 HI는 표 2.1에 나열된 것 중 가장 강한 산이지만 그 짝염기인 I^-는 가장 약한 염기이다. 다른 예를 들면 CH_3COOH(아세트산)는 H_2CO_3(탄산)보다 강한 산이지만, 반대로 CH_3COO^-(아세트산 이온)은 HCO_3^-(탄산수소 이온)보다 더 약한 염기이다.

표 2.1 몇 가지 산과 그들의 짝염기

	산	이름	짝염기	이름	
강산 ↑	HI	아이오딘화 수소산	I^-	아이오딘화 이온	약염기 ↓
	HCl	염산	Cl^-	염화 이온	
	H_2SO_4	황산	HSO_4^-	황산 수소 이온	
	HNO_3	질산	NO_3^-	질산 이온	
	H_3O^+	하이드로늄 이온	H_2O	물	
	HSO_4^-	황산 수소 이온	SO_4^{2-}	황산 이온	
	H_3PO_4	인산	$H_2PO_4^-$	인산 이수소 이온	
	CH_3COOH	아세트산	CH_3COO^-	아세트산 이온	
	H_2CO_3	탄산	HCO_3^-	탄산수소 이온	
	H_2S	황화 수소	HS^-	황화 수소 이온	
	$H_2PO_4^-$	인산 이수소 이온	HPO_4^{2-}	인산 수소 이온	
	NH_4^+	암모늄 이온	NH_3	암모니아	
	HCN	사이안화 수소산	CN^-	사이안화 이온	
	C_6H_5OH	페놀	$C_6H_5O^-$	페녹시화 이온	
	HCO_3^-	탄산수소 이온	CO_3^{2-}	탄산 이온	
약산	HPO_4^{2-}	인산 수소 이온	PO_4^{3-}	인산 이온	강염기
	H_2O	물	OH^-	수산화 이온	
	C_2H_5OH	에탄올	$C_2H_5O^-$	에톡시화 이온	

예제 2.1

다음 산–염기 반응을 양성자 이동 반응으로 나타내시오. 반응물에서 산과 염기를, 생성물에 대하여 원래의 산에 대한 짝염기와 원래의 염기에 대한 짝산을 표시하시오. 전자의 흐름을 알 수 있도록 굽은 화살표를 사용하여 나타내시오.

$$\underset{\text{아세트산}}{CH_3\overset{O}{\overset{\|}{C}}OH} + \underset{\text{탄산수소 이온}}{HCO_3^-} \longrightarrow \underset{\text{아세트산 이온}}{CH_3\overset{O}{\overset{\|}{C}}O^-} + \underset{\text{탄산}}{H_2CO_3}$$

전략

먼저, 반응 물질의 원자가 전자들이 모두 나타나도록 Lewis 구조를 그린다. 아세트산은 산(양성자 주개)이고, 탄산수소 이온은 염기(양성자 받개)이다. 짝산–짝염기쌍의 차이는 양성자의 수뿐이며, 산이 더 많은 수의 양성자를 가진다. 짝염기는 산에서 한 개의 양성자를 제거하면 된다.

풀이

표 2.1에서 보듯이 아세트산이 더 강한 산이므로 이것이 양성자 주개로 작용한다.

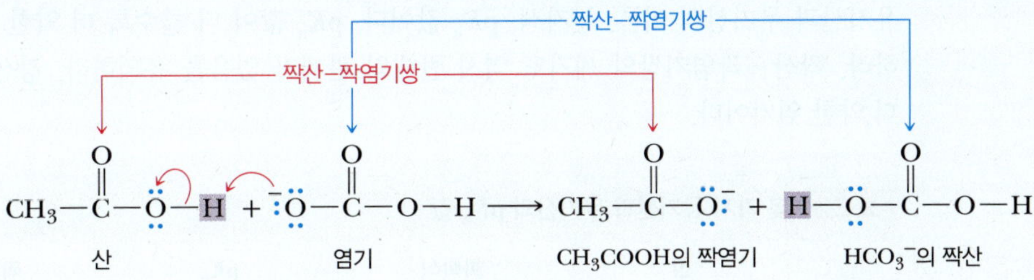

문제 2.7, 2.8 참조

문제 2.1

양성자 이동 반응으로 다음 산–염기 반응을 나타내시오. 반응물에서 산과 염기를, 생성물에 대하여 원래의 산에 대한 짝염기와 원래의 염기에 대한 짝산을 표시하시오. 전자의 흐름을 알 수 있게 굽은 화살표를 사용하여 나타내시오.

(a) $CH_3SH + OH^- \longrightarrow CH_3S^- + H_2O$

(b) $CH_3OH + NH_2^- \longrightarrow CH_3O^- + NH_3$

(c) $H_2O + C_6H_5OH \longrightarrow H_3O^+ + C_6H_5O^-$

2.3 산과 염기의 세기는 어떻게 측정하는가?

강산(strong acid)과 **강염기**(strong base)는 수용액에서 완전히 이온화한다. HCl이 물에 녹으면 양성자는 HCl에서 H_2O로 이동하여 Cl^-와 H_3O^+를 형성한다. 그러나 H_3O^+에서 양성자가 Cl^-로 이동하여 H_2O와 HCl로 변하는 역반응은 일어나지 않는다. 따라서 HCl과 H_3O^+의 상대적 산성도를 비교하면, HCl이 더 강한 산이고 H_3O^+가 더 약한 산이 된다. 비슷한 이유로, H_2O는 더 강한 염기이고, Cl^-는 더 약한 염기이다.

수용액에서 강산인 물질은 HCl, HBr, HNO_3, $HClO_4$, H_2SO_4 등이 있다. 수용액에서 강염기의 예로 LiOH, NaOH, KOH, $Ca(OH)_2$, $Ba(OH)_2$ 등이 있다.

강산 수용액에서 완전히 이온화하는 산

강염기 수용액에서 완전히 이온화하는 염기

약산 수용액에서 부분적으로만 이온화하는 산

약염기 수용액에서 부분적으로만 이온화하는 염기

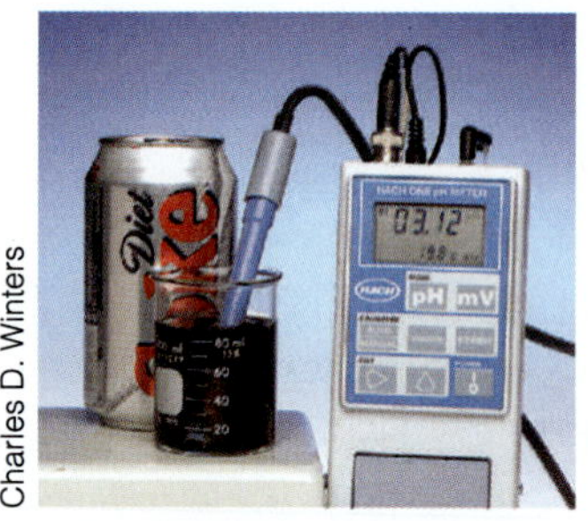

Charles D. Winters

탄산 음료의 pH는 3.12이다. 음료는 흔히 아주 신맛이 난다.

약산(weak acid)과 **약염기**(weak base)는 수용액에서 일부분만 이온화된다. 대부분의 유기산과 유기 염기는 약한 산, 염기이다. 다음 반응에서 보듯이 가장 흔한 유기산은 카복실기(−COOH, 1.7D절)를 가진 카복실산이다.

$$\underset{\substack{\text{산}\\(\text{약한 산})}}{CH_3\overset{O}{\overset{\|}{C}}OH} + \underset{\substack{\text{염기}\\(\text{약한 염기})}}{H_2O} \rightleftharpoons \underset{\substack{CH_3COOH\text{의 짝염기}\\(\text{강한 염기})}}{CH_3\overset{O}{\overset{\|}{C}}O^-} + \underset{\substack{H_2O\text{의 짝산}\\(\text{강한 산})}}{H_3O^+}$$

물에서 약산인 HA의 이온화에 대한 평형 반응식과 산 이온화 상수 K_a 값은 각각 다음과 같이 나타낸다.

$$HA + H_2O \rightleftharpoons A^- + H_3O^+ \qquad K_a = K_{eq}[H_2O] = \frac{[H_3O^+][A^-]}{[HA]}$$

약산의 이온화 상수는 음의 지수를 가진 수이므로, $\mathbf{p}\boldsymbol{K}_a = -\log_{10} K_a$로 나타낸다. 표 2.2는 몇몇 유기산과 무기산의 이름, 분자식, pK_a 값이다. pK_a 값이 더 클수록 더 약한 산이 되는 것에 유의하라. 짝산−짝염기쌍의 세기도 역시 반대의 관계가 있음을 유의하라. 강산일수록 그 짝염기는 더 약한 염기이다.

산이 약할수록 그의 짝염기는 강하다.

산이 강할수록 그의 약염기는 약하다.

표 2.2 몇 가지 유기산과 무기산의 pK_a 값

	산	화학식	pK_a	짝염기	
약한 산	에테인	CH_3CH_3	51	$CH_3CH_2^-$	강한 염기
	암모니아	NH_3	38	NH_2^-	
	에탄올	CH_3CH_2OH	15.9	$CH_3CH_2O^-$	
	물	H_2O	15.7	HO^-	
	메틸암모늄 이온	$CH_3NH_3^+$	10.64	CH_3NH_2	
	탄산수소 이온	HCO_3^-	10.33	CO_3^{2-}	
	페놀	C_6H_5OH	9.95	$C_6H_5O^-$	
	암모늄 이온	NH_4^+	9.24	NH_3	
	사이안화 수소	HCN	9.21	CN^-	
	탄산	H_2CO_3	6.36	HCO_3^-	
	아세트산	CH_3COOH	4.76	CH_3COO^-	
	벤조산	C_6H_5COOH	4.19	$C_6H_5COO^-$	
	인산	H_3PO_4	2.1	$H_2PO_4^-$	
	하이드로늄 이온	H_3O^+	−1.74	H_2O	
	황산	H_2SO_4	−5.2	HSO_4^-	
	염화 수소	HCl	−7	Cl^-	
강한 산	브로민화 수소	HBr	−8	Br^-	약한 염기
	아이오딘화 수소	HI	−9	I^-	

강한 산은 상대적인 용어이다. K_a 값이 1보다 작은 산(pK_a>0)은 약산이라는 것을 명심하자.

주의: 예제 2.2와 문제 2.2는 더 강한 산을 선택하는 문제이다. 1.00보다 **아주 작은** 이온화 상수를 가진 모든 산은 **약산**이라는 것을 기억해야 한다. 그러므로 비록 아세트산이 물보다 강한 산이지만, 물에서 약간만 이온화될 뿐이다. 예를 들어 0.1 M 수용액에서 아세트산은 1.3% 정도만 이온화된다. 0.1 M 수용액에는 이온화하지 않은 아세트산이 대부분이다.

0.1 M 아세트산에 존재하는 형태

$$\underset{98.7\%}{CH_3\overset{O}{\overset{\|}{C}}OH} + H_2O \rightleftharpoons \underset{1.3\%}{CH_3\overset{O}{\overset{\|}{C}}O^-} + H_3O^+$$

예제 2.2

다음 pK_a 값을 K_a 값으로 바꾸시오. 어느 화합물이 더 강한 산인가?

(a) 에탄올 $pK_a = 15.9$
(b) 탄산 $pK_a = 6.36$

전략

강한 산이 더 작은 pK_a 값(더 큰 K_a 값)을 가지고 있다.

풀이

(a) 에탄올의 $K_a = 1.3 \times 10^{-16}$
(b) 탄산의 $K_a = 4.4 \times 10^{-7}$

탄산에 대한 pK_a 값이 에탄올보다 작기 때문에 탄산이 더 강한 산이며, 에탄올이 더 약한 산이다.

문제 2.16 참조

문제 2.2

다음 K_a 값을 pK_a 값으로 바꾸시오. 어느 화합물이 더 강한 산인가?

(a) 아세트산, $K_a = 1.74 \times 10^{-5}$
(b) 물, $K_a = 2.00 \times 10^{-16}$

2.4 산-염기 반응에서 평형 위치는 어떻게 결정하는가?

HCl과 H_2O은 다음 평형으로 반응한다.

$$HCl + H_2O \longrightarrow Cl^- + H_3O^+$$

이미 알고 있는 것과 같이 HCl은 강산이며, 평형이 아주 훨씬 오른쪽으로 놓였다는 것을 의미한다. 아세트산과 물은 다음 평형으로 반응한다.

$$\underset{\text{아세트산}}{CH_3COOH} + H_2O \rightleftharpoons \underset{\text{아세트산 이온}}{CH_3COO^-} + H_3O^+$$

아세트산은 약산이므로, 약간의 아세트산 분자만이 물과 반응하여 아세트산 이온과 하이드로늄 이온을 생성한다. 이 평형에서 존재하는 주된 화학종은 CH_3COOH이며, 이 평형의 위치는 아주 왼쪽에 놓여 있다.

위의 두 산-염기 반응에서는 물이 염기(양성자 받개)였다. 그러나 양성자 받개가 물이 아닌 다른 염기라면 어떻게 될까? 평형에서 존재하는 주요 화학종은 어떤 것일까? 평형의 위치가 왼쪽, 아니면 오른쪽에 놓일 것인지 어떻게 결정할 수 있을까?

식초(아세트산 포함)와 제빵용 소다(탄산수소 소듐)는 반응하여 아세트산 소듐, CO_2, 물을 생성한다. CO_2는 풍선을 팽창시킨다.

아세트산 이온과 암모늄 이온이 생성되는 아세트산과 암모니아의 산-염기 반응을 예로 들어 보자.

$$\underset{\substack{\text{아세트산}\\(\text{산})}}{CH_3COOH} + \underset{\substack{\text{암모니아}\\(\text{염기})}}{NH_3} \overset{?}{\rightleftharpoons} \underset{\substack{\text{아세트산 이온}\\(CH_3COOH\text{의 짝염기})}}{CH_3COO^-} + \underset{\substack{\text{암모늄 이온}\\(NH_3\text{의 짝산})}}{NH_4^+}$$

평형 화살표 위에 표시된 물음표는 평형의 위치가 오른쪽으로 향하여 놓여 있는지, 왼쪽으로 놓여 있는지 묻고 있다. 반응에는 아세트산과 암모늄 이온의 두 가지 산이 존재하고, 역시 암모니아와 아세트산 이온의 두 염기가 존재한다. 표 2.2에서 CH_3COOH(pK_a 4.76)가 더 강한 산이며, CH_3COO^-가 더 약한 짝염기인 것을 알 수 있다. 반대로, NH_4^+(pK_a 9.24)는 더 약한 산이며, NH_3는 더 강한 짝염기이다. 따라서 평형식에서 각 산과 염기의 상대적 세기를 표시할 수 있다.

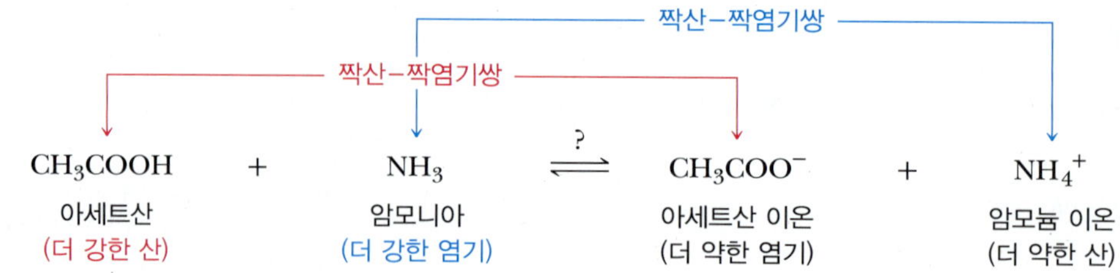

산–염기 반응에서, 평형의 위치는 더 강한 산과 더 강한 염기가 반응하여 더 약한 산과 더 약한 염기를 형성하는 방향으로 우세하다. 따라서 평형에서 존재하는 주 화학종은 더 약한 산과 더 약한 염기가 된다. 그러므로 아세트산과 암모니아의 반응에서 평형은 오른쪽으로 치우치게 되고, 주 화학종은 아세트산 이온과 암모늄 이온이 된다.

$$\underset{\text{아세트산 (더 강한 산)}}{CH_3COOH} + \underset{\text{암모니아 (더 강한 염기)}}{NH_3} \rightleftharpoons \underset{\text{아세트산 이온 (더 약한 염기)}}{CH_3COO^-} + \underset{\text{암모늄 이온 (더 약한 산)}}{NH_4^+}$$

해결방법 2.2

산–염기 반응에서 평형의 위치 결정하기

1. 평형에서 두 개의 산을 결정한다. 하나는 평형의 왼쪽에 있으며, 다른 하나는 오른쪽에 있다.
2. 표 2.2의 정보를 이용하여, 더 강한 산과 더 약한 산을 결정한다. pK_a 데이터가 없는 경우에는 2.5절에 나와 있는 산의 상대 세기를 결정하는 개념을 이용한다.
3. 평형식에서 더 강한 염기와 더 약한 염기를 결정한다. 더 강한 산은 더 약한 짝염기를 생성하고, 더 약한 산은 더 강한 짝염기를 생성한다는 것을 잊지 말라.
4. 더 강한 산과 더 강한 염기는 반응하여 더 약한 산과 더 약한 염기를 생성하며, 평형의 위치는 더 약한 산과 더 약한 염기 쪽으로 놓인다.

예제 2.3

다음 산–염기 평형에서 더 강한 산, 더 강한 염기, 더 약한 산, 더 약한 염기를 표시하시오. 그리고 평형의 위치가 왼쪽 또는 오른쪽에 있는지를 예측하시오.

(a) $\underset{\text{탄산}}{H_2CO_3} + OH^- \rightleftharpoons \underset{\text{탄산수소 이온}}{HCO_3^-} + H_2O$

(b) $\underset{\text{페놀}}{C_6H_5OH} + \underset{\text{탄산수소 이온}}{HCO_3^-} \rightleftharpoons \underset{\text{페녹시화 이온}}{C_6H_5O^-} + \underset{\text{탄산}}{H_2CO_3}$

전략

먼저 평형에서 두 산과 두 염기의 상대적 세기를 각각 결정한다. 평형의 위치는 더 약한 산과 약한 염기가 생기는 쪽으로 치우치게 된다.

풀이

각 평형 위의 화살표는 짝산–짝염기쌍을 나타낸다. 평형의 위치는 (a)는 오른쪽에, (b)는 왼쪽에 놓여 있다.

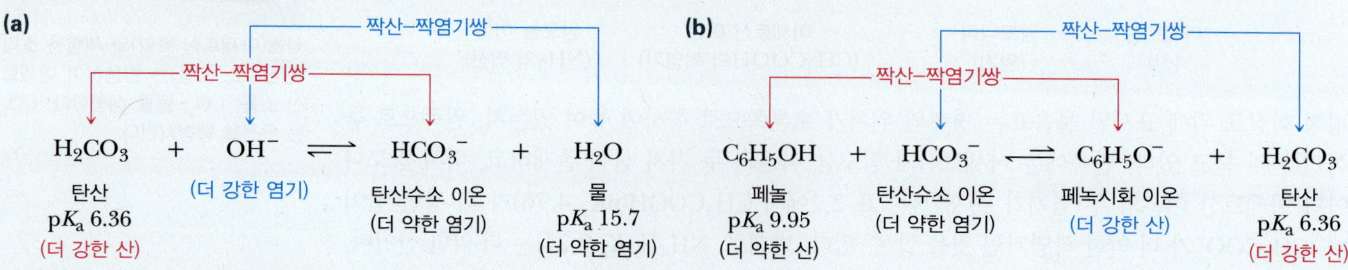

문제 2.11, 2.12, 2.17, 2.25 참조

문제 2.3

다음 산-염기 평형에서 더 강한 산, 더 강한 염기, 더 약한 산, 더 약한 염기를 표시하시오. 그리고 평형의 위치가 왼쪽에 있는지, 오른쪽에 있는지를 예측하시오.

(a) $CH_3NH_2 + CH_3COOH \rightleftharpoons CH_3NH_3^+ + CH_3COO^-$

메틸아민 아세트산 메틸암모늄 이온 아세트산 이온

(b) $CH_3CH_2O^- + NH_3 \rightleftharpoons CH_3CH_2OH + NH_2^-$

에톡시화 이온 암모니아 에탄올 아마이드화 이온

2.5 산도와 분자 구조의 관계는 무엇인가?

유기 화합물의 산도와 분자 구조 사이의 관계를 알아보자. 유기산의 상대적 산도를 결정하는 가장 중요한 요인은 음이온(A^-)의 상대적 안정성이다. 음이온(A^-)은 산(HA)이 염기에 양성자를 전달하고 생성된 것이다. 그 관련성은 (A) H에 결합된 원자의 전기 음성도, (B) 공명 구조, (C) 유도 효과, (D) A^-에서 원자의 크기와 음전하의 비편재화를 고려해야 한다는 것을 알 수 있다. 이 장에서는 이들 요인의 각각을 간략하게 다룰 것이며, 뒤에 더 전체적으로 배울 것이다.

A. 전기 음성도: 주기율표의 같은 주기에서 HA의 산도

전기 음성도는 공유 결합을 하고 있는 원자가 다른 원자와 공유하고 있는 전자에 대한 친화력이다. 공유 결합을 하고 있는 두 원자의 경우 전기 음성도가 큰 원자가 전자에 대한 친화력이 크므로 전자 밀도가 더 높다. 주기율표의 같은 주기에서 수소산의 상대적 산도는 A^-의 안정성에 의해 결정된다. 다시 말해서, 산(HA)이 염기에 양성자를 전달하고 생성되는 음이온(A^-)의 안정성이다. A의 전기 음성도가 클수록 음이온 A^-의 안정성은 더 커지고 HA는 더 강한 산이 된다. 예를 들면 탄소와 산소는 같은 주기에 있는 원소이지만 산소의 전기 음성도가 훨씬 크므로, 음이온을 띠었을 때 이를 안정화시키는 정도는 탄소보다 훨씬 크게 된다.

주기율표에서 **같은 주기에 있는 원소**의 음이온을 비교할 때, 전기 음성도가 클수록 음이온의 안정도가 높다.

	H_3C-H	H_2N-H	$HO-H$	$F-H$
pK_a	51	38	15.7	3.5
A−H에서 A의 전기 음성도	2.5	3.0	3.5	4.0

산의 세기 증가 →

주의: 같은 주기 원소의 경우에는 음이온의 안정도를 비교함에 있어서 전기 음성도의 차이가 중요한 역할을 한다. 2.5D절에서 더 자세히 살펴보겠지만, 같은 족에 있는 원소를 비교할 때는 전기 음성도 외에 다른 요인들이 더 중요한 역할을 하기도 한다.

B. 공명 효과: A^-의 전하의 비편재화

카복실산은 약산이다. 치환되지 않은 대부분의 카복실산의 pK_a 값 범위는 4에서 5 사이에 있다. 예를 들어 아세트산의 pK_a 값은 4.76이다.

$$CH_3COOH + H_2O \rightleftharpoons CH_3COO^- + H_3O^+ \qquad pK_a = 4.76$$

카복실산 카복실산 이온

또한 —OH기를 가지고 있는 대부분의 알코올은 pK_a 값의 범위가 15~18이다. 예를 들어 에탄올의 pK_a 값은 15.9이다.

$$\underset{\text{알코올}}{CH_3CH_2O{-}H} + H_2O \rightleftharpoons \underset{\text{알콕시화 이온}}{CH_3CH_2O^-} + H_3O^+ \qquad pK_a = 15.9$$

그러므로 알코올은 물(pK_a = 15.7)보다 약간 더 약한 산이며 카복실산보다 훨씬 더 약한 산이다.

알코올과 비교하여 카복실산이 더 강한 산인 것은 공명 구조를 이용한 알콕시화 이온과 카복실산 이온의 상대적 안정성으로 설명할 수 있다. **음이온이 보다 안정할수록 평형의 위치가 훨씬 더 오른쪽에 있게 되며 그 화합물은 더욱 산성이 된다.**

알콕시화 이온의 경우 공명에 의한 안정화 기여가 전혀 없다. 그렇지만 카복실산 이온은 두 개의 동등 기여 구조를 그릴 수 있는 음이온을 생성한다. 그 음이온의 음전하는 비편재화되어 있다. 다시 말해서 두 산소 원자에 동등하게 분산되어 있다.

이들 기여 구조는 동등하다. 카복실산 음이온은 두 산소 원자를 가로지르는 음전하의 비편재화에 의해 안정화된다.

$$CH_3{-}C(=\ddot{O}:){-}\ddot{O}{-}H + H_2O \rightleftharpoons CH_3{-}C(=\ddot{O}:){-}\ddot{O}:^- \longleftrightarrow CH_3{-}C(-\ddot{O}:^-)(=\ddot{O}:) + H_3O^+$$

$$CH_3CH_2{-}\ddot{O}{-}H + H_2O \rightleftharpoons CH_3CH_2{-}\ddot{O}:^- + H_3O^+$$

알콜시화 이온은 공명 기여 구조를 가지지 않는다. 그것의 음전하는 한 개의 산소 원자로 편재화된다.

공명 효과는 이온의 안정화에 영향을 주는 이온의 전하를 비편재화한다.

카복실산 음이온은 전하의 비편재화 알콕시화 음이온보다 훨씬 더 안정화된다. 따라서 카복실산의 이온화 평형은 알코올 음이온의 이온화 평형보다 상대적으로 더 오른쪽에 놓이게 되며, 카복실산은 알코올보다 더 강한 산이다.

C. 유도 효과: HA 결합에서 전자 밀도의 끌어당김

유도 효과 전기 음성도가 더 큰 인접 원자에 의해 공유 결합을 통하여 일어나는 전자 밀도의 편극 현상

유도 효과(inductive effect)는 전기 음성도를 가진 더 큰 인접 원자에 의해 공유 결합을 통하여 일어나는 전자 밀도의 편극 현상이다. 다음과 같이 아세트산(pK_a 4.76)과 트라이플루오로아세트산(pK_a 0.23)을 비교하여 유도 효과의 작용을 알 수 있다. 플루오린은 탄소보다 더 전기 음성도가 크며, —CF_3기의 탄소에 부분 양전하가 생기는 C—F 결합 전자의 편극화가 일어난다. 부분 양전하는 다시 음으로 전하된 —CO_2^-기로부터 전자 밀도를 당기게 된다. 전자 밀도의 당김은 음전하를 비편재화시키고, 아세트산의 짝염기보다도 안정한 트라이플루오로아세트산의 짝염기를 만들게 된다. 비편재화 효과는 각 짝염기의 전자 밀도 지도를 비교하면 명백해진다.

$$CH_3COOH + H_2O \rightleftharpoons H_3O^+ + CH_3COO^-$$

아세트산
$pK_a = 4.76$

$$CF_3COOH + H_2O \rightleftharpoons H_3O^+ + CF_3COO^-$$

트라이플루오로아세트산
$pK_a = 0.23$

이온의 전하를 비편재화시키는 유도 효과는 이온의 안정도에 영향을 준다.

트라이플루오로아세트산 이온의 산소는 덜 음성적(더 밝은 붉은색의 그림자로 표시)임에 유의하라. 따라서 트라이플루오로아세트산의 이온화 평형은 아세트산의 이온화 평형보다 더 오른쪽에 놓이게 되며, 트라이플루오로아세트산이 아세트산보다 더 산성이 된다.

D. A^-에서 원자의 크기와 음전하의 비편재화

이온화되지 않은 산 HA의 상대적인 안정성을 결정하는 데 중요한 원칙은 양성자를 잃고 생성되는 짝염기 음이온 A^-의 안정성을 비교하는 것이다. 짝염기가 더 안정한 음이온일수록 산의 세기는 더 크다. 예를 들면 할로젠화 수소 HX의 상대적인 산도는 음전하를 띠는 원자의 크기와 밀접한 관련이 있다. 전하(음이온이든 양이온이든)를 띠고 있는 원자의 안정성은 전하가 분산될수록 더 안정하다. 따라서 부피가 커서 전하가 분산될 수 있는 공간이 넓은 음이온(또는 양이온)이 더 안정하다.

원자의 크기는 주기율표에서 아래로 내려갈수록 더 커짐을 기억하라.

1. **주족 원소의 경우 원자 반지름은 주기율표에서 아래로 내려갈수록 증가한다.** 주양자수 n이 증가하면 오비탈을 차지하는 전자수도 따라 증가하므로 원자 반지름은 자연히 커지게 된다. 따라서 할로젠 원소(7A족)의 경우, 아이오딘의 원자 반지름이 가장 크고 플루오린의 원자 반지름이 가장 작게 된다(I > Br > Cl > F).

주기율표에서 같은 족 원자의 음이온을 비교할 때, **음전하를 띤 원자의 크기가 클수록 음이온은 안정하다.**

2. **음이온은 중성 원자일 때보다 항상 더 크다.** 핵전하는 바뀌지 않지만 추가되는 전자로 인해 전자 간 반발력이 증가하므로 전자가 활동하는 공간은 더 넓어져야 한다. 할로젠화 이온의 경우 I^-가 원자 반지름이 가장 크며, F^-가 가장 작다($I^- > Br^- > Cl^- > F^-$).

그러므로 할로젠화 수소산의 상대적인 산도를 살펴볼 때는 항상 생성되는 할로젠화 이온의 상대적인 안정도를 비교해 보아야 한다. 따라서 HI가 가장 강한 산이고, HF가 가장 약한 산임을 알 수 있다. 이렇게 되는 이유는 아이오딘화 이온이 브로민화 이온보다 더 넓은 영역에 비편재화될 수 있기 때문이다. 같은 이유로 브로민화 이온이 염화 이온보다 더 넓은 영역에 음전하가 비편재화될 수 있다. 따라서 HI는 아이오딘화 이온이 가장 안정한 음이온이므로 가장 강한 산이며, HF는 플루오린화 이온이 안정하지 않은 이온이므로 가장 약한 산이다.

예제 2.4

(a) 다음 화합물을 산도가 큰 것부터 순서대로 나열하시오.

CH_3NH_2 CH_3OH CH_3BH_2

(b) 다음 화합물을 염기도가 큰 것부터 순서대로 나열하시오.

$Cl_3CCH_2O^-$ $H_3CCH_2O^-$ $F_3CCH_2O^-$

전략

산도를 결정할 때는 항상 산이 양성자를 잃은 후 생성되는 짝염기의 안정도를 살펴보면 된다. 짝염기를 안정화하는 데 도움이 되는 요인들(전기 음성도, 공명, 유도 효과, 크기 등)이 음이온을 안정화시켜 주는 쪽으로 작용하면 원래의 산은 더 강한 산이 되는 것이다. 음전하를 띤 종의 염기성 역시 염기의 안정도를 살펴보면 된다. 염기를 안정화하는 데 영향을 미치는 요인들(전기 음성도, 공명, 유도 효과)이 염기를 안정화시킬수록 염기성은 작아지게 된다. 더 안정한 염기일수록 반응성이 작다.

풀이

여기서 비교하는 원소(B, C, O)들은 모두 같은 주기의 원소이므로, 짝염기의 안정도는 음전하를 수용하는 원소의 전기 음성도를 기초로 하여 비교해 보면 된다. 산소는 전기 음성도가 가장 크므로 음전하와 전자 밀도를 가장 잘 수용할 수 있으며, 붕소는 전기 음성도가 가장 작으므로 음전하와 전하 밀도를 가장 작게 수용한다.

(a)

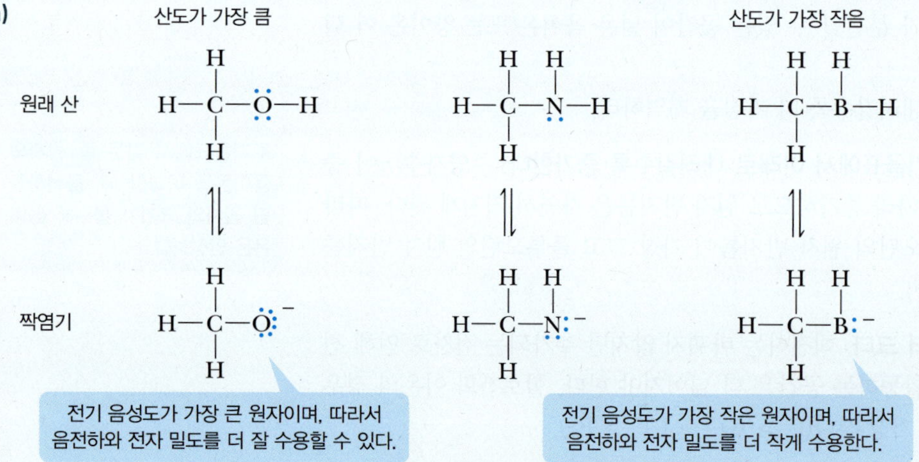

(b) 염기의 안정도는 각 화합물에서 유도 효과의 세기를 비교해 보면 된다. 가장 전기 음성도가 큰 원소인 플루오린은 음전하를 띤 산소에 대해 강한 유도 효과를 가지므로 어느 정도 음전하를 비편재화할 수 있다. 이러한 음전하의 비편재화는 $F_3CCH_2O^-$ 이온을 더 안정화되도록 만든다. 염화 이온 또한 음전하를 띤 산소에 대해 유도 효과를 가진다. 하지만 염소는 플루오린보다 전기 음성도가 작기 때문에 안정화 정도가 작다.

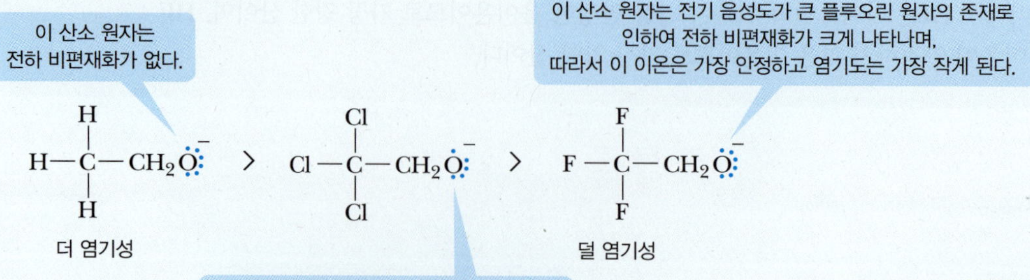

문제 2.20~2.22 참조

문제 2.4

(a) 다음 화합물을 산도가 큰 것부터 순서대로 나열하시오.

$CH_2{=}CH{-}\ddot{N}H{-}H$ $\quad$ $O{=}CH{-}\ddot{N}H{-}H$ $\quad$ $CH_3CH_2{-}\ddot{N}H{-}H$

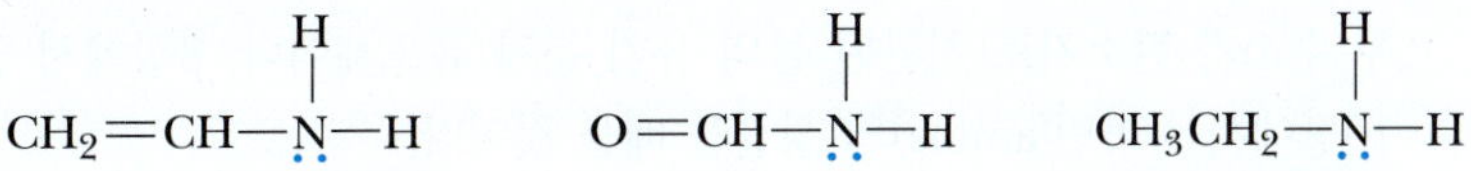

(b) 다음 화합물을 염기도가 큰 것부터 순서대로 나열하시오.

$CH_3{=}CH_2{-}\ddot{N}^{-}{-}H$ $\quad$ $CH_3CH_2{-}\ddot{O}^{-}$ $\quad$ $CH_3{=}CH_2{-}\ddot{C}^{-}H{-}H$

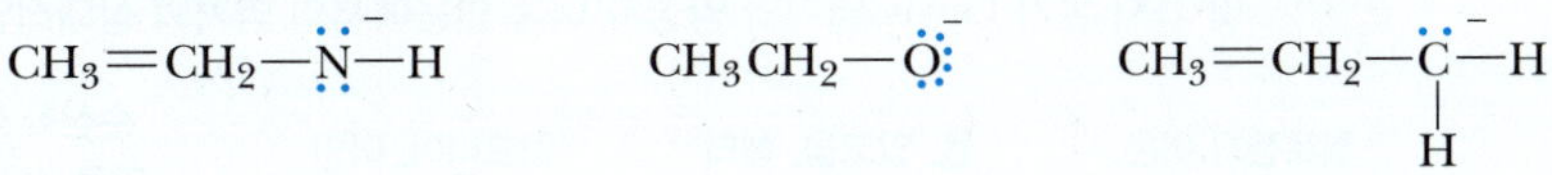

2.6 Lewis 산과 염기란 무엇인가?

Gilbert Lewis는 공유 결합이 하나 이상의 전자쌍을 공유하여 형성된다고 제안하였으며(1.2절), Brønsted–Lowry 개념에서 포함되지 않았던 화합물까지도 포함하는 산과 염기의 개념으로 확장시켰다. Lewis 정의에 의하면, **산**(acid)은 전자쌍을 받아서 새로운 공유 결합을 형성할 수 있는 화학종이며, **염기**(base)는 전자쌍을 주어서 새로운 공유 결합을 형성할 수 있는 화학종이다. 다음의 일반적 반응식에서 Lewis 산 A는 전자쌍을 받아 새로운 공유 결합을 형성하며, 음의 형식 전하를 가지게 된다. 반면에 Lewis 염기 B는 전자쌍을 주고 새로운 공유 결합을 형성하며, 양의 형식 전하가 된다.

Lewis 산 전자쌍을 받아서 새로운 공유 결합을 형성할 수 있는 분자나 이온

Lewis 염기 전자쌍을 제공하고 새로운 공유 결합을 형성할 수 있는 분자 또는 이온

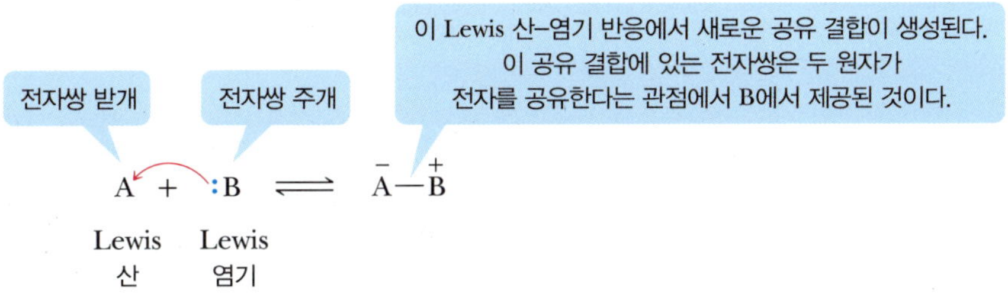

$$\underset{\text{Lewis 산}}{A} + \underset{\text{Lewis 염기}}{:B} \rightleftharpoons \overset{-}{A}{-}\overset{+}{B}$$

흔히 Lewis 염기를 전자쌍 '주개'로 정의하지만, 이 용어는 완벽하지 않다. 여기서 '주개'는 염기의 원자가 껍질에서 전자쌍이 완전히 제거된다는 것을 의미하지 않는다. 대신 '주개'는 전자쌍을 다른 원자와 공유하여 공유 결합을 형성한다는 것을 의미한다.

앞으로 나올 많은 유기 화학 반응은 Lewis 산–염기 반응으로 설명할 수 있다. 아마도 가장 중요한 Lewis 산은 양성자이다. 물론 독립된 양성자는 용액 속에 존재하지 않으며, 가장 강하고 유용한 Lewis 염기에 결합되어 있다. 예를 들어 HCl이 물에 녹을 때 가장 강하고 유용한 Lewis 염기는 H_2O 분자이며, 다음의 양성자 이동 반응이 일어난다.

$$H{-}\ddot{O}(H){:} + H{-}\ddot{Cl}{:} \longrightarrow H{-}\dot{O}^{+}(H){-}H + {:}\ddot{Cl}{:}^{-}$$

하이드로늄 이온

HCl이 메탄올에 녹으면, 가장 강한 Lewis 염기는 CH_3OH 분자이며, 다음과 같이 양성자 이동 반응이 일어난다. **옥소늄 이온**(oxonium ion)은 세 개의 결합을 가진 산소를 가지고 있으며, 양전하를 가지고 있는 이온이다.

옥소늄 이온 세 개의 다른 원자나 원자단과 결합한 산소 원자와 양전하를 가진 이온

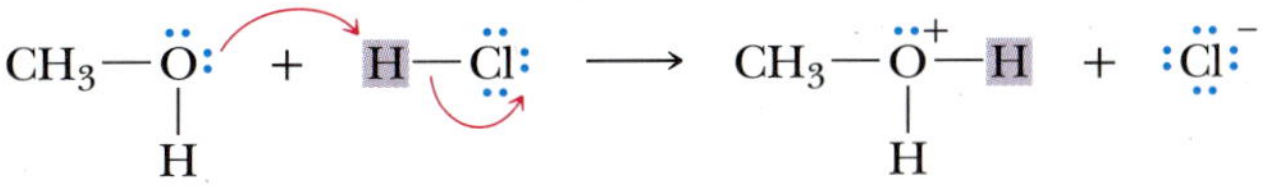

$$\underset{\text{메탄올(Lewis 염기)}}{CH_3{-}\ddot{O}(H){:}} + H{-}\ddot{Cl}{:} \longrightarrow \underset{\text{옥소늄 이온}}{CH_3{-}\dot{O}^{+}(H){-}H} + {:}\ddot{Cl}{:}^{-}$$

표 2.3은 이 책에서 볼 수 있는 몇 가지 Lewis 염기를 나열한 것이며, 양성자 이동 반응에서 염기도가 증가하는 순서로 나열되어 있다. 각 Lewis 염기는 비공유 전자쌍과 함께 최소한 하나의 원자를 가진다는 것에 유의하라. 이 원자는 Lewis 염기로 작용한다. 에터(ether)는 물 분자에서 두 수소가 탄소기로 치환된 물의 유기 분자 유도체이다. 8장에서 알코올과 함께 에터의 성질을, 10장에서는 아민(amine)의 성질을 배울 것이다.

표 2.3 몇 가지 유기 Lewis 염기와 양성자 이동 반응에서의 염기의 상대적인 세기

할로젠화 이온	물, 알코올, 에터	암모니아, 아민	수산화 이온, 알콕시화 이온	아마이드화 이온
$:\ddot{\underset{..}{Cl}}:^-$	$H-\ddot{\underset{..}{O}}-H$	$H-\ddot{N}(H)-H$	$H-\ddot{\underset{..}{O}}:^-$	$H-\ddot{N}(H):^-$
$:\ddot{\underset{..}{Br}}:^-$	$CH_3-\ddot{\underset{..}{O}}-H$	$CH_3-\ddot{N}(H)-H$	$CH_3-\ddot{\underset{..}{O}}:^-$	$CH_3-\ddot{N}(H):^-$
$:\ddot{\underset{..}{I}}:^-$	$CH_3-\ddot{\underset{..}{O}}-CH_3$	$CH_3-\ddot{N}(CH_3)-H$		$CH_3-\ddot{N}(CH_3):^-$
		$CH_3-\ddot{N}(CH_3)-CH_3$		
매우 약함	약함	강함	더 강함	매우 강함

예제 2.5

다음 산-염기 반응을 완성하시오. 반응에서 굽은 화살표를 사용하여 전자의 이동을 나타내시오. 평형의 위치가 오른쪽 또는 왼쪽에 놓여 있는지를 예측하시오.

$$CH_3-\overset{+}{O}(H)-H + CH_3-N(H)-H \rightleftharpoons$$

전략

먼저, 반응 원자에 비공유 전자쌍을 넣어서 각 원자가 완벽한 팔전자계를 가지도록 만들라. 그러고 나서 Lewis 염기(전자쌍 주개)와 Lewis 산(전자쌍 받개)을 확인하라. 평형의 위치는 더 약한 산과 더 약한 염기 쪽에 놓인다.

풀이

양성자 이동으로 알코올과 암모늄 이온이 형성되었다. 표 2.3에서 아민은 알코올보다 더 강한 염기라는 것을 알고 있다. 또한 약한 염기일수록 더 강한 그의 짝염기가 된다는 것도 알고 있다. 이 평형의 위치가 더 약한 산과 더 약한 염기 쪽인 오른쪽에 놓여 있다고 말할 수 있다.

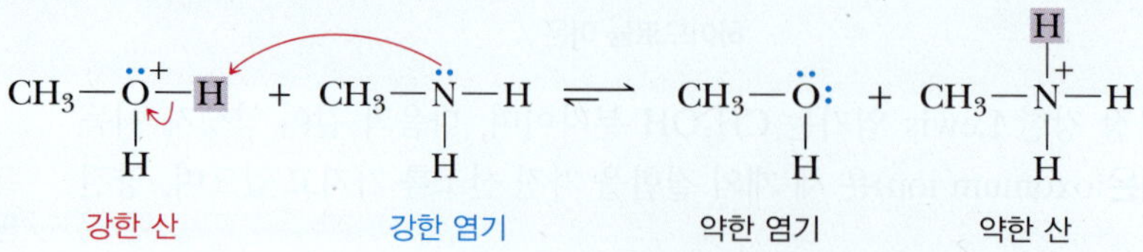

$$\underset{\text{강한 산}}{CH_3-\ddot{\overset{+}{O}}(H)-H} + \underset{\text{강한 염기}}{CH_3-\ddot{N}(H)-H} \rightleftharpoons \underset{\text{약한 염기}}{CH_3-\ddot{O}(H):} + \underset{\text{약한 산}}{CH_3-\overset{+}{N}(H)(H)-H}$$

문제 2.7, 2.8, 2.11, 2.26~2.32 참조

문제 2.5

다음 산–염기 반응을 완성하시오. 먼저 반응 원자에 비공유 전자쌍을 넣어서 각 원자가 완전한 팔전자계가 되도록 만드시오. 반응에서 굽은 화살표를 사용하여 전자의 이동을 나타내시오. 평형의 위치가 오른쪽 또는 왼쪽에 놓여 있는지를 예측하시오.

(a) $CH_3-O^- + CH_3-\overset{+}{N}H(CH_3)-CH_3 \rightleftharpoons$

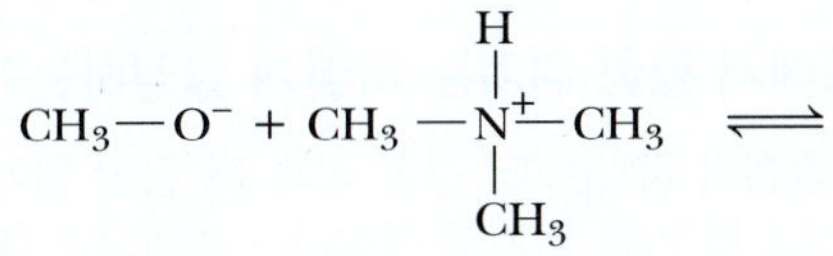

(b) $CH_3-C(=O)-O-H + Cl^- \rightleftharpoons$

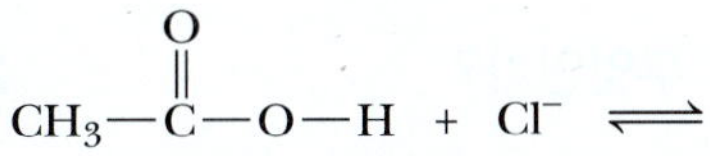

다음 장에서 다루게 될 다른 형태의 Lewis 산으로는 탄소가 세 원자만을 가지고 있으며, 양의 형식 전하를 가진 유기 양이온이다. 이와 같이 탄소가 양이온을 가진 화학종을 탄소 양이온(carbocation)이라고 한다. 브로민화 이온과 유기 양이온의 다음 반응을 생각해 보자.

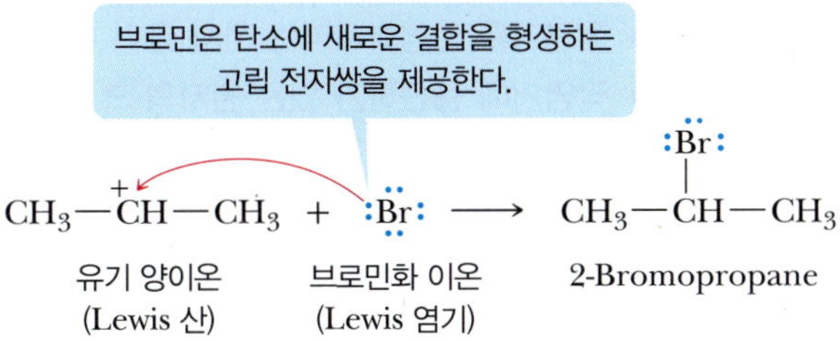

브로민은 탄소에 새로운 결합을 형성하는 고립 전자쌍을 제공한다.

$$CH_3-\overset{+}{C}H-CH_3 + :\ddot{Br}:^- \longrightarrow CH_3-CH(Br)-CH_3$$

유기 양이온 (Lewis 산) | 브로민화 이온 (Lewis 염기) | 2-Bromopropane

이 반응에서 유기 양이온은 전자쌍 받개(Lewis 산)이며, 브로민화 이온은 전자쌍 주개(Lewis 염기)이다.

예제 2.6

다음 산–염기 반응을 완성하시오. 반응하는 원자의 모든 전자쌍을 나타내고, 굽은 화살표를 사용하여 반응에서 전자의 흐름을 볼 수 있도록 하시오.

$$CH_3-\overset{+}{C}H-CH_3 + H_2O \longrightarrow$$

전략

화합물 중 어느 것이 전자쌍 주개이고, 전자쌍 받개인지를 결정한다. **힌트**: 원자의 전자가 껍질이 비어 있으면 Lewis 산으로 작용한다.

풀이

유기 양이온에서 3가의 탄소 원자는 원자가 껍질에 빈 오비탈을 가지고 있으므로 Lewis 산이다. 물은 Lewis 염기이다.

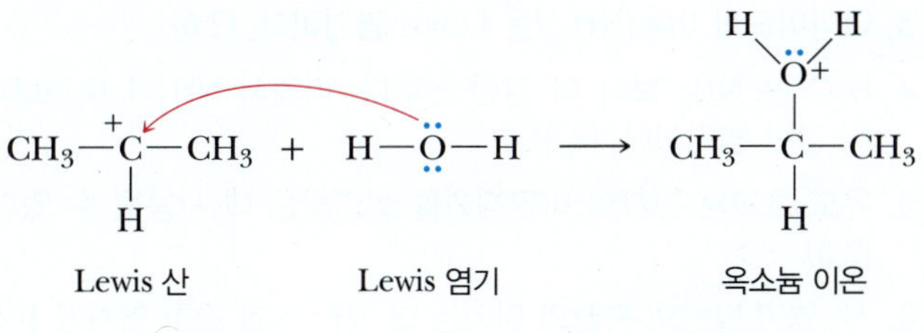

$$CH_3-\overset{+}{C}H-CH_3 + H-\ddot{O}-H \longrightarrow CH_3-CH(\overset{+}{O}H_2)-CH_3$$

Lewis 산 | Lewis 염기 | 옥소늄 이온

문제 2.30~2.32 참조

문제 2.6

다음 Lewis 산–염기쌍 사이의 반응에 대한 반응식을 쓰고, 굽은 화살표를 사용하여 전자의 흐름을 나타내시오. (**힌트**: 주기율표 3A족의 알루미늄은 붕소 바로 아래에 위치한다. $AlCl_3$의 알루미늄은 원자가 껍질에 6개의 전자만 가지고 있으므로 불완전한 팔전자계이다.)

(a) $Cl^- + AlCl_3 \longrightarrow$

(b) $CH_3Cl + AlCl_3 \longrightarrow$

중요한 질문에 대한 요약

2.1 Arrhenius 산과 염기란 무엇인가?

- **Arrhenius 산**은 수용액에서 H_3O^+ 이온을 생성하는 물질이다.
- **Arrhenius 염기**는 수용액에서 OH^- 이온을 생성하는 물질이다.

2.2 Brønsted–Lowry 산과 염기란 무엇인가?

- **Brønsted–Lowry** 산은 양성자 주개이다.
- **Brønsted–Lowry** 염기는 양성자 받개이다.
- 염기에 의한 산의 중화 반응은 산이 그의 **짝염기**로 변하고, 염기는 그의 **짝산**으로 변하는 **양성자 이동 반응**이다.

2.3 산과 염기의 세기는 어떻게 측정하는가?

- **강산**과 **강염기**는 물에서 완전히 이온화된다.
- **약산**과 **약염기**는 물에서 부분적으로 이온화된다.
- 약산의 세기는 **이온화 상수**(K_a)로 나타낸다.
- K_a 값은 클수록 더 강한 산이며, $pK_a = -\log K_a$이다.

2.4 산–염기 반응에서 평형 위치는 어떻게 결정하는가?

- 산–염기 반응에서 **평형의 위치**는 더 강한 산과 더 강한 염기의 반응으로 더 약한 산과 더 약한 염기를 형성하는 방향으로 놓인다.

2.5 산도와 분자 구조의 관계는 무엇인가?

- 유기산(HA)의 상대적 세기는 다음에 의해 결정된다.
- A의 전기 음성도
- 짝염기(A^-)의 **공명 안정화**
- 짝염기를 안정화시키는 전자 끌기 **유도 효과**
- 짝염기에 음전하가 있는 원자의 크기

2.6 Lewis 산과 염기란 무엇인가?

- **Lewis 산**은 전자쌍을 받아 새로운 공유 결합을 형성하는 물질이다(전자쌍 받개).
- **Lewis 염기**는 전자쌍을 주어 새로운 공유 결합을 형성하는 물질이다(전자쌍 주개).

OX퀴즈

이 장에서 배운 개념들을 이해하였는지 알아보기 위해 아래 질문이 맞는지 틀린지 답하시오. 답이 틀렸거나 어렵다면, 장 끝의 문제를 풀기 전에 괄호 속에 표시한 해당 절을 복습하시오.

1. NH_3가 산으로 작용했다면, 그 짝염기는 NH_2^-이다. (2.2)
2. 전자 밀도가 비편재화되면 안정해진다. (2.5)
3. 아마이드화 이온(NH_2^-)은 Lewis 염기이다. (2.6)
4. H_3O^+는 NH_4^+보다 더 강한 산이다. 따라서 NH_3가 H_2O보다 더 강한 염기이다. (2.3)
5. 유도 효과는 전자의 비편재화를 설명하는 데 사용될 수 있다. (2.5)
6. 산–염기 반응의 평형의 위치는 더 강한 산과 강한 염기가 생성되는 쪽으로 치우쳐 있다. (2.4)
7. CH_3CH_2OH의 짝염기는 $CH_3CH_2O^-$이다. (2.2)
8. CH_3^+와 NH_4^+는 Lewis 산이다. (2.6)
9. 산 HA를 물에 녹이면 용액은 H^+ 이온의 존재로 인해 산성을 띠게 된다. (2.1)
10. 강산과 약산 중, 약산이 더 강한 짝염기를 생성한다. (2.4)
11. H_2O는 산(양성자 주개)과 염기(양성자 받개)의 역할을 모두 할 수 있다. (2.2)
12. 수용액에서 존재할 수 있는 가장 강한 염기는 OH^-이다. (2.4)
13. 수용액에서 완전히 해리하는 산은 강산이다. (2.3)
14. NH_3는 Lewis 염기이다. (2.6)
15. Brønsted–Lowry 산은 양성자 주개이다. (2.2)
16. pK_a 값이 작을수록 더 강한 산이다. (2.3)
17. K_a 값이 작을수록 더 강한 산이다. (2.3)
18. 짝산–짝염기쌍은 양성자 한 개만 차이가 난다. (2.2)
19. Lewis 염기는 전자 주개이다. (2.6)
20. 아세트산(CH_3COOH)은 탄산(H_2CO_3)보다 강한 산이다. 따라서 아세트산 이온(CH_3COO^-)은 탄산수소 이온(HCO_3^-)보다 더 강한 염기이다. (2.2)
21. 수용액에서 존재할 수 있는 가장 강한 산은 H_3O^+이다. (2.4)
22. Lewis 산–염기 반응으로 Lewis 산과 Lewis 염기 사이에 새로운 공유 결합이 생기게 된다. (2.6)
23. 산–염기 반응에서 염기가 양성자를 받아들이게 되면 짝염기가 된다. (2.2)
24. 금속 수산화물 (MOH)을 물에 녹이면 용액은 염기성을 띠는데, 이것은 용액에 수산화 이온 OH^-가 있기 때문이다. (2.1)

25. Lewis 산은 양성자 받개이다. (2.6)

26. NH_3가 염기로 작용하게 되면, 그 짝산은 NH_4^+이다. (2.2)

27. 공명 효과는 전자의 비편재화를 나타내는 방법으로 사용된다. (2.5)

28. 모든 Lewis 산–염기 반응은 산에서 염기로 양성자 이동이 수반된다.

29. BF_3는 Lewis 산이다. (2.6)

30. HCl을 물에 녹이면 주로 존재하는 이온은 H^+와 Cl^-이다. (2.3)

31. Arrhenius 정의에 의하면, 산과 염기는 물에 녹는 물질로 제한된다. (2.1)

32. 산–염기 반응은 수용액에서만 일어난다. (2.6)

33. HCO_3^-의 짝산은 H_2CO_3이다. (2.2)

정답: (1) ○ (2) ○ (3) ○ (4) ○ (5) ○ (6) × (7) ○ (8) × (9) × (10) ○
(11) ○ (12) ○ (13) ○ (14) ○ (15) ○ (16) ○ (17) × (18) ○ (19) ○ (20) ×
(21) ○ (22) ○ (23) × (24) ○ (25) × (26) ○ (27) ○ (28) × (29) ○ (30) ×
(31) ○ (32) × (33) ○

주요 반응

1. 양성자 이동 반응 (2.2절)

양성자 주개(Brønsted–Lowry 산)로부터 양성자 받개(Brønsted–Lowry 염기)로 양성자가 전달되는 반응

$$CH_3-\overset{\overset{\displaystyle :O:}{\|}}{C}-\ddot{O}-H + :NH_3 \rightleftharpoons CH_3-\overset{\overset{\displaystyle :O:}{\|}}{C}-\ddot{O}:^- + H-\overset{+}{N}H_3$$

아세트산 (양성자 주개) 암모니아 (양성자 받개) 아세트산 이온 암모늄 이온

2. 산–염기 반응에서 평형의 위치 (2.4절)

강한 산과 강한 염기의 반응은 약한 산과 약한 염기가 생성되는 방향으로 평형이 우세하다.

$$CH_3COOH + NH_3 \rightleftharpoons CH_3COO^- + NH_4^+$$

아세트산 pK_a 4.76 (더 강한 산) / 강한 염기 / 약한 염기 / 암모늄 이온 pK_a 9.24 (약한 산)

3. Lewis 산–염기 반응 (2.6절)

전자쌍 주개(Lewis 염기)와 전자쌍 받개(Lewis 산) 사이에 전자쌍을 한 개 공유하는 반응

$$CH_3-\overset{+}{C}H-CH_3 + H-\ddot{O}-H \longrightarrow CH_3-\underset{}{CH}(\overset{+}{O}H_2)-CH_3$$

Lewis 산 Lewis 염기 옥소늄 이온

문 제

별표로 표시된 문제는 본문의 '실생활' 문제를 나타낸다. 푸른색으로 된 문제의 답은 부록에 있다.

2.1절 Arrhenius 산과 염기

2.7 물에서 각 산에 대한 알짜 이온 반응식을 완성하시오. 굽은 화살표를 사용하여 각 반응의 전자쌍 흐름을 표시하시오. 또한 표 2.2의 양성자산의 pK_a 값을 참고하여 각 반응에 대한 평형의 이동 방향을 결정하시오. (예제 2.1, 2.5 참조)

(a) $NH_4^+ + H_2O \rightleftharpoons$

(b) $HCO_3^- + H_2O \rightleftharpoons$

(c) $CH_3-\overset{\overset{\displaystyle O}{\|}}{C}-OH + H_2O \rightleftharpoons$

(d) $CH_3CH_2O^- + H_2O \rightleftharpoons$

2.8 물에서 각 염기에 대한 알짜 이온 반응식을 완성하시오. 굽은 화살표를 사용하여 각 반응의 전자쌍 흐름을 표시하시오. 또한 표 2.2의 생성된 양성자산의 pK_a 값을 참고하여 각 반응에 대한 평형의 이동 방향을 결정하시오. (예제 2.1, 2.5 참조)

(a) $CH_3NH_2 + H_2O \rightleftharpoons$

(b) $HSO_4^- + H_2O \rightleftharpoons$

(c) $Br^- + H_2O \rightleftharpoons$

(d) $CO_3^{2-} + H_2O \rightleftharpoons$

(e) $CN^- + H_2O \rightleftharpoons$

2.2절 Brønsted–Lowry 산과 염기

2.9 짝산–짝염기쌍의 분자식은 서로 어떻게 연관이 되어 있는가? 그리고 어떤 것이 산인지 어떻게 알 수 있는가?

2.10 다음 구조의 짝산에 대한 구조식을 쓰시오.

(a) $CH_3-CH_2-\ddot{N}(H)-H$

(b) CH_3CH_2SH

(c) $H-\ddot{N}(H)-CH_2-CH_2-\ddot{O}H$

(d) $CH_2=\ddot{N}-CH_3$

(e) $CH_3CH_2\ddot{C}H_2^{-}$

(f) CH_3OCH_3

2.11 각 반응의 전자쌍 흐름을 나타낼 수 있도록 굽은 화살표를 사용하여 다음 양성자 이동 반응에 대한 알짜 이온 반응식을 완성하시오. 모든 출발 물질 및 생성물에 대한 Lewis 구조를 쓰고, 산과 그의 짝염기 및 염기와 그의 짝산을 표시하시오. 만일 각 반응식의 화합물이 양성자 주개인지 불확실하다면, 표 2.2의 양성자산의 pK_a 값을 참고하시오. (예제 2.3, 2.5 참조)

(a) $NH_3 + HCl \longrightarrow$

(b) $CH_3CH_2O^- + HCl \longrightarrow$

(c) $HCO_3^- + OH^- \longrightarrow$

(d) $CH_3COO^- + NH_4^+ \longrightarrow$

(e) $NH_4^+ + OH^- \longrightarrow$

(f) $CH_3COO^- + CH_3NH_3^+ \longrightarrow$

(g) $CH_3CH_2O^- + NH_4^+ \longrightarrow$

(h) $CH_3NH_3^+ + OH^- \longrightarrow$

***2.12** 베이킹 소다는 탄산수소 소듐과 인산 이수소 칼슘을 포함하고 있으며, 여기에 물이 첨가되면 다음과 같은 반응이 일어난다. (예제 2.3 참조)

$$HCO_3^-(aq) + H_2PO_4^-(aq) \longrightarrow H_2CO_3(aq) + HPO_4^{2-}(aq)$$

위 반응식에서 두 산과 두 염기를 확인하시오(H_2CO_3가 분해하면서 CO_2를 발생시켜 빵이 부풀게 됨).

2.13 다음의 각 분자와 이온은 염기로 작용할 수 있다. 각 염기에 대한 Lewis 구조를 완성하고, 각각이 HCl과 반응했을 때 생기는 짝산의 구조식을 그리시오.

(a) CH_3CH_2OH

(b) HCH (C=O, 포름알데하이드: $H-\overset{O}{\overset{\|}{C}}-H$)

(c) $HC{\equiv}C^-$

(d) $(CH_3)_2NH$

(e) HCO_3^-

(f) N_3^-

2.14 다음 사항에 대하여 설명하시오.

(a) H_3O^+는 NH_4^+보다 강한 산이다.

(b) 질산(HNO_3)은 아질산(HNO_2, pK_a 3.7)보다 강한 산이다.

(c) 에탄올(CH_3CH_2OH)와 물은 산도가 거의 비슷하다.

(d) 트라이클로로아세트산(CCl_3COOH, pK_a 0.64)은 아세트산(CH_3COOH, pK_a 4.74)보다 강한 산이다.

(e) 트라이플루오로아세트산(CF_3COOH, pK_a 0.23)은 트라이클로로아세트산(CCl_3COOH, pK_a 0.64)보다 강한 산이다.

2.15 다음 화합물에서 가장 산성인 양성자를 고르시오.

(a) $CH_3-\overset{O}{\overset{\|}{C}}-CH_2-\overset{O}{\overset{\|}{C}}-CH_3$

(b) $H_2N-\overset{NH_2^+}{\overset{\|}{C}}-NH_2$

(c) $H-\overset{O}{\overset{\|}{C}}-CH_3$

2.3절 산의 세기의 정량적 측정

2.16 다음 중 어느 것이 큰 값을 가지는가? (예제 2.2 참조)

(a) 강산의 pK_a와 약산의 pK_a 값

(b) 강산의 K_a와 약산의 K_a 값

***2.17** 다음 중 강한 산을 선택하시오. (예제 2.3 참조)

(a) 피루브산(pK_a 2.49)과 젖산(pK_a 3.85)

(b) 시트르산(pK_a 3.08)과 인산(pK_a 2.10)

(c) 니코틴산(나이아신, K_a 1.4×10^{-5})과 아세틸살리실산(아스피린, K_a 3.3×10^{-4})

(d) 페놀(K_a 1.12×10^{-10})과 아세트산(K_a 1.74×10^{-5})

2.18 표 2.2의 각 산의 pK_a 값을 참고하여 다음 화합물들을 산의 세기가 증가하는 순서로 나열하시오.

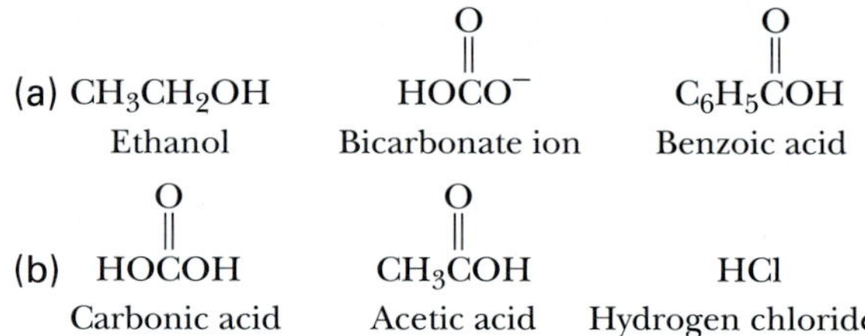

2.19 표 2.2의 각 염기에 대한 짝산의 pK_a 값을 참고하여 다음 화합물들을 염기의 세기가 증가하는 순서로 나열하시오. (**힌트**: 강한 산일수록 그의 짝염기는 더 약하며, 그 반대도 마찬가지이다.)

(a) NH_3 $\quad HO\overset{O}{\overset{\|}{C}}O^-$ $\quad CH_3CH_2O^-$

(b) OH^- $\quad HO\overset{O}{\overset{\|}{C}}O^-$ $\quad CH_3\overset{O}{\overset{\|}{C}}O^-$

(c) H_2O $\quad NH_3$ $\quad CH_3\overset{O}{\overset{\|}{C}}O^-$

(d) NH_2^- $\quad CH_3\overset{O}{\overset{\|}{C}}O^-$ $\quad OH^-$

2.20 주기율표를 이용하여 다음 각 쌍에서 강한 산을 고르시오. (예제 2.4 참조)

(a) H_2Se와 HBr

(b) H_2Se와 H_2Te

(c) CH_3OH와 CH_3SH

(d) HCl과 HBr

2.21 왜 H_2S가 H_2O보다 강한 산인지 이유를 설명하시오. (예제 2.4 참조)

2.22 $CH_3CH_2O^-$ 와 $CH_3CH_2S^-$ 중 강한 Brønsted–Lowry 염기는 어느 것인가? 무엇에 근거하여 답을 골랐는가? (예제 2.4 참조)

2.4절 산–염기 반응에서 평형의 위치

2.23 압력을 가하지 않는 한, 수용액 상에서 탄산은 이산화 탄소와 물로 분해되고, 이산화 탄소는 공기 방울로 변한다. 탄산이 이산화 탄소와 물로 전환되는 반응식을 쓰시오.

2.24 다음 각 화합물에서 탄산수소 소듐을 수용액에 첨가하였을 때 이산화 탄소가 발생하는 화합물은 어느 것인가?

(a) H_2SO_4

(b) CH_3CH_2OH

(c) NH_4Cl

2.25 아세트산(CH_3COOH)은 pK_a 4.76인 약한 유기산이다. 아세트산과 다음 각 염기의 평형 반응식을 쓰시오. 평형의 위치는 오른쪽과 왼쪽 중 어느 쪽으로 더 놓일까? (예제 2.3 참조)

(a) $NaHCO_3$ (c) H_2O

(b) NH_3 (d) NaOH

2.26 아마이드화 이온(NH_2^-)은 OH^-보다 훨씬 강한 염기이다. 아마이드화 이온을 물에 넣었을 때 일어나는 반응식을 쓰시오. 이 반응식을 이용하여 수용액에서 아마이드화 이온이 존재할 수 없는 이유를 설명하시오. (예제 2.5 참조)

2.27 산–염기 반응에서, 평형에서의 주종을 가리키는 쪽은 반응 화살표가 pK_a가 높은 산 쪽을 가리킨다는 말과 같다. 이 규칙이 적용되는 이유를 설명하시오. (예제 2.5 참조)

$$\underset{pK_a\ 9.24}{NH_4^+} + H_2O \longleftarrow NH_3 + \underset{pK_a\ -1.74}{H_3O^+}$$

$$\underset{pK_a\ 9.24}{NH_4^+} + OH^- \longrightarrow NH_3 + \underset{pK_a\ 15.7}{H_2O}$$

2.5절 산도, 염기도와 분자 구조의 관계

2.28 표 2.2를 사용하지 말고, 다음 각 쌍의 화합물에서 어느 것이 강한 산인지 나타내고 그 이유를 간단히 설명해 보시오. (예제 2.5 참조)

(a) $CF_3CH_2CH_2OH$와 $CBr_3CH_2CH_2OH$

(b) $H_2C{=}CHOH$와 CH_3CH_2OH

(c) HBr와 HCl

(d) 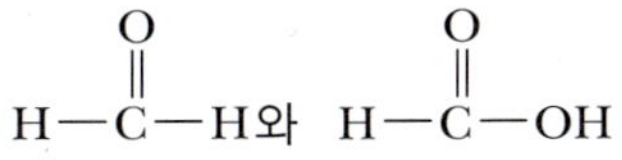 $H{-}C({=}O){-}H$와 $H{-}C({=}O){-}OH$

(e) CH_3CH_2OH와 CH_3SCH_2OH

(f) 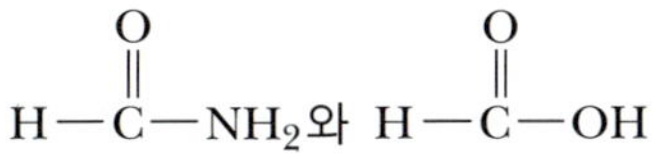 $H{-}C({=}O){-}NH_2$와 $H{-}C({=}O){-}OH$

(g) CH_3NH_2와 FCH_2NH_2

2.29 각 화합물에서 노란색으로 나타낸 부분의 원자 중 더 염기성인 것을 밝히고, 그 이유를 간단히 설명해 보시오. (예제 2.5 참조)

(a) 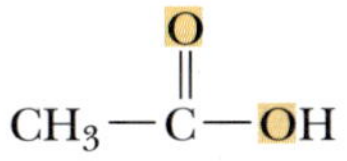 $CH_3{-}C({=}O){-}OH$

(b) 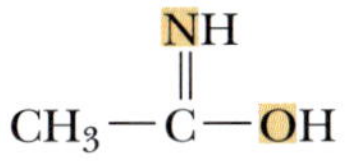 $CH_3{-}C({=}NH){-}OH$

(c) $\ddot{C}\bar{H}{=}CH\ddot{C}\bar{H}_2$

(d) $HOCH_2CH_2NH_2$

2.6절 Lewis 산과 염기

2.30 다음 산–염기 반응을 완결하시오. 굽은 화살표를 사용하여 전자의 이동을 나타내시오. 이 문제를 풀기 위해서는 먼저 반응에 수반된 각 원자의 원자가 전자를 모두 표시해야 한다. (예제 2.5, 2.6 참조)

(a) 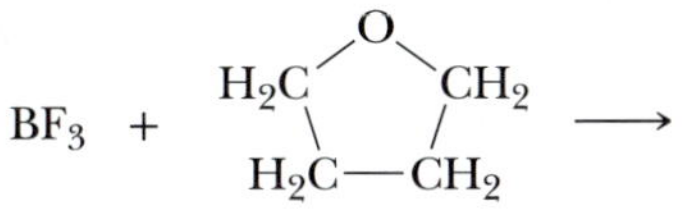 BF_3 + (고리: O, H_2C, CH_2, $H_2C{-}CH_2$) $\longrightarrow$

(b) 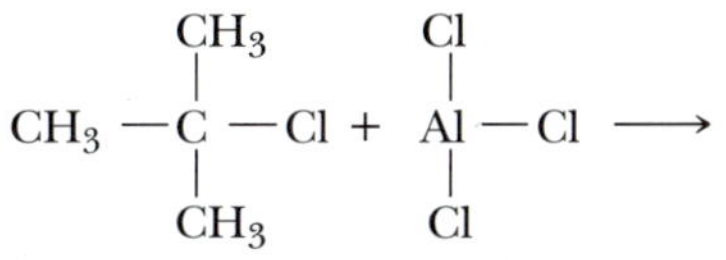 $CH_3{-}C(CH_3)_2{-}Cl + AlCl_3 \longrightarrow$

2.31 다음 Lewis 산–Lewis 염기쌍 사이의 반응을 완성하시오. 출발 물질이 Lewis 산인지 Lewis 염기인지를 표기하고, 각 반응에서 전자쌍의 움직임을 굽은 화살표로 나타내시오. 이 문제를 풀기 위하여 각 반응에서 직접적으로 참여하는 원자의 모든 원자가 전자를 나타내어야 한다. (예제 2.5, 2.6 참조)

(a) $CH_3{-}\overset{+}{C}H{-}CH_3 + CH_3{-}O{-}H \longrightarrow$

(b) $CH_3{-}\overset{+}{C}H{-}CH_3 + Br^- \longrightarrow$

(c) 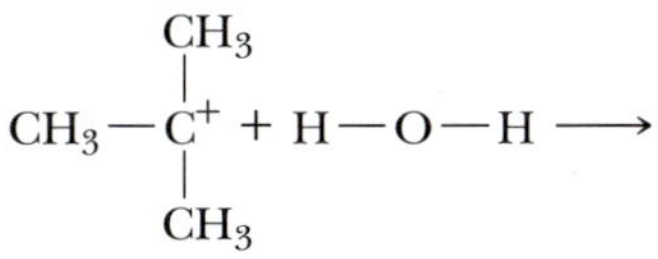 $CH_3{-}\overset{+}{C}(CH_3)_2 + H{-}O{-}H \longrightarrow$

2.32 다음 각 Lewis 산–염기 반응에서 전자쌍의 움직임을 굽은 화살표를 사용하여 나타내시오. 반응에 참여하는 각 원자의 원자가 전자를 모두 나타냈는지 확인하시오. (예제 2.5, 2.6 참조)

(a) 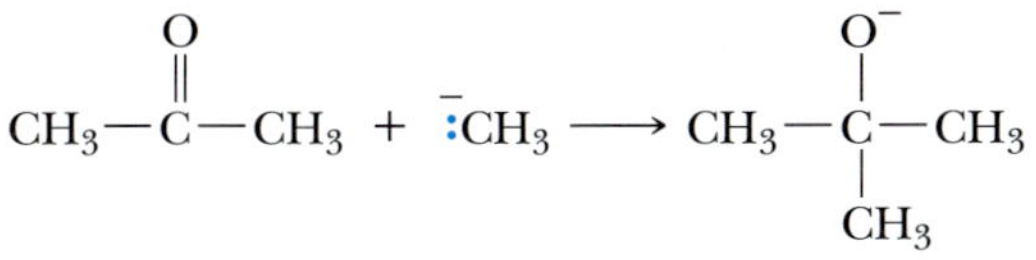 $CH_3{-}C({=}O){-}CH_3 + {:}\bar{C}H_3 \longrightarrow CH_3{-}C(O^-)(CH_3){-}CH_3$

(b) 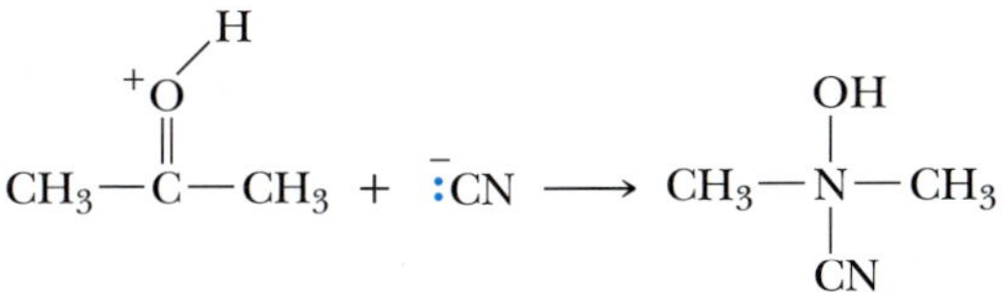 $CH_3{-}C({=}\overset{+}{O}{-}H){-}CH_3 + {:}\bar{C}N \longrightarrow CH_3{-}N(OH)(CN){-}CH_3$

(c) $CH_3O^- + CH_3{-}Br \longrightarrow CH_3{-}O{-}CH_3 + Br^-$

발전 학습

2.33 알코올(8장)은 pK_a 15~18의 약한 유기산이다. 에탄올(CH_3CH_2OH)의 pK_a는 15.90이다. 다음 각 염기와 에탄올의 평형 반응에 대한 반응식을 쓰시오. 평형은 오른쪽과 왼쪽 중 어느 쪽으로 이동하겠는가?

(a) $NaHCO_3$ (b) $NaOH$ (c) $NaNH_2$ (d) NH_3

2.34 페놀(9장)은 약산이며, 대부분이 물에 녹지 않는다. 예를 들어 페놀(C_6H_5OH, pK_a 9.95)은 물에 약간 녹지만, 그의 소듐염($C_6H_5O^-Na^+$)은 물에 매우 잘 녹는다. 페놀은 다음 용액 중 어느 것인가?

(a) $NaOH$ 수용액 (c) Na_2CO_3 수용액
(b) $NaHCO_3$ 수용액

2.35 탄소수가 6개 이상인 카복실산(13장)은 물에 녹지 않지만, 그들의 소듐염은 물에 매우 잘 녹는다. 벤조산(C_6H_5COOH, pK_a 4.19)은 물에 녹지 않지만 그들의 소듐염($C_6H_5COO^-Na^+$)은 물에 매우 잘 녹는다. 벤조산은 다음 용액 중 어느 것인가?

(a) $NaOH$ 수용액 (c) Na_2CO_3 수용액
(b) $NaHCO_3$ 수용액 (d) $NaCH_3CO_2$ 수용액

2.36 15장에서 볼 수 있듯이, 카보닐기 옆 탄소에 있는 수소는 그렇지 않은 수소보다 훨씬 더 산성이다. 예를 들어 프로판온에 표시된 수소는 에테인에 표시된 수소보다 더 산성이다.

$CH_3C(=O)CH_2-\mathbf{H}$ — Propanone, $pK_a = 22$
$CH_3CH_2-\mathbf{H}$ — Ethane, $pK_a = 51$

프로판온이 더 큰 산성인 이유를 다음을 이용하여 설명해 보시오.

(a) 유도 효과 (b) 공명 효과

2.37 다이메틸 에터의 수소가 산성이 아닌 이유를 설명하시오.

2.38 수소화 소듐(NaH)이 염기인지, 산인지를 예상해 보고 이유를 제시해 보시오.

***2.39** 알라닌은 단백질에서 발견되는 20개 아미노산(하나의 아미노기와 하나의 카복실기를 모두 가짐. 18장 참조) 중의 하나이다. 구조식 A와 B 중에서 어느 것이 더 좋은 표현인가? 설명하시오.

A: $CH_3-CH(NH_2)-C(=O)-OH$
B: $CH_3-CH(NH_3^+)-C(=O)-O^-$

***2.40** 글루탐산은 단백질에서 발견되는 또 다른 아미노산이다 (18장).

글루탐산 $HO-C(=O)-CH_2-CH_2-CH(NH_3^+)-C(=O)-OH$

글루탐산은 pK_a 2.10, pK_a 4.07인 두 개의 카복실기를 갖는다.

(a) 어느 카보닐기가 어느 pK_a를 갖는가?
(b) 하나의 카보닐기가 다른 하나보다 상당히 더 강한 산인 이유를 설명하시오.

그룹 학습 활동

2.41 1.7절에 나왔던 작용기를 차례로 말하시오. 어떻게 각각의 작용기가 산, 염기, 또는 산과 염기 모두로 작용할 수 있는지 나타내고 토론하시오.

2.42 다음 표의 위에서부터 왜 각 산이 바로 밑에 있는 산보다 약산인지 순서대로 설명하시오.

전형적인 산의 pK_a 값

산	화학식	pK_a
에테인	CH_3CH_3	51
암모니아	NH_3	38
에탄올	CH_3CH_2OH	15.9
에테인싸이올	CH_3CH_2SH	10.6
페놀	C_6H_5OH	9.95
아세트산	CH_3CO_2H	4.76
트라이플루오로아세트산	CF_3CO_2H	0.23

***2.43** 과학자들은 250년 동안 해양 상부의 산도가 pH 값 8.2에서 8.1로 평균 30% 증가해 왔다고 판단하고 있다. 이러한 산성의 증가는 CO_3^{2-} 이온의 가용성에 영향을 주는 이산화 탄소 양의 증가에 의한 것이다. 이러한 점을 바탕으로 다음을 그룹을 지어 토론하시오.

(a) 해수의 pH와 탄산 이온의 가용성의 상관관계를 설명하시오. pH 8.2에서 8.1로의 변화가 탄산 이온의 가용성을 증가시켰는가, 감소시켰는가?

(b) 산-염기 화학의 지식을 이용하여 다음 도표에서 어떻게 이산화 탄소의 양이 해수의 CO_3^{2-} 가용성에 영향을 미쳤는지 나타내는 화학 반응식을 완성하시오.

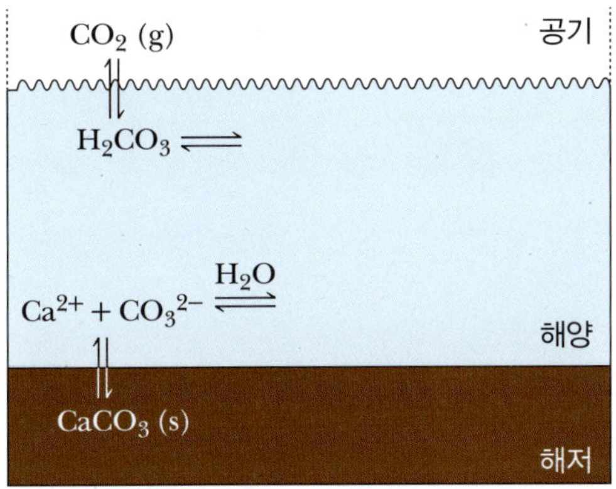

(c) 어떻게 이용 가능한 탄산 이온의 감소가 탄산 칼슘으로부터 껍질과 다른 신체를 만들고 유지하는 해양생물의 능력에 영향을 주는가?

2.44 프로페인의 CH_3 수소의 pK_a는 51이다. 프로페인과 아세톤의 CH_3 수소의 pK_a는 상당히 낮다. 왜 이들 CH_3 수소가 더 강한 산성인지 토론하시오. 논의를 위해 그림을 사용하시오.

propane	propene	acetone
$CH_3-CH_2-CH_3$, pK_a = 51	$CH_2=CH-CH_3$, pK_a = 44	$CH_3-C(=O)-CH_3$, pK_a = 20

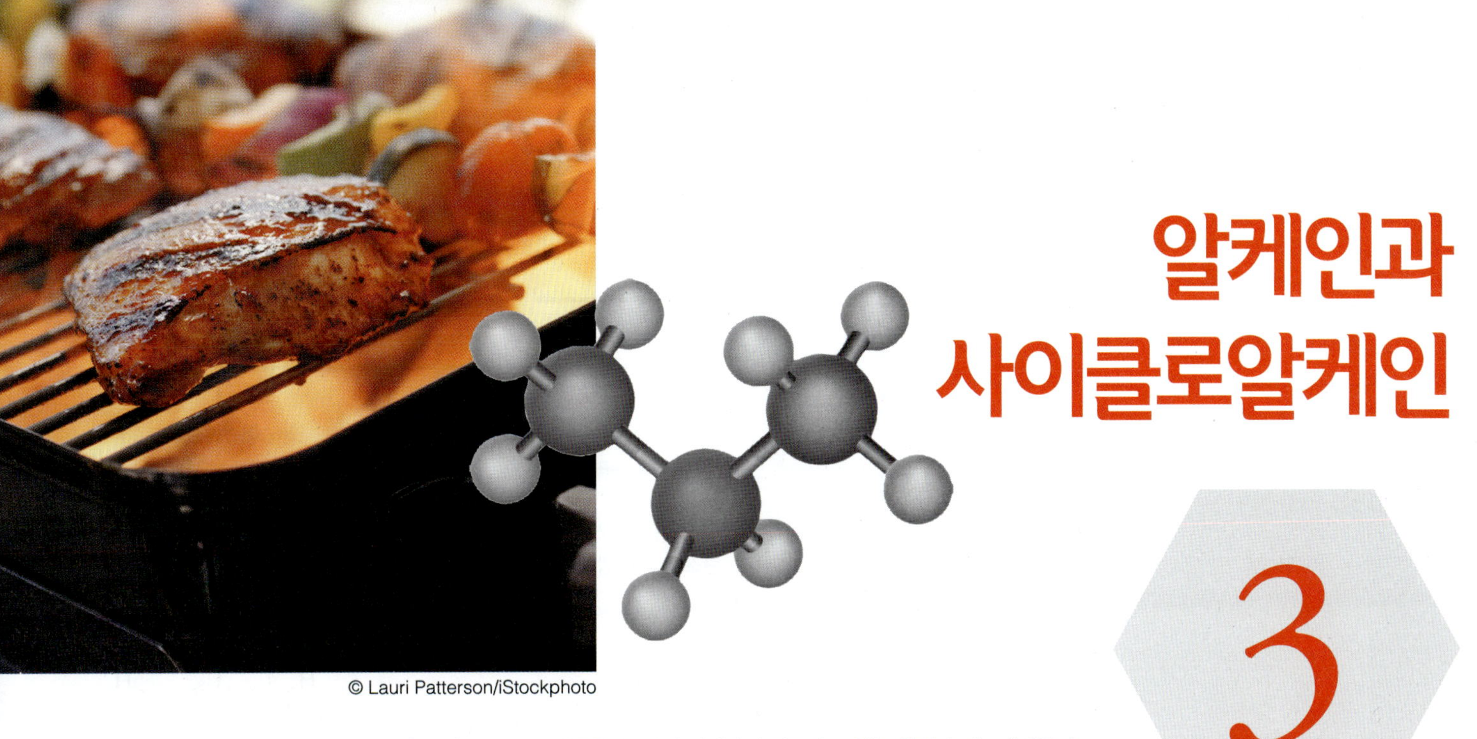

알케인과 사이클로알케인

3

© Lauri Patterson/iStockphoto

가스 그릴의 버너는 액화 석유 가스(LPG)를 연료로 사용한다. 분젠 버너에서 연소되고 있는 천연가스는 메테인이 주성분이며, 소량의 에테인, 프로페인, 뷰테인을 포함한다. 삽화: 프로페인의 모형

중요한 질문

3.1 알케인이란 무엇인가?

3.2 알케인에서 구조 이성질 현상이란 무엇인가?

3.3 알케인은 어떻게 명명하는가?

3.4 사이클로알케인이란 무엇인가?

3.5 IUPAC 체계의 명명법은 작용기를 포함한 분자에 어떻게 적용되는가?

3.6 알케인과 사이클로알케인의 형태란 무엇인가?

3.7 사이클로알케인에서 시스-트랜스 이성질 현상이란 무엇인가?

3.8 알케인과 사이클로알케인의 물리적 성질은 무엇인가?

3.9 알케인의 특징적인 반응은 무엇인가?

3.10 알케인의 공급원은 무엇인가?

해결 방법

3.1 선-각 구조식의 해석

3.2 Newman 투영도의 시각화와 그리기

3.3 사이클로헥세인의 서로 대체되는 의자 형태 그리기

화학 관련

3A 복어의 독성

3B 옥테인값: 주유기의 숫자가 의미하는 것

여러분은 아마도 **탄화수소**(hydrocarbon)라는 말을 들어본 적이 있을 것이다. 이 말은 종종 석유 및 서로 다른 화석 연료를 논의할 때 미디어에서 사용된다. 그런데 그림 3.1은 탄화수소가 수소와 탄소로 구성된 모든 유기 화합물의 상당히 큰 부류라는 것을 보여 준다. '포화(saturated)'라는 말은 종종 특히 식품 산업('포화 지방'을 생각해 보라)에서 사용되는 또 다른 용어이다. 포화 화합물은 탄소-탄소 사이에 단일 결합만을 갖는 탄소 사슬의 분자이다. 이들이 이렇게 분류되는 이유는 '포화' 탄소는 최대 수의 수소 원자와 결합하는데, 이들은 실제로 반응성이 없기 때문이다. 이것이 포화 지방이 건강에 좋지 않다고 여겨지는 이유이기도 하다. 포화 탄화수소 사슬을 깨거나 소화하기 위해 더 많은 에너지가 필요하다.

탄화수소 탄소 원자와 수소 원자로만 이루어진 화합물

포화 탄화수소 탄소-탄소 사이에 단일 결합만을 갖는 탄화수소

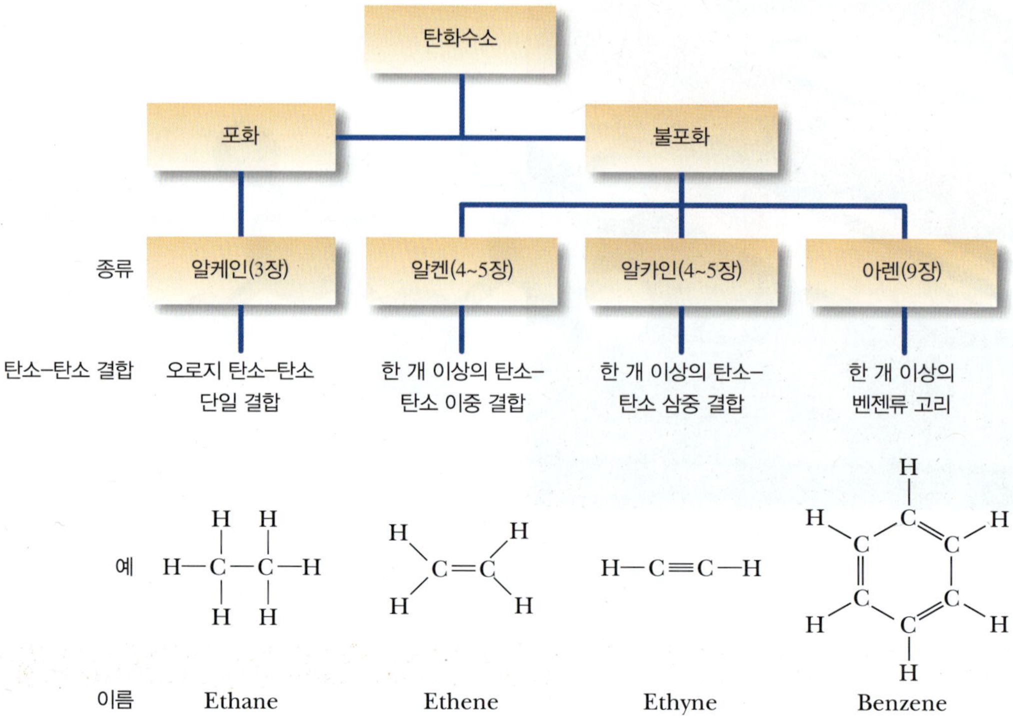

그림 3.1 네 종류의 탄화수소

불포화 탄화수소 탄소-탄소 사이에 최소 한 개의 파이(pi) 결합을 갖는 탄화수소

알케인 열린 사슬 구조의 탄소 원자들을 갖고 있는 포화 탄화수소

반면에, **불포화 탄화수소**(unsaturated hydrocarbon)는 탄소-탄소 사이에 최소 한 개의 파이(pi) 결합을 갖는다. 알켄(alkene), 알카인(alkyne), 아렌(arene)은 모두 불포화 탄화수소의 특정한 유형들이다. 탄소-탄소 사이의 파이 결합은 탄소-탄소 사이의 시그마 결합보다 약하다는 1장 내용을 기억하라. 왜 그들의 구조적 특징이 이 장에서 공부하게 될 알케인과 구별되는지를 곧 다룰 것이다.

Charles D. Winters

뷰테인은 라이터의 연료이다. 뷰테인 분자는 라이터에 액체와 기체 상태로 존재한다.

선-각 구조식 각 꼭짓점과 선의 각 끝단은 탄소를 나타내고, 선은 결합을 나타내는 구조식을 그리는 간소한 방법

3.1 알케인이란 무엇인가?

메테인(methane, CH_4)과 에테인(ethane, C_2H_6)은 알케인족의 가장 작은 구성원들이다. 이 두 분자의 Lewis 구조와 공-막대 모형을 그림 3.2에 나타내었다. 메테인의 구조는 정사면체이고, 모든 H—C—H 결합각은 109.5°이다. 에테인에 있는 각 탄소 원자도 정사면체이고, 모든 결합각은 거의 109.5°이다.

큰 알케인의 삼차원 모양은 메테인과 에테인보다는 더 복잡하지만, 각 탄소 원자의 네 개 결합들은 여전히 사면체 모양으로 정렬되어 있고, 결합각은 모두가 거의 109.5°이다.

알케인족의 그다음 물질들은 프로페인(propane), 뷰테인(butane), 펜테인(pentane)이다. 다음에 나타낸 것과 같이, 이러한 탄화수소들을 표현할 때에는 모든 탄소와 수소를 보여 주는 축약 구조식(condensed structural formula)으로 우선 그린다. 그런 다음 더 간단한 형태인 **선-각 구조식**(line-angle formula)으로 그린다. 여기에서 선은 탄소와 탄소의 결합을 나타내며, 각은 탄소

CH_4 109.5° C_2H_6

Methane **Ethane**

그림 3.2 메테인과 에테인

원자를 나타낸다. 선의 각 끝단은 $-CH_3$기를 나타낸다. 선-각 구조식에는 수소 원자들이 나타나지 않지만, 각 탄소가 네 개의 결합을 할 수 있도록 충분한 수의 수소가 있다고 가정한다.

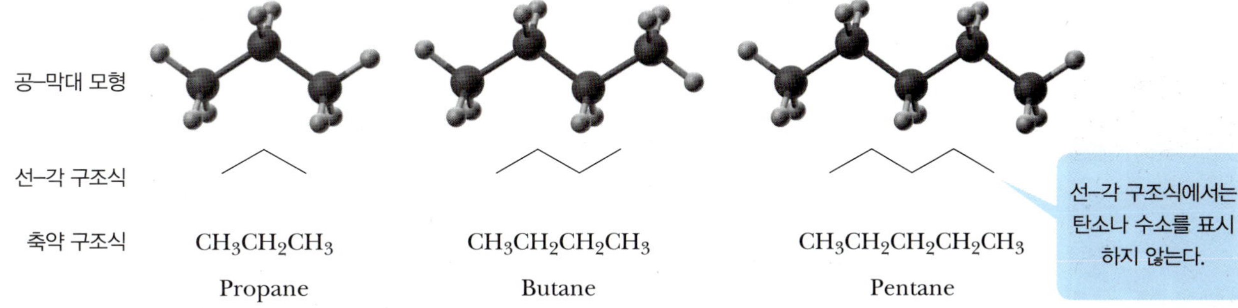

알케인의 구조식들은 다른 축약된 형태로도 쓸 수가 있다. 예를 들면 펜테인의 구조식은 사슬 중간에 세 개의 CH_2(메틸렌, methylene)기를 가지고 있다. 따라서 이 기들을 모두 모아 $CH_3(CH_2)_3CH_3$의 구조식으로 쓸 수 있다. 표 3.1에는 알케인의 처음 20개 분자들의 이름과 분자식을 수록하였다. 모든 알케인의 이름이 *-ane*(-에인)으로 끝나는 것에 주목하라. 알케인의 명명법은 3.3절에서 좀 더 배울 것이다.

해결방법 3.1 선-각 구조식의 해석

'모든 구부러진(bend) 지점, 그리고 모든 끝단(end)은 탄소'라는 것을 기억하라.

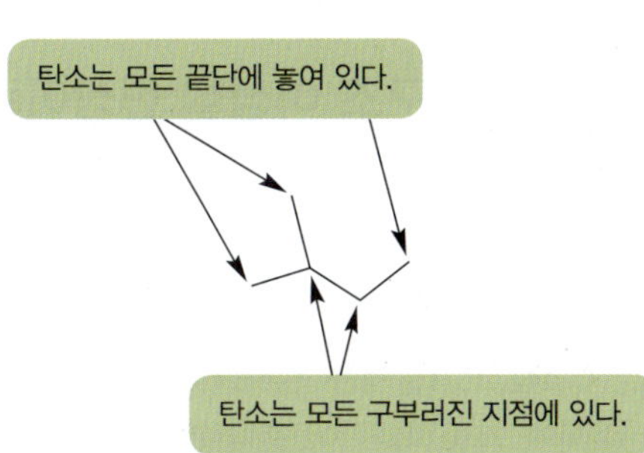

탄소는 원자가를 만족하기 위해서 네 개의 결합이 필요하기 때문에 각 탄소에서 보이는 모든 결합의 수를 세고 나서, 4에서 이 수를 뺀 다음, 탄소에 결합된 (보이지 않는) 수소의 수를 결정한다.

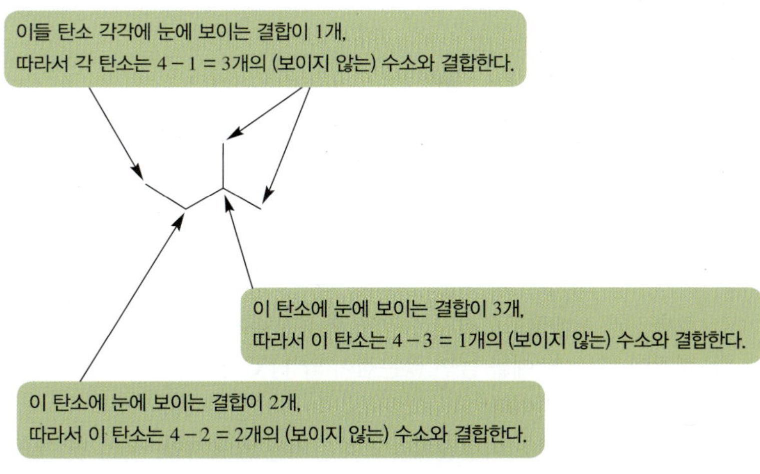

Propane 연료통

표 3.1 가지 없는 사슬의 첫 20개 알케인에 대한 이름, 분자식, 축약 구조식

이름	분자식	축약 구조식	이름	분자식	축약 구조식
methane	CH_4	CH_4	undecane	$C_{11}H_{24}$	$CH_3(CH_2)_9CH_3$
ethane	C_2H_6	CH_3CH_3	dodecane	$C_{12}H_{26}$	$CH_3(CH_2)_{10}CH_3$
propane	C_3H_8	$CH_3CH_2CH_3$	tridecane	$C_{13}H_{28}$	$CH_3(CH_2)_{11}CH_3$
butane	C_4H_{10}	$CH_3(CH_2)_2CH_3$	tetradecane	$C_{14}H_{30}$	$CH_3(CH_2)_{12}CH_3$
pentane	C_5H_{12}	$CH_3(CH_2)_3CH_3$	pentadecane	$C_{15}H_{32}$	$CH_3(CH_2)_{13}CH_3$
hexane	C_6H_{14}	$CH_3(CH_2)_4CH_3$	hexadecane	$C_{16}H_{34}$	$CH_3(CH_2)_{14}CH_3$
heptane	C_7H_{16}	$CH_3(CH_2)_5CH_3$	heptadecane	$C_{17}H_{36}$	$CH_3(CH_2)_{15}CH_3$
octane	C_8H_{18}	$CH_3(CH_2)_6CH_3$	octadecane	$C_{18}H_{38}$	$CH_3(CH_2)_{16}CH_3$
nonane	C_9H_{20}	$CH_3(CH_2)_7CH_3$	nonadecane	$C_{19}H_{40}$	$CH_3(CH_2)_{17}CH_3$
decane	$C_{10}H_{22}$	$CH_3(CH_2)_8CH_3$	eicosane	$C_{20}H_{42}$	$CH_3(CH_2)_{18}CH_3$

알케인의 일반 분자식은 C_nH_{2n+2}이다. 따라서 알케인의 탄소 원자수가 주어진다면 분자 내의 수소 원자의 수와 함께 분자식도 쉽게 결정할 수가 있다. 예를 들어 10개의 탄소 원자를 가진 데케인(decane)은 $(2 \times 10) + 2 = 22$개의 수소를 가지며, 분자식은 $C_{10}H_{22}$이다.

3.2 알케인에서 구조 이성질 현상이란 무엇인가?

구조 이성질체 같은 분자식을 갖지만 원자들의 연결 순서가 다른 화합물

구조 이성질체(constitutional isomer)는 같은 분자식을 갖지만 구조식은 다른 화합물이다. '구조식'이 다르다는 것은 이 화합물들이 결합 종류(단일, 이중, 삼중) 또는 연결성(원자들 사이의 결합 순서)이 다르다는 것을 의미한다.

분자식 CH_4, C_2H_6, C_3H_8에는 원자들의 결합 순서가 단 한 가지만 가능하다. 분자식 C_4H_{10}은 두 가지 결합 순서가 가능하다. 이 중 뷰테인은 네 개의 탄소가 하나의 사슬로 연결되어 있으나, 또 다른 하나인 2-메틸프로페인(2-methylpropane)은 세 개의 탄소는 하나의 사슬로 연결되고, 네 번째 탄소는 사슬에 가지로 연결된다.

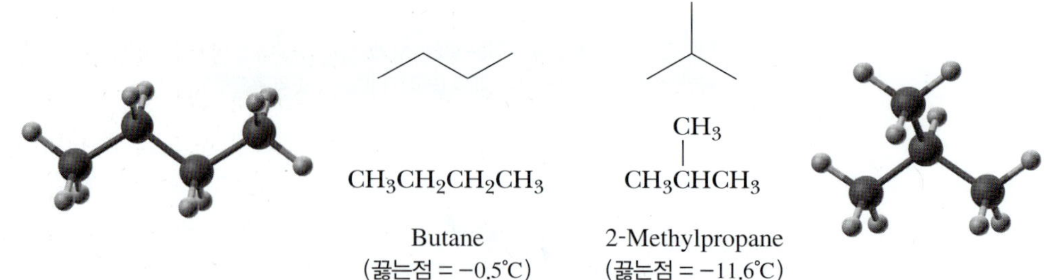

뷰테인과 2-메틸프로페인은 구조 이성질체이다. 이들은 서로 다른 화합물이므로 물리적, 화학적 성질이 다르다. 예를 들면 끓는점이 약 11℃나 차이가 난다. 다음 절에서 알케인의 명명법에 대하여 배우게 될 것이다.

1.7절에서 구조 이성질체라고 부르지는 않았지만, 이미 몇 개의 예로 구조 이성질체를 보았다. 분자식이 C_3H_8O인 두 개의 알코올, 분자식이 C_4H_8O인 두 개의 알데하이드, 분자식이 $C_4H_8O_2$

인 두 개의 카복실산 등이 그것들이다.

구조 이성질체에서 두 개 이상의 구조식이 존재하는지를 찾아내기 위해서는 각각의 분자식을 쓰고 그것들을 비교한다. 구조식은 다르지만 같은 분자식을 갖는 모든 화합물은 구조 이성질체이다.

예제 3.1

각 쌍의 구조식들은 같은 화합물인가, 아니면 구조 이성질체인가?

(a) $CH_3CH_2CH_2CH_2CH_2CH_3$ 와 $CH_3CH_2CH_2$ (3번 탄소에 $CH_2CH_2CH_3$ 연결) (각각은 C_6H_{14}이다)

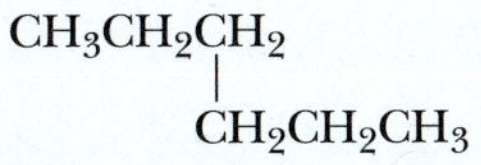

(b) 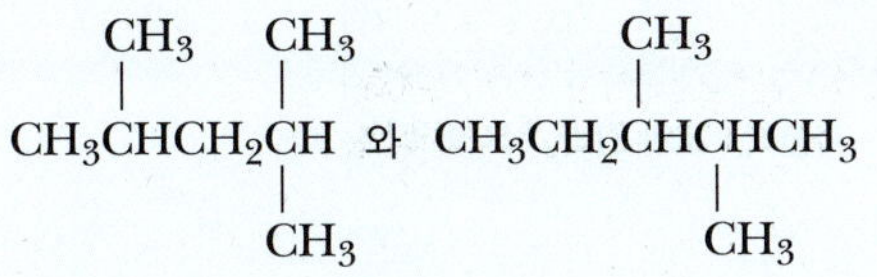 CH_3CHCH_2CH (2번 탄소에 CH_3, 4번 탄소에 CH_3 두 개) 와 $CH_3CH_2CHCHCH_3$ (3번 탄소에 CH_3, 4번 탄소에 CH_3) (각각은 C_7H_{16}이다)

전략

이 구조식들이 같은 화합물인지, 구조 이성질체인지를 결정하기 위해서는 먼저 각 구조식에서 탄소 원자들의 가장 긴 사슬을 찾아라. 그 사슬이 직선인지 굽었는지는 상관이 없는 것에 유의하라. 둘째, 첫 가지가 가장 가까이 있는 긴 사슬의 끝단에서부터 번호를 정하라. 셋째, 각 사슬의 길이와 크기, 그리고 다른 가지들의 위치를 비교하라. 같은 연결 순서를 갖는 원자들의 구조식은 같은 화합물이고, 원자들의 연결 순서가 다른 것들은 구조 이성질체이다.

풀이

(a) 각 구조식은 6개의 탄소를 가지며, 가지가 없는 사슬이다. 두 구조는 동일하고 같은 화합물을 나타낸다.

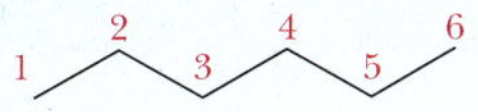

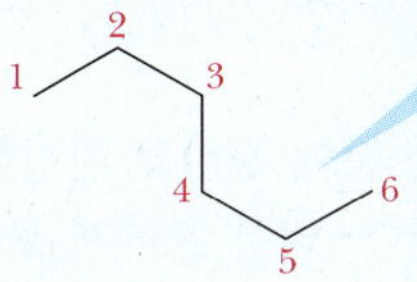

사슬 또는 치환기가 그려진 방향 때문에 혼동하지 말 것. 구조 이성질체를 결정할 때 가장 중요한 것은 원자들의 연결성이다.

$\overset{1}{C}H_3\overset{2}{C}H_2\overset{3}{C}H_2\overset{4}{C}H_2\overset{5}{C}H_2\overset{6}{C}H_3$ 와 $\overset{1}{C}H_3\overset{2}{C}H_2\overset{3}{C}H_2$—$\overset{4}{C}H_2\overset{5}{C}H_2\overset{6}{C}H_3$

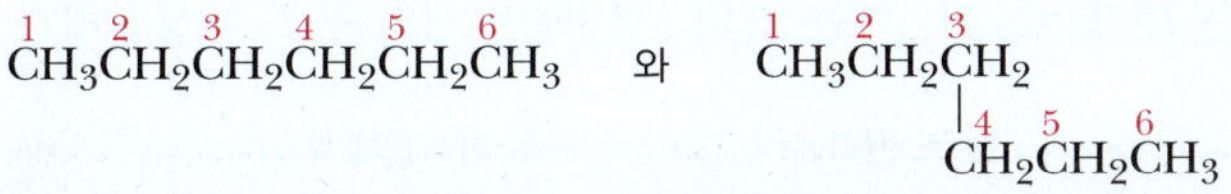

(b) 각 구조식은 두 개의 CH_3 가지가 있는 5개 탄소의 사슬을 가지고 있다. 동일한 가지를 갖고 있지만, 사슬에서 가지들은 다른 위치에 있다. 따라서 이 구조식은 구조 이성질체를 나타낸다.

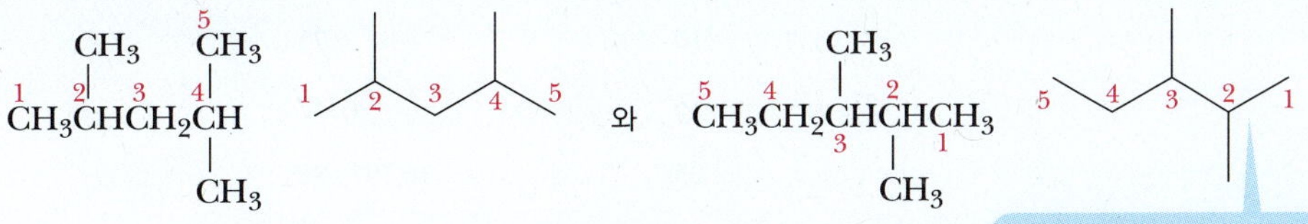

$\overset{1}{C}H_3\overset{2}{C}H\overset{3}{C}H_2\overset{4}{C}H$ (2번 탄소에 CH_3, 4번 탄소에 $\overset{5}{C}H_3$와 CH_3) 와 $\overset{5}{C}H_3\overset{4}{C}H_2\overset{3}{C}H\overset{2}{C}H\overset{1}{C}H_3$ (3번 탄소에 CH_3, 2번 탄소에 CH_3)

사슬 또는 치환기가 그려진 방향 때문에 혼동하지 말 것. 구조 이성질체를 결정할 때 가장 중요한 것은 원자들의 연결성이다.

문제 3.17~3.20, 3.22 참조

문제 3.1

각 쌍의 구조식들은 같은 화합물인가, 아니면 구조 이성질체인가?

(a) 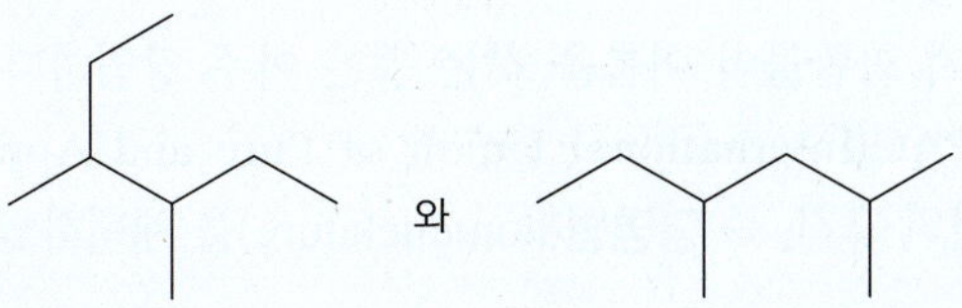 와

(b) 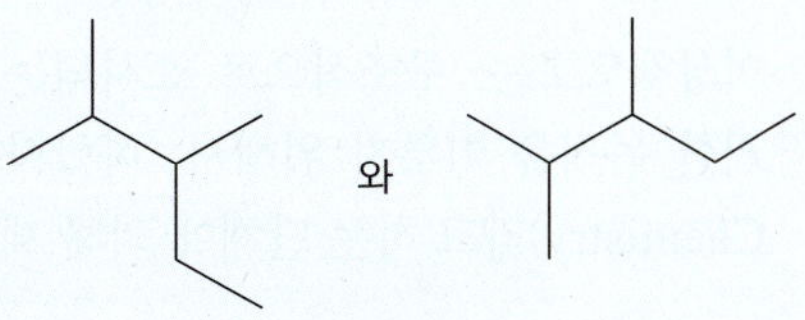 와

예제 3.2

분자식이 C_6H_{14}인 구조 이성질체 5개의 구조식을 그리시오.

전략

이런 형태의 문제를 풀기 위해서는 전략을 세우고 실행해야 한다. 여기에 한 가지 방법을 소개한다. 우선, 가지 없는 사슬에 6개의 탄소를 갖는 구조 이성질체를 선-각 구조식으로 그린다. 그런 다음 가지가 한 개인 5개 탄소 사슬로 이루어진 모든 구조 이성질체를 선-각 구조식으로 그린다. 끝으로, 가지가 두 개이고 4개의 탄소로 이루어진 사슬의 모든 구조 이성질체를 선-각 구조식으로 그린다.

풀이

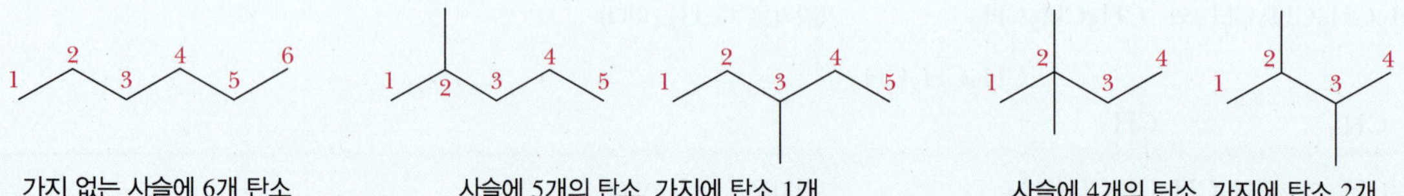

가지 없는 사슬에 6개 탄소 / 사슬에 5개의 탄소, 가지에 탄소 1개 / 사슬에 4개의 탄소, 가지에 탄소 2개

C_6H_{14}에는 가장 긴 사슬이 세 개의 탄소로 된 구조 이성질체가 없다.

문제 3.21, 3.23 참조

문제 3.2

분자식이 C_5H_{12}인 세 가지 구조 이성질체의 구조식을 그리시오.

다른 탄소 원자들과 함께 강하고 안정한 결합을 형성하는 탄소 원자의 능력은 엄청난 수의 구조 이성질체로 나타난다. 다음 표에서 보이는 것처럼 C_5H_{12}의 분자식에는 3개의 구조 이성질체가 있고, $C_{10}H_{22}$에는 75개, $C_{25}H_{52}$에는 거의 3천7백만 개의 구조 이성질체가 있다.

탄소 원자 수	구조 이성질체 수
1	0
5	3
10	75
15	4,347
25	36,797,588

그러므로 적은 수의 탄소와 수소 원자일지라도, 아주 많은 수의 구조 이성질체가 가능하다. 사실 아주 간단한 기본 단위인 탄소, 수소, 질소, 산소로부터 만들어지는 유기 분자들에서 개별적인 구조와 작용기의 잠재력은 실제로 무한하다.

3.3 알케인은 어떻게 명명하는가?

A. 유기 명명법의 IUPAC 체계

명명법 유기 화합물의 이름을 짓기 위한 일련의 규칙

이상적으로는, 구조식으로 표시되는 모든 유기 화합물이 이름을 갖는 것은 아주 당연하다. 이러한 목적을 이루기 위해서, 화학자들은 IUPAC(International Union of Pure and Applied Chemistry)라고 하는 단체에 의해 제정된 일련의 규칙, 즉 **명명법**(nomenclature)을 채택하였다.

가지가 없는 탄소 원자 사슬을 갖는 알케인의 IUPAC명은 두 부분으로 구성된다. (1) 사슬에 있는 탄소 원자의 수를 나타내는 접두사와, (2) 그 화합물이 포화 탄화수소라는 것을 보여 주는 ***-ane***(-에인)으로 끝나는 접미사이다. 표 3.2에는 탄소의 수를 1에서 20까지 나타내는 접두사들이 있다.

표 3.2에 수록된 처음 네 개의 접두사는 이러한 규칙의 기본이 되는 구조 이론이 시작되기도 전에 이미 일반화되어 있었기 때문에 IUPAC에서 채택되었다. 예를 들면 접두사 *but*-(뷰-)는 버터 지방(라틴어: *butyrum*, 버터)의 공기 중 산화에 의해 형성된 네 개의 탄소 원자 화합물인 **뷰티르산**(butyric acid)의 이름에서 이미 쓰였다. 5개 이상의 탄소를 나타내는 접두사는 그리스어나 라틴어에서 유래되었다(표 3.1을 보면 가지 없는 사슬인 처음 20개 알케인의 이름, 분자식, 축약 구조식을 볼 수 있다).

표 3.2 가지 없는 사슬의 첫 20개 탄소의 존재를 보여 주는 IUPAC 체계에서 사용되는 접두사

접두사	탄소 원자의 수	접두사	탄소 원자의 수
meth-	1	undec-	11
eth-	2	dodec-	12
prop-	3	tridec-	13
but-	4	tetradec-	14
pent-	5	pentadec-	15
hex-	6	hexadec-	16
hept-	7	heptadec-	17
oct-	8	octadec-	18
non-	9	nonadec-	19
dec-	10	eicos-	20

가지가 있는 사슬을 갖는 알케인의 IUPAC명은 화합물에서 가장 긴 탄소 원자 사슬을 나타내는 어미 이름과 어미 사슬에 결합된 치환기들을 나타내는 치환기 이름으로 되어 있다.

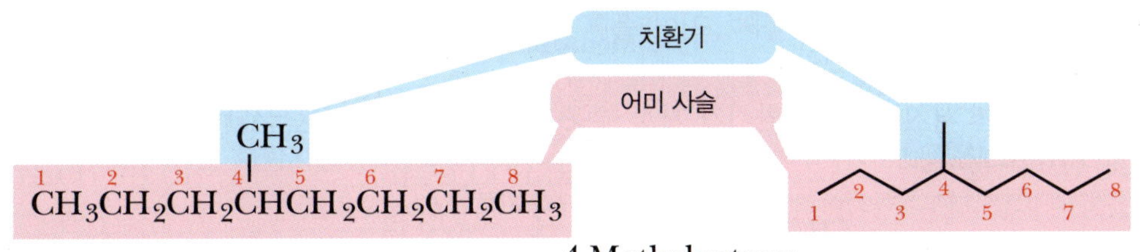

4-Methyloctane

알케인에서 수소 원자 한 개를 제거함으로써 파생된 치환기를 **알킬기**(alkyl group)라고 하고, 보통 **R-**이라고 표시한다. 어미 알케인의 이름에서 *-ane*을 떼어내고 접미사 *-yl*(-일)을 붙여서 알킬기의 이름을 나타낸다. 표 3.3에서는 가장 일반적인 8개 알킬기의 이름과 구조식을 나타내었다. 접두사 *sec*-은 두 개의 다른 탄소와 결합한 탄소를 나타내는 뜻으로, 이차(secondary)의 약어이다. 접두사 *tert*-은 3개의 다른 탄소와 결합한 탄소를 나타내는 삼차(tertiary)의 약어이다. 이 두 개의 접두사가 이름의 부분일 때, 이들은 반드시 이탤릭체로 써야 한다.

알킬기 알케인에서 수소 한 개를 제거하여 얻어지는 기로, 기호 R-로 주어진다.

R- 알킬기를 나타낼 때 사용하는 기호

표 3.3 가장 흔한 알킬기들의 이름

이름	축약 구조식	이름	축약 구조식
methyl	$-CH_3$	isobutyl	$-CH_2CHCH_3$ (CH 위치에 CH_3)
ethyl	$-CH_2CH_3$	*sec*-butyl ('secondary'에 대한 약자)	$-CHCH_2CH_3$ (CH 위치에 CH_3)
propyl	$-CH_2CH_2CH_3$	*tert*-butyl ('tertiary'에 대한 약자)	$-CCH_3$ (C 위·아래에 CH_3)
isopropyl	$-CHCH_3$ (CH 위치에 CH_3)		
butyl	$-CH_2CH_2CH_2CH_3$		

알케인을 명명하는 IUPAC의 규칙은 다음과 같다.

1. 가지 없는 탄소 원자 사슬을 갖는 알케인의 이름은 사슬에 있는 탄소 원자의 수를 접두사로 하고 끝에 *-ane*을 붙인다.
2. 가지 있는 사슬 알케인은 어미 사슬로서 가장 긴 탄소 사슬을 정하고, 이것이 기본 이름이 된다.
3. 어미 사슬에 있는 치환기들의 이름과 번호를 결정한다. 주어진 번호는 치환기가 결합되어 있는 어미 사슬의 탄소 원자를 나타낸다. 번호와 이름을 연결하기 위해서는 하이픈을 사용한다.

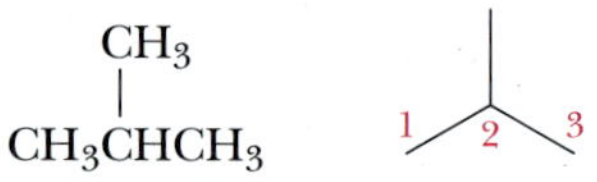

CH_3CHCH_3 (2번 탄소에 CH_3)　1 2 3

2-Methylpropane

4. 치환기가 한 개 있다면, 치환기가 가장 낮은 번호가 되도록 하는 끝단에서부터 어미 사슬에 번호를 붙인다.

$CH_3CH_2CH_2CHCH_3$ (CH 위치에 CH_3)　5 4 3 2 1　1 2 3 4 5

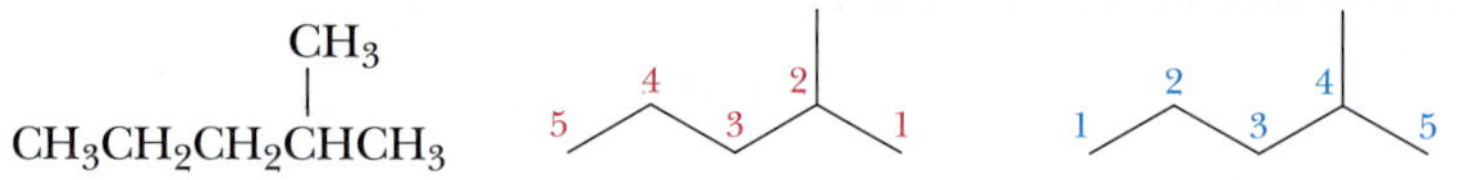

2-Methylpentane　(4-methylpentane이 아님)

5. 두 개 이상의 동일한 치환기가 있다면, 처음 나오는 치환기가 가장 낮은 번호가 되도록 하는 끝단에서부터 어미 사슬에 번호를 붙인다. 치환기가 있는 수에 따라 접두사 *di-* (다이-), *tri-*(트라이-), *tetra-*(테트라-), *penta-*(펜타-), *hexa-*(헥사-) 등을 붙인다. 쉼표는 위치를 나타내는 숫자를 분리하기 위해서 사용한다.

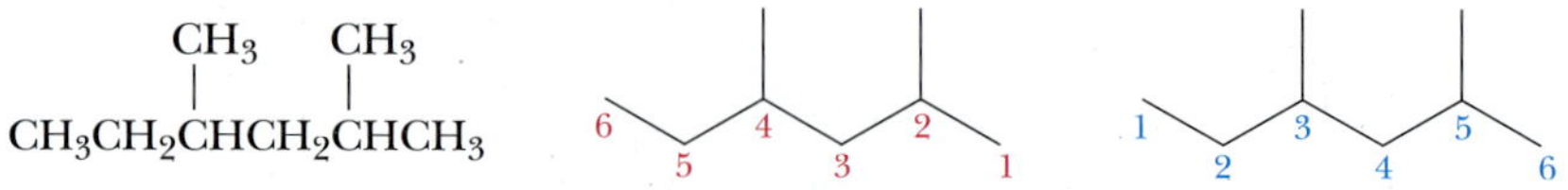

$CH_3CH_2CHCH_2CHCH_3$ (두 CH 위치에 각각 CH_3)　6 5 4 3 2 1　1 2 3 4 5 6

2,4-Dimethylhexane　(3,5-dimethylhexane이 아님)

6. 두 개 이상의 다른 치환기가 있다면, 그것들을 알파벳 순서로 나열하고, 처음 나오는 치환기가 가장 낮은 번호가 되도록 하는 끝단에서부터 어미 사슬에 번호를 붙인다. 다른 치환기가 어미 사슬의 서로 반대쪽의 동일한 위치에 있다면, 낮은 알파벳 순서인 치환기에 낮은 번호를 붙인다.

$$\begin{array}{c} \qquad\qquad CH_3 \\ \qquad\qquad | \\ CH_3CH_2CHCH_2CHCH_2CH_3 \\ | \qquad\qquad \\ CH_2CH_3 \qquad\qquad \end{array}$$

3-Ethyl-5-methylheptane (3-methyl-5-ethylheptane이 아님)

7. 접두사 *di*-, *tri*-, *tetra*- 등은 알파벳 순서에 포함되지 않는다. 또한 하이픈으로 연결된 접두사 *sec*-과 *tert*-도 포함되지 않는다. 아이소프로필(isoporpyl)에서 '아이소(iso)'는 알파벳 순서에 포함한다. 먼저 치환기의 이름을 알파벳 순서로 하고, 그다음에 접두사를 넣는다. 다음의 예에서 알파벳 순서에 의한 것은 ethyl과 methyl이지, ethyl과 dimethy이 아니다.

$$\begin{array}{c} CH_3 \quad CH_2CH_3 \\ | \qquad\quad | \\ CH_3CCH_2CHCH_2CH_3 \\ | \qquad\qquad\quad \\ CH_3 \qquad\qquad\quad \end{array}$$

4-Ethyl-2,2-dimethylhexane
(2,2-dimethyl-4-ethylhexane이 아님)

예제 3.3

다음 알케인의 IUPAC명을 쓰시오.

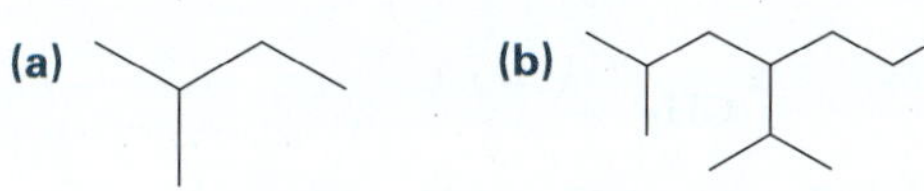

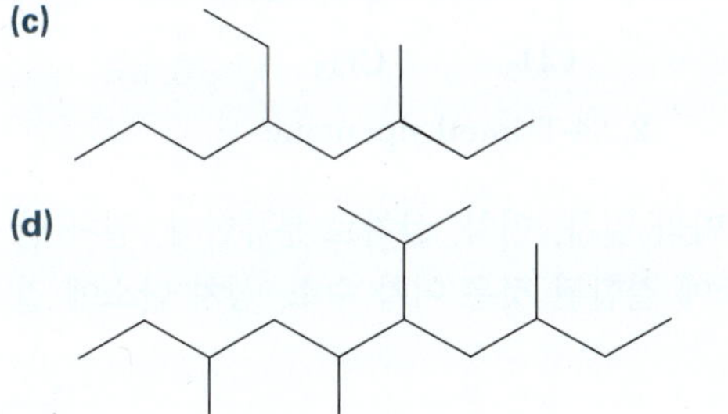

전략

우선 알케인의 기본 이름을 결정하라. 다음에 치환기를 명명하고 알파벳 순서로 정리한다. 처음 나오는 치환기들이 가장 낮은 번호가 되도록 어미 사슬의 번호를 붙여라. 치환기들이 동일한 위치에 있다면, 낮은 알파벳 치환기에 낮은 번호를 부여한다.

풀이

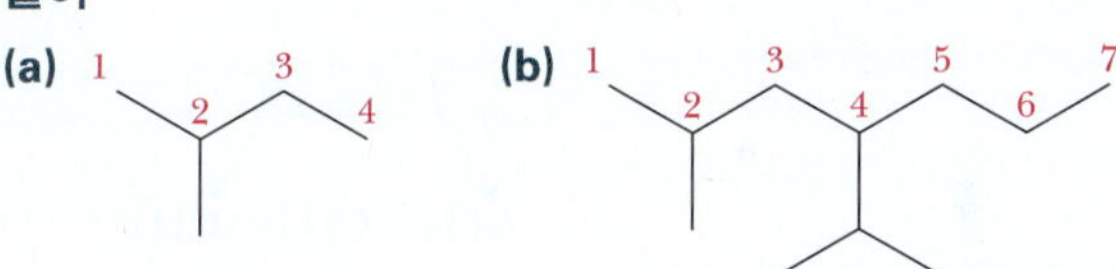

2-Methylbutane 4-Isopropyl-2-methylheptane

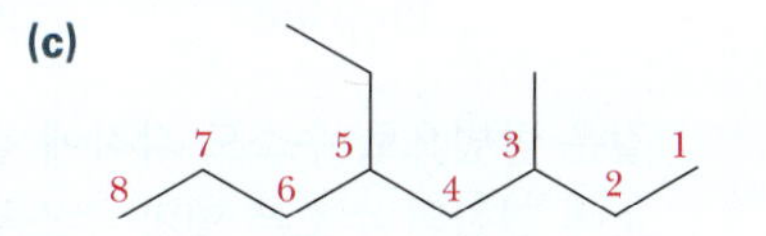

5-Ethyl-3-methyloctane

(d)

5-Isopropyl-3,6,8-trimethyldecane
(6-isopropyl-3,5,8-trimethyldecane이 아님)

문제 3.24, 3.25, 3.28 참조

문제 3.3

다음 알케인의 IUPAC명을 쓰시오.

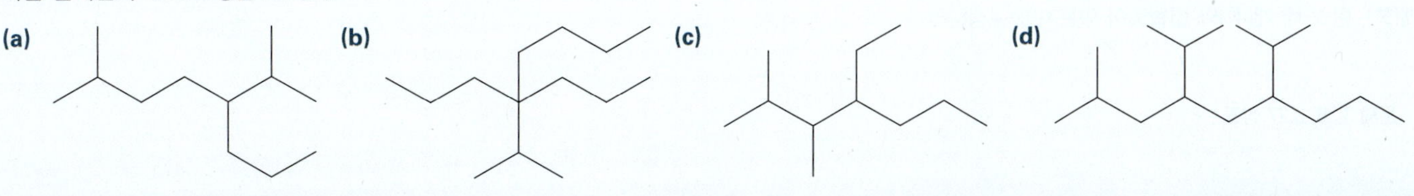

B. 일반명

오래된 관용 명명법 체계에서 알케인의 이름은 배열에 관계없이 전체 탄소의 수로 결정한다. 처음 세 개의 알케인은 메테인, 에테인, 프로페인이다. 분자식이 C_4H_{10}인 알케인 모두는 뷰테인으로, C_5H_{12}는 펜테인, C_6H_{14}는 헥세인이라고 부른다. 프로페인 다음의 알케인들에 있어서 **아이소**(*iso*)는 가지가 없이 다른 한쪽의 말단이 $(CH_3)_2CH$—기로 끝나는 것을 나타낸다. 일반명의 예는 다음과 같다.

$CH_3CH_2CH_2CH_3$ Butane

$CH_3CH(CH_3)CH_3$ Isobutane

$CH_3CH_2CH_2CH_2CH_3$ Pentane

$CH_3CH_2CH(CH_3)CH_3$ Isopentane

이 일반명 체계는 가지 있는 다른 형태, 즉 더 복잡한 알케인들을 다루기에는 좋은 방법이 아니므로 더 융통성 있는 IUPAC 명명법 체계를 사용할 필요가 있다.

이 책에서는 IUPAC명에 초점을 맞춘다. 그러나 일반명이 화학자와 생물학자들의 일상적인 토론에서 거의 독점적으로 사용되는 경우는 일반명도 사용한다. 이 책에서는 IUPAC명과 일반명 모두가 표기될 때에는 IUPAC명을 먼저 쓰고, 일반명은 괄호 안에 쓴다. 이런 식으로 하면 어떤 이름이 어느 것인지 혼동하는 일이 없을 것이다.

C. 탄소 원자와 수소 원자의 분류

탄소 원자는 탄소에 결합되어 있는 탄소 원자의 수에 따라 일차(1°), 이차(2°), 삼차(3°), 사차(4°)로 분류한다. 한 개의 탄소 원자에 결합되어 있는 탄소를 일차 탄소라고 하고, 두 개의 탄소 원자에 결합되어 있는 탄소를 이차 탄소라고 하며, 삼차, 사차도 이와 같은 식이다.

$CH_3—CH_2—CH_3$ (1° 탄소 2개, 2° 탄소 1개)
Propane

$CH_3—CH(CH_3)—CH_3$ (1° 탄소 3개, 3° 탄소 1개)
2-Methylpropane

$CH_3—C(CH_3)_2—CH_2—CH(CH_3)—CH_3$ (4° 탄소 1개, 2° 탄소 1개, 3° 탄소 1개, 1° 탄소 5개)
2,2,4-Trimethylpentane

같은 방법으로 수소도 각각에 결합된 탄소의 형태에 따라 일차, 이차, 삼차로 분류한다. 일차 탄소에 결합된 수소는 일차 수소로 분류하고, 이차 탄소에 결합된 것은 이차 수소, 삼차 탄소에 결합된 것은 삼차 수소로 분류한다.

예제 3.4

다음 화합물에 있는 각 탄소 원자를 1°, 2°, 3°, 4°로 분류하시오.

(a) **(b)**

전략

탄소를 분류하기 위해서 각 탄소가 탄소 한 개(1°), 탄소 두 개(2°), 탄소 세 개(3°), 탄소 네 개(4°)와 결합되어 있는지를 결정하라.

풀이

(a) 1°, 2°, 3°, 1°, 1°

(b) 1°, 3°, 1°, 2°, 4°, 1°, 1°, 1°

문제 3.26, 3.27 참조

문제 3.4

다음 화합물에 있는 수소 원자를 1°, 2°, 3°로 분류하시오.

(a) $CH_3CH(CH_3)CH_2CH_2CH_3$

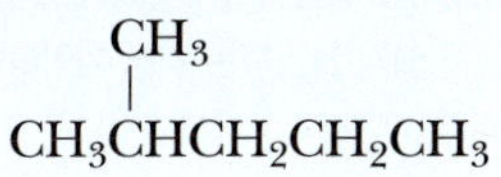

(b) $CH_3-CH_2-C(CH_3)_2-CH(CH_3)_2$

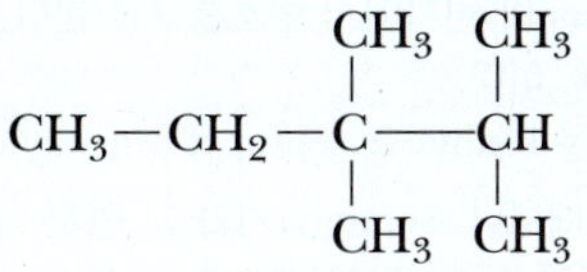

3.4 사이클로알케인이란 무엇인가?

고리로 연결된 탄소 원자들을 갖는 탄화수소를 **고리 탄화수소**(cyclic hydrocarbon)라고 한다. 고리에 있는 모든 탄소가 포화되었을 때의 탄화수소를 **사이클로알케인**(cycloalkane)이라고 한다. 자연에는 3~30개 정도의 고리 크기를 갖는 사이클로알케인이 많이 존재하며, 이론적으로는 고리의 크기에 제한이 없다. 오각형(사이클로펜테인)과 육각형(사이클로헥세인) 고리들이 특히 자연에 풍부하고, 특별한 관심의 대상이 되어 왔다.

사이클로알케인 고리를 형성하도록 연결된 탄소 원자를 갖고 있는 포화 탄화수소

그림 3.3에서는 사이클로뷰테인, 사이클로펜테인, 사이클로헥세인의 구조식을 보여 준다. 사이클로알케인의 구조식을 쓸 때, 화학자들은 모든 탄소들과 수소들을 거의 표시하지 않는다. 대신 사이클로알케인을 표시하기 위해서 선-각 구조식을 사용한다. 각각의 고리는 고리에 있는 탄소 원자의 수와 동일한 수의 변을 갖는 정다각형으로 표시한다. 예를 들면 사이클로뷰테인은 정사각형, 사이클로펜테인은 정오각형, 사이클로헥세인은 정육각형으로 표시한다.

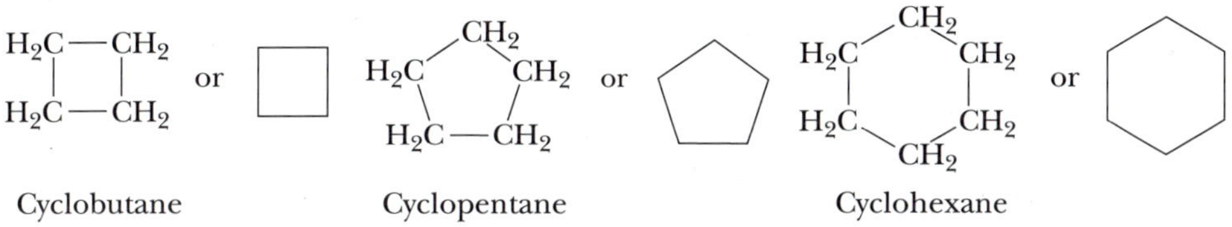

H_2C-CH_2, H_2C-CH_2 or □ — Cyclobutane

CH_2, H_2C, CH_2, H_2C-CH_2 or ⬠ — Cyclopentane

CH_2, H_2C, CH_2, H_2C, CH_2, CH_2 or ⬡ — Cyclohexane

그림 3.3
사이클로알케인의 예

사이클로알케인은 같은 수의 탄소를 갖는 알케인보다 수소 원자를 두 개 적게 가지고 있다. 한 예로 사이클로헥세인(C_6H_{12})과 헥세인(C_6H_{14})을 비교해 보라. 사이클로알케인의 일반식은 C_nH_{2n}이다.

사이클로알케인을 명명하려면, 같은 수의 열린 사슬 탄화수소의 이름에 접두사 *cyclo*-(사이클로-)를 붙이고 나서 고리에 있는 각 치환기를 명명한다. 만일 한 개의 치환기만 있다면, 치환기에 번호를 붙일 필요가 없다. 만일 두 개의 치환기가 있다면, 치환기의 알파벳 순서가 낮은 것에서부터 번호를 시작한다. 세 개 이상의 치환기가 있을 경우에는 낮은 수들의 조합이 되도록 번호를 정한 다음에, 치환기의 알파벳 순서로 이름을 정한다.

예제 3.5

각 사이클로알케인의 분자식과 IUPAC명을 쓰시오.

(a) (b) 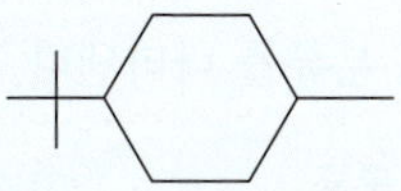 (c) 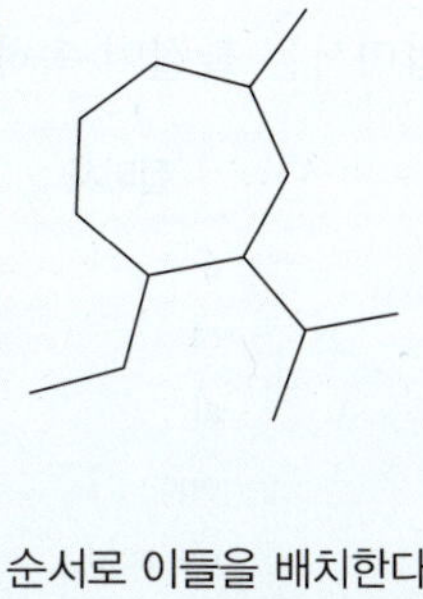 (d)

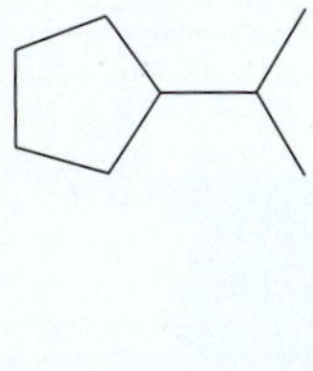

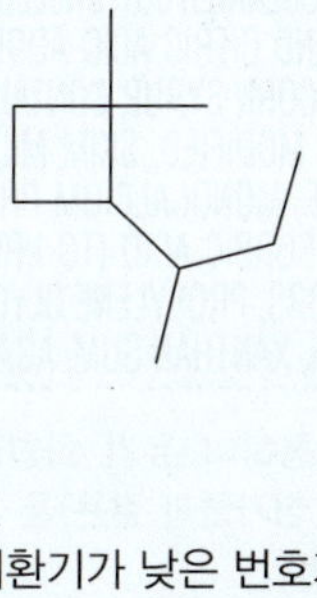

전략

우선 사이클로알케인의 기본 이름을 결정한다. 그런 다음 치환기를 명명하고 알파벳 순서로 이들을 배치한다. 처음에 오는 치환기가 낮은 번호가 되도록 어미 사슬에 번호를 정한다. 치환기의 위치가 동일하다면, 낮은 알파벳을 갖는 치환기에 낮은 번호를 할당한다.

풀이

(a) 이 사이클로알케인의 분자식은 C_8H_{16}이다. 고리에는 치환기가 한 개만 있으므로 고리에 있는 탄소 원자에는 번호가 필요 없다. 이 화합물의 IUPAC명은 isopropylcyclopentane이다.

(b) 낮은 알파벳 순서를 갖는 *tert*-butyl기가 연결된 cyclohexane의 원자에서 번호를 시작한다. 이 화합물의 이름은 1-*tert*-butyl-4-methylcyclohexane이고, 분자식은 $C_{11}H_{22}$이다.

(c) 이 사이클로알케인의 분자식은 $C_{13}H_{26}$이다. 화합물의 이름은 1-ethyl-2-isopropyl-4-methylcycloheptane이다. ethyl기에 1번을 부여한 이유는 methyl기에 1번을 부여할 때보다 isopropyl기가 더 먼저 나타나기 때문이다.

(d) 이 사이클로알케인의 분자식은 $C_{10}H_{20}$이다. 화합물의 이름은 2-*sec*-butyl-1,1-dimethyl-cyclobutane이다. 이 예는 '*sec*'와 'di'가 명명하는 데 알파벳에 포함되지 않는다는 것을 보여 준다.

*ter*는 치환기의 알파벳 순서에 고려되지 않는다는 것을 기억하라.

'*iso*'는 치환기의 알파벳 순서에 포함된다. 1, 2, 4 번호 방식이 1, 3, 4나 1, 5, 7보다 선호된다.

문제 3.24, 3.25, 3.28 참조

문제 3.5

각 사이클로알케인의 분자식과 IUPAC명을 쓰시오.

(a) (b) 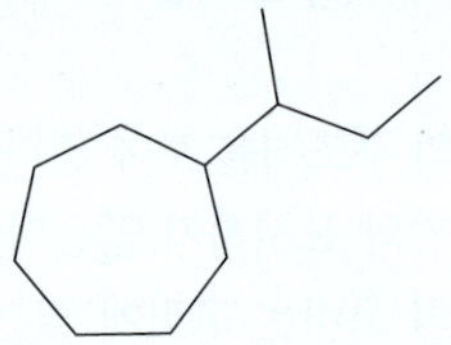 (c) 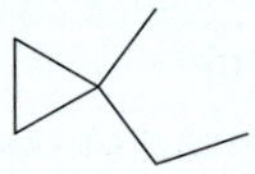 (d)

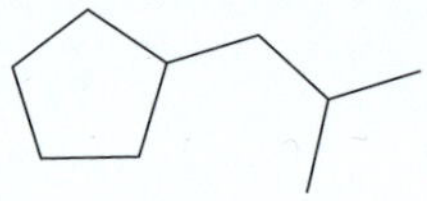

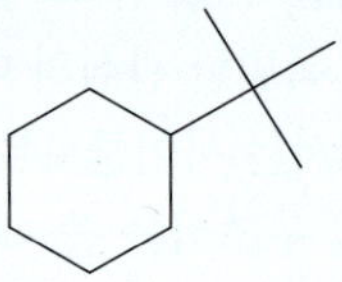

3.5 IUPAC 체계의 명명법은 작용기를 포함한 분자에 어떻게 적용되는가?

3.3절과 3.4절의 알케인과 사이클로알케인의 명명은 특정한 두 종류의 유기 화합물에 대한 IUPAC 체계 명명법의 적용을 보여 준다. 그러면 이제 IUPAC 체계 명명법의 일반적인 방법을 설명하도록 한다. 탄소 원자의 사슬을 갖고 있는 화합물에 붙이는 이름은 세 부분으로 이루어진다. 접두사, 삽입사(한 어휘에 삽입되는 변형된 요소), 접미사이다. 각 부분은 화합물의 구조식에 대한 특정한 정보를 제공한다.

1. 접두사는 어미 사슬에 있는 탄소 원자의 수를 나타낸다. 한 개의 사슬에 1~20개의 탄소 원자를 나타내는 접두사들을 표 3.2에 수록하였다.
2. 삽입사는 어미 사슬에 있는 탄소–탄소 결합의 특성을 나타낸다.

삽입사	어미 사슬에 있는 C–C 결합의 특성
-an-	모두 단일 결합
-en-	한 개 이상의 이중 결합
-yn-	한 개 이상의 삼중 결합

삽입사는 **어미 사슬에 있는 C–C 결합**의 특성을 나타내는 것을 명심하라.

3. 접미사는 물질이 속해 있는 화합물의 분류를 나타낸다.

접미사	화합물의 분류
-e	탄화수소
-ol	알코올(alcohol)
-al	알데하이드(aldehyde)
-one	케톤(ketone)
-oic acid	카복실산(carboxylic acid)

다른 분류의 화합물에 대한 접미사는 이 장의 후반부에서 배우게 될 것이다.

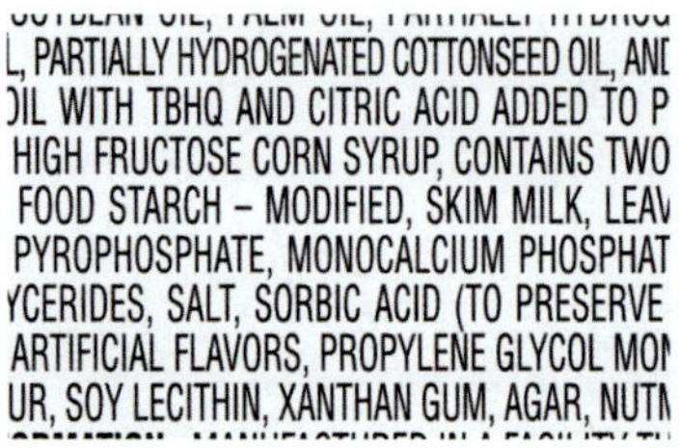

L, PARTIALLY HYDROGENATED COTTONSEED OIL, AND
OIL WITH TBHQ AND CITRIC ACID ADDED TO P
HIGH FRUCTOSE CORN SYRUP, CONTAINS TWO
FOOD STARCH - MODIFIED, SKIM MILK, LEAV
PYROPHOSPHATE, MONOCALCIUM PHOSPHAT
YCERIDES, SALT, SORBIC ACID (TO PRESERVE
ARTIFICIAL FLAVORS, PROPYLENE GLYCOL MON
UR, SOY LECITHIN, XANTHAN GUM, AGAR, NUTI

명명법을 통하여 유기 화합물(예를 들면 음식 첨가물과 같은)을 쉽게 확인할 수 있다.

예제 3.6

다음은 네 가지 화합물의 IUPAC명과 구조식이다.

(a) $CH_2{=}CHCH_3$ Propene

(b) CH_3CH_2OH Ethanol

(c) $CH_3CH_2CH_2CH_2\overset{\overset{\large O}{\|}}{C}OH$ Pentanoic acid

(d) $HC{\equiv}CH$ Ethyne

각 이름을 접두사, 삽입사, 접미사로 나누고, 각 성분의 이름에 포함된 구조식에 대한 정보를 명시하시오.

전략

우선 이름의 처음 몇 자들(meth, eth, prop, but 등등)을 보라. 이것은 어미 사슬에 있는 탄소 원자의 수를 나타내는 접두사이다. 다음의 'an(에인)', 'en(엔)', 'yn(아인)'을 보라. 이것은 어미 사슬에 있는 탄소–탄소 결합의 종류를 나타낸다. 삽입사 다음에 오는 글자는 그 분자가 속해 있는 화합물의 종류를 나타내는 접미사의 한 부분이다.

풀이

(a) 탄소–탄소 이중 결합
propene
탄화수소
탄소 원자 3개

(b) 탄소–탄소 단일 결합뿐
ethanol
알코올
탄소 원자 2개

(c) 탄소–탄소 단일 결합뿐
pentanoic acid
카복실산
탄소 원자 5개

(d) 탄소–탄소 삼중 결합
ethyne
탄화수소
탄소 원자 2개

문제 3.29, 3.30 참조

문제 3.6

각 화합물에 대한 알맞은 접두사, 삽입사, 접미사를 조합해서 IUPAC명을 쓰시오.

(a) 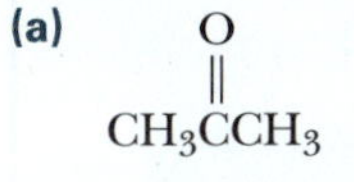

(b) $CH_3CH_2CH_2CH_2\overset{\overset{\large O}{\|}}{C}H$

(c) 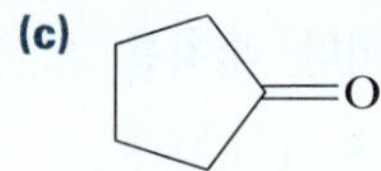

(d) 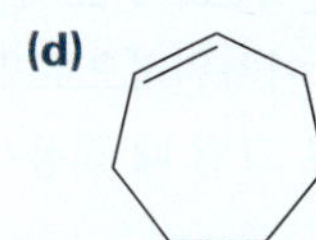

3.6 알케인과 사이클로알케인의 형태란 무엇인가?

구조식은 원자들이 연결된 순서를 보여 주는 데는 유용하기는 하지만, 삼차원적 모양을 보여 주지는 않는다. 화학자들은 분자의 구조와 화학적, 물리적 성질들 사이의 관계에 대해 한층 더 알기 위해서 노력하고 있기 때문에, 분자의 삼차원적 모양에 대하여 더 많이 이해하는 것이 점점 더 중요하게 되었다.

이 절에서는 분자를 입체적인 물질로 보고, 분자 내에서 결합각뿐만 아니라 서로 결합으로 연결되지 않은 다른 원자와 원자단들 사이의 거리를 보기 위한 방법들에 집중할 것이다. 비틀림 스트레인, 각 스트레인, 입체 스트레인에 해당되는 세 가지의 형태로 구분되는 스트레인(strain)에 대해서도 설명을 할 것이다. 여러분에게 분자 모형을 만들어 공부하고, 조작할 것을 적극 권장한다. 유기 분자들은 삼차원적 물체이고, 그로서 다루는 것이 자연스럽게 되는 것은 매우 중요하다.

A. 알케인

두 개 이상의 탄소로 이루어진 알케인은 한 개 이상의 탄소–탄소 결합을 회전시켜서 원자들을 수많은 다른 입체적인 모양으로 만들 수 있다. 단일 결합의 회전으로 생기는 원자들의 입체적인 배열을 **형태**(conformation)라고 한다. 그림 3.4(a)는 공–막대 모형으로 나타낸 에테인의 **엇갈린 형태**(staggered conformation)를 보여 준다. 이 형태에서는 한 탄소에 있는 세 개의 C—H 결합이 인접 탄소에 있는 세 개의 C—H 결합과 가능한 한 가장 멀리 떨어져 있다. **Newman 투영도**(Newman projection)이라고 불리는 그림 3.4(b)는 에테인의 엇갈린 형태의 간단한 표기법이다. Newman 투영도에서는 C—C 결합의 축을 통해서 분자를 본다. 관찰자의 눈에서 가까운 세 개의 원자나 원자단은 원의 중앙에서 120°의 각으로 뻗어진 선으로 보인다. 눈으로부터 멀리 떨어진 탄소에 있는 세 개의 원자나 원자단은 서로 120°의 각으로 원주로부터 연장된 선으로 나타난다. 에테인에 있는 각 탄소의 결합각은 Newman 투영도에서 제시된 것처럼 120°가 아니고 대략 109.5°임을 기억하라.

형태 단일 결합의 회전에 의해서 생기는 분자에 있는 원자들의 임의의 입체 배열

엇갈린 형태 하나의 탄소에 있는 원자들이 인접 탄소에 있는 원자들과 가장 멀리 떨어져 있는 탄소–탄소 단일 결합의 형태

Newman 투영도 탄소–탄소 결합을 통해서 분자를 보는 방법

이 축에 대해서 화살표 방향으로 돌리면 '끝단 모습'을 얻게 된다.

엇갈린 형태에서 인접한 탄소들이 갖는 결합들은 가능한 한 멀리 떨어져 있다.

(a) (b)

옆모습 → 거의 끝 쪽으로 돌려진 모습 → 끝단 모습 Newman 투영도

그림 3.4 에테인의 엇갈린 형태. (a) 공–막대 모형. (b) Newman 투영도

Newman 투영도의 시각화와 그리기

해결방법 3.2

Newman 투영도는 탄소–탄소 결합을 기준으로 보여지는 삼차원 분자를 이차원적으로 그린 그림이다. 분자를 Newman 투영도로 그릴 때 적용해야 하는 몇 가지 단계가 있다.

1. **내려다 볼 수 있는 탄소–탄소 결합을 골라라.** 뷰테인을 예로 들면, $C_2—C_3$ 결합을 고른다.

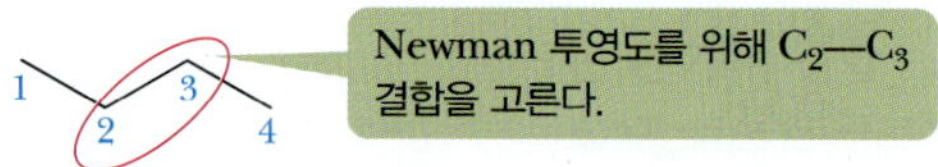

2. **수소를 그려라.** 지면 뒤쪽으로 향하는 결합은 쇄선 쐐기를 이용하고, 지면 앞쪽으로 향하는 결합은 선 쐐기를 이용하여 그린다. 내려다보는 결합에 연결되지 않은 수소와 다른 기들은 축약 구조식 형태로 나타낼 수 있다.

3. **결합을 보는 방향을 결정하라.** 여기서 우리는 오른쪽에서 왼쪽으로 결합을 바라볼 것이다. 오른쪽에 가장 가까이 있는 수소들은 지면 앞쪽을 향하게 되는데 기준점은 빨간색으로 나타내게 된다.

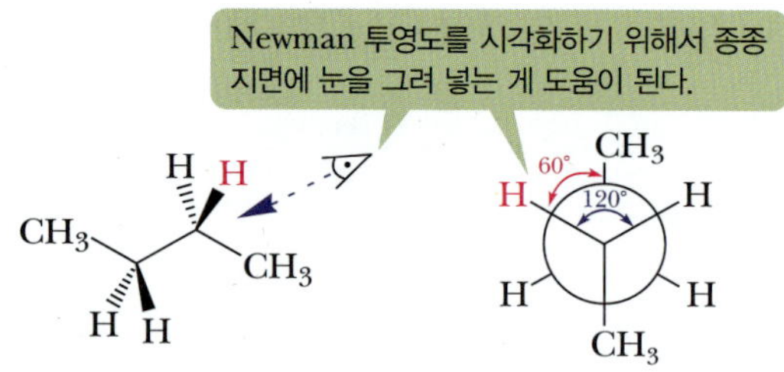

4. **Newman 투영도에 원자들과 기들의 자리를 잡아라.** 이미 그려 넣은 눈을 기들의 기준으로 삼을 수 있다. 여기에서 빨간색 수소를 눈의 왼쪽에 놓고 사선 방향으로 위를 향하게 하여 그 결합의 끝을 Newman 투영도에서 왼쪽에서 사선 방향으로 위쪽을 향하게 한다. 맨 오른쪽에 있던 메틸기는 그려져 있는 눈 아래쪽을 향하게 해서 Newman 투영도에서 수직 방향의 결합으로 그려 넣는다. 이런 식으로 남아 있는 원자들과 그룹들을 그려 넣을 수 있다. 마침내 이 분자는 엇갈린 형태를 갖게 된다.

그림 3.5는 에테인의 **가려진 형태**(eclipsed conformation)에 대한 공–막대 모형과 Newman 투영도를 나타낸 것이다. 이 형태에서는 한 탄소에 있는 세 개의 C—H 결합이 인접 탄소에 있는 세 개의 C—H 결합과 가장 가깝게 있다. 바꿔 말하면, 뒤에 있는 탄소의 수소들은 앞 탄소에 있는 수소들에 의해 가려진다.

가려진 형태 한 탄소에 있는 원자들이 인접 탄소에 있는 원자들과 가장 가까이 있는 탄소–탄소 단일 결합의 형태

화학자들은 에테인의 C—C 단일 결합의 회전이 완전히 자유롭다고 오랫동안 믿어 왔다. 그러나 에테인과 다른 분자들의 연구로부터 엇갈린 형태와 가려진 형태 사이에는 퍼텐셜 에너지 차이가 있으며, 회전이 완전히 자유롭지 않다는 것이 밝혀졌다. 에테인의 경우, 가려진 형태의 퍼텐셜 에너지가 가장 높고, 엇갈린 형태의 퍼텐셜 에너지가 가장 낮다. 이 두 가지 형태들 사이의 퍼텐셜 에너지 차이는 약 12.6 kJ/mol(3.0 kcal/mol)이다.

에테인의 가려진 입체 구조에서 일어나는 스트레인은 비틀림 스트레인의 한 예이다. **비틀림 스트레인**(torsional strain, 또는 가려진 상호작용 스트레인으로 불리기도 함)은 세 개의 결합으로 분리되어 있으면서 연결되지 않은 원자들이 엇갈린 형태로부터 가려진 형태로 강제로 전환될 때 발생하는 스트레인이다.

비틀림 스트레인 (가려진 상호작용 스트레인이라고도 불림) 세 개의 결합으로 분리된 원자들이 강제로 엇갈린 형태로부터 가려진 형태로 전환될 때 발생하는 스트레인이다.

(a)
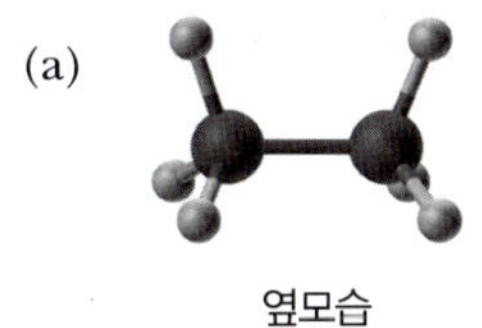
옆모습

(b)

거의 끝단으로 돌려진 모습

(c)

Newman 투영도

그림 3.5 에테인의 가려진 형태. (a), (b) 공–막대 모형, (c) Newman 투영도

예제 3.7

Propane의 엇갈린 형태와 가려진 형태 각 한 개씩을 Newman 투영도로 그리시오.

전략

Propane의 선–각 구조식을 그리고, Newman 투영도로 관찰할 결합을 선택하라. 선–각 구조식과 Newman 투영도에 나타나는 탄소를 기억하라(번호를 붙이면 도움이 됨). 엇갈린 것과 가려진 것의 Newman 투영도 형태를 그린 다음, 탄소와 수소를 더하여 투시도를 완성한다.

풀이

이 형태들의 Newman 투영도와 공–막대 모형은 다음과 같다.

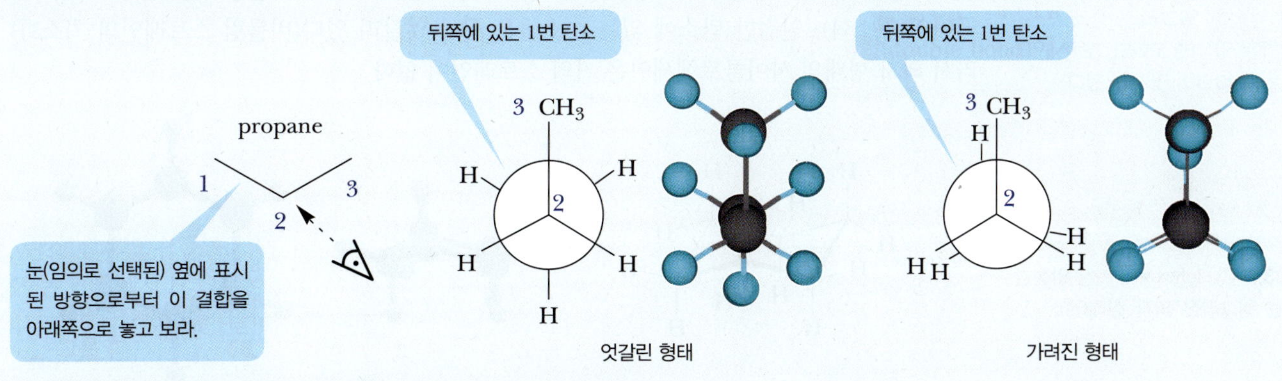

문제 3.32, 3.37 참조

문제 3.7

1,2-Dichloroethane의 2개의 엇갈린 형태와 2개의 가려진 형태에 대해서 Newman 투영도를 그리시오.

B. 사이클로알케인

여기에서는 사이클로펜테인과 사이클로헥세인의 형태로 대상을 제한하는데, 이유는 이것들이 자연에서 발견되는 가장 흔한 탄소 고리이기 때문이다.

사이클로펜테인

각 스트레인 분자에서 결합각이 최적인 값과 비교해서 크거나 작을 때 발생한다.

우리는 고리의 모든 C—C—C 결합각이 108°[그림 3.6(b)]인 평면 형태[그림 3.6(a)]로 사이클로펜테인을 그릴 수 있다. 이 결합각은 사면체 109.5°와는 아주 조금 차이가 난다. 따라서 평면 형태의 사이클로펜테인에는 각 스트레인이 있지만, 매우 적다. **각 스트레인**(angle strain)은 분자에서 결합각이 최적인 값과 비교해서 크거나 작을 때 발생한다. 여기에는 대략 42 kJ/mol(10 kcal/mol)의 비틀림 스트레인을 일으키는 완전히 가려진 10개의 C—H 결합이 있다. 이와 같은 스트레인의 일부분이라도 줄이기 위해서는 고리에 있는 원자들이 '봉투' 모양의 형태로 비틀어진다[그림 3.6(c)]. 이 형태에서는 네 개의 탄소 원자들은 평면에 있고, 다섯 번째 탄소는 평면에서 굽어져 나와 위쪽으로 열린 봉투 모양과 같다.

봉투 형태에서 가려진 수소들 간의 상호작용의 수는 감소하고, 따라서 비틀림 스트레인이 줄어들게 된다. 그러나 C—C—C의 결합각도 줄어들게 되고, 이것은 각 스트레인을 증가시키게 된다. 사이클로펜테인의 측정된 C—C—C 결합각은 105°이며, 이것은 약간 일그러진 상태의 사이클로펜테인이 가장 에너지가 낮은 형태라는 것을 보여 주는 것이다. 사이클로펜테인의 스트레인 에너지는 대략 23.4 kJ/mol(5.6 kcal/mol)이다.

평면 구조에서 모든 C—H 결합이 가려진다.

일그러짐이 비틀림 스트레인의 일부를 완화시킨다.

(a) (b) (c)

평면 형태 일그러진 봉투 형태

그림 3.6 Cyclopentane. (a) 구조식. (b) 평면 형태에서 10쌍의 가려진 C—H 상호작용이 있다. (c) 가장 안정한 형태는 일그러진 '봉투' 형태이다.

사이클로헥세인

의자 형태 Cyclohexane 고리의 가장 안정한 일그러진 형태. 모든 결합각은 약 109.5°이고, 모든 인접 탄소들의 결합이 엇갈려 있다.

사이클로헥세인은 일그러진 형태를 많이 갖는다. 이들 중에서 가장 안정한 형태는 **의자 형태**(chair conformation)이다. 이 형태(그림 3.7)에서 모든 C—C—C 결합각은 109.5°이고(각 스트레인의 최소화), 인접한 탄소에 있는 수소들은 서로 엇갈려 있다(비틀림 스트레인의 최소화). 따라서 의자 형태의 사이클로헥세인은 거의 스트레인이 없다.

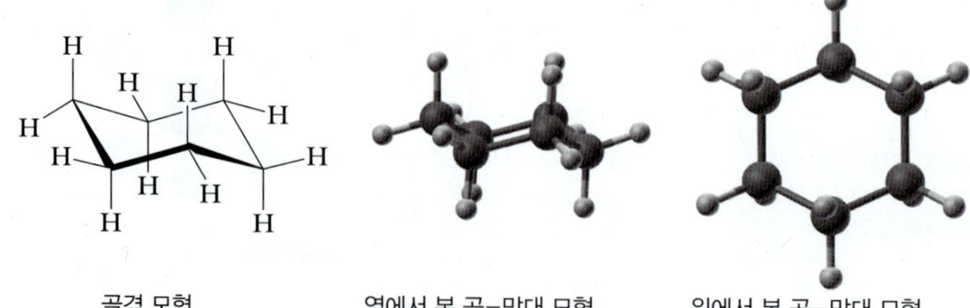

그림 3.7 Cyclohexane. 가장 안정한 형태는 일그러진 '의자' 형태이다.

수평 방향 결합 의자 형태 cyclohexane 고리에서 고리의 가상축으로부터 수직으로 뻗어 나간 결합

수직 방향 결합 의자 형태 cyclohexane 고리의 가상축과 평행으로 고리에서부터 뻗어 나간 결합

의자 형태에서 C—H 결합들은 두 개의 다른 방향으로 배열되어 있다. 6개의 C—H 결합은 **수평 방향 결합**(equatorial bond)이라고 불리고, 다른 6개는 **수직 방향 결합**(axial bond)이라고 한다. 이러한 두 종류 결합의 차이를 그리는 한 가지 방법은 바닥에 수직이면서 의자의 중심을 통과하는 축을 가상하는 것이다[그림 3.8(a)]. 수평 방향 결합들은 고리의 한 탄소에서 다른 탄소로 이

동하면서 이 가상축과는 거의 수직이고, 조금씩 위아래로 교차되어 있다. 수직 방향 결합들은 이 가상축과 평행이다. 세 개의 수직 방향 결합은 위로 향하고, 나머지 세 개는 아래로 향한다. 수직 방향 결합 역시 한 탄소에서 다른 탄소로 옮겨감에 따라 처음 것은 위에, 다음 것은 아래로 교차되어 있는 것에 주목하라. 한 탄소에 있는 수직 방향 결합이 위로 향하고 있다면, 동일한 탄소의 수평 방향 결합은 약간 아래쪽으로 향하고 있음에도 주목하라. 반대로, 한 탄소의 수직 방향 결합이 아래를 향하고 있다면 동일한 탄소의 수평 방향 결합은 약간 위로 향하게 된다.

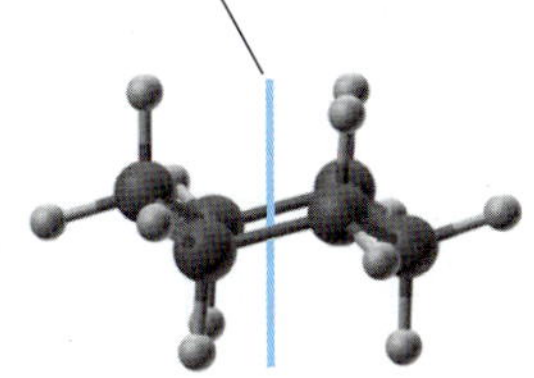

(a) 수소 12개를 모두 보여 주는 공-막대 모형

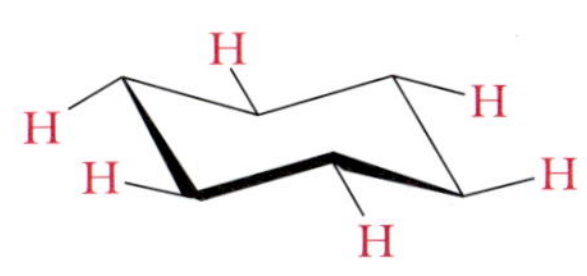

(b) 빨간색으로 표시된 6개의 수평 방향 C—H 결합

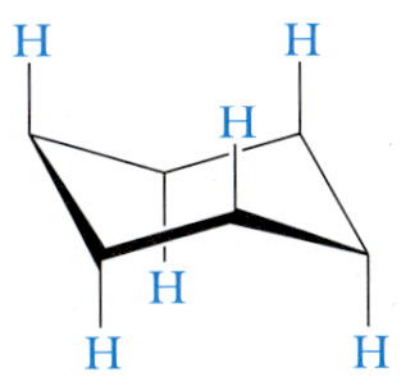

(c) 파란색으로 표시된 6개의 수직 방향 C—H 결합

그림 3.8 수직 방향과 수평 방향 C—H 결합을 보여 주는 cyclohexane의 의자 형태

해결방법 3.3

사이클로헥세인의 서로 대체되는 의자 형태 그리기

사이클로헥세인의 의자 형태를 입체적으로 도시하거나, 고리에 결합된 원자 및 원자단의 공간적인 관계를 그리는 등의 질문이 자주 있을 것이다. 다음 네 단계는 이러한 구조를 그리는 데 도움이 될 것이다. 조금만 연습하면 쉽게 구조를 그릴 수 있다는 것을 알게 될 것이다.

1단계: 보이는 것처럼 한 개의 선이 다른 선보다 튀어나온 두 개의 평행선 두 짝을 그려라.

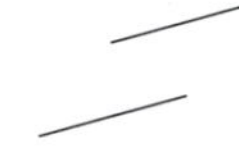

2단계: 한쪽은 위로, 다른 쪽은 아래로 머리와 발을 그려서 의자를 완성하라.

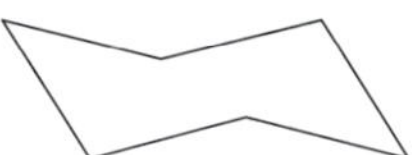

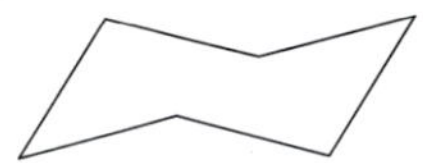

3단계: 지침대로 고리 결합을 이용하여 수평 방향 결합을 그려라. 각 수평 방향 결합은 두 개의 고리 결합과 평행하고, 고리의 반대쪽에 있는 수평 방향 결합들도 평행하다는 것을 기억하라. 평행한 수평 방향과 고리의 결합을 여기에서는 색으로 표시하였다.

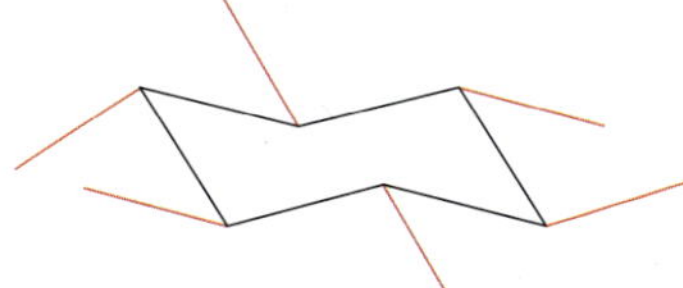

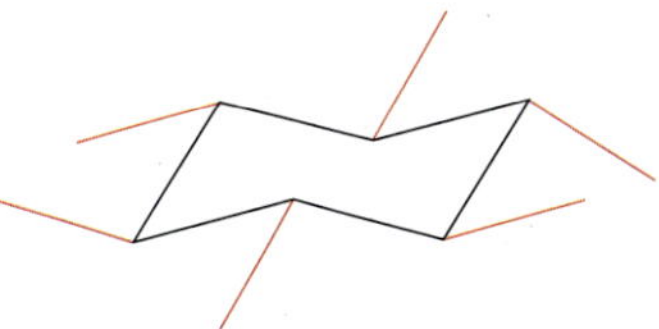

수평 방향의 결합들

4단계: 수직선으로 6개의 수직 방향 결합을 그려라. 모든 수직 방향 결합은 서로 평행한 것을 기억하라. 평행한 수직 방향 결합을 색으로 표시하였다.

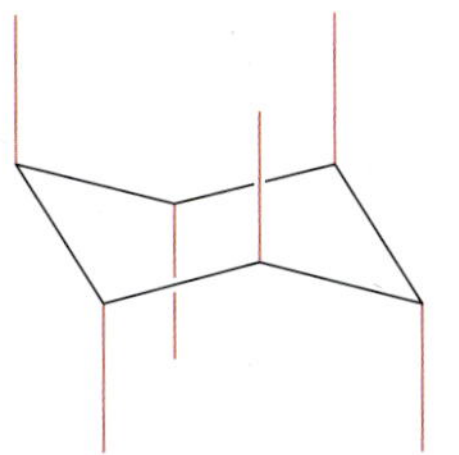

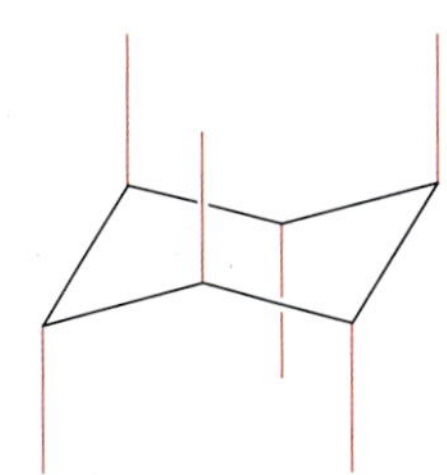

수직 방향의 결합들

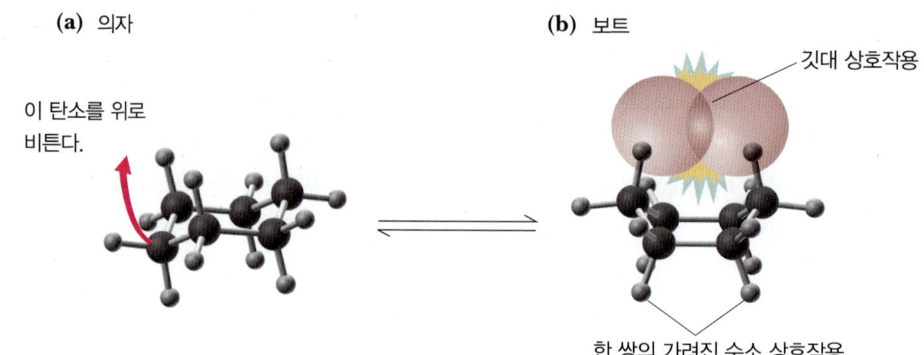

그림 3.9 의자 형태 (a)에서 보트 형태 (b)로의 변환. 보트 형태에는 네 쌍의 겹쳐진 수소들의 상호작용에 의한 비틀림 스트레인과 한 쌍의 깃대 상호작용에 의한 입체 스트레인이 있다. 의자 형태가 보트 형태보다 더 안정하다.

보트 형태 cyclohexane 고리의 1번과 4번 탄소가 서로에게 굽어진 구겨진 형태

입체 스트레인 네 개 이상의 결합으로 떨어진 원자들이 서로에게 강제로 너무 가깝게 될 때 일어나는 스트레인

사이클로헥세인에는 평면이 아닌 다른 많은 형태들이 있다. 이들 중의 하나는 **보트 형태**(boat conformation)이다. 그림 3.9에 표시한 것처럼 고리를 비틀어줌으로써 의자 형태에서 보트 형태로의 상호 변환을 나타낼 수 있다. 보트 형태는 의자 형태보다 상당히 덜 안정적이다. 보트 형태에서는 네 쌍의 겹쳐진 수소들의 상호작용으로 인해 비틀림 스트레인이 발생하고, 한 쌍의 깃대 상호작용에 의해서 입체 스트레인이 발생한다. **입체 스트레인**(steric strain, 비결합 상호작용 스트레인)은 네 개 이상의 결합으로 떨어져 있는 비결합 원자들이 서로에게 비정상적으로 접근할 때 일어난다. 즉 그들의 원자 반지름이 허용(접촉)하는 것 이상으로 강제로 가까워질 때이다. 의자 형태와 보트 형태 사이의 퍼텐셜 에너지 차이는 약 27 kJ/mol(6.5 kcal/mol)이고, 이것은 상온에서 사이클로헥세인의 99.99%가 의자 형태로 존재한다는 것을 의미한다.

예제 3.8

다음은 메틸기와 수소 한 개를 보여 주는 의자 형태의 cyclohexane이다.

CH_3

H

(a) 각 기들이 수직 방향인지, 수평 방향인지 표시로 나타내시오.

(b) 또 다른 의자 형태를 그리고, 다시 각 기들이 수직 방향인지, 수평 방향인지 표시하시오.

전략

의자-의자 형태의 상호 변환은 사이클로헥세인의 의자 형태에 있는 가장 오른쪽과 가장 왼쪽 탄소의 방향을 변화해서 얻는 것이 가장 일반적이다. 이러한 상호 변환 다음에 이전의 모든 수직 방향 치환기들은 수평 방향이 되고, 모든 수평 방향 치환기들은 수직 방향이 되는 것을 기억하라.

풀이

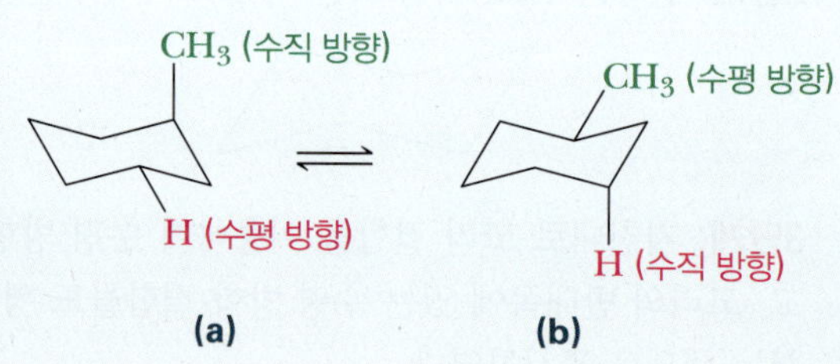

문제 3.38, 3.47 참조

문제 3.8

다음과 같이 cyclohexane의 탄소 원자들을 1에서 6까지 번호로 표시하였다.

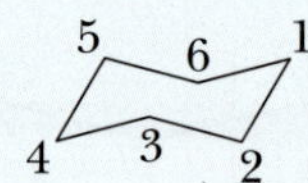

(a) 고리면 위에 있는 탄소 1과 2, 고리면 아래에 있는 탄소 4의 수소를 그리시오.

(b) 이들 수소 중에서 어느 것이 수평 방향이고, 어느 것이 수직 방향에 있는가?

(c) 또 다른 의자 형태를 그리시오. 이 경우에는 어느 것이 수평 방향에 있는 수소들인가? 어느 것이 수직 방향에 있는가? 고리면의 위에 있는 것은 어느 것이며, 아래에 있는 것은 어느 것인가?

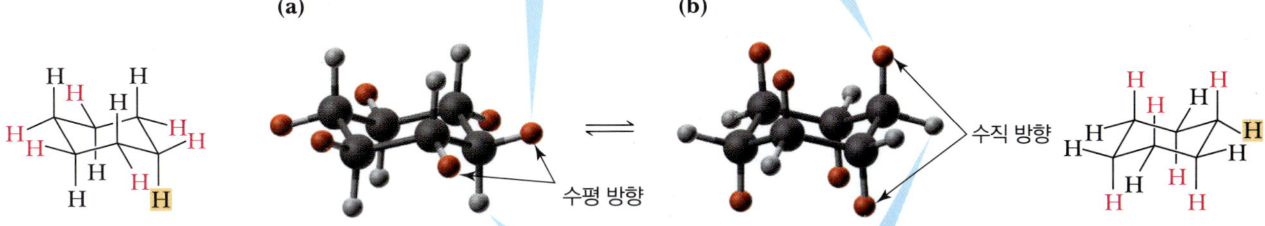

그림 3.10 의자 형태 cyclohexane의 상호 변환. 한 의자 형태에서 수평 방향인 모든 수소들은 다른 의자 형태에서는 모두 수직 방향에 있으며, 역은 그 반대이다.

사이클로헥세인에 있어서 두 개의 동등한 의자 형태들은 한 의자 형태를 비틀어서 보트 형태로 먼저 변환한 다음, 다른 의자 형태로 변환할 수 있다. 한 의자 형태에서 다른 의자 형태로 변환이 일어날 때, 각 탄소에 결합된 수소 원자들의 상대적인 공간 배열에 변화가 일어난다. 한 의자 형태에 있던 모든 수평 방향 수소들은 다른 의자 형태에서는 모두 수직 방향에 있게 되며, 역은 그 반대이다(그림 3.10). 한 의자 형태 사이클로헥세인에서 다른 의자 형태로의 상호 변환은 상온에서 매우 빠르게 일어난다.

사이클로헥세인의 수소 한 개를 알킬기로 바꾸어 주면, 하나의 의자 형태에서는 수평 방향에 (치환된) 알킬기가 있지만 다른 의자 형태에서는 수직 방향에 있게 된다. 이것은 두 개의 의자 형태가 더 이상 같지 않은 것이며, 동등한 안정도를 갖지 않는 것을 의미한다.

수평 방향이나 수직 방향 치환기를 갖는 의자 형태의 상대적인 안정도를 표시하는 한 가지 간단한 방법은 **수직 방향–수직 방향(이수직 방향) 상호작용**[axial–axial(diaxial) interaction]이라고 하는 입체 스트레인에 의한 것이다. **수직 방향–수직 방향 상호작용**은 고리의 같은 쪽에 있는 수직 방향의 치환기와 수직 방향의 수소(또는 다른 치환기) 사이에 입체 스트레인에 관한 것이다. 메틸사이클로헥세인을 살펴보기로 하자(그림 3.11). $—CH_3$가 수평 방향에 있을 때, 인접한 탄소의 모든 기들과는 서로 엇갈려 있다. $—CH_3$가 수직 방향에 있다면, 이 메틸기는 고리의 3번과 5번 탄소에 있는 수직 방향의 C—H 결합과 평행이 된다. 따라서 수직 방향의 메틸사이클로헥세인에는 2개의 메틸–수소 수직 방향–수직 방향의 불리한 상호작용이 발생하게 된다. 메틸사이클로헥세인의 경우, 수평 방향의 메틸 형태가 수직 방향의 메틸 구조보다 약 7.28 kJ/mol(1.74 kcal/mol) 만큼 안정하다. 실온의 평형 상태에서는 메틸사이클로헥세인 분자의 대략 95%가 수평 방향 메틸기를 가지고 있고, 수직 방향의 메틸기는 5% 이하가 된다.

이수직 방향 상호작용 의자 형태 사이클로헥세인 고리의 같은 쪽에 있는 수직 방향의 기들 사이에서의 상호작용

치환기의 크기가 증가함에 따라 수평 방향의 치환기를 갖는 형태가 상대적으로 증가한다. *tert*-뷰틸기와 같은 큰 치환기를 갖는다면, 수평 방향 형태는 수직 방향 형태보다 실온에서 대략 4000배 이상 더 많이 존재하며, 실제로 고리는 *tert*-뷰틸기가 수평으로 '고정된' 의자 형태가 된다.

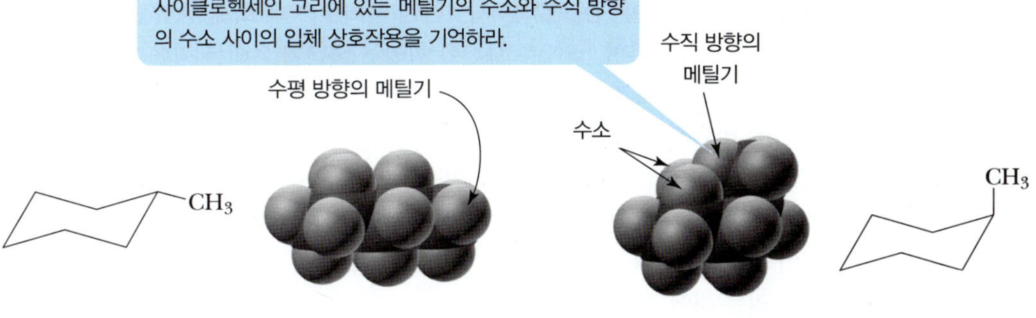

(a) 수평 방향 Methylcyclohexane　**(b)** 수직 방향 Methylcyclohexane

그림 3.11 Methylcyclohexane의 두 가지 의자 형태. 두 개의 수직 방향–수직 방향 상호작용(입체 스트레인)은 형태 (b)를 형태 (a)보다 약 7.28 kJ/mol(1.74 kcal/mol) 만큼 불안정하게 한다.

예제 3.9

다음 의자 형태에 있는 모든 수직 방향-수직 방향 상호작용을 표시하시오.

전략

모든 수직 방향의 기를 찾아라. 의자 형태의 같은 면(고리의 위 또는 아래)에 있는 것들은 수직 방향-수직 방향 상호작용에 참여한다. 수평 방향 치환기는 수직 방향-수직 방향 상호작용에 참여하지 않는 것을 기억하라.

풀이

네 개의 수직 방향-수직 방향 상호작용이 있다. 수직 방향의 각 메틸기는 고리의 같은 쪽에 있는 평행한 수소들과 두 벌의 수직 방향-수직 방향 상호작용을 하고 있다. 수평 방향 메틸기는 수직 방향-수직 방향 상호작용이 없다.

수평 방향 기는 수직 방향-수직 방향 상호작용이 없기 때문에, 기가 수직 방향보다 수평 방향이 되는 것이 에너지면에서 더 유리하다.

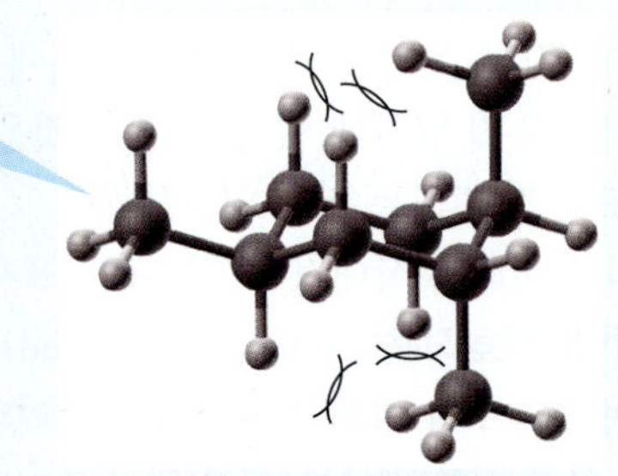

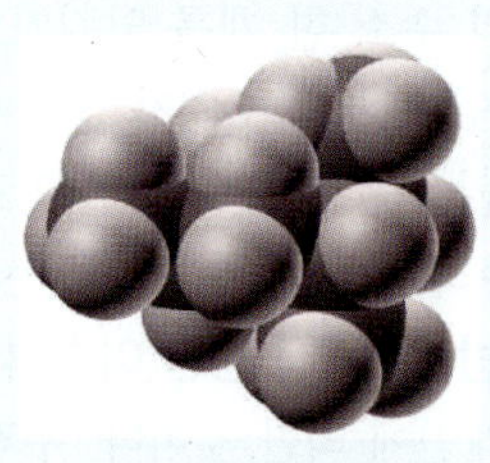

문제 3.38 참조

문제 3.9

Methyl-, ethyl-, isopropylcyclohexane에서 형태적 평형은 수평 방향 형태가 약 95% 정도 우세하지만, *tert*-butylcyclohexane의 경우는 평형이 완전히 수평 방향 형태 쪽에 존재한다. 처음 세 개 화합물의 형태적 평형이 상대적인 반면, *tert*-butylcyclohexane의 경우는 왜 완전히 한쪽으로 치우치는지 설명하시오.

3.7 사이클로알케인에서 시스-트랜스 이성질 현상이란 무엇인가?

시스-트랜스 이성질체 원자들의 연결 순서는 같지만 고리나 탄소-탄소 이중 결합의 존재로 인하여 공간상에서 서로 다른 배열을 갖는 이성질체

시스 '같은 방향'을 의미하는 접두사

트랜스 '서로 엇갈린'을 의미하는 접두사

고리에 있는 두 개 이상의 탄소에 치환기를 갖는 사이클로알케인은 **시스-트랜스 이성질 현상**(cis-trans isomerism)을 보여 준다. 시스-트랜스 이성질체는 (1) 동일한 분자식을 갖고, (2) 원자들의 연결 순서가 같으며, (3) 보통의 상태에서는 시그마 결합의 회전에 의해 서로 교환될 수 없는 원자들의 배치를 갖고 있다. 비교하면, 형태들 사이의 퍼텐셜 에너지 차이는 매우 작아서 실온 정도에서 단일 결합의 회전에 의해 아주 쉽게 상호 변환이 가능하지만, 시스-트랜스 이성질체는 매우 높은 온도에서만 상호 변환이 일어나거나 전혀 일어나지 않는다.

1,2-다이메틸사이클로펜테인을 예로 들어 사이클로알케인의 시스-트랜스 이성질 현상을 설명할 수 있다. 다음 구조식에서 사이클로펜테인의 고리를 측면으로 보이는 평면 오각형으로 그린다(치환된 사이클로알케인의 시스-트랜스 이성질체의 탄소 번호를 결정하기 위하여 사이클로알케인을 평면 다각형으로 그리는 것이 적절하다).

화학 관련 3A

복어의 독성

자연은 육원자 고리를 결코 탄소로만 제한하지는 않았다. 알려져 있는 가장 강력한 독성 물질들 중의 한 가지인 테트로도톡신(Tetrodotoxin)은 서로 연결된 의자형의 육원자 고리들로 이루어져 있다. 이 고리들의 한 개를 제외한 나머지에는 탄소가 아닌 다른 원자들이 들어 있다. 이 테트로도톡신은 대부분의 테트라오돈티데(Tetraodontidae)류, 특히 위급할 때 거의 구형의 가시 돋친 상태로 자신을 팽창시키기 때문에 붙여진 이름인 복어의 간과 난소에서 생성된다. 복어가 매우 방어적인 생물인 것은 분명하지만, 일본인들은 포기하지 않았다. 그들은 일본어로 복어를 '푸구(fugu)'라고 하여 다루기 어려운 것으로 간주한다. 일반 식당에서 복어를 요리하기 위해서 안전하게 조리할 수 있도록 요리사는 독성이 있는 내장을 제거할 수 있는 충분한 기술을 인정하는 허가를 반드시 받아야만 한다.

Greg Elms/Getty Images

부풀려진 복어

테트로도톡신 중독 증상은 매우 취약한 부위의 공격을 시작으로 완전한 마비가 진행되고 마침내는 죽음에 이르게 된다. 테트로도톡신의 강력한 중독 효과는 자극성 막에 있는 Na^+ 이온 통로를 차단하는 것이다. 테트로도톡신의 $=NH_2^+$ 말단은 Na^+ 이온 통로의 입구에 위치하고, 결과적으로 이 통로를 통한 Na^+ 이온의 계속적인 운반을 차단한다.

문제

테트로도톡신에는 몇 개의 의자 형태가 존재하는가? 테트로도톡신의 어느 치환기가 수직 방향–수직 방향 상호작용에 관여하는가?

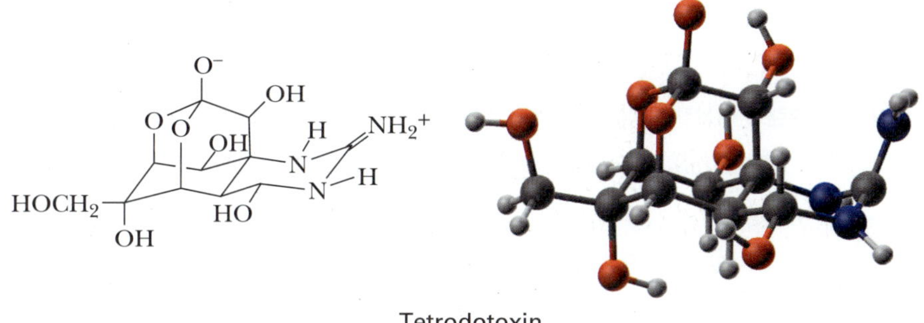

Tetrodotoxin

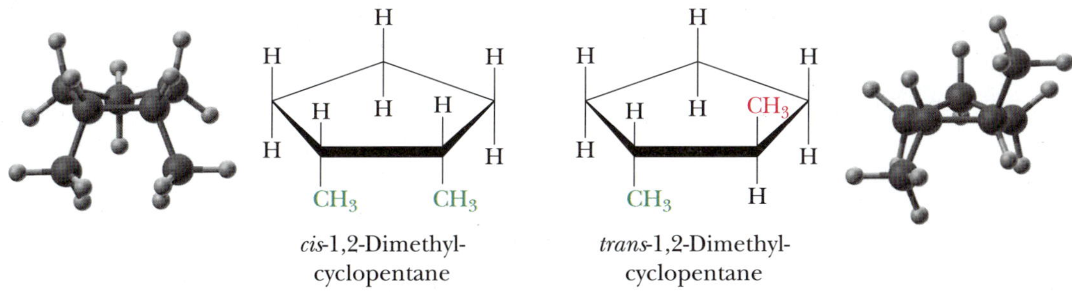

cis-1,2-Dimethyl-cyclopentane

trans-1,2-Dimethyl-cyclopentane

앞으로 투시된 고리에 있는 탄소–탄소 결합은 굵은 선으로 나타낸다. 이러한 원근법으로 그려지면 사이클로알케인에 결합된 치환기들은 고리의 위와 아래에 나타난다. 1,2-다이메틸사이클로펜테인의 한 가지 이성질체에서 메틸기들은 고리의 같은 쪽에 있다(둘 다 고리의 위에 있거나 아래에 있다). 다른 이성질체에서는 두 개의 치환기가 고리의 반대쪽에 있다(고리면의 위와 아래에 각 한 개씩).

다른 방법으로, 지면에 고리를 그린 다음, 사이클로펜테인 고리를 위에서부터 볼 수 있다. 그러면 고리의 치환기들은 독자 쪽으로 튀어나와(지면 위쪽으로) 선쐐기 모양으로 보이거나 독자에게서 멀어져서(지면 아래쪽으로) 쇄선쐐기 모양으로 보인다. 다음 구조식에서는 두 개의 메틸기만을 나타내었다(고리에 있는 수소 원자는 생략하였다).

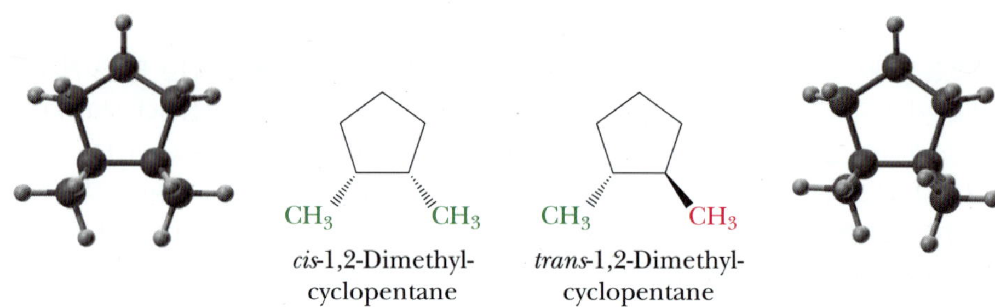

cis-1,2-Dimethylcyclopentane *trans*-1,2-Dimethylcyclopentane

1,4-다이메틸사이클로헥세인에는 두 개의 시스–트랜스 이성질체가 존재한다. 치환된 사이클로알케인의 시스–트랜스 이성질체 수를 결정하려면, 사이클로알케인 고리를 평면 다각형으로 그리는 것이 좋으며, 치환기가 2개 있는 사이클로헥세인은 다음과 같이 표시한다.

trans-1,4-Dimethylcyclohexane *cis*-1,4-Dimethylcyclohexane

1,4-다이메틸사이클로헥세인의 시스와 트랜스 이성질체를 비평면 의자 형태로 표시할 수도 있다. 서로 대체되는 한 쌍의 의자 형태를 다룰 때, 한 의자 형태에서 수직 방향에 있는 모든 기들은

예제 3.10

다음의 사이클로알케인들 중에서 시스–트랜스 이성질 현상을 보여 주는 것은 어느 것인가? 만약 있다면, 각각에 대해서 이성질체들을 그리시오.

(a) Methylcyclopentane **(b)** 1,1-Dimethylcyclobutane **(c)** 1,3-Dimethylcyclobutane

전략

시스–트랜스 이성질 현상을 나타내기 위해서 고리 화합물은 적어도 두 개 이상의 치환기를 갖고 있어야 하고, 어느 치환기쌍도 두 가지 가능한 배치(시스와 트랜스)를 갖고 있어야 한다.

풀이

(a) Methylcyclopentane은 시스–트랜스 이성질 현상이 없다. 고리에 한 개의 치환기만이 있다.
(b) 1,1-Dimethylcyclobutane은 시스–트랜스 이성질 현상이 없다. 즉 고리에 두 개의 치환기가 있는 단 한 개의 배열만 존재하면, 이 치환기들은 서로 트랜스여야 한다.
(c) 1,3-Dimethylcyclobutane은 시스–트랜스 이성질 현상을 갖는다. 다음의 구조식에는 methyl기를 포함하고 있는 탄소의 수소들만을 나타내었다.

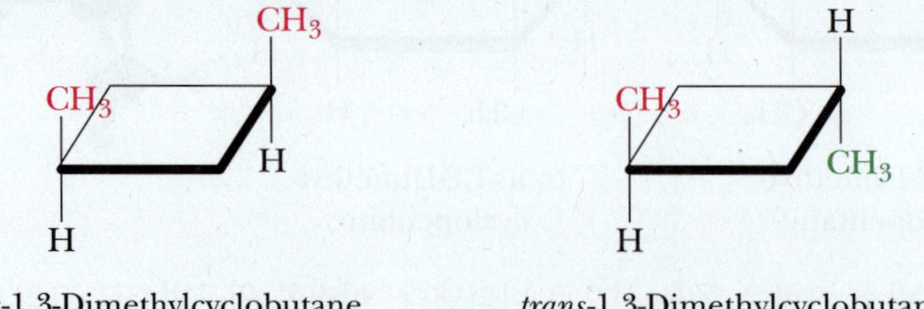

cis-1,3-Dimethylcyclobutane *trans*-1,3-Dimethylcyclobutane

문제 3.41~3.44, 3.46 참조

문제 3.10

다음 중 어느 사이클로알케인이 시스–트랜스 이성질 현상을 보이는가? 만약 있다면, 두 가지 이성질체를 모두 그리시오.

(a) 1,3-Dimethylcyclopentane **(b)** Ethylcyclopentane **(c)** 1-Ethyl-2-methylcyclobutane

다른 의자 형태에서는 모두 수평 방향에 있게 되고, 그 반대는 역으로 된다는 것을 기억하면 도움이 된다. *trans*-1,4-다이메틸사이클로헥세인의 의자 형태들 중 하나에는 두 메틸기가 수직 방향에 있고, 다른 의자 형태에서는 수평 방향에 있게 된다. 이 두 의자 형태 중에서는 두 개의 메틸기 모두가 수평인 형태가 상대적으로 더 안정하다.

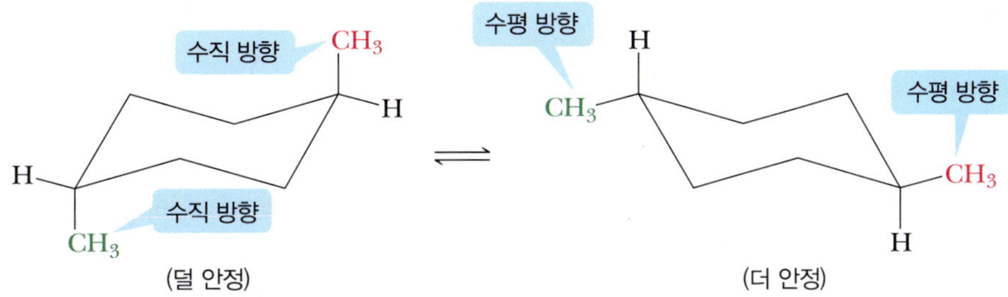

trans-1,4-Dimethylcyclohexane

cis-1,4-다이메틸사이클로헥세인에서 한 쌍의 의자 형태은 동등한 에너지를 갖는다. 각 의자 형태에서 한 개의 메틸기는 수평 방향이고, 다른 메틸기는 수직 방향에 있다.

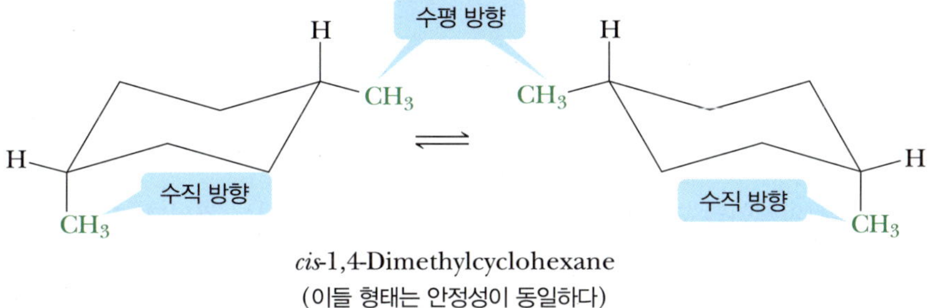

cis-1,4-Dimethylcyclohexane
(이들 형태는 안정성이 동일하다)

예제 3.11

1,3-Dimethylcyclohexane의 의자 형태는 다음과 같다.

(a) 이것은 *cis*-1,3-dimethylcyclohexane의 의자 형태인가? 아니면 *trans*-1,3-dimethyl-cyclohexane의 의자 형태인가?
(b) 서로 대체될 수 있는 또 다른 의자 형태를 그리시오. 두 의자 형태 중 어느 것이 더 안정한가?
(c) 이 예제에서 보여 준 이성질체의 평면 육각형 표현을 그리시오.

전략

시스와 트랜스를 결정하기 위해서 치환기가 고리의 같은 쪽과 다른 쪽 중 어디에 있는지 결정하라. 의자에서 의자로의 상호 변환을 위해서 cyclohexane의 의자 형태에서 가장 오른쪽과 가장 왼쪽에 있는 탄소의 배향을 바꿔라. 이런 상호 변환 후에 이전의 모든 수직 방향 치환기였던 것들은 수평 방향이 되고, 모든 수평 방향이었던 치환기들은 수직 방향이 되는 것을 기억하라. Cyclohexane이 평면 형태로 바뀔 때 고리의 위에 있는 치환기는 지면 위로 튀어 나와 보이도록 표시(선쐐기)하고, 고리의 아래에 있는 치환기는 지면 아래로 들어가게 보이도록 표시(쇄선쐐기)하시오.

풀이

(a) 아래 보이는 이성질체는 *cis*-1,3-dimethylcyclohexane으로, 두 개의 메틸기가 고리의 같은 쪽에 있다.
(b)

(더 안정) ⇌ (덜 안정)

의자에서 의자로의 상호 변환이 2개 치환기에서의 시스–트랜스의 관계를 결코 바꿀 수는 없다. 즉 시스는 여전히 시스로, 트랜스는 여전히 트랜스로 남게 된다.

(c) CH_3 CH_3 H H 또는 CH_3 CH_3

문제 3.41~3.44, 3.46, 3.47 참조

문제 3.11

다음은 1,2,4-trimethylcyclohexane의 한 이성질체가 평면 육각형으로 그려져 있다. 이 화합물의 대체되는 의자 형태를 그리고, 어느 것이 더 안정한지를 말하시오.

CH_3 CH_3 CH_3 H H H

3.8 알케인과 사이클로알케인의 물리적 성질은 무엇인가?

알케인과 사이클로알케인의 가장 중요한 성질은 극성이 거의 없다는 것이다. 1.2C절에서 본 것처럼, 탄소와 수소의 전기 음성도 차이는 Pauling의 수치로 2.5 − 2.1 = 0.4와 같이 작은 값이어서 우리는 이 C—H 결합을 무극성으로 분류한다. 그러므로 알케인은 무극성이고, 이 분자들 사이에는 약한 상호작용만이 존재한다.

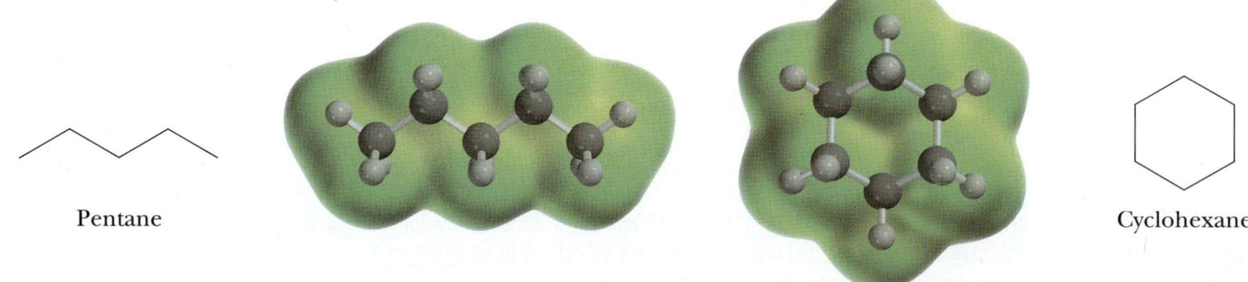

Pentane과 cyclohexane. 전자 밀도 모형을 통해 알케인과 사이클로알케인에는 어떠한 극성도 존재하지 않는다는 것을 알 수 있다.

A. 끓는점

알케인의 끓는점은 같은 분자량을 갖는 다른 어떤 형태의 화합물의 끓는점보다 낮다. 일반적으로 알케인의 끓는점과 녹는점은 분자량이 증가하면 높아진다(표 3.4).

1~4개의 탄소를 갖는 알케인은 상온에서 기체이고, 5개~17개의 탄소를 갖는 알케인은 무색의 액체이다. 분자량이 큰 알케인(18개 이상의 탄소를 갖는)은 흰색의 왁스성 고체이다. 몇 가지 식물 왁스들은 분자량이 큰 알케인이다. 예를 들면 사과 껍질에서 발견된 왁스는 분자식이 $C_{27}H_{56}$인 가지 없는 알케인이다. 높은 분자량의 혼합물인 파라핀 왁스는 초, 윤활제와 가정용 통조림인 잼, 젤리와 기타 저장 식품을 밀폐하는 데 사용된다. 석유를 정제하면서 얻어지기 때문에 붙여진 이름인 광유(petrolatum)는 분자량이 큰 알케인들의 액체 혼합물이다. 미네랄 오일

표 3.4 일부 가지 없는 알케인의 물리적 성질

이름	축약 구조식	녹는점(°C)	끓는점(°C)	*액체 밀도(g/mL, 0°C에서)
methane	CH_4	−182	−164	(기체)
ethane	CH_3CH_3	−183	−88	(기체)
propane	$CH_3CH_2CH_3$	−190	−42	(기체)
butane	$CH_3(CH_2)_2CH_3$	−138	0	(기체)
pentane	$CH_3(CH_2)_3CH_3$	−130	36	0.626
hexane	$CH_3(CH_2)_4CH_3$	−95	69	0.659
heptane	$CH_3(CH_2)_5CH_3$	−90	98	0.684
octane	$CH_3(CH_2)_6CH_3$	−57	126	0.703
nonane	$CH_3(CH_2)_7CH_3$	−51	151	0.718
decane	$CH_3(CH_2)_8CH_3$	−30	174	0.730

*비교를 위해, H_2O의 밀도는 4°C에서 1 g/mL이다.

과 바세린으로 시판되는 광유는 의약품이나 화장품 등의 유연제 및 윤활제와 녹 방지제로 사용된다.

B. 알케인 분자들 사이의 분산력과 상호작용

메테인은 상온과 대기압에서 기체이며 −164℃까지 냉각시키면 액체로 변하고, −182℃까지 더 냉각시키면 고체로 변한다. 메테인(그와 같은 다른 화합물)이 액체나 고체로 존재할 수 있는 것은 순수한 화합물 입자들 사이의 인력이 존재하는가에 달려 있다. 입자들 사이의 인력은 본질적으로 정전기적 인력이지만, 그것은 상대적 세기에 따라서 매우 다양하다. 가장 강한 인력은 이온들 사이에서 일어나는데, 그 예로는 NaCl의 Na^+와 Cl^-(787 kJ/mol, 188 kcal/mol)가 있다. 수소 결합은 더 약한 인력(8~42 kJ/mol, 2~10 kcal/mol)이다. 8장에서 알코올(극성 O—H기를 가진)의 물리적 성질을 공부할 때 수소 결합에 대해 더 이야기하게 될 것이다.

분산력(0.08~8 kJ/mol, 0.02~2 kcal/mol)은 가장 약한 분자간 인력이다. 메테인과 같은 저분자량, 무극성 물질들이 액화될 수 있다는 것은 분산력이 존재한다는 것이다. 예를 들어 −164℃에서 메테인을 액체에서 기체로 전환할 때, 그 분자의 분리 과정에 필요한 에너지는 이러한 매우 약한 분산력을 극복할 수 있는 에너지면 충분하다.

분산력의 근원을 시각화하기 위해서는 전자의 밀도가 평균 분포라기보다는 순간적 분포라고 생각할 필요가 있다. 전체적으로 메테인 분자의 전자 밀도 분포는 균일하고[그림 3.12(a)], 전하의

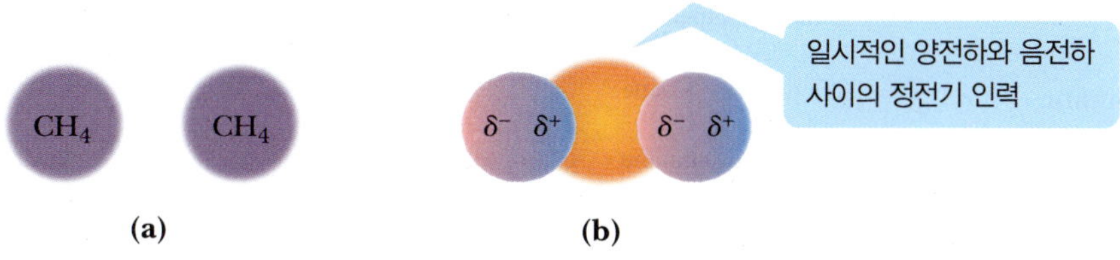

그림 3.12 분산력. (a) 메테인 분자는 전자 밀도의 평균 분포가 대칭이고 극성이 없다. (b) 한 분자의 순간적인 편극은 인접한 분자의 일시적인 편극화를 유도한다. 일시적으로 부분적인 양전하와 음전하 사이의 정전기적 인력을 **분산력**이라고 한다.

분산력 순간적으로 유도된 쌍극자 간 상호작용의 결과로 발생하는 매우 약한 분자간 인력

분리는 없다. 그러나 어느 순간에 메테인 분자의 전자 밀도는 분자의 한쪽으로 치우쳐서 불균일하게 된다. 이런 순간적인 편극은 부분적인 양전하와 음전하를 만들고, 다음으로 인접한 메테인 분자가 순간적으로 양전하와 음전하를 띠도록 유도한다[그림 3.12(b)]. **분산력**(dispersion force)은 인접한 원자나 분자에 일시적으로 부분적인 양전하와 음전하 사이에서 일어나는 약한 전기적인 인력이다.

알케인 분자들 사이의 상호작용은 이러한 매우 약한 분산력만 있기 때문에, 같은 분자량을 가진 어떤 화합물보다도 끓는점이 낮다. 알케인에서 원자의 수와 분자량이 증가함에 따라서 알케인 분자들 사이에 분산력이 증가하고 결과적으로 끓는점이 증가한다.

C. 녹는점과 밀도

알케인의 녹는점은 분자량에 따라 증가한다. 그러나 그 증가는 끓는점을 관찰할 때처럼 규칙적이지 않은데, 이것은 규칙적인 고체 형태로 정렬되는 분자의 능력이 분자의 크기와 모양에 따라서 변하기 때문이다.

표 3.4에 나열된 알케인의 평균 밀도는 약 0.7 g/mL이고, 분자량이 더 큰 알케인의 평균 밀도는 0.8 g/mL이다. 모든 액체와 고체 알케인은 물(1.0 g/mL)보다 밀도가 낮아서 물에 뜬다.

D. 구조 이성질체들은 다른 물리적 성질을 갖는다.

구조 이성질체인 알케인들은 다른 화합물이며, 다른 물리적 성질을 갖는다. 표 3.5는 분자식이 C_6H_{14}인 5가지 구조 이성질체의 끓는점, 녹는점, 밀도 등을 보여 준다. 가지 사슬 이성질체들의 끓는점은 헥세인보다 낮다. 즉 가지 수가 많을수록 끓는점은 더 낮아진다. 끓는점에 있어서 이런 차이점은 분자 모양과 관련이 있다. 알케인 분자들 사이에 유일한 인력은 분산력이다. 가지가 증가함에 따라 알케인 분자의 모양은 더 작아지고, 표면적은 감소한다. 표면적이 감소함에 따라 분산력의 세기는 감소하고 끓는점도 낮아진다. 따라서 어떤 종류의 알케인 구조 이성질체에 대해서 가지가 가장 적은 이성질체는 가장 끓는점이 높고, 가장 많은 가지를 가진 이성질체는 가장 끓는점이 낮다는 것이 관찰된다. 녹는점에 있어서는 이러한 경향이 덜 명확하지만, 그것은 앞에서 언급한 것처럼 고체의 규칙적인 형태로 정렬하려는 분자들의 능력과 관련이 있다.

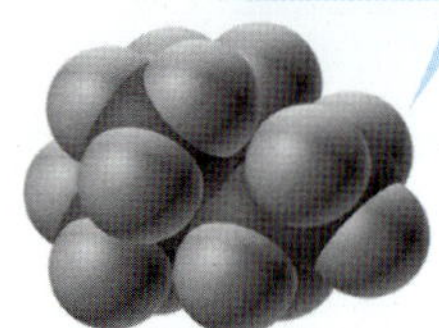

표 3.5 분자식이 C_6H_{14}인 알케인 이성질체의 물리적 성질

이름	녹는점(°C)	끓는점(°C)	밀도(g/mL)
hexane	−95	69	0.659
3-methylpentane	−118	64	0.664
2-methylpentane	−154	62	0.653
2,3-dimethylbutane	−129	58	0.662
2,2-dimethylbutane	−100	50	0.649

예제 3.12

각 조합의 알케인들을 끓는점이 증가하는 순서로 나열하시오.

(a) Butane, decane, hexane
(b) 2-Methylheptane, octane, 2,2,4-trimethylpentane

전략

상대적인 끓는점을 결정할 때, 사슬의 탄소 원자수가 증가함에 따라 분자들 사이에서 분산력이 커지고 끓는점이 높아진다는 것을 기억하라. 또한 끓는점은 가지의 수와 관계가 있다. 구조 이성질체에 있어서 가지가 많은 이성질체는 가장 작은 표면적을 갖게 되어 가장 낮은 끓는점을 갖는다.

풀이

(a) 모든 화합물이 가지 없는 알케인이다. 사슬에서 탄소 원자의 수가 증가함에 따라 분자간 분산력은 증가하고, 끓는점도 증가한다. decane이 가장 끓는점이 높고 butane이 가장 끓는점이 낮다.

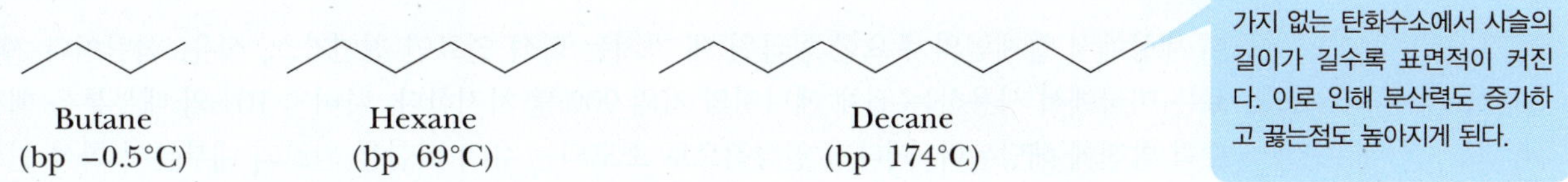

(b) 이 세 개의 알케인은 분자식이 C_8H_{18}인 구조 이성질체들이다. 이들의 상대적인 끓는점은 가지의 수와 관계가 있다. 가장 가지가 많은 2,2,4-trimethylpentane이 표면적이 가장 작고 끓는점이 가장 낮다. 가지가 없는 이성질체인 octane이 표면적이 가장 넓고 끓는점이 가장 높다.

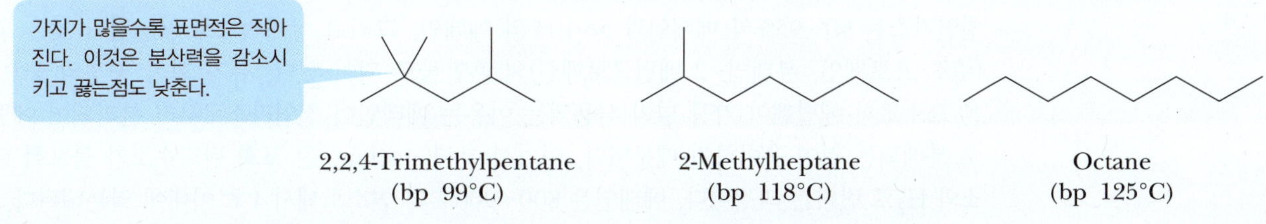

문제 3.49 참조

문제 3.12

각 조합의 알케인들을 끓는점이 증가하는 순서로 나열하시오.

(a) 2-Methylbutane, 2,2-dimethylpropane, pentane
(b) 3,3-Dimethylheptane, 2,2,4-trimethylhexane, nonane

3.9 알케인의 특징적인 반응은 무엇인가?

알케인과 사이클로알케인의 가장 중요한 화학적 특성은 비활성이다. 그것들은 대부분의 시약들과 매우 비반응적인데, 이러한 성질은 이 화합물들이 강한 시그마 결합만을 가진 무극성 화합물이라는 사실과 일치한다. 그러나 어떤 조건에서는 알케인과 사이클로알케인이 산소(O_2)와 반응한다. 아직까지 이것들의 가장 중요한 반응은 이산화 탄소와 물을 생성하는 산화(연소)이다. 포화 탄화수소의 산화는 열[천연가스, 액화 석유 가스(LPG), 연료유]과 힘(가솔린, 디젤 연료, 항공기 연료)의 에너지원으로서 근본이 된다. 다음은 천연가스의 주성분인 메테인과 LPG의 주성분인 프로페인의 완전 연소의 균형 맞춘 반응식이다.

탄화수소의 연소 반응에 대한 반응식을 균형 맞출 때, 처음에는 탄소의 수를, 그다음에는 수소의 수를, 그러고 나서 산소의 수를 균형 맞춘다. 반응식의 균형이 여전히 잡히지 않는다면, 반응식 화살표의 양쪽에 있는 모든 계수를 2배로 하라.

$$CH_4 + 2O_2 \longrightarrow CO_2 + 2H_2O \quad \Delta H° = -886\ kJ/mol(-212\ kcal/mol)$$

Methane

$$CH_3CH_2CH_3 + 5O_2 \longrightarrow 3CO_2 + 4H_2O \quad \Delta H° = -2{,}220\ kJ/mol(-530\ kcal/mol)$$

Propane

3.10 알케인의 공급원은 무엇인가?

이 세상에서 알케인의 주요한 공급원 세 가지는 화석 연료인 천연가스, 석유, 석탄이다. 화석 연료는 미국에서 사용하는 전체 에너지의 거의 90%를 차지한다. 나머지 10%의 대부분은 핵전력과 수력 발전에 해당된다. 게다가 일상적으로 소모되는 유기 화합물 원료의 대부분이 화석 연료에서 얻어진다.

A. 천연가스

천연가스는 90~95%의 메테인과 5~10%의 에테인, 그리고 상대적으로 끓는점이 낮은 알케인(주로 프로페인, 뷰테인, 2-메틸프로페인)의 혼합물로 되어 있다. 유기 화학 공정의 중요한 기본 요소로서 에틸렌이 가장 널리 사용되는 이유는 에테인이 천연가스로부터 분리되어 에틸렌으로 분해되는 것이 용이하기 때문이다. 여기서 분해(cracking)는 포화 탄화수소가 불포화 탄화수소와 H_2로 변하는 과정이다. 에테인은 800~900℃의 연소로에서 1초 이내에 열분해된다. 2013년 에틸렌의 세계 생산량은 1550억 kg(3420억 파운드)이었는데, 이것은 미국 화학 산업에서 만들어지는 유기 화합물 중에서 무게를 기준으로 가장 많은 생산량이다. 생산된 대부분의 에틸렌은 16장에서 보여 주는 것처럼 유기 고분자를 만드는 데 사용된다.

$$CH_3CH_3 \xrightarrow[\text{(열 분해)}]{800\text{~}900°C} CH_2{=}CH_2 + H_2$$

Ethane Ethylene

B. 석유

석유는 사실상 수천 개의 화합물로 이루어진 진하고 끈적끈적한 액체 혼합물이며, 대부분이 바다 식물과 동물의 분해로 형성된 탄화수소이다. 석유와 석유 파생물들은 자동차, 항공기, 기차의 연료이다. 그것들은 고도화된 산업 사회의 기계에 필요한 대부분의 기름과 윤활제를 제공한다. 더욱이 석유는 천연가스와 함께 거의 90% 이상이 합성 섬유, 플라스틱, 세제, 약품, 다수의 다른 생성물의 합성 및 제조에 쓰이는 유기 원자재로 사용된다.

석유 정제소

액체 혼합물에 있는 수천 개의 서로 다른 탄화수소로부터 폐기물을 최소화하면서 사용 가능한 생성물을 만들어 내는 것이 석유 정제소의 임무이다. 이런 목적을 위한 다양한 물리, 화학적 과정은 크게 두 가지로 분류할 수 있다. 즉 복합 혼합물을 분류하는 분류 과정과, 탄화수소 성분 자체의 분자 구조를 바꾸는 개질(reforming) 과정이다.

석유 정제에 이용되는 기초 분류 과정은 분별 증류이다(그림 3.13). 정제에 들어가는 거의 모든 원유는 증류기로 들어가며, 여기에서 370~425℃까지 가열되어 분별에 들어간다. 각 분획은 특정 범위 안에서 끓는 탄화수소의 혼합물을 포함한다.

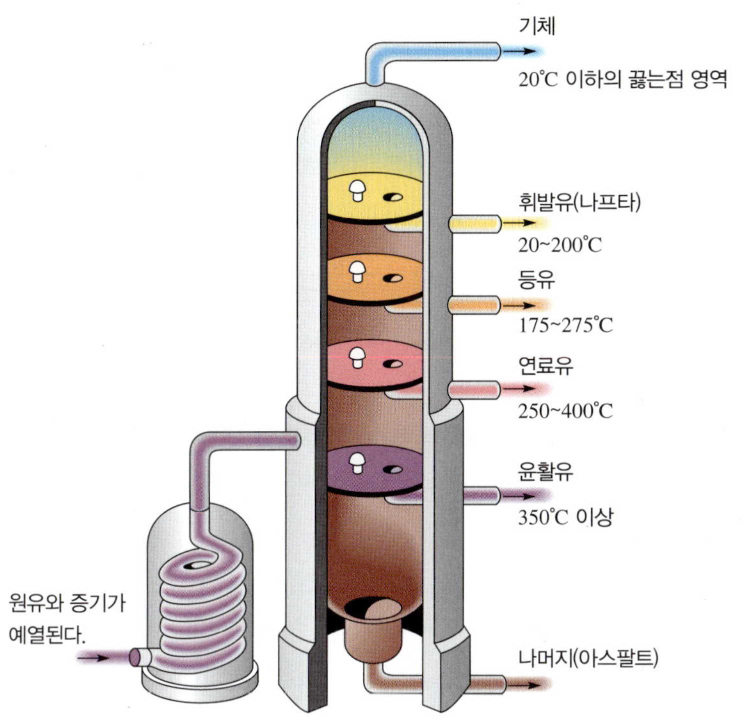

그림 3.13 석유의 분별 증류. 가볍고 더 휘발성인 분획은 관의 위쪽에서 걸러지고, 무겁고 덜 휘발성인 분획은 관의 아래쪽에서 걸러진다.

1. 20°C 이하에서 끓는 기체들은 증류관의 위쪽에서 얻어진다. 이 부분은 분자량이 작은 탄화수소의 혼합물이다. 주로 프로페인, 뷰테인, 2-메틸프로페인, 그리고 상온에서 압축하여 액화될 수 있는 물질들이다. 액화 석유 가스(LPG)로 알려진 액화 혼합물은 금속 탱크에 저장되고 운반되어 가정의 난방과 취사에 필요한 기체 연료의 편리한 공급원이 된다.
2. 끓는점이 20~200°C인 나프타는 C_5에서 C_{12}인 알케인과 사이클로알케인의 혼합물이다. 나프타는 또한 소량의 벤젠, 톨루엔, 자일렌, 그리고 다른 방향족 탄화수소를 포함한(9장). 끓는점이 20~150°C인 저분자량 나프타는 바로 사용이 가능한 휘발유의 원료이고, 원유의 약 25%를 차지한다. 나프타는 연료로서뿐만 아니라 유기 화학 산업의 원료로도 유용하기 때문에 어떤 의미로는 나프타가 가장 중요한 분별 증류 물질이다.
3. 끓는점이 175~275°C인 등유는 C_9~C_{15}까지 탄화수소의 혼합물이다.
4. 끓는점이 250~400°C인 연료유는 C_{15}~C_{18}까지 탄화수소의 혼합물이고, 이 분획에서 경유가 얻어진다.
5. 윤활유와 중유는 350°C 이상의 온도에서 증류관으로부터 얻어진다.
6. 아스팔트는 다른 휘발성 물질들을 모두 제거한 다음에 남는 검은 타르성 물질이다.

가장 일반적인 두 가지 개질 공정은 에테인에서 에틸렌의 열변환을 나타낸 분해 반응(3.10A 절)과, 헥세인이 사이클로헥세인을 거쳐 벤젠으로 변환하는 촉매 개질 반응이다.

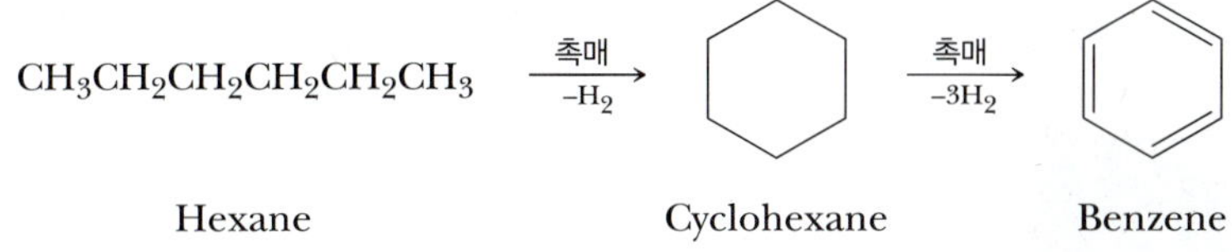

C. 석탄

유기 화합물 제조를 위한 원료로서 석탄이 어떻게 사용되는지 이해하기 위해서는 합성 기체에 대하여 논의할 필요가 있다. 합성 기체는 만들어지는 방법에 따라 다양한 비율을 갖는 일산화 탄소와 수소 기체의 혼합물이다. 석탄 위에 증기를 흘려보내거나 메테인을 산소로 부분 산화시켜서 만든다.

$$\underset{\text{석탄}}{C} + H_2O \xrightarrow{\text{열}} CO + H_2$$

$$\underset{\text{Methane}}{CH_4} + \frac{1}{2}O_2 \xrightarrow{\text{촉매}} CO + 2\,H_2$$

오늘날 일산화 탄소와 수소로부터 생산되는 두 가지 중요한 유기 화합물은 대부분 메탄올과 아세트산이다. 메탄올을 제조할 때 일산화 탄소와 수소의 비율은 거의 1:2이며, 이 혼합 기체를 높은 온도와 압력에서 촉매에 통과시킨다.

$$CO + 2\,H_2 \xrightarrow{\text{촉매}} \underset{\text{Methanol}}{CH_3OH}$$

한편 메탄올을 일산화 탄소와 함께 다른 촉매에 통과시키면 아세트산이 얻어진다.

$$\underset{\text{Methanol}}{CH_3OH} + CO \xrightarrow{\text{촉매}} \underset{\text{Acetic acid}}{CH_3\overset{\overset{O}{\|}}{C}OH}$$

일산화 탄소로부터 직접 메탄올과 아세트산을 만드는 공정이 상업적으로 입증되었기 때문에, 석탄으로부터 메탄올을 거쳐 다른 유기 물질을 제조하는 과정이 수십 년 내에 개발될 것이다.

화학 관련 3B

옥테인값: 주유기의 숫자가 의미하는 것

휘발유는 C_6에서 C_{12}에 이르는 탄화수소의 복잡한 혼합물이다. 내연 기관의 연료로서 휘발유의 품질은 **옥테인값**(octane rating)으로 나타낸다. 공기–연료 혼합물의 일부가 조기에 폭발될 때 엔진의 노킹이 일어나고(대개는 압축되는 동안에 생성되는 열에 기인됨), 이것은 스파크 플러그의 점화와는 별개이다. 기준 연료로는 두 개의 화합물이 선택되었다. 이들 중 하나는 매우 우수한 노킹 억제 특성(연료–공기 혼합물은 연소실에서 부드럽게 연소한다)을 가지고 있는 2,2,4-트라이메틸펜테인(아이소옥테인)[2,2,4-trimethylpentane(isooctane)]으로, 옥테인값을 100으로 할당하였다(아이소옥테인은 일반명이다. 2,2,4-트라이메틸펜테인과의 관계는 이들 모두가 단지 8개의 탄소를 갖는다는 것이다). 다른 기준 물질인 헵테인(heptane)은 노킹 억제 특성이 없고, 옥테인값을 0으로 할당한다.

Charles D. Winters

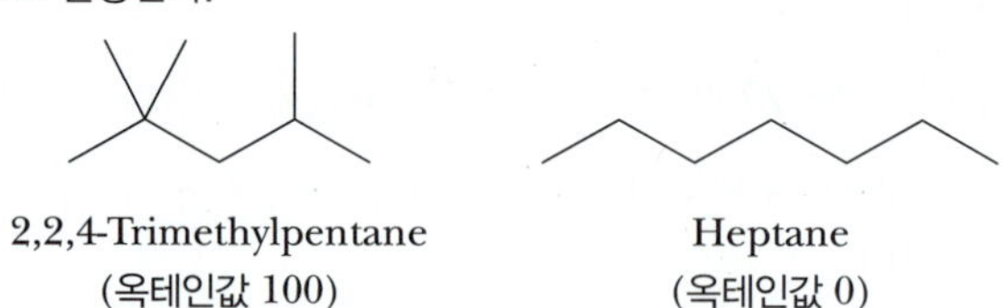
2,2,4-Trimethylpentane (옥테인값 100)　　Heptane (옥테인값 0)

특정 휘발유의 옥테인값은 아이소옥테인과 헵테인의 혼합물에서 아이소옥테인의 백분율로 휘발유의 값과 동일한 노킹 억제의 값을 갖는다. 예를 들면 2-메틸헥세인(2-methylhexane)의 노킹 억제 특성은 42% 아이소옥테인과 58% 헵테인 혼합물의 값과 같다. 즉 2-메틸헥세인의 옥테인값은 42이다. 옥테인 자체는 −20의 옥테인값을 가지고 있고, 이것은 헵테인보다 훨씬 더 엔진 노킹이 발생한다는 것을 의미한다. 가소올의 첨가제인 에탄올은 105의 옥테인값을 갖는다. 벤젠과 톨루엔은 각각 106과 120의 옥테인값을 갖는다.

문제

Octane과 isooctane(2,2,4-trimethylpentane) 중 어느 것이 더 끓는점이 높은가?

중요한 질문에 대한 요약

3.1 알케인이란 무엇인가?

- **탄화수소**는 탄소와 수소만을 갖고 있는 화합물이다. 알케인은 **포화 탄화수소**이며, 단일 결합만을 가진다. **알케인**은 일반식이 C_nH_{2n+2}이다.

3.2 알케인의 구조 이성질 현상이란 무엇인가?

- **구조 이성질체**는 같은 분자식을 갖고 있지만, 원자 간의 연결(원자들의 다른 연결 순서)이 다르다.

3.3 알케인은 어떻게 명명하는가?

- 알케인은 **IUPAC**에서 개발한 일련의 규칙에 의해서 명명된다.
- 탄소 원자는 탄소에 결합된 탄소 원자의 수에 따라 **일차(1°)**, **이차(2°)**, **삼차(3°)**, **사차(4°)**로 분류한다.
- 수소 원자는 수소가 연결된 탄소의 형태에 따라 **일차(1°)**, **이차(2°)**, **삼차(3°)**로 분류된다.

3.4 사이클로알케인이란 무엇인가?

- **사이클로알케인**은 고리를 이루도록 결합된 탄소 원자를 갖는 알케인이다.
- 사이클로알케인을 명명하려면 열린 사슬 탄화수소의 이름 앞에 '사이클로'라는 접두사를 붙인다.
- 오원자 고리(사이클로펜테인)과 육원자 고리(사이클로헥세인)는 생물계에 특히 풍부하다.

3.5 IUPAC 체계의 명명법이란 무엇인가?

- IUPAC 체계는 이름을 정하는 일반적인 체계이다. 화합물의 IUPAC명은 세 부분으로 이루어진다.
  (1) **어미 사슬**의 탄소수를 나타내는 **접두사**
  (2) 어미 사슬에 있는 탄소–탄소 결합의 특징을 나타내는 **삽입사**
  (3) 화합물이 속해 있는 기를 나타내는 **접미사**
  (4) 알케인에서 한 개의 수소를 제거해서 얻어지는 **치환기**를 **알킬기**라고 하며, 기호로는 **R**로 표시한다. 알킬기의 이름은 어미 알케인의 이름에서 접미사 *-ane*을 없애고 대신 *-yl*을 붙인다.

3.6 알케인과 사이클로알케인의 형태란 무엇인가?

- **형태**는 단일 결합의 회전으로 발생되는 분자에 있는 원자의 삼차원 배열이다.
- 형태를 나타내는 한 가지 방법은 **Newman 투영도**이다. **엇갈린 형태**는 **가려진 형태**보다 낮은 에너지(더 안정된)를 갖고 있다.
- **분자 스트레인**에는 세 가지가 있다.
  - **비틀림 스트레인(가려진 상호작용 스트레인**이라고도 함)은 세 개의 결합으로 분리된 비결합성 원자들이 엇갈린 형태로부터 억지로 가려진 형태로 될 때 일어난다.
  - **각 스트레인**은 분자의 결합각이 최적의 상태로부터 커지거나 작아질 때 일어난다.
  - **입체 스트레인(비결합성 상호작용 스트레인**이라고도 함)은 네 개 이상의 결합으로 분리된 비결합성 원자들이 강제로 지나치게, 즉 허용되어야 하는 **원자 (접촉) 반지름**보다 가깝게 서로에게 접근할 때 일어난다.
- 사이클로펜테인, 사이클로헥세인과 더 큰 모든 사이클로알케인은 일련의 **일그러진 형태**들 사이의 동적인 평형 상태로 존재한다. 사이클로펜테인의 가장 낮은 에너지의 형태는 **봉투 형태**이다. 사이클로헥세인의 가장 낮은 에너지 형태는 서로 변환 가능한 **의자 형태**이다. 의자 형태에 있어서, 6개의 결합은 **수직 방향**이고, 6개는 **수평 방향**이다. 한 의자 형태에서 수직 방향 결합은 다른 의자 형태에서는 수평 방향 결합이 되고, 역은 그 반대이다. **보트 형태**는 의자 형태보다 높은 에너지를 갖는다. 치환된 사이클로알케인의 안정한 형태는 **수직 방향–수직 방향 상호작용**을 최소화하는 형태이다.

3.7 사이클로알케인에서 시스–트랜스 이성질 현상이란 무엇인가?

- **시스–트랜스 이성질체**는 분자식이 같고 원자의 연결 순서가 같지만, 단일 결합의 회전에 의해 변환될 수 없는 원자들의 공간적인 입체 배열을 갖고 있다. **시스**는 치환기들이 고리의 같은 쪽에 있는 것을 의미하며, **트랜스**는 고리의 서로 반대쪽에 있는 것을 의미한다. 고리에 있는 두 개 이상의 탄소에 치환기를 갖고 있는 대부분의 사이클로알케인은 시스–트랜스 이성질 현상을 갖는다.

3.8 알케인과 사이클로알케인의 물리적 성질은 무엇인가?

- 알케인은 **무극성 화합물**이며, 분자들 사이의 인력으로는 **분산력**밖에 없다. 이 분산력은 원자나 분자의 순간적인 양전하와 음전하 사이의 약한 전기적 인력이다. 메테인, 에테인, 프로페인과 같은 분자량이 작은 알케인은 상온, 대기압에서 기체이다.
- 휘발유, **등유**와 같은 분자량이 큰 알케인들은 액체이다.
- **파라핀 왁스**와 같은 분자량이 매우 큰 알케인은 고체이다.
- 알케인의 구조 이성질체들 중에서, 가지가 가장 적은 이성질체가 가장 끓는점이 높고, 가지가 가장 많은 이성질체는 가장 끓는점이 낮다.

3.9 알케인의 특징적인 반응은 무엇인가?

- 알케인과 사이클로알케인의 가장 중요한 화학적 성질은 비활성이다. 그것들은 강한 시그마 결합만을 갖는 무극성 화합물이기 때문에 대부분의 반응물에 아주 비활성이다.
- 그들의 가장 중요한 반응은 이산화 탄소와 물을 형성하는 **연소** (반응)이다. 포화 탄화수소의 산화는 열과 힘의 에너지원으로서 사용되는 기본 반응이다.

3.10 알케인의 공급원은 무엇인가?

- 천연가스는 90~95%가 메테인이고, 소량의 에테인과 다른 분자량이 작은 탄화수소로 되어 있다.
- 석유는 실제로 수많은 다른 탄화수소의 액체 혼합물이다.
- 일산화 탄소와 수소의 혼합물인 합성 기체는 천연가스와 석탄에서 얻어진다.

OX퀴즈

이 장에서 배운 개념들을 이해하였는지 알아보기 위해 아래 질문이 맞는지, 틀린지 답하시오. 답이 틀렸거나 어렵다면, 장 끝의 문제를 풀기 전에 괄호 속에 표시한 해당 절을 복습하시오.

1. 알케인의 연소는 흡열 과정이다. (3.9)
2. 상온에서 액체인 모든 알케인은 물보다 무겁다. (3.8)
3. 이 세상에서 알케인의 두 가지 중요 공급원은 석유와 천연가스이다. (3.10)
4. 분자식이 C_4H_9인 알킬기에는 네 가지가 있다. (3.3)
5. 일련의 구조 이성질체들은 같은 분자식과 같은 물리적 성질을 가진다. (3.2)
6. 탄화수소는 탄소와 수소로만 되어 있다. (3.1)
7. 사이클로알케인은 포화 탄화수소이다. (3.4)
8. 알케인의 완전 연소 생성물은 이산화 탄소와 물이다. (3.9)
9. 알케인과 사이클로알케인은 시스–트랜스 이성질 현상을 보인다. (3.6)
10. 알켄과 알카인은 불포화 탄화수소이다. (3.1)
11. 분자식이 C_4H_{10}인 구조 이성질체는 두 개이다. (3.2)
12. 헥세인과 사이클로헥세인은 구조 이성질체이다. (3.4)
13. 프로필기와 아이소프로필기는 구조 이성질체이다. (3.3)
14. 분자식이 C_5H_{12}인 구조 이성질체는 5개이다. (3.2)
15. 가지 없는 탄소 사슬을 가진 알케인의 끓는점은 사슬의 탄소수가 증가함에 따라 증가한다. (3.8)
16. 사이클로헥세인 고리에서 수직 방향 결합이 특정 탄소 원자의 고리 평면 위에 있다면, 인접 탄소들의 수직 방향 결합은 고리 평면 아래에 있다. (3.5)
17. 석유의 분별 증류는 녹는점에 따라 탄화수소를 분리한다. (3.10)
18. 알케인의 구조 이성질체 중에서 일반적으로 가지가 가장 적은 이성질체가 끓는점이 가장 낮다. (3.8)
19. 사이클로알케인의 어미 이름은 사이클로알케인 고리에서 같은 탄소 원자수를 가진 가지 없는 알케인의 이름이다. (3.4)
20. 옥테인과 2,2,4-트라이메틸펜테인은 구조 이성질체이고 같은 옥테인값을 가진다. (3.10)
21. 액체 알케인과 사이클로알케인은 서로 용해된다. (3.8)
22. 알케인과 사이클로알케인은 물에 용해되지 않는다. (3.8)
23. 치환된 사이클로헥세인의 더 안정한 의자 형태는 수평 위치에 많은 치환기를 가진다. (3.5)
24. 알케인의 어미 이름은 가장 긴 탄소 원자 사슬의 이름이다. (3.3)
25. 알케인은 포화 탄화수소이다. (3.1)
26. 알케인의 일반식은 C_nH_{2n}이고, 이때 n은 알케인에서 탄소의 원자수를 말한다. (3.1)
27. 특정 휘발유의 옥테인값은 리터당 옥테인의 그램수이다. (3.10)
28. 시스와 트랜스 이성질체는 같은 분자식, 같은 연결, 같은 물리적 성질을 가진다. (3.8)
29. 이치환 사이클로알케인의 시스 이성질체는 적합한 탄소–탄소 단일 결합의 회전에 의해서 트랜스 이성질체로 변한다. (3.6)
30. 고리에 두 개의 치환기를 갖는 모든 사이클로알케인은 시스–트랜스 이성질 현상을 보인다. (3.6)
31. 에테인, 프로페인, 뷰테인 및 더 가지가 많은 알케인의 모든 형태에서, 모든 C—C—C와 C—C—H의 결합각은 거의 109.5°이다. (3.5)
32. 형태는 같은 분자식, 같은 연결을 가지지만, 원자는 공간적으로 다른 삼차원 배열을 가진다. (3.5)
33. 구조 이성질체들은 같은 분자식과 원자의 같은 연결을 가진다. (3.2)

정답: (1) × (2) × (3) ○ (4) ○ (5) × (6) ○ (7) ○ (8) ○ (9) × (10) ○
(11) ○ (12) × (13) ○ (14) × (15) ○ (16) ○ (17) × (18) × (19) ○ (20) ×
(21) ○ (22) ○ (23) ○ (24) ○ (25) ○ (26) × (27) × (28) × (29) × (30) ×
(31) ○ (32) ○ (33) ×

주요 반응

1. 알케인의 산화 (3.9절)
이산화 탄소와 물을 생성하는 알케인의 산화는 열과 힘의 에너지원으로 사용되는 기본 반응이다.

$$CH_3CH_2CH_3 + 5O_2 \rightarrow 3CO_2 + 4H_2O + \text{에너지}$$

문 제

별표로 표시된 문제는 본문의 '실생활' 문제를 나타낸다. 푸른색으로 된 문제의 답은 부록에 있다.

3.1절 알케인의 구조

3.13 다음 각 축약 구조식을 선-각 구조식으로 쓰시오.

(a)
$$\begin{array}{c} \quad CH_2CH_3 \quad\quad CH_3 \\ CH_3CH_2\underset{|}{\overset{|}{C}}H\underset{}{C}HCH_2\overset{|}{C}HCH_3 \\ CH(CH_3)_2 \end{array}$$

(b)
$$\begin{array}{c} CH_3 \\ | \\ CH_3CCH_3 \\ | \\ CH_3 \end{array}$$

(c) $(CH_3)_2CHCH(CH_3)_2$

(d)
$$\begin{array}{c} CH_2CH_3 \\ | \\ CH_3CH_2CCH_2CH_3 \\ | \\ CH_2CH_3 \end{array}$$

(e) $(CH_3)_3CH$

(f) $CH_3(CH_2)_3CH(CH_3)_2$

3.14 각 알케인의 축약 구조식과 분자식을 쓰시오.

(a) 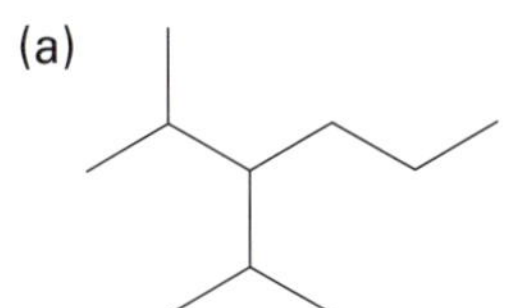

(c) 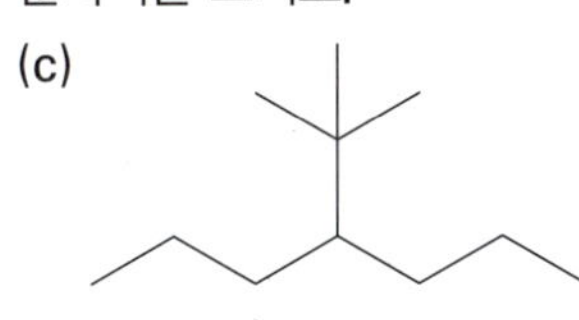

(b) 

(d) 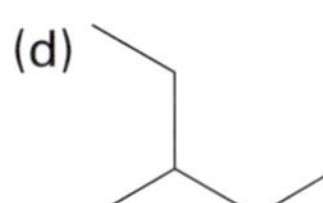

3.15 다음 축약 구조식을 괄호와 아래 첨자를 사용하여 더욱 간단한 식으로 쓰시오.

(a)
$$\begin{array}{r} CH_3 \\ | \\ CH_3CH_2CH_2CH_2CH_2CHCH_3 \end{array}$$

(b)
$$\begin{array}{l} CH_2CH_2CH_3 \\ | \\ HCCH_2CH_2CH_3 \\ | \\ CH_2CH_2CH_3 \end{array}$$

(c)
$$\begin{array}{l} CH_2CH_2CH_3 \\ | \\ CH_3CCH_2CH_2CH_2CH_2CH_3 \\ | \\ CH_2CH_2CH_3 \end{array}$$

(d)
$$\begin{array}{l} CH_3 \qquad\qquad\quad CH_3 \\ | \qquad\qquad\qquad\; | \\ CH_3CCH_2CH_2CH_2CHCH_3 \\ | \\ CH_3 \end{array}$$

3.2절 구조 이성질 현상

3.16 다음 구조 이성질체에 대한 설명 중 옳은 것은?

(a) 같은 분자식을 갖는다.

(b) 같은 분자량을 갖는다.

(c) 같은 순서의 원자 연결을 갖는다.

(d) 같은 물리적 성질을 갖는다.

(e) 형태들은 구조 이성질체가 아니다.

3.17 다음 각 화합물은 알코올에 속한다. 즉 각각은 —OH (하이드록실기, 1.7A절)를 갖고 있다. (예제 3.1 참조)

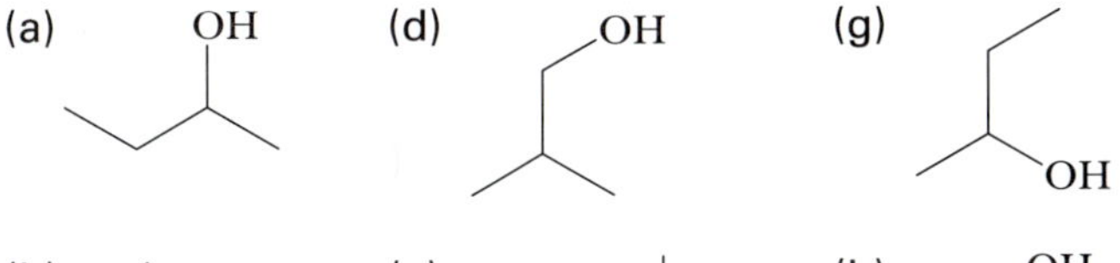

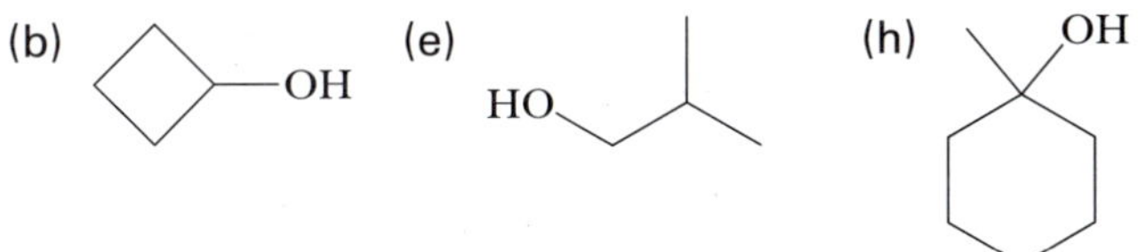

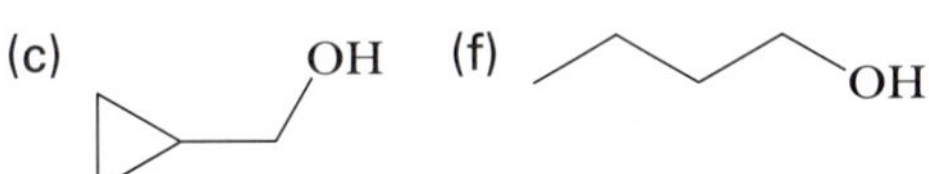

(1) 같은 화합물을 나타내는 구조식들은 어느 것인가?

(2) 구조 이성질체이면서 다른 화합물의 구조식들은 어느 것인가?

(3) 구조 이성질체가 아니면서 다른 화합물의 구조식들은 어느 것인가?

3.18 다음 각 화합물은 아민(amine)에 속한다. 즉 각 화합물은 한 개, 두 개 또는 세 개의 탄소와 결합한 질소 원자를 포함한다(1.7B절). (예제 3.1 참조)

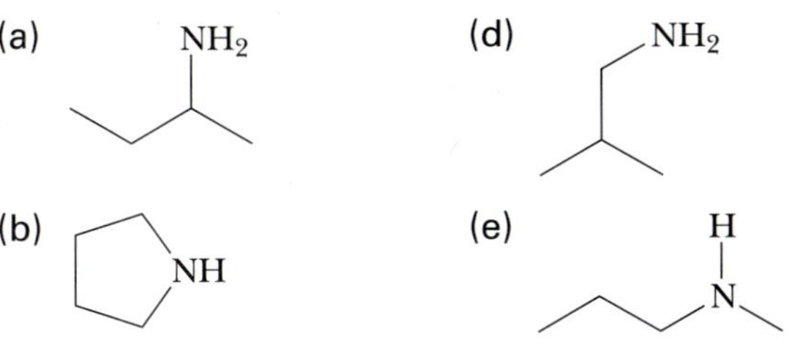

(1) 같은 화합물을 나타내는 구조식들은 어느 것인가?

(2) 구조 이성질체이면서 다른 화합물의 구조식들은 어느 것인가?

(3) 구조 이성질체가 아니면서 다른 화합물의 구조식들은 어느 것인가?

3.19 다음 각 화합물은 알데하이드(aldehyde) 또는 케톤(ketone)에 속한다(1.7C절). (예제 3.1 참조)

(a) (b) (c) (d) (e) (f) (g) (h)

(1) 같은 화합물을 나타내는 구조식들은 어느 것인가?

(2) 구조 이성질체이면서 다른 화합물의 구조식들은 어느 것인가?

(3) 구조 이성질체가 아니면서 다른 화합물의 구조식들은 어느 것인가?

3.20 구조식으로 나타낸 다음 각 쌍의 화합물을 구별하시오. (예제 3.1 참조)

(1) 같은 화합물

(2) 구조 이성질체이면서 다른 화합물

(3) 구조 이성질체가 아니면서 다른 화합물

(a) 와

(b) 와

(c) 와

(d) 와

(e) 와

(f) 와

3.21 분자식이 C_7H_{16}인 9개의 구조 이성질체에 대해 명명하고 선-각 구조식을 그리시오.

3.22 다음 각 쌍의 화합물이 구조 이성질체인지, 아닌지 구별하시오. (예제 3.1 참조)

(a) CH_3CH_2OH 와 CH_3OCH_3

(b) $CH_3\overset{O}{\overset{\|}{C}}CH_3$ 와 $CH_3CH_2\overset{O}{\overset{\|}{C}}H$

(c) $CH_3\overset{O}{\overset{\|}{C}}OCH_3$ 와 $CH_3CH_2\overset{O}{\overset{\|}{C}}OH$

(d) $CH_3\overset{OH}{\overset{|}{C}}HCH_2CH_3$ 와 $CH_3\overset{O}{\overset{\|}{C}}CH_2CH_3$

(e) 와 $CH_3CH_2CH_2CH_2CH_3$

(f) 와 $CH_2{=}CHCH_2CH_2CH_3$

3.23 다음 화합물의 선-각 구조식을 그리시오. (예제 3.2 참조)

(a) 분자식이 $C_4H_{10}O$인 네 개의 알코올

(b) 분자식이 C_4H_8O인 두 개의 알데하이드

(c) 분자식이 C_4H_8O인 한 개의 케톤

(d) 분자식이 $C_5H_{10}O$인 세 개의 케톤

(e) 분자식이 $C_5H_{10}O_2$인 네 개의 카복실산

(f) 분자식이 C_3H_9N인 네 개의 아민

3.3~3.5절 알케인과 사이클로알케인의 명명법

3.24 다음 알케인과 사이클로알케인의 IUPAC명을 쓰시오. (예제 3.3, 3.5 참조)

(a) $CH_3\underset{CH_3}{\underset{|}{C}}HCH_2CH_2CH_3$

(b) $CH_3\underset{CH_3}{\underset{|}{C}}HCH_2CH_2\underset{CH_3}{\underset{|}{C}}HCH_3$

(c) $CH_3(CH_2)_4\underset{CH_2CH_3}{\underset{|}{C}}HCH_2CH_3$

(d)

(e) (f)

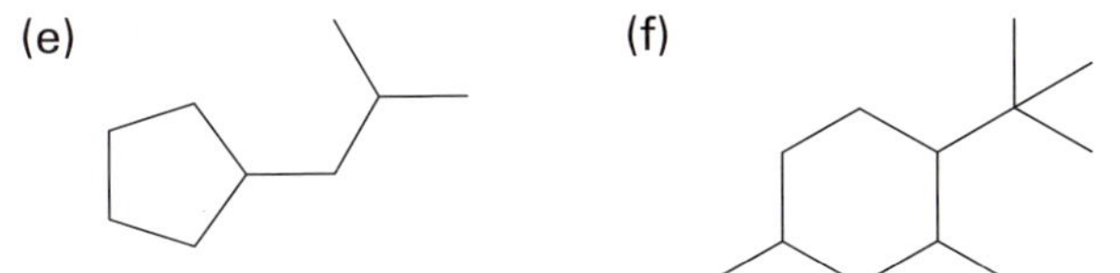

3.25 다음 알케인들의 선–각 구조식을 그리시오. (예제 3.3, 3.5 참조)

(a) 2,2,4-Trimethylhexane

(b) 2,2-Dimethylpropane

(c) 3-Ethyl-2,4,5-trimethyloctane

(d) 5-Butyl-2,2-dimethylnonane

(e) 4-Isopropylpentane

(f) 3,3-Dimethylpentane

(g) *trans*-1,3-Dimethylcyclopentane

(h) *cis*-1,2-Diethylcyclobutane

***3.26** 다음은 시트러스 향을 내는 오렌지의 화학 성분 limonene의 구조이다. Limonene에 존재하는 수소를 그리고, sp^3 혼성 탄소와 결합된 수소들을 일차, 이차, 삼차로 분류하시오. (예제 3.4 참조)

Limonene

***3.27** 아래 화합물은 식물에서 만들어지고 살충제로 연구되는 탄화수소인 제르마크렌 A(Germacrene A)의 구조이다. 이 화합물에 존재하는 각 sp^3 혼성 탄소를 일차, 이차, 삼차로 분류하시오.

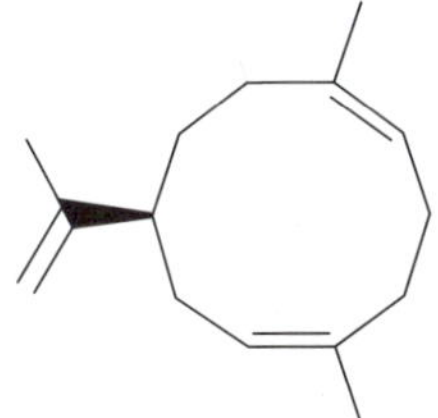

Germacrene A

3.28 다음의 이름이 왜 잘못된 IUPAC명인지를 설명하고, 올바른 IUPAC명을 쓰시오. (예제 3.3, 3.5 참조)

(a) 1,3-Dimethylbutane

(b) 4-Methylpentane

(c) 2,2-Diethylbutane

(d) 2-Ethyl-3-methylpentane

(e) 2-Propylpentane

(f) 2,2-Diethylheptane

(g) 2,2-Dimethylcyclopropane

(h) 1-Ethyl-5-methylcyclohexane

3.29 다음 각 화합물의 구조식을 그리시오. (예제 3.6 참조)

(a) Ethanol

(b) Ethanal

(c) Ethanoic acid

(d) Butanone

(e) Butanal

(f) Butanoic acid

(g) Propanal

(h) Cyclopropanol

(i) Cyclopentanol

(j) Cyclopentene

(k) Cyclopentanone

(l) Heptanoic acid

3.30 다음 각 화합물의 IUPAC명을 쓰시오. (예제 3.6 참조)

(a) O ‖ CH_3CCH_3

(b) O ‖ $CH_3(CH_2)_3CH$

(c) O ‖ $CH_3(CH_2)_8COH$

(d)

(e) O

(f) OH

3.6절 알케인과 사이클로알케인의 형태

3.31 2-Methylpropane에는 엇갈린 형태가 몇 개 있는가? 또 가려진 형태는 몇 개가 있는가?

3.32 뷰테인의 2번 탄소와 3번 탄소의 결합을 보면, 두 개의 서로 다른 엇갈린 형태와 두 개의 서로 다른 가려진 형태가 있다. Newman 투영도로 각각을 그리고, 가장 안정한 형태로부터 가장 불안정한 형태의 순서로 나열하시오. (예제 3.7 참조)

3.33 다음 각 화합물의 Newman 투영도가 왜 가장 안정한 형태가 아닌지 설명하시오.

(a)

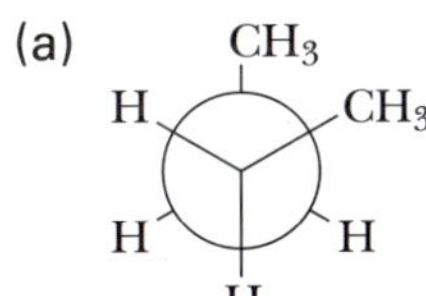

(c)

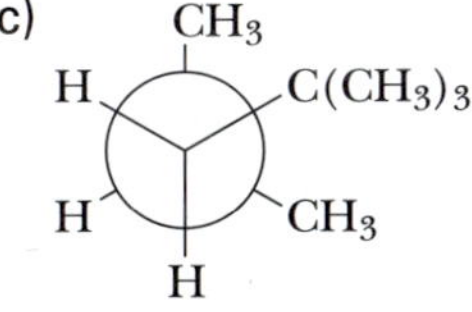

(b)

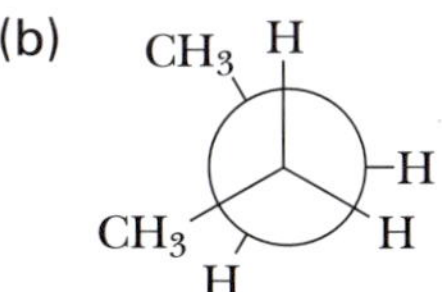

(d)

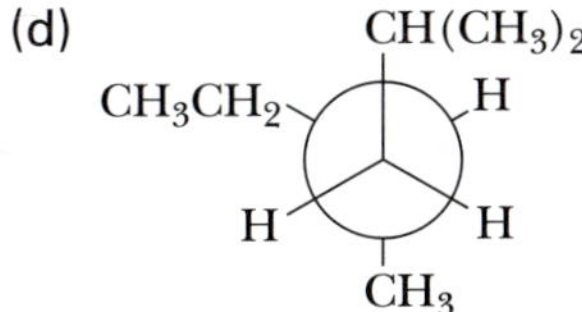

3.34 다음의 구조들이 왜 3-hexene의 다른 회전 배열의 형태가 아닌지 설명하시오.

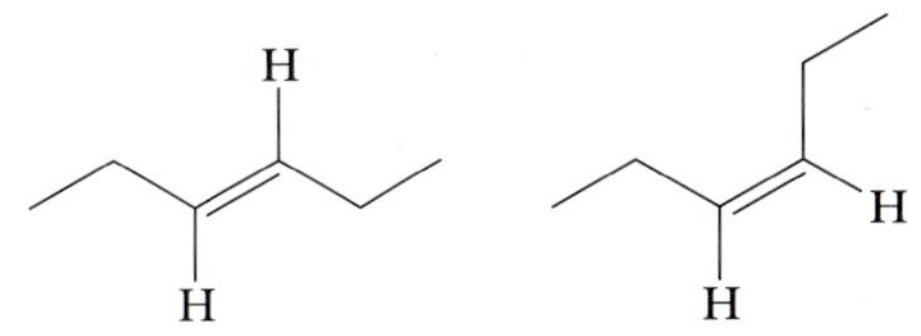

3.35 다음 두 형태 중에서 어떤 것이 더 안정한가? (**힌트**: 분자 모형을 이용하거나 회전할 결합을 아래로 내려 보는 Newman 투영도를 그려서 비교하시오.)

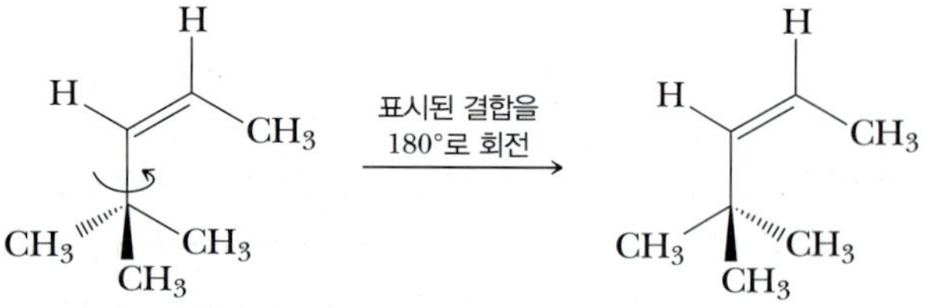

표시된 결합을 180°로 회전

(a) (b)

3.36 각 짝으로 있는 한 쌍의 구조가 같은 분자를 나타내는지, 구조 이성질체를 나타내는지 결정하시오. 만일 같은 분자라면 그 구조들이 같은 형태인지, 아니면 다른 형태인지 결정하시오.

(a) 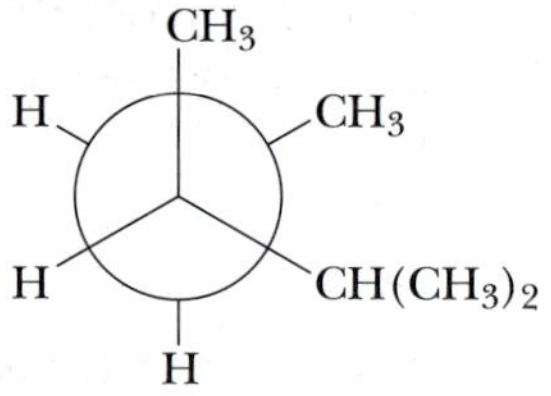 와

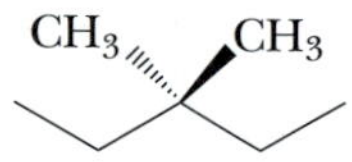

(b) 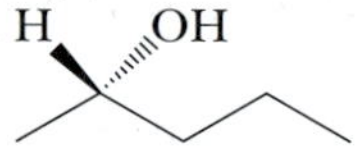 와

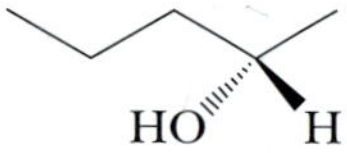

(c) 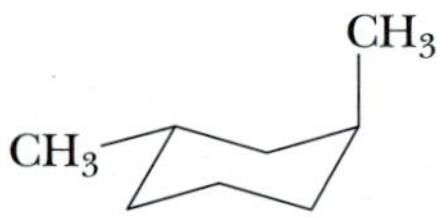 와

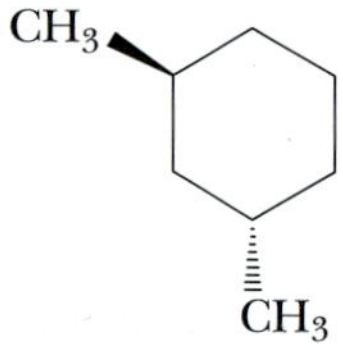

(d) 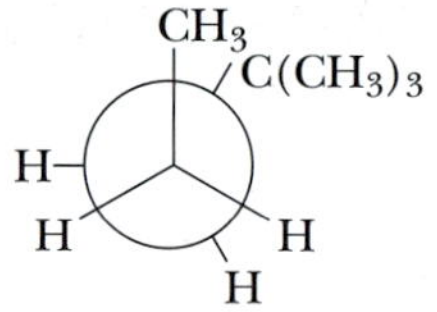 와

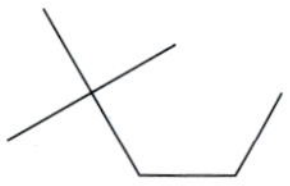

3.37 다음 각 화합물의 가장 안정한 형태에 대해 표시된 결합을 내려다보는 Newman 투영도를 그리시오. (예제 3.7 참조)

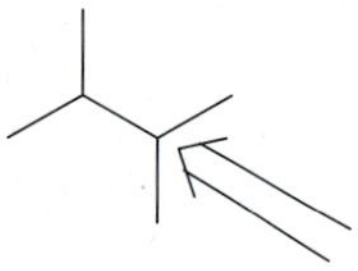

(a) 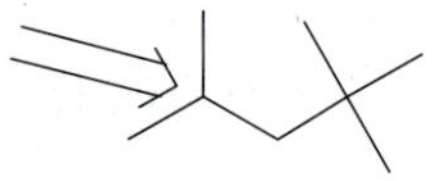 (b) 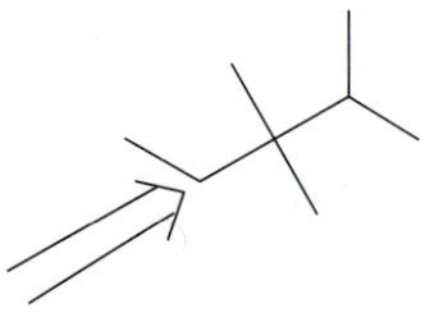 (c) (d)

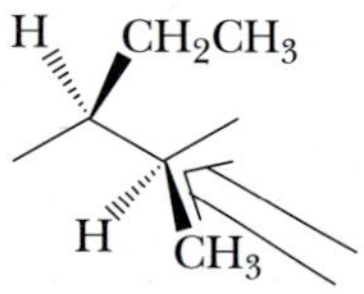

3.38 다음 각 화합물의 의자 형태를 그리고, 더 안정된 형태를 가려내시오. (예제 3.8, 3.9 참조)

(a) 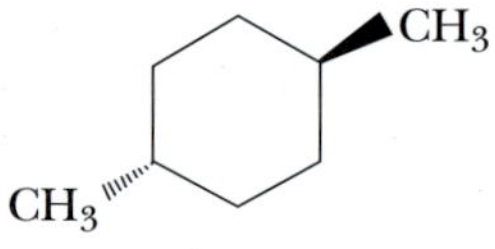 (b) 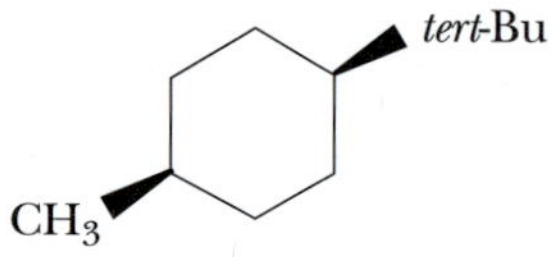 (c) 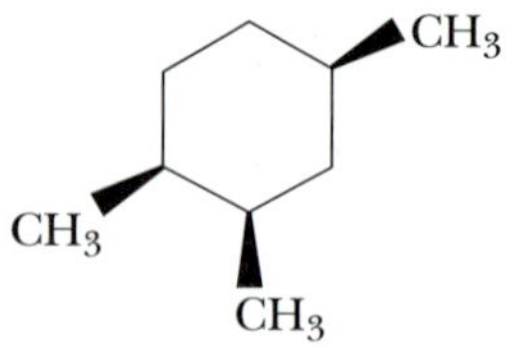 (d)

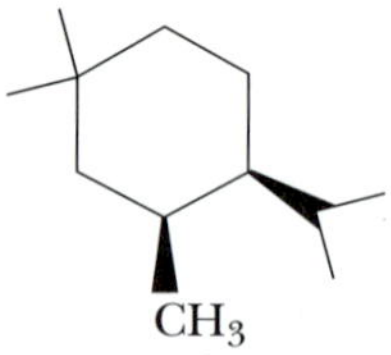

3.7절 알케인의 시스–트랜스 이성질 현상

3.39 시스–트랜스 이성질 현상을 가능하게 하는 사이클로헥세인의 구조적 특징은 무엇인가?

3.40 알케인에서 시스–트랜스 이성질 현상이 가능한가?

3.41 1,2-Dimethylcyclopropane의 시스와 트랜스 이성질체의 이름과 구조식을 그리시오. (예제 3.10, 3.11 참조)

3.42 분자식이 C_5H_{10}인 모든 사이클로알케인을 명명하고 구조식을 그리시오. 구조 이성질체뿐만 아니라 시스–트랜스 이성질체도 포함하시오. (예제 3.10, 3.11 참조)

3.43 사이클로펜테인에 대해서 평면 오각형으로 표시하고, 다음 화합물의 시스와 트랜스 이성질체에 대한 구조식을 그리시오. (예제 3.10, 3.11 참조)

(a) 1,2-Dimethylcyclopentane

(b) 1,3-Dimethylcyclopentane

3.44 1,2-Dimethylcyclohexane, 1,3-dimethylcyclohexane, 1,4-dimethylcyclohexane의 시스-트랜스 이성질체를 서로 대체되는 의자 형태로 그리시오. (예제 3.10, 3.11 참조)

(a) 각 메틸기가 수직인지, 수평인지를 나타내시오.

(b) 어느 이성질체(들)가 서로 동일한 안정도를 갖는 의자 형태를 갖고 있는가?

(c) 어느 이성질체(들)가 더욱 안정한 의자 형태를 갖고 있는가?

3.45 문제 3.44의 답을 이용해서 이치환 사이클로헥세인의 시스, 트랜스 이성질체와 수직, 수평 위치들 사이의 관계를 나타내는 다음 표를 완성하시오.

치환기 위치	cis	trans
1,4-	a,e 또는 e,a	e,e 또는 a,a
1,3-	___ 또는 ___	___ 또는 ___
1,2-	___ 또는 ___	___ 또는 ___

***3.46** 2-Isopropyl-5-methylcyclohexanol에는 네 개의 시스–트랜스 이성질체가 있다. (예제 3.10, 3.11 참조)

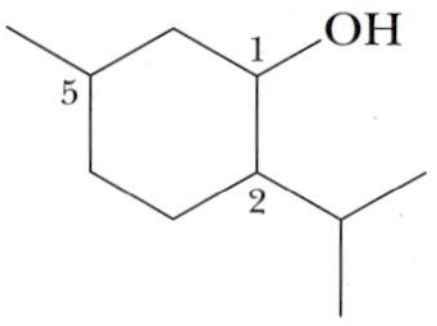

2-Isopropyl-5-methylcyclohexanol

(a) 사이클로헥세인 고리를 평면 육각형으로 표시하여, 네 가지 이성질체의 구조식을 그리시오.

(b) (a)의 답 각각에 대해 안정한 의자 형태를 그리시오.

(c) 네 개의 시스-트랜스 이성질체 중에서 어느 것이 가장 안정한가? 답이 맞는다면, 멘톨(menthol)이라고 불리는 자연에서 발견되는 이성질체를 선택한 것이다.

멘톨의 원료인 박하 식물(Mentha piperita)은 사탕류, 껌, 냉·온 음료 및 화채에 곁들이는 데 사용되는 향기로운 성질을 가진 다년생의 약용 식물이다. (John Kaprielian/Photo Researchers, Inc)

3.47 각각의 치환된 사이클로헥세인의 다른 의자 형태를 그리고, 어느 것이 더 안정한지 쓰시오. (예제 3.8, 3.11 참조)

(a)

(c)

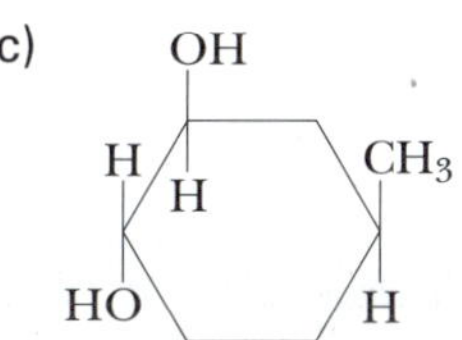

(b)

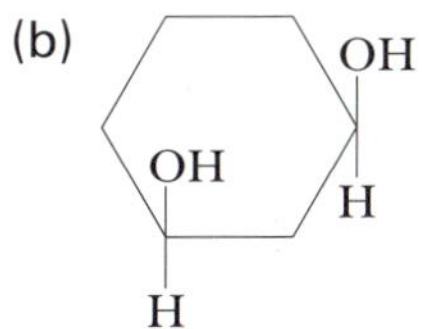

(d)

3.48 Adamantane에는 몇 개의 육원자 고리가 존재하는가? Adamantane에 있는 육원자 고리는 어떤 종류의 형태(conformation)인가? (**힌트**: 화합물의 분자 모형을 만들어 보라.)

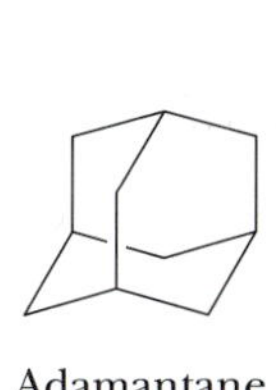

Adamantane

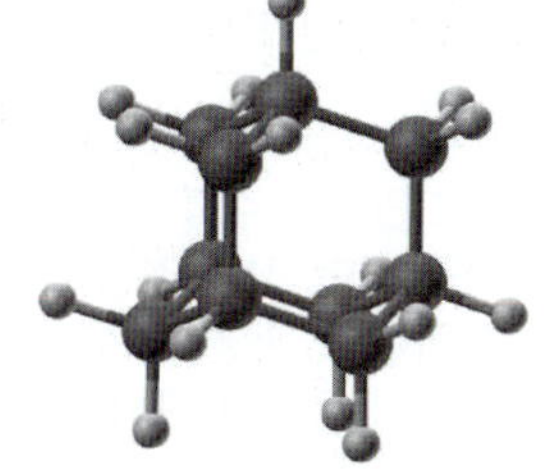

3.8절 알케인과 사이클로알케인의 물리적 성질

3.49 문제 21에서, 분자식이 C_7H_{16}인 모든 구조 이성질체에 대한 구조식을 그렸다. 어떤 이성질체가 끓는점이 가장 낮은지, 또 어떤 이성질체가 끓는점이 가장 높은지 예측하시오.

3.50 물과 비교해서 알케인의 밀도에 대한 일반적인 사실은 무엇인가?

3.51 물과 끓는점이 같은 가지 없는 알케인은 무엇인가? (표 3.4 참조) 이 알케인의 분자량을 계산하고, 물의 분자량과 비교하시오. 그 알케인보다 분자량이 더 작은 물이 왜 같은 온도에서 끓는지 설명하시오.

3.52 표 3.4에서 보는 것처럼, 알케인의 탄소 사슬에 더해지는 각 CH_2기는 알케인의 끓는점을 증가시킨다. CH_4에서 C_2H_6, C_2H_6에서 C_3H_8로 증가하는 정도가, C_8H_{18}에서 C_9H_{20} 또는 C_9H_{20}에서 $C_{10}H_{22}$로 증가하는 것보다 더 크다. 이것은 무엇 때문이라고 생각하는가?

3.53 Dodecane($C_{12}H_{26}$)은 가지가 없는 알케인이다. 다음을 예측하시오.

(a) 물에 녹겠는가?

(b) Hexane에 녹겠는가?

(c) 연소하겠는가?

(d) 상온 · 상압에서 고체, 액체, 기체 중 어느 것인가?

(e) 물보다 무거운가, 가벼운가?

***3.54** 3.8A절에서 언급한 것처럼, 사과의 표면에서 발견되는 왁스는 가지가 없는 분자식이 $C_{27}H_{56}$인 알케인이다. 이 알케인은 어떻게 사과 수분의 감소를 막는지 설명하시오.

3.9절 알케인의 반응

3.55 다음 각 탄화수소의 완결된 연소 반응식을 쓰시오. 이산화탄소와 물로 완전히 연소한다고 가정하시오.

(a) Hexane

(b) Cyclohexane

(c) 2-Methylpentane

***3.56** 다음은 methane과 propane의 연소열이다.

탄화수소	물질의 성분	ΔH° [kJ/mol (kcal/mol)]
CH_4	천연가스	−886 (−212)
$CH_3CH_2CH_3$	LPG	−2220 (−530)

1그램 기준으로, 이들 탄화수소 중 어느 것이 더 좋은 열에너지원인가?

***3.57** 에탄올을 휘발유에 첨가하여 가소올(gasohol)을 만들 때, 에탄올은 휘발유의 완전 연소를 향상시키는 옥테인 증진제이다(3.10B절). 2,2,4-trimethylpentane의 연소열 5460 kJ/mol(1304 kcal/mol)을 에탄올의 연소열 1369 kJ/mol(327 kcal/mol)과 비교하시오. 어느 것이 kJ/mol과 kJ/g당 높은 연소열을 갖고 있는가?

발전 학습

3.58 1,2-Dimethylcyclododecane은 시스–트랜스 이성질체로서 존재할 수 있는 반면, 왜 1,2-dimethylcyclohexane는 존재할 수 없는지 설명하시오.

***3.59** 다음은 글루코스의 분자 표시이다(17장에서 글루코스의 구조와 화학에 대하여 설명한다).

CH_2OH, HO, HO, OH, OH, O (1, 2, 3, 4, 5)

Glucose

(a) (b)

(a) 이 표시를 평면 육각형 표시로 변환하시오.

(b) 이 표시를 의자 형태로 변환하시오. 의자 형태에서 어느 치환기가 수직 방향이고, 어느 것이 수평 방향인가?

***3.60** 다음은 지방의 소화와 흡수를 도와 주는 사람 담즙의 한 성분인 cholic acid(19.4A절)의 구조식이다.

OH, COOH, HO, OH (A, B, C, D)

Cholic acid

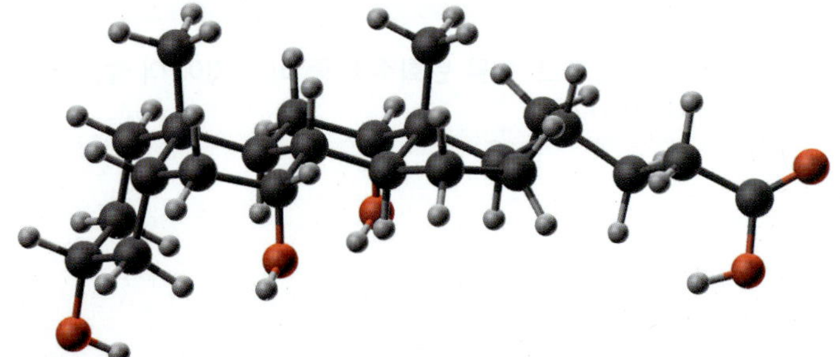

(a) 고리 A, B, C, D의 형태는 무엇인가?

(b) 고리 A, B, C에는 하이드록실기가 들어 있다. 어느 것이 수직 방향이고, 수평 방향인지를 나타내시오.

(c) 고리 A와 B의 접점에 있는 메틸기는 고리 A에 대하여 수직 방향인가, 수평 방향인가? 고리 B에 대해서는 수직 방향인가, 수평 방향인가?

(d) 고리 C와 D의 접점에 있는 메틸기는 고리 C에 대하여 수직 방향인가, 수평 방향인가?

***3.61** 다음은 cholestanol의 공–막대 모형과 구조식이다.

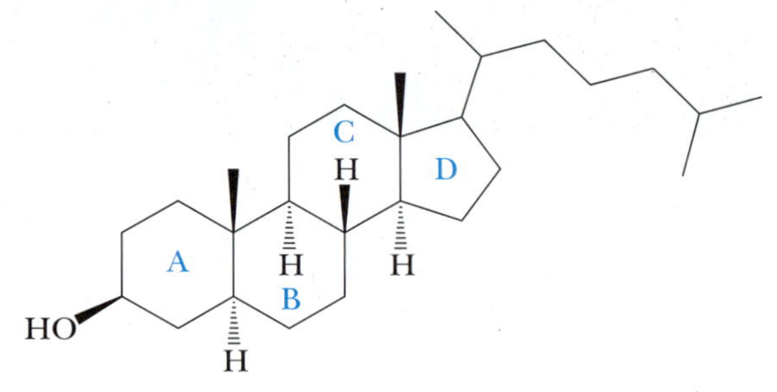

Cholestanol

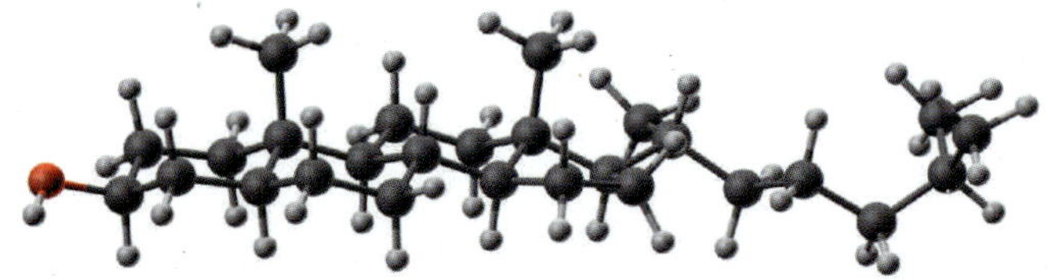

이 화합물과 cholesterol(19.4A절)의 유일한 차이는 cholesterol은 고리 B에 탄소–탄소 이중 결합이 있는 것이다.

(a) Cholestanol의 고리 A, B, C, D의 형태를 기술하시오.

(b) 고리 A에 있는 하이드록실기는 수직 방향인가, 수평 방향인가?

(c) 고리 A와 B의 접점에 있는 메틸기는 고리 A에 대하여 수직 방향인가, 수평 방향인가? 고리 B에 대하여 수직 방향인가, 수평 방향인가?

(d) 고리 C와 D의 접점에 있는 메틸기는 고리 C에 대하여 수직 방향인가, 수평 방향인가?

3.62 3.4절에서 본 것처럼, IUPAC 체계는 화합물의 이름을 접두사(탄소 원자의 수를 표시하는), 삽입사 (탄소–탄소 단일 결합, 이중 결합, 삼중 결합을 나타내는), 접미사(알코올, 아민, 알데하이드, 케톤, 카복실산 등의 존재를 나타내는)로 구분한다. 이 문제의 목적상, 알코올이나 아민은 하이드록실기나 아미노기가 정사면체(sp^3 혼성) 탄소에 결합되어 있다고 가정한다.

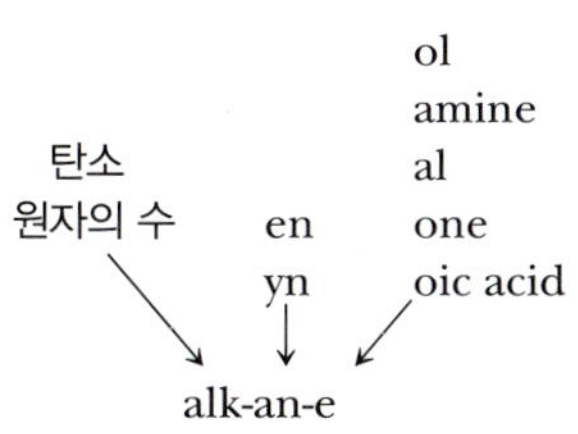

주어진 조건을 가지고, 가지가 없는 네 개의 탄소 원자를 갖는 화합물의 구조식을 쓰시오.

(a) 알케인(alkane)
(b) 알켄(alkene)
(c) 알카인(alkyne)
(d) 알칸올(alkanol)
(e) 알켄올(alkenol)
(f) 알카인올(alkynol)
(g) 알칸아민(alkanamine)
(h) 알켄아민(alkenamine)
(i) 알카인아민(alkynamine)
(j) 알칸알(alkanal)
(k) 알켄알(alkenal)
(l) 알카인알(alkynal)
(m) 알칸온(alkanone)
(n) 알켄온(alkenone)
(o) 알카인온(alkynone)
(p) 알칸산(alkanoic acid)
(q) 알켄산(alkenoic acid)
(r) 알카인산(alkynoic acid)

(**주의**: 이 문제에서 일부는 한 가지 구조식만이 가능하고, 나머지 것들은 두 개 이상의 구조식이 가능하다. 두 개 이상의 구조식이 가능한 경우에, 특정한 작용기를 다루는 단원에서 IUPAC 체계로 어떻게 이들을 구별하는지를 다룰 것이다.)

그룹 학습 활동

***3.63** 다음 현상들에 대한 이유를 찾으시오. 앞 장 또는 일반화학에서 배웠던 개념들을 참고할 필요가 있을 것이다.

(a) 가솔린을 맨 살에 엎지르면 시원하다.
(b) 물은 메테인보다 밀도가 크다.
(c) 뷰테인은 프로페인이나 펜테인보다 일회용 라이터에 더 적합한 연료이다.

3.64 누가 가장 빨리 다음 막대 모양 분자들을 명명할 수 있을까?

(a)

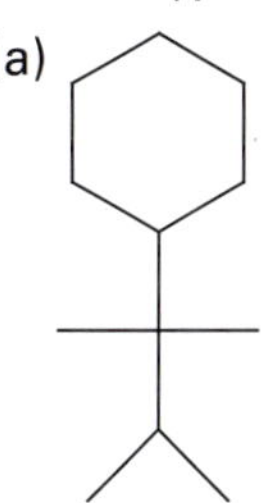

(b)

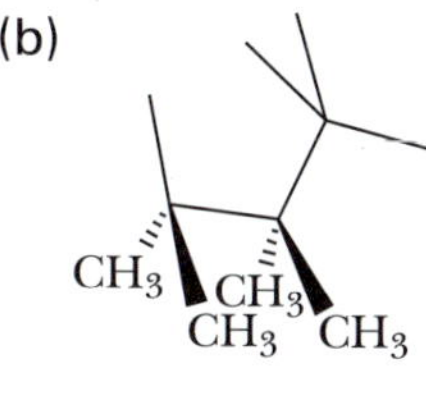

종합 문제

아래 문제들은 1~3장까지의 개념과 문제들을 모은 것이다.

다음 질문에 가장 적합한 답을 고르시오.

1. 다음 분자들 중에서 +1의 전하를 갖는 것은 어느 것인가?

(a) CH_2CHCH_3
(b) CH_3CHCH_3
(c) $CHCCH_3$
(d) $(CH_3)_3CH$
(e) CH_2CH_2

2. 아래 화합물에 관해 어느 설명이 진실인가?

H–N=C=O: (구조식)

(a) 중심 탄소는 sp^2 혼성이고, 분자는 기하학적으로 평면이다.
(b) 중심 탄소는 sp^2 혼성이고, 분자는 기하학적으로 비평면이다.
(c) 중심 탄소는 sp 혼성이고, 분자는 기하학적으로 평면이다.
(d) 중심 탄소는 sp 혼성이고, 분자는 기하학적으로 비평면이다.
(e) 위 설명들은 모두 사실이 아니다.

3. p 오비탈에 대한 다음 설명 중 거짓인 것은?

(a) 두 개의 동일 로브(lobe)로 되어 있다.
(b) 원자 오비탈의 첫 번째 껍질에는 없다.
(c) π 결합을 할 수 있다.
(d) 탄소 원자 결합에만 참여한다.
(e) 최대 두 개의 전자를 가진다.

4. 어느 염기(A 혹은 B)가 더 강한가? 또 그 이유는 무엇인가?

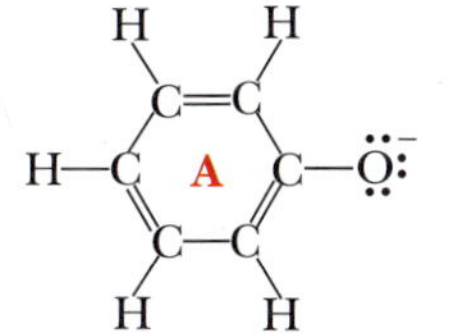

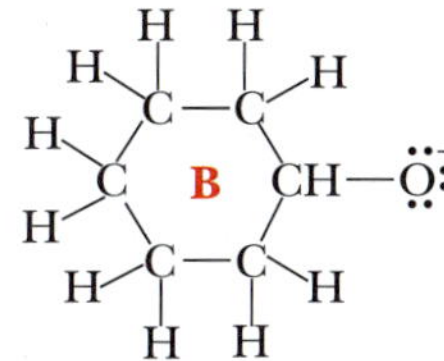

(a) 산–염기 반응에서 경쟁하는 산으로서 양성자가 더 적으므로 A가 더 강하다.
(b) 유도 효과가 산소의 음성적 성질을 증가시켜 주기 때문에 A가 더 강하다.
(c) 유도 효과가 산소의 음성적 성질을 증가시켜 주기 때문에 B가 더 강하다.
(d) 공명 효과가 음전하를 분자 전체에 비편재시키기 때문에 B가 더 강하다.
(e) 음전하를 분자 전체에 비편재시키는 공명이나 유도 효과가 없기 때문에 B가 더 강하다.

5. 다음 중 어느 것이 $(CH_3)_3C^+$와 CH_3OH 사이의 초기 반응 생성물인가?

(a) $(CH_3)_3C-\ddot{O}^+(CH_3)-H$

(b) $(CH_3)_3C-\ddot{O}:-H$

(c) $(CH_3)_3C-\ddot{O}:^- + H_2$

(d) $(CH_3)_3C-CH_2 + H_2\ddot{O}:$

(e) $(CH_3)_3C-H + CH_3-\ddot{O}:^-$

6. 다음 산–염기 반응에 관하여 거짓인 설명을 고르시오.

$$CH_3-\overset{O}{\overset{\|}{C}}-OH + NaCl \rightleftharpoons CH_3-\overset{O}{\overset{\|}{C}}-ONa + HCl$$

(a) 평형은 반응의 생성물 쪽에 있다.
(b) 카복실산은 양전하를 갖지 않는다.
(c) 염화 이온은 Lewis 염기로 작용한다.
(d) 염화 이온은 Brønsted–Lowry 염기로 작용한다.
(e) 카복실산은 HCl보다 약한 산이다.

7. 다음 설명 중 거짓인 것은?
(a) 비결합 상호작용(입체) 스트레인은 가려진 형태의 butane 에너지에 기여한다.
(b) 모든 엇갈린 형태는 스트레인이 없다.
(c) Newman 투영도는 적어도 한 개의 결합을 통해서 보는 분자 그림이다.
(d) Newman 투영도에 의해 나타난 결합은 회전에 필요한 에너지 장벽을 넘어야 하기 때문에 자유롭게 회전하지 못한다.
(e) 고리 스트레인은 cyclopropane의 불안정성에 기여한다.

8. 이성질체 *cis*-1,2-dimethylcyclohexane과 *cis*-1,3-dimethylcyclohexane에 관한 다음 설명 중 진실인 것은?
(a) 그들은 구조 이성질체가 아니다.
(b) 그들은 형태체(conformers)이다.
(c) 1,3-이성질체의 안정한 이형태체는 1,2-이성질체의 이형태체보다 안정하다.
(d) 1,3-이성질체의 안정한 이형태체와 1,2-이성질체의 이형태체는 에너지가 동등하다.
(e) 두 분자의 상대적인 안정도는 예측할 수 없다.

9. 다음의 형태들의 옳은 안정도 순서(안정도가 적은 것부터 큰 순으로)를 고르시오.

(a) CH_2CH_3, H, H, CH_3, H, CH_3
(b) CH_3, H, H, H, CH_2CH_3, CH_3
(c) H, H, H, CH_3CH_2, CH_3, CH_3

(a) a, b, c
(b) a, c, b
(c) b, a, c
(d) c, a, b
(e) c, b, a

10. 다음 중 1-*tert*-butyl-3,5-dimethylcyclohexane의 가장 안정한 형태를 고르시오.

(a) CH_3, CH_3, $C(CH_3)_3$
(b) CH_3, $(CH_3)_3C$, CH_3
(c) $(CH_3)_3C$, CH_3, CH_3
(d) CH_3, $(CH_3)_3C$, CH_3
(e) $(CH_3)_3C$, CH_3, CH_3

*11. 다음 Paclitaxel(등록 상표 Taxol®)의 구조를 참조하여 답하시오. 그 화합물은 Pacific Yew 나무에서 처음 추출되었고, 지금은 난소, 유방, 비소세포 폐암을 치료하는 데 사용된다.

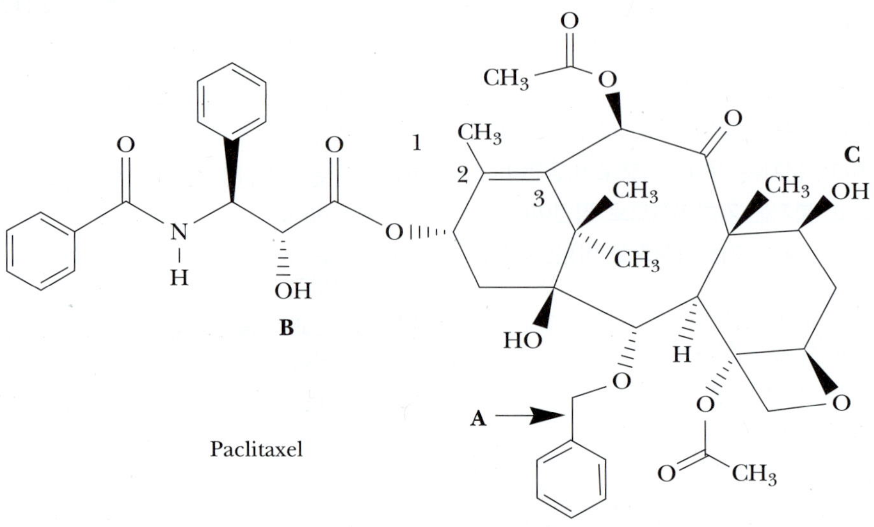

Paclitaxel

(a) 모든 하이드록실기를 확인하고, 일차, 이차, 삼차로 분류하시오.

(b) 모든 카보닐기를 확인하시오. 이들은 알데하이드, 케톤, 카복실산 중 어느 것인가?

(c) **A**로 표시된 결합에는 어떤 원자 혹은 혼성 오비탈이 참여하는가?

(d) Paclitaxel에는 사차 탄소가 있는가?

(e) 하이드록실기 **B**가 하이드록실기 **C**보다 더 산성인 이유를 설명하시오.

(f) 1-2-3 원자가 이루는 결합각은 얼마인가?

(g) 아마이드 작용기를 찾으시오. 몇 개가 있는가?

(h) 에스터 작용기를 찾으시오. 몇 개가 있는가?

12. 다음 화합물을 지정된 결합과 지정된 방향으로 볼 때, 가장 안정한 세 가지 형태를 Newman 투영도로 그리시오. 가장 유리한 형태를 고르시오. 그 선택이 가장 유리한 형태인 이유를 간략히 설명하고 도시하시오.

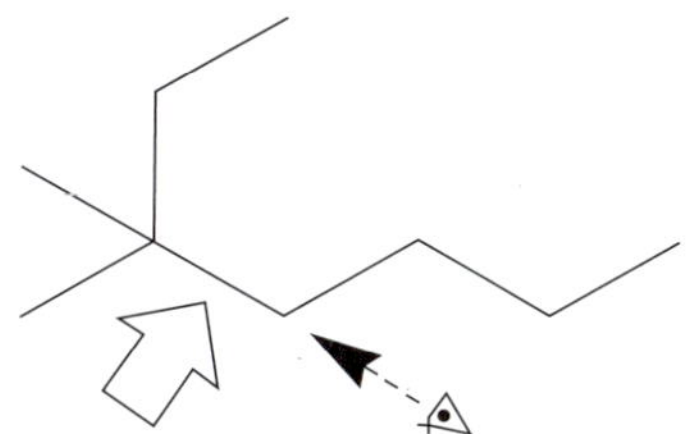

13. 다음 화합물의 IUPAC명을 말하시오.

(a)

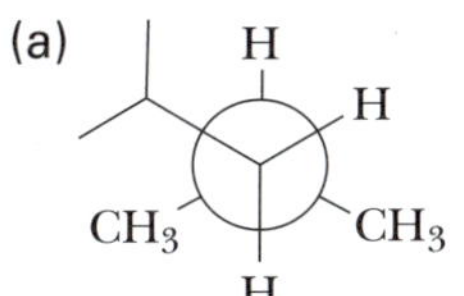

(b)
CH_3 CH_3
CH_2CH_3

(c) $CH_3CH_2CH(CH_3)CH(CH_2CH_3)CH_2CH(CH_3)_2$

14. 다음 각 분자 쌍에서, 질문에 가장 적합한 것을 고르시오. 결정한 것에 대해, 그림과(또는) 문장을 사용하여 간결하고 완전한 논리적 근거를 말하시오.

(a) 끓는점이 더 높은 것은?

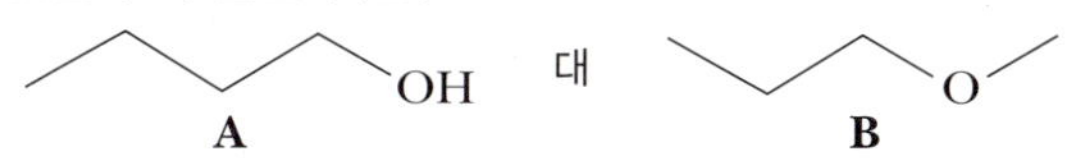

(b) 더 산성인 수소는?

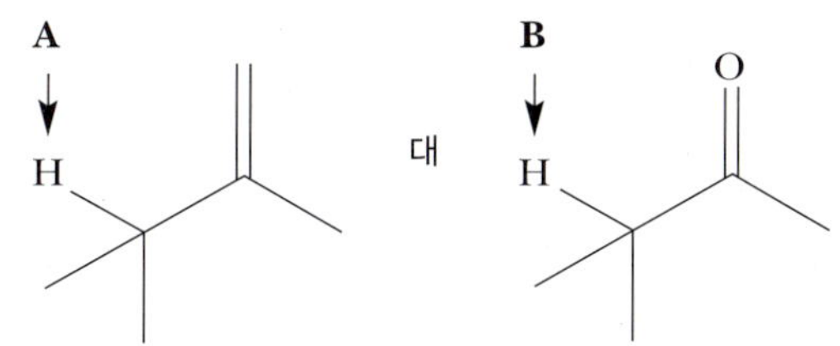

(c) 더 염기성인 원자는?

A → :O:
H
H
:O: ← B

(d) 더 산성인 양성자는?

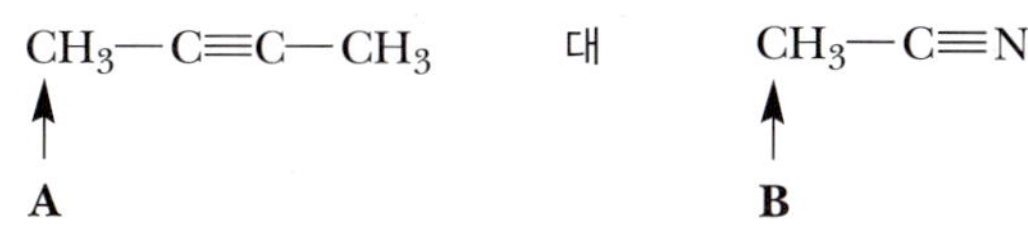

(e) 더 강한 염기는?

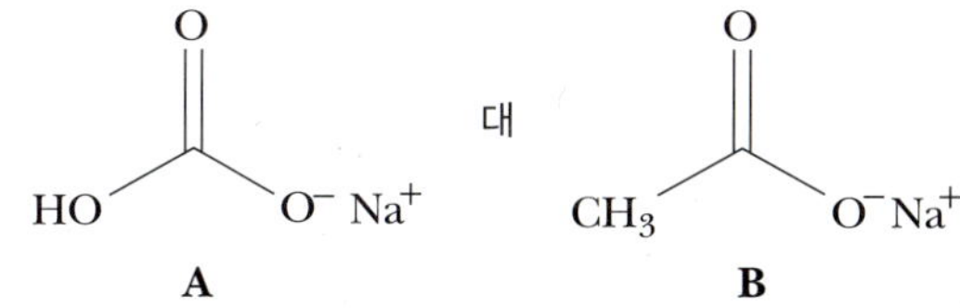

(f) 최소의 비결합 상호작용(입체) 스트레인을 갖고 있는 것은?

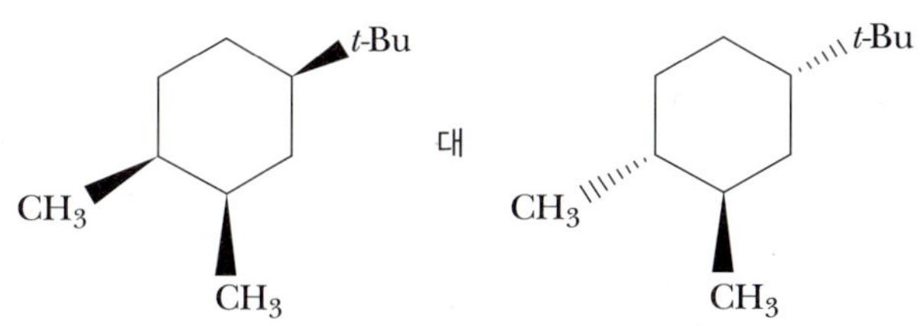

***15.** Glutamic acid는 자연에서 흔히 발견되는 아미노산의 하나이다. pH = 3.2 용액에서 glutamic acid의 우세한 구조를 그리고, 전체 전하를 나타내시오.

O
$\overset{+}{N}H_3$ ← pK_a= 9.67
HO
OH ← pK_a= 4.25
pK_a= 2.19
O

16. Ethenimine에 있는 결합 전자와 결합 전자의 위치를 그리기 위해서(H_2O의 예를 참조) 원자 오비탈과 혼성 오비탈을 사용하시오. Ethenimine의 모든 원자는 같은 평면에 놓여 있는가?

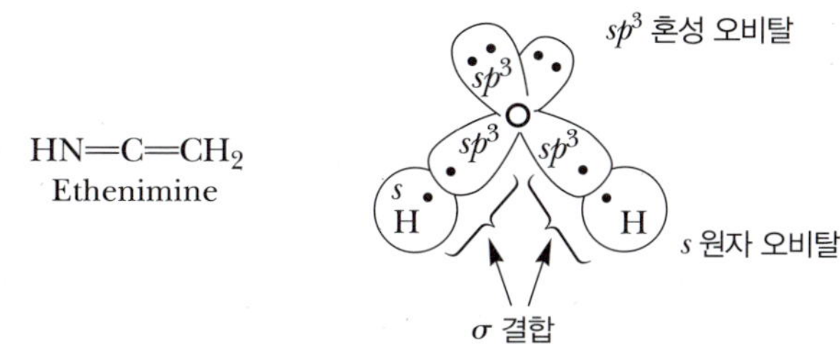

17. 다음 값은 수직 위치에서 치환기가 생길 때 에너지의 양을 결정한 것이다. 표에서 보이는 것처럼 H에서 CH_3로 가는 것은 자유 에너지(7.28 kJ/mol)의 상당한 증가를 초래한다. 그러나 R기의 크기를 더 증가시키는 것이 작은 ΔG의 변화를 가져온다. R기가 아이소프로필인 경우도 ΔG값이 메틸에 비해서 단지 1.72 kJ/mol만이 증가한다. **투시도**[perspective(dashwedge) drawing]를 사용해서 R기가 아이소프로필까지는 ΔG가 서서히 증가하다가 R기가 *t*-butyl일 때는 ΔG가 현저하게 증가하는 이유를 설명하시오.

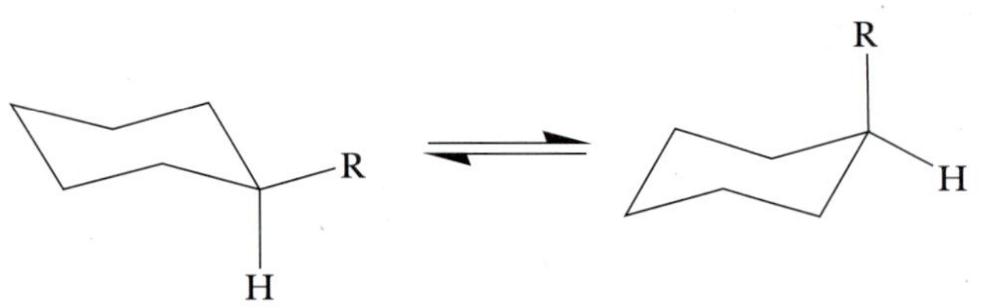

R	ΔG kJ/mol (kcal/mol)
H	0
CH_3	7.28 (1.74)
CH_2CH_3	7.32 (1.75)
$CH(CH_3)_2$	9.00 (2.15)
$C(CH_3)_3$	20.92 (5.00)

18. (a) Methyl formate과 BF_3 사이의 Lewis 산–염기 반응에서 생성되는 두 개의 가능한 생성물을 그리시오. 주생성물을 찾아내고 굽은 화살표를 사용해서 그 생성 과정을 그리시오. 생성물의 모든 전하와 비결합 전자를 표시하시오. (b) 당신이 선택한 생성물이 다른 생성물보다 유리한 이유를 그림을 그려 설명하시오.

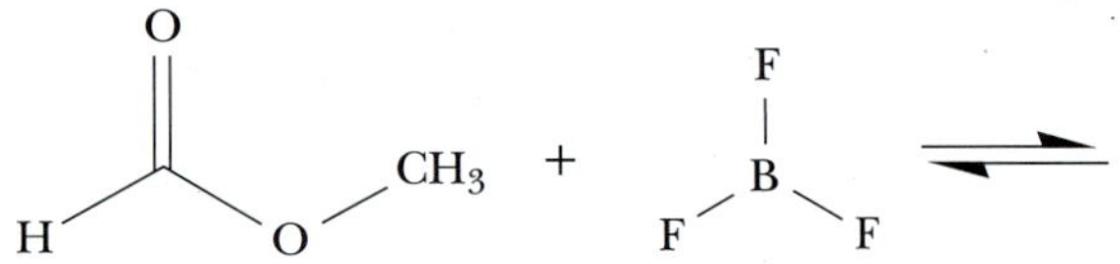

Methyl formate

19. $[CNO]^-$와 $[NCO]^-$ 중 어느 것이 더 안정한 이온인지를 공명 이론을 사용해서 예측하시오. 예측한 답을 그림을 그려 설명하시오.

20. 다음에서 설명한 대로 구조를 그리시오.

(a) 시스–트랜스 이성질 현상을 보이는 화학식이 C_5H_{10}인 모든 화합물

(b) 화학식이 CH_2NO_2인 이온의 Lewis 구조와 공명 구조. 모든 형식 전하와 고립 전자쌍을 보이시오.

(c) 6 mol의 O_2와 연소하여 4 mol의 CO_2와 4 mol의 H_2O를 만드는 모든 화합물

21. Teixobactin은 그램 양성 박테리아가 세포벽을 형성하는 능력을 방해하는 새로운 종류의 항생제이다. 그것은 현재 포도상구균(*Staphylococcus*)과 결핵균(*Mycobacterium tuberculosis*)에 대한 항생제로 개발되고 있다. 이는 이들 박테리아는 다른 항생제에 보이는 내성이 teixobactin에는 내성을 보이지 않기 때문이다.

(a) Tcixobactin에 있는 모든 아마이드기를 찾으시오.

(b) Teixobactin에 있는 모든 아민기를 찾고 1차, 2차, 3차로 분류하시오.

(c) Teixobactin에 있는 모든 에스터기를 찾으시오.

(d) Teixobactin에 있는 모든 알코올기를 찾고 1차, 2차, 3차로 분류하시오.

(e) Teixobactin에 있는 모든 1차, 2차, 3차 탄소를 표시하시오.

(f) 남겨진 모든 원자들에 대해 비결합 고립 전자쌍을 그리시오.

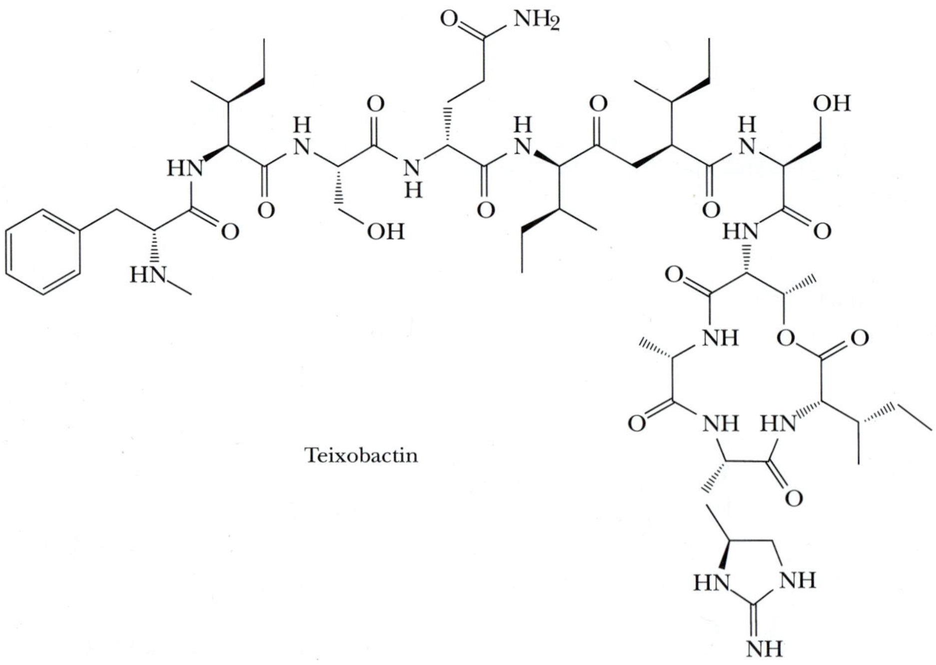

Teixobactin

4 알켄과 알카인

Charles D. Winters

카로틴(carotene)과 카로틴 유사 분자들은 자연에서 햇빛을 수확하는 데 도움이 되는 알켄(alkene)을 함유한 화합물이다. 토마토의 붉은색은 리코펜(lycopene) 때문으로, 카로틴과 아주 밀접한 관계가 있다. 문제 4.37과 4.38을 보시오. 삽화: β-카로틴 모형

중요한 질문

4.1 알켄과 알카인의 구조와 모양은 무엇인가?

4.2 알켄과 알카인은 어떻게 명명하는가?

4.3 알켄과 알카인의 물리적 성질은 무엇인가?

4.4 왜 1-알카인(말단 알카인)은 약산인가?

해결 방법

4.1 알켄의 명명

화학 관련

4A 에틸렌, 식물 성장 조절제

4B 눈에 보이는 시스–트랜스 이성질 현상

4C 식물은 왜 아이소프렌을 방출하는가?

이 장에서는 적어도 한 개의 파이(pi) 결합을 가진 탄소와 수소의 화합물인 불포화 탄화수소를 공부할 것이다. 아래의 두 화합물을 살펴보자. 에텐(ethene)은 한 개 혹은 그 이상의 탄소–탄소 이중 결합을 가진 탄화수소인 **알켄**(alkene)이다. 에타인(ethyne)은 한 개 혹은 그 이상의 탄소–탄소 삼중 결합을 가진 탄화수소인 **알카인**(alkyne)이다.

알켄 탄소와 탄소 사이에 이중 결합을 가지고 있는 불포화 탄화수소

알카인 탄소와 탄소 사이에 삼중 결합을 가지고 있는 불포화 탄화수소

$$\mathrm{H_2C{=}CH_2} \qquad \mathrm{H{-}C{\equiv}C{-}H}$$

Ethene (알켄) Ethyne (알카인)

아렌(arene)은 불포화 탄화수소의 세 번째 부류이고, 벤젠 화합물로 나타낸다. 어떻게 벤젠은 구조적으로 에텐이나 에타인과 유사한가? 또는 어떻게 다른가? 명확하지는 않으나 한 가지 중요한 차이점은 벤젠과 그 유도체의 화학이 알켄 및 알카인의 화학과는 매우 다르다는 것이다. 9장 전에는 아렌의 화학을 공부하지 않지만, 벤젠 고리를 갖는 많은 화합물을 볼 수 있을 것이다. 이런 점에서 기억해야 할 것은 벤젠 고리는 4장에서 8장까지 설명하는 어떤 조건에서도 화학적으로 반응성이 없다는 것이다. 다시 말해서 벤젠의 파이 결합은 (적어도 9장에 이르기 전까지는) 바뀌지 않고 남아 있을 것이다.

아렌 한 개 이상의 벤젠 고리를 가진 화합물

화학 관련 4A

에틸렌, 식물 성장 조절제

에틸렌은 자연에 매우 적은 양만이 존재한다. 하지만 과학자들은 이 작은 분자가 과일을 자연스럽게 익도록 하는 물질인 것을 발견하였다. 이 지식 덕분에, 과일 생산자들은 과일이 초록색이고 손상에 덜 민감한 상태에서 과일을 수확할 수 있게 되었다. 또 선적하기 위해 과일을 포장할 때에도 생산자들은 과일의 성장을 유도하기 위해서 에틸렌 기체로 처리한다. 에틸렌을 서서히 발생시켜 과일이 익도록 하는 에티폰(ethephon, 상품명: Ethrel)으로 과일을 처리하기도 한다.

Ethephon $Cl-CH_2-CH_2-P(=O)(OH)-OH$

여러분이 다음에 가게에서 익은 바나나를 본다면, 아마도 언제 수확을 하였으며, 인공적으로 익혔는지 아닌지에 대하여 궁금해할 것이다.

문제

"썩은 사과 한 개가 한 통을 망친다."라는 말의 의미를 설명하시오.

비록 C–C 이중 결합을 갖는 벤젠과 다른 아렌의 이중 결합은 4장에서 8장까지 설명하는 어떤 조건에서도 화학적으로 반응성이 없다는 것을 반드시 기억해야 한다(즉 이 장에서는 이들을 반응에서 반응하지 않도록 남겨 둔다).

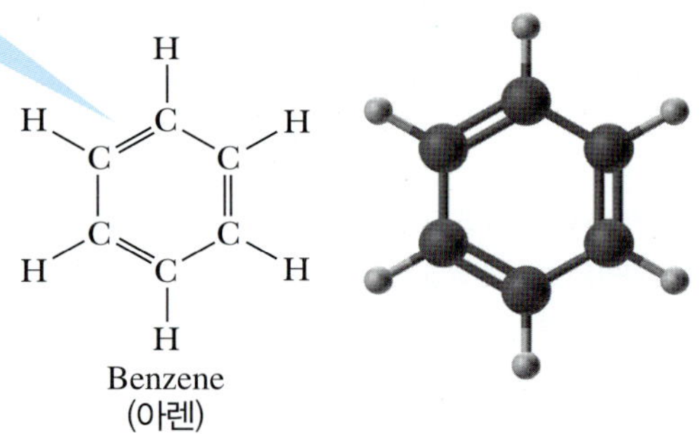
Benzene
(아렌)

탄소–탄소 이중 결합을 갖는 화합물은 자연에 특히 널리 퍼져 있다. 예를 들어 에틸렌은 모든 고등 식물에서 생산된다. 더욱이 에틸렌과 프로펜을 포함한 몇 가지 저분자량 알켄은 산업화된 현대 사회에 대단한 상업적 중요성을 가지고 있다. 유기 화학 산업은 어떤 다른 화합물보다도 에틸렌을 전 세계적으로 많은 양을 생산한다. 미국에서만 연간 생산량이 200억 kg(450억 파운드)이 넘는다.

에틸렌의 특이한 점은 자연에서는 아주 미량 존재한다는 것이다. 화학 산업에서의 필요량을 채우기 위한 막대한 양의 에틸렌은 탄화수소의 열분해에 의해 얻어진다. 많은 양의 천연가스를 보유하고 있는 미국과 세계의 다른 지역에서는 천연가스로부터 추출된 적은 양의 에테인을 열분해하여 에틸렌을 생성한다. **열분해**(thermal cracking)에 의해서 포화 탄화수소는 불포화 탄화수소와 H_2로 전환된다. 800~900℃의 용광로에서 에테인을 가열하여 두 번째 분획을 에틸렌과 수소로 열분해한다.

$$\underset{\text{Ethane}}{CH_3CH_3} \xrightarrow[\text{열분해}]{800\text{~}900°C} \underset{\text{Ethylene}}{CH_2=CH_2} + H_2$$

천연가스의 공급이 제한적인 유럽, 일본, 세계의 다른 지역에서는 에틸렌의 거의 전부를 석유의 열분해로 조달하고 있다.

에틸렌과 에틸렌으로부터 제조되는 모든 상공업 생산품은 천연가스나 석유로부터 얻어지며, 이들은 재생할 수 없는 천연자원이라는 중요한 점을 인식해야 한다.

4.1 알켄과 알카인의 구조와 모양은 무엇인가?

A. 알켄의 모양

원자가 껍질 전자쌍 반발 모형(VSEPR, 1.3절)을 사용해서 이중 결합에서 각 탄소의 결합각이 120°라는 것을 예측할 수 있다. 측정된 에틸렌의 H—C—C 결합각은 121.7°이며, 이 수치는 VSEPR로 예측한 것과 비슷하다. 다른 알켄에서 예측각인 120°를 다소 크게 벗어나는 것은 이중 결합의 탄소 한 개 또는 둘 모두에 결합된 기들 사이의 스트레인 때문이다. 예를 들어 프로펜의 C—C—C 결합각은 124.7°이다.

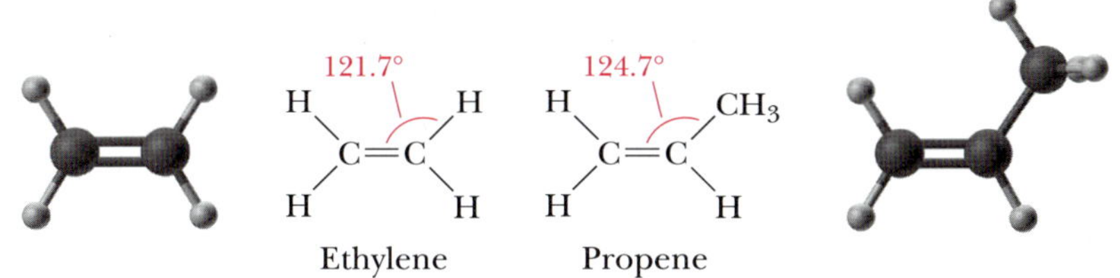

B. 탄소-탄소 이중 결합의 오비탈 겹침 모형

1.6D절에서 원자 오비탈 겹침으로 탄소-탄소 이중 결합 형성을 설명하였다. 탄소-탄소 사이의 이중 결합은 한 개의 시그마 결합과 한 개의 파이 결합으로 구성되어 있다. 에틸렌의 파이 결합을 끊기 위해서는 대략 264 kJ/mol(63 kcal/mol)이 필요하다. 이것은 인접한 탄소들의 2*p* 오비탈 사이의 겹침을 없애기 위해서 한 탄소를 다른 탄소에 대하여 90° 회전하는 것이다(그림 4.1). 이 에너지는 실온에서 얻을 수 있는 열에너지보다 상당히 높은 에너지이다. 따라서 탄소-탄소 이중 결합의 회전은 극도로 제한되어 있다. 탄소-탄소 이중 결합의 회전을 에너지 장벽이 단지 13 kJ/mol인 에테인에 존재하는 탄소-탄소 단일 결합의 회전과 비교해 볼 수 있다(3.6A절).

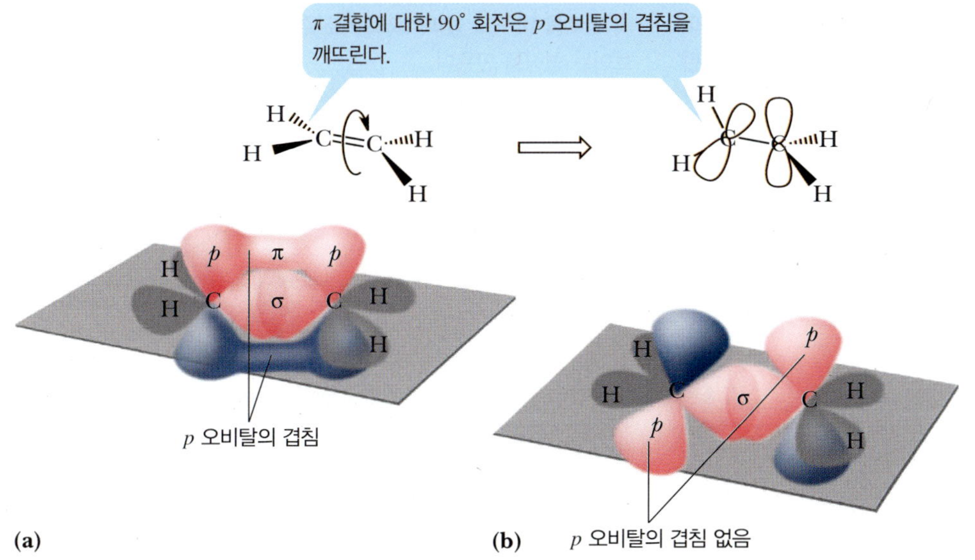

그림 4.1 에틸렌에서 탄소-탄소 이중 결합의 제한된 회전. (a) 파이 결합을 보여 주는 오비탈 겹침 모형. (b) 한 개의 H—C—H 평면이 다른 H—C—H 평면에 대하여 90° 회전함에 의해서 끊어진 파이 결합

C. 알켄의 시스-트랜스 이성질 현상

탄소-탄소의 이중 결합의 제한된 회전 때문에 이중 결합의 각 탄소에 결합된 두 개의 다른 원자단을 가지고 있는 알켄은 **시스-트랜스 이성질 현상**(cis-trans isomerism)을 보인다.

시스-트랜스 이성질 현상 같은 연결 순서를 갖는 원자들을 가지고 있지만, 고리(3장) 또는 탄소-탄소 이중 결합(4장)의 존재 때문에 공간상에서 원자들의 입체 배열이 다른 이성질체

Charles D. Winters

아세틸렌(acetylene)의 연소는 산소 아세틸렌 불꽃의 매우 높은 온도를 만드는 에너지를 생성한다.

cis-2-Butene
mp −139 °C, bp 4 °C

trans-2-Butene
mp −106 °C, bp 1 °C

비결합 상호작용 (입체) 스트레인 때문에 시스-2-뷰텐이 트랜스-2-뷰텐보다 덜 안정하다.

예를 들어 2-뷰텐(2-butene)을 생각해 보자. *cis*-2-뷰텐에서는 두 개의 메틸기가 이중 결합의 같은 쪽에 있지만, *trans*-2-뷰텐에서는 두 개의 메틸기가 이중 결합의 반대쪽에 있다. 이중 결합의 제한된 회전 때문에 이 두 개의 화합물은 실온에서 서로 전환될 수 없다. 이들은 다른 물리적 성질과 화학적 특성을 갖는 서로 다른 화합물이다.

시스 알켄은 시스 이성질체 이중 결합의 같은 쪽에 있는 알킬 치환기들 사이의 비결합 상호작용 스트레인 때문에 트랜스 이성질체보다 덜 안정하다. 이것은 2-뷰텐의 시스와 트랜스 이성질체의 공간 채움 모형에 의해서도 알 수 있다. 이것은 수평 메틸사이클로헥세인(methylcyclohexane)이 수직 메틸사이클로헥세인보다 유리하다는 결과와 같은 종류의 입체 스트레인이다(3.6B절 참조).

화학 관련 4B

눈에 보이는 시스–트랜스 이성질 현상

망막(retina)–우리 눈의 뒷부분에 위치하는 빛 감지층–은 눈에 보이는 안료(visual pigment)라고 하는 붉은색의 화합물을 포함한다. 이들의 이름인 **로돕신**(rhodopsin)은 '장미빛 색상의'라는 뜻을 가진 그리스어에서 유래된다. 각 로돕신 분자는 옵신(opsin)이라고 하는 하나의 단백질 분자와 바이타민의 CH_2OH기가 알데하이드기인 —CHO로 전환되고, 곁가지 사슬의 11번 탄소와 12번 탄소 사이에 이중 결합이 덜 안정한 시스 배열을 가진 바이타민 A의 유도체인 11-시스-레티날 한 분자의 조합이다. 로돕신이 빛에너지를 흡수할 때 덜 안정한 11-시스 이중 결합은 더 안정한 11-트랜스 이중 결합으로 전환된다. 이러한 이성질 현상은 로돕신 분자의 형태를 바꾸고 결과적으로 시신경의 뉴런을 빛나게 하여 눈에 보이는 형상을 만든다.

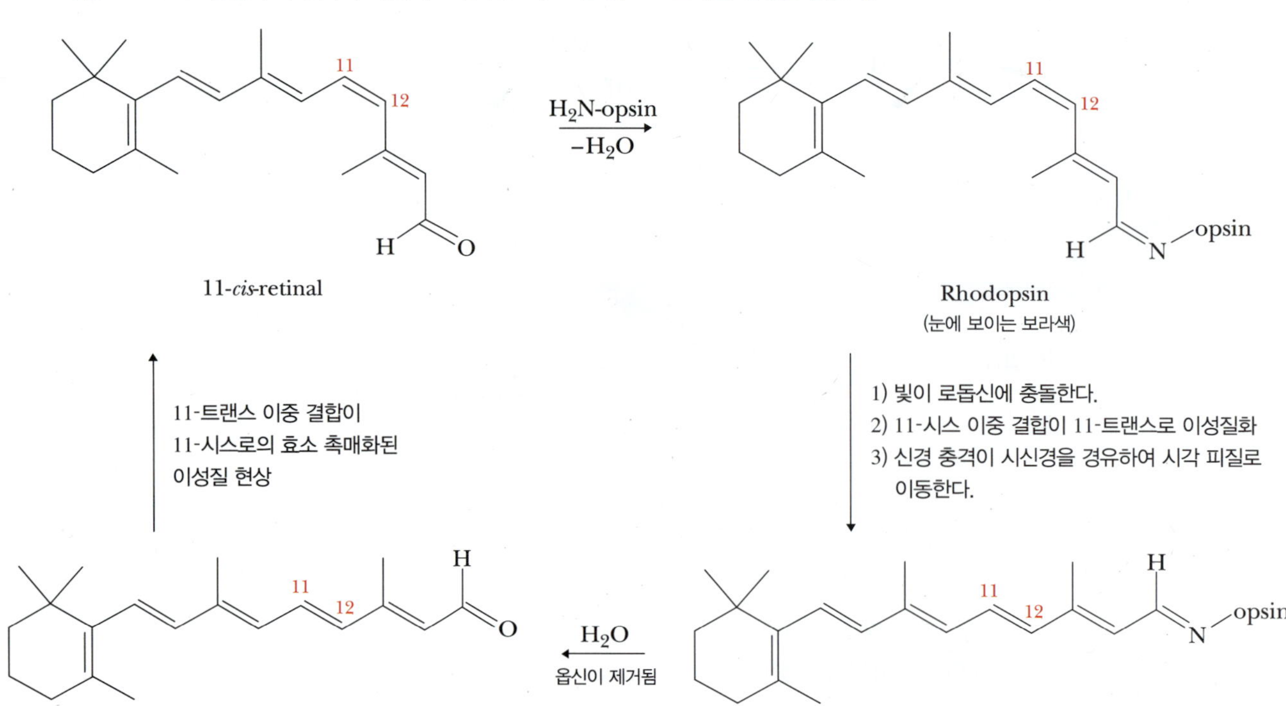

척추동물의 망막은 로돕신을 포함한 두 종류의 세포를 가지고 있다. 간상체(rods)와 추상체(cones)가 그것이다. 추상체는 밝은 빛에서 기능하고 색조 감각에 사용된다. 이들은 **반점**(macula)이라고 하는 망막의 중앙 부분에 집중되어 있고 시력의 가장 큰 부분을 책임지는 역할을 한다. 망막의 나머지 부분은 대부분 주변 시야와 야간 시력에 사용되는 간상체로 구성되어 있다. 11-*cis*-Retinal은 추상체와 간상체 두 부분에 모두 존재한다. 간상체는 한 종류의 옵신을 지니는 반면, 추상체는 하나는 푸른색, 하나는 초록색, 또 다른 하나는 붉은색 색조 감각을 위해 세 종류의 옵신을 가지고 있다.

문제

레티날 곁가지 사슬에 있는 네 개의 트랜스 이중 결합들을 a~d로 표시하였다. (11번 탄소와 12번 탄소 사이의) 이중 결합 c는 신체 내의 효소에 의해 이의 시스 이성질체로 이성질화한다. 만약 이것이 이성질화한다면, 레티날 곁가지 사슬에 있는 다른 세 개의 이중 결합 중 어느 것이 시스 레티날의 가장 불안정한 이성질체를 제공하겠는가? (**힌트**: 입체 스트레인을 생각하시오.)

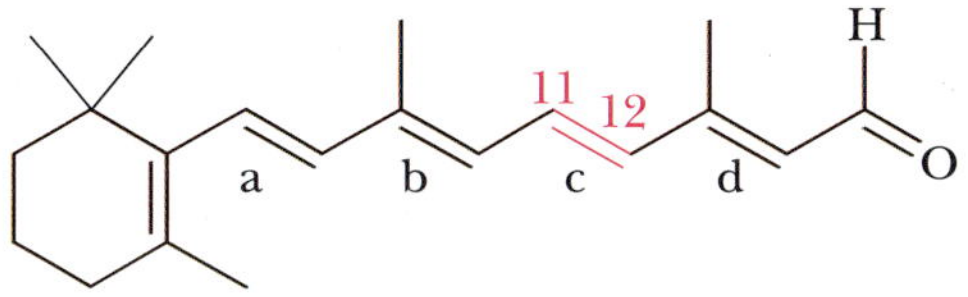

H
11 12
a b c d
O

11-*trans*-retinal

D. 알카인의 구조

알카인의 작용기는 **탄소–탄소 삼중 결합**(carbon–carbon triple bond)이다. 가장 간단한 알카인은 에타인(ethyne, C_2H_2)이다. 에타인은 선형 분자이고, 모든 결합각이 180°이다(그림 1.10).

오비탈 겹침 모형(1.6F절)에 의하면, 삼중 결합은 인접한 탄소들의 *sp* 혼성 오비탈의 겹침으로 시그마 결합을 형성하고, 평행한 $2p_y$ 오비탈의 겹침으로 하나의 파이 결합을 형성하며, 평행한 $2p_z$ 오비탈의 겹침으로 두 번째 파이 결합을 형성한다. 에타인에서 각 탄소는 탄소의 *sp* 혼성 오비탈과 수소의 1s 원자 오비탈의 겹침에 의해서 수소와 결합을 형성한다.

4.2 알켄과 알카인은 어떻게 명명하는가?

알켄은 IUPAC 체계를 사용하여 이름을 정하지만, 이들 중에서 일부는 여전히 일반명이 사용되는 것을 보게 될 것이다.

A. IUPAC명

어미 알케인의 삽입사 **-ane**(-에인)을 **-ene**(-엔)으로 바꿔서 알켄의 IUPAC명을 정한다(3.5절). 따라서 $CH_2{=}CH_2$는 에텐(ethene)으로, $CH_3CH{=}CH_2$는 프로펜(propene)으로 명명한다. 보다 큰 알켄의 경우에는 이중 결합의 위치에 따라서 이성질체가 존재하므로 번호 체계를 사용한다. 이중 결합의 탄소 원자들이 가장 낮은 번호의 조합을 갖도록 하는 이중 결합을 포함하는 가장 긴 탄소 사슬로 번호를 정한다. 그런 다음 이중 결합의 위치를 나타내는 처음 탄소의 번호를 정한다. 알케인의 경우와 마찬가지로 가지 또는 치환된 알켄의 이름을 정한다(3.3절). 탄소 원자에 번호를 붙이고, 이중 결합의 위치를 결정한 후 치환기의 위치와 이름을 붙이고 나서 주사슬의 이름을 정한다.

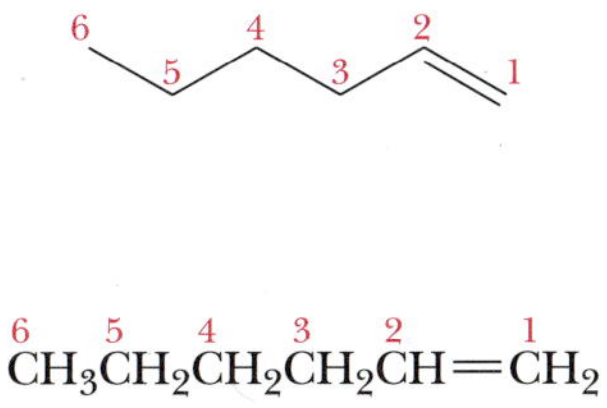

6 5 4 3 2 1
$CH_3CH_2CH_2CH_2CH{=}CH_2$

1-Hexene

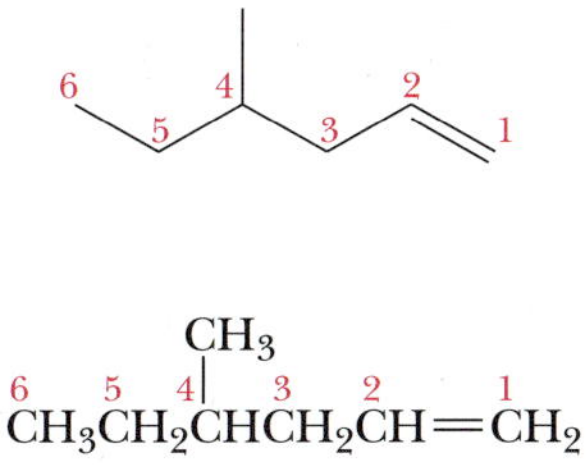

6 5 4 3 2 1
$CH_3CH_2CHCH_2CH{=}CH_2$ (C4에 CH_3)

4-Methyl-1-hexene

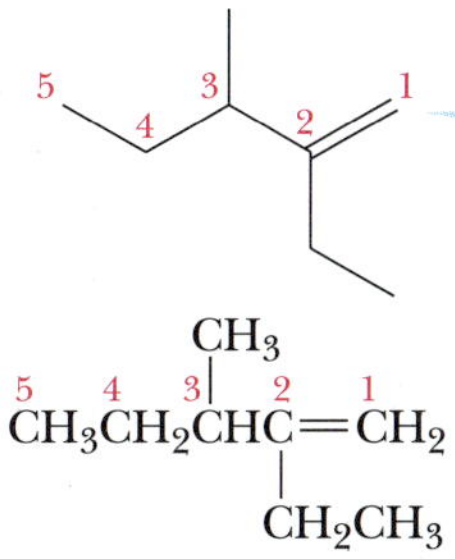

5 4 3 2 1
$CH_3CH_2CHC{=}CH_2$ (C3에 CH_3, C2에 CH_2CH_3)

2-Ethyl-3-methyl-1-pentene

알켄을 명명할 때 비록 C=C 결합을 포함하지 않는 다른 사슬이 더 길다고 하더라도 전체 C=C 결합을 포함하는 가장 긴 탄소 사슬이 어미 사슬이다.

2-에틸-3-메틸-1-펜텐에는 6개의 탄소 원자가 있음에 주목하라. 그러나 탄소–탄소 이중 결합을 포함하는 가장 긴 사슬은 5개의 탄소만을 가지고 있어, 어미 탄화수소는 펜테인이다. 따라서 분자는 이 치환된 1-펜텐으로 이름을 정한다.

어미 알케인의 삽입사 **-ane**(-에인)을 **-yne**(-아인)로 바꿔서 알카인의 IUPAC명을 정한다(3.5절). 따라서 HC≡CH는 에타인으로, $CH_3C{\equiv}CH$는 프로파인으로 명명한다. IUPAC 체계에서 **아세틸렌**(acetylene)은 유지된다. 그러므로 HC≡CH는 **에타인**(ethyne)과 **아세틸렌**(acetylene)의 두 가지 공인된 이름이 있다. 이 두 이름 중에서 **아세틸렌**(acetylene)이 훨씬 더 자주 쓰인다. 보다 큰 분자에 있어서는 가장 낮은 번호의 조합을 갖는 삼중 결합된 탄소의 끝에서부터 삼중 결합을 포함한 가장 긴 탄소 사슬로 번호를 정한다. 삼중 결합의 처음 탄소에 번호를 정해서 삼중 결합의 위치를 나타낸다.

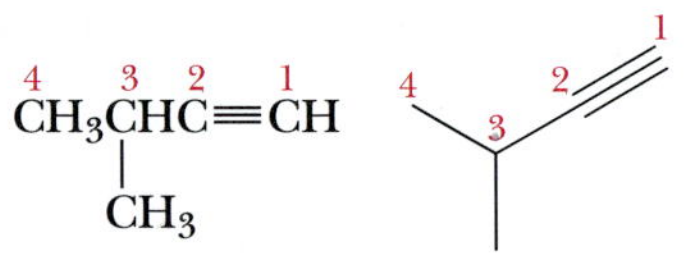

$\overset{4}{C}H_3\overset{3}{C}H(CH_3)\overset{2}{C}{\equiv}\overset{1}{C}H$

3-Methyl-1-butyne

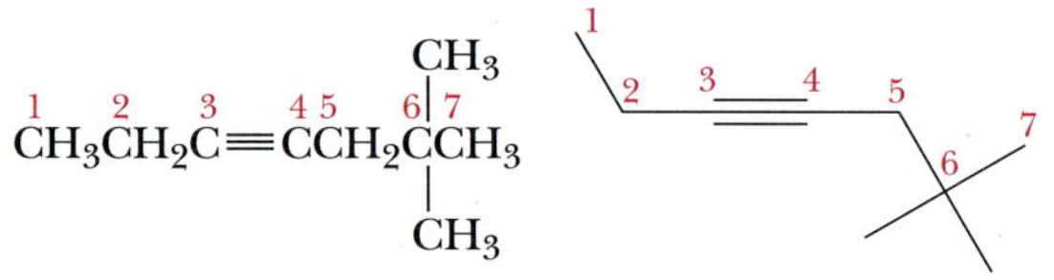

$\overset{1}{C}H_3\overset{2}{C}H_2\overset{3}{C}{\equiv}\overset{4}{C}\overset{5}{C}H_2\overset{6}{C}(CH_3)_2\overset{7}{C}H_3$

6,6-Dimethyl-3-heptyne

예제 4.1

각 불포화 탄화수소의 IUPAC명을 쓰시오.

(a) $CH_2{=}CH(CH_2)_5CH_3$ **(b)** $(CH_3)_2C{=}C(CH_3)H$ **(c)** $CH_3(CH_2)_2C{\equiv}CCH_3$

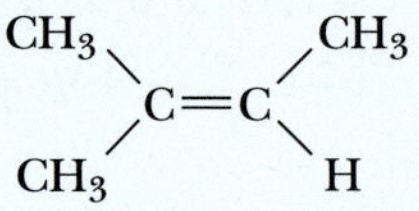

전략

먼저 다중 결합을 가진 가장 긴 탄소 사슬을 찾으라. 이 사슬이 기본명을 결정한다. 가능한 한 가장 낮은 일련번호를 갖는 다중 결합 위치를 갖도록 탄소 사슬에 번호를 붙여라. 그런 후에 치환기를 확인하고 이름과 번호를 붙여라. 다중 결합의 첫 번째 탄소에 번호를 부여하여 다중 결합의 위치를 정하라.

풀이

(a) 1-Octene **(b)** 2-Methyl-2-butene **(c)** 2-Hexyne

문제 4.15~4.20 참조

문제 4.1

각 불포화 탄화수소의 IUPAC명을 쓰시오.

(a) **(b)** 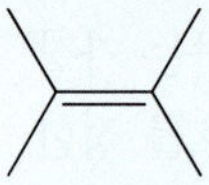 **(c)** 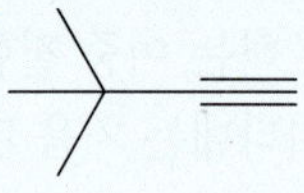 **(d)** 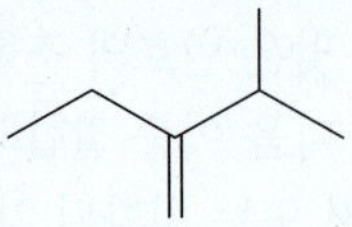 **(e)**

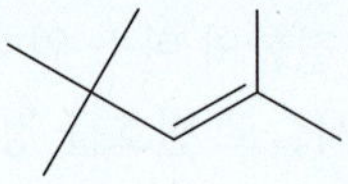

B. 일반명

정확하고 전반적으로 인정되는 IUPAC 명명법이 있음에도 불구하고, 일부 알켄(특히 분자량이 작은 알켄들)은 다음 알켄들에서처럼 거의 전부 이들의 일반명으로 알려져 있다.

	$CH_2{=}CH_2$	$CH_3CH{=}CH_2$	$CH_3C(CH_3){=}CH_2$
IUPAC명:	Ethene	Propene	2-Methylpropene
일반명:	Ethylene	Propylene	Isobutylene

더욱이 일반명인 **메틸렌**(methylene, CH_2기), **바이닐**(vinyl), **알릴**(allyl)은 다음 알켄일기의 존재를 나타내는 데 자주 사용된다.

알켄일기	일반명	예	일반명
$CH_2{=}CH-$	Vinyl	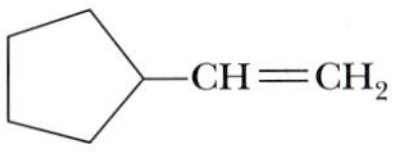 cyclopentane–$CH{=}CH_2$	Vinylcyclopentane
$CH_2{=}CHCH_2-$	Allyl	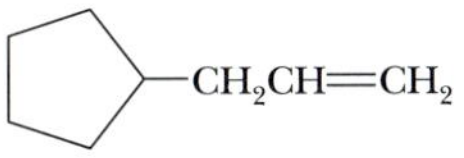 cyclopentane–$CH_2CH{=}CH_2$	Allylcyclopentane
$CH_2{=}$	Methylene	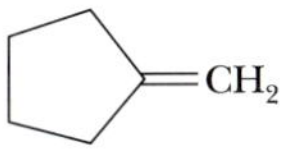 cyclopentane$={CH_2}$	Methylenecyclopentane

C. 알켄의 입체 배열을 정하는 체계

시스-트랜스 체계

이 치환된 알켄의 입체 배열을 정하는 가장 일반적인 방법은 접두어 **시스**(*cis*)와 **트랜스**(*trans*)를 사용하는 것이다. 이 체계에 있어서, 어미 사슬 원자들의 방향은 알켄이 시스인지, 트랜스인지를 결정한다. 다음은 4-메틸-2-펜텐의 시스와 트랜스 이성질체의 구조식이다.

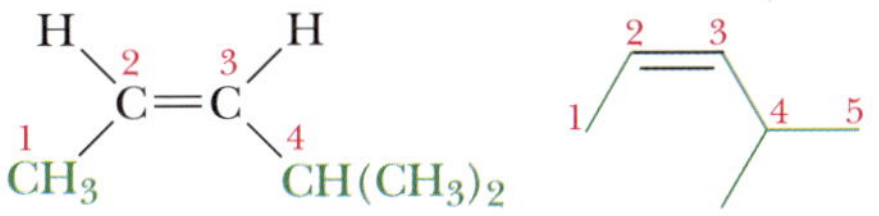

cis-4-Methyl-2-pentene

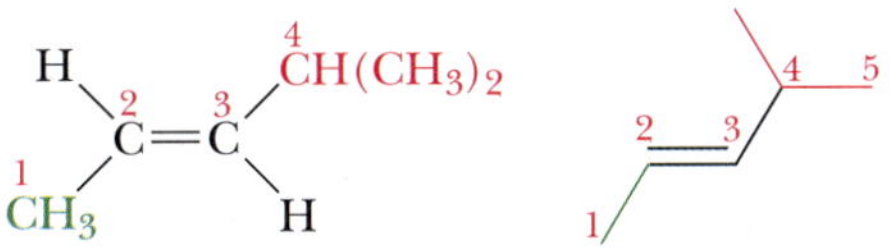

trans-4-Methyl-2-pentene

시스인 경우는 주사슬의 탄소 원자(탄소 1과 4)들이 이중 결합의 같은 방향에 있다. 트랜스인 경우는 주사슬의 같은 탄소 원자들이 이중 결합의 반대 방향에 놓여 있다.

예제 4.2

각 알켄의 이름을 말하고, 시스-트랜스 체계를 사용해서 각 이중 결합의 입체 배열을 나타내시오.

(a)

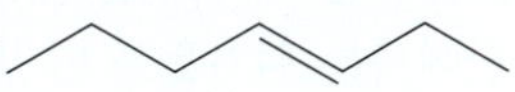

(b)

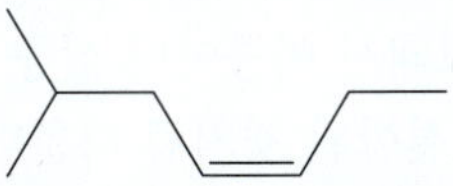

전략

다중 결합을 가진 가장 긴 탄소 사슬을 찾아내고, 다중 결합의 탄소 원자에 더 낮은 일련번호를 부여하도록 하는 끝에서부터 번호를 붙여라. 다중 결합의 첫 번째 탄소 원자의 번호로 다중 결합의 위치를 나타내라. 일반명에서 탄소-탄소 이중 결합 시스 혹은 트랜스의 입체 배열은 어미 사슬 탄소 원자들의 각각의 상대적인 배향에 따라 결정된다. 만약 여러분이 탄소 원자들의 배향을 인식하는 것에 어려움이 있다면, C=C 결합에 수소 원자들을 그리고, 각각에 상대적인 이들의 배향을 결정하라.

풀이

(a) 사슬은 7개의 탄소 원자로 되어 있고, 이중 결합의 첫 번째 탄소에서부터 낮은 번호를 붙여서 번호를 매긴다. 어미 사슬의 탄소 원자들은 이중 결합의 반대쪽에 있다. 이 화합물의 이름은 ***trans*-3-heptene**이다.

(b) 가장 긴 사슬은 7개의 탄소로 되어 있으며, 오른쪽부터 번호가 매겨져서 이중 결합의 첫 번째 탄소는 사슬의 3번 탄소이다. 어미 사슬의 탄소 원자들은 이중 결합의 같은 쪽에 있다. 이 화합물의 이름은 ***cis*-6-methyl-3-heptene**이다.

문제 4.21, 4.22 참조

문제 4.2

각 알켄의 이름을 말하고, 시스-트랜스 체계를 사용해서 그것의 입체 배열을 나타내시오.

(a)

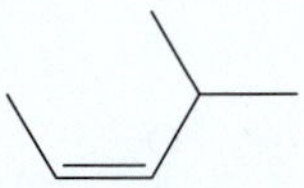

(b)

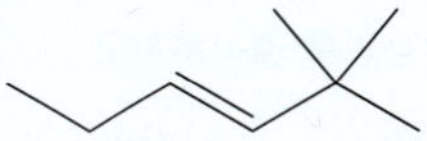

E,Z 체계

E,Z 체계 탄소–탄소 이중 결합에서 기들의 입체 배열을 구별하는 데 사용되는 체계

Z 독일어 *zusammen*에서 유래됨, '함께'를 뜻함. 이중 결합 탄소에 높은 우선순위의 기들이 같은 쪽에 있는 것을 말한다.

E 독일어 *entgegen*에서 유래됨, '반대'를 뜻함. 이중 결합 탄소에 높은 우선순위의 기들이 반대쪽에 있는 것을 말한다.

E,Z 체계(E,Z system)는 세 개 및 네 개가 치환된 알켄에 사용되어야 한다. 이 체계는 이중 결합 각 탄소의 치환기들에 우선순위를 부여하기 위한 일련의 규칙을 사용한다. 높은 우선순위의 기가 이중 결합의 같은 쪽에 있다면, 알켄의 입체 배열은 Z(독일어: *zusammen*, 함께)이다. 높은 우선순위의 기가 이중 결합의 반대쪽에 있다면, 그 입체 배열은 E(독일어: *entgegen*, 반대)이다.

높음 높음 / C=C / 낮음 낮음
Z (*zusammen*)

높음 낮음 / C=C / 낮음 높음
E (*entgegen*)

이중 결합에 E나 Z의 입체 배열을 부여하는 첫 번째 단계는 우선순위에 따라 각 탄소에 결합되어 있는 두 기를 분류하는 것이다.

우선순위 규칙

1. 우선순위는 원자 번호에 기초한다. 원자 번호가 높으면 우선순위가 높다. 다음은 우선순위가 증가하는 순서로 정리된 몇 가지 치환기들이다(우선순위를 결정하는 원자의 원자 번호를 괄호에 표시하였다).

$$\underset{(1)}{-H},\ \underset{(6)}{-CH_3},\ \underset{(7)}{-NH_2},\ \underset{(8)}{-OH},\ \underset{(16)}{-SH},\ \underset{(17)}{-Cl},\ \underset{(35)}{-Br},\ \underset{(53)}{-I}$$

우선순위 증가 →

2. 만약 이중 결합에 직접 결합된 원자에 기초하여 우선순위가 부여될 수 없다면, 다음 원자를 보고 우선순위가 부여될 수 있을 때까지 계속하라. 우선순위는 순위가 다른 첫 번째 위치에서 부여된다. 다음은 우선순위가 증가하는 순서로 정렬된 기의 순서이다(또 괄호의 숫자는 우선순위에 따라 부여된 원자의 원자수를 의미한다).

$$-CH_2-\underset{(1)}{H}\quad -CH_2-\underset{(6)}{CH_3}\quad -CH_2-\underset{(7)}{NH_2}\quad -CH_2-\underset{(8)}{OH}\quad -CH_2-\underset{(17)}{Cl}$$

우선순위 증가 →

3. sp^3 혼성이 아닌 탄소들을 비교하기 위해서, 탄소들은 그것들에 결합된 기의 수를 최대화하는 방법으로 다루어져야 한다. 그래서 이중이나 삼중 결합에 참여하는 원자들을 단일 결합에서와 비슷한 원자의 당량수로 결합된 것처럼 다룬다. 즉 이중 결합의 원자들이 복제된다. 따라서 다음과 같다.

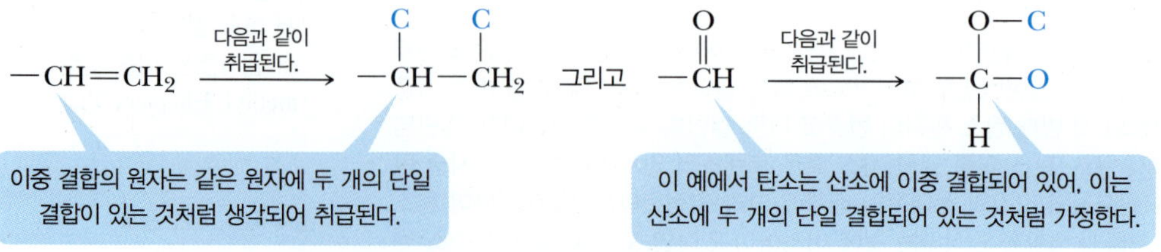

$-CH=CH_2$ —다음과 같이 취급된다.→ $-\underset{}{CH}(C)-CH_2(C)$ 그리고 $-\overset{O}{\overset{\|}{C}}H$ —다음과 같이 취급된다.→ $-C(O-C)(O)(H)$

이중 결합의 원자는 같은 원자에 두 개의 단일 결합이 있는 것처럼 생각되어 취급된다.

이 예에서 탄소는 산소에 이중 결합되어 있어, 이는 산소에 두 개의 단일 결합되어 있는 것처럼 가정한다.

예제 4.3

각 조합의 기의 우선순위를 결정하시오.

(a) $-\overset{O}{\overset{\|}{C}}OH$와 $-\overset{O}{\overset{\|}{C}}H$ **(b)** $-CH_2NH_2$와 $-\overset{O}{\overset{\|}{C}}OH$

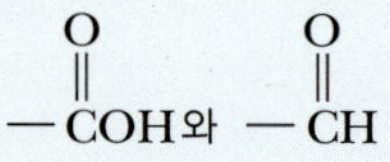

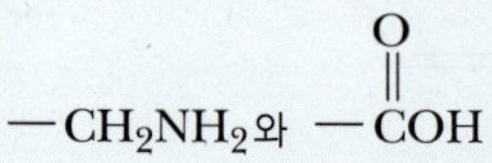

전략

우선순위는 원자 번호에 기초한다. 원자 번호가 높으면 우선순위가 높다. 만약 탄소–탄소 이중 결합에 직접 결합된 원자에 기초하여 우선순위가 부여될 수 없다면, 다음 원자를 보고 우선순위가 부여될 수 있을 때까지 이 과정을 계속하라.

풀이

(a) 첫 번째 다른 점은 카복실기에는 —OH의 산소가 있다는 것인데, 알데하이드기의 —H와 비교한다. 카복실기는 우선순위가 더 높다.

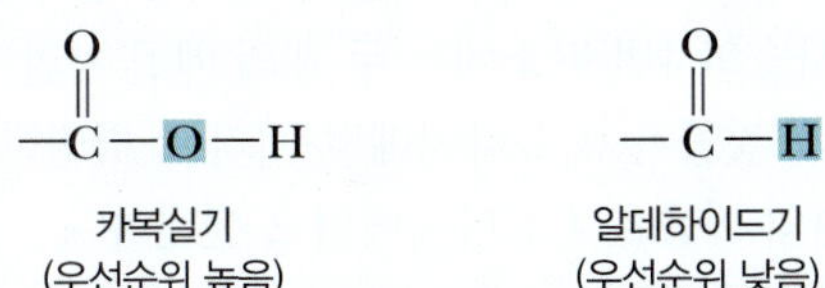

카복실기 (우선순위 높음) 알데하이드기 (우선순위 낮음)

(b) 산소는 질소보다 높은 우선순위(높은 원자 번호)를 갖는다. 그러므로 카복실기는 일차 아미노기보다 높은 우선순위를 갖는다.

$—CH_2NH_2$ 우선순위 낮음

$—\overset{O}{\overset{\|}{C}}OH$ 우선순위 높음

문제 4.23, 4.27, 4.28, 4.32 참조

예제 4.4

각 알켄의 이름을 말하고 E,Z 체계에 의한 배열을 서술하시오.

(a) $(H)(CH_3)C{=}C(CH_3)(CH(CH_3)_2)$ **(b)** $(Cl)(CH_3)C{=}C(H)(CH_2CH_3)$

전략

탄소–탄소 이중 결합에서 각 원자나 원자단의 우선순위를 정하라. 높은 우선순위의 기들이 이중 결합의 같은 쪽에 있다면, 알켄은 Z 배열을 갖는다. 그것들이 반대쪽에 있다면, 알켄은 E 배열을 갖는다.

풀이

(a) 2번 탄소의 높은 우선순위 기는 methyl이고, 3번 탄소의 높은 우선순위 기는 isopropyl이다. 높은 우선순위 기들이 탄소–탄소 이중 결합의 같은 쪽에 있기 때문에 이 알켄은 Z 배열을 갖는다. 그것의 이름은 (Z)-3,4-dimethyl-2-pentene이다.

(b) 2번과 3번 탄소의 높은 우선순위 기들은 —Cl과 $—CH_2CH_3$이다. 이 기들은 이중 결합의 반대쪽에 있기 때문에 이 알켄의 배열은 E이며, 그것의 이름은 (E)-2-chloro-2-pentene이다.

문제 4.23, 4.27, 4.28, 4.32 참조

문제 4.3

각 알켄의 이름을 말하고, E, Z 체계에 의한 배열을 서술하시오.

(a) Cl **(b)** Cl Br **(c)** **(d)**

D. 사이클로알켄의 명명

사이클로알켄(cycloalkene)의 명명에서는 처음 나타나는 치환기에 작은 번호를 붙이는 방향으로 고리 이중 결합의 탄소 원자에 1과 2의 번호를 매긴다. 그리고 다음 화합물들처럼 치환기들을 명명하고 위치를 나타내고, 그것들을 알파벳 순서로 배열한다.

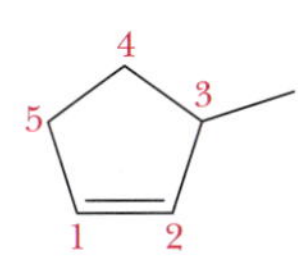

3-Methylcyclopentene
(5-Methylcyclopentene이 아님)

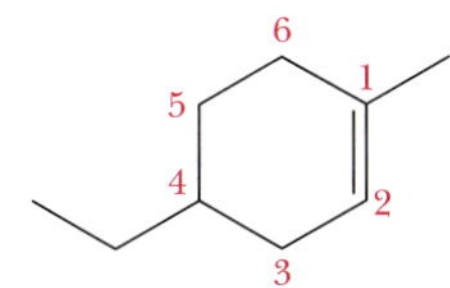

4-Ethyl-1-methylcyclohexene
(5-Ethyl-2-methylcyclohexene이 아님)

해결방법 4.1 알켄의 명명

알켄을 어떻게 명명하는지의 예로서, 선-각 구조로 그려진 다음의 알켄을 생각해 보자.

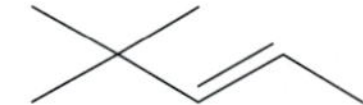

1. **작용기를 가진 탄소 원자의 가장 긴 사슬인 어미 사슬을 결정하라.**
이 예에서는 어미 사슬이 5개의 탄소 원자를 갖고 있으며, 이치환 펜텐 화합물을 만든다.

2. **이중 결합의 탄소 원자가 낮은 번호가 되는 끝에서부터 어미 사슬에 번호를 매긴다.**
이 예에서 어미 사슬은 이치환 2-펜텐이다.

알켄에 번호를 붙일 때 C=C 결합이 어떠한 알킬 치환기보다 우선순위에 있다.

(1 2 3 4 5 이 아님)

3. **어미 사슬에서 치환기의 이름과 위치를 정하라.**
어미 사슬의 4번 탄소에는 두 개의 메틸 치환기가 있는데, 그것들은 4,4-다이메틸-이라고 명명한다. 여기까지의 이름은 4,4-다이메틸-2-펜텐이다.

4. **분자가 시스-트랜스 이성질 현상을 보이는지를 결정하라. 만약 그렇다면, 시스-트랜스나 E,Z 체계를 사용하여 이의 배열을 나타내시오.**
이 예에서, 분자는 시스-트랜스 이성질 현상을 보이고, 이중 결합은 트랜스 배열을 갖는다. 그러므로 IUPAC명은 *trans*-4,4-다이메틸-2-펜텐이다.
이중 결합 위치 표시가 방금 주어진 이름처럼 어미명 이전에 혹은 *trans*-4,4-다이메틸펜트-2-엔에서처럼 이중 결합을 나타내는 삽입사 바로 전에 놓여질 수 있음을 명심하라.

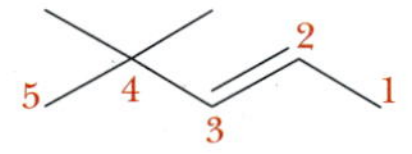

***trans*-4,4-Dimethyl-2-pentene**
혹은
***trans*-4,4-Dimethylpent-2-ene**
혹은
(*E*)-4,4-Dimethyl-2-pentene

예제 4.5

각 사이클로알켄의 IUPAC명을 쓰시오.

(a)

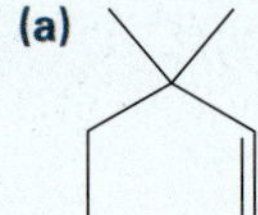

(b)

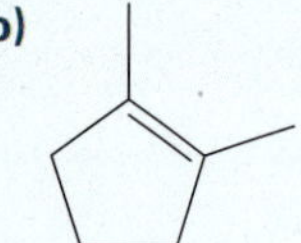

(c)

전략

사이클로알켄의 어미명은 같은 수의 탄소 원자를 가진 알켄의 이름으로부터 생겨난다(즉 6개의 탄소를 가진 사이클로알켄은 '사이클로헥센'의 어미명을 사용한다). 처음 만나는 치환체가 낮은 번호가 되는 방향으로 고리 탄소 원자에 1과 2의 번호를 매겨라. 마지막으로 모든 치환기의 이름과 번호를 붙이고, 그것들을 알파벳 순서로 배열하라.

풀이

(a) 3,3-Dimethylcyclohexene
(b) 1,2-Dimethylcyclopentene
(c) 4-Isopropyl-1-methylcyclohexene

문제 4.15~4.20 참조

문제 4.4

각 사이클로알켄의 IUPAC명을 쓰시오.

(a)

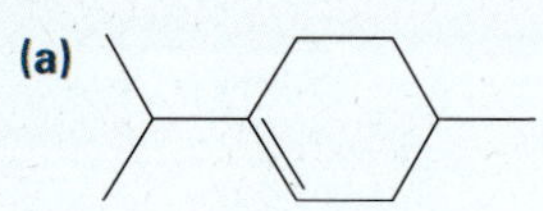

(b)

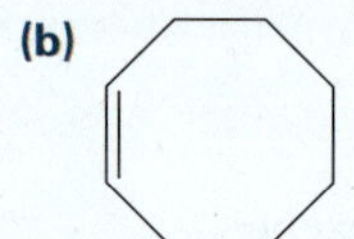

(c)

(d)

E. 사이클로알켄의 시스-트랜스 이성질 현상

다음은 네 가지의 사이클로알켄의 구조식이다.

Cyclopentene Cyclohexene Cycloheptene Cyclooctene

이 구조식들에서 각각의 이중 결합의 배열은 시스(*cis*)이다. 각 스트레인 때문에 7개 또는 더 작은 수의 탄소를 갖는 사이클로알켄은 트랜스(*trans*) 배열을 갖는 것이 불가능하다. 지금까지는 *trans*-사이클로옥텐이 순수한 형태로 제조되고 상온에서 안정한 가장 작은 *trans*-사이클로알켄이다. 그러나 이 *trans*-사이클로알켄조차도 상당한 분자 내 스트레인이 있다. *cis*-사이클로옥텐은 그것의 트랜스 이성질체보다 38 kJ/mol(9.1 kcal/mol) 더 안정하다.

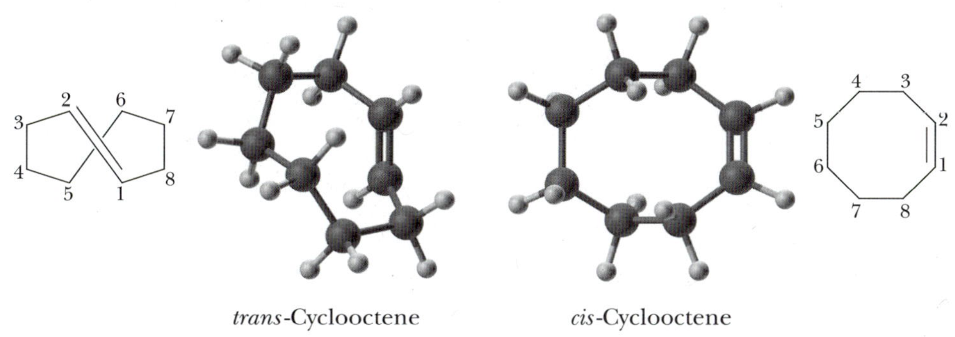
trans-Cyclooctene *cis*-Cyclooctene

F. 다이엔, 트라이엔, 폴리엔

이중 결합이 한 개보다 많은 알켄을 알카다이엔(alkadiene), 알카트라이엔(alkatriene) 등으로 부른다. 여러 개의 많은 이중 결합을 가진 것들을 일반적으로 폴리엔(그리스어: *poly*, 많은)이라고 한다. 다음은 다이엔의 세 가지 예이다.

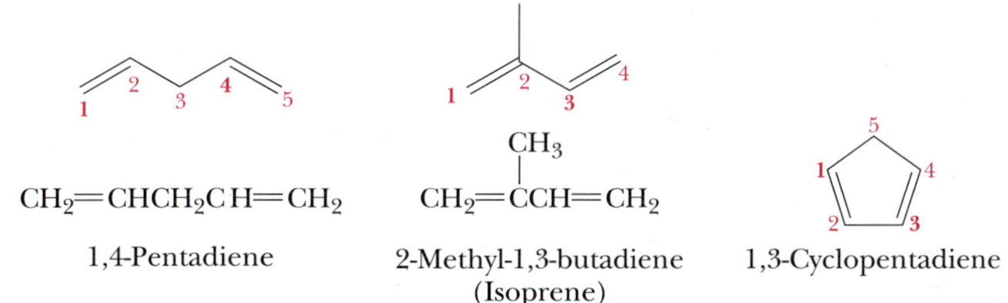

1,4-Pentadiene 2-Methyl-1,3-butadiene (Isoprene) 1,3-Cyclopentadiene

G. 다이엔, 트라이엔, 폴리엔의 시스-트랜스 이성질 현상

이제까지는 단지 한 개의 탄소-탄소 이중 결합만을 가진 알켄에서의 시스-트랜스 이성질 현상을 고려하였다. 시스-트랜스 이성질 현상을 보이는 한 개의 탄소-탄소 이중 결합을 가진 알켄에서는 두 개의 시스-트랜스 이성질체가 가능하다. *n*개의 탄소-탄소 이중 결합을 갖는 알켄에서 그것들 각각은 시스-트랜스 이성질 현상을 보일 수 있으며, 최대 $\mathbf{2^n}$개의 시스-트랜스 이성질체가 가능하다.

바이타민 A는 수많은 *E-Z* 이성질체가 가능한 생물학적으로 중요한 화합물이다. 이 화합물에는 치환된 사이클로헥센 고리에 결합된 탄소 원자들 사슬에 네 개의 탄소-탄소 이중 결합이 있으며, 각각은 *E-Z* 이성질 현상의 가능성이 있다. 따라서 이 구조식에는 2^4=16개의 *E-Z* 이성질체가 가

예제 4.6

2,4-Heptadiene은 몇 개의 시스–트랜스 이성질체가 가능한가?

전략

어떤 탄소–탄소 이중 결합이 시스–트랜스 이성질 현상을 보일 수 있는지 결정하라. 가능한 시스–트랜스 이성질체의 수는 2^n개이다. n은 이러한 형태의 이성질 현상을 보일 수 있는 이중 결합의 수이다.

풀이

이 분자는 두 개의 탄소–탄소 이중 결합을 가지고 있으며, 각각은 시스–트랜스 이성질 현상을 보인다. 다음 표에서처럼 $2^2 = 4$개의 시스–트랜스 이성질체가 가능하다(표의 오른쪽에 이 두 이성질체의 선–각 구조식이 있다).

이중 결합	
$C_2—C_3$	$C_4—C_5$
trans	*trans*
trans	*cis*
cis	*trans*
cis	*cis*

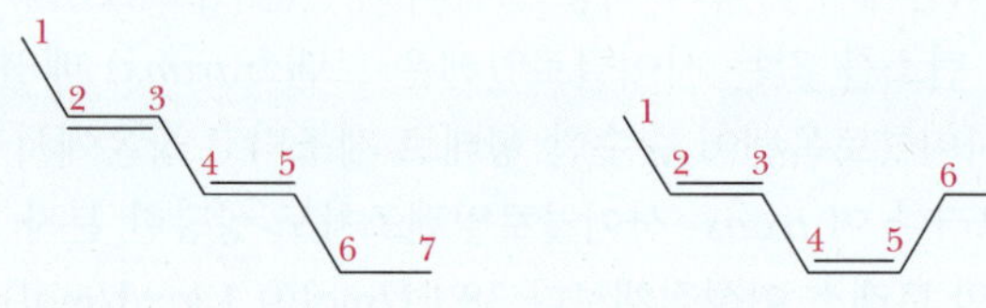

trans,trans-2,4-Heptadiene *trans,cis*-2,4-Heptadiene

문제 4.36 참조

문제 4.5

2,4-Heptadiene의 다른 두 개의 시스–트랜스 이성질체 구조식을 그리시오.

예제 4.7

다음 불포화 알코올의 가능한 모든 *E*-*Z* 이성질체를 그리시오.

$$CH_3C(CH_3){=}CHCH_2CH_2C(CH_3){=}CHCH_2OH$$

전략

E-*Z* 이성질 현상을 나타내는 C—C 이중 결합의 수 n을 확인하라. 가능한 *E*-*Z* 이성질체의 개수는 2^n과 같을 것이다. 두 개의 동일한 기와 결합한 알켄 탄소는 *E*-*Z* 이성질 현상을 나타내지 않는다.

풀이

E-*Z* 이성질 현상은 사슬의 2번과 3번 탄소 사이의 이중 결합에서만 가능하다. 다른 이중 결합에서는 불가능한데, 그 이유는 7번 탄소가 동일한 두 개의 기를 가지고 있기 때문이다. 그래서 $2^1 = 2$개의 *E*-*Z* 이성질체가 가능하다.

Z 이성질체 *E* 이성질체

제라니올(geraniol)이라는 이름을 가진 이 알코올의 *E* 이성질체는 장미, 시트로넬라(citronella), 레몬그래스(lemongrass) 기름의 주요 성분이다.

문제 4.36 참조

문제 4.6

다음 불포화 알코올에는 몇 개의 *E*-*Z* 이성질체가 가능한가?

$$CH_3C(CH_3){=}CHCH_2CH_2C(CH_3){=}CHCH_2CH_2C(CH_3){=}CHCH_2OH$$

능하다. 바이타민 A는 전체가 E 이성질체이다. 바이타민 A의 효소 촉매 산화 반응은 1차 하이드록실기를 알데하이드의 카보닐기로 변환시켜서 바이타민의 생물학적으로 활성화된 형태인 레티날(retinal)을 제공한다.

1차 하이드록실기가 알데하이드의 카보닐기로 변환된다.

OH → (효소 촉매 산화 반응) → O, H

바이타민 A(retinol) 바이타민 A 알데하이드(retinal)

4.3 알켄과 알카인의 물리적 성질은 무엇인가?

알켄과 알카인은 무극성 화합물이며, 그 분자들 사이의 인력은 분산력뿐이다(3.8B절). 그래서 이들의 물리적 성질은 같은 탄소 골격을 가진 알케인(3.8절)과 유사하다. 상온에서 액체인 알켄과 알카인은 1.0 g/mL보다 작은 밀도를 가지고 있으므로 물보다 밀도가 낮다. 알케인처럼 알켄과 알카인은 무극성이며, 각각 서로에 녹는다. 또 물과 반대 극성이므로 물에 용해되지 않으며, 물이나 에탄올과 같은 다른 극성 유기 용매와 혼합하였을 때 두 개의 층을 이룬다.

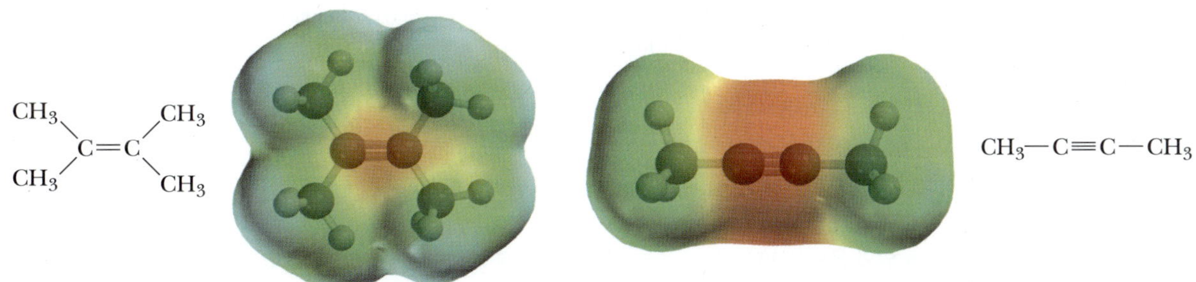

테트라메틸에틸렌(tetramethylethylene)과 다이메틸아세틸렌(dimethylacetylene). 두 물질 모두 탄소–탄소 이중 결합과 탄소–탄소 삼중 결합이 높은 전자 밀도 위치에 있으므로 화학 반응의 위치에 있다.

예제 4.8

1-Nonene이 다음 화합물에 첨가되면 어떤 일이 일어나는지를 설명하시오.

(a) 물 **(b)** 8-Methyl-1-nonyne

전략

먼저 용매와 용질의 극성도를 결정하라. 그리고 "같은 물질은 같은 물질을 녹인다."라는 일반론을 적용하라.

풀이

(a) 1-Nonene은 알켄이므로 무극성이다. 그것은 물과 같은 극성 용매에 녹지 않는다. 물과 1-nonene은 두 개의 층을 형성하는데, 높은 밀도를 가진 물은 아래층에 있고, 1-nonene은 위층에 있게 될 것이다.

(b) 알켄과 알카인은 모두 무극성이기 때문에 서로에 녹을 것이다.

화학 관련 4C

식물은 왜 아이소프렌을 방출하는가?

Virginia의 Blue Ridge, 자메이카의 Blue Mountain Peak, 호주의 Blue Mountain과 같은 이름들은 여름 동안에 숲이 있는 언덕에 걸쳐 있는 푸른빛의 안개를 연상시킨다. 1950년대 이 안개에는 아이소프렌이 농축되어 있음이 발견되었으며, 이것은 아이소프렌이 생각하는 것보다 대기 중에 훨씬 더 풍부하다는 것을 의미한다. 이 안개는 아이소프렌과 다른 탄화수소들의 광산화에 의해 생성된 에어로졸이 빛을 산란하여 나타나게 된다. 과학자들은 현재 지구상에서 식물에 의한 아이소프렌 방출량은 3×10^{11} kg/년(3.3×10^8 ton/년)으로 추정하고 있으며, 이것은 광합성으로 생성되는 모든 탄소의 약 2%에 해당한다.

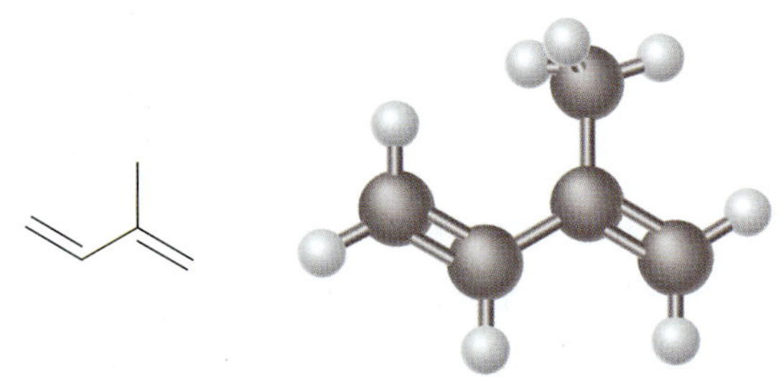

Atlanta 지역의 탄화수소 방출량에 대한 최근 연구는 식물에서 유도된 아이소프렌이 전체의 대략 60%로 계산되며, 지금까지 식물이 가장 많은 탄화수소의 발생체라는 것을 밝혀내었다.

식물은 왜 다양한 천연물을 합성할 때 아이소프렌을 이용하기보다는 오히려 대기 중에 매우 많은 양을 방출하는가? Wisconsin 대학교의 식물 생리학자인 Tom Starkey는 아이소프렌의 방출이 온도에 극히 민감하다는 것을 발견하였다. 20°C에서 성장하는 식물들은 아이소프렌을 방출하지 않지만, 이들 잎의 온도가 30°C에 이르면 아이소프렌을 방출하기 시작한다. 어떤 식물에 있어서 아이소프렌 방출은 잎의 온도가 10°C 상승함에 따라 10배 정도 증가할 수 있다. Starkey는 비토착성이고 공격적인 넝쿨인 칡나무 잎에서 온도에 의한 잎의 손상과 아이소프렌 농도의 관계를 연구하였다. 클로로필의 파괴를 측정하여, 잎의 손상이 아이소프렌이 없는 37.5°C에서 일어나기 시작하여 아이소프렌이 있는 45°C에서 손상이 진행되는 것을 발견하였다. Starkey는 아이소프렌이 잎의 막에 녹아 있고 어느 정도는 열적 긴장에 견딜 수 있다고 추측하였다. 아이소프렌은 빠르게 만들어지고 빠르게 잃어버리기 때문에, 이것의 농도는 하루 종일 온도와 연관이 있다.

Smoky 산의 안개는 아이소프렌과 다른 탄화수소들의 광산화에 의해 생성된 에어로졸이 빛을 산란하여 나타나게 된다.

문제

화학 관련의 정보를 바탕으로 잎 세포막의 물리적 성질에 관해 무엇을 추론할 수 있는가?

4.4 왜 1-알카인(말단 알카인)은 약산인가?

알카인의 화학과 알켄 그리고 알케인의 화학 사이의 주요한 차이점 중 하나는 말단 알카인의 탄소 원자에 결합한 수소가 소듐 아마이드($NaNH_2$)와 같은 강염기에 의해 제거되어 아세틸라이드 음이온(acetylide anion)을 제공할 만큼 충분히 산성(pK_a 25)이라는 점이다.

$$H-C\equiv C-H + {:}\ddot{N}H_2^- \rightleftharpoons H-C\equiv C{:}^- + \ddot{N}H_3 \qquad K_{eq}=10^{13}$$

Acetylene	아마이드	Acetylide	암모니아
pK_a 25	음이온	음이온	pK_a 38
(강한 산)	(강한 염기)	(약한 염기)	(약한 산)

이 평형에서 아세틸렌은 강산이고 소듐 아마이드는 강염기이며, 평형의 위치는 오른쪽으로 상당히 치우쳐 있으며, 아세틸라이드 음이온과 암모니아를 형성하는 것을 선호한다(2.4절). 표 4.1은

알케인, 알켄, 알카인 수소의 pK_a 값을 제공한다. 또한 비교를 위해서 물의 pK_a 값도 함께 제공한다.

표 4.1 알케인, 알켄, 알카인의 산도

약산		짝염기	pK_a	
물	HO—H	HO^-	15.7	↑ 산도 증가
알카인	HC≡C—H	$HC{\equiv}C^-$	25	
알켄	CH_2=CH—H	$CH_2{=}CH^-$	44	
알케인	CH_3CH_2—H	$CH_3CH_2^-$	51	

물(pK_a 15.7)은 아세틸렌(pK_a 25)보다 강산이므로 하이드록시 이온은 말단 알카인을 알카인 음이온으로 전환시킬 만큼 충분히 강한 염기가 아니다. 이 산–염기 반응의 평형의 위치는 왼쪽에 놓여 있다.

$$\underset{\substack{\text{p}K_a\ 25\\(\text{약한 산})}}{H-C{\equiv}C-H} + \underset{(\text{약한 염기})}{{}^-:\ddot{O}H} \rightleftharpoons \underset{(\text{강한 염기})}{H-C{\equiv}C:^-} + \underset{\substack{\text{p}K_a\ 15.7\\(\text{강한 산})}}{H-\ddot{O}H}$$

알켄 수소(pK_a 대략 44)와 알케인 수소(pK_a 대략 51)의 pK_a 값은 매우 커서(이들은 매우 약하게 산성이다.) 일반적으로 사용되는 알칼리 금속 수산화물이나 소듐 아마이드는 모두 알켄이나 알케인으로부터 수소를 제거하기에 충분히 강한 염기가 아니다.

왜 삼중 결합 탄소에 결합한 수소의 산도는 알켄이나 알케인의 이중 결합 탄소에 결합한 수소보다 훨씬 더 산성일까? 우리는 이와 같은 상대적인 산도들을 다음과 같이 설명한다. 탄소 음이온의 비공유 전자쌍은 혼성 오비탈에 놓여 있다. 알케인은 sp^3 혼성 오비탈, 알켄은 sp^2 혼성 오비탈, 알카인은 sp 혼성 오비탈이다. sp 혼성 오비탈은 50%의 s 성격을 지니고, sp^2 혼성 오비탈은 33%의 s 성격을, sp^3 혼성 오비탈은 25%의 s 성격을 지닌다. 일반화학과 이 책의 1장에서 배운 2s 오비탈은 2p 오비탈보다 낮은 에너지를 갖는다는 것을 기억하라. 결과적으로 2s 오비탈의 전자들은 2p 오비탈의 전자들보다 더 핵에 가까이 붙잡혀 있다. 탄소 혼성 오비탈의 s 성격이 더 강할수록, 탄소 원자는 더 전기 음성적이 되고, 따라서 음이온을 더 안정시키고 더 산성인 수소가 된다. 일련의 알카인, 알켄, 알케인의 세 가지 형태의 유기 화합물 중에서 알카인(50% s 성격으로 sp 혼성됨)의 탄소가 가장 전기 음성적이다. 그러므로 알카인 음이온은 이들 중 가장 안정하고, 알카인은 이 중 가장 강한 산이다. 유사한 이유로 알케인 탄소(25% s 성격으로 sp^3 혼성됨)는 전기 음성도가 가장 낮고, 알케인은 이 중에서 가장 약한 산이다. 33%의 s 성격을 가진 알켄은 중간이다. 마지막으로 이와 같은 형태의 산도를 나타내는 것은 1-알카인의 수소뿐이다. 알카인의 다른 수소들은 비슷한 산도를 가져 어떠한 다른 수소도 $NaNH_2$에 의해 제거되지 않는다.

$$CH_3-CH_2-CH_2-C{\equiv}C-H$$

중요한 질문에 대한 요약

4.1 알켄과 알카인의 구조와 모양은 무엇인가?

- **알켄**은 탄소–탄소 이중 결합을 가진 **불포화 탄화수소**이다.
- 알켄의 일반식은 C_nH_{2n}이다.
- **알카인**은 탄소–탄소 삼중 결합을 가진 불포화 탄화수소이다.
- 알카인의 일반식은 C_nH_{2n-2}이다.
- **오비탈 겹침 모형**에 따르면, 탄소–탄소 이중 결합은 sp^2 혼성 오비탈의 겹침에 의해 형성된 한 개의 시그마 결합과 평행 $2p$ 원자 오비탈의 겹침에 의한 한 개의 파이 결합으로 구성되어 있다. 에틸렌의 파이 결합을 파괴하는 데는 약 264 kJ/mol(63 kcal/mol)이 필요하다.
- 탄소–탄소 삼중 결합은 sp 혼성 오비탈의 겹침에 의한 한 개의 시그마 결합과 평행한 $2p$ 오비탈 쌍의 겹침에 의해 생성된 두 개의 파이 결합으로 구성되어 있다.
- 알켄에서 **시스–트랜스 이성질 현상**을 가능하게 하는 구조적 특징은 이중 결합의 두 탄소의 제한된 회전이다.
- 현재까지 *trans*-사이클로옥텐은 순수한 형태로 제조되고 상온에서 안정한 가장 작은 *trans*-사이클로알켄이다.

4.2 알켄과 알카인은 어떻게 명명하는가?

- IUPAC 체계에 따르면, 어미 탄화수소의 삽입사 **-ane**을 **-ene**로 바꾸어서 **탄소–탄소 이중 결합**의 존재를 나타낸다.
- 바이닐(vinyl)과 알릴(allyl)의 이름은 $-CH{=}CH_2$기와 $-CH_2CH{=}CH_2$기의 존재를 표시하는 데 일반적으로 사용된다.
- 어미 알케인의 삽입사 **-ane**을 **-yne**으로 바꾸어서 **탄소–탄소 삼중 결합**의 존재를 나타낸다.
- 이중 결합에 대한 어미 사슬의 탄소 원자의 배향은 알켄이 시스인지, 트랜스인지를 결정한다. 어미의 원자들이 이중 결합의 같은 쪽에 있다면 알켄의 배열은 시스이고, 만약 그것들이 서로 반대쪽에 있다면 트랜스이다.
- 우선순위 규칙을 이용하여, 탄소–탄소 이중 결합의 배열을 **E,Z 체계**로 표시할 수 있다.
- 만약 우선순위가 높은 두 개의 기가 이중 결합의 같은 쪽에 있다면, 알켄의 입체 배열은 Z(독일어: *zusammen*, 함께)이며, 반대쪽에 있다면, 그 입체 배열은 E(독일어: *entgegen*, 반대)이다.
- 두 개 이상의 이중 결합을 갖는 알켄을 명명하기 위해서는 삽입사를 -아디엔-(-adiene-), -아트라이엔-(-atriene-), 등등으로 바꾼다. 여러 개의 이중 결합을 갖는 화합물을 폴리엔이라고 한다.

4.3 알켄과 알카인의 물리적 성질은 무엇인가?

- 알켄과 알카인은 무극성 화합물이며, 이들 분자들 사이의 상호 작용은 **분산력**뿐이다.
- 알켄과 알카인의 물리적 성질은 알케인과 비슷하다.

4.4 왜 1-알카인(말단 알카인)은 약산인가?

- 말단 알카인은 약산이고(pK_a 25) 소듐 아마이드($NaNH_2$)와 같은 강염기에 의해서 알카인 음이온으로 전환될 수 있다.

OX퀴즈

이 장에서 배운 개념들을 이해하였는지 알아보기 위해 아래 질문이 맞는지 틀린지 답하시오. 답이 틀렸거나 어렵다면, 장 끝의 문제를 풀기 전에 괄호 속에 표시한 해당 절을 복습하시오.

1. 에틸렌과 아세틸렌은 구조 이성질체이다. (4.2)
2. 실온에서 액체인 알케인은 물에 녹지 않고, 물에 넣으면 물에 뜰 것이다. (4.3)
3. 전 세계 화학 산업에서 사용되는 에틸렌의 대부분은 재생이 되지 않는 자원으로부터 얻어진다. (4.1)
4. 알켄과 알카인은 무극성 분자이다. (4.3)
5. $CH_3CH{=}CHCH_3$의 IUPAC명은 1,2-다이메틸에틸렌이다. (4.2)
6. 사이클로헥세인과 1-헥센은 구조 이성질체이다. (4.1)
7. 알켄의 IUPAC명은 이중 결합을 포함하는 가장 긴 탄소 사슬의 이름에서 유도된다. (4.2)
8. 불포화 탄화수소에는 알켄과 알카인의 두 종류가 있다. (4.1)
9. 제라니올과 멘톨(244~245쪽)은 모두 시스–트랜스 이성질 현상을 보인다. (4.4)
10. 1,2-다이메틸사이클로헥센은 시스–트랜스 이성질 현상을 보인다. (4.2)
11. 2-메틸-2-뷰텐은 시스–트랜스 이성질 현상을 보인다. (4.2)
12. 에틸렌과 아세틸렌은 모두 평면 분자이다. (4.1)
13. 알켄의 물리적 성질은 같은 탄소 골격을 가진 알케인의 성질과 유사하다. (4.3)
14. 아이소프렌은 2-메틸-1,3-뷰타다이엔의 일반명이다. (4.4)

정답: (1) × (2) ○ (3) ○ (4) ○ (5) × (6) ○ (7) ○ (8) × (9) ○ (10) ×
(11) × (12) ○ (13) ○ (14) ○

문 제

별표로 표시된 문제는 본문의 실생활 문제를 나타낸다. 푸른색으로 된 문제의 답은 부록에 있다.

4.1절 알켄과 알카인의 구조

4.7 *trans*-3-Heptene이 다음 화합물에 첨가되었을 때 어떤 일이 일어날지 자세히 설명하시오.

(a) 사이클로헥세인 (b) 암모니아(l)

4.8 에테인과 아세틸렌의 각 탄소 원자는 8개의 원자가 전자에 의해 둘러싸여 있고, 네 개의 결합을 가지고 있다. 어떻게 VSEPR 모형(1.3절 참조)이 에테인의 각 탄소 결합각은 109.5°이지만, 에틸렌의 각 탄소 결합각은 120°로 예측하는지 설명하시오.

4.9 포화와 불포화의 차이를 설명하시오.

4.10 원자가 껍질 전자쌍 반발 이론(VSEPR)을 사용하여 다음 화합물의 푸른색으로 표시된 각 탄소 원자들의 결합각을 예측하시오.

(a) 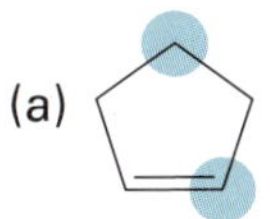

(c) 

(b) 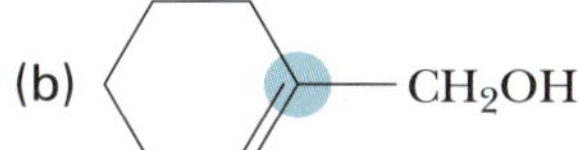

(d) 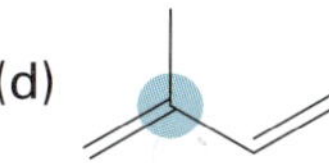

4.11 문제 4.10의 색으로 표시된 각 탄소 원자에서 어떤 오비탈이 각각의 시그마 결합을 형성하는 데 사용되고, 어떤 오비탈이 각 파이 결합을 형성하는 데 사용되는지 나타내시오.

4.12 각 푸른색으로 표시된 각 탄소 원자의 모든 결합각을 예측하시오.

(a) 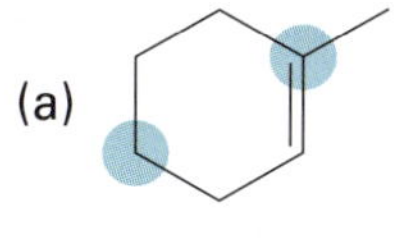

(c) 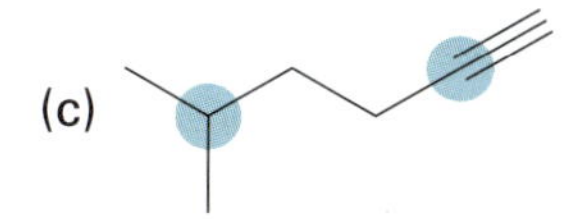

(b) 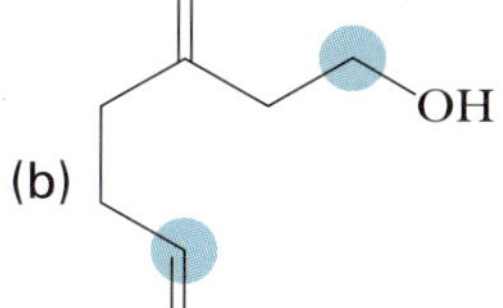

(d) 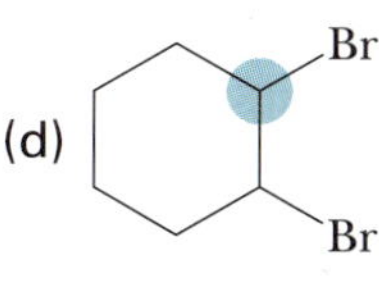

4.13 문제 4.12의 색으로 표시된 각 탄소 원자들에서 어떤 오비탈이 각각의 시그마 결합을 형성하는 데 사용되고, 어떤 오비탈이 각각의 파이 결합을 형성하는 데 사용되는지 나타내시오.

4.14 1,2-Propadiene(알렌)의 구조는 다음과 같다. 1번 탄소의 H—C—H에 의한 평면은 3번 탄소의 H—C—H에 의해 생긴 평면과 수직이다.

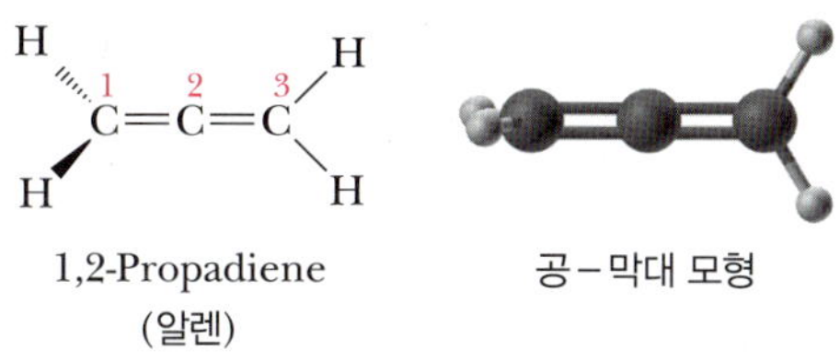

1,2-Propadiene (알렌) 공-막대 모형

(a) 알렌에서 각 탄소의 혼성 오비탈을 설명하시오.

(b) 오비탈 겹침 모형의 관점에서 알렌의 분자 기하 구조를 설명하시오. 특히, 네 개의 수소 원자가 같은 평면에 있지 않는 이유를 설명하시오.

4.2절 알켄과 알카인의 명명법

4.15 각 화합물의 구조식을 그리시오. (예제 4.1, 4.5 참조)

(a) *trans*-2-Methyl-3-hexene

(b) 2-Methyl-3-hexyne

(c) 2-Methyl-1-butene

(d) 3-Ethyl-3-methyl-1-pentyne

(e) 2,3-Dimethyl-2-butene

(f) *cis*-2-Pentene

(g) (*Z*)-1-Chloropropene

(h) 3-Methylcyclohexene

4.16 각 화합물의 구조식을 그리시오. (예제 4.1, 4.5 참조)

(a) 1-Isopropyl-4-methylcyclohexene

(b) (6*E*)-2,6-Dimethyl-2,6-octadiene

(c) *trans*-1,2-Diisopropylcyclopropane

(d) 2-Methyl-3-hexyne

(e) 2-Chloropropene

(f) Tetrachloroethylene

4.17 다음 각 화합물의 IUPAC명을 쓰시오. (예제 4.1, 4.5 참조)

(a) 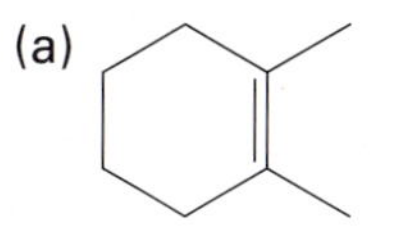

(b) 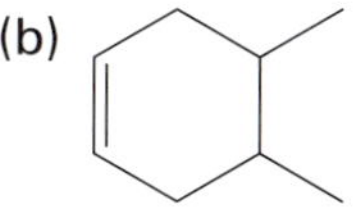

(c) 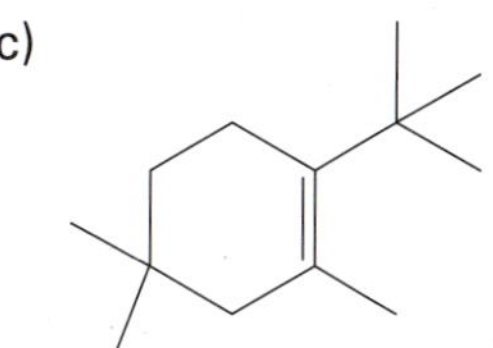

(d) 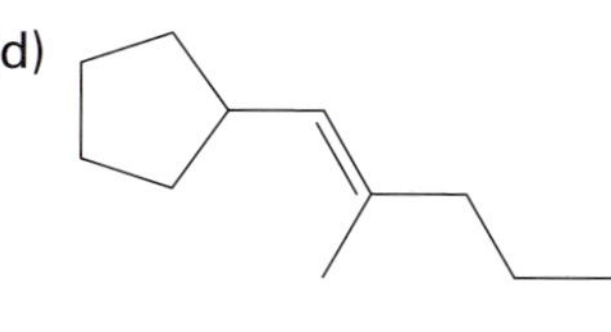

4.18 다음 각 화합물의 IUPAC명을 쓰시오. (예제 4.1, 4.5 참조)

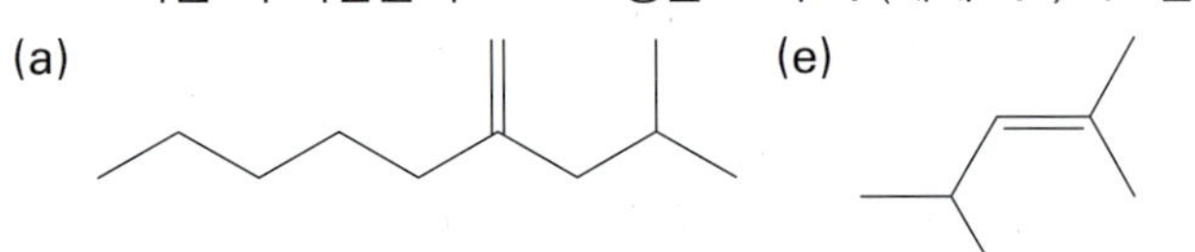

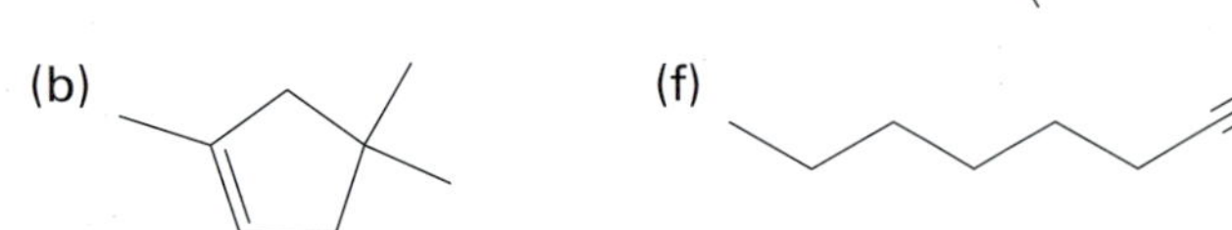

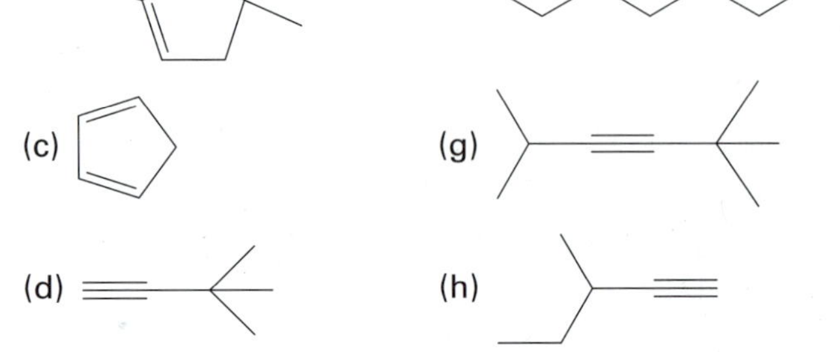

4.19 각 이름이 틀리는 이유를 설명하고, 의도한 화합물의 올바른 이름을 쓰시오. (예제 4.1, 4.5 참조)

(a) 1-Methylpropene
(b) 3-Pentene
(c) 2-Methylcyclohexene
(d) 3,3-Dimethylpentene
(e) 4-Hexyne
(f) 2-Isopropyl-2-butene

4.20 각 이름이 틀리는 이유를 설명하고, 의도한 화합물의 올바른 이름을 쓰시오. (예제 4.1, 4.5 참조)

(a) 2-Ethyl-1-propene
(b) 5-Isopropylcyclohexene
(c) 4-Methyl-4-hexene
(d) 2-*sec*-Butyl-1-butene
(e) 6,6-Dimethylcyclohexene
(f) 2-Ethyl-2-hexene

4.2절, 4.3절 알켄과 사이클로알켄의 시스-트랜스 (E/Z) 이성질 현상

4.21 어떤 알켄이 시스-트랜스 이성질 현상을 갖는가? 만약 있다면, 이성질체 모두의 구조식을 그리시오. (예제 4.2 참조)

(a) 1-Hexene
(b) 2-Hexene
(c) 3-Hexene
(d) 2-Methyl-2-Hexene
(e) 3-Methyl-2-Hexene
(f) 2,3-Dimethyl-2-Hexene

4.22 어떤 알켄이 시스-트랜스 이성질 현상을 갖는가? 만약 그렇다면, 이성질체 모두의 구조식을 그리시오. (예제 4.2 참조)

(a) 1-Pentene
(b) 2-Pentene
(c) 3-Ethyl-2-Pentene
(d) 2,3-Dimethyl-2-Pentene
(e) 2-Methyl-2-Pentene
(f) 2,4-Dimethyl-2-Pentene

4.23 어떤 알켄이 E/Z 이성질체 쌍으로 존재하는가? 만약 있다면, 모든 이성질체의 구조식을 그리시오. (예제 4.3, 4.4 참조)

(a) $CH_2{=}CHBr$
(b) $CH_3CH{=}CHBr$
(c) $(CH_3)_2C{=}CHCH_3$
(d) $(CH_3)_2CHCH{=}CHCH_3$

4.24 분자식이 $C_2H_2Br_2$인 세 개의 화합물이 있다. 이 화합물들 중에 두 개는 0보다 큰 쌍극자를 가지고 있고, 하나는 쌍극자가 없다. 세 화합물의 구조식을 그리고, 둘은 쌍극자 모멘트를 가지고 있고, 하나는 쌍극자가 없는 이유를 설명하시오.

4.25 분자식이 C_5H_{10}인 모든 알켄의 구조식을 그리고, 명명하시오. 이들을 그릴 때, 시스와 트랜스 이성질체는 다른 화합물이고 반드시 별도로 취급되어야 함을 명심하시오.

4.26 분자식이 C_6H_{12}이고 다음의 탄소 골격을 가진 모든 알켄의 구조식을 그리고, 명명하시오. (시스와 트랜스 이성질체를 기억하시오.)

(a) C—C(C)—C—C—C
(b) C—C(C)—C(C)—C
(c) C—C(C)(C)—C—C
(d) C—C—C(C)—C—C

4.27 우선순위가 증가하는 순서로 각 문항의 기들을 정렬하시오. (예제 4.3, 4.4 참조)

(a) $—CH_3$, $—Br$, $—CH_2CH_3$
(b) $—OCH_3$, $—CH(CH_3)_2$, $—CH_2CH_2NH_2$
(c) $—CH_2OH$, $—COOH$, $—OH$
(d) $—CH{=}CH_2$, $—CH{=}O$, $—CH(CH_3)_2$

4.28 다음 각 알켄의 이름을 쓰고, E,Z 체계를 사용하여 배열을 명시하시오. (예제 4.3, 4.4 참조)

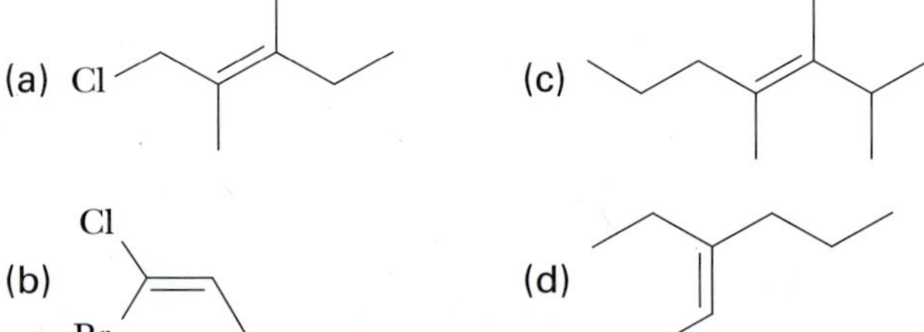

4.29 분자식이 C_5H_9Br이며 (a) E,Z 이성질 현상을 갖는, (b) E,Z 이성질 현상을 갖지 않는, 최소 한 개의 bromoalkene의 구조식을 그리시오.

4.30 시스-트랜스 이성질 현상이 알케인에서도 가능한가? 알카인에서도 가능한가? 설명하시오.

4.31 시스-트랜스 이성질 현상을 나타내는 다음 각 분자의 시스 이성질체를 그리시오.

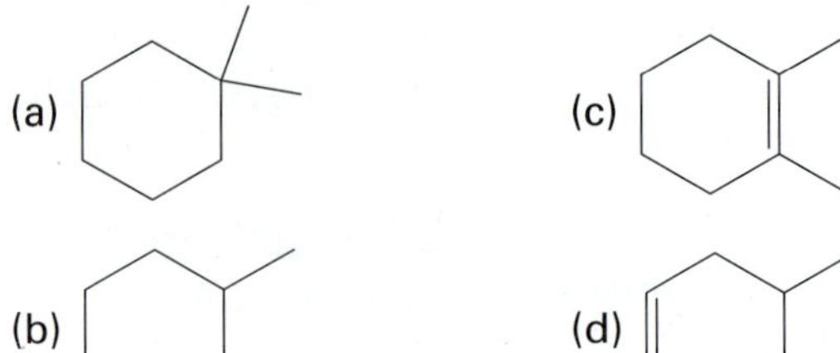

4.32 각 이름이 틀리거나 불완전한 이유를 설명한 다음, 화합물의 올바른 이름을 쓰시오. (예제 4.3, 4.4 참조)

(a) (Z)-2-Methyl-1-pentene

(b) (E)-3,4-Diethyl-3-hexene

(c) *trans*-2,3-Dimethyl-2-hexene

(d) (1Z,3Z) -2,3-Dimethyl-1,3-butadiene

4.33 다음 조건을 가진 분자식이 C_5H_{10}인 모든 화합물의 구조식을 그리시오.

(a) 시스–트랜스 이성질 현상을 보이지 않는 알켄

(b) 시스–트랜스 이성질 현상을 보이는 알켄

(c) 시스–트랜스 이성질 현상을 보이지 않는 사이클로알케인

(d) 시스–트랜스 이성질 현상을 보이는 사이클로알케인

***4.34** 목화 꽃과 몇 가지 에센셜 오일의 향기에서 발견되는 트라이엔(triene)인 β-Ocimene은 (3Z)-3,7-다이메틸-1,3,6-옥타트라이엔의 IUPAC명을 갖는다. β-Ocimene의 구조식을 그리시오.

***4.35** 올레산과 elaidic acid는 각각 9-옥타데센산(9-octadecenoic acid)의 시스와 트랜스 이성질체이다. 4°C에서 고체화하는 색이 없는 액체인 이들 지방산 중 하나는 버터 지방의 주요 성분이다. 녹는점이 44~45°C인 흰색 고체인 다른 하나는 부분적으로 수소화된 식물성 기름의 주요 성분이다. 이 두 지방산 중 어느 것이 시스 이성질체이고, 어느 것이 트랜스 이성질체인가? (**힌트**: 채움 기하 구조와 결과적으로 생기는 분산력의 상대적인 세기를 생각해 보시오.)

4.36 다음 각 조합의 구조가 동일한 분자인지, 시스–트랜스 이성질체인지, 구조 이성질체인지 결정하시오. 만약 동일한 분자이면, 탄소–탄소 단일 결합의 회전 결과가 같은 형태인지 또는 다른 형태인지를 결정하시오. (예제 4.6, 4.7 참조)

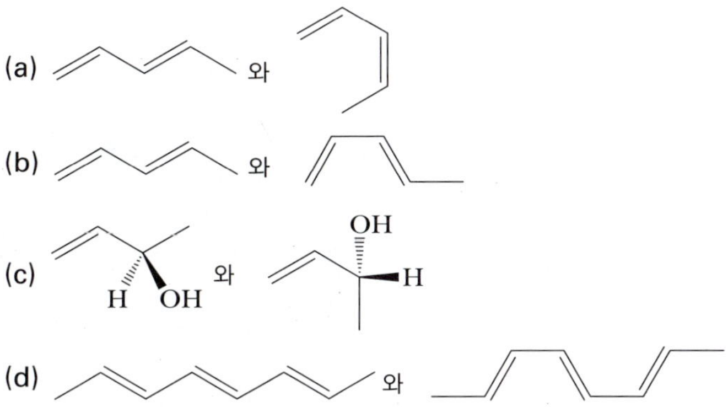

(a) 와

(b) 와

(c) H OH 와 OH H

(d) 와

***4.37** 다음은 잘 익은 과일, 특히 토마토 붉은색의 부분적 원인이 되는 새빨간 화합물인 리코펜(lycopene)의 구조식을 나타낸 것이다.

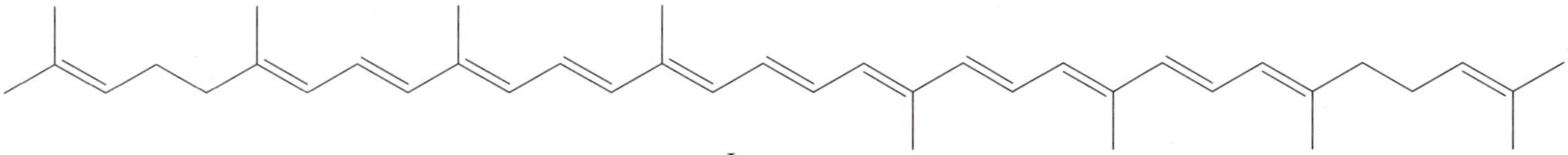

Lycopene

대략 리코펜 20 mg은 1 kg의 신선하고 잘 익은 토마토에서 분리될 수 있다. 몇 개의 리코펜의 탄소–탄소 이중 결합이 E–Z 이성질 현상을 가질 수 있겠는가? E, Z 체계를 이용하여 모든 적용 가능한 이중 결합의 배열을 명시하시오.

***4.38** 바이타민 A의 전구체인 β-카로틴(carotene)은 여러분이 생각하는 것처럼 당근에서 처음 분리되었다. β-카로틴의 묽은 용액은 노란색이므로 식용 색소로 사용된다. 식물에서 β-카로틴은 거의 항상 태양 에너지 생성을 돕는 엽록소와 결합하여 존재한다. 가을에 나뭇잎이 시들면, 이들 엽록소 분자의 초록색은 카로틴과 카로틴 관련 분자의 노란색과 붉은색으로 바뀐다.

(a) β-카로틴과 리코펜의 탄소 골격을 비교하시오. 무엇이 비슷한가? 무엇이 다른가?

(b) E, Z 체계를 사용하여 모든 적용 가능한 이중 결합의 배열을 정하시오.

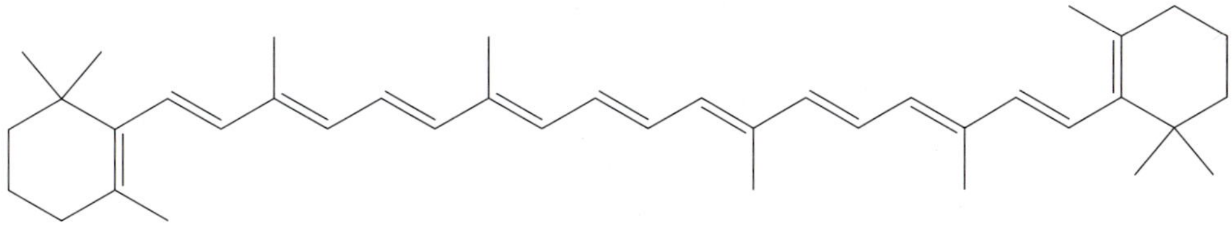

β-Carotene

***4.39** 남아메리카의 많은 지역에서 Montanoa tomentosa의 잎과 가지의 추출물은 월경을 자극하기 위해, 분만을 촉진시키기 위한 피임약과 낙태약으로 사용된다. 이와 같은 효과에 원인이 되는 물질은 zoapatanol이다.

Zoapatanol

(a) E, Z 체계에 따라 칠원자 고리에 연결된 탄소–탄소 이중 결합 배열을 명시하시오.

(b) Zoapatanol은 몇 개의 시스–트랜스 이성질체가 가능한가? 고리 화합물과 탄소–탄소 이중 결합에서 시스– 트랜스 이성질 현상의 가능성을 고려하시오.

***4.40** Pyrethrin II와 pyrethrosin은 국화과 식물에서 추출되는 천연물이다.

국화꽃

Pyrethrin II는 천연 살충제이고, 그 자체로 판매된다.

(a) 시스–트랜스 이성질 현상이 가능한 각각에서 모든 탄소–탄소 이중 결합을 표지하시오.

(b) 시스–트랜스 이성질체가 pyrethrin II의 삼원자 고리에서는 가능하지만, 오원자 고리에서는 그렇지 않은 이유를 설명하시오.

Pyrethrin II

Pyrethrosin

발전 학습

4.41 1,3-Butadiene의 가운데 탄소-탄소 단일 결합이 1-butene의 가운데 탄소–탄소 단일 결합보다 약간 짧은 이유를 설명하시오.

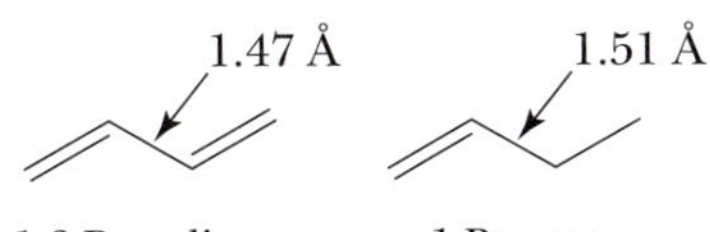

4.42 다음 사이클로알켄의 고리 크기는 각각의 C=C 이중 결합의 반응성에 어떤 효과를 가지는가?

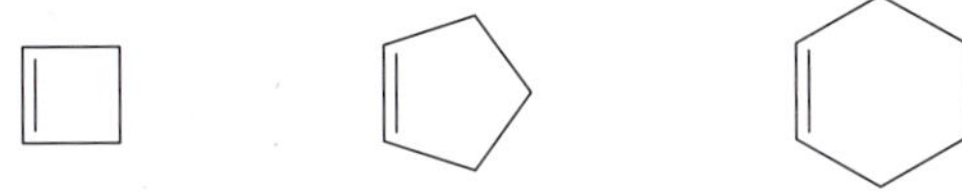

4.43 각 치환기는 알켄 C=C 결합을 둘러싼 전자 밀도에 어떤 효과를 가지는가? 즉, 각 치환기는 어떻게 C—C 이중 결합의 각 탄소에 부분적으로 양성 또는 음성으로 영향을 주는가?

(a) OCH_3

(b) CN

(c) $Si(CH_3)_3$

***4.44** 지방산의 생화학 19.1절에서 다음의 세 개의 긴 사슬 불포화 카복실산을 공부하게 될 것이다.

$CH_3(CH_2)_7CH{=}CH(CH_2)_7COOH$
올레산(Oleic acid)

$CH_3(CH_2)_4CH{=}CHCH_2CH{=}CH(CH_2)_7COOH$
리놀렌산(Linolenic acid)

$CH_3CH_2CH{=}CHCH_2CH{=}CHCH_2CH{=}CH(CH_2)_7COOH$
리놀렌산(Linolenic acid)

각각은 18개의 탄소를 가지고 있으며, 동물성 지방, 식물성 기름, 생물학적 세포막의 성분이다. 동물성 지방에 존재하기 때문에 지방산이라고 한다.

(a) 각 지방산에는 몇 개의 E–Z 이성질체가 가능한가?

(b) 이 세 개의 지방산은 생물계 세포막에서 거의 모두가 시스 배열로 나타난다. 각 탄소–탄소 이중 결합의 시스 배열을 보이는 각 지방산의 선–각 구조식을 그리시오.

***4.45** 시트르산 회로에서 중간 물질인 아래의 각 카복실산에 대해 E, Z 배열과 시스, 트랜스 배열을 정하시오. 화학식 아래에는 일반명이 주어져 있다.

(a) (b)

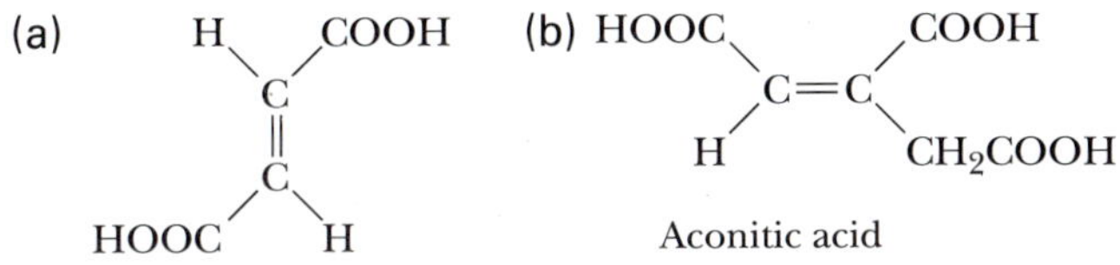

Fumaric acid Aconitic acid

그룹 학습 활동

4.46 다음 기준을 만족시키는 구조를 번갈아 제안하시오. 여러분이 제안한 각 구조에 대하여 여러분의 답이 왜 맞는지 그룹에 설명하시오.

(a) 시스–트랜스 혹은 E, Z를 사용하여 명명할 수 없는, 화학식이 C_6H_{12}인 알켄

(b) 파이 결합을 갖지 않은, 화학식이 C_7H_{12}인 화합물

(c) 메틸렌기를 갖지 않은, 화학식이 C_6H_{10}인 화합물

(d) 화합물의 IUPAC명에서 '바이닐(vinyl)'을 사용하는 알켄

(e) E, Z 체계를 사용하여 명명할 수 있으나, 시스–트랜스 체계를 사용해서는 명명할 수 없는 화합물

(f) 시스–트랜스 체계를 사용하여 명명할 수 있으나, E, Z 체계를 사용해서는 명명할 수 없는 화합물

(g) 고리 혹은 각스트레인이 없는 트랜스-사이클로알켄 (**힌트**: 여러분은 설명하기 위해 모형 키트를 사용해야 할 수도 있다.)

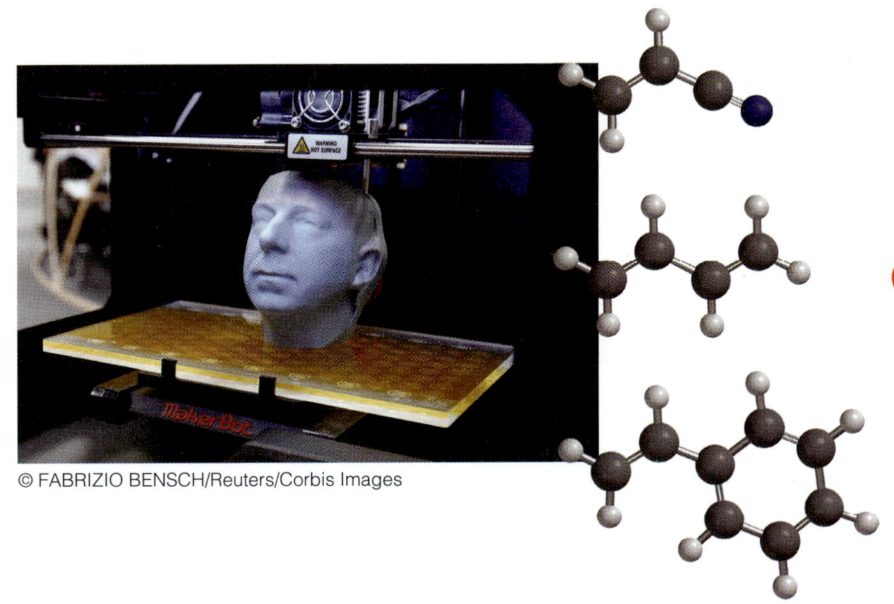

© FABRIZIO BENSCH/Reuters/Corbis Images

알켄과 알카인의 반응

5

삼차원 프린터는 acrylonitrile butadiene styrene(ABS)으로 만든 잉크를 사용하는데, 이것은 서로 다른 세 종류의 알켄 화합물이 반응하여 만들어진 플라스틱이다. 삽화: acrylonitrile, 1,3-butadiene, styrene의 모형

중요한 질문

5.1 알켄의 특징적 반응에는 어떤 것이 있는가?

5.2 반응 메커니즘이란 무엇인가?

5.3 알켄의 친전자성 첨가 반응의 메커니즘은 무엇인가?

5.4 탄소 양이온 재배열이란 무엇인가?

5.5 알켄의 수소화붕소 첨가-산화 반응이란 무엇인가?

5.6 알켄을 어떻게 알케인으로 환원할 수 있는가?

5.7 아세틸렌화 음이온은 어떻게 새로운 탄소-탄소 결합을 생성할 수 있는가?

5.8 알카인은 어떻게 알켄과 알케인으로 환원되는가?

해결 방법

5.1 메커니즘 그리기

화학 관련

5A 촉매 크래킹과 알켄의 중요성

앞 장에서는 탄소-탄소 파이(pi) 결합을 포함하는 탄화수소인 알켄과 알카인에 대해 배웠다. 왜 탄소-탄소 파이 결합은 유기 화학에서 흔하게 보일까? 왜 파이 결합은 많은 생물학적 그리고 산업적 과정에서 중요할까? 어떻게 과학자들은 파이 결합이 가지는 특별한 화학적 장점을 활용하는가? 이 장에서는 유기 반응과 그들의 반응 메커니즘에 대한 체계적인 공부를 통해 이 질문들의 답을 찾을 것이다. 반응 메커니즘은 반응이 진행되는 과정을 단계별로 설명하는 유기 화학의 통합 개념의 하나이다. 우리는 이 중요한 개념을 소개하기 위한 수단으로 알켄과 알카인의 반응을 이용할 것이다.

5.1 알켄의 특징적 반응에는 어떤 것이 있는가?

알켄의 가장 특징적인 반응은 이중 결합에 있는 탄소의 파이 결합이 깨어지고, 그 자리에 두 개의 새로운 원자나 원자단의 시그마 결합이 생성되는 **탄소-탄소 이중 결합 첨가 반응**(addition to the carbon-carbon double bond)이다. 탄소-탄소 이중 결합에 일어나는 여러 반응 예들을 관련된 반응명에 따라 표 5.1에 나타내었다.

화학 공업의 관점에서 보면, 에틸렌(ethylene)과 분자량이 작은 다른 알켄의 가장 간단하고 중요한 반응은 **사슬 성장 중합체**(chain growth polymer)[그리스어: *poly*(많다), *meros*(부분)]의 생각 반응에서 이중 결합이 반응하여 파이 결합은 깨지고, 각 파이 결합이 있던 탄소에 시그마 결합이 새로운 원자나 원자단과 형성된다.

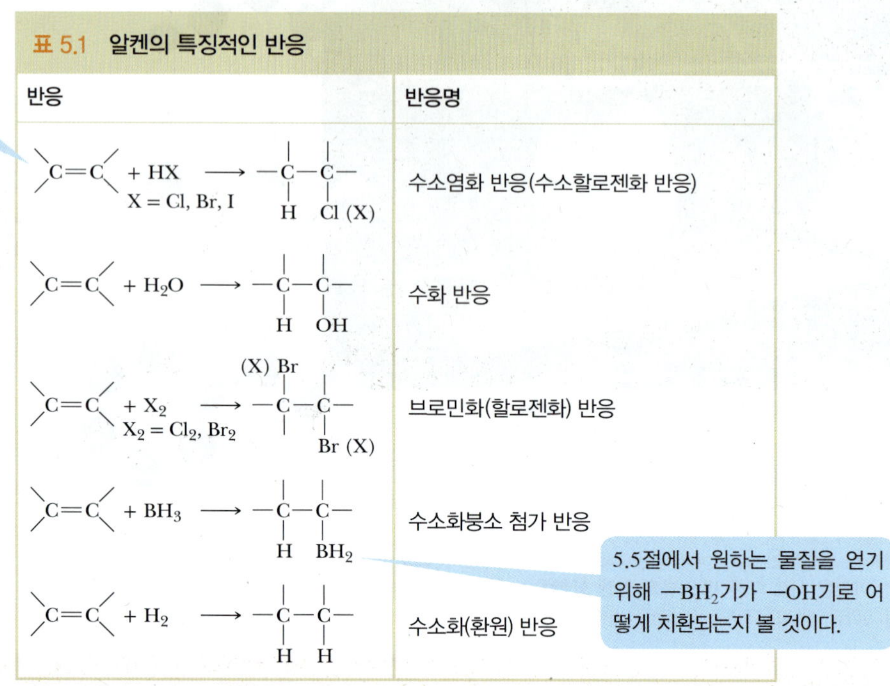

표 5.1 알켄의 특징적인 반응

반응	반응명
$>C{=}C< + HX \longrightarrow -\underset{H}{C}-\underset{Cl\,(X)}{C}-$ ($X = Cl, Br, I$)	수소염화 반응(수소할로젠화 반응)
$>C{=}C< + H_2O \longrightarrow -\underset{H}{C}-\underset{OH}{C}-$	수화 반응
$>C{=}C< + X_2 \longrightarrow -\overset{(X)\,Br}{C}-\underset{Br\,(X)}{C}-$ ($X_2 = Cl_2, Br_2$)	브로민화(할로젠화) 반응
$>C{=}C< + BH_3 \longrightarrow -\underset{H}{C}-\underset{BH_2}{C}-$	수소화붕소 첨가 반응
$>C{=}C< + H_2 \longrightarrow -\underset{H}{C}-\underset{H}{C}-$	수소화(환원) 반응

5.5절에서 원하는 물질을 얻기 위해 $-BH_2$기가 $-OH$기로 어떻게 치환되는지 볼 것이다.

성이다. **개시제**(initiator)라고 불리는 특정한 촉매들의 존재하에서 여러 알켄들은 에틸렌이 폴리에틸렌(polyethylene)으로 되는 것과 같이, 중합체 사슬에 대한 **단량체**(monomer)[그리스어: mono(하나), meros(부분)]의 첨가 반응에 의해 중합체를 형성한다.

$$CH_2{=}CH_2 + CH_2{=}CH_2 \xrightarrow[n\text{번 반응}]{\text{개시제}} \left(\begin{matrix} H & H \\ | & | \\ C- & C \\ | & | \\ H & H \end{matrix}\right)_n$$

polyethylene

이러한 알켄의 중합체는 산업적으로나 상업적으로 중요한 위치를 차지하고 있으며, n은 큰 수로 대체로 수천을 의미한다. 16장에서 이러한 알켄의 반응을 상세히 다룰 것이다.

5.2 반응 메커니즘이란 무엇인가?

반응 메커니즘 화학 반응이 어떻게 일어나는지를 나타내는 단계적 반응 경로

반응 메커니즘(reaction mechanism)은 화학 반응이 어떻게 일어나는지를 상세하게 나타낸다. 또한 반응에서 어떤 결합이 깨지고 어떤 결합이 새롭게 생성되는지, 결합의 깨짐과 결합 생성 단계는 어떤 순서로 일어나는지, 그 상대적인 속도는 어떠한지를 설명해 준다. 만약 반응이 용액 내에서 일어난다면 반응 메커니즘은 용매의 역할을 설명하며, 반응에 촉매가 관여한다면 이 촉매가 어떤 역할을 하는지에 대해서도 설명해 준다. 많은 화학 반응의 다양한 특징을 설명하기 위하여 메커니즘뿐만 아니라 화학자들은 다른 방법도 종종 사용하는데, 한 방법이 에너지 도표이다.

A. 에너지 도표와 전이 상태

화학 반응과 에너지 사이의 관계를 이해하기 위해서는 화학 결합을 스프링처럼 생각해야 한다. 스프링이 정지 위치에서 늘어날 때 에너지는 증가하며, 스프링이 원래의 정지 위치로 돌아가면 에너지는 감소한다. 시작(그래프의 왼쪽)에서 끝(그래프의 오른쪽)으로 전체 과정이 표시되었다. 화학 반응에서도 이와 비슷하게 결합의 파괴는 에너지를 증가시키고, 결합의 생성은 에너지를 감소시킨다. 우리가 스프링을 사용한 것과 같이 반응물이 생성물로 변화될 때 수반되는 에

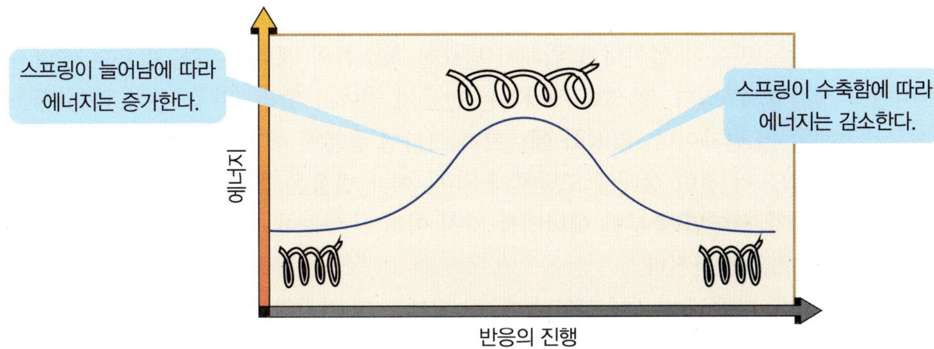

너지의 변화를 나타내기 위하여 **에너지 도표**(energy diagram)를 사용한다. **반응 좌표**(reaction coordinate)에서 에너지는 수직축을 따라 측정되며, 반응하는 동안의 원자의 위치 이동, 즉 반응의 진행 상태는 수평축에 나타낸다. 반응 좌표는 무반응 상태에서부터 완결된 반응까지 얼마나 반응이 진행되었는지를 표시한다.

그림 5.1과 표시된 숫자는 C+A—B가 C—A+B가 되는 과정을 설명하기 위해 사용하였다. 이 반응은 한 단계, 즉 반응물이 생성될 때 결합 절단과 결합 형성이 동시에 일어남을 의미한다.

에너지 도표 화학 반응이 일어나는 동안의 에너지 변화를 도시한 도표. 에너지는 y축에, 반응 경로는 x축에 표시

반응 좌표 반응 과정(경로)의 측정을 에너지 도표에서 x축에 표시

1. 반응물과 생성물 사이의 에너지 차이를 **반응열**(heat of reaction, ΔH)이라고 한다. 만약 생성물의 에너지가 반응물의 에너지보다 낮으면 열은 방출되고, 이 반응은 **발열 반응**(exothermic reaction)이 된다. 생성물의 에너지가 반응물의 에너지보다 높으면 열은 흡수되고, 이 반응은 **흡열 반응**(endothermic reaction)이 된다.
2. 반응 좌표에서 에너지가 최대로 되는 지점을 **전이 상태**(transition state)라고 한다. 전이 상태에서는 반응물의 결합이 깨지기 충분한 에너지가 존재한다. 반응물의 결합은 깨어지면서 에너지는 새롭게 재분배되고 새로운 결합이 형성되어 생성물이 형성된다. 한번 전이 상태에 도달하면, 반응은 에너지를 방출하고 생성물이 되는 쪽으로 진행된다. 전이 상태는 명확한 기하 구조를 갖고 있으며, 결합과 비결합 전자의 명확한 배치, 전자 밀도와 전하의 명확한 분포를 갖고 있다. 하지만 전이 상태는 에너지 도표에서 최대의 에너지에 있기 때문에 분리될 수 없으며, 실험에 의해 구조를 결정할 수도 없다. 전이 상태 수명은 대략 피코초(picosecond, 단일 결합의 진동 주기) 단위이다. 비록 실험적인 수단으로 전이 상태를 관찰할 수는 없지만, 때때로 다른 실험적인 관찰로부터 전이 상태의 그럴듯한 구조에 대해서 많은 것을 추측할 수 있다.

반응열(ΔH) 반응물과 생성물의 에너지 차이

발열 반응 생성물의 에너지가 반응물의 에너지보다 낮은 반응. 이 반응에서 열은 방출된다.

흡열 반응 생성물의 에너지가 반응물의 에너지보다 높은 반응. 이 반응에서 열은 흡수된다.

전이 상태 반응 경로 중에 형성되는 불안정한 최대 에너지의 한 화학종. 에너지 도표상에서 최대 에너지

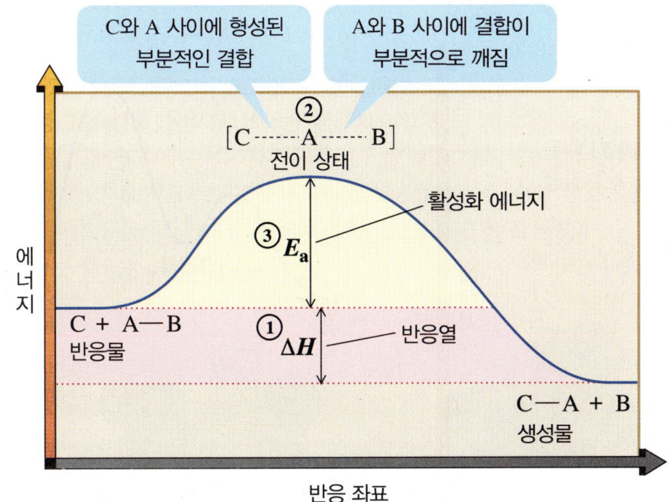

그림 5.1 C와 A—B와의 한 단계 반응의 에너지 도표. 점선은 전이 상태에서 새로운 C—A 결합이 부분적으로 형성되고, A—B 결합이 부분적으로 절단되었음을 나타낸다. 반응물의 에너지는 생성물의 에너지보다 높다(반응이 발열성이다).

3. 반응물과 전이 상태 사이의 에너지 차이를 **활성화 에너지**(activation energy, E_a)라고 한다. 활성화 에너지는 반응이 일어나기 위해서 필요한 최소한의 에너지이다. 반응의 에너지 장벽이라고 생각할 수 있다. 활성화 에너지는 반응이 얼마나 빨리 일어나는가 하는 반응 속도를 결정해 주는 인자이다. 활성화 에너지가 크다면 충분한 에너지를 가진 소수의 분자들만이 충돌을 일으켜 전이 상태에 도달하게 되며, 이때 반응은 늦어지게 된다. 이와 반대로 활성화 에너지가 작다면 충분한 에너지를 가진 여러 분자들이 충돌을 일으켜 전이 상태에 이르고, 이 반응은 빨라진다.

활성화 에너지(E_a) 반응물과 전이 상태 간의 에너지 차이

두 단계 또는 여러 단계로 반응이 일어날 때, 각 단계는 그 자신의 고유 전이 상태와 활성화 에너지를 가진다. 그림 5.2는 두 단계로 반응물이 생성물로 변화될 때의 에너지 도표를 나타낸 것이다. **반응 중간체**(reaction intermediate)는 두 개의 전이 상태, 즉 전이 상태 1과 전이 상태 2 사이에 에너지가 최소로 되는 지점에 해당된다. 중간체의 에너지가 반응물이나 생성물의 에너지보다 크기 때문에 중간체는 아주 반응성이 크고, 거의 분리해 낼 수 없다.

여러 단계의 반응에서 가장 높은 에너지 장벽을 지나는 단계를 **속도 결정 단계**(rate determining step)라고 하며, 이 단계가 가장 느리다. 그림 5.2의 두 단계 반응에서는 1단계가 가장 높은 에너지 장벽을 지나므로 속도 결정 단계이다.

반응 중간체 두 단계의 반응 사이에서 형성되며, 두 전이 상태 간의 최소 에너지점에 있는 불안정한 화학종

속도 결정 단계 연속 다단계 반응에서 전체 반응 속도를 지배하는 가장 느린 단계

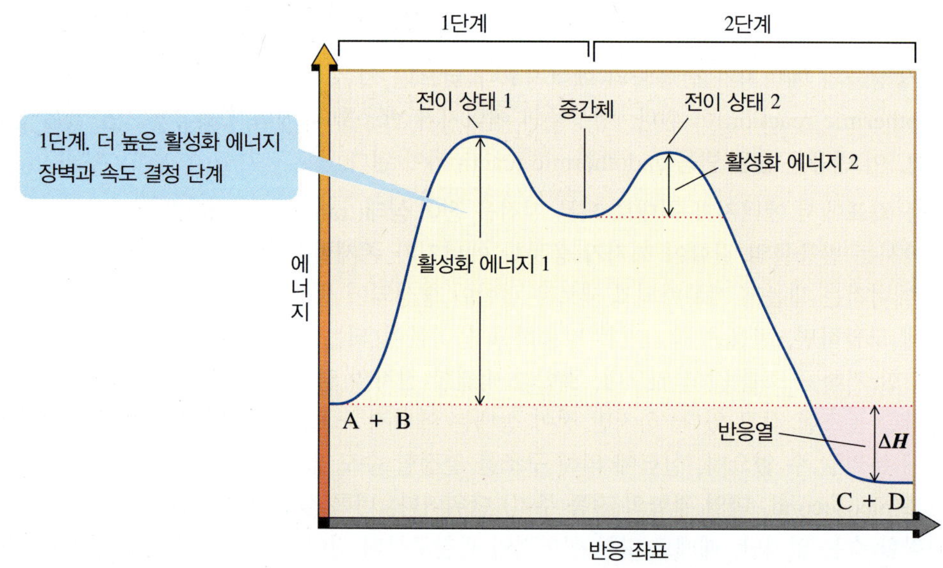

그림 5.2 중간체가 생성되는 두 단계 반응의 에너지 도표. 반응물의 에너지가 생성물의 에너지보다 높기 때문에 A+B가 C+D로 될 때 열은 방출되고, 반응은 발열 반응이 된다.

예제 5.1

두 번째 단계가 속도 결정 단계인 두 단계 발열 반응에 대한 에너지 도표를 그리시오.

전략

두 단계 반응은 중간체의 형성을 포함한다. 이 반응은 발열 반응이기 때문에, 생성물이 반응물보다 에너지가 낮아야 한다. 두 번째 단계가 속도 결정 단계이므로 이것은 반드시 가장 큰 에너지 장벽을 지나야 한다.

풀이

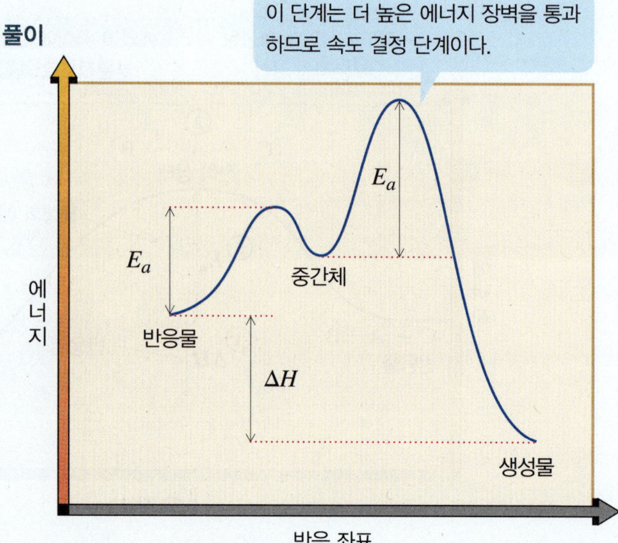

문제 5.12, 5.13 참조

문제 5.1

만약 반응이 흡열 반응이라면, 예제 5.1에서 그린 도표를 어떻게 변화시킬 것인가?

화학 관련 5A

촉매 크래킹과 알켄의 중요성

지금까지 탄화수소의 가장 주요한 공급원은 대부분이 알케인으로 구성된 원유이다. 불행하게도 3장에서 배웠듯이 알케인은 상대적으로 비활성이기 때문에 오늘날 현대 사회에서 사용되는 무수히 많은 화합물을 생산하기 위한 출발 물질로 유용하지 않다.

다행히 원유는 촉매 크래킹 과정을 통해 반응성이 좋은 작용기(탄소–탄소 이중 결합)를 가지는 화합물인 알켄으로 쉽게 변환이 가능하다. 촉매 크래킹에서 원유의 탄화수소 원료들을 고체 촉매와 혼합하여 500℃ 이상으로 가열한다. 이러한 반응 조건은 탄소–탄소 단일 결합을 깨고, 결국 반응성이 좋은 중간체인 작은 알케인과 알켄을 형성한다.

$$CH_3CH_2CH_2CH_2CH_2CH_3 \xrightarrow[\text{촉매}]{\text{가열}} CH_3CH_2CH_2CH_3 + \underset{\text{ethylene}}{CH_2{=}CH_2}$$

초기의 반응에서 형성된 작은 탄화수소는 더 작은 탄화수소를 형성하도록 다시 반응한다. 몇 번의 크래킹 순환 후에 형성되는 주요 알켄 생성물은 에틸렌(ethylene)으로 가능한 가장 작은 알켄이다.

$$CH_3CH_2CH_2CH_3 \xrightarrow[\text{촉매}]{\text{가열}} CH_3CH_3 + \underset{\text{ethylene}}{CH_2{=}CH_2}$$

$$CH_3CH_3 \xrightarrow[\text{촉매}]{\text{가열}} H_2 + \underset{\text{ethylene}}{CH_2{=}CH_2}$$

에틸렌은 포집되고 에탄올(ethanol)을 생성하는 수화 반응 같은 다른 반응을 거치게 된다.

$$CH_2{=}CH_2 \xrightarrow{\text{수화 반응}} \underset{\text{ethanol}}{CH_3CH_2OH}$$

이런 과정을 통해서 원유는 이 책에서 설명하는 많은 유기 반응에 사용되는 작용기화된 유기 화합물로 변환된다.

문제

촉매 크래킹 반응은 발열과 흡열 중 어느 쪽으로 예상되는가?

B. 반응 메커니즘의 발전

화학자들은 특정 화학 반응을 자세히 밝힐 계획된 실험에 의해 반응 메커니즘을 발전시킨다. 경험과 직관의 조합을 통해서, 전체의 화학적 변화를 설명할 수도 있는 하나 혹은 더 많은 단계의 방법 혹은 메커니즘을 제안한다. 마지막으로 그중 사실과 일치하지 않는 반응 메커니즘은 배제시키고, 각각 제안된 반응 메커니즘이 실험적 관찰과 일치하는지를 검증받아야 한다. 반응 메커니즘은 논리적으로 가능한 모든 대안들은 배제시키고, 우리가 생각할 수 있는 모든 실험과 일치하는지를 알아냄으로써 수립된다. 새로운 실험적 증거가 얻어졌을 때는 일반적으로 받아들여진 반응 메커니즘을 수정하거나 그 반응 메커니즘을 버리거나 다시 연구해 보아야 한다는 것을 유념해 둘 필요가 있다.

화학 반응과 그 반응 메커니즘을 공부하기 전에, 그것을 수립하고 배우는 것이 어떤 가치가 있는지를 생각해 보자. 첫 번째 이유는 반응 메커니즘이 다양한 여러 화학적 설명을 체계화할 수 있는 이론적인 골격을 마련해 주는 실용성 때문이다. 예를 들면 특정한 알켄에 시약을 어떻게 가할 것인가, 그것을 어떻게 일반화할 수 있는가 하는 직관, 그리고 다른 알켄에 같은 시약을 가하면 어떻게 될지 예측하는 것이다. 두 번째 이유는 화학 체계의 특성을 정확히 나타낼 수 있는 모형을 만듦으로써 얻을 수 있는 지적 만족에 있다. 마지막으로 창조적인 과학자에게 반응 메커니즘은 새로운 정보와 이해를 위한 연구에 사용되는 도구이다. 화학 반응에 대해 알려진 모든 사실과 일치하는 반응 메커니즘은 아직 실시되지 않은 화학 작용을 예측하는 데 사용되거나, 이런 예측을 입증하기 위해 실시되는 실험을 고안하는 데 사용된다. 그러므로 반응 메커니즘은 지식을 조직화할 뿐만 아니라 확장시키는 수단으로도 사용된다.

C. 반응 메커니즘에서 일반적인 몇 가지 형태

여기에서 잠시 멈추고 이 장과 앞으로 나올 몇 가지 일반적인 반응 메커니즘의 형태를 분석해 보자. 형태 중에 미묘한 유사점과 차이점을 발견하도록 노력해 보고, 만약에 발견하지 못하더라도 걱정하지 말라. 이번 과정을 진행하면서 형태를 분별하는 능력이 증가할 것이다.

형태 1: 양성자 첨가. 2.2절에서 배웠듯이 산은 양성자 주개(proton donor), 염기는 양성자 받개(proton acceptor), 그리고 산-염기 반응은 양성자 이동 반응이다. 부가적으로 우리는 아세트산 이온과 암모늄 이온을 형성하는 아세트산과 암모니아의 산-염기 반응의 예와 같이 양성자 이동 반응이 어떻게 일어나는지 표시하기 위해 굽은 화살표를 사용할 수 있다는 것을 보았다. 이 반응은 **비공유 전자쌍**이 화합물의 **양성자 첨가에 사용된** 하나의 예이다.

$$CH_3-C(=O)-O-H + H-NH-H \rightleftharpoons CH_3-C(=O)-O^- + H-N^+H_2-H$$

굽은 화살표가 비공유 전자나 공유 결합에서 나온다는 것을 생각하자.

질소 원자에 **양성자 첨가**. 결과적으로 질소 원자의 비공유 전자쌍이 산으로부터 양성자를 가져왔다.

다음은 또 다른 **양성자 첨가**의 예이다. 이것은 양성자가 탄소-탄소 이중 결합의 파이 결합에 첨가되는 것이다. 아래 화합물에 붙여진 '양성자 주개'와 '양성자 받개'는 Brønsted 산과 염기를 설명하기 위해 사용되는 용어이다. 또한 Lewis 산-염기 이론에 따라 '친전자체'와 '친핵체'라고 이름 붙일 수 있다.

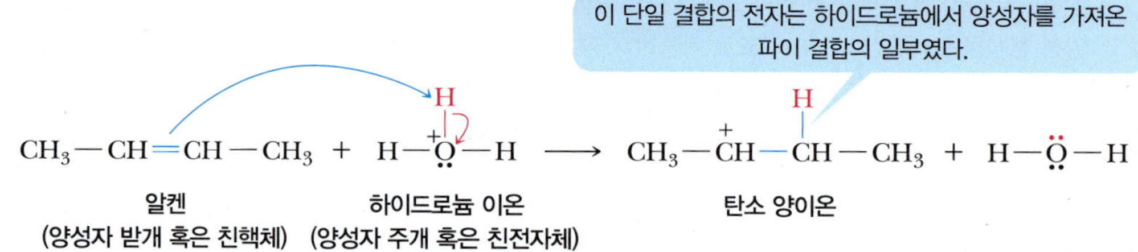

이 형태는 산 촉매를 사용하는 모든 반응에서 전형적으로 나타난다. 탄소-탄소 이중 결합은 두 쌍의 전자를 두 탄소 사이에 공유하고 있다는 것을 기억하라. 이중 결합에서의 산-염기 반응은 수소에 한 쌍의 전자를 제공하고 탄소 양이온으로 변한다. 위 반응식은 수용액에서 양성자 이동을 기술하는 가장 정확한 방법이지만, 우리는 주로 양성자와 새로운 공유 결합의 형성만 보여 주는 간단한 반응식을 사용하게 될 것이다.

$$CH_3-CH=CH-CH_3 + H^+ \longrightarrow CH_3-\overset{+}{C}H-CH_2-CH_3$$

알켄 (양성자 받개 혹은 친핵체) 양성자 (양성자 주개 혹은 친전자체) 탄소 양이온

2.2절에서 설명한 것과 같이 양성자(H^+)는 수용액에서 존재하지 않는다는 것을 꼭 기억해야 한다. 대신에 양성자는 물 분자와 즉시 결합하여 하이드로늄 이온(H_3O^+)을 형성한다.

형태 2: 양성자 제거. 만약 양성자 이동 반응을 역으로 진행하면 암모늄 이온에서 '양성자가 제거되어' 아세트산 이온 쪽으로 양성자가 이동하게 된다. 이런 종류의 반응에서도 전자쌍의 흐름을 나타내기 위해 굽은 화살표를 사용할 수 있다. 양성자 제거 메커니즘은 양성자 첨가의 메커니즘과 유사하며, 다만 양성자를 잃는 화합물에만 관심을 가지면 된다.

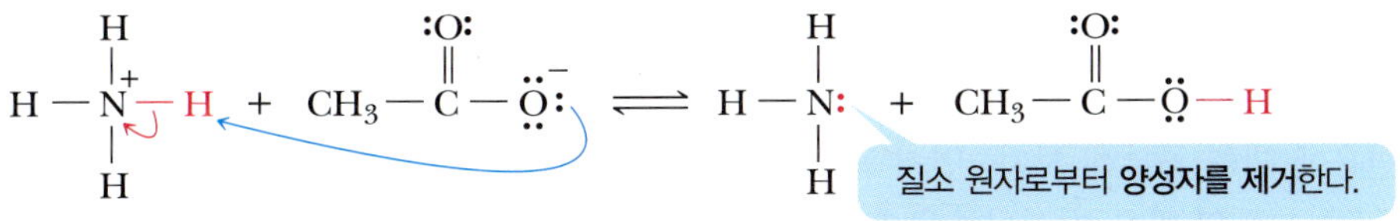

질소 원자로부터 **양성자를 제거**한다.

형태 3: 새로운 공유 결합을 형성하기 위한 친전자체와 친핵체의 반응. 또 다른 특징적인 평태는 친전자체(새로운 공유 결합의 형성을 위하여 한 쌍의 전자쌍을 받을 수 있는 전자가 부족한 종)와 친핵체(새로운 공유 결합의 형성을 위하여 한 쌍의 전자쌍을 줄 수 있는 전자가 풍부한 종) 간의 반응이다. 반응의 예로는 탄소 양이온과 할로젠 이온 간의 반응을 들 수 있다. 이 반응의 추진력은 반응 물질의 양전하와 음전하의 강한 인력과 새로운 공유 결합이 생성될 때의 에너지 방출이다. 다음 반응식은 이 반응의 전자 흐름을 보여 준다.

친전자체 새로운 공유 결합을 형성하기 위하여 전자쌍을 받을 수 있는 전자가 부족한 화학종; 다른 표현으로는 Lewis 산(2.6절).

친핵체 새로운 공유 결합을 형성하기 위하여 전자쌍을 줄 수 있는 전자가 풍부한 화학종; 다른 표현으로는 Lewis 염기(2.6절).

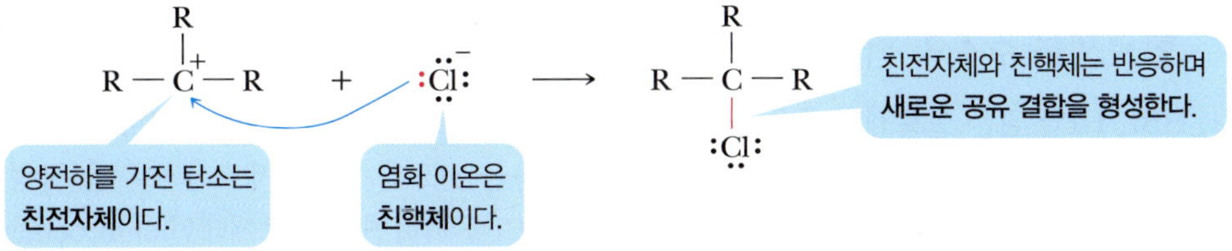

친전자체와 친핵체는 반응하며 **새로운 공유 결합을 형성한다.**

양전하를 가진 탄소는 **친전자체**이다.

염화 이온은 **친핵체**이다.

형태 4: 결합의 재배열. 탄소 양이온에서 일반적으로 일어나는 반응으로 양전하를 더 안정한 위치로 이동시키기 위해 수소나 알킬기가 이동하는 반응이다. 도시된 바와 같이 재배열은 다른 탄소 원자와 새로운 결합을 형성하기 위해 이미 결합된 탄소 원자와의 시그마 결합을 깰 때 일어난다. 이런 과정의 추진력은 원래의 탄소 양이온보다 새로 형성된 탄소 양이온의 우수한 안정도 때문이다. 5.4절에서 재배열에 대하여 더 알아볼 것이다.

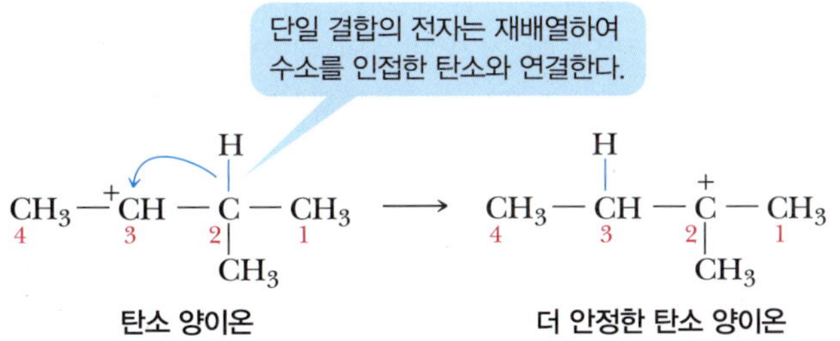

단일 결합의 전자는 재배열하여 수소를 인접한 탄소와 연결한다.

탄소 양이온 → 더 안정한 탄소 양이온

형태 5: 안정한 이온이나 분자를 형성하기 위한 결합의 깨짐. 탄소 양이온은 화학종들이 분자로부터 떨어져 나오고, 이전의 단일 결합에서 전자를 가져갈 때도 생성될 수 있다. 떨어져 나온 화학종을 이탈기라고 하며, 하나 이상의 안정한 이온이나 분자를 형성하기 때문에 결합이 깨진다. 7.5C절에서 이탈기에 대해서 더 알아볼 것이다.

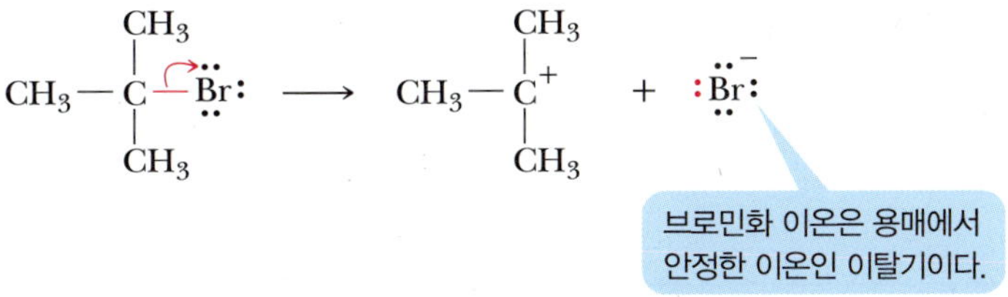

브로민화 이온은 용매에서 안정한 이온인 이탈기이다.

5.3 알켄의 친전자성 첨가 반응의 메커니즘은 무엇인가?

알켄에 할로젠화 수소(HCl, HBr, HI), 물(H_2O), 할로젠(Cl_2, Br_2) 첨가와 같은 세 가지 형태의 첨가 반응에 대해 공부해 보자. 먼저 각각의 첨가 반응에 대한 실험적 관찰 중의 일부를 공부하고, 그다음 그들의 반응 메커니즘을 논의하고자 한다. 이런 특정한 반응을 살펴봄으로써 알켄이 어떻게 첨가 반응을 하는지 일반적으로 이해할 수 있다.

알켄의 첨가 반응이나 유기 화합물의 다양한 반응을 보면, 분자나 이온의 높은 전자 밀도 부분이 다른 분자나 이온의 낮은 전자 밀도 부분과 반응하여 새로운 공유 결합이 생성된다. 전자가 풍부한 화학종을 **친핵체**(nucleophile, 핵을 좋아함)라고 하며, 이것은 전자 밀도가 낮은 부분을 찾아간다. 전자 밀도가 낮은 화학종은 **친전자체**(electrophile, 전자를 좋아함)라고 하며, 이것은 전자 밀도가 높은 부분을 찾아간다. 친핵체는 Lewis 염기이고, 친전자체는 Lewis 산임을 기억하라(2.6절).

A. 할로젠화 수소의 첨가 반응

HCl, HBr, HI와 같은 할로젠화 수소를 알켄에 첨가하면 할로알케인(haloalkane, alkyl halide)이 생성된다. 이런 첨가 반응은 순수한 시약들로만 반응을 일으키거나 아세트산과 같은 극성 용매하에 시약들을 서로 반응시킬 수도 있다. 에틸렌에 HCl를 가하면 클로로에테인[chloroethane, 염화 에틸(ethyl chloride)]이 생성된다.

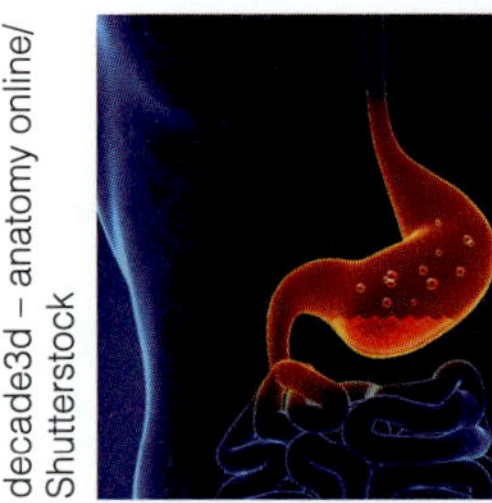

decade3d – anatomy online/ Shutterstock

알켄 반응에서 사용되는 염산은 위산에서 발견되는 것과 동일한 산이다. [HCl]gastric = 0.1M

$$\underset{\text{Ethylene}}{CH_2{=}CH_2} + HCl \longrightarrow \underset{\text{Chloroethane}}{\overset{H}{\overset{|}{CH_2}}-\overset{Cl}{\overset{|}{CH_2}}}$$

프로펜(propene)에 HCl을 첨가하면 2-클로로프로페인[2-chloropropane, 염화 아이소프로필(isopropyl chloride)]이 주생성물로 만들어진다. 이때 수소는 프로펜의 탄소 1에 첨가되고, 염소는 탄소 2에 첨가된다. 만약 이 첨가 반응의 배향이 반대로 된다면 1-클로로프로페인[1-chloropropane, 염화 프로필(propyl chloride)]이 생성될 것이다. 그러나 실질적으로 프로펜에 HCl을 첨가하면 1-클로로프로페인은 배제된 2-클로로프로페인이 주생성물로 만들어진다.

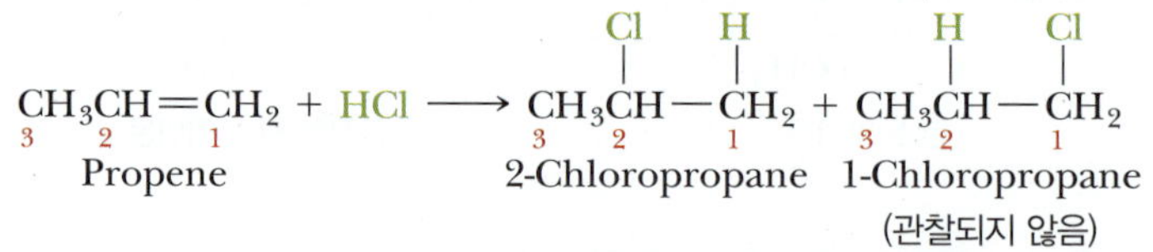

위치 선택성 반응 결합 형성 또는 결합 깨짐이 다른 방향보다 한 방향으로 일어나는 것이 선호되는 반응

Markovnikov 규칙 알켄에 HX 또는 H_2O가 첨가될 때, 첨가되는 수소는 수소 원자를 더 많이 가진 이중 결합의 탄소에 첨가된다.

프로펜에 대한 HCl의 첨가 반응은 매우 위치 선택성이며, 2-클로로프로페인은 이 반응의 주생성물이다. **위치 선택성 반응**(regioselective reaction)은 결합이 형성되거나 깨지는 방향이 모든 다른 방향보다 한 방향을 선호하면서 일어나는 반응이다.

Vladimir Markovnikov는 위치 선택성을 관찰하였고, 일반화하였다. 이를 **Markovnikov 규칙**(Markovnikov's rule)이라고 한다. 다시 말하면, 알켄에 HX가 첨가될 때 H는 수소가 더 많이 결합된 이중 결합의 탄소에 첨가된다는 규칙이다. Markovnikov 규칙은 많은 알켄의 첨가 반응

예제 5.2

다음 알켄의 첨가 반응에 대한 주생성물을 명명하고, 구조식을 그리시오.

(a) $CH_3\overset{CH_3}{\overset{|}{C}}{=}CH_2 + HI \longrightarrow$

(b) (1-methylcyclopentene structure, CH_3) $+ HCl \longrightarrow$

전략

Markovnikov 규칙에 의하면 H는 덜 치환된 이중 결합의 탄소에 첨가되며, 할로젠은 더 많이 치환된 탄소에 첨가된다.

풀이

(a) CH_3CCH_3 (중앙 탄소에 CH_3와 I 결합)

2-Iodo-2-methylpropane

(b) HCl의 수소는 이 탄소에 첨가된다. 하지만 이 그림에서는 보이지 않는다.

(사이클로펜테인 고리의 한 탄소에 Cl과 CH_3 결합)

1-Chloro-1-methylcyclopentane

문제 5.17~5.20, 5.28 참조

문제 5.2

다음 알켄의 첨가 반응에 대하여 주생성물의 이름과 구조식을 그리시오.

(a) $CH_3CH{=}CH_2 + HI \longrightarrow$ **(b)** (사이클로헥세인 고리)$=CH_2 + HI \longrightarrow$

에서 주생성물을 예측할 수 있지만, 다른 가능한 생성물보다 한 생성물이 지배적으로 더 많이 생성되는 **이유를** 설명해 주지는 않는다.

화학자들은 2-뷰텐과 염화 수소가 반응하여 2-클로로뷰테인이 생성되는 반응을 예로 하여, 두 단계의 메커니즘에 의해 알켄에 HX가 첨가됨을 설명한다. 먼저 일반적인 두 단계 메커니즘을 살펴보고, 각 단계를 자세히 알아본다. 이제 각 단계를 더 자세히 알아보자. 위의 두 단계에는 유기

메커니즘

2-뷰텐에 대한 HCl의 친전자성 첨가 반응

1단계: 양성자 첨가

왼쪽 두 개의 굽은 화살표로 표시한 바와 같이 HCl로부터 양성자가 2-뷰텐으로 옮겨감으로써 이 반응은 시작된다.

$$CH_3CH{=}CHCH_3 + \overset{\delta+}{H}{-}\overset{\delta-}{\ddot{Cl}}: \xrightleftharpoons[]{\text{느림, 속도 결정 단계}} CH_3\overset{+}{C}H{-}\underset{}{\overset{H}{C}}HCH_3 + :\ddot{Cl}:^-$$

(친핵체) (친전자체) *sec*-Butyl 양이온 (2차 탄소 양이온 중간체)

첫 번째 굽은 화살표는 알켄의 파이 결합이 깨지고, 그다음 이 전자쌍이 HCl의 수소 원자와 새로운 공유 결합을 형성하기 위해 사용되었다. 이 단계에서 알켄의 탄소–탄소 이중 결합은 친핵체(전자 풍부, 핵을 찾는 화학종)이고, HCl은 친전자체(전자 부족, 전자를 찾는 화학종)이다. 두 번째의 화살표는 HCl의 극성 공유 결합이 깨져 그 전자쌍을 완전히 염소 원자가 가져가 염화 이온을 형성하는 것을 나타낸 것이다. 1단계에서 유기 양이온과 염화 음이온이 형성된다.

2단계: 친전자체와 친핵체의 반응은 새로운 공유 결합을 만든다.

탄소의 원자가 껍질을 완성하는 *sec*-뷰틸 양이온(친전자체, Lewis 산)과 염화 이온(친핵체, Lewis 염기)의 반응은 2-클로로뷰테인을 형성한다.

$$:\ddot{Cl}:^- + CH_3\overset{+}{C}HCH_2CH_3 \xrightarrow{\text{빠름}} CH_3\underset{}{\overset{:\ddot{Cl}:}{C}}HCH_2CH_3$$

염화 이온 (Lewis 염기) (친핵체) *sec*-Butyl 양이온 (Lewis 산) (친전자체) 2-Chlorobutane

해결방법 5.1

메커니즘 그리기 

메커니즘은 어떻게 결합이 깨지고 생성되는지를 보여 준다. 각각의 원자들은 반응에서 자리가 변하지만, 굽은 화살표는 메커니즘에서 전자의 이동을 보여 주기 위해 사용된다. 그러므로 굽은 화살표 표기법은 항상 결합 또는 비공유 전자쌍으로부터 비롯된다는 것을 기억해야 한다.

굽은 화살표의 올바른 사용

굽은 화살표의 잘못된 사용

전자의 이동이 아닌 **원자**의 이동을 나타낸 굽은 화살표를 사용할 때 하는 일반적 실수

화학에 있어 중요하며, 꼭 이해해야 한다.

1단계의 결과 유기 양이온이 형성되었다. 이 양이온에서 하나의 탄소 원자는 그 원자가 껍질에 6개의 전자만 갖게 되어 양전하 +1를 나타내게 된다. 탄소 원자에 양전하를 갖는 화학종을 **탄소 양이온**(carbocation: 탄소 + 양이온)이라고 한다. 양전하를 가진 탄소에 연결된 탄소 원자의 수에 따라 1차(primary, 1°), 2차(secondary, 2°), 3차(tertiary, 3°) 탄소 양이온으로 구분한다. 모든 탄소 양이온은 Lewis 산(2.6절)이며, 친전자체이다.

탄소 양이온 세 개의 결합만이 있는 탄소 원자에 양전하를 갖는 화학종

탄소 양이온에서 양전하를 갖는 탄소는 세 개의 다른 원자와 결합한다. 원자가 껍질 전자쌍 반발(VSEPR) 이론으로 예측하면, 그 세 개의 결합은 같은 평면상에 존재하고, 거의 120°의 결합각을 형성한다. 오비탈 겹침 모형에 의하면 탄소 양이온의 전자 결핍 탄소는 그것의 sp^2 혼성 오비탈을 세 개의 결합된 기들과 시그마(σ) 결합을 형성하는 데 사용한다. 혼성화되지 않은 $2p$ 오비탈은 전자를 포함하지 않으며, 시그마 결합 구조와 수직으로 위치한다. *tert*-뷰틸 양이온의 Lewis 구조와 오비탈 겹침 도표를 그림 5.3에 나타내었다.

(a) *tert*-Butyl 양이온 (b) 비어 있는 $2p$ 오비탈; sp^2-sp^3 혼성 오비탈의 결정으로 형성된 시그마 결합

그림 5.3 *tert*-butyl 양이온의 구조. (a) Lewis 구조, (b) 오비탈 그림

그림 5.4는 2-뷰텐과 HCl의 두 단계 반응의 에너지 도표를 나타낸 것이다. 가장 느린 속도 결정 단계(가장 높은 에너지 장벽을 지나는 단계)는 첫 번째 단계에 나타나 있는데, 이때 2차 탄소 양이온이 형성된다. 이 탄소 양이온 중간체는 1단계와 2단계의 전이 상태 사이에서 에너지가 최소인 곳에 위치한다. Lewis 산–염기 반응에 따라 탄소 양이온 중간체(Lewis 산)는 생성되자마자 염화 이온(Lewis 염기)과 반응하여 2-클로로뷰테인이 만들어진다. 생성물인 2-클로로뷰테인의 에너지 준위가 반응물인 2-뷰텐과 HCl의 에너지 준위보다 낮다는 것에 유의해야 한다. 그러므로 이런 알켄의 첨가 반응은 열이 방출되고, 반응은 발열성이다.

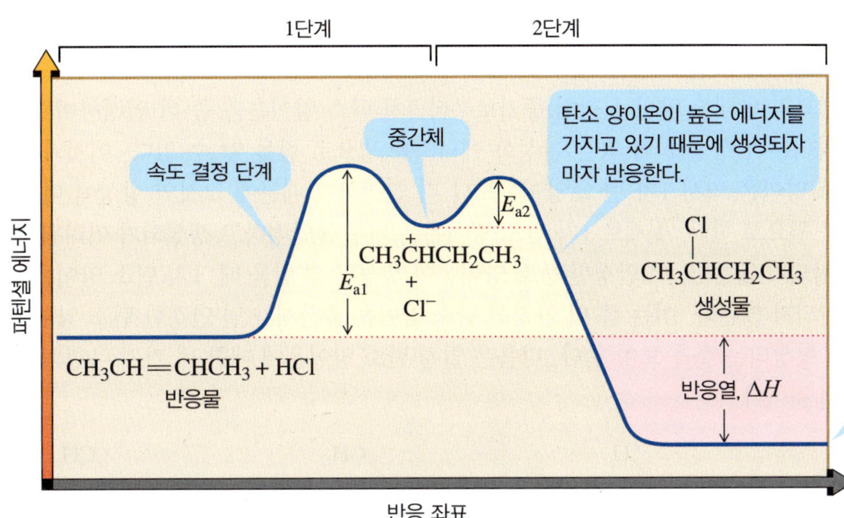

그림 5.4 2-Butene과 HCl의 두 단계 첨가 반응의 에너지 도표. 이 반응은 발열 반응이다.

탄소 양이온의 상대적 안정도 – 위치 선택성과 Markovnikov 규칙

HX와 알켄의 반응은 원칙적으로 적어도 두 개의 다른 탄소 양이온 중간체를 생성한다. 이것은 HCl과 프로펜의 반응에서와 같이 중간체의 이중 결합 탄소 원자와 H^+가 결합을 형성하는 것에 달려 있다.

이 탄소는 수소와 결합을 형성한다.

$CH_3CH{=}CH_2 + H{-}Cl \longrightarrow CH_3CH_2\overset{+}{C}H_2 \xrightarrow{:Cl:^-} CH_3CH_2CH_2Cl$

Propene — Propyl 양이온 (1° 탄소 양이온) — 1-Chloropropane (생기지 않음)

이 반응은 두 개의 결과가 가능하다.

이 탄소는 수소와 결합을 형성한다.

$CH_3CH{=}CH_2 + H{-}Cl \longrightarrow CH_3\overset{+}{C}HCH_3 \xrightarrow{:Cl:^-} CH_3CH(Cl)CH_3$

Propene — Isopropyl 양이온 (2° 탄소 양이온) — 2-Chloropropane (생성물)

관찰되는 생성물은 2-클로로프로페인이다. 탄소 양이온은 염화 이온과 신속하게 반응하기 때문에 반응의 생성물로서 1-클로로프로페인이 없다는 것은 1차 양이온보다 2차 양이온이 더 우선적으로 생성됨을 알려 준다.

2-메틸프로페인과 HCl의 반응에서도 비슷하게, 탄소–탄소 이중 결합에 양성자의 이동으로 아이소뷰틸 양이온(1차 탄소 양이온) 또는 *tert*-뷰틸 양이온(3차 탄소 양이온)이 생성될 수 있다.

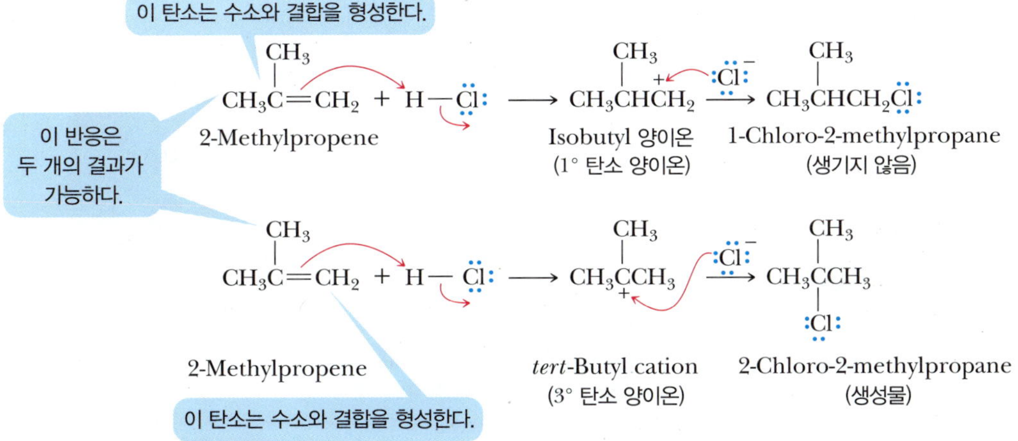

이 반응에서 관찰된 생성물은 2-클로로-2-메틸프로페인으로, 1차 탄소 양이온보다 3차 탄소 양이온의 형성이 더 선호된다는 것을 보여 준다.

이러한 실험적 결과와 방대한 양의 실험적 증거로부터 3차 탄소 양이온은 좀 더 안정하며 2차 탄소 양이온보다 양이온의 형성에 더 작은 활성화 에너지를 필요로 함을 알 수 있다. 이것과 마찬가지로, 2차 탄소 양이온 역시 1차 탄소 양이온보다 더 안정하기 때문에 그것의 형성에 더 작은 활성화 에너지를 필요로 한다. 실제로 1차 탄소 양이온은 너무 불안정하고 생성되기 어려워 용액 내에서 절대 관찰되지 않는다. 더 안정한 탄소 양이온이 생성될 수 있을 때, 1차 탄소 양이온은 반응 중간체로 제안되지 않는다. 이는 좀 더 안정한 탄소 양이온 중간체가 덜 안정한 탄소 양이온 중간체보다 빠르게 형성되는 것을 보여 준다. 다음은 알킬 탄소 양이온에 대한 네 가지 유형의 안정도 순서를 나타낸 것이다.

$H-\overset{+}{C}(H)_2$	$CH_3-\overset{+}{C}(H)_2$	$CH_3-\overset{+}{C}(CH_3)(H)$	$CH_3-\overset{+}{C}(CH_3)_2$
Methyl 양이온 (methyl)	Ethyl 양이온 (1°)	Isopropyl 양이온 (2°)	*tert*-Butyl 양이온 (3°)

탄소 양이온의 안정도 증가 순서 →

비록 Markovnikov의 시대에는 탄소 양이온의 상대적인 안정도의 개념이 규명되지는 않았지만, 그것들의 상대적인 안정도는 그의 법칙을 이해하기 위한 근원적인 기초가 된다. 즉 H—X의 양성자는 덜 치환된 이중 결합의 탄소에 첨가된다. 그 이유는 이런 형태의 첨가 과정이 더욱 안정한 탄소 양이온 중간체를 형성하기 때문이다.

이제 탄소 양이온의 안정도 순서를 어떻게 설명할 것인가? 물리학적인 원리로부터 우리는 비편재화된 전하(양전하 또는 음전하)를 가지는 계가 좀 더 안정하다는 것을 알 수 있다. 이 원리에 따르면 탄소 양이온의 안정도 순서를 설명할 수 있다. 양으로 하전되는 탄소와 결합한 알킬기가 양이온의 탄소 쪽으로 전자를 밀어주고, 양으로 하전되는 탄소의 양이온의 전하가 비편재화되도록 돕는다. 양으로 하전된 탄소에 결합된 알킬기의 전자 밀어주기는 **유발 효과**(inductive effect)로 설명된다(2.5C절).

이 효과는 다음과 같은 과정을 통해서 이루어진다. 양전하를 가진 탄소 원자의 전자 결핍은 주변의 시그마 결합의 전자를 당긴다. 그러므로 양이온의 양전하는 3가(trivalent)의 탄소 원자에 편재화되지 않고 주변의 원자에 걸쳐 비편재화된다. 비편재화되는 부피가 더 클수록 양이온의 안정도는 증가한다. 그것은 더 많은 수의 알킬기가 양이온의 탄소에 많이 결합될수록 그 양이온의 안정도는 증가한다는 뜻이다. 양으로 하전되는 탄소의 전자 끌기 유발 효과는 그림 5.5와 같이 표현된 전하의 비편재화를 만든다. 양자 역학적인 계산에 의하면 메틸 양이온의 탄소 원자 전하는 대

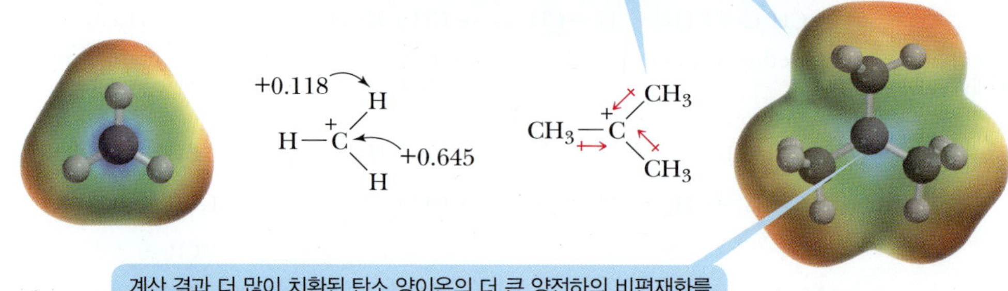

그림 5.5 Methyl 양이온과 *tert*-butyl 양이온. 분자 오비탈 계산에 따라 양으로 하전된 3가의 탄소에 의한 전자 끌기 유발 효과에 의한 양전하의 비편재화

략 +0.645이고, 그것의 각 수소 원자의 전하는 +0.118 정도이다. 그러므로 메틸 양이온에서도 양전하는 탄소 이온에 편재되지 않는다. 대신에 전체 이온의 점유되는 공간에 걸쳐서 비편재화된다. 전자 밀도의 분극화와 전하의 비편재화는 *tert*-뷰틸 양이온에서 더 넓게 일어난다.

예제 5.3

다음의 탄소 양이온을 안정도가 증가하는 순서로 배열하시오.

(a) **(b)** **(c)**

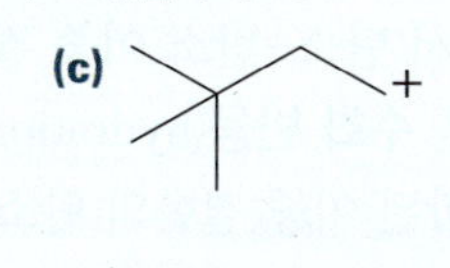

풀이

(a)는 2차, (b)는 3차, (c)는 1차 탄소 양이온이다. 안정도가 증가되는 순서는 (c) < (a) < (b)이다.

전략

양으로 하전된 탄소의 치환된 정도를 결정하고, 알킬 탄소 양이온의 안정도 감소하는 순서가 3° > 2° > 1° 임을 고려하라.

문제 5.15, 5.16 참조

문제 5.3

다음의 탄소 양이온을 안정도가 증가되는 순서로 배열하시오.

(a) **(b)** **(c)**

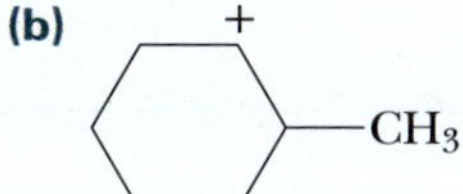

예제 5.4

Methylenecyclohexane에 HI가 첨가되어 1-iodo-1-methylcyclohexane이 생성되는 메커니즘을 보이시오.

$=CH_2 + HI \longrightarrow$ (I, CH_3)

Methylenecyclohexane 1-Iodo-1-methylcyclohexane

메커니즘에서 어떤 단계가 속도 결정 단계이겠는가?

전략

HCl이 propene에 첨가되는 반응에서 제시된 것과 유사한 두 단계 메커니즘을 고려하라. 탄소 양이온 중간체 생성이 속도를 결정하게 된다.

풀이

1단계: 양성자 첨가

HI로부터 탄소–탄소 이중 결합으로 양성자가 이동하는 속도 결정 단계에 의해 3차 탄소 양이온 중간체가 생성된다.

$=CH_2 + H-\ddot{I}: \xrightarrow{\text{느림, 속도 결정 단계}} {}^{+}-CH_3 + :\ddot{I}:^-$

Methylenecyclohexane 3차 탄소 양이온 중간체

2단계: 새로운 공유 결합을 형성하기 위한 친핵체와 친전자체의 반응

3차 탄소 양이온 중간체(Lewis 산)와 iodide 이온(Lewis 염기) 간의 반응으로 탄소의 원자가 껍질이 완성되어 생성물이 형성된다.

${}^{+}-CH_3 + :\ddot{I}:^- \xrightarrow{\text{빠름}}$ ($:\ddot{I}:$, CH_3)

(친전자체) (친핵체) 1-Iodo-1-methylcyclohexane

문제 5.29 참조

문제 5.4

1-Methylcyclohexene에 HI가 첨가되어 1-iodo-1-methylcyclohexane이 생성되는 메커니즘을 보이시오. 어떤 단계가 속도 결정 단계인가?

B. 물의 첨가: 산 촉매 수화 반응

수화 물의 첨가

일반적으로 황산과 같은 산 촉매하에서 탄소–탄소 이중 결합에 물을 가하면 알코올이 생성된다. 이와 같이 알켄에 물을 첨가하는 것을 **수화 반응**(hydration)이라고 한다. 단순한 구조를 가진 알켄의 경우에 H는 수소가 더 많이 결합된 이중 결합의 탄소에 첨가되고, OH는 수소가 적게 결합된 탄소에 첨가된다. 그러므로 알켄에 H—OH의 첨가는 Markovnikov 규칙을 따른다.

예 1

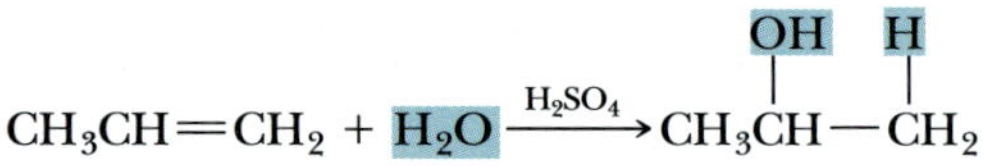

$$CH_3CH{=}CH_2 + H_2O \xrightarrow{H_2SO_4} CH_3\underset{}{\overset{OH}{C}}H{-}\overset{H}{C}H_2$$

Propene → 2-Propanol

예 2

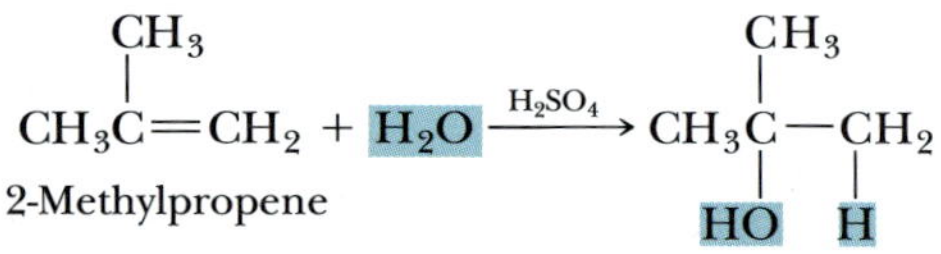

$$CH_3\overset{CH_3}{C}{=}CH_2 + H_2O \xrightarrow{H_2SO_4} CH_3\overset{CH_3}{\underset{HO}{C}}{-}\underset{H}{C}H_2$$

2-Methylpropene → 2-Methyl-2-propanol

예제 5.5

1-Methylcyclohexene의 산 촉매 수화 반응 생성물의 구조식을 그리시오.

전략

Markovnikov 규칙에 의하면, H는 더 많은 수소가 있는 탄소–탄소 이중 결합의 탄소에 첨가되고, OH는 수소의 수가 적은 탄소에 첨가된다.

풀이

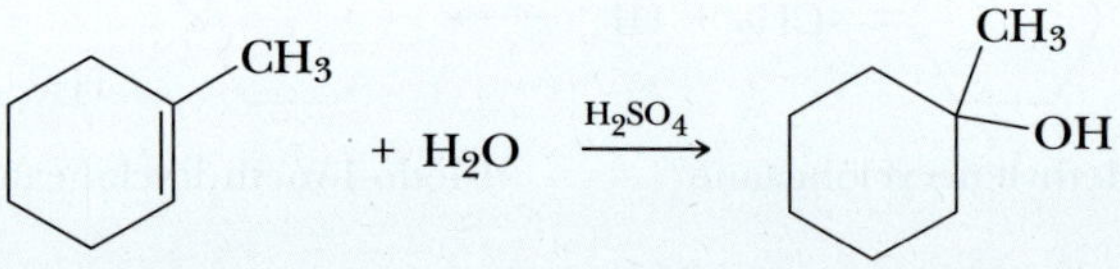

1-Methylcyclohexene $+ H_2O \xrightarrow{H_2SO_4}$ 1-Methylcyclohexanol

문제 5.19, 5.20, 5.28, 5.32 참조

문제 5.5

각 알켄 수화 반응의 생성물에 대한 구조식을 그리시오.

(a) (2-methyl-2-butene) $+ H_2O \xrightarrow{H_2SO_4}$

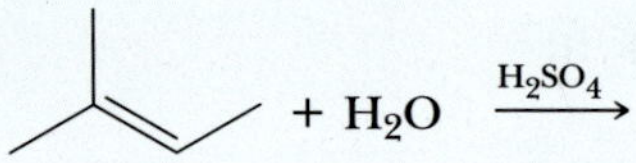

(b) (2-methyl-1-butene) $+ H_2O \xrightarrow{H_2SO_4}$

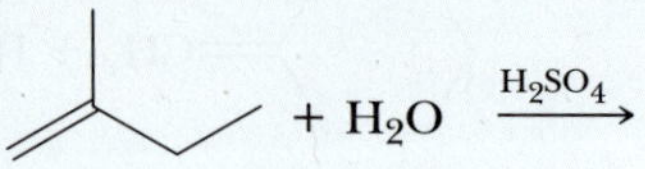

알켄의 산 촉매 수화 반응에 대한 메커니즘은 HCl, HBr, HI가 알켄에 첨가될 때 제안한 방법과 아주 비슷하다. 알켄의 산 촉매 수화 반응은 프로펜의 수화 반응에 의해서 2-프로판올이 되는 과정으로 설명할 수 있다. 이 메커니즘에서 일관된 사실은 사용된 산이 촉매라는 점이다. H_3O^+는 1단계에서 소비되지만, 3단계에서 재생성된다.

메커니즘

프로펜의 산 촉매 수화 반응

1단계: 양성자 첨가

산 촉매(하이드로늄 이온)로부터 프로펜으로의 양성자 이동에 의해 2차 탄소 양이온 중간체(Lewis 산)가 생성된다.

하이드로늄 이온은 강산인 H_2SO_4가 물에 첨가될 때 빠른 양성자 이동에 의해 생성된다.

$$CH_3CH{=}CH_2 + H{-}\ddot{O}^+{-}H \ (\text{with H}) \xrightleftharpoons[\text{속도 결정 단계}]{\text{느림,}} CH_3\overset{+}{C}HCH_3 + :\ddot{O}{-}H \ (\text{with H})$$

(친핵체) (친전자체) 2차 탄소 양이온 중간체

이 단계에서, 알켄의 탄소-탄소 이중 결합은 친핵체로서, 하이드로늄 이온은 친전자체로서의 역할을 한다.

2단계: 새로운 공유 결합을 형성하기 위한 친핵체와 친전자체의 반응

탄소 양이온 중간체(Lewis 산)와 물(Lewis 염기)과의 반응으로 탄소의 원자가 껍질을 채우며 **옥소늄 이온**(oxonium ion)이 생성된다.

옥소늄 이온 산소 원자에 세 개의 다른 원자가 결합되며 양전하를 띠는 이온

$$CH_3\overset{+}{C}HCH_3 + :\ddot{O}{-}H \ (\text{with H}) \xrightleftharpoons{\text{빠름}} CH_3CH(\overset{+}{O}H_2)CH_3$$

(친전자체) (친핵체) 옥소늄 이온

3단계: 양성자 제거 양성자가 옥소늄 이온에서 물로 이동함으로써 알코올이 생성되고 새로운 촉매가 생긴다.

$$CH_3CH(\overset{+}{O}H_2)CH_3 + H{-}\ddot{O}{-}H \xrightleftharpoons{\text{빠름}} CH_3CH(\ddot{O}H)CH_3 + H{-}\ddot{O}^+{-}H \ (\text{with H})$$

© Jesus Conde/iStockphoto

예제 5.6

1-Methylcyclohexanol을 형성하는 methylenecyclohexane의 산 촉매 수화 반응의 메커니즘을 제안하시오. 어떤 단계가 속도 결정 단계라고 생각하는가?

전략

프로펜의 산촉매 수화 반응 메커니즘과 비슷하게 세 단계 메커니즘으로 제안한다.

풀이

1단계에서의 3차 탄소 양이온 중간체의 형성이 속도 결정 단계이다.

1단계: 양성자 첨가

산 촉매로부터 알켄으로의 양성자 이동 결과, 3차 탄소 양이온 중간체(Lewis 산)가 생성된다.

$$C_6H_{10}{=}CH_2 + H{-}\ddot{O}^+{-}H \ (\text{with H}) \xrightleftharpoons[\text{속도 결정 단계}]{\text{느림,}} C_6H_{10}^{+}{-}CH_3 + :\ddot{O}{-}H \ (\text{with H})$$

3차 탄소 양이온 중간체

2단계: 새로운 공유 결합을 형성하기 위한 친핵체와 친전자체의 반응

탄소 양이온 중간체(Lewis 산)와 물(Lewis 염기)과의 반응으로 원자가 껍질을 채우며 옥소늄 이온이 생성된다.

$$C_6H_{10}^{+}{-}CH_3 + :\ddot{O}{-}H \ (\text{with H}) \xrightleftharpoons{\text{빠름}} C_6H_{10}(CH_3)(\overset{+}{O}H_2)$$

옥소늄 이온

3단계: 양성자 제거
양성자가 옥소늄 이온에서 물로 이동함으로써 알코올이 생성되고 산 촉매가 재생성된다.

$$\text{(1-methylcyclohexyl)}-\overset{+}{O}H_2 + H_2\ddot{O}: \xrightarrow{\text{빠름}} \text{(1-methylcyclohexyl)}-\ddot{O}H + H_3O^+$$

문제 5.29~5.31, 5.38 참조

문제 5.6

1-Methylcyclohexene에서 1-methylcyclohexanol로의 산 촉매 수화 반응 메커니즘을 제안하시오. 어떤 단계가 속도 결정 단계이겠는가?

C. 브로민과 염소의 첨가 반응

염소(Cl_2)와 브로민(Br_2)은 실온에서 알켄의 이중 결합에 있는 두 탄소 원자에 첨가되어 두 개의 새로운 탄소–할로젠 결합을 형성한다.

$$\underset{\text{2-Butene}}{CH_3CH{=}CHCH_3} + Br_2 \xrightarrow{CH_2Cl_2} \underset{\text{2,3-Dibromobutane}}{CH_3\overset{Br}{\overset{|}{C}H}-\overset{Br}{\overset{|}{C}H}CH_3}$$

플루오린(F_2) 또한 알켄에 첨가되지만, 이 반응은 상당히 빠르고 제어하기 어렵기 때문에 실험실에서의 유용한 반응으로는 사용되지 않는다. 아이오딘(I_2)도 알켄에 첨가되지만, 유용하지 않다.

사이클로알켄(cycloalkene)에 브로민과 염소를 첨가하면 트랜스 다이할로사이클로알케인(dihalocycloalkane)이 생성된다. 예를 들면 사이클로헥센에 브로민을 첨가시키면 *trans*-1,2-다이브로모사이클로헥세인이 생성되며, 시스 이성질체는 생성되지 않는다. 그러므로 사이클로알켄에 할로젠의 첨가는 입체 선택성 반응이다. **입체 선택성 반응**(stereoselective reaction)은 한 개의 입체 이성질체가 한 개를 제외한 모든 다른 입체 이성질체보다 우세하게 형성되거나 파괴되는 반응이다. 알켄에 브로민 첨가는 **안티 입체 선택성**(anti stereoselectivity)으로 일어난다.

입체 선택성 반응 한 개의 입체 이성질체가 한 개를 제외한 모든 다른 입체 이성질체보다 우세하게 형성되거나 파괴되는 반응

안티 입체 선택성: 탄소–탄소 이중 결합의 반대쪽으로의 원자나 원자단의 첨가 반응

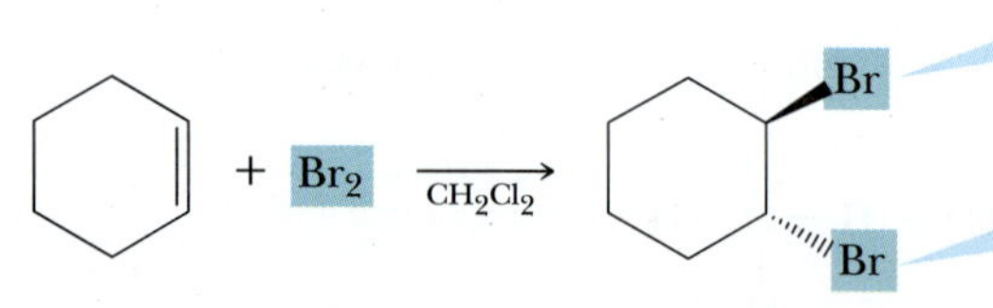

안티 입체 선택성은 반응물이 이전의 C—C 이중 결합의 반대 위치에 첨가된다. 우리는 Br 결합의 하나를 선쐐기로, 다른 하나는 쇄선쐐기로 나타낼 것이다.

화학에서 정성적 시험법은 맨눈으로 식별할 수 있는 실험이다. 브로민과 알켄의 반응은 탄소–탄소 이중 결합의 존재 여부를 알아내는 아주 유용한 정성적(qualitative) 시험법으로도 사용된다. 만약 다이클로로메테인에 브로민을 용해시키면, 용액은 붉은색을 나타낸다. 알켄이나 다이브로모알케인은 둘 다 무색이다. 몇 방울의 브로민 용액을 알켄에 가하여 혼합하면 다이브로모알케인이 생성되며, 용액의 붉은색은 소실된다.

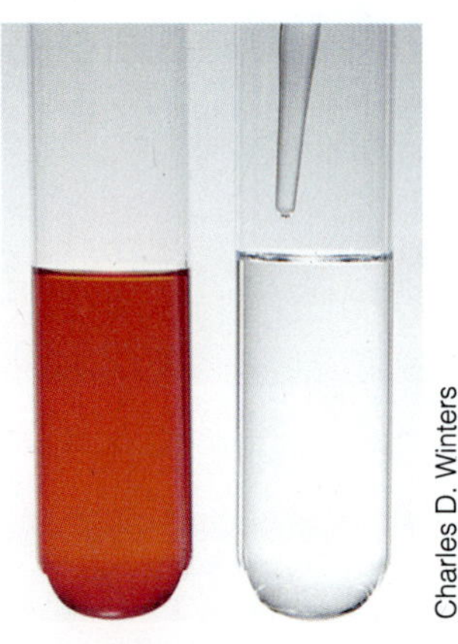

브로민이 들어 있는 dichloromethane 용액은 붉은색이다. 알켄을 첨가하면 붉은색은 사라진다.

예제 5.7

다음 반응을 완성하고, 각 생성물에서 입체 화학을 보이시오.

(a) 사이클로펜텐 + Br_2 $\xrightarrow{CH_2Cl_2}$

(b) 1-메틸사이클로헥센(CH_3) + Cl_2 $\xrightarrow{CH_2Cl_2}$

전략

사이클로알켄에 Br_2와 Cl_2의 첨가는 안티 입체 선택적으로 일어난다. 두 할로젠 원자는 생성물에서 서로 트랜스를 만든다.

풀이

(a) 사이클로펜텐 + Br_2 $\xrightarrow{CH_2Cl_2}$ trans-1,2-다이브로모사이클로펜테인 (Br, Br)

(b) 1-메틸사이클로헥센(CH_3) + Cl_2 $\xrightarrow{CH_2Cl_2}$ trans-1,2-다이클로로-1-메틸사이클로헥세인 (CH_3, Cl, Cl)

문제 5.21 참조

문제 5.7

다음 반응을 완성하시오.

(a) $(CH_3)_3CCH{=}CH_2 + Br_2 \xrightarrow{CH_2Cl_2}$

(b) 메틸렌사이클로헥세인($=CH_2$) + Cl_2 $\xrightarrow{CH_2Cl_2}$

입체 선택성과 다리놓인 할로늄 이온 중간체

사이클로알켄에 대한 브로민 및 염소의 첨가 반응과 그들의 안티 입체 선택성(항상 트랜스로 첨가됨)을 양전하를 가지는 할로젠 원자를 포함하는 두 단계 메커니즘으로 설명하고자 한다. 이것을 **할로늄 이온**(halonium ion)이라고 한다. 이 이온이 고리 구조의 한 부분일 때 **다리놓인 할로늄 이온**(bridged halonium ion)이라고 한다. 메커니즘에 나타난 다리놓인 브로모늄 이온은 조금 이상해 보이지만, 용인되는 Lewis 구조이다. 형식 전하의 계산 결과 브로민 원자는 양전하를 가진다. 그다음 2단계에서 브로민화(bromide) 이온은 브로민 원자에 의해 점유된 곳의 반대쪽으로부터 다리놓인 중간체와 반응하여 다이브로모알케인(dibromoalkane)을 만든다. 그러므로 브로민 원자들은 탄소–탄소 이중 결합의 반대쪽으로 첨가된다.

할로늄 이온 양전하를 가지는 할로젠 원자의 이온

메커니즘

안티 선택성을 갖는 브로민의 첨가 반응

1단계: 새로운 공유 결합을 형성하기 위한 친핵체와 친전자체의 반응

탄소–탄소 이중 결합(친핵체)의 파이 전자와 브로민(친전자체)과의 반응으로, 브로민 원자에 양의 형식 전하를 가지는 다리놓인 브로모늄 이온 중간체를 형성한다.

2단계: 새로운 공유 결합을 형성하기 위한 친핵체와 친전자체의 반응

브로민화 이온(친핵체, Lewis 염기)이 다리놓인 브로모늄 이온의 반대쪽으로 탄소(친전자체, Lewis 산)를 공격함으로써 삼각형 고리가 열린다.

친전자체

친핵체

브로민 원자의 반대(같은 평면) 방향의 첨가

왼쪽에서의 생성물의 Newman 투영도

사이클로헥센과 그 유도체들에 대한 염소와 브로민의 첨가는 트랜스 이수직 방향(diaxial) 형태 생성물을 만든다. 그 이유는 사이클로헥세인 고리에서 인접한 원자의 오직 수직인 위치가 안티이면서 같은 평면상에 위치하기 때문이다. 초기 생성물의 트랜스 이수직 방향 형태는 트랜스 이수평 방향(diequatorial) 형태와 평형 상태이다. 단순한 사이클로헥세인의 유도체에 있어서는 트랜스 이수평 방향 형태 생성물이 좀 더 안정하고 우선적으로 존재한다.

$+ \; Br_2 \longrightarrow$

trans 이수직

trans 이수평(더 안정)

5.4 탄소 양이온 재배열이란 무엇인가?

앞에서 논의하였던 것과 같이 탄소–탄소 이중 결합의 π 결합이 파괴되고 두 개의 새로운 σ결합이 형성되는 친전자성 첨가의 생성물 반응이 예상된다. 그러나 3,3-다이메틸-1-뷰텐에 HCl의 첨가 반응에서 예상되는 생성물인 2-클로로-3,3-다이메틸뷰테인이 17%만 생성되었다. 주생성물은 출발물과 탄소 원자의 연결이 다른 2-클로로-2,3-다이메틸뷰테인이다. 2-클로로-2,3-다이메틸뷰테인의 생성은 **재배열**(rearrangement)을 포함하고 있다. 전형적으로 알킬기나 수소 원자와 그 결합 전자쌍은 인접한 원자에서 전자가 부족한 원자로 이동한다. 이번 장에서 논의할 재배열에서의 이동은 양전하를 갖는 인접한 전자 부족 탄소 원자로의 이동이다. 다시 말하면, 재배열은 탄소 양이온의 양으로 하전된 탄소에서 일어난다.

재배열 탄소기나 수소 원자가 분자 내 다른 원자로 그 연결이 이동하는 반응

$+ \; HCl \longrightarrow$

3,3-Dimethyl-1-butene

2-Chloro-3,3-dimethylbutane (예상되는 생성물 17%)

2-Chloro-2,3-dimethylbutane (주생성물 83%)

이 반응에서 재배열된 생성물의 형성은 아래의 메커니즘으로 설명할 수 있다. 중요 단계는 **1,2-이동**(1,2-shift)이라고 부르는 재배열이다. 2단계에서 보여 주는 재배열에서 이동하는 기는 메틸기와 그 결합 전자쌍이다.

재배열의 추진력은 덜 안정한 2차 탄소 양이온이 더 안정한 3차 탄소 양이온으로 전환되는 것이다. 탄소 양이온 재배열에 대한 다양한 결과로부터, 2차 탄소 양이온이 3차 탄소 양이온으로 재배열되는 것을 발견할 수 있다. 1차 탄소 양이온은 용액 내 반응에서 전혀 발견되지 않으며, 반응 중간체로 제시되지 않는다.

재배열은 알켄의 산 촉매 수화 반응에서도 종종 일어나며, 특히 첫 번째 단계에서 탄소 양이온의 생성은 더 안정한 탄소 양이온으로 재배열될 수 있다. 예를 들면 3-메틸-1-뷰텐이 산촉매 수화 반응으로 2-메틸-2-뷰탄올이 얻어진다. 이러한 예에서, 이동된 기는 수소 원자와 그 결합 전자쌍, 즉 수소 음이온($H:^-$)이다.

$$CH_3CH(CH_3)CH{=}CH_2 + H_2O \longrightarrow CH_3C(CH_3)(OH)CH_2CH_3$$

이 H가 인접한 탄소로 이동한다.

3-Methyl-1-butene　　2-Methyl-2-butanol

요약하면, 재배열은 2차 탄소 양이온이 형성되었을 때 그리고 1,2-이동에 의해 더 안정한 3차 탄소 양이온이 형성될 수 있을 때 일어난다.

메커니즘

1,2-이동에 의한 재배열

1단계: 양성자 첨가

HCl(친전자체)로부터 알켄(친핵체)으로의 양성자 이동은 2차 탄소 양이온 중간체를 생성한다.

2단계: 결합의 재배열

인접한 탄소로부터 결합 전자와 함께 메틸기의 이동은 더 안정한 3차 탄소 양이온을 생성한다. 주된 이동은 메틸기와 함께 그 결합 전자쌍이다.

3단계: 새로운 공유 결합을 형성하는 친핵체와 친전자체의 반응

3차 탄소 양이온 중간체(친전자체, Lewis 산)와 염화 이온(친핵체, Lewis 염기)의 반응은 재배열된 생성물을 생성한다.

예제 5.8

3-Methyl-1-butene에서 2-methyl-2-butanol로의 산 촉매 수화 반응 메커니즘을 제시하시오.

전략

산 촉매로부터 탄소 양이온 중간체 형성의 양성자 이동을 포함하는 알켄의 산 촉매 수화 반응, 탄소 양이온 중간체의 더 안정한 중간체로의 재배열, 더 안정한 탄소 양이온과 물의 옥소늄 이온 형성 반응, 마지막으로 생성물을 만들고 산 촉매를 재생성하는 유사한 옥소늄으로부터 물로 양성자를 이동하는 메커니즘을 제시하라. 개시 반응을 시작하는 H^+를 사용하는 것에 현혹되지 말고, 물에서 강산의 이온화는 하이드로늄 이온과 음이온을 발생시킨다는 것을 기억하라. 이 반응의 진짜 촉매는 옥소늄 이온이지, H^+가 아니다.

풀이

1단계: 양성자 첨가

하이드로늄 이온(산 촉매, 친전자체)으로부터 탄소–탄소 이중 결합(친핵체)으로의 양성자 이동으로 2차 탄소 양이온 중간체가 생성된다.

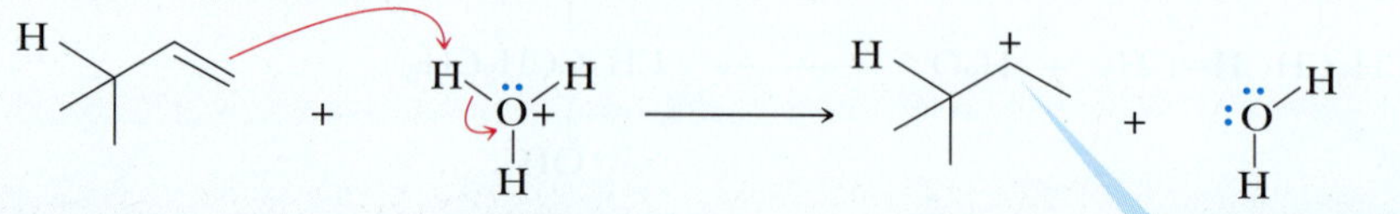

3-Methyl-1-butene (친핵체) + 하이드로늄 이온 (친전자체) ⟶ 2차 탄소 양이온 중간체 + H_2O

탄소 양이온 탄소에는 그리지 않은 수소가 한 개 있다

2단계: 결합의 재배열

이웃한 탄소와 그 결합 전자쌍으로부터 양전하를 띤 탄소를 향한 수소의 1,2-이동으로 더 안정한 3차 탄소 양이온 중간체가 생성된다.

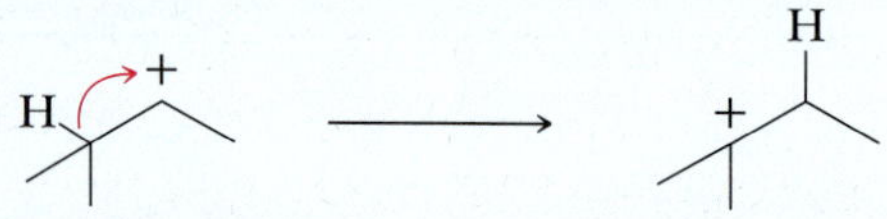

2차 탄소 양이온 중간체 ⟶ 3차 탄소 양이온 중간체

3단계: 새로운 공유 결합을 형성하기 위한 친핵체와 친전자체의 반응

3차 탄소 양이온(친전자체, Lewis 산)과 물 분자(친핵체, Lewis 염기)의 반응으로 탄소의 원자가 껍질이 완전히 채워지고, 옥소늄 이온이 생성된다.

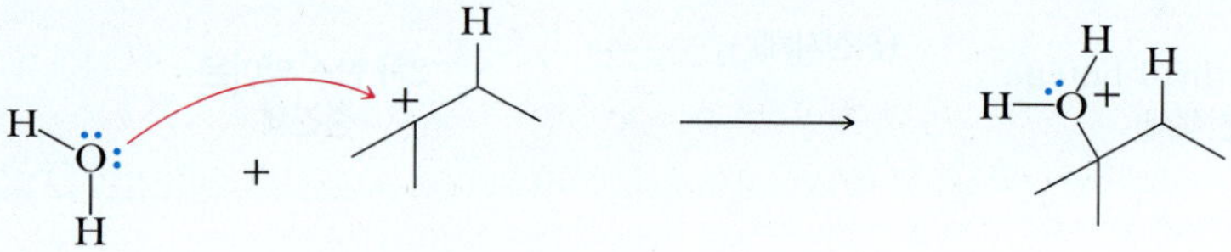

(친핵체) + 3차 탄소 양이온 중간체 (친전자체) ⟶ 옥소늄 이온

4단계: 양성자 제거

옥소늄 이온으로부터 물로의 양성자 이동으로 알코올이 생성되고 산 촉매가 재생성된다.

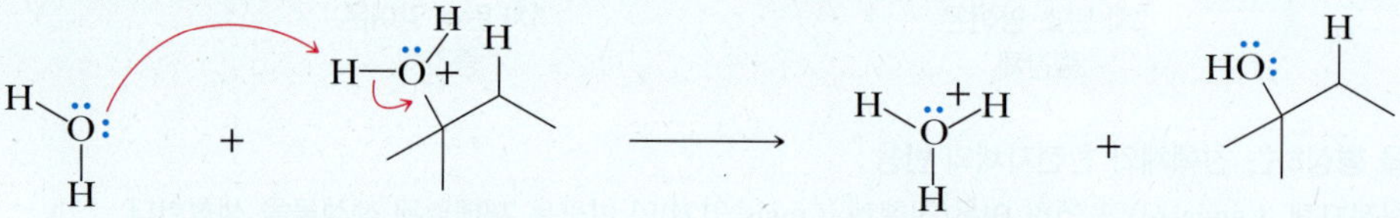

H_2O + 옥소늄 이온 ⟶ 하이드로늄 이온 + 2-Methyl-2-butanol

문제 5.29~5.31, 5.38 참조

문제 5.8

3,3-Dimethyl-1-butene의 산 촉매 수화 반응은 2,3-dimethyl-2-butanol을 주생성물로 생성한다. 이 알코올의 형성 과정에 대한 메커니즘을 제시하시오.

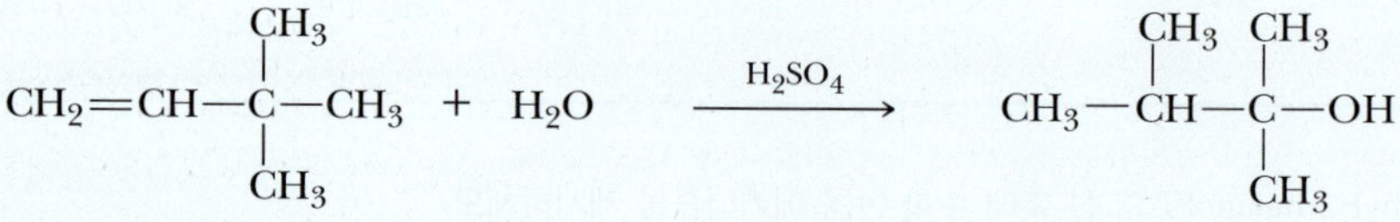

$$CH_2{=}CH{-}C(CH_3)_2{-}CH_3 + H_2O \xrightarrow{H_2SO_4} CH_3{-}CH(CH_3){-}C(CH_3)_2{-}OH$$

3,3-Dimethyl-1-butene → 2,3-Dimethyl-2-butanol

5.5 알켄의 수소화붕소 첨가–산화 반응이란 무엇인가?

알켄의 수소화붕소 첨가 반응과 이어지는 산화는 아래의 수소화붕소 첨가 – 산화 반응에 의해 1-헥센으로부터 1-헥산올을 생성하는 예와 같이, 탄소–탄소 이중 결합의 수화 반응과 같은 결과를 보여 준다.

이 표기법은 한 가지를 진행한 후 나머지 한 가지를 진행하는 개별적인 두 개의 반응을 가리킨다. 결론적으로 1단계는 수소화 붕소 첨가, 다음 2단계의 산화는 C—C 이중 결합에 H와 OH의 첨가이다.

Markovnik 규칙과 반대로 수소는 이전의 이중 결합의 수소가 더 적은 탄소에 첨가된다.

$$\text{1-Hexene} \xrightarrow[\text{2) NaOH, } H_2O_2]{\text{1) } BH_3 \cdot \text{THF}} \text{1-Hexanol (OH)}$$

수소는 더 많이 치환된 탄소에 첨가되고, —OH는 덜 치환된 탄소에 첨가되기 때문에 수소화붕소 첨가 반응과 이어지는 산화의 위치 선택성을 **안티 Markovnikov 수화 반응**(anti-Markovnikov hydration)이라고 한다.

Markovnikov 규칙에 따라 1-헥센의 산 촉매 수화 반응이 2-헥산올을 생성하는 것과 비교하여 알아두라.

$$\text{1-Hexene} + H_2O \xrightarrow{H_2SO_4} \text{2-Hexanol (OH)}$$

수소화붕소 첨가–산화 반응의 조합에 의한 알켄의 수화 반응의 특징은 위치 선택성이 산 촉매 수화 반응의 반대라는 점이다.

수소화붕소 첨가 반응(hydroboration)은 알켄에 보레인(BH_3)을 첨가하여 트라이알킬보레인(trialkylborane)을 형성하는 방법이다. 보레인은 스스로 반응해서($2BH_3 \rightarrow B_2H_6$) 다이보레인(diborane, B_2H_6)을 형성하기 때문에 순수한 화합물로서 제조할 수 없고, 공기 중에서 자연적으로 발화하는 독성 가스이다. 그러나 BH_3는 에터와 안정한 Lewis 산–염기 착물을 형성하며, BH_3–THF 용액은 가장 일반적으로 사용되고 있는 상용화된 시약이다.

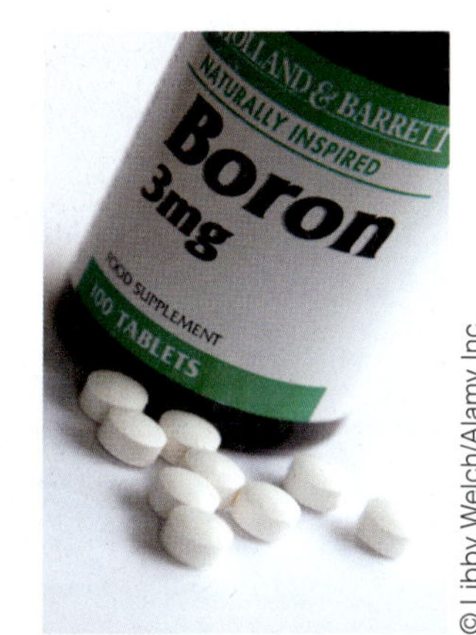

© Libby Welch/Alamy Inc.

붕소는 뼈와 근육 성장에 이로운 천연의 무기물로 때때로 보충제로 복용한다.

$$2\ \text{THF (:O:)} + B_2H_6 \rightleftharpoons 2\ \text{THF}\overset{+}{\text{:O}}\text{—}\overset{-}{B}H_3$$

Tetrahydrofuran (THF) BH$_3$ · THF

BH_3과 C—C 이중 결합의 전체적인 반응은 세 단계로 진행된다. 처음에 보레인은 한 분자의 알켄과 반응하여 알킬보레인(alkylborane)를 형성하며, 두 번째 알켄 분자와 다이알킬보레인을 형성한다. 마지막으로 세 번째 알켄 분자와 트라이알킬보레인을 생성한다. 보레인은 트라이알킬보레인을 생성하기 위해 3당량의 알켄 분자와 반응하지만, 반응의 선택성을 설명하기 위하여 1당량의 반응에만 집중하도록 한다.

$$H\text{—}BH_2 \xrightarrow{CH_2{=}CH_2} CH_3CH_2\text{—}BH_2 \xrightarrow{CH_2{=}CH_2} CH_3CH_2\text{—}B(H)CH_2CH_3 \xrightarrow{CH_2{=}CH_2} CH_3CH_2\text{—}B(CH_2CH_3)_2$$

Borane; Ethylborane (알킬보레인); Diethylborane (다이알킬보레인); Triethylborane (트라이알킬보레인)

우리는 수소화붕소화 반응의 선택성을 설명하기 위해 오직 첫 번째 반응에만 집중할 것이다.

원자 번호 5인 붕소는 원자가 껍질에 세 개의 전자를 가지고 있다. 다른 원자와 세 개의 결합을 하기 위해 붕소는 sp^2 혼성 오비탈을 사용한다. BH_3의 오비탈 모형을 공부하고, 이 오비탈 모형에서 오비탈의 종류와 그것들의 기하학적 배열을 주의 깊게 살펴보라. 붕소의 원자가 껍질에 비어 있는 $2p$ 오비탈 때문에 BH_3, BF_3, 그리고 다른 붕소의 삼공유(tricovalent) 화합물은 친전자체이며, 전기적으로 중성인 것만 제외하면 탄소 양이온과 거의 유사하다.

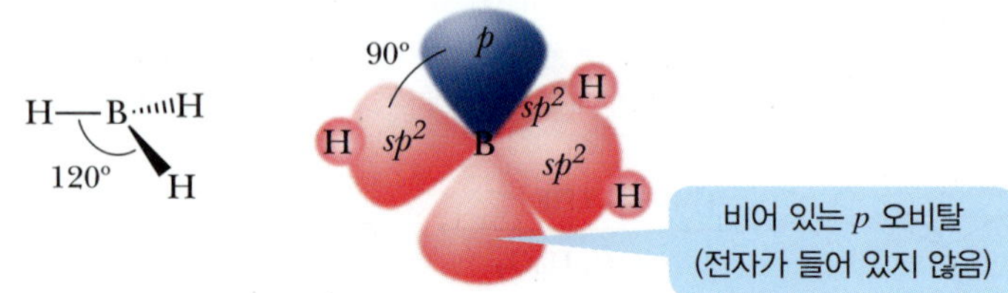

알켄에 대한 보레인의 첨가 반응은 위치 선택성이며 입체 선택성이다.

- 위치 선택성: 비대칭 알켄에 대한 보레인의 첨가 반응에서 붕소는 탄소의 이중 결합 중에 덜 치환된 탄소에 우선적으로 결합한다.
- 입체 선택성: 수소와 붕소는 이중 결합의 같은 면으로 첨가되고, 이러한 반응을 **신(syn,** 같은 방향으로부터) **입체 선택성**이라고 한다.

위치 선택성과 신 입체 선택성은 1-메틸사이클로펜텐의 수소화붕소 첨가 반응으로 설명된다.

1-Methylcyclopentene + BH_3 ⟶ (2-methylcyclopentyl boranes, two enantiomers)

(BH_3의 신 첨가 반응)
(R = 2-methylcyclopentyl)

메커니즘

알켄의 수소화붕소 첨가 반응

1단계: 새로운 공유 결합을 형성하기 위한 친핵체와 친전자체의 반응

알켄의 붕소 첨가는 파이 결합의 전자쌍(친핵체)과 붕소(친전자체)의 비어 있는 $2p$ 오비탈과의 배위에 의해 시작된다. 화학자들은 수소화붕소 첨가의 입체 선택성을 사중심(four center) 전이 상태의 형성으로 설명한다. 붕소와 수소는 이중 결합의 동일면에서 동시에 첨가되고, 붕소는 이중 결합의 덜 치환된 탄소에 첨가된다. syn 입체 선택적 반응에 대한 해석은 아래의 메커니즘과 같이 수소(2.1)는 붕소(2.0)보다 전기 음성도가 약간 크기 때문에 B—H 결합은 약한 극성(약 5%)을 가진다.

$H-BH_2$ ($\delta-$ on H, $\delta+$ on B) + $CH_3CH_2CH_2CH{=}CH_2$ ⟶ two four-center transition states: $CH_3CH_2CH_2-CH{=}CH_2$ with H---B bridging

더 많이 치환된 탄소에 양전하가 존재하는 이 전이 상태는 에너지가 더 낮은 상태이고, 그러므로 반응 메커니즘에서 더 선호된다.

출발 시약

가능한 두 개의 전이 상태
(약간의 탄소 양이온 성격은 두 전이 상태에 모두 존재한다.)

위치 선택성은 입체 인자로 설명할 수 있다. 시약의 가장 큰 부분인 붕소는 이중 결합의 입체 장애가 작은 탄소에 첨가되고, 시약의 가장 작은 부분인 수소는 입체 장애가 큰 탄소에 첨가된다. 위치 선택성은 입체 효과가 가장 큰 요인으로 알려진다.

2단계와 그 이후: 이 메커니즘에서 1단계는 왜 이전의 탄소–탄소 이중 결합의 덜 치환된 탄소에 양성자가 위치하였는지, 그리고 왜 새롭게 첨가된 붕소와 양성자가 syn 형태로 첨가되는지를 설명한다. 다음 단계인 과산화수소에 의한 산화에 대한 메커니즘은 책의 범위를 벗어나는 꽤 복잡한 메커니즘을 가지며, 이것의 역할은 붕소를 OH기로 치환하는 것이다.

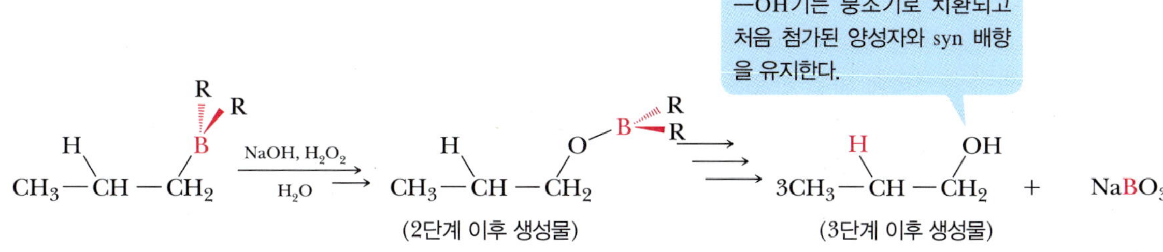

예제 5.9

각 알켄의 수소화붕소 첨가–산화 반응으로 생성되는 알코올의 구조식을 그리시오.

(a) $CH_3C(CH_3)=CHCH_3$

(b)

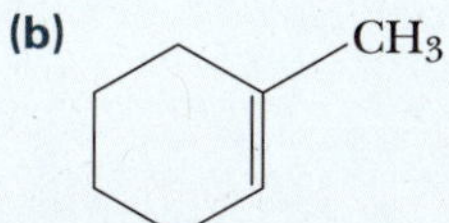

전략

수소화붕소 첨가–산화 반응은 위치 선택성이며(OH는 탄소–탄소 이중 결합의 덜 치환된 탄소에 첨가되고, H는 더 치환된 탄소에 첨가된다), 또한 입체 선택적이다(H와 OH는 이중 결합의 동일면에 첨가된다).

풀이

(a) 3-Methyl-2-butanol

(b) *trans*-2-Methylcylohexanol

문제 5.36 참조

문제 5.9

수소화붕소 첨가 반응 후 산화 반응에 의해 다음의 각 알코올이 생성되는 알켄의 구조식을 그리시오.

(a) OH

(b) OH

5.6 알켄을 어떻게 알케인으로 환원할 수 있는가?

실제적으로 대부분의 알켄은 전이 금속 촉매의 존재하에서 수소 분자(H_2)와 정량적으로 반응하여 알케인을 형성한다. 주로 사용되는 전이 금속 촉매에는 백금(Pt), 팔라듐(Pd), 루테늄(Ru), 니켈(Ni) 등이 있다. 수율은 대부분 정량적이다. 알켄이 알케인으로 변환되는 것은 촉매 존재하에서 수소에 의해 환원되는 과정이므로, 이 과정을 **촉매 환원 반응**(catalytic reduction) 혹은 **촉매 수소화 반응**(catalytic hydrogenation)이라고 한다.

Cyclohexene + H_2 $\xrightarrow[25°C,\ 3\ atm]{Pd}$ Cyclohexane

이 금속 촉매는 아주 미세한 분말상의 고체로, 가루로 된 목탄이나 알루미나와 같은 비활성 물질에 고착시켜 사용한다. 알켄을 에탄올이나 다른 비반응성 유기 용매에 용해시키고, 고체 촉매를 가한 다음, 이 혼합물을 1~100 atm 압력의 수소 기체를 가해 반응을 일으킨다. 다른 방법으로는 금속을 어떤 유기 분자와 반응시켜 착물을 형성시킨 다음, 용해될 수 있는 착물의 형태로 사용한다.

촉매 환원 반응은 입체 선택성이다. 가장 일반적인 반응 형태는 탄소–탄소 이중 결합에 대한 **신 첨가**(syn addition) 반응이다 예를 들면 1,2-다이메틸사이클로헥세인의 촉매 환원 반응으로 *cis*-1,2-다이메틸사이클로헥세인과 소량의 *trans*-1,2-다이메틸사이클로헥세인이 얻어진다.

1,2-Dimethylcyclohexene $+ H_2 \xrightarrow{Pt}$ 70~85% *cis*-1,2-Dimethylcyclohexane + 30~15% *trans*-1,2-Dimethylcyclohexane

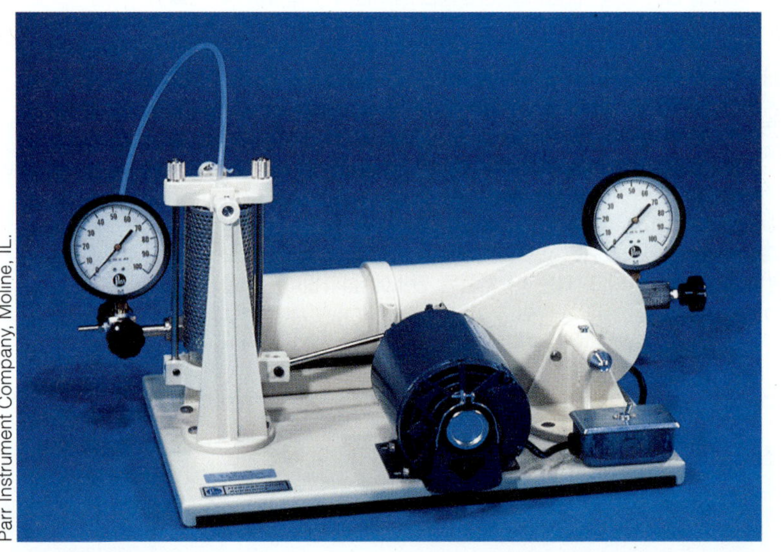

Parr사의 진동형의 수소화 기구. 이 기구는 화학자들이 기체 압력을 100기압까지 가할 수 있다.

촉매 환원 반응에서 사용되는 전이 금속은 아마도 금속–수소 간의 시그마 결합을 형성함으로써 많은 양의 수소를 표면에 흡착할 수 있다. 유사하게, 알켄은 탄소–금속 결합을 형성하면서 금속 표면에 흡착된다[그림 5.6(a)]. 알켄에 수소 원자의 첨가는 두 단계에 걸쳐서 일어난다.

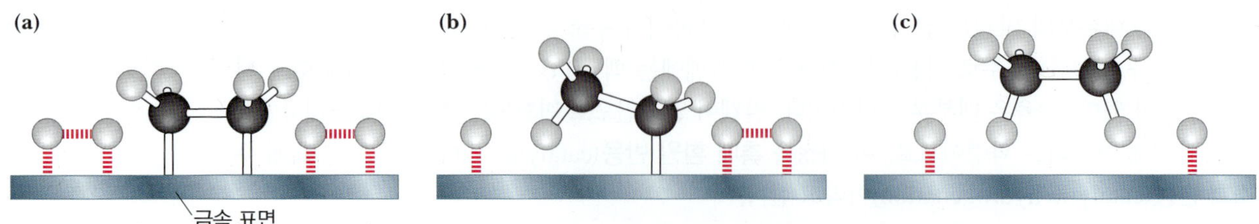

그림 5.6 전이 금속 촉매를 포함하는 알켄에 대한 수소의 신 첨가 반응. (a) 수소와 알켄은 금속 표면에 흡착된다. (b) 한 개의 수소 원자는 알켄으로 새로운 C—H 결합을 형성하면서 전이된다. 남겨진 다른 탄소는 금속 표면에 흡착되어 있다. (c) 두 번째 C—H 결합이 형성되면서 알케인이 떨어진다.

수소화 반응열과 알켄의 상대적인 안정도

알켄의 **수소화 반응열**(heat of hydrogenation)은 그것이 수소와 반응하여 알케인이 되는 반응의 열 $\Delta H°$로서 정의된다. 표 5.2는 몇 가지 알켄의 수소화 반응열을 나열하였다.

표 5.2의 정보로부터 중요한 세 가지 요점을 요약할 수 있다.

1. 알켄에서 알케인으로의 환원은 발열 과정이다. 이 일관된 실험 결과는 수소화 첨가 반응 과정 동안 약한 파이 결합에서 강한 시그마 결합으로의 순수한 전환이 있음을 알려 준다. 즉 한 개의 시그마 결합(H—H)과 한 개의 파이 결합(C—C)이 깨지고, 두 개의 새로운 시그마 결합(C—H)이 형성된다.
2. 수소화 반응열은 탄소–탄소 이중 결합의 치환 정도에 따라 달라진다. 즉 더 많이 치환될수록 수소화 반응열은 작아진다. 예를 들어 에틸렌(치환기 없음), 프로펜(한 개의 치환기), 1-뷰텐(한 개의 치환기), 2-뷰텐의 시스와 트랜스 이성질체(각각 두 개의 치환기)의 수소화 반응열을 비교해 보자.
3. 트랜스 알켄의 수소화 반응열은 이성질체인 시스 알켄의 수소화 반응열보다 작다. *cis*-2-뷰텐과 *trans*-2-뷰텐의 수소화 반응열을 비교해 보자. 각 알켄의 환원이 뷰테인을 형성하기 때문에 두 알켄 사이의 상대적인 에너지 차이로 인해서 수소화 반응열의 어떤 차이점이 있을 것이다(그림 5.7). 더 낮은 $\Delta H°$(작은 음의 값)을 가질수록 더 안정한 알켄이다.

수소화의 이러한 특징은 같은 생성물을 형성하는 두 가지 알켄의 반응성과 안정성을 비교할 수 있다. 시스 알켄과 비교하였을 때의 트랜스 알켄의 더 큰 안정도를 비결합된 상호작용 스트레인의 관점에서 설명하였다. *cis*-2-뷰텐에서 두 개의 $—CH_3$기는 그들의 전자 구름 사이에서의 반발이 충분할 만큼 가까이 위치한다. 이 반발은 *trans*-2-뷰텐과 비교하였을 때 *cis*-2-뷰텐의 더 큰 수소화 반응열(안정도 감소)로서 반영된다(대략 4.2 kJ/mol).

표 5.2 몇 가지 알켄의 수소화 반응열

이름	구조식	ΔH [kJ (kcal/mol)]	
Ethylene	$CH_2{=}CH_2$	−137 (−32.8)	Ethylene
Propene	$CH_3CH{=}CH_2$	−126 (−30.1)	
1-Butene	$CH_3CH_2CH{=}CH_2$	−127 (−30.3)	
cis-2-Butene	$(CH_3)HC{=}CH(CH_3)$ (CH₃ 같은 쪽)	−120 (−28.6)	
trans-2-Butene	$(CH_3)HC{=}CH(CH_3)$ (CH₃ 반대쪽)	−115 (−27.6)	*trans*-2-Butene
2-Methyl-2-butene	$(CH_3)_2C{=}CH(CH_3)$	−113 (−26.9)	
2,3-Dimethyl-2-butene	$(CH_3)_2C{=}C(CH_3)_2$	−111 (−26.6)	2,3-Dimethyl-2-butene

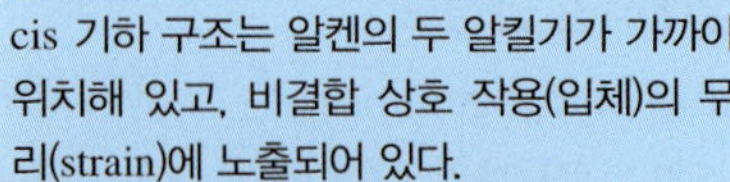

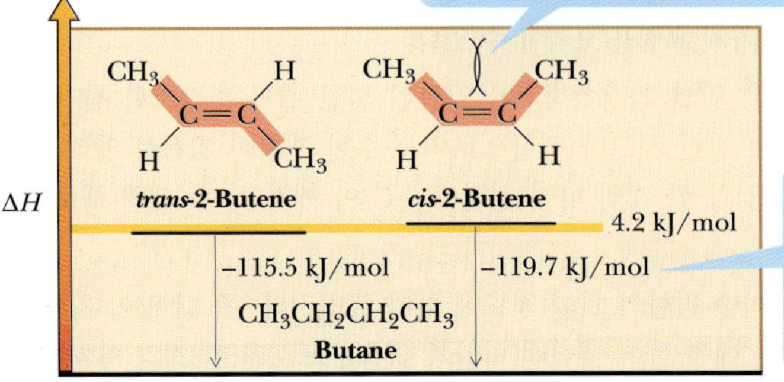

그림 5.7 *cis*-2-Butene과 *trans*-2-butene의 수소화 반응열. *trans*-2-butene이 *cis*-2-butene보다 4.2 kJ/mol(1.0 kcal/mol) 더 안정하다.

5.7 아세틸렌화 음이온은 어떻게 새로운 탄소–탄소 결합을 생성할 수 있는가?

이 절에서는 유기 합성에서 매우 중요한 알카인의 반응 두 가지 중 하나를 배울 것이다. 4.4절에서 배웠듯이, 아세틸렌화 음이온은 매우 강한 염기이다. 또한 친핵체로 새로운 탄소–탄소 결합을 형성하기 위해 친전자성 탄소 원자에 비공유 전자쌍을 줄 수 있다.

아세틸렌화 음이온이 어떻게 새로운 탄소–탄소 결합을 생성하는지를 알아보기 위해서 클로로메테인(CH_3Cl)을 생각해 보자. 클로로메테인의 C—Cl 결합은 극성 공유 결합이고, 탄소와 염소 사이의 전기 음성도 차이 때문에 탄소는 부분적인 양전하를 가지고 있다.

$$\mathrm{H_3}\overset{\delta+}{\mathrm{C}}-\overset{\delta-}{\mathrm{Cl}}$$

이 경우에 아세틸렌화 음이온은 자신의 비공유 전자쌍을 클로로메테인의 탄소에 주고, 할로젠 원자를 치환한다. 이 메커니즘이 우리의 일반적인 형태, 즉 **새로운 공유 결합을 만들기 위한 친핵체와 친전자체의 반응**을 따른다는 것을 주목하라.

$$\underset{(\text{친핵체})}{\mathrm{H-C{\equiv}C{:}^-\,Na^+}} + \underset{(\text{친전자체})}{\mathrm{H_3}\overset{\delta+}{\mathrm{C}}-\overset{\delta-}{\mathrm{Cl}}{:}} \longrightarrow \mathrm{H-C{\equiv}C-CH_3} + \mathrm{Na^+Cl^-}$$

새로운 C—C 결합이 형성된다.

중요한 결과는 새로운 탄소–탄소 결합의 생성이다. 많은 유기 반응과 같이 이 반응은 분자의 양전하와 음전하 간의 상호 작용에 의해 유발된다.

알킬기가 알카인 분자에 첨가되기 때문에, 이러한 유형의 반응은 **알킬화 반응**(alkylation reaction)이라고 한다. 이 장에서는 메틸, 1차 할로알케인과 아세틸렌화 음이온과의 반응으로 논의를 제한한다. 친핵성 치환 반응의 한계와 범위에 대해서는 7장에서 더 자세히 논의하고자 한다. 실제로, 친핵성 아세틸렌화 음이온의 알킬화 반응은 메틸과 1차 할로젠화물에서만 유용하다. 다만, 알킬화 반응은 2차 할로알케인에 제한적으로 사용될 수 있으나, 3차 할로알케인에는 사용할 수 없다.

아세틸렌의 유용성과 친핵체로 바꾸기 쉬운 용이성 때문에, 아세틸렌화 음이온의 알킬화 반응은 다른 알카인을 합성하는 데 가장 편리한 방법이다. 이 과정은 반복시킬 수 있어, 말단 알카인을 내부 알카인으로 전환시킬 수 있다. 이 반응의 중요한 특징은 새로운 탄소–탄소 골격이 만들어질 수 있어, 작은 분자로부터 큰 탄소 골격의 구조를 만들 수 있다는 것이다. 다음의 반응식에서와 같이 3-헵타인의 탄소 골격은 아세틸렌과 두 개의 저분자량 할로알케인 분자로부터 만들어진다.

$$\underset{\text{Acetylene}}{HC{\equiv}CH} \xrightarrow[2)\ CH_3CH_2Br]{1)\ NaNH_2} \underset{\text{1-Butyne}}{CH_3CH_2C{\equiv}CH} \xrightarrow[4)\ CH_3CH_2CH_2Br]{3)\ NaNH_2} \underset{\text{3-Heptyne}}{CH_3CH_2C{\equiv}CCH_2CH_2CH_3}$$

예제 5.10

Acetylene을 출발물로 하고, 필요한 유기 또는 무기 시약을 사용하여 각 알카인 합성의 방법을 제시하시오.

(a) (cyclohexyl)$CH_2C{\equiv}CH$ **(b)** $CH_3C{\equiv}CCH_2CH(CH_3)CH_3$ **(c)** $CH_3C{\equiv}CCH_2CH_2CH_2CH_3$

전략

각 알카인은 적절한 알카인 음이온의 알킬화 반응으로부터 합성된다. 먼저 알킬화 반응에 의해 생성되는 새로운 탄소–탄소 결합이 어디인지, 그리고 최종 생성물을 합성하는 데 필요한 알카인 음이온 친핵체와 할로알케인이 무엇인지를 결정하라. 아세틸렌으로부터 말단 알카인의 합성은 단 한 번의 친핵성 치환이 필요하고, 아세틸렌으로부터 내부 알카인의 합성은 두 번의 친핵성 치환이 필요하다.

풀이

(a)

$$HC{\equiv}CH \xrightarrow[2)\ \text{(cyclohexyl)}CH_2Br]{1)\ NaNH_2} \text{(cyclohexyl)}CH_2C{\equiv}CH$$

(b)

$$HC{\equiv}CH \xrightarrow[2)\ BrCH_3]{1)\ NaNH_2} CH_3C{\equiv}CH \xrightarrow[4)\ BrCH_2CH(CH_3)CH_3]{3)\ NaNH_2} CH_3C{\equiv}CCH_2CH(CH_3)CH_3$$

(c)

$$HC{\equiv}CH \xrightarrow[2)\ BrCH_3]{1)\ NaNH_2} CH_3C{\equiv}CH \xrightarrow[4)\ BrCH_2CH_2CH_2CH_3]{3)\ NaNH_2} CH_3C{\equiv}CCH_2CH_2CH_2CH_3$$

문제 5.50 참조

문제 15.10

아세틸렌과 필요한 유기 또는 무기 시약을 사용하여 각 알카인의 합성 방법을 제시하시오.

(a) (cyclopropyl)$-CH_2-C{\equiv}CH$ **(b)** (cyclooctyne)

5.8 알카인은 어떻게 알켄과 알케인으로 환원되는가?

앞 절에서 탄소–탄소 결합을 만들고 더 큰 알카인을 합성하기 위해서 어떻게 말단 알카인을 사용할 수 있는지에 대해 배웠다. 이 절에서는 알카인을 어떻게 알케인이나 알켄으로 환원시킬 수 있는지에 대해 공부할 것이다. 알켄은 다양한 반응이 가능하기 때문에 더 크고 다양한 화합물을 합성하기 위해 이러한 두 가지 반응을 함께 사용할 수 있다.

$$R-C\equiv C-H \xrightarrow{NaNH_2} R-C\equiv C{:}^{-}Na^{+} \xrightarrow{R-X} R-C\equiv C-R \xrightarrow{\text{환원}} R-C=C-R \xrightarrow[\text{반응}]{\text{다양한}}$$ 알코올, 할로알케인, 다이할로알케인, 알케인, 기타 등등

Pd, Pt, Ni과 같은 전이 금속 촉매하에서 알카인을 H_2와 반응시키면, 알카인에 2 mol의 H_2가 첨가되어 알케인으로 변환된다. 알카인의 촉매 환원은 실온 또는 실온보다 약간 높은 온도와 수소 기체의 적당한 압력하에서 일어난다.

$$\underset{\text{2-Butyne}}{CH_3C\equiv CCH_3} + 2H_2 \xrightarrow[\text{3 atm}]{\text{Pd, Pt, Ni}} \underset{\text{Butane}}{CH_3CH_2CH_2CH_3}$$

알카인의 환원 반응은 두 단계로 이루어진다. 먼저, 1 mol의 H_2가 첨가되어 알켄이 생성된 후, 다시 1 mol의 수소가 알켄에 첨가되어 알케인을 형성한다. 대부분의 경우, 알켄 단계에서 반응을 멈출 수 없다. 그러나 촉매에 따라 수소를 1 mol만 첨가하고 반응을 종결할 수 있다. 이런 목적으로 사용되는 촉매는 납염으로 특별히 변형시킨 고체 탄산 칼슘에 가루 팔라듐을 흡착시킨 촉매로, **Lindlar 촉매**(Lindlar catalyst)라고 한다. Lindlar 촉매에 의한 알카인의 환원 반응(수소화 반응)은 입체 선택적으로 탄소–탄소 삼중 결합에 두 수소 원자가 신(syn) 첨가되어 시스 알켄이 얻어진다.

$$\underset{\text{2-Pentyne}}{CH_3-C\equiv C-CH_2CH_3} \xrightarrow[\text{Lindlar 촉매}]{H_2} \underset{\textit{cis}\text{-2-Pentene}}{(CH_3)(H)C=C(H)(CH_2-CH_3)}$$

Lindlar 촉매하에서의 수소 첨가는 신 첨가로 입체 선택적이기 때문에 금속 촉매 표면에서 알카인으로 두 개의 수소 원자가 동시에 혹은 거의 동시에 이동하는 환원 과정으로 설명하였다. 앞에서 알켄에서 알케인으로의 촉매성 환원에 유사한 메커니즘을 제시했었다(5.6절).

유기 화학은 의약품, 농약, 플라스틱과 같은 새로운 화합물의 합성을 위한 기초이다. 이러한 화합물을 만들기 위해 유기 화학자들은 수많은 반응들에 의존해야 한다. 이번 장에서 제시된 반응들은 다단계의 반응이 요구되는 복잡한 분자들을 합성할 수 있게 해줄 것이다. 지속적인 유기 화학의 연구를 통해 문명의 발달에 기여한 수백만 개의 화합물 합성에 사용한 새로운 반응을 발견할 것이다.

중요한 질문에 대한 요약

5.1 알켄의 특징적 반응에는 어떤 것이 있는가?

- 알켄의 특징적 반응은 파이 결합이 깨어지고, 두 개의 새로운 원자나 원자단이 시그마 결합을 만드는 **첨가** 반응이다. 알켄의 첨가 반응은 할로젠 산(H—Cl)의 첨가와 물(H_2O)의 산 촉매 첨가로 알코올이 형성되며, 할로젠(X_2)의 첨가, 수소화붕소 첨가–산화 반응으로 알코올이 형성되고, 또 전이 금속을 촉매로 하는 H_2의 첨가 반응으로 알케인이 생성된다.

5.2 반응 메커니즘이란 무엇인가?

- **반응 메커니즘**은 (1) 화학 반응이 어떻게 일어나는가, (2) 결합이 어떻게 깨지고 새로운 결합이 어떻게 생성되는가, (3) 여러 결합의 절단과 여러 결합이 생성될 때의 순서 및 그 상대적 속도는 어떠한가, (4) 촉매가 반응에 관여한다면 그 촉매의 역할이 무엇인가에 대해 설명해 주는 것이다.
- **전이 상태 이론은** 반응 속도, 분자 구조 및 에너지 사이의 상관관계를 이해하기 위한 모형을 제공한다.
- 전이 상태 이론의 주된 가정은 **전이 상태**의 형성이다.
- 반응물과 전이 상태 사이의 퍼텐셜 에너지 차이를 **활성화 에너지**라고 한다.
- **중간체**는 두 전이 상태 사이에서 퍼텐셜 에너지가 최소로 된다.
- 여러 단계의 반응에서 가장 느린 단계를 **속도 결정 단계**라고 하는데, 높은 에너지 장벽을 갖는다.
- 유기 반응 메커니즘에서 자주 일어나는 많은 형태가 있다. 여기에는 **양성자 첨가, 양성자 제거, 새로운 결합을 형성하기 위한 친핵체와 친전자체의 반응, 결합의 재배열**이 포함된다.

5.3 알켄의 친전자성 첨가 반응의 메커니즘은 무엇인가?

- **친전자체**는 새로운 공유 결합을 만들기 위해 전자쌍을 받아들일 수 있는 분자나 이온을 말한다. 모든 친전자체는 Lewis 산이다.
- **친핵체**는 새로운 공유 결합을 만들기 위해 전자쌍을 줄 수 있는 전자가 풍부한 화학종이다. 모든 친핵체는 Lewis 염기이다.
- 알켄의 **친전자성 첨가 반응**에서 속도 결정 단계는 탄소–탄소 이중 결합에 친전자체가 반응하여 **탄소 양이온**을 형성하는 과정인데, 이때 탄소 양이온은 탄소 원자가 양전하를 가지며, 원자가 껍질에 단지 6개의 전자만 가진다.
- 탄소 양이온은 양전하를 가진 탄소에 대해 결합각이 120°인 평면 구조를 가진다.
- 탄소 양이온의 안정도 순서는 3차>2차>1차>메틸의 순서이다. 그러나 1차 탄소 양이온은 너무 불안정하고 생성에 높은 활성화 에너지를 필요로 하므로 용액 속에 존재할 수 없다.
- 알켄에 **할로젠화 수소의 친전자성 첨가**는 할로젠(Cl, Br, I)과 수소가 탄소–탄소 이중 결합에 첨가되는 것이다. 이 반응은 수소가 더 많은 탄소에 H가 첨가되는 **Markovnikov 위치 선택적 반응**이다.
- 알켄의 **산 촉매 수화 반응**은 OH와 H가 탄소–탄소 이중 결합에 첨가되는 것이다. 이 반응은 Markovnikov 위치 선택적 반응이다.
- 알켄에 **브로민과 염소의 첨가**는 탄소–탄소 이중 결합에 두 개의 할로젠이 첨가되는 것이다. 메커니즘은 중간체로 **다리놓인 할로늄 이온**을 포함하고 있으며 **안티 입체 선택성**을 가진다.

5.4 탄소 양이온 재배열이란 무엇인가?

- **탄소 양이온 재배열**의 추진력은 보다 안정한 2차 또는 3차 탄소 양이온으로의 전환이다.
- 재배열은 인접한 탄소로부터 전자가 결핍된 탄소로의 원자 또는 원자단과 결합 전자의 **1,2-이동**에 의해 일어난다.

5.5 알켄의 수소화붕소 첨가–산화 반응이란 무엇인가?

- 알켄의 **수소화붕소 첨가 반응**은 BH_2와 H가 탄소–탄소 이중 결합에 첨가되는 것이다.
- 수소화붕소 첨가 반응은 수소의 수가 적은 탄소에 H가 첨가되는 **안티-Markovnikov** 위치 선택성을 보인다.
- 수소화붕소 첨가 반응 생성물의 **산화 반응**은 붕소기를 —OH기로 치환한다.
- **수소화붕소 첨가–산화**는 **신(syn) 입체 선택성**을 가진다.

5.6 알켄을 어떻게 알케인으로 환원할 수 있는가?

- 전이 금속 촉매 존재하에서 H_2와 알켄의 반응은 이중 결합 각각의 탄소에 신(syn) 형태의 입체 선택적 첨가를 거쳐 모든 알켄의 C—C 이중 결합이 C—C 단일 결합으로 변환된다.
- **수소화 반응열**(ΔH)은 알켄의 상대적인 안정성을 비교하는 데 사용될 수 있다.

5.7 아세틸렌화 음이온은 어떻게 새로운 탄소–탄소 결합을 생성할 수 있는가?

- **아세틸렌화 음이온**은 강염기이면서 친핵체이다. 친핵체로서 아세틸렌화 음이온은 메틸, 1차 또는 2차 할로알케인과 반응하여 알킬화할 수 있다. 이러한 방법으로 아세틸렌은 더 큰 탄소 골격을 만드는 합성을 위한 두 개의 탄소 구성 단위로 사용될 수 있다.

5.8 알카인은 어떻게 알켄과 알케인으로 환원되는가?

- 일반적인 전이 금속 촉매인 Pd, Pt, Ni의 존재하에서 H_2와 알카인의 반응은 알카인에 2 mol의 H_2가 첨가되어 알케인으로 변환된다.
- **Lindlar 촉매**에 의한 알카인의 환원은 알카인에 1 mol의 H_2가 신(syn) 입체 선택적으로 첨가된다. 이 방법은 이치환 알카인을 시스 알켄으로 환원시킬 수 있다.

OX퀴즈

이 장에서 배운 개념들을 이해하였는지 알아보기 위해 아래 질문이 맞는지 틀린지 답하시오. 답이 틀렸거나 어렵다면, 장 끝의 문제를 풀기 전에 괄호 속에 표시한 해당 절을 복습하시오.

1. 알켄의 촉매 환원 반응에서 입체 선택성은 신(syn)의 형태이다. (5.6)
2. 보레인(BH_3)은 Lewis 산이다. (5.5)
3. 모든 친전자체는 양전하이다. (5.3)
4. 사이클로헥센의 촉매 수소화는 헥세인을 생성한다. (5.6)
5. 재배열은 2-메틸-2-펜텐과 HBr의 반응에서 일어난다. (5.4)
6. 모든 친핵체는 음전하이다. (5.3)
7. 수소붕소화에서 BH_3는 친전자체이다. (5.5)
8. 알켄의 촉매 수소화에서 환원제는 전이 금속 촉매이다. (5.6)
9. 알켄의 첨가 반응은 파이 결합 분해와 분해된 곳에 두 개의 새로운 시그마 결합이 생성된다. (5.3)
10. Markovnikov 규칙의 기반은 탄소 양이온 중간체의 상대적인 안정성이다. (5.3)
11. 알켄의 산 촉매 수화 반응은 위치 선택적이다. (5.3)
12. 알켄에 HBr 첨가 메커니즘은 하나의 전이 상태와 두 개의 반응 중간체를 포함한다. (5.3)
13. 알켄의 수소화붕소 첨가 반응은 위치 선택성과 입체 선택성을 가진다. (5.5)
14. 본문에서 알켄의 산 촉매 수화 반응의 메커니즘에 따르면 —H 기와 —OH기는 같은 분자의 H_2O로부터 이중 결합에 첨가된다. (5.3)
15. 알켄에 H_2O의 산 촉매 첨가 반응은 수화라고 한다. (5.3)
16. 만약 화합물이 Br_2와 반응하지 않는다면, 그 화합물은 탄소–탄소 이중 결합을 가지고 있지 않은 것이다. (5.3)
17. 사이클로헥센에 Br_2와 Cl_2의 첨가는 안티 입체 선택성을 보인다. (5.3)
18. 탄소 양이온은 네 개의 결합을 가진 양전하의 탄소이다. (5.3)
19. 탄소 양이온의 기하 구조는 삼각 평면이다. (5.3)
20. 에틸렌에 양성자 이동에 의해 유도된 탄소 양이온은 $CH_3CH_2^+$이다. (5.3)
21. 알킬 탄소 양이온은 탄소 양이온의 양전하가 전자 끌기 유발 효과에 의해 안정화된다. (5.3)
22. 옥소늄 이온의 산소 원자는 팔전자 규칙을 따른다. (5.3)
23. 탄소–탄소 이중 결합에 첨가 반응의 위치 선택성은 Markovnikov 규칙을 따른다. (5.3)
24. 수소 음이온 이동에서 재배열은 3-메틸-1-펜텐과 HCl의 반응에서 일어난다. (5.4)
25. 1-뷰텐의 산 촉매 수화는 1-뷰탄올을 생성하고, 2-뷰텐의 산 촉매 수화는 2-뷰탄올을 생성한다. (5.3)
26. 알켄은 C—C 결합 형성을 필요로 하는 반응에 좋은 출발물이다. (5.7)
27. 알카인은 시스 알켄으로 환원될 수 있으나 트랜스 알켄으로는 환원될 수 없다. (5.8)

정답: (1) ○ (2) ○ (3) × (4) × (5) × (6) × (7) ○ (8) × (9) ○ (10) ○
(11) ○ (12) × (13) ○ (14) × (15) ○ (16) ○ (17) ○ (18) × (19) ○ (20) ○
(21) ○ (22) ○ (23) ○ (24) ○ (25) × (26) × (27) ○

주요 반응

1. 알켄에 대한 H—X의 첨가 반응 (5.3A절)

알켄에 H—X의 첨가 반응은 위치 선택성 반응이며, Markovnikov 규칙을 따른다. 반응은 두 단계로 일어나고, 탄소 양이온 중간체가 관여한다.

CH_3 + HCl ⟶ Cl, CH_3

2. **알켄의 산 촉매 수화 반응 (5.3B절)**
알켄의 수화 반응은 위치 선택성 반응이며, Markovnikov 규칙을 따른다. 반응은 두 단계 반응이며, 탄소 양이온 중간체가 관여한다.

$$CH_3\overset{CH_3}{\overset{|}{C}}{=}CH_2 + H_2O \xrightarrow{H_2SO_4} CH_3\underset{OH}{\underset{|}{\overset{CH_3}{\overset{|}{C}}}}CH_3$$

3. **알켄에 대한 브로민과 염소의 첨가 반응 (5.3C절)**
할로젠의 첨가 반응은 두 단계로 일어나며, 다리놓인 브로모늄 혹은 클로로늄 이온 중간체의 방법으로 안티 입체 선택성을 가진다.

$+ Br_2 \xrightarrow{CH_2Cl_2}$ Br, Br

4. **탄소 양이온 재배열 (5.4절)**
재배열은 1,2-이동에 의해 덜 안정한 탄소 양이온 중간체에서 더 안정한 것으로 되는 것이다. 재배열은 종종 알켄의 염화수소 첨가 반응이나 산촉매 수화에서 일어난다.

+ HCl ⟶ Cl

3,3-Dimethyl-1-butene　　2-Chloro-2,3-dimethylbutane

5. **알켄의 수소화붕소 첨가–산화 반응 (5.5절)**
알켄에 BH_3의 첨가는 신 입체 선택적이고 위치 선택적이다. 붕소는 이중 결합의 덜 치환된 탄소에 첨가되고, 수소는 더 치환된 탄소에 첨가된다. 수소화붕소 첨가–산화 반응은 알켄에 안티 Markovnikov 형태로 수화된다.

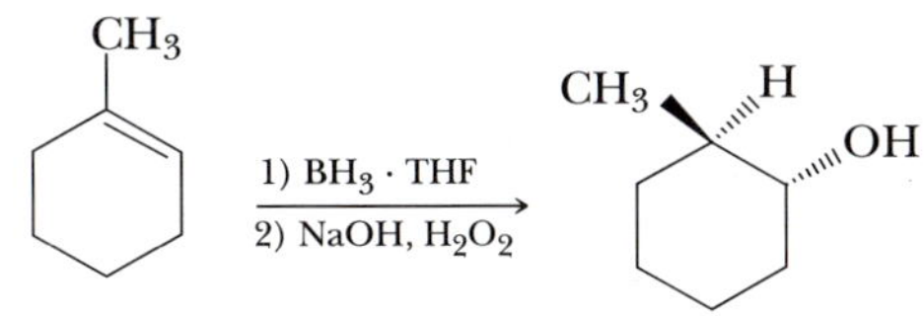

6. **알켄의 환원 : 알케인의 생성 (5.6절)**
촉매 환원 반응은 수소의 신 입체 선택적 첨가 반응이 우선적으로 일어난다.

CH_3, CH_3 $+ H_2 \xrightarrow{\text{전이 금속 촉매}}$ H, CH_3, CH_3, H

7. **아세틸렌화 음이온의 알킬화 반응 (5.7절)**
아세틸렌화 음이온은 친핵체이며, 메틸과 1차 할로알케인의 할로젠과 치환된다. 아세틸렌화 음이온의 알킬화 반응은 큰 탄소 골격을 만드는 유용한 방법이다.

$H{-}C{\equiv}C{:}^-Na^+ +$ Br ⟶ $+ NaBr$

8. **알카인의 환원 반응 (5.8절)**
알카인을 환원하는 시약은 여러 가지가 있다. 전이 금속 촉매를 이용하는 촉매 환원 반응은 알케인을 생성한다. 특별히 제조된 Lindlar 촉매를 사용하면 시스 알켄이 얻어진다.

$CH_3{-}C{\equiv}C{-}CH_2CH_3 \xrightarrow[\text{Pd, Pt, Ni}]{2H_2\ (3\ atm)} CH_3CH_2CH_2CH_2CH_3$ (Pentane)

$CH_3{-}C{\equiv}C{-}CH_2CH_3 \xrightarrow[\text{Lindlar 촉매}]{H_2}$ CH_3, CH_2CH_3, H, H (*cis*-2-Pentene)

2-Pentyne

문 제

별표로 표시된 문제는 본문의 '실생활' 문제를 나타낸다. 푸른색으로 된 문제의 답은 부록에 있다.

5.2절 에너지 도표

5.11 전이 상태와 반응 중간체 사이의 차이를 설명하시오.

5.12 한 단계 반응에서 반응이 매우 느리고, 약간 발열 반응인 경우의 퍼텐셜 에너지 도표를 그리시오. 이 반응에서 몇 개 전이 상태가 존재하는가? 반응 중간체는 몇 개인가? (예제 5.1 참조)

5.13 첫 번째 단계는 흡열 반응이고, 두 번째 단계는 발열 반응으로, 전체적으로는 발열 반응인 두 단계 반응의 에너지 도표를 그리시오. 이 두 단계 반응에서 몇 개의 전이 상태가 있는가? 그리고 몇 종류의 중간체가 존재하는가? (예제 5.1 참조)

5.14 다음 각각의 문장에 대해 진실인지 거짓인지를 결정하고, 그 결정에 대한 이론적 근거를 제시하시오.

(a) 반응물로부터 형성된 전이 상태는 반응물보다 낮은 에너지를 가질 수 없다.
(b) 흡열 반응은 한 개 이상의 중간체를 가질 수 없다.
(c) 발열 반응은 한 개 이상의 중간체를 가질 수 없다.
(d) 속도 결정 단계는 생성물과 반응물 간의 에너지 차이가 가장 큰 단계이다.
(e) 전이 상태는 긴 시간 동안 존재하지만, 분리할 수 없다.

5.3~5.5절 알켄에 대한 친전자성 첨가 반응, 재배열, 수소화붕소 첨가-산화 반응

학습 제안 문제들을 한 번에 모두 시도하는 것보다, 반은 지금 그리고 나머지 반은 나중에 풀어 보자. 휴식을 가지며 연습하는 것이 더 좋은 결과를 가져올 것이다.

5.15 다음 각 쌍에서 좀 더 안정한 탄소 양이온을 선택하시오. (예제 5.3 참조)

(a) $CH_3CH_2CH_2^+$ 과 $CH_3\overset{+}{C}HCH_3$

(b) 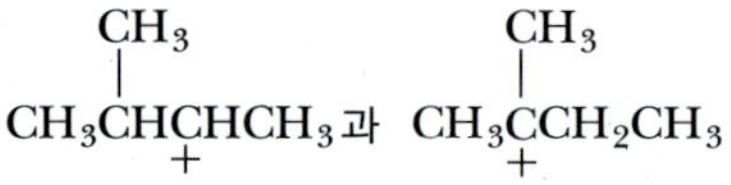 $CH_3CH(CH_3)\overset{+}{C}HCH_3$ 과 $CH_3\overset{+}{C}(CH_3)CH_2CH_3$

5.16 다음 각 쌍에서 좀 더 안정한 탄소 양이온을 선택하시오. (예제 5.3 참조)

(a) 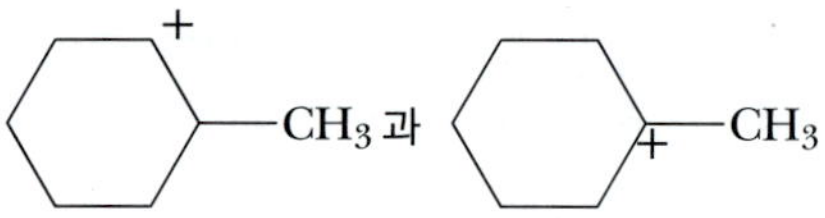 CH_3 과 CH_3

(b) 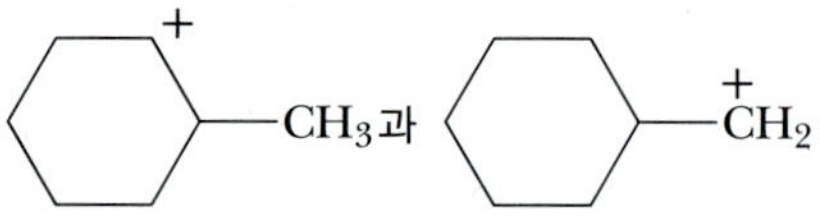 CH_3 과 $\overset{+}{C}H_2$

5.17 다음의 각 알켄과 HCl의 반응에 의해 생성되는 탄소 양이온 중간체의 모든 구조식을 그리시오. 각 탄소 양이온을 1차, 2차, 3차로 구분하고, 이성질체 탄소 양이온 중에서 보다 쉽게 형성되는 것이 무엇인지 설명하시오. (예제 5.2 참조)

(a) 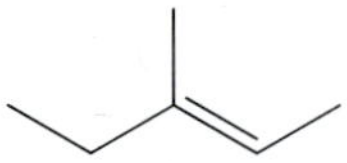 (b) 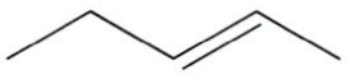 (c) 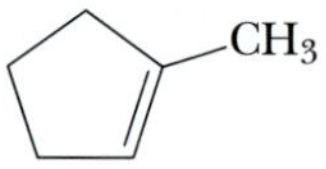 CH_3 (d) 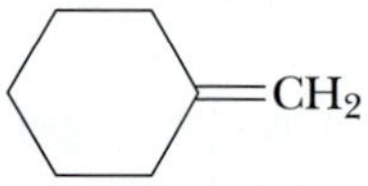 CH_2

5.18 다음 각 쌍의 화합물에서 HI와 좀 더 빠르게 반응하는 물질을 한 가지 선택하고, 각 상황에서 형성되는 주생성물의 구조식을 그리고, 반응성이 다른 이유를 설명하시오. (예제 5.2 참조)

(a) 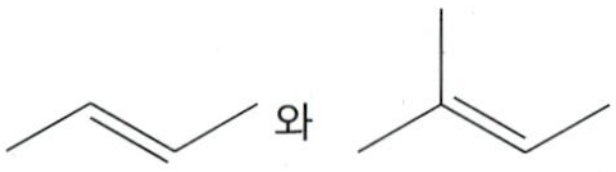 와

(b) 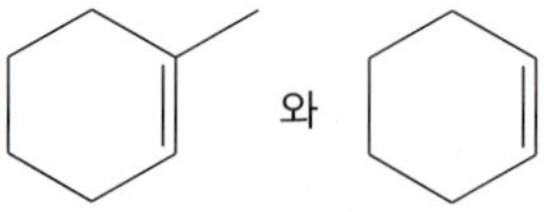 와

5.19 다음 각 반응에서 형성되는 주생성물을 예측하면서, 다음 반응식을 완성하시오. (예제 5.2, 5.5 참조)

(a) 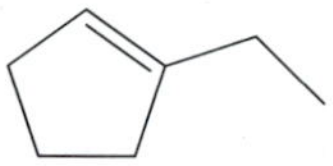 $+ \; HCl \longrightarrow$

(b) 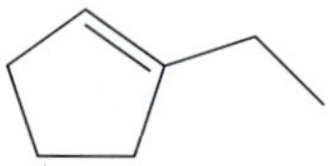 $+ \; H_2O \xrightarrow{H_2SO_4}$

(c)  $+ \; HI \longrightarrow$

(d) 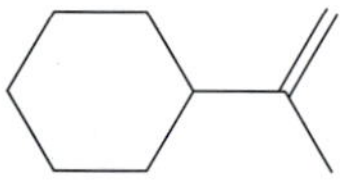 $+ \; HCl \longrightarrow$

(e) 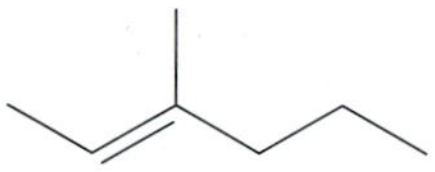 $+ \; H_2O \xrightarrow{H_2SO_4}$

(f)  $+ \; H_2O \xrightarrow{H_2SO_4}$

5.20 2-Methyl-2-pentene과 다음 각 시약의 반응은 위치 선택성 반응을 한다. 각 반응에서 주된 생성물의 구조식을 쓰고, 위치 선택성에 대해서 설명하시오. (예제 5.2, 5.5, 5.9 참조)

(a) HI
(b) H_2SO_4 존재하에 H_2O
(c) BH_3 다음에 H_2O_2, NaOH

5.21 사이클로알켄에 대한 브로민과 염소의 첨가 반응은 입체 선택성 반응이다. 각 반응에서 생성되는 생성물의 입체 화학을 예측하고, 그 이유를 설명하시오. (예제 5.7 참조)

(a) 1-Methylcyclohexene + Br_2
(b) 1,2-Dimethylcyclopentene + Cl_2

5.22 분자식으로 주어진 알켄으로부터 다음과 같은 주생성물을 형성하는 알켄의 구조식을 그리시오. 한 개 이상의 알켄이 주생성물로서 같은 화합물이 될 수 있다.

(a) $C_5H_{10} + H_2O \xrightarrow{H_2SO_4}$ OH

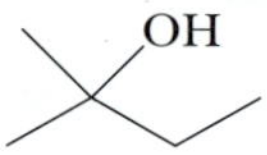

(b) $C_5H_{10} + Br_2 \longrightarrow$ Br Br

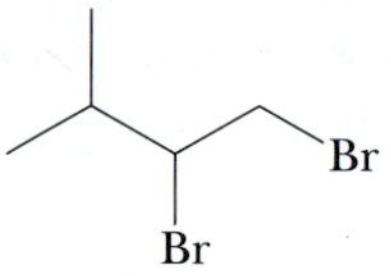

(c) C_7H_{12} + HCl ⟶

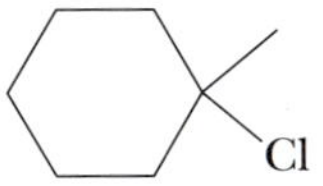

5.23 분자식이 C_5H_{10}인 알켄이 Br_2와 반응하여, 다음의 각 생성물이 된다. 이 알켄의 구조식을 그리시오.

(a) 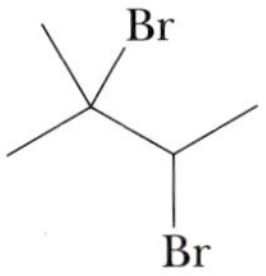 (c)

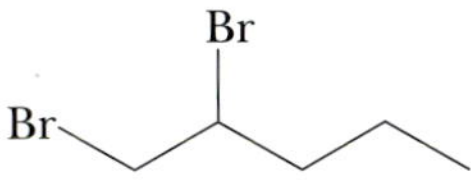

(b) 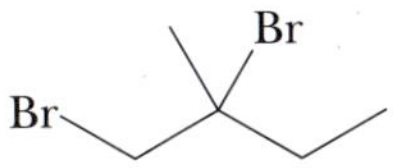 (d)

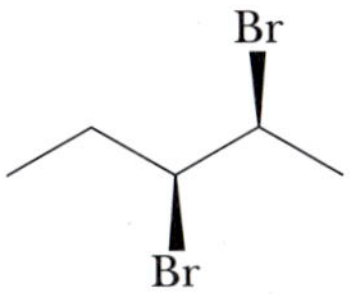

5.24 분자식이 C_6H_{10}인 사이클로알켄은 Cl_2과 반응하여 다음의 각 생성물이 된다. 이 사이클로알켄의 구조식을 그리시오.

(a) 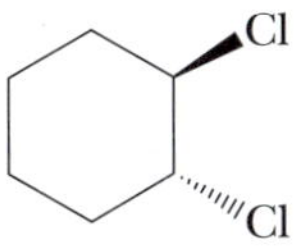 (c)

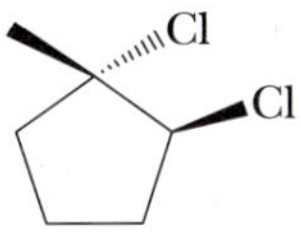

(b) 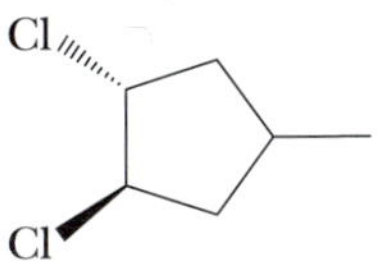 (d)

5.25 분자식이 C_5H_{10}인 알켄이 HCl과 반응하여 주생성물로 아래의 사이클로로알케인이 될 때, 알켄의 구조식을 그리시오.

(a) 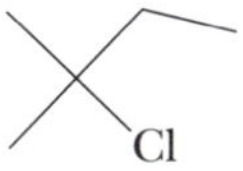 (b) 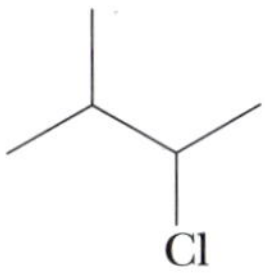 (c)

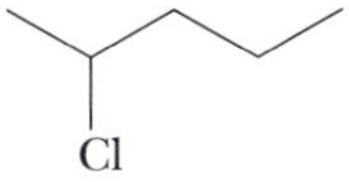

5.26 산 촉매 수화 반응으로 다음의 각 알코올을 주생성물로 생성하는 알켄의 구조식을 그리시오. 한 개 이상의 알켄이 다음 각 물질의 주생성물로 될 수 있다.

(a) 3-Hexaneol
(b) 1-Methylcyclobutanol
(c) 2-Methyl-2-butanol
(d) 2–Propanol

5.27 산 촉매 수화 반응을 통해 다음의 알코올을 주생성물로 생성하는 알켄의 구조식을 그리시오. 하나 이상의 알켄이 존재할 수 있다.

(a) Cyclohexanol
(b) 1,2-Dimethylcyclopentanol
(c) 1-Methylcyclohexanol
(d) 1-Isopropyl-4-methylcyclohexanol

5.28 각 반응의 주생성물을 예상하여 반응식을 완성하시오. 이 중 몇 가지 반응은 재배열을 포함하고 있다. (예제 5.2, 5.5 참조)

(a) 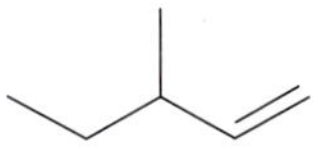 + HBr ⟶

(b) 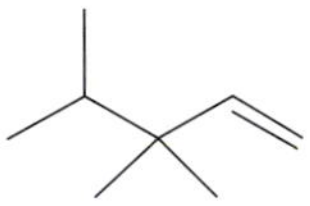 + H_2O $\xrightarrow{H_2SO_4}$

(c) 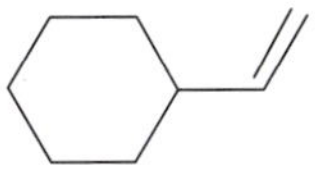 + H_2O $\xrightarrow{H_2SO_4}$

(d) 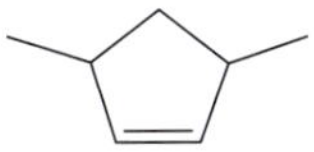 + HI ⟶

(e) 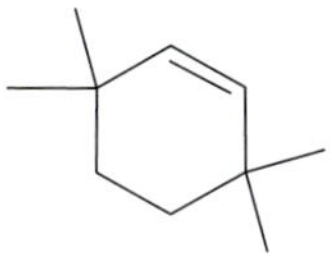 + HCl ⟶

(f) 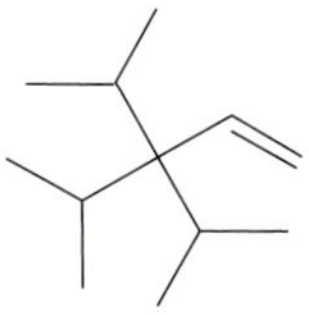 + H_2O $\xrightarrow{H_2SO_4}$

5.29 문제 5.28의 각 반응의 메커니즘을 제안하시오. (예제 5.4, 5.6, 5.8 참조)

5.30 다음의 산 촉매 탈수 반응에 대한 메커니즘을 제시하시오. (예제 5.6, 5.8 참조)

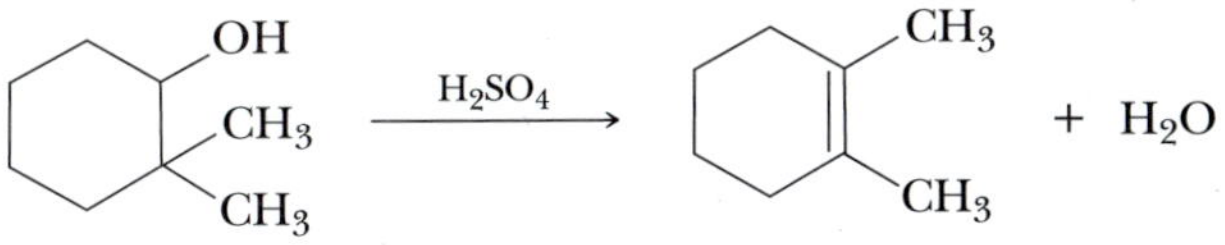

$\xrightarrow{H_2SO_4}$ + H_2O

5.31 아래 반응의 각각의 변환에 대한 메커니즘을 제안하시오. (예제 5.4, 5.6, 5.8 참조)

(a) 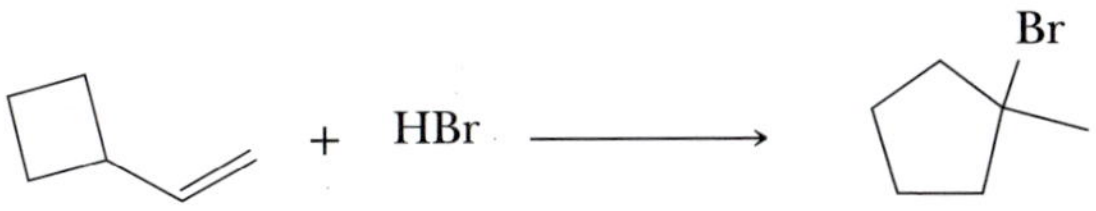 + HBr ⟶

(b) 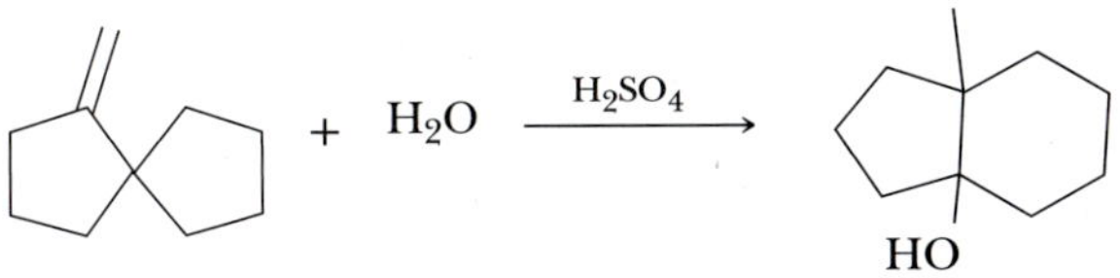 + H_2O $\xrightarrow{H_2SO_4}$

***5.32** Terpin은 상업적으로 limonene의 산 촉매 수화 반응으로 만들어진다. (예제 5.5 참조)

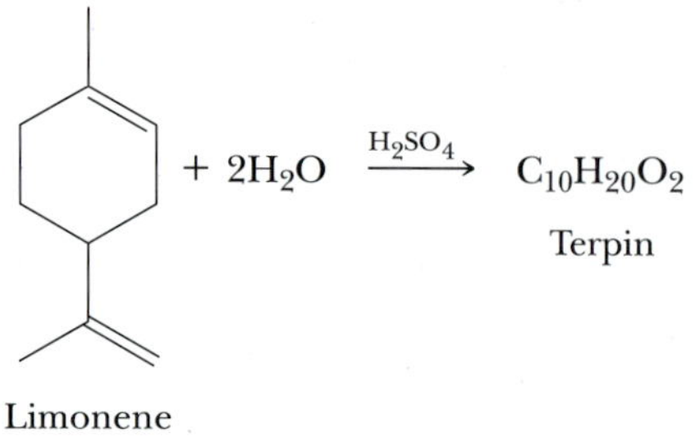

$$\text{Limonene} + 2H_2O \xrightarrow{H_2SO_4} C_{10}H_{20}O_2 \text{ (Terpin)}$$

(a) Terpin의 구조식과 그것이 형성되는 메커니즘을 제안하시오.

(b) 제안한 구조식에서 몇 개의 시스-트랜스 이성질체가 가능한가?

(c) 1번 탄소와 3번 탄소 치환기들이 서로 시스의 위치를 갖는 terpin의 이성질체인 terpin 수화물은 감기약의 거담제로 사용된다. Terpin 수화물의 선택적인 의자 형태를 그리고, 둘 중에 어떤 것이 더 안정한지 설명하시오.

5.33 이 반응의 메커니즘을 제시하고, 위치 선택성에 대해 설명하시오.

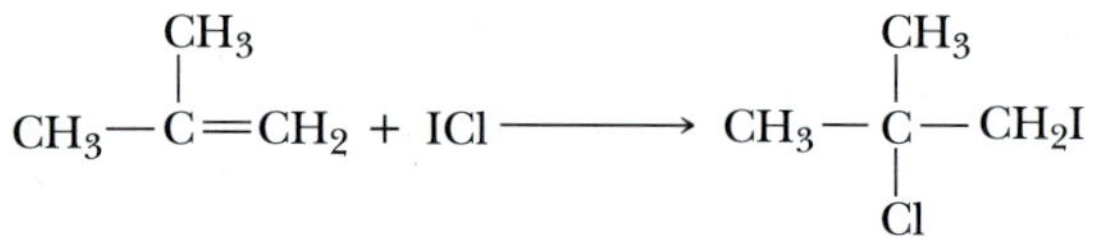

$$CH_3-C(CH_3)=CH_2 + ICl \longrightarrow CH_3-C(CH_3)(Cl)-CH_2I$$

***5.34** 황산 촉매하에서 2-methylpropene과 methanol이 반응하면 *tert*-butyl methyl ether이 생성된다.

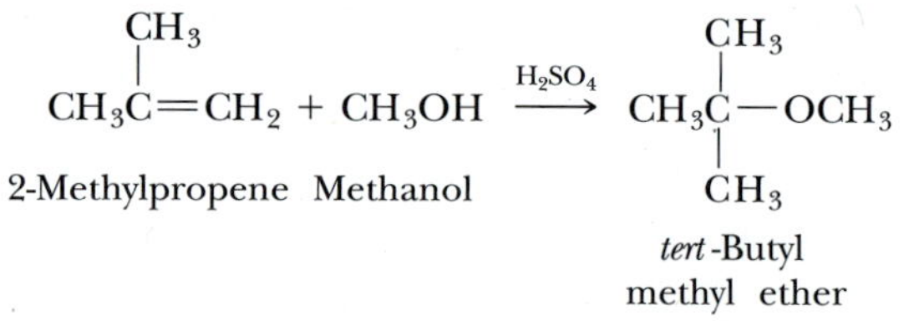

$$CH_3C(CH_3)=CH_2 + CH_3OH \xrightarrow{H_2SO_4} CH_3C(CH_3)_2-OCH_3$$

2-Methylpropene Methanol *tert*-Butyl methyl ether

이 에터의 형성에 대한 메커니즘을 제안하시오. 이 물질은 지하수 오염과 관련되기 전까지 여러 해 동안 가솔린 첨가제로 사용되었다. 이 에터의 형성 메커니즘을 제안하시오.

5.35 아세트산 존재하에 cyclohexene과 HBr이 반응하면 bromocyclohexane과 cyclohexyl acetate 혼합물이 얻어진다.

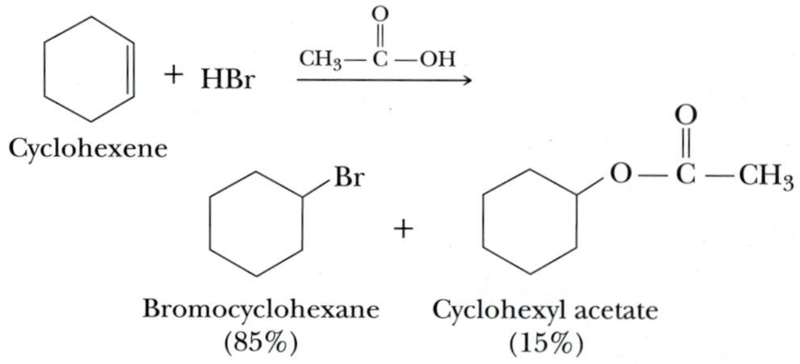

$$\text{Cyclohexene} + HBr \xrightarrow{CH_3-C(=O)-OH} \text{Bromocyclohexane (85\%)} + \text{Cyclohexyl acetate (15\%)}$$

생성물의 비율은 무시하고 각 생성물의 생성에 대해 설명하시오.

5.36 각 알켄에 보레인-TH와 반응시킨 후 수산화 소듐(sodium hydroxide) 수용액 중의 과산화 수소와 반응시켰을 때 생성되는 알코올의 구조식을 그리고, 입체 화학을 명확히하시오. (예제 5.9 참조)

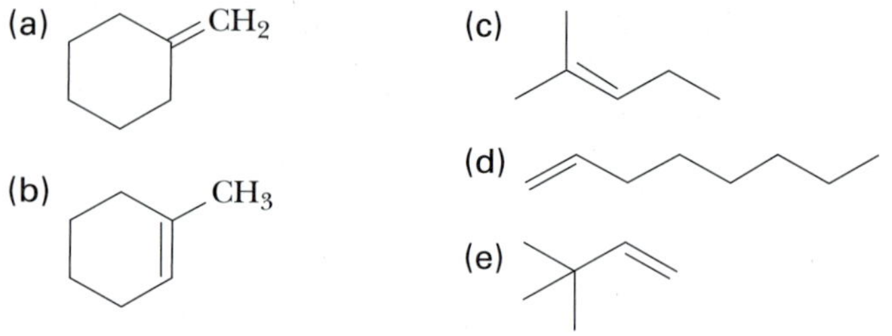

(a) (methylenecyclohexane, $=CH_2$) (b) (1-methylcyclohexene, CH_3) (c) (d) (e)

5.37 황산 촉매하에서 1-methylcyclohexene과 methanol이 반응하면 분자식이 $C_8H_{16}O$인 화합물이 생성된다. 이것의 생성 메커니즘과 구조식을 제안하시오.

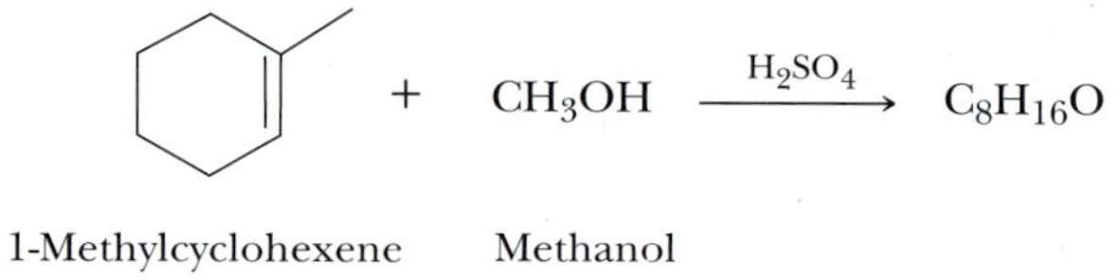

$$\text{1-Methylcyclohexene} + CH_3OH \text{ (Methanol)} \xrightarrow{H_2SO_4} C_8H_{16}O$$

5.38 *cis*-3-Hexene과 *trans*-3-hexene은 다른 물리적 화학적 성질을 가진 다른 화합물이다. 하지만 H_2O/H_2SO_4로 처리하였을 때 각각 동일한 알코올을 형성한다. 그 알코올은 무엇이며, 각각 알켄이 어떻게 동일한 알코올을 형성하는지 설명하시오. (예제 5.6, 5.8 참조)

5.6절 산화-환원

***5.39** 공기 중에서 이산화 탄소와 물을 생성하는 2-methylpropene의 연소 반응에 대한 균형 반응식을 쓰시오. 산화제는 공기 중에 약 20%를 구성하는 O_2이다.

5.40 다음의 각 알켄을 H_2/Ni로 처리할 때 생성되는 물질의 구조식을 그리시오.

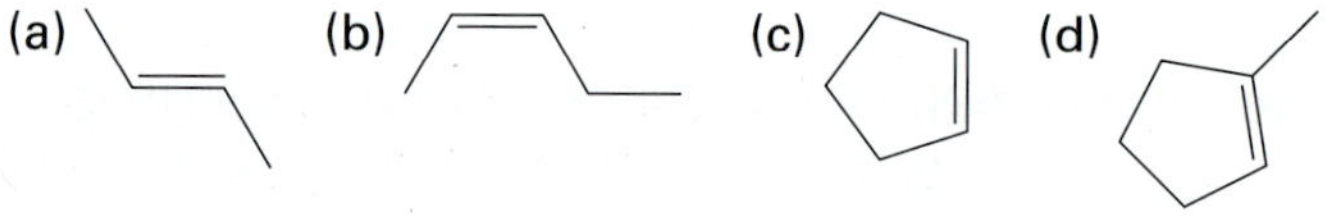

(a) (b) (c) (d)

5.41 탄화수소 A(C_5H_8)는 2 mol의 Br_2와 반응하여 1,2,3,4-tetrabromo-2-methylbutane이 된다. 탄화수소 A의 구조식을 쓰시오.

5.42 두 알켄 A와 B는 각각 C_5H_{10}의 분자식을 갖는다. 이들을 H_2/Pt, HBr과 반응시켜서 동일한 생성물을 얻었다. A와 B의 구조를 그리시오.

5.7~5.8절 알카인의 반응

5.43 각 반응에 의해 생성되는 주생성물을 예상하여 주어진 식을 완성하시오. 한 개 이상의 생성물이 예상되면 모두 그리시오.

(a)

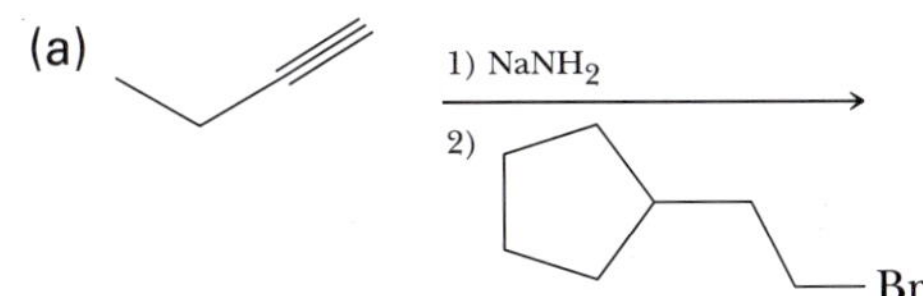

(b) $\xrightarrow{H_2/\text{Lindlars}}$

(c) $(CH_3)_2CHCCH$ $\xrightarrow{\text{1) } NaNH_2}$ 2) $CH_3(CH_2)_4Br$ 3) $H_2/Pd \cdot C$

5.44 빈칸에 알카인을 채우시오.

(a) ? $\xrightarrow{\text{1) } NaNH_2}$ 2) $CH_3CHBrCH_3$ 3) H_2/Lindlars

(b) ? $\xrightarrow{\text{1) } NaNH_2}$ 2) CH_3I 3) H_2/Ni

(c) ? 1) $NaNH_2$ 2) CH_3I 3) $NaNH_2$ 4) $(CH_3)_2CHCH_2Br$ 5) $H_2/Pd \cdot C$

합성

5.45 에틸렌을 다음의 각 화합물로 변환하는 방법을 보이시오.

(a) Ethane (b) Ethanol (c) Bromoethane
(d) 1,2-Dibromoethane (e) Chloroethane (f) 1-Butene

5.46 Cyclopentene을 다음의 각 화합물로 변환하는 방법을 보이시오.

(a) Br, Br (b) (c) Br (d) OH

5.47 Methylenecyclohexane을 다음의 각 화합물로 어떻게 변환시킬 수 있는지 보이시오.

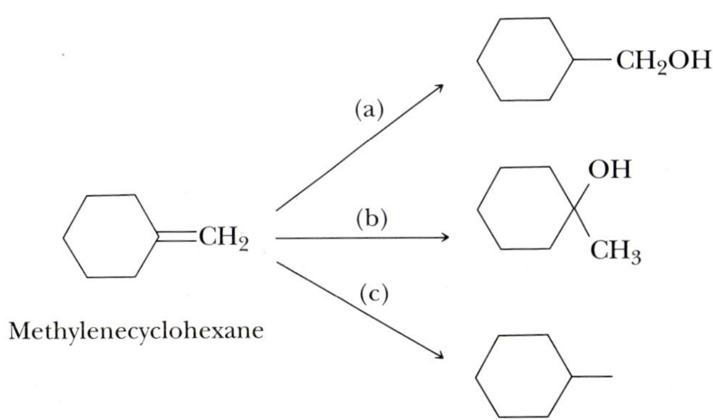

5.48 1-Butene을 다음의 화합물로 어떻게 변환시킬지 보이시오.

(a) Butane (d) 2-Bromobutane
(b) 2-Butanol (e) 1,2-Dibromobutane
(c) 1-Butanol (f) 3-Methylpentane

5.49 알켄으로부터 다음의 화합물을 좋은 수율로 합성하는 방법을 보이시오.

(a) Br (c)

(b) OH (d) Br, Br

5.50 아세틸렌을 출발물로 하고 필요한 무기 시약을 사용하여 *cis*-3-hexene의 합성법을 제시하시오. (예제 5.10 참조)

5.51 주어진 화학적 변형을 완성시키면서 배운 반응에 대한 지식을 시험해 보시오. 한 단계 이상이 필요할 수도 있음을 주의하시오.

(a) ⟶

(b) H—≡—H ⟶

(c)

(d) Br ⟶

(e) Cl ⟶ OH

(f) ⟶ Br, Br

발전 학습

5.52 다음의 각 2차 탄소 양이온은 3차-뷰틸 탄소 양이온보다 안정하다.

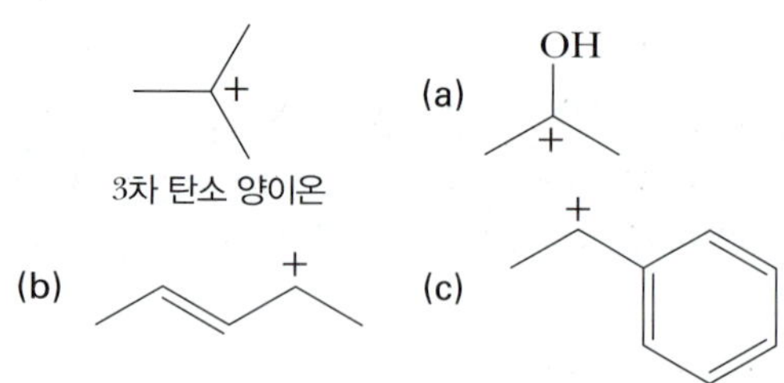

각 양이온의 향상된 안정도를 설명하시오.

5.53 알켄은 평면의 C=C 결합 평면의 위아래로 π 전자 구름을 가지고 있다. 그렇기 때문에 어떤 반응물이라도 이중 결합의 어느 면과도 반응할 수 있다. 주어진 반응물이 *cis*-2-butene의 위쪽 면과 아래쪽 면에서 반응한 생성물이 같은지를 결정하시오(**힌트**: 생성물의 분자 모형을 만들어 보고 비교해 보라).

(a) H_2/Pt (b) 1) $BH_3 \cdot THF$ 2) NaOH, HOOH (c) Br_2/CH_2Cl_2

5.54 이 반응은 다른 양의 두 가지 생성물을 얻는다. 이 두 가지 생성물을 그리고, 어떤 생성물을 선호하는지 예상하시오.

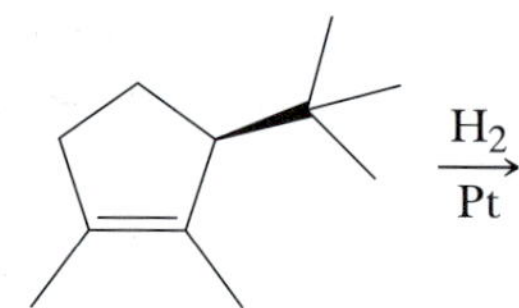

그룹 학습 활동

5.55 다음 방법으로 이번 장에서 나온 반응에 대해 서로 교대로 문제를 내 보자.

(a) 반응의 이름을 말하고, 서로 그 반응의 시약들과 생성물을 물어보라. 예를 들어 "알켄의 촉매 수소화 반응"이라고 말하면 "H_2/Pt가 반응하면 알케인을 얻을 수 있어"라고 대답해야 한다.

(b) 한 세트의 시약을 말하고, 서로 어떤 작용기의 시약이 반응하는지를 물어보라. 예를 들어 'H_2/Pt'라고 말하면 '알켄'과 '알카인'이라고 대답해야 한다.

(c) 반응의 생성물인 화합물의 작용기 또는 종류의 이름을 말하고, 어떤 작용기나 화합물의 종류가 그 화합물의 합성에 이용되는지 물어 보라. 예를 들아 '알켄'이라고 말하면 '알카인'이라고 대답해야 한다.

5.56 종이 또는 바람직하게는 화이트보드나 칠판을 사용해서 이 장에서 나온 메커니즘을 기억나는 대로 차례로 그려 보자. 만약 한 단계를 잊어버리거나 실수를 하면 다른 구성원이 개입하여 마무리한다.

5.57 에틸렌에서 에탄올의 반응을 제외하고, 알켄의 산 촉매 수화 반응은 1차 알코올의 합성에는 사용할 수 없다. 그 이유를 설명해 보시오.

5.58 구조를 제안하고 가능한 결과를 토의해서 다음 단어의 문제를 토론해 보라. 가능하다면 화이트보드나 칠판을 사용하라. 각각 분자식이 C_6H_{12}인 알켄 A, B, C를 생각해 보자. A~C는 촉매 환원을 통해서 유일한 생성물로 헥세인(hexane)이 생성된다. A의 산 촉매 수화 반응은 단지 한 가지 알코올을 생성한다. B의 산 촉매 수화 반응은 두 가지 알코올의 혼합물을 생성한다. C의 산 촉매 수화 반응은 한 가지 알코올만 생성한다. 모든 알코올은 $C_6H_{14}O$의 분자식을 갖는 구조 이성질체이다.

(a) A~C의 구조식과 이름을 제안하시오.

(b) 실험 결과와 일치하는 생성물인 알코올의 구조식을 제안하시오.

(c) 각각의 분자식이 C_6H_{12}이고 산 촉매 수화 반응에서 한 가지 알코올 생성물만을 생성하는 2개의 다른 알켄의 구조식을 제안하시오.

카이랄성: 분자의 손잡이성

Methyl 2-methylpentanoate는 사과의 과일 향을 내는 방향성 분자이다. 이것은 두 가지 형태의 거울상으로 존재하지만, 단 한 가지만 과일향이 나고, 다른 것은 거의 냄새가 없다. 삽화: methyl 2-methylpentanoate의 두 거울상 모형

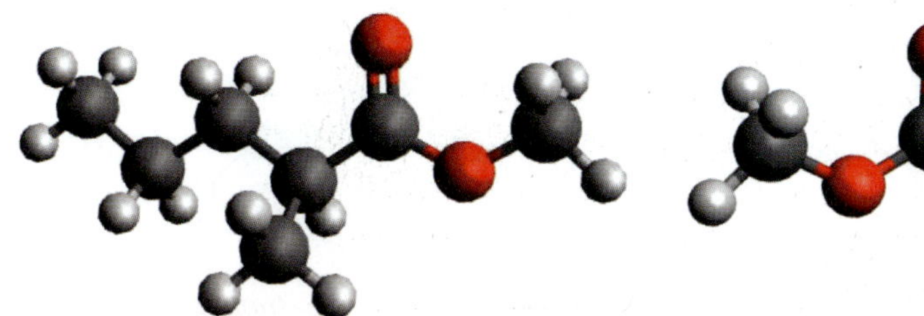

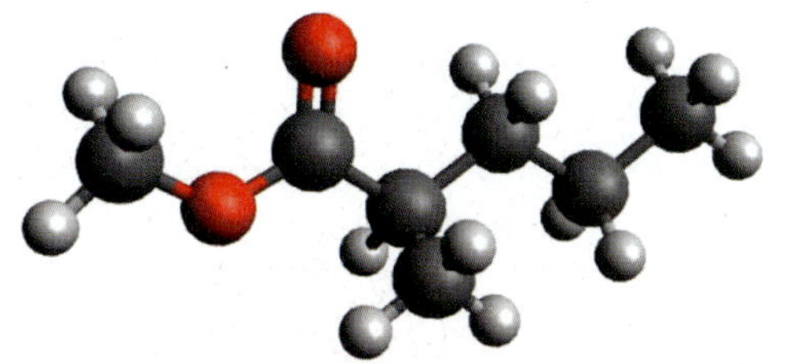

6

중요한 질문

6.1 입체 이성질체란 무엇인가?

6.2 거울상 이성질체란 무엇인가?

6.3 입체 중심의 배열은 어떻게 표시하는가?

6.4 2^n 규칙이란 무엇인가?

6.5 두 개 이상의 입체 중심이 있는 고리형 분자의 카이랄성은 어떻게 나타내는가?

6.6 세 개 이상의 입체 중심이 있는 분자의 카이랄성은 어떻게 나타내는가?

6.7 입체 이성질체의 특성은 무엇인가?

6.8 실험실에서 카이랄성은 어떻게 측정하는가?

6.9 생물계에서 카이랄성의 중요성은 무엇인가?

6.10 거울상 이성질체는 어떻게 분리할 수 있는가?

해결 방법

6.1 거울상 이성질체 그리기

6.2 분자의 회전 없이 R,S 배열 결정하기

6.3 분자의 공간 조작 없이 두 화합물이 서로 동일한지, 거울상 이성질체인지, 부분 입체 이성질체인지 결정하기

화학 관련

6A 카이랄성 약품

이 장에서는 3차원 물체와 그 거울상 사이의 관계를 살펴볼 것이다. 거울 속을 들여다보면 거울에 비치는 자신의 반사체 혹은 **거울상**(mirror image)을 보게 된다. 이제 거울상이 3차원의 입체라고 가정해 보자. 그러면 자신과 거울상 사이의 관계는 무엇일지에 대한 의문이 생긴다. 여기서 뜻하는 관계란 자신에 대한 반사체의 모든 세세한 부분까지도 정확하게 원래의 자신과 겹쳐지게 할 수 있는가를 의미한다. 그 의문에 대한 해답은 자신과 자신의 거울상은 겹쳐질 수 없다는 것이다. 예를 들어 당신이 오른쪽 손가락에 반지를 끼고 있다면 거울상은 왼쪽 손가락에 반지를 끼고 있는 것을 보게 되며, 당신이 오른쪽 가르마를 하고 있다면 거울상은 왼쪽 가르마를 하고 있을 것이다. 쉽게 말해서 당신과 거울 속의 당신은 전혀 다른 물체인 것이며, 서로 겹치게 할 수 없다.

거울상 거울에 비친 한 물체의 영상

William H. Brown

아프리카 영양의 뿔은 카이랄성을 보여 주며, 각각은 서로 거울상이다.

공간 개념에 대한 이해는 유기 화학과 생화학의 이해를 위해 필수적이다. 사실 분자를 3차원의 물체로 다룰 수 있는 능력은 유기 화학과 생화학 분야에서 살아남을 수 있는 한 가지 기술이다. 분자 모형 세트나 모형에 대한 컴퓨터 프로그램을 이용해 보자. 분자 모형을 사용하는 것은 이 장에서나 이후에 공부하게 될 장에서 공간 개념을 시각적으로 변환시켜 이해하는 데 도움이 될 것이다.

6.1 입체 이성질체란 무엇인가?

입체 이성질체 분자식과 원자의 연결 순서는 같으나, 공간에서 원자의 3차원 배치가 다른 이성질체

입체 이성질체(stereoisomer)는 분자식도 같고 분자 내에서 원자 연결 순서도 같으나, 공간에서 원자들의 3차원 배치가 다른 이성질체이다. 지금까지 본 입체 이성질체의 한 예는 사이클로알케인(3.7절)과 알켄(4.1C절)의 시스–트랜스 이성질체이다.

CH_3 CH_3 와 CH_3 CH_3

cis-1,2-Dimethylcyclohexane 와 *trans*-1,2-Dimethylcyclohexane

CH_3 CH_3 C=C H H 와 CH_3 H C=C H CH_3

cis-2-Butene 또는 *Z*-2-Butene 와 *trans*-2-Butene 또는 *E*-2-Butene

이 장에서는 거울상 이성질체와 부분 입체 이성질체를 공부한다(그림 6.1).

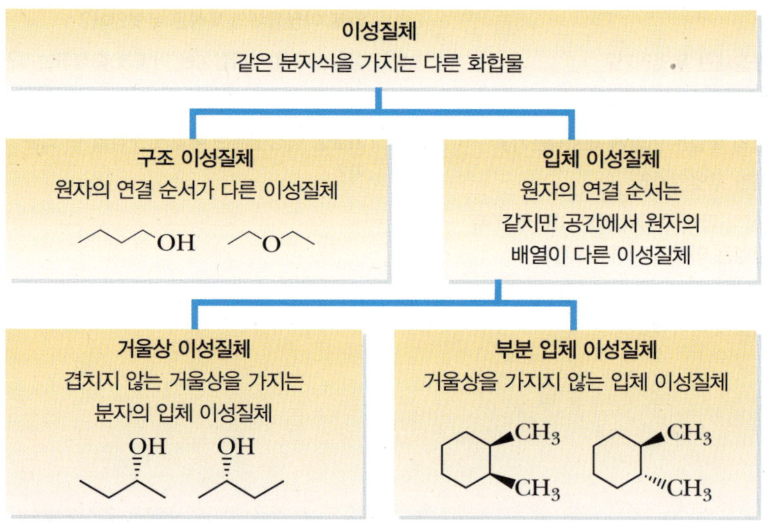

그림 6.1 이성질체 상호 간의 관계와 몇 가지 예

6.2 거울상 이성질체란 무엇인가?

거울상 이성질체 거울상과 겹칠 수 없는 입체 이성질체. 이 용어는 물체의 쌍 사이의 관계를 나타낸다.

거울상 이성질체(enantiomer)는 거울상이 서로 겹쳐지지 않는 입체 이성질체를 말한다. 거울상 이성질 현상이 중요한 이유는 무기 화합물과 간단한 유기 화합물을 제외한, 생물계에 존재하는 대부분의 분자들이 이러한 형태의 이성질 현상을 보인다는 점이다. 이러한 분자들의 예로서 탄수화물(17장), 지질(19장), 아미노산과 단백질(18장) 및 핵산(DNA와 RNA, 20장)이 있다. 또한 의학에서 사용하는 의약품의 거의 절반 가량이 이러한 이성질 현상을 보인다.

거울상 이성질 현상을 보이는 분자의 예로서 2-뷰탄올(2-butanol)을 생각해 보자. 이 분자를 살펴볼 때, —OH기를 가지고 있는 2번 탄소에 관심을 가지고 보자. 이 탄소가 흥미로운 점은 이 탄소에 네 개의 서로 다른 기가 결합하고 있는 점이다. 유기 분자 중에서 거울상 이성질 현상을 일으키는 대부분의 원인으로서 네 개의 서로 다른 기가 결합하고 있는 탄소를 들 수 있다.

이 탄소에는 —H, —OH, $—CH_3$, $—CH_2CH_3$의 4개의 다른 '기'가 결합되어 있다.

$CH_3CH(OH)CH_2CH_3$

2-Butanol

방금 그린 구조식은 2-뷰탄올의 모양이지만, 공간에서의 원자들의 배치를 보여 주지는 않는다. 3차원의 모양을 보여 주기 위해서는 분자를 3차원 물체로 간주해야 한다. 왼쪽에 '원래의 분자'라고 부르는 구조와 이 분자의 공-막대 모형이 있다. 투시 그림에서 점선과 쐐기의 의미를 재확인하려면 표 1.7을 보라.

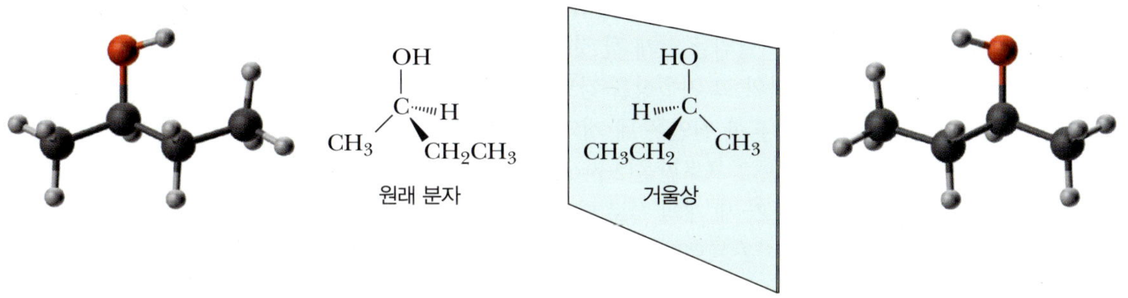

위 그림의 오른쪽에 원래 분자의 거울상이 있다. 모든 분자, 사실 세상의 모든 물체는 거울상을 가지고 있다. "원래의 2-뷰탄올과 그 거울상 사이의 관계는 무엇인가?"라는 질문을 해 보자. 이 질문에 답하기 위해서는 거울상을 잡은 다음, 원하는 방향으로 움직이는 상상을 할 필요가 있다. 거울상의 모든 결합 및 원자가 원래 분자의 모든 결합 및 원자와 정확히 일치하도록 거울상을 공간에서 움직여 분자 위에 놓을 수 있다면, 그 둘은 **겹쳐질 수 있다**(superposable). 이 경우에는 거울상과 원래의 분자가 같은 분자임을 의미한다. 이들은 공간에서 서로 다르게 위치하고 있을 뿐이다. 그러나 거울상을 공간에서 어떻게 돌리든지 상관없이 원래 분자의 모든 결합과 원자들이 정확히 일치하지 않는다면 그 둘은 **겹쳐질 수 없고**(nonsuperposable), 서로 다른 분자이다.

Superposable 모든 특징이 정확히 일치하는 다른 물체와 겹쳐질 수 있는 것

Nonsuperposable 모든 특징이 정확히 일치하는 다른 물체와 겹쳐질 수 없는 것

여기에서 중요한 점은 한 물체가 그 거울상과 겹쳐질 수 있는지 아니면 겹쳐질 수 없는지이다. 이제 2-뷰탄올과 그 거울상을 살펴보자. 그들은 겹쳐지는가, 아니면 겹쳐질 수 없는가?

다음 그림에서 2-뷰탄올의 거울상이 원래 분자 위에 겹쳐지지 않는다는 것을 알 수 있다.

C—O 결합을 잡고 180° 회전시키면 $CH_3—C—OH$ 부분이 원래 분자의 거울상과 동일하다. 그러나 —H와 $—CH_2CH_3$ 기는 공간에서 다른 방향에 있기 때문에 겹쳐질 수 없다.

OH, C, H, CH_3, CH_2CH_3 — 원래 분자

180°, OH, H, C, CH_3, CH_3CH_2 — 원래 분자의 거울상

C—OH 결합에 대해 180° 회전 →

OH, C, CH_3, CH_2CH_3, H — 180° 회전한 거울상

우리가 상상해 본 것처럼 거울상을 돌리면 거울상의 —OH기와 —CH_3기는 원래 분자의 —OH기와 —CH_3기의 위에 정확히 맞는다. 그러나 그 두 구조의 —H와 —CH_2CH_3는 일치하지 않는다. 원래 분자의 —H는 당신으로부터 멀리 있으나, 거울상에서는 앞쪽으로 있다. 또한 원래 분자의 —CH_2CH_3기는 앞쪽으로 향하고 있으나, 거울상에서는 멀리 있다. 2-뷰탄올의 원래 분자와 그 거울상은 서로 겹쳐질 수 없고, 따라서 다른 화합물이라고 결론지을 수 있다.

요약하면, 2-뷰탄올의 거울상을 공간에서 우리가 원하는 방향으로 회전시킬 수 있으나, 결합을 깨서 재배열하지 않는 한, 거울상의 2번 탄소에 결합된 네 개의 기 중에서 두 개만이 원래 분자의 기와 일치한다. 2-뷰탄올과 그 거울상은 겹쳐지지 않기 때문에, 서로는 거울상 이성질체이다. 장갑처럼, 거울상 이성질체도 항상 쌍으로 존재한다.

카이랄 손을 의미하는 그리스어 cheir에서 유래. 거울상 위에 겹칠 수 없는 물체

거울상과 겹칠 수 없는 분자를 **카이랄**(chiral, 그리스어로 손을 뜻하는 cheir에서 유래)이라고 한다. 즉 그 분자들은 손잡이성(handedness)을 보여 준다. 카이랄성(chirality)은 모든 종류의 3차원 물체에서 볼 수 있다. 당신의 왼손과 오른손은 카이랄이다. 공책의 나선철도 카이랄이다. 오른쪽으로 꼬인 기계나사도 카이랄이며, 배의 프로펠러도 카이랄이다. 세상 주변의 모든 물체를 조사해 보면 대부분이 카이랄임을 알게 될 것이다.

2-뷰탄올의 원래 분자와 그 거울상을 검토하기 전에 언급하였듯이, 유기 분자가 거울상 이성질체 현상을 보이는 가장 흔한 원인은 네 개의 서로 다른 기가 결합된 탄소가 있다는 점이다. 이 사실은 이러한 탄소가 없는 2-프로판올(2-propanol)과 같은 분자를 살펴보면 더 잘 이해할 수 있다. 이 분자에서는 2번 탄소가 세 개의 서로 다른 기와 결합하고 있을 뿐이고, 네 개의 다른 기와 결합하고 있는 탄소는 없다. "2-프로판올의 거울상은 원래 분자와 겹칠 수 있는가, 아니면 겹칠 수 없는가?"라는 질문을 해 보자.

다음 그림에서 왼쪽은 2-프로판올의 3차원 구조이고, 오른쪽은 거울상 구조이다.

Charles D. Winters

왼손잡이성과 오른손잡이성 소라 껍질. 오른손잡이성 껍질을 오른손 바닥 위에서 감싸고 엄지손가락을 좁은 끝에서 넓은 끝으로 향하도록 놓으면, 열린 구멍은 오른쪽에 있을 것이다.

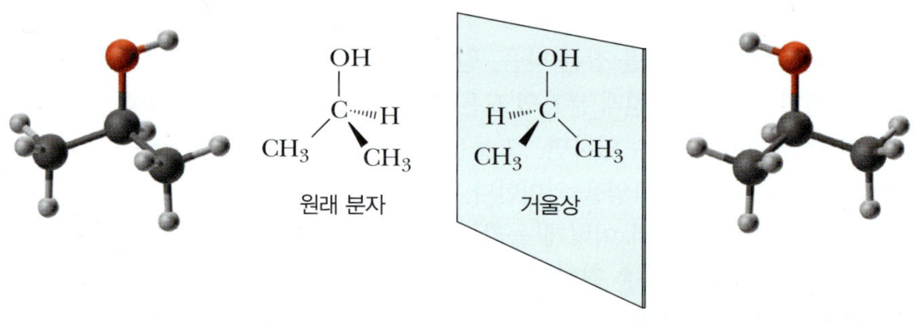

이제 "거울상과 원래 분자의 관계는 무엇인가?"라는 질문을 해 보자. 이번에는 C—OH 결합을 중심으로 거울상을 120° 돌리고, 이것을 원래 분자와 비교해 보자. 이렇게 회전하면 거울상의 모든 원자와 결합이 원래 분자와 정확히 일치하는 것을 알 수 있다. 따라서 원래 분자와 거울상은 다른 시각으로 본 같은 분자라고 할 수 있다.

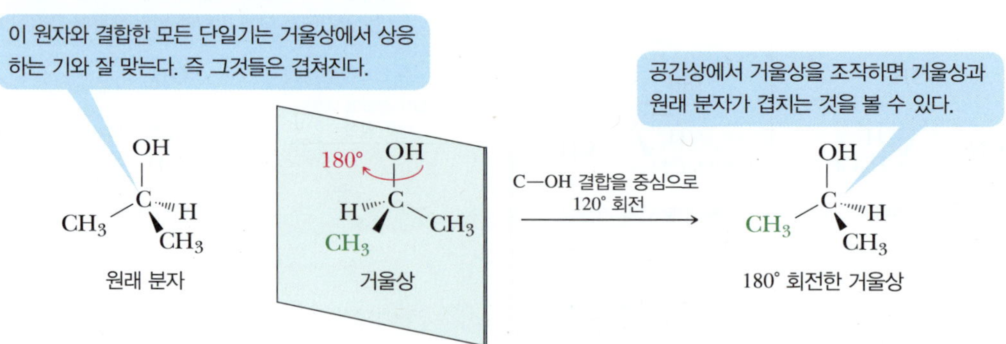

비카이랄 카이랄성이 결핍된 물체로, 손잡이성이 없다.

한 물체와 그 거울상이 겹쳐질 수 있으면 그 물체와 거울상은 같으며, 따라서 거울상 이성질 현상은 존재하지 않는다. 그러한 물체를 **비카이랄**(achiral, 카이랄성 결핍)이라고 한다.

대칭면이 있다면 그 물체는 비카이랄이다. **대칭면**[plane of symmetry, 또는 **거울면**(mirror plane)이라고도 한다]은 어떤 물체의 절반이 나머지 절반의 반사체가 되도록 그 물체를 이등분시키는 가상의 면이다. 그림 6.2에서 비커는 단 하나의 대칭면이 있지만, 정육면체는 많은 대칭면이 있다. 2-프로판올도 하나의 대칭면을 가진다.

대칭면 어떤 물체의 절반이 다른 절반의 거울상이 되도록 물체를 이등분시키는 가상의 면

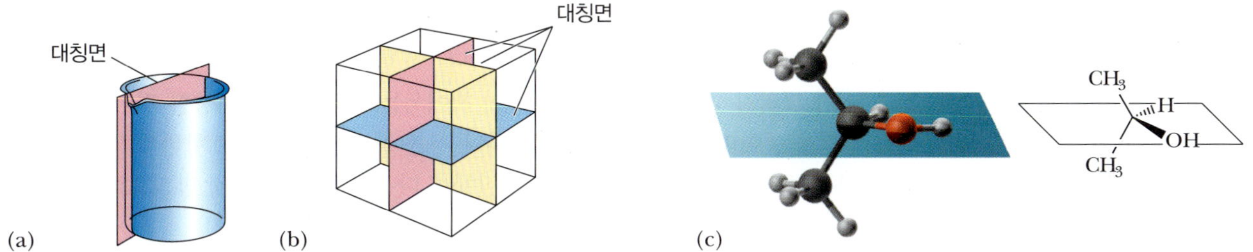

그림 6.2 (a) 비커, (b) 정육면체, (c) 2-프로판올에 있는 대칭면. 비커와 2-프로판올에는 대칭면이 하나 있으나, 정육면체는 여러 개의 대칭면이 있다. 이 그림에서는 세 개의 대칭면만을 표시하였다.

유기 분자에서 카이랄성의 가장 일반적인 원인은 탄소 원자에 네 개의 다른 기가 결합되어 있기 때문이다. 이러한 탄소 원자를 **카이랄 중심**(Chiral center)이라고 한다. 카이랄 중심은 **입체 중심**(stereocenter)의 한 종류로, 두 개의 결합된 원자 또는 원자단을 바꾸었을 때 다른 입체 이성질체를 만드는 원자를 말한다. 2-뷰탄올은 하나의 입체 중심을 가지고 있으나, 2-프로판올은 입체 중심을 가지고 있지 않다.

카이랄 중심 네 개의 다른 기가 결합된 원자로 주로 탄소이다.

입체 중심 네 개의 다른 원자 혹은 기가 부착된 사면체형의 탄소 원자

입체 중심이 한 개인 분자의 다른 예로서, 우리가 보통 젖산(lactic acid; 락트산)이라고 하는 2-하이드록시프로판산(2-hydroxypropanoic acid)을 살펴보자. 젖산은 혐기성 해당 작용의 생성물로서, 신 크림이 신맛을 나게 한다. 그림 6.3에서는 젖산과 그 거울상에 대한 3차원 표현법을 보여 준다. 이들 표현법에서 중심에 있는 탄소 원자에 대한 모든 결합각은 대략 109.5°이며, 이 탄소의 네 개 결합은 정사면체의 각 꼭짓점을 향해 뻗어 있다. 젖산은 거울상 이성질 현상을 보이고 있다. 즉 원래와 그 거울상은 겹쳐지지 않으며, 서로 다른 분자이다.

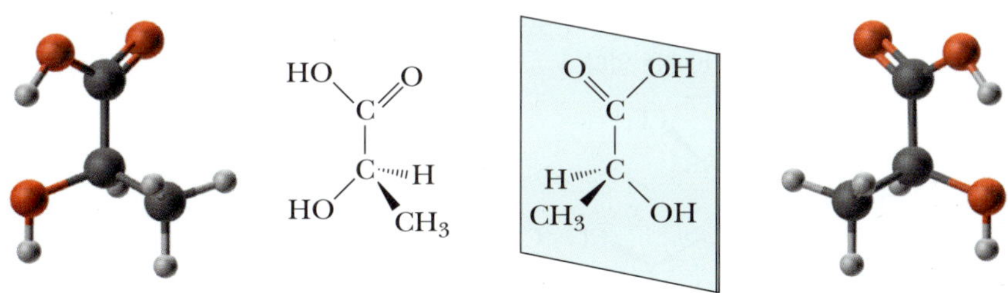

그림 6.3 젖산과 그 거울상의 3차원적 구조

해결방법 6.1

거울상 이성질체 그리기

이제 거울상 이성질체가 무엇인지를 알았으므로, 이들의 삼차원적 구조를 이차원적 종이 위에서 어떻게 표현할 수 있는지 생각해 보자. 예로서 2-뷰탄올 거울상 이성질체 한 개를 다음과 같이 네 개의 다른 방식으로 나타낼 수 있다.

OH, C, H, CH_3, CH_2CH_3 (1) H, OH, C, CH_3, CH_2CH_3 (2) H, OH (3) OH (4)

처음 2-뷰탄올을 논의할 때, 그림 (1)을 입체 중심의 사면체 기하 구조를 보이기 위하여 사용하였다. 이 그림에서 두 개의 기는 종이면에 놓여 있고, 하나는 종이면에서 앞쪽으로 향하고 있고, 다른 하나는 종이면 뒤에 있다. 그림 (1)을

공간에서 약간 돌려 탄소 골격을 종이면에 놓이도록 하면 그림 (2)를 얻을 수 있다. 그림 (2)에서는 종이면에 아직도 두 개의 기가 놓여 있고, 하나는 우리 쪽으로, 다른 하나는 우리로부터 멀리 향하고 있다. 2-뷰탄올의 거울상 이성질체를 더 간단하게 표현하기 위하여 그림 (2)를 선-각 구조식인 (3)으로 그릴 수 있다. 선-각 구조식에서는 보통 수소를 그리지 않지만, 그림 (3)에서는 이 입체 중심에 네 번째 기가 있고, 이 기가 수소라는 것을 상기시키기 위하여 수소를 그렸다. 마지막으로, 한 단계 더 생략하여 2-뷰탄올을 그림 (4)처럼 그릴 수 있다. 여기에서는 입체 중심에 있는 수소를 생략하였으나, 수소가 입체 중심에 있고(탄소는 네 개의 결합이 필요하다), 또한 그 수소는 종이면 뒤에 있음을 알고 있다. 분명히, 단축 구조식 (3)과 (4)가 그리기 쉽고, 따라서 앞으로 이 책에서는 이러한 식을 사용할 것이다. 입체 중심을 3차원적으로 그릴 때, 탄소 골격을 종이면에 놓고, 다른 두 원자나 기를 각각 당신 쪽으로 향하게 또한 당신에게서 멀리 그려야 한다. 그림 (4)를 모형으로 삼으면, 그 거울상 이성질체를 다음과 같이 두 가지 방식으로 나타낼 수 있다.

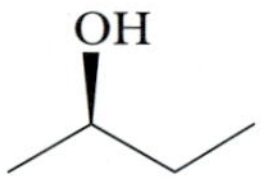

OH

2-Butanol의 한 가지 거울상 이성질체

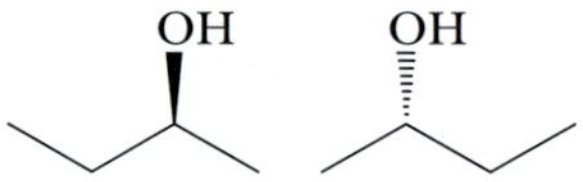

OH OH

거울상의 또 다른 표현

두 번째 구조에서는 탄소 골격이 뒤바뀌었음을 알 수 있다.

예제 6.1

다음 각 분자들은 하나의 입체 중심을 갖고 있다. 각각의 입체 중심을 확인하고, 거울상 이성질체의 각 쌍에 대한 입체 표현을 그리시오.

(a) Cl
$CH_3CHCH_2CH_3$

(b) Cl

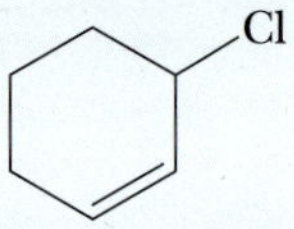

전략

선-각 그림일 때는 입체 중심에 수소를 그리는 것이 도움이 된다. sp^2와 sp^3 탄소뿐만 아니라 탄소 원자에 한 개 또는 두 개의 선만 있는 경우 입체 중심에서 제외될 수 있다. 입체 중심을 확인하면 쇄선쐐기와 선쐐기로 치환기를 표시하라.

풀이

거울상 이성질체의 각 쌍의 모형을 공부하는 것과 다른 시각으로 그것들을 보는 것은 나중에 도움이 될 것이다. 이 모형을 이용할 때 각각의 거울상은 네 개의 다른 기가 연결된 탄소를 가지고 있고, 이는 카이랄 분자를 만든다. 투시도를 사용하여 각 모형을 옮겨라. (a)에는 입체 중심에 수소가 나타나 있지만 (b)에는 없다.

(a) H Cl Cl H

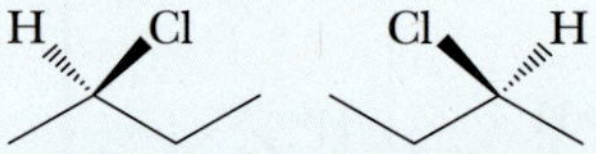

(b) Cl Cl

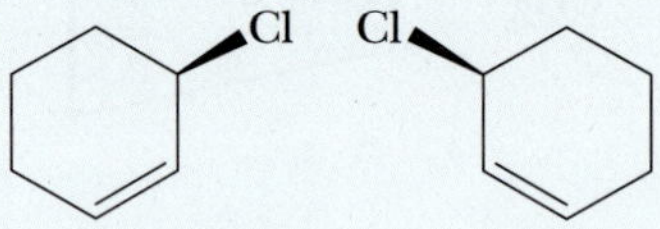

문제 6.15, 6.19~6.22 참조

문제 6.1

다음 각 분자들은 하나의 입체 중심을 갖고 있다.

(a) OH

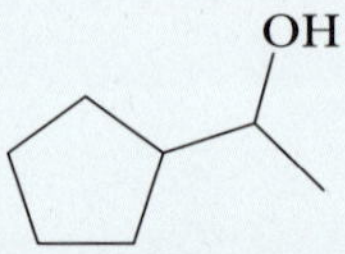

(b) OH

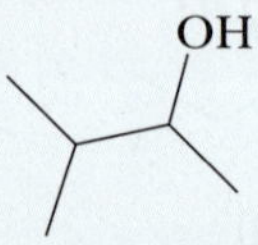

(c)

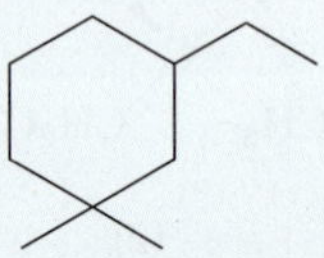

(d)

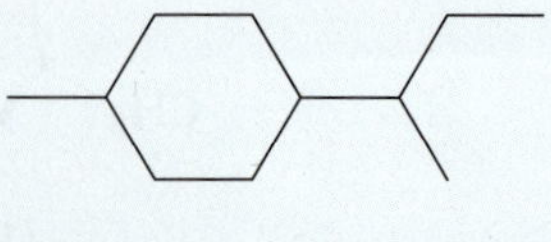

각각의 입체 중심을 확인하고, 거울상 이성질체의 각 쌍에 대한 입체 표현을 그리시오.

6.3 입체 중심의 배열은 어떻게 표시하는가?

거울상 이성질체는 서로 다른 화합물이기 때문에, 서로 다른 이름을 가지고 있어야 한다. 예를 들어 약국이 아닌 곳에서도 살 수 있는 이부프로펜(ibuprofen)은 거울상 이성질 현상을 보이며, 아래 그림에서처럼 한 쌍의 거울상 이성질체로 존재한다.

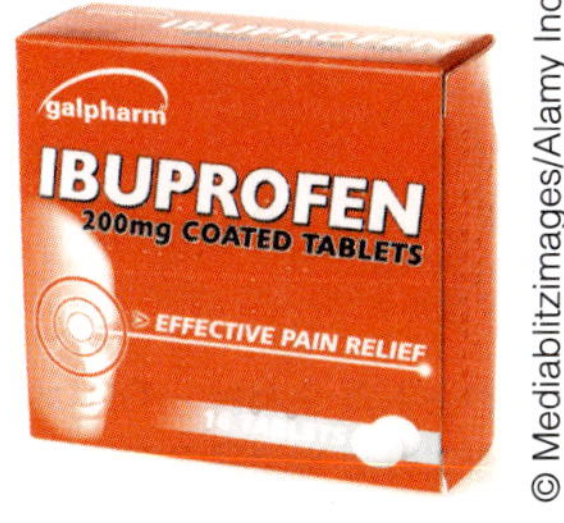

© Mediablitzimages/Alamy Inc

약국이 아닌 곳에서 살 수 있는 이부프로펜은 거울상 이성질체 혼합물로서 판매된다.

H CH$_3$ COOH | CH$_3$ H HOOC

이부프로펜의 비활성 거울상 이성질체 | 활성 거울상 이성질체

이부프로펜에서는 하나의 거울상 이성질체만 생물학적 활성이 있다. 이 거울상 이성질체는 대략 12분 만에 인체 내에서 치료에 유효한 농도에 도달한다. 그러나 이 경우에 비활성 거울상 이성질체는 버려지지 않는다. 인체는 이것을 활성이 있는 거울상 이성질체로 바꾼다. 그러나 이 과정은 시간이 걸린다.

이부프로펜(혹은 다른 거울상 이성질체의 쌍)의 거울상 이성질체를 대화나 책에서 언급하기 위한 방법이 필요하기 때문에 화학자들은 **R,S 방식**(R,S system)을 고안하였다. 입체 중심에 R 혹은 S 배열을 정하기 위해서는, 먼저 입체 중심에 붙어 있는 기를 우선순위에 따라 서열을 정해야 한다. 이를 위해서는 4.2C절에서 알켄에 E, Z 배열을 정할 때 사용했던 **우선순위 규칙**(priority rule)을 동일하게 사용한다.

R,S 방식 입체 중심에 있는 원자 배열을 나타내기 위한 규칙

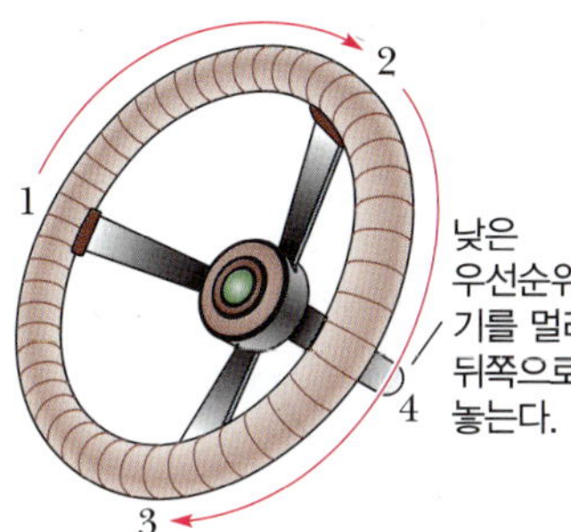

입체 중심에 R 혹은 S 배열을 지정하기 위해서는

1. 입체 중심을 찾아서 네 개의 치환기를 확인하고, 각 치환기의 우선순위를 1(가장 높음)부터 4(가장 낮음)까지 정한다.
2. 가장 낮은 순위 (4)의 기를, 예를 들면 자동차의 운전축처럼 당신으로부터 멀리 향하도록 공간에서 분자의 방향을 맞춘다. 그러면 더 높은 순위의 세 개의 기(1~3)는 운전대처럼 당신 쪽을 향하게 된다.
3. 당신 쪽을 향하는 세 개의 기를 가장 높은 순위 (1)에서부터 가장 낮은 순위 (3)의 순서로 읽는다.
4. 기들을 읽는 순서가 시계 방향으로 진행되면 그 배열은 **R**(라틴어로 오른쪽 rectus를 의미한다)로 표시되며, 시계 반대 방향으로 진행된다면 **S**(라틴어로 왼쪽 sinister를 의미한다)로 표시된다. 운전대의 오른쪽 회전은 R과 같고, 왼쪽 회전은 S와 같다.

R 라틴어로 오른쪽을 뜻하는 rectus에서 유래되었으며 R,S 방식에서는 입체 중심에 있는 기들의 우선순위 순서가 시계 방향임을 나타낸다.

S 라틴어로 왼쪽을 뜻하는 sinister에 서 유래되었으며, R,S 방식에서는 입체 중심에 있는 기들의 우선순위 순서가 시계 반대 방향임을 나타낸다.

예제 6.2

각 입체 중심에 대하여 R 혹은 S 배열을 정하시오.

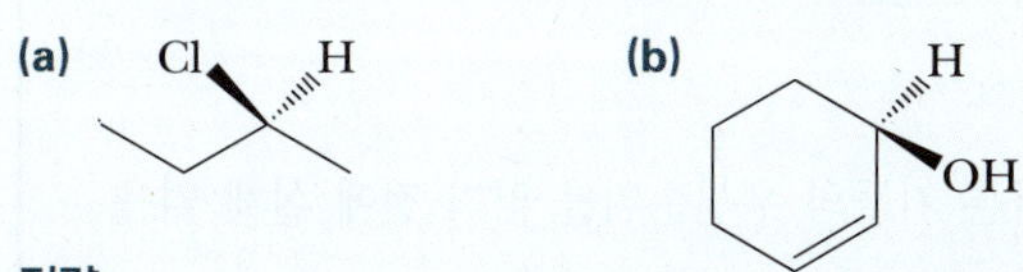

전략

첫 번째로, 입체 중심에 결합되어 있는 기들의 우선순위를 결정한다. 필요하다면 가장 낮은 순위의 기를 당신으로부터 멀리 있도록 재배열한다. 그리고 높은 우선순위부터 낮은 우선순위로 R,S 배열을 정한다.

풀이

입체 중심에서 입체 중심으로부터 가장 낮은 순위의 기를 관통하는 결합을 따라 분자를 관찰한다.

(a) 우선순위의 순서는 $-Cl > -CH_2CH_3 > -CH_3 > -H$이다. 가장 낮은 순위의 기인 H를 당신으로부터 멀리 놓는다. 1, 2, 3기의 읽는 순서가 시계 반대 방향이므로 배열은 S이다.

이 수소는 당신으로부터 멀리 떨어져 있고, 가려져서 보이지 않는다.

(b) 우선순위의 순서는 —OH > —CH=CH > —CH_2—CH_2 > —H이다. 가장 낮은 순서의 기인 수소를 멀리 놓으면 1, 2, 3기의 읽는 순서가 시계 방향이므로 배열은 R이다.

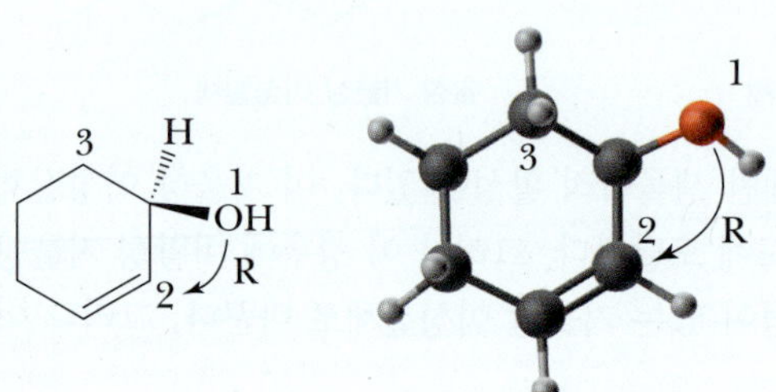

문제 6.24~6.27, 6.29, 6.39 참조

문제 6.2

각 입체 중심에 대하여 R 혹은 S 원자 배열을 정하시오.

(a)

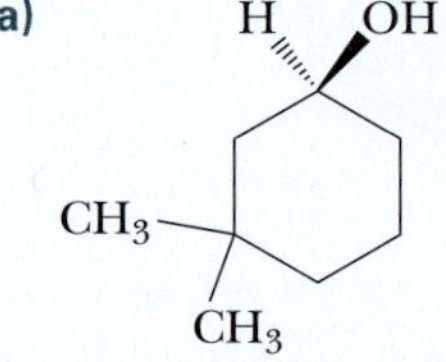

(b) H, CH_3, C—OH, CH_3CH_2

(c) CH=O, H—C—OH, CH_2OH

(d) OH

해결방법 6.2 분자의 회전 없이 R,S 배열 결정하기

투시 그림을 공간에서 회전시켜 보는 것이 어렵다면 다음의 방법을 사용하면 된다.

시나리오 1. 이미 낮은 우선순위의 기가 당신으로부터 멀리 향해 있다.

투시 그림에서 낮은 우선순위가 점선의 결합으로 나타나 있다면 쉽게 다른 세 개의 기를 높은 우선순위에서 낮은 우선순위로 읽을 수 있다.

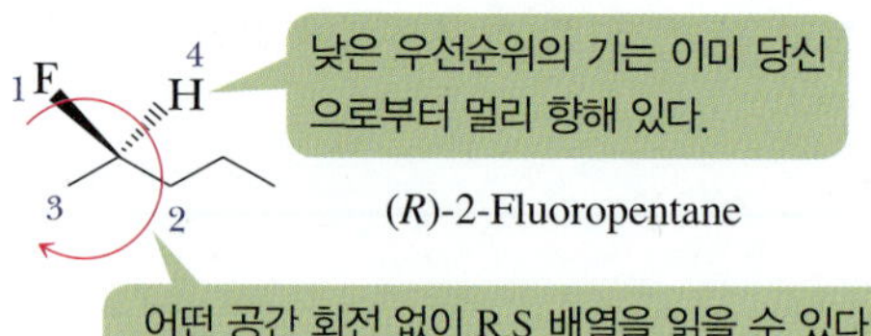

시나리오 2. 낮은 우선순위의 기가 당신 쪽으로 향해 있다.

투시 그림에서 낮은 우선순위의 기가 쐐기의 결합으로 나타나 있다면 다른 기들의 우선순위를 읽기 전에 실제 읽을 것의 반대로 재배열해야 한다.

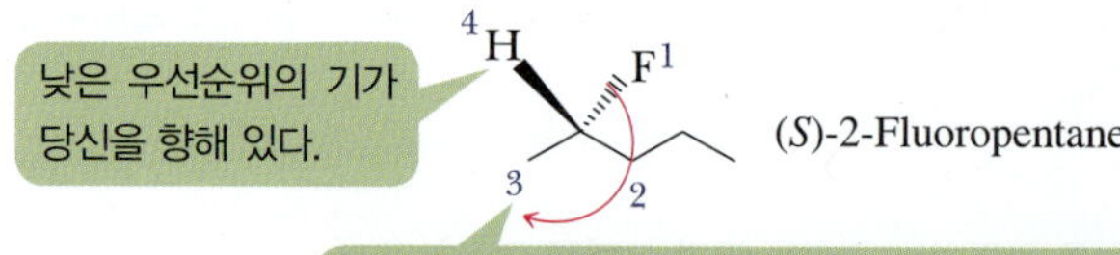

시나리오 3. 낮은 우선순위의 기가 종이면에 놓여 있다.

투시 그림에서 낮은 우선순위의 기가 종이면에 놓여 있다면 입체 중심에 결합된 기들을 내려다보고 Newman 투영도를 그린다(3.6A절).

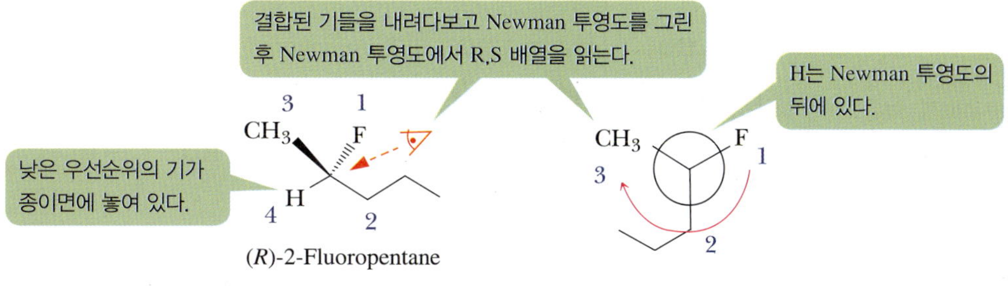

(*R*)-2-Fluoropentane

이제 이부프로펜 거울상 이성질체의 3차원 그림을 보고, R 혹은 S 배열을 정하기로 하자. 우선순위가 감소하는 순서로, 입체 중심에 결합하는 기는 $-COOH > -C_6H_4 > -CH_3 > -H$이다. 왼쪽의 거울상 이성질체에서 우선순위의 순서대로 입체 중심에 있는 기를 읽으면 시계 회전 방향이고, 따라서 이 거울상 이성질체가 (*R*)-이부프로펜이다. 그 거울상은 (*S*)-이부프로펜이다.

(*R*)-Ibuprofen
비활성의 거울상 이성질체

(*S*)-Ibuprofen
활성 거울상 이성질체

6.4 2^n 규칙이란 무엇인가?

우리는 입체 중심이 한 개인 분자의 예를 몇 개 보았으며, 각 경우에 두 개의 입체 이성질체(거울상 이성질체의 한 쌍)가 가능하다는 것을 알았다. 이제 입체 중심이 두 개인 분자를 고려해 보자. 일반적으로 입체 중심이 ***n***개인 분자는 최대 $\boldsymbol{2^n}$개의 입체 이성질체를 가질 수 있다. 우리는 하나의 입체 중심을 가진 분자에서는 $2^1 = 2$개의 입체 이성질체가 가능하다는 것을 입증하였다. 두 개의 입체 중심을 가진 분자의 경우 최대 입체 이성질체 수는 $2^2 = 4$이다. 세 개의 입체 중심을 가진 분자의 최대로 가능한 입체 이성질체 수는 $2^3 = 8$이다.

A. 거울상 이성질체와 부분 입체 이성질체

입체 중심이 두 개인 분자를 공부하기 위해 2,3,4-트라이하이드록시뷰탄알(2,3,4-trihydroxybutanal) 분자를 보자. 두 개의 입체 중심이 *로 표시되어 있다.

$$HOCH_2-\overset{*}{C}H(OH)-\overset{*}{C}H(OH)-CH=O$$

2,3,4-Trihydroxybutanal

이 분자의 가능한 최대 입체 이성질체 수는 $2^2 = 4$이며, 그림 6.4에 그려져 있다.

입체 이성질체 (a)와 (b)는 겹칠 수 없는 거울상이므로 한 쌍의 거울상 이성질체이다. 입체 이성질체 (c)와 (d)도 겹칠 수 없는 거울상이며, 또 다른 한 쌍의 거울상 이성질체이다. 따라서 네 개의 2,3,4-트라이하이드록시뷰탄알 입체 이성질체는 두 쌍의 거울상 이성질체로 이루어져 있다고 말할 수 있다. 거울상 이성질체 (a)와 (b)는 **에리트로스**(erythrose)라고 하는데, 이것은 에리트로사이트(erythrocyte; 적혈구)에서 만들어지기 때문이다. 거울상 이성질체 (c)와 (d)는 **트레오스**(threose)라고 한다. 에리트로스와 트레오스는 탄수화물의 일종이며, 17장에서 다룰 것이다.

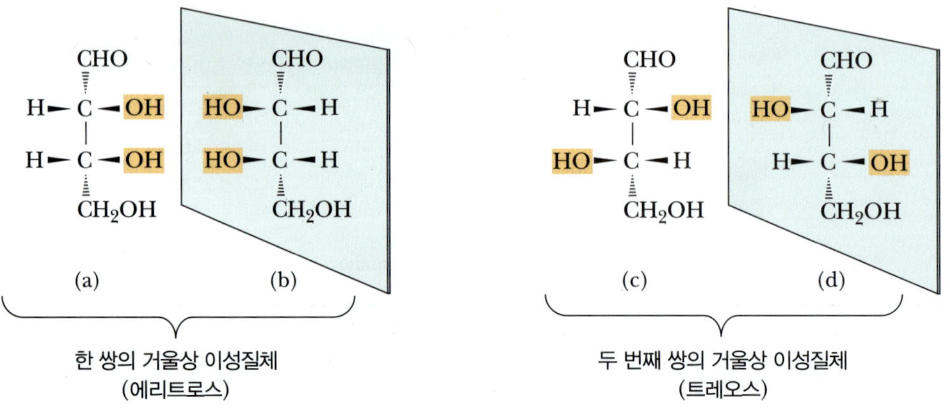

그림 6.4 두 개의 입체 중심을 가진 화합물 2,3,4-트라이하이드록시뷰탄알의 네 개의 입체 이성질체. (a)와 (b)의 배열은 각각 (2*R*, 3*R*)과 (2*S*, 3*S*)이다. (c) 와 (d)의 배열은 각각 (2*R*, 3*S*)와 (2*S*, 3*R*)이다.

이제까지 (a)와 (b), (c)와 (d)의 관계를 설명하였다. 그렇다면 (a)와 (c), (a)와 (d), (b)와 (c), (b)와 (d)의 관계는 무엇일까? 정답은 부분 입체 이성질체이다. **부분 입체 이성질체**(diastereomer)는 서로가 거울상이 아닌 입체 이성질체이다.

부분 입체 이성질체 서로 거울상이 아닌 입체 이성질체. 이 용어는 물질들 사이의 관계를 나타낸다.

해결방법 6.3 분자의 공간 조작 없이 두 화합물이 서로 동일한지, 거울상 이성질체인지, 부분 입체 이성질체인지 결정하기

원근법으로 그려진 화합물을 공간에서 회전시켜 보는 것이 어렵다면 다음의 방법을 사용하면 된다.

1단계: 화합물이 입체 이성질체인지 확인한다.
두 화합물이 동일한 분자량과, 원자가 동일한 연결성을 갖는지 확인한다.

두 화합물의 화학식: $C_6H_{13}BrO$
두 화합물은 탄소 6개의 사슬과 5번 위치에 Br, 2번 위치에 OH를 가지고 있다.

2단계: 두 화합물 각각의 입체 중심에서 R, S 배열을 결정한다.
그 방법은 6.2절에서 볼 수 있다.

3단계: 대응하는 입체 중심의 배열을 비교한다.
배열이 일치한다면 두 화합물은 동일한 화합물이다. 만약 각각 대응하는 입체 중심의 배열이 반대라면, 두 물질은 거울상 이성질체이다. 둘 다 아닌 경우의 화합물은 부분 입체 이성질체이다.

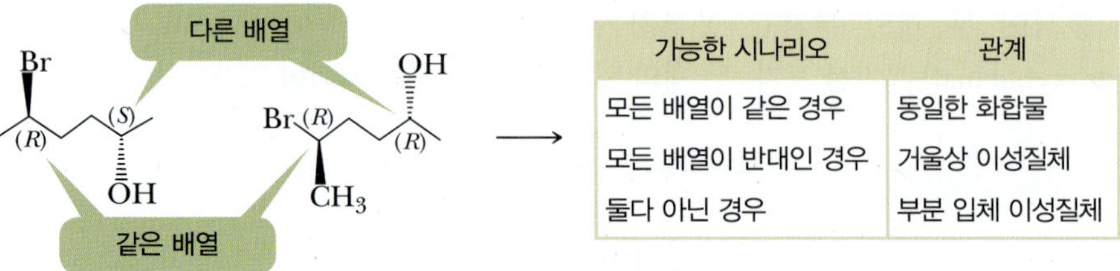

가능한 시나리오	관계
모든 배열이 같은 경우	동일한 화합물
모든 배열이 반대인 경우	거울상 이성질체
둘다 아닌 경우	부분 입체 이성질체

예제 6.3

다음은 네 개의 1,2,3-butanetriol 입체 이성질체의 입체 표현이다.

(1)	(2)	(3)	(4)
CH_2OH	CH_2OH	CH_2OH	CH_2OH
H–C–OH (S)	H–C–OH	HO–C–H	HO–C–H (R)
HO–C–H (S)	H–C–OH	HO–C–H	H–C–OH (R)
CH_3	CH_3	CH_3	CH_3

R,S 배열은 (1)과 (4)의 입체 중심에 주어져 있다.

(a) 거울상 이성질체는 어느 것인가?

(b) 부분 입체 이성질체는 어느 것인가?

전략

각 화합물의 입체 중심에서 R, S 배열을 결정하고, 상호 관계를 결정하기 위하여 대응하는 입체 중심을 비교한다(해결 방법 6.3 참조).

풀이

(a) 화합물 (1)과 (4)는 한 쌍의 거울상 이성질체이며, (2)와 (3)은 두 번째 거울상 이성질체 쌍이다. (1)의 입체 중심 배열이 (1)의 거울상 이성질체인 (4)와는 반대임을 주목하라.

(b) (1)과 (2), (1)과 (3), (2)와 (4), (3)과 (4)는 부분 입체 이성질체이다.

문제 6.23 참조

문제 6.3

다음은 네 개의 3-chloro-2-butanol 입체 이성질체의 입체 표현이다.

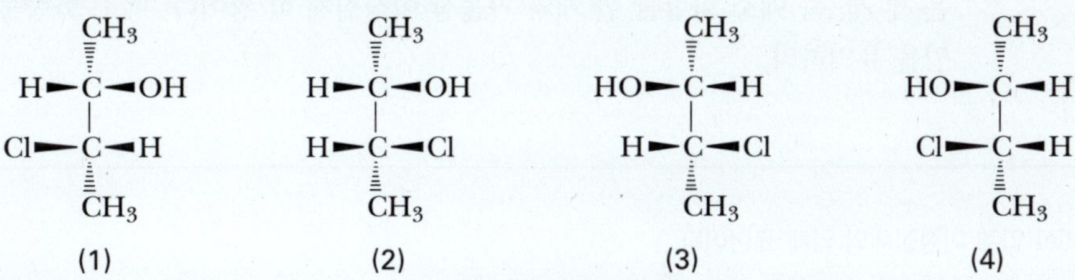

(a) 거울상 이성질체는 어느 것인가?

(b) 부분 입체 이성질체는 어느 것인가?

B. 메소 화합물

둘 이상의 입체 중심을 가진 어떤 분자단은 2^n 규칙에 의해 예상되는 입체 이성질체의 수보다 감소시키는 특별한 대칭성을 가지고 있다. 한 가지 예로, 보통 타타르산(tartaric acid; 주석산)이라고 부르는 2,3-다이하이드록시뷰테인다이오산의 경우를 생각해 보자.

$$HO\overset{O}{\overset{\|}{C}}-\overset{*}{C}H(OH)-\overset{*}{C}H(OH)-\overset{O}{\overset{\|}{C}}OH$$

2,3-Dihydroxybutanedioic acid
(Tartaric acid)

타타르산은 식물에, 특히 포도 속에 많이 들어 있는 무색의 결정성 화합물이다. 포도 주스가 발효하는 동안 주석산수소 포타슘(potassium bitartrate, 한 개의 —COOH기가 포타슘염

—COO^-K^+로 존재한다)은 포도주 통의 가장자리에 찌꺼기로 석출된다. 이것을 모아서 정제하여 주석영으로 팔기도 한다.

타타르산에서 2번과 3번 탄소는 입체 중심이며, 2^n 규칙대로 하면 최대로 가능한 입체 이성질체 수는 $2^2=4$로서, 그림 6.5에 나타내었다. (a)와 (b)는 겹칠 수 없는 거울상이며, 따라서 한 쌍의 거울상 이성질체이다. (c)와 (d)도 거울상이지만 그것들은 겹칠 수 있다. (d)를 종이면 내에서 180° 회전시키고 그것을 종이면 밖으로 들어내어 (c) 위에 놓는다고 가정해 보면, (d)는 (c) 위에 겹칠 수 있음을 알게 될 것이다. 그러므로 (c)와 (d)는 다른 분자가 아니라 같은 분자이며, 단지 방향이 다를 뿐이다. 왜냐하면 (c)와 그 거울상은 겹칠 수 있으며, (c)는 비카이랄이기 때문이다.

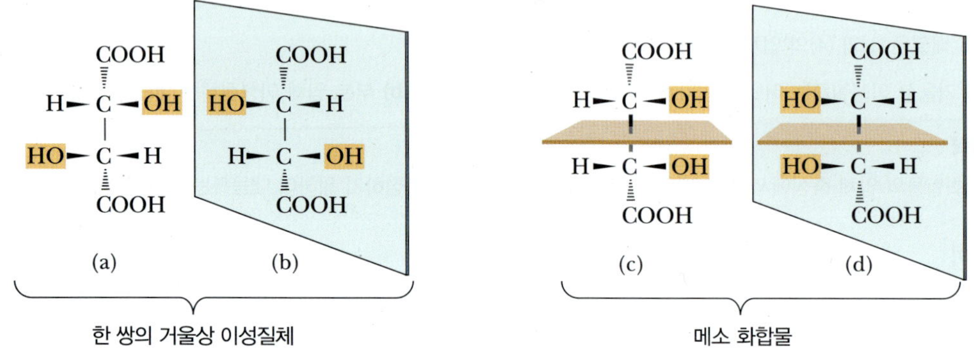

그림 6.5 타타르산의 입체 이성질체. 한 쌍의 거울상 이성질체와 하나의 메소 화합물. 분자 내부에 대칭면이 있으면 그 분자는 비카이랄이다.

메소 화합물 둘 이상의 입체 중심을 가지고 있는 비카이랄 화합물

(c)가 비카이랄임을 결정짓는 또 다른 방법은 위쪽의 반이 아래쪽 반의 거울상이 되도록 분자를 이등분하는 대칭면이 있는지 보는 것이다. 따라서 비록 입체 중심이 두 개가 있다고 하더라도 그 분자는 비카이랄이다. 타타르산 중에서 (c)나 (d)로 표현된 입체 이성질체를 **메소 화합물**(meso compound)이라 하고, 둘 이상의 입체 중심을 가지고 있는 비카이랄 화합물로 정의된다.

이제 본래의 질문으로 되돌아가 보자. 타타르산에는 몇 개의 입체 이성질체가 있을까? 그 대답은 세 개, 즉 메소 화합물 한 개와 거울상 이성질체 한 쌍이다. 메소 화합물은 다른 입체 이성질체임을 유의하라.

예제 6.4

다음은 세 개의 2,3-butanediol 입체 이성질체의 입체 표현이다.

(1): CH_3 / H—C—OH / HO—C—H / CH_3

(2): CH_3 / H—C—OH / H—C—OH / CH_3

(3): CH_3 / HO—C—H / H—C—OH / CH_3

(a) 거울상 이성질체는 어느 것인가? **(b)** 메소 화합물은 어느 것인가? **(c)** 부분 입체 이성질체는 어느 것인가?

전략

거울상 이성질체는 겹쳐지지 않는 거울상이다. 메소 화합물은 두 개 이상의 입체 중심을 가지고 있는 비카이랄 화합물로, 두 개 이상의 입체 중심이 거울상과 겹쳐지는 화합물이다.

풀이

(a) 화합물 (1)과 (3)은 거울상 이성질체이다.
(b) 화합물 (2)는 내부 대칭면을 갖고 있으므로 메소 화합물이다.
(c) 화합물 (1)과 (2), (2)와 (3)은 부분 입체 이성질체이다.

문제 6.23, 6.36, 6.38 참조

문제 6.4

다음은 타타르산에 대한 네 개의 Newman 투영도이다.

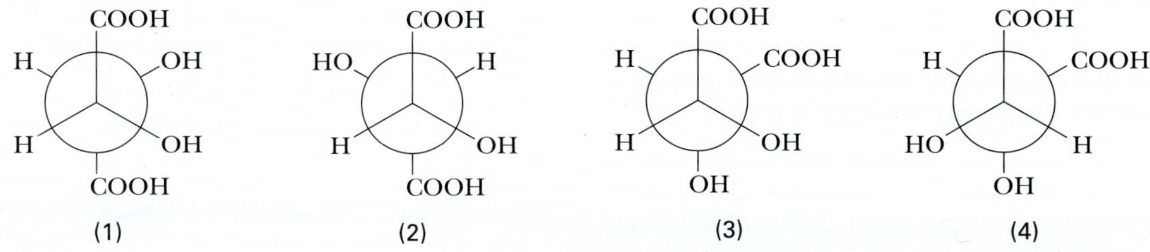

(a) 같은 화합물은 어느 것인가?

(b) 거울상 이성질체 쌍은 어느 것인가?

(c) 메소 화합물은 어느 것인가?

(d) 부분 입체 이성질체는 어느 것인가?

6.5 두 개 이상의 입체 중심이 있는 고리형 분자의 카이랄성은 어떻게 나타내는가?

이 절에서는 두 개의 입체 중심을 가진 사이클로펜테인(cyclopentane)과 사이클로헥세인(cyclohexane)의 유도체에 대해 공부하기로 한다. 비고리형 화합물에서 사용하였던 방법처럼, 고리형 화합물의 카이랄성을 분석할 수 있다.

A. 사이클로펜테인의 이치환체

두 개의 입체 중심을 가진 화합물인 2-메틸사이클로펜탄올을 보자. 2^n 규칙을 따라 최대 입체 이성질체 수는 $2^2 = 4$로 예상된다. 시스 이성질체와 트랜스 이성질체는 둘 다 카이랄인데, 시스 이성질체는 한 쌍의 거울상 이성질체로 존재하며, 트랜스 이성질체는 또 다른 거울상 이성질체 쌍으로 존재한다.

cis-2-Methylcyclopentanol
(한 쌍의 거울상 이성질체)

trans-2-Methylcyclopentanol
(한 쌍의 거울상 이성질체)

1,2-사이클로펜테인다이올도 두 개의 입체 중심을 가지고 있으므로, 2^n 규칙에 의해 최대로 $2^2 = 4$개의 입체 이성질체가 가능하다. 그러나 다음의 입체도에서 보는 바와 같이, 이 화합물에는 세 개의 입체 이성질체만 있다.

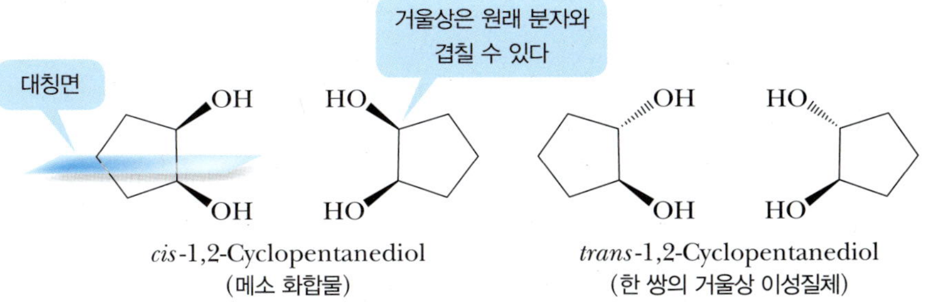

cis-1,2-Cyclopentanediol
(메소 화합물)

trans-1,2-Cyclopentanediol
(한 쌍의 거울상 이성질체)

예제 6.5

3-Methylcyclopentanol에는 입체 이성질체가 몇 개 있는가?

전략

첫 번째로, 가능한 입체 중심을 확인하고 가능한 모든 입체 이성질체의 쌍을 그린 후, 가능한 거울상 이성질체쌍 중에서 메소 화합물을 찾는다.

풀이

3-Methylcyclopentanol에는 2개의 입체 중심이 있으므로 네 개의 입체 이성질체가 있다. 시스 이성질체는 한 쌍의 거울상 이성질체로 존재하며, 트랜스 이성질체는 두 번째 거울상 이성질체 쌍으로 존재한다.

cis-3-Methylcyclopentanol
(한 쌍의 거울상 이성질체)

trans-3-Methylcyclopentanol
(한 쌍의 거울상 이성질체)

문제 6.31, 6.33~6.35, 6.38, 6.39 참조

문제 6.5

1,3-Cyclopentanediol에는 입체 이성질체가 몇 개 있는가?

시스 이성질체는 거울상과 겹쳐질 수 있기 때문에 비카이랄(메소)이다. 또 다른 면에서 보면 분자를 이등분시키는 대칭면이 있기 때문에 비카이랄이다. 트랜스 이성질체는 카이랄이고, 한 쌍의 거울상 이성질체로 존재한다.

B. 사이클로헥세인의 이치환체

이치환 사이클로헥세인의 예로 메틸사이클로헥산올을 보자. 4-메틸사이클로헥산올에는 두 개의 입체 이성질체, 즉 한 쌍의 시스와 트랜스 이성질체로 존재할 수 있다.

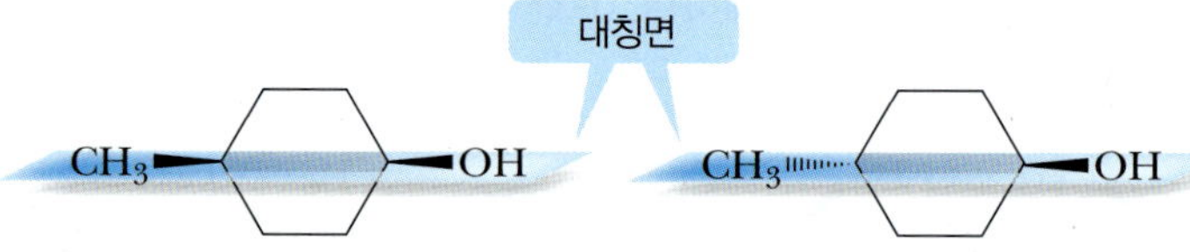

cis-4-Methylcyclohexanol *trans*-4-Methylcyclohexanol

시스 이성질체나 트랜스 이성질체 모두 CH_3기와 OH기가 붙어 있는 두 개의 탄소를 포함하는 대칭면이 있기 때문에 각각은 비카이랄이다.

3-메틸사이클로헥산올은 두 개의 입체 중심이 있으며, 각각 한 쌍의 거울상 이성질체로서 존재하고, 시스 이성질체와 트랜스 이성질체로 구성된다. $2^2 = 4$개의 입체 이성질체가 존재한다.

cis-3-Methylcyclohexanol
(한 쌍의 거울상 이성질체)

trans-3-Methylcyclohexanol
(한 쌍의 거울상 이성질체)

예제 6.6

1,3-Cyclohexanediol에는 입체 이성질체가 몇 개 있는가?

전략

모든 입체 중심의 위치를 확인하고 2^n 규칙을 사용하여 가능한 입체 이성질체의 최대 개수를 결정한다. 가능한 입체 이성질체 중에 메소 화합물을 결정한다.

풀이

1,3-Cyclohexanediol은 두 개의 입체 중심이 있고, 2^n 규칙에 의해 최대로 2^2=4개의 가능한 입체 이성질체가 있다. 트랜스 이성질체는 한 쌍의 거울상 이성질체가 있고, 시스 이성질체는 대칭면을 가지고 있으므로 메소 화합물이다. 그러므로 1,3-사이클로헥세인다이올은 2^n 규칙에 의해 최대로 네 개의 입체 이성질체가 예상되지만, 실제로는 세 개 존재한다. 즉 메소 화합물 한 개와 한 쌍의 거울상 이성질체이다.

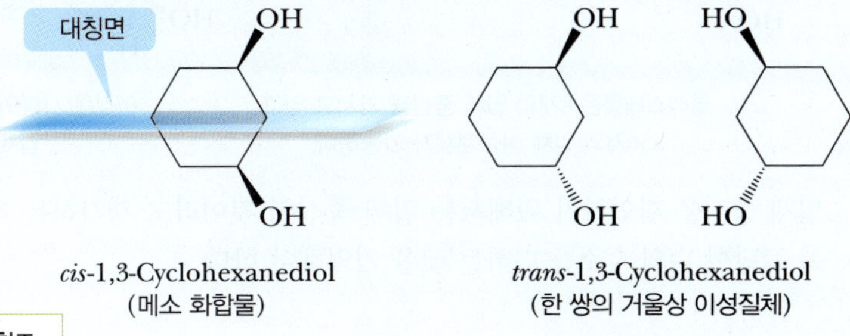

cis-1,3-Cyclohexanediol
(메소 화합물)

trans-1,3-Cyclohexanediol
(한 쌍의 거울상 이성질체)

문제 6.31, 6.33 ~ 6.35, 6.38, 6.39 참조

문제 6.6

1,4-Cyclohexanediol에는 입체 이성질체가 몇 개 있는가?

비슷하게 2-메틸사이클로헥산올은 두 개의 입체 중심이 있으며, 각각 한 쌍의 거울상 이성질체로서 존재하고 시스 이성질체와 트랜스 이성질체로 구성된다. $2^2 = 4$개의 입체 이성질체가 존재한다.

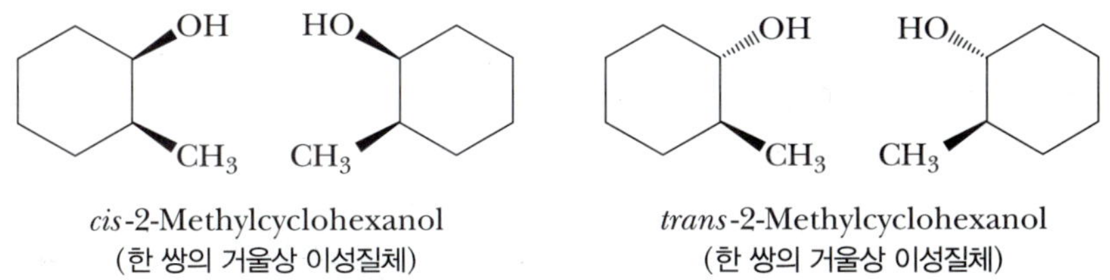

cis-2-Methylcyclohexanol
(한 쌍의 거울상 이성질체)

trans-2-Methylcyclohexanol
(한 쌍의 거울상 이성질체)

6.6 세 개 이상의 입체 중심이 있는 분자의 카이랄성은 어떻게 나타내는가?

2^n 규칙은 세 개 이상이 입체 중심이 있는 분자에도 똑같이 적용된다. 별표(*)로 입체 중심을 표시한, 입체 중심이 세 개인 이치환 사이클로헥산올을 다음에 나타내었다.

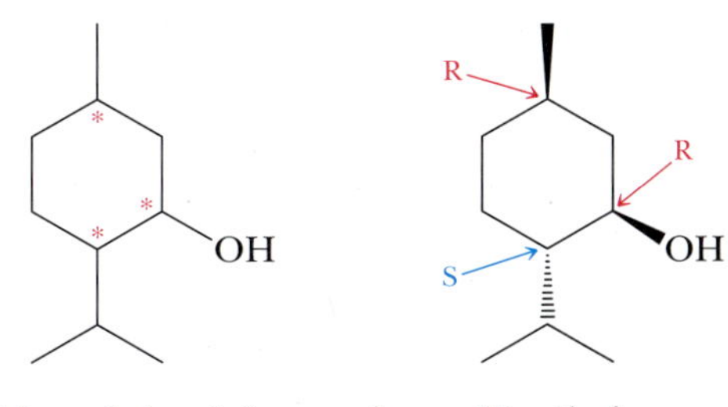

2-Isopropyl-5-methyl-cyclohexanol　　Menthol

이 분자의 경우 최대 $2^3 = 8$개의 입체 이성질체가 가능하다. 8개 중의 하나인 멘톨(menthol)의 배열이 오른쪽에 나와 있다. 각 입체 중심의 배열을 표시하였다. 멘톨은 박하와 다른 민트 기름에 들어 있다.

더 복잡한 분자인 콜레스테롤(cholesterol)에는 8개의 입체 중심이 있다.

콜레스테롤은 8개의 입체 중심을 가지고 있고 256개의 입체 이성질체가 가능하다.

이것은 사람의 물질 대사에서 발견되는 입체 이성질체이다.

입체 중심을 확인하기 위해서는 입체 중심일 것이라고 생각하는 각 탄소의 원자가 네 개가 되도록 적당한 수의 수소를 더하는 것을 기억해야 한다.

6.7 입체 이성질체의 특성은 무엇인가?

거울상 이성질체는 똑같은 물리적 및 화학적 성질을 갖는다. 예를 들어 타타르산(표 6.1)의 거울상 이성질체는 끓는점, 녹는점, 물과 일반적인 용매에서의 용해도 및 pK_a(이온화 상수) 값 등이 같으며, 같은 산–염기 반응을 보인다. 하지만 타타르산의 거울상 이성질체는 다음 절에서 다루게 될 광학 활성도(편광면을 회전시키는 능력)가 다르다.

부분 입체 이성질체는 비록 비카이랄 환경이라고 하더라도 물리적, 화학적 성질이 다르다. 메소–타타르산은 거울상 이성질체와는 물리적 성질이 다르다.

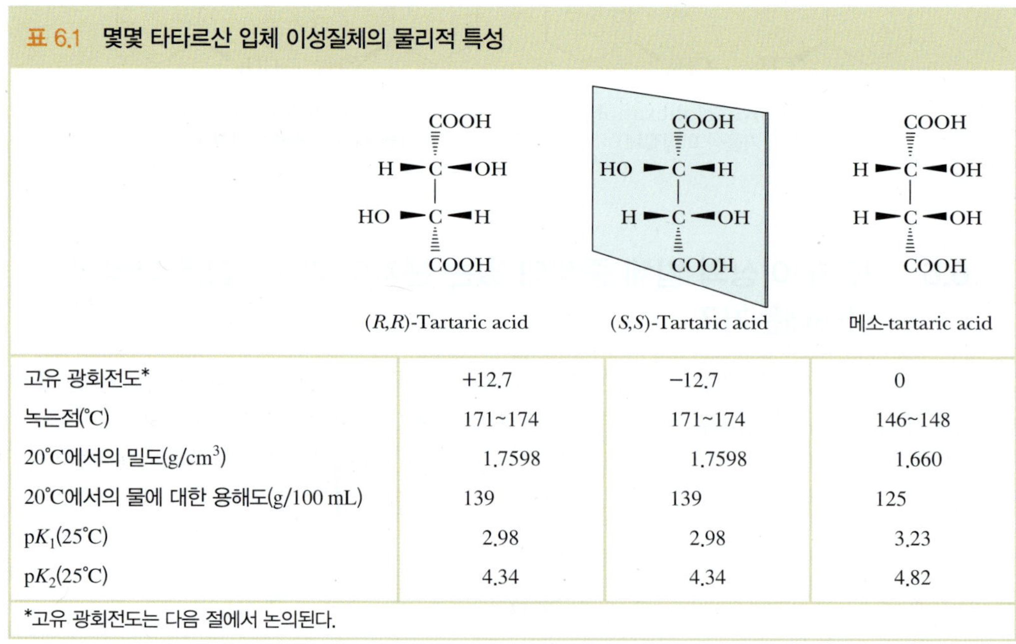

표 6.1 몇몇 타타르산 입체 이성질체의 물리적 특성

	(*R*,*R*)-Tartaric acid	(*S*,*S*)-Tartaric acid	메소-tartaric acid
고유 광회전도*	+12.7	−12.7	0
녹는점(°C)	171~174	171~174	146~148
20°C에서의 밀도(g/cm^3)	1.7598	1.7598	1.660
20°C에서의 물에 대한 용해도(g/100 mL)	139	139	125
pK_1(25°C)	2.98	2.98	3.23
pK_2(25°C)	4.34	4.34	4.82

*고유 광회전도는 다음 절에서 논의된다.

6.8 실험실에서 카이랄성은 어떻게 측정하는가?

우리가 이미 공부한 바와 같이 거울상 이성질체들은 서로 다른 화합물이며, 따라서 물리적 성질 중에서 어떤 성질은 다르다는 것을 알아야 한다. 거울상 이성질체들 사이에서 서로 다른 물리적 성질 중 하나는 편광면에 대한 효과이다. 한 쌍의 거울상 이성질체는 각각 편광면을 회전시킨다. 이런 이유로 거울상 이성질체는 **광학 활성**(optically active)을 가지고 있다고 말한다. 광학 활성이 실험실에서 어떻게 검출되는지를 이해하기 위하여 먼저 평면 편광과, 광학 활성을 검출하기 위한 장치인 편광계를 이해하여야 한다.

광학 활성 편광면을 회전시키는 성질

Richard Megna, 1992/ Fundamental Photographs

편광계는 시료를 통과하는 평면 편광의 회전을 측정한다.

A. 평면 편광

보통의 빛은 전파되는 방향에 대해 수직을 이루는 모든 면에서 진동하는 파장들로 이루어져 있다(그림 6.6). 방해석이나 폴라로이드 시트(알맞게 방향성이 맞추어진 유기물 결정체가 들어 있는 플라스틱 필름)와 같은 물질들은 평행한 면에서만 진동하는 빛을 선택적으로 통과시킨다. 하나의 면에서만 진동하는 전자기 복사를 일컬어 **평면 편광**(plane polarized)이라고 한다.

평면 편광 오직 하나의 면에서만 진동하는 빛

B. 편광계

편광계(polarimeter)는 광원, 편광 필터(polarizing filter)와 분석 필터(analyzing filter; 각각 방해석 혹은 폴라로이드 필름으로 만들어진다), 시료관으로 구성되어 있다(그림 6.6). 만약 시료관이 비어 있으면 관측자에게 도달하는 빛의 강도는 두 필터의 편광축선이 평행일 때 최대가 된다. 분석 필터가 시계 방향 혹은 시계 반대 방향 어느 쪽이라도 회전을 하게 되면 빛은 그만큼 덜 투과된다. 분석 필터의 축선이 편광 필터의 축선과 직각이면 관측 영역은 가장 어둡다. 분석 필터가 이런 위치에 있을 때의 광학 눈금을 0°로 삼는다.

편광계 화합물이 편광면을 회전시킬 수 있는 능력을 측정하는 기구

0°
180°
광원
편광 필터
평면 편광
채워진 시료관
어두워질 때까지 분석 필터는 회전해야 한다.
0°
α
180°

그림 6.6 광학 활성인 화합물 용액이 들어 있는 편광계의 개략도. 분석 필터는 어두운 영역을 원상 복귀시키기 위한 각도만큼 시계 방향으로 회전되었다.

카이랄 분자의 특성 중 하나는 **편광면을 회전**시킬 수 있는 능력이며, 다음의 방법으로 편광계를 사용하여 관측할 수 있다. 먼저 용매를 채운 시료관을 편광계 속에 놓고 관측자에게 아무런 빛이 통과하지 못하도록 분석 필터를 조정한다. 즉 필터가 0°에 있게 한다. 그다음, 시료관에 광학적으로 활성인 화합물의 용액을 넣으면, 얼마만큼의 빛이 분석 필터를 통과하고, 따라서 편광면이 회전하여 더 이상 분석 필터와 90°의 각을 이루지 않는다는 것을 알 수 있다. 분석 필터는 관측 영역에서의 어두움을 원상 복귀시키려면 회전되어야 한다. 분석 필터가 관측 영역에서의 어두움을 원상 복귀시키기 위해 회전되어야 하는 각도를 **관측 광회전도**(observed rotation)라고 한다. 만약 어두움을 원상 복귀시키기 위해 분석 필터가 오른쪽(시계 방향)으로 회전, 다시 말해 편광면이 오른쪽으로 회전된다면 그 화합물은 **우회전성**(dextrorotatory, 라틴어로 오른쪽을 뜻하는 *dexter*)이라 말하며, 분석 필터가 왼쪽(시계 반대 방향)으로 회전된다면, 그 화합물은 **좌회전성**(levorotatory, 라틴어로 왼쪽을 뜻하는 *laevus*)이라 말한다.

관측 광회전도 화합물이 통과하는 편광면을 회전시키는 각도의 크기

우회전성 편광면을 오른쪽으로 회전

좌회전성 편광면을 왼쪽으로 회전

고유 광회전도 시료가 1.0 g/mL의 농도와 1.0 dm 길이의 용기 안에 있을 때의 평면 편광의 관측 광회전도

어떤 화합물에 대한 관측 광회전도의 크기는 그 화합물의 농도, 시료관의 길이, 온도, 용매, 사용된 빛의 파장에 달려 있다. **고유 광회전도**(specific rotation, [α])는 특정한 용기의 길이와 g/mL로 나타낸 시료 농도에서의 관측 광회전도로 정의된다.

$$\text{고유 광회전도} = [\alpha]_{\lambda}^{T} = \frac{\text{관측 광회전도}(^{\circ})}{\text{길이(dm)} \times \text{농도(g/mL)}}$$

표준 용기의 길이는 1데시미터(1 dm=0.1 m)이다. 순수한 액체 시료에서 농도는 밀리리터당 그램(g/mL; 밀도)으로 표현된다. 온도(T, 섭씨)와 빛의 파장(λ, 나노미터)은 각각 위 첨자와 아래 첨자로 표시된다. 편광 측정법에서 가장 널리 사용되는 광원은 소듐 증기 램프의 노란색의 원인이 되는 소듐 D선(λ=589 nm)이다.

관측 광회전도 혹은 고유 광회전도를 기록할 때, 우회전성 화합물은 플러스 부호(+)로, 좌회전성 화합물은 마이너스 부호(−)로 표시하는 것이 보통이다. 한 쌍의 거울상 이성질체 중 하나는 우회전성이며, 다른 하나는 좌회전성이다. 각각의 고유 광회전도 각도는 정확하게 같으나, 부호는 서로 반대이다. 다음은 소듐 D선을 사용하여 측정한 25℃에서의 2-뷰탄올의 거울상 이성질체에 대한 고유 광회전도이다.

H OH HO H

(*S*)-(+)-2-Butanol $[\alpha]_{D}^{25}$ +13.52°

(*R*)-(−)-2-Butanol $[\alpha]_{D}^{25}$ −13.52°

C. 라셈 혼합물

라셈 혼합물 두 거울상 이성질체의 양이 동등한 혼합물

광학 비활성 화합물이나 화합물의 혼합물이 편광면을 회전시키지 않는 것

두 개의 거울상 이성질체가 같은 몰이 함유된 혼합물을 **라셈 혼합물**(racemic mixture)이라 하며, 이것은 '라셈산(racemic acid, 라틴어로 포도 한 송이를 뜻하는 racemus)'에서 유래된 용어이다. 라셈산은 타타르산의 거울상 이성질체(표 6.1)가 같은 몰수로 섞여 있는 혼합물에 부여된 이름이다. 라셈 혼합물은 우회전성 분자와 좌회전성 분자가 같은 분자수만큼 들어 있기 때문에 고유 광회전도는 0이다. 다시 말해 라셈 혼합물은 **광학 비활성**(optically inactive)이다. 라셈 혼합물은 접두사 (±)를 화합물 이름에 연결하여 표시한다.

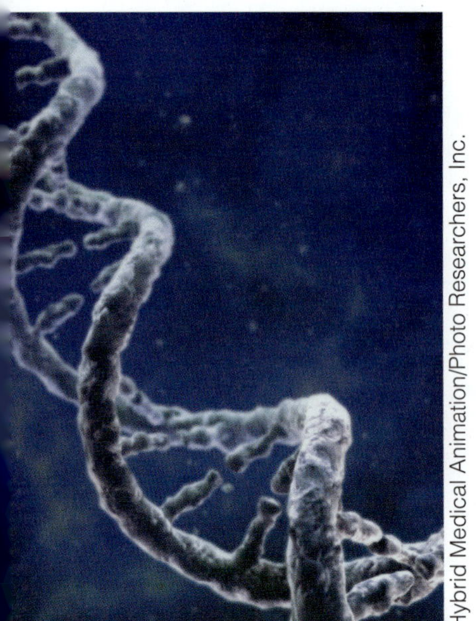

Hybrid Medical Animation/Photo Researchers, Inc.

DNA는 생물학에서 오직 한 개의 입체 이성질 형태를 가지는 카이랄 분자의 예이다.

6.9 생물계에서 카이랄성의 중요성은 무엇인가?

무기물염과 비교적 극소수의 저분자 유기물을 제외하면 모든 동식물 생체계 내의 분자들은 카이랄이다. 이들 분자들이 비록 다수의 입체 이성질체로 존재할 수는 있지만, 사실상 발견되는 입체 이성질체는 거의 변함없이 오직 하나이다. 물론 하나 이상의 입체 이성질체가 발견되는 예가 있기는 하지만, 같은 생물계 내에 함께 존재하기란 극히 드물다.

A. 생체 분자 내에서의 카이랄성

생체 분자에서 가장 눈에 띄는 카이랄성의 예는 효소(enzyme)로서 모두가 다수의 입체 중심을 가지고 있다. 한 예는 동물의 소장에 존재하며, 단백질의 소화를 촉매화하는 효소인 카이모트립신(chymotrypsin)이다(19.5절). 카이모트립신은 251개의 입체 중심을 가지고 있다. 최대로 가능한 입체 이성질체수는 2^{251}로, 거의 표현하기 어려울 정도로 어마어마한 숫자이다. 다행히 자연은 귀중한 에너지와 자원을 불필요하게 낭비하지는 않는다. 이들 입체 이성질체 중 오직 하나만 생체에서 생산되고 사용된다. 효소는 카이랄 물질이기 때문에 대부분 그들 자신의 입체 화학적 요구에 맞는 물질만 생성하거나 물질과 반응한다.

B. 효소는 그 거울상 이성질체를 어떻게 구별하는가?

효소는 표면 위의 **결합 자리**(binding site)에 먼저 분자들을 위치시킴으로써 분자의 생물학적 반응을 촉진시킨다. 입체 중심의 네 개의 기 중에 세 개에 대한 특수한 결합 자리를 가진 효소는 분자를 그 거울상 이성질체 혹은 그 부분 입체 이성질체들 중의 하나와 구별할 수 있다. 예를 들어 글리세르알데하이드(glyceraldehyde)의 반응을 촉진시키는 어떤 효소가 —H, —OH, —CHO를 위한 세 개의 결합 자리를 가지고 있다고 가정해 보자. 또한 그림 6.7에서 보는 것처럼 세 개의 자리가 효소 표면 위에 배열되어 있다고 가정해 보자. 효소는 (*R*)-(+)-글리세르알데하이드(천연적인 혹은 생물학적으로 활성적인 형태)를 거울상 이성질체인 (*S*)-(−)-글리세르알데하이드와 구별할 수 있다. 왜냐하면 천연적인 거울상 이성질체는 세 개의 기와 적절한 결합 자리와 상호 작용을 하면서 흡착될 수 있지만, 다른 거울상 이성질체는 기껏해야 두 개의 자리와 결합할 수 있기 때문이다.

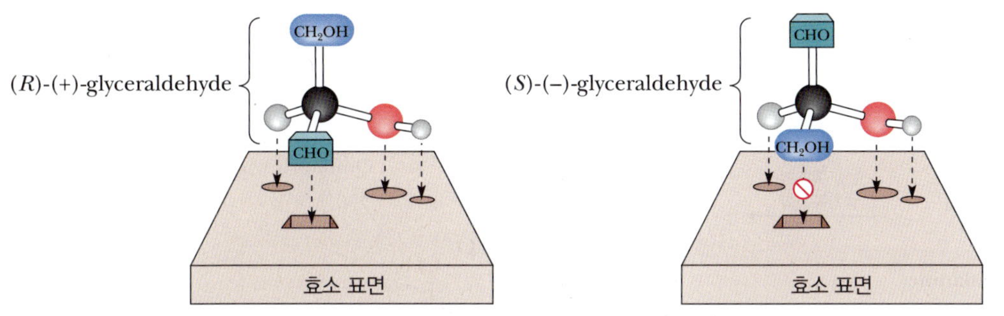

이 글리세르알데하이드의 거울상 이성질체는 효소 표면의 3개의 결합 자리에 맞는다.

이 글리세르알데하이드의 거울상 이성질체는 같은 결합 자리에 맞지 않는다.

그림 6.7 (*R*)-(+)-glyceraldehyde와는 세 개의 결합 자리가 상호 작용이 가능하나, (*S*)-(−)-glyceraldehyde와는 두 개의 결합 자리만 상호 작용 가능한 효소 표면의 개략도

생체계 속의 분자들 사이의 상호 작용은 카이랄 환경에서 일어나므로 어떤 분자와 그 거울상 이성질체 또는 부분 입체 이성질체가 생리적 특성이 다르다고 해서 놀랄 일은 아니다. 우리가 이미 보았듯이, (*S*)-이부프로펜은 통증과 해열제로서 활성이 있으나 R 거울상 이성질체는 비활성이다. 구조적으로 비슷한 나프록센(Naproxen)도 S 거울상 이성질체가 유효한 진통제 및 해열제이나, R 거울상 이성질체는 간 독소이다.

화학 관련 6A

카이랄성 약품

아스피린(Aspirin, 14.4B절)처럼 인체용 약제에 사용되는 일부 흔한 약품들은 비카이랄이다. 그 밖의 다른 것들은 카이랄이며, 하나의 거울상 이성질체 형태로 판매된다. 페니실린(penicillin)과 에리트로마이신(erythromycin)계 항생제와 캅토프릴(captopril)은 카이랄성 약이다. 캅토프릴(captopril)은 고혈압과 출혈성 심장 마비 치료에 매우 효과적인 약으로서, 안지오텐신 변환 효소(angiotensin-converting enzyme, ACE)의 억제제를 연구하는 계획의 일환으로 얻어졌다. 캅토프릴은 (*S*,*S*)-입체 이성질체로 제조 판매되고 있다. 그러나 대다수의 카이랄 약품은 라셈 혼합물 형태로 판매된다. 대중적인 진통제인 이부프로펜(Mortin®, Advil®, 그리고 다른 많은 비아스피린계 진통제의 유효 성분)이 한 가지 예이다. 이 진통제의 오직 S 거울상 이성질체만 생물학적으로 활성이다.

O, C, N, CH_2SH, C, S, H, CH_3, S, H, COOH

Captopril

$(CH_3)_2CHCH_2$, COOH, C, H, CH_3

(*S*)-Ibuprofen

라셈 약품의 경우 대개 하나의 거울상 이성질체만 유익한 효과를 발휘하며, 다른 쪽의 거울상 이성질체는 효과가 없거나 오히려 유해하다. 따라서 한 가지 거울상으로 이루어진 약품은 대개 라셈 혼합물보다 더욱 효과적이다. 한 예가 파킨슨병 치료에 사용되는 3,4-다이하이드록시페닐알라닌(3,4-dihydroxyphenylalanine)의 경우이다. 사실 유효한 약은 도파민(dopamine)이지만, 불행히 이 물질은 혈액–뇌 장벽을 건너 뇌에 있는 필요한 활동 자리로 가지 못한다. 그래서 실제로 투여되는 약은 사전약(prodrug)이다. 사전약이란 그 자신은 활성은 아니지만 체내에서 활성으로 변환되는 약을 일컫는다. 3,4-다이하이드록시페닐알라닌은 사전약의 하나이다. 이 물질은 혈액–뇌 장벽을 건너서 도파민 탈카복실 효소의 촉매 작용으로 탈카복실화되어 도파민으로 변한다. 탈카복실 반응은 카복실기($R—CO_2H$)에서 이산화 탄소를 잃는 것을 말한다.

$$R—CO_2H \xrightarrow{\text{탈카복실화}} R—H + CO_2$$

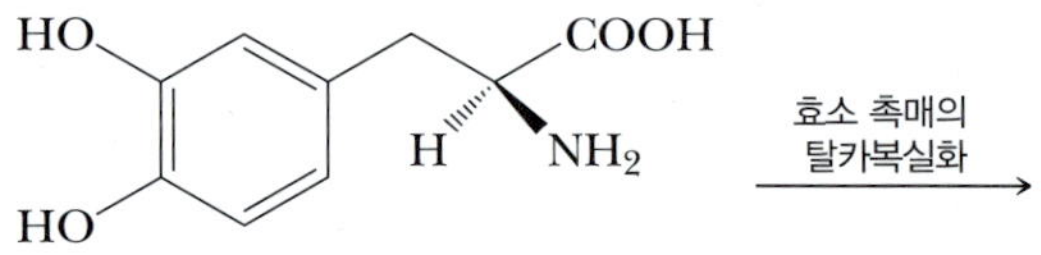

(S)-(−)-3,4-Dihydroxyphenylalanine
(L-DOPA)
$[\alpha]_D^{13}$ −13.1°

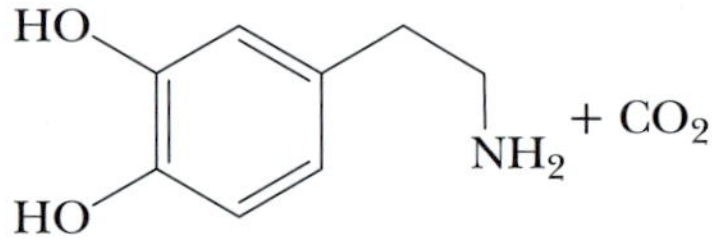

효소 촉매의 탈카복실화 →

Dopamine + CO_2

도파민 탈카복실 효소는 특이하게 S 거울상 이성질체, 즉 L-DOPA에만 작용한다. 그렇기 때문에 한 가지 거울상으로 이루어진 전구 약물을 투여하는 것이 필수적이다. 만일에 라셈 전구 약물을 투여하면 R 거울상 이성질체는 뇌에 있는 효소에 의해 물질대사되지 못하기 때문에 뇌에 쌓여서 위험하게 된다.

문제

다음은 세 개의 다른 angiotensin 전환 효소(ACE) 억제제의 구조식이고, 모두 프릴(pril) 계열이다. 어떤 것이 카이랄인가? 각각의 카이랄 물질에 대해 가능한 입체 이성질체의 수를 결정하시오. 세 개의 약물 구조 사이의 유사성을 쓰시오.

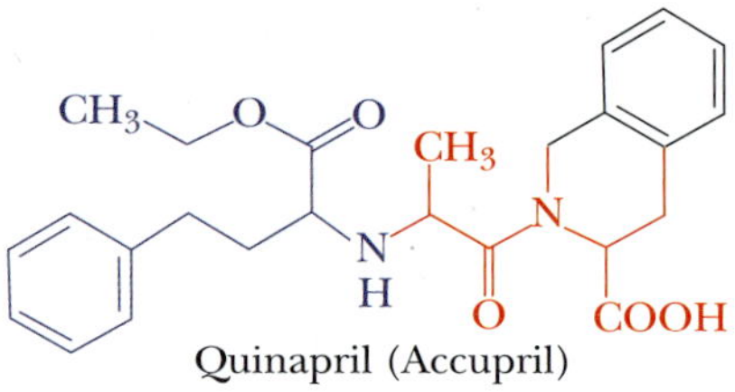

Quinapril (Accupril)

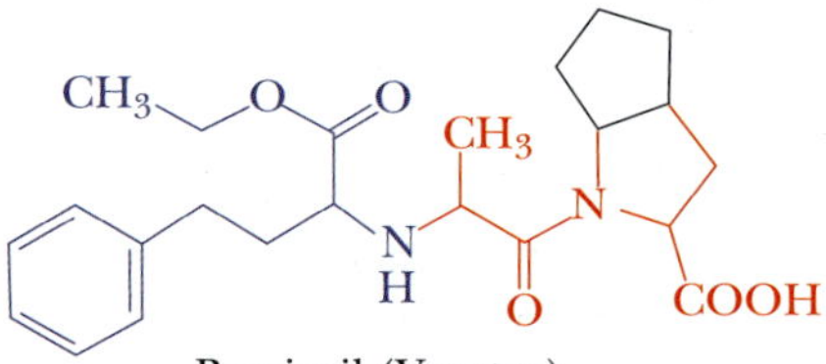

Ramipril (Vasotec)

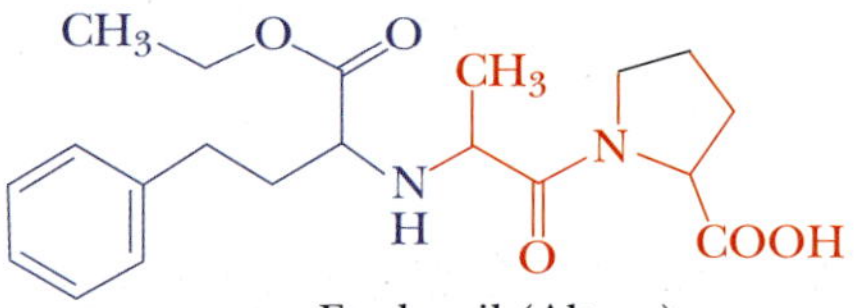

Enalapril (Altace)

6.10 거울상 이성질체는 어떻게 분리할 수 있는가?

분할 라셈 혼합물을 두 개의 거울상 이성질체로 분리하는 작업

라셈 혼합물을 두 개의 거울상 이성질체로 분리하는 것을 **분할**(resolution)이라고 한다. 두 거울상 이성질체는 동일한 물리적 특성을 가지기 때문에 거울상 이성질체를 분리하는 일은 일반적으로 어려우나, 많은 분할 방법이 개발되었다. 이 절에서는 카이랄 촉매로서 효소를 이용하여 분할하는 방법을 소개하고자 한다. 이 방법의 원리는 특정한 효소는 한 카이랄 분자의 반응을 촉매화하지만, 그 거울상 이성질체의 반응은 촉매화하지 않는 데 있다.

분할 시약으로의 효소

이 점에서 특별한 관심을 끈 효소는 에스테레이스(esterase, 에스터 가수 분해 효소)이며, 이 효소는 에스터(14.1C절)가 알코올과 카복실산으로 가수 분해하는 반응을 촉매화한다. 이 방법의 예로서 (*R*,*S*)-나프록센의 분할을 들 수 있다. (*R*)과 (*S*) 나프록센의 에틸 에스터는 고체로 물에 대한 용해도가 매우 낮다. 화학자들은 에스테레이스를 이용하여 염기 용액에서 (*S*)-에스터만 선택적으로 가수 분해시키는데, 이것은 (*S*)-카복실산 소듐염이 되어 용액에 녹게 된다. 이 조건하에서는 (*R*)-에스터는 반응을 하지 않는다. 염기 용액을 걸러서 (*R*)-에스터 결정을 회수한다. (*R*)-에스터

결정이 제거되면 염기 용액을 산성화시켜 순수한 (*S*)-나프록센을 얻게 된다. 회수한 (*R*)-에스터를 라셈화하고(*R*,*S* 혼합물로 바꾼다) 에스테레이스로 처리한다. 이렇게 (*R*)-에스터를 재생하여 모든 라셈 에스터를 (*S*)-나프록센으로 바꾼다.

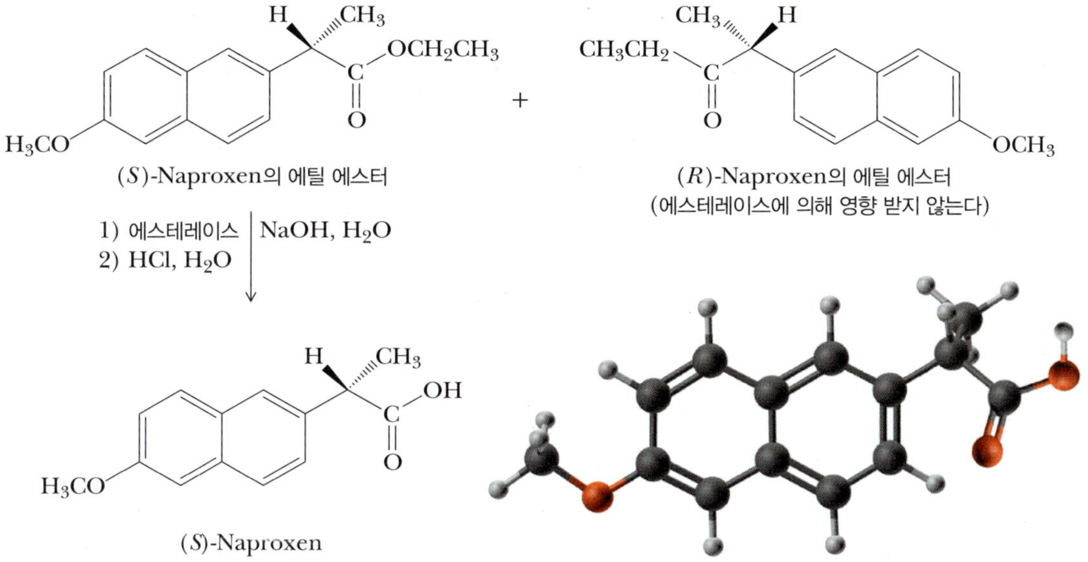
H
CH3
OCH2CH3
C
O
H3CO
(S)-Naproxen의 에틸 에스터
+
CH3
H
CH3CH2
C
O
OCH3
(R)-Naproxen의 에틸 에스터
(에스테레이스에 의해 영향 받지 않는다)
1) 에스테레이스 NaOH, H2O
2) HCl, H2O
H
CH3
OH
C
O
H3CO
(S)-Naproxen

(*S*)-나프록센의 소듐염은 Aleve®(약품명) 및 기타 처방전 없이 살 수 있는 비스테로이드 항염제에 사용되는 유효 성분이다.

최근 미국 FDA에서는 카이랄 약물의 검사와 판매를 위한 새로운 지침이 확립되었다. 이 지침을 검토한 후에 많은 제약회사들은 새로운 카이랄 약물의 단일 거울상 이성질체만을 개발할 것을 결정하였다. 조정 압력 외에, 특허 심의에서 만약 회사가 라셈 약물의 특허를 가지고 있다면, 단일 거울상 이성질체에 대해서 새로운 특허를 출원할 수 있다.

중요한 질문에 대한 요약

6.1 입체 이성질체란 무엇인가?

- **입체 이성질체**는 분자 내에서의 원자 연결 순서는 같으나 공간에서 원자의 3차원 배치가 다르다.
- **거울상**이란 거울 속에 비치는 물체의 반사체이다.

6.2 거울상 이성질체란 무엇인가?

- **거울상 이성질체**는 서로 겹쳐지지 않는 거울상의 관계에 있는 한 쌍의 입체 이성질체이다.
- 거울상 위에 겹칠 수 없는 분자를 **카이랄**이라고 한다.
- 카이랄성은 하나의 특별한 원자에 대해서가 아닌 물체 전체의 특성이다.
- 어떤 물체가 **대칭면**을 가지고 있으면 그 물체는 **비카이랄**이다. 대칭면은 어떤 물체의 절반이 다른 절반의 반사체가 되도록 그 물체를 통과하는 가상의 면이다.
- 두 개의 결합된 원자 혹은 원자단을 서로 바꾸었을 때 다른 입체 이성질체를 만드는 원자는 **입체 중심**이 된다.
- 유기 화합물 중 가장 흔한 형태의 입체 중심은 네 개의 다른 기가 결합된 사면체 탄소 원자의 **카이랄 중심**이다.

6.3 입체 중심의 배열은 어떻게 표시하는가?

- 어떤 입체 중심의 원자 **배열**은 **R,S 규칙**으로 표시될 수 있다.
- 이 규칙을 적용하려면 입체 중심에 결합된 각 원자나 원자단에 대해 (1) 우선순위를 정하고, 높은 순위에서 낮은 순위로 번호를 매긴다. (2) 가장 낮은 순위의 기가 관측자로부터 멀리 위치하도록 분자를 회전시키고, (3) 남은 세 개의 기를 가장 높은 순위로부터 낮은 순위로 읽는다.
- 만약 기를 읽는 순서가 시계 방향이면 그 원자 배열은 **R**(라틴어로 *rectus*, 오른쪽)이며, 시계 반대 방향이면 그 원자 배열은 **S**(라틴어로 *sinister*, 왼쪽)이다.

6.4 2^n 규칙이란 무엇인가?

- n개의 입체 중심을 가진 분자의 최대로 가능한 입체 이성질체 수는 2^n이다.
- **부분 입체 이성질체**는 거울상이 아닌 입체 이성질체이다.
- 어떤 분자들은 **2^n 규칙**으로 예상되는 입체 이성질체 수보다 적게 만드는 특별한 대칭성을 가지고 있다.
- **메소** 화합물은 그 분자가 비카이랄이 되게 하는 두 개 이상의 입체 중심을 가지고 있다.
- 거울상 이성질체는 비카이랄 환경에서 물리적, 화학적 성질이 동일하다.
- 부분 입체 이성질체는 물리적, 화학적 성질이 서로 다르다.

6.5 두 개 이상의 입체 중심이 있는 고리형 분자의 카이랄성은 어떻게 나타내는가?

- 사이클로헥세인과 사이클로펜테인의 유도체와 같은 고리형 구조의 대칭을 평가할 때 평면으로 표기하는 것이 도움이 된다.

6.6 세 개 이상의 입체 중심이 있는 분자의 카이랄성은 어떻게 나타내는가?

- n개의 입체 중심을 가진 분자의 최대 가능 입체 이성질체는 2^n개이다.

6.7 입체 이성질체의 특성은 무엇인가?

- 거울상 이성질체는 비카이랄 환경에서 물리적, 화학적 성질이 같다.
- 부분 입체 이성질체는 서로 다른 물리적, 화학적 성질을 갖는다.

6.8 실험실에서 카이랄성은 어떻게 측정하는가?

- 오직 한 평행한 면에서만 진동하는 빛을 **평면 편광**이라고 한다.
- **편광계**는 광학 활성도를 검출하고 크기를 측정하기 위해 사용되는 기구이다. **관측 광회전도**는 편광면이 회전된 각도이다.
- **고유 광회전도**는 1 dm 길이의 용기 속에 순수한 액체 시료의 농도는 g/mL(밀도)로, 용액의 농도는 1.0 g/ mL 용액으로 표시할 때 측정된 관측 광회전도이다.
- 만약 영점으로 돌아가기 위해서 분석 필터가 시계 방향으로 회전되어야 한다면 그 화합물은 **우회전성**이며, 시계 반대 방향으로 회전되어야 한다면 그 화합물은 **좌회전성**이다.
- 편광면을 회전시키면, 이 화합물을 **광학 활성**이 있다고 한다. 거울상 이성질체 쌍의 각각은 편광면을 회전시키는 각도는 같으나, 방향은 반대이다.
- **라셈 혼합물**은 두 거울상 이성질체가 같은 양만큼 섞인 혼합물이며, 고유 광회전도가 0이다.
- **메소** 화합물은 광학 비활성체이다.

6.9 생물계에서 카이랄성의 중요성은 무엇인가?

- 효소는 먼저 분자들을 그 표면에 있는 결합 자리에 위치시킴으로써 생물학적 반응을 촉진시킨다. 입체 중심의 네 개의 기 중에 세 개의 특정한 결합 자리를 가진 효소는 분자를 그 거울상 이성질체와 구분할 수 있다.

6.10 거울상 이성질체는 어떻게 분리할 수 있는가?

- **분할**이란 거울상 이성질체의 혼합물을 순수한 거울상 이성질체로 분리시키는 실험 과정이다.
- 분할 방법 중의 하나는 한 거울상 이성질체의 특이한 반응을 촉매화하지만, 다른 거울상 이성질체의 반응은 촉매화하지 않는 효소와 라셈 혼합물을 반응시키는 것이다.

OX퀴즈

이 장에서 배운 개념들을 이해하였는지 알아보기 위해 아래 질문이 맞는지, 틀린지 답하시오. 답이 틀렸거나 어렵다면, 장 끝의 문제를 풀기 전에 괄호 속에 표시한 해당 절을 복습하시오.

1. 거울상 이성질체는 항상 카이랄이다. (6.2)
2. 표시가 없는 정사면체는 카이랄이다. (6.1)
3. 입체 중심은 E과 Z로 표시할 수 있다. (6.3)
4. 카이랄 분자는 항상 부분 입체 이성질체를 가진다. (6.2)
5. 자연의 모든 물질은 거울상을 갖는다. (6.1)
6. 내부 대칭면이 존재하는 분자는 카이랄이 될 수 없다. (6.2)
7. 거울상 이성질체의 쌍은 같은 연결성을 갖는다. (6.1)
8. 장갑과 같은 거울상 이성질체는 쌍으로 나타난다. (6.2)
9. 두 개의 입체 중심을 가진 고리형 분자는 항상 세 개의 입체 이성질체만 가진다. (6.5)
10. 비카이랄 분자는 항상 부분 입체 이성질체를 갖는다. (6.2)
11. 2-뷰텐의 시스, 트랜스 이성질체는 카이랄이다. (6.1)
12. 사람의 발은 카이랄이다. (6.1)
13. n개의 입체 중심을 갖는 화합물은 항상 2^n개의 입체 이성질체를 갖는다. (6.4)
14. 세 개 이상의 입체 중심을 갖는 분자는 메소일 수 없다. (6.6)
15. 세 개 이상의 입체 중심을 갖는 분자는 카이랄이다. (6.6)
16. 거울상 이성질체쌍의 각각은 같은 끓는점을 갖는다. (6.7)
17. 거울상이 겹쳐지지 않는 분자라면 카이랄이다. (6.1)
18. 사면체 입체 중심이 두 개인 분자는 네 개의 입체 이성질체가 가능하다. (6.2)
19. 구조 이성질체는 같은 연결성을 갖는다. (6.1)

20. 거울상 이성질체는 같은 카이랄 환경이나 화학적 시약과의 상호작용에 의해 분리될 수 있다. (6.10)

21. 효소는 카이랄 분자를 구별할 수 있는 비카이랄 분자이다. (6.9)

22. 고리형 화합물의 시스, 트랜스 입체 이성질체는 부분 입체 이성질체로 분류할 수 있다. (6.5)

23. 3-펜탄올은 2-펜탄올의 거울상이다. (6.2)

24. 부분 입체 이성질체는 거울상을 갖지 않는다. (6.2)

25. 유기 분자에서 대부분의 카이랄성의 가장 일반적인 근거는 네 개의 다른 기가 결합된 사면체 탄소 원자의 존재이다. (6.1)

26. 거울상 이성질체쌍의 각각은 같은 밀도를 갖는다. (6.7)

27. 알데하이드나 케톤의 카보닐 화합물은 입체 중심을 가질 수 없다. (6.1)

28. 세 개의 입체 중심을 가진 분자는 $3^2 = 9$개의 입체 이성질체가 가능하다. (6.2)

29. 부분 입체 이성질체는 증류와 같은 고전적인 방법을 사용하여 분할할 수 있다. (6.10)

30. 라셈 혼합물은 광학적으로 비활성이다. (6.8)

31. 2-펜탄올과 3-펜탄올은 카이랄이며 거울상 이성질체 현상을 보인다. (6.2)

32. 카이랄 분자의 부분 입체 이성질체도 카이랄이다. (6.2)

33. 입체 중심의 배열을 표시하기 위하여 낮은 우선순위의 기를 보는 사람을 향하는 방향으로 배치한 후에 기의 우선순위가 시계 방향인지, 시계 반대 방향인지 결정한다. (6.3)

34. n개의 입체 중심을 가진 화합물은 항상 그 화합물의 2^n개의 입체 이성질체 중의 하나이다. (6.4)

35. 거울상 이성질체쌍의 각각은 카이랄 환경에서 다르게 반응한다. (6.7)

36. 카이랄 분자는 항상 거울상 이성질체를 가진다. (6.2)

37. 부분 입체 이성질체 쌍의 각각은 같은 녹는점을 갖는다. (6.7)

38. 카이랄 분자가 우회전성이라면, 이 거울상 이성질체는 동일한 각도를 가지는 좌회전성이다. (6.8)

39. 모든 입체 이성질체는 광학 활성체이다. (6.8)

40. 생태계의 카이랄 생체 분자의 각 거울상 이성질체의 양은 대개 동일하다. (6.9)

정답: (1) ○ (2) × (3) × (4) × (5) ○ (6) ○ (7) ○ (8) ○ (9) × (10) ×
(11) × (12) ○ (13) × (14) × (15) × (16) ○ (17) ○ (18) ○ (19) × (20) ○
(21) × (22) ○ (23) × (24) × (25) ○ (26) ○ (27) ○ (28) × (29) ○ (30) ○
(31) × (32) × (33) × (34) ○ (35) ○ (36) ○ (37) × (38) ○ (39) × (40) ×

문 제

별표로 표시된 문제는 본문의 '실생활' 문제를 나타낸다. 푸른색으로 된 문제의 답은 부록에 있다.

6.1절 카이랄성

6.7 입체 이성질체를 정의하시오. 입체 이성질체의 네 가지 형태의 이름을 쓰시오.

6.8 구조 이성질체는 입체 이성질체와 어떠한 점이 다른가? 어떠한 점에서 그들은 같은가?

6.9 **형태**(conformation)와 **배열**(configulation)의 의미 차이를 비교하시오.

***6.10** 다음 중 어느 것이 카이랄인가? (라벨이나 다른 표식은 없다고 가정한다)

(a) 가위 한 쌍 (b) 테니스 공 (c) 종이 클립
(d) 비커 (e) 욕조의 물을 빼낼 때 발생한 소용돌이

***6.11** 전화 코드의 나선형 코일이나 공책의 나선철이 있다고 생각하고, 그 나선을 한쪽 끝에서 볼 때 왼쪽으로 꼬여 있다고 가정해 보자. 만일 그것을 다른 끝에서 본다면 오른쪽으로 꼬여 있는 것을 보게 될까, 아니면 마찬가지로 왼쪽으로 꼬여 있는 것을 보게 될까?

***6.12** 다음에 나사송곳 또는 나선을 가진 조개껍질 등을 보게 되면 그것들의 꼬임에 대한 카이랄성을 공부해 보자. 당신이 찾는 나사송곳 중에서 우회전형과 좌회전형이 같은 수인가, 아니면 전부 혹은 대부분이 하나의 카이랄성인가? 나사송곳의 카이랄성을 나선 조개와 비교하면 어떠한가?

Kaz Chiba/Getty Images, Inc.

태평양의 심해에서 발견되는 앵무조개 껍질의 절단면은 손잡이성을 보여 준다. 이 절단면은 우회전형 나선 구조이다.

***6.13** 다음에 외관상으로 끝이 없는 나선형 파스타(로티니, 푸실리, 라디오토리, 토르틸리오니)를 보게 된다면 그것들의 꼬임을 보라. 그 꼬임은 우회전형 꼬임, 좌회전형 꼬임, 라셈 혼합물 중 어느 것인가?

6.14 sp^3 혼성 탄소 원자가 사면체임을 확신할 수 있는 한 가지 이유는 다른 유기 화합물로 존재할 수 있는 입체 이성질체 수 때문이다.

(a) 탄소에 대한 네 개의 결합이 사면체 배열을 하고 있다면 $CHCl_3$, CH_2Cl_2, CHBrClF에는 몇 개의 입체 이성질체가 가능한가?

(b) 탄소에 대한 네 개의 결합이 사각 평면의 이차원 결합 구조라면, 이들 각각의 화합물에는 몇 개의 입체 이성질체가 가능한가?

6.2절 거울상 이성질체

6.15 다음 중 입체 중심을 가지고 있는 화합물은 어떤 것인가? (예제 6.1 참조)

(a) 2-Chloropentane (c) 3-Chloro-1-pentene

(b) 3-Chloropentane (d) 1,2-Dichloropropane

6.16 C, H, O만 사용하여 카이랄성이 있는 가장 작은 분자량의 구조식을 쓰시오.

(a) 알케인 (d) 케톤

(b) 알코올 (e) 카복실산

(c) 알데하이드 (f) 에스터

6.17 분자식이 $C_5H_{12}O$인 알코올 중에서 어떤 것들이 카이랄인가?

6.18 분자식이 $C_6H_{12}O_2$인 카복실산은 카이랄인가?

6.19 다음 분자들의 거울상을 그리시오. (예제 6.1 참조)

(a) OH, CH_3, C, COOH, H

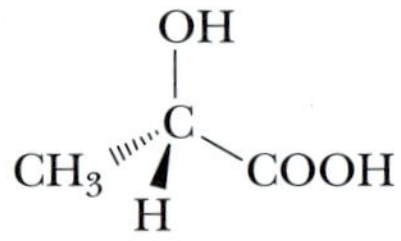

(b) CHO, H, C, OH, CH_2OH

(c) COOH, H_2N, C, H, CH_3

(d) O, OH

(e) OH

(f) OH, NH_2

(g) O, COOH

(h) CH_3, H, OH, H, OH, CH_3

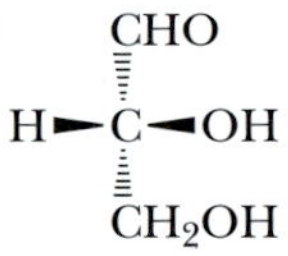

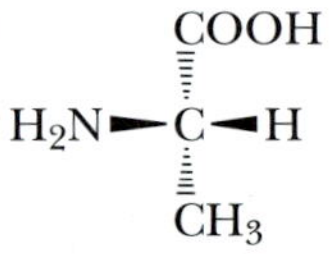

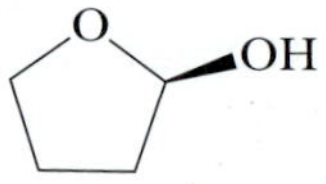

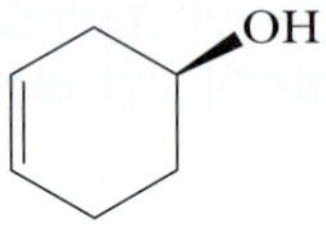

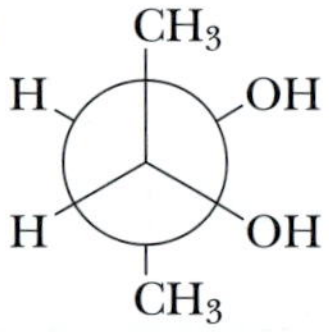

(i) Br, OH, Cl

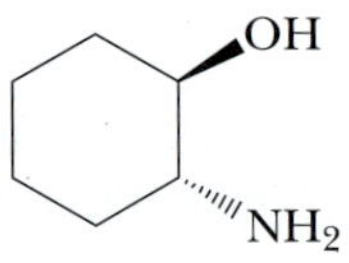

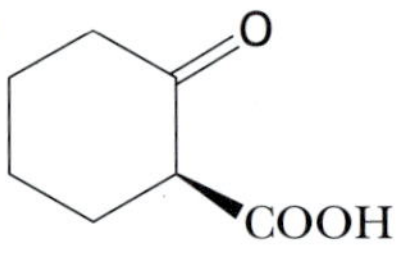

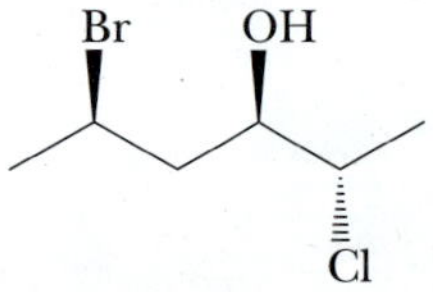

(j) OH

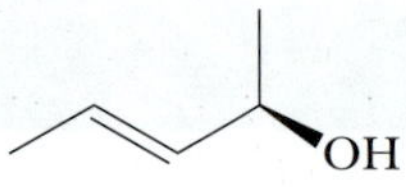

(k) Cl

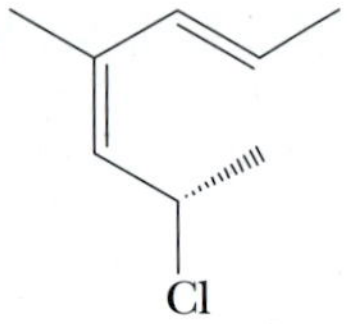

(l) CH_2CH_3, CH_3

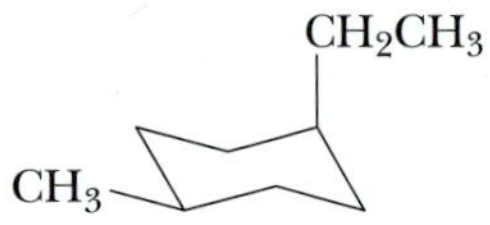

6.20 다음 분자에서 입체 중심에 (*) 표를 하시오. (여기서 분자들 모두가 입체 중심을 가지고 있지는 않다는 것을 유의하라.) (예제 6.1 참조)

(a) OH, CH_3, N, CH_3

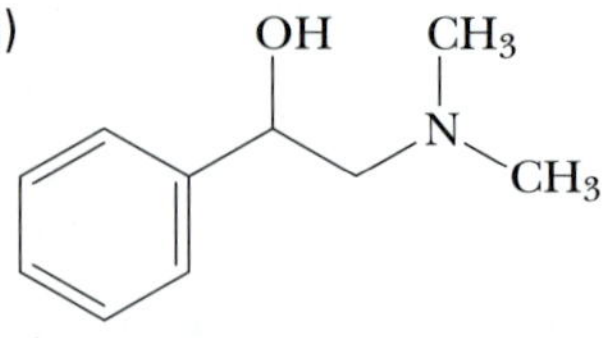

(b) O, OH

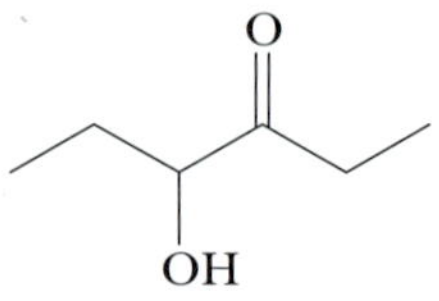

(c) O, O^-, NH_3^+

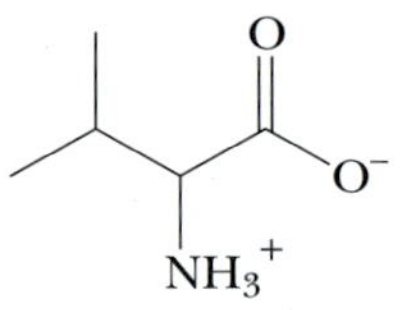

(d) O

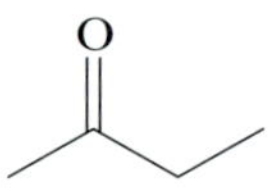

6.21 다음 분자에서 입체 중심에 (*) 표를 하시오(여기서 분자들 모두가 입체 중심을 가지고 있지는 않다는 것을 유의하라). (예제 6.1 참조)

(a) OH, HO, OH

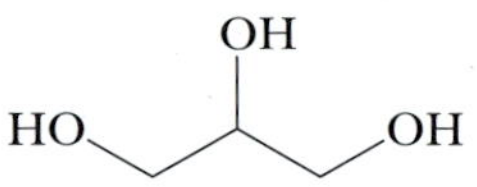

(b) OH, HO

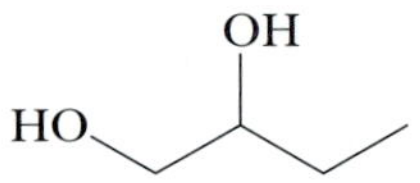

(c) OH

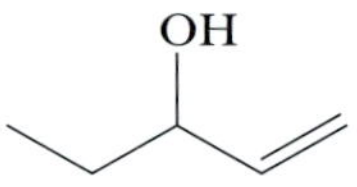

(d) OH

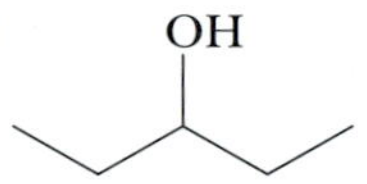

6.22 다음 분자에서 입체 중심에 (*) 표를 하시오(여기서 분자들 모두가 입체 중심을 가지고 있지는 않다는 것을 유의하라). (예제 6.1 참조)

(a) $CH_3CCH=CH_2$ (CH_3, OH)

(b) COOH, HCOH, CH_3

(c) $CH_3CHCHCOOH$ (CH_3, NH_2)

(d) $CH_3CCH_2CH_3$ (O)

(e) CH_2OH, HCOH, CH_2OH

(f) $CH_3CH_2CHCH=CH_2$ (OH)

(g) CH_2COOH, HOCCOOH, CH_2COOH

(h) $(CH_3)_3CCH_2CH(OH)CH_3$

6.23 다음은 젖산의 8가지 입체 표현법이다. 어떤 거울상 표현법이 (a)와 동일한가? 또 (a)의 거울상은 무엇인가? (예제 6.3, 6.4 참조)

(a) COOH, H, C, OH, CH_3

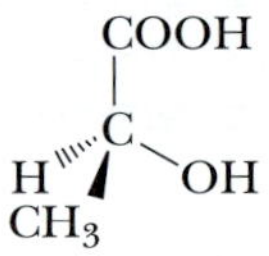

(b) CH_3, HO, C, H, HOOC

(c) COOH, HO, C, CH_3, H

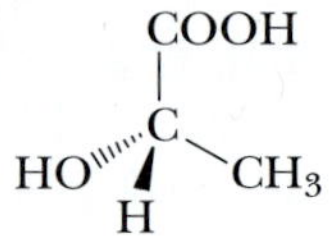

(d) CH_3, H, C, COOH, HO

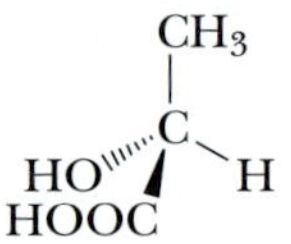

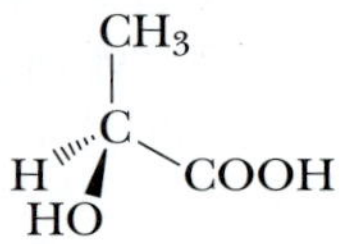

(e) $COOH$ (위), H—C—OH, CH_3 (아래)

(f) CH_3 (위), H—C—OH, $COOH$ (아래)

(g) OH (위), CH_3—C—$COOH$, H (아래)

(h) CH_3 (위), H—C—$COOH$, OH (아래)

6.3절 원자 배열의 명칭: R,S 규칙

6.24 다음 각 조합에서 기에 대한 우선수위를 정하시오.(예제 6.2 참조)

(a) $-H$, $-CH_3$, $-OH$, $-CH_2OH$

(b) $-CH_2CH{=}CH_2$, $-CH{=}CH_2$, $-CH_3$, $-CH_2COOH$

(c) $-CH_3$, $-H$, $-COO^-$, $-NH_3^+$

(d) $-CH_3$, $-CH_2SH$, $-NH_3^+$, $-COO^-$

(e) $-CH(CH_3)_2$, $-CH{=}CH_2$, $-C(CH_3)_3$, $-C{\equiv}CH$

6.25 다음 중 어느 분자가 R 배열을 가지고 있는가? (예제 6.2 참조)

(a) CH_3, Br, H, CH_2OH가 결합한 C

(b) H, $HOCH_2$, CH_3, Br이 결합한 C

(c) CH_2OH, CH_3, Br, H가 결합한 C

(d) Br, H, CH_2OH, CH_3가 결합한 C

***6.26** 다음은 카본(carvone)의 거울상 이성질체 구조식이다. (예제 6.2 참조)

(−)-Carvone (스피어민트 기름) (+)-Carvone (Caraway와 dillseed oil)

각 거울상 이성질체는 이것들이 분리된 식물의 독특한 냄새를 가지고 있다. 각 구조에 있는 입체 중심에 R 또는 S 배열을 지정하시오. 구조가 비슷해도 서로 다른 성질을 보이는 이유는 무엇인가?

6.27 다음은 2-Butanol의 입체 이성질체 중 하나의 엇갈린 형태(staggered conformation)이다. (예제 6.2 참조)

(CH_3, H, H / H, OH, CH_3)

(a) 이것은 (*R*)-2-Butanol인가, (*S*)-2-Butanol인가?

(b) 2번 탄소와 3번 탄소의 결합을 따라 엇갈린 형태의 Newman 투영도를 그리시오.

(c) 이 분자의 다른 엇갈린 형태의 Newman 투영도를 그리시오. 어떤 형태가 더 안정한가? ($-OH$와 $-CH_3$의 크기를 비교할 수 있다고 가정한다.)

(d) 2-Butanol은 부분 입체 이성질체를 가지는가? 그렇다면 그려 보시오.

(e) 2-Butanol은 우회전성인가, 좌회전성인가?

6.5절, 6.6절 두 개 이상의 입체 중심을 가진 분자들

6.28 입체 중심이 두 개 있는 분자식 $C_6H_{14}O$인 알코올의 구조식을 쓰시오.

***6.29** 오랫동안 중국의 초본의학에서는 천식을 치료하기 위하여 *Ephedra sinica*의 추출물을 사용해 왔다. 이 식물을 연구한 결과 ephedrine을 추출할 수 있었으며, 이 물질은 허파의 기관지를 확장시키는 작용을 한다. 천연 입체 이성질체는 좌회전성이며, 다음과 같은 구조를 가지고 있다. (예제 6.2 참조)

Ephedrine (OH, H, N, CH_3, CH_3)

각 입체 중심에 대한 R 또는 S 배열을 지정하시오.

© Scott Camazine/Alamy Limited

강력한 기관지 확장제인 ephedrine이 나오는 *Ephedra sinica*

***6.30** 문제 6.29의 천연 ephedrine의 고유 광회전도는 −41°이다. 이것의 거울상 이성질체의 고유 광회전도는 얼마인가?

6.31 각각의 분자의 입체 중심을 (*)로 표시하고 각각의 화합물이 몇 개의 거울상 이성질체를 가지는지 쓰시오. 각각의 화합물은 몇 개의 입체 이성질체가 가능한가? (예제 6.5, 6.6 참조)

(a) $CH_3CH(OH)CH(OH)COOH$

(b) CH_2—COOH / CH—COOH / HO—CH—COOH

(c) OH

(d)

(e)

(f)

COOH

(g)

(h)

***6.32** 반합성 penicillin류에 속하는 amoxicillin에 있는 네 개의 입체 중심에 (*) 표를 하시오.

Amoxicillin

***6.33** 현재 미국에서 가장 많이 팔리는 항히스타민제인 loratadine과 fexofenadine의 모든 입체 중심을 표시하시오. 각각 몇 개의 입체 이성질체가 가능한가? (예제 6.5,6.6 참조)

(a)

Loratadine
(Claritin)

(b)

Fexofenadine
(Allegra)

***6.34** 다음은 우울증을 치료하기 위하여 널리 처방되는 약 중에서 세 가지 약의 구조식이다. 각 화합물의 입체 중심에 모두 (*) 표를 하고, 각 화합물이 가질 수 있는 입체 이성질체의 수를 쓰시오. (예제 6.5, 6.6 참조)

(a)

Fluoxetine
(Prozac®)

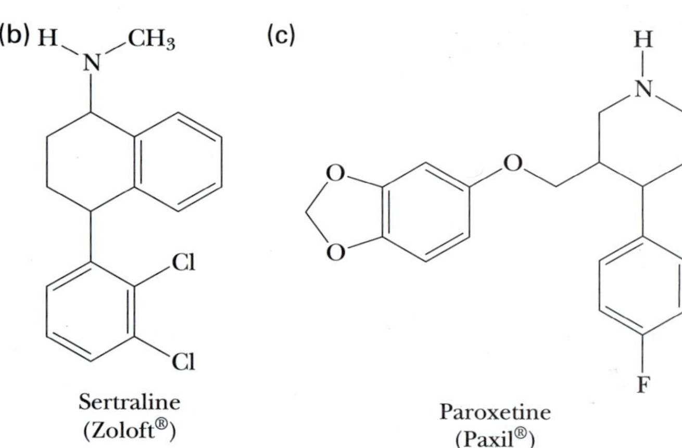

Sertraline
(Zoloft®)

Paroxetine
(Paxil®)

***6.35** Triamcinolone acetonide는 Azmacort의 흡입 연무제의 활성 성분으로서, 기관지 천식 치료에 사용되는 스테로이드이다. (예제 6.5,6.6 참조)

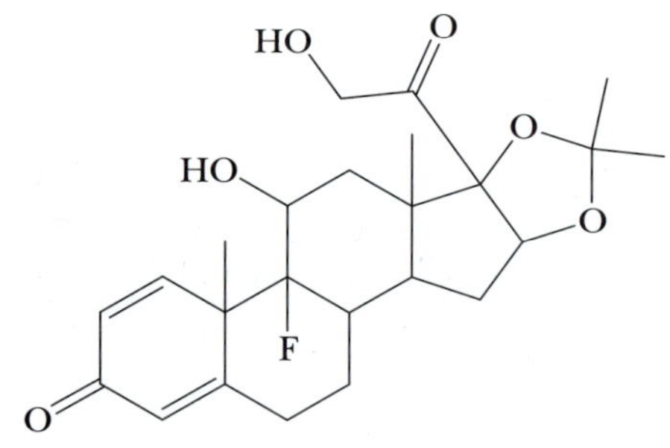

Triamcinolone acetonide

(a) 이 분자에 있는 8개의 입체 중심에 (*) 표를 하시오.

(b) 몇 개의 입체 이성질체가 존재할 수 있는가? (이 중에서 하나만 활성 성분이다.)

6.36 다음 중 어느 구조식이 메소 화합물인가? (예제 6.4 참조)

(a)

(b)

(c)

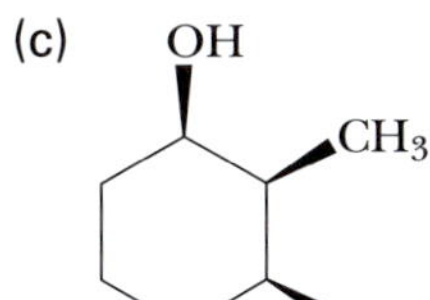

(e)

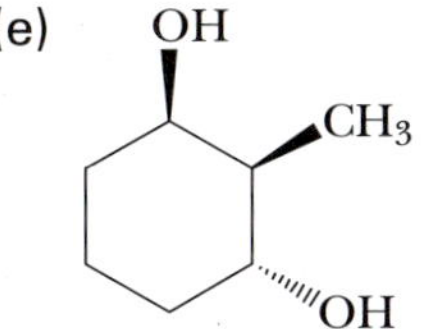

(d)

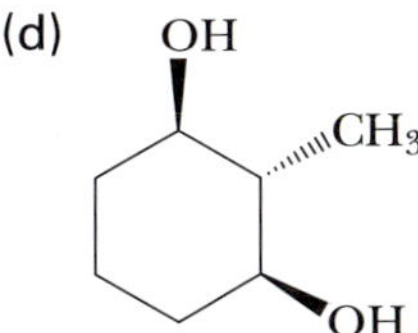

(f) CH_2OH, H—C—OH, H—C—OH, CH_2OH

6.37 메소-타타르산의 가장 안정한 형태와 가장 불안정한 형태를 탄소 2와 3 사이에 결합에 관련된 Newman 투영도로 그리시오.

HOOC—CH(OH)—CH(OH)—COOH

6.38 1,3-Dimethylcyclopentane에는 몇 개의 입체 이성질체가 가능한가? 어느 것이 거울상 이성질체쌍들이고, 어느 것이 메조 화합물인가? (예제 6.4~6.6 참조)

6.39 문제 3.59에서 육원자 고리의 모든 기가 수평에 존재하는 가장 안정한 의자형인 글루코스를 볼 수 있다. (예제 6.2, 6.5, 6.6 참조)

(a) 이 분자의 모든 입체 중심을 나타내시오.

(b) 몇 개의 입체 중심이 가능한가?

(c) 몇 개의 거울상 이성질체 쌍이 가능한가?

(d) 입체 이성질체의 탄소 1과 탄소 5의 R,S 배열은 무엇인가?

6.40 라셈 혼합물은 무엇인가? 라셈 혼합물은 광학 활성인가? 즉 평면 편광을 회전시키는가?

화학적 변환

6.41 다음 화학적 변환을 완성해서 지금까지 배운 축적된 지식을 평가하시오. 생성물의 입체 화학에 특히 주의를 기울이시오. 한 개 이상의 입체 이성질체가 가능하다면, 각각의 입체 이성질체를 보이시오. 일부 변환은 한 단계 이상을 필요로 할 것이다.

(a)

(b) CH_3CH_2Br ⟶

(c) H—≡—H ⟶

(d)

(e)

(f)

(g)

(h)

(i)

(j) $CH_2{=}CH_2$ ⟶

(k)

발전 학습

6.42 다음 반응의 생성물을 예측하시오(하나 이상의 입체 이성질체가 얻어지면, 각 입체 이성질체의 구조를 그리시오).

(a) $\xrightarrow[Pt]{H_2}$

(b) $\xrightarrow[H_2SO_4]{H_2O}$

6.43 어떤 알켄을 H_2/Pd와 반응시킬 때 100% 수율로 입체 이성질체를 얻을 수 있는가?

(a)

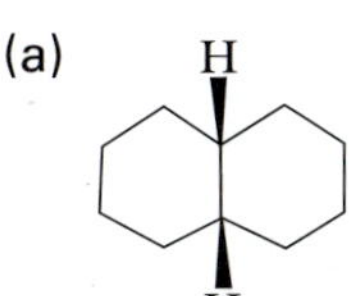

(b)

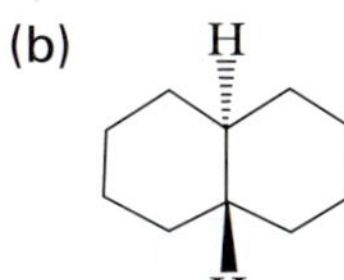

6.44 다음 중 어느 반응이 라셈 혼합물인 생성물을 생성하는가?

(a) HCl →

(b) H_2/Pt →

(c) HBr →

(d) H_2/Pt →

(e) CH_3, HBr →

(f) H_2/Pt →

6.45 다음 반응에서 생길 수 있는 모든 입체 이성질체를 그리시오.

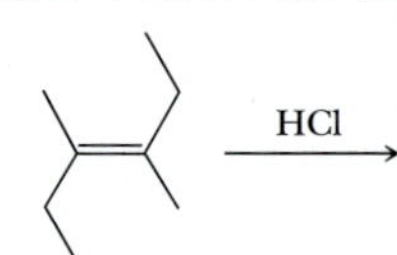

합성법으로서 이 특정한 반응의 유용성에 대하여 언급하시오.

6.46 다음 반응의 생성물이 평면 편광을 회전시키지 않는 이유를 설명하시오.

(a) Br_2 / CH_2Cl_2 →

(b) H_2/Pt →

그룹 학습 활동

6.47 당신의 주변에 있는 물체를 확인하고 물체를 회전시켜 카이랄인지, 비카이랄인지 결정하시오.

6.48 쿠반(cubane)을 회전시켜 대칭면을 확인하시오. (참고: 수소 원자는 나타나 있지 않다.)

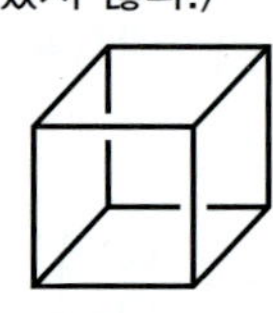

Cubane

6.49 다음 물체의 쌍이 각각 실제로 거울상 이성질체인지, 아닌지를 토의하시오. 실제 거울상 이성질체가 아니라면 무엇이 실제 거울상 이성질체로 생각되게 하였는지 결정하시오.

(a) 당신의 오른쪽 손과 왼쪽 손

(b) 당신의 오른쪽 눈과 왼쪽 눈

(c) 자동차 앞의 왼쪽 타이어와 오른쪽 타이어

6.50 화합물 **A**(C_5H_8)는 광학 비활성이며 분할되지 않는다. 이 화합물은 CCl_4에서 Br_2와 반응하여 화합물 **B**($C_5H_8Br_2$)를 만든다. 화합물 **A**가 H_2/Pt와 반응하면 화합물 **C**(C_5H_{10})로 변환된다. 화합물 **A**가 HBr과 반응하면 화합물 **D**(C_5H_9Br)로 변환된다. 이 정보를 가지고 **A**, **B**, **C**, **D** 화합물의 구조식을 제안하시오. 화합물 **A**는 적어도 3개의 가능성이 있고, 화합물 **B**, **C**, **D**도 3개의 가능성이 있다. 모든 가능성을 생각해 보시오.

6.51 5.2절에서 반응 메커니즘은 실험 관측과 함께 구성되고 5.3절에서는 1-butene의 산촉매 수화 반응으로 2-butanol이 생성되는 메커니즘을 제안하였다. 이 단원에서는 2-butanol이 최대 2개의 입체 이성질체(거울상 이성질체 쌍)를 가지는 카이랄인 것을 배웠다. 실험적으로 1-butene의 산 촉매 수화 반응은 (*R*)-2-butanol과 (*S*)-2-butanol의 라셈 혼합물을 만든다. 5.3절에서 제안한 메커니즘을 가지고 라셈 혼합물 형성을 그림으로 설명하시오.

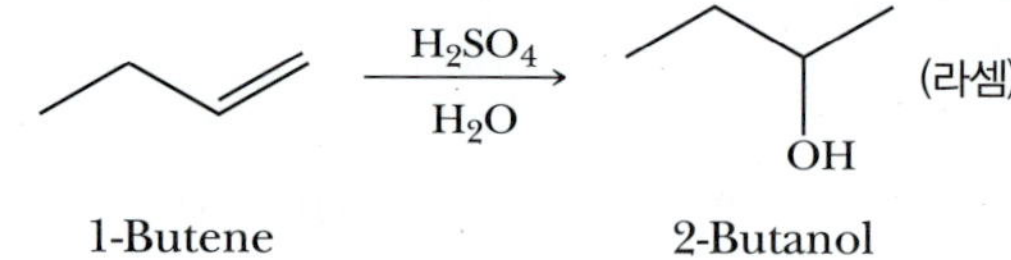

종합 문제

아래 문제들은 4~6장까지의 개념과 문제들을 모은 것이다. 관점이 이번 단원에 있더라도 이 문제는 이전까지 토의되었던 내용에 기반을 두고 있다.

다음 질문에 가장 적합한 답을 고르시오.

1. 다음 중 평면 편광에서 회전하지 않는 것은?

(a) (*R*)-2-Butanol과 *cis*-2-butene의 50:50 비율

(b) (*R*)-2-Butanol과 (*S*)-2-butanol의 70:20 비율

(c) (*S*)-2-Butanol, *cis*-2-butene, *trans*-2-butene의 50:25:25의 비율

(d) *trans*-2-Butane과 *cis*-2-butane의 20:70 비율

(e) 모두 회전한다. (즉 모두 평면 편광을 회전시킨다)

2. 다음 dimethylcyclohexane의 시스 이성질체 중에서 메소가 아닌 것은 어느 것인가?

(a) *cis*-1,4-Dimethylcyclohexane

(b) *cis*-1,3-Dimethylcyclohexane

(c) *cis*-1,2-Dimethylcyclohexane

(d) 모두 메소가 아니다.

(e) 모두 메소이다.

3. 다음의 Lewis 산–염기 반응에서는 몇 개의 생성물이 가능한가?

$F{-}B(CH_3)(CH_2CH_3) + :\ddot{O}H^- \longrightarrow$

(a) 한 개 (b) 두 개 (c) 세 개 (d) 네 개
(e) 없다(반응이 일어나지 않는다)

4. 다음의 두 분자 사이의 관계는 무엇인가?

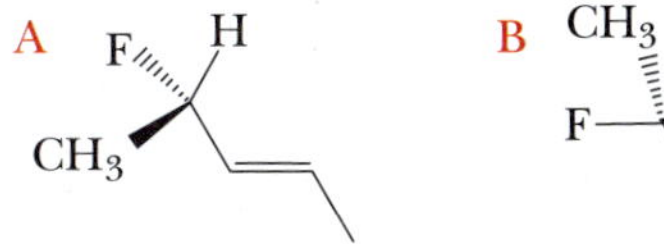

(a) 동일 화합물이다.
(b) 거울상 이성질체이다.
(c) 부분 입체 이성질체이다.
(d) 구조 이성질체이다.
(e) 이성질체가 아니다.

5. 다음 2,4-hexadiene의 입체 이성질체 중에서 가장 덜 안정한 것은?

(a) *Z*,*Z*-2,4-Hexadiene
(b) *Z*,*E*-2,4-Hexadiene
(c) *E*,*Z*-2,4-Hexadiene
(d) *E*,*E*-2,4-Hexadiene
(e) 모두 동일한 안정성을 가진다.

6. 다음 분자에서 가장 짧은 C—C 단일 결합을 고르시오.

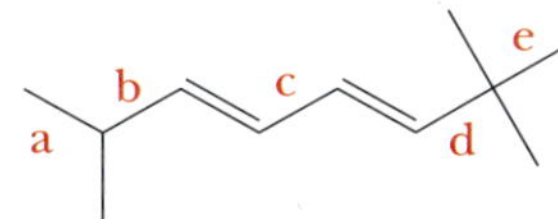

(a) a (b) b (c) c (d) d (e) e

7. *β*-Bisabolol의 다음 설명 중 맞는 것을 고르시오.

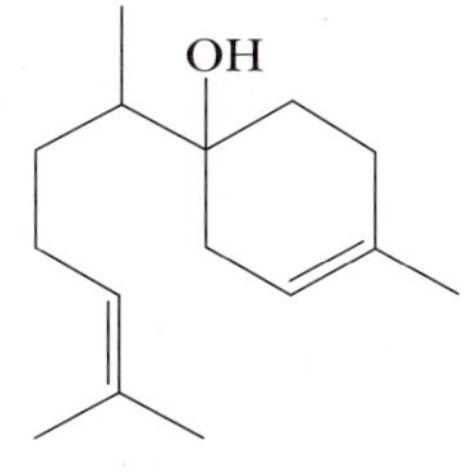

β-Bisabolol

(a) *β*-Bisabolol은 6개의 입체 이성질체를 갖는다.
(b) *β*-Bisabolol은 물에 녹는다.
(c) *β*-Bisabolol은 비카이랄이다.
(d) *β*-Bisabolol은 메소 입체 이성질체를 갖는다.
(e) 맞는 것이 없다.

8. 다음의 반응에서는 몇 개의 생성물이 생성되는가?

$\xrightarrow[H_2SO_4]{H_2O}$ (CH3, CH3)

(a) 1 (b) 2 (c) 3 (d) 4 (e) 5

9. 두 개의 이성질체 알켄을 H_2/Pt와 반응시켰을 때 다음 중 옳은 것은?

(a) 알켄이 반응에서 더 많은 에너지를 방출하고 더 안정한 알켄이 된다.
(b) 알켄은 낮은 녹는점을 보이며, 반응에서 적은 에너지를 방출한다.
(c) 알켄은 낮은 끓는점을 가지며, 반응에서 적은 에너지를 방출한다.
(d) 두 알켄은 반응에서 동일한 양의 에너지를 방출한다.
(e) 모두 거짓이다.

10. 미지의 화합물이 니켈 촉매하에서 2당량의 H_2와 반응한 후 연소하면 $5CO_2$와 $4H_2O$가 생성된다. 다음 중 미지의 화합물은?

(a) (b) (c) (d) (e)

(f) $CH_3CH{=}CHCH_2CH_3$

11. $NaNH_2$와 정량적으로 반응할 수 있는 분자식 C_5H_6의 가능한 화합물을 제시하시오.

12. 속명이 '*Echinacea*'인 약초 표본에서 발견된 다음 화합물과 관련된 질문에 답하시오.

(O, N, H)

(a) 이 화합물에는 몇 개의 입체 이성질체가 존재하는가?
(b) 이 화합물은 물에 용해될 것으로 예상하는가?
(c) 카이랄 분자인가?
(d) 이 화합물이 과량의 H_2/Pt와 반응하여 생성되는 생성물은 무엇인가?

13. 다음 각 화합물의 IUPAC명을 제시하시오.

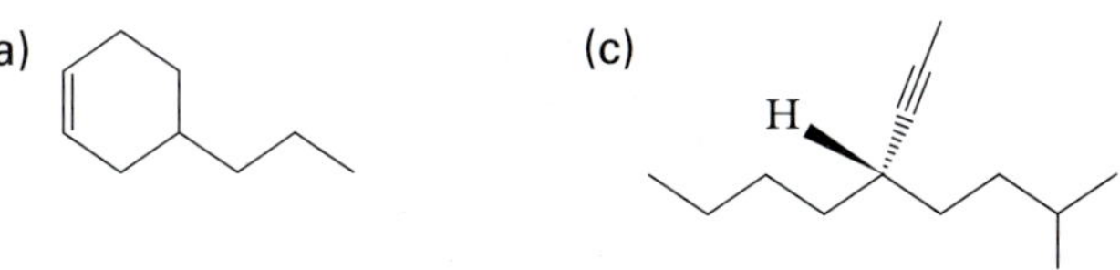

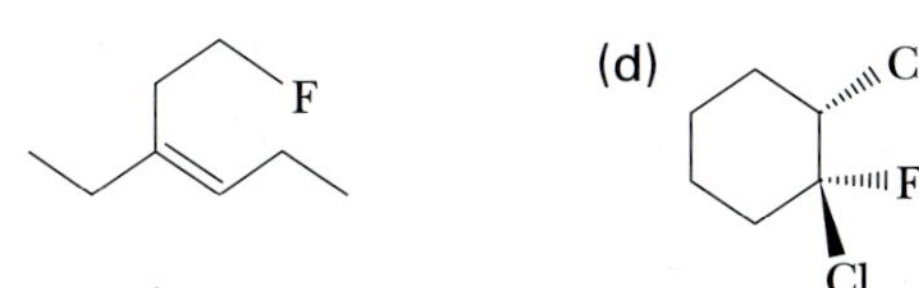

14. 화합물 **A**는 분자식이 C_5H_8인 광학 비활성 화합물이다. **A**의 촉매 수소화 반응은 단일 생성물로 광학 비활성인 화합물 **B**(C_5H_{10})를 만든다. 또한 **A**와 HBr의 반응은 분자식 C_5H_9Br인 단일 화합물 **C**를 만든다. **A**, **B**, **C**의 구조를 제시하시오.

15. 광학 활성 화합물인 **A**는 분자식이 C_6H_{12}이다. **A**의 수소화붕소 첨가-산화 반응은 분자식 $C_6H_{14}O$의 광학 활성 생성물인 **B**를 생성한다. **A**의 촉매 수소화 반응은 분자식이 C_6H_{14}인 광학 비활성 생성물인 **C**를 생성한다. **A**, **B**, **C**의 구조를 제시하시오.

16. 다음 수소화 반응의 결과에 기초하여 이중 결합이 고리의 바깥쪽에 위치한 알켄 **A**와 이중 결합이 고리 안쪽에 위치한 알켄 **B** 중 어느 것이 더 안정한가? 반응 에너지 도표를 사용하여 설명하시오.

$\Delta H = -23.84$ kcal/mol

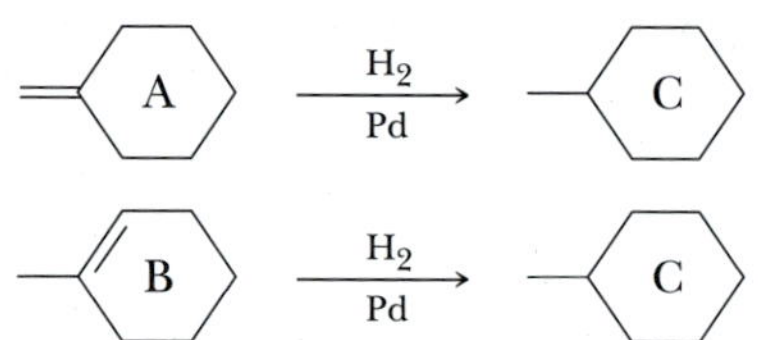

$\Delta H = -20.69$ kcal/mol

17. 다음에 나타낸 화합물 쌍이 거울상 이성질체 분할에 의해 분리될 수 있는지 설명하시오. 만약 분리가 불가능하다면 당신의 답을 설명하시오.

(a)

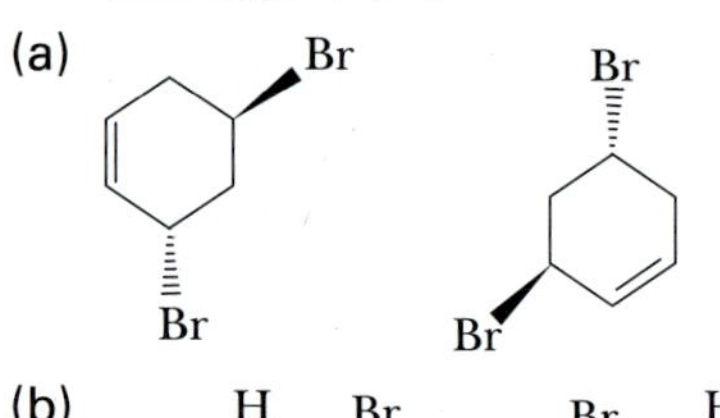

(b)

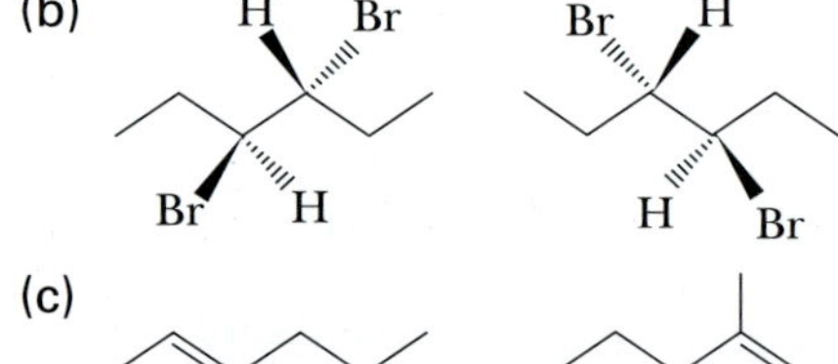

(c)

18. 다음 구조의 쌍이 각각의 동일한 양만큼 포함된 용액의 평면 편광 회전을 예상하시오.

(a)

(b)

(c)

19. 다음의 화학 반응을 완성하시오.

(a)

(b) 알카인 ⟶ + 거울상 이성질체

(c) 알켄 ⟶ +

20. 다음 반응의 메커니즘을 제시하시오. 모든 중간체의 구조 및 모든 구조에 비공유 전자쌍과 모든 전하를 표기하시오.

H—≡—H → 1) $NaNH_2$ 2) $Br(CH_2)_7Br$ 3) $NaNH_2$

21. 다음 각 반응의 주생성물 또는 생성물을 입체 화학을 고려하여 제시하시오.

(a) 1) $BH_3 \cdot THF$ 2) HOOH, NaOH, H_2O

(b) H_2, Pt

(c) Lindlar's Pd, H_2

(d) HI

(e) H^+, H_2O

(f) H_2, Pt

22. 다음 반응의 메커니즘을 제시하시오. 모든 중간체의 구조 및 모든 구조의 비공유 전자쌍과 모든 전하를 표기하시오.

H_2SO_4, H_2O

Carolyn A. McKeone/Photo Researchers, Inc.

치료약 알부테롤(albuterol)을 투약하기 위해 정량 흡입기를 사용하고 있는 천식 환자. 이 약은 1,1,1,2-tetrafluoroethane과 같은 할로알케인으로 뿜어주게 된다.
삽화: 1,1,1,2-Tetrafluoroethane(HFA-134a)의 분자

7 할로알케인

클로로플루오로탄소라는 단어나 이 물질이 환경에 해롭다는 점에 대하여 잘 정리되었다는 것을 들었을 것이다. 클로로플루오로탄소는 sp^3 혼성 탄소 원자에 최소 한 개의 할로젠 원자가 공유 결합한 화합물인 **할로알케인**(haloalkane) 또는 관용 명명법 체계에서는 할로젠화 알킬로 불리는 더 커다란 부류에 속한다. **할로젠화 알킬**(alkyl halide)의 일반적인 기호는 R—X이며, 여기서 X는 F, Cl, Br, I 등이다.

할로알케인(할로젠화 알킬) sp^3 혼성 탄소 원자에 공유 결합된 할로젠 원자를 가지는 화합물로 기호 RX로 나타낸다.

$$\mathrm{R}-\ddot{\underset{\cdot\cdot}{\mathrm{X}}}\colon$$

할로알케인(할로젠화 알킬)

이 장에서는 할로알케인의 특징적인 두 개의 반응인 친핵성 치환 반응과 β 제거 반응을 공부한다. 할로알케인은 알코올, 에터, 싸이올, 아민, 알켄으로 변화될 수 있기 때문에 유용한 분자이며, 그래서 용도도 다양하다. 실제로 할로알케인은 의학, 식품 화학, 농업에서 사용되는 많은 유용한 화합물을 합성하기 위한 출발물로 종종 사용된다.

7.1 할로알케인은 어떻게 명명하는가?

A. IUPAC명

할로알케인에 대한 IUPAC명은 3.3A절에 제시한 규칙에 따라 어미 알케인(parent alkane)의 이름을 붙이는 것으로 시작한다.

- 첫 번째 치환기에 낮은 번호가 오는 방향으로 어미 사슬을 정하고 번호를 매겨라.
- 할로젠 치환기들은 접두사 *fluoro*-(플루오로-), *chloro*-(클로로-), *bromo*-(브로모-), *iodo*-(아이오도-)로 표시하고, 이 치환기들을 다른 치환기들과 함께 알파벳 순서에 따라 적어라.
- 어미 사슬에 있는 각 할로젠 원자의 위치를 나타내기 위하여 할로젠의 이름 앞에 번호를 써라.
- 할로알켄에서 이중 결합의 위치는 어미 탄화수소의 번호 매김하여 결정한다. 접미사[예: *-ol*(-올), *-al*(-알), *-one*(-온), *-oic acid*(-산)]로 표시된 작용기를 가진 분자의 경우는 접미사로 표시된 작용기의 위치가 번호 매김을 결정한다.

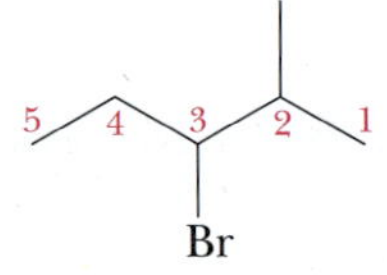

3-Bromo-2-methylpentane

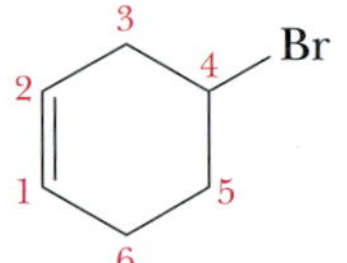

4-Bromocyclohexene

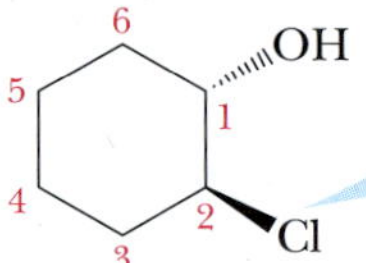

(1*S*,2*S*)-2-Chlorocyclohexanol
또는
trans-2-Chlorocyclohexanol

할로알케인은 IUPAC 명명법에서 할로젠 치환체로 취급하여 명명한다.

B. 일반명

할로알케인의 일반명은 알킬기의 일반명 뒤에 한 칸을 띄우고 할로젠화물(halide)의 이름을 붙여서 만든다. 따라서 할로젠화 알킬의 이름은 이 부류 화합물의 일반명이다. 다음 예에서 먼저 나오는 이름이 화합물의 IUPAC명이고 괄호 안은 일반명이다.

$CH_3CH(F)CH_2CH_3$	$CH_2{=}CHCl$
2-Fluorobutane	Chloroethene
(*sec*-Butyl fluoride)	(Vinyl chloride)

몇몇 폴리할로메테인(polyhalomethane)은 널리 사용되는 용매이며, 일반적으로 관용명, 또는 일반명으로 나타낸다. 다이클로로메테인(염화 메틸렌)은 가장 널리 사용되는 할로알케인 용매이다. CHX_3 형태의 화합물은 **할로폼**(haloform)이라 한다. 예를 들면 $CHCl_3$의 일반명은 **클로로폼**(chloroform)이며, CH_3CCl_3의 일반명은 **메틸 클로로폼**(methyl chloroform)이다. 메틸 클로로폼과 트라이클로로에틸렌(trichloroethylene)은 상업용 드라이 클리닝에 사용되는 용매이다.

사염화에틸렌($Cl_2C{=}CCl_2$)은 보통 드라이클리닝 용매로 사용된다.

CH_2Cl_2	$CHCl_3$	CH_3CCl_3	$Cl_2C{=}CCl_2$
Dichloromethane	Trichloromethane	1,1,1 Trichloroethane	Tetrachloroethene
(Methylene chloride)	(Chloroform)	(Methyl chlorofor)	(Tetrachloroethylene)

이미 논의된 바와 같이 Freon®이란 상표명으로 제조되는 **클로로플루오로탄소**(chlorofluorocarbon, CFC)가 가장 널리 알려져 있다. CFC는 무독성, 불연성, 냄새가 없으며 비부식성이다. 원래 냉장 시스템에서 열전달제(heat transfer agent)로 사용되던 암모니아나 이산화 황

해결방법 7.1

고리형 할로알케인의 명명

(a) 먼저 사이클로알케인의 기본명(root name)을 결정하라.

5-탄소 고리의 기본명은 '사이클로펜테인'이다

Cyclopentane

(b) 할로젠 치환기의 이름을 정하고 번호를 매겨라.

고리에서, 여러 개의 할로젠들은 알파벳 순서로 나열되며, 알파벳 순서로 번호가 매겨진다.

1-Bromo-2-chlorocyclopentane

(c) 입체 화학을 표시하는 것을 잊지 마라.

R/S 배열을 결정하는 규칙에 대해서 6장을 참조하시오.

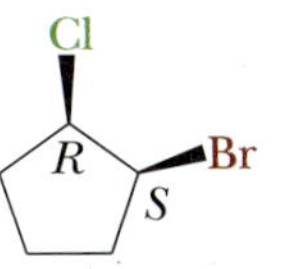

(1*S*,2*R*)-1-Bromo-2-chlorocyclopentane
또는
cis-1-Bromo-2-chlorocyclopentane

예제 7.1

각 화합물의 IUPAC명을 쓰시오.

(a) (b) (c) (d)

전략

먼저 가장 긴 탄소 사슬을 찾아라. 이렇게 하면 기본명을 결정할 수 있다. 그러고 나서 가장 긴 탄소 사슬에 포함되지 않은 원자 또는 원자단을 확인하라. 이것들이 치환기이다. 적용되는 화합물의 입체 화학적 배열 E/Z 또는 R/S를 포함하는 것을 명심하시오.

풀이

(a) 1-Bromo-2-methylpropane. 이 화합물의 일반명은 isobutyl bromide이다.
(b) (*E*)-4-Bromo-3-methyl-2-pentene
(c) (*S*)-2-Bromohexane
(d) (1*R*,2*S*)-1-Fluoro-2-iodocyclopentane 또는 *cis*-1-fluoro-2-iodocyclopentane

문제 7.9~7.12 참조

문제 7.1

각 화합물의 IUPAC명을 쓰시오.

(a)

(b)

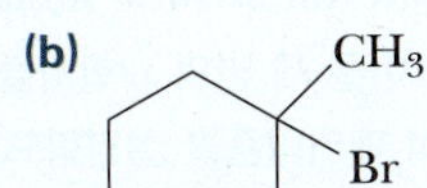

(c)

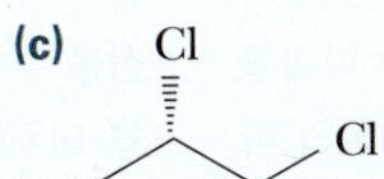

(d)

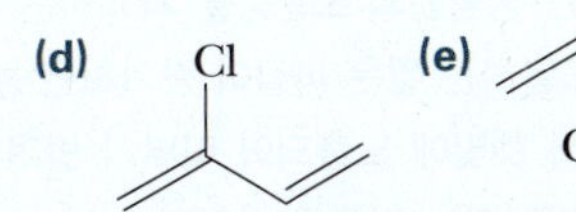

(e)

R-410A는 오존의 고갈에 기여하지 않는 냉매이다. 이것은 CH_2F_2와 CHF_2CF_3로 이루어졌다.

(sulfur dioxide)과 같은 위험 물질의 이상적인 대체제이다. CFC 중에서 이런 목적으로 가장 널리 사용된 물질은 트라이클로로플루오로메테인[trichlorofluoromethane(CCl_3F, Freon-11)]과 다이클로로다이플루오로메테인[dichlorodifluoromethane(CCl_2F_2, Freon-12)]이다. 또한 CFC는 코팅을 위해 표면을 세척하거나, 금속의 절단용 기름 및 왁스를 제거하고, 보호용 코팅을 제거하는 데 사용되는 공업용 세척 용매로 널리 사용되었다. 또한 에어로솔(aerosol) 분무기의 고압 가스로도 사용되었다. 그러나 선진국에서는 현재 사용이 금지되었으며, 수소화플루오로탄소(화학 관련 7A 참조)로 대체되었다.

7.2 할로알케인의 특징적 반응은 무엇인가?

친핵체 다른 원자나 원자단에 전자쌍을 주어 새로운 공유 결합을 형성하는 원자나 원자단

친핵성 치환 반응 한 친핵체가 다른 친핵체를 치환하는 반응

친핵체(nucleophile, 핵을 좋아하는 시약)는 비공유 전자쌍을 제공하여 새로운 공유 결합을 만드는 시약이다. **친핵성 치환 반응**(nucleophilic substitution)은 하나의 친핵체가 다른 친핵체를 치환하는 반응이다. 다음의 일반적인 화학 반응식에서 Nu:⁻는 친핵체이고, X는 이탈기이며, 치환 반응은 sp^3 혼성 탄소 원자에서 일어난다.

$$\text{Nu:}^- + -\overset{|}{\underset{|}{C}}-X \xrightarrow{\text{친핵성 치환 반응}} -\overset{|}{\underset{|}{C}}-\text{Nu} + :X^-$$

친핵체 / 이탈기

할로젠화 이온은 매우 중요한 이탈기 중의 하나이다. 친핵성 치환 반응이 아세틸렌화 이온의 알킬화 반응에서 일어난다는 5.7절을 상기하라.

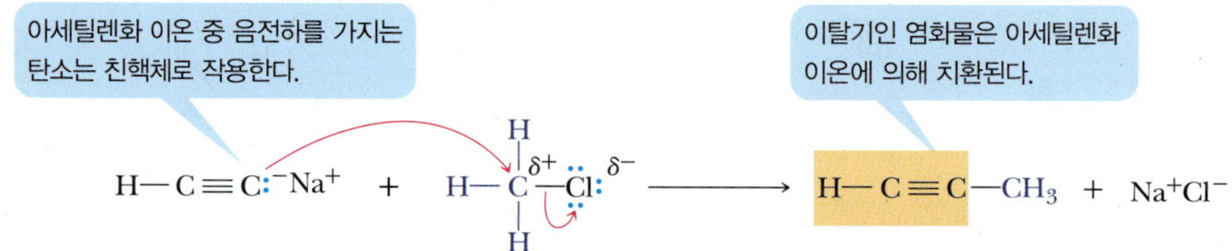

화학 관련 7A

클로로플루오로탄소(CFC)가 환경에 미치는 영향

연구자들이 연간 4.5×10^5 kg 이상의 CFC가 대기 중으로 방출되고 있다는 사실을 발견한 1970년대에 CFC의 환경 영향에 관한 우려가 제기되었다. 1974년에 Sherwood Rowland와 Mario Molina는 CFC가 성층권의 오존층 파괴를 촉진한다는 이론을 발표하였으며, 이 이론은 그 후 상세히 증명되었다. CFC는 공기 중으로 방출될 때 낮은 대기권으로 유입되지만, 비활성 때문에 낮은 대기권에서 분해되지 않는다. CFC는 태양에서 방출되는 자외선을 흡수하고, 그것들이 분해되는 성층권으로 느리게 이동한다. 이러한 과정을 거쳐 태양에서 방출되는 짧은 파장의 자외선으로부터 지구를 보호하는 성층권의 오존층을 파괴하는 화학 반응을 하게 된다. 지구에 도달하는 짧은 파장이 증가하면 농작물의 파괴를 증가시키고, 심지어 햇빛에 노출되어 피부가 벗겨진 사람들의 피부암 발병률을 증가시키는 것으로 알려져 있다.

CFC에 대한 관심은 UN 환경 프로그램 주관에 의해 1985년에 Vienna, 1987년에 Montreal에서 개최된 두 번의 회의에서 촉진되었다. 1987년에 개최된 회의에서 오존층을 파괴하는 CFC의 생산과 사용을 제한하고, 1996년까지 CFC의 생산을 단계적으로 완벽하게 제거할 것을 촉구하는 Montreal 의정서를 발표하였다. 단지 UN의 두 회원국만이 이 의정서를 원안대로 비준하는 데 반대하였다.

독일의 Max Planck 화학 연구소의 독일 화학자인 Rowland, Molina, Paul Crutzen은 1995년에 노벨 화학상을 수상하였다. 왕립 스웨덴 과학원(Royal Swedish Academy of Sciences)은 노벨상을 수여하면서 이들 세 명의 과학자들이 오존층의 두께에 영향을 미치는 화학적 메커니즘을 설명함으로써 지구의 파멸을 야기할 수 있는 지구 환경 문제로부터 지구를 구하는 데 기여하였다고 발표하였다.

화학 산업들은 오존층 파괴 가능성이 더 낮은 대체 냉매를 개발하여 이러한 위기에 대응하였다. 가장 유망한 대체제는 다음과 같은 하이드로플루오로탄소(hydrofluorocarbon, HFC)와 하이드로클로로플루오로탄소(hydrochlorofluorocarbon, HCFC)이다.

```
     F   F            H   Cl
     |   |            |   |
 F — C — C — H    H — C — C — F
     |   |            |   |
     F   H            H   Cl
```

HFC-134a HCFC-141b

이 화합물들은 프레온보다 공기 중에서 화학적으로 반응성이 더 커서 성층권에 도달하기 전에 분해된다. 그러나 이 화합물들은 1994년 이전의 에어컨과 이전 모델의 차에는 사용하지 못한다.

문제

HFC-134a와 HCFC-141b의 IUPAC명을 쓰시오.

모든 친핵체는 또한 염기이므로 친핵성 치환 반응과 염기에 의해 촉진되는 **β 제거 반응**(β-elimination)은 경쟁 반응이다. 예를 들면 에톡시화 이온(ethoxide ion)은 친핵체이면서 염기이다. 이 이온은 브로모사이클로헥세인(bromocyclohexane)에 친핵체로 반응하여 에톡시사이클로헥세인(ethoxycyclohexane, 사이클로헥실 에틸 에터)를 생성하고(붉은색), 염기로 반응하여 사이클로헥센과 에탄올을 생성한다(푸른색).

β 제거 반응 인접한 두 탄소 원자로부터 원자나 원자단이 제거되는 반응. 예를 들어 할로젠화 알킬로부터 H와 X가 제거되거나 알코올로부터 H와 OH가 제거되어 탄소–탄소 이중 결합을 형성하는 반응

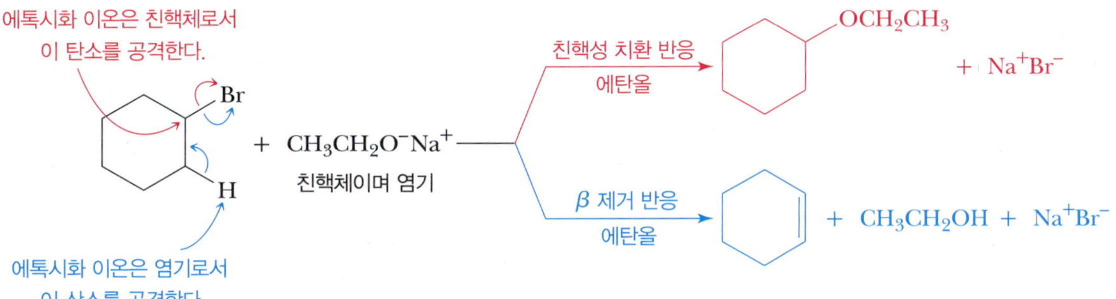

해결방법 7.2

치환 반응과 β 제거 반응의 구별

(a) 치환 반응은 항상 반응물에 있는 원자 하나 또는 원자단이 다른 원자나 원자단으로 치환된다.

(b) β 제거 반응은 항상 인접한 탄소 원자에 있는 수소와 원자 하나 또는 원자단이 제거되어 C—C 이중 결합이 생성된다.

이 장에서는 이들 유기 반응 모두를 공부한다. 이들 반응을 이용하여 할로알케인을 알코올, 에터, 싸이올, 설파이드(sulfide), 아민, 나이트릴, 알켄, 알카인 등과 같은 다른 작용기를 갖는 화합물로 바꿀 수 있다. 따라서 친핵성 치환 반응과 β 제거 반응을 이해하면 유기 화학의 완전히 새로운 영역이 열리게 된다.

예제 7.2

다음 할로알케인이 치환 반응 또는 제거 반응이 일어나는지, 아니면 치환 반응과 제거 반응이 모두 일어나는지를 결정하시오.

(a) (isobutyl bromide) —Na^+SH^- / H_2S→ (isobutyl thiol) SH + Na^+Br^-

(b) (alkene with Cl) —CH_3CH_2OH→ (product with OCH_2CH_3) + (product with OCH_2CH_3) + HCl

(c) (1-iodo-2-methylcyclopentane) I —Na^+OH^- / acetone→ (1-methylcyclopentene) + H_2O + Na^+I^-

전략

반응물에 있는 할로젠을 찾아라. 생성물 중에 다른 원자나 원자단으로 바뀐 것이 있는가? 만일 그렇다면 이 반응은 치환 반응이다. 만일 할로젠에 붙어 있는 탄소가 생성물에서 탄소–탄소 이중 결합을 구성하는 한 부분이라면 제거 반응이 일어난 것이다.

풀이

(a) 치환 반응: 브로민이 싸이올기로 치환되었다.
(b) 치환 반응: 두 생성물 중에 염소가 에톡시(ethoxy)기로 바뀌었다.
(c) β 제거 반응: 수소 원자와 아이오도(iodo)기가 제거되어 결과적으로 알켄을 생성하였다.

문제 7.2

다음 할로알케인이 치환 반응 또는 제거 반응이 일어나는지, 아니면 치환 반응과 제거 반응이 모두 일어나는지를 결정하시오.

(a) (1-bromopropane) Br —$K^+ {}^-OCCH_3$ (C=O) / CH_3COOH→ (propyl acetate) + K^+Br^-

(b) (3-chloro-1-butene) Cl —$Na^+ {}^-OCH_2CH_3$ / CH_3CH_2OH→ (product with OCH_2CH_3) + (1,3-butadiene) + Na^+Cl^-

7.3 친핵성 지방족 치환 반응의 생성물은 무엇인가?

친핵성 치환 반응은 할로알케인의 매우 중요한 반응 중의 하나이며, 매우 다양한 새로운 작용기를 만든다. 몇몇 치환 반응을 표 7.1에 설명하였다. 이 표의 내용을 공부할 때 다음 사항에 주의하라.

1. OH^-나 RS^-처럼 친핵체가 음전하를 띠면 치환 반응에서 전자쌍을 제공하는 원자는 생성물에서 중성이 된다.
2. NH_3와 CH_3OH처럼 친핵체가 전하를 띠지 않으면 치환 반응에서 전자쌍을 제공하는 원자는 생성물에서 양전하를 가진다. 생성물은 종종 양성자 이동(proton transfer)과 같은 두 번째 반응을 거쳐 중성 치환 생성물을 생성한다.

표 7.1 몇 가지 친핵성 치환 반응

반응: $Nu:^- + CH_3X \rightarrow CH_3Nu + :X^-$		
친핵체	**생성물**	**생성물의 종류**
$HO:^-$	CH_3OH	알코올
$RO:^-$	CH_3OR	에테르
$HS:^-$	CH_3SH	싸이올(머캅탄)
$RS:^-$	CH_3SR	설파이드(싸이오에테르)
$:I:^-$	$CH_3I:$	아이오딘화 알킬
$:NH_3$	$CH_3NH_3^+$	알킬암모늄 이온
HOH	$CH_3O^+(H)-H$	알코올(양성자 이동 후)
CH_3OH	$CH_3O^+(H)-CH_3$	에테르(양성자 이동 후)

친핵체가 음으로 하전될 필요가 없다는 점을 주목하라.

해결방법 7.3

치환 반응 완성하기

(a) 이탈기를 확인하라.

이탈기

$$\text{C}_6\text{H}_{11}\text{–Br} \xrightarrow[\text{HOCH}_3]{\text{Na}^+\,^-\text{OCH}_3}$$

(b) 친핵체와 친핵체의 친핵성 원자를 확인하라. 친핵성 원자는 음으로 하전된 원자이거나 제공할 수 있는 고립 전자쌍을 가진 원자일 것이다. 음으로 하전된 원자와 고립 전자쌍을 갖고 있는 전하를 띠지 않은 원자 모두가 존재하면, 음으로 하전된 전자는 친핵성이 더 큰 원자일 것이다. 다음 예에서 CH_3O^-는 $HOCH_3$보다 더 좋은 친핵체이다.

$$\text{C}_6\text{H}_{11}\text{–Br} \xrightarrow[\text{HOCH}_3]{\text{Na}^+\,^-\text{OCH}_3}$$

이 산소는 음으로 하전되어 있어 더 좋은 친핵체이다.

(c) 반응물에 있는 이탈기를 친핵성 원자나 기로 바꾸라. 공유 결합으로 친핵성 원자에 연결된 기는 생성물에 있는 그 원자에 결합된 채로 남아 있을 것이다. 구경꾼 이온은 보통 음으로 하전된 이탈기를 가진 이온쌍의 일부분으로 표시하게 될 것이다.

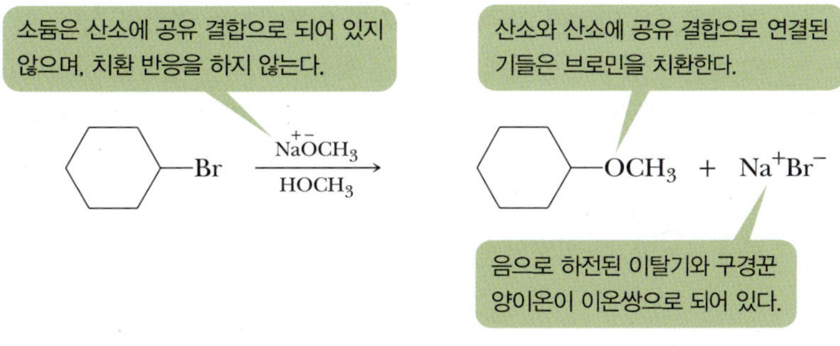

예제 7.3

친핵성 치환 반응을 완성하시오.

(a) (butyl)–Br + Na^+OH^- ⟶　　　**(b)** (butyl)–Cl + NH_3 ⟶

전략

먼저 친핵체를 확인하라. 그리고 할로젠과 할로젠이 결합된 탄소 사이의 결합을 깨고 친핵체에 같은 탄소로부터 만들어진 새로운 결합을 만들어라.

풀이

(a) 수산화 이온이 친핵체이고, 브로민이 이탈기이다.

(butyl)–Br + Na^+OH^- ⟶ (butyl)–OH + Na^+Br^-

1-Bromobutane　Sodium hydroxide　1-Butanol　Sodium bromide

(b) 암모니아가 친핵체이고, 염소가 이탈기이다.

(butyl)–Cl + NH_3 ⟶ (butyl)–NH_3^+ Cl^-

1-Chlorobutane　Ammonia　Butylammonium chloride

문제 7.21, 7.22, 7.26 참조

문제 7.3

친핵성 치환 반응을 완성하시오.

(a) (cyclopentyl)–Br + $CH_3CH_2S^-Na^+$ ⟶　　　**(b)** (cyclopentyl)–Br + $CH_3C(=O)O^-Na^+$ ⟶

7.4 친핵성 치환 반응에 대한 S_N1과 S_N2 메커니즘은 무엇인가?

70여 년에 걸쳐 발전된 풍부한 실험 관찰에 근거하여 화학자들은 친핵성 치환 반응에 두 가지 메커니즘을 제안하였다. 이 두 가지 제한 메커니즘의 근본적인 차이는 탄소와 이탈기 사이의 결합 절단과 탄소와 친핵체 사이의 결합 형성 시기이다.

A. S_N2 메커니즘

S_N2 메커니즘은 두 개의 과정으로 일어난다. (1) 새로운 공유 결합을 만드는 친전자체와 친핵체의 반응, (2) 안정한 이온이나 분자가 만들어지는 결합의 절단. 단적으로 말해 이 두 과정은 결합의 절단과 형성이 동시에 일어나는 것을 의미하는 **협동**(concerted)이다. 그래서 반응에 들어오는 친핵체의 도움으로 이탈기가 떨어져 나간다. 이 메커니즘을 **S_N2**로 나타내는데, 여기서 S는 치환(**S**ubstitution), N은 친핵성(**N**ucleophilic), 2는 **이분자 반응**(**bi**molecular reaction)을 나타낸다. 이러한 형태의 치환 반응은 할로알케인과 친핵체 모두 속도 결정 단계에 관여하기 때문에 이분자로 분류된다. 즉 할로알케인과 친핵체 모두 이분자 반응의 속도 법칙에 관여한다.

이분자 반응 속도 결정 단계의 전이 상태가 되는 반응에 두 개의 화학종이 관여하는 반응

*k*는 반응의 속도 상수이다

속도 = *k*[할로알케인][친핵체]

다음은 수산화 이온과 브로모메테인이 반응하여 메탄올과 브로민화 이온을 형성하는 반응의 S_N2 메커니즘이다.

메커니즘

S_N2 반응

친핵체가 이탈기의 반대면으로부터 반응 중심을 공격한다. 즉 S_N2 반응은 친핵체가 후방을 공격하는 반응이다. (1) **새로운 공유 결합을 만드는 친전자체와 친핵체의 반응과 (2) 안정한 이온과 분자가 생성되는 결합의 절단**이 동시에 일어난다.

반응 중심의 반전을 확인하라.

$HO^- + CH_3Br \longrightarrow [HO^{\delta-}\cdots C \cdots Br^{\delta-}] \longrightarrow HO-CH_3 + Br^-$

반응물 / 결합의 절단과 생성이 동시에 일어나는 전이 상태 / 생성물

입체 배열의 반전 S_N2 반응에서 반응 중심에 관한 원자나 원자단의 배열 반전

그림 7.1은 S_N2 반응의 에너지 도표이다. 하나의 전이 상태가 존재하지만 반응 중간체는 없으며 이 메커니즘은 하나의 과정으로 일어난다.

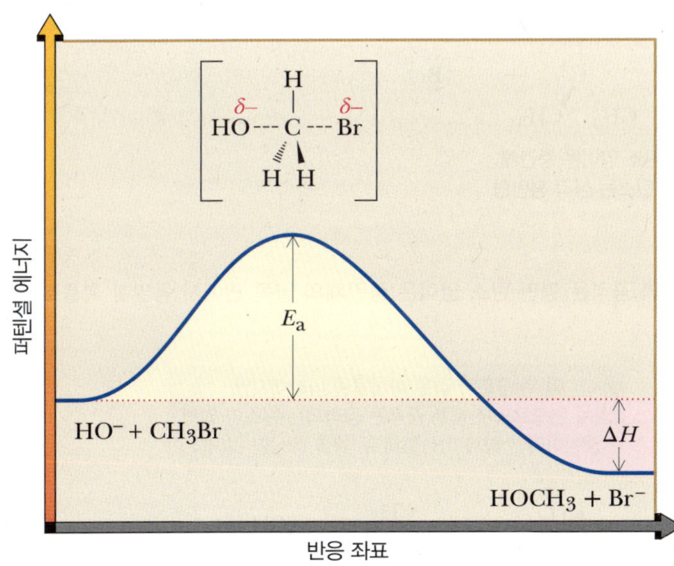

그림 7.1 S_N2 반응의 에너지 도표. 하나의 전이 상태가 존재하나 반응 중간체는 없다.

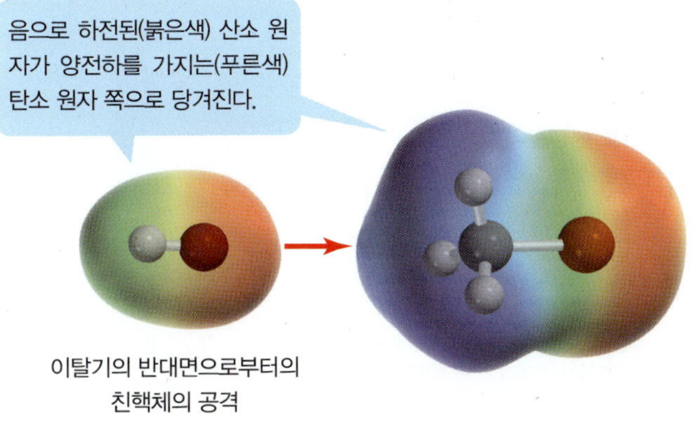

S_N2 반응은 친핵체의 음전하(이 경우 수산화 이온의 음전하를 가지는 산소)와 친전자체의 양전하 중심(이 경우 브로민 이탈기를 가지고 있는 탄소의 부분 양전하) 사이의 인력에 의해 이루어진다.

B. S_N1 메커니즘

일분자 반응 속도 결정 단계의 전이 상태가 되는 반응에 한 개의 화학종만이 관여하는 반응

S_N1이라는 다른 메커니즘에서는 탄소와 이탈기 사이의 결합 절단이 친핵체와의 결합 형성이 시작되기 전에 일어난다. $\mathbf{S_N1}$에서 S는 치환, N은 친핵성, 1은 **일분자 반응**(**uni**molecular reaction)을 나타낸다. 이런 형태의 치환 반응은 할로알케인만이 속도 결정 단계에 관여하기 때문에 일분자로 분류된다. 즉 할로알케인만이 속도 결정 단계를 결정하는 속도 법칙에 관여한다.

$$속도 = k\,[할로알케인]$$

가용매 분해 반응 용매가 친핵체인 친핵성 치환 반응

S_N1 반응은 메탄올에서 2-브로모-2-메틸프로페인(*tert*-브로민화 뷰틸)의 **가용매 분해 반응**(solvolysis reaction)으로 2-메톡시-2-메틸프로페인(*tert*-뷰틸 메틸 에터)을 생성하는 반응으로 설명된다. 메커니즘의 두 번째 단계는 알켄에 대한 할로젠화 수소(H—X)의 첨가 반응(5.3A절)과 알켄의 산촉매 수화 반응(5.3B절)에 대한 매커니즘의 두 번째 단계와 동일함을 알 수 있다.

메커니즘

S_N1 반응

1단계: 하나의 결합이 절단되어 더 안정한 이온이나 분자가 생성

C—X 결합의 이온화로 3차 탄소 양이온 중간체를 생성한다.

$(CH_3)_3C–Br: \xrightarrow[CH_3OH]{\text{느림, 속도 결정 단계}} (CH_3)_3C^+ + :Br:^-$

탄소 양이온 중간체; 탄소는 삼각 평면형

2단계: 친전자체와 친핵체의 반응으로 새로운 공유 결합 생성

탄소 양이온 중간체가 메탄올과 반응하여 옥소늄 이온을 생성한다. 친핵체의 공격은 평면 탄소 양이온 중간체의 양쪽 면에서 동일한 확률로 일어난다.

탄소 양이온의 빈 p 오비탈의 두 로브의 위치는 친핵체가 양쪽에서 공격할 수 있게 한다.

이 두 구조가 같은 화합물을 나타내지만, 양쪽 면으로의 친핵체 공격은 공격되는 탄소가 입체 중심이라면 입체 이성질체 두 개를 생성할 것이다.

$CH_3OH + (CH_3)_3C^+ \xrightarrow{\text{빠름}} (CH_3)_3C–\overset{+}{O}(H)CH_3 + CH_3(H)\overset{+}{O}–C(CH_3)_3$

3단계: 양성자 제거

양성자가 옥소늄 이온에서 메탄올(용매)로 이동하여 반응을 완료하고, *tert*-뷰틸 메틸 에터를 생성한다.

$(CH_3)_3C–\overset{+}{O}(H)CH_3 + H–O–CH_3 \overset{\text{빠름}}{\rightleftharpoons} (CH_3)_3C–O–CH_3 + H–\overset{+}{O}(H)–CH_3$

그림 7.2는 2-브로모-2-메틸프로페인(2-bromo-2-methylpropane)과 메탄올의 S_N1 반응에 대한 에너지 도표이다. 1단계에서는 탄소 양이온 중간체를 형성하게 하는 하나의 전이 상태가 있고, 2단계에서는 탄소 양이온 중간체와 메탄올이 반응하여 옥소늄 이온을 생성하는 반응에 대한 이차 전이 상태가 있다. 탄소 양이온 중간체를 형성하게 하는 반응은 더 높은 에너지 장벽을 넘게 되므로 이 반응이 속도 결정 단계이다.

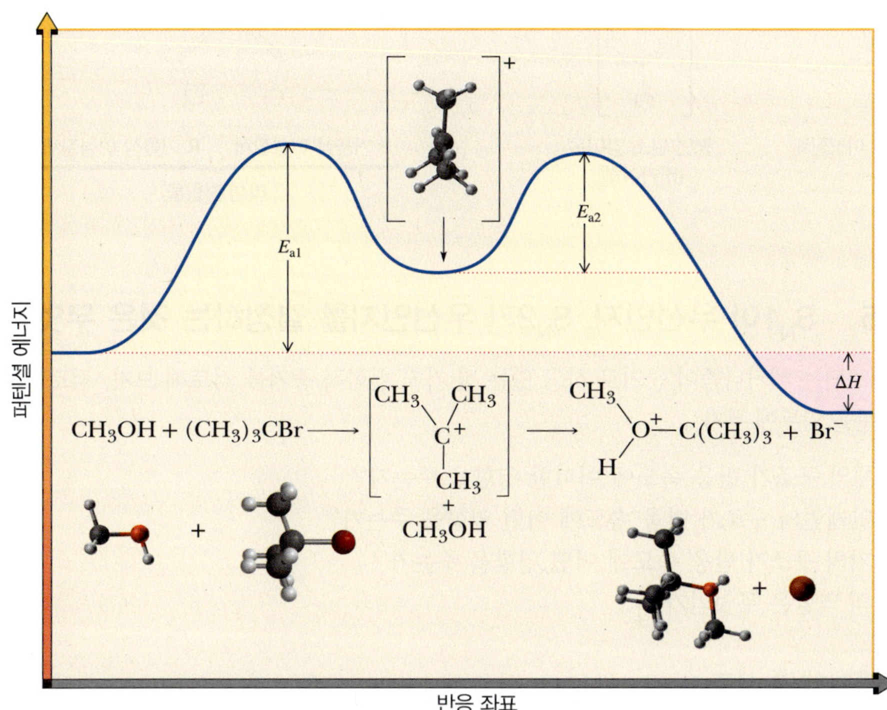

그림 7.2 2-Bromo-2-methylpropane과 메탄올의 S_N1 반응에 대한 에너지 도표. 1단계에서는 탄소 양이온 중간체를 형성하게 하는 하나의 전이 상태가 있고, 2단계에서는 탄소 양이온 중간체와 메탄올의 반응에 대한 이차 전이 상태가 있다. 1단계는 더 높은 에너지 장벽을 넘게 되므로, 이 1단계가 속도 결정 단계이다.

만일 S_N1 반응이 2차 할로알케인에서 일어난다면, 2차 탄소 양이온이 중간체로 형성된다. 2차 탄소 양이온은 재배열하여 더 안정한 3차 탄소 양이온을 형성할 수 있다는 5.4절을 기억하라. 이는 에탄올에서 2-브로모-3,3-다이메틸뷰테인의 가용매 분해 반응으로 설명한다.

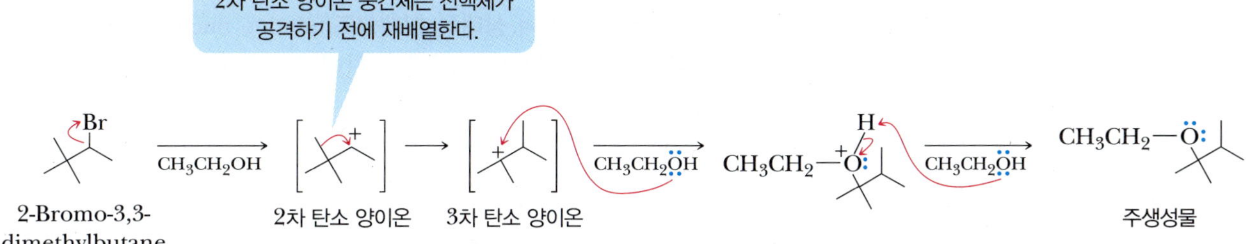

만일 S_N1 반응이 사면체 입체 중심에서 일어난다면, 주생성물은 라셈 혼합물(racemic mixture)이다. 이 결과를 다음 예로 설명할 수 있다. R 거울상 이성질체가 이온화되어 비카이랄성 탄소 양이온 중간체를 형성한다. 친핵체의 공격이 탄소 양이온 중간체의 왼쪽으로부터 일어나면 S 거울상 이성질체가 생성되고, 오른쪽으로부터 친핵체의 공격이 일어나면 R 거울상 이성질체가 생성된다. 친핵체가 평면 구조의 탄소 양이온 중간체의 양면을 똑같은 확률로 공격할 수 있기 때문에 R과 S 거울상 이성질체가 같은 양이 생성되어, 생성물은 라셈 혼합물이 된다.

이온화 $-Cl^-$; 1) CH_3OH 2) $(-H^+)$ 용매로의 양성자 이동 ; $+ HCl$

R 거울상 이성질체 → 평면 탄소 양이온 (비카이랄) → S 거울상 이성질체 + R 거울상 이성질체 (라셈 혼합물)

7.5 S_N1이 우선인지, S_N2가 우선인지를 결정하는 것은 무엇인가?

이 두 대조되는 메커니즘이 근거로 하고 있는 몇 가지 실험적 증거를 검토해 보자. 검토할 때에는 다음 질문을 염두에 두자.

1. 친핵체의 구조가 반응 속도에 어떠한 영향을 주는가?
2. 할로알케인의 구조가 반응 속도에 어떤 영향을 주는가?
3. 이탈기의 구조가 반응 속도에 어떤 영향을 주는가?
4. 용매의 역할은 무엇인가?

A. 친핵체의 구조

친핵성도(nucleophilicity)는 반응 속도론적 특성이며, 상대적인 반응 속도로 측정한다. 일련의 친핵체들에 대한 상대적 친핵성도는 각 친핵체가 할로알케인으로부터 이탈기를 교환하는 속도, 예를 들면 25장의 에탄올에 녹아 있는 브로모에테인(bromoethane)에서 브로민화 이온을 교환하는 속도를 측정함으로써 결정할 수 있다.

$$CH_3CH_2Br + NH_3 \rightarrow CH_3CH_2NH_3^{\ +} + Br^-$$

상대적 친핵성도 기준 친핵성 치환 반응에서 친핵체가 반응할 때의 상대 속도

이러한 연구로부터 친핵체의 구조와 친핵체의 **상대적 친핵성도**(relative nucleophilicity)의 관계를 설정할 수 있다. 이 책에서 가장 보편적으로 다루는 친핵체의 종류를 표 7.2에 나타내었다.

친핵체가 S_N2 반응의 속도 결정 단계에 관여하기 때문에 좋은 친핵체일수록 이러한 메커니즘에 의한 반응은 더 잘 일어날 것이다. S_N1 반응의 속도 결정 단계에서 친핵체는 관여하지 않는다. 따라서 S_N1 반응은 원칙적으로 친핵체의 상대적 친핵성도에 관계없이 어떤 일반적인 친핵체들과 대략 같은 속도로 일어날 수 있다.

B. 할로알케인의 구조

입체 인자 분자 내에서 크기 때문에 반응 위치에 접근을 저해하는 기의 능력

S_N1 반응은 **전자 인자**(electronic factor), 즉 탄소 양이온 중간체의 상대 안정도에 의해 주로 지배된다. 반면에 S_N2 반응은 주로 **입체 인자**(steric factor)에 지배를 받으며, 이들의 전이 상태는 반응 부위가 밀집되는 것에 특히 민감하다. 두 인자의 차이는 다음과 같다.

1. **탄소 양이온의 상대적 안정도.** 5.3A절에서 배운 바와 같이 3차 탄소 양이온이 가장 안정하며, 생성되는 데 필요한 활성화 에너지가 가장 작다. 반면에 1차 탄소 양이온은 가장 불안정하며, 생성되는 데 필요한 활성화 에너지가 가장 크다. 실제로 1차 탄소 양이온은 매우

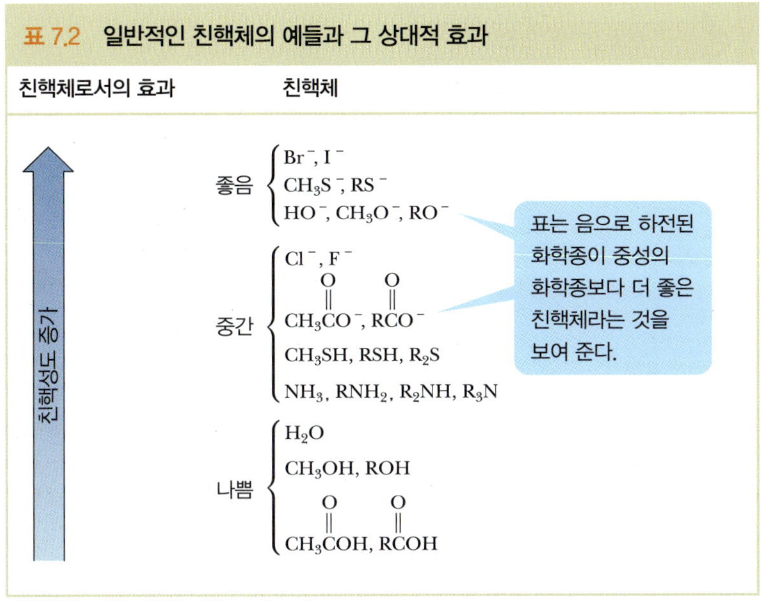

표 7.2 일반적인 친핵체의 예들과 그 상대적 효과

친핵체로서의 효과	친핵체
좋음	Br^-, I^- CH_3S^-, RS^- HO^-, CH_3O^-, RO^-
중간	Cl^-, F^- $CH_3\overset{O}{\overset{\parallel}{C}}O^-$, $R\overset{O}{\overset{\parallel}{C}}O^-$ CH_3SH, RSH, R_2S NH_3, RNH_2, R_2NH, R_3N
나쁨	H_2O CH_3OH, ROH $CH_3\overset{O}{\overset{\parallel}{C}}OH$, $R\overset{O}{\overset{\parallel}{C}}OH$

불안정하여 용액 중에서 결코 관찰되지 않는다. 따라서 3차 할로알케인은 탄소 양이온을 형성하도록 반응할 가능성이 가장 크고, 2차 할로알케인은 이러한 방법으로 반응할 가능성이 낮으며, 메틸 및 1차 할로알케인은 결코 이러한 방식으로 반응하지 않는다.

2. **입체 장애**(steric hindrance). 치환 반응이 완결되기 위해서는 친핵체가 치환 중심에 접근하여 친핵체 중심과 새로운 공유 결합을 형성해야 한다. 만일 친핵체가 1차 할로알케인의 친핵체 중심에 접근하는 경우를 3차 할로알케인의 경우와 비교하면, 1차 할로알케인 경우에 접근이 좀 더 용이함을 알 수 있다. 두 개의 수소 원자와 한 개의 알킬기가 1차 할로알케인 치환 중심의 후면을 막는다. 반대로 3차 할로알케인의 치환 중심 후면은 세 개의 알킬기가 막는다. 브로모에테인에서 이 중심은 친핵체가 쉽게 접근할 수 있는 반면, 2-브로모-2-메틸프로페인에서는 매우 조밀하다.

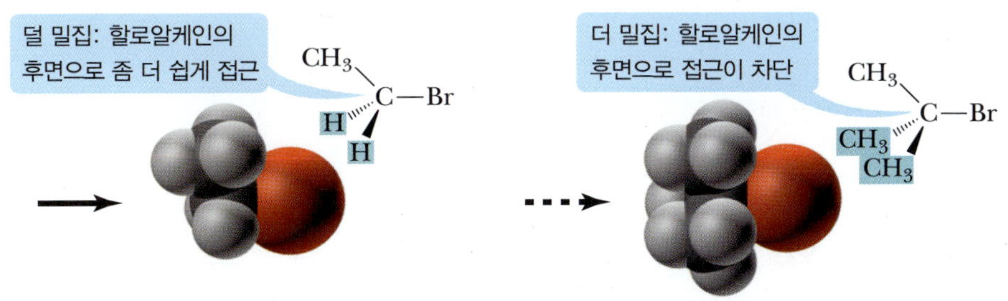

Bromoethane (Ethyl bromide) 2-Bromo-2-methylpropane (*tert*-Butyl bromide)

전자 인자와 입체 인자가 경쟁적으로 작용하는 경우에 3차 할로알케인은 S_N1 메커니즘에 의해 반응한다. 왜냐하면 3차 탄소 양이온 중간체는 매우 안정하고, 3차 할로알케인에서 친핵체가 치환 중심으로의 후면 접근이 주변의 세 개 기로 제한되기 때문이다. 즉 3차 할로알케인이 S_N2 메커니즘으로 반응이 일어나는 경우는 없다. 할로메테인과 1차 할로알케인은 치환 중심 주변이 조밀하지 않으며, S_N2 메커니즘으로 반응한다. 즉 메틸기와 1차 탄소 양이온은 매우 불안정하기 때문에 결코 S_N1 메커니즘으로 반응하지 않는다. 2차 할로알케인은 친핵체와 용매에 따라 S_N1 또는 S_N2 메커니즘으로 반응할 수 있다. 전자 인자와 입체 인자 사이의 경쟁과 할로알케인 친핵성 치환 반응의 상대 속도에 미치는 영향을 그림 7.3에 요약하였다.

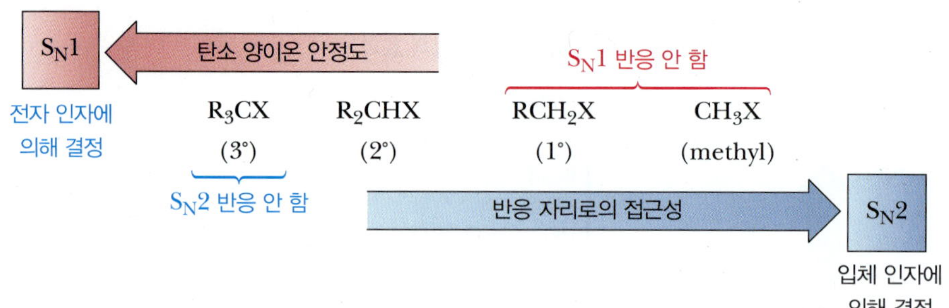

그림 7.3 할로알케인의 S_N1 반응과 S_N2 반응 사이의 경쟁에서 전자 인자와 입체 인자의 영향

C. 이탈기

할로알케인에서 일어나는 친핵성 치환의 전이 상태에서 할로젠 이탈기는 S_N1과 S_N2 반응 모두에서 부분 음전하를 띤다. I^-, Cl^-, Br^-과 같은 할로젠은 크기와 전기 음성도가 생성된 음전하를 안정시키는 데 도움이 되기 때문에 좋은 이탈기이다. 그러므로 이탈기로서 작용하는 기(group)의 능력은 음이온으로서 얼마나 안정한가에 달려 있다. 가장 안정한 음이온이자 가장 좋은 이탈기는 강산의 짝염기이다. 그러므로 표 2.1에 나타낸 유기산과 무기산의 상대 세기에 관한 정보를 이용하여 어떤 음이온이 가장 좋은 이탈기인가를 결정할 수 있다.

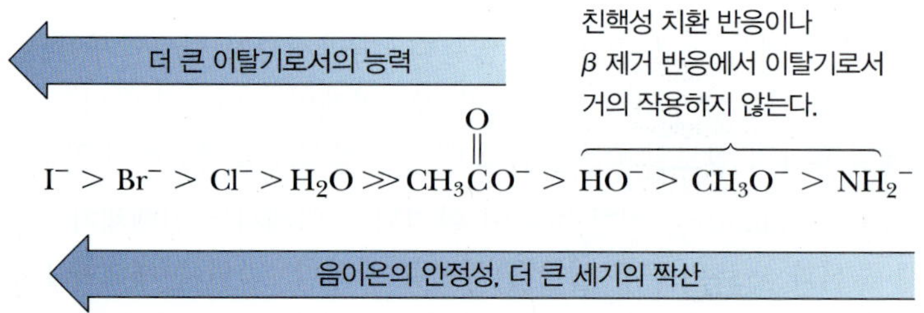

이 계열 중에서 가장 좋은 이탈기는 I^-, Br^-, Cl^-과 같은 할로젠이다. 수산화 이온(OH^-), 메톡시화 이온(CH_3O^-), 아마이드 이온(NH_2^-)은 나쁜 이탈기여서 친핵성 지방족 치환 반응에서 거의 치환되지 않는다. 알코올의 —OH기가 산에 의해 처음 수소를 받았다면 물은 이탈기로 작용할 수 있다.

—OH기는 나쁜 이탈기이며 치환하지 않는다.

OH $\xrightarrow[H_2O]{Na^+Cl^-}$ 반응 없음

OH + H—Cl: ⟶ H—$\overset{+}{O}$H + :Cl:$^-$ ⟶ H_2O + (+) :Cl:$^-$ ⟶ Cl:

강산은 —OH기를 양성자화할 수 있다.

H_2O는 안정하고 중성 분자이므로 좋은 이탈기이다.

이탈기의 안정도에 대한 중요한 예는 모든 포유동물에서 일반적인 반응이며, 암컷에서 일어나는 X 염색체 비활성화와 유전 및 발암과 같은 다양한 생물학적 과정을 포함하는 과정인 DNA의 메틸화 반응에서 볼 수 있다. DNA 메틸화 반응에서 효소는 S-아데노실메싸이오닌(SAM)의 메틸기에 있는 DNA에 대한 사이토신 단량체의 공격을 촉매한다. SAM의 메틸기 이외의 모든 기는 이탈기로 작용하며, 메틸기에 먼저 결합된 양전하를 띤 황 원자의 전하가 없어져 전보다 더 안정한 황 원자가 만들어지기 때문에 가능하다.

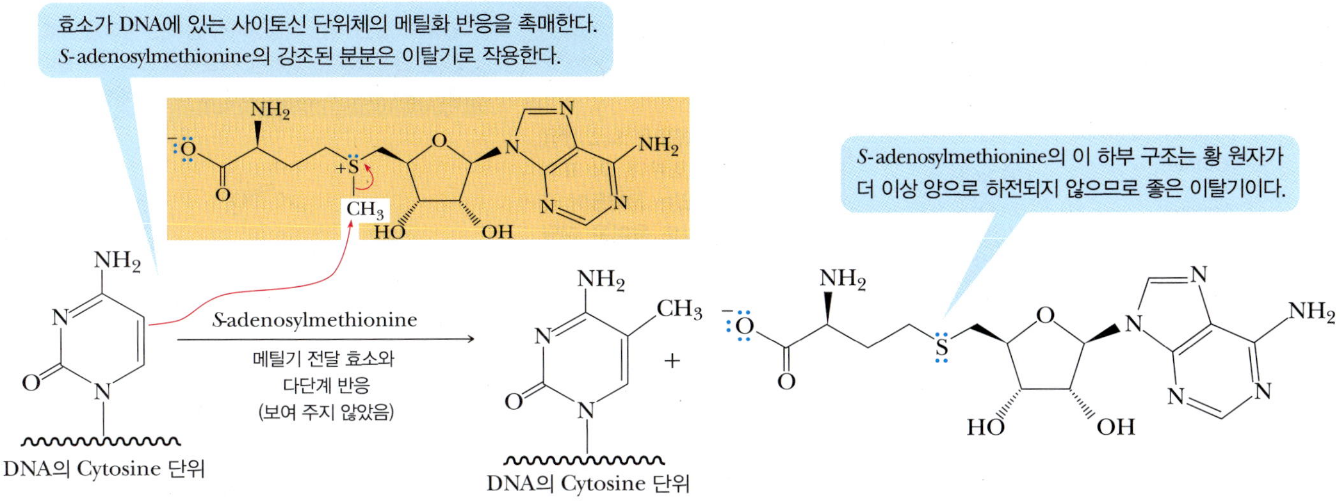

효소가 DNA에 있는 사이토신 단위체의 메틸화 반응을 촉매한다. *S*-adenosylmethionine의 강조된 분분은 이탈기로 작용한다.

S-adenosylmethionine의 이 하부 구조는 황 원자가 더 이상 양으로 하전되지 않으므로 좋은 이탈기이다.

S-adenosylmethionine
메틸기 전달 효소와 다단계 반응 (보여 주지 않았음)
DNA의 Cytosine 단위
DNA의 Cytosine 단위

다음 장에서는 할로젠화물을 제외한 이탈기에 대하여 더 언급하게 될 것이다.

D. 용매

용매는 반응물을 녹이고 친핵성 치환 반응을 일으키는 매개체 역할을 한다. 친핵성 치환 반응에 사용되는 일반적인 용매는 **양성자성 용매**와 **비양성자성 용매**로 분류된다.

양성자성 용매 물, 에탄올, 아세트산과 같은 수소 결합 주개로 작용할 수 있는 용매. 수소 결합 주개는 수소 결합에 참여할 수 있는 수소를 가진 화합물이다.

양성자성 용매(protic solvent)는 —OH기를 포함하며, 수소 결합 주개이다. 친핵성 치환 반응에서 일반적인 양성자성 용매는 물, 분자량이 작은 알코올, 분자량이 작은 카복실산이다(표 7.3). 각 용매는 부분 음전하 산소와 양이온 그리고 부분 양전하 수소와 음이온 사이의 정전기적 상호작용에 의해 이온 결합 화합물의 음이온성 성분 물질과 양이온성 성분 물질 모두를 용해할 수 있다. 이러한 동일한 특성은 C—X 결합이 이온화되어 X^- 음이온과 탄소 양이온을 생성하는 데 도움을 준다. 따라서 양성자성 용매는 S_N1 반응을 일으키는 좋은 용매이다.

비양성자성 용매 아세톤, 다이메틸에터, 다이클로로메테인과 같이 수소 결합 주개로 작용할 수 없는 용매

비양성자성 용매(aprotic solvent)는 —OH기를 포함하지 않으며, 수소 결합 주개로 작용할 수 없다. 이 용매는 이탈기를 용매화하지 않기 때문에 탄소 양이온 생성을 촉진할 수 없다. 그러므로 비양성자성 용매는 S_N1 반응에 사용할 수 없다. 친핵성 치환 반응에 가장 일반적으로 사용하는 비양성자성 용매를 표 7.4에 나타내었다. 설폭시화 다이메틸(dimethyl sulfoxide)과 아세톤은 극성 비양성자성 용매이고, 다이클로로메테인과 다이에틸 에터는 덜 극성인 비양성자성 용매이다. 표 7.4에 나타낸 비양성자성 용매는 S_N2 반응을 일으키는 특히 좋은 용매이다. 극성 비양성자성 용매는 양이온만 용해할 수 있고 음이온을 용해할 수 없기 때문에 Na^+CN^-, Na^+OH^- 등과 같은 이온성 친핵체와 함께 사용할 때는 친핵체로서 '노출된' 반응성이 큰 음이온이다.

S_N1 반응 또는 S_N2 반응을 선호하는 요인을 표 7.5에 요약하였으며, 친핵성 치환 반응이 입체

표 7.3 일반적인 양성자성 용매

양성자성 용매	구조	용매의 극성도	비고
물 Formic acid Methanol Ethanol Acetic acid	H_2O $HCOOH$ CH_3OH CH_3CH_2OH CH_3COOH	증가	이 용매들은 S_N1 반응을 선호한다. 탄소 양이온과 음으로 하전된 이탈기가 모두 용매에 녹기 때문에 용매의 극성도가 증가할수록 용매 내에서 탄소 양이온의 형성이 쉽다.

극성 양성자성 용매는 S_N1 반응에서 음이온과 양이온 성분을 모두 용매화할 수 있다.

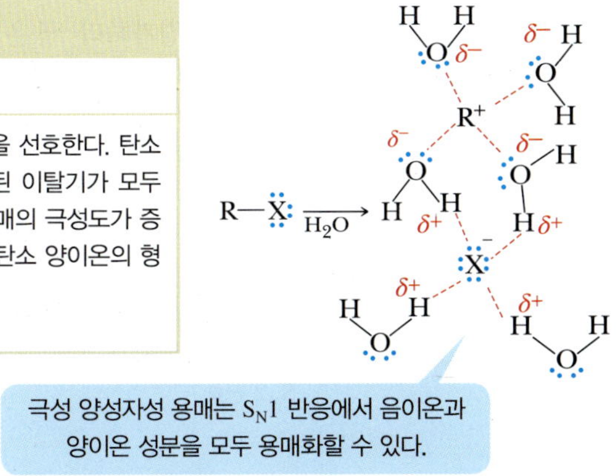

표 7.4 일반적인 비양성자성 용매

비양성자성 용매	구조	용매의 극성도	비고
Dimethyl sulfoxide (DMSO)	$CH_3\overset{O}{\overset{\Vert}{S}}CH_3$	증가 (↑)	이 용매들은 S_N2 반응을 선호한다. 이 표의 위에 있는 용매들이 극성이라도 음이온 이탈기가 이 용매에 녹지 않기 때문에 이 용매에서 탄소 양이온의 형성은 양성자성 용매에서보다 더 어렵다.
Acetone	$CH_3\overset{O}{\overset{\Vert}{C}}CH_3$		
Dichloromethane	CH_2Cl_2		
Diethyl ether	$(CH_3CH_2)_2O$		

아세톤과 같은 극성 비양성자성 용매는 양이온만 효과적으로 용매화할 수 있어서, 이탈기가 탄소와의 결합을 깨지 않도록 하여 S_N1 반응은 일어나지 않을 것이다.

R—X: → (acetone) R^+ (δ− O of four acetone molecules around R^+) + $:X:^-$

$Na^+ :OH^-$ → (acetone) Na^+ (δ− O of four acetone molecules around Na^+) + $:OH^-$

아세톤과 같은 극성 비양성자성 용매는 이온쌍의 양이온만 용매화하여 음이온이 노출되어 반응성이 큰 친핵체가 되도록 한다.

중심에서 일어날 때 입체 배열의 변화도 나타내었다.

표 7.5 할로알케인의 S_N1과 S_N2 반응의 요약

할로알케인의 형태	S_N2	S_N1
메틸 CH_3X	S_N2 선호	S_N1 반응 일어나지 않음. 메틸 양이온이 매우 불안정하여 용액에서 관찰되지 않음
1차 RCH_2X	S_N2 선호	S_N1 반응 일어나지 않음. 1차 탄소 양이온이 매우 불안정하여 용액에서 관찰되지 않음
2차 R_2CHX	S_N2 선호. 좋은 친핵체와 비양성자성 용매일 때	S_N1 선호. 나쁜 친핵체와 양성자성 용매일 때
3차 R_3CX	S_N2 선호 반응 일어나지 않음. 치환 중심의 입체적 요인	S_N1 선호. 3차 탄소 양이온의 형성이 쉽다.
입체 중심에서 치환 반응	배열의 반전. 친핵체는 이탈기의 반대쪽에서 입체 중심을 공격함.	라셈화. 탄소 양이온 중간체는 평면이며 양쪽 모두에서 친핵체의 공격이 동일한 확률로 일어남.

해결방법 7.4 할로알케인의 치환 반응 형태 예측하기 

(a) 잠재적인 이탈기의 안정성을 확인하고 평가하라. 좋은 이탈기가 없으면 치환 반응은 일어나지 않는다.

(b) 할로알케인의 구조를 분류하라. 메틸과 1차 할로알케인은 S_N1 반응이 일어나지 않지만, 3차 할로알케인은 S_N2 반응이 일어나지 않는다.

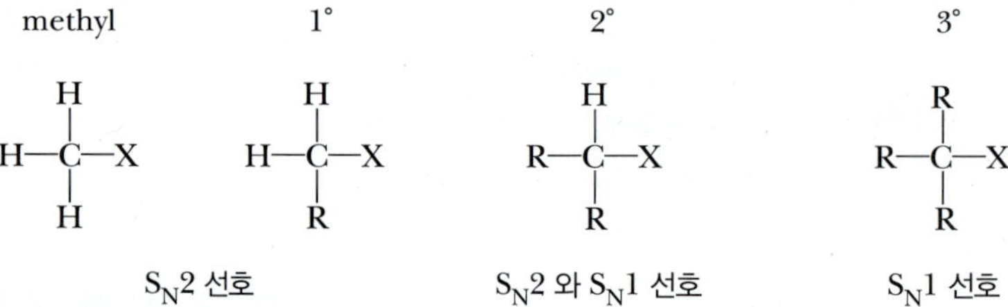

(c) 친핵체를 확인하고 친핵체의 상대적인 친핵성도를 평가하라. S_N2 반응은 좋은 친핵체를 선호하며, 나쁜 친핵체와는 거의 반응이 일어나지 않는다. S_N1 반응은 나쁜 친핵체와 중간 정도의 친핵체 모두에서 일어날 수 있지만, 좋은 친핵체가 있을 경우에는 S_N2 반응과 경쟁이 일어난다.

(d) 용매를 확인하고 분류하라. 극성 양성자성 용매는 S_N1 반응에 필요하다. S_N2 반응이 양성자성 용매에서 일어날 수 있다 하더라도 극성 비양성자성 용매는 S_N2 반응을 선호한다.

(e) 하나의 요인으로 치환 반응 메커니즘의 한 가지가 배제되거나 필연적이지 않다면, 이 요인들을 종합적으로 비교하여 하나의 메커니즘의 지배를 선호하는지를 결정하라.

예제 7.4

다음 물음에 답하시오.

(a) 할로알케인의 치환 반응 속도는 친핵체가 수산화물에서 암모니아로 바뀔 때 변하지 않는다. 어떤 형태의 치환 반응이 이 할로알케인에서 일어나는가?

(b) (*R*)-2-Bromobutane이 diethylamine[$(CH_3CH_2)_2NH$]과 반응할 때, 반응 용액은 광학 활성을 서서히 잃는다. 이 반응에서 어떤 형태의 치환 반응 메커니즘이 작용하고 있는가?

전략

각각이 두 치환 반응 메커니즘의 한 가지로 일어난다는 사실을 기억하는 것이 중요하다. S_N1 반응에서는 (1) 친핵체의 형태나 농도에 의해 영향을 받지 않는 반응의 속도, (2) 두 개의 생성물(종종 반응하는 탄소에 입체 화학이 존재할 경우 거울상 이성질체)이 만들어지는지를 찾아보라. S_N2 반응에서는 (1) 친핵체의 형태나 농도에 좌우되는 반응의 속도, (2) 단 한 개의 생성물이 만들어지는지를 확인하라.

풀이

(a) S_N1. 수산화 이온은 암모니아보다 더 좋은 친핵체이다. S_N1 반응은 친핵체의 효과에 영향을 받지 않는다. 만일 반응이 S_N2 반응 메커니즘에 영향을 받았다면 더 좋은 친핵체와 반응하여 반응이 더 빨라졌을 수 있다고 예측할 수도 있다.

(b) S_N1. Diethylamine은 중간 정도의 친핵체이며, S_N1 메커니즘을 선호하는 경향이 있다. 이 사실은 S_N2 반응이 요구되는 후방 공격으로 인해 S 거울상이성질체만을 생성하기 때문에 입체 화학적 자료로 확인된다. 광학적 활성을 잃는 것은 아마도 탄소 양이온 중간체가 형성되며, 친핵체의 공격으로 아래에 제시한 것과 같이 동일한 양의 거울상 이성질체가 생성된다는 것을 강하게 암시한다.

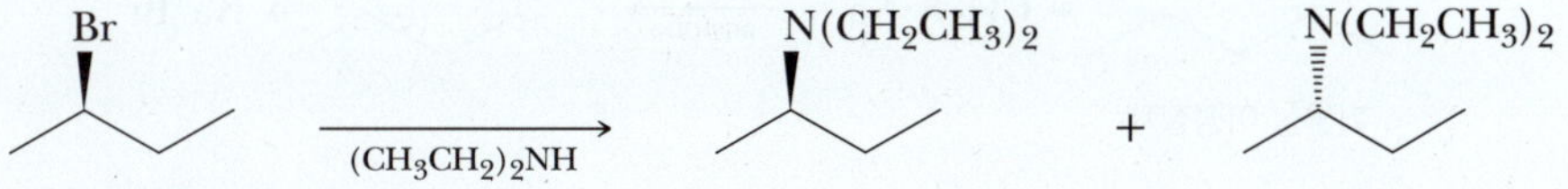

Br | $\xrightarrow{(CH_3CH_2)_2NH}$ | $N(CH_2CH_3)_2$ + $N(CH_2CH_3)_2$

(*R*)-2-bromobutane (*R*) (*S*)

문제 7.20, 7.23, 7.27 참조

문제 7.4

다음 물음에 답하시오.

(a) Potassium cyanide(KCN)는 trimethylamine[$(CH_3)_3N$]보다 1-chloropentane과 더 빠르게 반응한다. 이 할로알케인은 어떤 형태의 치환 반응 메커니즘이 작용한 것 같은가?

(b) 화합물 A는 화합물 B보다 dimethylamine[$(CH_3)_2NH$]과 더 빠르게 반응한다. 각 할로알케인의 S_N2 또는 S_N1 반응을 수반하는 상대적인 능력을 나타내는 것은 무엇인가?

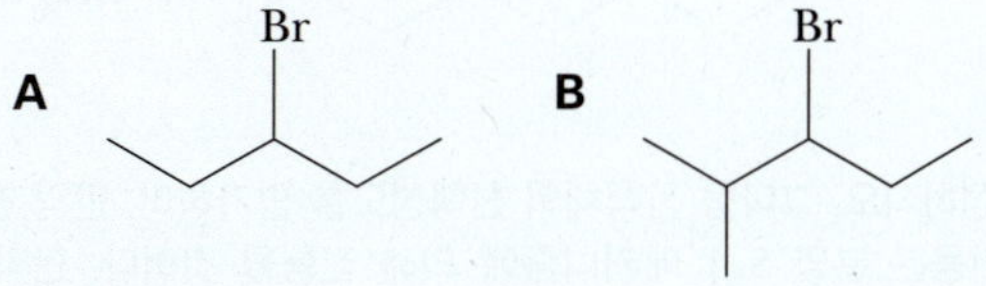

A Br **B** Br

7.6 실험 조건에 근거하여 S_N1과 S_N2를 어떻게 예측할 수 있는가?

특정 친핵성 치환 반응의 메커니즘에 관한 예측은 할로알케인의 구조, 친핵체, 용매에 대한 고찰에 근거해야 한다. 다음은 이러한 세 종류의 친핵성 치환 반응에 대한 분석이다.

친핵성 치환 반응 예 1

계속하기 전에 이 반응이 S_N1과 S_N2 메커니즘 중 어느 것으로 갈 것인지 예측하라.

Cl ... + CH_3OH ⟶ OCH_3 ... + HCl

거울상 이성질체

메탄올은 극성 양성자성 용매이며, 탄소 양이온을 생성하는 좋은 용매이다. 2-클로로뷰테인(2-chlorobutane)은 메탄올에서 이온화하여 2차 탄소 양이온 중간체를 생성한다. 메탄올은 약한 친핵체이다. 이러한 분석으로부터 이 반응은 S_N1 메커니즘에 의한 것으로 예측한다. 2차 탄소 양이온 중간체(친전자체)가 메탄올(친핵체)과 반응한 후 양성자를 전이하여 반응물을 얻는다. 이 생성물은 R과 S 이성질체가 50:50인 혼합물을 생성한다. 즉 라셈 혼합물이 생성된다.

친핵적 치환 반응 예 2

Br + Na^+I^- $\xrightarrow{\text{DMSO}}$ I + Na^+Br^-

이 반응은 좋은 친핵체인 아이오딘화 이온과 1차 브로모알케인과의 반응이다. 1차 탄소 양이온은 매우 불안정하여 용액 중에서는 절대로 생성되지 않으며, S_N1 반응은 일어나지 않는다. 극성 비양성자성 용매인 설폭시화 다이메틸(DMSO)은 S_N2 반응을 일으키는 좋은 용매이다. 이 분석으로부터 이 반응은 S_N2 메커니즘으로 이루어짐을 예측할 수 있다.

친핵적 치환 반응 예 3

Br ... + $CH_3S^-Na^+$ $\xrightarrow{\text{acetone}}$ SCH_3 ... + Na^+Br^-

거울상 이성질체

브로민화 이온은 2차 탄소에 결합된 좋은 이탈기이다. 메틸설파이드(methylsulfide) 이온은 좋은 친핵체이다. 극성 비양성자성 용매인 아세톤은 S_N2 반응을 일으키는 좋은 매개체이지만, S_N1 반응을 일으키는 데는 좋지 않다. 이 반응은 S_N2 메커니즘에 의해 일어나며, 생성물의 입체 배열은 R일 것으로 예측된다.

예제 7.5

각 친핵성 치환 반응의 예상 생성물을 쓰고, 생성물이 형성되는 메커니즘을 예측하시오.

(a) (cyclopentyl–I) + CH_3OH $\xrightarrow{\text{methanol}}$

(b) Br ... + $CH_3\overset{O}{\overset{\|}{C}}O^-Na^+$ $\xrightarrow{\text{DMSO}}$

전략

친전자체의 반응 중심이 1차, 2차, 3차인지를 결정하시오. 그다음 친핵체의 친핵성도를 평가하라. 만약 친핵성도가 나쁘면 극성 양성자성 용매가 존재하고 반응 중심이 2차 또는 3차인 조건에서 그 반응은 분명 S_N1 메커니즘에 의해 진행될 것이다. 만약 좋은 친핵체가 있다면 반응 중심이 1차 또는 2차인 조건에서 그 반응은 분명 S_N2 메커니즘에 따라 진행될 것이다. 친핵체가 중간 정도이면 용매의 극성과 친전자체의 반응 중심에 초점을 맞추라. S_N1 메커니즘은 극성 양성자성 용매 중에서만 일어난다는 것을 기억하라.

풀이

(a) 메탄올은 나쁜 친핵체이며, 탄소 양이온을 녹일 수 있는 극성 양성자성 용매이다. 탄소–아이오딘 결합이 이온화하여 2차 탄소 양이온 중간체를 생성한다. S_N1 메커니즘으로 예상된다.

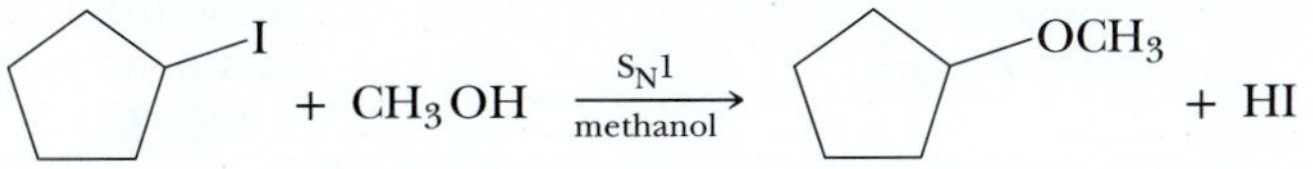

$$\text{cyclopentyl–I} + CH_3OH \xrightarrow[\text{methanol}]{S_N1} \text{cyclopentyl–}OCH_3 + HI$$

(b) 2차 탄소 위치에 있는 브로민화물은 좋은 이탈기이다. 아세트산 이온은 중간 정도의 친핵체이다. DMSO는 S_N2 반응에 특히 좋은 용매이다. 입체 중심에서 입체 배열이 반전되는 S_N2 메커니즘에 의한 치환 반응으로 예상된다.

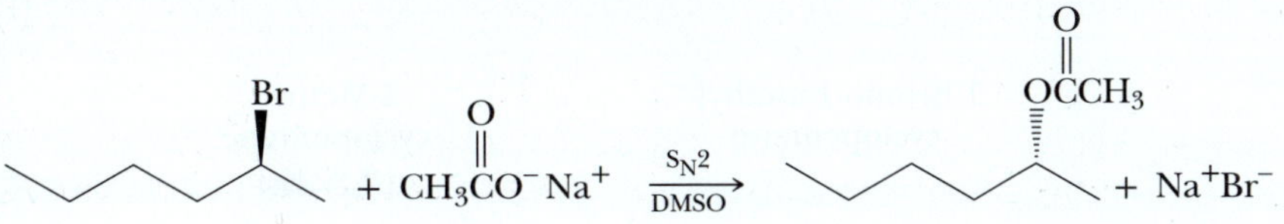

$$\text{(Br 화합물)} + CH_3\overset{O}{\overset{\|}{C}}O^- Na^+ \xrightarrow[\text{DMSO}]{S_N2} \text{(}O\overset{O}{\overset{\|}{C}}CH_3\text{ 화합물)} + Na^+Br^-$$

문제 7.23, 7.25~7.28, 7.34, 7.35 참조

문제 7.5

각 친핵성 치환 반응의 예상 생성물을 쓰고, 생성물이 형성되는 메커니즘을 예측하시오.

(a) (Br 치환 사이클로헥세인) $+ Na^+SH^- \xrightarrow{\text{acetone}}$

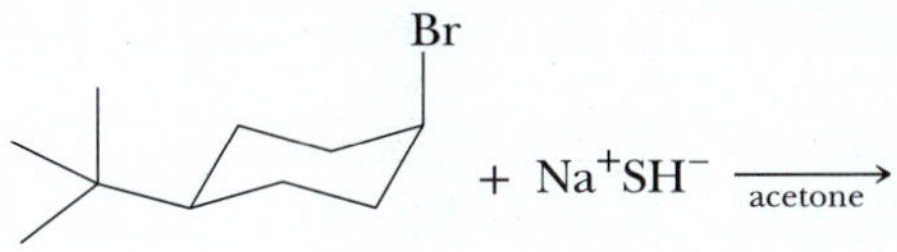

(b) $CH_3\overset{Cl}{\overset{|}{C}}HCH_2CH_3 + H\overset{O}{\overset{\|}{C}}OH \xrightarrow{\text{formic acid}}$
(*R*)

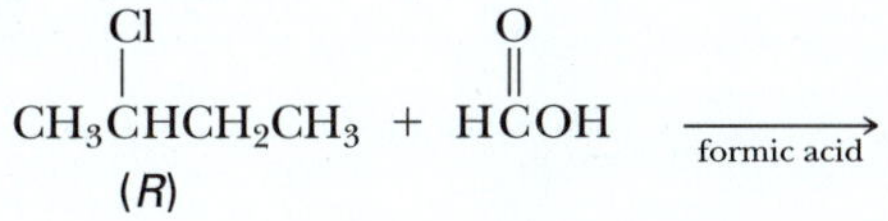

7.7 β 제거 반응의 생성물은 무엇인가?

이 절에서는 **할로젠화수소 이탈 반응**(dehydrohalogenation reaction)이라고 불리는 β 제거 반응의 유형을 공부한다. 수산화 이온이나 에톡시화 이온과 같은 강염기 존재하에 할로알케인의 한 탄소에서 할로젠이 제거되고, 인접한 탄소에서 수소가 제거되어 C—C 이중 결합이 생성된다.

할로젠화수소 이탈 반응 인접한 탄소들로부터 —H와 —X를 제거하는 반응. β 제거 반응의 한 종류

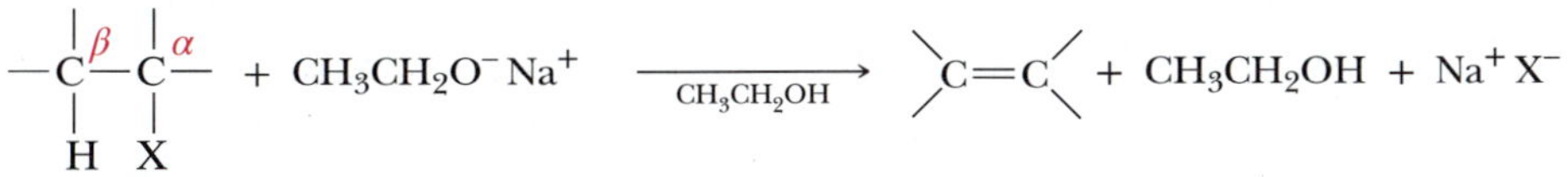

$$-\overset{|}{\underset{H}{\underset{|}{C}}}{}^{\beta}-\overset{|}{\underset{X}{\underset{|}{C}}}{}^{\alpha}- + CH_3CH_2O^- Na^+ \xrightarrow{CH_3CH_2OH} \;\rangle C=C\langle\; + CH_3CH_2OH + Na^+X^-$$

할로알케인 염기 알켄

반응식에서 보는 바와 같이 할로젠 원소가 결합된 탄소를 **α-탄소**(α-carbon)라고 하고, 인접한 탄소를 **β-탄소**(β-carbon)라고 한다.

대부분의 친핵체가 염기로 작용할 수 있고, 염기가 친핵체로도 작용할 수 있기 때문에 β 제거 반응과 친핵성 치환 반응이 경쟁 반응이라는 사실을 명심하는 것이 중요하다. 이 절에서는 β 제거 반응에 중점을 둔다. 7.9절에서 β 제거 반응과 친핵성 치환 사이에서의 경쟁 반응 결과를 공부한다.

β 제거 반응에 이용되는 일반적인 강염기는 OH^-, OR^-, NH_2^-이다. 다음은 염기에 의해 촉진되는 β 제거 반응의 세 가지 예이다.

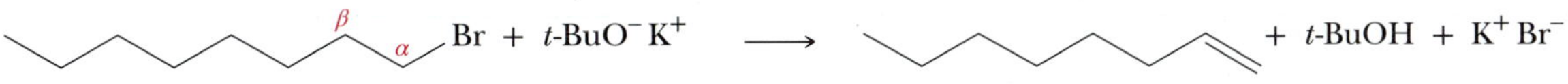

$$\text{(1-Bromooctane)}\; Br + t\text{-}BuO^- K^+ \longrightarrow \text{(1-Octene)} + t\text{-}BuOH + K^+ Br^-$$

1-Bromooctane Potassium *tert*-butoxide 1-Octene

2-Bromo-2-methylbutane $\xrightarrow[CH_3CH_2OH]{CH_3CH_2O^- Na^+}$ 2-Methyl-2-butene (주생성물) + 2-Methyl-1-butene

1-Bromo-1-methylcyclopentane $\xrightarrow[CH_3OH]{CH_3O^- Na^+}$ 1-Methylcyclopentene (주생성물) + Methylenecyclopentane

Zaitsev 법칙 β 제거 반응의 주생성물이 가장 안정한 알켄, 즉 주생성물이 탄소–탄소 이중 결합에 가장 많이 치환된 알켄이다.

첫 번째 예에서 염기를 반응물로 나타내었다. 두 번째와 세 번째 예에서 염기는 반응물이지만 반응 화살표 위에 나타내었다. 또한 두 번째와 세 번째 예에는 수소가 결합된 다른 β 탄소가 있어 β 제거 반응으로 두 개의 알켄이 생성될 수 있다. 각각의 경우에 이 반응과 대부분의 다른 β 제거 반응의 주생성물은 더 많이 치환된 알켄이다(물론 더 안정한 알켄이다. 5.7B절 참조). 이러한 반응을 처음으로 일반화한 화학자를 기념하기 위하여 각각의 반응이 **Zaitsev 법칙**(Zaitsev's rule)에 따르거나 아니면 Zaitsev 제거 반응이 일어난다고 말한다.

해결방법 7.5 제거 반응 완성하기 

(a) 이탈기를 확인하고 평가하라. 제거 반응은 좋은 이탈기가 없으면 일어나지 않을 것이다.

(b) 이탈기에 결합된 탄소를 'α(알파)'로 표시하라.

(c) α-탄소에 결합된 어떤 탄소에도 'β(베타)'로 표시하라. 주의: β-탄소에 수소 원자가 결합되어 있을 때에만 이렇게 한다.

(d) 분자로부터 이탈기와 β 수소를 제거하고 α와 β 탄소 사이에 새로운 이중 결합이 되도록 하라. 이렇게 하여 β 제거 반응 생성물을 만든다.

(e) 다른 β-탄소에 위의 (d) 단계를 반복하여 다른 β 제거 반응 생성물을 만드시오.

예제 7.6

각 브로모알케인이 에탄올에서 sodium ethoxide와 반응할 때 생성되는 β 제거 반응 생성물을 예측하시오(만약 두 개가 생성되면 주생성물이 어느 것인지를 예측하시오).

(a) Br **(b)** Br **(c)** Br CH$_3$

전략

할로젠에 붙어 있는 탄소를 α로 표시하라. 그리고 α-탄소 다음에 있는 어떤 탄소에도 β로 표시하라. 만약 β-탄소에 적어도 한 개의 수소가 결합되었다면 그 수소와 할로젠을 제거하고 α-탄소와 β-탄소 사이에 C—C 이중 결합을 그려라. 처음부터 다시 시작하여 이 기준에 맞는 다른 β-탄소에도 이 과정을 반복하라. 이렇게 할 수 있을 때마다 만들어지는 이 화합물이 결과적으로 제거 반응 생성물이 될 것이다.

풀이

(a) 이 브로모알케인에는 동등하지 않은 두 개의 다른 β-탄소가 있으며, 두 개의 알켄이 생성될 수 있다. 더 많이 치환된 알켄인 2-methyl-2-butene이 주생성물이다.

Br, β, β $\xrightarrow[\text{EtOH}]{\text{EtO}^-\text{Na}^+}$ 2-Methyl-2-butene (주생성물) + 3-Methyl-1-butene

(b) 이 브로모알케인에는 단 하나의 β-탄소가 있으며, 단 하나의 알켄이 생성될 수 있다.

β, Br $\xrightarrow[\text{EtOH}]{\text{EtO}^-\text{Na}^+}$ 3-Methyl-1-butene

(c) 이 고리형 브로모알케인에는 등등하지 않은 두 개의 다른 β-탄소가 있으며, 두 개의 알켄이 가능하다. 더 많이 치환된 알켄인 1-methylcyclohexene이 주생성물이다.

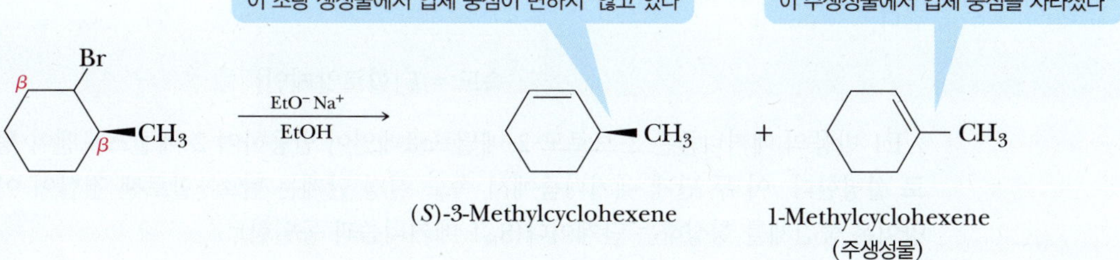

문제 7.36 ~7.38 참조

문제 7.6

각 클로로알케인이 에탄올에서 sodium ethoxide와 반응할 때 생성되는 β 제거 반응 생성물을 예측하시오(만약 두 개가 생성되면 주생성물이 어느 것인지를 예측하시오).

(a) Cl CH$_3$ **(b)** CH$_2$Cl **(c)** Cl CH$_3$ **(d)** CH$_3$ Br

7.8 β 제거 반응에 대한 E1과 E2 메커니즘은 무엇인가?

β 제거 반응에 대한 두 개의 메커니즘이 있다. 두 메커니즘의 근본적인 차이는 결합 절단 단계와 결합 형성 단계의 시기이다. 7.4절에서 친핵성 치환 반응에 대한 두 개의 메커니즘에 관해 똑같이 설명했음을 기억하라.

해결방법 7.6

메커니즘 그리기 

굽은 화살표는 항상 결합이나 고립 전자쌍에서 나온 화살표임을 나타낸다.

굽은 화살표의 올바른 사용

$H_3N\!:$ + $H-C(CH_3)(H)-C(H)(H)-\ddot{Cl}:$ ⟶ $NH_4^+Cl^-$ + $(CH_3)(H)C{=}C(H)(H)$

굽은 화살표의 잘못된 사용

$H_3N\!:$ + $H-C(CH_3)(H)-C(H)(H)-\ddot{Cl}:$ ⟶ $NH_4^+Cl^-$ + $(CH_3)(H)C{=}C(H)(H)$

A. E1 메커니즘

극단적인 경우 염기와 반응이 일어나서 수소가 제거되기 전에, 그리고 탄소-탄소 이중 결합이 형성되기 전에 C—X 결합은 완전히 끊어진다. 이 메커니즘을 **E1**으로 표시하며, E는 제거(*e*limination)를 나타내고, 1은 단분자(*uni*molecular) 반응을 나타낸다. 즉 **한** 성분만이 속도 결정 단계에 관여하는데, 이 경우는 할로알케인이다. **E1** 반응의 속도 법칙은 S_N1의 속도 법칙과 같다.

$$속도 = k\,[할로알케인]$$

E1 반응의 메커니즘은 2-브로모-2-메틸프로페인이 반응하여 2-메틸프로펜이 형성되는 반응으로 설명한다. 이 두 단계 메커니즘에서 속도 결정 단계는 탄소-할로젠 결합이 이온화되어 탄소 양이온 중간체를 형성하는 단계이다(S_N1 메커니즘과 동일함).

메커니즘

2-브로모-2-메틸프로페인의 E1 반응

1단계: 결합의 절단

C—Br 결합이 속도 결정 이온화 반응으로 탄소 양이온 중간체를 형성한다.

$CH_3-C(CH_3)(Br)-CH_3$ —(느림, 속도 결정 단계)⟶ $CH_3-\overset{+}{C}(CH_3)-CH_3$ + $:\ddot{Br}:^-$

탄소 양이온 중간체

2차 또는 이 경우 3차 탄소 양이온이 E1 반응을 한다.

2단계: 양성자 제거

양성자가 탄소 양이온 중간체에서 메탄올(이 경우 용매이자 반응물임)로 이동하여 알켄을 형성한다.

$$CH_3\ddot{O}H + H-CH_2-\overset{+}{C}(CH_3)-CH_3 \xrightarrow{\text{빠름}} CH_3\ddot{O}^+H-H + CH_2=C(CH_3)-CH_3$$

B. E2 메커니즘

또 다른 극단적인 경우는 협동 과정이다. **E2** 반응에서 E는 제거 반응을 나타내고, 2는 이분자(*bi*molecular)를 나타낸다. 염기가 β 수소를 제거하고, 동시에 C—X 결합이 끊어져 할로젠화 이온을 형성하기 때문에 속도 결정 단계의 속도 법칙은 할로알케인과 염기 모두에 의해 결정된다.

$$\text{속도} = k\,[\text{할로알케인}][\text{염기}]$$

강염기일수록 E2 메커니즘이 더 많이 작용할 것이다. 1-브로모프로페인과 에톡시화 소듐과의 반응으로 E2 메커니즘을 설명한다.

메커니즘

1-브로모프로페인의 E2 반응

E2 메커니즘에서는 (1) 양성자를 제거하고 (2) 안정한 이온이나 분자를 생성하도록 결합을 절단한다. 염기로의 양성자 이동, 탄소–탄소 이중 결합 형성, 브로민화 이온의 제거 반응이 동시에 일어난다. 즉 모든 결합 형성과 결합 절단이 동시에 일어난다.

E2 메커니즘은 협동이다.

$$CH_3CH_2\ddot{O}:^- + H-CH(CH_3)-CH_2-\ddot{Br}: \longrightarrow CH_3CH_2\ddot{O}-H + CH_3CH=CH_2 + :\ddot{Br}:^-$$

E1과 E2 반응 모두 주생성물은 다음 E2 반응으로 설명하는 Zaitsev 법칙(7.7절)에 따라 생성된다.

2-Bromohexane $\xrightarrow[CH_3OH]{CH_3O^-Na^+}$ *trans*-2-Hexene (74%) + 1-Hexene (26%)

할로알케인의 β 제거 반응에 관한 일반 법칙을 표 7.6에 요약하였다.

표 7.6 할로알케인의 E1 대 E2 반응 요약

할로알케인	E1	E2
1차 RCH_2X	E1 반응이 일어나지 않음. 1차 탄소 양이온은 매우 불안정하여 용액 내에서 관찰되지 않는다.	E2 선호
2차 R_2CHX	H_2O, ROH와 같은 약염기와 주로 반응	OH^-, OR^-와 같은 강염기와 주로 반응
3차 R_3CX	H_2O, ROH와 같은 약염기와 주로 반응	OH^-, OR^-와 같은 강염기와 주로 반응

해결방법 7.7

할로알케인의 β 제거 반응 형태 예측하기

(a) 할로알케인의 구조를 분류하라. 1차 할로알케인은 E1 반응을 하지 않을 것이다. 2차와 3차 할로알케인은 E1과 E2 반응을 모두 하게 될 것이다.

(b) 염기를 확인하고 평가하라. E2 반응은 강염기를 선호하며, 약염기와는 거의 반응이 일어나지 않는다. E2 반응은 어떤 용매에서도 일어날 수 있다. E1 반응은 약염기와 강염기 모두에서 일어날 수 있지만, 이 반응의 첫 단계에서 형성된 탄소 양이온을 안정화할 수 있는 극성 양성자성 용매가 필요하다.

예제 7.7

각 β 제거 반응이 E1과 E2 메커니즘 중 어느 것에 의해 우선적으로 진행되는지를 예측하고, 주된 유기 생성물의 구조식을 쓰시오.

(a) $CH_3C(CH_3)(Cl)CH_2CH_3 + Na^+OH^- \xrightarrow[H_2O]{80°C}$

(b) $CH_3C(CH_3)(Cl)CH_2CH_3 \xrightarrow{CH_3COOH}$

전략

용매와 염기를 확인하라. 강염기이면 E2 메커니즘이 우세하게 일어난다. 약염기이고 극성 양성자성 용매이면 E1 메커니즘이 우세하게 일어난다.

풀이

(a) 3차 클로로알케인에 강염기인 NaOH를 넣고 가열한다. 주로 E2 반응에 의한 제거 반응이 일어나 주생성물로 2-methyl-2-butene이 생성된다.

$$CH_3C(CH_3)(Cl)CH_2CH_3 + Na^+OH^- \xrightarrow[H_2O]{80°C} CH_3C(CH_3){=}CHCH_3 + Na^+Cl^- + H_2O$$

(b) 탄소 양이온의 형성을 촉진하는 용매인 아세트산에 녹아 있는 3차 클로로알케인은 3차 탄소 양이온을 생성하고 양성자를 잃어, 주생성물로 2-methyl-2-butene을 생성한다. 이 반응은 E1 메커니즘으로 일어난다.

아세트산은 용매로서 그리고 약한 염기로서 작용한다.

$$CH_3C(CH_3)(Cl)CH_2CH_3 \xrightarrow{CH_3COOH} CH_3C(CH_3){=}CHCH_3 + CH_3COOH_2^+Cl^-$$

문제 7.36~7.38 참조

문제 7.7

각 제거 반응이 E1과 E2 중 어느 것이 주도적으로 일어나는지를 예측하고, 주된 유기 생성물의 구조식을 쓰시오.

(a) (3-bromopentane) $+ CH_3O^-\,Na^+ \xrightarrow{methanol}$

(b) (trans-1-chloro-4-methylcyclohexane) $+ Na^+\,OH^- \xrightarrow{acetone}$

7.9 친핵성 치환 반응과 β 제거 반응은 언제 경쟁하는가?

지금까지 할로알케인의 두 가지 반응 형태인 친핵성 치환 반응과 β 제거 반응에 대해 공부하였다. 우리가 공부한 수산화 이온과 알콕시화 이온과 같은 많은 친핵체들은 또한 강염기이다. 따라서 친핵성 치환 반응과 β 제거 반응은 종종 서로 경쟁하며, 이 반응들에 의해 형성되는 생성물의 비율은 두 반응의 상대적 반응 속도에 의해 결정된다.

$$H-\overset{|}{\underset{|}{C}}-\overset{|}{\underset{|}{C}}-X + :Nu^- \begin{cases} \xrightarrow{\text{친핵성 치환 반응}} H-\overset{|}{\underset{|}{C}}-\overset{|}{\underset{|}{C}}-Nu + :X^- \\ \xrightarrow{\beta \text{ 제거 반응}} >C=C< + H-Nu + :X^- \end{cases}$$

A. S_N1 대 E1 반응

극성 양성자성 용매에서 2차 및 3차 할로알케인이 반응하여 치환 반응 생성물과 제거 반응 생성물의 혼합물을 만든다. 이 두 반응에서 1단계는 탄소 양이온 중간체를 형성한다. 이 단계는 이어서 수소를 잃어 알켄을 형성하거나(E1), 용매와 반응하여 치환 생성물을 만든다(S_N1). 극성 양성자성 용매에서 생성물의 형성은 특정 탄소 양이온의 구조에만 영향을 받는다. 예를 들면 80%의 에탄올 수용액 중에 용해된 *tert*-염화 뷰틸(*tert*-butyl chloride)과 *tert*-아이오딘화 뷰틸(*tert*-butyl iodide)은 모두 용매와 반응하여 같은 치환 반응 생성물과 제거 반응 생성물의 혼합물을 만든다.

$$(CH_3)_3C-I \xrightarrow{-I^-} \quad (CH_3)_3C-Cl \xrightarrow{-Cl^-} \quad CH_3-\overset{CH_3}{\underset{CH_3}{C^+}}$$

$$CH_3-\overset{CH_3}{\underset{CH_3}{C^+}} \begin{cases} \xrightarrow{E1} CH_2=C(CH_3)_2 + H^+ \\ \xrightarrow[H_2O]{S_N1} CH_3-\overset{CH_3}{\underset{CH_3}{C}}-OH + H^+ \\ \xrightarrow[CH_3CH_2OH]{S_N1} CH_3-\overset{CH_3}{\underset{CH_3}{C}}-OCH_2CH_3 + H^+ \end{cases}$$

아이오딘화 이온은 염화 이온보다 더 좋은 이탈기이기 때문에 *tert*-아이오딘화 뷰틸이 *tert*-염화 뷰틸보다 100배 이상 더 빠르게 반응하지만, 생성물의 비율은 같다.

B. S_N2 대 E2 반응

할로알케인과 친핵체이자 염기로 작용하는 시약과의 반응에서 치환 반응 생성물과 제거 반응 생성물의 비율을 예측하는 것은 매우 쉽다. 그 원칙은 다음과 같다.

1. α-탄소나 β-탄소에 가지가 있으면 α-탄소 주위에 입체 장애가 증가하고 S_N2 반응의 속도가 현저히 느려진다. 반대로 알켄 생성물의 안정도가 증가하기 때문에 E2 반응 속도가 빨라진다.
2. 공격 시약(attacking reagent)의 친핵성도가 커지면 S_N2/E2 비율이 커진다. 반대로 공격 시약의 염기도가 커지면 E2/S_N2의 비율이 커진다.

E2에 의한 β-수소에 염기의 공격은 α-탄소에 있는 가지에 의한 영향을 매우 작게 받아 알켄의 생성이 가속화된다.

친핵체의 S_N2 공격은 α와 β-탄소에 있는 가지에 의해 방해받는다.

이탈기

1차 할로젠화물은 염기/친핵체와 반응하여 주로 치환 생성물을 만든다. 수산화 이온이나 에톡시화 이온과 같은 강염기와 반응하면 소량의 생성물은 E2 반응으로 만들어지지만, S_N2 반응으로 형성된 생성물과 비교하면 일반적으로 작다. *tert*-뷰톡사이드 이온과 같은 강염기와 반응하면 E2 생성물이 주생성물이다. 3차 할로젠화물은 모든 강염기/좋은 친핵체와 반응하여 제거 생성물만을 만든다.

2차 할로젠화물은 경계선상에 있으며, 특정 염기/친핵체, 용매, 반응 온도에 따라 치환 반응 또는 제거 반응이 우선적으로 일어날 것이다. 제거 반응은 수산화 이온과 에톡시화 이온과 같은 강염기/좋은 친핵체와 반응할 때 우선적으로 일어난다. 치환 반응은 아세트산 이온과 같은 약염기/나쁜 친핵체와 반응할 때 우선적으로 일어난다. 할로알케인의 치환 반응과 제거 반응에 관한 일반적인 특징을 표 7.7에 요약하였다.

표 7.7 할로알케인의 치환 반응과 제거 반응 요약

할로젠화물	반응	설명
Methyl CH_3X	S_N2	치환 반응만 일어남.
	~~S_N1~~	할로젠화 메틸의 S_N1 반응은 절대 일어나지 않음. 메틸 양이온은 매우 불안정하여 용액 내에서 절대 생성되지 않음.
1차 RCH_2X	S_N2	OH^-나 EtO^-와 같은 강염기와 주로 반응. I^-, CH_3COO^-와 같은 좋은 친핵체/약한 염기와도 주로 반응함.
	E2	Potassium *tert*-butoxide와 같은 크고 강한 염기와 주로 반응함.
	~~S_N1/E1~~	용액 내에서 1차 양이온은 전혀 생성되지 않으므로, 1차 할로젠화물의 SN1이나 E1 반응은 전혀 일어나지 않음.
2차 R_2CHX	S_N2	I^-, CH_3COO^-와 같은 약염기/좋은 친핵체와 주로 반응함.
	E2	OH^-, $CH_3CH_2O^-$와 같은 강염기/좋은 친핵체와 주로 반응함.
	S_N1/E1	물, 메탄올, 에탄올과 같은 극성 양성자성 용매에서 약한 친핵체와의 반응이 일반적.
3차 R_3CX	~~S_N2~~	3차 탄소 주변의 극도의 밀집성으로 인해 3차 할로젠화물의 S_N2 반응은 전혀 일어나지 않음.
	E2	HO^-, RO^-와 같은 강염기와 주로 반응함.
	S_N1/E1	약한 친핵체/약염기와 주로 반응함.

예제 7.8

각 반응이 치환 반응(S_N1 또는 S_N2)과 제거 반응(E1 또는 E2) 중 주로 어느 것이 일어나는지, 아니면 두 반응이 경쟁적으로 일어나는지를 예측하고, 주된 유기 생성물의 구조식을 쓰시오.

(a) Cl + Na^+OH^- $\xrightarrow[H_2O]{80°C}$

(b) Br + $(C_2H_5)_3N$ $\xrightarrow[CH_2Cl_2]{30°C}$

전략

우선 반응물이 주로 염기로서 작용하는지, 아니면 친핵체로 작용하는지를 결정하라. 만일 반응물이 약염기이지만 좋은 친핵체이면 치환이 더 잘 일어날 것이며, 반응물이 강염기이지만 약한 친핵체이면 제거 반응이 더 잘 일어날 것이다. 반응물이 염기와 친핵체로 모두 똑같이 작용할 수 있을 때, 치환 반응 또는 제거 반응 중 어느 것이 우선인지를 결정하기 위해 다른 요인을 사용하라. 다른 요인으로는 반응 중심 부근에서의 치환도(1차 할로알케인의 경우는 E1 또는 S_N1 반응이 일어나지 않는다. 3차 할로알케인의 경우는 S_N2 반응이 일어나지 않는다) 또는 용매의 형태(E1과 S_N1 반응에는 극성 양성자성 용매가 필요하다)가 해당된다.

풀이

(a) 3차 할로젠화물에 강염기/좋은 친핵체를 넣고 가열하면 주로 E2 반응에 의한 제거 반응이 일어나 주생성물로서 2-methyl-2-butene이 생성된다.

강염기/좋은 친핵체는 E2/S_N2를 선호하나 3차 할로젠화물은 S_N2 반응을 하지 못한다.

(2-chloro-2-methylbutane) + Na^+OH^- $\xrightarrow[H_2O]{80°C}$ (2-methyl-2-butene) + Na^+Cl^- + H_2O

(b) 1차 할로젠화물이 중간 정도의 친핵체/약염기인 triethylamine과 반응하여 S_N2 반응에 의한 치환 반응이 일어난다.

1차 할로젠화물은 E1/S_N1 반응을 할 수 없다. 이 염기는 E2를 할 만큼 강하지 못하다.

(1-bromo-3-methylbutane, Br) + $(C_2H_5)_3N$ $\xrightarrow[CH_2Cl_2]{30°C}$ (3-methylbutyl)$\overset{+}{N}(C_2H_5)_3Br^-$

문제 7.43 참조

문제 7.8

각 반응이 치환 반응(S_N1 또는 S_N2)과 제거 반응(E1 또는 E2) 중 주로 어느 것이 일어나는지, 아니면 두 반응이 경쟁적으로 일어나는지를 예측하고 주된 유기 생성물의 구조식을 쓰시오.

(a) (3-bromopentane, Br) + $CH_3O^-Na^+$ $\xrightarrow{\text{methanol}}$

(b) (Cl이 치환된 methylcyclohexane) + Na^+OH^- $\xrightarrow{\text{acetone}}$

화학 관련 7B

클로로플루오로탄소 입법이 천식 환자에 미치는 영향

오존층 파괴 물질에 관한 Montreal 의정서는 1987년에 제안되어 1989년에 발효되었다. 이 의정서와 많은 수정 문서의 결과로서, 공업화된 많은 나라에서 오존층에 해로운 CFC와 많은 다른 물질들이 사라지게 되었다. 그러나 대체 수단이 없어 CFC를 필수적으로 사용하는 생산물에 대하여 Montreal 의정서는 예외를 인정하였다. 예외 품목 중 하나가 알부테롤 정량 흡입기(albuterol metered-dose inhaler)인데, 이는 약을 뿜어 주는 추진체로 CFC를 사용하며, 전 세계적으로 천식 환자들이 사용하고 있다. 미국에서는 청정 공기 조례(Clean Air Act)와 하이드로플루오로알케인(hydrofluoroalkane, HFA)으로 알려진 다른 형태의 추진체를 사용할 수 있기 때문에 Montreal 의정서에서 정한 예외 규정을 2008년 12월에 폐기하였다. HFA가 장착된 흡입기의 한 가지 단점은 가격이다. 즉 HFA 흡입기는 아직 유사 제품(generic version)이 없기 때문에 CFC를 이용한 흡입기의 3~6배 가격이다. 이는 천식으로 고생하며 치료를 받아야 하는 미국 내 거의 2천3백만 명이나 되는 환자들의 (구매) 능력을 벗어나서 환자, 의사, 환자의 권리 단체로부터 우려를 불러일으켰다. 또 다른 점은 맛, 냄새, 분사에 대한 흡입기의 온도, 추운 기후와 높은 고도에서의 효과(HFA는 이러한 조건하에서 CFC보다 더 효과적이다) 등이다. 이런 실질적인 다른 점은 CFC와 비교할 때 HFA에는 염소가 없기 때문이며, 화학 구조의 변화가 분자의 특성과 사회에서 그 화합물의 궁극적인 적용에 어떻게 영향을 주는지에 관한 아주 좋은 예이다.

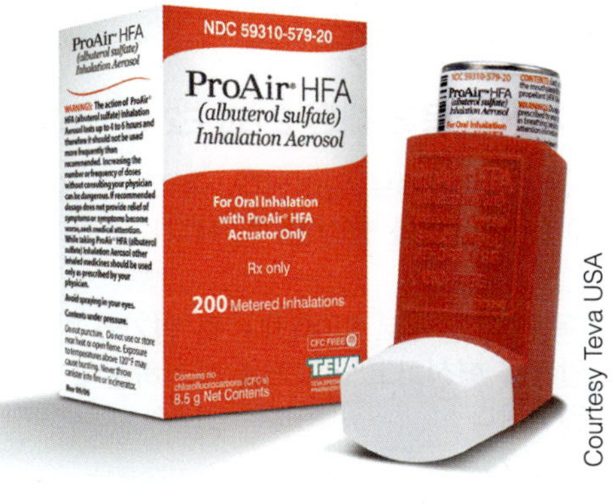

Courtesy Teva USA

HFA-134a: CF_3–CH_2F (F–C(F)(F)–C(F)(H)–H)

HFA-227: CF_3–CHF–CF_3 (F–C(F)(F)–C(F)(H)–C(F)(F)–F)

하이드로플루오로알케인은 CFC가 없는 의료용 흡입기이다.

문제

HFA-134a 또는 HFA-227은 S_N1 반응을 한다고 생각하는가, S_N2 반응을 하는가? 왜 그런가, 아니면 왜 그렇지 않은가?

중요한 질문에 대한 요약

7.1 할로알케인은 어떻게 명명하는가?

- IUPAC 체계에서 할로젠 원자는 fluoro-, chloro-, bromo-, iodo- 치환기로 명명하며, 다른 치환기와 함께 알파벳 순으로 적는다.
- 일반명 체계에서 **할로알케인**은 **할로젠화 알킬**로 명명하는데, 그 이름은 알킬기를 먼저 명명하고 그 다음에 독립된 단어로 할로젠화물의 이름을 붙인다(예: 염화 메틸).
- CHX_3 형태의 화합물은 **할로폼**이라 부른다.

7.2 할로알케인의 특징적 반응은 무엇인가?

- 할로알케인은 **친핵성 치환 반응**과 **β 제거 반응**을 한다.
- 치환 반응에서 할로젠은 친핵체로 알려진 반응물로 바뀐다. 친핵체는 다른 원자나 이온에 주어 새로운 공유 결합을 형성할 수 있는 비공유 전자쌍이 있는 분자나 이온이다. 달리 말하면 친핵체는 Lewis 염기이다.
- 제거 반응에서 할로젠과 인접한 수소가 제거되어 알켄을 형성한다.

7.3 친핵성 지방족 치환 반응의 생성물은 무엇인가?

- 친핵성 치환 반응의 생성물은 반응에 사용된 친핵체에 따라 다양하다. 예를 들면 친핵체가 수산화물(HO^-)일 때, 생성물은 알코올(ROH)일 것이다.
- 친핵성 치환 반응은 할로알케인을 알코올, 에터, 싸이올, 설파이드, 아이오딘화 알킬, 알킬 암모늄 이온으로 전환하는 데 사용할 수 있다.

7.4 친핵성 치환 반응에 대한 S_N1과 S_N2 메커니즘은 무엇인가?

- **S_N2** 반응은 한 단계로 일어난다. 도입하는 친핵체의 도움으로 **이탈기**가 제거되며, 친핵체와 이탈기는 모두 전이 상태에 포함된다. S_N2 반응은 입체 선택성이 있어 입체 중심에서 반응이 일어나면 **입체 배열이 반전**된다.
- **S_N1** 반응은 두 단계로 일어난다. 1단계는 C—X 결합의 느린 속도 결정 이온화 반응이 일어나 탄소 양이온 중간체를 형성한 후, 2단계에서 친핵체와 빠르게 반응하여 치환을 완결한다. 입체 중심에서 일어나는 S_N1 반응에서 주반응은 **라셈화 반응**이다.

7.5 S_N1이 우선인지, S_N2가 우선인지를 결정하는 것은 무엇인가?

- 이탈기의 안정성. 이탈기로 작용하는 기의 능력은 음이온의 안정도와 관련이 있다. 가장 안정한 음이온과 최적의 이탈기는 강산의 짝염기이다.
- 시약의 **친핵성도**. 친핵성도는 기준이 되는 친핵성 치환 반응에서 시약의 반응 속도로 측정한다.
- 할로알케인의 구조. S_N1 반응은 **전자 인자**, 즉 탄소 양이온 중간체의 상대적 안정도에 영향을 받는다. S_N2 반응은 **입체 인자**, 즉 치환 반응의 위치 주변의 혼잡도에 영향을 받는다.
- 용매의 특성. **양성자성 용매**는 —OH기를 가지며, 극성 분자나 이온과 강하게 상호작용하고, 탄소 양이온을 형성하는 좋은 용매이다. 양성자성 용매는 S_N1 반응을 선호한다. **비양성자성 용매**는 —OH기를 가지지 않는다. 일반적인 비양성자성 용매는 **다이메틸 설폭사이드**, 아세톤, 다이에틸 에터, 다이클로로메테인이다. 비양성자성 용매는 극성 분자나 이온과 강하게 상호작용하지 않으며, 탄소 양이온을 잘 형성하지 않는다. 비양성자성 용매는 S_N2 반응을 선호한다.
- 할로알케인과 같이 좋은 이탈기를 가진 비할로젠 화합물은 치환 반응을 할 수 있다.
- 할로젠의 크기(I^- 또는 Br^-과 같은) 또는 할로젠의 전기 음성도(Cl^-)가 생성되는 음전하를 안정하게 하는 데 도움을 주기 때문에 할로젠은 좋은 이탈기이다. F^-는 HF가 약산이기 때문에 좋지 않은 이탈기이다. HCl, HBr, HI는 강산으로, 이들의 할로젠화 음이온을 약산으로 만든다.
- 이탈기로 작용하는 기의 능력은 음이온으로 얼마나 안정한가와 관련이 있다.
- 가장 안정한 음이온과 최적의 이탈기는 강산의 짝염기이다.

7.6 실험 조건에 근거하여 S_N1과 S_N2를 어떻게 예측할 수 있는가?

- 특별한 친핵성 치환 반응의 메커니즘은 할로알케인의 구조, 친핵체, 이탈기, 용매에 대한 고찰에 근거하여 예측한다.

7.7 β 제거 반응의 생성물은 무엇인가?

- β 제거 반응의 한 유형인 **할로젠화수소 이탈 반응**은 인접한 탄소 원자들로부터 H와 X를 제거하여 탄소–탄소 이중 결합이 생성된다. 가장 많이 치환된 알켄이 생성되는 β 제거 반응을 **Zaitsev 제거 반응**이라고 한다.

7.8 β 제거 반응에 대한 E1과 E2 메커니즘은 무엇인가?

- **E1** 반응은 두 단계로 일어난다. 즉 C—X 결합이 절단되어 탄소 양이온 중간체를 형성한 후, H^+가 제거되어 알켄을 형성한다.
- **E2** 반응은 한 단계로 일어난다. 즉 염기와 반응하여 H^+를 떼어내어 알켄을 형성하고 이탈기를 제거하는데, 이 모든 반응이 동시에 일어난다.

7.9 친핵성 치환 반응과 β 제거 반응은 언제 경쟁하는가?

- 수산화 이온과 알콕시화 이온과 같이 우리가 공부한 많은 친핵체는 또한 강염기이다. 결과적으로 친핵성 치환 반응과 β 제거 반응은 종종 서로 경쟁하며, 이러한 반응에 의해 생성되는 생성물의 비율은 두 반응의 상대 속도에 좌우된다.

OX퀴즈

이 장에서 배운 개념들을 이해하였는지 알아보기 위해 아래 질문이 맞는지 틀린지 답하시오. 답이 틀렸거나 어렵다면, 장 끝의 문제를 풀기 전에 괄호 속에 표시한 해당 절을 복습하시오.

1. S_N1 반응은 입체 이성질체인 두 종의 생성물을 만들 수 있다. (7.4)
2. 할로젠화 화합물을 명명할 때 '할로알케인'은 IUPAC명인 반면, '할로젠화 알킬'은 일반명이다. (7.1)
3. 치환 반응으로 알켄이 생성된다. (7.3)
4. Sodium ethoxide($CH_3CH_2O^-Na^+$)는 bromocyclohexane과의 반응에서 염기와 친핵체로서 작용할 수 있다. (7.2)
5. E2 반응의 속도 법칙은 할로알케인의 농도에만 좌우된다. (7.8)
6. S_N1 반응 메커니즘은 탄소 양이온의 형성을 포함한다. (7.4)
7. 극성 양성자성 용매는 E1 또는 S_N1 반응이 일어나는 데 필요하다. (7.9)
8. OH^-는 Cl^-보다 더 좋은 이탈기이다. (7.5)
9. 하나 이상의 할로젠을 갖는 할로알케인을 명명할 때 번호 매김 우선순위는 분자량이 더 큰 할로젠에 부여한다. (7.1)
10. S_N2 반응은 좋은 친핵체를 선호하는 반면, S_N1 반응은 대부분 친핵체와 진행한다. (7.5)
11. 염기가 강할수록 더 좋은 이탈기이다. (7.5)
12. S_N2 반응은 1차 할로알케인보다 2차 할로알케인과 더 잘 일어나는 것 같다. (7.9)
13. 용매화 반응은 용매없이 일어나는 반응이다. (7.4)
14. 반응 중심에서 일어나는 치환의 정도는 S_N1 반응의 속도에는 영향을 주지만, S_N2 반응의 속도에는 영향을 주지 않는다. (7.5)
15. 시약이 친핵체로서 반응하기 위해서는 반드시 음전하를 가지고 있어야 한다. (7.3)
16. 제거 반응은 더 많이 치환된 알켄이 생성되는 것을 선호한다. (7.7)
17. 최고의 이탈기는 음이온으로서 불안정한 기이다. (7.5)
18. S_N2 반응에서 친핵체는 이탈기의 측면 반대편으로부터 탄소를 공격한다. (7.4)
19. 할로알케인만이 치환 반응을 할 수 있다. (7.5)
20. 아세톤, DMSO, 에탄올은 모두 극성 비양성자성 용매이다. (7.5)

정답: (1) ○ (2) ○ (3) × (4) ○ (5) × (6) ○ (7) ○ (8) × (9) × (10) ○ (11) × (12) × (13) × (14) × (15) × (16) ○ (17) × (18) ○ (19) × (20) ×

주요 반응

1. 친핵성 지방족 치환 반응: S_N2 (7.4A절)

S_N2 반응은 한 단계로 일어나며, 친핵체와 이탈기는 모두 속도 결정 단계인 전이 상태에 포함된다. 친핵체는 음으로 하전되었거나 중성이다. S_N2 반응은 반응 중심에서 입체 배열의 반전으로 일어난다. 이 반응은 극성 양성자성 용매보다 극성 비양성자성 용매에서 빨리 일어난다. S_N2 반응은 입체 인자, 즉 반응 위치 주변의 혼잡도에 영향을 받는다.

$$I^- + (CH_3CH_2)(CH_3)(H)C{-}Cl \longrightarrow I{-}C(CH_2CH_3)(H)(CH_3) + Cl^-$$

$$(CH_3)_3N + (CH_3CH_2)(CH_3)(H)C{-}Cl \longrightarrow (CH_3)_3\overset{+}{N}{-}C(CH_2CH_3)(H)(CH_3) + Cl^-$$

2. 친핵성 지방족 치환 반응: S_N1 (7.4B절)

S_N1 반응은 두 단계로 일어난다. 1단계는 C—X 결합의 느린 속도 결정 이온화 반응이 일어나 탄소 양이온 중간체를 형성한 후, 2단계에서 친핵체와 빠르게 반응하여 치환 반응을 완결한다. 입체 중심에서 반응이 일어나 라셈 생성물을 만든다. S_N1 반응은 전자 인자, 즉 탄소 양이온 중간체의 상대적 안정도에 영향을 받는다.

$$\text{1-chloro-1-methylcyclohexane } (CH_3, Cl) + CH_3CH_2OH \longrightarrow \text{1-ethoxy-1-methylcyclohexane } (CH_3, OCH_2CH_3) + HCl$$

3. β 제거 반응: E1 (7.8A절)

E1 반응은 인접 탄소들로부터 원자나 원자단이 제거되는 반응이다. 반응은 두 단계로 일어나며, 탄소 양이온 중간체 형성 반응이 포함된다.

$\xrightarrow[\text{CH}_3\text{COOH}]{\text{E1}}$ + HCl

Cl

Br

$\xrightarrow[\text{CH}_3\text{OH}]{\text{CH}_3\text{O}^-\text{Na}^+}$ +

(74%) (26%)

4. β 제거 반응: E2 (7.8B절)
E2 반응은 한 단계로 일어난다. 염기와 반응하여 수소를 제거하여 알켄을 형성하며 이탈기를 떼어내는 데, 모든 반응이 동시에 일어난다.

문 제

별표로 표시된 문제는 본문의 '실생활' 문제를 나타낸다. 푸른색으로 된 문제의 답은 부록 D에 있다.

7.1절 명명법

7.9 다음 화합물의 IUPAC명을 쓰시오. (예제 7.1 참조)

(a) $CH_2{=}CF_2$

(b) Br

(c) Cl

(d) $Cl(CH_2)_6Cl$

(e) CF_2Cl_2

(f) Br

7.10 다음 화합물의 IUPAC명을 쓰시오 (답에서 적당한 곳에 입체 배열을 반드시 표시하시오). (예제 7.1 참조)

(a) H Br

(b) CH_3 Br

(c) Cl

(d) Cl

(e) Br Cl

(f) CH_3 Br H C—C H Br CH_3

7.11 다음 화합물의 구조식을 그리시오(주어진 이름은 IUPAC명이다). (예제 7.1 참조)

(a) 3-Bromopropene
(b) (*R*)-2-Chloropentane
(c) meso-3,4-Dibromohexane
(d) *trans*-1-Bromo-3-isopropylcyclohexane
(e) 1,2-Dichloroethane
(f) Bromocyclobutane

7.12 다음 화합물의 구조식을 그리시오(주어진 이름은 일반명이다). (예제 7.1 참조)

(a) Isopropyl chloride
(b) *sec*-Butyl bromide
(c) Allyl iodide
(d) Methylene chloride
(e) Chloroform
(f) *tert*-Butyl chloride
(g) Isobutyl chloride

7.13 다음 화합물 중 2차 할로젠화 알킬은 어느 것인가?

(a) Isobutyl chloride
(b) 2-Iodooctane
(c) *trans*-1-Chloro-4-methylcyclohexane
(d) 3-Bromo-3-methylpentane

할로젠화 알킬의 합성

7.14 다음 각 할로젠화 알킬을 좋은 수율로 얻을 수 있는 알켄과 반응 조건은 무엇인가? (**힌트**: 5장 복습) (예제 5.2 참조)

(a)
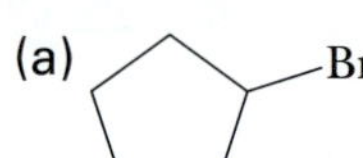

(b)
CH_3
|
$CH_3CCH_2CH_2CH_3$
|
Br

(c)

(d)
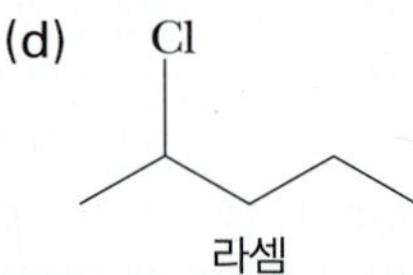

7.15 다음 변환을 일으키는 시약과 반응 조건을 보이시오. (예제 5.2 참조)

(a)

(b)
$CH_3CH_2CH{-}CH_2 \longrightarrow CH_3CH_2\overset{\text{I}}{\overset{|}{C}}HCH_3$

(c)

$$CH_3CH{=}CHCH_3 \longrightarrow CH_3CH(Cl)CH_2CH_3$$

(d)

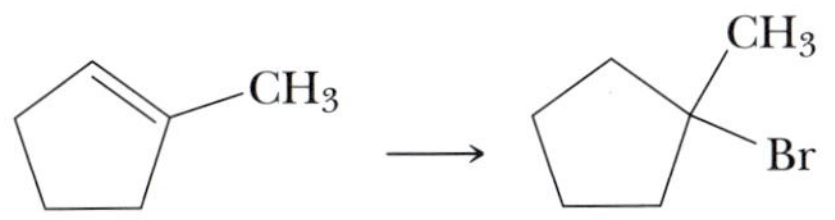

1-Methylcyclopentene → 1-bromo-1-methylcyclopentane (CH_3, Br)

7.2~7.6절 친핵성 지방족 치환 반응

7.16 다음의 일반적인 유기 용매의 구조식을 쓰시오.

(a) Dichloromethane
(b) Acetone
(c) Ethanol
(d) Diethyl ether
(e) Dimethyl sulfoxide
(f) *tert*-Butyl alcohol

7.17 다음 양성자성 용매를 극성이 증가하는 순서로 배열하시오.

(a) H_2O
(b) CH_3CH_2OH
(c) CH_3OH
(d) CH_3NH_2

7.18 다음 비양성자성 용매를 극성이 증가하는 순서로 배열하시오.

(a) Acetone
(b) Pentane
(c) Diethyl ether

7.19 다음 각 쌍으로부터 더 좋은 친핵체를 선택하시오.

(a) H_2O 또는 OH^-
(b) CH_3COO^- 또는 OH^-
(c) CH_3SH 또는 CH_3S^-

7.20 할로알케인의 S_N2 반응에 대한 설명 중 옳은 것은 어느 것인가? (예제 7.4 참조)

(a) 할로알케인과 친핵체는 모두 전이 상태에 포함된다.
(b) 반응은 치환 중심에서 입체 배열의 반전을 일으키면서 진행된다.
(c) 광학 활성을 유지하면서 반응이 진행된다.
(d) 반응성 순서는 3차 > 2차 > 1차 > 메틸 순이다.
(e) 친핵체는 반드시 비공유 전자쌍과 음전하를 가져야 한다.
(f) 친핵체의 친핵성도가 클수록 반응 속도가 빠르다.

7.21 다음 S_N2 반응을 완성하시오. (예제 7.3, 7.5 참조)

(a) $Na^+I^- + CH_3CH_2CH_2Cl \xrightarrow{\text{acetone}}$

(b) $NH_3 +$ (cyclohexyl)–Br $\xrightarrow{\text{ethanol}}$

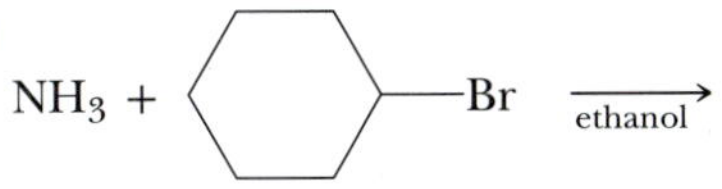

(c) $CH_3CH_2O^-Na^+ + CH_2{=}CHCH_2Cl \xrightarrow{\text{ethanol}}$

7.22 다음 S_N2 반응을 완성하시오. (예제 7.3, 7.5 참조)

(a) (cyclohexyl)–Cl $+ CH_3COO^-\ Na^+ \xrightarrow{\text{ethanol}}$ (O 표시: $CH_3C(=O)O^-$)

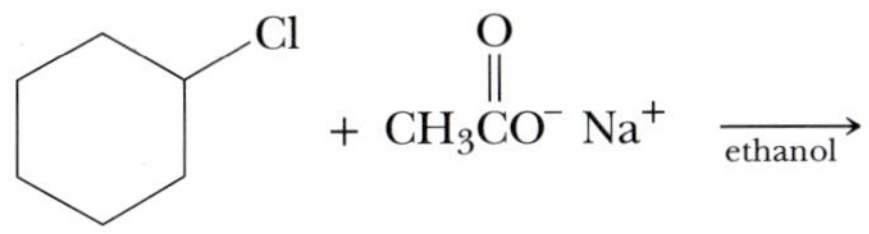

(b) $CH_3CH(I)CH_2CH_3 + CH_3CH_2S^-Na^+ \xrightarrow{\text{acetone}}$

(c) $CH_3CH(CH_3)CH_2CH_2Br + Na^+I^- \xrightarrow{\text{acetone}}$

(d) $(CH_3)_3N + CH_3I \xrightarrow{\text{acetone}}$

(e) (cyclohexyl)–$CH_2Br + CH_3O^-\ Na^+ \xrightarrow{\text{methanol}}$

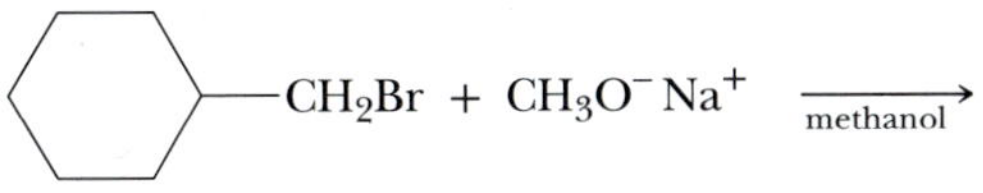

(f) CH_3–(cyclohexane chair)–Cl $+ CH_3S^-\ Na^+ \xrightarrow{\text{ethanol}}$

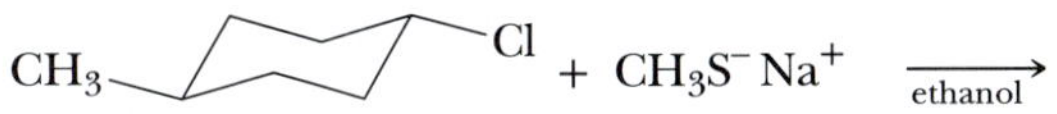

(g) (piperidine) NH $+ CH_3(CH_2)_6CH_2Cl \xrightarrow{\text{ethanol}}$

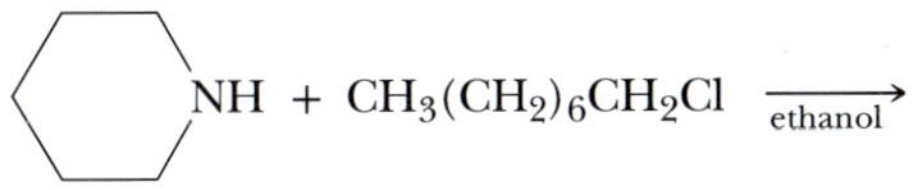

(h) (cyclopentyl)–$CH_2Cl + NH_3 \xrightarrow{\text{ethanol}}$

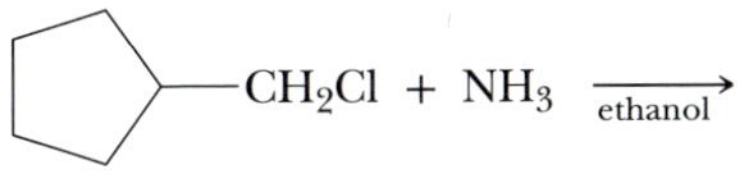

7.23 문제 7.22에서 각 반응은 S_N2 메커니즘으로 진행한다. 각 반응에서 S_N2 반응이 일어나기 위한 결론으로서 할로알케인의 구조, 친핵체, 용매에 대하여 설명하시오. (예제 7.4, 7.5 참조)

7.24 다음의 반응에서 할로알케인을 두 개의 친핵성 자리를 가지고 있는 화합물로 처리하였다. 더 친핵적인 자리를 선택하고 각 S_N2 반응의 생성물을 그리시오.

(a) $HOCH_2CH_2NH_2 + CH_3I \xrightarrow{\text{ethanol}}$

(b) (morpholine: O, N–H) $+ CH_3I \xrightarrow{\text{ethanol}}$

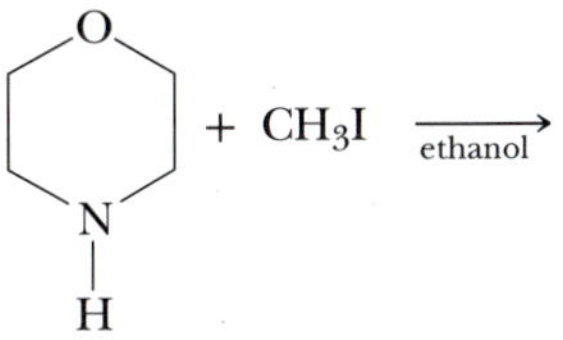

(c) $HOCH_2CH_2SH + CH_3I \xrightarrow{\text{ethanol}}$

7.25 할로알케인의 S_N1 반응에 대한 설명으로 옳은 것은? (예제 7.5 참조)

(a) 할로알케인과 친핵체는 모두 속도 결정 단계의 전이 상태에 포함된다.
(b) 입체 중심에서 반응은 입체 배열을 유지하면서 진행된다.
(c) 입체 중심에서 반응은 광학 활성을 잃으면서 진행된다.
(d) 반응성 순서는 3차 > 2차 > 1차 > 메틸 순이다.
(e) 반응 중심 부근의 입체적 혼잡도가 클수록 반응 속도는 느리다.
(f) 반응 속도는 나쁜 친핵체보다 좋은 친핵체와 반응할 때 커진다.

7.26 다음 각 S_N1 반응의 생성물 구조식을 그리시오. (예제 7.3, 7.5 참조)

(a) $CH_3CH(Cl)CH_2CH_3 + CH_3CH_2OH \xrightarrow{\text{ethanol}}$
S 거울상 이성질체

(b) 1-chloro-1-methylcyclopentane $+ CH_3OH \xrightarrow{\text{methanol}}$

(c) $(CH_3)_3CCl + CH_3COOH \xrightarrow{\text{acetic acid}}$

(d) 3-bromocyclohexene (Br wedge) $+ CH_3OH \xrightarrow{\text{methanol}}$

(e) (Br hashed) $+ CH_3CH_2OH \xrightarrow{\text{ethanol}}$

(f) 2-chloro-1,1-dimethylcyclohexane (Cl hashed) $+ CH_3COOH \xrightarrow{\text{acetic acid}}$

7.27 문제 7.6에서 각 반응은 S_N1 메커니즘으로 진행한다. 각 반응에서 S_N1 반응이 일어나기 위한 결론으로서 할로알케인의 구조, 친핵체, 용매에 대하여 설명하시오. (예제 7.4, 7.5 참조)

7.28 다음 각 쌍의 물질 중 에탄올 수용액에서 친핵성 치환 반응이 더 빠른 물질을 선택하시오. (예제 7.5 참조)

(a) Cl (1-chlorohexane) 또는 Cl (2-chlorohexane)

(b) Br (2-bromopentane) 또는 Br (2-bromo-2-methylbutane)

(c) Br (bromocyclohexane) 또는 CH_3, Br (1-bromo-1-methylcyclohexane)

7.29 다음 반응에서 각 생성물의 형성 메커니즘을 제시하시오(상대 백분율은 제외하시오).

$$(CH_3)_3CCl \xrightarrow[25\ °C]{20\%\ H_2O,\ 80\%\ CH_3CH_2OH} \underbrace{(CH_3)_3COCH_2CH_3 + (CH_3)_3COH}_{85\%} + \underset{15\%}{CH_3C(CH_3){=}CH_2} + HCl$$

7.30 문제 7.29의 반응 속도는 80% 물, 20% 에탄올에서 반응할 때가 40% 물, 60% 에탄올에서 반응할 때보다 140배 빨라진다. 이 차이를 설명하시오.

7.31 다음 각 쌍의 물질 중에서 KI와 아세톤에서 S_N2 반응을 할 때 반응 속도가 더 큰 물질을 선택하시오.

(a) Cl (1-chlorobutane) 또는 Cl (1-chloro-2-methylpropane)

(b) Cl (1-chlorobutane) 또는 Br (1-bromobutane)

(c) Cl (1-chloro-3-methylbutane) 또는 Cl (1-chloro-2,2-dimethylpropane)

(d) Br (2-bromopentane) 또는 Br (2-bromo-3-methylbutane)

7.32 S_N2 전이 상태에서 반응하는 탄소의 혼성은 무엇인가?

7.33 Vinyl bromide($CH_2{=}CHBr$) 같은 할로알켄은 S_N1이나 S_N2 반응을 하지 않는다. 이러한 낮은 반응성의 요인은 무엇인가?

7.34 할로알케인과 친핵체로부터 다음 화합물을 합성할 수 있는 방법을 보이시오. (예제 7.5 참조)

(a) cyclohexyl–CN

(b) cyclohexyl–CH_2–CN

(c) cyclohexyl–O–C(=O)CH_3

(d) SH (1-pentanethiol)

(e) OCH_3 (1-methoxyhexane)

(f) O (diethyl ether)

(g) SH (methylcyclopentanethiol, wedge bonds)

(f) CH_3CH_2O (2-ethoxypentane, hashed methyl)

7.35 할로알케인과 친핵체로부터 각 화합물을 합성할 수 있는 방법을 보이시오. (예제 7.5 참조)

(a) cyclohexyl–NH_2

(b) cyclohexyl–CH_2NH_2

(c) O ‖ $OCCH_3$

(d) S

(e) O O

(f) $(CH_3CH_2CH_2CH_2)_2O$

7.7~7.8절 *β* 제거 반응

7.36 다음 각 할로알케인을 에탄올에 용해된 sodium ethoxide를 처리하여 생성된 알켄의 구조식을 그리시오. E2 메커니즘으로 제거 반응이 일어났다고 가정하시오. 두 개의 알켄이 생성될 수 있는 경우 Zaitsev 법칙을 이용하여 어느 알켄이 주생성물인가를 예측하시오. (예제 7.6, 7.7 참조)

(a) Br

(b) Cl

(c) Cl

(d) Br

7.37 다음의 할로알켄 중 할로젠화수소 이탈 반응을 하여 생성된 알켄이 시스–트랜스 이성질 현상을 보이지 않는 것은 어느 것인가?

(a) 2-Chloropentane

(b) 2-Chlorobutane

(c) Chlorocyclohexane

(d) Isobutyl chloride

7.38 다음 각 할로알케인의 할로젠화수소 이탈 반응 주생성물은 시스–트랜스 이성질체를 포함하여 몇 개의 이성질체가 가능한가?

(a) 3-Chloro-3-methylhexane

(b) 3-Bromohexane

7.39 다음 각 할로알켄을 높은 수율과 이성체 알켄으로 오염되지 않게 합성하기 위해 출발물로 사용할 수 있는 할로알케인은 무엇인가?

(a) CH_2

(b) $CH_3CH(CH_3)CH_2CH{=}CH_2$

7.40 다음 각 알켄을 KOH로 처리하여 할로젠화수소 이탈 반응을 한 결과, 주생성물로 알켄을 생성할 수 있는 모든 클로로알케인의 구조식을 그리시오(어떤 경우는 한 개의 클로로알케인만이 주생성물로 원하는 알켄을 생성하고, 다른 경우는 두 개의 클로로알케인이 작용할 수도 있다).

(a)

(b) CH_2

(c)

(d)

(e)

(f)

7.41 *cis*-4-Chlorocyclohexanol을 에탄올에 용해된 수산화 소듐으로 처리하였을 때 단 하나의 치환 생성물인 *trans*-1,4-cyclohexanediol(1)을 생성한다. 동일한 실험 조건에서 *trans*-4-chlorocyclohexanol은 3-cyclohexanol(2)과 그 생성물(3)을 생성한다.

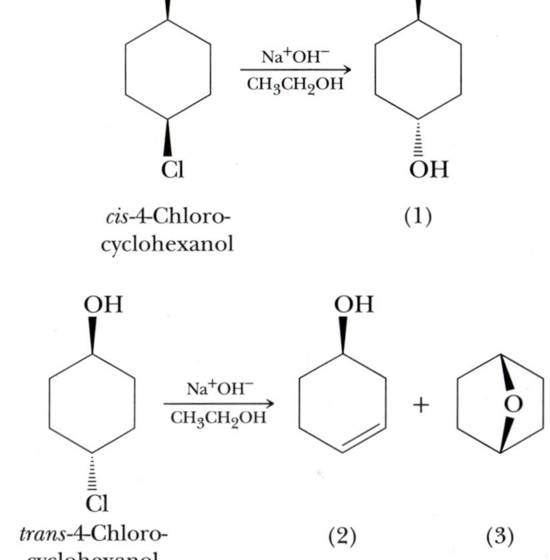

(a) 생성물 (1)의 생성 메커니즘을 제시하고, 입체 배열을 설명하시오.

(b) 생성물 (2)의 생성 메커니즘을 제시하시오.

(c) 생성물 (3)이 시스 이성질체가 아닌 트랜스 이성질체로부터 생성되었다는 사실을 설명하시오.

7.9절 합성과 생성물의 예측

7.42 다음 출발물을 원하는 생성물로 바꿀 수 있는 방법을 보이시오(어떤 합성은 단 한 개의 단계만 필요한 반면, 다른 합성은 둘 이상의 단계가 필요하다는 것을 참고하라).

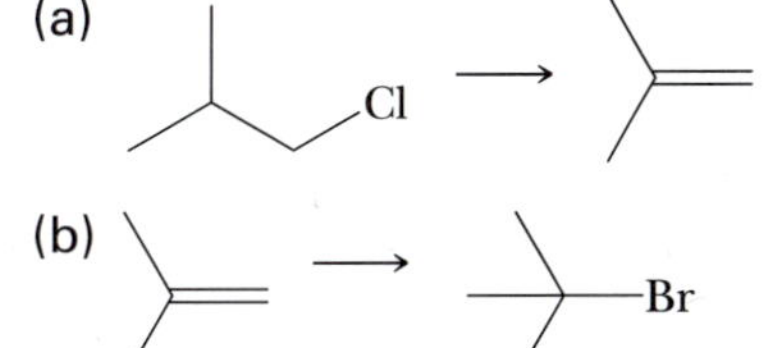

(c) Cl → OH

(d) 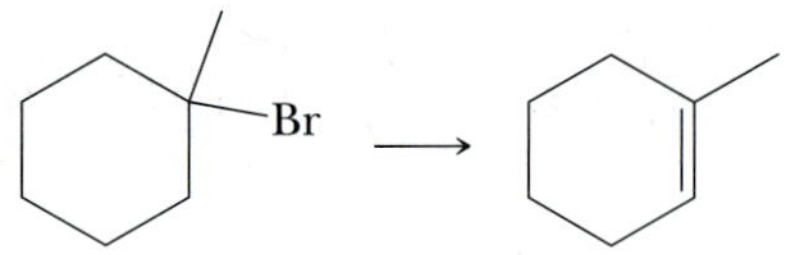
(e) 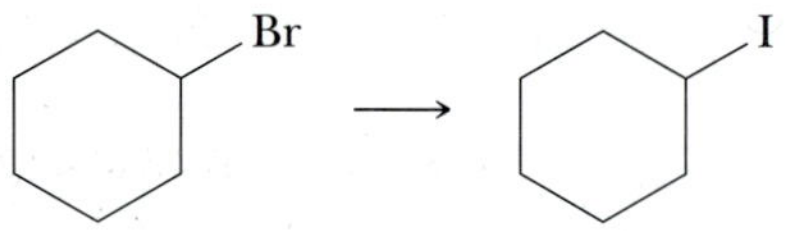
(f)

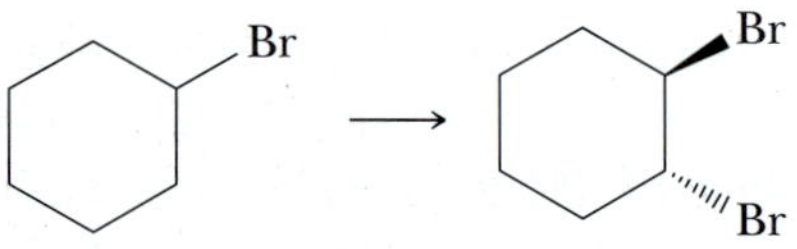

라셈

7.43 다음 반응을 진행하는 반응의 형태와 메커니즘(S_N1, S_N2, E1, E2)을 결정하여 완성하시오. (예제 7.8 참조)

(a) $\xrightarrow{CH_3OH}$

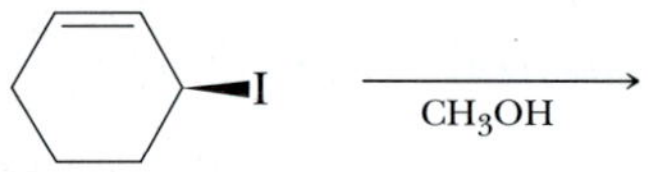

(b) CH_3 Br $\xrightarrow[\text{acetone}]{Na^+ I^-}$

(c) I + $Na^+ OH^-$ $\xrightarrow[H_2O]{80\ °C}$

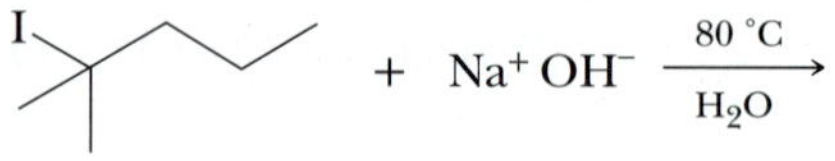

(d) Cl $\xrightarrow[\text{methanol}]{Na^+ {}^-OCH_3}$

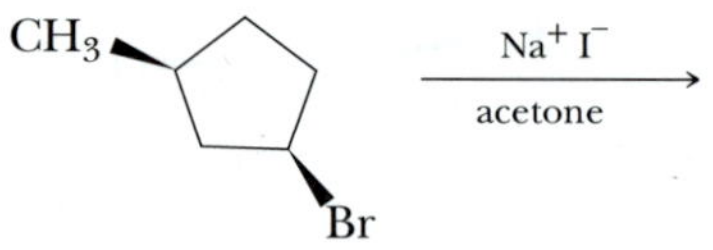

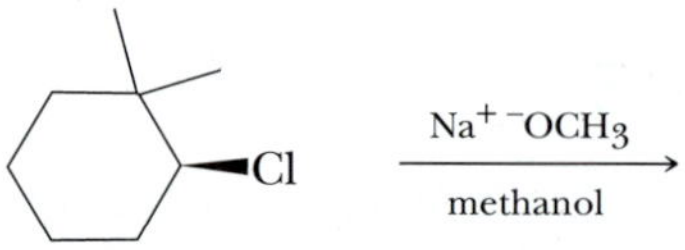

(e) Br $\longrightarrow$ HO O CH3 (acetic acid)

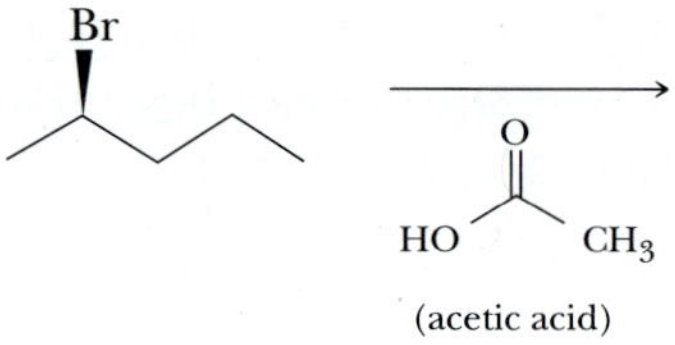

(f) Cl $\xrightarrow[\text{DMSO}]{K^+CN^-}$

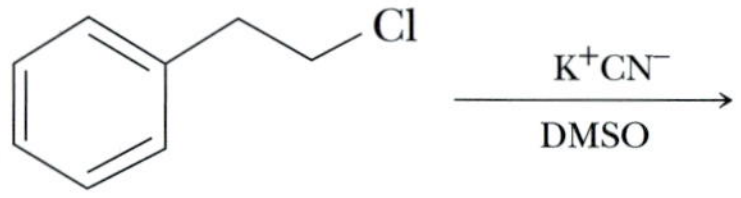

화학적 변환

7.44 다음 화학적 변환을 완성할 때까지 지금까지 배운 축적된 지식을 시험하시오. (**주의**: 어떤 경우는 한 단계 이상이 필요할 것이다.)

(a) Cl $\longrightarrow$ O

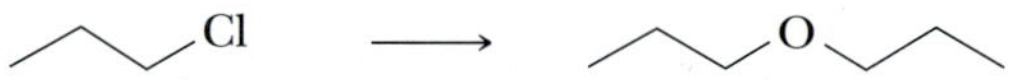

(b) Br $\longrightarrow$ S

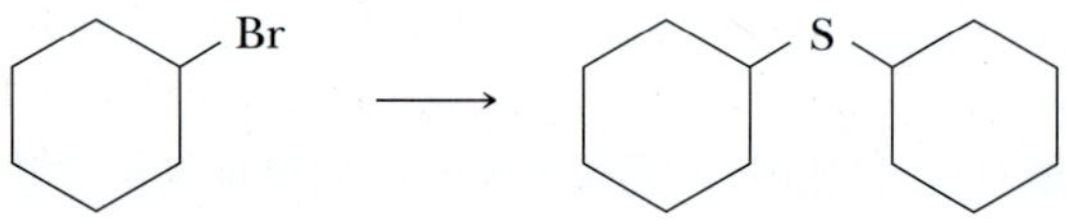

(c) I $\longrightarrow$ Br

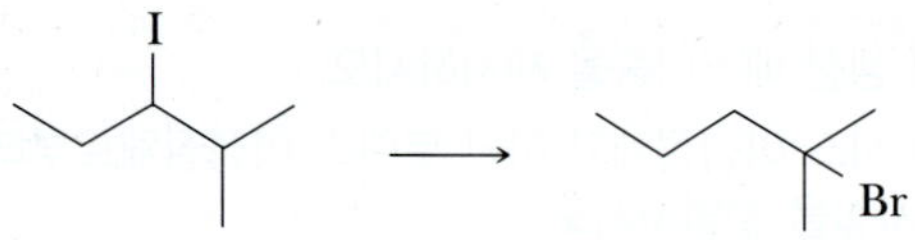

(d) $\longrightarrow$

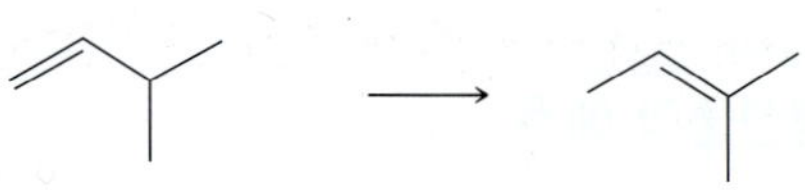

(e) Br $\longrightarrow$ OCH_3

(f) Cl $\longrightarrow$ OH

라셈

(g) I $\longrightarrow$

(h) Cl $\longrightarrow$ Br

(i) Br $\longrightarrow$ CH_3 H OH

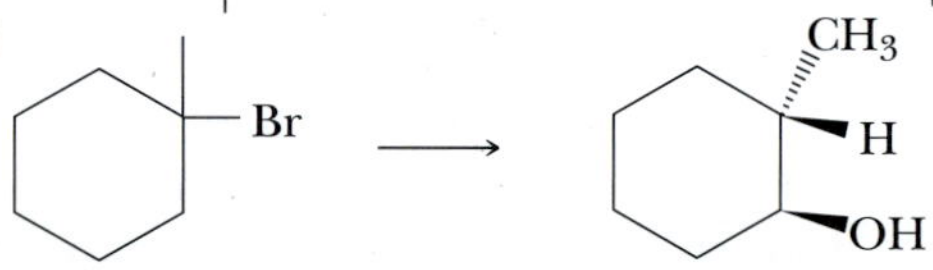

라셈

(j) $\longrightarrow$

(k) I $\longrightarrow$ HO

(l) Cl $\longrightarrow$

(m) Cl $\longrightarrow$ O O

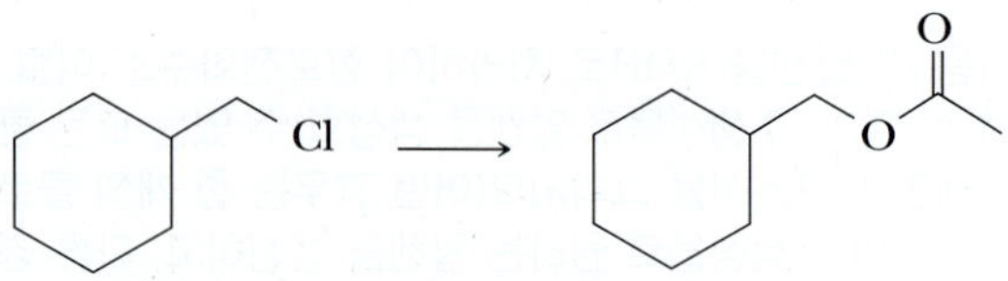

(n) Br $\longrightarrow$ Br Br

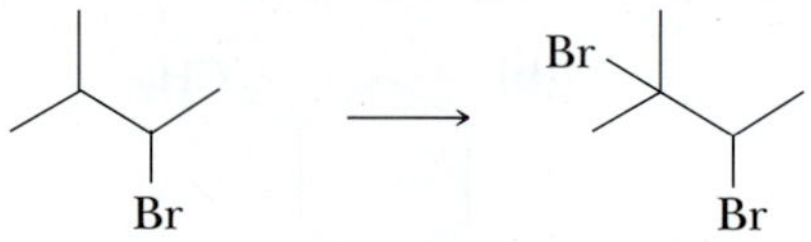

라셈

(o) ⟶ OCH_2CH_3

(p) ⟶ SCH_3

(q) Cl ⟶ Br, Br

(r) Br ⟶ O

발전 학습

7.45 Williamson 에터 합성법은 할로알케인에 금속 알콕사이드를 처리하여 합성한다. 다음은 benzyl *tert*-butyl ether를 합성하기 위한 두 개의 반응이다. 한 반응은 좋은 수율로 에터를 생성하고, 나머지는 그렇지 않다. 어떤 반응이 에터를 합성하는가? 나머지 반응의 생성물은 무엇이며, 그 생성 반응을 어떻게 설명할 수 있는가?

(a) $(CH_3)_3CO^- K^+$ + $C_6H_5CH_2Cl$ $\xrightarrow{DMSO}$ $(CH_3)_3COCH_2C_6H_5$ + KCl

(b) $C_6H_5CH_2O^- K^+$ + $(CH_3)_3CCl$ $\xrightarrow{DMSO}$ $(CH_3)_3COCH_2C_6H_5$ + KCl

7.46 다음의 에터는 원칙적으로 할로알케인 또는 할로사이클로알케인과 금속 알콕사이드의 다른 두 개의 조합으로 합성할 수 있다. 에터 결합 (1)을 생성하는 한 조합과, 에터 결합 (2)를 합성하는 다른 조합을 나타내시오. 어느 조합이 높은 수율로 에터를 생성하는가?

(a) (c)

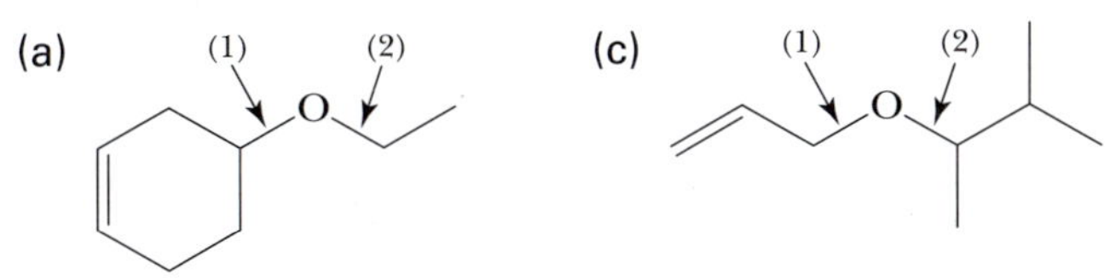

(b) (1) (2) O

7.47 다음 반응의 메커니즘을 제시하시오.

$Cl-CH_2-CH_2-OH \xrightarrow{Na_2CO_3,\ H_2O} H_2C-CH_2$ (O)

2-Chloroethanol — Ethylene oxide

7.48 OH기는 나쁜 이탈기이지만, 다음 반응에서는 치환이 쉽게 일어난다. 어떻게 OH가 나쁜 이탈기라는 한계를 극복하였는지를 보여 주는 이 반응의 메커니즘을 제시하시오.

OH $\xrightarrow{HBr}$ Br

7.49 DMSO에 용해된 sodium bromide를 처리하였을 때 (*S*)-2-bromobutane이 광학적으로 비활성화되는 이유를 설명하시오.

H, Br $\xrightarrow[DMSO]{Na^+Br^-}$ 광학적 비활성

광학적 활성

7.50 페녹시화 이온이 사이클로헥소시화 이온보다 왜 더 나쁜 친핵체이며 더 약한 염기인지 설명하시오.

$O^- Na^+$ $O^- Na^+$

Sodium phenoxide Sodium cyclohexoxide

7.51 에터에서 산소의 양 측면은 필수적으로 OR기이어서 나쁜 이탈기이다. 에폭사이드는 세 개의 원소로 이루어진 고리형 에터이다. 에폭사이드가 에터임에도 불구하고 친핵체와 쉽게 반응하는 이유를 설명하시오.

R—O—R + $:Nu^-$ ⟶ 반응이 일어나지 않음

에터

+ $:Nu^-$ ⟶ ^-O Nu

에폭사이드

오원자 또는 육원자 고리형 에터는 세 개의 원소로 이루어진 고리형 에터와 반응하는 것과 같은 방식으로 진행될 것으로 예상하는가? 그런지, 그렇지 않은지를 설명하시오.

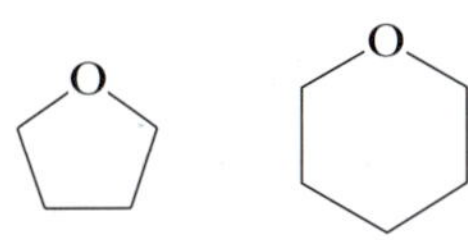

그룹 학습 활동

7.52 아래의 예들을 토의하시오.

(a) 약한 염기는 음으로 하전된 시약이다.

(b) 약한 친핵체는 음으로 하전된 시약이다.

(c) 염화 이온, 브로민화 이온, 아이오딘화 이온 이외에 좋은 이탈기는 음으로 하전된 시약이다.

7.53 아래의 문장이 옳은 이유를 토의하시오.

(a) 헥세인은 비양성자성 용매이지만 S_N2 반응을 하기에는 나쁜 용매이다.

(b) $CH_3\ddot{N}H^-$는 $CH_3\ddot{O}^-$ 보다 더 좋은 친핵체이지만, (isopropoxide) $-\ddot{O}^-$는 (diisopropylamide) $\ddot{N}^-$ 이온보다는 더 좋은 친핵체이다.

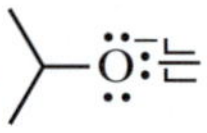

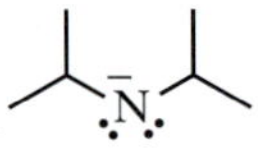

7.54 아래 반응들의 생성물의 생성 속도를 높일 수 있는 방법에 대하여 토의하시오.

(a) 1-bromobutane (Br) $\xrightarrow[CH_3OH]{Na^+\ ^-OCH_3}$ 1-butene

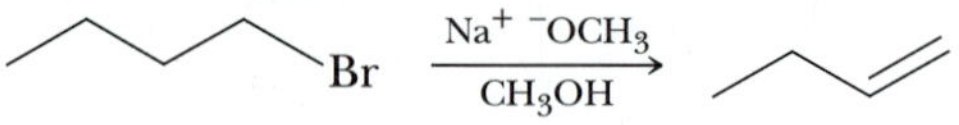

(b) (Cl) $\xrightarrow{NH_2CH_3}$ ($NHCH_3$)

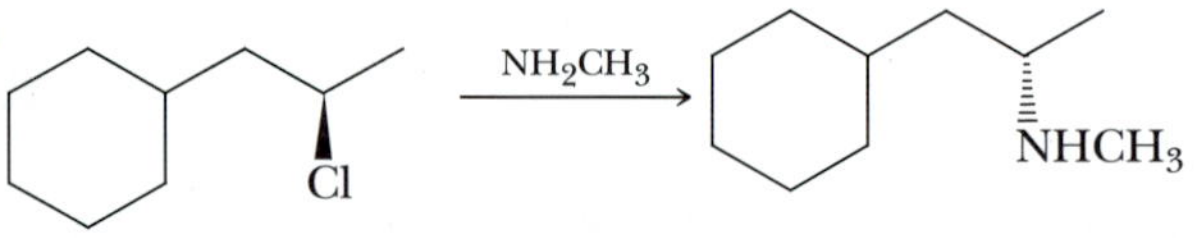

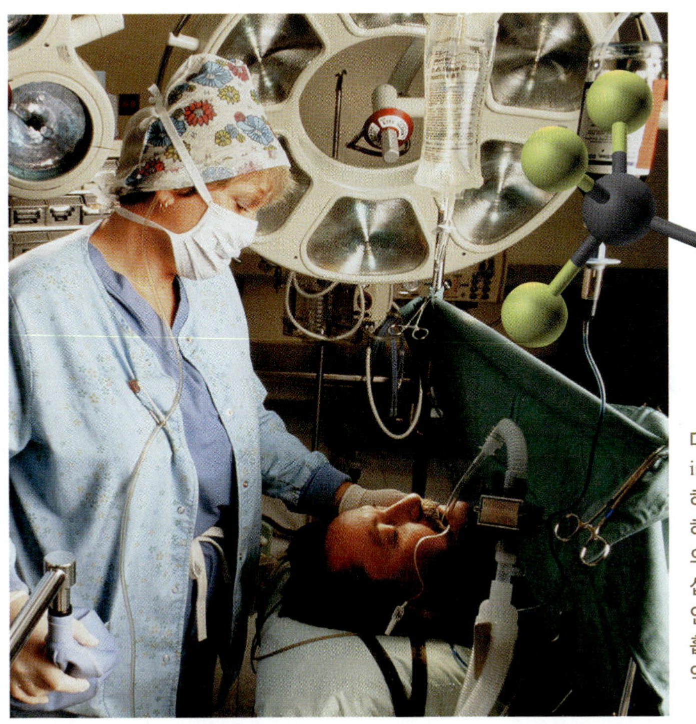
Alan Levenson/Stone/Getty Images

8 알코올, 에터, 싸이올

마취과 의사가 수술 전 환자에게 isoflurane을 사용하여 마취를 시행하고 있다. 환자가 통증을 못느끼게 하는 흡입용 에터 화합물의 발견은 의술의 발전에 대변혁을 일으켰다. 삽화: 할로젠화 에터 화합물의 한 예인 isoflurane($CF_3CHClOCHF_2$)은 흡입 마취제로서 인간 및 동물용 의약품으로 널리 사용되고 있다.

영하의 날씨에 비행기에 뿌려지는 **제빙액**(프로필렌 글라이콜, propylene glycol), 1800년대부터 일반적인 외과 수술 분야의 대변혁을 일으킨 흡입 마취 가스(다이에틸 에터, diethyl ether), 그리고 가스 누출 여부를 감지하기 위하여 액화 석유 가스 저장 탱크('프로페인, propane' 기체로 알려진)에 첨가하는 달갈 썩은 냄새를 내는 화합물(에테인싸이올, ethanethiol)을 생각해 보자. 이 세 가지 예는 우리가 이 장에서 공부하게 될 세 가지 종류의 화합물인 알코올, 에터, 싸이올을 대표한다.

알코올은 하이드록실(—OH) 작용기를 포함하고 있다.

에터(R—O—R)는 탄화수소 사슬이나 고리를 구성하는 두 탄소 원자와 결합한 산소 원자를 포함하고 있다.

싸이올은 알코올과 구조가 비슷하나, —OH기 대신 —SH기를 가지고 있다.

$CH_3\overset{OH}{\overset{\vert}{C}H}CH_2OH$	$CH_3CH_2OCH_2CH_3$	CH_3CH_2SH
Propylene glycol (알코올)	Diethyl ether (에터)	Ethanethiol (싸이올)

알코올은 실험실에서뿐만 아니라 유기 화합물의 생화학적인 변환에 있어서 특히 중요하다. 알코올은 다른 형태의 화합물, 예를 들면 알켄(alkene), 할로알케인(haloalkane), 알데하이드(aldehyde), 케톤(ketone), 카복실산(carboxylic acid)과 에스터(ester) 등으로 변환시킬 수 있다. 알코올은 이와 같은 화합물로 변환시킬 수 있을 뿐만 아니라 이와

같은 화합물로부터 만들 수도 있다. 우리는 이미 알코올을 알켄으로부터 만드는 과정(5.3절)과 할로알케인으로부터 만드는 방법(7.4절)을 배웠다. 알코올은 생명을 구하거나 연장할 수 있는 화합물을 합성하는 인류의 능력을 향상시킬 수 있는 유기 작용기의 상호 변환에 있어서 중심적인 역할을 하고 있다.

8.1 알코올이란 무엇인가?

A. 구조

알코올 sp^3 혼성화된 탄소에 —OH(하이드록실)기가 결합되어 있는 화합물

알코올(alcohol)의 작용기는 sp^3로 혼성화된 탄소 원자에 결합된 **—OH(하이드록실)기**이다(1.7A절). 알코올의 산소 원자도 sp^3로 혼성화되어 있다. 산소에 있는 두 개의 sp^3 혼성 오비탈은 탄소와 수소 원자 사이에서 시그마 결합을 이루며, 산소의 나머지 다른 두 개의 sp^3 혼성 오비탈은 각각 한 개의 비공유 전자쌍을 가지고 있다. 그림 8.1은 가장 간단한 알코올인 메탄올(CH_3OH)의 Lewis 구조와 공–막대 모형의 입체 구조를 나타내고 있다.

(a)

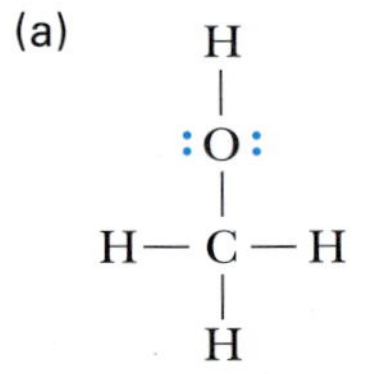

(b)

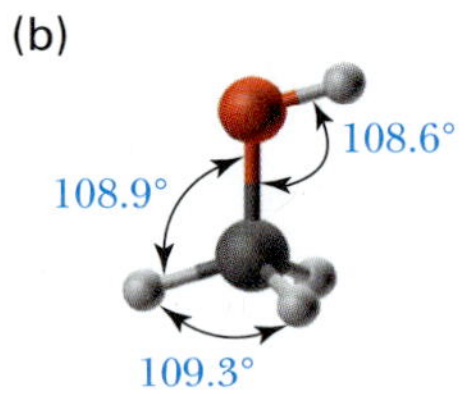

그림 8.1 메탄올(CH_3OH). (a) Lewis 구조, (b) 공–막대 모형. 메탄올에서 측정된 H—C—O 결합각은 108.6°이며, 정사면체의 각인 109.5°에 매우 가깝다.

B. 명명법

알케인 화합물의 IUPAC명과 비슷한 방법으로 어미 알케인의 접미사 *-e*를 *-ol*로 바꾸어 알코올 화합물의 IUPAC명을 명명한다. 접미사가 *-ol*로 끝나는 것은 그 화합물이 알코올이란 것을 말해 준다.

1. 우선 —OH기를 포함하는 탄소 원자들의 가장 긴 사슬을 어미 알케인으로 선택하며, —OH기가 더 가까운 말단 탄소에서부터 어미 사슬에 번호를 붙인다. 어미 사슬에 번호를 붙일 때, —OH기의 위치가 알킬기 및 할로젠의 위치보다 우선순위가 더 높다.
2. 어미 알케인의 접미사 *-e*를 *-ol*로 바꾸며(3.5절), —OH기의 위치를 나타내는 번호를 표시한다. 고리형 알코올에서는 —OH기가 결합된 탄소에서부터 번호를 매긴다.
3. 치환기의 이름과 번호를 붙이며, 알파벳 순서로 나열한다.

알코올의 일반명을 사용할 때는 —OH기가 결합된 알킬기의 이름 다음에 알코올이란 말을 더하여 명명한다. 다음은 8개의 저분자량 알코올에 대한 IUPAC명과 일반명(괄호 안)을 표시한 것이다.

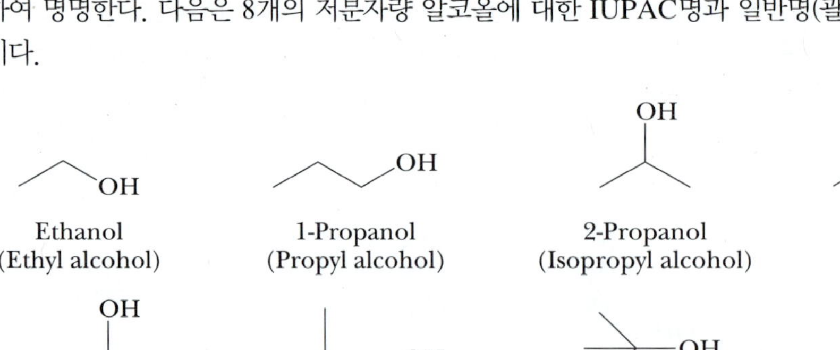

Ethanol (Ethyl alcohol)
1-Propanol (Propyl alcohol)
2-Propanol (Isopropyl alcohol)
1-Butanol (Butyl alcohol)
2-Butanol (*sec*-Butyl alcohol)
2-Methyl-1-propanol (Isobutyl alcohol)
2-Methyl-2-propanol (*tert*-Butyl alcohol)
Cyclohexanol (Cyclohexyl alcohol)

Charles D. Winters

에틸렌 글라이콜은 극성 분자이며, 극성 용매인 물에 쉽게 녹는다.

우리는 알코올의 —OH기가 일차, 이차, 삼차 탄소에 결합되어 있는 것에 따라 **일차(1°)**, **이차(2°)**, **삼차(3°)** 알코올로 분류한다(1.7A절).

IUPAC 명명법에서 하이드록실기 두 개를 포함하는 화합물을 **다이올**(diol), 세 개를 포함하는 화합물을 **트라이올**(triol) 등으로 명명한다. 다이올, 트라이올 등의 IUPAC명에서는 어미 알케인 이름의 마지막 *-e*는 그대로 둔다. 예를 들어 1,2-에테인다이올(1,2-ethanediol)과 같다. 각각 다

해결방법 8.1

고리형 알코올 명명

(a) 첫째, 사이클로알케인의 기본명을 결정하고, 접미사 -*e*를 -*ol*로 바꾸어 준다.

탄소 5개인 고리의 기본명은 '사이클로펜테인'이다.

그러나 이것은 알코올이기 때문에 사이클로펜테인에서 -*e*를 -*ol*로 바꾸어 준다.

OH, CH_3, CH_3CH_2

Cyclopentanol

(b) 치환기의 번호 매김과 명명. 고리형 알코올에서는 —OH기가 결합되어 있는 탄소에서부터 번호 매김을 하며 모든 치환기의 번호의 합이 최소가 되도록 한다.

파란색의 번호 매김 방법의 합(1+2+4=7)이 빨간색의 번호 매김 방법의 합(1+3+5=9) 보다 작다.

번호 매김은 —OH기가 결합되어 있는 탄소에서부터 시작한다.

메틸기

에틸기

(c) 고리상에서의 위치(번호)가 아닌 알파벳 순서에 따라 치환기를 배열하여 명명한다. 단, 1번은 —OH기라는 가정하에 명명한다.

4-Ethyl-2-methylcyclopentanol

(d) 입체 화학 표시를 잊지 말아야 한다.

질문: 이 분자는 카이랄인가 비카이랄인가?

해답: 카이랄. 이 분자는 거울상과 정확하게 포개어지지 않는다.

(1*R*,2*S*,4*S*)-4-Ethyl-2-methylcyclopentanol

예제 8.1

다음 각 알코올의 IUPAC명을 쓰시오.

(a) $CH_3(CH_2)_6CH_2OH$

(b) 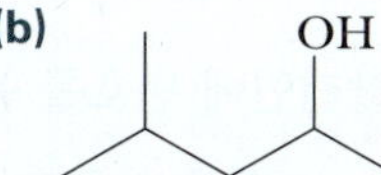

(c) OH

(d) $(CH_3CH_2CH_2)_2CHCH_2OH$

전략

먼저 —OH기를 포함하는 가장 긴 탄소 사슬을 찾는다. 그러면 기본명을 정할 수 있다. 그다음에 탄소 사슬에 속하지 않는 원자 또는 원자단을 식별하면 치환기를 찾을 수 있다. 원자 또는 치환기를 포함하여 분자의 이름을 짓는다.

풀이

(a) 1-Octanol **(b)** 4-Methyl-2-pentanol **(c)** *trans*-2-Methylcyclohexanol 또는 (1*R*,2*R*)-2-Methylcyclohexanol **(d)** 2-propyl-1-pentanol

이 이름은 입체 배열을 상세하게 서술한 것이 아니므로 이 카이랄 화합물의 어떤 거울상 이성질체를 의미하는지 정확히 알 수 없다.

문제 8.14, 8.15, 8.17 참조

문제 8.1

다음 각 알코올의 IUPAC명을 쓰시오.

(a) (b) (c) 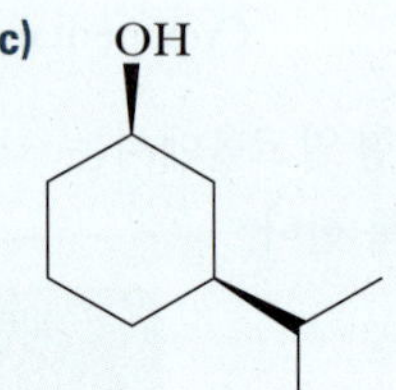 (d)

예제 8.2

다음 각 알코올을 일차, 이차, 삼차로 분류하시오.

(a) (b) CH_3 / CH_3COH / CH_3 (c) $-CH_2OH$

전략

—OH기가 붙어 있는 탄소에 몇 개의 탄소가 결합하고 있는지 결정한다[한 개의 탄소=일차(1°), 두 개의 탄소=이차(2°), 세 개의 탄소=삼차(3°)]

풀이

(a) 이차(2°) **(b)** 삼차(3°) **(c)** 일차(1°)

문제 8.13 참조

문제 8.2

다음 각 알코올을 일차, 이차, 삼차로 분류하시오.

(a) (b) (c) $CH_2{=}CHCH_2OH$ (d) (e)

글라이콜 두 개의 다른 탄소에 두 개의 하이드록실(—OH)기가 결합되어 있는 화합물

른 탄소에 두 개의 하이드록실기가 결합되어 있는 화합물은 **글라이콜**(glycol)로서 표기한다. 에틸렌 글라이콜과 프로필렌 글라이콜은 에틸렌과 프로필렌으로부터 각각 합성되기 때문에 그와 같은 일반명으로 표기된다.

CH_2CH_2 (OH OH)	CH_3CHCH_2 (HO OH)	CH_2CHCH_2 (HO HO OH)
1,2-Ethanediol (Ethylene glycol)	1,2-Propanediol (Propylene glycol)	1,2,3-Propanetriol (Glycerol, Glycerin)

—OH기와 C=C기를 가진 화합물은 불포화 알코올이라고 한다. 불포화 알코올의 IUPAC 명명법은,

1. —OH기가 가장 낮은 번호가 오도록 어미 알케인에 번호를 붙인다.
2. 이중 결합은 어미 알케인의 삽입사 *-an-*를 *-en-*으로 바꾸고(3.5절), 알코올은 어미 알케인의 접미사 *-e*를 *-ol*로 바꾸어 표시한다.
3. 번호를 사용하여 탄소–탄소 이중 결합과 하이드록실기(—OH)의 위치를 나타낸다. 어미 알케인에 번호를 붙일 때 하이드록실기가 우선한다는 점을 다시 한번 확인한다.

화학 관련 8A

나이트로글리세린: 폭약과 약제

1847년에 Ascanio Sobrero(1812~1888)는 일반적으로 글리세린이라 부르는 1,2,3-프로페인트라이올이 황산 존재하에서 질산과 반응하여 연한 노란색을 띤 기름성 액체인 나이트로글리세린으로 되는 것을 발견하였다.

$$\begin{array}{l} CH_2-OH \\ | \\ CH-OH \\ | \\ CH_2-OH \end{array} + 3HNO_3 \xrightarrow{H_2SO_4} \begin{array}{l} CH_2-ONO_2 \\ | \\ CH-ONO_2 \\ | \\ CH_2-ONO_2 \end{array} + 3H_2O$$

1,2,3-Propanetriol (Glycerol, Glycerin) 1,2,3-Propanetriol trinitrate (Nitroglycerin)

© Bettmann/Corbis

Alfred Nobel(1833~1896)은 다이너마이트 제조업으로부터 부를 축적하였으며, 현재 노벨상의 재원이 되고 있다.

Sobrero는 이 화합물이 폭발성이 있는 것을 알았으며, 그가 소량의 이 화합물을 가열하였을 때 폭발하였다! 나이트로글리세린은 곧 운하, 터널, 도로, 광산의 폭파 작업과, 전쟁에도 널리 사용되었다.

그렇지만 나이트로글리세린을 사용할 때 한 가지 문제점이 곧 발견되었다. 그것은 안전하게 취급하기가 어려웠으며, 폭발 사고가 자주 일어났다. 스웨덴의 화학자 Alfred Nobel(1833~1896)은 이러한 문제를 해결하였다. 규조토라 부르는 점토에 나이트로글리세린을 흡수시키면 신관 없이는 폭발하지 않는다는 것을 알았다. 그는 나이트로글리세린, 규조토 및 탄산 소듐의 혼합물을 **다이너마이트**(dynamite)라 불렀다.

놀라운 일로 보일지 모르지만, 나이트로글리세린은 관상 동맥에서 피의 흐름이 잘 일어나지 않아 가슴에 심한 통증을 호소하는 협심증 환자의 치료약으로도 사용된다. 액체 상태(알코올로 묽혀 주면 폭발성이 없어진다), 알약 또는 반죽 형태의 나이트로글리세린은 혈관의 민무늬근을 이완시켜 관상 동맥을 확장함으로써 심장에 많은 혈액이 공급되도록 한다.

Nobel이 심장병을 앓게 되었을 때 그의 내과 의사는 가슴 통증을 줄여주는 나이트로글리세린을 먹도록 처방하였다. 그러나 그는 어떻게 이런 폭발물이 가슴 통증을 줄여주는지를 이해할 수 없다면서 먹기를 거절하였다. 과학의 발전으로 100여 년이 지난 후에야 그 답을 알 수 있게 되었다. 이제는 나이트로글리세린의 나이트로기로부터 나오는 일산화 질소(NO)가 통증을 줄여준다는 것이 밝혀졌다.

문제

글리세롤에 있는 각각의 하이드록실기를 일차, 이차, 삼차로 분류하시오.

예제 8.3

다음 각 알코올의 IUPAC명을 쓰시오.

(a) $CH_2{=}CHCH_2OH$

(b) HO OH

(c) OH

(d) HO

전략

우선, 가장 긴 탄소 사슬을 찾아서 기본명을 정한다. 만일 알코올이 불포화되어 있을 경우, 일반적인 형식인 #-alken-#-ol을 따른다. 만일 두 개의 —OH기를 가지고 있는 포화 알코올인 경우, 화합물의 이름은 #,#-alkanediol이 되고, 불포화 알코올인 경우 #-alken-#,#-diol이 된다

풀이

(a) 2-Propen-1-ol. 일반명은 알릴 알코올(allyl alcohol)이다.
(b) 2,2-Dimethyl-1,4-butanediol
(c) 2-Cyclohexenol
(d) *cis*-3-Hexen-1-ol. 이 불포화 알코올은 나무와 관목의 잎에서 향기를 내는 화합물이기 때문에 나뭇잎 알코올(leaf alcohol)이라고도 한다.

이 고리 알코올에서는 —OH기가 붙은 탄소를 1번으로 한다.

문제 8.14, 8.15, 8.17 참조

문제 8.3

다음 각 알코올의 IUPAC명을 쓰시오.

(a) OH

(b) OH

(c) OH OH OH

(d) OH HO

C. 물리적 성질

알코올의 가장 중요한 물리적 성질은 —OH기의 극성이다. 산소와 탄소(3.5 − 2.5 = 1.0) 그리고 산소와 수소(3.5 − 2.1 = 1.4)의 전기 음성도(표 1.5) 차이가 크기 때문에 알코올의 C—O 및 O—H 결합은 극성 공유 결합이며, 그림 8.2의 메탄올에서 설명한 것처럼 알코올은 극성 분자이다.

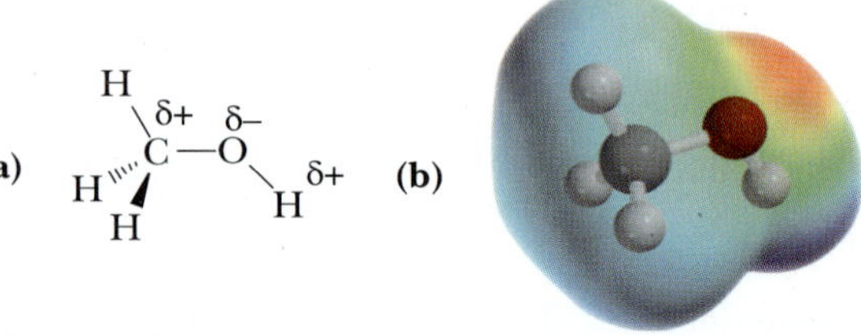

그림 8.2 Methanol에서 C—O—H 결합의 극성. (a) 탄소와 수소는 부분적인 양전하를, 산소는 부분적인 음전하를 띠고 있다. (b) 전자 밀도 그림에서 산소 주위에는 부분적인 음전하(붉은색)를, —OH기의 수소 주위에는 부분적인 양전하(푸른색)를 보여 준다.

표 8.1에는 분자량이 비슷한 알코올과 알케인을 5개의 그룹으로 나누어 이들의 끓는점과 물에 대한 용해도를 수록하였다. 각 그룹에 있는 화합물을 비교해 볼 때 알코올의 끓는점이 더 높으며, 물에 대한 용해도가 더 좋은 것을 알 수 있다.

수소 결합 산소, 질소, 플루오린 원자와 직접 결합한 수소 원자의 부분적인 양전하와, 인접한 분자의 산소, 질소, 플루오린 원자의 음전하 사이의 인력을 말한다.

분자량이 비슷한 알케인보다 알코올의 끓는점이 더 높은 이유는 알코올이 극성 분자이며, 또 분자 간 인력의 한 예인 **수소 결합**(hydrogen bonding, 그림 8.3)에 의해 액체 상태에서 회합되어 있기 때문이다. 알코올 분자들 사이의 수소 결합 에너지는 대략 8.4~21 kJ/mol(2~5 kcal/mol)이며, 알코올에서 O—H 공유 결합 에너지는 약 460 kJ/mol(110 kcal/mol)로, O—H 수소 결합이 O—H 공유 결합보다 매우 약하다. 그렇지만 이 수소 결합은 알코올의 물리적 성질에 큰 영향을 준다.

액체 상태에서 알코올 분자들 사이에는 수소 결합을 하고 있기 때문에 수소 결합된 알코올 분자를 분리시키기 위해서는 에너지가 더 필요하게 된다. 따라서 알케인의 끓는점보다 알코올의 끓는점이 상대적으로 더 높다. 한 분자 내에 하이드록실기가 더 많이 있으면 수소 결합이 더 많아져서 끓는점이 더 높아진다. 예를 들어 대략 분자량이 비슷한 1,4-뷰테인다이올(1,4-butanediol, 230°C)의 끓는점은 1-펜탄올(1-pentanol, 138°C)보다 더 높은 것을 볼 수 있다.

큰 분자들 사이에는 분산력(3.8B절)이 증가하기 때문에 알코올을 포함한 모든 형태의 화합물의 끓는점은 분자량이 증가할수록 증가한다(에탄올, 1-프로판올, 1-뷰탄올, 1-펜탄올의 끓는점을 비교해 보라).

표 8.1 여러 가지 알코올과 분자량이 비슷한 알케인의 끓는점과 물에 대한 용해도

구조식	이름	분자량	끓는점(°C)	물에 대한 용해도
CH_3OH	methanol	32	65	무한대
CH_3CH_3	ethane	30	−89	녹지 않음
CH_3CH_2OH	ethanol	46	78	무한대
$CH_3CH_2CH_3$	propane	44	−42	녹지 않음
$CH_3CH_2CH_2OH$	1-propanol	60	97	무한대
$CH_3CH_2CH_2CH_3$	butane	58	0	녹지 않음
$CH_3CH_2CH_2CH_2OH$	1-butanol	74	117	8 g /100 g
$CH_3CH_2CH_2CH_2CH_3$	pentane	72	36	녹지 않음
$CH_3CH_2CH_2CH_2CH_2OH$	1-pentanol	88	138	2.3 g /100 g
$HOCH_2CH_2CH_2CH_2OH$	1,4-butanediol	90	230	무한대
$CH_3CH_2CH_2CH_2CH_2CH_3$	hexane	86	69	녹지 않음

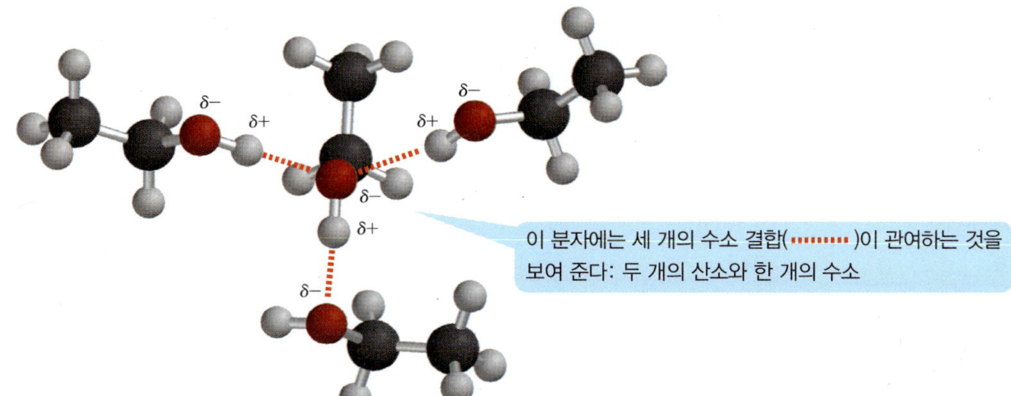

그림 8.3 액체 상태에서 에탄올 분자의 회합. 각 O—H는 세 개의 수소 결합 생성에 참여할 수 있다(한 개의 수소 결합은 수소 원자를 통해서, 두 개의 수소 결합은 산소 원자를 통해서).

해결방법 8.2

분자량이 비슷한 화합물의 끓는점 예측하기

(a) 화합물의 끓는점을 높게 하는 특징들은 다음과 같다. 예를 들면 보다 극성이 크거나, 수소 결합을 잘하는 화합물(N—H나 O—H기를 함유한 화합물), 보다 크기가 큰 화합물 등이 있다.

(b) 끓는점은 다음과 같은 경향을 보인다.

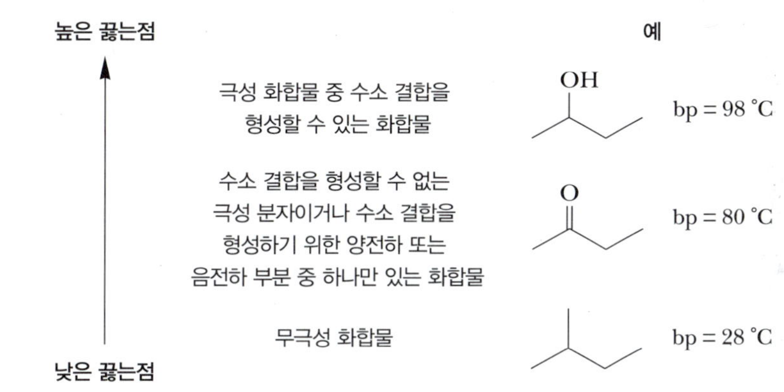

알코올은 분자량이 비슷한 알케인, 알켄, 알카인 화합물보다 물에 대한 용해도가 크다. 알코올의 큰 용해도는 알코올 분자와 물 사이의 수소 결합에 기인한다. 메탄올, 에탄올, 1-프로판올은 어떤 비율로도 물에 잘 녹는다. 알코올의 분자량이 증가할수록 알코올의 물리적 성질은 분자량이 비슷한 탄화수소와 더욱 더 비슷해진다. 분자량이 큰 알코올은 분자의 탄화수소 부분의 크기가 증가하기 때문에 물에 잘 용해되지 않는다.

8.2 알코올의 특징적 반응은 무엇인가?

이 절에서는 알코올의 산도와 염기도, 알켄으로의 탈수, 할로알케인으로의 변환 및 알데하이드, 케톤, 카복실산으로의 산화 반응을 다룬다.

A. 알코올의 산도

알코올은 물과 pK_a 값(15.7)이 비슷하다. 즉 알코올 수용액은 순수한 물과 pH 값이 대략 같다는 것을 의미한다. 예를 들어 메탄올의 pK_a 값은 15.5이다.

표 8.2 몇 가지 알코올의 묽은 수용액에서의 pK_a 값

화합물	구조식	pK_a	
Hydrogen chloride	HCl	−7	
Acetic acid	CH_3COOH	4.8	강한 산
Methanol	CH_3OH	15.5	↑
물	H_2O	15.7	
Ethanol	CH_3CH_2OH	15.9	
2-Propanol	$(CH_3)_2CHOH$	17	약한 산
2-Methyl-2-propanol	$(CH_3)_3COH$	18	

* 비교를 위해 물, 아세트산, 염산의 pK_a를 포함하였다.

$$CH_3\ddot{O}-H + :\ddot{O}(H)-H \rightleftharpoons CH_3\ddot{O}:^- + H-\ddot{O}^+(H)-H$$

(pK_a = 15.5) (pK_a = 15.7)

$$K_a = \frac{[CH_3O^-][H_3O^+]}{[CH_3OH]} = 3.2 \times 10^{-16}$$

$$pK_a = 15.5$$

메탄올은 소듐 금속과 반응하여 수소 기체를 발생하고 메톡시화 소듐을 생성한다.

활성 금속 전자를 잃고 양이온이 되기 쉬운 금속

표 8.2에는 몇 개의 저분자량 알코올의 산 이온화 상수를 표시하였다. 메탄올과 에탄올은 물과 비슷한 정도의 산성이다. 분자량이 크고 수용성인 알코올은 물보다 약간 더 약한 산이다. 비록 알코올이 약한 산도를 갖지만, 탄산수소 소듐이나 탄산 소듐과 같은 약한 염기와 반응할 만큼 충분히 강한 산은 아니다(2.4절과 산–염기 반응의 평형 위치 참조). 비록 아세트산은 HCl과 같은 산에 비하면 '약산'이지만, 알코올보다는 10^{10}배 정도 산성이 더 강하다.

B. 알코올의 염기도

강산 존재하에서 알코올의 산소 원자는 약염기이며, 양성자 이동에 의해서 산과 반응하여 옥소늄(oxonium) 이온을 생성한다.

$$CH_3CH_2-\ddot{O}-H + H-\ddot{O}^+(H)-H \underset{}{\overset{H_2SO_4}{\rightleftharpoons}} CH_3CH_2-\ddot{O}^+(H)-H + :\ddot{O}(H)-H$$

Ethanol — Hydronium 이온 (pK_a −1.7) — Ethyloxonium 이온 (pK_a −2.4)

따라서 알코올은 약산과 약염기로 모두 작용할 수 있다는 것을 알 수 있다.

C. 활성 금속과의 반응

알코올은 물과 마찬가지로 Li, Na, K, Mg 및 다른 **활성 금속**(active metal)과 반응하여 수소와 금속 알콕시화물을 생성한다. 다음 산화–환원 반응에서 Na는 Na^+로 산화되고, H^+는 H_2로 환원된다.

$$2\,CH_3OH + 2\,Na \longrightarrow 2\,CH_3O^-Na^+ + H_2$$

Sodium methoxide

금속 알콕시화물의 명명법은 먼저 양이온을 명명하고, 그 뒤에 음이온의 이름을 붙인다. 알콕시화 이온의 명명은 탄소 원자의 수와 배열에 따른 접두사(*meth-*, *eth-*, *isoprop-*, tert-*but-* 등)

다음에 접미사로 *-oxide*(-옥사이드)를 붙인다.

알콕시화(alkoxide) 이온은 수산화(hydroxide) 이온보다 좀 더 강한 염기이다. 메톡시화 소듐(sodium methoxide, $CH_3O^-Na^+$) 이외에 다음과 같은 알코올의 금속염도 비수용성 용매 내에서 강염기를 필요로 하는 유기 반응에 흔히 사용된다. 예를 들면 에탄올 용매와 에톡시화 소듐(sodium ethoxide) 및 2-메틸-2-프로판올(*tert*-뷰틸 알코올) 용매와 *tert*-뷰톡시화 포타슘 등이 있다.

$$\underset{\text{Sodium ethoxide}}{CH_3CH_2O^-Na^+} \qquad \underset{\text{Potassium } tert\text{-butoxide}}{CH_3\overset{CH_3}{\underset{CH_3}{\overset{|}{\underset{|}{C}}}}O^-K^+}$$

7장에서 본 바와 같이 알콕시화 이온은 치환 반응에서 친핵체로도 사용된다.

해결 방법 8.3 산-염기 반응의 평형 위치 예측하기

해결 방법 2.2에 나와 있는 기준을 참고하여 상대적인 산도를 예측한다. 다음은 유기 화학에서 흔히 접하는 일반적 형태 화합물의 상대적인 산도를 보여 준다.

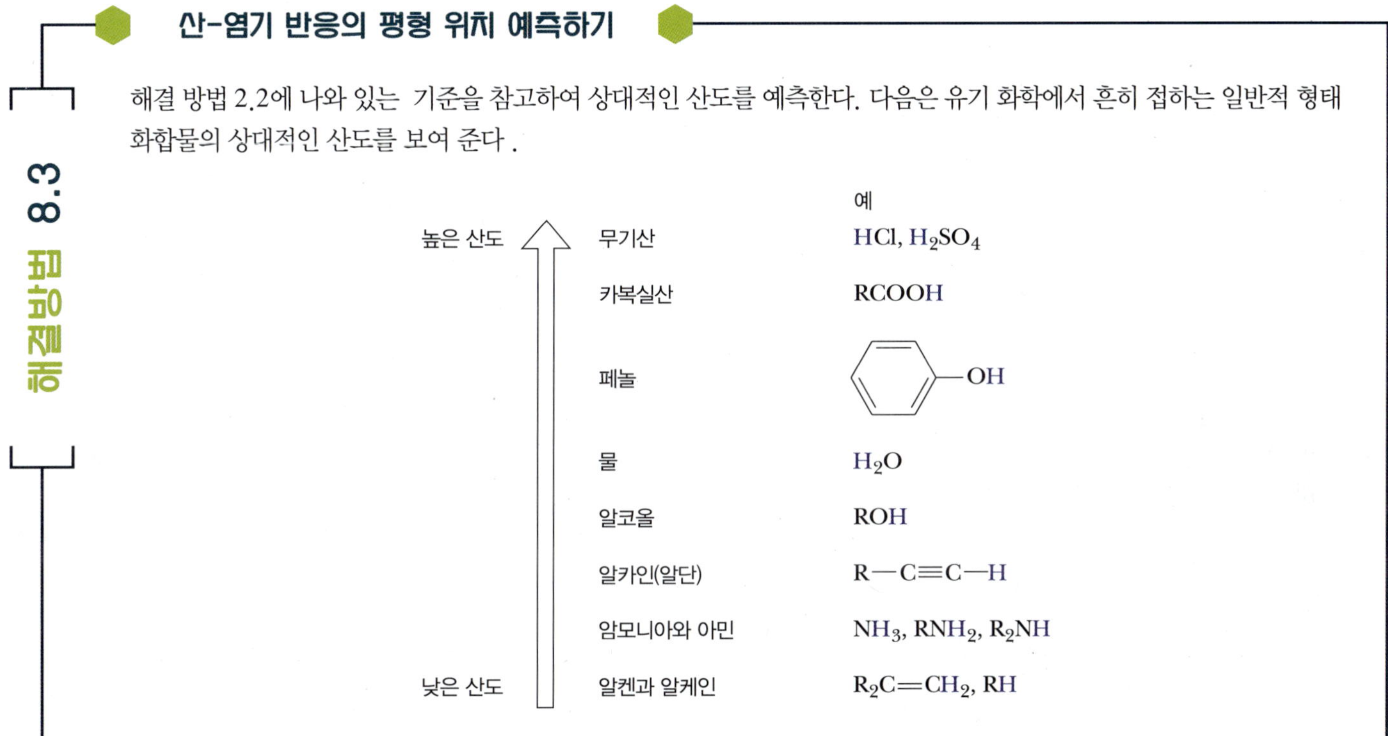

예제 8.4

다음 화학 반응을 완결하시오. 만일 이 반응이 산-염기 반응이라면, 평형 위치를 예측하여 표시하시오.

(a) 사이클로헥산올(—OH) + Na ⟶

(b) $Na^+\,NH_2^-$ + (2-메틸-1-프로판올, OH) ⇌

(c) $CH_3CH_2O^-\ Na^+ + CH_3-\overset{O}{\overset{\|}{C}}-OH \rightleftharpoons$

전략

우선 어떤 종류의 반응이 일어났는지 결정한다. 소듐을 사용한 경우, 산화-환원 반응이 일어나게 되고, 알콕시화 소듐과 수소 기체가 생성된다. 산-염기 반응에서 평형 위치는 좀 더 약한 산과 염기가 생성되는 쪽으로 치우치게 된다.

풀이

(a)

$$2\ \text{(cyclohexyl)}{-}OH + 2\ Na \longrightarrow 2\ \text{(cyclohexyl)}{-}O^- Na^+ + H_2$$

(b)

$$Na^+\ NH_2^- + (CH_3)_2CHCH_2OH \rightleftharpoons (CH_3)_2CHCH_2O^-\ Na^+ + NH_3$$

강한 염기 / 강한 산 ($pK_a = 15.8$) / 약한 염기 / 약한 산 ($pK_a = 38$)

알콕시화 음이온과 NH_2^-를 비교할 때, 알콕시화 음이온의 산소가 NH_2^-의 질소보다 더 전기 음성이고 음전하를 더 잘 붙들므로 식의 우변이 더 안정한 종이다.

(c)

$$CH_3CH_2O^-\ Na^+ + CH_3{-}\overset{O}{\overset{\|}{C}}{-}OH \rightleftharpoons CH_3CH_2OH + CH_3{-}\overset{O}{\overset{\|}{C}}{-}O^-\ Na^+$$

강한 염기 / 강한 산 ($pK_a = 4.76$) / 약한 산 ($pK_a = 15.9$) / 약한 염기

$$\updownarrow$$

$$CH_3{-}\overset{O^-}{\overset{|}{C}}{=}O\ \ Na^+$$

카복실산 짝염기(카복실산 음이온)와 에톡시화 음이온을 비교할 때, 카복실산 음이온의 음전하는 공명으로 비편재화될 수 있으므로 식의 우변이 더 안정한 종이다.

문제 8.28 ~ 8.32, 8.34, 8.35 참조

문제 8.4

다음 화학 반응을 완결하시오. 만일 이 반응이 산-염기 반응이라면, 평형 위치를 예측하여 표시하시오.

(a) $\text{(cyclopentyl)}{-}OH + HO{-}\overset{O}{\overset{\|}{C}}{-}OH \rightleftharpoons$

(b) $CH_3CH_2CH_2CH_2OH + Na \longrightarrow$

(c) $CH_3CH_2OH + CH_3{-}\overset{O}{\overset{\|}{C}}{-}O^-\ Na^+ \rightleftharpoons$

(b) $CH_3CH_2CH_2C{\equiv}C{-}H + Na^+\ {}^-OCH_3$

D. 할로알케인으로 변환

포화 탄소에 결합된 —OH기를 할로젠으로 치환시키면 알코올을 알킬 할로젠화물(alkyl halide)로 변환시킬 수 있다. 이 변환에 일반적으로 필요한 시약은 할로젠산과 염화 싸이오닐($SOCl_2$)이다.

HCl, HBr 및 HI와의 반응

수용성 삼차 알코올은 HCl, HBr, HI와 매우 빠르게 반응한다. 삼차 알코올을 진한 염산과 섞으면 실온에서 몇 분 만에 물에 불용성인 클로로알케인(chloroalkane)으로 변환된다.

$$CH_3\overset{CH_3}{\underset{CH_3}{C}}OH + HCl \xrightarrow{25\ °C} CH_3\overset{CH_3}{\underset{CH_3}{C}}Cl + H_2O$$

2-Methyl-2-propanol → 2-Chloro-2-methylpropane

저분자량의 수용성인 일차 및 이차 알코올은 앞에서와 같은 조건에서는 반응하지 않는다.

물에 불용성인 삼차 알코올을 다이에틸 에터나 테트라하이드로퓨란(THF)에 녹인 용액에 HX 기체를 통과시키면 삼차 할로젠화물로 변환된다.

$$\text{1-Methylcyclohexanol} + HCl \xrightarrow[\text{에터}]{0\ ^\circ C} \text{1-Chloro-1-methylcyclohexane} + H_2O$$

물에 불용성인 일차 및 이차 알코올은 이 조건하에서 느리게 반응한다.

일차 및 이차 알코올은 진한 브로민화수소산(hydrobromic acid) 및 아이오딘화수소산(hydroiodic acid)으로 처리하면 브로모알케인(bromoalkane) 및 아이오도알케인(iodoalkane)으로 변환된다. 예를 들어 1-뷰탄올을 진한 HBr과 함께 가열하면 1-브로모뷰테인(1-bromobutane)으로 된다.

$$\text{1-Butanol (OH)} + HBr \longrightarrow \text{1-Bromobutane (Butyl bromide)} + H_2O$$

알코올과 HX와의 반응에서 관찰된 상대적인 반응의 용이성(3° > 2° > 1°)으로부터, 삼차 및 이차 알코올이 진한 HX와 반응하여 할로알케인으로 변환되는 것은 탄소 양이온 중간체(carbocation intermediate)가 생성되면서 S_N1 메커니즘에 의해서 일어난다고 제안되었다(7.4절). **주의:** 앞서 말했듯이 이차 탄소 양이온 중간체는 보다 안정한 형태인 삼차 탄소 양이온 중간체로 재배열이 일어난다(5.4절).

메커니즘

삼차 알코올과 HCl의 반응: S_N1 반응

1단계: 양성자 첨가

산으로부터 양성자 이동이 빠르고 가역적으로 알코올의 OH기로 일어나면서 옥소늄 이온이 생성된다. 알코올에서 OH^-로 바로 이탈되기보다(OH—기의 이탈 능력이 약함) 산(H_3O^+)에 의해 알코올로 양성자 이동이 일어남으로써 알코올의 OH기를 더 좋은 이탈기인 H_2O로 변환시켜 준다.

—OH기의 양성자 첨가로 더 좋은 이탈기로 변환된다.

$$(CH_3)_3C-\ddot{O}-H + H-\overset{+}{O}H_2 \underset{\text{가역적}}{\overset{\text{빠르고}}{\rightleftharpoons}} (CH_3)_3C-\overset{+}{O}H_2 + :\ddot{O}H_2$$

2-Methyl-2-propanol (*tert*-Butyl alcohol) — 옥소늄 이온

2단계: 결합이 끊어지면서 더 안정한 분자나 이온 생성

1단계에서 생성된 옥소늄 이온으로부터 물이 이탈되면서 삼차 탄소 양이온 중간체가 생성된다.

H_2O는 좋은 이탈기이다.

$$(CH_3)_3C-\overset{+}{O}H_2 \xrightarrow[S_N1]{\text{느림, 속도 결정}} (CH_3)_3C^+ + :\ddot{O}H_2$$

옥소늄 이온 — 3° 탄소 양이온 중간체

3단계: 친전자체와 친핵체가 반응하여 새로운 공유 결합 형성

삼차 탄소 양이온 중간체(친전자체)는 염화 이온(친핵체)과 반응하여 생성물이 된다.

염화 이온은 H_2O와 HCl의 초기 반응에서 생성된다.

$$H-\ddot{O}(H): + H-Cl: \rightarrow H-O^{+}(H)-H + :Cl:^{-}$$

$$(CH_3)_3C^{+} + :Cl:^{-} \xrightarrow{\text{빠름}} (CH_3)_3C-Cl:$$

2-Chloro-2-methylpropane
(*tert*-Butyl chloride)

일차 알코올은 S_N2 메커니즘에 의해 HX와 반응한다. 속도 결정 단계에서 할로젠화 이온이 옥소늄 이온을 가진 탄소를 공격하여 H_2O를 쫓아내고 탄소와 결합한다. 물의 치환과 C—X 결합의 형성은 동시에 일어난다.

메커니즘

일차 알코올과 HBr의 반응: S_N2 반응

1단계: 양성자 첨가

알코올의 OH기로 양성자 이동이 빠르고 가역적으로 일어남으로써 이탈 능력이 약한 —OH기를 더 좋은 이탈기인 H_2O로 변환시켜 준다.

$$CH_3CH_2CH_2CH_2-\ddot{O}H + H-O^{+}(H)-H \xrightleftharpoons{\text{빠르고 가역적}} CH_3CH_2CH_2CH_2-O^{+}H_2 + :\ddot{O}(H)-H$$

옥소늄 이온

2단계: 친핵체와 친전자체 사이의 새로운 공유 결합을 형성함과 동시에 다른 공유 결합이 끊어져 안정한 분자나 이온 생성

Br^-에 의해 H_2O가 치환됨으로써 브로모알케인(bromoalkane)이 생성된다.

$$:Br:^{-} + CH_3CH_2CH_2CH_2-O^{+}H_2 \xrightarrow[S_N2]{\text{느림, 속도 결정}} CH_3CH_2CH_2CH_2-Br: + :O(H)H$$

왜 삼차 알코올 및 일차 알코올이 HX와 반응할 때 삼차 알코올은 탄소 양이온 중간체가 생성되는데, 일차 알코올은 —OH(더 정확하게 말하면 $—OH_2{}^+$)를 직접 치환할까? 이에 대한 해답은 이미 우리가 배운 바 있는 할로알케인의 친핵성 치환 반응(7.5B절)에 영향을 주는 다음 두 가지 요인으로 정리할 수 있다.

1. **전자 요인**(electronic factor). 삼차 탄소 양이온은 가장 안정한(이것을 생성하는 활성화 에너지가 가장 낮다) 반면, 일차 탄소 양이온은 가장 불안정하다(이것을 생성하는 활성화 에너지는 가장 높다). 그러므로 삼차 알코올은 탄소 양이온 생성 반응이 매우 잘 일어나고, 이차 알코올은 중간쯤이며, 일차 알코올은 탄소 양이온 생성 반응이 매우 드물다.
2. **입체 요인**(steric factor). 새로운 탄소–할로젠 공유 결합을 생성하기 위해서는 할로젠화 이온이 치환 중심 원자에 접근해야 하며, 그로 인해 새로운 공유 결합이 형성되기 시작한다. 일차 옥소늄 이온과 삼차 옥소늄 이온이 얼마나 쉽게 치환 중심에 접근할 수 있는지를 비

교해 보면, 일차 옥소늄 이온의 경우가 상대적으로 쉽게 접근할 수 있음을 알 수 있다. 일차 옥소늄 이온의 치환 중심의 뒷부분은 두 개의 수소 원자와 한 개의 알킬기로 가려져 있으나, 삼차 옥소늄 이온의 치환 중심의 뒷부분은 세 개의 알킬기로 가려져 있다.

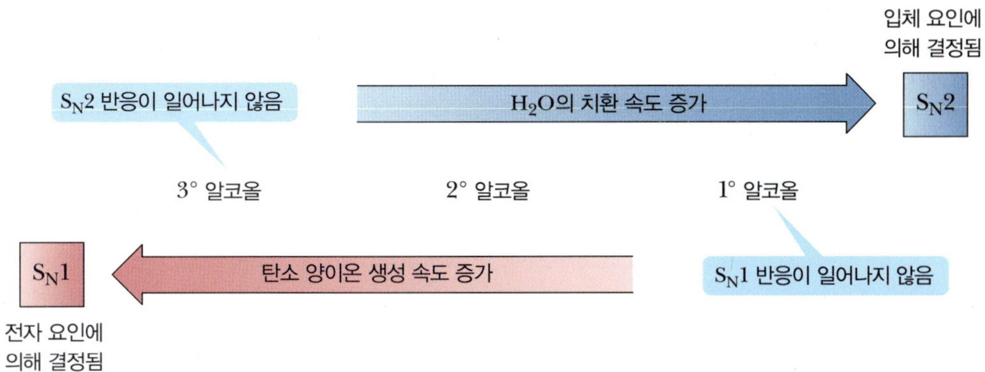

염화 싸이오닐과의 반응

일차 알코올 및 이차 알코올을 알킬 할로젠화물로 변환시킬 때에는 염화 싸이오닐($SOCl_2$)을 주로 사용한다. 이 친핵성 치환 반응의 부생성물인 HCl과 SO_2는 모두 기체로 방출된다. 부생성물인 HCl을 중화시키기 위해 피리딘(pyridine, 10.1절)과 같은 유기 염기를 첨가한다.

$$\text{1-Heptanol-OH} + SOCl_2 \xrightarrow{\text{pyridine}} \text{1-Chloroheptane-Cl} + SO_2 + HCl$$

1-Heptanol　Thionyl chloride　1-Chloroheptane

E. 알코올의 산 촉매 탈수 반응에 의한 알켄의 생성

알코올은 **탈수 반응**(dehydration), 즉 이웃한 탄소 사이에서 물이 제거되는 반응을 통하여 알켄으로 변환시킬 수 있다. 실험실에서 가장 흔히 사용되는 방법은 알코올을 85% 인산 또는 진한 황산과 가열하는 것이다. 일차 알코올은 탈수가 일어나기 가장 어려워서 보통 진한 황산을 첨가하고 180℃의 고온에서 가열해야 한다. 이차 알코올은 다소 낮은 온도에서 산 촉매하에서 탈수된다. 삼차 알코올의 산 촉매 탈수 반응은 실온보다 약간 높은 온도에서도 일어난다.

탈수 반응 화합물로부터 물 분자가 제거되는 반응

$$CH_3CH_2OH \xrightarrow[180°C]{H_2SO_4} CH_2{=}CH_2 + H_2O$$

$$\text{Cyclohexanol} \xrightarrow[140\ °C]{H_2SO_4} \text{Cyclohexene} + H_2O$$

Cyclohexanol　Cyclohexene

$$CH_3C(CH_3)_2OH \xrightarrow[50\ °C]{H_2SO_4} CH_3C(CH_3){=}CH_2 + H_2O$$

2-Methyl-2-propanol (*tert*-Butyl alcohol)　2-Methylpropene (Isobutylene)

따라서 알코올의 산 촉매에 의한 탈수 반응의 용이성 순서는 다음과 같다.

1° 알코올 < 2° 알코올< 3° 알코올

알코올 탈수 반응의 용이성

알코올의 산 촉매에 의한 탈수 반응으로부터 알켄 이성질체가 생길 때에는 더 안정한 알켄(이중 결합에 치환기가 더 많이 있는 알켄, 5.3B절)이 일반적으로 우세하게 생성된다. 즉 알코올의 산 촉매 탈수 반응은 Zaitsev 법칙(7.7절)을 따른다.

$$\underset{\text{2-Butanol}}{CH_3CH_2\overset{\text{OH}}{\overset{|}{C}}HCH_3} \xrightarrow[\text{가열}]{85\%\ H_3PO_4} \underset{\substack{\text{2-Butene}\\(80\%)}}{CH_3CH{=}CHCH_3} + \underset{\substack{\text{1-Butene}\\(20\%)}}{CH_3CH_2CH{=}CH_2}$$

알코올의 산 촉매 탈수 반응의 상대적 용이성 순서(3° > 2°>1°)를 근거로 하여, 이차 및 삼차 알코올의 산 촉매 탈수 반응에 대한 메커니즘은 세 단계를 거친다고 제안할 수 있다. 세 단계 중 탄소 양이온 중간체가 생성되는 2단계가 속도 결정 단계이며, 그러므로 이 메커니즘을 E1 메커니즘이라고 한다.

메커니즘

2-뷰탄올의 산 촉매 탈수 반응: E1 메커니즘

1단계: 양성자 첨가

H_3O^+로부터 알코올의 OH기로 양성자 이동이 일어나 옥소늄 이온이 생성된다. 이렇게 양성자 이동이 일어남으로써 이탈 능력이 약한 OH^-기를 더 좋은 이탈기인 H_2O로 변환시켜 준다.

$$CH_3\overset{\text{HO:}}{\overset{|}{C}}HCH_2CH_3 + H{-}\overset{+}{\underset{\text{H}}{\ddot{O}}}{-}H \underset{\text{가역적}}{\overset{\text{빠르고}}{\rightleftharpoons}} \underset{\text{옥소늄 이온}}{CH_3\overset{\text{H}_2\overset{+}{\text{O}}}{\overset{|}{C}}HCH_2CH_3} + :\underset{\text{H}}{\ddot{O}}{-}H$$

2단계: 결합이 끊어지면서 안정한 분자나 이온 생성

옥소늄 이온의 C—O 결합이 끊어지면서 이차 탄소 양이온 중간체와 물이 생성된다.

H_2O는 좋은 이탈기이다.

$$CH_3\overset{\text{H}_2\overset{+}{\text{O}}}{\overset{|}{C}}HCH_2CH_3 \underset{\text{속도 결정}}{\overset{\text{느림,}}{\rightleftharpoons}} \underset{\text{2° 탄소 양이온 중간체}}{CH_3\overset{+}{C}HCH_2CH_3} + H_2\ddot{O}:$$

3단계: 양성자 제거

양으로 하전된 탄소에 인접한 탄소 원자에서 H_2O로 양성자 이동이 일어나 알켄이 생성되고, 산 촉매는 원래 상태로 재생성된다. C—H 결합의 시그마 전자는 탄소–탄소 이중 결합의 파이 전자가 된다.

$$CH_3{-}\overset{+}{C}H{-}\overset{\text{H}}{\overset{|}{C}}H{-}CH_3 + :\underset{\text{H}}{\ddot{O}}{-}H \xrightarrow{\text{빠름}} CH_3{-}CH{=}CH{-}CH_3 + H{-}\overset{+}{\underset{\text{H}}{\ddot{O}}}{-}H$$

산이 재생성되므로 산이 촉매 반응을 일으킨다.

이차 및 삼차 알코올의 산 촉매 탈수 반응에서 속도 결정 단계는 탄소 양이온 중간체의 생성이기 때문에 알코올 탈수 반응의 용이성은 탄소 양이온 생성의 용이성 순서와 일치한다.

일차 알코올은 다음과 같이 두 단계 메커니즘으로 반응하며, 2단계가 속도 결정 단계이다.

메커니즘

일차 알코올의 산 촉매 탈수 반응: E2 메커니즘

1단계: 양성자 첨가

H_3O^+로부터 알코올의 OH기로 양성자 이동이 일어나 옥소늄 이온이 생성된다.

$$CH_3CH_2-\ddot{O}-H + H-\overset{+}{\ddot{O}}(H)-H \underset{\text{가역적}}{\overset{\text{빠르고}}{\rightleftharpoons}} CH_3CH_2-\overset{+}{O}H_2 + :\ddot{O}(H)-H$$

2단계: 양성자 제거와 동시에 결합이 끊어지면서 안정한 분자나 이온 생성

용매 분자로의 양성자 이동과 H_2O의 이탈이 동시에 일어나면서 알켄이 생성된다.

$$H-\ddot{O}(H): + H-C(H)(H)-CH_2-\overset{+}{O}H_2 \xrightarrow[\text{E2}]{\text{느림, 속도 결정}} H-\overset{+}{\ddot{O}}(H)-H + H_2C=CH_2 + :\ddot{O}(H)-H$$

재생성되는 산 촉매

물이 이탈기로 작용한다.

5.3B절에서 알켄을 산 촉매 수화 반응시키면 알코올이 생성된다는 것을 설명하였다. 이 절에서는 알코올을 산 촉매 탈수 반응시키면 알켄이 생성된다는 것을 설명하였다. 사실, 수화 반응-탈수 반응은 가역적이다. 알켄의 수화 반응과 알코올의 탈수 반응은 서로 경쟁적으로 일어나며, 다음과 같이 평형을 이룬다.

$$\underset{\text{알켄}}{>C=C<} + H_2O \overset{\text{산 촉매}}{\rightleftharpoons} \underset{\text{알코올}}{-\underset{H}{\overset{|}{C}}-\underset{OH}{\overset{|}{C}}-}$$

어떻게 하면 특정 생성물이 더 우세하도록 조절할 수 있을까? 평형에 있는 어떤 계에 변화가 가해지면 그 변화를 감소시키는 방향으로 평형의 위치가 이동한다는 Le Châtelier 원리를 생각해 보자. 이런 평형의 위치 이동을 잘 조절하면 이 두 반응을 원하는 생성물이 형성되는 방향으로 조절할 수 있다. 많은 양의 물(묽은 산성 수용액을 사용)은 알코올 생성 과정을 유리하게 하고, 적은 양의 물(진한 산을 사용) 또는 물이 제거되는 실험 조건(예를 들면 반응 혼합물을 100℃ 이상으로 가열)으로 하면 알켄 생성이 유리해진다. 그러므로 실험 조건에 따라서 수화 반응-탈수 반응의 평형 이동을 조절하여 알코올 또는 알켄을 더 높은 수율로 제조할 수 있다.

해결방법 8.4

탈수 반응 완성하기

(a) 탈수 반응은 하이드록실기가 더 좋은 이탈기로 변환되기 위해 양성자가 첨가되어야 하는 것을 제외하면 할로젠화수소 이탈 반응(7.7절)과 매우 유사하다.

OH^-는 나쁜 이탈기이다.

H_2SO_4

HOH는 더 좋은 이탈기이다.

(b) 이탈기와 직접 연결되어 있는 탄소를 'α'(알파) 탄소라고 한다.

(c) α 탄소와 연결된 또 다른 탄소는 'β'(베타) 탄소라고 한다. **주의:** β 탄소는 수소 원자와 반드시 결합해야 한다.

(d) 분자로부터 이탈기(H_2O)와 β 수소가 제거되고, α 탄소와 β 탄소 사이에 새로운 이중 결합이 생긴다. 그 결과 탈수 반응 생성물이 생성된다.

앞의 α 탄소

앞의 β 탄소

(e) (d) 과정을 반복하면서 다른 β 탄소로부터 또 다른 탈수 반응 생성물이 생성될 수 있다.

앞의 α 탄소

앞의 β 탄소

(f) E1 제거 반응의 결과로 생긴 알켄의 경우, 시스와 트랜스 두 가지 형태의 알켄 이성질체가 만들어질 수 있다.

trans 와 *cis* 알켄이 모두 생성된다.

예제 8.5

다음 각 알코올이 산 촉매 탈수 반응에서 생성하는 알켄의 구조식을 그리시오. 또한 어떤 알켄이 주생성물인지를 예측하시오. 주의해야 할 점은 반응 동안에 생성되는 탄소 양이온에 의한 재배열이다.

(a) $\xrightarrow[\text{가열}]{H_2SO_4}$

(b) $\xrightarrow[\text{가열}]{H_2SO_4}$

(c) $\xrightarrow[\text{가열}]{H_2SO_4}$

전략

—OH기와 결합되어 있는 탄소를 α 탄소라고 표지한다. 반응이 일어나는 동안 이곳에서 탄소 양이온이 생성된다. 재배열로 인해 새로운 탄소 양이온 생성으로 α 탄소를 다시 정하는 것에 유의하라(5.4절). 그렇게 α 탄소를 정하고, 그다음에 오는 탄소를 β 탄소라고 한다. β 탄소가 최소한 하나의 수소와 결합되면, —OH와 수소를 제거하고, α 탄소와 β 탄소 사이에 C—C 이중 결합을 그린다. 이러한 기준이 충족되는 다른 β 탄소도 이 과정을 반복하라. 이러한 반응이 매번 일어날 때마다 제거 반응의 생성물을 얻을 것이다.

풀이

(a) 2번, 3번 탄소에 이중 결합이 생성되면서 2-pentene이 생성되고 H_2O가 빠져 나가게 된다. 그러면서 동시에 시스–트랜스 이성질체가 생성된다. 1번과 2번 탄소에 이중 결합이 생성되고 H_2O가 제거되는 경우는 1-pentene이 생성된다. trans-2-Pentene의 경우 두 개의 알킬기(ethyl기와 methyl기)가 이중 결합에 존재하며, 일반적으로 시스의 형태보다 트랜스 형태가 더 화학적으로 안정하여 트랜스 형태인 trans-2-pentene이 주생성물이 된다(5.6절). 1-Pentene의 경우에는 한 개의 알킬기를 가지며(propyl기), 소량 생성물이다.

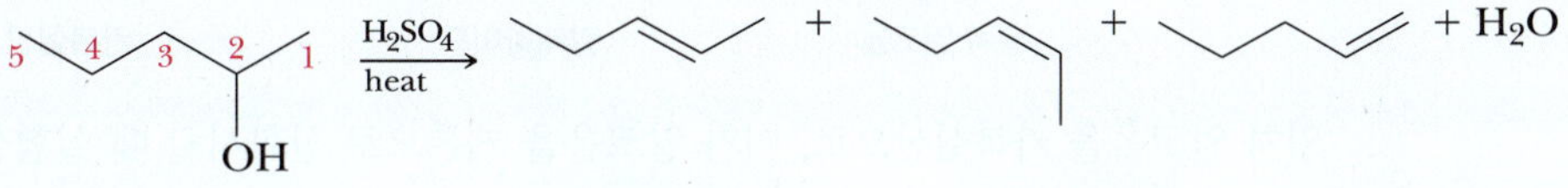

H_2SO_4 / heat; + H_2O

2-Pentanol → *trans*-2-Pentene (주생성물) + cis-2-Pentene + 1-Pentene

(b) 1번과 2번 탄소 사이에서 H_2O가 제거되면 3-methylcyclopentene이 생성된다. 1번과 5번 탄소 사이에서 H_2O가 제거되면 4-methylcyclopentene이 생성된다. 각 C—C 이중 결합의 탄소에 결합된 치환기의 수가 둘 다 두 개씩으로 동일하기 때문에 같은 양의 생성물이 만들어진다. 3-methylcyclopentene의 C_3가 입체 중심이 된다.

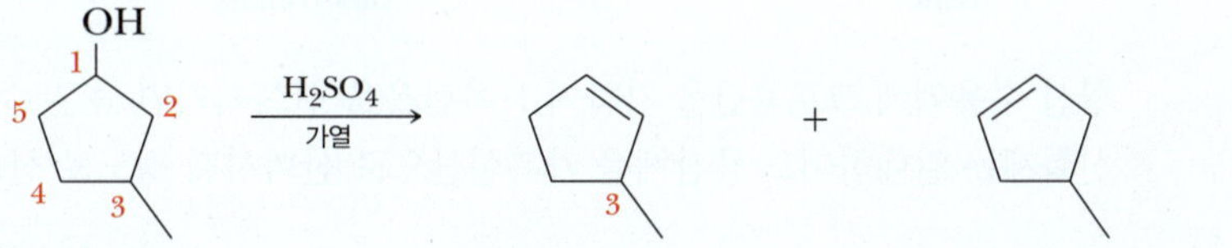

H_2SO_4 / 가열

3-Methylcyclopentanol → 3-Methylcyclopentene + 4-Methylcyclopentene

(c) 이러한 반응에서는 처음에 이차 탄소 양이온 중간체가 생성되며, 1,2-수소화물 이동(5.4절)에 의해 보다 안정한 삼차 탄소 양이온이 생성된다. 이처럼 새로운 탄소 양이온은 세 개의 β 수소를 가지며, C—C 이중 결합을 세 군데에서 생성할 수 있다. 2,3-Dimethyl-2-pentene은 이중 결합에 네 개의 치환기가 결합된 생성물이기 때문에, 보다 화학적으로 안정하며 주생성물을 이룬다.

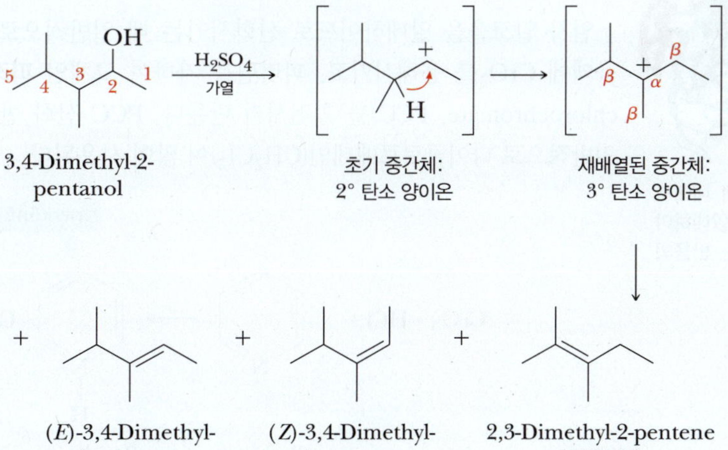

H_2SO_4 / 가열

3,4-Dimethyl-2-pentanol → 초기 중간체: 2° 탄소 양이온 → 재배열된 중간체: 3° 탄소 양이온

→ 2-Ethyl-3-methyl-1-butene + (*E*)-3,4-Dimethyl-2-pentene + (*Z*)-3,4-Dimethyl-2-pentene + 2,3-Dimethyl-2-pentene (주생성물)

문제 8.41 ~ 8.45 참조

문제 8.5

다음 각 알코올의 산 촉매 탈수 반응에서 생성되는 알켄의 구조식을 그리고, 어떤 알켄이 주생성물인지를 예측하시오.

(a) OH; H_2SO_4 / 가열

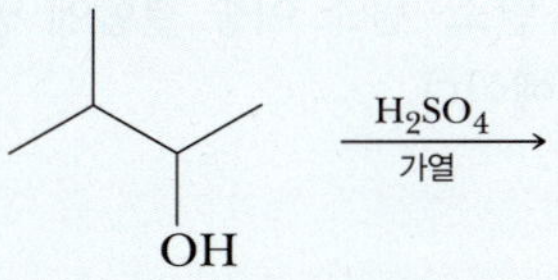

(b) OH; H_2SO_4 / 가열

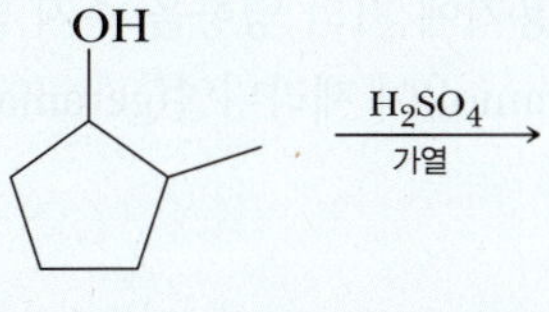

(c) OH; H_2SO_4 / 가열

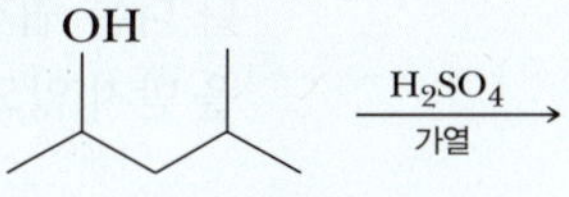

F. 일차 및 이차 알코올의 산화 반응

일차 알코올은 산화 반응할 때 실험 조건에 따라 알데하이드 또는 카복실산으로 변환된다. 이차 알코올은 케톤으로 산화된다. 삼차 알코올은 산화되지 않는다. 아래의 식에서 일차 알코올이 처음에는 알데하이드로, 그 후 카복실산으로 산화되는 일련의 변환 과정을 표시하였다. 산화 반응에 의해 각 변환이 일어났다는 것을 표시하기 위해 반응 화살표 위의 괄호 속에 O를 표시하였다.

$$\underset{\text{일차 알코올}}{CH_3-\overset{OH}{\underset{H}{C}}-H} \xrightarrow{[O]} \underset{\text{알데하이드}}{CH_3-\overset{O}{\overset{\|}{C}}-H} \xrightarrow{[O]} \underset{\text{카복실산}}{CH_3-\overset{O}{\overset{\|}{C}}-OH}$$

일차 알코올을 카복실산으로, 이차 알코올을 케톤으로 산화시킬 때 실험실에서 일반적으로 사용하는 시약은 크로뮴산(H_2CrO_4)이다. 크로뮴산은 산화 크로뮴(VI)(CrO_3) 또는 다이크로뮴산 포타슘을 황산 수용액에 녹여서 만든다.

$$\underset{\text{Chromium(VI) oxide}}{CrO_3} + H_2O \xrightarrow{H_2SO_4} \underset{\text{Chromic acid}}{H_2CrO_4} \qquad \underset{\text{Potassium dichromate}}{K_2Cr_2O_7} \xrightarrow{H_2SO_4} H_2Cr_2O_7 \xrightarrow{H_2O} \underset{\text{Chromic acid}}{2\ H_2CrO_4}$$

황산 수용액에 크로뮴산을 가하여 1-옥탄올을 산화시키면 높은 수율로 옥탄산을 얻을 수 있다. 이 산화제는 알데하이드 중간체를 카복실산으로 산화시킬 정도로 산화력이 크다.

$$\underset{\text{1-Octanol}}{CH_3(CH_2)_6CH_2OH} \xrightarrow[H_2SO_4,\ H_2O]{CrO_3} \underset{\substack{\text{Octanal}\\ \text{(분리되지 않음)}}}{\left[CH_3(CH_2)_6\overset{O}{\overset{\|}{C}}H\right]} \longrightarrow \underset{\text{Octanoic acid}}{CH_3(CH_2)_6\overset{O}{\overset{\|}{C}}OH}$$

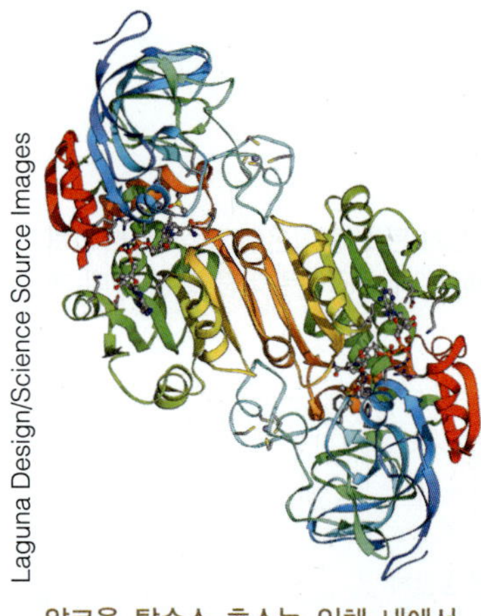

알코올 탈수소 효소는 인체 내에서 에탄올(C_2H_5OH)을 아세트알데하이드(CH_3CHO)로 산화시키는 반응의 촉매로 작용한다.

일차 알코올을 알데하이드로 산화시키는 데 일반적으로 사용하는 Cr(VI) 화합물은 HCl 수용액에 CrO_3를 용해시키고, 피리딘을 가하여 고체인 **피리디늄 클로로크로메이트**(pyridinium chlorochromate, PCC)를 침전시켜 만든다. PCC 산화 반응은 비양성자성 용매에서 일어나며, 일반적으로 다이클로로메테인(CH_2Cl_2)이 많이 사용된다.

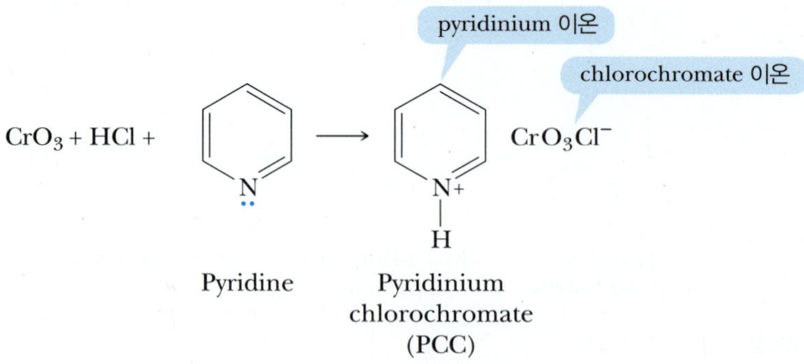

PCC는 일차 알코올을 알데하이드로 선택적으로 산화시킨다. 앞서 다루었던 황산 수용액과 크로뮴산을 이용한 산화 반응에 비하여 반응성이 약하고, 화학량론적으로 반응하므로 모든 알코올 분자가 알데하이드로 변환되고 나면 남는 PCC가 없다. 또한 PCC는 탄소–탄소 간의 이중 결합이나 다른 쉽게 산화되는 작용기에 거의 영향을 주지 않는다. 다음은 탄소–탄소 이중 결합에 영향을 받지 않고 제라니올(geraniol)이 제라니알(geranial)로 산화되는 예이다.

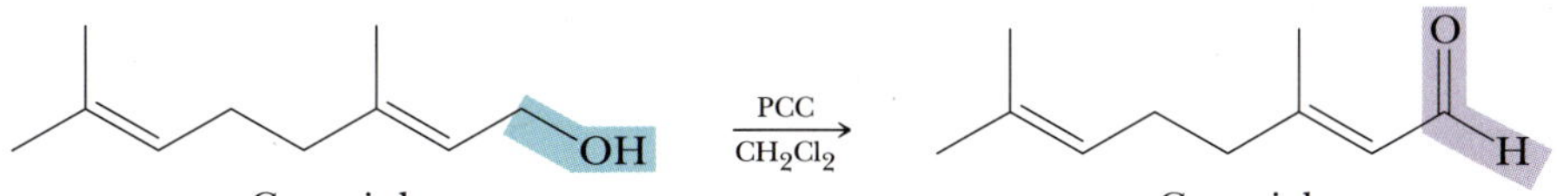

PCC, CH_2Cl_2

Geraniol → Geranial

이차 알코올은 크로뮴산 및 PCC에 의해 케톤으로 산화된다.

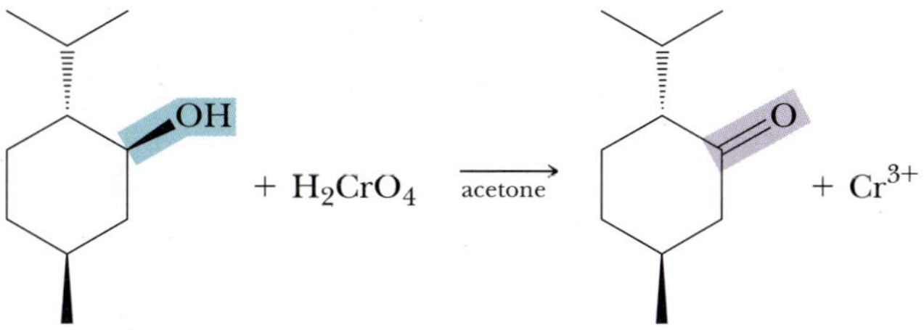

2-Isopropyl-5-methyl-cyclohexanol (Menthol) + H_2CrO_4 —(acetone)→ 2-Isopropyl-5-methyl-cyclohexanone (Menthone) + Cr^{3+}

삼차 알코올은 산화되지 않는다. 그 이유는 —OH가 결합된 탄소가 세 개의 탄소와 결합되어 있어서 탄소–산소 이중 결합을 만들 수 없기 때문이다.

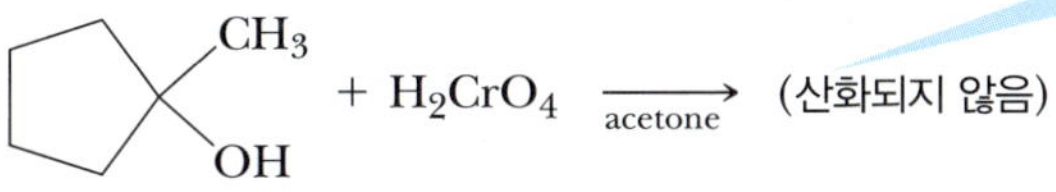

1-Methylcyclopentanol + H_2CrO_4 —(acetone)→ (산화되지 않음)

3차 알코올은 산화되지 않지만, 산 촉매 존재하에서는 간단한 산 촉매 탈수 반응이 일어나서 알켄이 된다.

알코올 산화의 필수 요건으로는 OH기와 결합한 탄소에 최소한 한 개 이상의 수소가 존재해야 한다는 것이다. 그러한 수소가 없는 삼차 알코올은 산화되지 않는다.

예제 8.6

다음 각 알코올을 PCC로 처리했을 때 그 생성물의 구조식을 쓰시오.

(a) 1-Hexanol **(b)** 2-Hexanol **(c)** Cyclohexanol

전략

알코올의 산화 반응에서는 우선 알코올을 일차, 이차, 삼차로 분류해야 한다. 삼차 알코올은 산화 반응이 일어나지 않는다. 이차 알코올은 산화되면 케톤이 생성된다. 일차 알코올의 경우는 PCC를 사용하여 산화시킬 경우 알데하이드를 생성하고, 크로뮴산을 사용할 경우에는 카복실산을 형성하게 된다.

풀이

1-Hexanol은 일차 알코올로서 hexanal로 산화되며, 2-hexanol과 cyclohexanol은 모두 이차 알코올로 각각 2-hexanone과 cyclohexanone으로 산화된다.

(a) Hexanal **(b)** 2-Hexanone **(c)** Cyclohexanone

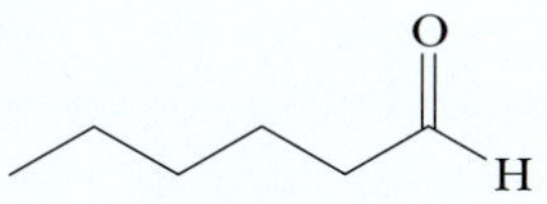

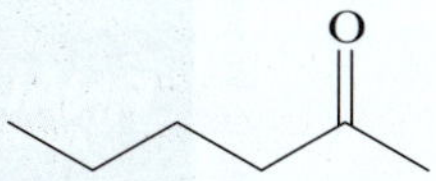

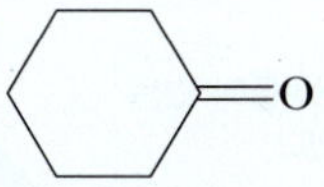

문제 8.34, 8.35, 8.41~8.46 참조

문제 8.6

예제 8.6의 알코올을 크로뮴산으로 처리했을 때 그 생성물을 쓰시오.

8.3 에터란 무엇인가?

A. 구조

에터 두 개의 탄소 원자와 결합한 산소 원자를 갖고 있는 화합물

에터(ether)의 작용기는 탄화수소 사슬 또는 고리를 이루고 있는 두 개의 탄소 원자와 결합한 산소 원자이다. 그림 8.4는 가장 간단한 에터인 다이메틸 에터의 Lewis 구조와 공–막대 모형을 보여 주고 있다. 다이메틸 에터에서 산소 원자의 네 개 sp^3 혼성 오비탈 중 두 개는 두 개의 탄소 원자와 시그마 결합을 생성한다. 산소의 나머지 두 개 sp^3 혼성 오비탈은 각각 한 개의 비공유 전자쌍을 가지고 있다. 다이메틸 에터에서 C—O—C 결합각은 110.3°이다. 이 값은 예상되는 정사면체의 각 109.5°에 근접해 있다.

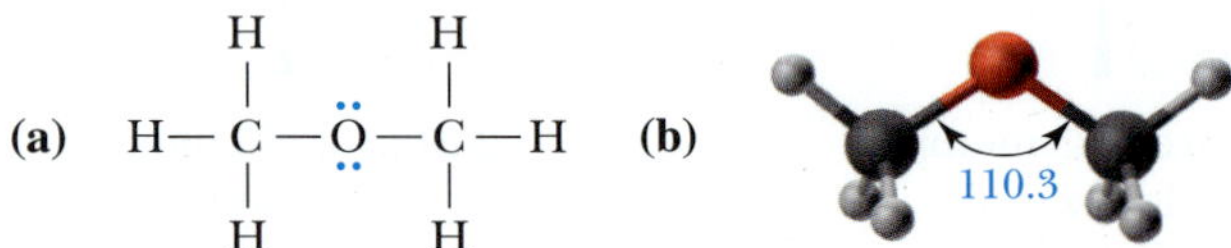

그림 8.4 Dimethyl ether(CH_3OCH_3) (a) Lewis 구조, (b) 공–막대 모형

화학 관련 8B

혈중 알코올 검사

다이크로뮴산 포타슘을 사용하여 에탄올을 아세트산으로 산화시키는 방법은 법 집행 기관이 사람의 혈중 알코올의 양을 측정하기 위하여 사용하는 호기 중 알코올 검사 방법의 기본이 되고 있다. 이 검사는 다이크로뮴산 이온(붉은 오렌지색)과 크로뮴(III) 이온(녹색) 간의 색깔 차이를 이용한 것이다. 따라서 색깔의 변화를 통해 사람의 호기에 포함된 에탄올의 양을 알 수 있다.

$$\underset{\text{Ethanol}}{CH_3CH_2OH} + \underset{\text{Dichromate 이온 (붉은 오렌지색)}}{Cr_2O_7^{2-}} \xrightarrow[H_2O]{H_2SO_4} \underset{\text{Acetic acid}}{CH_3\overset{O}{\overset{\|}{C}}OH} + \underset{\text{Chromium(III) 이온 (녹색)}}{Cr^{3+}}$$

호기 중 알코올 검사용 기구는 아주 간단한 모양으로, 밀봉된 유리관 속에 다이크로뮴산 포타슘–황산이 스며들어 있는 실리카 젤이 들어 있다. 음주 조사를 하기 위하여 유리관의 양쪽 끝을 깨트려 한쪽 끝은 마우스피스(mouthpiece)를 붙이고, 또 다른 한쪽 끝은 플라스틱 주머니에 연결시킨다. 음주 조사 받을 사람은 플라스틱 주머니가 부풀 때까지 마우스피스 쪽에서 입으로 분다.

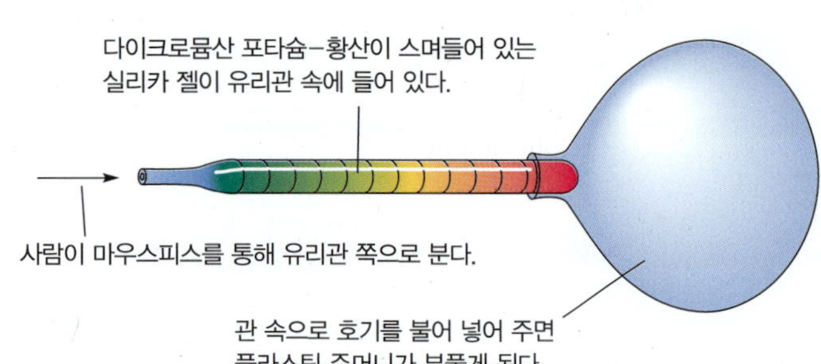

에탄올 증기가 포함된 호기가 유리관을 통과하면 붉은 오렌지색의 다이크로뮴산 이온이 녹색의 크로뮴(III) 이온으로 환원된다. 녹색이 유리관의 어느 정도 위치에 있는지 측정함으로써 호흡에 들어 있는 알코올의 농도를 추정할 수 있다. 중간 정도의 위치에 있다면 혈중 알코올의 농도가 충분히 높다고 판단되어 정밀 검사를 한다.

보다 더 정밀한 측정 장치인 호기 분석기(breathalyzer)의 작동 원리도 앞서 언급한 검사 방법과 같다. 호기 분석기 검사에서는 다이크로뮴산 포타슘을 녹인 황산 수용액에 일정량의 호기를 통과시켜 색깔 변화를 분광학적인 방법으로 측정한다.

두 검사 방법 모두 호기에 포함된 알코올을 측정하는 것이다. 술에 취했다는 법적인 규정은 호기 중 알코올 농도를 근거로 하는 것이 아니라 혈중 알코올 농도를 근거로 하고 있다. 이 두 농도 사이를 화학적인 관계로 표시하면 폐 속에 있는 공기와 폐동맥을 통과하는 피가 평형에 있으며, 그리고 혈중 알코올과 호흡 중 알코올 사이에 평형에 도달해 있다는 것이다. 술을 마신 사람의 호흡 2100 mL 속에 포함된 알코올의 양은 혈액 1.00 mL 속에 포함된 것과 같다는 것이 여러 번의 검사로부터 결정되었다.

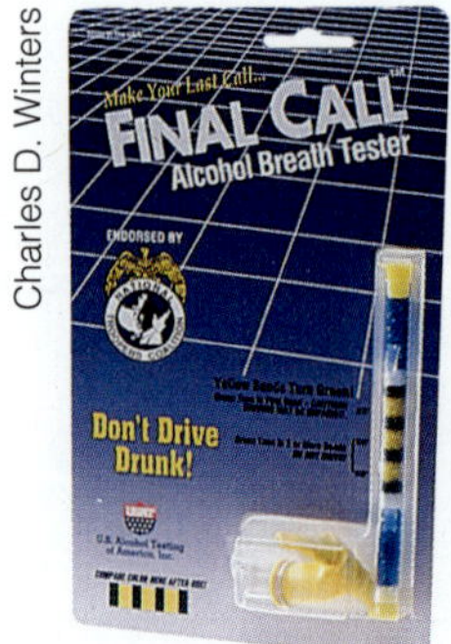

Charles D. Winters

호기 속의 알코올을 검출하는 기구. 에탄올이 다이크로뮴산 포타슘에 의해 산화될 때 다이크로뮴산 이온의 붉은 오렌지색이 크로뮴 3가 이온(Cr(III))으로 환원되면서 초록색으로 변하게 된다.

> **문제**
> 메탄올*과 아이소프로필 알코올은 일반적으로 에탄올보다 더 독성이 강하다. 그리고 거의 호기에 의한 알코올 검사로는 밝혀낼 수 없는데, 두 화합물을 정상적인 알코올 검사 방법으로 검출해 낼 수 있는가? 만일 그렇다면, 이러한 반응의 생성물은 무엇인가?
>
> *메탄올은 일반적으로 에탄올보다 더 독성이 강하지만, 그럼에도 불구하고 미국의 금주법이 시행되던 시대에 에탄올을 대신해 많이 생산되었다. 그러나 메탄올은 신경계에 손상을 야기하였고, 한 가지 증상의 예로 메탄올의 독성 성분으로 인하여 빛에 의한 반응 시 심한 통증을 유발하였다.

에틸 바이닐 에터(ethyl vinyl ether)에서 에터 산소는 sp^3로 혼성화된 탄소와 sp^2로 혼성화된 탄소에 각각 결합되어 있다.

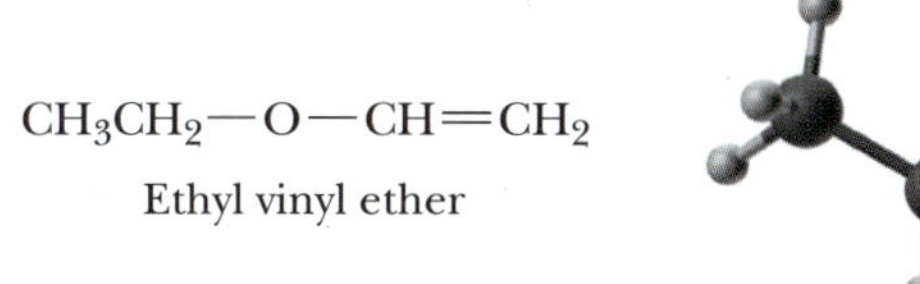
$CH_3CH_2—O—CH{=}CH_2$
Ethyl vinyl ether

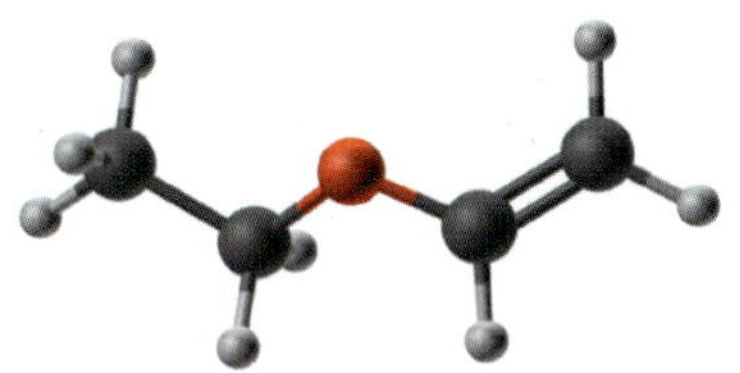

Boston Medical Library in the Francis A. Countway Library of Medicine

1846년에 처음으로 다이에틸 에터를 마취제로 사용하고 있는 장면을 Robert Hinckley가 그린 그림이다. Robert John Collins 박사가 환자의 목에 생긴 종양을 제거하고 있으며, 에터의 마취 성질을 발견한 치과의사 W. T. G. Morton이 에터를 투여하고 있다.

B. 명명법

IUPAC 체계에서 에터는 가장 긴 탄소 사슬을 어미 알케인으로 정한 후에, 거기에 결합되어 있는 —OR기를 **알콕시**(alkoxy, *alk*yl + *oxy*gen)**기**로 이름하여 알콕시알케인(alkoxyalkane)으로 명명한다. 또한 일반명은 산소에 결합된 알킬기의 이름을 알파벳 순서로 적고, 그 뒤에 에터를 붙인다.

알콕시기 —OR기. 여기서 R은 알킬기이다.

$CH_3CH_2OCH_2CH_3$
Ethoxyethane
(Diethyl ether)

$CH_3OC(CH_3)_2CH_3$
2-methoxy-2-methyl-propane
(*tert*-Butylmethyl ether)

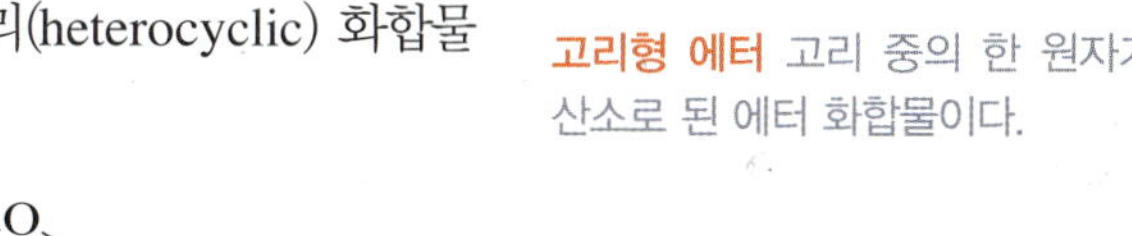
(1*R*, 2*R*)-2-ethoxycyclohexanol

화학자들은 저분자량 에터 화합물인 경우는 거의 관습적으로 일반명을 사용하고 있다. 예를 들면 $CH_3CH_2OCH_2CH_3$의 IUPAC명은 에톡시에테인이지만, 이렇게 불리는 경우는 드물고, 이것보다도 다이에틸 에터, 에틸 에터 혹은 그저 에터라고 명명한다. 휘발유의 옥테인값 향상용 첨가제로서 한때 사용된 *tert*-뷰틸 메틸 에터(*tert*-butyl methyl ether)의 약자 **MTBE**는 일반명 methyl *tert*-butyl ether에서 유래되었다.

고리형 에터(cyclic ether)는 고리 중의 한 원자가 산소로 된 헤테로 고리(heterocyclic) 화합물로서, 이것들은 일반적으로 일반명으로 명명된다.

고리형 에터 고리 중의 한 원자가 산소로 된 에터 화합물이다.

Ethylene oxide

Tetrahydrofuran (THF)

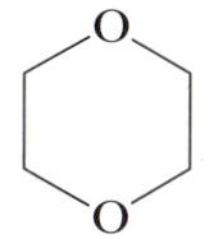
1,4-Dioxane

예제 8.7

다음 각 에터의 IUPAC명과 일반명을 쓰시오.

(a) $CH_3C(CH_3)_2OCH_2CH_3$

(b) 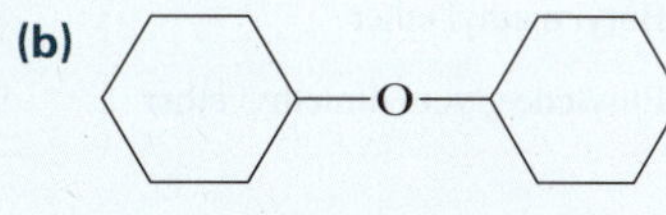

전략

명명법과 관련한 문제에서는 먼저 어미 알케인의 이름을 정해야 한다. IUPAC 체계에서 —OR기는 모두 알콕시기로 명명된다. 일반명 체계에서는 산소가 결합한 알킬기를 알파벳 순서로 이름 붙이고 제일 끝에 '에터'라 명명한다.

풀이

(a) 2-Ethoxy-2-methylpropane. 일반명은 *tert*-butyl ethyl ether이다.
(b) Cyclohexoxycyclohexane. 일반명은 dicyclohexyl ether이다.

문제 8.16 참조

문제 8.7

다음 각 에터의 IUPAC명과 일반명을 쓰시오.

(a) $CH_3CH(CH_3)CH_2OCH_2CH_3$

(b) (cyclopentyl)$-OCH_3$

(c) (propenyl–O–isopropyl 골격 구조)

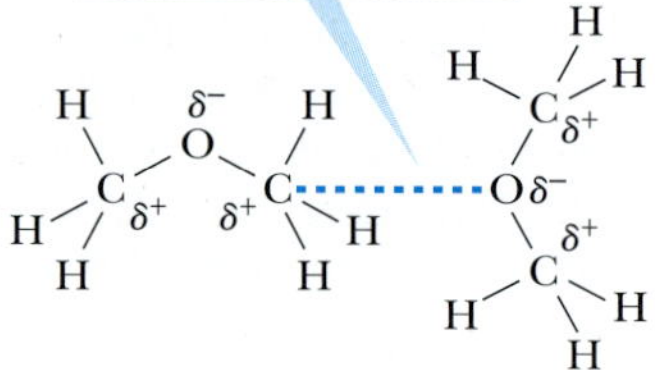

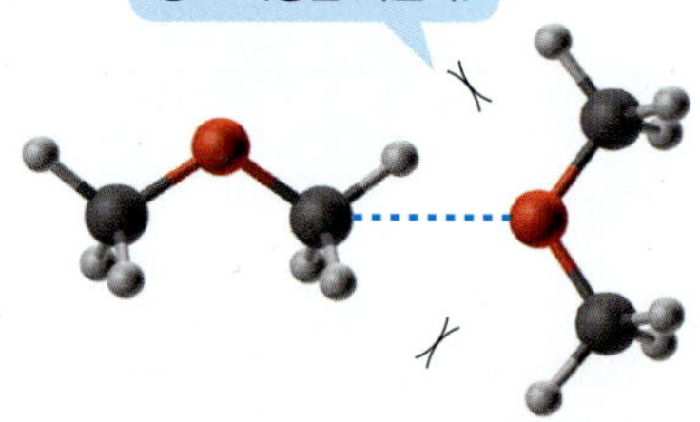

그림 8.5 에터는 극성 분자이지만, 입체 장애 때문에 순수한 액체 상태에서 분자들 간에 작용하는 인력이 매우 약하다.

C. 물리적 성질

에터는 산소에는 부분 음전하, 산소에 결합된 탄소에는 부분 양전하를 띠고 있으므로 극성 분자이다(그림 8.5). 그러나 입체 장애 때문에 순수한 액체인 에터 분자 간에는 약한 인력만이 존재한다. 그러므로 에터의 끓는점은 분자량이 비슷한 알코올보다 더 낮다(표 8.3). 에터의 끓는점은 분자량이 비슷한 탄화수소 화합물의 끓는점과 비슷하다(표 3.4와 표 8.3 비교).

에터는 산소 원자의 부분 음전하 때문에 물과 수소 결합을 생성할 수 있으며(그림 8.6), 따라서 비슷한 분자량과 모양을 갖는 탄화수소보다 물에 더 잘 용해된다(표 3.4와 표 8.3 비교).

알코올의 수소 결합 효과는 에탄올의 끓는점(78℃)과 이것의 구조 이성질체인 다이 메틸 에터의 끓는점(−24℃)을 비교함으로써 잘 설명된다. 이들 두 화합물 사이의 끓는점의 차이는 알코올에는 분자 간 수소 결합을 생성할 수 있는 극성인 O—H기가 있는 데에서 비롯된다. 수소 결합이 에탄올 분자 사이의 인력을 증가시켜 주기 때문에 에탄올은 다이메틸 에터보다 끓는점이 더 높다.

CH_3CH_2OH	CH_3OCH_3
Ethanol	Dimethyl ether
bp 78°C	bp −24°C

표 8.3 분자량이 비슷한 알코올과 에터의 끓는점과 물에 대한 용해도

구조식	이름	분자량	끓는점(℃)	물에 대한 용해도
CH_3CH_2OH	Ethanol	46	78	무한대
CH_3OCH_3	Dimethyl ether	46	−24	7.8 g/100 g
$CH_3CH_2CH_2CH_2OH$	1-Butanol	74	117	7.4 g/100 g
$CH_3CH_2OCH_2CH_3$	Diethyl ether	74	35	8 g/100 g
$CH_3CH_2CH_2CH_2CH_2OH$	1-Pentanol	88	138	2.3 g/100 g
$HOCH_2CH_2CH_2CH_2OH$	1,4-Butanediol	90	230	무한대
$CH_3CH_2CH_2CH_2OCH_3$	Butyl methyl ether	88	71	약간
$CH_3OCH_2CH_2OCH_3$	Ethylene glycol dimethyl ether	90	84	무한대

그림 8.6 에터는 수소 결합 받개일 뿐 수소 결합 주개는 아니다.

예제 8.8

다음 화합물을 물에 대한 용해도가 증가하는 순서로 나열하시오.

$CH_3OCH_2CH_2OCH_3$	$CH_3CH_2OCH_2CH_3$	$CH_3CH_2CH_2CH_2CH_2CH_3$
Ethylene glycol dimethyl ether	Diethyl ether	Hexane

전략

유기 화합물의 물속에서의 용해도를 증가시키는 특징을 찾는다. 영향을 크게 미치는 요인에서 영향을 작게 미치는 요인의 순서로 살펴보면 다음과 같다. (1) 화합물과 물 사이에서의 수소 결합을 생성하는 능력, (2) 극성, (3) 저분자량

풀이

물은 극성 용매이다. 무극성 탄화수소인 hexane은 물에 거의 용해되지 않는다. Diethyl ether와 ethylene glycol dimethyl ether는 분자 내에 극성인 C—O—C기가 존재하기 때문에 극성 화합물이며, 수소 결합 받개로서 각각 물과 상호 작용한다. Ethylene glycol dimethyl ether는 분자 내에 수소 결합을 생성할 수 있는 자리(즉 산소 원자)가 더 많기 때문에 diethyl ether보다 물에 더 잘 용해된다.

$CH_3CH_2CH_2CH_2CH_2CH_3$	$CH_3CH_2OCH_2CH_3$	$CH_3OCH_2CH_2OCH_3$
불용성	8 g/물 100 g	모든 비율에서 용해됨

문제 8.23 ~ 8.25 참조

문제 8.8

다음 화합물을 끓는점이 증가하는 순서로 나열하시오.

$CH_3OCH_2CH_2OCH_3$ $\quad$ $HOCH_2CH_2OH$ $\quad$ $CH_3OCH_2CH_2OH$

D. 에터의 반응

에터(R—O—R)는 탄화수소처럼 화학 반응이 잘 일어나지 않는다. 에터는 다이크로뮴산 포타슘($K_2Cr_2O_7$) 또는 과망가니즈산 포타슘($KMnO_4$)과 같은 산화제와 반응하지 않고, 또한 보통의 온도에서는 대부분의 산이나 염기에도 영향을 받지 않는다. 에터는 뛰어난 용매의 특성과 화학 반응에서의 비활성 때문에 많은 유기 반응에서 좋은 용매로 사용된다.

8.4 에폭시화물이란 무엇인가?

A. 구조와 명명법

에폭시화물 삼원자 고리에 산소 원자가 한 개 있는 고리형 에터 화합물

에폭시화물(epoxide)은 삼원자 고리에 산소 원자가 한 개 있는 고리형 에터이다.

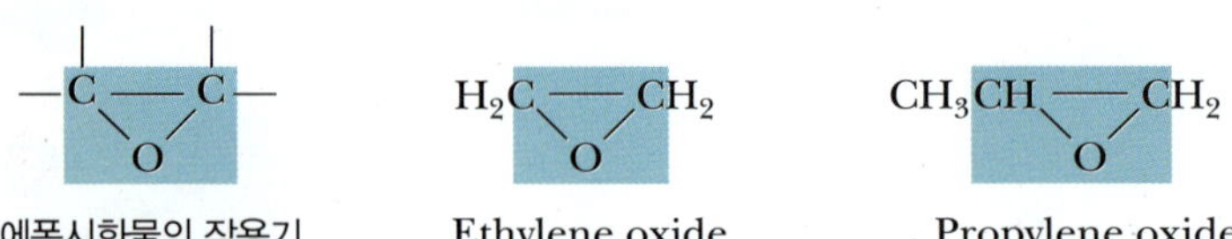

에폭시화물의 작용기 Ethylene oxide Propylene oxide

에폭시화물은 에터로 분류되어 있지만, 이들의 예외적인 화학 반응성 때문에 에터에서 따로 나누어 설명한다.

에폭시화물의 일반명은 에폭시화물이 유래된 알켄의 일반명을 따라서 짓는다. 예를 들어 에틸렌 옥사이드(ethylene oxide, 산화 에틸렌)의 경우 그것이 유래되었을 법한 알켄의 일반명을 쓰고, 그다음에 옥사이드(oxide, 산화)란 말을 붙여 명명한다.

B. 알켄으로부터 합성

공업적으로 제조되고 있는 몇 안 되는 에폭시화물 중의 한 예인 산화 에틸렌은 은 촉매 위에 에틸렌과 공기(또는 산소) 혼합물을 통과시켜 제조한다.

$$2\,CH_2{=}CH_2 + O_2 \xrightarrow[\text{가열}]{Ag} 2\,H_2C\overset{O}{—}CH_2$$

Ethylene Ethylene oxide

이 방법으로 미국에서 생산되는 산화 에틸렌의 연간 생산량은 대략 10^9 kg이다.

알켄으로부터 에폭시화물을 합성할 때 가장 보편적인 실험실적 방법은 과산화카복실산(RCO_3H, 과산화산)의 한 예인 과산화아세트산(CH_3COOOH)으로 알켄을 산화시키는 것이다.

$$CH_3\overset{O}{\overset{\|}{C}}OOH$$

Peroxyacetic acid (Peracetic acid)

다음 화학 반응식은 사이클로헥센을 과산화카복실산으로 에폭시화(epoxidation)시키는 식이며, 이 과정에서 과산화카복실산은 카복실산으로 환원된다.

$$\text{Cyclohexene} + R\overset{O}{\overset{\|}{C}}OOH \xrightarrow{CH_2Cl_2} \text{1,2-Epoxycyclohexane} + R\overset{O}{\overset{\|}{C}}OH$$

Cyclohexene Peroxy-carboxylic acid 1,2-Epoxycyclohexane (Cyclohexene oxide) 카복실산

알켄의 에폭시화는 입체 선택적으로 일어난다. *cis*-2-뷰텐을 에폭시화시키면 산화 *cis*-2-뷰텐만 입체 선택적으로 생성된다.

$$\text{cis-}CH_3CH{=}CHCH_3 \xrightarrow[CH_2Cl_2]{RCO_3H} \text{cis-2-Butene oxide}$$

cis-2-Butene *cis*-2-Butene oxide

해결방법 8.5

에폭시화 반응의 생성물 예측하기

알켄과 과산화카복실산의 에폭시화 반응의 주요 특징은 C—C 이중 결합 사이에서 반응이 일어날 때, 치환기의 입체적인 배열이 유지되면서 에폭시화물이 생성된다는 것이다. 이는 이중 결합에 있는 모든 작용기의 상대적인 입체 화학이 생성물인 에폭시화물이 고리형 화합물이든 아니든 상관없이 동일하게 유지된다는 것이다.

예를 들어 B, C기처럼 치환기가 트랜스 형태인 알켄의 경우, 트랜스 형태인 에폭시화물을 생성한다.

반응물이 시스 형태인 바이닐 수소의 경우, 생성물도 시스 형태이다.

RCO_3H / CH_2Cl_2

거울상 이성질체 한 쌍

예제 8.9

trans-2-뷰텐을 peroxycarboxylic acid로 처리했을 때 생성되는 에폭시화물의 구조식을 그리시오.

전략

Peroxycarboxylic acid와 알켄의 C—C 이중 결합이 C—C 단일 결합으로 변환되었을 때, 두 개의 탄소는 동일한 산소와 결합하며 삼원자 고리 구조를 생성한다.

풀이

에폭시화물 고리의 산소는 탄소–탄소 이중 결합의 같은 쪽에서 두 개의 탄소–산소 결합이 생성되면서 첨가된다.

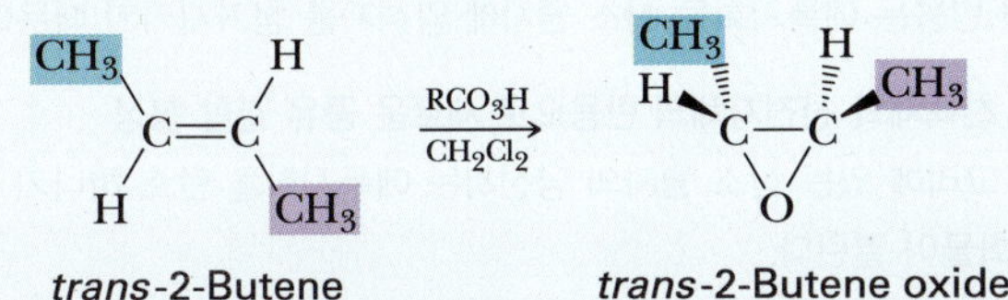

문제 8.43~8.45, 8.47 참조

문제 8.9

1,2-Dimethylcyclopentene을 peroxycarboxylic acid로 처리했을 때 생성되는 에폭시화물의 구조식을 그리시오.

C. 고리-열림 반응

에터 화합물은 일반적으로 산성 수용액과는 반응하지 않는다(8.3D절). 그러나 에폭시화물은 삼원자 고리의 각 스트레인(angle strain) 때문에 쉽게 반응한다. sp^3로 혼성화된 탄소나 산소 원자의 정상적인 결합각은 109.5°이다. 삼원자 에폭시화물 고리에서 정상적인 결합각인 109.5°에서 60°로 결합각 감소에 의한 스트레인 때문에 에폭시화물은 다양한 친핵성 화합물과 반응하여 고리 열림 반응이 일어난다.

과염소산과 같은 산촉매 존재하에서 에폭시화물은 글라이콜로 가수 분해된다. 한 예로서 산화에틸렌은 1,2-에테인다이올(1,2-ethanediol)이 된다.

$$\underset{\text{Ethylene oxide}}{CH_2\!\underset{O}{\diagdown\!\diagup}\!CH_2} + H_2O \xrightarrow{H^+} \underset{\substack{\text{1,2-Ethanediol}\\\text{(Ethylene glycol)}}}{HOCH_2CH_2OH}$$

미국에서 에틸렌 글라이콜의 연간 생산량은 대략 10^{10} kg 정도이다. 이 물질은 자동차용 부동액, 폴리에틸렌 테레프탈레이트(polyethylene terephthalate, PET) 생산에 필요한 출발 물질로 많이 사용된다. PET는 Dacron® 폴리에스터, Mylar® 포장용 필름과 같은 상품 제작에 사용된다(17.4B절).

산 촉매에 의한 에폭시화물의 고리 열림 반응은 전형적인 S_N2 반응처럼 입체 선택적으로 일어난다. 친핵체는 이탈되는 하이드록실기(—OH기)의 반대쪽에서 공격하기 때문에 글라이콜에 있는 —OH기들은 반대 방향으로 생성된다. 따라서 에폭시사이클로알케인(epoxycycloalkane)을 가수 분해시키면 *trans*-1,2-사이클로알케인다이올(*trans*-1,2-cycloalkanediol)이 생성된다.

일반적으로 에폭시화물은 물과 반응하지 않는다. 왜냐하면 물의 경우 친핵성이 많이 떨어지기 때문이다. 다음의 메커니즘은 산 촉매가 에폭시화물과 물을 반응시키는 과정을 보여 준다.

메커니즘

산 촉매 에폭시화물 고리 연결

1단계: 양성자 첨가
산 촉매 반응은 에폭시화물 산소 원자에 양성자를 첨가시키기 때문에 반응성이 큰 옥소늄 이온의 생성을 가능하게 만든다.

2단계: 친핵체와 친전자체의 반응으로 새로운 공유 결합 형성
삼원자 고리에 있는 산소 원자의 양전하는 에폭시화물 탄소 하나가 물에 의해 친핵성 공격을 받기 쉽게 한다. 공격받은 탄소에서 배열의 반전과 함께 에폭시화물이 열린다.

3단계: 양성자 제거
생성된 중간체에서 용매로 양성자의 이동이 일어나면서 트랜스 글라이콜이 생성되고, 산이 재생성된다.

이 탄소는 배열의 반전이 일어난다.

옥소늄 이온 (친전자체)

(친핵체)

예제 8.10

Cyclohexene oxide를 산성 수용액으로 처리했을 때 생성되는 화합물의 구조식을 쓰시오. 생성물의 입체 화학을 정확히 표현하시오.

전략

에폭시화물의 산 촉매 고리 열림 반응의 결과로 항상 에폭시화물의 산소와 결합하고 있던 두 개의 탄소 모두가 하이드록실기와 결합한 트랜스 형태의 1,2-diol(즉 글라이콜)이 생성된다.

풀이

삼원자 에폭시화물 고리는 산 촉매하에서 가수 분해시키면 트랜스 글라이콜이 생성된다.

trans-1,2-Cyclohexanediol

문제 8.26, 8.43 ~ 8.45 참조

문제 8.10

1,2-Dimethylcyclohexene을 *trans*-1,2-dimethylcyclohexane-1,2-diol로 변환하는 방법을 보이시오.

trans-1,2-Dimethylcyclohexane-1,2-diol

에터는 일반적으로 친전자체와 반응하지 않을 뿐만 아니라 친핵체와도 반응하지 않는다. 그러나 에폭시화물은 삼원자 고리의 스트레인 때문에 암모니아, 아민(10장), 알콕시화 이온, 싸이올 및 싸이올의 음이온(8.6절)과 같은 좋은 친핵체와 고리 열림 반응이 일어난다. 이런 좋은 친핵체는 S_N2 메커니즘을 따르면서 고리를 공격하고 삼원자 고리에서 입체 장애가 작은 탄소에 친핵체가 공격하는 입체 선택성을 보여 준다. 그 결과 새로이 형성된 하이드록실기의 β 탄소에 결합된 친핵체를 갖는 알코올이 생성된다. 다음 반응에서 산화 1-메틸사이클로헥센이 친핵체인 암모니아와 반응하여 2-아미노-1-메틸사이클로헥산올의 입체 이성질체를 생성하며, 이때 하이드록실기와 아미노기는 서로 트랜스 관계에 있다.

benzene → (효소) benzene oxide

사람이 벤젠에 노출되면 효소가 벤젠을 산화 벤젠으로 산화시킨다. 이 에폭시화물은 반응성이 매우 뛰어나 DNA에 친핵성 공격을 일으켜서 심각한 건강 문제를 야기한다.

입체 장애

1-Methylcyclohexene oxide

2-Amino-1-methylcyclohexanol (주생성물)

하이드록실기와 아미노기는 트랜스 관계이다.

에폭시화물의 가치는 여러 종류의 친핵체와 고리 열림 반응이 일어날 수 있는 것과, 또 작용기들이 새로 도입된 화합물을 합성할 수 있는 것에 있다. 다음은 아주 중요한 세 가지 친핵성 고리 열림 반응을 요약하였다(각 고리 열림 반응의 생성물의 구조에서 특징적인 부분을 색깔로 표시하였다).

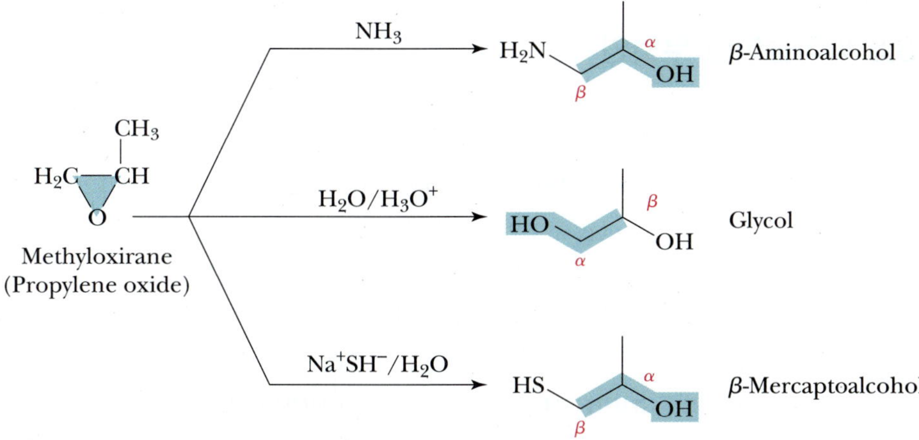

화학 관련 8C

산화 에틸렌: 화학 살균제

산화 에틸렌은 스트레인을 많이 받는 분자이기 때문에 생물체 내에 있는 친핵성기와 반응한다. 산화 에틸렌 농도가 충분히 높으면 세포 내의 많은 분자와 반응하여 미생물이 죽게 된다. 산화 에틸렌이 살균제로 사용되는 것은 이러한 독성 때문이다. 병원에서는 외과용 수술 기구나 일회용이 아닌 기구를 산화 에틸렌으로 살균한다.

Adenine

문제

미생물을 죽이는 것으로 알려진 산화 에틸렌의 작용은 미생물의 DNA에 있는 아데닌 성분의 붉은색으로 표시된 원자와 반응하는 것이다. 이 반응의 메커니즘과 처음 생성물을 제안하시오. **힌트**: 아데닌의 비결합 전자쌍에서 처음 시작한다.

산화 에틸렌 및 치환된 산화 에틸렌은 더 큰 유기 분자를 합성하는 중요한 구축 단위(building block)이다. 다음 두 의약품은 각각 부분적으로 산화 에틸렌을 사용하여 합성되었다.

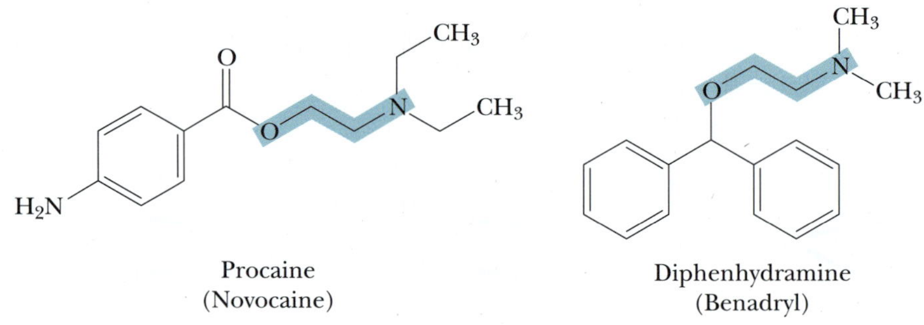

Procaine (Novocaine) Diphenhydramine (Benadryl)

노보카인은 최초의 주사용 국소 마취제이며, 베나드릴은 최초로 합성된 항히스타민제이다. 각 화합물의 탄소 골격 구조에서 색깔로 표시된 부분은 질소 친핵체와 산화 에틸렌이 반응하여 유도된 것이다.

쉽게 구할 수 있는 출발 물질로부터 노보카인 및 베나드릴을 합성하는 방법이 뒷장에 나와 있다. 그러나 당분간은 색깔로 표시된 —O—C—C—Nu 단위는 산화 에틸렌 또는 치환된 산화 에틸렌의 친핵성 고리 열림 반응으로부터 유도된 것을 아는 것으로 충분하다.

Stephen J. Krasemann/ Photo Researchers, Inc.

스컹크의 냄새는 두 가지 싸이올인 3-methyl-1-butanethiol과 2-butene-1-thiol로 구성된 혼합물이다.

8.5 싸이올이란 무엇인가?

A. 구조

싸이올 —SH기를 포함하고 있는 화합물

싸이올(thiol)의 작용기는 —SH(설프하이드릴, sulfhydryl)기이다. 그림 8.7은 가장 간단한 싸이올인 메테인싸이올(CH_3SH)의 Lewis 구조와 공-막대 모형이다.

저분자량 싸이올의 가장 특징적인 성질은 악취이다. 스컹크, 썩은 달걀, 하수구로부터 나는 불쾌한 냄새는 싸이올 때문이다. 스컹크의 냄새는 주로 다음 두 가지 싸이올에 기인한다.

$$CH_3CH{=}CHCH_2SH \qquad CH_3CH(CH_3)CH_2CH_2SH$$

2-Butene-1-thiol 3-Methyl-1-butanethiol

H–C(H)(H)–S̈–H

(a)

(b) 100.3°

메테인싸이올. 탄소와 황의 전기 음성도는 사실상 같은 값(2.5)인 반면, 황은 수소(2.1)보다 전기 음성도가 약간 더 크다. 전자 밀도 모형에서 S—H기의 수소 주위에는 부분적인 양전하를, 황 주위에는 부분적인 음전하를 보여 준다.

그림 8.7 Methanethiol(CH_3SH). (a) Lewis 구조, (b) 공–막대 모형. C—S—H 결합각은 100.3°이다. 이 각은 정사면체의 각 109.5°보다 약간 작은 값이다.

저분자량의 싸이올은 천연가스에 취기제로 첨가한다. 일반적인 대부분의 취기제는 2-메틸-2-프로페인싸이올(2-methyl-2-propanethiol, *tert*-뷰틸 머캅탄)이며, 이것은 산화 반응에 안정하고 토양에 매우 잘 흡수 및 침투하는 물질이다. 2-프로페인싸이올을 사용할 경우, 일반적으로 *tert*–뷰틸 머캅탄과 혼합하여 사용한다.

천연가스 취기제: $CH_3-C(CH_3)_2-SH$ 2-Methyl-2-propanethiol (*tert*-Butyl mercaptan); $CH_3-CH(SH)-CH_3$ 2-Propanethiol (Isopropyl mercaptan)

B. 명명법

알코올의 황 유사체는 싸이올(thiol, thi-는 그리스어에서 유래: *theion*, 황)이라 부르거나 혹은 옛 문헌에서는 '수은을 잡는다'는 뜻으로 **머캅탄**(mercaptan)이라 부른다. 싸이올은 수용액 내에서 Hg^{2+}와 반응하여 설파이드염을 형성하여 침전된다. 싸이오페놀(C_6H_5SH)은 Hg^{2+}와 반응하여 $(C_6H_5S)_2Hg$을 생성한다.

머캅탄 —SH기를 가지고 있는 화합물의 일반명이다.

IUPAC 체계에서는 —SH기가 결합된 가장 긴 탄소 사슬의 알케인을 어미 알케인으로 정하고 —SH기가 결합된 위치 번호가 작게 되도록 어미 알케인에 번호를 붙인 후 어미 알케인 이름 끝에 접미사 *-thiol*(-싸이올)을 붙인다.

간단한 싸이올의 일반명은 **머캅탄**(mercaptan)이며, —SH가 결합된 알킬기의 이름 다음에 머캅탄을 붙여 명명한다. 다른 작용기가 또 있는 화합물에서는 —SH기의 존재를 나타내기 위해서 **머캅토-**(mercapto-)라는 접두사를 사용한다. IUPAC 체계에서는 —OH가 —SH에 번호나 명명 상에서 우선한다.

CH_3CH_2SH Ethanethiol (Ethyl mercaptan); $CH_3CH(CH_3)CH_2SH$ 2-Methyl-1-propanethiol (Isobutyl mercaptan); $HSCH_2CH_2OH$ 2-Mercaptoethanol

Charles D. Winters

버섯, 양파, 마늘 및 커피는 모두 황 화합물을 포함하고 있다. 커피에 있는 황 화합물은 다음과 같다.

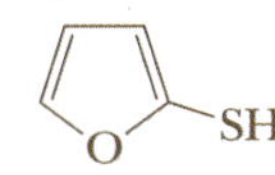

에터의 황 유사체(싸이오에터)는 —S—기의 존재를 나타내도록 **설파이드**(sulfide)라는 말을 사용하여 명명한다. 대표적인 두 가지 설파이드는 다음과 같다.

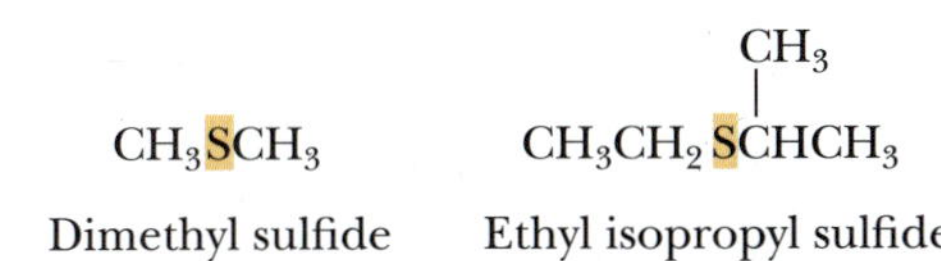

예제 8.11

다음 각 화합물의 IUPAC명을 쓰시오.

(a) SH

(b) SH

(c) OH CH_3 SH

전략

화합물의 어미 이름을 먼저 정한다. 만일 —SH기만을 가지고 있을 경우 알케인싸이올이라 명명한다. —OH기와 —SH기를 함께 가지고 있다면, 이 화합물은 머캅토 치환기를 가지고 있는 알코올이라 명명한다. 기억해야 할 점은 순서를 정할 때 —OH기가 있는 탄소의 우선순위가 높다는 것이다.

풀이

(a) 어미 알케인은 pentane이다. 어미 알케인의 이름에 **싸이올**을 붙여 —SH기의 존재를 표시한다. 이 싸이올의 IUPAC명은 1-pentanethiol이다. 일반명은 pentyl mercaptan이다.

(b) 어미 알케인은 butane이다. 이 싸이올의 IUPAC명은 2-butanethiol이다. 일반명은 *sec*-butyl mercaptan이다. 이 분자는 C-2에 입체 중심이 있는 카이랄 분자이지만 여기에서는 입체 화학의 배열까지는 보이지 않도록 한다.

(c) 어미 알케인은 pentane이다. —OH기가 —SH보다 우선순위가 높기 때문에 화합물은 —OH기가 있는 곳부터 번호를 붙여 명명된다.

OH CH_3 SH (1 2 3 4 5) OH CH_3 SH이 아님 (5 4 3 2 1)

(2*R*,4*R*)-5-Mercapto-4-methylpentan-2-ol

문제 8.14, 8.15 참조

문제 8.11

다음 각 싸이올의 IUPAC명을 쓰시오.

(a) SH

(b)

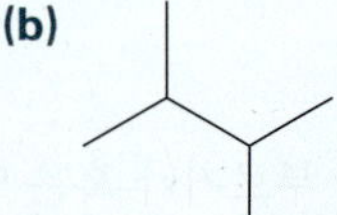

SH

(c) SH

C. 물리적 성질

황과 수소 원자는 전기 음성도 차이(2.5 − 2.1 = 0.4)가 작기 때문에 S—H 결합은 무극성 공유 결합으로 분류된다. 싸이올은 극성이 없기 때문에 수소 결합에 의한 회합이 거의 없다. 그러므로 싸이올은 끓는점이 낮고, 분자량이 비슷한 알코올에 비해 물을 포함한 극성 용매에 대한 용해도가 떨어진다. 표 8.4에 세 가지 저분자량 싸이올의 끓는점과 비교를 위해서 탄소 수가 같은 알코올의 끓는점을 수록하였다.

앞에서 에탄올의 끓는점(78℃)과 구조 이성질체인 다이메틸 에터의 끓는점(24℃)을 비교하면서 알코올 분자 내의 수소 결합의 중요성을 이야기한 바 있다. 에테인싸이올의 끓는점은 35℃이며, 그것의 구조 이성질체인 다이메틸 설파이드의 끓는점은 37℃이다.

표 8.4 세 종류의 싸이올과 탄소 수가 같은 세 종류 알코올의 끓는점

싸이올	끓는점(°C)	알코올	끓는점(°C)
Methanethiol	6	Methanol	65
Ethanethiol	35	Ethanol	78
1-Butanethiol	98	1-Butanol	117

CH_3CH_2SH	CH_3SCH_3
Ethanethiol	Dimethyl sulfide
bp 35°C	bp 37°C

이 구조 이성질체들 간의 끓는점이 거의 비슷하다는 것은 싸이올 분자 사이에는 수소 결합에 의한 회합이 거의 없다는 것을 의미한다.

8.6 싸이올의 특징적 반응은 무엇인가?

이 절에서는 싸이올의 산도와 수산화 소듐과 같은 강염기 및 산소 분자와의 반응을 공부한다.

A. 산도

황화 수소(hydrogen sulfide)는 물보다 강한 산이다.

$$H_2O + H_2O \rightleftharpoons HO^- + H_3O^+ \quad pK_a = 15.7$$
$$H_2S + H_2O \rightleftharpoons HS^- + H_3O^+ \quad pK_a = 7.0$$

이와 비슷하게 싸이올은 알코올보다 강한 산이다. 예를 들어 묽은 수용액 내에서 에탄올과 에테인싸이올의 pK_a를 비교해 보면 다음과 같다.

$$CH_3CH_2OH + H_2O \rightleftharpoons CH_3CH_2O^- + H_3O^+ \quad pK_a = 15.9$$
$$CH_3CH_2SH + H_2O \rightleftharpoons CH_3CH_2S^- + H_3O^+ \quad pK_a = 8.5$$

설파이드가 알콕시화물보다 더 안정한 짝염기이므로 싸이올이 알코올보다 더 산성이다. 이는 황 원자가 산소 원자보다 커서 음전하인 황 원자의 원자가 전자가 비편재될 수 있는 공간이 더 넓기 때문이다.

싸이올을 수산화 소듐 수용액에 용해시켰을 때 강산으로 작용하며, 알킬설파이드염(alkylsulfide salt)으로 완전히 변환된다.

$$CH_3CH_2SH + Na^+OH^- \longrightarrow CH_3CH_2S^- Na^+ + H_2O$$

pK_a 8.5 강한 산 / 강한 염기 / 약한 염기 / pK_a 15.7 약한 산

싸이올염을 명명할 때는 양이온 이름을 먼저 쓰고, 그다음에 알킬기의 이름에 접미사 -설파이드(*-sulfide*)를 붙여 쓴다. 예를 들어 에테인싸이올의 소듐염은 소듐 에틸설파이드(sodium ethylsulfide)로 명명한다.

B. 다이설파이드로의 산화

싸이올의 많은 화학적 성질은 싸이올의 황 원자가 쉽게 산화되어 더 높은 산화 상태로 산화될 수 있다는 것에 기인된다. 생물계에서 싸이올의 가장 일반적인 반응은 **다이설파이드**(—S—S—) 화합물로의 산화 반응이다. 싸이올은 산소 분자에 의해 쉽게 다이설파이드로 산화된다. 싸이올이 산화가 잘 일어나기 때문에 보관할 때는 공기와의 접촉을 피해야 한다. 다이설파이드는 여러 시약에 의해 싸이올로 쉽게 환원된다. 싸이올과 다이설파이드 사이의 상호 변환은 쉽게 일어나며, 단백질 화학에서도 매우 중요하다(18장).

$$\underset{\text{Thiol}}{2\ HOCH_2CH_2SH} \underset{\text{환원}}{\overset{\text{산화}}{\rightleftharpoons}} \underset{\text{Disulfide}}{HOCH_2CH_2S{-}SCH_2CH_2OH}$$

간단한 다이설파이드의 일반명은 황에 결합된 알킬기의 이름을 쓴 다음 **다이설파이드**(disulfide)란 이름을 붙여 쓴다. 예를 들어 $CH_3S{-}SCH_3$의 일반명은 다이메틸다이설파이드(dimethyldisulfide)이다.

예제 8.12

다음 반응의 생성물을 예측하시오. 만약 이 반응이 산-염기 반응이라면, 평형 위치를 예측하시오.

(a) 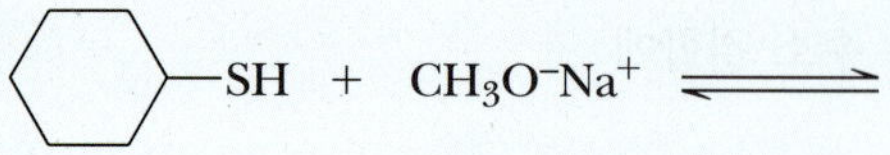 (cyclohexyl)—SH + $CH_3O^-Na^+$ ⇌

(b) 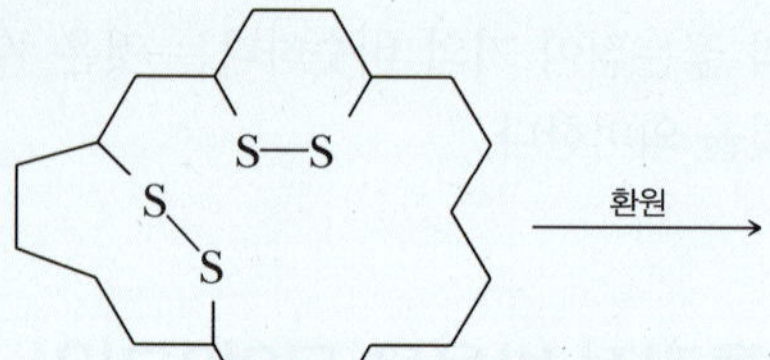 (macrocyclic disulfide, S—S, S—S) —환원→

전략

우선 어떤 종류의 반응이 일어나는지 정한다. 싸이올의 산화 반응인 경우 이황화 결합(—S—S—)을 생성한다. 이황화 결합이 환원되면서 두 개의 머캅토기를 생성한다. 싸이올은 약산으로도 작용할 수 있다(pK_a 값이 8.5 정도로, 비교적 강한 유기산이다).

풀이

(a) 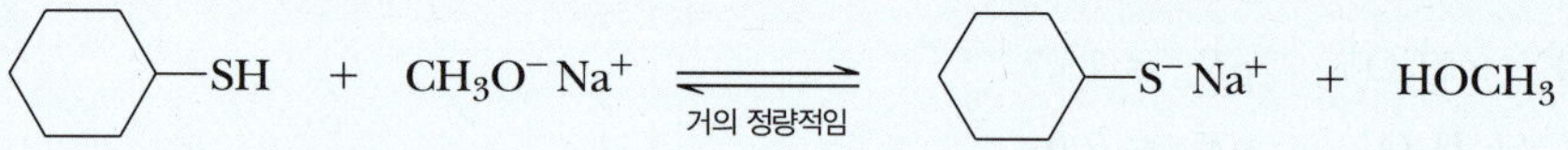 (cyclohexyl)—SH + $CH_3O^-\ Na^+$ ⇌ (거의 정량적임) (cyclohexyl)—$S^-\ Na^+$ + $HOCH_3$

(b) 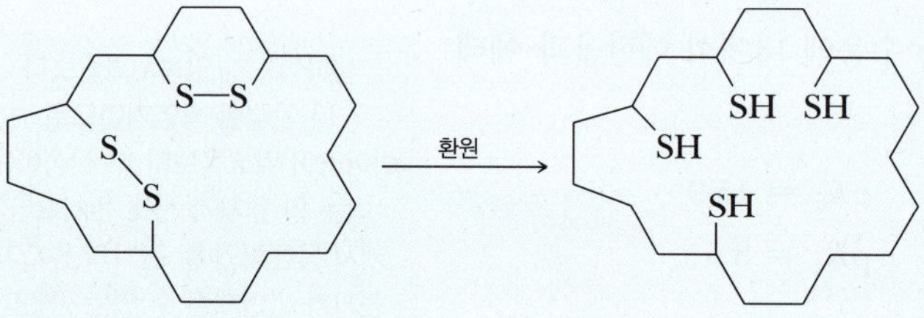 (macrocyclic disulfide, S—S, S—S) —환원→ (macrocycle with SH SH, SH, SH)

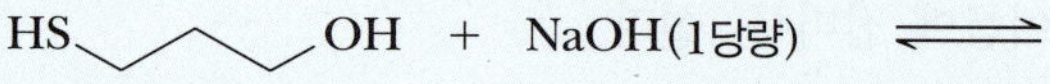

문제 8.28 ~ 8.30, 8.32 참조

문제 8.12

다음 반응의 생성물을 예측하시오. 만일 산-염기 반응일 경우 산-염기 평형 위치를 예측하시오.

(a) 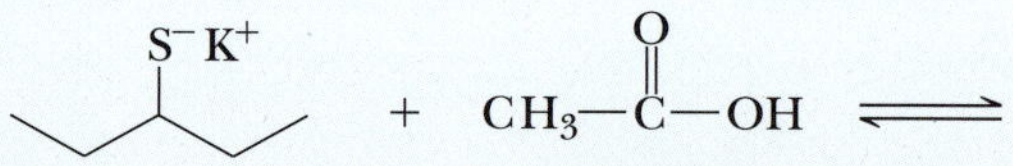 (3-pentyl)—S^-K^+ + $CH_3—\overset{O}{\overset{\|}{C}}—OH$ ⇌

(b) HS(CH₂)₃OH + NaOH(1당량) ⇌

(c) (dithiol chain with SH, SH) —산화→

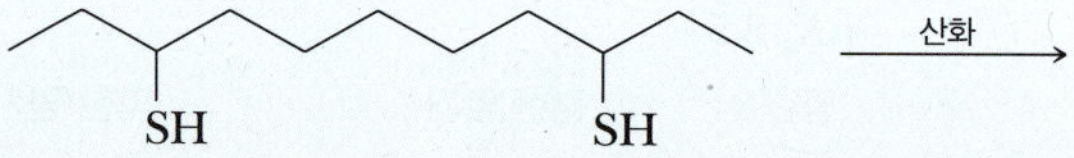

(d) 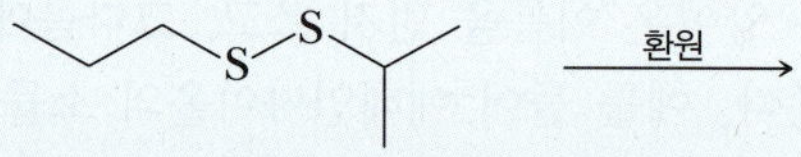 (propyl—S—S—isopropyl) —환원→

중요한 질문에 대한 요약

8.1 알코올이란 무엇인가?

- **알코올**의 작용기는 sp^3 혼성 탄소에 결합된 —OH(**하이드록실**)**기**이다. 알코올은 매우 많은 곳에 사용된다.
- 알코올은 —OH기가 붙은 탄소의 종류에 따라 일차, 이차, 삼차 알코올로 분류한다.
- 알코올의 IUPAC명은 어미 알케인의 접미사 *-e*를 *-ol*로 바꾸는 것이다. 사슬은 —OH기를 갖는 탄소 원자의 번호를 가장 낮게 하는 순서로 번호를 정한다.
- 알코올의 일반명은 —OH에 붙어 있는 알킬기를 명명하고, *alcohol*이라는 단어를 붙인다.
- 알코올은 부분적으로 음전하를 갖는 산소 원자와 부분적으로 양전하를 갖는 탄소와 수소 원자를 갖는 극성 화합물이다.
- 분자 간 수소 결합에 의한 회합 때문에, 알코올의 끓는점은 분자량이 비슷한 다른 탄화수소의 끓는점보다 더 높다.
- 분산력의 증가로 인하여 알코올의 끓는점은 분자량이 증가함에 따라 증가한다.
- 알코올은 물과의 **수소 결합**으로 인해 서로 상호 작용을 하고, 따라서 분자량이 비슷한 탄화수소 화합물에 비해 물에 더 잘 용해된다.

8.2 알코올의 특징적 반응은 무엇인가?

- 알코올은 산-염기 반응에서 약산과 약염기의 두 가지로 모두 작용한다. 가장 작은 알코올인 메탄올과 에탄올은 물과 비슷한 산도를 갖지만, 대부분의 이차, 삼차 알코올의 경우는 물보다 산도가 떨어진다.
- 알코올은 Li, Na, K 등과 같은 **활성 금속**과 반응하여 **알콕사이드**를 형성한다.
- 알코올은 할로젠화 수소(HCl, HBr, HI)와 치환 반응을 거쳐 할로알케인으로 전환된다. 이러한 반응은 알코올의 종류(일차, 이차, 삼차)에 따라 S_N1과 S_N2 반응으로 나눌 수 있다.
- 알코올은 **염화 싸이오닐**($SOCl_2$)과 반응하여 클로로알케인으로 변환된다.
- 알코올을 황산이나 인산과 같은 산으로 처리하면 **탈수 반응**이 일어난다. 이러한 물의 제거 반응은 Zaitsev 법칙을 따르며, 가장 많이 치환된 알켄이 주로 생성된다.
- 알코올은 **산화**되어 케톤, 알데하이드, 카복실산을 생성한다. **크로뮴산**과 **PCC**는 모두 이차 알코올을 산화하여 케톤을 생성한다. PCC는 일차 알코올을 산화하여 알데하이드를 생성하고, 크로뮴산으로 일차 알코올을 산화시키면 카복실산이 생성된다. 삼차 알코올은 산화되지 않는다.

8.3 에터란 무엇인가?

- **에터**는 두 개의 탄소 원자에 결합된 하나의 산소 원자를 포함하는 작용기를 갖는다. 에터는 용매와 의학용으로 유용하게 사용된다.
- 에터의 IUPAC명은 어미 사슬의 이름을 먼저 정하고, —OR기는 알콕시 치환기로서 명명한다. 일반명의 경우 산소에 결합된 두 개의 원자단을 명명한 후, '에터'를 붙여 명명한다. 에터는 약한 극성 화합물이다. 에터의 끓는점은 분자량이 그와 유사한 탄화수소와 비슷하다. 에터는 수소 결합 받개이기 때문에, 분자량이 비슷한 탄화수소보다 물에서 더 가용성이다.
- 에터는 화학적 변환이 거의 일어나지 않는다. 이러한 이유로 에터는 화학 반응에서 종종 용매로 이용된다.

8.4 에폭시화물이란 무엇인가?

- **에폭시화물**은 산소가 삼원자 고리의 원자 중 하나인 삼원자 고리형 에터이다.
- 에폭시화물은 **과산화카복실산**(RCO_3H)을 이용하여 알켄으로부터 합성할 수 있다. 반응은 C—C 이중 결합에 관한 상대적 입체 화학이 생성물 에폭시화물에 유지되도록 진행한다.
- 에폭시화물은 고리 열림 반응 동안 삼원자 고리가 열리게 된다. 산 촉매 가수 분해 반응에서 고리형 알켄이 trans 글라이콜로 전환되면서 에폭시화물을 만든다. 좋은 친핵체는 친핵체에 가까운 삼원자 고리의 덜 치환된 탄소를 공격함으로써 에폭시화물의 고리를 열게 한다.

8.5 싸이올이란 무엇인가?

- **싸이올**은 알코올의 —OH기 대신에 **—SH기**(sulfhydryl group)를 포함한 알코올의 황 유사 화합물이다. 싸이올은 생물학적인 과정에 있어서 중요한 역할을 한다.
- 싸이올의 명명법은 알코올과 같은 방법으로 명명되지만, 어미 알케인에 접미사 *-e*를 유지하며, *-thiol*을 더한다. 싸이올의 일반명은 —SH에 붙은 알킬기의 명명에 따르고, **'머캅탄'**이라는 단어를 붙인다. 더 높은 우선순위을 가지는 다른 작용기를 포함하는 화합물에서는 —SH기 존재는 접두사 **mercapto-**로 나타낸다. 싸이오에터의 경우는 두 개의 황과 결합하는 것에서 유래하였으며, **'설파이드'**라 한다.
- S—H 결합은 거의 무극성이며, 싸이올의 물리적인 성질은 분자량이 비슷한 탄화수소 화합물의 성질과 거의 유사하다.

8.6 싸이올의 특징적 반응은 무엇인가?

- 싸이올(pK_a 8.5)은 알코올보다 더 강한 산이며, 수산화물에 의해 정량적으로 양성자가 제거된다.
- 싸이올은 산화되어 **이황화**(—S—S—) 결합을 생성한다. 이 과정은 환원 반응의 역반응이다.

OX퀴즈

이 장에서 배운 개념들을 이해하였는지 알아보기 위해 아래 질문이 맞는지 틀린지 답하시오. 답이 틀렸거나 어렵다면, 장 끝의 문제를 풀기 전에 괄호 속에 표시한 해당 절을 복습하시오.

1. 알코올의 탈수 반응은 E1나 E2 메커니즘에 의해 진행된다. (8.2)
2. 에폭시화물은 비고리형 에터보다 반응성이 더 좋다. (8.3, 8.4)
3. 친전자체가 에폭시화물 고리의 탄소를 공격하면 고리 열림 반응이 일어난다. (8.4)
4. 수소 결합은 쌍극자-쌍극자 상호 작용을 형성한다. (8.1)
5. 알코올의 끓는점은 동일한 분자량의 싸이올보다 높다. (8.1, 8.5)
6. 싸이올은 알코올보다 더 산성이다. (8.2, 8.5)
7. 알코올은 수소 결합 주개로 작용하지만, 수소 결합 받개로는 작용하지 않는다. (8.1)
8. 알코올은 산과 염기 모두로 작용할 수 있다. (8.2)
9. 에터는 수소 결합 주개로 작용하지만, 수소 결합 받개로는 작용하지 않는다. (8.3)
10. 싸이올을 환원시키면 다이설파이드를 형성한다. (8.6)
11. 에터는 알코올보다 반응성이 더 크다. (8.2, 8.3)
12. $(CH_3CH_2)_2CHOH$는 삼차 알코올로 분류된다. (8.1)

13. PCC는 이차 알코올을 산화시켜 케톤을 형성한다. (8.2)
14. PCC는 일차 알코올을 산화시켜 카복실산을 형성한다. (8.2)
15. 알코올은 동일한 분자량의 에터보다 끓는점이 더 높다. (8.1, 8.3)
16. 탈수 반응의 생성물로 에폭시화물을 얻는다. (8.2)
17. 알코올은 알켄으로 변환될 수 있다. (8.2)
18. 알코올은 할로알케인으로 변환될 수 있다. (8.2)
19. 알코올 명명법에서 '알킬 알코올'은 IUPAC 명명법이고, 일반명은 '알칸올(alkanol)'이다. (8.1)
20. —OH기는 좋은 이탈기가 아니다. (8.2)
21. 글라이콜은 적어도 두 개의 하이드록실기가 서로 다른 탄소와 결합하고 있는 알코올이다.(8.1)

정답: (1) ○ (2) ○ (3) × (4) ○ (5) ○ (6) ○ (7) × (8) ○ (9) × (10) ×
(11) × (12) × (13) ○ (14) × (15) ○ (16) × (17) ○ (18) ○ (19) × (20) ○
(21) ○

주요 반응

1. 알코올의 산도(8.2A절)

묽은 수용액 속에서 메탄올과 에탄올은 물과 산도가 거의 비슷하다. 이차와 삼차 알코올은 물보다 더 약한 산이다.

$$CH_3OH + H_2O \rightleftharpoons CH_3O^- + H_3O^+ \quad pK_a = 15.5$$

2. 알코올과 활성 금속의 반응(8.2C절)

알코올은 Li, Na, K 그리고 다른 활성 금속과 반응하여 금속 알콕시화물을 생성하며, 생성된 화합물은 NaOH와 KOH보다 더 강한 염기이다.

$$2\,CH_3CH_2OH + 2\,Na \longrightarrow 2\,CH_3CH_2O^-Na^+ + H_2$$

3. 알코올과 HCl, HBr, HI의 반응(8.2D절)

일차 알코올은 HBr, HI와 S_N2 메커니즘으로 반응한다.

$$CH_3CH_2CH_2CH_2OH + HBr \longrightarrow CH_3CH_2CH_2CH_2Br + H_2O$$

삼차 알코올은 S_N1 메커니즘에 의해 HCl, HBr, HI와 반응하여 탄소 양이온 중간체를 생성한다.

$$(CH_3)_3COH + HCl \xrightarrow{25\ ^\circ C} (CH_3)_3CCl + H_2O$$

이차 알코올은 HCl, HBr, HI와 반응하며, 알코올의 종류와 실험 조건에 따라 S_N2 혹은 S_N1 메커니즘으로 반응한다.

4. 알코올과 $SOCl_2$의 반응(8.2D절)

이것은 알코올을 염화 알킬로 변환시키는 방법으로 자주 사용된다.

$$CH_3(CH_2)_5OH + SOCl_2 \longrightarrow CH_3(CH_2)_5Cl + SO_2 + HCl$$

5. 알코올의 산 촉매 탈수 반응(8.2E절)

이성질 알켄이 가능할 때 일반적으로 주생성물은 더 치환된 알켄이다(Zaitsev 법칙).

$$CH_3CH_2CH(OH)CH_3 \xrightarrow[\text{가열}]{H_3PO_4} \underset{\text{주생성물}}{CH_3CH{=}CHCH_3} + CH_3CH_2CH{=}CH_2 + H_2O$$

6. 일차 알코올의 알데하이드로의 산화(8.2F절)

이 산화는 PCC를 사용하면 가장 편리하게 수행할 수 있다.

$$\text{cyclo-}C_5H_9\text{—}CH_2OH \xrightarrow[CH_2Cl_2]{PCC} \text{cyclo-}C_5H_9\text{—}CH{=}O$$

7. 일차 알코올의 카복실산으로의 산화(8.2F절)

일차 알코올은 크로뮴산에 의해 카복실산으로 산화된다.

$$CH_3(CH_2)_4CH_2OH + H_2CrO_4 \xrightarrow[\text{acetone}]{H_2O} CH_3(CH_2)_4COOH + Cr^{3+}$$

8. 이차 알코올의 케톤으로의 산화(8.2F절)

이차 알코올은 크로뮴산이나 PCC에 의해 케톤으로 산화된다.

$$CH_3(CH_2)_4CH(OH)CH_3 + H_2CrO_4 \longrightarrow CH_3(CH_2)_4C({=}O)CH_3 + Cr^{3+}$$

9. 알켄의 에폭시화물로의 산화(8.4B절)

일반적으로 알켄으로부터 에폭시화물을 합성하는 방법으로 과산화아세트산과 같은 과산화카복실산에 의해 알켄을 산화시킨다.

$$\text{cyclohexene} + RC({=}O)OOH \longrightarrow \text{cyclohexene oxide (cis H, H)} + RC({=}O)OH$$

10. 에폭시화물의 산 촉매 가수 분해(8.4C절)

고리형 알켄으로부터 유도된 에폭시화물의 산 촉매 가수 분해 반응은 위치 선택적이며 그 결과 트랜스 글라이콜을 생성한다.

$$\text{cyclopentene oxide} + H_2O \xrightarrow{H^+} \text{trans-1,2-cyclopentanediol}$$

11. 에폭시화물의 친핵성 고리 열림 반응(8.4C절)
암모니아, 아민과 같은 좋은 친핵체는 S_N2 메커니즘에 의해 많이 스트레인된 에폭시화물 고리를 열고, 장애가 작은 삼원자 고리의 탄소에 대한 친핵체의 공격이 위치 선택적임을 보여 준다. 반응은 트랜스 생성물을 입체 선택적으로 생성시킨다.

Cyclohexene oxide + NH_3 ⟶ *trans*-2-Aminocyclohexanol

12. 싸이올의 산도(8.6A절)
싸이올(pK_a 8~9)은 약산이지만, 알코올(pK_a 16~18)보다는 더 강한 산이다.

$$CH_3CH_2SH + H_2O \rightleftharpoons CH_3CH_2S^- + H_3O^+ \quad pK_a = 8.5$$

13. 다이설파이드로의 산화(8.6B절)
O_2에 의해 싸이올이 산화되면 다이설파이드가 생성된다.

$$2\ RSH + \tfrac{1}{2}O_2 \longrightarrow RS\text{-}SR + H_2O$$

문 제

별표로 표시된 문제는 본문의 '실생활' 문제를 나타낸다. 푸른색으로 된 문제의 답은 부록에 있다.

구조와 명명법

8.13 다음 알코올들을 일차, 이차, 삼차 알코올로 분류하시오.(예제 8.2 참조)

(a) OH

(b) $(CH_3)_3COH$

(c)

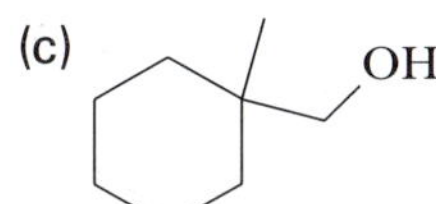

(d)

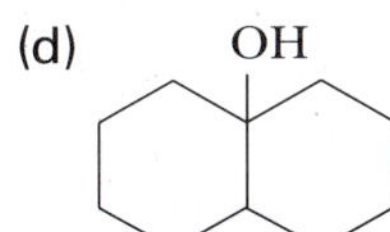

(e)

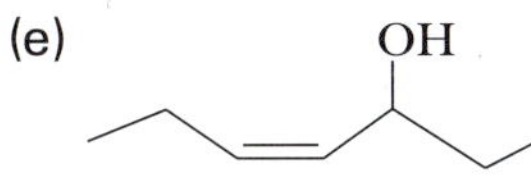

(f) OH

(g)

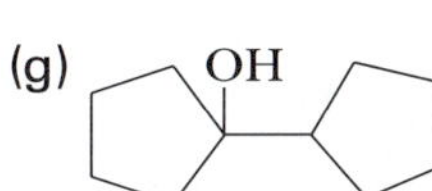

(h) OH

8.14 다음 화합물들의 이름을 IUPAC 명명법 또는 일반명으로 명명하시오.(예제 8.1, 8.3, 8.11 참조)

(a) OH

(b) HO OH

(c) OH

(d) OH SH

(e) HO

(f) OH OH

(g) SH

(h) HO OH OH

8.15 각 알코올의 구조식을 그리시오.(예제 8.1, 8.3, 8.11 참조)

(a) Isopropyl alcohol
(b) Propylene glycol
(c) (*R*)-5-Methyl-2-hexanol
(d) 2-Methyl-2-propyl-1,3-propanediol
(e) 2,2-Dimethyl-1-propanol
(f) 2-Mercaptoethanol
(g) 1,4-Butanediol
(h) (*Z*)-5-Methyl-2-hexen-1-ol
(i) *cis*-3-Penten-1-ol
(j) *trans*-1,4-Cyclohexanediol

8.16 다음 각 에터의 이름을 쓰시오.(예제 8.7 참조)

(a) O

(b) O

(c) O OH

(d) O Cl

8.17 분자식이 $C_5H_{12}O$인 8개의 알코올 이성질체의 이름을 쓰고, 구조식을 그리시오. 어떤 알코올이 카이랄인지 구분하시오.(예제 8.1, 8.3 참조)

물리적 성질

8.18 다음 화합물들을 끓는점이 증가하는 순서로 나열하시오.(°C로 그 값은 −42, 78, 117, 198이다.)

(a) $CH_3CH_2CH_2CH_2OH$
(b) CH_3CH_2OH
(c) $HOCH_2CH_2OH$
(d) $CH_3CH_2CH_3$

8.19 다음 화합물들을 끓는점이 증가하는 순서로 나열하시오.(°C로 그 값은 −42, −24, 78, 118이다.)

(a) CH_3CH_2OH
(b) CH_3OCH_3
(c) $CH_3CH_2CH_3$
(d) CH_3COOH

8.20 Propanoic acid와 methyl acetate는 구조 이성질체이며 모두 상온에서 액체이다.

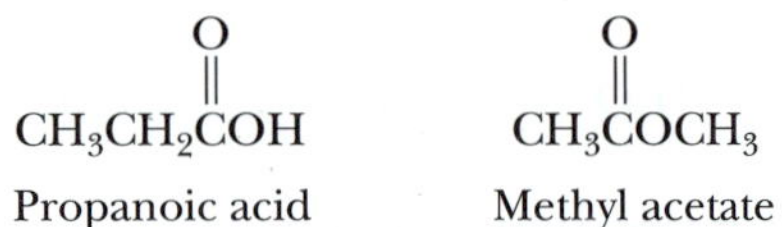

두 물질의 끓는점은 141°C와 57°C 중 하나이다. 각 물질의 끓는점을 바르게 예측하시오.

8.21 에틸렌 글라이콜($HOCH_2CH_2OH$)의 가능한 엇갈린 배열을 모두 그리시오. 왜 —OH기가 서로 인접한 배열이 —OH기가 멀리 떨어진 배열에 비해 약 4.2 kJ/mol(1 kcal/mol) 정도 안정한지 설명하시오.(예제 3.7 참조)

8.22 다음은 1-butanol과 1-butanethiol의 구조식이다.

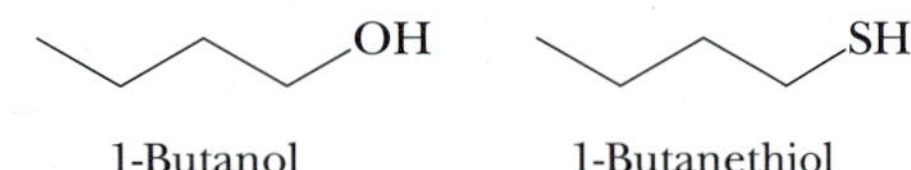

두 물질의 끓는점은 98.5℃와 117℃ 중 하나이다. 각 물질의 끓는점을 바르게 예측하시오.

8.23 각 쌍의 화합물 중에서 어느 것이 보다 더 물에 잘 용해되는지 고르시오. (예제 8.8 참조)

(a) CH_2Cl_2와 CH_3OH

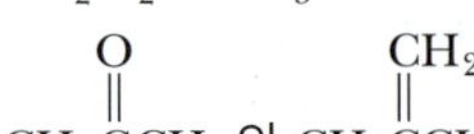

(b) $CH_3\overset{O}{\overset{\|}{C}}CH_3$와 $CH_3\overset{CH_2}{\overset{\|}{C}}CH_3$

(c) CH_3CH_2Cl와 NaCl

(d) $CH_3CH_2CH_2SH$와 $CH_3CH_2CH_2OH$

(e) $CH_3CH_2\overset{OH}{\overset{|}{C}}HCH_2CH_3$와 $CH_3CH_2\overset{O}{\overset{\|}{C}}CH_2CH_3$

8.24 각 항에 있는 화학물들을 물에 대한 용해도가 감소하는 순서로 나열하시오.(예제 8.8 참조)

(a) Ethanol, butane, diethyl ether

(b) 1-Hexanol, 1,2-hexanediol, hexane

8.25 다음 각 화합물은 일반적인 유기 용매이다. 각 쌍의 화합물 중에서 물에 대한 용해도가 더 큰 용매를 고르시오.(예제 8.8 참조)

(a) CH_2Cl_2와 CH_3CH_2OH

(b) $CH_3CH_2OCH_2CH_3$와 CH_3CH_2OH

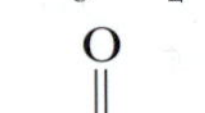

(c) $CH_3\overset{O}{\overset{\|}{C}}CH_3$와 $CH_3CH_2OHCH_2CH_3$

(d) $CH_3CH_2OCH_2CH_3$와 $CH_3(CH_2)_3CH_3$

알코올의 합성

8.26 다음 알코올이나 글라이콜로부터 생성 가능한 알켄(들)의 구조식을 쓰시오.

(a) 2-Butanol

(b) 1-Methylcyclohexanol

(c) 3-Hexanol

(d) 2-Methyl-2-pentanol

(e) Cyclopentanol

(f) 1,2-Propanediol

8.27 Cyclopentene의 브로민 첨가 반응과 산 촉매에 의한 cyclopentene oxide의 가수 분해는 모두 입체 선택적으로 일어나 트랜스 생성물이 생성된다. 이들 각 반응의 메커니즘을 비교하고, 트랜스 화합물이 생성되는 메커니즘을 나타내시오.

알코올과 싸이올의 산도

8.28 다음 각 쌍에서 더 강한 산을 선택하고, 더 강한 산에 대한 짝염기의 구조식을 쓰시오.(예제 8.4, 8.12 참조)

(a) H_2O와 H_2CO_3

(b) CH_3OH와 CH_3COOH

(c) CH_3COOH와 CH_3CH_2SH

8.29 다음 화합물들을 산도가 증가하는 순서로 나열하시오(약한 것에서 강한 것으로).(예제 8.4, 8.12 참조)

$$CH_3CH_2CH_2OH \quad CH_3CH_2\overset{O}{\overset{\|}{C}}OH \quad CH_3CH_2CH_2SH$$

8.30 다음 각 쌍에서 더 강한 염기를 선택하고, 더 강한 염기에 대한 짝산의 구조식을 그리시오.(예제 8.4, 8.12 참조)

(a) OH^-와 CH_3O^-

(b) $CH_3CH_2S^-$와 $CH_3CH_2O^-$

(c) $CH_3CH_2O^-$와 NH_2^-

8.31 다음 평형식에서 더 강한 산, 더 강한 염기, 더 약한 산, 더 약한 염기를 표시하시오. 또 각 평형 위치를 예측하시오(표 2.2 참조). (예제 8.4 참조)

(a) $CH_3CH_2O^- + HCl \rightleftharpoons CH_3CH_2OH + Cl^-$

(b) $CH_3\overset{O}{\overset{\|}{C}}OH + CH_3CH_2O^- \rightleftharpoons CH_3\overset{O}{\overset{\|}{C}}O^- + CH_3CH_2OH$

8.32 다음 각 산–염기 반응의 평형 위치를 예측하시오. 즉 왼쪽에 치우쳐 있는가, 오른쪽에 치우쳐 있는가, 아니면 농도가 고르게 균형 잡혀 있는가?(예제 8.4, 8.12 참조)

(a) $CH_3CH_2OH + Na^+OH^- \rightleftharpoons CH_3CH_2O^-Na^+ + H_2O$

(b) $CH_3CH_2SH + Na^+OH^- \rightleftharpoons CH_3CH_2S^-Na^+ + H_2O$

(c) $CH_3CH_2OH + CH_3CH_2S^-Na^+ \rightleftharpoons$
$CH_3CH_2O^-Na^+ + CH_3CH_2SH$

(d) $CH_3CH_2S^-Na^+ + CH_3\overset{O}{\overset{\|}{C}}OH \rightleftharpoons CH_3CH_2SH + CH_3\overset{O}{\overset{\|}{C}}O^-Na^+$

알코올의 반응

8.33 간단한 화학적 검사법으로 cyclohexanol과 cyclohexene을 어떻게 구분할 수 있는가?(**힌트**: 각 화합물을 CCl_4 용매 속에서 Br_2로 처리할 경우를 생각해 볼 것)

8.34 일차 알코올인 1-뷰탄올과 다음 시약들 사이의 반응을 쓰시오.(예제 8.4, 8.6 참조)

(a) Na 금속

(b) HBr, 가열

(c) $K_2Cr_2O_7$, H_2SO_4, 가열

(d) $SOCl_2$

(e) Pyridinium chlorochromate(PCC)

8.35 이차 알코올인 2-뷰탄올과 다음 시약들 사이의 반응을 쓰시오. (예제 8.4, 8.6 참조)

(a) Na 금속

(b) H_2SO_4, 가열

(c) HBr, 가열

(d) $K_2Cr_2O_7$, H_2SO_2, 가열

(e) $SOCl_2$

(e) Pyridinium chlorochromate(PCC)

8.36 (*R*)-2-뷰탄올을 산성 수용액상에 두면 이 화합물은 천천히 광학 활성을 잃게 된다. 산성 수용액 내에서 회수한 유기 물질은 2-뷰탄올만 발견되었다. 광학 활성을 잃게 된 이유를 쓰시오.

8.37 다음 반응에 대한 가장 가능성이 높은 메커니즘을 제시하시오.

OH + HCl ⟶ Cl + H_2O

반응 중 생성되는 중간체의 구조식을 쓰시오.

8.38 다음 반응식을 완성하시오.(예제 8.6, 8.9 참조)

(a) OH + H_2CrO_4 ⟶

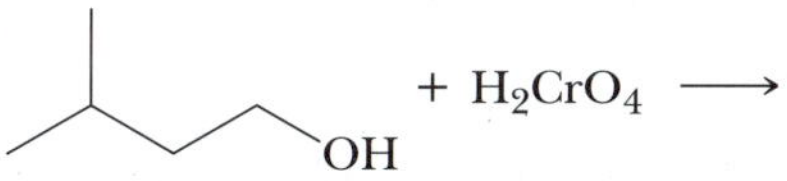

(b) OH + $SOCl_2$ ⟶

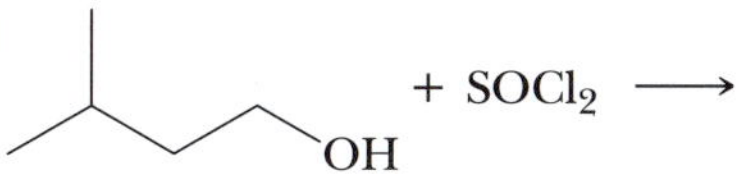

(c) OH + HCl ⟶

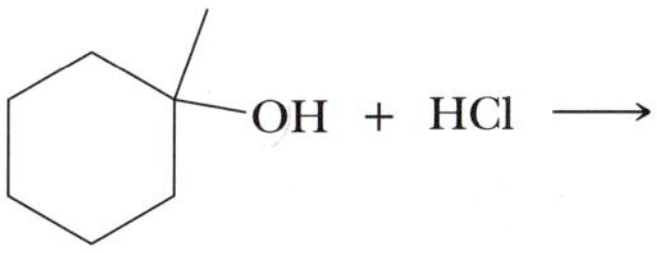

(d) HO OH + HBr (과량) ⟶

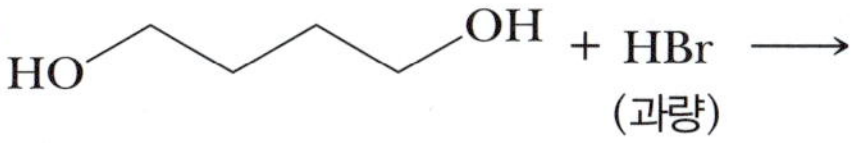

(e) OH + H_2CrO_4 ⟶

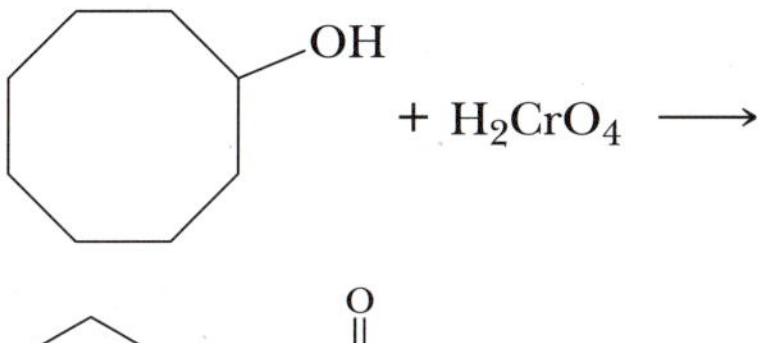

(f) 1) RCOOH (O) 2) H^+/H_2O ⟶

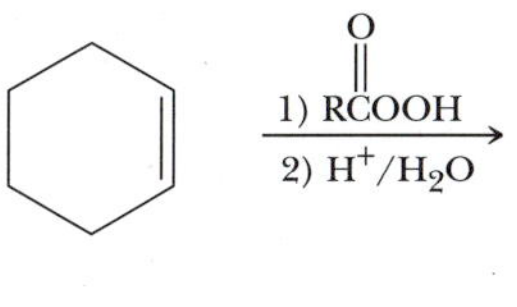

***8.39** 상업용 휘발유의 옥테인값 향상을 위한 첨가제로서 사용된 methyl *tert*-butyl ether(MTBE)는 산 촉매하에서 2-methyl propene과 methanol을 반응시켜 합성한다. 이 반응의 메커니즘을 제시하시오.(예제 5.5, 5.6 참조)

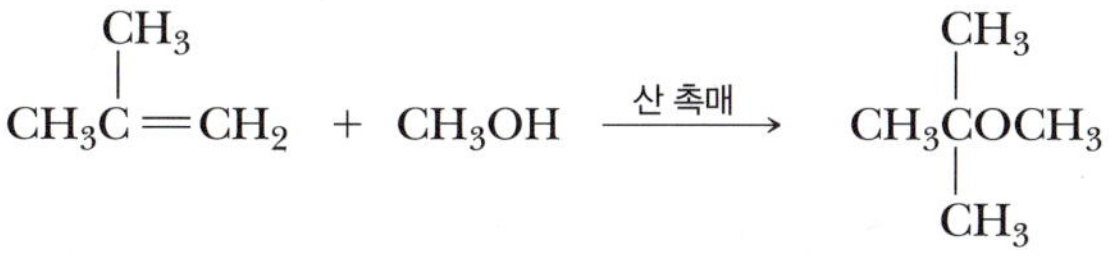

$$CH_3C(CH_3){=}CH_2 + CH_3OH \xrightarrow{\text{산 촉매}} CH_3C(CH_3)_2OCH_3$$

2-Methylpropene (Isobutylene) | Methanol | 2-Methoxy-2-methyl-propane (Methyl-tert-butyl ether, MTBE)

8.40 고리형 브로모알코올은 염기로 처리하면 분자내 S_N2 반응을 일으켜서 (a)와 (b)의 에테르를 생성한다. 반응 (a)와 (b)의 메커니즘을 제시하시오. 왜 반응 (c)는 일어나지 않는지 설명하시오.

(a) OH, Br —염기⟶ O

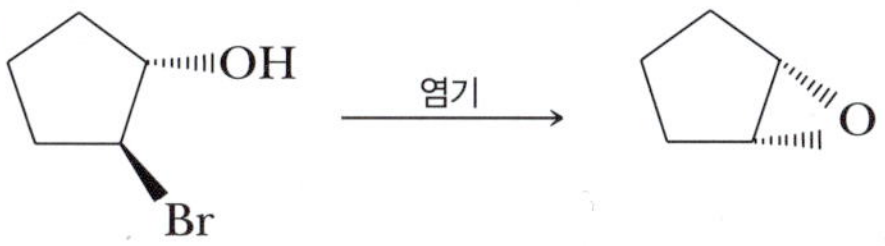

(b) Br, OH —염기⟶ O

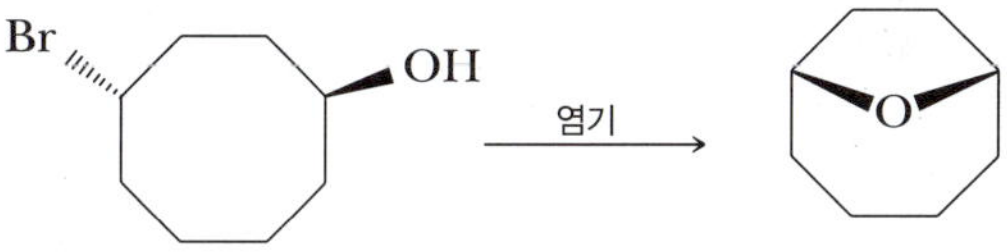

(c) Br, OH —염기⟶ 반응이 일어나지 않음

(d) Br OH —염기⟶ 이 생성물을 예측하고 이것의 생성 메커니즘을 제시하시오.

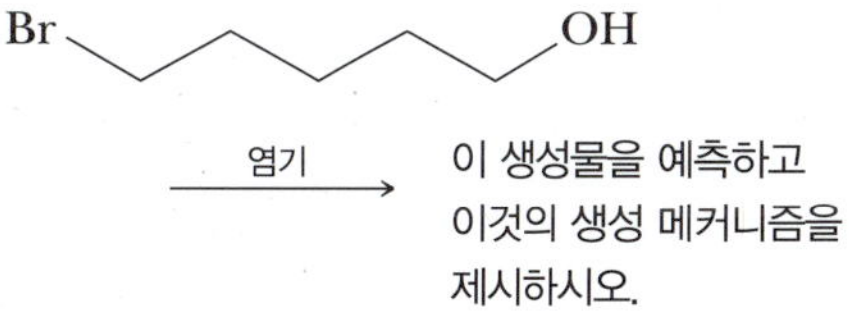

합성

8.41 다음 반응에서 어떻게 변환되는지 나타내시오.(예제 8.5, 8.6, 8.10 참조)

(a) 두 단계를 거쳐 1-propanol을 2-propanol로 변환시키시오.

(b) 두 단계를 거쳐 cyclohexene을 cyclohexanone으로 변환시키시오.

(c) 세 단계를 거쳐 cyclohexanol을 *trans*-1,2-cyclohexanediol로 변환시키시오.

(d) 두 단계를 거쳐 propene을 propanone(acetone)으로 변환시키시오.

8.42 Cyclohexanol로부터 다음 화합물들이 어떻게 합성되는지 나타내시오.

(a) Cyclohexene

(b) Cyclohexane

(c) Cyclohexanone

(d) Cylohexene oxide

8.43 1-Propanol로부터 다음 화합물들을 합성하기 위한 시약과 실험 조건을 쓰시오.(예제 8.5, 8.6, 8.6, 8.10 참조)

(a) Propanal
(b) Propanoic acid
(c) Propene
(d) 2-Propanol
(e) 2-Bromopropane
(f) 1-Chloropropane
(g) Propanone
(h) 1,2-Propanediol

8.44 2-Methyl-1-propanol(isobutyl alcohol)로부터 다음 화합물들을 만드는 방법을 쓰시오. 만약 제법이 두 단계 이상인 경우 생성된 각 중간체도 쓰시오.(예제 8.5, 8.6, 8.9, 8.10 참조)

(a) $CH_3C(CH_3){=}CH_2$

(b) $CH_3C(CH_3)(OH)CH_3$

(c) $CH_3C(CH_3)(OH){-}CH_2OH$

(d) $CH_3CH(CH_3)COOH$

8.45 2-Methylcyclohexanol로부터 다음 화합물들을 합성하는 방법을 쓰시오. 만약 합성이 두 단계 이상인 경우 생성된 각 중간체도 쓰시오.(예제 8.5, 8.6, 8.9, 8.10 참조)

(a)
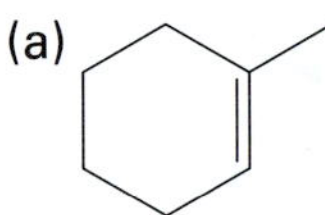

(d)
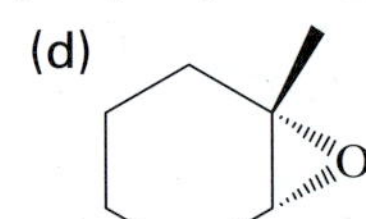

(b)

(e)
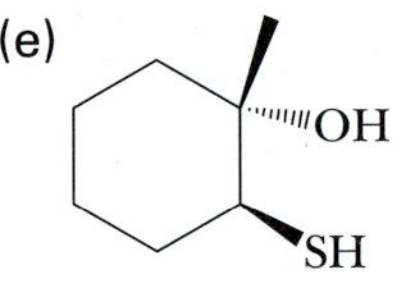

라셈

(c)
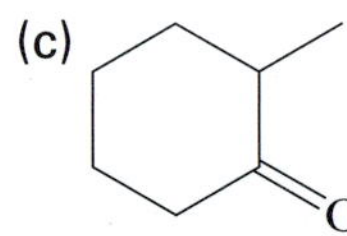

(f)
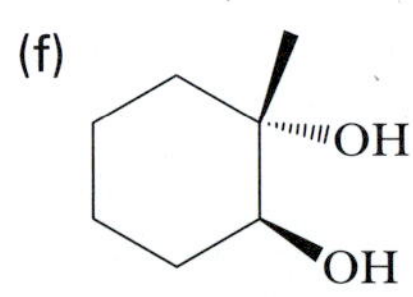

8.46 다음 왼쪽에 표시된 알코올로부터 화합물 (a), (b), (c)로 변환시킬 수 있는 방법을 쓰시오. (예제 8.5 참조)

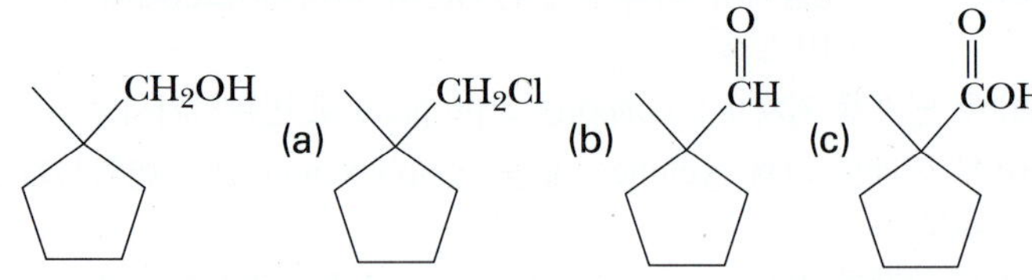

***8.47** 집시나방(Porthetria dispar)이 이성을 유혹하는 물질인 Disparlure를 다음과 같이 (Z)-알켄으로부터 실험실에서 합성할 수 있다.(예제 8.9 참조)

(Z)-2-Methyl-7-octadecene

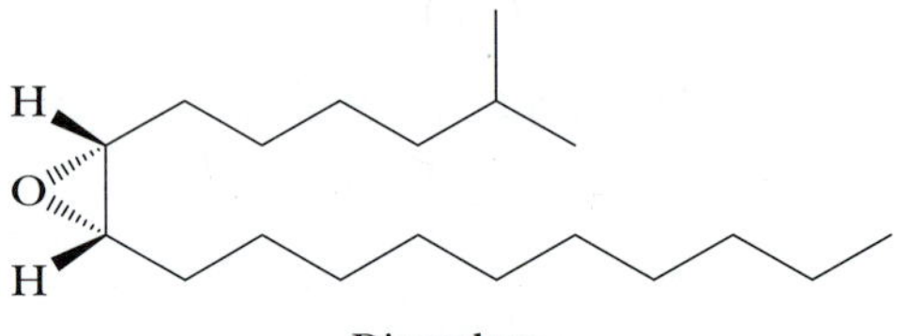

Disparlure

© Marek Swadzba/iStockphoto
집시나방 애벌레

(a) 어떻게 하면 (Z)-알켄을 Disparlure로 변환시킬 수 있는가?

(b) Disparlure 화합물은 몇 개의 입체 이성질체가 가능한가? 선택한 방법으로 만들 수 있는 이성질체의 수를 구하시오.

***8.48** Bombykol, 즉 암컷 누에나방이 수컷 누에나방을 유인하기 위해 내뿜는 성페로몬의 화학적 이름은 *trans*-10-*cis*-12-hexadecadien-1-ol이다(이 화합물은 16개의 탄소가 연결된 사슬에 한 개의 하이드록실기와 두 개의 탄소–탄소 이중 결합을 갖는다).

(a) 각 탄소–탄소 이중 결합의 바른 배열을 보이면서 bombykol의 구조식을 그리시오.

(b) (a)에서 그린 구조식에 대해 몇 개의 시스–트랜스 이성질체가 가능한가? 실험실에서 합성되는 모든 가능한 이성질체 중 오직 하나만 bombykol이라 불리고 수컷나방을 유인할 수 있다.

화학적 변환

8.49 이번 장에서 배운 화학 반응과 화학적 변환에 대해 모든 지식들을 테스트해 보고자 한다. **주의**: 어떠한 반응은 한 가지 이상의 단계를 거친다.

(a) OH ⟶ HO

(b)

(c)

(d)

(e)

(f)

(g)

(h)

(i)

(j)

(k)

(l) 라셈

(m) 라셈

(n)

(o) $HOCH_2CH_3$ ⟶ OCH_2CH_3

(p)

(q)

(r)

(s)

발전 학습

8.50 일반적으로 N—H기를 가진 화합물은 수소 결합에 의해 회합된다.

(a) 이 회합이 O—H기를 가진 화합물 사이의 회합보다 더 강한지, 약한지 예측하시오.

(b) 문제 (a)의 답을 근거로 할 때, 1-butanol과 1-butanamine 중 어느 것이 더 끓는점이 높다고 예측할 수 있는가?

1-Butanol 1-Butanamine

8.51 산소가 양전하를 띠는 methyl vinyl ether의 공명 구조를 그리시오. Ethyl methyl ether와 비교하였을 때 methyl vinyl ether의 공명 구조가 친전자체에 대한 산소의 반응성에 어떤 영향을 미치는가?

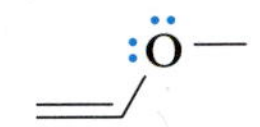

Methyl vinyl ether

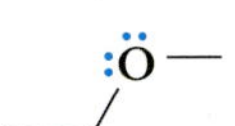

Ethyl methyl ether

8.52 각 항에 있는 화합물들을 친핵성이 가장 강한 것에서 가장 약한 것의 순으로 나열하시오.

(a)

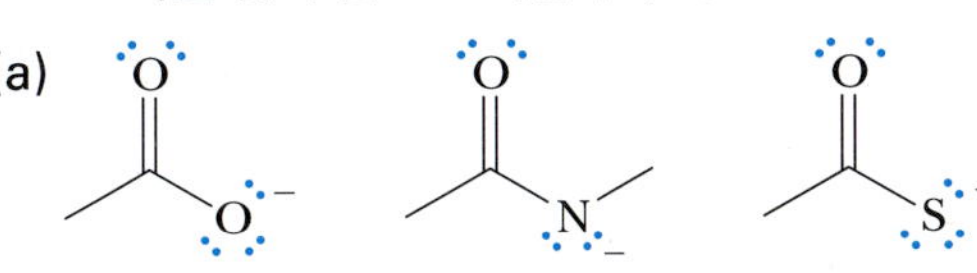

(b) $R-\ddot{\underset{\cdot\cdot}{O}}:^-$ $R-\ddot{N}H^-$ $R-\ddot{C}H_2^-$

8.53 14장에서 다음 카보닐 화합물의 반응성은 이탈기의 안정성에 비례함을 알게 될 것이다. 이탈기의 안정성을 근거로 하여, 다음 카보닐 화합물을 반응성이 강한 것에서 약한 것의 순으로 나열하시오.

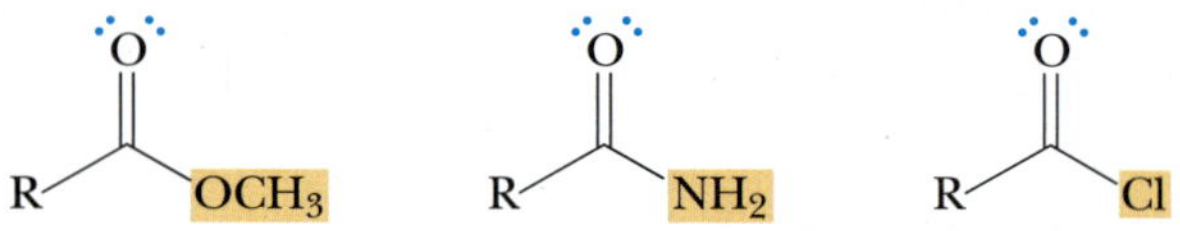

R–C(=O)–OCH_3 A

R–C(=O)–NH_2 B

R–C(=O)–Cl   C

그룹 학습 활동

8.54 에탄올을 제외한 일차 알코올이 알켄의 산 촉매 수화 반응으로는 생성되지 않는 이유에 대해 토의하시오. 산 촉매 수화 반응 메커니즘과 반응에 연관된 화학종의 반응성을 고려하여 토의하시오.

8.55 왜 수산화 소듐이 알코올에서 알콕사이드를 합성하는 반응의 좋은 시약이 아닌지 토의하시오. 이와 비슷하게, 수산화 소듐은 싸이올에서 알킬설파이드를 합성할 때 사용 가능한가? 왜 그런가 또는 왜 안 되는가? 각 반응에서 반응의 유형과 반응을 유용하게 만드는 원인에 대하여 토의하시오.

8.56 다음 화합물 중 하나는 매우 추운 날씨에 비행기의 제빙액으로 사용된다. 그룹 내에서 세 가지 알코올 중 어떤 화합물이 제빙액으로 사용되기에 가장 적합할지를 정하고, 이유에 대하여 토의하시오.

CH_3OH	CH_3CH_2OH	$(CH_3)_3COH$
Methanol	Ethanol	*tert*-Butanol

***8.57** 다음은 다양한 세균성 감염의 사용되는 중요한 항생제인 Erythromycin A의 구조이다. 그룹 내에서

(a) Erythromycin A의 모든 하이드록실기를 찾고 1차, 2차, 3차로 분류하시오.

(b) 하이드록실기 중 4개는 분자내 수소 결합에 관여한다. 그중 하나를 구조식에 표시하였고 그 결과 오원자 고리가 만들어진다. 분자내 수소 결합이 가능한 나머지 3개의 하이드록실기의 위치를 작으시오. 질소도 수소 결합을 생성할 수 있음에 유의하라.

(c) Erythromycin A 의 다른 작용기를 찾으시오.

(d) 입체 중심의 위치를 찾고 R/S 배열을 결정하시오. Erythromycin A의 가능한 입체 이성질체의 최대 개수를 예측하시오.

Erythromycin A

분자내 수소 결합

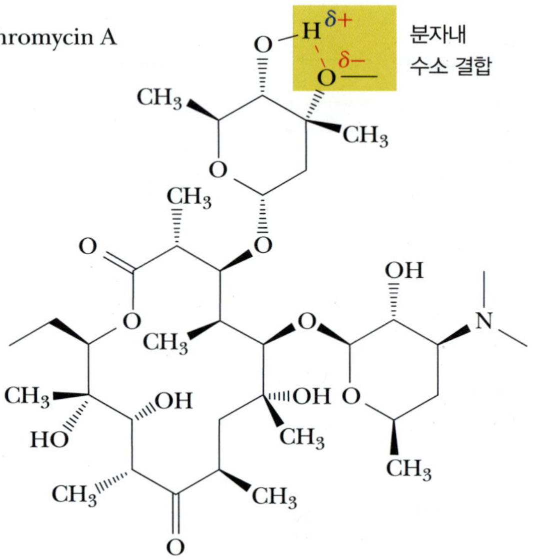

8.58 화살표를 이용하여 다음 반응의 메커니즘을 제안하시오.

(a) 2,2-dimethylcyclohexanol —H_2SO_4, Δ→ 1,2-dimethylcyclohexene

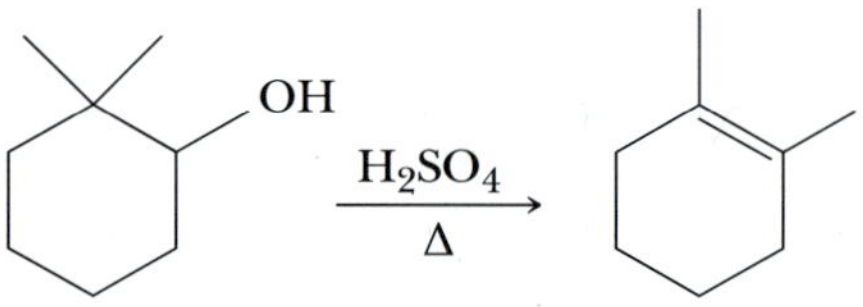

(b) 1-(1-methylcyclopentyl)ethanol —H_2SO_4, Δ→ 1,2-dimethylcyclohexene

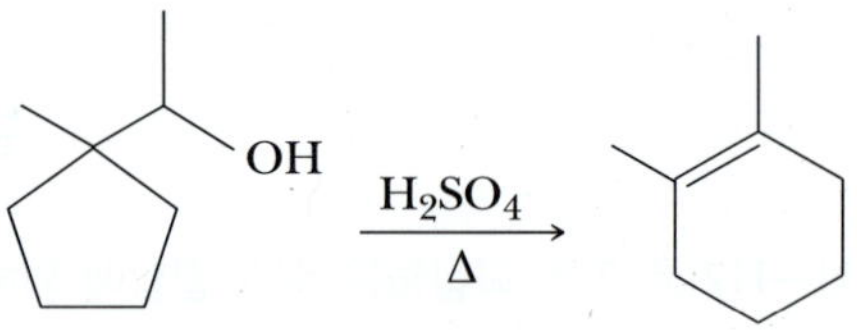

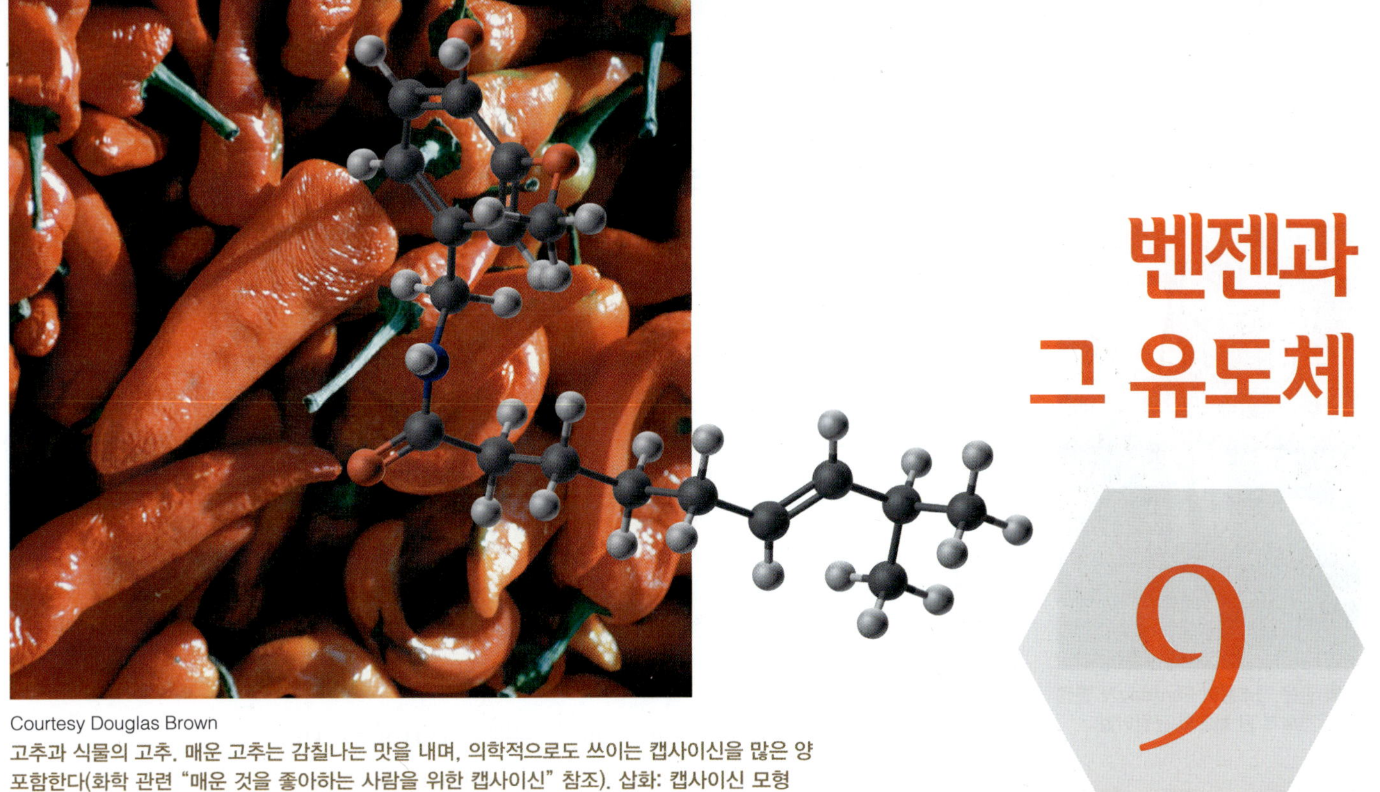

벤젠과 그 유도체

9

Courtesy Douglas Brown

고추과 식물의 고추. 매운 고추는 감칠나는 맛을 내며, 의학적으로도 쓰이는 캡사이신을 많은 양 포함한다(화학 관련 "매운 것을 좋아하는 사람을 위한 캡사이신" 참조). 삽화: 캡사이신 모형

벤젠은 무색의 액체로서, 1825년에 Michael Faraday가 런던의 조명용 가스관에서 수집된 기름찌꺼기로부터 처음 분리하였다. 벤젠의 분자식(C_6H_6)은 불포화도가 큼을 암시한다. 탄소 6개의 알케인류는 C_6H_{14}의 분자식인 데 비해, 탄소 원자 6개의 사이클로알케인류는 C_6H_{12}인 분자식을 가진다. 벤젠이 불포화도가 큰 것을 고려한다면 알켄류와 같은 반응을 보일 것으로 예상할 것이다. 그러나 벤젠은 대단히 안정하다. 놀랍게도 벤젠은 알켄류의 특징적 반응인 첨가 반응, 산화 반응, 환원 반응을 하지 않는다. 예를 들어 브로민, 염화 수소, 기타 탄소–탄소 이중 결합에 첨가되는 다른 시약들과는 반응을 하지 않는다. 크로뮴산 또는 오존으로 처리하였을 때 알켄은 쉽게 산화되지만, 벤젠은 같은 조건에서 산화되지 않는다. 벤젠이 반응할 경우에는 수소가 다른 원자나 원자단에 의해 치환되는 반응이 일어난다.

벤젠과 그 유도체들은 대부분 독특한 냄새를 가지고 있기 때문에 **방향족 화합물**(aromatic compound)로 분류된다. 어쨌든 구조와 화학적 반응성에 근거하여 이러한 화합물을 분류하는 것이 향기로 분류하는 것보다 타당하다는 것이 분명해졌다. '**방향성**(aromatic)'이란 용어는 계속 사용하지만, 오늘날에 이 용어는 벤젠과 그 유도체들이 알켄과 반응하는 시약들에 대해 의외로 안정한, 불포화도가 매우 큰 화합물이라는 것을 의미한다.

아렌(arene)은 알케인 및 알켄에서 유추하여 방향족 탄화수소류를 표현하는 데 사용된다. 벤젠은 아렌의 어미이며, 알케인에서 수소의 이탈로 유도된 작용기는 알킬기로 불리며 기호 R—로 표시한다. 아렌에서 수소의 이탈로 유도된 작용기는 **아릴기**(aryl group)로 불리며 기호 **Ar**—로 표시된다.

방향족 화합물 벤젠과 그 유도체를 분류하는 데 사용되는 용어

아렌 방향족 탄화수소

아릴기 H의 제거로 인해 방향족 화합물로부터 유도된 기. 기호는 Ar—

Ar— 알킬기의 R—과 유사하게 아릴기를 나타내는 기호

9.1 벤젠의 구조는 무엇인가?

© Presselect/Alamy Stock Photo

위와 같은 가스등이 Faraday가 벤젠을 발견하게 된 최초의 근원이었다.

19세기 중엽에 화학자들이 벤젠 구조를 정립하려는 시도가 있었다. 벤젠의 분자식은 C_6H_6로, 불포화도가 높을 수밖에 없다. 그러나 벤젠은 불포화 탄화수소인 알켄류의 화학적 특성들을 보이지는 않는다. 벤젠은 화학 반응을 하지만 그 고유 반응은 첨가 반응이 아닌 치환 반응이다. 벤젠이 염화 제이철(ferric chloride) 촉매하에 브로민과 반응하면 분자식이 C_6H_5Br인 오직 한 개의 물질이 형성된다.

$$\underset{\text{Benzene}}{C_6H_6} + Br_2 \xrightarrow{FeCl_3} \underset{\text{Bromobenzene}}{C_6H_5Br} + HBr$$

화학자들은 이러한 관찰로부터 벤젠의 6개의 탄소와 6개의 수소가 동일해야만 한다는 결론을 내렸다. 브로모벤젠이 염화 제이철 존재하에 브로민과 반응하면, 세 가지의 다이브로모벤젠 이성질체가 생성된다.

$$\underset{\text{Bromobenzene}}{C_6H_5Br} + Br_2 \xrightarrow{FeCl_3} \underset{\text{Dibromobenzene}}{C_6H_4Br_2} + HBr$$

(세 가지 구조 이성질체의 혼합으로 형성)

19세기 중엽의 화학자들에게 4가의 탄소와 함께 이 결과들을 벤젠의 구조식으로 반영시키는 것이 문제였다. 이들의 제안을 고찰하기 전에 벤젠과 다른 방향족 탄화수소의 구조에 대한 문제는 화학자들에 의해 1세기 이상 연구되어 왔다는 것을 알아야 한다. 1930년대에 들어서 화학자들은 벤젠과 그 유도체의 독특한 화학적 성질과 일반적인 지식을 발달시켰다.

A. 벤젠의 Kekulé 모형

1872년에 A. Kekulé가 처음으로 벤젠의 구조를 제시하였는데, 단일 결합과 이중 결합이 교대로 있고, 각 탄소에 단 한 개의 수소가 결합된 육원자 고리 형태이다. Kekulé는 고리의 이중 결합 세 개가 앞뒤로 빠르게 계속해서 변환하여 두 형태가 분리되지 않는다고 하였다. 각 구조는 **Kekulé 구조**(Kekulé structure)라고 알려져 있다.

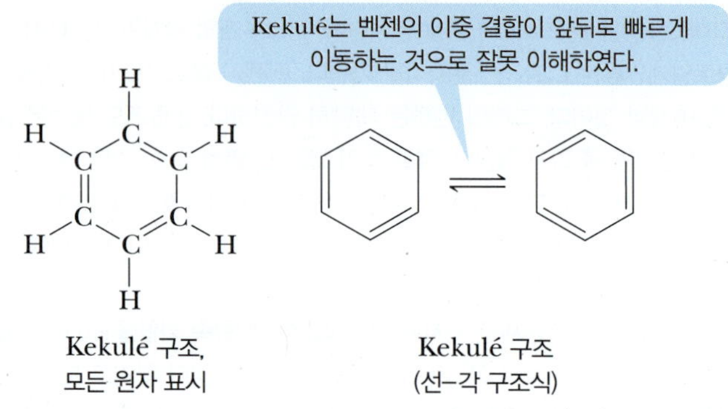

Kekulé 구조에서 모든 탄소와 수소는 동등하기 때문에 6개의 수소들 중 어느 한 개와 브로민이 치환되면 같은 화합물이 얻어진다. Kekulé가 제시한 구조는 염화 제이철 존재하에서 벤젠이 브로민과 반응하면 분자식이 C_6H_5Br인 단 한 개의 화합물만 얻어진다는 사실과 잘 일치한다.

그의 제안은 브로모벤젠의 브로민화 반응에서 세 개의 다이브로민벤젠 이성질체를 생성시키는 사실도 설명하였다.

Br (benzene) + Br_2 $\xrightarrow{FeCl_3}$ (1,2-dibromobenzene) + (1,3-dibromobenzene) + (1,4-dibromobenzene) + HBr

세 가지 dibromobenzene 이성질체

Kekulé의 제안은 그 외 많은 다른 실험 관찰과도 일치하였지만 오랫동안 의문이 제기되어 왔다. 이를 반대하는 주된 내용은 벤젠의 화학적 변화를 설명하지 못함에 있다. Kekulé의 비평가들은 벤젠이 세 개의 이중 결합을 가진다면, 왜 전형적인 알켄류의 반응을 보이지 못하는가에 대해 질문하였다. 예를 들어 벤젠에 3몰의 브로민이 첨가되어 1,2,3,4,5,6-hexabromocyclohexane이 생성되지 못하는 이유는 무엇인가? 벤젠이 첨가 반응보다 치환 반응을 잘 일으키는 이유는 무엇인가?

다음은 벤젠의 구조로 고려할 수 있는 네 가지 구조식이다.

$CH_3-C{\equiv}C-C{\equiv}C-CH_3$

Hexa-2,4-diyne　　'Dewar' benzene　　Prismane　　Fulvene

전형적인 알켄류의 반응을 보여 주지 않는 것은 어느 것인가? 수소를 브로민으로 치환시킨 경우 오직 한 가지 생성물만 얻어지는 것은 어느 것인가? 결합각이나 결합 길이 때문에 가장 큰 스트레인을 가지게 되는 것은 어느 것인가?

B. 벤젠의 오비탈 중첩 모형

1930년에 Linus Pauling에 의해 발전된 **원자 오비탈의 혼성화**(hybridization of atomic orbital)와 **공명 이론**(theory of resonance)은 벤젠 구조를 처음으로 적절하게 묘사하였다. 벤젠의 탄소 골격은 C—C—C와 H—C—C가 120° 결합각을 이룬 정육각형이다. 이 형태의 결합을 위해 탄소는 sp^2 혼성 오비탈이 사용된다(1.6E절). 각 탄소는 sp^2–sp^2 혼성 오비탈의 중첩으로 인접한 두 탄소와 시그마 결합을 형성하며, sp^2–$1s$ 오비탈의 겹침으로 수소와 또 다른 시그마 결합을 형성한다. 실험적으로 벤젠의 모든 탄소–탄소 사이의 단일 결합들은 1.39 Å과 똑같은 길이를 갖는다. 이 값은 sp^3 혼성화된 탄소들 사이의 단일 결합 길이(1.54 Å)와 sp^2 혼성화된 탄소들 사이의 이중 결합 길이(1.33 Å)의 거의 중간 정도 길이이다.

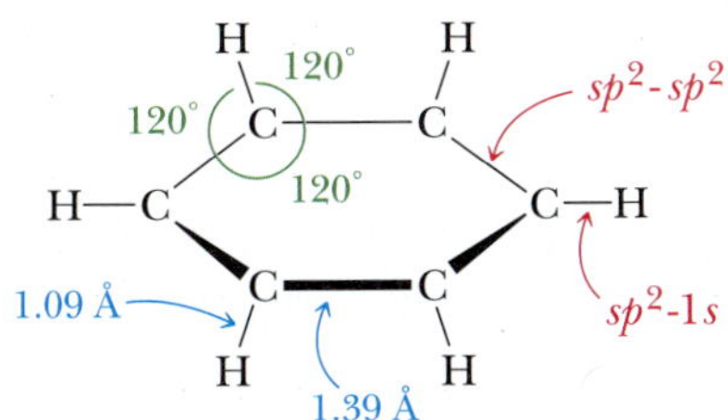

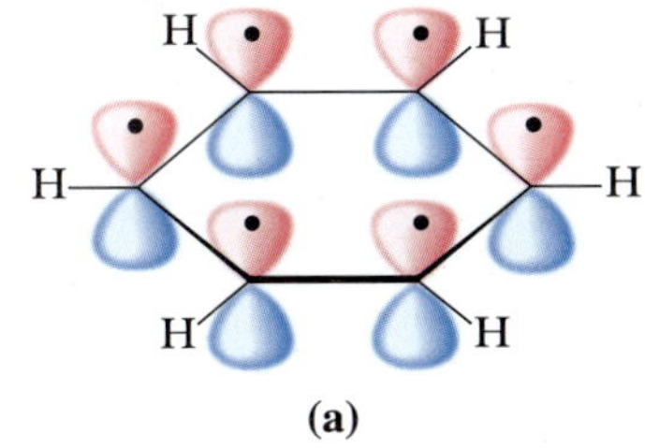

(a)

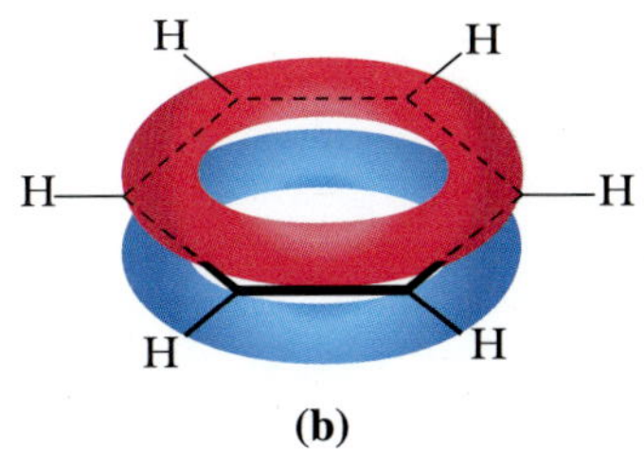

(b)

그림 9.1 벤젠 결합의 오비탈 중첩 모형. (a) 탄소, 수소 골격, 전자 한 개를 포함한 $2p$ 오비탈은 비결합 상태임을 보인다. (b) 평행의 $2p$ 오비탈들의 중첩은 연결된 파이 구름을 형성하며, 고리 평면의 위와 아래에 두 개의 원형 모형을 보인다.

각 탄소에는 고리 평면에 수직으로 위치한 한 개의 혼성화되지 않은 $2p$ 오비탈이 있고, 여기에 전자가 한 개 들어 있다. 6개의 평행 $2p$ 오비탈들은 6개의 탄소 원자 모두를 둘러싸서 연결된 파이 구름을 형성하면서 중첩된다. 벤젠 고리의 파이 구조의 전자 밀도는 고리 평면의 위와 아래에 원형 모형(도넛 모양)을 이룬다(그림 9.1).

C. 벤젠의 공명 모형

공명 이론의 한 가지 가정은 분자나 이온이 두 개, 또는 그 이상이 기여 구조로 표현될 수 있으면, 그것은 한 개의 기여 구조로는 적합하게 표현될 수 없다는 것이다. 벤젠을 두 개의 동등한 기여 구조의 공명 혼성으로서 표시하는데, 흔히 **Kekulé 구조**를 사용한다.

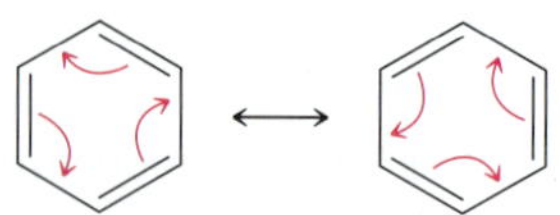

두 개의 동등한 기여 구조의 혼성으로서의 벤젠

각각의 Kekulé 구조는 혼성에 동등하게 참여하므로 C—C 결합은 단일 결합도 아니며, 이중 결합도 아닌 중간 상태의 결합이다. 이들의 기여 구조는 양쪽 다 존재하지 않음을 알고 있다 (이것은 2*p* 오비탈 쌍을 짓는데, 이쪽 또는 저쪽을 선호할 이유가 없기 때문에 단순한 한 방편일 뿐이다). 실제 구조는 이들의 혼합이다. 그럼에도 화학자들은 단일 기여 구조를 사용하고 있다. 왜냐하면 이것이 4가의 탄소 원자와 고전 원자가 결합 구조의 범위 내에서 실제 구조에 가장 가깝기 때문이다.

D. 벤젠의 공명 에너지

공명 에너지 공명 혼성과 이것의 가장 안정한 가상 기여 구조 간의 에너지 차이

공명 에너지(resonance energy)는 공명 혼성과 가장 안정한 가상 기여 구조와의 에너지 차이다. 벤젠의 공명 에너지를 산정하는 방법은 사이클로헥센과 벤젠의 수소화 반응에서 반응열을 비교하는 것이다(벤젠은 강한 조건에서 수소화가 일어나도록 할 수 있다). 전이 금속 촉매하에서 수소는 사이클로헥센을 사이클로헥세인으로 쉽게 환원한다(5.6절).

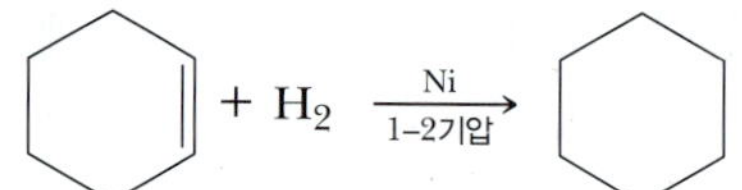

ΔH^0 = −120 kJ/mol
(−28.6 kcal/mol)

반대로 벤젠은 이 조건하에서는 아주 느리게 반응하지만, 수백 기압의 수소하에서 열을 가하면 더 빠르게 환원된다.

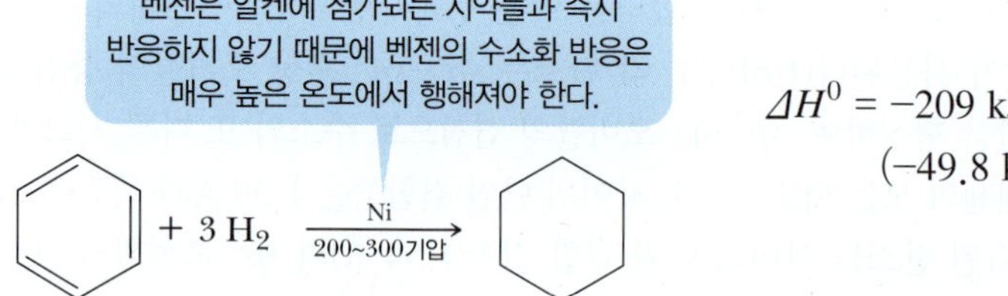

ΔH^0 = −209 kJ/mol
(−49.8 kcal/mol)

알켄의 촉매 환원 반응은 발열 반응이다(5.6절). 이중 결합당 수소화 반응열은 이중 결합의 치환 정도에 따라 다소 달라진다. 사이클로헥센에 대해 ΔH^0 = −120 kJ/mol(−28.6 kcal/mol)이다. 벤젠의 2*p* 전자들이 C—C 이중 결합의 바깥쪽과 서로 중첩하지 않는, 즉 단일 결합과 이중 결합을 번갈아 가진 가상적인 화합물로 생각해 보면 수소화 반응열은 3 × −120 = −360 kJ/mol(−86.0 kcal/mol)일 것으로 기대된다. 그러나 벤젠의 수소화 반응열은 오직 −209 kJ/mol(−49.8 kcal/mol)이다. 따라서 기댓값과 실험값의 차이인 151 kJ/mol(36.0 kcal/mol)의 값이 **벤젠의 공명 에너지**(resonance energy of benzene)에 해당한다. 그림 9.2는 이들 실험 결과를 그래프의 형태로 보여 주고 있다.

비교하면, 탄소–탄소 단일 결합은 약 333~418 kJ/mol(80~100 kcal/mol)이고, 물과 저분자량 알코올류의 수소 결합력은 약 8.4~21 kJ/mol(2~5 kcal/mol)이다. 따라서 벤젠의 공명 에너지는 탄소–탄소 단일 결합력보다 작지만, 물이나 알코올의 수소 결합력보다 매우 크다. 수소 결

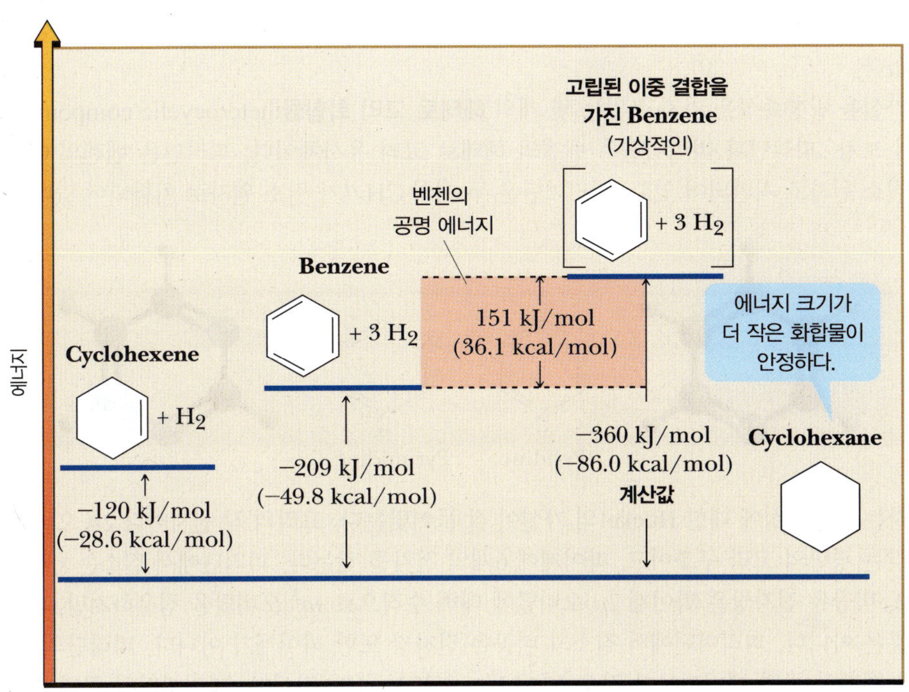

그림 9.2 사이클로헥센, 벤젠, 가상적인 벤젠의 수소화 반응열의 비교에 의해 결정된 벤젠의 공명 에너지

합이 알케인에 비해 알코올의 물리적 특성에 큰 영향력이 있음을 8.1C절에서 보았듯이, 벤젠과 다른 방향족 탄화수소류의 공명 에너지는 그들의 화학 반응에 매우 큰 영향을 미친다는 것을 이 장에서 보게 될 것이다.

벤젠 및 몇 가지의 다른 방향족 화합물의 공명 에너지가 다음에 나타나 있다.

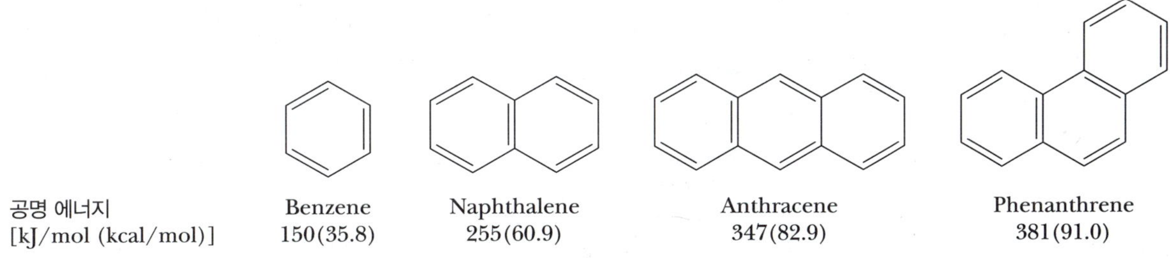

9.2 방향족성이란 무엇인가?

벤젠과 그 유도체 외에 다른 많은 형태의 화합물들이 방향족성을 보인다. 즉 높은 불포화도를 가지고 있으면서도 알켄류의 특성인 첨가 반응과 산화–환원 반응이 일반적으로 느리게 일어난다. 화학자들이 오랫동안 알고자 했던 것은 방향족성을 이루는 원리였고, 1930년대 독일의 화학물리학자인 Erich Hückel이 이 문제를 해결하였다.

Hückel의 가설은 다음과 같다. 방향족성을 가지려면 고리가 반드시 다음과 같아야 한다.

1. 고리의 각 원자들이 한 개씩의 $2p$ 오비탈을 가져야 한다.
2. 고리의 모든 $2p$ 오비탈들이 연속적인 또는 거의 연속적인 중첩을 이루려면 평면이거나 평면에 거의 가까운 상태이어야 한다.
3. $2p$ 오비탈의 고리 배열에서 2, 6, 10, 14, 18개 또는 그 이상의 파이 전자를 가져야 한다.

이 가설은 n이 0을 포함한 모든 정수로 대체될 때 가능한 파이 전자의 수가 결정될 수 있기 때문에 **4n+2 규칙**이라고 불린다.

벤젠은 위의 가설이 잘 적용된다. 벤젠은 고리 모양이고, 평면 구조를 가지며, 고리의 각 탄소 원자가 한 개씩의 2p 오비탈을 가지고 있으며, 2p 오비탈들의 고리 배열에서 6개의 파이 전자를 가지고 있다.

헤테로 고리 화합물 고리에 탄소 이외의 원자를 한 개 또는 그 이상 가지고 있는 유기 화합물

이 가설을 방향족성을 가지고 있는 몇 개의 **헤테로 고리 화합물**(heterocyclic compound)에 적용시켜 보자. 피리딘과 피리미딘은 벤젠의 헤테로 고리 유사체이다. 피리딘은 벤젠의 CH기 한 개가 질소 원자로 치환되어 있고, 피리미딘은 두 개의 CH기가 질소 원자로 치환되어 있다.

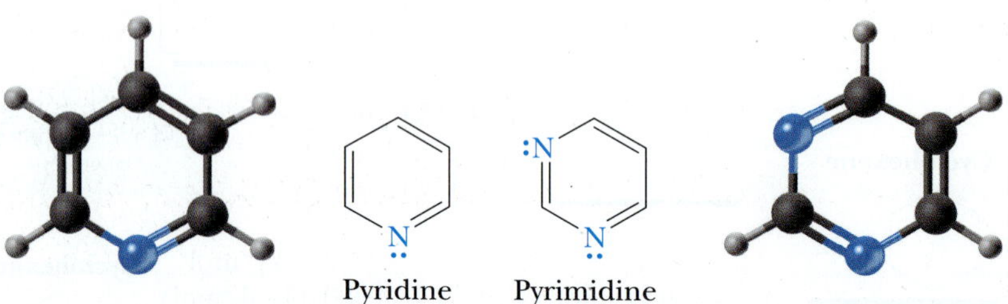

각 분자는 방향족성에 대한 Hückel의 가설이 잘 들어맞는다. 고리의 각 원자마다 2p 오비탈을 한 개씩 갖는 평면의 고리 구조이고, 파이계에 6개의 전자를 갖는다. 피리딘에서 질소는 sp^2 혼성화되었고, 비공유 전자쌍은 파이계 2p 오비탈에 대해 수직으로 sp^2 오비탈을 점유하지만, 파이계의 한 부분은 아니다. 피리미딘에서 질소의 비공유 전자쌍 또한 파이계가 아니다. 피리딘의 공명 에너지는 벤젠의 공명 에너지보다 작은 134 kJ/mol(32 kcal/mol)이다. 피리미딘의 공명 에너지는 109 kJ/mol(26 kcal/mol)이다.

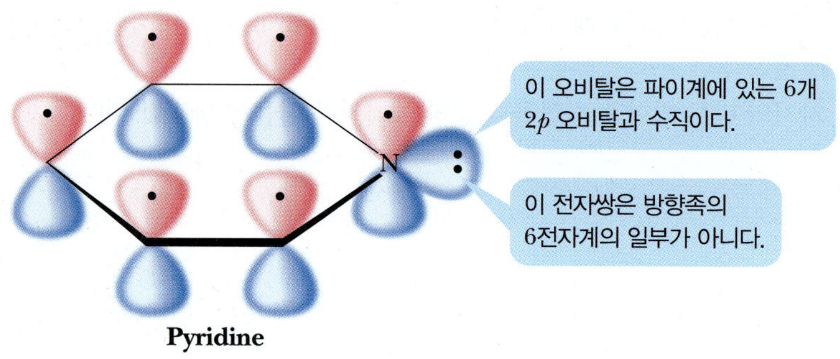

오원자 고리 화합물인 퓨란, 피롤, 이미다졸은 모두 방향족이다.

해결방법 9.1 고립 전자쌍이 방향족 파이계의 일부분이 되는지 아닌지 결정하기

(a) 첫 번째로, 고립 전자쌍을 가지고 있는 원자가 이중 결합의 일부분인지 아닌지를 결정하라. 만약 이중 결합의 일부분이면, 고립전자쌍이 방향족 파이계의 일부분이 될 수 없다.

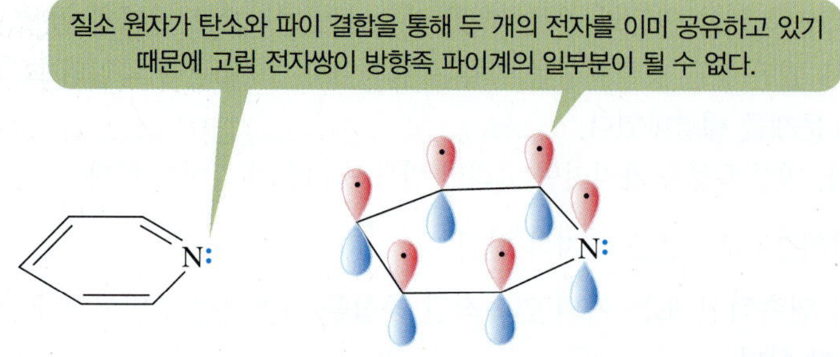

(b) 고립 전자쌍을 가지는 원자가 이중 결합에 관여하지 않는 경우에는 고립 전자쌍이 파이계의 일부분이 될 수 있다. p 오비탈에 있는 고립 전자쌍이 위치하고 있는 원자의 혼성화 상태로써 이것을 결정한다. 방향족 파이 전자의 수가 2,6,10,14 등으로 증가하면, 고립 전자쌍은 방향족 파이계의 일부분이 될 것이다. 그러나 파이계의 고립 전자쌍이

존재함으로써 전체 파이 전자의 수를 바꾼다면(3~5, 7~9 등), 고립 전자쌍은 방향족 파이계의 일부분이 될 수 없을 것이다.

세 개의 단일 결합을 가진 질소 원자는 일반적으로 sp^3 혼성화된다. 그러나 고립 전자쌍이 파이계에 속하는지 결정하기 위해서는, 전자들을 p 오비탈에 넣기 위해 질소의 혼성화를 sp^2로 바꿔야 한다.

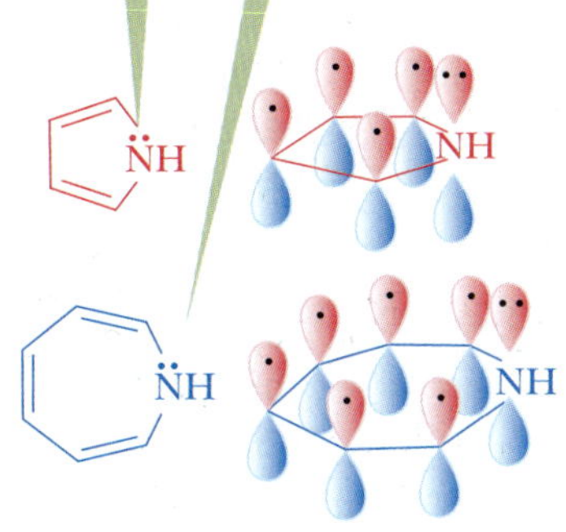

고립 전자쌍은 파이계에 6개의 전자를 준다. 따라서 질소는 sp^2 혼성화되어 있다.

고립 전자쌍은 8개의 전자를 파이계에 준다. 따라서 질소는 sp^2 혼성화되어서는 안 된다.

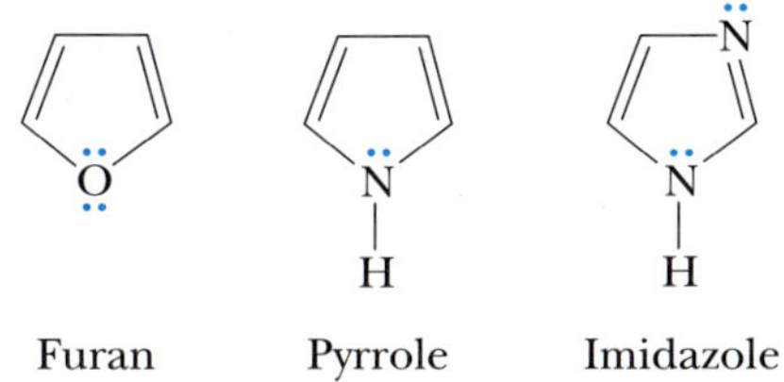

이런 평면 화합물에서 각 헤테로 원자는 sp^2 혼성화되었고, 비혼성화된 $2p$ 오비탈은 5개의 $2p$ 오비탈로 연결된 고리의 일부분이다. 퓨란은 헤테로 원자의 비공유 전자쌍 한 개가 비혼성화된 $2p$ 오비탈에 놓이며, 파이계의 한 부분이다(그림 9.3). 다른 비공유 전자쌍은 $2p$ 오비탈에 수직으로 sp^2 혼성 오비탈에 놓이며, 파이계의 한 부분이 아니다. 피롤은 질소의 비공유 전자쌍이 방향족성 육전자계(sextet)의 한 부분이다. 이미다졸에서 한쪽 질소의 비공유 전자쌍은 방향족성 육전자계의 일부분이지만, 다른 질소의 비공유 전자쌍은 아니다.

자연계에는 한 개 또는 그 이상의 고리류와 축합된 헤테로 방향족 고리를 가진 화합물이 많이 있다. 생물계에서 특별히 중요한 두 개의 화합물은 인돌과 퓨린이다.

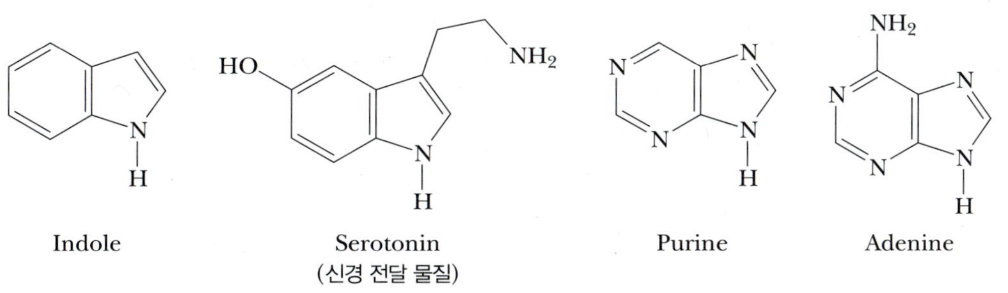

인돌은 벤젠 고리에 피롤 고리가 축합된 것이다. 인돌로부터 유도된 화합물은 필수 아미노산인 L-트립토판(18.2C절)과 신경 전달 물질인 세로토닌을 함유한다. 퓨린은 오원자 이미다졸 고리에 육원자 피리미딘 고리가 축합된 것이다. 아데닌은 데옥시리보핵산(DNA)과 리보핵산(RNA)을 만드는 구성 단위(buliding block) 중의 하나이다(20장 참조). 또한 생물학적 산화제인 니코틴아마이드 아데닌 다이뉴클레오타이드, 줄여서 NAD^+의 한 성분이다(21.1B절).

이 전자쌍은 p 오비탈이며, 방향족성 육전자계의 한 부분이다.

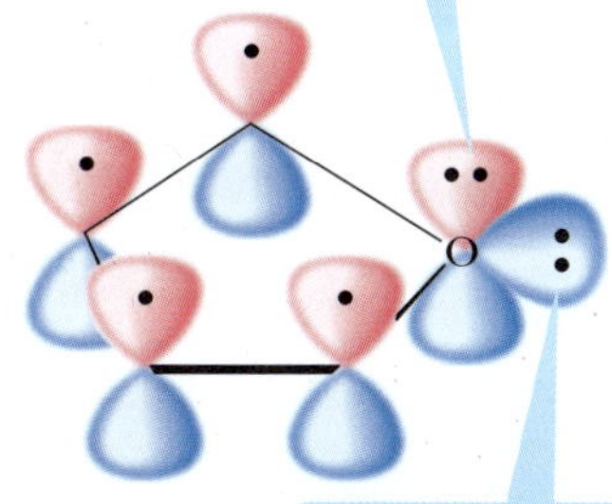

이 전자쌍은 sp^2 오비탈이며, 방향족성 육전자계의 한 부분이 아니다.

이 전자쌍은 p 오비탈이며, 방향족성 육전자계의 한 부분이다.

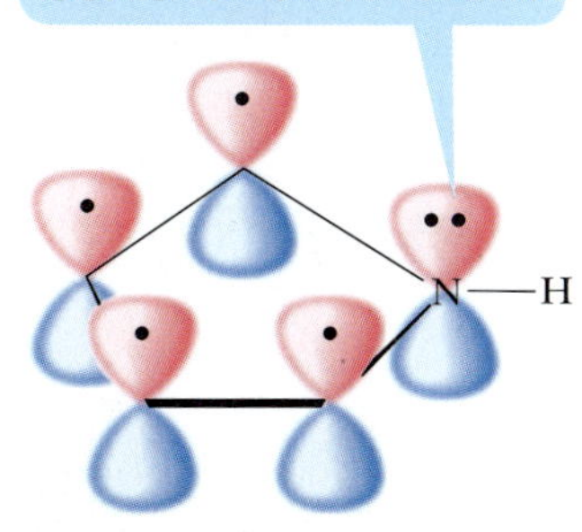

그림 9.3 Furan과 pyrrole에서 6개 파이 전자들의 기원(방향족성 육전자계). Furan의 공명 에너지는 67 kJ/mol(16 kcal/mol)이고, pyrrole의 경우에는 88 kJ/mol(21 kcal/mol)이다.

예제 9.1

다음 화합물 중 방향족인 것은?

(a) 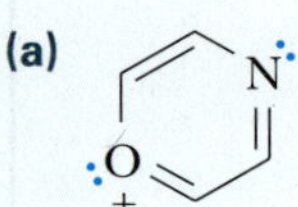

(b)

(c)

전략

고리의 각 원자가 $2p$ 오비탈인지 그리고 분자가 평면 구조인지를 결정하라. 만약 이 가설이 적용되면 파이 전자의 수를 결정하라. 그 수가 2, 6, 10, 14, 등이면 방향족이다.

풀이

(a) 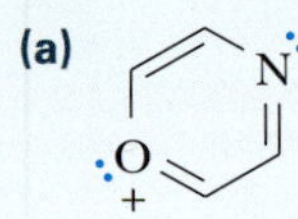

이 분자는 평면 구조이며, 고리의 각 원자는 $2p$ 오비탈을 가진다. 6개의 파이 전자가 있으므로 방향족이다.

(b) 이 분자는 평면 구조이며, 고리의 각 원자는 $2p$ 오비탈을 가진다. 4개의 파이 전자가 있으므로 방향족이 아니다.

(c) 이 분자의 방향족성을 결정할 목적으로, 평면 구조와 고리의 각 원자가 $2p$ 오비탈을 가진다고 하자. 즉 산소 원자는 sp^2 혼성화되고 고립 전자쌍이 파이계에 속하게 될 것이다(만약 이렇게 가정하지 않는다면, 이 분자는 두 개의 고립 전자쌍과 두 개의 단일 결합을 가지는 산소 원자가 일반적으로 sp^3 혼성화되므로 방향족이 될 수 없다). 이와 같이 특별한 배려에도 불구하고, 이 분자는 8개의 파이 전자를 가지므로 방향족이 아니다. 이것이 방향족이 아니므로 산소 원자는 sp^2로 혼성화될 추진력이 없으며, 실제로 sp^3 혼성화된다. 따라서 이 분자는 평면 구조가 아니다.

문제 9.11 참조

문제 9.1

다음 화합물 중 방향족인 것은?

(a) 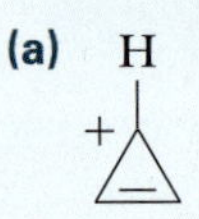

(b)

(c) 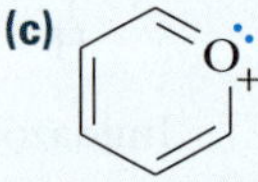

(d) 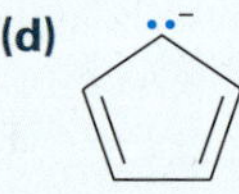

9.3 벤젠 화합물은 어떻게 명명되며, 그들의 물리적 성질은 어떠한가?

A. 일치환된 벤젠

일치환체의 알킬벤젠은 에틸벤젠처럼 벤젠 유도체로 명명된다. IUPAC 체계에는 여러 단순한 일치환체의 알킬벤젠에 대해 일반명이 통용된다. 예를 들면 메틸벤젠보다는 **톨루엔**(toulene)으로, 페닐에틸렌보다는 **스타이렌**(styrene)으로 불린다.

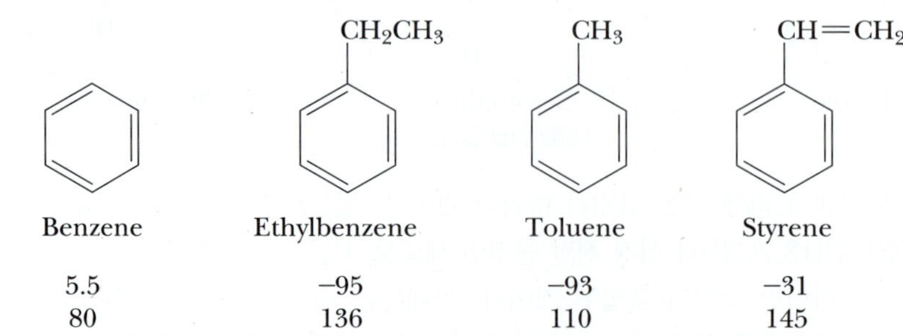

	Benzene	Ethylbenzene	Toluene	Styrene
mp (°C)	5.5	−95	−93	−31
bp (°C)	80	136	110	145

또한 일반명인 **페놀**(phenol), **아닐린**(aniline), **벤즈알데하이드**(benzaldehyde), **벤조산**(benzoic acid), **아니솔**(anisole)은 IUPAC 체계에서도 유지된다.

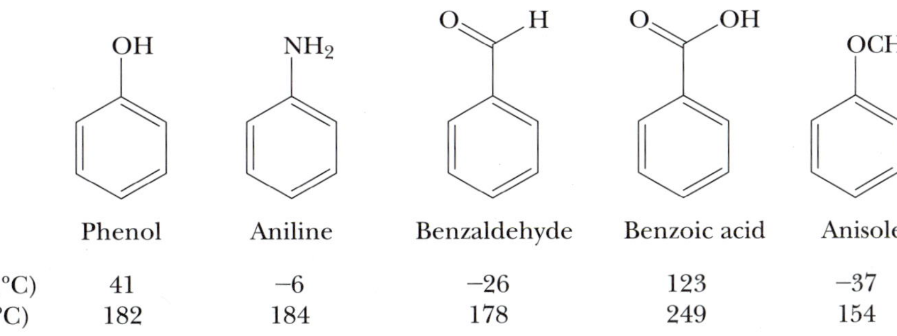

	Phenol	Aniline	Benzaldehyde	Benzoic acid	Anisole
mp (°C)	41	−6	−26	123	−37
bp (°C)	182	184	178	249	154

© Roderick Chen/Alamy Stock Photo

스타이로폼 컵은 스타이렌(PhCH=CH_2)이라는 방향족 화합물로부터 얻어진다.

치환된 벤젠의 물리적인 성질들은 치환기의 성질에 의해 좌우된다. 다른 탄화수소처럼 알킬벤젠은 무극성이고 극성의 치환기를 가진 페놀, 아닐린, 벤조산과 같은 벤젠보다는 끓는점이 낮다. 치환된 벤젠의 녹는점은 그들 분자들이 함께 묶여 있는지 아닌지에 의해 결정된다. 치환기가 없는 벤젠은 평면 구조이기 때문에 그 분자들이 가깝게 묶일 수 있으므로 많은 치환된 벤젠에 비해 녹는점이 상당히 높다.

벤젠에서 H가 한 개 이탈된 기를 **페닐기**(phenyl group, Ph)라고 한다. 톨루엔의 메틸기에서 H가 한 개 이탈된 것은 **벤질기**(benzyl group, Bn)라고 한다.

페닐기 C_6H_5—, benzene에서 H가 한 개 이탈된 아릴기

벤질기 $C_6H_5CH_2$—, toluene의 메틸기에서 H가 한 개 이탈된 알킬기

Benzene Phenyl group (Ph) Toluene Benzyl group (Bn)

다른 작용기를 가진 분자에서는 때때로 페닐기와 벤질기가 치환기로 명명된다.

(*Z*)-2-Phenyl-2-butene 2-Phenylethanol ($PhCH_2CH_2OH$) Benzyl chloride ($PhCH_2Cl$)

B. 이치환된 벤젠류

벤젠 고리에 두 개의 치환기가 있을 경우에는 세 가지의 구조 이성질체가 가능하다. 치환기들은 고리에 번호를 붙이거나 위치 표시로 **오쏘**(ortho), **메타**(meta), **파라**(para)를 사용함으로써 위치가 정해진다. 1,2 위치는 **오쏘**(straight의 그리스어), 1,3 위치는 **메타**(after의 그리스어), 1,4 위치는 **파라**(beyond의 그리스어)의 관계가 있다.

오쏘(*o*) 벤젠 고리에서 1,2 위치 표시

메타(*m*) 벤젠 고리에서 1,3 위치 표시

파라(*p*) 벤젠 고리에서 1,4 위치 표시

고리에 두 개의 치환기 중 한 개가 톨루엔과 아닐린처럼 고유 이름이 주어진다면 그 화합물은 어미 분자의 유도체로 명명된다. 이 경우에 고유 치환기는 점유된 고리에 위치 번호 1이 주어진다. IUPAC 체계에서 세 개의 다이메틸벤젠에 대해 **자일렌**(xylene)이라는 일반명이 사용되고 있다. 고유 이름이 주어지지 않은 두 치환기들은 **벤젠**(benzene) 앞에 알파벳 순서대로 자리 잡아 명시하지만, 알파벳 순서는 치환기가 붙은 벤젠 고리의 탄소에 C−1이 명시된다.

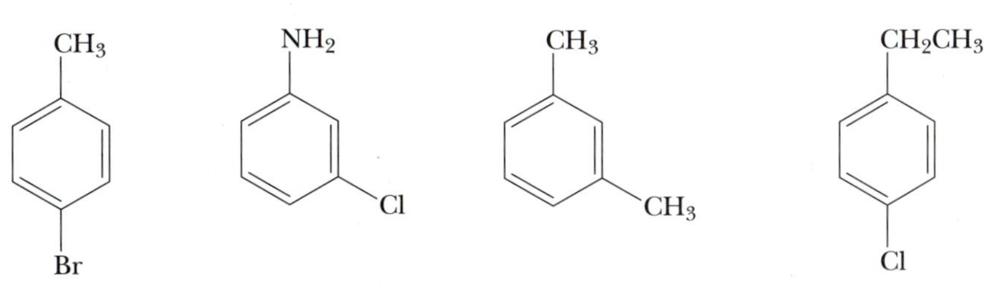

4-Bromotoluene (*p*-Bromotoluene) 3-Chloroaniline (*m*-Chloroaniline) 1,3-Dimethylbenzene (*m*-Xylene) 1-Chloro-4-ethylbenzene (*p*-Chloroethylbenzene)

Charles D. Winters/Science Source Images

좀약은 para-dichlorobenzene이 99% 이상 들어 있다.

C. 다치환된 벤젠류

고리에 세 개 이상의 치환기가 있다면 치환기들의 위치를 숫자를 이용하여 명시한다. 치환기들 중의 하나에 고유 이름이 주어지면 분자는 어미 분자의 유도체로서 명명한다. 치환기 중에 어느 하나도 고유 이름이 주어지지 않으면, 치환기들은 벤젠의 위치 수를 줄여 알파벳 순서대로 자리 잡아 불린다. 다음의 예를 보면, 첫 번째 화합물은 톨루엔의 유도체이고, 두 번째 화합물은 페놀의 유도체이다. 세 번째 화합물은 고유 이름이 없기 때문에 세 치환기들은 알파벳 순서대로 명명하고 벤젠을 붙인다.

4-Chloro-2-nitrotoluene　　2,4,6-Tribromophenol　　2-Bromo-1-ethyl-4-nitrobenzene

예제 9.2

다음 화합물들을 명명하시오.

(a) (b) 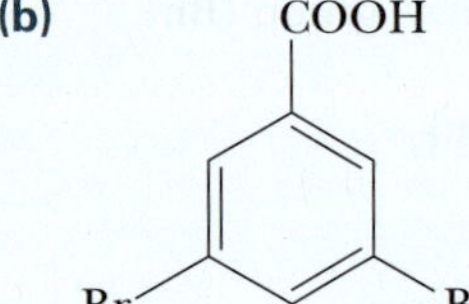 (c) 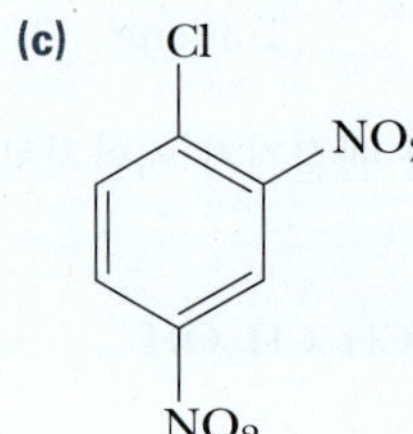 (d)

전략

먼저 치환기 중의 하나가 고유 이름을 가진 벤젠 화합물(예를 들어 톨루엔, 페놀, 아닐린 등)인지 결정한다. 모든 치환기를 확인하고 알파벳 순서로 나열한다. 상대 위치를 표시하기 위해 숫자를 사용한다. 이치환된 벤젠에서는 위치 표시제로 오쏘, 메타, 파라가 사용될 수 있다.

풀이

(a) 3-Iodotoluene 또는 *m*-iodotoluene **(b)** 3,5-Dibromobenzoic acid **(c)** 1-Chloro-2,4-dinitrobenzene **(d)** 3-Phenylpropene

문제 9.13, 9.14 참조

문제 9.2

다음 화합물들을 명명하시오.

(a) (b) (c) (d) (e)

여러 고리(다환) 방향족 탄화수소(polynuclear aromatic hydrocarbon, PAH)는 두 개 이상의 방향족 고리를 함유하며, 각 쌍은 두 고리 탄소 원자들을 공유한다. 나프탈렌, 안트라센, 페난트렌(이들은 가장 흔한 PAH이다). 그리고 이들로부터 유도되는 화합물은 콜타르와 끓는점이 높은 석유 잔유물에서 얻어진다. 한때는 나프탈렌이 모직류와 모피류를 보존하기 위한 구충제나 살충제로 사용되었지만 p-다이클로로벤젠과 같은 염소화된 탄화수소의 도입으로 사용이 감소되고 있다. 역시 콜타르에서 발견되지만, 적은 양을 가진 벤조[a]피렌이 있다. 이 화합물은 가솔린 동력 엔진의 배기가스와 담배 연기에서 발견되기도 한다. 벤조[a]피렌은 강력한 발암 물질이고, 또 돌연변이 요인(mutagen)이기 때문에 특별한 관심을 갖게 한다(화학 관련 9A).

여러 고리 방향족 탄화수소 두 개 또는 그 이상의 방향족 고리들이 서로 접한 탄화수소

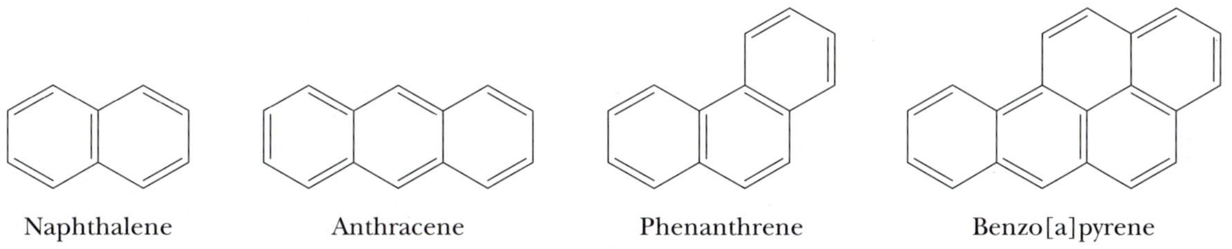

9.4 벤질 자리란 무엇이며, 벤젠의 반응성에 어떻게 기여하는가?

앞에서 언급하였던 것처럼 벤젠의 방향족성은 알켄에서 전형적으로 일어나는 반응을 억제하는 원인이 된다. 그러나 화학자들은 벤젠이 다른 방법으로 반응할 수 있도록 하였다. 이것은 생활에 필요한 여러 가지 치료제, 플라스틱, 식품 보존제 등의 화합물에 벤젠 고리가 매우 많이 들어가 있다는 점에서 다행으로 생각된다. 우리는 벤젠 고리 자체가 아니고 벤젠 고리에 직접 붙어 있는 탄소에서 일어나는 벤젠의 반응에 대해 설명한다. 이 탄소는 **벤질 자리 탄소**(benzylic carbon)라고 알려져 있다.

벤질 자리 탄소 벤젠 고리에 붙어 있는 sp^3 혼성화된 탄소

벤젠은 크로뮴산(H_2CrO_4)과 과망가니즈산 포타슘($KMnO_4$)과 같은 강한 산화제의 영향을 받지 않는다. 반면에 톨루엔을 강한 조건에서 이러한 산화제와 처리할 때, 곁사슬인 메틸기가 카복실기로 산화되면서 벤조산이 된다.

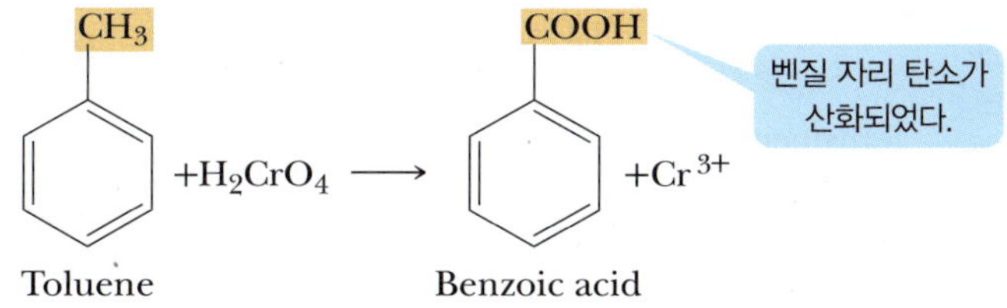

곁사슬 메틸기는 산화되지만, 방향족 고리는 변하지 않는 사실은 방향족 고리의 화학적 안정도가 두드러짐을 설명한다. 방향족 고리의 할로젠이나 나이트로 치환기는 이러한 산화의 영향을 받지 않는다. 예를 들어 크로뮴산은 2-클로로-4-나이트로톨루엔을 2-클로로-4-나이트로벤조산으로 산화시킨다. 이와 같은 산화에서 나이트로기와 클로로기는 영향을 받지 않는다는 것이다.

CH_3, O_2N, Cl $\xrightarrow{H_2CrO_4}$ COOH, O_2N, Cl

2-Chloro-4-nitrotoluene　　2-Chloro-4-nitrobenzoic acid

화학 관련 9A

발암성의 여러 고리 방향족과 암

발암 물질(carcinogen)은 암을 일으키는 물질이다. 처음 발암 물질로 알려진 것은 적어도 네 개의 방향족 고리를 가지고 있는 여러 고리 방향족 탄화수소였다. 그들 중 하나인 벤조[a]피렌은 방향족 탄화수소 중 가장 발암성이 강한 물질이다. 이것은 유기 화합물이 불완전 연소 시에 생성된다. 예를 들어 벤조[a]피렌은 담배 연기, 자동차의 배기가스 및 숯에서 구워진 고기 등에서 발견된다.

벤조[a]피렌은 다음의 경로에 의해 암을 일으킨다. 일단 벤조[a]피렌이 인체에 흡수되면, 우리 인체는 이것이 쉽게 배출되도록 용해도가 큰 물질로 변화시키려고 한다. 끝에는 일련의 효소 촉매 반응이 벤조[a]피렌을 **다이올 에폭사이드**(diol epoxide)로 변화시킨다. 이 다이올에폭사이드는 DNA의 아미노기와 반응하여 DNA와 결합함으로써 DNA의 구조를 바꾸게 되고, 암을 일으키는 돌연변이를 생성시킨다.

효소 촉매 산화 반응

Benzo[a]pyrene → diol epoxide

문제

벤조[a]피렌 바깥 주변이 방향족성에 대한 Hückel의 기준을 어떻게 만족시키는가를 보이시오. 벤조[a]피렌의 다이올 에폭사이드 생성물의 가장 중요한 부분의 바깥 주변 역시 방향족인가?

에틸벤젠과 아이소프로필벤젠도 이러한 조건하에 벤조산으로 산화된다. 벤질 자리 수소를 갖지 않은 *tert*-뷰틸벤젠의 곁사슬은 이러한 산화 조건의 영향을 받지 않는다.

하나 이상의 수소와 결합된 벤질 탄소는 산화된다.

Ethylbenzene + H_2CrO_4, Isopropylbenzene + H_2CrO_4 → Benzoic acid (COOH) + Cr^{3+}

수소와 결합되지 않은 벤질 탄소는 산화되지 않는다.

tert-Butylbenzene + H_2CrO_4 → 반응이 일어나지 않음.

이러한 관찰로 벤질 자리에 수소가 있으면, 벤질 자리 탄소(9.3A)는 카복실기로 산화되고, 곁사슬의 다른 모든 탄소는 이탈됨을 알 수 있다. 만약 벤질 자리 수소가 없으면 *tert*-뷰틸벤젠처럼 곁사슬의 산화는 일어나지 않는다.

한 개 이상의 알킬 곁가지 사슬이 있을 경우에는 각각 —COOH로 산화된다. *m*-자일렌의 산화로 1,3-벤젠다이카복실산, 더 알려진 이름인 아이소프탈산으로 변한다.

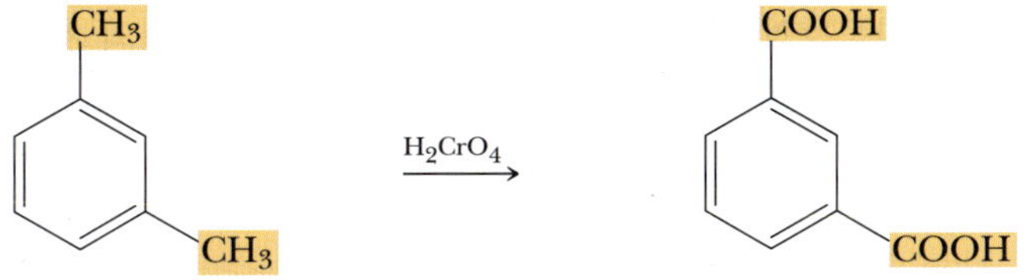

$$m\text{-Xylene} \xrightarrow{H_2CrO_4} \text{1,3-Benzenedicarboxylic acid (Isophthalic acid)}$$

m-Xylene

1,3-Benzenedicarboxylic acid
(Isophthalic acid)

예제 9.3

H_2CrO_4에 의한 다음 각 화합물의 산화 반응 생성물의 구조식을 쓰시오. 벤질 자리 산화 반응에서 생성되는 다양한 부산물들은 일반적으로 특성화되어 있지 않다.

(a) 1,4-Dimethylbenzene(*p*-xylene)

(b)

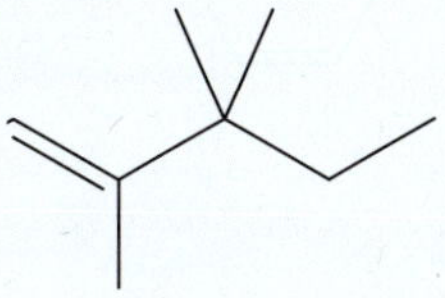

전략

반응물에 있는 알킬기들을 확인하라. 알킬기에 벤질 자리 수소가 존재하면 크로뮴산은 그것을 —COOH기로 산화시킨다.

풀이

(a)

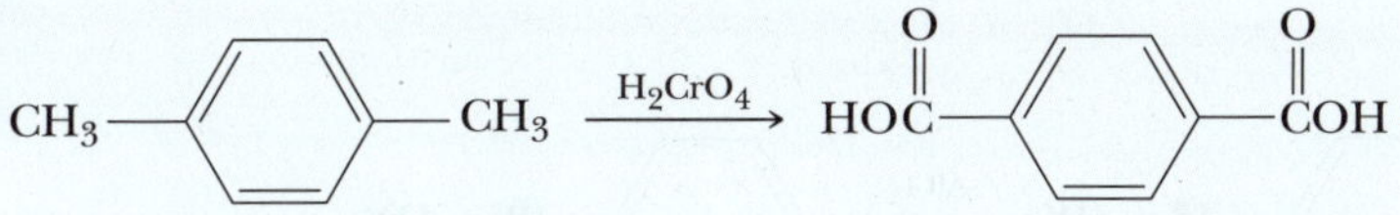

$$CH_3-C_6H_4-CH_3 \xrightarrow{H_2CrO_4} HOOC-C_6H_4-COOH$$

1,4-Dimethylbenzene
(*p*-Xylene)

1,4-Benzenedicarboxylic acid
(Terephthalic acid)

크로뮴산은 2개의 알킬기를 모두 —COOH기로 산화시켜서 terephthalic acid를 생성한다. 이것은 Dacron이라는 polyester와 Mylar의 합성에 필요한 두 개 단위체 중의 하나이다(17.4B절).

(b)

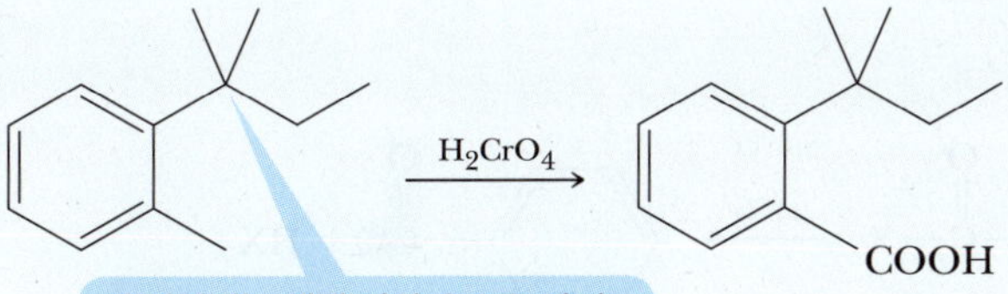

$\xrightarrow{H_2CrO_4}$ COOH

이 알킬기는 벤질 자리 수소를 가지고 있지 않으므로 산화되지 않는다.

문제 9.30 참조

문제 9.3

H_2CrO_4에 의한 다음 화합물들의 산화 반응의 생성물을 예측하시오.

(a)

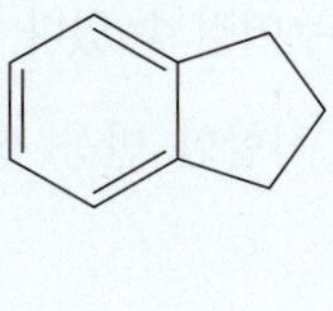

(b) O_2N

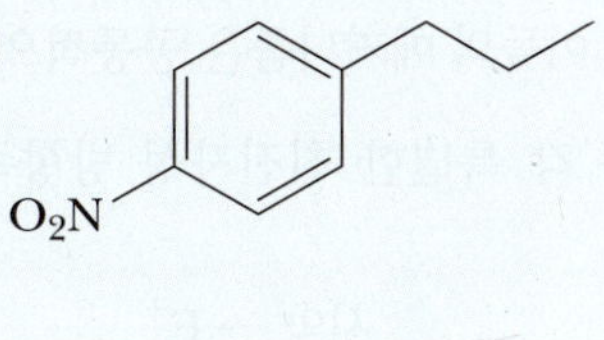

(c) O H

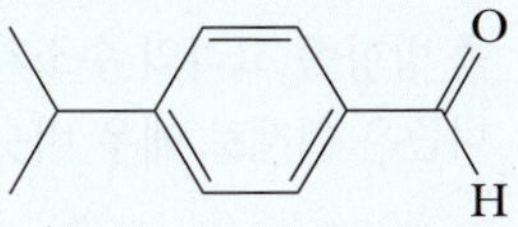

9.5 친전자성 방향족 치환 반응이란 무엇인가?

벤젠이 알켄에서 나타나는 대부분의 반응들에 대해 반응성이 없기는 하지만 완전히 반응성이 없는 것은 아니다. 방향족 화합물들의 주된 특징적인 반응은 고리 탄소에서의 치환 반응이다. 고리에 직접 도입될 수 있는 것은 할로젠, 나이트로기(—NO_2), 설폰산기(—SO_3H), 알킬기(—R), 아실기(RCO−)이다.

할로젠화 반응:

$$C_6H_5\text{—H} + Cl_2 \xrightarrow{FeCl_3} C_6H_5\text{—Cl} + HCl$$

Chlorobenzene

나이트로화 반응:

$$C_6H_5\text{—H} + HNO_3 \xrightarrow{H_2SO_4} C_6H_5\text{—}NO_2 + H_2O$$

Nitrobenzene

설폰화 반응:

$$C_6H_5\text{—H} + H_2SO_4 \longrightarrow C_6H_5\text{—}SO_3H + H_2O$$

Benzenesulfonic acid

알킬화 반응:

$$C_6H_5\text{—H} + RX \xrightarrow{AlCl_3} C_6H_5\text{—R} + HX$$

알킬벤젠

아실화 반응:

$$C_6H_5\text{—H} + R\text{—}\overset{O}{\overset{\|}{C}}\text{—X} \xrightarrow{AlCl_3} C_6H_5\text{—}\overset{O}{\overset{\|}{C}}R + HX$$

할로젠화 아실 아실벤젠

9.6 친전자성 방향족 치환 반응의 메커니즘이란 무엇인가?

친전자성 방향족 치환 반응 방향족 고리의 수소에 대한 친전자체(E^+)의 치환 반응

이 절에서는 몇 가지의 **친전자성 방향족 치환 반응**(electrophilic aromatic substitution reaction), 즉 방향족 고리의 수소가 친전자체(E^+)에 의해 치환되는 반응에 대해 공부한다. 이들 반응의 메커니즘은 실제로 매우 비슷하다. 즉 이들의 메커니즘은 공통적으로 세 단계로 나누어질 수 있다.

1단계: 친전자체 생성. 이것은 각 특별한 친전자성 방향족 치환 반응에 적합한 반응 형태이다.

$$\text{시약} \rightarrow E^+$$

2단계: 새로운 공유 결합의 생성을 위한 친핵체와 친전자체의 반응. 공명 안정화된 양이온 중간체를 만들기 위한 벤젠 고리에 대한 친전자체의 공격

(친핵체) + E^+ 느림 → 공명 안정화된 양이온 중간체

3단계: 양성자 제거. 방향족 고리의 복원을 위한 염기로의 양성자 이동

+ :염기 빠름 → + 염기-H

우리가 공부하고자 하는 반응들은 친전자체가 생성되는 방법과 방향족 고리의 복원을 위한 수소를 제거하는 염기만 다를 뿐이다. 따라서 각 반응에 대해 자세히 조사할 경우에도 이 원리를 기억해야 한다.

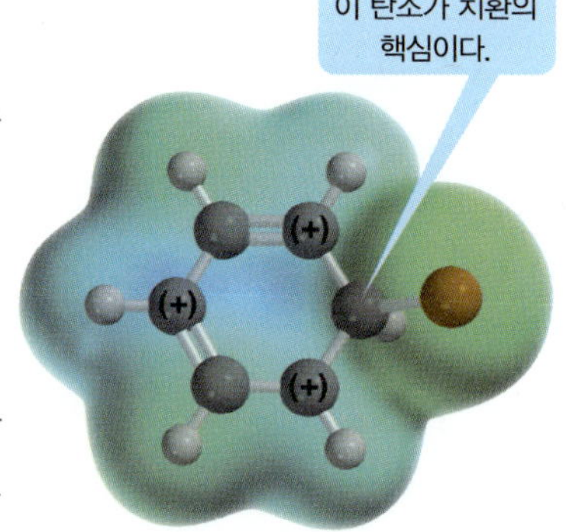

공명 안정화된 중간체에서 양전하가 치환기의 위치에 대해 2, 4, 6번의 탄소에 균일하게 분포되어 있다.

A. 염소화 반응과 브로민화 반응

사이클로헥센이 염소와 순간적으로 반응하는 것과는 대조적으로, 벤젠은 염소 혼자와는 반응하지 않는다(5.3C절). 벤젠은 염화 제이철이나 염화 알루미늄과 같은 Lewis 산 촉매하에서는 클로로벤젠과 염화 수소를 생성하는 반응을 일으킨다. 화학자들은 이와 같은 친전자성 방향족 치환 반응을 다음 세 단계의 메커니즘으로 설명한다.

메커니즘

친전자성 방향족 치환 반응–염소화 반응

1단계: 친전자체 생성

염소(Lewis 염기)와 $FeCl_3$(Lewis 산)의 반응으로 클로로늄 이온(친전자체)이 포함된 이온쌍이 형성된다.

Chlorine (Lewis 염기) + Ferric chloride (Lewis 산) ⇌ 염소에 양전하, 철에 음전하를 띤 분자 착물 ⇌ 클로로늄 이온이 포함된 이온쌍 (친전자체)

2단계: 새로운 공유 결합 형성을 위한 친핵체와 친전자체의 반응

Cl_2-FeCl_3 이온쌍과 방향족 고리의 파이 전자 구름의 반응으로 공명 안정화된 양이온 중간체(여기서 세 개의 기여 구조의 혼성으로 표시되어 있음)를 형성한다.

(친핵체) + Cl^+ 느림, 속도 결정 → 공명 안정화된 양이온 중간체

3단계: 양성자 제거

양이온 중간체에서 $FeCl_4^-$ 쪽으로 양성자가 이동하여 HCl을 형성하며, Lewis 산 촉매를 재생하고, 클로로벤젠을 생성한다.

양이온 중간체 + $:\ddot{Cl}-FeCl_3^-$ $\xrightarrow{\text{빠름}}$ Chlorobenzene + $H-\ddot{Cl}:$ + $FeCl_3$

양이온 중간체　　　Chlorobenzene

염화 제이철이나 염화 알루미늄의 존재하에 벤젠을 브로민으로 처리하면 브로모벤젠과 HBr이 생성된다. 이 반응의 메커니즘은 벤젠의 염소화 반응과 같다.

알켄에 할로젠의 첨가 반응과 방향족 고리에 할로젠의 치환 반응의 주된 차이점은 각 반응의 첫 단계에서 형성된 양이온 중간체의 운명에 기인한다. 5.3C절에서의 알켄에 염소의 첨가 반응의 두 단계 과정을 상기하면, 첫 번째 느린 과정은 혼성화된 다리걸친 클로로늄 이온 중간체의 형성 과정이다. 이 중간체는 염화 이온과 반응하여 반응이 종결된다. 방향족 화합물에서 양이온 중간체는 방향족 고리로 돌아가려고 양성자를 잃고, 큰 공명 안정화를 다시 얻는다. 그러나 알켄의 경우에는 되돌아가려는 공명 안정화가 없다.

B. 나이트로화 반응과 설폰화 반응

벤젠의 나이트로화 반응과 설폰화 반응에 대한 단계 순서는 염소화 반응과 브로민화 반응의 순서와 유사하다. 친전자체는 질산과 황산의 반응에서 생성되는 **나이트로늄 이온**(nitronium ion, NO_2^+)이다. 다음 반응식에서 질산이 $HONO_2$로 표시되어 있는데, 이는 나이트로늄 이온의 생성을 보다 명백히 보여 주기 위해서이다.

메커니즘

나이트로늄 이온의 형성

1단계: 양성자 첨가

양성자가 황산으로부터 질산의 OH기로 옮겨감으로써 질산의 짝산이 생성된다.

$$H-\ddot{O}-NO_2 + H-\ddot{O}-SO_3H \rightleftharpoons H-\overset{+}{O}(H)-NO_2 + HSO_4^-$$

Nitric acid　　　nitric acid의 짝산

2단계: 안정한 이온이나 분자의 생성을 위한 결합의 절단

이 짝산으로부터 물이 떨어져 나감으로써 나이트로늄 이온(NO_2^+)이 형성된다.

이전에 보았듯이, H_2O는 좋은 이탈기로 작용한다.

$$H-\overset{+}{O}(H)-NO_2 \rightleftharpoons H-\ddot{O}(H): + NO_2^+$$

nitronium 이온　　친전자체

메커니즘

설포늄 이온 형성

벤젠의 설폰화 반응은 뜨거운 진한 황산을 사용함으로써 시작된다. 이러한 조건하에서 SO_3나 HSO_3^+가 실험 조건에 따라 친전자체가 된다. HSO_3^+ 친전자체는 다음 과정에 의해 황산으로부터 생성된다.

1단계: 양성자 첨가

양성자가 황산으로부터 다른 황산의 OH기로 옮겨감으로써 황산의 짝산이 생성된다.

$$\mathrm{HO-S(=O)_2-\ddot{O}H} + \mathrm{H-\ddot{O}-S(=O)_2-OH} \rightleftharpoons \mathrm{HO-S(=O)_2-\overset{+}{O}H_2} + \mathrm{{}^{-}\ddot{O}-S(=O)_2-OH}$$

Sulfuric acid　　Sulfuric acid

2단계: 안정한 이온이나 분자의 생성을 위한 결합의 절단

이 짝산으로부터 물이 떨어져 나감으로써 설포늄 이온이 형성된다.

$$\mathrm{HO-S(=O)_2-\overset{+}{O}H_2} \rightleftharpoons \mathrm{HO-\overset{+}{S}(=O)_2} + \mathrm{H_2\ddot{O}}$$

sulfonium ion (친전자체)

예제 9.4

벤젠의 나이트로화 반응에 대한 단계적인 메커니즘을 쓰시오.

전략

친전자성 방향족 치환 반응의 메커니즘은 모두 비슷하다는 것을 명심하라. 친전자체의 형성 후에 방향족 고리에 대한 친전자체의 공격은 공명 안정화된 양이온 중간체를 생성시킨다. 반응의 마지막 단계에서는 양성자를 염기로 이동시켜 벤젠 고리를 재생성한다. 나이트로화에서 염기는 친전자체를 형성하면서 생성되는 물이다.

풀이

1단계: 새로운 공유 결합의 생성을 위한 친핵체와 친전자체의 반응

나이트로늄 이온(친전자체)과 벤젠 고리(친핵체)와의 반응으로 공명 안정화된 양이온 중간체가 형성된다.

$$C_6H_6 + NO_2^+ \longrightarrow [C_6H_6NO_2]^+ \longleftrightarrow [C_6H_6NO_2]^+ \longleftrightarrow [C_6H_6NO_2]^+$$

2단계: 양성자의 제거

양성자가 이 중간체로부터 H_2O로 이동함으로써 방향족 고리가 재생성되고, 나이트로벤젠이 만들어진다.

$$H_2\ddot{O}: + [C_6H_6NO_2]^+ \longrightarrow C_6H_5NO_2 + H_3O^+$$

Nitrobenzene

문제 9.21, 9.22 참조

문제 9.4

벤젠의 설폰화 반응에 대한 단계적인 메커니즘을 쓰시오. HSO_3^+를 친전자체로 사용하시오.

C. Fridel–Crafts 알킬화 반응

1877년에 프랑스 화학자 C. Fridel과 방문객인 미국의 화학자 J. Crafts가 방향족 탄화수소류의 알킬화 반응을 발견하였다. 그들은 벤젠, 할로젠화 알킬 및 $AlCl_3$를 혼합하여 반응시키면 알킬벤젠과 HX가 생성됨을 알아내었다. **Fridel–Crafts 알킬화 반응**(Friedel–Crafts alkylation)은 염화 알루미늄 존재하에 벤젠과 2-클로로프로페인의 반응에서 알 수 있듯이, 벤젠과 알킬기 사이에 새로운 탄소–탄소 결합이 형성되는 것이다.

Benzene + 2-Chloropropane (Isopropyl chloride) $\xrightarrow{AlCl_3}$ Isopropylbenzene (Cumene) + HCl

Fridel–Crafts 알킬화 반응은 방향족 고리에 새로운 탄소–탄소 결합을 형성시키는 가장 중요한 방법이다.

메커니즘

Fridel–Crafts 알킬화 반응

1단계: 친전자체 생성

할로알케인(Lewis 염기)과 $AlCl_3$(Lewis 산)과의 반응으로 음의 형식 전하를 가진 알루미늄과 양의 형식 전하를 가진 할로알케인의 할로젠을 가진 분자 착물을 형성한다. 이 분자 착물에서 전자의 재분포는 이온쌍의 한 부분으로서 알킬 탄소 양이온을 형성한다.

$$R-\ddot{\underset{..}{Cl}}: + AlCl_3 \rightleftharpoons R-\overset{+}{Cl}-\overset{-}{Al}Cl_3 \rightleftharpoons R^+ \; :Cl-\overset{-}{Al}Cl_3$$

염소에 양전하, 알루미늄에 음전하를 띤 분자 착물

친전자체

탄소 양이온을 포함한 이온쌍

2단계: 새로운 공유 결합 형성을 위한 친핵체와 친전자체의 반응

알킬 탄소 양이온과 방향족 고리의 파이 전자의 반응으로 공명 안정화된 양이온 중간체를 형성한다.

$$C_6H_6 + R^+ \longrightarrow [C_6H_6R]^+ \longleftrightarrow [C_6H_6R]^+ \longleftrightarrow [C_6H_6R]^+$$

양전하가 고리의 세 원자에 비편재화되어 있다.

3단계: 양성자 제거

양성자 이동은 고리의 방향족성과 Lewis 산 촉매를 재생성한다.

$$\text{(arenium ion, H, R)} + :\ddot{Cl}-\overset{Cl}{\underset{Cl}{Al^{-}}}-Cl \longrightarrow C_6H_5-R + AlCl_3 + H-\ddot{Cl}:$$

Fridel–Crafts 알킬화 반응에는 두 가지의 중요한 제약이 있다. 첫 번째는 3차 또는 2차 탄소 양이온과 같이 재배열이 필요 없는 안정한 탄소 양이온에서만 사용될 수 있다는 점이다(5.4절). 일차 탄소 양이온은 앞의 할로알케인에서 예상치 않은 탄소에 대한 벤젠 고리의 결합으로 여러 생성물이 얻어지는 재배열이 일어난다.

두 번째는 벤젠 고리에 한 개 또는 그 이상의 강한 전자 끄는 기가 존재하면 일어날 수 없다는 점이다. 다음 표에 이들 치환기들이 나타나 있다.

$$C_6H_5Y + RX \xrightarrow{AlCl_3} \text{반응이 일어나지 않음}$$

Y가 이들 치환기 중의 하나일 때에는 벤젠 고리에 Friedel–Crafts 알킬화 반응이 일어나지 않는다.

$-\overset{O}{\overset{\|\|}{C}}H$	$-\overset{O}{\overset{\|\|}{C}}R$	$-\overset{O}{\overset{\|\|}{C}}OH$	$-\overset{O}{\overset{\|\|}{C}}OR$	$-\overset{O}{\overset{\|\|}{C}}NH_2$
$-SO_3H$	$-C{\equiv}N$	$-NO_2$	$-NR_3^{+}$	
$-CF_3$	$-CCl_3$			

위 표에 열거된 이들 치환기들의 공통적인 특성은 벤젠 고리에 연결된 원자가 부분적인 양전하를 가지고 있다는 점이다. 카보닐기를 가진 화합물에서 부분적인 양전하는 카보닐기의 탄소와 산소의 전기 음성도의 차이 때문에 생긴다. $-CF_3$ 및 $-CCl_3$기에서는 부분적인 양전하가 탄소와 탄소에 결합된 할로젠의 전기 음성도 차이 때문에 생긴다. 나이트로기와 트라이알킬암모늄기에서는 질소에 양전하가 있다.

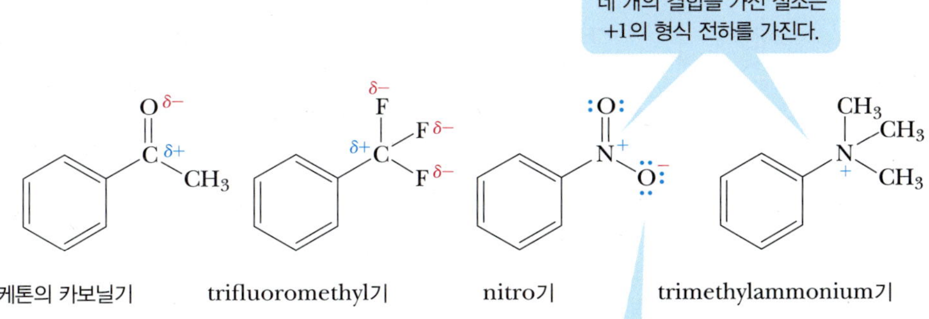

해결방법 9.2

벤젠에 대한 치환기가 전자 끌기인지 아닌지 결정하기 

벤젠 고리가 결합되어 있는 원자의 전하 또는 부분 전하를 결정하라. 그것이 양전하이거나 부분적으로 양전하를 띠고 있다면 치환기는 전자 끌기로 간주된다. 그 자신보다 전기 음성도가 큰 원자와 결합하고 있다면 부분적으로 양전하를 가지게 된다.

젠 고리에 직접 결합된 원자는 전기 음성도가 큰 원자와의 결합으로 생기는 유도 효과 때문에 벤부분적으로 양전하를 띠고 있다. 치환기는 전자 끌기로 작용한다.

O δ− ‖ C δ+ δ− OR; C δ+ ≡N δ−; δ+ CH_3 — N δ− — CH_3 δ+

벤젠 고리에 직접 결합된 원자(질소)는 전기 음성도가 작은 원자들(탄소)에 결합되어 있기 때문에 부분적으로 음전하를 가지게 된다. 이 치환기는 전자 끌기로 작용하지 못한다.

D. Fridel-Crafts 아실화 반응

할로젠화 아실 카복실기의 —OH가 할로젠(주로 염소)으로 치환된 카복실산의 유도체

Fridel과 Crafts는 염화 알루미늄 촉매하에서 할로젠화 아실과 방향족 탄화수소와의 반응으로 케톤이 생성됨을 알았다. **할로젠화 아실**(acyl halide)은 카복실기의 —OH가 할로젠(주로 염소)으로 치환된 카복실산의 유도체이다. RCO—기는 아실기로 알려져 있기에 염화 알루미늄 촉매하에서 염화 아세틸과 벤젠이 아세토페논을 형성하는 반응으로 보여 주듯이 방향족 탄화수소와의 할로젠화 아실의 반응은 **Fridel–Crafts 아실화 반응**(Fridel–Crafts acylation)으로 알려져 있다.

$$\text{Benzene} + CH_3\overset{O}{\overset{\|}{C}}Cl \xrightarrow{AlCl_3} C_6H_5\overset{O}{\overset{\|}{C}}CH_3 + HCl$$

Benzene　Acetyl chloride (할로젠화 아실)　Acetophenone (케톤)

Fridel–Crafts 아실화 반응에서 친전자체는 다음 경로에 의해 생성된다.

메커니즘

FRIDEL–CRAFTS 아실화 반응–아실륨 이온 생성

1단계: 친전자체 생성

염화 아실(Lewis 염기)의 할로젠 원자와 염화 알루미늄(Lewis 산)의 반응은 분자 착물을 생성한다. 원자가 전자들의 재분포는 **아실륨 이온**(acylium ion)을 포함한 이온쌍을 생성시킨다.

$$R-\overset{O}{\overset{\|}{C}}-\ddot{Cl}: + Cl-\underset{Cl}{\overset{Cl}{Al}}-Cl \rightleftharpoons R-\overset{O}{\overset{\|}{C}}-\overset{+}{Cl}-\underset{Cl}{\overset{Cl}{\overset{-}{Al}}}-Cl \rightleftharpoons R-\overset{O}{\overset{\|}{C^{+}}}\ :\ddot{Cl}-\underset{Cl}{\overset{Cl}{\overset{-}{Al}}}-Cl$$

친전자체

염화 아실 (Lewis 염기) | Aluminum chloride (Lewis 산) | 염소에 양전하, 알루미늄에 음전하를 띤 분자 착물 | acylium 이온을 포함한 이온쌍

2단계와 3단계는 Fridel–Crafts 알킬화 반응(9.6C절)의 2, 3단계와 동일하다.

예제 9.5

다음 물질들과 벤젠의 Fridel–Crafts 알킬화나 아실화 반응으로 형성되는 생성물의 구조식을 쓰시오.

(a) (benzyl chloride 구조) Cl

(b)

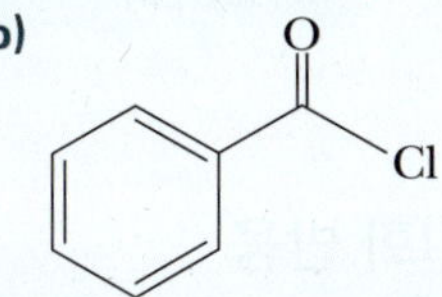

(c)

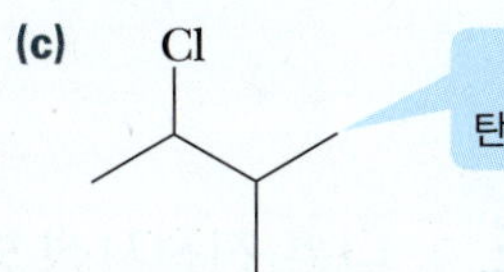

전략

Fridel–Crafts 반응에서 할로젠화된 시약들이 일반적으로 할로젠(Br 또는 Cl)에 결합된 탄소에서 벤젠과 결합한다는 사실을 이용하라. 따라서 Fridel–Crafts 반응의 생성물을 예측하기 위해서 할로알케인이나 할로젠화 아실에서 할로젠을 벤젠 고리로 바꾸라. 그런데 한 가지 주의해야 할 것은 탄소 양이온의 재배열이 일어날 수 있다는 것이다.

풀이

(a) Aluminum chloride과 benzyl chloride는 벤질 양이온을 만들며, 이것이 벤젠을 공격하여 다음과 같이 H^+가 이탈되면서 diphenylmethane이 만들어진다.

$$C_6H_5-CH_2^+ + C_6H_6 \longrightarrow C_6H_5-CH_2-C_6H_5 + H^+$$

Benzyl 양이온 (친전자체) | (친핵체) | Diphenylmethane

(b) Aluminum chloride과 benzoyl chloride는 아실 양이온을 만들며, 이것이 벤젠을 공격하여 다음과 같이 H^+가 이탈되면서 benzophenone이 만들어진다.

$$C_6H_5-\overset{O}{\overset{\|}{C^+}} + C_6H_6 \longrightarrow C_6H_5-\overset{O}{\overset{\|}{C}}-C_6H_5 + H^+$$

Benzoyl 양이온 (친전자체) | Benzophenone

(c) Aluminum chloride와 2-chloro-3-methylbutane은 2차 탄소 양이온을 만든다. 인접한 곳에 3차 탄소 양이온이 있기 때문에 1,2-수소 음이온 이동이 일어나 보다 안정한 3차 탄소 양이온이 생성된다. 이 탄소가 벤젠과 반응하여 H^+를 잃어버림으로써 2-methyl-2-phenylbutane을 생성한다.

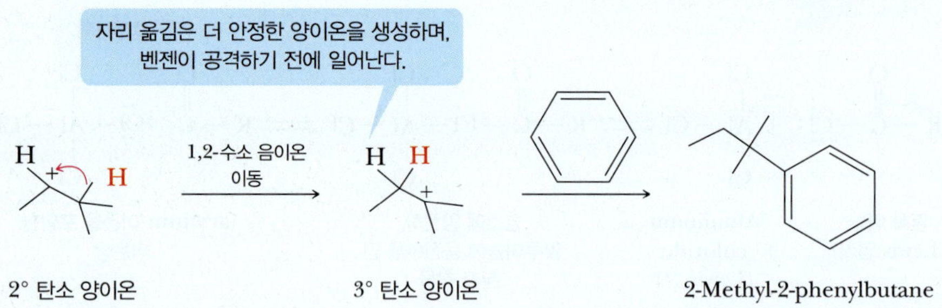

문제 9.18, 9.19 참조

문제 9.5

다음 물질들과 벤젠의 Fridel–Crafts 알킬화나 아실화 반응으로 형성되는 생성물의 구조식을 쓰시오.

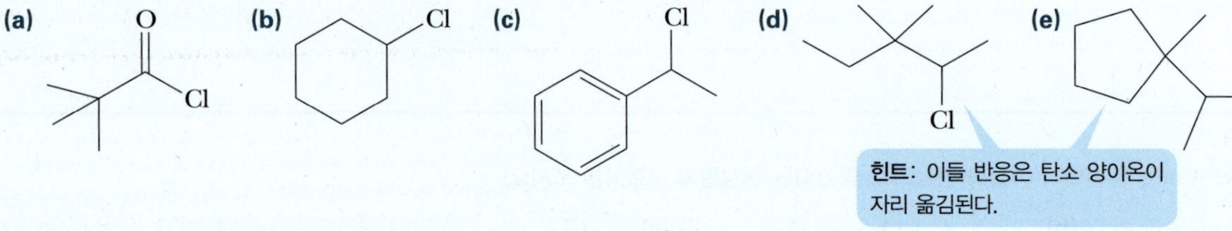

E. 다른 친전자성 방향족 알킬화 반응

Fridel–Crafts 알킬화 반응과 아실화 반응은 양이온이 관여함을 알았으며, 반응물과 촉매의 다른 조합에 의해 같은 생성물이 생성된다는 것을 알았다. 이 절에서는 알켄과 알코올로부터 탄소 양이온이 생성되는 두 과정을 배운다.

5.3B절에서 배웠듯이 황산과 인산 같은 강산으로 처리된 알켄은 탄소 양이온을 생성한다. 아이소프로필벤젠은 공업적으로 산촉매하에서 벤젠과 프로펜으로부터 합성된다.

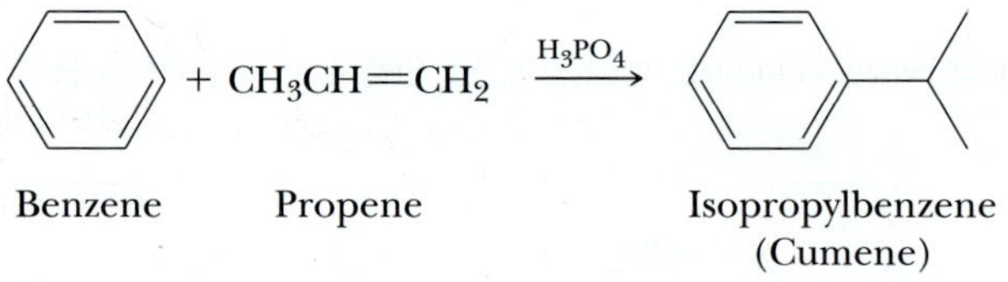

$$\text{Benzene} + CH_3CH{=}CH_2 \xrightarrow{H_3PO_4} \text{Isopropylbenzene (Cumene)}$$

또한 탄소 양이온은 황산이나 인산이 알코올과 반응하여 생성된다(8.2E절).

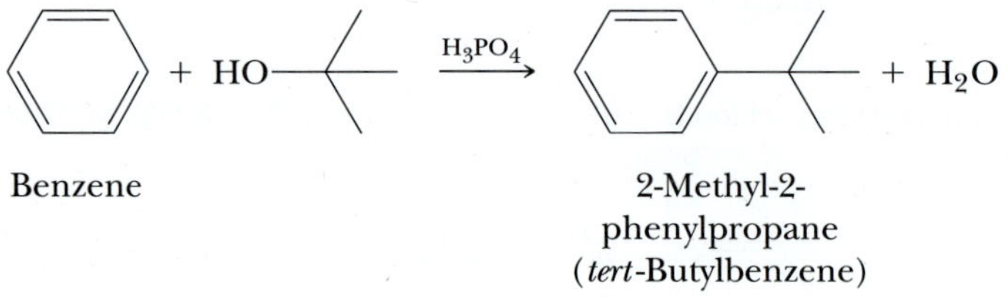

$$\text{Benzene} + HO\text{—}C(CH_3)_3 \xrightarrow{H_3PO_4} \text{2-Methyl-2-phenylpropane} + H_2O$$

예제 9.6

인산 존재하에서 벤젠과 propene으로부터 isopropylbenzene이 형성되는 메커니즘을 쓰시오.

전략

탄소 양이온 형성 메커니즘을 그려라. 이 단계에는 친전자체 생성이 포함되어 있다. 메커니즘에서 남은 단계는 일반적인 단계이다. 벤젠에 대한 친전자체의 공격과 고리의 재생을 위한 양성자의 이동이다.

풀이

1단계: 양성자 첨가

인산에서 양성자가 propene으로 옮겨감으로써 isopropyl 양이온이 생성된다.

$$CH_3CH{=}CH_2 + H{-}\ddot{O}{-}\overset{\overset{O}{\|}}{\underset{\underset{OH}{|}}{P}}{-}O{-}H \underset{\text{가역적}}{\overset{\text{빠르고}}{\rightleftharpoons}} CH_3\overset{+}{C}HCH_3 + {}^{-}\!:\ddot{O}{-}\overset{\overset{O}{\|}}{\underset{\underset{OH}{|}}{P}}{-}O{-}H$$

2단계: 새로운 공유 결합의 생성을 위한 친핵체와 친전자체의 반응

Isopropyl 양이온과 벤젠의 반응으로 공명 안정화된 양이온 중간체가 생성된다.

$$C_6H_6 + {}^{+}CH(CH_3)_2 \underset{\text{속도 결정}}{\overset{\text{느림,}}{\rightleftharpoons}} \text{(H, } CH(CH_3)_2\text{ 양이온 중간체)}$$

3단계: 양성자 제거

이 중간체로부터 양성자가 dihydrogen phosphate로 옮겨감으로써 isopropylbenzene이 생성된다.

$$\text{(H, } CH(CH_3)_2\text{ 양이온 중간체)} + {}^{-}\!:\ddot{O}{-}\overset{\overset{O}{\|}}{\underset{\underset{OH}{|}}{P}}{-}O{-}H \xrightarrow{\text{빠름}} C_6H_5{-}CH(CH_3)_2 + H{-}\ddot{O}{-}\overset{\overset{O}{\|}}{\underset{\underset{OH}{|}}{P}}{-}O{-}H$$

Isopropylbenzene

문제 9.18, 9.19, 9.33, 9.34 참조

문제 9.6

인산 존재하에서 벤젠과 *tert*-butyl alcohol의 반응으로 *tert*-butylbezene이 생성되는 메커니즘을 쓰시오.

F. 알켄 첨가 반응과 친전자성 방향족 치환 반응(EAS)과의 비교

친전자성 방향족 치환 반응은 친전자체를 공격하는 C=C 이중 결합을 만나는 두 번째 예이다. 첫 번째 예는 5.3절에서 언급한 알켄의 첨가 반응이다. 친전자성 원자(H^+ 또는 E^+)를 공격하는 C=C 이중 결합이 있는 첫 번째 단계의 유사성에 유의하라. 그러나 2단계에서 알켄 첨가 반응은 탄소 양이온에 대한 친핵체의 공격이지만 친전자성 방향족 치환 반응(EAS)에서는 염기에 의한 수소의 이탈이다. 한 반응에서는 C=C 이중 결합이 파괴되지만, 다른 반응에서는 C=C 이중 결합이 재생성된다.

알켄의 첨가 반응

$$\text{cyclohexene} + \overset{\delta+}{H}{-}\overset{\delta-}{\ddot{X}}: \xrightarrow{\text{1단계}} \text{(H, H, H 탄소 양이온)} + :\ddot{X}:^{-} \xrightarrow{\text{2단계}} \text{(H, H, X, H 첨가 생성물)}$$

친전자성 방향족 치환 반응

$$\text{benzene (H, H)} + E^{+} \xrightarrow{\text{1단계}} \text{(H, E, H 양이온 중간체)} + :\text{염기} \xrightarrow{\text{2단계}} \text{(E, H 치환 생성물)}$$

9.7 벤젠에 존재하는 치환기들은 친전자성 방향족 치환 반응에 어떻게 영향을 미치는가?

A. 치환기들이 후속 치환 반응에 미치는 영향

일치환된 벤젠의 친전자성 방향족 치환 반응에서는 세 가지 이성질체가 가능하다. 새로운 치환기들은 기존 치환기의 오쏘, 메타, 파라 위치에 치환된다. 많은 실험 관찰로부터 화학자들은 기존의 치환기가 후속 친전자성 방향족 치환 반응에 미치는 영향을 다음과 같이 일반화하였다.

오쏘-파라 지향성 친전자성 방향족 치환 반응에서 다음에 치환될 기가 오쏘와 파라 위치에 오게 하는 치환기

메타 지향성 친전자성 방향족 치환 반응에서 다음에 치환될 기가 메타 위치에 오게 하는 치환기

활성화기 친전자성 방향족 치환 반응 속도를 벤젠에서보다 빠르게 할 수 있는 벤젠 고리의 치환기

비활성화기 친전자성 방향족 치환 반응 속도를 벤젠에서보다 느리게 할 수 있는 벤젠 고리의 치환기

1. **기존 치환기들은 새로 도입되는 기의 향방에 영향을 준다.** 어떤 치환기들은 도입되는 기가 우선적으로 오쏘와 파라 위치를 지향하게 하고, 다른 치환기들은 우선적으로 메타 위치를 지향하게 된다. 다시 말하면, 벤젠 고리의 치환체들은 **오쏘-파라 지향성**(ortho-para directing)이거나 **메타 지향성**(meta directing)으로 정의될 수 있다.
2. **기존 치환기들은 후속 치환 반응의 속도에 영향을 준다.** 어떤 치환기들은 다음 치환 반응의 속도를 벤젠보다 빠르게 하는 반면, 다른 치환기들은 속도를 벤젠보다 느리게 한다. 바꾸어 말하면, 이들은 후속 반응에 대하여 벤젠 고리를 **활성**(activating) 또는 **비활성**(deactivating)으로 분류할 수 있다.

이러한 지향성과 활성-비활성의 영향은 아니솔과 나이트로벤젠의 반응을 비교함으로써 알 수 있다. 아니솔의 브로민화 반응은 (메톡시기가 활성화기이므로) 벤젠의 브로민화 반응에 비해 현저히 빠르게 진행되며, 생성물은 (메톡시기가 오쏘-파라 지향성이므로) *o*-브로모아니솔과 *p*-브로모아니솔의 혼합물이다.

아니솔의 브로민화 반응은 벤젠의 브로민화 반응보다 몇 배 빠르게 진행된다. 사실상 이 반응에서는 촉매가 필요하지 않으므로 $-OCH_3$는 매우 활성이다.

Anisole + Br_2 $\xrightarrow{CH_3COOH}$ *o*-Bromoanisole (4%) + *p*-Bromoanisole (96%) + HBr

나이트로벤젠의 나이트로화 반응에서는 다른 현상을 볼 수 있다. 이 반응은 벤젠의 나이트로화보다 매우 느리게 진행된다(나이트로기가 강한 비활성화기이므로). 또한 생성물은 대략 93%의 메타 이성질체와, 7%보다 적은 오쏘 및 파라 이성질체로 혼합되어 있다(나이트로기는 메타 지향성이므로).

나이트로벤젠의 나이트로화 반응은 벤젠의 나이트로화 반응보다 몇 배 느리다.

Nitrobenzene + HNO_3 $\xrightarrow[100°C]{H_2SO_4}$ *m*-Dinitrobenzene (93%) + *o*-Dinitrobenzene + *p*-Dinitrobenzene + H_2O

(*o*-Dinitrobenzene, *p*-Dinitrobenzene: 7%보다 적게 혼합됨)

표 9.1에서는 이 책에서 다루는 중요한 작용기에 대해 지향성과 활성–비활성에 대해 나타내었다.

표 9.1 후속 친전자성 방향족 치환 반응에 대한 치환기의 영향

지향성	활성							반응성
오쏘-파라 지향성	강한 활성	$-\ddot{N}H_2$	$-\ddot{N}HR$	$-\ddot{N}R_2$	$-\ddot{O}H$	$-\ddot{O}R$		벤젠과 비교하여 반응성 증가
	적당한 활성	$-\ddot{N}HC(=O)R$	$-\ddot{N}HC(=O)Ar$	$-\ddot{O}C(=O)R$	$-\ddot{O}C(=O)Ar$			
	약한 활성	$-R$	$-C_6H_5$					
	약한 비활성	$-\ddot{F}:$	$-\ddot{Cl}:$	$-\ddot{Br}:$	$-\ddot{I}:$			벤젠과 비교하여 반응성 감소
메타 지향성	적당한 비활성	$-C(=O)H$	$-C(=O)R$	$-C(=O)OH$	$-C(=O)OR$	$-C(=O)NH_2$	$-S(=O)_2OH$	
	강한 비활성	$-NO_2$	$-NH_3^+$	$-CF_3$	$-CCl_3$			

(후속 치환 지향의 상대적 중요성: 위쪽일수록 큼)

구조적 유사점과 차이점에 대해 오쏘–파라와 메타 지향성을 비교하면 다음과 같이 일반화할 수 있다.

1. 알킬기, 페닐기 및 고리에 결합된 원자가 비공유 전자쌍을 가진 치환기는 오쏘–파라 지향성이다. 다른 모든 치환기는 메타 지향성이다.
2. 할로젠을 제외하고 모든 오쏘–파라 지향성기는 후속 치환 반응을 활성화시킨다. 할로젠들은 약한 고리 비활성화기이다.
3. 모든 메타 지향성기는 고리에 결합된 원자가 부분적으로 또는 전체적으로 양전하를 띠고 있다.

벤젠의 두 가지 다른 이치환된 유도체의 합성을 고려함으로써 이러한 결과들의 유용함을 표시할 수 있다. 벤젠으로부터 *m*-브로모나이트로벤젠의 합성을 생각해 보자. 이러한 변환은 나이트로화 반응과 브로민화 반응의 두 단계로 일어날 수 있다. 이 단계들이 이 순서대로 실행된다면 생성물은 *m*-브로모나이트로벤젠이다. 나이트로기는 메타 지향성이므로 브로민화 반응은 메타 위치를 지향한다.

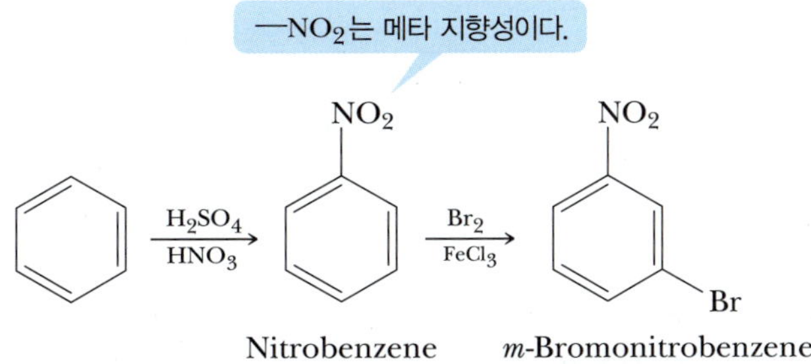

Nitrobenzene　*m*-Bromonitrobenzene

만약 반응의 순서를 바꾸어서 처음에 브로모벤젠이 생성된다면 고리에 오쏘–파라 지향성기를 갖게 된다. 따라서 브로모벤젠의 나이트로화 반응은 오쏘와 파라 위치에서 우선적으로 일어난다.

—Br은 오쏘–파라 지향성이다.

Benzene $\xrightarrow[FeCl_3]{Br_2}$ Bromobenzene $\xrightarrow[HNO_3]{H_2SO_4}$ *o*-Bromonitrobenzene + *p*-Bromonitrobenzene

친전자성 방향족 치환 반응에서 순서의 중요성에 대한 또 다른 예로 톨루엔으로부터 나이트로벤조산으로의 변환을 들 수 있다. 나이트로기는 질산과 황산의 혼합으로 생성될 수 있다. 카복실기는 메틸기의 산화에 의해 생성될 수 있다(9.4절).

—CH_3는 오쏘–파라 지향성이다.

Toluene $\xrightarrow[HNO_3]{H_2SO_4}$ 4-Nitrotoluene $\xrightarrow[H_2SO_4]{K_2Cr_2O_7}$ 4-Nitrobenzoic acid

Toluene $\xrightarrow[H_2SO_4]{K_2Cr_2O_7}$ Benzoic acid $\xrightarrow[HNO_3]{H_2SO_4}$ 3-Nitrobenzoic acid

—COOH는 메타 지향성이다.

톨루엔의 나이트로화 반응으로 파라 생성물을 얻을 수 있는 반면에, 벤조산의 나이트로화 반응으로 메타 위치에 치환된 생성물이 얻어진다. 또 한 번 우리는 반응이 행해지는 순서가 중요하다는 것을 보았다.

마지막 반응 예에서 톨루엔의 나이트로화는 오로지 파라 이성질체만 생성된다는 점을 주목하라. 실제로 메틸기가 오쏘–파라 지향성 치환기이므로 오쏘 및 파라 이성질체 모두가 생성된다. 만약 이들 이성질체의 각각을 합성하는 방법에 대해 질문한다면, 우리는 두 이성질체를 생성시켜 그들을 물리적인 방법에 의해 분리시키며 원하는 이성질체를 얻을 수 있다고 가정할 수 있다.

예제 9.7

다음의 친전자성 방향족 치환 반응을 완성하시오. 메타 치환 반응이 예측되는 곳에 메타 생성물만을 보이시오. 그리고 오쏘–파라 치환 반응이 예측되는 곳에 두 가지 생성물 모두를 보이시오.

(a) $C_6H_5OCH_3$ + $(CH_3)_2CHCl$ $\xrightarrow{AlCl_3}$

(b) $C_6H_5SO_3H$ + HNO_3 $\xrightarrow[H_2SO_4]{}$

전략

반응식을 완결하기 전에 기존 치환기가 오쏘–파라 지향성인지 메타 지향성인지를 결정하라.

풀이

(a)에서 methoxy기는 오쏘–파라 지향성이고, 강한 활성화기이다. (b)에서 sulfonic acid기는 메타 지향성이며, 비활성화기이다.

(a) —OCH_3는 오쏘–파라 지향성이다.

OCH_3 + Cl $\xrightarrow{AlCl_3}$ OCH_3 + OCH_3

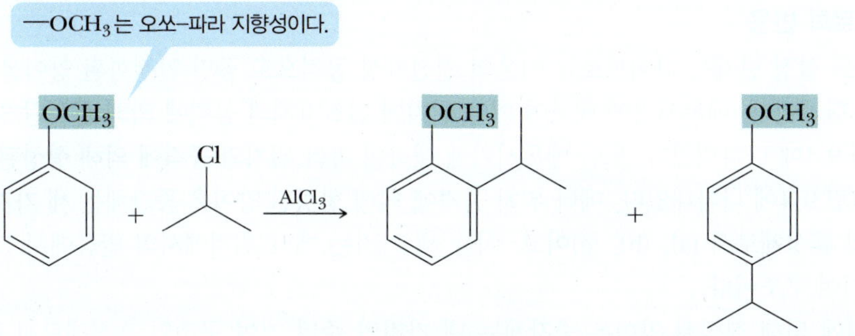

2-Isopropylanisole
(오쏘-isopropylanisole)

4-Isopropylanisole
(파라-isopropylanisole)

(b) —SO_3H는 메타 지향성이다.

SO_3H + HNO_3 $\xrightarrow{H_2SO_4}$ SO_3H NO_2

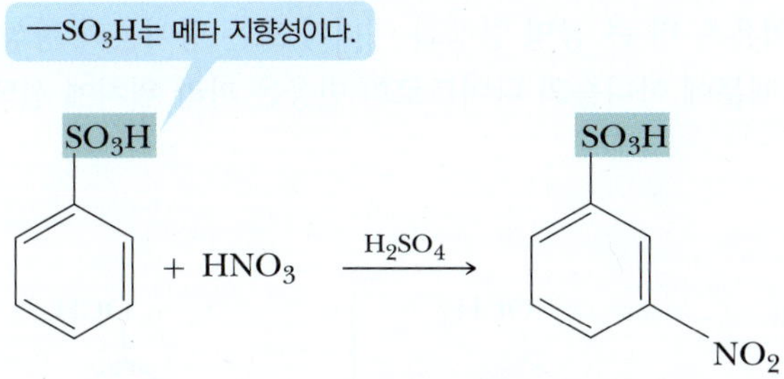

3-Nitrobenzenesulfonic acid
(meta-nitrobenzenesulfonic acid)

문제 9.24~9.26, 9.31, 9.32, 9.42~9.44, 9.46, 9.47 참조

문제 9.7

다음의 친전자성 방향족 치환 반응을 완성시키시오. 메타 치환 반응이 예측되는 곳에 메타 생성물만을 보이시오. 그리고 오쏘–파라 치환 반응이 예측되는 곳에 두 가지 생성물 모두를 보이시오.

(a) O O + HNO_3 $\xrightarrow{H_2SO_4}$

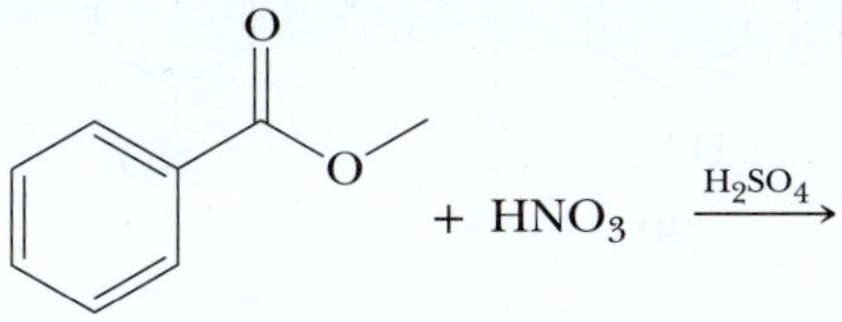

(b) O O + HNO_3 $\xrightarrow{H_2SO_4}$

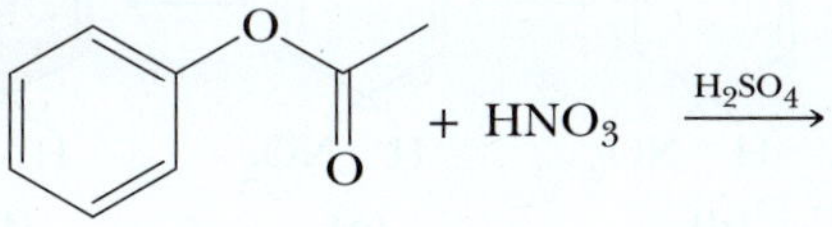

B. 지향 효과의 이론

앞에서 보았듯이, 방향족 고리의 치환기는 후속 친전자성 방향족 치환 반응 형태에 매우 중요한 영향을 미친다. 우리는 이들 패턴을 9.5절에서 처음으로 나타난 친전자성 방향족 치환 반응의 일반적인 메커니즘에 의해 설명한다. 고리에 미리 존재하는 치환기가 두 번째 치환 반응이 일어나는 동안 형성된 양이온 중간체의 상대적인 안정성에 어떻게 영향을 주는가를 생각하면서 메커니즘을 확장시켜 보자.

친전자성 방향족 치환 반응 속도는 메커니즘상 가장 느린 단계에 의해 결정된다는 사실에서 시작된다. 방향족 고리와 친전자체의 치환 반응에서 속도 결정 단계는 방향족 고리에 대한 친전자체의 공격으로 공명 안정화 양이온 중간체가 형성되는 단계이다. 따라서 탄소 양이온 중간체들

(오쏘–파라 치환 또는 메타 치환에 대한) 중 어느 것이 안정한가를 결정해야 한다. 어느 양이온 중간체의 형성이 낮은 활성화 에너지를 갖는지 보여 주어야 한다.

아니솔의 나이트로화 반응

나이트로화의 속도 결정 단계는 나이트로늄 이온의 친전자성 공격으로 공명 안정화된 양이온 중간체가 생성되는 단계이다. 메톡시기에 대하여 메타 위치에 친전자체의 공격에 의해 형성된 양이온 중간체를 그림 9.4에 나타내었다. 또한 메톡시기에 대하여 파라 위치의 공격에 의해 형성된 양이온 중간체도 그림 9.4에 나타내었다. 메타 위치 공격에 의해 형성된 양이온 중간체는 세 가지의 주된 기여 구조의 혼성체로서 (a), (b), (c)이고, 이들 세 가지는 메타 위치에서의 반응에서 그릴 수 있는 중요한 기여 구조이다.

파라 위치 공격에 의해 형성된 양이온 중간체는 네 가지의 주된 기여 구조의 혼성체로서 (d), (e), (f), (g)이다. 여기서 기여 구조 (f)는 모든 원자들이 완전한 팔전자계(octet)를 가지기 때문에 (d), (e), (g) 구조가 혼성에 기여하는 것보다 훨씬 더 크게 기여하는 점이 중요하다. 아니솔에 오쏘–파라 위치의 공격에 의해 형성된 양이온은 더 큰 공명 안정화 에너지 또는 양이온의 형성 과정에 대한 낮은 활성화 에너지를 가지기 때문에 아니솔의 나이트로화 반응은 파라 위치에 선택적으로 일어난다.

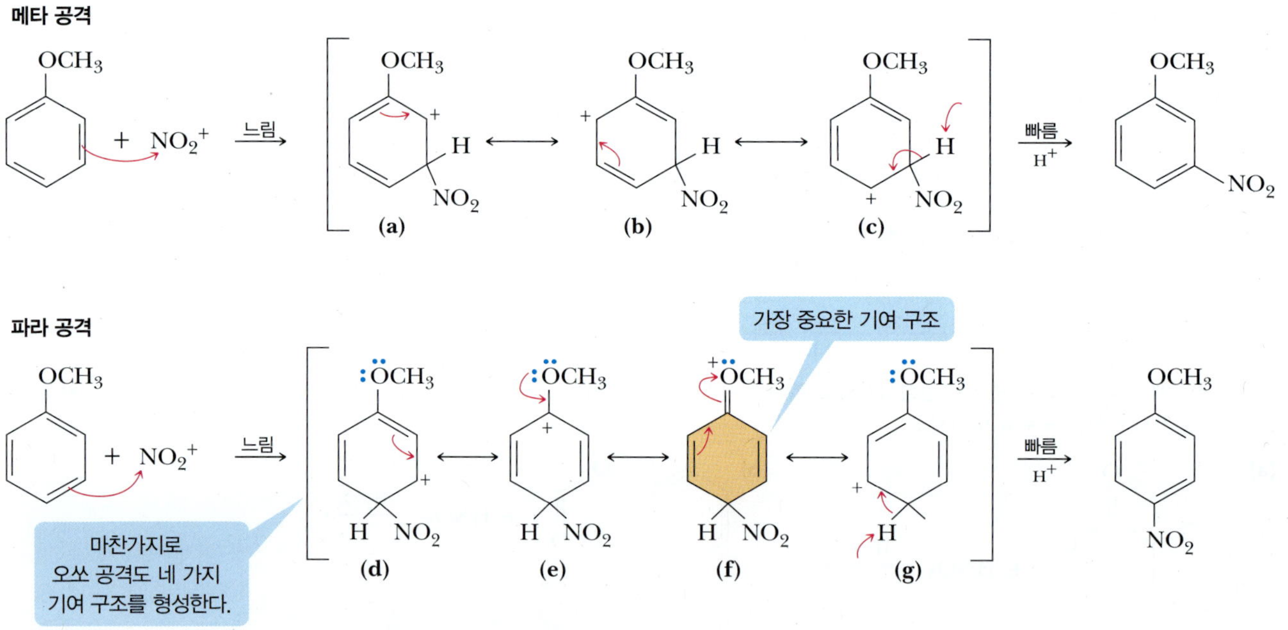

메타 공격

파라 공격

가장 중요한 기여 구조

마찬가지로 오쏘 공격도 네 가지 기여 구조를 형성한다.

그림 9.4 Anisole의 나이트로화 반응. Methoxy기의 메타 및 파라 위치에 대한 친전자체의 반응. 각 경우에서 방향족 고리의 재생이 가장 적절한 기여 구조를 통해 보여진다.

나이트로벤젠의 나이트로화 반응

그림 9.5에 나이트로기에 의한 메타 및 파라 위치에 나이트로늄 이온의 반응으로 형성된 공명 안정화된 양이온 중간체들을 나타내었다.

그림에서 각 양이온은 세 가지 기여 구조의 혼성체이다. 이제 각 양이온의 상대적 공명 안정화를 비교해 보자. 만약 질소 원자가 양전하를 띠고 있는 나이트로기의 Lewis 구조식을 다음과 같이 나타내면, 기여 구조 (e)에서 인접한 원자들이 양전하를 띠는 것을 볼 수 있다.

구조 (e)는 정전기적 반발을 일으키기 때문에 혼성에 아무런 기여를 하지 못한다. 메타 위치에 대한 반응에서는 인접 원자들 간에 양전하가 갖는 경우가 모든 기여 구조에서 나타나지 않는다. 따라서 메타 위치에서의 반응에 의해 생성된 양이온의 공명 안정화가 파라(또는 오쏘) 위치에서

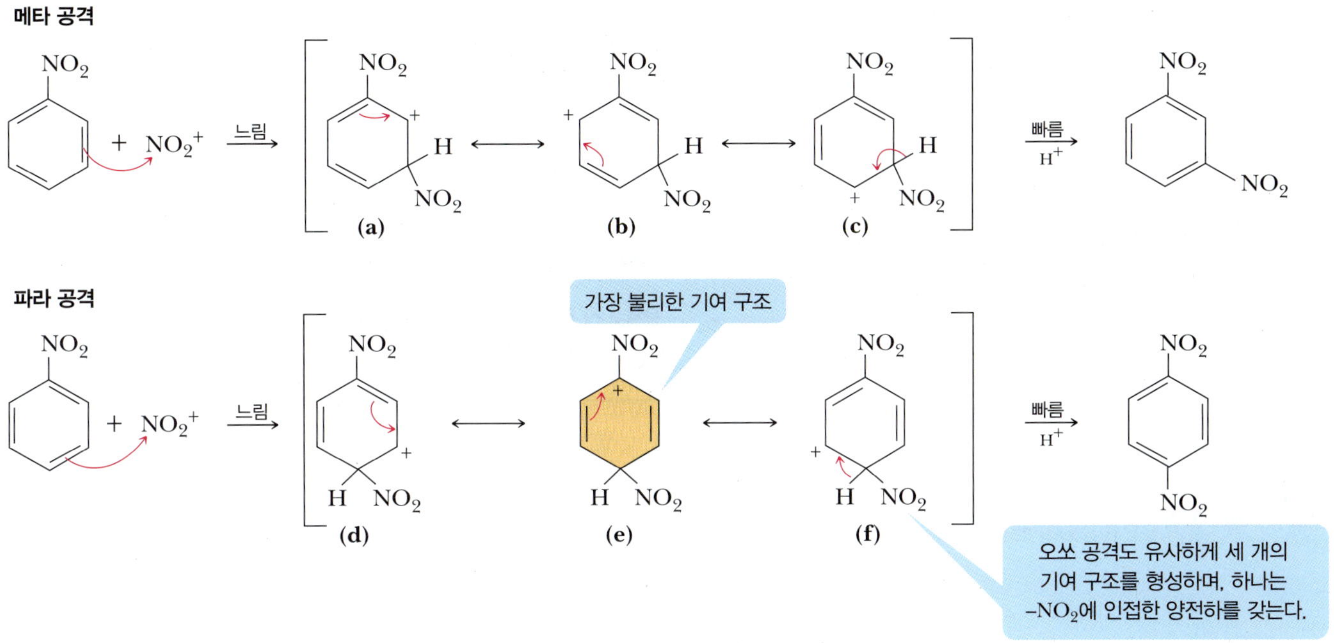
메타 공격
NO_2
+ NO_2^+
느림
(a)
(b)
(c)
빠름
H^+
파라 공격
가장 불리한 기여 구조
(d)
(e)
(f)
오쏘 공격도 유사하게 세 개의 기여 구조를 형성하며, 하나는 $-NO_2$에 인접한 양전하를 갖는다.

그림 9.5 Nitrobenzene의 나이트로화 반응. Nitro기의 메타 및 파라 위치에 대한 친전자체의 반응. 각 경우에서 방향족 고리의 재생성이 가장 적절한 기여 구조를 통해 보여진다.

의 경우보다 더 크다. 다시 말하면 메타 위치에서의 반응에서의 활성화 에너지가 파라 위치에서의 경우보다 더 작다.

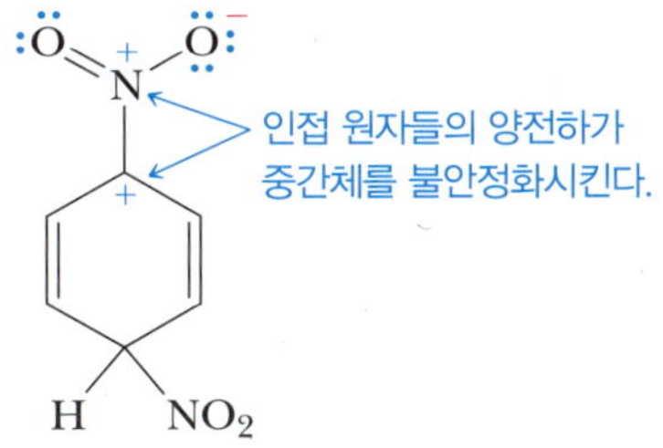
인접 원자들의 양전하가 중간체를 불안정화시킨다.
H
NO_2

(e)

표 9.1의 치환기들을 비교해 보면, 대부분의 오쏘-파라 지향성기는 방향족 고리에 결합된 원자들이 비공유 전자쌍을 가지고 있는 것을 볼 수 있다. 따라서 이들 치환기의 대부분의 지향성 효과는 일차적으로 고리에 결합된 원자들이 양이온 중간체의 양전하를 비편재화시키는 능력에 기인한다.

알킬기도 오쏘-파라 지향성인 사실은 그들 역시 양이온 중간체를 안정화시키는 역할을 한다는 것을 의미한다. 5.3A절에서 알킬기가 탄소 양이온 중간체를 안정화시키는 것을 보았으며, 탄소 양이온의 안정화 순서는 3차 > 2차 > 1차 메틸이다. 알킬기는 알켄의 반응에서 생성된 양이온 중간체를 안정화시키듯이 친전자성 방향족 치환 반응에서 생성되는 탄소 양이온을 안정화시킨다.

요약하면, 방향족 고리에 있는 치환기가 양이온 중간체를 안정화시키면 오쏘-파라 지향성이고, 반대로 양이온을 불안정하게 하면 메타 지향성이 된다.

예제 9.8

Chlorobenzene의 파라 나이트로화로 생성되는 기여 구조를 그리고, 염소가 어떻게 nitronium 이온을 오쏘-파라 위치에 오도록 하는지 보이시오.

전략

친전자체의 공격으로부터 처음에 생성되는 중간체를 그린 다음, 인접한 파이 결합에서 양전하로 전자를 이동시켜 생기는 기여 구조를 그려라. 모든 공명의 가능성이 없어질 때까지 모든 기여 구조에 대해 반복하라. 주의: 벤젠 고리 바깥쪽의 공명 가능성에 대해 잘 살펴보아야 한다.

풀이

기여 구조 (a), (b), (d)는 고리의 원자가 양전하를 띤다. 반면에 기여 구조 (c)에서는 염소 원자가 양전하를 띠며, 양이온 중간체들에 대해 부가적인 공명 안정화를 일으킨다.

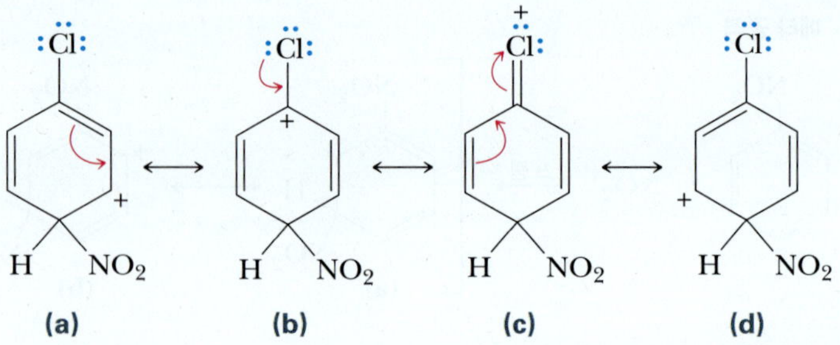

:Cl: H NO_2 (a) ⟷ (b) ⟷ (c) ⟷ (d)

문제 9.29 참조

문제 9.8

산소의 전기 음성도가 탄소보다 크기 때문에, 카보닐기의 탄소는 부분 양전하를 띠며, 산소는 부분적인 음전하를 가진다. 이러한 정보를 이용하여 카보닐기가 메타 지향성임을 보이시오.

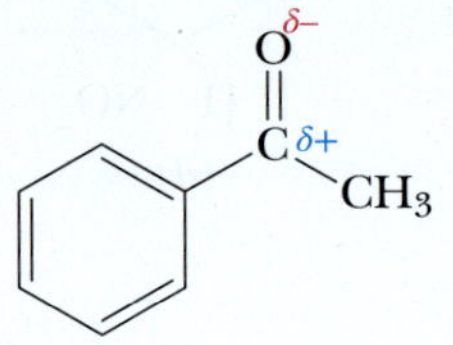

O $\delta-$ C $\delta+$ CH_3

C. 활성화–비활성화 효과 이론

공명 효과 및 유도 효과의 조합으로 치환기들의 활성화–비활성화 효과에 대해 설명하고자 한다.

1. $-NH_2$, $-OH$, $-OR$ 경우에서와 같이, 양이온 중간체의 양전하를 비편재화시키는 공명 효과는 그들의 생성에 대한 활성화 에너지를 낮추며, 후속 친전자성 방향족 치환 반응에 대해 고리를 활성화시킨다. 즉 이들 치환기는 벤젠 자체가 반응하는 경우보다 친전자성 방향족 치환 속도를 증가시킨다.
2. $-NO_2$, $-\overset{\overset{\displaystyle O}{\|}}{C}-$, $-SO_3H$, $-NR_3^+$, $-CCl_3$, $-CF_3$ 경우와 같이 고리의 전자 밀도를 감소시키는 공명 및 유도 효과는 후속 반응에 대해 고리를 비활성화시킨다. 즉 이들 치환기는 벤젠 자체가 반응하는 경우보다 친전자성 방향족 치환 속도를 감소시킨다.
3. $-CH_3$ 또는 다른 알킬기와 같이, 고리의 전자 밀도를 증가시키는 유도 효과는 후속 반응에 대해 고리를 활성화시킨다.

할로젠의 경우에는 공명 효과와 유도 효과가 서로 반대로 작용한다. 표 9.1에서 보듯이 할로젠은 오쏘–파라 지향성이지만 표에 나타난 다른 오쏘–파라 지향성기와는 다르게 약한 비활성화기이다. 이것은 다음과 같이 설명될 수 있다.

1. **할로젠의 유도 효과.** 할로젠은 탄소보다 전기 음성도가 크므로 전자 끌기 유도 효과를 가진다. 그러므로 할로젠화 아릴은 벤젠보다 친전자성 방향족 치환에서 느리게 반응한다.
2. **할로젠의 공명 효과.** 할로젠의 오쏘 또는 파라 위치에 대한 친전자체의 공격은 양전하를 비편재화시켜 양이온 중간체를 안정화시킨다.

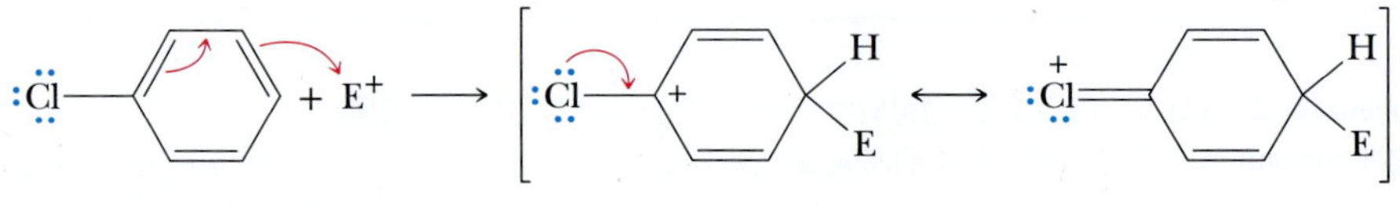

:Cl— + E^+ ⟶ [:Cl— + H E ⟷ $\overset{+}{Cl}$= H E]

예제 9.9

각 친전자성 방향족 치환 반응의 생성물을 예측하시오.

(a) OH, NO_2 + Br_2 $\xrightarrow{FeCl_3}$

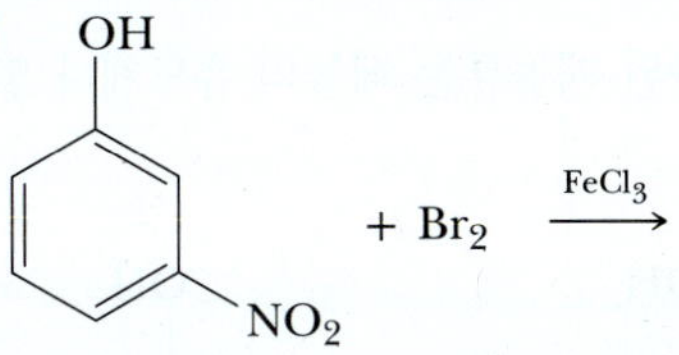

(b) COOH, CH_3 + HNO_3 $\xrightarrow{H_2SO_4}$

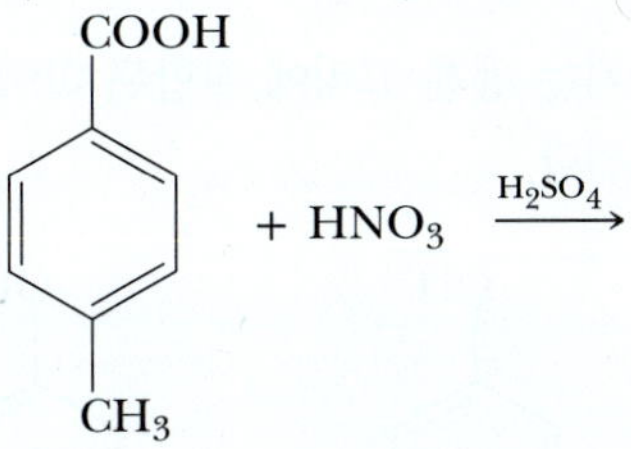

전략

각 치환기의 활성화 및 비활성화 효과를 결정하라. 이치환된 arene에 대한 후속 치환 반응의 지향성을 예측하는 열쇠는 오쏘-파라 지향성기는 메타 지향성기보다 후속 치환에 대해 항상 고리를 활성화시킨다는 것이다(표 9.1). 즉 오쏘-파라 지향성기와 메타 지향성기 간에 경쟁이 생기면 오쏘-파라 지향성기가 이기게 된다.

풀이

(a) 오쏘-파라 지향성기이면서 활성화기인 —OH기가 브로민화 반응의 위치를 결정한다. —OH기와 —NO_2기 사이에서의 브로민화 반응은 거의 일어나지 않는다. 이것은 이 위치에 대한 브로민의 공격이 입체 장애를 받기 때문이다.

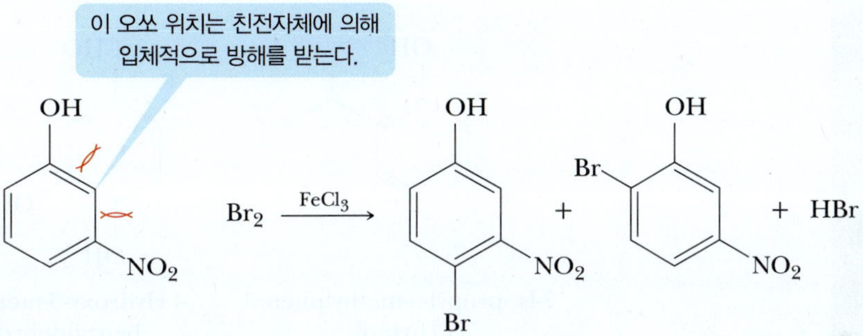

이 오쏘 위치는 친전자체에 의해 입체적으로 방해를 받는다.

OH, NO_2 + Br_2 $\xrightarrow{FeCl_3}$ (OH, NO_2, Br) + (OH, Br, NO_2) + HBr

(b) 오쏘-파라 지향성기이면서 활성화기인 methyl기가 나이트로화의 위치를 결정한다.

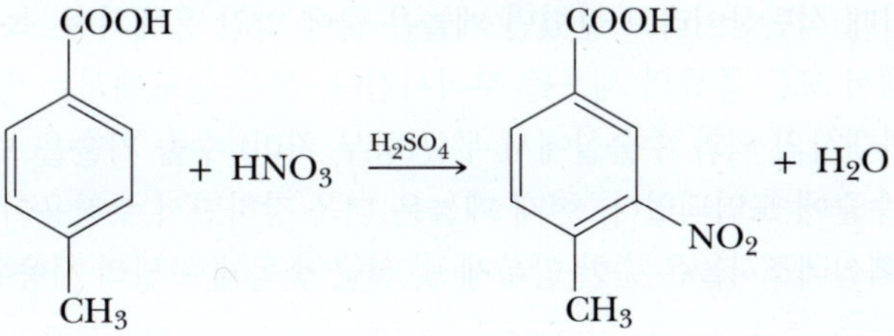

COOH, CH_3 + HNO_3 $\xrightarrow{H_2SO_4}$ (COOH, NO_2, CH_3) + H_2O

문제 9.24~9.26, 9.31, 9.32, 9.42~9.44, 9.46, 9.47 참조

문제 9.9

다음 각 화합물을 HNO_3/H_2SO_4로 처리할 때 생성물을 예측하시오.

(a) CH_3, Cl

(b) COOH, NO_2

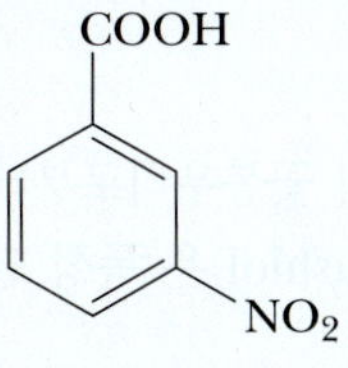

(c) CH_3O, CH_2CH_3

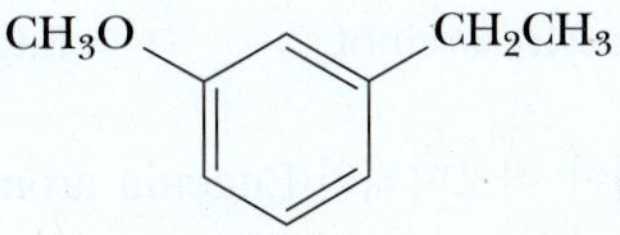

9.8 페놀이란 무엇인가?

A. 구조와 명명법

페놀 벤젠 고리에 —OH기가 결합된 화합물

페놀의 작용기는 벤젠 고리에 결합된 하이드록실기이다. 치환된 페놀류는 페놀의 유도체나 일반명으로 명명된다.

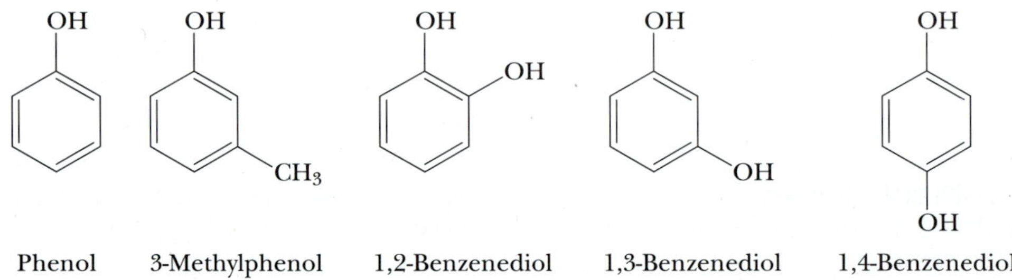

페놀류는 자연에 널리 퍼져 있다. 페놀 자체와 크레솔 이성질체(*o*-, *m*-, *p*-크레솔)는 콜타르에서 발견된다. 티몰과 바닐린은 각각 백리향(타임)과 바닐라 열매의 중요한 성분이다.

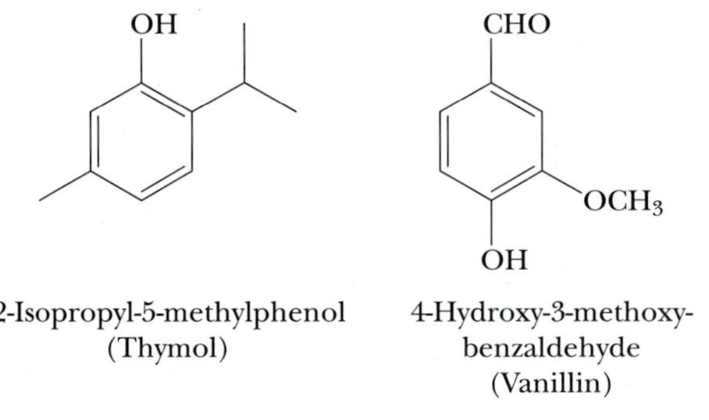

Eriko Koga/Digital Vision/Getty Images, Inc

Thymol은 백리향(Thymus vulgaris)의 한 성분이다.

한때 석탄산이라고 불렸던 페놀은 물에 약간 용해되며, 녹는점이 낮은 고체이다. 아주 진한 농도에서 모든 종류의 세포를 부식시킨다. 묽은 농도에서는 방부성을 보이며, 1865년에 Glasgow 의과대학의 외과 수술실에서 무균(방부 처리) 수술 기술을 보여 주었던 Joseph Lister에 의해 외과 수술에 도입되었다. 현재 페놀은 더욱 강하면서 부작용이 다소 작은 방부제로 대체되었다. 그 중 헥실레조시놀은 순한 방부제 및 살균 소독제로 널리 사용된다.

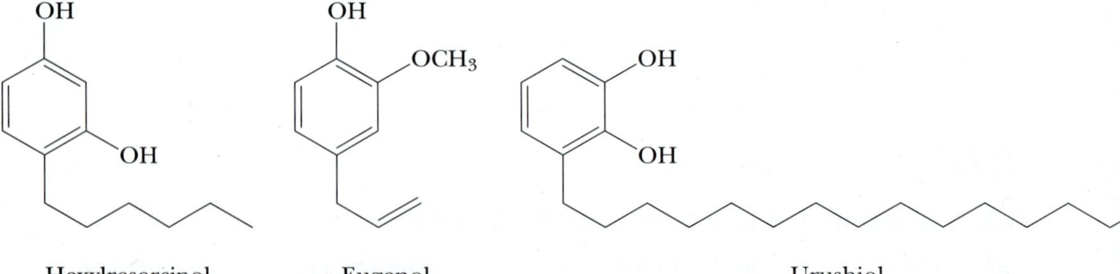

Charles D. Winters

독성 담쟁이

유제니아 아로마티카(Eugenia aromatica)란 나무의 꽃봉우리로부터 분리된 유제놀(eugenol)은 치과용 방부제 및 진통제로 사용된다. 우루시올(Urushiol)은 독성 담쟁이의 자극성 기름의 주요 성분이다.

B. 페놀의 산도

페놀과 알코올은 모두 —OH기를 포함한다. 하지만 페놀은 화학적 성질이 알코올과는 전혀 다르기 때문에 다른 부류의 화합물로 분류된다. 가장 중요한 차이점은 페놀이 알코올보다 상당히 강한 산이라는 점이다. 페놀의 산 이온화 상수는 에탄올의 값보다 백만(10^6) 배가 크다.

$$\text{C}_6\text{H}_5\ddot{\text{O}}\text{H} + \text{H}_2\text{O} \rightleftharpoons \text{C}_6\text{H}_5\ddot{\text{O}}\text{:}^- + \text{H}_3\text{O}^+ \qquad K_a = 1.1 \times 10^{-10} \quad pK_a = 9.95$$

Phenol　　Phenoxide ion

$$\text{CH}_3\text{CH}_2\ddot{\text{O}}\text{H} + \text{H}_2\text{O} \rightleftharpoons \text{CH}_3\text{CH}_2\ddot{\text{O}}\text{:}^- + \text{H}_3\text{O}^+ \qquad K_a = 1.3 \times 10^{-16} \quad pK_a = 15.9$$

Ethanol　　Ethoxide ion

에탄올과 페놀의 상대적 산의 세기를 비교하는 다른 방법은 각각 0.1 M 수용액의 수소 이온 농도와 pH 값을 검토하는 것이다(표 9.2). 비교 목적으로 0.1 M HCl의 수소 이온 농도와 pH 값도 함께 실었다.

표 9.2 에탄올, 페놀, HCl 0.1 M 용액의 상대적 산도

산 이온화식	$[H^+]$	pH
$CH_3CH_2OH + H_2O \rightleftharpoons CH_3CH_2O^- + H_3O^+$	1×10^{-7}	7.1
$C_6H_5OH + H_2O \rightleftharpoons C_6H_5O^- + H_3O^+$	3.3×10^{-6}	5.4
$HCl + H_2O \rightleftharpoons Cl^- + H_3O^+$	0.1	1.0

수용액에서 알코올은 중성 물질이기에 0.1 M 에탄올 수소 이온 농도는 순수한 물과 같다. 페놀 0.1 M 용액은 pH 5.4 값을 갖는 약한 산성인 데 비해, 0.1 M HCl은 pH가 1.0인 강산(용액에서 완전히 이온화된다)이다.

페녹시화 이온과 알콕시화 이온의 공명 안정화를 비교해 보면 알코올보다 페놀의 산도가 크다는 사실을 이해할 수 있다. 페녹시화 이온에서 음전하는 공명에 의해 비편재화되어 있다. 페녹시화 이온에 대해 왼쪽 두 개의 기여 구조는 산소에 음전하가 위치하지만, 오른쪽 세 개의 기여 구조에서는 음전하가 고리의 오쏘 및 파라 위치에 놓여 있다. 따라서 공명 혼성화에서 페녹시화 이온의 음전하는 네 개의 원자에 비편재화되어 있고, 이것이 비편재화가 불가능한 알콕시화 이온에 비해 페녹시화 이온을 안정화시키는 이유이다.

두 Kekulé의 구조는 동일하다.　　이 세 가지 기여 구조에서는 고리의 탄소 원자에 음전하가 비편재화된다.

공명 모형은 페놀이 에탄올보다 더 강산인가를 이해하는 데 사용되지만 얼마만큼 강산인가 예측할 만한 양적인 값이 주어지지 않음에 주의하라. 얼마나 강산인지 약산인지를 알 수 있는 방법은 오로지 실험적으로 pK_a 값을 결정하는 것이다.

고리 치환기, 특히 할로젠과 나이트로기는 유도 효과와 공명 효과를 통해 페놀의 산도에 현저한 영향을 준다. 할로젠은 탄소보다 전기 음성도가 크기 때문에 짝염기에서 음전하를 띤 산소로부터 전자를 끌어당김으로써 페녹시화 이온을 안정화시킨다. 나이트로기도 할로젠보다 더 강한 전자 흡인성을 가지고 있으며, 더욱 강하게 페녹시화 이온이 안정화시키면서 클로로페놀보다 나이트로페놀의 산의 세기를 더욱 강하게 만든다.

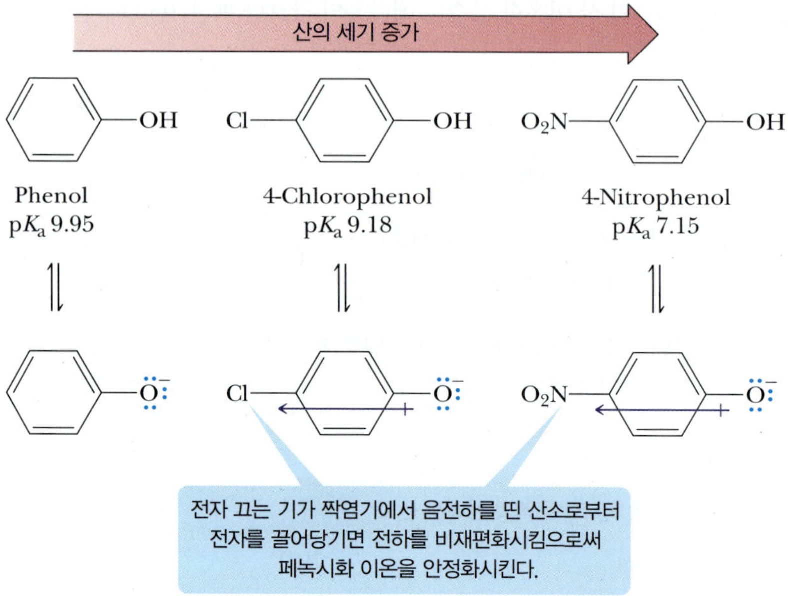

산의 세기 증가

Phenol pK_a 9.95 ⇌ phenoxide ion

4-Chlorophenol pK_a 9.18 ⇌ 4-chlorophenoxide ion

4-Nitrophenol pK_a 7.15 ⇌ 4-nitrophenoxide ion

전자 끄는 기가 짝염기에서 음전하를 띤 산소로부터 전자를 끌어당기면 전하를 비재편화시킴으로써 페녹시화 이온을 안정화시킨다.

예제 9.10

2,4-Dinitrophenol, phenol, benzyl alcohol을 산도가 증가하는 순서로 나열하시오.

전략

각각의 짝염기를 그리고, 공명 및 유도 효과의 이론을 이용하여 어느 짝염기가 안정한지 결정하라. 짝염기가 안정할수록 그것으로부터 얻어지는 산의 세기가 강해진다.

풀이

일차 알코올인 benzyl alcohol은 pK_a가 약 16~18이다(8.2A절). Phenol의 pK_a 값은 9.95이다. Nitro기는 전자를 끌어당겨서 페놀 —OH기의 산도를 증가시킨다. 산도가 증가하는 순서는 다음과 같다.

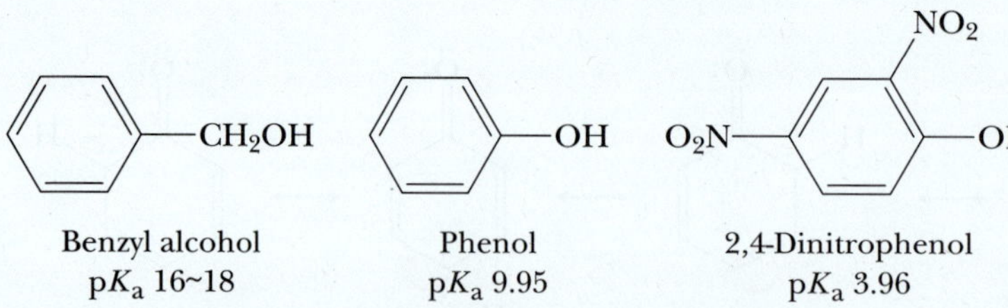

Benzyl alcohol ($C_6H_5CH_2OH$) pK_a 16~18 < Phenol pK_a 9.95 < 2,4-Dinitrophenol pK_a 3.96

문제 9.36~9.38 참조

문제 9.10

2,4-Dichlorophenol, phenol, cyclohexanol을 산도가 증가하는 순서로 나열하시오.

C. 페놀의 산-염기 반응

페놀은 약산이며, NaOH와 같은 강염기와 반응하여 수용성 염을 형성한다.

$$C_6H_5-OH + NaOH \longrightarrow C_6H_5-O^-Na^+ + H_2O$$

Phenol pK_a 9.95 (강한 산) / Sodium hydroxide (강한 염기) / Sodium phenoxide (약한 염기) / 물 pK_a 15.7 (약한 산)

대부분의 페놀은 탄산수소 소듐($NaHCO_3$)과 같은 약염기와는 반응하지 않으며, 탄산수소 소듐 수용액에서 녹지 않는다. 탄산은 대부분의 페놀보다 강한 산이므로 결과적으로, 탄산수소 이온과의 반응에서 평형은 왼쪽으로 치우친다(2.4절).

$$C_6H_5-OH + NaHCO_3 \rightleftharpoons C_6H_5-O^-Na^+ + H_2CO_3$$

Phenol pK_a 9.95 (약한 산) / Sodium bicarbonate (약한 염기) / Sodium phenoxide (강한 염기) / Carbonic acid pK_a 6.36 (강한 산)

페놀은 약한 산성이기는 하나, 알코올은 중성이므로 비수용성 알코올로부터 페놀을 분리시킬 가장 쉬운 방법을 제시한다. 사이클로헥산올로부터 4-메틸페놀을 분리시켜 보자. 각각은 약간만 용해되기 때문에 용해도를 근거로는 분리시킬 수 없지만, 산도의 차이로 분리시킬 수 있다. 처음에 두 가지 혼합물을 다이에틸 에테르나 물과 섞이지 않는 용매에 녹인다. 다음으로 에터 용액을 분별 깔때기에 넣고 묽은 NaOH 수용액과 함께 흔들어 섞는다. 이 조건하에 4-메틸페놀은 NaOH와 반응하여 수용성 염인 4-메틸페녹시화 소듐으로 변화된다. 분별 깔때기의 위층은 사이클로헥산올만이 녹아 있는 다이에틸 에터(밀도 0.74 g/cm^3)이다. 아래의 수용액 층은 4-메틸페녹시화

화학 관련 9B

매운 것을 좋아하는 사람을 위한 캡사이신

여러 종류의 후추(Capsicum 및 Solanaceae) 열매로부터 자극성의 근원으로 알려진 캡사이신은 1876년에 분리되었고, 구조식은 1919년에 결정되었다.

Capsaicin(후추의 여러 형태로부터)

캡사이신의 자극적인 성질은 잘 알려져 있다. 인간의 혀는 5 L의 물에 한 방울의 캡사이신을 떨어뜨린 경우에도 감지할 수 있다. 우리들의 대부분은 매운 칠리 후추를 먹고 입안에 타는 느낌과 눈에서 갑자기 눈물이 나는 경험을 했을 것이다. 이들 타는 듯한 음식으로부터의 추출물을 함유한 캡사이신은 달리거나 자전거를 탈 때 당신을 알아보는 개나 다른 동물을 방어하기 위한 분무제로도 사용된다.

아이러니하게도 캡사이신은 고통을 야기시키지만, 고통을 없애 줄 수도 있다. 요즈음, Mioton과 Zostrix®를 함유하는 캡사이신은 대상포진의 원인, 후포진성 신경통에 따른 화상에 의한 통증을 치료하는 데 처방되고 있다. 또한 만성적인 발이나 다리의 통증을 없애 주기 위한 당뇨병 치료제로도 처방되고 있다.

캡사이신이 고통을 없애 주는 메커니즘은 완전히 알려져 있지 않다. 그것을 복용하면 통증의 전달을 책임지는 영역의 신경 섬유 끝을 일시적으로 마비시키기 때문으로 주장되고 있다. 캡사이신은 이들 통증 전달 뉴런의 특별한 수용점에 결합된 채로 남아 있어서 그들이 또 다른 작용을 하는 것을 막고 있다. 결국, 캡사이신은 수용체로부터 제거되지만, 동시에 그것의 존재는 통증으로부터 필요 시에 해방을 주기도 한다.

문제

Capsaicin이 물과 1-octanol 중 어느 것에 더 잘 용해된다고 예측하는가?
Capsaicin이 먼저 같은 몰당량의 NaOH로 처리되는 경우에도 같은 예측을 하는가?

소듐이 녹아 있다. 두 층을 분리시키고 에터층의 분별 증류로 에터(끓는점 35℃)와 사이클로헥산올(끓는점 161℃)을 분리시킬 수 있다. 0.1 M HCl이나 다른 강산으로 수용액상의 산성화는 4-메틸페녹시화 소듐을 물에 녹지 않으며 순수한 형태로 분리, 회수할 수 있는 4-메틸페놀로 변화시킨다. 이 실험 단계를 다음의 계통도로 요약하였다.

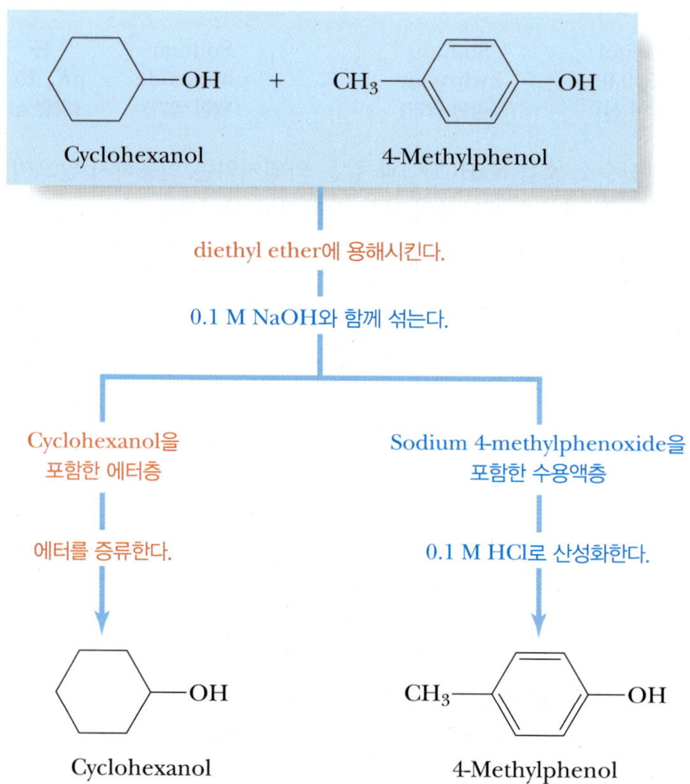

D. 항산화제로서의 페놀

(a)에서 보여 주는 Lewis 구조식을 가진 산소 분자일지라도 산소는 (b)에서 보여 주는 것처럼 쌍라디칼로 존재하거나 행동하는 것으로 알려져 있다.

생명계, 음식들 및 탄소–탄소 이중 결합을 갖고 있는 다른 물질들에서 중요한 반응은 **자가 산화**(autoxidation)이다. 즉 산소를 필요로 할 뿐 다른 반응물은 필요로 하지 않는다. 만약 오랫동안 방치해 둔 요리용 기름병을 열면 병으로 들어가는 공기의 '쉿' 소리를 들을 수 있을 것이다. 이 소리는 기름의 자가 산화에 의한 산소의 소비로 인해 병 내부에 압력이 낮아지기 때문이다.

요리용 기름은 불포화 지방산 에스터류를 함유하고 있다. 에스터가 무엇인지는 지금 알려고 하지 않아도 된다. 14장에서 언급할 것이다. 여기서 중요한 점은 식물성 기름이 긴 탄화수소 사슬을 가진 지방산을 함유하고 있다는 점이다(이들 지방산의 세 가지 구조식에 대한 문제 4.44 참조). 자가 산화는 이중 결합에 인접한 탄소에서 일어난다. 즉 **알릴성 탄소**(allylic carbon)이다.

자가 산화는 R—H기를 **과산화수소물**(hydroperoxide)이라 불리는 R—O—O—H기로 변화시키는 라디칼 연쇄 과정이다. 이 과정은 열이나 빛의 형태의 에너지가 약한 결합을 가진 분자에 작용하여 두 개의 홀전자를 가진 원자나 분자인 **라디칼**(radical)을 만든다. 이 단계가 **연쇄 개시**(chain initiation)이다. 실험실에서는 ROOR과 같은 과산화물의 작은 양이 개시제로 사용되는데, 그들이 빛이나 열에 의해 쉽게 RO· 라디칼로 변하기 때문이다. 과학자들은 어떤 화합물들이 자연에서 개시제로 작용하는지에 대해서는 규명하지 못하고 있다. 일단 라디칼이 생성되면, 그것은 알릴 탄소로부터 전자를 한 개 가진 수소(H·)를 제거함으로써 분자와 반응한다. H·를 잃어버린 탄소는 원자가 껍질에 전자를 7개만 가지게 되며, 그중 하나는 짝짓지 않고 있다.

메커니즘

자가 산화

1단계: 연쇄 개시 – 비라디칼 화합물로부터 라디칼의 형성

개시제의 빛이나 열에 의한 노출로부터 생성된 라디칼은 C=C 이중 결합에 인접한 수소 원자(H•)를 제거시켜 알릴 라디칼을 만든다.

지방산 탄화수소 사슬 일부

$$\underset{\text{라디칼 개시제}}{RO{-}OR} \xrightarrow[\text{또는 열}]{\text{빛}} \underset{\text{라디칼}}{2\,RO\cdot} \xrightarrow{-CH_2CH{=}CH{-}CH(H)-} \underset{\text{알릴 라디칼}}{-CH_2CH{=}CH{-}\dot{C}H-} + ROH$$

2A단계: 연쇄 성장 – 라디칼의 반응으로 새로운 라디칼의 형성

알릴 라디칼은 그 자체가 쌍라디칼인 산소와 반응하여 하이드로퍼옥시(hydroperoxy) 라디칼을 형성한다. 하이드로퍼옥시 라디칼의 새로운 공유 결합이 알릴 라디칼과 산소 쌍라디칼로부터 각각 한 개씩의 전자의 결합으로 형성된다.

$$-CH_2CH{=}CH{-}\dot{C}H- + \underset{\text{산소는 쌍라디칼이다.}}{\cdot O{-}O\cdot} \longrightarrow \underset{\text{hydroperoxy 라디칼}}{-CH_2CH{=}CH{-}CH(O{-}O\cdot)-}$$

2B단계: 연쇄 성장 – 라디칼의 반응으로 새로운 라디칼의 형성

하이드로퍼옥시 라디칼은 새로운 지방산 탄화수소 사슬로부터 알릴 수소 원자(H•)를 빼앗아 과산화수소물의 형성을 완성시키면서, 동시에 새로운 알릴 라디칼을 생성시킨다.

$$-CH_2CH{=}CH{-}CH(O{-}O\cdot)- + \underset{\text{새로운 지방산 탄화수소 사슬 일부}}{-CH_2CH{=}CH{-}CH(H)-} \longrightarrow$$

$$\underset{\text{과산화수소물}}{-CH_2CH{=}CH{-}CH(O{-}O{-}H){-}CH_2-} + \underset{\text{새로운 알릴 라디칼}}{-CH_2CH{=}CH{-}\dot{C}H-}$$

© Jesus Conde/iStockphoto

연쇄 성장 단계에서 가장 중요한 점은 그들이 연속적으로 반응을 한다는 것이다. 2b단계에서 형성된 새로운 라디칼은 2a단계에서처럼 다른 산소 분자와 반응하여 새로운 하이드로퍼옥시 라디칼을 생성한다. 그리고 이것은 다시 새로운 탄화수소 사슬과 2b단계에서처럼 반응한다. 이 성장 단계의 순환은 연쇄 반응에서 계속해서 되풀이된다. 따라서 1단계에서 라디칼이 생성되면 무수히 많은 과산화수소물 분자를 생성시키면서 성장 단계의 순환이 끝없이 되풀이된다. 연쇄 성장 단계의 반복되는 순환의 숫자는 **사슬 길이**(chain length)라고 불린다.

과산화수소물 자체는 불안정하며, 생물학적인 조건에서는 짧은 사슬의 알데하이드나 불쾌한 냄새가 나는 카복실산으로 분해된다. 이 냄새는 불포화 지방이나 기름을 함유한 오래된 요리용 기름이나 식품에서 맡을 수 있는 것들이다. 동맥의 벽에 부착된 저밀도 지방 단백질에서 같은 형태의 과산화수소물의 생성이 사람들에게서 심장 혈관 질환을 일으킨다. 또한 노화를 일으키는 여러 효과들이 과산화수소물의 생성과 계속적인 분해의 결과로 생각되고 있다.

Charles D. Winters

익힌 음식의 부패를 지연시키는 항산화제로 자주 사용되는 뷰틸화된 hydroxytoluene(BHT)

다행스럽게도 자연은 분해적인 과산화수소물의 생성에 대항할 수 있는 방어물을 개발하였는데, 페놀 바이타민 E, 아스코브산(바이타민 C) 및 글루타싸이온 등이 그 예이다. 과산화수소물에 대해 방어하는 화합물을 '자연적인 포착체(nature scavenger)'라 한다. 예를 들면 바이타민 E는 2a단계나 2b단계에 스스로 들어가서 —OH기로부터 얻은 H · 를 알릴 라디칼에 주고, 그 자신은 고유의 탄화수소 사슬을 가진 라디칼로 변화한다. 바이타민 E 라디칼은 안정하기 때문에 연쇄 성장 단계의 순환을 파괴함으로써 파괴되는 과산화수소물의 생성을 막게 된다. 얼마간의 과산화수소물이 생성될지는 모르지만 그 양은 매우 작고, 또한 몇 가지 효소 촉매 반응에 의해 무해한 물질로 쉽게 분해된다.

불행하게도 바이타민 E는 많은 식품의 조리 과정에서 제거된다. 이와 같은 손실을 보전하기 위해 BHT나 BHA와 같은 페놀류가 자연 산화에 의한 '부패 지연제(retard spoilage)' 식품에 첨가된다.

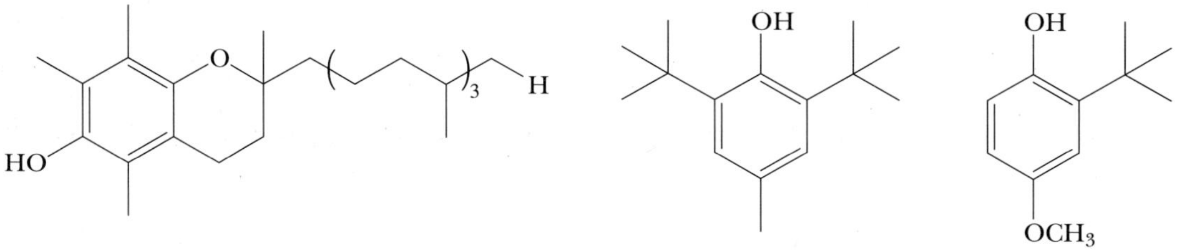

HO ... O ... ( )$_3$ H

Vitamin E

OH

*B*utylated *h*ydroxy-*t*oluene (BHT)

OH ... OCH_3

*B*utylated *h*ydroxy-*a*nisole (BHA)

비슷한 화합물들이 자연 산화에 대해 자신을 보호하기 위해 플라스틱이나 고무와 같은 다른 물질에도 첨가된다. 페놀의 보호적인 성질은 녹차, 포도주 및 블루베리(각각은 많은 양의 페놀 화합물을 함유)와 같은 건강에 이로운 식품들이 왜 의학계에서 영양사나 다른 이들에 의해서 찬미되고 있는지를 설명하고 있다.

중요한 질문에 대한 요약

9.1 벤젠의 구조는 무엇인가?

- **벤젠**은 C_6H_6의 분자식을 가진 불포화도가 매우 큰 분자이다. 각 탄소는 한 개의 전자를 가진 비혼성화된 $2p$ 오비탈을 가진다. 이들 6개의 $2p$ 오비탈은 고리 평면에 수직으로 놓여 있으며 6개의 탄소 원자 모두를 둘러싸면서 연결된 파이 구름을 형성하면서 중첩된다.
- 벤젠과 그 알킬 유도체들은 **방향족 화합물** 또는 **아렌**으로 정의된다.

9.2 방향족성이란 무엇인가?

- **방향족성에 대한 Hückel의 기준**에 따르면 오원자 고리 및 육원자 고리는 아래 조건을 만족하면 방향족성이다. 즉 (1) 고리의 각 원자가 한 개의 p 오비탈을 갖고, (2) 평면이면서 고리의 모든 p 오비탈이 연속적인 또는 그와 비슷하면서 중첩을 하고, (3) p 오비탈의 중첩에서 6, 10, 14개 및 그에 따른 파이 전자(즉 $4n+2\pi$개의 전자)를 가질 때이다.
- **헤테로 고리 방향족 화합물**은 방향족 고리에 탄소 이외의 한 개 또는 그 이상의 원자를 함유한다.

9.3 벤젠 화합물은 어떻게 명명되며, 그들의 물리적 성질은 어떠한가?

- 방향족 화합물은 IUPAC 체계로 명명된다. 일반명인 **톨루엔**, **자일렌**, **스타이렌**, **페놀**, **아닐린**, **벤즈알데하이드**, **벤조산** 등은 그대로 사용된다.
- C_6H_5—기는 **페닐**, $C_6H_5CH_2$—기는 **벤질**로 명명된다.
- 벤젠 고리에 두 개의 치환기들은 원자들에 숫자를 매김으로써 표시하거나 **오쏘(o)**, **메타(m)**, **파라(p)** 등의 위치 표시를 사용할 수 있다.
- **여러 고리 방향족 탄화수소**는 두 개 또는 그 이상의 접합된 벤젠 고리를 포함한다.

9.4 벤질 자리란 무엇이며, 벤젠의 반응에 어떻게 기여하는가?

- **벤질 자리**는 벤젠 고리에 직접 붙어 있는 알킬 치환기의 탄소이다.
- 벤젠 고리의 벤질 자리는 벤젠 고리의 원자에는 아무런 영향을 미치지 않고 크로뮴산에 의해 산화될 수 있다.

9.5 친전자성 방향족 치환 반응이란 무엇인가?

- 방향족 화합물의 특징적인 반응은 벤젠 고리의 수소들 중의 하나가 친전자체에 의해 치환되는 **친전자성 방향족 치환 반응**이다.
- 여기서 논의되는 다섯 가지의 친전자성 방향족 치환 반응은 **나이트로화**, **할로젠화**, **설폰화**, **Fridel–Crafts 알킬화**, **Fridel–Crafts 아실화 반응**이다.

9.6 친전자성 방향족 치환 반응의 메커니즘이란 무엇인가?

- 친전자성 방향족 치환 반응의 메커니즘은 다음의 세 단계로 나누어질 수 있다. (1) 친전자체의 생성, (2) 방향족 고리에 친전자체의 공격에 의한 공명 안정화된 양이온 중간체의 생성, (3) 방향족 고리의 복원을 위한 염기로의 양성자의 이동
- 여기서 학습된 다섯 가지의 친전자성 방향족 치환 반응들은 친전자체의 생성 메커니즘(1단계)과 방향족 고리의 복원을 위한 양성자의 이동에 영향을 주는 염기가 다르다(3단계).

9.7 벤젠에 존재하는 치환기들은 친전자성 방향족 치환 반응에 어떻게 영향을 미치는가?

- 방향족 고리의 치환기들은 후속 치환 반응의 지향성과 속도에 영향을 준다.
- 치환된 기가 도입되는 기를 우선적으로 오쏘와 파라 위치에 지향시키는 것을 **오쏘–파라 지향기**라고 하고, 메타 위치에 우선적으로 지향시키는 것을 **메타 지향기**라고 한다.
- 벤젠보다 후속 치환 반응 속도가 빠른 작용기를 **활성화기**라고 하고, 벤젠보다 후속 치환 반응 속도가 느린 작용기를 **비활성화기**라고 한다.
- 지향성 효과에 대한 메커니즘적인 원리는 방향족 고리와 친전자체들 간의 반응으로 생성 가능한 양이온 중간체의 안정성의 정도에 의존한다는 것이다.
- 양이온 중간체를 안정화시키는 치환기는 오쏘–파라 지향성이고, 불안정화시키는 치환기는 메타 지향성이다.

9.8 페놀이란 무엇인가?

- **페놀**의 작용기는 벤젠 고리에 결합된 하이드록실기(—OH)이다.
- 페놀과 그 유도체들은 pK_a가 약 10.0인 약산이지만, 알코올(pK_a 16~18)보다는 강한 산이다.
- 많은 페놀이 R—H기를 R—O—O—H기로 변화시키는 라디칼 연쇄 반응이며 식품의 부패를 야기시키는 자가 산화를 방지하는 데 사용되고 있다.

OX퀴즈

이 장에서 배운 개념들을 이해하였는지 알아보기 위해 아래 질문이 맞는지 틀린지 답하시오. 답이 틀렸거나 어렵다면, 장 끝의 문제를 풀기 전에 괄호 속에 표시한 해당 절을 복습하시오.

1. 친전자성 방향족 치환 반응의 메커니즘은 친전자체의 생성, 벤젠 고리에 대한 친전자체의 공격 및 벤젠 고리의 재생성을 위한 양성자 이동의 세 단계로 되어 있다. (9.6)
2. 벤젠에서 C=C 이중 결합은 알켄에서의 이중 결합이 하는 첨가 반응과 같은 반응을 하지 않는다. (9.1)
3. Friedel–Crafts 아실화 반응은 재배열을 하지 않는다. (9.5)
4. 방향족 화합물은 평면이고, 고리의 모든 원자가 $2p$ 오비탈을 가지고 있으며, 4, 8, 12, 16 등의 파이 전자를 가진다. (9.2)
5. 이치환된 벤젠류를 명명할 때, 파라, 메타, 오쏘는 치환기가 각각 1,2, 1,3, 1,4에 있는 경우를 말한다. (9.3)
6. 벤젠의 염소화 반응이나 브로민화 반응에서 친전자체는 클로로늄 및 브로모늄 이온이 포함된 이온쌍이다. (9.6)
7. 벤젠 고리에서 암모늄기($—NH_3^+$)는 친전자체의 메타 위치에 공격을 지시한다. (9.7)
8. 크로뮴산(H_2CrO_4)과 치환된 벤젠의 반응은 항상 벤질 자리의 알킬기를 산화시켜 새로운 카복실기를 만든다. (9.4)
9. 벤젠은 서로 상호간에 신속하게 변환되는 두 개의 공명 혼성체 구조로 되어 있다. (9.1)
10. 벤젠의 나이트로화 반응에서 친전자체는 질산염 이온이다. (9.6)
11. —OH 결합을 가진 벤젠은 '페닐'이라고 불린다. (9.3)
12. 벤젠과 일차 할로알케인과의 Friedel–Crafts 알킬화 반응에서는 벤젠과 할로젠에 결합된 탄소 간에 항상 새로운 결합이 생긴다. (9.5)
13. 공명 에너지란 그 자신의 공명 구조에 의해 제공되는 안정성으로 인하여 고리가 갖는 에너지를 뜻한다. (9.1)
14. 페놀은 NaOH와 정량적으로 반응한다. (9.8)
15. 할로알케인과 $AlCl_3$의 사용은 알킬벤젠을 합성하는 유일한 방법이다. (9.6)
16. 페놀류은 알코올보다 강한 산이다. (9.8)
17. 다치환된 벤젠 고리의 치환기들은 화합물에 대해 고유의 이름을 주는 치환기로부터의 위치에 따라 숫자가 붙여진다. (9.3)
18. 벤젠 고리가 약한 활성화기와 강한 비활성화기를 가지고 있다면, 강한 비활성화기가 친전자체의 공격 위치를 지시한다. (9.7)
19. 산소(O_2)는 쌍라디칼로 간주된다. (9.8)

20. 아닐린의 오쏘 위치에 대한 친전자체의 공격에 따른 기여 구조는 메타 위치의 공격에 따른 기여 구조보다 더 안정하다. (9.7)
21. 비활성화기는 벤젠보다 벤젠 고리에 대한 반응성이 낮아진다. (9.7)
22. Friedel–Crafts 알킬화 반응은 전자 끄는 기에 의해 촉진된다. (9.5)
23. 자가 산화 반응은 알릴성 탄소에서 일어난다. (9.8)
24. 나이트로벤젠의 메타 위치에 대한 친전자체의 공격에 따른 기여 구조는 오쏘 및 파라 위치의 공격에 따른 기여 구조보다 더 안정하다. (9.7)

정답: (1) ○ (2) ○ (3) ○ (4) × (5) × (6) ○ (7) ○ (8) × (9) × (10) ×
(11) × (12) × (13) × (14) ○ (15) × (16) ○ (17) ○ (18) × (19) ○ (20) ○
(21) ○ (22) × (23) ○ (24) ○

주요 반응

1. 벤질 자리 위치에서의 산화 반응 (9.4절)
최소한 한 개의 수소와 결합된 벤질 자리의 탄소는 카복실기로 전환된다.

$$CH_3-C_6H_4-CH(CH_3)_2 \xrightarrow[H_2SO_4]{K_2Cr_2O_7} HOOC-C_6H_4-COOH$$

2. 염소화 반응 및 브로민화 반응 (9.6A절)
친전자체는 Cl_2 또는 Br_2와 $AlCl_3$ 또는 $FeCl_3$의 반응으로 생성된 할로늄 이온(Cl^+, Br^+)이다.

$$C_6H_6 + Cl_2 \xrightarrow{AlCl_3} C_6H_5-Cl + HCl$$

3. 나이트로화 반응 (9.6B절)
질산과 황산과의 반응에 의해 생성되는 나이트로늄 이온 (NO_2^+)이 친전자체이다.

$$C_6H_5Br + HNO_3 \xrightarrow{H_2SO_4} o\text{-}Br-C_6H_4-NO_2 + p\text{-}Br-C_6H_4-NO_2 + H_2O$$

4. 설폰화 반응 (9.6B절)
친전자체는 HSO_3^+이다.

$$C_6H_6 + H_2SO_4 \longrightarrow C_6H_5-SO_3H + H_2O$$

5. Fridel–Crafts 알킬화 반응 (9.6C절)
할로젠화 알킬을 Lewis 산으로 처리하여 얻어진 알킬 탄소 양이온이 친전자체이다.

$$C_6H_6 + (CH_3)_2CHCl \xrightarrow{AlCl_3} C_6H_5-CH(CH_3)_2 + HCl$$

6. Fridel–Crafts 아실화 반응 (9.6D절)
할로젠화 아실을 Lewis 산으로 처리하여 얻어진 아실 양이온이 친전자체이다.

$$C_6H_6 + CH_3\overset{O}{\overset{\|}{C}}Cl \xrightarrow{AlCl_3} C_6H_5-\overset{O}{\overset{\|}{C}}CH_3 + HCl$$

7. 알켄을 사용한 알킬화 (9.6E절)
황산 또는 인산과 알켄과의 반응으로 생성된 탄소 양이온이 친전자체이다.

$$p\text{-}CH_3-C_6H_4-OH + 2\ CH_3\overset{CH_3}{\overset{|}{C}}{=}CH_2 \xrightarrow{H_3PO_4} 2,6\text{-}((CH_3)_3C)_2\text{-}4\text{-}CH_3-C_6H_2-OH$$

8. 알코올을 사용한 알킬화 (9.6E절)
황산 또는 인산과 알코올과의 반응으로 생성된 탄소 양이온이 친전자체이다.

$$C_6H_6 + (CH_3)_3COH \xrightarrow{H_3PO_4} C_6H_5-C(CH_3)_3 + H_2O$$

9. 페놀의 산도 (9.8B절)
페놀은 약산이다.

$$C_6H_5-OH + H_2O \rightleftharpoons C_6H_5-O^- + H_3O^+$$

Phenol　　　　Phenoxide ion

$$K_a = 1.1 \times 10^{-10}$$
$$pK_a = 9.95$$

할로젠이나 나이트로기와 같은 전자 끄는 기의 치환은 페놀의 산도를 증가시킨다.

10. 강염기와 페놀과의 반응 (9.8C절)
물에 불용성인 페놀류는 강염기와 정량적으로 반응하여 수용성 염을 생성시킨다.

$C_6H_5OH + NaOH \longrightarrow C_6H_5O^-Na^+ + H_2O$

Phenol	Sodium hydroxide	Sodium phenoxide	물
pK_a 9.95			pK_a 15.7
(강한 산)	(강한 염기)	(약한 염기)	(약한 산)

문 제

별표로 표시된 문제는 본문의 '실생활' 문제를 나타낸다. 푸른색으로 된 문제의 답은 부록에 있다.

6.2절 방향족성

9.11 다음 화합물 중 방향족은 어느 것인가? (예제 9.1 참조)

(a)
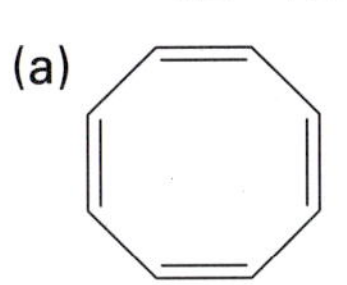

(b)
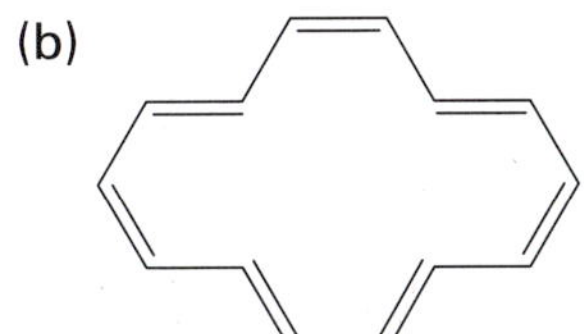

(c)
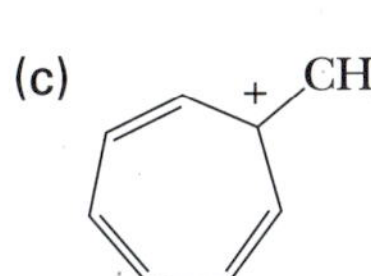

(d)
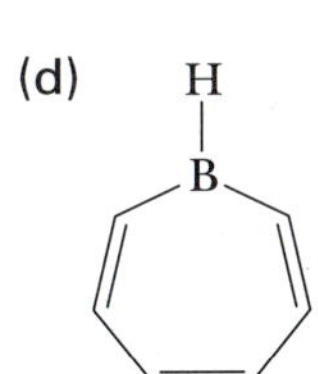

(e)
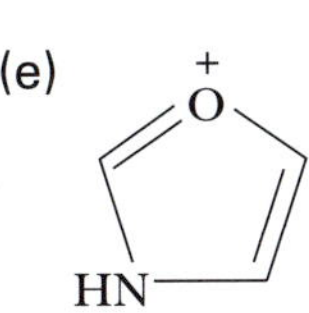

(f)
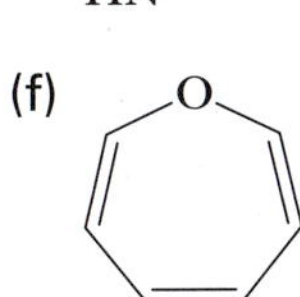

(g)
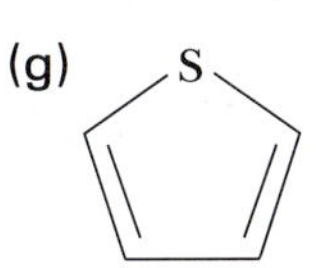

(h)
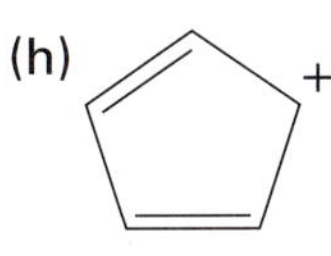

(i)
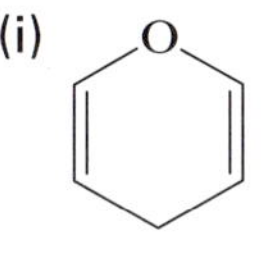

(j)
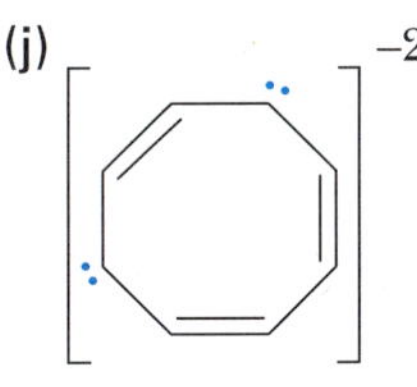

(k)
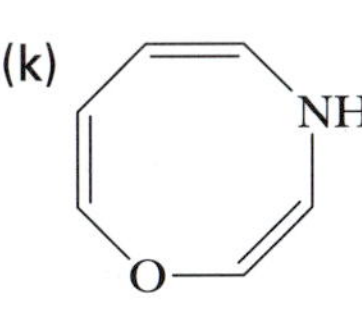

(l)

9.12 Cyclopentadiene(pK_a 16)이 cyclopentane(pK_a>50)에 비해 수십 배 강한 산인 이유를 설명하시오. (힌트: $-CH_2-$기에서 양성자 중 하나가 제거되어 얻어진 음이온의 구조식을 그리고, 방향족성에 대한 Hückel의 기준을 적용시키시오).

(a)

Cyclopentadiene

(b)
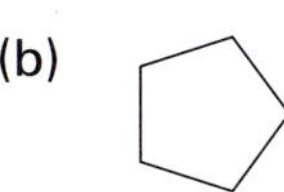
Cyclopentane

9.3절 명명법 및 구조식

9.13 다음 화합물들을 명명하시오. (예제 9.2 참조)

(a)
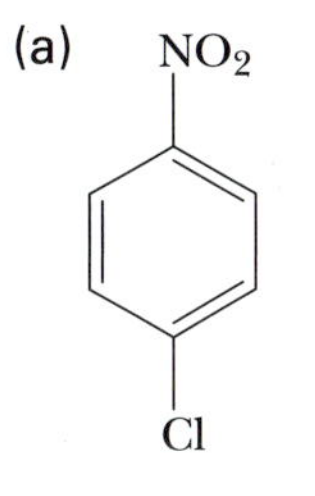

(b)
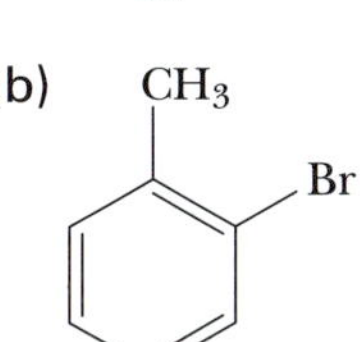

(c)
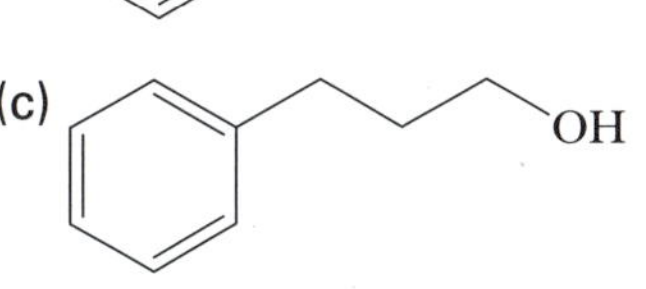

(d)
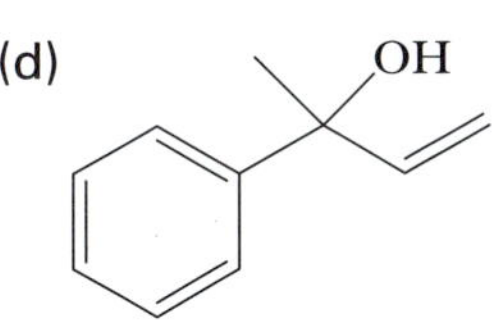

(e)
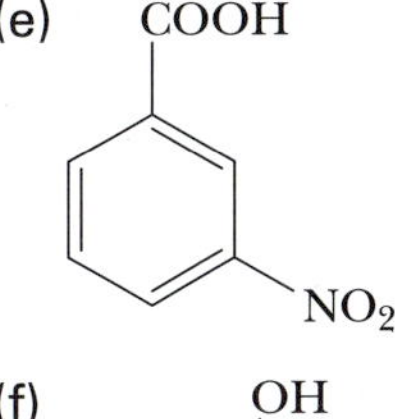

(f)
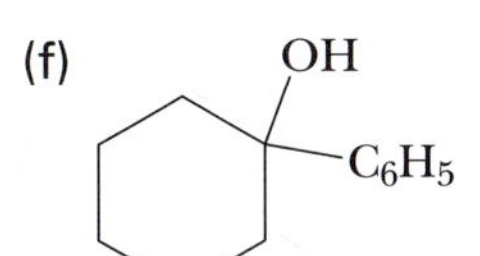

(g)
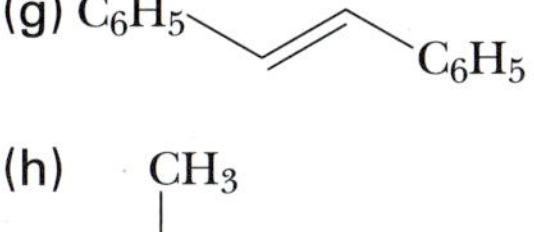

(h)
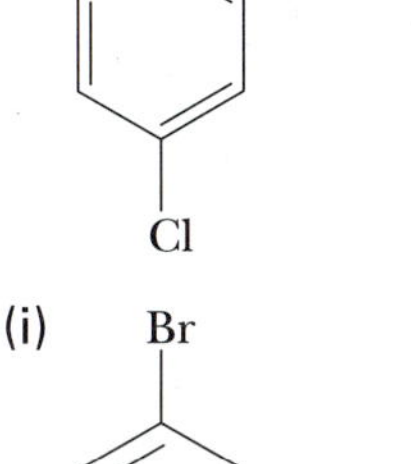

(i)
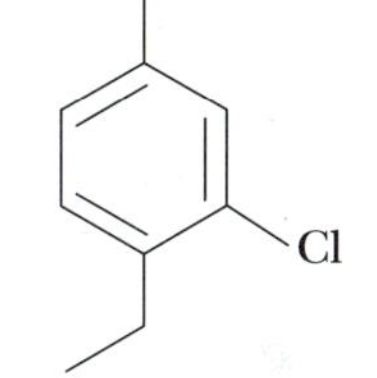

(j)
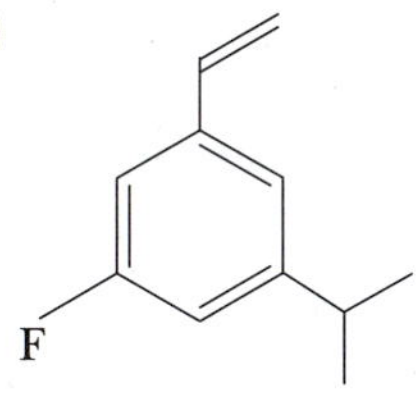

(k)
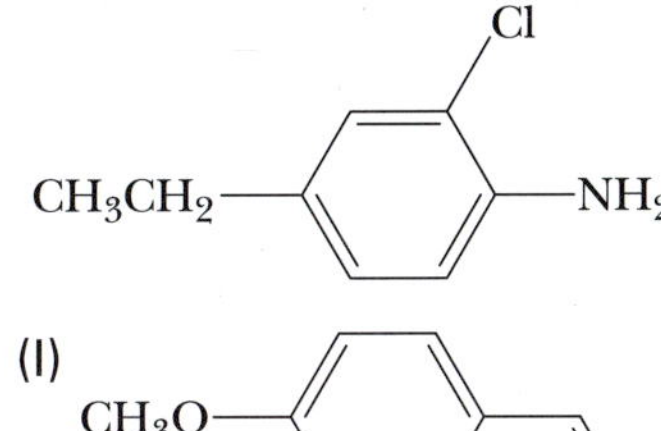

(l)
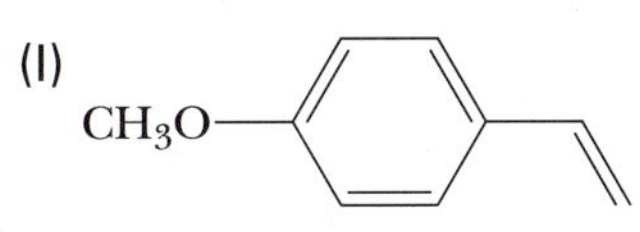

9.14 다음 화합물들의 구조식을 그리시오. (예제 9.2 참조)

(a) 1-Bromo-2-chloro-4-ethylbenzene

(b) 4-Iodo-1,2-dimethylbenzene

(c) 2,4,6-Trinitrotoluene (TNT)

(d) 4-Phenyl-2-pentanol

(e) *p*-Cresol
(f) 2,4-Dichlorophenol
(g) 1-Phenylcyclopropanol
(h) Styrene (phenylethylene)
(i) *m*-Bromophenol
(j) 2,4-Dibromoaniline
(k) Isobutylbenzene
(l) *m*-Xylene
(m) 4-Bromo-1,2-dichlorobenzene
(n) 5-Fluoro-2-methylphenol
(o) 1-Cyclohexyl-3-ethylbenzene
(p) *m*-Phenylaniline
(q) 3-Methyl-2-vinylbenzoic acid
(r) 2,5-Dimethylanisole

9.15 피리딘이 두 개의 동등한 기여 구조의 혼성체로 표시될 수 있는지를 보이시오.

9.16 나프탈렌이 세 개의 기여 구조의 혼성체로서 표시될 수 있는지 나타내고, 어느 한 기여 구조가 다른 기여 구조로 변화하는지를 굽은 화살표를 사용하여 보이시오.

9.17 Anthracence이 가지는 네 개의 기여 구조를 그리시오.

9.5절 친전자성 방향족 치환 반응: 일치환 반응

9.18 다음 조합된 시약으로 벤젠과 반응시켰을 때 생성되는 화합물의 구조식을 그리시오. (예제 9.5, 9.6 참조)

(a) $CH_3CH_2Cl/AlCl_3$
(b) $CH_2{=}CH_2/H_2SO_4$
(c) CH_3CH_2OH/H_2SO_4
(d) CH_3OCH_3/H_2SO_4

9.19 벤젠을 아이소프로필벤젠으로 변환시킬 수 있는 서로 다른 세 가지 시약의 조합을 보이시오.(예제 9.5, 9.6 참조)

9.20 나프탈렌을 $Cl_2/AlCl_3$로 처리하였을 경우 몇 가지의 일염소화 반응의 생성물이 가능한가?

9.21 다음 반응의 단계적인 메커니즘을 쓰시오. 각 단계에서 전자의 이동을 보이기 위해 굽은 화살표를 사용하시오. (예제 9.4 참조)

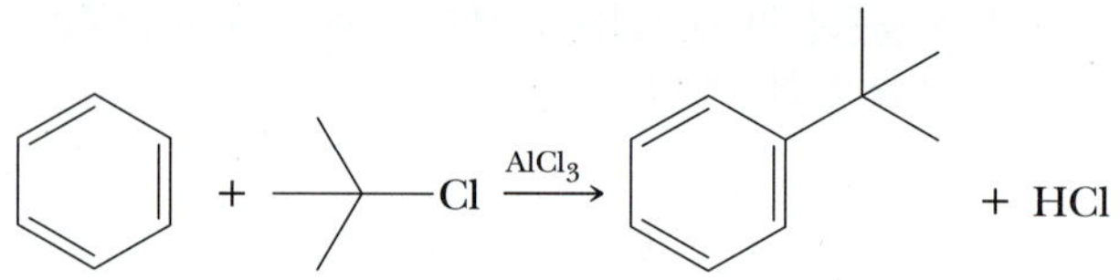

$AlCl_3$
Cl
+ HCl

9.22 염화 알루미늄 촉매하에서 벤젠과 이염화메테인을 반응시켜 이페닐메테인을 합성하는 단계적인 메커니즘을 적으시오.(예제 9.4 참조)

9.23 다음 알킬화 반응들은 주생성물로서 반응식에 나타난 화합물을 생성시키지 않는다. 각 반응에서 주생성물을 예측하고, 그들의 생성 메커니즘을 나타내시오.

(a)
Cl
$AlCl_3$
+ HCl

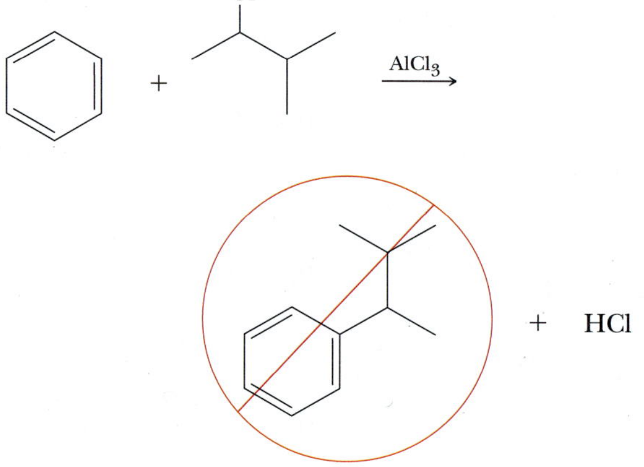

(b)
H_2SO_4
+ HCl

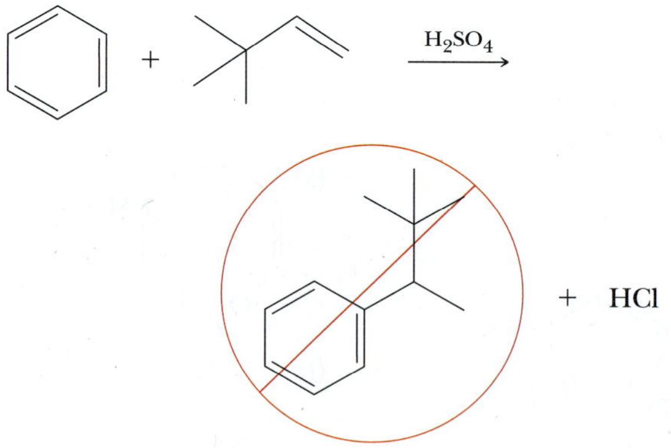

(c) 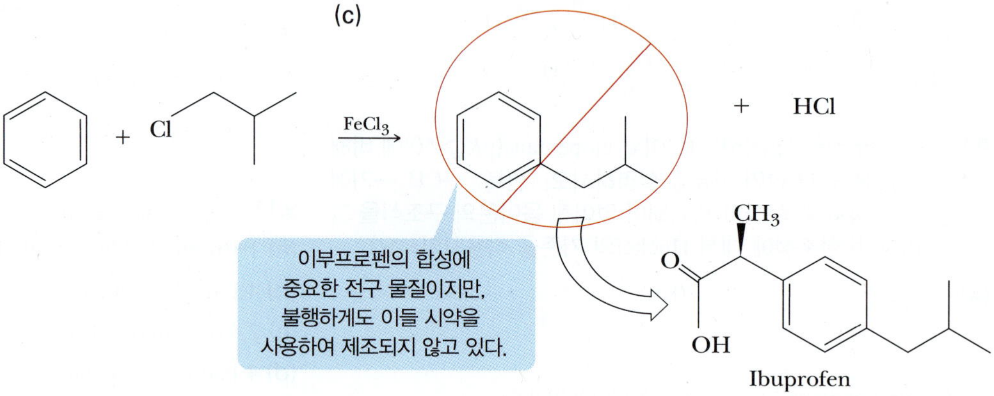
Cl
$FeCl_3$
+ HCl

이부프로펜의 합성에 중요한 전구 물질이지만, 불행하게도 이들 시약을 사용하여 제조되지 않고 있다.

CH_3
O
OH
Ibuprofen

9.7절 친전자성 방향족 치환 반응: 치환기의 영향

9.24 $Cl_2/AlCl_3$와 1,2-Dimethylbenzene(*o*-xylene)의 반응에서 두 생성물의 혼합물이 얻어진다. 이 생성물들의 구조식을 그리시오. (예제 9.7, 9.9 참조)

9.25 1,4-Dimethylbenzene(*p*-xylene)이 $Cl_2/AlCl_3$와 반응할 때 몇 가지의 생성물이 가능한가? 또 *m*-xylene이 $Cl_2/AlCl_3$와 반응할 때 몇 가지의 생성물이 가능한가? (예제 9.7, 9.9 참조)

9.26 다음 각 화합물을 $Cl_2/AlCl_3$와 반응할 때 얻어지는 주생성물에 대한 구조식을 그리시오. (예제 9.7, 9.9 참조)

(a) Toluene

(b) Nitrobenzene

(c) Chlorobenzene

(d) *tert*-Butylbenzene

(e) $C_6H_5CCH_3$ (C=O)

(f) $C_6H_5OCCH_3$ (C=O)

(g) $C_6H_5COCH_3$ (C=O)

(h)

(i) $OCCH_3$ (C=O), NO_2

(j) Cl—C_6H_4—CH_3

9.27 클로로벤젠과 톨루엔 중 $Cl_2/AlCl_3$와 친전자성 방향족 치환 반응을 할 때 어느 것이 더 빠르게 진행되는가? 각 반응에서 얻어지는 주생성물의 구조식을 그리시오.

9.28 다음의 화합물들의 친전자성 방향족 치환 반응에서 속도가 빠른 것부터 순서대로 나열하시오.

(a) (A) benzene (B) $OCCH_3$ (C=O) (C) $COCH_3$ (C=O)

(b) (A) NO_2 (B) COOH (C) benzene

(c) (A) NH_2 (B) $NHCCH_3$ (C=O) (C) $CNHCH_3$ (C=O)

(d) (A) benzene (B) CH_3 (C) OCH_3

9.29 다음 예에서 나타난 것처럼 삼플루오로메틸(trifluoromethyl)기는 메타 지향성이다. 이 현상에 대해 설명하시오.(예제 9.8 참조)

CF_3-benzene + HNO_3 $\xrightarrow{H_2SO_4}$ 3-NO_2-CF_3-benzene + H_2O

9.30 톨루엔이 다음 카복실산으로 어떻게 변화하는지를 나타내시오. (예제 9.3 참조)

(a) 4-Chlorobenzoic acid (b) 3-Chlorobenzoic acid

9.31 다음의 변화 과정에서 필요한 시약과 조건들을 나타내시오. (예제 9.7, 9.9 참조)

(a) CH_3 → CH_3, $O{=}C$—CH_2CH_3

(b) OH → OH, O_2N, NO_2

(c) OCH_3 → OCH_3, CCH_3 (C=O)

(d) O, O → O, O, Cl, NO_2

9.32 오직 방향족 고리의 공급원으로 벤젠을 사용하여 triphenylmethane을 제조하는 방법을 설명하시오. 필요하면 다른 시약들을 사용하시오. (예제 9.7, 9.9 참조)

***9.33** 페놀은 산 촉매하에서 아세톤과 반응하여 polycarbonate와 에폭시 수지를 만드는 데 사용되는 bisphenol A를 생성시킨다(16.4C절 및 16.4E절). (예제 9.6 참조)

2 (phenol)—OH + CH_3CCH_3 (C=O) $\xrightarrow{H_3PO_4}$

Acetone

HO—(C₆H₄)—C(CH_3)(CH_3)—(C₆H₄)—OH + H_2O

Bisphenol A

Bisphenol A의 생성 메커니즘을 제시하시오 (**힌트**: 첫 단계는 인산으로부터 아세톤의 카보닐기 산소로 양성자가 이동하는 것이다).

***9.34** 2,6-Di-*tert*-butyl-4-methylphenol은 부패 지연제로 식품에 첨가되는 자가 산화제로 사용되는 butylated hydroxytoluene 또는 BHT로 알려져 있다. BHT는 인산 존재하에서 4-methylphenol(*p*-cresol)을 2-methylpropene과 반응시켜 공업적으로 합성하고 있다. (예제 9.6 참조)

4-Methylphenol + 2 2-Methylpropene $\xrightarrow{H_3PO_4}$

2,6-Di-*tert*-butyl-4-methylphenol
(Butylated hydroxytoluene, BHT)

이 반응의 메커니즘을 제시하시오.

***9.35** 2,4-Dichlorophenoxyacetic acid(2,4-D)는 제초제로 널리 사용되고 있다. 이 화합물이 2,4-dichlorophenol과 chloroacetic acid($ClCH_2COOH$)로부터 어떻게 합성되는지 보이시오.

2,4-Dichlorophenol ⟶ 2,4-Dichlorophenoxyacetic acid (2,4-D) (OCH_2COOH)

9.9절 페놀의 산도

9.36 Phenol(pK_a 9.95)이 cyclohexanol(pK_a 18)보다 강한 산이라는 사실을 공명 이론을 사용하여 설명하시오. (예제 9.10 참조)

9.37 다음 각 화합물을 산도가 증가하는 순서대로 나열하시오. (예제 9.10 참조)

(a) phenol (C₆H₅—OH)   cyclohexanol (C₆H₁₁—OH) CH_3COOH

(b) phenol (C₆H₅—OH) $NaHCO_3$ H_2O

(c) 4-nitrophenol (OH, NO_2)   phenol (OH)   benzyl alcohol (CH_2OH)

9.38 다음 각 쌍에서 더 강한 염기를 선택하시오. (예제 9.10 참조)

(a) C₆H₅—O^- 와 OH^-

(b) C₆H₅—O^- 와 C₆H₁₁—O^-

(c) C₆H₅—O^- 와 HCO_3^-

(d) C₆H₅—O^- 와 CH_3COO^-

9.39 물에 녹지 않는 카복실산(pK_a 4~6)이 10% 탄산수소 소듐에 녹으면서 기체를 방출하지만 물에 불용성인 페놀류(pK_a 9.5~10.5)는 이와 같은 화학적 행동을 보여 주지 않는 이유를 설명하시오.

9.40 1-Hexanol과 2-methylphenol(*o*-cresol)의 혼합물을 분리시키는 과정을 설명하시오. 또한 각각을 순수한 형태로 재생하시오. 각각은 물에는 불용성이고, diethyl ether에는 녹는다.

합성

9.41 방향족 출발 물질로서 스타이렌($C_6H_5CH{=}CH_2$)만을 사용하여 다음 화합물들이 어떻게 합성되는지 보이시오. 스타이렌 이외에도 또 다른 유기 또는 무기 화학 약품들이 사용된다. 이 문제의 한 부분으로 합성된 어떤 화합물은 이 문제의 다른 화합물을 만드는 데 사용될 것이다.

(a) C_6H_5COOH (O, COH)

(b) $C_6H_5CHBrCH_3$ (Br, CHCH$_3$)

(c) $C_6H_5CH(OH)CH_3$ (OH, CHCH$_3$)

(d) $C_6H_5COCH_3$ (O, CCH$_3$)

(e) $C_6H_5CH_2CH_3$ (CH$_2$CH$_3$)

(f) $C_6H_5CH(OH)CH_2OH$ (OH, CHCH$_2$OH)

9.42 방향족 고리의 공급원으로서 벤젠, 톨루엔, 페놀을 사용하여 다음의 화합물들이 어떻게 합성되는지 보이시오. 모든 합성에서 오쏘-파라 혼합물들이 순수한 형태에서 원하는 이성질체로 분리될 수 있는지 예측하시오. (예제 9.7, 9.9 참조)

(a) *m*-Bromonitrobenzene

(b) 1-Bromo-4-nitrobenzene

(c) 2,4,6-Trinitrotoluene (TNT)

(d) *m*-Bromobenzoic acid

(e) *p*-Bromobenzoic acid

(f) *p*-Dichlorobenzene

(g) *m*-Nitrobenzenesulfonic acid

(h) 1-Chloro-3-nitrobenzene

9.43 방향족 고리의 공급원으로서 벤젠이나 톨루엔을 사용하여 다음 방향족 케톤이 어떻게 합성되는지 보이시오. 모든 합성에서 오쏘-파라 혼합물들이 순수한 형태에서 원하는 이성질체로 분리될 수 있는지 예측하시오. (예제 9.7, 9.9 참조)

(a) O

(c)
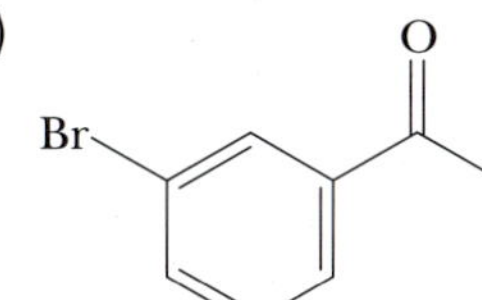

(b)
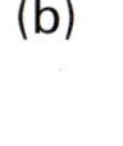
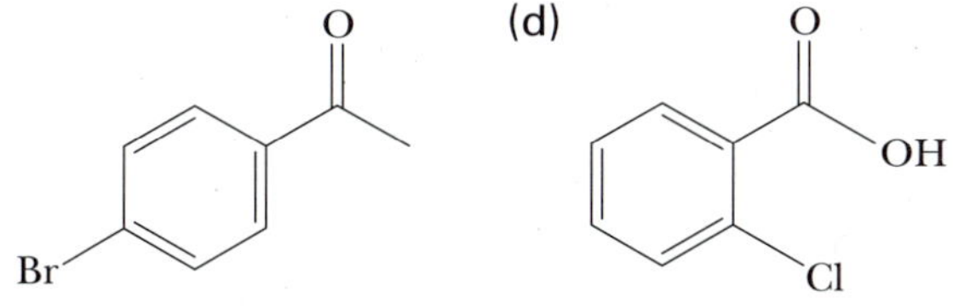

(d)

***9.44** 다음의 케톤은 붓꽃 계열의 꽃 몇 개의 뿌리로부터 얻어지며, 바이올렛과 같은 냄새와 향수의 방향제로 사용되고 있다. 이 케톤을 벤젠으로부터 합성하는 과정을 기술하시오.

4-Isopropylacetophenone (O)

***9.45** 봄바르디어 딱정벌레는 과산화 수소를 산화제로 하고 hydroquinone의 효소 촉매 산화에 의해 흥분제인 *p*-quinone을 발생시킨다. 이 산화 반응에서 발생된 열은 과열된 증기를 만들며, *p*-quinone과 함께 폭발적인 힘으로 방출된다.

Hydroquinone (OH, OH) + H_2O_2 $\xrightarrow{\text{효소 촉매}}$ *p*-Quinone (O, O) + H_2O + 열

(a) 반응식의 균형을 맞추시오.

(b) hydroquinone의 이 반응이 산화 반응임을 보이시오.

***9.46** 다음은 향기를 높이거나 보존하기 위해 향수에 사용되는 합성 사향인 사향 ambrette의 구조식이다. *m*-cresol로부터 musk ambrette을 합성하는 과정을 쓰시오.(예제 9.7, 9.9 참조)

m-Cresol (CH_3, OH) $\xrightarrow{?}$ Musk ambrette (CH_3, O_2N, NO_2, OCH_3)

***9.47** (3-Chlorophenyl) propanone은 항우울제인 Wellbutrin의 염산염인 bupropion의 합성에 필요한 물질이다. 연구 결과, 임상 실험 동안 흡연가들이 이 약을 한 주 또는 두 주 정도 복용하면 담배에 대한 욕구가 줄어드는 것을 발견하였다. 이 약은 금연제로서 Zyban® 이름으로 상품화되었다. 벤젠으로부터 이 성분을 합성하는 과정을 기술하시오. (13.9절에서 bupropion을 합성하는 과정을 볼 것이다). (예제 9.7, 9.9 참조)

Benzene $\xrightarrow{?}$ (3-Chlorophenyl)-1-propanone (Cl, O) - - →

Bupropion (Wellbutrin®, Zyban®)

화학적 변환

9.48 다음의 화학 변환을 완성시켜 지금까지 습득한 당신의 지식을 테스트하시오. **주의**: 하나 이상의 과정을 필요로 하는 것도 있다.

(a) OH → NH_2

(b) CH_3O → CH_3O COOH

(c) NH_2 → $\overset{+}{N}H_3\ Cl^-$

(d) → Cl Cl NO_2

(e) → NO_2 Cl

(f) OH → Br O

(g) Cl → Cl Cl

(h) → $\overset{+}{N}H_3\ Br^-$

(i) →

(j) → O O HO OH

(k) Cl → Cl

(l) NH_2 → Br NH OH

(m) → COOH Cl NO_2

(n) OH → O O H

발전 학습

9.49 다음 화합물 중 어느 것이 친전자성 방향족 치환 반응에 의해 직접 만들어질 수 있는가?

(a) 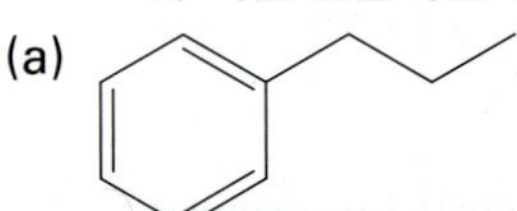 (b) 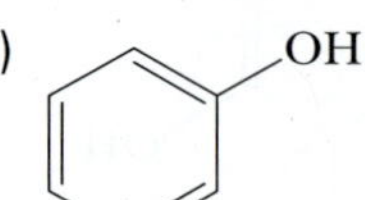 (c) OH (d) NH_2

9.50 다음 중 어느 화합물이 더 좋은 친핵체인가?

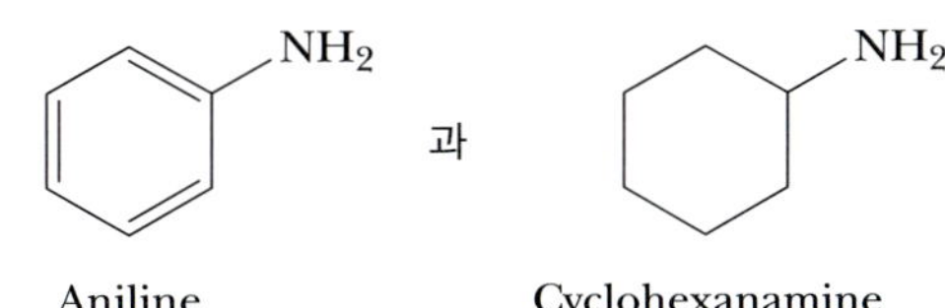

9.51 다음 아렌(arene)들이 $AlCl_3$가 이 반응에 사용되었을 때 친전자성 방향족 치환 반응을 일으키지 않는 이유를 제시하시오.

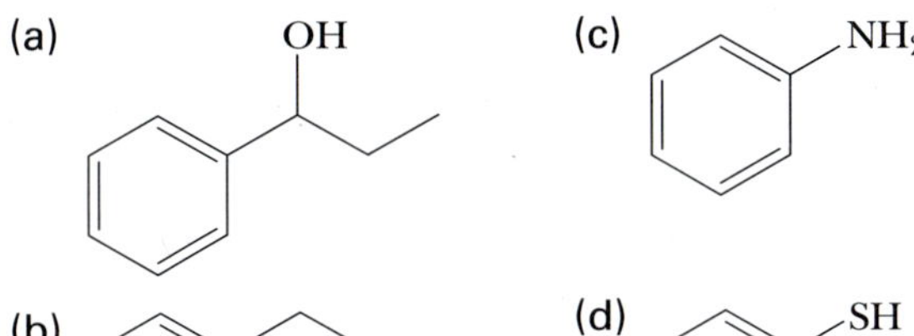

(b) SH

(d) SH

9.52 다음 산–염기 반응의 생성물을 제시하시오.

N, N–H $+ H_3O^+ \longrightarrow$

9.53 다음 중 어느 할로알케인이 더 빠른 S_N1 반응을 하는가?

Cl or Cl

9.54 다음 화합물 중 어느 것이 더 염기성이 강한가?

Furan 과 Tetrahydrofuran

그룹 학습 활동

9.55 다음 벤젠 화합물들은 우리가 지금까지 보지 않았던 치환체를 가지고 있다. 어떤 고리가 활성화기인지, 비활성화기인지를 결정하시오. 그리고 각 치환체가 친전자성 방향족 치환 반응에서 그들의 중간체를 분석하여 오쏘–파라 혹은 메타 지향성인지 결정하시오.

9.56 다음 구조식들은 명명할 때 익살스런 이름으로 표기된다. 그들을 명명할 수 있는가? 또 다른 재미있는 이름을 찾을 수 있는가?

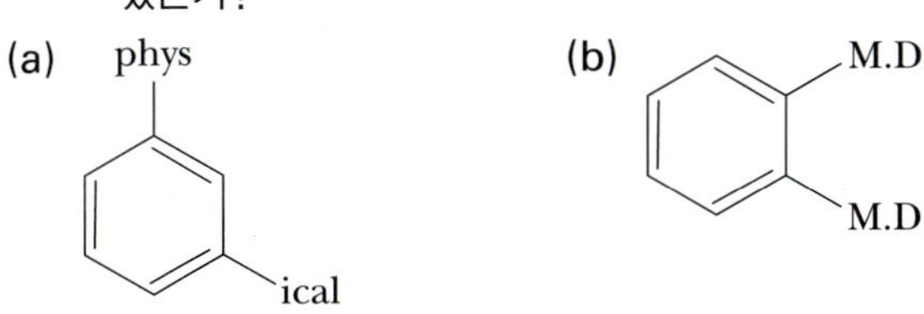

9.57 당신이 Faraday 시절로 돌아가서 벤젠의 구조를 모른다고 가정하자. 분자식이 C_6H_6인 화합물에 대해 선택 가능한 구조식을 제안하시오. 분자식 C_6H_6을 가진 대체할 구조 이성질체에 대해 생각한다면, 6개의 탄소 화합물에서 오직 6개의 수소만을 가지기 위해서는 이중 결합이나 삼중 결합을 가진 고리여야 한다는 것을 명심하시오. 창조적이어야 하고 다음 블록재를 사용하려고 노력하시오.

(a) 삼원자, 사원자, 오원자 고리

(b) 탄소–탄소 단일, 이중, 삼중 결합

9.58 페놀과 세 개의 탄소를 가진 시약을 출발 물질로 사용하여 2,6-diisopropylphenol(Propofol)를 합성하시오. Propofol의 용도와 문화적 중요성을 알아보기 위해 인터넷을 사용하시오.

아민

10

유기 아민인 Chlorphenamine은 항히스타민제이고 알러지 증상을 방지하는 데 사용된다.
삽화 : Chlorphenamine의 모형

중요한 질문

해결 방법

화학 관련

유기 화합물에서 탄소, 수소, 산소는 가장 흔한 세 가지 원소이다. 질소는 생물계에서 자주 볼 수 있을 뿐만 아니라 유기 화합물에서 네 번째로 흔한 성분이다. DNA, 단백질 및 시장에서의 조제약 75% 이상이 많은 아민의 작용기 형태로 질소를 포함하고 있다. 이 장에서는 아민의 성질과 반응성, 특히 염기도와 친핵성에 대해 집중적으로 학습한다.

10.1 아민이란 무엇인가?

아민은 암모니아(NH_3)의 수소 한 개 이상이 알킬기나 아릴기로 치환된 암모니아 유도체이다. 아민은 알킬기나 아릴기로 치환된 암모니아의 수소 원자의 수에 따라 일차 (1°), 이차 (2°), 삼차 (3°)로 분류된다(1.7B절). 암모니아에서 보듯이, 아민에 있는 질소에 결합된 세 개의 원자 혹은 원자단이 삼각형 피라미드 구조를 나타낸다.

$:NH_3$	$CH_3—\ddot{N}H_2$	$CH_3—\ddot{N}H—CH_3$	$CH_3—\ddot{N}(CH_3)—CH_3$
Ammonia	Methylamine (1° amine)	Dimethylamine (2° amine)	Trimethylamine (3° amine)

지방족 아민 질소 원자에 알킬기로만 결합되어 있는 아민

방향족 아민 질소 원자에 하나 이상의 아릴기로 결합되어 있는 아민

또한 아민은 지방족 아민과 방향족 아민으로 나누어진다. **지방족 아민**(aliphatic amine)은 질소에 직접 결합된 모든 탄소 원자가 알킬기로부터 유도된 것인 반면에, **방향족 아민**(aromatic amine)은 하나 이상의 아릴기가 질소 원자에 직접 결합되어 있는 것이다.

이것은 아릴기가 질소 원자에 **직접** 결합되어 있지 않으므로 방향족 아민이 아니다.

Aniline (1° 방향족 amine) — N-Methylaniline (2° 방향족 amine) — Benzyldimethylamine (3° 지방족 amine)

헤테로 고리 아민 질소 원자가 고리의 원자들 중의 하나인 아민

헤테로 고리 방향족 아민 질소 원자가 방향족 고리의 원자들 중의 하나인 아민되어 있는 아민

질소 원자가 고리의 한 성분을 이루는 아민을 **헤테로 고리 아민**(heterocyclic amine)이라고 한다. 질소 원자가 방향족 고리의 한 성분일 때(9.2절), 그 아민을 **헤테로 고리 방향족 아민**(heterocyclic aromatic amine)이라고 한다. 두 개의 헤테로 고리 지방족 아민과 헤테로 고리 방향족 아민들에 대한 구조식은 다음과 같다.

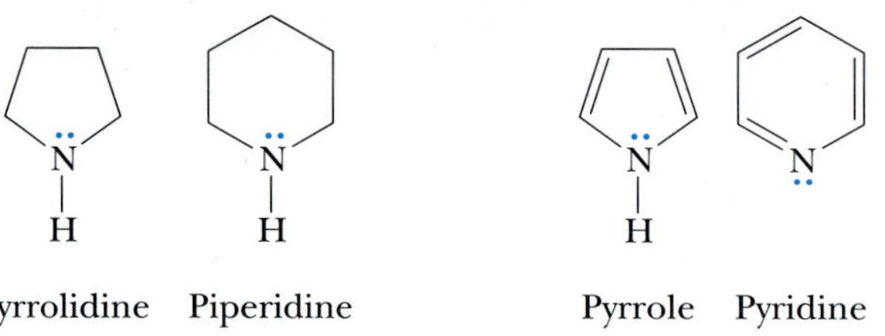

Pyrrolidine Piperidine (헤테로 고리 지방족 아민)
Pyrrole Pyridine (헤테로 고리 방향족 아민)

화학 관련 10A

약품의 설계 및 개발에 있어서 실마리가 되는 모르핀

양귀비인 Papaver somniferum의 생열매 꼬투리에서 얻은 건조된 액의 진통, 마취 및 도취감을 주는 성질은 수세기 동안 알려져 왔다. 19세기 초반에 중요한 활성 성분인 모르핀이 분리되었으며, 그 구조식도 밝혀졌다.

Morphine

양귀비에서 얻는 코데인은 모르핀의 모노메틸 에터이다.

모르핀은 현대 의약품에서 가장 효과적인 진통제 중 하나이지만, 두 가지의 중대한 부작용을 가지고 있다. 그것은 중독성이 있으며, 중추신경계의 호흡성 조절계를 마비시킨다. 많은 양의 모르

Codeine

핀은 호흡 장애로 인해 죽음으로 몰고 간다. 이러한 이유들 때문에 화학자들은 심각한 부작용이 없는, 모르핀을 대신할 진통제를 생산하려고 노력하였다. 모르핀과 유사한 구조를 갖는 화합물을 합성하기 위한 지속적인 연구에서 한 가지의 전략이 진통제로서의 효과는 거의 동등하지만, 부작용을 줄이는 방향으로 이루어졌다. 다음의 구조식을 갖는 두 가지 화합물이 임상적으로 효과가 있는 것으로 밝혀졌다.

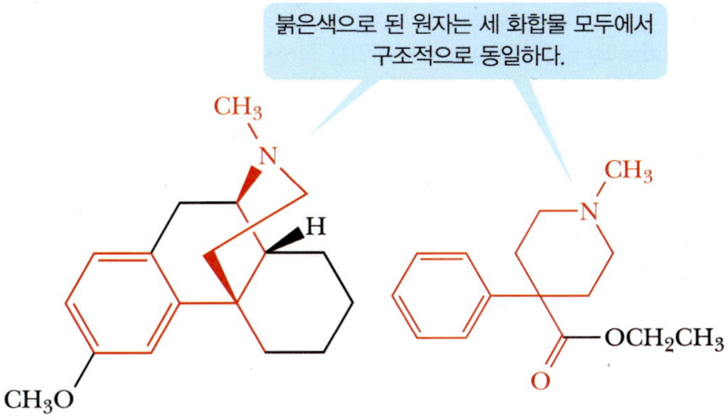

붉은색으로 된 원자는 세 화합물 모두에서 구조적으로 동일하다.

(−) 거울상체 = Levomethorphan
(+) 거울상체 = Dextromethorphan

Meperidine
(Demerol)

레보메톨판(levomethorphan)은 효과적인 진통제이다. 흥미롭게도 그것의 우선성 이성질체인 덱스트로메톨판(dextromethorphan)은 진통제로서 효과가 없다. 하지만 그것은 기침을 억제시키는 데 모르핀과 거의 같은 효과를 보이므로 기침 치료제로서 널리 사용되고 있다.

모르핀과 같은 진통제이면서 구조를 더욱 단순화시킨 것이 발견되었다. 그중 하나가 메페리딘(meperidine)으로, 그것의 염산염이 진통제 Demerol®로 널리 사용되고 있다.

메페리딘과 관련된 합성 약품들이 모르핀과 같은 원하지 않는 부작용이 없기를 희망하였다. 그러나 지금 그들이 그렇지 않다는 것이 명백해졌다. 예를 들면 메페리딘은 명백히 중독성이 있다. 많은 연구에도 불구하고, 중독성의 위험에서 벗어날 수 있는 심각한 통증을 없애는 모르핀과 같은 효과적인 약이 없다는 것이다.

뇌의 어떤 부분에 모르핀이 어떻게 작용하는가? 1979년에 과학자들은 모르핀과 그 밖의 마취제에 대해 특별한 수용체 위치가 있다는 것과, 이들 위치가 감정과 통증의 지각이 포함된 영역인 뇌의 변연계에 밀집되어 있다는 것을 발견했다. 과학자들은 '왜 인간의 뇌가 모르핀에 대해 특별한 수용체 위치를 가지게 되는가'에 대해 의문을 갖게 되었다. 뇌는 자신의 마취제를 생성시킬 수 있을까? 1974년에 과학자들은 뇌에 마취제와 같은 화합물이 실제로 존재한다는 것을 발견하였다. 1975년에 그들은 '뇌에서'라는 의미를 가지는 **enkephalin**이라 불리는 뇌의 마취제를 분리하였다. 과학자들은 자연적인 뇌의 마취제의 역할에 대해 아직 이해하지 못했다. 아마도 우리가 그들의 생화학을 이해할 때, 덜 중독적이고 효능 있는 진통제를 설계하거나 합성할 수 있는 실마리를 발견하게 될 것이다.

문제

Morphine과 meperidine의 작용기를 확인하시오. 이들 마취제에서 아미노기를 형태(즉 일차, 이차, 삼차, 헤테로 고리, 지방족 혹은 방향족)에 따라 분류하시오.

예제 10.1

Alkaloid는 식물에서 유래된 질소가 포함된 염기성 화합물로서, 대다수가 인간에 투여되었을 때 약리 활성을 나타낸다. Coniine을 섭취하였을 경우에 무기력증, 호흡 곤란, 마비 그리고 최종적으로 죽음에 이르게 된다. Coniine은 소크라테스의 죽음에 사용된 '독 당근(poison hemlock)'에 존재하는 유독물질이다. Nicotine은 소량 사용할 때는 습관적인 흥분제이다. 그러나 과다 사용 시는 우울증, 구역질을 유발시킨다. 엄청난 양을 사용할 때는 위험한 독약이다. Nicotine 수용액은 살충제로 사용된다. Cocaine은 코카의 잎으로부터 추출된 중추신경 흥분제이다. 다음의 알칼로이드에 대한 아미노기를 유형에 따라 분류하시오(일차, 이차, 삼차, 헤테로 고리 지방족, 헤테로 고리 방향족).

(a) (*S*)-Coniine

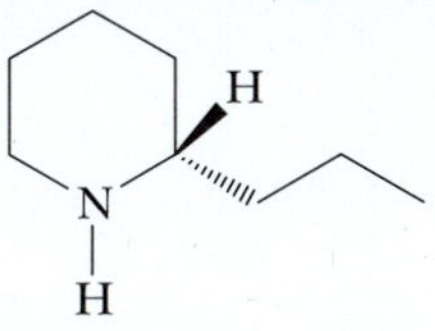

(b) (*S*)-Nicotine

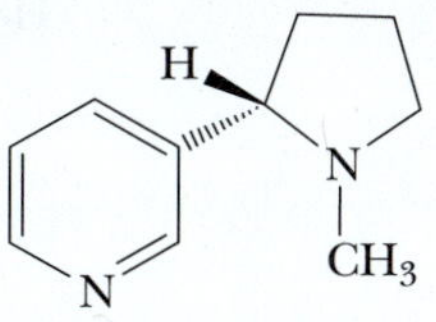

(c) Cocaine

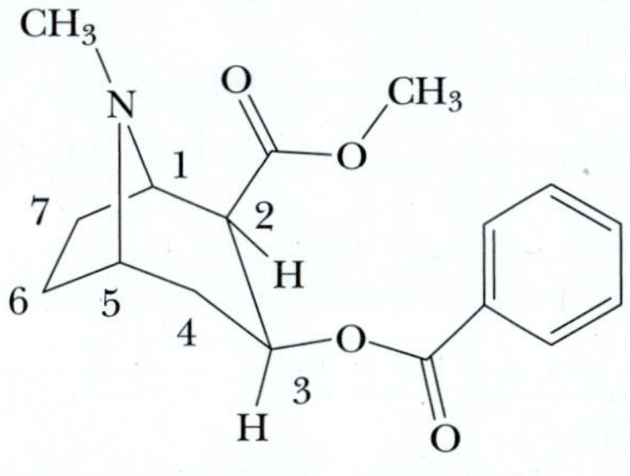

전략

각 화합물에서 질소의 위치를 확인한다. 질소가 고리의 일부분이면, 아민은 헤테로 고리이다. 고리가 방향족이면, 헤테로 고리 방향족 아민으로 분류된다(1°, 2°, 3°는 적용되지 않는다). 고리가 방향족이 아니면, 1°, 2°, 3°로 분류되는 헤테로 고리 지방족 아민이다.

풀이

(a) 이차 헤테로 고리 지방족 아민
(b) 하나의 삼차 헤테로 고리 지방족 아민과 하나의 헤테로 고리 방향족 아민
(c) 삼차 헤테로 고리 지방족 아민

문제 10.13~10.16 참조

문제 10.1

Coniine, Nicotine, Cocaine에 있어서의 모든 탄소 입체 중심을 확인하시오. Cocaine에서 입체 중심의 R/S 배열을 정하시오.

10.2 아민은 어떻게 명명되는가?

A. 체계명

지방족 아민에 대한 체계명은 알코올에서와 같이 유도된다. 어미 알케인의 접미사인 *-e*를 떼어내고 *-amine*(-아민)을 붙인다.

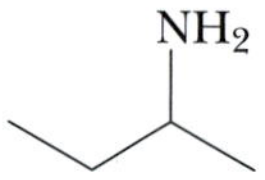

'di, tri, tetra' 등은 아미노의 개수에 근거하여 삽입된다.

NH_2 | NH_2 | $H_2N(CH_2)_6NH_2$

2-Butanamine | (*S*)-1-Phenylethanamine | 1,6-Hexanediamine

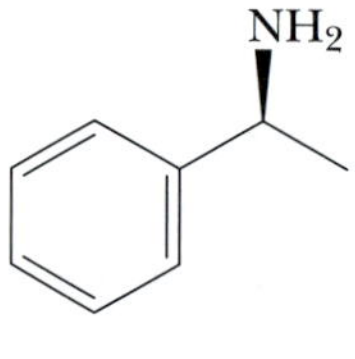

IUPAC 명명법은 가장 간단한 방향족 아민인 $C_6H_5NH_2$에 대해 일반명인 **아닐린**(aniline)을 그대로 사용한다. 아닐린의 간단한 유도체는 접두사인 *o*-, *m*-, *p*- 또는 치환기 위치 번호를 그대로 명명한다. 여러 종류의 아닐린 유도체들은 아직도 널리 사용되는 일반명을 갖고 있다. 이들 중에 메틸기가 치환된 아닐린을 **톨루이딘**(toluidine)이라 하고, 메톡시기가 치환된 아닐린을 **아니시딘**(anisidine)이라 한다.

예제 10.2

다음 각 아민에 대해 IUPAC명이나 구조식을 적으시오.

(a) 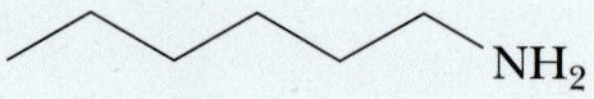 NH_2 **(b)** 2-Methyl-1-propanamine **(c)** 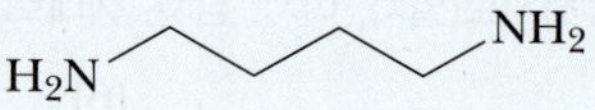 H_2N NH_2

(d) trans-4-Methylcyclohexanamine **(e)** 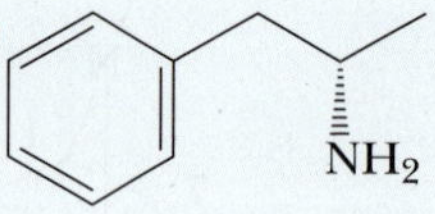 NH_2

전략

명명할 때, 아미노기를 가진 가장 긴 탄소 사슬을 찾아라. 이 과정이 어미를 결정할 수 있게 한다. 그리고 나서 탄소 사슬의 일부분이 아닌 치환기, 원자, 혹은 원자단을 확인하고 명명하라.

이름을 구조로 바꾸기 위해서는, 기본명의 탄소 사슬을 확인하고 사슬의 정확한 위치에 치환기를 더하라.

풀이

(a) 1-Hexanamine **(b)** 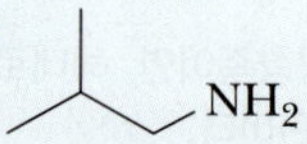 NH_2 **(c)** 1,4-Butanediamine **(d)** 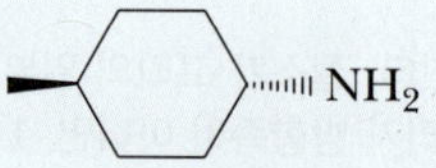 NH_2

(e) 이것의 체계명은 (*S*)-1-phenyl-2-propanamine이다. 이것의 일반명은 amphetamine이다. 우회전성 amphetamine 이성질체(여기에 보인 것)는 중추신경 흥분제로 제조되어 여러 상품명으로 시판된다. 황산염은 Dexedrine sulfate라는 이름으로 시판된다.

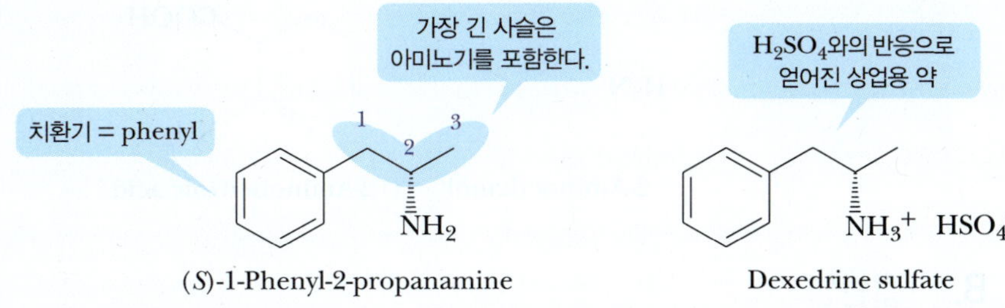

문제 10.11, 10.12, 10.16 참조

문제 10.2

다음 각 아민의 구조식을 쓰시오.

(a) 2-Methyl-1-propanamine **(b)** Cyclohexanamine **(c)** (*R*)-2-Butanamine **(d)** (2*S*,4*S*)-2,4-hexanediamine

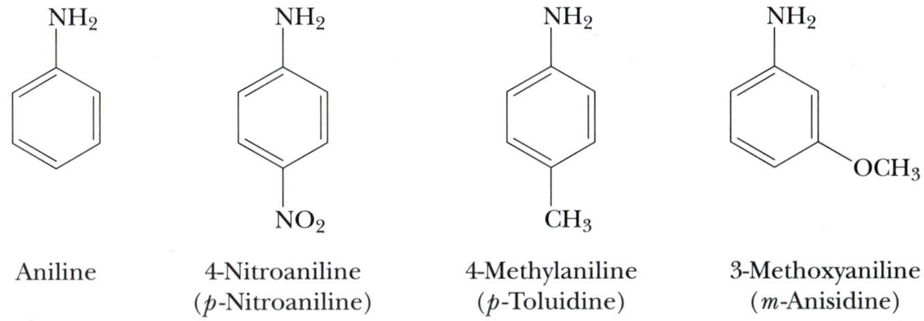

이차 및 삼차 아민은 일반적으로 *N*-치환 일차 아민으로 명명된다. 비대칭인 아민의 경우, 가장 큰 치환기를 아민의 기본명으로 취하는 반면, 질소에 붙어 있는 작은 치환기는 그들이 붙어 있는 위치를 접두사 *N*으로 표시하여 명명한다(그들이 질소 원자에 붙어 있다는 것을 의미한다).

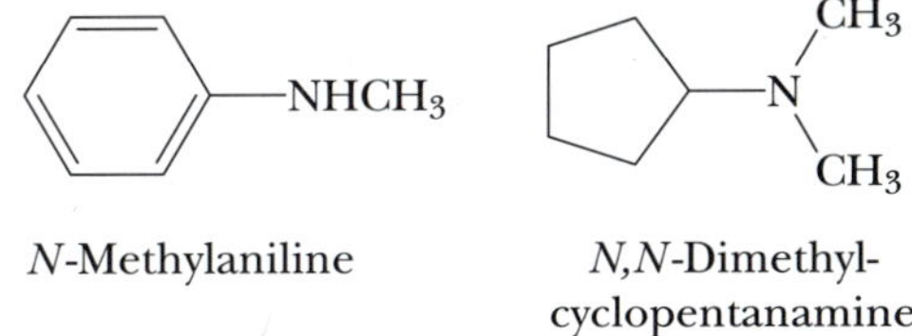

다음은 IUPAC에서도 일반명으로 그대로 사용되고 있는 네 개의 헤테로 고리 방향족 아민에 대한 이름과 구조식이다.

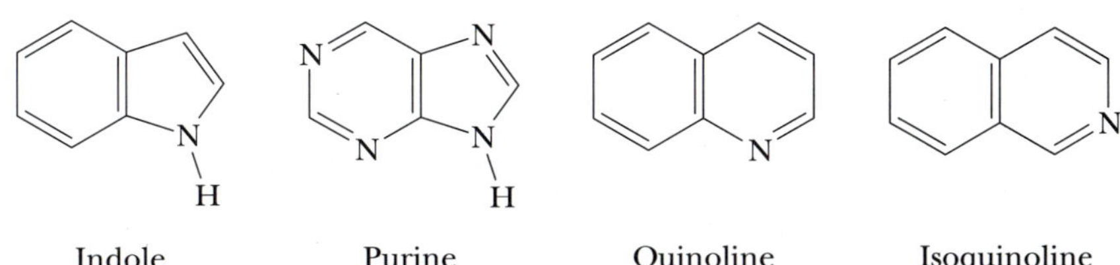

© Foodcollection.com/Alamy Stock Photo

2.5%의 indole을 포함하고 있으며, 향수와 건강 보조제로 사용되는 자스민 오일(Jasmine oil)

이 책에서 언급되고 있는 작용기 중에서 $-NH_2$기는 가장 낮은 우선순위를 가진다. 다음의 화합물들은 아미노기보다 높은 우선순위를 가진 작용기를 가지고 있다. 따라서 아미노기는 접두사로서 *amino*-(**아미노-**)로 표시된다.

H_2N–CH_2CH_2–OH　　2-Aminoethanol

2-Aminobenzoic acid (COOH, NH_2)

B. 일반명

대부분 지방족 아민에 대한 일반명은 접미사 *-amine*(-아민)을 쓰고, 알파벳 순으로 질소에 붙어 있는 알킬기를 기입함으로써 완성된다. 즉 이들을 **알킬아민**(alkylamine)이라 명명한다.

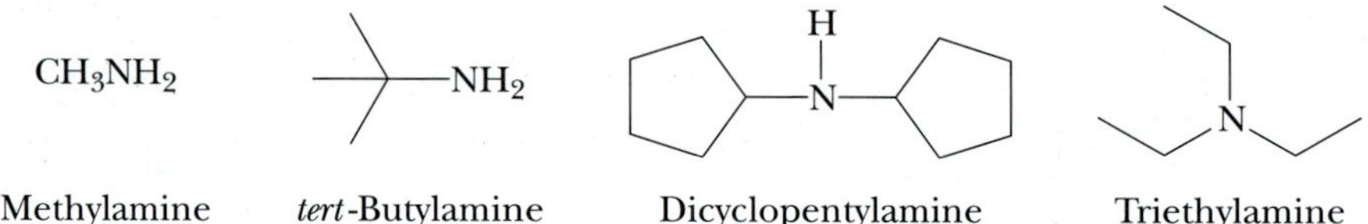

Methylamine　　*tert*-Butylamine　　Dicyclopentylamine　　Triethylamine

예제 10.3

다음 각 아민에 대하여 IUPAC명이나 구조식을 쓰시오.

(a) (구조식: H, N)　**(b)** Cyclohexylmethylamine　**(c)** (구조식: N)　**(d)** Benzylamine

전략

명명할 때, 아미노기를 가진 가장 긴 탄소 사슬을 찾아라. 이 과정이 어미를 결정할 수 있게 한다. 가장 긴 사슬이 benzene 고리이면, 아민은 aniline의 유도체로 명명된다. 치환기를 확인할 때, 그것이 질소 원자에 결합되어 있으면, '*N*-'으로 시작된다.

기본명에서 탄소 사슬을 확인하고, 분자에서 치환기의 정확한 위치를 확인하여 구조에 따라 명명하라.

풀이

(a) *N*-ethyl-2-methyl-1-propanamine　**(b)** (구조식: H, N)　**(c)** *N*-ethyl-*N*-methylaniline　**(d)** (구조식: NH_2)

문제 10.11, 10.12, 10.16 참조

문제 10.3

다음 각 아민의 구조식을 쓰시오.

(a) Isobutylamine　**(b)** Triphenylamine　**(c)** Diisopropylamine　**(d)** Butylcyclohexylamine

질소 원자에 네 개의 원자나 원자단이 결합되어 있을 때는 해당하는 아민의 염으로 명명한다. 접미사인 *-amine*(-아민)[또는 -aniline(-아닐린), -pyridine(-피리딘) 등등]을 *-ammonium*(-암모늄)[또는 *-anilinium*(-아닐리늄), *-pyridinium*(-피리디늄) 등등]으로 바꾸고 음이온명[클로라이드(염화), 아세테이트(아세트산) 등등]을 붙여 명명한다. 이 화합물들은 수용액에서 용해도 증가, 높은 녹는점, 높은 끓는점과 같은 염의 특징적인 성질을 갖고 있다. 다음에 세 가지 예가 있다 [염화세틸피리듐(cetylpyridium chloride)은 국소 방부제와 살균제로 사용되고 있다].

$(CH_3)_4N^+Cl^-$ — Tetramethylammonium chloride

$C_5H_5\overset{+}{N}CH_2(CH_2)_{14}CH_3\ Cl^-$ — Hexadecylpyridinium chloride (Cetylpyridinium chloride)

$C_6H_5CH_2\overset{+}{N}(CH_3)_3\ OH^-$ — Benzyltrimethylammonium hydroxide

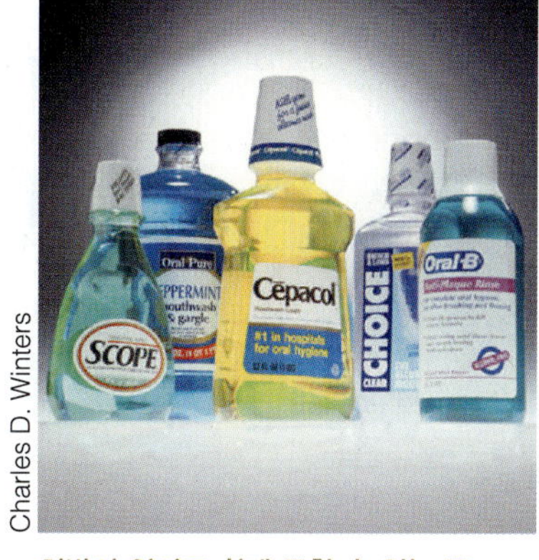

Charles D. Winters

처방이 없어도 쉽게 구할 수 있는 구강 세척제에는 항균제로 *N*-alkylated pyridinium이 들어 있다.

10.3 아민의 특징적인 물리적 성질은 무엇인가?

아민은 극성 물질로서, 일차 아민과 이차 아민 모두 분자간 수소 결합을 이루고 있다(그림 10.1).

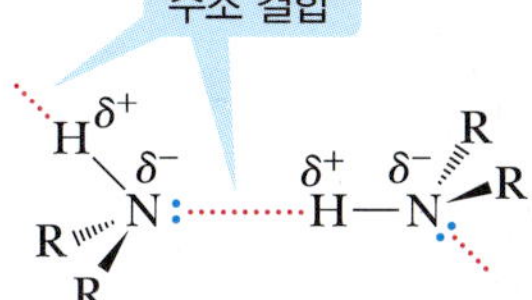

그림 10.1 일차 및 이차 아민에서 수소 결합에 의한 분자간 회합. 질소는 대개 사면체의 네 번째 위치를 따라 수소 결합축을 갖는 사면체 형태이다.

화학 관련 10B

남미의 독화살 개구리: 치명적인 아민

콜롬비아 서부 밀림 지대에 Noanamá와 Embrá족은 수백 년간, 아마 천 년간 독화살을 사용하고 있다. 이 독은 Phyllobates(원주민 언어로 nearâ와 kokoi라고 불리는)종 개구리의 여러 색깔 피부 분비액으로부터 얻는다. 개구리 한 마리로부터 20개의 화살을 만드는 데 필요한 독을 얻을 수 있다. 대부분의 독을 품고 있는 종(Phyllobates terribilis) 의 경우, 개구리 등에 비비기만 해도 독화살을 만들기에 충분하다.

미국 국립보건연구소(NIH)의 과학자들은 이들 독이 세포 이온 통로에 작용하는 것을 발견하고, 이온 이동 메커니즘에 대한 기본적인 연구를 하는 데 있어 이들을 유용한 매체로 만들기 위해 이 독의 연구에 흥미를 가지게 되었다. 그리하여 콜롬비아 서부에 일반 독화살 개구리를 수집하기 위하여 현장 사무소를 설치하였다. 5,000마리의 개구리로부터 11 mg의 바트라코톡신(batrachotoxin)과 바트라코톡시닌(batrachotoxinin) A를 분리하였다. 이들의 이름은 개구리를 말하는 그리스어인 *batrachos*로부터 유래되었다.

바트라코톡신과 바트라코톡시닌 A는 지금까지 발견된 독 중에서 가장 치명적인 것 중의 하나이다.

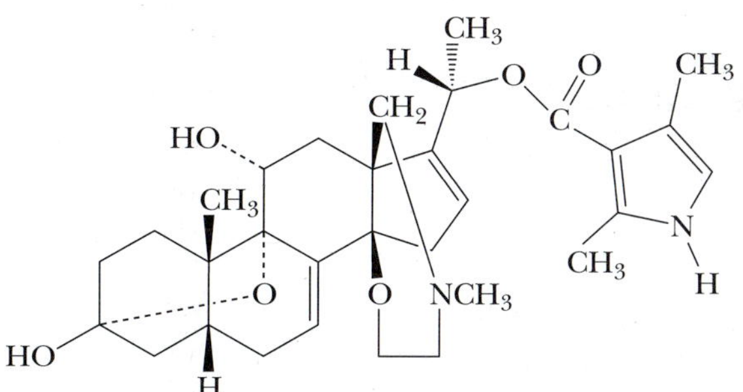

Batrachotoxin

© Alfredo Maiquez/iStockphoto

독화살 개구리, phyllobates terribilis.

바트라코톡신 200 mg이면 사람이 심장 마비를 일으켜 회복할 수 없을 정도라고 예상된다. 이들의 작용은 신경과 근육 세포 내부에 전압 출입구인 Na^+ 통로를 열린 상태에서 가로막게 하여, 영향을 받은 세포 내로 거대한 Na^+ 이온이 유입하는 것으로 밝혀졌다.

바트라코톡신 이야기는 새로운 약품의 발견에서 몇 가지의 공통적인 주제의 예가 된다. 첫째, 생물학적으로 활성인 화합물에 대한 정보나 그들의 근원은 종종 원주민 지역에서 얻어진다. 둘째, 열대 우림 지역은 구조적으로 복잡하고 생물학적으로 활성인 물질들의 근원이란 점이다. 셋째, 식물뿐만 아니라 완전한 생태계는 매혹적인 유기 화합물들의 잠재적인 제공처이다.

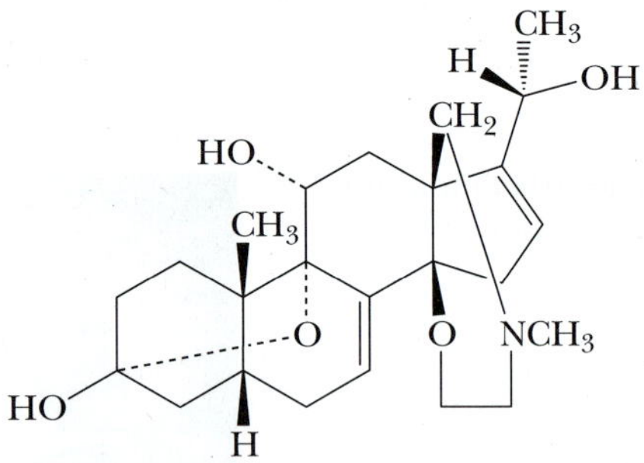

Batrachotoxinin A

문제

Batrachotoxin과 batrachotoxinin A 중에서 어느 것이 물에 더 잘 용해되는가? 또 그 이유는?

같은 당량의 아세트산(CH_3COOH)과 같은 약산과 batrachotoxin과의 반응에서 얻어지는 생성물을 예측하시오.

N—H----N의 수소 결합은 O—H----O의 수소 결합만큼 강하지 않다. 왜냐하면 질소와 수소 사이의 전기 음성도 차(3.0 − 2.1 = 0.9)가 산소와 수소 사이의 전기 음성도 차(3.5 − 2.1 = 1.4)보다 작기 때문이다. 분자간 수소 결합에 의한 영향은 분자량이 비슷한 메틸아민과 메탄올의 끓는점을 비교함으로써 증명될 수 있다.

	CH_3NH_2	CH_3OH
분자량(g/mol)	31.1	32.0
끓는점(℃)	−6.3	65.0

메틸아민과 메탄올은 둘 다 극성 분자로서 순수한 액체 상태에서 분자간 수소 결합이라는 상호 작용이 존재한다. 수소 결합은 메틸아민에서보다 메탄올에서 더 강하기 때문에 메탄올이 높은 끓는점을 갖는다.

모든 아민은 물과 수소 결합을 형성하므로 유사한 분자량의 탄화수소 화합물보다 물에 대한 용해도가 크다. 저분자량 아민의 대부분은 물에 완전히 용해된다(표 10.1). 고분자량의 아민은 물에 소량만이 용해되거나 불용성을 보인다.

표 10.1 몇몇 아민의 물리적 성질

이름	구조식	녹는점(℃)	끓는점(℃)	물에서의 용해도
암모니아	NH_3	−78	−33	매우 잘 녹음
1차 아민				
Methylamine	CH_3NH_2	−95	−6	매우 잘 녹음
Ethylamine	$CH_3CH_2NH_2$	−81	17	매우 잘 녹음
Propylamine	$CH_3CH_2CH_2NH_2$	−83	48	매우 잘 녹음
Butylamine	$CH_3(CH_2)_3NH_2$	−49	78	매우 잘 녹음
Benzylamine	$C_6H_5CH_2NH_2$	10	185	매우 잘 녹음
Cyclohexylamine	$C_6H_{11}NH_2$	−17	135	약간 녹음
2차 아민				
Dimethylamine	$(CH_3)_2NH$	−93	7	매우 잘 녹음
Diethylamine	$(CH_3CH_2)_2NH$	−48	56	매우 잘 녹음
3차 아민				
Trimethylamine	$(CH_3)_3N$	−117	3	매우 잘 녹음
Triethylamine	$(CH_3CH_2)_3N$	−114	89	약간 녹음
방향족 아민				
Aniline	$C_6H_5NH_2$	−6	184	약간 녹음
헤테로 고리 방향족 아민				
Pyridine	C_5H_5N	−42	116	매우 잘 녹음

예제 10.4

Butylamine이 *t*-butylamine보다 끓는점이 높은 이유를 설명하시오.

Butylamine
bp 78°C

t-Butylamine
bp 46°C

전략

각 화합물의 분자들 사이에 분자간 인력에 영향을 줄 수 있는 구조의 차이를 예측하라.

풀이

두 분자는 모두 수소 결합을 할 수 있다. 그러나 *t*-butyl기는 보다 크고 부피가 크기 때문에 *t*-butylamine 분자들에 대해 서로가 수소 결합을 어렵게 만든다.

문제 10.18~10.20 참조

문제 10.4

Diethylamine이 diethyl ether보다 끓는점이 높은 이유를 설명하시오.

Diethylamine
bp 55°C

Diethyl ether
bp 34.6°C

10.4 아민의 산–염기 성질은 무엇인가?

암모니아처럼 모든 아민은 약염기이며, 아민 수용액은 염기성을 나타낸다. 아민과 물 사이의 산–염기 반응은 이들 양성자 이동 반응에서 질소에 있는 비공유 전자쌍이 수소와 새로운 공유 결합을 이루어 수산화 이온으로 교체된다는 것을 강조하기 위해서 굽은 화살표를 이용하여 쓰고 있다.

$$CH_3-\ddot{N}H_2 + H-\ddot{O}-H \rightleftharpoons CH_3-\overset{+}{N}H_3 \;\; {}^{-}\!:\ddot{O}-H$$

Methylamine

Methylammonium hydroxide

아민과 물의 반응에서 평형 상수인 K_{eq}는 메틸아민과 물의 반응으로, 수산화 메틸암모늄을 형성하는 반응을 예로 들면 다음과 같이 표시된다.

$$K_{eq} = \frac{[CH_3NH_3^+][OH^-]}{[CH_3NH_2][H_2O]}$$

메틸아민의 묽은 수용액에서 물의 농도는 사실상 일정하기 때문에($[H_2O] = 55.5$ mol/L), K_{eq}와 합쳐서 **염기 이온화 상수**(base ionization constant)라고 하는 새로운 상수인 K_b가 된다. 메틸아민의 K_b 값은 4.37×10^{-4}($pK_b = 3.36$)이다.

$$K_b = K_{eq}[H_2O] = \frac{[CH_3NH_3^+][OH^-]}{[CH_3NH_2]} = 4.37 \times 10^{-4} \quad pK_b = 3.36$$

또한 통상적으로 메틸암모늄 이온의 이온화에서 예시한 바와 같이, 대응하는 짝산의 산 이온화 상수를 기준으로 아민의 염기도를 설명한다.

$$CH_3NH_3^+ + H_2O \rightleftharpoons CH_3NH_2 + H_3O^+ \quad K_a = \frac{[CH_3NH_2][H_3O^+]}{[CH_3NH_3^+]} = 2.29 \times 10^{-11} \quad pK_a = 10.64$$

어떤 산–짝염기 쌍에 대한 pK_a와 pK_b 값들은 다음 식과 관계가 있다.

$$pK_a + pK_b = 14.00$$

몇몇 아민의 pK_a와 pK_b 값이 표 10.2에 나타나 있다.

표 10.2 몇몇 아민의 염기 세기(pK_b)와 그 짝산*의 산의 세기(pK_a)

아민	구조	pK_b	pK_a
암모니아	NH_3	4.74	9.26
1차 아민			
Methylamine	CH_3NH_2	3.36	10.64
Ethylamine	$CH_3CH_2NH_2$	3.19	10.81
Cyclohexylamine	$C_6H_{11}NH_2$	3.34	10.66
2차 아민			
Dimethylamine	$(CH_3)_2NH$	3.27	10.73
Diethylamine	$(CH_3CH_2)_2NH$	3.02	10.98
3차 아민			
Trimethylamine	$(CH_3)_3N$	4.19	9.81
Triethylamine	$(CH_3CH_2)_3N$	3.25	10.75
방향족 아민			
Aniline	$C_6H_5-NH_2$	9.37	4.63
4-Methylaniline (*p*-toluidine)	$CH_3-C_6H_4-NH_2$	8.92	5.08
4-Chloroaniline	$Cl-C_6H_4-NH_2$	9.85	4.15
4-Nitroaniline	$O_2N-C_6H_4-NH_2$	13.0	1.0
헤테로 고리 방향족 아민			
Pyridine	(pyridine ring, N)	8.75	5.25
Imidazole	(imidazole ring, N, N–H)	7.05	6.95

*각 아민에 대해 $pK_a + pK_b = 14.00$

예제 10.5

다음 산–염기 반응에 대한 평형 위치를 예측하시오.

$$CH_3NH_2 + CH_3COOH \rightleftharpoons CH_3NH_3^+ + CH_3COO^-$$

전략

산–염기 반응에서 평형 위치를 예측하기 위해 2.4절에서 개발한 접근 방식을 사용하라. 평형이란 더 강한 산과 강한 염기와의 반응으로 더 약한 산과 약한 염기를 만들기 위한 것이다. 암모늄 이온이 양전하를 띠고 있을지라도 그들은 카복실산보다 훨씬 약한 산이라는 것을 기억하라.

풀이

이 반응에서 평형은 각각 약산과 약염기인 메틸암모늄 이온과 아세트산 이온을 형성하게 한다.

$$CH_3NH_2 + CH_3COOH \rightleftharpoons CH_3NH_3^+ + CH_3COO^-$$

$pK_a = 4.76$ (CH₃COOH)　　$pK_a = 10.64$ ($CH_3NH_3^+$)

강한 염기　강한 산　　약한 산　약한 염기

문제 10.25 참조

문제 10.5

다음 산–염기 반응에 대한 평형 위치를 예측하시오.

$$CH_3NH_3^+ + H_2O \rightleftharpoons CH_3NH_2 + H_3O^+$$

표 10.2에서 주어진 자료로부터 여러 종류의 아민의 산–염기 특성에 관한 다음과 같은 일반적인 규칙을 만들 수 있다.

1. 모든 지방족 아민은 염기 세기 pK_b가 3.0~4.0으로 거의 동일한 값을 가지며, 암모니아보다 강한 염기이다.
2. 방향족 아민과 헤테로 고리 방향족 아민은 지방족 아민보다 훨씬 약한 염기이다. 예를 들어 아닐린과 사이클로헥실아민의 pK_b 값을 비교해 보자.

$$C_6H_{11}NH_2 + H_2O \rightleftharpoons C_6H_{11}NH_3^+OH^- \qquad pK_b = 3.34,\ K_b = 4.5 \times 10^{-4}$$

Cyclohexylamine　　Cyclohexylammonium hydroxide

pK_b 값이 작을수록 강한 염기이다.

$$C_6H_5NH_2 + H_2O \rightleftharpoons C_6H_5NH_3^+OH^- \qquad pK_b = 9.37,\ K_b = 4.3 \times 10^{-10}$$

Aniline　　Anilinium hydroxide

아닐린의 염기 이온화 상수는 사이클로헥실아민보다 10^6 만큼 작다(pK_b 값이 클수록 염기는 더 약하다).

방향족 아민이 지방족 아민에 비해 약한 염기성을 보이는 것은 방향족 고리의 파이 결합과 질소에 있는 비공유 전자쌍과의 상호 작용에 의한 공명 효과 때문이다. 알킬아민에서는 이러한 공명 안정화가 없기 때문에 알킬아민의 질소에 있는 비공유 전자쌍은 산과 반응하는 데 유리하다.

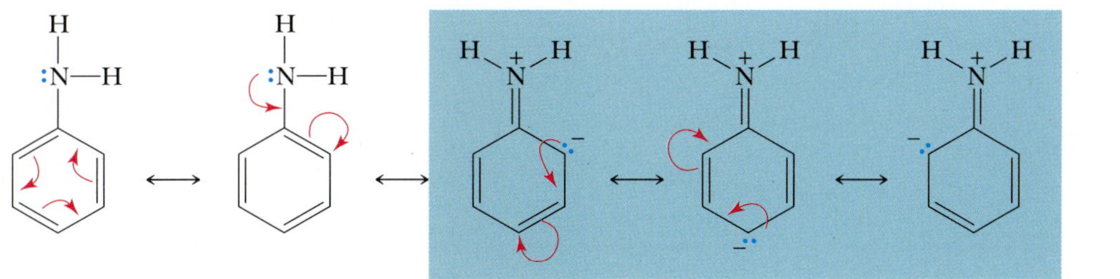

두 가지 Kekulé 구조

방향족 고리의 파이계와 질소의 전자쌍의 상호 작용으로 전자쌍이 산과의 반응에 참여하는 가능성이 줄어든다.

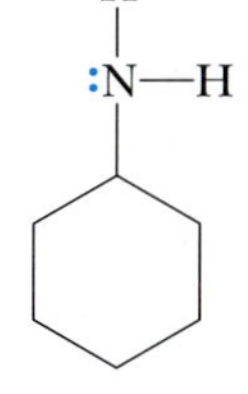

알킬아민에서는 공명 현상이 불가능하다.

3. 할로젠, 나이트로기, 카보닐기와 같은 전자 끄는 기는 질소의 전자 밀도를 감소시킴으로써 치환된 방향족 아민의 염기도를 감소시킨다.

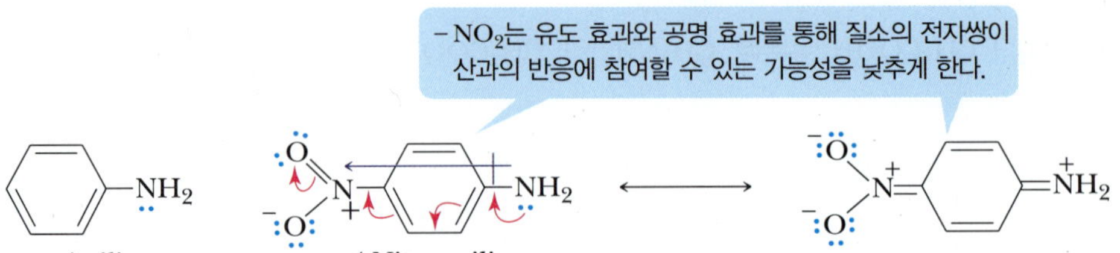

−NO_2는 유도 효과와 공명 효과를 통해 질소의 전자쌍이 산과의 반응에 참여할 수 있는 가능성을 낮추게 한다.

Aniline pK_b 9.37

4-Nitroaniline pK_b 13.0

9.8B절에서 이 치환기들은 페놀의 산도는 증가시킨다는 사실을 상기하라.

해결방법 10.1 아민의 상대적인 염기도 예측하기

아민의 염기도는 산–염기 반응에서 질소 원자가 자신의 고립 전자쌍을 내놓을 수 있는 능력에 의존한다. 전자쌍의 능력을 평가할 때, 다음의 가능성을 살펴보라.

(a) 공명 기여

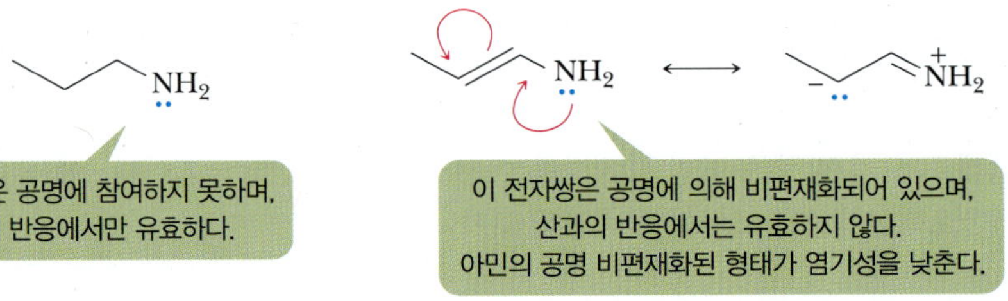

이 전자쌍은 공명에 참여하지 못하며, 산과의 반응에서만 유효하다.

이 전자쌍은 공명에 의해 비편재화되어 있으며, 산과의 반응에서는 유효하지 않다. 아민의 공명 비편재화된 형태가 염기성을 낮춘다.

(b) 유도

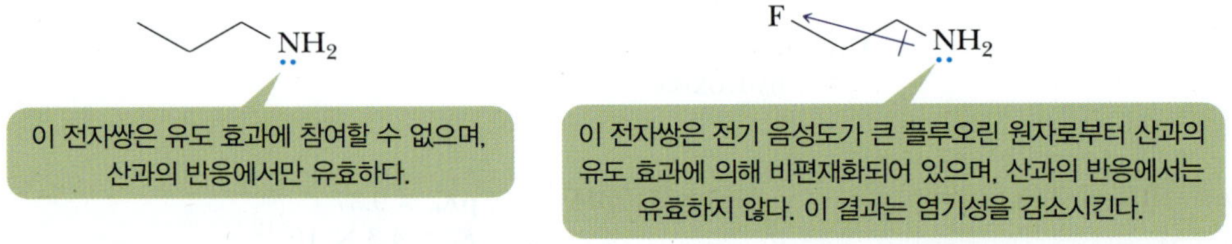

이 전자쌍은 유도 효과에 참여할 수 없으며, 산과의 반응에서만 유효하다.

이 전자쌍은 전기 음성도가 큰 플루오린 원자로부터 산과의 유도 효과에 의해 비편재화되어 있으며, 산과의 반응에서는 유효하지 않다. 이 결과는 염기성을 감소시킨다.

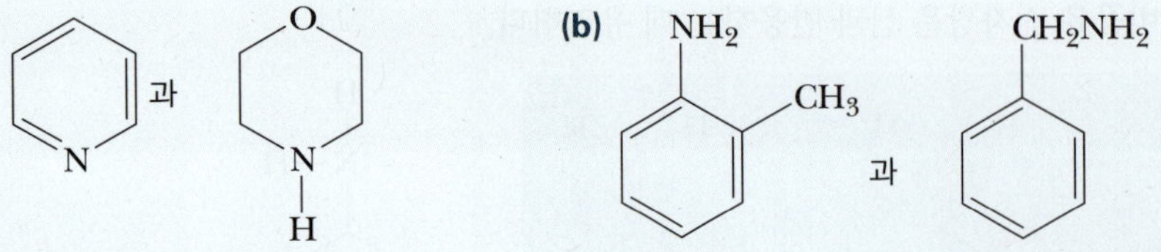

예제 10.6

각각의 아민쌍에서 더 강한 염기를 고르시오.

(a) (A) 과 (B)

(b) (C) 과 (D)

전략

표 10.2를 사용하여 pK_b 값을 비교하라. 또한 공명 효과, 유도 효과, 입체 효과들이 각 분자의 질소에 있는 전자쌍의 유효성을 높이거나 감소시킬 수 있음을 주의하라.

풀이

(a) Morpholine(B)이 더 강한 염기이다(pK_b 5.79). 이 물질은 이차 지방족 아민과 유사한 염기도를 갖는다. Pyridine(A)은 헤테로 고리 방향족 아민으로, 지방족 아민에 비해 상당히 약한 염기이다(pK_b 8.75).

(b) Benzylamine(D)은 일차 지방족 아민으로 더 강한 염기이며(pK_b 3~4), 방향족 아민인 *o*-toluidine(C)은 더 약한 염기(pK_b 9~10)이다. 표 10.2가 없다면, *o*-toluidine의 질소 원자의 전자쌍은 벤젠 고리와 공명에 참여할 수 있으나, benzylamine에서는 공명 효과가 일어날 가능성이 없다. 이 결과로 *o*-toluidine의 전자쌍은 산과의 반응에서 덜 유효하다.

문제 10.21~10.25, 10.29~10.31 참조

문제 10.6

각각의 이온쌍으로부터 더 강한 산을 고르시오.

(a) $O_2N-C_6H_4-NH_3^+$ 와 $CH_3-C_6H_4-NH_3^+$

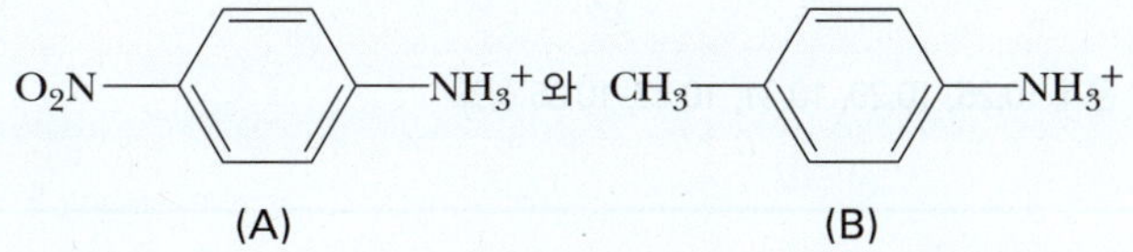

(A) (B)

(b) $C_5H_5NH^+$ 와 $C_6H_{11}-NH_3^+$

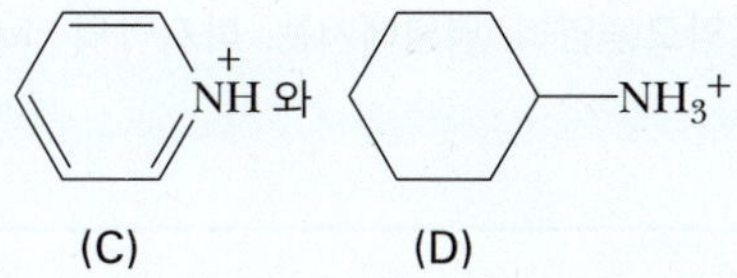

(C) (D)

구아니딘(pK_b 0.4)은 중성 화합물 중에서 가장 강한 염기이다.

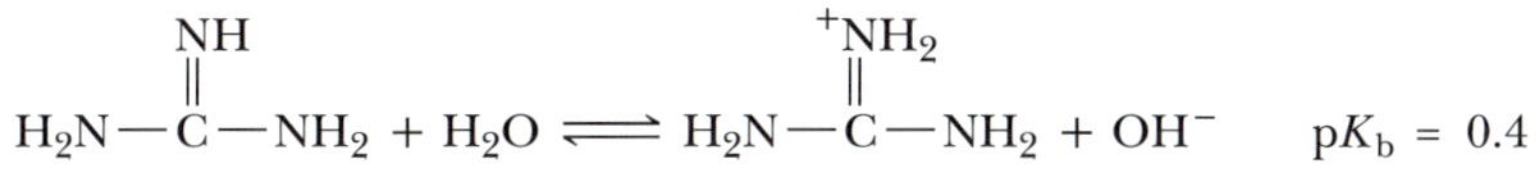

$$H_2N-\overset{\overset{\displaystyle NH}{\|}}{C}-NH_2 + H_2O \rightleftharpoons H_2N-\overset{\overset{\displaystyle {}^{+}NH_2}{\|}}{C}-NH_2 + OH^- \qquad pK_b = 0.4$$

Guanidine Guanidinium 이온

구아니딘의 염기도가 이렇게 큰 것은 세 가지 동등한 기여 구조에서 보여 주듯이, 질소 원자 세 개에 똑같이 비편재화되어 있는 구아니디늄 이온상의 양전하 때문이다.

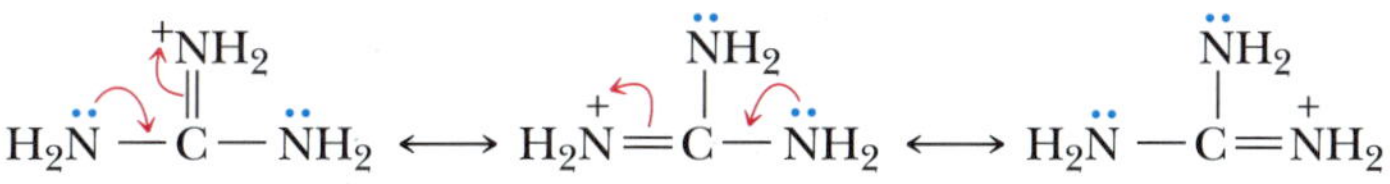

$$H_2\ddot{N}-\overset{\overset{\displaystyle {}^{+}NH_2}{\|}}{C}-\ddot{N}H_2 \longleftrightarrow H_2\overset{+}{N}=\overset{\overset{\displaystyle \ddot{N}H_2}{|}}{C}-\ddot{N}H_2 \longleftrightarrow H_2\ddot{N}-\overset{\overset{\displaystyle \ddot{N}H_2}{|}}{C}=\overset{+}{N}H_2$$

세 가지 동등한 기여 구조

따라서 구아니디늄 이온은 매우 안정한 양이온이다. 아미노산인 아르지닌(arginine)의 곁사슬에 있는 구아니딘기가 그 곁사슬의 염기도를 설명한다(18.2A절).

10.5 아민과 산의 반응이란 무엇인가?

아민은 물에 대한 용해성과는 관계없이 강산과 정량적으로 반응하여 수용성 염을 만든다. 이에 대한 예로서 (*R*)-노르에피네프린(노르아드레날린)과 묽은 염산과의 반응으로 염산염을 만드는 반응을 들 수 있다.

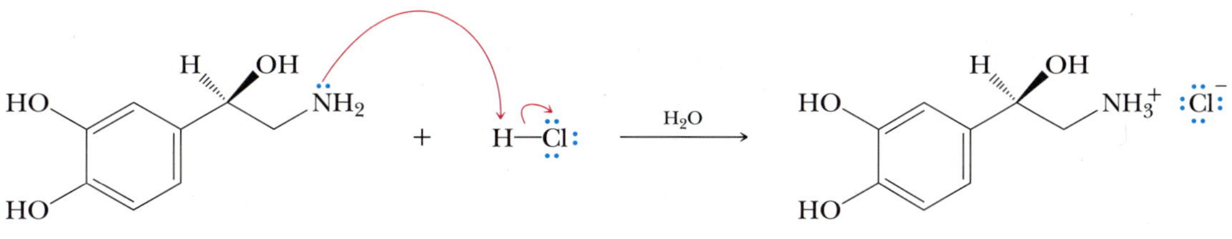

$$\text{(R)-Norepinephrine} + H-\ddot{\underset{..}{Cl}}: \xrightarrow{H_2O} \text{(R)-Norepinephrine hydrochloride } (NH_3^+ \; :\ddot{\underset{..}{Cl}}:^-)$$

(*R*)-Norepinephrine
(물에 약간만 녹음)

(*R*)-Norepinephrine hydrochloride
(수용성 염)

노르에피네프린은 부신 속질에서 분비되는 신경 전달 물질이다. 또한 이것은 감정적인 행동을 제어하는 뇌의 특정 부위에 있는 신경 전달 물질인 것으로 알려져 있다.

예제 10.7

각각의 산–염기 반응을 완성하고, 형성된 염의 이름을 쓰시오.

(a) $(CH_3CH_2)_2NH + HCl \longrightarrow$

(b) Pyridine $+ CH_3COOH \longrightarrow$

전략

산에서 산성인 양성자를 확인하라. 아민의 질소는 이 양성자를 빼앗아 암모늄염을 형성한다. 암모늄염의 명명에서는 마지막의 *-amine*(혹은 aniline, pyridine 등과 같이)을 *-ammonium*(혹은 anilinium, pyridinium 등과 같이) 으로 바꾸고 음이온의 이름(chloride, acetate 등)을 붙여라.

풀이

(a) $(CH_3CH_2)_2NH_2^+ + Cl^-$
Diethylammonium chloride

(b) Pyridinium (N^+–H) CH_3COO^-
Pyridinium acetate

문제 10.25, 10.29, 10.31, 10.32, 10.35 참조

문제 10.7

각각의 산–염기 반응을 완성하고, 형성된 염의 이름을 쓰시오.

(a) $(CH_3CH_2)_3N + HCl \longrightarrow$

(b) Piperidine NH $+ CH_3COOH \longrightarrow$

(c) Aniline –$NH_2 + H_2SO_4 \longrightarrow$

아민의 염기도와 아민염의 물에 대한 용해도는 아민과 비수용성 및 비염기성 화합물들을 분리하는 데 사용될 수 있다. 그림 10.2에서 아닐린과 아니솔의 분리에 대한 흐름도를 보여 주고 있다. 아닐린은 NaOH로 처리함으로써 염으로부터 회수할 수 있다.

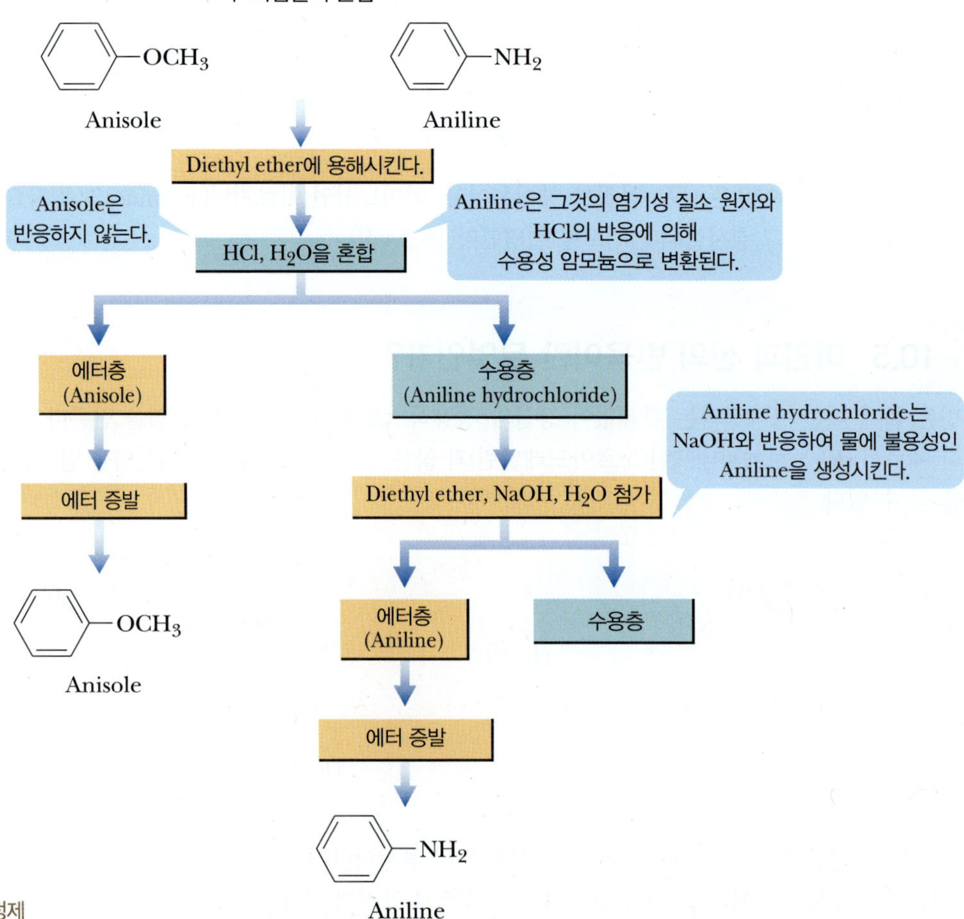

그림 10.2 아민과 중성 화합물의 분리 및 정제

예제 10.8

다음은 단백질의 한 성분인 알라닌(2-aminopropanoic acid)에 대한 두 구조식이다(18장). 구조식 (A)와 (B) 중 어느 것이 알라닌을 잘 표현한 것인가?

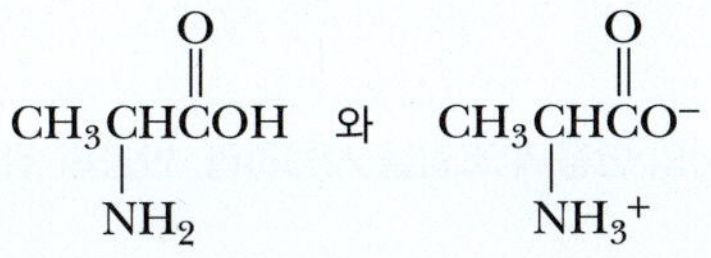

$$\underset{\text{(A)}}{CH_3\underset{|\atop NH_2}{C}H\overset{O\atop \|}{C}OH} \quad \text{와} \quad \underset{\text{(B)}}{CH_3\underset{|\atop NH_3^+}{C}H\overset{O\atop \|}{C}O^-}$$

전략

알라닌에 있는 작용기의 산성과 염기성을 고려함으로써 시작한다. 만약 그들이 분리된 분자의 일부분이라면 어떻게 반응할 것인가?

풀이

구조식 (A)는 아미노기(염기)와 카복실기(산)를 포함하고 있다. 강산(—COOH)으로부터 강염기(—NH_2)로의 양성자 이동은 내부의 염을 형성한다. 따라서 (B)가 알라닌의 구조를 더 잘 나타낸 것이다. 아미노산 화학의 범위에서는 (B)로 표현되는 내부의 염은 **쯔비터 이온**(zwitterion)이라 불린다(18장).

문제 10.8

예제 10.8에서 보여 주듯이 알라닌이 내부의 염으로 표현되는 것이 나은 표현법이다. 이 내부의 염이 물에 녹는다고 가정하자.

(a) 진한 HCl을 첨가하여 수용액의 pH를 2.0으로 맞춘다면 알라닌의 구조가 이 수용액에서 어떤 변화를 일으키는지를 보이시오.

(b) 진한 NaOH를 첨가하여 수용액의 pH를 12.0으로 맞춘다면 알라닌의 구조가 이 수용액에서 어떤 변화를 일으키는지를 보이시오.

10.6 방향족 아민은 어떻게 합성되는가?

9.6B절에서 보았듯이, 방향족 고리의 나이트로화는 —NO_2기를 도입한다. 나이트로화의 특별한 가치는 나이트로기가 나중에 니켈, 팔라듐, 백금과 같은 전이 금속 촉매하에서 아미노기(—NH_2)로 환원될 수 있다는 사실이다.

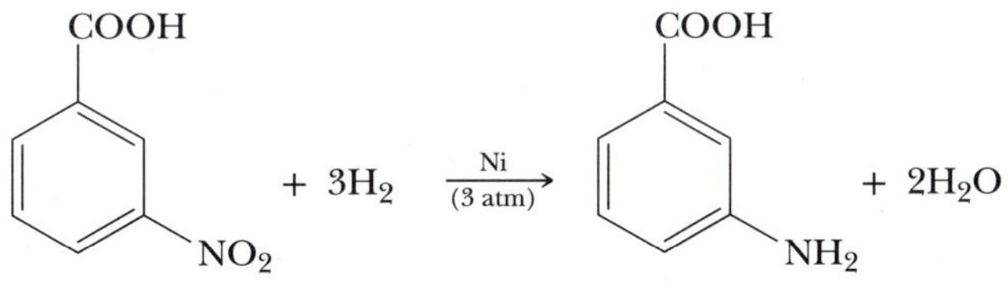

$$\text{3-Nitrobenzoic acid} + 3H_2 \xrightarrow[\text{(3 atm)}]{\text{Ni}} \text{3-Aminobenzoic acid} + 2H_2O$$

이 방법은 탄소−탄소 이중 결합, 알데하이드나 케톤의 카보닐기와 같은 민감한 치환기가 역시 환원될 수 있다는 불리한 점이 생길 수 있다. 그러나 —COOH기와 방향족 고리는 이 조건하에서는 환원되지 않는다.

대신 나이트로기는 산에 있는 금속에 의해 일차 아미노기로 환원될 수 있다.

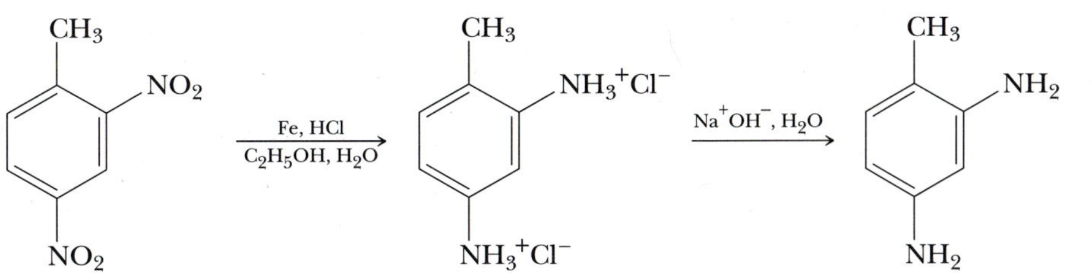

$$\text{2,4-Dinitrotoluene} \xrightarrow[C_2H_5OH,\ H_2O]{\text{Fe, HCl}} (NH_3^+Cl^-)_2\text{-toluene} \xrightarrow{Na^+OH^-,\ H_2O} \text{2,4-Diaminotoluene}$$

가장 일반적으로 사용되는 금속 환원제는 묽은 염산에 있는 철, 아연, 주석이다. 이 방법에 의해 환원되었을 때 아민이 염으로 얻어지는데, 계속해서 강염기로 처리하면 아민을 분리할 수 있다.

예제 10.9

톨루엔으로부터 4-aminobenzoic acid를 합성하는 반응에서 각 단계의 반응을 일으키는 시약들을 쓰시오.

Toluene (CH_3) →(1)→ 4-nitrotoluene (CH_3, NO_2) →(2)→ 4-nitrobenzoic acid ($COOH$, NO_2) →(3)→ 4-Amino-benzoic acid ($COOH$, NH_2)

전략

이 장과 앞 장에서의 반응의 조합을 사용하라. 반응의 위치 선택성을 기억하라.

풀이

1단계 : 질산과 황산을 사용한 톨루엔의 나이트로화 반응(9.6B절)으로서 오쏘 및 파라 이성질체들의 분리가 필요하다.

2단계 : 크로뮴산을 이용한 벤질 자리 탄소의 산화(9.4절)

3단계 : 염산 수용액에서 Fe, Sn, Zn에 의한, 또는 전이 금속 촉매하에서 H_2에 의한 나이트로기의 환원(10.6절)

문제 10.36~10.44 참조

문제 10.9

톨루엔으로부터 3-aminobenzoic acid를 합성하는 반응에서 앞의 예제 10.9와 같은 수의 단계를 거치지만, 순서를 달리해야 한다는 것을 보이시오.

10.7 아민은 친핵체로서 어떻게 작용하는가?

아민은 질소 원자에 존재하는 고립 전자쌍 때문에 적당한 세기를 가진 친핵체임을 7장에서 배웠다. 따라서 그들은 할로알케인이나 좋은 이탈기를 가진 다른 화합물과 친핵성 치환 반응을 일으킨다(7.5절).

1단계: 새로운 공유 결합의 형성을 위한 친전자체와 친핵체의 반응. 아민의 질소 원자는 할로알케인에서 염소 대신 치환되어 암모늄염을 생성시킨다.

$$R{-}\ddot{N}H_2 + R{-}Cl \longrightarrow R_2NH_2^+\ Cl^-$$

(친핵체) (친전자체)

2단계: 양성자의 제거. 소수의 생성물 분자들만이 생성되는 반응의 초기 단계에서는 출발 물질인 아민(약염기)의 대다수가 암모늄염의 수소와 반응하여 이차 아민이나 다른 암모늄염을 생성시킨다.

$$R_2NH_2^+\ Cl^- + R{-}\ddot{N}H_2 \longrightarrow R_2\ddot{N}H + RNH_3^+\ Cl^-$$

반응하지 않는 출발 물질

반응 혼합물에 남아 있는 것들은 최초 생성물, $R_2NH_2^+Cl^-$, 이차 아민의 일부, R_2NH 및 다수의 반응하지 않은 출발 물질과 할로알케인이다.

3단계: 새로운 공유 결합의 형성을 위한 친전자체와 친핵체의 반응. 이차 아민 역시 친핵체이며, 초기의 R—Cl 분자들의 극히 일부만이 반응의 초기에 반응했기 때문에 반응 혼합물에 있는 아민과 반응하거나 그렇지 않고 남아 있는 양이 많다.

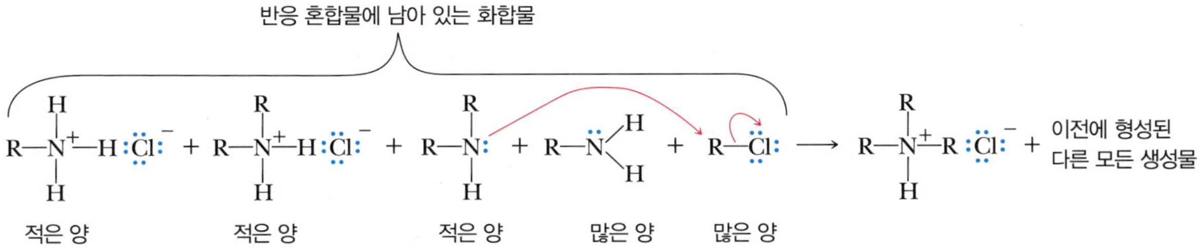

반응 혼합물에 남아 있는 화합물

$$R{-}N^{+}H_3\,Cl^{-}\ (\text{적은 양}) + R_2N^{+}H_2\,Cl^{-}\ (\text{적은 양}) + R_2NH\ (\text{적은 양}) + RNH_2\ (\text{많은 양}) + R{-}Cl\ (\text{많은 양}) \longrightarrow R_3N^{+}H\,Cl^{-} + \text{이전에 형성된 다른 모든 생성물}$$

이 과정은 질소 원자를 기초로 한 생성물, 사차 암모늄염을 만들 때까지 계속된다. 이 반응의 최종 조성은 RNH_2, R_2NH, R_3N, $R_4N^+Cl^-$의 다양한 비율로 구성된다. 생성물의 비율을 조절하거나 예측하기 어렵기 때문에, 친핵성 지방족 치환 반응에서는 아민(혹은 암모니아)을 친핵체로 사용하는 것을 피한다.

예제 10.10

다음의 반응에서 생성될 수 있는 모든 가능한 질소를 포함하는 생성물을 결정하시오.

$$CH_3CH_2CH_2NH_2 + CH_3CH_2Br \longrightarrow$$

전략

할로알케인과 아민과의 반응은 원래의 아민의 질소 원자와 할로알케인의 하나 이상의 알킬기와 결합을 통해서 종종 많은 종류의 질소를 기초로 한 생성물을 만든다는 것을 명심하라.

풀이

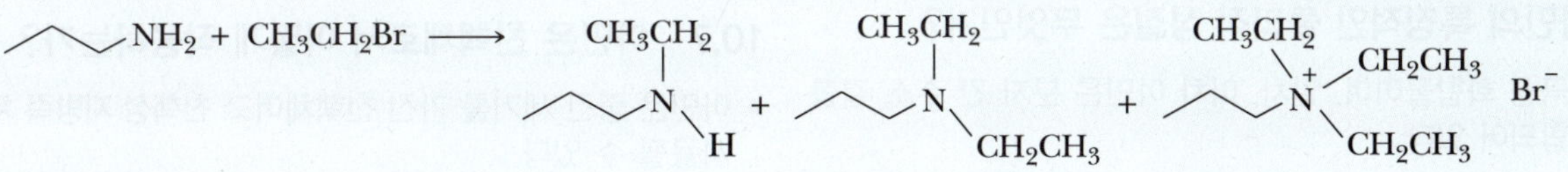

$$CH_3CH_2CH_2NH_2 + CH_3CH_2Br \longrightarrow CH_3CH_2CH_2N(H)CH_2CH_3 + CH_3CH_2CH_2N(CH_2CH_3)_2 + CH_3CH_2CH_2N^{+}(CH_2CH_3)_3\ Br^{-}$$

문제 10.10

다음 반응에서 생성될 수 있는 모든 가능한 질소를 포함하는 생성물을 결정하시오.

$$\text{(piperidine, NH)} + CH_3Cl \longrightarrow$$

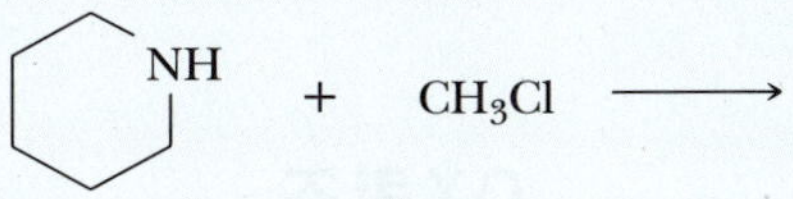

비록 친핵성 지방족 치환 반응에서 아민을 사용하면 여러 가지 생성물이 얻어지므로 문제를 일으킬 수 있으나, 8.4C절을 기억해 보면 아민은 에폭시화물의 고리 열림 반응에서 훌륭한 친핵체이다. 이것은 하이드록실기의 산소 원자가 생성물의 질소 원자의 친핵성을 감소시키는 유도 효과 때문이다.

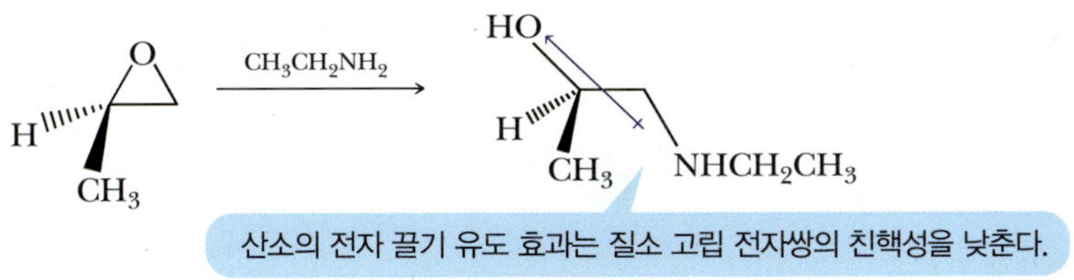

$$\text{(epoxide: O, H, } CH_3) \xrightarrow{CH_3CH_2NH_2} HO{-}C(H)(CH_3){-}CH_2{-}NHCH_2CH_3$$

산소의 전자 끌기 유도 효과는 질소 고립 전자쌍의 친핵성을 낮춘다.

중요한 질문에 대한 요약

10.1 아민이란 무엇인가?

- 아민은 암모니아(NH_3)의 수소 한 개 이상이 알킬기나 아릴기로 치환된 암모니아 유도체이다.
- 아민은 알킬기나 아릴기로 치환되는 암모니아의 수소 원자의 수에 따라 **일차**, **이차**, **삼차**로 분류된다.
- **지방족 아민**은 질소에 결합되어 있는 모든 탄소 원자가 알킬기로부터 유도된 것이다.
- **방향족 아민**은 질소에 한 개 이상의 아릴기가 치환된 것이다.
- **헤테로 고리 아민은** 질소 원자가 고리의 일부인 아민이다.
- **헤테로 고리 방향족 아민**은 질소 원자가 방향족 고리의 일부의 아민이다.

10.2 아민은 어떻게 명명되는가?

- 체계 명명법에서는 지방족 아민을 **알칸아민**이라고 한다.
- 일반명 체계의 명명법에서는 지방족 아민을 **알킬아민**이라고 한다. 이때 알킬기는 알파벳 순으로 나열하고, 접미사로 *-amine*을 붙여서 한 단어로 쓴다.
- 네 개의 알킬기나 아릴기로 치환된 질소 원자를 포함하고 있는 이온을 **사차 암모늄 이온**이라고 한다.

10.3 아민의 특징적인 물리적 성질은 무엇인가?

- 아민은 극성 화합물이며, 일차, 이차 아민은 분자 간 수소 결합으로 회합되어 있다.
- N—H----N 수소 결합은 O—H----O 수소 결합보다 약하여 유사한 분자량과 구조로 이루어진 알코올에 비해 끓는점이 낮다.
- 모든 종류의 아민은 물과 수소 결합을 이루고 있어서 유사한 분자량을 갖는 탄화수소들에 비해 물에 대한 용해도가 크다.

10.4 아민의 산–염기 성질은 무엇인가?

- 아민은 약염기이며, 수용액 상태의 아민은 염기성을 나타낸다. 수용액 상태의 아민에 대한 **염기 이온화 상수**는 K_b라는 기호로 표시한다.
- 또한 아민의 짝산에 대한 **산 이온화 상수** K_a를 기준으로 한 아민의 산–염기 특성을 논의한다.
- 아민의 수용액에 대한 산과 염기의 이온화 상수는 $pK_a + pK_b = 14.0$의 식으로 표현된다.

10.5 아민과 산의 반응이란 무엇인가?

- 아민은 강산과 정량적으로 반응하여 수용성 염을 만든다.
- 아민의 염기도와 아민염의 물에 대한 용해도는 물에 불용성이며, 비염기성 화합물과 아민을 분리할 때 사용될 수 있다.

10.6 방향족 아민은 어떻게 합성되는가?

- 아릴아민은 벤젠 고리의 나이트로기를 환원시켜 만들 수 있다.

10.7 아민은 친핵체로서 어떻게 작용하는가?

- 아민은 중간 세기를 가진 친핵체이고 **친핵성 지방족 치환 반응**에 사용될 수 있다.
- 암모니아 혹은 아민과 할로알케인과의 반응은 종종 다양한 비율로 구성된 복잡한 생성물을 만든다.

OX퀴즈

이 장에서 배운 개념들을 이해하였는지 알아보기 위해 아래 질문이 맞는지 틀린지 답하시오. 답이 틀렸거나 어렵다면, 장 끝의 문제를 풀기 전에 괄호 속에 표시한 해당 절을 복습하시오.

1. 삼차 탄소에 결합된 $—NH_2$기를 가진 아민은 삼차 아민이다. (10.1)
2. 아민과 할로알케인의 반응은 처음에는 암모늄 할로젠화물을 생성한다. (10.7)
3. 다이에틸아민을 제조하는 효과적인 방법은 암모니아와 2당량의 클로로에테인을 반응시키는 것이다. (10.7)
4. $CH_3CH_2CH_2CH_2NHCH_3$의 IUPAC명은 2-pentanamine이다. (10.2)
5. 아미노기는 친전자성 방향족 치환 반응을 통해서 벤젠 고리에 직접 도입될 수 있다. (10.6)
6. 삼차 아민은 같은 분자식을 가진 이차 아민보다 물에 대한 용해도가 클 것으로 예상된다. (10.3)
7. 아민의 pK_b 값은 그 짝산의 pK_a 값으로부터 얻을 수 있다. (10.4)
8. pK_b 값이 작을수록 더 강한 염기이다. (10.4)

9. 아민의 염기도와 아민염의 물에 대한 용해도는 물에 불용성이며 비염기성인 화합물과 아민을 분리할 때 사용될 수 있다. (10.5)

10. 방향족 아민은 지방족 아민보다 강한 염기이다. (10.4)

11. 헤테로 고리 방향족 아민은 고리 바깥쪽의 질소에 직접 결합된 아릴기를 한 개 이상 가지고 있어야 한다. (10.1)

12. 구아니딘은 짝산이 공명 안정화되어 있기 때문에 강한 중성 염기이다. (10.4)

13. 암모니아는 지방족 아민보다 다소 약한 염기이다. (10.4)

14. 아미노기는 하이드록시기보다 강한 수소 결합을 만든다. (10.3)

15. 헤테로 고리 아민은 고리와 고리에 질소 원자를 가지고 있어야 한다. (10.1)

16. 아민에서 전자 끄는 기는 염기도를 낮춘다. (10.4)

정답: (1) × (2) × (3) × (4) × (5) × (6) × (7) ○ (8) ○ (9) ○ (10) × (11) × (12) ○ (13) ○ (14) × (15) ○ (16) ○

주요 반응

1. 지방족 아민의 염기도 (10.4절)

대부분의 지방족 아민은 비슷한 염기도를 가지며(pK_b 3.0~4.0), 암모니아보다 조금 강한 염기이다.

$$CH_3NH_2 + H_2O \rightleftharpoons CH_3NH_3^+ + OH^- \quad pK_b = 3.36$$

2. 방향족 아민의 염기도 (10.4절)

방향족 아민(pK_b 9.0~10.0)은 지방족 아민에 비해 상당히 약한 염기이다. 방향족 고리와 질소 원자에 있는 비공유 전자쌍과의 상호작용은 산과의 반응에 있어서 비공유 전자쌍의 효력을 감소시킨다. 방향족 고리에 전자 끄는 기가 도입되면 $—NH_2$기의 염기도는 낮아진다.

$$C_6H_5NH_2 + H_2O \rightleftharpoons C_6H_5NH_3^+ + OH^- \quad pK_b = 9.37$$

3. 아민과 강산의 반응 (10.5절)

모든 아민은 강산과 정량적으로 반응하여 수용성 염을 생성한다.

$$C_6H_5N(CH_3)_2 + HCl \longrightarrow C_6H_5\overset{+}{N}H(CH_3)_2Cl^-$$

물에 불용성 　　　　 수용성 염

4. 방향족 $—NO_2$기의 환원 (10.6절)

방향족 고리의 $—NO_2$기는 염산과 금속으로 처리하거나 촉매 수소화를 시키면 아미노기로 환원될 수 있고, 계속해서 강염기로 처리하면 아민으로 분리된다.

$$C_6H_5NO_2 + 3H_2 \xrightarrow[(3\ atm)]{Ni} C_6H_5NH_2 + 2H_2O$$

$$m\text{-}C_6H_4(NO_2)_2 \xrightarrow[C_2H_5OH, H_2O]{Fe, HCl} m\text{-}C_6H_4(NH_3^+Cl^-)_2 \xrightarrow{NaOH, H_2O} m\text{-}C_6H_4(NH_2)_2$$

문 제

별표로 표시된 문제는 본문의 '실생활' 문제를 나타낸다. 푸른색으로 된 문제의 답은 부록 D에 있다.

구조와 명명법

10.11 다음 각 아민에 대한 구조식을 그리시오. (예제 10.2, 10.3 참조)

(a) (R)-2-Butanamine

(b) 1-Octanamine

(c) 2,2-Dimethyl-1-propanamine

(d) 1,5-Pentanediamine

(e) 2-Bromoaniline

(f) Tributylamine

(g) N,N-Dimethylaniline

(h) Benzylamine

(i) *tert*-Butylamine

(j) N-Ethylcyclohexanamine

(k) Diphenylamine

(l) Isobutylamine

10.12 다음 각 아민에 대한 구조식을 그리시오. (예제 10.2, 10.3 참조)

(a) 4-Aminobutanoic acid

(b) 2-Aminoethanol (ethanolamine)

(c) 2-Aminobenzoic acid

(d) (S)-2-Aminopropanoic acid (alanine)

(e) 4-Aminobutanal

(f) 4-Amino-2-butanone

10.13 적어도 네 개의 sp^3 혼성화된 탄소 원자를 가지고 있는 1°, 2°, 3° 아민의 예를 그리시오. 같은 기준을 적용시켜 1°, 2°, 3° 알코올의 예를 드시오. 이 두 작용기 간의 분류 체계가 어떻게 다른지 설명하시오. (예제 10.1 참조)

***10.14** 다음 각 아미노기를 일차, 이차, 삼차 그리고 지방족 또는 방향족인지를 분류하시오. (예제 10.1 참조)

(a)

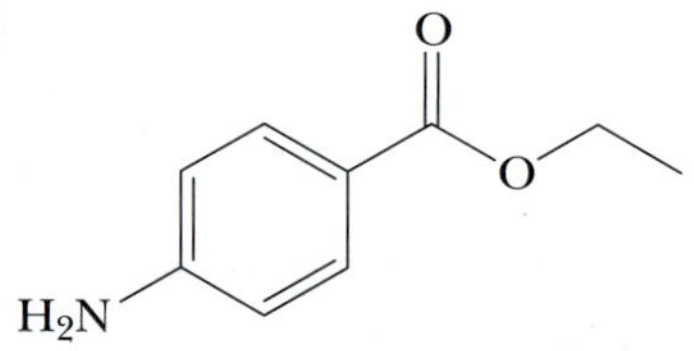

Benzocaine
(국소 마취제)

(b)

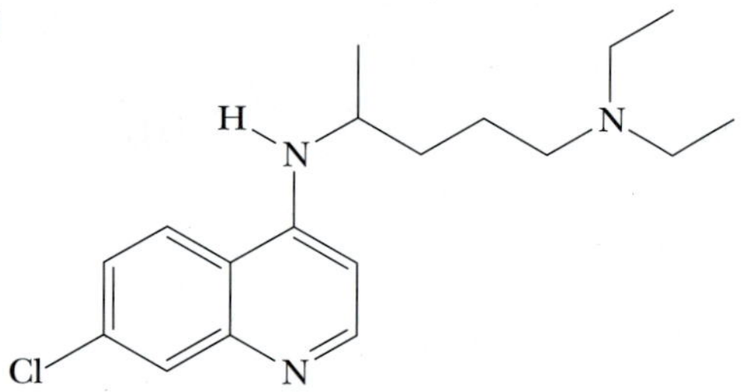

Chloroquine
(말라리아 치료제)

***10.15** 에피네프린은 부신 속질에서 분비되는 호르몬이다. 에피네프린의 작용 중에는 기관지 확장제가 있다. 천식 치료에 가장 효과적이고 널리 사용되는 Proventil®과 Salbumol®이라는 상품명으로 팔리고 있는 기관지 확장제는 Albuterol이다. Albuterol의 R 거울상 이성질체는 S 이성질체보다 천식을 치료하는 데 68배 더 효과적이다. (예제 10.1 참조)

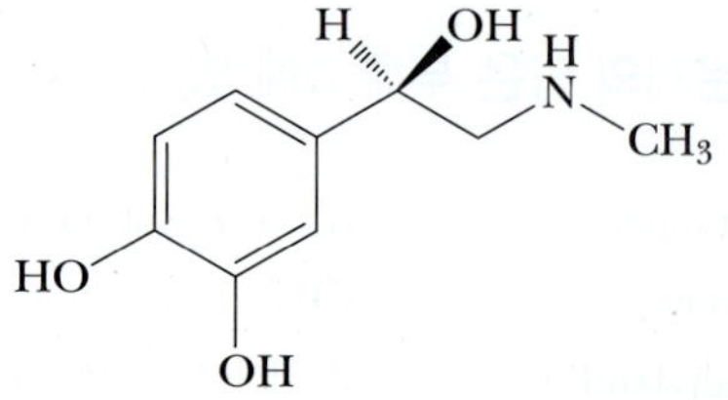

(R)-Epinephrine(Adrenaline)

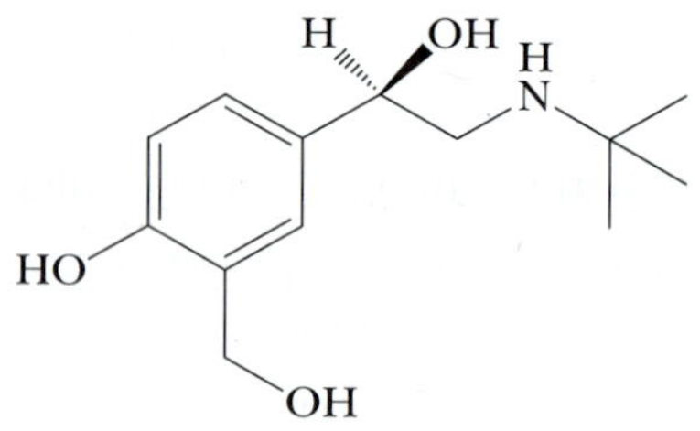

(R)-Albuterol

(a) 각 아미노기를 1차, 2차, 3차로 분류하시오.

(b) 이들 화합물의 구조식 간의 유사점과 차이점을 나열하시오.

10.16 분자식이 $C_4H_{11}N$인 화합물의 구조 이성질체는 8개가 존재한다. 이들 이성질체에 대한 구조식을 그리고, 명명하시오. 또한 각 아민을 각각 일차, 이차, 삼차로 분류하시오. (예제 10.1~10.3 참조)

10.17 주어진 분자식을 가진 각 화합물의 구조식을 그리시오. (예제 10.3 참조)

(a) 2차 아릴아민 C_7H_9N

(b) 3차 아릴아민 $C_8H_{11}N$

(c) 1차 지방족 아민 C_7H_9N

(d) 카이랄 1차 아민 $C_4H_{11}N$

(e) 3차 헤테로 고리 아민 $C_5H_{11}N$

(f) 삼치환된 1° 아릴아민 $C_9H_{13}N$

(g) 카이랄 4차 암모늄염 $C_9H_{22}NCl$

물리적 성질

10.18 Propylamine, ethylmethylamine, trimethylamine은 분자식이 C_3H_9N인 구조 이성질체들이다. (예제 10.4 참조)

$CH_3CH_2CH_2NH_2$	$CH_3CH_2NHCH_3$	$(CH_3)_3N$
bp 48°C	bp 37°C	bp 3°C
Propylamine	Ethylmethylammine	Trimethylamine

세 가지 이성질체 중에서 trimethylamine이 끓는점이 가장 낮고, propylamine이 끓는점이 가장 높은 이유를 설명하시오.

10.19 1-Butanamine이 1-butanol보다 낮은 끓는점을 갖는다는 사실을 설명하시오. (예제 10.4 참조)

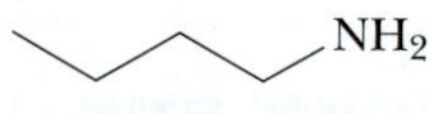

bp 78 °C
1-Butanamine

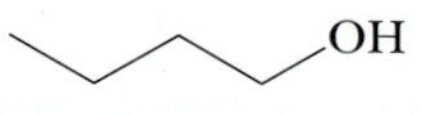

bp 117 °C
1-Butanol

***10.20** 부패된 육류에서 생성되는 고약한 냄새를 가진 화합물 퓨트리신을 2당량의 HCl로 처리하여 냄새를 제거하는 방법을 기술하시오. (예제 10.4 참조)

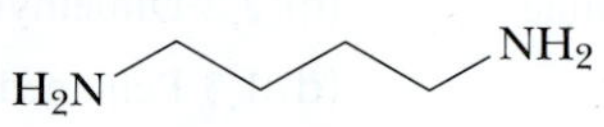

1,4-Butanediamine
(Putrescine)

아민의 염기도

10.21 아민이 알코올에 비해 더 강한 염기임을 설명하시오. (예제 10.6 참조)

10.22 다음 각 쌍의 화합물에서 더 강한 염기를 선택하시오. (예제 10.6 참조)

(a) Piperidine 와 Pyridine

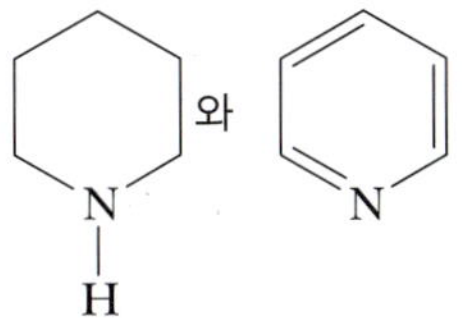

(b) Cyclohexyl–$N(CH_3)_2$ 와 Phenyl–$N(CH_3)_2$

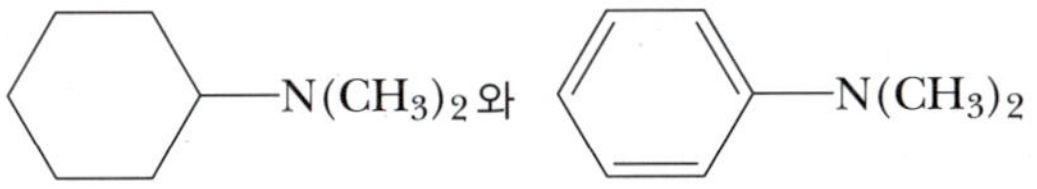

(c) 3-Methylaniline (NH_2, CH_3) 와 Benzyl–CH_2NH_2

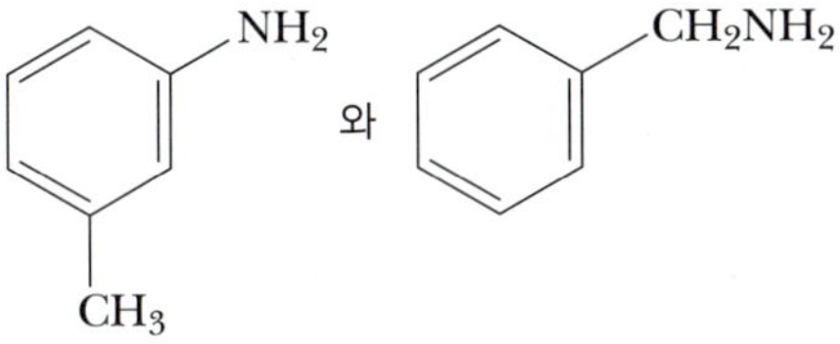

(d) O_2N–C_6H_4–NH_2 와 CH_3–C_6H_4–NH_2

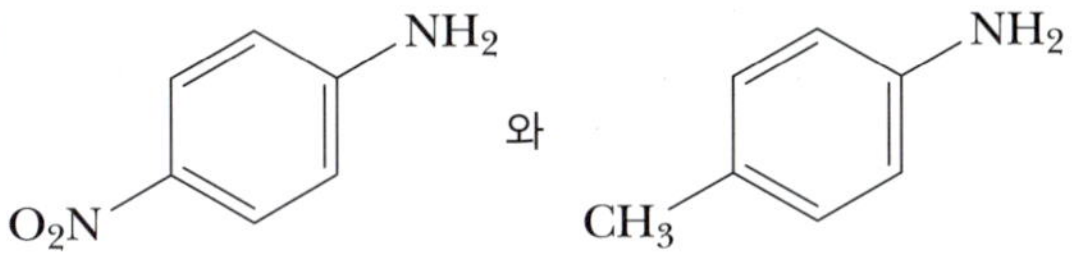

10.23 나이트로기가 방향족 아민에 치환되면 더 약한 염기가 되지만, 페놀에 치환되면 더 강한 산을 형성시킨다는 사실을 설명하시오. 예를 들어 4-nitroaniline은 aniline보다 약한 염기이지만 4-nitrophenol은 phenol보다 강한 산이다. (예제 10.6 참조)

10.24 다음 화합물의 쌍에서 더 강한 염기를 선택하시오. (예제 10.6 참조)

C_6H_5–$CH_2N(CH_3)_2$ 와 C_6H_5–$CH_2\overset{+}{N}(CH_3)_3OH^-$

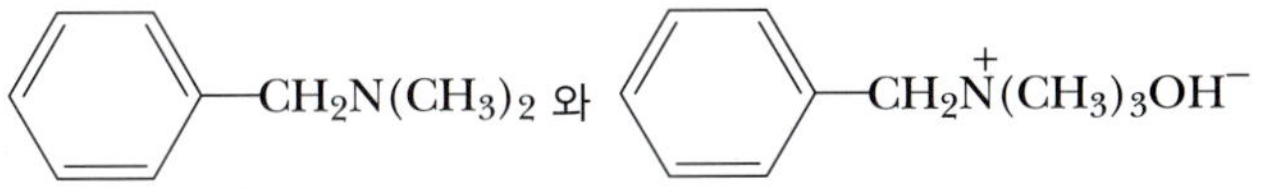

10.25 다음 산–염기 반응을 완성하고, 이들 각각에 대한 평형 위치를 예상하고, 각각의 평형 상태에서 강산과 약산에 대한 pK_a의 인용값들을 기준으로 예상한 값들을 비교해 보시오. 산 이온화 상수값들은 표 2.2(몇몇 무기산 및 유기산의 pK_a), 표 8.2(알코올의 pK_a), 9.8B절(페놀의 산도), 표 10.2 (아민의 염기 세기)를 참조한다. 이온화 상수값이 주어지지 않은 곳은 앞의 표와 해당 절로부터 얻은 자료를 이용하여 추론하시오. (예제 10.5~10.7 참조)

(a) CH_3COOH + Pyridine $\rightleftharpoons$

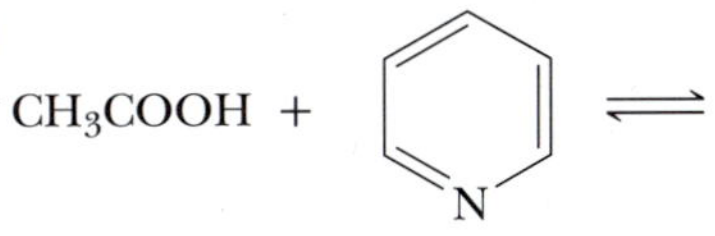

Acetic acid, Pyridine

(b) Phenol (C₆H₅OH) + $(CH_3CH_2)_3N$ $\rightleftharpoons$

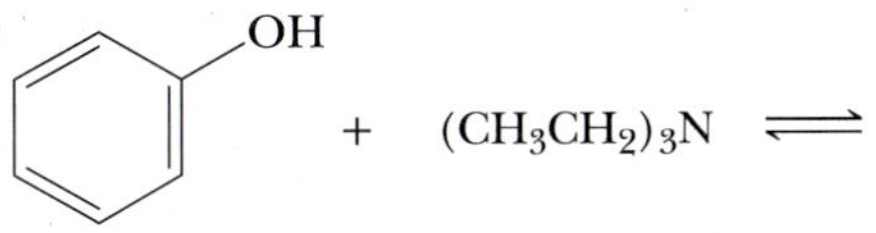

Phenol, Triethylamine

(c) $PhCH_2CH(CH_3)NH_2$ + $CH_3CH(OH)COOH$ $\rightleftharpoons$

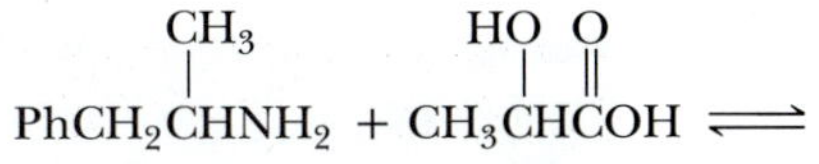

1-Phenyl-2-propanamine (Amphetamine), 2-Hydroxypropanoic acid (Lactic acid)

(d) $PhCH_2CH(CH_3)NHCH_3$ + CH_3COOH $\rightleftharpoons$

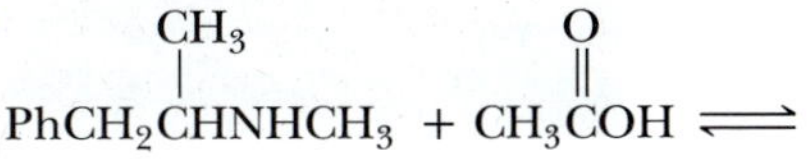

Methamphetamine, Acetic acid

10.26 Morpholinium 이온의 pK_a는 8.33이다.

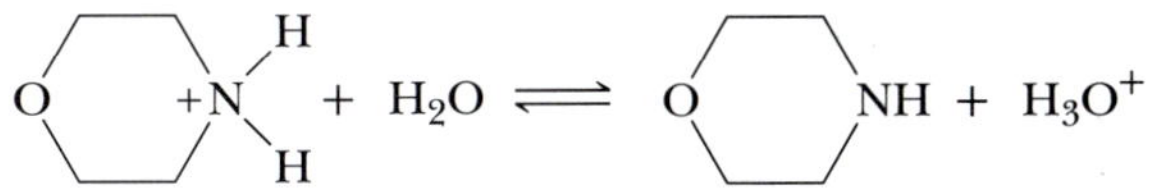

Morpholinium 이온 ($\overset{+}{N}H_2$) + H_2O $\rightleftharpoons$ Morpholine (NH) + H_3O^+

Morpholinium 이온 pK_a = 8.33; Morpholine

(a) pH가 7.0인 수용액에서 morpholinium 이온에 대한 morphiline의 비율을 계산하시오.

(b) Morphiline과 morpholinium 이온의 농도가 평형을 이룰 수 있는 pH는 얼마인가?

***10.27** Amphetamine(예제 10.2e)의 pK_b는 대략 3.2이다. 혈장의 pH 값인 pH 7.4에서 짝산에 대한 amphetamine의 비율을 계산하시오.

10.28 위산에 존재하는 것과 같은 pH 1.0에서 짝산에 대한 amphetamine의 비율을 계산하시오.

***10.29** 다음은 바이타민 B_6의 한 형태인 pyridoxamine의 구조식이다. (예제 10.6, 10.7 참조)

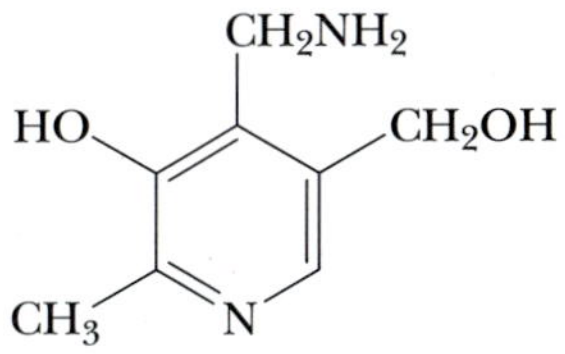

Pyridine ring with CH_2NH_2, HO, CH_2OH, CH_3, N

Pyridoxamine
(바이타민 B_6)

(a) Pyridoxamine의 어느 질소 원자가 강한 염기인가?

(b) Pyridoxamine을 1 mol의 HCl로 처리할 때 생성되는 염산염의 구조식을 그리시오.

***10.30** Epibatidine은 Epipedobates tricolor라 불리는 Ecuadorian 독 개구리의 피부에서 분리되는 무색의 기름으로서 morphine의 진통제 효능의 몇 배를 가지고 있다. 이것은 자연에서 분리된 최초의 염소 원자를 가진 비아편성 진통제이다. (예제 10.6 참조)

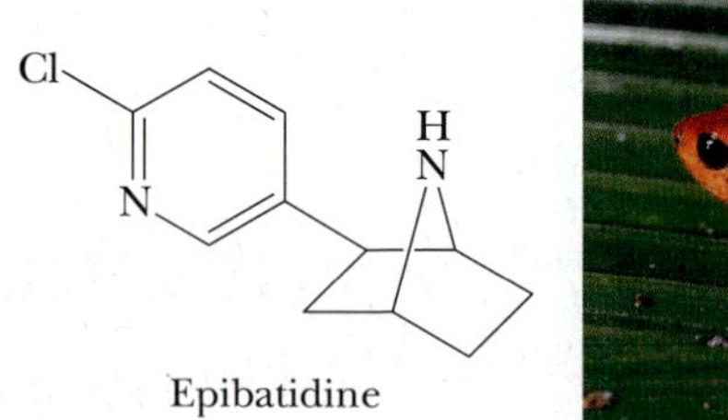

Epibatidine

독화살 개구리

Stephen J. Krasemann/Photo Researchers

(a) Epibatidine의 두 개의 질소 원자 중 어느 것이 더 강한 염기인가?

(b) 이 분자들의 모든 입체 중심을 표시하시오.

***10.31** Procaine은 최초의 침윤이나 국소 마취에 대한 국소 마취제 중의 하나이다. (예제 10.6, 10.7 참조)

Procaine

Procaine의 염산염은 Novocaine®이란 상품으로 판매되고 있다.

(a) Procaine의 어떤 질소 원자가 더 강한 염기인가?

(b) Procaine을 1 mol의 HCl로 처리하면 생성되는 염의 구조식을 그리시오.

(c) Procaine은 카이랄인가? Novocaine의 수용액은 광학적 활성인가, 비활성인가?

***10.32** Trimethylamine을 2-chloroethyl acetate로 처리하면 신경 전달 물질인 acetylcholine이 생성된다(예제 10.7 참조).

$$(CH_3)_3N + CH_3\overset{O}{\overset{\|}{C}}OCH_2CH_2Cl \longrightarrow C_7H_{16}ClNO_2$$

Acetylcholine chloride

이 사차 암모늄염의 구조식을 그리고, 그것의 생성 메커니즘을 설명하시오.

10.33 아닐린은 나이트로벤젠의 촉매 환원으로 합성된다.

$$C_6H_5{-}NO_2 \xrightarrow[Ni]{H_2} C_6H_5{-}NH_2$$

반응하지 않은 나이트로벤젠으로부터 아닐린을 분리시키기 위한 아닐린의 염기도에 근거한 화학적인 과정을 고안하시오.

10.34 당신이 다음 세 가지 화합물을 가지고 있다고 가정해 보자.

4-Nitrotoluene (p-Nitrotoluene)

4-Methylaniline (p-Toluidine)

4-Methylphenol (p-Cresol)

각각을 순수한 형태로 분리 및 격리하기 위해 그들의 산도 혹은 염기도에 근거한 화학적인 과정을 고안하시오.

***10.35** 다음은 항생제 Glucophase®로 시판되는 물질의 염산염인 metfromin의 구조식이다.

Metformin

Metformin은 두 가지 형태의 당뇨병 치료를 위해 1995년에 미국에서 임상의학으로 도입되었다. 2000년에는 이 약에 대해 2500만 이상의 처방전으로 사용되었으며, 국내에서 당뇨병 치료 유명 상품으로 통상적으로 처방하게 하였다.

(a) Glucophase®의 구조식을 그리시오.

(b) Glucophase®이 물에 녹는지, 녹지 않는지를 예측하시오. 혈장에 녹는지, 녹지 않는지를 예측하시오. Diethyl ether에 녹는지, 녹지 않는지를 예측하시오. 또한 dichloromethane에는? 그 이유에 대해 설명하시오.

합성

***10.36** 4-Aminophenol은 진통제인 acetaminophen의 합성 성분이다. 이 성분이 페놀로부터 어떤 두 단계를 거쳐 합성되는지 보이시오(15장에서 acetaminophen의 완결된 합성 과정을 보일 것이다).

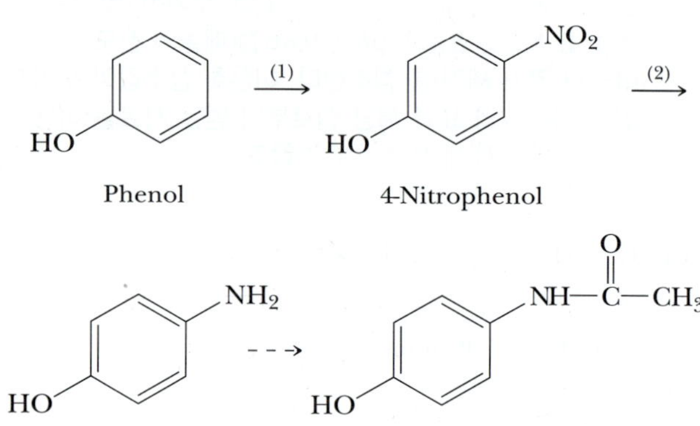

***10.37** 4-Aminobenzoic acid는 국소 마취제인 benzocaine의 합성 성분이다. 이 성분이 톨루엔으로부터 어떤 세 단계를 거쳐 합성되는지 보이시오(15장에서 benzocaine의 완결된 합성 과정을 보일 것이다). (예제 10.9 참조)

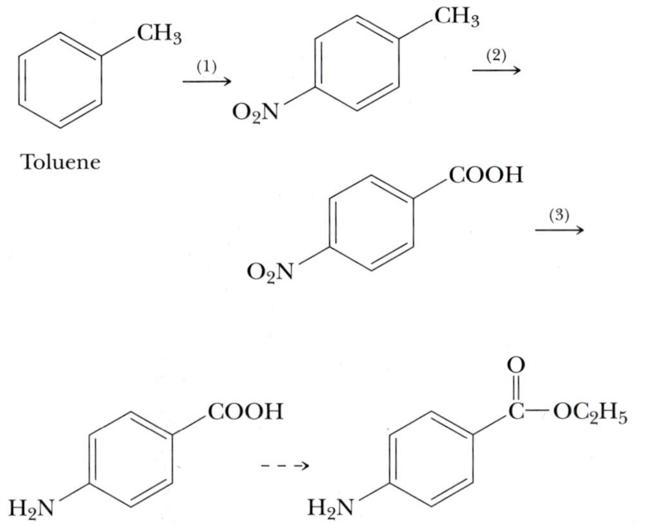

CH_3 (1) → O_2N, CH_3 (2) →

Toluene

$COOH$ (3) → O_2N

$COOH$ - - → O, $C—OC_2H_5$

H_2N H_2N

4-Aminobenzoic acid

Ethyl 4-aminobenzoate (Benzocaine)

***10.38** 4-Amino-5-nitrosalicylic acid는 'caine' 마취제 계열 중의 하나인 propoxycaine의 합성 성분 중 하나이다. 국소 마취제 계열의 다른 것들은 procaine(Novacaine®), lidocaine (Xylocaine®) 및 mepivicaine(Carbocaine®)이다. 4-Amino-5-nitrosalicylic acid는 salicylic acid로부터 세 단계로 합성된다.

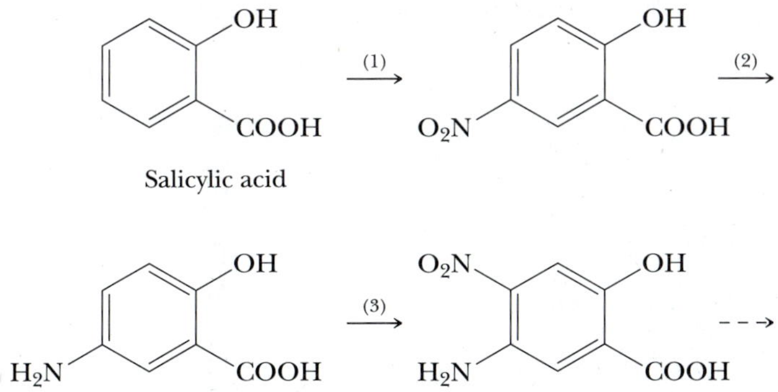

OH, COOH (1) → OH, O_2N, COOH (2) →

Salicylic acid

OH, H_2N, COOH (3) → O_2N, OH, H_2N, COOH - - →

4-Amino-5-nitrosalicylic acid

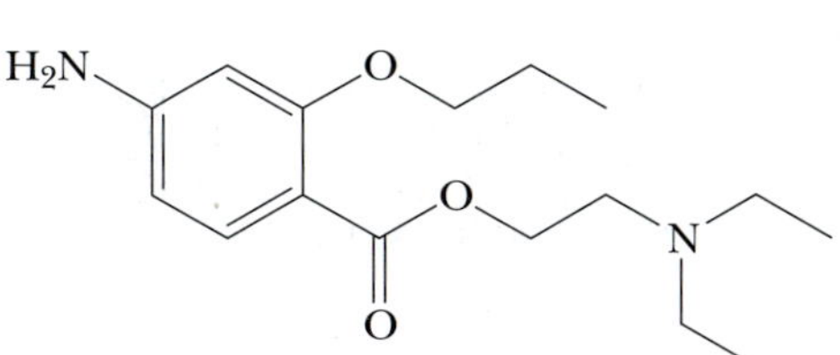

H_2N, O, O, N, O

Propoxycaine

4-Amino-5-nitrosalicylic acid의 합성에 필요한 시약들을 보이시오. (예제 10.9 참조)

***10.39** Propoxycaine의 두 번째 합성 성분은 2-diethylamino ethanol이다.

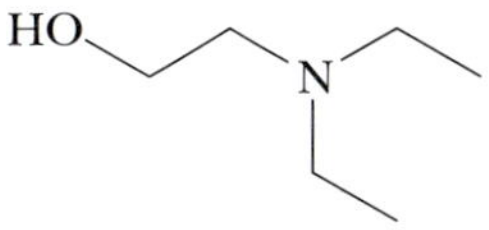

HO, N

2-Diethylaminoethanol

이 화합물이 ethylene oxide와 diethylamine으로부터 어떻게 합성되는지 보이시오.

***10.40** 다음은 고혈압 치료약인 propranolol의 두 단계 합성 과정이다. 이 약은 혈관 확장 작용을 하는 베타 수용체 차단제이다.

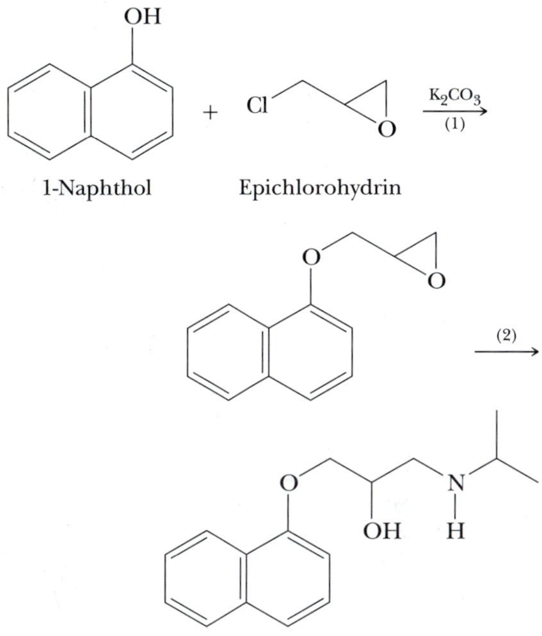

OH + Cl, O $\xrightarrow[(1)]{K_2CO_3}$

1-Naphthol

Epichlorohydrin

O, O (2) →

O, OH, N, H

Propranolol (Cardinol)

Propranolol과 다른 베타 수용체 차단제는 고혈압, 편두통, 녹내장, 심장병, 심장성의 부정맥을 치료하는 데 효과적이기 때문에 임상적 주목을 매우 많이 받고 있다. Propranolol의 염산염은 적어도 30가지의 상품명으로 시판되고 있다. 그중 하나가 Cardinol®이다.

(a) 1단계에서 potassium carbonate의 작용은 무엇인가? 이 단계에서 새로운 산소-탄소 결합의 형성 메커니즘을 제안하시오.

(b) 2단계를 일으키는 데 사용된 아민을 명명하시오. 그리고 이 단계에 대한 메커니즘을 제안하시오.

(c) Propranolol은 카이랄인가? 만약 그렇다면 몇 개의 입체 중심이 존재하는가?

***10.41** 처방전 없이 살 수 있는 진통제인 phenacetin의 구성 성분인 4-ethoxyaniline은 페놀로부터 세 단계를 거쳐 합성된다. (예제 10.9 참조)

HO (1) → O (2) → NO_2 O (3) → NH_2 O - - →

4-Ethoxyaniline

H N O O

Phenacetin

4-Ethoxyaniline의 합성의 각 단계에서 필요한 시약들을 쓰시오(14장에서 이 합성의 완성시키는 것을 보일 것이다).

***10.42** 방사선 화상 약품은 신체보다 더 강하게 X선을 흡수하며 구강으로 혹은 정맥 주사로 공급되는 물질이다. 이들 약품으로 알려진 최고 중 하나가 위장관의 화상 진찰에 사용되는 '바륨 칵테일'에서 가장 중요한 원료인 황산 바륨이다. 다른 X선 화상 약품 중 하나가 소위 triiodoaromatics이다. 상품명 Angiografin®, Gastrografin®, Cardiografin®, Cholo-grafin®, Renografin® 및 Urografin®의 선택으로부터 그들이 사용되는 화상 약품의 종류에 대한 아이디어를 얻을 수 있다. 가장 일반적인 triiodoaromatics는 아래 세 가지의 triiodobenzene-carboxylic acid이다. (예제 10.9 참조)

COOH I I NH_2 I

3-Amino-2,4,6-triiodobenzoic acid

COOH I I H_2N NH_2 I

3,5-Diamino-2,4,6-triiodobenzoic acid

COOH I I H_2N COOH I

5-Amino-2,4,6-triiodoisophthalic acid

3-Amino-2,4,6-triiodobenzoic acid는 벤조산으로부터 3단계로 합성된다.

COOH (1) → COOH NO_2 (2) →

COOH NH_2 ICl (3) → COOH I I NH_2 I

3-Amino-benzoic acid

3-Amino-2,4,6-triiodobenzoic acid

(a) (1), (2) 단계에서 필요한 시약을 보이시오.

(b) Iodine monochloride(ICl)는 녹는점이 27.2℃이고 끓는점이 97℃인 검은색의 결정성 고체이며, 같은 몰량의 I_2와 Cl_2를 혼합하여 제조한다. 이 시약에 의한 3-aminobenzoic acid의 아이오딘화에 대한 메커니즘을 제시하시오.

(c) 벤조산으로부터 3,5-diamino-2,4,6-triiodobenzoic acid를 어떻게 합성하는지 보이시오.

(d) Isophthalic acid(1,3-benzenedicarboxylic acid)로부터 5-amino-2,4,6-triiodoisophthalic acid를 어떻게 합성하는지 보이시오.

***10.43** 정맥 마취제인 propofol은 페놀로부터 네 단계로 합성된다. (예제 10.9 참조)

OH (1) → OH NO_2 (2) → OH NO_2 (3) →

Phenol

OH NH_2 (4) - - → OH

4-Amino-2,6-diisopropylphenol

Propofol

(1)~(3) 단계에서 필요한 시약을 보이시오.

화학적 변환

10.44 다음 화학 반응식을 완성하여 지금까지 습득한 반응에 대한 지식을 확인하시오. **주의**: 한 단계 이상이 필요한 것들이 있다. (예제 10.9 참조)

(a) OH ⟶ NH_2

(b) ⟶ CH_3O, COOH

(c) NH_2 ⟶ $\overset{+}{N}H_3$ Cl^-

(d) ⟶ Cl, NH_2

(e) NO_2 ⟶ NO_2, Cl, Br

(f) OH ⟶ Br, O

(g) ⟶ $\overset{+}{N}H_3$ Br^-

(h) ⟶ COOH, Cl, NH_2

(i) ⟶ H, N, OH

(j) ⟶ O, HO, NH_2

(k) ⟶ Cl, $^+N(CH_3)_3Cl^-$

(l) ⟶ OH, Br, NH

발전 학습

10.45 다음 화합물에서 질소 원자의 혼성을 기술하시오.

(a)

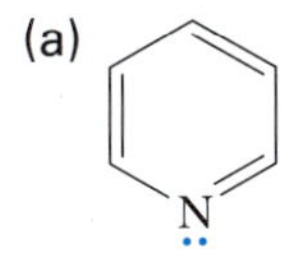

(b)

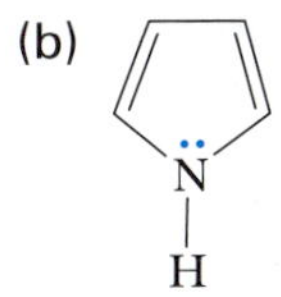

(c)

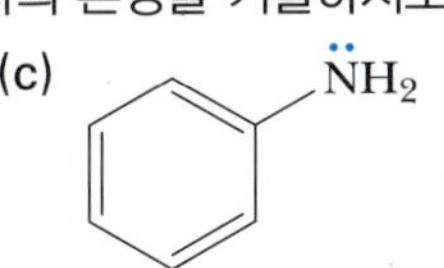

(d) O, CH_3, N, CH_3, CH_3

10.46 아민은 친핵체이다. 다음 화합물들에서 아민의 질소 원자에 의해 가장 공격을 받기 쉬운 원자에 동그라미를 표시하시오.

(a)

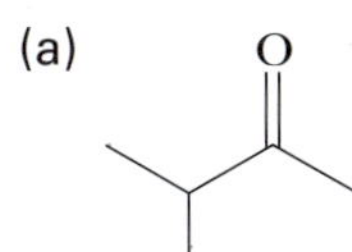

(b)

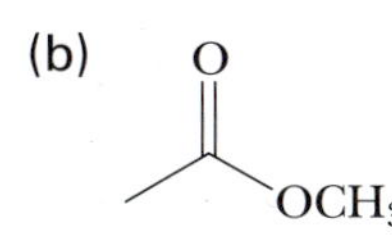

(c) Cl, Br

10.47 고리나 알켄(탄소－탄소 이중 결합)을 갖지 않은 C_3H_7N의 분자식을 가지는 분자에 대한 Lewis 구조식을 그리시오.

10.48 다음 이탈기들을 좋은 것부터 나쁜 것의 순서로 순위를 정하시오.

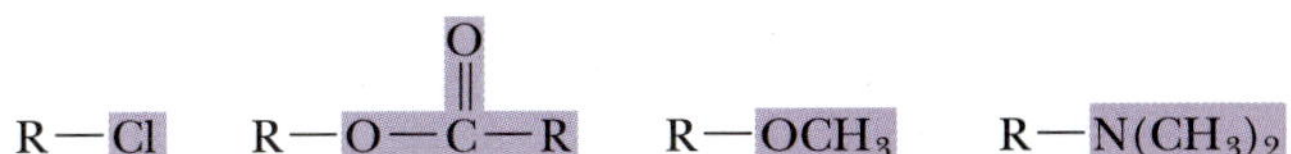

그룹 학습 활동

10.49 —NH_2가 —OH보다 왜 더 강한 염기성을 보이는지 토론하시오. 두 염기의 염기성이 말단 알카인으로부터 정량적으로(100%) 수소를 제거할 수 있을 만큼 강한가? 왜 그 이유는?

10.50 유기 분자에 있는 원자의 염기도에 영향을 줄 수 있는 모든 인자들을 나열하시오. 그리고 산도, 친핵성, 이탈기로서의 능력에 대해서도 똑같이 하시오. 어느 인자가 네 가지 성질에 공통적으로 작용하는가? 각각에 대해 좋거나 강한 예(예를 들면 강염기, 좋은 친핵체 등)를 가진 분자를 제시하시오. 그리고 약한 예에 대해서 똑같이 하시오.

10.51 아민의 질소와 아마이드의 질소의 염기도를 비교하시오.

종합 문제

아래 문제들은 7~10장까지의 개념과 문제들을 모은 것이다. 관점이 이번 단원에 있더라도 이 문제는 이전까지 토의되었던 내용에 기반을 두고 있다.

다음 질문에 가장 적합한 답을 고르시오.

1. 다음 아민들을 끓는점이 증가하는 순서대로 바르게 나열한 것은?

A CH_3CH_2—N—H (N에 CH_3) **B** $CH_3CH_2CH_2$ **C** CH_3—N—CH_3 (N에 CH_3)

(a) **A, B, C** (b) **C, B, A** (c) **B, C, A** (d) **B, A, C** (e) **C, A, B**

2. 다음 두 분자에 대한 설명으로 옳은 것은 어느 것인가?

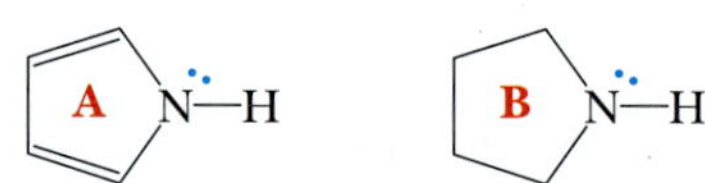

(a) **A**와 **B**는 모두 방향족이다.
(b) **A**와 **B**는 모두 지방족 아민이다.
(c) **A**와 **B**에 있는 질소 원자는 모두 sp^3 혼성화된다.
(d) **B**가 **A**보다 강한 염기이다.
(e) **A**와 **B**는 모두 평면 구조이다.

3. 다음 반응을 진행시키는 데 필요한 시약은 어느 것인가?

(a) 1.HBr 2. H_2SO_4
(b) 1.H_2SO_4, H_2O 2. PCC
(c) 1.HCl 2. $SOCl_2$
(d) 1.H_3PO_4, H_2O 2. H_2CrO_4
(e) 이들 중 하나 이상은 변환을 이룰 것이다.

4. 다음 염기를 가장 강한 것에서 약한 것의 순서로 바르게 나열한 것은?

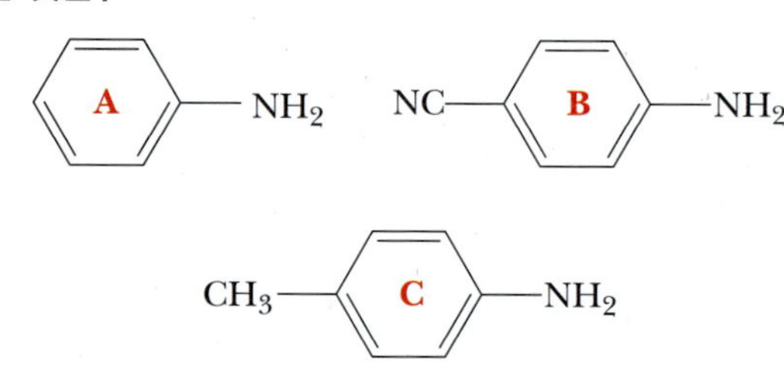

(a) **A, B, C** (b) **B, C, A** (c) **C, A, B**
(d) **A, C, B** (e) **B, A, C**

5. 다음 제거 반응에서 몇 가지 생성물이 얻어지는가?

Br, H

$\xrightarrow[HOCH_2CH_3]{NaOCH_2CH_3}$

(a) 1가지 (b) 2가지 (c) 3가지 (d) 4가지 (e) 5가지

6. 다음의 반응을 진행시키는 데 필요한 시약들은 무엇인가?

OH ⟶ O, H

(a) 1. HCl 2. RCO_3H
(b) 1. $SOCl_2$ 2. RCO_3H
(c) 1. Na 2. RCO_3H
(d) 1. H_3PO_4 2. RCO_3H
(e) 1. H_2CrO_4 2. RCO_3H

7. 다음 상황을 고려하시오. 페놀을 포함한 에터 용액과 중성 화합물이 30% 탄산수소 소듐으로 추출되었다. 그다음 30% NaOH로 에터 용액을 추출하였다. 끝으로 증류수로 에터 용액을 추출하였다. 페놀을 포함한 용액을 고르시오.

(a) 30% 탄산수소 소듐 용액

(b) 30% NaOH 용액

(c) 에터

(d) 증류수

(e) 결정할 수 있는 정보가 부족하다.

8. 다음 두 분자에 대한 설명 중 맞는 것은 어느 것인가?

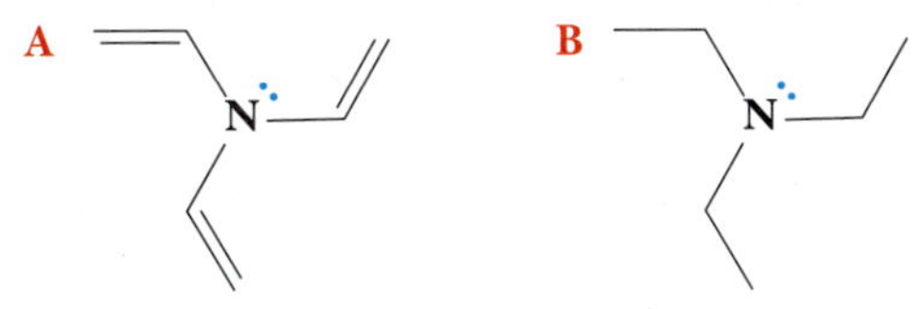

(a) 둘 다 방향족이다.

(b) 한 분자만이 아민이다.

(c) **B**가 **A**보다 극성이 강하다.

(d) **A**가 **B**보다 염기성이 강하다.

(e) 모든 설명이 다 맞다.

9. S_N2 반응을 가장 잘 일으킬 수 있는 시약의 조합은 어느 것인가?

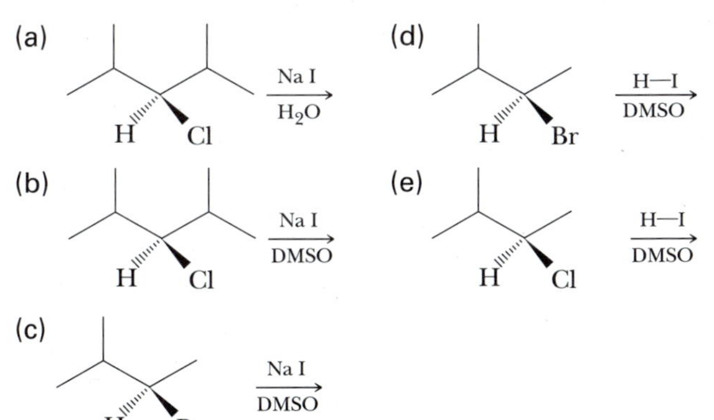

10. 다음 반응을 진행시키는 데 필요한 시약들은 어느 것인가?

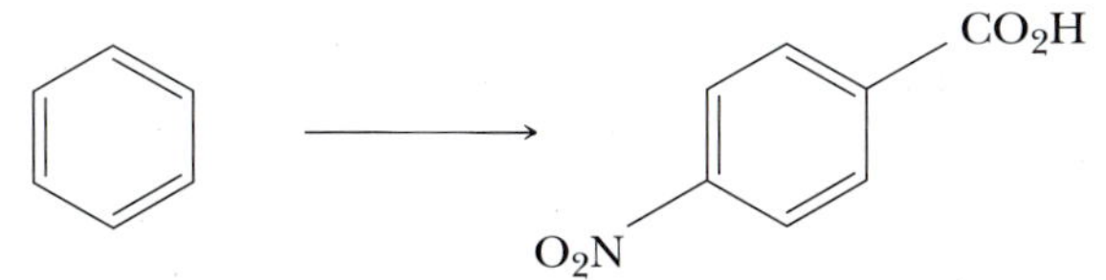

(a) 1. $CH_3Br/FeBr_3$
2. H_2SO_4/HNO_3
3. H_2CrO_4

(b) 1. H_2SO_4/HNO_3
2. H_2CrO_4
3. $CH_3Br/FeBr_3$

(c) 1. $H_2SO_4/K_2Cr_2O_4$
2. $CH_3Br/FeBr_3$
3. H_2SO_4/HNO_3

(d) 1. $CH_3Br/FeBr_3$
2. H_2CrO_4
3. H_2SO_4/HNO_3

(e) 1. H_2SO_4/HNO_3
2. $CH_3Br/FeBr_3$
3. H_2CrO_4

11. 아릴 아민 **A**와 **B** 중 염기성이 더 강한 것을 고르고, 그 결정에 합당한 이유를 말하시오.

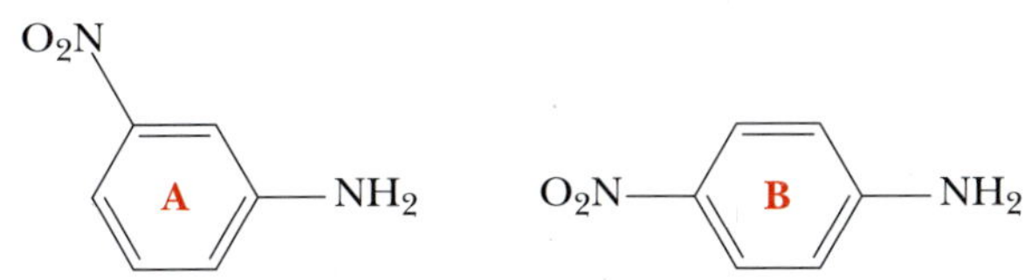

12. 잠두(Vicia faba)로부터 얻어지며 항균성을 가진 것으로 알려진 Wyerone 화합물에 대한 다음 질문에 답하시오.

OCH3
O
O
O

Wyerone

(a) 물에 녹는 화합물인지 예측하시오.

(b) 화합물에 몇 개의 입체 이성질체가 존재하는가?

(c) 이 분자는 카이랄인가?

(d) CH_2Cl_2 용액에서 Wyerone과 반응하는 데 몇 당량의 Br_2가 필요한가?

13. 다음 화합물의 IUPAC명을 쓰시오.

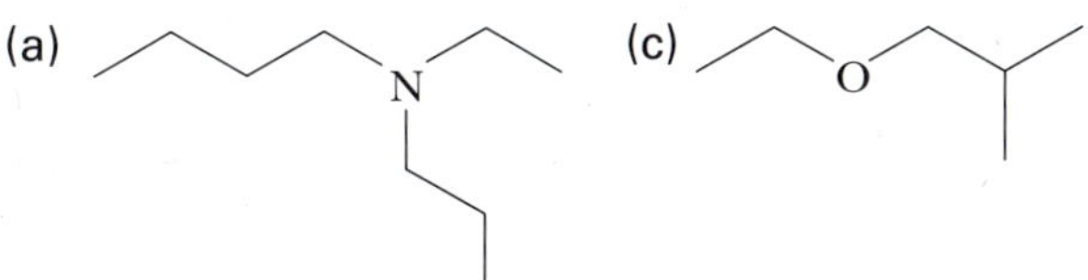

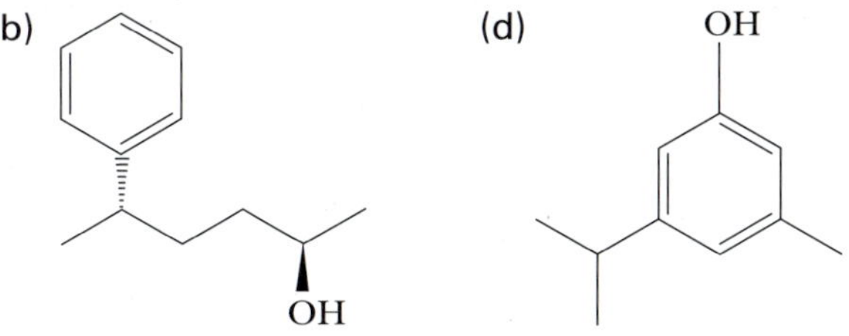

14. 밝게 표시된 양성자 **A**와 **B** 중에서 더 강한 산을 고르고, 그 이유를 설명하시오.

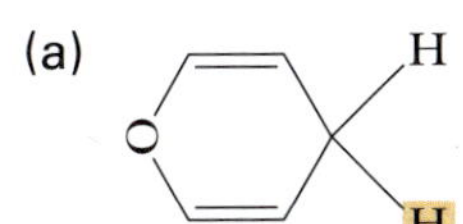

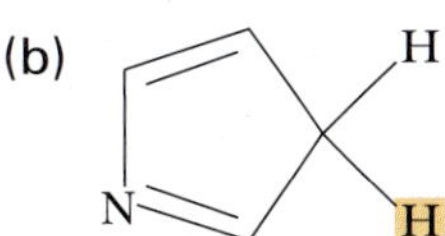

15. 다음 표기에서 가장 잘 맞는 답을 선택하고, 그 선택에 대한 설명을 제시하시오.

(a) 가장 좋은 친핵체

(b) 가장 좋은 이탈기

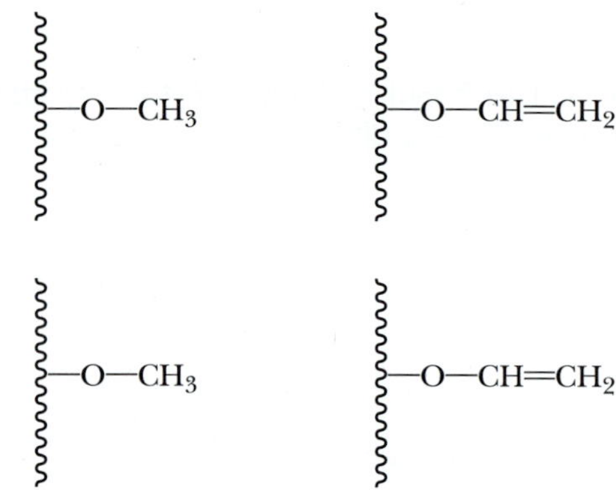

16. 다음 반응의 메커니즘을 제시하시오. 모든 구조식과 중간체 구조식에 전하와 고립 전자쌍을 나타내시오.

H—Br

17. 다음 친핵성 치환 반응이 진행되었을 때, 주생성물은 아래에 나타낸, 원하는 생성물 분자식인 $C_5H_{13}N$이 아닌 $C_{13}H_{30}N$의 분자식을 가지는 것으로 나타났다. 주생성물의 구조를 나타내고, 또한 원하는 생성물 이상으로 반응이 일어나는지 설명하시오.

Br + CH_3NH_2 ⇸ NHCH$_3$

18. 다음 화학적 변환을 완성하시오.

(a)

이 거울상 이성질체가 **유일한** 생성물이다.

(b)

(c) (라셈)

(d) H_2SO_4

19. 다음 반응의 메커니즘을 제시하시오. 모든 구조식과 중간체 구조식에 전하와 고립 전자쌍을 나타내시오.

H_2SO_4

20. 다음 각 반응에서 주생성물 또는 다른 생성물을 예측하시오. 답을 고를 때 입체 화학을 고려하시오.

(a) Na^+OH^- / H_2O

(b) H_2CrO_4 (xs)

(c) H_2SO_4 / Δ

(d) PCC / CH_2Cl_2

(e) H_2SO_4 / HNO_3(2당량)

21. 다음 반응에 대한 메커니즘을 제시하시오. 구조식과 모든 중간체의 구조식에 전하와 비공유 전자쌍을 나타내시오.

CH_3CH_2OH

11 분광학

적외선과 핵자기 공명 영상은 인체의 의료 영상용 기술 중 대표적인 두 가지의 비침습적 방법이다. 관상 동맥 질환(CAD)이 있는 심장의 적외선(위)과 자기 공명(아래) 영상의 모습이다. 삽화: 산소와 결합하는 단백질 헤모글로빈의 일부인 헴(heme)의 모형. 막힌 동맥 내부에서는 산소와 결합이 제거된 헤모글로빈이 높은 수준으로 존재하는데, 적외선 기법으로 이를 검출할 수 있다.

화합물의 분자 구조를 결정하는 것은 과학에서 중요한 과제이다. 예를 들어 환자에게 사용할 의약품이 허가를 받으려면 해당 의약품의 구조가 반드시 알려져야 한다. 생물공학과 제약 산업에서는 화합물의 구조를 이해함으로써 전망이 유망한 치료법을 제시할 수도 있다. 유기 화학에서는 한 화합물을 반응 물질 혹은 전구 물질로 사용하기 위해 해당 화합물의 구조를 아는 것이 필수적이다.

화학자들은 화합물의 구조를 결정하기 위하여 거의 전적으로 기기 분석법에 의존하고 있다. 이러한 분석법 중 다수는 전자기 복사와 물질의 상호 작용인 **분광학**(spectroscopy)을 이용하는데, 이 장에서는 적외선(IR) 분광학과 핵자기 공명 분광학[nuclear magnetic resonance(NMR) spectroscopy]이라는 두 가지 종류의 분광학을 공부하게 될 것이다. 일반적으로 사용되는 이 두 가지 기술은 화합물의 구조에 대한 풍부한 정보를 제공한다. 하지만 이러한 기술들을 논의하기 전에, 우선 전자기 복사에 대한 기초를 살펴보아야 한다.

분광학 전자기 복사와 물질의 상호 작용

11.1 전자기 복사란 무엇인가?

전자기 복사 복사 에너지를 지닌 빛의 형태

파장(λ) 파동에서 한 지점으로부터 동일한 다음 지점까지의 거리

진동수(ν) 공간의 한 지점을 1초 동안 통과하는 파동의 사이클 수

헤르츠(Hz) 파동의 진동수를 표시하는 단위. s^{-1} (초의 역수라 읽음)

감마선, X선, 자외선, 가시광선, 적외선, 마이크로파 및 라디오파 등은 모두 전자기 스펙트럼(electromagnetic spectrum)의 일부이다. **전자기 복사**(electromagnetic radiation)는 빛의 속도로 움직이는 파동처럼 행동하기 때문에, 전자기 복사는 파장과 진동수라는 용어로 기술된다. 표 11.1은 전자기 스펙트럼의 몇 가지 영역에 대한 파장, 진동수 및 에너지 값들을 보여 주고 있다.

파장(wavelength)은 파동에서 한 지점으로부터 동일한 다음 지점까지의 거리를 말한다. 파장은 기호 λ(그리스 소문자 '람다')로 표기하며, 일반적으로는 SI 단위인 미터(meter) 단위로 표현한다. 파장을 표현하기 위해 사용되는 다른 단위들은 표 11.2에 수록하였다.

진동수(frequency)는 공간의 한 지점을 1초 동안 통과하는 파동의 사이클 수를 말한다. 진동수는 기호 ν(그리스 문자 '누')로 표기하며, **헤르츠**(hertz, Hz) 단위로 표현하는데, 이는 초의 역수(s^{-1})를 단위로 나타낸 것이다. 파장과 진동수는 반비례 관계에 있으며, 다음 관계식을 사용하면 파장으로부터 진동수를, 또는 진동수로부터 파장을 계산할 수 있다.

$$\nu\lambda = c$$

표 11.1 전자기 스펙트럼의 몇 가지 영역에 대한 파장, 진동수 및 에너지

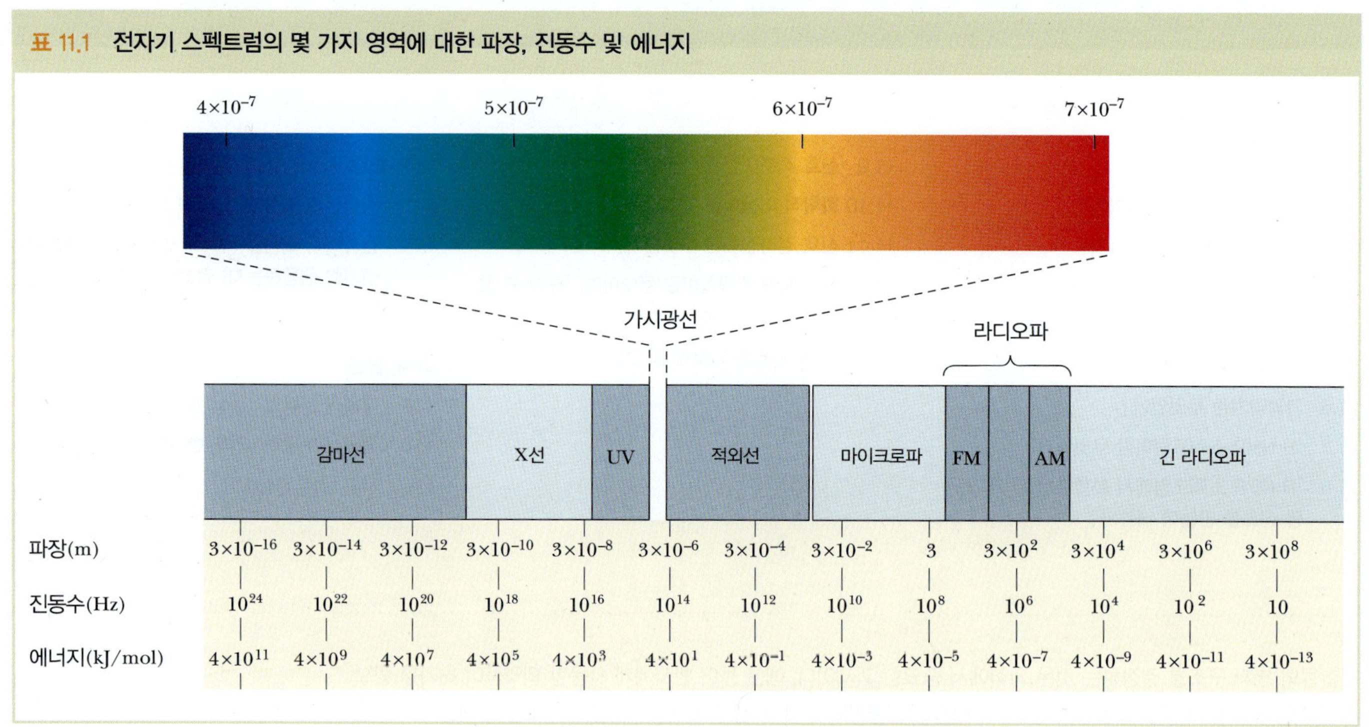

파장(m)	3×10^{-16}	3×10^{-14}	3×10^{-12}	3×10^{-10}	3×10^{-8}	3×10^{-6}	3×10^{-4}	3×10^{-2}	3	3×10^{2}	3×10^{4}	3×10^{6}	3×10^{8}
진동수(Hz)	10^{24}	10^{22}	10^{20}	10^{18}	10^{16}	10^{14}	10^{12}	10^{10}	10^{8}	10^{6}	10^{4}	10^{2}	10
에너지(kJ/mol)	4×10^{11}	4×10^{9}	4×10^{7}	4×10^{5}	4×10^{3}	4×10^{1}	4×10^{-1}	4×10^{-3}	4×10^{-5}	4×10^{-7}	4×10^{-9}	4×10^{-11}	4×10^{-13}

표 11.2 파장(λ)을 표현하기 위해 사용되는 일반적인 단위

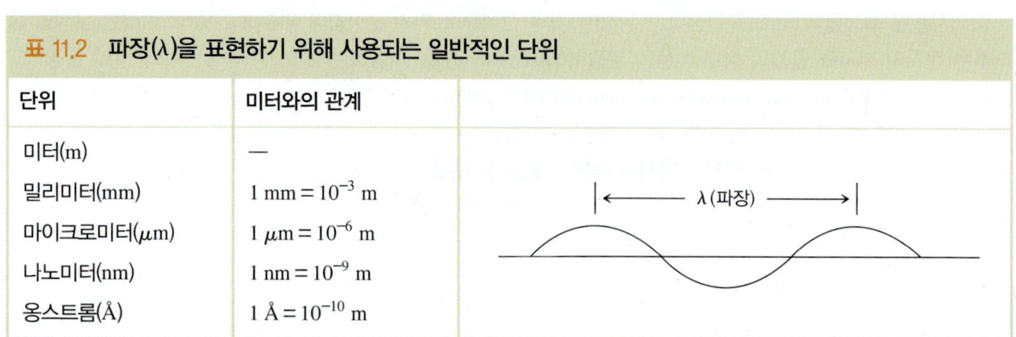

단위	미터와의 관계
미터(m)	—
밀리미터(mm)	$1\ mm = 10^{-3}\ m$
마이크로미터(μm)	$1\ \mu m = 10^{-6}\ m$
나노미터(nm)	$1\ nm = 10^{-9}\ m$
옹스트롬(Å)	$1\ Å = 10^{-10}\ m$

여기에서 ν는 헤르츠 단위를 갖는 진동수이며, c는 빛의 속도(3.00×10^8 m/s), λ는 미터 단위를 갖는 파장이다. 예를 들어 열복사라고도 불리는 적외선의 파장이 1.5×10^{-5} m인 경우, 이 복사선의 진동수는 다음과 같다.

$$\nu = \frac{3.0 \times 10^8 \text{ m/s}}{1.5 \times 10^{-5} \text{ m}} = 2.0 \times 10^{13} \text{ Hz}$$

전자기 복사는 **광자**(photon)라고 하는 입자들의 흐름이라고 설명할 수도 있다. 1 mol의 광자가 갖는 에너지와 복사 진동수는 다음과 같은 관계식을 따른다.

$$E = h\nu = h\frac{c}{\lambda}$$

이 식은 전자기 복사가 에너지의 형태임을 보여 준다. 분자들은 다양한 종류의 전자기 복사로부터 에너지를 흡수하며 다양한 방식으로 상호작용한다는 것을 살펴보게 될 것이다.

여기에서 E는 kJ/mol 단위를 갖는 에너지이며, h는 Planck 상수[3.99×10^{-13} kJ · s · mol^{-1} (9.54×10^{-14} kcal · s · mol^{-1})]이다. 이 식으로부터 파장이 짧은 파동은 높은 복사 에너지를 가지며, 파장이 긴 파동은 낮은 복사 에너지를 가짐을 알 수 있다. 따라서 파장이 더 짧은(약 10^{-7} m) 자외선은 파장이 더 긴(약 10^{-5} m) 적외선에 비해 에너지가 더 높다.

예제 11.1

파장이 2.50 μm인 파동의 에너지(kcal/mol)를 계산하시오. 이 복사 에너지는 어느 영역에 속하는가? (표 11.1 참조)

전략

$E = hc/\lambda$의 관계식을 사용한다. 길이의 단위를 일관되게 사용하도록 한다. 만일 파장의 단위가 미터라면, 빛의 속도도 미터/초로 표현해야 한다.

풀이

먼저 1 μm = 10^{-6} m(표 11.2)인 관계를 이용하여 2.50 μm를 미터로 변환한다.

$$2.50\ \mu\text{m} \times \frac{10^{-6} \text{ m}}{1\ \mu\text{m}} = 2.50 \times 10^{-6} \text{ m}$$

이제 이 값을 $E = hc/\lambda$ 식에 대입한다.

$$E = \frac{hc}{\lambda} = 3.99 \times 10^{-13} \frac{\text{kJ} \cdot \text{s}}{\text{mol}} \times 3.99 \times 10^8 \frac{\text{m}}{\text{s}} \times \frac{1}{2.50 \times 10^{-6} \text{ m}}$$

$$= 47.7 \text{ kJ/mol}(11.4 \text{ kcal/mol})$$

전자기 복사 에너지는 47.7 kJ/mol이며, 이는 적외선 영역에 속하는 복사선이다.

문제 11.18~11.20 참조

문제 11.1

파장이 680 nm인 붉은색 광선의 에너지(kcal/mol)를 계산하시오. 파장이 2.50 μm인 적외선과, 파장이 680 nm인 붉은색 광선 중 어느 쪽의 에너지가 더 큰가?

11.2 분자 분광학이란 무엇인가?

유기 분자들은 유연한 구조를 지니고 있다. 유기 분자들은 용액 내에서 회전을 하며, 분자의 결합은 신축(stretch), 굽힘(bend) 및 회전(rotate)을 한다. 또한 분자에는 하나의 전기적 에너지 준위로부터 다른 에너지 준위로 이동할 수 있는 전자들도 포함되어 있다. 우리는 실험 결과와 분자 구조론을 통하여 분자 내의 모든 에너지 변화는 양자화(quantized)되어 있음을 알고 있다. 즉 에너지는 잘 정의된 작은 증분들로 세분화되어 있다. 예를 들어 분자 내 결합의 진동은 허용된 진동 에너지 준위 사이에서만 전이(transition)를 일으키게 된다.

그림 11.1에 나타낸 것과 같이, E_1과 E_2 상태의 에너지 차에 해당하는 전자기 복사를 원자나 분자에 가함으로써 원자나 분자를 에너지 상태 E_1에서 더 높은 에너지 상태 E_2로 전이가 일어나게끔 할 수 있다. 원자나 분자가 바닥 상태 E_1으로 되돌아갈 때에는 그에 상응하는 에너지가 방출된다.

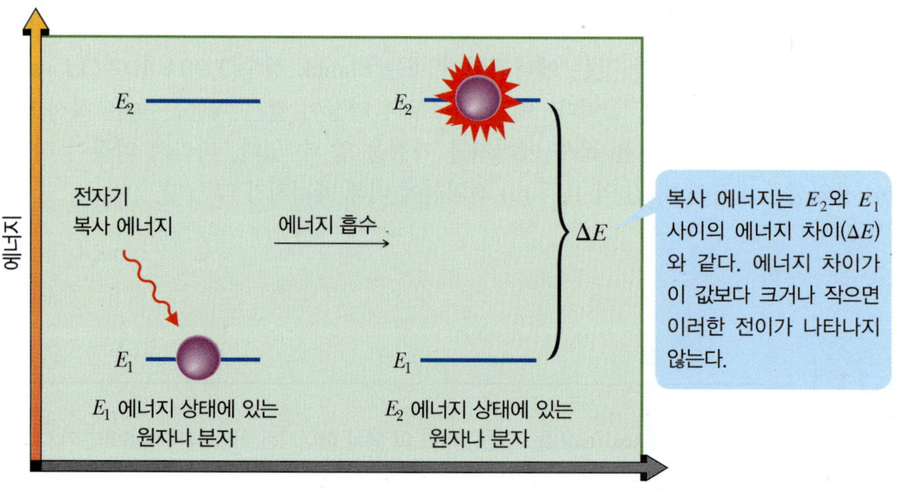

그림 11.1 전자기 복사 에너지를 흡수하면 원자나 분자는 E_1 에너지 상태에서 더 높은 에너지 상태인 E_2로 들뜨게 된다.

분자 분광학 물질이 흡수하거나 방출하는 전자기 복사의 진동수와, 이들 진동수와 특정한 형태의 분자 구조의 상관관계를 연구하는 것이다.

분자 분광학(molecular spectroscopy)은 한 물질이 흡수 또는 방출하는 복사선의 진동수를 측정하여 그 값을 특별한 형태의 분자 구조와 연관지어 실험적으로 해석하는 방법이다. **핵자기 공명 분광학**[nuclear magnetic resonance(NMR) spectroscopy]에서는 화합물을 강력한 자기장의 영향하에 놓은 다음, 라디오파 진동수의 복사선을 조사하여 흡수시킴으로써 원자핵이 더 높은 에너지 스핀 상태로 전이되도록 한다. NMR 분광학에 대해서는 11.5절에서 더 자세히 설명할 것이다. **적외선 분광학**[infrared(IR) spectroscopy]에서는 한 화합물에 적외선을 쬐어 그 분자의 공유 결합이 낮은 진동 에너지(vibrational energy) 준위로부터 높은 진동 에너지 준위로 변하도록 만든다. 서로 다른 작용기들은 결합의 세기가 다르기 때문에, 이러한 변화를 일으키는 데에 필요한 에너지는 작용기마다 서로 다르다. 따라서 적외선 분광학에서는 결합의 진동으로 작용기를 확인할 수 있는 것이다.

11.3 적외선 분광학이란 무엇인가?

A. 진동 적외선 스펙트럼

진동 적외선 4000에서 400 cm^{-1}에 이르는 적외선 영역

파수 센티미터당 파동의 수와 동일한 전자기 복사 특성

유기 화학에서는 **진동 적외선**(vibrational infrared) 영역이라 불리는, 전자기 스펙트럼의 일부분을 사용한다. 이 영역은 2.5×10^{-6}에서 25×10^{-6} m까지 해당되며, 48~4.8 kJ/mol(11~1.2 kcal/mol)의 에너지에 해당된다. 진동 적외선 영역에서의 복사는 일반적으로 센티미터당 파동의 수인 **파수**(wavenumber, $\bar{\nu}$)로 언급된다.

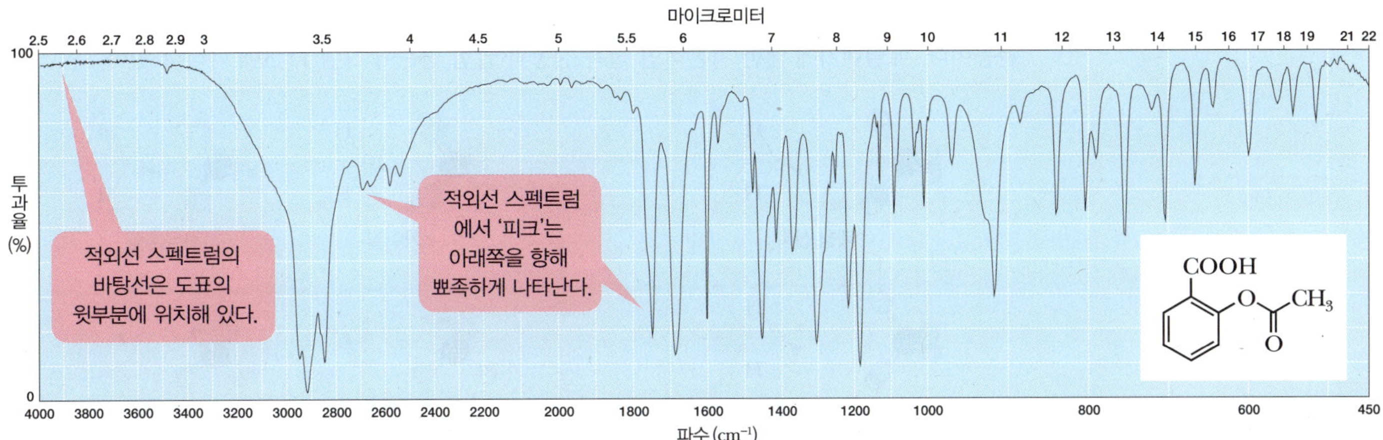

그림 11.2 아스피린의 적외선 스펙트럼

$$\bar{\nu} = \frac{1}{\lambda(\text{cm})} = \frac{10^{-2}(\text{m} \cdot \text{cm}^{-1})}{\lambda(\text{cm})}$$

적외선 스펙트럼의 진동 영역을 파수로 나타내면 4000에서 400 cm^{-1}이 된다(단위 cm^{-1}은 '역센티미터'라고 읽는다).

$$\bar{\nu} = \frac{10^{-2}\ \text{m} \cdot \text{cm}^{-1}}{2.5 \times 10^{-6}\ \text{m}} = 4000\ \text{cm}^{-1} \qquad \bar{\nu} = \frac{10^{-2}\ \text{m} \cdot \text{cm}^{-1}}{25 \times 10^{-6}\ \text{m}} = 400\ \text{cm}^{-1}$$

파수 사용의 장점은 파수가 에너지에 비례한다는 것이다. 즉 파수가 크면 클수록 복사 에너지도 더 커지게 된다.

그림 11.2는 아스피린의 적외선 스펙트럼을 보여 주고 있다. 도표 아랫부분의 수평축은 파수(cm^{-1})로, 윗부분의 수평축은 파장(마이크로미터, μm)으로 눈금이 매겨져 있다. 수직축은 투과율(transmittance)을 표시하는데, 수직축의 가장 윗부분이 100% 투과율이고, 아랫부분이 0% 투과율로 측정된다. 따라서 적외선 스펙트럼의 바탕선(시료를 통과한 복사선의 100% 투과율 = 0% 흡광도)은 도표의 윗부분에 위치해 있으며, 복사선의 흡수는 밑으로 처진 피크 형태로 측정된다. 적외선 흡수가 아래를 향한 피크로 언급되는 것이 이상하게 보일 수도 있겠지만, 일반적으로는 적외선 흡수를 피크로 나타낸다.

인간은 야간용 고글이나 쌍안경과 같은 장비에 달려 있는 적외선 센서의 도움 없이는 적외선을 눈으로 볼 수 없다.

B. 분자 진동

분자가 적외선 복사를 흡수하려면 진동 운동을 하는 결합이 극성이어야 하며, 진동 운동으로 인해 결합 쌍극자에 주기적인 변화가 발생해야 한다. 결합의 극성도가 크면 클수록 흡수의 세기는 더욱 강해진다. 이러한 기준을 충족시키는 진동 운동을 **적외선 활성**(infrared active)이라고 말한다. H_2, Br_2와 같은 동핵 이원자 분자의 공유 결합, 그리고 대칭성을 갖는 알켄 및 알카인의 일부 탄소–탄소 간 이중 결합은 극성 결합이 아니기 때문에 적외선 복사를 흡수하지 않는다. 예를 들어 다음 두 가지 분자의 여러 결합들은 쌍극자 모멘트가 없기 때문에 적외선 활성이 아니다.

화살표는 C═C 이중 결합을 이루는 두 탄소 원자(그리고 이들과 결합하고 있는 메틸기)의 운동 방향을 나타낸다

$$(CH_3)_2C{=}C(CH_3)_2 \;\; \rightarrow\leftarrow \;\; (CH_3)_2C{=}C(CH_3)_2 \;\; \leftarrow\rightarrow \;\; (CH_3)_2C{=}C(CH_3)_2$$

2,3-Dimethyl-2-butene

(결합들 주변의 대칭성으로 인하여) 진동 운동이 쌍극자의 변화를 일으키지 않기 때문에 이들 분자의 불포화 결합은 모두 적외선 활성이 아니다

$$CH_3{-}C{\equiv}C{-}CH_3 \;\rightarrow\leftarrow\; CH_3{-}C{\equiv}C{-}CH_3 \;\leftarrow\rightarrow\; CH_3{-}C{\equiv}C{-}CH_3$$

2-Butyne

분자에서 적외선 복사를 흡수하는 가장 간단한 진동 운동은 **신축**(stretching)과 **굽힘**(bending) 운동이다. 메틸렌기에 대한 기본적인 신축 진동과 굽힘 진동이 그림 11.3에 나타나 있다.

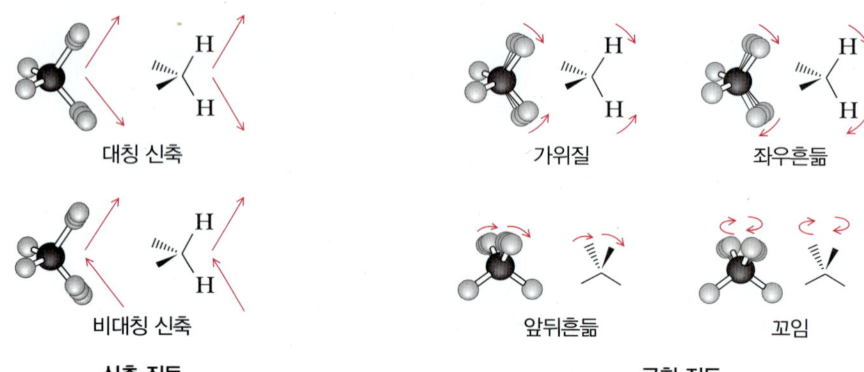

그림 11.3 메틸렌기의 기본적인 진동 방식

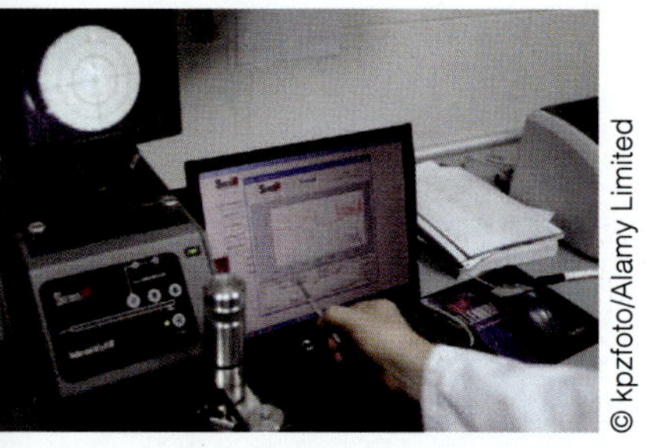

Beckman Coulter DU 800 적외선 분광 광도계. 스펙트럼은 모니터에 나타난다.

적외선 스펙트럼 해석에 숙련된 사람의 경우, 흡수 양상을 통해 분자 구조에 대한 많은 양의 정보를 얻을 수 있다. 그렇지만 우리는 전문가의 수준까지 발전할 만한 시간도 없으며, 또 그럴 필요도 없다. 우리에게 있어 적외선 스펙트럼의 가치는 특정한 작용기의 존재 여부를 결정하는 데에 이 기술을 사용할 수 있다는 점이다. 예를 들어 카보닐기는 일반적으로 대략 1630~1800 cm^{-1}에서 강한 흡수를 보인다. 카보닐기의 흡수 위치는 (1) 카보닐기가 알데하이드, 케톤, 카복실산, 에스터 혹은 아마이드에 있는 것인지에 따라 다르게 나타나며, 또한 (2) 카보닐 탄소가 고리형인 경우, 고리의 크기에 따라서도 달라진다.

C. 상관관계 표

일부 작용기의 흡수 양상에 대한 자료는 **상관관계 표**(correlation table)라고 하는 표에 수록되어 있다. 표 11.3은 우리가 자주 다루게 될 작용기와 결합 형태에 따른 특징적인 적외선 흡수 영역을 보여 주고 있다. 부록 4에는 더 많은 작용기에 대한 상관관계 표가 제공되고 있다. 이 표에서 특정한 흡수의 세기는 **강함**(strong, **s**), **중간**(medium, **m**) 혹은 **약함**(weak, **w**)으로 표기하였다.

일반적으로 대부분 작용기들의 특징적인 신축 진동은 3650~1000 cm^{-1} 영역에서 관찰되기 때문에, 이 영역에 가장 주의를 기울여야 한다. 1000~400 cm^{-1} 영역의 진동은 굉장히 복잡하며 분석하기도 매우 힘들다. 분자 구조에서 미세한 변화가 있어도 이 영역에서 흡수 양상이 달라지기 때문에 이 영역을 **지문 영역**(fingerprint region)이라고 한다. 만일 두 가지 화합물의 구조에 약간만 차이가 있더라도, 두 화합물의 적외선 스펙트럼 상의 차이는 지문 영역에서 가장 뚜렷하게 나타나게 된다.

지문 영역 1000~400 cm^{-1}에 이르는 진동 적외선 영역으로, 각 화합물의 지문 영역은 독특한 특성을 갖는다.

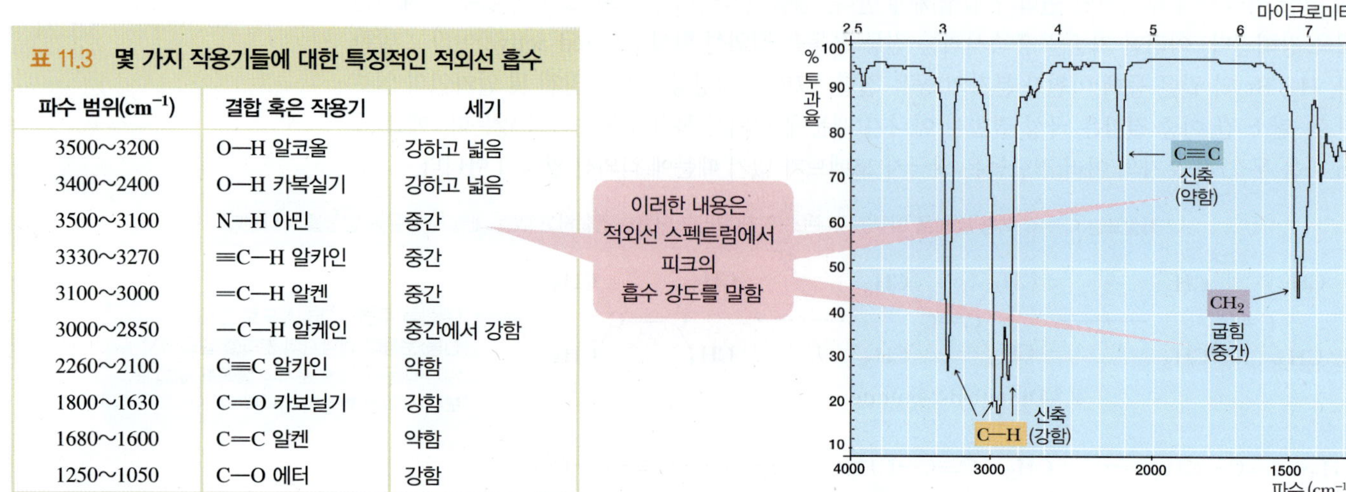

표 11.3 몇 가지 작용기들에 대한 특징적인 적외선 흡수

파수 범위(cm^{-1})	결합 혹은 작용기	세기
3500~3200	O—H 알코올	강하고 넓음
3400~2400	O—H 카복실기	강하고 넓음
3500~3100	N—H 아민	중간
3330~3270	≡C—H 알카인	중간
3100~3000	=C—H 알켄	중간
3000~2850	—C—H 알케인	중간에서 강함
2260~2100	C≡C 알카인	약함
1800~1630	C=O 카보닐기	강함
1680~1600	C=C 알켄	약함
1250~1050	C—O 에터	강함

예제 11.2

화합물이 다음의 영역에서 적외선 흡수를 보일 경우, 어떤 작용기가 존재하는지를 결정하시오.

(a) 1705 cm^{-1} **(b)** 2200 cm^{-1}

전략

표 11.3의 상관관계 표를 참고한다. 이 장에 실려 있는 문제들을 계속해서 연습하다 보면, 진동 신축 진동수와 세기에 대한 많은 부분이 익숙해질 것이다.

풀이

(a) C=O기 **(b)** C—C 삼중 결합

문제 11.29~11.31 참조

문제 11.2

어떤 화합물이 3200~3500 cm^{-1} 영역에서 매우 넓고 강한 적외선 흡수와, 1715 cm^{-1}에서 강한 흡수를 보인다. 이러한 흡수 형태 모두에 해당하는 작용기는 무엇인가?

예제 11.3

Propanone과 2-propene-1-ol은 구조 이성질체이다. 적외선 분광학을 이용하여 이들을 어떻게 구별할 수 있는가?

$$CH_3-\overset{O}{\overset{\|}{C}}-CH_3 \qquad CH_2=CH-CH_2-OH$$

Propanone (Acetone) | 2-Propen-1-ol (알릴 알코올)

전략

적외선 분광학은 서로 다른 작용기들마다 특징적인 진동 주파수에 차이가 생기기 때문에, 구별하려는 분자들 중에서 차이를 보이는 작용기를 확인한 다음, (상관관계 표를 사용하여) 적외선 스펙트럼상에서 이러한 작용기가 나타낼 진동 주파수를 예측하면 된다.

풀이

Propanone만이 C=O기의 신축 영역 1630~1800 cm^{-1}에서 강한 흡수를 보인다. 반면에 2-propene-1-ol은 O—H기의 신축 영역 3200~3500 cm^{-1}에서 강한 흡수를 보인다.

문제 11.29~11.31 참조

문제 11.3

Propanoic acid와 methyl ethanoate은 구조 이성질체이다. 적외선 분광학을 이용하여 이들을 어떻게 구별할지 보이시오.

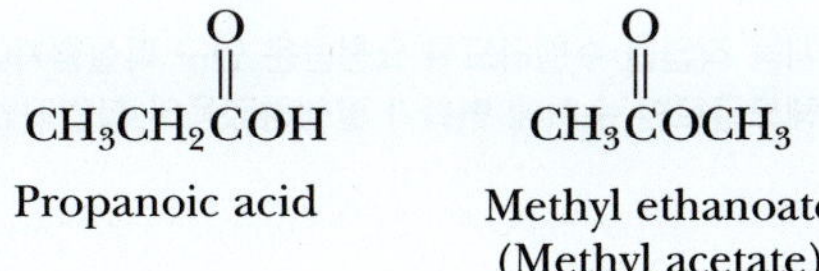

11.4 적외선 스펙트럼을 어떻게 해석할 것인가?

많은 연습과 예제 풀이를 수행하면 분광학적 자료를 해석하는 기술을 쉽게 얻을 수 있다. 적외선 스펙트럼으로부터 시료 속에 존재하는 작용기를 알 수 있을 뿐만 아니라, 어떤 작용기가 존재하지 않는다는 것도 알 수 있다. 종종 화합물의 스펙트럼 자료와 표 11.3의 정보만을 사용하여 화합물의 구조를 결정할 수도 있다. 그렇지 않은 경우에는, 구조를 결정하기 위해 화합물의 분자식 또는 해당 화합물이 보이는 반응들에 대한 지식 등이 추가 정보로 필요하게 될 수도 있다. 이 절에서는 특징적인 작용기들에 대한 적외선 스펙트럼의 몇 가지 예를 살펴볼 것이다. 여러 가지의 적외선 스펙트럼에 익숙해지면 스펙트럼 해석 기술을 습득하는 데에 도움이 될 것이다.

화학 관련 11A

적외선 분광학: 두뇌 활동을 관찰하는 창

적외선 분광학이 지니는 큰 장점은 상대적으로 낮은 비용, 높은 감도, 그리고 빠른 사용 속도 등이 있다. 적외선 중 일부 진동수의 빛은 인간의 조직과 뼈에 해를 입히지 않고 침투할 수 있다는 사실과 더불어, 과학 및 의료계에서는 적외선 분광학이 갖는 장점을 인식하고 기능성 근적외선 분광학(functional Near Infrared Spectroscopy, fNIRS)이라 불리는 기술을 고안해 내었다. fNIRS를 사용할 때, 피실험자는 두개골을 통과해 뇌까지 투과되는 700~1000 nm 범위의 적외선 빛을 흘려보내기 위한 광섬유 케이블이 많이 달려 있는 헬멧같은 장비를 착용하게 된다. 헬멧에 달려 있는 각 광섬유 케이블들은 뇌에서 다시 나오는 빛을 모은 다음, 빛의 강도를 정량화해 주는 분광기로 흘려보낸다. 이 장치는 700~1000 nm 범위의 빛을 흡수하는 산소화(oxygentated) 헤모글로빈과 탈산소화(deoxygenated) 헤모글로빈의 농도 변화를 측정한다. 두뇌가 수행하도록 되어 있는 다양한 작업에 따라 뇌의 여러 부분에서 혈류와 산소화 수치에 차이가 생기게 되므로, 특정한 사고나 행동이 두뇌 활동에 어떻게 영향을 미치는지 확인하는 데에 fNIRS가 사용될 수 있다.

문제

fNIRS가 폐에서 자유 산소(O_2) 수치를 측정하는 데에 사용될 수 있을까? 또한 그 이유는 무엇인가?

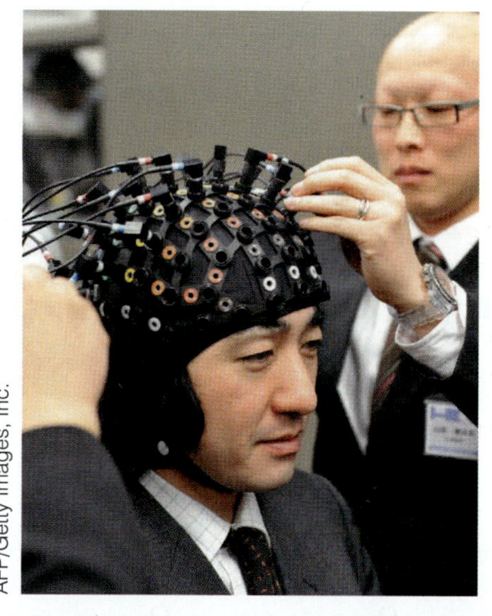
AFP/Getty Images, Inc.

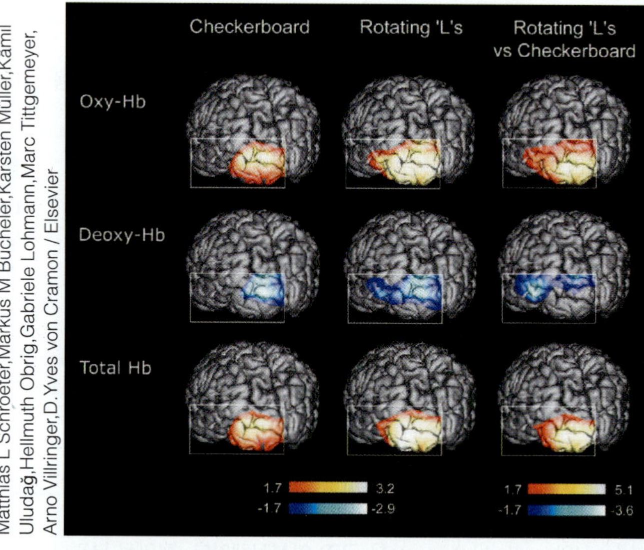

Matthias L Schroeter,Markus M Bücheler,Karsten Müller,Kâmil Uludağ,Hellmuth Obrig,Gabriele Lohmann,Marc Tittgemeyer, Arno Villringer,D.Yves von Cramon / Elsevier

다양한 지능 작업을 수행하도록 요청받은 연구 피실험자(왼쪽)에 대해 fNIRS 분석을 수행한 결과, 피실험자의 두뇌를 통과하는 혈류 내의 산소 및 탈산소 헤모글로빈 수치에 변화가 발생하였음이 확인되었다.

A. 알케인, 알켄 및 알카인

그림 11.4는 데케인(decane)의 적외선 스펙트럼이다. 2850~3000 cm^{-1}에서 여러 개로 갈라지며 나타난 강한 피크는 특징적인 알케인의 C—H 신축이다. C—H 결합이 많이 있고, 분자 내에 다른 작용기가 없기 때문에 스펙트럼에서 C—H 피크가 강하게 나타난다. 많은 유기 화합물에는 알케인의 CH, CH_2, CH_3기들이 포함되어 있기 때문에 이러한 피크들은 적외선 스펙트럼에서 가장 흔하게 볼 수 있는 것들이다.

그림 11.5는 사이클로펜텐의 적외선 스펙트럼인데, 3000 cm^{-1}의 약간 왼쪽(약간 더 큰 파수)에서 알켄의 신축 신호를 쉽게 확인할 수 있다. 또한 1600 cm^{-1}에서의 신축도 알켄 화합물의 특징이다. 사이클로펜텐이 알킬 CH_2기를 포함하고 있기 때문에, 3000 cm^{-1}의 바로 아랫부분에 알케인의 특징적인 C—H 신축도 관찰되고 있다.

이다. 뷰탄아민(butanamine)의 적외선 스펙트럼을 보면 일차 아민의 특징인 두 개의 N—H 신축 흡수를 볼 수 있다(그림 11.9). 이차 아민의 경우에는 이 영역에서 하나의 흡수띠만 나타난다. 삼차 아민은 N—H 결합이 없기 때문에 적외선 스펙트럼의 이 영역에서 아무런 흡수띠도 나타나지 않는다.

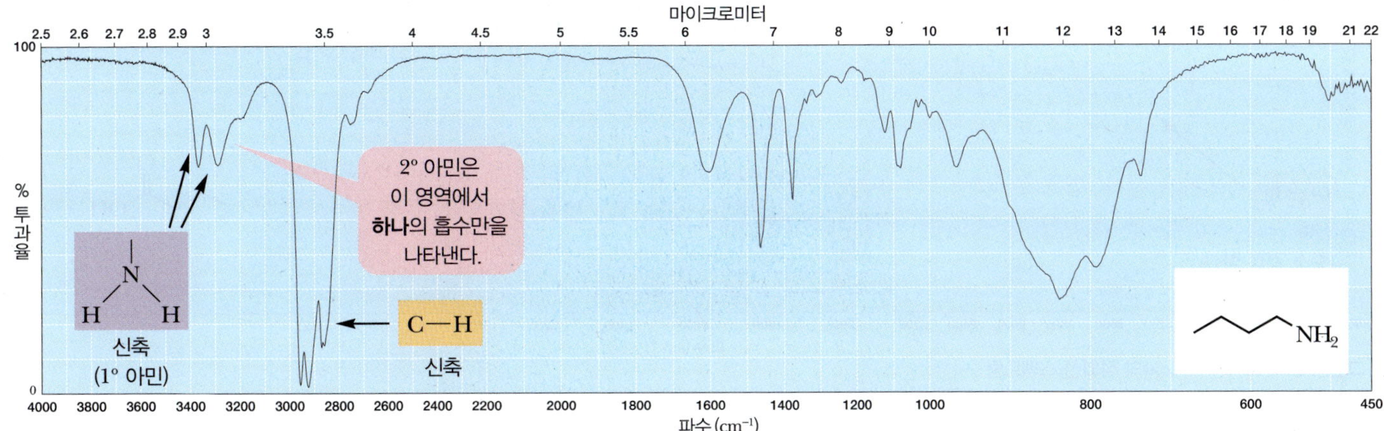

그림 11.9 일차 아민인 butanamine의 적외선 스펙트럼

E. 알데하이드와 케톤

알데하이드와 케톤(1.7C절)은 1705~1780 cm^{-1} 사이에서 탄소–산소 간 이중 결합(C=O)의 신축 진동에 의한 특징적인 강한 적외선 흡수를 보인다. 멘톤(menthone)의 카보닐기에 대한 신축 진동은 1705 cm^{-1}에서 나타난다(그림 11.10).

카보닐기를 포함하고 있는 다른 작용기들도 몇 가지 있기 때문에, 이 영역에서의 흡수만 보고서는 카보닐기가 포함된 화합물이 알데하이드, 케톤, 카복실산, 에스터 중 어느 것인지 알 수 없다.

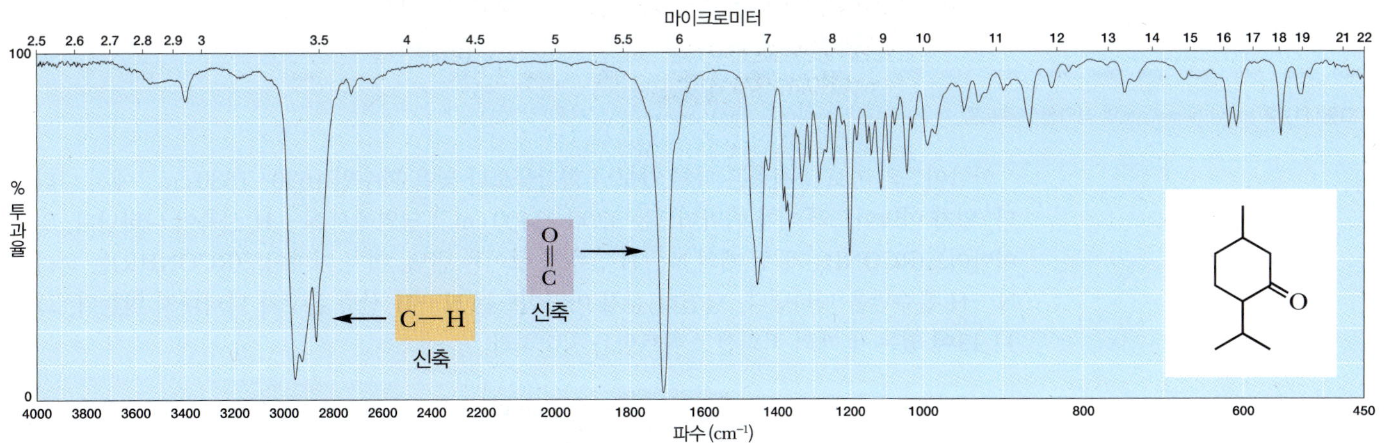

그림 11.10 Menthone의 적외선 스펙트럼

F. 카복실산과 그 유도체

카복실산의 카복실기는 적외선 스펙트럼에서 두 가지 특징적인 흡수를 유발한다. 그중 하나는 1700~1725 cm^{-1}의 영역에서 카보닐기의 신축 진동으로 인해 발생하는 것이다. 이 영역은 본질적으로 알데하이드나 케톤 화합물의 카보닐기 흡수 범위와 같다. 카복실기의 또 다른 특징적인 적외선 흡수는 2400~3400 cm^{-1} 영역에서 O—H기의 신축 진동에 의해 나타나는 피크이다. 이 피크는 일반적으로 카복실산 분자 간 수소 결합으로 인해 매우 넓게 나타나며, 종종 C—H

신축 흡수와 겹쳐지기도 한다. C=O와 O—H 신축 흡수는 모두 그림 11.11에 나와 있는 뷰탄산(butanoic acid)의 적외선 스펙트럼에서 확인할 수 있다.

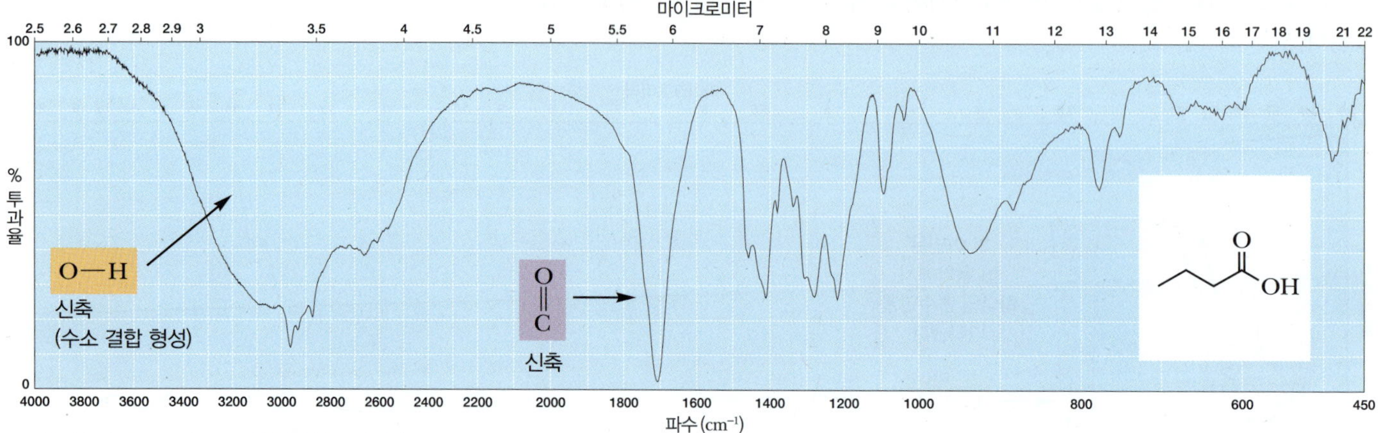

그림 11.11 Butanoic acid의 적외선 스펙트럼

에스터는 1735~1800 cm^{-1} 영역에서 강한 C=O 신축 흡수를 나타낸다. 또한 1000~1250 cm^{-1} 영역에서도 강한 C—O 신축 흡수를 나타낸다(그림 11.12).

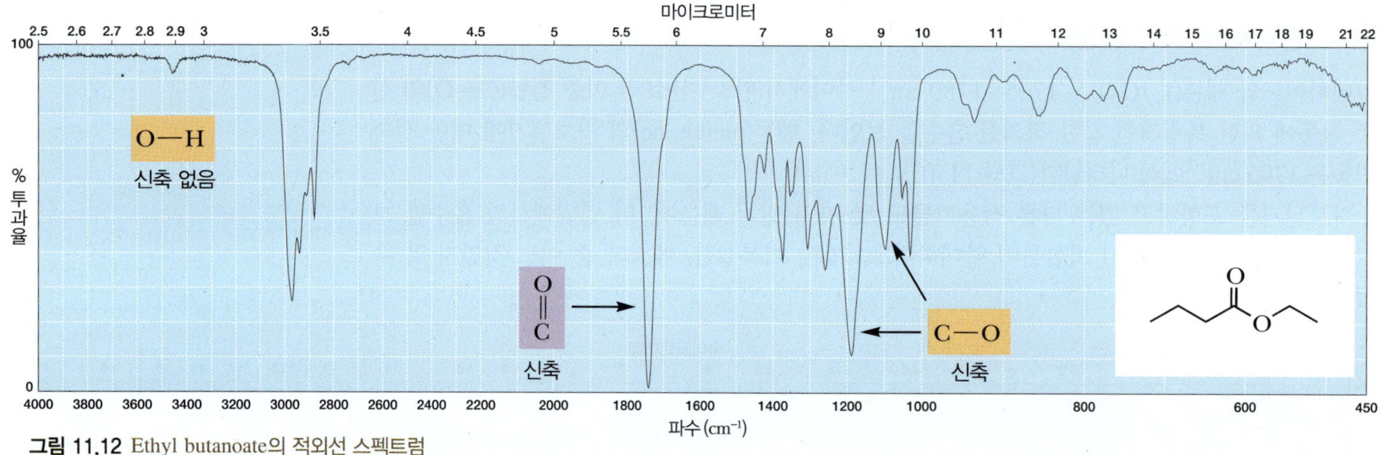

그림 11.12 Ethyl butanoate의 적외선 스펙트럼

아마이드의 카보닐 신축은 다른 카보닐 화합물보다 낮은 파수인 1630~1680 cm^{-1}에서 나타난다. 일차 아마이드와 이차 아마이드는 3200~3400 cm^{-1} 영역에서 N—H 신축이 나타난다. 일차 아마이드($RCONH_2$)가 두 개의 N—H 흡수를 보이는 반면, 이차 아마이드(RCONHR)는 하나의 N—H 흡수만을 나타낸다. 당연히 삼차 아마이드는 N—H 신축 흡수가 나타나지 않는다. 그림 11.13에 있는 세 개의 적외선 스펙트럼을 참고하라.

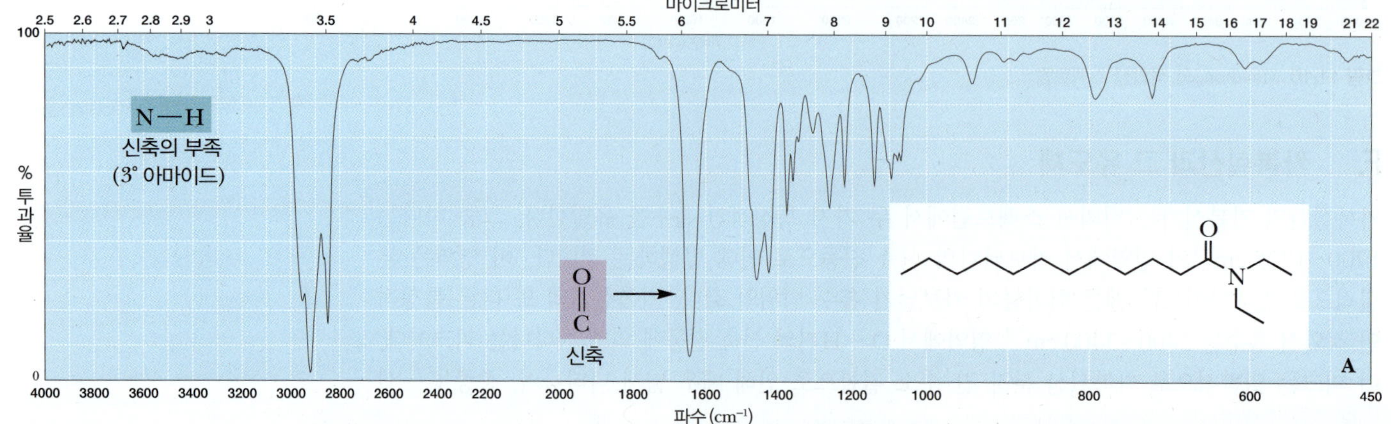

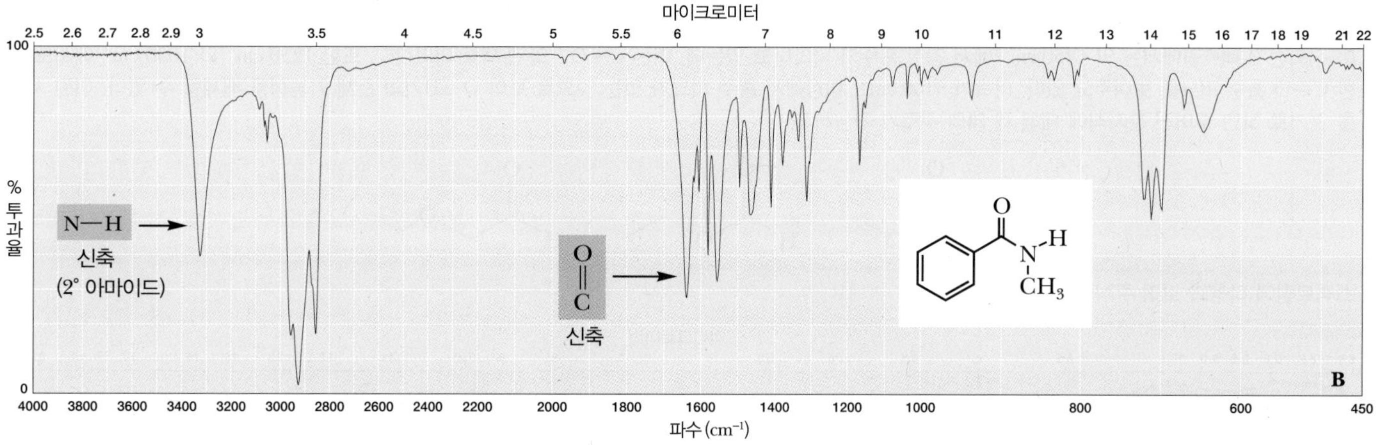

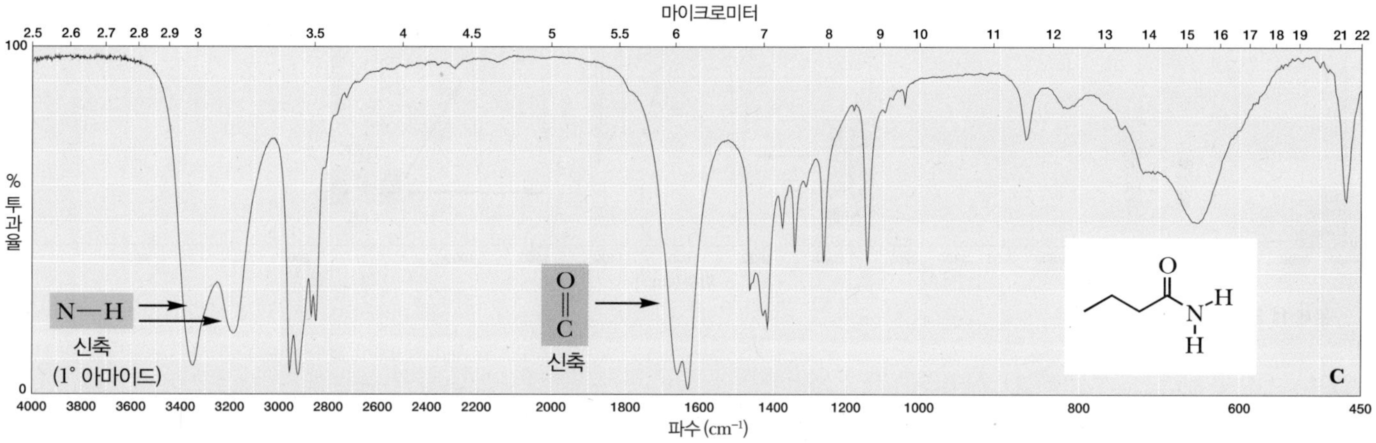

그림 11.13 *N,N*-Diethyldodecanamide(**A**, 삼차 아마이드), *N*-methylbenzamide(**B**, 이차 아마이드), butanamide(**C**, 일차 아마이드)의 적외선 스펙트럼

예제 11.4

분자식이 $C_3H_6O_2$인 미지 화합물의 적외선 스펙트럼이 다음과 같이 측정되었다. 이 미지의 화합물에 대해 가능한 구조를 그려보시오.

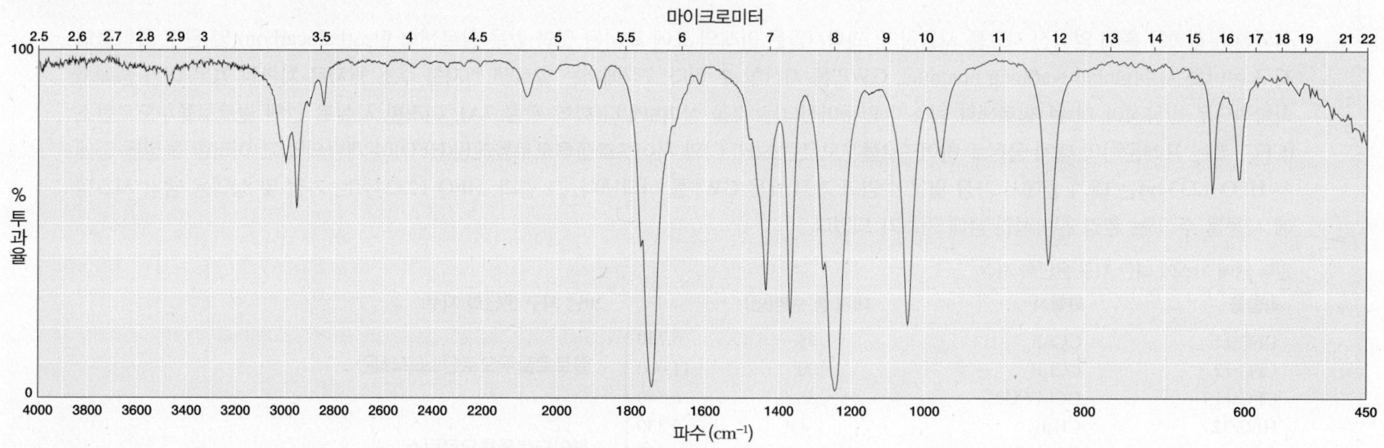

전략

4000 cm^{-1}에서 시작하여 아래쪽의 파수 영역으로 이동하며 살펴본다. 특징적인 피크들, 특히 특정 작용기에 대해서만 나타날 수 있는 것들을 기록해 둔다. 흡수 피크가 나타나지 않으므로 존재할 수 없는 작용기 형태들에 대해서도 관찰한다. 일단 가능한 작용기들이 모두 확인되고 나면, 이러한 작용기들과 분자식을 통해 제시된 요소들을 사용하여 화학 구조를 제시해 본다. 11.4G절에서는 이러한 형태의 문제에서 미지의 화합물 구조를 결정하는 데에 사용될 수 있는 수소 결핍 지수라는 개념을 배우게 될 것이다.

풀이

이 적외선 스펙트럼에서는 약 1750 cm^{-1}에서 강한 흡수가 나타나고 있는데, 이는 C=O기의 존재를 의미한다. 또한 1250 cm^{-1}와 1050 cm^{-1}에서도 강한 C—O 흡수 피크를 보여주고 있다. 더욱이 3100 cm^{-1} 이상에서 흡수 피크가 없는 것으로 보아 O—H기의 존재 가능성을 배제할 수 있다. 이런 자료를 근거로 하면 주어진 분자식에 대해 세 개의 구조가 가능하다.

스펙트럼에 다음과 같이 주석을 달았다.

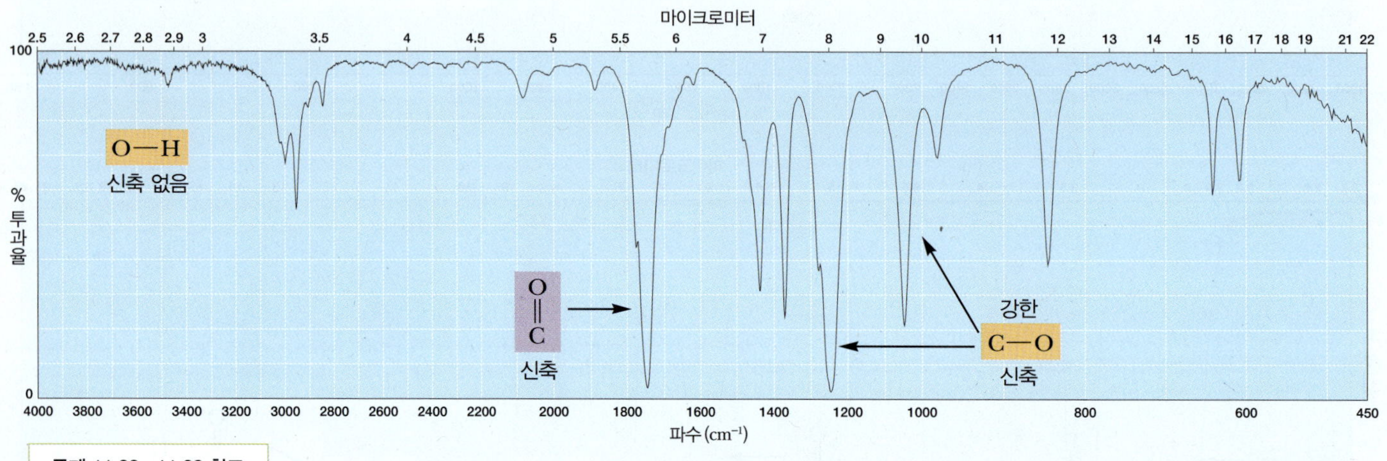

문제 11.22~11.28 참조

문제 11.4

특정한 한 작용기에 대한 신축 진동수의 파수값이 그 작용기 내에 있는 결합의 상대적 세기와는 어떤 연관성을 갖겠는가?

화학 관련 11B

적외선 분광학: 기후 변화를 관찰하는 창

적외선 분광학을 통해 얻어진 자료를 사용하여, 과학자들은 아래의 표에 표시된 것과 같은 할로젠화 탄소(halocarbon) 및 관련 화합물의 지구 온난화 지수(global warming potential, GWP)를 계산할 수 있다. 7장에서는 할로젠 원자를 수소 원자로 치환할 경우 대기 중에서 화학적으로 반응성이 더 큰 할로젠화 탄소가 만들어진다는 것을 살펴보았다(화학 관련 7A). 이러한 사실로 인해 클로로플루오로탄소(CFC, 혹은 프레온®)의 대체 물질로 하이드로플루오로탄소(HFC)와 하이드로플루오로올레핀(HFO)이 개발되었다. 이러한 물질들 중에서 HFO-12334yf는 대기 중에서 가장 짧은 수명과 가장 낮은 GWP를 나타낸다. 그 결과, HFO-12334yf는 가정 및 상업용 냉각 시스템에 사용될 수 있는 환경 친화적인 냉매 가스가 되었다.

일부 냉매 가스에 대한 지구 온난화 지수

화합물	화학식	대기 중 수명(년)	20년 지구 온난화 지수	
CFC-11	CCl_3F	45	6,730	클로로플루오로탄소(프레온)
CFC-12	CCl_2F_2	100	11,000	
CFC-113	CCl_2FCClF_2	85	6,540	
HFC-32	CH_2F_2	4.9	2,330	하이드로플루오로탄소
HFC-152a	CH_3CHF_2	1.4	437	
HFO-1234yf	$CF_3CF{=}CH_2$	0.03	<1	
메테인	CH_4	12.4	72	천연가스

GWP는 값이 1인 CO_2에 대한 상대적인 값이다.

문제

대기 중 수명과 GWP 이외에, 대기에 미치는 화합물의 잠재적 유해성과 연관된 다른 요소로 무엇이 있겠는가?

G. 수소 결핍 지수

미지의 화합물에 대한 분자식을 살펴보면 화합물의 구조식에 대한 유용한 정보를 얻을 수 있다. 화합물의 분자 내에 있는 탄소, 수소, 산소, 질소 원자 등의 개수를 알 수 있을 뿐 아니라, 분자 내에 있는 고리의 수와 π 결합의 수를 합한 **수소 결핍 지수**(index of hydrogen deficiency, IHD)라 부르는 인자도 결정할 수 있다. 구조가 알려지지 않은, 즉 미지의 화합물의 분자식에 있는 수소 원자의 개수와, 고리 또는 π 결합이 없으면서 같은 개수의 탄소 원자를 가진 **기준 화합물**(reference compound)에 있는 수소 원자의 개수를 비교함으로써 이 양을 결정할 수 있다. 기준 탄화수소의 분자식은 C_nH_{2n+2}(3.1절)이다.

수소 결핍 지수(IHD) 분자 내에 있는 고리의 수와 π 결합의 수를 합한 것

$$\text{IHD} = \frac{(\text{H}_{\text{기준 화합물}} - \text{H}_{\text{미지의 분자}})}{2}$$

예제 11.5

분자식이 C_6H_{12}인 1-hexene의 IHD를 계산하고, 이 화합물의 구조식을 참고하여 결핍 지수에 대한 이유를 설명하시오.

전략

기준 화합물 분자에 있는 수소의 수를 결정한 다음, 아래의 식을 이용한다.

$$\text{IHD} = \frac{(\text{H}_{\text{기준 화합물}} - \text{H}_{\text{미지의 분자}})}{2}$$

풀이

6개의 탄소 원자를 갖는 기준 탄화수소 화합물의 분자식은 C_6H_{14}이다. 1-Hexene의 IHD는 $(14-12)/2=1$이며, 이는 1-hexene에 존재하는 한 개의 π 결합으로 설명된다.

문제 11.21~11.28 참조

문제 11.5

분자식이 C_6H_{10}인 cyclohexene의 IHD를 계산하고, 이 화합물의 구조식을 참고하여 결핍 지수에 대한 이유를 설명하시오.

탄소와 수소 이외의 원소를 포함하는 기준 화합물의 분자식을 결정하기 위해서는, 우선 기준 탄화수소의 분자식을 적고, 여기에 미지의 화합물에 들어 있는 다른 원소들을 더하고 난 후, 수소 원자의 개수를 다음과 같이 수정한다.

1. 기준 탄화수소 화합물에 1가인 7족 원소(F, Cl, Br, I)가 더해진 경우에는 원자 한 개당 수소를 하나씩 뺀다. 할로젠이 수소를 치환하면 할로젠 원자 한 개당 수소 원자 하나가 감소한다. 예를 들어 비고리형 모노클로로알케인(monochloroalkane)의 일반적인 분자식은 $C_nH_{2n+1}Cl$이다
2. 기준 탄화수소 화합물에 6족 원소(O, S, Se)가 첨가된 경우에는 수정할 필요가 없다. 기준 탄화수소 화합물에 2가인 6족 원소가 들어 있는 경우에는 수소 원자의 개수를 변화시키지 않는다.
3. 기준 탄화수소 분자식에 3가인 5족 원소(N과 P)가 첨가된 경우에는 수소를 한 개 더한다. 3가인 5족 원소가 한 개 첨가될 때마다 기준 화합물의 분자식에 수소 하나씩이 더해진다. 예를 들면 비고리형 알킬아민의 일반적인 분자식은 $C_nH_{2n+3}N$이다.

예제 11.6

바나나와 비슷한 향을 지닌 isopentyl acetate는 꿀벌이 비상시에 분비하는 페로몬의 구성 성분이다. isopentyl acetate의 분자식은 $C_7H_{14}O_2$이다. 이 화합물의 IHD를 계산하시오.

전략

기준 화합물에 들어 있는 수소의 개수를 결정한 다음, 아래의 식을 이용한다.

$$\text{IHD} = \frac{(\text{H}_{\text{기준 화합물}} - \text{H}_{\text{미지의 분자}})}{2}$$

풀이

기준 탄화수소의 분자식은 C_7H_{16}이다. 이 분자식에 산소가 첨가될 경우에는 수소의 개수를 수정할 필요가 없다. 기준 화합물의 분자식은 $C_7H_{16}O_2$가 되고, IHD는 (16−14)/2=1이며, 이는 한 개의 고리 혹은 하나의 π 결합이 존재함을 의미한다. isopentyl acetate의 구조식은 다음과 같은데, 이 구조식에는 탄소-산소 이중 결합에 π 결합이 한 개 있다.

Isopentyl acetate

문제 11.21~11.28 참조

문제 11.6

Niacin의 IHD는 5이다. Niacin의 구조식을 참고하여 이 값을 설명하시오.

Nicotinamide
(Niacin)

해결방법 11.1 적외선 분광학 구조 결정 문제에 접근하기

분자식과 적외선 스펙트럼이 주어졌을 때 분자 구조를 결정하는 문제에 대해 체계적인 접근 방법을 확립해 놓으면 유용하다. 다음은 분자 구조 문제를 풀 때 필요한 몇 가지 지침이다.

(a) **IHD를 결정한다.** 미지 화합물 내에 있는 고리, 이중 결합 또는 삼중 결합의 수를 알면 화합물 구조를 푸는 데에 큰 도움이 된다. 예를 들어 IHD = 1인 경우라면, 미지 화합물에 고리나 이중 결합이 한 개 존재할 수는 있지만, 고리와 이중 결합 모두가 존재할 수는 없음을 알 수 있다. 또한 삼중 결합의 경우에는 IHD = 2이어야 하므로 삼중 결합이 존재할 수 없다.

(b) **적외선 스펙트럼에서 작용기를 확인하려면 왼쪽에서부터 오른쪽으로 이동하며 파악한다.** 적외선 스펙트럼에서는 파수가 1000 cm^{-1} 근처가 되거나 그 이하로 내려갈 경우 전이 종류에 따른 흡수 양상이 두드러지지 않기 때문에, 적외선 스펙트럼의 왼쪽에서부터 시작하는 것이 가장 좋다. 결합이 짧으면 짧을수록 그 흡수가 나타나는 파수 영역도 더 높아지게 된다. 그렇기 때문에 O—H, N—H, C—H 결합의 진동이 3900 cm^{-1} 이상의 범위에서 나타나는 것이다. 이 영역에서 오른쪽으로 좀 더 내려가면, C—C 삼중 결합의 신축 진동으로 인한 흡수가 나타난다. C═O 결합은 C═C 결합보다 짧기 때문에 C═C 결합(1680~1600 cm^{-1})보다 더 높은 파수(1800~1650 cm^{-1})에서 관찰된다.

(c) **가능한 구조를 그려 본 후 자료와 비교하여 구조를 확인한다.** 답을 마음속으로 한꺼번에 생각하려 해서는 안 된다. 그보다는 구조를 종이 위에 적어 나가는 것이 좋다. 하나 혹은 그 이상의 가능한 구조를 그리고 나서는, IHD 값과 적외선 스펙트럼을 통해 알 수 있는 작용기들과 비교함으로써 구조를 확인해야 한다. 대개의 경우, 올바르지 않은 구조라면 이러한 자료들 중 하나 혹은 그 이상에서 모순되는 점이 나타나게 된다.

예제 11.7

분자식이 C_7H_8O인 화합물의 적외선 스펙트럼이 다음과 같을 때, 이 화합물의 가능한 구조를 모두 그려보시오.

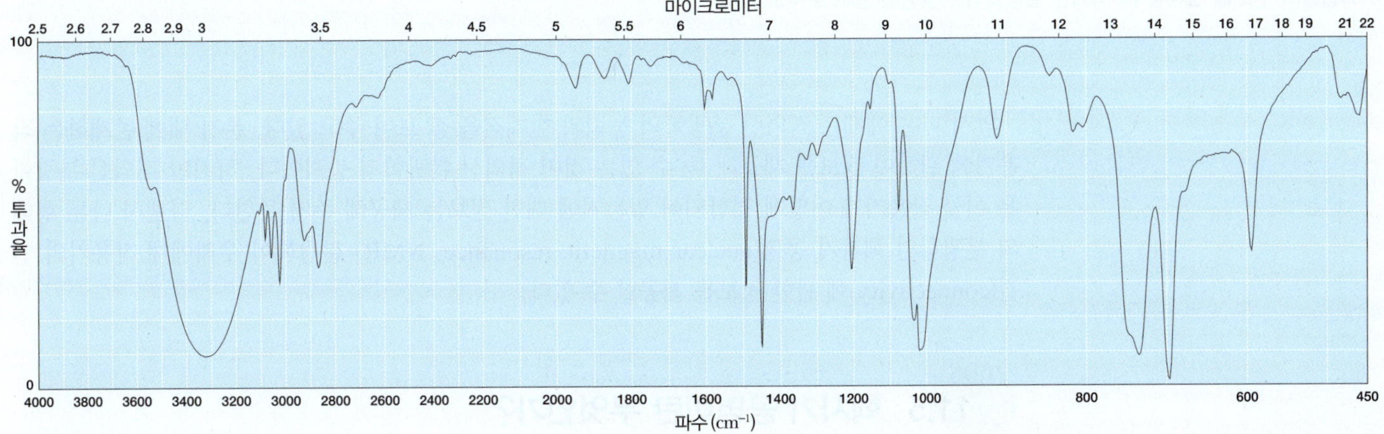

전략

IHD를 계산한 다음, 미지 화합물 내에 고리, 이중 결합 혹은 삼중 결합이 어떻게 조합되며 포함되어 있는지 판단하는 지침으로 이 값을 이용한다. 4000 cm^{-1}에서 시작하여 파수 눈금의 아래쪽으로 움직여 가면서 적외선 스펙트럼을 분석한다. 특징적인 피크들, 특히 특정 작용기에서만 독특하게 나타나는 흡수 피크들을 기록해 둔다. 피크가 나타나지 않는 것 또한 특정 작용기가 존재할 수 없음에 대한 단서가 된다는 점을 유의하자. 일단 가능한 모든 작용기들을 확인하고 나면, 이러한 작용기들과 분자식을 통해 알 수 있는 원소들을 결합하여 화학 구조식을 제안한다.

풀이

기준 탄화수소의 화학식인 C_7H_{16}을 근거로 하여 계산하면 C_7H_8O의 IHD는 4이다. C—C 삼중 결합 신축으로 인한 피크(2100~2260 cm^{-1})가 없고 말단 알카인 C—H 신축(3300 cm^{-1})이 나타나지 않기 때문에, C—C 삼중 결합은 배제할 수 있다. 하지만 1600~1680 cm^{-1} 영역에서 C—C 이중 결합 신축은 보이지 않고 있다. 방향족 탄화수소는 알켄 화합물과 동일한 특성을 나타내지 않으므로, 아렌(arene) 고리는 여전히 가능성이 있다. 3개의 이중 결합과 한 개의 고리를 갖는 벤젠은 IHD 값이 4이다 (벤젠은 IHD가 4나 4보다 큰 값이 될 때마다 기억해 둘 필요가 있는 일반적인 작용기이다). 벤젠 고리를 가능한 구조로 고려하면, 가능한 나머지 구조는 몇 가지로 제한된다. 1630~1800 cm^{-1}에서 강한 흡수띠가 나타나지 않고 있기 때문에, 카보닐기(C═O)의 존재 가능성은 배제할 수 있다. 마지막 증거는 대략 3310 cm^{-1}에서 나타나는 강하고 넓은 O—H 신축 피크이다. 화합물에는 OH기가 있기 때문에 OCH_3(에터)기를 가지고 있는 구조를 제안할 수는 없다. 이러한 스펙트럼 해석을 근거로 하면 다음과 같이 네 개의 구조가 가능하다.

OH　　OH　　OH　　HO

스펙트럼에 다음과 같이 주석을 달았다.

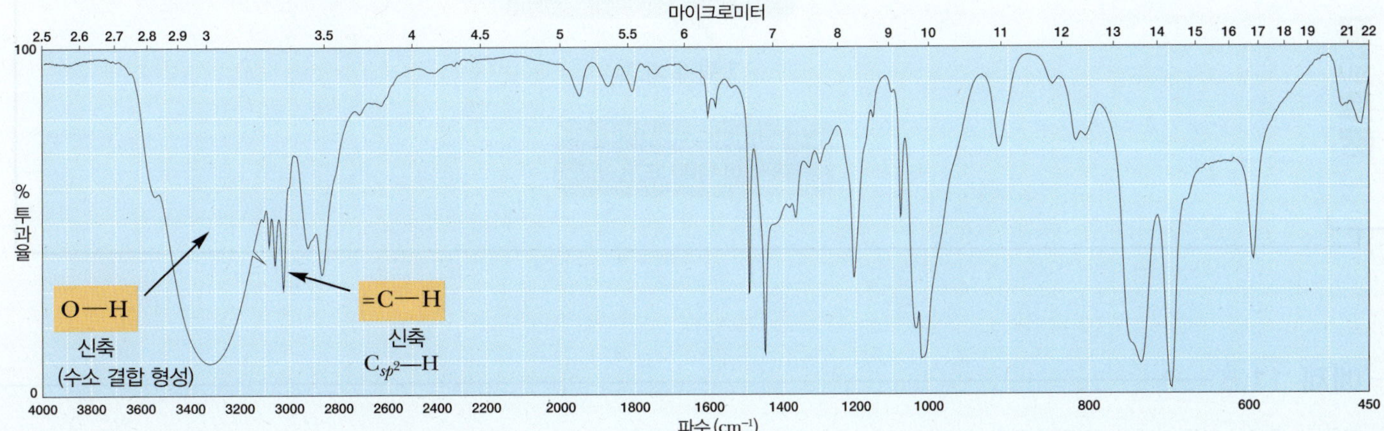

문제 11.22~11.28 참조

문제 11.7

분자식이 $C_8H_{10}O$이고 동일한 적외선 스펙트럼(위)을 나타낸 화합물에 대해 가능한 구조를 그려보시오. 예제 11.7과 이 문제를 통해서 알 수 있는, 미지 화합물의 구조를 결정할 때 적외선 분광학의 유용성을 말해 보시오.

앞서 나온 예제는 적외선 분광학의 능력과 한계점을 잘 보여 주고 있다. 분자 내에 존재하는 작용기에 관하여 정보를 제공해 줄 수 있는 것이 적외선 분광학의 능력이다. 하지만 적외선 분광학은 이들 작용기가 어떻게 결합되어 있는지에 대한 정보는 제공해 주지 못한다. 다행히 다른 형태의 분광학인 핵자기 공명(nuclear magnetic resonance, NMR) 분광학이 우리에게 작용기의 연결(connectivity)에 관한 정보를 제공할 수 있다.

11.5 핵자기 공명이란 무엇인가?

핵자기 공명 현상은 1946년에 미국의 과학자 Felix Bloch와 Edward Purcell에 의해 처음 발견되었다. 이들은 이러한 공로로 1952년에 노벨 물리학상을 공동 수상하였다. 핵자기 공명(NMR) 분광학의 특별한 가치는 한 분자에 있는 원자의 개수와 종류, 예를 들어 **^{1}H-NMR 분광학**을 사용할 경우 수소 원자의 개수와 종류를, **^{13}C-NMR 분광학**을 사용할 경우 탄소 원자의 개수와 종류에 대한 정보를 제공할 수 있다는 점이다.

일반 화학을 학습함으로써 여러분들은 전자가 **스핀**(spin)을 지니고 있으며, 스핀 전하는 이와 연관된 자기장을 만든다는 개념을 이미 잘 알고 있을 것이다. 사실상 하나의 전자는 하나의 작은 막대자석과 같이 행동한다. 홀수 질량이나 홀수 원자 번호의 원자핵들도 스핀을 지니고 있으며, 작은 막대자석처럼 행동한다. 동위 원소를 표기할 때, 위 첨자는 원소의 질량을 나타낸다는 것을 기억하라.

해결방법 11.2

원자핵이 스핀을 가지고 있는지(작은 막대자석처럼 행동하는지) 결정하기

원자의 질량과 원자 번호를 결정하라. 만일 이 중 하나라도 홀수가 있다면, 원자는 스핀을 지니며 작은 막대자석처럼 행동한다.

원자의 질량(동일한 원소라도 동위 원소인 경우 다를 수 있음)

$^{m}_{n}$원자 기호

원자 번호(같은 원소라면 모든 동위 원소에 대해서도 동일함)

예제 11.8

다음 핵 중에서 작은 막대자석처럼 행동할 수 있는 것은 어느 것인가?

(a) $^{14}_{6}C$ **(b)** $^{14}_{7}N$

전략

스핀을 갖는 핵(질량이 홀수이거나 원자 번호가 홀수인 핵)은 모두 작은 막대자석처럼 행동하게 된다.

풀이

(a) 탄소의 방사성 동위 원소인 $^{14}_{6}C$는 질량과 원자 번호 모두 홀수가 아니므로, 작은 막대자석처럼 행동할 수 없다.

(b) 자연에 일반적으로 존재하는 질소의 동위 원소인 $^{14}_{7}N$(전체 질소 원자 중 99.63%)는 홀수의 원자 번호를 가지므로 작은 막대자석처럼 행동한다.

문제 11.8

다음 핵 중에서 작은 막대자석처럼 행동할 수 있는 것은 어느 것인가? **(a)** $^{31}_{15}P$ **(b)** $^{195}_{78}Pt$

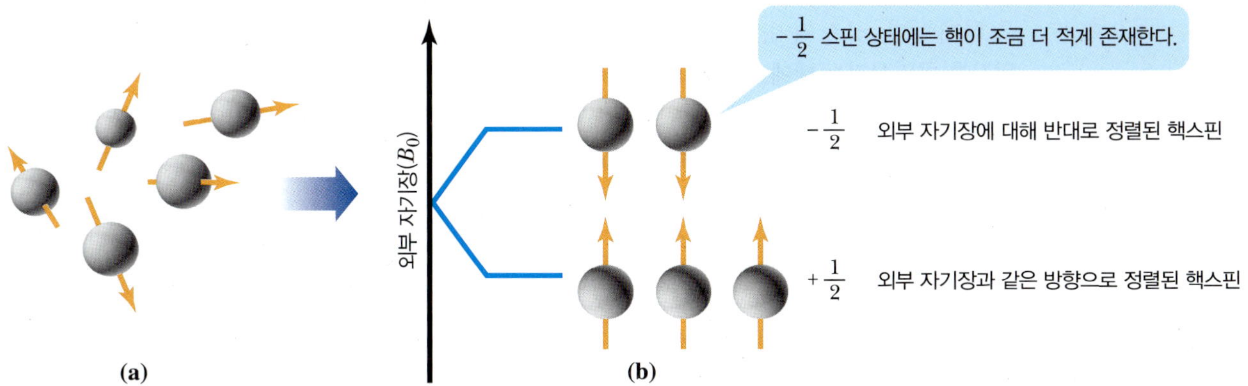

그림 11.14 (a) 외부 자기장이 없는 상태와 (b) 외부 자기장이 있는 상태에서 ^1H와 ^{13}C의 핵. $+\frac{1}{2}$ 스핀을 가진 ^1H와 ^{13}C 핵은 외부 자기장과 같은 방향으로 정렬되고 낮은 스핀 에너지 상태에 있다. 반면 $-\frac{1}{2}$ 스핀을 가진 ^1H와 ^{13}C 핵은 외부 자기장과 반대 방향으로 정렬되고 높은 스핀 에너지 상태에 있다.

^1H와 ^{13}C 원자의 집합체 안에서, 작은 원자핵 막대자석의 스핀은 완전히 불규칙적인 방향성을 지니고 있다. 그러나 이들을 강력한 자석의 극 사이에 놓으면, 가해진 **외부 자기장**(applied magnetic field)과 핵스핀 사이의 상호 작용은 양자화되며, 오직 두 개의 방향성만을 띠게 된다(그림 11.14).

^1H에 대한 핵스핀 상태 간의 에너지 차이는 0.120 J(0.0286 cal)/mol이며, 이는 약 300 MHz(300,000,000 Hz)의 전자기 복사에 해당하는 것이다. ^{13}C의 핵스핀 상태들 간의 에너지 차이는 0.035 J/mol(0.0072 cal/mol)이다. 이 값들은 모두 전자기 복사 스펙트럼 중 라디오파 진동수 영역에 속하는 것이며, 낮은 에너지 상태에 있는 핵에 적절한 에너지를 갖는 라디오 주파수 복사선을 쬐면, 그림 11.15에 나타난 것과 같이 에너지를 흡수하여 핵스핀이 낮은 상태에서 높은 에너지 상태로 뒤바뀌게 된다. 이러한 상황에서 **공명**(resonance)이란, 회전하고 있는 핵에 대해 핵스핀 상태를 뒤바뀌게 하는 전자기 복사선의 흡수라고 정의할 수 있다. 이러한 복사선의 흡수와 그로 인해 발생하는 핵스핀 상태의 뒤바뀜을 관측하기 위해 사용하는 기기는 **공명 신호**(resonance signal)로서 이를 기록한다.

공명 회전하고 있는 핵이 전자기 복사를 흡수함으로써 낮은 에너지 상태로부터 높은 에너지 상태로 스핀이 '뒤바뀌는 것'

공명 신호 NMR 스펙트럼에서 핵자기 공명의 기록

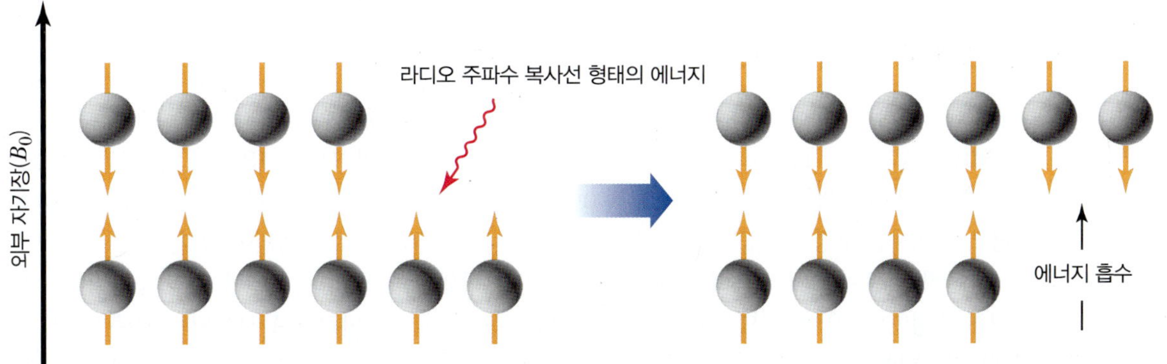

그림 11.15 $\frac{1}{2}$스핀의 핵에 대한 공명의 예

11.6 가려막기란 무엇인가?

만일 모든 ^{1}H 핵이 동일한 주파수의 전자기 복사선을 흡수한다면(즉 모든 ^{1}H 핵이 동일한 주파수에서 공명한다면), 화합물 내의 모든 수소 원자들이 하나의 NMR 신호만을 유발하게 될 것이고, 분자의 구조를 결정하는 데에 있어 NMR 분광학이 유용한 기술이 될 수 없었을 것이다. 다행히도 대부분의 유기 분자들 내에 있는 수소는 전자나 다른 원자들로 둘러싸여 있다. 핵을 둘러싸고 있는 전자들도 스핀을 가지고 있기 때문에 외부 자기장과 반대되는 **국소 자기장**(local magnetic field)을 생성한다. 전자에 의해 만들어지는 이러한 국소 자기장이 비록 NMR 분광학에서 사용되는 외부 자기장의 세기에 비해 약하긴 하지만, 외부 자기장으로부터 수소 원자를 가려막는 작용을 하게 된다. 국소 자기장에 의한 특정 수소 원자의 **가려막기**(shielding)가 크면 클수록, 그 수소 원자를 공명시키는 데에 필요한 외부 자기장의 세지고 커지게 된다.

가려막기 NMR 분광학에서 핵 주위의 전자는 자체적인 국소 자기장을 생성시키고, 이를 통해 외부 자기장으로부터 핵을 가려막게 된다.

앞 장에서 배운 것처럼, 핵 주위의 전자 밀도는 핵을 둘러싸고 있는 원자에 의해 영향을 받을 수 있다. 예를 들어 플루오로메테인에 있는 수소 원자들 주변의 전자 밀도는, 염소에 비해 플루오린의 전기 음성도가 더 크기 때문에 클로로메테인에 있는 수소 원자 주변의 전자 밀도보다 작다. 따라서 클로로메테인에 있는 수소 원자가 플루오로메테인에 있는 수소 원자에 비해 가려막는 것이 더 크다고 할 수 있는 것이다.

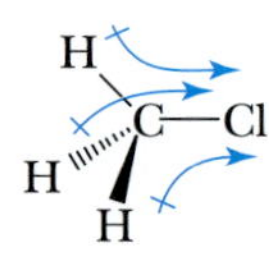

염소는 플루오린에 비해 전기 음성도가 작아서 유도 효과가 더 작게 나타나며, 이로 인해 각 수소 원자 주변의 전자 밀도는 더 커지게 된다. 클로로메테인에 있는 수소가 플루오로메테인에 있는 수소보다 (국소 환경에 의해) **가려막기**가 더 크다고 말한다.

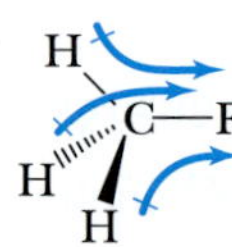

플루오린은 전기 음성도가 더 크기 때문에 유도 효과도 더 크게 나타나며, 이로 인하여 각 수소 원자 주변의 전자 밀도가 감소하게 된다. 이러한 수소는 **벗김**(deshielded) 상태에 있다고 말한다.

한 분자 내에 있는 다양한 ^{1}H 핵들의 가려막기로 인한 공명 진동수의 차이는 일반적으로 매우 작다. 예를 들어 클로로메테인의 수소와 플루오로메테인의 수소를 비교하면 공명 진동수의 차이는 7.05 T의 외부 자기장하에서 360 Hz에 지나지 않는다. 이러한 외부 자기장에서 사용되는 라디오 주파수 복사선이 대략 300 MHz(300×10^6 Hz) 정도임을 감안하면, 이러한 수소의 공명 진동수 차이는 조사하는 진동수에 비해 **100만 분의 1**(1 ppm)을 겨우 넘는 정도이다.

$$\frac{360\ \text{Hz}}{300 \times 10^6\ \text{Hz}} = \frac{1.2}{10^6} = 1.2\ \text{ppm}$$

NMR 분광기는 공명 진동수의 미세한 차이도 감지할 수 있다. 분자의 구조를 명백히 설명하기 위한 가려막기의 중요성은 11.10절에서 논의될 것이다.

11.7 ^{1}H-NMR 스펙트럼이란 무엇인가?

원자핵 공명은 강력한 자석, 라디오 주파수 발생기, 라디오 주파수 검출기와 시료관으로 구성된 NMR 분광기(그림 11.16) 내에서 이루어진다. 시료를 분석하면 ^{1}H–NMR 스펙트럼(그림 11.17)이 얻어지며, 이러한 스펙트럼은 오른쪽 0에서부터 왼쪽 10에 이르는 값을 갖는 **델타**(delta, δ) **눈금**으로 표시된 수평축과 공명 신호의 세기를 나타내는 수직축으로 구성되어 있다.

일반적으로는 각 개별 핵의 공명 진동수를 기준 화합물 내에 있는 동일한 핵의 공명 진동수에 대해 측정한다. 오늘날 ^{1}H-NMR과 ^{13}C-NMR 분광학에서 일반적으로 사용되는 기준 화합물은 **테트라메틸실레인**(tetramethylsilane, TMS)이다. 이 화합물은 상대적으로 반응성이 작으며 전기

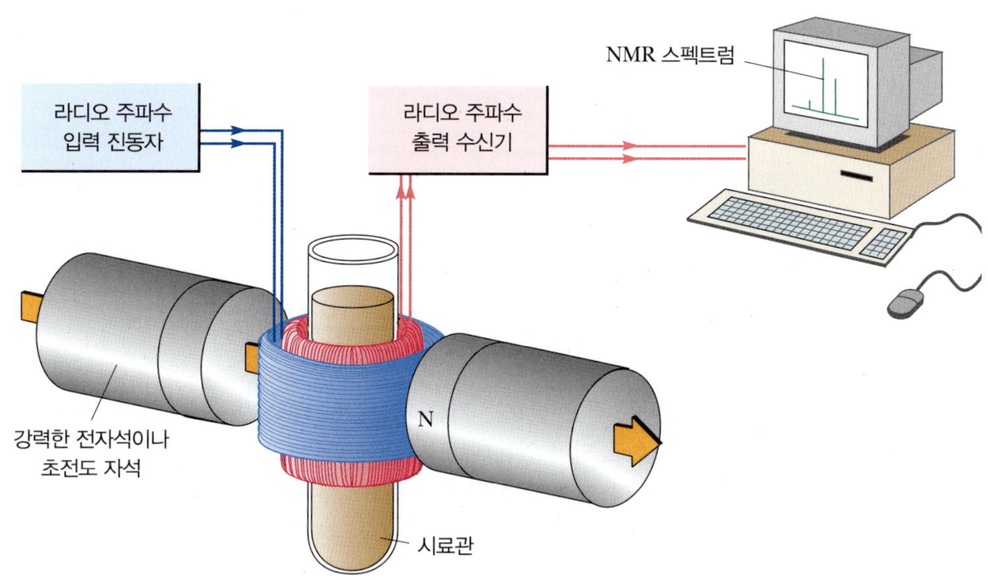

그림 11.16 핵자기 공명 분광기의 구성도

음성도가 작은 규소 원자로 인해 수소와 탄소 원자들이 매우 강한 가려막기 상태에 있기 때문에 널리 사용되고 있다. 후자의 요인으로 인해 측정되는 대부분의 공명 신호는 TMS의 신호에 비해 덜 가려진 상태에 있게 된다.

$$\begin{array}{c} CH_3 \\ | \\ CH_3-Si-CH_3 \\ | \\ CH_3 \end{array}$$

Tetramethylsilane (TMS)

어떤 화합물의 ¹H-NMR 스펙트럼을 측정할 때에는, 화합물의 수소 공명 신호가 TMS에 있는 수소의 공명 신호로부터 얼마나 떨어져 있는가를 기록한다. 마찬가지로 어떤 화합물의 ¹³C-NMR 스펙트럼을 측정할 때에도, 이 화합물의 탄소 공명 신호가 TMS에 있는 4개 탄소의 공명 신호와 얼마나 떨어져 있는가를 기록하게 된다.

NMR 데이터의 기록을 표준화하기 위해, 작업자는 **화학적 이동**(chemical shift, δ)이라 하는 양을 채택하게 된다. 화학적 이동은 (TMS에 대해 상대적인) 신호 진동수의 이동을 분광기의 작동 진동수로 나눔으로써 계산할 수 있다. NMR 분광기는 MHz 진동수(즉 Hz의 수백만 배)에서 작동되기 때문에, 화학적 이동은 백만 분의 1 단위로 표시한다. 인조 가죽의 제조에 사용되는 화합물인 아세트산 메틸(그림 11.17)에 대한 ¹H-NMR 스펙트럼에서 2.05 ppm 위치에서 나타난 신호를 예로 계산하여 보면 다음과 같다.

화학적 이동(δ) NMR 스펙트럼 상에서 테트라메틸실레인(TMS)에 대해 상대적인 신호의 위치. 델타(δ) 단위로 나타내며, 여기에서 1δ는 1 ppm과 같다.

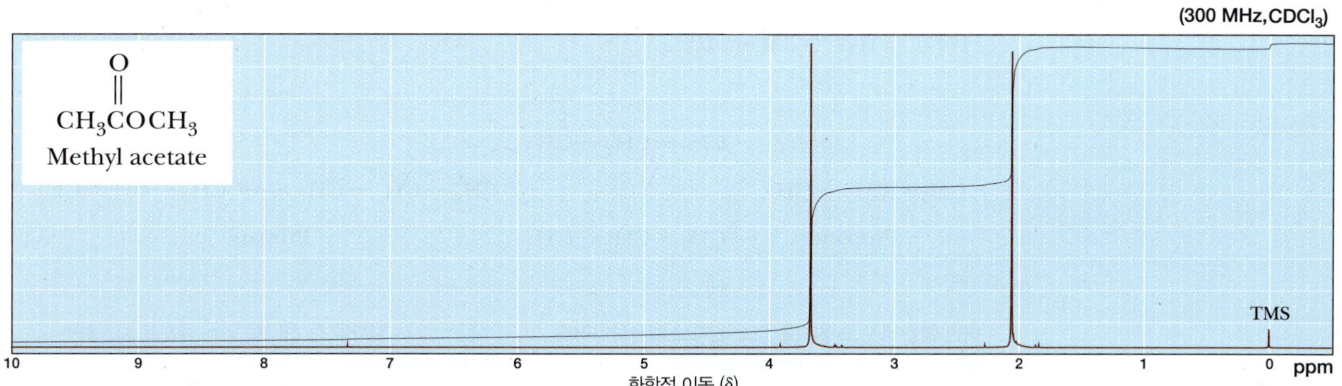

그림 11.17 Methyl acetate의 ¹H-NMR 스펙트럼

$$\delta = \frac{\text{TMS 신호로부터 주파수의 이동(Hz)}}{\text{분광기의 작동 주파수(Hz)}}$$

예를 들어,

이 메틸기에 있는 수소로 인해,
300 MHz NMR 분광기에서 TMS 신호로부터
615 Hz 떨어진 곳에서 신호가 발생한다.

$$\mathrm{CH_3\overset{O}{\overset{\|}{C}}{-}OCH_3} \qquad \frac{615\ \text{Hz}}{300 \times 10^6\ \text{Hz}} = \frac{2.05\ \text{Hz}}{10^6\ \text{Hz}} = 2.05\ \text{ppm}$$

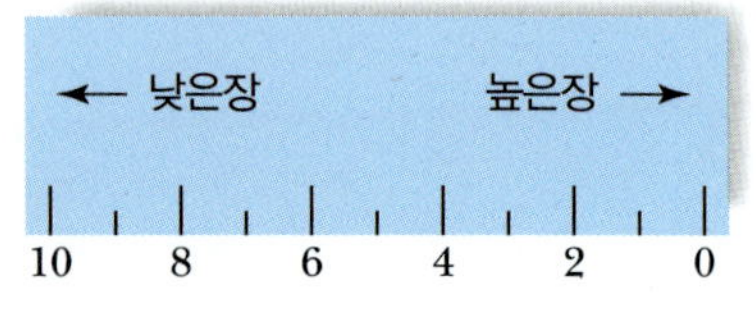

이 스펙트럼에서 δ 0에서 나타나는 작은 신호는 기준 화합물인 TMS의 수소를 나타낸다. 스펙트럼의 나머지 부분은 두 개의 신호로 되어 있는데, 하나는 $-OCH_3$기의 수소로부터 나온 것이고, 또 다른 하나는 카보닐기와 결합하고 있는 메틸기의 수소로부터 나온 것이다. 각각의 수소가 이들 각각의 신호를 왜 나타내는지 지금 당장 파악해 볼 필요는 없지만, NMR 스펙트럼을 기록하는 형태를 인식하고 눈금 표시(calibration mark)의 의미를 이해할 필요는 있다.

다음 용어에 대해 주의하자. 만일 신호가 기록지의 왼쪽으로 이동하면 **낮은장**(downfield)으로 이동한다고 하는데, 이는 해당 신호를 일으키는 핵이 벗김 상태가 되어 보다 약한 외부 자기장에 의해 공명 상태가 된다는 의미이다. 반대로, 신호가 기록지의 오른쪽으로 이동하면 **높은장**(upfield)으로 이동한다고 하는데, 이는 해당 신호의 핵이 가려막기 정도가 커서 보다 강한 외부 자기장에서 공명 상태가 됨을 의미하는 것이다.

낮은장 NMR 스펙트럼상에서 신호의 상대적인 위치를 언급할 때 사용되는 용어. 낮은장이란 스펙트럼의 왼쪽 부분(보다 약한 외부 자기장)에서 나타나는 피크를 의미한다.

높은장 NMR 스펙트럼상에서 신호의 상대적인 위치를 언급할 때 사용되는 용어. 높은장이란 스펙트럼의 오른쪽 부분(보다 강한 외부 자기장)에서 나타나는 피크를 의미한다.

동등 수소 동일한 화학적 환경을 갖는 수소

11.8 ^{1}H-NMR 스펙트럼에서 화합물은 몇 개의 공명 신호를 만들어 내는가?

어떤 화합물의 구조식이 주어졌을 때, 몇 개의 신호가 나타나게 될지 어떻게 예상할 수 있는가? 이에 대한 해답은, **동등 수소**(equivalent hydrogen)는 동일한 ^{1}H-NMR 신호를 나타내며, 반대로 동등하지 않은 수소들은 서로 다른 ^{1}H-NMR 신호를 나타낸다는 것이다. 분자 내에 있는 어떤 수소 원자들이 동등한가를 결정하는 직접적인 방법은, 할로젠 원자와 같은 시험 원자로 각 수소 원자들을 치환시켜 보는 것이다. 이러한 방식으로 두 개의 수소 원자를 '치환시킨' 화합물이 동일한 화합물이거나, 혹은 이렇게 만들어진 화합물이 거울상 이성질체가 된다면, 치환에 사용되었던 두 개의 수소는 동등 수소이다. 만일 시험 원자로 교체하여 서로 다른 화합물이 만들어진다면, 두 개의 수소는 비동등(nonequivalent) 상태에 있는 것이다.

이러한 치환 시험을 이용하면, 프로페인에 두 가지의 동등 수소가 있음을 알 수 있다. 즉 6개의 1° 동등 수소와 두 개의 2° 동등 수소가 존재하고 있다. 따라서 $-CH_3$에 있는 6개의 동등 수소로부터 나오는 신호와 $-CH_2-$에 있는 두 개의 동등 수소로부터 나오는 신호로, 총 두 개의 신호가 나타날 것임을 예상할 수 있다.

$$\underset{\text{Propane}}{\mathrm{CH_3{-}CH_2{-}CH_3}} \rightarrow \mathrm{CH_3{-}CH_2{-}CH_2Cl} \quad / \quad \mathrm{ClCH_2{-}CH_2{-}CH_3}$$

어떤 빨간색 수소 원자를 염소 원자로 치환하더라도 항상 1-chloropropane이 만들어진다. 따라서 빨간색 수소 원자들은 모두 **동등**하다.

$$\underset{\text{Propane}}{\mathrm{CH_3{-}CH_2{-}CH_3}} \longrightarrow \mathrm{CH_3{-}\underset{}{\overset{Cl}{\overset{|}{C}}}H{-}CH_3}$$

파란색 수소 원자들 중 하나를 염소 원자로 치환하면 2-chloropropane이 만들어진다. 따라서 파란색 수소 원자들은 모두 **동등**하다.

예제 11.9

각 화합물 내에서 동등 수소의 종류와 각 동등 수소별 원자의 개수를 적어보시오.

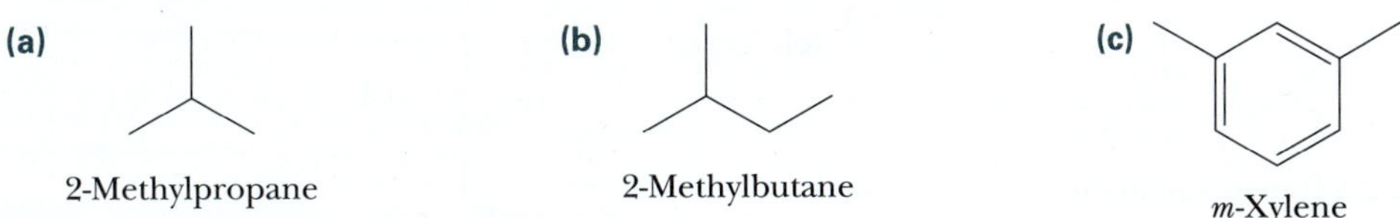

전략

동등 수소인지, 아닌지를 결정하는 확실한 방법은 각 수소 원자를 할로젠 원자로 치환한 다음, 만들어진 화합물의 이름을 비교해 보는 것이다. 만일 치환을 통해 만들어지는 두 가지 분자가 동일한 화합물이거나 거울상 이성질체라면, 치환에 사용된 수소 원자들은 동등 수소가 된다.

풀이

(a) 2-Methylpropane은 두 가지의 동등 수소들을 포함하고 있는데, 하나는 9개의 1° 동등 수소이고, 다른 하나는 1개의 3° 동등 수소이다.

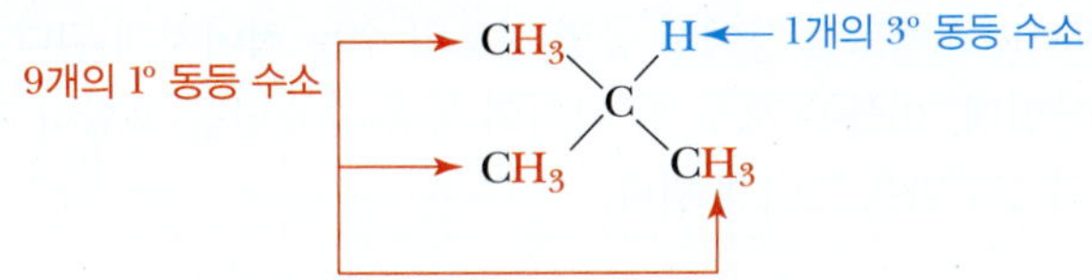

빨간색 수소 원자 중 어떤 것이라도 염소 원자로 치환하면 1-chloro-2-methylpropane이 얻어진다. 파란색 수소 원자를 염소 원자로 치환하면 2-chloro-2-methylpropane이 만들어진다.

(b) 2-Methylbutane은 네 가지의 동등 수소들을 포함하고 있는데, 두 가지 다른 종류의 1° 동등 수소와 한 가지의 2° 동등 수소, 그리고 한 가지의 3° 동등 수소이다.

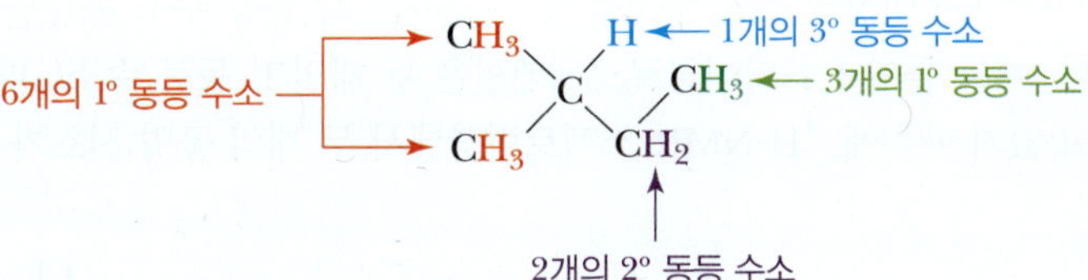

빨간색 수소 원자 중 어떤 것이라도 염소 원자로 치환하면 1-chloro-2-methylbutane이 얻어진다. 파란색 수소 원자를 염소 원자로 치환하면 2-chloro-2-methylbutane이 얻어진다. 보라색 수소 원자를 염소 원자로 치환하면 2-chloro-3-methylbutane이 얻어진다. 초록색 수소 원자를 염소 원자로 치환하면 1-chloro-3-methylbutane이 만들어진다.

(c) *m*-Xylene은 네 가지의 동등 수소들을 포함하고 있는데, 메틸기의 수소 원자들, 하나의 메틸기에 대해 오쏘 위치인 벤젠 고리의 수소 원자들, 두 개의 메틸기 모두에 대해 오쏘 위치인 벤젠 고리의 수소 원자들, 그리고 두 개의 메틸기 모두에 대해 메타 위치인 벤젠 고리의 수소 원자들이다. 이러한 풀이 방법에서 동등성을 보여 주기 위해 대칭성이 사용되었다.

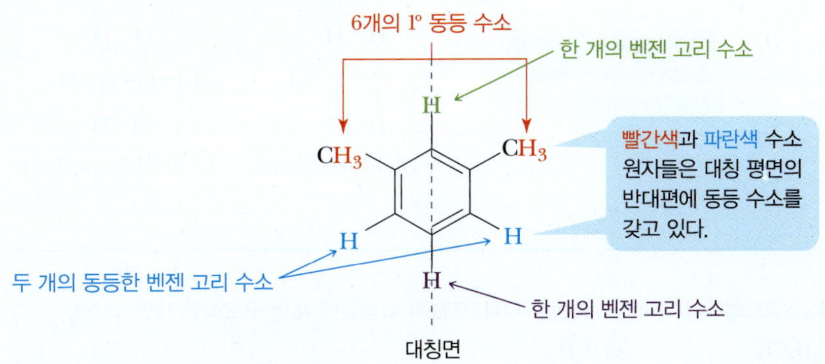

문제 11.32 참조

문제 11.9

각 화합물 내에서 동등 수소의 종류와 각 동등 수소별 원자의 개수를 쓰시오.

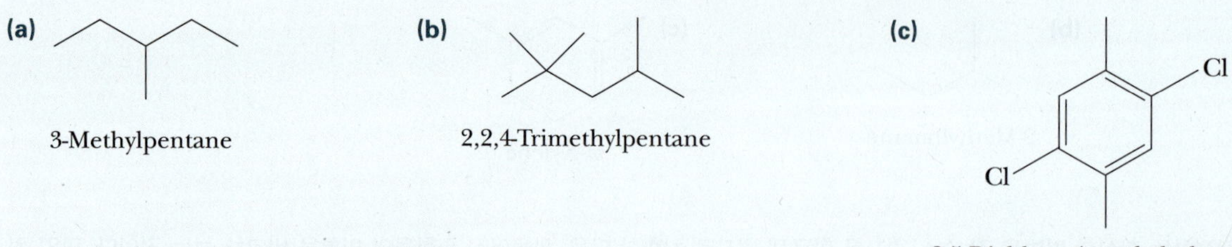

(a) 3-Methylpentane (b) 2,2,4-Trimethylpentane (c) 2,5-Dichloro-4-methyltoluene

대칭성을 갖는 화합물의 경우 더 많은 개수의 동등 수소를 포함하는 경향이 있으며, 이로 인해 ^{1}H-NMR 스펙트럼 상에서 공명 신호의 수는 적어지게 된다. 다음은 대칭성을 갖는 네 가지 유기 화합물인데, 이들은 모두 한 가지의 동등 수소만을 포함하고 있으며 ^{1}H-NMR 스펙트럼 상에서 하나의 신호만을 보이게 된다.

$CH_3\overset{O}{\overset{\|}{C}}CH_3$ — Propanone (Acetone)

$ClCH_2CH_2Cl$ — 1,2-Dichloroethane

Cyclopentane

$(CH_3)_2C{=}C(CH_3)_2$ — 2,3-Dimethyl-2-butene

두 가지 이상의 동등 수소를 갖는 분자는 각 동등 수소 종류별로 서로 다른 공명 신호를 나타낸다. 예를 들어 1,1-다이클로로에테인은 두 개의 1° 동등 수소(a)와 한 개의 2° 동등 수소(b)를 가지고 있기 때문에, ^{1}H-NMR 스펙트럼상에서 두 개의 공명 신호가 나타난다.

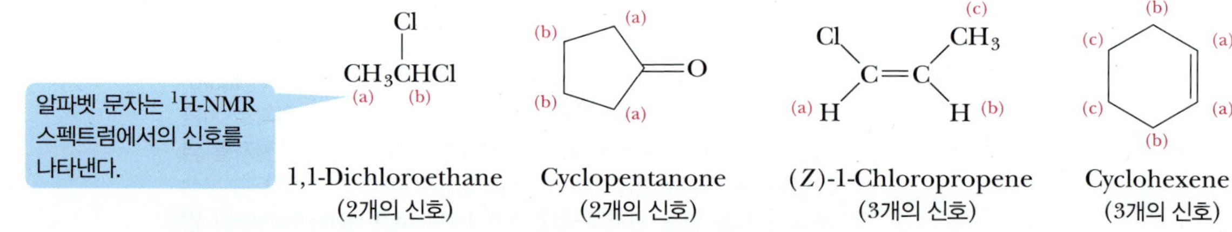

1,1-Dichloroethane (2개의 신호) Cyclopentanone (2개의 신호) (*Z*)-1-Chloropropene (3개의 신호) Cyclohexene (3개의 신호)

단순히 신호의 개수를 세기만 하더라도 두 가지 구조 이성질체인 1,2-다이클로로에테인과 1,1-다이클로로에테인을 구분할 수 있다.

$C_2H_4Cl_2$의 이성질체

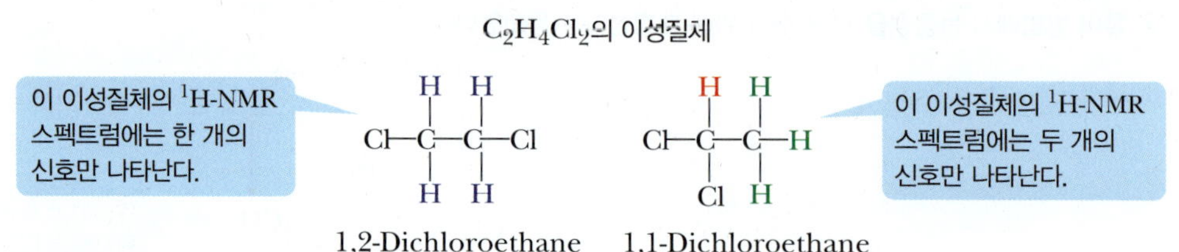

1,2-Dichloroethane 1,1-Dichloroethane

예제 11.10

다음 화합물들은 모두 ^{1}H-NMR 스펙트럼에서 하나의 신호만을 나타낸다. 각 화합물에 대한 구조식을 제안하시오.

(a) C_2H_6O **(b)** $C_3H_6Cl_2$ **(c)** C_6H_{12}

전략

구조를 선택함에 있어 ^{1}H-NMR 스펙트럼의 신호 개수와 IHD를 사용한다. 수소 원자를 가지고 있을 때보다 더 적은 수의 신호를 나타내는 화합물은 분자 내에 대칭성이 존재함을 의미한다.

풀이

다음은 주어진 각 화합물에 대한 구조식이다. 각 구조에 대해, 수소 원자를 염소 원자로 치환할 경우, 치환되는 수소 원자에 관계없이 동일한 화합물이 만들어짐을 주목하라.

(a) CH_3OCH_3 **(b)** $CH_3CCl_2CH_3$ **(c)** 사이클로헥세인 또는 $(CH_3)_2C{=}C(CH_3)_2$

문제 11.10

다음 화합물들은 모두 ^{1}H-NMR 스펙트럼에서 하나의 신호만을 나타낸다. 각 화합물에 대한 구조식을 제안하시오.

(a) C_2H_6O **(b)** C_5H_{10} **(c)** C_5H_{12} **(d)** $C_4H_6Cl_4$

11.9 신호 적분이란 무엇인가?

지금까지 ^{1}H-NMR 스펙트럼에서 신호의 개수가 동등 수소의 가지 수에 대한 정보를 제공한다는 것을 살펴보았다. **적분**(integration)이라고 하는 수학적 기술을 사용하면 ^{1}H-NMR 스펙트럼에서 신호의 면적도 측정할 수 있다. 본 책에 나타낸 스펙트럼의 경우, 이러한 정보는 원래의 스펙트럼에 대해 중첩된 **적분선**(line of integration)의 형태로 표시된다. 각 신호에 대한 적분선의 수직 상승은 해당 신호선 아래의 면적에 비례하며, 따라서 그 신호를 나타내는 수소의 개수에도 비례하게 된다.

그림 11.18은 가솔린 첨가제인 아세트산 *tert*-뷰틸(*tert*-butyl acetate, $C_6H_{12}O_2$)의 적분 ^{1}H-NMR 스펙트럼을 보여 주고 있다. 스펙트럼에는 δ 1.44와 1.95에서 신호가 나타나고 있다. 높은장(오른쪽) 신호의 적분 높이는 낮은장(왼쪽) 신호의 높이보다 거의 3배 정도 높게 나타난다. 이러한 관계는 3:1의 **적분비**(integration ratio)에 해당하는 것이다. 우리는 분자식으로부터 분자 내에 총 12개의 수소 원자가 있음을 알고 있다. 적분선으로부터 얻어진 비율은 9개의 동등 수소 한 가지와 3개의 동등 수소 한 가지가 존재한다는 것과 일치한다. 앞으로 분자의 NMR 스펙트럼을 언급할 때 축약된 표기법을 종종 사용하게 될 것이다. 이 표기법에서는 가장 가려막기가 덜한 신호와 (적분에 근거하여) 각 신호를 나타내는 수소의 개수를 적는 순으로 각 신호의 화학적 이동을 나열한다. 아세트산 *tert*-뷰틸의 스펙트럼(그림 11.18)을 기술하는 축약된 표기법은 δ 1.95(3H)와 δ 1.44(9H)이다.

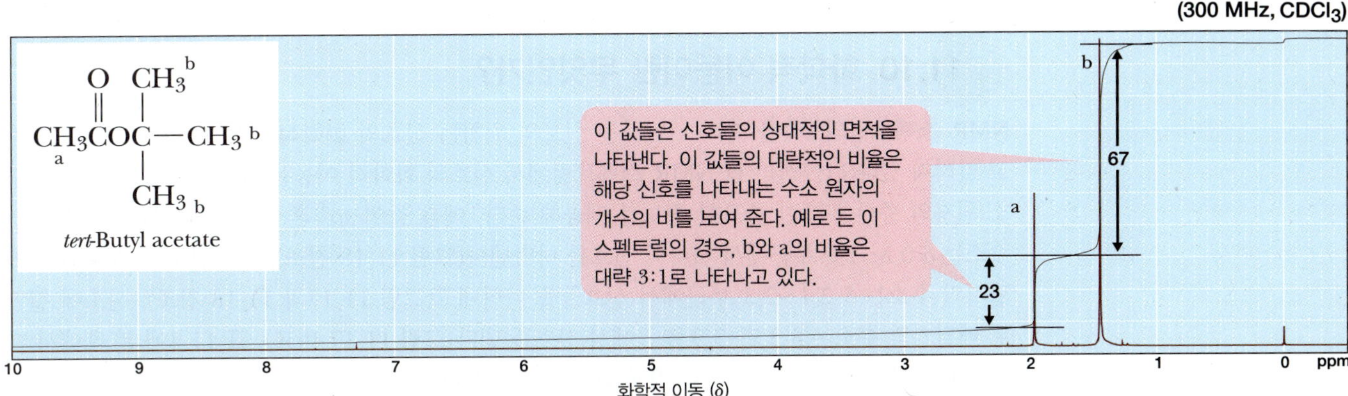

그림 11.18 적분선을 나타낸 *tert*-butyl acetate($C_6H_{12}O_2$)의 ^{1}H-NMR 스펙트럼. 두 개의 피크에 대한 신호 높이의 비는 3:1인데, 이 값은 12개의 수소 원자를 포함한 분자에서 9개의 동등 수소 한 가지와 3개의 동등 수소 한 가지에 해당하는 것이다.

예제 11.11

다음은 분자식이 $C_9H_{10}O_2$인 화합물에 대한 ^{1}H-NMR 스펙트럼이다. 적분선을 분석하여 각 신호를 나타나게 하는 수소의 개수를 계산하시오.

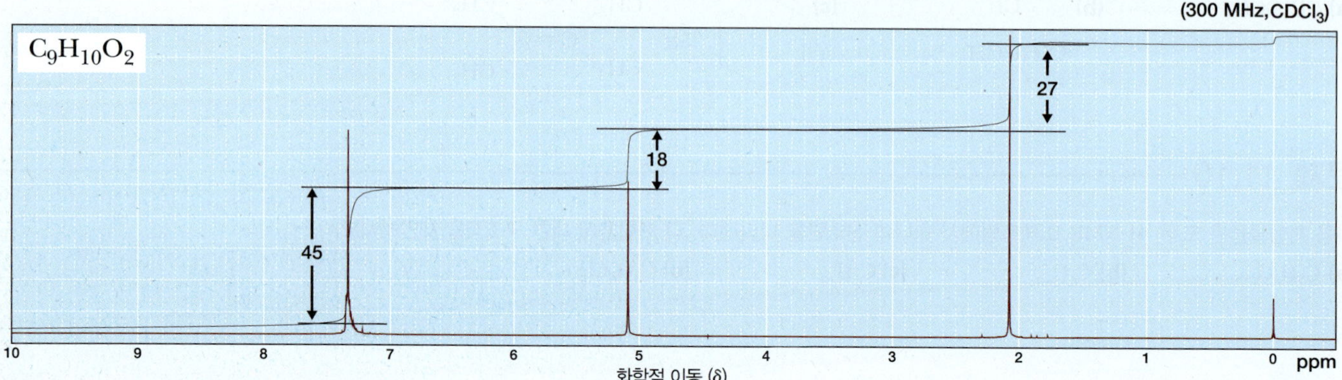

전략

일단 적분선 길이가 결정되면, 모든 수를 가장 작은 값으로 나누어 최소 비율을 얻는다. 예를 들어 적분선의 길이가 4:12:8이라면, 최소 비율은 (4:12:8)/4 = 1:3:2가 된다. 만일 이렇게 얻어진 수의 합이 분자식에 나온 수소의 개수와 같다면, 최소 비율의 값은 수소 원자의 실제 개수로 취급할 수 있다. 만일 비율 값의 합보다 분자식에 포함된 수소 원자의 개수가 더 많다면, 비율 값에 일정한 인자를 곱하여 합과 수소 원자의 총 개수를 같게 해 주어야 한다. 예를 들어 최소 비율이 1:3:2이고 수소 원자의 총 개수가 12개라면, 비율에 2를 곱하여 2:6:4와 같이 바꾸어 주어야 한다.

풀이

(수평 도표 눈금 수를 이용해 얻을 수 있는) 상대적인 신호 높이의 비는 (낮은장에서 높은장 순으로) 5:2:3이다. 분자식은 10개의 수소 원자가 존재함을 보여 주고 있다. 따라서 δ 7.34에서의 신호는 5개의 수소 원자를, δ 5.08에서의 신호는 2개의 수소 원자를, δ 2.06에서의 신호는 3개의 수소 원자를 나타내는 것이다. 결과적으로 신호들과 각 신호가 나타내는 수소 원자의 수는 δ 7.34 (5H), δ 5.08 (2H), δ 2.06 (3H)이다.

문제 11.11

분자식이 $C_7H_{14}O$인 케톤의 ^{1}H-NMR 스펙트럼에서 두 개의 신호에 대한 적분선이 62와 10 도표 눈금만큼의 수직 상승을 보이고 있다. 각 신호를 나타내는 수소 원자의 개수를 계산하고, 이 케톤 화합물에 대한 구조식을 제안하시오.

11.10 화학적 이동이란 무엇인가?

NMR 스펙트럼의 x축을 따라 나타나는 신호의 위치는 신호의 **화학적 이동**(chemical shift)이라고 알려져 있다(11.7절). ^{1}H-NMR 스펙트럼에서 신호의 화학적 이동은 해당 흡수를 일으키는 수소 원자의 종류에 대한 중요한 정보를 제공해 준다. 예를 들어 sp^3 혼성 탄소에 결합된 메틸기의 수소는 δ 0.8~1.0 부근에서 하나의 신호를 나타낸다(그림 11.18 참조). 카보닐 탄소에 결합된 메틸기의 수소는 δ 2.1~2.3 부근에서 신호들을 나타내고(그림 11.17과 11.18 참조), 산소에 결합된 메틸기의 수소는 δ 3.7~3.9 부근에서 신호를 낸다(그림 11.17 비교). 표 11.4에 본 책에서 다루는 대부분 종류의 수소에 대한 평균 화학적 이동을 나타내었다.

표 11.4 수소의 대표적인 종류들에 대한 화학적 이동의 평균값

수소의 형태(R=알킬, Ar=아릴)	화학적 이동(δ)*	수소의 형태(R=알킬, Ar=아릴)	화학적 이동(δ)*
$(C\mathbf{H}_3)_4Si$	0 (정의에 의해)	$RCOC\mathbf{H}_3$ (C=O)	3.7~3.9
$RC\mathbf{H}_3$	0.8~1.0		
$RC\mathbf{H}_2R$	1.2~1.4	$RCOC\mathbf{H}_2R$ (C=O)	4.1~4.7
$R_3C\mathbf{H}$	1.4~1.7		
$R_2C{=}CRC\mathbf{H}R_2$	1.6~2.6	$RC\mathbf{H}_2I$	3.1~3.3
$RC{\equiv}C\mathbf{H}$	2.0~3.0	$RC\mathbf{H}_2Br$	3.4~3.6
$ArC\mathbf{H}_3$	2.2~2.5	$RC\mathbf{H}_2Cl$	3.6~3.8
$ArC\mathbf{H}_2R$	2.3~2.8	$RC\mathbf{H}_2F$	4.4~4.5
$RO\mathbf{H}$	0.5~6.0	$ArO\mathbf{H}$	4.5~4.7
$RC\mathbf{H}_2OH$	3.4~4.0	$R_2C{=}C\mathbf{H}_2$	4.6~5.0
$RC\mathbf{H}_2OR$	3.3~4.0	$R_2C{=}C\mathbf{H}R$	5.0~5.7
$R_2N\mathbf{H}$	0.5~5.0	$Ar\mathbf{H}$	6.5~8.5
$RCC\mathbf{H}_3$ (C=O)	2.1~2.3	$RC\mathbf{H}$ (C=O)	9.5~10.1
$RCC\mathbf{H}_2R$ (C=O)	2.2~2.6	$RCO\mathbf{H}$ (C=O)	10~13

* 값들은 근사값이다. 분자 내의 다른 원자들은 이 범위 밖에서 신호를 나타낼 수도 있다.

표시한 대부분의 값들이 상대적으로 좁은 범위인 0에서 13 δ 단위(ppm) 내에 위치하고 있음을 주목하라. 실제로 이 표에는 다양한 작용기에 그러한 작용기와 결합하고 있는 수소들을 보여 주고 있지만, 대부분 종류의 수소에 대한 화학적 이동을 기억하기 위해서는 다음과 같은 경험 법칙을 사용할 수 있다.

화학적 이동(δ)	수소의 종류
0~2	sp^3 탄소에 결합한 H
2~2.8	알릴 자리 혹은 벤질 자리인 sp^3 탄소에 결합한 H (즉 C—C 이중 결합이나 벤젠 고리 바로 옆에 위치한 H)
2~4.5	N, O, 또는 X와 같이 전기 음성인 원소가 가까이 있는 sp^3 탄소에 결합한 H. 전기 음성도가 크면 클수록 화학적 이동이 더 커진다. 또한 전기 음성적인 원자에 가까울수록 화학적 이동이 더 크게 나타난다.
4.6~5.7	알케인 내의 sp^2 탄소에 결합한 H
6.5~8.5	방향족 화합물 내의 sp^2 탄소에 결합한 H
9.5~10.1	C=O에 결합한 H(알데하이드 수소)
10~13	카복실(COOH)기의 H

대부분의 ^{1}H-NMR 스펙트럼 문제는 이 경험 법칙을 따른다.

예제 11.12

다음은 분자식이 $C_6H_{12}O_2$인 두 개의 구조 이성질체이다.

(1) $CH_3COC(CH_3)_2CH_3$ — O, CH_3 치환: $CH_3\overset{O}{\overset{\|}{C}}O\underset{CH_3}{\overset{CH_3}{C}}CH_3$

(2) $CH_3O\underset{CH_3}{\overset{CH_3}{C}}\overset{O}{\overset{\|}{C}}CH_3$

(a) 각 이성질체에 대하여 ^{1}H-NMR 스펙트럼에서 신호의 개수를 예측하시오.
(b) 각 스펙트럼에서 신호 면적의 비율을 예측하시오.
(c) 화학적 이동을 근거로 하여 이들 이성질체를 어떻게 구별할지 보이시오.

전략

이 예제는 화합물에 대한 ^{1}H-NMR 스펙트럼을 예측할 때 자주 반복하게 될 일련의 단계들을 보여 주고 있다. 우선은 동등 수소의 개수를 결정함으로써 신호의 수를 결정한다(11.8절). 그런 다음, 각 동등 수소 종류별로 수소 원자의 개수를 셈으로써 신호 면적 비율을 예측한다(만일 비율 값을 더 나눌 수 있다면, 정수 비율이 나오도록 각 수를 나눠준다). 마지막으로, 각 동등 수소 종류별로 화학적 이동을 예측한다. 만일 화학적 이동을 예측하기 위한 경험 법칙이 적용되지 않는 경우라면, 표 11.4를 참고한다.

풀이

δ 1.95 → $CH_3COC(CH_3)_2CH_3$ ← δ 1.44 (1)

δ 3.67 → $CH_3OCOC(CH_3)_2CH_3$ ← δ 1.20 (2)

(a) 각 화합물은 9개의 메틸기 동등 수소와 3개의 메틸기 동등 수소의 두 가지 동등 수소를 포함하고 있다.

(b) 각 화합물의 ^{1}H-NMR 스펙트럼은 9:3, 혹은 3:1 비율을 갖는 두 개의 신호들로 이루어져 있다.

(c) 두 구조 이성질체는 하나의 $-CH_3$기, 혹은 적분값이 3이 되는 신호(각 화합물에서 빨간색으로 표시됨)에 대한 화학적 이동을 통해 구분할 수 있다. 경험 법칙을 사용하면, CH_3O의 수소는 $CH_3C{=}O$의 수소보다 가려막기 상태가 덜함(훨씬 낮은장에서 나타남)을 알 수 있다. 표 11.4는 각 화학적 이동에 대한 대략적인 값을 알려준다. 실험값은 다음과 같다.

문제 11.42 참조

문제 11.12

다음은 분자식이 $C_4H_8O_2$인 두 개의 구조 이성질체이다.

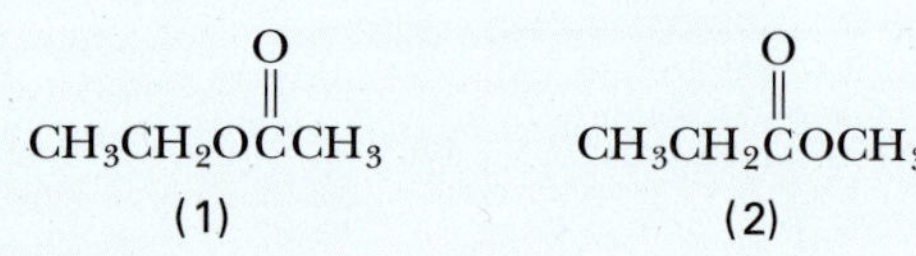

(a) 각 이성질체에 대하여 ^{1}H-NMR 스펙트럼에서 신호의 개수를 예측하시오.

(b) 각 스펙트럼에서 신호 면적의 비율을 예측하시오.

(c) 화학적 이동을 근거로 하여 이들 이성질체를 어떻게 구별할지 보이시오.

11.11 신호 갈라짐이란 무엇인가?

^{1}H-NMR 스펙트럼을 조사함으로써 다음과 같은 세 가지 정보를 유추할 수 있다.

1. 신호의 개수로부터 동등 수소의 가지 수를 결정할 수 있다.
2. 신호 면적을 적분함으로써, 해당 신호를 나타내는 수소의 상대적 수를 결정할 수 있다.
3. 각 신호의 화학적 이동으로부터 각 동등 수소별로 수소의 종류에 관한 정보를 얻을 수 있다.

또한 각 신호의 갈라짐(splitting) 양상으로부터 네 번째 정보를 유추할 수 있다. 예를 들어 왁스와 천연 수지용 용매인 1,1,2-트라이클로로에테인의 ^{1}H-NMR 스펙트럼(그림 11.19)을 살펴보자. 이 분자는 두 개의 2° 동등 수소와 한 개의 3° 동등 수소를 포함하고 있으며, 지금까지 학습한 내용에 따르면 $-CH_2-$기에 있는 2개의 수소와 $-CHCl_2$기에 있는 하나의 수소에 상응하는, 상대 면적이 2:1인 두 개의 신호가 나타날 것이라 예측할 수 있다. 하지만 스펙트럼에서 보듯 실제로는 5개의 **피크**(peak)가 나타나고 있다. 단지 2개의 신호만을 예측했는데, 이는 어떻게 된 것일까? 이에 대한 해답은, 수소의 공명 진동수는 인접한 다른 수소 원자들의 작은 자기장에 의해 영향을 받을 수 있다는 것이다. 이러한 자기장은 신호를 여러 개의 피크로 **갈라지게**(split) 만든다.

피크(NMR) NMR 신호가 갈라지는 단위로, 이중선에서는 두 개의 피크, 삼중선에서는 세 개의 피크 등으로 나타난다.

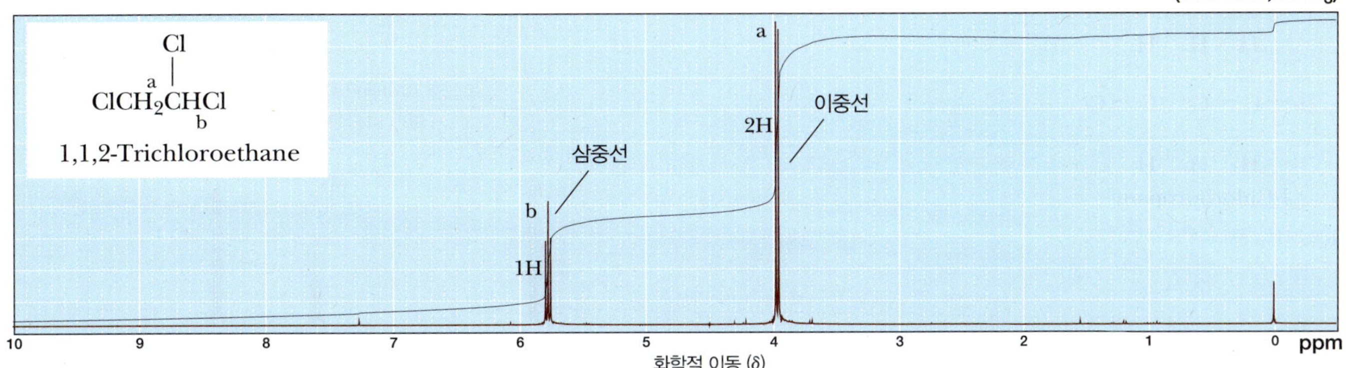

그림 11.19 1,1,2-Trichloroethane의 ^{1}H-NMR 스펙트럼

예를 들어 H—C—C—H 혹은 H—C=C—H(각각의 경우는 세 개의 결합이 있다)처럼 만일 수소가 세 개 이하의 결합으로 분리되어 있다면, 이들 수소는 서로의 신호를 갈라지게 만든다. 만일 H—C—C—C—H에서처럼 세 개 이상의 결합이 있다면, 일반적으로 신호 갈라짐은 나타나지 않는다. 하나의 피크만을 나타내는 신호는 **단일선**(singlet)이라고 한다. 두 개의 피크로 갈라지는 신호는 **이중선**(doublet)이라고 한다. 세 개와 네 개의 피크로 갈라지는 신호는 각각 **삼중선**(triplet)과 **사중선**(quartet)이라고 한다.

단일선 하나의 피크로만 이루어진 신호. 이 신호를 나타내는 수소에는 인접한 비동등 수소가 없다.

이중선 두 개의 피크로 이루어진 신호. 이 신호를 나타내는 수소에는 하나의 인접한 비동등 수소가 존재한다.

1,1,2-트라이클로로에테인의 ^{1}H-NMR 스펙트럼에서 δ 3.96에 나타난 두 개의 피크는 $-CH_2-$기의 수소들로부터 만들어진 신호이며, δ 5.77에 나타난 세 개의 피크는 $-CHCl_2$기의 단일 수소로부터 만들어진 신호이다. δ 3.96에 있는 CH_2 신호는 이중선으로 갈라졌다고 할 수 있으며, δ 5.77에 있는 CH 신호는 삼중선으로 갈라졌다고 말할 수 있다. **신호 갈라짐**(signal splitting)이라고 하는 이러한 현상에서, 한 가지의 수소로부터 나온 ^{1}H-NMR 신호는 이웃한 비동등 수소들의 영향에 의해 갈라지게 된다.

삼중선 세 개의 피크로 이루어진 신호. 이 신호를 나타내는 수소에는 서로 동등 상태에 있는 두 개의 인접한 비동등 수소가 존재한다.

신호 갈라짐의 정도는 **$(n+1)$ 규칙**을 기초로 하여 예측할 수 있는데, 이 규칙에 따르면 어떤 수소가 같은 원자나 혹은 인접한 원자(들)에 비동등 상태이지만 서로에 대해서는 동등 상태인 n개의 수소 원자를 가지고 있는 경우, 그 수소의 ^{1}H-NMR 신호는 $(n+1)$개의 피크로 갈라지게 된다.

사중선 네 개의 피크로 이루어진 신호. 이 신호를 나타내는 수소에는 서로 동등 상태에 있는 세 개의 인접한 비동등 수소가 존재한다.

신호 갈라짐 이웃한 핵의 영향으로 인해 여러 개의 피크들로 NMR 신호가 갈라지는 것

1,1,2-트라이클로로에테인의 스펙트럼을 분석하는 데에 이 $(n+1)$ 규칙을 적용해 보자. $-CH_2-$기의 두 개의 수소는 하나의 비동등한 인접 수소($n=1$)를 가지고 있으므로, 이들의 신호는 이중선($1+1=2$)으로 갈라지게 된다. $-CHCl_2$기의 단일 수소는 두 개의 비동등 인접 수소($n=2$)를 가지고 있으므로, 이들의 신호는 삼중선($2+1=3$)으로 갈라진다.

$(n+1)$ 규칙 이웃 탄소에 n개의 다른 수소를 가진 하나의 수소 원자나 동등 수소들의 ^{1}H-NMR 신호는 $(n+1)$개의 피크로 갈라진다.

이 수소 원자들의 경우, $n = 1$, 이들의 신호는 $(1 + 1)$, 즉 2개의 피크, 즉 이중선으로 갈라진다.

이 수소 원자의 경우, $n = 2$, 이 신호는 $(2 + 1)$, 즉 3개의 피크, 즉 삼중선으로 갈라진다.

$$Cl-CH_2-CH(Cl)-Cl$$

신호 갈라짐의 $(n+1)$ 규칙은 **동등한** 이웃 수소 원자들을 갖는 수소에 대해서만 적용됨을 반드시 기억해야 한다. 한 종류 이상의 이웃 수소 원자가 존재하는 경우라면, $(n+1)$ 규칙이 더 이상 적용되지 않는다. $(n+1)$ 규칙이 더 이상 적용되지 않는 예가 1-클로로프로페인의 ^{1}H-NMR 스펙트럼에 나타나 있다. 1-클로로프로페인의 탄소 2(CH_2기)에 있는 두 개의 수소 원자는, 한쪽에는 탄소 1에 있는 2H와, 반대쪽에는 탄소 3에 있는 3H와 인접해 있다. 탄소 1과 탄소 3의 수소 원자들은 서로 비동등 상태이고, 이들은 탄소 2에 있는 수소 원자와도 비동등 상태이므로, 탄소 2에 있는 CH_2기로부터 나오는 신호는 복잡한 양상으로 갈라지게 되는데, 이러한 복잡한 갈라짐은 간단히 **다중선**(multiplet)이라고 한다.

다중선 이웃한 수소 원자의 종류가 하나 이상 존재하여 때때로 불규칙한 양상을 나타내는 여러 개의 피크로 갈라진 신호

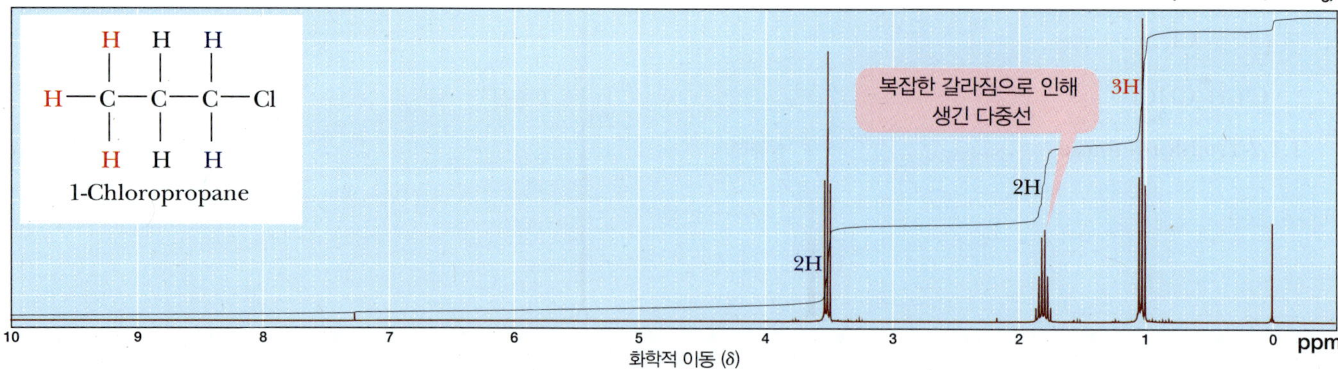

예제 11.13

다음 각 화합물의 ^{1}H-NMR에서 각 신호의 갈라짐 형태와 신호의 수를 예측하시오.

(a) $CH_3\overset{O}{\overset{\|}{C}}CH_2CH_3$ (b) $CH_3CH_2\overset{O}{\overset{\|}{C}}CH_2CH_3$ (c) $CH_3\overset{O}{\overset{\|}{C}}CH(CH_3)_2$

전략

동등 수소의 개수를 결정함으로써 신호의 수를 결정한다(11.8절 참조). 각 동등 수소에 대하여, 이웃한 동등 수소의 수(n)를 결정한 다음, (n+1) 규칙을 적용하여 갈라짐 형태를 결정한다.

풀이

각 분자 내에 있는 동등 수소 원자들을 색으로 구분하였다. 분자 (a)의 경우, 다른 수소 원자들로부터 너무 멀리 떨어져 있기 때문에(>3개의 결합) 빨간색 메틸기에 대한 신호는 갈라지지 않는다(단일선). 파란색 $—CH_2—$기는 세 개의 이웃한 수소 원자(n=3)를 가지고 있으므로 신호가 사중선(3+1=4)으로 갈라져서 나타난다. 초록색 메틸기는 두 개의 이웃한 수소 원자(n=2)를 가지고 있으며, 신호가 삼중선으로 갈라지게 된다. 이들 신호에 대한 적분 비율은 3:2:3이 된다. (b)와 (c)에 대해서도 같은 방식으로 분석할 수 있다. 동일한 방식에 의해, 분자 (b)는 삼중선과 사중선이 3:2의 비율로 나타나게 된다. 분자 (c)는 단일선, 칠중선(6+1=7), 이중선이 3:1:6의 비율로 나타나게 된다.

(a) $CH_3—\overset{O}{\overset{\|}{C}}—CH_2—CH_3$ (단일선 ↓ CH_3, 사중선 ↓ CH_2, 삼중선 ↓ CH_3)

(b) $CH_3—CH_2—\overset{O}{\overset{\|}{C}}—CH_2—CH_3$ (삼중선 ↓ CH_3, 사중선 ↓ CH_2)

(c) $CH_3—\overset{O}{\overset{\|}{C}}—CH(CH_3)_2$ (단일선 ↓ CH_3, 칠중선 ↓ CH, 이중선 ↓ $(CH_3)_2$)

문제 11.32 참조

문제 11.13

다음은 구조 이성질체끼리 짝지어 놓은 것이다. 각 이성질체에 대하여 ^{1}H-NMR 스펙트럼에서 각 신호의 갈라짐 형태와 신호의 수를 예측하시오.

(a) $CH_3OCH_2\overset{O}{\overset{\|}{C}}CH_3$ 와 $CH_3CH_2\overset{O}{\overset{\|}{C}}OCH_3$

(b) $CH_3\underset{Cl}{\underset{|}{\overset{Cl}{\overset{|}{C}}}}CH_3$ 와 $ClCH_2CH_2CH_2Cl$

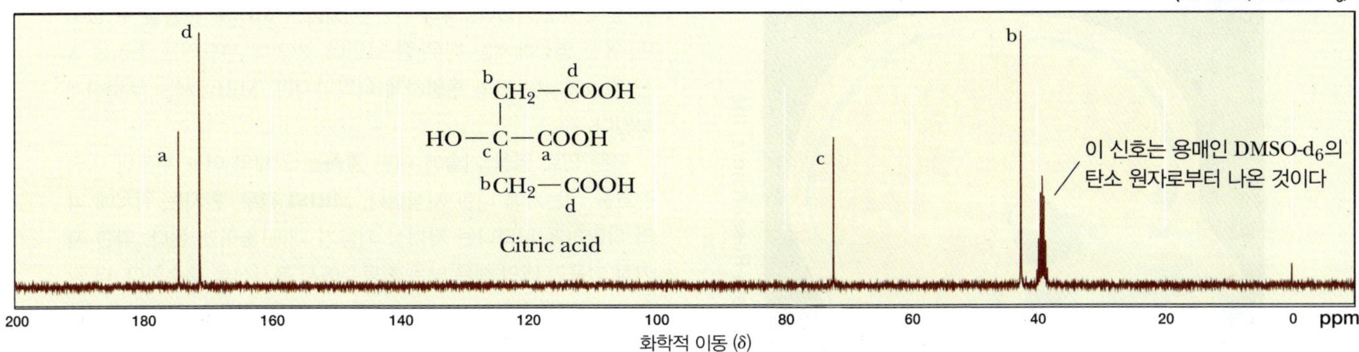

그림 11.20 Citric acid의 수소–짝풀림 ^{13}C-NMR 스펙트럼

11.12 ^{13}C-NMR 분광학이란 무엇이며, ^{1}H-NMR 분광학과는 어떻게 다른가?

자연 상태에서 가장 풍부한(98.89 %) 탄소의 동위 원소인 탄소-12는 핵스핀을 가지고 있지 않아서 NMR 분광법에 의해 검출이 되지 않는다. 하지만 탄소-13의 핵(자연 상태에서 1.11% 존재)은 핵스핀을 가지고 있으며, 수소와 동일한 방식으로 NMR 분광법에 의해 검출이 된다. 따라서 시료 내에 있는 모든 탄소 원자들 중 1.11%에 대한 정보를 얻는 데에 NMR이 사용될 수 있다. ^{1}H-NMR 분광법에서와 마찬가지로, ^{13}C-NMR 분광법은 분자 내에 있는 동등 탄소 각각에 대해 신호를 나타낸다.

^{13}C와 ^{1}H는 모두 핵스핀을 가지고 있으며 자기장을 발생시키기 때문에, ^{13}C는 결합하고 있는 각각의 ^{1}H 원자와 짝을 이루어 $(n+1)$ 규칙에 따라 신호 갈라짐을 일으킨다. ^{13}C 스펙트럼을 기록하는 가장 일반적인 방식의 경우, 이러한 짝지음(coupling)은 기기의 기술에 의해 제거되며 스펙트럼이 단순화된다. 이러한 **수소–짝풀림 스펙트럼**(hydrogen–decoupled spectra)의 경우, ^{13}C 신호는 모두 단일선으로 나타난다. 물에서 여러 약품들의 용해도를 증가시키기 위해 사용하는 화합물인 시트르산의 수소–짝풀림 ^{13}C-NMR 스펙트럼(그림 11.20)은 네 개의 단일선으로 이루어져 있다. 또한 ^{1}H-NMR에서처럼, 동등한 탄소들은 하나의 신호만 생성시킨다는 점도 주목하자.

화학 관련 11C

자기 공명 영상(MRI)

핵자기 공명은 1950년대에 물리학자들에 의해 발견되고 규명되었으며, 1960년대에는 화학자들에게 귀중한 분석 도구로 자리 잡았다. 1970년대 초반에는 NMR을 이용하여 신체 각 부위를 영상화하면 진단 의학에서 가치가 배가될 것이란 점을 깨달았다. 핵자기 공명이라는 용어가 많은 이들에게는 방사선 물질을 사용하는 기술이란 것처럼 들리기 때문에, 보건 의료인들은 이 기술을 **자기 공명 영상**(magnetic resonance imaging, MRI)이라고 한다.

인체는 MRI에 사용될 수 있는 여러 가지 핵종을 포함하고 있다. 이러한 핵들 중, 물, 트라이글리세라이드(지방) 인지질막으로부터 대부분 유래되는 수소 원자가 가장 유용한 신호를 나타낸다. 인(phosphorus) MRI도 진단 의학에서 사용되고 있다.

NMR 분광학의 경우, 라디오 주파수 복사선 형태의 에너지가 시료에 있는 핵에 의해 흡수된다는 사실을 상기하라. 들뜬 핵이 에너지를 내놓고 바닥 상태로 이완되는 이완 시간(relaxation time)은 시료별로 특징적인 시간이 된다.

1971년에 Raymond Damadian은 특정한 암과 같은 종양 내에 있는 물의 이완이 정상 세포 내에 있는 물의 이완보다 훨씬 더 길게 나타남을 발견하였다. 따라서 인체의 이완 영상을 얻을 수만 있다면, 초기에 종양을 확인하는 것도 가능하다고 판단하였다. 이후의 연구를 통하여 이러한 방식으로 여러 종양을 확인할 수 있음이 증명되었다.

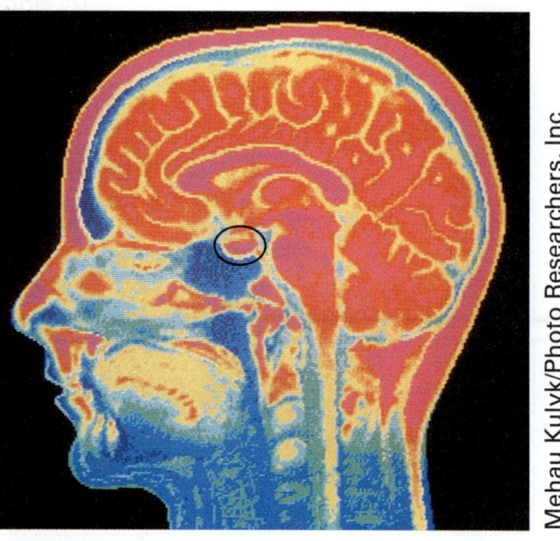
Mehau Kulyk/Photo Researchers, Inc

뇌하수체(pituitary gland)를 원으로 표시한, 정상적인 인간 뇌의 컴퓨터 증진 MRI 화상

MRI의 또 다른 중요한 응용 분야는 뇌와 척수의 검사이다. 뇌의 서로 다른 두 층인 백질과 회질은 MRI에 의해 쉽게 구분되는데, 이는 다발성 경화증(multiple sclerosis과 같은 질병을 연구하는 데에 있어 유용하다. 많은 경우에 자기 공명 영상과 X선 영상은 상호 보완적이다. 뼈의 단단한 외층은 MRI로 관찰할 수 없지만, X선 영상에서는 매우 잘 보인다. 반면에 부드러운 조직은 X선 영상에서는 거의 투명하게 나타나지만, MRI에서는 뚜렷하게 보인다.

모든 의료 영상 기술에 대한 열쇠는 인체의 어느 부분이 어떤 신호를 내는가에 대한 지식이다. MRI의 경우, 환자는 위치에 따라 다양하게 나타나는 자기장 기울기 내에 놓이게 된다. 약한 자기장 기울기 내의 핵은 낮은 진동수에서 복사선을 흡수한다. 더 강한 자기장에 위치한 그 밖의 핵은 더 높은 진동수에서 복사선을 흡수한다. 단일축을 따라 위치한 자기장 기울기는 평면 영상을 만들 수 있기 때문에, MRI 기술은 신체의 어떤 부분이든 박편(slice)과 같은 단면들로 영상을 구성할 수 있다. 2003년에 Paul Lauterbur와 Peter Mansfield 경은 이러한 영상 기술의 발전을 이끈 발견의 공로로 노벨 생리의학상을 수상하였다.

문제

^{1}H-NMR 분광학에서, 화학 시료는 장축을 따라 회전하도록 하여 시료의 모든 부분이 균일한 외부 자기장을 받게끔 만든다. 이러한 균일성은 MRI에서도 필요하다. MRI에서의 '시료'는 인간이라는 점을 생각할 때, 시료의 균일성을 어떻게 얻을 수 있겠는가?

표 11.5는 ^{13}C-NMR 분광학에서 나타나는 대략적인 화학적 이동을 보여 주고 있다. ^{1}H-NMR 에서와 마찬가지로, 다양한 종류의 탄소에 대한 화학적 이동을 기억하기 위해 아래와 같은 경험 법칙을 사용할 수 있다.

대부분의 ^{13}C-NMR 문제는 이 경험 법칙을 따른다.

화학적 이동(δ)	탄소의 종류
0~50	sp^3 탄소(3°>2°>1°)
50~80	N, O, 또는 X와 같이 전기 음성인 원소에 결합한 sp^3 탄소. 전기 음성도가 큰 원소일수록 화학적 이동이 더 크게 나타난다.
100~160	알켄 또는 방향족 화합물의 sp^2 탄소
160~180	카복실산 또는 카복실산 유도체의 카보닐 탄소(13장 및 14장)
180~210	케톤 또는 알데하이드의 카보닐 탄소(12장)

^{1}H-NMR 분광학(0~12 ppm)에 비하여 ^{13}C-NMR 분광학(0~210 ppm)에서 화학적 이동의 범위가 얼마나 더 넓어졌는가를 주목하자. 이처럼 확장된 범위 때문에, 같은 분자 내에서 두 개의 비동등 탄소가 동일한 화학적 이동을 보이는 일은 있을 수 없다. 통상적으로 한 분자 내에 있는 서로 다른 종류의 탄소 원자는 다른 신호와는 확연히 구분되는(즉 분리되어 나타나는) 신호를 보이게 된다. 카보닐 탄소의 화학적 이동은 sp^3 혼성 탄소의 화학적 이동 및 다른 형태의 sp^2 혼성 탄소의 화학적 이동과는 분명히 다르다는 사실도 주목하자. 카보닐 탄소의 존재 유무는 ^{13}C-NMR 스펙트럼에서 훨씬 쉽게 확인할 수 있다.

^{13}C-NMR 분광학의 큰 장점은 한 분자 내에 있는 탄소 원자 종류의 수를 세는 것이 가능하다는 점이다. 하지만 여기에는 한 가지 주의할 점이 있다. 스핀이 뒤바뀐 ^{13}C 핵이 더 낮은 에너지 상태로 되돌아가는 특정한 방식 때문에, 신호 영역을 적분하는 것은 종종 신뢰성이 떨어지며, 신호 면적을 근거로 하여 각 형태의 탄소 개수를 결정하는 것은 일반적으로 불가능하다.

표 11.5 ^{13}C-NMR 화학적 이동

탄소의 종류	화학적 이동(δ)	탄소의 종류	화학적 이동(δ)*
RCH_3	0~40	벤젠 고리–C—R	110~160
RCH_2R	15~55		
R_3CH	20~60		
RCH_2I	0~40	RC(=O)OR	160~180
RCH_2Br	25~65		
RCH_2Cl	35~80	$RC(=O)NR_2$	165~180
R_3COH	40~80		
R_3COR	40~80	RC(=O)OH	175~185
RC≡CR	65~85		
$R_2C{=}CR_2$	100~150	RC(=O)H, RC(=O)R	180~210

예제 11.14

다음 각 화합물의 수소-짝풀림 ^{13}C-NMR 스펙트럼에서 신호의 수를 예측하시오.

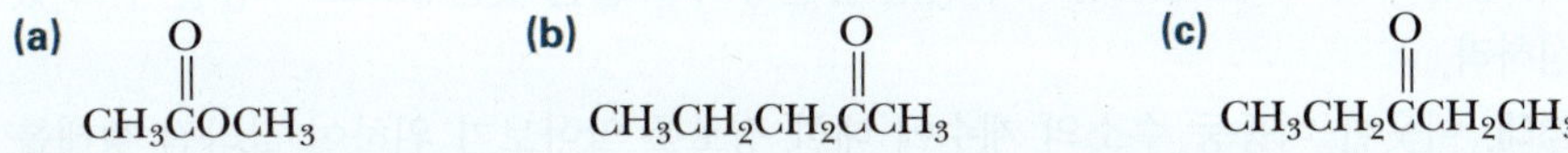

전략

할로젠의 원자가는 1뿐이므로 각 탄소 원자를 (^{1}H-NMR에서 동등성을 결정하기 위해 했던 것처럼) 할로젠 원자로 치환할 수 없기 때문에, 동등성을 결정하기 위해서는 대칭성을 사용해야 한다.

풀이

아래에 각 신호에 대응하는 탄소를 색으로 표시한 화학적 이동값과 함께, 각 스펙트럼에서 나타나는 신호의 수를 적어 놓았다. 카보닐 탄소의 화학적 이동은 매우 명확하며(표 11.5), 예제 화합물들의 경우 δ 171.37, 208.85, 211.97의 위치에서 나타난다.

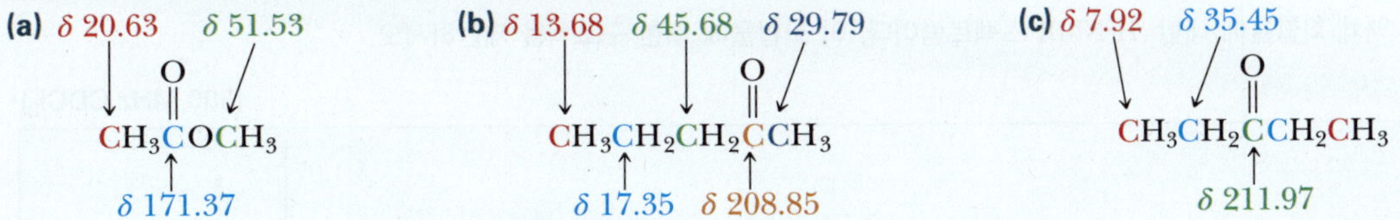

문제 11.33 참조

문제 11.14

다음 짝지어 놓은 구조 이성질체들에 대한 ^{13}C-NMR 신호의 수를 근거로 하여, 구조 이성질체를 어떻게 구별할 수 있을지 설명하시오.

(a) CH_2 와 CH_3

(b) 와

11.13 NMR 문제를 어떻게 풀 것인가?

화합물의 분자 구조를 결정하는 데 있어 첫 번째 단계는 화합물의 분자식을 정하는 것이다. 과거에는 화합물의 퍼센트 조성 등을 결정하기 위한 연소법인 원소 분석 등의 방법을 통해 일반적으로 분자식을 구하였다. 오늘날에는 **질량 분석법**(mass spectrometry)이라고 알려진 기술을 더 일반적으로 사용하여 분자량과 분자식을 구한다(이러한 기술들에 대한 설명은 이 책의 범위를 벗어나는 것이다). 앞으로 나오게 될 예제들에서, 우리는 미지의 화합물에 대한 분자식이 이미 결정되었다고 가정하고, 결정된 분자식으로부터 출발해 분광학적 분석을 이용하여 분자 구조식을 결정할 것이다.

^{1}H-NMR 스펙트럼 문제를 풀 때에는 다음의 단계들이 체계적인 접근 방법으로 유용하게 사용될 것이다.

1단계: 분자식과 IHD. 분자식을 검토하고 IHD를 계산하여(11.4G절), 고리 혹은 π 결합의 존재 유무에 대하여 가능한 정보를 추론하라.

2단계: 신호의 수. 화합물에서 동등 수소의 최소 종류 수를 결정하기 위해 신호의 개수를 세어라.

3단계: 적분. 신호 적분과 분자식을 사용하여 각 종류별로 수소 원자의 개수를 결정하라.

4단계: 화학적 이동의 형태. NMR 스펙트럼을 검토하여 동등 수소의 가장 일반적인 종류에 대한 신호 특성을 확인하라.(^{1}H-NMR 화학적 이동에 대한 일반적인 경험 법칙에 대해서는 11.10절을 참조하라.) 화학적 범위는 넓게 나타나며, 문제에 나온 분자 구조의 세부 내용에 따라 각 종류의 수소에 대한 신호가 훨씬 높은장이나 훨씬 낮은장으로 이동할 수도 있음을 명심하라.

5단계: 갈라짐 형태. 이웃한 비동등 수소의 개수에 대한 정보를 알아보기 위하여 갈라짐 형태를 살펴보라.

6단계: 구조식. 1~5단계에서 확인된 정보에 부합하는 구조식을 적는다.

예제 11.15

다음은 분자식이 $C_5H_{10}O$인 무색의 액체 화합물에 대한 ^{1}H-NMR 스펙트럼이다. 이 화합물에 대한 구조식을 제안하시오.

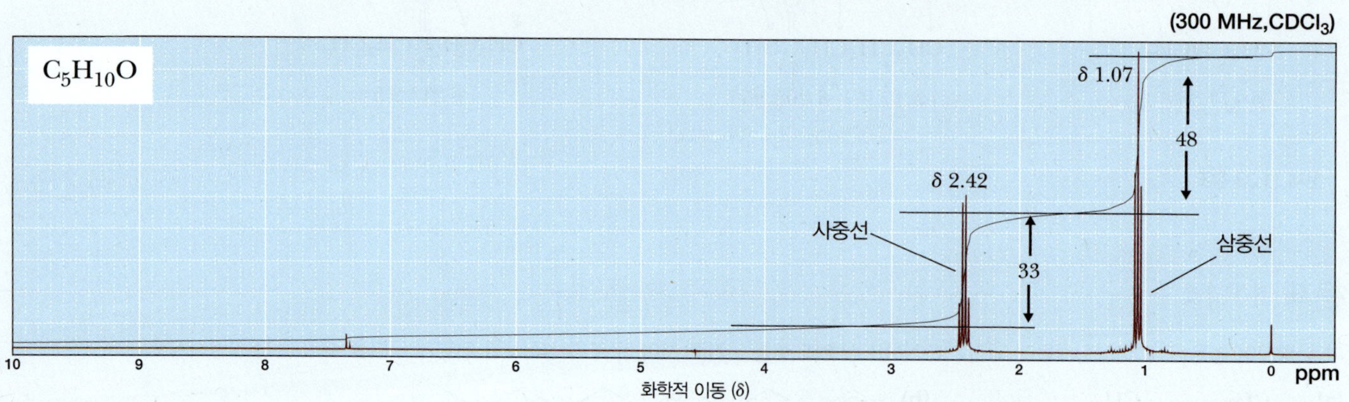

전략

다음의 순서로 ^{1}H-NMR 스펙트럼 문제를 접근한다. (1) IHD를 계산하여 고리 혹은 π 결합의 존재 유무에 대하여 가능한 정보를 추론한다. (2) 화합물에서 동등 수소의 최소 종류 수를 결정하기 위해 신호의 개수를 센다. (3) 신호 적분과 분자식을 사용하여 각 종류별로 수소 원자의 개수를 결정한다. (4) NMR 스펙트럼을 검토하여 동등 수소의 가장 일반적인 종류에 대한 신호 특성을 확인한다. (5) 이웃한 비동등 수소의 개수에 대한 정보를 알아보기 위하여 갈라짐 형태를 살펴본다. (6) 1~5단계에서 확인된 정보에 부합하는 구조식을 적는다.

풀이

1단계: 분자식과 IHD

기준 화합물은 $C_5H_{10}O$이다. 따라서 IHD는 1이 된다. 그러므로 이 화합물은 하나의 고리나 π 결합 중 하나를 가지고 있다.

2단계: 신호의 수

스펙트럼에는 두 개의 신호(한 개의 삼중선과 한 개의 사중선)가 존재하므로, 동등 수소는 두 종류가 있다.

3단계: 적분

신호 적분을 통해 각 신호를 나타내는 수소의 개수를 계산하면 3 : 2의 비율을 갖는다. 화합물에는 10개의 수소가 있으므로, 신호에 대해 δ 1.07 (6H), δ 2.42(4H)라고 지정할 수 있다.

4단계: 화학적 이동의 형태

δ 1.07에서의 신호는 알킬 영역에서 나타난 것이며, 화학적 이동을 근거로 볼 때 메틸기를 나타날 가능성이 가장 크다. δ 4.6~5.7에서는 신호가 전혀 나타나지 않는다. 따라서 바이닐성 수소는 존재하지 않는다. (만일 분자 내에 탄소-탄소 이중 결합이 존재한다면, 수소가 존재할 수 없다. 즉 사치환(tetra-substituted)이어야 한다.)

5단계: 갈라짐 형태

δ 1.07에서의 메틸 신호는 삼중선(t)으로 갈라져 있다. 따라서 두 개의 이웃한 수소가 있어야 하는데, 이는 $-CH_2CH_3$를 의미한다. δ 2.42에서의 신호는 사중선(q)으로 갈라져 있다. 따라서 세 개의 이웃한 수소가 있어야 하는데, 이는 $-CH_2CH_3$의 구조에 부합하는 것이다. 결과적으로, 이러한 두 개의 신호는 에틸기로부터 나오는 것이다. 스펙트럼에서 다른 신호는 나타나지 않고 있으므로, 분자 내에 다른 형태의 수소는 존재하지 않는다.

6단계: 구조식

앞의 단계에서 얻어진 정보들을 종합하여 다음의 구조식을 얻을 수 있다. δ 2.42에서 메틸렌($-CH_2-$)기의 화학적 이동은 카보닐기에 인접한 알킬기와 일치한다는 점을 주목하라.

δ 2.42 (q) δ 1.07 (t)

$$CH_3-CH_2-\overset{\overset{\displaystyle O}{\|}}{C}-CH_2-CH_3$$

3-Pentanone

문제 11.35~11.37, 11.39~11.62 참조

문제 11.15

다음은 과일향을 지니고 있어 향수에 일반적으로 사용되는 Prenol에 대한 ^{1}H-NMR 스펙트럼이다. Prenol은 분자식이 $C_5H_{10}O$이다. Prenol의 구조식을 제안하시오.

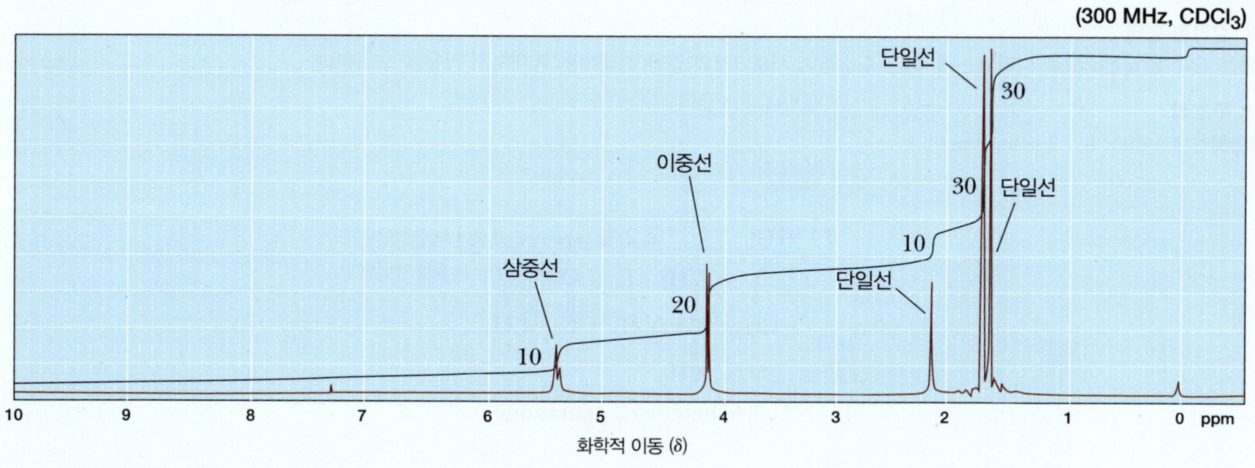

예제 11.16

다음은 분자식이 $C_7H_{14}O$인 무색의 액체 화합물에 대한 ^{1}H-NMR 스펙트럼이다. 이 화합물에 대한 구조식을 제안하시오.

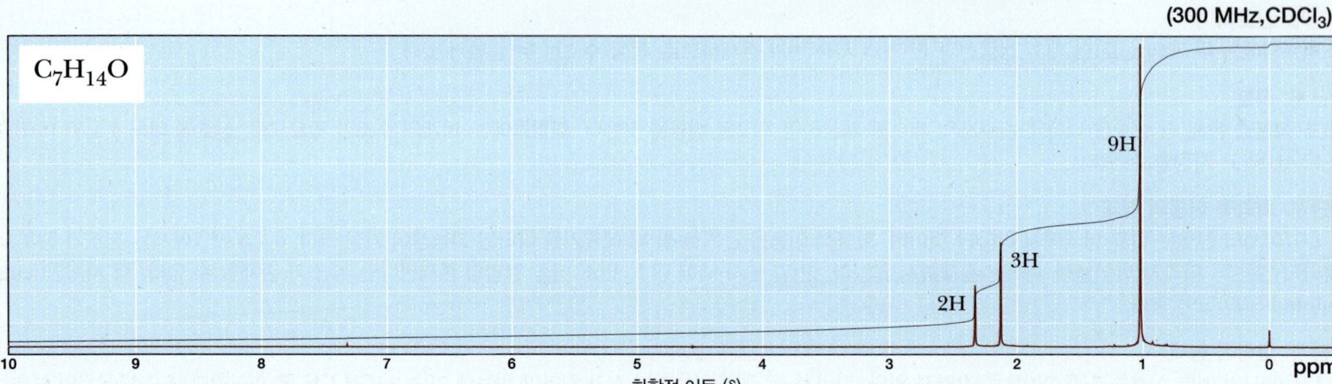

전략

다음의 순서로 ^{1}H-NMR 스펙트럼 문제를 접근한다. (1) IHD를 계산하여 고리 혹은 π 결합의 존재 유무에 대하여 가능한 정보를 추론한다. (2) 화합물 내에서 동등 수소의 최소 종류 수를 결정하기 위해 신호의 개수를 센다. (3) 신호 적분과 분자식을 사용하여 각 종류별로 수소 원자의 개수를 결정한다. (4) NMR 스펙트럼을 검토하여 동등 수소의 가장 일반적인 종류에 대한 신호 특성을 확인한다. (5) 이웃한 비동등 수소의 개수에 대한 정보를 알아보기 위하여 갈라짐 형태를 살펴본다. (6) 1~5단계에서 확인된 정보에 부합하는 구조식을 적는다.

풀이

1단계: 분자식과 IHD

IHD는 1이다. 따라서 이 화합물은 한 개의 고리 구조, 혹은 한 개의 π 결합을 포함하고 있다.

2단계: 신호의 수

스펙트럼에는 세 개의 신호가 나타나므로, 동등 수소의 종류는 세 가지이다.

3단계: 적분

신호 적분을 통해 각 신호를 나타내는 수소의 개수를 계산하면 왼쪽에서 오른쪽 순으로 2 : 3 : 9의 비율이 얻어진다.

4단계: 화학적 이동의 형태

δ 1.01에서의 단일선은 sp^3 혼성 탄소에 인접한 메틸기의 특징이다. δ 2.11과 2.32의 단일선은 카보닐기에 인접한 알킬기의 특징이다.

5단계: 갈라짐 형태

신호들은 모두 단일선(s)으로 나타났는데, 이는 수소들이 서로 3개의 결합 이내에는 존재하지 않음을 의미한다.

6단계: 구조식

이 화합물은 4,4 dimethyl-2-pentanone이다.

δ 1.01(s) → $(CH_3)_3C$—; δ 2.32(s) → CH_2; δ 2.11(s) → $C(=O)CH_3$

$$CH_3-\underset{CH_3}{\overset{CH_3}{\underset{|}{\overset{|}{C}}}}-CH_2-\overset{O}{\overset{\|}{C}}-CH_3$$

4,4-Dimethyl-2-pentanone

문제 11.35~11.37, 11.39~11.62 참조

문제 11.16

다음은 분자식이 $C_7H_{14}O$인 무색의 액체 화합물에 대한 ^1H-NMR 스펙트럼이다. 이 화합물에 대한 구조식을 제안하시오.

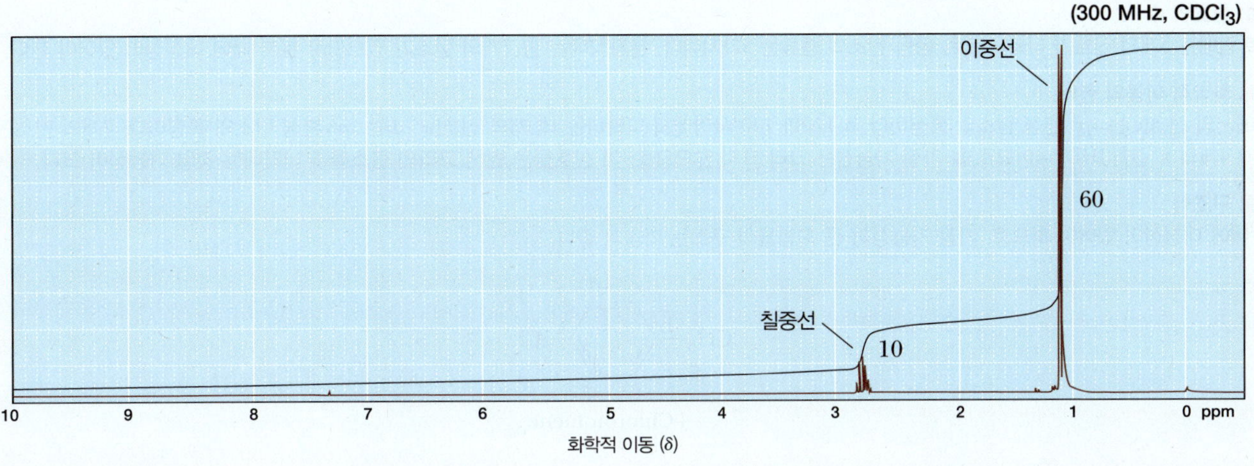

^{13}C-NMR 스펙트럼 문제를 풀 때에 다음의 단계들이 체계적인 접근 방법으로 유용하게 사용될 것이다.

1단계: 분자식과 IHD. 분자식을 검토하고 IHD를 계산하여(11.4G절), 고리 혹은 π 결합의 존재 유무에 대하여 가능한 정보를 추론하라.

2단계: 신호의 수. 화합물 내에서 동등 탄소의 최소 종류 수를 결정하기 위해 신호의 개수를 세어라.

3단계: 화학적 이동의 형태. NMR 스펙트럼을 검토하여 동등 탄소의 가장 일반적인 종류에 대한 신호 특성을 확인하라 (^{13}C-NMR 화학적 이동에 대한 일반적인 경험 법칙에 대해서는 11.12절을 참조하라). 화학적 범위는 넓게 나타나며, 문제에 나온 분자 구조의 세부 내용에 따라 각 종류의 탄소에 대한 신호가 훨씬 높은장이나 훨씬 낮은장으로 이동할 수도 있음을 명심하라.

4단계: 구조식. 1~3단계에서 확인된 정보들에 부합하는 구조식을 적는다. **주의:** ^{13}C-NMR은 이웃한 수소에 관한 정보를 알려주지 않으므로, ^{13}C-NMR 자료에만 근거하여 화합물의 구조를 추론하는 것은 더 어렵다.

예제 11.17

다음은 분자식이 C_7H_7Cl인 무색의 액체 화합물에 대한 ^{13}C-NMR 스펙트럼이다. 이 화합물에 대한 구조식을 제안하시오.

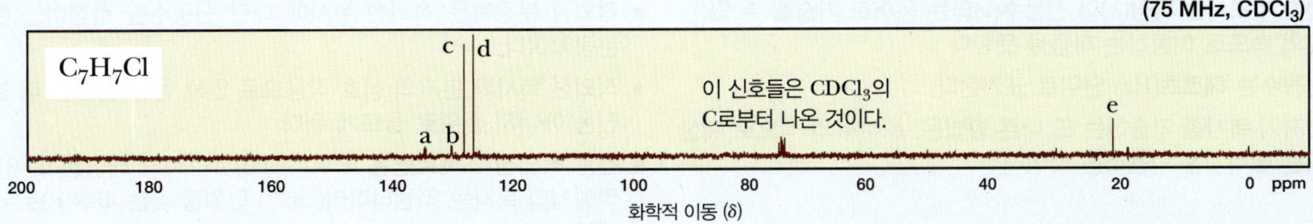

전략

다음의 순서로 ^{13}C-NMR 스펙트럼 문제에 접근한다. (1) IHD를 계산하여 고리 혹은 π 결합의 존재 유무에 대하여 가능한 정보를 추론한다. (2) 화합물 내에서 동등 탄소의 최소 종류 수를 결정하기 위해 신호의 개수를 센다. (3) NMR 스펙트럼을 검토하여 동등 탄소의 가장 일반적인 종류에 대한 신호 특성을 확인한다. (4) 1~3단계에서 확인된 정보에 부합하는 구조식을 적는다.

풀이

1단계: 분자식과 IHD

IHD는 4이다. 따라서 이 화합물은 고리 구조나 π 결합이 조합을 이루며 포함되어 있다.

2단계: 신호의 수

스펙트럼에는 5개의 신호가 나타나므로, 동등 탄소의 종류는 5가지이다. 분자식에는 총 7개의 탄소가 있으므로 분자 내에 대칭성이 있어야 한다.

3단계: 화학적 이동의 형태

δ 23에서의 신호(e)는 sp^3 혼성 탄소의 특징이다. δ 120과 140 사이에서 나타나는 네 개의 신호(a~d)는 sp^2 혼성 탄소의 특징이다. 7개의 탄소만 있는 분자가 4개의 π 결합(IHD=4이므로)을 가질 가능성은 그리 크지 않으므로, 이 신호들은 벤젠 고리의 탄소들을 나타내는 것일 가능성이 크다.

4단계: 구조식

분자 내에 대칭성이 있어야 하므로, 가장 가능성이 큰 화합물의 구조는 다음과 같다.

c d
CH_3 b a Cl
e
c d

4-Chlorotoluene

문제 11.34, 11.38, 11.39, 11.43, 11.44, 11.50~11.54 참조

문제 11.17

다음은 분자식이 $C_4H_8Br_2$인 무색의 액체 화합물에 대한 ^{13}C-NMR 스펙트럼이다. 이 화합물에 대한 구조식을 제안하시오.

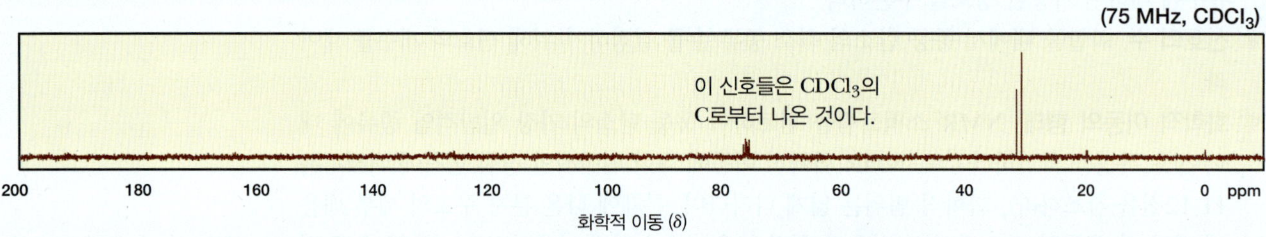

중요한 질문에 대한 요약

11.1 전자기 복사란 무엇인가?

- **전자기 복사**는 **파장**(λ)과 **진동수**(ν)라는 용어로 기술될 수 있는, 빛의 속도로 이동하는 파동을 뜻한다.
- 진동수는 **헤르츠**(Hz) 단위로 표기한다.
- 전자기 복사를 기술하는 또 다른 방법은, $E = h\nu$의 식으로 계산되는 에너지를 사용하는 것이다.

11.2 분자 분광학이란 무엇인가?

- **분자 분광학**은 한 물질이 흡수 또는 방출한 복사의 진동수를 측정하여 그 값을 세부적인 분자 구조와 연관시킴으로써 분자 구조를 실험적으로 해석하는 방법이다.

11.3 적외선 분광학이란 무엇인가?

- **적외선 분광학**은 적외선 복사에 대한 진동수를 측정하는 분자 분광학이다.
- **적외선 복사**와 분자의 상호 작용으로 인해 공유 결합은 더 높은 진동 에너지 준위로 들뜨게 된다.
- **진동 적외선** 스펙트럼은 4000~400 cm^{-1}까지 해당된다. 이 영역에서의 복사는 역센티미터(cm^{-1}) 단위를 갖는 파수($\bar{\nu}$)로 나타낸다.
- **적외선 활성**이 되기 위해서는 결합이 극성이어야 하며, 결합의 극성이 더 커질수록 IR 복사의 흡수 세기도 더 세진다.
- 적외선 복사를 흡수하는 가장 간단한 진동은 **신축** 진동과 **굽힘** 진동이다.

- 신축은 대칭 또는 비대칭으로 일어난다.
- **상관관계 표**에는 작용기들의 흡수 양상에 관한 자료가 수록되어 있다. 흡수 피크의 세기는 **강함(s)**, **중간(m)**, **약함(w)**으로 나타낸다. 대부분 작용기들의 신축 진동은 3400∼1000 cm^{-1} 사이의 영역 내에서 나타난다.
- 1000∼400 cm^{-1} 사이의 영역은 **지문 영역**이라고 하는데, 이는 이 영역에서의 흡수띠가 각 화합물별로 독특하게 나타나기 때문이다.

11.4 적외선 스펙트럼을 어떻게 해석할 것인가?

- **수소 결핍 지수**(IHD)는 분자 내에 존재하는 고리의 수와 π 결합의 수를 합한 것이다. 이 값은 미지 구조를 갖는 화합물의 분자식에 있는 수소 원자의 수를, 고리도 없고, 혹은 π 결합도 없으며, 같은 탄소 원자의 수를 갖는 기준 화합물에 있는 수소 원자의 수와 비교함으로써 결정한다.
- 다양한 작용기의 적외선 스펙트럼 특징에 대한 지식과 IHD를 사용하면, 분자식이 알려진 미지의 화합물에 대해 가능한 분자 구조식을 결정할 수 있다.

11.5 핵자기 공명이란 무엇인가?

- 홀수의 질량이나 홀수의 원자 번호를 갖는 원자의 핵은 **스핀**을 지니고 있으며 작은 막대자석처럼 행동한다.
- 강력한 자석의 양 극 사이에 ^{1}H 및 ^{13}C 원자들을 모아 놓으면, 이들 원자들의 핵스핀과 외부 자기장 사이의 상호 작용이 양자화되며, 두 가지의 방향성만을 나타내게 된다.
- 강력한 자석의 양 극 사이에 놓이면, 이들 원소들의 핵스핀은 외부 자기장과 같은 방향, 혹은 반대 방향으로 정렬된다.
- 외부 자기장과 같은 방향으로 정렬된 핵스핀은 더 낮은 에너지 상태에 위치한다. 외부 자기장과 반대 방향으로 정렬된 핵스핀은 더 높은 에너지 상태에 위치한다.
- **공명**은 핵이 전자기 복사를 흡수함으로써 그 결과 낮은 에너지 상태로부터 높은 에너지 상태로 핵스핀이 '뒤바뀌는 것'이다.

11.6 가려막기란 무엇인가?

- 핵을 공명 상태로 만드는 데에 필요한 실험 조건은 국소 자기적 및 화학적 환경에 따라 영향을 받는다.
- 수소 주변의 전자들도 스핀을 지니고 있으며, 수소 원자를 외부 자기장으로부터 **가려막는** 국소 자기장을 형성한다.

11.7 ^{1}H-NMR 스펙트럼이란 무엇인가?

- **NMR 분광기**는 공명 상태를 신호로 기록하고, 시료에 대해 공명 신호들을 수집해 놓은 것이 해당 시료의 **NMR 스펙트럼**이다.

11.8 ^{1}H-NMR 스펙트럼에서 화합물은 몇 개의 공명 신호를 만들어 내는가?

- 한 분자 내에 있는 **동등 수소들**은 동일한 화학적 이동을 나타낸다.

11.9 신호 적분이란 무엇인가?

- ^{1}H-NMR 신호의 면적은 해당 **신호**를 나타내는 동등 수소의 원자 개수에 비례한다. 이러한 면적을 결정하는 것을 **적분**이라고 한다.

11.10 화학적 이동이란 무엇인가?

- ^{1}H-NMR 스펙트럼에서는, **테트라메틸실레인(TMS)**에 있는 12개의 동등 수소에 대한 공명 신호로부터 얼마나 이동했는가로 공명 신호를 기록한다.
- ^{13}C-NMR 스펙트럼에서는 TMS에 있는 4개의 동등 탄소에 대한 공명 신호로부터 얼마나 이동했는가로 공명 신호를 기록한다.
- **화학적 이동**(δ)은 TMS로부터의 진동수 이동값을 분광기의 작동 진동수로 나눈 값이다.

11.11 신호 갈라짐이란 무엇인가?

- **신호 갈라짐**의 경우, 한 개의 수소 원자 혹은 한 종류의 동등 수소로부터 나온 ^{1}H-NMR 신호는 같은 탄소 원자나 혹은 이웃한 탄소 원자에 있는 비동등 수소의 영향으로 갈라질 수 있다.
- **(n+1) 규칙**에 따르면, 한 수소 원자가 같은 탄소 원자나 이웃한 탄소 원자에 비동등 상태에 있고 서로 간에는 동등 상태인 n개의 수소를 갖고 있는 경우, ^{1}H-NMR 신호는 (n+1)개의 피크로 갈라진다.
- 수소 원자가 두 가지 이상의 동등 수소 사이에 위치해 있고, 이 동등 수소들이 서로 간에 비동등 상태일 때에 **복잡한 갈라짐**이 발생한다.
- 갈라짐 형태는 일반적으로 단일선, **이중선, 삼중선, 사중선, 오중선, 다중선** 등으로 부른다.

11.12 ^{13}C-NMR 분광학이란 무엇이며, ^{1}H-NMR 분광학과는 어떻게 다른가?

- ^{13}C-NMR 스펙트럼은 일반적으로 δ 0∼210의 범위에 걸쳐서 나타난다 (반면 ^{1}H-NMR은 δ 0∼13 범위이다).
- ^{13}C-NMR 스펙트럼은 일반적으로 **수소–짝풀림** 기기 방식으로 기록된다. 이 방식을 사용할 경우, ^{13}C 신호들은 모두 단일선으로 나타난다.
- ^{13}C-NMR에서는 일반적으로 적분이 수행되지 않는다.

11.13 NMR 문제를 어떻게 풀 것인가?

- ^{1}H-NMR 스펙트럼 문제는 다음의 순서로 접근한다. (1) IHD를 계산하여 고리 혹은 π 결합의 존재 유무에 대하여 가능한 정보를 추론한다. (2) 화합물 내에서 동등 수소의 최소 종류 수를 결정하기 위해 신호의 개수를 센다. (3) 신호 적분과 분자식을 사용하여 각 종류별로 수소 원자의 개수를 결정한다. (4) NMR 스펙트럼을 검토하여 동등 수소의 가장 일반적인 종류에 대한 신호 특성을 확인한다. (5) 이웃한 비동등 수소의 개수에 대한 정보를 알아보기 위하여 갈라짐 형태를 살펴본다. (6) 1∼5단계에서 확인된 정보에 부합하는 구조식을 적는다.

- ^{13}C-NMR 스펙트럼 문제는 다음의 순서로 접근한다. (1) IHD를 계산하여 고리 혹은 π 결합의 존재 유무에 대하여 가능한 정보를 추론한다. (2) 화합물 내에서 동등 탄소의 최소 종류 수를 결정하기 위해 신호의 개수를 센다. (3) NMR 스펙트럼을 검토하여 동등 탄소의 가장 일반적인 종류들에 대한 신호 특성을 확인한다. (4) 1~3단계에서 확인된 정보들에 부합하는 구조식을 적는다.

OX퀴즈

이 장에서 배운 개념들을 이해하였는지 알아보기 위해 아래 질문이 맞는지 틀린지 답하시오. 답이 틀렸거나 어렵다면, 장 끝의 문제를 풀기 전에 괄호 속에 표시한 해당 절을 복습하시오.

1. 적외선 스펙트럼에서 약한 흡수띠는 다른 무엇보다도 낮은 극성 결합에 의한 적외선 흡수로 인해 생길 수 있다. (11.3)
2. ^{1}H-NMR 스펙트럼에서 적분을 하면 이웃한 수소 원자의 개수를 알 수 있다. (11.11)
3. 파장과 진동수는 비례한다. 즉 파장이 증가함에 따라 진동수도 증가한다. (11.1)
4. ^{1}H-NMR 분광학을 사용하면 알켄(바이닐) 수소를 벤젠 고리 수소와 구분할 수 있다. (11.10)
5. 적외선 분광학은 말단 알카인과 내부 알카인을 구분하는 데에 사용될 수 있다. (11.4)
6. 가려막기 상태의 핵으로부터 나온 NMR 신호는 벗김 상태에 있는 핵의 신호보다 더 높은장에서 나타난다. (11.7)
7. 두 개의 에너지 준위인 E_1과 E_2 사이의 전이는, E_1과 E_2의 에너지 차와 같거나 이보다 큰 에너지를 갖는 빛을 쪼여줌으로써 일으킬 수 있다. (11.2)
8. 핵의 화학적 이동값은 공명 진동수에 따라 달라진다. (11.7)
9. 분자식 $C_5H_{10}O$인 화합물은 하나의 C—C 삼중 결합이나 두 개의 C=O 결합, 또는 두 개의 고리 구조를 가지고 있을 수 있다. (11.4)
10. ^{13}C-NMR 분광학을 사용하면 케톤을 알데하이드와 구별할 수 있다. (11.12)
11. 분자식이 $C_7H_{12}O$인 화합물은 IHD가 2이다. (11.4)
12. 적분비가 3:1:2로 얻어진 ^{1}H-NMR 스펙트럼은 분자식이 C_5H_9O인 화합물을 나타낸다. (11.9)
13. 전자기 복사는 파동, 입자, 혹은 에너지 관점으로 기술할 수 있다. (11.1)
14. 만일 수소 원자들을 할로젠 원자로 치환하였을 때 동일한 이름을 갖는 화합물이 만들어진다면, 이 수소 원자들은 동등 상태에 있는 것이다. (11.8)
15. 적외선 스펙트럼의 1000~400 cm^{-1} 사이 영역은 특정 화합물마다 독특하게 나타난다 (즉 두 개의 화합물이 이 영역에서 동일한 스펙트럼을 나타낼 수는 없다). (11.3)
16. ^{1}H-NMR 스펙트럼에서 각 피크 아래의 면적은 적분이라고 하는 기술을 사용하여 계산할 수 있다. (11.9)
17. 모든 원자핵은 스핀을 지니고 있으며, 따라서 NMR 분광학을 사용하면 모든 원자핵을 분석할 수 있다. (11.5)
18. C—H 신축 진동은 C—C 신축 진동보다 더 높은 파수 영역에서 발생한다. (11.4)
19. 핵의 공명 진동수는 가려막기 정도에 따라서 달라진다. (11.6)
20. 케톤과 카복실산을 구별하는 데에는 적외선 스펙트럼을 사용할 수 없다. (11.4)
21. ^{1}H-NMR 분광학을 사용하면 카복실산과 알데하이드 화합물을 구별할 수 있다. (11.10)
22. 파수 $\bar{\nu}$는 진동수에 비례한다. (11.3)
23. 공명이란 한 스핀 상태에서 더 높은 스핀 상태로 자성을 띤 핵이 들뜨는 것이다. (11.5)
24. 적외선 분광학은 알코올과 에터를 구별하는 데에 사용할 수 없다. (11.4)
25. IHD가 1인 화합물은 한 개의 고리 구조를 갖거나, 한 개의 이중 결합을 갖거나, 혹은 한 개의 삼중 결합을 가질 수 있다. (11.4)
26. 적외선 분광학은 전자의 에너지 준위 간 전이를 측정한다. (11.2)
27. 이중선으로 나타나는 수소는 이웃한 동등 수소 원자가 두 개 존재함을 보여 주는 것이다. (11.11)
28. IHD는 분자식만을 사용하여 화합물 내에 존재할 수 있는 고리 구조, 이중 결합 혹은 삼중 결합의 수를 밝힐 수 있다. (11.4)
29. 테트라메틸실레인(TMS)은 NMR 분광학에서 사용되는 용매의 한 종류이다. (11.7)
30. 파장이 400 nm인 빛은 파장이 600 nm인 빛에 비하여 에너지가 더 높다. (11.1)
31. 1-클로로뷰테인의 메틸 탄소는 ^{1}H-NMR에서 삼중선 신호를 나타낸다. (11.11)
32. 분자식이 $C_6H_{14}FN$인 화합물은 IHD가 1이다. (11.4)
33. 적외선 분광학은 1°, 2°, 3° 아민을 구별하는 데에 사용할 수 있다. (11.4)

정답: (1) ○ (2) × (3) × (4) ○ (5) ○ (6) ○ (7) × (8) ○ (9) × (10) ×
(11) ○ (12) × (13) ○ (14) ○ (15) ○ (16) ○ (17) × (18) ○ (19) ○ (20) ×
(21) ○ (22) ○ (23) ○ (24) × (25) × (26) × (27) × (28) ○ (29) ×
(30) ○ (31) ○ (32) × (33) ○

문 제

별표로 표시된 문제는 본문의 '실생활' 문제를 나타낸다. 푸른색으로 된 문제의 답은 부록 D에 있다.

11.1절 전자기 복사

11.18 초록색 레이저 포인터와 빨간색 레이저 포인터 중 더 높은 에너지의 빛을 내는 것은 어느 것인가? (예제 11.1 참조)

11.19 파장이 2 m인 파동의 에너지를 복사선 1 mol당 킬로칼로리 단위로 계산하시오. (예제 11.1 참조)

11.20 어떤 분자의 분자 오비탈 간 에너지 차이가 82 kcal/mol이라고 한다. 이 두 에너지 준위 사이에 전이를 일으키기 위해 필요한 빛의 파장은 얼마인가? 이 에너지는 전자기 스펙트럼 중에서 어느 영역에 해당하는가? (예제 11.1 참조)

11.4절 적외선 스펙트럼의 해석

***11.21** 다음 각 화합물들의 IHD를 계산하시오. (예제 11.5, 11.6 참조)

(a) 아스피린($C_9H_8O_4$)

(b) Ascorbic acid (바이타민 C, $C_6H_8O_6$)

(c) Pyridine(C_5H_5N)

(d) 요소(CH_4N_2O)

(e) Cholesterol($C_{27}H_{46}O$)

(f) Trichloroacetic acid($C_2HCl_3O_2$)

11.22 분자식이 C_6H_{10}인 화합물 A를 H_2/Ni와 반응시키면 분자식이 C_6H_{12}인 화합물 B가 생성된다. 화합물 A의 적외선 스펙트럼이 아래에 나와 있다. 화합물 A에 대한 이 정보로부터 다음을 답하시오. (예제 11.4~11.7 참조)

(a) 화합물의 IHD

(b) 화합물 A에 있는 고리 혹은 π 결합의 수

(c) 화합물 A의 IHD를 나타나게 하는 구조적인 특징은 어떤 것인가?

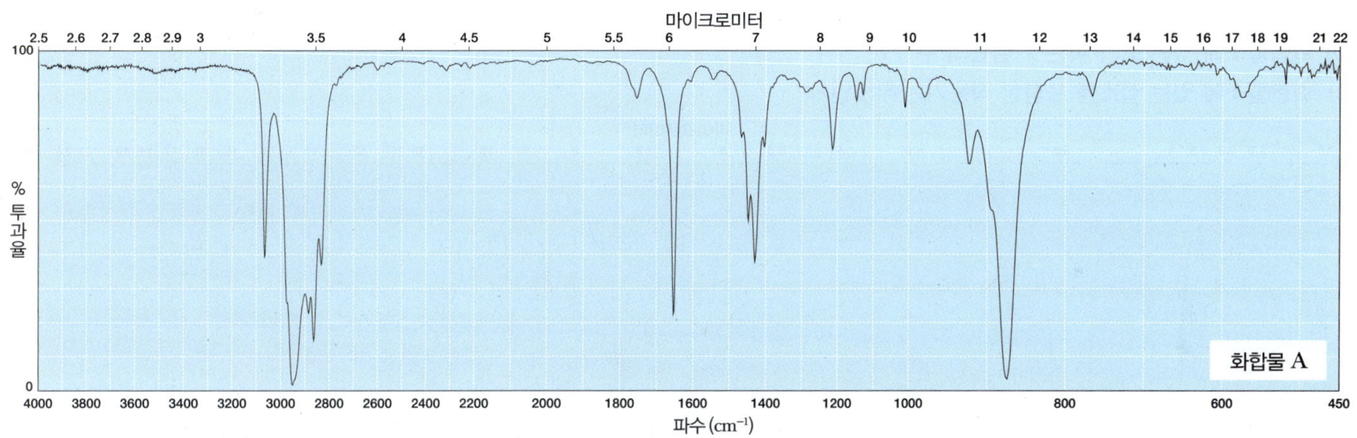

11.23 분자식이 C_6H_{12}인 화합물 C를 H_2/Ni와 반응시키면 분자식이 C_6H_{14}인 화합물 D가 생성된다. 화합물 C의 적외선 스펙트럼이 아래에 나와 있다. 화합물 C에 대한 이 정보로부터 다음을 답하시오. (예제 11.4~11.7 참조)

(a) 화합물의 IHD

(b) 화합물 C에 있는 고리 혹은 π 결합의 수

(c) 화합물 C의 IHD를 나타나게 하는 구조적인 특징은 어떤 것인가?

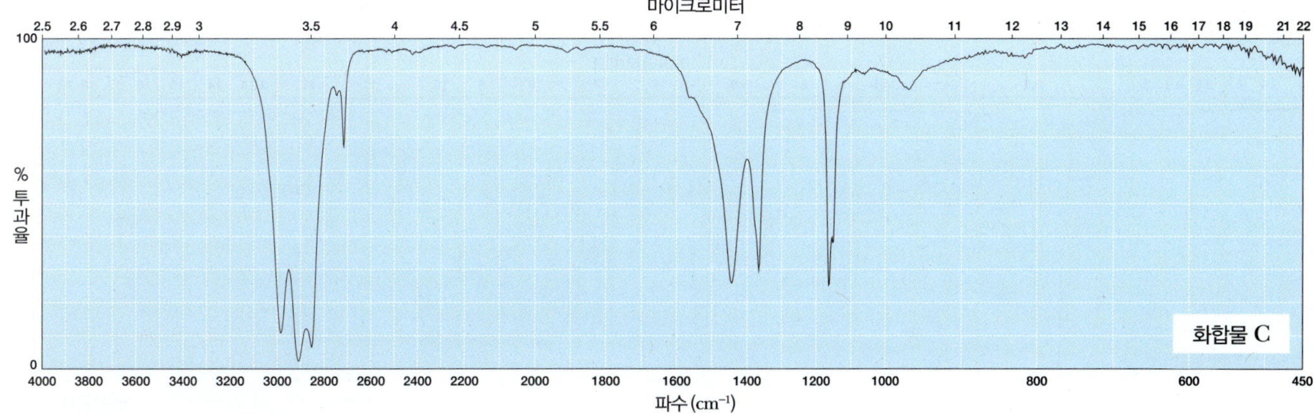

11.24 분자식이 $C_9H_{12}O$인 화합물 E에 대한 적외선 스펙트럼은 다음과 같다. 이 정보로부터 다음을 답하시오. (예제 11.4~11.7 참조)

(a) 화합물의 IHD

(b) 화합물 E에 있는 고리 혹은 π 결합의 수

(c) 이러한 IHD를 나타나게 하는 구조적인 특징은 무엇인가?

(d) 화합물 E에 있는 산소를 포함한 작용기는 무엇인가?

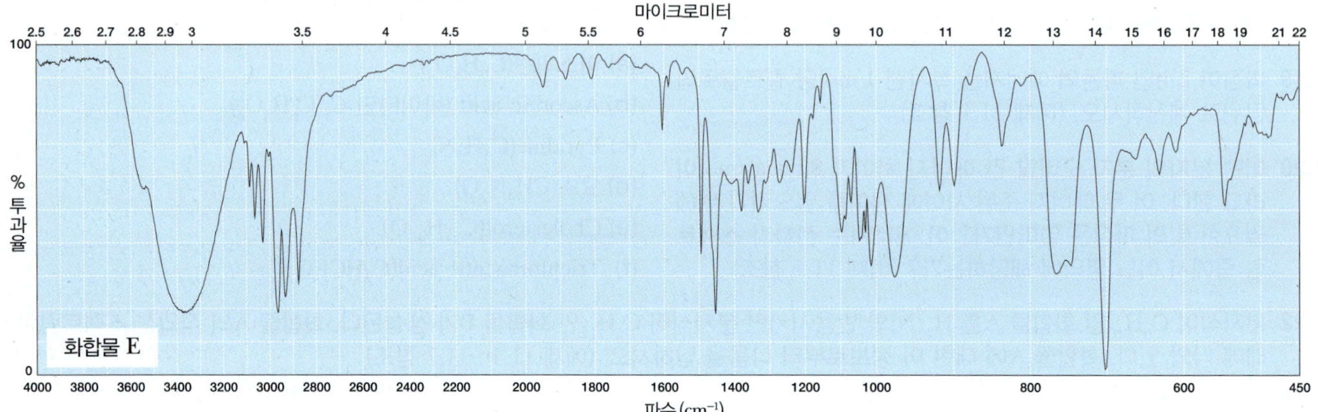

11.25 분자식이 $C_5H_{13}N$인 화합물 F에 대한 적외선 스펙트럼은 다음과 같다. 이 정보로부터 다음을 답하시오. (예제 11.4~11.7 참조)

(a) 화합물의 IHD

(b) 화합물 F에 있는 고리 혹은 π 결합의 수

(c) 화합물 F에 있는 질소를 포함한 작용기는 무엇인가?

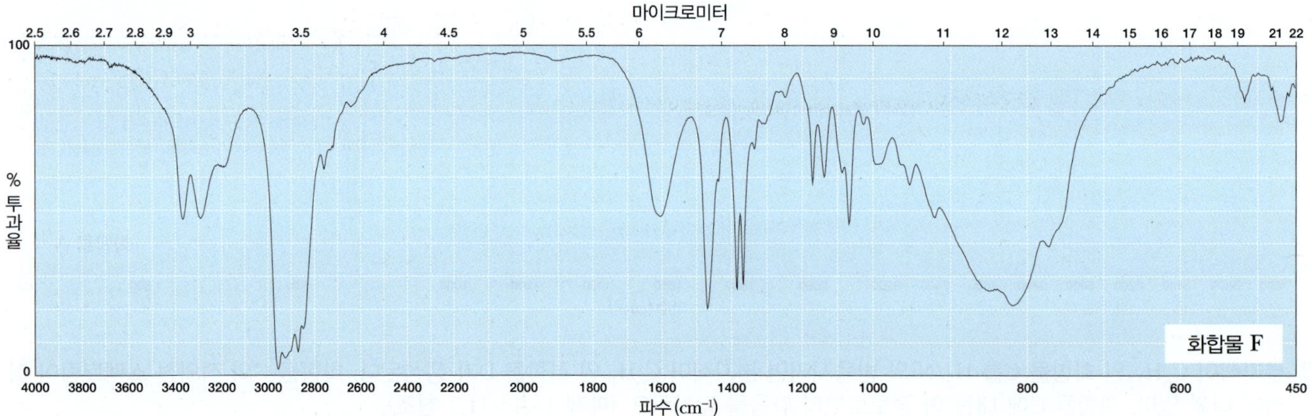

11.26 분자식이 $C_6H_{12}O$인 화합물 G에 대한 적외선 스펙트럼은 다음과 같다. 이 정보로부터 다음을 답하시오. (예제 11.4~11.7 참조)

(a) 화합물의 IHD

(b) 화합물 G에 있는 고리 혹은 π 결합의 수

(c) 이러한 IHD를 나타나게 하는 구조적인 특징은 무엇인가?

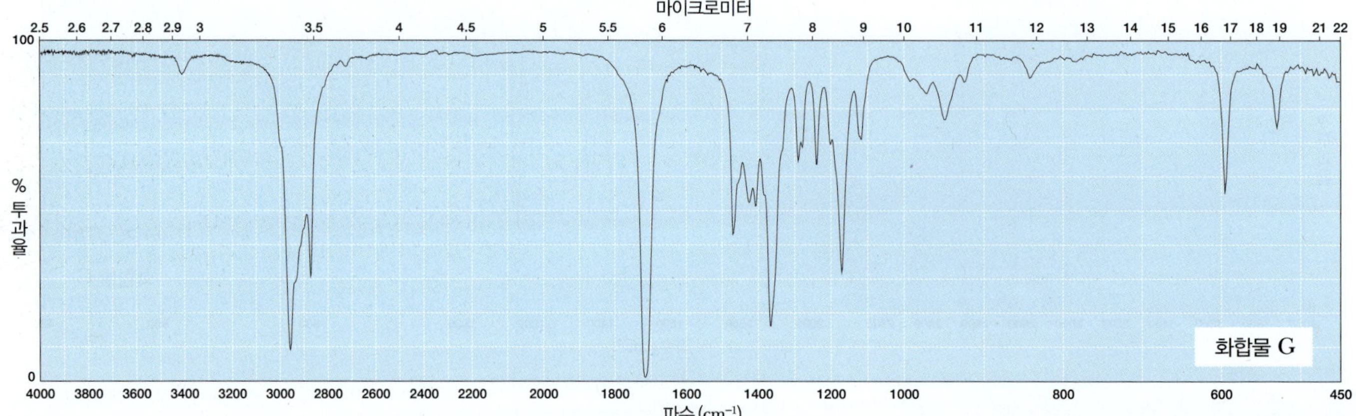

11.27 분자식이 $C_6H_{12}O_2$인 화합물 H에 대한 적외선 스펙트럼은 다음과 같다. 이 정보로부터 다음을 답하시오. (예제 11.4~11.7 참조)

(a) 화합물의 IHD

(b) 화합물 H에 있는 고리 혹은 π 결합의 수

(c) 화합물 H에 있는 산소를 포함한 작용기는 무엇인가?

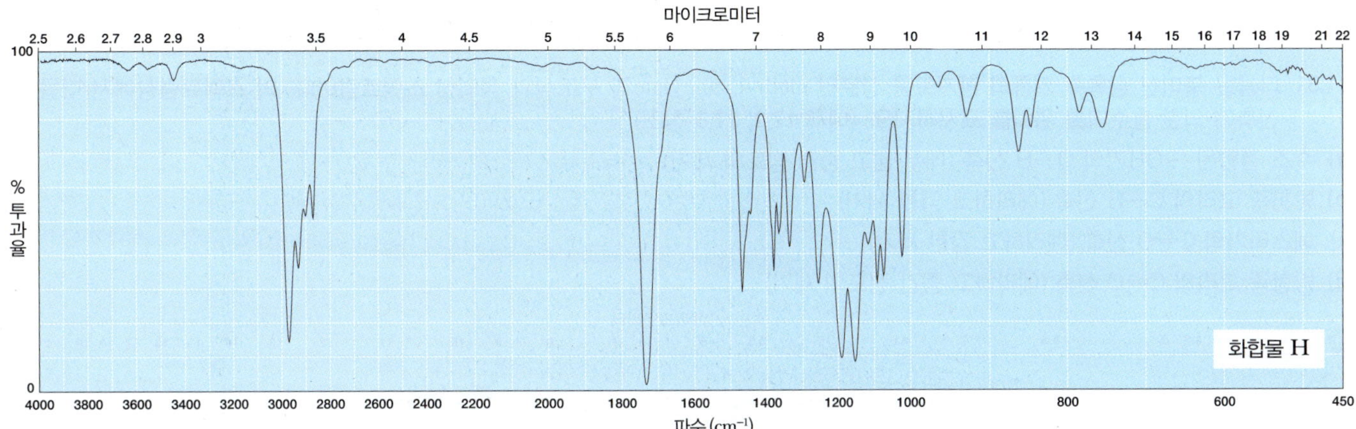

11.28 분자식이 C_3H_7NO인 화합물 I에 대한 적외선 스펙트럼은 다음과 같다. 이 정보로부터 다음을 답하시오. (예제 11.4~11.7 참조)

(a) 화합물의 IHD

(b) 화합물 I에 있는 고리 혹은 π 결합의 수

(c) 화합물 I에 있는 산소와 질소를 포함한 작용기는 무엇인가?

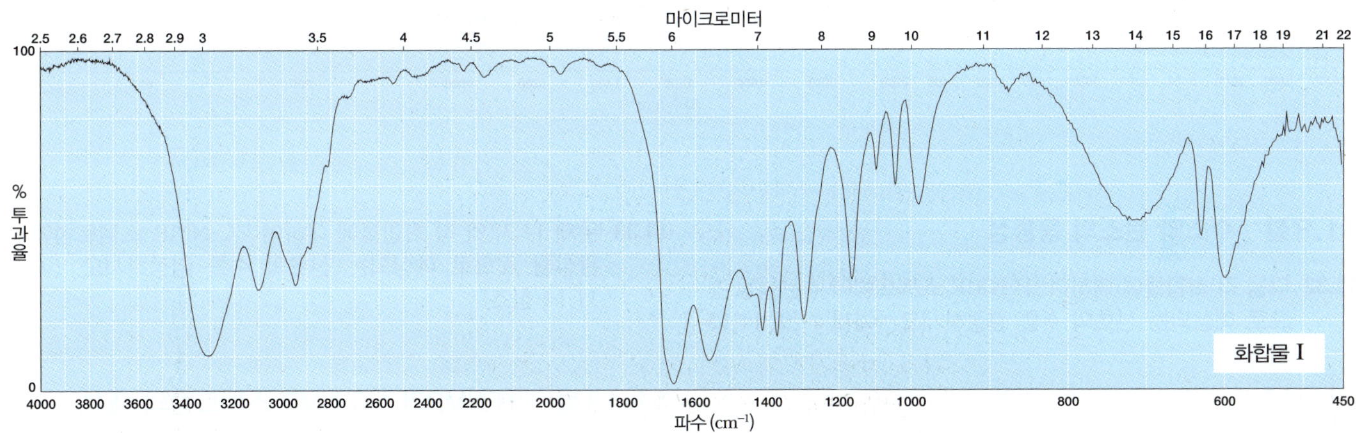

11.29 적외선 분광학이 다음과 같이 짝지어진 화합물들을 구분하는 데 어떻게 사용되는지를 설명하시오. (예제 11.2, 11.3 참조)

(a) 1-Butanol과 diethyl ether

(b) Butanoic acid와 1-butanol

(c) Butanoic acid와 2-butanone

(d) Butanal과 1-butene

(e) 2-Butanone과 2-butanol

(f) Butane과 2-butene

11.30 다음에 짝지어진 화합물들에서 한 화합물은 적외선 스펙트럼에 중요한 특징이 나타나지만, 다른 한 화합물은 그러한 특징이 없다. 여러분이 생각한 스펙트럼상의 특징을 나타내는 결합 진동의 종류를 말해보시오. 또한 적외선 스펙트럼상에서 그러한 진동의 대략적인 위치를 적어보시오. (예제 11.2, 11.3 참조)

(a) $C_6H_5\overset{O}{\overset{\|}{C}}H$ 와 $C_6H_5\overset{O}{\overset{\|}{C}}OH$

(b) $C_6H_{11}\overset{O}{\overset{\|}{C}}N(CH_3)_2$ 와 $C_6H_{11}CH_2N(CH_3)_2$

(c) (δ-valerolactone: six-membered ring with O and C=O) 와 $HO(CH_2)_4\overset{O}{\overset{\|}{C}}OH$

(d) $\overset{O}{\|}$ CNH_2 (cyclohexyl) 와 $\overset{O}{\|}$ $CN(CH_3)_2$ (cyclohexyl)

(e) $CH_3C{\equiv}CH$ 와 $CH_3C{\equiv}CCH_3$

***11.31** 다음은 북미산 상록수 기름의 향기로운 성분인 methyl salicylate의 구조식과 적외선 스펙트럼이다. 이 스펙트럼상에서 다음 각 신축에 의한 흡수띠를 위치를 표시하시오. (예제 11.2, 11.3 참조)

(a) 수소 결합된 —OH기의 O—H 신축 (매우 넓고 중간 정도의 세기)

(b) 방향족 고리의 C—H 신축 (예리하고 약한 세기)

(c) 에스터기의 C=O 신축 (예리하고 강한 세기)

(d) 방향족 고리의 C=C 신축 (예리하고 중간 정도의 세기)

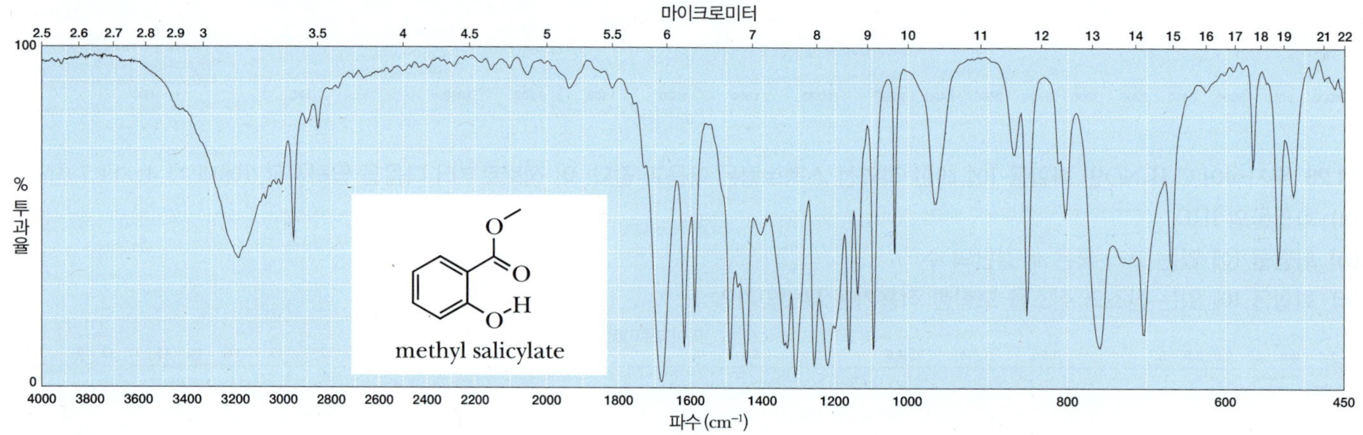

11.8절 수소와 탄소의 동등성

11.32 다음 각 화합물에 대하여 ^{1}H-NMR 스펙트럼에서 관찰될 것으로 예상되는 신호의 수를 결정하시오. (예제 11.9, 11.13 참조)

(a)

(b)

(c) O

(d)

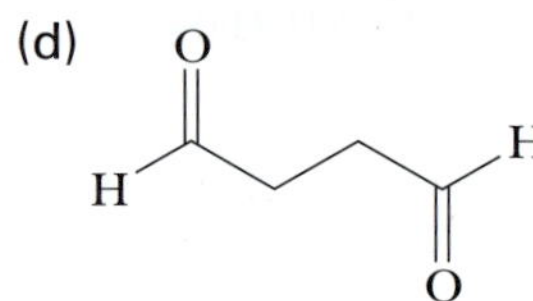

(e) HO

(f) H N

(g) Cl Cl Cl

(h) O HO

11.33 문제 11.32의 각 화합물에 대하여 ^{13}C-NMR 스펙트럼에서 관찰될 것으로 예상되는 신호의 수를 결정하시오. (예제 11.14 참조)

11.13절 ^{1}H-NMR과 ^{13}C-NMR 스펙트럼의 해석

11.34 다음은 xylene의 구조 이성질체에 대한 구조식과 3가지의 ^{13}C-NMR 스펙트럼을 나타낸 것이다. 각 구조 이성질체에 대해 올바른 스펙트럼을 지정하시오. (예제 11.17 참조)

(a)

(b)

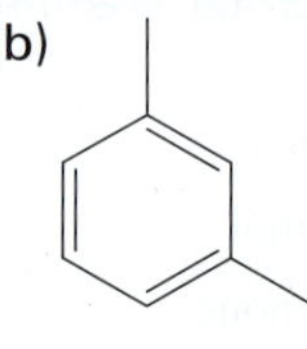

(c)

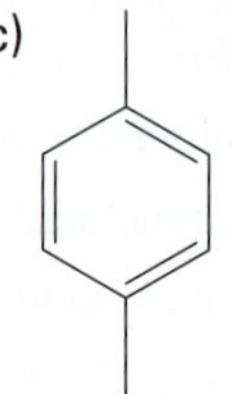

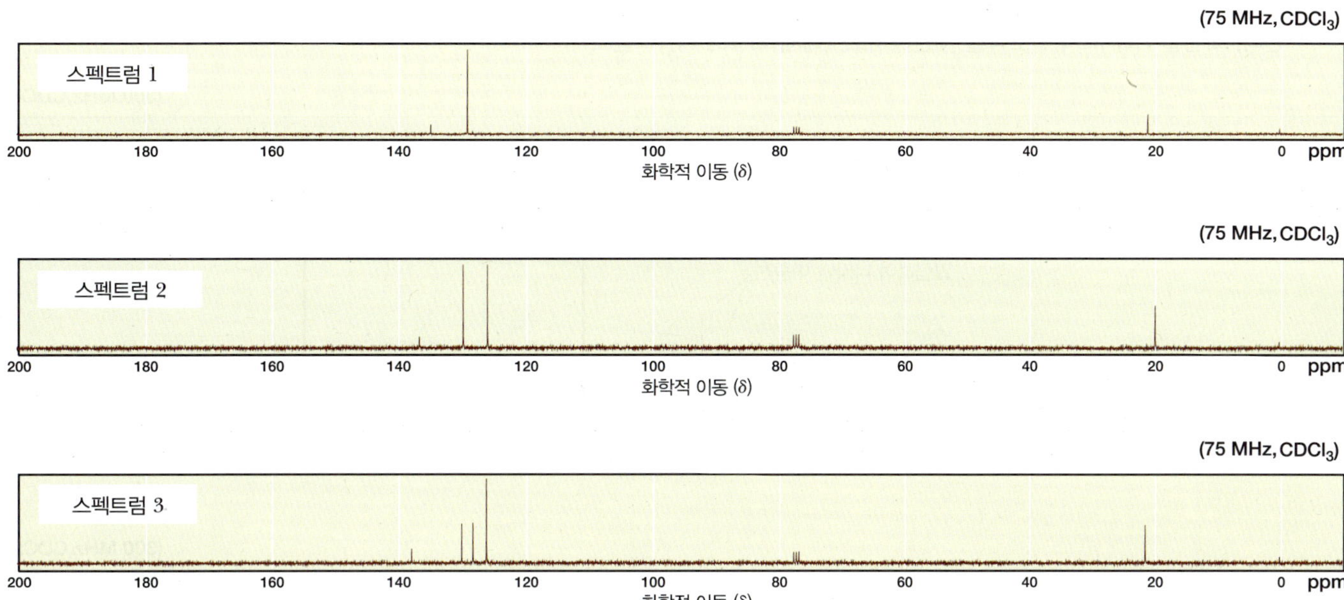

11.35 다음은 분자식이 C_7H_{14}인 화합물 J에 대한 ^{1}H-NMR 스펙트럼이다. 화합물 J는 사염화 탄소에서 브로민 용액을 탈색시킨다. 화합물 J에 대한 구조식을 제안하시오. (예제 11.15, 11.16 참조)

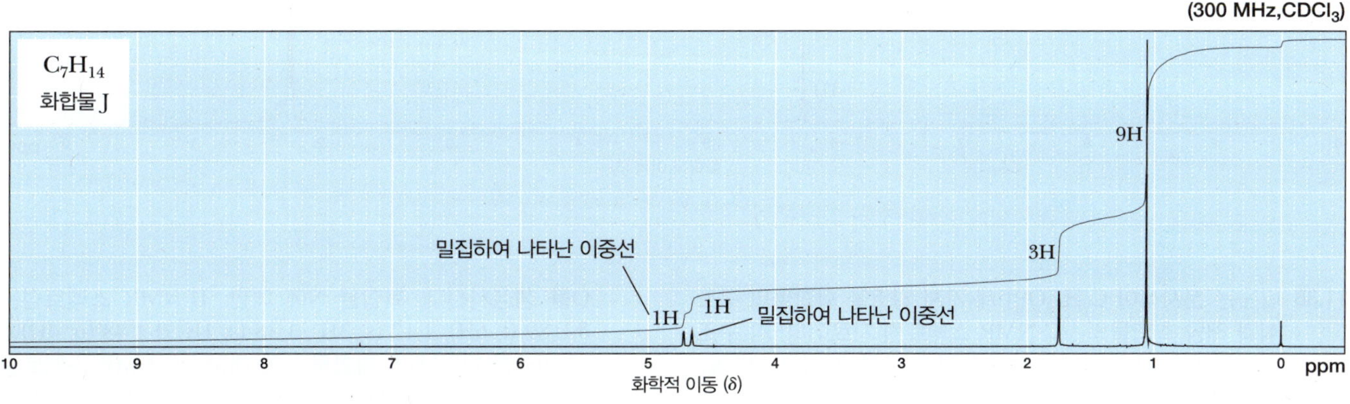

11.36 다음은 분자식이 C_8H_{16}인 화합물 K에 대한 ^{1}H-NMR 스펙트럼이다. 화합물 K는 CCl_4에서 Br_2 용액을 탈색시킨다. 화합물 K의 구조식을 제안하시오. (예제 11.15, 11.16 참조)

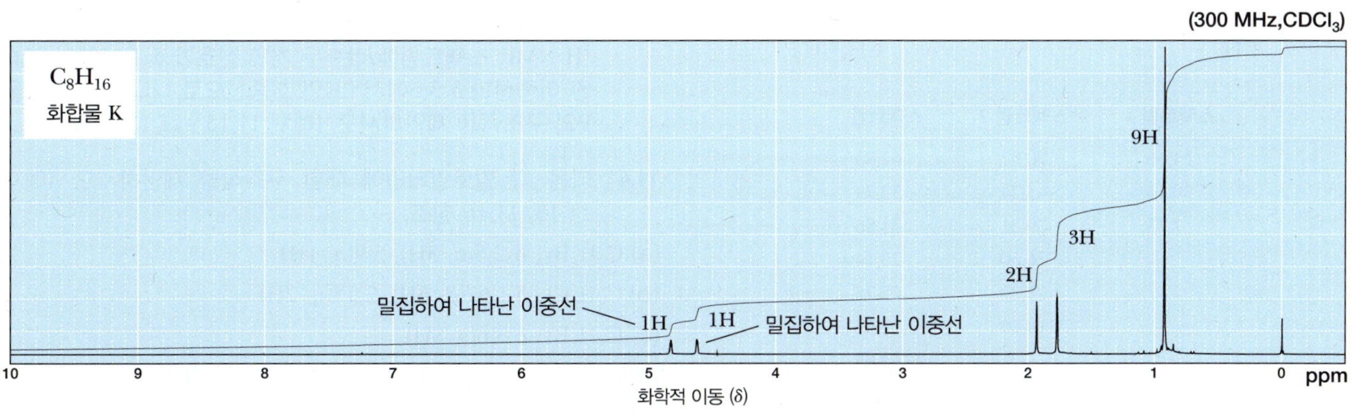

11.37 다음은 분자식이 모두 C_4H_7Cl인 화합물 L과 M에 대한 ^{1}H-NMR 스펙트럼이다. 두 화합물은 모두 CCl_4에서 Br_2 용액을 탈색시킨다. 화합물 L과 M의 구조식을 제안하시오. (예제 11.15, 11.16 참조)

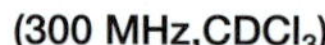

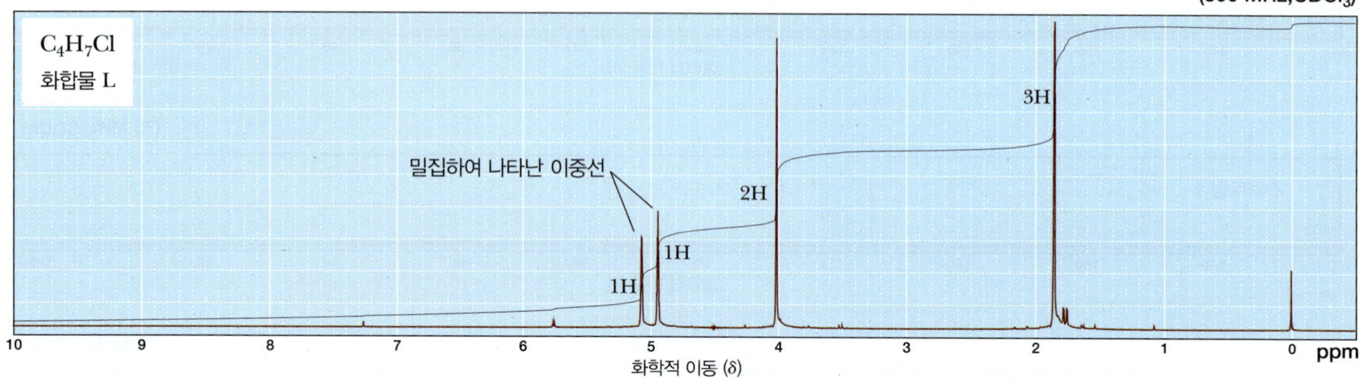

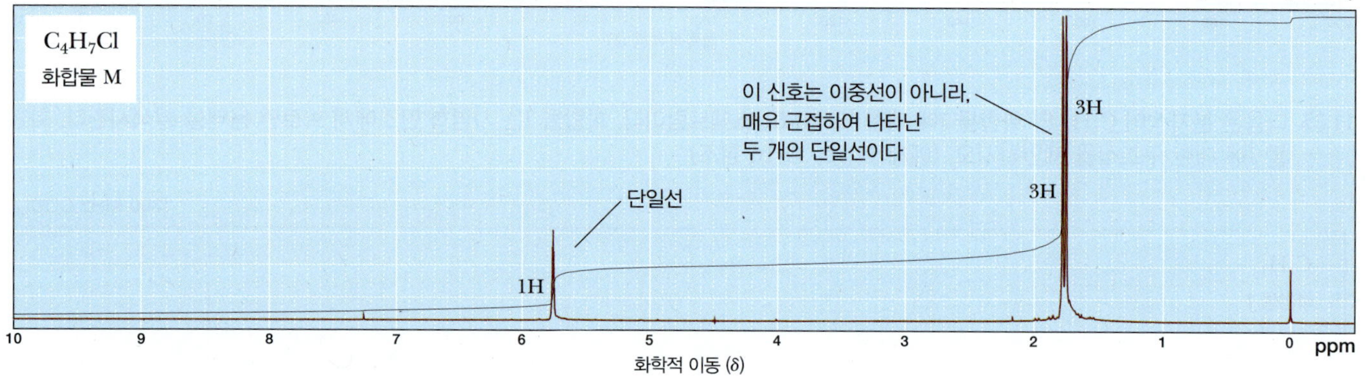

11.38 다음은 분자식이 $C_7H_{16}O$인 세 가지 알코올 화합물의 구조식과 해당 화합물의 ^{13}C-NMR 스펙트럼 자료이다. 각 구조 이성질체에 대해 올바른 스펙트럼 자료를 지정해 보시오. (예제 11.17 참조)

(a) $CH_3CH_2CH_2CH_2CH_2CH_2CH_2OH$

(b) $CH_3C(OH)(CH_3)CH_2CH_2CH_2CH_3$ (c) $CH_3CH_2C(OH)(CH_2CH_3)CH_2CH_3$

스펙트럼 1	스펙트럼 2	스펙트럼 3
74.66	70.97	62.93
30.54	43.74	32.79
7.73	29.21	31.86
	26.60	29.14
	23.27	25.75
	14.09	22.63
		14.08

11.39 분자식 $C_6H_{14}O$인 알코올 N은 인산과 가열하면 산 촉매 탈수 반응을 일으키며 주생성물로 분자식이 C_6H_{12}인 화합물 O를 생성시킨다. 화합물 N에 대한 ^{1}H-NMR 스펙트럼은 δ 0.89 (t, 6H), 1.12 (s, 3H), 1.38 (s, 1H)와 1.48 (q, 4H)에서 피크를 나타낸다. 화합물 N에 대한 ^{13}C-NMR 스펙트럼은 δ 72.98, 33.72, 25.85, 8.16에서 피크를 나타낸다. 화합물 N과 O의 구조식을 제안하시오. (예제 11.15~11.17 참조)

11.40 분자식이 $C_6H_{14}O$인 화합물 P는 소듐 금속과 반응하지 않으며, CCl_4에서 Br_2를 탈색시키지 않는다. 화합물 P에 대한 ^{1}H-NMR 스펙트럼에서는 두 개의 신호가 δ 1.11에서 12H인 이중선과 δ 3.6에서 2H인 칠중선으로 나타났다. 화합물 P의 구조식을 제안하시오. (예제 11.15~11.17 참조)

11.41 다음 각 할로알케인에 대한 구조식을 제안하시오. (예제 11.15, 11.16 참조)

(a) $C_2H_4Br_2$ δ 2.5(d, 3H), 5.9(q, 1H)

(b) $C_4H_8Cl_2$ δ 1.67(d, 6H), 2.15(q, 2H)

(c) $C_5H_8Br_4$ δ 3.6(s, 8H)

(d) C_4H_9Br δ 1.1(d, 6H), 1.9(m, 1H), 3.4(d, 2H)

(e) C5H11Br δ 1.1(s, 9H), 3.2(s, 2H)

(f) $C_7H_{15}Cl$ δ 1.1(s, 9H), 1.6(s, 6H)

11.42 다음은 에스터 화합물 (1), (2), (3)의 구조식과 세 개의 ^{1}H-NMR 스펙트럼이다. 각 화합물에 대해 올바른 스펙트럼(Q, R, S)을 지정하고, 수소들로부터 나오는 모든 신호를 지정하시오. (예제 11.15, 11.16 참조)

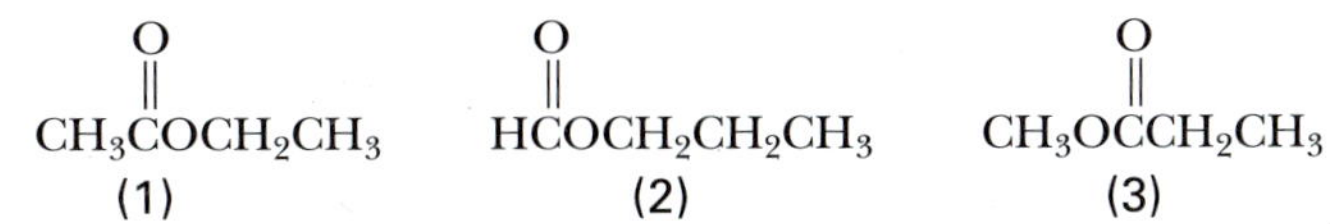

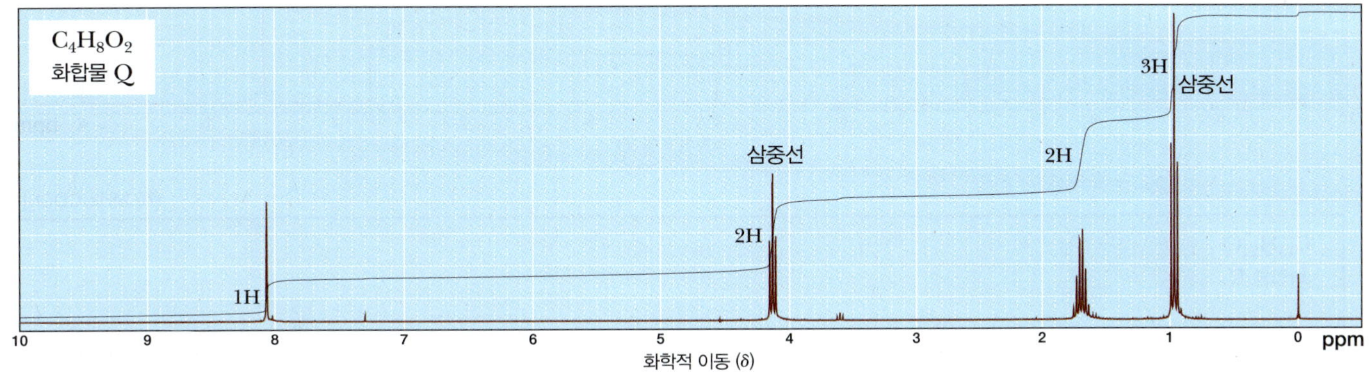

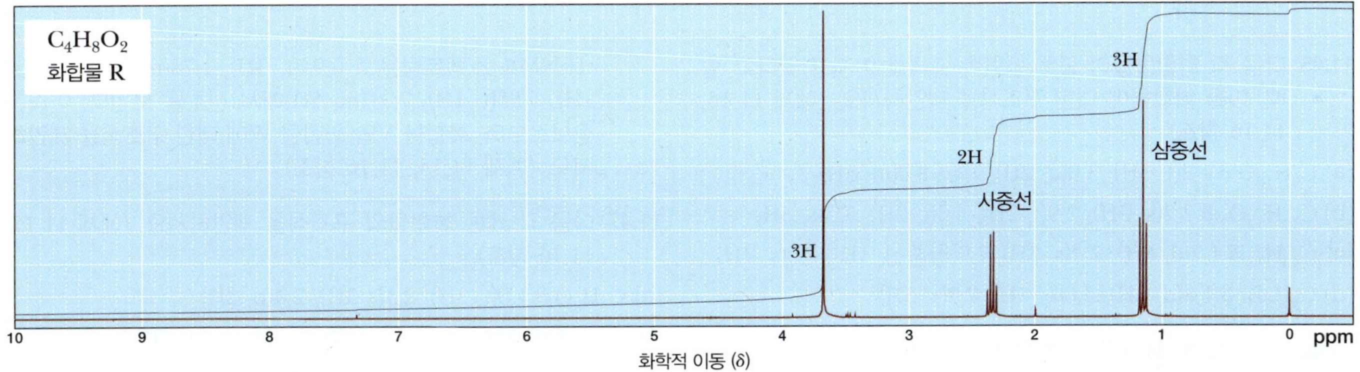

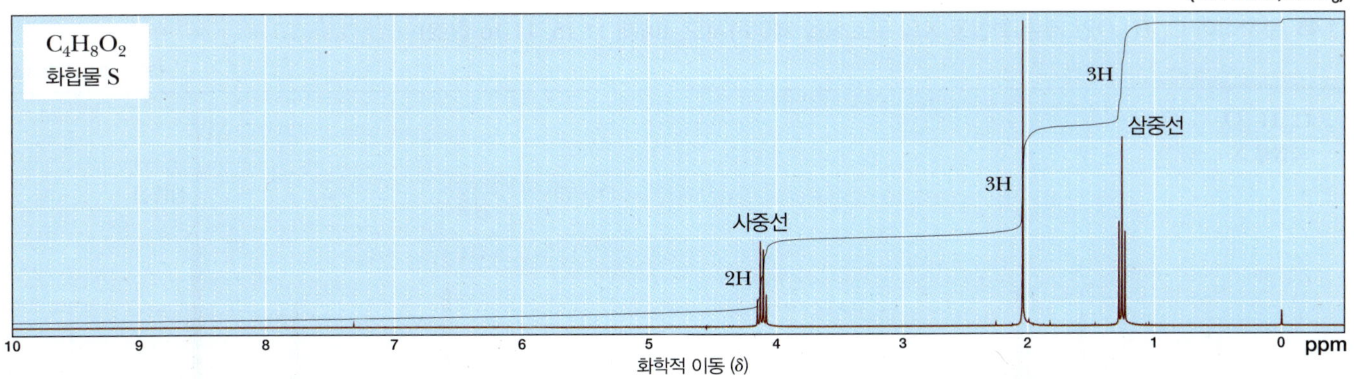

11.43 화합물 T($C_{10}H_{10}O_2$)는 물, 10% NaOH, 10% HCl에 불용성이다. 화합물 T의 ^{1}H-NMR 스펙트럼은 δ 2.55(s, 6H)와 7.97(s, 4H)에서 신호를 나타낸다. 화합물 T의 ^{13}C-NMR 스펙트럼은 4개의 신호를 나타낸다. 이 정보로부터 화합물 T의 구조식을 제안하시오. (예제 11.15~11.17 참조)

11.44 화합물 U($C_{15}H_{24}O$)는 상업적 식료품, 합성 고무 및 석유 제품에서 산화 방지제로 사용된다. 이 화합물의 ^{1}H-NMR과 ^{13}C-NMR 스펙트럼을 바탕으로 하여 화합물 U의 구조식을 제안하시오. (예제 11.15~11.17 참조)

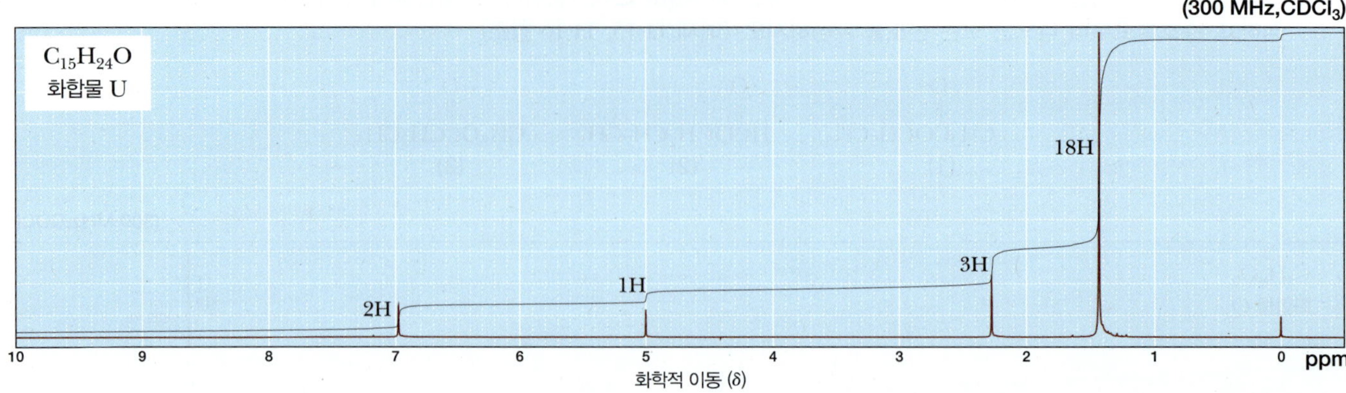

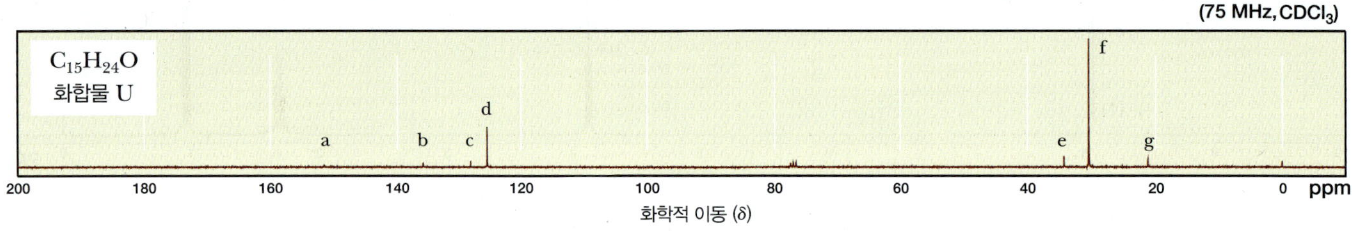

11.45 다음 각 화합물들이 모두 방향족 고리를 가지고 있다고 할 때, 이들 화합물에 대한 구조식을 제안하시오. (예제 11.15, 11.16 참조)

(a) $C_9H_{10}O$ δ 1.2(t, 3H), 3.0(q, 2H), 7.4~8.0(m, 5H)

(b) $C_{10}H_{12}O_2$ δ 2.2(s, 3H), 2.9(t, 2H), 4.3(t, 2H), 7.3(s, 5H)

(c) $C_{10}H_{14}$ δ 1.2(d, 6H), 2.3(s, 3H), 2.9(칠중선, 1H), 7.0(s, 4H)

(d) C_8H_9Br δ 1.8(d, 3H), 5.0(q, 1H), 7.3(s, 5H)

11.46 분자식이 $C_9H_{12}O$인 화합물 V는 산 촉매 탈수를 쉽게 일으켜 분자식이 C_9H_{10}인 화합물 W를 생성시킨다. 화합물 V의 ^{1}H-NMR 스펙트럼은 δ 0.91(t, 3H), 1.78(m, 2H), 2.26(s, 1H), 4.55(t, 1H), 7.31(m, 5H)에서 신호를 보인다. 이러한 정보로부터, 화합물 V와 화합물 W에 대한 구조식을 제안하시오. (예제 11.15, 11.16 참조)

11.47 다음 각 케톤 화합물의 구조식을 제안하시오. (예제 11.15, 11.16 참조)

(a) C_4H_8O δ 1.0(t, 3H), 2.1(s 3H), 2.4(q, 2H)

(b) $C_7H_{14}O$ δ 0.9(t, 6H), 1.6(육중선, 4H), 2.4(t, 4H)

11.48 분자식이 $C_{10}H_{12}O$인 케톤 화합물 X의 구조식을 제안하시오. (예제 11.15, 11.16 참조)

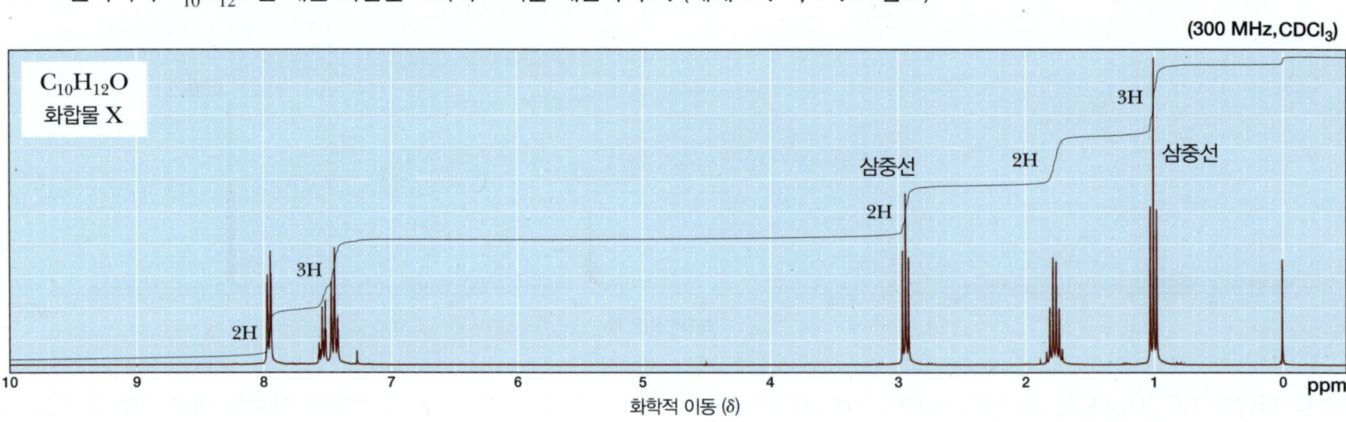

11.49 다음은 분자식이 $C_6H_{12}O_2$인 화합물 Y에 대한 ^{1}H-NMR 스펙트럼이다. 화합물 Y는 산 촉매 탈수를 일으켜 분자식이 $C_6H_{10}O$인 화합물 Z을 만든다. 화합물 Y와 Z의 구조식을 제안하시오. (예제 11.15, 11.16 참조)

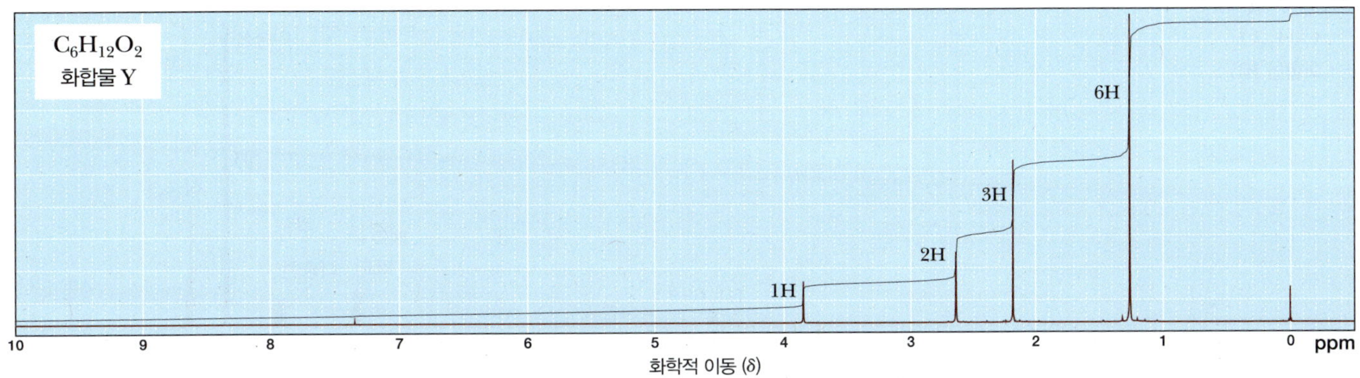

11.50 분자식이 $C_{12}H_{16}O$인 화합물 AA의 구조식을 제안하시오. 다음은 화합물 AA에 대한 ^{1}H-NMR과 ^{13}C-NMR 스펙트럼이다. (예제 11.15~11.17 참조)

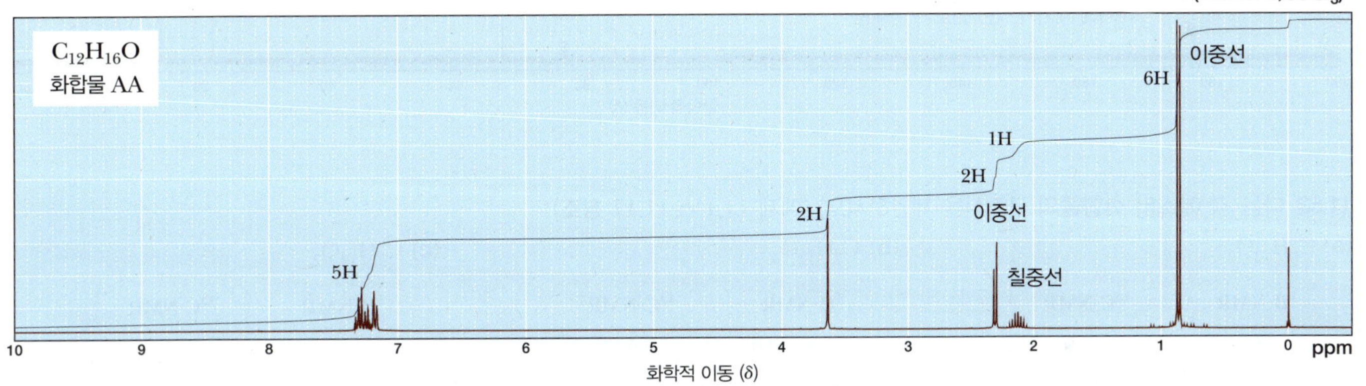

(75 MHz, $CDCl_3$)

밀집하여 위치한 두 개의 피크

$C_{12}H_{16}O$
화합물 AA

오프셋 40 ppm

200 180 160 140 120 100 80 60 40 20 0 ppm

화학적 이동 (δ)

11.50 다음의 각 카복실산의 구조식을 제안하시오. (예제 11.15~11.17 참조)

(a) $C_5H_{10}O_2$

^{1}H-NMR	^{13}C-NMR
0.94(t, 3H)	180.7
1.39(m, 2H)	33.89
1.62(m, 2H)	26.76
2.35(t, 2H)	22.21
12.0(s, 1H)	13.69

(b) $C_6H_{12}O_2$

^{1}H-NMR	^{13}C-NMR
1.08(s, 9H)	179.29
2.23(s, 2H)	46.82
12.1(s, 1H)	30.62
	29.57

(c) $C_5H_8O_4$

^{1}H-NMR	^{13}C-NMR
0.93(t, 3H)	170.94
1.80(m, 2H)	53.28
3.10(t, 1H)	21.90
12.7(s, 2H)	11.81

11.52 다음은 분자식이 $C_7H_{14}O_2$인 화합물 BB에 대한 ^{1}H-NMR과 ^{13}C-NMR 스펙트럼이다. 화합물 BB에 대한 구조식을 제안하시오. (예제 11.15~11.17 참조)

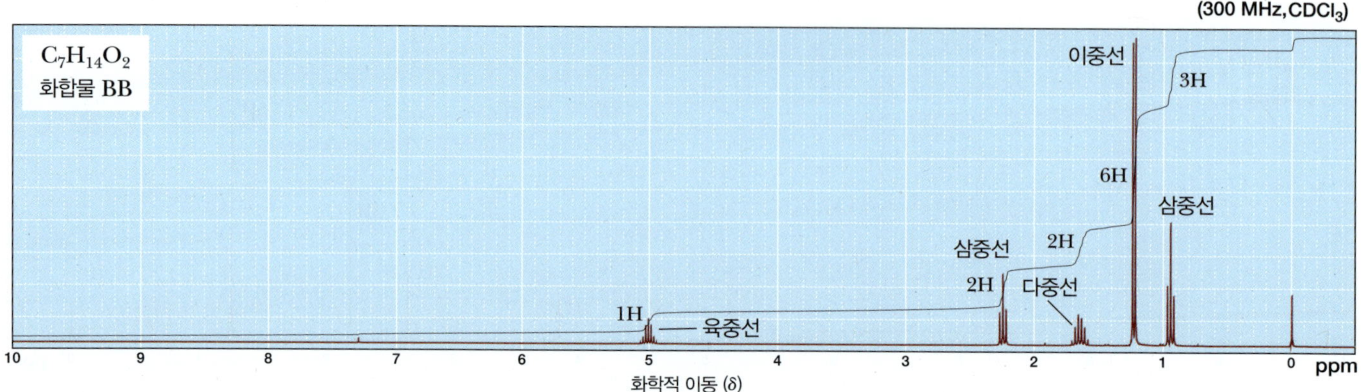

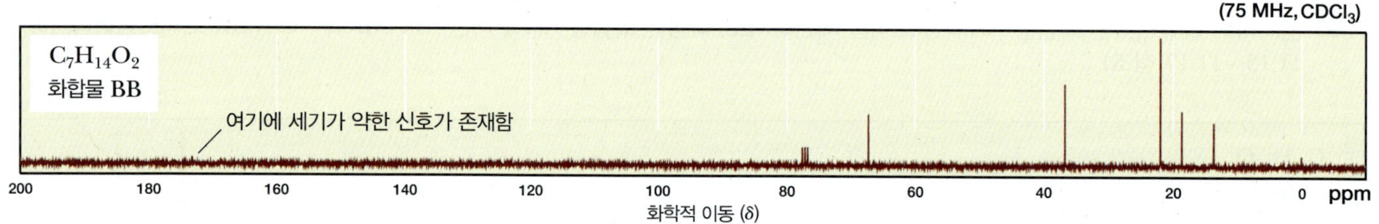

11.53 다음 각 에스터 화합물의 구조식을 제안하시오. (예제 11.15~11.17 참조)

(a) $C_6H_{12}O_2$

^{1}H-NMR	^{13}C-NMR
1.18(d, 6H)	177.16
1.26(t, 3H)	60.17
2.51(m, 1H)	34.04
4.13(q, 2H)	19.01
12.0(s, 1H)	14.25

(b) $C_7H_{12}O_4$

^{1}H-NMR	^{13}C-NMR
1.28(t, 6H)	166.52
3.36(s, 2H)	61.43
4.21(q, 4H)	41.69
	14.07

(c) $C_7H_{14}O_2$

^{1}H-NMR	^{13}C-NMR
0.92(d, 6H)	171.15
1.52(m, 2H)	63.12
1.70(m, 1H)	37.31
2.09(s, 3H)	25.05
4.10(t, 2H)	22.45
	21.06

11.54 다음은 분자식이 $C_{10}H_{15}NO$인 화합물 CC에 대한 ^{1}H-NMR과 ^{13}C-NMR 스펙트럼이다. 이 화합물의 구조식을 제안하시오. (예제 11.15~11.17 참조)

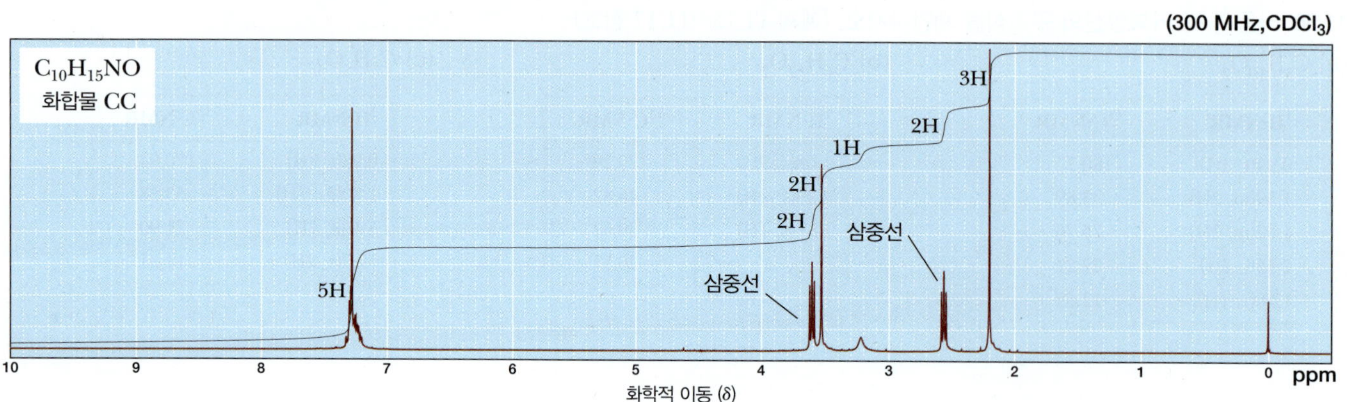

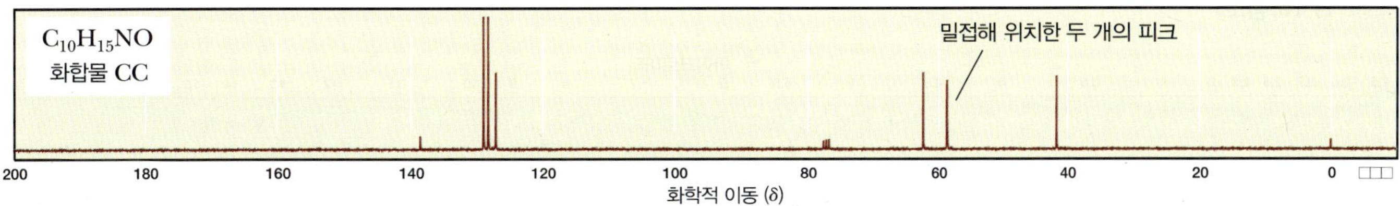

11.55 분자식이 $C_6H_{13}NO$인 아마이드 DD의 구조식을 제안하시오. (예제 11.15, 11.16 참조)

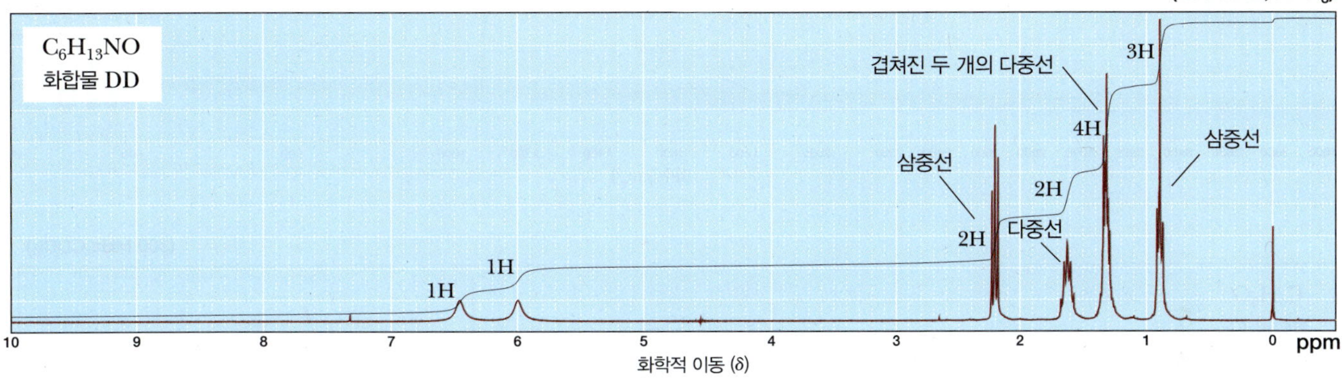

11.56 다음의 ^{1}H-NMR 스펙트럼을 근거로 하여, 분자식이 $C_{10}H_{13}NO_2$인 진통제 phenacetin의 구조식을 제안하시오. (예제 11.15, 11.16 참조)

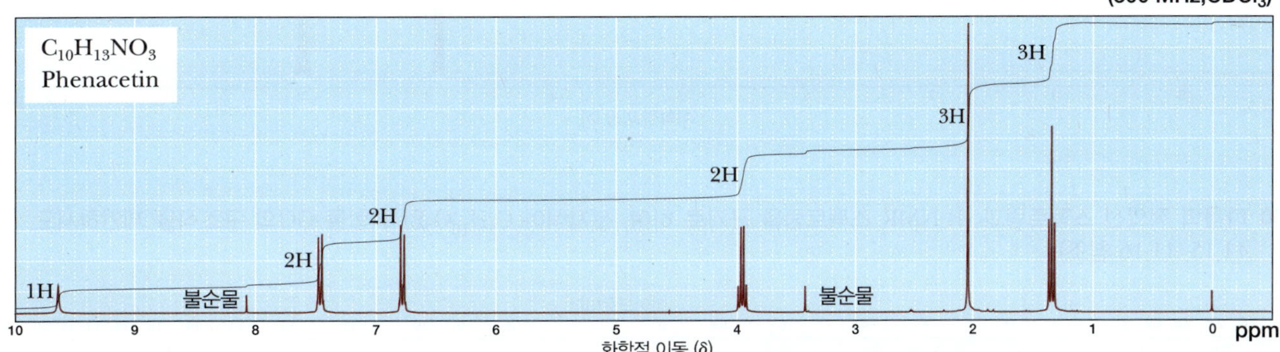

11.57 분자식이 $C_8H_9NO_2$인 유성 액체 화합물 EE의 구조식을 제안하시오. 화합물 EE는 물과 NaOH 수용액에는 불용성이지만, 10% HCl에는 용해된다. HCl에 녹인 이 용액을 NaOH로 중화시키면, 화합물 EE는 그대로 회수된다. 화합물 EE의 ^{1}H-NMR 스펙트럼은 δ 3.84(s, 3H), 4.18(s, 2H), 7.60(d, 2H), 8.70(d, 2H)에서 신호가 나타난다. (예제 11.15, 11.16 참조)

11.58 다음은 아니스(anise)로부터 얻은 천연 방향제인 anethole($C_{10}H_{12}O$)에 대한 ^{1}H-NMR 스펙트럼과 구조식이다. 적분선을 이용하여 각 신호를 생기게 하는 수소의 수를 결정하시오. 이 스펙트럼이 anethole의 구조와 일치함을 보이시오. (예제 11.15, 11.16 참조)

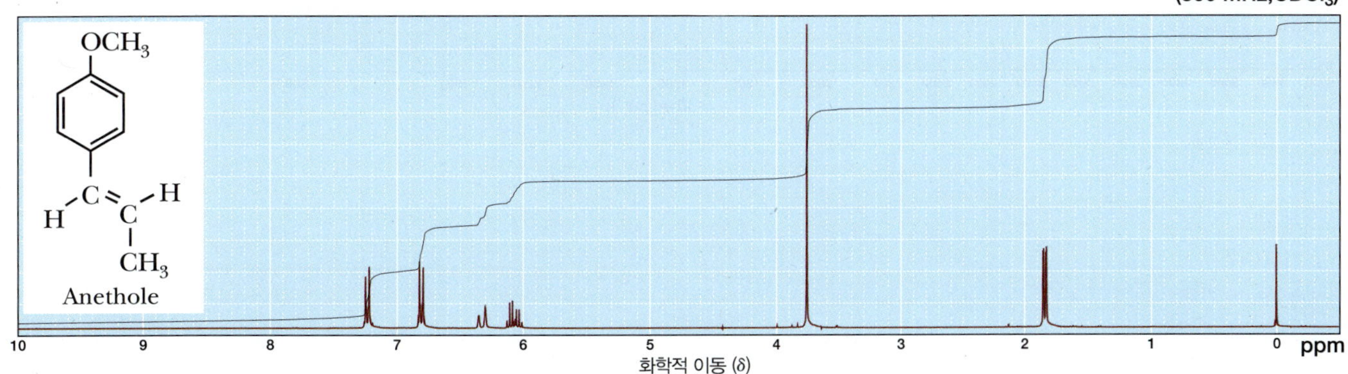

11.59 다음의 적외선 스펙트럼과 ^{1}H-NMR 스펙트럼을 근거로 하여, 분자식이 C_4H_6O인 화합물 FF의 구조식을 제안하시오. (예제 11.15, 11.16 참조)

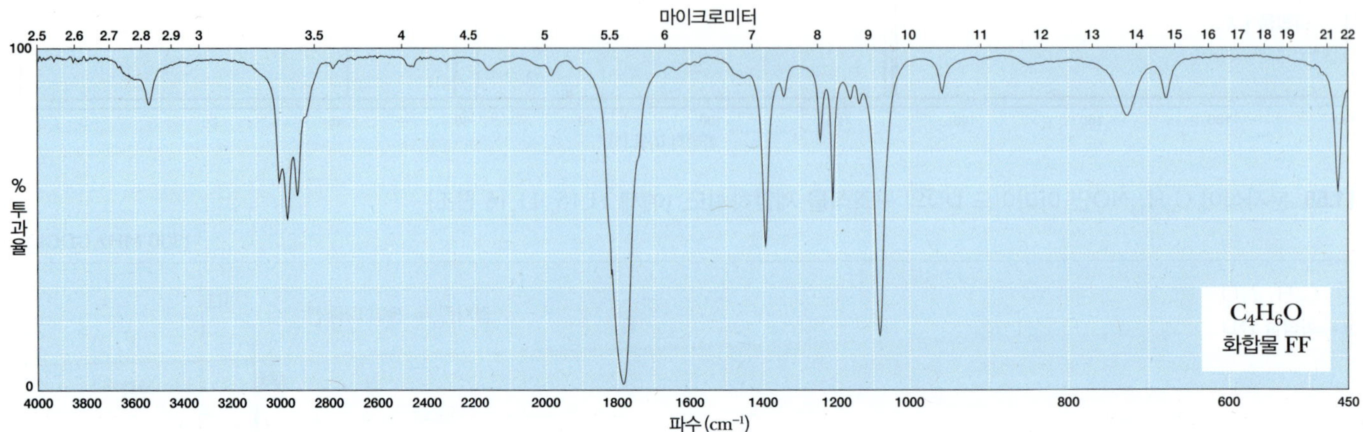

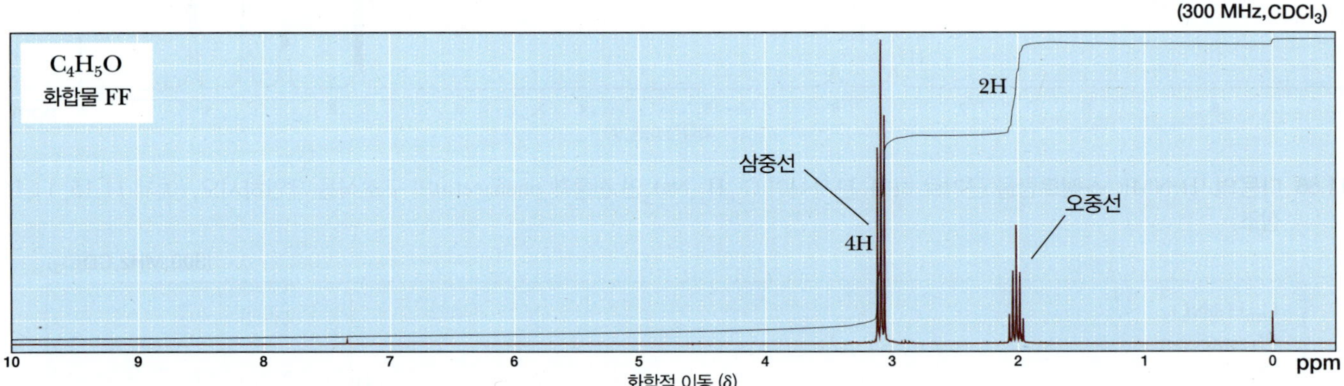

11.60 다음의 적외선 스펙트럼과 ^{1}H-NMR 스펙트럼을 근거로 하여, 분자식이 $C_5H_{10}O_2$인 화합물 GG의 구조식을 제안하시오. (예제 11.15, 11.16 참조)

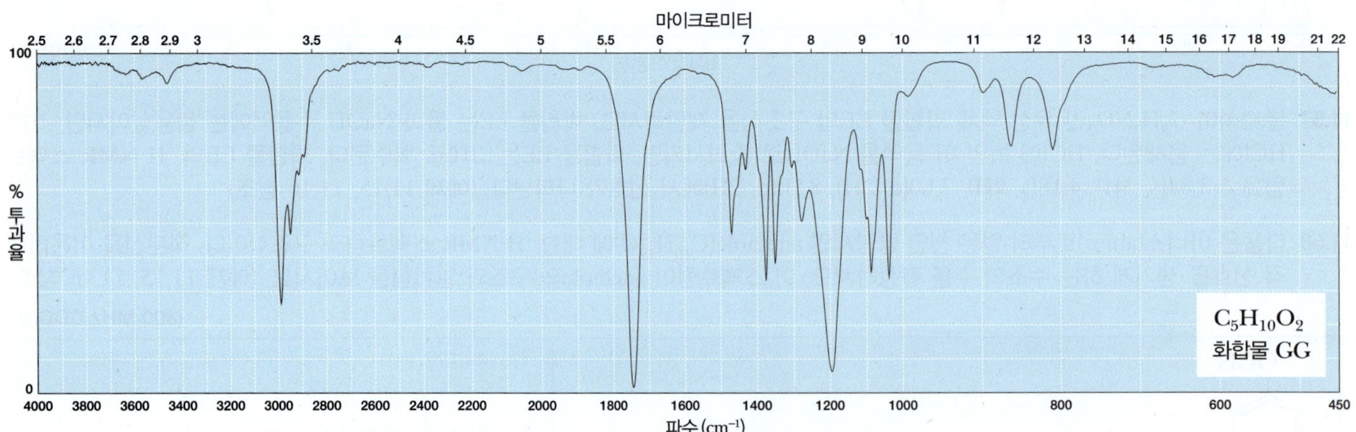

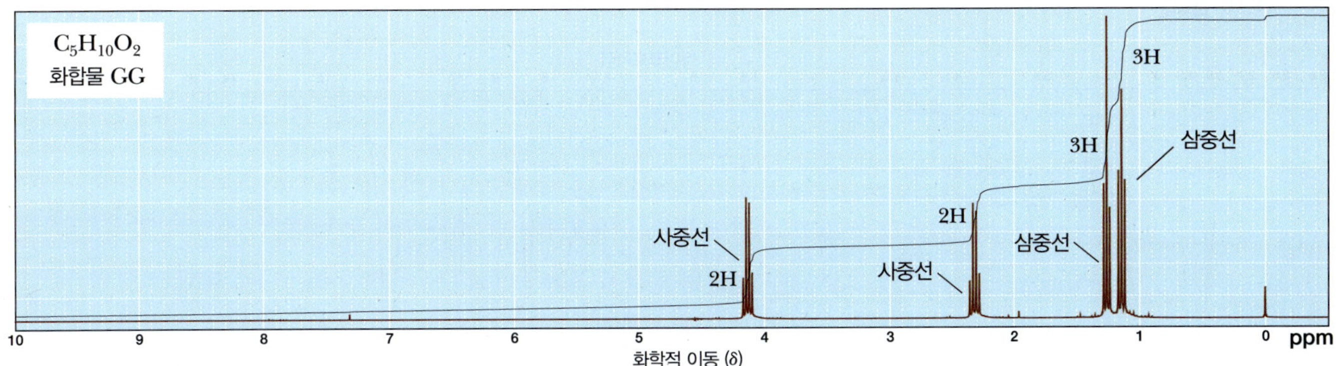

11.61 다음의 적외선 스펙트럼과 ^{1}H-NMR 스펙트럼을 근거로 하여, 분자식이 $C_5H_9ClO_2$인 화합물 HH의 구조식을 제안하시오. (예제 11.15, 11.16 참조)

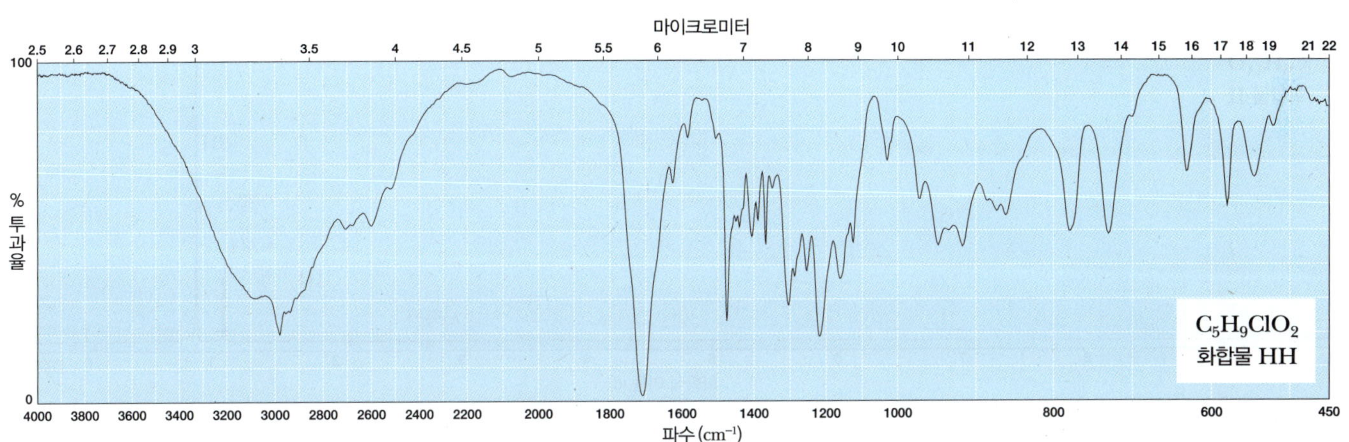

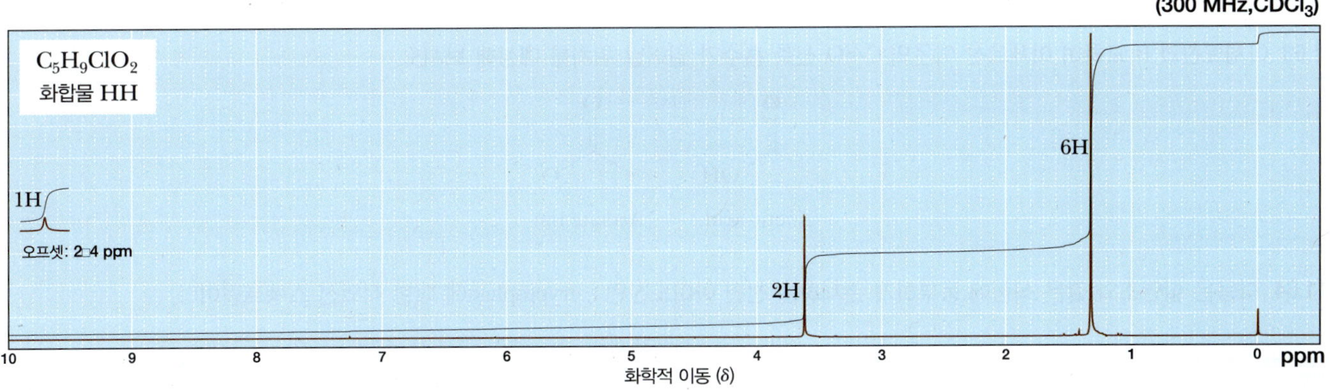

11.62 다음의 적외선 스펙트럼과 ^{1}H-NMR 스펙트럼을 근거로 하여, 분자식이 $C_6H_{14}O$인 화합물 II의 구조식을 제안하시오. (예제 11.15, 11.16 참조)

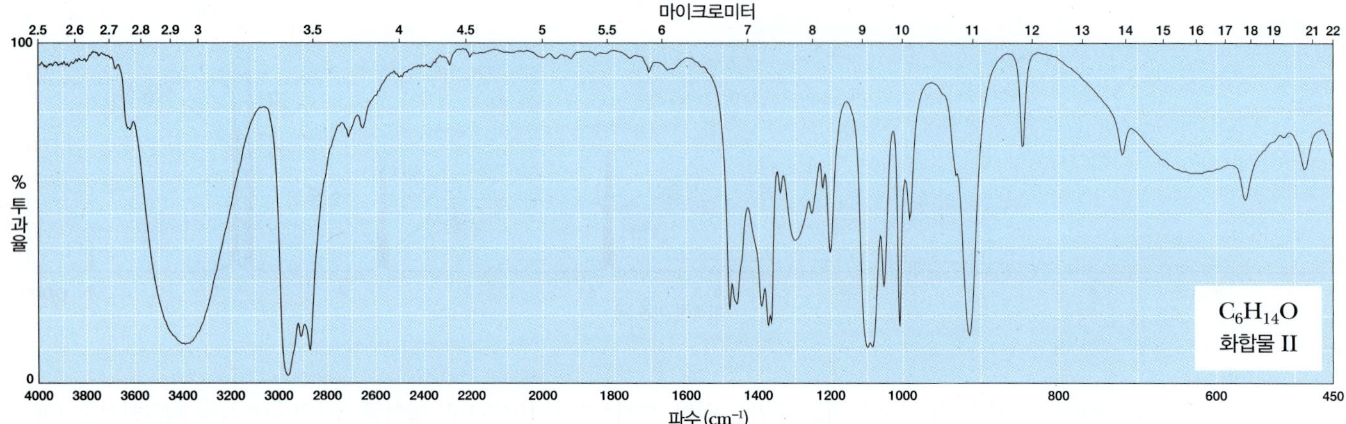

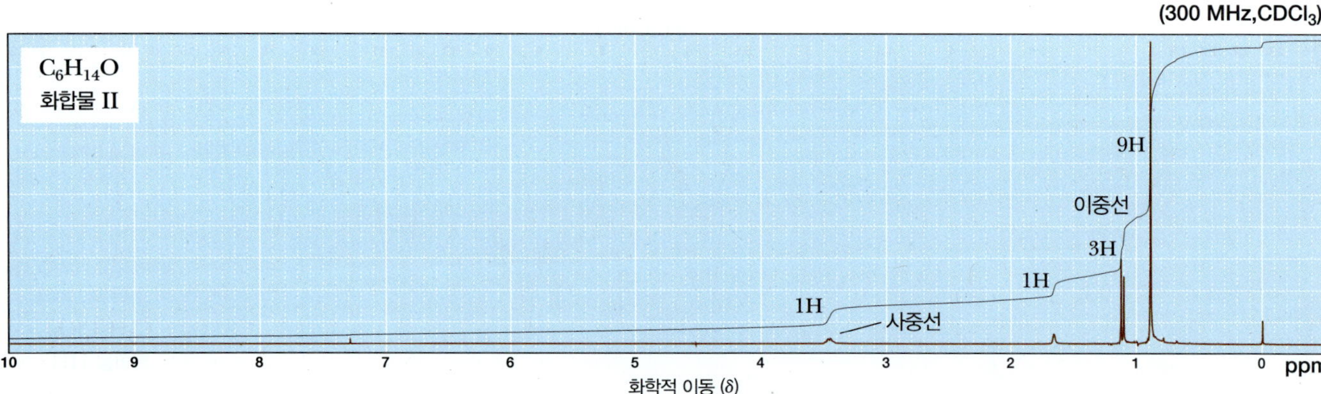

발전 학습

11.63 아세트산과 비교하여 아세트산 이온의 C=O 신축 흡수가 일어날 위치를 예상해 보시오.

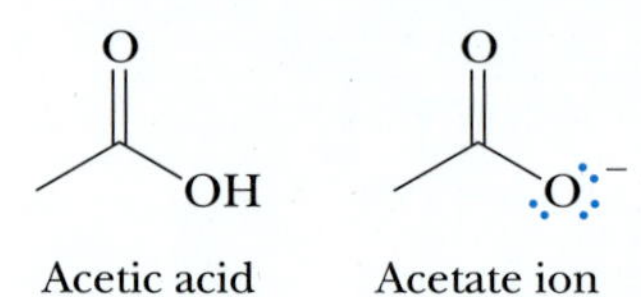

***11.64** 다음은 칠면조와 같은 식품에 풍부하게 존재하는 천연 아미노산인 L-tryptophan에 대한 적외선 스펙트럼이다.

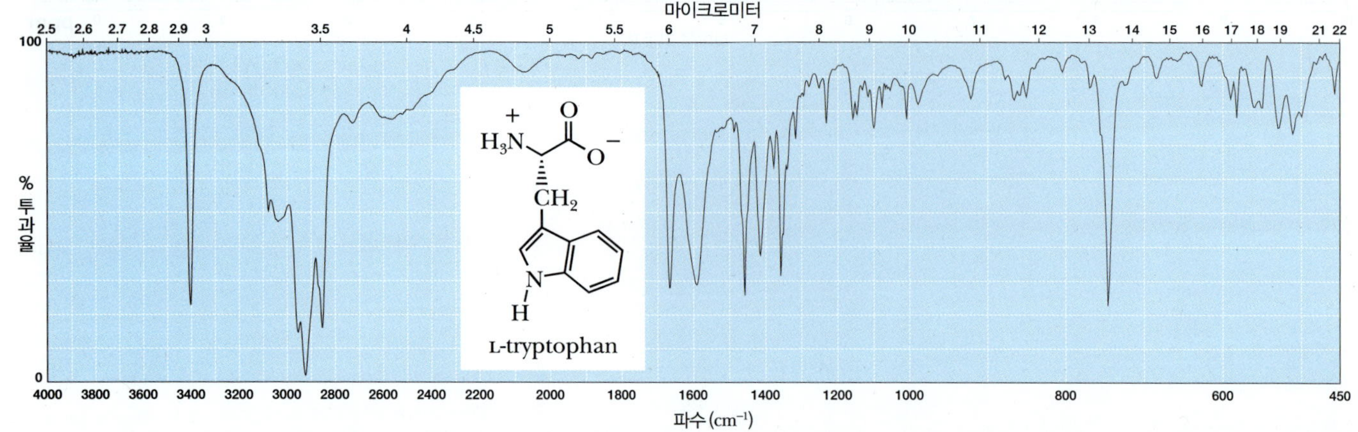

오랫동안, 칠면조에 있는 L-tryptophan으로 인해 추수감사절 식사를 마치고 난 후에는 졸음이 온다고 사람들은 믿어 왔다. 이제 과학자들은 비어 있는 위장에 L-tryptophan이 섭취되는 경우에만 사람들을 졸리게 한다는 것을 알고 있다. 따라서 추수감사절의 칠면조 식사가 졸림의 직접적인 원인은 아닌 듯하다. L-tryptophan은 한 개의 입체 중심을 갖고 있다. 이것의 거울상 이성질체인 D-tryptophan은 자연에는 존재하지 않으나, 실험실에서는 합성이 가능하다. D-tryptophan의 적외선 스펙트럼은 어떻게 나타날 것인가?

그룹 학습 활동

11.65 다음 짝지어진 분자 화합물들을 구분하는 데에 적외선 혹은 NMR 분광학이 사용될 수 있는지를 논의하시오. 각 화합물을 확인할 수 있도록 하는 스펙트럼 자료에 대해 구체적으로 설명해 보시오. 화합물들에 대한 기준 스펙트럼은 가지고 있지 않다고 가정하시오.

(a)  와

(b)  와

(c) 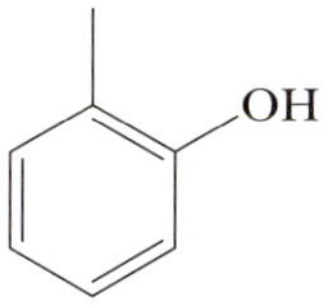 OH 와 OH

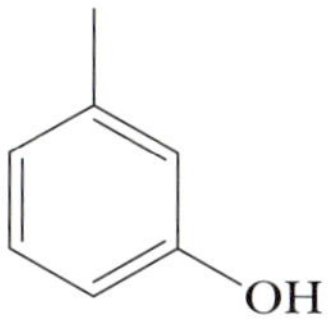

(d) 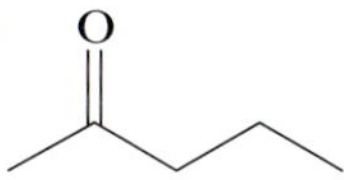 O 와 O

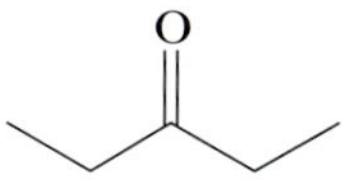

(e) 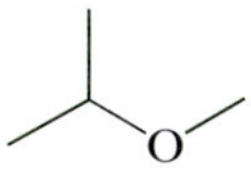 O 와 O

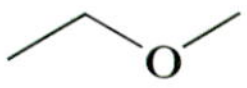

NMR 스펙트럼은 무엇인가?

Carl D. Walsh/Portland Press Herald via/Getty Images, Inc.

알코올 음료에서 섭취한 에탄올은 몸속에서 완전히 분해되기 전에 대사 작용을 통해 먼저 아세트알데하이드로 변환된다. 아세트알데하이드의 카보닐기는 몸속에 있는 단백질과 결합하여 조직 손상과 기관 질병을 유발시키는 물질을 생성할 수 있다. 삽화: 아세트알데하이드의 모형

12 알데하이드와 케톤

중요한 질문

해결 방법

화학 관련

진통제인 옥시코돈(oxycodone)과 항정신병약인 아리피프라졸(aripiprazole)은 미국 내에서 가장 많이 처방되고 있는 두 가지 의약품이다. 이 약들은 카보닐기(C═O)를 가지고 있는데, 카보닐기는 알데하이드와 케톤(12장), 카복실산(13장)과 그 유도체(14장)의 작용기이다. 카보닐기는 매우 많은 생물학 및 의학 관련 화합물에 존재하기 때문에 화학과 생화학에서 매우 중요한 작용기이다. 케톤과 알데하이드를 통해 카보닐기의 물리적 및 화학적 특성을 먼저 배움으로써, 다양한 종류의 유기 반응을 빨리 이해하는 데 매우 도움이 될 것이다.

Oxycodone

Aripiprazole

12.1 알데하이드와 케톤이란 무엇인가?

알데하이드 수소와 결합된 카보닐기를 포함하는 화합물(−CHO기)

케톤 두 개의 탄소와 결합된 카보닐기를 포함하는 화합물

알데하이드(aldehyde)는 수소 원자와 결합된 카보닐기이다(1.7C절). 메탄알(methanal; 일반명은 폼알데하이드)은 가장 간단한 알데하이드로, 카보닐기가 두 개의 수소 원자와 결합되어 있다. 다른 알데하이드의 경우에는 한 개의 수소 원자와 한 개의 탄소 원자가 결합되어 있다. **케톤**(ketone)은 두 개의 탄소 원자에 결합된 카보닐기이다(1.7C절). 다음 구조는 알데하이드인 메탄알과 에탄알(ethanal), 그리고 가장 간단한 케톤인 프로판온(propanone)의 구조식과 카보닐기의 Lewis 구조이다. 괄호 안의 이름은 각각의 일반명이다.

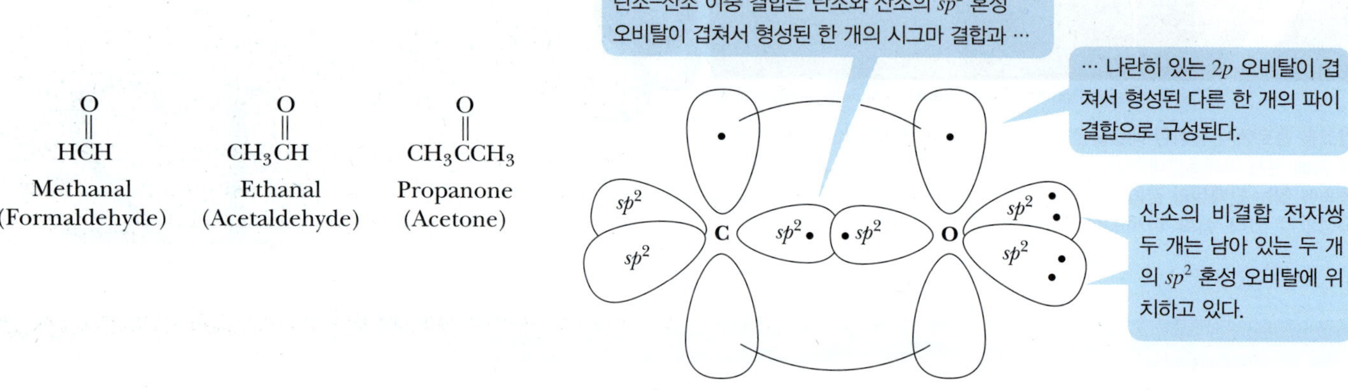

12.2 알데하이드와 케톤은 어떻게 명명하는가?

A. IUPAC 명명법

알데하이드와 케톤의 IUPAC 체계에 의한 명명법은 작용기를 포함하는 가장 긴 탄소 사슬에 해당하는 어미 알케인의 이름을 따른다. 알데하이드기는 메탄알의 경우(3.5절)처럼, 해당하는 어미 알케인의 접미사 *-e*를 *-al*로 바꾼다. 알데하이드기의 카보닐기는 해당 사슬의 끝에서만 나타날 수 있으며, 당연히 카보닐기 탄소를 탄소 1번으로 번호를 매기기 때문에 그 위치를 표시하기 위해 번호를 매길 필요가 없다.

불포화 알데하이드(unsaturated aldehyde)의 경우에 탄소−탄소 이중 결합의 위치는 삽입사 *-en-*(-엔-)을 넣어서 표시한다. 삽입사와 접미사를 모두 갖고 있는 다른 분자에서처럼 접미사의 위치가 번호의 순서를 결정한다.

© rakratchada torsap/Alamy StockPhoto

제라니알(Geranial)은 레몬그라스(lemongrass) 오일에 들어 있으며, 레몬 맛이 나는 여러 가지 스프를 만드는 데 쓰인다.

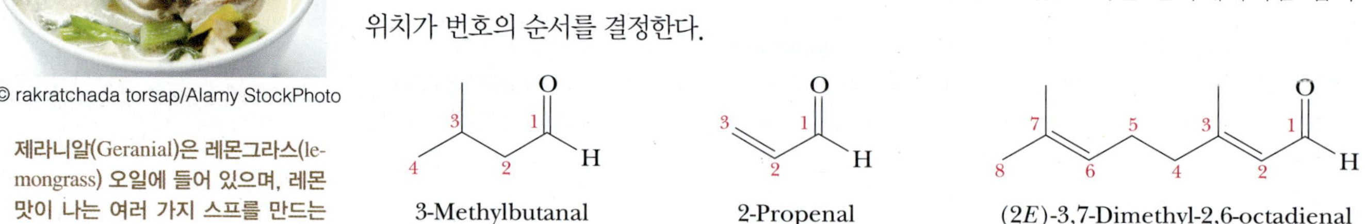

알데하이드기(−CHO)가 고리에 직접 붙어 있는 고리형 분자의 경우에는 고리 이름에 **−carbaldehyde**(−카브알데하이드)라는 접미사를 붙인다. 그리고 알데하이드기가 붙어 있는 고리의 원자를 1번으로 한다.

IUPAC 명명법에서 일반명을 그대로 사용하고 있는 알데하이드에는 벤즈알데하이드

(benzaldehyde)와 신남알데하이드(cinnamaldehyde)가 있다. 페닐기를 표기하는 다른 방법에 주의하라. 벤즈알데하이드에서는 선-각 그림으로, 신남알데하이드에서는 축약된 C_6H_5—로 쓰여 있다.

Benzaldehyde　　*trans*-3-Phenyl-2-propenal (Cinnamaldehyde)

일반명이 IUPAC 체계에서도 그대로 인정되는 다른 두 개의 알데하이드는 폼알데하이드와 아세트알데하이드이다.

IUPAC 명명 체계에서 케톤은 카보닐기를 갖고 있는 가장 길이가 긴 알케인을 어미로 하여 알케인의 -*e* 대신에 -*one*(-온)을 접미사로 붙인다(3.5절). 어미 사슬은 카보닐기의 탄소가 가장 작은 번호가 되는 방향으로 번호를 매긴다. IUPAC 명명법 중 일반명을 그대로 가지고 있는 것에는 아세토페논과 벤조페논이 있다.

Thomas Poon

다이하이드록시아세톤(dihydroxyacetone)은 몇 가지 인공 태닝(tanning)제의 유효 성분으로 쓰인다.

Dihydroxyacetone　　5-Methyl-3-hexanone　　2-Methylcyclohexanone　　Acetophenone　　Benzophenone

예제 12.1

다음 화합물의 IUPAC명을 쓰시오.

(a)

(b)

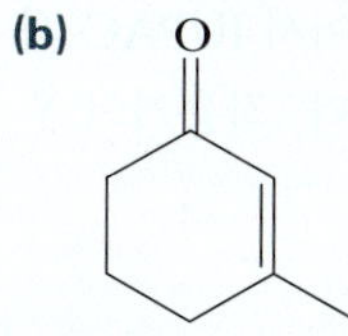

(c)

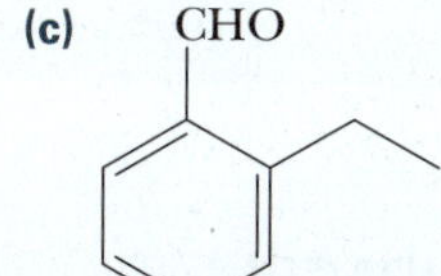

전략

우선 카보닐기를 포함하는 가장 긴 탄소 사슬로부터 어미 이름을 결정하라. 만일 카보닐이 알데하이드이면 접미사가 -*al*이 된다. 만일 카보닐이 케톤이면 접미사는 -*one*이 된다. 그 다음에 탄소 사슬의 부분이 아닌 원자나 작용기를 확인하라. 그것이 치환기이다. 만일 어미 이름이 고리이고 알데하이드가 그 고리에 결합되어 있으면 접미사로 -*carbaldehyde*를 쓴다. 마지막으로 어떤 알데하이드나 케톤은 일반명이 IUPAC명에서도 그대로 사용된다는 것을 명심하라.

풀이

(a) 가장 긴 사슬의 탄소수는 6개이지만, 카보닐기를 포함하는 가장 긴 사슬의 탄소수는 5개이다. 이 화합물의 IUPAC명은 (2*R*,3*R*)-2-ethyl-3-methylpentanal이다.

(b) 카보닐기를 갖고 있는 탄소부터 시작하여 육원자 고리의 번호를 매긴다. 이 화합물의 IUPAC명은 3-methyl-2-cyclohexenone이다.

(c) 이 분자는 벤즈알데하이드의 유도체이다. IUPAC명은 2-ethylbenzaldehyde이다.

문제 12.17, 12.18 참조

문제 12.1

다음 각 화합물의 IUPAC명을 쓰시오.

(a)　**(b)**　**(c)**　**(d)**

예제 12.2

분자식이 $C_6H_{12}O$인 케톤의 구조식을 모두 그리고, 각각의 IUPAC명을 쓰시오. 이들 케톤 중 어느 것이 카이랄 화합물인가?

전략

가지가 없는 탄소 구조로부터 시작하라. 한 번에 하나씩 각 자리에 카보닐기를 그려라(탄소-1은 제외). 다음으로 가지의 가능성을 생각하고, 다른 자리에 카보닐기를 그리는 과정을 반복하라. 한 개의 입체 중심을 가지거나, 두 개 이상의 입체 중심을 가지고 거울상이 겹쳐져 있지 않다면 이 케톤은 카이랄 화합물이다.

풀이

이 분자식에 해당하는 6개의 케톤 화합물을 선-각 그림으로 그리고, IUPAC명을 적는다.

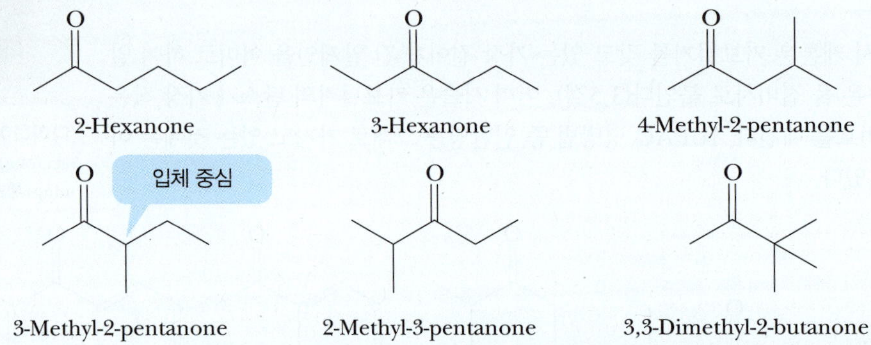

3-Methyl-2-pentanone만이 입체 중심을 갖고 있어 카이랄 화합물이다.

문제 12.15, 12.16 참조

문제 12.2

분자식이 $C_6H_{12}O$인 모든 알데하이드의 구조식을 그리고, 각각의 IUPAC명을 쓰시오. 어느 것이 카이랄 화합물인가?

B. 복잡한 알데하이드와 케톤의 IUPAC명

작용기의 우선순위 IUPAC 명명을 위하여 작용기의 우선순위를 서열로 정해둔 체계

접미사로 구분될 수 있는 한 개 이상의 작용기를 갖고 있는 화합물을 명명함에 있어서 IUPAC 체계는 **작용기의 우선순위**(order of precedence of functional group)를 정해 놓았다. 작용기의 우선 순위는 표 12.1과 같다.

C. 일반명

알데하이드의 일반명은 카복실산의 일반명으로부터 유래되는데, 해당되는 카복실산의 **산**(*acid*)을 빼고 접미사 *-ic*이나 *-oic* 대신 *-aldehyde*(-알데하이드)를 붙여서 명명한다. 카복실산의 일반명에 대해서는 아직 배우지 않았으므로, 여기에서 알데하이드의 일반명에 대하여 언급하기는 곤란하지만, 두 개의 익숙한 카복실산의 이름을 언급함으로써 해당 알데하이드의 이름이 어떻게 파생되는지를 설명할 수 있다. 폼알데하이드(formaldehyde)란 이름은 폼산(formic acid)에서, 아세트알데하이드(acetaldehyde)라는 이름은 아세트산(acetic acid)에서 나왔다.

폼알데하이드는 시체에 방부 처리를 하여 시체를 보관하는 데 사용되었지만, 지금은 발암 물질로 알려져 있다.

$\overset{O}{\|\|}$ HCH	$\overset{O}{\|\|}$ HCOH	$\overset{O}{\|\|}$ CH_3CH	$\overset{O}{\|\|}$ CH_3COH
Formaldehyde	Formic acid	Acetaldehyde	Acetic acid

표 12.1 여섯 가지 작용기의 우선순위

작용기	접미사	접두사	낮은 우선순위의 작용기를 가질 때의 명명의 예	
Carboxyl	-oic acid	–		
Aldehyde	-al	oxo-	3-Oxopropanoic acid	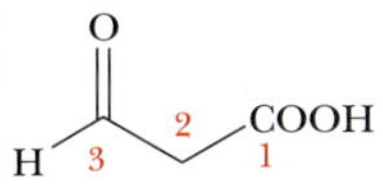
Ketone	-one	oxo-	3-Oxobutanal	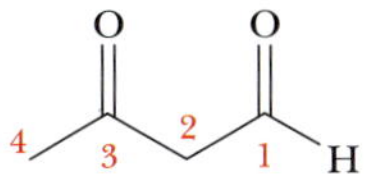
Alcohol	-ol	hydroxy-	4-Hydroxy-2-butanone	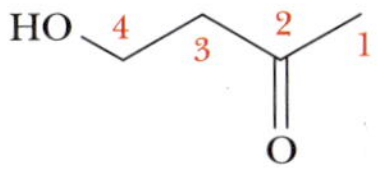
Amino	-amine	amino-	2-Amino-1-propanol	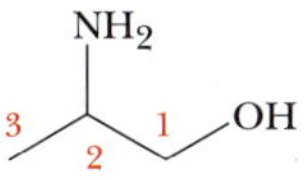
Sulfhydryl	-thiol	mercapto-	2-Mercaptoethanol	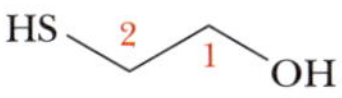

예제 12.3

다음 각각의 화합물을 IUPAC명으로 명명하시오.

(a)

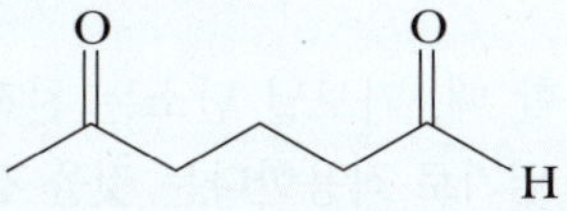

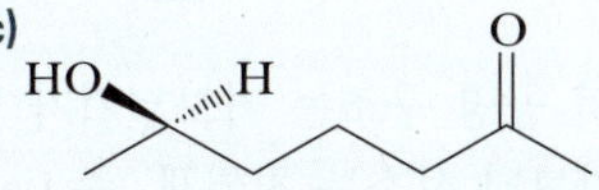

(b) H_2N—(벤젠 고리)—COOH

(c)

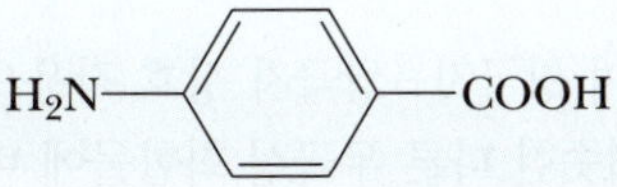

전략

우선 카보닐기를 포함하고 있는 가장 긴 사슬로부터 어미 이름을 정하라. 표 12.1에 나와 있는 우선순위를 이용하여 접미사와 접두사를 정하라. 벤젠 고리 화합물은 일반명을 IUPAC 체계에서도 사용할 수 있다는 것을 명심하라.

풀이

(a) 알데하이드는 케톤보다 우선순위가 높으므로 케톤의 카보닐기 위치는 접두사 '*oxo*-'로 나타낸다. 이 화합물의 IUPAC명은 5-oxohexanal이다.

(b) (카복실기가 아미노기보다 우선순위가 높으므로 아미노기는 접두사 '*amino*-'를 붙여서 나타낸다. IUPAC명은 4-aminobenzoic acid이다. 때로는 *p*-aminobenzoic acid이라고도 하는데, 줄여서 PABA라고 명명하기도 한다. PABA는 미생물의 성장 인자이며, folic acid의 합성에 필요하다.

(c) C=O기는 —OH기보다 우선순위가 높으므로 —OH기는 접두사 '*hydroxy*-'로 나타낸다. 이 화합물의 IUPAC명은 (R)-6-hydroxy-2-heptanone이다.

문제 12.17, 12.18 참조

문제 12.3

다음 화합물은 중요한 중간 대사 물질이다. 이들 화합물의 IUPAC명을 쓰시오.

(a) $CH_3CH(OH)COOH$ Lactic acid

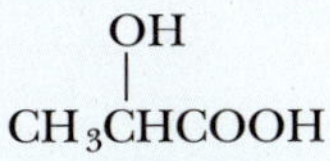

(b) $CH_3C(=O)COOH$ Pyruvic acid

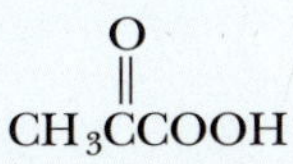

(c) H_2N–$CH_2CH_2CH_2$–C(=O)OH γ-Aminobutyric acid

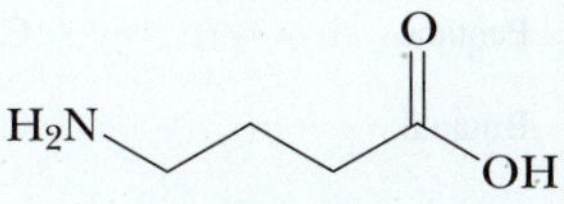

각 화합물의 이름은 생물학에서 일반적으로 알려진 일반명으로 나타내었다.

케톤의 일반명은 카보닐기에 결합되어 있는 알킬(alkyl) 또는 아릴(aryl)기를 따로따로 명명한 후 케톤(ketone)이라는 단어를 붙인다. 원자량이 증가하는 순서로 작용기들을 나열한다. MEK로 불리는 메틸 에틸 케톤은 와니스(광택제)와 래커에 사용하는 일반적인 용매이다.

케톤의 일반명에서는 카보닐기에 결합되어 있는 저분자량의 작용기가 먼저 온다.

Methyl ethyl ketone (MEK)

Diethyl ketone

Dicyclohexyl ketone

12.3 알데하이드와 케톤의 물리적 성질은 무엇인가?

산소는 탄소보다 전기 음성도가 훨씬 크다(3.5절을 2.5절과 비교; 표 1.4). 그러므로 탄소−산소 이중 결합은 극성을 나타내는데, 산소는 부분 음전하를 띠고 탄소는 부분 양전하를 띠고 있다.

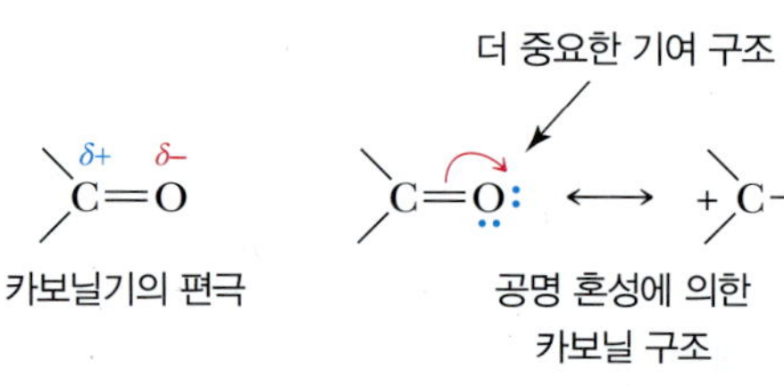

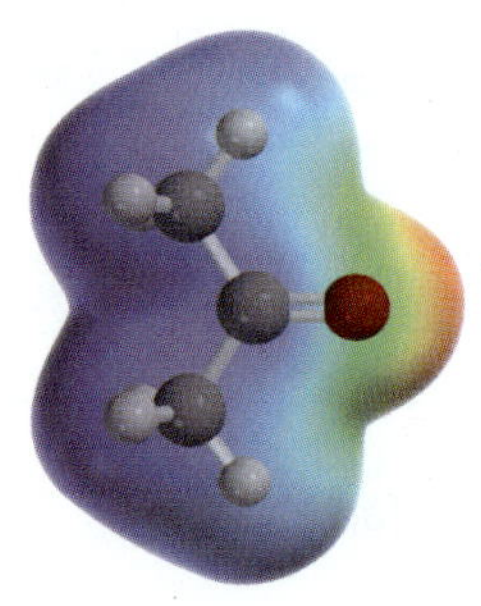

아세톤 분자의 전자 밀도 모형은 카보닐 탄소와 이 탄소에 결합되어 있는 두 개의 메틸기에 부분 양전하가 분포함을 보여 준다.

게다가 오른쪽에 있는 카보닐기의 공명 구조는 카보닐기가 반응할 때, 카보닐 탄소는 친전자체, 즉 Lewis 산으로 작용하고, 카보닐 산소는 친핵체, 즉 Lewis 염기로 작용한다는 것을 강조한다.

카보닐기의 극성 때문에 알데하이드와 케톤은 극성 화합물이며 쌍극자−쌍극자 상호 작용으로 액체상태로 작용한다. 그 결과 알데하이드와 케톤은 분자량이 비슷한 다른 무극성 화합물에 비해서 상대적으로 끓는점이 높다.

표 12.2에는 분자량이 비슷한 6개 화합물의 끓는점을 나타내었다. 펜테인과 다이에틸 에터는 6개 화합물 중 끓는점이 가장 낮다. 뷰탄알과 2-뷰탄온은 모두 극성 화합물로, 카보닐기 사이의 분자 간 인력 때문에 이들의 끓는점은 펜테인과 다이에틸 에터보다 높다. 알코올(8.1C절)과 카복실

표 12.2 비슷한 분자량을 갖는 6개 화합물의 끓는점

이름	구조식	분자량	끓는점(°C)
Diethyl ether	$CH_3CH_2OCH_2CH_3$	74	34
Pentane	$CH_3CH_2CH_2CH_2CH_3$	72	36
Butanal	$CH_3CH_2CH_2CHO$	72	76
2-Butanone	$CH_3CH_2COCH_3$	72	80
1-Butanol	$CH_3CH_2CH_2CH_2OH$	74	117
Propanoic acid	CH_3CH_2COOH	72	141

산(13.3절)은 극성 화합물이며, 이들 분자는 수소 결합으로 서로 연결되어 있다. 따라서 알코올과 카복실산은 수소 결합을 할 수 없는 뷰탄알과 2-뷰탄온보다 끓는점이 높다.

알데하이드와 케톤의 카보닐기는 물 분자와 수소 결합을 하기 때문에 저분자량의 알데하이드와 케톤은 분자량이 비슷한 무극성 화합물보다 물에 더 잘 녹는다. 표 12.3에서는 몇몇 저분자량의 알데하이드와 케톤의 끓는점과 물에서의 용해도를 나타내었다.

표 12.3 몇몇 알데하이드와 케톤의 물리적 성질

IUPAC명	일반명	구조식	끓는점(℃)	용해도(g/물 100g)
Methanal	Formaldehyde	HCHO	−21	무한대
Ethanal	Acetaldehyde	CH_3CHO	20	무한대
Propanal	Propionaldehyde	CH_3CH_2CHO	49	16
Butanal	Butyraldehyde	$CH_3CH_2CH_2CHO$	76	7
Hexanal	Caproaldehyde	$CH_3(CH_2)_4CHO$	129	약간
Propanone	Acetone	CH_3COCH_3	56	무한대
2-Butanone	Methyl ethyl ketone	$CH_3COCH_2CH_3$	80	26
3-Pentanone	Diethyl ketone	$CH_3CH_2COCH_2CH_3$	101	5

비록 methanal과 ethanal의 '용해도'가 무한대로 표기되었으나 물의 첨가 반응으로 최초 methanal의 99%와 최초 ethanal의 57%가 수화물로 알려진 화합물로 바뀐 것임을 주의해야 한다.

12.4 알데하이드와 케톤의 가장 일반적인 반응은 무엇인가?

카보닐 탄소에 있는 부분 양전하(12.3절)는 카보닐기의 가장 일반적인 반응의 원인으로, 친핵체 첨가 반응에 따른 **사면체 카보닐 첨가 중간체**(tetrahedral carbonyl addition intermediate)를 형성한다. 다음의 일반적인 반응에서는 친핵체를 Nu:$^-$로 표시하였는데, 이는 이들이 비공유 전자쌍을 갖고 있다는 것을 강조하기 위해서이다.

친핵체와 친전자체의 반응으로부터 공유 결합이 형성되는 것이 일반적인 반응 메커니즘이다.

12.5 Grignard 시약이란 무엇이며, 알데하이드와 케톤과는 어떻게 반응하는가?

유기 화학자의 시각에서 볼 때, 탄소 친핵체의 첨가 반응은 새로운 탄소–탄소 결합을 만드는 반응이므로 카보닐기의 친핵성 첨가 반응 중 가장 중요한 형태라고 할 수 있다. 이 절에서는 흔히 이용되는 탄소 친핵체인 Grignard 시약의 제법, 그리고 이 물질과 알데하이드, 케톤의 반응에 대하여 알아보고자 한다.

A. 유기마그네슘 화합물의 합성과 구조

유기금속 화합물 탄소-금속 결합을 하고 있는 화합물

Grignard 시약 RMgX 또는 ArMgX 형태의 유기마그네슘 화합물

할로젠화은 알킬, 아릴, 바이닐 할로젠화물은 1족, 2족 및 몇몇 다른 금속과 반응하여 **유기금속 화합물**(organometallic compound)을 만든다. 유기금속 화합물 중에서 유기마그네슘 화합물은 가장 흔하게 사용할 수 있는 것으로 쉽게 제조하고 취급할 수 있다. 유기마그네슘 화합물은 이것을 발견하고 또 유기 합성에 이용한 공로로 1912년에 노벨 화학상을 받은 Victor Grignard의 이름을 따서 **Grignard 시약**(Grignard reagent)이라고 부른다.

Grignard 시약은 통상 에터 용매, 가장 흔하게는 다이에틸 에터나 테트라하이드로퓨란(THF)의 마그네슘 금속 현탁 용액을 저어주면서 할로젠화물을 천천히 떨어뜨려 만든다. 유기아이오다이드(organoiodide)나 브로민화물(bromide)은 이런 조건에서 보통 매우 빨리 반응하는 반면, 염화물(chloride)은 더 느리게 반응한다. 예를 들어 브로민화 뷰틸마그네슘은 마그네슘 금속의 에터 현탁 용액에 1-브로모뷰테인을 가해서 만든다. 브로민화 페닐마그네슘과 같은 아릴 Grignard 시약도 유사한 방법으로 만든다.

1-Bromobutane + Mg $\xrightarrow{\text{에터}}$ Butylmagnesium bromide

Bromobenzene + Mg $\xrightarrow{\text{에터}}$ Phenylmagnesium bromide

Grignard 시약에서 마그네슘 원자는 브로민과 탄소 원자 사이에 있다.

탄소 음이온 탄소가 비공유 전자쌍을 가지고 있고 음전하를 띤 음이온

탄소와 마그네슘 사이의 전기 음성도 차이는 1.3(2.5−1.2)이므로, 탄소-마그네슘 결합은 극성 공유 결합으로서 탄소는 부분 음전하를, 마그네슘은 부분 양전하를 띤다. 오른쪽 구조에서의 탄소-마그네슘 결합은 친핵성을 띠는 이온 결합을 보여 준다. Grignard 시약을 **탄소 음이온**(carbanion)으로 그리기는 하지만, 보다 정확하게는 극성 공유 결합 화합물이라는 것을 알아야 한다.

$$CH_3(CH_2)_2\overset{\delta-}{C}H_2-\overset{\delta+}{MgBr} \qquad CH_3(CH_2)_2CH_2{:}^- \ \ \overset{+}{MgBr}$$

탄소는 친핵체이다.

Grignard 시약이 유기 합성에서 가치 있게 여겨지게 된 것은 할로젠을 포함하고 있는 탄소가 친핵체로 바뀔 수 있기 때문이다.

B. 양성자산 반응

Grignard 시약은 매우 강한 염기여서 여러 가지 산(양성자 주개)과 손쉽게 반응하여 알케인을 형성한다. 예를 들면 브로민화 에틸마그네슘(ethylmagnesium bromide)은 물과 반응하여 에테인과 마그네슘염을 형성한다. 이 반응은 2.4절에서 설명한 다른 반응들과 같이, 강산과 강염기가 반응하여 약산과 약염기가 생성되는 한 예이다.

$$CH_3\overset{\delta-}{C}H_2-\overset{\delta+}{MgBr} + H-OH \longrightarrow CH_3CH_2-H + Mg^{2+} + OH^- + Br^-$$

강한 염기	pK_a 15.7 강한 산	pK_a 51 약한 산	약한 염기

O—H, N—H, S—H 작용기나 상대적으로 산성인 수소를 갖고 있는 화합물은 어떤 것이든 양성자 이동에 의해 Grignard 시약과 반응을 하게 된다. 다음은 그러한 작용기를 갖는 화합물들의 예이다.

HOH	ROH	ArOH	RCOOH	RNH_2	RSH	R—C≡C—H
물	알코올	페놀	카복실산	아민	싸이올	말단 알카인

Grignard 시약은 이러한 양성자산들과 매우 빠르게 반응하기 때문에, 이러한 양성자 주개를 갖고 있는 할로젠을 포함하는 어떠한 화합물로부터 만들 수가 없다.

예제 12.4

Ethylmagnesium iodide와 알코올 사이의 산-염기 반응식을 쓰시오. 이 반응에서의 전자의 흐름을 나타내기 위하여 굽은 화살표를 사용하시오. 또한 이 반응이 보다 강한 산과 보다 강한 염기가 반응하여 보다 약한 산과 보다 약한 염기를 형성하는 한 예임을 보이시오.

전략

Grignard 시약과 일반적인 알코올(ROH)과의 반응은 알케인과 알콕시화 마그네슘을 형성함을 보여라. 메커니즘을 그릴 때 Grignard 시약은 친전자체(이 경우, H^+)와의 새로운 결합을 만들기 위해서 C—Mg 결합에서 전자를 주는 염기로서 반응한다는 것을 기억하라.

풀이

알코올은 보다 강한 산이며, 에틸 탄소 음이온은 보다 강한 염기이다.

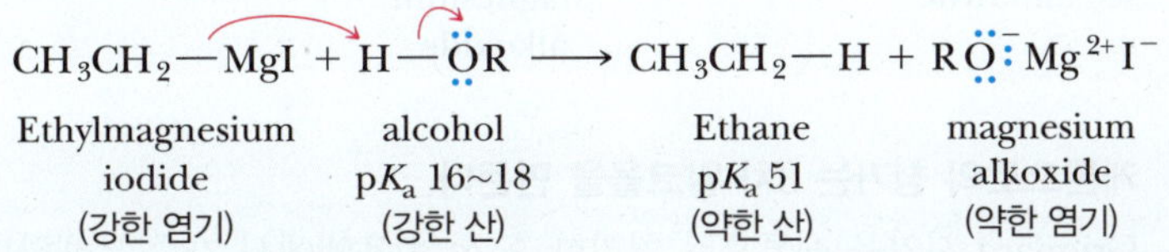

$$CH_3CH_2—MgI + H—\ddot{O}R \longrightarrow CH_3CH_2—H + R\ddot{O}:^- Mg^{2+} I^-$$

Ethylmagnesium iodide (강한 염기)	alcohol pK_a 16~18 (강한 산)	Ethane pK_a 51 (약한 산)	magnesium alkoxide (약한 염기)

문제 12.19, 12.21, 12.22 참조

문제 12.4

다음의 Grignard 시약이 어떻게 그 자신 분자와 반응하여 '자체 파괴'되는지 설명하시오.

(a) HO—C_6H_4—MgBr (b) HO—C_6H_4—MgBr

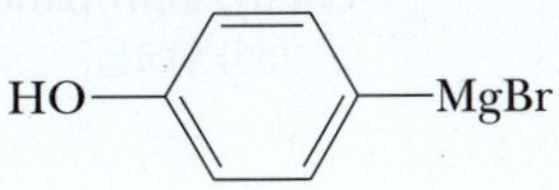

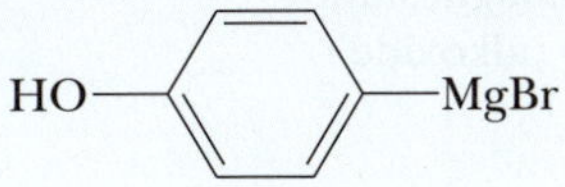

C. 알데하이드와 케톤의 Grignard 시약 첨가 반응

Grignard 시약이 갖는 특별한 가치는 그들이 새로운 탄소–탄소 결합을 형성하는 매우 우수한 방법을 제공한다는 데 있다. 이러한 반응에서 Grigrard 시약은 탄소 음이온으로 작용한다. 탄소 음이온은 좋은 친핵체로, 알데하이드 또는 케톤의 카보닐기에 첨가되어 사면체 카보닐 첨가 중간체를 형성한다. 이 반응의 추진력은 유기금속 화합물의 탄소가 갖는 부분 음전하와 카보닐기 탄소가 갖는 부분 양전하 사이의 인력이다. 다음의 예에서는 사면체 카보닐 첨가 중간체를 형성한 후 마그네슘–산소 결합의 이온 결합성을 강조하기 위하여 $—O^-[MgBr]^+$로 표기하였다. Grignard 반응에서 만들어진 알콕시화 이온은 강염기이므로(8.2C절), HCl과 같은 산성 용액이나 NH_4Cl 수용액으로 처리하면 알코올이 생성된다.

폼알데하이드에 첨가되어 1차 알코올을 만든다.

Grignard 시약을 폼알데하이드로 처리한 후 산성 용액에서 가수 분해하면 1차 알코올이 생성된다.

하이드로늄이 HCl/H_2O에서의 활성체임을 기억하라.

$$CH_3CH_2-MgBr + H-\overset{\overset{:O:}{\|}}{C}-H \xrightarrow{\text{에터}} CH_3CH_2-\overset{\overset{:\ddot{O}:^{-}\,[MgBr]^{+}}{|}}{CH_2} \xrightarrow{H-\overset{+}{O}H_2} CH_3CH_2-\overset{\overset{:\ddot{O}H}{|}}{CH_2} + Mg^{2+}$$

Formaldehyde / Magnesium alkoxide / 1-Propanol (1차 알코올)

알데하이드(폼알데하이드 제외)로의 첨가는 2차 알코올을 만든다.

Grignard 시약을 폼알데하이드 이외의 알데하이드로 처리한 후 산성 용액에서 가수 분해하면 2차 알코올이 생성된다.

$$C_6H_{11}-MgBr + CH_3-\overset{\overset{:O:}{\|}}{C}-H \xrightarrow{\text{에터}} C_6H_{11}-\overset{\overset{:\ddot{O}:^{-}\,[MgBr]^{+}}{|}}{C}HCH_3 \xrightarrow{H-\overset{+}{O}H_2} C_6H_{11}-\overset{\overset{:\ddot{O}H}{|}}{C}HCH_3 + Mg^{2+}$$

Acetaldehyde / Magnesium alkoxide / 1-Cyclohexylethanol (2차 알코올)

케톤으로의 첨가는 3차 알코올을 만든다.

Grignard 시약을 케톤으로 처리한 후 산성 용액에서 가수 분해하면 3차 알코올이 생성된다.

$$C_6H_5-MgBr + CH_3-\overset{\overset{:O:}{\|}}{C}-CH_3 \xrightarrow{\text{에터}} C_6H_5-\overset{\overset{:\ddot{O}:^{-}\,[MgBr]^{+}}{|}}{\underset{\underset{CH_3}{|}}{C}}CH_3 \xrightarrow{H-\overset{+}{O}H_2} C_6H_5-\overset{\overset{:\ddot{O}H}{|}}{\underset{\underset{CH_3}{|}}{C}}CH_3 + Mg^{2+}$$

Acetone / Magnesium alkoxide / 2-Phenyl-2-propanol (3차 알코올)

해결방법 12.1

Grignard 반응의 생성물 예측하기

(a) Grignard 반응이 탄소–탄소 결합을 형성하는 사실을 이용하여 친핵성 탄소(즉 마그네슘 원자에 결합된 탄소)를 찾는다.

마그네슘에 결합된 탄소가 친핵체이며, 새로운 C–C 결합의 한 부분이 될 것이다.

$$(CH_3)_2CHCH_2CH_2MgBr + R-\overset{\overset{:O:}{\|}}{C}-R \xrightarrow{\text{에터}}$$

(b) 시약이나 용매에 O—H, N—H, S—H 결합이 없는지 확인한다. 이런 것들은 Grignard 시약과 양성자 이동을 하여 반응 중 카보닐과 반응하는 것을 방해한다.

(c) (a)에서 찾은 친핵성 탄소와 카보닐 탄소 사이의 새로운 결합을 만든다. Grignard 시약으로부터 온 친핵성 탄소는 더 이상 MgBr과 결합하지 않는다. 대신 MgBr은 카보닐의 일부였던 음이온 산소와 이온 결합을 하는 것으로 표시한다. 마무리 단계에서는 마그네슘염이 알코올로 바뀌게 된다.

예제 12.5

2-Phenyl-2-butanol은 서로 다른 3가지 Grignard 시약과 케톤을 조합하여 합성할 수 있다. 각각의 조합을 열거하시오.

전략

어떤 알코올을 만드는 데 사용하는 Grignard 시약은 알코올 탄소를 기존 탄소 사슬에 연결시키는 C—C 결합을 확인하여 찾아낼 수 있다. 이 결합을 제거하고, C—OH를 C=O로 바꾼 다음, 다른 부분을 Grignard 시약으로 바꾸라.

풀이

각각의 풀이에서 굽은 화살표는 새로운 탄소–탄소 결합과 알콕시화 이온이 형성되는 것을 보여 준다. 각 시약의 조합에 의해서 형성된 새로운 탄소–탄소 결합은 최종 생성물에 표시되어 있다.

문제 12.21, 12.22 참조

문제 12.5

다음 세 종류의 생성물이 어떻게 같은 Grignard 시약으로부터 합성될 수 있는지를 보이시오.

(a) OH (b) OH (c) HO

12.6 헤미아세탈과 아세탈은 무엇인가?

A. 아세탈의 형성

헤미아세탈 —OH기와 —OR 또는 —OAr기가 같은 탄소에 결합된 분자

알데하이드나 케톤의 카보닐기에 알코올 한 분자가 첨가되면 **헤미아세탈**(hemiacetal, 아세탈의 절반)이 형성된다. 이 반응은 산이나 염기 촉매로 일어난다. 산소는 카보닐 탄소에 첨가되고, 수소는 카보닐 산소에 첨가된다.

$$CH_3\overset{O}{\overset{\|}{C}}CH_3 + H{-}OCH_2CH_3 \xrightleftharpoons{H^+ \text{ 또는 } OH^-} CH_3\underset{CH_3}{\overset{OH}{C}}OCH_2CH_3$$

헤미아세탈

헤미아세탈의 작용기는 —OH기와 —OR 또는 —OAr기와 결합된 탄소이다.

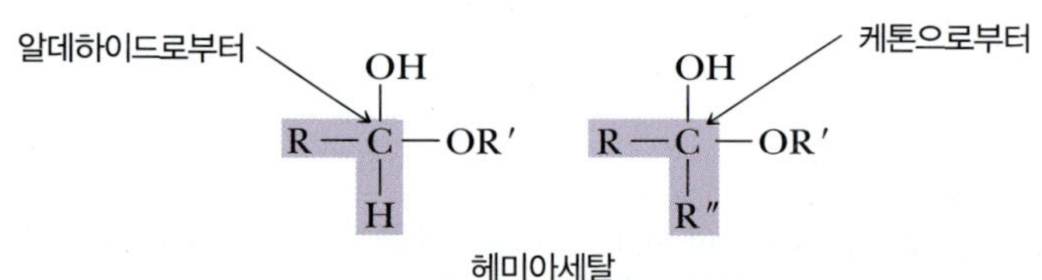

헤미아세탈

염기 촉매에 의해 알데하이드나 케톤이 헤미아세탈로 바뀌는 메커니즘은 세 단계로 나눌 수 있다. 염기 OH^-는 이 반응에서 순수한 촉매로서 1단계에서 사용되지만, 3단계에서 치환된 OH^-가 재생성된다는 것에 주의하라.

메커니즘

염기 촉매에 의한 헤미아세탈의 생성

1단계: 양성자를 제거하라.

알코올로부터 염기로 양성자 이동이 일어나 알콕시화 이온을 만든다.

$$CH_3\overset{O}{\overset{\|}{C}}CH_3 + H{-}\ddot{O}CH_2CH_3 \; :\ddot{O}H^- \rightleftharpoons CH_3\overset{O}{\overset{\|}{C}}CH_3 + {}^-\!:\ddot{O}CH_2CH_3 + H_2O$$

알콕시화 이온

2단계: 새로운 공유 결합을 생성하기 위한 친전자체와 친핵체의 반응

알콕시화 이온이 카보닐에 첨가되어 사면체 카보닐 첨가 중간체를 만든다.

$$CH_3\overset{\overset{\displaystyle O}{\|}}{C}CH_3 + {}^{-}:\ddot{O}CH_2CH_3 \rightleftharpoons CH_3\overset{\overset{\displaystyle :\ddot{O}:^{-}}{|}}{\underset{\underset{\displaystyle CH_3}{|}}{C}}\ddot{O}CH_2CH_3$$

(친전자체) (친핵체) 사면체 카보닐 첨가 중간체

3단계: 양성자를 첨가하라.
물로부터 사면체 카보닐 첨가 중간체로 양성자 이동이 일어나 헤미아세탈을 만들고 수산화 이온 촉매를 재생성한다.

산 촉매에 의해 알데하이드나 케톤이 헤미아세탈로 바뀌는 메커니즘은 세 단계로 나누어질 수 있다. 이 반응에서 산 H—A는 순수하게 촉매 역할을 하며 1단계에서 소모되지만, 3단계에서 치환된 H—A가 재생성된다는 것에 주의하라.

메커니즘

산 촉매에 의한 헤미아세탈의 생성

1단계: 양성자를 첨가하라.
양성자가 산 H—A에서 카보닐로 이동하여 공명 안정화된 양이온을 만든다. 가장 중요한 공명 구조는 탄소에 양전하를 갖는 것이다.

$$CH_3\overset{\overset{\displaystyle \ddot{O}:}{\|}}{C}CH_3 \underset{}{\overset{H-A}{\rightleftharpoons}} \left[CH_3\overset{\overset{\displaystyle {}^{+}\ddot{O}-H}{\|}}{C}CH_3 \longleftrightarrow CH_3\overset{\overset{\displaystyle :\ddot{O}-H}{|}}{\underset{+}{C}}CH_3 \right] + A:^{-}$$

공명 안정화된 양이온

2단계: 새로운 공유 결합을 형성하기 위한 친전자체와 친핵체의 반응
알코올이 공명 안정화된 양이온에 첨가되어 옥소늄 이온을 만든다. 주의: 알코올은 친전자체의 두 개의 기여 구조 모두를 공격할 수 있다.

$$\left[CH_3\overset{\overset{\displaystyle {}^{+}\ddot{O}-H}{\|}}{C}CH_3 \longleftrightarrow CH_3\overset{\overset{\displaystyle :\ddot{O}-H}{|}}{\underset{+}{C}}CH_3 \right] + :\overset{\overset{\displaystyle H}{|}}{\underset{\cdot\cdot}{O}}CH_2CH_3 \rightleftharpoons CH_3\overset{\overset{\displaystyle OH}{|}}{\underset{\underset{\displaystyle H-\overset{+}{\underset{\cdot\cdot}{O}}CH_2CH_3}{|}}{C}}CH_3$$

(친전자체) (친핵체) (옥소늄 이온)

3단계: 양성자를 제거하라.
옥소늄 이온으로부터 A^-로 양성자가 이동하여 헤미아세탈을 만들고 산 촉매를 재생성한다.

$$CH_3\overset{\overset{\displaystyle OH}{|}}{\underset{\underset{\displaystyle H-\overset{+}{\underset{\cdot\cdot}{O}}CH_2CH_3}{|}}{C}}CH_3 + :A^{-} \rightleftharpoons CH_3\overset{\overset{\displaystyle OH}{|}}{\underset{\underset{\displaystyle :\underset{\cdot\cdot}{O}CH_2CH_3}{|}}{C}}CH_3 + H-A$$

헤미아세탈은 중요한 형태의 분자이기는 하지만, 일반적으로 불안정하고 평형 상태의 혼합물에서 적은 양으로 존재한다. 하이드록실기가 카보닐기를 포함하고 있는 같은 분자의 일부분일 때, 그리고 오원자 또는 육원자 고리 구조를 이룰 때, 그 화합물은 거의 완벽하게 고리형 헤미아세탈 구조를 형성한다.

OH가 CHO기에 가까이 있도록 다시 그림

4-Hydroxypentanal

고리형 헤미아세탈 (평형 상태에서 주된 형태)

고리형 헤미아세탈에 대해서는 17장 탄수화물의 화학에서 더 자세히 다룰 것이다.

아세탈 두 개의 —OR 또는 —OAr기가 같은 탄소에 결합된 분자

헤미아세탈은 계속해서 알코올과 반응하여 **아세탈**(acetal)과 물 한 분자를 만드는데, 이 반응은 산 촉매에 의해서 일어난다.

$$CH_3C(OH)(CH_3)OCH_2CH_3 + CH_3CH_2OH \overset{H^+}{\rightleftharpoons} CH_3C(OCH_2CH_3)(CH_3)OCH_2CH_3 + H_2O$$

헤미아세탈 다이에틸 아세탈

아세탈의 작용기는 두 개의 —OR 또는 —OAr에 결합된 탄소이다.

알데하이드로부터: R—C(OR′)(H)—OR′ 케톤으로부터: R—C(OR′)(R″)—OR′

아세탈

산 촉매에 의해서 헤미아세탈이 아세탈로 바뀌는 메커니즘은 네 단계로 나누어질 수 있다. 이 반응에서 산 H—A는 순수하게 촉매 역할을 하며 1단계에서 소모되지만, 4단계에서 대체된 H—A가 재생성된다는 것에 주의하라.

메커니즘

산 촉매에 의한 아세탈의 생성

1단계: 양성자를 첨가하라.

양성자가 산 H—A에서 헤미아세탈의 OH기로 이동하여 옥소늄 이온이 생성된다.

$$R-CH(OH)-OCH_3 + H-A \rightleftharpoons R-CH(\overset{+}{O}H_2)-OCH_3 + A:^-$$

옥소늄 이온

2단계: 안정한 이온 또는 분자를 생성하기 위해 결합을 끊어라.

옥소늄 이온에서 물이 떨어져서 공명 안정화된 양이온이 생성된다.

$$R-CH(\overset{+}{O}H_2)-OCH_3 \rightleftharpoons R-CH=\overset{+}{O}CH_3 \longleftrightarrow R-\overset{+}{C}H-OCH_3 + H_2O:$$

공명 안정화된 양이온

3단계: 새로운 공유 결합을 생성하기 위해 친전자체와 친핵체의 반응

공명 안정화된 양이온(친전자체)이 메탄올(친핵체)과 반응하여 아세탈의 짝산이 형성된다.

$$CH_3-\ddot{O}(H): \;+\; R-CH=\overset{+}{O}CH_3 \rightleftharpoons R-CH(\overset{+}{O}(H)CH_3)-\ddot{O}CH_3$$

(친핵체) (친전자체) 양성자화된 아세탈

4단계: 양이온을 제거하라.

양이온화된 아세탈로부터 A^-로 양성자가 이동하여 아세탈이 생성되고 새로운 H—A, 즉 산 촉매가 재생성된다.

$$A:^- \;+\; R-CH(\overset{+}{O}(H)CH_3)-\ddot{O}CH_3 \rightleftharpoons HA \;+\; R-CH(\ddot{O}CH_3)-\ddot{O}CH_3$$

양성자화된 아세탈 아세탈

아세탈의 형성은 종종 알코올을 용매로 사용하여 진행시키는데, 무수 염화 수소(HCl)나 아렌설폰산($ArSO_3H$, 9.6B절)을 알코올에 녹여 사용한다. 알코올은 반응물이면서 동시에 용매이므로, 과량으로 존재하게 되어 반응을 오른쪽으로 가게 하고 아세탈 형성이 유리하도록 해 준다. 반응을 오른쪽으로 가게 하는 또 다른 방법으로는 만들어진 물을 제거해 주는 것이다.

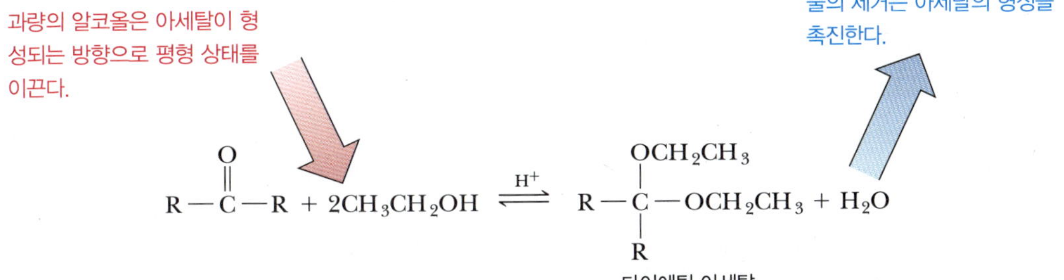

예제 12.6

각각의 케톤의 카보닐기와 알코올 한 분자가 반응하여 생성된 헤미아세탈, 그리고 또 두 번째 분자의 알코올과 반응하여 생성된 아세탈의 생성물을 나타내시오. 특히 (b)에서는 ethylene glycol이 diol이며, 한 분자가 양쪽에 —OH기를 갖고 있다는 점에 유의하시오.

(a) 2-butanone + 2 CH_3CH_2OH $\overset{H^+}{\rightleftharpoons}$

(b) cyclopentanone + HO—CH_2CH_2—OH (Ethylene glycol) $\overset{H^+}{\rightleftharpoons}$

전략

헤미아세탈 형성에서 알코올 한 분자는 카보닐 탄소에 첨가되어 한 개의 OR기와 한 개의 OH기가 기존 카보닐 부분에 있던 탄소에 결합한다. 아세탈 형성에서는 두 분자의 알코올이 카보닐 탄소에 첨가되어 두 개의 OR기가 기존 카보닐 부분에 있던 탄소에 결합한다.

풀이

헤미아세탈과 아세탈의 구조식은 다음과 같다.

(a) HO, OC_2H_5 (hemiacetal) $\longrightarrow$ C_2H_5O, OC_2H_5 (acetal) + H_2O

(b) OH, O—CH_2CH_2—OH (hemiacetal) $\longrightarrow$ cyclic acetal (1,3-dioxolane) + H_2O

문제 12.23~12.26 참조

문제 12.6

아세탈이 가수 분해되면 알데하이드나 케톤, 그리고 두 분자의 알코올이 생성된다. 다음은 네 개의 아세탈 구조식이다.

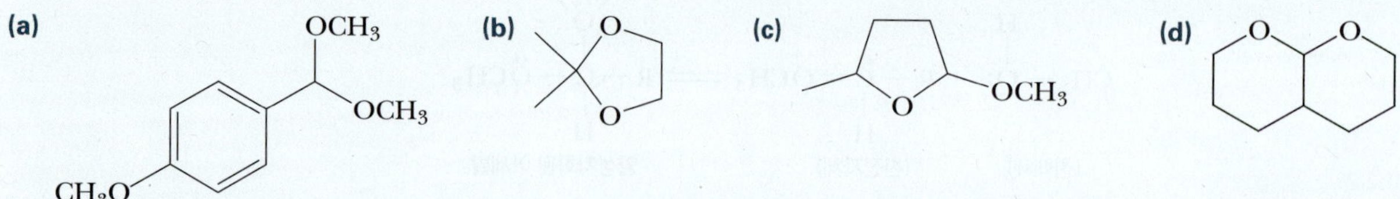

각각을 산성 용액으로 가수 분해시켰을 때 생성되는 화합물의 구조식을 그리시오. 카보닐 화합물과 알코올은 각각 아세탈로부터 얻은 것이다.

해결방법 12.2 헤미아세탈이나 아세탈 합성에 사용되는 반응물 결정하기

(a) 두 개의 산소 원자에 결합된 탄소 원자를 찾아라. 이 탄소 원자가 아세탈이나 헤미아세탈기의 탄소로 변환될 카보닐 탄소이다.

두 개의 산소 원자에 결합된 탄소가 이전의 카보닐 탄소이다.

(b) 두 개의 C—O 결합을 제거하고 각 산소에 수소를 첨가하여 사용된 알코올 시약을 얻는다. 그 후 (a) 단계에서 확인된 탄소를 카보닐기로 변환시킨다.

C—O 결합을 제거하라

각 산소에 H를 첨가하라

이전의 아세탈 탄소를 카보닐기로 변환하라

C—O 결합을 제거하라

C—O 결합을 제거하라

각 산소에 H를 첨가하라

이전의 아세탈 탄소를 카보닐기로 변환하라

C—O 결합을 제거하라

아세탈도 에터처럼 염기, H_2/M과 같은 환원제, Grignard 시약, 그리고 산화제(물론 수용성 산을 포함하는 액은 제외)와 반응하지 않는다. 아세탈은 이러한 시약들과의 반응성이 떨어지기 때문에 알데하이드나 케톤의 카보닐기를 보호하는 데 이용되며, 따라서 분자 내 다른 위치에 있는 작용기를 반응시킬 수 있게 한다.

B. 카보닐의 보호기로서의 아세탈

카보닐의 보호기로서 아세탈의 사용은 5-하이드록시-5-페닐펜탄알을 벤즈알데하이드와 4-브로모뷰탄알로부터 합성하는 것으로 나타내었다.

Benzaldehyde + 4-Bromobutanal ⟶(??) 5-Hydroxy-5-phenylpentanal

이들 두 분자 사이의 새로운 탄소–탄소 결합을 만드는 확실한 방법은 4-브로모뷰탄알로부터 만들어진 Grignard 시약과 벤즈알데하이드를 반응시키는 것이다. 그러나 이 Grignard 시약은 다른 4-브로모뷰탄알 분자의 카보닐기와 즉시 반응하여 시약 제조 중에 자기 파괴(12.5B절)를 일으키게 된다. 이러한 문제를 피하는 방법은 4-브로모뷰탄알의 카보닐기를 아세탈로 바꾸어 보호하는 것이다. 고리형 아세탈이 종종 사용되는데, 그 이유는 특히 만들기가 쉽기 때문이다.

카보닐은 아세탈로 변환시킴으로써 보호된다.

4-Bromobutanal + Ethylene glycol ⇌(H^+) 고리형 아세탈 + H_2O

보호된 브로모알데하이드를 다이에틸 에터 용액에서 마그네슘과 반응시키고, 벤즈알데하이드를 첨가시키면 알콕시화 마그네슘이 얻어진다.

보호된 카보닐은 이 합성에서 사용된 어떤 반응물과도 반응하지 않는다.

고리형 아세탈 ⟶(Mg, 에터) Grignard 시약 ⟶(벤즈알데하이드) 알콕시화 마그네슘 (O^-MgBr^+)

새로운 C—C 결합

알콕시화 마그네슘을 수용성 산으로 처리하면 두 가지가 생긴다. 우선 알콕시화 음이온에 양성자가 결합하여 원하는 하이드록실기가 만들어지고, 그 후 고리형 아세탈이 **가수 분해**(hydrolysis)되어 알데하이드가 재생성된다.

O^-MgBr^+ (알콕시화 마그네슘) ⟶(HCl, H_2O) 5-Hydroxy-5-phenylpentanal + HO–CH₂CH₂–OH

예제 12.7

다음 변환 반응의 방법을 제안해 보시오. 주의: 촉매 수소화 반응은 C—C 이중 결합뿐만 아니라 C—O 이중 결합에도 수소가 첨가될 수 있다.

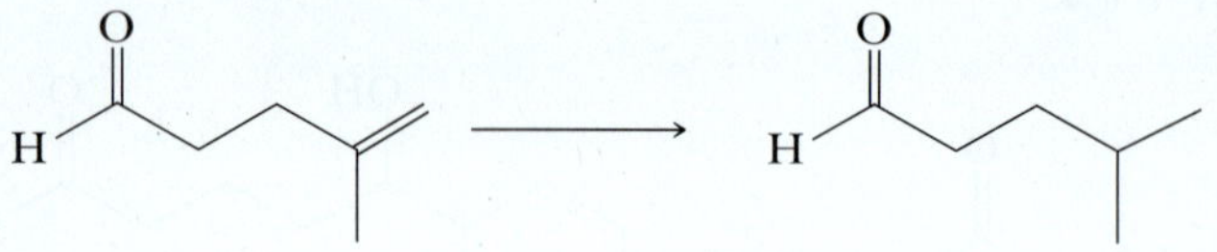

전략

작용기의 상호 변환에 필요한 반응들을 결정한다. 목표하는 작용기에 어떤 반응 방법을 적용하기 전에 화합물 안에 있는 다른 작용기가 예상하는 시약과 반응하는지 여부를 결정하라. 만일 이 다른 반응이 적합하지 않으면 작용기가 보호될 수 있는지를 결정하라.

풀이

카보닐기를 보호하는 것이 중요하다. 그렇지 않으면 H_2/Pt에 의해 알코올로 환원된다.

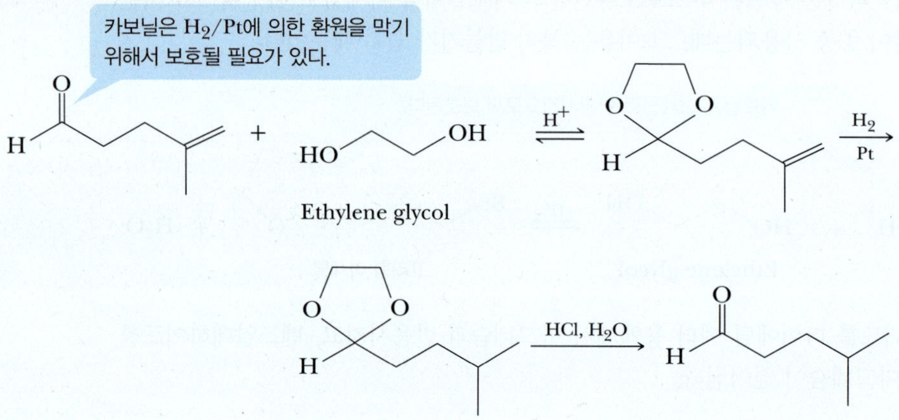

카보닐은 H_2/Pt에 의한 환원을 막기 위해서 보호될 필요가 있다.

Ethylene glycol

H^+

H_2 / Pt

HCl, H_2O

문제 12.38~12.45 참조

문제 12.7

다음 변환에 해당하는 방법을 제안해 보시오.

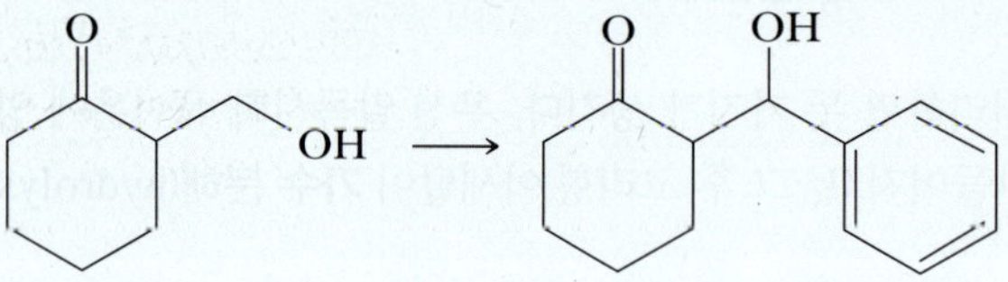

12.7 알데하이드와 케톤은 어떻게 암모니아, 아민과 반응하는가?

A. 이민의 형성

이민 탄소-질소 이중 결합을 갖는 화합물로, Schiff 염기라고도 한다.

Schiff 염기 이민의 다른 이름

암모니아, 1차 지방족 아민(RNH_2), 1차 방향족 아민($ArNH_2$)은 산 촉매 존재하에서 알데하이드와 케톤의 카보닐기와 반응하여 탄소-질소 이중 결합을 갖는 물질을 생성한다. 탄소-질소 이중 결합을 가진 분자를 **이민**(imine) 또는 **Schiff 염기**(Schiff base)라고 한다.

$$CH_3CH(=O) + H_2N-C_6H_5 \overset{H^+}{\rightleftharpoons} CH_3CH=N-C_6H_5 + H_2O$$

Ethanal　　Aniline　　이민(Schiff 염기)

$$\text{Cyclohexanone}(=O) + NH_3 \overset{H^+}{\rightleftharpoons} \text{(cyclohexylidene)}=NH + H_2O$$

Cyclohexanone　　Ammonia　　이민(Schiff 염기)

헤미아세탈과 아세탈 형성 반응에서처럼 이민 생성도 가역적이다. 이민의 산 촉매 가수 분해로 1차 아민과 알데하이드 또는 케톤이 만들어진다. 1당량(또는 그 이상)의 산이 사용되면 약염기인 1차 아민은 암모늄염으로 바뀐다.

$$\text{(cyclohexylidene)}=NCH_3 \xrightarrow[H_2O]{HCl} \text{Cyclohexanone}(=O) + CH_3NH_3^+Cl^-$$

이민(Schiff 염기)　　Cyclohexanone　　암모늄염

메커니즘

알데하이드 또는 케톤으로부터 이민 생성

1단계: 새로운 결합을 형성하기 위해서 친전자체와 친핵체의 반응

좋은 친핵체인 암모니아 또는 1차 아민의 질소 원자가 카보닐 탄소에 첨가되고, 잇따라 양성자 이동에 의한 사면체 카보닐 첨가 중간체가 형성된다.

$$>C=\ddot{O}: + H_2\ddot{N}-R \rightleftharpoons -C(-\ddot{O}:^-)-N^+H_2-R \rightleftharpoons -C(-\ddot{O}H)-\ddot{N}H-R$$

사면체 카보닐 첨가 중간체

2단계: 양성자 첨가

OH기에 양성자가 첨가되어 좋은 이탈기인 $-OH_2^+$가 형성된다.

$$H_2\ddot{O}^+-H + -C(-\ddot{O}H)-\ddot{N}H-R \rightleftharpoons -C(-\ddot{O}^+H_2)-\ddot{N}H-R + H_2O$$

3단계: 양성자 이동과 결합 절단으로 안정한 분자가 형성

물을 잃고 양성자가 용매로 이동하여 이민을 형성한다. 물을 잃어버리고 양성자가 이동하는 것은 E2 반응의 특징임을 기억하라. 이러한 탈수 반응에서는 세 가지가 동시에 일어난다. 염기(이 경우엔 물 분자)가 질소로부터 양성자를 떼어내고, 탄소-질소 이중 결합이 형성되며, 이탈기(이 경우에는 물 분자)가 떨어져 나간다.

생물학계에 있어서 이민의 중요한 예를 한 가지 든다면, 활성화된 바이타민 A 알데하이드[레티알(retinal)]가 사람 망막 속의 단백질인 옵신(opsin)과 결합하여 **로돕신**(rhodopsin) 또는 **시홍**(visual purple)이라고 하는 이민을 형성하는 것이다(화학 관련 4B 참조). 이 반응에서 아미노산 라이신(lysine)이 1차 아미노기를 제공한다(표 18.1 참조).

예제 12.8

각 반응에서 형성되는 생성물을 예상하시오.

(a) cyclopentanone + sec-butylamine (NH_2) $\xrightarrow[-H_2O]{H^+}$

(b) cycloheptyl—CH_2N=cyclopentylidene + H_2O $\xrightarrow[1당량]{HCl}$

전략

이민 생성 반응에서는, C=O기가 C=N기로 바뀌며, 앞의 1차 아민의 질소가 수소 두 개를 잃는다. 역반응에서는 C=N기가 다시 C=O기로 바뀌고 두 개의 수소가 질소에 다시 첨가되어 1차 아민을 생성한다.

풀이

반응 (a)는 이민 생성 반응이지만, 반응 (b)는 이민의 산 촉매 가수 분해로 암모늄염과 케톤을 만드는 반응이다.

(a) cyclopentylidene=N—sec-butyl

(b) cycloheptyl—$CH_2\overset{+}{N}H_3Cl^-$ + O=cyclopentanone

문제 12.29~12.32 참조

문제 12.8

다음 각 반응의 생성물을 예측하시오. 주의: 이민의 산 촉매 가수 분해는 아민과 알데하이드 또는 케톤을 만든다. 1당량(또는 그 이상)의 산을 사용하면 아민은 암모늄염으로 전환된다.

(a) phenyl—CH=NCH_2CH_3 + H_2O $\xrightarrow{HCl}$

(b) acetone + H_2N—phenyl—OCH_3 $\xrightarrow[-H_2O]{H^+}$

B. 알데하이드와 케톤의 환원성 아민화 반응

이민의 주된 가치 중 하나는 탄소–질소 이중 결합이 니켈이나 다른 전이 금속 촉매하에서 탄소–질소 단일 결합으로 환원될 수 있다는 것이다. 이러한 두 단계 반응을 **환원성 아민화 반응**(reductive amination)이라 하는데, 1차 아민은 이민을 거쳐 2차 아민으로 변환된다. 사이클로헥실아민이 다이사이클로 헥실아민으로 변환되는 그림은 다음과 같다.

환원성 아민화 반응 알데하이드나 케톤으로부터 이민을 만든 후 이민이 아민으로 환원되는 것.

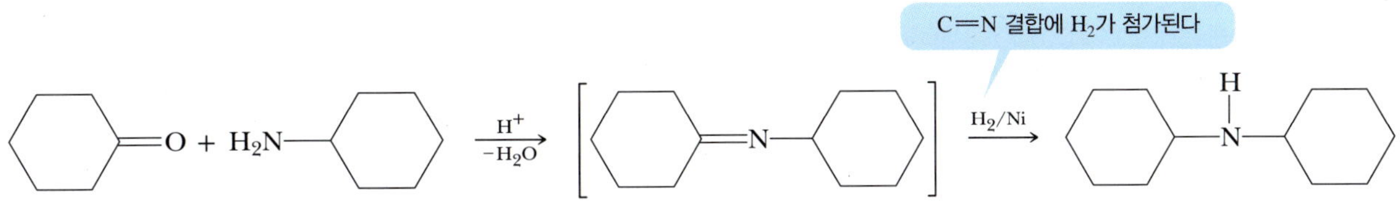

C=N 결합에 H_2가 첨가된다

Cyclohexanone + Cyclohexylamine (1차 아민) $\xrightarrow[-H_2O]{H^+}$ [이민] $\xrightarrow{H_2/Ni}$ Dicyclohexylamine (2차 아민)

알데하이드나 케톤을 아민으로 바꾸는 것은 카보닐 포함 화합물, 아민이나 암모니아, 수소, 전이 금속 촉매를 동시에 섞어서 한 번의 반응으로 실험실에서 수행한다. 이민 중간체는 분리되지 않는다.

예제 12.9

다음 아민을 환원성 아민화 반응으로 합성하는 방법을 나타내시오.

(a) NH_2 (b) H N

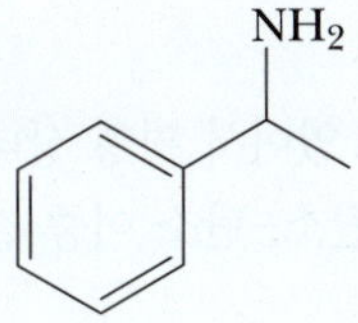

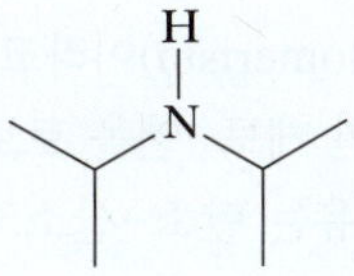

전략

환원성 아민화 반응에서 생성되는 C—N 결합을 확인하라. C—N 결합의 탄소는 카보닐 출발물의 일부이고, 질소는 1차 아민의 일부이다.

풀이

각 반응에서 적합한 케톤 화합물과 암모니아 또는 아민을 H_2/Ni 존재하에서 반응시킨다.

(a) O + NH_3 (b) =O + H_2N—

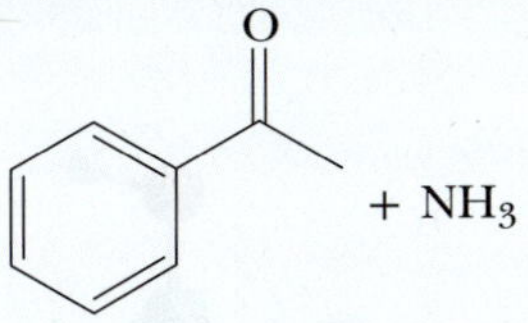

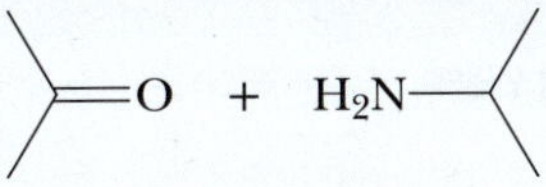

문제 12.29~12.32 참조

문제 12.9

다음 각 아민을 적합한 알데하이드나 케톤의 환원성 아민화 반응으로 제조하는 방법을 나타내시오.

(a) N H (b) NH_2 (c) HN

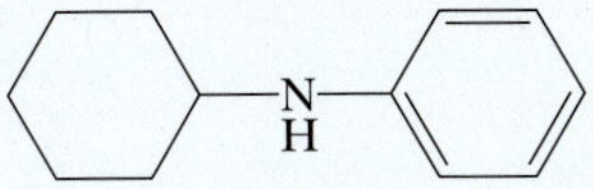

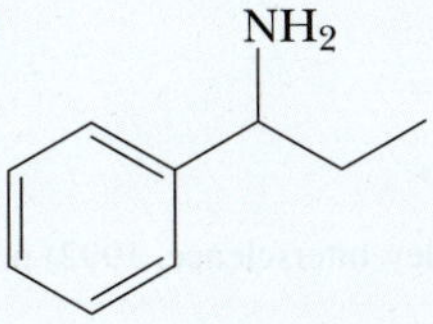

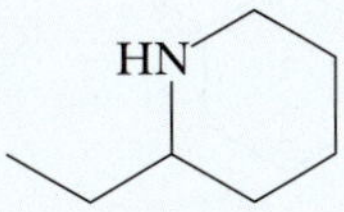

12.8 케토–엔올 토토머화 현상이란 무엇인가?

A. 케토와 엔올의 형태

α-탄소 카보닐기에 인접한 탄소 원자

α-수소 α-탄소에 있는 수소

카보닐기에 인접한 탄소 원자를 **α-탄소**(α-carbon)라고 하며, 이 탄소에 결합된 수소 원자를 **α-수소**(α-hydrogen) 라고 한다.

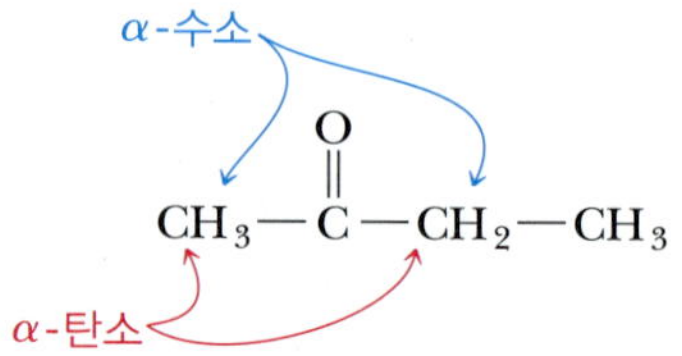

$$CH_3-\overset{\overset{\displaystyle O}{\|}}{C}-CH_2-CH_3$$

α-수소

α-탄소

엔올 탄소–탄소 이중 결합의 탄소에 결합되어 있는 —OH기를 가진 분자

적어도 한 개의 α-수소를 가지고 있는 알데하이드나 케톤은 **엔올**(enol)이라 불리는 구조 이성질체와 평형 상태에 있다. **엔올**이라는 이름은 IUPAC 명명법에서 알켄의 *-en-*(엔)과 알코올의 *-ol*(올)을 따서 만든 것이다.

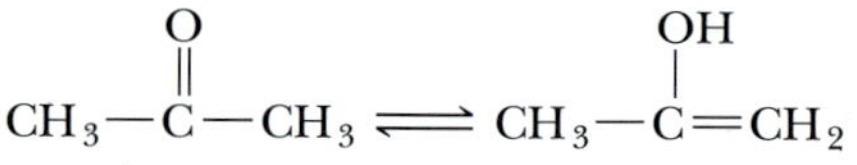

$$\underset{\text{Acetone (케토형)}}{CH_3-\overset{\overset{\displaystyle O}{\|}}{C}-CH_3} \rightleftharpoons \underset{\text{Acetone (엔올형)}}{CH_3-\overset{\overset{\displaystyle OH}{|}}{C}=CH_2}$$

토토머 수소의 위치와 O, N, S와 인접한 이중 결합의 위치가 바뀌는 구조 이성질체

케토(keto)형과 엔올형은 **토토머**(tautomer)의 예로서, 평형 상태에서 서로 구조 이성질체로 존재하는데, 수소 원자와 헤테로 원자, 주로 O, S, N에 대한 이중 결합의 위치가 서로 다르다. 이러한 형태의 이성질화 현상을 **토토머화 현상**(tautomerism)이라고 한다.

가장 간단한 알데하이드와 케톤을 예로 들면 케토–엔올 토토머화 현상에 있어서 평형 상태의 위치는 케토형(표 12.4)에 있게 되는데, 그 이유는 탄소–산소 이중 결합이 탄소–탄소 이중 결합보다 더 강하기 때문이다.

케토형과 엔올형의 평형은 산에 의해 촉매화되며, 다음 두 단계 메커니즘으로 나타내었다(H–A 한 분자가 1단계에서 소모되지만, 다른 한 분자가 2단계에서 생성되는 것에 주의하라.).

표 12.4 4개의 알데하이드와 케톤에 대한 케토–엔올 평형의 위치*

케토형		엔올형	평형에서의 엔올%
$CH_3\overset{\overset{O}{\|}}{C}H$	⇌	$CH_2=\overset{\overset{OH}{|}}{C}H$	6×10^{-5}
$CH_3\overset{\overset{O}{\|}}{C}CH_3$	⇌	$CH_3\overset{\overset{OH}{|}}{C}=CH_2$	6×10^{-7}
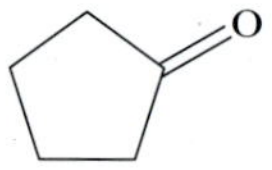 Cyclopentanone	⇌	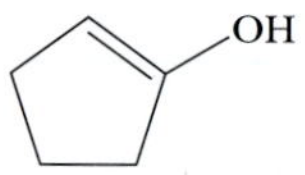 Cyclopent-1-enol	1×10^{-6}
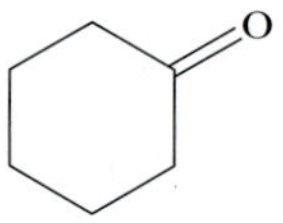 Cyclohexanone	⇌	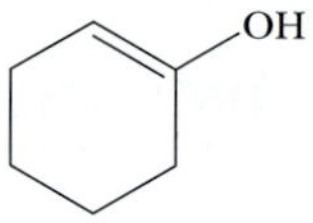 Cyclohex-1-enol	4×10^{-5}

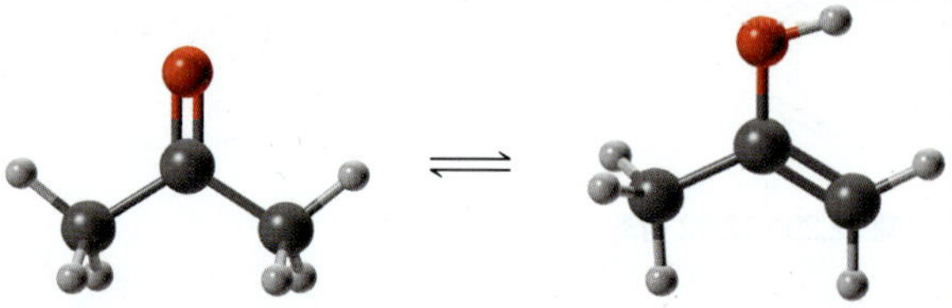

*Data from J. March, Advanced Organic Chemistry, 4th ed. (New York, Wiley Interscience, 1992) p. 70.

메커니즘

케토와 엔올 토토머화의 산–촉매 평형

1단계: 양성자 첨가

양성자가 산 촉매인 H—A에서 카보닐기의 산소로 이동하여 알데하이드 혹은 케톤의 짝산을 생성한다.

$$CH_3-\overset{\overset{\large \ddot{O}:}{\|}}{C}-CH_3 + H-A \underset{}{\overset{\text{빠름}}{\rightleftharpoons}} CH_3-\overset{\overset{\large \overset{+}{\ddot{O}}-H}{\|}}{C}-CH_3 + :A^-$$

케토형 　　　　 케톤의 짝산

2단계: 양성자 제거

양성자가 α-탄소에서 염기인 A^-로 이동하여 엔올이 생성되고, 새로운 산 촉매 분자인 H—A가 생성된다.

$$CH_3-\overset{\overset{\large \overset{+}{\ddot{O}}-H}{\|}}{C}-CH_2-H + :A^- \overset{\text{느림}}{\rightleftharpoons} CH_3-\overset{\overset{\large :\ddot{O}H}{|}}{C}=CH_2 + H-A$$

엔올형

© Jesus Conde/iStockphoto

예제 12.10

다음 화합물에 대한 각각 두 개의 엔올 구조를 그리고, 어떤 엔올이 평형 상태에서 더 우세한지 예측하시오.

(a)

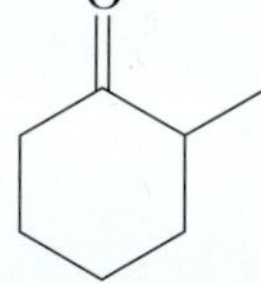

(b)

전략

엔올은 메커니즘의 2단계에서 제거될 수 있는 α-수소가 존재하는 카보닐의 양쪽에서 생성될 수 있다. 어느 엔올이 더 우세한지 판단하기 위해서는 알켄에 치환기가 많은 것이 더 안정하다는 것을 기억하라(5.7절).

풀이

각 경우에서 주된 엔올형은 많이 치환된 (더욱 안정한) 탄소–탄소 이중 결합을 갖는다.

(a) OH ⇌ OH

주된 엔올

(b) OH ⇌ OH

주된 엔올

문제 12.34 참조

문제 12.10

각 엔올의 케토형 구조식을 그리시오.

(a) O, CHOH

(b) OH, OH

(c) OH

(d) OH, O, OCH_2CH_3

B. α-탄소에서의 라셈화 반응

순수한 거울상 이성질체(*R* 또는 *S*) 3-페닐-2-뷰탄온(3-phenyl-2-butanone)을 에탄올에 녹일 때, 시간이 지나도 용액의 광학 활성에는 아무런 변화가 나타나지 않는다. 그런데 여기에 극미량의 산(예를 들어 HCl)을 첨가하면 용액의 광학 활성은 감소하기 시작하여 0까지 점점 떨어진다. 이 용액으로부터 3-페닐-2-뷰탄온을 분리하면 그것은 라셈 혼합물(6.8C절)의 형태로 나타난다. 이런 현상은 산 촉매에 의해 비카이랄 엔올 중간체가 형성되기 때문으로 설명할 수 있다. 비카이랄 엔올에서 카이랄 케토형으로의 토토머화 현상으로 *R*과 *S* 거울상 이성질체가 같은 비율로 생성된다.

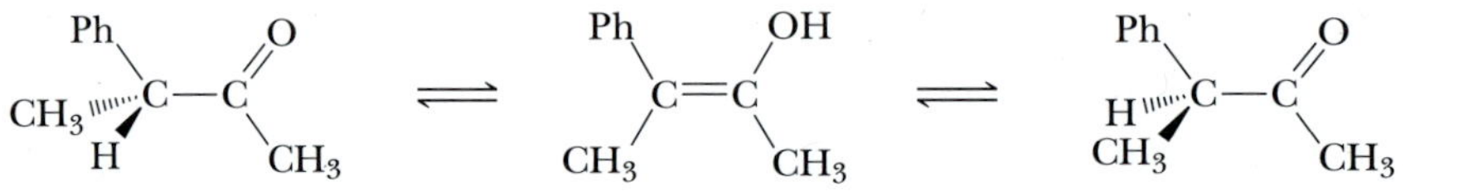

(*R*)-3-Phenyl-2-butanone ⇌ 비카이랄 엔올 ⇌ (*S*)-3-Phenyl-2-butanone

라셈화 반응 순수한 거울상 이성질체의 라셈 혼합물로의 변환

이 메커니즘에 의한 **라셈화 반응**(racemization)은 적어도 한 개의 α-수소를 갖는 α-탄소 입체 중심에서만 일어난다. 이런 현상은 통상 시료 속의 산 불순물에 의한 원치 않는 부반응인데, 의약품의 경우 종종 라셈 혼합물보다 거울상 이성질적으로 순수한 형태의 화합물이어야 하기 때문에 중요한 일이다.

C. α-할로젠화 반응

최소한 한 개의 α-수소를 갖고 있는 알데하이드나 케톤은 α-탄소가 브로민이나 염소와 반응하여 α-할로알데하이드나 α-할로케톤을 만든다. 예를 들어 아세토페논은 아세트산에서 브로민과 반응하여 α-브로모케톤을 만든다.

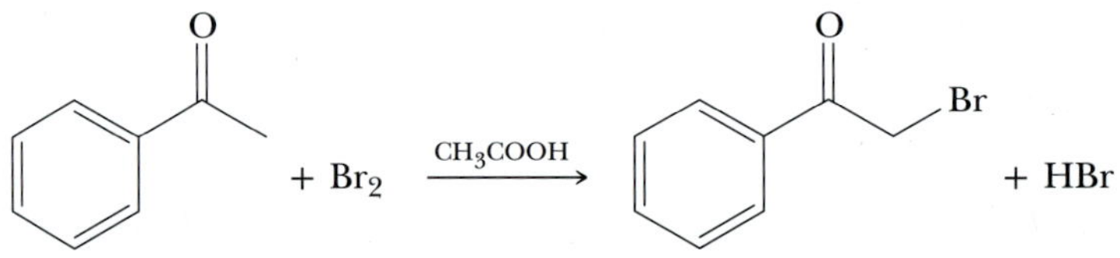

$$\text{Acetophenone} + Br_2 \xrightarrow{CH_3COOH} \alpha\text{-Bromoacetophenone} + HBr$$

α-할로젠화 반응은 산이나 염기 모두의 촉매로 일어난다. 산 촉매 할로젠화 반응에서 만들어지는 HBr이나 HCl은 다음 반응의 촉매로 작용하게 된다.

메커니즘

케톤의 산 촉매에 의한 α-할로젠화 반응

1단계: 케토-엔올 토토머화(12.8A절)
작은 양의 엔올이 산 촉매 조건에서 형성된다.

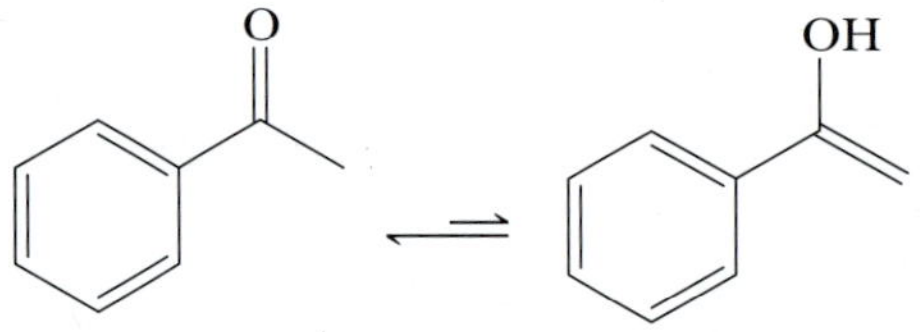

케토형 ⇌ 엔올형

2단계: 친전자체가 친핵체와 반응하여 새로운 공유 결합을 형성한다.
할로겐 분자에 대한 엔올의 친핵체 공격:

3단계: 양성자 이동
양성자 이동에 의해 HBr이 생성되고 α-할로케톤을 형성한다.

α-할로젠화 반응의 가치는 α-탄소로 하여금 그곳에 결합된 쉬운 이탈기를 갖는 중심 탄소가 되게 함으로써 다양한 친핵체의 공격을 쉽게 받게 해 준다는 것이다. 다음 예에서처럼 다이에틸아민(친핵체)이 α-브로모케톤과 반응하여 α-다이에틸아미노케톤을 만든다.

α-bromoketone + H—N(Et)₂ ⟶ α-diethylaminoketone + HBr

실제적으로 이러한 친핵성 치환 반응은 일반적으로 반응에서 만들어지는 HX를 중화시키는 탄산포타슘(potassium carbonate)과 같은 약염기 존재하에 일어난다.

12.9 알데하이드와 케톤은 어떻게 산화되는가?

A. 알데하이드의 카복실산으로의 산화

알데하이드는 크로뮴산(chromic acid)과 분자상의 산소를 포함한 다양한 종류의 보통 산화제에 의해 산화되어 카복실산이 된다. 실제로 알데하이드는 모든 작용기 중에서 가장 쉽게 산화되는 작용기 중의 하나이다. 크로뮴산(8.2F절)에 의한 산화 반응으로 헥산알이 헥산산으로 전환되는 반응은 다음과 같다.

Hexanal $\xrightarrow{H_2CrO_4}$ Hexanoic acid

알데하이드는 또한 은 이온에 의하여 카복실산으로 산화된다. 실험실에서 사용하는 하나의 일반적인 과정은 **Tollens 시약**(Tollens' reagent)을 사용하는 것으로, $AgNO_3$를 물에 녹인 후 NaOH를 가하여 은 이온을 Ag_2O로 침전시키고, 은 이온을 다시 녹이기 위하여 암모니아수를 가하여 은–암모니아 착물로 만든 것이다.

$$Ag^+NO_3^- + 2NH_3 \xrightleftharpoons{NH_3, H_2O} Ag(NH_3)_2^+ NO_3^-$$

Tollens 시약을 알데하이드에 가하면, 알데하이드는 카복실산 음이온으로 산화되고, Ag^+는 금속 은으로 환원된다. 이 반응이 적절하게 진행된다면, 은은 매끄러운 거울 모양으로 침전되므로 이것을 **은거울 시험**(silver–mirror test)이라고 한다.

$$R\overset{\overset{O}{\|}}{C}H + 2Ag(NH_3)_2^+ + H_2O \longrightarrow R\overset{\overset{O}{\|}}{C}OH + 2Ag + 3NH_4^+ + NH_3$$

Charles D. Winters

알데하이드와 Tollens 시약과의 반응으로 이 플라스크 내면에 은거울이 만들어졌다.

은은 값이 비싼 데다가 이런 산화 반응을 위한 또 다른 편리한 방법들이 있기 때문에 현재는 알데하이드의 산화 반응에는 Ag^+가 거의 사용되지 않는다. 그렇지만 은거울 제조에는 아직도 이 반응이 이용되고 있다. 이 과정에서 폼알데하이드나 글루코스가 Ag^+를 환원시키기 위한 알데하이드로 사용된다.

알데하이드는 분자형 산소와 과산화 수소에 의해서도 카복실산으로 산화된다.

$$2\,C_6H_5\overset{\overset{O}{\|}}{C}H + O_2 \longrightarrow 2\,C_6H_5\overset{\overset{O}{\|}}{C}OH$$

Benzaldehyde → Benzoic acid

분자형 산소는 저렴하면서도 가장 손쉽게 얻을 수 있는 산화제로, 공업적 규모로 알데하이드 등의 유기 분자를 공기 산화 반응시키는 가장 보편적인 방법이다. 알데하이드의 공기 산화 반응은 문제가 될 수도 있다. 실내 온도에서 액체 상태인 알데하이드는 분자형 산소에 매우 민감하므로 보관하는 동안 공기와 접촉하지 못하도록 주의해야 한다. 이를 위해서 알데하이드를 담은 용기를 질소상에서 봉합하기도 한다.

예제 12.11

다음 화합물을 Tollens 시약으로 처리하고 HCl 수용액으로 산성화시켜서 형성되는 생성물의 구조식을 그리시오.

(a) Pentanal **(b)** Cyclopentanecarbaldehyde

전략

알데하이드는 Tollens 시약에 의해 산화되어 카복실산이 된다.

문제 12.36, 12.37 참조

풀이

각 화합물의 알데하이드기는 카복실기로 산화된다.

(a) **(b)**

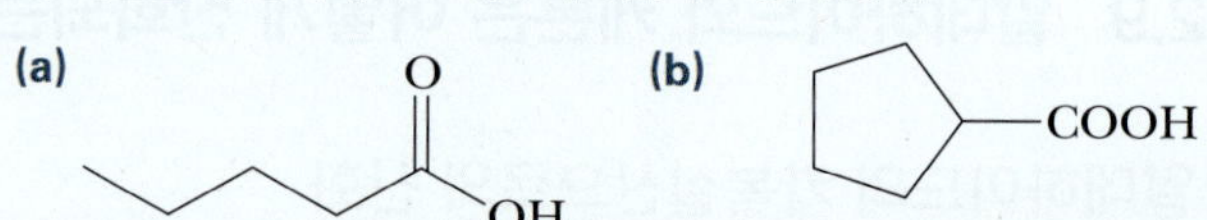

Pentanoic acid Cyclopentanecarboxylic acid

문제 12.11

다음 산화 반응을 완성하시오.

(a) 3-Oxobutanal + O_2 → **(b)** 3-Phenylpropanal + Tollens 시약 →

화학 관련 12A

아디프산의 환경친화적 합성

현대 아디프산의 공업적 생산은 사이클로헥산올과 사이클로헥산온 혼합물을 질산으로 산화시키는 것이다.

$$4\ \text{Cyclohexanol} + 6HNO_3 \longrightarrow 4\ \text{Hexanedioic acid (Adipic acid)} + 3N_2O\ (\text{Nitrous oxide}) + 3H_2O$$

이 산화 반응의 부산물은 산화 이질소(nitrous oxide) 기체로, 지구 온난화, 오존 파괴 역할을 하고, 산성비 및 산성 스모그에도 관여하는 것으로 생각된다. 전 세계적으로 아디프산의 생산량이 거의 연간 22억 톤에 이른다는 사실로 보아 산화 이질소의 생산도 막대할 것이다. 이 기체의 포획과 재활용 기술이 발전하였지만, 약 40만 톤이 포집 과정에서 빠져나가 매년 대기권으로 방출되고 있다.

최근 일본 Nagoya 대학의 Ryoji Noyori 교수(2001년 노벨 화학상 수상)와 그 연구팀은 아디프산의 친환경적 생산법을 개발하였는데, 이 반응은 사이클로헥세인을 30% 과산화 수소로 산화시키는 데 텅스텐산 소듐(sodium tungstate, Na_2WO_4)을 촉매로 사용한다. 이 과정에서 사이클로헥세인은 30% 과산화 수소 수용액, 텅스텐산 소듐, 메틸트라이옥틸암모늄 수소화 황산(methyltrioctylammoniumhydrogen sulfate)과 혼합되고 결과적으로 생긴 2상 시스템 (two–phase system)에 첨가된다(사이클로헥세인은 비수용성이다). 이런 조건에서 사이클로헥세인은 산화되어 거의 90% 수율로 아디프산이 생성된다.

$$\text{Cyclohexene} + 4H_2O_2 \xrightarrow[{[CH_3(C_8H_{17})_3N]HSO_4}]{Na_2WO_4} \text{Hexanedioic acid (Adipic acid)} + 4H_2O$$

이런 방법이 아디프산을 친환경적으로 만드는 방법이긴 하지만, 30%의 과산화 수소 가격이 너무 비싸기 때문에 아직도 질산 산화의 방법보다는 경쟁력이 없다. 경쟁력이 있으려면 과산화 수소 생산 가격을 현저히 낮추든지, 대기 중으로 빠져나가는 산화 이질소의 배출량을 엄격히 제한하는 규정을 만들거나, 아니면 이 모든 것을 종합적으로 활용해야 한다.

문제

이번 장과 앞 장에서 나왔던 화학을 이용하여 cyclohexene으로부터 adipic acid로의 합성을 제안하시오.

B. 케톤의 카복실산으로의 산화

케톤은 알데하이드보다 산화되기가 더 어렵다. 예를 들어 일반적으로 케톤은 크로뮴산이나 과망가니즈산 포타슘(potassium permanganate)에 의해 산화되지 않는다. 실제로 이들 시약은 높은 수율로 2차 알코올을 산화시켜 케톤을 만들 때 사용된다(8.2F절).

케톤은 고온과 고농도의 질산(HNO_3) 존재하에서 다이크로뮴산 포타슘(potassium dichromate)과 과망가니즈산 포타슘에 의하여 엔올 형태를 거쳐 산화되어 쪼개진다. 엔올의 탄소–탄소 이중결합은 원래의 케톤의 치환 패턴에 따라 두 개의 카복실기 또는 케톤기로 쪼개진다. 이 반응이 공업적으로 중요하게 이용되는 경우는 사이클로헥산온을 고분자 나일론 66의 합성(16.4A절)에 필요한 두 개의 단량체 중 하나인 헥세인다이오산(아디프산)으로 산화시키는 예이다.

$$\text{Cyclohexanone (케토형)} \rightleftharpoons \text{Cyclohexanone (엔올형)} \xrightarrow{HNO_3} \text{Hexanedioic acid (Adipic acid)}$$

12.10 알데하이드와 케톤은 어떻게 환원되는가?

알데하이드는 1차 알코올로, 케톤은 2차 알코올로 환원된다.

$$\underset{\text{알데하이드}}{\mathrm{R\overset{O}{\overset{\|}{C}}H}} \xrightarrow{\text{환원}} \underset{\text{1차 알코올}}{\mathrm{RCH_2OH}} \qquad \underset{\text{케톤}}{\mathrm{R\overset{O}{\overset{\|}{C}}R'}} \xrightarrow{\text{환원}} \underset{\text{2차 알코올}}{\mathrm{R\overset{OH}{\overset{|}{C}}HR'}}$$

A. 촉매 환원 반응

알데하이드 또는 케톤의 카보닐기는 대부분 고운 가루의 팔라듐, 백금, 니켈, 로듐과 같은 전이 금속 촉매의 존재하에서 수소에 의해 하이드록실기로 환원된다. 환원 반응은 일반적으로 25~100℃ 사이의 온도와 1~5기압의 수소 압력하에서 진행된다. 이런 조건하에서 사이클로헥산온은 사이클로헥산올로 환원된다.

$$\text{Cyclohexanone} + H_2 \xrightarrow[25\ °C,\ 2\ atm]{Pt} \text{Cyclohexanol}$$

알데하이드와 케톤의 촉매 환원 반응은 간단하게 이루어지며, 일반적으로 수율이 매우 높고, 최종 산물의 분리도 쉽다. 한 가지 단점은 몇몇 다른 작용기들(예를 들어 탄소–탄소 이중 결합) 또한 이러한 조건하에서 환원된다는 점이다.

$$\underset{\substack{\textit{trans}\text{-2-Butenal} \\ \text{(Crotonaldehyde)}}}{\text{CH}_3\text{CH=CHCHO}} \xrightarrow[Ni]{2H_2} \underset{\text{1-Butanol}}{\text{CH}_3\text{CH}_2\text{CH}_2\text{CH}_2\text{OH}}$$

B. 금속 수소화물 환원 반응

지금까지 알데하이드나 케톤의 카보닐기를 하이드록실기로 환원하는 데 실험실에서 가장 많이 사용하는 시약은 수소화붕소 소듐과 수소화 알루미늄 리튬이다. 이 화합물들은 매우 강한 친핵체인 **수소 음이온**(hydride ion)을 제공한다. 이러한 환원제의 구조를 보면 붕소나 알루미늄에 형식 음전하가 있음을 알 수 있다.

수소 음이온 원자가 껍질에 두 개의 전자를 갖고 있는 수소 원자 (H:⁻)

$$\underset{\text{Sodium borohydride}}{\mathrm{Na^+H{-}\overset{H}{\overset{|}{\underset{H}{\underset{|}{B^-}}}}{-}H}} \qquad \underset{\text{Lithium aluminum hydride}}{\mathrm{Li^+H{-}\overset{H}{\overset{|}{\underset{H}{\underset{|}{Al^-}}}}{-}H}} \qquad \underset{\text{Hydride ion}}{\mathrm{H:^-}}$$

사실 수소는 붕소나 알루미늄보다 훨씬 전기 음성도가 크다(H = 2.1, Al = 1.5, B = 2.0). 그러므로 두 시약에서 형식 음전하는 금속보다 수소에 더 많이 머물게 된다.

수소화 알루미늄 리튬은 매우 강력한 환원제로, 알데하이드와 케톤의 카보닐기를 빠르게 환원시킬 뿐만 아니라 카복실산(13.5절)과 카복실산의 유도체(14.8절)도 환원시킨다. 수소화붕소 소듐은 단지 알데하이드와 케톤을 빠르게 환원시키는 매우 선택성이 높은 시약이다.

수소화붕소 소듐을 이용한 환원 반응은 대부분 메탄올 수용액, 순수한 메탄올 또는 에탄올에서 행해진다. 이 환원 반응의 초기 생성물은 붕산 테트라알킬(tetraalkyl borate)이며, 이것을 물로 처리하면 알코올과 붕산 소듐(sodium borate)으로 전환된다. 수소화붕소 소듐 1몰은 4몰의 알데하이드 또는 케톤을 환원시킨다.

$$4RCH(=O) + NaBH_4 \xrightarrow{CH_3OH} (RCH_2O)_4B^-Na^+ \xrightarrow{H_2O} 4RCH_2OH + \text{붕산염}$$

붕산 테트라알킬

알데하이드나 케톤의 금속 수소화물 환원 반응에서 주요 단계는 환원제로부터 수소화 이온이 카보닐기 탄소로 이동하여 사면체 카보닐 첨가 중간체를 형성하는 과정이다. 알데하이드나 케톤으로부터 알코올로의 환원 반응에서 탄소에 첨가된 수소 원자만이 수소화물 환원제로부터 온 것이며, 산소에 첨가된 수소 원자는 금속 알콕사이드염이 가수 분해되는 동안 물로부터 온 것이다.

$$Na^+H-BH_2^--H + R-C(=O)-R' \longrightarrow R-CH(-O-\bar{B}H_3Na^+)-R' \xrightarrow{H_2O} R-CH(-O-H)-R'$$

이 H는 가수 분해 중 물에서 온 것이다.

이 H는 수소화물 환원제에서 온 것이다.

다음 두 반응식은 탄소–탄소 이중 결합 존재하에서 카보닐기의 선택적인 환원 반응과 카보닐기의 존재하에서 탄소–탄소 이중 결합의 선택적인 환원 반응을 보여 준다.

선택적인 환원 반응은 다음과 같다.

$$RCH{=}CHC(=O)R' \xrightarrow[2)\ H_2O]{1)\ NaBH_4} RCH{=}CHCH(OH)R'$$

탄소–탄소 이중 결합은 카보닐기 존재하에서 먼저 아세탈로 카보닐기를 보호한 후 선택적으로 환원될 수 있다.

보호기를 사용한 탄소–탄소 이중 결합의 선택적인 환원 반응은 다음과 같다.

$$RCH{=}CHC(=O)R' + HOCH_2CH_2OH \overset{H^+}{\rightleftharpoons} R-CH{=}CH-C(OCH_2CH_2O)R' \xrightarrow[Rh]{H_2} RCH_2CH_2C(OCH_2CH_2O)R' \xrightarrow{HCl,\ H_2O} RCH_2CH_2C(=O)R'$$

예제 12.12

다음 환원 반응을 완성하시오.

(a) $CH_3CH_2CH_2CHO \xrightarrow[2)\ H_2O]{1)\ LiAlH_4}$

(b) $4\text{-}CH_3OC_6H_4C(=O)CH(CH_3)_2 \xrightarrow[2)\ H_2O]{1)\ NaBH_4}$

전략

각 환원제와 반응할 수 있는 모든 작용기를 고려하라. 알켄, 케톤, 알데하이드, 이민 등은 환원될 수 있는 작용기의 몇 예들이다.

풀이

(a)의 알데하이드의 카보닐기는 1차 알코올로 환원되고, (b)의 케톤에 있는 카보닐기는 2차 알코올로 환원된다.

(a) OH

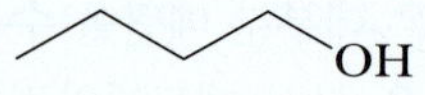

(b) OH, CH_3O

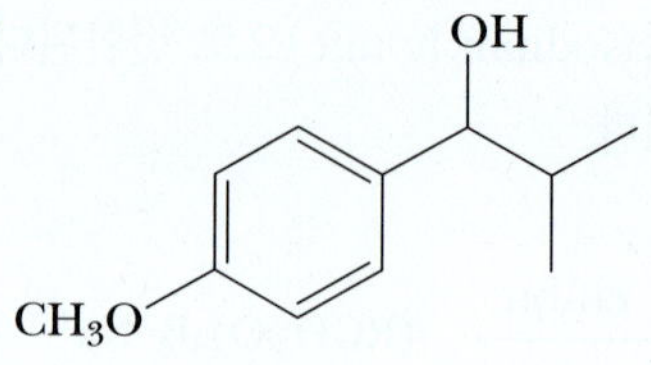

문제 12.36, 12.37 참조

문제 12.12

$NaBH_4$와의 환원 반응에 의해서 다음 알코올을 생성하는 알데하이드나 케톤은 어떤 것인가?

(a) OH (b) CH_2CH_2OH (c) OH OH

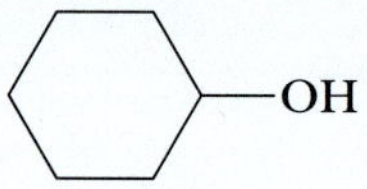

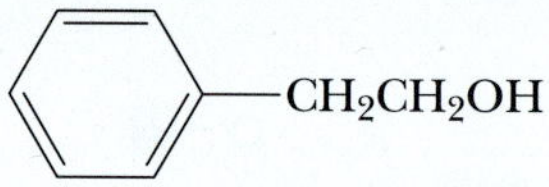

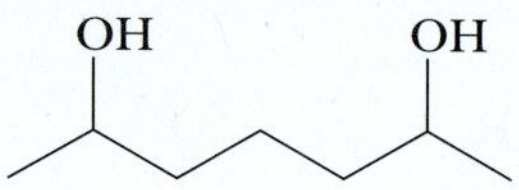

중요한 질문에 대한 요약

12.1 알데하이드와 케톤이란 무엇인가?

- **알데하이드**는 수소 원자와 탄소 원자에 결합된 카보닐기를 갖고 있다.
- **케톤**은 두 개의 탄소와 결합된 카보닐기를 갖고 있다.

12.2 알데하이드와 케톤은 어떻게 명명하는가?

- 알데하이드는 어미 알케인의 *-e*를 *-al*로 바꾸어 명명한다.
- 고리에 결합된 CHO기는 접미사 *-carbaldehyde*를 붙여서 나타낸다.
- 케톤은 어미 알케인의 *-e*를 *-one*으로 바꾸고 카보닐기가 위치한 번호를 이용하여 명명한다.
- 한 개 이상의 작용기를 갖고 있는 화합물을 명명하기 위해서 IUPAC 명명 체계에서는 **작용기의 우선순위**를 정하였다. 만일 알데하이드 또는 케톤의 카보닐기가 그 분자에 있는 다른 작용기보다 우선순위가 낮다면 삽입사로 **-oxo-**를 붙인다.

12.3 알데하이드와 케톤의 물리적 성질은 어떠한가?

- 알데하이드와 케톤은 극성 화합물이며, 순수한 상태에서는 쌍극자–쌍극자 상호작용을 한다.
- 분자량이 비슷한 다른 무극성 화합물에 비해 더 높은 끓는점을 갖고 있으며, 물에 더 잘 녹는다.

12.4 알데하이드와 케톤의 가장 일반적인 반응은 무엇인가?

- 알데하이드와 케톤의 카보닐기에 공통적인 반응 주제는 친핵체가 첨가되어 **사면체 카보닐 첨가 중간체**가 생성되는 것이다.

12.5 Grignard 시약이란 무엇이며, 알데하이드와 케톤과는 어떻게 반응하는가?

- Grignard 시약은 일반식 RMgX 또는 ArMgX를 갖는 유기마그네슘 화합물이다.
- Grignard 시약에서의 탄소–금속 결합은 고도의 부분 이온 결합성을 나타낸다.
- Grignard 시약은 탄소 음이온처럼 작용하며, 강염기이면서 좋은 친핵체이다. 알데하이드와 케톤의 카보닐 탄소에 첨가되어 반응한다.

12.6 헤미아세탈과 아세탈은 무엇인가?

- 알코올이 알데하이드나 케톤의 카보닐기에 첨가되어 **헤미아세탈**을 만든다.
- 헤미아세탈은 알코올과 더 반응하여 **아세탈**과 한 분자의 물을 만들 수 있다.
- 아세탈은 친핵성 및 염기성 시약에 대해 반응성이 작으므로, 종종 알데하이드나 케톤의 카보닐기를 보호하는 데 이용됨으로써 분자의 다른 부분 작용기에 반응을 수행할 수 있게 한다.

12.7 알데하이드와 케톤은 어떻게 암모니아, 아민과 반응하는가?

- 암모니아, 1차 지방족 아민 (RNH_2), 1차 방향족 아민($ArNH_2$)은 산 촉매하에서 알데하이드와 케톤의 카보닐기와 반응하여 탄소–질소 이중 결합을 갖는 **이민**을 만든다.

12.8 케톤–엔올 토토머화 현상이란 무엇인가?

- 카보닐기에 인접한 탄소 원자를 **α-탄소**라고 하며, 그곳에 붙은 수소는 **α-수소**라고 한다.
- 적어도 한 개의 α-수소를 갖고 있는 **케토형**의 알데하이드나 케톤은 구조 이성질체인 **엔올**과 평형을 이룬다. 이러한 이성질 현상을 **토토머화 현상**이라고 한다.
- 적은 양의 산이나 염기 촉매하에서 토토머화 현상은 α-탄소에 입체 중심이 있는 카이랄 알데하이드와 케톤의 **라셈화 반응**의 원인이 된다.
- 엔올형은 알데하이드와 케톤으로 하여금 α-위치에 할로젠화가 일어나게 한다.

12.9 알데하이드와 케톤은 어떻게 산화되는가?

- 크로뮴산, Tollens 시약 및 분자 산소와 같은 일반적인 다양한 산화제에 의해 알데하이드는 카복실산으로 산화된다.
- 케톤은 알데하이드에 비해 훨씬 산화에 저항성이 있다. 그러나 다이크로뮴산 포타슘과 과망가니즈산 포타슘을 고온에서 반응시키거나 고농도의 HNO_3와 반응시키면 엔올 형태를 거쳐 산화된다.

12.10 알데하이드와 케톤은 어떻게 환원되는가?

- 알데하이드는 촉매 수소화 반응이나 $NaBH_4$ 또는 $LiAlH_4$와 같은 금속 수소에 의해 환원되어 1차 알코올이 되고 케톤은 2차 알코올이 된다.

OX퀴즈

이 장에서 배운 개념들을 이해하였는지 알아보기 위해 아래 질문이 맞는지 틀린지 답하시오. 답이 틀렸거나 어렵다면, 장 끝의 문제를 풀기 전에 괄호 속에 표시한 해당 절을 복습하시오.

1. 알데하이드와 C—C 이중 결합 모두를 가진 화합물에서 각 작용기는 서로 독자적으로 환원될 수 있다. (12.10)
2. 친핵체는 알데하이드나 케톤과 반응하여 사면체 카보닐 첨가 중간체를 만든다. (12.4)
3. 카복실기(COOH)는 명명법에서 모든 다른 작용기보다 우선한다. (12.2)
4. 알데하이드나 케톤의 α-탄소의 입체 중심은 산이나 염기 존재하에서 시간이 지남에 따라 라셈화 반응이 일어난다. (12.8)
5. 아세톤은 분자량이 가장 작은 케톤이다. (12.3)
6. 알데하이드는 산화되어 케톤이나 카복실산이 될 수 있다. (12.9)
7. 케톤은 비슷한 분자량의 알코올보다 수용성이 작다. (12.3)
8. Grignard 시약은 NH, OH, SH기가 있는 상태에서는 만들 수 없다. (12.5)
9. 케톤은 비슷한 분자량의 알케인보다 끓는점이 높다. (12.3)
10. 알데하이드는 명명법에서 케톤보다 우선한다. (12.2)
11. Grignard 시약은 좋은 친전자체이다. (12.5)
12. 알데하이드를 카복실산으로 산화시키는 어떤 반응도 케톤을 카복실산으로 산화시킨다. (12.9)
13. 알데하이드는 비슷한 분자량의 에터보다 수용성이 크다. (12.3)
14. 알데하이드는 Grignard 시약과 반응하여 (산으로 마무리한 후) 1차 알코올을 만든다. (12.5)
15. 이민은 촉매 수소화 반응에 의해 아민으로 환원될 수 있다. (12.7)
16. 수소화붕소 소듐($NaBH_4$)은 수소화 알루미늄 리튬($LiAlH_4$)보다 반응성이 더 크고 선택성은 더 낮다. (12.10)
17. 아세탈은 헤미아세탈에 알코올을 염기 촉매로 첨가 반응시킬 경우에만 생긴다. (12.6)
18. Grignard 시약은 강염기다. (12.5)
19. 아세탈 생성은 가역적이다. (12.6)
20. 이민은 2차 아민과 알데하이드 또는 케톤의 반응 결과물이다. (12.7)
21. 케톤은 Grignard 시약과 반응해서 (산으로 마무리한 후) 2차 알코올을 만든다. (12.5)
22. 알데하이드와 케톤은 토토머화 현상이 일어날 수 있다. (12.8)
23. 아세트알데하이드는 분자량이 가장 작은 알데하이드이다. (12.3)
24. α-수소를 갖고 있는 케톤은 α-할로젠화 반응이 일어날 수 있다. (12.8)
25. 카보닐기는 일부 극성화가 일어나 산소 분자에 부분 양전하가, 탄소에 부분 음전하가 생긴다. (12.3)
26. 아세탈은 염기, 친핵체, 환원제에 안정하다. (12.6)
27. '카브알데하이드'는 카보닐기가 C—C 이중 결합에 붙어 있는 알데하이드를 말한다. (12.1)
28. 헤미아세탈은 산 촉매 또는 염기 촉매로 알코올이 알데하이드나 케톤에 첨가되어 생길 수 있다. (12.6)

정답: (1) ○ (2) ○ (3) ○ (4) ○ (5) ○ (6) ○ (7) ○ (8) ○ (9) ○ (10) ○
(11) × (12) × (13) ○ (14) × (15) ○ (16) × (17) × (18) ○ (19) ○ (20) ×
(21) × (22) ○ (23) × (24) ○ (25) × (26) ○ (27) × (28) ○

주요 반응

1. Grignard 시약과의 반응 (12.5C절)

폼알데하이드를 Grignard 시약으로 처리하고 산 수용액에서 가수 분해하면 1차 알코올이 생성된다. 다른 알데하이드를 같은 방법으로 처리하면 2차 알코올이 생성된다.

$$CH_3\overset{O}{\overset{\|}{C}}H \xrightarrow[2)\ HCl,\ H_2O]{1)\ C_6H_5MgBr} C_6H_5\overset{OH}{\overset{|}{C}}HCH_3$$

케톤을 Grignard 시약으로 처리하면 3차 알코올이 생성된다.

$$CH_3\overset{O}{\overset{\|}{C}}CH_3 \xrightarrow[2)\ HCl,\ H_2O]{1)\ C_6H_5MgBr} C_6H_5\overset{OH}{\overset{|}{C}}(CH_3)_2$$

2. 헤미아세탈 생성을 위한 알코올의 첨가 반응 (12.6절)

헤미아세탈은 알데하이드 또는 케톤과 알코올이 혼합하여 평형을 이룬 상태에서는 극히 적은 양만 존재하지만, —OH와 C=O가 같은 분자에 존재하여 오원자 또는 육원자 고리를 형성하는 경우에는 예외이다.

$$CH_3\underset{OH}{\underset{|}{C}}HCH_2CH_2\overset{O}{\overset{\|}{C}}H \rightleftharpoons \text{(고리형 헤미아세탈: } CH_3\text{, OH 치환 오원자 고리)}$$

4-Hydroxypentanal 고리형 헤미아세탈

3. 아세탈 생성을 위한 알코올의 첨가 반응 (12.6절)

아세탈의 형성은 산 촉매에 의해 일어난다.

$$\text{Cyclopentanone} + HOCH_2CH_2OH \overset{H^+}{\rightleftharpoons} \text{(spiro 1,3-dioxolane: O–}CH_2\text{–}CH_2\text{–O)} + H_2O$$

4. 암모니아와 아민의 첨가 반응 (12.7절)

알데하이드나 케톤의 카보닐기에 암모니아나 1차 아민을 첨가하면 사면체 카보닐 첨가 중간체가 생성된다. 이 중간체에서 물이 빠져나가면 이민(Schiff 염기)이 생성된다.

$$\text{Cyclopentanone}{=}O + H_2NCH_3 \overset{H^+}{\rightleftharpoons} \text{Cyclopentylidene}{=}NCH_3 + H_2O$$

5. 아민에 환원성 아미노화 반응 (12.7B절)

이민의 탄소–질소 이중 결합은 전이 금속 촉매 존재하에서 수소에 의해 탄소–질소 단일 결합으로 환원될 수 있다.

$$\text{Cyclohexanone}{=}O + H_2N\text{–Cyclohexyl} \xrightarrow{-H_2O} [\text{Cyclohexylidene}{=}N\text{–Cyclohexyl}] \xrightarrow{H_2/Ni} \text{Cyclohexyl–}\overset{H}{\overset{|}{N}}\text{–Cyclohexyl}$$

6. 케토–엔올 토토머화 현상 (12.8A절)

평형 상태에서는 일반적으로 케토형이 우세하다.

$$CH_3\overset{O}{\overset{\|}{C}}CH_3 \rightleftharpoons CH_3\overset{OH}{\overset{|}{C}}{=}CH_2$$

케토형 (거의 99.9%) 엔올형

7. 알데하이드로부터 카복실산으로의 산화 반응 (12.9절)

알데하이드기는 가장 쉽게 산화되는 작용기 중의 하나이다. 산화제로는 H_2CrO_4, Tollens 시약, O_2 등이 있다.

$$\text{(2-hydroxybenzaldehyde: }\overset{O}{\overset{\|}{C}}H\text{, OH)} + 2Ag(NH_3)_2^+ \xrightarrow{NH_3,\ H_2O} \text{(2-hydroxybenzoic acid: }\overset{O}{\overset{\|}{C}}OH\text{, OH)} + Ag$$

8. 촉매 환원 반응 (12.10A절)

알데하이드나 케톤의 카보닐기가 알코올기로 되는 촉매 환원 반응은 간단히 이루어지며, 알코올로 되는 수율도 높다.

$$\text{Cyclohexanone}{=}O + H_2 \xrightarrow[25\ °C,\ 2\ atm]{Pt} \text{Cyclohexyl–}OH$$

9. 금속 수소화물 환원 반응 (12.10B절)

$LiAlH_4$와 $NaBH_4$는 알데하이드나 케톤의 카보닐기를 하이드록실기로 환원시키고, 독립된 탄소–탄소 이중 결합과 삼중 결합은 환원시키지 않으므로 선택성이 있다.

$$\text{Cyclohex-3-enone}{=}O \xrightarrow[2)\ H_2O]{1)\ NaBH_4} \text{Cyclohex-3-enyl–}OH$$

문 제

별표로 표시된 문제는 본문의 '실생활' 문제를 나타낸다. 푸른색으로 된 문제의 답은 부록 D에 있다.

알데하이드와 케톤의 제법(8장과 9장 참조)

12.13 다음 반응을 완성하시오.

(a) OH $\xrightarrow[H_2SO_4]{K_2Cr_2O_7}$

(b) CH_2OH $\xrightarrow[CH_2Cl_2]{PCC}$

(c) CH_2OH $\xrightarrow[H_2SO_4]{K_2Cr_2O_7}$

(d) + O Cl $\xrightarrow{AlCl_3}$

12.14 다음 반응의 변환 과정을 보이시오.

(a) 1-Pentanol에서 pentanal
(b) 1-Pentanol에서 pentanoic acid
(c) 2-Pentanol에서 2-pentanone
(d) 1-Pentene에서 2-pentanone
(e) Benzene에서 acetophenone
(f) Styrene에서 acetophenone
(g) Cyclohexanol에서 cyclohexanone
(h) Cyclohexene에서 cyclohexanone
(i) Benzene에서 2-phenylethanal
(j) 1-Methylcyclohexene에서 (±)-2-methylcyclohexanone
(k) 1-Hexene에서 hexanal
(l) 4-Bromooctane에서 4-octanone
(m) Propene에서 acetone

12.1, 12.2절 구조와 명명법

12.15 분자식이 C_4H_8O인 한 개의 케톤과 분자식이 C_4H_8O인 두 개의 알데하이드 화합물의 구조식을 그리시오. (예제 12.2 참조)

12.16 분자식이 $C_5H_{10}O$인 네 개의 알데하이드 화합물의 구조식을 그리시오. 이들 중에서 어떤 알데하이드가 카이랄인가? (예제 12.2 참조)

12.17 다음 화합물을 명명하시오. (예제 12.1, 12.3 참조)

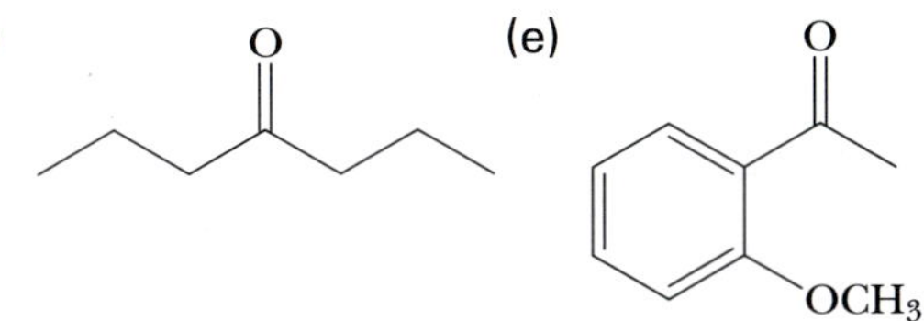

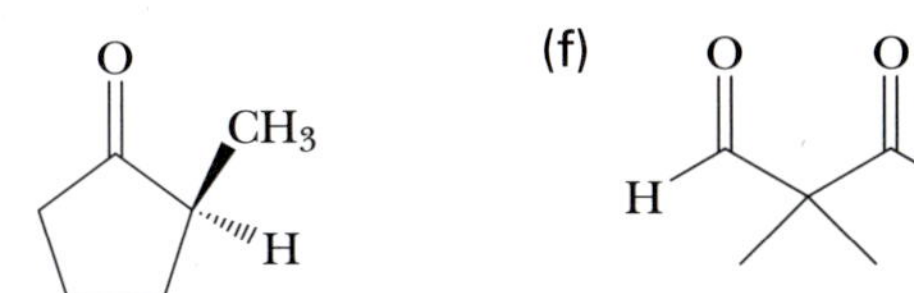

(c) CHO

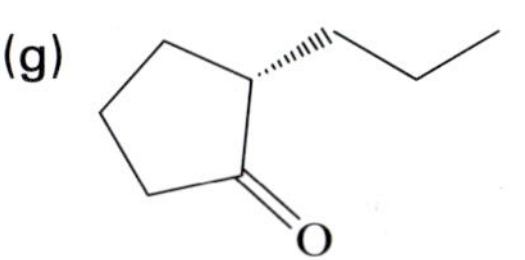

(d) CHO H C OH CH_3

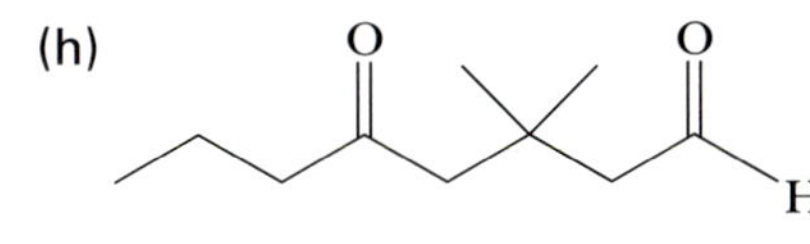

12.18 다음 화합물의 구조식을 그리시오. (예제 12.1, 12.3 참조)

(a) 1-Chloro-2-propanone
(b) 3-Hydroxybutanal
(c) 4-Hydroxy-4-methyl-2-pentanone
(d) 3-Methyl-3-phenylbutanal
(e) (*S*)-3-Bromocyclohexanone
(f) (*S*)-3-Methyl-3-buten-2-one
(g) 5-Oxohexanal
(h) 2,2-Dimethylcyclohexanecarbaldehyde
(i) 3-Oxobutanoic acid
(j) 2-Phenylethanal
(k) (*R*)-2-Methylcyclohexanone
(l) 2,4-Pentanedione
(m) 6-Amino-3-heptanone
(n) 6-Amino-3-oxoheptanal
(o) (*S*)-2-Ethoxycyclohexanone

12.5절 탄소 친핵체의 첨가 반응

12.19 Phenylmagnesium iodide와 카복실산 사이의 산-염기 반응식을 쓰시오. 이 반응에서 전자의 이동을 굽은 화살표를 사용하여 나타내시오. 추가적으로 이 반응은 보다 강한 산과 염기가 반응하여 보다 약한 산과 염기를 생성하는 한 예임을 보이시오. (예제 12.4 참조)

***12.20** 다음 반응과 같이 diethyl ether는 에탄올의 탈수 반응에 의해 산업적 규모로 제조된다.

$$2CH_3CH_2OH \xrightarrow[180\ °C]{H_2SO_4} CH_3CH_2OCH_2CH_3 + H_2O$$

따라서 Grignard 시약을 제조할 때 diethyl ether는 모든 에탄올과 물을 제거함으로써 주의해서 정제한 후 사용해야 하는지 설명하시오.

12.21 다음 각 화합물을 propylmagnesium bromide로 처리한 후 산성 용액에서 가수 분해시켰을 때 얻어지는 생성물의 구조식을 그리시오. (예제 12.4, 12.5 참조)

(a) CH_2O

(b)

(c)

(d) CHO

(e)

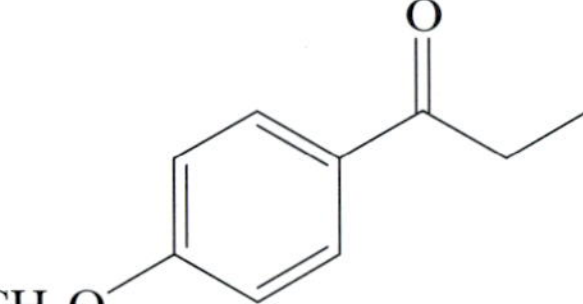

12.22 다음 각 알코올에 대해 알데하이드 또는 케톤을 출발물로 하여 적당한 Grignard 시약과 반응시켜 합성하는 방법을 제시하시오 (각각의 목표 화합물 밑에는 사용될 Grignard 시약과 알데하이드 또는 케톤의 조합수가 기록되어 있다). (예제 12.4, 12.5 참조)

(a) OH

(조합 수 2)

(b) OH, OCH_3

(조합 수 2)

(c) OH

(조합 수 3)

12.6절 산소 친핵체의 첨가 반응

12.23 5-Hydroxyhexanal은 육원자 고리형 헤미아세탈을 형성하며, 이것이 수용액의 평형 상태에서 더 우세하다. (예제 12.6 참조)

5-Hydroxyhexanal $\underset{}{\overset{H^+}{\rightleftharpoons}}$ 고리형 헤미아세탈

(a) 이 고리형 헤미아세탈의 구조식을 그리시오.

(b) 5-Hydroxyhexanal에 몇 개의 입체 이성질체가 존재하는가?

(c) 이 고리형 헤미아세탈에 몇 개의 입체 이성질체가 존재하는가?

(d) 각 고리형 헤미아세탈의 입체 이성질체에 대한 의자형 구조를 그리시오.

(e) 각 입체 이성질체에서 어느 의자 형태가 더 안정할지를 예상하시오.

12.24 산 촉매 존재하에서 다음 각 쌍의 반응물로부터 형성된 헤미아세탈과 아세탈의 구조식을 그리시오. (예제 12.6 참조)

(a) + CH_3CH_2OH

(b) + CH_3CCH_3 (O)

(c) CHO + CH_3OH

12.25 산성 용액에서 다음 아세탈이 가수 분해될 때 얻어지는 생성물의 구조식을 쓰시오. (예제 12.6 참조)

(a) CH_3O OCH_3

(b) OCH_3

(c)

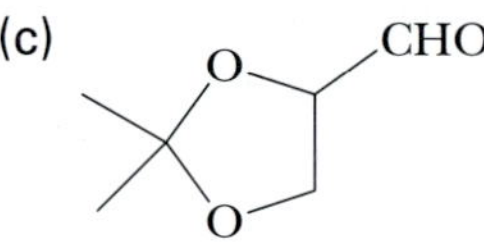

(d)

12.26 다음 화합물은 쟈스민 향의 성분이다. 어떤 카보닐 화합물과 알코올로부터 이 화합물이 생성되었는가? (예제 12.6 참조)

12.27 아세톤과 에틸렌 글라이콜을 산 촉매하에서 반응시켜 고리형 아세탈을 만드는 메커니즘을 제안하시오. 제안하는 메커니즘은 물 분자의 산소 원자가 아세톤의 카보닐 산소에서 유래된다는 사실과 일치해야 한다.

Acetone + Ethylene glycol $\xrightarrow{H^+}$ + H_2O

12.28 4-Hydroxypentanal과 1당량의 methanol을 반응시켜 고리형 아세탈을 만드는 메커니즘을 제안하시오. 4-Hydroxypentanal의 카보닐 산소가 산소-18로 되어 있을 경우, 이 표시된 산소가 고리형 아세탈이나 물 중 어디에서 나타날지 예상할 수 있겠는가? 설명하시오.

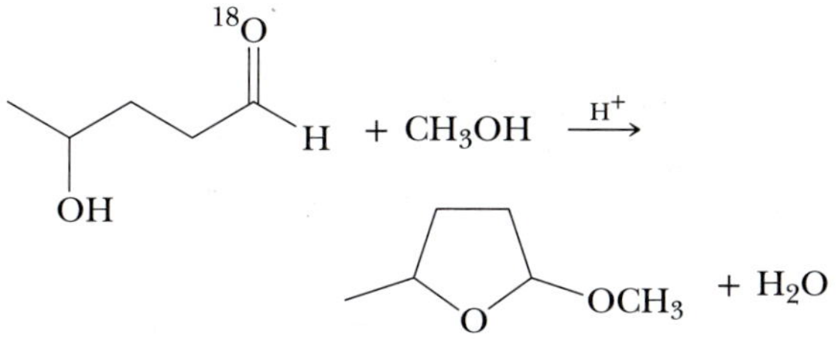

^{18}O, H, OH, + CH_3OH $\xrightarrow{H^+}$ OCH_3 + H_2O

12.7절 질소 친핵체의 첨가 반응

12.29 다음 2차 아민이 어떻게 연속되는 두 번의 환원성 아미노화 반응에 의하여 제조될 수 있는지를 나타내시오. (예제 12.8, 12.9 참조)

Ph, O $\xrightarrow{(1)}$ Ph, NH_2 $\xrightarrow{(2)}$ H, Ph, N, Ph

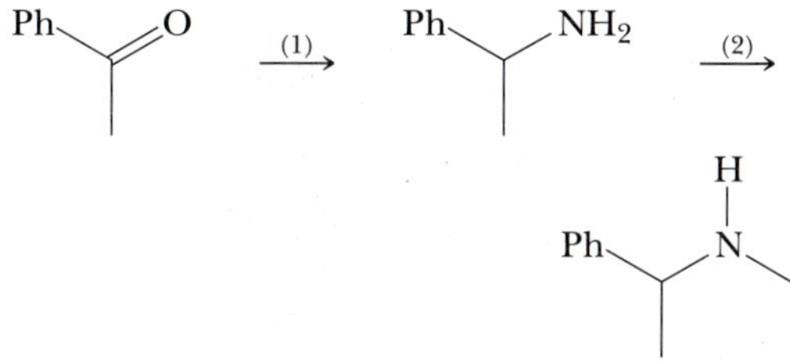

12.30 Cyclohexanone으로부터 다음 아민으로 전환되는 과정을 나타내시오. (예제 12.8, 12.9 참조)

(a) 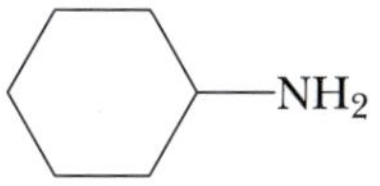 NH_2

(b) 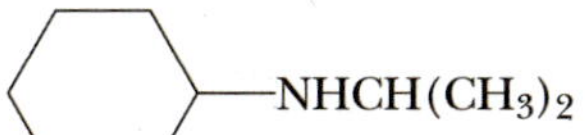 $NHCH(CH_3)_2$

(c) 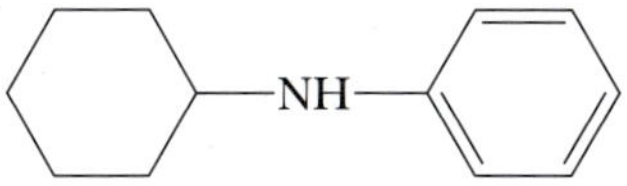 NH

***12.31** 다음은 amphetamine과 methamphetamine의 구조식이다. (예제 12.8, 12.9 참조)

(a) 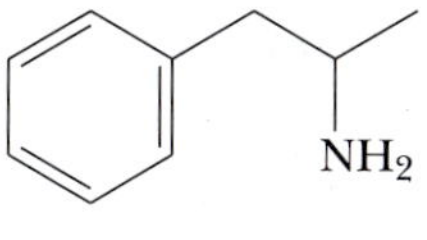 NH_2
Amphetamine

(b) 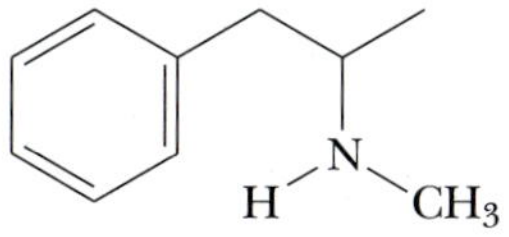 N, H, CH_3
Methamphetamine

Amphetamine과 methamphetamine류의 약물의 주된 중추신경계 효과는 이행 자극, 희열과 흥분, 고착 행동과 식욕 부진이다. 어떻게 이들 약이 적당한 알데하이드나 케톤의 환원성 아민화로부터 얻어질 수 있는지 보이시오.

***12.32** Rimantadine은 인플루엔자 A(influenza A) 바이러스에 의한 감염을 막는 데 사용된 적이 있지만, 바이러스 균주는 이 약에 대한 면역력을 갖게 되었다. 하지만 파킨스병을 치료하는 데 있어서 성공적으로 사용되었다. 다음은 rimantadine 합성의 마지막 단계이다. (예제 12.8, 12.9 참조)

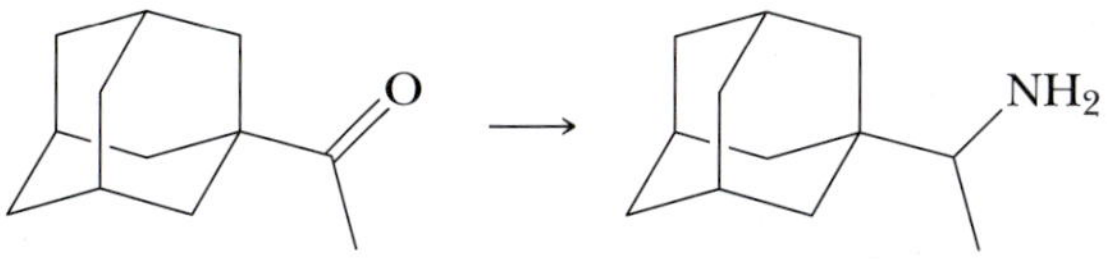

O ⟶ NH_2
Rimantadine
(항바이러스제)

(a) 이 마지막 단계에 대한 실험 조건을 쓰시오.

(b) Rimantadine은 카이랄인가?

***12.33** 폼알데하이드와 암모니아의 반응 생성물인 methenamine은 자체적으로는 의약적 활성이 없지만, 체내에서는 생화학적 변화에 의해 활성이 있는 약의 전구 약물(prodrug)이다. Methenamine을 전구 약물로 사용하는 데 숨겨진 전략은 거의 모든 박테리아가 20 mg/mL 이상의 폼알데하이드 농도에 민감하게 반응하는 데 있다. 폼알데하이드는 직접 의약으로 사용할 수 없는데, 그 이유는 효과를 낼 만큼의 혈장 농도를 안전한 양만큼 주입할 수 없기 때문이다. Methenamine은 pH 7.4(혈장의 pH)에서는 안정하지만, 콩팥이나 요도관의 산성 조건하에서는 폼알데하이드와 암모늄 이온으로 가수 분해된다.

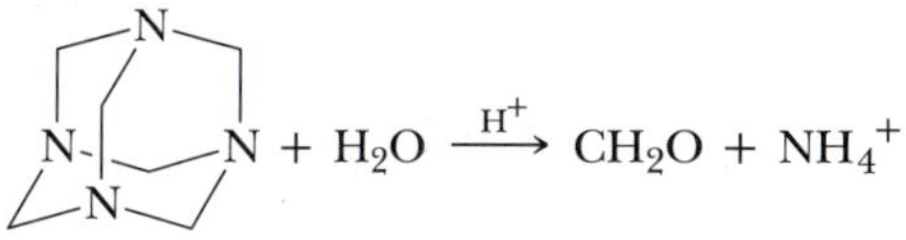

N, N, N, N + H_2O $\xrightarrow{H^+}$ CH_2O + NH_4^+
Methenamine

그러므로 methenamine은 요도 감염 치료에 부위 선택적으로 사용될 수가 있다.

(a) Methenamine이 폼알데하이드와 암모늄 이온으로 가수 분해되는 평형 반응식을 만드시오.

(b) Methenamine의 수용액의 pH가 증가하면 가수 분해 결과로 변화가 없을까, 아니면 감소할까? 설명하시오.

(c) 다음 문장의 의미를 설명하시오. Methenamine에 있는 작용기는 아세탈의 질소 유도체이다.

(d) Methenamine이 혈장에서는 안정하지만, 아이오딘(pH 6.0)에서는 가수 분해된다는 사실을 설명하시오.

12.8절 케토-엔올 토토머화 현상

12.34 다음 분자는 엔다이올(enediol)이라고 불리는 화합물 군에 속한다. 엔다이올의 이중 결합을 구성하는 각각의 탄소는 —OH기를 갖는다.

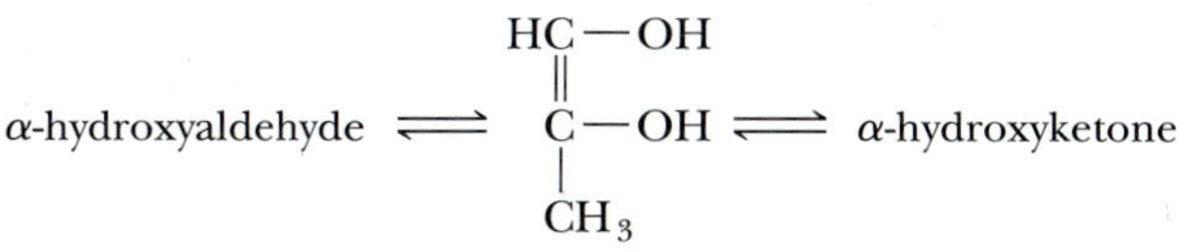

α-hydroxyaldehyde ⇌ HC—OH, ‖, C—OH, |, CH_3 ⇌ α-hydroxyketone
엔다이올

이 엔다이올이 평형 상태에 있을 때 α-hydroxyketone과 α-hydroxyaldehyde의 구조식을 그리시오. (예제 12.10 참조)

12.35 묽은 산성 수용액에서 (*R*)-glyceraldehyde가 (*R,S*)-glyceraldehyde와 dihydroxyacetone의 평형 상태 혼합물로 전환되는 사실을 설명하시오.

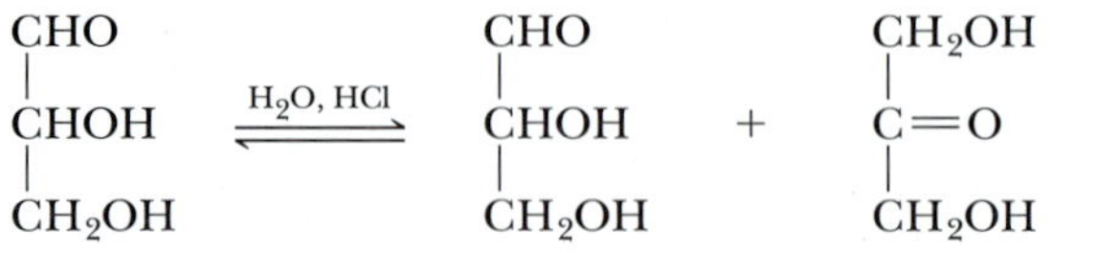

CHO / CHOH / CH_2OH ((*R*)-Glyceraldehyde) $\xrightleftharpoons{H_2O,\ HCl}$ CHO / CHOH / CH_2OH ((*R,S*)-Glyceraldehyde) + CH_2OH / C=O / CH_2OH (Dihydroxyacetone)

이 이성질화 반응에 대한 메커니즘을 제안하시오.

12.9절 알데하이드와 케톤의 산화–환원 반응

12.36 다음 각 시약 쌍을 butanal과 반응시킬 때 생성물의 구조식을 쓰시오. (예제 12.11, 12.12 참조)

(a) $LiAlH_4$ 후 H_2O

(b) CH_3OH/H_2O에서 $NaBH_4$

(c) H_2/Pt

(d) NH_3/H_2O에서 $Ag(NH_3)_2^+$ 후 HCl/H_2O

(e) H_2CrO_4

(f) H_2/Ni 존재하에서 $C_6H_5NH_2$

12.37 *p*-Bromoacetophenone과 문제 12.36의 각 시약 쌍과의 반응에서 얻어지는 생성물의 구조식을 쓰시오.

합성

12.38 Cyclohexanol에서 cyclohexanecarbaldehyde로 변환시킬 수 있는 시약과 조건을 쓰시오. (예제 12.7 참조)

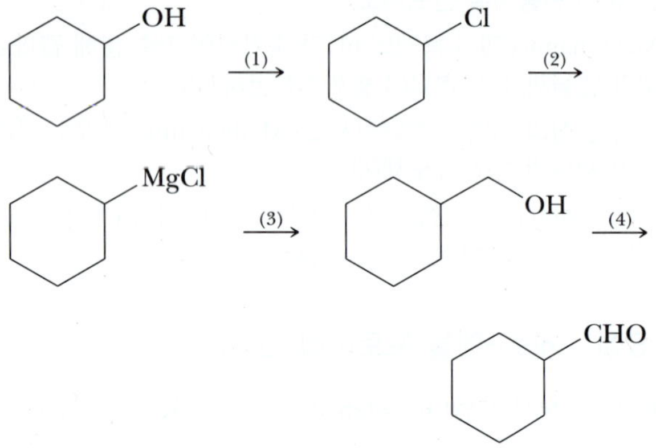

Cyclohexanol (OH) $\xrightarrow{(1)}$ Chlorocyclohexane (Cl) $\xrightarrow{(2)}$ Cyclohexyl-MgCl $\xrightarrow{(3)}$ Cyclohexylmethanol (CH_2OH) $\xrightarrow{(4)}$ Cyclohexanecarbaldehyde (CHO)

12.39 Cyclohexanone을 출발물로 다음 화합물을 만드는 방법을 보이시오. 주어진 출발물 이외에 필요한 다른 유기 시약이나 무기 시약을 사용하시오. (예제 12.7 참조)

(a) Cyclohexanol

(b) Cyclohexene

(c) Bromocyclohexane

(d) 1-Methylcyclohexanol

(e) 1-Methylcyclohexene

(f) 1-Phenylcyclohexanol

(g) 1-Phenylcyclohexene

(h) Cyclohexene oxide

(i) *trans*-1,2-Cyclohexanediol

12.40 다음 변환이 어떻게 일어나는지를 보이시오. 주어진 출발 물 이외에 필요한 다른 유기 시약이나 무기 시약을 사용하시오. (예제 12.7 참조)

(a) $C_6H_5CCH_2CH_3$ (C=O) $\longrightarrow$ $C_6H_5CHCH_2CH_3$ (OH) $\longrightarrow$ $C_6H_5CH{=}CHCH_3$

(b) Cyclopentanone (=O) $\longrightarrow$ Cyclopentanol (OH) $\longrightarrow$ Chlorocyclopentane (Cl) $\longrightarrow$ Cyclopentylmethanol (CH_2OH)

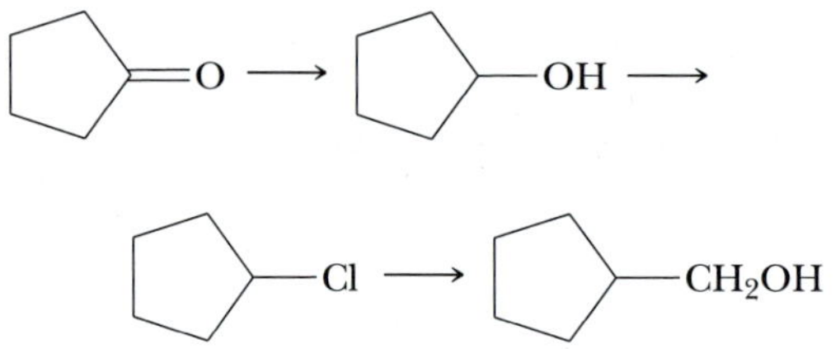

(c) Cyclopentanone (=O) $\longrightarrow$ 1-Cyclopentylcyclopentanol (OH)

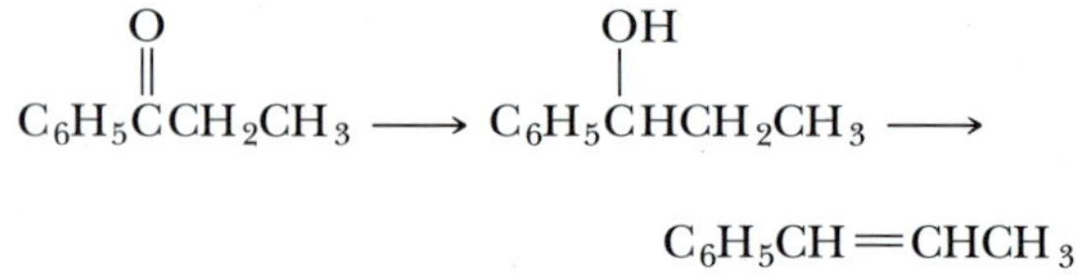

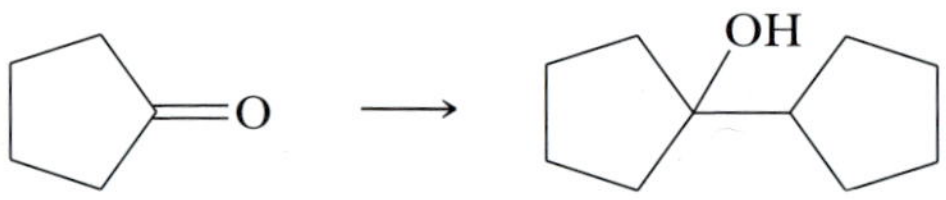

(d) Cyclopentanone (=O) $\longrightarrow$ Dicyclopentylamine (N–H)

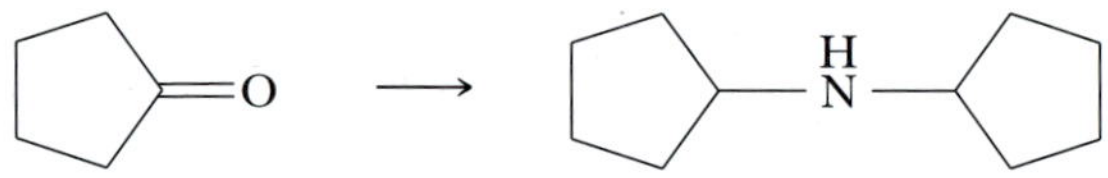

***12.41** 많은 유방 종양은 에스트로젠(estrogen)에 의존한다. 에스트로젠 결합을 방해하는 의약들은 항종양 효과를 갖고, 종양 발생을 예방하는 효과도 있다. 이러한 항에스트로젠 약으로 널리 사용되는 것이 타목시펜(tamoxifen)이다. (예제 12.7 참조)

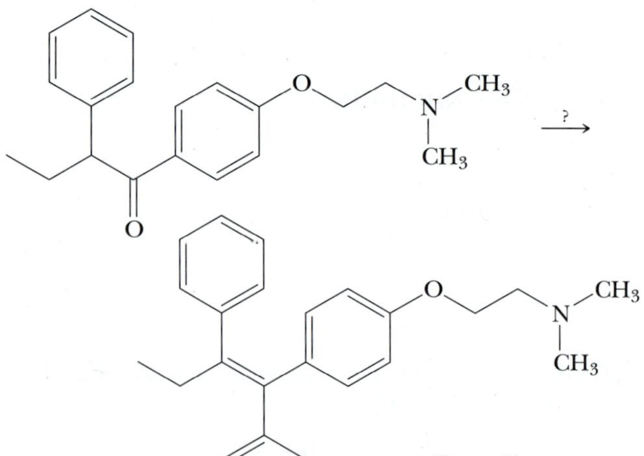

Ketone (O, N(CH_3)CH_3) $\xrightarrow{?}$ Tamoxifen (O, N, CH_3, CH_3)

(a) Tamoxifen에는 몇 개의 입체 이성질체가 존재하는가?

(b) 위 구조식에 나타난 화합물의 입체 배열을 밝히시오.

(c) 위에 주어진 케톤에 Grignard 반응을 이용하고 탈수 반응을 거쳐 tamoxifen을 어떻게 합성할 수 있는지 보이시오.

***12.42** 다음은 항우울제 buproion(Wellbutrin®)의 가능한 합성 경로이다. (예제 12.7 참조)

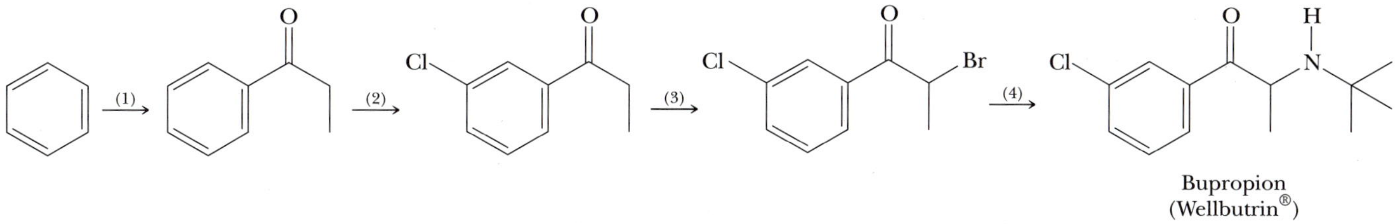

O O O Cl Cl Br Cl O H N (1) (2) (3) (4)

Bupropion
(Wellbutrin®)

이 합성에서 매 단계마다 필요한 시약들을 명시하시오.

***12.43** 1950년대에 chlorpromazine의 합성과 곧 이은 이 약물의 항정신병 활성의 발견은 중추신경계의 약물학에 대한 생화학적 조사의 근대 시대를 열었다. 보다 효과적인 항정신병 약효를 찾기 위해 제조된 화합물 중 하나는 amitriptyline이다. (예제 12.7 참조)

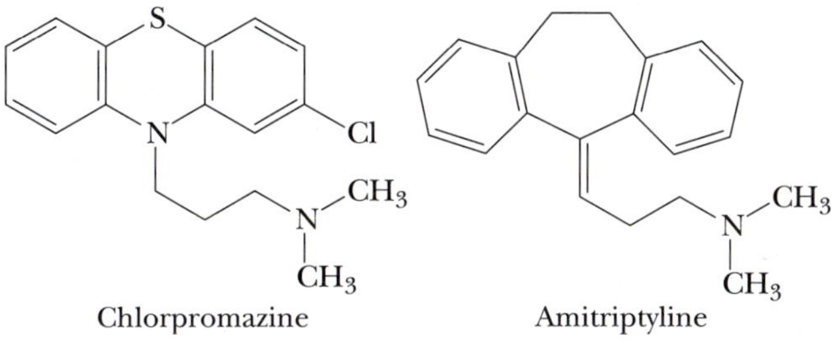

S Cl N CH_3 N CH_3 CH_3 N CH_3

Chlorpromazine Amitriptyline

놀랍게도, amitriptyline은 항정신병제 활성보다는 항우울증제 활성을 나타내었다. 지금은, Amitriptyline이 시냅스 간극으로부터 norepinephrine과 serotonin의 재흡수를 억제하는 것으로 알려져 있다. 이들 신경 전달 물질의 재흡수가 억제되기 때문에 그들의 효과가 가능해진 것이다. 그것은 이 두 신경 전달 물질들이 남아서 serotonin과 norepinephrine 수용체 사이트와 더 오래 상호 작용할 수 있고 serotonin과 norepinephrine에 의해 매개된 신경 연결 통로의 흥분을 계속적으로 야기시킨다. 다음 반응은 amitriptyline의 합성 과정이다.

Grignard 반응 (1) HBr (2) O HO

3고리형 케톤

(3) Br CH_3 N CH_3

Amitriptyline

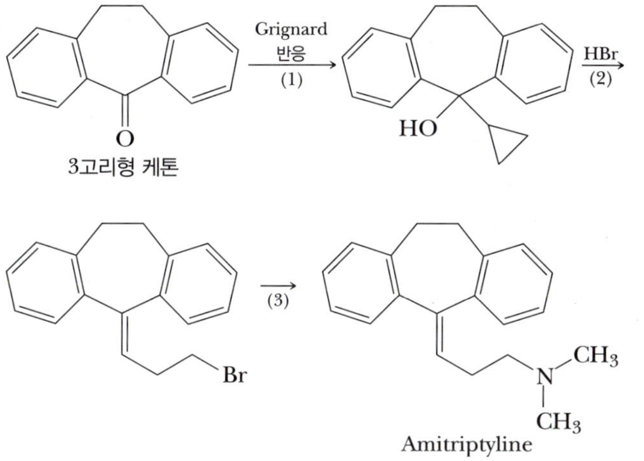

(a) 1단계에 필요한 시약을 제안하시오.

(b) 2단계의 메커니즘을 제안하시오. (주의: 중간체로서 일차 카보 양이온을 제안하는 것은 허용되지 않는다.)

(c) 3단계에 필요한 시약을 제안하시오.

***12.44** 다음은 diphenylhydramine의 합성 과정이다. (예제 12.7 참조)

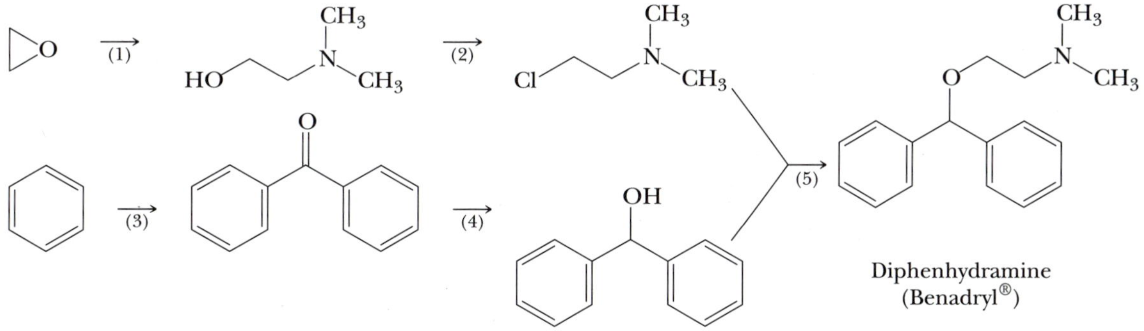

O (1) CH_3 HO N CH_3 (2) CH_3 Cl N CH_3 CH_3 O N CH_3

O (3) (4) OH (5)

Diphenhydramine
(Benadryl®)

이 화합물의 염산염은 상품명이 Benadryl®로 알려진 항히스타민제이다.

(a) 1, 2단계에 필요한 시약을 제안하시오.

(b) 3, 4단계에 필요한 시약을 제안하시오.

(c) 5단계는 친핵성 지방족 치환 반응의 예이다. 이 반응은 S_N1과 S_N2 반응 중 어느 형태의 메커니즘으로 이루어졌겠는가? 설명하시오.

***12.45** 다음은 항우울제인 venlafaxine의 합성 과정이다. (예제 12.7 참조)

CH_3O (1) (2) Cl (3) CH_3 N CH_3 O (4) OH (5) Cl MgCl (6) OH Venlafaxine

(a) 1단계에 필요한 시약을 제안하고, 이때 일어나는 반응의 종류를 말하시오.
(b) 2, 3단계에 필요한 시약을 제안하시오.
(c) 4, 5단계에 필요한 시약을 제안하시오.
(d) 6단계에 필요한 시약을 제안하고, 이때 일어나는 반응의 종류를 말하시오.

화학적 변환

***12.46** 지금까지 배운 지식을 총동원하여 다음 화학적 변환 반응식을 완성하시오. **주의**: 몇 곳은 한 단계 이상의 단계를 필요로 한다.

(a) OH → OH

(b) OH → O O

(c) OH → OH

(d) → O Br

(e) OH → O

(f) → HN

(g) → NH Cl

(h) Br H O → O H O

(i) OH →

(j) → O OH

(k) → OH

(l) Cl → N H

(m) O → O O

(n) Br → NH_2

(o) $CH_3—C≡C—H$ → O

(p) →

(q) Cl → O HO

(r) OH → H N

분광학

12.47 화합물 A($C_5H_{10}O$)는 많은 식품의 향료로 사용되고 있다. 이 화합물의 관용명은 isovaleraldehyde이고, ^{13}C-NMR 피크가 δ 202.7, 52.7, 23.6, 22.6(ppm)에서 나타났다. Isovaleraldehyde에 대한 구조식을 제안하고 IUPAC명을 쓰시오.

12.48 다음은 화합물 B($C_6H_{12}O_2$)의 ^{1}H–NMR과 IR 스펙트럼이다.

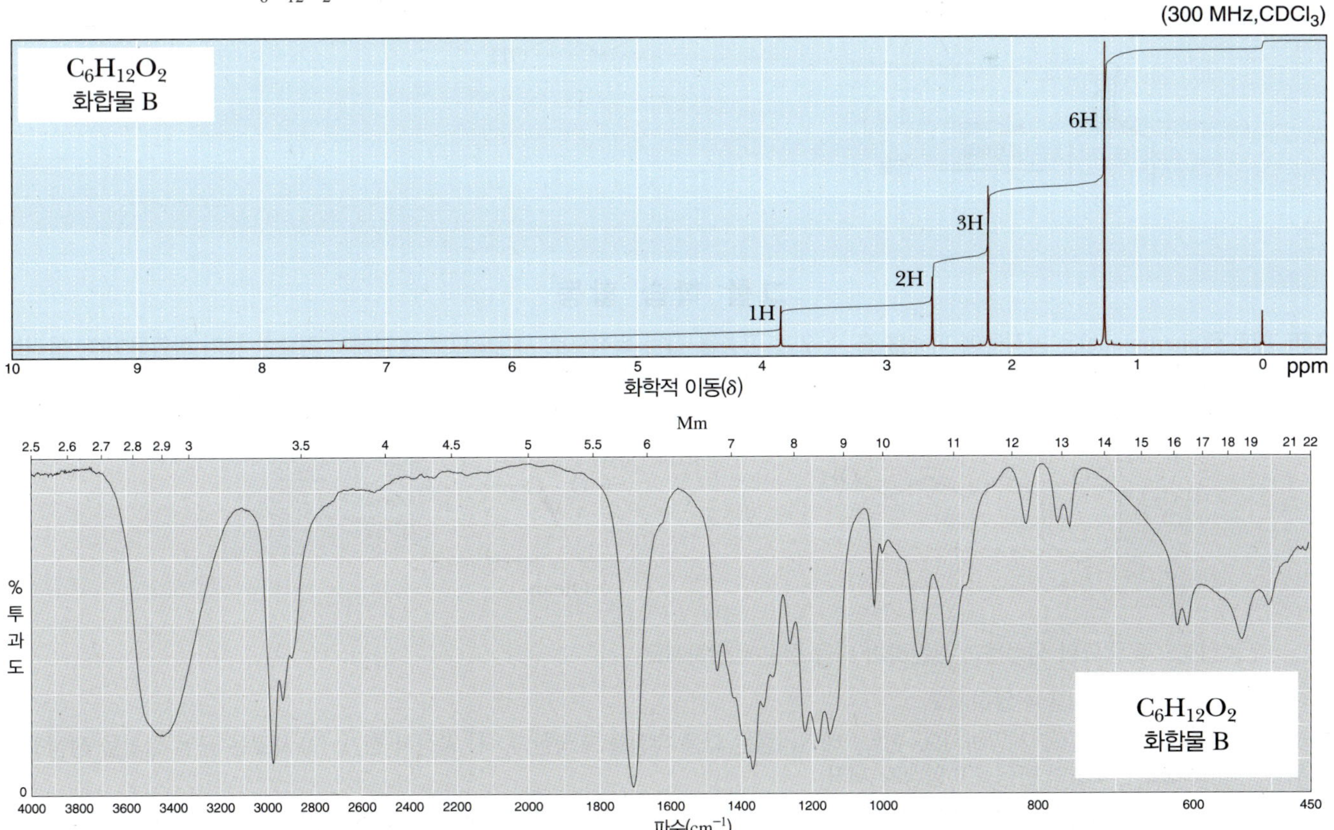

화합물 B의 구조식을 말하시오.

12.49 화합물 C($C_9H_{18}O$)는 용매의 흐름을 지연시켜 페인트와 코팅에 대한 응용성을 향상시킴으로써 자동차 산업에 사용되고 있다. ^{13}C-NMR 피크가 δ 210.5, 52.4, 24.5, 22.6(ppm)에서 나타났다. 화합물 C의 구조식과 IUPAC명을 제안하시오.

발전 학습

12.50 Grignard 시약을 이산화 탄소와 반응시킨 후, 곧 수용성 HCl과 반응시키면 카복실산이 된다. Phenylmagnesium bromide와 CO_2를 반응시켜 얻은 괄호 안의 화합물 구조식을 그리고, 이 중간체 형성에 대한 메커니즘을 예상하시오.

MgBr + CO_2 ⟶

[중간체 (분리 안 됨)] $\xrightarrow{HCl,\ H_2O}$ (벤조산)

12.51 다음 카보닐 화합물들에 대해 친핵성 공격에 대한 반응성 증가의 순위를 매기고 그 이유를 설명하시오.

12.52 다음 케톤의 엔올형을 제안하고 평형의 방향을 예상하시오.

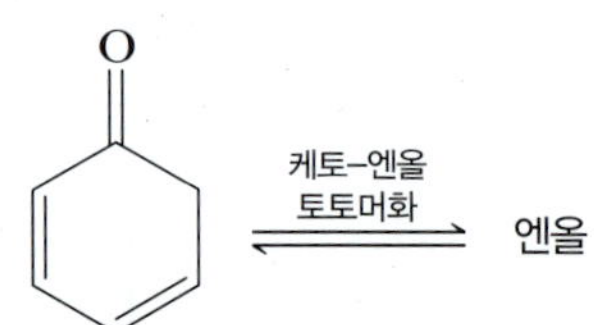

12.53 다음 화합물에 표시된 —OH기가 알데하이드기와 반응하여 만들어진 고리형 헤미아세탈을 그리시오.

(a) Glucose

(b) Ribose

12.54 다음 헤미아세탈이 친핵체로 작용하는 아민과 산 촉매하에서 반응하는 반응 메커니즘을 제안하시오.

$\xrightarrow[H_2N-CH_2CH_3]{H_3O^+}$ ... $NHCH_2CH_3$ + H_2O

그룹 학습 활동

12.55 페로몬(pheromone)은 농작물에 피해를 줄 수 있는 곤충을 잡는 목적으로 사용되므로 농업에서 중요한 유기 화합물이다. 올리브 초파리, Dacus oleae에 대한 성페로몬인 olean은 hydroxyenol ether를 Brønsted 산(H–A)과 반응시켜 합성할 수 있다.

$\xrightarrow{H-A}$ Olean

인조 지방으로 시장에 나와 있는 상품인 Olean™과 혼돈하지 마시오.

이 농업적으로 중요한 생성물과 관련하여 다음 질문에 답하시오.

(a) Olean에 있는 작용기 이름을 말하시오.

(b) 이 반응에 대한 메커니즘을 제안하시오. 힌트: 메커니즘은 다음 유형을 포함한다. (1) 양성자 첨가, (2) 새로운 공유 결합을 생성하기 위한 친전자체와 친핵체의 반응, (3) 양성자 제거

(c) Olean은 카이랄인가? 만약 그렇다면, 몇 개의 입체 이성질체가 가능한가? **힌트**: Olean의 모형을 만드시오. 그리고 두 개의 중심 C—O 결합이 교환되는 두 번째 모형을 만드시오.

(d) Olean의 산 촉매 가수 분해 반응에 의한 생성물을 예상하시오.

***12.56** 다음은 erythromycines(문제 8.57)을 포함하는 몇 가지 마크롤라이드계 항생 물질의 당 성분인 desosamine의 구조식이다. 여기에 나타낸 구조 배열은 천연물의 것이다.

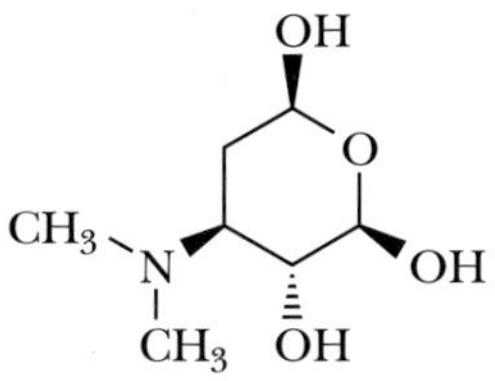

Desosamine

(a) 몇 개의 입체 이성질체가 가능한가?

(b) 헤미아세탈 또는 아세탈의 지점을 표시할 수 있는가? 표시한 지점에 대해서 이 화합물이 생성될 수 있는 케톤이나 알데하이드와 알코올의 구조를 그리시오.

(c) Desosamine의 의자 형태의 구조들을 그리고, 고리에 있는 작용기들을 수평 방향 또는 수직 방향으로 나타내시오.

(d) 어떤 의자 형태의 구조가 더 안정한가?

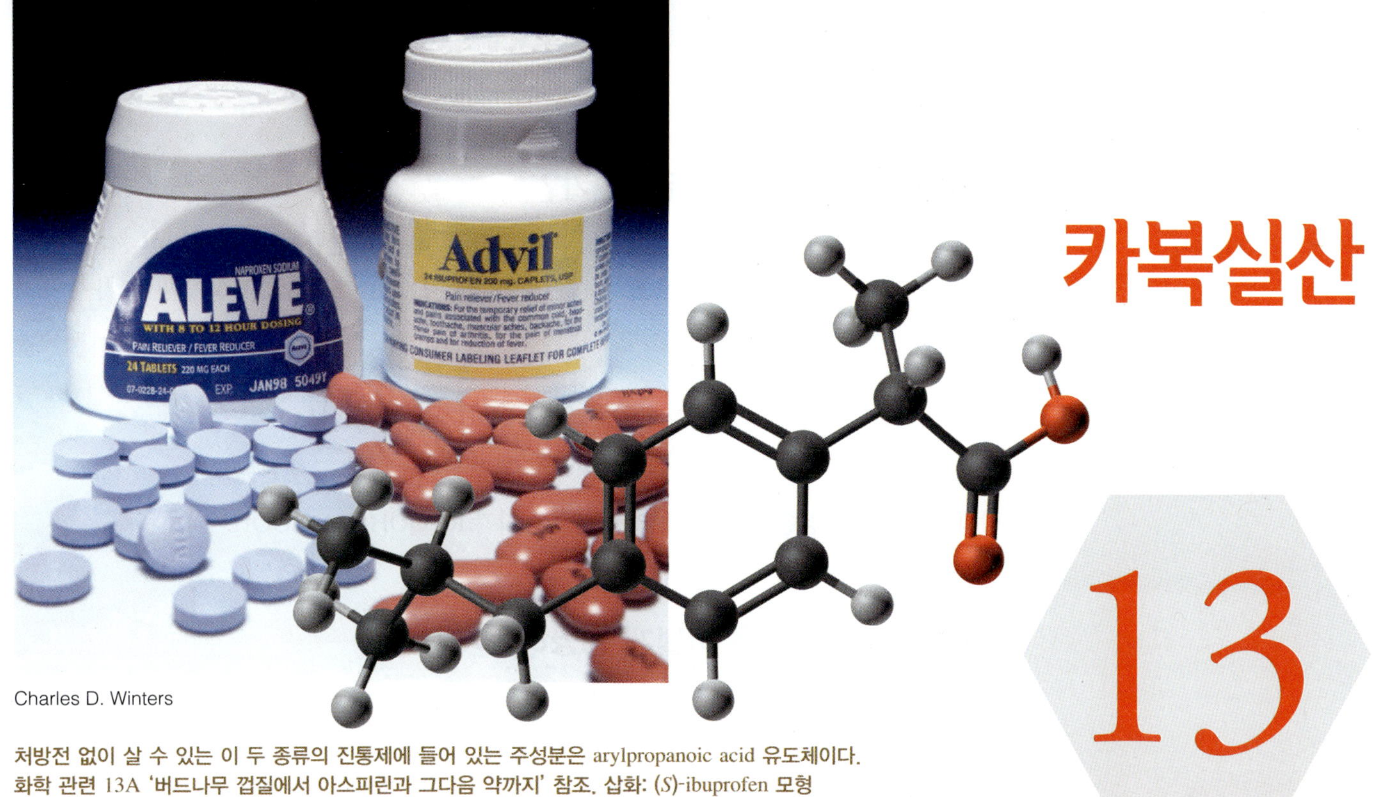

Charles D. Winters

카복실산

13

처방전 없이 살 수 있는 이 두 종류의 진통제에 들어 있는 주성분은 arylpropanoic acid 유도체이다. 화학 관련 13A '버드나무 껍질에서 아스피린과 그다음 약까지' 참조. 삽화: (*S*)-ibuprofen 모형

중요한 질문

해결 방법

화학 관련

다음에 아스피린[아세틸살리실산(acetylsalicylic acid)]을 복용하거나 우유[젖산(lactic acid) 함유]를 마실 때, 카복실기를 가진 유기 화합물의 한 종류인 카복실산을 상기할지도 모른다. 이들은 자연에 아주 널리 퍼져 있는데 식초, 버터, 식물성 기름같은 식품의 주요 성분을 이루고 있다. 카복실산의 가장 중요한 화학적 성질은 산도에 있다. 더욱이 카복실산은 다양한 주요 유도체들을 구성하고 있는데, 그 안에는 에스터, 아마이드, 산 무수물, 산 할로젠화물 등이 있다. 이 장에서는 카복실산 자체에 대해서 공부하고, 그 유도체에 대해서는 14장과 15장에서 공부할 것이다.

13.1 카복실산이란 무엇인가?

카복실기 —COOH기

카복실산의 작용기는 **카복실기**(carboxyl group)이며, 이는 카보닐(**carb**onyl)기와 하이드록실(hydr**oxyl**)기로 이루어졌기 때문에 붙여진 이름이다(1.7D절). 다음은 카복실기의 두 가지 표시법과 함께 카복실기의 Lewis 구조를 나타낸 것이다.

—COOH —CO_2H

지방족 카복실산과 방향족 카복실산의 일반식은 각각 RCOOH와 ArCOOH이다.

13.2 카복실산은 어떻게 명명하는가?

A. IUPAC 명명법

카복실산의 IUPAC명은 카복실기를 갖는 가장 긴 탄소 사슬의 이름에서 유래하며, 어미 알케인의 이름에서 마지막 *-e*를 빼고 여기에 *-oic acid*를 붙인다(3.5절). 카복실기의 탄소부터 번호를 붙이며, 카복실기 탄소가 1번이므로, 그 탄소에는 번호를 붙일 필요는 없다. 만일 카복실산이 탄소–탄소 이중 결합을 갖고 있다면, 이 이중 결합의 존재를 나타내기 위하여 *-an-*을 *-en-*으로 바꾸고, 이중 결합의 위치를 숫자로 표시한다. 다음 예들에서 각 산의 일반명은 괄호로 표시하였다.

3-Methylbutanoic acid
(Isovaleric acid)

trans-3-Phenylpropenoic acid
(Cinnamic acid)

2번 위치가 알켄이라는 것을 표시할 필요가 없다.

IUPAC 명명법에서 카복실기는 알데하이드와 케톤의 카보닐기뿐만 아니라 하이드록실기와 아미노기를 포함하여 대부분 다른 작용기(표 12.1)보다 우선한다. 다음의 예에서와 같이 알코올의 —OH기는 *hydroxy-*, 아민의 —NH_2기는 *amino-*, 알데하이드와 케톤의 ═O기는 *oxo-*라는 접두사를 붙여서 나타낸다.

5-Hydroxyhexanoic acid

4-Aminobutanoic acid

5-Oxohexanoic acid

다이카복실산(dicarboxylic acid)은 두 개의 카복실기를 갖는 탄소 사슬의 이름에 *-dioic acid*를 붙여 명명한다. 두 카복실기가 알케인 사슬의 맨 끝에만 있기 때문에 번호를 붙이지 않는다. 다음은 몇 가지 중요한 지방족 다이카복실산의 IUPAC명과 일반명을 나타낸 것이다.

Ethanedioic acid
(Oxalic acid)

Propanedioic acid
(Malonic acid)

Butanedioic acid
(Succinic acid)

밧줄의 섬유는 아디프산에서 합성된 나일론 66으로 만들어진다.

Pentanedioic acid
(Glutaric acid)

Hexanedioic acid
(Adipic acid)

옥살산(oxalic acid)은 생물계 자원에서 유래한 것으로, 대황(rhubard)의 일종인 **옥살리스**(Oxalis)속 식물에서 추출되어 이름이 붙여졌다. 옥살산은 사람이나 동물의 소변에도 있으며, 옥살산 칼슘(옥살산의 칼슘염)은 신장 결석의 주성분이다. 아디프산은 나일론 66을 합성하는 데 필요한 두 단량체(monomer) 중의 하나이다. 미국 화학 산업계에서는 나일론 66 합성에만 사용되는 아디프산을 18억 톤이나 생산한다(16.4A절).

사이클로알케인 고리에 한 개의 카복실기를 갖는 카복실산은 고리명에 *-carboxylic acid*(-카복실산)을 붙여 명명한다. 고리의 원자 위치는 —COOH기와 결합된 탄소부터 번호를 붙인다.

Lisa Kyle Young/Getty Images, Inc.

대황의 잎에는 포타슘염과 소듐염으로서 옥살산이 존재한다.

2-Cyclohexenecarboxylic acid

trans-1,3-Cyclopentanedicarboxylic acid

가장 간단한 방향족 카복실산은 벤조산이다. 유도체의 이름은 치환기의 존재와 카복실기에 대한 상대적인 위치를 나타내는 숫자와 접두사를 사용하여 명명한다. 어떤 방향족 카복실산은 일반명을 갖고 있는데, 이 일반명이 더 잘 알려져 있다. 예를 들면 2-하이드록시벤조산은 보통 살리실산으로 불리는데, 이는 **버들**(Salix)속인 버드나무의 껍질에서 맨 처음 얻은 사실로부터 유래된 이름이다. 방향족 다이카복실산은 benzene(벤젠)에 *dicarboxylic acid*(다이카복실산)란 용어를 붙여서 명명한다. 그 예가 1,2-벤젠다이카복실산과 1,4-벤젠다이카복실산의 구조이다. 이들 각각은 프탈산과 테레프탈산이라는 일반명으로 더욱 잘 알려져 있다. 테레프탈산은 데이크론(Dacron®) 폴리에스터로 알려진 섬유의 합성에 필요한 두 가지 유기 성분 중의 하나이다(16.4B절).

K. Miri Photography/Shutterstock

데이크론은 테레프탈산으로부터 만들어진 플라스틱 섬유이고, 일반적으로 베갯속으로 사용된다.

Benzoic acid

2-Hydroxybenzoic acid
(Salicylic acid)

1,2-Benzenedicarboxylic acid
(Phthalic acid)

1,4-Benzenedicarboxylic acid
(Terephthalic acid)

B. 일반명

지방족 카복실산 중의 상당수는 구조 이론과 IUPAC 명명법의 발전이 이루어지기 오래 전부터 알려져 왔는데, 이것들은 출처나 몇 가지 특징적인 성질에 따라 명명되었다. 표 13.1은 각각의 일반명과 함께 생물계에서 발견된 가지 없는 지방족 카복실산 몇 가지를 나타내었다. 탄소수가 16, 18, 20인 지방족 카복실산은 특히 유지(fat and oil)에 풍부하고(19.1절), 생체막의 인지질의 구성 성분이다(19.3절).

일반명이 사용될 경우, 치환기의 위치를 나타내기 위해 그리스 문자인 α, β, γ, δ 등이 사용된다. 카복실산의 α 위치는 카복실기 바로 옆을 뜻하며, 일반명에서 α 치환기를 IUPAC명으로 하면 2-치환기에 해당된다. GABA는 *g*amma-*a*mino*b*utyric *a*cid의 줄임말로 사람의 중추 신경계에 있는 저해성 신경 전달 물질이다.

4-Aminobutanoic acid
(γ-Aminobutyric acid, GABA)

폼산(formic acid)은 1670년에 개미로부터 처음 얻었다. 개미의 라틴어 속명이 Fomica이다. 이것은 개미가 물 때 내놓은 독액 중의 한 성분이다.

표 13.1 몇 가지 지방족 카복실산과 일반명

구조식	IUPAC 명	관용명	파생명
$HCOOH$	Methanoic acid	Formic acid	라틴어: *formica*(개미)
CH_3COOH	Ethanoic acid	Acetic acid	라틴어: *acetum*(식초)
CH_3CH_2COOH	Propanoic acid	Propionic acid	그리스어: *propion*(최초 지방)
$CH_3(CH_2)_2COOH$	Butanoic acid	Butyric acid	라틴어: *butyrum*(버터)
$CH_3(CH_2)_3COOH$	Pentanoic acid	Valeric acid	라틴어: *valere*(강해지려는)
$CH_3(CH_2)_4COOH$	Hexanoic acid	Caproic acid	라틴어: *caper*(염도)
$CH_3(CH_2)_6COOH$	Octanoic acid	Caprylic acid	라틴어: *caper*(염도)
$CH_3(CH_2)_8COOH$	Decanoic acid	Capric acid	라틴어: *caper*(염도)
$CH_3(CH_2)_{10}COOH$	Dodecanoic acid	Lauric acid	라틴어: *laurus*(월계수)
$CH_3(CH_2)_{12}COOH$	Tetradecanoic acid	Myristic acid	그리스어: *myristikos*(향기)
$CH_3(CH_2)_{14}COOH$	Hexadecanoic acid	Palmitic acid	라틴어: *palma*(야자수)
$CH_3(CH_2)_{16}COOH$	Octadecanoic acid	Stearic acid	그리스어: *stear*(고체 기름)
$CH_3(CH_2)_{18}COOH$	Icosanoic acid	Arachidic acid	그리스어: *arachis*(땅콩)

일반명에 있어서, 치환된 카복실산에서 케톤 카보닐의 존재는 β-케토뷰티르산에서처럼 **케토-**(keto-)라는 접두사로 나타낸다.

3-Oxobutanoic acid
(β-Ketobutyric acid; Acetoacetic acid)

$CH_3C(=O)—$
Acetyl기
(Aceto기)

아세토기 $CH_3CO—$기

3-옥소뷰탄산의 또 다른 일반명은 아세토아세트산이다. 이와 같이 일반명을 변형함에 있어서, 이 케토산(ketoacid)은 치환된 아세트산으로 간주되고, $CH_3C(=O)—$는 **아세토기**(aceto group)라고 한다.

예제 13.1

다음 각 카복실산의 IUPAC명을 쓰시오.

(a) $CH_3(CH_2)_7CH=CH(CH_2)_7COOH$ (H, H)

(b) (cyclohexane with COOH and OH)

(c) OH, H, C, COOH, CH_3

(d) $ClCH_2COOH$

전략

기본명을 결정하기 위해 카복실산을 포함하고 있는 가장 긴 탄소 사슬을 찾는다. 그리고 접미사 *-e*를 *-oic acid*로 고친다. 고리형 카복실산은 사이클로알케인 이름에 *carboxylic acid*라는 이름을 덧붙인다(접미사 *-e*를 지우지 말고). 통상적으로 입체 화학(E/Z, cis/trans 또는 R/S)을 표시하라.

풀이

(a) *cis*-9-Octadecenoic acid(oleic acid)
(b) *trans*-2-Hydroxycyclohexanecarboxylic acid
(c) (*R*)-2-Hydroxypropanoic acid[(*R*)-lactic acid]
(d) Chloroethanoic acid(chloroacetic acid)

문제 13.9~13.12, 13.15 참조

문제 13.1

다음 각 화합물은 잘 알려진 일반명을 가지고 있다. Glyceric acid의 한 유도체는 해당 작용의 중간체이다(21.3절). Maleic acid는 tricaboxylic acid(TCA) 회로의 중간체이며, mevalonic acid는 스테로이드 생합성의 중간체이다(19.4B절). 젖산은 동물에서의 발효 작용의 생성물이다(21.4A절).

(a) Glyceric acid

(b) Maleic acid

(c) Mevalonic acid

(d) Lactic acid

각각의 IUPAC명을 쓰고, 배열(configuration)을 정확히 표시하시오.

13.3 카복실산의 물리적 성질은 무엇인가?

카복실산은 액체나 고체 상태에서 분자간 수소 결합에 의해 아세트산과 같이 이합체로서 존재한다.

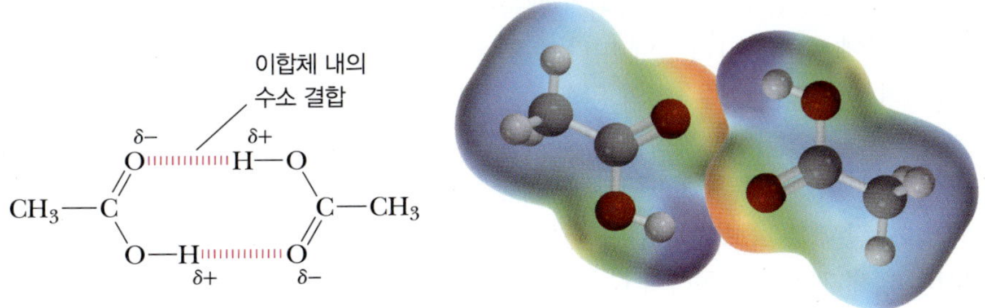

카복실산은 알코올, 알데하이드, 케톤과 같은 분자량이 비슷한 다른 형태의 유기 화합물보다 상당히 높은 끓는점을 갖는다. 예를 들어 뷰탄산(butanoic acid, 표 13.2)은 1-펜탄올이나 펜탄알보다 끓는점이 높다. 이와 같이 카복실산의 끓는점이 높은 것은 그들의 극성과 강한 분자간 수소 결합을 형성한다는 사실에 기인한다.

카복실산은 또한 카보닐기와 하이드록실기 사이의 수소 결합에 의해 물 분자와 상호 작용한다. 이와 같은 수소 결합에 의한 상호 작용 때문에 분자량이 비슷한 알코올, 에스터, 알데하이드, 케톤 화합물보다 물에 잘 녹는다. 수용액에서 카복실산의 용해도는 분자량이 증가함에 따라 감소한다. 카복실산의 이러한 용해도는 아래와 같이 설명할 수 있다. 카복실산은 극성인 **친수성**(hydrophilic)의 카복실기와 폼산을 제외하고, 무극성인 **소수성**(hydrophobic)의 탄화수소 사슬

Hydrophilic '물을 좋아한다'는 뜻의 그리스어에서 유래

Hydrophobic '물을 싫어한다'는 뜻의 그리스어에서 유래

표 13.2 몇 가지 유사한 분자량을 갖는 카복실산, 알코올 및 알데하이드의 끓는점과 물에 대한 용해도

구조식	이름	분자량	끓는점(°C)	용해도(g/100 mL 물)
CH_3COOH	Acetic acid	60.5	118	무한대
$CH_3CH_2CH_2OH$	1-Propanol	60.1	97	무한대
CH_3CH_2CHO	Propanal	58.1	48	16
$CH_3(CH_2)_2COOH$	Butanoic acid	88.1	163	무한대
$CH_3(CH_2)_3CH_2OH$	1-Pentanol	88.1	137	2.3
$CH_3(CH_2)_3CHO$	Pentanal	86.1	103	약간
$CH_3(CH_2)_4COOH$	Hexanoic acid	116.2	205	1.0
$CH_3(CH_2)_5CH_2OH$	1-Heptanol	116.2	176	0.2
$CH_3(CH_2)_5CHO$	Heptanal	114.1	153	0.1

을 가짐으로써 현저히 다른 극성을 갖는 두 영역으로 구성되어 있다(폼산은 예외). 친수성의 카복실기는 수용성을 증가시키고, 소수성의 탄화수소 사슬은 수용성을 감소시킨다.

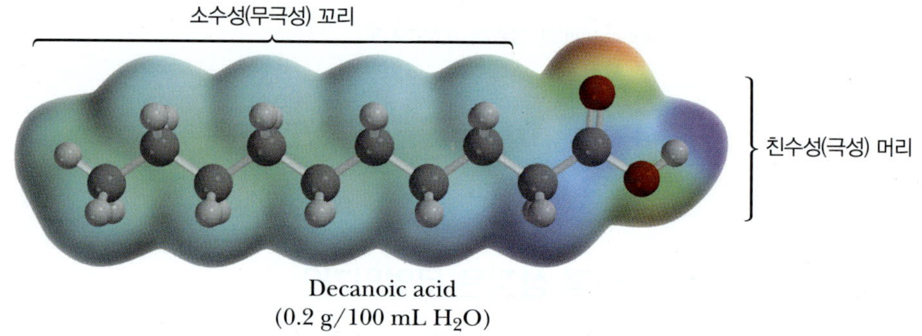

Decanoic acid
(0.2 g/100 mL H_2O)

처음 네 개의 지방족 카복실산(폼산, 아세트산, 프로판산, 뷰탄산)은 탄화수소 사슬의 소수성이 카복실기의 더 큰 친수성에 의해 상쇄되기 때문에 물에 무한히 녹는다. 탄화수소 사슬의 크기가 카복실기의 크기에 비해 증가해 감에 따라 수용성은 감소한다. 헥산산(탄소수 6)의 용해도는 1.0 g/물 100 g이며, 데칸산(탄소수 10)의 용해도는 0.2 g/물 100 g이다.

또 다른 카복실산의 물리적 특성을 언급할 필요가 있다. 액상의 카복실산은 프로판산에서 데칸산까지 매우 불쾌한 냄새를 갖고 있는데, 이런 기분 나쁜 냄새는 조금 다르기는 하지만 싸이올(thiol) 화합물처럼 기분 나쁘다. 뷰탄산은 겨드랑이 땀에서 발견되는데 '탈의실 냄새'의 주성분이다. 펜탄산의 냄새가 가장 지독하며 C_6, C_8, C_{10} 산들을 분비하는 염소(goat)는 그 냄새 때문에 별로 인기를 끌지 못하고 있다.

13.4 카복실산의 산-염기 성질은 무엇인가?

A. 산의 이온화 상수

카복실산은 약산이다. 대부분의 치환되지 않은 지방족 카복실산과 방향족 카복실산의 K_a 값은 10^{-4}~10^{-5}의 범위 내에 있다. 한 예로 아세트산의 K_a 값은 1.74×10^{-5}, 즉 pK_a 값이 4.76이다.

$$CH_3COOH + H_2O \rightleftharpoons CH_3COO^- + H_3O^+$$

$$K_a = \frac{[CH_3COO^-][H_3O^+]}{[CH_3COOH]} = 1.74 \times 10^{-5}$$

$$pK_a = 4.76$$

2.5B절에서 알아본 바와 같이 카복실산은 알코올(pK_a 16~18)보다 훨씬 강한 산(pK_a 4~5)이다. 그 이유는 **카복실산염**(carboxylate) 음이온의 음전하가 비편재화로 공명 안정화되기 때문이다. 그런데 알콕시화 이온에는 그러한 공명 안정화가 존재하지 않는다.

R–COOH ⇌ H⁺ + [R–COO⁻ ↔ R–COO⁻]

pK_a 4–5

공명 안정화로 음이온이 비편재화된다.

R—OH ⇌ H⁺ + R—O⁻

pK_a 16–18

공명 안정화가 없다.

탄소보다 전기 음성도가 큰 원자와 원자단이 α-탄소에 치환된 것은 카복실산의 산도를 종종 몇 배 이상이나 증가시킨다(2.5C절). 예를 들어 아세트산(pK_a 4.76)과 클로로아세트산(pK_a 2.86)을 비교해 보라. α-탄소에 염소 원자가 한 개 치환되었을 뿐인데 산도는 100배나 증가되었다. 다이클로로아세트산과 트라이클로로아세트산도 인산(pK_a 2.1)보다 강한 산임을 알 수 있다.

전기 음성도가 큰 원소의 유도 효과로 음이온을 비편재화하여 카복실산염 이온을 안정화시킨다.

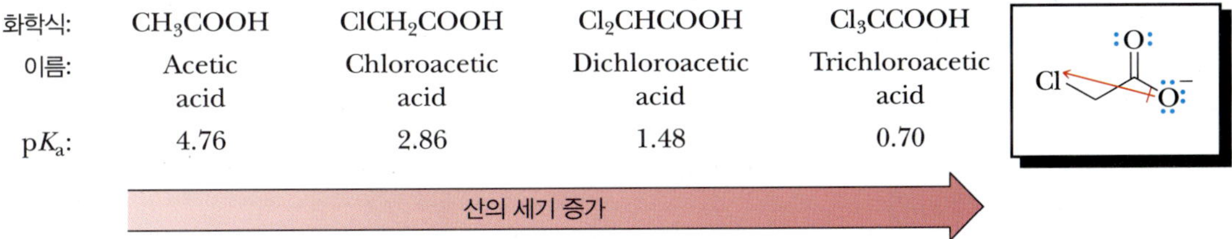

할로젠 치환기가 카복실기로부터 멀리 떨어질수록 산도 증가 효과는 급격히 떨어진다. 비록 2-클로로뷰탄산(pK_a 2.83)의 이온화 상수가 뷰탄산보다 100배나 더 크지만, 4-클로로뷰탄산(pK_a 4.52)의 이온화 상수는 뷰탄산의 두 배밖에 안 된다.

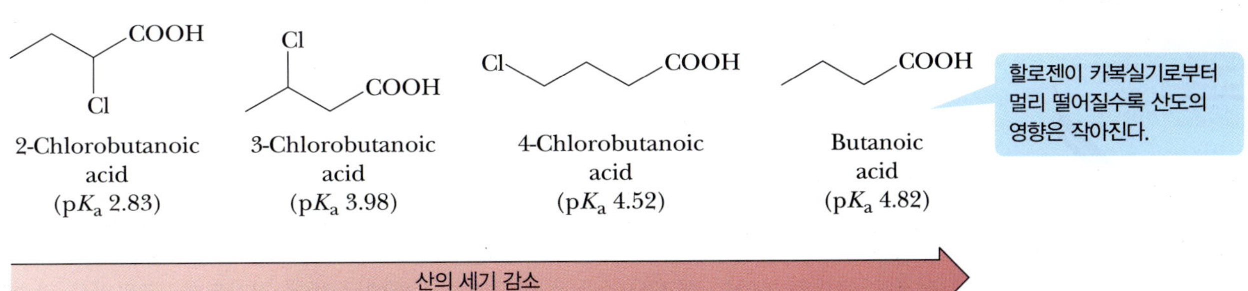

할로젠이 카복실기로부터 멀리 떨어질수록 산도의 영향은 작아진다.

예제 13.2

다음 각 조에서 어떤 산이 더 강한 산인가?

(a) Propanoic acid 와 2-Hydroxypropanoic acid (Lactic acid)

(b) 2-Hydroxypropanoic acid (Lactic acid) 와 2-Oxopropanoic acid (Pyruvic acid)

전략

각 산의 짝염기를 그리고, 공명이나 유도 효과에 따른 이온 안정화가 가능한지 살펴보라. 더 안정화되어 있는 짝염기는 더 강한 산성인 카복실산을 가리킨다.

풀이

(a) 2-Hydroxypropanoic acid(pK_a 3.08)가 propanoic acid(pK_a 4.87)보다 더 강한 산이다. 그 이유는 하이드록실 산소의 전자끌기 유도 효과 때문이다.
(b) 2-Oxopropanoic acid(pK_a 2.06)가 2-hydroxypropanoic acid(pK_a 3.08)보다 더 강한 산이다. 그 이유는 카보닐 산소가 하이드록실 산소보다 전자끌기 유도 효과가 더 크기 때문이다.

문제 13.20~13.22, 13.48 참조

문제 13.2

다음 각 화합물에 적절한 pK_a 값을 선택하시오.

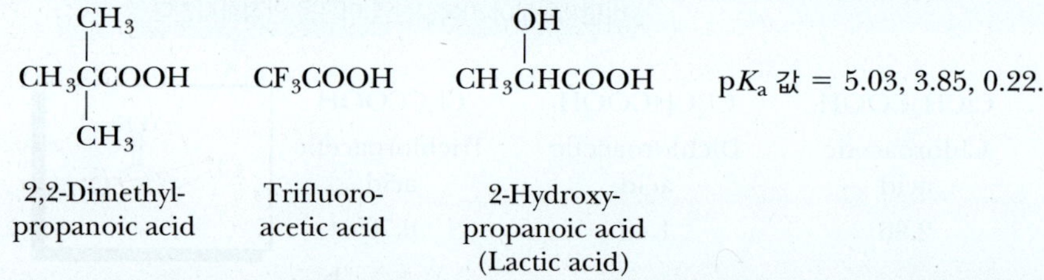

B. 염기와의 반응

수용성이든, 비수용성이든 관계없이 모든 카복실산은 NaOH, KOH 등의 강염기와 반응하여 수용성 염을 생성한다.

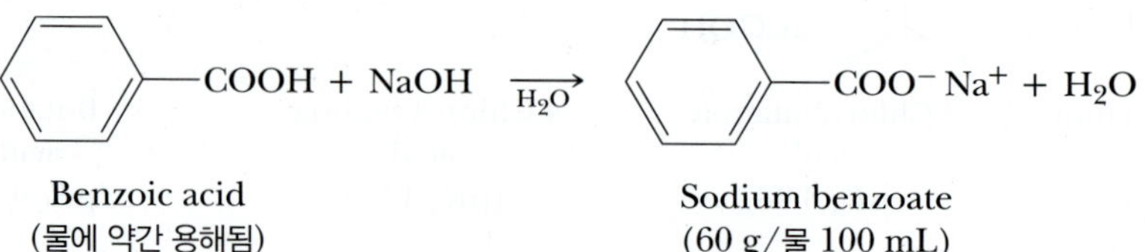

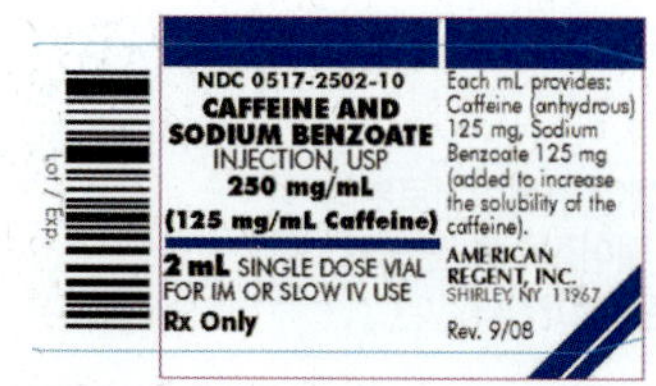

벤조산 소듐(sodium benzoate)은 의료용 성분 표시에 있듯이 일반 방부제이다.

곰팡이 성장 저해제의 하나인 벤조산 소듐은 방부제로서 때때로 빵에 첨가된다. 프로판산 칼슘(calcium propanoate)도 이와 같은 목적으로 사용된다.

카복실산은 암모니아 또는 아민과 반응하여 역시 염을 생성한다.

$C_6H_5COOH + NH_3 \xrightarrow{H_2O} C_6H_5COO^- NH_4^+$

Benzoic acid (물에 약간 용해됨) — Ammonium benzoate (20 g/물 100 mL)

카복실산의 염은 무기산의 염과 같은 방법으로 명명하며, 먼저 양이온을 명명하고, 뒤에 음이온을 붙인다. 음이온의 이름은 카복실산의 접미사 *-ic acid*를 없애고 *-ate*를 붙인다. 예를 들어 $CH_3CH_2COO^-Na^+$는 프로판산 소듐(sodium propanoate)으로, $CH_3(CH_2)_{14}COO^-Na^+$는 헥사데칸산 소듐(팔미트산 소듐)[sodium hexadecanoate(sodium palmitate)]으로 명명한다.

예제 13.3

다음의 산–염기 반응을 완성하시오.

(a) $CH_3CH_2CH_2COOH + NaOH \longrightarrow$

(b) $CH_3CH(OH)COOH + NaHCO_3 \longrightarrow$

전략

염기와, 산의 가장 강한 수소를 찾아라. Sodium bicarbonate($NaHCO_3$)은 특히 반응 중에 carbonic acid을 만드는데, 그것은 곧 CO_2와 H_2O로 분해된다는 것을 기억하라.

풀이

각각의 카복실산은 그것의 소듐염으로 바뀐다. (b)에서는 탄산이 만들어지고, 이산화 탄소와 물로 분해된다.

(a) $CH_3CH_2CH_2COOH + NaOH \longrightarrow CH_3CH_2CH_2COO^-Na^+ + H_2O$

Butanoic acid — Sodium butanoate

(b) $CH_3CH(OH)COOH + NaHCO_3 \longrightarrow CH_3CH(OH)COO^-Na^+ + H_2O + CO_2$

2-Hydroxypropanoic acid (Lactic acid) — Sodium 2-hydroxypropanoate (Sodium lactate)

문제 13.23, 13.34 참조

문제 13.3

예제 13.3의 각 산과 암모니아의 반응식을 적고 생성된 염의 이름을 쓰시오.

카복실산염의 수용성 때문에 비수용성의 카복실산은 수용성 암모늄염 또는 알칼리 금속염으로 전환될 수 있어 수용액으로 추출할 수 있게 된다. 이들 염은 HCl, H_2SO_4 등 강산의 첨가에 의해 유리 카복실산으로 전환될 수 있다. 이러한 반응으로 물에 용해되지 않는 중성 물질로부터 카복실산을 분리해 낼 수 있다.

그림 13.1은 비산성 화합물인 벤질 알코올로부터 비수용성 카복실산인 벤조산을 분리하기 위한 전개도를 나타낸 것이다. 먼저 벤조산과 벤질 알코올의 혼합물을 다이에틸 에터에 녹인다. 에터 용액에 NaOH 등 강염기 용액을 혼합한 후 흔들어 주면 벤조산은 수용성 소듐염으로 변한다. 이때 에터층은 수용액층과 분리된다. 에터층을 증류하면 먼저 다이에틸 에터(끓는점 35℃)가 얻

어지고, 그다음 벤질 알코올(끓는점 205℃)이 얻어진다. 수용액층을 HCl로 산성화하면 비수용성 고형물로서 벤조산(녹는점 122℃)이 침전되는데, 여과하여 회수한다. 화합물의 산-염기 성질에 바탕을 둔 화합물 분리 능력은 실험실에서나 공업 화학에서 매우 중요하다.

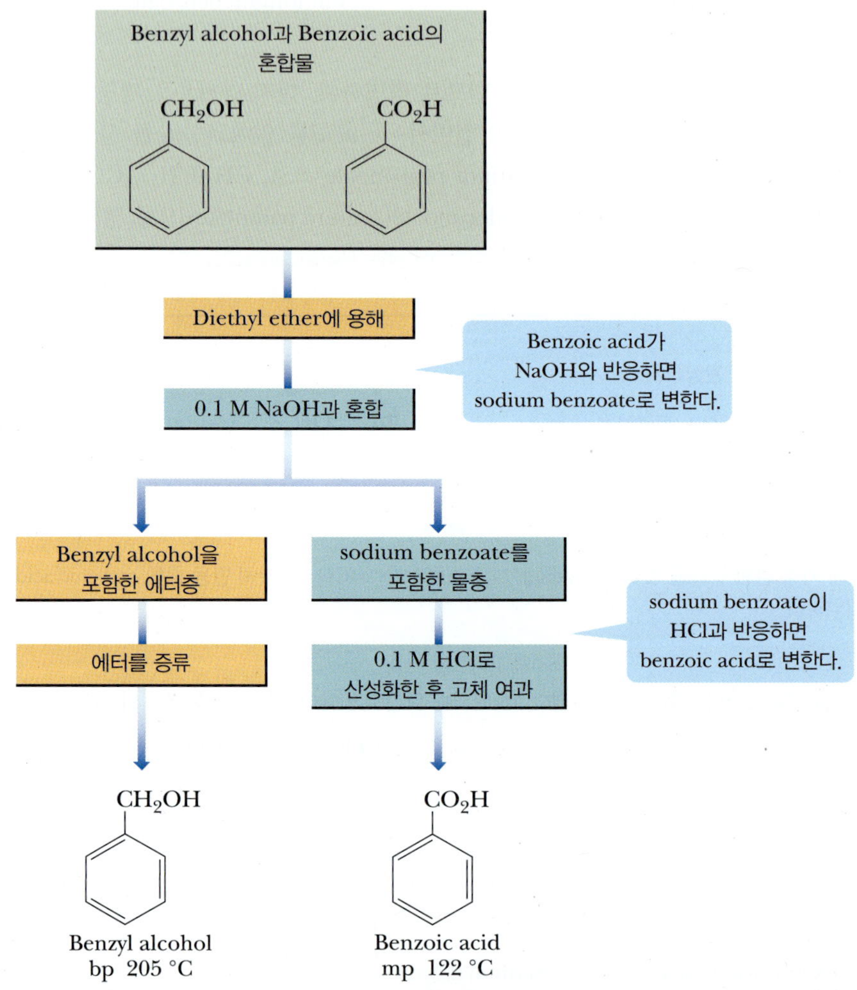

그림 13.1
Benzyl alcohol로부터 benzoic acid를 분리하기 위한 전개도

13.5 카복실기는 어떻게 환원되는가?

카복실기는 환원이 가장 어려운 유기 작용기 중의 하나이다. 이것은 촉매 환원(H_2/M)으로 알데하이드나 케톤이 알코올로 쉽게 환원되고 알켄이 알케인으로 환원되는 그런 조건으로는 변화가 일어나지 않는다. 카복실산을 일차 알코올로 환원시키는 가장 흔한 시약은 매우 강력한 환원제인 수소화 알루미늄 리튬(lithium aluminum hydride)이다(12.10절).

화학 관련 13A

버드나무 껍질에서 아스피린과 그다음 약까지

전 세계적으로 널리 사용되는 약으로 최초 개발된 것은 아스피린(aspirin)으로, 오늘날 진통제로 가장 흔히 사용되는 것이다. 미국 단독으로만 연간 약 800억 정의 아스피린이 소비되고 있다. 현대 통증 완화제로 사용되는 이 약의 개발 이야기는 2,000년 이상 거슬러 올라간다. B.C 400년, 그리스의 의사였던 Hippocrates는 출산 시 고통을 줄이기 위해, 또 눈 감염 치료를 위해 버드나무 껍질을 씹으라고 추천하였다.

버드나무 껍질의 유효 성분은 살리신으로 알려졌는데, 이는 살리신 알코올이 β-D-글루코스(17.2절)와 결합되어 있는 화합물이다. 살리신은 산성 용액에서 가수 분해되어 살리신 알코올이 되며,

이는 살리실산으로 산화될 수 있다. 살리실산은 살리신보다 훨씬 강력한 통증 완화, 해열, 소염 효과가 있고, 원래의 매우 쓴맛도 없다. 그러나 불행하게도 환자들은 곧 살리실산이 위의 점막을 심하게 자극하여 염증을 일으키는 것을 알게 되었다.

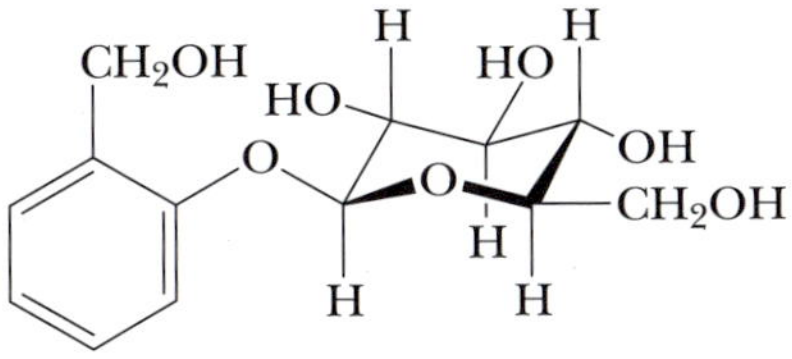

Salicin

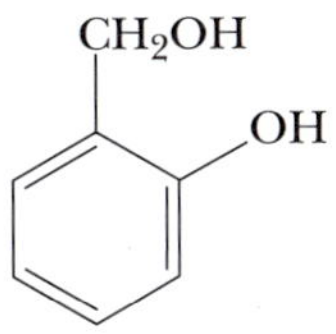

Salicyl alcohol

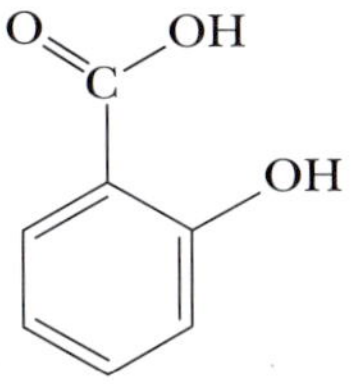

Salicylic acid

염증을 완화시키면서 효과는 그대로 있는 유도체를 찾던 중, 1833년에 I. G. Farben의 한 부서인 Bayer의 화학자들이 아세틸 살리실산을 만들었고, 이 물질에 **아스피린**(aspirin)이라는 이름을 붙였는데, 이는 독일어로 살리실산을 의미하는 *spirsäure*에 아세틸기를 의미하는 첫 자 'a'를 붙인 것이다.

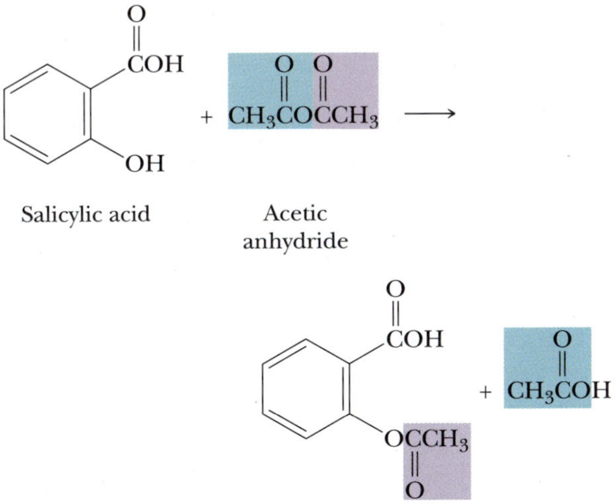

Salicylic acid + Acetic anhydride (CH_3COCCH_3) ⟶ Acetyl salicylate (Aspirin) + CH_3COH

아스피린은 살리실산보다 훨씬 덜 자극적이면서 통증 완화 및 관절염의 소염 효과는 오히려 더 강한 것이 증명되었다. 아스피린의 대량 생산은 1899년에 Bayer에서 시작되었다.

1960년에 보다 덜 자극적이고 훨씬 강한 진통 효과 및 소염 효과를 내는 약품을 찾는 과정에서, 영국의 Boots Pure Drug 회사는 살리실산과 유사한 구조를 연구하였다. 이들은 훨씬 강력한 화합물을 발견하여 이부프로펜이라고 명명하였다. 이후 곧 미국의 Syntex사는 나프록센을, 프랑스의 Rhone–Poulenc은 케토프로펜을 개발하였다.

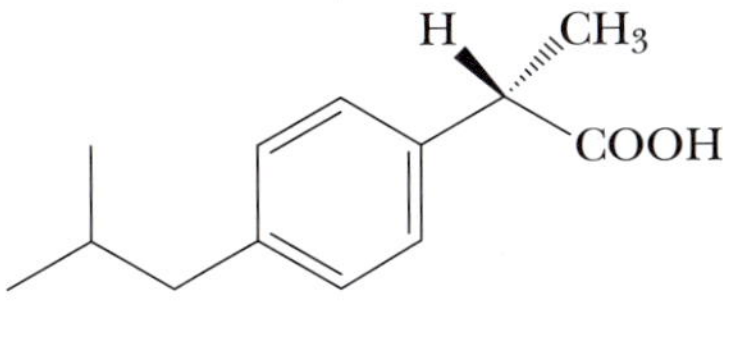

(*S*)-Ibuprofen

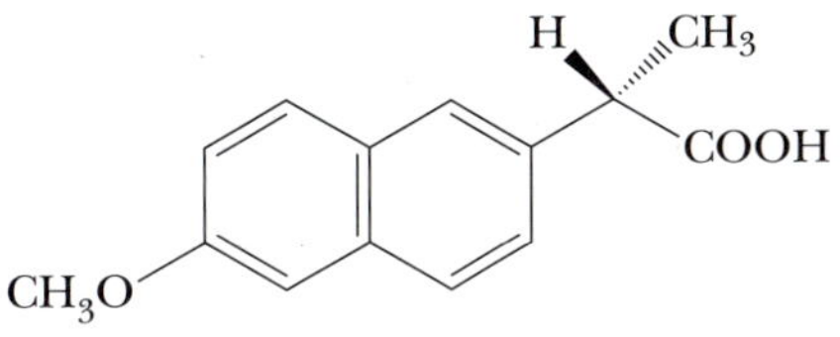

(*S*)-Naproxen

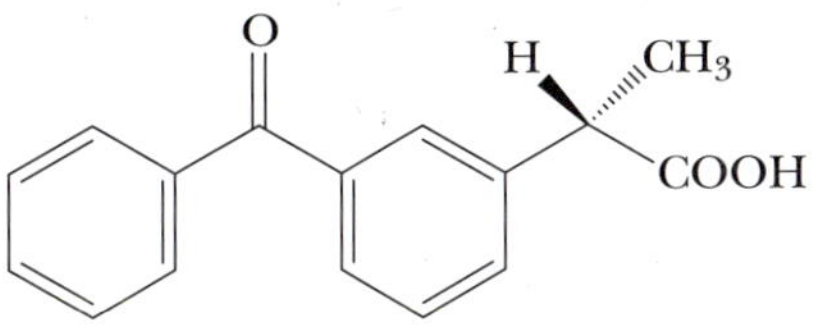

(*S*)-Ketoprofen

이들 각 화합물은 입체 중심을 하나씩 가지고 있어 거울상 이성질체가 한 쌍씩 있음에 주목하기 바란다. 이들 모두 생리학적으로 유효한 것은 *S* 거울상 이성질체이다. *R* 거울상 이성질체는 진통 효과나 소염 효과가 전혀 없음에도 불구하고 체내에서 약효가 있는 *S* 거울상 이성질체로 변환된다.

1960년대 아스피린은 아라키돈산(arachidonic acid)을 프로스타글라딘(prostaglandin, 19.5절)으로 변환시키는 핵심 효소인 고리 산소화 효소(cyclooxygenase, COX) 저해제임이 발견되었다. 이 발견으로 이부프로펜, 나프록센, 케토프로펜 등은 왜 하나의 거울상 이성질체만이 약효가 있는지 확실하게 되었다. 이들 각각의 *S* 거울상 이성질체만이 COX 효소와 결합하여 그 효능을 저해하는 데 맞는 입체성을 갖고 있다.

이들 약품이 COX 저해로 약효를 나타낸다는 것이 발견된 것은 전적으로 의약 연구의 새로운 길을 열게 되었다. 이 효소의 구조와 기능에 대해 더 알게 되면 류마티스성 관절염과 다른 염증 치료에 사용하는 더 강력한 비스테로이드성 소염제를 고안하거나 발견할 수도 있지 않을까?

그렇게 함으로써 버드나무 껍질을 씹어 유익한 효능을 발견했던 것에서 시작한 이 이야기는 계속 진행될 것이다.

문제

살리실산과 아래 물질의 반응 생성물을 그리시오.

(a) NaOH 1당량, (b) NaOH 2당량, (c) $NaHCO_3$ 2당량

A. 카복실기의 환원

$LiAlH_4$(수소화 알루미늄 리튬)는 카복실산을 고수율의 일차 알코올로 환원시킨다. 환원 반응은 다이에틸 에터나 테트라하이드로퓨란(tetrahydrofuran, THF) 용매하에서 수행한다. 초기 생성물은 알콕시화 알루미늄(aluminum alkoxide)인데, 이것을 물로 처리하면 일차 알코올과 리튬 및 알루미늄의 수산화물이 된다.

3-Cyclopentene-carboxylic acid $\xrightarrow[2)\ H_2O]{1)\ LiAlH_4,\ \text{에터}}$ 4-Hydroxymethyl-cyclopentene ($-CH_2OH$) + LiOH + $Al(OH)_3$

이들 수산화물은 다이에틸 에터나 THF에 불용성이기 때문에 여과하여 제거한다. 용매를 증발시키면 일차 알코올을 얻을 수 있다.

알켄은 일반적으로 금속 수소화물 환원제의 영향을 받지 않는다. 이들 시약은 친핵성인 수소화 이온 주개로서 작용하는데, 알켄은 친핵성 이온에 의해 공격받지 않는다.

B. 다른 작용기의 선택적 환원

촉매 수소 첨가 반응(케톤과 알데하이드를 환원시킬 수 있는 최소한의 조건하에서)은 카복실기를 환원시키지 않지만 알켄을 알케인으로 환원시킨다. 따라서 카복실기 존재하에서 이 작용기를 선택적으로 환원시키기 위해 H_2/M을 사용할 수 있다.

5-Hexenoic acid + H_2 $\xrightarrow[25\ °C,\ 2\ atm]{Pt}$ Hexanoic acid

12.10절에서 $LiAlH_4$와 $NaBH_4$에 의해 알데하이드와 케톤이 알코올로 환원된다는 것을 설명한 바 있다. 그러나 $LiAlH_4$만이 카복실기를 환원시킨다. 따라서 환원제로서 더 반응성이 작은 $NaBH_4$를 사용함으로써 카복실기의 존재하에 선택적으로 알데하이드나 케톤의 카보닐기가 환원되는 것은 가능하다.

새로운 입체 중심이 형성되며, 생성물은 라셈이다.

5-Oxo-5-phenylpentanoic acid (C_6H_5) $\xrightarrow[2)\ H_2O]{1)\ NaBH_4,\ EtOH}$ 5-Hydroxy-5-phenylpentanoic acid

예제 13.4

다음의 각 보기가 (i), (ii), (iii)과 반응했을 때 형성된 생성물을 쓰시오.

(i) H_2/Pd (ii) 1. $LiAlH_4$, 에터 2. H_2O (iii) 1. $NaBH_4$, EtOH 2. H_2O

각 반응에서 과량의 시약이 반응에 이용될 수 있다고 가정한다.

(a) (b)

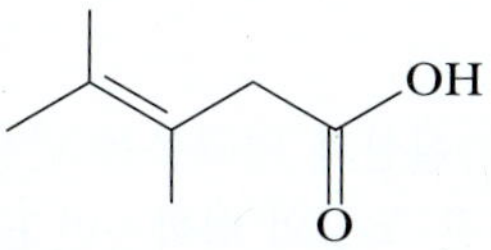

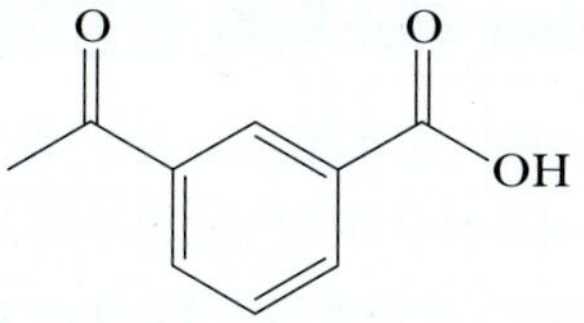

OH O O OH O

전략

카복실산은 $LiAlH_4$, 알켄은 H_2/M에 의해서만 환원되며, 알데하이드와 케톤은 모든 금속 수소화물 환원제에 의해서 환원된다. 그리고 벤젠 고리는 이러한 모든 환원제에 대해 반응하지 않는다는 것을 기억하라. 각 반응 생성물의 입체 화학을 고려해야 한다는 것을 기억하라.

풀이

각 반응에서 생성된 주생성물의 구조식이다.

(a)

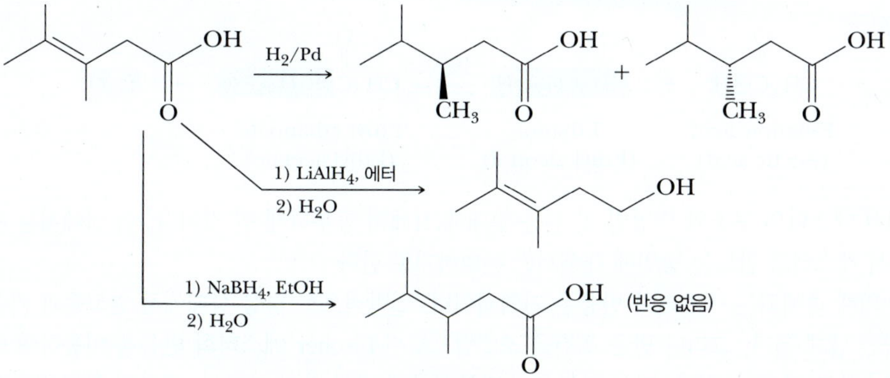

OH O → H_2/Pd → OH CH_3 O + OH CH_3 O

1) $LiAlH_4$, 에터 2) H_2O → OH

1) $NaBH_4$, EtOH 2) H_2O → OH O (반응 없음)

(b)

O O OH → H_2/Pd → OH O OH + OH O OH

1) $LiAlH_4$, 에터 2) H_2O → OH OH + OH OH

1) $NaBH_4$, EtOH 2) H_2O → OH O OH + OH O OH

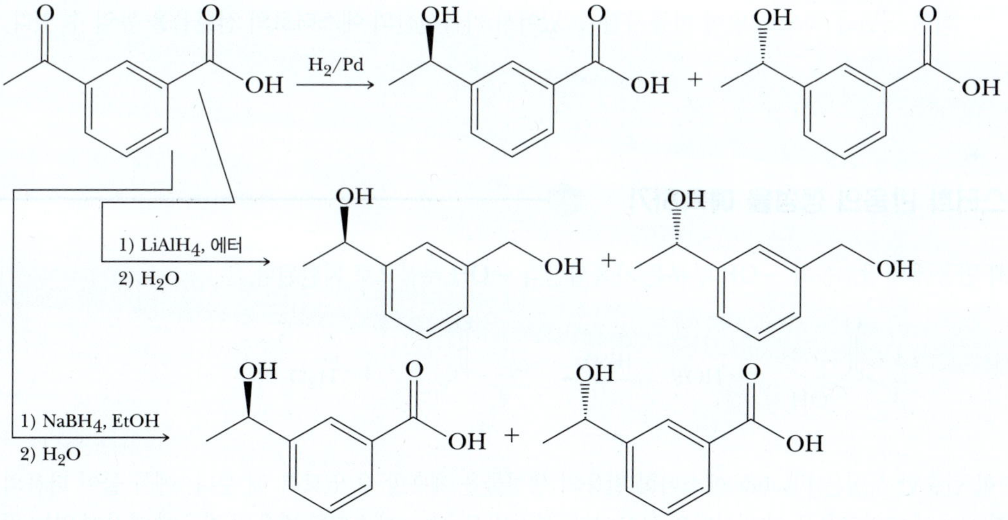

문제 13.30~13.32, 13.47 참조

문제 13.4

다음의 각 보기가 (i), (ii), (iii)과 반응했을 때 형성된 생성물을 쓰시오.

(i) H_2/Pd (ii) 1. $LiAlH_4$, 에터 2. H_2O (iii) 1. $NaBH_4$, EtOH 2. H_2O

각 반응에서 과량의 시약이 반응에 이용될 수 있다고 가정한다.

(a) (b)

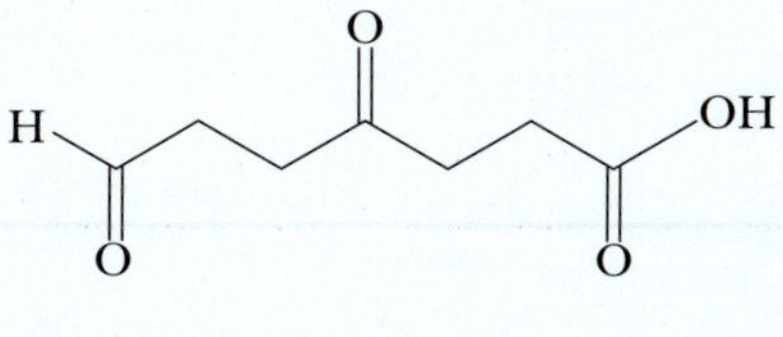

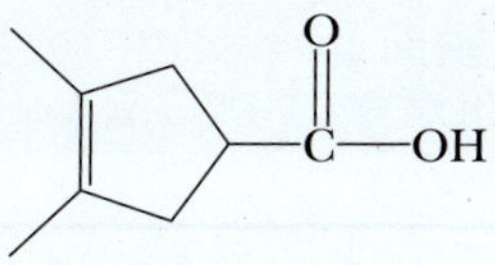

H O O O OH O C OH

13.6 Fischer 에스터화 반응이란 무엇인가?

Fischer 에스터화 반응 촉매(보통 황산)하에 카복실산과 알코올이 반응하여 에스터를 생성하는 반응

에스터는 산 촉매(가장 보편적으로 진한 황산)의 존재하에서 카복실산과 알코올을 반응시켜 얻을 수 있다. 카복실산과 알코올로부터 에스터로의 전환 반응은 독일의 화학자인 Emil Fischer(1852~1919)가 밝힘에 따라 **Fischer 에스터화 반응**(Fischer esterification)이라고 부르게 되었다. Fischer 에스터화 반응의 하나의 예로서, 진한 황산 존재하에서 아세트산과 에탄올의 반응에 의해 아세트산 에틸(ethyl acetate)과 물이 생성되는 경우를 보자.

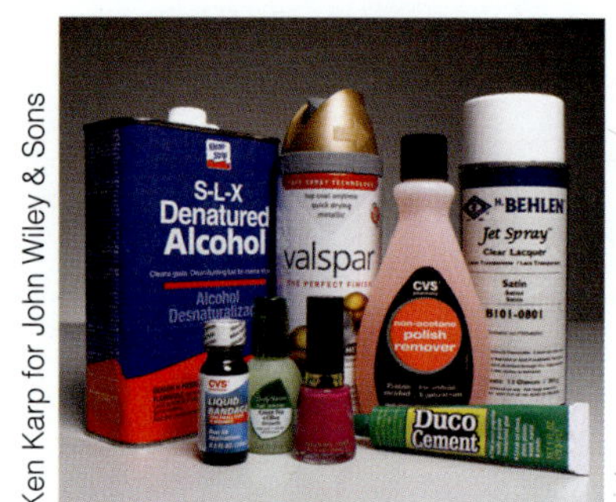

Ken Karp for John Wiley & Sons

이 제품들은 모두 용매로서 아세트산 에틸이 포함되어 있다.

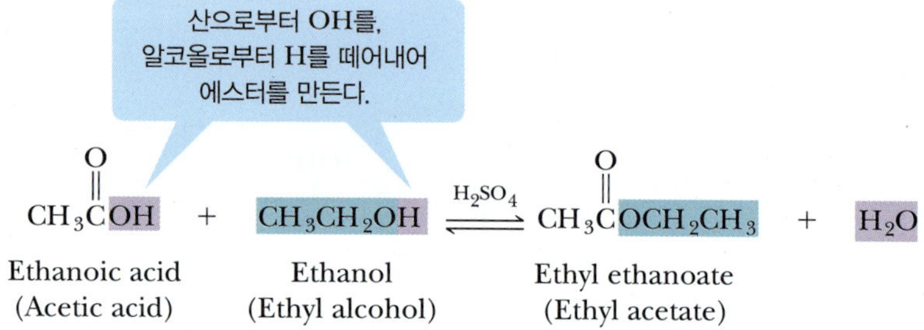

14장에서 에스터의 구조와 명명법 및 반응에 대해 자세히 공부하게 될 것이다. 이 절에서는 카복실산에서 에스터를 만드는 방법에 대해서만 논의하기로 한다.

산에 의해 촉매되는 에스터화 반응은 가역적이며, 일반적으로 평형 상태에서 알코올과 카복실산은 약간 남게 된다. 그러나 반응 조건을 조절함으로써 Fischer 에스터화 반응을 이용하여 에스터를 고수율로 얻을 수 있다. 만약 알코올이 카복실산에 비해 값이 싸다면, 과량의 알코올을 사용하여 정반응 쪽으로 평형 이동시킬 수 있어서 카복실산의 에스터로의 전환율을 높일 수 있다.

해결방법 13.1 Fischer 에스터화 반응의 생성물 예측하기

(a) Fischer 에스터화 반응에서 알코올의 —OR 부분은 카복실산의 —OH 부분으로 치환된다.

$$\text{R-COOH} + \text{HOR} \xrightarrow{H_2SO_4} \text{R-COOR} + H_2O$$

(b) 메커니즘의 이러한 단순한 사실은 Fischer 에스터화 반응의 생성물을 예측할 수 있도록 해 준다. 예를 들어 다음의 Fischer 에스터화 반응에서 알코올은 이미 분자의 부분이다. 분자내 Fischer 에스터화 반응의 경우에 분자에 있는 원자에 번호를 부여하는 것이 종종 도움이 된다.

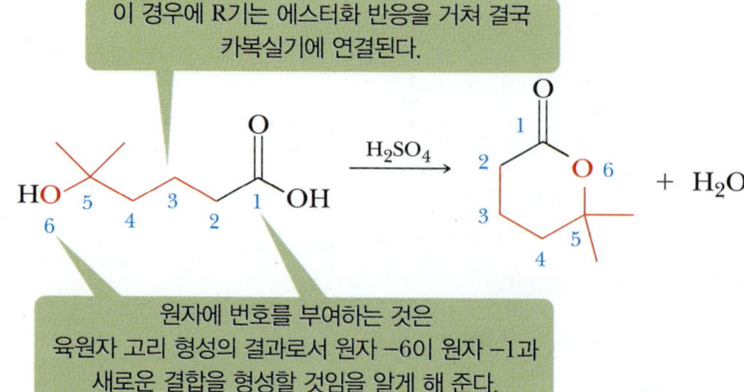

예제 13.5

다음의 Fischer 에스터화 반응을 완성하시오.

(a) benzoic acid (C₆H₅COOH) + CH_3OH $\xrightleftharpoons{H^+}$

(b) HO₂C–CH₂CH₂–CO₂H + EtOH (과량) $\xrightleftharpoons{H^+}$

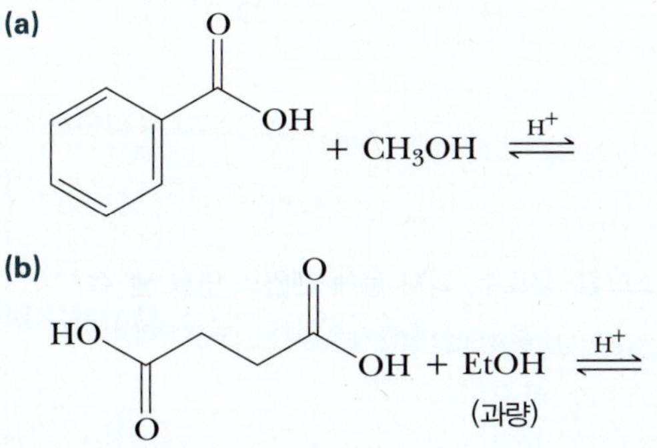

전략

Fischer 에스터화 반응에서 각 카복실기는 에스터로 바뀌는데, —OR기는 알코올 시약으로부터 온다.

풀이

각 반응에서 생성된 에스터의 구조식은 다음과 같다.

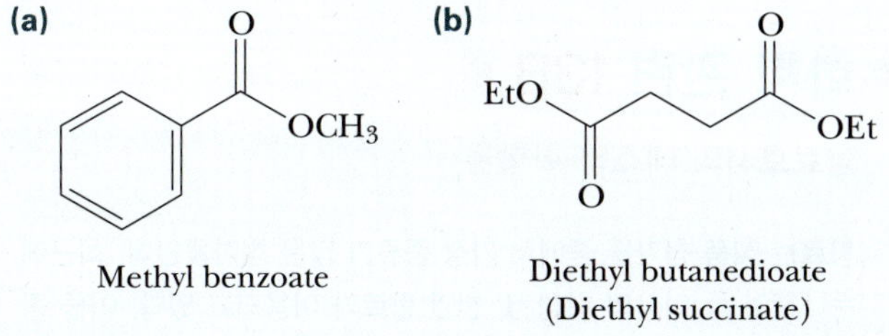

(a) Methyl benzoate ($C_6H_5COOCH_3$)

(b) Diethyl butanedioate (Diethyl succinate) (EtO₂C–CH₂CH₂–CO₂Et)

문제 13.30, 13.33, 13.39, 13.40, 13.47 참조

문제 13.5

다음의 Fischer 에스터화 반응을 완성하시오.

(a) $(CH_3)_2CHCOOH$ + HO–cyclohexane $\xrightleftharpoons{H^+}$

(b) HO–CH₂CH₂CH₂–COOH $\xrightleftharpoons{H^+}$ (고리형 에스터)

5.2C절에서는 그 후에 접할 다양한 유기 반응에 대하여 일반적인 다섯 가지 메커니즘 방식을 정의하였다. 카복실산과 그 유도체의 연구에서 자주 접할 여섯 번째 메커니즘 방식을 여기서 정의한다(14장).

형태 6: 이탈기가 제거되고 카보닐기가 다시 형성되기 위한 사면체 카보닐 첨가 중간체의 붕괴. 카보닐에 친핵체(Nu:) 첨가 후에 이탈기(:Lv)가 제거되는 동안 C=O로 사면체 카보닐 중간체의 붕괴가 가능한 메커니즘이다. 이 장과 앞으로의 장들에서 Nu와 Lv는 모두 여러 형태를 가질 수 있다.

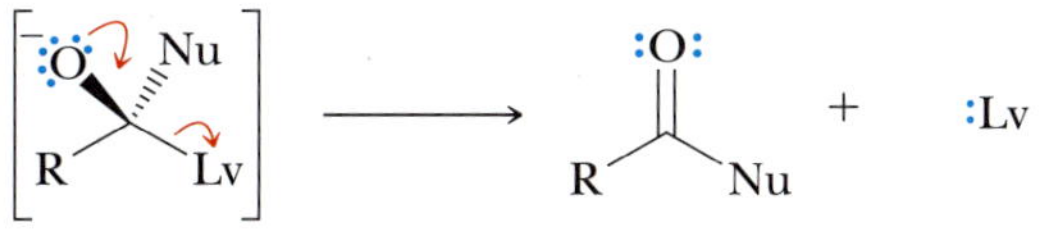

[R–C(O⁻)(Nu)(Lv)] ⟶ R–C(=O)–Nu + :Lv

사면체 카보닐 첨가 중간체

다음은 Fischer 에스터화 반응의 메커니즘인데, 주의 깊게 공부해 두기를 바란다. 이 메커니즘을 철저히 이해하는 것이 중요한데, 그 이유는 14장에 나와 있는 카복실산 유도체의 다양한 반응들의 모델이 되기 때문이다. 비록 여기에서는 Fischer 에스터화 반응을 쓸 때 H_2SO_4를 산 촉매로 사용하는 것을 보여 주지만, 반응을 시작하게 하는 실제적인 양성자 이동 산은 H_2SO_4(강산)에서 나와 에스터화 반응에 사용된 알코올(강염기)로 옮겨지는 양성자의 이동에 의해 생성된 옥소늄이다.

$$CH_3-\ddot{O}-H + H-\ddot{O}-\overset{O}{\underset{O}{S}}-O-H \rightleftharpoons CH_3-\overset{+}{\underset{H}{\ddot{O}}}-H + {}^{-}:\ddot{O}-\overset{O}{\underset{O}{S}}-O-H$$

화학 관련 13B

향료로서의 에스터 화합물

향료는 식품 첨가물 중에서 가장 종류가 많은 첨가물인데, 최근에는 1천여 종 이상의 합성 및 천연 향료가 이용되고 있다. 이들 중 대부분은 원하는 향을 가진 재료에서 농축하거나 추출한 것들인데, 때때로 10여 종에서 수백 종 화합물의 복잡한 혼합물도 있다. 수많은 종류의 향료는 공업적으로 합성된다. 많은 향료가 목적하는 향과 매우 비슷하고, 이들 중에서 단지 한 종류나 몇 종의 향료만 첨가하면 아이스크림, 음료수, 과자 등에 천연의 맛을 낼 수 있다.

문제

다음 표에 나와 있는 에스터들은 Fischer 에스터화 반응으로 어떻게 합성할 수 있는지 보이시오.

구조식	이름	향기
$HCOOCH_2CH_3$	Ethyl formate	럼주
$CH_3COOCH_2CH_2CH(CH_3)_2$	Isopentyl acetate	바나나
$CH_3COO(CH_2)_7CH_3$	Octyl acetate	오렌지
$CH_3CH_2CH_2COOCH_3$	Methyl butanoate	사과
$CH_3CH_2CH_2COOCH_2CH_3$	Ethyl butanoate	파인애플
$2\text{-}H_2NC_6H_4COOCH_3$	Methyl,2-aminobenzoate (Methyl anthranilate)	포도

메커니즘

Fischer 에스터화 반응

1단계: 양성자 첨가

양성자가 산 촉매에서 카보닐 산소로 옮겨감으로써 카보닐 탄소의 전자 친화도가 증가한다.

$$R-C(=\ddot{O}:)-\ddot{O}H + H-\overset{+}{\ddot{O}}(CH_3)H \rightleftharpoons R-C(=\overset{+}{\ddot{O}}-H)-\ddot{O}H + :\ddot{O}(CH_3)H$$

2단계: 새로운 공유 결합을 형성하기 위한 친핵체와 친전자체의 반응

카보닐 탄소는 알코올의 친핵성인 산소에 의해 공격당하고, 옥소늄 이온이 형성된다.

(친전자체) (친핵체) (옥소늄 이온)

3단계: 양성자 제거

옥소늄 이온에서 두 번째 알코올 분자로 양성자가 전이되어 사면체 카보닐 첨가 중간체(TCAI)가 생성된다.

4단계: 양성자 첨가

TCAI의 —OH기들 중 하나에 양성자 전이로 새로운 옥소늄 이온이 형성된다.

5단계: 이탈기가 제거되고 카보닐기의 재생성을 위한 사면체 카보닐 첨가 중간체의 붕괴

옥소늄 이온에서 물이 떨어져 나가서 에스터가 생성되고 산 촉매가 다시 생성된다.

13.7 산 염화물이란 무엇인가?

산 할로젠화물의 작용기는 할로젠 원자에 결합된 카보닐기이다. 산 할로젠화물 가운데, 산 염화물(acid chloride)은 실험실 및 유기 화학 공업에서 가장 많이 사용된다.

산 할로젠화물의 작용기 Acetyl chloride Benzoyl chloride

산 할로젠화물의 명명법, 구조 및 반응 특성에 관해서는 14장에서 다루기로 하고, 이 절에서는 카복실산으로부터 산 할로젠화물의 합성에 관해서만 설명하기로 한다.

산 염화물은 대부분 알코올을 클로로알케인(chloroalkane)으로 전환(8.2D절)시키는 데 사용하는 시약인 염화 싸이오닐 (thionyl chloride)과 카복실산의 반응에 의해 만들어진다.

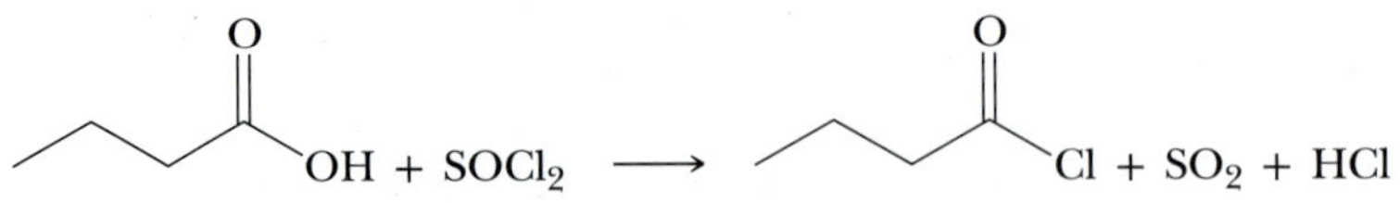

Butanoic acid + Thionyl chloride → Butanoyl chloride + SO_2 + HCl

이 반응의 메커니즘은 네 단계로 이루어진다.

메커니즘

염화 싸이오닐을 사용한 산 염화물의 생성

1단계: 새로운 공유 결합을 형성하기 위한 친핵체와 친전자체의 반응

카복실기의 —OH가 염화 싸이오닐의 황 원자에 첨가되어 사면체의 황 중간체를 만든다.

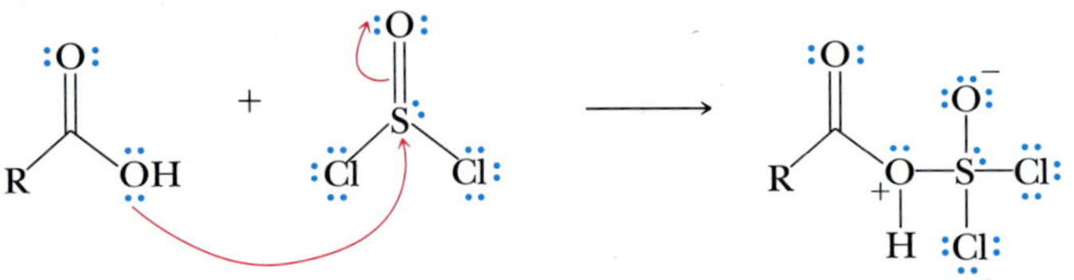

(친핵체) (친전자체) (사면체 황 중간체)

2단계: 이탈기가 제거되고 카보닐기가 재생성되는 사면체 황 중간체의 붕괴

사면체 황 중간체에서 염화 이온이 방출되며 다시 설포닐기가 생성된다.

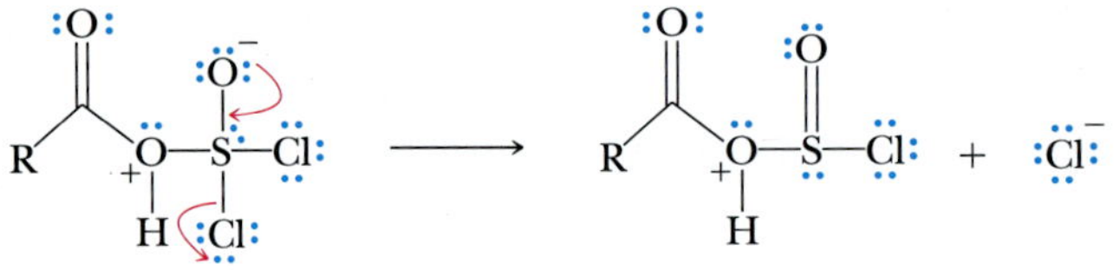

3단계: 새로운 공유 결합을 형성하기 위한 친핵체와 친전자체의 반응

염화 이온이 카보닐 탄소를 공격하여 사면체 카보닐 첨가 중간체를 만든다.

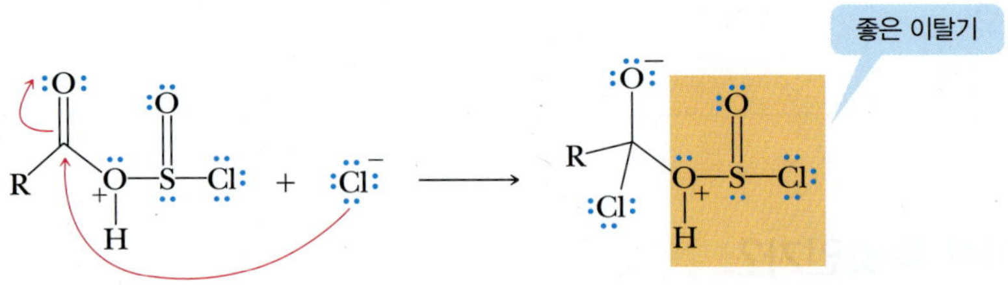

좋은 이탈기

사면체 카보닐 첨가 중간체

4단계: 이탈기가 제거되고 카보닐기의 재생성을 위한 사면체 카보닐 첨가 중간체의 붕괴

3단계에서 특별히 표시된 설포닐기는 매우 좋은 이탈기이다. 이는 고립 전자쌍이 C—O 결합 쪽으로 되돌아가면서 설포클로라이드산(sulfochloridous acid)을 떼어내고 카보닐 탄소를 다시 만든다. 이러한 황에 결합된 산은 불안정하므로 분해되어 이산화 황과 HCl을 만들어 낸다. 카보닐기를 재생성하는 TCAI의 붕괴는 카복실산기를 갖는 유도체의 일반적인 반응 형태이다(14장).

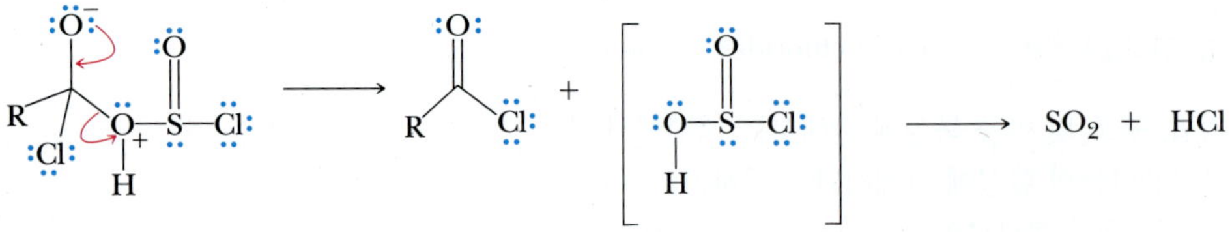

→ SO_2 + HCl

Sulfochloridous acid

예제 13.6

다음 각 반응식을 완성하시오.

(a) $CH_3CH_2CH_2CH_2CH_2COOH + SOCl_2 \longrightarrow$

(b) $CH_3CH{=}CHCOOH + SOCl_2 \longrightarrow$

전략

Thionyl chloride는 —OH기(예를 들어 알코올과 카복실산)를 효과적으로 Cl로 치환시킨다. 반응식에 부산물(SO_2와 HCl)을 넣는 것을 잊으면 안 된다.

풀이

각 반응의 생성물은 다음과 같다.

(a) $CH_3CH_2CH_2CH_2CH_2COCl + SO_2 + HCl$

(b) $CH_3CH{=}CHCOCl + SO_2 + HCl$

문제 13.30, 13.47 참조

문제 13.6

다음 각 반응식을 완성하시오.

(a) 2-methoxybenzoic acid (COOH, OCH_3) $+ SOCl_2 \longrightarrow$

(b) cyclohexanol (OH) $+ SOCl_2 \longrightarrow$

13.8 카복실 이탈 반응이란 무엇인가?

A. β-케톤산

카복실 이탈 반응(decarboxylation)은 카복실기로부터 이산화 탄소가 유리되는 반응이다. 대부분의 카복실산은 매우 높은 온도로 가열하면 카복실 이탈 반응이 일어난다.

카복실 이탈 반응 카복실기에서의 CO_2 이탈

$$R\overset{O}{\overset{\|}{C}}OH \xrightarrow[\text{(고온)}]{\text{카복실 이탈 반응}} RH + CO_2$$

대부분의 카복실산은 적당히 열을 가하여 녹이거나 심지어 끓이더라도 카복실 이탈 반응이 일어나지 않는다. 그러나 카복실기의 β-탄소에 카보닐기가 있는 것은 예외이다. 이와 같은 형태의 카복실산은 적당히 열을 가하면 쉽게 카복실 이탈 반응이 일어난다. 예를 들어 3-옥소뷰탄산(아세토아세트산)에 적당히 열을 가하면 카복실 이탈 반응이 일어나 아세톤과 이산화 탄소가 생성된다.

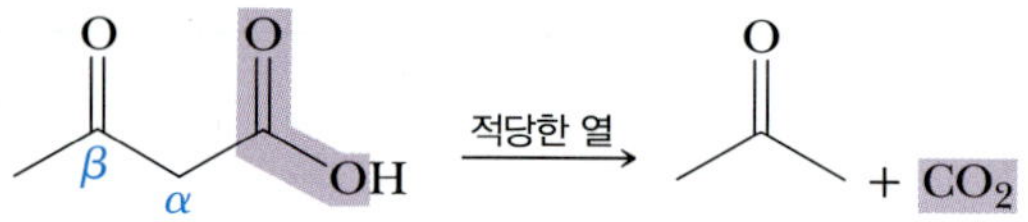

3-Oxobutanoic acid (Acetoacetic acid) —적당한 열→ Acetone + CO_2

적당히 열을 가했을 때 일어나는 카복실 이탈 반응은 3-옥소카복실산(β-케토산)[3-oxocarboxylic acid(β-ketoacid)]의 독특한 성질이며, 다른 부류의 케토산에서는 관찰되지 않는다.

메커니즘

β-케토카복실산의 카복실 이탈 반응

1단계: 결합의 재배열

육원자 고리 전이 상태에서 6개 전자가 재배치되어 이산화 탄소와 엔올을 생성한다.

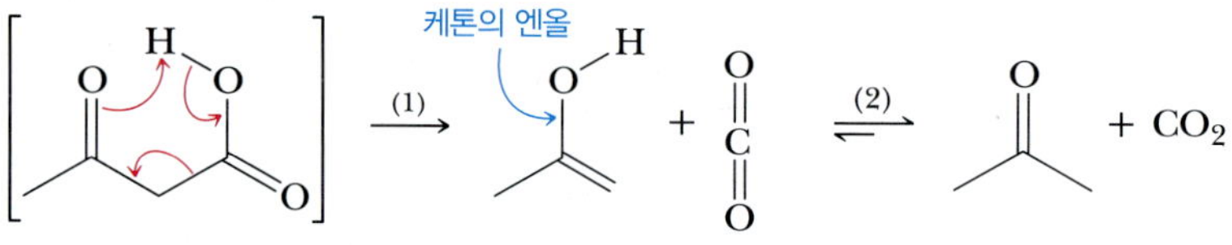

(고리형 육원자 전이 상태) —(1)→ 케톤의 엔올 + O=C=O —(2)⇌ 아세톤 + CO_2

2단계: 케토–엔올 토토머화

엔올의 토토머화(12.8A절)로 보다 안정한 케토형 반응물이 생성된다.

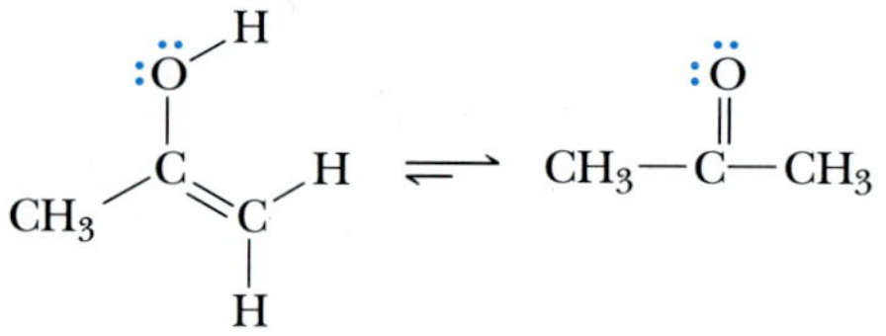

$$CH_2=C(OH)-CH_3 \rightleftharpoons CH_3-C(=O)-CH_3$$

© Jesus Conde/iStockphoto

화학 관련 13C

케톤체와 당뇨병

3-옥소뷰탄산(아세토아세트산)과 그 환원 물질인 3-하이드록시뷰탄산은 간에서 지방산(21.5C절)의 대사물인 아세틸 CoA와 몇 가지 아미노산으로부터 합성된다.

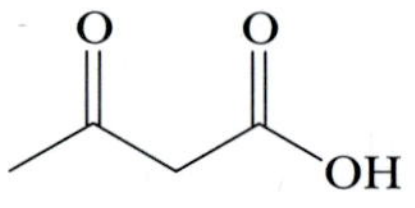

3-Oxobutanoic acid (Acetoacetic acid)

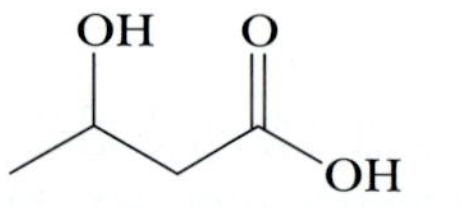

3-Hydroxybutanoic acid (β-Hydroxybutyric acid)

3-하이드록시뷰탄산과 3-옥소뷰탄산을 묶어 케톤체라고 한다.

건강하고 영양이 충분한 사람의 혈액 속의 케톤체 농도는 약 0.01 mM/L이다. 그러나 기아에 허덕이거나 당뇨에 걸리면 케톤체의 농도는 정상치보다 무려 500배 이상 증가하게 된다. 이런 상태에서 아세토아세트산의 농도는 저절로 카복실 이탈 반응이 일어나 아세톤과 이산화 탄소를 만들어 내는 지점까지 이르게 된다. 심한 당뇨병 환자가 숨을 쉴 때 나오는 특징적인 '단맛(sweet smell)'은 아세톤 냄새에 기인한다.

문제

Acetoacetic acid의 카복실 이탈 반응 메커니즘을 보이시오. 왜 3-hydroxybutanoic acid는 카복실 이탈 반응이 일어나지 않는지 설명해 보시오.

해결방법 13.2

β-카복실 이탈 반응의 생성물 예측하기 

(a) 카복실 이탈 반응의 가장 중요한 점은 카보닐기가 카복실기의 β 위치에 있어야 한다는 것이다. 그러므로 각 분자에 있는 카복실기를 확인하고, 그것이 카보닐기의 β 위치에 있는가를 확인하는 것이다.

이 카복실기는 어떤 카보닐에도 β 위치에 있지 않다.

이 카복실기는 카보닐기의 β 위치에 있다.

이 카복실기는 카복실기 이탈 반응을 일으킨다.

(b) 모든 카복실기가 β-카보닐에 위치해 있는지 확인이 되면, 간단하게 카복실기를 수소로 치환하기만 하면 된다.

가열 → + CO_2

카복실기를 수소로 치환한다.

생물계에 있어서, β-케토산의 카복실 이탈 반응이 일어나는 중요한 하나의 예는 트라이카복실산(TCA) 회로의 음식물 산화 과정이다. 이 회로에서 중간 대사 물질의 하나인 옥살로석신산은 저절로 카복실 이탈 반응이 일어나 α-케토글루타르산이 된다. 옥살로석신산의 세 개 카복실기 중에서 한 개만이 β 위치에 카보닐기를 갖는데, 여기에서 카복실 이탈 반응이 일어나 CO_2를 방출한다. 이것은 독특한 성질이며, 다른 부류의 케토산에서는 관찰되지 않는다.

이 카복실만이 C=O β를 갖는다.

HOOC–CH₂–CH(COOH)–C(=O)–COOH →(가열) HOOC–CH₂–CH₂–C(=O)–COOH + CO_2

Oxalosuccinic acid α-Ketoglutaric acid

B. 말론산과 그 치환기

카복실기의 β 탄소 위치에 케톤 또는 알데하이드의 카보닐기가 있으면, 카복실 이탈 반응이 쉽게 일어난다. 보다 일반적으로, β 탄소에 카복실기나 에스터까지 포함하여 어떤 카보닐기가 있어도 카복실 이탈 반응이 촉진된다. 예를 들어 말론산과 치환된 말론산은 아래 예처럼 가열에 의해 카복실 이탈 반응이 일어나는데, 말론산의 녹는점인 135~137℃보다 약간 높은 온도로 가열하면 카복실 이탈 반응이 일어난다.

$$\underset{\text{Propanedioic acid (Malonic acid)}}{\overset{O}{\overset{\|}{HOC}}CH_2\overset{O}{\overset{\|}{C}}OH} \xrightarrow{140\sim150\ ^\circ C} CH_3\overset{O}{\overset{\|}{C}}OH + CO_2$$

Propanedioic acid
(Malonic acid)

말론산의 카복실 이탈 반응에 대한 메커니즘은 β-케토산의 카복실 이탈 반응에서 공부했던 것과 매우 유사하다. 세 개 전자쌍의 재배치를 일으키는 고리형 육원자 전이 상태 구조로부터 엔올형 카복실산으로 되고, 다시 케토형 카복실산으로 이성질화된다.

메커니즘

β-다이카복실산의 카복실 이탈 반응

1단계: 결합의 재배열

고리형 육원자 전이 상태에서 6개 전자가 재배치되어 카복실기가 이산화 탄소와 엔올을 생성한다.

2단계: 케토–엔올 토토화

엔올의 케토–엔올 토토머화(12.8A절)로 카복실기가 보다 안정한 케토형으로 된다.

$$[\text{고리형 육원자 전이 상태}] \xrightarrow{(1)} \text{카복실기의 엔올} + O{=}C{=}O \underset{}{\overset{(2)}{\rightleftharpoons}} CH_3{-}\overset{O}{\overset{\|}{C}}{-}OH + CO_2$$

고리형 육원자 전이 상태 카복실기의 엔올

예제 13.7

다음 각각의 카복실산은 가열에 의해 카복실 이탈 반응이 일어난다.

(a) 2-oxocyclohexanecarboxylic acid (O, COOH) (b) cyclobutane-1,1-dicarboxylic acid (COOH, COOH)

각각의 반응에서 만들어지는 엔올 중간체와 최종 생성물의 구조식을 그리시오.

전략

β-카보닐기의 Lewis 구조를 그리는 것과 고리형 육원자 전이 상태를 배치하는 것이 도움이 된다.

고리형 육원자 전이 상태 → [엔올] + CO_2

결합이 생기고 끊어지는 전자들의 이동 경로를 조심스럽게 찾아가면 엔올 중간체에 다다르게 된다. 최종 생성물은 분자 내에 있는 카보닐기의 β 위치에 있는 —COOH기를 단순히 수소로 치환하는 것이다.

풀이

(a) [엔올 중간체 (OH)] ⟶ cyclohexanone + CO_2

엔올 중간체

(b) [cyclobutylidene=C(OH)(OH)] ⟶ cyclobutyl–$\overset{O}{\overset{\|}{C}}$OH + CO_2

엔올 중간체

문제 13.41, 13.47 참조

문제 13.7

다음 반응에서 표시된 β-케토산의 구조식을 쓰시오.

β-케토산 $\xrightarrow{\text{가열}}$ (구조식) + CO_2

중요한 질문에 대한 요약

13.1 카복실산이란 무엇인가?

- **카복실산**의 작용기는 **카복실기**, 즉 **—COOH**이다.

13.2 카복실산은 어떻게 명명하는가?

- 카복실산의 IUPAC명은 어미 알케인의 접미사 *-e*를 없애고 *-oic acid*를 붙인다.
- 다이카복실산은 *-dioic acid*로 명명한다.

13.3 카복실산의 물리적 성질은 무엇인가?

- 카복실산은 극성 화합물이며, 액체와 고체 상태에서 수소 결합에 의해 **이합체**가 형성된다.
- 카복실산은 분자량이 비슷한 알코올, 알데하이드, 케톤, 에터보다 끓는점이 높고 물에 잘 녹는다.
- 카복실산은 극성이 다른 두 부분으로 되어 있는데, **친수성**기로서의 극성인 카복실기와 무극성인 **소수성**기로서의 탄화수소 사슬로 이루어져 있다.
- 처음 네 개의 지방족 카복실산은 물에 잘 녹는데, 이것은 소수성의 탄화수소 사슬을 친수성의 카복실기가 상쇄하고도 친수성이 더 크기 때문이다.
- 탄소 사슬이 증가함에 따라 소수성기가 우세하여 물에 대한 용해도가 감소한다.

13.4 카복실산의 산–염기 성질은 무엇인가?

- 지방족 카복실산의 **pK_a**는 4.0∼5.0 범위에 있다.
- 카복실기 가까이에 전자 끌기 치환기가 있으면 지방족이나 방향족 카복실산의 산도는 모두 증가한다.

13.5 카복실기는 어떻게 환원되는가?

- 카복실기는 환원이 가장 되지 않는 유기 작용기의 하나이다. H_2/M이나 $NaBH_4$에 반응하지 않는다.
- 수소화 알루미늄 리튬($LiAlH_4$)은 카복실기를 일차 알코올로 환원시킨다.

13.6 Fischer 에스터화 반응이란 무엇인가?

- **Fischer 에스터화 반응**은 카복실산을 산 촉매 존재하에 알코올과 반응시켜 에스터를 얻는 방법이다.

13.7 산 염화물이란 무엇인가?

- **산 염화물**의 작용기는 카보닐이 염소 원자에 결합된 것이다.
- 산 염화물을 만드는 가장 일반적인 방법은 카복실기를 **염화 싸이오닐**과 반응시키는 것이다.

13.8 카복실 이탈 반응이란 무엇인가?

- **카복실 이탈 반응**은 카복실기에서 CO_2가 빠지는 것이다.
- 카복실기의 β 위치에 있는 카보닐기를 갖고 있는 카복실산은 약하게 가열하면 쉽게 카복실 이탈 반응이 일어난다.

OX퀴즈

이 장에서 배운 개념들을 이해하였는지 알아보기 위해 아래 질문이 맞는지 틀린지 답하시오. 답이 틀렸거나 어렵다면, 장 끝의 문제를 풀기 전에 괄호 속에 표시한 해당 절을 복습하시오.

1. 카복실산의 명명에 있어서 항상 카복실기가 위치하는 곳을 표시하는 것이 필요하다. (13.2)
2. 2-프로필프로페인다이오산(2-propylpropanedioic acid)은 상대적으로 중간 정도로 가열하면 카복실 이탈 반응이 일어날 수 있다. (13.8)
3. Fischer 에스터화 반응은 가역 반응이다. (13.6)
4. 카복실기의 친수성기는 수용성을 떨어뜨린다. (13.3)
5. 알코올과 카복실산은 모두 $SOCl_2$와 반응한다. (13.7)
6. Fischer 에스터화 반응은 하나의 카복실산이 또 다른 카복실산과 반응하는 것이다. (13.6)
7. 전기 음성도가 큰 원자가 카복실산에 있으면 그 산의 산도를 잠재적으로 증가시킬 수 있다. (13.4)
8. 카복실기는 H_2/Pt에 의해 일차 알코올로 환원된다. (13.5)
9. 카복실기는 $NaBH_4$에 의해 일차 알코올로 환원된다. (13.5)
10. 양성자 이탈 카복실기를 카복실산염기라고 부른다. (13.4)
11. 카복실기는 $LiAlH_4$에 의해 일차 알코올로 환원된다. (13.5)
12. 카복실기의 짝염기는 공명 안정화되어 있다. (13.4)
13. 카복실산은 극성 부분과 무극성 부분을 모두 갖고 있다. (13.3)
14. 카복실산은 페놀보다 산도가 낮다. (13.4)
15. 4-옥소펜탄산(4-oxopentanoic acid)은 적당히 가열하면 카복실 이탈 반응이 일어날 수 있다. (13.8)
16. 카복실산의 γ 위치는 사슬의 네 번째 탄소에 해당한다. (13.2)

정답: (1) × (2) ○ (3) ○ (4) × (5) ○ (6) × (7) ○ (8) × (9) × (10) ○ (11) ○ (12) ○ (13) ○ (14) × (15) × (16) ○

주요 반응

1. 카복실산의 산도 (13.4A절)

대부분의 치환되지 않은 지방족, 방향족 카복실산의 pK_a 값은 4~5 범위에 있다.

$$CH_3\overset{O}{\overset{\|}{C}}OH + H_2O \rightleftharpoons CH_3\overset{O}{\overset{\|}{C}}O^- + H_3O^+ \quad pK_a = 4.76$$

전자끄는 기가 치환되면 pK_a 값이 낮아진다(산도 증가).

2. 카복실산과 염기의 반응 (13.4B절)

카복실산은 알칼리 금속 수산화물, 탄산 및 탄산수소염과 함께 수용성 염을 형성할 뿐만 아니라, 암모니아 및 지방족 아민과도 수용성 염을 형성한다.

$$Ph—COOH + NaOH \xrightarrow[H_2O]{} Ph—COO^-Na^+ + H_2O$$

3. $LiAlH_4$에 의한 환원 (13.5절)

강력한 환원제인 $LiAlH_4$는 카복실산을 일차 알코올로 환원시킨다.

$$\text{(cyclopentenyl)}—\overset{O}{\overset{\|}{C}}OH \xrightarrow[2)\ H_2O]{1)\ LiAlH_4} \text{(cyclopentenyl)}—CH_2OH$$

4. Fischer 에스터화 반응 (13.6절)

Fischer 에스터화 반응은 가역적이다.

$$CH_3COOH + HO\text{(propyl)} \underset{}{\overset{H_2SO_4}{\rightleftharpoons}} CH_3COO\text{(propyl)} + H_2O$$

평형을 오른쪽으로 보내는 한 가지 방법은 알코올을 과량으로 사용하는 것이다.

5. 산 할로젠화물로의 전환 (13.7절)

산 할로젠화물 중에서 가장 많이 이용되고 있는 산 염화물은 카복실산에 염화 싸이오닐을 반응시켜 제조한다.

$$\text{(butanoic acid)}\ OH + SOCl_2 \longrightarrow \text{(butanoyl)}\ Cl + SO_2 + HCl$$

6. β-케토산의 카복실 이탈 반응 (13.8A절)
카복실 이탈 반응의 메커니즘은 고리형 육원자 전이 상태에서 결합 전자의 재분포를 수반한다.

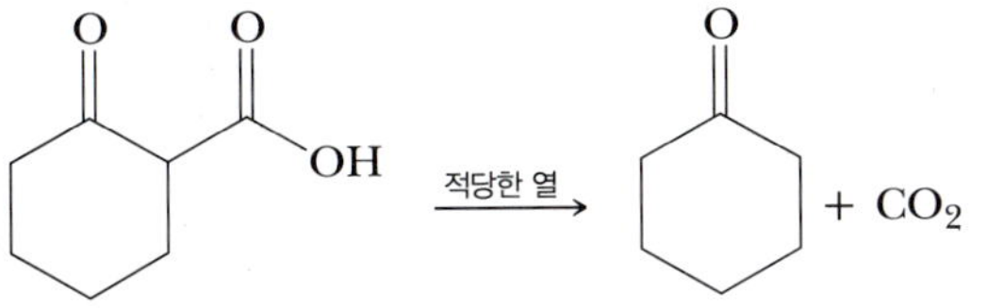

O O
OH
적당한 열 →
O
$+ CO_2$

7. β-다이카복실산의 카복실 이탈 반응 (13.8B절)
β-다이카복실산의 카복실 이탈 반응 메커니즘은 β-케토산의 카복실 이탈 반응 메커니즘과 유사하다.

$$HOCCH_2COH \xrightarrow{\text{가열}} CH_3COH + CO_2$$

문 제

별표로 표시된 문제는 본문의 '실생활' 문제를 나타낸다. 푸른색으로 된 문제의 답은 부록에 있다.

13.2절 구조와 명명

13.8 분자식이 $C_5H_{10}O_2$인 네 종류의 카복실산을 명명하고, 구조식을 쓰시오. 이들 중 어느 것이 카이랄인가?

13.9 다음 각 화합물의 IUPAC명을 쓰시오. (예제 13.1 참조)

(a) COOH

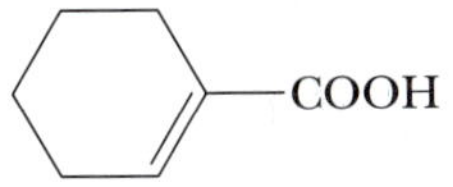

(b) OH COOH

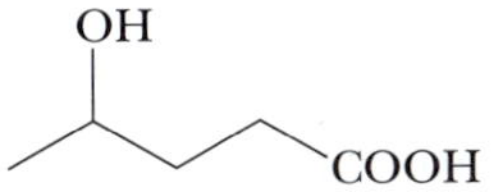

(c) O OH

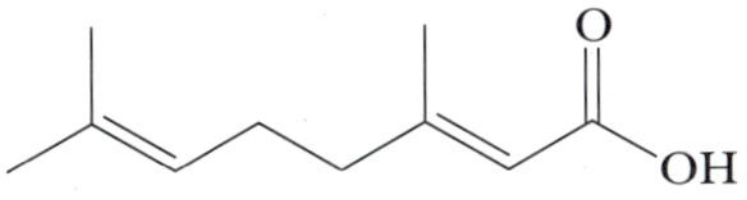

(d) COOH

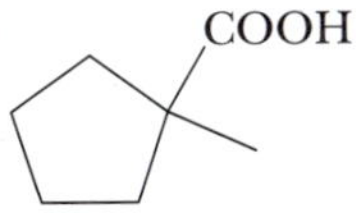

(e) $COO^-NH_4^+$

(f) OH HOOC COOH

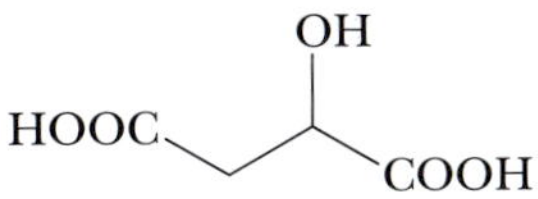

13.10 다음 각 카복실산의 구조식을 그리시오. (예제 13.1 참조)

(a) 4-Nitrophenylacetic acid
(b) 4-Aminopentanoic acid
(c) 3-Chloro-4-phenylbutanoic acid
(d) *cis*-3-Hexenedioic acid
(e) 2,3-Dihydroxypropanoic acid
(f) 3-Oxohexanoic acid
(g) 2-Oxocyclohexanecarboxylic acid
(h) 2,2-Dimethylpropanoic acid

***13.11** 검정 숫지렁이(black carpet beetle) 암컷이 내뿜는 성 유인 물질인 megatomoic acid는 다음과 같은 구조식을 갖는다. (예제 13.1 참조)

$$CH_3(CH_2)_7CH = CHCH = CHCH_2COOH$$

Megatomoic acid

(a) Megatomoic acid의 IUPAC명을 쓰시오.
(b) 이 화합물이 가질 수 있는 가능한 입체 이성질체의 수를 쓰시오.

***13.12** 이부프로펜의 IUPAC명은 2-(4-isobutylphenyl)propanoic acid이다. 이부프로펜의 구조식을 그리시오. (예제 13.1 참조)

***13.13** 다음 염들의 구조식을 그리시오.

(a) Sodium benzoate
(b) Lithium acetate
(c) Ammonium acetate
(d) Disodium adipate
(e) Sodium salicylate
(f) Calcium butanoate

***13.14** Oxalic acid의 모노포타슘염은 대황과 같은 잎사귀 채소에서 발견된다. Oxalic acid나 그 염은 모두 높은 농도에서 너무 큰 독성을 나타낸다. Monopotassium oxalate의 구조식을 그리시오.

***13.15** Potassium sorbate는 부패를 유발하는 박테리아와 곰팡이를 방지하고 식품 보관 기간을 연장시키기 위하여 식품에 방부제로 첨가된다. Potassium sorbate의 IUPAC명은 potassium(2*E*,4*E*)-2,4-hexadienoate이다. Potassium sorbate의 구조식을 그리시오. (예제 13.1 참조)

***13.16** Zinc 10-undecenoate, 10-undecenoic acid의 아연염은 진균 감염, 특히 무좀 치료에 사용된다. 이 아연염의 구조식을 그리시오.

13.3절 물리적 성질

13.17 다음 각 항에 있는 화합물을 끓는점이 커지는 순서로 나열하시오.

(a) $CH_3(CH_2)_5COOH$ $CH_3(CH_2)_6CHO$ $CH_3(CH_2)_6CH_2OH$

(b) CH_3CH_2COOH $CH_3CH_2CH_2CH_2OH$ $CH_3CH_2OCH_2CH_3$

13.4절 카복실산의 제법

13.18 다음 각 화합물을 따뜻한 크로뮴산(H_2CrO_4)과 반응시켰을 때 형성되는 생성물의 구조식을 그리시오.

(a) $CH_3(CH_2)_4CH_2OH$

(b)

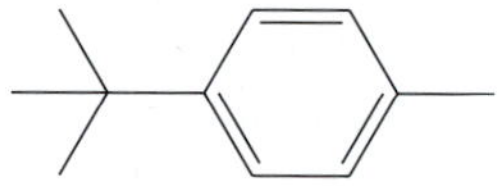

(c) HO—[cyclohexane]—CH_2OH

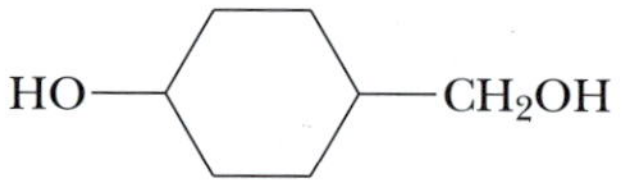

13.19 크로뮴산에 의해 산화되어 아래에 나타낸 카복실산 또는 다이카복실산이 되는, 주어진 분자식을 가진 화합물의 구조식을 그리시오.

(a) $C_6H_{14}O$ $\xrightarrow{\text{산화}}$ COOH

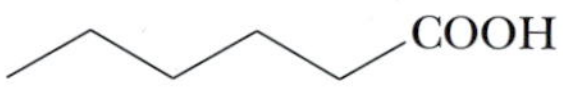

(b) $C_6H_{12}O$ $\xrightarrow{\text{산화}}$ COOH

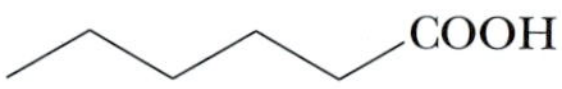

(c) $C_6H_{14}O_2$ $\xrightarrow{\text{산화}}$ HOOC COOH

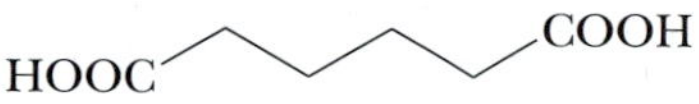

카복실산의 산도

13.20 다음 각 쌍에서 더 강한 산은 어느 것인가? (예제 13.2 참조)

(a) 페놀(pK_a 9.95)과 벤조산(pK_a 4.17)

(b) 젖산(K_a 1.4×10^{-4}) 과
아스코브산(K_a 6.8×10^{-5})

13.21 다음 화합물을 산도가 증가하는 순서로 배열하시오. (예제 13.2 참조)

Benzoic acid, benzyl alcohol, phenol

13.22 다음 각 항에 있는 산에 알맞은 pK_a 값을 선택하시오. (예제 13.2 참조)

(a) COOH [benzene] 와 COOH [benzene] NO_2 (pK_a 4.19, 3.14)

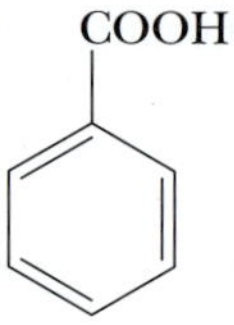

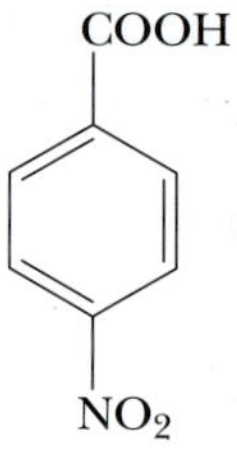

(b) COOH [benzene] NO_2 와 COOH [benzene] NH_2 (pK_a 4.92, 3.14)

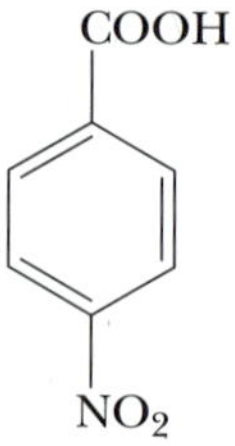

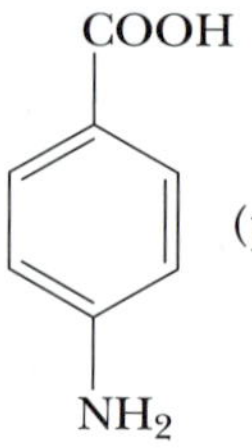

(c) $CH_3\overset{O}{\overset{\|}{C}}CH_2COOH$ 와 $CH_3\overset{O}{\overset{\|}{C}}COOH$ (pK_a 3.58, 2.49)

(d) $CH_3\overset{OH}{\overset{|}{C}}HCOOH$ 와 CH_3CH_2COOH (pK_a 3.85, 4.78)

13.23 다음 산-염기 반응을 완결하시오. (예제 13.3 참조)

(a) [benzene]—$CH_2COOH + NaOH \longrightarrow$

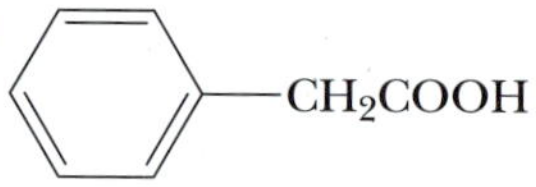

(b) $CH_3CH{=}CHCH_2COOH + NaHCO_3$

(c) [benzene with COOH and OH] $+ NaHCO_3 \longrightarrow$

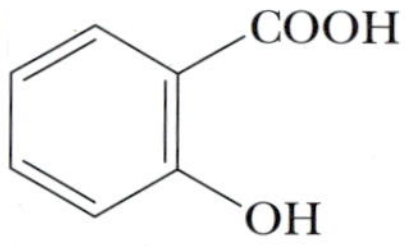

(d) $CH_3\overset{OH}{\overset{|}{C}}HCOOH + H_2NCH_2CH_2OH \longrightarrow$

(e) $CH_3CH{=}CHCH_2COO^-Na^+ + HCl \longrightarrow$

***13.24** 혈장의 정상 pH 범위는 7.35~7.45이다. 이 조건에서 젖산(pK_a 3.85)의 카복실기는 주로 카복실기, 아니면 카복실산염 음이온으로 존재하는 것으로 예상하는가? 이를 설명하시오.

***13.25** 살리실산의 pK_a는 2.97이다. 살리실산은 혈장(pH 7.35~7.45)에서 주로 살리실산으로, 아니면 살리실산염 음이온으로 존재하는 것으로 예상되는가? 이를 설명하시오.

***13.26** Vanillylmandelic acid(pK_a 3.42) 는 소변에서 발견되는 대사물이고, 이것의 pH는 보통 4.8~8.4이다. pH 5.8의 소변에서 발견될 것으로 예상되는 Vanillylmandelic acid의 구조를 제안하시오.

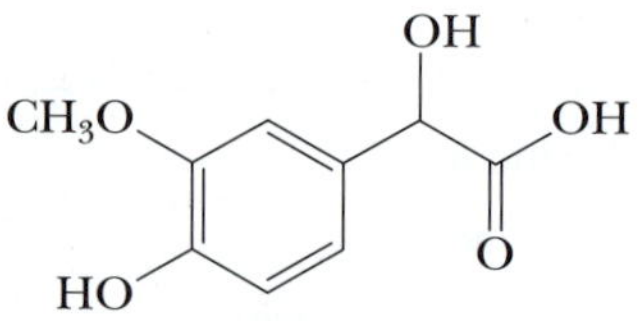

CH_3O, OH, OH, O, HO

Vanillylmandelic acid

***13.27** 사람 위액의 pH는 보통 1.0~3.0의 범위에 있다. 젖산(pK_a 3.85)은 위에서 젖산 자체와 그의 음이온 중 어떤 형태로 존재하는 것으로 예상되는가?

***13.28** 다음은 아미노산인 알라닌의 두 구조식이다(18.2절).

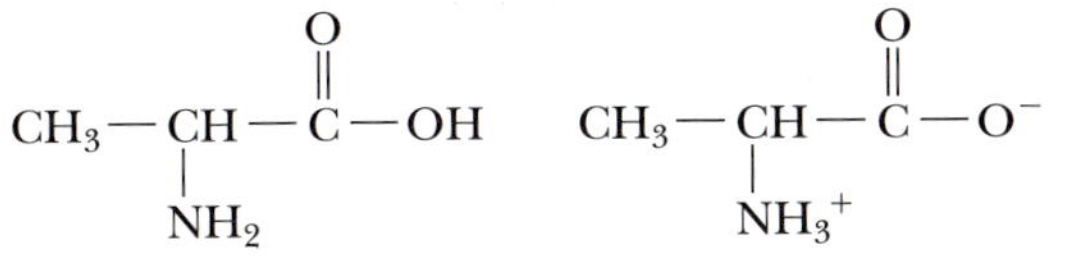

$$\underset{\text{(A)}}{CH_3-\underset{\underset{NH_2}{|}}{CH}-\overset{\overset{O}{\|}}{C}-OH} \qquad \underset{\text{(B)}}{CH_3-\underset{\underset{NH_3^+}{|}}{CH}-\overset{\overset{O}{\|}}{C}-O^-}$$

알라닌의 구조는 A, B 중 어느 형태로 나타나겠는가? 그 이유를 설명하시오.

13.29 아미노기와 카복실기를 모두 포함하기에 아미노산이라고 명명된 화합물 등에 대하여 18장에서 논의하였다. 아미노산인 알라닌의 분자내 염 형태의 구조는 다음과 같다.

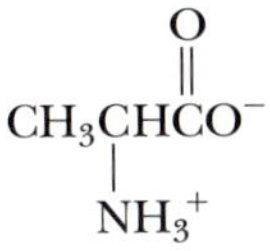

$$CH_3\underset{\underset{NH_3^+}{|}}{C}H\overset{\overset{O}{\|}}{C}O^- \quad \text{Alanine}$$

(a) pH 2.0, (b) pH 5~6, (c) pH 11.0인 수용액에서 알라닌의 주된 형태는 어떻게 예상되는가? 설명하시오.

13.5~13.8절 카복실산의 반응

13.30 Phenylacetic acid($PhCH_2COOH$)를 다음의 각 시약과 반응시켰을 때 생성될 수 있는 유기 생성물을 쓰시오. (예제 13.4~13.6 참조)

(a) $SOCl_2$

(b) $NaHCO_3$, H_2O

(c) NaOH, H_2O

(d) NH_3, H_2O

(e) $LiAlH_4$ 처리 후 H_2O

(f) $NaBH_4$ 처리 후 H_2O

(g) $CH_3OH + H_2SO_4$(촉매)

(h) 25°C, 3기압에서 H_2/Ni

13.31 *trans*-3-Phenyl-2-propenoic acid(cinnamic acid)가 다음 각 화합물로 어떻게 전환되는지 보이시오. (예제 13.4 참조)

(a) 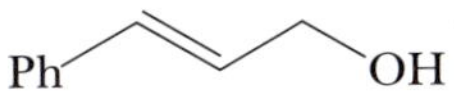 Ph–CH=CH–CH₂–OH

(b)  Ph–CH₂–CH₂–COOH

(c)  Ph–CH₂–CH₂–CH₂–OH

13.32 3-Oxobutanoic acid(acetoacetic acid)가 다음 각 화합물로 어떻게 전환되는지 보이시오. (예제 13.4 참조)

(a) $CH_3\overset{\overset{OH}{|}}{C}HCH_2COOH$

(b) $CH_3\overset{\overset{OH}{|}}{C}HCH_2CH_2OH$

(c) $CH_3CH=CHCOOH$

13.33 다음의 Fischer 에스터화 반응을 완성하시오(알코올이 과량 존재한다고 가정하시오). (예제 13.5 참조)

(a) 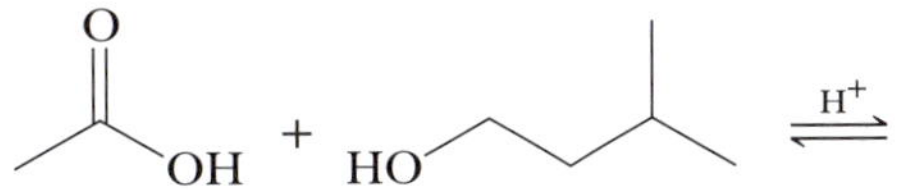 CH_3COOH + HO–$CH_2CH_2CH(CH_3)_2$ $\overset{H^+}{\rightleftharpoons}$

(b) 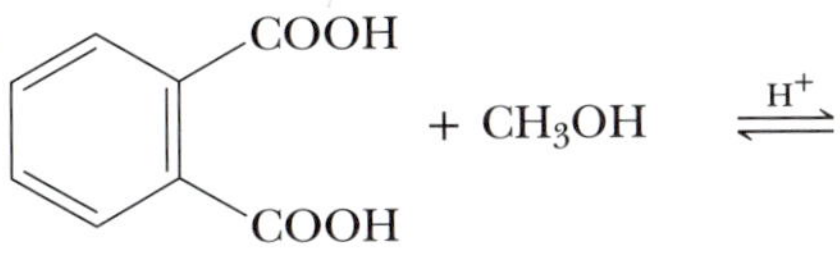 (벤젠 고리의 1,2-위치에 COOH, COOH) + CH_3OH $\overset{H^+}{\rightleftharpoons}$

(c) 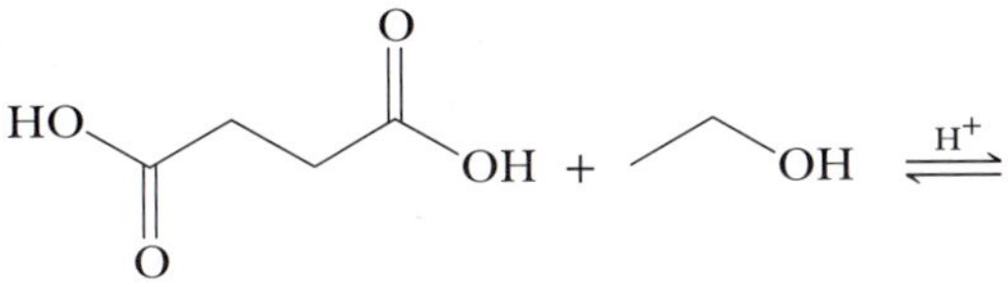 $HOOCCH_2CH_2COOH$ + CH_3CH_2OH $\overset{H^+}{\rightleftharpoons}$

***13.34** 폼산은 개미에 물렸을 때 따끔거리는 원인인 주성분 중의 하나인데, 벌이나 장수말벌이 쏠 때 피부 속으로 주입된다. 그 통증을 완화시키는 한 방법으로 물린 부분을 물로 갠 베이킹 소다($NaHCO_3$) 반죽으로 문질러 산을 중화시켜 주는 것이다. 이 반응에 대한 반응식을 쓰시오. (예제 13.3 참조)

***13.35** Methyl 2-hydroxybenzoate(methyl salicylate)는 노루발풀유의 향을 가지고 있다. 이것은 2-hydroxybenzoic acid(살리실산)와 메탄올의 Fischer 에스터화 반응으로 만들 수 있다. Methyl 2-hydroxybenzoate의 구조를 그리시오.

***13.36** 국부 마취제인 benzocaine은 4-aminobenzoic acid와 에탄올을 산 촉매와 같이 처리하고 중성화시켜 제조한다. Benzocaine의 구조식을 그리시오.

***13.37** Pyrethrin과 permethrin(화학 관련 14D 참조)의 구조를 자세히 보고 물음에 답하시오.

(a) 각 화합물의 에스터기를 찾으시오.

(b) Pyrethrin은 카이랄인가? 몇 개의 입체 이성질체가 가능한가?

(c) Permethrin은 카이랄인가? 몇 개의 입체 이성질체가 가능한가?

***13.38** 상업용 의복과 장비 방충제(Colthing & Gear Insect Repellant)는 유효 성분인 permethrin에 대한 다음 정보를 준다.

Cis/trans 비: 최소 35% (+/–) *cis*와 최대 65% (+/–) *trans*

(a) *Cis/trans* 비가 의미하는 것은?

(b) '(+/–)' 표시가 의미하는 것은?

13.39 다음 각 에스터는 어떤 카복실산과 알코올로부터 생성되었겠는가? (예제 13.5 참조)

(a) 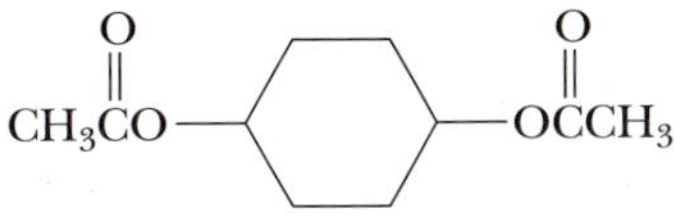 $CH_3\overset{\overset{O}{\|}}{C}O$–(사이클로헥세인-1,4-diyl)–$O\overset{\overset{O}{\|}}{C}CH_3$

(b) $CH_3O\overset{\overset{O}{\|}}{C}CH_2CH_2\overset{\overset{O}{\|}}{C}OCH_3$

(c) Cyclohexyl–$\overset{O}{\overset{\|}{C}}OCH_3$

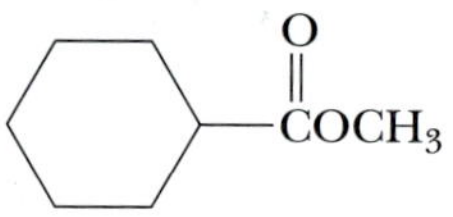

(d) $CH_3CH_2CH{=}CH\overset{O}{\overset{\|}{C}}OCH(CH_3)_2$

13.40 산 촉매로 처리할 때, 4-hydroxybutanoic acid는 고리 에스터(락톤)를 형성한다. 이 락톤의 구조를 그리시오. (예제 13.5 참조)

13.41 다음 각 화합물의 열에 의한 카복실 이탈 반응에 의해 생성되는 물질의 구조식을 그리시오. (예제 13.7 참조)

(a) $C_6H_5\overset{O}{\overset{\|}{C}}CH_2COOH$

(b) $C_6H_5CH_2\underset{}{\overset{COOH}{\overset{|}{C}}}HCOOH$

(c) Cyclopentane with $\overset{O}{\overset{\|}{C}}CH_3$ and COOH on the same carbon

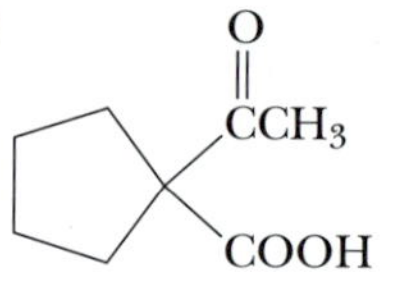

(d) HO, O, O, O, OH

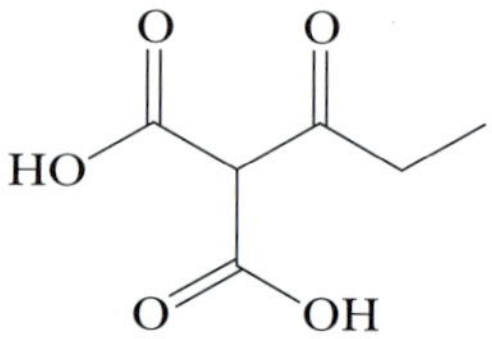

합성

***13.42** 포도맛을 내는 향료인 methyl 2-aminobenzoate(화학 관련 13B 참조)는 톨루엔을 출발 물질로 다음과 같은 단계를 거쳐 만들어진다.

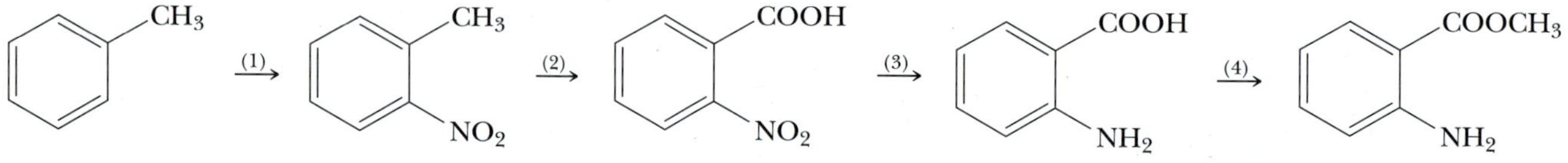

Toluene (CH_3) $\xrightarrow{(1)}$ (CH_3, NO_2) $\xrightarrow{(2)}$ ($COOH$, NO_2) $\xrightarrow{(3)}$ ($COOH$, NH_2) $\xrightarrow{(4)}$ ($COOCH_3$, NH_2) Methyl 2-aminobenzoate

이 합성에서 각 단계가 어떻게 일어나는지 밝히시오.

***13.43** Methylparaben과 propylparaben은 음식, 음료수, 화장품의 방부제로 사용된다.

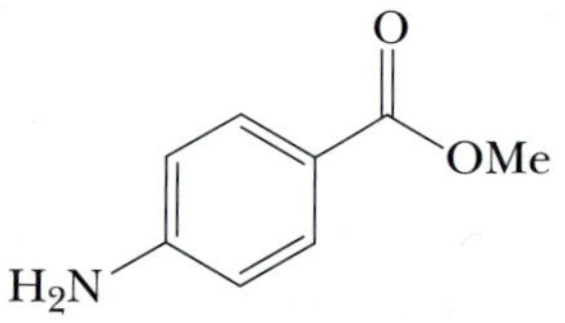

H_2N, O, OMe — Methyl 4-aminobenzoate (Methylparaben)

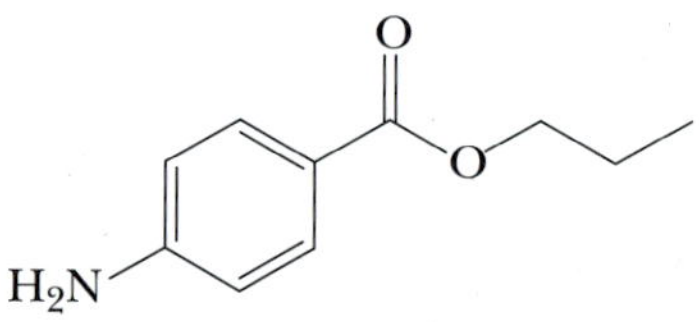

H_2N, O, O — Propyl 4-aminobenzoate (Propylparaben)

문제 13.42에 있는 합성 과정이 이들 화합물 각각을 얻기 위해서 어떻게 변환될 수 있는지 보이시오.

***13.44** Procaine(이것의 Hydrochloride염이 Novocaine®이름으로 판매)은 침투와 국부 마취용으로 개발된 최초의 국부 마취제이다. 합성은 다음 Fischer 에스터화 반응으로 이루어진다.

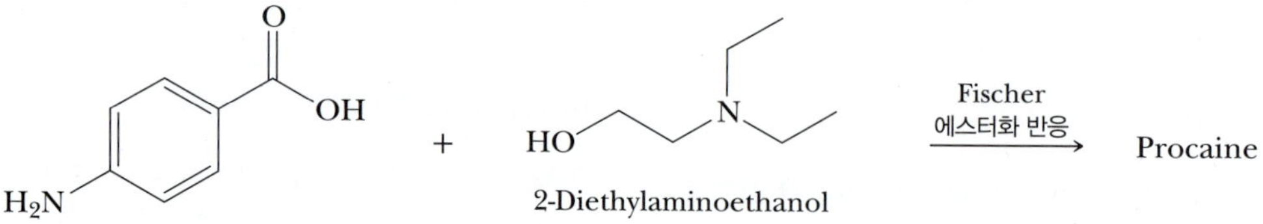

H_2N, O, OH — *p*-Aminobenzoic acid + HO, N — 2-Diethylaminoethanol $\xrightarrow[\text{에스터화 반응}]{\text{Fischer}}$ Procaine

Procaine의 구조식을 그리시오.

***13.45** Meclizine은 항구토제로, 배멀미처럼 움직여서 생기는 구토를 막아주거나 최소한 줄여 준다. 처방전 없이 살 수 있는 meclizine으로 Bonine®, Sea-Legs, Antivert®, Navicalm® 등이 있다. Meclizine은 다음과 같은 단계를 거쳐 합성될 수 있다.

Ph Ph Cl Ph Ph O
HO O (1) Cl O (2) O (3) NH$_2$ (4)
Benzoic acid Benzoyl chloride Cl Cl

Ph Ph
OH N Cl H_2N
N (5) (6)
Cl Cl
OH Cl

Ph
N
N
Cl
Meclizine

(a) 1단계 시약을 제안하시오.
(b) 2단계의 촉매는 $AlCl_3$이다. 2단계에서 일어나는 반응 형태의 이름을 쓰시오.
(c) 3단계 시약을 제안하시오.
(d) 4단계에 대한 메커니즘을 제안하고, 그것이 친핵성 지방족 치환 반응의 한 예임을 보이시오.
(e) 5단계 시약을 제안하시오.
(f) 6단계도 친핵성 지방족 치환 반응의 한 예임을 보이시오.

***13.46** 화학자들은 항천식제인 albuterol(상품명 Proventil)에 대한 여러 합성 방법을 개발하였다. 합성법 중 하나는 살리실산을 출발 물질로 하고 있는데, 이것은 아스피린을 합성할 때 사용하는 출발 물질과 같은 산이다.

O O
HOOC HOOC HOOC Br
(1) (2) (3)
HO HO HO
Salicylic acid

O H OH H
HOOC N HO N
(4)
HO HO
Albuterol

(a) 1단계 시약과 촉매를 제안하시오. 이러한 형태의 반응을 무엇이라고 하는가?
(b) 2단계 시약을 제안하시오.
(c) 3단계에 사용된 아민의 이름을 밝히시오.
(d) 4단계는 두 개의 작용기를 환원하는 것이다. 환원되는 작용기의 이름을 밝히고, 이 환원 반응을 완성하는 데 사용되는 시약을 제시하시오.
(e) Albuterol은 카이랄인가? 몇 개의 입체 이성질체가 가능한가?
(f) 이 합성 과정에서 형성된 albuterol은 광학적 활성인가, 비활성인가? 즉 단일 거울상 이성질체인가, 아니면 라셈 혼합물로 형성되는가?

화학적 변환

13.47 지금까지 공부한 반응 지식을 총동원하여 다음 화학적 변환을 완성시켜 보시오. **주의**: 한 단계 이상을 필요로 하는 것도 있다. (예제 13.4~13.7 참조)

(a) OH → O, O

(b) OH → O, O

(c) OH → O, O

(d) → Na^+O^-, O

(e) OH → O—C(=O)—

(f) → Cl, O

(g) → O, OCH_3, Cl

(h) O, OH → O

(i) OH, O → O, O

(j) → O, Cl

(k) → O, O

(l) Cl → O, O

(m) O → O

(n) Br → O, O

(o) $CH_3—C≡C—H$ → O, OH

(p) → O_2N, O, Cl

발전 학습

13.48 단백질(18장)의 구성 성분인 α-아미노산이 지방족 카복실산보다 수천 배나 산도가 큰 이유를 설명하시오. (예제 13.2 참조)

α-아미노산 $pK_a \approx 2$ 지방산 $pK_a \approx 5$

13.49 카복실산과 카복실산염 음이온 중에 $LiAlH_4$로 환원되기 더 어려운 것은 어느 것인가?

13.50 에스터가 H^+/H_2O와 반응하여 카복실산과 알코올로 어떻게 바뀔 수 있는지 설명하시오(**힌트**: 이것은 Fischer 에스터화 반응의 역반응이다).

$$RCH_2COOR' \xrightleftharpoons{H^+/H_2O} RCH_2COOH + HOR'$$

13.51 12장에서 Grignard 시약이 케톤과 알데하이드의 카보닐 탄소를 어떻게 즉각적으로 공격하는지를 알았다. 동일한 과정이 Grignard와 카복실산에서 발생하는가? 에스터의 경우는?

13.52 13.6절에서 카복실산의 Fischer 에스터화 메커니즘이 카복실산 유도체의 다양한 반응의 표본이 된다고 제안되었다. 그러한 반응의 하나로, 산 할로겐화물과 물의 반응은 다음과 같다.

$$RCOCl \xrightarrow{H_2O} RCOOH + HCl$$

이 반응의 메커니즘을 제안하시오.

그룹 학습 활동

13.53 카복실산보다 더 산성(더 낮은 pK_a)인 것은 무엇인가? 카복실산보다 덜 산성(더 높은 pK_a)인 것은 무엇인가? 표를 만들고 산들의 이 표에서의 경향을 논하시오.

13.54 카복실산의 TCAI는 친핵체의 공격에 의해 형성된 후, 이탈기를 제거하고 카보닐기를 재생성하기 위하여 붕괴된다. 케톤과 알데하이드의 TCAI는 이와 같은 붕괴가 일어나지 않는 이유를 논하시오.

Andrew McClenaghan/Photo Researchers, Inc.

Whickerman 한천(agar)의 페트리 접시에서 배양된 균류 *Penicillium notatum*의 확대 사진. 이 균류는 최초의 페니실린 항생 물질의 초기 단계 공급원으로 사용이 되었다. 삽화: 페니실린 G의 모형. 이 화합물은 두 개의 아마이드 작용기를 가지고 있다. 아마이드는 카복실산의 작용기 유도체이다.

14 카복실산의 작용기 유도체들

중요한 질문

14.1 카복실산 유도체에는 어떤 것들이 있으며, 그들을 어떻게 부를까?

14.2 카복실산 유도체의 특징적인 반응은 무엇인가?

14.3 가수 분해란 무엇인가?

14.4 카복실산 유도체는 알코올과 어떻게 반응하는가?

14.5 카복실산 유도체는 암모니아 및 아민과 어떻게 반응하는가?

14.6 카복실산 유도체들은 어떻게 상호 변환되는가?

14.7 에스터는 Grignard 시약과 어떻게 반응하는가?

14.8 카복실산 유도체는 어떻게 환원되는가?

해결 방법

14.1 카복실산 유도체 이름

14.2 다단계 합성 문제 접근하기

화학 관련

14A 자외선 차단제와 방지제

14B 곰팡이 낀 클로버에서 혈액 희석제까지

14C 페니실린과 세팔로스포린: β-락탐 항생제

14D 피레스린: 식물에서 얻은 천연 살충제

14E 식물의 체계적 후천적 저항성

이 장에서는 네 종류의 유기 화합물을 공부하는데, 모두가 카복실기에서부터 유도된 것으로 산 할로젠화물, 산 무수물, 에스터 및 아마이드이다. 각 작용기의 일반적인 구조는 작용기들이 형태적으로 카복실기와 어떻게 연관되는지 이해하는 데 도움을 준다. 예를 들면 카복실기에서 –OH기, H–Cl에서 H–의 이탈로 산 염화물이 생성되고, 비슷하게 카복실기로부터 –OH, 암모니아에서 H–의 이탈로 아마이드가 생성된다.

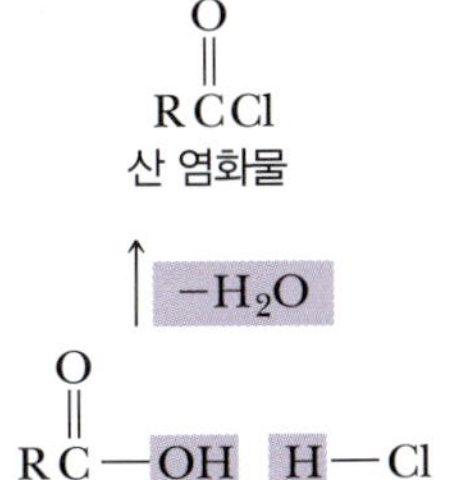

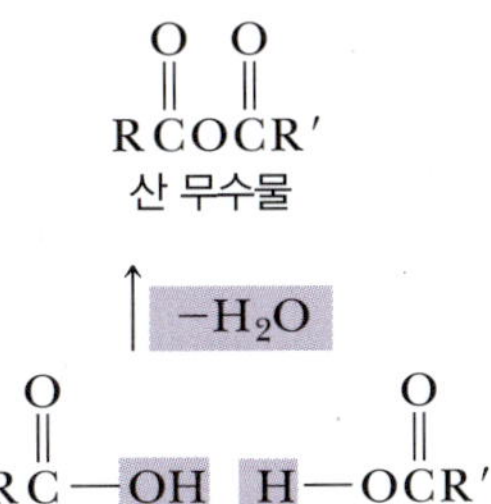

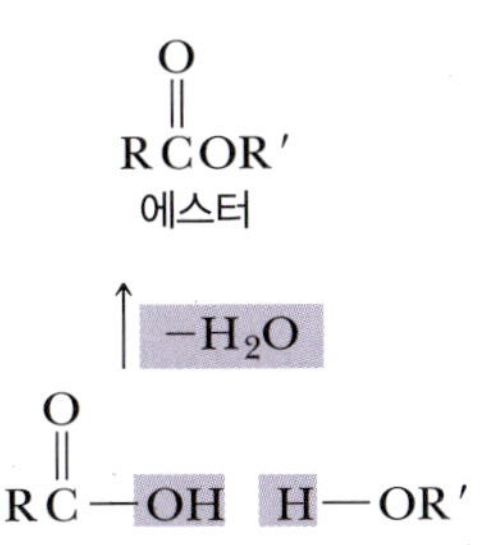

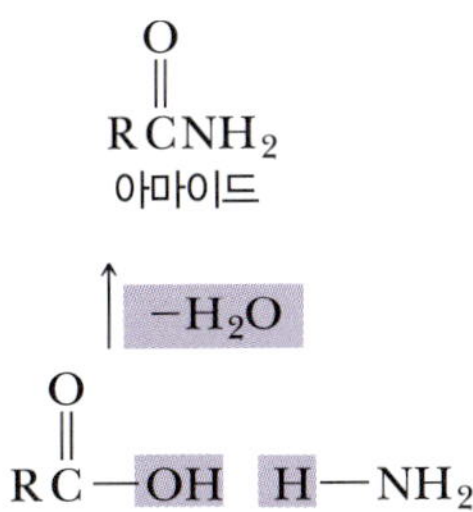

14.1 카복실산 유도체에는 어떤 종류가 있으며, 그들을 어떻게 부를까?

산 할로젠화물 카복실기의 —OH가 할로젠 — 가장 흔히 염소 — 으로 치환된 카복실산의 유도체

A. 산 할로젠화물

산 할로젠화물(acid halide; 할로젠화 아실)은 할로젠 원자가 결합된 **아실기**(acyl group, RCO−)이다(13.7절). 가장 흔한 산 할로젠화물은 산 염화물이다.

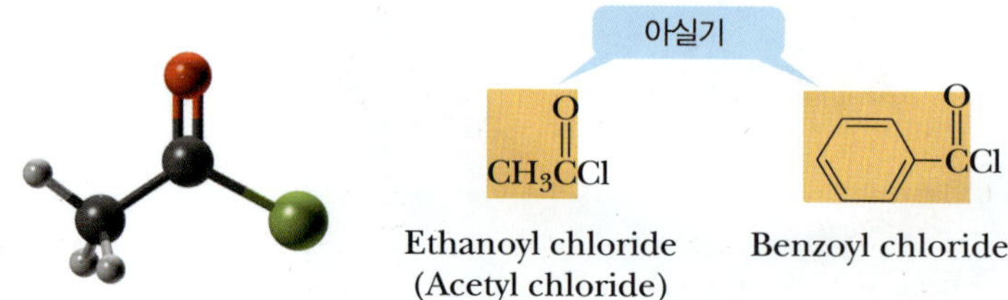

Ethanoyl chloride (Acetyl chloride)   Benzoyl chloride

산 할로젠화물은 어미 카복실산 이름의 접미어 *−ic acid* 대신에 *−yl halide*로 변환시켜 명명한다.

B. 산 무수물

카복실산 무수물 두 개의 아실기가 하나의 산소에 결합된 화합물

카복실산 무수물

카복실산 무수물(carboxylic anhydride, 일반적으로 간단하게 무수물로 지칭)의 작용기는 두 개의 아실기가 산소 원자에 결합이 되어 있다. 무수물은 대칭적이거나(동일한 두 개의 아실기), 고리형이거나, 하나 혹은 혼성(두 개의 서로 다른 아실기)일 수 있다. 대칭적인 무수물은 접미어 *acid*(산) 대신 *anhydride*(무수물)로 부른다.

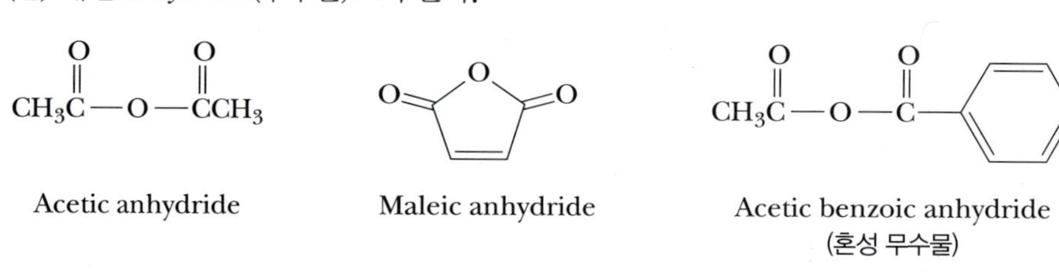

Acetic anhydride   Maleic anhydride   Acetic benzoic anhydride (혼성 무수물)

혼성 무수물은 알파벳 순서에 따라 두 산의 이름을 연속하여 부른 후, 산 대신 무수물이라 부른다.

© Image Source/Alamy Stock Photo

말레산 무수물은 일반적인 스포츠 의류 섬유인 스판덱스 합성에 사용된다.

인산 무수물

생물계에서 인산 무수물의 특별한 중요성 때문에(21장), 여기에서는 그것들과 카복실산 무수물 사이의 유사성을 보여 줄 것이다. **인산 무수물**(phosphoric anhydride)의 작용기는 산소 원자로 결합된 두 개의 인산기이다. 여기서는 두 개의 인산(H_3PO_4) 무수물과 각 산성 수소의 이온화에 의해서 유도된 이온들의 구조식을 보여 주고 있다.

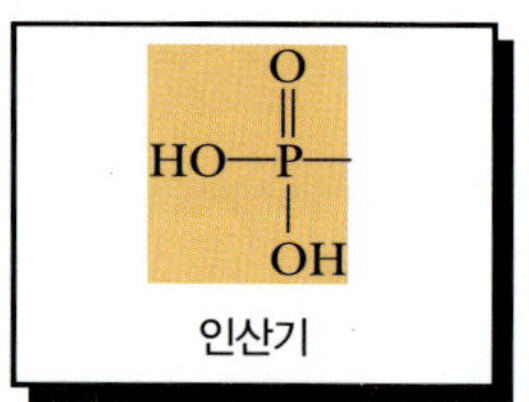

인산기

Diphosphoric acid (Pyrophosphoric acid)   Diphosphate ion (Pyrophosphate ion)

Triphosphoric acid   Triphosphate ion

화학 관련 14A

자외선 차단제와 방지제

지구의 오존층을 통과하는 자외선(UV) 복사(11.1절, 표 11.1)는 보통 두 가지 영역, 즉 UVB(290~320 nm)와 UVA(320~400 nm)으로 구분한다. UVA보다 더 강력한 복사 형태인 UVB는 피부와 눈에 있는 분자들과 직접 반응하여 피부암, 피부 노화, 백내장을 일으키는 눈의 손상, 그리고 노출 후 12~24시간 이후 나타나는 피부 화상을 발생시킨다. 반면에 UVA 복사는 피부를 검게 한다. 이것 또한 UVB보다는 덜할지라도 피부를 손상시킨다. 피부암을 증대시키는 UVA의 역할은 아직 잘 알려지지 않고 있다.

상용적인 자외선 방지 제품은 보호되지 않은 피부와 비교하여 보호된 피부에서 화상이 일어나는 유효한 최소의 자외선 조사량으로 정의되는 자외선 차단 지수(sun protection factor, SPF)에 의해서 등급이 매겨진다. 상품화된 자외선 차단 및 방지 크림에는 두 가지 활성 성분이 발견된다. 가장 일반적인 자외선 차단제는 자외선을 반사 및 산란시키는 흰색 결정 물질인 산화 아연(ZnO)이다. 두 번째 활성 성분인 자외선 차단제는 자외선을 흡수하고 열로서 그것을 다시 방출한다. 차단제는 UVB 차단에는 아주 효율적이지만 UVA는 차단하지 않는다. 따라서 그것은 피부를 태우지만, UVB에 관련된 손상을 방지한다. 여기에 UVB 차단제로 사용되는 일반적인 세 가지 에스터의 분자식이 있다. 이것은 상품에 '활성 성분'이라고 라벨에 표시된다.

CH_3O ... O

Octyl *p*-methoxycinnamate

O, OH

Homosalate

CH_3, N, CH_3, O

Padimate A

문제

Fischer 에스터화 반응(13.6절)을 이용하여, 적절한 카복실산과 알코올로부터 각 UV 차단제를 합성하시오.

C. 에스터와 락톤

카복실산 에스터

카복실산 에스터(carboxylic ester, 간단히 에스터로 명칭)의 작용기는 −OR이나 −OAr에 연결된 아실기이다. 에스터의 IUPAC명과 일반명은 어미 카복실산으로부터 유도된다. 산소에 결합된 알킬기나 아릴기를 먼저 부르고, 산 이름의 접미어 *−ic acid*를 *−ate*로 바꿔서 명명한다.

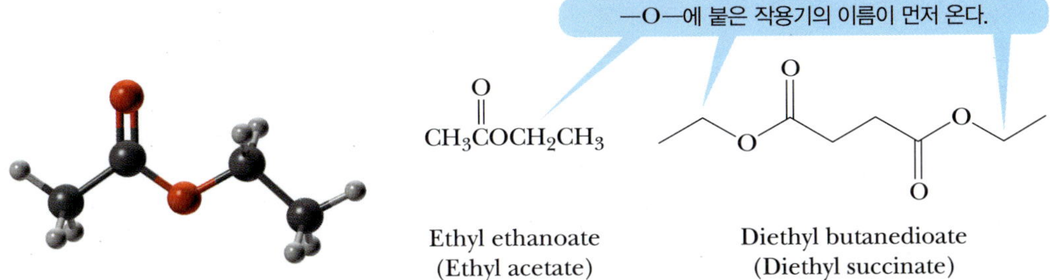

Ethyl ethanoate (Ethyl acetate)

Diethyl butanedioate (Diethyl succinate)

고리형 에스터를 **락톤**(lactone)이라고 부른다. 락톤의 IUPAC명은 어미 카복실산의 이름에서 접미어 *−oic acid*를 생략하고 접미어 *−olactone*을 붙여 만들어진다. 일반명도 유사하게 만들어진다. 고리에서 산소 원자의 위치는 사용된 산의 이름이 IUPAC명이면 번호로, 산의 이름이 일반

락톤 고리형 에스터

명이면 그리스 문자 α, β, γ, δ, ε 등이 사용된다.

4-Butanolactone
(A γ-lactone)

화학 관련 14B

곰팡이 낀 클로버에서 혈액 희석제까지

1933년에 상심한 한 농부가 위스콘신 대학의 Karl Link 박사의 연구실로 응고되지 않은 혈액을 들고 와서, 소들이 작은 상처에도 피를 흘리며 죽는다고 이야기했다. 그 후 몇 년간의 연구로 Link와 동료들은 소들이 썩은 클로버를 먹으면, 피가 응고되는 것이 방해되어 작은 상처나 긁힘에도 피가 멈추지 않아 결국 죽는다는 것을 알아냈다. Link는 곰팡이 낀 클로버로부터 혈액 응고를 지연시키거나 방해하는 항응고제인 디쿠마롤(dicoumarol)이라는 화합물을 추출하였다. 디쿠마롤은 바이타민 K의 작용을 방해하여 항응고 효과를 나타낸다(20.6D절). 그 후 몇 년 내에 디쿠마롤은 심장 발작 및 다른 혈액 응고 위험 환자들을 치료하는 데 널리 사용되었다.

디쿠마롤은 클로버의 향기 물질인 고리형 에스터인 쿠마린(coumarin)의 유도체이다. 혈액 응고를 방해하지 않고 향료로 사용되는 쿠마린은 클로버가 썩으면서 디쿠마롤로 변환된다. 쿠마린은 락톤(고리형 에스터)이고, 디쿠마롤은 다이락톤이다.

Coumarin
(클로버로부터)

클로버가 썩어서 →

Dicoumarol
(항응고제)

더 강력한 항응고제를 찾던 중 Link는 와파린(warfarin, Wisconsin Alumni Research Foundation의 이름을 딴)을 개발하였고, 현재 주로 쥐약으로 사용한다. 쥐가 와파린을 먹으면 혈액이 응고되지 않아 결국 죽게 된다. 쿠마린이라는 상표로 팔리는 와파린은 사람의 혈액 희석제로도 사용된다. *S* 거울상 이성질체는 *R* 이성질체보다 활성이 강하다. 상업 제품은 라셈 혼합물이다.

Warfarin
(합성 항응고제)

강력한 항응고제인 디쿠마롤은 썩은 클로버에서 최초로 분리되었다.(Daniel MAR/iStock photo)

문제

와파린을 α, β, γ 등의 락톤으로 정의하시오. 케토-엔올 토토머화 반응을 할 수 있는 와파린의 부위를 정의하고, 각 위치에서의 토토머를 보이시오.

인산의 에스터

인산은 세 개의 −OH기를 가지며 일-, 이-, 삼인산 에스터를 형성한다. 그것들의 이름은 산소 원자에 결합된 알킬기나 아릴기의 이름에 *phosphate*를 붙이는 것으로, 예를 들면 인산 다이메틸(dimethyl phosphate)과 같다. 더 복잡한 인산 에스터에서는 유기 분자의 이름을 부르고, 그리고 나서 *phosphate*(인산)나 접두어 *phospho*-(포스포-)를 사용하여 인산 에스터의 존재를 나타낸다.

다음 두 개의 인산 에스터는 생물계에서 특별히 중요하다. 글루코스의 첫 번째 대사 반응은 D-글루코스(21.3절)의 인산 에스터 생성 반응으로 D-글루코스 6-인산이 된다. 인산 피리독살은 바이타민 B_6의 대사적 활성 형태 중 하나이다. 이런 에스터들을 혈장의 pH인 7.4에서 이온화된 형태로 나타내었는데, 각 인산기의 두 개의 수소가 이온화되어 전하가 −2인 인산기를 만든다.

Dimethyl phosphate

D-Glucose 6-phosphate

Pyridoxal phosphate

Charles D. Winters

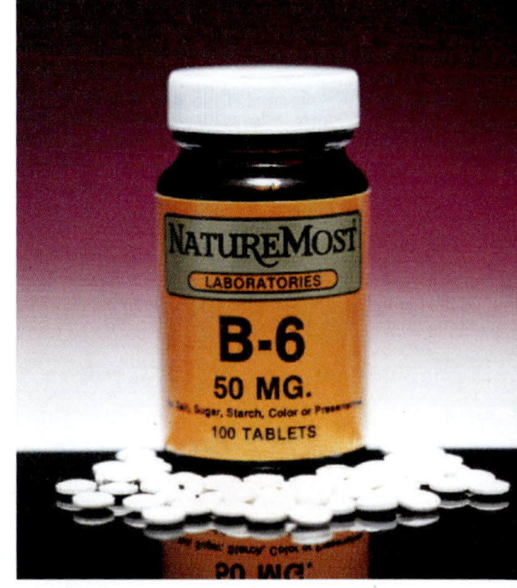

바이타민 B_6, pyridoxal(Charles D. Winters)

화학 관련 14C

페니실린과 세팔로스포린: β-락탐 항생제

페니실린(penicillin)은 1928년에 스코틀랜드의 세균학자 Alexander Fleming 경에 의해 발견되었다. 호주의 세균학자 Howard Florey 경과 나치 독일에서 피난 온 독일 화학자 Ernst Chain의 뛰어난 실험 결과로부터 페니실린 G가 1943년에 의약품으로 도입되었다. 당대에 가장 효과적인 항생 물질의 하나를 개발한 업적으로 Fleming, Florey, Chain은 1945년에 의학 및 생리학 부문에서 노벨상을 수상하였다.

Fleming이 페니실린을 발견한 곰팡이는 페니실륨 노타텀(*Penicillium notatum*)으로 낮은 수득률의 페니실린을 만드는 변종이다. 항생 물질의 상업적인 생산은 *P. chrysogenum*을 사용하는데, 이것은 Illinois주 Peoria 시장의 자몽에서 성장하는 곰팡이에서 배양된 변형이다. 페니실린의 항균력은 박테리아 세포벽 주요 부분의 생합성을 저해시키는 일반적인 메커니즘에 기인한다.

모든 페니실린의 공통적인 구조적 특징은 S 원자 한 개와 N 원자 한 개를 포함하는 오원자 고리에 융합된 β-락탐 고리이다(다음 절에서 보게 되겠지만, 락탐은 고리형 아마이드이다):

페니실린들은 카보닐 탄소에 붙은 아실기가 다르다.

β-lactam

Amoxicillin
(β-락탐 항생제)

페니실린이 임상 치료에 도입된 이래, 박테리아의 페니실린 저항성 변종이 나타나기 시작하였고 확산되기 시작하였다. 저항성 변종과 싸우는 하나의 접근 방법으로는 더 새롭고, 더 효과적인 페니실린을 합성하는 것이다. 개발된 것 가운데에는 앰피실린, 메티실린, 아목시실린 등이 있다. 또 다른 접근방법으로는 더 새롭고, 더 효과적인 β-락탐 항생 물질을 찾는 것이다. 지금까지 발견된 가장 효과적인 것으로는 균류 *Cephalosporium acremonium*에서 처음 분리된 **세팔로스포린**(cephalosporin)이다. 이러한 종류의 β-락탐 항생 물질은 더 광범위한 항균력을 가지며, 많은 페니실린 저항성 박테리아 변종에 보다 더 효과적이다.

세팔로스포린은 카보닐 탄소에 붙은 아실기가 다르고 …

… 육각형 고리의 이 탄소에 붙은 작용기가 다르다.

Keflex
(β-락탐 항생제)

문제

다음 조건의 수용액에서 아목시실린의 주된 형태는?

(a) pH 2.0에서 (b) pH 5~6에서 (c) pH 11.0에서

이유를 설명하시오.

D. 아마이드와 락탐

아마이드(amide)의 작용기는 3가의 질소 원자에 결합된 아실기이다. 아마이드는 어미 산의 IUPAC명에서 접미사 *-oic acid*를 생략하거나, 일반명에서 접미사 *-ic acid*를 생략하고 *-amide*(-아마이드)를 붙인다. 만약 아마이드의 질소 원자가 알킬기나 아릴기에 결합되면, 그 작용기의 이름을 부르고 질소에서의 위치는 *N*-로 나타낸다. 만일 질소 원자에 있는 두 개의 알킬기나 아릴기가 같다면 *N*, *N*-di-로 나타내고, 다르다면 *N*-알킬-*N*-알킬로 나타낸다.

CH_3CONH_2 Acetamide (1차 아마이드)

$CH_3C(=O)NHCH_3$ *N*-Methylacetamide (2차 아마이드)

$HC(=O)N(CH_3)_2$ *N,N*-Dimethylformamide (DMF) (3차 아마이드)

아마이드 결합은 아미노산이 결합하여 폴리펩타이드나 단백질을 형성하는 중요한 구조적 특징이다(18장).

락탐 고리형 아마이드

고리형 아마이드에는 **락탐**(lactam)이라는 특별한 이름이 주어진다. 그것은 일반명 락톤의 경우와 비슷한 방법으로 유도되며, 차이점은 접미사 -락톤(*-olactone*)이 -락탐(*-olactam*)으로 변환된다는 것이다.

6-헥사노락탐(6-hexanolactam)은 나일론 6 합성의 주된 중간체이다(16.4A절).

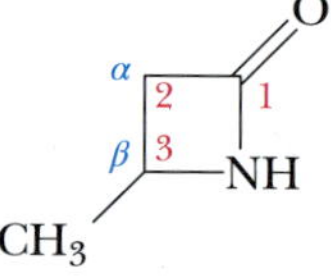

3-Butanolactam
(β-락탐)

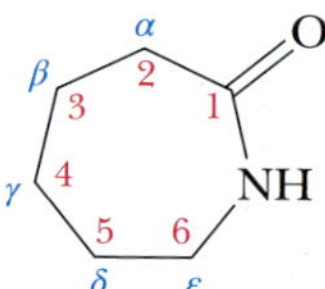

6-Hexanolactam
(ε-락탐)

해결방법 14.1 카복실산 유도체의 이름 

카복실산의 네 가지 유도체를 명명하는 주안점은 그들의 이름이 연관된 카복실산의 이름과 어떤 점이 다른지를 아는 것이다. 아래 표는 각 유도체의 차이를 이탤릭체로 표시하였다.

유도체	카복실산 이름	유도체 이름	예	
산 할로젠화물	alkanoic *acid*	alkanoyl *halide*	propanoic acid	propanoyl chloride
산 무수물	alkanoic *acid*	alkanoic *anhydride*	propanoic acid	propanoic anhydride
에스터	alkanoic *acid*	*alkyl* alkanoate	butanoic acid	methyl butanoate
아마이드	alkanoic *acid*	alkan*amide*	butanoic acid	butanamide

예제 14.1

다음 각 화합물의 IUPAC 이름을 적으시오.

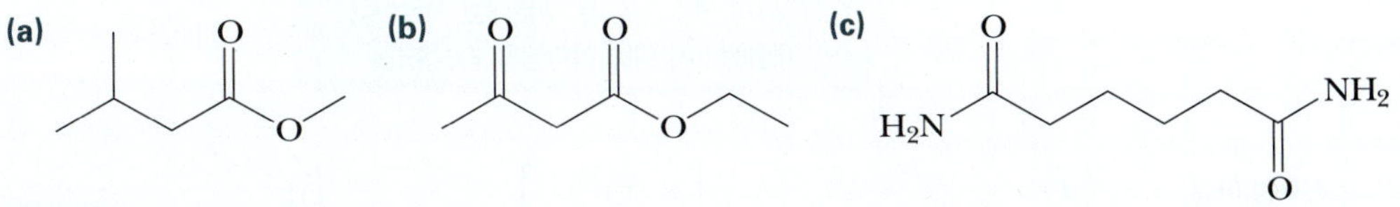

(a) (b) (c) H_2N NH_2 O O (d) Ph Ph

전략

각 유도체의 가장 긴 사슬을 찾아 기본 이름으로 정한다. 각 유도 작용기를 카복실기로 간주하고, 카복실산의 이름을 붙인다. 그런 후에 유도체에 해당하는 어미를 붙인다. 해결 방법 14.1 참조

풀이

먼저 IUPAC명을 나타내고 괄호 안에 일반명을 나타내었다.

(a) Methyl 3-methylbutanoate (methyl isovalerate, isovaleric acid로부터 나옴)
(b) Ethyl 3-oxobutanoate (ethyl β-ketobutyrate, β-ketobutyric acid로부터 나옴)
(c) Hexanediamide (adipamide, adipic acid로부터 나옴)
(d) Phenylethanoic anhydride (phenylacetic anhydride, phenylacetic acid로부터 나옴)

문제 14.9~14.11 참조

문제 14.1

각 화합물의 구조식을 그리시오.

(a) *N*-Cyclohexylacetamide
(b) sec-Butyl acetate
(c) Cyclobutyl butanoate
(d) *N*-(2-Octyl)benzamide
(e) Diethyl adipate
(f) Propanoic anhydride

14.2 카복실산 유도체의 특징적인 반응은 무엇인가?

산 할로젠화물, 무수물, 에스터, 아마이드에서 가장 일반적인 반응 주제는 카보닐 탄소에 친핵체가 첨가되어 정사면체 카보닐 첨가 중간체를 생성하는 것이다. 이런 의미에서 이 작용기들의 반응은 알데하이드나 케톤에 있어서 카보닐기의 친핵성 첨가 반응과 유사하다(12.4절). 알데하이드나 케톤으로부터 형성된 **사면체 카보닐 첨가 중간체**(tetrahedral carbonyl addition intermediate, TCAI)는 H^+가 첨가되어 생성물이 생긴다. 이 반응의 결과는 알데하이드나 케톤의 카보닐기에 친핵성 첨가 반응이다.

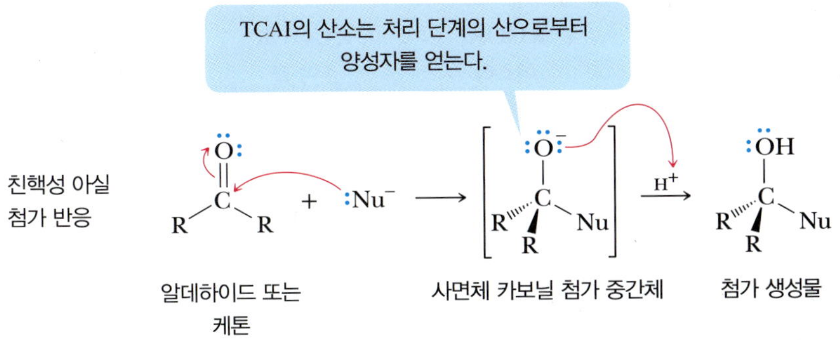

TCAI의 산소는 처리 단계의 산으로부터 양성자를 얻는다.

친핵성 아실 첨가 반응

알데하이드 또는 케톤 + $:Nu^-$ → 사면체 카보닐 첨가 중간체 $\xrightarrow{H^+}$ 첨가 생성물

카복실산의 작용기 유도체의 경우에는 사면체 카보닐 첨가 중간체의 운명이 알데하이드나 케톤의 그것과 매우 달라진다. 이 중간체는 이탈기를 축출하고 분해되어 카보닐기를 재생성한다.

친핵성 아실 치환 반응 카보닐 탄소에 결합된 친핵체가 다른 친핵체로 치환되는 반응

이러한 첨가–제거 반응 순서의 결과는 **친핵성 아실 치환 반응**(nucleophilic acyl substitution)이 된다.

TCAI의 산소는 Y^-를 내보내고 카보닐을 재형성하기 위해 전자쌍을 밀어준다.

친핵성 아실 치환 반응

$$RC(=O)Y + :Nu^- \longrightarrow \left[R\text{–}C(O^-)(Y)\text{–}Nu \right] \longrightarrow RC(=O)Nu + :Y^-$$

사면체 카보닐 첨가 중간체 / 치환된 생성물

이런 두 가지 카보닐 첨가 반응 사이의 중요한 차이점은 알데하이드와 케톤이 안정한 음이온으로 떨어져 나갈 수 있는 Y를 가지지 않는다는 점이다. 알데하이드와 케톤은 친핵성 아실 첨가로만 진행된다. 이 장에서 공부하는 네 가지 카복실산 유도체는 안정한 음이온으로 떨어져 나갈 수 있는 기인 Y를 가져서 친핵성 아실 치환 반응으로 진행된다.

이런 일반적인 반응에서 친핵체와 이탈기는 음이온이다. 그러나 반드시 그럴 필요는 없다. 물, 알코올, 암모니아와 같은 중성 분자들도 친핵체로 작용을 할 수 있다. 이탈기에 대한 중요한 점을 보여 주기 위해 여기에서는 이탈기를 음이온으로 하였다. 즉 더 약한 염기일수록 더 좋은 이탈기이다(7.5C절).

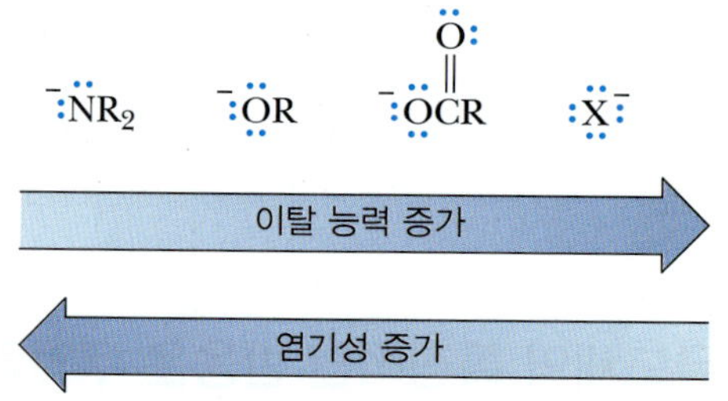

이 계열 중에서 가장 약한 염기이고, 따라서 가장 좋은 이탈기는 할로젠화 이온이다. 산 할로젠화물은 친핵성 아실 치환 반응에 대하여 가장 반응성이 크다. 가장 강한 염기이므로 가장 좋지 않은 이탈기는 아마이드 이온이다. 아마이드는 친핵성 아실 치환 반응에 대하여 가장 반응성이 낮다. 산 염화물과 산 무수물은 반응성이 매우 커서 자연계에는 존재하지 않는다. 그러나 에스터와 아마이드는 광범위하게 존재한다.

$RCNH_2$ (C=O)	$RCOR'$ (C=O)	$RCOCR$ (C=O, C=O)	RCX (C=O)
아마이드	에스터	무수물	산 할로젠화물

친핵성 아실 치환 반응에 대한 반응성 증가 →

14.3 가수 분해란 무엇인가?

가수 분해[hydrolysis, 그리스어 *hydor*(물) + *lyein*(분리)]란 물과 반응하여 결합이 끊어지는 화학 과정이다. 가수 분해에서 물 분자는 전형적으로 H^+와 OH^-로 분리된다.

A. 산 염화물

저분자량의 산 염화물은 물과 매우 빠르게 반응하여 카복실산과 HCl를 생성한다.

이 결합은 물 첨가에 의해 가수 분해된다.

$$CH_3\overset{O}{\overset{\|}{C}}{-}Cl + H_2O \longrightarrow CH_3\overset{O}{\overset{\|}{C}}OH + HCl$$

고분자량의 산 염화물은 물에 잘 녹지 않기 때문에 물과 더 느리게 반응한다.

B. 산 무수물

산 무수물은 일반적으로 산 염화물보다 반응성이 낮다. 그러나 저분자량의 무수물은 물과 쉽게 반응하여 두 분자의 카복실산을 형성한다.

$$CH_3\overset{O}{\overset{\|}{C}}{-}O{-}\overset{O}{\overset{\|}{C}}CH_3 + H_2O \longrightarrow CH_3\overset{O}{\overset{\|}{C}}OH + HO\overset{O}{\overset{\|}{C}}CH_3$$

이 C−O 결합 중 하나가 물 첨가에 의해 가수 분해된다.

C. 에스터

에스터는 끓는 물에서조차도 매우 느리게 가수 분해된다. 그러나 환류 중인 산이나 염기 수용액이 존재하면 가수 분해는 상당히 빨라진다. 우리가 13.6절에서 산 촉매 Fischer(에스터화) 반응을 논의했을 때, 그것이 평형 반응이라는 것을 알았다. 에스터의 산 촉매 가수 분해도 정확하게 같은 평형 반응이라는 것을 알았다. 에스터의 산 촉매 가수 분해는 반대 방향이라는 것을 제외하고는 산 촉매 에스터화 반응과 같은 메커니즘으로 진행한다. 산 촉매의 역할은 카보닐 산소에 양성자를 첨가하는 것이다**(1단계: 양성자 첨가)**. 이렇게 하면 물의 공격에 대한 카보닐 탄소의 친핵성이 증가하여 사면체 카보닐 첨가 중간체가 형성된다**(2단계: 새로운 공유 결합을 형성하기 위한 친핵체 및 친전자체 반응)**. 내부 양성자가 알콕시기로 이동하고**(3단계: 내부 양성자 이동)**, 중간체가 붕괴되면 카복실산과 알코올이 생성된다**(4단계: 이탈기 배출을 위한 사면체 카보닐 첨가 중간체 붕괴와 카보닐기의 재생성)**. 이 반응에서 산은 촉매이다. 산은 첫 단계에서 소모되지만 반응의 마지막에 재생성된다.

$$RC(=O)OCH_3 + H_2O \underset{}{\overset{H^+}{\rightleftharpoons}} RC(=O^+H)OCH_3 \rightleftharpoons \left[R\text{-}C(OH)(OCH_3)(O^+H_2)\right]$$

① ② ③

이 결합이 물 첨가에 의해 가수 분해된다.

사면체 카보닐 첨가 중간체

내부 양성자 이동

$$\left[R\text{-}C(OH)(OH)(CH_3O^+H)\right] \overset{H_2O}{\rightleftharpoons} RC(=O)OH + CH_3OH + H_3O^+$$

④

사면체 카보닐 첨가 중간체

산이 재생성된다.

비누화 반응 NaOH나 KOH 수용액에서 에스터의 알코올과 카복실산 염으로의 가수 분해

에스터의 가수 분해에는 NaOH 수용액과 같은 뜨거운 염기 수용액을 사용할 수도 있다. 염기 수용액에서 에스터의 가수 분해를 흔히 **비누화 반응**(saponification)이라고 하는데, 이 반응은 비누 제조에 사용되고 있다(19.2A절). 가수 분해되는 에스터 1 mol은 다음의 완결된 반응식에서처럼 1 mol의 염기를 필요로 한다.

$$\mathrm{R\overset{O}{\overset{\|}{C}}OCH_3 + NaOH \xrightarrow{H_2O} R\overset{O}{\overset{\|}{C}}O^-Na^+ + CH_3OH}$$

메커니즘

염기 수용액에서 에스터의 가수 분해

1단계: 새로운 공유 결합을 형성하기 위한 친핵체 및 친전자체 반응

에스터의 카보닐 탄소에 수산화 이온이 첨가되어 사면체 카보닐 첨가 중간체가 형성된다.

$$\mathrm{R-\overset{\ddot{O}:}{\overset{\|}{C}}-\ddot{O}CH_3 + {}^-:\ddot{O}H \rightleftharpoons R-\overset{:\ddot{O}:^-}{\underset{:\ddot{O}H}{C}}-\ddot{O}CH_3}$$

2단계: 이탈기 배출을 위한 사면체 카보닐 첨가 중간체 붕괴와 카보닐기의 재생성

이 중간체가 분해되어 카복실산과 알콕시화 이온이 생성된다.

$$\mathrm{R-\overset{:\ddot{O}:^-}{\underset{:\ddot{O}H}{C}}-\ddot{O}CH_3 \rightleftharpoons R-\overset{\ddot{O}:}{\overset{\|}{C}}-\ddot{O}H + {}^-:\ddot{O}CH_3}$$

3단계: 양성자 제거

카복실기(산)로부터 알콕시화 이온(염기)으로 양성자가 이동하여 카복실산 음이온이 생성된다. 이 단계는 알코올이 카복실산 음이온을 공격할 만큼 충분히 강한 친핵체가 아니기 때문에 비가역적이다.

$$\mathrm{R-\overset{\ddot{O}:}{\overset{\|}{C}}-\ddot{O}-H + {}^-:\ddot{O}CH_3 \longrightarrow R-\overset{\ddot{O}:}{\overset{\|}{C}}-\ddot{O}:^- + H-\ddot{O}CH_3}$$

수용성 산에서와 수용성 염기에서 에스터의 가수 분해 사이에는 두 가지 뚜렷한 차이가 있다.

1. 산성 수용액에서의 가수 분해에서 산은 단지 촉매 양만큼만 필요하다. 염기성 수용액에서의 가수 분해의 경우, 염기는 촉매가 아닌 반응물이기 때문에 동량이 필요하다.
2. 수용성 산에서의 에스터의 가수 분해는 가역적이다. 수용성 염기에서의 가수 분해는 비가역적인데, 이것은 카복실산 음이온이 ROH에 의해서 공격을 받지 않기 때문이다.

예제 14.2

NaOH 수용액에서의 각 에스터의 가수 분해에 대한 균형 반응식을 완결하고, 모든 생성물의 이온화된 형태를 보이시오.

(a) (isopropyl benzoate) + NaOH $\xrightarrow{H_2O}$

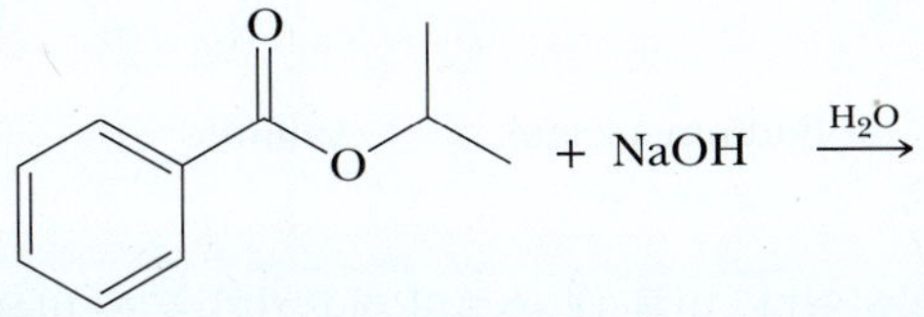

(b) (ethylene glycol diacetate) + 2 NaOH $\xrightarrow{H_2O}$

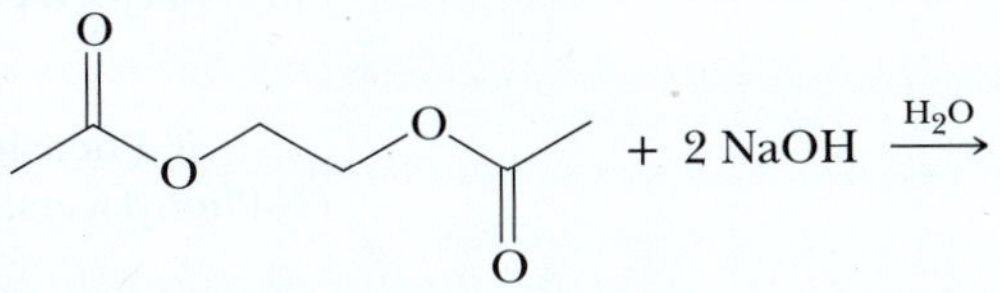

전략

에스터의 가수 분해로 분자의 각 에스터기마다 카복실기와 알코올이 생성된다. 염기성 수용액에서는 분자의 각 에스터기마다 1 mol의 NaOH가 소비된다.

풀이

(a)의 가수 분해 생성물은 벤조산과 2-프로판올이다. NaOH 수용액에서 벤조산은 소듐염으로 변환된다. 그러므로 1 mol 에스터의 가수 분해에는 1 mol의 NaOH가 필요하다. 화합물 (b)는 에틸렌 글라이콜의 다이에스터이다. 그러므로 가수 분해에는 2 mol의 NaOH가 필요하다.

(a) $C_6H_5CO^-Na^+$ + HO—$CH(CH_3)_2$

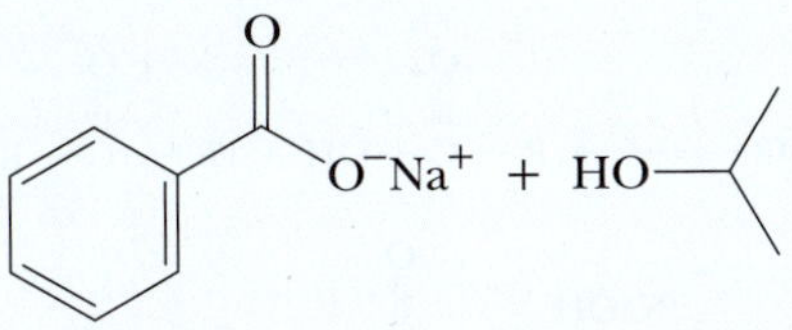

Sodium benzoate　　2-Propanol (Isopropyl alcohol)

(b) $2\ CH_3CO^-Na^+$ + $HOCH_2CH_2OH$

Sodium acetate　　1,2-Ethanediol (Ethylene glycol)

문제 14.19, 14.20, 14.31 참조

문제 14.2

수용액에서의 각 에스터의 가수 분해에 대한 균형 반응식을 완결하고, 주어진 조건에서 모든 생성물의 이온화된 형태를 보이시오.

(a) (benzene with two $COOCH_3$ groups) + NaOH (과량) $\xrightarrow{H_2O}$

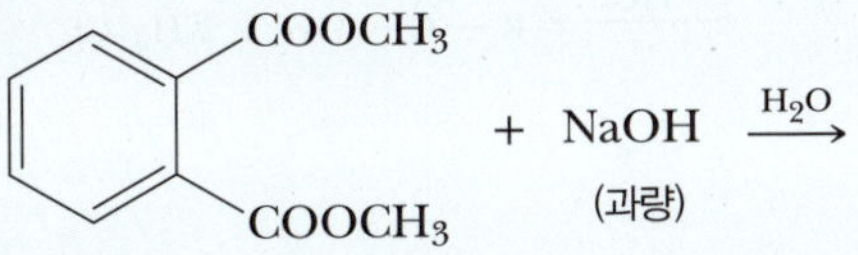

(b) (ethyl 5-oxohexanoate) + H_2O $\xrightarrow{HCl}$

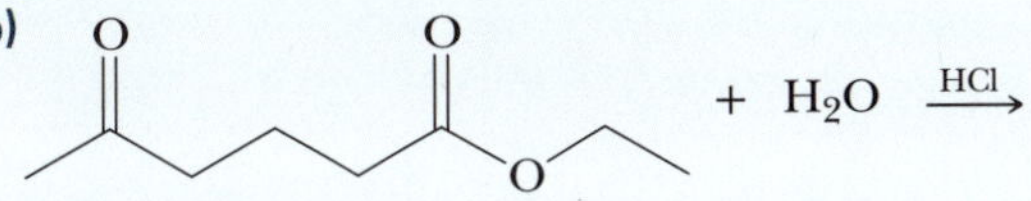

D. 아마이드

아마이드가 산 및 염기에서 가수 분해되기 위해서는 에스터보다 상당히 더 격렬한 조건을 필요로 한다. 아마이드는 뜨거운 산 수용액에서 가수 분해하여 카복실산과 암모니아를 생성한다. 가수 분해는 암모니아나 아민과 산 사이의 산–염기 반응에 의해 암모늄염이 생성되어 완전히 종결된다. 아마이드 1 mol당 산 1 mol이 필요하다.

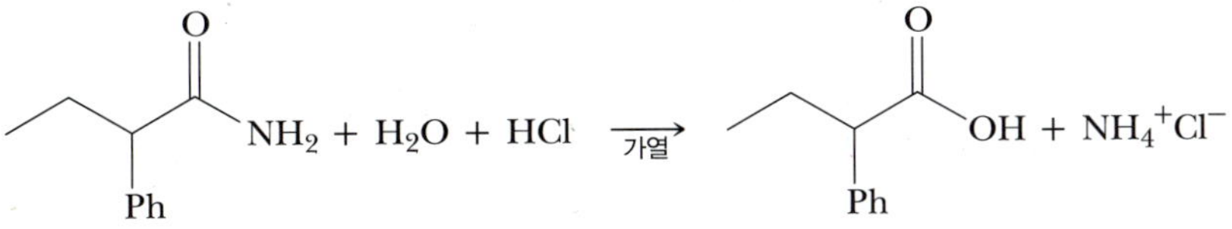

$$CH_3CH_2CH(Ph)CNH_2 + H_2O + HCl \xrightarrow{\text{가열}} CH_3CH_2CH(Ph)COH + NH_4^+Cl^-$$

2-Phenylbutanamide　　2-Phenylbutanoic acid

염기성 수용액에서의 아마이드의 가수 분해 생성물은 카복실산 음이온과 암모니아나 아민이다. 염기 촉매 가수 분해는 카복실산과 염기 사이의 산–염기 반응에 의해서 염이 생성되어 종결된다. 아마이드 1 mol당 1 mol의 염기가 필요하다.

$$CH_3\overset{O}{\overset{\|}{C}}NH{-}C_6H_5 + NaOH \xrightarrow[\text{가열}]{H_2O} CH_3\overset{O}{\overset{\|}{C}}O^-Na^+ + H_2N{-}C_6H_5$$

N-Phenylethanamide (*N*-Phenylacetamide, Acetanilide) — Sodium acetate — Aniline

이러한 작용기들과 물의 반응은 표 14.1에 요약하였다. 비록 네 종류의 작용기가 물과 반응을 할지라도 가수 분해가 일어나는 속도와 실험 조건에는 큰 차이가 있음을 기억할 필요가 있다.

표 14.1 물과 산 염화물, 무수물, 에스터, 아민의 반응 요약

$$R{-}\overset{O}{\overset{\|}{C}}{-}Cl + H_2O \longrightarrow R{-}\overset{O}{\overset{\|}{C}}{-}OH + HCl$$

$$R{-}\overset{O}{\overset{\|}{C}}{-}O{-}\overset{O}{\overset{\|}{C}}{-}R + H_2O \longrightarrow R{-}\overset{O}{\overset{\|}{C}}{-}OH + HO{-}\overset{O}{\overset{\|}{C}}{-}R$$

$$R{-}\overset{O}{\overset{\|}{C}}{-}OR' + H_2O \xrightarrow{NaOH} R{-}\overset{O}{\overset{\|}{C}}{-}O^-Na^+ + R'OH$$

$$R{-}\overset{O}{\overset{\|}{C}}{-}OR' + H_2O \xrightarrow{H_2SO_4} R{-}\overset{O}{\overset{\|}{C}}{-}OH + R'OH$$

$$R{-}\overset{O}{\overset{\|}{C}}{-}NH_2 + H_2O \xrightarrow{NaOH} R{-}\overset{O}{\overset{\|}{C}}{-}O^-Na^+ + NH_3$$

$$R{-}\overset{O}{\overset{\|}{C}}{-}NH_2 + H_2O \xrightarrow{HCl} R{-}\overset{O}{\overset{\|}{C}}{-}OH + NH_4^+Cl^-$$

에스터와 아마이드의 가수 분해는 산성 또는 염기성 조건이 필요하다.

예제 14.3

진한 염산 수용액에서의 각 아마이드의 가수 분해에 대한 반응식을 완결하고, 모든 생성물의 이온화된 형태를 보이시오. 각 아마이드를 가수 분해하는 데 필요한 HCl의 몰수를 쓰시오.

(a) $CH_3\overset{O}{\overset{\|}{C}}N(CH_3)_2$

(b) (6원 고리 락탐: C=O, NH)

전략

아마이드의 가수 분해는 카복실기와 염화 암모늄을 생성한다. 분자의 각 아마이드기당 1 mol의 NaOH(염기성 조건) 혹은 1 mol의 HCl(산성 조건)이 소비된다.

풀이

(a) *N*,*N*-다이메틸아세트아마이드의 가수 분해에서는 아세트산과 다이메틸아민이 생성된다. 염기인 다이메틸아민은 HCl에 의해 양성자 첨가가 이루어져 다이메틸암모늄 이온을 생성하며, 이것은 균형 반응식에서 염화 다이메틸암모늄으로 나타난다. 이 아마이드의 완전 가수 분해에는 아마이드 1 mol당 1 mol의 HCl이 필요하다.

$$CH_3\overset{\overset{O}{\|}}{C}N(CH_3)_2 + H_2O + HCl \xrightarrow[\text{가열}]{} CH_3\overset{\overset{O}{\|}}{C}OH + (CH_3)_2NH_2^+Cl^-$$

(b) δ-락탐의 가수 분해에서는 양성자가 첨가된 5-아미노펜탄산이 생성된다. 락탐 1 mol당 1 mol의 산이 필요하다.

$$\delta\text{-lactam} + H_2O + HCl \xrightarrow[\text{가열}]{} HO_2C(CH_2)_4NH_3^+Cl^-$$

문제 14.29, 14.32 참조

문제 14.3

진한 NaOH 수용액에서 예제 14.3의 각 아마이드의 가수 분해에 대한 반응식을 완결하고, 모든 생성물의 이온화된 형태를 보이시오. 각 아마이드를 가수 분해하는 데 필요한 NaOH의 몰수를 쓰시오.

14.4 카복실산 유도체는 알코올과 어떻게 반응하는가?

A. 산 염화물

산 염화물은 알코올과 반응하여 에스터와 HCl을 생성한다.

$$\text{Butanoyl chloride} + \text{Cyclohexanol} \longrightarrow \text{Cyclohexyl butanoate} + HCl$$

산 염화물은 알코올과 같은 약한 친핵체에 대해서도 반응성이 매우 크기 때문에 촉매가 필요 없다. 페놀 및 치환된 페놀도 산 염화물과 반응하여 에스터를 만든다.

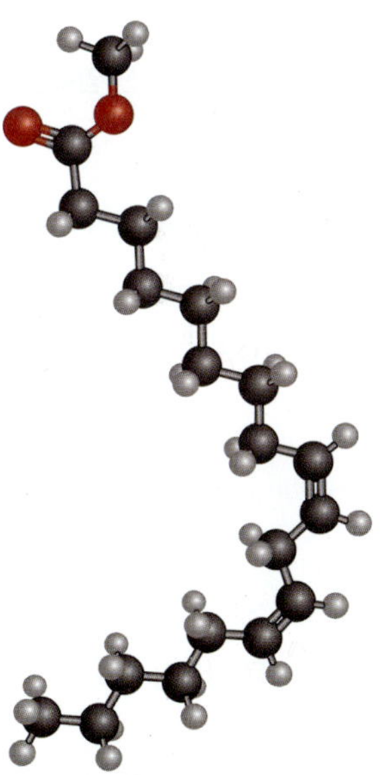

리놀산 메틸은 바이오 디젤 연료로 사용되는데 에스터 치환 반응에 의해 합성된다(문제 14.54 참조).

B. 산 무수물

산 무수물은 알코올과 반응하여 1 mol의 에스터와 1 mol의 카복실산을 생성한다.

$$\underset{\text{Acetic anhydride}}{CH_3\overset{\overset{O}{\|}}{C}O\overset{\overset{O}{\|}}{C}CH_3} + \underset{\text{Ethanol}}{HOCH_2CH_3} \longrightarrow \underset{\text{Ethyl acetate}}{CH_3\overset{\overset{O}{\|}}{C}OCH_2CH_3} + \underset{\text{Acetic acid}}{CH_3\overset{\overset{O}{\|}}{C}OH}$$

따라서 알코올과 무수물의 반응은 에스터를 합성하는 유용한 방법이다. 아스피린은 아세트산 무수물과 살리실산의 반응에 의해 공업적 규모로 생산된다.

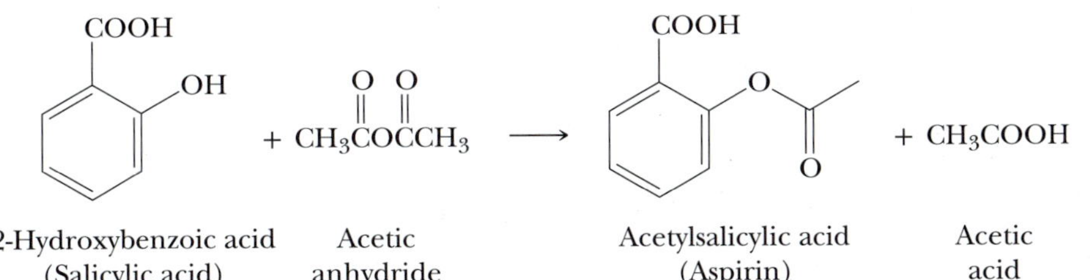

C. 에스터

에스터는 산 촉매하에서 알코올과 반응할 때, **에스터 치환 반응**(transesterification)이라고 하는 치환 반응을 한다. 이 반응에서 에스터의 —OR기는 새로운 —OR기로 치환된다. 다음 반응에서 보듯이, 에스터 치환 반응은 메탄올의 끓는점(65°C) 이상까지 가열함으로써 완결되며, 메탄올은 반응 혼합물로부터 증류된다.

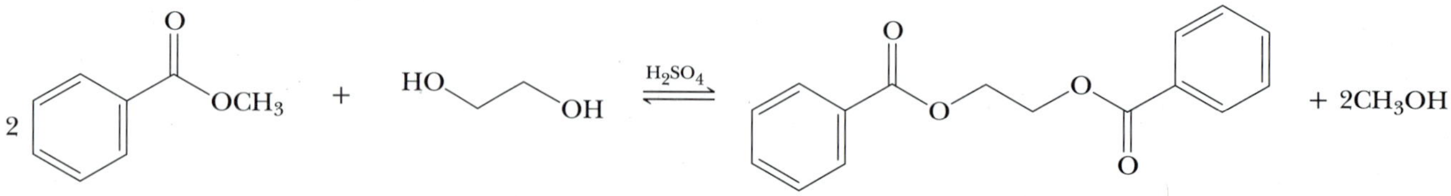

$$2\ C_6H_5COOCH_3 + HOCH_2CH_2OH \overset{H_2SO_4}{\rightleftharpoons} C_6H_5COOCH_2CH_2OOCC_6H_5 + 2CH_3OH$$

Methyl benzoate / 1,2-Ethanediol (Ethylene glycol) / (ethylene glycol의 다이에스터)

D. 아마이드

아마이드는 어떠한 실험 조건에서도 알코올과 반응하지 않는다. 알코올은 아마이드의 카보닐기를 공격할 만큼 충분하게 강한 친핵체가 아니다.

알코올과 앞서 기술한 작용기들의 반응을 표 14.2에 요약하였다. 동일한 작용기들이 물과의 반응에서처럼, 알코올과 반응할 때 반응 속도와 실험 조건에서 큰 차이가 있다. 한 극단의 예로는 빠르게 반응하는 산 염화물과 무수물 경우와, 또 다른 극단의 경우에는 전혀 반응을 하지 않는 아마이드가 있다.

표 14.2 알코올과 산 염화물, 산 무수물, 에스터, 아마이드의 반응 요약

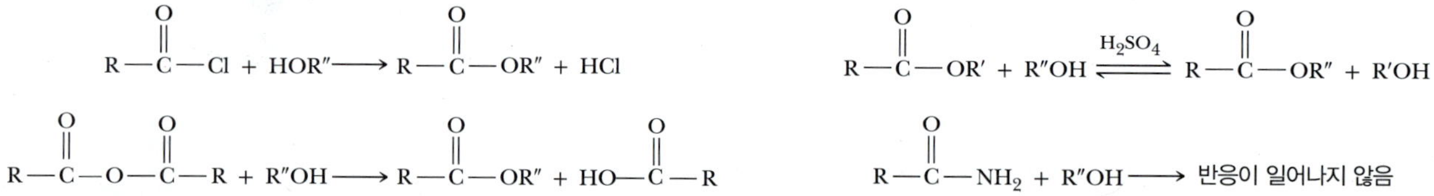

$$R-\overset{O}{\overset{\|}{C}}-Cl + HOR'' \longrightarrow R-\overset{O}{\overset{\|}{C}}-OR'' + HCl$$

$$R-\overset{O}{\overset{\|}{C}}-OR' + R''OH \overset{H_2SO_4}{\rightleftharpoons} R-\overset{O}{\overset{\|}{C}}-OR'' + R'OH$$

$$R-\overset{O}{\overset{\|}{C}}-O-\overset{O}{\overset{\|}{C}}-R + R''OH \longrightarrow R-\overset{O}{\overset{\|}{C}}-OR'' + HO-\overset{O}{\overset{\|}{C}}-R$$

$$R-\overset{O}{\overset{\|}{C}}-NH_2 + R''OH \longrightarrow \text{반응이 일어나지 않음}$$

예제 14.4

다음 반응식을 완결하시오.

(a) (8원자 고리 락톤) $+ CH_3CH_2OH \xrightarrow{H_2SO_4}$

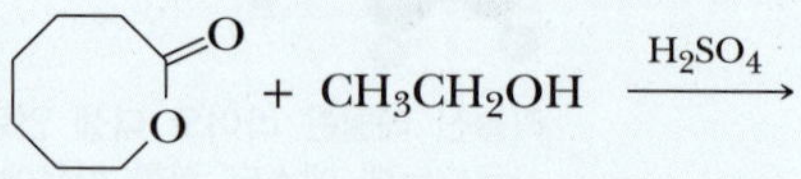

(b) $Cl-\overset{O}{\overset{\|}{C}}-Cl + HOCH_2CH_2OH \longrightarrow$

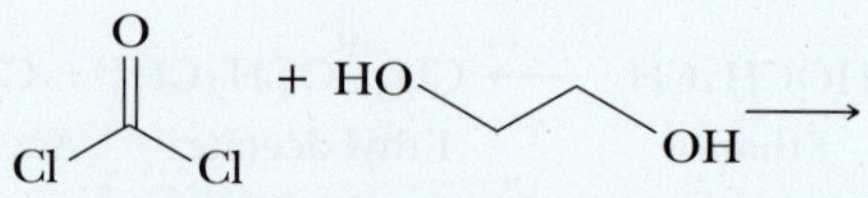

전략

산 할로젠화물, 산 무수물, 에스터는 알코올과 친핵성 아실 치환 반응을 수행하여 각각의 —X, —OC(O)R, —OR기가 알코올의 —OR′기로 치환된다.

풀이

(a)

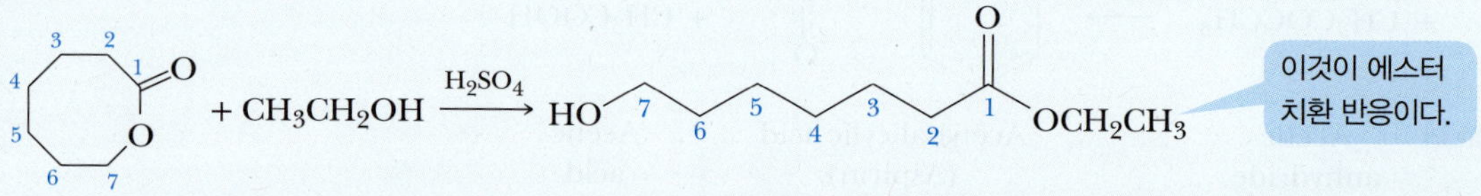

$$\text{(락톤, C1–C7 번호)} + CH_3CH_2OH \xrightarrow{H_2SO_4} HO\overset{7}{C}H_2\overset{6}{C}H_2\overset{5}{C}H_2\overset{4}{C}H_2\overset{3}{C}H_2\overset{2}{C}H_2\overset{1}{C}(=O)OCH_2CH_3$$

이것이 에스터 치환 반응이다.

(b)

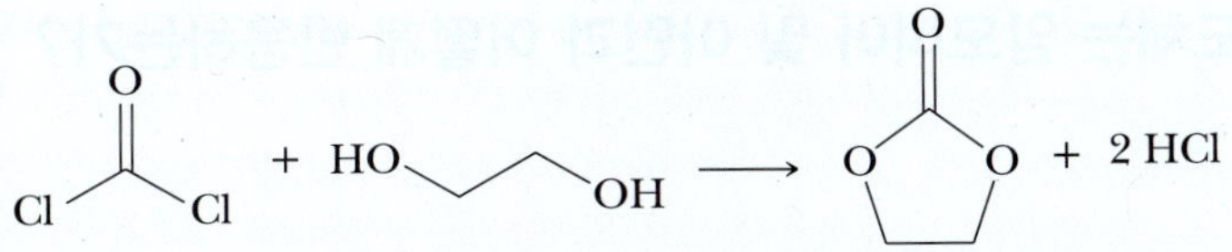

$$ClC(=O)Cl + HOCH_2CH_2OH \longrightarrow \text{(cyclic carbonate)} + 2\,HCl$$

문제 14.16, 14.17, 14.19~14.22, 14.28 참조

문제 14.4

다음 반응식을 완결하시오(화학량론은 반응식에 나타내었다).

(a) HO—(benzene)—OH + 2 (benzoyl chloride) ⟶

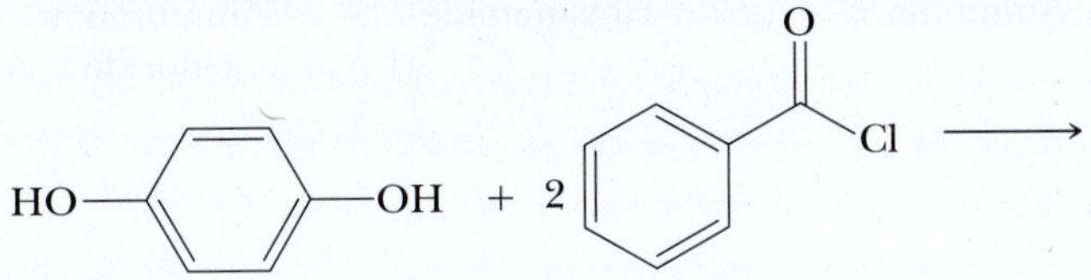

(b) HO(CH₂)₃-lactone $\xrightarrow{H_2SO_4}$

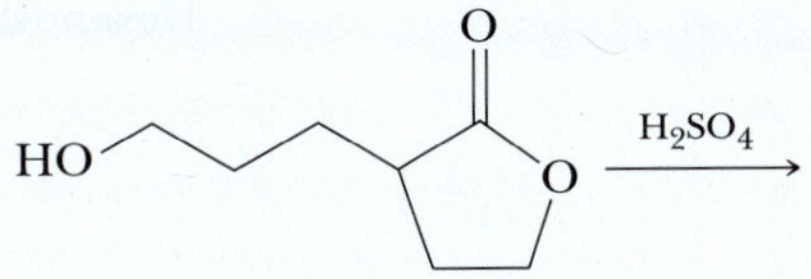

화학 관련 14D

피레스린: 식물에서 얻은 천연 살충제

피레스럼(Pyrethrum)은 몇몇 종의 *Chrysanthemum*, 특히 *C. cinerariaefolium*의 꽃봉우리 분말로부터 얻은 천연 살충제이다. 피레스럼의 활성 성분, 특히 피레스린 I 및 II는 해충과 냉혈 척추동물의 접촉 독이다. *Chrysanthemum*에 기반한 살충제로 사용하는 피레스럼 분말은 식물과 고등 동물에는 무해하기 때문에, 가정용과 가축용 스프레이뿐만 아니라 식용 식물용 분말로도 사용한다. 천연 피레스린은 Chrysanthemic acid의 에스터이다.

피레스럼 분말은 효과적인 살충제인 반면, 활성 성분은 자연에서 빠르게 분해된다. 이 천연 살충제와 비슷한 효과를 나타내면서 훨씬 생체 안정적인 화합물을 개발하기 위한 노력으로, 화학자들은 Chrysanthemic acid의 여러 에스터들을 준비하였다. Permethrin은 가정용 및 농산물용으로 가장 널리 사용되는 합성 피레스린계 화합물이다.

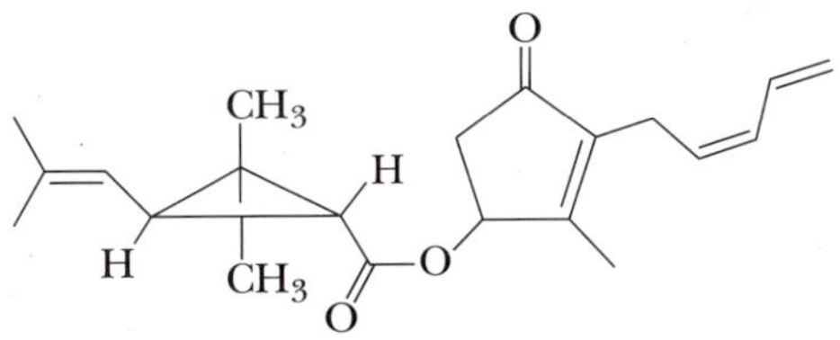

Pyrethrin I

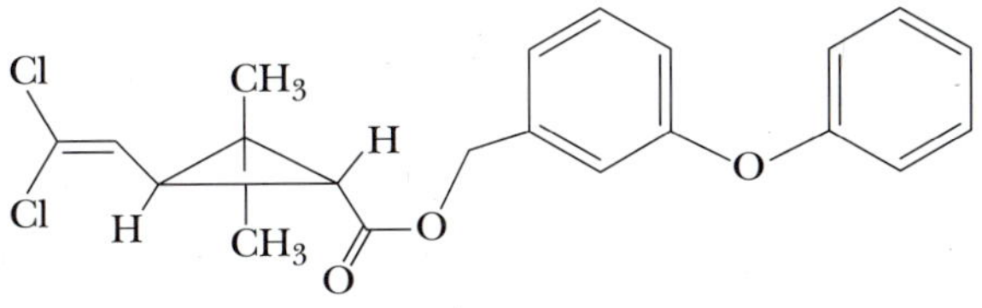

Permethrin

문제

Pyrethrin I과 permethrin이 가수 분해하면 어떤 화합물이 생성되는지 보이시오.

14.5 카복실산 유도체는 암모니아 및 아민과 어떻게 반응하는가?

A. 산 염화물

산 염화물은 암모니아, 1차 아민, 2차 아민과 매우 쉽게 반응하여 아마이드를 생성한다. 산 염화물을 아마이드로 완전히 전환시키기 위하여 2당량의 암모니아 또는 아민이 사용된다. 즉 1당량은 아마이드를 생성하고, 1당량은 생성된 HCl를 중화하는 데 사용된다.

$$\text{Hexanoyl chloride} + 2NH_3 \longrightarrow \text{Hexanamide} + NH_4^+Cl^-$$

Hexanoyl chloride　Ammonia　Hexanamide　Ammonium chloride

B. 산 무수물

산 무수물은 암모니아, 1차 아민, 2차 아민과 반응하여 아마이드를 생성한다. 산 염화물에서처럼 2 mol의 암모니아나 아민이 필요한데, 1 mol은 아마이드를 생성하고 1 mol은 부산물인 카복실산을 중화하는 데 필요하다. 무엇이 일어났는지 알기 위해서는 이 반응을 두 단계로 나누며, 이것을 다시 합치면 전체 반응은 무수물과 암모니아의 반응이 된다.

$$CH_3\overset{O}{\overset{\|}{C}}O\overset{O}{\overset{\|}{C}}CH_3 + NH_3 \longrightarrow CH_3\overset{O}{\overset{\|}{C}}NH_2 + CH_3\overset{O}{\overset{\|}{C}}OH$$

$$CH_3\overset{O}{\overset{\|}{C}}OH + NH_3 \longrightarrow CH_3\overset{O}{\overset{\|}{C}}O^-NH_4^+$$

$$CH_3\overset{O}{\overset{\|}{C}}O\overset{O}{\overset{\|}{C}}CH_3 + 2NH_3 \longrightarrow CH_3\overset{O}{\overset{\|}{C}}NH_2 + CH_3\overset{O}{\overset{\|}{C}}O^-NH_4^+$$

C. 에스터

에스터는 암모니아, 1차 아민, 2차 아민과 반응하여 아마이드를 생성한다.

$$\text{Ethyl phenylacetate} + NH_3 \longrightarrow \text{Phenylacetamide} + \text{Ethanol}$$

Ethyl phenylacetate　Phenylacetamide　Ethanol

알콕시화 이온은 할로젠화 이온이나 카복실산 음이온보다 좋지 않은 이탈기이기 때문에 에스터는 암모니아, 1차 아민, 2차 아민에 대해 산 염화물이나 산 무수물보다 반응성이 더 작다.

D. 아마이드

아마이드는 암모니아나 아민과 반응하지 않는다.

암모니아 및 아민과 앞의 네 종류의 작용기의 반응을 표 14.3에 요약하였다.

표 14.3 암모니아 및 아민과 산 염화물, 산 무수물, 에스터, 아마이드의 반응 요약

$$R-\overset{O}{\overset{\|}{C}}-Cl + 2NH_3 \longrightarrow R-\overset{O}{\overset{\|}{C}}-NH_2 + NH_4^+Cl^-$$

$$R-\overset{O}{\overset{\|}{C}}-O-\overset{O}{\overset{\|}{C}}-R + 2NH_3 \longrightarrow R-\overset{O}{\overset{\|}{C}}-NH_2 + R-\overset{O}{\overset{\|}{C}}-O^-NH_4^+$$

$$R-\overset{O}{\overset{\|}{C}}-OR' + NH_3 \rightleftharpoons R-\overset{O}{\overset{\|}{C}}-NH_2 + R'OH$$

$R-\overset{O}{\overset{\|}{C}}-NH_2$ 암모니아나 아민과는 반응이 일어나지 않는다.

예제 14.5

다음 반응식을 완결하시오(각각의 화학량론은 반응식에 나타내었다).

(a) Ethyl butanoate $+ NH_3 \longrightarrow$

(b) Diethyl carbonate $+ 2NH_3 \longrightarrow$

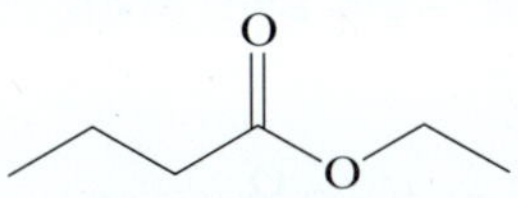

전략

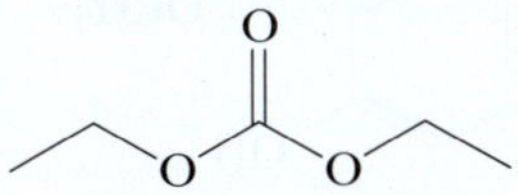

산 할로젠화물, 산 무수물, 에스터는 암모니아나 아민과 친핵성 아실 치환 반응을 수행하여, 각각의 —X, —OC(O)R, —OR기가 암모니아의 $-NH_2$나 아민의 $-NR_2$로 치환된다.

풀이

(a) Butanamide $+ CH_3CH_2OH$

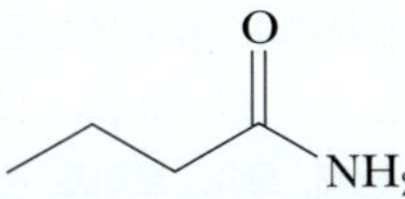

(b) $H_2N-\overset{O}{\overset{\|}{C}}-NH_2$ (요소) $+ 2CH_3CH_2OH$

문제 14.18~14.22, 14.24~14.26, 14.31, 14.35 참조

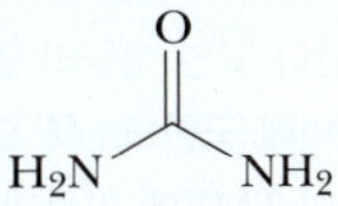

문제 14.5

다음 반응식을 완결하시오(각각의 화학량론은 반응식에 나타내었다).

(a) $CH_3\overset{O}{\overset{\|}{C}}O-C_6H_4-O\overset{O}{\overset{\|}{C}}CH_3 + 2NH_3 \longrightarrow$

(b) (δ-valerolactone, 6원 고리 락톤) $+ NH_3 \longrightarrow$

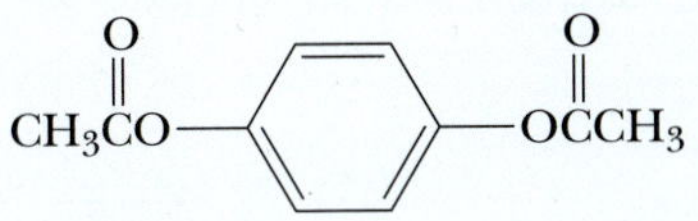

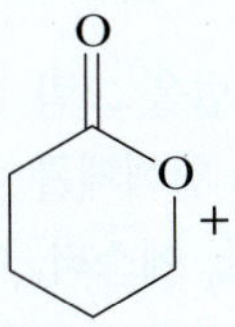

14.6 카복실산 유도체들은 어떻게 상호 변환되는가?

앞 절에서 친핵성 아실 치환 반응에 대하여 산 염화물이 가장 반응성이 크며 아마이드가 가장 반응성이 작다는 것을 알았다.

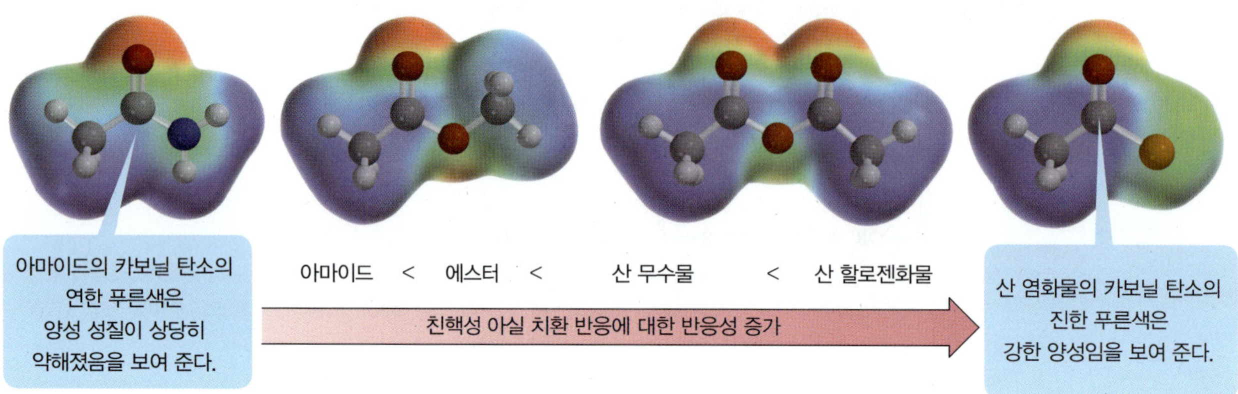

화학 관련 14E

식물의 체계적 후천적 저항성

해로운 병원체로부터 식물을 보호하기 위해 사용하는 살균제는 농업에서 일반적이다. 최근에 식물 생리학자들은 몇몇 식물들은 병원체에 대하여 자신을 방어할 수 있다는 것을 발견하였다. 예를 들면 담배 모자이크 바이러스(TMV)는 담배, 오이, 토마토 같은 식물에 특별히 치명적인 병원체이다. 과학자들은 이러한 식물들의 특정한 변종들은 TMV에 감염이 되었을 때 상당히 많은 양의 살리실산을 배출한다는 것을 발견하였다. 감염이 되면 식물의 잎에 손상이 나타나고, 이것은 손상이 이러한 영역에 국한되도록 도와준다. 더구나, 과학자들은 이웃하는 식물들이 TMV에 약간의 저항성을 갖도록 한다는 것을 발견하였다. 감염된 식물은 살리실산을 살리실산 메틸로 전환시켜서 이웃하는 식물에 임박한 위험을 경고하는 것으로 나타났다.

The tobacco plant, Nicotiana tobacum.

Salicylic acid → → → Methyl salicylate

살리실산과 비교하여 낮은 끓는점과 높은 증기압을 가진 살리실산 메틸은 감염된 식물에서부터 공기 중으로 확산되고, 주위의 식물들은 그것을 TMV에 대한 경계를 강화하라는 신호로 받아들인다.

문제

담배 식물을 위한 이 연구의 초기에, 두 분자의 살리실산(몰질량 138.12 g/mol)의 친핵성 치환 반응으로 살리실산보다 극성이 약하고, 몰질량이 240.21 g/mol인 화합물이 얻어졌다. 이 반응의 생성물을 제안하시오.

카복실산의 작용기 유도체들에 대한 상대적 반응성을 고려하는 다른 유용한 방법을 그림 14.1에 요약하였다. 이 그림에서 더 아래에 있는 모든 작용기는 적당한 산소 또는 질소 친핵체를 처리하여 그 위에 있는 작용기들로부터 만들 수 있다. 예를 들면 산 염화물은 산 무수물, 에스터, 아마이드 또는 카복실산으로 전환될 수 있다. 그러나 산 무수물, 에스터, 아마이드는 염화 이온과 반응하여 산 염화물을 생성할 수 없다.

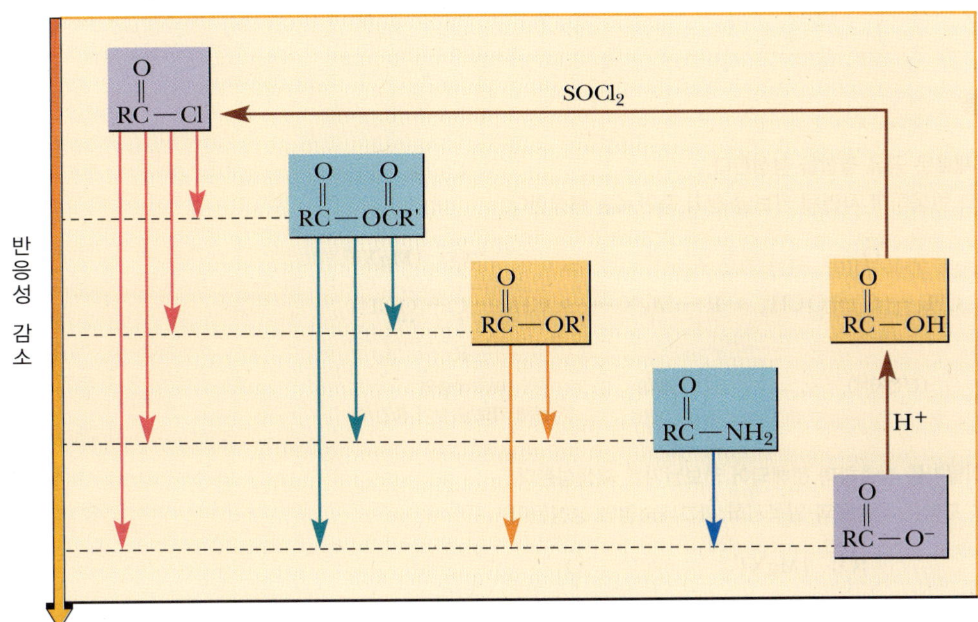

그림 14.1 친핵성 아실 치환 반응에 대한 카복실산 유도체들의 상대적 반응성. 적당한 시약을 사용하면 반응성이 높은 유도체를 반응성이 낮은 유도체로 만들 수 있다. 염화 싸이오닐로 처리하면 카복실산이 반응성이 더 높은 산 염화물로 바뀐다. 카복실산은 산성에서는 에스터와 비슷한 반응성을 보이지만, 염기성에서는 반응성이 없는 카복실산 이온으로 변한다.

모든 카복실산 유도체는 산 염화물로 전환이 가능한 카복실산으로 전환이 된다. 따라서 어떤 산 유도체도 직접 또는 카복실산을 경유하여 다른 산 유도체를 합성하는 데 사용될 수 있다.

14.7 에스터는 Grignard 시약과 어떻게 반응하는가?

폼산 에스터를 2 mol의 Grignard 시약으로 처리하고, 알콕시화 마그네슘염을 수용성 산으로 가수 분해하면 2차 알코올이 생성된다. 반면에 폼산 에스터 이외의 에스터를 Grignard 시약과 반응시키면 3차 알코올이 생성되는데, $-OH$기를 가진 탄소에 붙은 2개의 작용기는 동일하다.

$$HCOCH_3 \text{ (C=O)} + 2RMgX \longrightarrow \text{알콕시화 마그네슘염} \xrightarrow{H_2O,\ HCl} HC(OH)(R)-R + CH_3OH$$

폼산 에스터 2차 알코올

$$CH_3COCH_3 \text{ (C=O)} + 2RMgX \longrightarrow \text{알콕시화 마그네슘염} \xrightarrow{H_2O,\ HCl} CH_3C(OH)(R)-R + CH_3OH$$

폼산 이외의 에스터 3차 알코올

에스터와 Grignard 시약의 반응은 두 개의 연속적인 사면체 카보닐 첨가 화합물을 생성한다. 처음 분해로부터 새로운 화합물, 즉 폼산 에스터로부터 알데하이드, 모든 다른 에스터로부터 케톤을 생성한다. 두 번째 중간체는 안정하고, 양성자화가 되었을 때 최종 알코올을 생성한다. RMgX와 에스터를 이용하여 알데하이드나 케톤을 합성하는 것이 불가능하다는 것을 이해하는 것이 중요하다. 중간체 알데하이드나 케톤은 에스터보다 더욱 반응성이 커서 Grignard 시약과 즉시 반응하여 3차 알코올을 합성한다.

메커니즘

에스터와 Grignard 시약과의 반응

1단계: 친핵체와 친전자체가 반응하여 새로운 공유 결합을 형성한다.

1 mol의 Grignard 시약이 카보닐 탄소와 반응하여 사면체 카보닐 첨가 중간체를 형성한다.

$$CH_3-\overset{\overset{\large O}{\|}}{C}-OCH_3 + R-MgX \longrightarrow CH_3-\underset{R}{\overset{O^-\ [MgX]^+}{C}}-OCH_3$$

(친전자체) (친핵체) 마그네슘염 (사면체 카보닐 첨가 중간체)

2단계: 사면체 카보닐 첨가 중간체가 이탈기를 방출하며 분해되어 카보닐기를 재생성한다.

이 중간체는 분해되어 새로운 카보닐을 포함한 화합물과 알콕시화 마그네슘염이 생성된다.

$$CH_3-\underset{R}{\overset{O^-\ [MgX]^+}{C}}-OCH_3 \longrightarrow CH_3-\underset{R}{\overset{O}{\overset{\|}{C}}} + CH_3O^-\ [MgX]^+$$

케톤

3단계: 친핵체와 친전자체가 반응하여 새로운 공유 결합을 형성한다.

새로운 카보닐을 포함한 화합물은 두 번째 Grignard 시약과 반응하여 두 번째 사면체 카보닐 첨가 중간체를 형성한다.

$$CH_3-\underset{R}{\overset{O}{\overset{\|}{C}}} + R-MgX \longrightarrow CH_3-\underset{R}{\overset{O^-\ [MgX]^+}{C}}-R$$

케톤 (친전자체) (친핵체) 마그네슘염

4단계: 양성자 첨가

산성 수용액에서 처리하면 3차 알코올(만약에 폼산으로 시작하였으면 이차 알코올)이 생성된다.

$$CH_3-\underset{R}{\overset{O^-\ [MgX]^+}{C}}-R \xrightarrow{H-\overset{+}{\underset{H}{O}}-H} CH_3-\underset{R}{\overset{OH}{C}}-R$$

마그네슘염 3차 알코올

예제 14.6

다음 Grignard 반응을 완결하시오.

(a) $HCOCH_3$ (폼산 메틸, $H-\overset{O}{\overset{\|}{C}}-OCH_3$) $\xrightarrow[2)\ H_2O,\ HCl]{1)\ 2\ \text{(butyl)MgBr}}$

(b) 뷰탄산 메틸 (OCH_3) $\xrightarrow[2)\ H_2O,\ HCl]{1)\ 2PhMgBr}$

전략

에스터와 Grignard 시약의 반응은 두 동일한 R기(R기는 Grignard 시약에서 왔다)가 원래의 카보닐 탄소에 결합된 알코올을 만든다.

풀이

(a)는 2차 알코올을, (b)는 3차 알코올을 생성한다.

(a)

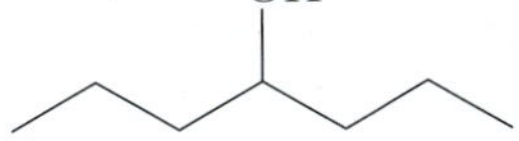
OH

(b)

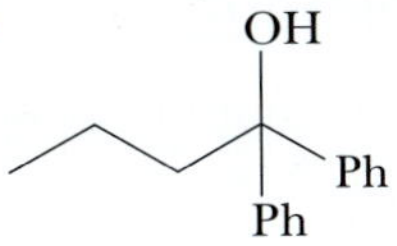
OH
Ph
Ph

문제 14.30, 14.33, 14.34 참조

문제 14.6

Grignard 시약과 에스터를 사용하여 다음 알코올을 합성하시오.

(a)

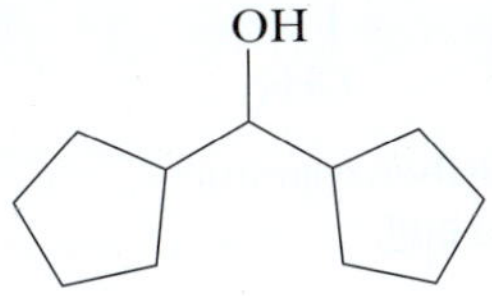
OH

(b)

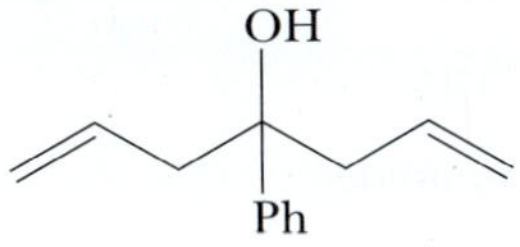
OH
Ph

14.8 카복실산 유도체는 어떻게 환원되는가?

알데하이드와 케톤을 포함한 카보닐 화합물의 환원 반응의 대부분은 수소화 붕소 또는 수소화 알루미늄으로부터 수소화 이온이 전이되어 이루어질 수 있다. 우리는 이미 알데하이드나 케톤의 카보닐기를 하이드록실기로 환원시키기 위하여 수소화붕소 소듐을 사용하는 것을 알았다(12.10B절). 우리는 또 알데하이드나 케톤의 카보닐기뿐만 아니라 카복실기를 −OH기로 환원시키기 위하여 수소화알루미늄 리튬을 사용하였다(13.5A절).

A. 에스터

에스터는 수소화알루미늄 리튬에 의해 두 가지 알코올로 환원된다. 아실기로부터 유도되는 알코올은 1차이다.

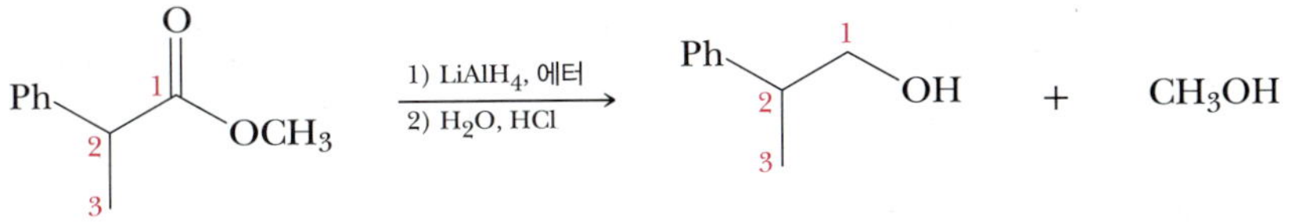
O
Ph
1
2
3
OCH3
1) LiAlH4, 에터
2) H2O, HCl
Ph
1
2
3
OH
+
CH3OH

Methyl 2-phenyl-propanoate

2-Phenyl-1-propanol (1차 알코올)

Methanol

수소화붕소 소듐은 대체로 에스터를 환원시키는 데에는 사용되지 않는데, 그것은 반응성이 매우 낮기 때문이다. 에스터에 대한 수소화붕소 소듐의 반응성이 낮기 때문에, 이 시약으로 동일 분자 내에서 에스터나 카복실기를 환원시키지 않고 알데하이드나 케톤의 카보닐기를 하이드록실기로 환원시킬 수 있다.

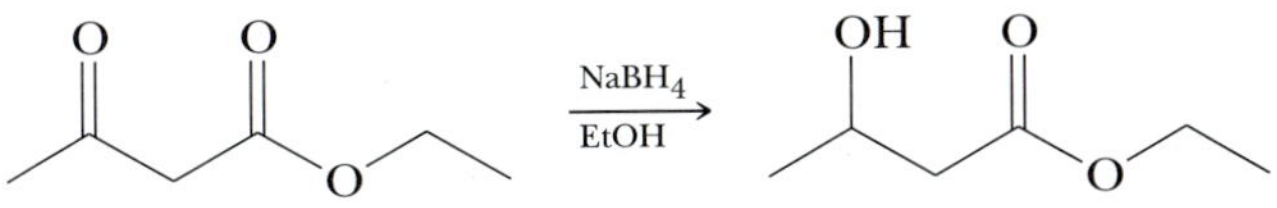
O
O
O
NaBH4
EtOH
OH
O
O

B. 아마이드

아마이드는 치환 정도에 따라서 수소화알루미늄 리튬을 이용하여 1차, 2차, 3차 아민으로 환원시킬 수 있다.

Octanamide → 1) $LiAlH_4$, 에터 2) H_2O → 1-Octanamine (1차 아민)

N,N-Dimethylbenzamide → 1) $LiAlH_4$, 에터 2) H_2O → N,N-Dimethylbenzylamine (3차 아민)

해결방법 14.2 다단계 합성 문제 접근하기

(a) 알려진 화학 반응으로 진행할 수 없는 화학 변환이 주어졌을 때, 합성을 완결하기 위해서 다단계 방법을 사용할 필요가 있다. 이 문제를 해결하기 위한 가장 효과적인 방법의 하나는 역합성적 분석을 거치는 것이다. 하버드 대학의 교수이며 노벨상을 수상한 E. J. Corey에 의해 체계화된 이 기술은 목표 물질로부터 합성이 성공할 때까지 역으로 수행하는 과정을 포함한다. 이 기술의 예를 다음 변환에서 볼 수 있다.

(1-butene) → $CH_3CH_2CH_2CH_2COOCH_2CH_3$ (OCH_2CH_3)

(b) 알켄을 에스터로 변환하는 반응이 존재하지 않고 또한 새로운 C−C 결합을 만들어야 하기 때문에, 에스터에서부터 역으로 수행한다. 목표는 에스터를 만들 수 있는 반응을 찾는 것이다. 하나의 방법은 Fischer 에스터화 반응이다.

(1-butene) → ester (OCH_2CH_3) ⇓ pentanoic acid (OH); H_2SO_4, CH_3CH_2OH

이 화살표는 에스터가 가리키는 분자로부터 '만들어진' 것임을 의미한다.

(c) 이 에스터가 펜탄산으로부터 Fischer 에스터화 반응을 거쳐 만들어질 수 있다면, 그다음 단계는 펜탄산을 만드는 과정을 찾는 것이다. 여기서는 1차 알코올의 산화 반응을 제안한다.

(1-butene) → ester (OCH_2CH_3) ⇓ pentanoic acid (OH) ⇓ 1-pentanol (OH); H_2SO_4, CH_3CH_2OH; H_2CrO_4

(d) 결국 이 1차 알코올은 폼알데하이드와 Grignard 시약으로부터 만들 수 있다.

OCH$_2$CH$_3$ H$_2$SO$_4$, CH$_3$CH$_2$OH OH H$_2$CrO$_4$ MgCl OH (1) HCHO (2) HCl, H$_2$O

(e) 이러한 방법으로 알켄에 역합성적으로 도달할 수 있다.

OCH$_2$CH$_3$ (1) BH$_3$ • THF (2) NaOH, H$_2$O$_2$ H$_2$SO$_4$, CH$_3$CH$_2$OH OH OH SOCl$_2$ H$_2$CrO$_4$ Cl MgCl OH Mg 에터 (1) HCHO (2) HCl, H$_2$O

예제 14.7

다음 변환을 수행하는 방법을 보이시오.

(a) $C_6H_5COOH \longrightarrow C_6H_5CH_2\text{—N}$(피롤리딘)

(b) 사이클로헥산–COOH ⟶ 사이클로헥산–CH$_2$NHCH$_3$

전략

각 반응의 핵심은 카복실산을 아마이드로 변환한 후(14.5D절), LiAlH$_4$를 사용하여 아마이드를 환원시키는 것이다(14.8B절).

풀이

각 아마이드는 카복실산과 SOCl$_2$를 반응시켜 산 염화물(13.7 절)을 만들고, 이 산 염화물과 아민을 반응시켜 만들 수 있다(14.5A절). 한편 카복실산은 Fischer 에스터화 반응으로 에스터로 변환될 수 있으며(14.6절), 에스터는 아민과의 반응으로 아마이드로 변환된다. 풀이 (a)는 산 염화물 과정을, 풀이 (b)는 에스터 과정을 사용한다.

(a) $C_6H_5COOH \xrightarrow{SOCl_2} C_6H_5COCl \xrightarrow{\text{HN(피롤리딘)}} C_6H_5C(=O)\text{—N}$(피롤리딘) $\xrightarrow[\text{2) } H_2O]{\text{1) } LiAlH_4,\ \text{에터}} C_6H_5CH_2\text{—N}$(피롤리딘)

(b)

$$\text{C}_6\text{H}_{11}\text{-COOH} \xrightarrow{CH_3CH_2OH,\ H^+} \text{C}_6\text{H}_{11}\text{-COOCH}_2\text{CH}_3 \xrightarrow{CH_3NH_2} \text{C}_6\text{H}_{11}\text{-CONHCH}_3 \xrightarrow[2)\ H_2O]{1)\ LiAlH_4,\ \text{에터}} \text{C}_6\text{H}_{11}\text{-CH}_2\text{NHCH}_3$$

문제 14.27, 14.29, 14.31, 14.32, 14.39, 14.46 참조

문제 14.7

헥산으로부터 다음 아민을 고수득률로 만드는 방법을 보이시오.

(a) 헥실–N(CH_3)–CH_3 **(b)** 헥실–N(H)–아이소프로필

예제 14.8

페닐아세트산을 다음 화합물들로 어떻게 변환시키는지 보이시오.

(a) $PhCH_2COOCH_3$ **(b)** $PhCH_2CONH_2$ **(c)** $PhCH_2CH_2NH_2$ **(d)** $PhCH_2CH_2OH$

전략

작용기 상호 변환이 한 단계로 가능한지 결정하라. 만일 아니라면, 어떤 작용기가 목표 작용기로 변환될 수 있는지 찾는 데 노력을 기울여라. 예를 들어 카복실기는 아민으로 직접 변환될 수 없다. 그러나 아마이드는 아민으로 변환될 수 있다. 그러므로 카복실기를 아민으로 전환 가능한 아마이드로 변환하는 것만이 필요하다.

풀이

페닐아세트산과 메탄올의 Fischer 에스터화 반응(13.6절)으로 메틸 에스터(a)를 얻는다. 이 에스터에 암모니아를 반응시켜 아마이드(b)를 얻는다. 다른 방법으로, 페닐아세트산과 염화 싸이오닐(13.7절)를 반응시켜 산 염화물을 얻은 후, 2당량의 암모니아로 처리하면 아마이드(b)가 얻어진다. 아마이드(b)를 $LiAlH_4$로 환원시키면 1차 아민(c)이 된다. 페닐아세트산이나 에스터(a)를 환원시키면 1차 알코올(d)이 얻어진다.

Phenylacetic acid ($PhCH_2COOH$) $\xrightarrow{SOCl_2}$ $PhCH_2COCl$

$PhCH_2COCl$ $\xrightarrow{CH_3OH}$ (a) $PhCH_2COOCH_3$

$PhCH_2COCl$ $\xrightarrow{NH_3\ (\text{2당량})}$ (b) $PhCH_2CONH_2$

Phenylacetic acid $\xrightarrow{CH_3OH,\ H_2SO_4}$ (Fischer 에스터 반응) (a) $PhCH_2COOCH_3$ $\xrightarrow{NH_3}$ (b) $PhCH_2CONH_2$

(a) $\xrightarrow{1)\ LiAlH_4,\ \text{에터};\ 2)\ H_2O}$ (d) $PhCH_2CH_2OH$

(b) $\xrightarrow{1)\ LiAlH_4,\ \text{에터};\ 2)\ H_2O}$ (c) $PhCH_2CH_2NH_2$

Phenylacetic acid $\xrightarrow{1)\ LiAlH_4,\ \text{에터};\ 2)\ H_2O}$ (d) $PhCH_2CH_2OH$

문제 14.46 참조

문제 14.8

(R)-2-페닐프로판산을 이용하여 아래 화합물을 합성하시오.

중요한 질문에 대한 요약

14.1 카복실산 유도체에는 어떤 것들이 있으며, 그들을 어떻게 부를까?

- **산 할로젠화물**의 작용기는 아실기에 할로젠이 결합한 것이다.
- 산 할로젠화물의 이름은 어미 카복실산 이름의 *–ic acid*를 *–yl halide*로 바꿔 부른다.
- **카복실산 무수물**의 작용기는 두 개의 아실기가 한 개의 산소에 결합한 것이다.
- 대칭 무수물은 어미 카복실산 이름의 *acid*를 *anhydride*로 바꿔 부른다.
- **카복실산 에스터**의 작용기는 아실기에 —OR이나 —OAr이 결합한 것이다.
- 에스터는 산소에 결합한 알킬기나 아릴기를 먼저 부르고, 어미 산의 *–ic acid*를 *–ate*로 바꿔 부른다.
- 고리형 에스터는 **락톤**이라고 한다.
- **아마이드**의 작용기는 아실기에 3가 질소가 결합한 것이다.
- 아마이드는 모체 산의 IUPAC명의 어미 *–oic acid* 또는 일반명의 어미 *–ic acd*를 *–amide*로 바꿔 부른다.
- 고리형 아마이드는 **락탐**이라고 한다.

14.2 카복실산 유도체의 특징적인 반응은 무엇인가?

- 카복실산 유도체의 일반적인 반응은 카보닐 탄소에 **친핵성 아실** 첨가하여 **사면체 카보닐 첨가 중간체**를 만들고, 이것이 분해되면서 카보닐기가 재생성되는 것이다. 그 결과는 **친핵성 아실 치환반응**이다.

14.3 가수 분해란 무엇인가?

- **가수 분해**는 물과 반응하여 분자내의 결합이 끊어지는 화학 과정이다.
- 카복실산 유도체의 가수 분해 산물은 카복실산이다.

14.4 카복실산 유도체는 알코올과 어떻게 반응하는가?

- 카복실산 유도체(아마이드는 제외)는 알코올과 반응하여 에스터를 만든다.
- 유도체의 형태에 따라 산성, 중성, 염기성의 조건이 필요하다.

14.5 카복실산 유도체는 암모니아 및 아민과 어떻게 반응하는가?

- 카복실산 유도체 (아마이드는 제외)는 암모니아 및 아민과 반응하여 아마이드를 만든다.

14.6 카복실산 유도체들은 어떻게 상호 변환되는가?

- 작용기 유도체들의 친핵성 아실 치환 반응의 반응성은 다음과 같다.

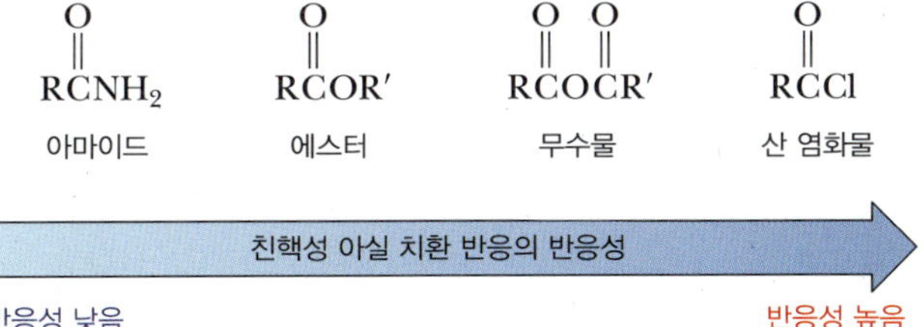

- 적당한 산소 또는 질소 친핵체를 사용하면 반응성이 높은 유도체를 반응성이 낮은 유도체로 변환시킬 수 있다.

14.7 에스터는 Grignard 시약과 어떻게 반응하는가?

- 에스터와 Grignard 시약의 반응은 두 개의 연속된 사면체 카보닐 첨가 화합물 형성을 포함한다. 전체 반응의 결과는 Grignard 시약에서 온 두 개의 동일한 알킬기를 갖는 알코올이다.

14.8 카복실산 유도체는 어떻게 환원되는가?

- 카복실산 유도체는 $NaBH_4$에 의해 환원되지 않는다. 그러므로 카복실산 유도체 존재하에서 알데하이드나 케톤이 선택적으로 환원될 수 있다.
- 카복실산 유도체는 H_2/M에 의한 촉매 수소화 반응을 하지 않는다. 그러므로 C—C 이중 결합이나 삼중 결합이 카복실산 유도체 존재하에서 선택적으로 환원될 수 있다.
- $LiAlH_4$는 산 할로젠화물, 산 무수물 및 에스터의 카보닐기를 1차 알코올로 환원시킨다.
- $LiAlH_4$는 아마이드를 아민으로 환원시킨다.

OX퀴즈

이 장에서 배운 개념들을 이해하였는지 알아보기 위해 아래 질문이 맞는지 틀린지 답하시오. 답이 틀렸거나 어렵다면, 장 끝의 문제를 풀기 전에 괄호 속에 표시한 해당 절을 복습하시오.

1. 강한 염기일수록 좋은 이탈기이다. (14.2)
2. 무수물은 C—O 이중 결합이나 P—O 이중 결합을 갖는다. (14.1)
3. 무수물은 산, 염기의 도움 없이 암모니아나 아민과 반응한다. (14.5)
4. 카복실산 유도체는 H_2/M에 의해 환원된다. (14.8)
5. 알데하이드나 케톤은 친핵성 아실 치환 반응을 하고, 카복실산 유도체는 친핵성 첨가 반응을 한다. (14.2)
6. 에스터는 산이나 염기의 도움 없이 암모니아나 아민과 반응한다. (14.5)
7. 아실기는 카보닐이 알킬(R)기에 결합한 것이다. (14.1)
8. 가수 분해란 분자에서 물을 잃는 것이다. (14.3)
9. 에스터는 산이나 염기의 도움 없이 물과 반응한다. (14.4)
10. 산 무수물은 산이나 염기의 도움 없이 물과 반응한다. (14.3)
11. 산 할로젠화물은 한 단계로 아마이드로 변환할 수 있다. (14.6)
12. 에스터는 한 단계로 산 할로젠화물로 변환할 수 있다. (14.6)
13. 염기하에서 에스터가 가수 분해될 때 수산화 이온은 촉매이다. (14.3)
14. 카복실산 유도체는 $NaBH_4$에 의해 환원된다. (14.8)
15. 산 무수물은 산이나 염기의 도움 없이 알코올과 반응한다. (14.4)
16. 산 할로젠화물은 산이나 염기의 도움 없이 물과 반응한다. (14.3)
17. 폼산 에스터는 Grignard 시약과 반응하여 3차 알코올을 형성한다. (14.7)
18. 산 할로젠화물은 산이나 염기의 도움 없이 암모니아나 아민과 반응한다. (14.5)
19. 고리형 아마이드는 락톤이라고 한다. (14.1)
20. 카복실산 유도체의 반응성은 이탈기의 안정도에 의존한다. (14.2)
21. 아마이드는 산이나 염기의 도움 없이 암모니아나 아민과 반응한다. (14.5)
22. 아마이드는 한 단계로 에스터로 변환할 수 있다. (14.6)
23. 아마이드는 산이나 염기의 도움 없이 물과 반응한다. (14.3)
24. 에스터는 산이나 염기의 도움 없이 알코올과 반응한다. (14.3)
25. 아마이드는 산성 또는 염기성 조건에서 알코올과 반응한다. (14.4)
26. 폼산 에스터를 제외한 에스터는 Grignard 시약과 반응하여 케톤을 만든다. (14.7)
27. 산 할로젠화물은 산이나 염기의 도움 없이 알코올과 반응한다. (14.4)
28. P—O 이중 결합에 결합된 —OR기는 에스터로 알려져 있다. (14.1)

정답: (1) × (2) ○ (3) ○ (4) × (5) × (6) ○ (7) ○ (8) × (9) × (10) ○
(11) ○ (12) × (13) × (14) × (15) ○ (16) ○ (17) × (18) ○ (19) × (20) ○
(21) × (22) × (23) × (24) × (25) × (26) × (27) ○ (28) ○

주요 반응

1. 산 염화물의 가수 분해(14.3A절)

저분자량의 산 염화물은 물과 격렬하게 반응한다. 고분자량의 산 염화물은 덜 빠르게 반응한다.

$$CH_3\overset{O}{\overset{\|}{C}}Cl + H_2O \longrightarrow CH_3\overset{O}{\overset{\|}{C}}OH + HCl$$

2. 산 무수물의 가수 분해(14.3B절)

저분자량의 산 무수물은 물과 쉽게 반응한다. 고분자량의 산 무수물은 덜 빠르게 반응한다.

$$CH_3\overset{O}{\overset{\|}{C}}O\overset{O}{\overset{\|}{C}}CH_3 + H_2O \longrightarrow CH_3\overset{O}{\overset{\|}{C}}OH + HO\overset{O}{\overset{\|}{C}}CH_3$$

3. 에스터의 가수 분해(14.3C절)

에스터는 산이나 염기가 존재할 때만 가수 분해된다. 염기는 같은 몰수만큼 필요하고, 산은 촉매이다.

$$CH_3\overset{O}{\overset{\|}{C}}O\text{—cyclohexyl} + NaOH \xrightarrow[H_2O]{} CH_3\overset{O}{\overset{\|}{C}}O^-Na^+ + HO\text{—cyclohexyl}$$

$$CH_3\overset{O}{\overset{\|}{C}}O\text{—cyclohexyl} + H_2O \xrightarrow{HCl} CH_3\overset{O}{\overset{\|}{C}}OH + HO\text{—cyclohexyl}$$

4. 아마이드의 가수 분해(14.3D절)

산이나 염기는 아마이드와 같은 당량만큼 필요하다.

$$CH_3CH_2CH_2\overset{O}{\overset{\|}{C}}NH_2 + H_2O + HCl \xrightarrow[\text{가열}]{H_2O} CH_3CH_2CH_2\overset{O}{\overset{\|}{C}}OH + NH_4^+Cl^-$$

$$CH_3\overset{O}{\overset{\|}{C}}NH\text{—phenyl} + NaOH \xrightarrow[\text{가열}]{H_2O} CH_3\overset{O}{\overset{\|}{C}}O^-Na^+ + H_2N\text{—phenyl}$$

5. 산 염화물과 알코올의 반응(14.4A절)

산 염화물은 알코올과 반응하면 에스터와 HCl을 생성한다.

$$CH_3CH_2CH_2\overset{O}{\overset{\|}{C}}Cl + HOCH_3 \longrightarrow CH_3CH_2CH_2\overset{O}{\overset{\|}{C}}OCH_3 + HCl$$

6. 산 무수물과 알코올의 반응(14.4B절)

산 무수물과 알코올이 반응하면 에스터와 카복실산을 생성한다.

$$CH_3\overset{O}{\overset{\|}{C}}O\overset{O}{\overset{\|}{C}}CH_3 + HOCH_2CH_3 \longrightarrow CH_3\overset{O}{\overset{\|}{C}}OCH_2CH_3 + CH_3\overset{O}{\overset{\|}{C}}OH$$

7. 에스터와 알코올의 반응(14.4C절)

산 촉매하에서 에스터와 알코올의 반응은 에스터 치환 반응, 즉 –OR기가 다른 –OR기로 치환이 일어난다.

$$\text{cyclohexyl—}\overset{O}{\overset{\|}{C}}OCH_3 + HO\text{—}CH_2CH_2CH(CH_3)_2 \underset{}{\overset{H_2SO_4}{\rightleftharpoons}} \text{cyclohexyl—}\overset{O}{\overset{\|}{C}}O\text{—}CH_2CH_2CH(CH_3)_2 + CH_3OH$$

8. 산 염화물과 암모니아 또는 아민과의 반응(14.5A절)

반응에는 2당량의 암모니아 또는 아민이 필요하다. 1 mol은 아마이드를 생성하고 1 mol은 부산물인 HCl를 중화한다.

$$CH_3\overset{O}{\overset{\|}{C}}Cl + 2NH_3 \longrightarrow CH_3\overset{O}{\overset{\|}{C}}NH_2 + NH_4^+Cl^-$$

9. 산 무수물과 암모니아 또는 아민과의 반응(15.5B절)

반응에는 2 mol의 암모니아 또는 아민이 필요하다. 1 mol은 아마이드를 생성하고, 1 mol은 부산물인 카복실산을 중화한다.

$$CH_3\overset{O}{\overset{\|}{C}}O\overset{O}{\overset{\|}{C}}CH_3 + 2NH_3 \longrightarrow CH_3\overset{O}{\overset{\|}{C}}NH_2 + CH_3\overset{O}{\overset{\|}{C}}O^-NH_4^+$$

10. 에스터와 암모니아 또는 아민과의 반응(14.5C절)

에스터를 암모니아, 1차 아민, 2차 아민과 반응시키면 아마이드가 생성된다.

$$PhCH_2\overset{O}{\overset{\|}{C}}OCH_2CH_3 + NH_3 \longrightarrow PhCH_2\overset{O}{\overset{\|}{C}}NH_2 + HOCH_2CH_3$$

Ethyl phenylacetate → Phenylacetamide + Ethanol

11. 에스터와 Grignard 시약과의 반응(14.7절)

폼산 에스터를 Grignard 시약으로 처리한 후 가수 분해하면 2차 알코올이 형성되고, 그 밖의 다른 에스터는 3차 알코올이 된다.

$$\text{cyclohexyl—}\overset{O}{\overset{\|}{C}}OCH_3 \xrightarrow[2)\ H_2O,\ HCl]{1)\ 2CH_3CH_2MgBr} \text{cyclohexyl—}C(OH)(CH_2CH_3)_2$$

12. 에스터의 환원(14.8A절)

수소화알루미늄 리튬으로 환원하면 두 가지 알코올이 생긴다.

Ph, O, OCH_3 $\xrightarrow[\text{2) } H_2O,\ HCl]{\text{1) } LiAlH_4,\ \text{에터}}$

Methyl 2-phenyl-propanoate

Ph, OH + CH_3OH

2-Phenyl-1-propanol Methanol

13. 아마이드의 환원(14.8B절)
수소화알루미늄 리튬으로 환원하면 아민이 생성된다.

O, NH_2 $\xrightarrow[\text{2) } H_2O]{\text{1) } LiAlH_4}$

Octanamide

NH_2

1-Octanamine

문 제

별표로 표시된 문제는 본문의 '실생활' 문제를 나타낸다. 푸른색으로 된 문제의 답은 부록에 있다.

14.1절 구조와 명명법

14.9 다음 각 화합물의 구조식을 그리시오.(예제 14.1 참조)

(a) Dimethyl carbonate
(b) *p*-Nitrobenzamide
(c) Octanoyl chloride
(d) Diethyl oxalate
(e) Ethyl *cis*-2-pentenoate
(f) Butanoic anhydride
(g) Dodecanamide
(h) Ethyl 3-hydroxybutanoate
(i) Ethyl benzoate
(j) Benzoyl chloride
(k) *N*-Ethylpentanamide
(l) 5-Methylhexanoyl chloride

14.10 다음 화합물의 IUPAC명을 쓰시오. (예제 14.1 참조)

(a) O, O, C—O—C

(b) O, $CH_3(CH_2)_{14}COCH_3$

(c) O, CH_3, $CH_3(CH_2)_4C—N$, H

(d) O, H_2N—, —C—NH_2

(e) O, O, O, O

(f) Ph, O, O, O, CH_3, CH_3

(g) O, O

(h) O, N

(i) O, O, O

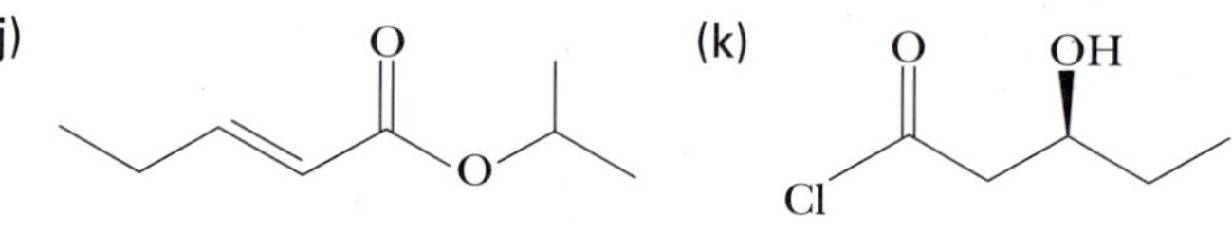
(j) O, O (k) O, OH, Cl

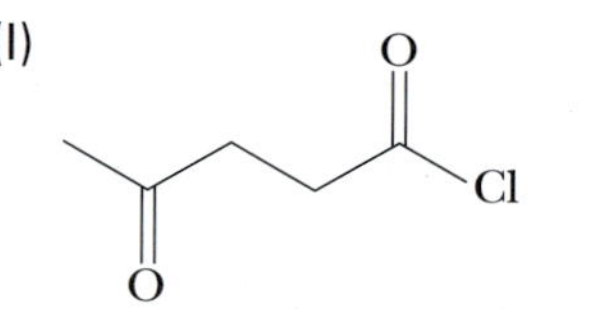
(l) O, Cl, O

***14.11** 향유고래(sperm whale) 머리에서 얻어진 오일을 냉각하면 경랍(spermaceti)이 얻어지는데, 혼합물로부터 희고 진주 광택이 있는 반투명한 왁스가 결정화된다. 고래오일의 11%를 차지하는 경랍은 주로 hexadecyl hexadecanoate(cetyl palmitate)로 이루어져 있다. 한때는 경랍이 화장품, 향비누, 양초를 만드는 데 널리 사용되었다. Cetyl palmitate의 구조식을 쓰시오. (예제 14.1 참조)

Wolfgang Poelzer/Waterframe RM/ Getty Images, Inc.

뉴질랜드 Kaikoura에서 헤엄치는 향유고래, Physterer macrocephalus. (Wolfgang Poelzer/Waterframe RM/Getty Images, Inc.)

물리적 성질

14.12 Acetic acid와 methyl formate는 구조 이성질체이다. 둘 다 상온에서 액체이고, 하나는 끓는점이 32°C인데 다른 하나는 끓는점이 118°C이다. 둘 중 어느 것의 끓는점이 높겠는가?

14.13 뷰탄산(88.11 g/mol)의 끓는점은 162°C이고, 이것의 프로필 에스터(130.18 g/mol)는 142°C이다. 분자량이 더 작음에도 불구하고 뷰탄산이 이것의 에스터보다 더 높은 끓는점을 나타내는 이유를 설명하시오.

14.14 구조 이성질체인 pentanoic acid와 methyl butanoate는 둘 다 물에 약간 녹는다. 이 중 하나의 용해도는 1.5 g/100 mL(25°C)이고, 다른 하나는 4.97 g/100 mL(25°C)이다. 화합물과 용해도를 일치시키고, 이유를 설명하시오.

14.2~14.8절 반응

14.15 다음 화합물을 친핵성 아실 치환 반응의 반응성이 커지는 순서로 배열하시오.

(1) (2) (3) (4)

14.16 카복실산은 Fischer 에스터화에 의해 에스터로 전환될 수 있다. 각 에스터를 Fischer 에스터화를 통해 카복실산과 알코올로부터 합성할 수 있는지 보이시오. (예제 14.4 참조)

(a)

(b)

14.17 카복실산은 두 반응을 통해 에스터로 변환될 수 있다. 먼저 카복실산을 산 염화물로 바꾸고 산 염화물을 알코올과 반응시킨다. 문제 14.16의 두 에스터를 카복실산과 알코올로부터 이 두 단계 방법으로 합성하는 방법을 보이시오.(예제 14.4 참조)

14.18 산 염화물과 암모니아 또는 아민을 반응시켜 아래 아마이드를 합성하시오. (예제 14.5 참조)

(a)

(b)

(c)

14.19 다음 각 반응의 메커니즘을 쓰시오.(예제 14.2, 14.4, 14.5 참조)

(a) $\xrightarrow{NH_3}$ + NH_4Cl

(b) $\xrightarrow{H_3O^+}$ + CH_3OH

(c)

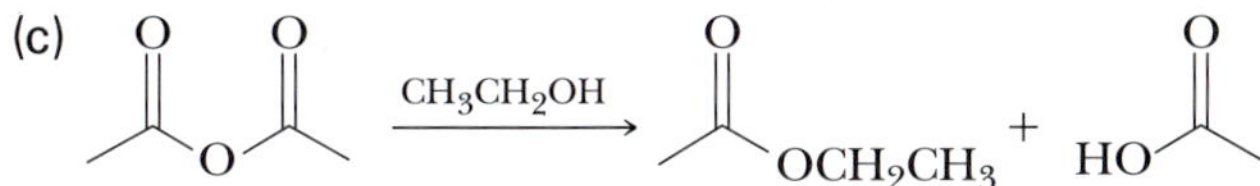

14.20 Benzoyl chloride와 다음 시약이 반응하면 어떤 화합물이 생성되는가? (예제 14.2, 14.4, 14.5 참조)

(a) C_6H_6, $AlCl_3$
(b) $CH_3CH_2CH_2CH_2OH$
(c) $CH_3CH_2CH_2CH_2SH$
(d) $CH_3CH_2CH_2CH_2NH_2$(2당량)
(e) H_2O
(f) N—H (2당량)

14.21 Propanoic anhydride와 다음 시약과의 반응의 생성물을 쓰시오. (예제 14.4, 14.5 참조)

(a) 에탄올(1당량) (b) 암모니아(2당량)

14.22 Benzoic anhydride와 다음 시약과의 반응의 생성물을 쓰시오. (예제 14.4, 14.5 참조)

(a) 에탄올(1당량) (b) 암모니아(2당량)

***14.23** 4-Ethoxyaniline과 acetic anhydride의 반응으로 진통제 phenacetin이 얻어진다. Phenacetin의 합성 반응식을 쓰시오.

***14.24** 진통제 acetaminophen은 4-aminophenol과 같은 당량의 acetic anhydride의 반응으로 얻어진다. Acetaminophen의 합성 반응식을 쓰시오. (**힌트**: 7.5A절에서 배운 $—NH_2$기가 —OH기보다 강한 친핵체임을 기억하시오.) (예제 14.5 참조)

***14.25** Niacin이라고 불리는 nicotinic acid는 바이타민 B 중의 하나이다. Nicotinic acid이 어떻게 ethyl nicotinate를 거쳐 nicotinamide로 전환되는지 보이시오. (예제 14.5 참조)

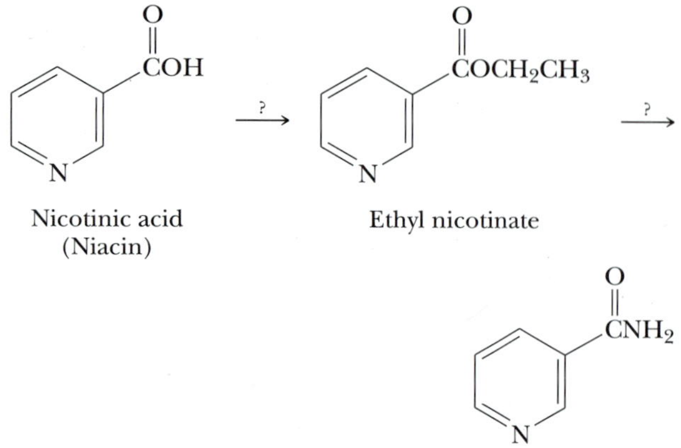

Nicotinic acid (Niacin) → ? → Ethyl nicotinate → ? → Nicotinamide

14.26 다음 반응을 완결하시오. (예제 14.5 참조)

(a) $CH_3O-C_6H_4-NH_2 + CH_3COCCH_3$ (O O) ⟶

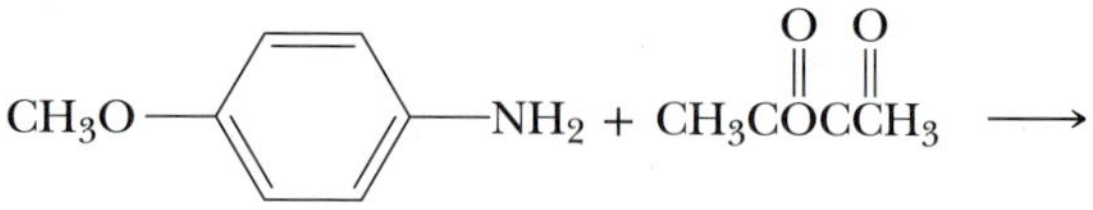

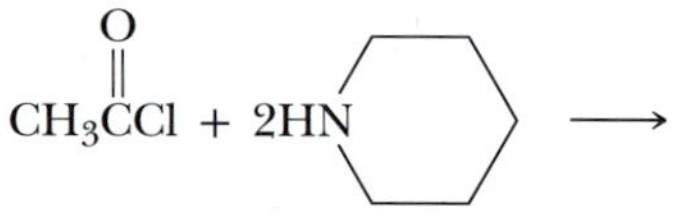

(b) CH_3CCl (O) + 2HN(piperidine) ⟶

(c) CH_3COCH_3 (O) + HN(piperidine) ⟶

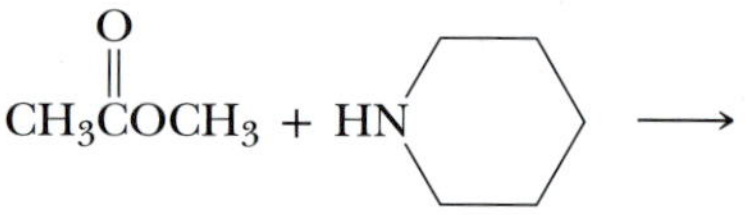

(d) $C_6H_5-NH_2 + CH_3(CH_2)_5CCl$ (O) ⟶

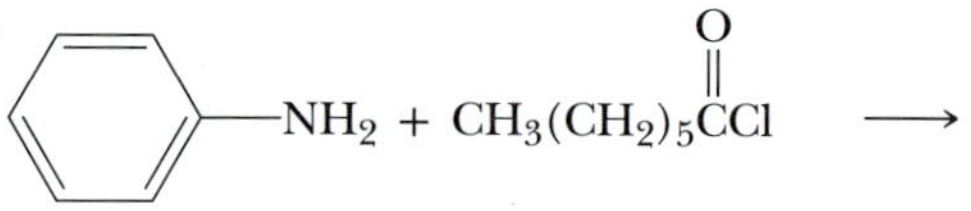

14.27 Ethyl benzoate와 다음 시약을 반응시키면 어떤 화합물이 생성되는가? (예제 14.7 참조)

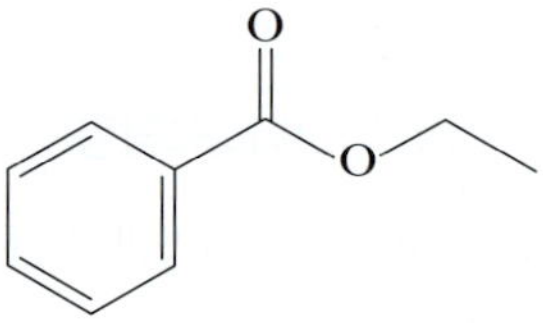

Ethyl benzoate

(a) H_2O, NaOH, 가열 (b) $LiAlH_4$, 그다음 H_2O

(c) H_2O, H_2SO_4, 가열 (d) $CH_3CH_2CH_2CH_2NH_2$

(e) C_6H_5MgBr(2 mol), 그리고나서 H_2O/HCl

***14.28** 2-Hydroxybenzoic acid(실리실산)가 아래 화합물로 변환되는 과정을 보이시오. (예제 14.4 참조)

(a) Methyl salicylate (노루발풀 기름)

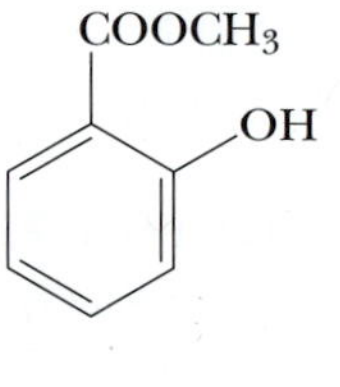

(b) Acetyl salicylic acid (아스피린)

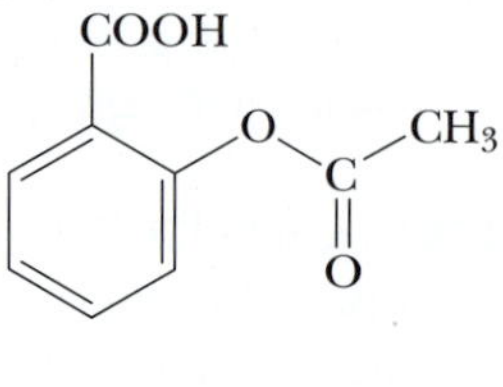

14.29 Benzamide와 다음 시약을 반응시키면 어떤 화합물이 생성되는가? (예제 14.3, 14.7 참조)

(a) H_2O, HCl, 가열 (b) NaOH, H_2O, 가열

(c) $LiAlH_4$/에테르, 그다음 H_2O

14.30 γ-Butyrolactone을 2당량의 methylmagnesium bromide로 반응을 시키고 나서, 산 수용액에서 가수 분해를 시키면 분자식이 $C_6H_{14}O_2$인 화합물이 생성된다. 이 화합물의 구조식을 제안하시오. (예제 14.6 참조)

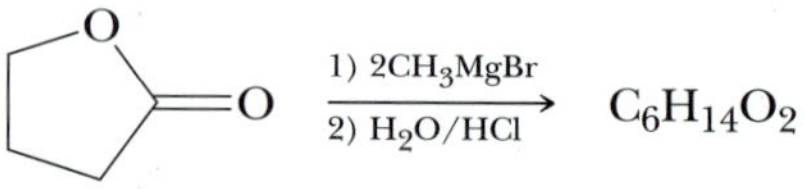

$$\xrightarrow[2)\ H_2O/HCl]{1)\ 2CH_3MgBr} C_6H_{14}O_2$$

14.31 γ-Butyrolactone을 다음 시약으로 처리하면 어떤 화합물이 생성되는가? (예제 14.2, 14.5, 14.7 참조)

(a) NH_3 (b) $LiAlH_4$/에테르, 그다음 H_2O (c) NaOH, H_2O, 가열

14.32 *N*-methyl-γ-butyrolactam을 다음 시약으로 처리하면 어떤 화합물이 생성되는가? (예제 14.3, 14.7 참조)

(a) H_2O, HCl, 가열 (b) NaOH, H_2O, 가열

(c) $LiAlH_4$/에테르, 그다음 H_2O

14.33 다음 반응을 완결하시오. (예제 14.6 참조)

(a) $\xrightarrow[2)\ H_2O/HCl]{1)\ 2\ CH_2{=}CHCH_2MgBr}$

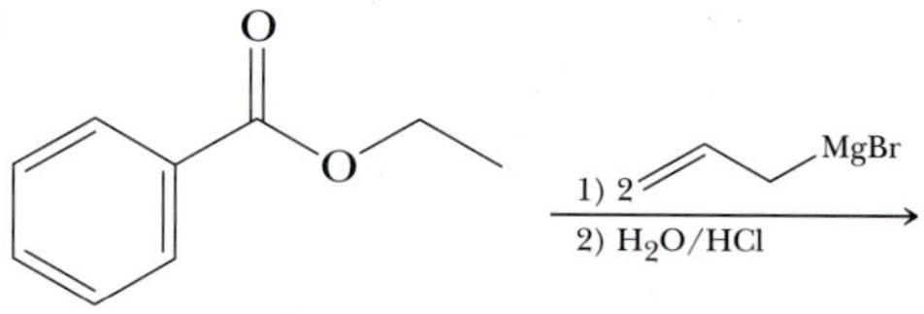

(b) $\xrightarrow[2)\ H_2O/HCl]{1)\ 2CH_3MgBr}$

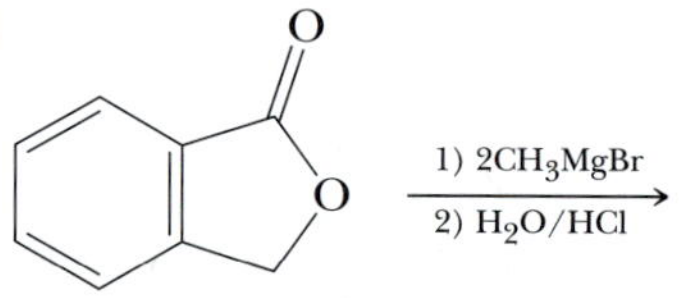

(c) $\xrightarrow[2)\ H_2O/HCl]{1)\ 2CH_3MgBr}$

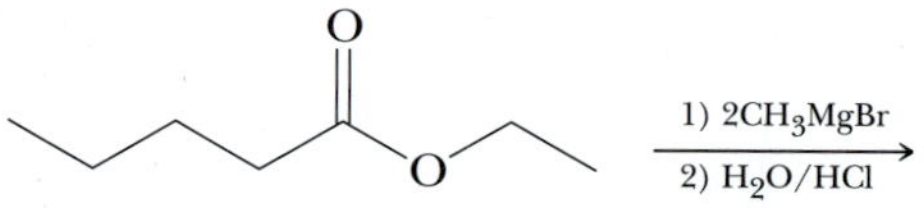

14.34 다음 알코올을 합성하는 데 필요한 에스터와 Grignard 시약의 짝을 구하시오. (예제 14.6 참조)

(a) 2-Methyl-2-butanol (b) 3-Phenyl-3-pentanol

(c) 1,1-Diphenylethanol

14.35 1차 혹은 2차 아민과 diethyl carbonate를 제한된 조건에서 반응시키면 carbamic ester가 생성된다. (예제 14.5 참조)

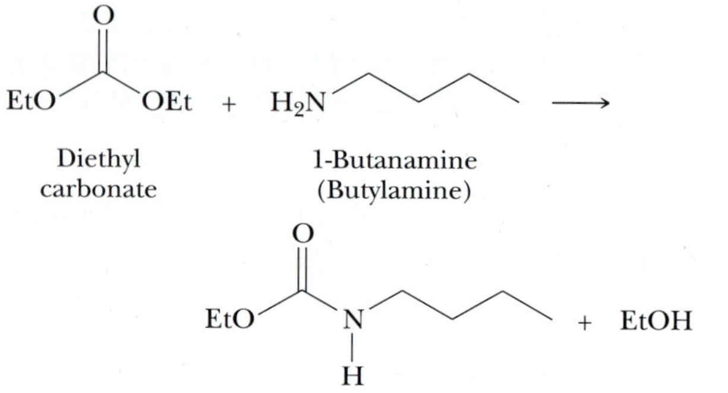

EtO(C=O)OEt + H_2NCH₂CH₂CH₂CH₃ ⟶

Diethyl carbonate 1-Butanamine (Butylamine)

EtO(C=O)N(H)CH₂CH₂CH₂CH₃ + EtOH

Carbamic ester

이 반응의 메커니즘을 제안하시오.

***14.36** Barbiturate는 diethyl malonate나 diethyl malonate 유도체를 sodium ethoxide 촉매하에서 요소와 반응시켜 합성한다. 다음은 barbital을 2,2-diethylmalonate와 요소로 합성하는 반응식이다(장시간 지속되는 최면제이고 수면제인 barbital은 12개 이상의 상품명으로 처방되고 있다).

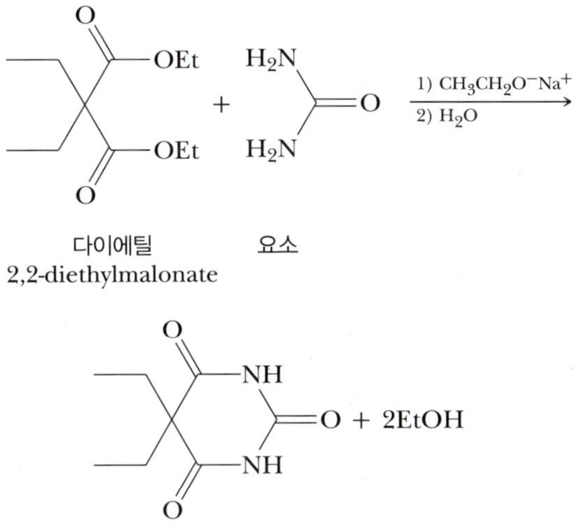

다이에틸 2,2-diethylmalonate + 요소 —1) $CH_3CH_2O^-Na^+$ 2) H_2O→ 5,5-Diethylbarbituric acid (Barbital) + 2EtOH

(a) 이 반응의 메커니즘을 제안하시오.

(b) Barbital의 pK_a는 7.40이다. 이 분자의 어느 수소가 가장 산성을 나타낼까? 어떻게 산도를 설명할 수 있는가?

***14.37** 뜨거운 산성 수용액에서 meprobamate와 phenobarbital의 완전 가수 분해 생성물의 구조식을 그리고, 명명하시오. Meprobamate는 58개의 다른 상품명으로 조제되는 진정제이다. Phenobarbital은 장기간 지속 효과가 있는 진정제, 수면제, 그리고 항경련제이다. [**힌트**: 가열되면 β-다이카복실산과 β-카토산은 카복실기 이탈 반응이 진행된다.(13.8B절)]

(a) Meprobamate

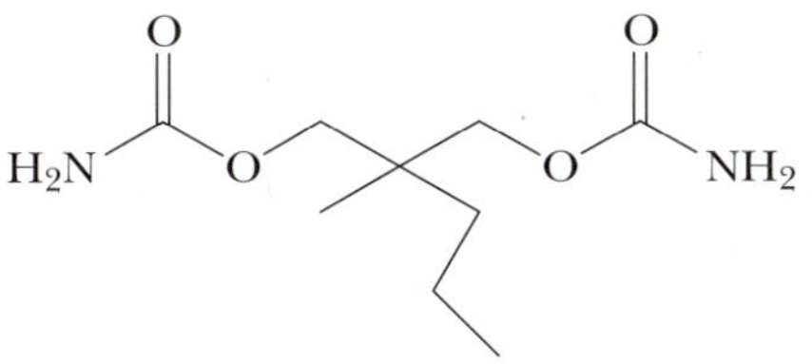

(b) Phenobarbital

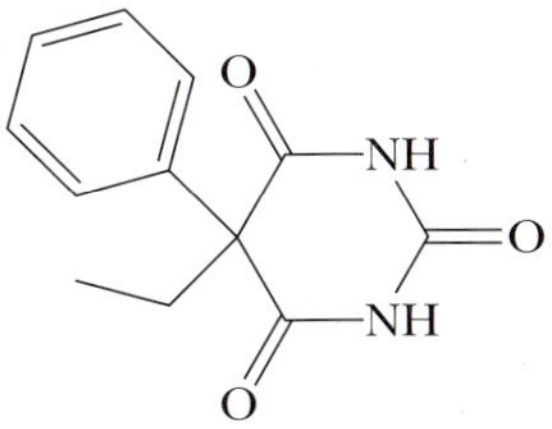

합성

***14.38** 몇몇 일반적인 벌레 기피제(repellent)의 주요 성분인 *N,N*-diethyl-*m*-toluamide(Deet)는 3-methylbenzoic acid(*m*-toluic acid)와 diethyl amine으로부터 합성된다.

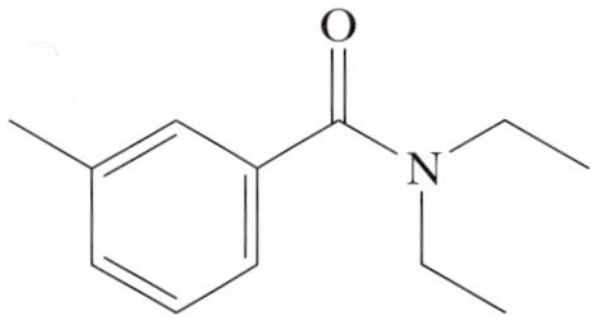

N,N-Diethyl-*m*-toluamide (Deet)

이 합성이 어떻게 이루어지는지 보이시오.

14.39 Ethyl 2-pentanoate로부터 아래 화합물을 합성하시오.

(a)

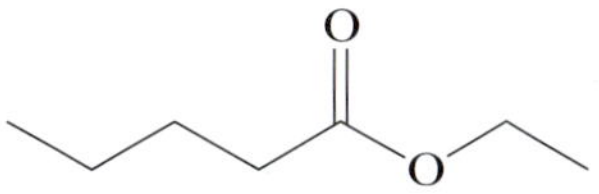

(b)

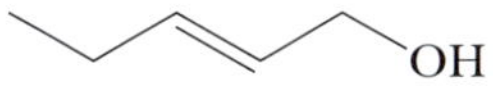

(c)

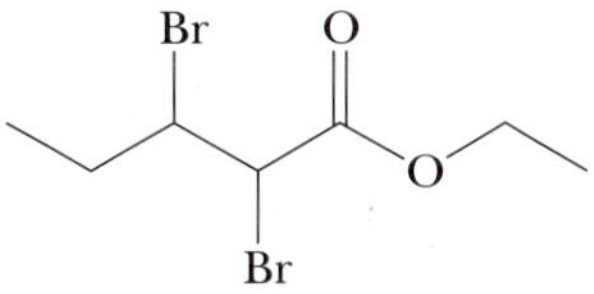

***14.40** Procaine(이 화합물의 염산염은 Novocaine®으로 판매된다)은 최초의 침윤과 국소 마취제 중 하나이다. 아래 세 시약을 이용하여 procaine을 합성하시오.

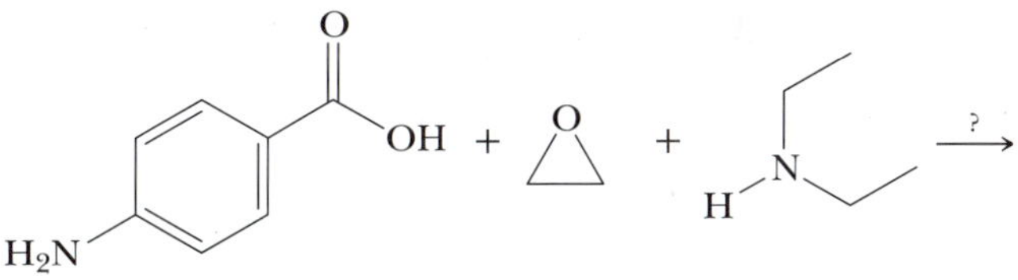

4-Aminobenzoic acid + Ethylene oxide + Diethylamine 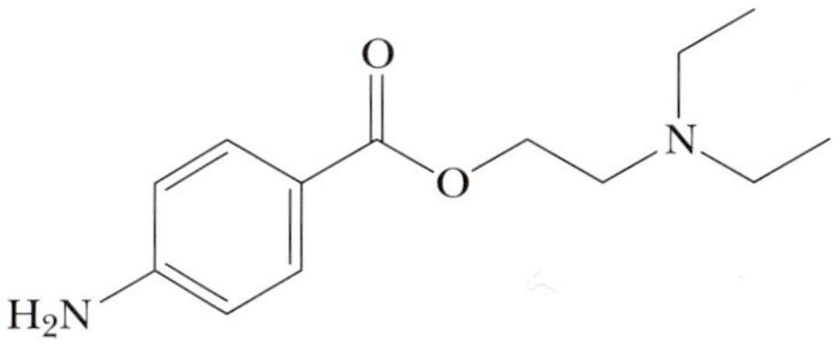 —?→ Procaine

***14.41** Procaine에는 두 개의 질소 원자가 있다. 둘 중에서 어느 것이 더 강한 염기인가? Procaine이 1 mol의 HCl 수용액과 반응할 때 생성되는 염의 구조식을 그리시오.

***14.42** 논 잡초 제거제인 제초제 propanil의 합성 출발 물질은 벤젠과 propanoic acid이다. 이 합성에 필요한 시약을 쓰시오.

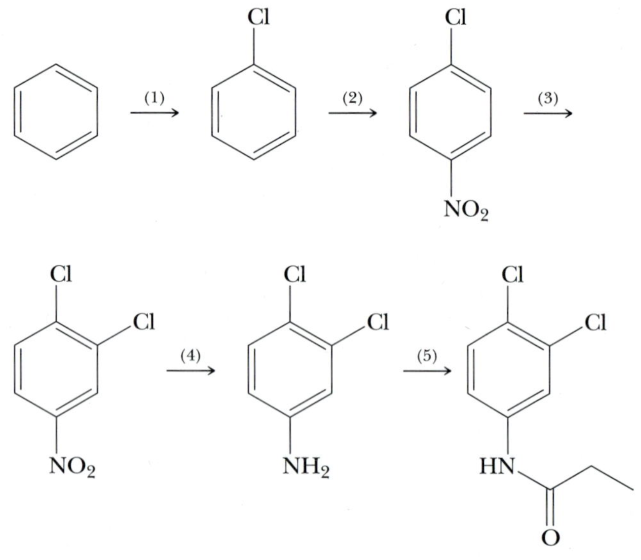

Cl Cl (1) (2) (3) NO_2

Cl Cl Cl Cl Cl Cl (4) (5) NO_2 NH_2 HN O

Propanil

***14.43** 다음은 세 가지 마취제의 분자식이다. Lidocaine은 1948년에 도입이 되었고, 지금은 침윤과 국소 마취제로 많이 사용되고 있다. 그것의 염산염은 Xylocaine®이라는 상품명으로 팔린다. Mepivacaine(염산염은 Carbocaine®이라는 상품명으로 판매됨)은 Lidocaine보다 효과가 빠르고 지속 효과는 다소 길다. Articaine은 유럽에서 가장 널리 쓰이는 국소 마취제이며, 두 개의 카복실산 유도체를 가지고 있다.

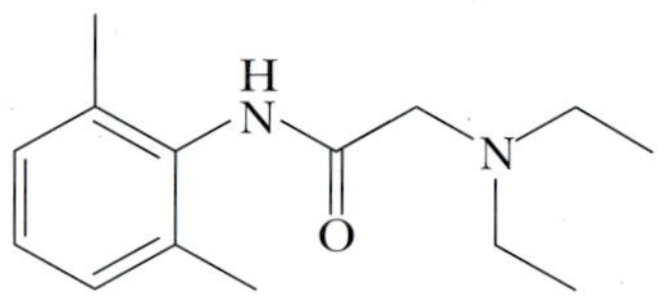

Lidocaine (Xylocaine®)

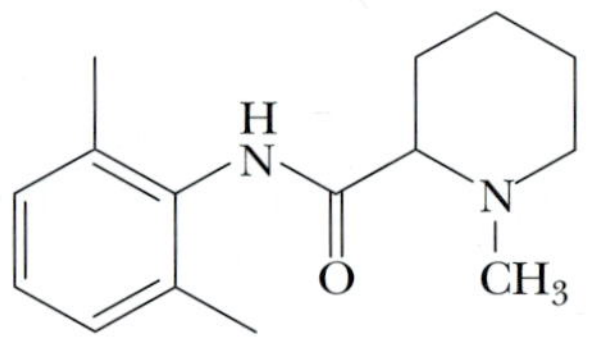

Mepivocaine (Carbocaine®)

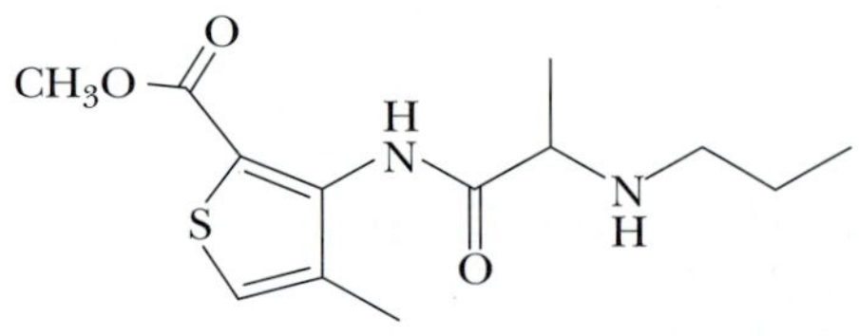

Articaine

(a) 2,6-Dimethylaniline, chloroacetyl chloride($ClCH_2COCl$), 그리고 diethylamine으로부터 Lidocaine을 합성하시오.

(b) 어떠한 아민과 산 염화물로부터 mepivocaine을 합성할 수 있는가?

(c) Articaine의 두 개의 산 유도체의 산 촉매 가수 분해 생성물을 그리시오.

***14.44** 다음은 구충제 diethylcarbamazine의 5단계 합성 개요이다.

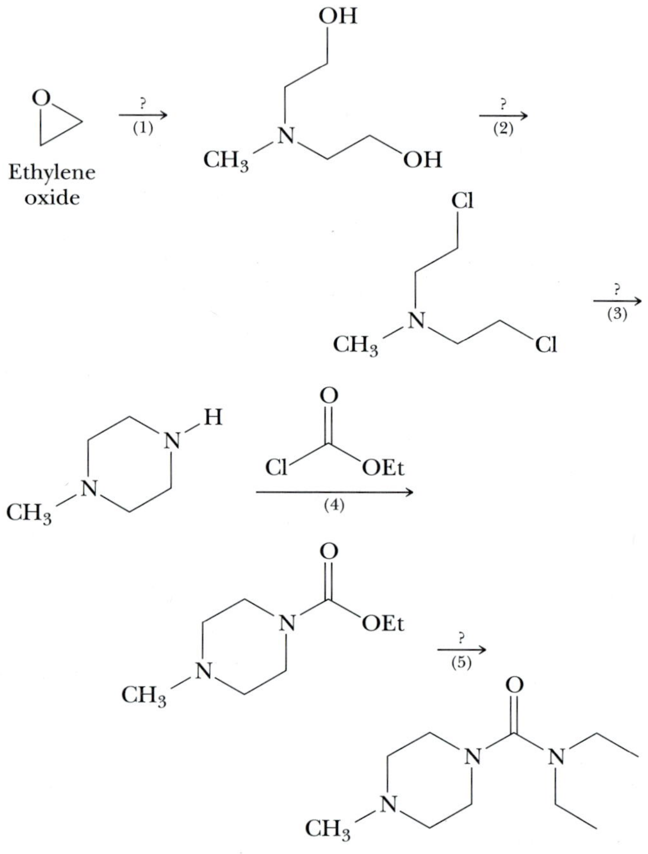

Ethylene oxide ? (1) ? (2) ? (3) (4) ? (5)

Diethylcarbamazine

Diethylcarbamazine은 동물이나 식물에 기생하는, 작고 통 모양이거나 얇은 실 모양의 기생충인 회충에 대해서 주로 사용된다.

(a) 1단계의 시약을 제시하시오. 이 단계는 S_N1나 S_N2 메커니즘 중 어느 것에 더 가까운지 설명하시오.

(b) 2단계의 시약을 제시하시오.

(c) 3단계의 시약을 제시하시오.

(d) 4단계의 시약인 ethyl chloroformate는 산 염화물인 동시에 에스터이다. 이 시약에서 OCH_2CH_3가 아닌 Cl이 치환된 사실을 설명하시오.

***14.45** 다음은 식품의 방부제로 널리 사용되는 화합물인 methylparaben의 5단계 합성 개요이다.

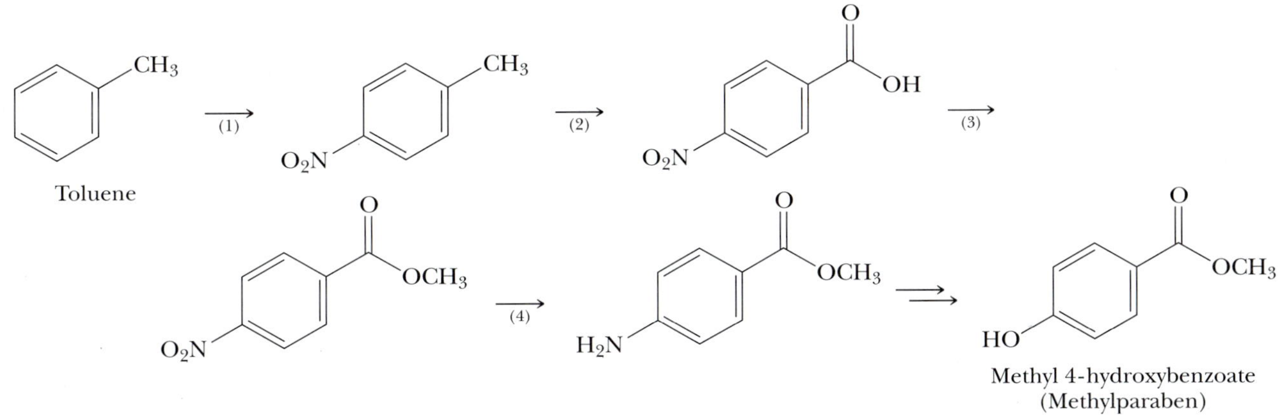

Toluene $\xrightarrow{(1)}$ (4-nitrotoluene) $\xrightarrow{(2)}$ (4-nitrobenzoic acid) $\xrightarrow{(3)}$ (methyl 4-nitrobenzoate) $\xrightarrow{(4)}$ (methyl 4-aminobenzoate) $\longrightarrow\longrightarrow$ Methyl 4-hydroxybenzoate (Methylparaben)

각 단계의 시약을 제시하시오.

화학적 변환

14.46 다음 화학 변환을 완결할 당신의 화학 반응에 대한 지식을 시험해 보시오. 어떤 것은 한 단계 이상의 반응이 필요하다. (예제 14.7, 14.8 참조)

(a)

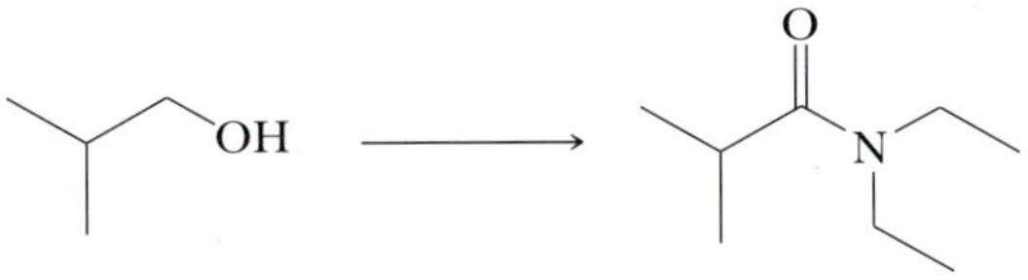

(b)

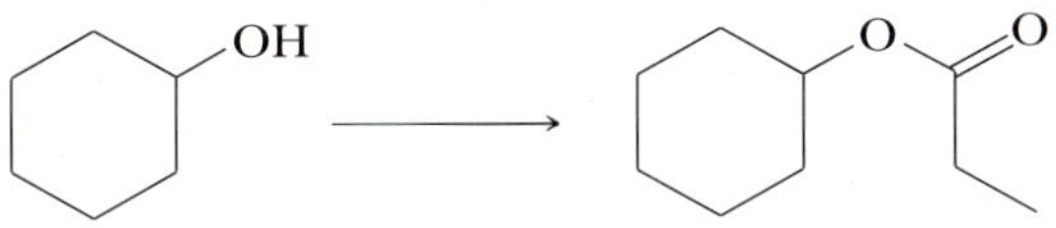

(c)

(d)

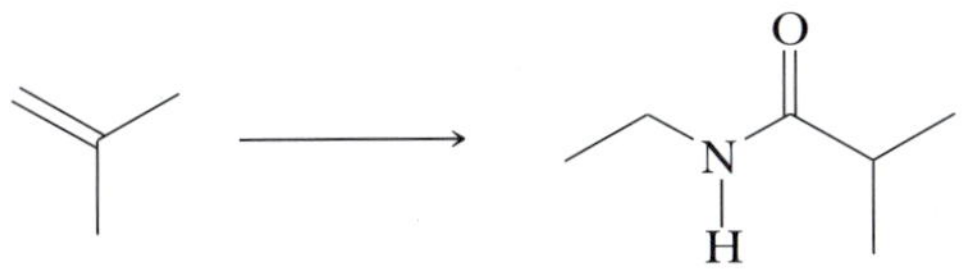

(e)

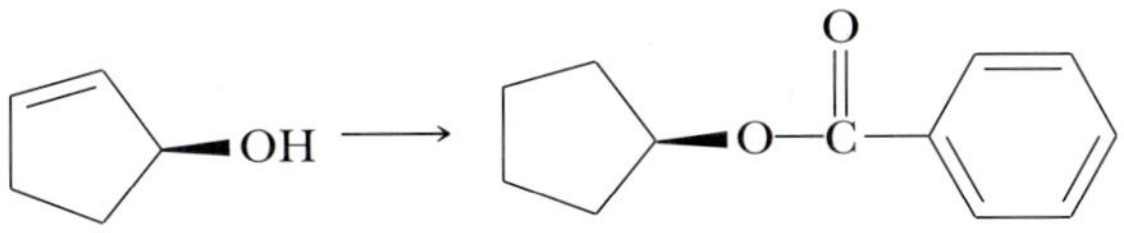

(f)

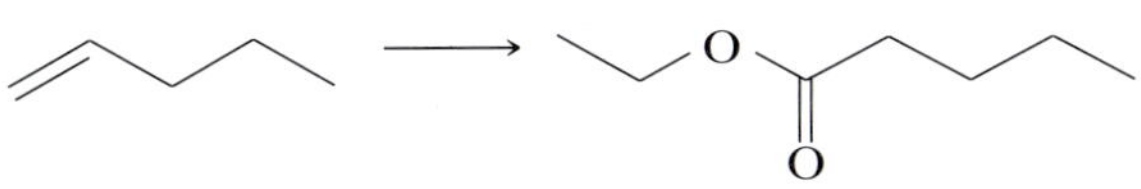

(g)

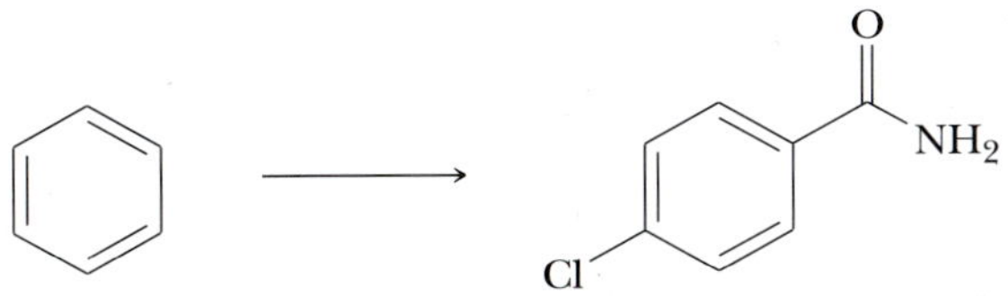

(h)

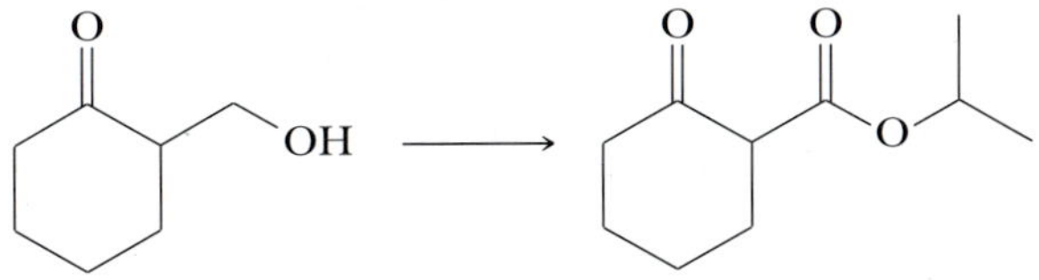

(i)

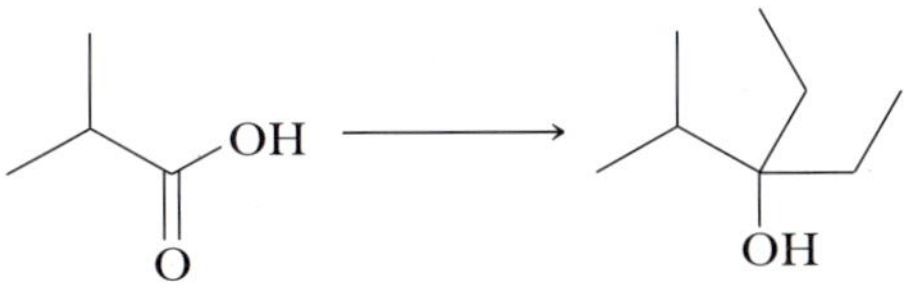

(j)

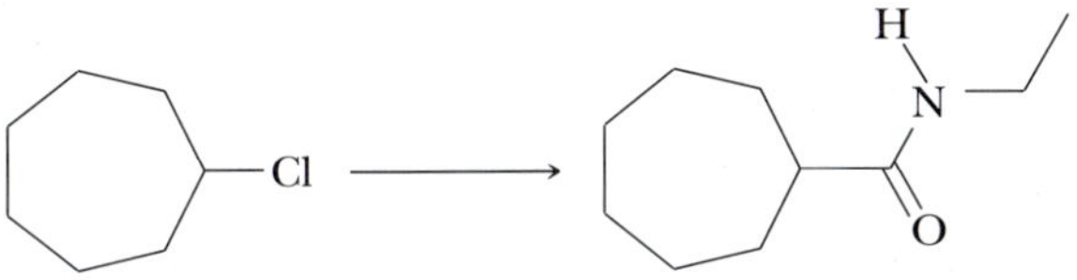

(k)

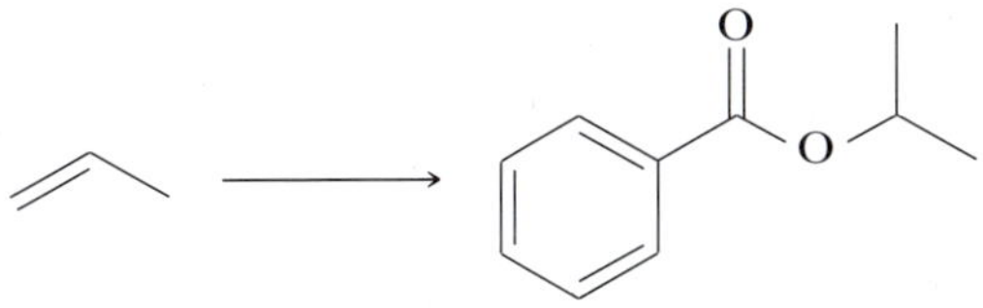

(l)

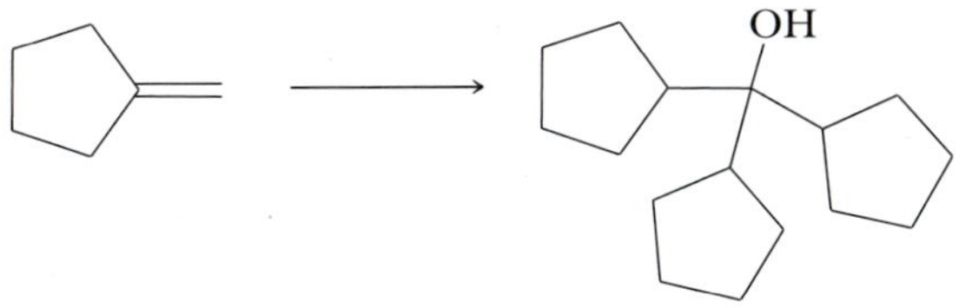

(m)

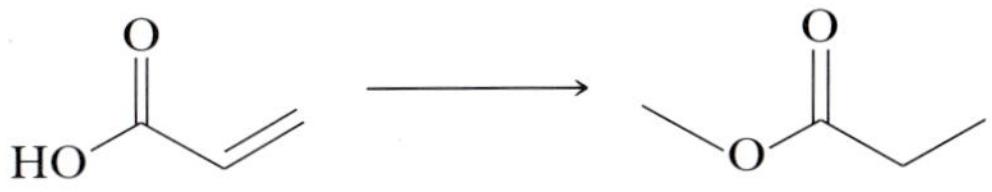

(n)

(o) CH_3—C≡C—H ⟶

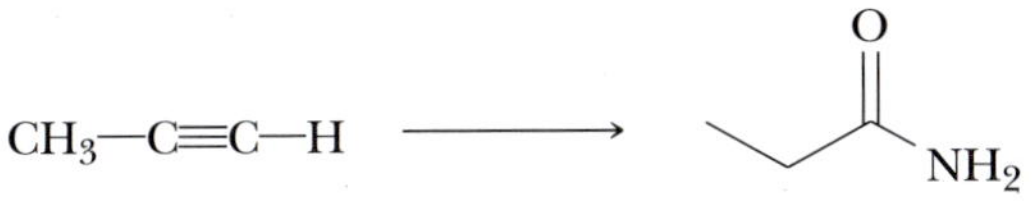

(p)

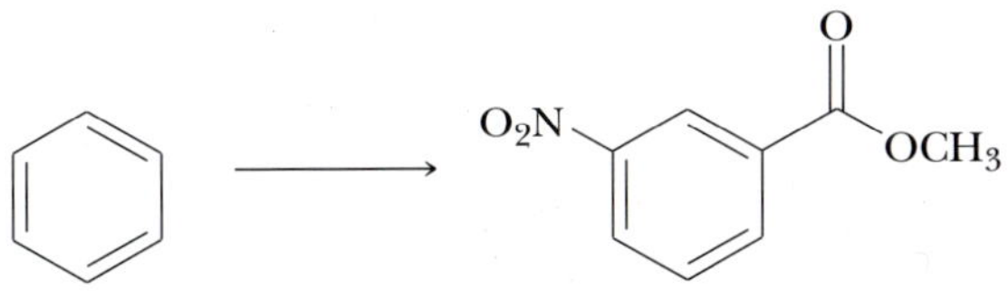

발전 학습

14.47 다음 에스터에서 가장 산도가 높은 수소를 찾으시오.

(a) (b)

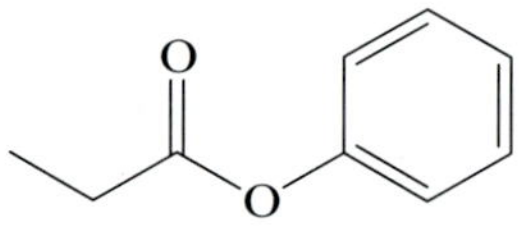

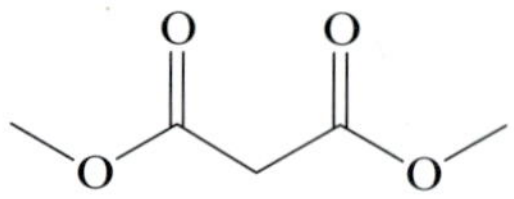

14.48 주어진 에스터와 친핵체 사이에 친핵성 치환 반응이 일어날까?

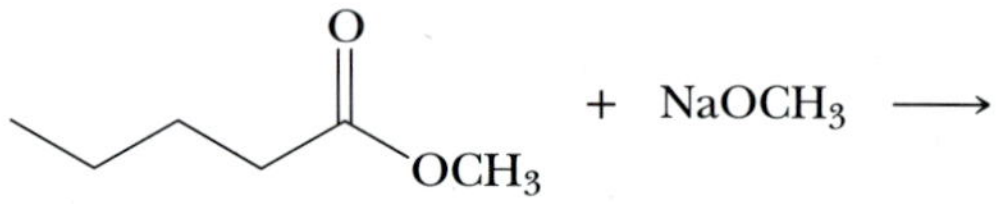

$+\ NaOCH_3 \longrightarrow$ (OCH_3)

당신의 답을 증명할 실험을 제안해 보시오.

14.49 다음 α,β-불포화 에스터에 친핵체 Nu가 왜 카보닐 탄소뿐만 아니라 β-탄소도 공격하는지 설명하시오.

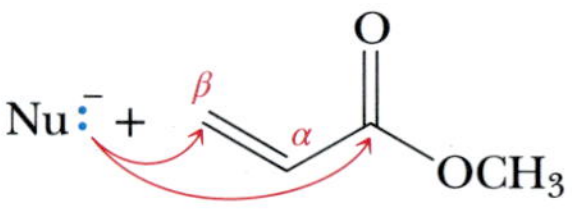

$Nu:^- +$ (β, α, O, OCH_3)

14.50 Grignard 시약이 아래 아마이드와 친핵성 아실 치환 반응을 하지 않는 이유를 설명하시오.

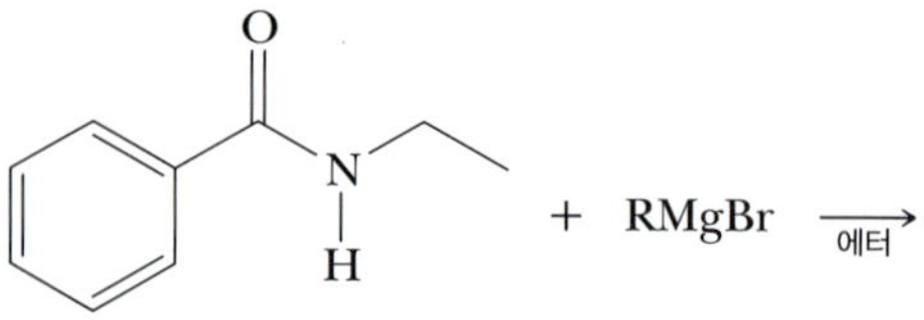

$+\ RMgBr \xrightarrow{\text{에터}}$

14.51 저온에서 아래 아마이드는 시스–트랜스 이성질화를 보이지만 고온에서는 보이지 않는다.

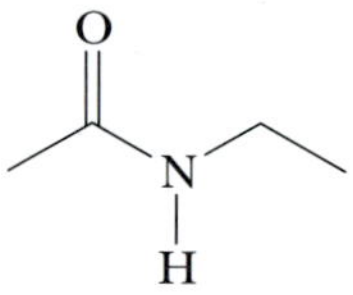

이것이 어떻게 가능한지 설명하시오.

그룹 학습 활동

14.52 아래 두 화합물은 둘 다 친핵성 아실 치환 반응을 할 수 있다.

(a) NaOH를 각각 처리하였을 때 생성물을 예측하시오.

(b) 각 반응의 메커니즘을 제안하시오.

(c) $-SCH_3$와 $-OCH_3$, $-CH_3$와 $-CCl_3$의 이탈기 능력을 비교하시오.

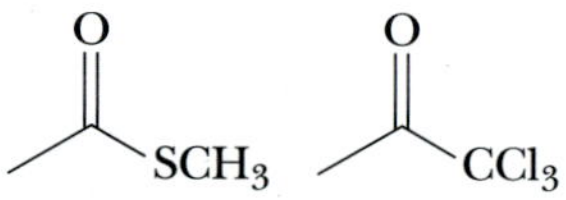

(SCH_3) (CCl_3)

14.53 $LiAlH_4$를 사용하여 아마이드를 아민으로 환원하는 반응의 메커니즘은 여러 단계를 포함한다. 이 메커니즘을 제안해 보시오. **힌트**: 산소는 $-OAlH_2$의 형태로 제거된다.

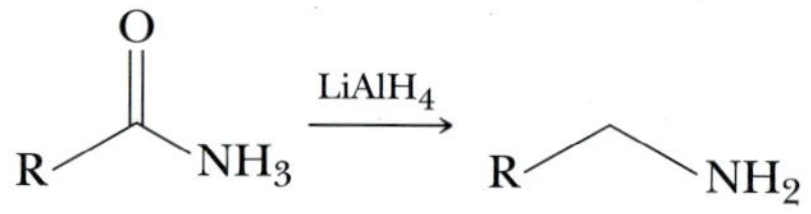

$R-C(=O)-NH_3 \xrightarrow{LiAlH_4} R-CH_2-NH_2$

14.54 바이오디젤은 아래에 보이는 일반적 구조를 가진 천연 지질(예를 들어 식물유)로부터 얻어지는 긴 사슬 구조의 methyl ester이다. 지질이 바이오디젤로 변환하는 일련의 과정을 제안해 보시오.

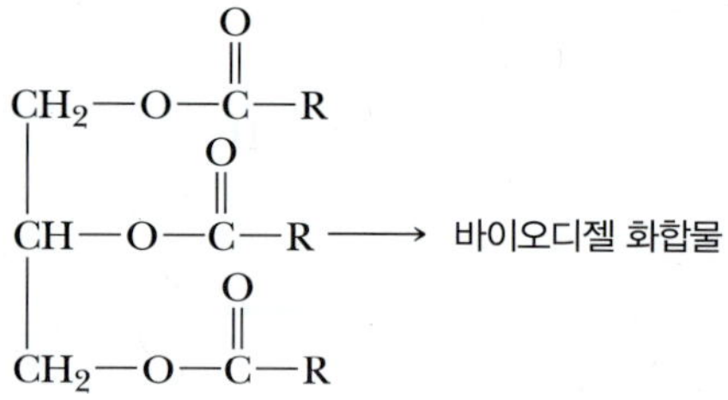

$CH_2-O-C(=O)-R$
$CH-O-C(=O)-R \longrightarrow$ 바이오디젤 화합물
$CH_2-O-C(=O)-R$

종합 문제

다음 문제들은 12~14장의 개념과 물질이 함께 적용된다. 초점은 이들 세 장에 맞춰져 있지만, 문제는 전체 텍스트의 개념에 의해 만들어졌다.

다음 질문에 가장 적합한 답을 고르시오.

1. 다음 두 카복실산 유도체에 관한 설명 중 옳은 것은?

A B

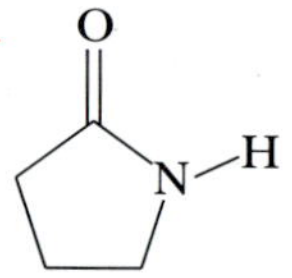

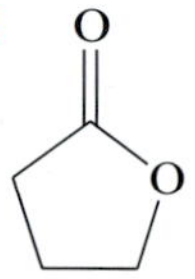

(a) 분자 A만 가수 분해될 수 있다.
(b) 분자 B만 가수 분해될 수 있다.
(c) 두 분자 모두 가수 분해가 가능하지만, A가 B보다 빨리 반응한다.
(d) 두 분자 모두 가수 분해가 가능하지만, B가 A보다 빨리 반응한다.
(e) A, B 모두 비슷한 속도로 가수 분해된다.

2. 아래 반응에서 형성되는 생성물은 몇 개인가?

$$CH_3CH_2-\overset{O}{\overset{\|}{C}}-CH_2CH_2-\overset{O}{\overset{\|}{C}}-OCH_3 \xrightarrow[H_2O]{H^+}$$

(a) 1 (b) 2 (c) 3 (d) 4 (e) 5

3. 아래 변환을 수행할 시약의 순서는?

O, NH_2 → O, Cl

(a) 1) $SOCl_2$ (b) 1) H_2O_2, $SOCl_2$ (c) 1) H_2O_2, HCl
(d) 1) H^+/H_2O_2 2) $SOCl_2$ (e) 위의 모두

4. Butanamide를 생성하지 못하는 반응은?

(a) O, Cl $\xrightarrow{NH_3}$ (b) O, H $\xrightarrow[NH_3]{H^+}$

(c) O, OH $\xrightarrow[NH_3]{H^+}$ (d) O, OEt $\xrightarrow[NH_3]{H^+}$

(e) H, N, O, O $\xrightarrow[H_2O]{H^+}$

5. 에탄올과 벤조산의 Fischer 에스터화 반응의 사면체 카보닐 첨가 중간체(TCAI)는 어느 것인가?

(a) OH, C—OH, OCH_2CH_3 (b) OH, C—OH, CH_2CH_3

(c) OCH_2CH_3, C—OCH_2CH_3, OCH_2CH_3 (d) OCH_2CH_3, C—OH, OCH_2CH_3

(e) OCH_2CH_3, HO—C—OH, OCH_2CH_3

6. 다음 중 ethylpropanedionic acid의 카복실기 이탈 반응의 엔올 중간체는?

(a) OH, H, H (b) H, H, OH (c) OH, HO, H

(d) OH, HO, OH (e) OH, H, OH

7. 다음 두 카복실산에 대한 설명으로 옳은 것은?

A: HO, O, OH B: O, OH, HO

(a) 추가적인 공명 효과 때문에 A가 B보다 산도가 강하다.
(b) 추가적인 공명 효과 때문에 B가 A보다 산도가 강하다.
(c) A의 짝염기만이 유도 효과를 보인다.
(d) B의 짝염기만이 유도 효과를 보인다.
(e) 위의 모두 다 아니다.

8. 1당량의 Grignard 시약과 아래 분자가 반응하면 어떤 것이 얻어질까?

O, O, H, A, B, CH_3

(a) 카보닐기 A에 100% 첨가 (b) 카보닐기 B에 100% 첨가
(c) 두 카보닐기에 같은 양 첨가 (d) 카보닐기 A에 첨가가 우세
(e) 카보닐기 B에 첨가가 우세

9. 다음 카보닐 탄소 중 친전자성이 가장 큰 것은?

(a) (b)

(c) (d)

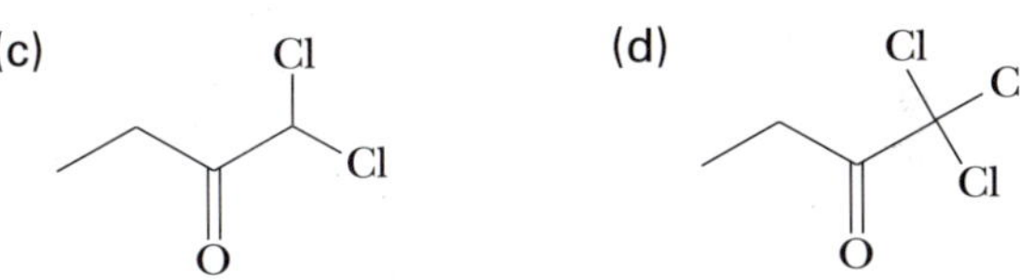

(e) 모두 동일한 친전자성을 보인다.

10. 다음 반응은 아래 보이는 것처럼 일어난다.

HO, O $\xrightarrow[2)\ HCl/H_2O]{1)\ CH_3MgBr/Et_2O}$ HO, HO, CH_3

(a) 진실 (b) 거짓

11. 다음 생성물을 얻기 위한 출발 물질의 구조식을 쓰고 생성 메커니즘을 보이시오. 구조식에 모든 전하와 비공유 전자쌍을 표시하시오.

$\underset{H_2O}{\overset{H^+}{\rightleftharpoons}}$ O, O

12. 아래 화합물들과 EtOH와의 반응성 순서를 결정하시오. 그 이유는?

(a) (b) 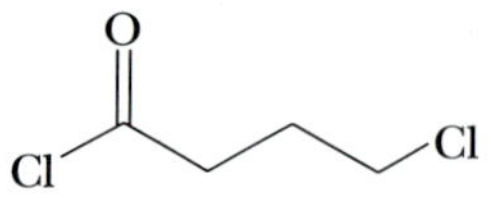 (c) 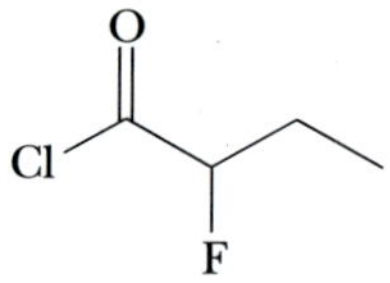 (d) 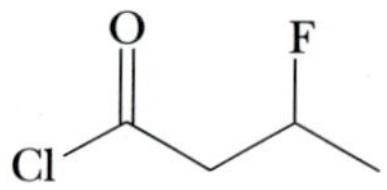 (e)

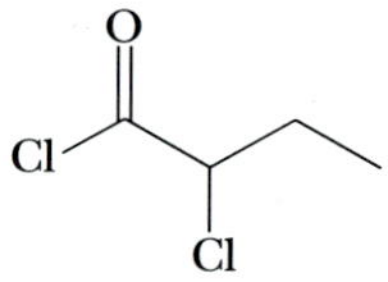

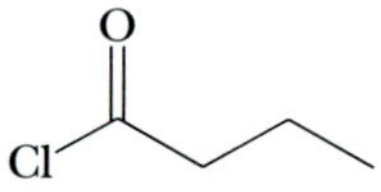

13. 다음 화합물의 IUPAC명을 쓰시오.

(a) (b) 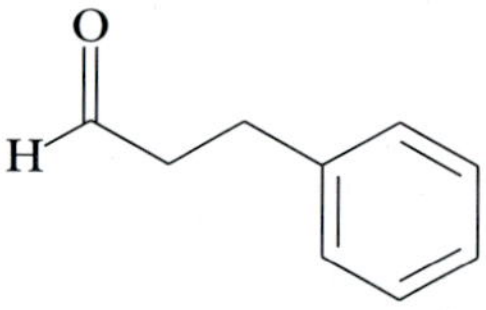 (c)

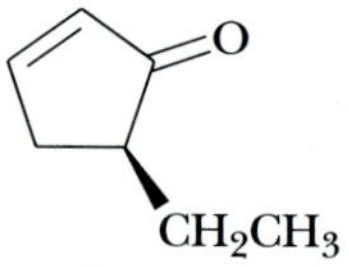

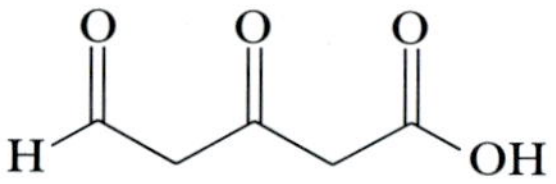

14. 아래 반응의 메커니즘을 제안하시오. 모든 중간체의 구조식과, 각 구조식에 모든 전하와 비공유 전자쌍을 표시하시오.

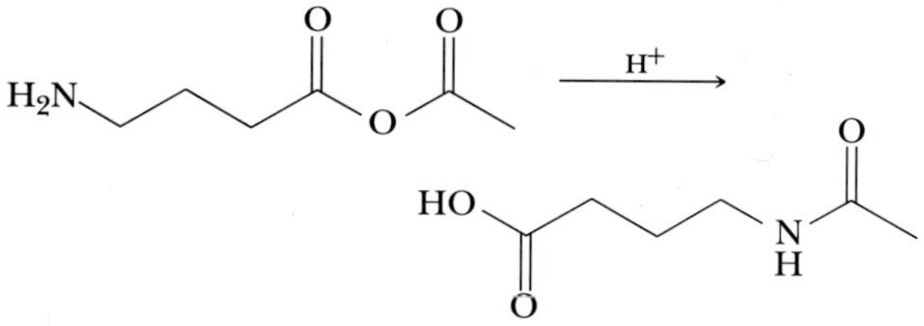

H^+

15. 다음 각 반응의 주 생성물을 예측하시오.

(a) $\xrightarrow[\text{EtOH (xs)}]{H^+}$

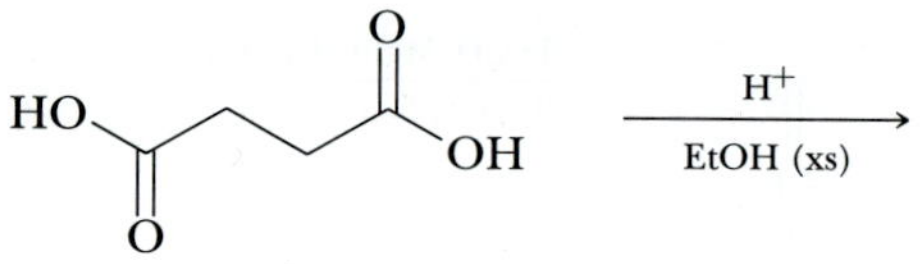

(b) $\xrightarrow[\text{2) } H^+/H_2O]{\text{1) } LiAlH_4 \text{ (xs)}/Et_2O}$

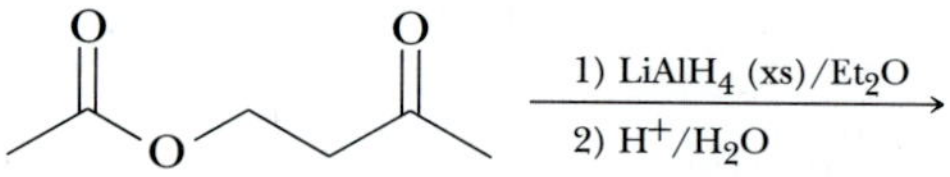

(c) $\xrightarrow{\Delta}$

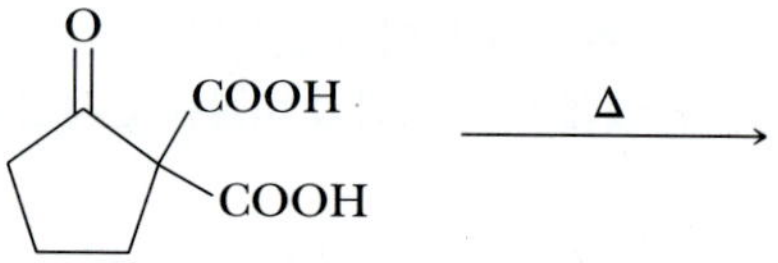

(d) $\underset{}{\overset{H^+/H_2O}{\rightleftharpoons}}$

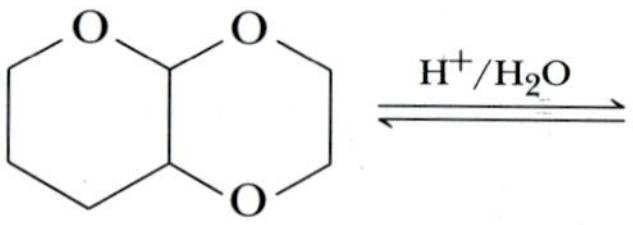

(e) $\xrightarrow[CH_3CH_2OH]{H^+}$

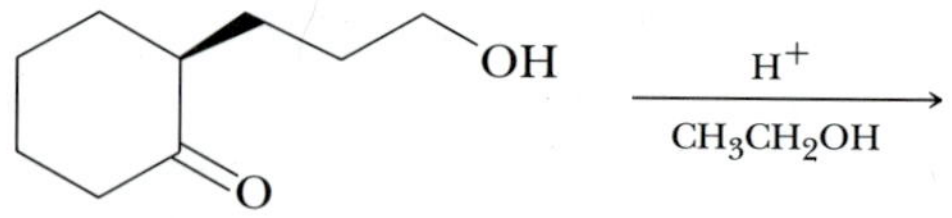

16. 다음 화학적 변환을 완성하시오.

(a) (b) 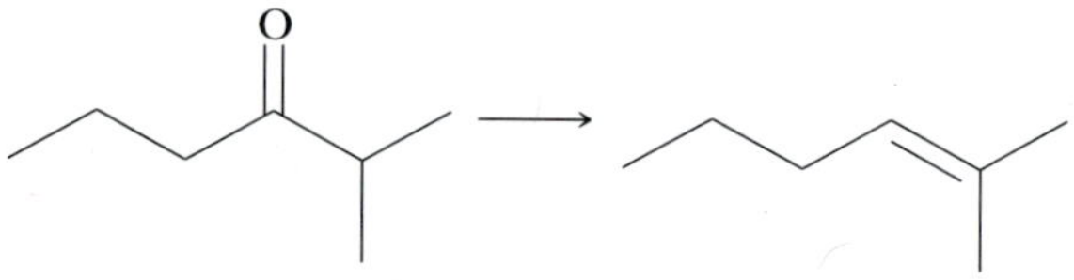 (c) 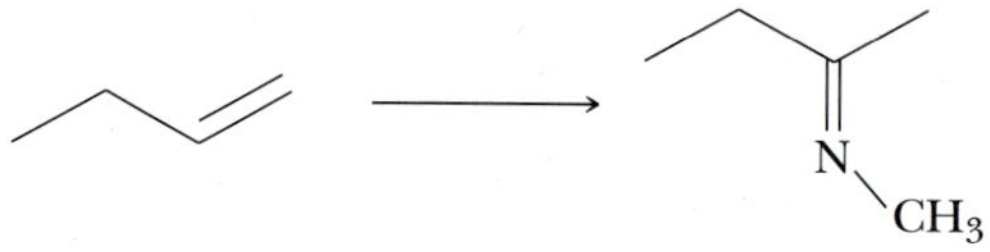 (d) 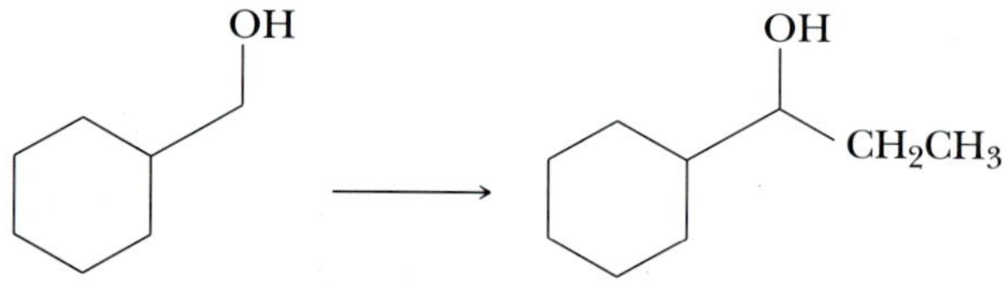 (e) 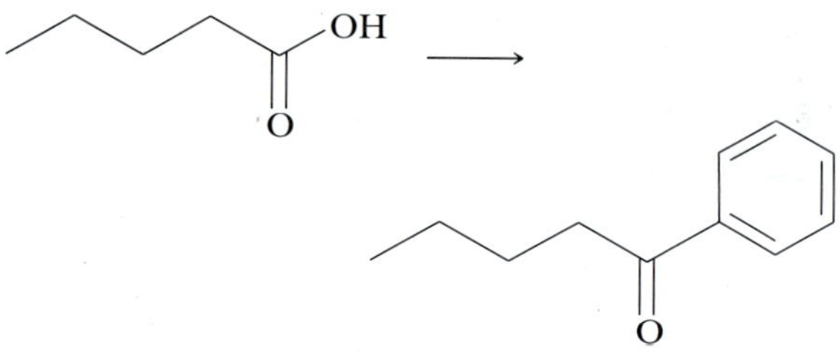 (f) 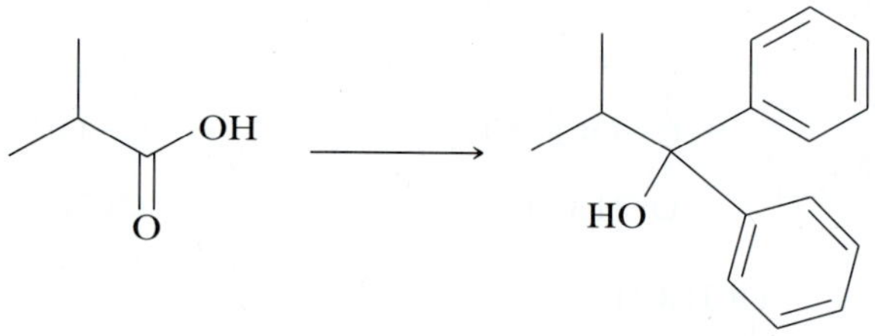 (g) 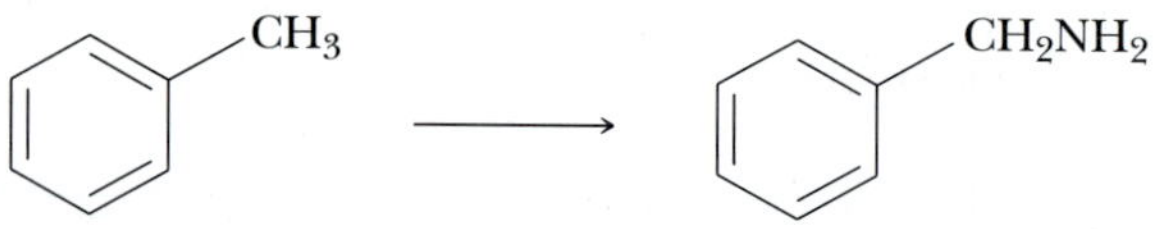 (h)

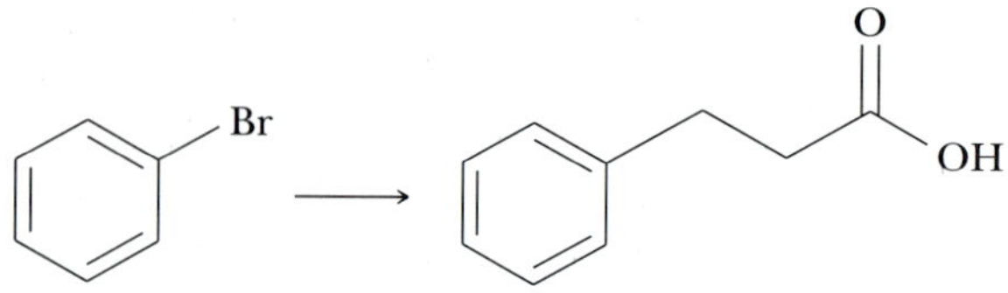

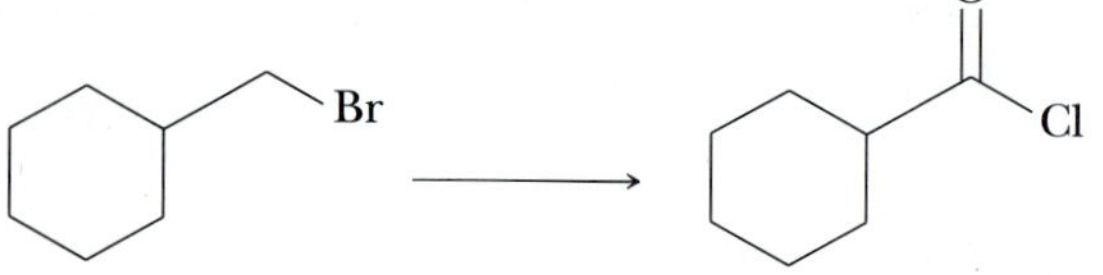

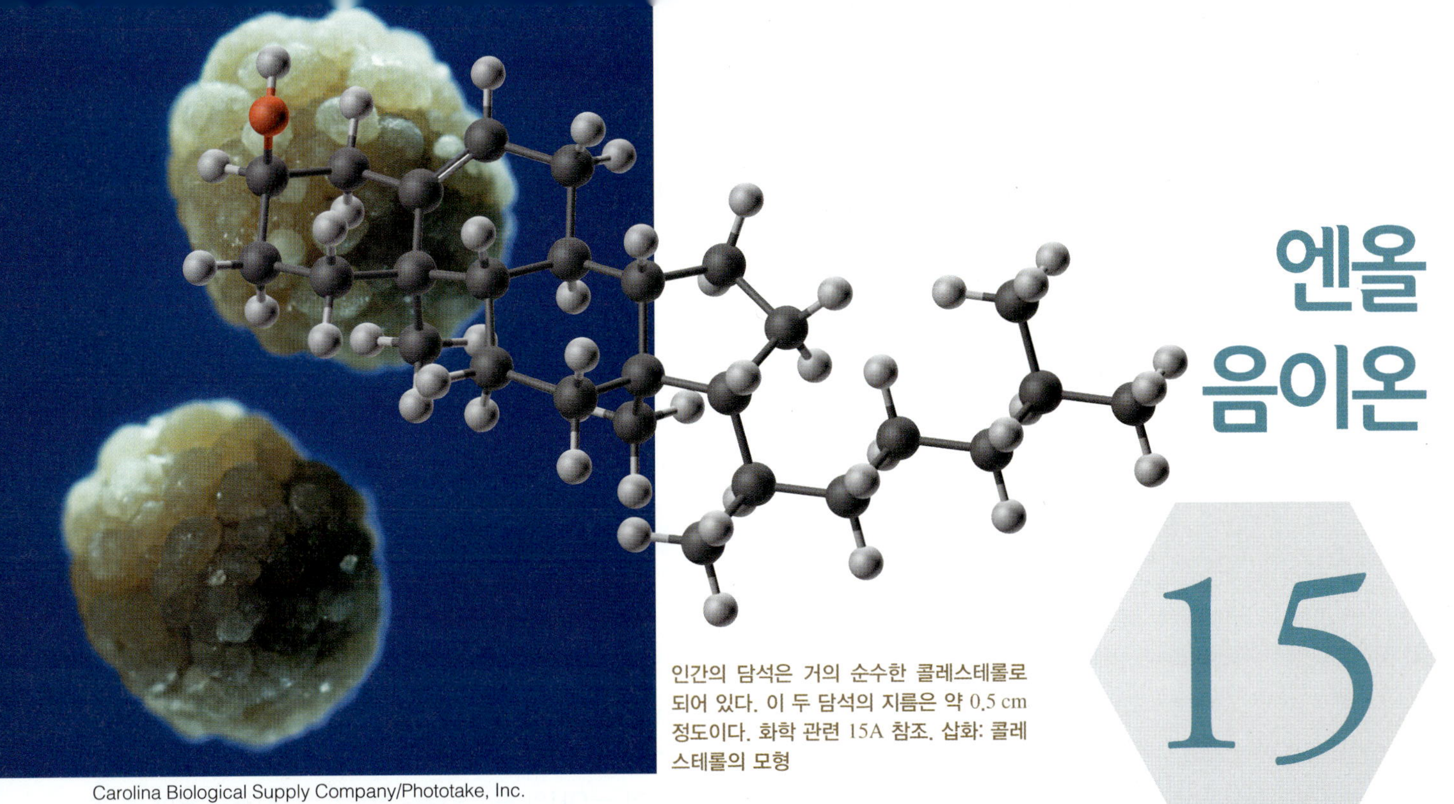

Carolina Biological Supply Company/Phototake, Inc.

인간의 담석은 거의 순수한 콜레스테롤로 되어 있다. 이 두 담석의 지름은 약 0.5 cm 정도이다. 화학 관련 15A 참조. 삽화: 콜레스테롤의 모형

15 엔올 음이온

중요한 질문

15.1 엔올 음이온은 무엇이며, 어떻게 형성될까?

15.2 알돌 반응은 무엇인가?

15.3 Claisen 축합 반응과 Dieckmann 축합 반응은 무엇인가?

15.4 알돌 반응과 Claisen 축합 반응은 어떻게 생체 과정에 포함되는가?

15.5 Michael 반응은 무엇인가?

해결 방법

15.1 알돌 반응에 사용되는 출발 물질의 확인

15.2 Claisen 축합 반응에 사용되는 출발 물질의 확인

15.3 Michael 반응에 사용되는 출발 물질의 확인

15.4 알돌 반응, Claisen 축합 반응, Michael 반응의 생성물 인식

화학 관련

15A 혈장의 콜레스테롤 수치를 낮추어 주는 약

15B 항종양 물질: 자연에서의 Michael 반응

이 장에서는 카보닐 화합물에 대한 논의를 계속한다. 12~14장에서는 카보닐기 자체와 그것의 친핵성 첨가 반응에 의해 형성된 사면체 카보닐 첨가 화합물에 치중해서 공부하였다. 이 장에서는 카보닐을 포함하는 화합물에까지 확장하고, α-수소의 산도와 그것이 제거되어 생성되는 엔올 음이온을 고려해 보자. 여기 나타낸 반응들은 C—C 결합을 형성하여, 사용 가능한 작은 출발 물질로부터 보다 큰 분자 구조를 구성하므로, 유기 화학에서 가장 중요한 반응들이다.

15.1 엔올 음이온은 무엇이며, 어떻게 형성될까?

A. α-수소의 산도

카보닐기에 인접해 있는 탄소 원자를 **α-탄소**(α-carbon)라고 하고, 그것에 결합해 있는 수소를 **α-수소**(α-hydrogen)라고 한다.

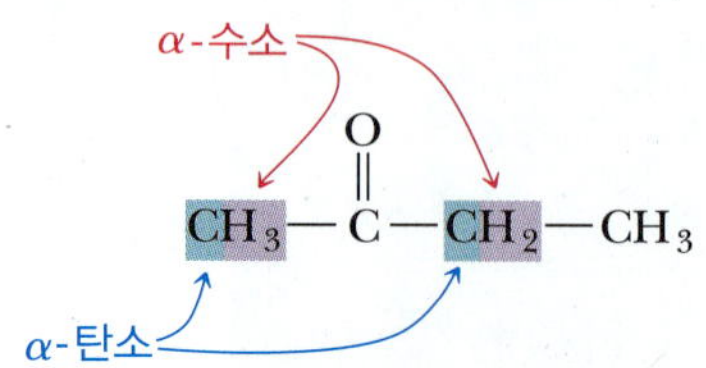

탄소와 수소는 전기 음성도가 비슷하기 때문에 C—H 결합은 극성이 거의 없으며, 탄소에 결합된 수소 원자는 대단히 낮은 산도를 나타낸다(2.3절). 그러나 카보닐기에 대한 α-수소의 입장은 다르다. 표 15.1에 나타낸 바와 같이, 알데하이드, 케톤, 에스터의 α-수소는 알케인이나 알켄의 수소보다 훨씬 산도가 높다. 그러나 알코올의 —OH의 수소보다는 산도가 낮다. 표는 또한 두 개의 카보닐기에 인접한 α-수소(예를 들면 β-케토에스터와 β-다이에스터)는 알코올보다 산도가 높다는 것도 보여 준다.

B. 엔올 음이온

카보닐기는 두 가지 방법에서 α-수소의 산도를 증가시킨다. 첫째는 카보닐기의 전자 끌기 유도 효과에 의해서 α-수소의 결합력을 약화시킴으로써 이온화를 크게 한다. 둘째는 이렇게 얻어진 **엔올 음이온**(enolate anion)의 음전하가 공명으로 비편재화되고, 그 결과로 알케인이나 알켄으로부터 생성되는 음이온과 비교해서 안정하게 된다.

엔올 음이온 엔올 음이온은 카보닐을 포함하는 화합물로부터 α-수소가 제거되어 생성되는 음이온이다.

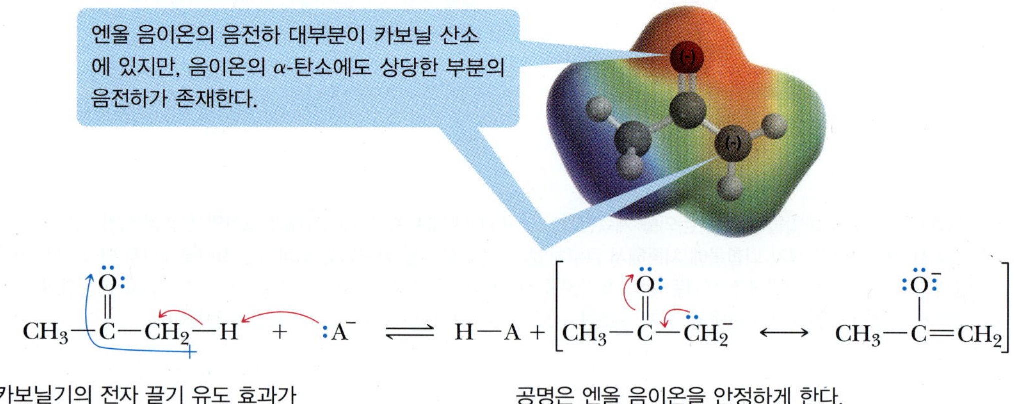

알코올과 비교하여 카복실산의 산도가 더 큰 것을 설명하려면 2.5절에 있는 두 가지 인자를 이용한다는 것을 기억하라.

엔올 음이온은 당량적으로 또는 평형 상태에서 형성될 수 있다. 엔올 음이온보다 훨씬 강한 염기를 이용하면 α-수소를 정량적으로 제거할 수 있다.

표 15.1 카보닐기에 대한 α-수소와 다른 유기 화합물의 수소와 비교한 산도

화합물의 종류	구조식	pK_a
β-다이케톤	$CH_3C(=O)$—HC—H—$C(=O)CH_3$	9.5
페놀	C_6H_5—O—H	10
β-케토에스터(아세토아세트산 에스터)	$CH_3C(=O)$—HC—H—$C(=O)OEt$	10.7
β-다이에스터(말론산 에스터)	$EtOC(=O)$—HC—H—$C(=O)OEt$	13
물	HO—H	15.7
알코올	CH_3CH_2O—H	16
알데하이드 또는 케톤	$CH_3C(=O)CH_2$—H	20
에스터	$EtOC(=O)CH_2$—H	22
말단 알카인	R—C—C—H	25
알켄	CH_2—CH—H	44
알케인	CH_3CH_2—H	51

(산도 증가: 아래에서 위로)

예제 15.1

각 화합물에서 산성을 띠는 α-수소를 나타내시오.

(a) Butanal **(b)** 2-Butanone

전략

카보닐기에 결합한 탄소를 찾아라. 이것이 α-탄소이다. α-탄소에 붙은 모든 수소가 α-수소이고, 전형적인 알케인이나 알켄의 수소보다 산도가 높다.

풀이

Butanal에는 산성을 나타내는 한 쌍의 α-수소가 있고, 2-butanone에는 두 쌍의 α-수소가 있다.

(a) $CH_3CH_2\mathbf{CH_2}C(=O)H$ **(b)** $CH_3\mathbf{CH_2}C(=O)\mathbf{CH_3}$

문제 15.13 참조

문제 15.1

각 화합물에서 산성을 띠는 α-수소를 찾으시오.

(a) 2-Methylcyclohexanone **(b)** Acetophenone **(c)** 2,2-Diethylcyclohexanone

반응식의 왼쪽이 훨씬 강한 산과 염기를 가지고 있다. 따라서 이 반응은 정량적으로 진행된다.

$$CH_3-\overset{O}{\overset{\|}{C}}-CH_3 + NaNH_2 \longrightarrow CH_3-\overset{O}{\overset{\|}{C}}-\ddot{C}H_2^{-} + Na^+ + NH_3$$

pK_a 20 (강한 산) | Sodium amide (강한 염기) | 엔올산염 (약한 염기) | pK_a 38 (약한 산)

2,4-펜테인다이온 + NaOH ⟶ 엔올산염 + Na^+ + HOH

pK_a 9 (강한 산) | Sodium hydroxide (강한 염기) | 엔올산염 (약한 염기) | pK_a 15.7 (약한 산)

엔올 음이온보다 약한 염기를 이용하면 평형에 이르게 되고, 엔올 음이온은 매우 낮은 농도로 존재하게 된다.

더 강한 산과 염기가 반응식의 오른쪽에 자리 잡게 되어 평형은 반응물 쪽으로 치우친다.

$$CH_3-\overset{O}{\overset{\|}{C}}-CH_3 + NaOH \rightleftharpoons CH_3-\overset{O}{\overset{\|}{C}}-\ddot{C}H_2^{-} + Na^+ + HOH$$

pK_a 20 | Sodium hydroxide | 엔올산염 | pK_a 15.7

C. 새로운 C—C 결합을 생성시키기 위한 엔올 음이온의 이용

엔올 음이온은 유기 합성에 있어서 중요한 건축 단위와 같다. 우리는 새로운 탄소–탄소 결합 형성을 위하여 친핵체로서의 그들의 이용에 대해 공부할 것이다. 전체적으로 그들은 친핵성 반응에서 세 가지 형태로 관여한다.

카보닐 첨가 반응에 있어서 친핵체로서의 엔올 음이온의 작용:

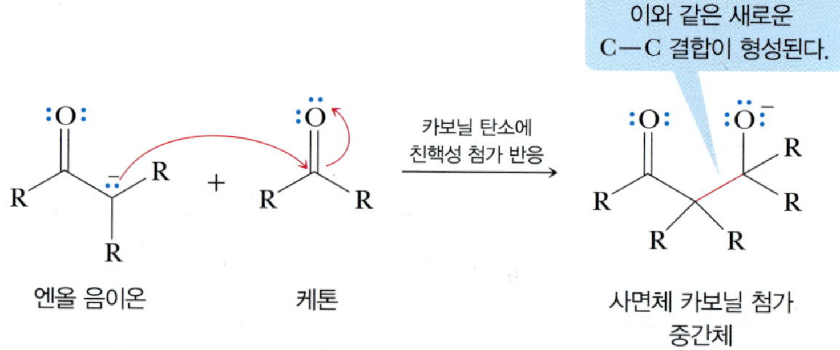

이런 형태의 엔올 음이온의 반응은 알돌 반응(15.2절)에 있어서 알데하이드와 케톤의 반응에 특히 유용하다.

친핵성 치환 반응에 있어서 친핵체로서의 엔올 음이온의 작용:

이와 같은 새로운 C—C 결합이 형성된다.

엔올 음이온 + 에스터 —(1)→ [사면체 카보닐 첨가 중간체] —(2)→ 친핵성 아실 치환 반응의 생성물 + $^{-}$:ÖR:

엔올 음이온 | 에스터 | 사면체 카보닐 첨가 중간체 | 친핵성 아실 치환 반응의 생성물

이런 형태의 엔올 음이온의 반응은 에스터 사이에서 일어나는 Claisen 축합 반응(15.3A절)과 Dieckmann 축합 반응(15.3B절)에 특히 유용하다.

엔올 음이온은 이중 결합이 알데하이드, 케톤, 에스터의 카보닐기와 콘쥬게이션된 탄소–탄소 이중 결합에 친핵성 첨가 반응을 한다.

이와 같은 새로운 C—C 결합이 형성된다.

EtOOC–CH⁻(COOEt) + $CH_2{=}CH{-}CO{-}CH_3$ $\xrightarrow[\text{EtOH}]{\text{EtO}^-\text{Na}^+}$ (EtOOC)$_2$CH–CH_2–CH=C(–O^-)–CH_3

엔올 음이온

이런 형태의 엔올 음이온 반응을 Michael 반응이라고 한다(15.5절).

15.2 알돌 반응은 무엇인가?

A. 알데하이드와 케톤의 엔올 음이온 생성

산성 α-수소를 포함하는 알데하이드와 케톤을 수산화 소듐이나 에톡시화 소듐과 같은 강염기로 처리하면 두 가지 중요 구조로 나타나는 혼성체인 엔올 음이온을 생성한다.

$$CH_3CCH_3(=O) + NaOH \rightleftharpoons \left[H{-}\overset{-}{C}H{-}C(=O){-}CH_3 \longleftrightarrow H{-}CH{=}C(O^-)CH_3 \right] Na^+ + H_2O$$

pK_a 20 (약한 산) — 엔올 음이온 — pK_a 15.7 (강한 산)

이와 같은 평형에 있어서 두 가지 산의 상대적인 산도를 보면, 평형의 위치는 왼쪽으로 우세하게 진행한다. 그러나 적은 양의 엔올 음이온이기는 하지만 알돌 반응을 진행하는 데에는 충분하다.

B. 알돌 반응

알데하이드와 케톤으로부터 유도되는 엔올 음이온이 다른 알데하이드와 케톤의 카보닐기와 첨가 반응하는 것을 다음 예에 나타내었다.

$$CH_3{-}\overset{O}{\overset{\|}{C}}{-}H + H{-}CH_2{-}\overset{O}{\overset{\|}{C}}{-}H \xrightleftharpoons{\text{NaOH}} CH_3{-}\overset{\beta}{C}H(OH){-}\overset{\alpha}{C}H_2{-}\overset{O}{\overset{\|}{C}}{-}H$$

Ethanal (Acetaldehyde) + Ethanal (Acetaldehyde) → 3-Hydroxybutanal (β-하이드록시알데하이드)

$$CH_3{-}\overset{O}{\overset{\|}{C}}{-}CH_3 + H{-}CH_2{-}\overset{O}{\overset{\|}{C}}{-}CH_3 \xrightleftharpoons{\text{NaOH}} CH_3{-}\overset{\beta}{C}(OH)(CH_3){-}\overset{\alpha}{C}H_2{-}\overset{O}{\overset{\|}{C}}{-}CH_3$$

Propanone (Acetone) + Propanone (Acetone) → 4-Hydroxy-4-methyl-2-pentanone (β-하이드록시케톤)

알돌 반응 두 알데하이드 혹은 케톤 사이의 카보닐 축합 반응으로 β-하이드록시알데하이드 또는 β-하이드록시케톤을 생성한다.

아세트알데하이드와 염기가 반응하여 얻어지는 생성물의 일반명이 **알돌**(aldol)이다. 알데하이드의 **ald**-와 알코올의 -**ol**이 합쳐 그렇게 부른다. **알돌**은 또한 이와 같은 반응으로 얻어지는 생성물에 붙이는 일반적인 이름이다. **알돌 반응**(aldol reaction) 생성물의 작용기를 β-하이드록시알데하이드 또는 β-하이드록시케톤이라고 한다.

염기 촉매 알돌 반응에 있어서 주요 단계는 카보닐을 포함하는 분자로부터 형성된 엔올 음이온이 다른 카보닐을 포함하는 분자의 카보닐기에 친핵성 첨가 반응을 하여 사면체의 카보닐 첨가 중간체를 형성하는 것이다. 이와 같은 메커니즘은 두 분자의 아세트알데하이드 사이의 알돌 반응에 의해 나타났다. OH^-는 실제로 촉매라는 것을 기억하라. OH^-가 1단계에서 사용되지만, 3단계에서는 다른 OH^-가 생성된다. 알돌 반응의 2단계와 알데하이드, 케톤(12.5절) 그리고 에스터(14.7절)와 Grignard 시약의 반응 사이의 연관성을 유의하라. 각각의 반응은 탄소 친핵체가 다른 분자의 카보닐 탄소에 첨가되는 반응을 포함한다.

β-하이드록시알데하이드와 β-하이드록시케톤은 쉽게 탈수된다, 그리고 알돌 반응을 일으키는데 필요한 조건은 탈수 반응을 수행하기에 충분하다(8.2E절). 탈수 반응은 알돌 생성물을 묽은 산속에서 가열하여도 일어날 수 있다. 알돌 생성물을 탈수 반응시켜 얻어지는 주요 화합물은 탄소–탄소 이중 결합이 카보닐기와 콘쥬게이션된 것이다. 즉 이러한 생성물은 **α,β-불포화 알데하이드** 혹은 **케톤**이다(불포화의 위치, 이중 결합은 α와 β 탄소 사이에 있기 때문에 그렇게 부른다).

$$CH_3\overset{OH}{\overset{|}{C}}HCH_2\overset{O}{\overset{\|}{C}}H \xrightarrow[\text{염기에서 가열}]{\text{산 또는}} CH_3\overset{\beta}{C}H{=}\overset{\alpha}{C}H\overset{O}{\overset{\|}{C}}H + H_2O$$

알돌 반응의 생성물 — α,β-불포화 알데하이드

염기 촉매 알돌 반응은 곧바로 가역적이 되며, 일반적으로 평형 상태에서는 알돌 생성물이 미량만 존재한다. 그러나 탈수 반응의 평형 상수는 보통으로 큰 값을 갖는다. 따라서 반응 조건이 탈수 반응을 일으킬 수 있도록 충분히 강하다면 좋은 수율로 생성물을 얻을 수 있다.

메커니즘

염기 촉매 알돌 반응

1단계: 양성자 제거

염기에 의한 α-수소의 제거는 공명 안정화된 엔올 음이온을 생성한다.

$$H-\ddot{O}:^- + H-CH_2-\overset{:O:}{\overset{\|}{C}}-H \rightleftharpoons H-\ddot{O}-H + \left[{}^-:CH_2-\overset{:O:}{\overset{\|}{C}}-H \longleftrightarrow CH_2{=}\overset{:O:^-}{\overset{|}{C}}-H \right]$$

엔올 음이온

2단계: 친전자체와 친핵체가 반응하여 새로운 공유 결합을 형성한다.

1단계의 평형은 왼쪽이 우세하므로, 반응하지 않은 알데하이드나 케톤이 반응 혼합물에 많은 양이 존재한다. 엔올 음이온이 반응하지 않은 알데하이드(또는 케톤)의 카보닐 탄소에 친핵성 첨가 반응하여 사면체 카보닐 첨가 중간체를 생성한다.

$$CH_3-\overset{:O:}{\overset{\|}{C}}-H + {}^-:CH_2-\overset{:O:}{\overset{\|}{C}}-H \rightleftharpoons CH_3-\overset{:O:^-}{\overset{|}{C}H}-CH_2-\overset{:O:}{\overset{\|}{C}}-H$$

(친전자체) (친핵체) 사면체 카보닐 첨가 중간체

새로 형성된 공유 결합

3단계: 양성자 첨가

사면체 카보닐 첨가 중간체와 양성자 주개의 반응은 알돌 생성물과 다른 한 개의 수산화 이온을 생성한다.

$$CH_3-\overset{:\ddot{O}:^-}{\overset{|}{CH}}-CH_2-\overset{:O:}{\overset{\|}{C}}-H + H-\ddot{O}H \rightleftharpoons CH_3-\overset{:\ddot{O}H}{\overset{|}{CH}}-CH_2-\overset{O}{\overset{\|}{C}}-H + {}^-:\ddot{O}H$$

예제 15.2

각 화합물의 염기 촉매 알돌 반응의 생성물을 나타내시오.

(a) Butanal **(b)** Cyclohexanone

전략

두 분자의 알데하이드나 케톤을 그려라. 하나의 분자를 엔올 음이온으로 변환시키고, 이것을 다른 분자의 카보닐 탄소에 첨가시킨다. β-하이드록시카보닐 화합물이 형성될 때 염기가 재생성되는 것을 확인한다. 알데하이드나 케톤 및 엔올 음이온의 원자에 번호를 붙이는 것이 도움이 된다.

풀이

알돌 생성물은 한 화합물의 α-탄소가 다른 화합물의 카보닐 탄소에 친핵성 첨가 반응하여 생성된 것이다.

(a)

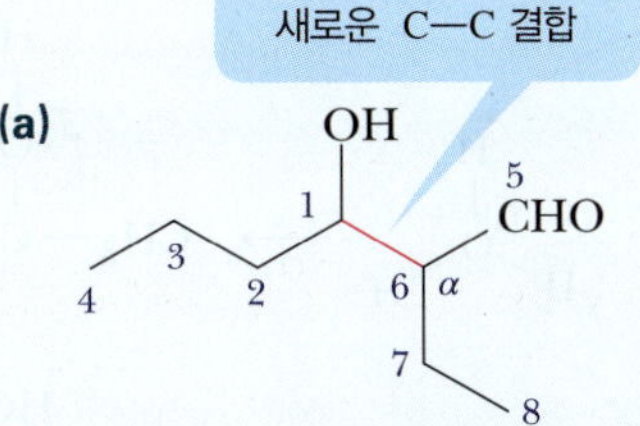

(b)

문제 15.17, 15.20, 15.21 참조

문제 15.2

각 화합물의 염기 촉매 알돌 반응의 생성물을 그리시오.

(a) Acetophenone **(b)** Cyclopentanone **(c)** 3-Pentanone

메커니즘

알돌 생성물의 염기 촉매 탈수 반응

알돌 생성물의 염기 촉매 탈수 반응은 다음과 같이 두 단계 메커니즘으로 쓸 수 있다.

1단계: 양성자 제거

산-염기 반응이 α-수소를 제거하여 엔올 음이온을 생성시킨다.

2단계: 결합을 절단하여 안정된 분자를 형성한다.

엔올 음이온은 수산화 이온을 방출하여 염기를 재생성하고 α,β-불포화 카보닐 화합물을 생성한다.

$$H\ddot{O}:^- + CH_3-\overset{:\ddot{O}H}{\overset{|}{CH}}-\underset{H}{\underset{|}{CH}}-\overset{:\ddot{O}:}{\overset{\|}{CH}} \xrightarrow{(1)} CH_3-\overset{:\ddot{O}H}{\overset{|}{CH}}-CH=\overset{:\ddot{O}:^-}{\overset{|}{CH}} + H_2O \xrightarrow{(2)} CH_3-\overset{\beta}{CH}=\overset{\alpha}{CH}-\overset{:\ddot{O}:}{\overset{\|}{CH}} + {}^-OH$$

엔올 음이온 α,β-불포화 알데하이드

메커니즘

알돌 생성물의 산 촉매 탈수 반응

알돌 생성물의 산 촉매 탈수 반응도 다음의 두 단계 메커니즘으로 쓸 수 있다.

1단계: 양성자 첨가

산-염기 반응이 β-하이드록시기에 양성자를 첨가한다.

2단계: 양성자를 제거하고 결합을 절단하여 안정된 분자를 생성한다.

물은 염기로 작용하여 α-수소를 제거하고 H_2O를 이탈기로 방출시켜, α,β-불포화 카보닐 화합물을 생성하고 산을 재생성한다.

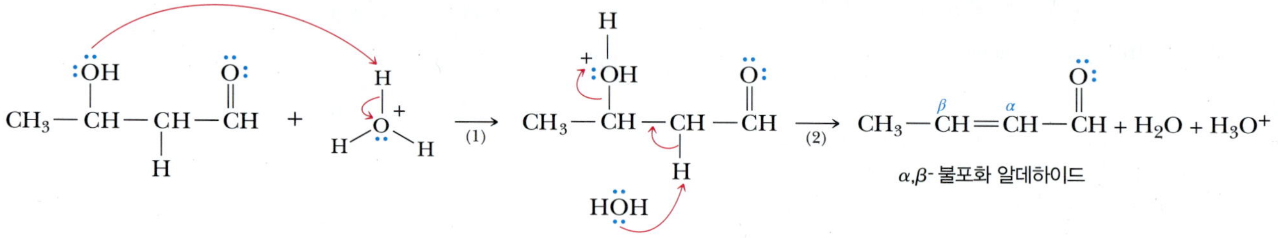

$$CH_3-CH(OH)-CH(H)-CH{=}O + H_3O^+ \xrightarrow{(1)} CH_3-CH(\overset{+}{O}H_2)-CH(H)-CH{=}O \xrightarrow{(2)} CH_3-\overset{\beta}{C}H{=}\overset{\alpha}{C}H-CH{=}O + H_2O + H_3O^+$$

HOH

α,β-불포화 알데하이드

예제 15.3

예제 15.2로부터 얻어지는 각 알돌 생성물의 염기 촉매 탈수 반응에 의한 생성물을 그리시오.

전략

알돌 생성물의 탈수 반응 생성물은 언제나 α,β-불포화 카보닐 화합물이다. C—C 이중 결합은 언제나 α-탄소와 원래 —OH기가 붙어 있던 탄소 사이에 형성된다.

풀이

알돌 생성물로부터 H_2O를 제거하면 (a)에서는 α,β-불포화 알데하이드가 얻어지고, (b)에서는 α,β-불포화 케톤이 얻어진다.

(a)

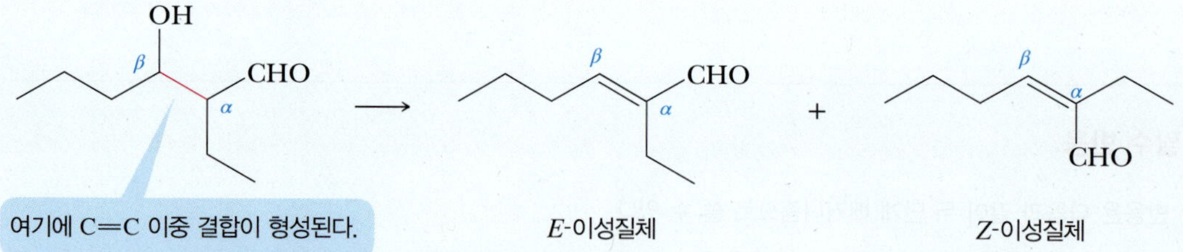

OH, CHO, β, α → CHO + CHO

여기에 C=C 이중 결합이 형성된다.

E-이성질체 　 Z-이성질체

(b)

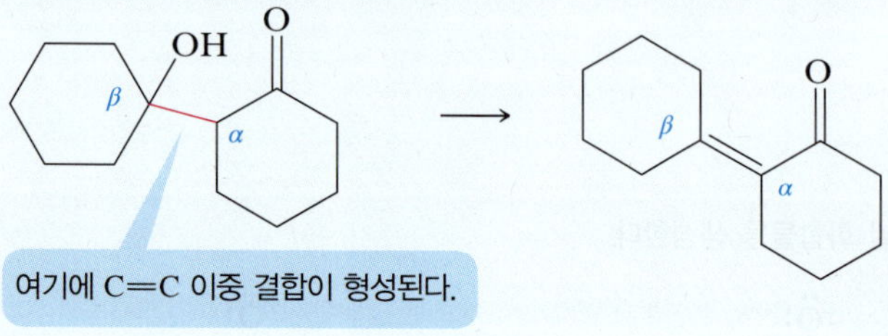

OH, O, β, α → O

여기에 C=C 이중 결합이 형성된다.

문제 15.17, 15.18, 15.20~15.24 참조

문제 15.3

문제 15.2의 알돌 생성물들로부터 염기 촉매 탈수 반응의 생성물을 그리시오.

C. 교차 알돌 반응

알돌 반응에 있어서 주요 단계에 있는 반응물은 엔올 음이온과 엔올 음이온 수용체이다. 자체 반응에 있어서 이들 두 가지의 역할은 한 종류의 분자가 담당한다. 아세톤과 폼알데하이드 사이의 교차 알돌 반응과 같은 **교차 알돌 반응**(crossed aldol reaction)도 가능하다. 폼알데하이드는 α-수소가 없기 때문에 엔올 음이온을 생성할 수 없다. 그렇지만 폼알데하이드는 카보닐기가 입체 장애를 받지 않기 때문에 특히 좋은 엔올 음이온 수용체가 된다. 아세톤은 엔올 음이온을 생성하지만, 두 개의 알킬기에 결합된 카보닐기는 폼알데하이드보다 반응성이 작다. 결과적으로 아세톤과 폼알데하이드 사이의 교차 알돌 반응은 4-하이드록시-2-뷰탄온을 생성한다.

교차 알돌 반응 두 가지 다른 알데하이드, 두 가지 다른 케톤, 또는 알데하이드와 케톤 사이의 알돌 반응이다.

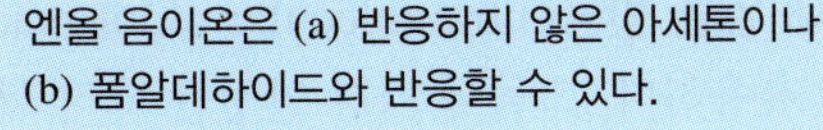

$$CH_3\overset{O}{\overset{\|}{C}}CH_3 + H\overset{O}{\overset{\|}{C}}H \underset{}{\overset{NaOH}{\rightleftharpoons}} H_2\overset{-}{C}-\overset{O}{\overset{\|}{C}}-CH_3 + H\overset{O}{\overset{\|}{C}}H \rightleftharpoons CH_3\overset{O}{\overset{\|}{C}}CH_2CH_2OH$$

(a) (b)

4-Hydroxy-2-butanone

엔올 음이온을 형성할 수 없다.

엔올 음이온은 폼알데하이드와 반응한다. 입체 장애가 작아 아세톤보다 반응성이 크기 때문이다.

이 예에서 나타낸 것처럼, 교차 알돌 반응이 성공적이 되기 위해서는 두 가지 반응물 가운데 하나는 엔올 음이온을 생성하지 못하도록 α-수소를 가지고 있지 않아야 한다. α-수소가 없는 화합물이 반응성이 큰 카보닐을 갖는다면(예로서 알데하이드와 같이) 도움이 될 것이다. α-수소가 없고 교차 알돌 반응에 이용될 수 있는 알데하이드류의 예를 다음에 나타내었다.

$H\overset{O}{\overset{\|}{C}}H$ Formaldehyde

Benzaldehyde

Furfural

$(CH_3)_3C\overset{O}{\overset{\|}{C}}H$ 2,2-Dimethylpropanal

예제 15.4

푸프랄(Furfural)과 사이클로헥산온 사이의 교차 알돌 반응의 생성물과, 계속해서 염기 촉매에 의한 탈수 반응으로 얻어지는 생성물을 각각 그리시오.

전략

제거할 수 있는 α-수소를 가지고 있는 화합물을 골라 엔올 음이온을 그려라. 엔올 음이온에 대한 반응성이 더 큰 카보닐 화합물을 결정하고(알데하이드는 케톤보다 반응성이 크다), 엔올 음이온이 카보닐 탄소에 첨가되어 형성된 β-하이드록시카보닐 화합물을 보여라. 알데하이드나 케톤 및 엔올 음이온의 원자에 번호를 붙이는 것이 도움이 된다. 알돌 생성물의 탈수 반응 생성물은 언제나 α,β-불포화 카보닐 화합물이다. C—C 이중 결합은 언제나 α-탄소와 원래 —OH기가 붙어 있던 탄소 사이에 형성된다.

풀이

이 화합물만이 엔올 음이온을 형성할 수 있다.

Furfural + Cyclohexanone —알돌 반응→ 알돌 생성물 —탈수 반응, $-H_2O$→

(CHO, O, α, OH, β)

문제 15.18, 15.19 참조

문제 15.4

Benzaldehyde와 3-pentanone 사이의 교차 알돌 반응의 생성물과, 계속해서 염기 촉매에 의한 탈수 반응으로 얻어지는 생성물을 각각 그리시오.

D. 분자 내 알돌 반응

엔올 음이온과 그것이 첨가되는 카보닐기가 같은 분자 내에 있을 때, 알돌 반응은 고리를 생성한다. 이와 같은 형태의 **분자내 알돌 반응**(intramolecular aldol reaction)은 특히 오원자와 육원자 고리 화합물을 생성하는 데 유용하다. 그들이 가장 안정한 고리 화합물이고, 평형은 이들의 안정성에 좌우되기 때문에 사원자, 칠원자, 또는 그 이상의 고리 화합물보다 오원자와 육원자 고리 화합물이 훨씬 쉽게 생성될 수 있다. 예를 들어 엔올 음이온 α_1을 거친 2,7-옥테인다이온의 분자내 알돌 반응은 오원자 고리를 생성하는 반면, 이와 같은 화합물의 엔올 음이온 α_3을 거친 분자내 알돌 반응은 칠원자 고리를 생성한다. 2,7-옥테인다이온인 경우, 오원자 고리 화합물이 칠원자 고리 화합물보다 더 우세하게 생성된다.

예제 15.5

아래 분자내 알돌 반응의 탈수 반응 생성물을 그리시오.

전략

분자에 있는 모든 α-수소를 골라 각각의 엔올 음이온을 그려라. 어느 음이온이 분자내 카보닐기와 반응하여 더 안정한 고리를 만드는지 결정하라. 알데하이드나 케톤 및 엔올 음이온의 원자에 번호를 붙이는 것이 도움이 된다. 알돌 생성물의 탈수 반응 생성물은 언제나 α,β-불포화 카보닐 화합물이다. C—C 이중 결합은 언제나 α-탄소와 원래 —OH기가 붙어 있던 탄소 사이에 형성된다.

풀이

비교적 덜 긴장된 육원자 고리가 선호된다. 탄소 1과 6은 새로운 입체 중심이 되고, 따라서 각각 R, S 배열이 형성된다.

세 개의 α-수소가 있다.

α_6 α_4 α_2 + KOH

α_6: (탄소 6의 음이온이 탄소 1을 공격) ⇌ 육원자 고리 ⇌ $-H_2O$ ⇌ 탈수 생성물

α_4: 이것은 탄소 1과 4 사이에 결합이 형성되어 매우 긴장된 사원자 고리를 형성한다.

α_2: 이것은 탄소 2와 5 사이에 결합이 형성되어 매우 긴장된 사원자 고리를 형성한다.

문제 15.22~15.24 참조

문제 15.5

아래 분자 내 알돌 반응의 탈수 반응 생성물을 그리시오.

(고리형 다이케톤) + KOH ⟶

해결 방법 15.1 알돌 반응에 사용되는 출발 물질의 확인

알돌 반응 생성물로부터 역합성 과정(해결 방법 14.2)이 가끔 필요하다. 다음은 알돌 반응에 사용된 출발 물질을 찾아내는 단계이다.

(a) 카보닐기의 α-, β- 탄소를 찾는다. 알돌 생성물은 케톤이나 알데하이드의 카보닐기와 —OH기 또는 C—C 이중 결합을 가지고 있다. 카보닐기를 발견하면, —OH기 또는 C—C 이중 결합의 탄소 쪽으로 그리스 문자 알파벳을 표시한다.

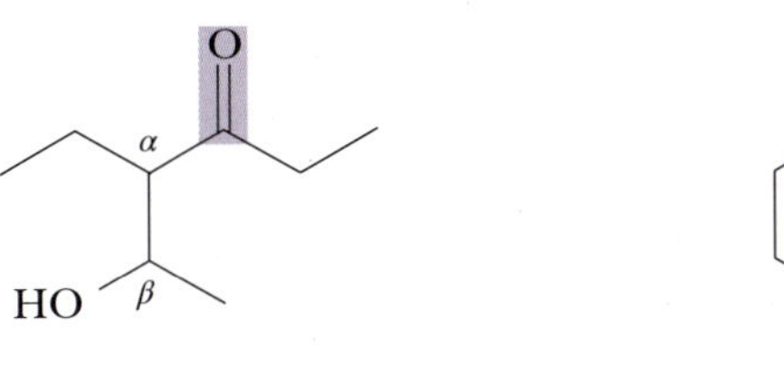

(b) α-, β- 탄소 사이의 결합을 지우고, β-탄소를 카보닐기로 전환시킨다(β-탄소에 붙어 있던 —OH는 카보닐기의 산소가 된다). 선-각 구조에서는 필요치 않지만, α-탄소에 수소가 첨가된다는 사실을 기억하라.

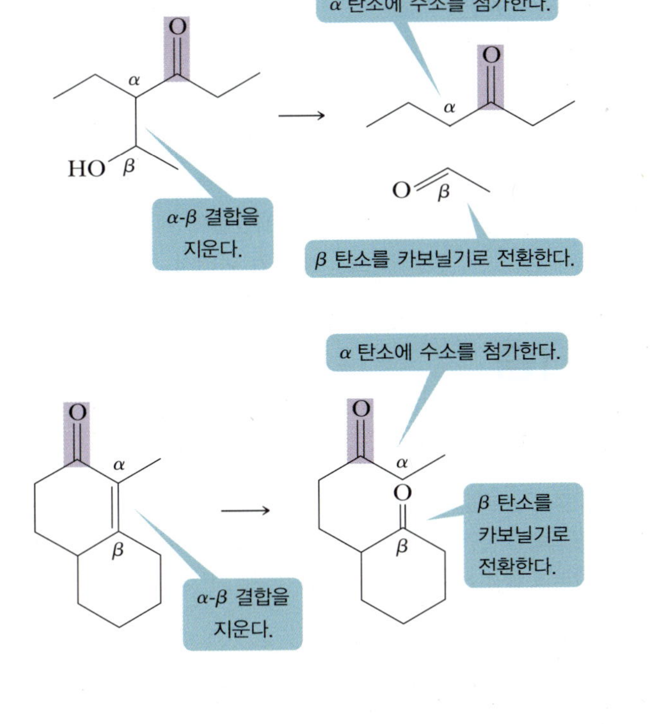

15.3 Claisen 축합 반응과 Dieckmann 축합 반응은 무엇인가?

A. Claisen 축합 반응

Claisen 축합 반응 두 에스터 사이의 카보닐 축합 반응으로 β-케토에스터를 생성하는 반응이다.

이 절에서는 한 에스터에서 생성된 엔올 음이온이 다른 에스터의 카보닐 탄소에 친핵성 아실 치환 반응을 진행하는 것을 조사한다. 이와 같은 반응은 처음 발견자인 독일의 화학자 Ludwig Claisen(1851~1930)의 이름을 따서 **Claisen 축합 반응**(Claisen condensation)이라 불리게 되었다. 에톡시화 소듐의 존재하에 아세트산 에틸 두 분자 사이의 반응에 의한 Claisen 축합 반응과, 이어서 산성화 반응에 의해 아세토아세트산 에틸을 형성하는 것의 예를 들어본다(여기에서 그리고 다른 많은 반응식에서는 에틸기를 줄여서 Et로 나타내는 것을 유의하라).

$$2\ CH_3\overset{O}{\overset{\|}{C}}OEt \xrightarrow[2)\ H_2O,\ HCl]{1)\ EtO^-\ Na^+} CH_3\overset{O}{\overset{\|}{C}}CH_2\overset{O}{\overset{\|}{C}}OEt + EtOH$$

Ethyl ethanoate (Ethyl acetate) → Ethyl 3-oxobutanoate (Ethyl acetoacetate) + Ethanol

Claisen 축합 반응 생성물의 작용기는 **β-케토에스터**(β-ketoester)이다.

$$-\overset{|}{\underset{|}{C}}-\overset{O}{\overset{\|}{C}}-\overset{|}{\underset{|}{C}}-\overset{O}{\overset{\|}{C}}-OR$$

β-케토에스터

프로판산 에틸(Ethyl propanoate) 두 분자의 Claisen 축합 반응은 다음과 같이 β-케토에스터를 생성한다.

Ethyl propanoate + Ethyl propanoate $\xrightarrow[2)\ H_2O,\ HCl]{1)\ EtO^-Na^+}$ Ethyl 2-methyl-3-oxopentanoate(라셈) + EtOH

알돌 반응과 같이 Claisen 축합 반응은 염기를 필요로 한다. 그러나 NaOH와 같은 염기성 수용액은 에스터(비누화 반응, 14.3C절)의 가수 분해 반응을 일으키기 때문에 Claisen 축합 반응에는 사용할 수가 없다. 오히려 Claisen 축합 반응에 가장 흔히 사용되는 염기는 메탄올에 메톡시화 소듐, 에탄올에 에톡시화 소듐과 같은 비수용성 염기이다. 나아가 에스터 치환 반응(14.4C절)을 예방하기 위해서, 염기의 알킬기(—R)는 에스터의 —OR의 —R과 동일해야 한다.

메커니즘

Claisen 축합 반응

이 메커니즘을 공부할 때는 처음의 두 단계가 알돌 반응(15.1절)의 처음 단계와 얼마나 근접하게 닮았는지 유의하라. 각 반응에 있어서 염기는 1단계에서 α-탄소로부터 수소를 제거하여 공명 안정화된 엔올 음이온을 생성한다. 2단계에서는 엔올 음이온이 다른 에스터 분자의 카보닐 탄소를 공격하여 사면체 카보닐 첨가 중간체를 생성한다.

1단계: 양성자 제거

염기는 에스터로부터 α-수소를 제거하여 공명 안정화된 엔올 음이온을 생성한다.

$$\text{EtÖ}^- + \text{H}-\text{CH}_2-\overset{\overset{\text{O}}{\|}}{\text{C}}\text{OEt} \rightleftharpoons \text{EtOH} + \left[{}^-\text{:CH}_2-\overset{\overset{\text{O}}{\|}}{\text{C}}\text{OEt} \longleftrightarrow \text{CH}_2=\overset{\overset{\text{O}^-}{|}}{\text{C}}\text{OEt} \right]$$

(약한 염기) pK_a 22 (약한 산) pK_a 15.9 (강한 산) 공명 안정화된 엔올 음이온 (강한 염기)

에스터의 α-수소가 더 약한 산이고, 에톡사이드가 더 약한 염기이므로 평형의 위치는 왼쪽으로 많이 기울게 된다.

2단계: 친전자체와 친핵체가 반응하여 새로운 공유 결합을 형성한다.

엔올 음이온이 다른 에스터 분자의 카보닐 탄소를 공격하여 사면체 카보닐 첨가 중간체를 생성한다.

$$\text{CH}_3-\overset{\overset{\text{O}}{\|}}{\text{C}}-\text{OEt} + {}^-\text{:CH}_2-\overset{\overset{\text{O}}{\|}}{\text{C}}\text{OEt} \rightleftharpoons \left[\text{CH}_3-\overset{\overset{\text{O}^-}{|}}{\underset{\underset{\text{OEt}}{|}}{\text{C}}}-\text{CH}_2-\overset{\overset{\text{O}}{\|}}{\text{C}}-\text{OEt} \right]$$

(친전자체) (친핵체) 사면체 카보닐 첨가 중간체

새로운 C—C 결합

3단계: 사면체 카보닐 첨가 중간체에서 이탈기가 제거되고 카보닐기를 재생성한다.

알돌 반응에서의 사면체 카보닐 첨가 중간체와 달리, 이 중간체는 이탈기(에톡시화 이온)를 갖는다. 에톡시화 이온의 이탈에 의한 사면체 카보닐 첨가 중간체의 분해는 β-케토에스터를 생성한다.

$$\text{CH}_3-\overset{\overset{\text{O}^-}{|}}{\underset{\underset{\text{OEt}}{|}}{\text{C}}}-\text{CH}_2-\overset{\overset{\text{O}}{\|}}{\text{C}}-\text{OEt} \rightleftharpoons \text{CH}_3-\overset{\overset{\text{O}}{\|}}{\text{C}}-\text{CH}_2-\overset{\overset{\text{O}}{\|}}{\text{C}}-\text{OEt} + \text{EtO}^-$$

4단계: 양성자 제거

β-케토에스터의 엔올 음이온의 생성은 Claisen 축합 반응을 오른쪽으로 가져온다. β-케토에스터(더 강한 산)는 에톡시화 이온(더 강한 염기)과 반응하여 에탄올(더 약한 산)과 β-케토에스터의 음이온(더 약한 염기)을 생성한다.

$$\text{EtO}^- + \text{CH}_3-\overset{\overset{\text{O}}{\|}}{\text{C}}-\underset{\underset{\text{H}}{|}}{\text{CH}}-\overset{\overset{\text{O}}{\|}}{\text{C}}-\text{OEt} \rightleftharpoons \text{CH}_3-\overset{\overset{\text{O}}{\|}}{\text{C}}-\overset{-}{\text{C}}\text{H}-\overset{\overset{\text{O}}{\|}}{\text{C}}-\text{OEt} + \text{EtOH}$$

(강한 염기) pK_a 10.7 (강한 산) 약한 염기 pK_a 15.9 (약한 산)

이 단계의 평형 위치는 훨씬 오른쪽으로 기울어져 있다.

5단계: 양성자 첨가

엔올 음이온의 산성화 반응은 β-케토에스터를 생성한다.

$$\text{CH}_3-\overset{\overset{\text{O}}{\|}}{\text{C}}-\overset{-}{\text{C}}\text{H}-\overset{\overset{\text{O}}{\|}}{\text{C}}\text{OEt} + \text{H}-\underset{\underset{\text{H}}{|}}{\overset{+}{\text{O}}}-\text{H} \xrightarrow{\text{HCl, H}_2\text{O}} \text{CH}_3-\overset{\overset{\text{O}}{\|}}{\text{C}}-\text{CH}_2-\overset{\overset{\text{O}}{\|}}{\text{C}}\text{OEt} + \text{H}_2\text{O}$$

예제 15.6

뷰탄산 에틸을 에톡시화 소듐에서 Claisen 축합 반응에 이어 HCl 수용액으로 산성화하였을 때의 생성물을 나타내시오.

전략

두 분자의 뷰탄산 에틸을 그려라. 한 분자를 엔올 음이온으로 만들어 다른 분자의 카보닐 탄소에 첨가시킨다. Claisen 축합 반응은 친핵성 치환 반응이므로, 카보닐기의 —OR기는 최종 산물에서 제거된다. 공격당한 에스터와 엔올 음이온의 원자에 번호를 붙이면 도움이 된다.

풀이

Claisen 축합 반응으로 형성되는 새로운 결합은 한 에스터의 카보닐기와 다른 에스터의 α-탄소 사이에 만들어진다.

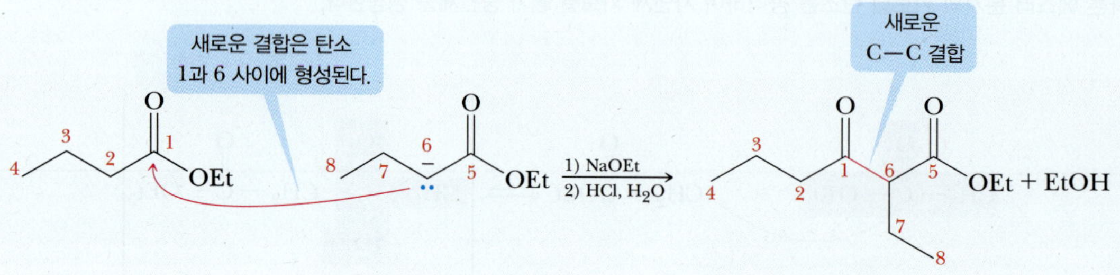

새로운 결합은 탄소 1과 6 사이에 형성된다.

새로운 C—C 결합

1) NaOEt
2) HCl, H_2O

Ethyl butanoate　　Ethyl butanoate의 엔올산염　　Ethyl 2-ethyl-3-oxohexanoate (라셈) + EtOH

문제 15.27 참조

문제 15.6

에톡시화 소듐에서 3-methylbutanoate의 Claisen 축합 반응에 의한 생성물을 나타내시오.

B. Dieckmann 축합 반응

Dieckmann 축합 반응 다이카복실산 에스터에서 분자내 Claisen 축합 반응에 의해 오원자(또는 육원자) 고리 화합물을 생성시키는 반응

다이카복실에스터의 분자내 Claisen 축합 반응으로 오원자(또는 육원자) 고리 화합물을 생성하는 반응은 **Dieckmann 축합 반응**(Dieckmann condensation)으로 알려져 있다. 예를 들어 1당량 에톡시화 소듐에 헥세인다이산 다이에틸(diethyl hexanedioate)을 반응시키면 분자내 축합 반응으로 오원자 고리 화합물을 생성한다.

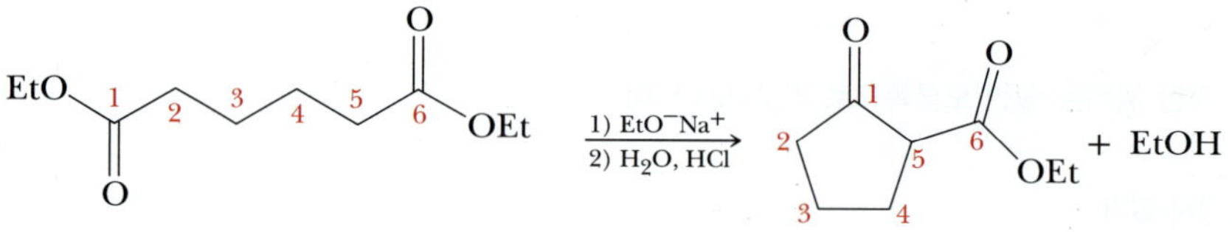

1) EtO^-Na^+
2) H_2O, HCl

Diethyl hexanedioate (Diethyl adipate)　　Ethyl 2-oxocyclopentanecarboxylate + EtOH

Dieckmann 축합 반응의 메커니즘은 Claisen 축합 반응으로 나타내었던 메커니즘과 동일하다. 1단계에서 한 에스터의 α-탄소에 생성된 음이온은 사면체 카보닐 첨가 반응의 중간체를 형성하기 위하여 2단계에 다른 에스터기의 카보닐에 첨가된다. 이와 같은 중간체는 카보닐기를 생성하기 위하여 3단계에서 에톡시화 이온을 이탈시킨다. 고리화 반응은 Claisen 축합 반응에서와 꼭 같이, 3단계에서 β-케토에스터의 짝염기를 생성한다. 그 β-케토에스터는 산성 수용액으로 산성화 반응을 한 후에 분리된다.

예제 15.7

다음 Dieckmann 축합 반응을 완결하시오(이 예제에서는 입체 화학은 무시한다).

1) NaOEt
2) HCl, H_2O

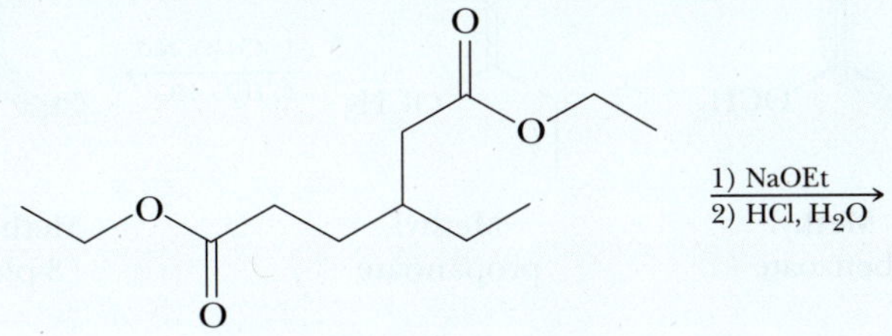

전략

각 에스터의 α-탄소를 찾아라. 하나의 α-탄소를 엔올 음이온으로 변환시키고, 이것을 다른 카보닐 탄소에 첨가시킨다. Dieckmann 축합 반응은 친핵성 아실 치환 반응이므로, 카보닐기의 —OR기는 최종 산물에서 제거된다. 공격당한 에스터와 엔올 음이온의 원자에 번호를 붙이면 도움이 된다.

풀이

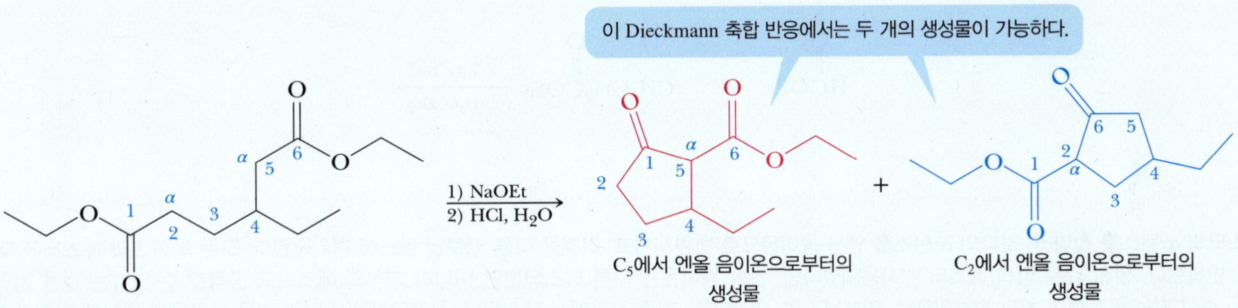

이 Dieckmann 축합 반응에서는 두 개의 생성물이 가능하다.

1) NaOEt
2) HCl, H_2O

C_5에서 엔올 음이온으로부터의 생성물 + C_2에서 엔올 음이온으로부터의 생성물

문제 15.33 참조

문제 15.7

다음 Dieckmann 축합 반응을 완결하시오(이 문제에서는 입체 화학은 무시한다).

OEt O OEt

1) NaOEt
2) HCl, H_2O

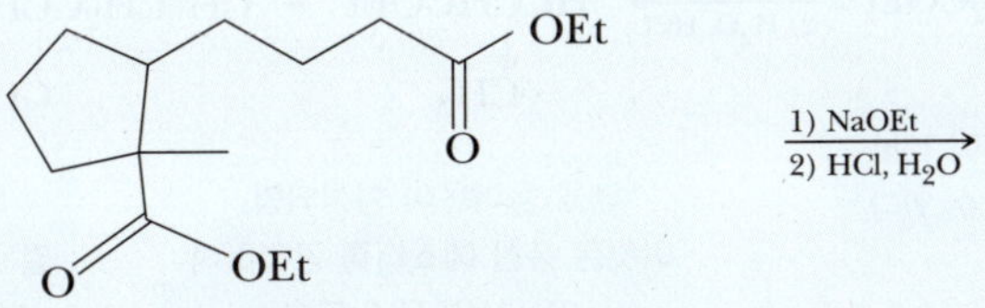

C. 교차 Claisen 축합 반응

교차 Claisen 축합 반응(각각의 α-수소를 갖는 서로 다른 두 에스터 사이의 Claisen 축합 반응)에서는 네 가지의 β-케토에스터 혼합물이 가능하다. 그러므로 이런 모습의 교차 Claisen 축합 반응은 일반적으로 합성에 유용한 것은 아니다. 그렇지만 만일 반응성에 있어서 뚜렷한 차이가 두 에스터 사이에 존재할 때, 예로서 한 종류의 에스터가 α-수소를 갖지 않아서 엔올 음이온의 수용체로만 작용할 수 있을 때에는 이런 축합 반응은 유용하다. 다음의 에스터는 α-수소를 가지지 않는다.

교차 Claisen 축합 반응 서로 다른 두 에스터 사이의 Claisen 축합 반응이다.

HCOEt (O)	EtOCOEt (O)	EtOC—COEt (O O)	C_6H_5COEt (O)
Ethyl formate	Diethyl carbonate	Diethyl ethanedioate (Diethyl oxalate)	Ethyl benzoate

이런 형태의 교차 Claisen 축합 반응은 일반적으로 α-수소를 가지지 않는 에스터를 과량으로 사용한다. 다음 예에서 벤조산 메틸이 과량으로 사용되었다.

$$\text{PhCOOCH}_3 + \text{CH}_3\text{CH}_2\text{COOCH}_3 \xrightarrow[\text{2) H}_2\text{O, HCl}]{\text{1) CH}_3\text{O}^-\text{Na}^+} \text{PhCOCH(CH}_3\text{)COOCH}_3 + \text{CH}_3\text{OH}$$

Methyl benzoate　　Methyl propanoate　　Methyl 2-methyl-3-oxo-3-phenylpropanoate

예제 15.8

다음 교차 Claisen 축합 반응을 완결하시오.

$$\text{HCOEt} + \text{CH}_3\text{CH}_2\text{COEt} \xrightarrow[\text{2) H}_2\text{O, HCl}]{\text{1) EtO}^-\text{Na}^+}$$

(두 화합물 모두 C=O를 가진 에스터: HC(=O)OEt, $\text{CH}_3\text{CH}_2\text{C(=O)OEt}$)

전략

각 에스터의 α-탄소를 찾아라. 하나의 α-탄소를 엔올 음이온으로 변환시키고, 이것을 다른 카보닐 탄소에 첨가시킨다. 모든 α-탄소와 에스터에 대해 이 과정을 반복한다. 만일 같은 양의 에스터가 사용되었다면, 엔올 음이온은 다른 에스터뿐만 아니라 자신의 에스터도 공격할 수 있다는 것을 기억하라. Claisen 축합 반응은 친핵성 치환 반응이므로, 카보닐기의 —OR기는 최종 산물에서 제거된다. 공격당한 에스터와 엔올 음이온의 원자에 번호를 붙이면 도움이 된다.

풀이

$$\text{HCOEt} + \text{CH}_3\text{CH}_2\text{COEt} \xrightarrow[\text{2) H}_2\text{O, HCl}]{\text{1) EtO}^-\text{Na}^+} \text{HCCHCOEt(CH}_3\text{)} + \text{CH}_3\text{CH}_2\text{CCHCOEt(CH}_3\text{)} + \text{EtOH}$$

이 에스터만이 엔올 음이온이 될 수 있다.

엔올 음이온이 형성되면, 이것은 폼산 에스터를 공격하여 이 생성물을 만든다.

또는 출발 물질과 같은 에스터를 공격하여 이 생성물을 만든다.

문제 15.29~15.31 참조

문제 15.8

다음 교차 Claisen 축합 반응을 완결하시오.

$$\text{C}_6\text{H}_5\text{COEt} + \text{C}_6\text{H}_5\text{CH}_2\text{COEt} \xrightarrow[\text{2) H}_2\text{O, HCl}]{\text{1) EtO}^-\text{Na}^+}$$

해결 방법 15.2

Claisen 축합 반응에 사용되는 출발 물질의 확인 

Claisen 축합 반응의 생성물로부터의 역합성 과정(해결 방법 14.2)이 가끔 필요하다. 다음은 Claisen 축합 반응에 사용된 출발 물질을 찾아내는 단계이다.

(a) 카보닐기의 α-, β-탄소를 찾는다. Claisen 축합 반응 생성물은 에스터의 카보닐기와 더불어 케톤, 알데하이드, 또는 다른 에스터의 카보닐기를 갖는다. 에스터의 카보닐기를 발견하면, 다른 카보닐기 쪽으로 탄소에 그리스 문자를 표시한다.

이 예에서는 각 에스터에서 출발할 수 있다.

(b) α-와 β-탄소 사이의 결합을 지운다.

α-β 결합을 지운다.

α-β 결합을 지운다.

(c) α-탄소에 수소를 첨가하고, β-탄소에 —OR기를 첨가한다. —OR기의 R은 다른 에스터의 —R과 동일해야 한다.

α-탄소에 수소를 첨가한다.

β-탄소에 —OR기를 첨가한다.

α-탄소에 수소를 첨가한다.

β-탄소에 —OR기를 첨가한다.

D. β-케토에스터의 가수 분해와 카복실 이탈 반응

NaOH 수용액에서 에스터의 가수 분해 반응(비누화 반응) 후, HCl 또는 다른 무기산에 의한 산성화에 의해 에스터가 카복실산과 알코올로 변환되는 것을 14.3C절에서 배운 것을 기억하라. β-케토산과 β-다이카복실산이 가열될 때 쉽게 카복실 이탈(CO_2 이탈) 반응이 일어나는 것을 13.8절에서 배운 것도 기억하라. 다음은 Claisen 축합 반응에 이어 비누화 반응, 산성화 반응, 그리고 카복실 이탈 반응의 예이다.

Claisen 축합 반응:

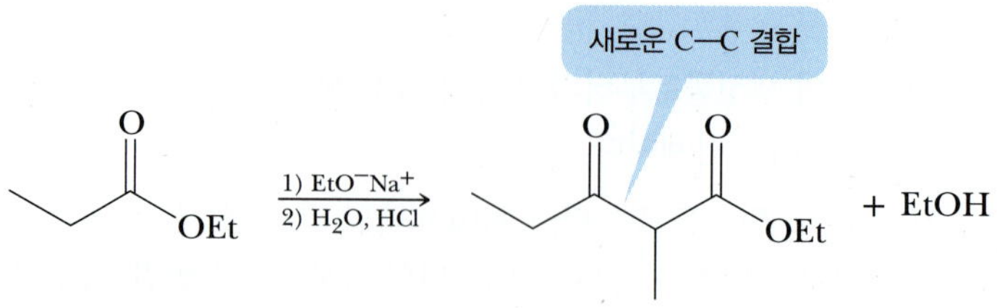

새로운 C—C 결합

1) EtO^-Na^+ 2) H_2O, HCl → + EtOH

비누화 반응에 이은 산성화 반응:

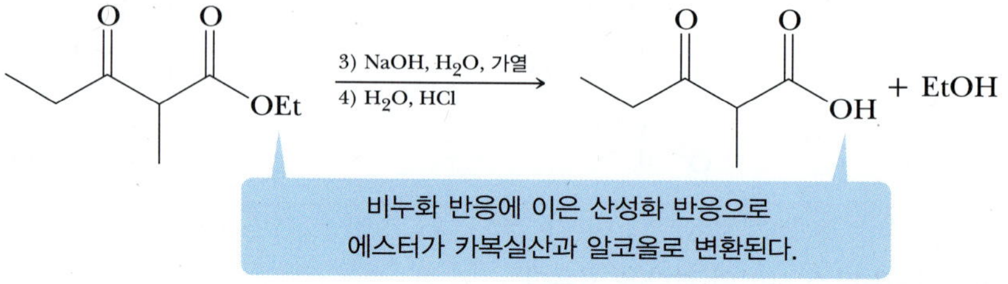

3) NaOH, H_2O, 가열 4) H_2O, HCl → + EtOH

비누화 반응에 이은 산성화 반응으로 에스터가 카복실산과 알코올로 변환된다.

카복실 이탈 반응:

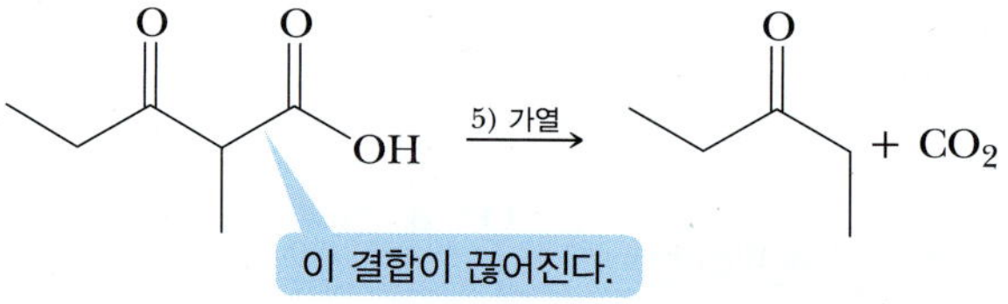

5) 가열 → + CO_2

이 결합이 끊어진다.

이 다섯 단계의 결과가 두 분자의 에스터 사이의 반응으로, 하나는 카복실기를 제공하고, 다른 하나는 엔올 음이온을 제공하여 케톤과 이산화 탄소를 생성한다.

예제 15.9

각 반응물이 다음 단계로 진행된다. (1, 2) Claisen 축합 반응, (3) 비누화 반응에 이어, (4) 산성화, (5) 가열성 카복실 이탈 반응

(a) $PhCOEt + CH_3COEt$ (각각 C=O)

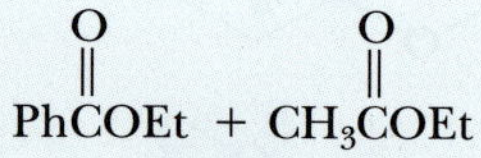

(b) EtO(C=O)–(CH₂)₄–(C=O)OEt

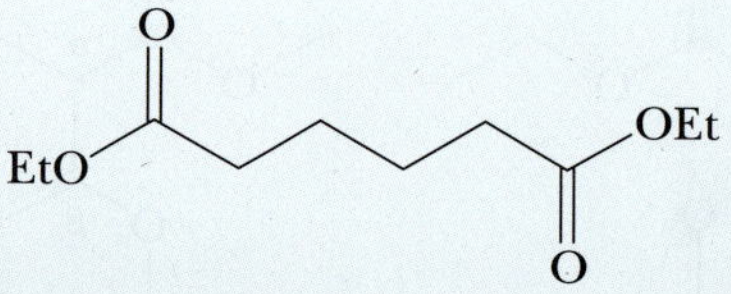

이들 연속적인 반응이 완결된 후 각 생성물의 구조식을 그리시오.

전략

교차 Claisen 축합 반응(예제 15.6~15.8)에 따라 진행하고, 카복실산 에스터기를 제거하고 수소를 치환한 다음, 카복실 이탈 반응 생성물을 찾아라.

풀이

1단계와 2단계에서 (a)는 교차 Claisen 축합 반응을 일으키고, (b)는 Dieckmann 축합 반응이 일어나 β-케토에스터를 생성한다. 3,4단계에서는 β-케토에스터의 가수 분해 반응이 일어나 β-케토산을 생성하고, 5단계에서는 카복실기 이탈 반응이 일어나 케톤을 생성한다.

(a) $\xrightarrow{1,2}$ $PhCCH_2COEt$ $\xrightarrow{3,4}$ $PhCCH_2COH$ $\xrightarrow{5}$ $PhCCH_3$ + CO_2

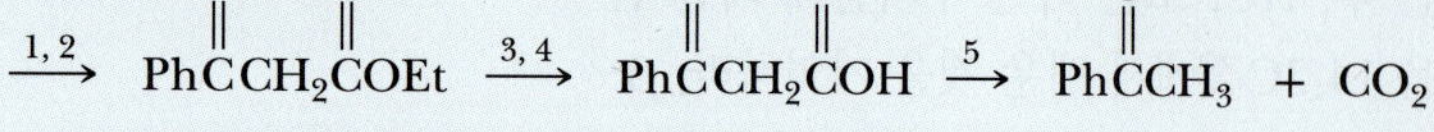

(b) $\xrightarrow{1,2}$ 2-(COOEt)사이클로펜탄온 (COOEt, =O) $\xrightarrow{3,4}$ (COOH, =O) $\xrightarrow{5}$ (=O) + CO_2

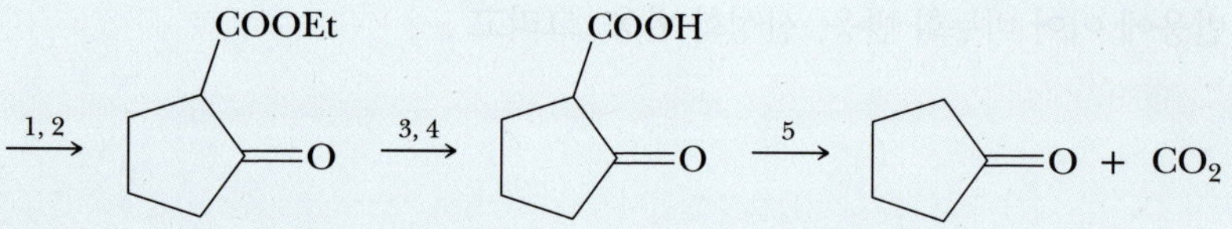

문제 15.28, 15.32, 15.34 참조

문제 15.9

벤조산이 Claisen 축합 반응을 이용하여 3-methyl-1-phenyl-1-butanone으로 어떻게 변환되는지 나타내시오.

Benzoic acid → ? → 3-Methyl-1-phenyl-1-butanone

카보닐기를 제공하는 에스터로부터

엔올 음이온을 제공하는 에스터로부터

$$R-CH_2-\overset{O}{\overset{\|}{C}}-OR' + \underset{R}{\underset{|}{CH_2}}-\overset{O}{\overset{\|}{C}}-OR' \xrightarrow{\text{여러 단계}} R-CH_2-\overset{O}{\overset{\|}{C}}-CH_2-R + 2\,HOR' + CO_2$$

일반적인 반응에서는 두 가지 에스터 분자가 같고, 따라서 생성물은 대칭 케톤이 된다.

15.4 알돌 반응과 Claisen 축합 반응은 어떻게 생체 과정에 포함되는가?

카보닐 축합 반응은 생물계에서 가장 널리 이용되는 반응 중의 하나이며, 지방산, 콜레스테롤, 스테로이드 호르몬 같은 중요한 생물 분자 내에서 새로운 탄소–탄소 결합을 형성하는 데 쓰인다. 이들 생물 분자의 합성에서 탄소 원자의 근원 중 하나는 아세트산과 보조 효소 A의 싸이올기 사이의 싸이오 에스터인 **아세틸 보조 효소 A**(acetyl-CoA)이다. 아세틸 CoA의 보조 효소 A의 역할은 이 절에서 배울 반응을 촉진시키는 효소계 표면에 아세틸기를 고정하는 것이다. 앞으로 배우면서 우리는 각각의 효소 촉매 반응이 일어나는 메커니즘과는 연관짓지 않을 것이다. 오히려 우리의 관심은 반응의 각 단계에서 일어나는 현상을 이해하는 것이다.

효소 싸이오레이스(thiolase)에 의해서 촉매화된 Claisen 축합 반응에서, 아세틸 CoA는 엔올 음이온으로 변환하여, 두 번째 아세틸 CoA의 카보닐기를 공격하여 사면체 카보닐 첨가 중간체를 생성시킨다. CoA-SH의 이탈에 의한 이 중간체의 분해는 아세토아세틸 CoA를 생성한다. 이 축합 반응의 메커니즘은 Claisen 축합 반응의 메커니즘과 정확히 같다(15.3절).

Acetyl-CoA + Acetyl-CoA —(싸이오레이스 / Claisen 축합 반응)→ Acetoacetyl-CoA + CoA–SH (보조 효소 A)

아세토아세틸 CoA의 케톤 카보닐기과 세 번째 아세틸 CoA 분자의 효소 촉매 알돌 반응은 (*S*)-3-hydroxy-3-methylglutaryl-CoA를 생성시킨다.

화학 관련 15A

혈장의 콜레스테롤 수치를 낮추어주는 약

관상동맥 질환은 미국과 서양 국가들의 주된 사망 원인이고, 모든 사망 원인의 반 정도는 동맥경화증에 기인한다. 동맥경화증은 동맥 내벽에 플라그라고 불리는 지방 침전물이 쌓여서 발생한다. 플라그의 주요 성분은 혈장을 순환하는 저밀도 지질 단백질(LDL)에서 기인한 콜레스테롤이다. 사람의 몸 속 전체 콜레스테롤의 절반 이상이 아세틸 CoA로부터 간에서 합성되기 때문에, 이 합성 과정을 저해할 방법을 찾는 데 많은 노력을 기울이고 있다. 콜레스테롤 생합성의 속도 결정 단계는 3-하이드록시-3-메틸글루타릴 CoA(HMG-CoA)를 메발론산으로 환원하는 단계이다. 이 환원 반응은 효소, HMG-CoA 환원 효소에 의해 촉매화되며, HMG-CoA 1 mol당 2 mol의 NADPH가 필요하다.

1970년대 초반, 도쿄의 Sankyo Company의 연구자들은 8000종 이상의 미생물 종을 조사하기 시작하여 1976년에 균류 *Penicillium citrinum*의 배양액으로부터 HMG-CoA 환원 효소의 단백질 저해제인 메바스타틴(mevastatin)을 추출하였음을 발표하였다. 같은 화합물이 영국의 Beecham Pharmaceuticals의 연구자들에 의해서도 *Penicillium brevicompactum* 배양액에서부터 추출되었다. 그 후 Sankyo Company의 연구자들에 의해 두 번째인 로바스타틴(lovastatin)이라 부르는 보다 강력한 화합물이 균류 *Monascus ruber*로부터 그리고 Merck Sharpe & Dohme의 연구자들에 의해 *Aspergillus terreus*로부터 추출되었다. 이 두 곰팡이 대사산물은 LDL 혈장 농도를 낮추는 데 매우 효과적이다. 이들의 활성 형태는 δ-락톤의 가수 분해로 얻어지는 5-하이드록시카복실산 음이온이다.

현재 이 약들과 몇 가지 합성 유도체들이 효소–저해제 복합체를 형성하여 더 이상의 효소 촉매 작용을 방해하므로, HMG-CoA 환원 효소의 저해제로 사용된다. HMG-CoA의 첫번째 환원 과정에서 형성되는 헤미싸이오아세탈 중간체와 꼭 닮았기 때문에, 각 약들의 활성 형태의 5-하이드록시카복실산 음이온 부위가 효소에 단단히 결합되어 있다.

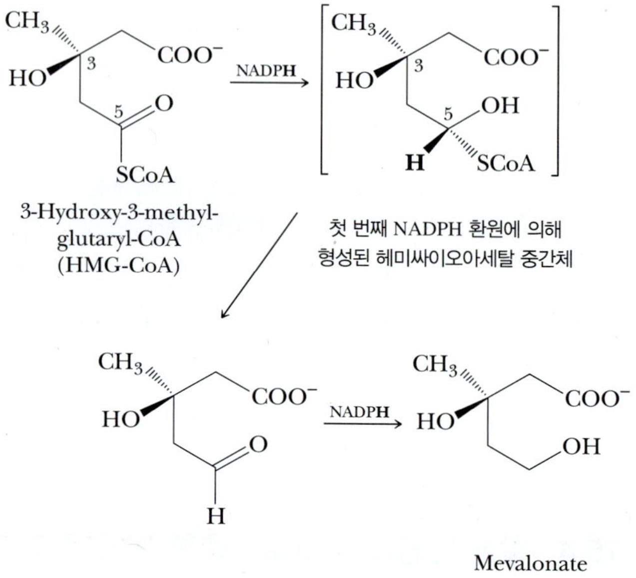

3-Hydroxy-3-methyl-glutaryl-CoA (HMG-CoA)

NADPH

첫 번째 NADPH 환원에 의해 형성된 헤미싸이오아세탈 중간체

NADPH

Mevalonate

효능에 미치는 약물 각 부위의 중요성이 체계적인 연구에 의해 밝혀졌다. 예를 들면 3-OH와 5-OH처럼 카복실산 음이온 ($—COO^-$) 부위는 필수적이다.

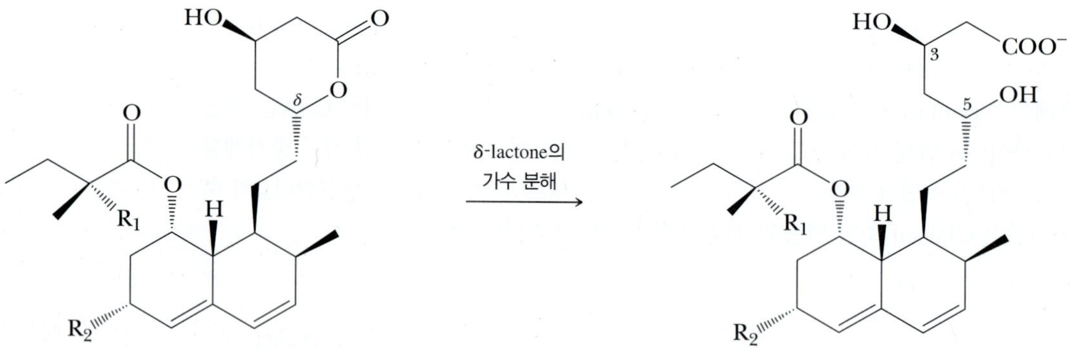

δ-lactone의 가수 분해

$R_1 = R_2 = H$, mevastatin
$R_1 = H$, $R_2 = CH_3$, lovastatin(Mevacor)
$R_1 = R_2 = CH_3$, simvastatin(Zocor)

각 약물의 활성 형태

문제

위의 반응 설계 중 어떤 생체 분자들이 알돌 반응의 생성물인가?

두 번째 카보닐 축합은 이 카보닐기에서 일어난다.

3-hydroxy-3-methylglutaryl-CoA synthetase

CoASH

(*S*)-3-Hydroxy-3-methylglutaryl-CoA

이 반응의 세 가지 특징은 다음과 같다. 첫째, 새로운 입체 중심을 만드는 것은 입체 선택성이다. 오직 *S* 거울상 이성질체만 생성한다. 비록 각 반응물은 비카이랄이지만 축합 반응은 3-hydroxy-3-methylglutaryl-CoA 합성 효소로 만들어진 카이랄 환경에서 일어난다. 둘째, 아세틸 CoA의 싸이오에스터기의 가수 분해 반응은 알돌 반응과 짝지어진다. 셋째, 카복실기가 pH 7.4에서 이온화되는 것처럼 보이는데, 이것은 혈장과 많은 세포액의 대략적인 pH와 일치한다.

3-하이드록시-3-메틸글루타릴-CoA가 1차 알코올로 바뀌는 싸이오에스터의 효소 촉매 환원 반응은 메발론산을 생성시키는데, 여기서는 음이온으로 나타난다.

3-하이드록시 -3-메틸글루타릴 -CoA 환원 효소

2NADH 2NAD$^+$

(*S*)-3-Hydroxy-3-methylglutaryl-CoA

(*R*)-Mevalonate

이런 변환에 대한 환원제는 니코틴아마이드 아데닌 다이뉴클레오타이드(nicotinamide adenine dinucleotide)이며, NADH로 줄여 쓴다. 이 환원제는 생화학에 작용하는 것으로 $LiAlH_4$와 동등하게 취급한다. 각 환원제는 수소 음이온(H:$^-$)을 알데하이드, 케톤, 에스터의 카보닐 탄소로 전달해 주는 역할을 한다. 환원 반응에 있어서 *S*형에서 *R*형으로 배열의 변화가 있는 것은, 입체 중심에서 배열에 어떤 변화가 있기 때문이 아니고, 입체 중심에 결합된 네 개의 작용기 사이의 우선순위의 변화에 기인한다는 것을 유의하라.

아데노신 삼인산(Adenosine triphosphate, ATP, 20.1절)으로부터 메발론산염의 3-하이드록실기로의 인산기의 효소 촉매 이동은 탄소 3 위치에 인산 에스터(phosphoric ester)를 생성한다. 두 번째 ATP 분자로부터 파이로인산기(pyrophosphate group, 14.1B절)의 효소 촉매 이동은 탄소 5 위치에 파이로인산 에스터(pyrophosphoric ester)를 만든다. 이 분자로부터의 효소 촉매 β-제거 반응으로 두 개의 좋은 이탈기인 CO_2와 PO_4^{3-}가 제거된 생성물이 얻어진다.

인산 에스터

파이로인산 에스터

β-제거 반응

+ CO_2 + PO_4^{3-}

(*R*)-3-Phospho-5-pyrophosphomevalonate

Isopentenyl pyrophosphate

파이로인산 아이소펜텐일(Isopentenyl pyrophosphate)은 콜레스테롤과 모든 스테로이드 호르몬의 생합성을 위한 주요 중간체이다(19.4절).

Michael 반응 α,β-불포화 카보닐 화합물에 엔올 음이온 또는 다른 친핵성 시약의 콘쥬게이션 첨가 반응이다.

15.5 Michael 반응은 무엇인가?

여태까지는 새로운 탄소–탄소 결합을 얻기 위하여 두 가지 방법으로 탄소 친핵체를 이용해 왔다.

1. 알데하이드, 케톤, 에스터의 카보닐기에 유기마그네슘(Grignard) 시약의 첨가 반응
2. 다른 알데하이드, 케톤, 에스터의 카보닐기에 알데하이드, 케톤(알돌 반응), 에스터(Claisen, Dieckmann 축합 반응)로부터 생성된 엔올 음이온의 첨가 반응

카보닐기와 콘쥬게이션된 탄소–탄소 이중 결합에 엔올 음이온의 첨가 반응은 전적으로 새로운 합성 전략을 보여 준다. 이 절에서는 친전자성 이중 결합에 친핵성 첨가 반응을 포함한 **콘쥬게이션 첨가 반응**(conjugate addition)의 방법을 공부한다.

A. 엔올 음이온의 Michael 첨가 반응

미국 화학자 Arthur Michael는 1887년에 α,β-불포화 카보닐 화합물에 엔올 음이온의 친핵성 첨가 반응을 처음으로 보고하였다. 다음은 **Michael 반응**(Michael reaction)의 두 가지 예이다. 첫 번째 예의 친핵성 시약은 말론산 다이에틸의 엔올 음이온이다. 두 번째 예의 친핵성 시약은 아세토아세트산 에틸의 엔올 음이온이다.

EtOOC, COOEt + O ($\xrightarrow[\text{EtOH}]{\text{EtO}^-\text{Na}^+}$) EtOOC, COOEt, O

Diethyl propanedioate (Diethyl malonate)

3-Buten-2-one (Methyl vinyl ketone)

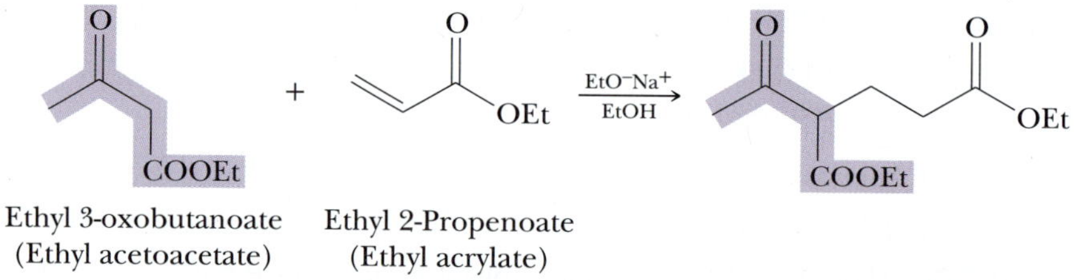

O, COOEt + O, OEt ($\xrightarrow[\text{EtOH}]{\text{EtO}^-\text{Na}^+}$) O, COOEt, O, OEt

Ethyl 3-oxobutanoate (Ethyl acetoacetate)

Ethyl 2-Propenoate (Ethyl acrylate)

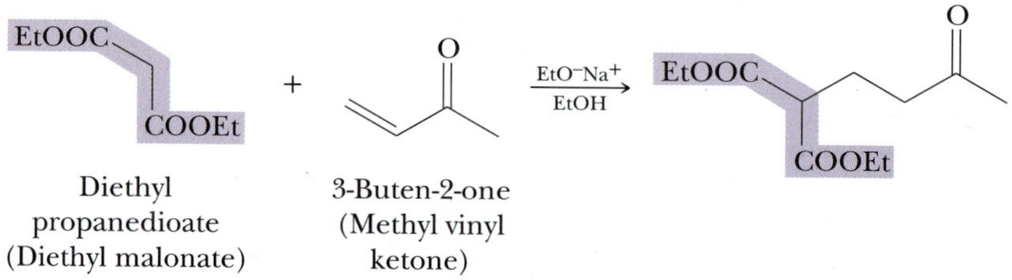

친핵성 시약은 탄소–탄소 이중 결합에 정상적으로 첨가하는 것만이 아니라는 것도 기억하라. 오히려 친핵성 시약은 친전자성 시약에 첨가한다(5.2절). Michael 반응에서 친핵성 공격에 대한 탄소–탄소 이중 결합을 활성화하는 것은 인접한 카보닐기의 존재이다. α,β-불포화 카보닐 화합물 중에 하나의 중요한 기여 구조는 반응성에 있어서 친전자성 시약을 만들면서 이중 결합의 β-탄소에 양전하를 띠게 된다.

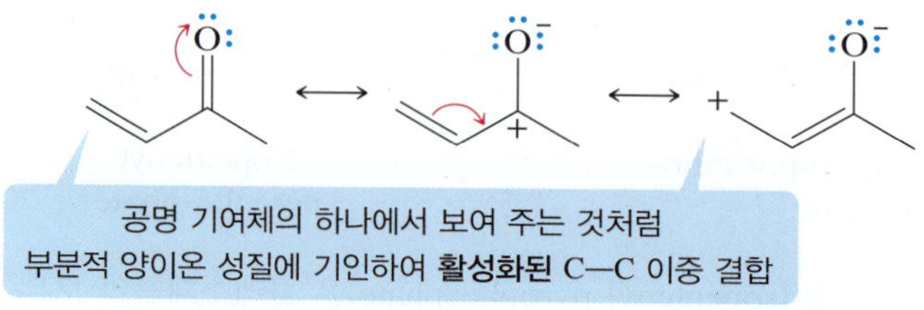

:Ö: ⟷ :Ö:$^-$ + ⟷ + :Ö:$^-$

공명 기여체의 하나에서 보여 주는 것처럼
부분적 양이온 성질에 기인하여 **활성화된** C—C 이중 결합

그러므로 친핵성 시약은 우리가 '활성화'되었다고 말하는 이런 형태의 이중 결합에 첨가될 수 있다.

표 15.2는 Michael 반응에 이용되는 α,β-불포화 카보닐 화합물과 친핵성 시약의 가장 일반적인 조합을 나타낸 것이다. 가장 흔하게 사용되는 염기는 알콕시화 금속, 피리딘, 피페리딘이다.

표 15.2 효과적인 Michael 반응을 위한 시약의 조합

이런 형태의 α,β-불포화 화합물은 Michael 반응에 있어서 친핵체의 수용체이다.		이런 형태의 화합물은 Michael 반응을 위한 효과적인 친핵체를 공급한다.	
$CH_2{=}CHCH{=}O$ ($CH_2{=}CH\overset{O}{\overset{\|}{C}}H$)	알데하이드	$CH_3\overset{O}{\overset{\|}{C}}\ddot{C}^-H\overset{O}{\overset{\|}{C}}CH_3$	β-다이케톤의 엔올산염
$CH_2{=}CH\overset{O}{\overset{\|}{C}}CH_3$	케톤	$CH_3\overset{O}{\overset{\|}{C}}\ddot{C}^-H\overset{O}{\overset{\|}{C}}OEt$	β-케토에스터의 엔올산염
$CH_2{=}CH\overset{O}{\overset{\|}{C}}OEt$	에스터	$EtO\overset{O}{\overset{\|}{C}}\ddot{C}^-H\overset{O}{\overset{\|}{C}}OEt$	β-다이에스터의 엔올산염
		RNH_2, R_2NH	아민

우리는 Michael 반응의 일반적인 메커니즘을 다음과 같이 쓸 수 있다.

메커니즘

Michael 반응–엔올 음이온의 콘쥬게이션 첨가 반응

1단계: 양성자 제거

H—Nu를 염기로 처리하면 친핵체 $Nu:^-$를 생성한다.

$$Nu{-}H + :B^- \rightleftharpoons Nu:^- + H{-}B$$

(염기)

2단계: 친전자체와 친핵체가 반응하여 새로운 공유 결합을 형성한다.

콘쥬게이션계의 β-탄소에 $Nu:^-$가 친핵성 첨가되면 공명 안정화된 엔올 음이온이 생성된다.

$$Nu:^- + -\overset{|}{C}{=}\overset{|}{C}-\overset{\ddot{O}:}{\overset{\|}{C}}- \longrightarrow Nu-\overset{|}{\underset{|}{C}}-\overset{|}{C}{=}\overset{:\ddot{O}:^-}{\overset{|}{C}}- \longleftrightarrow Nu-\overset{|}{\underset{|}{C}}-\overset{\ddot{-}}{\underset{|}{C}}-\overset{:\ddot{O}}{\overset{\|}{C}}-$$

(친핵체) (친전자체) 공명 안정화된 엔올 음이온

3단계: 양성자 첨가

H—B로부터 양성자가 이동하면 엔올이 생성되고 염기가 재생성된다.

$$Nu-\overset{|}{\underset{|}{C}}-\overset{|}{C}{=}\overset{:\ddot{O}:^-}{\overset{|}{C}}- + H{-}B \longrightarrow Nu-\overset{4|}{\underset{|}{C}}-\overset{3}{\underset{|}{C}}{=}\overset{:\ddot{O}H\,(1)}{\overset{2|}{C}}- + :B^-$$

엔올
(1,4-첨가 반응 생성물)

이 단계에서 생성되는 엔올은 α,β-불포화 카보닐 화합물의 콘쥬게이션계에서 1,4-첨가 반응에 해당한다는 것을 유의하라. 이것은 Michael 반응이 1,4- 또는 콘쥬게이션 첨가 반응으로 분류되는 중간체로 생성되기 때문이다. Michael 반응이 몰당량보다는 촉매 양만큼의 염기만을 필요로 하는 실험 결과와 일치하는 가운데 염기 $B:^-$가 재생성된다는 것에 주목하라.

4단계: 토토머화

덜 안정한 엔올형은 토토머화(12.8A절)에 의해 더 안정한 케토형을 생성한다.

$$Nu-\overset{|}{\underset{|}{C}}-\overset{|}{C}{=}\overset{:\ddot{O}H}{\overset{|}{C}}- \rightleftharpoons Nu-\overset{|}{\underset{|}{C}}-\overset{H}{\underset{|}{\overset{|}{C}}}-\overset{:\ddot{O}}{\overset{\|}{C}}-$$

엔올형(덜 안정) 케토형(더 안정)

예제 15.10

Michael 반응의 조건에서 에탄올에 에톡시화 소듐과 다음 반응물을 반응시켜 얻어지는 생성물의 구조식을 나타내시오.

(a) O O ... OEt + O ... OEt (b) EtO ... O O ... OEt + O

전략

Michael 반응의 결과는 친핵체가 α,β-불포화 카보닐 화합물의 β-탄소에 첨가되고, 수소가 α-탄소에 첨가된 것이다.

풀이

(a)

새로운 C—C 결합이 형성된다.

O O OEt COOEt

C—C 이중 결합이 제거되고 수소가 α-탄소에 첨가되었다.

(b)

C—C 이중 결합이 제거되고 수소가 α-탄소에 첨가되었다.

COOEt EtOOC O

새로운 C—C 결합이 형성된다.

문제 15.35, 15.36 참조

문제 15.10

예제 15.10의 풀이에 있는 각 Michael 반응에서부터 얻어지는 생성물을 (1) NaOH 수용액에서 가수 분해, (2) 산성화, (3) β-케토산 또는 β-다이카복실산 각각의 가열성 카복실 이탈 후 각 생성물을 나타내시오. 이들 반응은 1,5-다이카보닐 화합물을 합성하기 위한 Michael 반응의 효용성을 나타낸 것이다.

해결 방법 15.3

Michael 반응에 사용되는 출발 물질의 확인

Michael 반응의 생성물로부터의 역합성 과정(해결 방법 14.2)이 가끔 필요하다. 다음은 Michael 반응에 사용된 출발 물질을 찾아내는 단계이다.

(a) 케톤, 알데하이드, 에스터의 카보닐기의 α-, β- 탄소를 찾는다. 만일 여러 개의 카보닐기가 있으면, β-탄소에 표 15.2의 친핵체가 붙은 것을 찾는다.

O α β O O OEt — 표 15.2에서 찾은 친핵체 — H N β α O

(b) β-탄소와 친핵체 사이의 결합을 지운다.

O α β O O OEt NH β α O

(c) α-와 β-탄소 사이에 이중 결합을 그린다. 친핵체는 음전하를 띤 형태(탄소인 경우)나, 중성 아민(질소인 경우)으로 그린다.

C—C 이중 결합과 음전하를 띤 탄소 친핵체를 그린다.

C—C 이중 결합과 중성 질소 친핵체를 그린다.

예제 15.11

예제 15.10과 문제 15.10(Michael 반응, 가수 분해, 산성화, 가열성 카복실 이탈 반응)의 일련의 반응들이 2,6-heptanedione을 생성하기 위하여 어떻게 사용될 수 있는지 보이시오.

전략

주안점은 카복실 이탈 반응에서 케톤의 β-COOH가 이탈된다는 것을 인식하는 것이다. COOH기가 어디에 위치하는지 알게 되면, 목표 물질의 어떤 탄소가 아세토아세트산 에틸에서 온 것이고, 어떤 탄소가 α,β-불포화 카보닐 화합물에서 온 것인지 알게 된다.

풀이

여기에 나타낸 바와 같이, 목표 분자는 아세토아세트산 에틸과 메틸 바이닐 케톤의 탄소 골격으로부터 만들어질 수 있다.

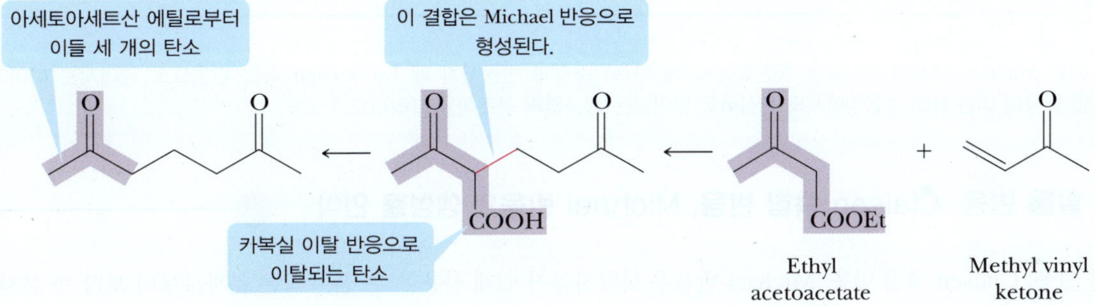

다음은 2,6-heptanedione으로 변하는 각 단계를 나타낸다.

1) EtO^-Na^+, EtOH

2) H_2O, NaOH

3) H_2O, HCl

4) 가열

2,6-Heptanedione

문제 15.37 참조

문제 15.11

Pentanedioic acid(글루타르산)을 제조하기 위하여 Michael 반응, 가수 분해 반응, 산성화, 가열성 카복실 이탈 반응으로 이루어진 연속 반응을 어떻게 이용할 것인지를 보이시오.

B. 아민의 Michael 첨가 반응

표 15.2에 나타낸 바와 같이 지방족 아민은 Michael 반응에서 친핵체로 작용한다. 예를 들어 다이에틸아민은 다음 반응식에 나타낸 바와 같이 아크릴산 에틸에 첨가된다.

N—H + (O, OEt) → (이 결합이 생성되었다.) N (O, OEt)

Diethylamine　Ethyl propenoate (Ethyl acrylate)

예제 15.12

메틸아민(CH_3NH_2)은 두 개의 N—H 결합을 갖고 있고, 1 mol의 메틸아민은 2 mol의 아크릴산 에틸과 Michael 반응을 진행한다. 이러한 이중 Michael 반응의 생성물에 대한 구조식을 그리시오.

전략

먼저 1 mol의 아크릴산 에틸과의 반응을 완결한 다음, 그 생성물과 두 번째 아크릴산 에틸과의 반응을 진행하라.

풀이

$$CH_3-N(H)_2 + 2\,CH_2{=}CH-COOEt \longrightarrow CH_3-N(CH_2-CH_2-COOEt)_2$$

문제 15.36 참조

문제 15.12

예제 15.12의 이중 Michael 반응의 생성물은 에탄올에서 에톡시화 소듐과 반응시킬 때 Dieckmann 축합 반응으로 얻어지는 다이에스터이다. 이 Dieckmann 축합 반응에 이은 HCl 수용액에서의 산성화로 얻어지는 생성물의 구조식을 그리시오.

해결 방법 15.4 알돌 반응, Claisen 축합 반응, Michael 반응의 생성물 인식

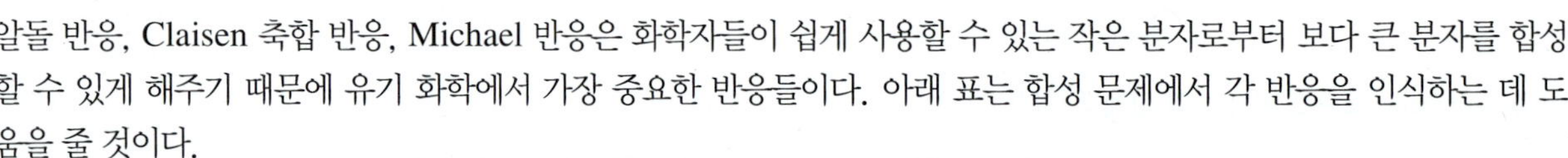
알돌 반응, Claisen 축합 반응, Michael 반응은 화학자들이 쉽게 사용할 수 있는 작은 분자로부터 보다 큰 분자를 합성할 수 있게 해주기 때문에 유기 화학에서 가장 중요한 반응들이다. 아래 표는 합성 문제에서 각 반응을 인식하는 데 도움을 줄 것이다.

사용할 반응	최종 생성물에 이 구조가 필요할 때	예
알돌 반응	β-하이드록시 카보닐 또는 α,β-불포화 카보닐	OH, O, β, α 또는 O, β, α
Claisen 축합 반응	β-케토에스터	O, O, β, α, OR
Michael 반응	β-치환된 카보닐	N, β, O, α; O, β, O, α (이전 친핵체)

화학 관련 15B

항종양 물질: 자연에서의 Michael 반응

1987년에 한 과학자가 텍사스에서 휴가를 보내던 중, 붉은 바위(사진 참조)를 우연히 발견하였다. 바위에서 자라는 유기체 안에 흥미로운 화합물이 존재하리라 생각한 과학자는 그 바위를 Wyeth(이전의 Lederle Labs)에 있는 그의 실험실로 가져왔다. 꾸준한 연구로 바위에서 성장하는 *Micromonospora echinospora* 박테리아로부터 추출할 수 있는 칼리치마이신(calicheamicin)이라고 알려진 화합물을 발견하였다. 이 화합물은 생리 활성이 있는 것으로 밝혀졌다. 이 화합물의 세포 독성에 관한 연구가 진행된 후, 이것은 항종양제 중 가장 강력한 것임이 밝혀졌다. 칼리치마이신의 작용 양상이 밝혀지고, 반응성 메커니즘의 결정적인 부분에 Michael 반응이 있다는 것이 밝혀졌다. 메커니즘의 1단계에서, 분자 (a)의 트라이설파이드기는 생화학적으로 환원되어 싸이올기의 음이온이 된다. 이것은 친핵체로 작용하여 분자 (b)의 α,β-불포화 케톤을 공격한다. 이 분자내 Michael 반응 (c)의 생성물은 칼리치마이신의 엔다이인(enediyne) 단백질의 위대한 혈통의 핵심부라고 생각되었다. 왜냐하면 이것이 재배열하면 두 개의 홀전자(라디칼)가 서로 파라 위치에 존재하는 벤젠 고리(d)가 형성되기 때문이다. 반응성이 아주 높은 이 구조는 DNA 두 가닥(20.2B절)을 모두 파괴하여, 칼리치마이신을 만드는 과정은 종양 세포에 손상을 준다. 칼리치마이신의 당 부위를 종양 특이적 항체에 붙일 수 있도록 변경한다면, 한 호기심 많은 화학자가 휴가 중에 발견한 이 화합물은, 미래의 암 치료에서 주목받는 약이 될 것이다.

(a) HO, NH, O, MeSSS, O–당
칼리치마이신의 축약된 구조

트라이설파이드의 환원 →

(b) HO, NH, O, ⁻S, O–당

Michael 반응 →

(c) HO, NH, S, O–당
엔다이인

→ (d) HO, NH, S, O–당
벤젠 다이라디칼
(DNA 파괴제)

문제

(b)에서 (c)로 변환하는 Michael 반응의 완전한 메커니즘을 보이시오. 낚시 화살표를 사용하여, (c)에서 (d)로 변환하는 재배열 메커니즘을 보이시오.

중요한 질문에 대한 요약

15.1 엔올 음이온은 무엇이며, 어떻게 형성될까?

- **엔올 음이온**은 카보닐을 포함하는 화합물에서 **α-수소**를 제거하여 형성된 음이온이다.
- 알데하이드, 케톤, 에스터는 알콕시화 금속이나 다른 강한 염기에 의해 그들의 엔올 음이온으로 변환될 수 있다.

15.2 알돌 반응은 무엇인가?

- **알돌 반응**은 하나의 알데하이드나 케톤에서 형성된 엔올 음이온이 다른 알데하이드나 케톤의 카보닐 탄소에 첨가되어 **β-하이드록시알데하이드**나 **β-하이드록시케톤**을 형성하는 반응이다.
- 알돌 반응 생성물의 탈수 반응은 α,β-불포화 알데하이드나 케톤을 형성한다.
- **교차 알돌 반응**은 카보닐을 포함하는 두 화합물의 반응성이 상당히 차이가 있을 때만 유용하다. 예를 들면 둘 중 하나는 α-수소가 없어서 엔올 음이온의 수용체로만 작용할 수 있는 경우이다.
- 두 카보닐기가 한 분자 내에 있을 때 알돌 반응은 고리를 만든다. 이러한 **분자내 알돌 반응**은 오원자 고리나 육원자 고리를 만들 때 특히 유용하다.

15.3 Claisen 축합 반응과 Dieckmann 축합 반응은 무엇인가?

- **Claisen 축합 반응**의 중요 단계는 한 에스터의 엔올 음이온이 다른 에스터의 카보닐기에 첨가되어 사면체 카보닐 첨가 중간체를 만들고, 이어서 이 중간체가 붕괴되어 β-케토에스터를 만드는 과정이다.
- **Dieckmann 축합 반응**은 분자내 Claisen 축합 반응이다.

15.4 알돌 반응과 Claisen 축합 반응은 어떻게 생체 과정에 포함되는가?

- **아세틸 CoA**는 콜레스테롤, 스테로이드 호르몬 및 지방산 합성의 탄소 원자 공급원이다. 이들 화합물을 합성하는 동안, 여러 효소들이 알돌 반응과 Claisen 축합 반응의 생물학적 버전의 반응에 촉매 작용을 한다.
- 이들 생물 분자의 합성에서 중요한 중간체는 메발론산과 파이로인산 아이소펜텐일이다.

15.5 Michael 반응은 무엇인가?

- Michael 반응은 인접 카보닐기에 의해 활성화된 C—C 이중 결합에 친핵체가 첨가되는 반응이다.
- Michael 반응은 친핵체와 α,β-불포화 카보닐 화합물의 β-탄소 사이에 새로운 결합을 형성한다. C—C 이중 결합은 C—C 단일 결합으로 변환된다.

OX퀴즈

이 장에서 배운 개념들을 이해하였는지 알아보기 위해 아래 질문이 맞는지 틀린지 답하시오. 답이 틀렸거나 어렵다면, 장 끝의 문제를 풀기 전에 괄호 속에 표시한 해당 절을 복습하시오.

1. α-탄소를 가진 모든 알데하이드와 케톤은 촉매량의 염기에 의해 엔올 음이온으로 변환될 수 있다. (15.1)
2. Dieckmann 축합 반응은 사원자-, 오원자-, 육원자 고리보다 칠원자-, 팔원자 고리를 선호한다. (15.3)
3. 분자내 알돌 반응은 사원자-, 칠원자-, 팔원자 고리보다 오원자-, 육원자 고리를 선호한다. (15.2)
4. 두 개의 카보닐기에 대해 α-인 수소는 하나의 카보닐에 대해 α-인 수소보다 산도가 낮다. (15.1)
5. Claisen 축합 반응의 생성물은 β-하이드록시에스터이다. (15.3)
6. Michael 반응의 메커니즘은 엔올–케토 토토머화를 포함한다. (15.5)
7. 엔올 음이온은 친핵체로 작용할 수 있다. (15.1)
8. 알돌 반응은 엔올 음이온과 알데하이드 또는 케톤과의 반응을 포함한다. (15.2)
9. 알돌 반응의 생성물은 β-하이드록시에스터이다. (15.2)
10. 알돌 반응과 Claisen 축합 반응은 효소에 의해 촉매된다. (15.4)
11. 교차 알돌 반응은 하나의 카보닐 화합물이 친핵성 첨가 반응에 대해 더 반응성이 크고 엔올 음이온을 만들 수 없을 때 가장 효과적이다. (15.2)

12. 카보닐의 α-수소는 바이닐이나 알킬 수소에 비해 산도가 몇 배나 높다. (15.1)
13. Claisen 축합 반응은 엔올 음이온과 에스터 사이의 반응이다. (15.3)
14. 에스터의 α-수소는 케톤의 α-수소보다 산도가 높다. (15.3)
15. 엔올 음이온은 공명에 의해 안정화된다. (15.1)
16. α-수소를 가진 모든 카보닐 화합물은 촉매량의 염기에 의해 엔올 음이온으로 변환될 수 있다. (15.1)
17. 교차 Claisen 축합 반응은 하나의 카보닐 화합물이 엔올 음이온의 수용체로만 작용할 수 있을 때 가장 효과적이다. (15.3)
18. 엔올 음이온은 Michael 반응에 참여할 수 있다. (15.5)
19. 알돌 반응의 생성물은 탈수되어 α,β-불포화 카보닐 화합물이 될 수 있다. (15.2)
20. Michael 반응은 친핵체와 α,β-불포화 카보닐 화합물의 β-탄소와의 반응이다. (15.5)
21. 엔올 음이온은 염기로 작용할 수 있다. (15.1)
22. Claisen 축합 반응의 생성물은 가수 분해되고 카복실기가 이탈되어 케톤을 형성할 수 있다. (15.3)
23. 아민은 Michael 반응에 참여할 수 있다. (15.5)

정답: (1) × (2) × (3) ○ (4) × (5) × (6) ○ (7) ○ (8) ○ (9) × (10) ○
(11) ○ (12) ○ (13) ○ (14) × (15) ○ (16) × (17) ○ (18) ○ (19) ○ (20) ○
(21) ○ (22) ○ (23) ○

주요 반응

1. 알돌 반응(15.2B절)

알돌 반응은 하나의 알데하이드나 케톤에서 유래한 엔올 음이온이 다른 알데하이드나 케톤의 카보닐 탄소에 친핵성 첨가되어 β-하이드록시알데하이드나 β-하이드록시케톤을 형성하는 과정이다.

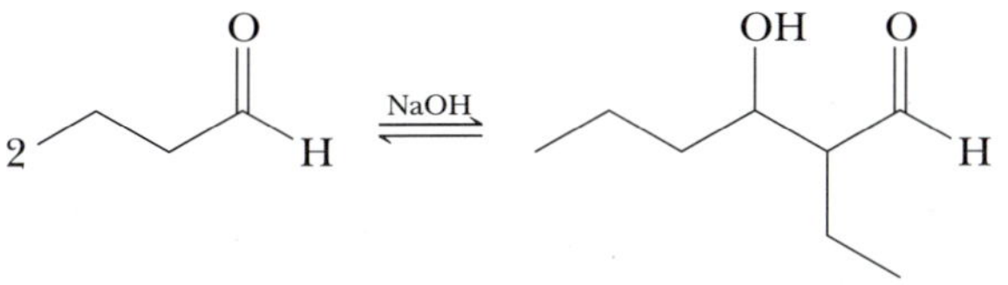

2. 알돌 반응 생성물의 탈수 반응(15.2절)

알돌 반응 생성물인 β-하이드록시알데하이드나 케톤의 탈수 반응은 쉽게 일어나서 α,β-불포화 알데하이드나 케톤을 생성한다.

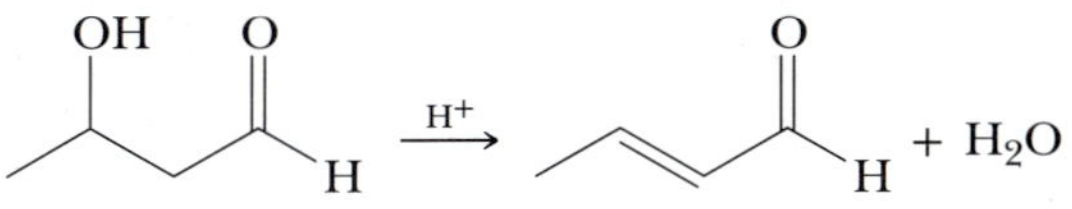

3. Claisen 축합 반응(15.3A절)

Claisen 축합 반응의 생성물은 β-케토에스터이다.

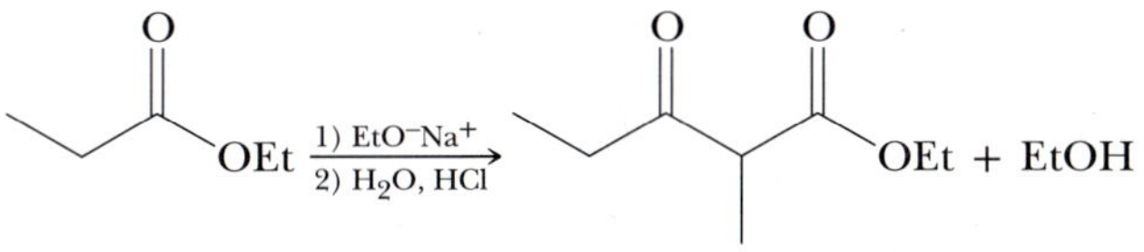

축합 반응은 공격하는 친핵체가 에스터의 엔올 음이온인 친핵성 아실 치환 반응에 의해 일어난다.

4. Dieckmann 축합 반응(15.3B절)

분자내 Claisen 축합 반응은 Dieckmann 축합 반응이라 부른다.

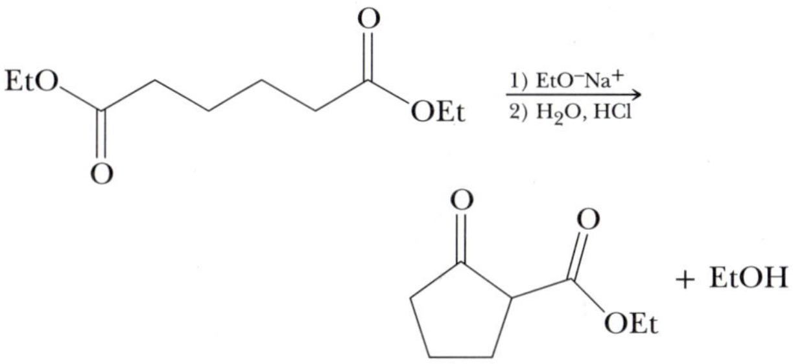

5. 교차 Claisen 축합 반응(15.3C절)

교차 Claisen 축합 반응은 두 에스터 사이에 반응성이 크게 차이가 날 때만 유용하다. 하나의 에스터가 α-수소를 갖지 않는, 엔올 음이온의 수용체로만 작용할 때 유용하다.

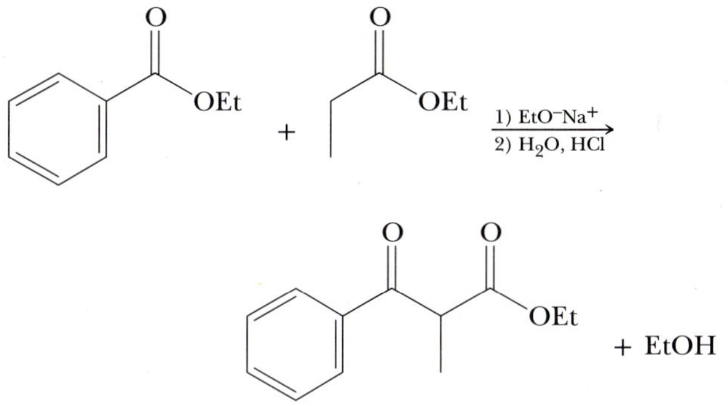

6. β-케토에스터의 가수 분해와 카복실 이탈 반응(15.3D절)
에스터의 가수 분해 반응과, 이어서 여기서 얻은 β-케토산의 카복실 이탈 반응은 케톤과 이산화 탄소를 생성한다.

COOEt — 1) NaOH, H_2O 2) H_2O, HCl 3) 가열 → + CO_2

7. Michael 반응(15.5절)
α,β-불포화 카보닐 화합물의 β-탄소를 친핵체가 공격하면 콘쥬게이션 첨가 반응을 일으킨다.

COOEt + — EtO^-Na^+ / EtOH → COOEt

문 제

별표로 표시된 문제는 본문의 '실생활' 문제를 나타낸다. 푸른색으로 된 문제의 답은 부록에 있다.

15.1절, 15.2절 알돌 반응

15.13 각 화합물에서 가장 산도가 높은 수소를 나타내시오.(예제 15.1 참조)

(a) H (b) CH_3O

(c) (d) HO, O

(e) (f)

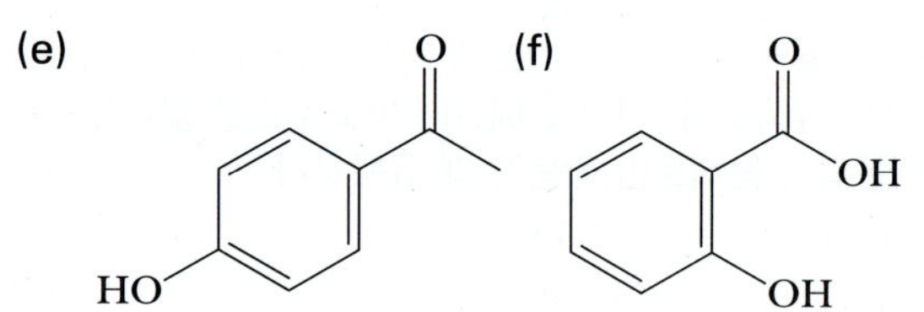

15.14 각 화합물의 pK_a 값을 예측하고 산도가 증가하는 순서로 배열하시오.

(a) CH_3CCH_3 (C=O) (b) CH_3CHCH_3 (OH)

(c) CH_3CH_2COH (C=O) (d) $CH_3CCH_2COCH_2CH_3$ (C=O, C=O)

15.15 각 음이온의 두 번째 기여 구조를 그리고, 굽은 화살표를 이용하여 그 구조에 전자가 재배치되는 것을 보이시오.

(a) $:\ddot{O}:^-$ $CH_3CH_2C{=}CHCH_3$ (b) $:\ddot{O}:^-$, CH_3

(c) $:\ddot{O}$, $C-\ddot{C}H_2^-$ (d) $:\ddot{O}:^-$ O $CH_3C{=}CHCOCH_2CH_3$

15.16 2-Methylcyclohexanone을 염기로 처리하면 두 개의 서로 다른 엔올 음이온이 생성된다. 음이온이 탄소에 위치한 각각의 기여 구조를 그리시오.

15.17 다음 각 화합물의 알돌 반응 생성물과 각 알돌 반응 생성물의 탈수 반응에서 얻어지는 α,β-불포화 알데하이드 또는 케톤의 구조식을 그리시오. (예제 15.2, 15.3 참조)

(a) H (b)

(c) (d)

(e) H (f) H

15.18 다음 각 교차 알돌 반응의 생성물과 각 알돌 생성물의 탈수 반응에 의해서 얻어지는 화합물의 구조식을 그리시오. (예제 15.3, 15.4 참조)

(a) $(CH_3)_3CCH$ (C=O) + CH_3CCH_3 (C=O)

(b) + H

(c) CHO + CHO

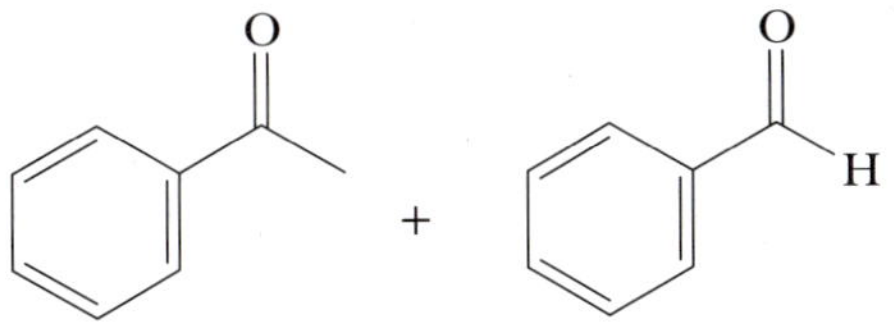

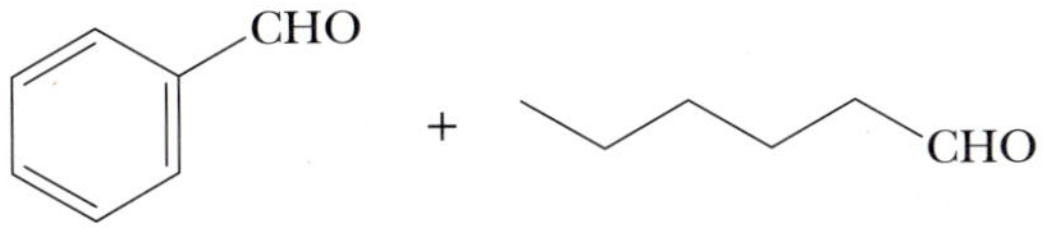

(d) O + CH_2O

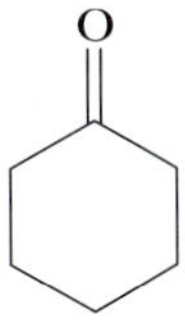

15.19 아세톤과 2-뷰탄온의 1:1 혼합물을 염기로 처리할 때, 6가지 알돌 생성물이 가능하다. 각각에 대한 구조식을 그리시오. (예제 15.4 참조)

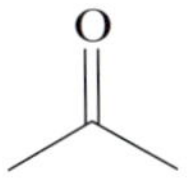

O O

Acetone 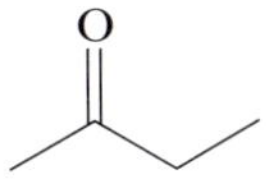 2-Butanone

15.20 알돌 반응에 이어 알돌 반응 생성물의 탈수에 의해 얻어지는 각 α,β-불포화 케톤을 제조하는 방법을 보이시오. (예제 15.2, 15.3 참조)

(a) Ph O

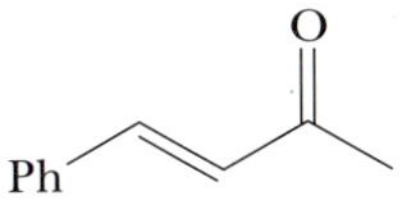

(b) O

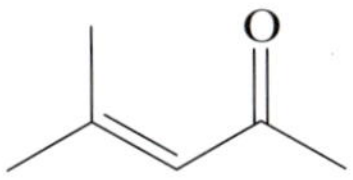

(c) O

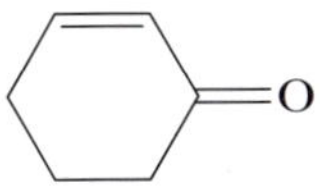

15.21 알돌 반응에 이어 알돌 반응 생성물의 탈수에 의해 얻어지는 각 α,β-불포화 알데하이드를 제조하는 방법을 보이시오. (예제 15.2, 15.3 참조)

(a) CHO

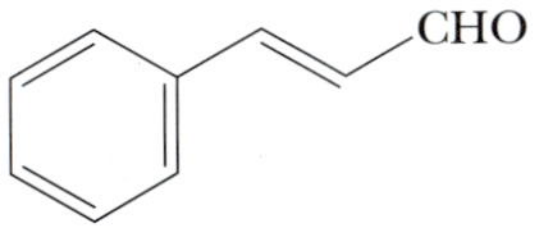

(b) CHO

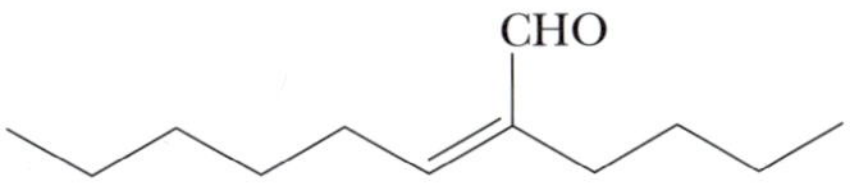

15.22 아래 화합물을 염기로 처리하면 분자내 알돌 반응과 탈수 반응을 거쳐 고리를 갖는 생성물을 만든다(수율 78%). (예제 15.3, 15.5 참조)

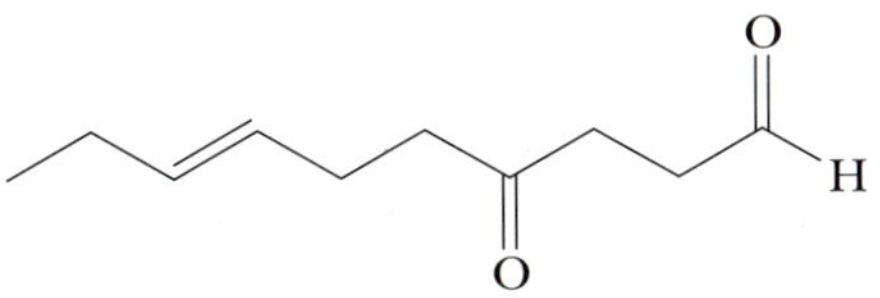

O H O $\xrightarrow{\text{염기}}$ $C_{10}H_{14}O + H_2O$

생성물의 구조식을 제안하시오.

15.23 분자식이 $C_6H_{10}O_2$인 화합물이 알돌 반응을 거쳐 탈수되어 아래의 α,β-불포화 알데하이드가 된다. 이 화합물의 구조를 제안하시오. (예제 15.3, 15.5 참조)

$C_6H_{10}O_2$ $\xrightarrow{\text{염기}}$ CHO + H_2O

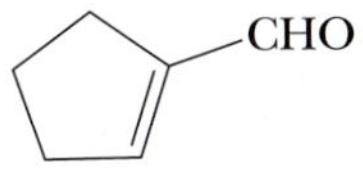

1-Cyclopentenecarbaldehyde

15.24 아래 변환이 어떻게 일어나는지 보이시오. (예제 15.3, 15.5 참조)

***15.25** 가벼운 진정제인 옥산아마이드(oxanamide)는 뷰탄알(butanal)에서부터 다음 다섯 단계의 반응으로 합성된다.

Butanal → (1) → 2-Ethyl-2-hexenal → (2) → 2-Ethyl-2-hexenoic acid → (3) →

2-Ethyl-2-hexenoyl chloride → (4) → 2-Ethyl-2-hexenamide → (5) → Oxanamide

(a) 이 합성에서 각 단계 반응을 일으키는 데 사용되는 시약과 실험 조건을 보이시오.

(b) 옥산아마이드에는 몇 개의 입체 중심이 있는가? 옥산아마이드는 몇 개의 입체 이성질체가 가능하겠는가?

15.26 화합물 A와 B의 구조식을 나타내시오.

$\xrightarrow{H_2CrO_4}$ A($C_{11}H_{18}O_2$) $\xrightarrow[EtOH]{EtO^-Na^+}$ B($C_{11}H_{16}O$)

15.3절 Claisen 및 Dieckmann 축합 반응

15.27 각 에스터의 Claisen 축합 반응 생성물을 보이시오. (예제 15.6 참조)

(a) $\xrightarrow{NaOEt}$

(b) $\xrightarrow{NaOCH_3}$

(c) $\xrightarrow{NaOEt}$

15.28 문제 15.27에서 생성된 각 β-케토에스터의 비누화 반응, 산성화 반응, 카복실 이탈 반응 생성물의 구조를 그리시오. (예제 15.9 참조)

15.29 Ethyl propanoate와 ethyl butanoate 1:1 혼합물을 에톡시화 소듐으로 처리할 때, 네 종류의 Claisen 축합 반응 생성물이 가능하다. 각 생성물의 구조를 그리시오. (예제 15.8 참조)

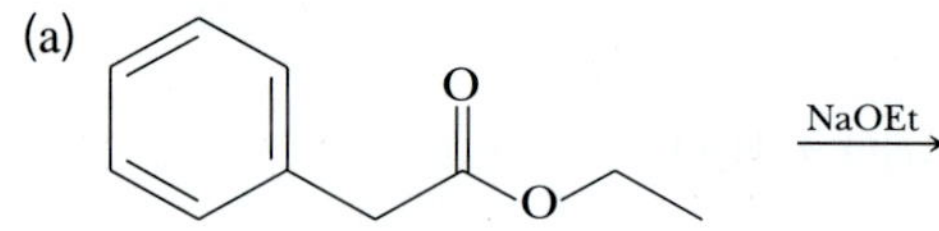

Ethyl propanoate

Ethyl butanoate

15.30 Ethyl propanoate와 아래의 에스터와의 교차 Claisen 축합 반응으로 생성되는 β-케토에스터의 구조를 그리시오. (예제 15.8 참조)

(a) EtOC(=O)—C(=O)OEt (b) PhC(=O)OEt (c) HC(=O)OEt

15.31 다음 교차 Claisen 축합 반응의 반응식을 완성하시오. (예제 15.8 참조)

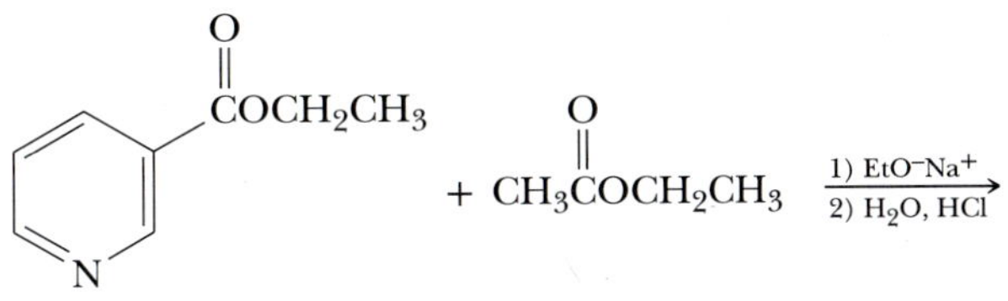

$$\text{(3-pyridyl)}\overset{O}{\overset{\|}{C}}OCH_2CH_3 + CH_3\overset{O}{\overset{\|}{C}}OCH_2CH_3 \xrightarrow[\text{2) } H_2O,\ HCl]{\text{1) } EtO^-Na^+}$$

15.32 Claisen 축합 반응은 다음의 연속 반응에 보인 바와 같이, 케톤의 한 단계 합성법으로 사용될 수 있다. (예제 15.9 참조)

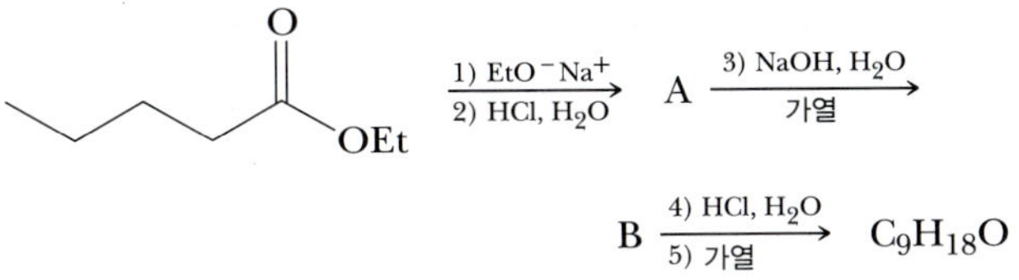

$$\text{(ethyl pentanoate, OEt)} \xrightarrow[\text{2) HCl, } H_2O]{\text{1) } EtO^-Na^+} A \xrightarrow[\text{가열}]{\text{3) NaOH, } H_2O}$$

$$B \xrightarrow[\text{5) 가열}]{\text{4) HCl, } H_2O} C_9H_{18}O$$

화합물 A, B의 구조식을 제시하고, 연속 반응으로 생성된 케톤의 구조식을 나타내시오.

15.33 각 다이에스터와 에톡시화 소듐을 반응시키고 이어서 HCl로 산성화시켜 얻어지는 생성물의 구조식을 나타내시오. (**힌트**: Dieckmann 축합 반응이 존재한다) (예제 15.7 참조)

(a) (cyclohexane with two CH_2COOEt groups, cis) COOEt, COOEt

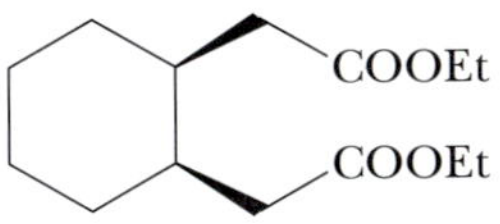

(b) $EtO\overset{O}{\overset{\|}{C}}(CH_2)_5\overset{O}{\overset{\|}{C}}OEt$

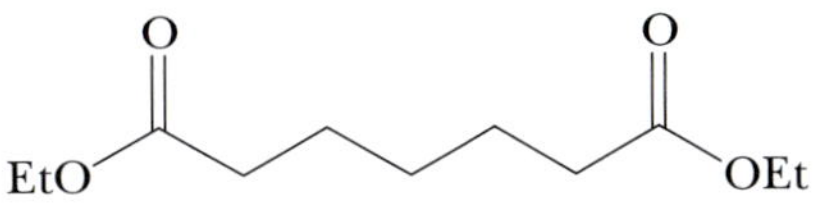

15.34 프탈산 다이에틸과 아세트산 에틸을 Claisen 축합 반응, 비누화 반응, 산성화 반응, 카복실 이탈 반응을 시키면 다이케톤($C_9H_6O_2$)이 생성된다. 화합물 A, B, 다이케톤의 구조를 그리시오. (예제 15.9 참조)

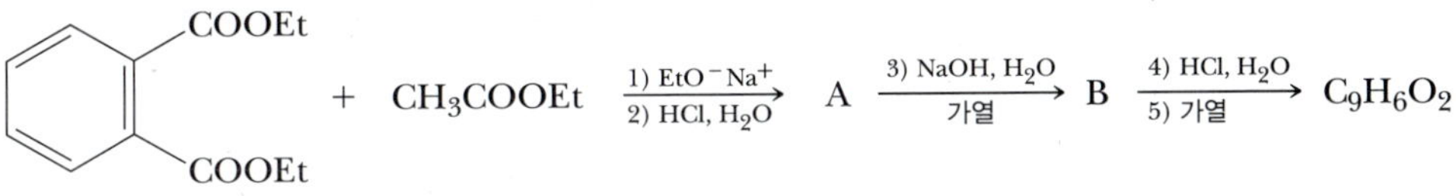

$$\text{Diethyl phthalate} + CH_3COOEt \xrightarrow[\text{2) HCl, } H_2O]{\text{1) } EtO^-Na^+} A \xrightarrow[\text{가열}]{\text{3) NaOH, } H_2O} B \xrightarrow[\text{5) 가열}]{\text{4) HCl, } H_2O} C_9H_6O_2$$

Diethyl phthalate Ethyl acetate

***15.35** 쥐약이자 살충제인 핀돈(pindone)은 다음의 연속 반응으로 생성된다.(예제 15.10 참조)

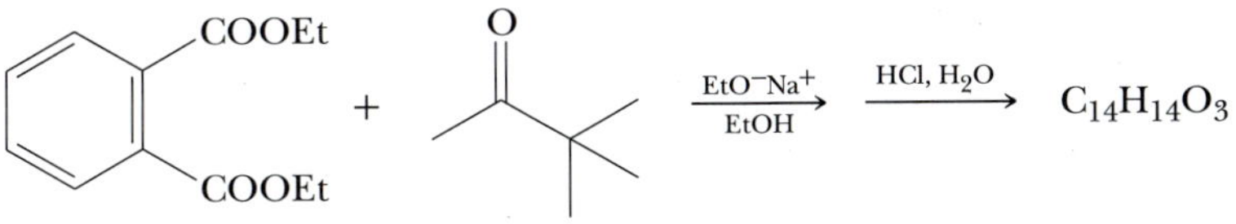

$$\text{Diethyl phthalate} + \text{3,3-Dimethyl-2-butanone} \xrightarrow[EtOH]{EtO^-Na^+} \xrightarrow{\text{HCl, } H_2O} C_{14}H_{14}O_3$$

Diethyl phthalate 3,3-Dimethyl-2-butanone Pindone

핀돈의 구조를 그리시오.

15.5절 Michael 반응

15.36 각 α,β-불포화 카보닐 화합물의 Michael 반응 생성물의 구조를 그리시오. (예제 15.10, 15.12 참조)

(a) (2-cyclohexenone) + $CH_3\overset{O}{\overset{\|}{C}}CH_2\overset{O}{\overset{\|}{C}}OEt \xrightarrow{NaOEt}$

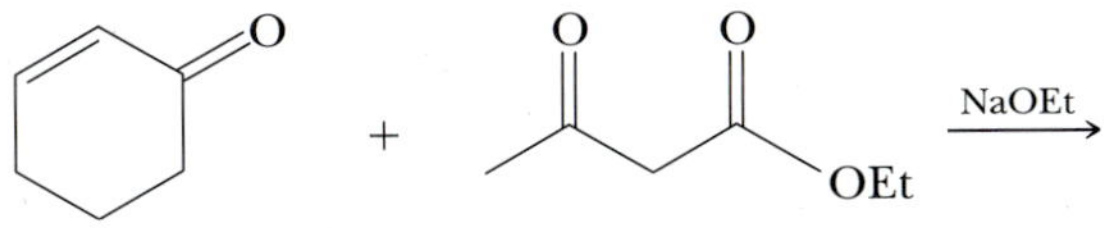

(b) $(CH_3)_2C{=}CH\overset{O}{\overset{\|}{C}}OCH_3 + EtO\overset{O}{\overset{\|}{C}}CH_2\overset{O}{\overset{\|}{C}}OEt \xrightarrow{NaOEt}$

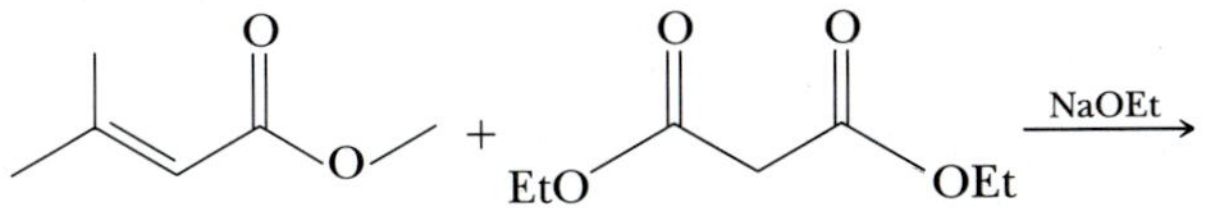

(c)

O, H, +, N—H, →

***15.37** 문제 15.36 (a)와 (b)의 Michael 반응 생성물을 가수 분해, 산성화 반응에 이어 열적 카복실 이탈 반응할 때 얻어지는 물질을 보이시오. (예제 15.11 참조)

***15.38** 몇 가지 형태의 알레르기 치료제로 쓰는 Cortisone의 고전적 합성법은 1-penten-3-one과 화합물 A를 다이옥세인 용매하에서 NaOH로 처리하는 Michael 반응을 포함한다. 이 반응의 생성물 B의 구조를 제안하시오.

Me, O, A, +, O, 1-Penten-3-one, NaOH / dioxane

O, Et, Me, O, OH, 여러 단계, Me, B, $C_{16}H_{20}O$, O, Cortisone

합성

***15.39** Fentanyl은 심한 통증을 완화시켜 주는 비모르핀계 진통제이다. 이것은 모르핀 자체보다 인체에 50배 효율적이다. 2-Phenylethanamine에서 시작하는 하나의 합성법이다.

Ph, NH_2, ? (1), 2-Phenylethanamine

COOEt, Ph, N, COOEt, ? (2), (A)

COOEt, Ph, N, O, ? (3), (B)

Ph, N, O, ? (4), (C)

Ph, N, N— Ph, ? (5), (D)

Ph, Ph, N, N, H, ? (6), (E)

(a) 1단계의 시약을 제안하시오. 이 단계에서 일어나는 반응 형태의 이름을 쓰시오.

(b) 2단계의 시약을 제안하시오. 이 단계에서 일어나는 반응 형태의 이름을 쓰시오.

(c) 3단계를 위한 일련의 시약을 제안하시오.

(d) 4단계의 시약을 제안하시오. 화합물 D의 이민(Schiff 염기) 부분을 확인하시오.

(e) 5단계의 시약을 제안하시오.

(f) 6단계를 완결할 수 있는 서로 다른 두 시약을 제안하시오.

(g) Fentanyl은 카이랄인가? 설명하시오.

Ph, Ph, N, N, O

Fentanyl

***15.40** Meclizine은 항구토제이다(이것은 배멀미를 포함한 멀미와 관련된 구토 작용을 막아주거나 적어도 감소시키는 데 도움을 준다). Meclizine의 대체 처방 약품의 이름 가운데에는 Bonine®, Sea-Legs, Antivert®, Navicalm® 등이 있다. Meclizine은 다음 일련의 반응에 의해 생성될 수 있다.

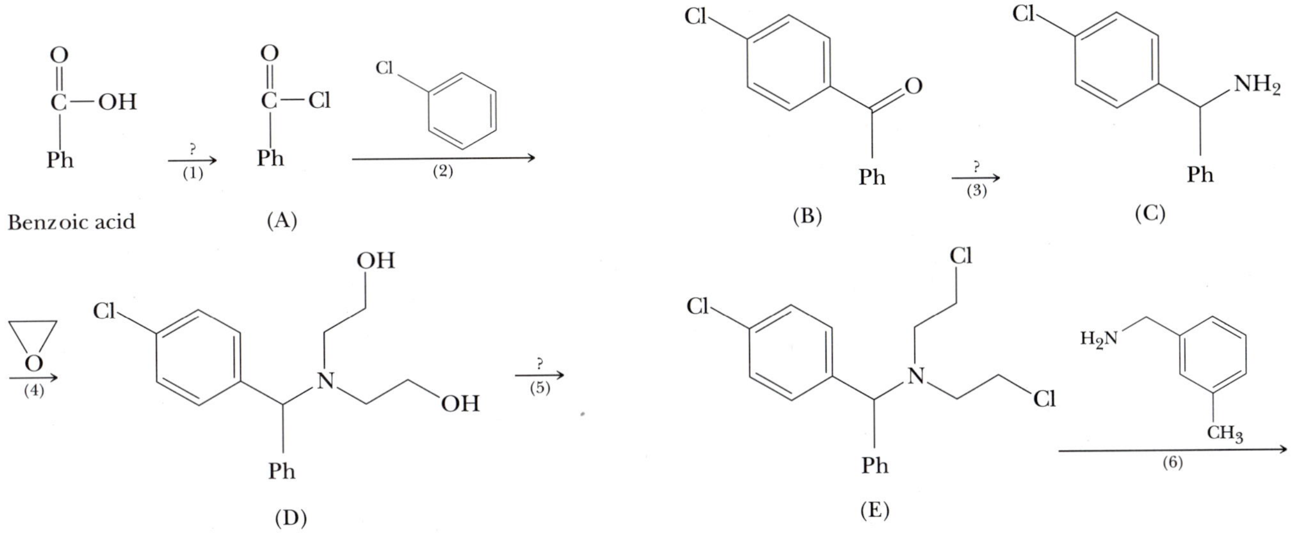

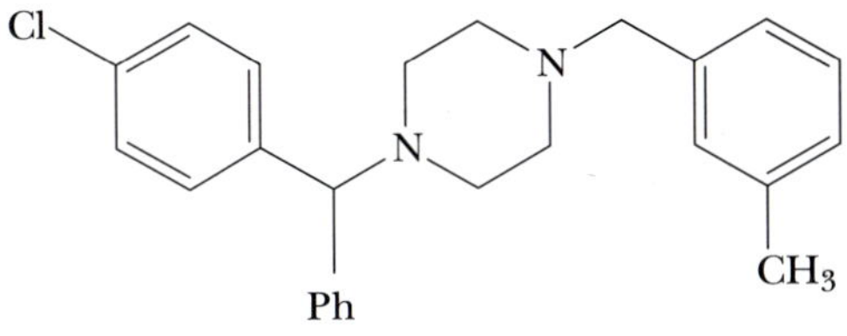

Benzoic acid →(1)? (A) →(2) (B) →(3)? (C) →(4) (D) →(5)? (E) →(6) Meclizine

(a) (A)에 있는 작용기 이름을 쓰시오. 카복실기를 이 작용기로 바꾸기 위하여 어떤 시약을 가장 많이 사용하게 될까?

(b) 2단계의 촉매는 염화 알루미늄($AlCl_3$)이다. 이 단계에서 일어나는 반응 형태의 이름을 쓰시오. 여기에 나타낸 생성물은 클로로벤젠의 염소 원자의 파라 위치에 새로운 작용기가 도입된 것이다. 여러분들이 새로운 작용기의 도입에 대해서 말하지 않았다고 가정하고, 염소 원자의 오쏘, 메타, 파라 도입에 대해 예측할 수 있을까? 설명하시오.

(c) C=O기를 $-NH_2$기로 변환시키기 위한 3단계에 어떤 종류의 시약을 사용할 수 있을까?

(d) 4단계에 사용되는 시약은 고리형 에터, 산화 에틸렌이다. 대부분의 에터는 이 단계에서 1차 아민과 같은 친핵성 시약에 대단히 반응성이 낮다. 그렇지만 산화 에틸렌는 이와 같은 일반적인 반응의 예외이다. 산화 에틸렌에 친핵체로 고리 열림 반응이 일어날 때 그처럼 반응성을 크게 하는 것은 무엇인가?

(e) 각각의 1차 알코올을 1차 할로젠화물로 변환시키기 위한 5단계에 어떤 시약이 사용될 수 있을까?

(f) 6단계는 이중 친핵성 치환 반응이다. S_N1 또는 S_N2 중 어떤 메커니즘이 이 반응과 더 비슷할까? 설명하시오.

***15.41** 2-Ethyl-1-hexanol은 자외선 차단제 octyl *p*-methoxycinnamate의 합성에 사용된다(화학 관련 14A 참조). 이 1차 알코올은 뷰탄알로부터 다음 일련의 단계를 거쳐 생성된다.

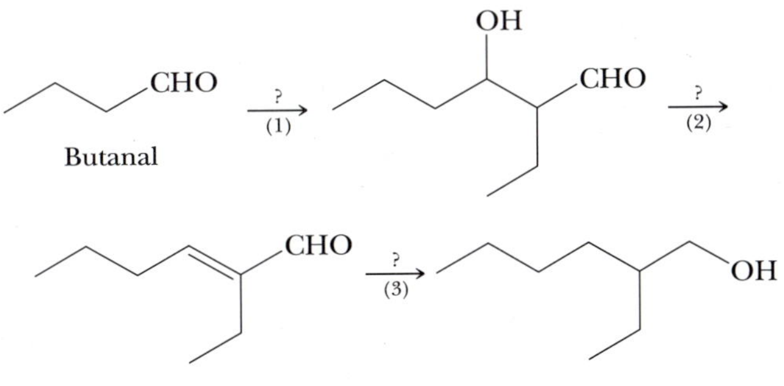

Butanal →(1)? → (2)? → (3)? 2-Ethyl-1-hexanol

(a) 1단계의 반응을 일으키는 시약을 제시하시오. 이러한 형태의 반응의 이름은 무엇인가?

(b) 2단계의 시약을 제시하시오.

(c) 3단계의 시약을 제시하시오.

(d) 다음은 상업적인 햇빛 차단제 성분의 구조식이다.

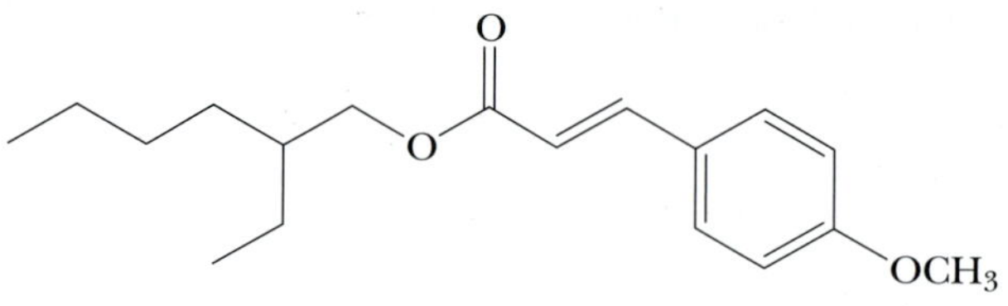

Octyl *p*-methoxycinnamate

이 에스터를 합성하기 위하여 어떤 카복실산과 알코올이 사용되는가? 에스터화 반응을 일으키기 위하여 어떻게 해야 하는가?

화학적 변환

15.42 다음 화학적 변환을 완결시켜서, 이제까지 배운 반응에 대한 여러분의 누적된 지식을 확인하시오(대부분은 한 단계 이상이 필요하다).

(a)

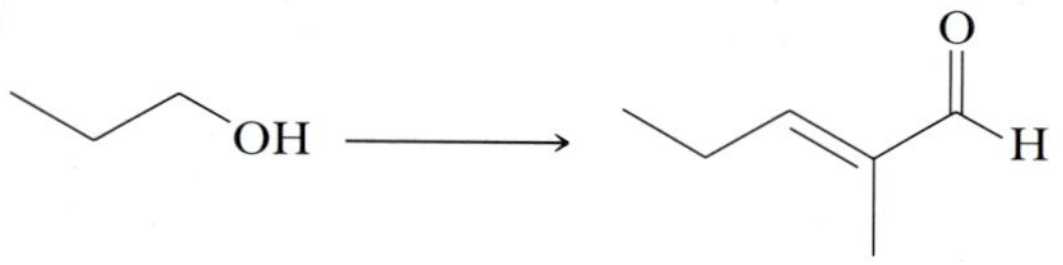

(b)

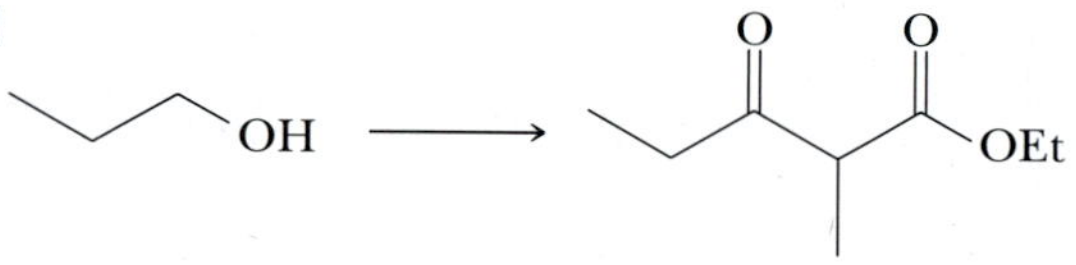

(c)

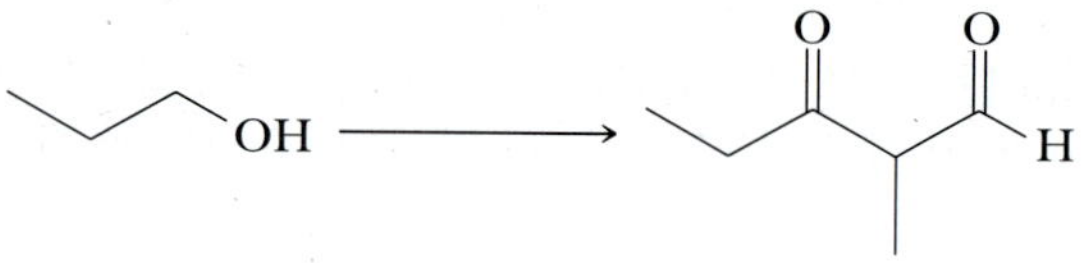

(d)

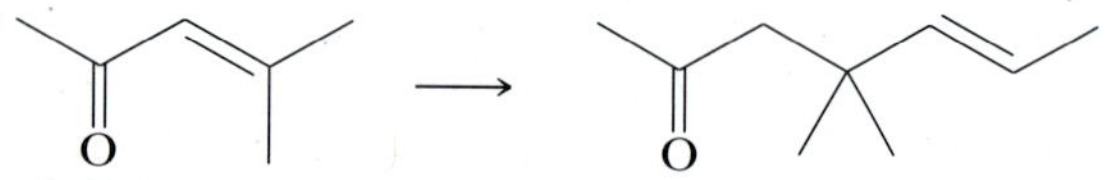

(e)

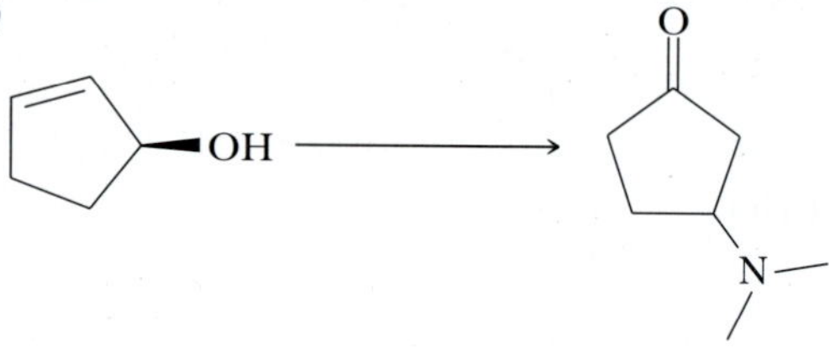

(f)

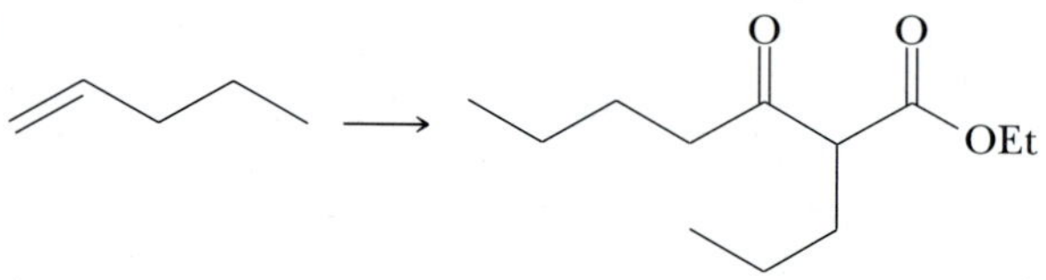

(g)

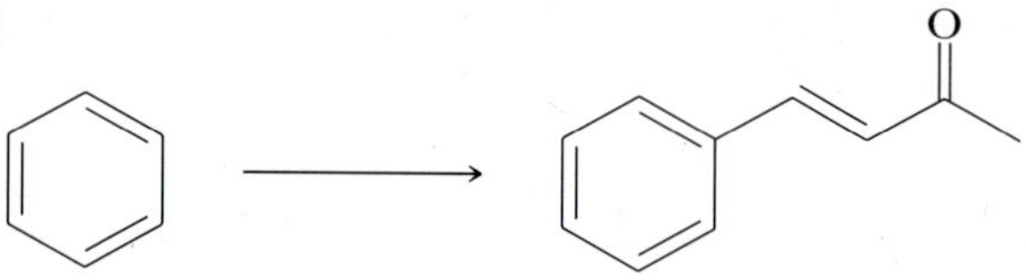

(h)

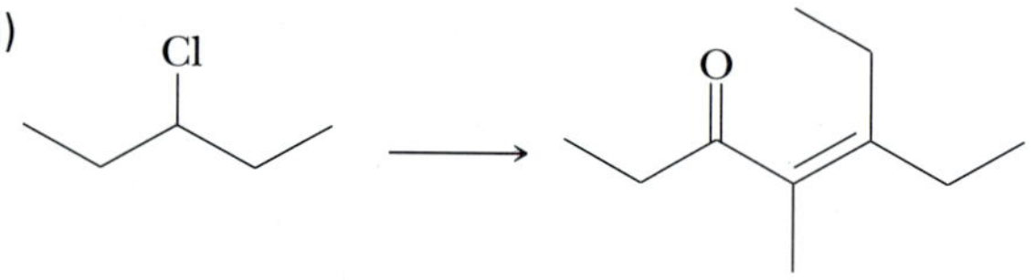

(i)

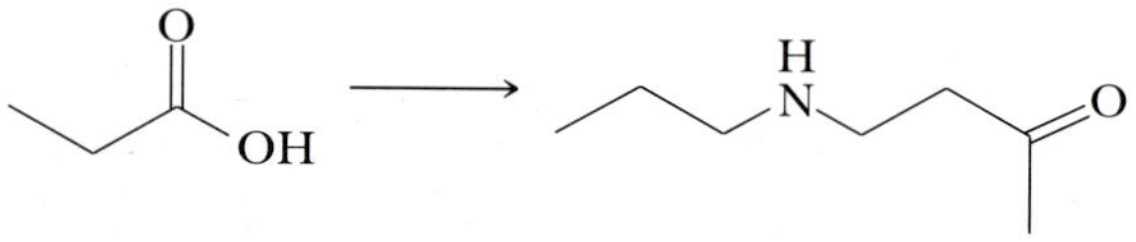

(j)

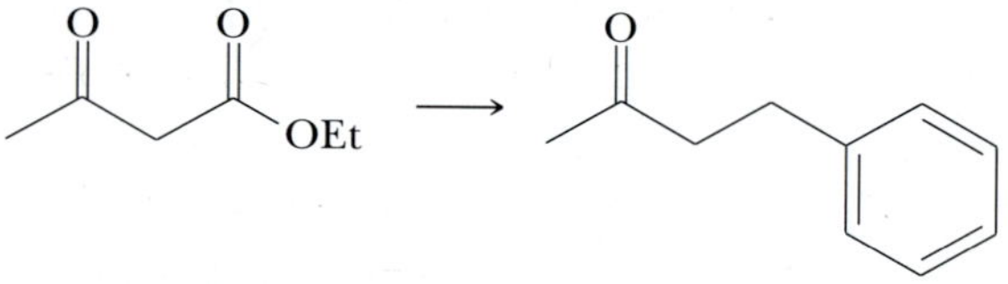

(k)

(l)

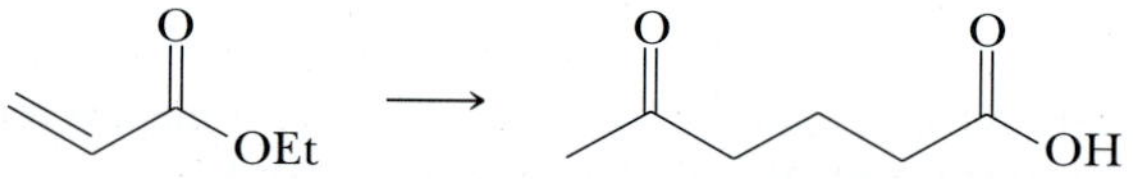

(m)

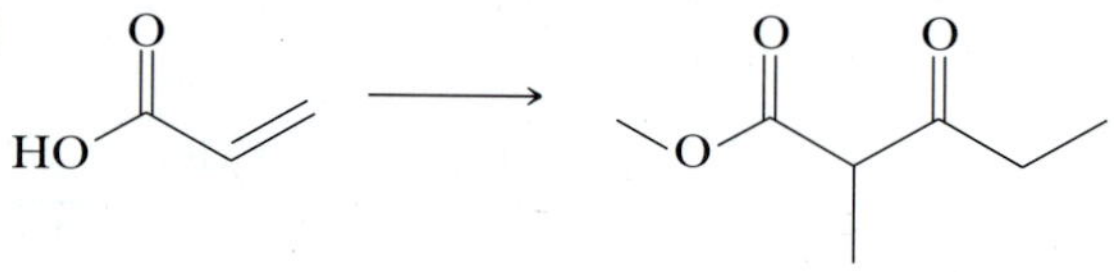

(n)

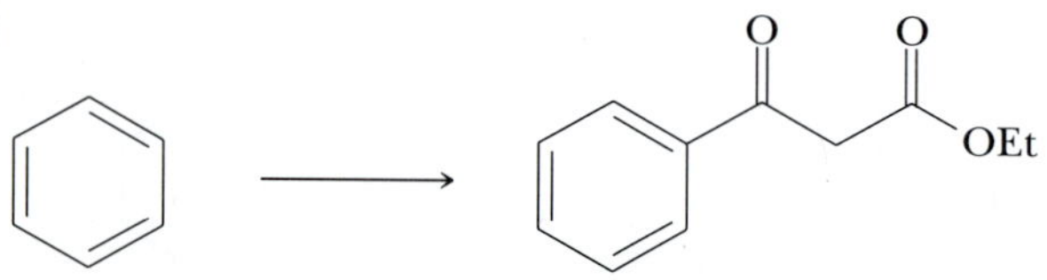

발전 학습

***15.43** 다음 반응은 포도당이 피루브산 두 분자로 산화되는 일련의 효소 촉매 반응인 해당 작용(glycolysis) 10단계 중 하나이다.

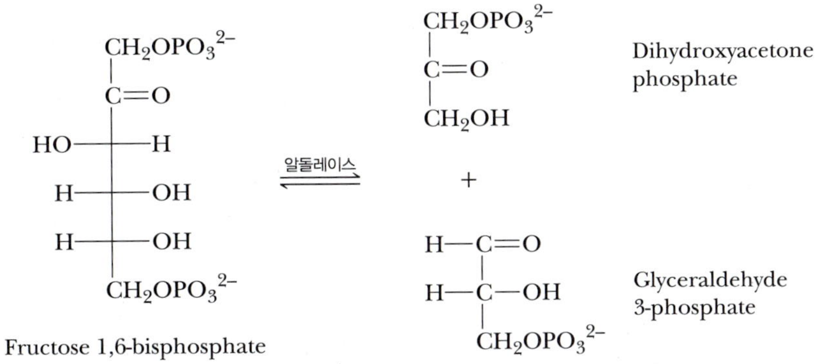

Fructose 1,6-bisphosphate ⇌(알돌레이스) Dihydroxyacetone phosphate + Glyceraldehyde 3-phosphate

이 단계가 알돌 반응의 역반응인 것을 보이시오.

***15.44** 다음 반응은 지방산의 탄화수소 사슬 부분이 한 번에 두 탄소씩 산화되어 아세틸 보조 효소 A로 변환되는 4단계 효소 촉매 반응 중 마지막 단계이다.

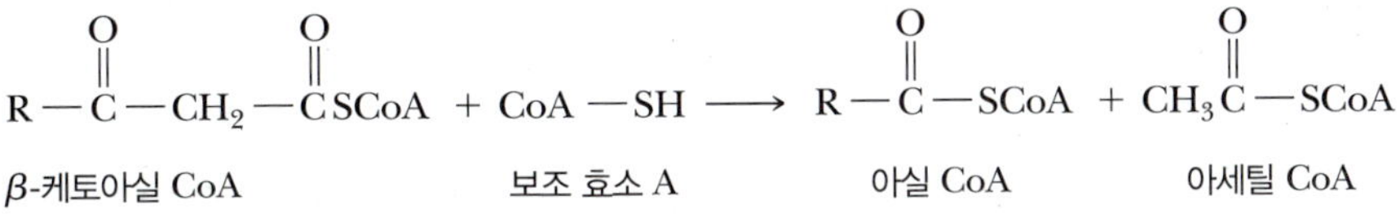

$R-C(=O)-CH_2-C(=O)SCoA + CoA-SH \longrightarrow R-C(=O)-SCoA + CH_3C(=O)-SCoA$

β-케토아실 CoA, 보조 효소 A, 아실 CoA, 아세틸 CoA

이 단계가 축합 반응의 역반응인 것을 보이시오.

***15.45** 스테로이드는 특징적인 네 고리계를 가진 지질(19.4절)의 주요 형태이다. Michael 반응과 알돌 반응(탈수 반응 포함)을 이용하여, 스테로이드인 테스토스테론의 **A** 고리가 주어진 전구 물질로부터 어떻게 형성되는지 보이시오.

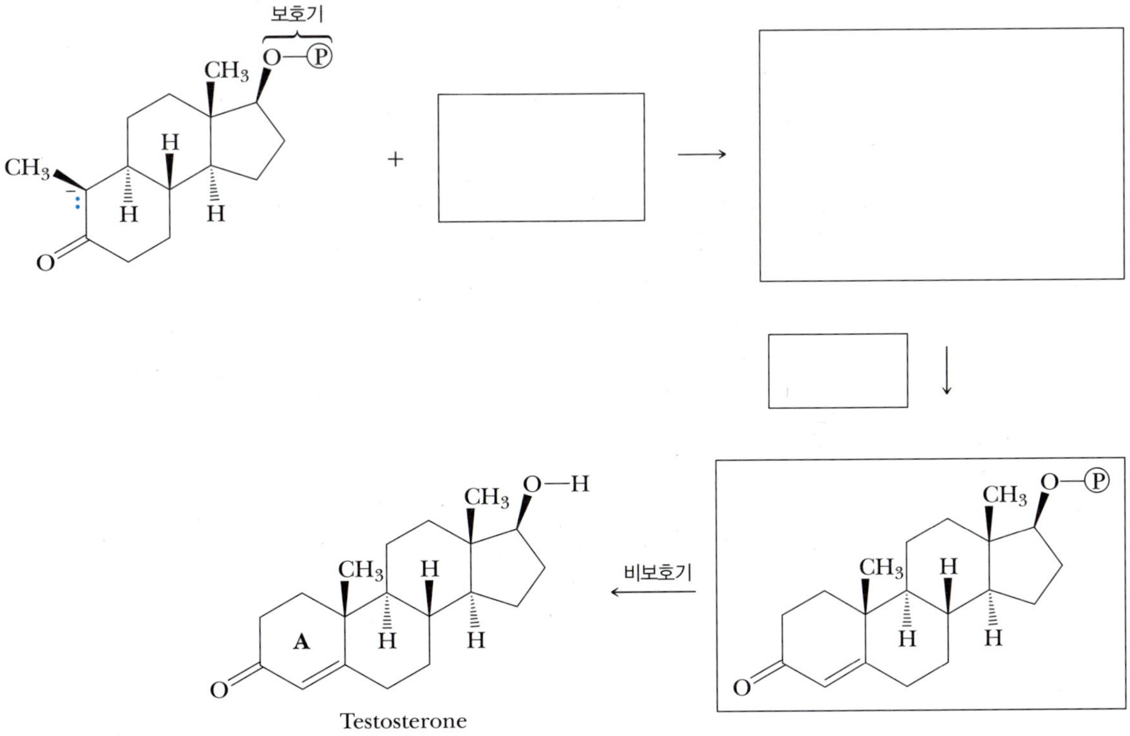

보호기

비보호기

Testosterone

***15.46** 시트르산 회로의 세 번째 단계는 β-케토산인 oxalosuccinate의 카복실산 음이온 하나에 양성자 첨가 반응에 이은 카복실 이탈 반응으로 α-ketoglutarate를 생성시키는 과정을 포함한다.

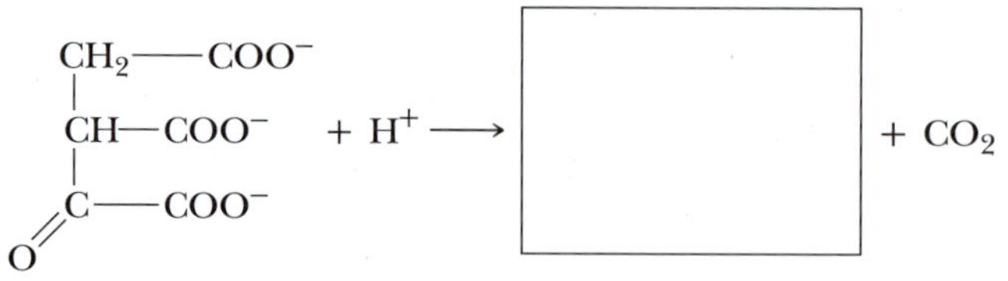

$CH_2—COO^-$, $CH—COO^-$, $C(=O)—COO^-$ $+ H^+ \longrightarrow$ [ ] $+ CO_2$

Oxalosuccinate　　α-Ketoglutarate

α-ketoglutarate의 구조식을 쓰시오.

그룹 학습 활동

15.47 나이트로에테인은 8.5의 pK_a 값을 가진 아세토아세트산 에틸보다 약간 강한 산성을 띤다. 아세토나이트릴은 pK_a 값이 25로, 대부분의 에스터와 비슷하다. 반응의 예를 그려서 이 화합물들의 짝염기가 엔올산염처럼 작용할 수 있는지 결정하시오.

$CH_3—CH_2—NO_2$　　$CH_3—C{\equiv}N$

Nitroethane　　Acetonitrile

15.48 아래 두 화합물이 자체적인 축합 반응을 수행하지 않는 이유를 논하시오. 필요하다면 15.3D절을 참조하시오.

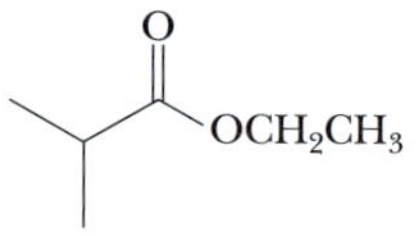

O, OCH_2CH_3

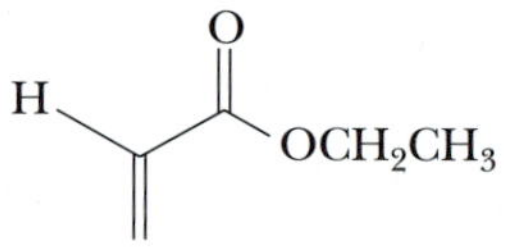

O, H, OCH_2CH_3

15.49 Lipitor®라는 상용명으로 판매되는 고콜레스테롤 치료제인 Atorvastatin의 한 합성은 A로부터의 엔올산염의 생성한 후 플루오린으로 치환된 화합물 B와의 반응을 포함한다. 엔올산염은 강한 질소 염기인 lithium diisopropylamide(LDA)와의 반응으로 정량적으로 얻어진다. A의 엔올산염과 B 사이의 반응 생성물을 예측하고, 반응 메커니즘을 제안하시오. 또한 LDA가 왜 산성이 더 강한 알코올의 수소와 반응하는 대신 엔올산염을 형성하는지 토론해 보시오.

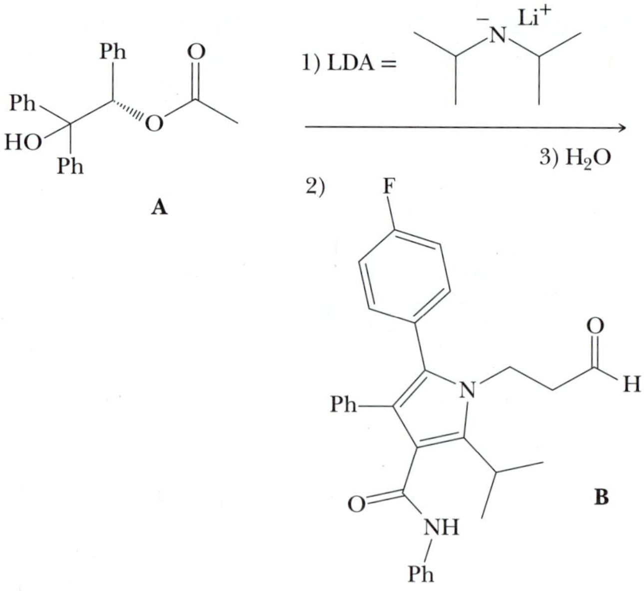

Ph, O, Ph, HO, O, Ph

A

1) LDA = $^-N\ Li^+$

2) F, O, N, H, Ph, O, NH, Ph

3) H_2O

B

유기 고분자 화학

16

어느 비오는 날의 우산 바다. 삽화: 나일론 66을 만드는 두 가지 화합물 중 하나인 아디프산(adipic acid)의 모형

중요한 질문

화학 관련

어떤 사회든지 그 사회의 기술적인 발전과 사용 가능한 물질은 밀접한 연관이 있다. 실제로 역사학자들은 인류 문명의 발전을 특징지을 수 있는 시대 분기선을 설정하는 방법으로 새로운 물질의 출현을 이용해 왔다(예를 들어 석기 시대, 청동기 시대, 철기 시대 등). 새로운 물질을 발견하기 위한 노력의 일부분으로, 과학자들은 고분자라고 알려진 합성 물질을 제조하기 위하여 유기 화학을 더욱 더 많이 이용하게 되었다. 고분자의 다양성에 의해 이전 목재나 금속, 또는 세라믹 등을 사용해서는 얻을 수 없는 성질을 가지는 물질을 생성하거나 제조할 수 있게 되었다. 예를 들어 고분자의 화학 구조의 간단한 변화에 의해, 샌드위치 봉지에서부터 방탄조끼에 이르기까지 기계적인 성질을 다양하게 변화시킬 수 있다. 더욱이 유기 고분자의 구조적인 변화를 통해 이전에는 결코 상상할 수 없는 성질을 이끌어 낼 수도 있다. 예를 들면 잘 결정된 유기 반응을 이용함으로써, 화학자들은 어떤 고분자를 절연체(예를 들면 전선을 싸는 고무 피복 같은)로 만들 수도 있고, 같은 고분자를 다르게 처리함으로써 금속 구리의 전도성과 거의 같은 전도성을 가지는 전기 전도체로 만들 수도 있다.

1930년대 이래로 유기 고분자 화학에 광범위한 연구와 발전이 이루어져 왔다. 플라스틱, 피복, 고무 기술에 있어서의 폭발적인 성장은 세계적으로 수십억 달러의 산업을 일으켰다. 고분자의 몇 가지 기본적인 특징은 이와 같은 폭발적인 성장을 잘 설명할 수 있다. 첫째로, 합성 고분자용 원료 물질은 주로 석유에서 얻어진다. 석유 정제 과정의 발전으로 고분자 합성을 위한 원료 물질의 값이 싸졌고, 또한 풍부해졌다. 둘째로, 과학자들은 최종 용도에서 필요한 조건들을 만족시키기 위하여 고분자들을 어떻게 조절해야 하는지를 알게 되었다. 셋째, 많은 소비 제품들을 합성 고분자를 사용하여 제조함으로써 목재, 도자기, 금속과 같은 경쟁 재료들보다 값싸게 제조할 수 있게 되었다. 예를 들어 고분자 기술은 코팅 산업의 혁명을 일으킨 수성(라텍스) 페인트를 창조하였고, 플라스틱 필름과 발포 역시 포장 산업에 혁명을 일으켰다. 매일매일의 우리 삶에서 사용되는 우리 주위의 수많은 제조 물품에서 상상할 수 있는 바와 같이, 이와 같은 예들은 앞으로도 계속 추가될 것이다.

16.1 고분자의 구조는 무엇인가?

고분자(Polymer) 그리스어로 '많다'는 뜻의 *poly*와, '부분'이라는 뜻의 *meros*에서 유래. 단량체(monomer)라고 부르는 많은 단일 부분을 결합하여 합성되는 긴 사슬 분자이다.

단량체(Monomer) 그리스어로 '단일'이라는 뜻의 *mono*와, '부분'이라는 뜻의 *meros*에서 유래. 고분자가 합성되는 가장 간단한 최소한의 단위 분자이다.

플라스틱(Plastic) 가열되었을 때 성형 가공될 수 있고, 냉각되면 그 모양을 유지하는 고분자이다

열가소성 플라스틱(Thermoplastic) 녹여서 특정 모양으로 성형할 수 있고, 냉각되면 같은 모양을 유지하는 고분자이다.

열경화성 플라스틱(Thermosetting plastic) 처음 제조될 때는 성형이 되지만, 한번 냉각되면 비가역적으로 단단해져서 다시 녹일 수 없는 고분자이다.

고분자(polymer, 그리스어: *poly* + *meros*, 많은 부분)는 화학 반응을 통해서 **단량체**(monomer, 그리스어: mono + meros, 단일 부분)를 연결함으로써 합성되는 긴 사슬 분자이다. 고분자의 분자량은 일반적인 유기 화합물의 분자량과 비교해서 높은데, 일반적으로 10,000 g/mol에서부터 1,000,000 g/mol 이상의 범위에 있다. 이들 거대 분자의 구조 또한 아주 다양하다. 직선형과 가지가 있는 사슬 형태는 물론이고, 빗, 사다리, 별 등과 같은 구조를 가질 수도 있다(그림 16.1). 사슬 구조의 변화는 각 고분자 사슬을 공유 결합으로 가교시킴으로써 추가적으로 얻을 수도 있다.

고분자 화학에 있어서, **플라스틱**(plastic)이라는 용어는 뜨거울 때 녹여서 성형할 수 있고, 또 냉각시켜 그 형태를 유지할 수 있는 고분자를 의미한다. **열가소성 플라스틱**(thermoplastic)이란, 녹였을 때 특정한 모양으로 성형 가공이 되도록 충분히 유동성이 있고, 냉각되면 그 모양을 유지할 수 있는 고분자를 의미한다. **열경화성 플라스틱**(thermosetting plastic 또는 thermoset)은 처음 만들어질 때는 성형 가공이 될 수 있지만, 한번 냉각되면 비가역적으로 단단해져서 다시 녹일 수 없다. 열가소성 플라스틱과 열경화성 플라스틱은 서로 다른 물리적 특성 때문에 서로 다르게 가공되어야 하고, 또 서로 다른 용도로 사용되어야 한다.

분자 수준에서 고분자의 가장 중요한 성질은 그들 사슬의 크기와 모양이다. 짧은 고분자 사슬은 부드럽고 보다 부서지기 쉬운 소재를 형성하는 경향이 있는 반면에, 상대적으로 긴 고분자 사슬은 보다 강인하고 유연한 소재를 형성하는 경향이 있다. 이와 같은 상이한 성질들은 개개 고분자 사슬의 크기와 분자 구조의 차이에 기인한다.

16.2 고분자의 이름은 어떻게 붙이며, 그 구조는 어떻게 표현하는가?

평균 중합도(n) 단량체가 고분자에 n번 반복되는 것을 나타내기 위하여 고분자의 가장 간단한 단량체의 괄호 밖에 아래 첨자로 표기한다.

일반적으로는 **반복 단위**(repeating unit) 양쪽에 괄호를 함으로써 고분자의 구조를 나타낸다. 반복되는 기본 단위는 고분자 사슬의 구조적인 특징을 모두 포함하는 최소한의 분자 조각이다. 괄호 밖에 아래 첨자 n을 표기하는 것은 단량체가 n번 반복한다는 것을 나타낸다. 그러므로 괄호 안의 구조를 양방향으로 반복함으로써 전체 고분자 사슬의 구조를 알 수 있다. 하나의 예로 프로필렌의 중합에 의해 얻어지는 폴리프로필렌을 들면 다음 그림과 같다.

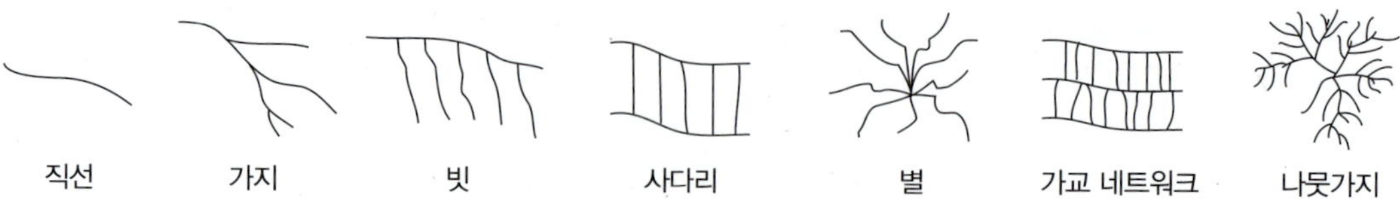

그림 16.1 여러 가지 고분자의 사슬 구조. 각 선은 공유 결합으로 연결된 원소들로 이루어진 유기 사슬을 의미한다.

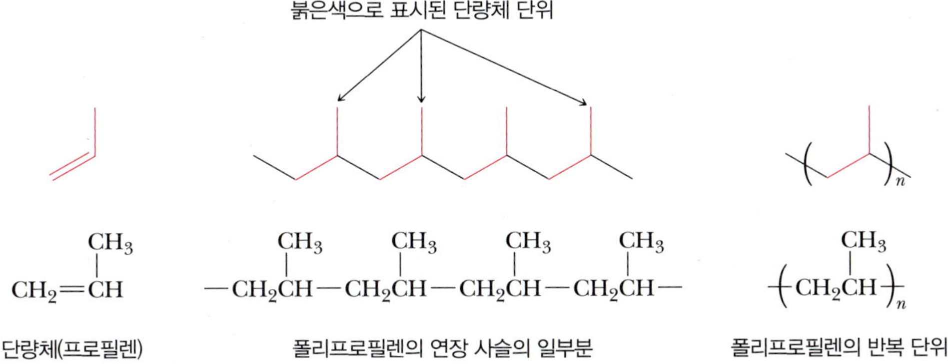

고분자를 명명하는 가장 일반적인 방법은 고분자가 생성되는 단량체의 이름에 접두어 **폴리-**(poly-)를 붙이는 것이다. 예로 폴리에틸렌과 폴리스티이렌이 있다. 더 복잡한 단량체이거나 단량체의 이름이 한 단어 이상인 경우(예를 들면 염화 바이닐 단량체)에는 단량체의 이름을 괄호로 에워싼다.

Polystyrene은 styrene로부터 합성됨

Polystyrene ⟹ Styrene

PVC는 vinyl chloride로부터 합성됨

Poly(vinyl chloride) (PVC) ⟹ Vinyl chloride

예제 16.1

다음 주어진 구조에서 고분자의 반복 단위를 결정하시오. 간단한 괄호 표기법을 사용하여 구조식을 다시 그리시오. 그리고 고분자를 명명하시오. 단량체 단위는 알켄으로 가정하시오.

붉은색의 반복 단위

전략

사슬의 반복 구조 단위를 결정하고 그 주위에 괄호를 배치하라. n번 반복되었다는 것을 나타내는 아래 첨자 n을 붙인다.

풀이

반복 단위는 $-CH_2CF_2-$이고, 고분자는 $\lbrace CH_2CF_2 \rbrace_n$로 쓸 수 있다. 반복 단위는 1,1-difluoroethylene이므로, 고분자는 poly(1,1-difluoroethylene)으로 쓸 수 있다. 이 고분자는 마이크로폰의 진동판으로 사용된다.

문제 16.9, 16.10 참조

문제 16.1

다음 주어진 구조로부터 고분자의 반복 단위를 결정하시오. 간단한 괄호 표기법을 사용하여 구조식을 다시 그리시오. 그리고 고분자를 명명하시오.

16.3 고분자 형태학이란? 결정성 대 비결정성 물질

결정성 영역 고분자의 고체 상태에 있어서 정렬된 결정성 영역으로서, 미소 결정으로도 불린다.

비결정성 영역 고분자의 고체 상태에 있어서 무질서하고 비결정성인 영역이다.

고분자는 작은 유기 분자와 마찬가지로 침전될 때 또는 용융 상태에서 냉각될 때 결정화하려는 경향이 있다. 그러나 고분자는 크기가 매우 크기 때문에 확산이 억제되어 때로는 복잡하면서도 불규칙한 분자 구조가 사슬의 효과적인 쌓임을 억제한다. 따라서 이러한 결정화 경향이 방해를 받는다. 결과적으로 고체 상태의 고분자는 정렬된 **결정성 영역**(crystalline domain, 미소 결정)과 불규칙한 **비결정성 영역**(amorphous domain, 그림 16.2)의 두 가지 상태로 존재하려는 경향이 있다. 결정성 영역과 비결정성 영역의 상대적인 양은 고분자에 따라 다르고, 또 이들이 가공된 방식에 따라서도 다르다. 규칙적이고 조밀한 구조와, 분자 간에 수소 결합과 같이 강한 힘이 작용하는 고분자가 높은 결정화도를 보임을 흔히 관찰할 수 있다.

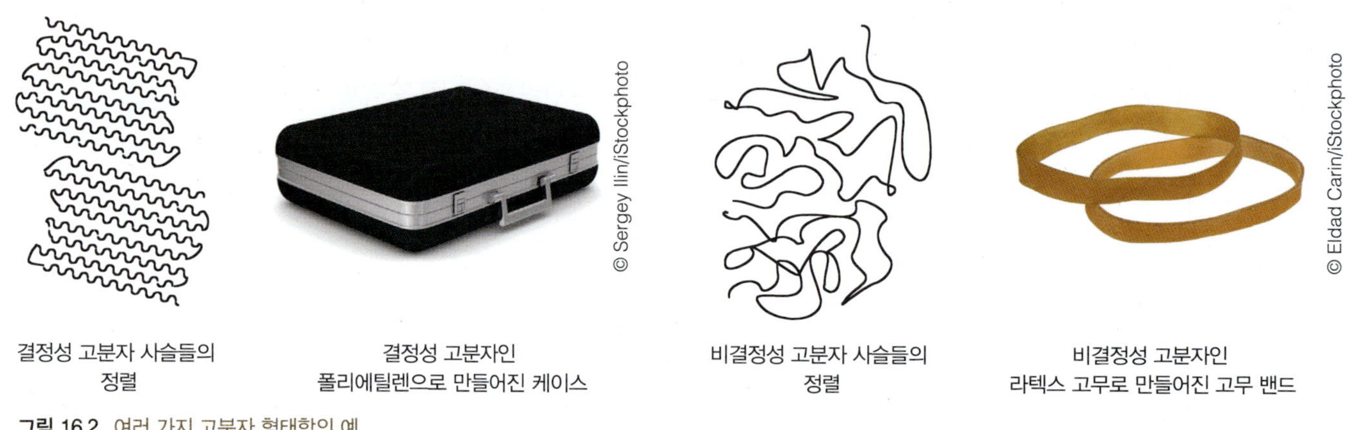

결정성 고분자 사슬들의 정렬 | 결정성 고분자인 폴리에틸렌으로 만들어진 케이스 | 비결정성 고분자 사슬들의 정렬 | 비결정성 고분자인 라텍스 고무로 만들어진 고무 밴드

그림 16.2 여러 가지 고분자 형태학의 예

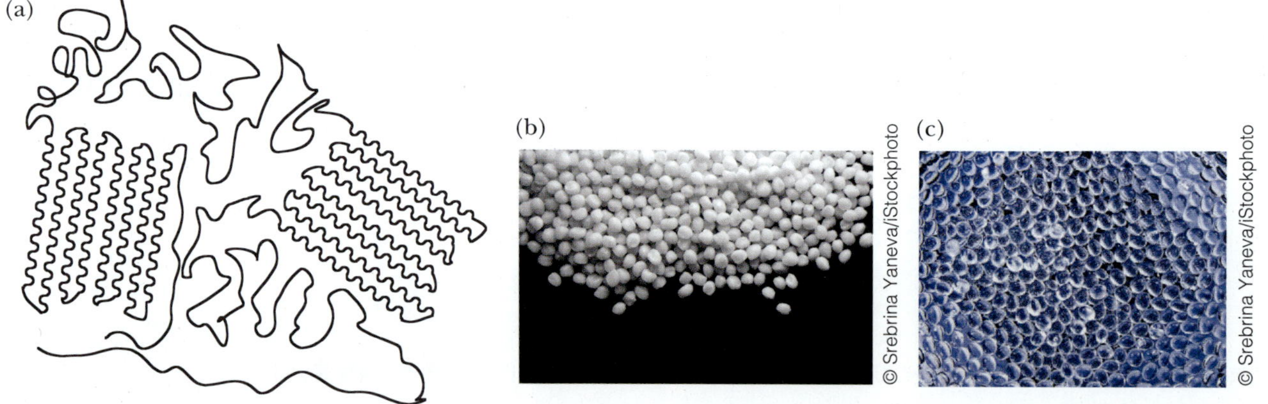

그림 16.3 (a) 결정성 영역과 비결정성 영역으로 이루어져 있는 고분자 사슬의 예, (b) 결정성 영역이 많이 포함된 고분자는 (c) 비결정성 영역이 많이 포함된 고분자보다 불투명하다.

비결정성 영역은 긴 범위의 정렬성이 거의 없거나 전혀 없다. 고도의 비결정성 고분자는 때때로 **유리**(glassy) 고분자로 불린다. 빛을 산란시키는 결정성 영역이 없기 때문에 비결정성 고분자는 투명하다. 더욱이 그들은 높은 유연성과 낮은 기계적 강도 때문에 일반적으로 약한 고분자에 속한다. 비결정성 고분자는 가열하면 단단한 유리 모양 상태에서 연하고 유연한 고무 상태로 변한다. 이런 변화가 일어나는 온도를 **유리 전이 온도**(glass transition temperature, T_g)라고 한다. 예를 들어 비결정형인 폴리스타이렌은 T_g = 100℃이다. 실온에서 이것은 견고한 고체이므로 음료수 잔, 발포성 포장재, 일회용 의료용품, 테이프 릴(reel) 등에 사용된다. 만일 그것을 끓는 물에 넣는다면 말랑한 고무와 같은 상태로 변할 것이다.

고무는 **탄성체**[elastomer, 탄성 고분자(elastic polymer)]로 작용하기 위하여 낮은 T_g 값을 가져야 한다. 만일 온도가 T_g 값 아래로 떨어진다면 고무도 단단한 유리 형태의 고체로 바뀌고, 모든 탄성의 성질이 사라진다. 1985년 **챌린저**(Challenger) 우주선의 비극은 탄성체의 이러한 성질을 완전히 이해하지 못해서 일어난 것이다. 고체 보조 추진 로켓을 밀폐하기 위하여 사용된 탄성 O-링의 T_g 값은 0℃ 부근이었다. 챌린저호의 발사가 시작된 그 아침에 예기치 못하게 기온이 저온으로 떨어졌다. 이에 따라 O-링의 봉합이 T_g 값 이하로 내려가고, 따라서 탄성체에서 딱딱한 유리 상태의 고체로 변하여 밀폐력을 잃어버렸다. 그 다음은 챌린저호의 폭발이라는 비극적인 역사였다. 물리학자 Richard Feynman은 텔레비전으로 방영된 유명한 청문회에서 이것을 공식적으로 밝혔다. 그는 챌린저 호와 같은 모양의 O-링을 얼음물에 담가 그것의 탄성이 사라지는 것을 보여 주었다.

탄성체 늘어나거나 비틀었을 때, 그 힘을 없애면 원래 모습으로 되돌아가는 물질

16.4 단계 성장 중합이란?

사슬 성장이 단계적인 방법으로 일어나는 중합을 **단계 성장 중합**(step-growth polymerization) 또는 **축합 중합**(condensation polymerization)이라고 한다. 단계 성장 고분자들은 이작용기(difunctional) 분자의 각각의 작용기들의 반응에 의하여 생성되는 새로운 결합으로 형성된다. 중합 중 단량체는 반응하여 이합체를 만들고, 이합체는 단량체와 반응하여 삼합체를 만들며, 이합체는 이합체와 반응하여 사합체를 만드는 등의 반응이 계속된다.

단계 성장 중합 사슬 성장이 두 개의 작용기를 갖는 단량체 사이에서 단계적인 방법으로 일어나는 중합이며, 예로서 아디프산과 헥사메틸렌다이아민(hexamethylenediamine) 사이에서 나일론 66이 생성되는 반응을 들 수 있다. 이 반응은 축합 중합으로도 불린다.

단계 성장 과정에는 두 가지 일반적인 형태가 있다. (1) A—M—A와 B—M—B형의 단량체 사이의 반응에 의하여 +A—M—A—B—M—B+_n형의 고분자를 생성하는 경우와, (2) A—M—B 단량체의 자체 축합에 의하여 +A—M—B+_n형의 고분자를 생성시키는 경우이다. 이와 같은 표기법에서 'M'은 단량체를 나타내고, 'A'와 'B'는 단량체에 있는 반응성 작용기들을 나타낸다. 각각의 단계 성장 중합에 있어서 A 작용기는 배타적으로 B 작용기하고만 반응하고, 또 B 작용기는 배타적으로 A 작용기와 반응한다. 단계 성장 중합에 있어서 생성되는 새로운 공유결합은, 친핵성 아실 치환 반응에서와 같이 일반적으로 A와 B 작용기 사이의 반응에 의해서 생성된다. 이 절에서는 5가지 형태의 단계 성장 고분사, 즉 폴리아마이드(polyamide), 폴리에스터(polyester), 폴리카보네이트(polycarbonate), 폴리유레테인(polyurethane), 에폭시 수지(epoxy resin)에 대해서 논의해 보고자 한다.

A. 폴리아마이드

1930년대 초, E. I. DuPont de Nemours & Company의 화학자들은 다이카복실산(dicarboxylic acid)과 다이아민(diamine) 사이에서 **폴리아마이드**(polyamide)를 생성하는 반응에 대한 기본적인 연구를 시작하였다. 1934년에 그들은 처음으로 순수한 합성 섬유인 나일론 66을 합성하였다. 나일론 66이 그렇게 불리는 것은 두 종의 단량체가 각각 6개의 탄소 원자를 포함하고 있기 때문이다.

폴리아마이드 각 단량체가 그 이웃 단량체와 아마이드 결합에 의해서 연결되는 고분자이며, 예로 나일론 66이 있다.

나일론 66의 합성을 위하여 헥세인다이오산(hexanedioic acid)과 1,6-헥세인다이아민(1,6-hexanediamine)을 에탄올 수용액에 용해시켜 나일론염이라고 하는 일 대 일 염을 생성시킨다. 이 염은 **고압 반응기**(autoclave)에서 250℃, 내부 압력 15기압까지 가열 가압한다. 이 조건하에서 다이카복실산에서부터 생성된 $-COO^-$기와 다이아민으로부터 생성된 $-NH_3^+$기가 반응하여 H_2O를 이탈시키며 폴리아마이드를 생성시킨다. 이러한 조건하에서 생성되는 나일론 66은 250~260℃ 정도의 영역에서 사용될 수 있으며, 분자량이 10,000~20,000 g/mol 정도이다.

고압 반응기 원래 증기와 고압에 의해 살균 소독할 수 있도록 고안된 장치이다. 그러나 살균 소독뿐만 아니라 고온 고압을 필요로 하는 반응의 반응기로 이용될 수 있다.

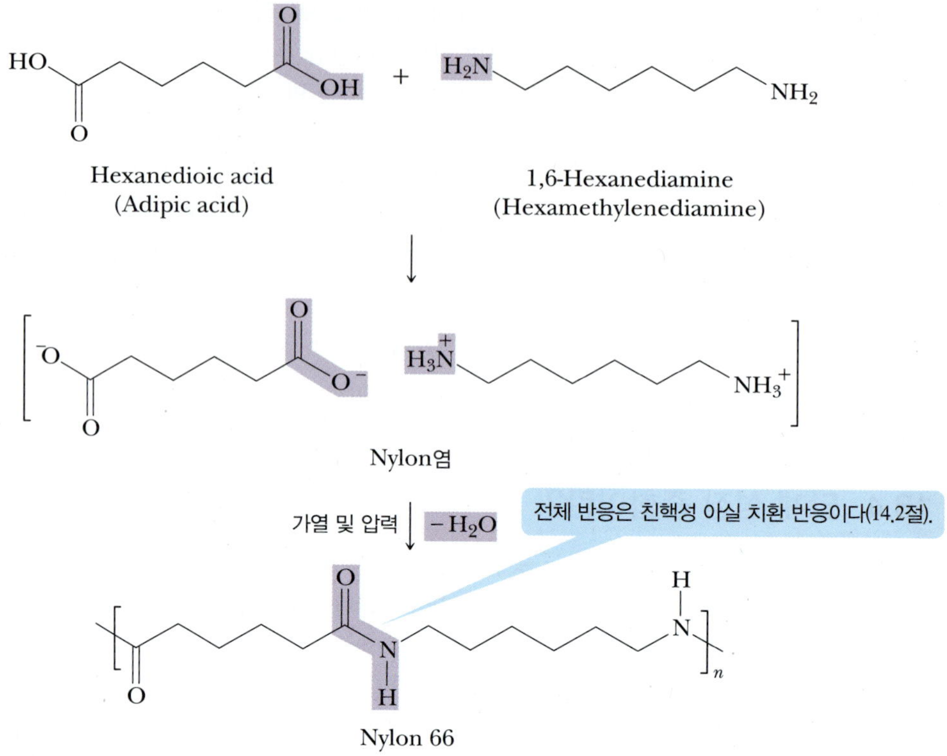

Hexanedioic acid (Adipic acid) + 1,6-Hexanediamine (Hexamethylenediamine)

↓

Nylon염

가열 및 압력 ↓ $-H_2O$

전체 반응은 친핵성 아실 치환 반응이다(14.2절).

Nylon 66

섬유의 생산을 위한 첫 단계로, 갓 생성된 나일론 66을 용융시키고, 섬유로 방사한 후 냉각시킨다. 이후 용융 방사된 섬유의 결정화도를 증가시키기 위해 원래 길이의 약 네 배까지 **냉연신**(cold drawn, 실온에서 연신)한다. 섬유가 연신될 때, 각 고분자 분자가 섬유가 연신되는 방향으로 배열되고, 한 사슬의 카보닐 산소와 다른 사슬의 아마이드 수소 사이에 수소 결합이 생성된다(그림 16.4). 배열된 폴리아마이드 분자가 섬유의 물리적인 성질에 미치는 효과는 매우 큰데, 인장 강도와 경직도가 크게 증가한다. 냉연신은 대부분의 합성 섬유 생산에 있어서 중요한 단계이다.

이러한 종류의 고분자들을 나일론이라고 하며, 그들은 여러 가지 다른 용도에 적합하도록 섬세하게 다른 성질들을 가지도록 조절할 수 있다. 이들 부류 중에서 가장 넓게 사용되는 두 가지는 나일론 66과 나일론 6이다. 나일론 6은 6개의 탄소로 이루어진 단량체인 카프로락탐(caprolactam)으로부터 합성되기 때문에 그렇게 명명되었다. 이 합성에 있어서 카프로락탐은 부분적으로 가수 분해되어 6-아미노헥산산(6-aminohexanoic acid)으로 되었다가 그다음 250°C까지 가열하여 중합이 일어나게 된다.

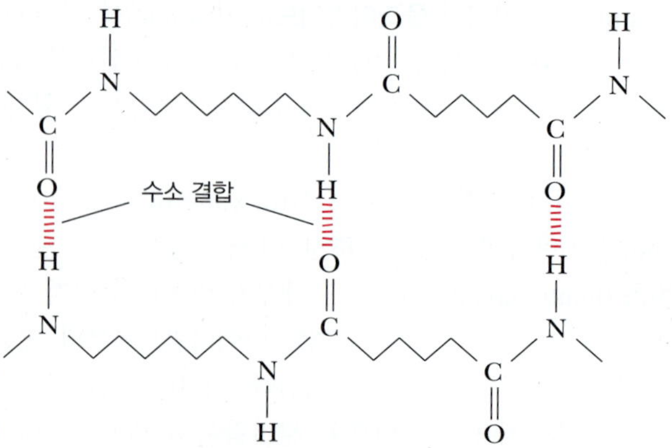

수소 결합

그림 16.4 냉연신된 나일론 66의 구조. 인접한 고분자 사슬 사이 수소 결합은 섬유에 추가적인 인장 강도와 경직도를 제공해 준다.

Caprolactam $\xrightarrow[\text{2) 열}]{\text{1) 부분적 가수 분해}}$ Nylon 6

나일론 6은 섬유, 솔의 털, 로프, 고내충격 성형품, 그리고 타이어 코드 등의 제조에 이용된다.

분자 구조와 물리적인 성질 사이 관계에 대한 폭넓은 연구에 바탕을 두고, Du Pont의 과학자들은 방향족 고리를 포함하는 폴리아마이드가 나일론 66이나 나일론 6보다 더 단단하고 강할 것으로 유추하였다. 1960년대 초반, Du Pont이 테레프탈산(terephthalic acid)과 *p*-페닐렌다이아민(*p*-phenylenediamine)으로부터 합성된 폴리방향족 아마이드[**아라미드**(aramid)] 섬유인 케블라를 개발하였다.

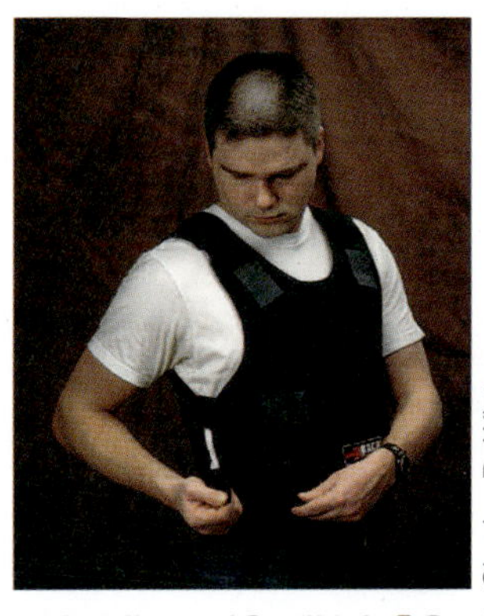

방탄조끼는 두터운 케블라 층을 가지고 있다.

$$n\text{HOOC}-\text{C}_6\text{H}_4-\text{COOH} + n\text{H}_2\text{N}-\text{C}_6\text{H}_4-\text{NH}_2 \longrightarrow \left(\text{CO}-\text{C}_6\text{H}_4-\text{CONH}-\text{C}_6\text{H}_4-\text{NH}\right)_n + 2n\text{H}_2\text{O}$$

1,4-Benzenedicarboxylic acid (Terephthalic acid) — 1,4-Benzenediamine (*p*-Phenylenediamine) — Kevlar

케블라의 뛰어난 특징 중 하나는 비슷한 강도를 갖는 다른 물질의 무게와 비교하여 가볍다는 점이다. 예를 들면 케블라로 짠 7.6 cm 밧줄은 7.6 cm 강철 밧줄과 비슷한 강도를 지닌다. 그러나 강철 밧줄의 경우 무게가 약 30 kg/m(20 lb/ft)인 반면에, 케블라 밧줄은 6 kg/m (4 lb/ft)에 불과하다. 오늘날 케블라는 배의 정박을 위한 닻의 밧줄, 자동차 타이어의 강화 섬유 등에 사용된다. 케블라는 또한 섬유로 뽑아 직조하면 매우 강인하기 때문에 방탄조끼, 방탄재킷, 비옷 등으로 사용될 수 있다.

아라미드 폴리 방향족 아마이드. 즉 단량체 단위가 방향족 다이아민과 방향족 다이카복실산으로 이루어진 고분자

B. 폴리에스터

1940년대에 개발된 최초의 **폴리에스터**(polyester)는 벤젠 1,4-다이카복실산[1,4-dicarboxylic acid, 테레프탈산(terephthalic acid)]과 1,2-에테인다이올[1,2-ethanediol, 에틸렌 글라이콜(ethylene glycol)]이 반응하여 PET 또는 PETE로 불리는 폴리(에틸렌 테레프탈레이트)[poly(ethylene terephthalate)]를 생성하는 반응에 의하여 소개되었다. 사실상 현재의 모든 PET는 테레프탈산의 다이메틸 에스터(dimethyl ester)를 에스터 치환 반응(transesterification reaction, 14.4C절)하여 만들고 있다.

Ken Karp for John Wiley & Sons

마일라(Mylar) 필름은 라텍스 필름보다 작은 구멍들을 가지고 있으므로, 헬륨을 넣은 풍선의 경우보다 오래 부풀어 있을 수 있다. 헬륨 원자는 필름의 기공을 통해 매우 느리게 확산된다.

CH_3OH 제거

$$\text{CH}_3\text{OOC}-\text{C}_6\text{H}_4-\text{COOCH}_3 + \text{HOCH}_2\text{CH}_2\text{OH} \xrightarrow[-\text{CH}_3\text{OH}]{\text{열}} \left(\text{OC}-\text{C}_6\text{H}_4-\text{COOCH}_2\text{CH}_2\text{O}\right)_n + n\text{CH}_3\text{OH}$$

Dimethyl terephthalate — 1,2-Ethanediol (Ethylene glycol) — Poly(ethylene terephthalate) (Dacron®, Mylar®)

생성된 폴리에스터 원료는 용융되고, 압출되며, 그다음은 냉연신되어 직물 섬유인 데크론(Dacron®) 폴리에스터로 제조될 수 있다. 이 섬유는 높은 경직도(나일론 66보다 약 네 배 더 큼), 매우 높은 강도와, 주름이나 비틀림에 대단히 큰 저항성 등의 뛰어난 특징들을 보여준다. 초창기의 데크론 폴리에스터 섬유는 뻣뻣하여 감촉이 나빴기 때문에, 주로 면이나 양모와 혼합하여 직

폴리에스터 폴리(에틸렌 테레프탈레이트)와 같이 에스터 결합에 의해서 각 단량체 단위가 인접한 단량체와 연결된 고분자이다.

물 섬유로 만들어 사용되었다. 보다 새로운 제조 기술은 훨씬 덜 딱딱한 데이크론 폴리에스터 직물 섬유를 생산하기도 한다. PET는 마일라 필름이나 재생 가능한 플라스틱 음료수통 등으로도 제조된다.

C. 폴리카보네이트

폴리카보네이트 카복실기가 탄산으로부터 얻어지는 폴리에스터의 일종이다.

렉산(Lexan®)으로 잘 알려진 **폴리카보네이트**(polycarbonate)는 상업적으로 중요한 엔지니어링 폴리에스터이다. 렉산은 비스페놀 A(bisphenol A)의 다이소듐염(disodium salt, 문제 9.33)과 포스젠(phosgene) 사이의 반응으로 생성된다.

$$^{+}Na^{-}O-C_6H_4-C(CH_3)_2-C_6H_4-O^{-}Na^{+} + Cl-\overset{O}{\overset{\|}{C}}-Cl \longrightarrow \left(C_6H_4-C(CH_3)_2-C_6H_4-O-\overset{O}{\overset{\|}{C}}-O \right)_n + nNaCl$$

Na^+Cl^-의 제거

Bisphenol A의 다이소듐염 / Phosgene / Lexan® (polycarbonate)

포스젠은 탄산의 이산 염화물(diacid chloride, 14.1A절)이며, 포스젠은 가수 분해하여 H_2CO_3와 $2HCl$을 생성하는 것에 유의하라.

렉산은 넓은 온도 범위에 걸쳐서 높은 충격과 인장 강도의 성질을 유지하는, 강인하면서도 투명한 고분자이다. 폴리카보네이트는 헬멧과 안면 마스크 등의 스포츠 용구나, 가정용 설비를 위한 가볍고 충격에 강한 가정용품들의 생산, 그리고 안전유리와 깨지지 않는 창의 제조에 사용된다.

Charles D. Winters

폴리카보네이트 하키용 마스크

D. 폴리유레테인

유레테인(urethane) 또는 카바메이트(carbamate)는 카밤산(carbamic acid, H_2NCOOH)의 에스터 화합물이다. 카바메이트는 일반적으로 아이소사이아네이트(isocyanate)와 알코올을 반응시킴으로써 제조된다. 이 반응에서 알코올의 H와 OR′는 C=N 결합에 첨가되어, C=O 결합에 알코올이 첨가되는 반응과 비교되는 반응이다.

$$\underset{\text{Isocyanate}}{RN=C=O} + R'OH \longrightarrow \underset{\text{Carbamate}}{RNH\overset{O}{\overset{\|}{C}}OR'}$$

폴리유레테인 반복 단위로 —NHCOO—기를 포함하는 고분자이다.

폴리유레테인(polyurethane)은 단단한 유레테인 단위(블록)와 유연한 폴리에스터 또는 폴리에터 단위(블록)가 교대로 반복되어 구성된다. 유레테인 단위는 주로 2,4-와 2,6-톨루엔 다이아이소사이아네이트(toluene diisocyanate) 혼합물로 이루어진 다이아이소사이아네이트로부터 유도된다.

$$O=C=N-C_6H_3(CH_3)-N=C=O + nHO\text{-고분자-}OH \longrightarrow \left(\overset{O}{\overset{\|}{C}}NH-C_6H_3(CH_3)-NH\overset{O}{\overset{\|}{C}}O\text{-고분자-}O \right)_n$$

2,6-Toluene diisocyanate / 사슬의 양쪽 끝에 OH기를 가진 저분자량의 폴리에스터 또는 폴리에터 / Polyurethane

유연한 블록은 사슬의 양끝에 OH기를 갖는 낮은 분자량(1,000에서 4,000 정도)의 폴리에스터나 폴리에터로부터 유도된다. 폴리유레테인 섬유는 꽤 부드럽고 탄성이 있어서 수영복, 타이즈, 그리고 내의에 사용되는 '신축성' 직물인 스판덱스와 라이크라(Lycra®)와 같은 것에 사용되어 왔다.

실내 장식품이나 절연재용 발포 폴리유레테인은 중합 중에 적은 양의 물을 첨가함으로써 만들어진다. 물은 아이소사이아네이트와 반응하여 카밤산을 생성하고, 카밤산은 자발적인 카복실 이탈 반응에 의해 발포제로 작용하는 기체 상태의 이산화 탄소를 발생시킨다.

$$RN{=}C{=}O + H_2O \longrightarrow \left[RNH-\overset{\overset{\displaystyle O}{\|}}{C}-OH \right] \longrightarrow RNH_2 + CO_2$$

Isocyanate　　　Carbamic acid (불안정)

E. 에폭시 수지

에폭시 수지(epoxy resin)는 적어도 두 개의 에폭시기를 포함하는 단량체의 중합으로 제조되는 물질이다. 이러한 범주 내에서 에폭시 수지는 많은 수의 다양한 고분자 물질이 가능할 것이며, 점도가 낮은 액체로부터 용융점이 높은 고체 물질에 이르기까지 여러 가지 형태로 제조된다. 가장 광범위하게 사용되는 에폭시 단량체는 비스페놀 A(문제 9.33)의 다이소듐염 1 mol과 2 mol의 에피클로로하이드린(epichlorohydrin)을 반응시켜 생성되는 다이에폭시화물(diepoxide)이다.

에폭시 수지 적어도 두 개의 에폭시기를 포함하는 단량체의 중합에 의해서 제조되는 물질

Charles D. Winters

에폭시 수지 키트

Epichlorohydrin + $^{+}Na^{-}O$–(Bisphenol A)–$O^{-}Na^{+}$ + Epichlorohydrin

Epichloro-hydrin　　Bisphenol A의 다이소듐염　　Epichloro-hydrin

↓

Diepoxide + 2NaCl

다음의 에폭시 수지를 제조하기 위하여 다이에폭사이드 단량체를 1,2-에테인다이아민[1,2-ethanediamine, 에틸렌 다이아민(ethylene diamine)]와 반응시킨다.

이 질소는 다른 단량체의 에폭시화물과 자유롭게 반응할 수 있다.

다이에폭시화물 + H_2N–CH_2CH_2–NH_2 ⟶

다이에폭시화물　　다이아민

에폭시 수지

에틸렌 다이아민은 하드웨어 가게나 철물점 등에서 구입할 수 있는 에폭시 제품을 이루고 있는 두 가지 성분 가운데, 보통 촉매라고 표시되어 있는 것이다. 그것은 톡 쏘는 냄새를 가지는 성분이기도 하다. 반응은 높은 스트레인을 가지는 삼원자 에폭사이드 고리(8.4C절)에 대한 친핵성 치환 반응으로 진행된다.

에폭시 수지는 접착제나 절연 표면 코팅용 등으로 폭넓게 사용된다. 에폭시 수지는 우수한 전기 절연성을 가지고 있어서, 집적 회로 기판으로부터 스위치 코일에 이르기까지 다양한 전기 부품의 봉지재나 동력 전달 시스템의 절연제로 사용된다. 에폭시 수지는 유리 섬유, 종이, 금속 포일, 다른 합성 섬유와 같은 다른 재료와의 복합재로 사용되며, 제트항공기, 로켓 모터 케이스 등의 구조 부품에 사용된다.

예제 16.2

비스페놀 A의 다이소듐염과 에피클로로하이드린(epichlorohydrin) 사이의 반응은 어떤 메커니즘으로 일어날까?

전략

이전 페이지의 메커니즘을 살펴보면 비스페놀 A의 산소 음이온이 에피클로로하이드린의 1차 탄소로부터 염소 원자를 치환하는 것을 화살표로부터 알 수 있을 것이다. 비스페놀 A의 페녹시화 이온은 우수한 친핵체이고, 에피클로로하이드린의 1차 탄소에 있는 염소는 이탈기이다.

풀이

그 메커니즘은 S_N2 메커니즘이다.

문제 16.2

다음 반응으로부터 생성되는 에폭시 수지의 반복 단위를 쓰시오.

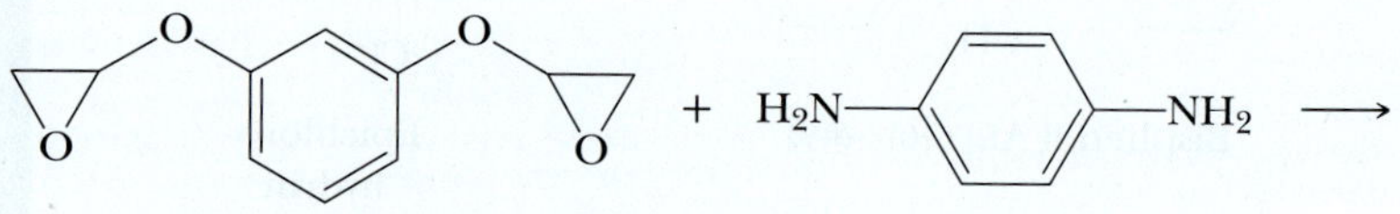

$+ \; H_2N-C_6H_4-NH_2 \longrightarrow$

다이에폭시화물 다이아민

16.5 사슬 성장 고분자란?

사슬 성장 중합 불포화 단량체나 다른 반응성 작용기를 갖고 있는 단량체의 연속적인 첨가 반응을 포함하는 중합이다.

화학 산업의 관점에서 보면, 알켄의 단순하면서도 가장 중요한 반응은 단량체 단위가 원자의 이탈이 없이 함께 연결되는 **사슬 성장 중합**(chain-growth polymerization)이다. 그 예로는 에틸렌으로부터 폴리에틸렌이 만들어지는 것을 들 수 있다.

$$n\mathrm{CH_2{=}CH_2} \xrightarrow{\text{촉매}} -\!\!\left(\mathrm{CH_2CH_2}\right)\!\!-_n$$

Ethylene Polyethylene

사슬 성장 중합의 메커니즘은 단계 성장 중합의 메커니즘과 크게 다르다. 후자는 모든 단량체와 고분자의 말단이 동등하게 반응성이 있는 작용기를 포함하고 있어서 단량체와 단량체, 이합체와 이합체, 단합체와 사합체 등 모든 다양한 조합의 반응이 일어나게 된다. 이와는 반대로 사슬 성장 중합은 반응성 중간체를 가지는 말단기가 오로지 단량체하고만 반응한다. 사슬 성장 중합에 이용되는 반응성 중간체는 라디칼, 탄소 음이온, 탄소 양이온, 그리고 유기금속 착물 등이 있다.

화학 관련 16A

녹는 실

의학 기술이 발전함에 따라 신체 내부에 사용될 수 있는 합성 물질에 대한 수요도 함께 증가하고 있다. 고분자는 이상적인 생체 물질이 될 수 있는 여러 특징을 가지고 있다. 예를 들어 가볍다든지, 강하다든지, 화학 조성에 따라 반응성이 없거나 생분해(그들의 화학적 구조에 의지하여)될 수 있다든지, 천연 조직에 잘 어울리도록 여러 가지 물리적 성질(유연성, 경직성, 탄력성)을 조절할 수 있다든지 하는 것들이다. 탄소–탄소 뼈대를 가지고 있는 고분자들은 분해에 대한 저항성이 커서 생체 조직의 대체나 영구적인 인공 장기 등에 이용되고 있다.

비록 대다수 고분자의 의학적 이용들은 생체 안정성을 필요로 하지만, 몇몇 응용의 경우에 있어서는 고분자의 생분해성을 이용하는 것도 개발되었다. 흡수되는 봉합사로서 글리콜산/젖산의 공중합체를 이용하는 것이 그 한 예이다.

장선(catgut)과 같은 전통적 봉합사는 목적을 달성한 후에는 제거되어야 한다. 그러나 이들 하이드록시에스터(hydroxyester) 고분자로 된 실은 약 2주간에 걸쳐서 천천히 가수 분해되어 실이 완전히 분해될 때쯤이면 다친 조직은 치료되고 봉합사는 제거할 필요가 없게 된다. 실의 가수 분해 동안에 발생되는 글리콜산과 젖산은 생화학적 경로에 의해 대사되어 배출된다.

Glycolic acid

Lactic acid

공중합
$-nH_2O$

Poly(glycolic acid)–poly(lactic acid)의 공중합체

문제

폴리(글리콜산)–폴리(락트산) 공중합체 중 한 개의 반복 단위에 대한 가수 분해 메커니즘을 제안하시오.

사슬 성장 중합을 일으키는 단량체는 광범위하며, 알켄(alkene), 알카인(alkyne), 알렌(allene), 아이소사이아네이트(isocyanate)나, 락톤(lactone), 락탐(lactam), 에터(ether), 에폭시화물(epoxide)와 같은 고리 화합물을 포함한다. 여기서는 에틸렌(ethylene)과 치환된 에틸렌의 사슬 성장 중합에 대해서 보다 집중적으로 설명하려고 하며, 이들 화합물이 라디칼 또는 유기금속이 매개되는 메커니즘을 따라 어떻게 중합될 수 있는가를 보이고자 한다.

표 16.1은 에틸렌과 치환된 에틸렌으로부터 생성되는 주요 고분자와 그들의 일반명, 가장 중요한 용도를 정리하여 나타내었다.

표 16.1 에틸렌과 치환된 에틸렌으로부터 유도되는 고분자들

단량체 구조식	일반명	고분자명 및 용도
$CH_2{=}CH_2$	에틸렌	폴리에틸렌, 폴리텐(polythene), 깨짐 방지 용기와 포장재
$CH_2{=}CHCH_3$	프로필렌	폴리프로필렌, 헤르쿨론(Herculon™), 섬유와 카펫 섬유
$CH_2{=}CHCl$	염화 바이닐	염화 바이닐 수지, PVC, 건축용 튜브
$CH_2{=}CCl_2$	1,1-다이클로로에틸렌	폴리(1,1-다이클로로에틸렌), 사란랩(Saran Wrap®)은 염화 바이닐 공중합체이다.
$CH_2{=}CHCN$	아크릴로나이트릴	폴리아크릴로나이트릴, 올론(Orlon®), 아크릴(acrylic)과 아크릴레이트(acrylate)
$CF_2{=}CF_2$	테트라플루오로에틸렌	폴리테트라플루오로에틸렌, PTFE, 테프론(Teflon®), 붙지 않는 코팅
$CH_2{=}CHC_6H_5$	스타이렌	폴리스타이렌, 스타이로폼(Styrofoam™), 단열재
$CH_2{=}CHCOOCH_2CH_3$	아크릴산 에틸	폴리(에틸 아크릴레이트), 라텍스 페인트
$CH_2{=}C(CH_3)COOCH_3$	메타크릴산 메틸	폴리(메틸 메타크릴레이트), 루사이트 (Lucite®), 플랙시글라스 (Plexiglas®), 대체 유리

화학 관련 16B

종이, 아니면 플라스틱?

오디오광들은 스피커가 사운드 시스템의 음질을 대단히 크게 좌우한다고 할 것이다. 스피커는 진동판(diaphram)을 안과 밖으로 움직여 공기를 치환하면서 소리를 생성한다. 대부분의 진동판은 원뿔(cone) 모양이고, 전통적으로 종이로 만든다. 종이 원뿔은 저렴하고, 가볍고, 견고하며, 공명을 일으키지 않는다. 한 가지 단점은 물이나 습기에 취약하다는 점이다. 오랜 시간 노출되면, 종이 원뿔은 약해져서 소리의 충실도를 잃게 된다. 현재 사용되는 대부분의 스피커는 폴리프로필렌으로 제조되며, 이것 역시 가격이 저렴하고, 가볍고, 견고하며, 공명을 일으키지 않는다. 더 나아가 폴리프로필렌 원뿔은 물과 습기에 강할 뿐 아니라, 성능이 온도의 영향을 적게 받는다. 더군다나 우수한 강도 때문에 종이보다 덜 찢어지는 경향이 있다. 폴리프로필렌 원뿔은 장시간 사용이 가능하고, 쉽게 교체할 수 있으며, 더 깊은 저음과 더 높은 고음을 낼 수 있다.

문제

종이 스피커 원뿔은 대부분 단량체 단위가 D-글루코스(D-glucose)로 알려진 셀룰로스(cellulose) 고분자로 구성되어 있다(17장). 어째서 이 고분자는 습기에 취약하며, 또 다른 고분자, 즉 폴리프로필렌은 습기에 강한지 제안하시오.

Cellulose　　Polypropylene

A. 라디칼 사슬 성장 중합

라디칼 하나 이상의 홀전자를 가지는 분자

낚시바늘 화살표 전자 한 개의 위치 변화를 나타내기 위해 사용되는 한쪽에만 갈고리가 있는 굽은 화살표

에틸렌의 첫 번째 상업적인 중합은 벤조일 과산화물(benzoyl peroxide)과 같은 유기 과산화물의 열분해에 의해서 생성되는 라디칼에 의해 개시된다. **라디칼**(radical)은 하나 이상의 홀전자를 가지는 분자이다. 라디칼은 결합에 참여하는 각 원자 또는 부분이 한 개의 전자를 간직하는 방법으로 분해함에 의해 얻어질 수 있다. 아래 반응에서 **낚시바늘 화살표**(fishhook arrow)가 전자 한 개의 위치 변화를 나타내기 위하여 사용되었다.

Benzoyl peroxide —가열→ Benzoyloxy 라디칼

사슬 개시 라디칼 중합에 있어서 짝지은 전자만을 포함하는 분자로부터 라디칼이 생성되는 반응이다.

에틸렌과 치환된 에틸렌의 라디칼 중합은 세 단계를 거치는데, (1) 사슬 개시, (2) 사슬 전파, (3) 사슬 종결이다. 여기에 이들 단계를 나타내고, 다음은 각각 나누어서 차례대로 다루고자 한다.

메커니즘

에틸렌의 라디칼 중합

1단계: 사슬 개시(chain initiation)－비라디칼 화합물로부터 라디칼의 형성

$$\text{In}-\text{In} \xrightarrow{\text{열 또는 빛}} 2\text{In}\cdot$$

이 반응식에서 In–In은 개시제를 나타내고, 적절한 파장을 갖는 복사선을 조사하거나 또는 가열할 때 분해되어 두 개의 라디칼(In•)을 생성한다.

2단계: 사슬 전파(chain propagation)–라디칼과 단량체 분자의 반응에 의하여 새로운 라디칼 형성

사슬 성장 라디칼 중합에 있어서 라디칼과 분자의 반응에 의해 새로운 라디칼을 형성시키는 반응

사슬 종결 라디칼 중합에 있어서 두 개의 라디칼이 결합하여 공유결합을 형성하는 반응

3단계: 사슬 종결(chain termination)–라디칼의 소멸

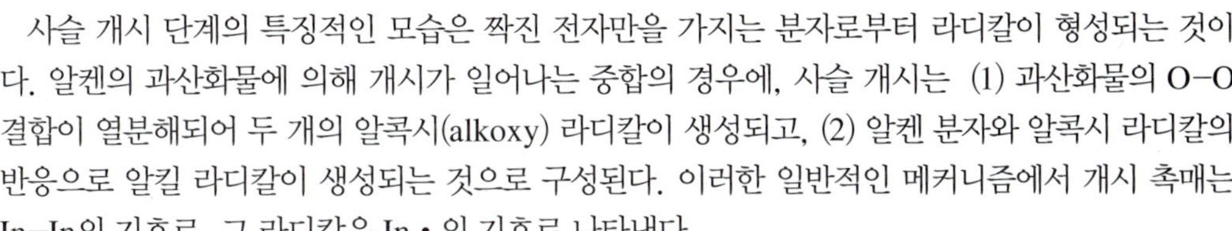

사슬 개시 단계의 특징적인 모습은 짝진 전자만을 가지는 분자로부터 라디칼이 형성되는 것이다. 알켄의 과산화물에 의해 개시가 일어나는 중합의 경우에, 사슬 개시는 (1) 과산화물의 O–O 결합이 열분해되어 두 개의 알콕시(alkoxy) 라디칼이 생성되고, (2) 알켄 분자와 알콕시 라디칼의 반응으로 알킬 라디칼이 생성되는 것으로 구성된다. 이러한 일반적인 메커니즘에서 개시 촉매는 In–In의 기호로, 그 라디칼은 In•의 기호로 나타낸다.

탄소 라디칼의 구조와 형태는 알킬 탄소 양이온의 구조와 형태와 비슷하다. 탄소 라디칼은 홀전자를 가지고 있는 탄소가 거의 120° 결합각을 가지며, 평면이거나 거의 평면에 가깝다. 알킬 라디칼과 탄소 양이온은 둘 다 전자가 부족한 탄소이기 때문에 알킬 라디칼의 상대적인 안정도는 알킬 탄소 양이온과 유사하다.

메틸 < 1° < 2° < 3°

알킬 라디칼의 안정도 증가

사슬 전파 단계의 특징은 라디칼과 분자가 반응하여 새로운 라디칼을 생성한다는 것이다. 성장 단계는 계속 반복해서 일어나며(성장하며), 각 단계에서 라디칼은 단량체와 반응하여 새로운 라디칼을 생성하고, 이것이 계속 반복되게 된다. 이러한 사슬 성장 단계가 반복되는 횟수를 **사슬 길이**(chain length)라고 하고, 기호 n으로 나타낸다. 에틸렌 중합에 있어서 사슬 연장 반응은 매우 빠른 속도로 일어나고, 때때로 실험 조건에 따라 초당 수천 번의 첨가 반응이 일어날 정도로 빠르다.

치환된 에틸렌의 라디칼 중합은 거의 언제나 더욱 안정한(많이 치환된) 라디칼을 생성한다. 첨가 반응이 통상 이러한 식으로 일어나듯이, 치환된 에틸렌 단량체의 중합은 하나의 단량체의 머리(탄소 1)가 다음 단량체의 꼬리(탄소 2)에 결합되는 식으로 연결된 단량체들로 구성된 고분자를 생성한다.

R 1 2 R R R R 1 2

치환된 에틸렌 단량체 머리–꼬리 결합

원칙적으로 사슬 전파 단계는 모든 출발 물질이 소모될 때까지 계속 반응이 일어날 수 있다. 실제로 사슬 전파는 두 개의 라디칼이 서로 반응하여 전파 과정이 종료될 때까지 계속된다. 사슬 종결 단계의 특징은 라디칼의 소멸이다. 치환된 에틸렌의 라디칼 중합에서 보인 메커니즘에서 사슬 종결은 두 라디칼의 짝지음 반응이 일어나서 새로운 탄소–탄소 단일 결합을 형성함으로써 일어난다.

에틸렌 중합을 위한 첫 번째 상업 공정은 과산화물을 촉매로 사용하여 500°C의 온도와 1,000기압의 압력에서 수행되었으며, 0.91~0.94 g/cm^{3}의 밀도와 약 115°C의 용융 전이 온도(T_m)를 가지는 부드럽고 강인한 **저밀도 폴리에틸렌**(low-density polyethylene, LDPE)으로 알려진 고분자를 생산하였다. LDPE의 용융점이 100°C와 거의 비슷하기 때문에 LDPE는 끓는 물에 노출되는 상품으로는 사용될 수 없다. 분자 수준에서 볼 때 LDPE는 가지가 많은 사슬들로 구성되어 있다.

사슬 이동 반응 라디칼 중합에 있어서 한 사슬의 말단 반응성이 중합 중에 다른 사슬로 이동되는 반응

저밀도 폴리에틸렌의 사슬에 있는 가지들은 라디칼 말단기가 뒤로 네 번째 탄소(사슬로서는 다섯 번째 탄소)로부터 수소를 떼어내는 '되물기(back-biting)' 반응으로부터 만들어진다. 이러한 수소의 이탈은 특히 쉽게 일어나는데, 그 이유는 이 반응과 관계되는 전이 상태가 의자형 사이클로헥세인(cyclohexane)과 같은 형태를 가지기 때문이다. 또한 이러한 과정에 의하여 불안정한 1° 라디칼이 더 안정한 2° 라디칼로 바뀌게 된다. 이러한 부반응을 **사슬 이동 반응**(chain-transfer reaction)이라고 하는데, 이는 말단기의 활성이 한 사슬에서 다른 사슬로 '이동'되기 때문이다. 생성되는 새로운 라디칼 중심에서부터 계속되는 단량체의 중합은 네 개의 탄소 길이를 가지는 가지를 생성하게 된다.

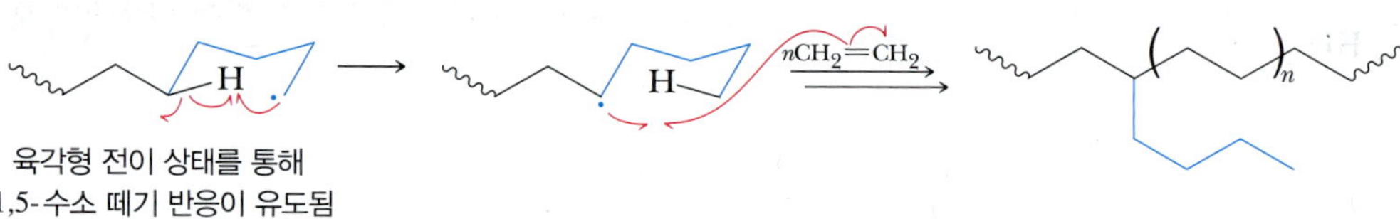

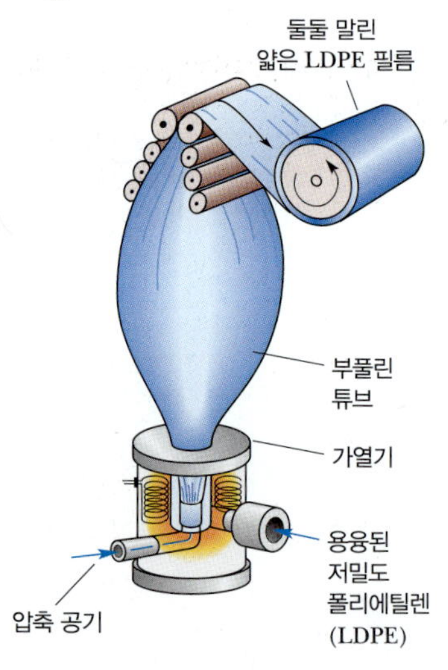

그림 16.5 LDPE 필름의 제조. 용융된 LDPE의 튜브는 압축 공기의 분사와 함께 분출되어 거대하고 얇은 막을 가지는 기포로 부풀려진다. 이 필름은 냉각되며 위로 올라와서 롤러에 감겨진다. 이러한 이중벽으로 된 필름의 옆을 가름으로써 LDPE 필름이 될 수도 있고, 길이를 따라서 특정 부분을 봉합함으로써 LDPE 봉지를 만들 수도 있다.

전체 LDPE 중 약 65%가 그림 16.5에 보인 바와 같은 블로 성형(blow–molding) 기술에 의한 필름 제조에 이용된다. LDPE 필름은 값이 저렴하여, 구운 상품, 채소, 또는 기타 소비재의 포장용이나, 쓰레기 봉지로 사용하기에 이상적이다.

B. Ziegler–Natta 사슬 성장 중합

1950년대에 독일의 Karl Ziegler와 이탈리아의 Giulio Natta는 알켄의 또 다른 중합 방법을 개발하였고, 그 업적으로 1963년에 노벨 화학상을 공동 수상하였다. 초창기 Ziegler–Natta 촉매는 $MgCl_2$ 담체, $TiCl_4$와 같은 4B족 전이 금속 할로젠화물(transition metal halide), 그리고 알킬알루미늄 화합물[alkylaluminum compound, 예를 들어 염화 다이에틸알루미늄(diethylaluminum chloride), $Al(CH_2CH_3)_2Cl$]으로 구성된 매우 활성이 높은 불균일 물질이었다. 이들 촉매는 60°C 정도의 낮은 온도와 1~4기압의 에틸렌과 프로필렌 압력에서 이들을 중합시킨다.

Ziegler–Natta 중합을 위한 촉매는 $Al(CH_2CH_3)_2Cl$과 할로젠화 타이타늄(titanium halide)이 $MgCl_2/TiCl_4$ 입자 표면에서 반응하여 생성되는 알킬타이타늄(alkyltitanium) 화합물이다. 한번 생성되면, 이들 알킬타이타늄 종들은 반복해서 에틸렌 단위를 타이타늄–탄소 결합에 삽입되어 폴리에틸렌을 만들어 내게 된다.

메커니즘

에틸렌 중합을 위한 ZIEGLER-NATTA 촉매

1단계: 타이타늄-에틸 결합의 생성

$$\text{Ti}-\text{Cl} + \text{Al}(\text{CH}_2\text{CH}_3)_2\text{Cl} \longrightarrow \text{Ti}-\text{CH}_2\text{CH}_3 + \text{Al}(\text{CH}_2\text{CH}_3)\text{Cl}_2$$

2단계: 타이타늄-탄소 결합 속으로의 에틸렌의 삽입

$$\text{Ti}-\text{CH}_2\text{CH}_3 + \text{CH}_2{=}\text{CH}_2 \longrightarrow \text{Ti}-\text{CH}_2\text{CH}_2\text{CH}_2\text{CH}_3$$

CH_2CH_2기의 반복적인 삽입에 의한 고분자 사슬의 성장

전 세계적으로 매년 600억 달러 이상의 폴리에틸렌이 Ziegler–Natta 촉매를 통해서 생산되고 있다. **고밀도 폴리에틸렌**(high-density polyethylene, HDPE)이라고 불리는 Ziegler–Natta 시스템에서 제조된 폴리에틸렌은 저밀도 폴리에틸렌(밀도 0.91 g/cm^{3}과 용융 전이 온도 115℃)보다 높은 밀도(0.96 g/cm^3)와 높은 용융 전이 온도(133℃)를 가지며, 3~10배 더 강하고, 투명하기보다는 오히려 불투명하다. 이와 같은 높은 강도와 불투명도는 LDPE에 비하여 사슬 가지의 정도가 낮고 이로부터 더 높은 결정화도의 HDPE가 만들어지기 때문이다. 미국에서 사용되는 HDPE의 약 45%가 블로 성형(blow mold)으로 생산된다(그림 16.6).

HDPE 성질의 향상은 특별한 가공 기술에 의하여 실현될 수 있다. 용융 상태에서 HDPE 사슬은 요리된 스파게티와 비슷하게 임의의 형태로 꼬인 코일 형태이다. 공학자들은 HDPE의 각 고분자 사슬들을 직선의 형태를 갖도록, 감긴 것을 풀도록 힘을 작용시키는 압출 기술을 개발하였다. 이들 직선형 사슬은 높은 결정질 재료가 생성되도록 서로서로 배열하게 된다. 이와 같은 방법

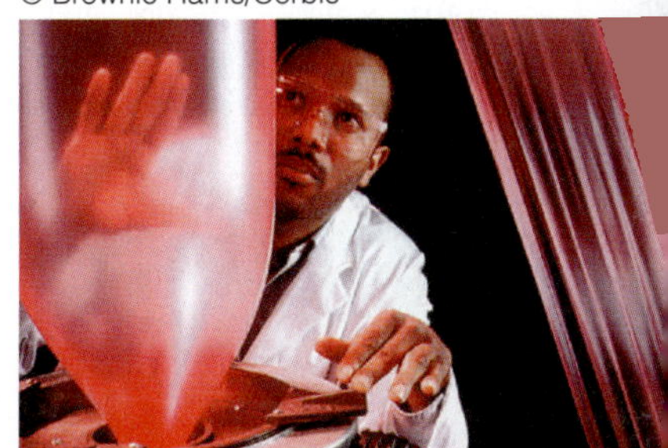

폴리에틸렌 필름은 고리 모양의 구멍을 통해 용융 플라스틱을 압출하며 필름을 풍선 모양으로 부풀림으로써 만들어진다.

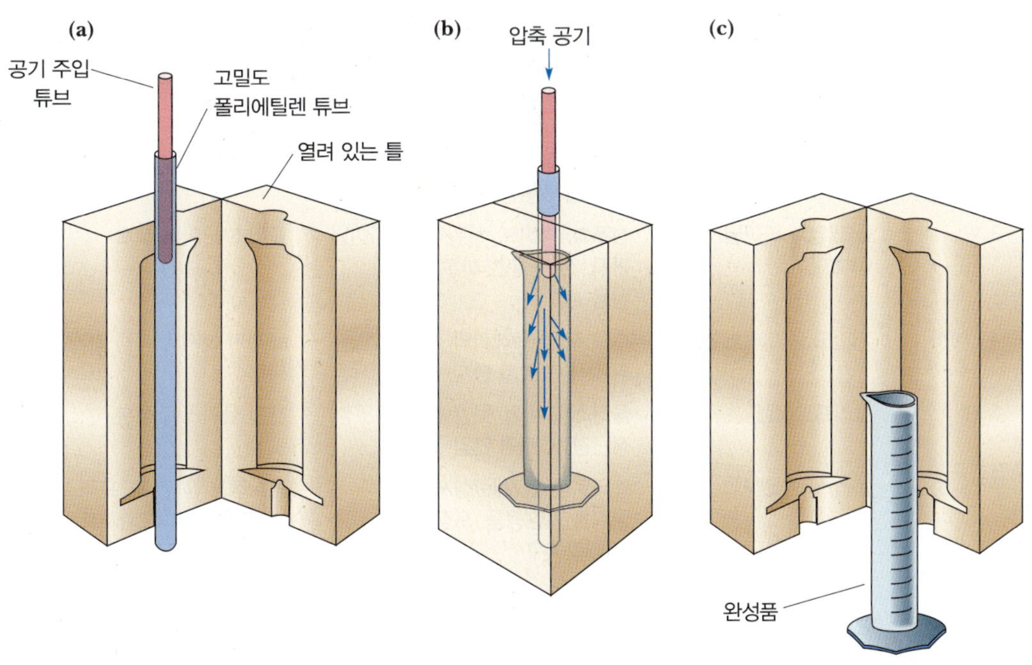

그림 16.6 HDPE 용기 제작을 위한 블로 성형. (a) 짧은 HDPE 튜브를 틀에 놓고, 틀을 닫은 후, 튜브의 바닥을 봉한다. (b) 압축 공기를 뜨거워진 폴리에틸렌 틀 조합에 불어 넣으면, 튜브는 부풀어 올라 틀의 모양대로 성형된다. (c) 냉각시킨 후 틀을 열면, 원하는 모양의 용기가 만들어진다.

으로 가공된 HDPE는 강철보다 경직도가 높고, 인장 강도도 대략 네 배나 강하다. 폴리에틸렌(≈ 1.0 g/cm³)의 밀도가 강철(8.0 g/cm³)의 밀도보다 훨씬 작기 때문에, 무게를 기준으로 강도와 경직도에 대한 이러한 비교를 한다면 폴리에틸렌의 우수성이 더욱 두드러질 것이다.

16.6 어떤 고분자가 최근 대량으로 재활용되고 있는가?

고밀도 폴리에틸렌 용기에 의하여 포장되어 있는 상품들의 예

우리 사회는 플라스틱이라고 하는 형태의 고분자에 믿을 수 없을 정도로 많이 의존하고 있다. 내구성이 있고, 가벼운 플라스틱은 아마도 존재하는 합성 물질 중 가장 다양하게 사용될 수 있을 것이다. 실제로 미국에서의 생산량은 현재 강철을 능가한다. 그러나 쓰레기에서 차지하는 부분 때문에 플라스틱이 비난의 대상이 되고 있는 것 또한 사실이다. 고체 폐기물에서 플라스틱은 부피로 21%, 무게로 8%를 차지하고 있는데, 이들 대부분은 일회용 포장용품이다. 미국에서 해마다 생산되고 있는 1.5×10^8 kg의 열가소성 물질 중 재활용되는 것은 2%도 채 되지 않는다.

만일 대부분 플라스틱의 내구성과 화학적인 불활성이 그들을 재사용하기 위해 이상적으로 알맞다면 왜 더 많은 플라스틱이 재생되지 못할까? 이 질문의 답은 기술적인 장애보다 경제, 또는 소비자들의 습관에 더 많은 관계가 있다. 재활용품 수집과 중앙 집중화된 처리장이 이제야 비로소 일반화되고 있는 상황이므로, 이제까지는 재처리할 수 있는 폐물질의 양이 소량이었다. 추가적으로 필요한 분류 분리 공정과 더불어, 이러한 제약들은 제조 단계에서 재활용 플라스틱을 사용하는 것을 새로운 물질과 비교해서 더 비싸게 만들었다. 그러나 지난 10년간의 환경 문제에 대한 인식의 증가는 재활용품에 대한 수요를 더 크게 하였다. 제조업자들이 이런 새로운 시장에 적응함으로써 플라스틱의 재활용은 결과적으로 유리와 알루미늄과 같은 다른 제품을 재활용하는 정도를 따라갈 수 있을 것이다.

여섯 종류의 플라스틱이 포장용으로 일반적으로 사용되고 있다. 1988년 제조업자들은 플라스틱 산업 협회(Society of Plastics Industry, 표 16.2)에서 개발한 재활용 코드 숫자를 채택하였다. 플라스틱 재활용 산업이 아직도 충분히 발전되지 않았으므로, 현재로는 PET와 HDPE만이 대규모로 재생되고 있다. 플라스틱 쓰레기의 약 40%를 차지하고 있는 LDPE는 재활용업자들로부터

표 16.2 플라스틱의 재활용 코드

재활용 코드	고분자	일반 용도	재활용 고분자의 용도
1 PET	폴리(에틸렌테레프탈레이트)	음료수병, 가정용 화학 물질을 담는 병, 필름, 직물 섬유	음료수병, 가정용 화학 물질을 담는 병, 필름, 직물 섬유
2 HDPE	고밀도 폴리에틸렌	우유와 물 주전자, 식품 가게용 봉투, 병	병, 성형 용기
3 V	폴리(염화 바이닐), PVC	삼푸병, 파이프, 샤워 커튼, 바이닐 판자, 전선 절연, 마루 타일, 신용 카드	플라스틱 마루 매트
4 LDPE	저밀도 폴리에틸렌	수축 포장, 쓰레기와 식품 가게용 봉투, 샌드위치 봉지, 압착병	쓰레기 봉지와 식품 가게용 봉투
5 PP	폴리프로필렌	플라스틱 뚜껑, 옷감 섬유, 병뚜껑, 장난감, 기저귀 안감	혼합 플라스틱 성분
6 PS	폴리스타이렌	스티로폼 컵, 계란상자, 일회용 가정용품, 포장 재료, 가정용 기구	음식점용 쟁반, 자, 프리스비, 쓰레기통, 비디오카세트와 같은 성형 물품
7	모든 다른 플라스틱과 혼합 플라스틱	여러 가지	플라스틱 판재, 운동장 장비, 길의 반사 장치

채택되는 속도가 빠르지 않다. 폴리염화바이닐(PVC), 폴리프로필렌(PP), 폴리스타이렌(PS)의 재생도 있지만, 흔하지 않다.

대부분의 플라스틱을 재생하기 위한 과정은 다른 오염 물질에서부터 바람직한 플라스틱을 분리하는, 노동력이 많이 필요하고 단순한 과정이다. 예를 들면 PET의 청량 음료 병은 일반적으로 PET를 재사용하기 전에, 제거해야 하는 상표명 스티커나 접착제를 포함하고 있다. 재생 과정은 손이나 기계 분류 작업으로 시작되고, 그 후에 조그만 조각으로 잘라진다. 이를 공기로 강하게 불어주어 종이와 다른 가벼운 불순물을 제거한다. 남아 있는 나머지 상표명이나 접착제는 세척제로 세척하여 제거하고, PET 조각은 건조한다. 이런 방법으로 생산된 PET는 99.9% 순수하고, 최초로 제조되는 PET의 약 반값으로 판매된다. 불행하게도 비슷한 밀도를 가지는 다른 플라스틱은 이러한 기술로 분리될 수도 없을 뿐만 아니라, 여러 고분자로 구성된 플라스틱들은 그들의 순수 성분으로 나눌 수도 없다. 그러나 재생 혼합 플라스틱은 강하고, 내구성이 크며, 낙서에도 잘 버텨내는 플라스틱 판재로 성형될 수 있다.

물리적인 방법으로 분리하는 것 외에 화학적인 재생법이 발전하고 있다. 많은 양의 PET 필름 조각들은 에스터 치환(transesterification) 반응에 의하여 재활용될 수 있다. 그 조각을 산 촉매하에서 메탄올과 반응시켜 에틸렌 글라이콜과 다이메틸 테레프탈레이트(dimethyl terephthalate)를 제조하고, 이들을 증류와 재결정을 통하여 정제하며, 더 많은 PET 필름을 생성하기 위한 원료로 사용한다.

Poly(ethylene terephthalate) (PET) $\xrightarrow[H^+]{CH_3OH}$ Ethylene glycol + Dimethyl terephthalate

HO–CH₂CH₂–OH ; H_3CO–C(=O)–C₆H₄–C(=O)–OCH_3

중요한 질문에 대한 요약

16.1 고분자의 구조는 무엇인가?

- **중합**은 많은 작은 **단량체**를 결합시켜 고분자량의 **고분자**로 만드는 과정이다.
- **고분자**는 단량체들을 화학 반응을 통해서 연결하여 합성되는 긴 사슬 분자이다. 고분자의 분자량은 일반적인 유기 화합물의 분자량과 비교해서 높고, 전형적으로 10,000 g/mol에서부터 1,000,000 g/mol 이상의 값을 가진다.
- **열가소성 플라스틱**은 가열하여 성형할 수 있고, 냉각될 때 그 모양을 유지하는 고분자이다.
- **열경화성 플라스틱**은 처음 제조될 때는 성형이 되지만, 한번 냉각되면 비가역적으로 단단해지고 다시 녹일 수 없는 고분자이다.

16.2 고분자의 이름은 어떻게 붙이며, 그 구조는 어떻게 표현하는가?

- 고분자의 **반복 단위**는 고분자의 모든 구조적인 특성을 포함하는 가장 작은 단위이다.
- 고분자의 구조를 보이기 위해서, 반복 단위를 괄호 안에 넣고 고분자 사슬에 구조 단위가 n회 반복되었다는 것을 보여 주기 위해 괄호 밖에 아래 첨자 n으로 표시한다.
- 전체 고분자 사슬은 괄호 안의 구조 단위를 양방향으로 반복함으로써 나타낼 수 있다.
- 고분자를 명명하는 가장 일반적인 방법은 고분자가 생성되는 단량체의 이름에 접두사 **폴리**–를 붙이는 것이다. 만약 단량체의 이름이 두 가지 이상의 단어라면, 이름을 괄호 안에 묶어서 사용한다.

16.3 고분자 형태학이란? 결정성 대 비결정성 물질

- 고분자 물질의 특성은 **사슬 구조**와 물질의 **형태학**뿐만 아니라 반복 단위의 구조에 의존한다.
- 작은 유기 분자와 같이 고분자는 침전할 때 또는 용융 상태에서 냉각될 때 결정화하려는 경향이 있다.
- 고분자는 매우 크므로 그들 분자의 확산이 방해되고, 또한 복잡하고 불규칙한 구조를 갖는 경우가 많으므로 결정화 거동이 방해된다.
- 고체 상태의 고분자는 정렬된 **결정성 영역**(미소 결정)과 불규칙한 **비결정성 영역**의 두 가지 상태로 존재하려는 경향이 있다.
- 고분자가 단단한 유리 성질의 물질로부터 고무 상태의 물질로 변화되는 온도를 **유리 전이 온도**(T_g)라고 한다.
- 고분자는 결정성 영역에 의해서 빛이 산란되기 때문에 결정화도가 증가함에 따라 보다 불투명하게 된다. 결정화도가 커지면 강도와 강직성이 증가한다.
- 비결정성 영역은 넓은 범위의 정렬성이 거의 없거나 전혀 없다. 빛을 산란시키는 결정성 영역이 없기 때문에 비결정성 고분자는 투명하다. 또한 높은 유연성과 낮은 기계적 강도를 가지고 있다.

16.4 단계 성장 중합이란?

- **단계 성장 중합**은 두 작용기 단량체의 순차적인 반응을 수반한다.
- 두 가지의 일반적인 형태의 단계 성장 중합은, (1) A와 B가 반응성 작용기인 A—M—A와 B—M—B형의 단량체 사이의 반응에 의하여 $\leftarrow\!\!\!+ \mathrm{A{-}M{-}A{-}B{-}M{-}B} +\!\!\!\rightarrow_n$의 고분자를 생성하는 것, (2) A–M–B 단량체의 자체 축합에 의하여 $\leftarrow\!\!\!+ \mathrm{A{-}M{-}B} +\!\!\!\rightarrow_n$ 고분자를 생성하는 것이다.
- 단계 성장 과정을 통해 합성되는 중요한 상업용 고분자로는 폴리아마이드, 폴리에스터, 폴리카보네이트, 폴리유레테인, 에폭시 수지가 있다.

16.5 사슬 성장 고분자란?

- **사슬 성장 중합**은 활성화된 사슬 말단기에 단량체가 순차적으로 부가되면서 진행된다.
- **라디칼 사슬 성장 중합**은 세 가지 단계를 갖는다. 사슬 개시, 사슬 전파, 사슬 종결이다.
- **알킬 라디칼**은 평면이거나 거의 평면이며, 홀전자를 가지고 있는 탄소가 거의 120° 결합각을 가진다.
- **사슬 개시**에서 라디칼은 라디칼이 아닌 화합물로부터 형성된다.
- **사슬 전파**에서 한 라디칼과 한 단량체의 반응으로 새로운 라디칼이 생성된다.
- **사슬 길이**는 사슬 성장 단계의 반복 횟수이다.
- **사슬 종결**에서 라디칼은 소멸된다.
- **Ziegler–Natta 사슬 성장 중합**은 알킬–전이 금속 화합물의 형성과, 알켄 단량체가 전이 금속과 탄소 결합에 반복적으로 삽입되어 포화 고분자 사슬을 만드는 과정으로 구성된다.

16.6 어떤 고분자가 최근 대량으로 재활용되고 있는가?

- 포장 용도로 많이 사용되는 여섯 가지 형태의 플라스틱에 대한 1부터 6까지의 재활용 코드가 채택되어 있다.
- 현재, 오직 폴리(에틸렌 테레프탈레이트)(PET)와 고밀도 폴리에틸렌(HDPE)만이 대규모로 재활용되고 있다.

OX퀴즈

이 장에서 배운 개념들을 이해하였는지 알아보기 위해 아래 질문이 맞는지 틀린지 답하시오. 답이 틀렸거나 어렵다면, 장 끝의 문제를 풀기 전에 괄호 속에 표시한 해당 절을 복습하시오.

1. 라디칼은 사슬 성장 중합을 할 수 있다. (16.5)
2. 열경화성 플라스틱은 다시 녹일 수 없다. (16.1)
3. 사슬 이동 반응은 고분자에 가지를 만들어 낼 수 있다 (16.5)
4. 유리 전이 온도가 낮은 고분자는 탄성체처럼 거동할 수 있다. (16.3)
5. 높은 결정성 고분자는 유리 전이 온도를 가질 것이다. (16.3)
6. 고분자의 이름은 그들이 만들어진 단량체 단위로부터 정해진다. (16.2)
7. 두 개 이상의 작용기를 가지는 화합물만이 단계 성장 중합을 할 수 있다. (16.4)
8. 라디칼 중합 메커니즘의 성장 단계는 라디칼이 다른 라디칼과 반응하는 것을 포함한다. (16.5)
9. 라디칼은 홀전자와 양전하를 가진 분자이다. (16.5)
10. 플라스틱이라고 하는 용어는 모든 고분자에 사용할 수 있다. (16.1)
11. 라디칼 중합 메커니즘은 뚜렷한 세 단계를 수반한다. (16.5)
12. 수소 결합은 보통 고분자 섬유를 약하게 만든다. (16.4)
13. 이차 라디칼은 삼차 라디칼보다 안정하다. (16.5)
14. 열가소성 플라스틱은 가열과 냉각을 반복함에 의하여 여러 번 가공할 수 있다. (16.1)
15. Ziegler–Natta 중합은 타이타늄 촉매를 이용한다. (16.5)

정답: (1) ○ (2) ○ (3) ○ (4) ○ (5) × (6) ○ (7) ○ (8) × (9) × (10) × (11) ○ (12) × (13) × (14) ○ (15) ○

주요 반응

1. 다이카복실산과 다이아민의 단계 성장 중합으로 폴리아마이드를 생성한다. (16.4A절)

이 반응에 있어서 M과 M′는 각 단량체 단위의 나머지 부분을 나타낸다.

$$HOC(=O)-M-C(=O)OH + H_2N-M'-NH_2 \xrightarrow{\text{가열}} \left(C(=O)-M-C(=O)-NH-M'-NH \right)_n + 2nH_2O$$

2. 다이카복실산과 다이올의 단계 성장 중합으로 폴리에스터를 생성한다. (16.4B절)

$$HOC(=O)-M-C(=O)OH + HO-M'-OH \xrightarrow{\text{산 촉매}} \left(C(=O)-M-C(=O)-O-M'-O \right)_n + 2nH_2O$$

3. 포스젠과 다이올의 단계 성장 중합으로 폴리카보네이트를 생성한다. (16.4C절)

$$Cl-C(=O)-Cl + HO-M-OH \longrightarrow \left(O-C(=O)-O-M \right)_n + 2nHCl$$

4. 다이아이소사이아네이트와 다이올의 단계 성장 중합으로 폴리유레테인을 생성한다. (16.4D절)

$$O=C=N-M-N=C=O + HO-M'-OH \longrightarrow \left(C(=O)-NH-M-NH-C(=O)-O-M'-O \right)_n$$

5. 다이에폭사이드와 다이아민의 단계 성장 중합으로 에폭시 수지를 생성한다. (16.4E절)

$$\text{(에폭사이드)}-M-\text{(에폭사이드)} + H_2N-M'-NH_2 \longrightarrow \left(NH-CH_2-CH(OH)-M-CH(OH)-CH_2-NH-M' \right)_n$$

6. 에틸렌과 치환된 에틸렌의 라디칼 사슬 성장 중합(16.5A절)

$$nCH_2{=}CHCOOCH_3 \xrightarrow[\text{가열}]{\text{과산화물}} \left(CH_2CH(COOCH_3) \right)_n$$

7. 에틸렌과 치환된 에틸렌의 Ziegler–Natta 사슬 성장 중합(16.5B절)

$$nCH_2{=}CHCH_3 \xrightarrow[MgCl_2]{TiCl_4/Al(C_2H_5)_2Cl} \left(CH_2CH(CH_3) \right)_n$$

문제

별표로 표시된 문제는 본문의 '실생활' 문제를 나타낸다. 푸른색으로 된 문제의 답은 부록 D에 있다.

16.4절 단계 성장 고분자

*16.3 각각의 단계 성장 고분자의 합성에 필요한 단량체는 무엇인가?

(a) $\left(C(=O)-C_6H_4-C(=O)-OCH_2-C_6H_{10}-CH_2O \right)_n$

Kodel™
(폴리에스터)

(b) $\left(\overset{O}{\overset{\|}{C}}(CH_2)_6\overset{O}{\overset{\|}{C}}-NH-C_6H_{10}-CH_2-C_6H_{10}-NH\right)_n$

Quiana™
(폴리아마이드)

(d) $\left(\overset{O}{\overset{\|}{C}}-(CH_2)_8-\overset{O}{\overset{\|}{C}}-\overset{H}{N}-(CH_2)_6-\overset{H}{N}\right)_n$

(c) $\left(O-(CH_2)_4-O-\overset{O}{\overset{\|}{C}}-C_6H_4-\overset{O}{\overset{\|}{C}}\right)_n$

***16.4** 폴리(에틸렌 테레프탈레이트)(PET)는 다음 반응에 의하여 합성될 수 있다.

$$nCH_3O\overset{O}{\overset{\|}{C}}-C_6H_4-\overset{O}{\overset{\|}{C}}OCH_3 + nHOCH_2CH_2OH \xrightarrow{275\ ^\circ C} \left(\overset{O}{\overset{\|}{C}}-C_6H_4-\overset{O}{\overset{\|}{C}}OCH_2CH_2O\right)_n + 2nCH_3OH$$

Dimethyl terephthalate　Ethylene glycol　Poly(ethylene terephthalate)　Methanol

이 중합을 위한 단계 성장 반응의 메커니즘을 제안하시오.

***16.5** 오늘날 약 30%의 PET 음료수 병이 재활용되고 있다. 재활용 과정에서 PET 조각들은 산 촉매하에서 메탄올과 함께 가열된다. 메탄올은 고분자와 반응하여 에틸렌 글라이콜과 다이메틸 테레프탈레이트를 생성한다. 이들 단량체들은 이제 새로운 PET 제품을 생산하기 위한 원료로 사용되게 된다. PET가 메탄올과 반응하여 에틸렌 글라이콜과 다이메틸 테레프탈레이트를 생성하는 반응식을 쓰시오.

***16.6** Nomex®는 1,3-벤젠다이아민(1,3-benzenediamine)과 1,3-벤젠다이카복실산(1,3-benzenedicarboxylic acid) 염화물의 중합에 의하여 생성되는 방향족 폴리아마이드이다.

$$1,3\text{-}H_2N-C_6H_4-NH_2 + 1,3\text{-}ClOC-C_6H_4-COCl \xrightarrow{\text{중합}} \text{Nomex}$$

1,3-Benzenediamine　1,3-Benzene-dicarbonyl chloride

이 고분자의 물리적 성질은 낙하산 줄과 제트 비행기의 타이어와 같이 고강도와 고온용이 요구되는 용도에 적합하다. Nomex 반복 단위의 구조식을 그리시오.

16.7 나일론 6,10[문제 16.3(d)]은 다이아민과 이산 염화물 간의 반응에 의하여 제조할 수 있다. 각 반응물의 구조식을 그리시오.

16.5절 사슬 성장 중합

16.8 다음은 폴리프로필렌의 일부를 세 단위의 프로필렌 단량체로 구성된 구조식으로 보인 것이다.

$$-CH_2\underset{}{\overset{CH_3}{\overset{|}{C}H}}-CH_2\overset{CH_3}{\overset{|}{C}H}-CH_2\overset{CH_3}{\overset{|}{C}H}-$$

Polypropylene

아래 각 경우에 대하여 위와 마찬가지 방식으로 구조식을 그리시오.

(a) 폴리(염화 바이닐)

(b) 폴리테트라플루오로에틸렌(PTFE)

(c) 폴리(메틸 메타크릴레이트)

16.9 다음은 두 종류 고분자의 구조식 중 일부를 그린 것이다. (예제 16.1 참조)

(a) $-CH_2\overset{Cl}{\underset{Cl}{C}}CH_2\overset{Cl}{\underset{Cl}{C}}CH_2\overset{Cl}{\underset{Cl}{C}}-$

(b) $-CH_2\overset{F}{\underset{F}{C}}CH_2\overset{F}{\underset{F}{C}}CH_2\overset{F}{\underset{F}{C}}-$

어떤 알켄 단량체로부터 각 고분자를 합성할 수 있는가?

16.10 다음 각 사슬 성장 고분자를 만들기 위해 사용되는 알켄 단량체의 구조를 그리시오. (예제 16.1 참조)

(a) $\left(CH(CH_2CH_3)-CH_2\right)_n$

(b) $\left(CH(OCH_2CH_3)-CH_2\right)_n$

(c) $\left(CH(C_6H_4CH_2Cl)-CH_2\right)_n$ (CH₂Cl at meta position)

(d) $\left(\underset{CF_3}{CF}-CF_2\right)_n$

16.11 LDPE는 HDPE에 비하여 더 많은 정도의 사슬 가지를 가지고 있다. 사슬 가지와 밀도 사이의 관계에 대하여 설명하시오.

16.12 LDPE와 HDPE의 밀도를 표 3.4에 보인 액체 알케인들의 밀도와 비교하시오. 이들 사이의 차이를 어떻게 설명할 수 있는가?

16.13 아세트산 바이닐(vinyl acetate)의 중합은 폴리(아세트산 바이닐)[poly(vinyl acetate)]을 생성한다. 이 고분자를 수산화 소듐 수용액에서 가수 분해하면 폴리(바이닐 알코올)[poly(vinyl alcohol)]이 생성된다. 폴리(아세트산 바이닐)과 폴리(바이닐 알코올)의 반복 단위를 모두 그리시오.

Vinyl acetate $CH_3-\overset{\overset{\large O}{\|}}{C}-O-CH=CH_2$

16.14 앞의 문제에서 보았던 것과 같이 폴리(바이닐 알코올)은 아세트산 바이닐의 중합 후 수산화 소듐 수용액에서 가수 분해하여 만들어진다. 왜 폴리(바이닐 알코올)은 바이닐 알코올($CH_2=CHOH$)을 직접 중합하여 만들지 않을까?

16.15 이미 배운 바와 같이, 고분자 사슬의 모양은 고분자의 성질에 영향을 미친다. 아래 세 가지 고분자를 보시오.

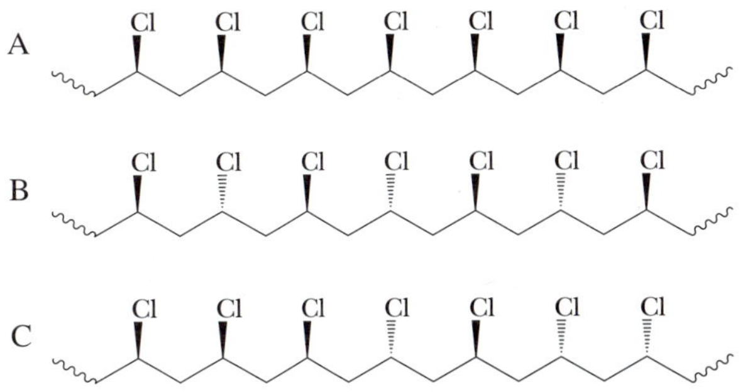

A Cl Cl Cl Cl Cl Cl Cl

B Cl Cl Cl Cl Cl Cl Cl

C Cl Cl Cl Cl Cl Cl Cl

어느 고분자가 가장 견고할 것을 예상되는가? 어느 것이 가장 투명할 것으로 예상되는가? (분자량은 모두 같은 것으로 가정하시오.)

발전 학습

***16.16** 면의 주성분인 셀룰로스는 단량체 단위가 아래 그림에서 가리키는 원자에서 반복되는 D-글루코스의 고분자이다.

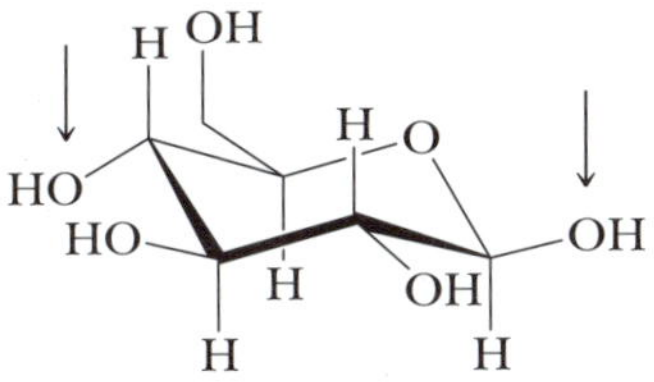

H OH H O HO HO OH H OH H H

D-Glucose

셀룰로스의 세 개의 단위 부분을 나타내시오.

16.17 어떤 화합물이 고분자로 불릴 수 있으려면 반복 단위라는 것을 필수적으로 가지고 있어야 하는가?

***16.18** 단백질은 자연에 존재하는 아미노산이라는 단량체로 이루어진 고분자이다.

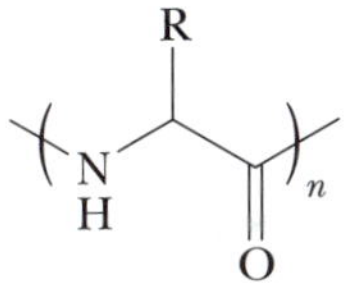

R N H O n

단백질

아미노산은 R기가 무엇인지에 따라 다른 종류가 된다. R기를 $-CH_2CH(CH_3)_2$에서 $-CH_2OH$로 변화시키면, 단백질의 아래 성질들이 어떻게 영향을 받을지 설명하시오.

(a) 물에 대한 용해도
(b) 용융점
(c) 결정화도
(d) 탄성

그룹 학습 활동

***16.19** 특정 종류의 고분자만이 용이하게 생분해될 수 있다. 즉 오직 특정 종류만이 퇴비화 과정에서 쉽게 끊어질 수 있는 화학 결합을 포함하고 있다. 이들 고분자 중 가장 중요한 것 중의 하나는 에스터 결합을 포함하고 있는 것인데, 이는 에스터 결합이 에스터의 가수 분해를 촉매하는 미생물 효소인 에스터 가수 분해 효소에 의해 쉽게 끊어지기 때문이다. 이런 이유 때문에 오늘날 존재하는 모든 생분해성 고분자는 폴리에스터이다. 다음은 이와 같은 세 가지 생분해성 폴리에스터의 구조식이다. 그룹 학습 활동을 통해 각각에 대하여 단량체 단위의 구조식을 그리고, 이름을 쓰시오. Ecoflex에서 가수 분해가 가능한 모든 결합에 대해 산 촉매 가수 분해의 메커니즘을 제시하시오.

(a) O O O O O 4 O 4

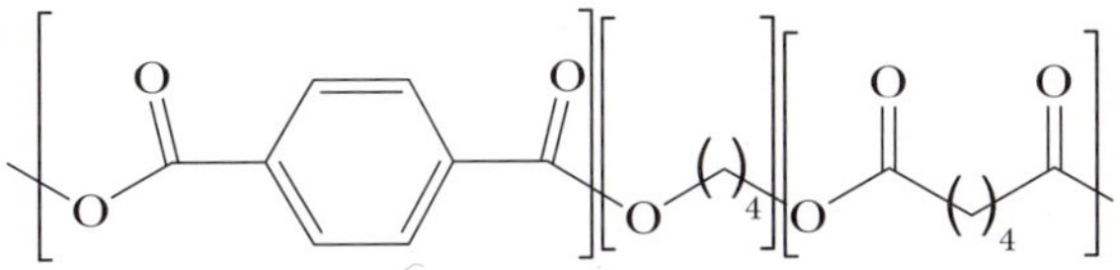

Ecoflex (BASF)

(b)

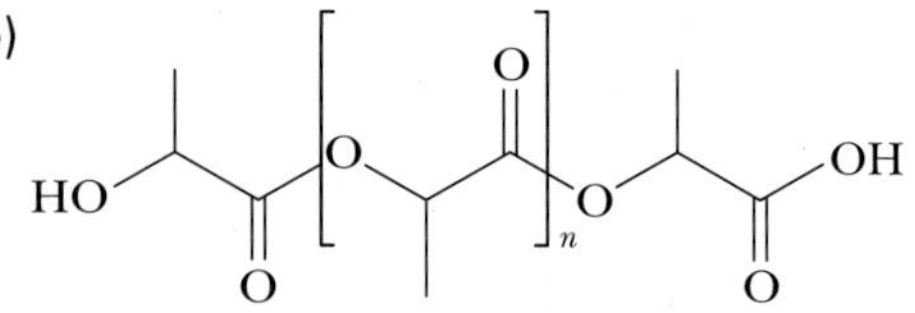

Polylactic Acid (PLA)

(c)

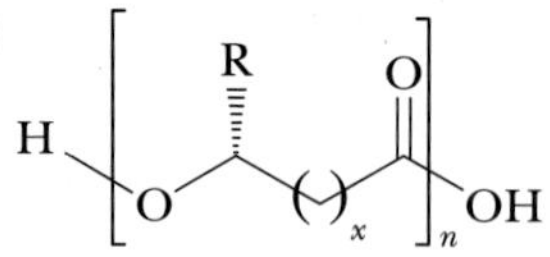

16.20 아래 보인 두 단량체로 폴리유레테인을 제조할 수 있다(16.4D절). 고분자의 화학 구조와 합성에 대한 메커니즘을 제안하시오.

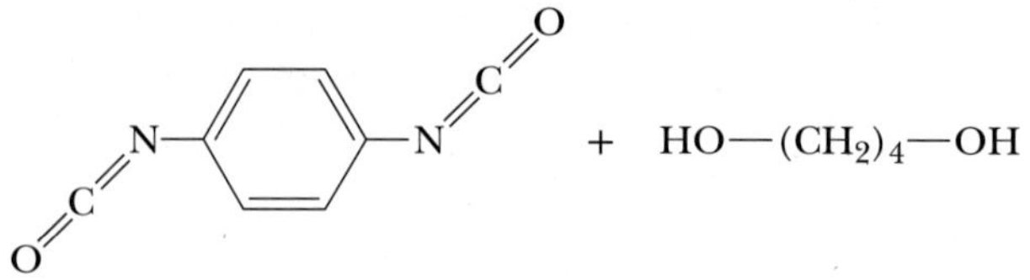

$$O{=}C{=}N{-}C_6H_4{-}N{=}C{=}O \quad + \quad HO{-}(CH_2)_4{-}OH$$

Charles D. Winters

빵, 곡물, 파스타는 탄수화물의 원천이다. 삽화: 자연에 가장 많은 탄수화물인 글루코스의 모형

탄수화물

17

중요한 질문

해결 방법

화학 관련

17.1 탄수화물이란 무엇인가?

탄수화물은 식물체에서 가장 풍부한 유기 화합물이다. 탄수화물의 많은 생체 기능 중에는 화학 에너지 공급원(글루코스, 전분, 글리코젠), 식물체의 구성 성분(셀룰로스) , 갑각류의 껍질(키틴), 동물의 연결 조직(산성 다당류), 핵산의 기본 구성 성분(D-리보스, 2-데옥시-D-리보스) 등이 있다. 탄수화물은 식물의 건조 질량의 대략 3/4으로 설명할 수 있다. 동물(사람 포함)은 식물을 먹음으로써 탄수화물을 얻지만, 사용하는 것만큼 저장하지는 못한다. 사실상 동물 몸무게의 1%보다 적은 양이 탄수화물로 구성되어 있다.

탄수화물이라는 단어는 '탄소의 수화'의 의미를 가지며, $C_n(H_2O)_m$의 형태로부터 유래되었다. 탄수화물은 탄소의 수화 정도에 따라 분자식을 두 가지 형태로 표시할 수 있다. 예를 들면

- 글루코스(혈당) $C_6H_{12}O_6$는 $C_6(H_2O)_6$로 쓸 수 있다.
- 슈크로스(설탕) $C_{12}H_{22}O_{11}$은 $C_{12}(H_2O)_{11}$로 쓸 수 있다.

Cholesterol 0mg	**0%**	**0%**
Sodium 50mg	**2%**	**5%**
Total Carbohydrate 37g	**12%**	**14%**
Dietary Fiber 3g	**12%**	**12%**
Sugars 13g		
Protein 4g	**8%**	**16%**

© CHRISsadowski / iStockphoto

미국에서는 탄수화물 함량이 모든 식품 라벨에 적혀 있다.

그러나 모든 탄수화물이 이러한 일반식을 갖는 것은 아니다. 산소 원자가 적게 포함된 것도 있고 많은 것도 있으며, 질소를 포함하는 것도 있다. **탄수화물**이라는 용어는 아주 정확하지는 않으나 화학적으로 뚜렷하게 분류되며 한 계통의 화합물들의 총칭이다.

탄수화물 Polyhydroxyaldehyde와 polyhydroxyketone 또는 이들 물질의 가수 분해 산물

분자 구조 차원에서 볼 때 **탄수화물**(carbohydrate)은 폴리하이드록시알데하이드나 폴리하이드록시케톤 또는 이들의 가수 분해 물질이다. 따라서 탄수화물 화학은 하이드록실기와 카보닐기, 그리고 이들 사이의 아세탈 결합(12.6A절)에 관한 화학이다.

17.2 단당류란 무엇인가?

A. 구조와 명명법

단당류 더 이상 간단한 물질로 가수 분해될 수 없는 탄수화물

알도스 알데하이드기를 갖는 단당류

케토스 케톤기를 갖는 단당류

단당류(monosaccharide)의 일반식은 $C_nH_{2n}O_n$이며, 알데하이드나 케톤의 카보닐기 탄소로 이루어져 있다. 보통 단당류는 3개에서 9개의 탄소로 되어 있다. 접미사인 *-ose*(-오스)는 탄수화물을 뜻하며, 접두사인 *tri*-(트라이-), *tetr*-(테트–), *pent*-(펜트-) 등은 사슬의 탄소 원자수이다. 단당류는 알데하이드기를 갖는 **알도스**(aldose)와 케톤기를 갖는 **케토스**(ketose)로 분류한다.

트라이오스(triose, 삼탄당)에는 알도트라이오스인 글리세르알데하이드와 케토트라이오스인 다이하이드록시아세톤의 두 가지가 있다.

'알도트라이오스(aldotriose)'는 탄수화물(ose)이면서 3개(tri)의 탄소를 가지는 알데하이드(aldo) 화합물로 분류한다.

CHO
|
CHOH
|
CH_2OH
Glyceraldehyde
(aldotriose)

CH_2OH
|
C=O
|
CH_2OH
Dihydroxyacetone
(ketotriose)

'케토트라이오스(ketotriose)'는 탄수화물(ose)이면서 3개(tri)의 탄소를 가지는 케톤(keto) 화합물로 분류한다.

명칭에는 보통 *aldo*-(알도-), *keto*-(케토-)를 빼고 간단히 트라이오스, **테트로스**(tetrose) 등으로 나타내며, 이러한 명칭에는 카보닐기의 형태는 표시되지 않지만, 탄소 원자가 세 개, 네 개 포함됨을 나타낸다.

B. 입체 이성질 현상

글리세르알데하이드는 입체 중심(비대칭 탄소)을 갖고 있어서 한 쌍의 거울상 이성질체가 존재한다. 입체 이성질체는 *R* 배치를 가진 다음 그림에서, 왼쪽의 (*R*)-글리세르알데하이드와 거울상 이성질체인 오른쪽의 (*S*)-글리세르알데하이드가 있다.

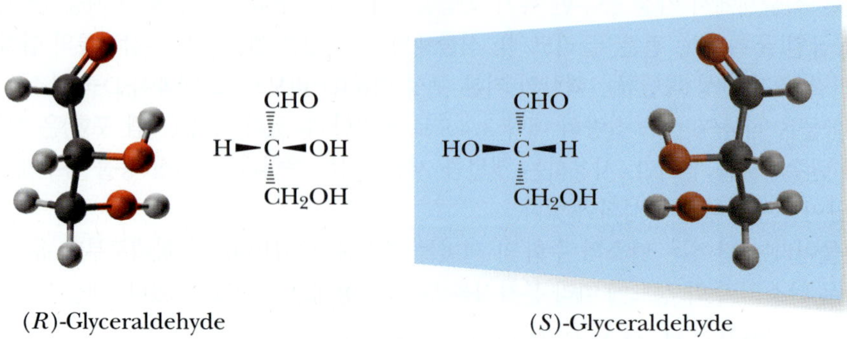

(*R*)-Glyceraldehyde (*S*)-Glyceraldehyde

C. Fischer 투영식

화학자들은 일반적으로 탄수화물의 배치를 이차원으로 나타내는데, 이를 **Fischer 투영도**(Fischer projection)라고 한다. Fischer 투영도를 그리기 위해서는, 먼저 산화된 탄소를 위쪽으로 하여 탄소 위치를 입체 중심에서 멀어지는 것을 나타내고, 수평의 결합은 앞쪽으로 나와 있는 삼차원 표현으로 그리면 된다.

Fischer 투영도 입체 중심의 구성을 나타내는 이차원 표현. 수평선은 입체 중심에서 앞으로 튀어 나와 있는 결합을 나타내며, 수직선은 후면에서 돌출된 결합을 나타낸다. 입체 중심은 평면에 있는 유일한 원자이다.

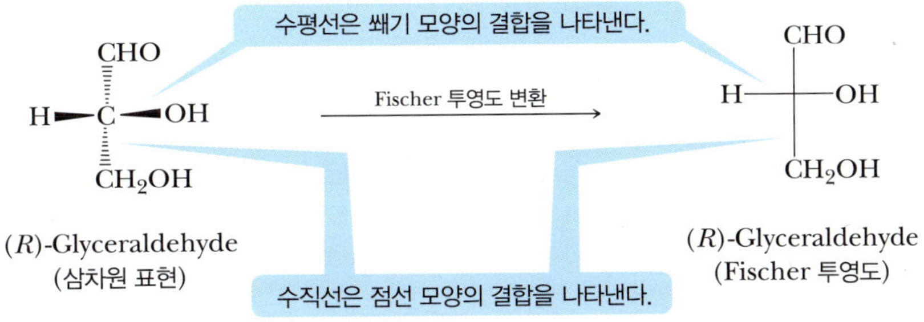

수평선은 쐐기 모양의 결합을 나타낸다.

CHO / H—C—OH / CH_2OH —Fischer 투영도 변환→ CHO / H—+—OH / CH_2OH

(*R*)-Glyceraldehyde (삼차원 표현)　　(*R*)-Glyceraldehyde (Fischer 투영도)

수직선은 점선 모양의 결합을 나타낸다.

Fischer 투영도에서 두 개의 수평 부분은 앞쪽으로 나와 있는 결합을 나타내고, 두 개의 수직 부분은 뒤쪽으로 들어가 있는 결합을 나타낸다. 평면에 있는 한 원자가 입체 중심이다.

D. D-단당류, L-단당류

오늘날 *R*, *S*형 표시 규약이 입체 중심의 배치를 나타내는 표준으로 폭넓게 이용되지만, 탄수화물 배치에는 1891년 Emil Fischer에 의해 제안된 D, L 규약이 이용되기도 한다. 그는 글리세르알데하이드의 좌회전성 거울상 이성질체와 우회전성 거울상 이성질체를 지정하였고, 이를 각각 D-글리세르알데하이드와 L-글리세르알데하이드라 명명하였다.

CHO / H—+—OH / CH_2OH　　CHO / HO—+—H / CH_2OH

D-Glyceraldehyde $[\alpha]_D^{25} = +13.5°$　　L-Glyceraldehyde $[\alpha]_D^{25} = -13.5°$

D-글리세르알데하이드와 L-글리세르알데하이드는 다른 모든 알도스와 케토스의 배치를 결정짓는 데 중요한 판단 기준이 된다. 판단 기준은 카보닐기로부터 가장 멀리 있는 입체 중심으로 사슬의 맨 마지막 탄소 다음에 위치하므로, 이것을 **버금 탄소**(penultimate carbon)라고 한다. **D-단당류** (D-monosacchride)는 버금 탄소의 위치가 D-글리세르알데하이드(Fischer 투영도에서 —OH가 오른쪽에 존재)와 같은 것이고 **L-단당류**(L-monosacchride)는 버금 탄소의 위치가 L-글리세르알데하이드(Fischer 투영도에서 —OH가 왼쪽에 존재)와 같은 당을 뜻한다. 생물계에 존재하는 대부분의 모든 단당류는 D 계열에 속한다. 그리고 그 대다수는 **헥소스**(hexose)나 **펜토스**(pentose)이다.

버금 탄소 당의 카보닐기로부터 가장 멀리 떨어진 입체 중심. 예를 들면 글루코스의 다섯 번째 탄소

D-단당류 Fischer 투영도로 나타낼 때 버금 탄소의 —OH기가 오른쪽에 위치하는 단당류

L-단당류 Fischer 투영도로 나타낼 때 버금 탄소의 —OH기가 왼쪽에 위치하는 단당류

표 17.1은 D-알도트라이오스(D-aldotriose), 테트로스, 펜토스, 헥소스의 명칭과 Fischer 투영도이다. 각각의 명칭은 세 부분으로 구성되는데, D자는 카보닐기로부터 가장 멀리 떨어진 입체 중심의 배열을 나타내고, 접두사인 *rib-*, *arabin-*, *gluc-* 등은 구조와 관계없이 이들 화합물에 붙여진 일반 또는 속명이며, 접미사인 *-ose*는 이들 물질이 탄수화물에 속하는 것을 나타낸다.

생물계에서 가장 풍부한 세 가지 종류는 D-글루코스(D-glucose), D-갈락토스(D-galactose), D-프럭토스(D-fructose)이고, 앞의 두 개는 D-알도헥소스(aldohexose)이며, 세 번째인 프럭토스는 D-2-케토헥소스(D-2-ketohexose)이다. 글루코스는 셋 중에서 가장 풍부하며, 이것은 우회전성이 있어 우선당으로 알려져 있다. 이 단당류의 다른 이름은 **포도당**(grape sugar), **혈당**(blood

표 17.1 D-Aldotetroses, D-Aldopentoses, D-Aldohexose의 이성질체 간의 배치 관계

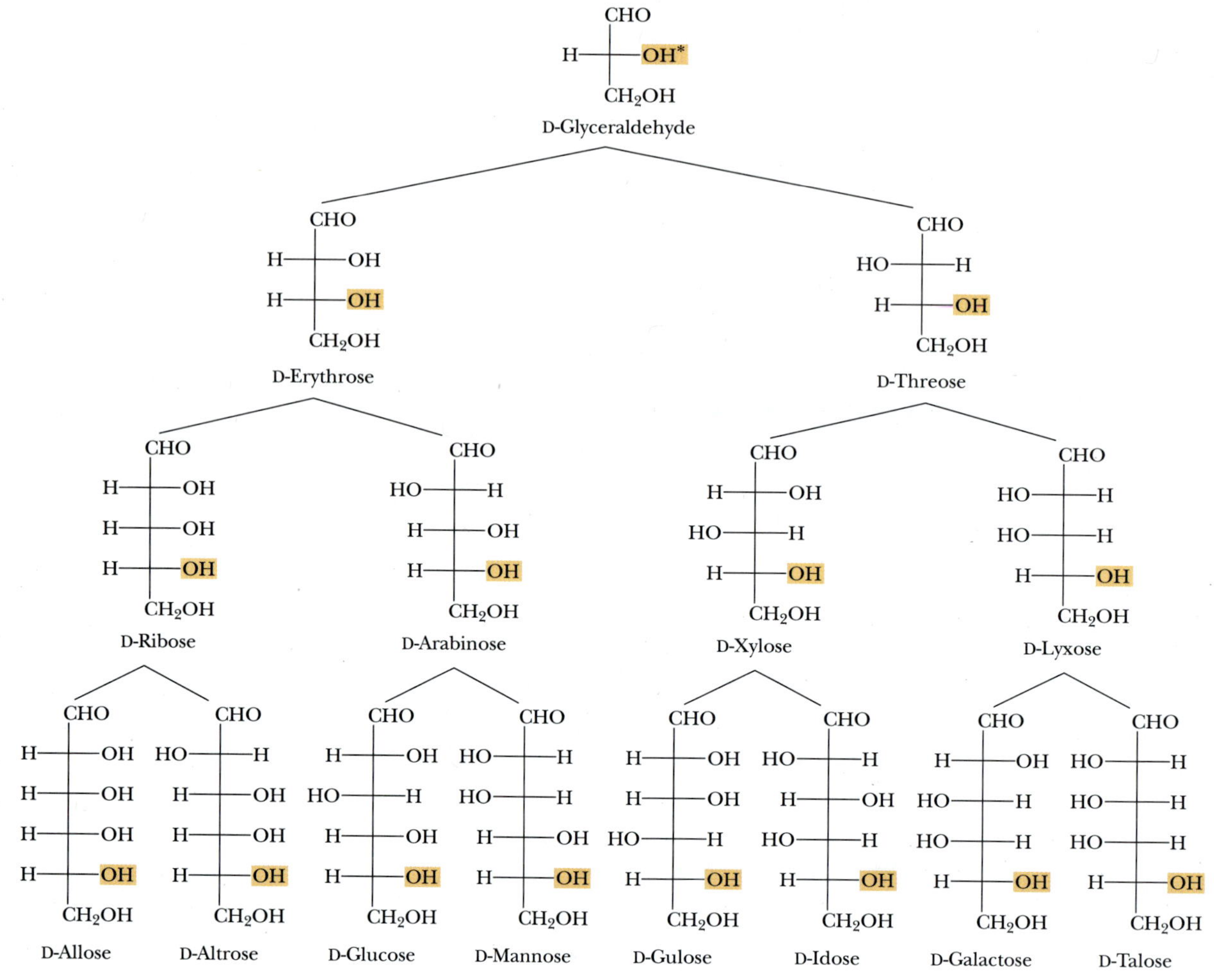

D-Glyceraldehyde: CHO / H—OH* / CH_2OH

D-Erythrose: CHO / H—OH / H—OH / CH_2OH

D-Threose: CHO / HO—H / H—OH / CH_2OH

D-Ribose: CHO / H—OH / H—OH / H—OH / CH_2OH

D-Arabinose: CHO / HO—H / H—OH / H—OH / CH_2OH

D-Xylose: CHO / H—OH / HO—H / H—OH / CH_2OH

D-Lyxose: CHO / HO—H / HO—H / H—OH / CH_2OH

D-Allose: CHO / H—OH / H—OH / H—OH / H—OH / CH_2OH

D-Altrose: CHO / HO—H / H—OH / H—OH / H—OH / CH_2OH

D-Glucose: CHO / H—OH / HO—H / H—OH / H—OH / CH_2OH

D-Mannose: CHO / HO—H / HO—H / H—OH / H—OH / CH_2OH

D-Gulose: CHO / H—OH / H—OH / HO—H / H—OH / CH_2OH

D-Idose: CHO / HO—H / H—OH / HO—H / H—OH / CH_2OH

D-Galactose: CHO / H—OH / HO—H / HO—H / H—OH / CH_2OH

D-Talose: CHO / HO—H / HO—H / HO—H / H—OH / CH_2OH

* 버금 탄소의 —OH기 배치는 색으로 표시하였다.

sugar)으로 표현한다. 사람 혈액은 정상적으로 100 mL당 65~110 mg의 글루코스를 포함하고 있다. D-프럭토스는 설탕을 만드는 두 가지 단당류 중 하나이다(17.5A절).

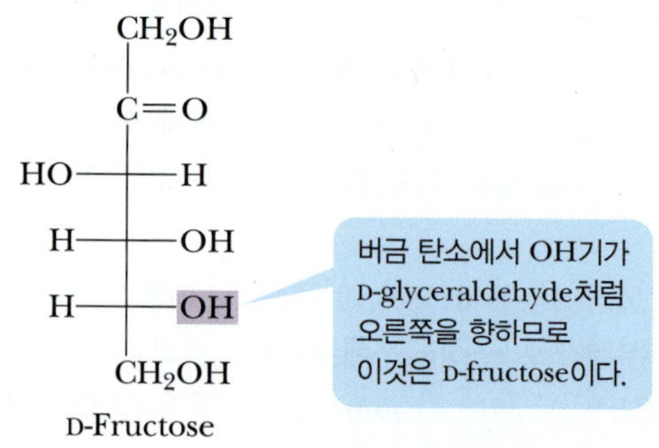

D-Fructose

예제 17.1

(a) 네 개 aldotetrose의 Fischer 투영도를 그리시오.

(b) D-단당류의 네 가지 aldotetrose는 무엇이고, 무엇이 L-단당류이며, 무엇이 거울상 이성질체인가?

(c) 표 17.1을 참고하여 이미 그린 aldotetrose의 명칭을 쓰시오.

전략

Glyceraldehyde(트라이오스)의 Fischer 투명도를 그리고, 테트로스를 생성하기 위해 하나의 탄소를 추가하라. Aldotetrose의 C1은 알데하이드이고, C4는 CH_2OH이다. 테트로스가 C3인 버금 탄소의 배치를 참조하여 D-와 L-의 명칭을 정하라. D-aldotetrose의 Fischer 투영도에 있어서 C3의 —OH기는 오른쪽에, L-aldotetrose는 왼쪽에 있다.

풀이

다음 구조식은 존재 가능한 네 개의 aldotetrose의 Fischer 투영도이다.

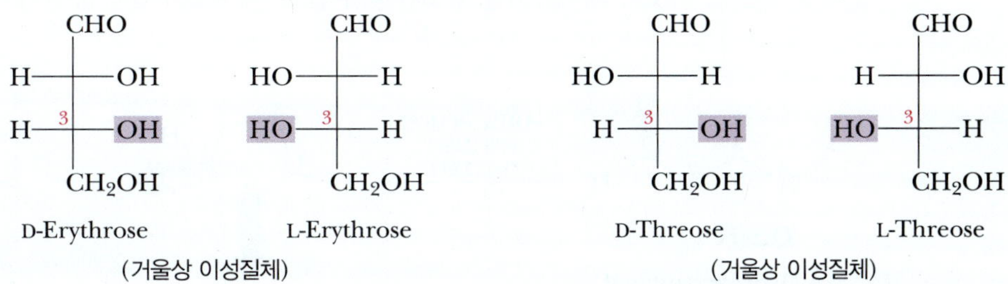

문제 17.13, 17.14 참조

문제 17.1

(a) 2-ketopentose의 Fischer 투영도를 모두 그리시오.
(b) 2-ketopentose 중 각각 무엇이 D-ketopentose, L-ketopentose, 거울상 이성질체인가?

E. 아미노당

아미노당은 —OH기의 위치에 $—NH_2$기를 갖는 것으로, 자연계에는 흔히 D-글루코사민, D-만노사민 D-갈락토사민의 세 가지 종류가 있다. D-글루코사민의 유도체인 *N*-아세틸-D-글루코사민은, 연골 연결 조직을 포함하는 많은 다당류의 구성 성분이다. 가재, 게, 새우 등 갑각류의 껍질 성분인 키틴과 같은 다당류의 구성 성분이기도 하다. 몇 개의 다른 아미노당은 자연적으로 생기는 항생 물질의 구성 성분이다.

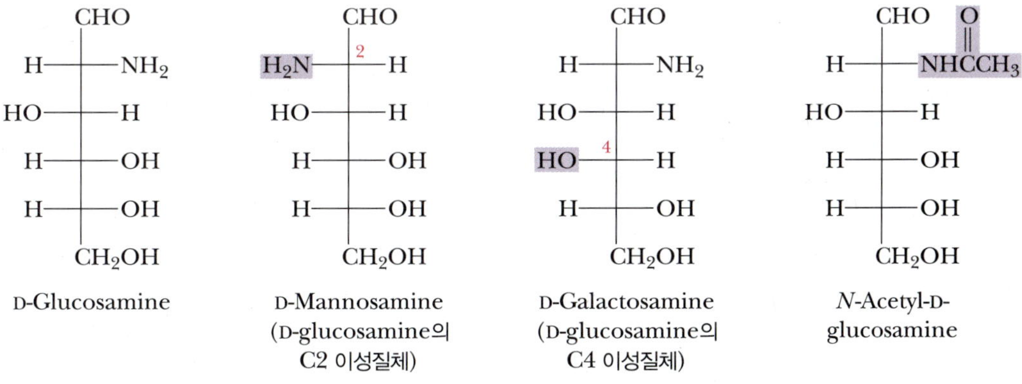

F. 물리적 성질

단당류는 극성의 —OH기와 물 사이에 수소 결합이 가능하고, 모든 다당류가 물에 잘 녹기 때문에 색을 띠지 않으며, 결정성 고체이다. 또한 에탄올에서는 약간 용해되지만 다이에틸 에터, 다이클로로메테인, 벤젠과 같은 무극성 용매에서는 용해되지 않는다.

17.3 단당류의 고리 구조란 무엇인가?

12.6절에 나타내었듯이 알데하이드와 케톤은 알코올과 반응하여 **헤미아세탈**(hemiacetal)을 형성한다. 이것은 하이드록실기와 카보닐기가 같은 분자 내에 존재할 때 쉽게 형성되며, 이들이 반응하여 오원자 고리나 육원자 고리를 이룬다는 것을 알 수 있다. 예를 들면 4-하이드록시펜탄알은 오원자 고리형 헤미아세탈 구조를 이루며, 이때 주목할 것은 4-하이드록시펜탄알이 한 개의 입체 중심을 갖는데, 이것이 헤미아세탈 구조를 이루면 C1에 제2의 입체 중심이 생긴다는 사실이다.

4-Hydroxypentanal

—OH와 —CHO를 바싹 붙여서 다시 그린다.

새로운 입체 중심

고리형 헤미아세탈

단당류는 같은 분자 내에 하이드록실기와 카보닐기가 있기 때문에 거의 대부분 오원자 고리나 육원자 고리의 헤미아세탈 구조로 존재한다.

A. Haworth 투영도

단당류의 고리형 구조를 나타내는 데에는 일반적으로 1937년에 노벨상을 받은 영국의 화학자인 Walter N. Harworth의 **Haworth 투영도**(Haworth projection)가 사용된다. Haworth 투영도에서는 오원자 고리와 육원자 고리의 헤미아세탈이 평면상의 오각형 또는 육각형으로 표시되며, 경우에 따라서는 평면 위에 수직 형태로 표현된다. 고리의 탄소에 결합된 부분은 고리의 평면 위, 아래에 놓여진다. 고리형 헤미아세탈 구조를 이룰 때 새로이 형성되는 입체 중심을 **아노머 탄소**(anomeric carbon)라고 한다. 아노머 탄소의 배치만 다른 입체 이성질체를 **아노머**(anomer)라고 한다. 알도스의 아노머 탄소는 1번 탄소이고, 가장 흔한 케토스인 D-프럭토스의 경우에는 2번 탄소이다.

Haworth 투영도 단당류의 퓨라노스와 피라노스의 형태를 나타내는 방법. 평면에 고리를 그리고, 아노머 탄소를 오른쪽 가장자리에 나타내고, 뒷부분에 산소 원자를 나타낸다.

아노머 탄소 고리 구조를 갖는 단당류의 헤미아세탈 탄소

아노머 아노머 탄소의 배치만 서로 다른 단당류

Haworth 투영도는 대개 아노머 탄소는 오른쪽에, 헤미아세탈 산소는 뒤쪽에 표시한다(그림 17.1).

앞에서 공부했듯이 열린 사슬과 고리 구조의 헤미아세탈형의 D-글루코스는 Fischer 투영도에서 Haworth 투영도로 바뀌는 것에 주의해야 한다.

- Fischer 투영도에서 오른쪽의 기는 Haworth 투영도에서 아래에 나타난다.
- Fischer 투영도에서 왼쪽의 기는 Haworth 투영도에서 위에 나타난다.
- D-단당류에서 말단의 $-CH_2OH$는 Haworth 투영도에서 위쪽에 나타난다.
- 아노머 $-OH$기의 배치는 말단 $-CH_2OH$기와 관계가 있다. 즉 아노머 $-OH$기가 $-CH_2OH$기와 같은 쪽에 있으면 그 배치는 β이고, 아노머 $-OH$기가 반대쪽에 있으면 그 배치는 α이다.

헤미아세탈 육원자 고리는 삽입사로 **-pyran-**(-피란-), 오원자 고리는 **-furan-**(-퓨란-)으로 표시한다. 오원자 고리와 육원자 고리의 구조가 헤테로 고리 화합물인 퓨란, 피란과 비슷하므로 **퓨라노스**(furanose), **피라노스**(pyranose)의 명칭이 사용된다.

퓨라노스 단당류의 오원자 고리 헤미아세탈 형태

피라노스 단당류의 육원자 고리 헤미아세탈 형태

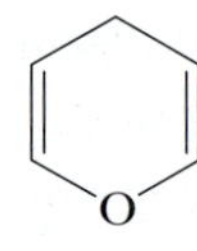

Pyran

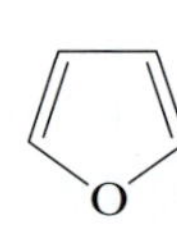

Furan

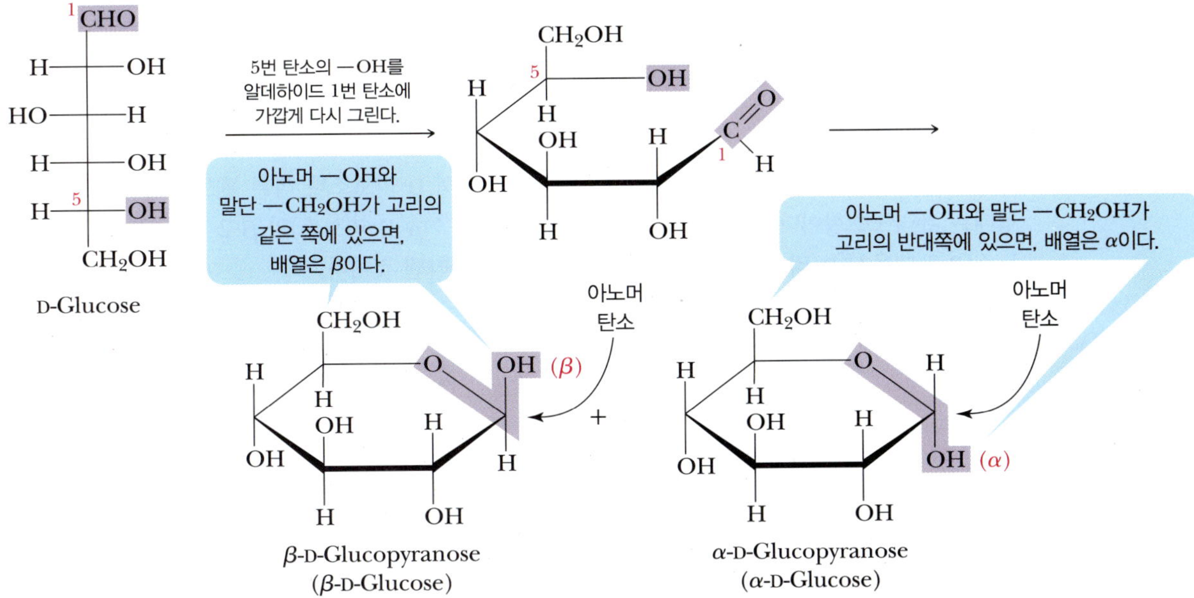

그림 17.1 β-D-glucopyranose와 α-D-glucopyranose의 Haworth 투영도

글루코스에 있어서 α형과 β형은 육원자 고리의 헤미아세탈이므로 각각 α-D-글루코피라노스와 β-D-글루코피라노스라고 한다. 그러나 **-퓨란-**, **-피란-**이라는 명칭이 항상 사용되지는 않지만, 단당류의 이름에서는 사용한다. 그 결과 간편하게 α-D-글루코스, β-D-글루코스라고 명시하기도 한다.

α-D-글루코피라노스와 β-D-글루코피라노스의 Haworth 투영도 구조 배치를 정확히 알고 D-글루코스 이외의 다른 당들의 탄소 사슬 배치를 알면 D-글루코스의 Haworth 투영도와 비교하여 다른 당들의 Haworth 투영도를 도시할 수 있다.

예제 17.2

D-Galactopyranose의 α, β 아노머에 대한 Haworth 투영도를 그리시오.

전략

D-Galactopyranose의 α, β-아노머의 구조에 도달하는 한 가지 방법은 α, β-D-글루코피라노스의 구조식을 비교 참고하거나, 표 17.1에서 D-galactose와 D-glucose가 C4 배열만 다르다는 것을 발견하는 것이다. 따라서 그림 17.1에 있는 Haworth 투영도에서 시작한 다음, C4의 배열 위치를 바꾸어라.

풀이

C4에서 배열이 D-글루코스와 다르다.

α-D-Galactopyranose (α-D-Galactose)

β-D-Galactopyranose (β-D-Galactose)

문제 17.23, 17.26 참조

문제 17.2

Mannose는 용액 상태에서 α-D-mannopyranose와 β-D-mannopyranose 형태로 존재한다. 이 분자들의 Haworth 투영도를 그리시오.

알도펜토스 역시 고리형 헤미아세탈이다. 생물계에서 D-리보스나 다른 펜토스의 가장 우세한 형태는 퓨라노스형이다. 아래 그림은 α-D-리보퓨라노스(α-D-리보스)와 β-2-데옥시-D-리보퓨라노스(β-2-데옥시-D-리보스)를 Haworth 투영식으로 나타낸 것이다.

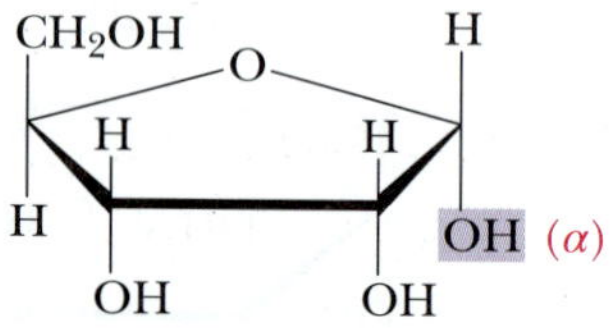

α-D-Ribofuranose
(α-D-Ribose)

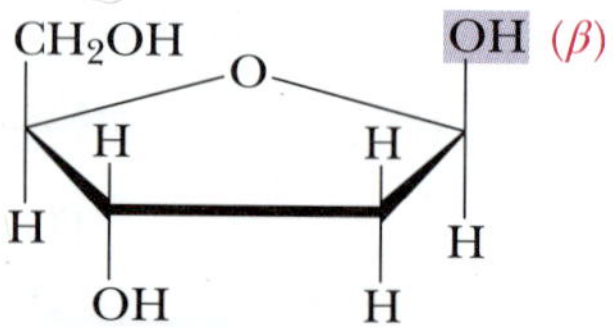

β-2-Deoxy-D-ribofuranose
(β-2-Deoxy-D-ribose)

접미사 2-데옥시가 붙은 것은 2번 탄소의 산소 결핍을 나타낸 것이다. 핵산과 다른 생체 분자의 D-리보스, 2-데옥시-D-리보스의 단위는 대부분 β 형태로 발견된다.

프럭토스도 오원자 고리의 헤미아세탈을 형성한다. β-D-프럭토퓨라노스는 이당류인 슈크로스에서 발견된다.

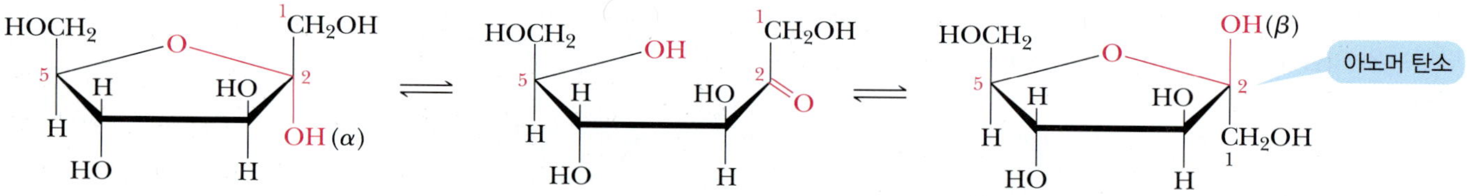

α-D-Fructofuranose
(α-D-Fructose)

아노머 탄소

β-D-Fructofuranose
(β-D-Fructose)

B. 의자 형태 표현

오원자 고리는 평면에 가까운 형태를 이루므로 Haworth 투영도를 퓨라노스 형태로 그리는 것이 적절하지만, 육원자 고리의 피라노스인 경우에는 **의자 형태**(chair conformation)의 구조로 표현하는 것이 더 정확하다(3.6B절). α-D-글루코피라노스와 β-D-글루코피라노스의 의자 형태와 용액의 평형 상태에 있어서 열린 사슬, 즉 유리 알데하이드기가 어떻게 헤미아세탈 구조를 이루는가를 그림 17.2에 나타내었다. β-D-글루코피라노스의 의자형 구조에 있어서 기들은 수평 방향으로 존재하며, 아노머 탄소의 —OH기는 β-D-글루코피라노스에서는 수평 방향으로, α-D-글루코피라노스에서는 수직 방향으로 존재한다는 사실이 중요하다. β-D-글루코피라노스의 아노머 탄소의 —OH기는 수평 방향으로 결합되었기 때문에 보다 안정하며, 주로 용액 상태를 이룬다.

다음을 통해 Haworth 투영도와 의자 형태에서 D-글루코피라노스의 결합기에 대한 상대적 방향을 비교할 수 있다.

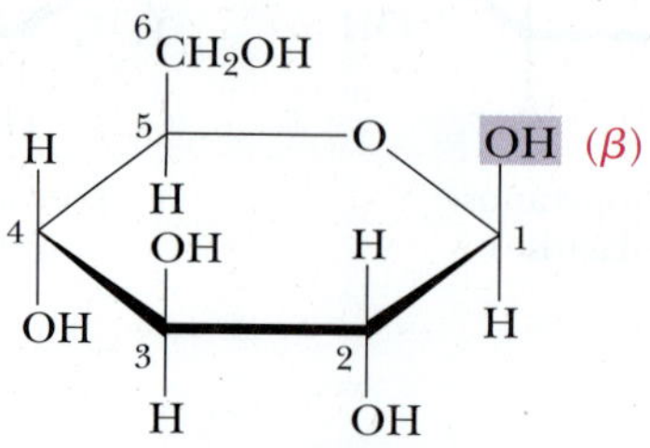

β-D-Glucopyranose
(Haworth 투영도)

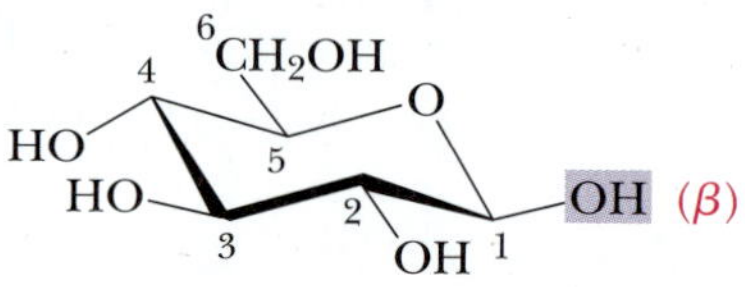

β-D-Glucopyranose
(의자 형태)

β-D-Glucopyranose
(β-D-Glucose)
$[\alpha]_D$ = +18.7°

C1과 C2 결합을 축으로 돌린다.

평형 상태에서는 β 이성질체 64%, α 이성질체 36%가 존재한다(17.3C절 참조).

α-D-Glucopyranose
(α-D-Glucose)
$[\alpha]_D$ = +112°

그림 17.2 α-D-glucopyranose와 β-D-glucopyranose의 의자 형태. α-D-glucose와 β-D-glucose는 다른 화합물(이것은 아노머이다) 형태를 가지기 때문에 다른 고유 광회전도를 갖고 있다.

α-D-글루코피라노스에 있어서 Haworth 투영도와 의자 형태의 결합된 기의 방향을 비교해 보면 β-D-글루코피라노스의 Haworth 투영도에서 C1부터 C5까지의 결합기의 방향은 각각 위, 아래, 위, 아래, 위이며, 의자 형태에 있어서도 이와 같다.

해결방법 17.1

고리형 D-단당류에서 OH기의 입체 화학 결정하기 

글루코피라노스의 구조를 잊어버렸다면, 단당류의 D 계열에서 OH기의 입체 화학을 결정짓는 또 다른 방법이 있다.

(a) 고리의 Haworth 투영도 또는 의자 형태를 그리고, 대응하는 탄소 원자의 번호를 붙인다(보정된 위치에서 고리 산소의 위치를 정하는 것을 잊으면 안 된다).

Idose는 자연에 존재하지 않지만, C6가 산화된 형태인 iduronic acid가 존재하며, 생물계에서 중요한 성분이다.

D-Idose

D-단당류에서 CH_2OH기는 항상 '위쪽'에 있다.

(b) 비고리 단당류 그림을 시계 방향으로 90° 회전시킨다.

90° 회전

D-Idose

(c) 회전된 구조의 OH기의 방향(위 또는 아래)이 고리 단당류에서 정해지는 OH기의 방향이다.

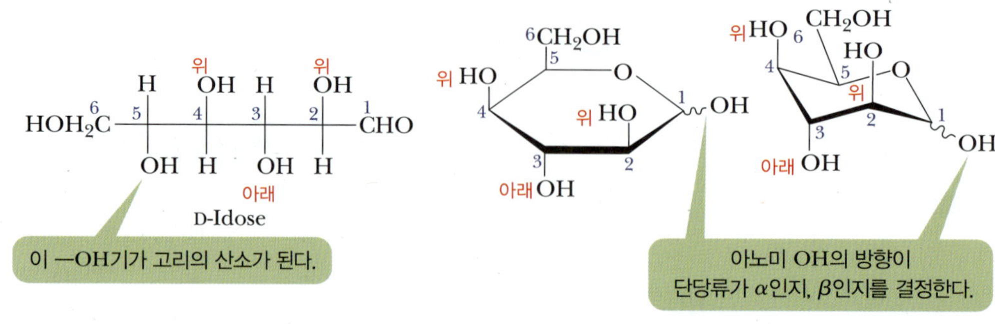

이 —OH기가 고리의 산소가 된다.

아노미 OH의 방향이 단당류가 α인지, β인지를 결정한다.

예제 17.3

α-D-Galactopyranose와 β-D-galactopyranose의 의자 형태를 그리고, 각 고리형 헤미아세탈의 아노머 탄소를 표시하시오.

전략

D-Galactose는 D-glucose와 C4의 배열만이 다르므로 D-glucopyranose의 α형과 β형을 그리고, C4의 —H와 —OH기의 위치를 바꾸면 된다.

풀이

다음은 D-galactose의 α형과 β형이다. 또한 각 아노머 탄소의 고유 광회전도도 나타내었다.

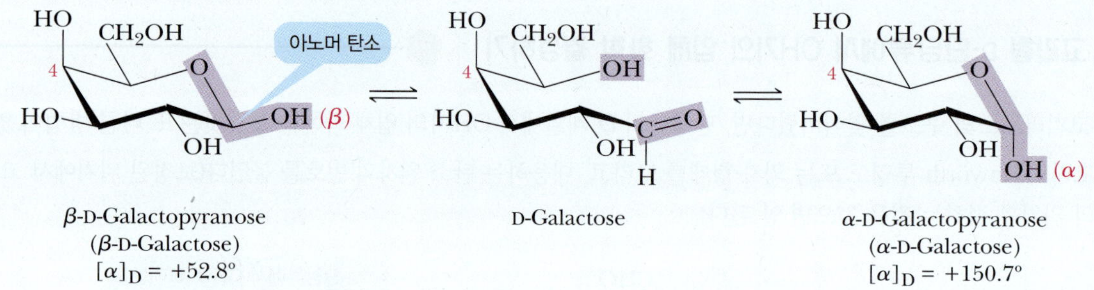

β-D-Galactopyranose (β-D-Galactose) $[\alpha]_D = +52.8°$

D-Galactose

α-D-Galactopyranose (α-D-Galactose) $[\alpha]_D = +150.7°$

문제 17.26 참조

문제 17.3

α-D-Mannopyranose와 β-D-mannopyranose의 의자 형태를 그리고, 각각의 아노머 탄소 원자를 표시하시오.

C. 변광회전

변광회전 탄수화물의 α형 또는 β형이 두 형태의 혼합 평형 상태로 전환될 때 일어나는 광학 활성의 변화

변광회전(mutarotation)은 수용액 상태에서 α형과 β형 아노머의 상호 전환에 따른 고유 광회전도의 변화를 말한다. 예로서 결정형의 α-D-글루코피라노스를 물에 녹여 용액을 만들면 용액의 초기 회전도는 +112°(그림 17.2)을 나타내는데, 점차 감소하여 α-D-글루코피라노스와 β-D-글루코피라노스가 평형 상태에 도달하면 +52.7°가 된다. 또한 β-D-글루코피라노스 용액도 변광회전 현상이 일어나서 그때의 고유 광회전도는 +18.7°의 초깃값에서 같은 평형 상태값인 +52.7°로 변화된다. 평형 상태에서는 64%의 β-D-글루코피라노스와 36%의 α-D-글루코피라노스로 구성되고, 극소량(0.003%)의 열린 사슬 형태가 포함된다. 변광회전은 헤미아세탈 구조를 갖는 모든 탄수화물에서 나타난다.

17.4 단당류의 특징적인 반응은 무엇인가?

이 절에서는 주로 단당류와 알코올, 환원제 및 산화제와의 반응에 대하여 논의한다. 추가로 이러한 반응들이 우리의 일상생활에 어떻게 유용하게 이용되는지 알아본다.

A. 글리코사이드의 형성(아세탈)

12.6A절에서 다루었듯이 알데하이드와 케톤을 알코올 한 분자와 반응시키면 헤미아세탈을 얻을 수 있으며, 헤미아세탈을 알코올 한 분자로 처리하면 아세탈을 얻을 수 있다. 고리형의 헤미아세탈로 존재하는 모든 형태의 단당류를 알코올로 처리함으로써 한 개의 아세탈을 얻게 되며, 이것은 β-D-글루코피라노스(β-D-글루코스)와 메탄올의 반응에 의해 설명될 수 있다.

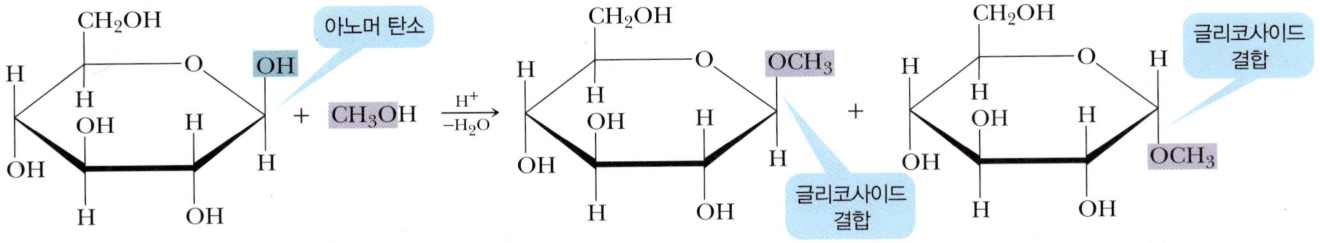

β-D-Glucopyranose (β-D-Glucose)

Methyl β-D-glucopyranoside (Methyl β-D-glucoside)

Methyl α-D-glucopyranoside (Methyl α-D-glucoside)

단당류로부터 만들어지는 고리형 아세탈을 **글리코사이드**(glycoside, 배당체)라고 하며, 아노머 탄소와 —OR기의 결합을 **글리코사이드 결합**(glycoside bond, 배당체 결합)이라 한다. 헤미아세탈과는 달리 아세탈은 중성 혹은 알칼리성 수용액에서 열린 사슬 형태의 카보닐기와 평형 상태가 이루어지지 않으므로 글리코사이드에서는 변광회전 현상이 나타나지 않는다. 글리코사이드는 물과 염기성 수용액에서는 다른 아세탈(12.6절)과 같이 안정하지만, 산성 수용액에서는 알코올과 단당류로 가수 분해된다.

글리코사이드 아노머 탄소의 —OH기가 —OR기로 치환된 탄수화물

글리코사이드 결합 글리코사이드의 아노머 탄소와 —OR기의 결합

글리코사이드는 산소 원자에 결합된 알킬기 또는 아릴기명 다음에 탄수화물명의 접미사 ***-e***를 ***-ide***로 바꾸어 명명한다. 예를 들면 β-D-글루코피라노스에서 유래된 것은 β-D-글루코피라노사이드, β-D-리보퓨라노스로부터는 β-D-리보퓨라노사이드로 명명한다.

예제 17.4

Methyl β-D-ribofuranoside(methyl β-D-riboside)의 구조식을 그리고, 아노머 탄소 원자와 글리코사이드 결합을 표시하시오.

전략

Furanoside는 오원자 고리 아세탈이다. 아노머 탄소는 C1이고, 글리코사이드 결합은 C1에 형성된다. β-글리코사이드 결합에서 —OR기는 고리면의 위쪽과 $-CH_2OH$기의 말단으로서 같은 면에 위치한다(furanoside의 C5).

풀이

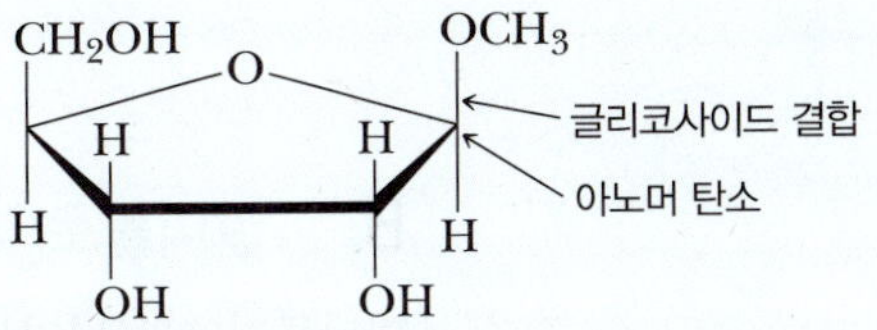

문제 17.30~17.32 참조

문제 17.4

Methyl α-D-mannopyranoside(methyl α-D-mannoside)의 의자 형태의 구조식을 그리고, 아노머 탄소와 글리코사이드 결합을 표시하시오.

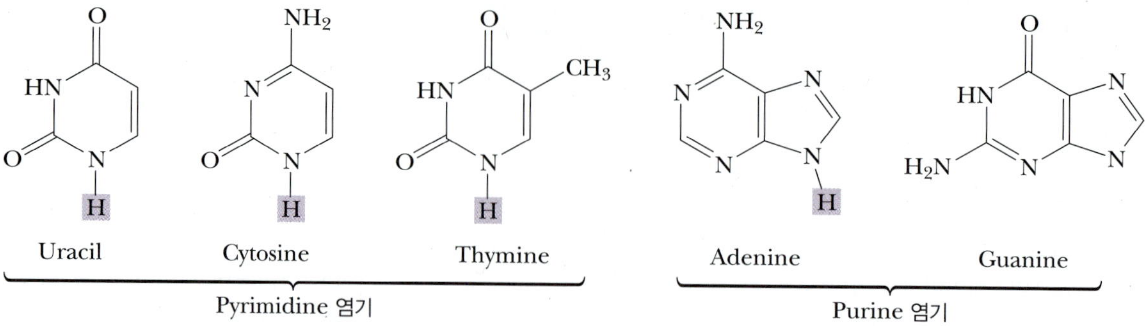

그림 17.3 DNA와 RNA에서 발견된 다섯 가지의 가장 중요한 퓨린과 피리미딘 염기의 구조식. 색칠된 수소 원자는 *N*-글리코사이드의 형성으로 없어진다.

헤미아세탈 고리의 아노머 탄소는 알코올의 —OH기와 반응하여 글리코사이드를 형성하는 것과 같이, 아민의 —NH기와 반응하여 *N*-글리코사이드를 형성한다. 특히 생물계에서 중요한 점은 *N*-글리코사이드가 D-리보스, 2-데옥시-D-리보스(각각 퓨라노스형)와 헤테로 고리 방향족 아민인 유라실, 사이토신, 타이민, 아데닌, 구아닌(그림 17.3)과 결합하여 형성된다는 점이다. 이 화합물의 *N*-글리코사이드는 핵산의 구성 단위이다(20장).

예제 17.5

D-Ribofuranose와 cytosine에서 형성된 β-*N*-글리코사이드의 구조식을 그리고, 아노머 탄소와 *N*-글리코사이드 결합을 표시하시오.

전략

β-D-Ribofuranose의 Haworth 투영도로 시작한다. 아노머 탄소(C1)를 위치시킨다. —OH기를 C1이 위치한 자리에서 제거하고, β-*N*-글리코사이드 결합을 생성하기 위해 cytosine의 적당한 질소 원자를 결합시킨다(그림 18.3 참조)

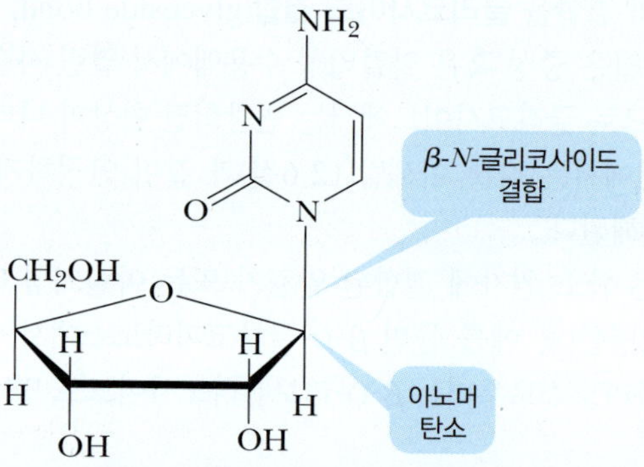

문제 17.33 참조

풀이

문제 17.5

β-D-Ribofuranose와 adenine에서 형성된 β-*N*-글리코사이드의 구조를 그리시오.

B. 알디톨로의 환원

알디톨 단당류의 C=O기가 CHOH기로 환원되어 형성되는 생성물

단당류의 카보닐기는 $NaBH_4$(12.10B절)를 포함한 여러 환원제에 의해 하이드록실기로 환원된다. 환원 생성물은 **알디톨**(alditol)로 알려져 있다. D-글루코스의 환원은 일반적으로 D-솔비톨로 더 알려진 D-글루시톨을 생성한다. 수용액 상태에서 적은 양만 존재하는 열린 사슬 형태의 D-글루코스가 환원되면 고리형 헤미아세탈 형태와 열린 사슬 형태 사이의 평형은 D-글루코스 쪽으로 이동된다.

β-D-Glucopyranose ⇌ D-Glucose $\xrightarrow{NaBH_4}$ D-Glucitol (D-Sorbitol)

알비톨이라는 이름은 단당류가 가지고 있는 *-ose*가 *-itol*로 교체되는 과정에 의해 명명하게 된다. D-솔비톨은 지구 상에서 베리류, 체리, 자두, 배, 사과, 해초, 조류 등의 식물체에서 널리 발견된다. 또한 슈크로스(설탕)의 60% 정도의 당도를 갖고 있으며, 캔디 제조와 당뇨병 환자의 감미료로 이용된다. 생물계에 흔히 있는 것으로는 에리스리톨, D-만니톨, 자일리톨 등이 있다. 자일리톨은 '무설탕' 껌, 사탕, 시리얼에 감미제로 사용된다.

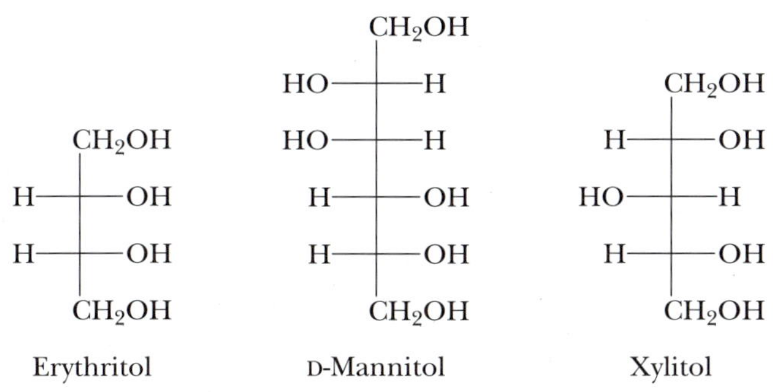

많은 '무당' 제품들은 D-sorbitol과 xylitol 같은 당 알코올을 포함한다.

예제 17.6

$NaBH_4$는 D-glucose를 D-glucitol로 환원시킨다. 이러한 조건으로 생성된 알디톨이 광학 활성이 있는지 없는지를 설명하시오.

전략

$NaBH_4$는 D-glucose의 알데하이드기(—CHO)를 일차 알코올(—CH_2OH)로 환원시킨다. 환원 반응은 D-glucose의 다른 기에는 영향을 미치지 않는다. 따라서 문제는 D-glucitol이 카이랄인지 결정하는 것이고, 카이랄이라면 대칭면을 가지지 않게 된다. 그런 경우 거울상 위에 겹쳐지게 될 것이고, 따라서 비활성을 나타내게 된다.

풀이

D-Glucitol은 대칭면을 가지지 않으며 카이랄이다. 따라서 D-glucitol이 광학적인 활성을 한다고 예측되며, 고유 광회전도는 −1.7°이다.

문제 17.34~17.39 참조

문제 17.6

$NaBH_4$는 D-erythrose를 erythritol로 환원시킨다. 이러한 조건으로 생성된 알디톨이 광학 활성이 있는지 없는지를 설명하시오.

C. 알돈산으로의 산화(환원당)

12.9A절에서 알데하이드(RCHO)를 카복실산(RCOOH)으로 산화시키는 산소를 포함한 몇몇 물질을 다루었다. 이와 유사하게 염기 조건하에서 알도스의 알데하이드기는 카복실산기로 산화될 수 있다. 이러한 조건하에서 알도스의 고리 형태는 열린 사슬 형태로 평형을 이루게 되고 약한 산화제에 의해 산화된다. 예를 들어 D-글루코스는 D-글루코네이트(D-글루콘산의 음이온)로 산화된다.

β-D-Glucopyranose (β-D-Glucose) ⇌ D-Glucose —산화제, 염기 용액→ D-Gluconate (알돈산 음이온)

환원당 산화제와 반응하여 알돈산의 형태로 된 탄수화물

산화제와 반응하여 알돈산을 형성하는 모든 탄수화물이 **환원당**(reducing sugar)으로 구분된다(산화제를 환원한다).

해결방법 17.2 탄수화물이 환원당인지 결정하기

다음은 환원당인 탄수화물에서의 세 가지 일반적인 특성이다.

(1) 알데하이드인 탄수화물은 환원당이다.

(2) 알데하이드와 평형 상태를 이루고 있는 케토스는 환원당이다. 이것은 Tollens 시험법의 염기 조건하에서, 케토–엔올 간 토토머화 현상이 발생하고 케토스가 알도스로 변환되기 때문이다(알도스는 실제로 환원당이다).

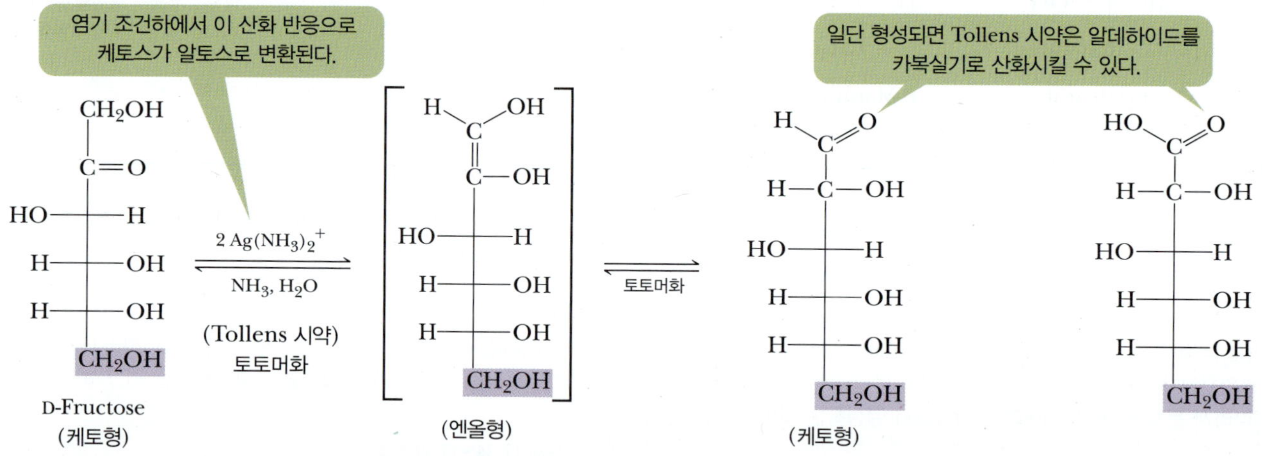

(3) 헤미아세탈로서 존재하는 어떠한 고리 탄수화물은 비고리 형태로 평형 상태가 될 것이다. 비고리 형태는 알도스나 케토스 중 한 가지가 될 것이며, Tollens 시험법의 조건하에서는 알도스로 변환될 것이다(2번 참조). 그것은 실제로 환원당인 알도스이다.

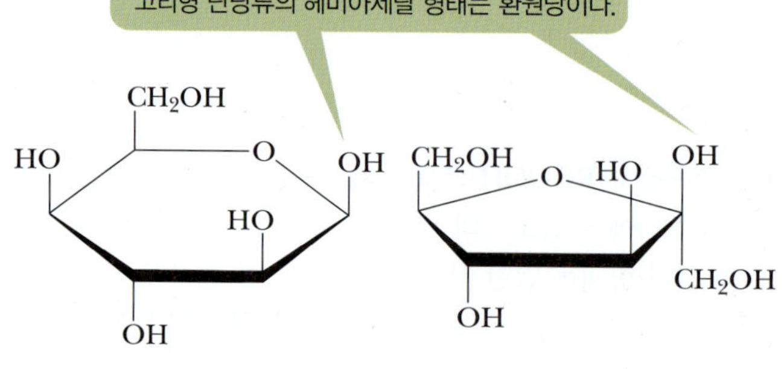

D. 유론산으로의 산화

헥소스의 6번 탄소에서의 일차 알코올의 효소 촉매 산화 반응은 **유론산**(uronic acid)으로 산화한다. 예를 들면 D-글루코스의 효소 촉매 산화 반응은 D-글루쿠론산을 생성하고, 여기에서는 열린 사슬 형태와 고리형 헤미아세탈 형태 두 가지가 모두 나타나게 된다.

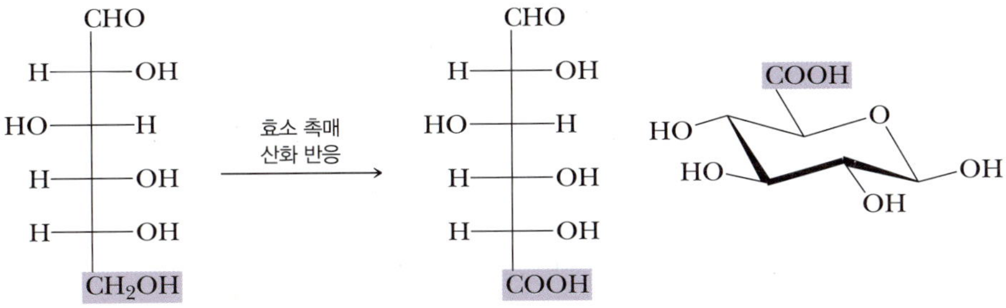

효소 촉매 산화 반응

D-Glucose　　Fischer 투영도　　의자 형태

D-Glucuronic acid
(uronic acid)

D-글루쿠론산은 식물계과 동물계에 널리 분포되어 있다. 사람에게 있어서 결합 조직의 산성 다당류에서 매우 중요한 구성 성분이다. 또한 몸에서 이물질인 페놀과 알코올을 해독하는 데 사용된다. 이 화합물들은 간에서 글루쿠론산(글루쿠로나이드)의 글리코사이드로 전환되어 소변으로 배출된다. 정맥 내의 마취제인 프로포폴(문제 10.43)을 예로 들면, 이것은 수용성의 글루쿠로나이드로 전환되어 소변으로 배출된다.

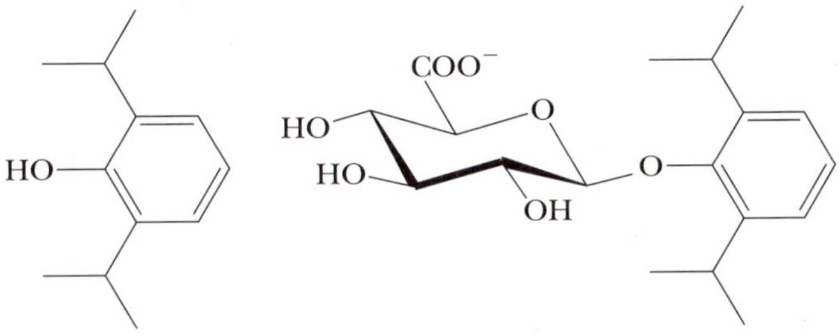

Propofol　　urine-soluble glucuronide

17.5 이당류와 올리고당류란 무엇인가?

자연계 탄수화물의 대부분은 한 개 이상의 단당류를 포함하며, 두 개의 단당류로 되어 있는 것을 **이당류**(disaccharide), 세 개인 것을 **삼당류**(trisaccharide) 등으로 부른다. 보통 **올리고당류**(oligosaccharide)라 함은 6~10개의 단당류로 구성된 것을 말하며, 그냥 탄수화물로 표현되기도 한다. 많은 수의 단당류로 구성되어 있는 탄수화물을 **다당류**(polysaccharide)라고 한다.

두 개의 단당류로 되어 있는 이당류는 한 단위의 아노머 탄소와 다른 단위의 —H기 사이에 글리코사이드 결합을 하고 있으며, 주요 이당류로 슈크로스, 락토스, 말토스가 있다.

이당류 두 개의 단당류가 글리코사이드 결합에 의해 연결된 탄수화물

올리고당류 6~10개의 단당류가 글리코사이드 결합에 의해 이웃하여 연결된 탄수화물

다당류 많은 수의 단당류가 하나 이상의 글리코사이드 결합에 의해 연결되어 있는 탄수화물

A. 슈크로스

슈크로스(설탕)는 생물계에서 가장 풍부한 이당류이다. 슈크로스는 사탕수수나 사탕무의 추출액에서 주로 얻어지며 α-글루코피라노스의 C1과 D-프럭토퓨라노스의 C2가 α-1,2-글리코사이드 결합으로 연결되어 있다. 슈크로스는 글루코피라노스와 프럭토퓨라노스의 아노머 탄소가 둘 다 글리코사이드 결합에 포함되어 있으며, 단당류 단위가 열린 사슬 형태와 평형이 아니기 때문에 비환원당이다.

이 생성물은 락토스 불내증이 있는 사람이 필요한 칼슘을 충족하는 데 도움을 준다.

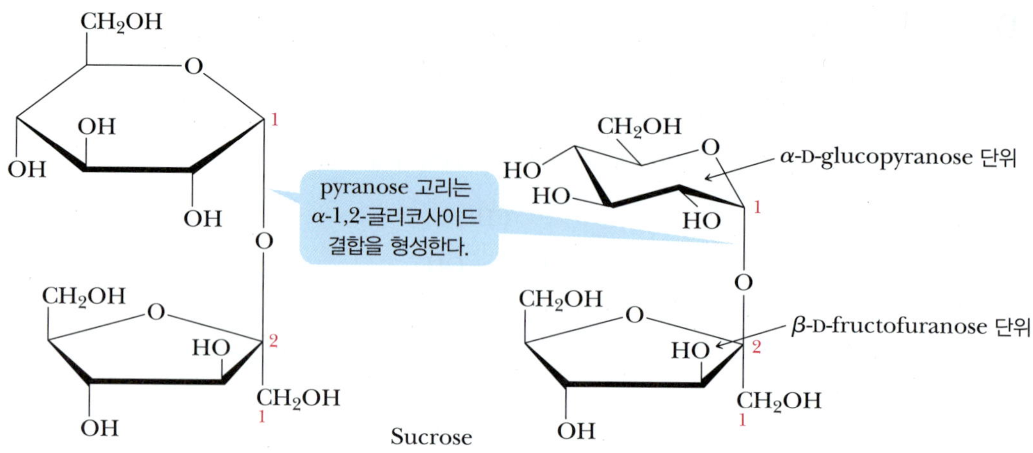

B. 락토스

락토스는 우유 중의 주요 당분으로 모유 중에 약 5~8%, 우유 중에 4~6% 포함되어 있다. D-갈락토피라노스는 D-글루코피라노스의 4번 탄소와 β-1,4-글리코사이드 결합으로 되어 있다.

β-1,4-글리코사이드 결합

Lactose

락토스는 D-글루코피라노스의 고리형 헤미아세탈이 열린 사슬 형태와 평형이며 카복실기로 산화되기 때문에 환원당이다.

화학 관련 17A

탄수화물과 인공 감미료의 당도 비교

이당류로 된 감미료 중에서 D-프럭토스는 슈크로스보다 더 달다. 꿀의 단맛은 주로 D-프럭토스와 D-글루코스 때문이다. 락토스는 단맛이 거의 없고, 때로는 음식의 충전제로서 첨가하기도 한다. 그러나 어떤 사람들은 락토스에 내성이 없을 수 있기 때문에 이런 음식들을 피해야 한다. 아래의 표는 다양한 탄수화물과 슈크로스와 관련된 인공 감미료의 당도를 나타낸 것이다.

탄수화물	Sucrose와 단맛의 관계	인공 감미료	Sucrose와 단맛의 관계
Fructose	1.74	Saccharin	450
Sucrose(설탕)	1.00	Acesulfame-K	200
Honey	0.97	Aspartame	180
Glucose	0.74	Sucralose	600
Maltose	0.33		
Galactose	0.32		
Lactose(유당)	0.16		

문제

다음은 인공 감미료인 sucralose의 구조이다. Sucrose와 다른 점을 표시하시오.

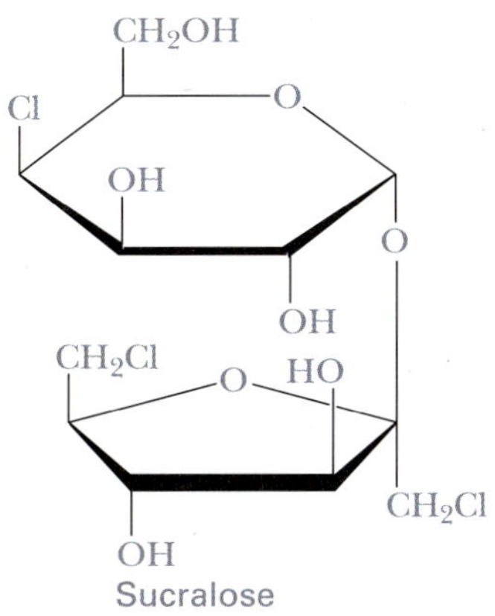

C. 말토스

말토스의 명칭은 발아된 보리나 기타 곡류의 맥아즙 내에 존재하는 데에서 유래되었다. 말토스는 두 분자의 D-글루코피라노스로 되어 있는데, 한 글루코스의 1번 탄소(아노머 탄소)와 다른 글루코스의 4번 탄소 간에 글리코사이드 결합으로 연결되어 있다. 첫 번째 글루코스의 아노머 탄소의 산소 원자가 α형이므로 이들 결합을 α-1,4-글리코사이드 결합이라고 한다. 아래 그림은 β-말토스의 Harorth 투영도와 의자 형태 구조로, 오른쪽 글루코스의 아노머 탄소에 있는 —OH기가 β형이기 때문에 β-말토스라 이름 붙여진다.

© NoDerog/iStockphoto

인공 감미료는 설탕보다 훨씬 달기 때문에(화학 관련 17A), 매우 적은 양을 사용하게 된다.

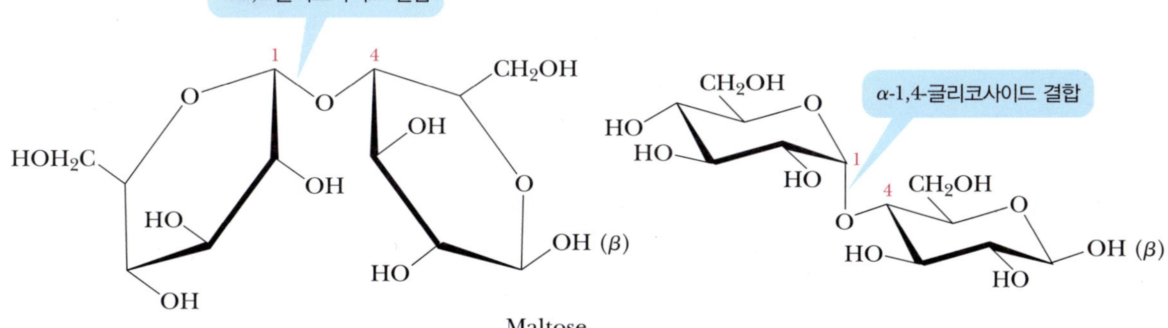

화학 관련 17B

A, B, AB, O 혈액형 물질

동물의 원형질 세포막은 수많은 작은 탄수화물이 서로 결합되어 이루어져 있으며, 사실 대부분의 원형질 세포막 외부는 '당의 피막'이라고 표현된다. 이러한 막구성 탄수화물은 세포 형태를 인지하는 메커니즘이며, 실질적으로 생화학적 표식(항원 결정 인자)으로 작용한다. 이러한 막구성 탄수화물은 형태적으로 D-갈락토스(gal), D-만노스(Man), L-퓨코스(Fuc), *N*-아세틸-D-글루코사민(NAGlu), 그리고 *N*-아세틸-D-갈락토사민(NAGal) 등의 몇몇 주된 단당류를 포함한 4~17개의 단당류로 구성되어 있다. L-퓨코스는 6-데옥시알도헥소스이다.

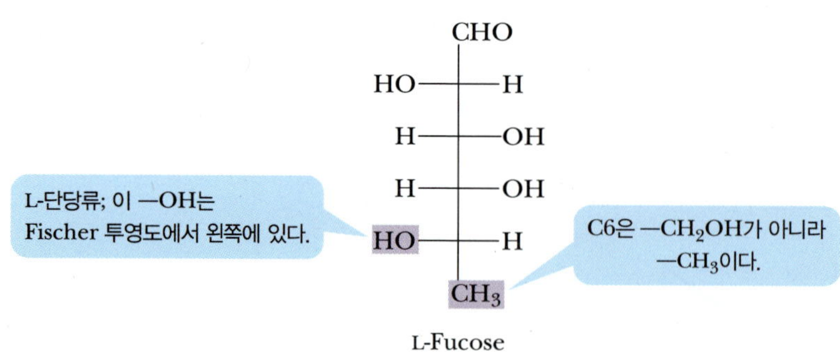

이러한 막구성 탄수화물에 대하여 처음으로 연구되고 잘 알려진 것은 ABO계에 의해서이다. 1900년 Karl Landsteiner(1868~1943)에 의해 처음 발표된 ABO계에서는 인간의 혈액형을 A, B, AB, O형의 네 가지로 분류하였다. A, B, AB, O형은 유전적으로 결정된, 그리고 적혈구 세포 표면에 있는 삼당류 또는 사당류의 형태에 의해 결정된다. 각 혈액형의 단당류와 글리코사이드의 결합 형태는 다음 그림에 나와 있다(글리코사이드 결합의 배치는 괄호 안에 나타내었다).

A형 *N*-Acetyl-D-galactosamine (α-1,4) D-Galactose (β-1,3) *N*-Acetyl-D-glucosamine — 적혈구
(α-1,2) L-Fucose

B형 D-Galactose (α-1,4) D-Galactose (β-1,3) *N*-Acetyl-D-glucosamine — 적혈구
(α-1,2) L-Fucose

O형 D-Galactose (β-1,3) *N*-Acetyl-D-glucosamine — 적혈구
(α-1,2) L-Fucose

문제

L-Fucose의 두 피라노스 형태를 그리시오

예제 17.7

두 개의 D-glucopyranose가 α-1,6-글리코사이드 결합으로 연결된 이당류의 β-아노머에 대한 의자 형태를 그리시오.

전략

먼저 α-D-glucopyranose의 구조식을 그리고, 이것의 아노머 탄소와 다른 α-D-glucopyranose의 6번 탄소를 α-글리코사이드 결합으로 연결시킨다. 이당류의 환원성 말단에 있는 —OH기의 위치에 따라 α형이나 β형이 된다.

풀이

다음은 이당류의 β형이다.

CH_2OH, O, HO, HO, OH, 1, O, 6 CH_2, O, HO, HO, OH, OH (β)
α-1,6-글리코사이드 결합
α-D-Glucopyranose 단위
β-D-Glucopyranose 단위

문제 17.48 참조

문제 17.7

두 개의 D-glucopyranose가 β-1,3-글리코사이드 결합으로 연결된 α형 이당류에 대한 Haworth 투영도와 의자 형태를 그리시오.

17.6 다당류란 무엇인가?

다당류는 수많은 단당류들이 글리코사이드 결합으로 연결되어 이루어져 있으며, 주요 다당류는 글루코스로 이루어진 전분, 글리코젠, 셀룰로스의 세 가지이다.

A. 전분: 아밀로스와 아밀로펙틴

Gayvoronskaya_Yana/Shutterstock

옥수수 전분은 옥수수의 내배유에서 변형된 다당류로 구성된다.

전분은 식물에 있어서 에너지 저장고로 이용되며, 모든 식물 종자와 덩이줄기에서 발견되고, 식물이 나중에 이용하기 위해 글루코스로 되어 있다. 전분은 아밀로스와 아밀로펙틴의 두 가지 다당류로 구성되어 있다. 각 식물의 전분은 독특하며, 대부분 20~25%의 아밀로스와 75~80%의 아밀로펙틴을 포함한다.

아밀로스와 아밀로펙틴이 완전 가수 분해되면 D-글루코스로 된다. 아밀로스는 약 4,000개의 D-글루코스가 가지가 없는 α-1,4-글리코사이드 결합에 의해 길게 연결된 구조로 되어 있다. 아밀로펙틴은 많은 가지가 있는 구조를 가지며, 두 가지 형태의 글리코사이드 결합으로 되어 있다. 이것은 아밀로스와 같이 α-1,4-글리코사이드 결합으로 길게 연결된 구조로 되어 있다. 아밀로펙틴은 10,000개의 D-글루코스 단위로까지 많은 가지가 있는 구조를 가지며, 두 가지 형태의 글리코사이드 결합으로 되어 있다. 이것은 아밀로스처럼 α-1,6-글리코사이드 결합으로 연결된 D-글루코스 사슬이지만, 길이가 겨우 24~30개 단위인 점이 다르다(그림 17.4).

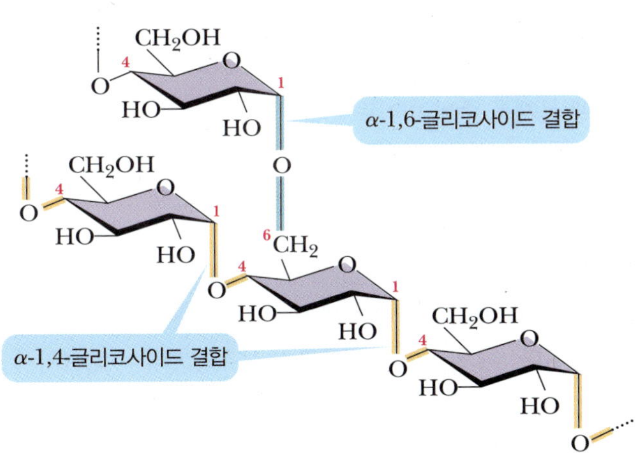

그림 17.4 Amylopectin은 가지가 많은 D-glucose의 고분자로, 사슬은 α-1,4-글리코사이드 결합에 의한 24~30개의 D-glucose로 구성되며, 가지는 α-1,6-글리코사이드 결합으로 이루어져 있다.

식물은 왜 탄수화물의 저장 형태를, 에너지원으로 직접 이용할 수 있는 단당류 형태로 하지 않고 다당류 형태로 저장하는가? 그 해답은 **삼투압**(osmotic pressure)에 있으며, 삼투압은 용액의 분자량이 아닌 몰**농도**에 비례한다. 만일 글루코스 1000개 분자로 된 고분자 전분이 10 mL에 1 g 녹아 있는 용액은 같은 용량에 글루코스가 1 g 녹아 있는 용액에 비하여 겨우 1/1000의 삼투압을 갖게 된다. 이러한 놀라운 구성 상태로 인하여 고분자 용액으로 둘러싸인 세포막들이 견딜 수 있는 큰 이점을 갖게 되는 것이다.

B. 글리코젠

글리코젠은 동물체에 비축된 탄수화물이다. 아밀로펙틴처럼 글리코젠도 α-1,4-, α-1,6-글리코사이드 결합으로 되어 있으며, 대략 10^6개의 글루코스 단위를 가진 D-글루코스의 가지 고분자이다.

건장한 성인의 몸에는 약 350 g의 글리코젠이 있으며, 간과 근육에 거의 같은 양으로 존재한다.

C. 셀룰로스

Moises Fernandez Acosta/Shutterstock.com

면은 D-글루코스의 중합체인 셀룰로스 100%이다.

셀룰로스는 식물의 골격을 구성하는 다당류로 가장 널리 분포하며, 목재 세포벽의 반 이상을 차지하며, 솜은 거의 다 셀룰로스로 되어 있다.

셀룰로스는 D-글루코스가 β-1,4-글리코사이드 결합으로 연결된 선형 고분자이며(그림 17.5), 평균 분자량이 400,000 g/mol로 분자당 2,800여 개의 글루코스로 되어 있다.

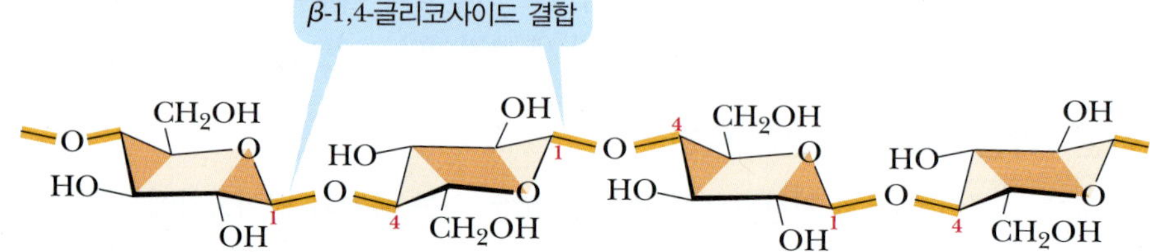

그림 17.5 셀룰로스는 D-glucose가 β-1,4-글리코사이드 결합으로 연결된 선형 고분자이다.

셀룰로스 분자는 견고한 막대와 같은데, 이와 같은 특성 때문에 수평적 분자의 배열이 가능하며, OH기의 수많은 분자간 수소 결합으로 조직적이며, 불용성의 섬유를 갖도록 한다. 셀룰로스의 수평적 분자 배열 때문에 셀룰로스 섬유는 높은 강도를 가지며, 이는 불용성의 주원인이 된다. 강하게 수소 결합하고 있는 셀룰로스 섬유가 물에 있을 때, 각각의 셀룰로스 분자를 떼어낼 수 있는 충분한 —OH기가 셀룰로스 표면에 존재하지 않는다.

인간과 일부 동물들은 셀룰로스를 먹이로 이용할 수 없는데, 이는 β-글리코사이드 결합의 가수분해를 촉매하는 효소인 β-글루코사이드 분해 효소를 소화 기관 내에 갖고 있지 않기 때문이다. 인간은 대신 α-글루코사이드 분해 효소를 갖고 있기 때문에 전분이나 글리코젠을 글루코스원으로 이용한다. 한편 많은 세균과 미생물은 β-글루코사이드 분해 효소를 갖고 있어 셀룰로스를 소화할 수 있으며, 흰개미는 다행스럽게도(우리에게는 유감이지만) 그들의 소화 기관 내에 이러한 세균을 갖고 있기 때문에 목재를 주된 먹이로 이용한다. 반추 동물(되새김 동물)과 말은 소화기관 내에 β-글루코사이드 분해 효소 분비 미생물을 갖고 있어서 풀이나 목초를 소화할 수 있다.

D. 셀룰로스로부터 얻어지는 직물 섬유

© Myrleen Pearson/Alamy Inc

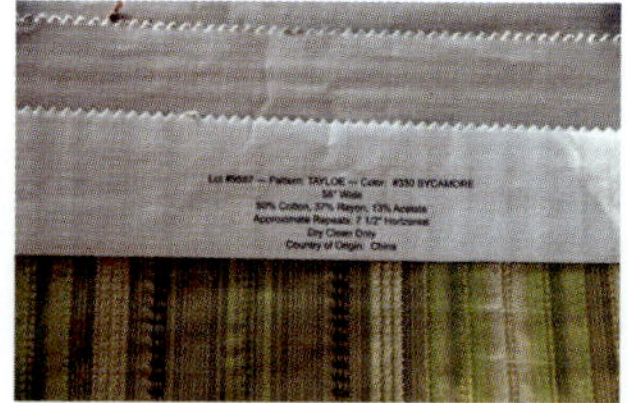

아세테이트 레이온 또는 간단히 '아세테이트'는 실크의 값싼 대용물로 자주 사용된다.

레이온(rayon)과 아세테이트 레이온은 모두 화학적으로 셀룰로스를 변형시켜 만든 것으로 가장 경제적인 합성 직물 섬유이다. 레이온의 생산에 있어서 셀룰로스 섬유는 수산화 소듐 용액에서 이황화 탄소(CS_2)로 처리된다. 이 반응에서 셀룰로스 섬유의 일부 —OH기가 크산틴산 에스터의 소듐염으로 치환되어 점성이 있는 콜로이드 서스펜션으로 알칼리에 용해된다.

셀룰로스 섬유에 있는 —OH기

$$\text{Cellulose}-\text{OH} \xrightarrow{\text{NaOH}} \text{Cellulose}-\text{O}^-\text{Na}^+ \xrightarrow{\text{S}=\text{C}=\text{S}} \text{Cellulose}-\text{O}\overset{\overset{\text{S}}{\|}}{\text{C}}-\text{S}^-\text{Na}^+$$

Cellulose (물에 불용성)

xanthate 에스터의 소듐염 (점성이 있는 콜로이드 서스펜션)

불용성 목재에서 알칼리로 분리된 크산틴산 셀룰로스는 가는 구멍이 있는 금속판의 방적기를 통해 묽은 황산 용액에서 가수 분해되어 재생 셀룰로스로 응결된다. 가는 섬유실로 뽑아진 재생 셀룰로스를 비스코스 레이온실이라 한다.

아세테이트 레이온(acetate rayon)의 공업적 합성에서는 셀룰로스를 무수 아세트산으로 처리한다(14.4B절).

$$\text{—O—}\underset{\text{셀룰로스 섬유의 글루코스 단위}}{(\text{CH}_2\text{OH, HO, OH 글루코스 고리})}\text{—O—} + 3\text{CH}_3\overset{\text{O}}{\overset{\|}{\text{C}}}\text{O}\overset{\text{O}}{\overset{\|}{\text{C}}}\text{CH}_3 \longrightarrow (\text{CH}_2\text{OCCH}_3,\ \text{CH}_3\text{CO—},\ \text{OCCH}_3) + 3\text{CH}_3\overset{\text{O}}{\overset{\|}{\text{C}}}\text{OH}$$

셀룰로스 섬유의 글루코스 단위 / 아세트산 무수물 / 완전히 아세틸화된 글루코스 단위

아세틸화된 셀룰로스를 적당한 용매에 녹이고 응결시킨 후 섬유 상태로 뽑은 것이 아세테이트 레이온이다. 이 섬유는 매끄럽고, 부드러우며, 정전기에 저항성이 있고, 빨리 마른다. 아세테이트 레이온의 가장 유용한 성질 중 하나는 열가소성을 지닌 것이다(16.1절). 이는 아세테이트 레이온으로 만든 옷이 열을 가하고 식히면 영구적으로 주름이 잡힐 수 있게 한다.

중요한 질문에 대한 요약

17.1 탄수화물이란 무엇인가?

탄수화물은

- 식물체에서 가장 풍부한 유기 화합물이다.
- 화학 에너지의 저장 형태(글루코스, 전분, 글리코젠)이다.
- 식물체를 지탱하는 구조(셀룰로스), 갑각류의 껍질(키틴), 동물의 연결 조직(산성 다당류) 등의 구성 성분이다.
- 핵산의 필수 구성 성분(D-리보스와 2-데옥시-D-리보스)이다.

17.2 단당류란 무엇인가?

- 단당류는 폴리하이드록시알데하이드나 폴리하이드록시케톤 또는 가수 분해한 후에 생긴 화합물이다.
- 일반식은 $C_nH_{2n}O_n$으로 n은 3~9이다.
- 이름에 접미사가 *-ose*가 들어있다.
- 접두사인 *tri-*, *tetr-*, *pent-* 등은 사슬에 있는 탄소 수를 나타낸다.
- 접두사인 *aldo-*는 알데하이드를, *keto-*는 케톤을 나타낸다.
- 단당류의 **Fischer 투영도**에서 탄소 사슬은 가장 많이 산화된 탄소를 맨 위로 하여 수직으로 표시한다. 수평선은 평면의 앞쪽에 위치한 기를 나타내고, 수직선은 평면의 뒤쪽에 위치한 기를 나타낸다.
- 단당류에서 버금 탄소가 D-글리세르알데하이드와 같은 배치인 것을 **D-단당류**, L-글리세르알데하이드와 같은 배치인 것을 **L-단당류**라고 한다.
- 아미노당은 —OH기의 위치에 $—NH_2$기를 갖는 것이다.

17.3 단당류의 고리 구조란 무엇인가?

- 단당류는 주로 고리형 헤미아세탈로 존재한다.
- 고리형 헤미아세탈 형성으로 새로이 만들어지는 입체 중심을 **아노머 탄소**라고 하고, 형성되는 입체 이성질체를 **아노머**라고 한다.
- 육원자 고리형 헤미아세탈을 **피라노스**라 하고, 오원자 고리형 헤미아세탈을 **퓨라노스**라고 한다.
- 퓨라노스와 피라노스는 **Haworth 투영도**로 나타낼 수 있다.
- 피라노스는 Haworth 투영도로 나타낼 수 있고 또는 펼쳐진 **의자 형태**로 표현할 수 있다.
- β형은 고리에서 아노머 탄소의 —OH가 말단의 $—CH_2OH$와 같은 방향에 있는 것이다.
- α형은 고리에서 아노머 탄소의 —OH가 말단의 $—CH_2OH$와 반대 방향에 있는 것이다.
- **변광회전**은 용액 상태에서 α-, β- 아노머의 혼합물이 평형을 이룸으로써 비선광도가 변하는 것이다.

17.4 단당류의 특징적인 반응은 무엇인가?

- **글리코사이드**는 단당류로부터 유도된 고리형 아세탈이다.
- 글리코사이드의 이름은 아세탈 산소 원자와 결합된 알킬기 또는 아릴기의 이름 뒤에 단당류명의 접미사 *-e*를 *-ide*로 바꾸어 명명한다.
- **알디톨**은 단당류의 카보닐기가 환원되어 하이드록실기가 된 폴리하이드록시 화합물이다.
- **알돈산**은 알도스의 알데하이드기가 산화되어 카복실산으로 될 수 있다.
- 산화제를 환원하는 탄수화물을 **환원당**이라고 한다.
- 단당류의 말단 $—CH_2OH$기가 효소 촉매 산화 반응을 통해 —COOH기가 되면 **유론산**이 생성된다.

17.5 이당류와 올리고당류란 무엇인가?

- **이당류**에는 **글리코사이드 결합**으로 연결된 두 개의 단당류가 포함되어 있다.
- 단당류가 많이 포함됨에 따라 **삼당류, 사당류** 등으로 부른다.
- **올리고당류**는 6～10개의 단당류가 연결된 탄수화물이다.
- **슈크로스**는 D-글루코스와 D-프럭토스가 α-1,2-글리코사이드 결합으로 연결된 이당류이다.
- **락토스**는 D-갈락토스와 D-글루코스가 β-1,4-글리코사이드 결합으로 연결된 이당류이다.
- **말토스**는 D-글루코스 두 분자가 α-1,4-글리코사이드 결합으로 연결된 이당류이다.

17.6 다당류란 무엇인가?

- **다당류**는 수많은 단당류가 글리코사이드 결합으로 연결되어 이루어져 있다.
- **전분**은 아밀로스와 아밀로펙틴의 두 물질로 분리할 수 있다. **아밀로스**는 4,000여 개의 D-글루코피라노스가 α-1,4-글리코사이드 결합을 이루는 선형 고분자이다. **아밀로펙틴**은 D-글루코스가 α-1,4-글루코사이드 결합을 이루고 있고 많은 가지를 갖고 있는 형태로, 가지 부분은 α-1,6-글리코사이드 결합을 하고 있다.
- **글리코젠**은 동물의 저장 탄수화물로, D-글루코피라노스가 α-1,4-글리코사이드 결합에 의해, 가지 부분은 α-1,6-글루코사이드 결합에 의해 연결된 많은 가지를 가진 고분자이다.
- **셀룰로스**는 식물의 구성 다당류로 D-글루코피라노스가 β-1,4-글리코사이드 결합에 의해 연결된 선형 고분자이다.
- **레이온**은 셀룰로스를 화학적으로 변형 재생시켜 만든다.
- **아세테이트 레이온**은 셀룰로스를 아세틸화 반응시켜서 만든다.

OX퀴즈

이 장에서 배운 개념들을 이해하였는지 알아보기 위해 아래 질문이 맞는지 틀린지 답하시오. 답이 틀렸거나 어렵다면, 장 끝의 문제를 풀기 전에 괄호 속에 표시한 해당 절을 복습하시오.

1. 당의 피라노스 또는 퓨라노스 형태의 아세탈을 글리코사이드라고 한다. (17.4)
2. 단당류는 케톤의 카보닐기나 알데하이드의 카보닐기를 포함할 수 있다. (17.2)
3. 전분, 글리코젠, 셀룰로스는 올리고당류의 모든 예이다. (17.6)
4. 같은 이름의 L-설탕과 D-설탕은 거울상 이성질체이다. (17.2)
5. 알디톨은 탄수화물이 산화된 것이다. (17.4)
6. D-글루코스와 D-리보스는 부분 입체 이성질체이다. (17.2)
7. 피라노사이드는 오원자 고리를 갖는다. (17.3)
8. 모든 단당류는 에터에 용해된다. (17.2)
9. 단당류는 주로 고리형 헤미아세탈로 존재한다. (17.3)
10. 다당류는 두 개 단당류의 글리코사이드이다. (17.5)
11. 단당류 α, β는 카보닐기에서 떨어진 탄소 1,2 위치를 말하는데 사용된다. (17.3)
12. 탄수화물은 $C_n(H_2O)_n$의 화학식을 반드시 만족시켜야 한다. (17.1)
13. 변광회전은 탄수화물의 α, β-아노머의 평형 농도를 확립시키는 것이다. (17.3)
14. D-글루코스와 D-갈락토스는 부분 입체 이성질체이다. (17.2)
15. 비고리형 탄수화물만을 포함한 알데하이드기는 환원당의 역할을 할 수 있다. (17.4)
16. 단당류의 메틸 글리코사이드는 환원당으로 작용할 수 없다. (17.4)
17. 비고리 단당류의 버금 탄소는 분자의 고리형 헤미아세탈 형태의 아노머 탄소가 된다. (17.3)
18. Fischer 투영도는 90° 회전시켜야 한다. (17.2)

정답: (1) ○ (2) ○ (3) × (4) ○ (5) × (6) × (7) × (8) × (9) ○ (10) ×
(11) × (12) × (13) ○ (14) ○ (15) × (16) ○ (17) × (18) ×

주요 반응

1. 고리형 헤미아세탈의 형성(17.3절)

오원자 고리를 이루는 단당류는 퓨라노스이고, 육원자 고리를 이루면 피라노스이다. 피라노스는 대부분 Haworth 투영도나 의자 형태로 나타낸다.

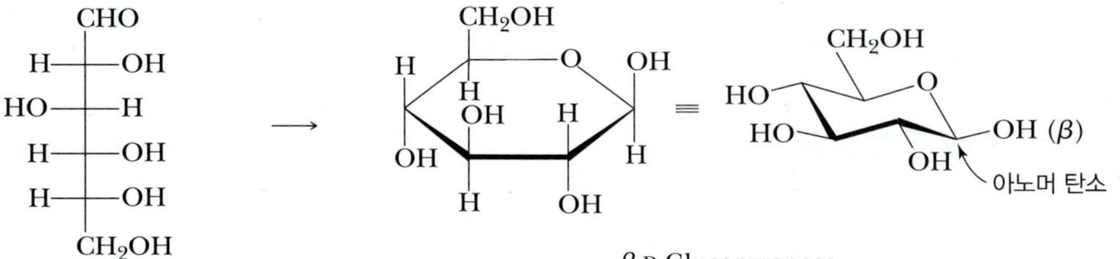

D-Glucose → β-D-Glucopyranose (β-D-Glucose)

아노머 탄소

2. **변광회전(17.3C절)**
단당류의 아노머형은 수용액에서 평형을 이룬다. 변광회전이란 이러한 평형 상태에서 일어나는 비선광도의 변화를 말한다.

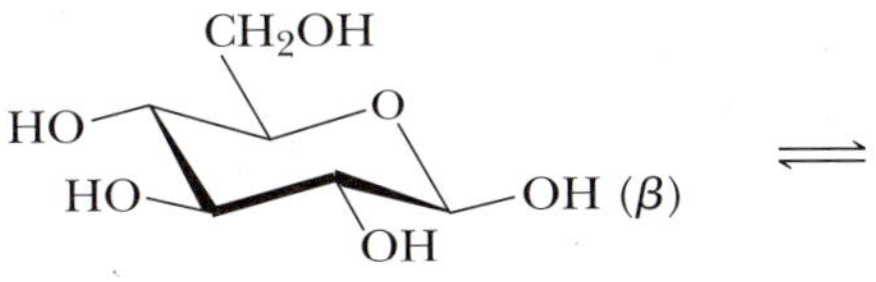

β-D-Glucopyranose
$[\alpha]_D^{25} + 18.7°$

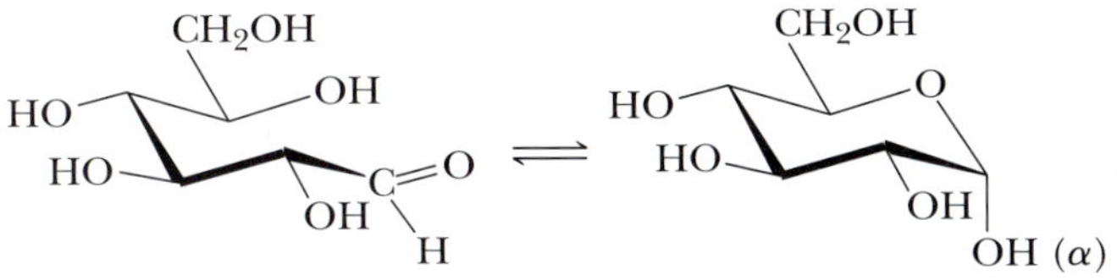

열린 사슬형

α-D-Glucopyranose
$[\alpha]_D^{25} + 112°$

3. **글리코사이드 형성(17.4A절)**
단당류를 산 촉매 존재하에서 알코올로 처리하면 글리코사이드라는 고리 아세탈이 형성된다.

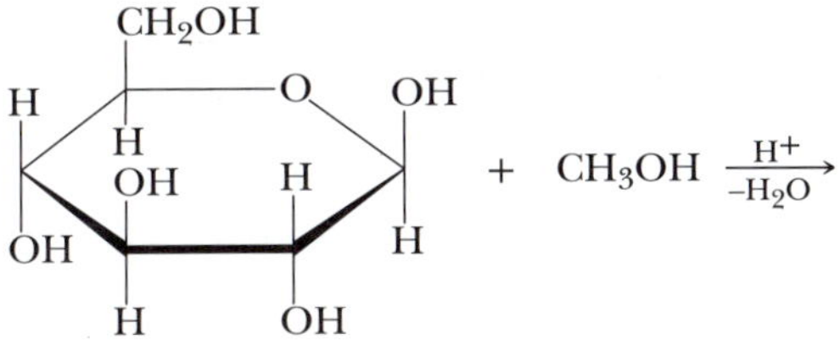

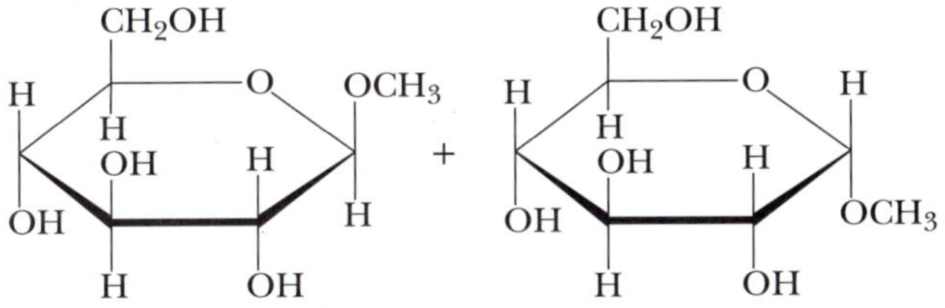

$$+ \ CH_3OH \xrightarrow[-H_2O]{H^+}$$

이때 새로이 생긴 —OR기의 결합을 글리코사이드 결합이라고 한다.

4. **알디톨로의 환원(17.4B절)**
알도스나 케토스의 카보닐기가 하이드록실기로 환원되면 알디톨이라는 폴리하이드록시 화합물이 생성된다.

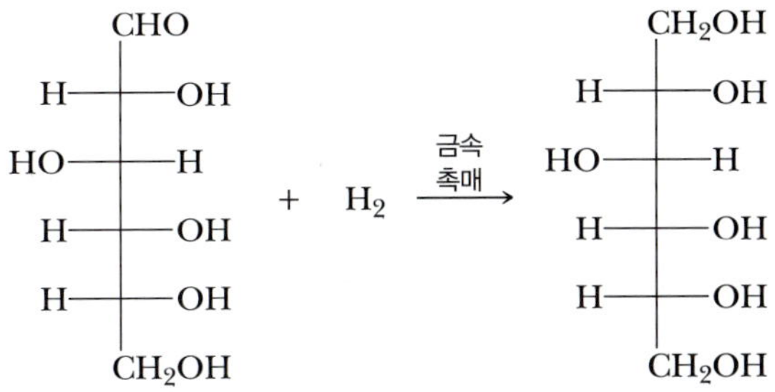

$$\text{D-Glucose} + H_2 \xrightarrow{\text{금속 촉매}} \text{D-Glucitol (D-Sorbitol)}$$

D-Glucose

D-Glucitol
(D-Sorbitol)

5. **알돈산으로의 산화(17.4C절)**
약한 산화제를 사용하여 알도스의 알데하이드기를 카복실기로 산화시키면 알돈산이라는 폴리하이드록시카복실산이 생성된다.

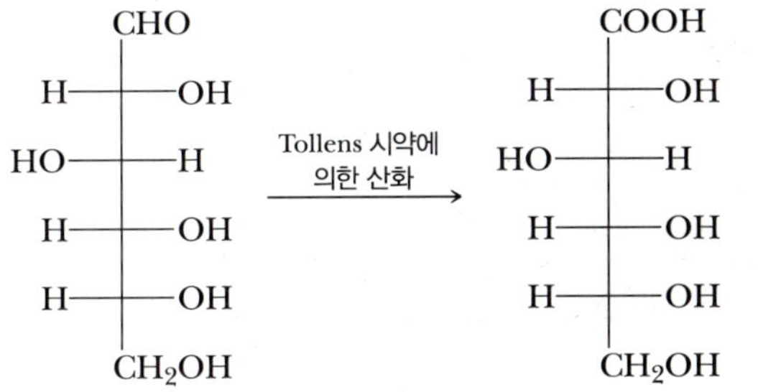

Tollens 시약에 의한 산화

D-Glucose

D-Gluconic acid

문 제

별표로 표시된 문제는 본문의 '실생활' 문제를 나타낸다. 푸른색으로 된 문제의 답은 부록 D에 있다.

17.2절 단당류

17.8 알도스와 케토스, 알도펜토스와 케토펜토스의 구조적 차이점을 설명하시오.

17.9 어떤 헥소스가 덱스트로스로 알려져 있는지 설명하시오.

17.10 D-글리세르알데하이드와 L-글리세르알데하이드의 거울상 이성질체의 의미에 대해 설명하시오.

17.11 화합물의 거울상 이성질체 '뼈대 구조'와 Fischer 투영도를 그리시오.

17.12 D-Glucose와 D-ribose는 입체 중심이 각각 몇 개인가? 또한 입체 이성질체는 각각 몇 개인가?

17.13 각 단당류를 D형과 L형으로 구분하시오. (예제 17.1 참조)

(a) CHO; H—OH; HO—H; H—OH; H—OH; CH_2OH

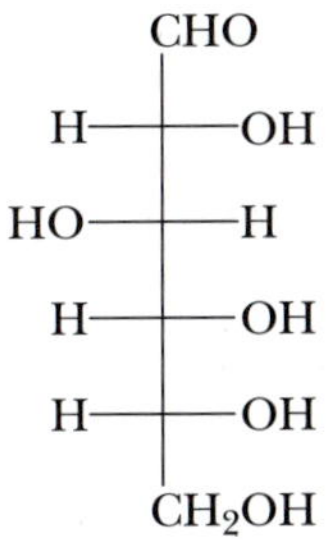

(b) CHO; HO—H; H—OH; HO—H; CH_2OH

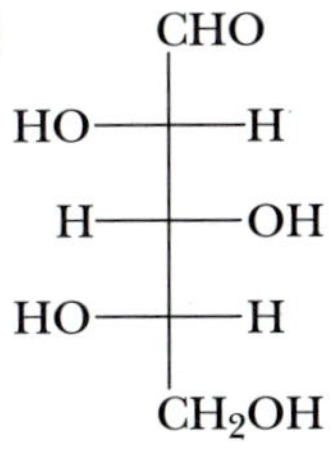

(c)

```
       CH2OH
       |
       C=O
   H---+---OH
   H---+---OH
       |
       CH2OH
```

(d)

```
       CHO
  HO---+---H
       |
       CH2OH
```

17.14 L-Ribose와 L-arabinose의 Fischer 투영도를 그리시오. (예제 17.1 참조)

17.15 단당류와 이당류는 왜 물에 녹는지 설명하시오.

foxglove는 중요한 심장약인 digitalis를 만들어 낸다.

17.16 아미노당이란 무엇인지 설명하고, 자연에 존재하는 세 가지 아미노당을 설명하시오.

***17.17** D-Digitoxose로서 널리 알려진 2,6-dideoxy-D-altrose는 자주빛의 디기탈리스(Digitalis purpurea)로부터 추출된 천연 물질인 digitoxin의 가수 분해로부터 얻어진 단당류이다. Digitoxin은 맥박 속도를 낮추고, 심장 박동을 조절하며, 심박을 강화시켜 준다는 이유로 심장학 분야에서 널리 사용되고 있다. 2,6-dideoxy-D-altrose의 구조를 그리시오.

17.3절 단당류의 고리 구조

17.18 **아노머 탄소**란 무엇인지 정의하시오.

17.19 α와 β형 단당류의 고리 형태의 배치에 대해 설명하시오.

17.20 α-D-Glucose와 β-D-glucose는 아노머인가? 또한 거울상 이성질체인가? 설명하시오.

17.21 α-D-Gulose와 α-L-gulose는 아노머인가? 설명하시오.

17.22 왜 hexopyranose의 의자형 분자 모양이 Haworth 투영도에서의 분자 모양보다 더 정확한지 설명하시오.

17.23 α-D-Glucopyranose(α-D-glucose)의 Haworth 투영도를 그리시오. 또한 아래 사항을 참고하여 이들 단당류의 Haworth 투영도를 그리시오. (예제 17.2 참조)

(a) α-D-Mannopyranose(α-D-mannose), α-D-mannose의 배열은 D-glucose와 C2의 배열만 다르다.

(b) α-D-Gulopyranose(α-D-gulose), α-D-gulose의 배열은 D-glucose와 C3과 C4의 배열이 다르다.

17.24 다음 Haworth 투영도를 열린 사슬형 Fischer 투영도로 바꾸고, 그 단당류의 명칭을 쓰시오.

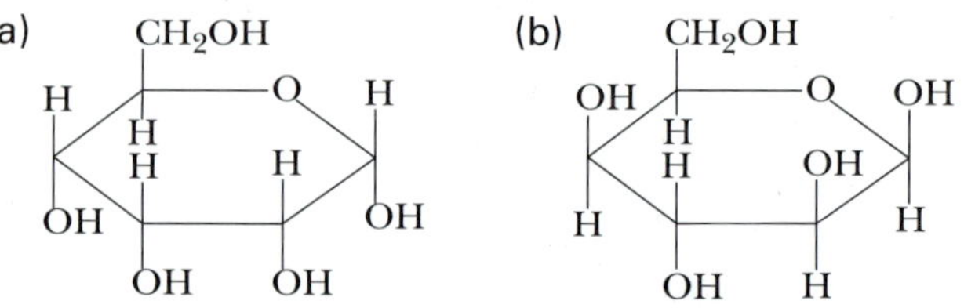

17.25 다음 각 의자 형태 구조식을 열린 사슬형과 Fischer 투영도로 바꾸고, 그 단당류의 명칭을 쓰시오.

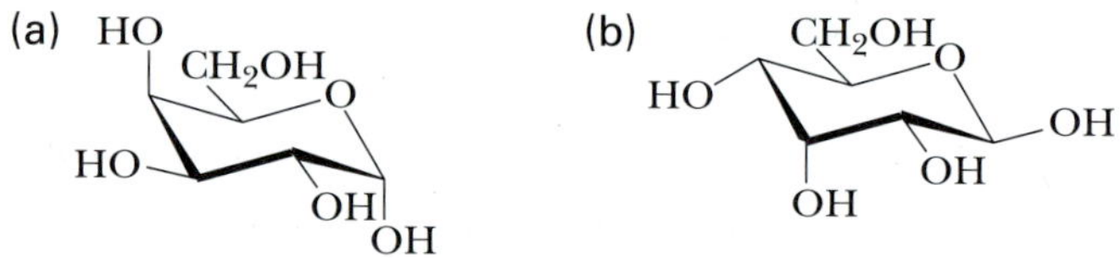

17.26 D-Ribose의 구조에서 2번 탄소에서의 D-arabinose와의 차이점을 설명하시오. 이것을 참고해서 α-D-arabinofuranose (α-D-arabinose)에 대한 Haworth 투영도를 그리시오.(예제 17.2, 17.3 참조)

17.27 탄수화물의 변광회전 현상에 대해 설명하시오. 그리고 변광회전의 의미가 무엇인지 설명하시오.

17.28 α-D-Glucose는 +112.2°의 고유 광회전도를 지닌다. α-L-glucose의 고유 광회전도는 무엇인가?

17.29 α-D-Glucose가 물에 녹았을 때 용액의 고유 광회전도는 +112.2°에서+52.7°로 변한다. α-L-glucose가 물에 녹았을 때에도 고유 광회전도가 변하는지, 변화가 생기는 이유를 설명하시오.

17.4절 단당류의 반응

17.30 Ethyl α-D-galactopyranoside(ethyl α-D-galactoside)의 구조식을 그리고, 아노머 탄소와 글리코사이드 결합을 표시하시오. (예제 17.4 참조)

17.31 Methyl β-D-mannopyranoside(methyl β-D-mannoside)의 구조식을 그리고, 아노머 탄소와 글리코사이드 결합을 표시하시오. (예제 17.4 참조)

17.32 다음 각 반응에서 가능한 생성물 두 가지를 말하시오(표 17.1 참조). 각 반응에서 α 및 β 아노머를 표시하시오. (예제 17.4 참조)

(a) D-Gulose + CH_3CH_2OH $\xrightarrow{\text{묽은 } H_2SO_4}$

(b) D-Altrose + (OH가 결합된 isopropyl 골격 구조) $\xrightarrow{\text{묽은 } H_2SO_4}$

(c) D-Xylos + OH 묽은 H_2SO_4 →

17.33 (a) D-Ribofuranose와 thymine, (b) D-ribofuranose와 guanine 사이에 형성된 β-*N*-글리코사이드의 구조식을 그리시오. 아노머 탄소와 *N*-글리코사이드 결합을 표시하시오. (예제 17.5 참조)

17.34 D-Galactose가 아래 화합물과 반응하여 생성되는 물질의 Fischer 투영도를 그리고, 이들의 광학적 활성 유무를 기술하시오. (예제 17.6 참조)

(a) H_2O에서 $NaBH_4$ (b) NH_3, H_2O에서 $AgNO_3$

17.35 D-Ribose가 아래 화합물과 반응하여 생성되는 물질의 Fischer 투영도를 그리고, 이들의 광학적 활성 유무를 기술하시오. (예제 17.6 참조)

(a) H_2O에서 $NaBH_4$ (b) H_2O에서 $AgNO_3$, NH_3

17.36 D-Fructose는 $NaBH_4$에 의해 환원되어 두 가지 알디톨을 생성하는데, 그중 하나는 D-sorbitol이다. 생성되는 다른 알디톨의 이름과 구조식을 쓰시오. (예제 17.6 참조)

17.37 네 가지 D-aldopentose가 있다(표 17.1). 이들이 각각 $NaBH_4$로 환원된다면 어떠한 광학적 활성을 가진 알디톨이 생성되고, 어떤 광학적 비활성을 가진 알디톨이 생성되겠는가? (예제 17.6 참조)

17.38 $NaBH_4$로 D-glucose를 환원하면 광학적으로 활성인 알디톨이 얻어지며, D-galactose를 환원하면 광학적으로 비활성인 알디톨이 얻어진다. 이것을 설명하시오. (예제 17.6 참조)

17.39 D-알도헥소스 중 어느 두 개가 $NaBH_4$로 환원하면 광학적으로 비활성인(메조) 알디톨이 되는가? (예제 17.6 참조)

***17.40** L-Fucose는 동물 세포의 표면 다당류에서 흔히 발견되고(화학 관련 17B), 아래 그림과 같이 8단계의 과정을 통해 D-mannose로 생합성된다.

D-Mannose

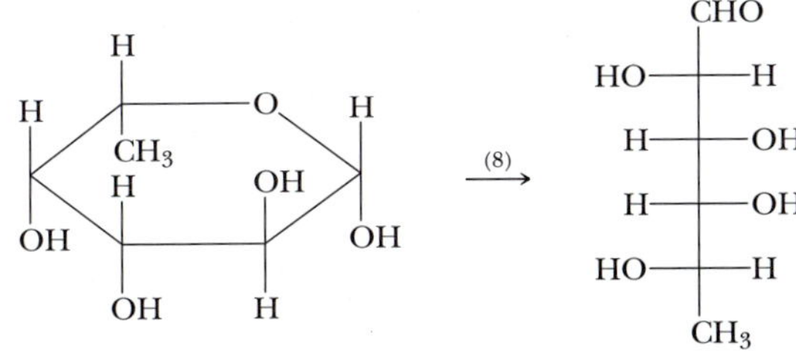

L-Fucose

(a) 각각의 단계를 산화, 환원, 수화, 탈수 등의 반응으로 설명하시오.
(b) L-형태의 단당류에서 D-mannose가 파생되는 이유를 설명하시오.

17.5절 이당류와 올리고당류

17.41 **글리코사이드 결합**을 정의하시오.

17.42 **글리코사이드 결합**과 **글루코사이드 결합**의 차이점을 설명하시오.

17.43 글리코사이드는 변광회전을 하는지 설명하시오.

***17.44** 설탕으로 사탕이나 시럽을 만들 때 sucrose를 물과 약간의 산을 첨가하여 끓이거나 레몬 주스를 첨가한다. 왜 이 첨가제가 설탕물을 더 달게 하는지 설명하시오.

17.45 다음 중 어떤 이당류가 $NaBH_4$에 의해 환원되는가?

(a) Sucrose (b) Lactose (c) Maltose

17.46 β-1,4-글리코사이드 결합에 의해 D-glucopyranose의 두 단위가 결합되는 이당류의 β 형태를 Haworth 투영도와 의자 형태로 나타내시오. (예제 17.7 참조)

***17.47** Trehalose는 어린 버섯에서 발견되고, 곤충의 혈액을 이루는 중요한 탄수화물이다. Trehalose는 두 개의 D-단당류 단위로 이루어진 이당류이며, 이 각각은 α-1,1-글리코사이드 결합으로 연결되어 있다.

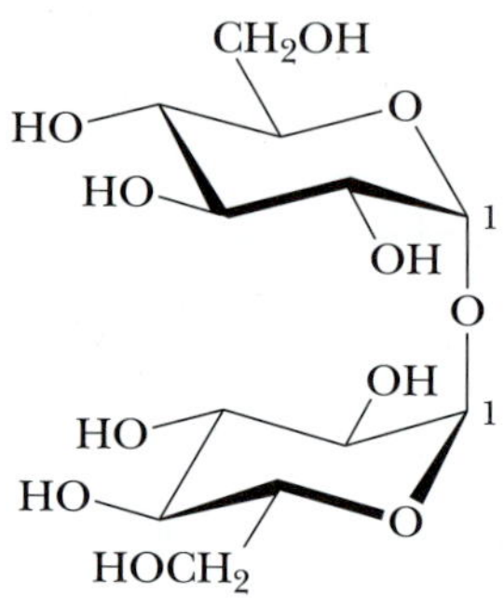

Trehalose

(a) Trehalose는 환원당인가?

(b) Trehalose는 변광회전을 하는가?

(c) Trehalose를 구성하는 두 개의 단당류를 쓰시오.

***17.48** 버드나무 껍질의 열수 추출은 진통 효과가 있다. 불행하게도 이 액체는 쓴맛 때문에 사람들이 거부한다. 이 액체에 들어 있는 진통제는 살리신이다.

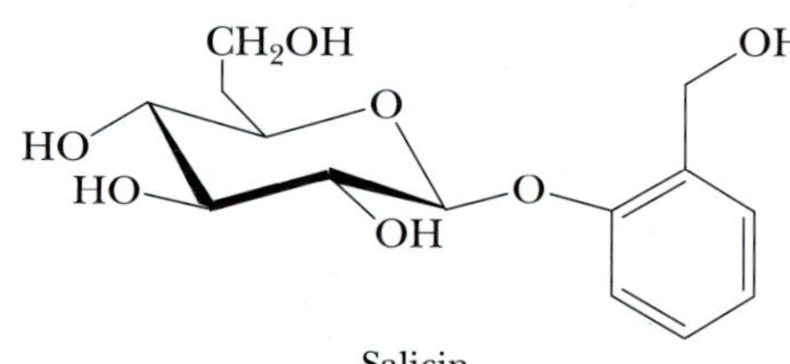

Salicin

살리산에 있는 단당류 단위의 이름을 쓰시오.

17.6절 다당류

17.49 올리고당류와 다당류의 구조적 차이는 무엇인가?

17.50 D-Glucose로 이루어진 다당류 세 가지를 쓰시오. 각각의 다당류가 α-글리코사이드 결합을 하는지, β-글리코사이드 결합을 하는지 결정하시오.

17.51 전분은 크게 amylose와 amylopectin의 두 가지 다당류로 구분된다. 이 둘의 가장 큰 차이점을 서술하시오.

***17.52** *N*-acetyl-D-glucosamine의 Fisher 투영도가 17.2E절에 주어져 있다.

(a) α-, β-pyranose 형태의 단당류를 Haworth 투영도와 의자 형태로 그리시오.

(b) *N*-Acetyl-D-glucosamine의 β-1,4-글리코사이드 결합을 Haworth 투영도와 의자 형태로 그리시오. 만약 그린 구조가 맞다면, 바닷가재나 갑각류 껍데기의 성분인 chitin의 이합체가 반복되는 구조일 것이다.

***17.53** 다음 다당류에서 반복되는 이당류 단위의 구조식을 제안하시오(유론산의 경우는 17.4D절 참조).

(a) Alginic acid는 아이스크림이나 다른 음식의 점증제로 쓰이며, 해초에서 분리된다. Alginic acid는 피라노스 형태의 D-mannuronic acid의 고분자이며, β-1,4-글리코사이드 결합을 이룬다.

(b) Pectic acid는 pectin의 주성분으로, 젤리 형태를 이루며 과일의 보호막 역할을 한다. Pectic acid는 피라노스 형태의 D-galacturonic acid의 고분자이며, α-1,4-글리코사이드 결합을 이룬다.

***17.54** 다음은 chondroitin 6-sulfate를 구성하는 반복적인 이당류 단위체의 Haworth 투영도(첫 번째 식)와 의자 형태(두 번째 식)이다.

이 생체 고분자는 연골 단백질 섬유의 유동성의 연결 조직으로 때때로 D-glucosamine sulfate와 결합된다. 일부는 조합을 이루는 것이 관절의 유동성과 탄력성을 높여 준다고 믿는다.

(a) Chondroitin 6-sulfate의 반복적인 이당류 단위를 구성하는 단당류는 무엇인가?

(b) 두 단위체 사이의 글리코사이드 결합을 설명하시오.

***17.55** 복합 지질은 체내에서 끊임없이 합성되고 분해된다. 몇몇의 유전적인 질병들은 지방 저장 질병으로 분류되고, 복합 지질의 분해에 필요한 몇몇 효소가 불완전하거나 사라진다. 그 결과, 복합 지질이 축척되어 간과 비장의 증대, 정신 지체, 실명 등의 원인이 되며, 경우에 따라서는 수명을 단축시키기도 한다. 현재 이 질병에 이용할 수 있는 치료법은 없다. 이러한 질병들을 예방하기 위한 최선의 방법은 유전적 조작이다. 그 질병들 중 몇몇은 태아의 발달 동안 진단할 수 있다.

다음은 Fabray병에서 나타나는 축적된 지질의 구조이다. 이 경우의 유전적 결점은 효소 α-galactosidase가 사라지거나 불안정하다는 것이다. 이 효소는 α-D-galactopyranose에 의해 형성된 글리코사이드 결합의 가수 분해를 촉진시킨다.

$(CH_2)_{12}CH_3$, $(CH_2)_{16}CH_3$

(a) 이 지질에서 나타나는 세 가지 헥소스를 명명하시오.

(b) 각 결합에서의 글리코사이드 결합을 설명하시오.

(c) 이 분자가 물에 녹는지, 녹지 않는지 설명하시오.

발전 학습

***17.56** Glucose가 pyruvate로 바뀌는 경로인 해당 작용의 한 단계는 효소 촉매에 의해 dihydroxyacetone phosphate가 D-glyceraldehyde-3-phosphate로 바뀌는 과정이다.

Dihydroxyacetone phosphate (CH_2OH, $C{=}O$, $CH_2OPO_3^{2-}$) ⇌ (효소 촉매 반응) D-Glyceraldehyde 3-phosphate (CHO, $H-C-OH$, $CH_2OPO_3^{2-}$)

이 효소 촉매에 의한 변환에서 케토-엔올 토토머화 반응이 포함되는 것을 보이시오(12.8절).

***17.57** 다음은 D-Glucose 6-phosphate가 효소 촉매에 의해 D-fructose-6-phosphate로 바뀌는 반응의 한 단계이다.

D-Glucose 6-phosphate (CHO, $H-C-OH$, $HO-C-H$, $H-C-OH$, $H-C-OH$, $CH_2OPO_3^{2-}$) ⇌ (효소 촉매 반응) D-Fructose 6-phosphate (CH_2OH, $C{=}O$, $HO-C-H$, $H-C-OH$, $H-C-OH$, $CH_2OPO_3^{2-}$)

이 효소 촉매에 의한 변환에서 케토-엔올 토토머화 반응이 포함되는 것을 보이시오.

17.58 탄수화물에서 에피머는 입체 중심이 하나만 다른 것을 말한다.

(a) 알토헥소스의 에피머는 각각 어느 것인가?

(b) 모든 아노머쌍은 각각의 에피머인가? 설명하시오.

모든 에피머는 아노머인가? 설명하시오.

***17.59** 올리고당류는 치료하는 데 유용하다. 출발물들은 쉽게 이용할 수 있다 할지라도 합성하기란 매우 어렵다. 다음은 대장 균류에 의한 독소 합성의 받개로 이용되는 globotriose의 구조이다.

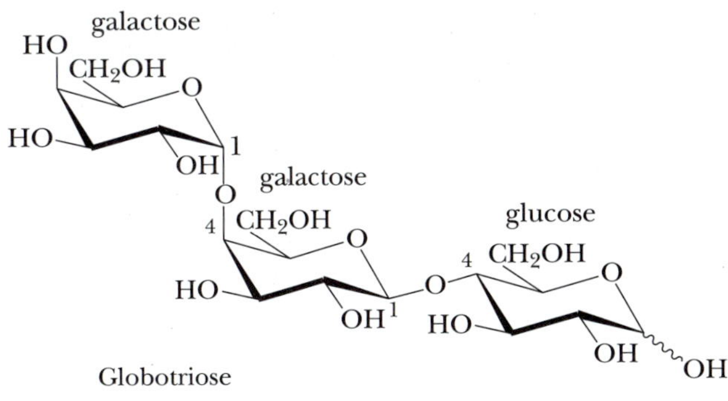

Globotriose

왼쪽에서 오른쪽으로 galactose와 galactose의 α-1,4-결합, 그리고 glucose와 β-1,4-결합으로 인해 globotriose를 구성한다. 구불구불한 선은 탄소에 따라 α와 β의 형태를 나타낸다. 이러한 삼당류를 합성하는 것이 왜 어려운지를 제시하시오. 예를 들어 galactose-galactose의 글리코사이드 결합이 먼저 생성되고, 그다음에 glucose에 글리코사이드 결합이 생성된다.

그룹 학습 활동

17.60 다른 학생과 짝을 이루시오. 각각 알도헥소스를 선택하시오 (그림 17.1 참고). 2개의 탄수화물을 선택하시오.

(a) 에피머
(c) 거울상 이성질체
(b) 부분 입체 이성질체
(d) D/L 이성질체

17.61 생명 시스템에서 자연은 어떻게 단 하나의 입체 이성질체인 탄수화물의 D 형태로 정착되었는지 토의하시오. 인터넷을 이용하여 다른 과학적 이론을 적용하고 진문하며 토론하여 보시오.

17.62 아래 보이는 반응의 메커니즘을 규명하시오.

CHO
H—OH
HO—H
HO—H
H—OH
CH_2OH

H^+, CH_3OH

OH OH, H, H, O, HO, H, OH, H, H, OCH_3

힌트: 각 단계는 이 장과 앞장에서 학습하였다.

17.63 L-ascorbic acid(바이타민 C)의 구조식은 단당류와 비슷하다. 사람은 L-ascorbic acid를 생산하기 위한 효소가 없다. 따라서 우리는 바이타민이 필요하다. 거의 6천6백만 킬로그램의 바이타민 C가 미국에서 합성된다. Ascorbic acid는 4개의 히드록실기를 포함한다. 당신의 그룹에서 어느 —OH기가 가장 산성이며, 당신의 선택에 가치가 있는지 토론하시오. 2.5절을 상기하고, 다양한 구조의 모양은 짝염기의 안정성을 높일 수 있고, 따라서 산도를 높인다.

CH_2OH
H—OH
O
H
HO OH

L-Ascorbic acid
(바이타민 C)

17.64 헤파린은 혈액 응고 방지제이며, 사슬 구조의 다당류이다. 아래 그림은 헤파린의 단량체 단위 한 개를 나타낸 것이다. 이 당류에 기반된 단위를 분류하시오. 어느 헥소스가 이 단위의 유래인가? 생물학적 pH(7.0~7.2)에서 추정된 이 단량체 단위의 형태를 토론하시오.

O, O, OH, O, HO, O, OSO_3H

헤파린의 단량체 단위

17.65 17.4B절에서 우리는 글루코스가 $NaBH_4$에 의해 환원되어 솔비톨이 된다는 것을 배웠다. 이 알데하이드 환원 효소의 활성 위치에서 글루코스의 NADPH로 조정된 반응은 이 반응의 생물학적 유사체를 포함한다. 이 반응은 당뇨 환자에게는 일반적이다. 왜냐하면 글루코스 대사 작용의 일반적인 메커니즘은 당뇨 환자들이 인슐린을 만들 수 없기에 도움이 되지 않기 때문이다. 자연은 매우 효율적이어서 카복실기의 환원과 —OH기의 생성이 동시에 일어남을 명심하고, 이 반응의 메커니즘을 제안하시오. 그룹에서 어느 합성 화학 물질이 더 좋은지 토의하라.

알데하이드 환원 효소의
단백질 사슬

H, O

OH OH, HO, O, OH OH, H

D-Glucose

H H, O, NH_2, N

NADPH의
다이뉴클레오타이드 단위

OH OH, HO, OH, OH OH

D-Sorbitol

종합 문제

다음 문제들은 15~17장까지의 개념과 문제들을 모은 것이다. 관점이 이번 단원에 있더라도 이 문제는 이전까지 토의되었던 내용에 기반을 두고 있다.

다음 질문에 가장 적합한 답을 고르시오.

1. β-Maltose의 어느 탄소가 Tollens 시약에 의해 산화될 것인가?

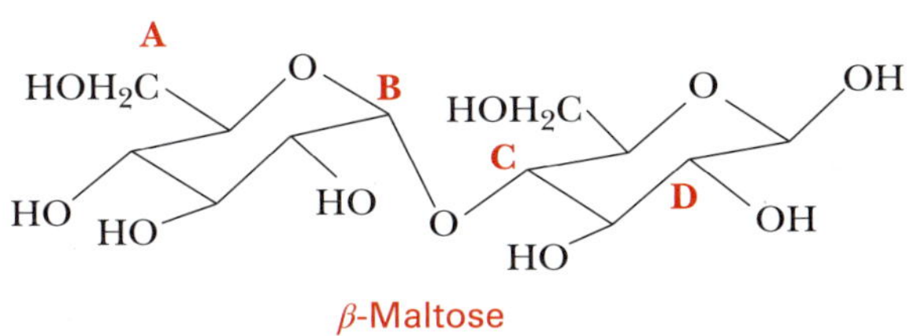

β-Maltose

(a) **A** (b) **B** (c) **C**
(d) **D** (e) 답이 없다.

2. 어떤 순서의 시약이 다음 변환을 달성할 것인가?

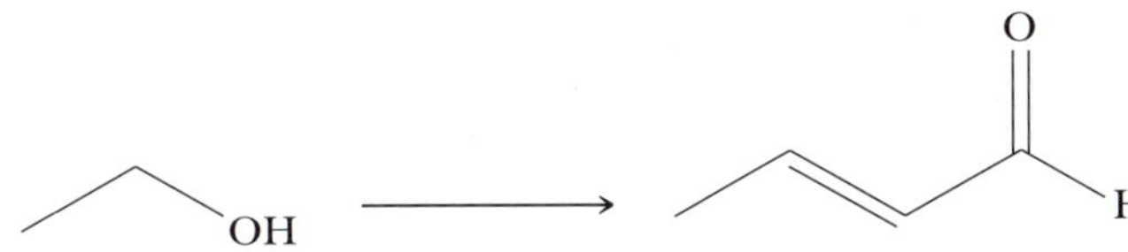

(a) 1. PCC/CH_2Cl_2
 2. $NaOH/H_2O$
 3. H^+/H_2O

(b) 1. H_2CrO_4/H_2SO_4
 2. $NaOH/H_2O$
 3. H^+/H_2O

(c) 1. $NaOH/H_2O$
 2. H_2CrO_4/H_2SO_4
 3. $NaOH/H_2O$
 4. H^+/H_2O

(d) 1. $LiAlH_4/Et_2O$
 2. H^+/H_2O
 3. $NaOH/H_2O$

(e) 1. $NaBH_4/EtOH$
 2. H^+/H_2O
 3. $NaOH/H_2O$

3. 두 개의 고분자는 비슷한 방법으로 합성되었다. 어느 것이 사실인가?

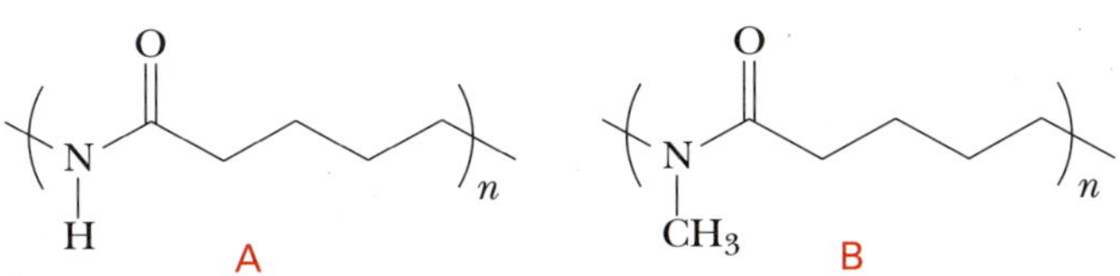

(a) 고분자 **A**는 고분자 **B**보다 쉽게 합성된다.
(b) 고분자 **A**는 고분자 **B**보다 더 비결정성을 띤다.
(c) 고분자 **A**는 고분자 **B**보다 약하다.
(d) 고분자 **A**는 고분자 **B**보다 높은 T_g값을 가진다.
(e) 답이 없다.

4. 다음 탄수화물 중 변광회전을 하지 않는 것은 어느 것인가?

(a)
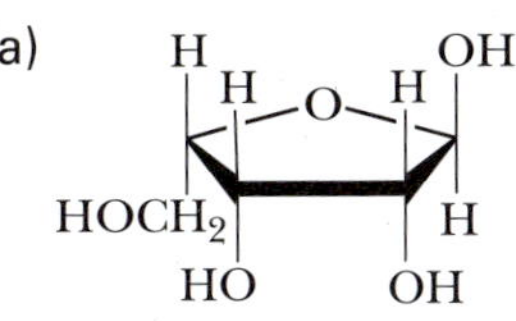

(b)
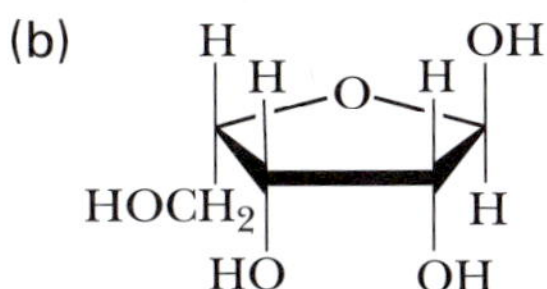

(c)
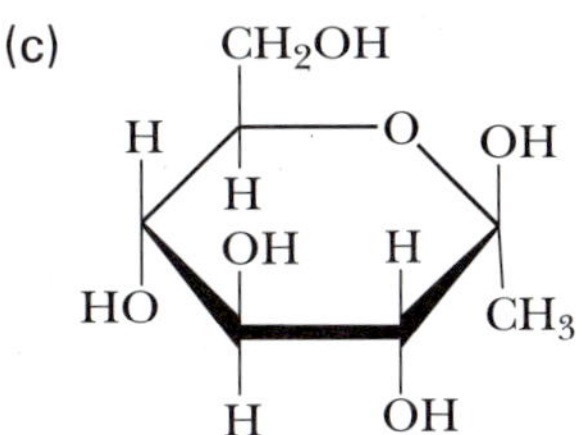

(d)
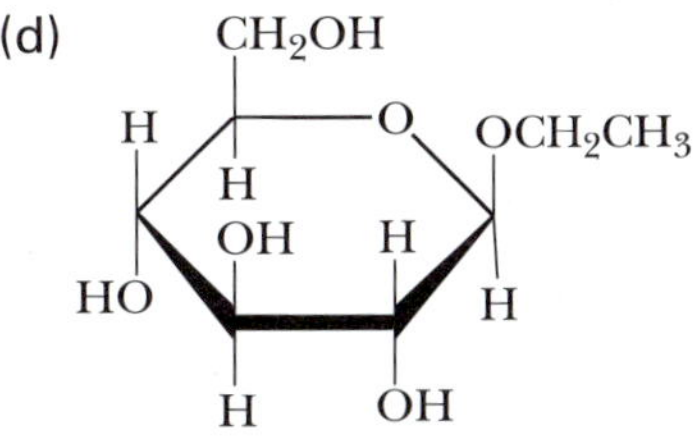

(e) 모두

5. 어떤 순서의 시약이 다음의 변환 과정을 완수하는가?

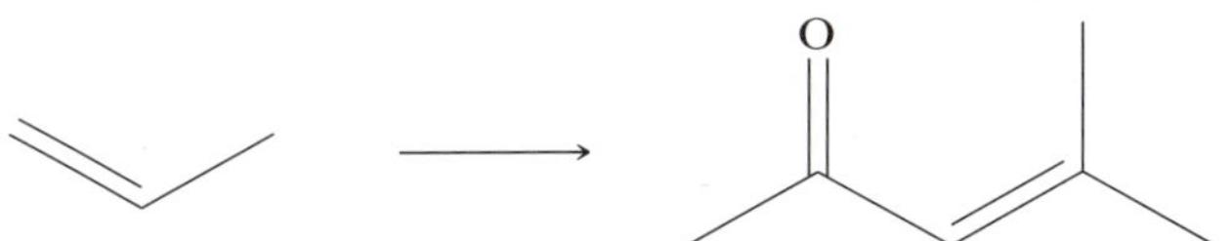

(a) $\xrightarrow{HBr}$ $\xrightarrow[H_2SO_4]{H_2CrO_4}$ $\xrightarrow[H_2O]{NaOH}$

(b) $\xrightarrow[H_2O]{NaOH}$ $\xrightarrow[H_2O]{H^+}$

(c) $\xrightarrow[H_2SO_4]{H_2CrO_4}$ $\xrightarrow[H_2O]{NaOH}$ $\xrightarrow[H_2O]{H^+}$

(d) $\xrightarrow[H_2O]{H_2SO_4}$ $\xrightarrow[H_2SO_4]{H_2CrO_4}$ $\xrightarrow[H_2O]{NaOH}$ $\xrightarrow[H_2O]{H^+}$

(e) $\xrightarrow[H_2O]{H_2SO_4}$ $\xrightarrow[Et_2O]{LiAlH_4}$ $\xrightarrow[H_2O]{H^+}$ $\xrightarrow[H_2O]{NaOH}$ $\xrightarrow[H_2O]{H^+}$

6. 다음 반응의 생성물을 고르시오.

CHO / HO—H / HO—H / H—OH / H—OH / CH_2OH + NH_2 (cytosine) $\xrightarrow{H^+}$

(a) CHO / HO—H / HO—H / H—OH / H—OH / CH_2O—(pyrimidinone, N, O, NH)

(b) CHO / HO—H / HO—H / H—OH / H—OH / CH_2NH—(pyrimidinone, N, O, NH)

(c) CHO / HO—H / HO—H / H—OH / H—OH / CH_2OH—(pyrimidinone, N, O, NH)

(d) (NH_2, N, O, N; OH, O, OH, HO, HOH_2C, H, H, H)

(e) 답이 없다.

7. 다음 다당류에는 몇 개의 글리코사이드 결합이 존재하는가?

(OH, CH_2OH, H, O, H, H, H, OH, OH, H, O, HO, H, OH, H, O, OH, CH_3, H, H, CH_2—O, CH_2OH, H, O, H, H, H, OH, OCH_3, OH, H)

(a) 1개 (b) 2개 (c) 3개 (d) 4개 (e) 5개

8. 아래의 생물학적 과정을 가장 잘 분류한 것은 어느 것인가?

$$\mathrm{CoAS{-}\overset{O}{\overset{\|}{C}}{-}CH_3} + \mathrm{CH_3{-}\overset{O}{\overset{\|}{C}}{-}CH_2{-}\overset{O}{\overset{\|}{C}}{-}SCoA} \xrightarrow{\text{효소}}$$

$$\mathrm{{}^{-}O{-}\overset{O}{\overset{\|}{C}}{-}CH_2{-}C(CH_3)(OH){-}CH_2{-}\overset{O}{\overset{\|}{C}}{-}SCoA}$$

(a) Claisen 축합 반응
(b) 알돌 반응
(c) 친핵성 아실 치환 반응
(d) β 제거 반응
(e) a와 c 모두

9. 다음 고분자의 합성에 필요한 단량체를 찾으시오.

(—O—$CH_2CH_2CH_2$—O—C(=O)—CH_2CH_2—C(=O)—$)_n$

(a) (O, Cl) + (O, HO, OH, O)

(b) (O, Cl) + (O, HO, OH, O)

(c) (HO, OH) + (O, HO, OH, O)

(d) (O, O, O) + (O, HO, OH, O)

(e) 답이 없다.

10. 알려지지 않은 탄수화물이 $NaBH_4$/EtOH 용액에 녹아 있다. 생성물이 분리된 후에, 알디톨을 포함하지 않은 생성물이 형성된 것을 발견하였다. 다음 탄수화물 중 어떤 것이 이 탄수화물이 될 수 있는가?

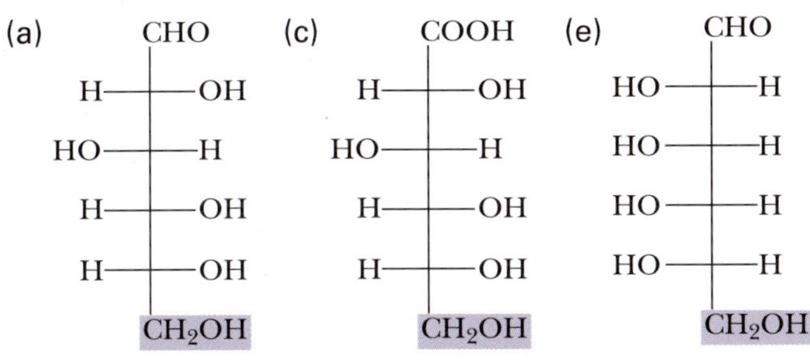

(b) CH_2OH, =O, HO—H, HO—H, HO—H, CH_2OH

(d) CHO, H—OH, HO—H, CH_2OH

11. 아래에 보여진 각 생성물은 화살표 아래에 나타낸 반응에 의해 만들어질 수 있다. 각 생성물을 생성하기 위해 필요한 출발 화합물의 구조를 보이시오. 그다음, 형성 메커니즘을 나타내고, 그 구조에서의 모든 전하와 고립 전자쌍을 나타내시오.

(a) 알돌 반응에 의해

(b) Micheal 첨가 반응에 의해

12. NAD^+는 모든 살아 있는 세포에서 발견되는 보조 효소이며, 생물학적 반응에서 전자를 운반하는 역할을 한다.

NAD^+

(a) NAD^+의 형식 전하를 적절한 원자에 배치하시오.

(b) NAD^+는 환원당인가?

(c) NAD^+에서 글리코사이드 결합을 찾으시오.

(d) NAD^+는 자연적으로 존재하는 어떤 당으로부터 유도되는가?

(e) 두 개의 단당류는 α-아노머인가, β-아노머인가?

(f) NAD^+는 변광회전을 하는가?

13. 괄호를 반복 단위 주위에 넣은 표기법을 이용하여 각 고분자를 수정하고, 각 사슬 성장 또는 단계 성장 고분자와 그 합성에 필요한 단량체를 나타내시오.

(a) $-CH_2-C(CH_3)(COOCH_3)-CH_2-C(CH_3)(COOCH_3)-CH_2-C(CH_3)(COOCH_3)-CH_2-$

(b)

(c)

14. 다음 일련의 반응 메커니즘을 나타내고, 모든 중간체의 구조뿐 아니라 당신이 나타낸 구조에서 모든 전자와 고립 전자쌍을 표시하시오.

1) $CH_3CH_2NH_2$
2) $CH_3CH_2CH_2Cl$

15. 각 쌍에서 더 높은 용융 전이 온도를 가지는 고분자를 고르고, 선택한 이유를 쓰시오.

(a) $\left(CH_2-CH(Cl)\right)_{1000}$ 대 $\left(CH_2-CH(Cl)\right)_{350}$

(b) $\left(O-CH_2CH_2CH_2\right)_n$ 대 $\left(NH-CH_2CH_2CH_2\right)_n$

16. 다음 각 반응의 주생성물을 예측하시오.

(a) $\xrightarrow[\Delta]{\overset{+}{Na}\overset{-}{O}H}$

(b) CN $\xrightarrow{\text{빛/benzoyl peroxide}}$

(c) Fischer projection: CHO; H—OH; H—OH; HO—H; H—OH; CH_2OH $\xrightarrow[CH_3CH(OH)CH_3]{H^+}$

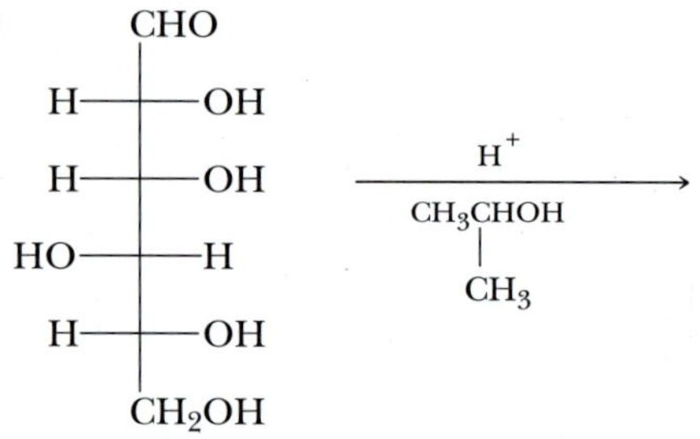

(d) $HO-C(=O)-CH_2-CH(COOH)-C(=O)-CH_3$ $\xrightarrow{\text{가열}}$

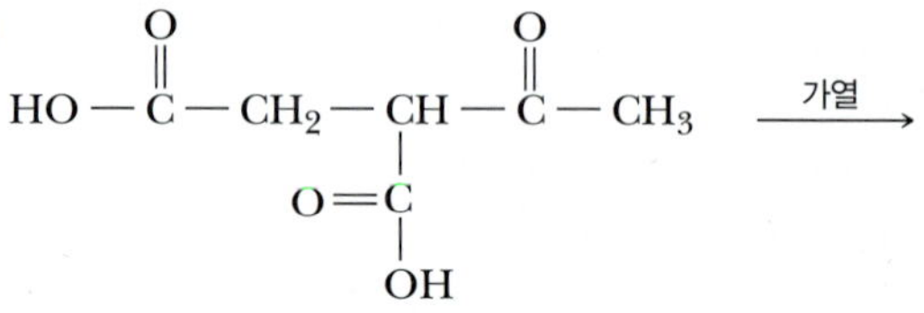

(e) H, O, H, CH_3 $\xrightarrow[D_2O\text{에서}]{H^+ \text{ 미량}}$

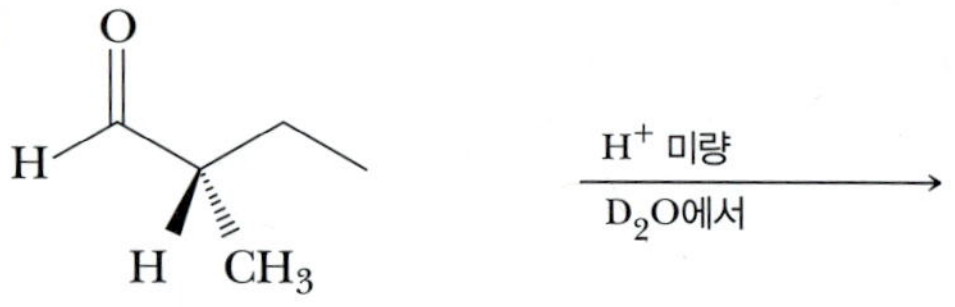

(f) O O OEt
1) $\overset{+\,-}{NaOEt}/EtOH$
2) O
3) $\overset{+\,-}{NaOH}$, H_2O, 가열
4) H_2O, HCl

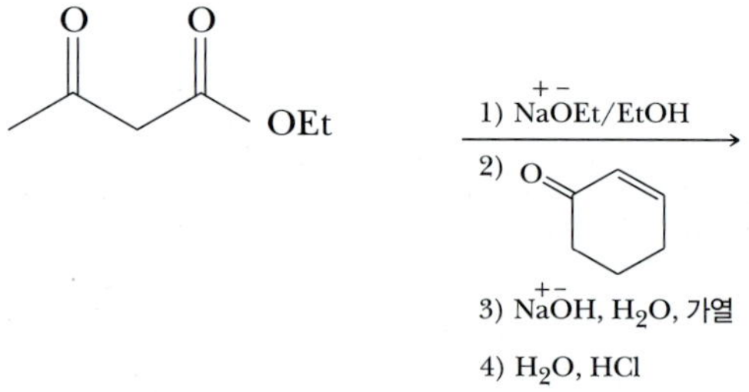

17. 다음의 화학적 변환을 완성하시오.

(a) 탄화수소 ⟶ $\left(CH_2-CH(CH_2CH_2CH_3)\right)_n$

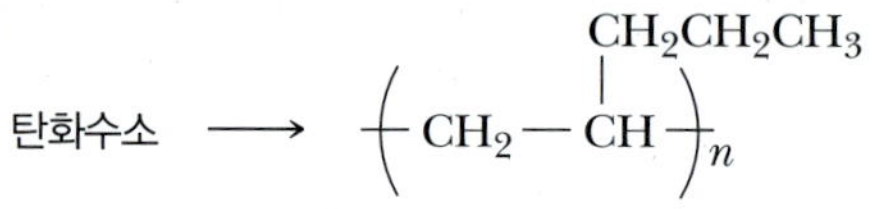

(b) HO ⟶ OH OH H H O H H O H OH OH H

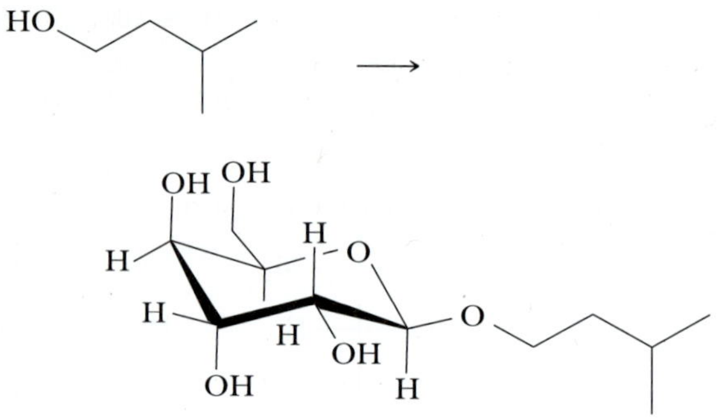

(c) O EtO ⟶ O O Cl

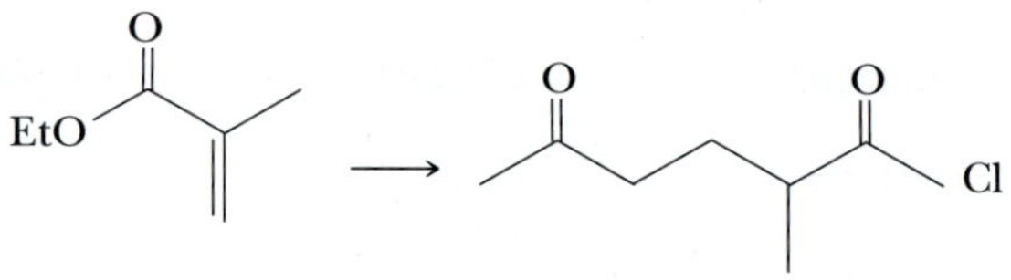

(d) O OH ⟶ O O

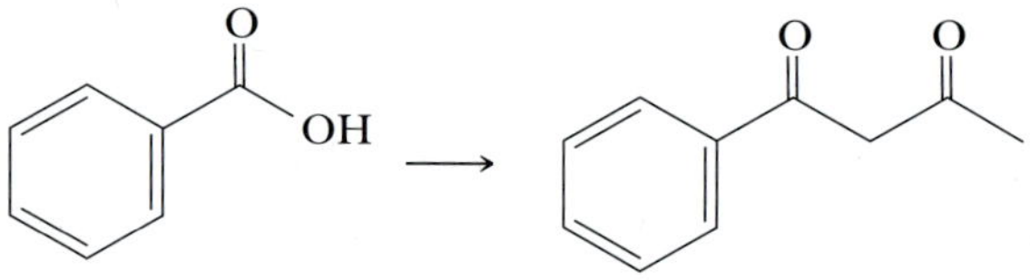

(e) 탄소 수가 5개 이하인 카보닐 화합물 ⟶ O H N H

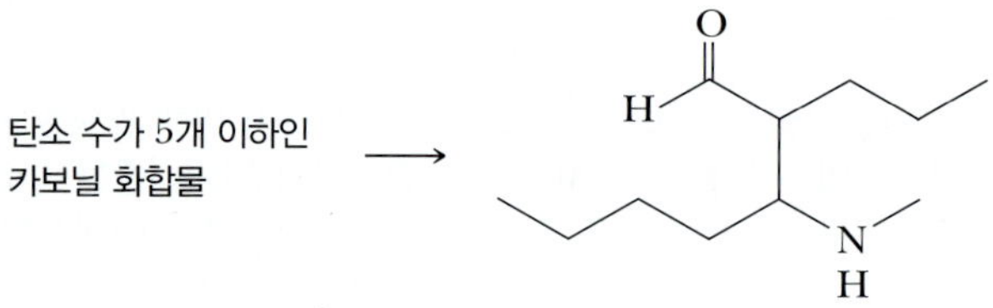

(f) O O OEt ⟶ O O

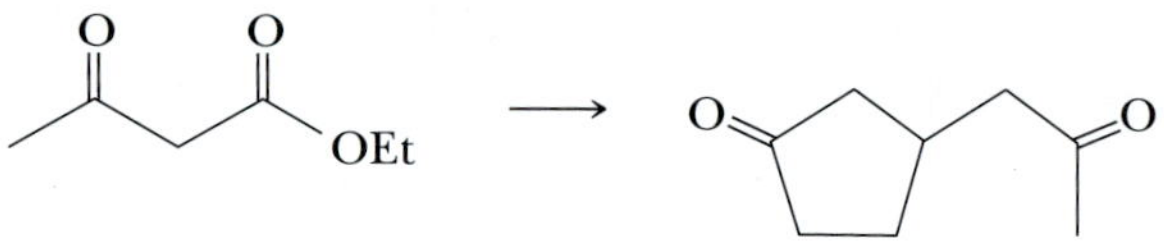

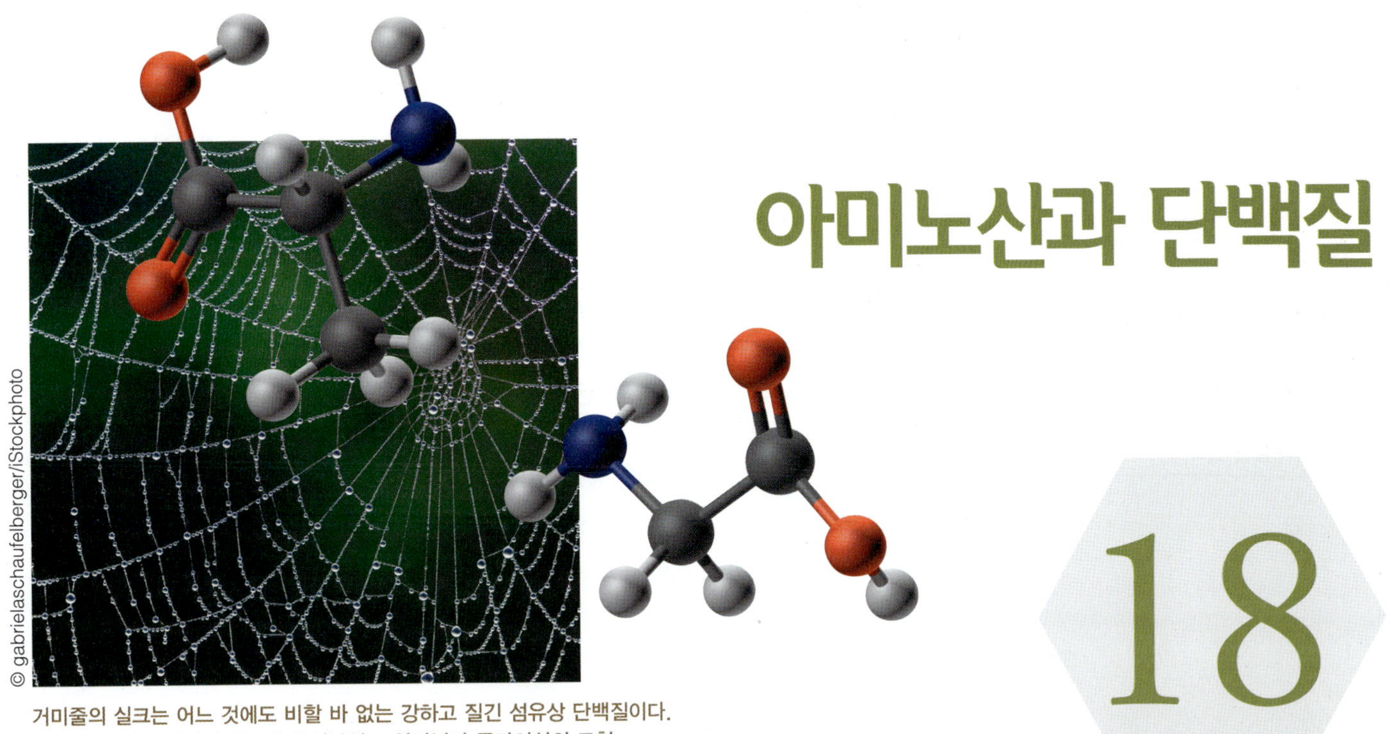
© gabrielaschaufelberger/iStockphoto

거미줄의 실크는 어느 것에도 비할 바 없는 강하고 질긴 섬유상 단백질이다.
삽화: 섬유상 단백질인 실크의 주성분인 D-알라닌과 글라이신의 모형

아미노산과 단백질

18

중요한 질문

해결 방법

화학 관련

이 장에서는 화학적으로 아민(10장)과 카복실산(13장)으로 구성된 아미노산에 대해 공부하기로 한다. 여기서는 주로 아미노산의 산-염기의 특징에 대해서 중점적으로 공부하게 되는데, 그 이유는 살아 있는 생명체에서 다양한 기능을 하는 아미노산과 단백질의 특징을 결정하는 중요한 요소이기 때문이다. 이러한 아미노산의 화학을 이해한 다음에 단백질의 구조에 대해 살펴보고자 한다.

18.1 단백질의 다양한 기능은 무엇인가?

단백질은 모든 생물학적 물질 중 가장 중요한 물질이다. 이들 생명에 필수적인 분자들이 수행하는 기능은 다음과 같다.

- **구조**(structure): 콜라젠, 케라틴과 같은 구조 단백질은 피부, 뼈, 모발, 손발톱 등의 주요 구성 요소가 된다.
- **촉매 작용**(catalysis): 사실상 생물체 내의 모든 반응은 효소라고 하는 단백질의 특정 그룹에 의해 촉진된다. 효소가 없으면 이들 대부분의 반응들은 무의미할 정도로 매우 느리게 일어날 것이다.

© afak Ouz/Alamy Stock Photo

달걀 흰자와 노른자는 각각의 특이적인 생물학적 기능을 하는 많은 양의 단백질이 들어 있다.

- **운동**(movement): 모든 운동에는 근육의 이완과 수축이 수반된다. 이에 관여하는 근섬유는 마이오신과 액틴이라고 하는 단백질들로 만들어진다.
- **운반**(transport): 단백질인 헤모글로빈은 폐에서 조직으로 산소를 운반하는 역할을 한다. 다른 단백질들은 세포막을 통해 이온이나 분자를 수송하는 운반 작용을 한다.
- **호르몬**(hormone): 인슐린 및 성장 호르몬과 같은 많은 호르몬들은 단백질로 이루어져 있다.
- **보호**(protection): 항체라고 하는 단백질들은 질병에 대한 우리 몸의 주된 방어 체계 중의 하나이다. 피브리노겐 단백질의 기능은 혈액 응고를 촉진하는 것이다.
- **조절**(regulation): 어떤 단백질은 유전자 발현을 조절함으로써 특정 세포에서 생합성된 단백질의 종류를 조절할 뿐만 아니라 생합성이 일어날 때 명령을 내린다.

단백질은 이와 같이 다른 여러 기능을 가진다. 짧은 내용이지만, 여러분들은 생물체 내에서 단백질의 생명 유지에 관한 역할에 대해서 알게 될 것이다. 세포는 약 9,000개의 서로 다른 단백질을 포함하고 있다.

18.2 아미노산은 무엇인가?

A. 구조

아미노산 아미노기와 카복실기를 포함하는 화합물

α-아미노산 탄소에 있는 아미노기가 카복실기 옆에 있는 아미노산

아미노산(amino acid)은 카복실기와 아미노기를 가지고 있는 화합물이다. 비록 많은 종류의 아미노산들이 알려져 있지만, **α-아미노산**(α-amino acid)은 단백질을 구성하는 단위체이므로 생물학적 세계에서 가장 중요하다. α-아미노산의 일반적 구조식을 그림 18.1에 나타내었다.

그림 18.1(a)는 아미노산에 대해 구조식을 쓰는 일반적인 방법이지만, 같은 분자 내에서 산(—COOH)과 염기(—NH_2)를 보여 주고 있기 때문에 정확하지 않다. 이들 산성기와 염기성기는 서로 반응하여 쌍극성 이온 또는 분자내 염을 형성한다[그림 18.1(b)]. 아미노산의 분자내 염은 **쯔비터 이온**(zwitterion)으로 명명한다. 쯔비터 이온은 알짜 전하가 없음을 주목하라. 그것은 하나의 양전하와 음전하를 포함하고 있다.

쯔비터 이온 아미노산의 분자내 염

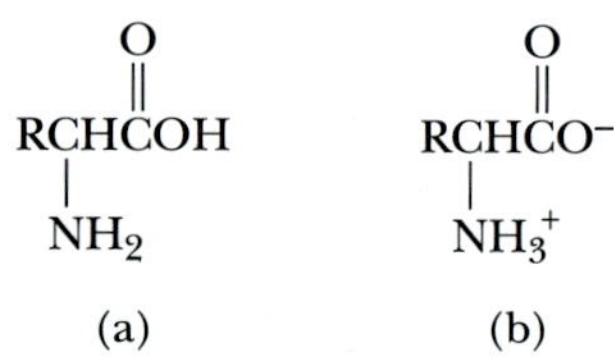

그림 18.1 α-아미노산. (a) 이온화하지 않는 형태. (b) 분자내 염(쯔비터 이온) 형태

아미노산은 쯔비터 이온으로 존재하기 때문에, 염과 관련된 많은 특성을 가지고 있다. 아미노산은 녹는점이 높은 결정성 고체이며, 물에 용해되지만 에터와 탄화수소 용매와 같은 무극성 유기 용매에는 용해되지 않는다.

B. 카이랄성

글라이신(glycine, H_2NCH_2COOH)을 제외한 모든 단백질로부터 파생되는 아미노산들은 적어도 하나의 입체 중심을 가지고 있으며, 카이랄성이고 거울상 이성질체를 나타낸다. 그림 18.2에 알라닌(alanine)의 거울상 이성질체에 대한 Fischer 투영도를 나타내었다. 생물계에서 탄화수소의 대부분은 D-계열인 데 반해(17.2절), α-아미노산의 대부분은 L-계열이다.

C. 단백질에서 파생된 아미노산

표 18.1에 단백질에서 발견된 20개의 L-아미노산에 대한 일반명, 구조식, 표준 약어를 나타내었다. 표에 있는 아미노산들은 네 개의 범주, 즉 무극성 곁사슬, 극성이지만 이온화되지 않은 곁사슬, 산성 곁사슬, 염기성 곁사슬로 나누어진다. 이들 아미노산은 다음의 구조적 특징을 지니고 있음을 주목해야 한다.

표 18.1 단백질에서 발견된 20가지의 일반적인 아미노산(비고: 각각의 이온화가 가능한 기를 pH 7.0의 수용액에 존재하는 농도가 가장 큰 형태를 나타낸 것이다)

무극성 결사슬	
Alanine(Ala, A)	Phenylalanine (Phe, F)
Glycine(Gly, G)	Proline (Pro, P)
Isoleucine(Ile, I)	Tryptophan (Trp, W)
Leucine(Leu, L)	Valine (Val, V)
Methionine(Met, M)	

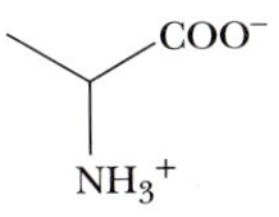

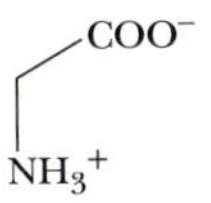

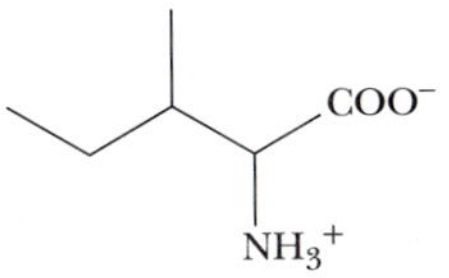

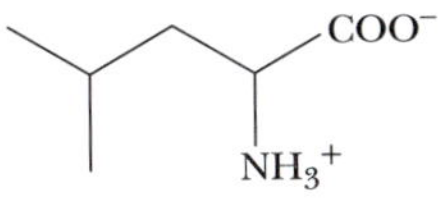

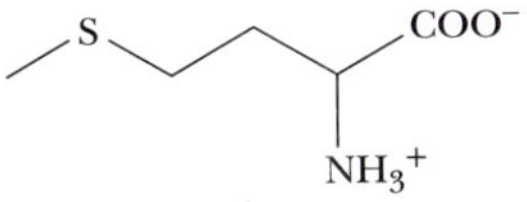

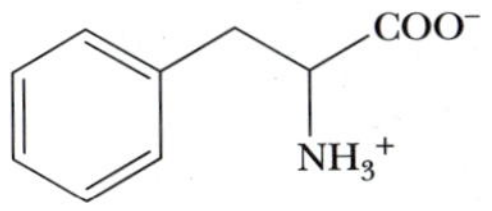

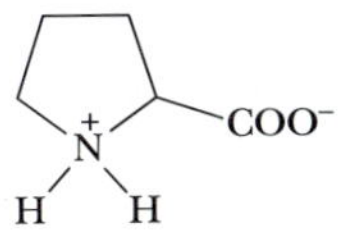

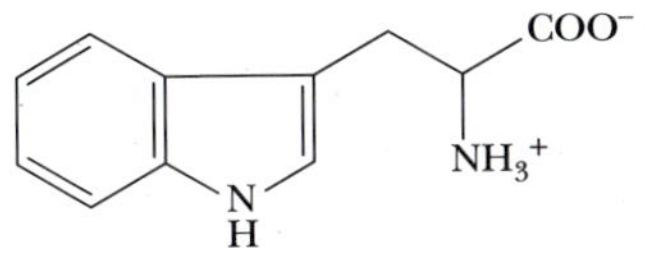

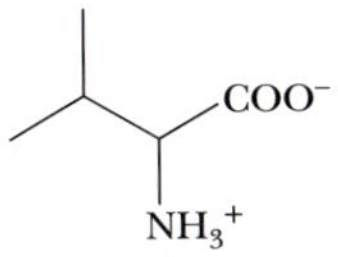

극성 결사슬	
Asparagine(Asn, N)	Serine (Ser, S)
Glutamine(Gln, Q)	Threonine (Thr, T)

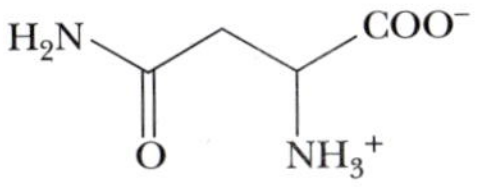

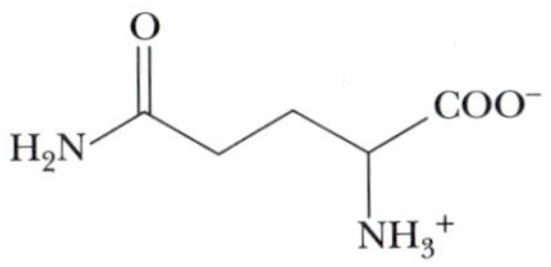

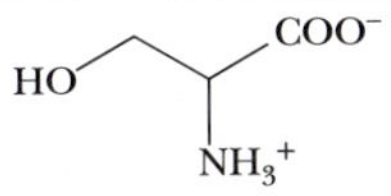

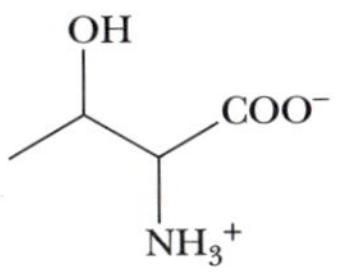

산성 결사슬	염기성 결사슬
Aspartic acid(Asp, D)	Arginine (Arg, R)
Glutamic acid(Glu, E)	Histidine (His, H)
Cysteine(Cys, C)	Lysine (Lys, K)
Tyrosine(Tyr, Y)	

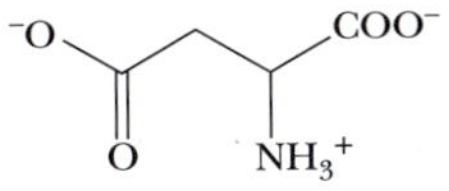

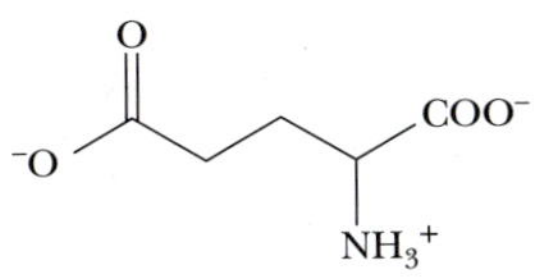

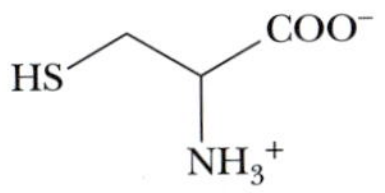

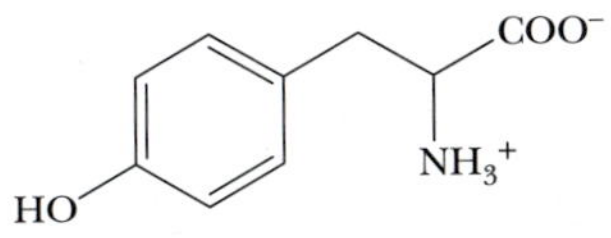

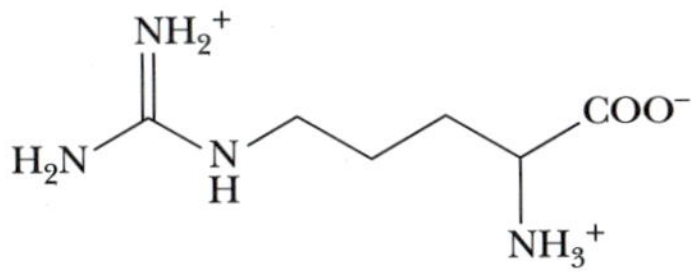

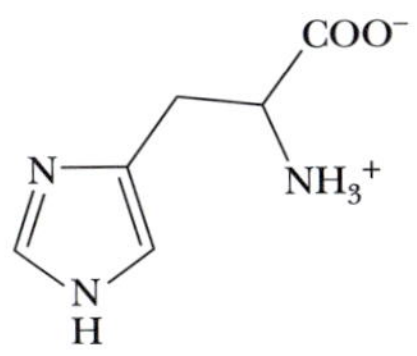

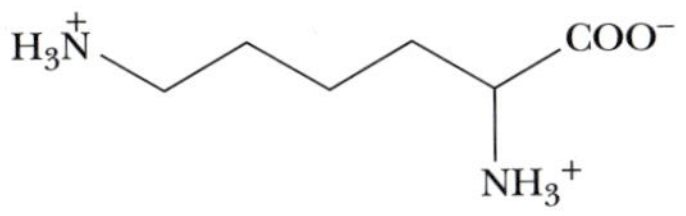

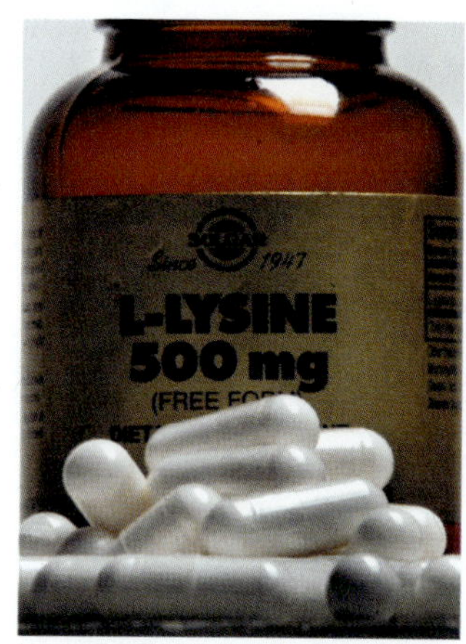

Lawrence K. Ho/Los Angeles Times via/Getty Images, Inc.

한 종류 이상의 아미노산을 보충하는 식이 보충제

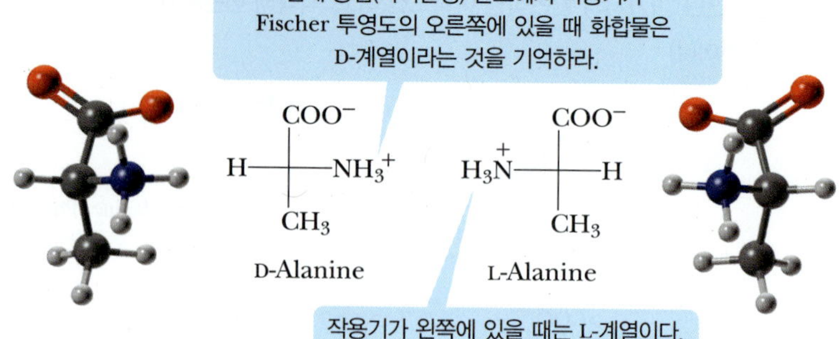

그림 18.2 알라닌의 거울상 이성질체. 생물계에서 α-아미노산의 대부분은 α-탄소에 L-배열을 가지고 있다.

1. 이들 단백질에서 유도된 20개의 아미노산은 모두 아미노기가 카복실기 옆에 있는 α-탄소에 위치하고 있는 α-아미노산이다.
2. 20개 중 19개의 아미노산에서 α-아미노기는 일차(1°)이다. 프롤린(proline)의 α-아미노기는 이차(2°)이다.
3. 글라이신을 제외하고, 각 아미노산의 α-탄소는 입체 중심이다. 비록 이 표에서 보여 주지는 않았지만, 모든 카이랄 아미노산은 α-탄소에 같은 관계를 나타내는 배열을 가지고 있다. D, L 규약에 의해서 모든 아미노산은 L-아미노산이다.
4. 아이소루신(isoleucine)과 트레오닌(threonine)은 두 번째 입체 중심을 가지고 있다. 각 아미노산에 대해 네 개의 입체 이성질체가 가능하지만, 단백질에서는 단 한 개만 발견된다.
5. 시스테인(cysteine)의 설프하이드릴기(sulfhydryl), 히스티딘(histidine)의 이미다졸(imidazole)기, 타이로신(tyrosine)의 페놀성 하이드록실기는 부분적으로 pH 7.0에서 이온화된다. 그러나 이온화된 형태가 이 pH에서 주된 형태로 존재하지 않는다.

예제 18.1

표 18.1에 나타낸 단백질에서 파생된 20개의 아미노산은 몇 개의 (a) 방향족 고리, (b) 곁사슬 하이드록시기, (c) 페놀성 OH기, (d) 황을 포함하고 있는가?

전략

표 18.1에 주어진 아미노산의 구조식을 배운다.

풀이

(a) Phenylalanine, tryptophan, tyrosine, histidine은 방향족 고리를 가지고 있다.
(b) Serine과 threonine은 곁사슬 하이드록실기를 포함한다.
(c) Tyrosine은 페놀성 —OH기를 한 개 포함한다.
(d) Methionine과 cysteine은 황을 포함한다.

문제 18.14, 18.15 참조

문제 18.1

표 18.1에 나타낸 단백질에서 파생된 20개의 아미노산 중에서 (a) 입체 중심을 가지고 있지 않는 아미노산은 어떤 것이며, (b) 두 개의 입체 중심을 가지고 있는 아미노산은 어떤 것인가?

D. 다른 L-아미노산

비록 식물과 동물 단백질의 대부분이 단지 이들 20가지 아미노산들로부터 구성되지만, 다른 α-아미노산도 자연에서 존재한다. 이들 대부분은 사람의 물질대사에 있어서 중요하다. 예를 들어 오르니틴(ornithine)과 시트룰린(citrulline)은 주로 간에서 발견되며, 암모니아가 요소(urea)로 변환하는 대사 경로인 요소 회로에서 없어서는 안 될 성분이다.

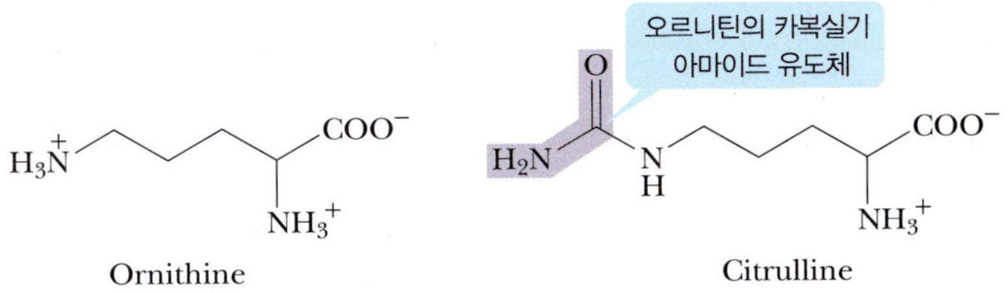

오르니틴의 카복실기 아마이드 유도체

Ornithine　　Citrulline

아미노산인 타이로신으로부터 유도된 여러 호르몬 중 하나인 티록신(thyroxine)과 트라이아이오도타이로닌(triidothyronine)은 갑상샘 조직에서 발견된다.

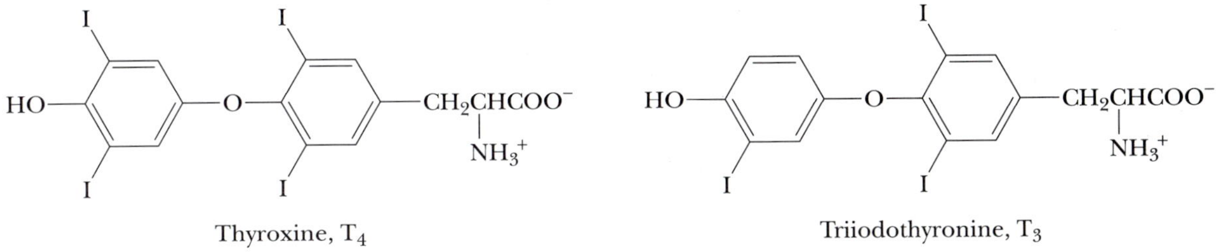

Thyroxine, T_4　　Triiodothyronine, T_3

이 두 호르몬의 주요 기능은 다른 세포와 조직에서 대사를 촉진하는 것이다.

4-아미노뷰탄산(γ-아미노뷰티르산, GABA)은 두뇌에서 높은 농도(8.0 mM)로 발견된 신경 전달 물질이지만, 어떤 다른 포유동물 조직에서는 미미한 양이 발견된다. 글루탐산의 α-카복실기의 카복실 이탈 반응에 의해 신경 조직에서 합성된 이 아미노산은 무척추동물의 중추 신경계에서뿐만 아니라 사람에게 있어서도 신경 전달 물질로 쓰인다.

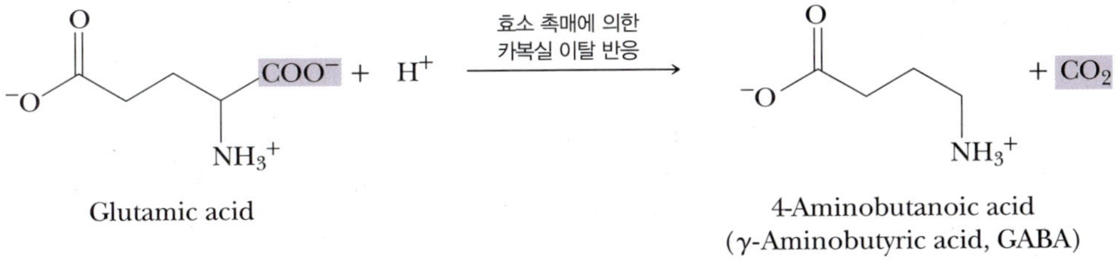

효소 촉매에 의한 카복실 이탈 반응

Glutamic acid　　4-Aminobutanoic acid (γ-Aminobutyric acid, GABA)

오직 L-아미노산만이 단백질에서 발견되며, 고등 동물의 대사에서 D-아미노산은 거의 없다. 그러나 몇몇 D-아미노산이 L-거울상 이성질체와 함께 하등 동물에서 발견된다. 예를 들면 D-알라닌과 D-글루탐산은 몇몇 박테리아의 세포벽의 구조 성분이다. 몇몇 D-아미노산이 펩타이드 항생물질에서도 발견된다.

18.3 아미노산의 산–염기 특성은 무엇인가?

A. 아미노산의 산성기, 염기성기

아미노산의 가장 중요한 화학적 특성 중의 하나는 그들의 산–염기 특성이다. 모든 것은 아미노산의 —COOH와 $—NH_3^+$기 때문에 약한 다양성자산이다. 단백질로부터 파생된 20가지 아미노산의 각 이온화기에 대한 pK_a값이 표 18.2에 주어져 있다.

표 18.2 아미노산의 이온화기에 대한 pK_a 값

아미노산	α-COOH의 pK_a	α-NH_3^+의 pK_a	곁사슬의 pK_a	등전점(pI)
Alanine	2.35	9.87	–	6.11
Arginine	2.01	9.04	12.48	10.76
Asparagine	2.02	8.80	–	5.41
Aspartic acid	2.10	9.82	3.86	2.98
Cysteine	2.05	10.25	8.00	5.02
Glutamic acid	2.10	9.47	4.07	3.08
Glutamine	2.17	9.13	–	5.65
Glycine	2.35	9.78	–	6.06
Histidine	1.77	9.18	6.10	7.64
Isoleucine	2.32	9.76	–	6.04
Leucine	2.33	9.74	–	6.04
Lysine	2.18	8.95	10.53	9.74
Methionine	2.28	9.21	–	5.74
Phenylalanine	2.58	9.24	–	5.91
Proline	2.00	10.60	–	6.30
Serine	2.21	9.15	–	5.68
Threonine	2.09	9.10	–	5.60
Tryptophan	2.38	9.39	–	5.88
Tyrosine	2.20	9.11	10.07	5.63
Valine	2.29	9.72	–	6.00

비고: –는 이온화할 수 있는 곁사슬이 없음을 의미한다.

α-카복실기의 산도

양성자화된 아미노산의 α-카복실기에 대한 pK_a의 평균값은 2.19이다. 그래서 양성자화된 아미노산의 α-카복실기는 아세트산(pK_a 4.76)이나 다른 저분자량 지방족 카복실산보다는 상당히 강한 산이다. 더 큰 산도는 —NH_3^+기와 인접한 전자 끌기 유도 효과에 의해서 나타난다. 아세트산과 일–, 이–, 삼– 염소화 유도체들의 상대적 산도를 설명하기 위하여 13.4A절에서 유사한 이유를 사용하였음을 상기하라.

암모늄기는 음전하를 비편재화하거나 이온을 안정화하는 전자를 끄는 유도 효과를 가지고 있다.

$$\underset{NH_3^+}{RCHCOOH} + H_2O \rightleftharpoons \underset{NH_3^+}{RCHCOO^-} + H_3O^+ \quad pK_a = 2.19$$

$$\underset{R}{RCHCOOH} + H_2O \rightleftharpoons \underset{R}{RCHCOO^-} + H_3O^+ \quad pK_a = 4.5$$

암모늄기가 없으면 전자를 끄는 유도 효과는 없다.

곁사슬 카복실기의 산도

α-NH_3^+기의 전자 끌기 유도 효과로 인하여 양성자화된 아스파트산(aspartic acid)과 글루탐산의 곁사슬 카복실기는 아세트산(pK_a 4.76)보다 강한 산이 된다. α-NH_3^+로부터 —COOH의 거리가 멀어짐에 따라 산을 증가시키는 유도 효과가 감소됨을 주목하라. 알라닌(pK_a 2.35)의 α-COOH, 아스파트산(pK_a 3.86)의 γ-COOH 및 글루탐산(pK_a 4.07)의 δ-COOH 산도를 비교하라.

α-암모늄기의 산도

일차 지방족 암모늄 이온(10.4절)의 pK_a의 평균값인 10.76과 비교하면 α-암모늄기(α-NH_3^+)에 대한 pK_a의 평균값은 9.47이다. NH_3^+기가 카복실산기에 유도 효과를 나타내는 것처럼 카복실산기의 전기 음이온성 산소 원자들은 NH_3^+기에 전자 끌기 유도 효과를 나타낸다. 이것은 암모늄기의 전자 결핍의 증가로 하전되지 않은 —NH_2기로 되도록 양성자 주개로 된다. 그러므로 아미노산의 α-암모늄기는 일차 지방족 아민보다 조금 더 강한 산이고, 아미노산의 α-아미노기는 일차 지방족 아민보다 조금 더 약한 염기이다.

Carboxylate기의 전자 끌기 효과는 ammonium기의 양전하 성질을 증가시켜 이온이 덜 안정화하게 하고, 더욱 더 양성자를 주려는 경향이 있다.

$$\mathrm{RCH(NH_3^+)COO^-} + H_2O \rightleftharpoons \mathrm{RCH(NH_2)COO^-} + H_3O^+ \quad pK_a = 9.47$$

$$\mathrm{R{-}CH(NH_3^+){-}R} + H_2O \rightleftharpoons \mathrm{R{-}CH(NH_2){-}R} + H_3O^+ \quad pK_a = 10.60$$

아르지닌의 구아니딘기의 염기도

아르지닌의 곁사슬 구아니딘기는 지방족 아민보다 매우 강한 염기이다. 10.4절에서 나타낸 것처럼 구아니딘(pK_b 0.4)은 어떤 중성 화합물 중에서도 가장 강한 염기이다. 아르지닌의 구아니딘기의 강한 염기도는 중성 형태와 관련된 양성자화된 형태의 공명 안정화에 크게 기여한다.

$$\mathrm{RNH{-}C(NH_2)({=}NH_2^+)} \longleftrightarrow \mathrm{RNH{-}C({=}NH_2^+)(NH_2)} \longleftrightarrow \mathrm{R\overset{+}{N}H{=}C(NH_2)(NH_2)} + H_2O \rightleftharpoons \mathrm{RN{=}C(NH_2)(NH_2)} + H_3O^+ \quad pK_a = 12.48$$

Arginine의 guanidinium 이온 곁사슬의 양성자화된 형태는 세 가지 기여 구조의 혼성이다.

Guanidinium 이온의 공명 안정화는 지방족 아민보다 더 염기인 guanidine 질소에 의해 형성된다.

$$\mathrm{H{-}\overset{+}{N}{-}R} + H_2O \rightleftharpoons \mathrm{:N{-}R} + H_3O^+ \quad pK_a = 10.5$$

공명 안정화가 형성되지 않는다.

암모늄 이온 지방족 아민

히스티딘의 이미다졸기의 염기도

히스티딘의 곁사슬에 있는 아미다졸기는 평면상에서 6개의 π 전자를 가지며, 완전히 비편재화된 고리이므로 이미다졸은 헤테로 고리 방향족 아민으로 분류된다(9.2절). 반면에 한 질소에서 비공유 전자쌍은 방향족 육전자계(sextet)의 일부분이며, 다른 질소의 비공유 전자쌍은 방향족의 일부분이 아니다. 방향족 육전자계의 부분이 아닌 전자쌍이 이미다졸 고리의 염기성을 나타낸다. 이 질소의 양성자화로 공명 안정화된 양이온이 생성된다.

이 비공유 전자쌍은 방향족 육전자계의 일부가 아니다. 그것은 양성자 받개이다.

$+ H_3O^+ \quad pK_a = 6.10$

공명 안정화된 imidazolium 양이온

B. 아미노산의 적정

아미노산의 이온화기에 대한 pK_a값은 가장 일반적으로 산–염기 적정과 첨가한 염기로 인한 그 용액의 pH 변화를 측정함으로써 얻을 수 있다. 이런 실험적 과정을 나타내기 위해 아미노기와 카복실기가 완전히 양전하가 되도록 충분히 강한 산이 첨가된 글라이신 1.00 mol을 포함하는 용액을 고려해 볼 수 있다. 이 용액을 1.00 M NaOH로 적정하면서 첨가한 염기의 양과 용액의 pH의 변화를 그림 18.3에서와 같이 나타낸다.

수산화 소듐을 첨가함으로써 첫 번째로 반응하는 가장 강한 산성기는 카복실기이다. 정확히 0.50 mol의 NaOH가 첨가되었을 때, 그 카복실기는 절반이 중화된다. 이 지점에서 쯔비터 이온의 농도는 양으로 하전된 이온의 농도와 같으며(pK_{a1}), pH 2.35는 카복실기의 pK_a값과 같다.

$$pH = pK_{a1}\text{에서} \quad [H_3\overset{+}{N}CH_2COOH] = [H_3\overset{+}{N}CH_2COO^-]$$

양이온 쯔비터 이온

1 mol의 NaOH가 첨가되면, 그 적정의 첫부분의 종말점에 이른다. 이 지점에서 지배적으로 존재하는 화학종은 쯔비터 이온이다. 그리고 그 용액의 관측된 pH는 6.06이다.

그 곡선의 다음 부분은 $-NH_3^+$기의 적정을 나타낸다. 0.50 mol의 NaOH를 더 첨가했을 때, $-NH_3^+$기의 절반이 중화되어 $-NH_2$로 변화된다. 이 지점에서 쯔비터 이온과 음전하 이온의 농도는 같고, 관측된 pH는 글라이신의 아미노기의 pK_a인 9.78(pK_{a2})이다.

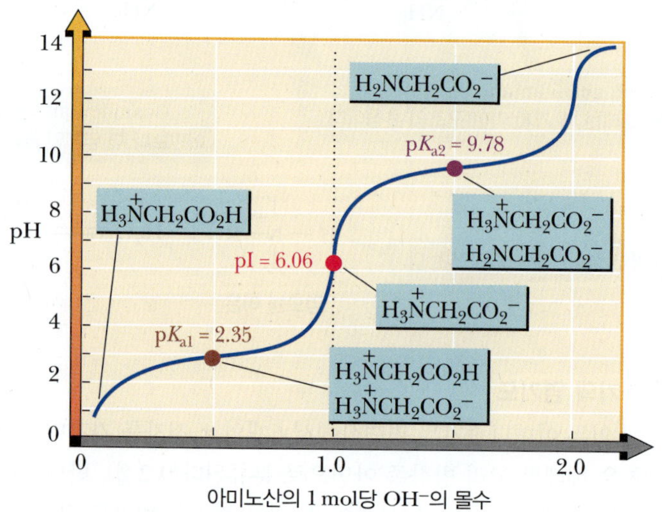

그림 18.3 Glycine의 NaOH 적정 곡선

$$\text{pH} = \text{p}K_{a2}\text{에서}\ [\text{H}_3\overset{+}{\text{N}}\text{CH}_2\text{COO}^-] = [\text{H}_2\overset{+}{\text{N}}\text{CH}_2\text{COO}^-]$$

쯔비터 이온 음이온

2.00 mol의 NaOH가 첨가되고 글라이신이 음이온으로 완전히 변환될 때 그 적정의 두 번째 종말점에 도달한다.

C. 등전점

글라이신의 적정 곡선은 아미노산의 이온화기의 pK_a값을 결정할 수 있도록 해 주며, 또 다른 중요한 성질인 등전점을 결정할 수 있도록 해준다. **등전점**(isoelectric point, pI)은 용액 상태인 아미노산의 분자 대부분이 알짜 전하가 0이 되는 pH이다. 적정 곡선을 관찰함으로써 글라이신에 대한 등전점이 카복실기와 아미노기의 pK_a값 중간임을 알 수 있다.

등전점 아미노산, 폴리펩타이드, 단백질의 알짜 전하가 0이 되는 pH

$$\text{pI} = \frac{1}{2}(\text{p}K_a\ \alpha\text{-COOH} + \text{p}K_a\ \alpha\text{-NH}_3^+)$$
$$= \frac{1}{2}(2.35 + 9.78) = 6.06$$

pH 6.06에서 글라이신 분자의 지배적인 형태는 쌍극자 이온이다. 이 pH에서 양으로 하전된 글라이신 분자의 농도는 음으로 하전된 글라이신 분자의 농도와 같다.

아르지닌, 아스파트산, 글루탐산, 히스티딘, 라이신(2개의 카복실기 또는 2개의 아미노기를 가진 아미노산)에 대한 pI값을 결정할 때, 이들 아미노산의 두 기의 pK_a를 이용하면 그 값이 유사하다. 예를 들면 라이신의 pI값은 다음과 같이 계산할 수 있다.

$$\text{pI} = \frac{1}{2}(\text{p}K_a\ \alpha\text{-}\overset{+}{\text{N}}\text{H}_3 + \text{p}K_a\ \text{곁사슬 NH}_3^+)$$
$$= \frac{1}{2}(8.95 + 10.53) = 9.74$$

$\text{H}_3\overset{+}{\text{N}}\text{—CHC(=O)—OH}$, $\text{CH}_2\text{CH}_2\text{CH}_2\text{CH}_2\text{—}^+\text{NH}_3$ 곁사슬

pK_a 8.95 pK_a 2.18

pK_a 10.53

이 두 pK_a 값은 비슷하다.

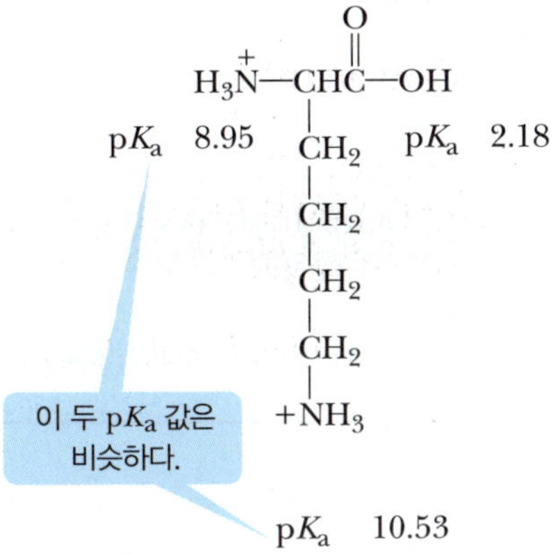

아미노산의 등전점에 대해서 주어진 값은 어떤 pH에서 아미노산에 대한 전하를 추정하는 것이 가능하다. 예로서 pH 5.63에서 타이로신에 대한 전하, 즉 등전점은 0이다. 타이로신 분자의 일부분만이 pH 5.00에서 양으로 하전되며(그것은 pI보다 0.63 단위 작다), pH 3.63(pI보다 2.00 단위 작다)에서는 사실상 모든 분자가 양으로 하전된다. 또 다른 예에 의해서 라이신에 대한 알짜 전하는 pH 9.74에서 0이다. pH 9.74보다 작은 pH값에서 양으로 하전된 분자가 증가한다.

즉 pI값보다 큰 pH값에서 음으로 하전된 분자가 증가한다. 아미노산에 대하여 요약하면 다음과 같다.

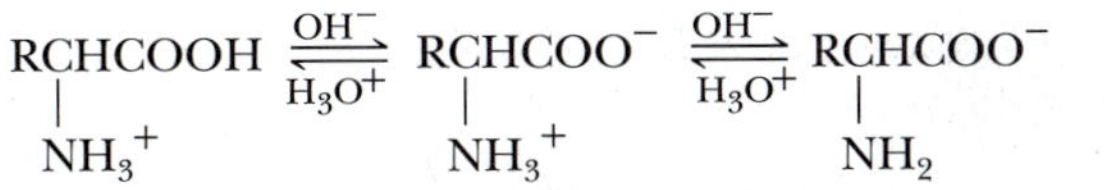

$$\underset{\text{NH}_3^+}{\text{RCHCOOH}} \underset{\text{H}_3\text{O}^+}{\overset{\text{OH}^-}{\rightleftharpoons}} \underset{\text{NH}_3^+}{\text{RCHCOO}^-} \underset{\text{H}_3\text{O}^+}{\overset{\text{OH}^-}{\rightleftharpoons}} \underset{\text{NH}_2}{\text{RCHCOO}^-}$$

pH < pI (알짜 전하 = +) pH = pI (알짜 전하 = 0) pH > pI (알짜 전하 = −)

해결방법 18.1 주어진 pH에서 아미노산의 전하 근사값

용액의 pH는 그 용액에서 산도의 측정이다. 이온화될 수 있는 작용기의 pK_a값은 그 작용기에 있는 양성자의 산도 측정이다. 일반화학에서 배운 바와 같이 Henderson–Hasselbalch 식 $\left(pH = pK_a + \log \frac{[A^-]}{[HA]}\right)$은 산의 pK_a값이 용액의 pH와 관련되어 있음을 알려 준다. 식은 다음과 같이 요약할 수 있다.

(a) 용액의 pH가 산성기의 pK_a값보다 작으면 용액은 기에 산으로 작용하며, 기는 양성자화가 된다.

(b) 용액의 pH가 산성기의 pK_a값보다 크면 산성기는 용액에 산으로 작용하며, 기는 양성자 이탈화가 된다.

라이신의 예에서와 같이, pH 5에서 라이신의 전하는 +1이 될 것이다.

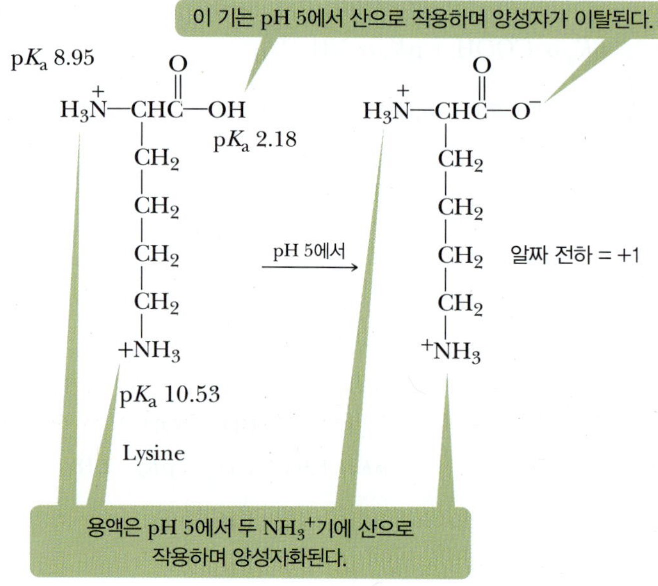

* **비고**: 이 근사법은 용액의 pH값과 이온화할 수 있는 기의 pK_a 값의 차이가 1 단위일 때 가장 잘 맞는다.

D. 전기 이동법

전기 이동법 화합물의 전하에 기초하여 분리하는 방법

전기 이동법(electrophoresis)은 화합물을 전하에 기초하여 분리하는 방법이다. 이 방법은 단백질 또는 아미노산 혼합물의 분리 및 확인에 이용된다. 전기 이동 분리는 종이, 녹말, 한천, 플라스틱류 및 아세트산 셀룰로스를 고형 지지체로 하여 수행될 수 있다. 종이 전기 이동 분리법에서는 계산된 pH의 완충 용액으로 포화된 종이가 두 전극 용기 사이의 다리 역할을 한다(그림 18.4).

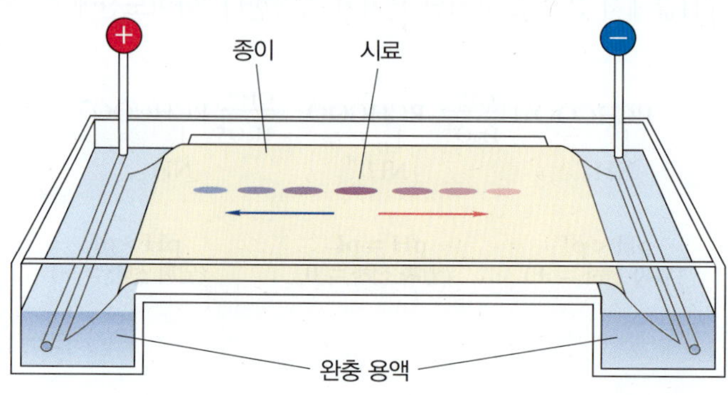

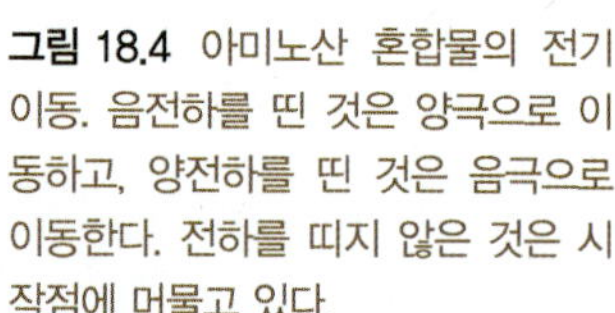

그림 18.4 아미노산 혼합물의 전기 이동. 음전하를 띤 것은 양극으로 이동하고, 양전하를 띤 것은 음극으로 이동한다. 전하를 띠지 않은 것은 시작점에 머물고 있다.

다음, 무색인 아미노산 혼합물의 분리 시, 시료를 종이 위에 점의 형태로 위치시킨다. 그리고 전극 용기에 전기적 힘을 작용시키면 각 아미노산이 자신의 전하와 반대되는 전극 쪽으로 이동한다. 높은 전하 밀도를 가지고 있는 분자들은 낮은 전하 밀도를 가진 분자보다 빨리 이동한다. 어떤 분자는 그것의 등전점에 원상태로 남아 있다. 분리가 끝난 후 분리된 성분들을 시각적으로 보이게 하기 위해 염료를 뿌리고 건조한다.

이들 아미노산을 확인하기 위해 가장 일반적으로 사용되는 염료는 닌하이드린(1,2,3-indanetrione monohydrate)이다. α-아미노산과 닌하이드린이 반응하면 알데하이드, CO_2, 보라색 음이온이 생성된다.

$$\mathrm{RCH(NH_3^+)CO^-} + 2\,\text{Ninhydrin} \longrightarrow \text{보라색 음이온} + \mathrm{RCH{=}O} + CO_2 + H_3O^+$$

α-아미노산 Ninhydrin 보라색 음이온

이 반응은 아미노산의 정량 및 정성 분석에 가장 일반적으로 이용된다. 단백질에서 파생된 20개의 α-아미노산 중 19개는 일차 아미노기를 가지고 있다. 그리고 닌하이드린에서 유도된 음이온은 보라색을 띤다. 프롤린 같은 이차 아민은 주황색을 띤다.

예제 18.2

Tyrosine의 등전점은 5.63이다. Tyrosine은 pH가 7.0일 때 종이 전기 이동에서 어느 전극으로 이동하는가?

전략

등전점에서 아미노산의 알짜 전하는 0이다. pH>pI인 용액에서 아미노산은 음전하를 가지며, pH<pI인 용액에서 아미노산은 양전하를 가진다. 그러므로 이 문제에서 중요한 요점은 용액의 pH와 아미노산의 pI값을 비교하는 것이다.

풀이

종이 전기 이동 분리의 pH 7.0(Tyrosine의 등전점보다 염기성이다)인 Tyrosine은 음전하를 가지고 있고 양극 쪽으로 이동한다.

문제 18.22, 18.23, 18.25, 18.26, 18.32, 18.33 참조

문제 18.2

Histidine의 등전점은 7.64이다. pH가 7.0일 때, 종이 전기 이동에서 Histidine은 어느 전극 쪽으로 이동하는가?

예제 18.3

Lysine, histidine, cysteine 혼합물의 전기 이동법은 pH 7.64에서 실행된다. 이러한 상태에서의 각 아미노산의 거동에 대하여 설명하시오.

전략

각 아미노산의 pI값을 용액의 pH와 비교하고, 그 pH에서 각 아미노산의 알짜 전하를 측정한다. 만약 아미노산의 pI값이 용액의 pH와 같으면, 그 아미노산은 원래의 위치에서 이동하지 않을 것이다. 용액의 pH가 아미노산의 pI값보다 크면, 아미노산은 양극으로 이동할 것이다. 그리고 용액의 pH가 아미노산의 pI값보다 작으면 아미노산은 음극으로 이동할 것이다.

풀이

Histidine의 등전점은 7.64이다. pH 7.64에서 Histidine의 알짜 전하는 0이고 원래의 위치에서 이동하지 않는다. 이 조건의 pH(cysteine의 등전점보다 염기성)에서 cysteine의 pI는 5.02이다. Cysteine은 음전하를 띠어 양극 쪽으로 이동한다. Lysine의 pI는 9.74이며, 양전하를 띠어 음극 쪽으로 이동한다.

문제 18.34 참조

문제 18.3

pH 6.0에서의 종이 전기 이동에서 Glutamic acid, arginine, valine 혼합물의 거동을 설명하시오.

18.4 폴리펩타이드와 단백질은 무엇인가?

펩타이드 결합 아미노산의 α-아미노기와 다른 아미노산의 카복실기 사이에 형성된 아미이드 결합에 주어진 특별한 이름

다이펩타이드 펩타이드 결합에 의해서 연결된 두 아미노산 단위체를 포함하고 있는 분자

트라이펩타이드 펩타이드 결합에 의해서 각각 다음 아미노산과 연결된 세 아미노산 단위체를 포함하고 있는 분자

폴리펩타이드 20개 이상의 펩타이드 결합에 의해 연결된 아미노산 단위체들을 포함하는 거대 분자

***N* 말단 아미노산** $-NH_3^+$기를 가지고 있는 폴리펩타이드 사슬의 말단에서의 아미노산

***C* 말단 아미노산** $-COO^-$기를 가지고 있는 폴리펩타이드 말단에서의 아미노산

1902년에 Emil Fischer는 단백질이 한 아미노산의 α-카복실기와 다른 아미노산의 α-아미노기 사이의 아마이드 결합에 의해 형성된 아미노산의 긴 사슬이라고 제안했다. Fischer는 이들 아마이드 결합에 대하여 **펩타이드 결합**(peptide bond)이라는 특별한 이름을 제안했다. 그림 18.5는 다이펩타이드인 세릴알라닌(serylalanine)에서 세린과 알라닌 사이에서 형성된 펩타이드 결합을 보여 준다.

펩타이드(peptide)는 아미노산의 짧은 중합체에 주어진 이름이다. 펩타이드는 사슬에서 아미노산 단위의 개수에 의해서 분류한다. 아마이드 결합에 의해 합쳐진 두 개의 아미노산 단위체를 포함하고 있는 분자는 **다이펩타이드**(dipeptide)라고 한다. 3~10개의 아미노산 단위체를 포함하고 있는 것은 **트라이펩타이드**(tripeptide), **테트라펩타이드**(tetrapeptide), **펜타펩타이드**(pentapeptide) 등으로 불린다. 10개 이상 20개 미만의 아미노산을 포함하는 분자를 **올리고펩타이드**(oligopeptide)라고 한다. 20개 이상의 아미노산을 포함하는 것은 **폴리펩타이드**(polypeptide)라고 한다. **단백질**(protein)은 한 개 이상의 폴리펩타이드 사슬로 이루어져 있으며 분자량이 5000 이상인 생물학적 거대 분자이다. 이 전문 용어에 대한 구분이 결코 정확한 것은 아니다.

협약에 의해 폴리펩타이드는 왼쪽의 $-NH_3^+$기를 가진 아미노산으로 시작하여 오른쪽의 $-COO-$기를 가진 아미노산으로 쓰여진다. $-NH_3^+$기를 가진 아미노산을 ***N* 말단 아미노산**(*N*-terminal amino acid)이라 하고, $-COO^-$기를 가진 아미노산을 ***C* 말단 아미노산**(*C*-terminal amino acid)이라고 한다.

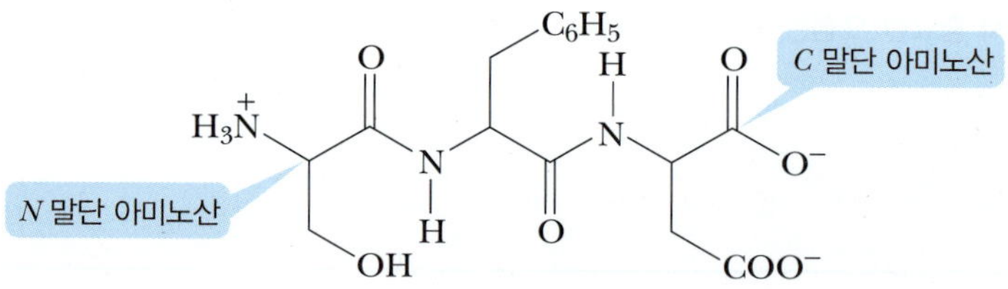

Ser-Phe-Asp

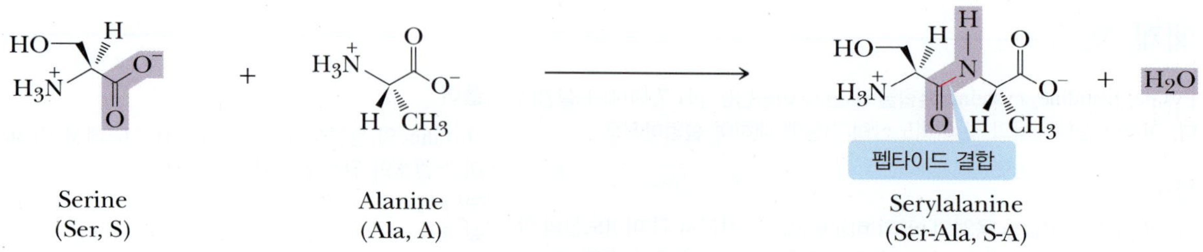

Serine (Ser, S)　Alanine (Ala, A)　Serylalanine (Ser-Ala, S-A)

그림 18.5 Serylalanine에서의 펩타이드 결합

예제 18.4

Cys-Arg-Met-Asn에 대한 구조식을 그리시오. *N* 말단 아미노산과 *C* 말단 아미노산을 표시하시오. pH 6.0에서 이 테트라펩타이드에 대한 알짜 전하는 얼마인가?

전략

왼쪽에 암모늄기, 오른쪽에 카보닐기를 각각 위치시켜 cysteine으로부터 asparagine 순으로 각 아미노산의 쯔비터 이온 형태를 그리는 것으로 시작한다. 다음으로 서로 다른 아미노산의 $—COO^-$와 $^+H_3N—$기 사이에서 물 분자가 제거되면서 펩타이드 결합이 형성된다. 이 테트라펩타이드의 알짜 전하를 측정하기 위해서는 각 아미노산의 곁사슬에서 이온화기의 pK_a값에 대해 표 18.2를 참고하라.

풀이

이 테트라펩타이드의 골격은 질소-α-탄소-카보닐의 반복적인 배열이다. pH 6.0에서 이 테트라펩타이드에 대한 알짜 전하는 +1이다. 다음은 Cys-Arg-Met-Asn에 대한 구조식이다.

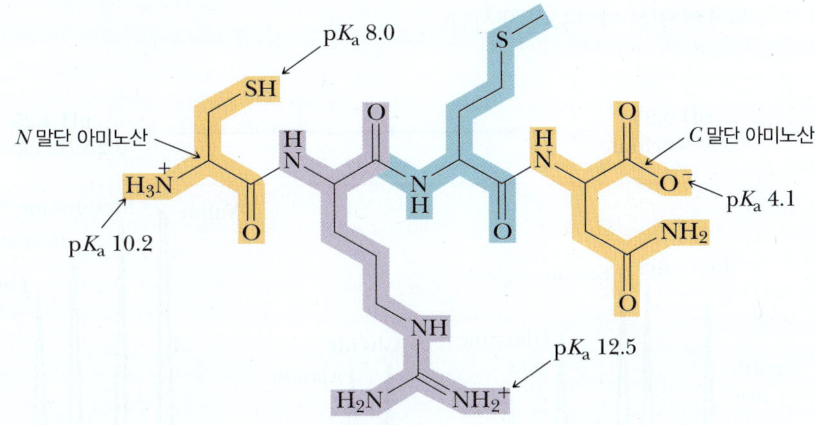

문제 18.37, 18.41 참조

문제 18.4

Lys-Phe-Ala에 대한 구조식을 그리시오. *N* 말단 아미노산과 *C* 말단 아미노산을 분류하시오. pH 6.0에서 이 트라이펩타이드에 대한 알짜 전하는 얼마인가?

18.5 폴리펩타이드와 단백질의 일차 구조는 무엇인가?

폴리펩타이드 또는 **단백질의 일차(1°) 구조**[primary (1°) structure]는 그것의 폴리펩타이드 사슬에서 아미노산의 순서에 관한 것이다. 이런 의미에서 일차 구조는 폴리펩타이드나 단백질에서 모든 공유 결합을 완전히 나타낸 것이다.

단백질의 일차 구조 폴리펩타이드 사슬에서의 아미노산 순서는 *N* 말단 아미노산으로부터 *C* 말단 아미노산으로 읽는다.

1953년에 영국 Cambridge 대학의 Frederick Sanger는 인슐린(insulin) 호르몬의 두 폴리펩타이드 사슬에 대한 일차 구조를 발표하였다. 이것은 분석화학에서의 괄목할 만한 업적일 뿐만 아니라 한 단백질의 분자들은 모두 같은 아미노산 조성과 같은 아미노산 우선순위를 가지고 있다는 것을 확립하였다. 오늘날 20,000개 이상의 서로 다른 단백질의 아미노산 서열이 알려져 있으며, 그 수는 빠르게 증가하고 있다.

A. 아미노산의 분석

폴리펩타이드의 일차 구조를 정의하기 위한 첫 번째 단계는 가수 분해와 아미노산 조성의 정량적 분석이다. 아마이드 결합이 가수 분해 반응을 극히 제한한다는 것을 14.3D절에서 설명하였다.

공인된 방법으로, 단백질 시료는 봉인된 작은 유리병에서 6 M HCl로 110℃에서 24~72시간 처리하면 가수 분해된다(전자레인지에서는 더 짧은 시간에 가수 분해시킬 수 있다). 만일 하나의 폴리펩타이드가 가수 분해되면 그 결과로 아미노산의 혼합물은 이온 교환 크로마토그래피라 불리는 기술로 분석할 수 있다. 아미노산이 표준 칼럼으로부터 용리되는 데 필요한 시간은 일정하다. 20개 아미노산은 칼럼을 통과하는 데 걸리는 시간이 각기 다르다. 그러므로 아미노산들은 그들의 용리 시간으로 확인될 수 있다. 칼럼에서 나오는 아미노산은 흡수 분광법에 의해 닌하이드린의 반응으로 측정할 수 있다(18.3D절). 오늘날 폴리펩타이드의 가수 분해 반응과 아미노산 혼합물의 분석은 50나노몰(50×10^{-9} mol) 정도로 적은 양의 폴리펩타이드의 아미노산 조성을 얻을 수 있을 정도이다. 그림 18.6은 이온 교환 크로마토그래피에 의한 폴리펩타이드 가수 분해물의 분석을 보여 준다. 아스파트산과 글루타민의 곁사슬 아마이드기는 가수 분해되고 이들 아미노산은 아스파트산과 글루탐산으로 검출된다. 각각의 글루타민과 아스파라진이 가수 분해된 것에 대해서 등가의 염화 암모늄이 생성된다.

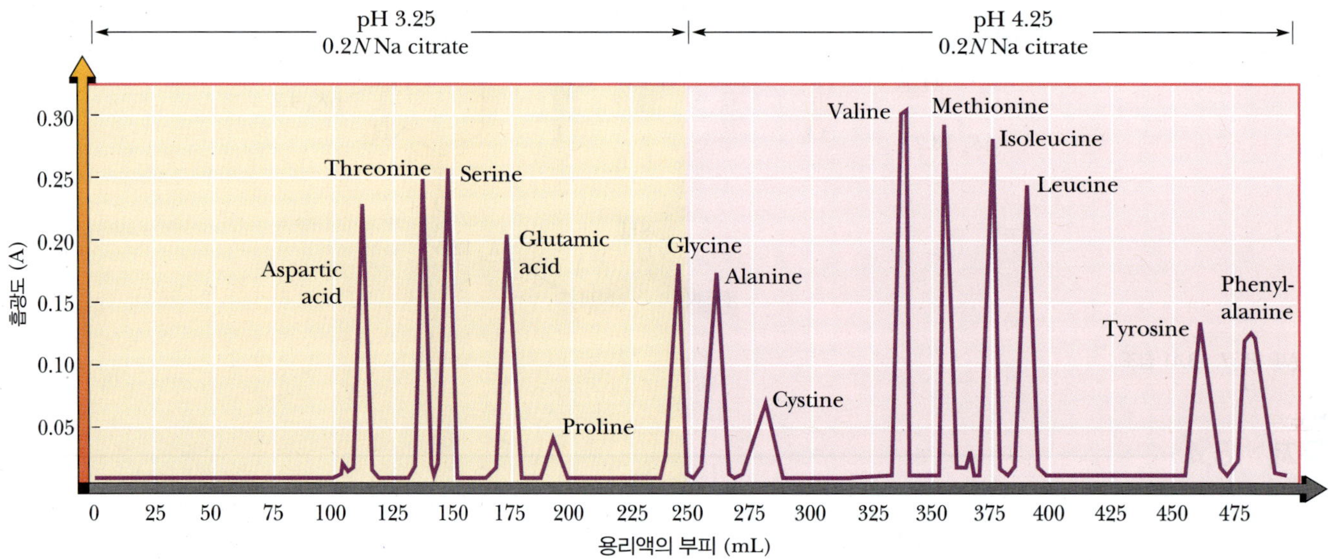

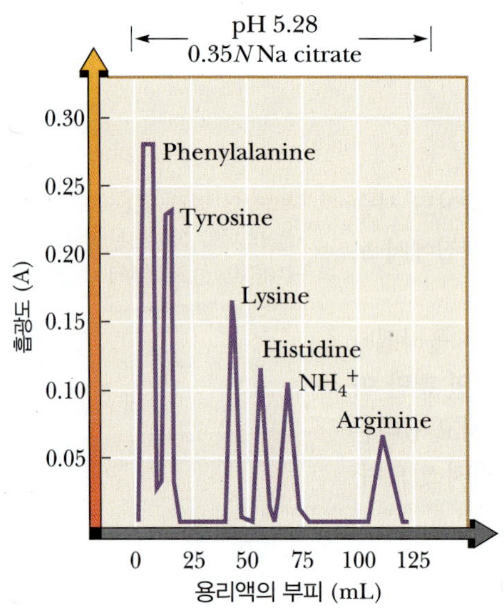

그림 18.6 설폰화 polystyrene 수지. Amberite IR-120을 사용하여 이온 교환 크로마토그래피로 분석된 아미노산 혼합물. 수지는 phenyl-$SO_3^-Na^+$기를 포함한다. 산성인 아미노산(Aspartic acid, Glutamic acid)이 약하게 수지에 결합되고, 염기성인 아미노산(Lysine, Histidine, Arginine)은 단단하게 결합되어 있는 조건인 낮은 pH(3.25)에서 아미노산 혼합물을 칼럼에 주사한다. 두 개의 다른 농도와 세 개의 다른 pH값에서 sodium citrate 완충 용액을 사용하며, 칼럼으로부터 모든 아미노산을 용리시킨다. Cysteine은 Cystine의 이황화물인 cystine(Cys-S-S-Cys)으로서 결정된다.

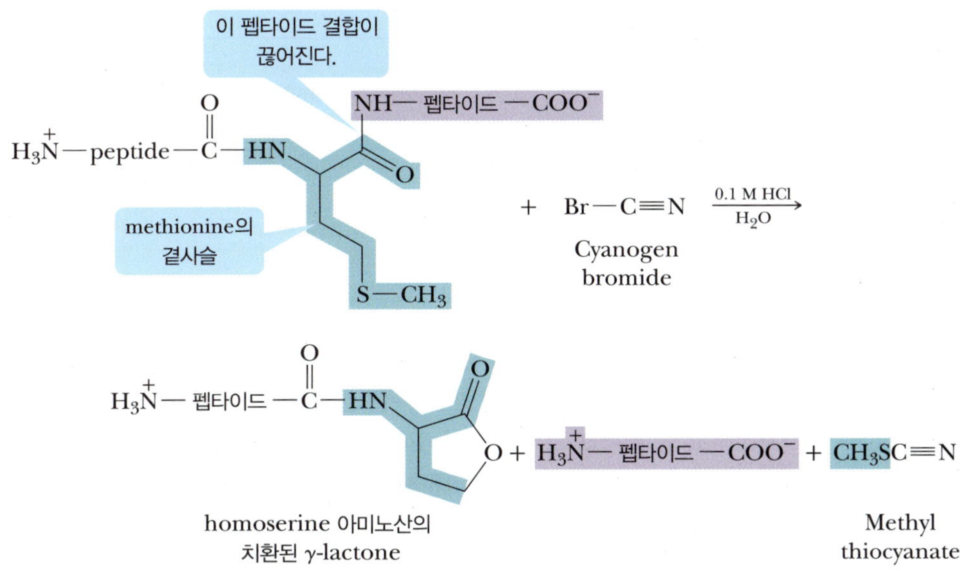

그림 18.7 Methionine의 카복실기에 의해 형성된 펩타이드 결합의 Cyanogen bromide(BrCN)의 절단

B. 순차 분석

폴리펩타이드의 아미노산 조성이 일단 결정되면, 다음 순서는 아미노산들이 폴리펩타이드 사슬에 연결된 순서를 결정하는 것이다. 가장 일반적인 순서의 전략은 (1) 특정한 펩타이드 결합에서 폴리펩타이드를 쪼개는 것이고(예; 브로민화 사이아노젠 또는 단백질 가수 분해 효소를 사용해서), (2) 각 조각의 순서를 결정하고(예; Edman 분해법을 사용해서)나서 (3) 폴리펩타이드의 서열에 이르도록 겹쳐지는 조각들을 맞추는 것이다.

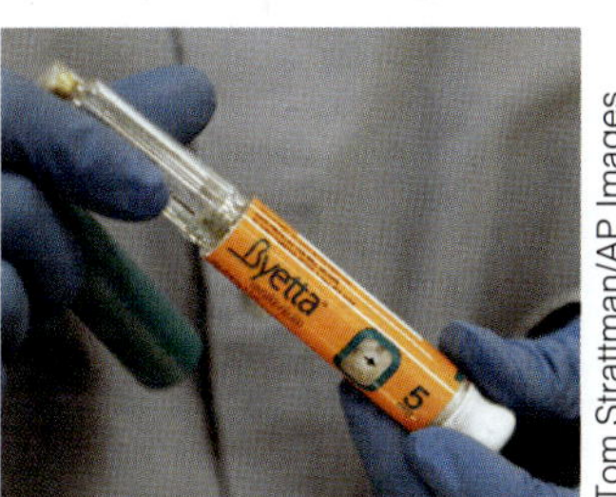

Tom Stratman/AP Images

당뇨병 치료제인 exenatide(상품명: Byetta®)는 위산에 의해 펩타이드 결합이 가수 분해되기 때문에 경구 투여할 수 없다.

브로민화 사이아노젠

브로민화 사이아노젠(BrCN)은 메티오닌의 카복실기에 의해 형성된 펩타이드 결합을 분해하는 특성이 있다(그림 18.7). 이런 분해에 의한 생성물은 폴리펩타이드의 *N* 말단 부분으로부터 유도되어 치환된 γ-락톤(14.1C절)이고, 폴리펩타이드의 *C* 말단 부분을 포함하는 두 번째 조각이다.

효소 촉매하의 펩타이드 결합의 가수 분해

트립신(trypsin)과 카이모트립신(chymotrypsin)을 비롯한 단백질 가수 분해 효소의 기는 특정한 펩타이드 결합의 가수 분해를 촉매하는 데 이용된다. 트립신은 아르지닌과 라이신의 카복실기에 의해 형성된 펩타이드 결합의 가수 분해를 촉매한다. 카이모트립신은 페닐알라닌, 타이로신, 그리고 트립토판의 카복실기에 의해 형성된 펩타이드 결합의 가수 분해를 촉매한다.

예제 18.5

다음 트라이펩타이드들 중 어떤 것이 trypsin에 의해 가수 분해되었는가? 또 chymotrypsin에 의해 가수 분해된 것은 어떤 것인가?

(a) Arg-Glu-Ser **(b)** Phe-Gly-Lys

전략

Trypsin은 arginine과 lysine의 카복실기에 의해 형성된 펩타이드 결합의 가수 분해를 촉매한다. Chymotrysine은 phenylalanine, tyrosine, 그리고 tryptophane의 카복실기에 의해 형성된 펩타이드 결합의 가수 분해를 촉매한다.

풀이

(a) Arginine과 glutamic acid의 펩타이드 결합은 trypsin 존재하에서 가수 분해된다.

$$\text{Arg-Glu-Ser} + H_2O \xrightarrow{\text{Trypsin}} \text{Arg} + \text{Glu-Ser}$$

이들 세 개의 방향족 아미노산은 존재하지 않기 때문에 트라이펩타이드(a)는 chymotrypsin에 의해 영향을 받지 않는다.

(b) 트라이펩타이드(b)는 trypsin에 의하여 영향을 받지 않는다. 비록 lysine이 존재해도 그 카복실기는 *C* 말단에 있으며, 따라서 펩타이드 결합을 하지 않고 있다. 트라이펩타이드(b)는 chymotrypsin의 존재하에서 가수 분해된다.

$$\text{Phe-Gly-Lys} + H_2O \xrightarrow{\text{Chymotrypsin}} \text{Phe} + \text{Gly-Lys}$$

문제 18.39 참조

문제 18.5

다음 트라이펩타이드 중 어떤 것이 trypsin에 의해 가수 분해되는가? Chymotrypsin에 의해 가수 분해되는 것은 어떤 것인가?

(a) Try-Gln-Val **(b)** Thr-Phe-Ser **(c)** Thr-Ser-Phe

Edman 분해법

폴리펩타이드의 아미노산 순서를 결정하기 위해 발견된 다양한 화학적 방법들 중에서 오늘날 가장 넓게 사용되는 것이 1950년에 스웨덴, Lund 대학의 Pehr Edman에 의해 소개된 **Edman 분해법**(Edman degradation)이다. 이 방법에서 폴리펩타이드를 페닐 아이소싸이오사이아네이트($C_6H_5N{=}C{=}S$)로 처리하고 난 뒤 산으로 처리한다. Edman 분해법의 효과는 선택적으로 *N* 말단 아미노산을 치환된 페닐싸이오하이단토인(그림 18.8)으로 제거할 수 있다. 그리고 그것은 분리되고 확인될 수 있다.

Edman 분해법 폴리펩타이드 사슬의 *N* 말단 아미노산을 선택적으로 분해하고 확인하기 위한 방법

Edman 분해의 특별한 중요성은 사슬에서 어떤 다른 결합에도 영향을 주지 않고 폴리펩타이드로부터 *N* 말단 아미노산을 제거한다는 것이다. 결과로서 펩타이드 사슬에서 다음 아미노산을 유리시키고 확인할 수 있는 Edman 분해법은 짧아진 폴리펩타이드상에서 반복될 수 있다.

이 방법은 실제적으로 극히 소량의 물질을 이용하여 폴리펩타이드에서 처음 20~30개 아미노산만큼을 나열하는 것이 가능하다. 자연에 있는 대부분의 폴리펩타이드는 20~30개 아미노산보다 길어서, 반복적인 Edman 분해로 순서대로 나열할 수 있는 아미노산의 개수에는 실제적으로 제한이 있다. 브로민화 사이아노젠, 트립신, 카이모트립신에 의한 분해의 특별한 중요성은 긴 폴리펩타이드 사슬이 특정한 펩타이드 결합에서 더 작은 폴리펩타이드 조각으로 분해될 수 있다는 것을 의미한다. 그리고 각 조각들은 독립적으로 나열될 수 있다.

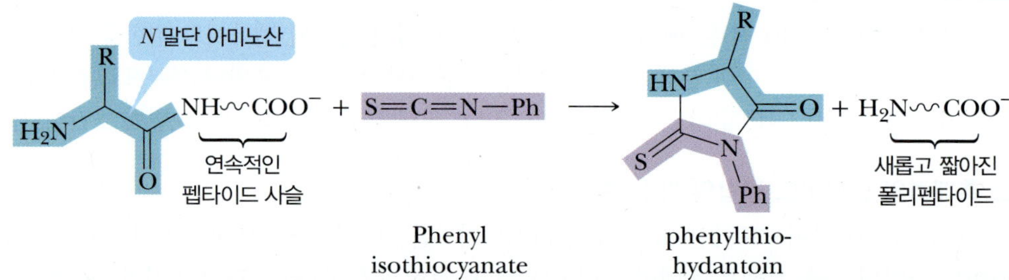

그림 18.8 Edman 분해법: 폴리펩타이드에 phenyl isothiocyanate 처리하면 *N* 말단 아미노산이 산에 의해 선택적으로 절단되고, 치환된 phenyl isothiohydantoin이 생성된다.

예제 18.6

다음 실험 결과로부터 펜타펩타이드의 아미노산 순서를 추론하시오. 분리관에서 아미노산 조성임을 주의하고, 아미노산은 알파벳 순서로 표시하였다. 이 순서가 일차 구조에 대하여 어떠한 정보를 주는가?

실험 과정	과정으로부터 결정된 아미노산
펜타펩타이드의 아미노산 분석	Arg, Glu, His, Phe, Ser
Edman 분해	Glu
Chymotrypsin에 의해 촉매된 가수 분해	
조각 A	Glu, His, Phe
조각 B	Arg, Ser
Trypsin에 의해 촉매된 가수 분해	
조각 C	Arg, Glu, His, Phe
조각 D	Ser

전략

각 분해 방법의 특성을 검토한다.

- Edman 분해법: *N* 말단 아미노산을 선택적으로 절단한다.
- Chymotrypsin: phenylalanine, tyrosine, tryptophane의 카복실기에 의해 생성된 폴리펩타이드 결합을 절단한다.
- Trypsin: arginine, lysine의 카복실기에 의해 생성된 폴리펩타이드 결합을 절단한다.

풀이

Edman 분해는 폴리펩타이드로부터 glutamic acid를 절단한다. 그러므로 glutamic acid는 *N* 말단 아미노산이어야 한다.

Glu-(Arg, His, Phe, Ser)

Chymotrypsin 촉매 가수 분해로부터 조각 A는 phenylalanine을 포함한다. Chymotrypsin의 특이성 때문에 phenylalanine은 반드시 조각 A의 *C* 말단 아미노산이어야 한다. 조각 A 또한 glutamic acid를 포함하고 있으며, 우리가 이미 알고 있는 것은 *N* 말단 아미노산이라는 것이다. 이들 관찰로부터 사슬에 있는 처음 세 개의 아미노산은 반드시 Glu-His-Phe이라고 결론지을 수 있다. 그리고 다음과 같이 일부 서열을 쓴다.

Glu-His-Phe-(Arg, Ser)

Trypsin이 펜타펩타이드를 절단한다는 사실은 arginine이 반드시 펜타펩타이드 사슬 내에 있어야 함을 의미한다. 그것은 *C* 말단 아미노산이 될 수 없다. 그러므로 완전한 서열은 다음과 같다.

Glu-His-Phe-Arg-Ser

문제 18.38, 18.40 참조

문제 18.6

표에 나타낸 실험 결과로부터 운데카펩타이드(undecapeptide, 11개의 아미노산)의 아미노산 순서를 추측하시오.

실험 과정	과정으로부터 결정된 아미노산
운데카펩타이드의 아미노산 분석	Ala, Arg, Glu, Lys2, Met, Phe, Ser, Phe, Trp, Val
Edman 분해	Ala
Trypsin에 의해 촉매된 가수 분해	
조각 E	Ala, Glu, Arg
조각 F	Phr, Phe, Lys
조각 G	Lys
조각 H	Met, Ser, Trp, Val
Chymotrypsin에 의해 촉매된 가수 분해	
조각 I	Ala, Arg, Glu, Phe, Thr
조각 J	Lys2, Met, Ser, Trp, Val
Cyanogen Bromide로 처리	
조각 K	Ala, Arg, Glu, Lys2, Met, Phe, Thr, Val
조각 L	Trp, Ser

18.6 폴리펩타이드와 단백질의 삼차원 형태는 무엇인가?

A. 펩타이드 결합의 기하학

1930년대 말에 Linus Pauling은 펩타이드 결합의 구조 결정을 위해 일련의 연구를 시작했다. 그의 첫 번째 발견의 하나는 펩타이드 결합 자체는 평면이라는 것이다. 그림 18.9에 나타낸 바와 같이 펩타이드 결합의 4개 원자와 2개의 α-탄소는 같은 평면에서 놓여 결합된다.

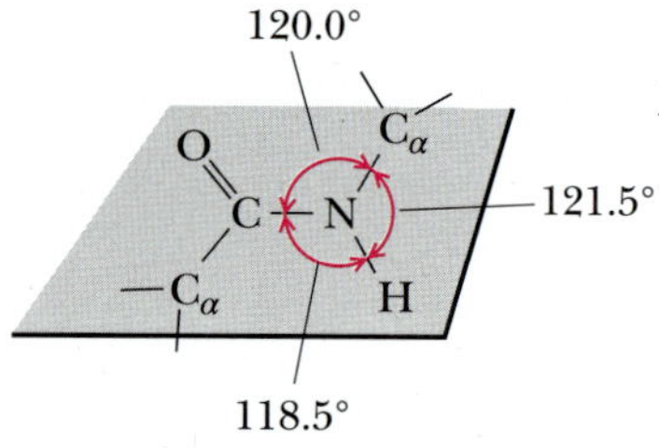

그림 18.9 펩타이드 결합의 평면 구조. 카보닐 탄소와 아마이드 질소의 결합각은 약 120°이다.

펩타이드 결합의 구조 설명을 위해 1장을 보았다면, 아마 카보닐기 탄소에 대한 120°와 아마이드 질소에 대한 109.5°의 결합각을 예측할 수 있다.

VSEPR을 이용한 예측 결합각으로 C 120°, N 109.5°

아마이드 결합

이 예측은 카보닐기 탄소에 대한 약 120°의 관찰된 결합각에 부합한다. 그렇지만 그것은 아마이드 질소에 대한 결합각 120°에는 부합되지 않는다. 이 관찰된 구조 설명을 위해 Pauling은 펩타이드 결합이 다음에 주어진 두 기여 구조의 공명 혼성으로서 더욱 정확하게 표현된다고 하였다.

(1) ⟷ (2)

기여 구조 (1)은 탄소−산소의 이중 결합을 보여 주고, 구조 (2)는 펩타이드 결합의 질소 원자와 카보닐기 탄소간의 이중 결합을 보여 준다. 물론 혼성은 이 두 구조 모두 아니다. 실제 구조에서는 탄소−질소 결합이 이중 결합 성격을 상당히 가지고 있다. 따라서 혼성에 의해 6개의 원자단과 α-탄소에 붙은 2개는 평면이다.

두 원자 배치가 평면 펩타이드 결합의 원자에서 가능하다. 하나는 두 개의 α-탄소가 서로 시스(cis)이다. 또 다른 하나는 그들이 서로 트랜스(trans)이다. 트랜스 형태는 커다란 기들에 붙어 있는 α-탄소들이 시스 형태보다 각각에 대해 더 멀리 떨어져 있기 때문에 더 안정하다. 사실상 오늘날까지 연구된 자연적으로 발생된 단백질의 모든 펩타이드 결합은 트랜스 형태를 가지고 있다.

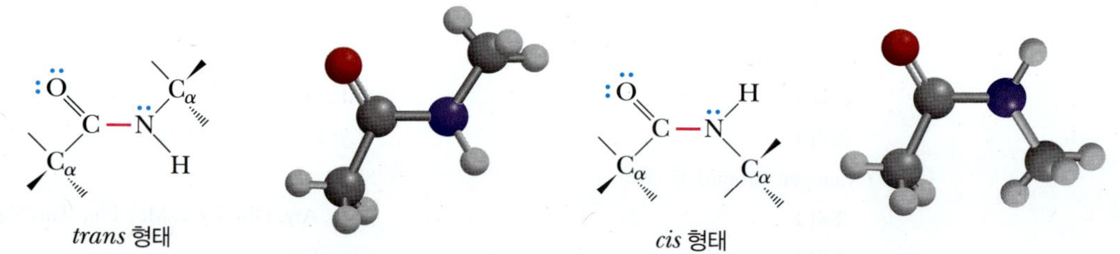

B. 이차 구조

단백질의 이차 구조 폴리펩타이드 또는 단백질이 편재된 부분에서 아미노산의 정돈된 배열

이차 구조[secondary(2°) structure]는 폴리펩타이드나 단백질 분자의 특정 부분에서의 아미노산의 규칙적인 배열(입체 형태)에 관계된다. 폴리펩타이드 형태의 첫 번째 연구는 Pauling과 Corey에 의해 1939년에 시작되었다. 이들은 가장 안정한 형태로서 펩타이드 결합 속의 모든 원자가 같은 평면에 놓여 있으며, 그림 18.10에서 나타낸 것처럼 한 펩타이드 결합의 N—H와 다른 펩타이드 결합의 C=O 사이에 **수소 결합**(hydrogen bonding)이 있다고 가정하였다.

Pauling은 모형 구축(model building)을 토대로 하여 이차 구조의 두 형태인 α 나선과 역평행 β 병풍 구조가 특히 안정하다고 주장했다.

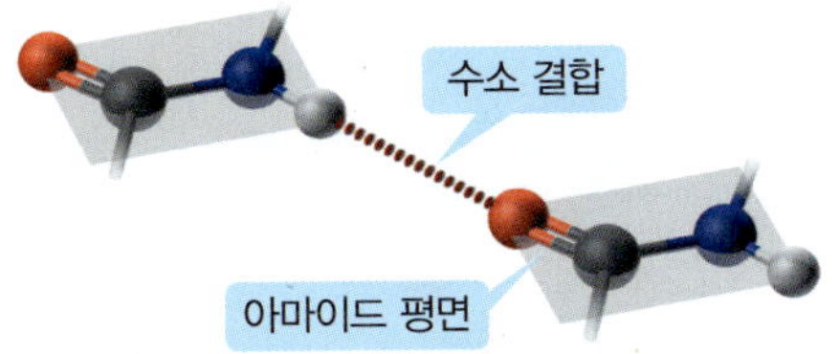

그림 18.10 아마이드기 사이의 수소 결합

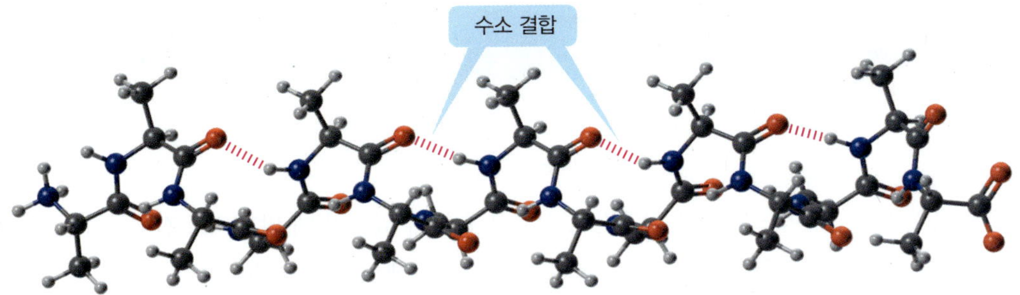

그림 18.11 α 나선, 폴리펩타이드 사슬이 L-Alanine 단위의 반복으로 이루어져 있다.

α 나선

그림 18.11에서 **α 나선**(α-helix) 형태를 보면, 폴리펩타이드 사슬은 용수철 형태로 꼬여 있다. 그림 18.11의 α 나선을 학습할 때는 다음 사항을 주의하라.

α 나선 가장 일반적인 오른손 방향 나선으로 폴리펩타이드 사슬 영역이 꼬여 있는 이차 구조의 일종

1. 나선은 시계 방향, 즉 오른손 방향으로 꼬여 있다. **오른손 방향**(right-handed)의 뜻은 나선을 시계 방향으로 돌리면 나선은 멀어지게 꼬인다. 이러한 의미에서 나선은 기계 또는 일반 나무의 오른 나사와 비슷하다.
2. 나선 한 바퀴에 3.6개의 아미노산이 있다
3. 각 펩타이드 결합은 트랜스이고 평면이다.
4. 각 펩타이드 결합의 N—H기는 대략 아래쪽으로 향하며, 나선축에 평행하다. 그리고 각 펩타이드 결합의 C=O는 대략 위쪽으로 향한다. 이것 역시 나선축에 평행하다.
5. 각 펩타이드 결합의 카보닐기는 멀리 있는 네 번째 아미노산 펩타이드 결합의 N—H기에 수소 결합한다. 수소 결합은 점선으로 나타낸다.
6. 모든 R—기는 나선으로부터 바깥쪽으로 향한다.

가시박, *Sicyos angulatus*는 왼손 방향 나선형 덩굴손을 사용하여 자신을 덩굴손에 부착시킨다. 그의 나선 형태는 오른손 방향의 α 나선 폴리펩타이드와는 유사하지만 반대로 되어 있다.

Pauling이 α 나선 구조를 주장한 직후, 다른 연구자들이 머리카락과 양털의 단백질인 카로틴에서 α 나선 구조의 존재를 증명하였다. 얼마 후 α 나선 구조가 폴리펩타이드 사슬이 기본적으로 겹쳐지는 형태의 하나라는 것이 분명하게 되었다.

β 병풍 구조

역평행인 **β 병풍 구조**(β-pleated sheet)는 반대 방향으로 평행한 이웃한 사슬과 확장된 폴리펩타이드 사슬로 이루어져 있다. 평행한 β 병풍 구조에서 폴리펩타이드 사슬들은 같은 방향이면서 서로가 평행하게 진행한다. α 나선 배열과 달리, N—H기와 C=O기는 한 평면에 놓여 있고 그 면의 긴 축에 거의 수직이다. 각각의 펩타이드 결합의 C=O기는 이웃한 사슬의 펩타이드 결합의 N—H기와 수소 결합을 형성한다(그림 18.12).

β 병풍 구조 폴리펩타이드 사슬의 두 부분에서 이차 구조의 형태는 다른 하나에 평행하거나 역평행인 방향으로 정렬된다.

그림 18.12에 있는 β 병풍 구조를 학습할 때 다음 사항들을 주의하라.

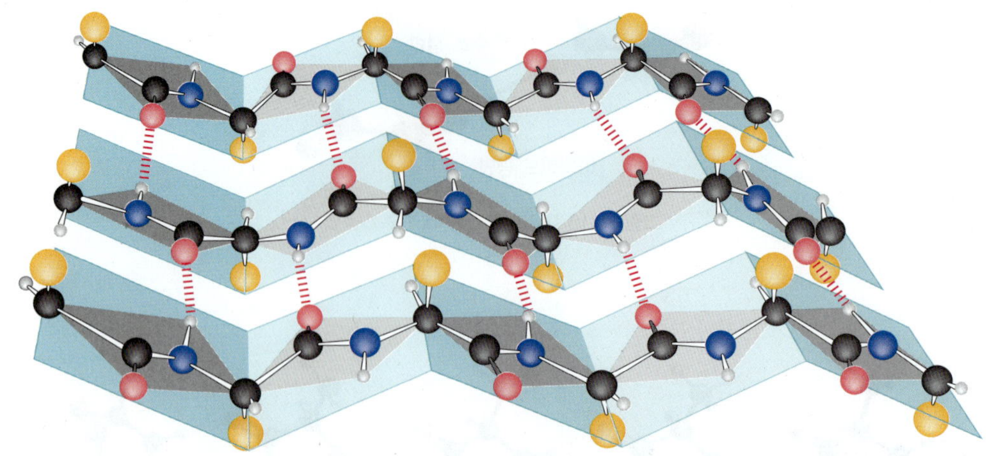

그림 18.12 반대(역평행) 방향으로 진행하는 세 개의 폴리펩타이드 사슬을 가진 β 병풍 구조. 사슬 사이의 수소 결합은 점선으로 나타내었다.

1. 세 개의 폴리펩타이드 결합은 상호간에 인접하게 놓여 있고 반대 방향으로 진행한다.
2. 각각의 펩타이드 결합은 평면이고 α-탄소들은 상호간에 트랜스 형태이다.
3. 인접한 사슬에서 펩타이드 결합의 C=O와 N—H기는 서로 마주보며 인접한 폴리펩타이드 사슬이 같은 평면에 있어 수소 결합을 형성한다.
4. 어떤 한 사슬에 있는 R—기가 위쪽에 있으면 그다음은 아래쪽에 있게 연속적으로 진행된다.

β 병풍 구조는 한 사슬의 N—H기와 인접한 사슬의 C=O기 사이의 수소 결합에 의해 안정화된다. 이와 비교해 보면 α 나선 구조는 같은 폴리펩타이드 사슬에 있는 N—H와 C=O기 사이의 수소 결합에 의해 안정화된다.

C. 삼차 구조

단백질의 삼차 구조 단일 폴리펩타이드 사슬에서 모든 원자들의 공간적인 삼차원 배열

이황화 결합 두 황 원자 사이에 공유결합으로 S–S 결합

삼차 구조[tertiary(3°) structure]는 단일 펩타이드 사슬에서 모든 원자의 공간적 배열과 전체적인 접힘 형태를 말한다. 이차 구조와 삼차 구조 사이에는 확실한 경계가 없다. 이차 구조는 하나의 폴리펩타이드 결합에 대해서 다른 하나에 근접한 아미노산의 공간적 배열을 언급하는 데 반해서, 삼차 구조는 폴리펩타이드 사슬의 **모든** 원자의 삼차원적인 배열을 말한다. 삼차 구조를 유지하는 데 가장 중요한 인자들은 이황화 결합, 소수성 상호 작용, 수소 결합, 염다리이다.

이황화 결합(disulfide bond)은 기본적인 삼차 구조를 유지하는 데 중요한 역할을 한다. 이황화 결합은 하나의 이황화 결합(8.6B절)을 형성하기 위해서 자신의 싸이올기(—SH)의 산화에 의해서 두 개의 시스테인 단위의 곁사슬 사이에서 형성된다. 환원제로 이황화 결합을 처리하면 싸이올기가 다시 생성된다.

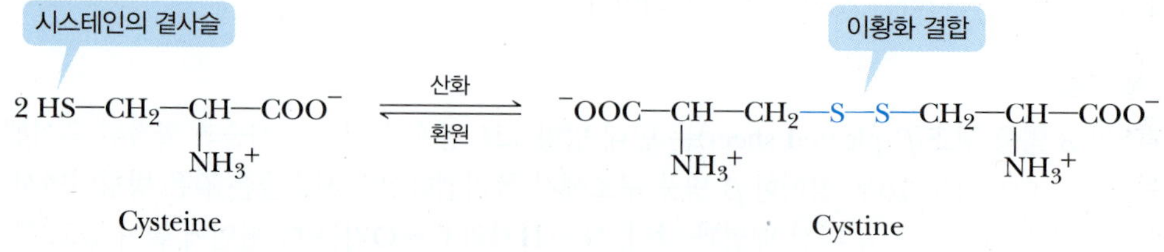

파마는 모발에서 서로 다른 단백질 다발 사이의 이황화 결합을 끊거나 결합하는 화학적 방법으로 만들 수 있다.

그림 18.13은 사람 인슐린의 아미노산 서열을 보여 준다. 이 단백질은 두 개의 폴리펩타이드 사슬로 구성되어 있다. 즉 21개 아미노산의 A 사슬과 30개 아미노산의 B 사슬이다. A 사슬은 B 사슬과 두 사슬간 이황화 결합으로 결합되어 있다. 사슬내 이황화 결합도 A 사슬의 6번과 11번에 위치한 시스테인 단위로 연결되어 있다.

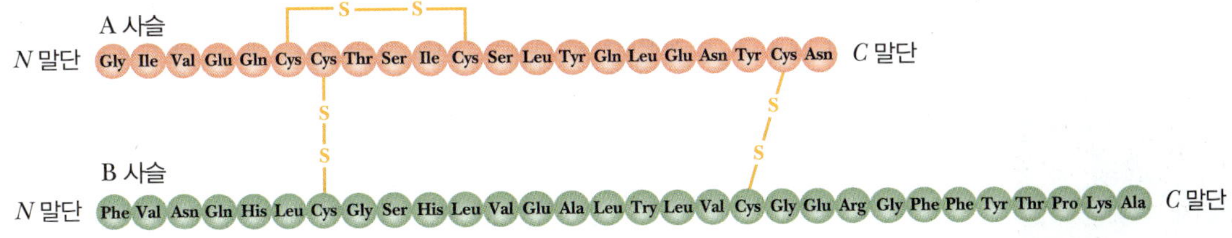

그림 18.13 사람의 인슐린. 21개의 아미노산으로 구성된 A 사슬과 30개의 아미노산으로 구성된 B 사슬이 A7과 B7, A20과 B19 사이의 이황화 결합으로 연결된다. 또 단일 사슬내의 이황화 결합은 A6과 A11 사이에서도 일어난다.

이차 구조와 삼차 구조의 예로서, 골격 근육과 잠수 포유동물(예; 바다표범, 고래, 돌고래 등)에 특히 풍부한 단백질인 마이오글로빈(myoglobin)의 삼차원 구조를 보자. 마이오글로빈과 구조적으로 관련이 있는 헤모글로빈(hemoglobin)은 척추동물의 산소 운반을 하고, 마이오글로빈은 저장 단백질이다. 헤모글로빈은 폐 속에서 분자 산소와 결합하고 산소를 근육에 있는 마이오글로빈으로 운반한다. 마이오글로빈은 물질대사의 산화를 위해 필요할 때까지 분자 산소를 저장한다.

그림 18.14 헴의 구조는 마이오글로빈과 헤모글로빈에서 찾을 수 있다.

마이오글로빈은 153개 아미노산의 단일 폴리펩타이드 사슬로 구성되어 있다. 마이오글로빈은 또한 단일 헴(Heme) 단위를 포함한다. 헴은 Fe^{2+} 이온 한 개에 포피린 분자의 네 개 질소 원자가 사각 평면 배열로 배위되어 있다 (그림 18.14).

마이오글로빈의 삼차원 구조의 결정은 분자 구조의 연구에서 하나의 이정표를 나타냈다. 영국인 John C. Kendrew와 Max F. Perutz는 마이오글로빈의 삼차원 구조의 결정으로 1962년 화학 분야에서 노벨상을 공동 수상하였다. 마이오글로빈의 이차와 삼차 구조는 그림 18.15에 나타내었다. 단일 폴리펩타이드 사슬은 복잡하게 접혀져 있다.

마이오글로빈의 삼차원 모양의 중요한 구조적 특징은 다음과 같다.

© Rod Kaye/iStockphoto

혹등 고래는 산소의 저장 형태로 마이오글로빈을 필요로 한다.

1. 폴리펩타이드 사슬에서 하나의 접힘에 의해서 각각 분리된 골격은 α 나선 8개의 상대적으로 곧은 부분으로 구성되어 있다. α 나선의 가장 긴 부분은 24개의 아미노산을 가지며 짧은 부분은 7개의 아미노산을 가진다. 아미노산의 75% 가량이 α 나선의 이들 8개 영역에서 발견된다.
2. 페닐알라닌, 알라닌, 발린, 루신, 아이소루신, 메싸이오닌의 소수성 곁사슬은 물과 접촉이 방해되는 그 분자의 중심부에 모여진다. **소수성 상호작용**(hydrophobic interaction)은 이런 삼차원 모양에서 마이오글로빈의 폴리펩타이드 사슬의 접힘에 직접적으로 중요한 요소이다.

3. 마이오글로빈의 바깥 표면은 친수성 곁사슬로 덮여 있다. 예로서 **수소 결합**(hydrogen bonding)에 의해 수용액 환경에서 상호 작용하는 라이신, 아르지닌, 세린, 글루탐산, 히스티딘, 글루타민이다. 마이오글로빈 분자의 중심부에 위치한 유일한 극성 곁사슬은 헴기 쪽으로 향한 안쪽에 위치한 두 개의 히스티딘 잔기의 곁사슬이다.

4. 삼차원 구조에서 상호간에 근접한 반대로 하전된 아미노산 곁사슬은 **염다리**(salt bridge)라고 하는 정전기적 인력에 의해서 상호 작용을 한다. 염다리의 한 예는 라이신(NH_3^+)과 글루탐산($-COO^-$)의 곁사슬의 인력이다.

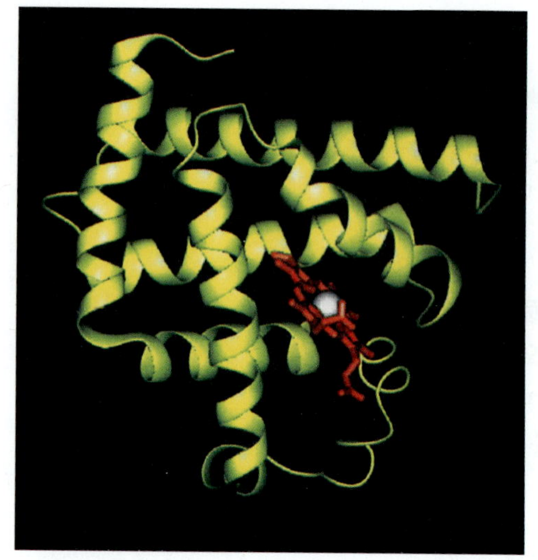

그림 18.15 마이오글로빈의 리본 모형. 폴리펩타이드 사슬은 노란색, 헴 리간드는 빨간색으로 나타내었다. 그리고 철 원자는 흰색 구이다.

수백 개 단백질의 삼차원 구조가 결정되었다. 단백질은 α 나선과 β 병풍 구조를 포함하는 것이 명확하다. 그러나 각각의 상대적인 양은 차이가 있다. 단일 폴리펩타이드 사슬에 129개의 아미노산을 가진 라이소자임(lysozyme)은 그들의 아미노산 중 25%만 α 나선 부분이다. 사이토크롬(cytochrome)은 단일 폴리펩타이드 사슬 안에 104개의 아미노산을 가지며 α 나선 구조를 가지고 있지 않으나 몇 개의 β 병풍 구조 영역을 갖고 있다. 그러나 α 나선, β 병풍, 그 밖의 주기적인 구조의 비가 어떻든 간에 수용성 단백질의 무극성 사슬은 사실상 모두 분자의 안쪽을 향해 배열되어 있다. 반면에 극성 곁사슬은 분자의 표면상에서 수용액 환경과 접촉하고 있다.

예제 18.7

다음의 아미노산 곁사슬 중 트레오닌 형태의 곁사슬은 어느 것과 수소 결합을 형성하는가?

(a) Valine
(b) Asparagine
(c) Phenylalanine
(d) Histidine
(e) Tyrosine
(f) Alanine

전략

이들 아미노산의 곁사슬의 형태를 분석하고 수소 결합에 의한 아미노산 사이의 잠재적인 상호작용을 살펴본다.

풀이

트레오닌 곁사슬은 두 가지 방법으로 수소 결합에 참여할 수 있는 하이드록시기를 포함한다. (1) 그것의 산소는 부분적인 음전하를 가지고 있고, 수소 결합의 받개로서의 역할을 한다. (2) 수소는 부분적인 양전하를 가지고 있고, 수소 결합의 주개로서 역할을 한다. 그러므로 트레오닌의 곁사슬(타이로신, 아스파라진, 히스티딘의 곁사슬과 함께)은 수소 결합을 할 수 있다.

문제 18.7 참조

문제 18.7

pH 7.4에서 어떤 아미노산 곁사슬이 라이신 곁사슬과 염다리를 형성할 수 있는가?

D. 사차 구조

사차 구조 비공유 결합된 집합체에서 폴리펩타이드 단위체의 배열

분자량이 50,000보다 큰 대부분의 단백질은 둘 이상의 비공유 결합으로 된 폴리펩타이드 사슬로 구성되어 있다. 집합체를 이루고 있는 단백질 단위체의 배열은 **사차 구조**[quaternary(4°) structure]를 보여 준다. 좋은 예로서, 헤모글로빈(그림 18.16)은 네 개의 분리된 폴리펩타이드 사슬로 구성된다. 각각 141개 아미노산의 두 개 α-사슬과 각각 146개 아미노산의 두 개 β-사슬로 구성된다.

소수성 효과 수용액 환경과의 접촉을 피하기 위해 무극성기들이 덩어리를 이루는 경향

단백질 소단위체의 집합체를 안정화시키는 중요한 인자는 **소수성 효과**(hydrophobic effect)이다. 분리된 폴리펩타이드 사슬은 수용액 환경에서 극성 곁사슬이 노출된 치밀한 삼차원 구조로 접히고, 여전히 표면에 나와 있는 무극성 곁사슬을 물로부터 보호한다. 만약 소수성 조각과 접촉

화학 관련 18A

거미 실크: 자연의 화학과 공학적 경이로움

우리 사회의 기술적인 혁신은 자연계로부터 영감을 얻어 왔다. 예를 들면 벨크로(velcro)는 식물의 거친 표면을 모방한 것이다. 수영의 스포츠를 혁신적으로 변화시킨 내수 처리된 수영복은 상어 외피를 모방하여 제작하였다. 그리고 수많은 의약품이 천연물로부터 얻어지고 있다. 그러나 수세기 동안 이용이나 모방이 힘들었던 자연의 한 물질은 거미 실크이다. 거미 실크의 가닥은 동일한 지름의 강철 가닥보다 거의 5배 강하다. 그것의 강도와 더불어 거미 실크의 가닥은 끊어짐 없이 그 길이의 30~40% 이상 늘어나게 할 수 있다. 거미 실크의 이차 구조는 그림에 나타낸 바와 같이, 가닥이 양질의 비결정성 영역(**A**), 결정성 영역(**B**), 완전한 비결정성 영역(**C**)으로 이루어진다. 양질의 비결정성 영역은 수소 결합에 의해 상호 연결되어 있어 거미 실크 고유의 신축성을 가지게 된다. 결정성 영역은 거미줄의 강도와 가장 관련성이 있다. 거미 실크는 β 병풍 구조로 이루어져 있고 높은 소수성을 가지며, 물에 불용성으로 인해 비나 이슬에도 견딜 수 있다.

수세기 동안 거미 실크는 그 특성으로 인해 높은 수요가 있었지만, 불행하게도 거미들은 누에와 달리 가축화할 수 없었다. 이것은 거미줄의 유용성을 이용하기 위한 단지 하나의 선택 사항으로 남아 있다. 그것은 인공적인 수단을 이용하여 재생하는 것이다. 이러한 오랜 연구로 거미 실크의 자세한 구조가 밝혀지게 되었다. 그러나 거미 실크가 주로 알라닌과 글라이신으로 이루어져 있다는 사실에도 불구하고, 연구자들은 아직까지 실험실에서 거미 실크와 유사한 가닥을 만드는 방법을 찾지 못하고 있다. 그런데 거미줄의 끈적거림이 없어지면 대부분의 거미들은 거미줄을 먹어서 그 단백질을 '재생'하거나 자연의 이 화학과 공학적 경이로움의 흔적도 없이 떠난다.

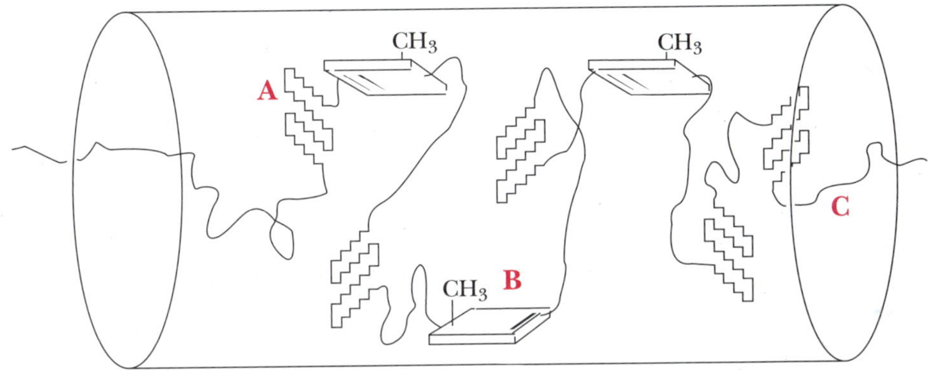

문제

폴리알라닌의 두 펜타펩타이드 가닥을 그리고, 상호간에 어떻게 수소 결합을 할 수 있는지를 보이시오.

하고 있기 위해서 두 개 이상의 중합체들이 조립될 수 있다면, 이러한 조각들은 물로부터 보호될 수 있다. 사차 구조가 알려진 몇몇 단백질의 소단위체의 수를 표 18.3에 나타내었다.

표 18.3 선택된 단백질의 사차 구조

단백질	소단위체의 개수
알코올 탈수소 효소	2
알돌 효소	4
헤모글로빈	4
젖산 탈수소 효소	4
인슐린	6
글루타민 합성 효소	12
담배 모자이크 바이러스 단백질 원형	17

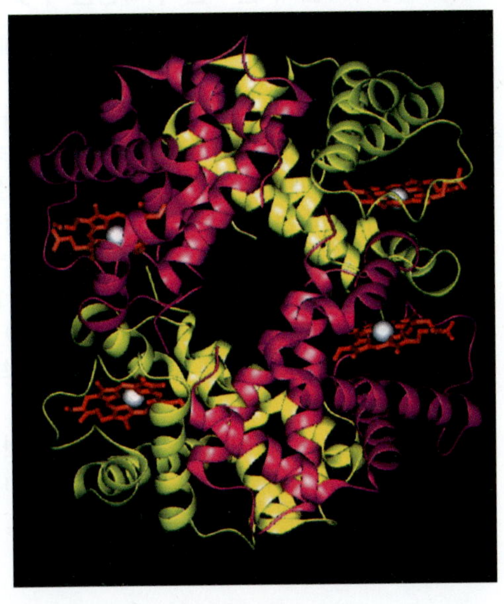

그림 18.15 리본 형태의 헤모글로빈 입체 사진. α-사슬은 보라색, β-사슬은 노란색으로 나타내었고, 헴 리간드는 빨간색, 철 원자는 흰색 구로 나타내었다.

중요한 질문에 대한 요약

18.1 단백질의 다양한 기능은 무엇인가?

단백질은 성장과 대사에 많은 역할을 한다.

- 구조(콜라겐)
- 촉매(트립신과 다른 분해 효소)
- 운반(헤모글로빈)
- 운동(마이오신과 액틴)
- 보호(면역 글로불린)
- 호르몬(인슐린)

18.2 아미노산은 무엇인가?

- α-**아미노산**은 카복실기에서 α 위치의 탄소에 아미노기가 있는 아미노산이다.
- 각 아미노산은 산(—COOH기)과 염기(—NH_2기)를 가지며, 산성기와 염기성기는 분자내 염을 형성하는데, 특별히 **쯔비터 이온**이라고 한다. 쯔비터 이온은 양전하와 음전하를 하나씩 가지고 있어 전하를 띠지 않는다.
- 글라이신을 제외한 모든 단백질로부터 파생된 아미노산은 입체중심을 가진다.
- 그런데 생물계에서 대부분의 단당류는 D-배열을 가지며, 자연에 존재하는 α-아미노산의 거의 대부분은 α-탄소에서 L-배열을 가진다. D-배열의 아미노산은 거의 없다.
- 아이소루신과 트레오닌은 두 번째 입체 중심을 가지며, 각 아미노산에 대해서 네 개의 입체 이성질체가 가능하다.
- 단백질로부터 파생된 20개의 아미노산은 일반적으로 무극성 곁사슬 9개, 극성 곁사슬 4개, 산성 곁사슬 4개, 염기성 곁사슬 3개의 네 종류로 분류할 수 있다.

18.3 아미노산의 산－염기 특성은 무엇인가?

- 아미노산은 —COOH기와 —NH_3^+기 때문에 약한 다양성자산이다.
- 양성자화된 아미노산의 α-카복실기에 대한 pK_a의 평균값은 2.19이다. 그래서 양성자화된 아미노산의 α-카복실기는 아세트산($pK_a = 4.76$)과 다른 저분자량 지방족 카복실산보다는 상당히 강한 산이다. 더 큰 산도는 —NH_3^+기와 인접한 전자 끌기 유도 효과에 의해서 나타난다.
- 일차 지방족 암모늄 이온의 pK_a의 평균값인 10.76과 비교하면, α-암모늄(α-NH_3^+)에 대한 pK_a의 평균값은 9.47이다. 그러므로 아미노산의 α-암모늄기는 일차 지방족 아민보다 조금 더 강한 산이다.
- 아르지닌의 곁사슬 구아니딘기는 지방족 아민보다 매우 강한 염기이다. 아르지닌의 구아니딘기의 강한 염기도는 중성 형태와 관련된 양성자화된 형태의 큰 공명 안정화에 기여한다.
- 아미노산, 폴리펩타이드, 단백질의 **등전점**(pI)은 이들 대부분의 분자의 알짜 전하가 0이 되는 pH를 말한다.
- **전기 이동법**은 화합물을 전하에 기초하여 분리하는 방법이다. 전하 밀도가 높은 분자는 전하 밀도가 낮은 분자보다 빨리 이동한다.
- 아미노산 또는 단백질이 녹아 있는 용액의 pH와 그 분자의 pI 값이 동일하면 원래의 위치에 남아 있게 된다. 음전하는 양극으로 이동하며, 양전하는 음극으로 이동한다.

18.4 폴리펩타이드와 단백질은 무엇인가?

- **펩타이드 결합**은 아미노산의 α-아미노기와 다른 아미노산의 카복실기 사이에 형성된 아미이드 결합에 주어진 특별한 이름이다.
- **폴리펩타이드**는 20개 이상의 펩타이드 결합에 의해 연결된 아미노산 단위체를 포함하는 거대 분자이다.
- 폴리펩타이드에서 아미노산 배열은 ***N* 말단 아미노산**에서 ***C* 말단 아미노산**으로 나열한다.
- **펩타이드 결합**은 평면으로 아마이드 결합의 4개 원자와 2개의 α-탄소가 같은 평면에서 놓여 결합된다.
- 펩타이드 결합의 아마이드 질소와 카보닐 탄소에 대한 결합각은 약 120°이다.

18.5 폴리펩타이드와 단백질의 일차 구조는 무엇인가?

- 폴리펩타이드나 단백질의 **일차 (1°) 구조**는 그것의 폴리펩타이드 사슬에서 아미노산의 순서에 관한 것이다.
- 일차 구조의 결정에서 첫 번째 단계는 가수 분해와 **이온 교환 크로마토그래피**에 의한 아미노산 조성의 정량 분석이다.
- **브로민화 사이아노젠**은 메싸이오닌의 카보닐기에 의해 형성된 펩타이드 결합을 분해하는 특성이 있다.
- **트립신**은 아르지닌과 라이신의 카복실기에 의해 형성된 펩타이드 결합의 가수 분해를 촉진한다.
- **카이모트립신**은 페닐알라닌, 타이로신, 트립토판의 카복실기에 의해 형성된 펩타이드 결합의 가수 분해를 촉진한다.
- **Edman 분해법**은 폴리펩타이드나 단백질에서 어떤 다른 펩타이드 결합에 영향을 주지 않고 *N* 말단 아미노산을 선택적으로 절단한다.

18.6 폴리펩타이드와 단백질의 삼차원 형태는 무엇인가?

- 펩타이드 결합의 4개 원자와 2개의 α-탄소는 같은 평면에서 놓여 결합된다. 펩타이드 결합은 평면이다.
- **이차 구조**는 폴리펩타이드나 단백질 분자의 특정 부분에서의 아미노산의 규칙적인 배열(입체 형태)에 관계된다. 이차 구조의 가

장 일반적인 두 형태는 수소 결합에 의해 안정화되어 있는 α 나선 및 β 병풍 구조이다.

- **α 나선** 구조에서 각 펩타이드 결합의 카보닐기는 그것으로부터 떨어져 있는 네 개의 아미노산이 펩타이드 결합의 N–H기에 수소 결합한다.
- **역평행 β** 병풍 구조에서는 반대 방향으로 평행한 폴리펩타이드 사슬의 이웃한 부분과 각 펩타이드 결합의 C═O기가 이웃한 역평행 사슬의 부분에서 펩타이드 결합의 N—H기와 수소 결합을 형성한다.
- **평행 β** 병풍 구조에서 동일한 방향으로 평행한 폴리펩타이드 사슬의 이웃한 부분과 각 펩타이드 결합의 C═O기는 이웃한 평행 사슬의 부분에서 펩타이드 결합의 N—H기와 수소 결합을 형성한다.
- **삼차 구조**는 단일 펩타이드 사슬에서 모든 원자의 공간적 배열과 전체적인 접힘 형태를 말한다.
- **사차 구조**는 비공유 결합된 집합체에서 폴리펩타이드 단위체의 배열이다. 사차 구조를 안정화하는 주요 인자는 소수성 상호작용이다. 분리된 폴리펩타이드 사슬은 수용액 환경에서 극성 곁사슬이 노출된 치밀한 삼차원 구조로 접히고, 여전히 표면에 나와 있는 무극성 곁사슬을 물로부터 보호한다. 만약 소수성 조각과 접촉하고 있기 위해서 두 개 이상의 중합체가 조립될 수 있다면 이러한 조각들은 물로부터 보호될 수 있다.

OX퀴즈

이 장에서 배운 개념들을 이해하였는지 알아보기 위해 아래 질문이 맞는지 틀린지 답하시오. 답이 틀렸거나 어렵다면, 장 끝의 문제를 풀기 전에 괄호 속에 표시한 해당 절을 복습하시오.

1. 아미노산의 등전점은 수용액에서 분자들의 대부분이 −1의 전하를 가지는 pH이다. (18.3)
2. 단백질은 질병으로부터 생물을 보호할 수 있다. (18.1)
3. 아미노산의 적정은 이온화될 수 있는 기의 pK_a와 등전점을 측정하는 데 사용될 수 있다. (18.3)
4. 수소 결합, 염다리, 소수성 상호작용 및 이황화 결합은 단백질의 안정화 인자로 분류된다. (18.6)
5. 폴리펩타이드 사슬은 C 말단으로부터 N 말단으로 읽힌다. (18.5)
6. 자연적으로 생기는 아미노산의 대부분은 D-계열이다. (18.2)
7. α-아미노산의 아미노기는 지방족 아민의 아미노기보다 좀 더 염기성이다. (18.3)
8. 라이신은 염기성 곁사슬을 포함하고 있다. (18.2)
9. 전기 이동법은 합성 단백질을 만드는 과정이다. (18.3)
10. 펩타이드 결합은 실온에서 자유롭게 회전을 보인다. (18.6)
11. Edman 분해법에서 폴리펩타이드는 페닐 아이소싸이오사이아네이트 시약을 사용하여 한번에 한 개의 아미노산이 짧아진다. (18.5)
12. 페닐알라닌은 극성 곁사슬을 포함한다. (18.2)
13. 아르지닌의 곁사슬은 양성자화되어 이온의 공명 안정화로 인해 향상된 염기도를 나타낸다. (18.3)
14. α-나선 및 β-병풍 구조는 단백질의 사차 구조의 예이다. (18.6)
15. 단백질에서 아미노산의 대부분은 β-아미노산이다. (18.2)
16. 단백질은 화학 반응에서 촉매로 작용할 수 있다. (18.1)
17. 전기 이동법에서 음전하를 띤 화학종은 음극으로 이동할 것이다. (18.3)
18. 모든 자연적으로 나타나는 아미노산은 입체 중심이다. (18.2)
19. 브로민화 사이아노젠, 트립신 및 카이모트립신은 특정 아미노산에서 펩타이드 결합을 절단하는 역할을 한다. (18.5)
20. α-아미노산의 카보닐기는 지방족 카복실산의 카보닐기보다 좀 더 산성이다. (18.3)
21. 단백질과 폴리펩타이드의 아미노산 서열은 이차 구조로 알려져 있다. (18.5)
22. 자연에 존재하는 아미노산 20개는 세 글자와 한 글자 약어의 두 가지로 나타낼 수 있다. (18.2)
23. 히스티딘의 곁사슬은 전자 끌기 유도 효과로 인해 양성자화된 결과로 안정화된 이온으로 인해 향상된 염기도를 나타낸다. (18.3)
24. 단백질의 사차 구조는 얼마나 작은지와, 각각의 단백질 가닥이 전체 단백질의 구조를 형성하기 위해 어떻게 상호 작용하는지를 설명한다. (18.6)
25. 알짜 전하가 +1인 아미노산은 쯔비터 이온으로 분류된다. (18.2)
26. 세린의 곁사슬은 극성이며, 수소 결합을 할 수 있다. (18.2)

정답: (1) × (2) ○ (3) ○ (4) ○ (5) × (6) × (7) × (8) ○ (9) × (10) ×
(11) ○ (12) × (13) ○ (14) × (15) × (16) ○ (17) × (18) × (19) ○ (20) ○
(21) × (22) ○ (23) ○ (24) ○ (25) × (26) ○

주요 반응

1. α-카복실기의 산도(18.3A절)

양성자화된 아미노산의 α-COOH(pK_a는 약 2.19)는 아세트산(pK_a=4.76) 또는 α-NH_3^+기의 전자 끌기 유발 효과에 기인된 다른 분자량이 작은 지방족 카복실산보다 강한 산이다.

$$\underset{NH_3^+}{\underset{|}{RCHCOOH}} + H_2O \rightleftharpoons \underset{NH_3^+}{\underset{|}{RCHCOO^-}} + H_3O^+ \qquad pK_a = 2.19$$

2. α-암모늄기의 산도(18.3A절)

α-NH_3^+기(pK_a는 대략 9.47)는 일차 지방족 암모늄 이온(pK_a=10.76)보다 약간 강한 산이다.

$$\underset{NH_3^+}{\underset{|}{RCHCOO^-}} + H_2O \rightleftharpoons \underset{NH_2}{\underset{|}{RCHCOO^-}} + H_3O^+ \qquad pK_a = 9.47$$

3. 닌하이드린과 α-아미노산의 반응(18.3D절)

α-아미노산을 닌하이드린으로 처리하면 보라색을 나타낸다.

α-아미노산 + 2 Ninhydrin ⟶ 보라색 음이온 + $RCH{=}O$ + CO_2 + H_3O^+

프롤린을 닌하이드린으로 처리하면 주황색을 나타낸다.

4. 브로민화 사이아노젠에 의한 펩타이드 결합의 절단(18.5B절)

절단은 메싸이오닌 카복실기에 의해 형성된 펩타이드 결합에 대하여 위치 선택적이다.

이 펩타이드 결합이 끊어진다.

methionine의 곁사슬

$\xrightarrow{Br-CN}$

homoserine의 아미노산의 치환된 γ-lactone + $H_3\overset{+}{N}$∿∿COO^- + CH_3SCN

이 펩타이드는 결합이 C 말단 끝에서 비롯된다.

5. Edman 분해(18.5B절)

폴리펩타이드 사슬을 산과 페닐 아이소싸이오사이안산으로 처리하면 치환된 페닐싸이오하이단토인으로서 N 말단 아미노산이 제거된다. 그리고 그것은 분리 확인된다.

$H_2N\overset{R}{CH}\overset{O}{\overset{\|}{C}}NH$-peptide + $Ph-N{=}C{=}S$ ⟶

Phenyl-isothiocyanate

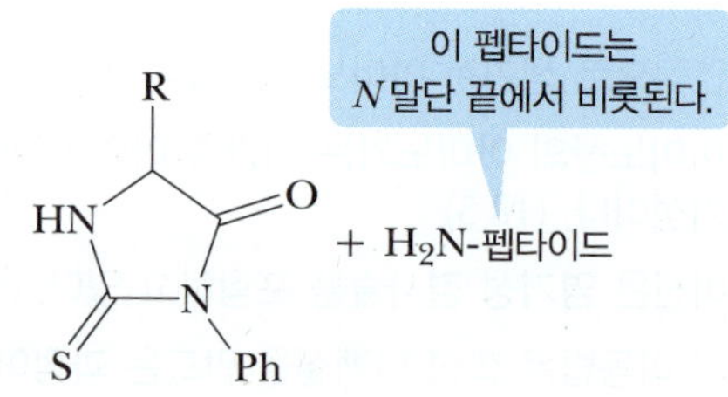

phenylthiohydantoin

문 제

별표로 표시된 문제는 본문의 '실생활' 문제를 나타낸다. 푸른색으로 된 문제의 답은 부록 D에 있다.

18.2절 아미노산

18.8 다음 약자들이 의미하는 아미노산은 무엇인가?

(a) Phe (b) Se (c) Asp (d) Gln
(e) His (f) Gly (g) Tyr (h) Trp

18.9 α-아미노산에서 입체 중심의 구성은 대부분 D,L 규약을 사용함으로써 특정지어진다. 또한 R, S 협약(6.3절)을 사용함으로써 확인될 수 있다. L-세린에서 입체 중심은 R 또는 S 배열을 가지고 있는가?

18.10 이들 아미노산에 대한 R 또는 S 배열을 나타내시오.

(a) L-Phenylalanine (c) L-Methionine
(b) L-Glutamic acid (d) L-Proline

18.11 트레오닌 아미노산은 두 개의 입체 중심을 가지고 있다. 단백질에서 발견된 입체 이성질체는 두 개의 입체 중심에 대해 2S, 3R 배열을 가지고 있다. 이 입체 이성질체의 Fischer 투영도를 그리고, 또한 삼차원으로 표현하시오.

18.12 **쯔비터 이온**을 정의하시오.

18.13 다음 아미노산의 쯔비터 이온 형태를 그리시오.

(a) Valine (c) Glutamine
(b) Phenylalanine (d) Proline

18.14 글루탐산과 아스파트산이 종종 산성의 아미노산으로 언급되는 이유는 무엇인가? (예제 18.1 참조)

18.15 아르지닌과 라이신이 종종 염기성 아미노산으로 언급되는 이유는 무엇인가? 어느 것이 좀 더 염기성 아미노산인가? (예제 18.1 참조)

18.16 α-아미노산에서 사용하고 있는 알파의 의미는 무엇인가?

***18.17** 몇 가지의 β-아미노산이 존재한다. 예를 들면 β-알라닌은 보조 효소 A의 구조 내에 포함되어 있다. β-알라닌의 구조식을 쓰시오.

***18.18** 오로지 L-아미노산은 단백질에서 발견되지만, D-아미노산은 종종 하등 생물의 대사의 일부분이다. 예를 들면 항생제인 악티노마이신은 D-발린의 단위를 포함하고 있으며, 항생제인 바시트락신 A는 D-아스파라진과 D-글루탐산을 포함한다. 이들 세 D-아미노산에 대한 Fischer 투영도와 삼차원으로 표현하시오.

***18.19** 히스타민은 단백질로부터 유도된 20개의 아미노산 중의 하나로부터 생합성된다. 어느 아미노산이 히스타민의 생화학적 전구 물질인지 제안하고, 그것이 히스타민으로 전환을 일으키는 유기 반응의 형태(즉 산화, 환원, 탈카복실화, 친핵성 치환 반응)의 명칭을 쓰시오.

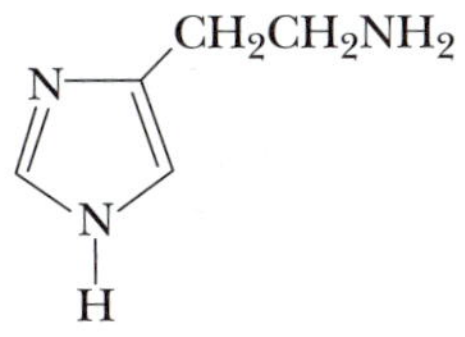

$CH_2CH_2NH_2$, N, N–H

Histamine

***18.20** 노르에피네프린과 에피네프린은 같은 아미노산으로부터 합성되는 단백질이다.

(a) H, OH, HO, NH_2, HO

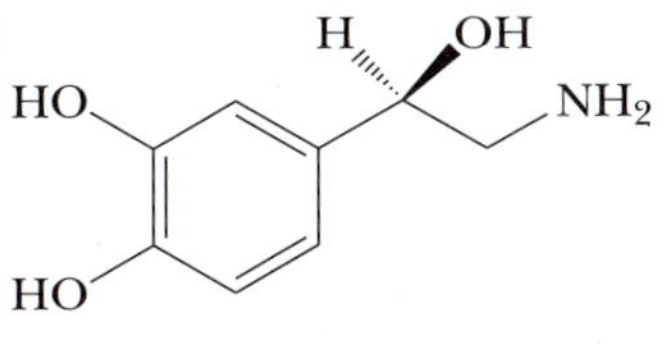

Norepinephrine

(b) H, OH, HO, H, N, CH_3, HO

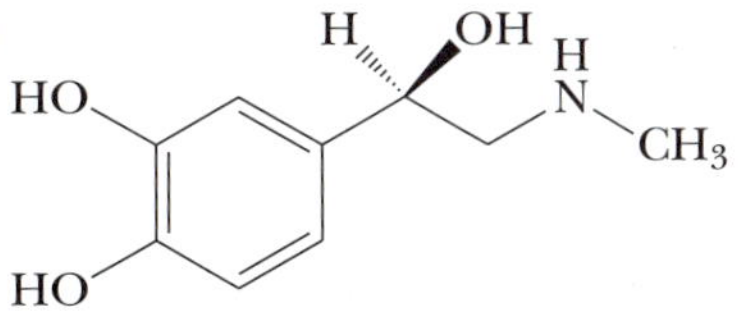

Epinephrine(Adrenaline)

두 화합물을 합성할 때 어떤 아미노산으로부터 이루어지는지, 그 생합성 반응의 명칭을 쓰시오.

***18.21** 어떤 아미노산으로부터 Serotonin과 Melatonin이 합성되는지와, 그 생합성 반응의 명칭을 쓰시오.

(a) HO, $CH_2CH_2NH_2$, N–H

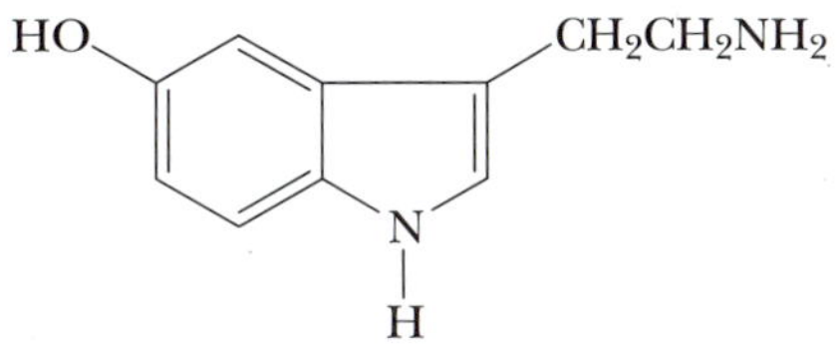

Serotonin

(b) CH_3O, $CH_2CH_2NHCCH_3$ (C=O), N–H

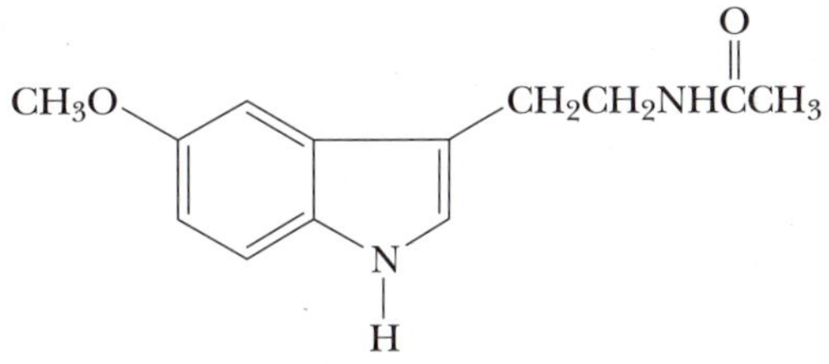

Melatonin

18.3절 아미노산의 산-염기 특성

18.22 pH 1.0에서 가장 널리 알려진 각 아미노산의 형태에 대한 구조식을 그리시오.(예제 18.2 참조)

(a) Threonine (c) Methionine
(b) Arginine (d) Tyrosine

18.23 pH 10.0에서 가장 널리 알려진 각 아미노산의 형태에 대한 구조식을 그리시오.(예제 18.2 참조)

(a) Leucine (c) Proline
(b) Valine (d) Aspartic acid

18.24 알라닌의 쯔비터 이온 형태를 쓰고, 아래 물질과의 반응을 보이시오.

(a) 1.0 mol NaOH (b) 1.0 mol HCl

18.25 pH 1.0에서 가장 널리 알려진 라이신의 형태를 쓰고, 아래 물질과의 반응을 보이시오. 라이신에서 이온화할 수 있는 기의 pK_a값에 대한 표 18.2를 참조하라.(예제 18.2 참조)

(a) 1.0 mol NaOH (b) 2.0 mol NaOH (c) 3.0 mol NaOH

18.26 pH 1.0에서 널리 알려진 아스파르산의 형태를 쓰고, 아래 물질과의 반응을 보이시오. 아스파트산기의 pK_a값에 대해서는 표 18.2를 참고하라.(예제 18.2 참조)

(a) 1.0 mol NaOH (b) 2.0 mol NaOH (c) 3.0 mol NaOH

18.27 이온화가 가능한 기에 대한 pK_a값이 표 18.2에 제시되어 있다. (a) NaOH와 글루탐산, (b) NaOH와 히스티딘의 적정 곡선을 그리시오.

18.28 알라닌이 다음 시약들과 반응할 때 형성되는 생성물의 구조식을 그리시오.

(a) NaOH 수용액 (c) CH_3CH_2OH, H_2SO_4
(b) HCl 수용액 (d) $CH_3C(O)Cl$

18.29 글루타민(pI 5.65)의 등전점이 글루탐산(pI 3.08)보다 높은 사실에 대하여 설명하시오.

18.30 글루탐산의 효소 촉매 탈카복실화로 4-아미노뷰탄산(18.2D절)이 생성된다. 4-아미노뷰탄산의 pI를 구하시오.

18.31 아르지닌에 존재하는 구아니딘과 구아니디노기는 가장 강한 두 개의 유기 염기로 알려져 있다. 이 염기성에 대하여 설명하시오.

***18.32** 혈장의 pH가 7.4일 때, 주로 생성되는 아미노산 유도 단백질은 음전하를 띠는가, 양전하를 띠는가?(예제 18.2 참조)

18.33 전기 이동 시 다음의 물질들은 특정 pH에서 양전극, 음전극 중 어느 쪽으로 이동할 것인가?(예제 18.2 참조)

(a) Histidine (pH 6.8) (d) Glutamine (pH 4.0)
(b) Lysine (pH 6.8) (e) Glu-Ile-Val (pH 6.0)
(c) Glutamic acid (pH 4.0) (d) Lys-Gln-Tyr (pH 6.0)

18.34 다음 아미노산들의 혼합물에서 각 아미노산 분리를 전기 이동법으로 수행할 때의 pH는?

(a) Ala, His, Lys (b) Glu, Gln, Asp (c) Lys, Leu, Tyr

***18.35** 사람 인술린의 아미노산 서열 분석에서 각각 Asp, Glu, His, Lys, Arg으로 나타났다. 산성 아미노산(pI 2.0~3.0), 중성 아미노산(pI 5.5~6.5), 염기성 아미노산(pI 9.5~11.0) 중에서 사람 인슐인의 등전점을 예상할 수 있는가?

18.5절 폴리펩타이드와 단백질의 일차 구조

18.36 단백질이 4개의 다른 SH기를 포함하고 있다면, 단일 사슬 내에서 몇 개의 다른 이황화 결합이 가능한가? 두 사슬 사이에서 이황화 결합은 몇 개가 가능한가?

18.37 다음 각 항에서 서로 다른 테트라펩타이드는 몇 개나 만들 수 있는가?(예제 18.4)

(a) 테트라펩타이드가 Asp, Glu, Pro, Phe를 포함하고 있다면?
(b) 모든 20개의 아미노산을 사용할 수 있지만 각 한 번만 사용한다면?

18.38 데카펩타이드의 아미노산 조성이 다음과 같다.

Ala_2, Arg, Cys, Glu, Gly, Leu, Lys, Phe, Val

부분적 가수 분해 반응으로 다음과 같은 트라이펩타이드가 생성되었다.

Cys-Glu-Leu + Gly-Arg-Cys + Leu-Ala-Ala
+ Lys-Val-Phe + Val-Phe-Gly

한 번의 Edman 분해법은 라이신 페닐싸이오하이단토인을 생성한다. 이러한 정보로부터 데카펩타이드의 일차 구조를 유도하시오.

***18.39** 다음은 29개 아미노산으로 구성된 폴리펩타이드인 글루카곤의 일차 구조이다.(예제 18.5 참조)

1 5 10
His-Ser-Glu-Gly-Thr-Phe-Thr-Ser-Asp-Tyr-Ser-Lys-Tyr-
15 20 25
Leu-Asp-Ser-Arg-Arg-Ala-Gln-Asp-Phe-Val-Gln-Trp-
29
Leu-Met-Asn-Thr

Glucagon

글루카곤은 췌장의 α-세포를 생산하고, 혈당 농도를 정상 범위로 유지하는 데 도움을 준다. 글루카곤을 다음 시약으로 처리하였을 때 어느 펩타이드 결합이 가수 분해될 것인가?

(a) Phenyl isothiocyanate (c) Trypsin
(b) Chymotrypsin (d) BrCN

18.40 테트라데카펩타이드(14개 아미노산 잔기)는 부분적으로 가수 분해하여 다음 펩타이드 조각으로 나뉜다.

펜타펩타이드 조각	테트라펩타이드 조각
Phe-Val-Asn-Gln-His	Gln-His-Leu-Cys
His-Leu-Cys-Gly-Ser	His-Leu-Val-Glu
Gly-Ser-His-Leu-Val	Leu-Val-Glu-Ala

이 정보로부터 폴리펩타이드의 일차 구조를 추측하시오. 조각은 크기에 따라 구분되었다.(예제 18.6 참조)

18.41 다음 트라이펩타이드의 구조식을 쓰시오. 각 펩타이드 결합, *N* 말단 아미노산, *C* 말단 아미노산을 표시하시오.(예제 18.4 참조)

(a) Phe-Val-Asn (b) Leu-Val-Gln

18.42 문제 18.41에서 각 트라이펩타이드의 pI를 구하시오.

***18.43** Glutathione(G-SH)은 동물, 식물, 박테리아에 존재하는 가장 일반적인 트라이펩타이드 중 하나이며, 산화제의 제거 기능을 가진다.

$$H_3N^+CH(COO^-)CH_2CH_2C(=O)NHCH(CH_2SH)C(=O)NHCH_2COO^-$$

Glutathione

산화제와의 반응에서 Glutathione은 G-S-S-G로 전환된다.

(a) 이 트라이펩타이드에 있는 아미노산의 이름을 쓰시오.

(b) N 말단 아미노산에 의한 펩타이드 결합은 어떠한 차이가 있는가?

(c) Glutathione은 생물학적으로 산화제인가, 환원제인가?

(d) Glutathione이 O_2 분자와 반응하여 G-S-S-G와 H_2O를 생성하는 반응에 대한 균형 반응식을 쓰시오. 이 반응에서 산소 분자는 산화되었는가, 환원되었는는가?

***18.44** 다음은 인공 감미료인 아스파탐의 구조식이다.

Aspartame

(a) 이 분자에서 두 아미노산의 이름을 쓰시오.

(b) 아스파탐의 등전점을 구하시오.

(c) 1 M HCl로 가수 분해하여 얻어진 생성물에 대한 구조식을 그리시오.

18.6절 폴리펩타이드와 단백질의 삼차원 형태

18.45 α 나선 구조를 쓰시오. 아미노산 곁사슬은 모두 나선 안쪽에서 배열되는가, 모두 나선 바깥쪽에서 배열되는가? 아니면 배열이 무작위인가?

18.46 폴리펩타이드 사슬에서 주요 기들 사이에서의 분자간 수소 결합과 분자내 수소 결합을 구별하시오. 이차 구조의 어떤 형태에서 분자간 수소 결합을 찾을 수 있는가? 어떤 종류에서 분자내 수소 결합을 찾을 수 있는가?

***18.47** 수용성 환경에서 발견된 많은 혈장 단백질은 구형 모양을 하고 있다. 구형 단백질의 표면에서, 그리고 수용성 환경과 접한 상태에서 어떤 아미노산 곁사슬을 발견할 것으로 예상하는가? 수용성 환경으로부터 보호되어, 안쪽에서 찾을 것으로 예상하는 것은 어떤 것인가? 설명하시오. (예제 18.7 참조)

(a) Leu (b) Arg (c) Ser (d) Lys (e) Phe

발전 학습

18.48 어떤 아미노산들은 스스로 파괴되기 때문에 단백질에 포함시킬 수가 없다. 예를 들면 호모세린은 하나의 사슬의 말단에 펩타이드 결합을 끊거나 고리 구조를 형성하는 분자내 친핵성 아실 치환 반응에서 곁사슬 OH기를 이용할 수 있다.

연속적인 사슬

$NH\sim COO^- \longrightarrow\ ?\ + H_3\overset{+}{N}\sim COO^-$

Homoserine 잔기

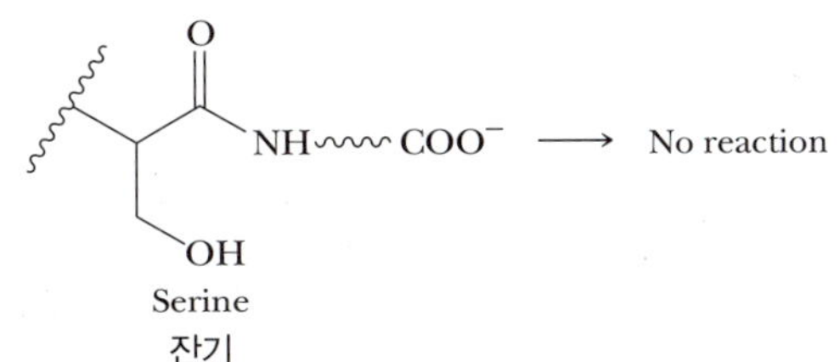

Serine 잔기

형성된 고리 구조를 그리고, 왜 세린은 동일한 과정으로 진행되지 않는지를 설명하시오.

18.49 아이소루신 잔기로만 구성된 α 나선 형태의 데카펩타이드가 존재할 수 있는지 설명하시오.

18.50 다음과 같은 그래프를 얻었다면 어떤 형태의 단백질인지 쓰시오.

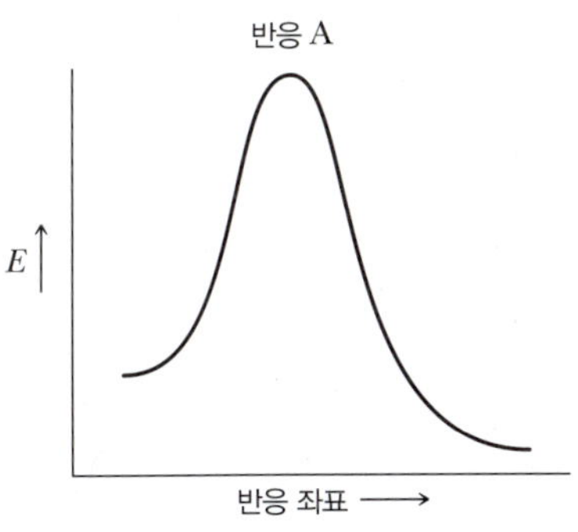

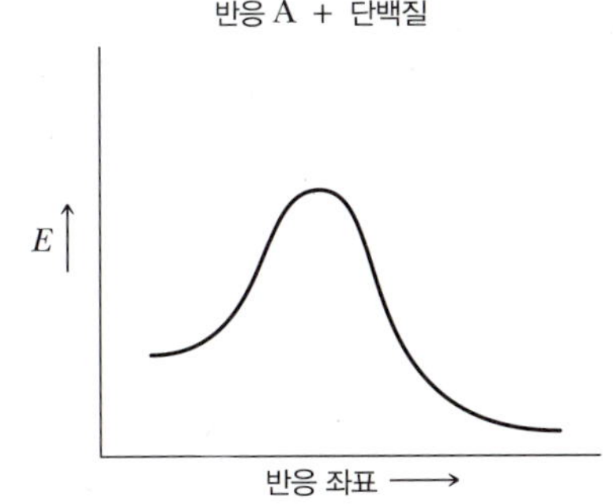

그룹 학습 활동

18.51 단백질은 가열하면 2차 또는 3차 구조로 파괴될 수 있다. 분자간 힘에 대하여 알고 있는 것이 무엇이며, 단백질을 가열함에 따라 일어나는 화학적 과정에 대하여 토의하시오.

18.52 효소는 단백질의 예이다. 효소는 생리학적 온도보다 높은 조건에서 촉매 활성을 잃게 되는데, 그 이유를 토의하시오.

18.53 변성은 물리 화학적인 원인에 의해 단백질의 2차, 3차, 4차 구조가 파괴되는 것으로, 단백질의 기능 손실을 초래한다. 앞의 두 문제에서 열이 단백질 변성을 일으킬 수 있는 것으로 밝혀졌다. 다른 물리 화학적인 원인이 변성을 일으키는지 토의하고, 변성 과정에 대하여 설명하시오.

주요 유기산의 산 이온화 상수

종류와 예	전형적인 pK_a
Sulfonic acid 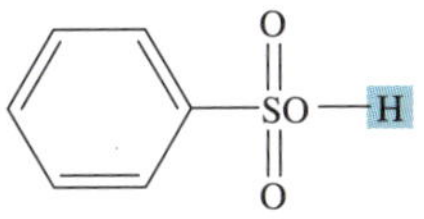 $C_6H_5SO_2O$—H	(−3)–(−2)
Carboxylic acid CH_3COO—H	3–5
Arylammonium ion 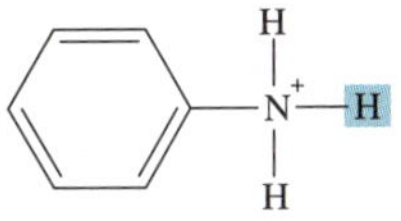 $C_6H_5NH_2^+$—H	4–5
Thiol CH_3CH_2S—H	8–12
Phenol 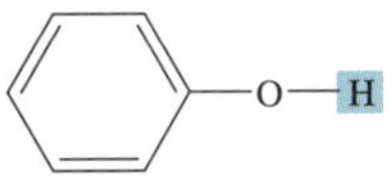 C_6H_5O—H	9–10
β-Diketone $CH_3COCH(H)COCH_3$	10
Alkylammonium ion $(CH_3CH_2)_3\overset{+}{N}$—H	10–12
β-Ketoester $CH_3COCH(H)COOCH_2CH_3$	11
Water HO—H	15.7
Alcohol CH_3CH_2O—H	15–19
α-Hydrogen of an aldehyde or ketone CH_3COCH_2—H	18–20
α-Hydrogen of an ester $CH_3CH_2OCOCH_2$—H	23–25
Terminal alkyne CH_3—C≡C—H	25
Aliphatic amine $(CH_3CH_2)_2N$—H	36
Allylic hydrogen of an alkene CH_2═$CHCH_2$—H	43
Alkene CH_2═CH—H	50
Alkane $(CH_3)_2CH$—H	>51

특징적인 ^{1}H-NMR 화학적 이동

수소 유형 (R = alkyl, Ar = aryl)	화학적 이동 (δ)*
$(CH_3)_4Si$	0 (by definition)
RCH_3	0.8–1.0
RCH_2R	1.2–1.4
R_3CH	1.4–1.7
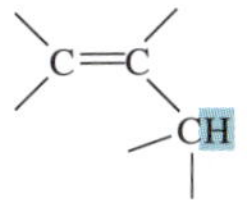 C═C–CH (allylic)	1.6–2.6
RC≡CH	2.0–3.0
$ArCH_3$	2.2–2.5
$ArCH_2R$	2.3–2.8
ROH	0.5–6.0
RCH_2OH	3.4–4.0
RCH_2OR	3.3–4.0
R_2NH	0.5–5.0
$RCOCH_3$ (ketone)	2.1–2.3
$RCOCH_2R$ (ketone)	2.2–2.6
$RCOOCH_3$	3.7–3.9
$RCOOCH_2R$	4.1–4.7
RCH_2I	3.1–3.3
RCH_2Br	3.4–3.6
RCH_2Cl	3.6–3.8
RCH_2F	4.4–4.5
ArOH	4.5–4.7
R_2C═CH_2	4.6–5.0
R_2C═CHR	5.0–5.7
ArH	6.5–8.5
RCHO	9.5–10.1
RCOOH	10–13

*Values are relative to tetramethylsilane. Other atoms within the molecule may cause the signal to appear outside these ranges.

특징적인 ^{13}C-NMR 화학적 이동

탄소 유형	화학적 이동 (δ)	탄소 유형	화학적 이동 (δ)
RCH_3	0–40	$C_6H_5C{-}R$ (벤젠 고리 C—R)	110–160
RCH_2R	15–55	$RC(=O)OR$	160–180
R_3CH	20–60	$RC(=O)NR_2$	165–180
RCH_2I	0–40	$RC(=O)OH$	175–185
RCH_2Br	25–65	$RC(=O)H$, $RC(=O)R$	180–210
RCH_2Cl	35–80		
R_3COH	40–80		
R_3COR	40–80		
$RC{\equiv}CR$	65–85		
$R_2C{=}CR_2$	100–150		

특징적인 적외선 흡수 진동수

결합	작용기	진동수 (cm^{-1})	강도*
C—H	alkane	2850–3000	w–m
	—CH_3	1375 and 1450	w–m
	—CH_2—	1450	m
	alkene	3000–3100	w–m
		650–1000	s
	alkyne	3270–3330	w–m
		1600–1680	w–m
	aromatic	3000–3100	s
		690–900	s
	aldehyde	2700–2800	w
		2800–2900	w
C═C	alkene	1600–1680	w–m
	aromatic	1450 and 1600	w–m
C—O	alcohol, ether,	1050–1100 (sp^3 C—O)	s
	ester, carboxylic		s
	acid, anhydride	1200–1250 (sp^2 C—O)	s
C═O	amide	1630–1680	s
	carboxylic acid	1700–1725	s
	ketone	1705–1780	s
	aldehyde	1705–1740	s
	ester	1735–1800	s
	anhydride	1760 and 1800	s
O—H	alcohol, phenol		
	free	3600–3650	m
	H-bonded	3200–3500	m
	carboxylic acid	2400–3400	m
N—H	amine and amide	3100–3500	m–s

*w = weak, m = medium, s = strong

CHAPTER 1 Covalent Bonding and Shapes of Molecules

Problems

1.1 The two elements in each pair have the same number of electrons in the outermost shell of orbitals (valence shell).

(a) Carbon = $1s^22s^22p^2$ Silicon = $1s^22s^22p^63s^23p^2$

(b) Oxygen = $1s^22s^22p^4$ Sulfur = $1s^22s^22p^63s^23p^4$

(c) Nitrogen = $1s^22s^22p^3$ Phosphorus = $1s^22s^22p^63s^23p^3$

1.2 The electron configuration of the sulfur atom is $1s^22s^22p^6\mathbf{3}s^2\mathbf{3}p^4$. When sulfur gains two electrons to form S^{2-}, the electron configuration becomes $1s^22s^22p^6\mathbf{3}s^2\mathbf{3}p^6$. The valence shell has a full octet and corresponds to the configuration of the noble gas Ar.

1.3 (a) Li (b) N (c) C (d) O (e) O

1.4

Bond	Type of bond
S—H	nonpolar covalent
P—H	nonpolar covalent
C—F	polar covalent
C—Cl	polar covalent

1.5 (a) $\overset{\delta+}{C}—\overset{\delta-}{N}$ (b) $\overset{\delta+}{N}—\overset{\delta-}{O}$ (c) $\overset{\delta+}{C}—\overset{\delta-}{Cl}$

1.6 (a) H—C(H)(H)—C(H)(H)—H (b) :S̤=C=S̤: (c) H—C≡N: (d) H—C(=Ö:)—H

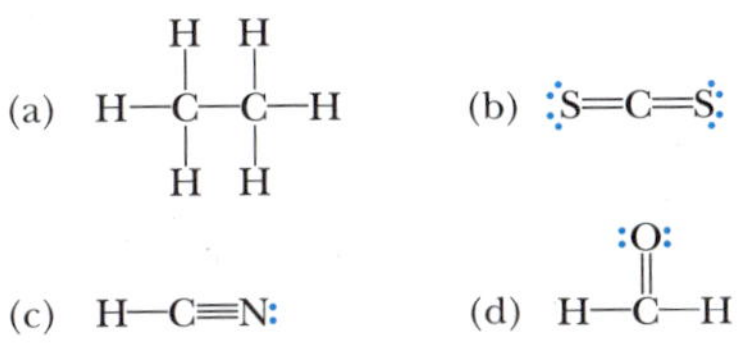

1.7 (a) H—C(H)(H)—N⁺(H)(H)—H (b) H—C⁺(H)—H

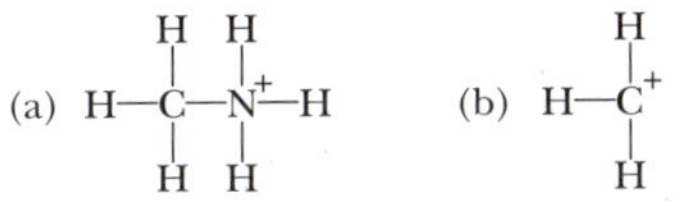

1.8 CH_3OH: all 109.5°

CH_2Cl_2: all 109.5°

H_2CO_3: 109.5° and 120°

1.9 The linear shape of CO_2 results in a cancellation of the dipole moments. In SO_2, which has a bent shape, the dipole moments do not cancel out.

1.10 Pairs (a) and (c).

1.11 $CH_3—C(=O)(—O^-)$ ⟷ $CH_3—C^+(—O^-)(—O^-)$ ⟷ $CH_3—C(—O^-)(=O)$

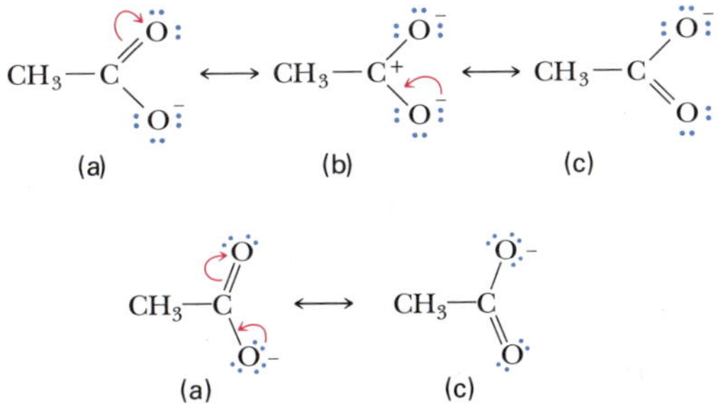

(a) (b) (c)

$CH_3—C(=O)(—O^-)$ ⟷ $CH_3—C(—O^-)(=O)$

(a) (c)

1.12 (a) H—C(H)(H)—C(H)=C(H)—H (109.5°, 120°) (b) H—C(H)(H)—N̤(H)—H (109.5°, 109.5°)

1.13 $CH_3CH_2CH_2CH_2OH$ (1°) $CH_3CH(CH_3)CH_2OH$ (1°)

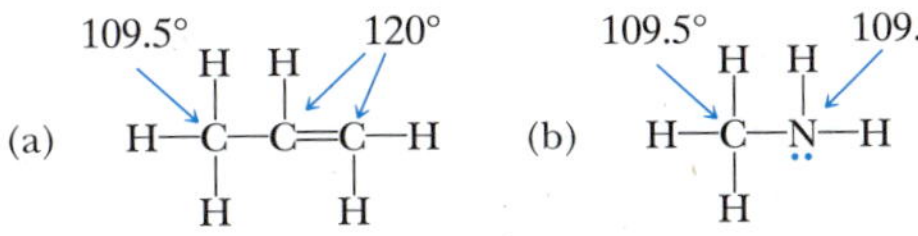

$CH_3CH_2CH(OH)CH_3$ (2°) $CH_3C(CH_3)(OH)CH_3$ (3°)

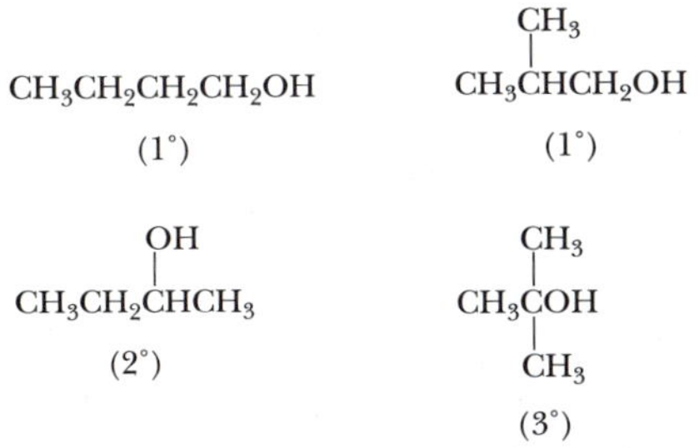

1.14 $CH_3CH_2NHCH_2CH_3$ $CH_3CH_2CH_2NHCH_3$ $CH_3CH(CH_3)NHCH_3$

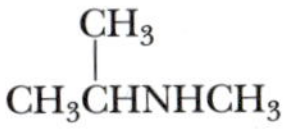

1.15 $CH_3C(=O)CH_2CH_2CH_3$ $CH_3CH_2C(=O)CH_2CH_3$ $CH_3C(=O)CH(CH_3)CH_3$

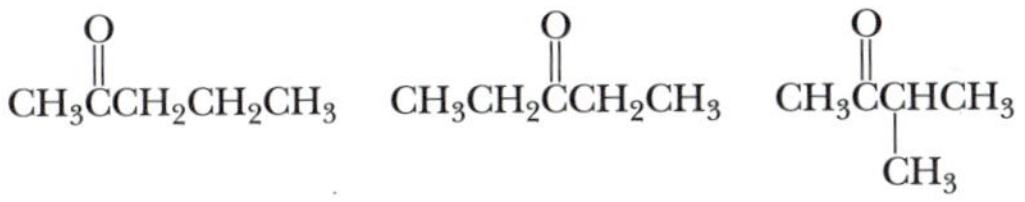

1.16 $CH_3CH_2CH_2COOH$ $(CH_3)_2CHCOOH$

$CH_3CH_2COOCH_3$ $CH_3COOCH_2CH_3$

$HCOOCH_2CH_2CH_3$ $HCOOCH(CH_3)_2$

End-of-Chapter Problems

Electronic Structure of Atoms

1.17 (a) Sodium = $1s^22s^22p^63s^1$

(b) Magnesium = $1s^22s^22p^63s^2$

(c) Oxygen = $1s^22s^22p^4$

(d) Nitrogen = $1s^22s^22p^3$

(e) Potassium = $1s^22s^22p^63s^23p^64s^1$

(f) Aluminum = $1s^22s^22p^63s^23p^1$

(g) Phosphorus = $1s^22s^22p^63s^23p^3$

(h) Argon = $1s^22s^22p^63s^23p^6$

1.19 (a) S (b) O (c) C (d) Cl

1.21 The *valence shell* of an atom is the outermost shell that can be occupied by electrons in the ground state. The valence shell generally has the highest principal quantum number (n). A *valence electron* is an electron that is situated in the valence shell. Valence electrons are more important because they are the electrons involved in bond formation.

1.23 (a) 0 (b) 2 (c) 8 (d) 6 (e) 8

Lewis Structures

1.25

(a) Li—F	ionic
(b) C—F	polar covalent
C—H	nonpolar covalent
(c) Mg—Cl	polar covalent
(d) H—Cl	polar covalent

1.27 (a) H—Ö—Ö—H (b) H—N̈(H)—N̈(H)—H

(c) H—C(H)(H)—Ö—H (d) H—C(H)(H)—S̈—H

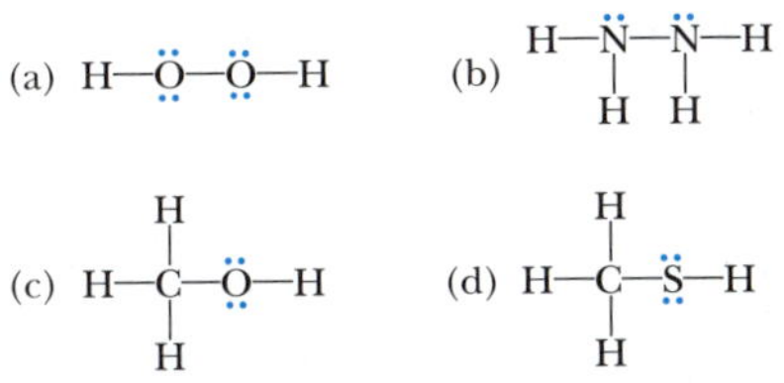

(e) $H{-}\underset{H}{\overset{H}{C}}{-}\underset{H}{\ddot{N}}{-}H$ (f) $H{-}\underset{H}{\overset{H}{C}}{-}\ddot{\underset{..}{Cl}}:$

(g) $H{-}\underset{H}{\overset{H}{C}}{-}\ddot{\underset{..}{O}}{-}\underset{H}{\overset{H}{C}}{-}H$ (h) $H{-}\underset{H}{\overset{H}{C}}{-}\underset{H}{\overset{H}{C}}{-}H$

(i) $H_2C{=}CH_2$ (j) $H{-}C{\equiv}C{-}H$

(k) $:\ddot{O}{=}C{=}\ddot{O}:$ (l) $H{-}\overset{\ddot{O}}{\overset{\|}{C}}{-}H$

(m) $H{-}\underset{H}{\overset{H}{C}}{-}\overset{\ddot{O}}{\overset{\|}{C}}{-}\underset{H}{\overset{H}{C}}{-}H$ (n) $H{-}\ddot{\underset{..}{O}}{-}\overset{\ddot{O}}{\overset{\|}{C}}{-}\ddot{\underset{..}{O}}{-}H$

(o) $H{-}\underset{H}{\overset{H}{C}}{-}\overset{\ddot{O}}{\overset{\|}{C}}{-}\ddot{\underset{..}{O}}{-}H$

1.29 (a) If carbon were bonded to five hydrogen atoms, the octet rule would be violated. Furthermore, each hydrogen atom can only bond with one other atom, so there is no stable connectivity of the formula CH_5.

(b) Each hydrogen atom can only bond with one other atom, so a single hydrogen atom cannot be bonded to both carbons.

(c) The proton, H^+, does not contain any electrons, so it is not possible to form a bond between two protons.

(d) Nitrogen would exceed its octet.

1.31 (a) $H{-}\underset{H}{\overset{H}{C}}{-}\overset{:O:}{\overset{\|}{C}}{-}\underset{H}{\overset{..}{C}}{-}H$ (b) $H{-}\underset{H}{\overset{..}{N}}{-}\overset{:\ddot{O}:^-}{\overset{|}{C}}{=}\underset{H}{C}{-}H$

(c) $H{-}\underset{H}{\overset{H}{C}}{-}\underset{H}{\overset{+}{\ddot{O}}}{-}H$ (d) $H{-}\underset{H}{\overset{H}{C}}{^+}$

1.33 Given the electronegativity difference between Ag and O, the bonding is polar covalent in Ag_2O.

1.35 a

1.37 (a) C—H < N—H < O—H

(b) C—I < C—H < C—Cl

(c) C—C < C—N < C—O

(d) C—Hg < C—Mg < C—Li

1.39 (a) O—H (b) C—F (c) O—H

(d) O—H (e) O—H (f) C═O

Bond Angles and Shapes of Molecules

1.41 (a) $H{-}\underset{H}{\overset{H}{C}}{-}\underset{H}{\overset{H}{C}}{-}\ddot{\underset{..}{O}}{-}H$ (109.5°, 109.5°) (b) $H{-}\underset{H}{C}{=}\underset{H}{C}{-}\ddot{\underset{..}{Cl}}:$ (120°)

(c) $H{-}\underset{H}{\overset{H}{C}}{-}C{\equiv}C{-}H$ (180°) (d) $H{-}\overset{\ddot{O}:}{\overset{\|}{C}}{-}\ddot{\underset{..}{O}}{-}H$ (120°, 109.5°)

(e) $H{-}\underset{H}{\overset{H}{C}}{-}\underset{H}{\ddot{N}}{-}H$ (109.5°) (f) $H{-}\ddot{\underset{..}{O}}{-}\ddot{N}{=}\ddot{O}:$ (120°)

1.43 109.5°

Polar and Nonpolar Molecules

1.45 $F_2C{=}CF_2$

Contributing Structures

1.47 a, b, d, e, f, and g

1.49 The bond angle of the carbon atom involved in resonance remains at 120° and does not change from one contributing structure to another. The carbon atom in the CH_3 group of pair (c) has a bond angle of 109.5°.

Hybridization of Atomic Orbitals

1.51 (a) $H{-}\underset{H}{\overset{H}{C}}{-}\underset{H}{\overset{H}{C}}{-}H$ (sp^3) (b) $H_2C{=}CH_2$ (sp^2)

(c) $H{-}C{\equiv}C{-}H$ (sp) (d) $H{-}\underset{H}{\overset{H}{C}}{-}\underset{H}{\ddot{N}}{-}H$ (sp^3)

(e) 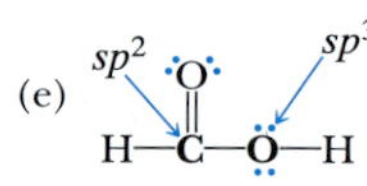

(f) $H_2C{=}\ddot{O}:$ (sp^2)

Functional Groups

1.53 (a) $-\overset{\ddot{O}}{\overset{\|}{C}}-$ (b) $-\overset{\ddot{O}}{\overset{\|}{C}}{-}\ddot{\underset{..}{O}}{-}H$

(c) $-\ddot{\underset{..}{O}}{-}H$ (d) $-\ddot{N}H_2$

1.55 (a) $CH_3CH_2CH_2\overset{O}{\overset{\|}{C}}H$ $CH_3\underset{CH_3}{\underset{|}{C}}H\overset{O}{\overset{\|}{C}}H$ $CH_3\overset{O}{\overset{\|}{C}}CH_2CH_3$

(b)

$CH_2{=}CHCH_2CH_2OH$ $CH_3CH{=}CHCH_2OH$ $CH_3CH_2CH{=}CHOH$

$CH_2{=}CH\overset{OH}{\overset{|}{C}}HCH_3$ $CH_2{=}\overset{OH}{\overset{|}{C}}CH_2CH_3$ $CH_3\overset{OH}{\overset{|}{C}}{=}CHCH_3$

$CH_2{=}\overset{CH_3}{\overset{|}{C}}CH_2OH$ $CH_3\overset{CH_3}{\overset{|}{C}}{=}CHOH$

1.57 (a) $CH_3{-}\overset{OH}{\overset{|}{C}}H{-}\overset{O}{\overset{\|}{C}}{-}OH$

hydroxyl group (2°); carboxyl group

(b) hydroxyl groups (1°)

$\boxed{HO}—CH_2—CH_2—\boxed{OH}$

(c) amino group (1°)

$CH_3—CH(\boxed{NH_2})—\boxed{C(=O)—OH}$

carboxyl group

(d) hydroxyl group (1°), hydroxyl group (2°)

$\boxed{HO}—CH_2—CH(\boxed{OH})—\boxed{C(=O)}—H$

carbonyl group (aldehyde)

(e) carbonyl group (ketone)

$CH_3—\boxed{C(=O)}—CH_2—\boxed{C(=O)—OH}$

carboxyl group

(f) amino groups (1°)

$\boxed{H_2N}—CH_2CH_2CH_2CH_2CH_2CH_2—\boxed{NH_2}$

1.59 2° hydroxyl group

$\boxed{HO}—CH_2—CH(\boxed{OH})—CH_3$

1° hydroxyl group

1.61 CO_2 is linear, while O_3 is bent. All atoms in both molecules are sp^2-hybridized.

Looking Ahead

1.63 The two terminal carbon atoms are sp^2-hybridized. Although the carbon chain is linear and the two terminal carbon atoms are trigonal planar, the molecule is not flat.

1.65 (a) 6 (b) 120° (c) sp^2

1.67 (a) 120° (b) sp^2 (c) planar

CHAPTER 2 Acids and Bases

Problems

2.1 (a) $CH_3\ddot{S}—H + {}^{-}:\ddot{O}H \longrightarrow CH_3\ddot{S}:^{-} + H—\ddot{O}H$

acid, base, conjugate base, conjugate acid

(b) $CH_3\ddot{O}—H + {}^{-}:\ddot{N}H_2 \longrightarrow CH_3\ddot{O}:^{-} + H—\ddot{N}H_2$

acid, base, conjugate base, conjugate acid

(c) $C_6H_5\ddot{O}—H + :\ddot{O}H_2 \longrightarrow C_6H_5\ddot{O}:^{-} + H—\overset{+}{\ddot{O}}H_2$

acid, base, conjugate base, conjugate acid

2.2 (a) Acetic acid $pK_a = 4.76$

(b) Water $pK_a = 15.7$

Acetic acid is a stronger acid.

2.3 (a) $CH_3NH_2 + CH_3COOH \rightleftharpoons CH_3NH_3^+ + CH_3COO^-$

Methylamine	Acetic acid	Methylammonium ion	Acetate ion
stronger base	stronger acid	weaker acid	weaker base
	$pK_a = 4.76$	$pK_a = 10.6$	

(b) $CH_3CH_2O^- + NH_3 \rightleftharpoons CH_3CH_2OH + NH_2^-$

Ethoxide ion	Ammonia	Ethanol	Amide ion
weaker base	weaker acid	stronger acid	stronger base
	$pK_a = 38$	$pK_a = 15.9$	

2.4 (a) 2 > 1 > 3

(b) 3 > 1 > 2

2.5 (a) $CH_3\ddot{O}:^{-} + CH_3—\overset{+}{N}H(CH_3)—CH_3 \rightleftharpoons CH_3\ddot{O}—H + CH_3—\ddot{N}(CH_3)—CH_3$

stronger base	stronger acid	weaker acid	weaker base
	$pK_a = 10$	$pK_a = 16$	

(b) $CH_3—C(=\ddot{O})—\ddot{O}—H + :\ddot{Cl}:^{-} \rightleftharpoons CH_3—C(=\ddot{O})—\ddot{O}:^{-} + H—\ddot{Cl}:$

weaker acid	weaker base	stronger base	stronger acid
$pK_a = 5$			$pK_a = -7$

2.6 (a) $:\ddot{Cl}:^{-} + AlCl_3 \longrightarrow AlCl_4^{-}$

Lewis base, Lewis acid

(b) $CH_3—\ddot{Cl}: + AlCl_3 \longrightarrow CH_3—\overset{+}{Cl}—\overset{-}{Al}Cl_3$

Lewis base, Lewis acid

End-of-Chapter Problems

Anhenius Acids and Bases

2.7

(a) $H—\overset{+}{N}H_3 + H—\ddot{O}—H \rightleftharpoons H—\ddot{N}H_2 + H—\overset{+}{\ddot{O}}H_2$

weaker acid	weaker base	stronger base	stronger acid
$pK_a = 9.24$			$pK_a = -1.74$

(b) $^{-}O—C(=O)—O—H + H—\ddot{O}—H \rightleftharpoons$

weaker acid, weaker base

$pK_a = 10.33$

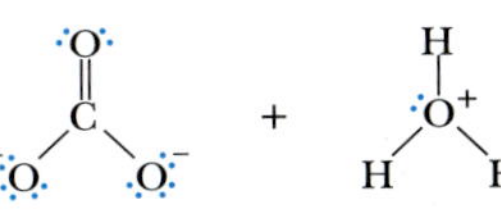

stronger base, stronger acid

$pK_a = -1.74$

(c) $CH_3COOH + H_2O \rightleftharpoons CH_3COO^- + H_3O^+$

weaker acid ($pK_a = 4.76$) weaker base; stronger base stronger acid ($pK_a = -1.74$)

(d) $CH_3CH_2O^- + H_2O \rightleftharpoons CH_3CH_2OH + {}^-OH$

stronger base, stronger acid ($pK_a = 15.7$); weaker acid ($pK_a = 15.9$), weaker base

Brønsted–Lowry Acids and Bases

2.9 According to Brønsted–Lowry theory, acids are proton (H^+) donors. The formulas of a conjugate acid–base pair therefore differ by one hydrogen atom, as well as one charge. The acid has one hydrogen atom more, but one negative charge less, than the base.

2.11

(a) $NH_3 + HCl \longrightarrow NH_4^+ + Cl^-$
base, acid, conjugate acid, conjugate base

(b) $CH_3CH_2O^- + HCl \longrightarrow CH_3CH_2OH + Cl^-$
base, acid, conjugate acid, conjugate base

(c) $HCO_3^- + {}^-OH \longrightarrow CO_3^{2-} + H_2O$
acid, base, conjugate base, conjugate acid

(d) $CH_3COO^- + NH_4^+ \longrightarrow CH_3COOH + NH_3$
base, acid, conjugate acid, conjugate base

(e) $NH_4^+ + {}^-OH \longrightarrow NH_3 + H_2O$
acid, base, conjugate base, conjugate acid

(f) $CH_3COO^- + CH_3NH_3^+ \longrightarrow CH_3COOH + CH_3NH_2$
base, acid, conjugate acid, conjugate base

(g) $CH_3CH_2O^- + NH_4^+ \longrightarrow CH_3CH_2OH + NH_3$
base, acid, conjugate acid, conjugate base

(h) $CH_3NH_3^+ + {}^-OH \longrightarrow CH_3NH_2 + H_2O$
acid, base, conjugate base, conjugate acid

2.13

	Bases	Conjugate acids
(a)	CH_3CH_2OH	$CH_3CH_2OH_2^+$
(b)	$HCHO$	$HCH{=}OH^+$
(c)	$HC{\equiv}C^-$	$HC{\equiv}C{-}H$
(d)	$(CH_3)_2NH$	$(CH_3)_2NH_2^+$
(e)	HCO_3^-	H_2CO_3
(f)	N_3^- ($N{=}N^+{=}N^-$)	HN_3 ($N{=}N{=}N{-}H$)

2.15 (a) H_b is the most acidic proton.

$CH_3C(=O)CH(H_b)C(=O)CH_2H_a$

(b) H_a is the most acidic proton.

$H{-}N^+(H_a){=}C(NH_2)_2$

(c) H_a is the most acidic proton.

$HC(=O)CH_2H_a$

Quantitative Measure of Acid Strength

2.17 (a) Pyruvic acid (b) Phosphoric acid
(c) Acetylsalicylic acid (d) Acetic acid

2.19 (a) $HOCO^-$ (O above C) $<$ NH_3 $<$ $CH_3CH_2O^-$

(b) $CH_3\overset{O}{\overset{\|}{C}}O^- < HO\overset{O}{\overset{\|}{C}}O^- < HO^-$

(c) $H_2O < CH_3\overset{O}{\overset{\|}{C}}O^- < NH_3$

(d) $CH_3\overset{O}{\overset{\|}{C}}O^- < OH^- < NH_2^-$

2.21 H_2S ionizes to form a conjugate base (HS^-) that is more stable than the conjugate base of H_2O (HO^-).

Position of Equilibrium in Acid–Base Reactions

2.23 $HO\overset{O}{\overset{\|}{C}}OH \longrightarrow CO_2 + H_2O$

2.25 (a) $CH_3COOH + HCO_3^- \rightleftharpoons CH_3COO^- + H_2CO_3$
$pK_a = 4.76$ $pK_a = 6.36$

(b) $CH_3COOH + NH_3 \rightleftharpoons CH_3COO^- + NH_4^+$
$pK_a = 4.76$ $pK_a = 9.24$

(c) $CH_3COOH + H_2O \rightleftharpoons CH_3COO^- + H_3O^+$
$pK_a = 4.76$ $pK_a = -1.74$

(d) $CH_3COOH + OH^- \rightleftharpoons CH_3COO^- + H_2O$
$pK_a = 4.76$ $pK_a = 15.7$

2.27 In acid–base equilibria, the position of the equilibrium favors the reaction of the stronger acid and stronger base to give the weaker acid and weaker base.

Relationship Between Acidity and Basicity and Molecular Structure

2.29 (a) The oxygen of the carbonyl group is more basic because it has a partial negative charge.

(b) For the same reason as (a), the N is more basic. However, in this case, there is an additional effect: Because N is lower in electronegativity than O, the N is even more likely to accept a proton.

(c) The carbon on the left is more basic because the carbon on the right is stabilized by resonance. Furthermore, the delocalization of the negative charge of the carbon on the right increases the negative charge of the carbon on the left.

(d) The amine is more basic than the alcohol because nitrogen has a lower electronegativity than does oxygen.

Lewis Acids and Bases

2.31

(a) $CH_3-\overset{+}{C}H-CH_3 + CH_3-\ddot{O}-H \longrightarrow CH_3-C(H)(\overset{+}{O}(H)CH_3)-CH_3$
Lewis acid Lewis base

(b) $CH_3-\overset{+}{C}H-CH_3 + :\ddot{Br}:^- \longrightarrow CH_3-C(H)(Br)-CH_3$
Lewis acid Lewis base

(c) $CH_3-\overset{+}{C}(CH_3)_2 + H-\ddot{O}-H \longrightarrow CH_3-C(CH_3)_2-\overset{+}{O}H_2$
Lewis acid Lewis base

Looking Ahead

2.33 (a) $CH_3CH_2OH + HCO_3^- \rightleftharpoons CH_3CH_2O^- + H_2CO_3$
$pK_a = 15.9$ $pK_a = 6.36$

(b) $CH_3CH_2OH + OH^- \rightleftharpoons CH_3CH_2O^- + H_2O$
$pK_a = 15.9$ $pK_a = 15.7$

(c) $CH_3CH_2OH + NH_2^- \rightleftharpoons CH_3CH_2O^- + NH_3$
$pK_a = 15.9$ $pK_a = 38$

(d) $CH_3CH_2OH + NH_3 \rightleftharpoons CH_3CH_2O^- + NH_4^+$
$pK_a = 15.9$ $pK_a = 9.24$

2.35 Benzoic acid will dissolve in all four solutions.

2.37 The conjugate base of dimethyl ether is a highly unstable C^- ion that is stabilized by only the inductive effect of the electronegative oxygen atom. As a result, dimethyl ether is not very acidic.

2.39 Amino acids are bifunctional in that they contain both basic (amino) and acidic (carboxyl) groups. These groups undergo an intramolecular acid–base reaction to give structural formula (B), which is the better representation of alanine.

CHAPTER 3 Alkanes and Cycloalkanes

Problems

3.1 (a) Constitutional isomers (b) Same compound

3.2 [line-angle structures of pentane, 2-methylbutane, 2,2-dimethylpropane]

3.3 (a) 5-Isopropyl-2-methyloctane
(b) 4-Isopropyl-4-propyloctane
(c) 4-Ethyl-2,3-dimethylheptane
(d) 4,6-Diisopropyl-2-methylnonane

3.4 (a) $CH_3\overset{CH_3}{C}HCH_2CH_2CH_3$ (1° on CH_3 branch; 1° 3° 2° 2° 1°)

(b) $CH_3-CH_2-C(CH_3)_2-CH(CH_3)_2$ (1° 2°; 3° on CH; 1° on each CH_3 branch)

3.5 (a) C_9H_{18} Isobutylcyclopentane
(b) $C_{11}H_{22}$ *sec*-Butylcycloheptane
(c) C_6H_{12} 1-Ethyl-1-methylcyclopropane
(d) $C_{10}H_2O$ *tert*-Butylcyclohexane

3.6 (a) Propanone (b) Pentanal
(c) Cyclopentanone (d) Cycloheptene

3.7

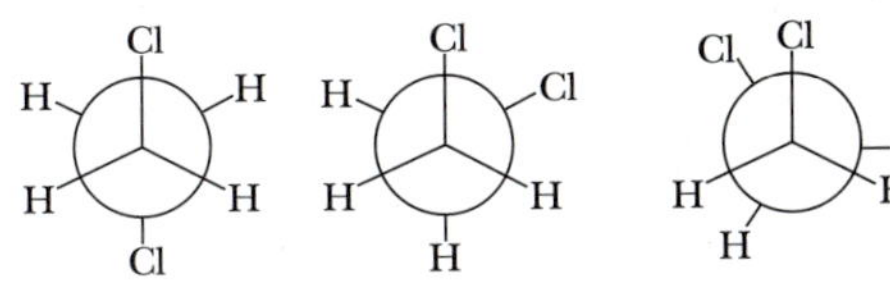

3.8 (a)

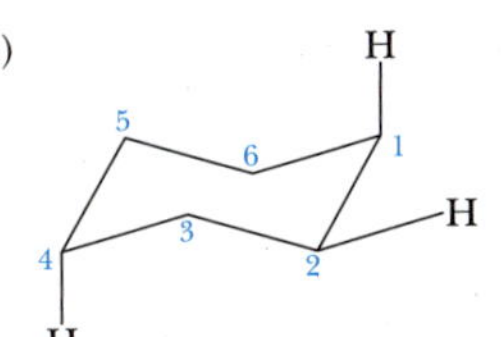

(b) The hydrogen on carbon 2 is equatorial, and the hydrogens on carbons 1 and 4 are axial.

(c)

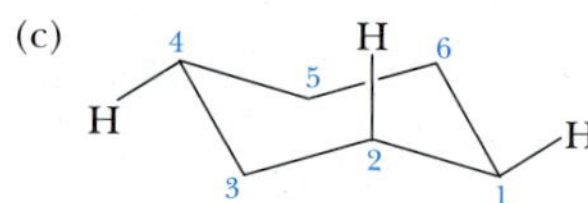

The hydrogen atom on carbon 1 is now equatorial, the hydrogen atom on carbon 2 is now axial, and the hydrogen atom on carbon 4 is now equatorial.

3.9 An axial *tert*-butyl group will always have a —CH_3 group directed at the other axial substituents, while the methyl, ethyl, and isopropyl groups of the other three compounds can adopt a conformation where the —CH_3 groups face away from the other axial positions.

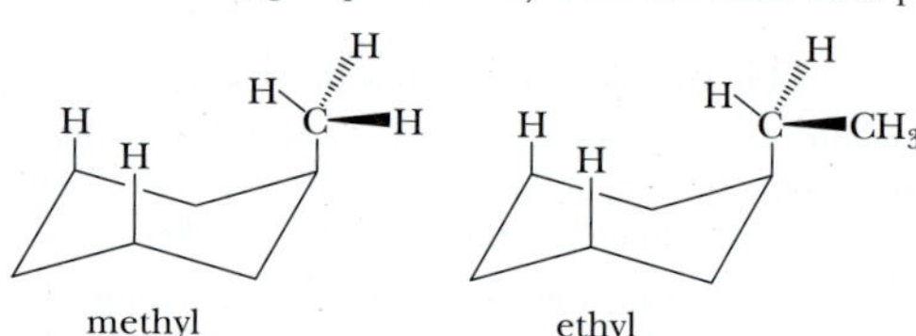

methyl substituent

ethyl substituent

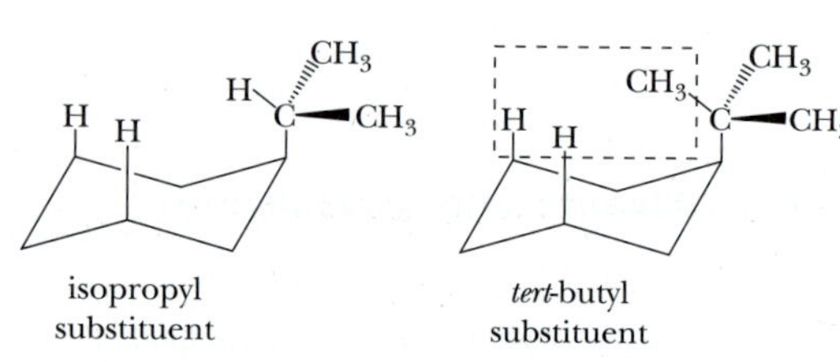

isopropyl substituent

tert-butyl substituent

3.10 (a)

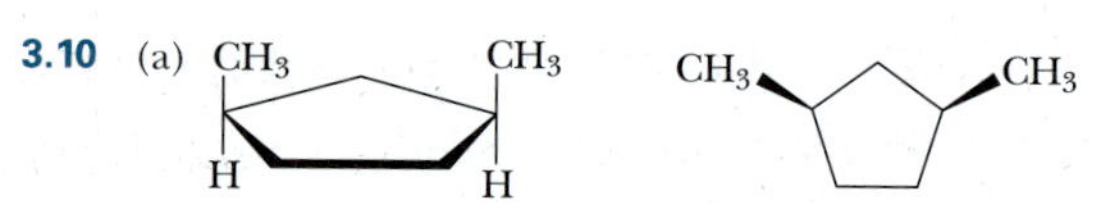

cis-1,3-Dimethylcyclopentane

CH_3 H

H CH_3

CH_3 CH_3

trans-1,3-Dimethylcyclopentane

(b) *cis–trans* isomerism is not possible.

(c)

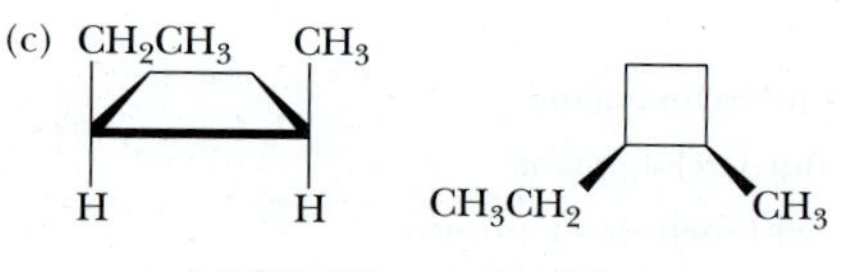

cis-1-Ethyl-2-methylcyclobutane

H CH_3

CH_2CH_3 H

CH_3CH_2 CH_3

trans-1-Ethyl-2-methylcyclobutane

3.11

CH_3 CH_3 CH_3 H H H ⇌ CH_3 H CH_3 CH_3 H H

less stable

more stable

3.12 (a) 2,2-Dimethylpropane < 2-Methylbutane < Pentane

(b) 2,2,4-Trimethylhexane < 3,3-Dimethylheptane < Nonane

End-of-Chapter Problems

Structure of Alkanes

3.13 (a) (b)

(c) (d)

(e) (f)

3.15 (a) $CH_3(CH_2)_4CH(CH_3)_2$ (b) $HC(CH_2CH_2CH_3)_3$

(c) $CH_3C(CH_2)_4CH_3$ with two $(CH_2)_2CH_3$ groups on the C (d) $(CH_3)_2C(CH_2)_3CH(CH_3)_2$

Constitutional Isomerism

3.17 (1) Compounds (a) and (g) represent the same compound. Compounds (d) and (e) represent the same compound.

(2) Compounds (a = g), (d = e), and (f) represent constitutional isomers of $C_4H_{10}O$.

Compounds (b) and (c) represent constitutional isomers C_4H_8O.

(3) The isomers of $C_4H_{10}O$ [(a = g) and (d = e)] are different compounds from the isomers of C_4H_8O [(b) and (c)], and all are different from compound (h).

3.19 (1) None of the compounds are the same.

(2) Compounds (a), (d), and (e) represent constitutional isomers of C_4H_8O.

Compounds (c) and (f) represent constitutional isomers of $C_5H_{10}O$.

Compounds (g) and (h) represent constitutional isomers of $C_6H_{10}O$.

(3) Compound (b), with formula C_5H_8O, is a different compound than all of the isomers listed for each of the respective molecular formulas indicated in (2).

3.21

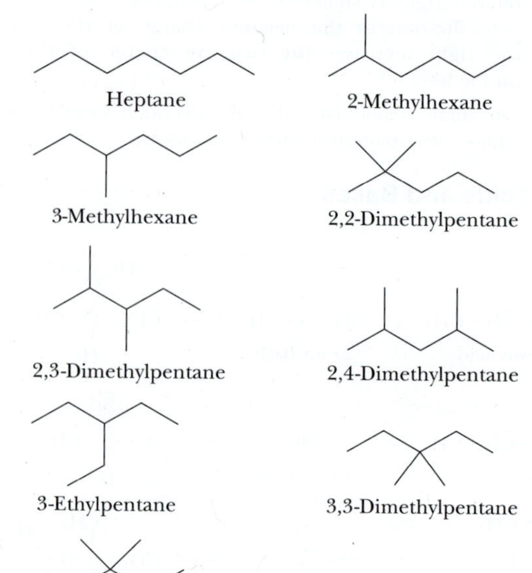

2,2,3-Trimethylbutane

3.23

(a)

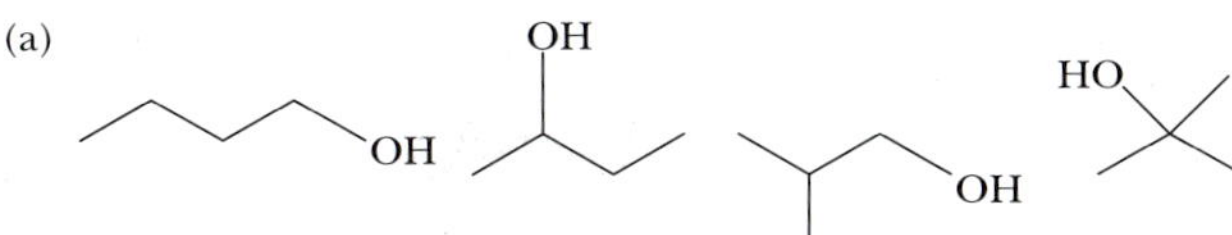

(b) O H O H

(c) O

(d) O O O

(e) O OH O OH O OH O OH

(f) NH_2 NH_2 H N N

Nomenclature of Alkanes and Cycloalkanes

3.25 (a) (b)

(c)

(d)

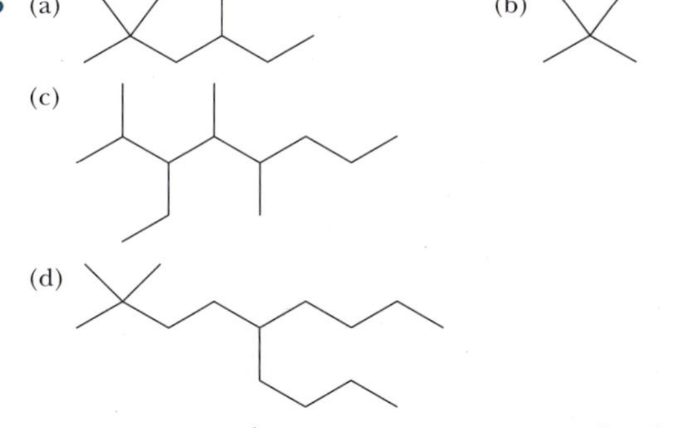

(e) (f)

(g) CH_3 H H CH_3

(h) CH_2CH_3 CH_2CH_3 H H CH_2CH_3 CH_2CH_3

3.27

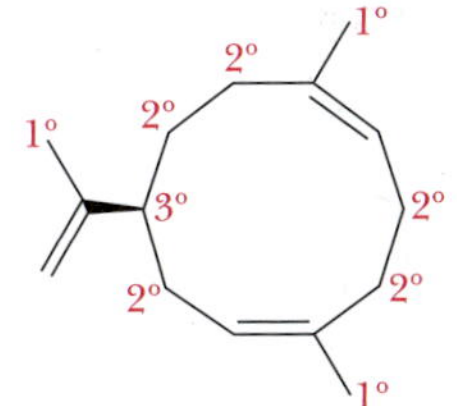

3.29 (a) CH_3CH_2OH (b) $CH_3\overset{O}{\overset{\|}{C}}H$

(c) $CH_3\overset{O}{\overset{\|}{C}}OH$ (d) $CH_3\overset{O}{\overset{\|}{C}}CH_2CH_3$

(e) $CH_3CH_2CH_2\overset{O}{\overset{\|}{C}}H$ (f) $CH_3CH_2CH_2\overset{O}{\overset{\|}{C}}OH$

(g) $CH_3CH_2\overset{O}{\overset{\|}{C}}H$ (h) OH

(i) OH (j)

(k) O (l) $CH_3(CH_2)_5\overset{O}{\overset{\|}{C}}OH$

Conformations of Alkanes and Cycloalkanes

3.31 2-Methylpropane has only one staggered conformation and one eclipsed conformation.

3.33 (a) Although the molecule is in a staggered conformation, the two methyl groups are next to one another, increasing steric strain.

(b) Being an eclipsed conformation, the molecule experiences high torsional strain.

(c) The methyl and *tert*-butyl groups are in close proximity, increasing steric strain.

(d) The ethyl and isopropyl groups, which are the two largest groups, are in close proximity.

3.35 (b)

3.37 (a) H, H, $C(CH_3)_3$, CH_3, CH_3, H (b) CH_3, CH_3, CH_3, H, H, $CH(CH_3)_2$

(c) H, CH_3, CH_3, CH_3, CH_3, H (d) CH_3, H, CH_3, CH_3, H, CH_2CH_3

cis–trans Isomerism in Cycloalkanes

3.39 The cyclic structure of a cycloalkane prevents full 360° rotation about the C—C bond axis, allowing two possible spatial orientations of the substituents bonded to each sp^3 carbon.

3.41 CH_3 CH_3 H H

cis-1,2-Dimethylcyclopropane

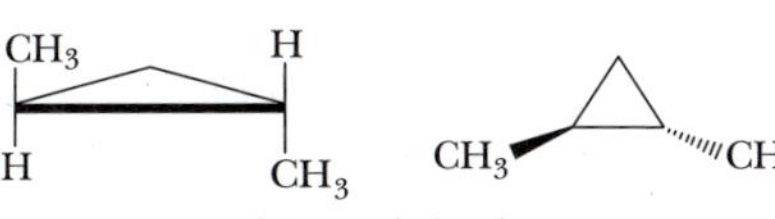

trans-1,2-Dimethylcyclopropane

3.43

(a)

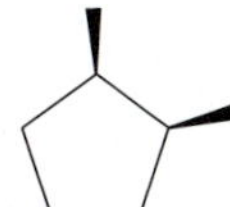

cis-1,2-Dimethylcyclopentane

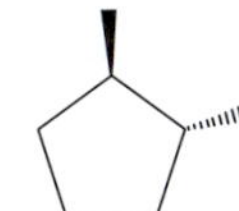

trans-1,2-Dimethylcyclopentane

(b)

cis-1,3-Dimethylcyclopentane *trans*-1,3-Dimethylcyclopentane

3.45

Position of substitution	*cis*	*trans*
1,2-	a,e or e,a	e,e or a,a
1,3-	e,e or a,a	a,e or e,a
1,4-	a,e or e,a	e,e or a,a

3.47

(a)

chairs are of equal stability

(b) OH OH HO OH

more stable

(c)

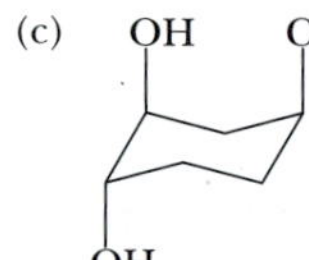

HO HO CH_3

more stable

(d)

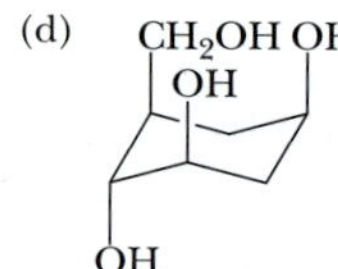

CH_2OH HO HO OH

more stable

Physical Properties of Alkanes and Cycloalkanes

3.49 Highest boiling point: heptane

Lowest boiling point: 2,2-dimethylpentane

3.51 Heptane has a boiling point of 98 °C. Its molecular formula is C_7H_{16}, which corresponds to a molecular weight of 100 g/mol. Although the molecular weight of water is 5.5 times lower, the relatively strong hydrogen bonding forces hold the molecules of liquid water together. On the contrary, only the relatively weak dispersion forces exist in heptane.

3.53 (a) No (b) Yes (c) Yes (d) Liquid (e) Less

Reactions of Alkanes

3.55 (a) $2CH_3(CH_2)_4CH_3 + 19O_2 \longrightarrow 12CO_2 + 14H_2O$

(b) (cyclohexane) $+ 9O_2 \longrightarrow 6CO_2 + 6H_2O$

(c) $2CH_3CH(CH_3)CH_2CH_2CH_3 + 19O_2 \longrightarrow 12CO_2 + 14H_2O$

3.57 2,2,4-trimethylpentane on both a per mole and per gram basis

Looking Ahead

3.59 (a)

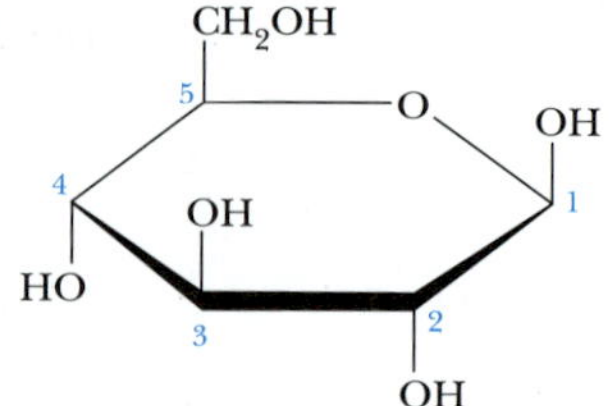

(b) CH_2OH HO HO O OH OH

All the hydrogens are axial, and all the other substituents are equatorial.

3.61 (a) Rings A, B, and C are in the chair conformation. Ring D, a cyclopentane ring, is in an envelope conformation.

(b) The hydroxyl group on ring A is equatorial.

(c) The methyl group at the A/B junction is axial with respect to both rings.

(d) The methyl group at the junction of rings C/D is axial to ring C.

CHAPTER 4 Alkenes and Alkynes

Problems

4.1 (a) 3,3-Dimethyl-1-pentene

(b) 2,3-Dimethyl-2-butene

(c) 3,3-Dimethyl-1-butyne

(d) 2-ethyl-3-methyl-1-butene

(e) 2,4,4-trimethyl-2-pentene

4.2 (a) *cis*-4-Methyl-2-pentene

(b) *trans*-2,2-Dimethyl-3-hexene

4.3 (a) (*E*)-1-Chloro-2,3-dimethyl-2-pentene

(b) (*Z*)-1-Bromo-1-chloropropene

(c) (*E*)-2,3,4-Trimethyl-3-heptene

(d) (*E*)-3-Cyclopentyl-3-hexene

4.4 (a) 1-Isopropyl-4-methylcyclohexene

(b) Cyclooctene

(c) 4-*tert*-Butylcyclohexene

(d) 1-Methylene-3-cyclohexene

4.5

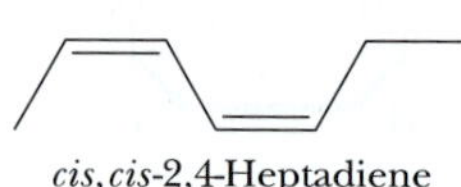

cis,trans-2,4-Heptadiene *cis,cis*-2,4-Heptadiene

4.6 4

End-of-Chapter Problems

Structure of Alkenes and Alkynes

4.7 (a) The alkene will dissolve in cyclohexane, forming a homogeneous solution.

(b) When nonpolar *trans*-3-heptene is added to ammonia, an immiscible mixture is formed.

4.9 A compound that is *saturated* does not contain any carbon–carbon π bonds. Compounds that are *unsaturated* contain one or more carbon–carbon π bonds.

4.11 (a)

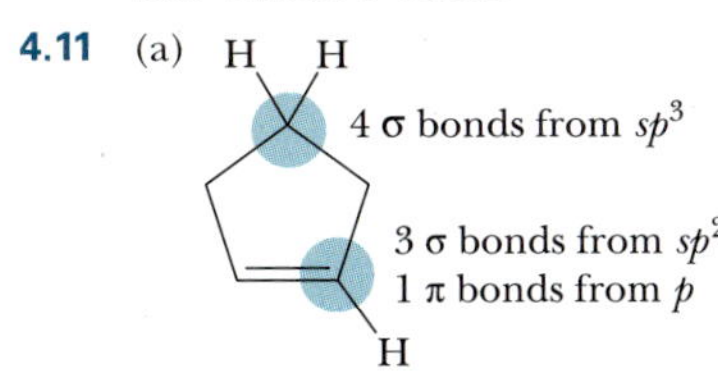

(b)

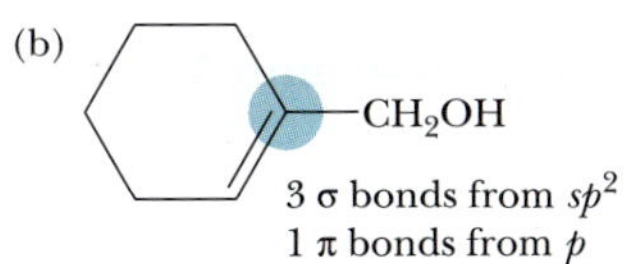

(c) 2 σ bonds from *sp*
2 π bonds from *p*

H—C≡C—CH=C(H)(H) 3 σ bonds from sp^2, 1 π bonds from *p*

(d) 3 σ bonds from sp^2
1 π bonds from *p*

4.13 (a) 3 σ bonds from sp^2
1 π bond from *p*
4 σ bonds from sp^3

(b)

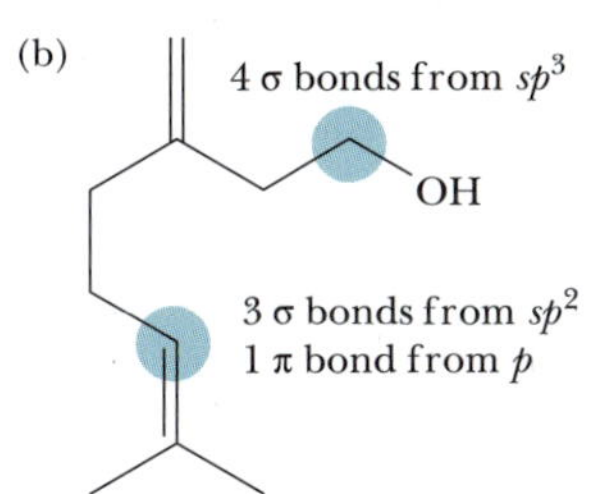

(c)

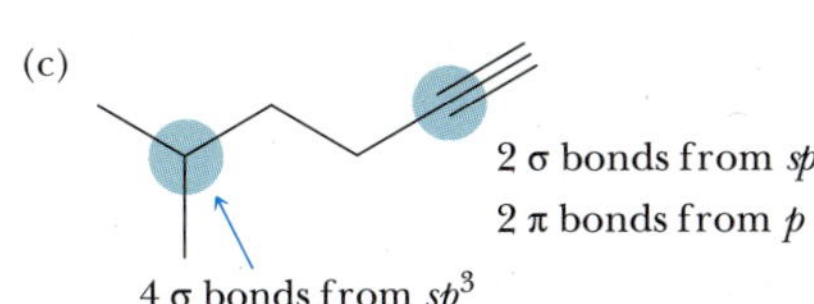

(d)

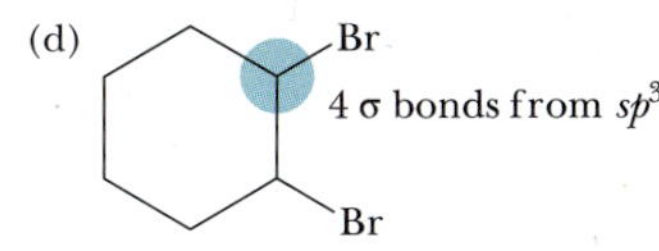

Nomenclature of Alkenes and Alkynes

4.15 (a) (b) (c) (d) (e) (f)

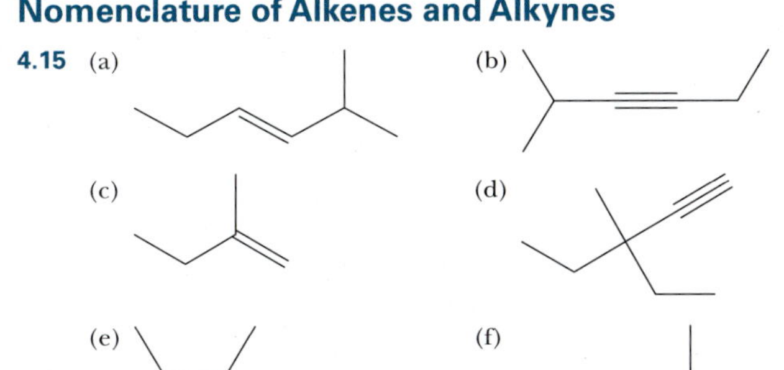

(g) Cl (h)

4.17 (a) 1,2-Dimethylcyclohexene
(b) 4,5-Dimethylcyclohexene
(c) 1-*tert*-Butyl-2,4,4-trimethylcyclohexene
(d) (*E*)-1-Cyclopentyl-2-methyl-1-pentene

4.19 (a) The parent chain is four carbons long, and it is also necessary to indicate the configuration (*E* or *Z*). Correct name: 2-butene
(b) The numbering of the chain is incorrect, and it is also necessary to indicate the configuration (*E* or *Z*). Correct name: 2-pentene
(c) The numbering of the ring is incorrect. Correct name: 1-methylcyclohexene
(d) It is necessary to indicate the position of the carbon–carbon double bond. Correct name: 3,3-dimethyl-1-pentene
(e) The numbering of the chain is incorrect. Correct name: 2-hexyne
(f) The parent chain is five carbons long, and it is also necessary to indicate the configuration (*E* or *Z*). Correct name: 3,4-dimethyl-2-pentene

Cis–Trans (E/Z) Isomerization in Alkenes and Cycloalkenes

4.21 (b) (c) (e)

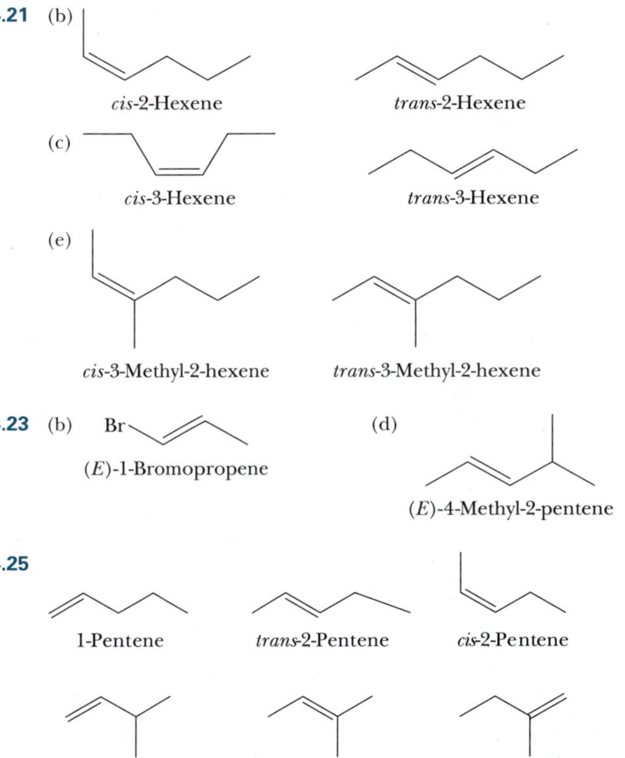

4.27 (a) $-CH_3 < -CH_2CH_3 < -Br$
(b) $-CH(CH_3)_2 < -CH_2CH_2NH_2 < -OCH_3$
(c) $-CH_2OH < -COOH < -OH$
(d) $-CH(CH_3)_2 < -CH{=}CH_2 < -CH{=}O$

4.29 (a)

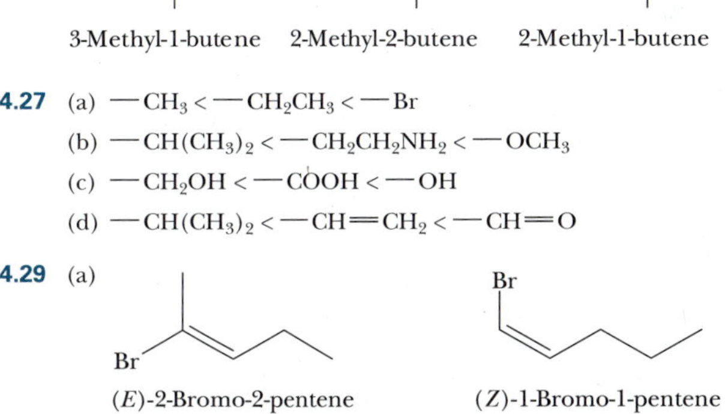

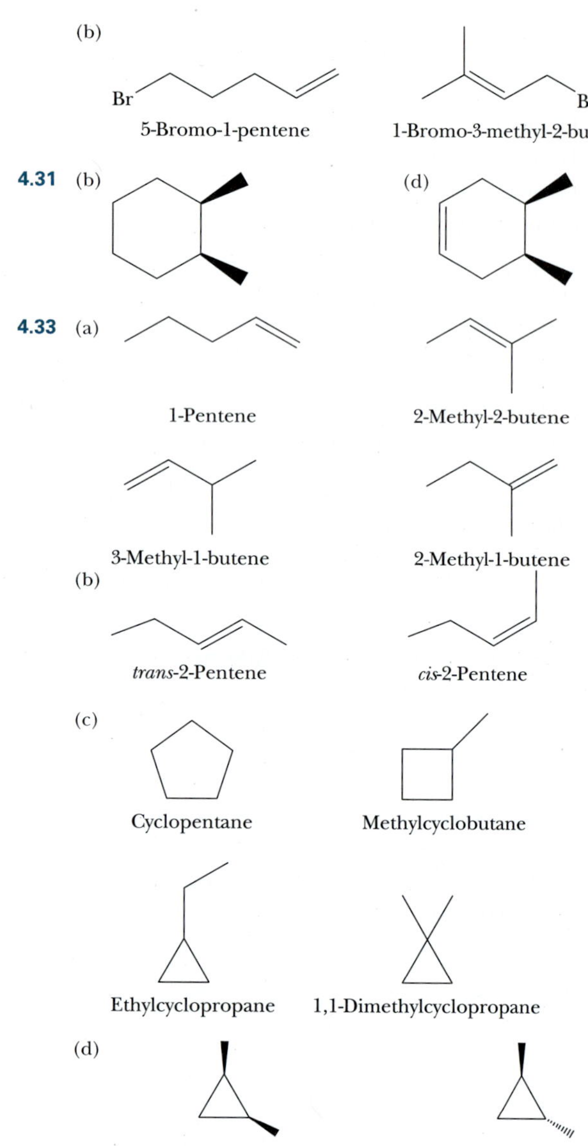

4.35 The *trans* isomer is elaidic acid, and the *cis* isomer is oleic acid.

4.37 *E-Z* isomerism is possible for eleven of the carbon–carbon double bonds, which are indicated (*) in the structure below. All of these double bonds have the *E* configuration.

4.39 (a) *E* (b) 4

Looking Ahead

4.41 The indicated bond in 1,3-butadiene is formed by the overlap of two sp^2-hybridized carbons, while the indicated bond in 1-butene is formed by the overlap of one sp^3-hybridized and one sp^2-hybridized carbon. sp^2-Hybridized orbitals are smaller because they have greater s character (an s orbital holds its electrons closer to the nucleus of an atom), so the bond made from two sp^2 hybrids is shorter.

4.43 The electron density surrounding each alkene is affected by the electronegativity of the substituent near it. In molecules (a) and (b), the presence of oxygen and nitrogen, both of which are more electronegative than carbon, the alkenes have a reduced electron density, and the alkene carbon closest to the oxygen or nitrogen atom has a partial positive charge. Whereas the silicon atom in (c) is lower in electronegativity than carbon, the alkene has a higher electron density.

4.45 Fumaric acid has the *E* configuration, and it can be designated as a *trans* alkene. Aconitic acid has the *Z* configuration, and it can be designated as a *trans* alkene (note that while the two COOH groups are *cis* to each other, the C_5 parent chain is *trans*).

CHAPTER 5 Reactions of Alkenes and Alkynes

Problems

5.1 In an endothermic reaction, the products formed are higher in energy than the reactants. These reactions are thermodynamically unfavorable because they require a net input of heat.

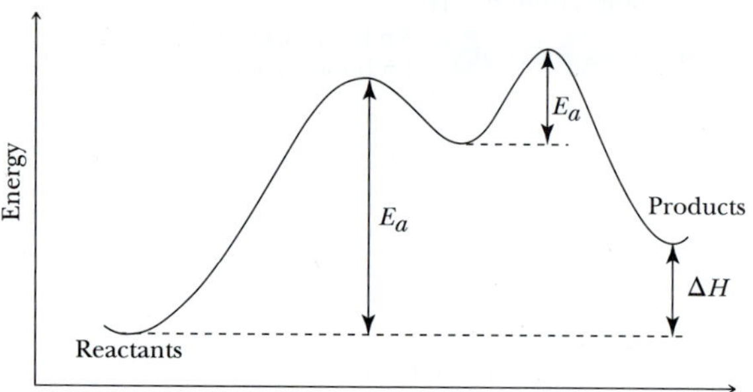

5.2 (a) 2-Iodopropane

(b) 1-Iodo-1-methylcyclohexane

5.3 (a) > (b) > (c)

5.4 Step 1: the rate-determining step.

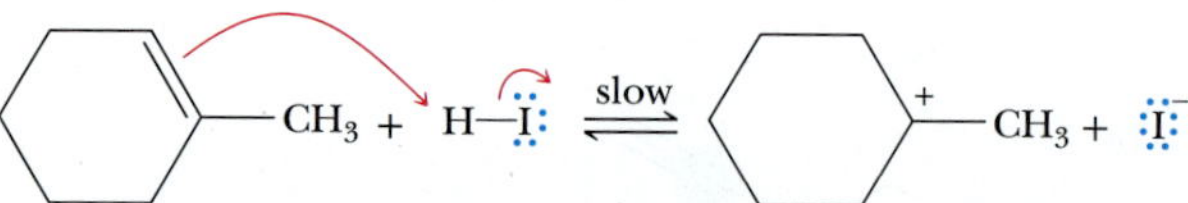

Step 2:

CH_3 + :I:⁻ fast → CH_3, I

5.5 (a) OH (b) OH

5.6 Step 1: the rate-determining step.

CH_3 + H—O—H (H) slow ⇌ CH_3 + H_2O

Step 2:

$+CH_3 + H_2O \overset{fast}{\rightleftharpoons}$ (1-methylcyclohexyl)oxonium ion

Step 3:

$\overset{fast}{\rightleftharpoons}$ 1-methylcyclohexanol $+ H_3O^+$

5.7 (a) $CH_3C(CH_3)_2-CH(Br)-CH_2Br$ (b) 1-chloro-1-(chloromethyl)cyclohexane (CH_2Cl, Cl)

5.8 Step 1:

Step 2:

Step 3:

Step 4:

5.9 (a) (b)

5.10 (a) $HC{\equiv}CH$ $\xrightarrow[\text{2) cyclopropyl–}CH_2-Br]{\text{1) }NaNH_2}$ cyclopropyl–$CH_2-C{\equiv}CH$

(b) $HC{\equiv}CH$ $\xrightarrow[\text{2) Br(CH}_2)_6\text{Br}]{\text{1) }NaNH_2}$ Br–$(CH_2)_6$–$C{\equiv}CH$ $\xrightarrow{NaNH_2}$ cyclooctyne

End-of-Chapter Problems

Energy Diagrams

5.11 A transition state is a point on the reaction coordinate where the energy is at a maximum. Because a transition state is at an energy maximum, it cannot be isolated and its structure can often only be postulated. A reaction intermediate corresponds to an energy minimum between two transition states, but the energy of the intermediate is usually higher than the energies of the products or the reactants.

5.13 A two-step reaction has two transition states and one intermediate. The intermediate corresponds to the product of the first step and the reactant for the second step.

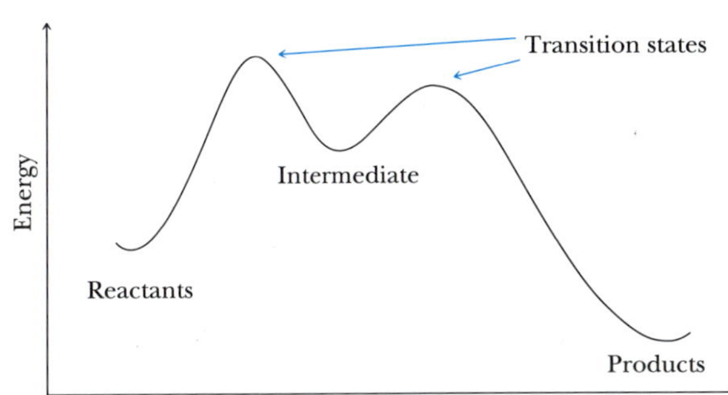

Electrophilic Additions to Alkenes, Rearrangements, and Hydroboration–Oxidation

5.15 (a) $CH_3\overset{+}{C}HCH_3$ (b) $CH_3\overset{+}{C}(CH_3)CH_2CH_3$

5.17 (a)

3° carbocation (formed more readily) + 2° carbocation

(b) Both are 2° carbocations and are of equal stability, so they are both formed at approximately equal rates

(c)

3° carbocation (formed more readily) + 2° carbocation

(d)

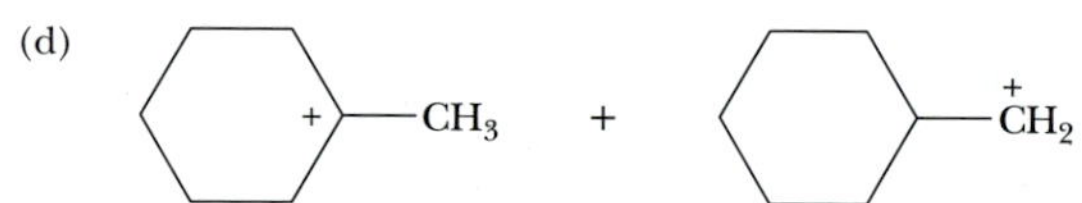

3° carbocation (formed more readily)

1° carbocation

5.19 (a) Cl (b) OH

(c) I (d) Cl

(e) OH (f) OH

5.21 (a) Br H Br (b) Cl Cl

5.23 (a) (b)

(c) (d)

5.25 (a) or

(b) the carbocation formed from this alkene could rearrange to place the chlorine on the 3° carbon

(c)

5.27 (a)

(b) or or

(c) or

(d)

5.29 (a) H H—Br → H Br⁻ → Br⁻ → Br

(b) H—$\overset{+}{O}H_2$ → H_2O → H_2O → $\overset{+}{O}H$ H_2O H → OH H_3O^+

(c) H—$\overset{+}{O}H_2$ → H H H_2O → H_2O → $\overset{+}{O}H$ H_2O H → OH H_3O^+

(d) H → H I⁻ → H—I → I⁻ I

(e) H—Cl → Cl⁻ → Cl⁻ → Cl

(f)

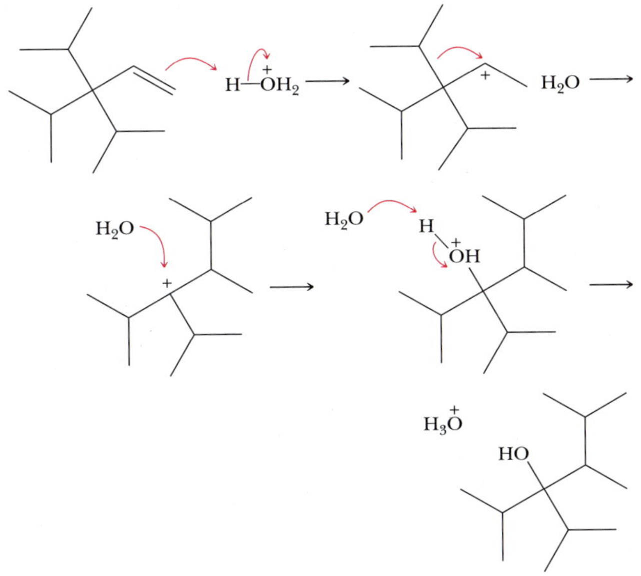

H_2O $\longrightarrow$

$H_3\overset{+}{O}$

5.31 (a)

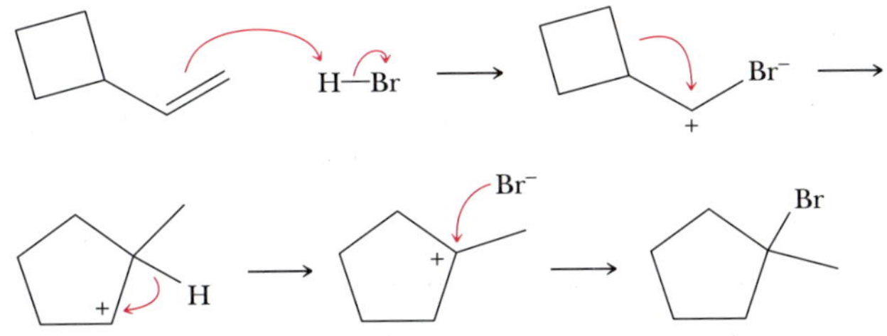

(b)

H_3O^+

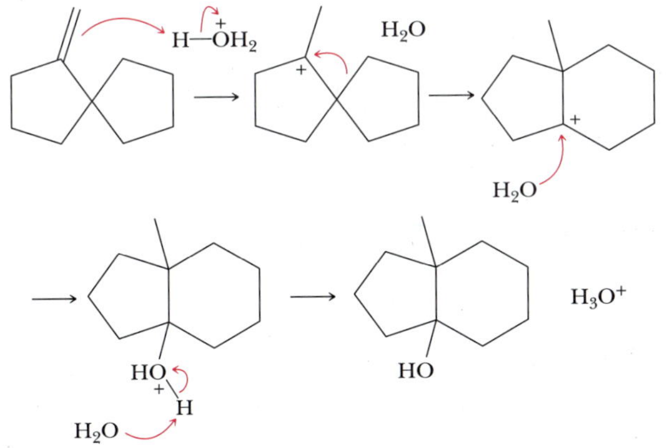

5.33

iodine is more electrophilic than chlorine and thus is attacked by the electron pair of the pi bond

$CH_3-C(CH_3)=CH_2 \longrightarrow CH_3-\overset{+}{C}(CH_3)-CH_2I \longrightarrow CH_3-C(CH_3)(Cl)-CH_2I$

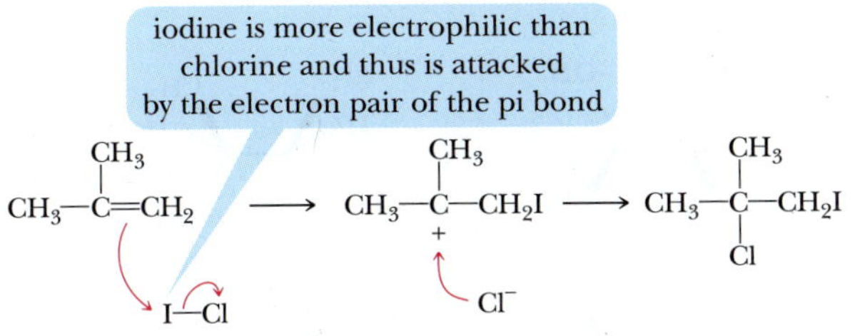

5.35 In the presence of two acids, HBr and acetic acid, the stronger acid (HBr) is more likely to protonate cyclohexene.

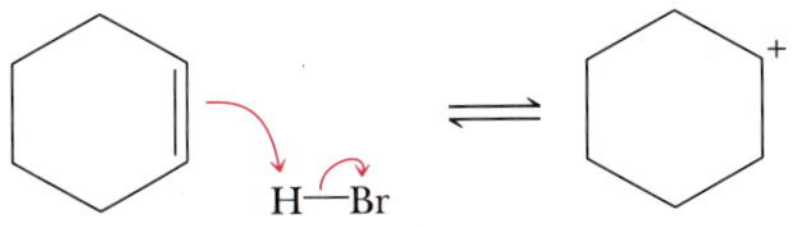

Bromocyclohexane is formed from the nucleophilic attack of the carbocation by Br^-,

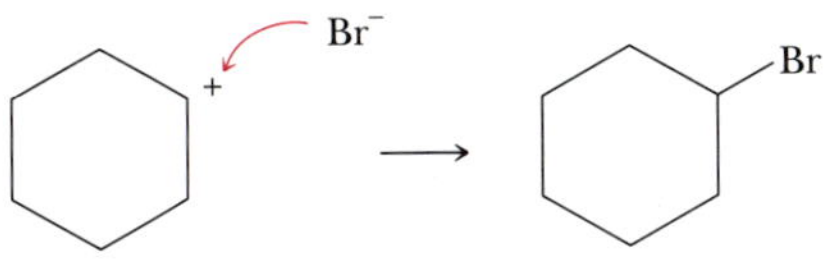

whereas nucleophilic attack by acetic acid followed by deprotonation results in the formation of cyclohexyl acetate.

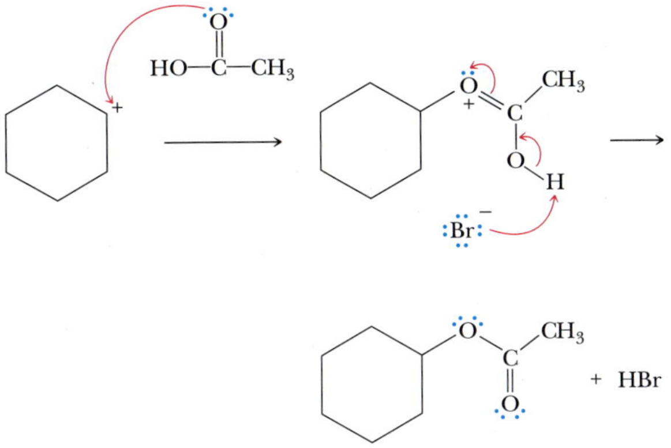

+ HBr

5.37

CH_3OH

$CH_3\overset{+}{O}H_2$

$C_8H_{16}O$

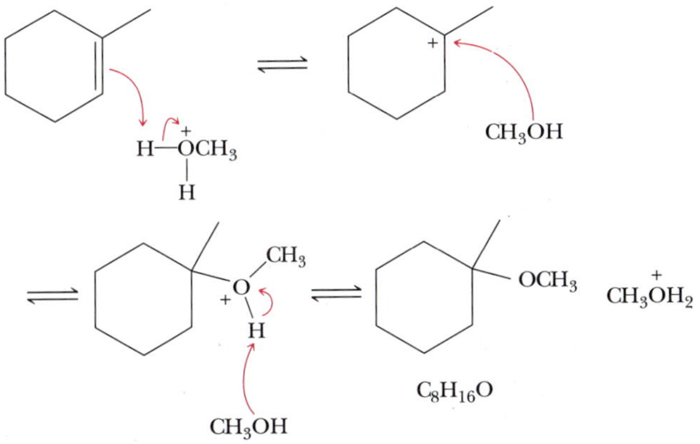

Oxidation–Reduction

5.39 $+ 6O_2 \longrightarrow 4CO_2 + 4H_2O$

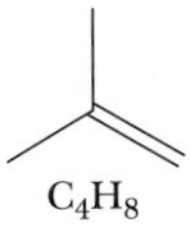

C_4H_8

5.41

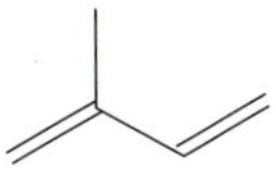

Reactions of Alkynes

5.43 (a)

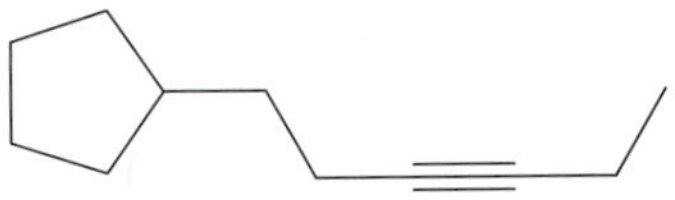

(b) (c)

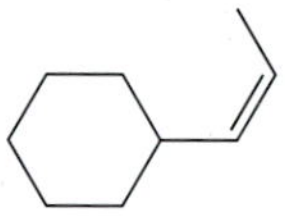

Synthesis

5.45 (a) H_2/Ni (b) H_2O/H_2SO_4 (c) HBr
(d) Br_2 (e) HCl (f) 1) HBr
2) NaC≡CH
3) H_2/Lindlar's

5.47 (a) 1) BH_3 2) H_2O_2, NaOH
(b) H_2O/H_2SO_4
(c) H_2/Ni

5.49 (a)

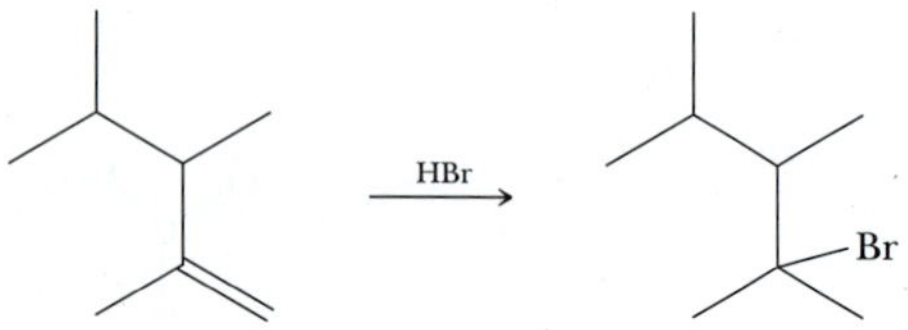

HBr → Br

(b)

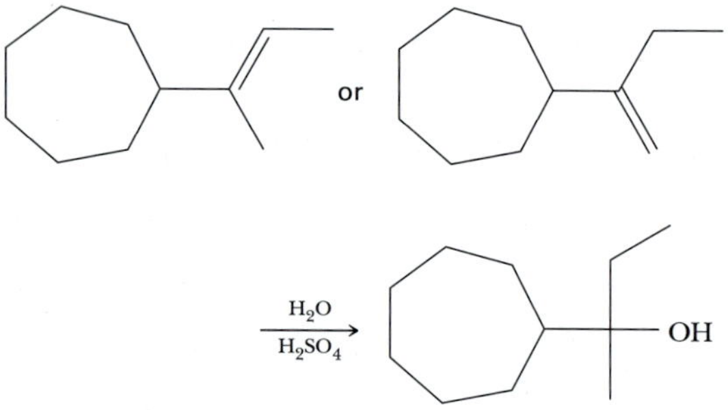

or

H_2O / H_2SO_4 → OH

(c)

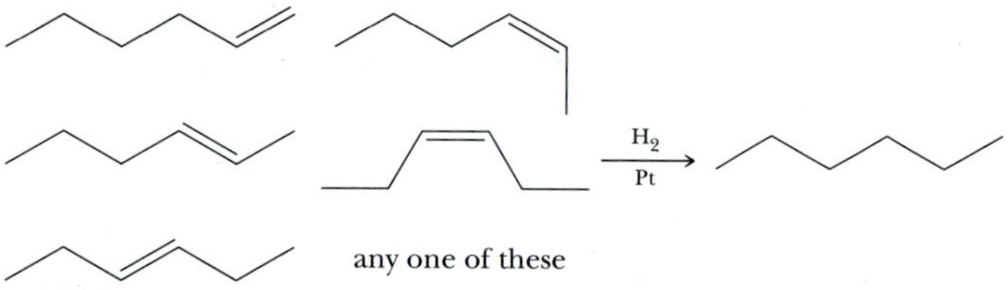

H_2 / Pt →

any one of these

(d)

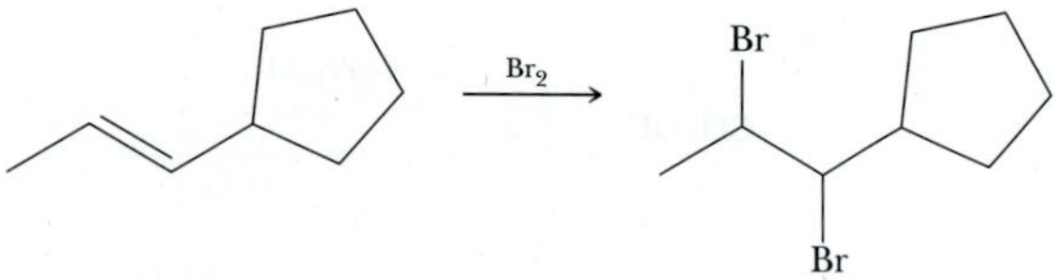

Br_2 → Br Br

Chemical Transformations

5.51 (a)

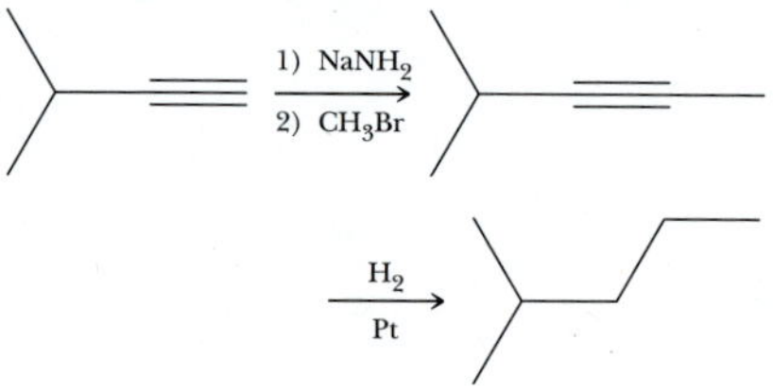

1) $NaNH_2$ 2) CH_3Br →

H_2 / Pt →

(b) H—≡—H 1) $NaNH_2$ 2) CH_3Br → H—≡—

1) $NaNH_2$ 2) CH_3CH_2Br →

H_2 / Lindlar catalyst →

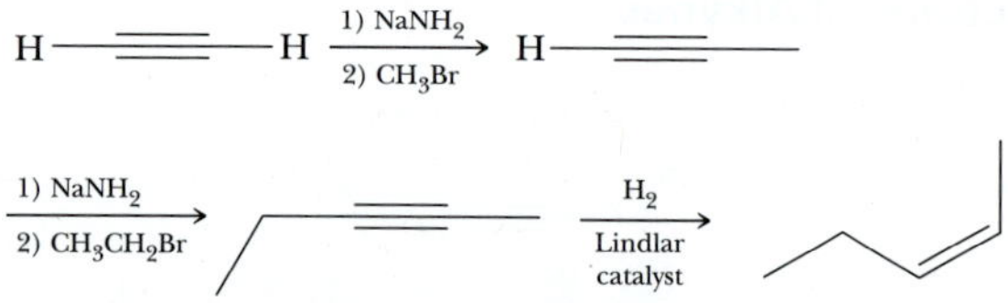

(c) H—≡—H 1) $NaNH_2$ 2) Br →

H_2 / Lindlar catalyst →

H_2O / H_2SO_4 → HO

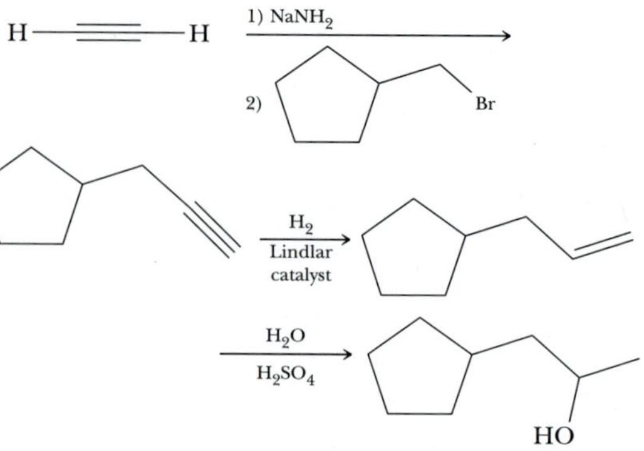

(d) Br $\overset{+\ -}{NaC}$≡CH →

H_2 / Lindlar catalyst →

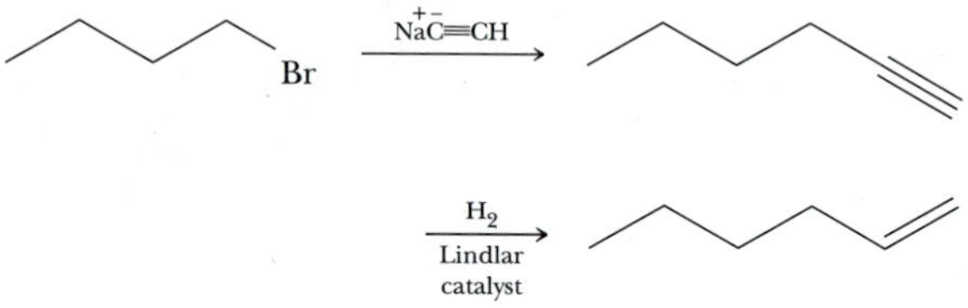

(e) H—≡—H 1) $NaNH_2$ 2) Cl →

H_2 / Lindlar catalyst →

1) BH_3 2) H_2O_2, NaOH → OH

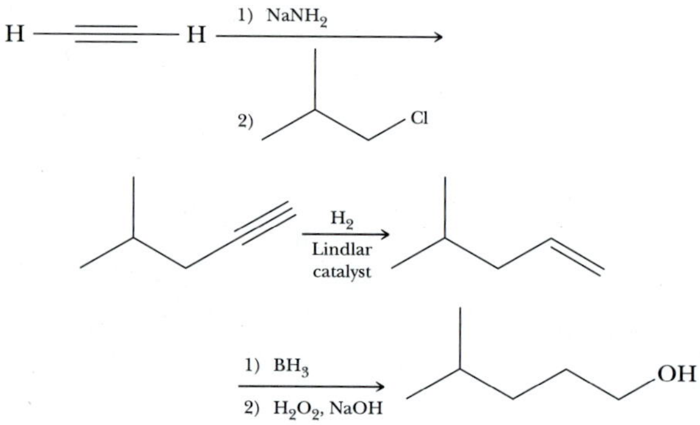

(f)

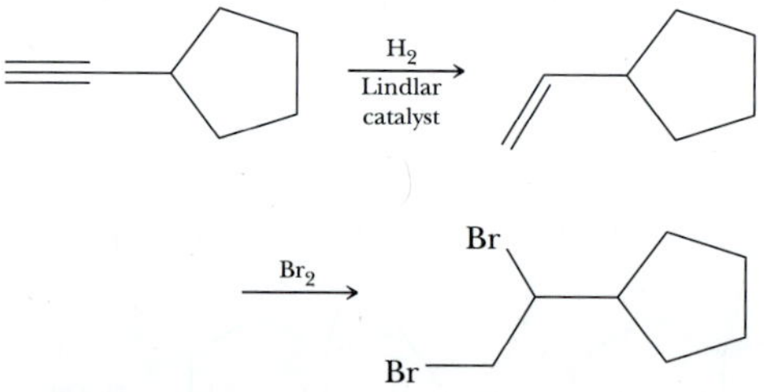

H_2 / Lindlar catalyst →

Br_2 → Br Br

Looking Ahead

5.53 (a) H H H H CH_3 CH_3

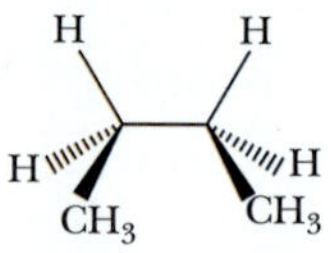

(b) H OH H H CH_3 CH_3 + CH_3 CH_3 H H H OH

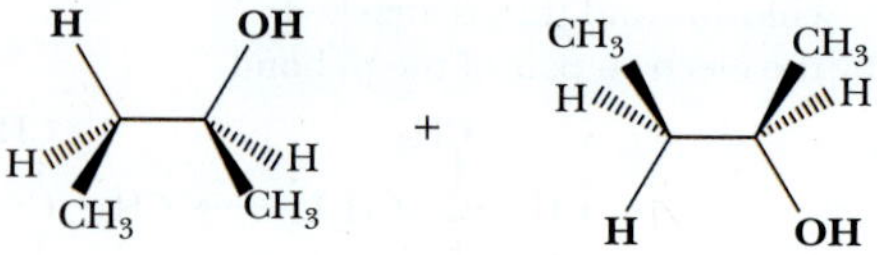

(c) Br CH_3 H H CH_3 Br + CH_3 Br H H Br CH_3

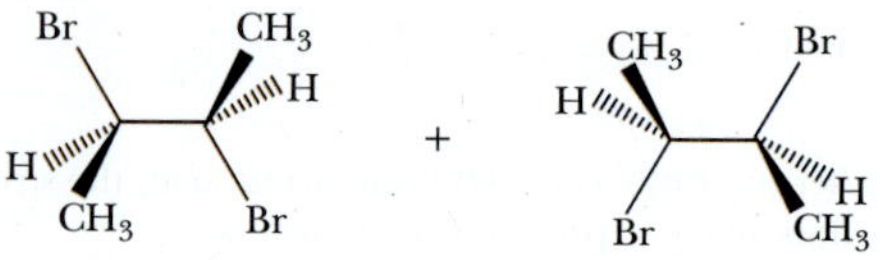

CHAPTER 6 Chirality

Problems

6.1 (a)

(b)

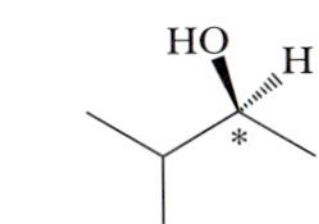

(c)

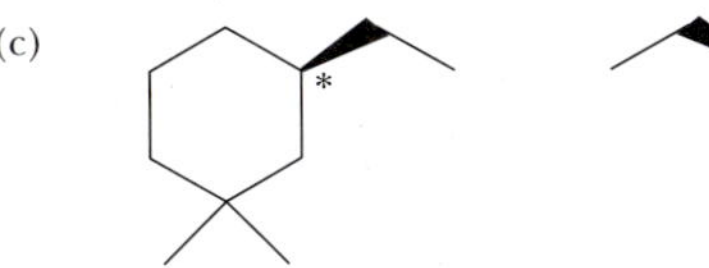

(d)

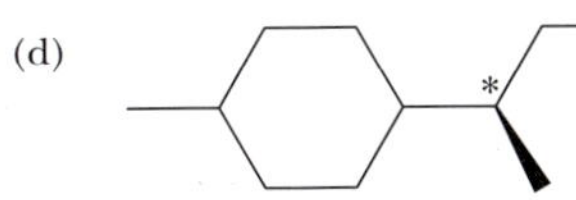

6.2 (a) *S* (b) *S* (c) *R* (d) *R*

6.3 (a) (1) and (3), and (2) and (4)

(b) (1) and (2), (1) and (4), (2) and (3), and (3) and (4)

6.4 (a) (2) and (3) (b) (1) and (4) (c) (2) and (3)

(d) (3) and (4), and (1) and (3)

6.5 3

6.6 2

End-of-Chapter Problems

Chirality

6.7 Stereoisomers are compounds that have the same molecular formula and the same atom connectivity (i.e., they are of the same constitutional isomer) but have different, noninterconverting orientations of their atoms or groups in three-dimensional space.

Four types of stereoisomers include:

- Enantiomers
- Diastereomers
- *cis–trans* isomers
- Meso isomers

6.9 *Conformation* refers to the different, interconverting arrangements of atoms, in three-dimensional space, that are the result of rotation about single bonds. *Configuration* also refers to the different spatial arrangement of atoms, but these spatial arrangements are noninterconverting and cannot be made the same by rotation about single bonds.

6.11 A spiral with a left-handed twist will have a left-handed twist when viewed from either end.

6.13 This of course depends on the manufacturer of the pasta. However, in any given box of spiral pasta, usually every piece of pasta is of the same twist because the entire box was manufactured using the same machine.

Enantiomers

6.15 (a), (c), and (d)

6.17

6.19 (a)

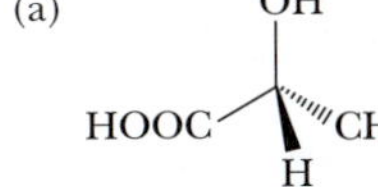

(b)

(c) (d) (e) (f) (g) (h) (i) (j) (k) (l)

6.21 (b) (c)

6.23 Structures (b), (c), (d), and (f) are identical to (a). Structures (e), (g), and (h) are mirror images of (a).

Designation of Configuration: The R,S Convention

6.25 (c) and (d)

6.27 (a) (*S*)-2-Butanol (b)

(c)

more stable more stable

(d) No

(e) Cannot be determined

Molecules with Two or More Stereocenters

6.29

6.31

(a) 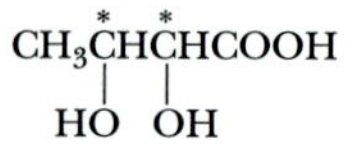 $CH_3\overset{*}{C}H\overset{*}{C}HCOOH$ (HO, OH)

four stereoisomers

(b) 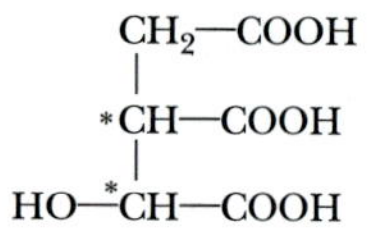 $CH_2—COOH$ / $*CH—COOH$ / $HO—\overset{*}{C}H—COOH$

four stereoisomers

(c) 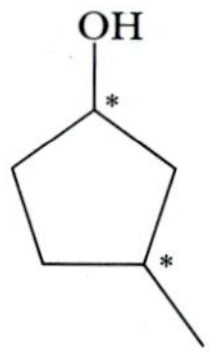 OH

four stereoisomers

(d)

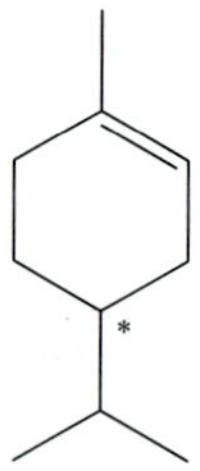

two stereoisomers

(e) 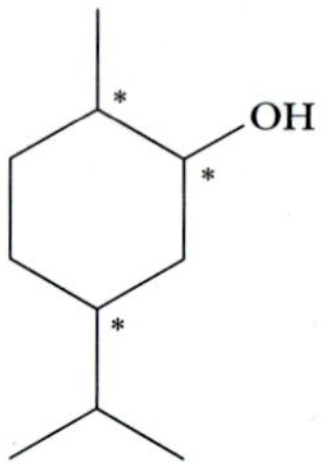 OH

eight stereoisomers

(f) 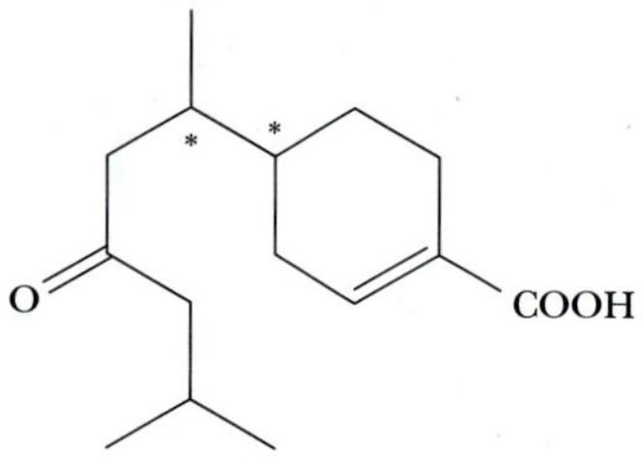 O COOH

four stereoisomers

(g) 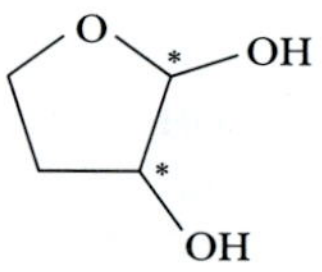 O OH OH

four stereoisomers

(h) 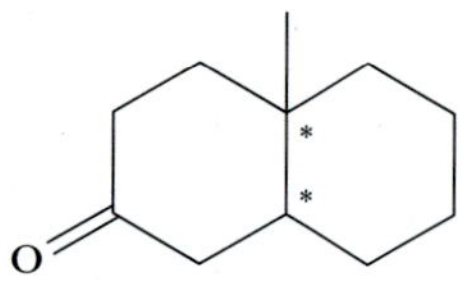 O

four stereoisomers

6.33 (a) Does not have any stereocenters

(b) Two stereoisomers

6.35 (a) HO O HO O O F O

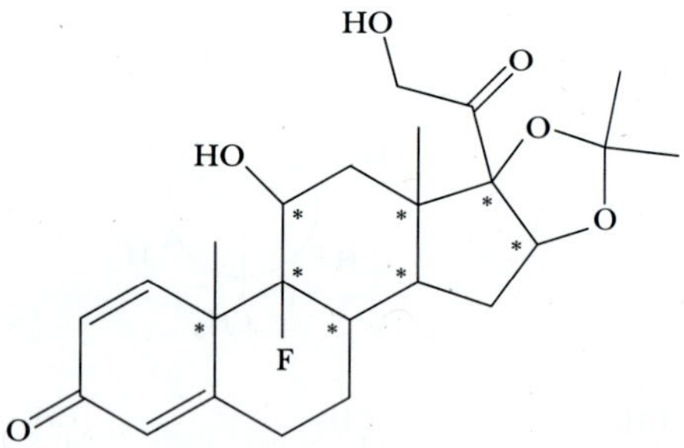

(b) 256

6.37 COOH HO H H OH COOH

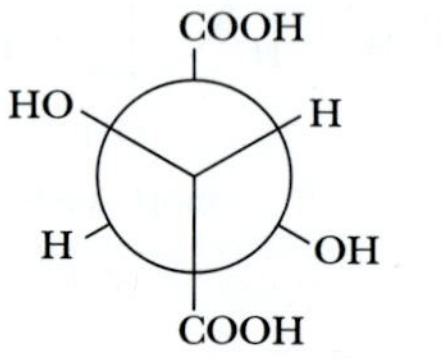

most stable conformation

COOH COOH H H OH OH

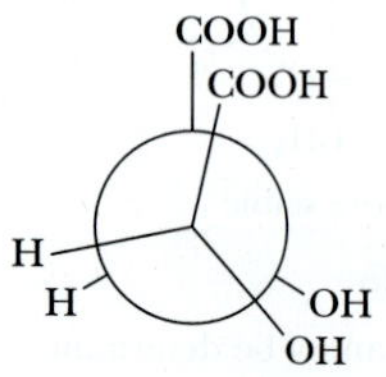

least stable conformation

6.39 (a) CH_2OH HO O HO OH OH

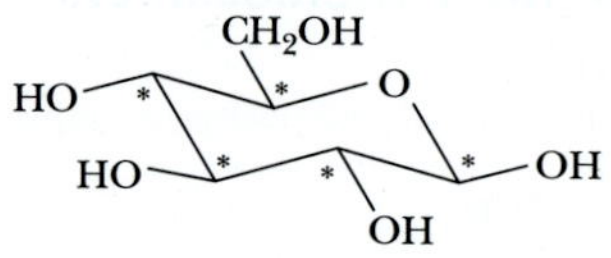

(b) 32

(c) 16

(d) Carbons 1 and 5 both have the *R* configuration.

Chemical Transformations

6.41 (a)

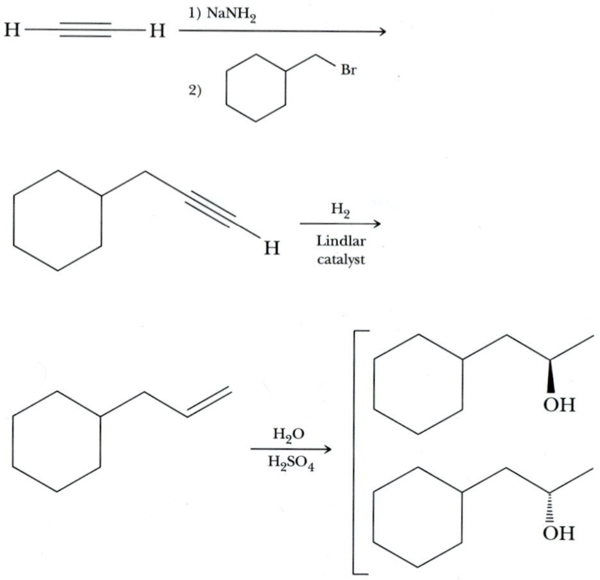

H—≡—H $\xrightarrow{\text{1) } NaNH_2 \text{ 2) (cyclohexylmethyl bromide)}}$ Br

H $\xrightarrow[\text{Lindlar catalyst}]{H_2}$

$\xrightarrow[H_2SO_4]{H_2O}$ OH OH

(b)

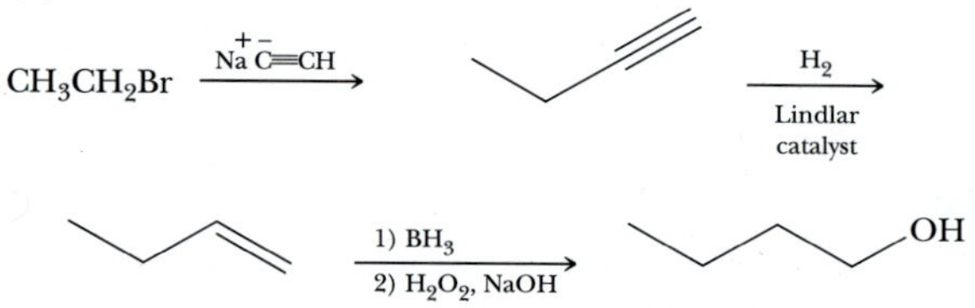

$CH_3CH_2Br \xrightarrow{\overset{+}{Na}\overset{-}{C}{\equiv}CH}$ $\xrightarrow[\text{Lindlar catalyst}]{H_2}$

$\xrightarrow[\text{2) } H_2O_2,\ NaOH]{\text{1) } BH_3}$ OH

(c)

H—≡—H $\xrightarrow[\text{2) } CH_3CH_2Br]{\text{1) } NaNH_2}$ $\xrightarrow[\text{Lindlar catalyst}]{H_2}$

$\xrightarrow{HCl}$ Cl + Cl

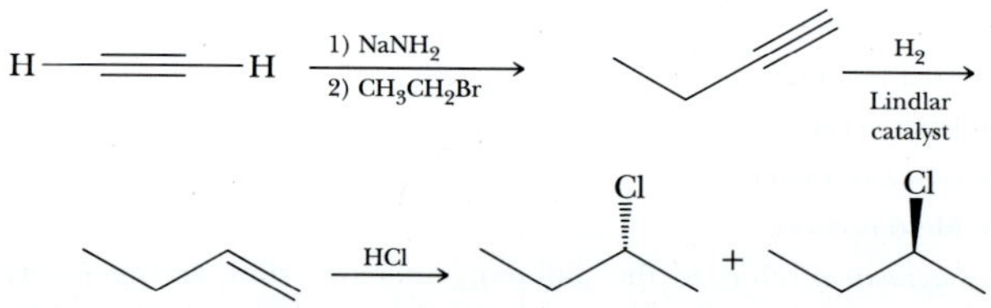

(d)

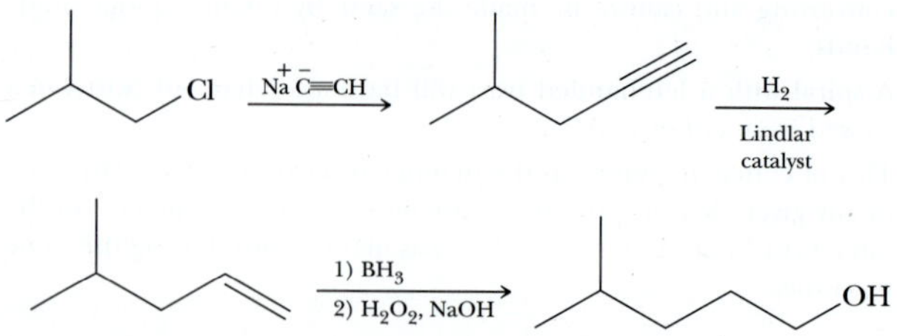

Cl $\xrightarrow{\overset{+}{Na}\overset{-}{C}{\equiv}CH}$ $\xrightarrow[\text{Lindlar catalyst}]{H_2}$

$\xrightarrow[\text{2) } H_2O_2,\ NaOH]{\text{1) } BH_3}$ OH

(e)

$\xrightarrow[\text{2) } H_2O_2,\ NaOH]{\text{1) } BH_3}$ H OH + H OH

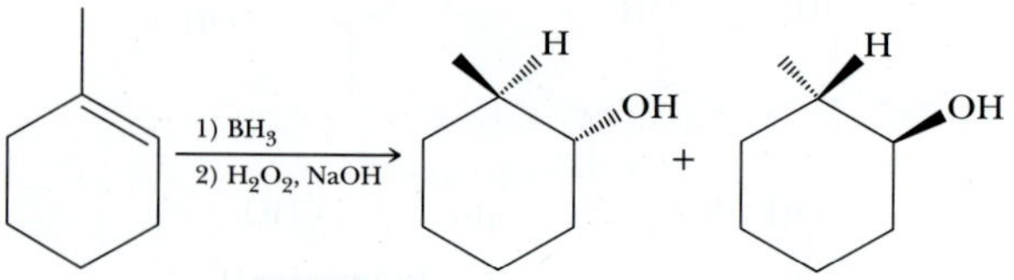

(f)

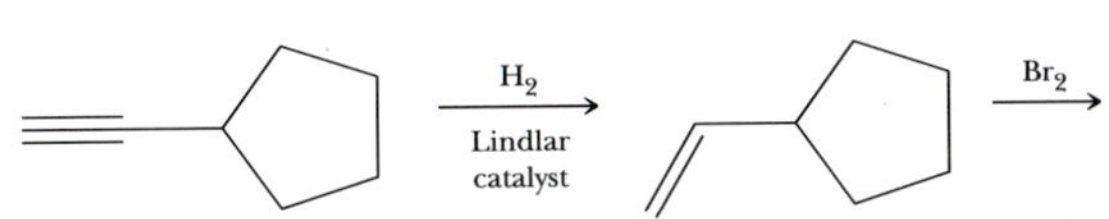

(g)

CH_3 $\xrightarrow{HCl}$

(h)

$\xrightarrow{Cl_2}$ mixture of *trans* enantiomers

(i)

$\xrightarrow[\text{Lindlar catalyst}]{H_2}$ $\xrightarrow[H_2SO_4]{H_2O}$ mixture of enantiomers

(j)

$CH_2{=}CH_2 \xrightarrow{HBr}$ Br $\xrightarrow{Na^+ \, ^-C{\equiv}CH}$

$\xrightarrow[\text{2) } \diagup\!\!\diagdown Br]{\text{1) } NaNH_2}$ $\xrightarrow[\text{Lindlar catalyst}]{H_2}$

$\xrightarrow{Cl_2}$

(k)

$\xrightarrow[Pt]{H_2}$ A mixture of enantiomers is not formed, because the product is meso.

Looking Ahead

6.43 (a)

(b) or

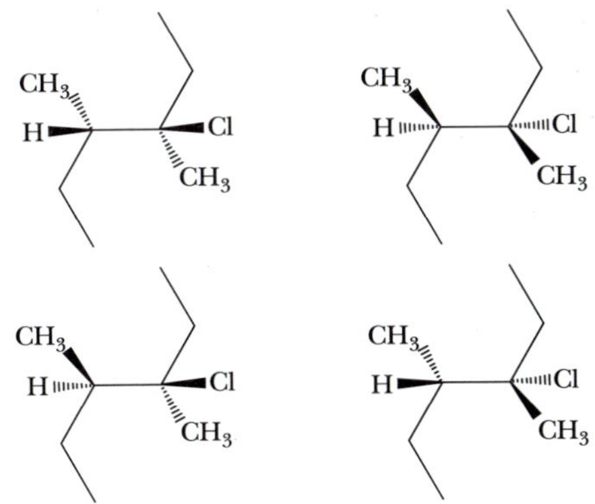

6.45

The reaction produces four different stereoisomers. If the goal of the synthesis is to selectively synthesize one of the four stereoisomers, this method is not very useful.

CHAPTER 7 Haloalkanes

Problems

7.1 (a) 1-Chloro-3-methyl-2-butene
(b) 1-Bromo-1-methylcyclohexane
(c) (*S*)-1,2-Dichloropropane
(d) 2-Chloro-1,3-butadiene
(e) (*S*)-3-chloro-3-methyl-1-pentene

7.2 (a) Substitution
(b) Both substitution and elimination

7.3 (a) $SCH_2CH_3 + Na^+Br^-$

(b) $OCCH_3 + Na^+Br^-$

7.4 (a) S_N2
(b) Compound A is more able to undergo S_N2. Both compounds A and B have about the same reactivity toward S_N1.

7.5 (a) SH by S_N2

(b) $CH_3CHCH_2CH_3$ with OCH (O) — racemic mixture by S_N1

7.6 (a) CH_2 + CH_3

minor major

(b) CH_2

(c) CH_3 + CH_3

equal amounts

(d) +

minor major

7.7 (a) by E2 (b) by E2

7.8 (a) OCH_3 +

E2 and SN2 are likely to be competing mechanisms, with the elimination product being more favorable than the substitution product.

(b)

E2 and S_N2 are likely to be competing mechanisms.

End-of-Chapter Problems

Nomenclature

7.9 (a) 1,1-Difluoroethene

(b) 3-Bromocyclopentene

(c) 2-Chloro-5-methylhexane

(d) 1,6-Dichlorohexane

(e) Dichlorodifluoromethane

(f) 3-Bromo-3-ethylpentane

7.11 (a) Br (b) Cl

(c) Br Br

(d)

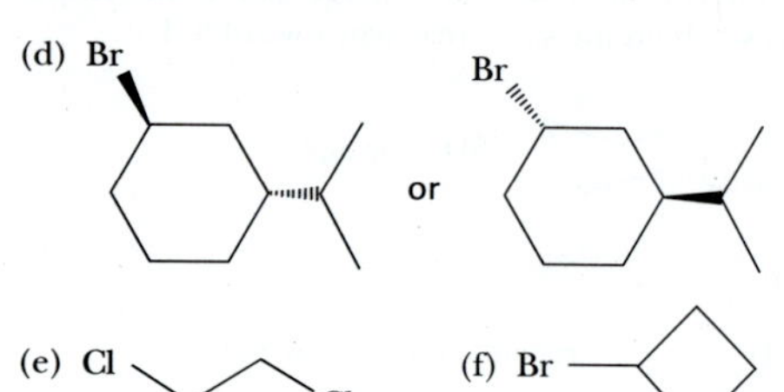

(e) Cl Cl (f) Br

7.13 (b) and (c)

Synthesis of Alkyl Halides

7.15 (a) HCl (b) HI

(c) HCl (d) HBr

Nucleophilic Aliphatic Substitution

7.17 $CH_3NH_2 < CH_3CH_2OH < CH_3OH < H_2O$

7.19 (a) OH^- (b) OH^- (c) CH_3S^-

7.21 (a) $Na^+Cl^- + CH_3CH_2CH_2I$

(b) $NH_3^+ Br^-$

(c) $Na^+Cl^- + CH_2{=}CHCH_2OCH_2CH_3$

7.23 (a) The haloalkane is 2°, acetate is a moderate nucleophile that is a weak base, and ethanol is a moderately ionizing solvent; these favor an S_N2 mechanism.

(b) The haloalkane is 2°, ethyl thiolate is a good nucleophile that is a weak base, and acetone is a weakly ionizing solvent; these favor an S_N2 mechanism.

(c) The haloalkane is 1°, and when combined with an excellent nucleophile such as iodide, the reaction will proceed by an S_N2 mechanism.

(d) Although the nucleophile is only a moderate nucleophile, the reaction can only proceed by S_N2 because the haloalkane is a methyl halide. Because methyl carbocations are extremely unstable, the reaction cannot proceed by an S_N1 mechanism.

(e) The haloalkane is 1°, and when combined with a good nucleophile such as methoxide, the reaction will proceed by an S_N2 mechanism. Although methoxide is also a good base, 1° haloalkanes will favor substitution over elimination.

(f) The haloalkane is 2°, methyl thiolate is a good nucleophile that is a weak base, and ethanol is a moderately ionizing solvent; these favor an S_N2 mechanism.

(g) Similar to (d), the amine is a moderate nucleophile. The haloalkane is 1°, which will not react by an S_N1 mechanism. Thus, the favored mechanism is S_N2.

(h) As with (d) and (g), the amine nucleophile (ammonia) is moderate. When combined with a 1° haloalkane, which cannot proceed by S_N1, the favored mechanism is S_N2.

7.25 (a) False. (b) False. (c) True.

(d) True. (e) False. (f) False.

7.27 (a) The 2° haloalkane forms a relatively stable carbocation, ethanol is a weak nucleophile, and the solvent (also ethanol) is moderately ionizing.

(b) The 3° haloalkane forms a very stable carbocation, methanol is a weak nucleophile, and the solvent (also methanol) is moderately ionizing.

(c) The 3° haloalkane forms a very stable carbocation, acetic acid is a weak nucleophile, and the solvent (also acetic acid) is strongly ionizing.

(d) The 2° haloalkane forms a carbocation that is stabilized by resonance, methanol is a weak nucleophile, and the solvent (also methanol) is moderately ionizing.

(e) The 2° haloalkane forms a carbocation that can rearrange (hydride shift) to form a 3° carbocation, and like (a), the nucleophile and solvent favor an S_N1 mechanism.

(f) The 2° haloalkane forms a carbocation that can rearrange (alkyl shift) to form a 3° carbocation, and like (c), the nucleophile and solvent favor an S_N1 mechanism.

7.29 Both the S_N1 and E1 mechanisms involve the highly stable *tert*-butyl carbocation, which is generated in the first step of the reaction:

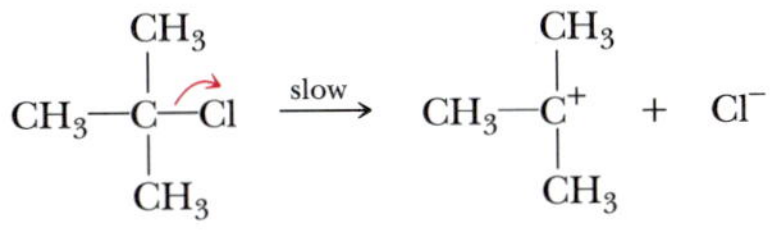

$$CH_3-C(CH_3)_2-Cl \xrightarrow{slow} CH_3-C^+(CH_3)_2 + Cl^-$$

Attack of the carbocation by ethanol gives the ether product:

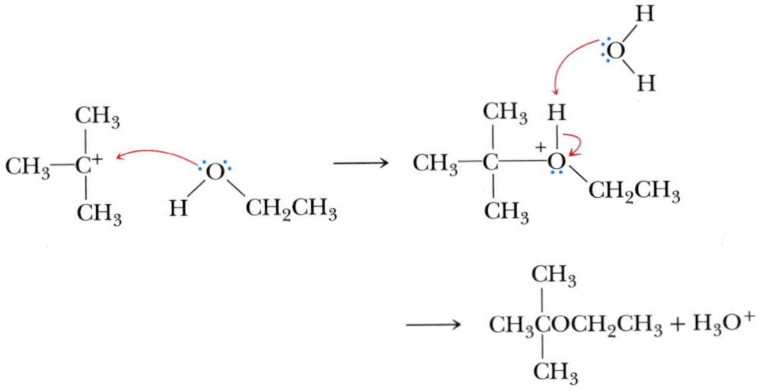

$$(CH_3)_3C^+ + HOCH_2CH_3 \longrightarrow (CH_3)_3C-O^+(H)CH_2CH_3 \longrightarrow CH_3C(CH_3)_2OCH_2CH_3 + H_3O^+$$

In a similar fashion, nucleophilic attack of the carbocation by water results in the alcohol:

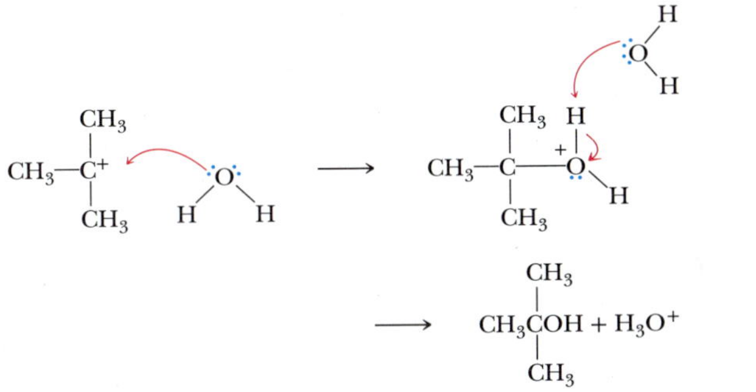

$$(CH_3)_3C^+ + H_2O \longrightarrow (CH_3)_3C-O^+H_2 \longrightarrow CH_3C(CH_3)_2OH + H_3O^+$$

Deprotonation of the carbocation by the solvent (water or ethanol) gives the alkene:

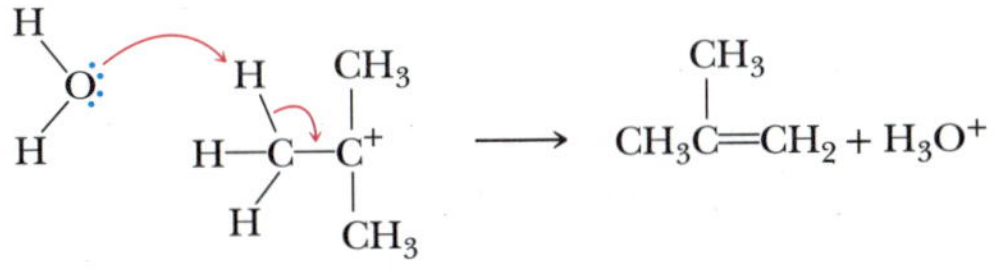

$$H_2O + H-CH_2-C^+(CH_3)_2 \longrightarrow CH_3C(CH_3)=CH_2 + H_3O^+$$

7.31 (a)  Cl (b)  Br (c) 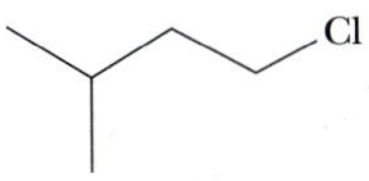 Cl (d) 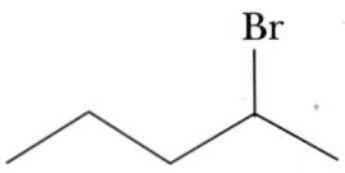 Br

7.33 Haloalkenes fail to undergo S_N1 reactions because the alkenyl carbocations produced through ionization of the carbon–halogen bond are too unstable. They fail to undergo S_N2 reactions because the planar geometry of the alkene does not allow backside attack, and the electron-rich nature of the alkene does not attract nucleophiles.

7.35 (a) 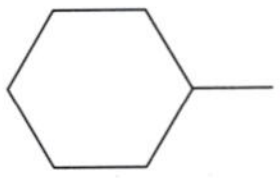 Br + $2NH_3$

(b) 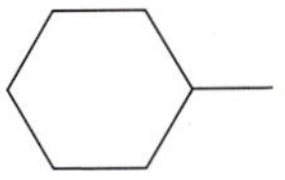 $CH_2Br + 2NH_3$

(c) 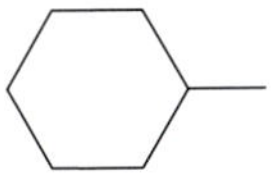 Br + CH_3COONa

(d)  Br + $NaSCH_2CH_2CH_3$

(e) 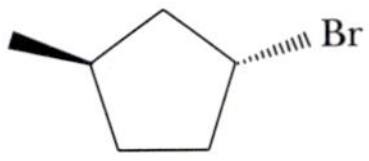 Br + CH_3COONa

(f) $CH_3(CH_2)_2CH_2Br$ + $NaOCH_2(CH_2)_2CH_3$

β-Eliminations

7.37 (c) and (d)

7.39 (a) 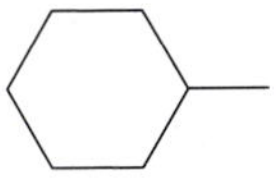 CH_2Br

(b) $CH_3CH(CH_3)CH_2CH_2CH_2Br$

7.41 (a) 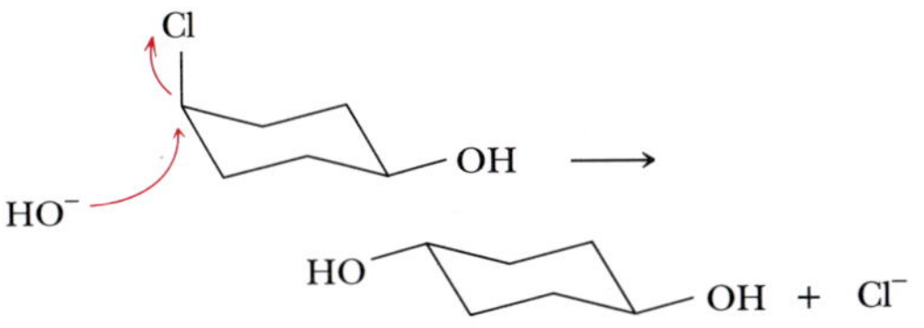 HO^- + Cl ... OH ⟶ HO ... OH + Cl^-

(b) 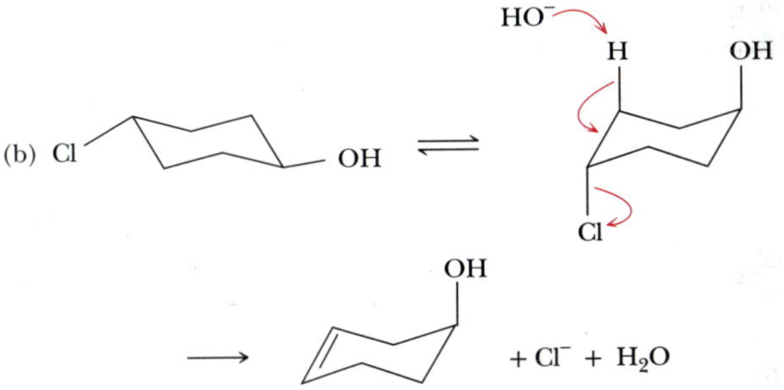 Cl ... OH ⇌ HO^- H OH Cl ⟶ OH + Cl^- + H_2O

(c) With *trans*-4-chlorocyclohexanol, the nucleophilic atom is created by deprotonating the hydroxyl group. The resulting alkoxide is properly oriented to initiate a backside attack, whereas the alkoxide nucleophile generated from *cis*-4-chlorocyclohexanol is situated on the same side as the leaving group and cannot initiate a backside attack.

HO^- H O Cl ⟶ O^- Cl ⇌ Cl O^- ⟶ O

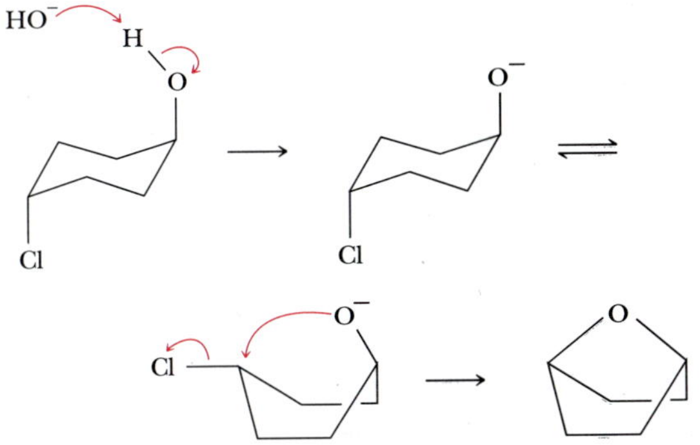

Synthesis and Predict the Product

7.43 (a) S_N1 OCH_3 + OCH_3

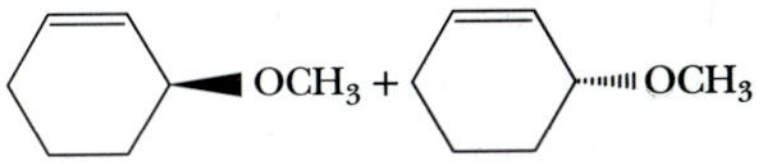

(b) S_N2 CH_3 I

(c) E2

(d) E2

(e) S_N1 O O +

(f) S_N2 CN

Looking Ahead

7.45 Reaction (a) gives the ether, while reaction (b) gives an alkene by an E2 reaction.

7.47

$Cl-CH_2-CH_2-O-H$ ^-OH ⟶ $Cl-CH_2-CH_2-O^-$

⟶ H_2C — CH_2 (O)

7.49 Over time, an equilibrium mixture consisting of equal amounts of both enantiomers is formed.

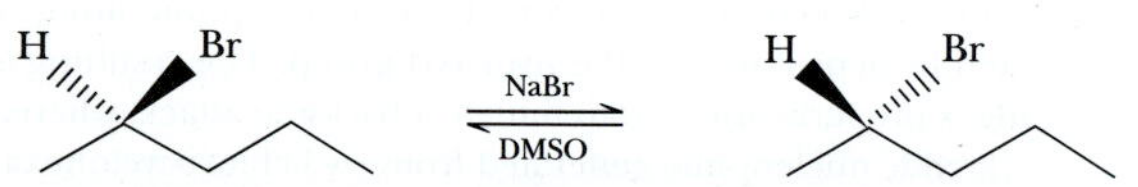

7.51 Although alkoxides are poor leaving groups, the opening of the highly strained three-membered ring is the driving force behind the opening of epoxides by nucleophiles.

CHAPTER 8 Alcohols, Ethers, and Thiols

Problems

8.1 (a) 2-Heptanol
(b) 2,2-Dimethyl-1-propanol
(c) (1*R*,3*S*)-3-Isopropylcyclohexanol
(d) (2*R*,4*S*)-4-Cyclopentyl-2-pentanol

8.2 (a) primary (b) secondary
(c) primary (d) tertiary (e) tertiary

8.3 (a) *trans*-3-Penten-1-ol
(b) 2-Cyclopentenol
(c) (2*S*,3*R*)-1,2,3-Pentanetriol
(d) (1*R*,4*S*)-1,4-Cycloheptanediol

8.4 (a) OH + HO(C=O)OH ⇌ $\overset{+}{O}H_2$ + HO(C=O)O^-

(b) 2 OH + 2Na ⟶ 2 O^- Na^+ + H_2

(c) CH_3CH_2OH + CH_3(C=O)O^- Na^+ ⇌ $CH_3CH_2O^-$ Na^+ + CH_3(C=O)OH

(d) H + $\overset{+}{Na}\overset{-}{O}CH_3$ ⇌ $\overset{-}{C}\overset{+}{Na}$ + CH_3OH

8.5 (a) major product + minor product

(b) major product + minor product

(c) major product + minor product + minor product

8.6 (a) OH (b) O (c) O

8.7 (a) 1-Ethoxy-2-methylpropane (Ethyl isobutyl ether)
(b) Methoxycyclopentane (Cyclopentyl methyl ether)
(c) (*E*)-1-Isopropoxypropene (Isopropyl (*E*)-1-propenyl ether)

8.8 $CH_3OCH_2CH_2OCH_3 < CH_3OCH_2CH_2OH < HOCH_2CH_2OH$

8.9

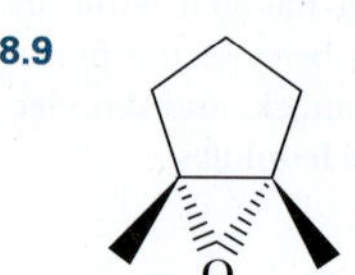

8.10

RCO_3H ⟶ O H^+ / H_2O ⟶ OH, CH_3, OH, CH_3

8.11 (a) 3-Methyl-1-butanethiol (b) 3-Methyl-2-butanethiol
(c) Cyclopentanethiol

8.12 (a)

(b)

(c)

(d)

End-of-Chapter Problems

Structure and Nomenclature

8.13 (a) 3° (b) 3° (c) 1° (d) 3°
(e) 2° (f) 2° (g) 3° (h) 2°

8.15

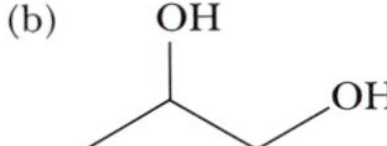

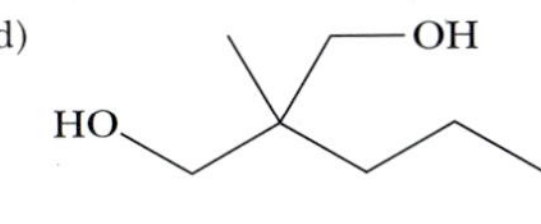

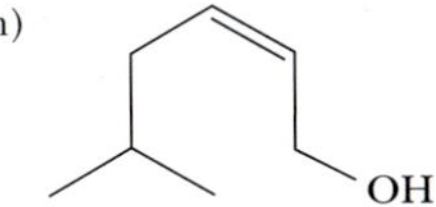

8.17

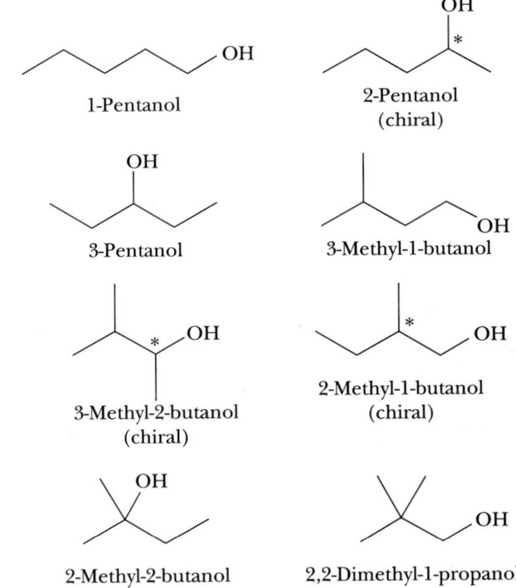

Physical Properties

8.19 $CH_3CH_2CH_3 < CH_3OCH_3 < CH_3CH_2OH < CH_3COOH$

8.21

intramolecular hydrogen bonding

Intramolecular hydrogen bonding can occur between the hydroxyl groups. The strength of the hydrogen bond is greater than 4.2 kJ/mol, so the net result is that the conformation with the larger groups closest to each other is more stable.

8.23 (a) CH_3OH (b) $CH_3\overset{O}{\overset{\|}{C}}CH_3$
(c) NaCl (d) $CH_3CH_2CH_2OH$
(e) $CH_3CH_2\overset{OH}{\overset{|}{C}}HCH_2CH_3$

8.25 (a) CH_3CH_2OH (b) CH_3CH_2OH
(c) $CH_3\overset{O}{\overset{\|}{C}}CH_3$ (d) $CH_3CH_2OCH_2CH_3$

Synthesis of Alcohols

8.27 The two reactions are stereoselective and result in *trans* products because they both involve an intermediate consisting of a three-membered ring. To open the ring, the nucleophile preferentially attacks from the least-hindered side, which is the side opposite (anti) to that of the three-membered ring. The key ring-opening steps are shown.

Acid-catalyzed hydrolysis of epoxide:

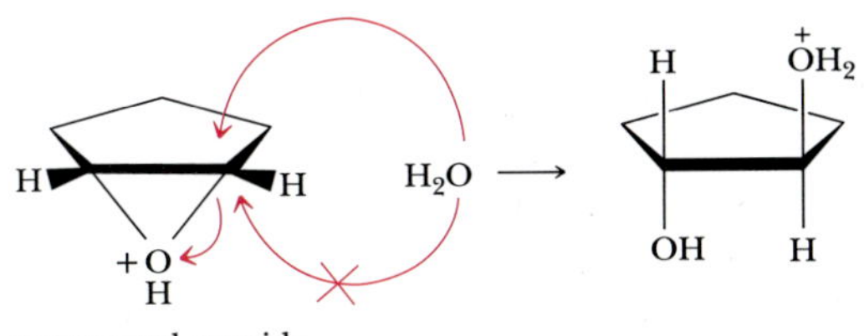

Bromination:

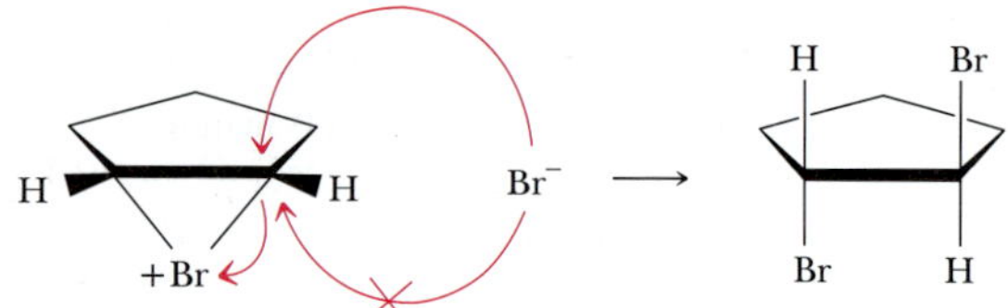

cyclic brominium ion

Acidity of Alcohols and Thiols

8.29 $CH_3CH_2CH_2OH < CH_3CH_2CH_2SH < CH_3CH_2COH$ (C=O)

8.31 (a) $CH_3CH_2O^- + HCl \rightleftharpoons CH_3CH_2OH + Cl^-$

stronger base, stronger acid; weaker acid, weaker base

The equilibrium lies far to the right.

(b) $CH_3COH + CH_3CH_2O^- \rightleftharpoons CH_3CO^- + CH_3CH_2OH$ (C=O)

stronger acid, stronger base; weaker base, weaker acid

The equilibrium lies far to the right.

Reactions of Alcohols

8.33 Both cyclohexanol and cyclohexene are colorless. However, cyclohexene will decolorize an orange-red solution of bromine dissolved in CCl_4 (the solvent), while cyclohexanol does not react with bromine.

8.35 (a) 2 (2-butanol, OH) $\xrightarrow{2Na}$ 2 (O^- Na^+) + H_2

(b) OH $\xrightarrow[\text{heat}]{H_2SO_4}$ (alkene) + (alkene) + (alkene)

major product

(c) OH $\xrightarrow[\text{heat}]{HBr}$ Br

(d) OH $\xrightarrow{K_2Cr_2O_7,\ H_2SO_4;\ heat}$ O

(e) OH $\xrightarrow{SOCl_2}$ Cl

(f) OH $\xrightarrow{PCC}$ O

8.37 The reaction most likely proceeds by an S_N1 mechanism. Intermediates formed are:

$\overset{+}{O}H_2$; +

Oxonium ion intermediate; Carbocation intermediate

8.39

$CH_3C(CH_3)=CH_2$ + $H-\ddot{O}^+(H)-CH_3 \rightleftharpoons CH_3C^+(CH_3)_2$ + $\ddot{O}(H)CH_3$

$\rightleftharpoons CH_3C(CH_3)_2-\overset{+}{O}(H)CH_3$ + $\ddot{O}(H)CH_3$ $\rightleftharpoons CH_3C(CH_3)_2OCH_3$ + $H-\ddot{O}^+(H)-CH_3$

Syntheses

8.41 (a)

OH $\xrightarrow[\text{heat}]{H_2SO_4}$ (propene) $\xrightarrow[H_2SO_4]{H_2O}$ OH

(b)

(cyclohexene) $\xrightarrow[H_2SO_4]{H_2O}$ OH $\xrightarrow[\text{or PCC}]{H_2CrO_4}$ O

(c)

OH $\xrightarrow[\text{heat}]{H_2SO_4}$ (cyclohexene) $\xrightarrow{1)\ RCO_3H;\ 2)\ H^+/H_2O}$ OH, OH racemic mixture

(d)

(propene) $\xrightarrow[H_2SO_4]{H_2O}$ OH $\xrightarrow[\text{or PCC}]{H_2CrO_4}$ O

8.43

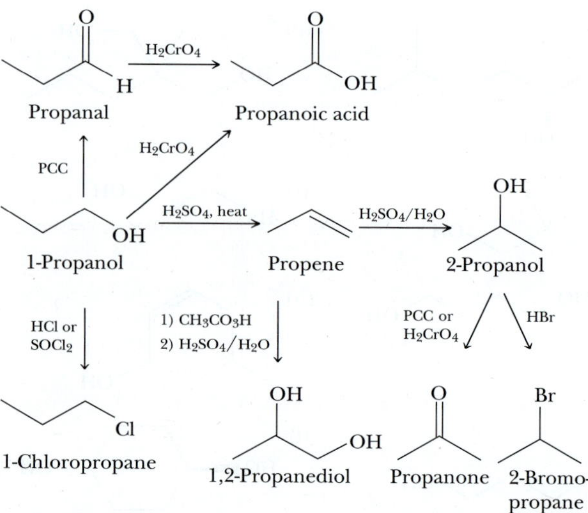

8.45

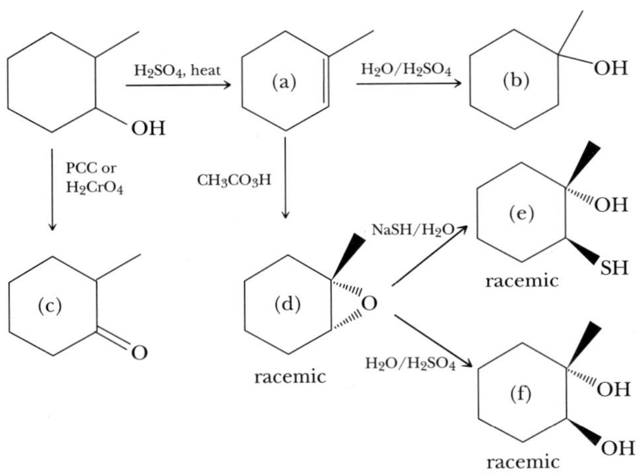

H_2SO_4, heat; (a); H_2O/H_2SO_4; (b) OH; OH; PCC or H_2CrO_4; CH_3CO_3H; (c) O; (d) O racemic; $NaSH/H_2O$; (e) OH SH racemic; H_2O/H_2SO_4; (f) OH OH racemic

8.47 (a) A peroxycarboxylic acid, such as CH_3CO_3H, will convert the alkene into an epoxide.

(b) There are two stereocenters, giving rise to a maximum of $2^2 = 4$ stereoisomers. However, only two are formed due to the stereoselectivity of the epoxidation reaction.

Chemical Transformations

8.49

(a) OH $\xrightarrow{H_2SO_4, \text{ heat}}$ $\xrightarrow{H_2O, H_2SO_4}$ HO

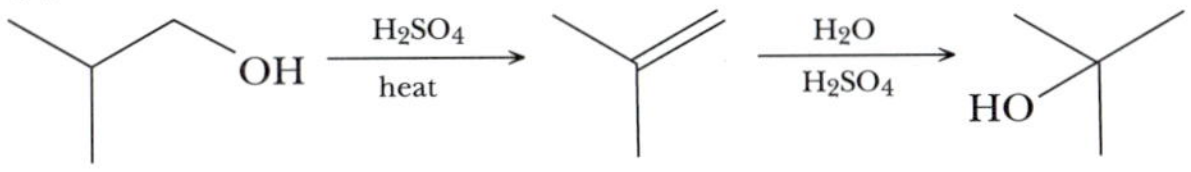

(b) OH $\xrightarrow{HBr}$ Br $\xrightarrow{\text{sodium cyclohexylsulfide}}$ S

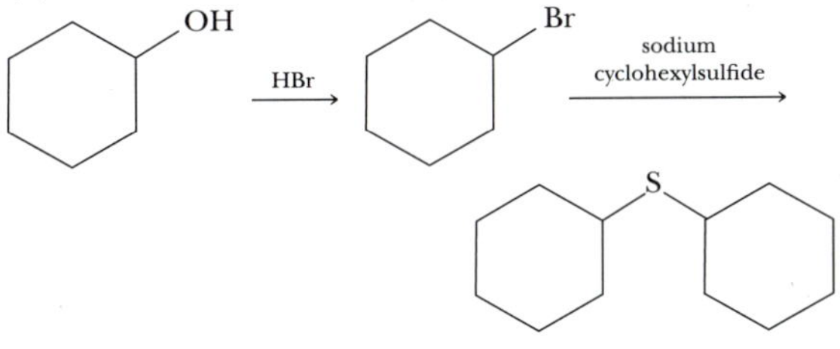

(c) OH $\xrightarrow{H_2SO_4, \text{ heat}}$ $\xrightarrow{RCO_3H}$ O

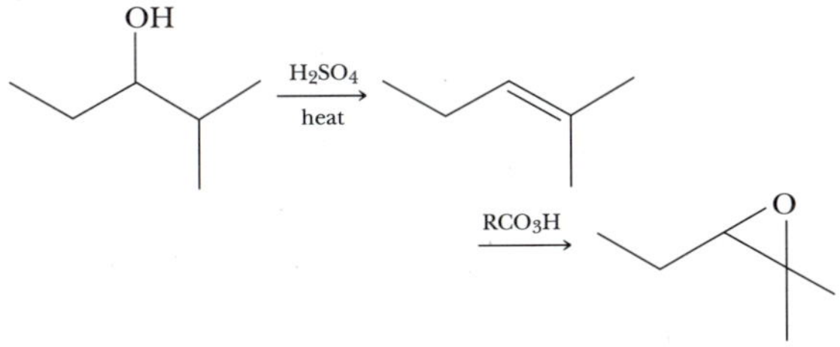

(d) $\xrightarrow{RCO_3H}$ O $\xrightarrow{H_2O, H_2SO_4}$ OH OH

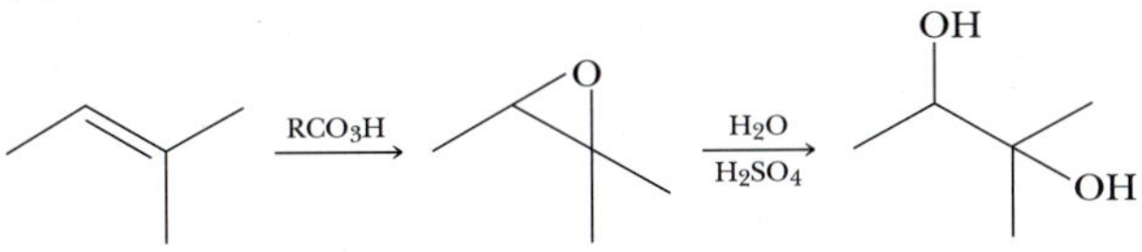

(e) OH $\xrightarrow{HCl}$ Cl $\xrightarrow{NaBr}$ Br $\xrightarrow{NaOCH_3}$ OCH_3

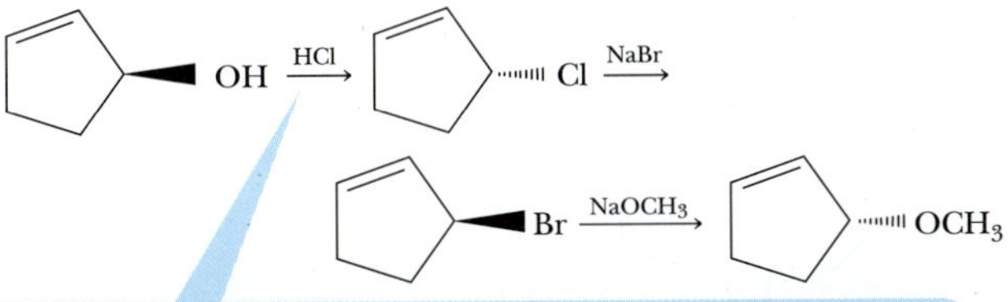

this competes with S_N1. In Chapter 13, we will encounter $SOCl_2$, a reagent that will give more of the desired S_N2 product.

(f) $\xrightarrow{H_2O, H_2SO_4}$ OH $\xrightarrow{H_2SO_4, \text{ heat}}$ $\xrightarrow{H_2O, H_2SO_4}$ OH + OH

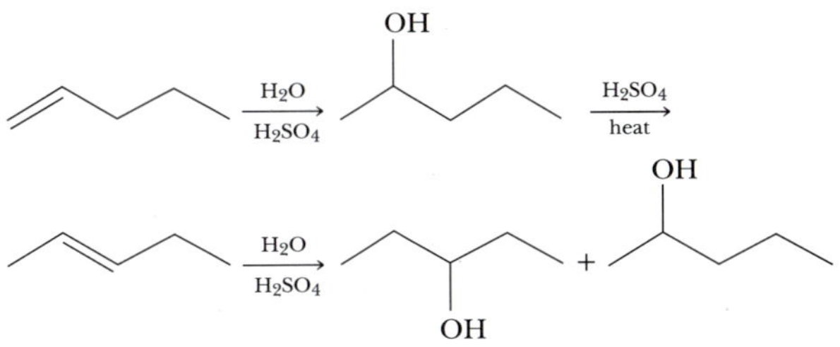

(g) Br $\xrightarrow{NaOH, \text{ heat}}$ $\xrightarrow{\text{1) } BH_3 \text{ 2) } H_2O_2, NaOH}$ OH racemic $\xrightarrow{H_2CrO_4}$ O racemic

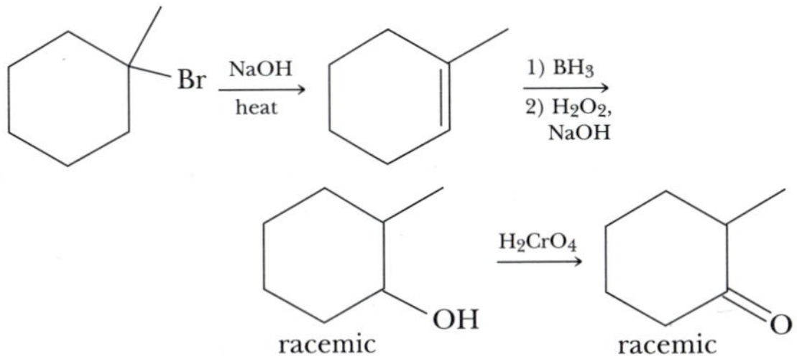

(h) HO $\xrightarrow{H_2SO_4, \text{ heat}}$ $\xrightarrow{RCO_3H}$ O

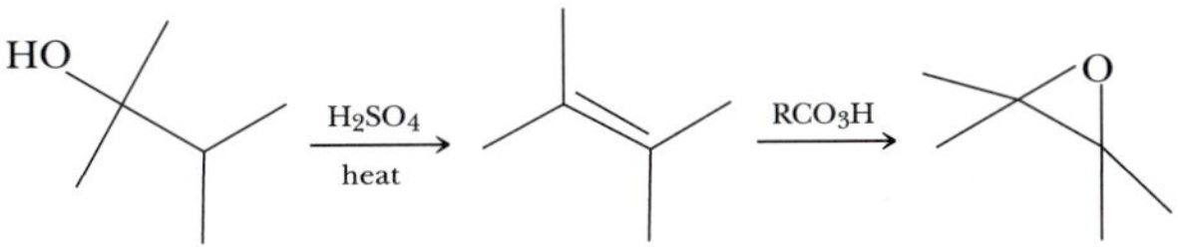

(i) OH $\xrightarrow{H_2SO_4, \text{ heat}}$ $\xrightarrow{RCO_3H}$ O $\xrightarrow{\text{1) } \overset{+}{Na}\overset{-}{C}\equiv CH \text{ 2) } H_3O^+}$ HO $\xrightarrow{H_2, Pt}$ HO $\xrightarrow{H_2SO_4, \text{ heat}}$

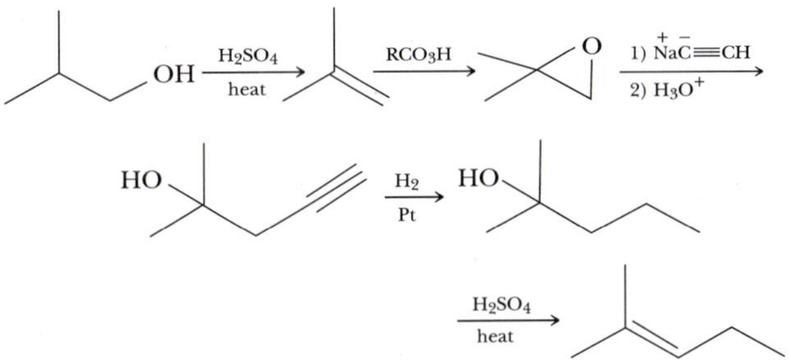

(j) $\xrightarrow{\text{1) } BH_3 \text{ 2) } H_2O_2, NaOH}$ OH $\xrightarrow{H_2CrO_4}$ O OH

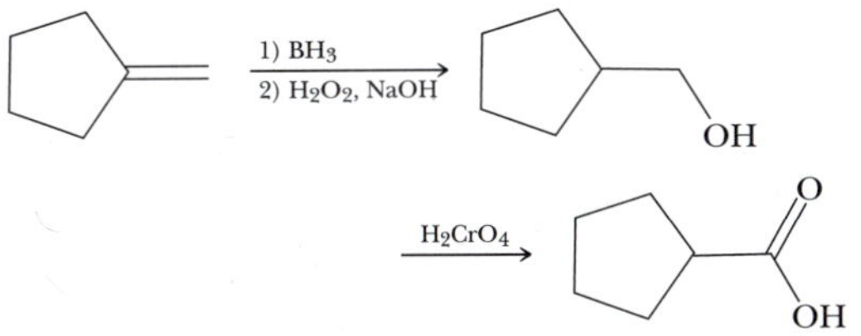

(k) $\xrightarrow{RCO_3H}$ O $\xrightarrow{NH_3}$ H_2N OH

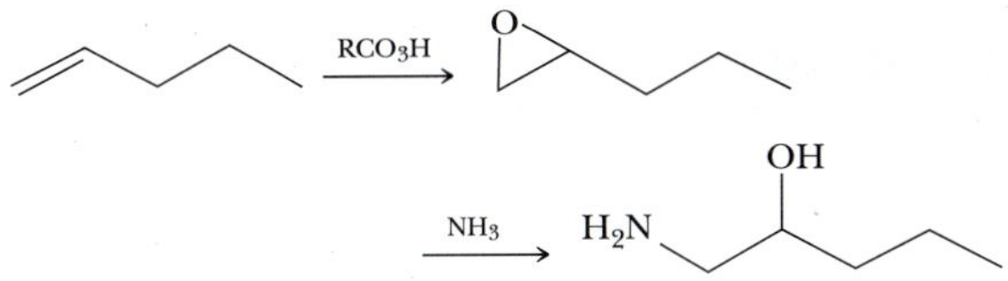

(l) Cl $\xrightarrow{NaOH, \text{ heat}}$ $\xrightarrow{\text{1) } RCO_3H \text{ 2) } H^+/H_2O}$ OH OH racemic

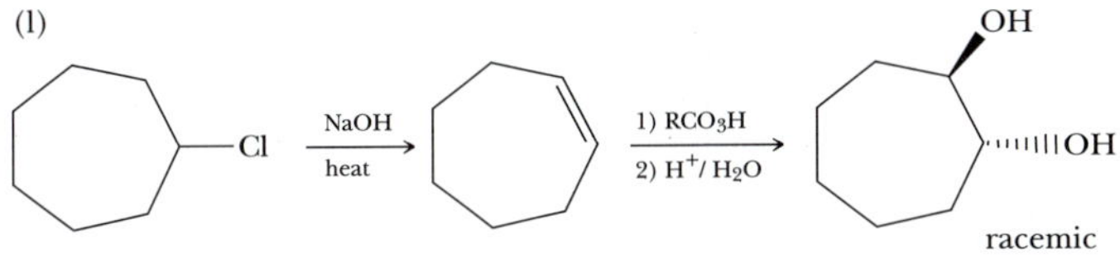

(m) RCO_3H → $CH_3CH_2NH_2$ → racemic

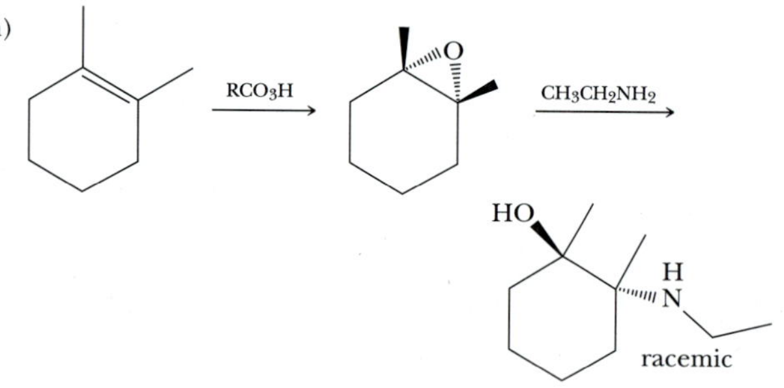

(n) NaOH → H_2CrO_4 →

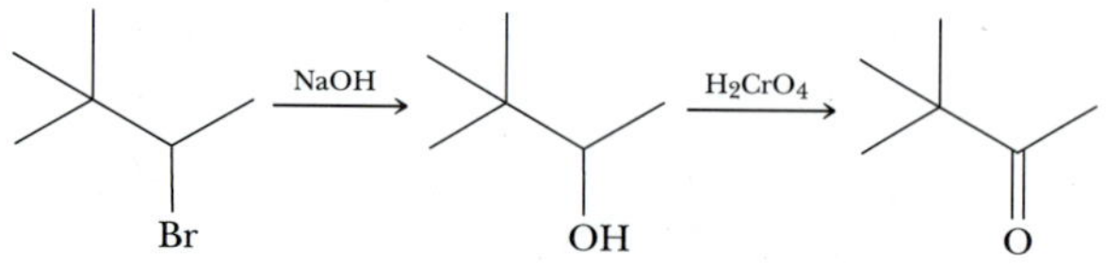

(o) $HOCH_2CH_3$ —2-iodopropane→ OCH_2CH_3

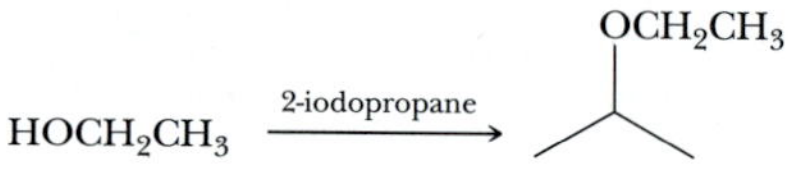

(p) 1) BH_3 2) H_2O_2, NaOH → HBr → NaSH → air →

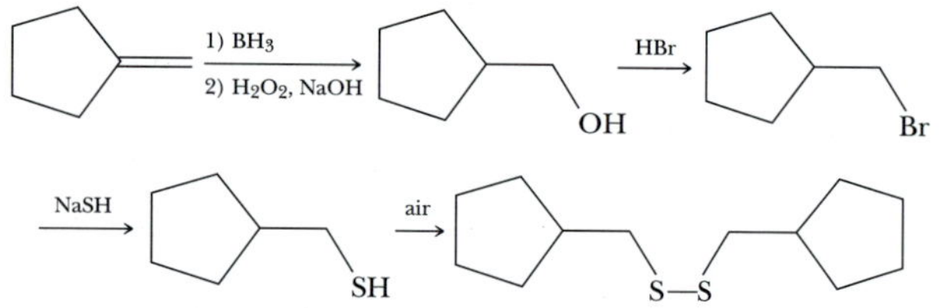

(q) NaOH → PCC →

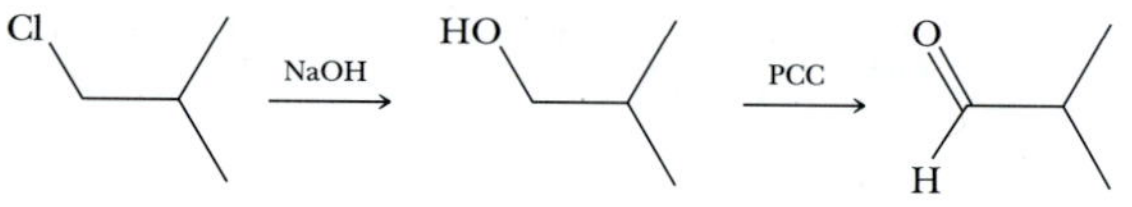

(r) OH —Na→ ONa —bromoethane→

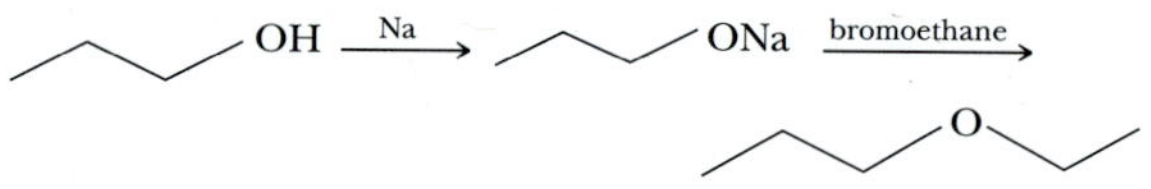

(s) H_2O / H_2SO_4 → Na →

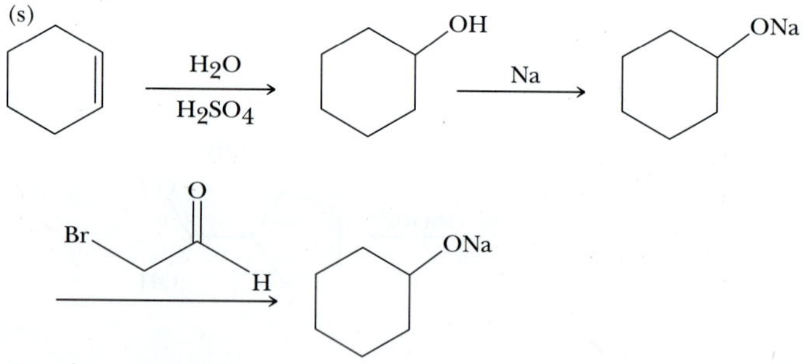

Looking Ahead

8.51

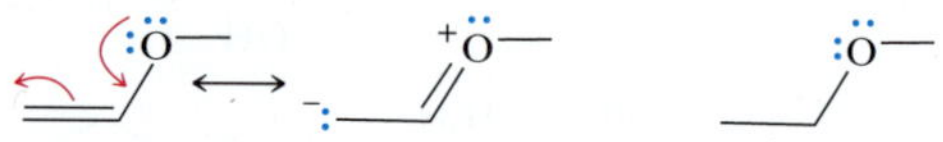

Ethyl vinyl ether   Ethyl methyl ether

As a result of resonance, the oxygen of methyl vinyl ether carries a partial positive charge, which makes it less reactive toward an electrophile. The oxygen of methyl vinyl ether is also less basic than the oxygen of ethyl methyl ether.

8.53 RCOCl > $RCOOCH_3$ > $RCONH_2$

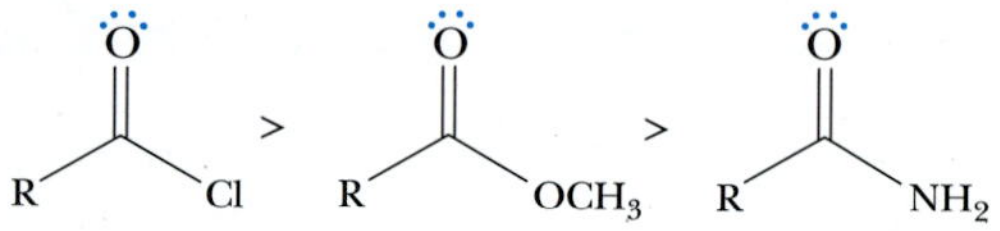

CHAPTER 9 Benzene and Its Derivatives

Problems

9.1 (a), (c), and (d)

9.2 (a) 2-Phenyl-2-propanol

(b) (*E*)-3,4-Diphenyl-3-hexene

(c) 3-Methylbenzoic acid or *m*-methylbenzoic acid

(d) 3-Bromo-5-chlorobenzaldehyde

(e) 4-chloro-3-ethylanisole

9.3 (a) (b) 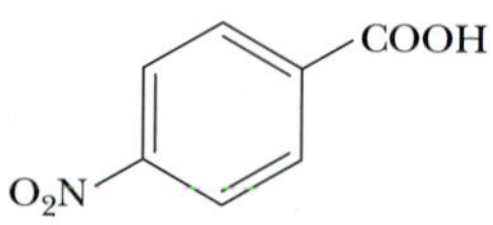 (c)

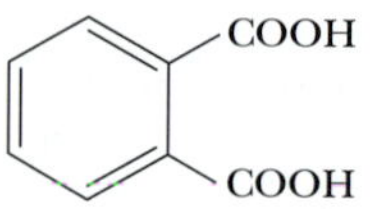

9.4 Step 1:

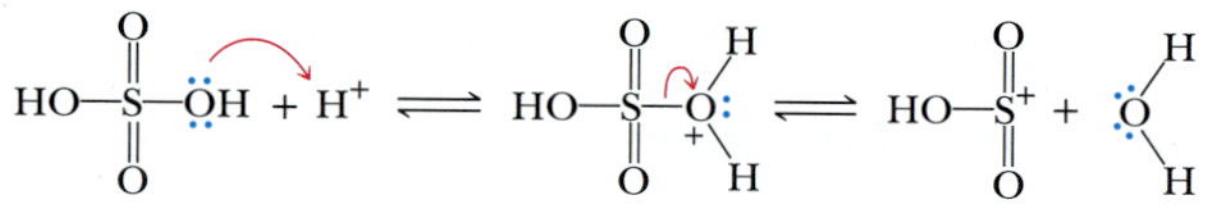

Step 2:

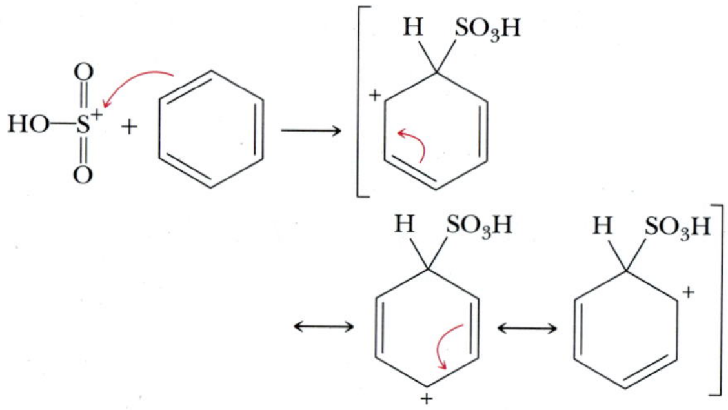

Step 3:

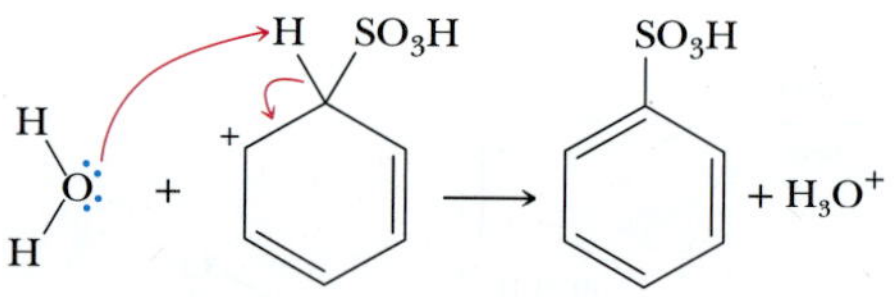

9.5 (a) 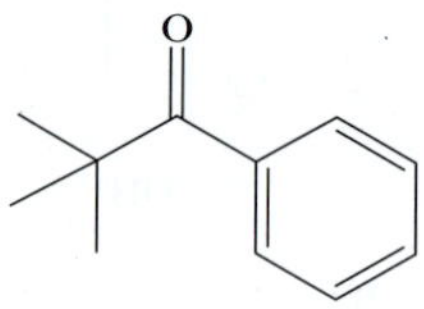 (b) 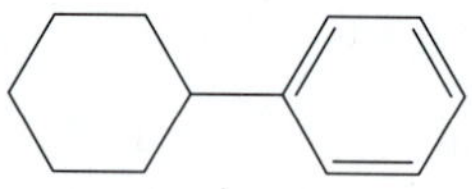 (c) 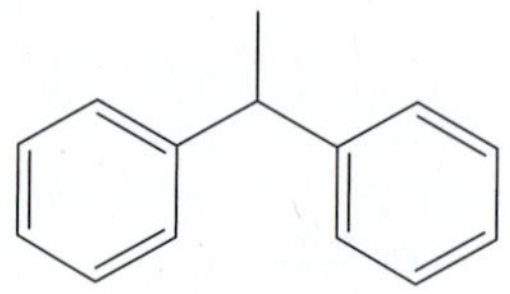 (d) 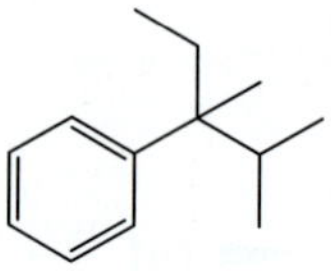 (e)

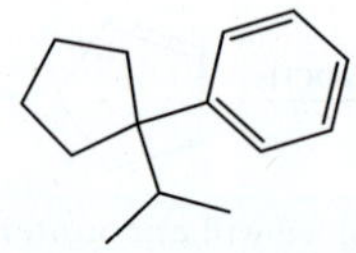

9.6 Step 1:

OH + H—O—P(=O)(OH)—OH ⇌ $\overset{+}{O}H_2$

+ $^{-}$:O—P(=O)(OH)—OH

Step 2:

$\overset{+}{O}H_2$ ⇌ + + H_2O

Step 3:

+ ⟶ [H H ⟷ ⟷ H +]

Step 4:

HO—P(=O)(OH)—O: + H + ⟶ HO—P(=O)(OH)—OH +

9.7 (a) O O NO_2

(b) NO_2 O O + O_2N O O

9.8 If the electrophile is added ortho or para, it is possible to draw a contributing structure that places the positive charge directly adjacent to the partially positive carbon atom of the carbonyl group. This interaction destabilizes the carbocation, which in turn disfavors ortho-para attack of the electrophile.
On the other hand, if the electrophile is added meta, no contributing structure places the carbocation directly adjacent to the carbon atom of the carbonyl group. Because there are no destabilizing interactions, meta attack is more favorable.

9.9 (a) CH_3 NO_2 Cl (b) COOH O_2N NO_2

(c) CH_3O CH_2CH_3 NO_2 + CH_3O CH_2CH_3 O_2N

9.10

OH < OH < OH Cl Cl

End-of-Chapter Problems

Aromaticity

9.11 (c), (d), (e), (g), (j), (k), (l)

Nomenclature and Structural Formulas

9.13 (a) 1-Chloro-4-nitrobenzene (*p*-Chloronitrobenzene)

(b) 1-Bromo-2-methylbenzene or 2-bromotoluene or *o*-bromotoluene

(c) 3-Phenyl-1-propanol

(d) 2-Phenyl-3-buten-2-ol

(e) 3-Nitrobenzoic acid or *m*-nitrobenzoic acid

(f) 1-Phenylcyclohexanol

(g) (*E*)-1,2-Diphenylethene or *trans*-1,2-diphenylethene

(h) 2,4-Dichlorotoluene

(i) 4-Bromo-2-chloro-1-ethylbenzene

(j) 1-Fluoro-3-isopropyl-5-vinylbenzene or 3-fluoro-5-isopropylstyrene

(k) 1-Amino-2-chloro-4-ethylbenzene or 2-chloro-4-ethylaniline

(l) 1-Methoxy-4-vinylbenzene or *p*-methoxystyrene

9.15

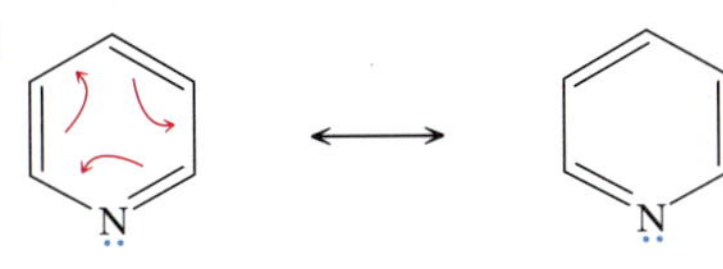

9.17

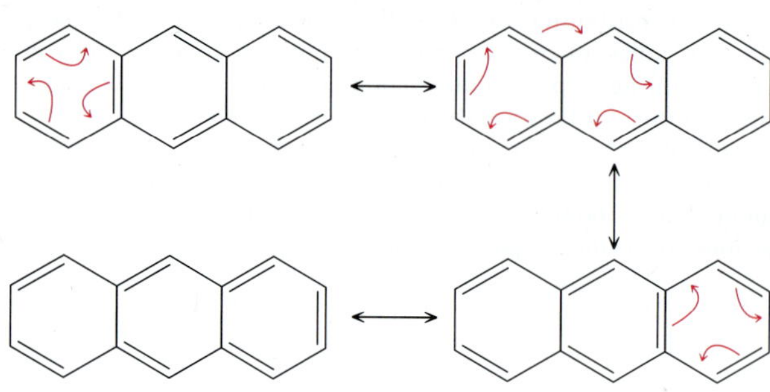

Electrophilic Aromatic Substitution: Monosubstitution

9.19 (1) + $AlCl_3$ (2) + H_2SO_4 (or H_3PO_4)

(3) + H_2SO_4 (or H_3PO_4)

9.21

Step 1:

Step 2:

Step 3:

Step 4:

+ HCl

9.23 The carbocations formed in these reactions undergo rearrangement.

(a)

(b)

(c)

Electrophilic Aromatic Substitution: Substituent Effects

9.25 One product is formed from *p*-xylene, but *m*-xylene forms two products.

9.27 Toluene will react faster than chlorobenzene. Both the methyl and chlorine substituents are ortho-para directors, but the electronegative chlorine deactivates the benzene ring toward electrophilic attack. Because the slow step of the reaction is the attack of the electrophile, a deactivated benzene ring reacts more slowly.

$\xrightarrow[AlCl_3]{Cl_2}$

$\xrightarrow[AlCl_3]{Cl_2}$

9.29 The trifluoromethyl group is a strong electron-withdrawing group and therefore a meta director. The three fluorine atoms make the carbon atom of the trifluoromethyl group, which is bonded directly to the ring, highly $\delta+$.

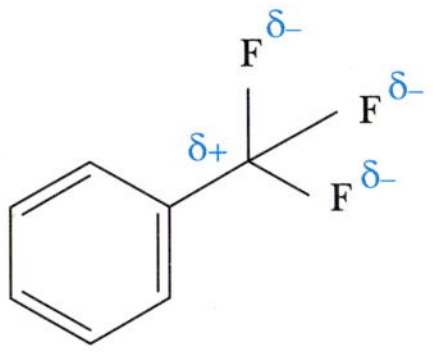

$\delta+$ C, $F^{\delta-}$, $F^{\delta-}$, $F^{\delta-}$

9.31 (a) toluene → (propanoyl chloride, $AlCl_3$) → 4-methyl propiophenone (CH_3, $C(=O)CH_2CH_3$)

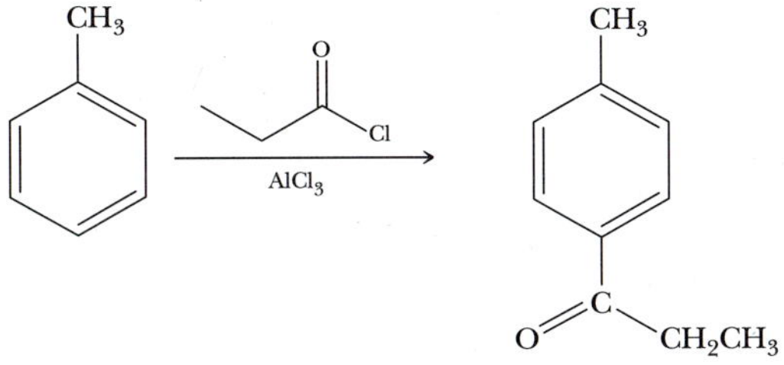

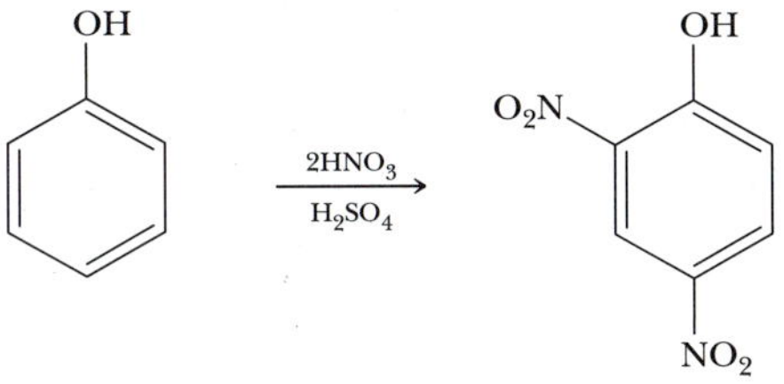

(b) phenol → ($2HNO_3$, H_2SO_4) → 2,4-dinitrophenol (OH, O_2N, NO_2)

(c) anisole (OCH_3) → (acetyl chloride, $AlCl_3$) → 4-methoxyacetophenone (OCH_3, $C(=O)CH_3$)

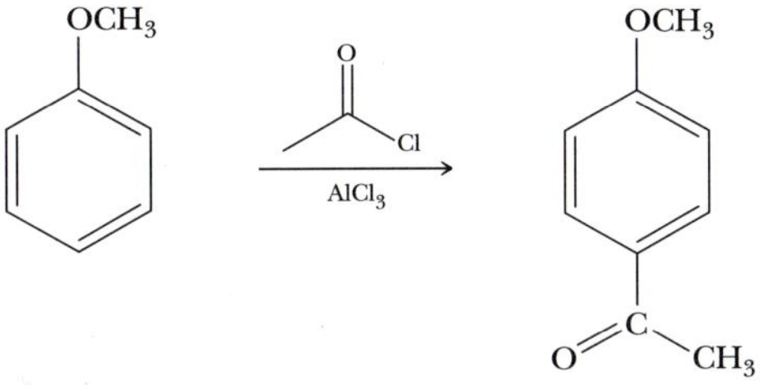

(d) phenyl acetate → (HNO_3, H_2SO_4) → 4-nitrophenyl acetate (NO_2) → (Cl_2, $AlCl_3$) → 2-chloro-4-nitrophenyl acetate (Cl, NO_2)

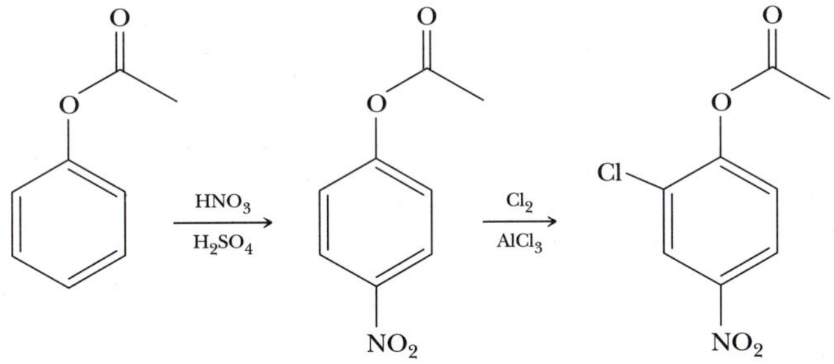

9.33 Step 1:

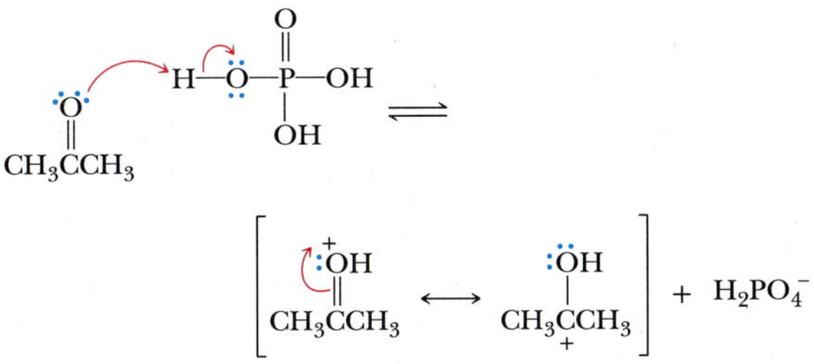

$CH_3\overset{\overset{\displaystyle :\ddot{O}}{\|}}{C}CH_3$ + $H-\ddot{O}-P(=O)(OH)-OH \rightleftharpoons$

$\left[CH_3\overset{\overset{\displaystyle \overset{+}{:}OH}{\|}}{C}CH_3 \longleftrightarrow CH_3\overset{\overset{\displaystyle :\ddot{O}H}{|}}{\underset{+}{C}}CH_3 \right] + H_2PO_4^-$

Step 2:

HO—C_6H_5 + $CH_3\overset{\overset{\displaystyle :\ddot{O}H}{|}}{\underset{+}{C}}CH_3 \longrightarrow$

HO—(cyclohexadienyl cation)—$C(CH_3)(\ddot{O}H)CH_3$, H

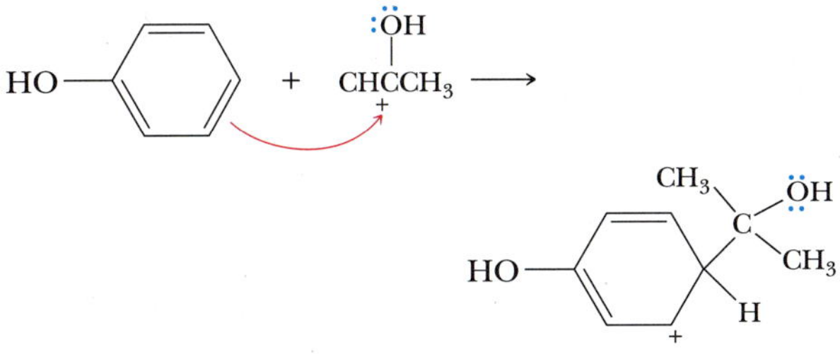

(resonance-stabilized)

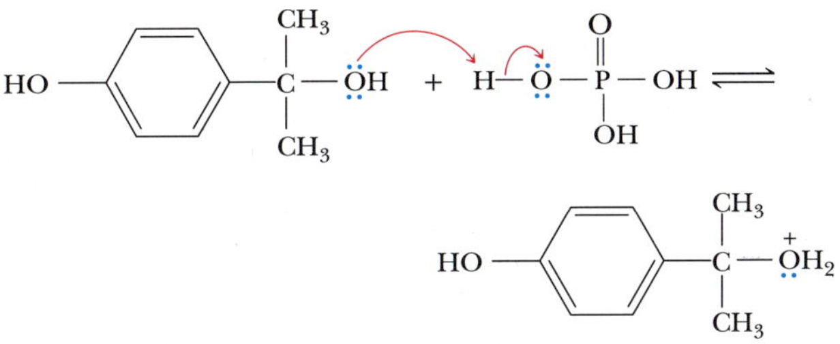

Step 3:

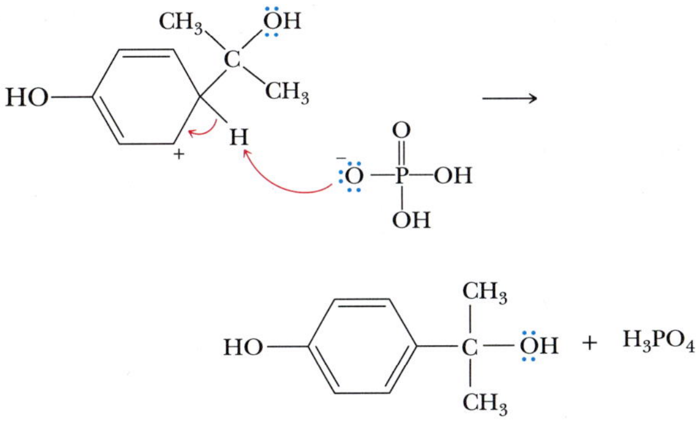

HO—(cyclohexadienyl cation, +)—$C(CH_3)(\ddot{O}H)CH_3$, H + $^-:\ddot{O}-P(=O)(OH)-OH \longrightarrow$

HO—C_6H_4—$C(CH_3)_2-\ddot{O}H$ + H_3PO_4

Step 4:

HO—C_6H_4—$C(CH_3)_2-\ddot{O}H$ + $H-\ddot{O}-P(=O)(OH)-OH \rightleftharpoons$

HO—C_6H_4—$C(CH_3)_2-\overset{+}{\ddot{O}}H_2$

Step 5:

HO—C_6H_4—$C(CH_3)_2-\overset{+}{\ddot{O}}H_2 \rightleftharpoons$

HO—C_6H_4—$C^+(CH_3)_2$ + H_2O

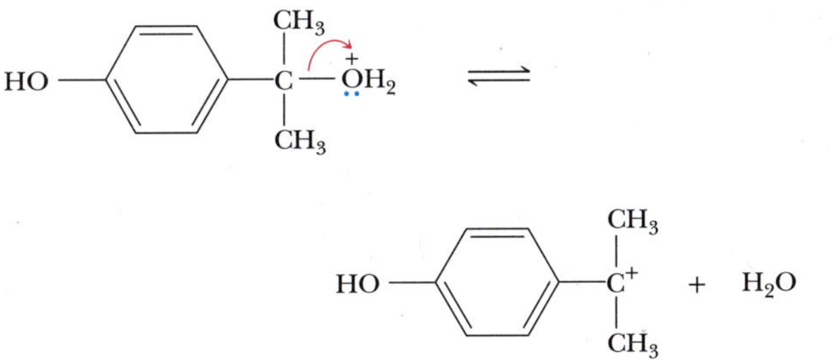

Step 6:

HO—C_6H_4—$C^+(CH_3)_2$ + C_6H_5—OH $\longrightarrow$

HO—C_6H_4—$C(CH_3)_2$—(cyclohexadienyl cation, +, H)—OH

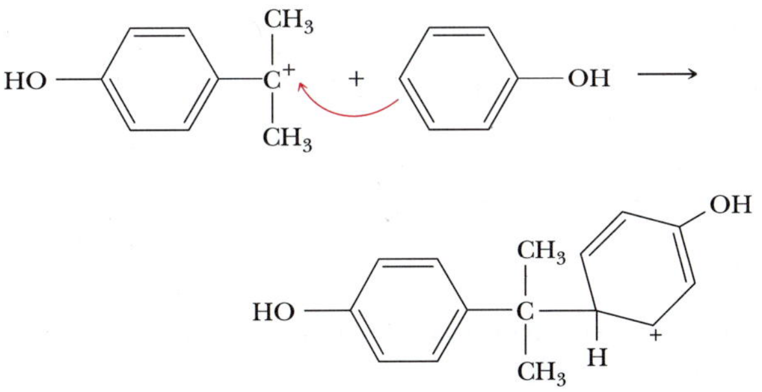

(resonance-stabilized)

Step 7:

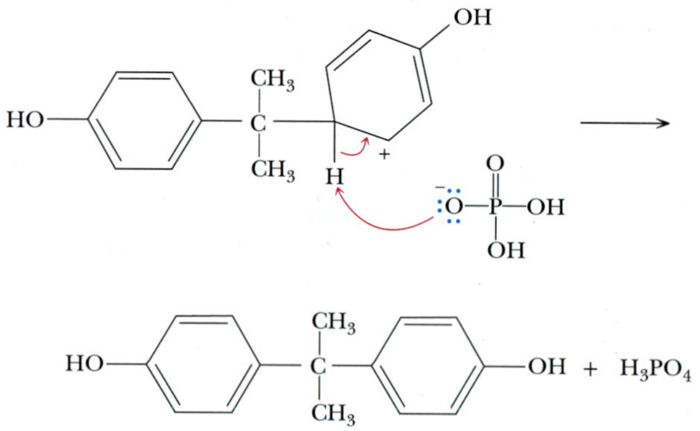

HO–C6H4–C(CH3)2–(cyclohexadienyl cation, OH, H) + $^-$O–P(O)(OH)2 ⟶

$$HO-C_6H_4-C(CH_3)_2-C_6H_4-OH + H_3PO_4$$

9.35

$$ClCH_2COOH \xrightarrow{NaHCO_3} ClCH_2COONa$$

2,4-dichlorophenol $\xrightarrow{NaOH}$ sodium 2,4-dichlorophenoxide ⟶ OCH_2CONa (2,4-dichlorophenyl) $\xrightarrow{H_3O^+}$ OCH_2COH (2,4-dichlorophenyl)

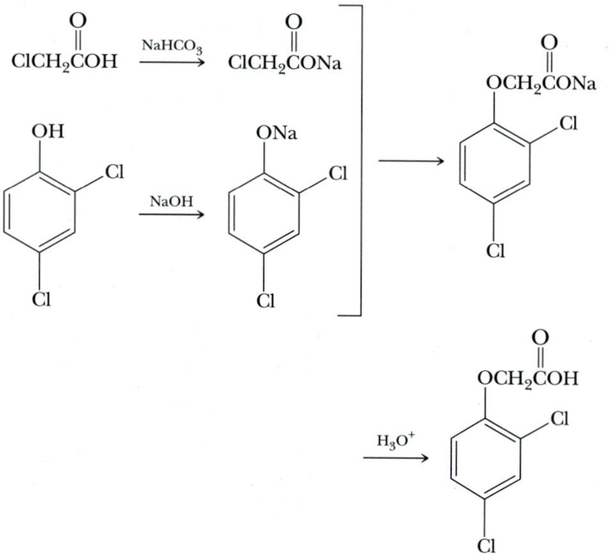

Acidity of Phenols

9.37

(a) cyclohexanol–OH < phenol–OH < CH_3COOH

(b) H_2O < $NaHCO_3$ < phenol–OH

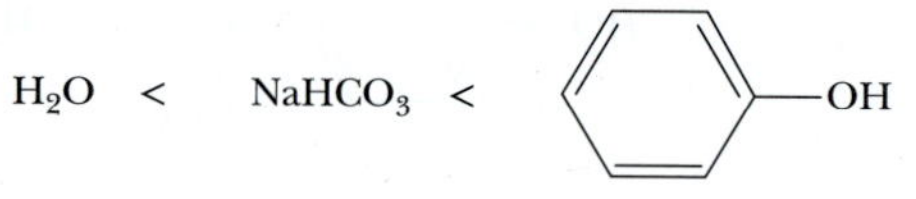

(c) benzyl–CH_2OH < phenol–OH < O_2N–C6H4–OH

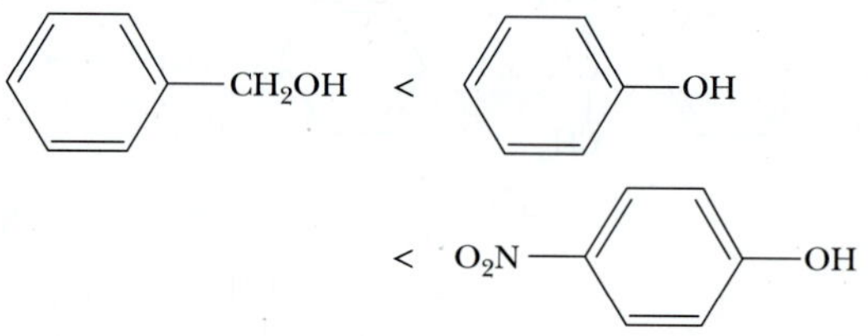

9.39 The gas formed is carbon dioxide, which arises from the decomposition of carbonic acid.

$$H_2CO_3 \longrightarrow CO_2 + H_2O$$

Carbonic acid (pK_a = 6.36) is formed when HCO_3^- acts as a base. A carboxylic acid is a stronger acid than carbonic acid, so the bicarbonate ion is a strong enough base to deprotonate a carboxylic acid. However, because a phenol is a weaker acid than carbonic acid, bicarbonate is not a strong enough base to deprotonate phenol.

Syntheses

9.41

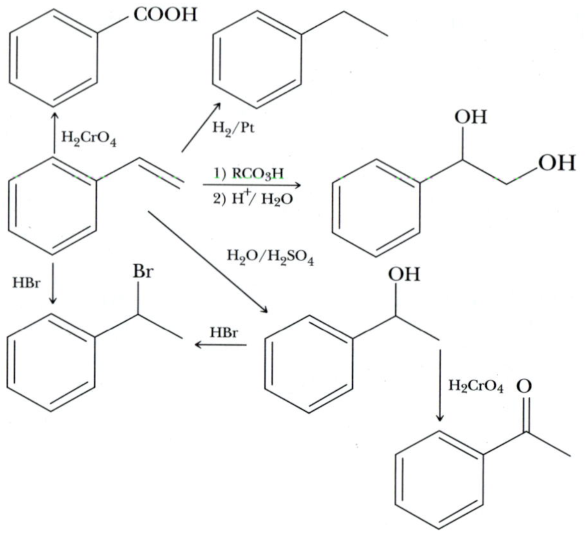

Styrene: $\xrightarrow{H_2CrO_4}$ benzoic acid (COOH); $\xrightarrow{H_2/Pt}$ ethylbenzene; $\xrightarrow{1)\ RCO_3H;\ 2)\ H^+/H_2O}$ 1-phenyl-1,2-ethanediol (OH, OH); $\xrightarrow{H_2O/H_2SO_4}$ 1-phenylethanol (OH) $\xrightarrow{H_2CrO_4}$ acetophenone (O); $\xrightarrow{HBr}$ 1-bromo-1-phenylethane (Br); 1-phenylethanol $\xrightarrow{HBr}$ 1-bromo-1-phenylethane

9.43

(a) toluene $\xrightarrow[AlCl_3]{CH_3COCl}$ 4-methylacetophenone

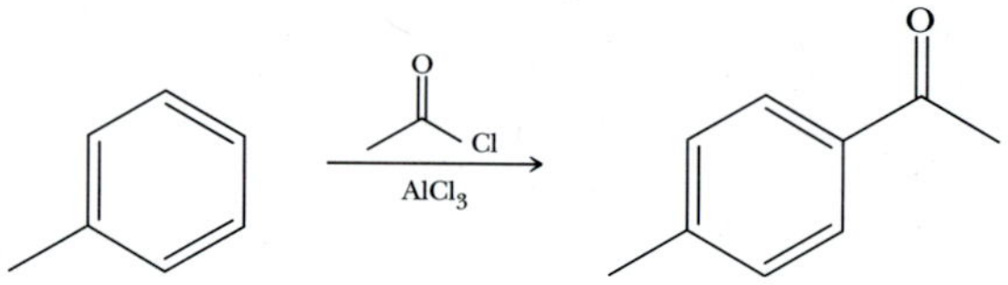

(b) benzene $\xrightarrow[FeCl_3]{Br_2}$ bromobenzene (Br) $\xrightarrow[AlCl_3]{CH_3COCl}$ 4-bromoacetophenone (Br)

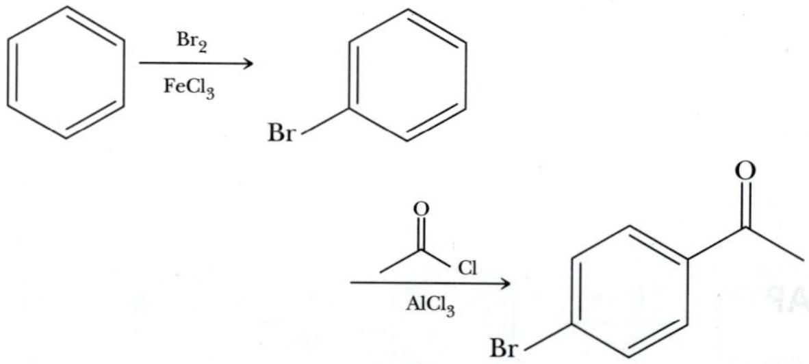

(c) benzene $\xrightarrow[AlCl_3]{CH_3COCl}$ acetophenone $\xrightarrow[FeBr_3]{Br_2}$ 3-bromoacetophenone (Br)

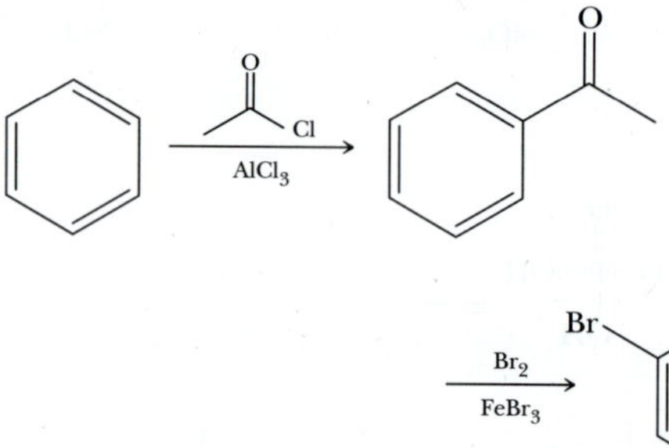

(d) toluene $\xrightarrow[AlCl_3]{Cl_2}$ 2-chlorotoluene (Cl) $\xrightarrow{H_2CrO_4}$ 2-chlorobenzoic acid (COOH, Cl)

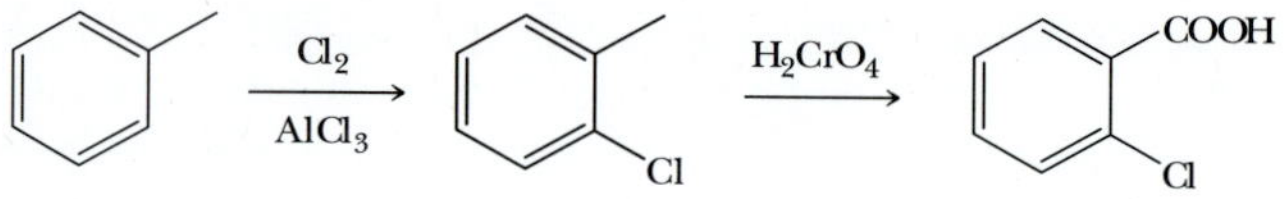

9.45 (a)

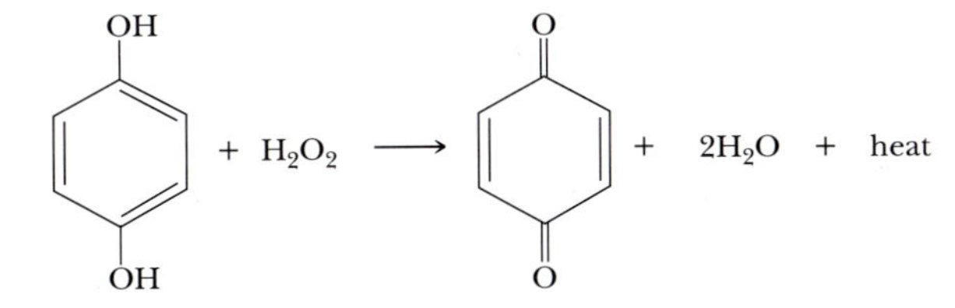

Hydroquinone + H_2O_2 ⟶ *p*-Quinone + $2H_2O$ + heat

(b) Two hydrogen atoms have been removed from hydroquinone.

9.47

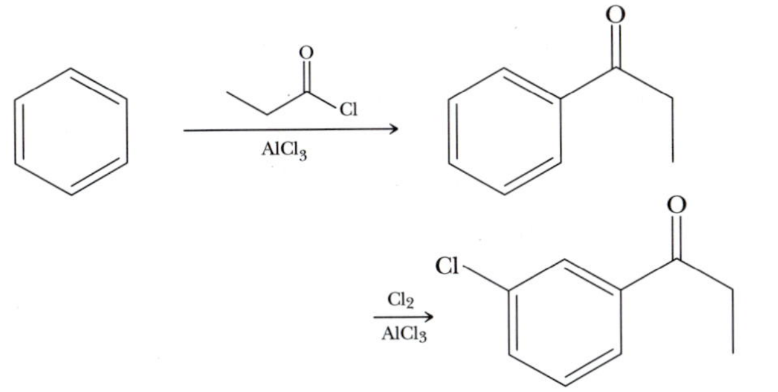

$\xrightarrow{AlCl_3}$

$\xrightarrow[AlCl_3]{Cl_2}$

Looking Ahead

9.49 None of these compounds can be made *directly*.

9.51 There are a couple of reasons why these arenes do not undergo electrophilic aromatic substitution when $AlCl_3$ is used. First, $AlCl_3$ decomposes in the presence of protic acids (ionizable hydrogens) to form HCl. Second, $AlCl_3$ (a Lewis acid) reacts with —OH, —SH, and —NH_2 groups, which are Lewis bases. These two reactions destroy the catalyst.

9.53

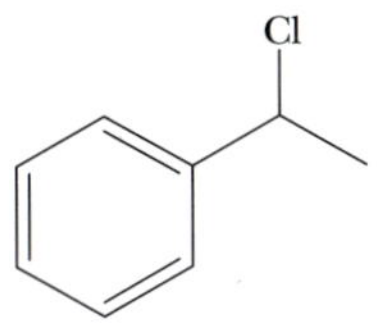

CHAPTER 10 Amines

Problems

10.1 (a) (b) 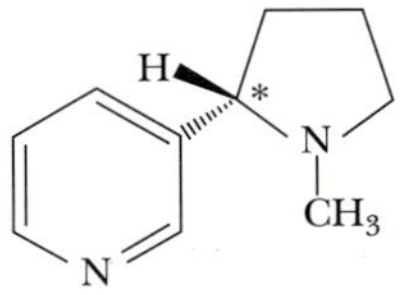 (c)

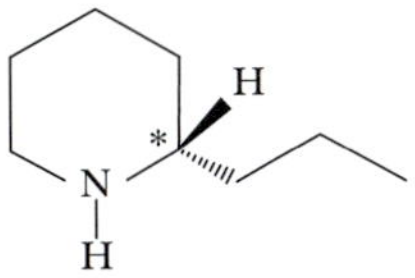

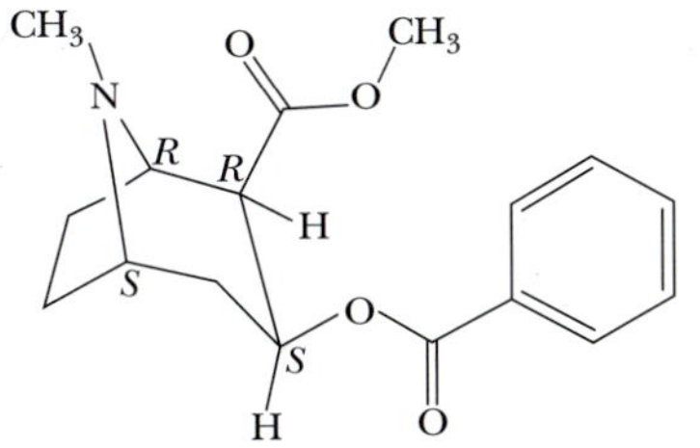

10.2 (a) 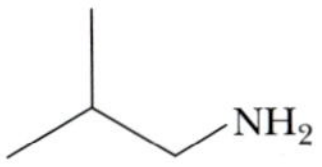 (b) 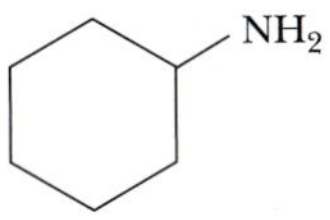 (c) 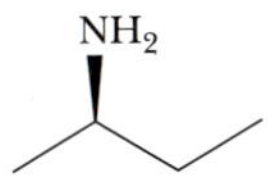 (d)

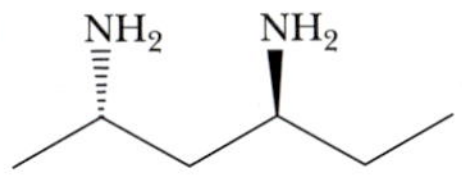

10.3 (a) 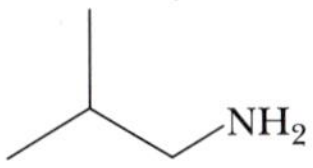 (b) 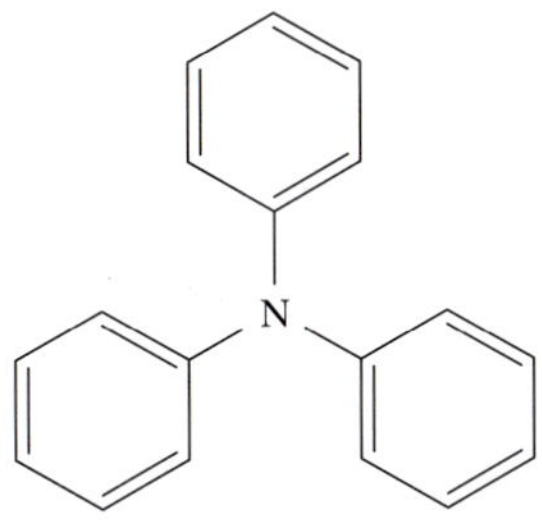 (c) 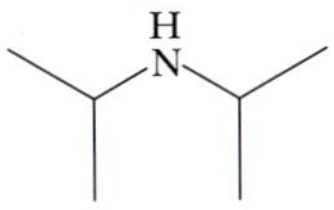 (d)

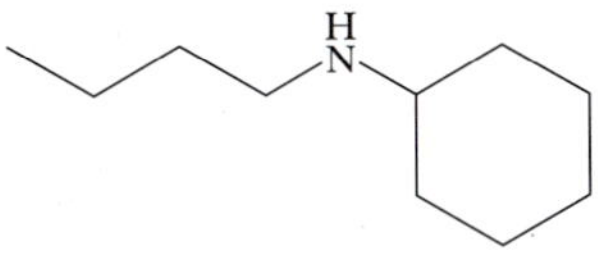

10.4 The NH group acts as a hydrogen-bond acceptor and donor. No intermolecular hydrogen bonding is possible with the ether.

10.5 Left

10.6 (a) O_2N—C_6H_4—NH_3^+ (b) pyridinium (NH^+)

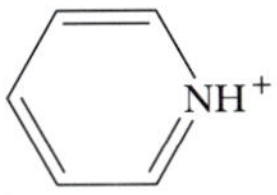

10.7 (a) $(CH_3CH_2)_3NH^+Cl^-$ Triethylammonium chloride

(b) NH_2^+ CH_3COO^- Piperidinium acetate

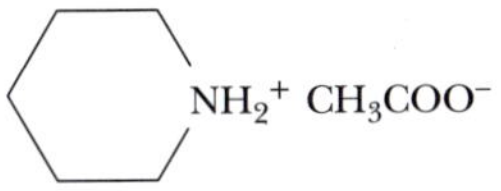

(c) $C_6H_5NH_2$ + H_2SO_4 ⟶ $(C_6H_5NH_3^+)_2$ SO_4^{2-} Anilinium sulfate

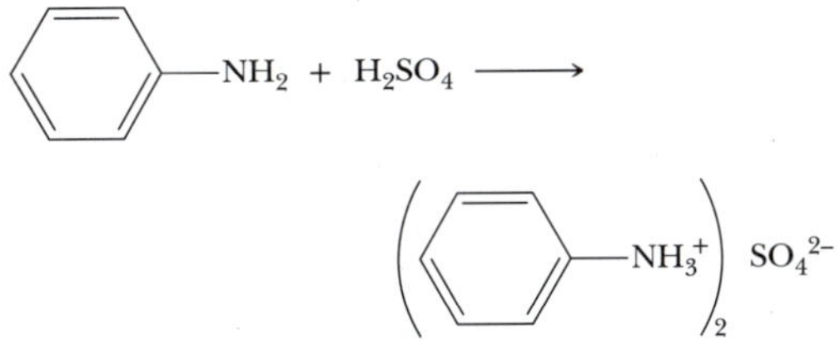

10.8 (a) $CH_3CH(NH_3^+)COOH$ (b) $CH_3CH(NH_2)COO^-$

10.9

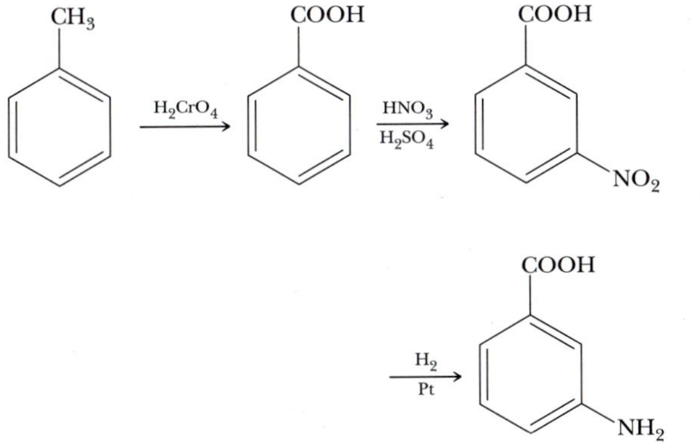

$\xrightarrow{H_2CrO_4}$ $\xrightarrow[H_2SO_4]{HNO_3}$ $\xrightarrow[Pt]{H_2}$

10.10 +

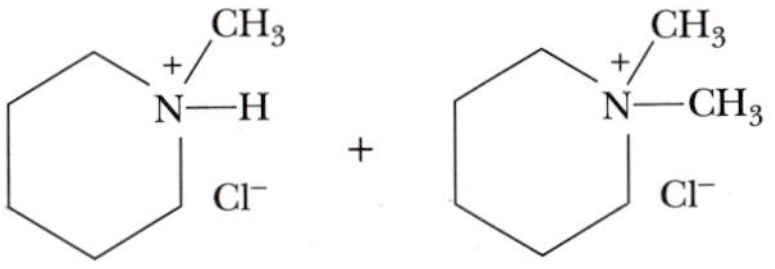

End-of-Chapter Problems

Structure and Nomenclature

10.11 (a) NH_2

(b) $CH_3(CH_2)_6CH_2NH_2$

(c) NH_2

(d) H_2N NH_2

(e) NH_2 Br

(f) $(CH_3CH_2CH_2CH_2)_3N$

(g)

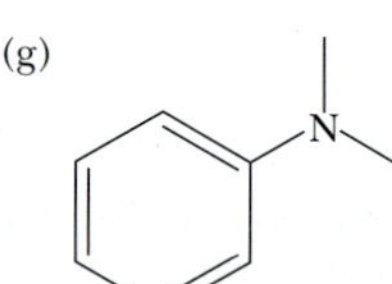

(h) NH_2

(i)

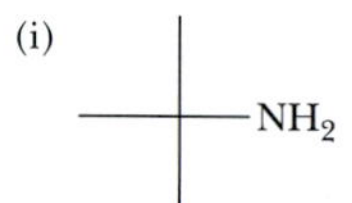

(j)

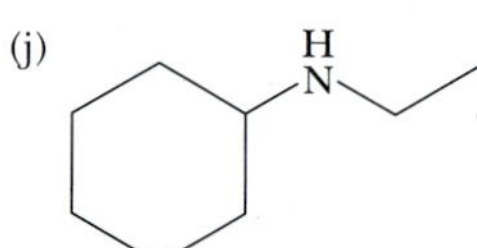

(k)

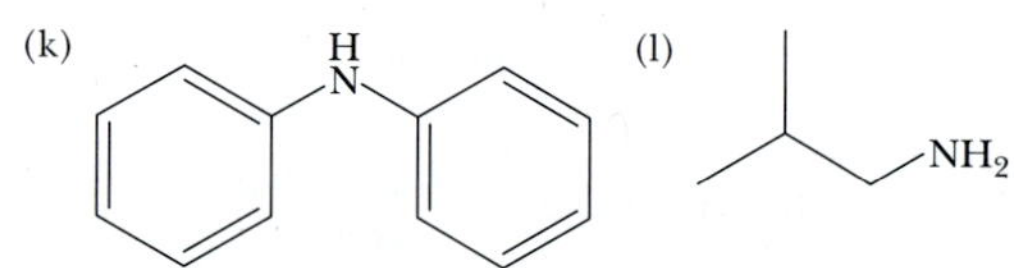

(l) NH_2

10.13 Amines are classified by the number of carbon substituents bonded to the nitrogen atom, whereas alcohols are classified by the number of carbon substituents bonded to the carbon bearing the —OH group.

NH_2 1° amine; N H 2° amine; N 3° amine

OH 1° alcohol; OH 2° alcohol; OH 3° alcohol

10.15 (a) Both amino groups are secondary.

(b) Both compounds contain the same basic framework and have the same configuration at the stereocenter. Differences are the *tert*-butyl and $—CH_2OH$ groups in (*R*)-albuterol versus the methyl and —OH groups in (*R*)-epinephrine, respectively.

10.17 (a)

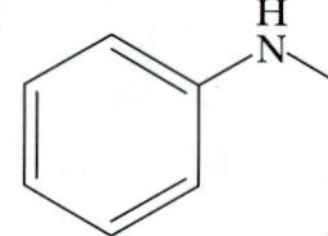

(b) N

(c) NH_2

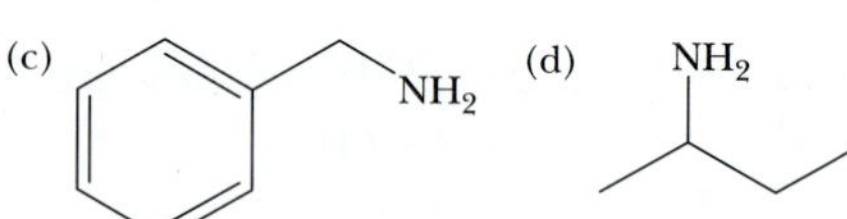

(e) N

(f) NH_2 + isomers

(g) $\overset{*}{N}^{+}$ Cl^- or $\overset{*}{N}^{+}$ Cl^-

Physical Properties

10.19 1-Butanol has a higher boiling point because an O—H—O hydrogen bond is stronger than an N—H—N hydrogen bond.

Basicity of Amines

10.21 Nitrogen is less electronegative than oxygen.

10.23 The nitro group is an electron-withdrawing group. In addition, it is able to stabilize the lone pair of electrons on the nitrogen atom in 4-nitroaniline by resonance.

Likewise, the nitro group can stabilize the conjugate base of 4-nitrophenol, 4-nitrophenoxide, by both induction and resonance.

10.25

(a)

CH_3COOH + Pyridine ⇌ Pyridinium ($\overset{+}{N}$–H) + CH_3COO^-

Acetic acid (stronger acid); Pyridine (stronger base); weaker acid; weaker base

(b)

Phenol (stronger acid) + $(CH_3CH_2)_3N$ Triethylamine (stronger base) ⇌ Phenoxide (O^-) (weaker base) + $(CH_3CH_2)_3\overset{+}{N}H$ (weaker acid)

(c)

$$PhCH_2CH(CH_3)NH_2 + CH_3CH(OH)COOH \rightleftharpoons PhCH_2CH(CH_3)NH_3^+ + CH_3CH(OH)COO^-$$

1-Phenyl-2-propanamine (Amphetamine)	2-Hydroxy-propanoic acid (Lactic acid)		
stronger base	stronger acid	weaker acid	weaker base

(d)

$$PhCH_2CH(CH_3)NHCH_3 + CH_3COOH \rightleftharpoons PhCH_2CH(CH_3)NH_2^+CH_3 + CH_3COO^-$$

Methamphetamine	Acetic acid		
stronger base	stronger acid	weaker acid	weaker base

10.27 1:2500

10.29 (a) The primary aliphatic amine.

(b) $CH_2NH_3^+\ Cl^-$; HO; CH_2OH; CH_3; N

10.31 (a) The tertiary aliphatic amine.

(b) O; Cl^-; ^+N; O; H; H_2N

(c) Procaine is not chiral. A solution of Novocaine® would be optically inactive.

10.33 First, dissolve the reaction mixture in an organic solvent such as diethyl ether. The ethereal solution can be extracted with an aqueous acid, such as HCl, which reacts with aniline, a base, to form a water-soluble salt. Thus, the ether layer contains nitrobenzene while the aqueous layer contains the anilinium salt. After separating the two layers, the acidic aqueous layer can be basified with NaOH to deprotonate the anilinium ion. Extraction of the basified aqueous layer with diethyl ether, followed by evaporation of the ether, allows aniline to be isolated.

10.35 (a) $Cl^-\ \overset{+}{N}H_2$, NH, N, N H, NH_2 or NH, $\overset{+}{N}H_2\ Cl^-$, N, N H, NH_2

(b) As the hydrochloride salt of an amine, Glucophage is ionic and is soluble in water. It will also be soluble in blood plasma; the pK_a of the guanidinium group is much higher than the pH of blood (7.4), so the guanidinium nitrogen will be protonated and carry a positive charge. Because Glucophage is ionic, it is insoluble in solvents of much lower polarity, such as diethyl ether or dichloromethane.

Synthesis

10.37

CH_3 $\xrightarrow[H_2SO_4]{HNO_3}$ NO_2, CH_3 $\xrightarrow{H_2CrO_4}$

NO_2, COOH $\xrightarrow[Ni]{H_2}$ H_2N, COOH

10.39

N H + O $\longrightarrow$ HO, N

2-Diethylaminoethanol

10.41

HO $\xrightarrow[2)\ CH_3CH_2Br]{1)\ NaOH}$ O $\xrightarrow[H_2SO_4]{HNO_3}$

O, NO_2 $\xrightarrow{H_2/Ni}$ O, NH_2

10.43

OH (Phenol) $\xrightarrow[H_2SO_4]{HNO_3}$ OH, NO_2 $\xrightarrow{H_3PO_4}$

OH, NO_2 $\xrightarrow{H_2/Ni}$ OH, NH_2

Looking Ahead

10.45 All of the nitrogen atoms are sp^2.

10.47

N, H, H, H, H, H, H, H

H, H, H, N, H, H, H, H

H, H, H, H, N, H, H, H, H

H, H, H, H, H, N, H, H

CHAPTER 11 Infrared Spectroscopy

Problems

11.1 The energy of red light (680 nm) is 176 kJ/mol (42.1 kcal/mol) and is higher than the energy from infrared radiation of 2500 nm (47.7 kJ/mol or 11.4 kcal/mol).

11.2 Carboxyl group

11.3 Only propanoic acid will have a strong, broad OH absorption between 3200 and 3500 cm^{-1}.

11.4 The wavenumber is directly related to the energy of the infrared radiation required to stretch the bond. Bonds that require more energy to stretch are stronger bonds.

11.5 Cyclohexene has one ring and one π bond, so it has an IHD of two.

11.6 Each index of hydrogen deficiency could be a ring or a π bond. Niacin contains one ring and four π bonds.

11.7 The $C_8H_{10}O$ compounds that would have the same spectrum as the C_7H_8O compounds are shown below. IR spectroscopy only provides functional group information and is not effective for the determination of the actual structure of a compound.

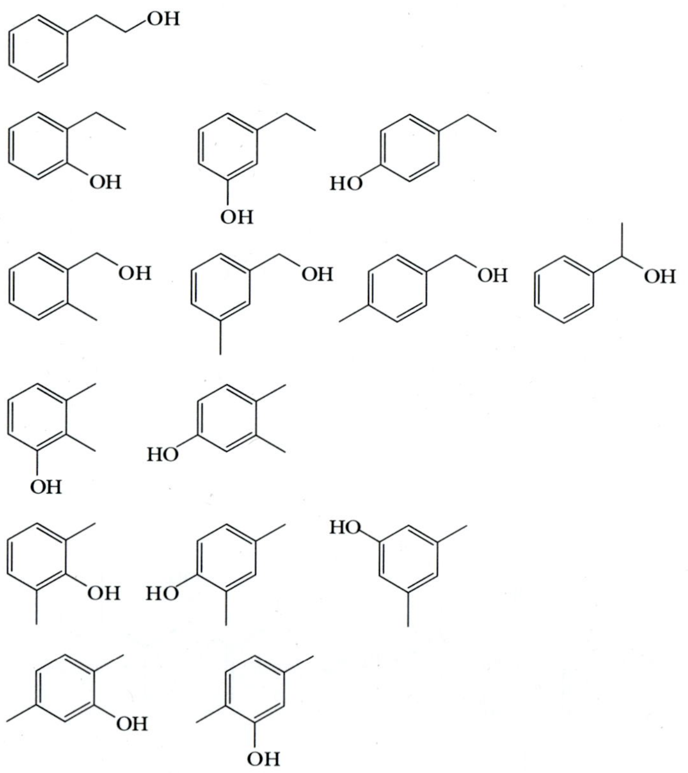

OH OH HO OH

OH OH OH OH

HO OH

HO OH HO

OH OH

11.8 (a) and (b)

11.9 (a) 3-Methylpentane has four sets of equivalent hydrogens. The number of hydrogens in each set are 6, 4, 3, and 1, which are respectively labeled a, b, c, and d.

(b) 2,2,4-Trimethylpentane has four sets of equivalent hydrogens. The number of hydrogens in each set are 9, 6, 2, and 1, which are respectively labeled a, b, c, and d.

(c) 1,4-Dichloro-2,5-dimethylbenzene has two sets of equivalent hydrogens. The number of hydrogens in each set are 6 and 2, which are respectively labeled a and b.

(a) $CH_3{}^a$–C^bH_2–$C^dH(CH_3{}^c)$–C^bH_2–$CH_3{}^a$

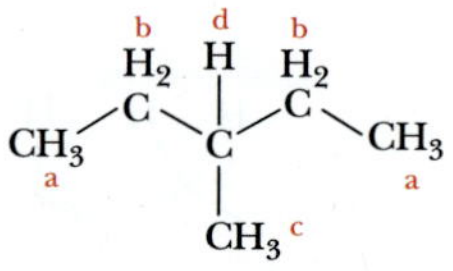

(b) $(CH_3{}^a)_3C$–C^cH_2–$C^dH(CH_3{}^b)$–$CH_3{}^b$

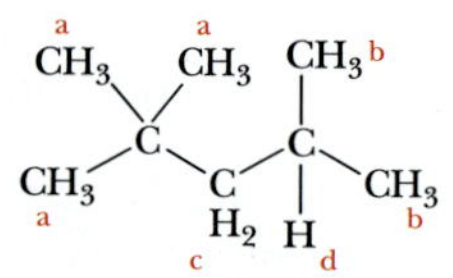

(c) $CH_3{}^a$, Cl, H^b, $CH_3{}^a$, Cl, H^b

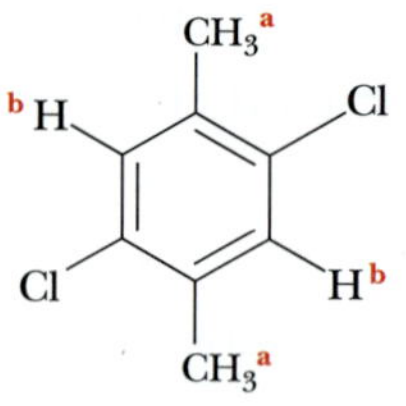

11.10 (a) CH_3COCH_3 (b) (cyclopentane)

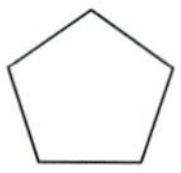

(c) CH_3–$C(CH_3)_2$–CH_3 (d) CH_3–CCl_2–CCl_2–CH_3

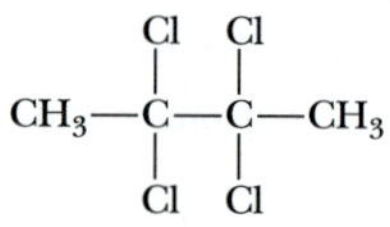

11.11 12 *a* hydrogens and 2 *b* hydrogens.

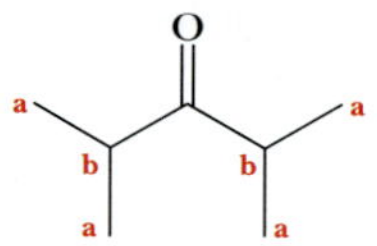

O, a, a, b, b, a, a

11.12 (a) Both compounds will have three signals.

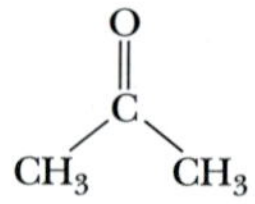

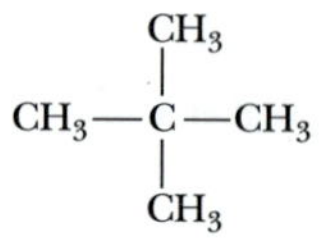

(b) 3 : 3 : 2

(c) The chemical shift of the CH_2 hydrogens in (1) will be more downfield than that of the CH_2 hydrogens in (2).

11.13 (a) Each compound will have three signals.

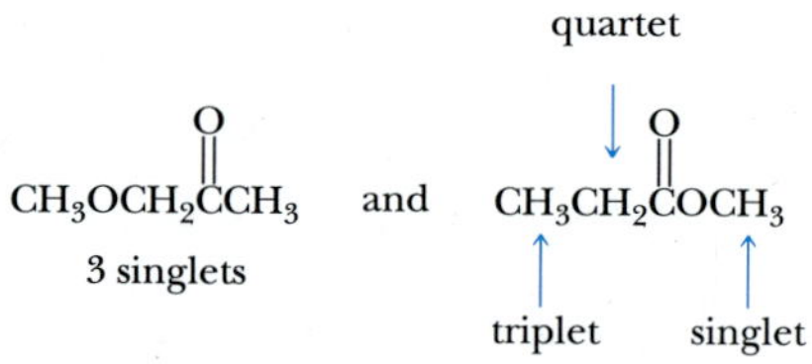

$CH_3OCH_2COCH_3$ (3 singlets) and $CH_3CH_2COOCH_3$ (quartet, triplet, singlet)

(b) The compound on the left has one signal; the compound on the right has two signals.

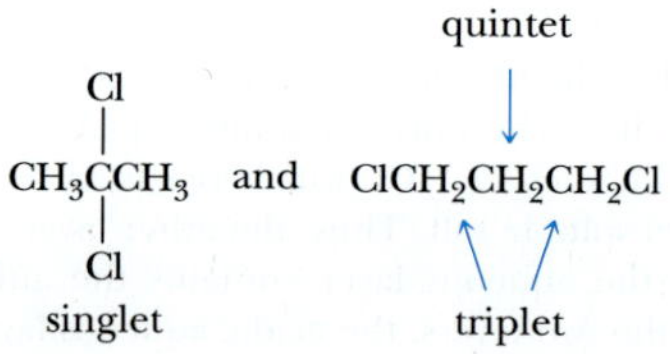

$CH_3CCl_2CH_3$ (singlet) and $ClCH_2CH_2CH_2Cl$ (quintet, triplet)

11.14 (a) The compound on the left has a plane of symmetry and will have five ^{13}C signals, while the compound on the right will have seven signals.

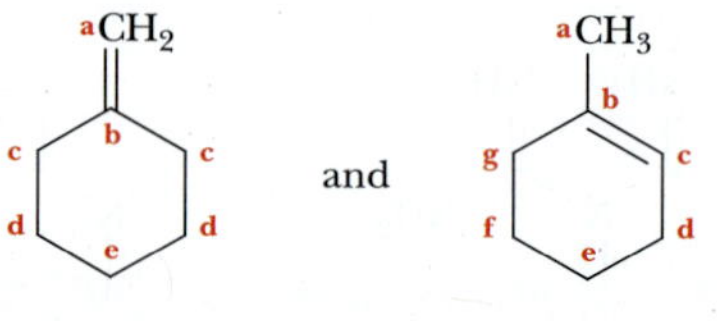

$^aCH_2$ (b, c, c, d, d, e) and $^aCH_3$ (b, c, d, e, f, g)

(b) The compound on the left will have six ^{13}C signals, while the compound on the right, which has symmetry, will have three signals.

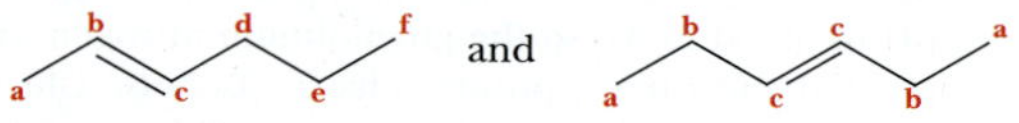

a b c d e f and a b c c b a

11.15

OH

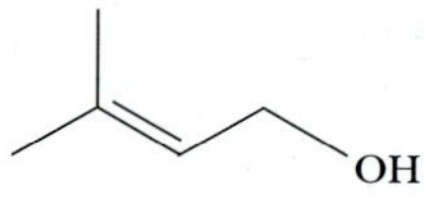

11.16

11.17

End-of-Chapter Problems

Electromagnetic Radiation

11.19 Microwave radiation with an energy of 5.9×10^{-5} kJ/mol (1.4×10^{-5} kcal/mol)

Interpreting Infrared Spectra

11.21 (a) 6
(b) 3
(c) 4
(d) 1
(e) 5
(f) 1

11.23 (a) 1
(b) 1 π bond
(c) Carbon–carbon double bond that is not bonded to any hydrogen atoms

11.25 (a) 0
(b) 0
(c) Primary amine

11.27 (a) 1
(b) 1 ring or π bond
(c) An ester alone or an aldehyde/ketone in conjunction with an ether

11.29 (a) 1-Butanol will have a strong, broad O—H absorption between 3200 and 3400 cm^{-1}.
(b) Butanoic acid will have a strong C=O absorption near 1700 cm^{-1}.
(c) Butanoic acid will have a broad O—H absorption between 2400 and 3400 cm^{-1}.
(d) Butanal will have a strong C=O absorption near 1700 and 1725 cm^{-1}. 1-Butene will have a vinylic =C—H absorption near 3100 cm^{-1}.
(e) Butanone will have a strong C=O absorption near 1725 cm^{-1}. 2-Butanol will have a strong, broad O—H absorption between 3200 and 3400 cm^{-1}.
(f) 2-Butene will have a vinylic=C—H absorption near 3100 cm^{-1}.

11.31 (a) 3200 cm^{-1}
(b) 3050 cm^{-1}
(c) 1680 cm^{-1}
(d) Between 1450 and 1620 cm^{-1}

Equivalency of Hydrogens and Carbons

11.33 (a)

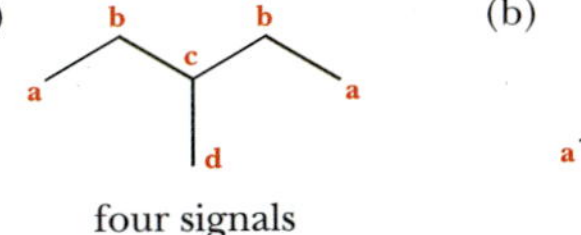

four signals

(b)

five signals

(c)

four signals

(d)

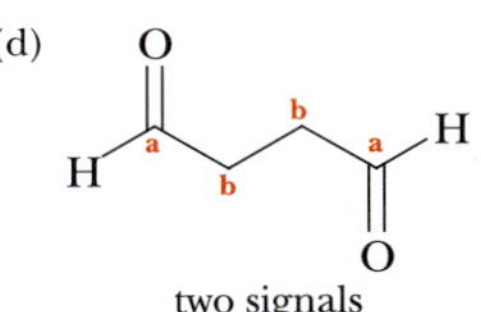

two signals

(e)

five signals

(f)

three signals

(g)

three signals

(h)

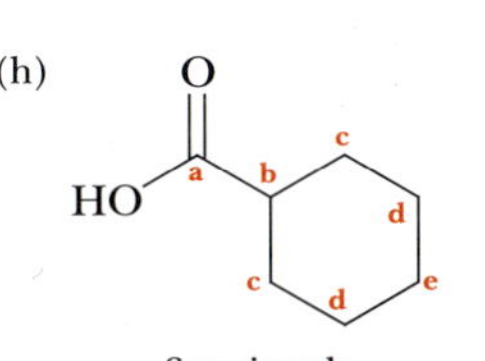

five signals

Interpreting ^{1}H-NMR and ^{13}C-NMR Spectra

11.35

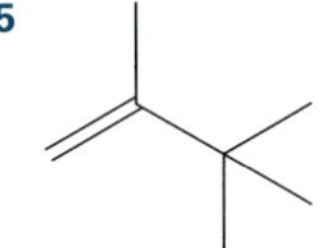

11.37

compound L

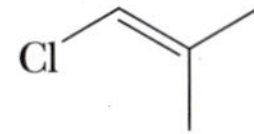

compound M

11.39

compound N

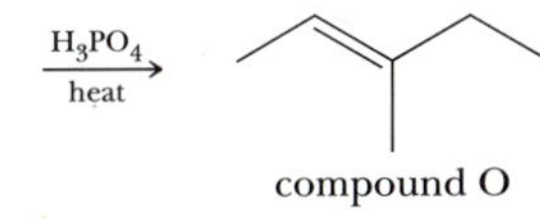

compound O

11.41 (a)

(b)

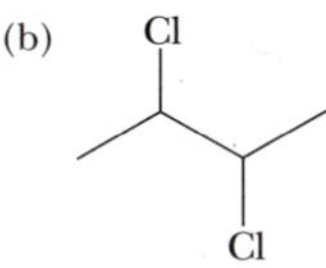

(c)

(d)

(e)

(f)

11.43

11.45 (a)

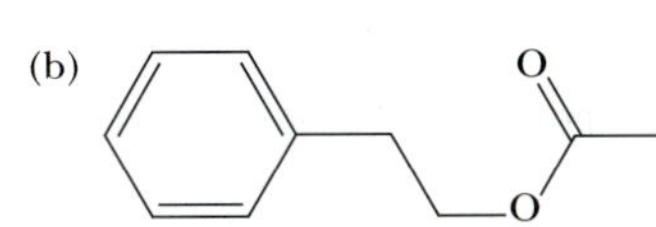

(b)

(c)

(d) Br

11.47 (a) O (b) O

11.49 OH O → O

compound Y compound Z

11.51 (a) O OH

(b) O OH (c) O O HO OH

11.53 (a) O O

(b) O O O O

(c) O O

11.55 O NH_2

11.57 O OCH_3 H_2N

11.59 O

11.61 Cl O OH

Looking Ahead

11.63 The C═O stretching absorption for acetate will be at a lower wavenumber.

CHAPTER 12 Aldehydes and Ketones

Problems

12.1 (a) 2,2-Dimethylpropanal
(b) (*R*)-3-Hydroxycyclohexanone
(c) (*R*)-2-Phenylpropanal
(d) (*Z*)-2-Ethyl-2-heptenal

12.2

CHO Hexanal

CHO 4-Methylpentanal

* CHO 3-Methylpentanal

* CHO 2-Methylpentanal

CHO 3,3-Dimethylbutanal

CHO 2,2-Dimethylbutanal

* CHO 2,3-Dimethylbutanal

CHO 2-Ethylbutanal

12.3 (a) 2-Hydroxypropanoic acid
(b) 2-Oxopropanoic acid
(c) 4-Aminobutanoic acid

12.4 Grignard reagents are highly basic and are destroyed by acids. Both of these reagents contain ionizable hydrogens.

12.5

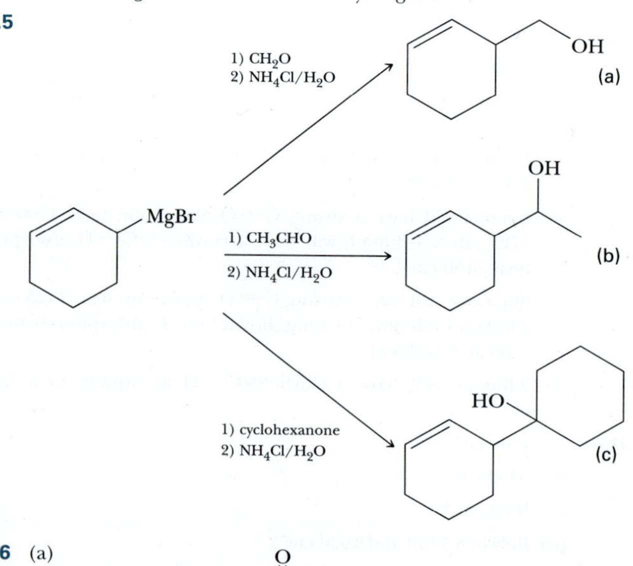

12.6 (a) O H CH_3O + $2CH_3OH$

(b) O + HO OH

(c) + CH_3OH

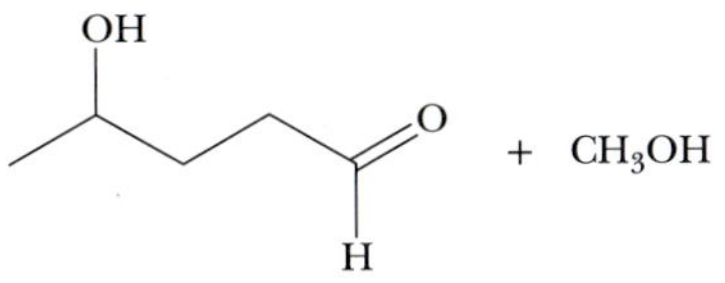

(d)

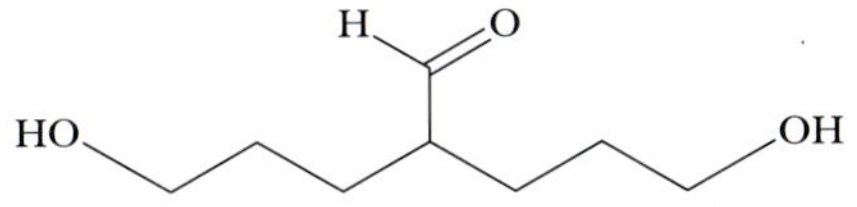

12.7

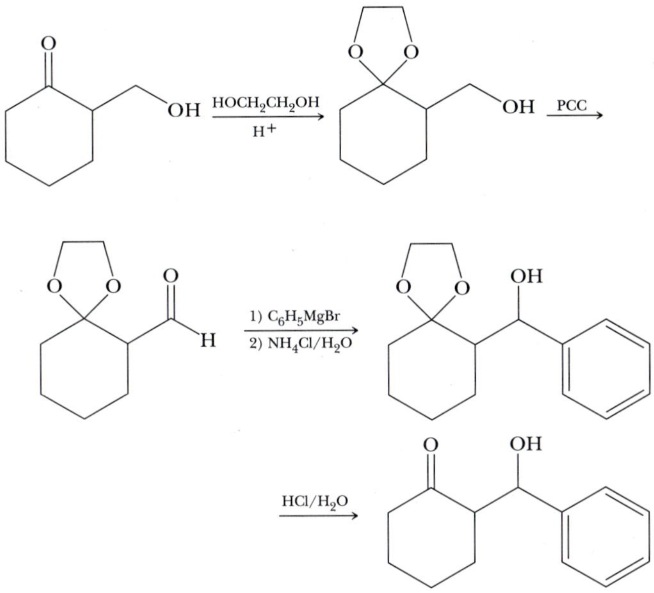

$\xrightarrow[H^+]{HOCH_2CH_2OH}$ $\xrightarrow{PCC}$

$\xrightarrow[2)\ NH_4Cl/H_2O]{1)\ C_6H_5MgBr}$

$\xrightarrow{HCl/H_2O}$

12.8 (a) CHO + $H_3\overset{+}{N}CH_2CH_3$

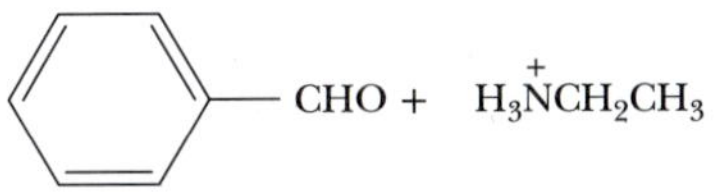

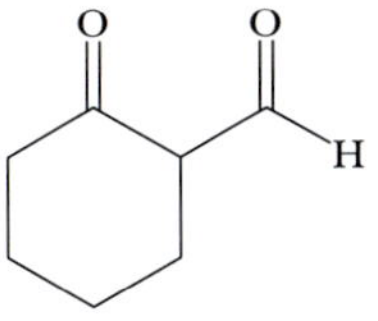

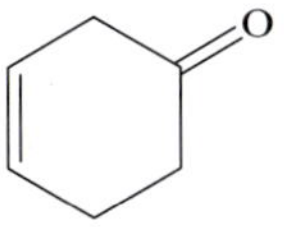

(b) N— —OCH_3 + H_2O

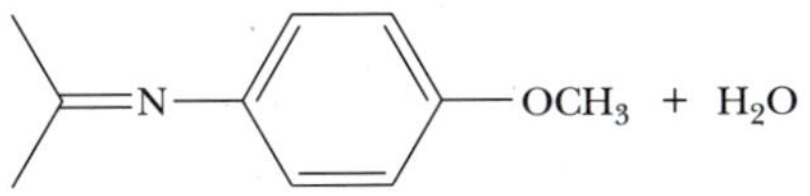

12.9 (a) =O + H_2N—

$\xrightarrow[H_2O]{H^+}$ =N—

$\xrightarrow{H_2/Ni}$ —N(H)—

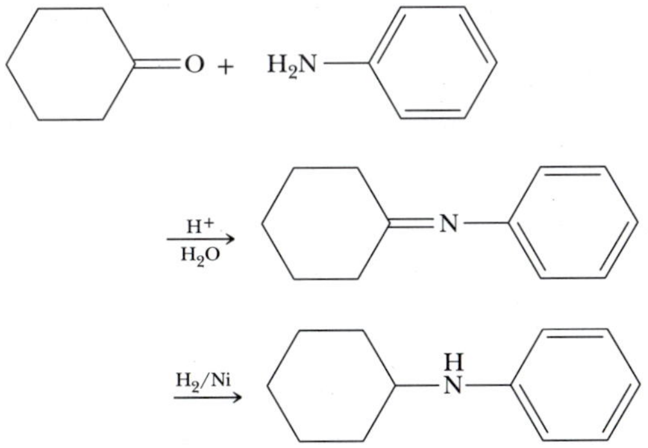

(b)

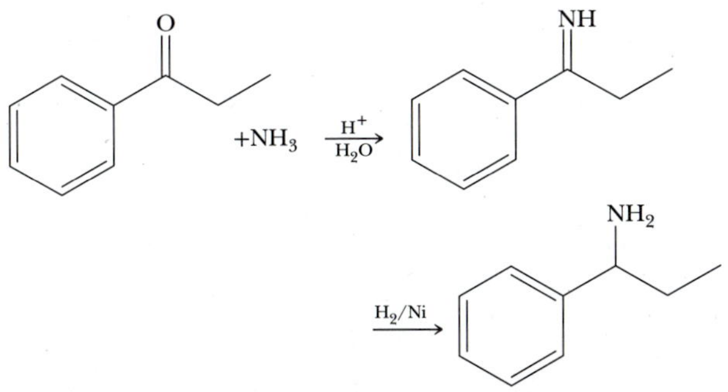

+NH_3 $\xrightarrow[H_2O]{H^+}$ NH

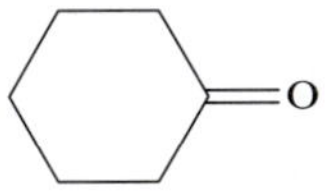

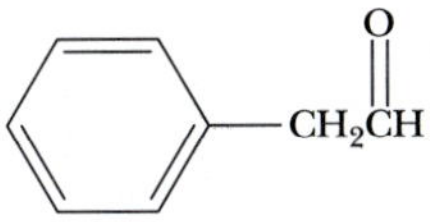

$\xrightarrow{H_2/Ni}$ NH_2

(c) O ... NH_2 $\xrightarrow[H_2O]{H^+}$

NH_2 ... O, H $\xrightarrow[H_2O]{H^+}$

N $\xrightarrow{H_2/Ni}$ HN

N $\xrightarrow{H_2/Ni}$

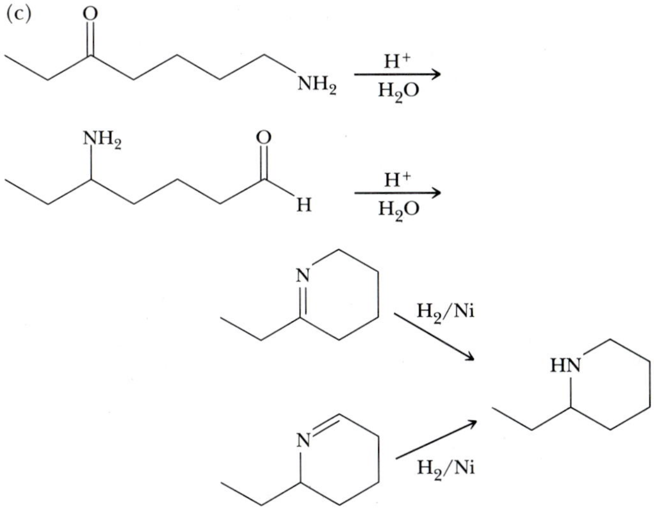

12.10 (a) O, O, H (b) O, OH

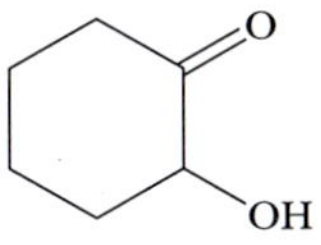

(c) O (d) O, O, OCH_2CH_3

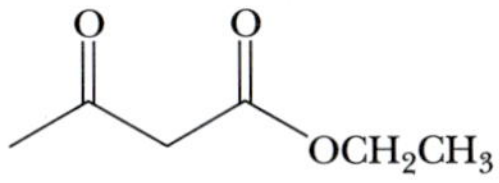

12.11 (a) O, O, OH

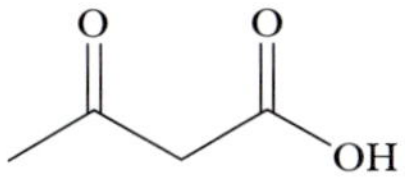

(b) O, OH

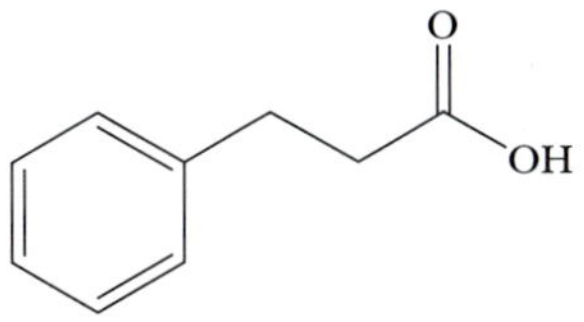

12.12 (a) O (b) $CH_2\overset{O}{\overset{\|}{C}}H$

(c) O, O

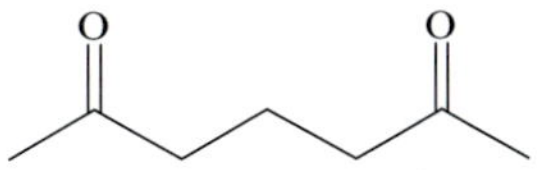

End-of-Chapter Problems

Preparation of Aldehydes and Ketones

12.13 (a) O (b) CHO

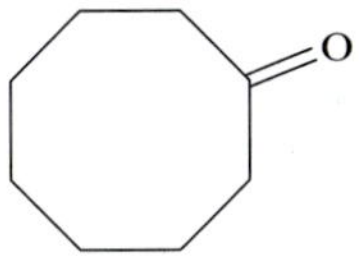

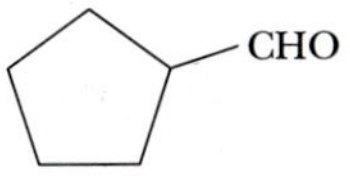

(c) COOH (d) O

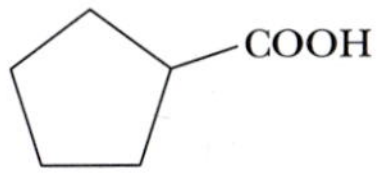

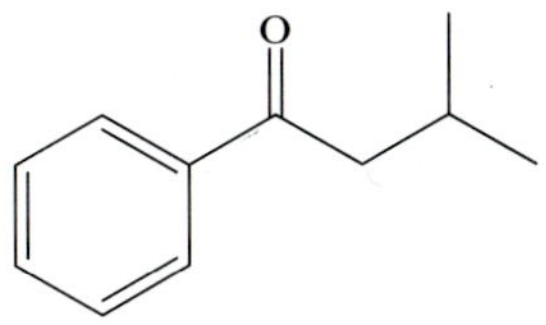

Structure and Nomenclature

12.15

12.17 (a) 4-Heptanone
(b) (*S*)-2-Methylcyclopentanone
(c) (*Z*)-2-Methyl-2-pentenal
(d) (*S*)-2-Hydroxypropanal
(e) 2-Methoxyacetophenone
(f) 2,2-Dimethyl-3-oxopropanoic acid
(g) (*S*)-2-Propylcyclopentanone
(h) 3,3-Dimethyl-5-oxooctanal

Addition of Carbon Nucleophiles

12.19

pK_a=5
stronger acid
stronger base

pK_a=43
weaker base
weaker acid

12.21 (a) (b) (c) racemic (d) racemic (e) racemic

Addition of Oxygen Nucleophiles

12.23 (a) (b) 2 (c) 4

(d) and (e)

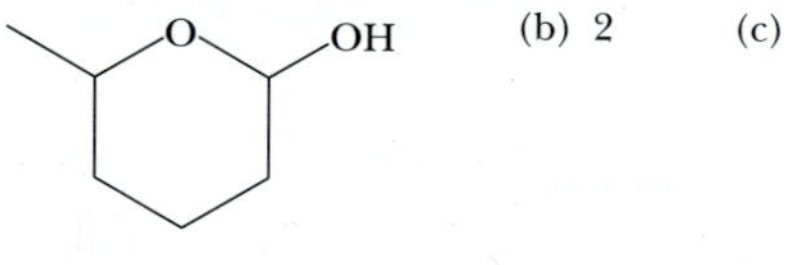

more stable

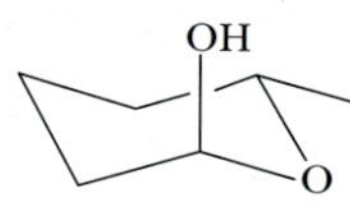

more stable

Both are approximately the same stability.

Both are approximately the same stability.

12.25 (a) + $2CH_3OH$

(b) + CH_3OH

(c) +

(d)

12.27

Step 1:

Step 2:

Step 3:

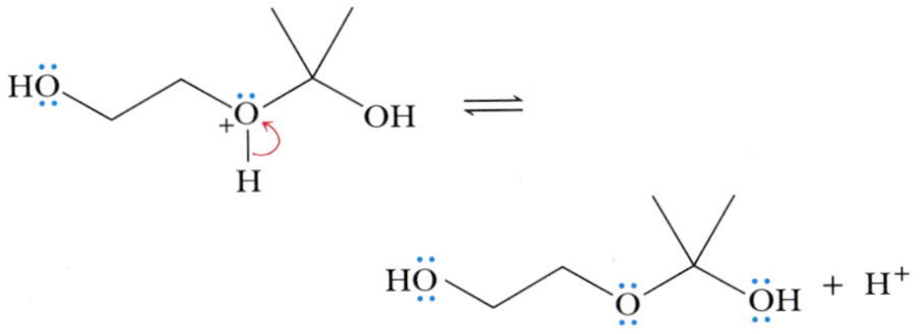

Step 4:

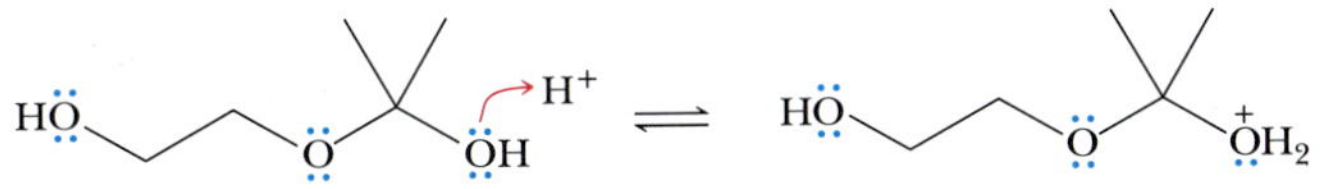

Step 5:

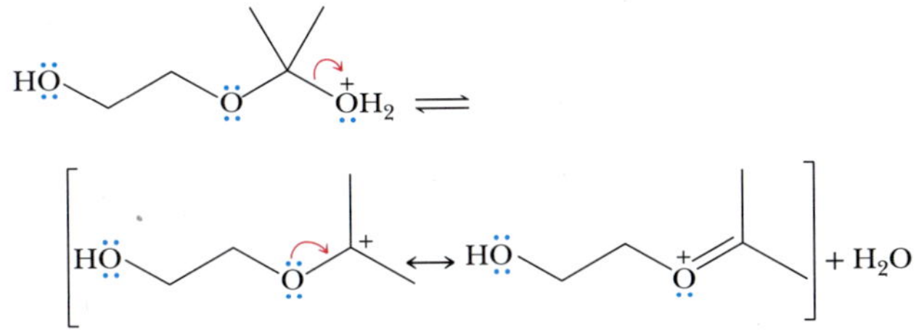

$+ H_2O$

Step 6:

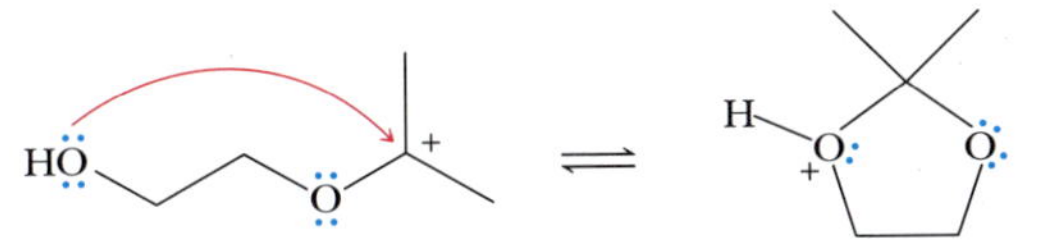

Step 7:

$+ H^+$

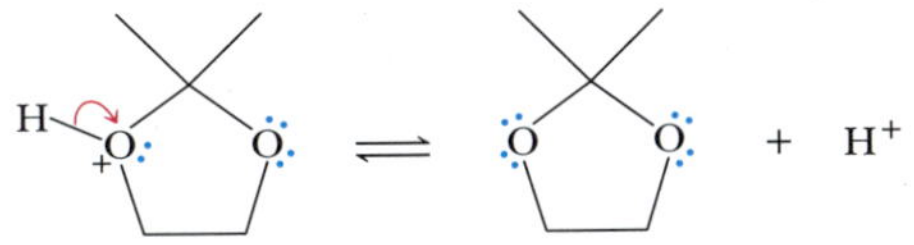

Addition of Nitrogen Nucleophiles

12.29

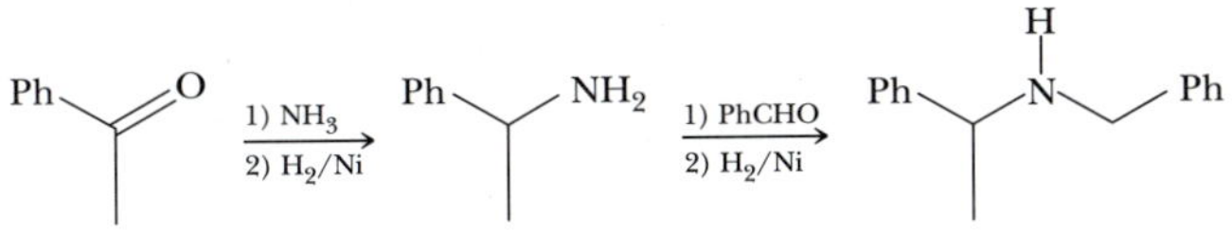

1) NH_3 2) H_2/Ni ; 1) PhCHO 2) H_2/Ni

12.31 (a)

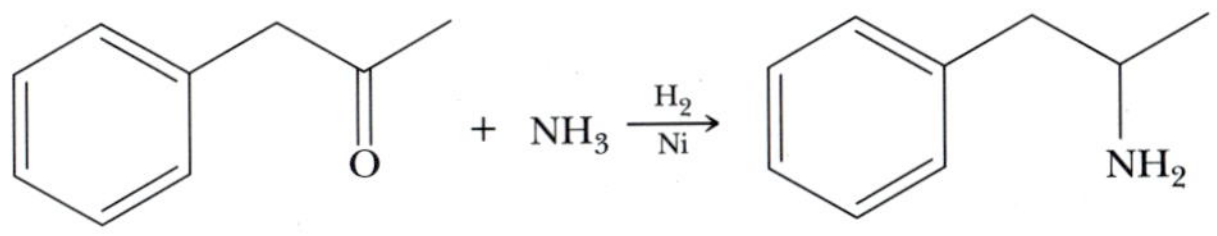

$+ NH_3 \xrightarrow[Ni]{H_2}$

Amphetamine

(b)

$+ CH_3NH_2 \xrightarrow[Ni]{H_2}$

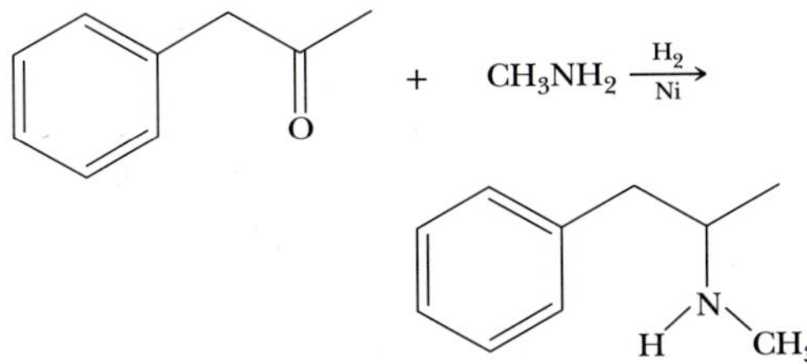

Methamphetamine

12.33 (a)

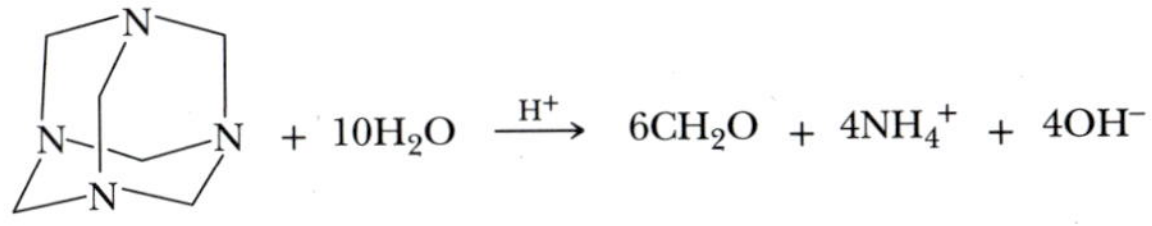

$+ 10H_2O \xrightarrow{H^+} 6CH_2O + 4NH_4^+ + 4OH^-$

(b) When methenamine is hydrolyzed, ammonium hydroxide is formed. Ammonium hydroxide is a base, so the pH will increase.

(c) Acetals are 1,1-diethers, where a single carbon atom is bonded to two—OR groups. In the case of methenamine, each carbon atom is bonded to two amine functional groups.

(d) The pH of blood plasma is slightly basic (pH of 7.4), but the pH of the urinary tract is acidic. Acetals (and methenamine, which is a nitrogen analog of an acetal) require acidic conditions for hydrolysis to occur, but they are stable under basic conditions.

Keto–Enol Tautomerism

12.35

Step 1:

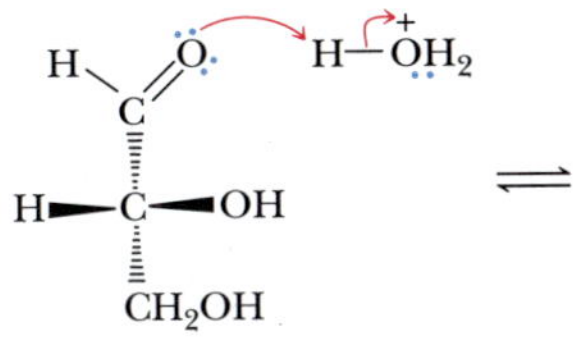

(*R*)-Glyceraldehyde

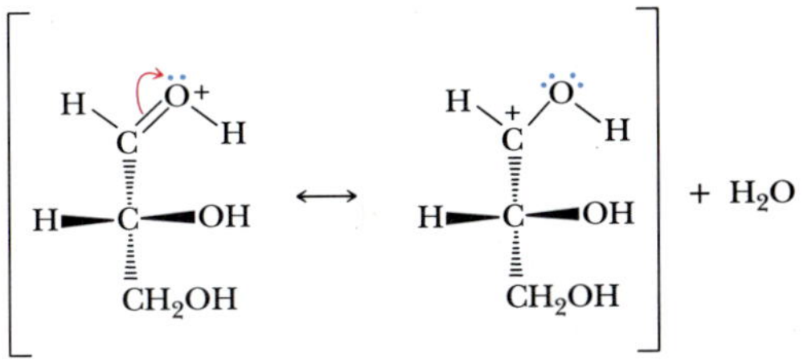

$+ H_2O$

Step 2:

$+ H_3O^+$

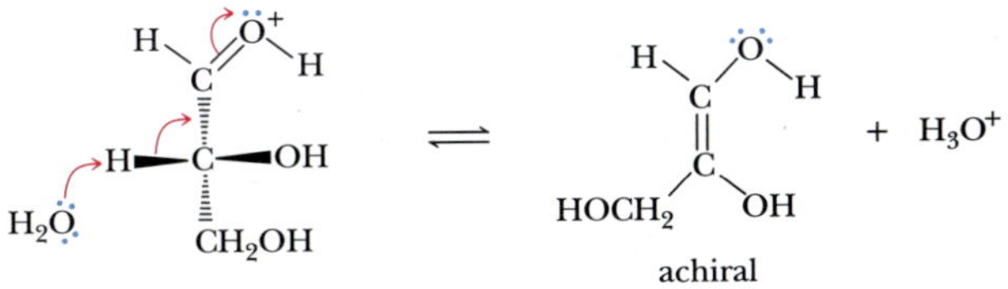

achiral

Step 3:

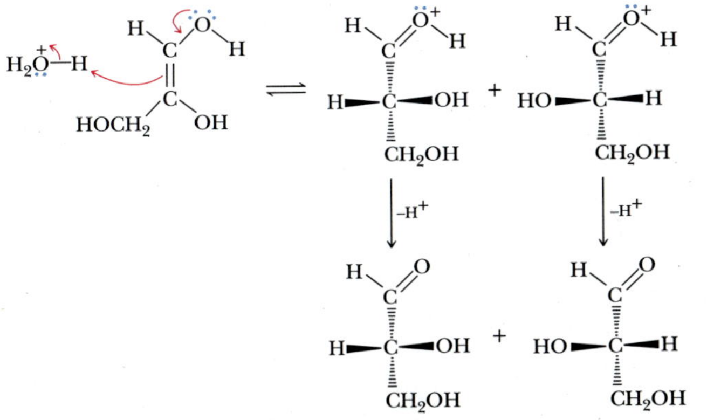

(*R*)-Glyceraldehyde (*S*)-Glyceraldehyde

Step 4:

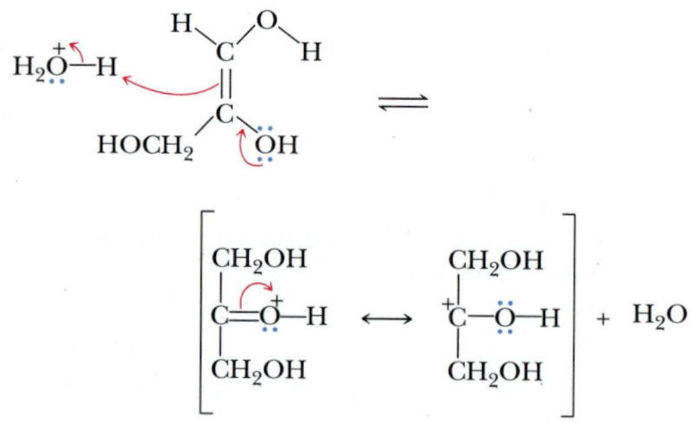

$H_2\overset{+}{O}$—H ... HOCH$_2$, C=C, OH ⇌

[CH_2OH, C=$\overset{+}{O}$—H, CH_2OH ⟷ CH_2OH, $\overset{+}{C}$—O—H, CH_2OH] + H_2O

Step 5:

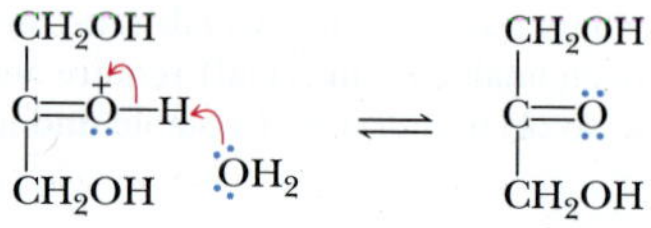

CH_2OH, C=$\overset{+}{O}$—H, CH_2OH + $:OH_2$ ⇌ CH_2OH, C=O, CH_2OH

Oxidation/Reduction of Aldehydes and Ketones

12.37

(a), (b), (c): OH, Br, racemic

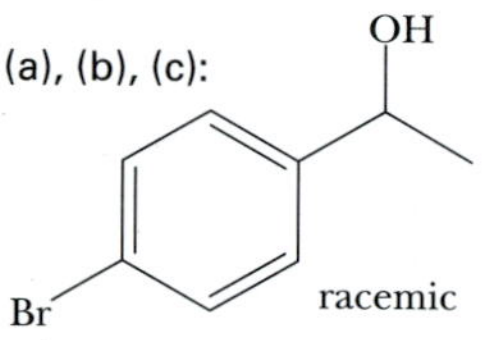

(d), (e): no reaction

(f) N H, Br, racemic

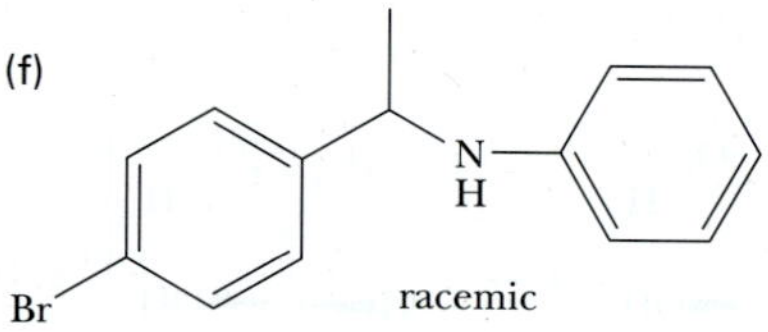

Synthesis

12.39

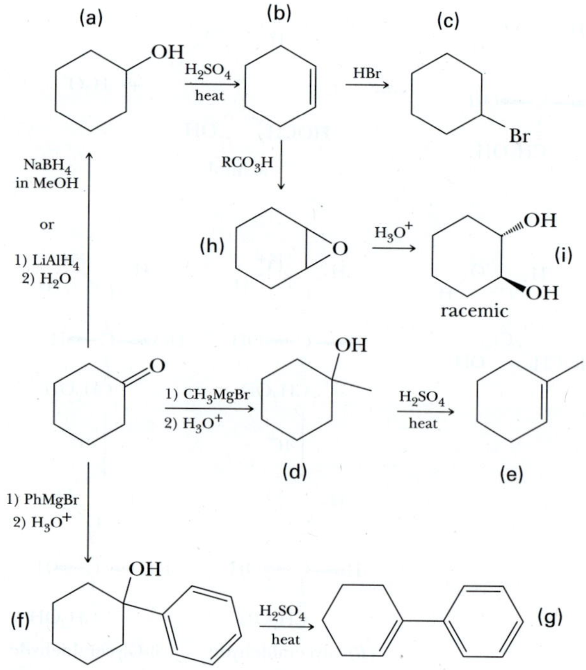

(a) OH → H_2SO_4 heat → (b) → HBr → (c) Br

(b) → RCO_3H → (h) O → H_3O^+ → (i) OH, OH racemic

NaBH$_4$ in MeOH or 1) LiAlH$_4$ 2) H_2O

O → 1) CH_3MgBr 2) H_3O^+ → (d) OH → H_2SO_4 heat → (e)

1) PhMgBr 2) H_3O^+

(f) OH → H_2SO_4 heat → (g)

12.41 (a) 2 (b) *Z*

(c)

O, N, CH_3, CH_3, O → 1) PhMgBr 2) H_3O^+

HO, O, N, CH_3, CH_3

H_2SO_4 heat → O, N, CH_3, CH_3

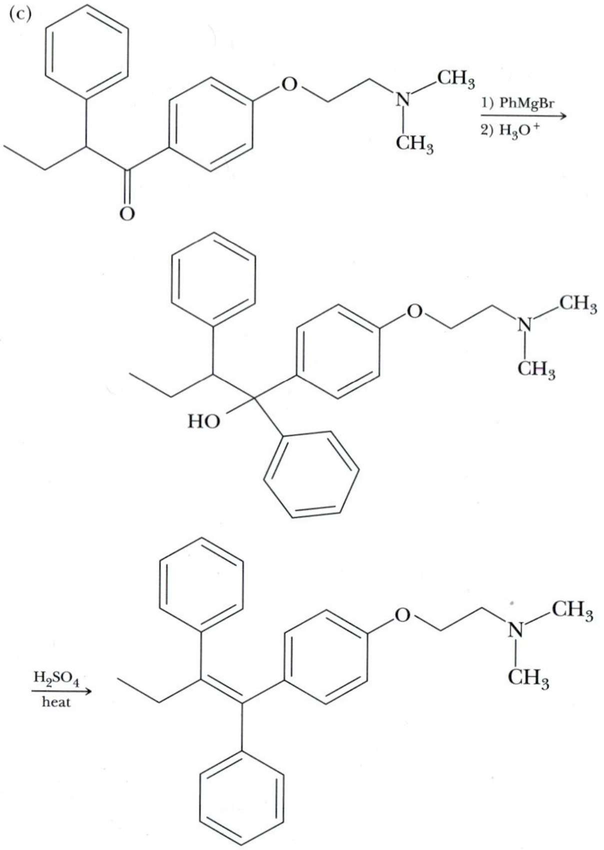

12.43 (a) Cyclopropylmagnesium bromide followed by acid treatment

(b)

Step 1:

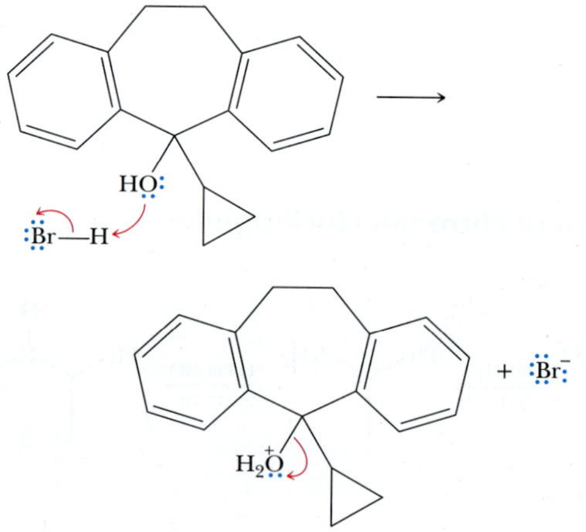

HO: , :Br—H →

$H_2\overset{+}{O}$ + :Br:$^-$

Step 2:

$H_2\overset{+}{O}$ →

+ + H_2O

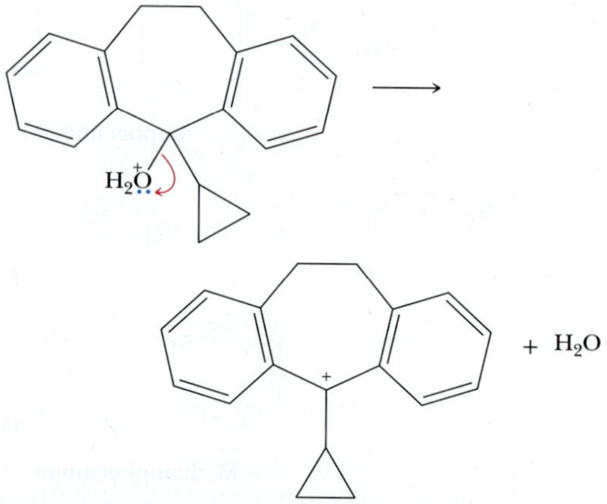

Step 3:

$:\ddot{Br}:^-$

Br

(c) 2 equivalents of dimethylamine

12.45 (a) Step 1 is a Friedel-Crafts acylation and involves the use of acetyl chloride (CH_3COCl) and a Lewis acid catalyst, such as $AlCl_3$.

(b) Step 2: Cl_2 in acetic acid

Step 3: 2 equivalents of dimethylamine

(c) Step 4: $NaBH_4$ in an alcohol, or $LiAlH_4$ followed by water

Step 5: SOCl2 in pyridine

(d) Step 6 is a Grignard reaction. The starting material is first treated with magnesium in ether to prepare the Grignard reagent, which is subsequently treated with cyclohexanone followed by acid.

Spectroscopy

12.47

O

H

3-Methylbutanal

12.49

O

2,6-Dimethyl-4-heptanone

Looking Ahead

12.51

O N < O O < O

12.53 (a)

H OH, HO, HO, H, O, H, OH, OH, H, H

H OH, HO, HO, H, O, H, OH, H, H, OH

(b) CH_2OH, O, OH, H, H, H, H, OH, OH

CH_2OH, O, H, H, H, H, OH, OH, OH

CHAPTER 13 Carboxylic Acids

Problems

13.1

(a) (R)-2,3-Dihydroxypropanoic acid (b) (Z)-Butenedioic acid

(c) (R)-3,5-Dihydroxy-3-methylpentanoic acid

(d) (S)-2-Hydroxypropanoic acid

13.2

CH_3CCOOH (with two CH_3 groups) — 2,2-Dimethylpropanoic acid, pK_a 5.03

CF_3COOH — Trifluoroacetic acid, pK_a 0.22

OH, $CH_3CHCOOH$ — 2-Hydroxypropanoic acid (Lactic acid), pK_a 3.85

13.3

(a) COOH + NH_3 ⟶ $CO\bar{O}\ \overset{+}{N}H_4$

Butanoic acid — Ammonium butanoate

(b) OH, COOH + NH_3 ⟶ OH, $CO\bar{O}\ \overset{+}{N}H_4$

2-Hydroxypropanoic acid (Lactic acid) — Ammonium 2-hydroxypropanoate (Ammonium lactate)

13.4 (a)

H, O, O, O, OH

H_2/Pd → H, O, O, O, OH

1) $LiAlH_4$/ether 2) H_2O → HO, OH, OH

1) $NaBH_4$/EtOH 2) H_2O → HO, OH, OH, O

(b)

O, C—OH

H_2/Pd → O, C—OH

1) $LiAlH_4$/ether 2) H_2O → CH_2OH

1) $NaBH_4$/EtOH 2) H_2O → No reaction. Sodium borohydride does not reduce alkenes or acids.

13.5

(a) Isobutyric acid + cyclohexanol $\overset{H^+}{\rightleftharpoons}$ cyclohexyl 2-methylpropanoate + H_2O

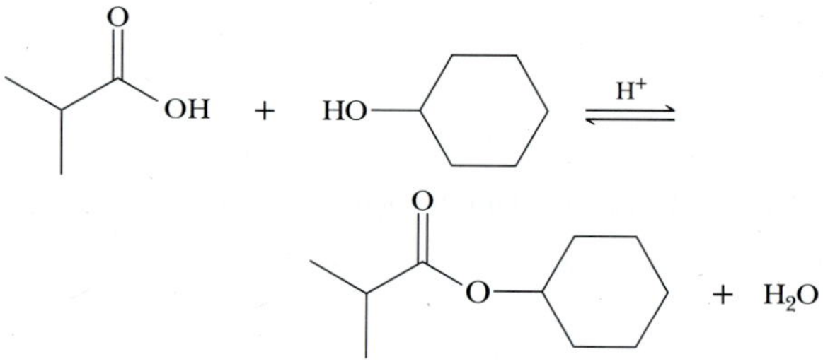

(b) $HO(CH_2)_3COOH \overset{H^+}{\rightleftharpoons}$ γ-butyrolactone + H_2O

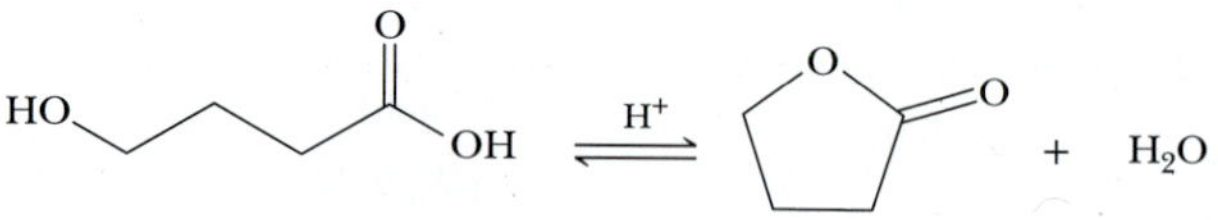

13.6 (a) 2-Methoxybenzoic acid (COOH, OCH_3) + $SOCl_2$ ⟶ 2-methoxybenzoyl chloride (CCl=O, OCH_3) + SO_2 + HCl

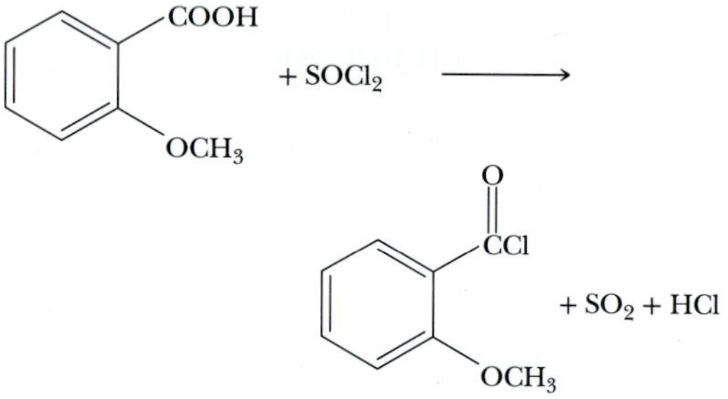

(b) Cyclohexanol (OH) + $SOCl_2$ ⟶ chlorocyclohexane (Cl) + SO_2 + HCl

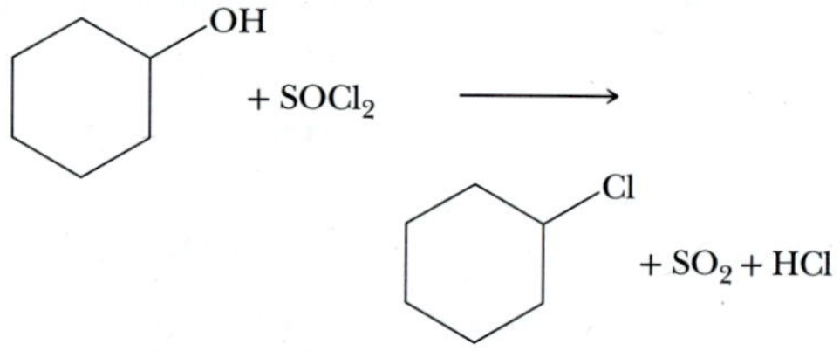

13.7

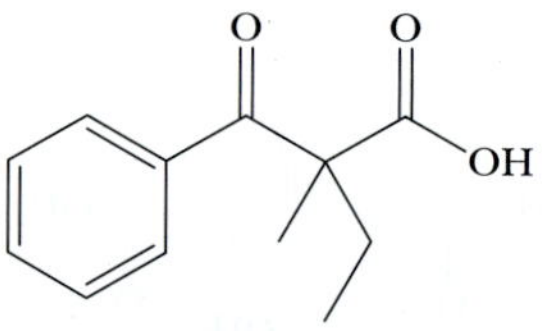

β-Ketoacid

End-of-Chapter Problems

13.9 (a) COOH

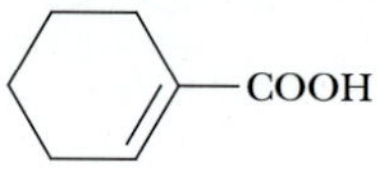

1-Cyclohexenecarboxylic acid

(b) OH, COOH

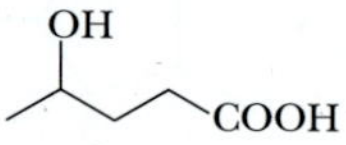

4-Hydroxypentanoic acid

(c) O, OH

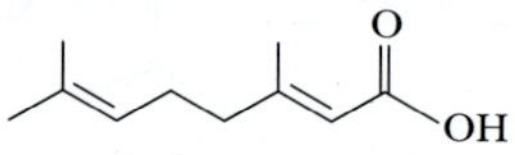

(*E*)-3,7-Dimethyl-2,6-octadienoic acid

(d) COOH

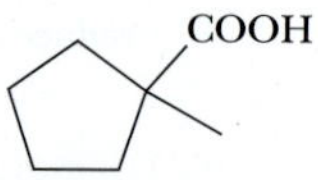

1-Methylcyclopentanecarboxylic acid

(e) $COO^- \overset{+}{N}H_4$

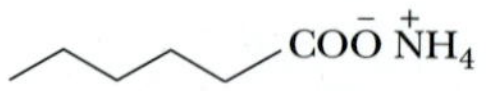

Ammonium hexanoate

(f) OH, HOOC, COOH

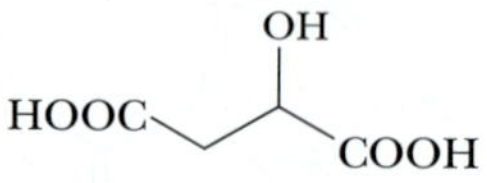

2-Hydroxybutanedioic acid

13.11 (a) 3,5-Tetradecadienoic acid

(b) 4

13.13 (a) $O^- Na^+$ (b) $O^- Li^+$

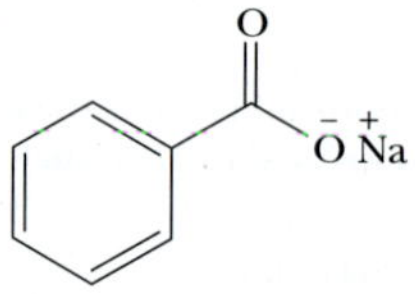

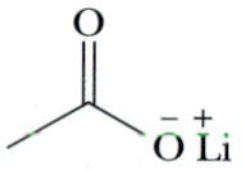

(c) $O^- \overset{+}{N}H_4$

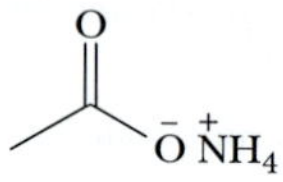

(d) $Na^+ O^-$ … $O^- Na^+$

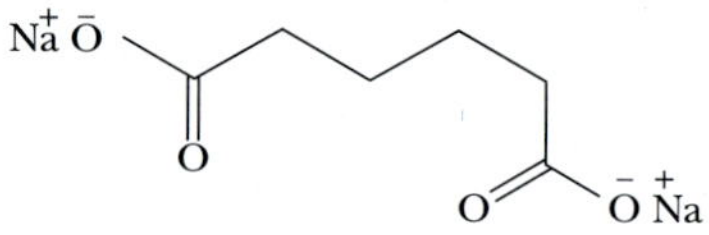

(e) $O^- Na^+$, OH (f) $(CH_3CH_2CH_2CH_2COO^-)_2\ Ca^{2+}$

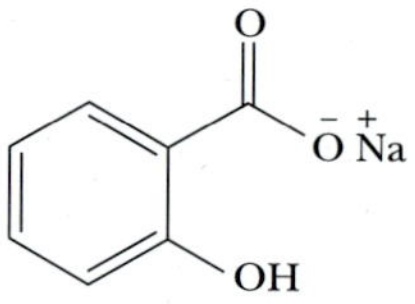

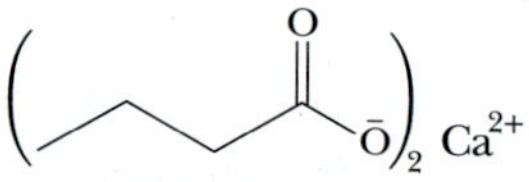

13.15 $O^- K^+$

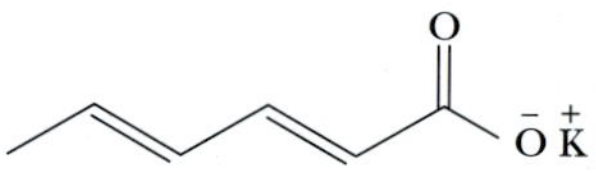

13.17 (a) $CH_3(CH_2)_6CHO < CH_3(CH_2)_6CH_2OH < CH_3(CH_2)_5COOH$

(b) $CH_3CH_2OCH_2CH_3 < CH_3CH_2CH_2CH_2OH < CH_3CH_2COOH$

13.19 (a) OH

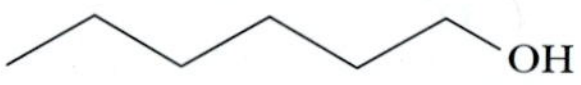

(b) O, H

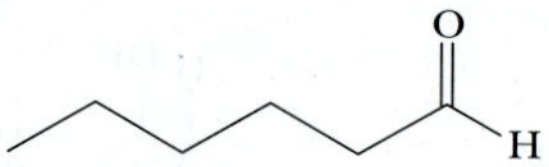

(c) HO … OH

13.21

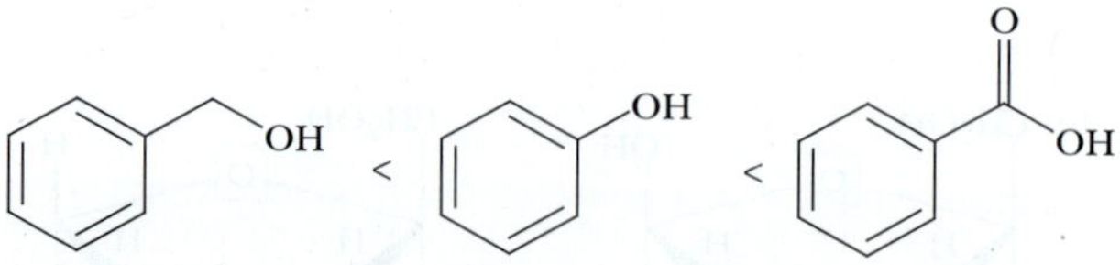

Benzyl alcohol (OH) < phenol (OH) < benzoic acid (OH)

13.23 (a) $C_6H_5CH_2COOH$ + NaOH ⟶ $C_6H_5CH_2COO^- Na^+$ + H_2O

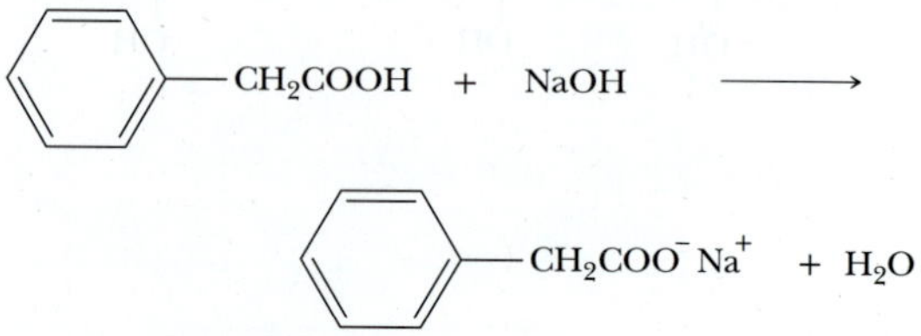

(b) $CH_3CH{=}CHCH_2COOH + NaHCO_3 \longrightarrow$

$CH_3CH{=}CHCH_2COO^-Na^+ + H_2O + CO_2$

(c) (salicylic acid: COOH, OH) + $NaHCO_3$ $\longrightarrow$

(COO⁻ Na⁺, OH) + $H_2O + CO_2$

(d) $CH_3CH(OH)COOH + H_2NCH_2CH_2OH \longrightarrow$

$CH_3CH(OH)COO^- \; H_3\overset{+}{N}CH_2CH_2OH$

(e) $CH_3CH{=}CHCH_2COO^-Na^+ + HCl \longrightarrow$

$CH_3CH{=}CHCH_2COOH + NaCl$

13.25 Salicylate anion

13.26 Lactic acid itself

13.29 (a) $CH_3CH(NH_3^+)COH$ (C=O)　(b) $CH_3CH(NH_3^+)CO^-$ (C=O)

(c) $CH_3CH(NH_2)CO^-$ (C=O)

13.31

COOH → 1) $LiAlH_4$ 2) H_2O → OH (a)

H_2/Pd ↓　　H_2/Pd ↓

COOH (b) → 1) $LiAlH_4$ 2) H_2O → OH (c)

13.33 (a)

(acetic acid) OH + HO (3-methyl-1-butanol) $\overset{H^+}{\rightleftharpoons}$ (isopentyl acetate) O

(b) (phthalic acid) COOH, COOH + CH_3OH $\overset{H^+}{\rightleftharpoons}$ $COOCH_3$, $COOCH_3$

(c) HO (succinic acid) O, OH, O + OH (ethanol) $\overset{H^+}{\rightleftharpoons}$ (diethyl succinate) O, O, O, O

13.35 (methyl salicylate) O, OCH_3, OH

13.37 (a)

CH_3, H, H, CH_3, O, O, O, ester — Pyrethrin I

Cl, Cl, CH_3, H, H, CH_3, O, O, O, ester — Permethrin

(b) Yes, 16

(c) Yes, 4

13.39 (a) HO—(cyclohexane)—OH　alcohol　　CH_3COH (C=O)　carboxylic acid

(b) CH_3OH　alcohol　　$HOCCH_2CH_2COH$ (C=O, C=O)　carboxylic acid

(c) CH_3OH　alcohol　　(cyclohexyl)—COH (C=O)　carboxylic acid

(d) $(CH_3)_2CHOH$　alcohol　　$CH_3CH_2CH{=}CHCOH$ (C=O)　carboxylic acid

13.41 (a) (acetophenone) O　(b) (3-phenylpropanoic acid) O, OH

(c) 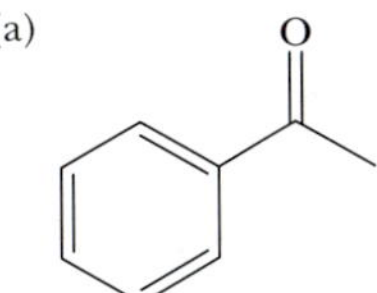

(d) 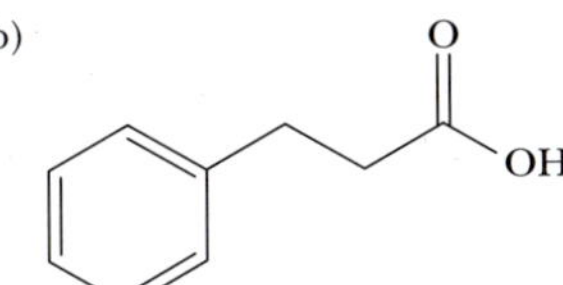

13.43

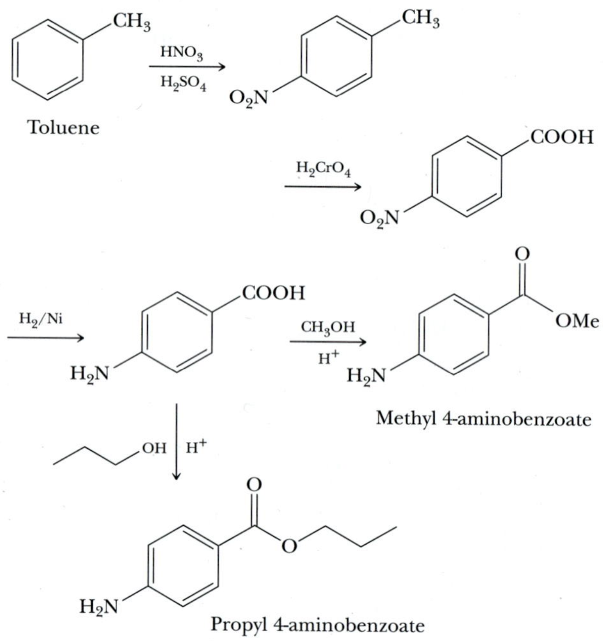

Toluene $\xrightarrow{HNO_3/H_2SO_4}$ O_2N–C$_6$H$_4$–CH_3 $\xrightarrow{H_2CrO_4}$ O_2N–C$_6$H$_4$–COOH $\xrightarrow{H_2/Ni}$ H_2N–C$_6$H$_4$–COOH $\xrightarrow{CH_3OH, H^+}$ Methyl 4-aminobenzoate

H_2N–C$_6$H$_4$–COOH $\xrightarrow{\text{propanol (OH)}, H^+}$ Propyl 4-aminobenzoate

13.45 (a) $SOCl_2$ in the presence of a base, such as pyridine.

(b) Friedel–Crafts acylation with aluminum chloride.

(c) NH_3 followed by catalytic hydrogenation, such as H_2/Pt.

(d)

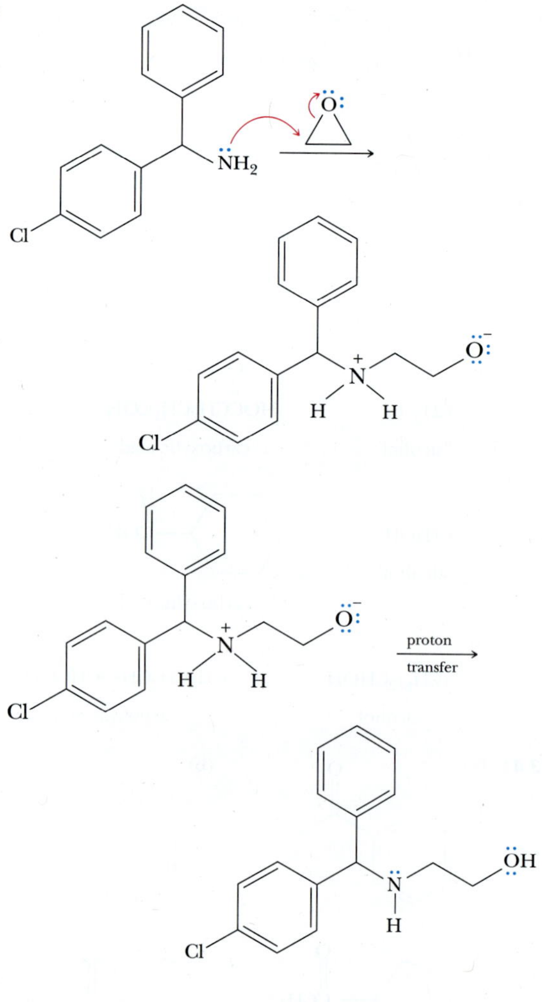

proton transfer

The mechanism repeats, using another equivalent of the epoxide.

(e) $SOCl_2$ in the presence of a base, such as pyridine.

(f)

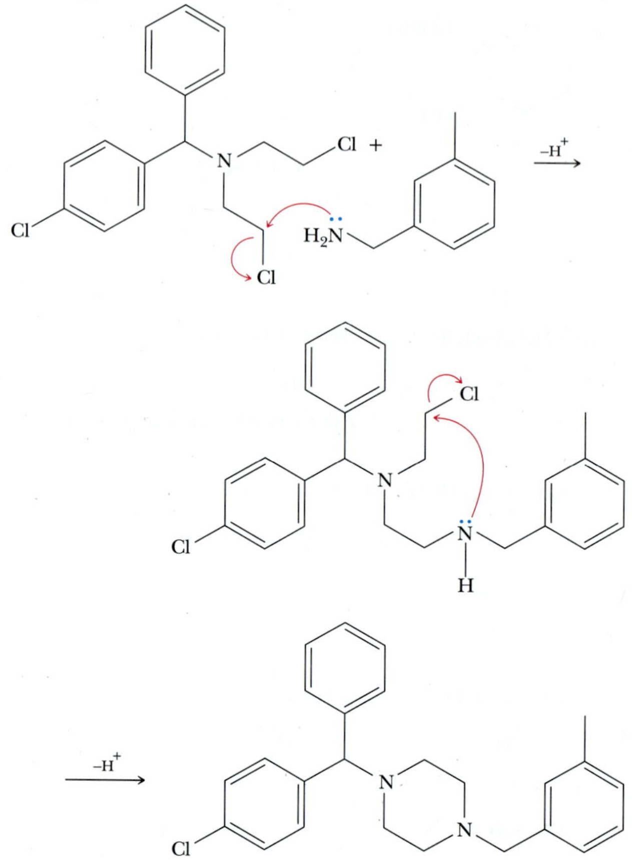

$-H^+$

$-H^+$

13.47 (a)

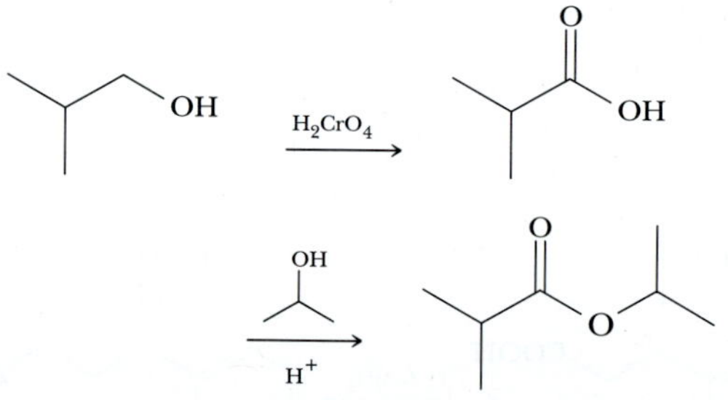

$\xrightarrow{H_2CrO_4}$ $\xrightarrow{\text{isopropanol (OH)}, H^+}$

(b) cyclohexanol (OH) $\xrightarrow{\text{propanoic acid (OH)}, H^+}$ ester

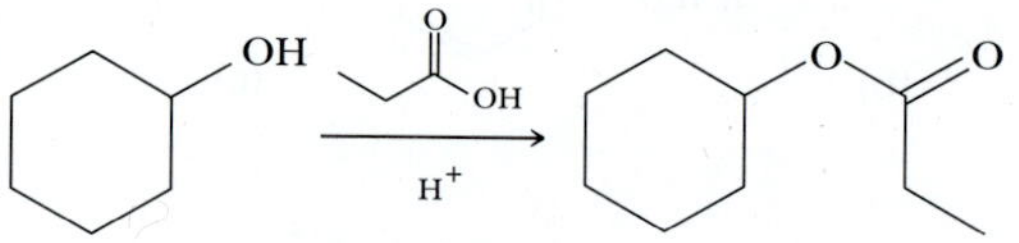

(c) allyl alcohol (OH) $\xrightarrow{H_2/Pt}$ propanol (OH) $\xrightarrow{H_2CrO_4}$ propanoic acid (OH) $\xrightarrow{CH_3OH, H^+}$ methyl ester

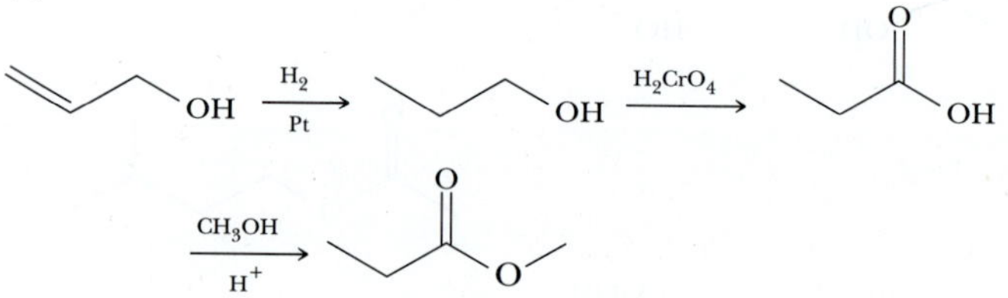

(d) $\xrightarrow{1)\ BH_3;\ 2)\ H_2O_2, NaOH}$ HO $\xrightarrow{1)\ H_2CrO_4;\ 2)\ NaOH}$ $Na^+\ ^-O$

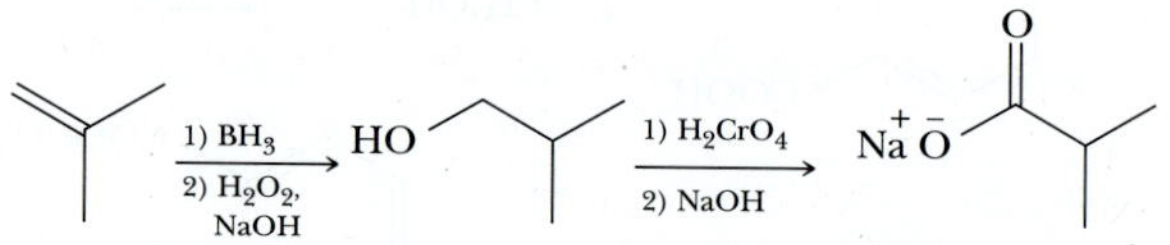

(e) OH $\xrightarrow[\text{Pt}]{H_2}$ OH $\xrightarrow[H^+]{C_6H_5COOH}$ O—C(=O)

(f) $\xrightarrow[\text{2) } H_2O_2\text{, NaOH}]{\text{1) } BH_3}$ HO $\xrightarrow{H_2CrO_4}$ HO, O $\xrightarrow{SOCl_2}$ Cl, O

(g) $\xrightarrow[AlCl_3]{RCl}$ R $\xrightarrow[AlCl_3]{Cl_2}$ R, Cl $\xrightarrow{H_2CrO_4}$ O, C, OH, Cl $\xrightarrow[H^+]{CH_3OH}$ O, C, OCH_3, Cl

(h) O, OH $\xrightarrow{H_2CrO_4}$ O, O, OH $\xrightarrow{\text{heat}}$ O

(i) OH, O $\xrightarrow[\text{2) } H_2O]{\text{1) } LiAlH_4}$ OH $\xrightarrow[H^+]{\text{O, OH}}$ O, O

(j) $\xrightarrow[\text{2) } H_2O_2\text{, NaOH}]{\text{1) } BH_3}$ OH $\xrightarrow{H_2CrO_4}$ O, OH $\xrightarrow{SOCl_2}$ O, Cl

(k) $\xrightarrow[\text{2) } H_2O_2\text{, NaOH}]{\text{1) } BH_3}$ HO $\xrightarrow[H^+]{\text{benzoic acid}}$ O, O

(l) Cl $\xrightarrow[\text{2) } CH_2O \text{ 3) } H_3O^+]{\text{1) Mg/ether}}$ OH $\xrightarrow{H_2CrO_4}$ OH, O $\xrightarrow[H^+]{\text{OH}}$ O, O

(m) O $\xrightarrow[\text{2) } H_2O_2\text{, NaOH}]{\text{1) } BH_3}$ O, OH $\xrightarrow{H_2CrO_4}$ O, O, OH $\xrightarrow{\text{heat}}$ O

(n) Br $\xrightarrow[(CH_3)COH]{(CH_3)_3COK}$ $\xrightarrow[\text{2) } H_2O_2\text{, NaOH}]{\text{1) } BH_3}$ OH $\xrightarrow[H^+]{CH_3COOH}$ O, O

(o) $CH_3—C\equiv C—H$ $\xrightarrow[\text{Lindlar catalyst}]{H_2}$ $\xrightarrow[\text{2) } H_2O_2\text{, NaOH}]{\text{1) } BH_3}$ OH $\xrightarrow{H_2CrO_4}$ O, OH

(p) $\xrightarrow[H_2SO_4]{HNO_3}$ O_2N $\xrightarrow[AlCl_3]{RCl}$ O_2N, R $\xrightarrow{H_2CrO_4}$ O_2N, O, OH $\xrightarrow{SOCl_2}$ O_2N, O, Cl

13.49 Carboxylate ion

13.51 No, only with esters

CHAPTER 14 Functional Derivatives of Carboxylic Acids

Problems

14.1 (a) (b) 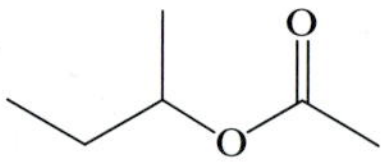 (c) 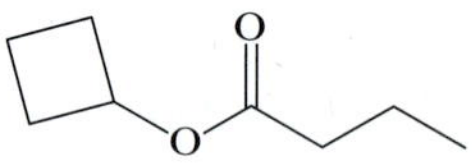 (d) 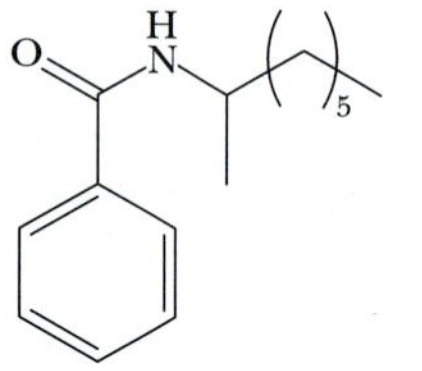 (e) 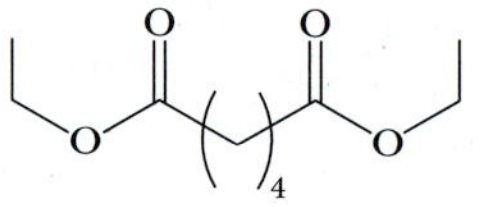 (f)

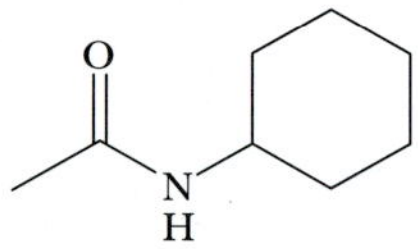

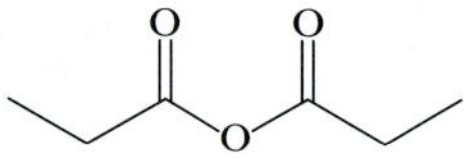

14.2 (a) + 2NaOH $\xrightarrow{H_2O}$ + $2CH_3OH$

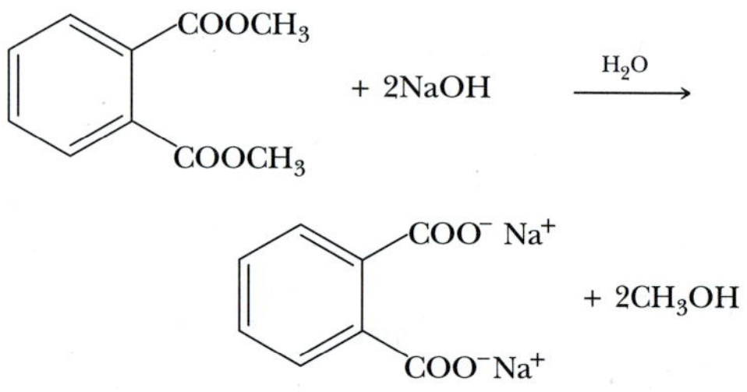

(b) + H_2O $\xrightarrow{HCl}$ OH + CH_3CH_2OH

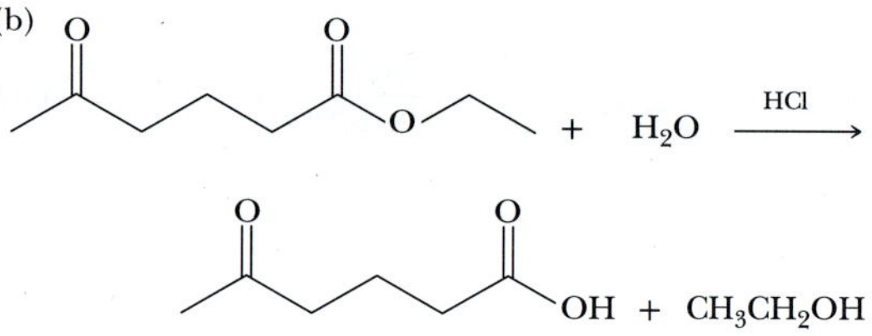

14.3 (a) $CH_3CN(CH_3)_2 \xrightarrow[H_2O]{NaOH} CH_3CO^- Na^+ + (CH_3)_2NH$

1 mole of NaOH needed for every mole of amide

(b) NH $\xrightarrow[H_2O]{NaOH}$ H_2N $O^- Na^+$

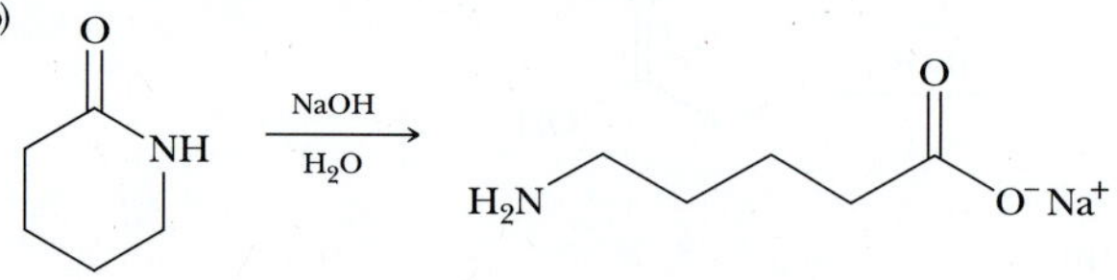

1 mole of NaOH needed for every mole of amide

14.4 (a)

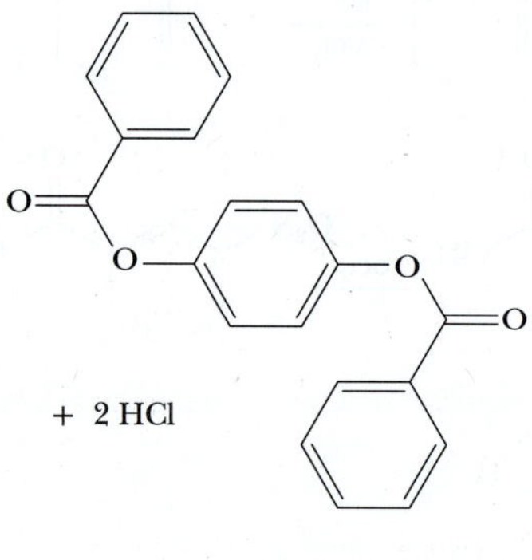

+ 2 HCl

(b) HO

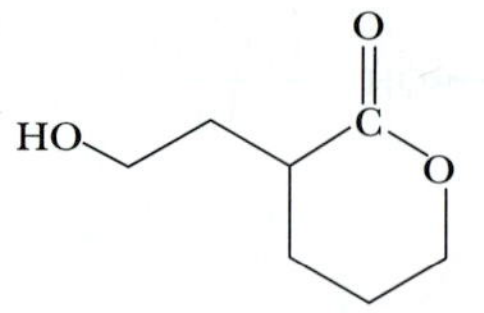

14.5 (a) CH_3CO—C₆H₄—$OCCH_3$ + $2NH_3$ ⟶ HO—C₆H₄—OH $+ 2CH_3CNH_2$

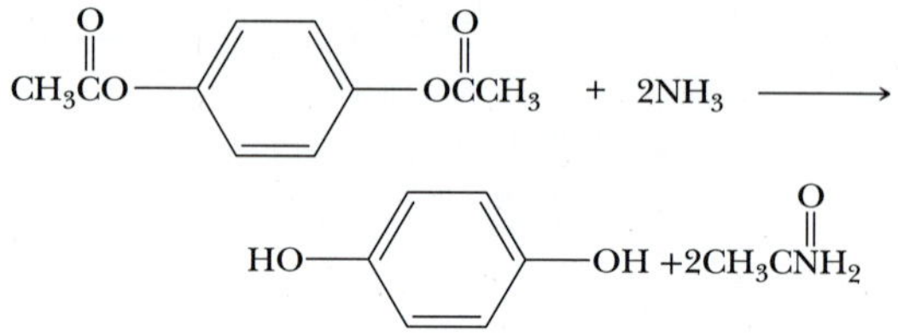

(b) + NH_3 ⟶ HO NH_2

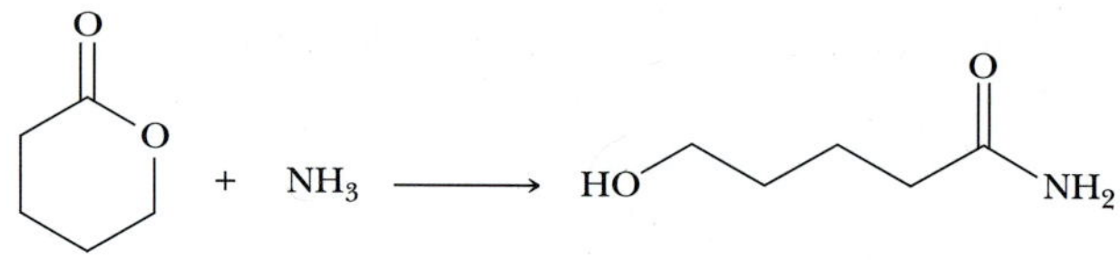

14.6

(a) H OCH_3 1) MgBr 2) H_3O^+ ⟶ OH

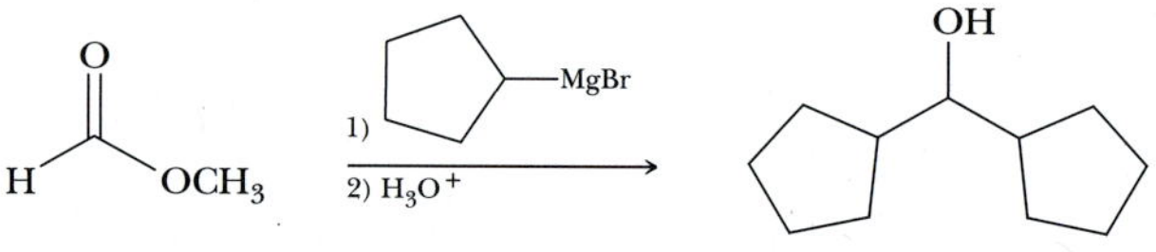

(b) Ph OCH_3 1) MgBr 2) H_3O^+ ⟶ OH Ph

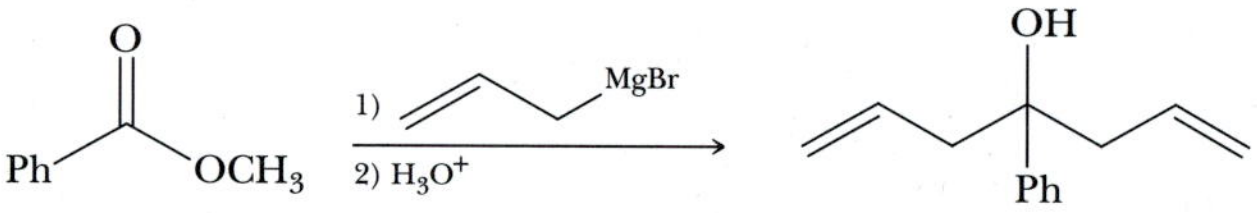

14.7

(a) OH $\xrightarrow{SOCl_2}$ Cl

$\xrightarrow{(CH_3)_2NH}$ CH_3 N CH_3

1) $LiAlH_4$ 2) H_2O ⟶ CH_3 N CH_3

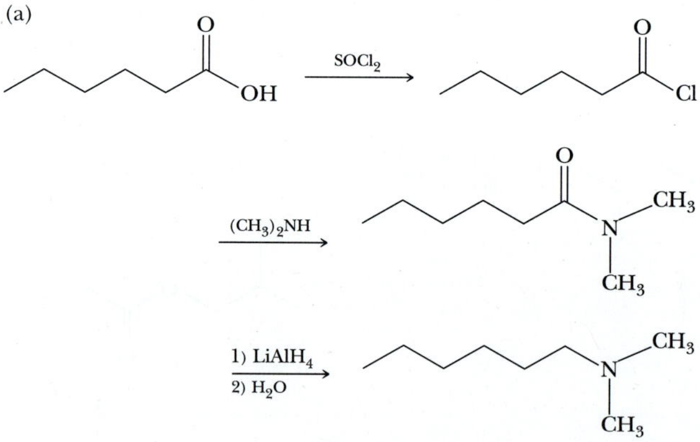

(b) OH $\xrightarrow{SOCl_2}$ Cl

NH_2 ⟶ N H

1) $LiAlH_4$ 2) H_2O ⟶

N H

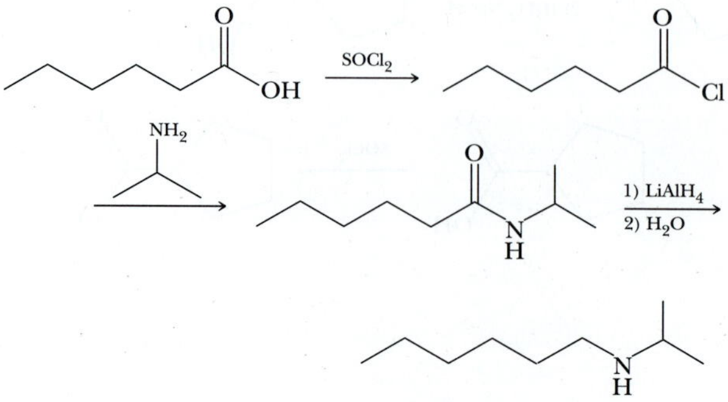

14.8 (a) CH_3, H, Ph, OH, O → 1) $LiAlH_4$ 2) H_2O → CH_3, H, Ph, OH

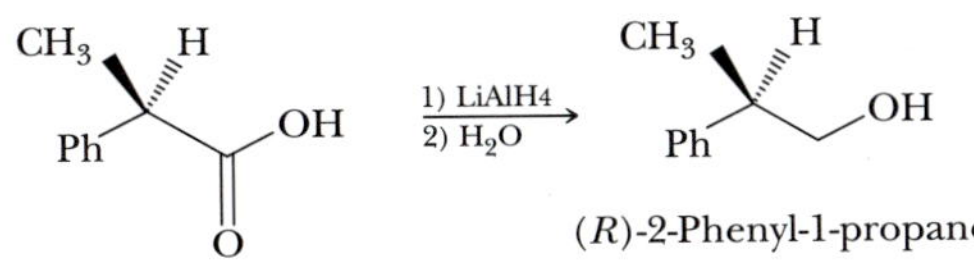

(*R*)-2-Phenyl-1-propanol

(b) CH_3, H, Ph, OH, O → $SOCl_2$ → CH_3, H, Ph, Cl, O → NH_3 →

CH_3, H, Ph, NH_2, O → 1) $LiAlH_4$ 2) H_2O → CH_3, H, Ph, NH_2

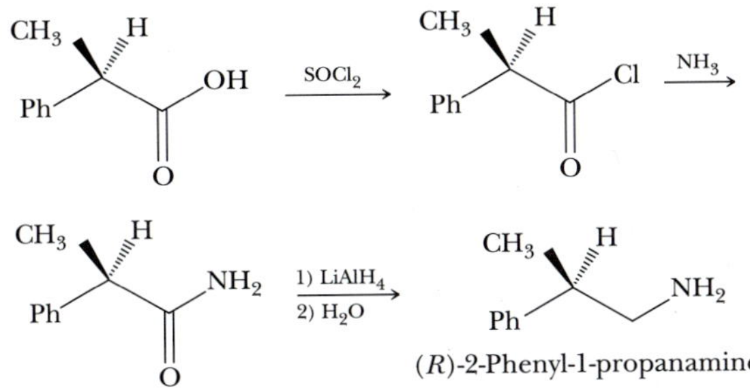

(*R*)-2-Phenyl-1-propanamine

End-of-Chapter Problems

14.9

(a) O, CH_3O, OCH_3

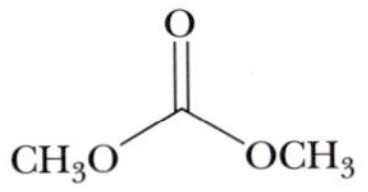

(b) O, NH_2, NO_2

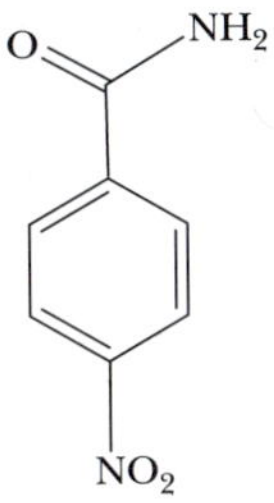

(c) O, 6, Cl

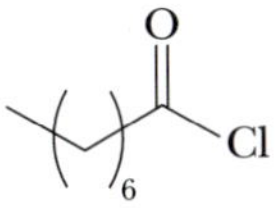

(d) O, O, O, O

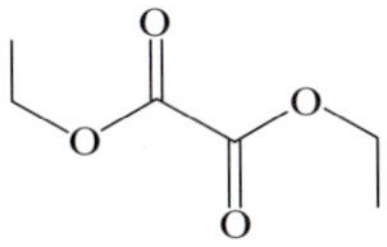

(e) O, O

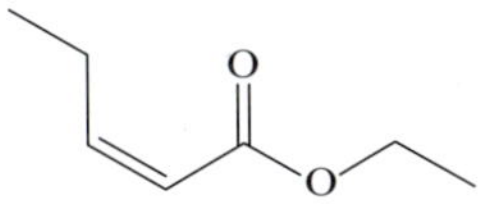

(f) O, O, O

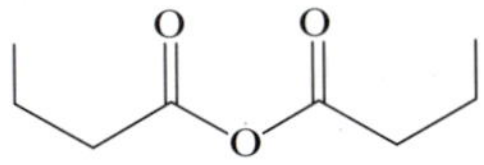

(g) O, 10, NH_2

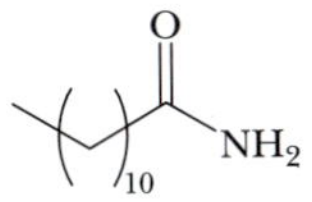

(h) OH, O, O

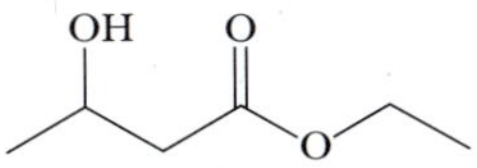

(i) O, O

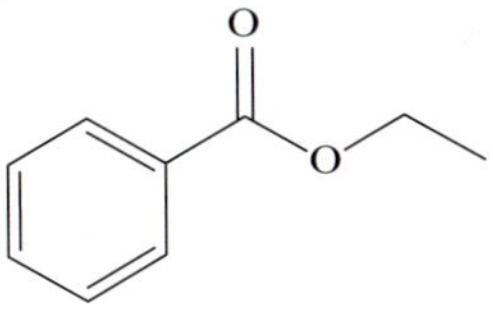

(j) O, Cl

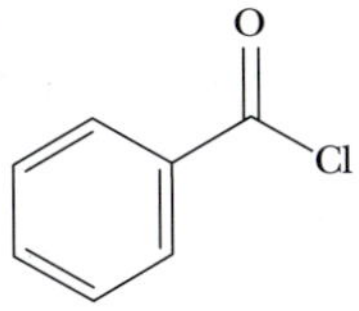

(k) O, N, H

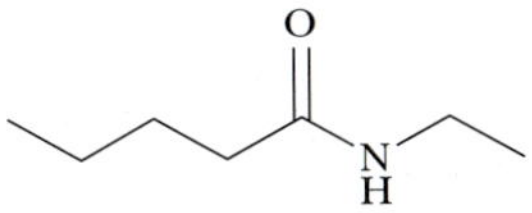

(l) O, Cl

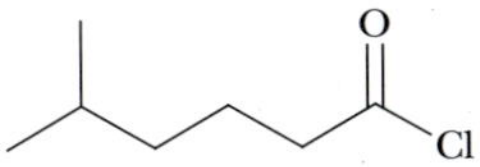

14.11

O, O

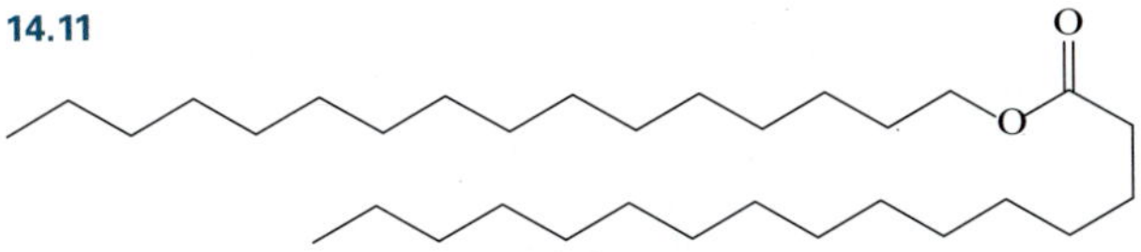

14.13 The strength of the hydrogen-bonding interactions in butanoic acid is greater than the increase in dispersion forces when going from butanoic acid to its propyl ester.

14.15 3 < 1 < 4 < 2

14.17 (a)

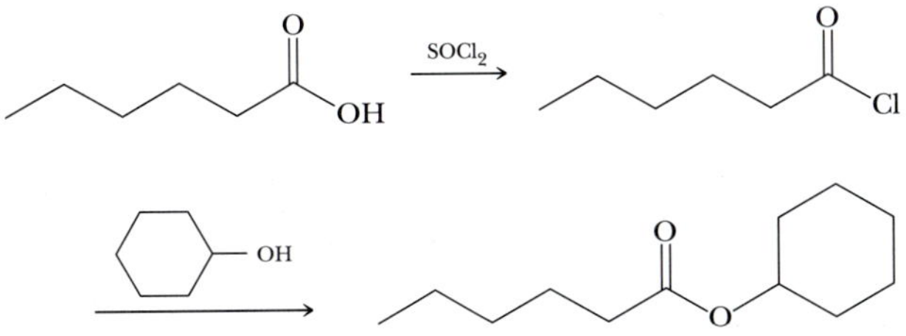

O, OH → $SOCl_2$ → O, Cl

OH →

O, O

(b)

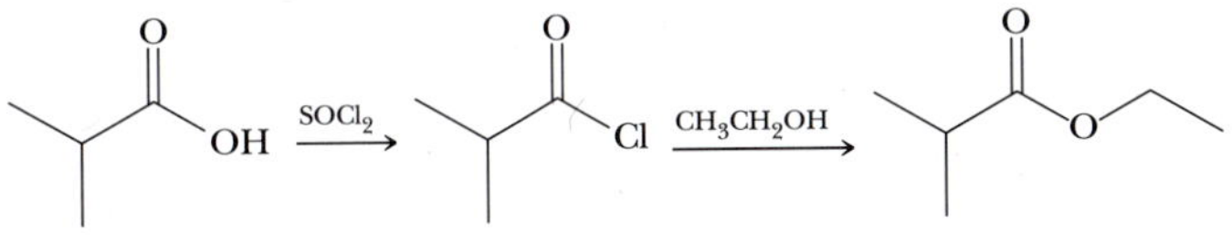

O, OH → $SOCl_2$ → O, Cl → CH_3CH_2OH → O, O

14.19 (a) Step 1:

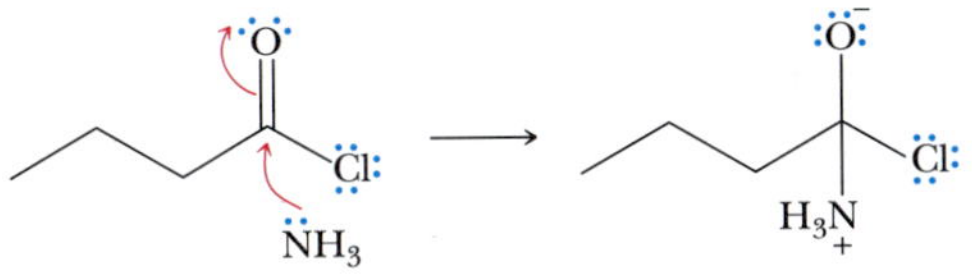

O, Cl:, NH_3 → O⁻, Cl:, H_3N^+

Step 2:

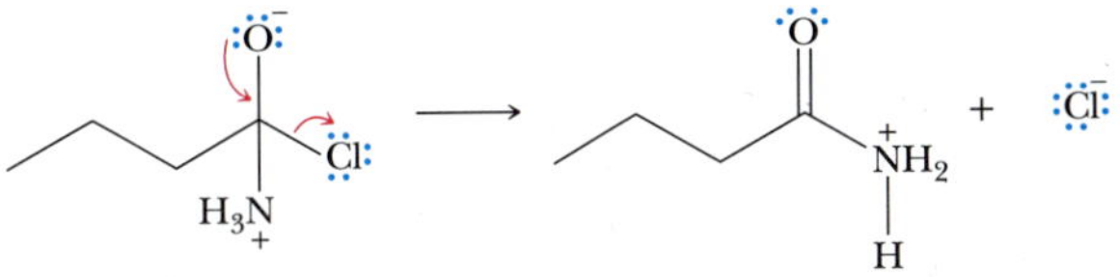

O⁻, Cl:, H_3N^+ → O, NH_2^+, H + :Cl:⁻

Step 3:

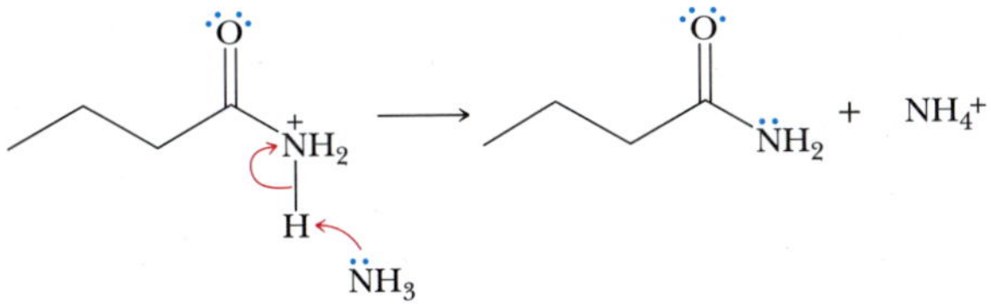

O, NH_2^+, H, NH_3 → O, NH_2 + NH_4^+

(b) Step 1:

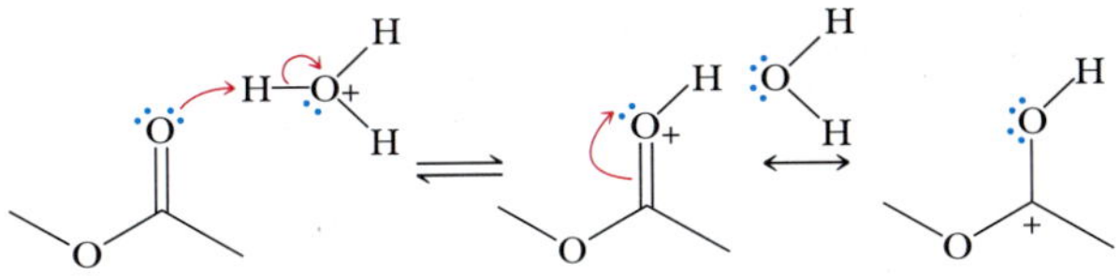

O, O, H–O⁺(H)H ⇌ O⁺H, O + H–O–H ↔ OH, O, +

Step 2:

⁺OH, O, H–O–H ⇌ :OH, O, O⁺, H, H

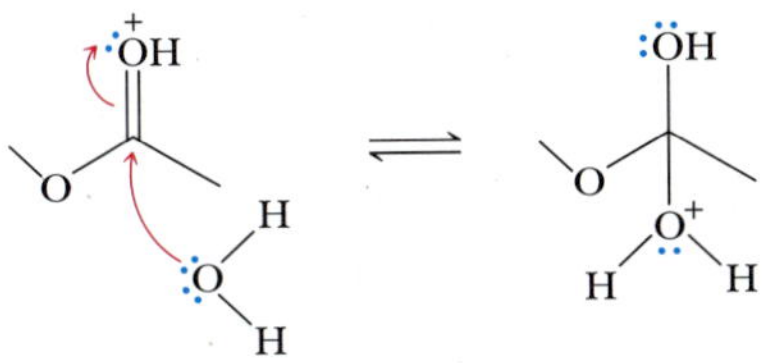

Step 3:

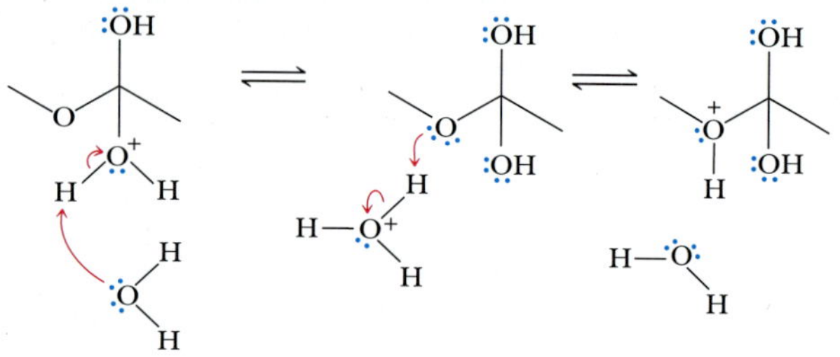

Step 4:

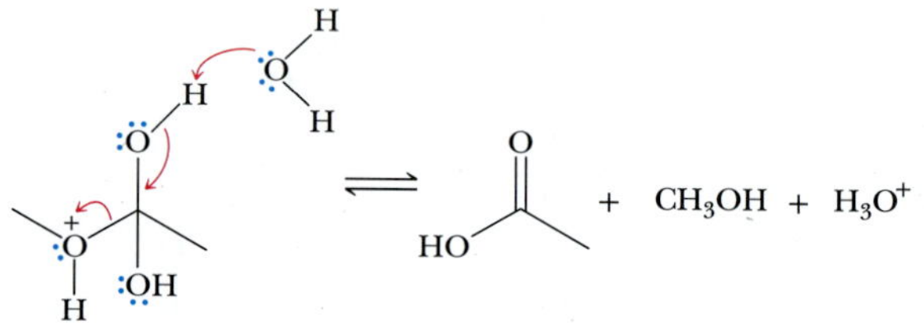

$\rightleftharpoons$ HO + CH_3OH + H_3O^+

(c) Step 1:

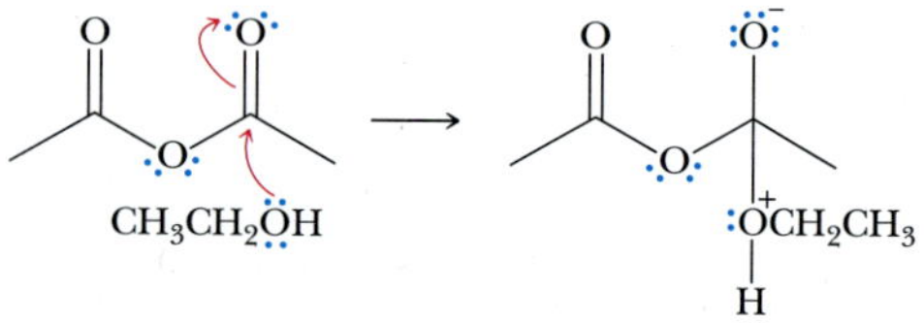

$CH_3CH_2\ddot{O}H$ → $:\overset{+}{O}CH_2CH_3$ H

Step 2:

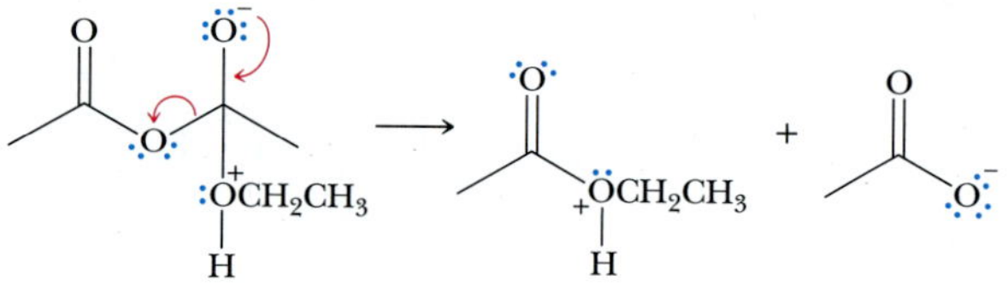

→ $\overset{+}{O}CH_2CH_3$ H +

Step 3:

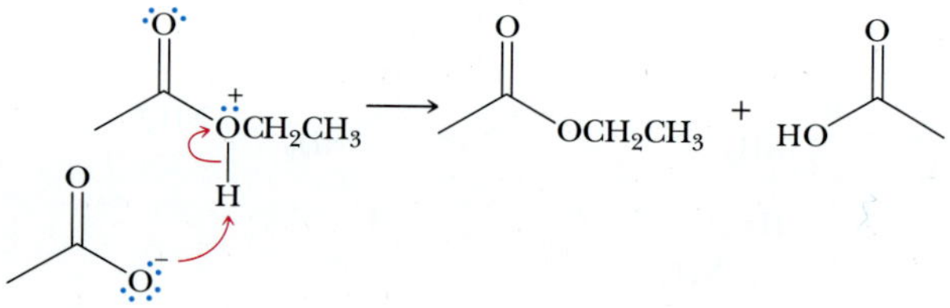

$\overset{+}{O}CH_2CH_3$ → OCH_2CH_3 + HO

14.21 (a) + OH

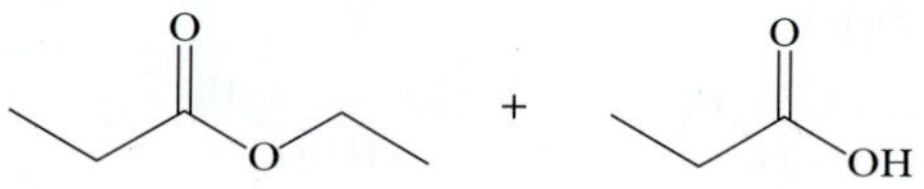

(b) NH_2 + $O^-NH_4^+$

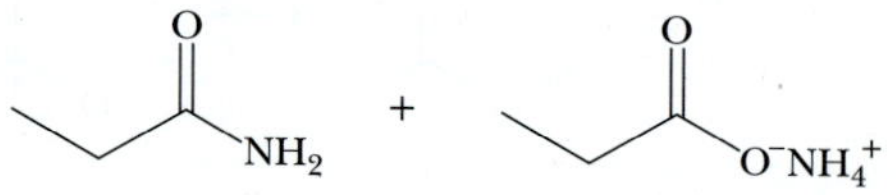

14.23

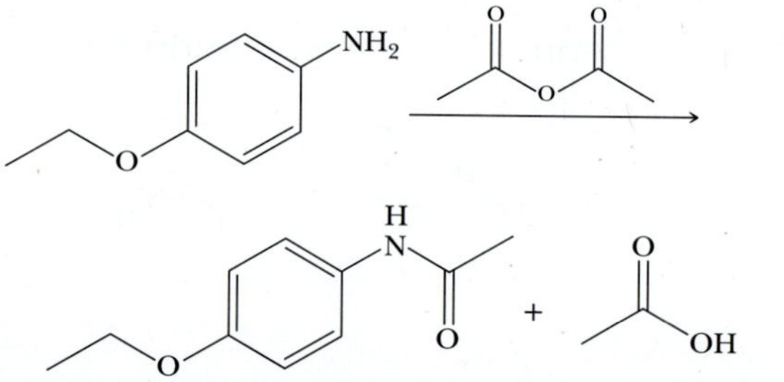

NH_2 →

+ OH

14.25

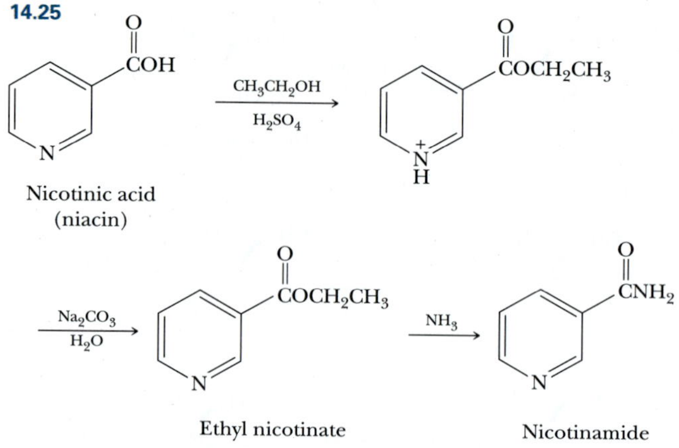

COH $\xrightarrow[H_2SO_4]{CH_3CH_2OH}$ $COCH_2CH_3$

Nicotinic acid (niacin)

$\xrightarrow[H_2O]{Na_2CO_3}$ $COCH_2CH_3$ $\xrightarrow{NH_3}$ CNH_2

Ethyl nicotinate

Nicotinamide

14.27 (a) O^-Na^+ + CH_3CH_2OH

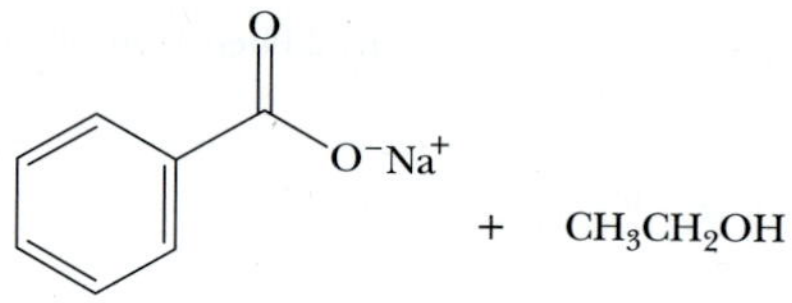

(b) OH + CH_3CH_2OH

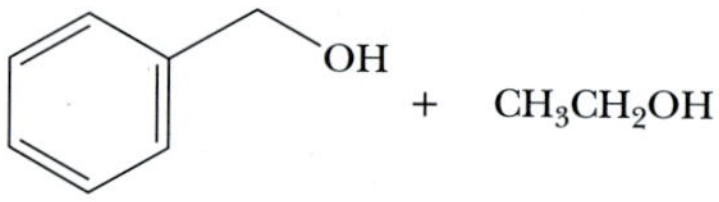

(c) OH + CH_3CH_2OH

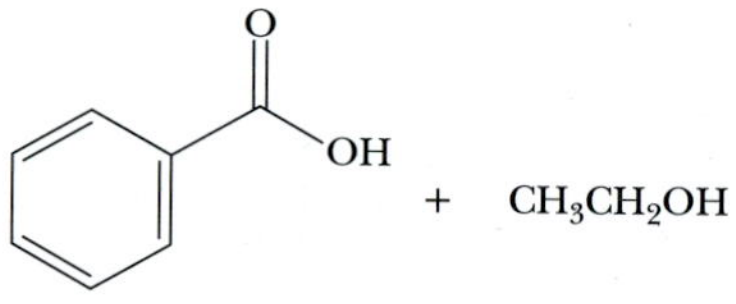

(d) + CH_3CH_2OH

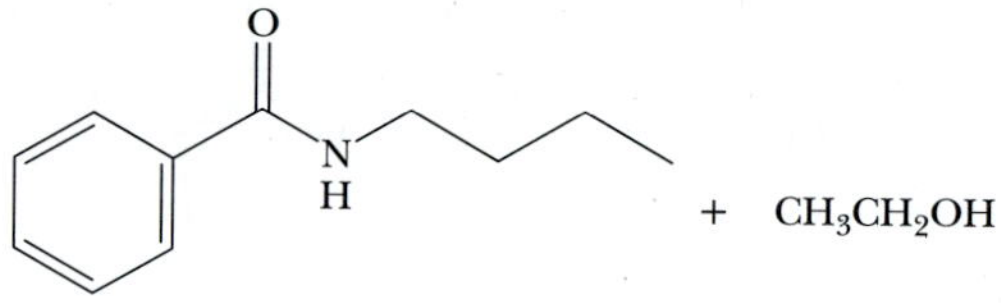

(e) $(C_6H_5)_3COH + CH_3CH_2OH$

14.29 (a) OH

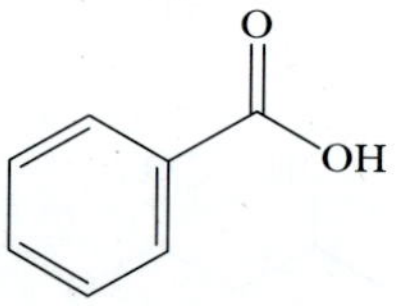

(b) O^-Na^+

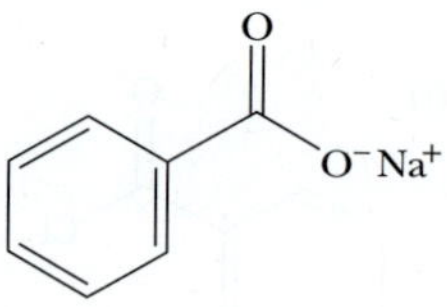

(c) NH_2

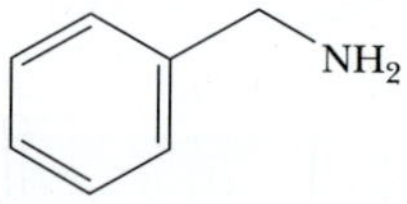

14.31 (a) HO NH_2

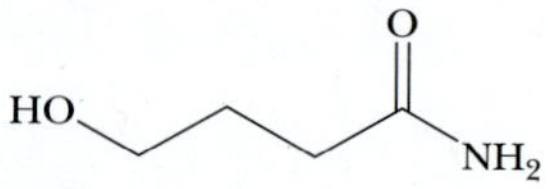

(b) HO OH

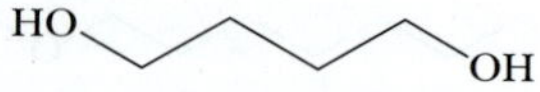

(c) HO O^-Na^+

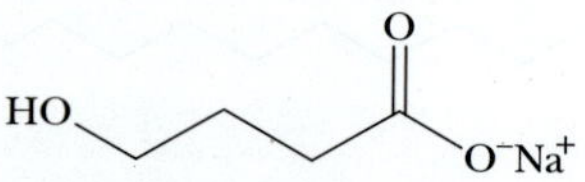

14.33 (a)

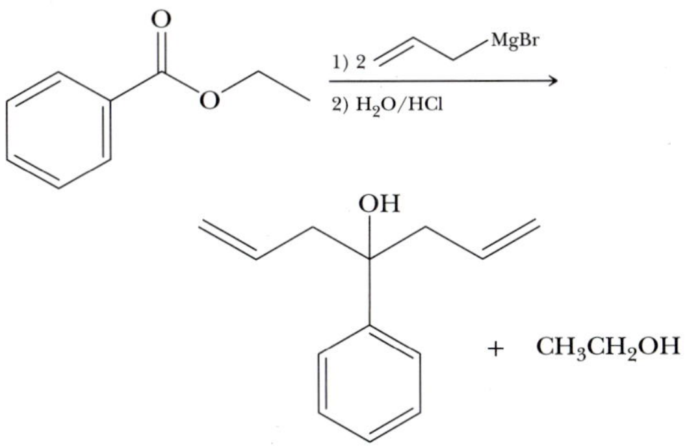

1) 2 allyl-MgBr
2) H_2O/HCl

+ CH_3CH_2OH

(b)

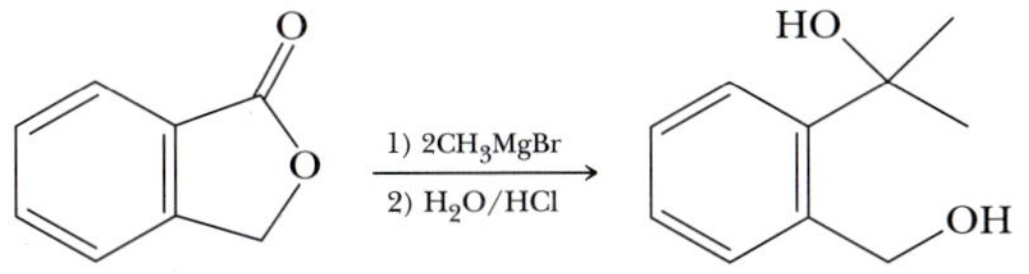

1) $2CH_3MgBr$
2) H_2O/HCl

HO ... OH

(c)

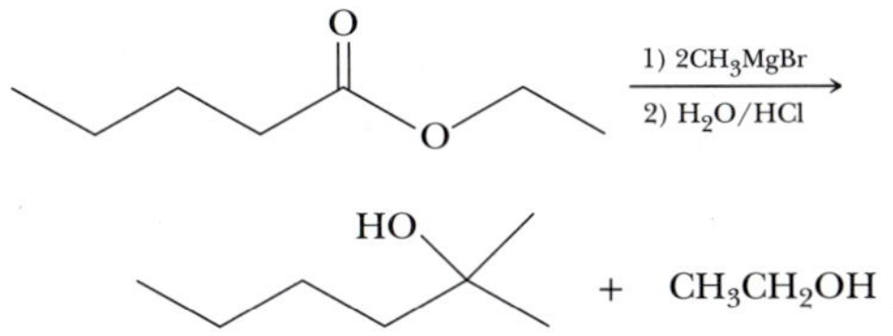

1) $2CH_3MgBr$
2) H_2O/HCl

HO + CH_3CH_2OH

14.35 Step 1:

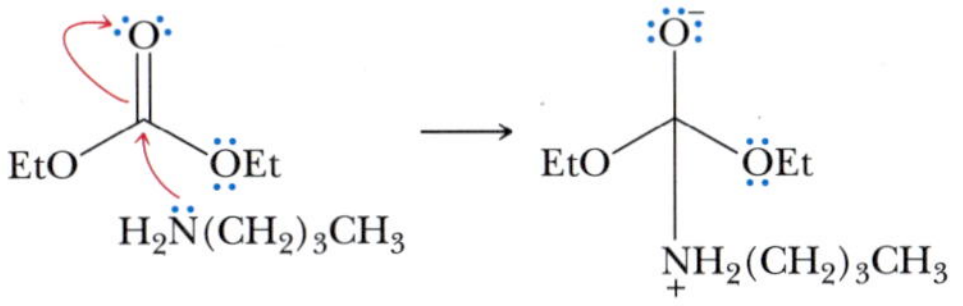

EtO ... OEt $H_2\ddot{N}(CH_2)_3CH_3$ ⟶ EtO ... OEt $\overset{+}{N}H_2(CH_2)_3CH_3$

Step 2:

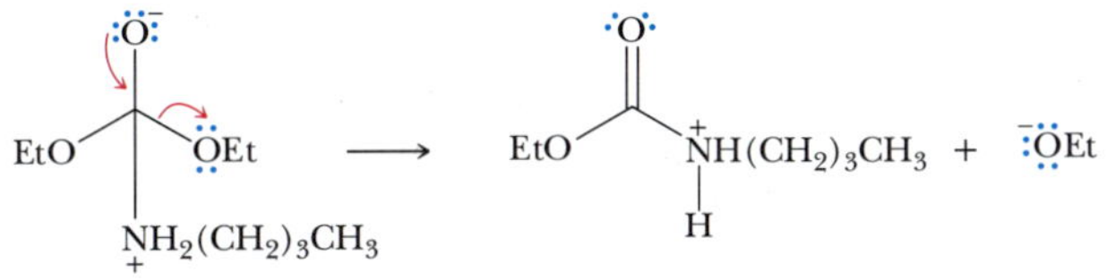

EtO ... OEt $\overset{+}{N}H_2(CH_2)_3CH_3$ ⟶ EtO ... $\overset{+}{N}H(CH_2)_3CH_3$ H + $^-$:ÖEt

Step 3:

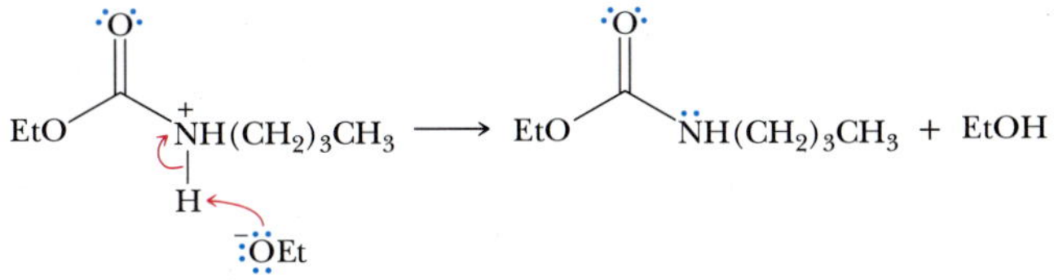

EtO ... $\overset{+}{N}H(CH_2)_3CH_3$ H ⟵ $^-$:ÖEt ⟶ EtO ... $\ddot{N}H(CH_2)_3CH_3$ + EtOH

14.37 (a) HO ... OH + $2CO_2$ + $2NH_4^+$

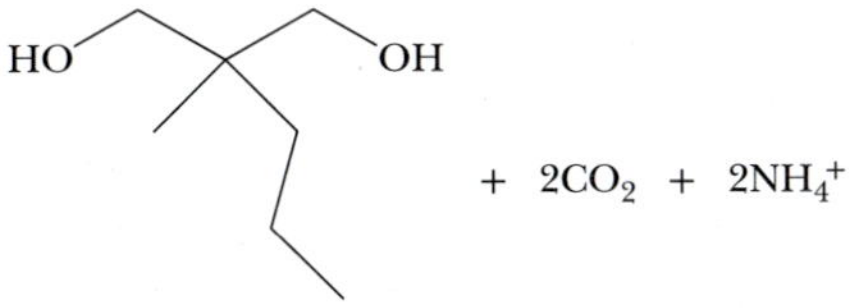

2-Methyl-2-propyl-1,3-propanediol

(b) OH ... O + $2CO_2$ + $2NH_4^+$

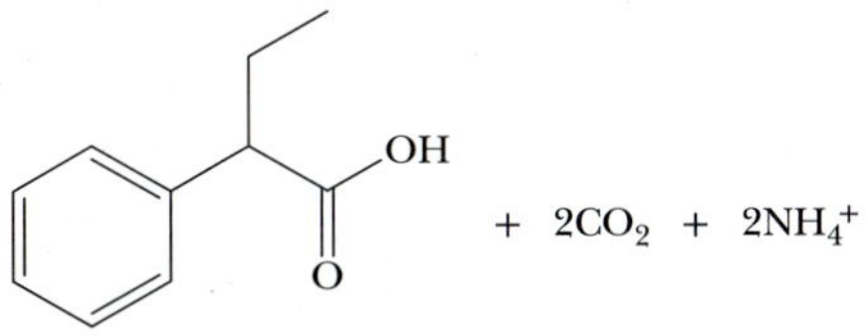

2-Phenylbutanoic acid

14.39

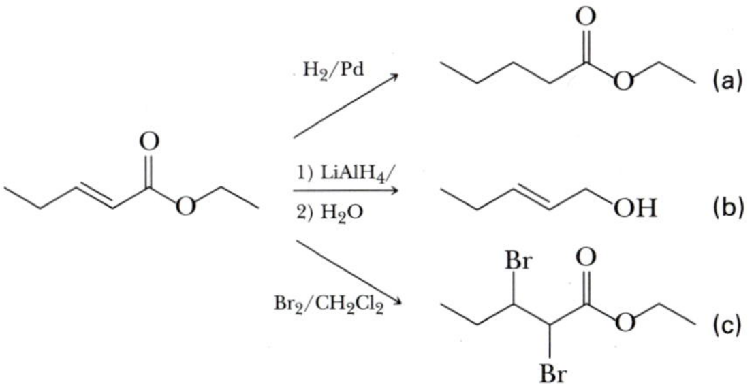

H_2/Pd (a)

1) $LiAlH_4$/ 2) H_2O OH (b)

Br_2/CH_2Cl_2 Br O Br (c)

14.41

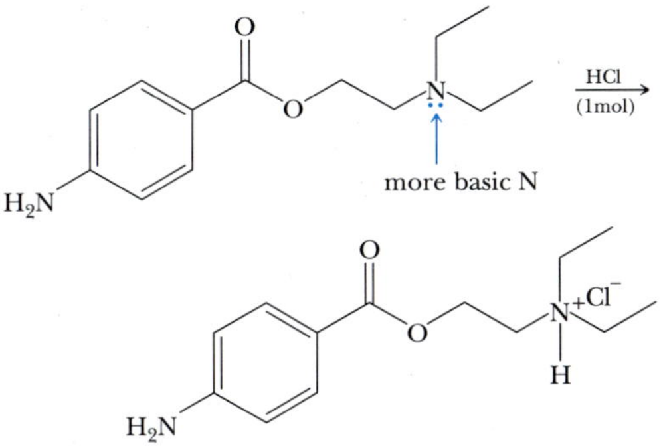

H_2N ... more basic N

HCl (1mol)

H_2N ... N^+Cl^- H

14.43 (a)

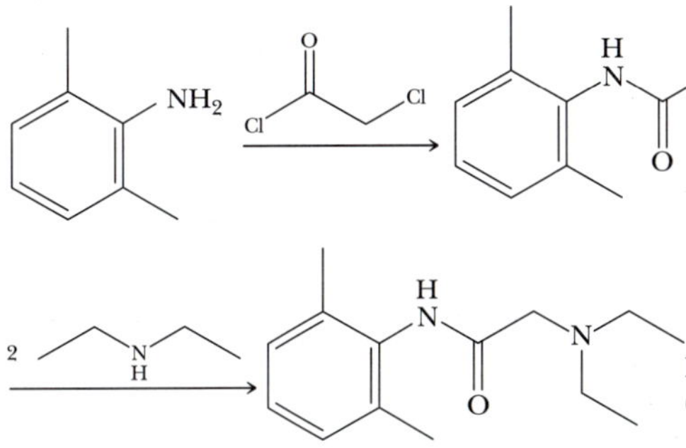

NH_2 Cl ... Cl ⟶ H N Cl O

2 N H ⟶ H N O N Lidocaine® (Xylocaine)

(b)

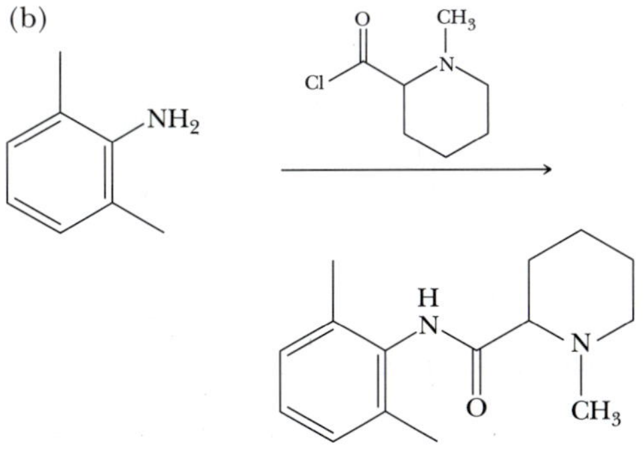

NH_2 Cl O CH_3 N ⟶

H N O N CH_3 Mepivacaine® (Carbocaine)

(c)

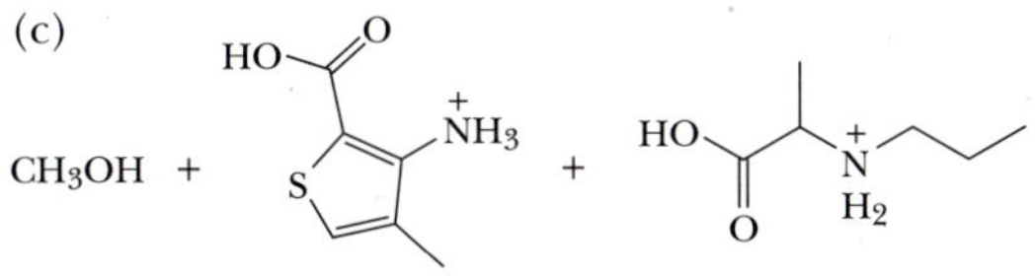

CH_3OH + HO O S $\overset{+}{N}H_3$ + HO O $\overset{+}{N}$ H_2

14.45 1) HNO_3/H_2SO_4 2) H_2CrO_4
3) CH_3OH/H_2SO_4 4) H_2/Ni

14.47 (a)

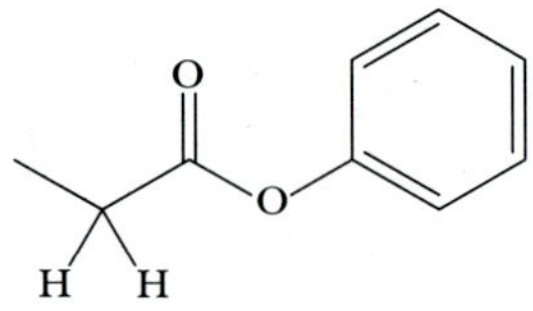

H H
most acidic

(b)

H H
most acidic

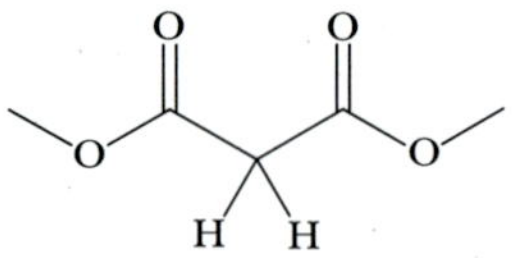

14.49 Resonance structures can be drawn to show that the β-carbon is positively charged.

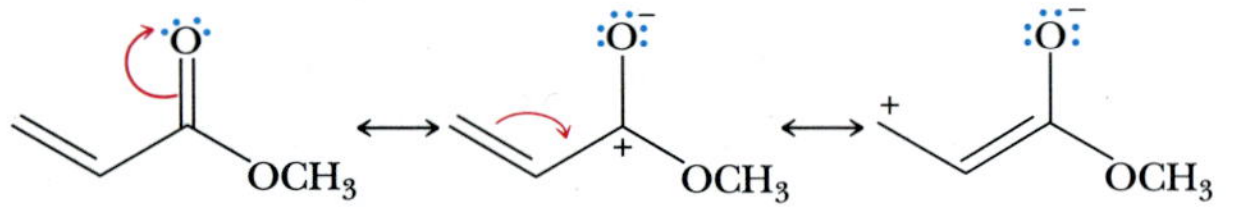

OCH_3 ⟷ OCH_3 ⟷ OCH_3

14.51 Amides have partial double-bond character between the carbon and nitrogen atoms.

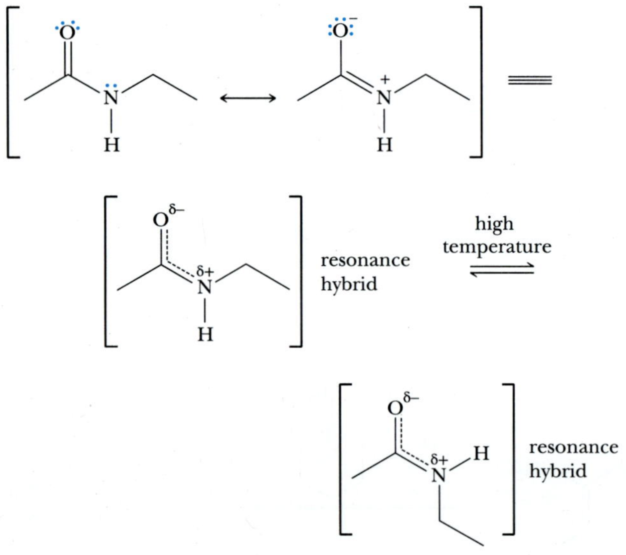

resonance hybrid

high temperature

resonance hybrid

CHAPTER 15 Enolate Anions

Problems

15.1 (a) (b) 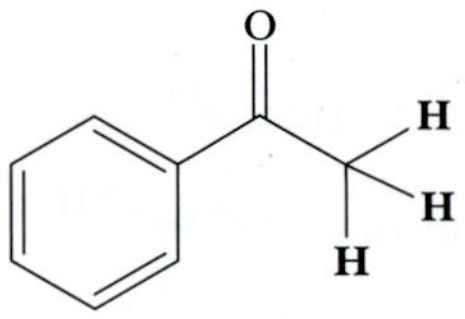 (c)

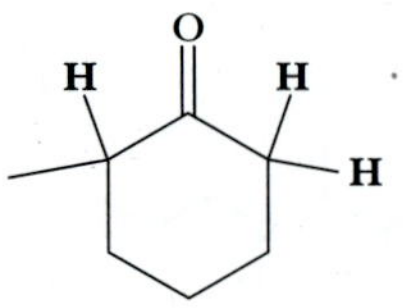

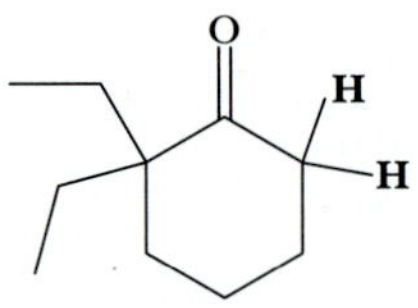

15.2 (a) 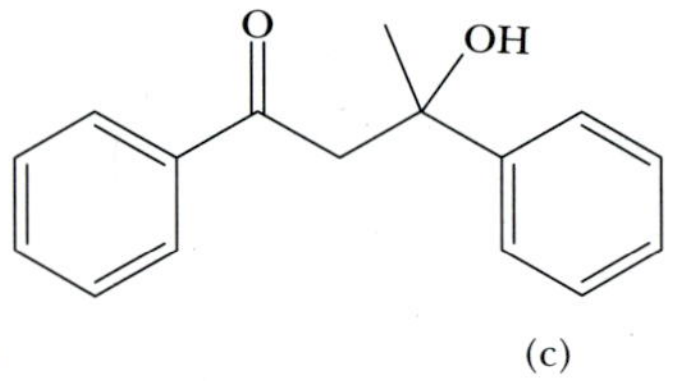 (b) 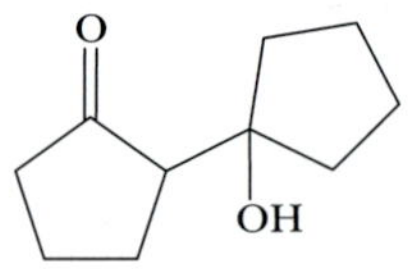 (c)

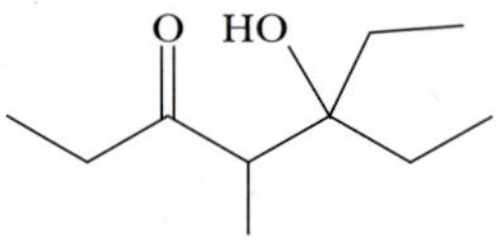

15.3 (a) 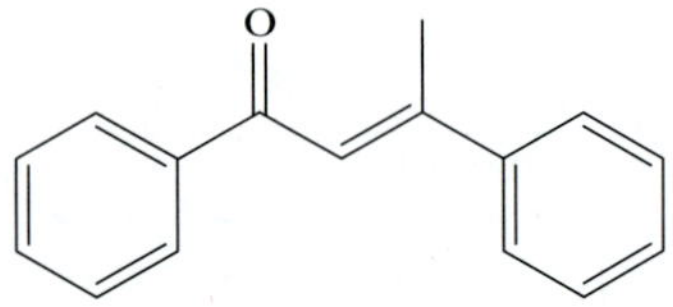 (b) 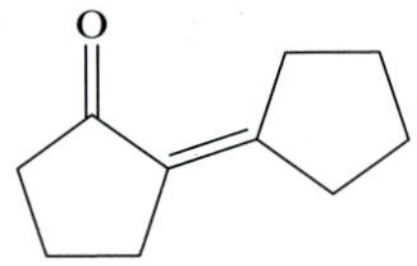 (c)

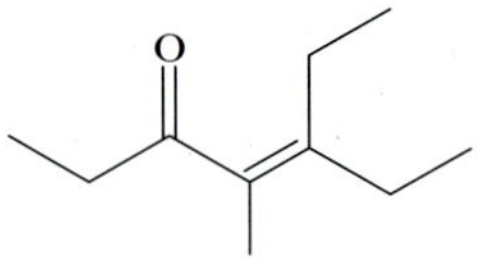

15.4

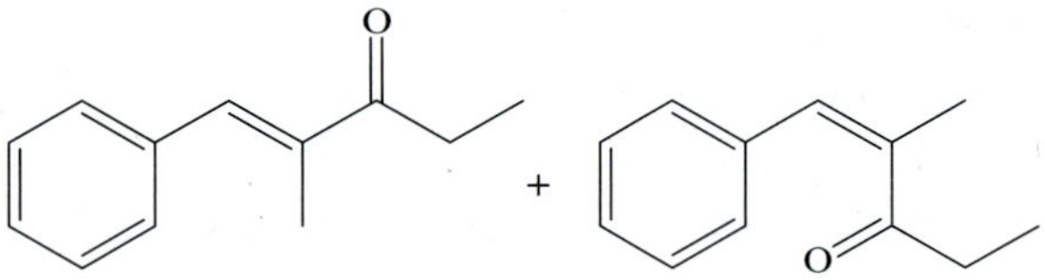

15.5

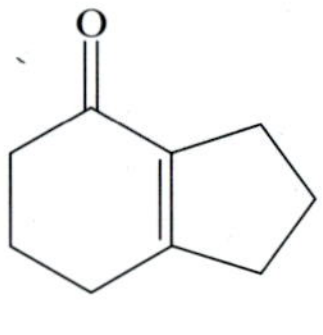

15.6

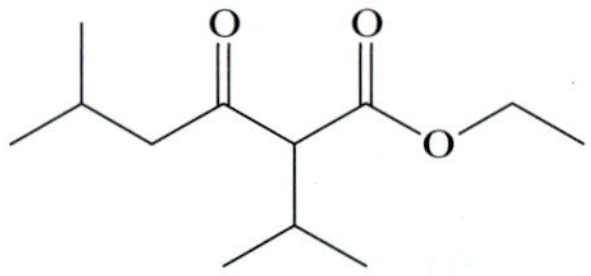

15.7

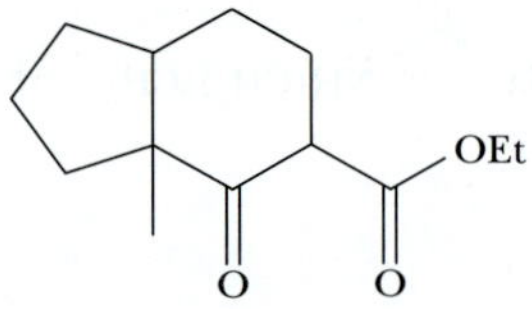

OEt

15.8

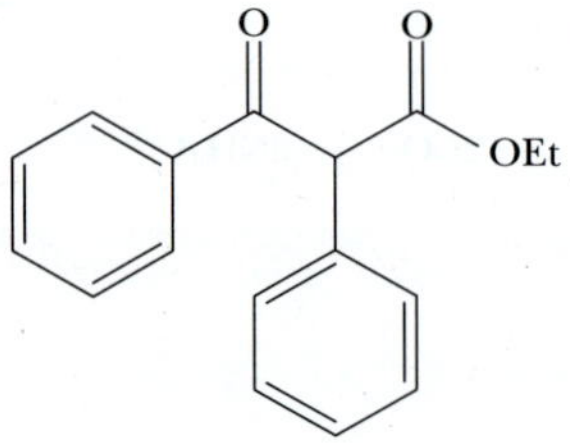

OEt

15.9

OH $\xrightarrow[H_2SO_4]{ROH}$ OR

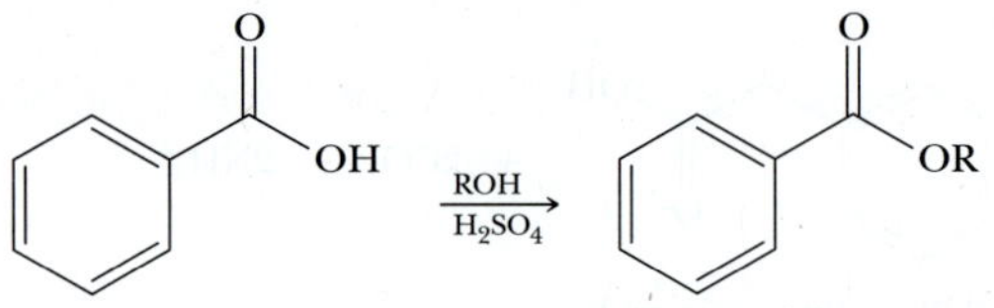

heat $\longrightarrow$ + CO_2

15.10 (a)

1) NaOH(*aq*) 2) HCl, H_2O

heat

(b)

1) NaOH(*aq*) 2) HCl, H_2O

heat

15.11

1) NaOEt 2) HCl, H_2O

1) NaOH(aq) 2) HCl, H_2O

heat

15.12

End-of-Chapter Problems

15.13 (a)

(b)

(c)

(d)

(e)

(f)

15.15

(a)

(b)

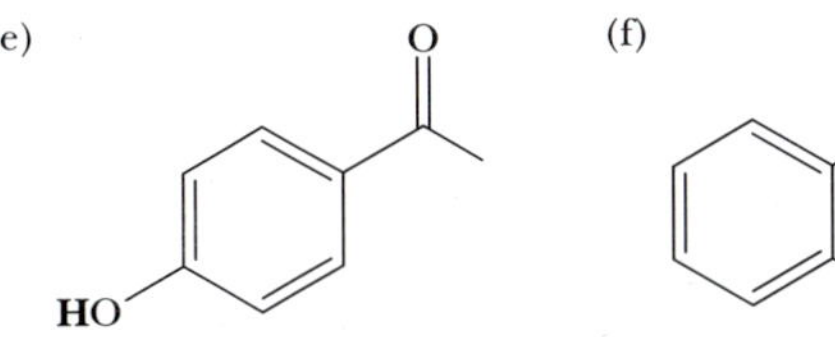

(c)

(d)

15.17 (a)

base

$-H_2O$

(b)

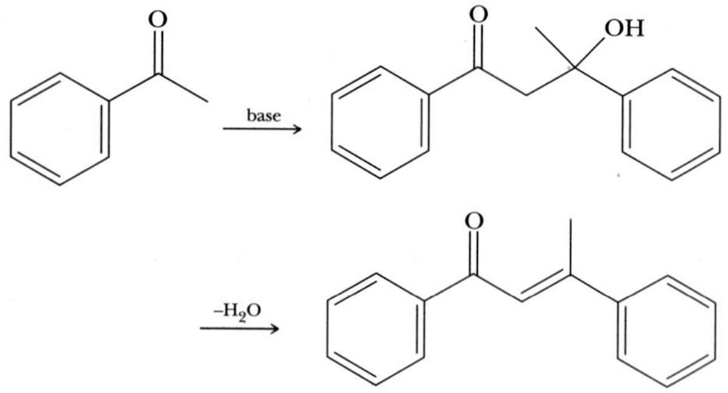

base

$-H_2O$

(c)

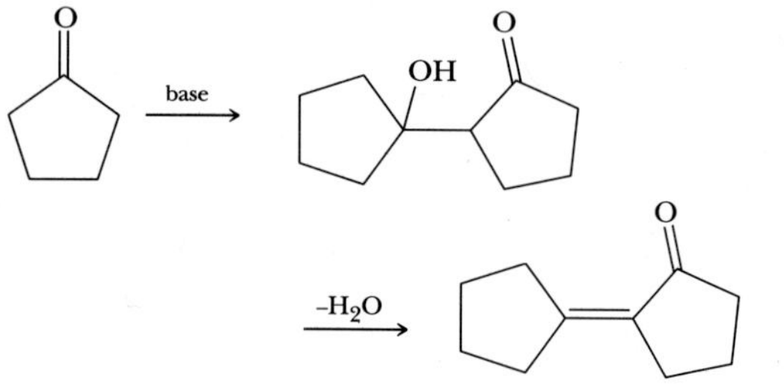

OH

base

$-H_2O$

(d)

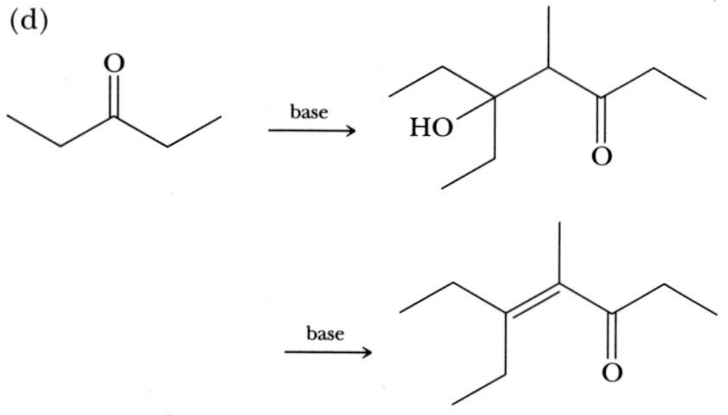

base

HO

base

(e)

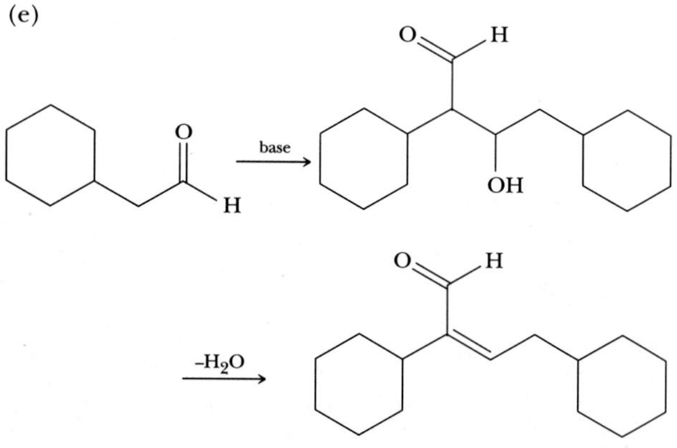

O H

base

OH

O H

$-H_2O$

(f)

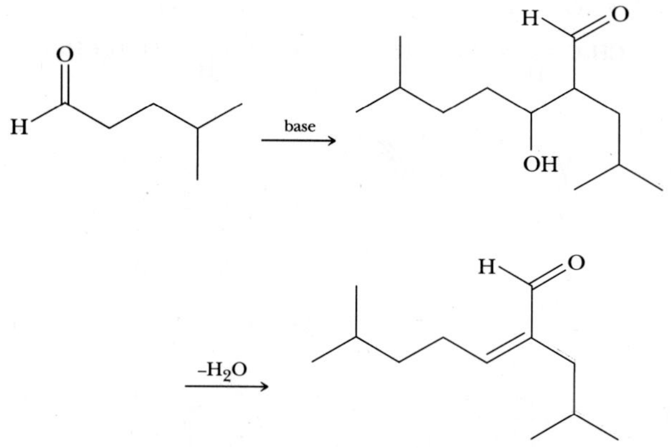

H

base

H O

OH

H O

$-H_2O$

15.19 (a) O OH O OH *

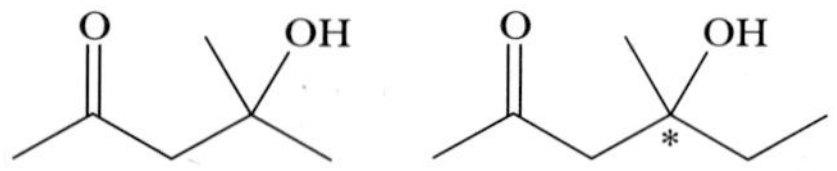

(b) O OH * O OH * *

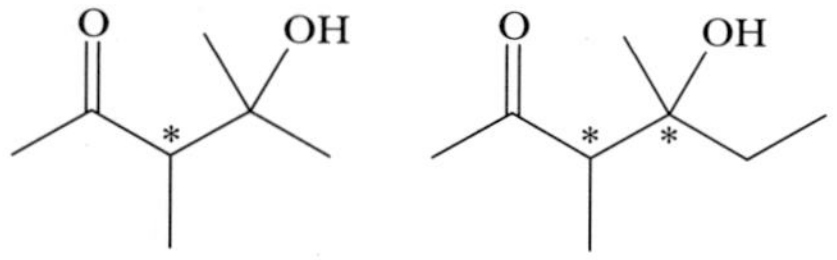

(c) O OH O OH *

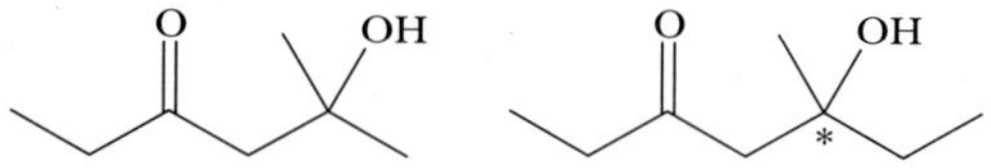

15.21 (a)

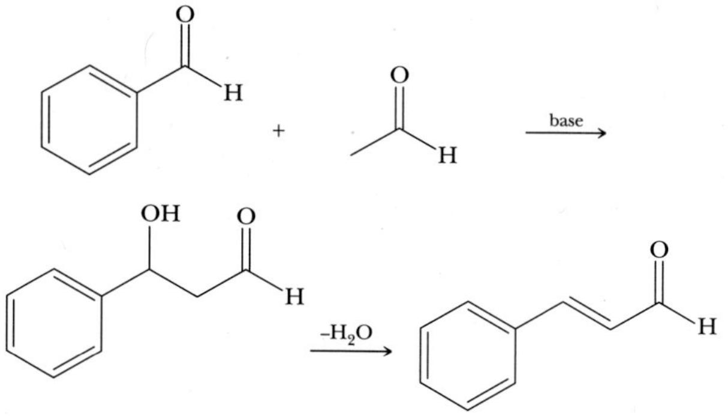

H + H base

OH O H

$-H_2O$ H

(b)

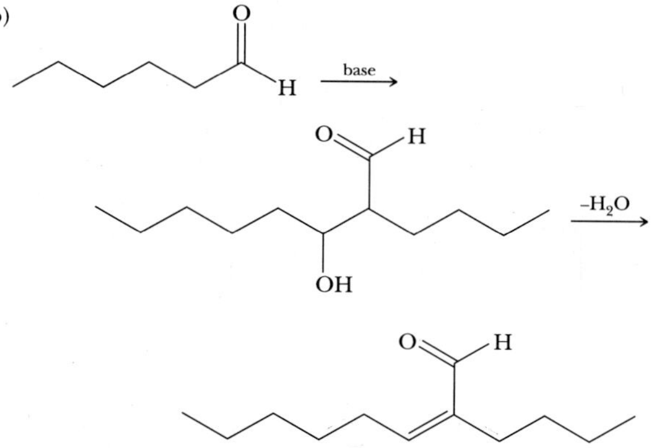

H base

O H

$-H_2O$

OH

O H

15.23

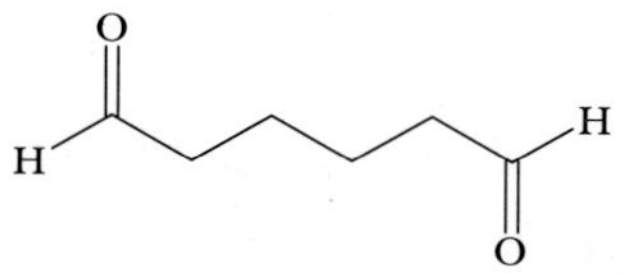

H H

O

15.25 (a)

CHO NaOH H H_2CrO_4

OH $SOCl_2$ Cl $2NH_3$

NH_2 RCO_3H NH_2

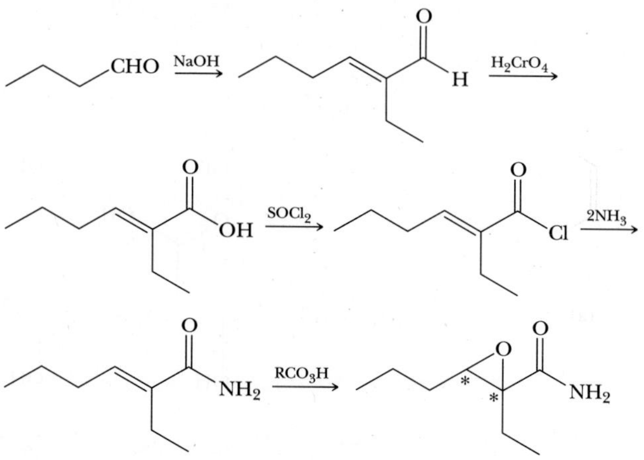

(b) 2 stereocenters, 4 stereoisomers possible

15.27 (a)

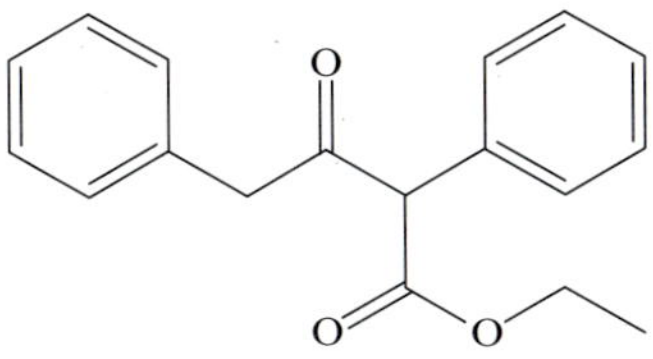

(b)

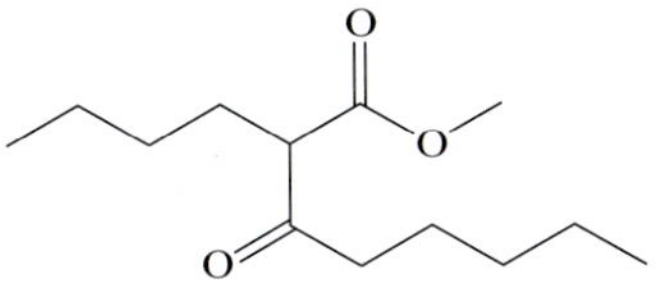

(c)

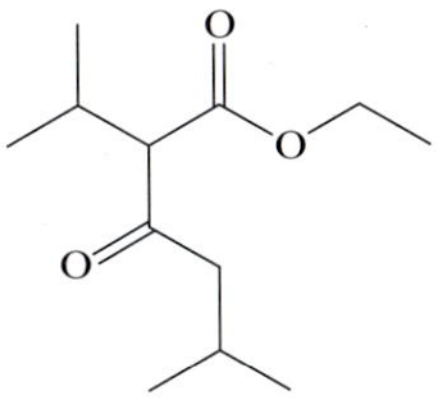

15.29

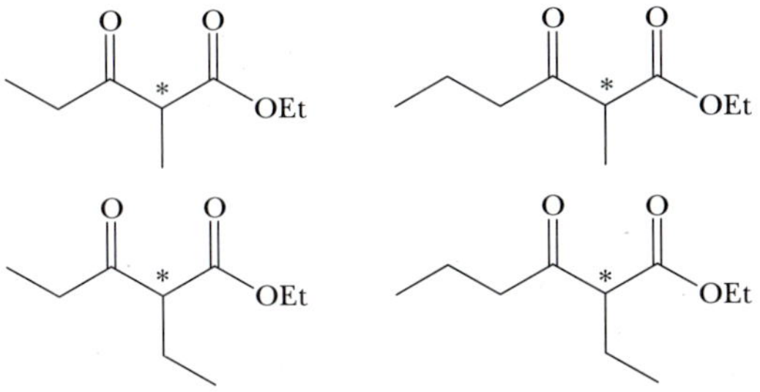

OEt OEt OEt OEt

15.31

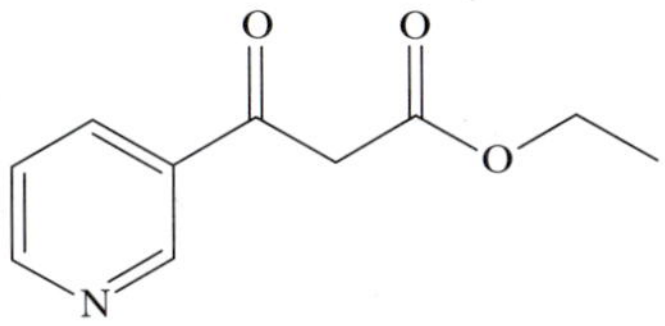

15.33 (a)

OEt

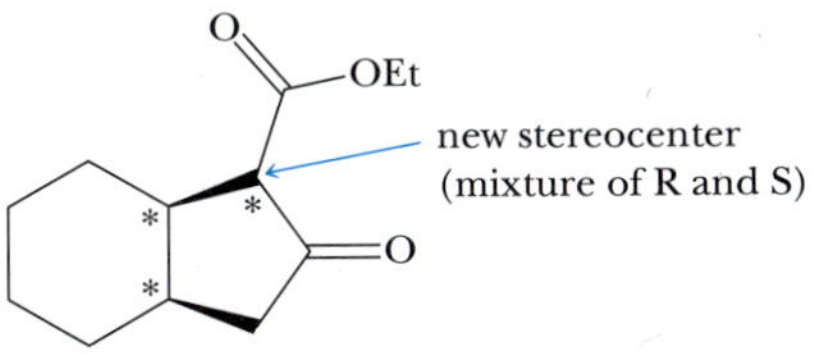

new stereocenter (mixture of R and S)

(b)

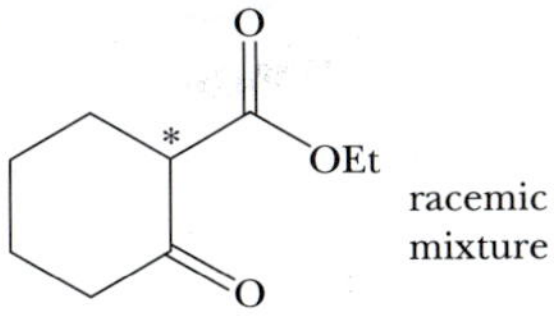

OEt

racemic mixture

15.35

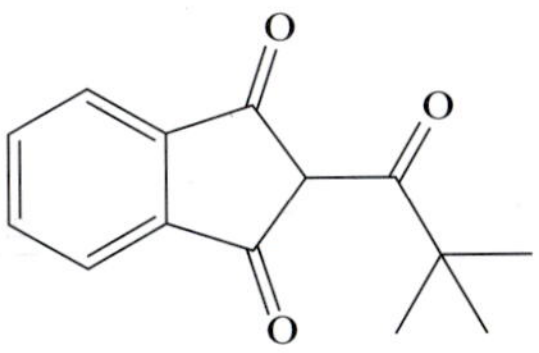

15.37 (a)

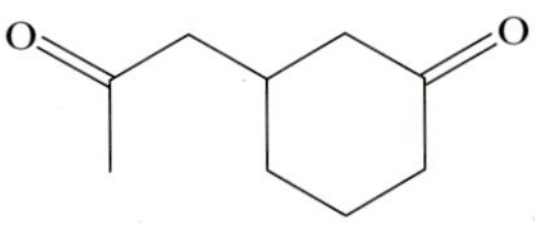

(b)

HO OH

15.39 (a) Ethyl 2-propenoate, Michael addition performed twice

(b) Strong base, Dieckmann reaction, followed by aqueous acid

(c) Saponify the ester with NaOH, treat the carboxylate salt with HCl, and then heat the compound.

(d) Aniline

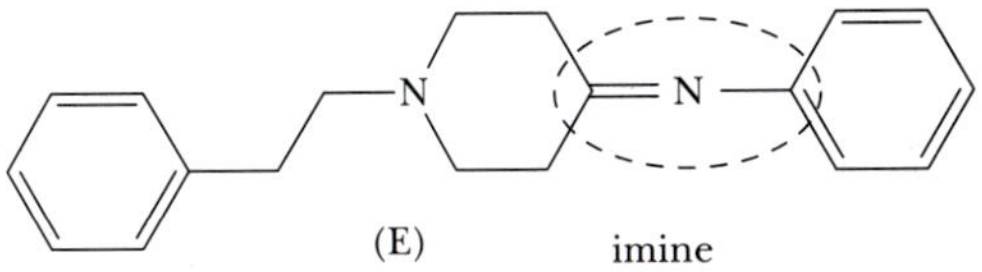

(E) imine

(e) H_2/Pd

(f) An acid chloride, anhydride, or ester

(g) Achiral because it does not have any stereocenters

15.41 (a) NaOH, aldol reaction

(b) Heating in NaOH or H_2SO_4

(c) H_2/Pd

(d) Fischer esterification with *p*-methoxycinnamic acid

15.43

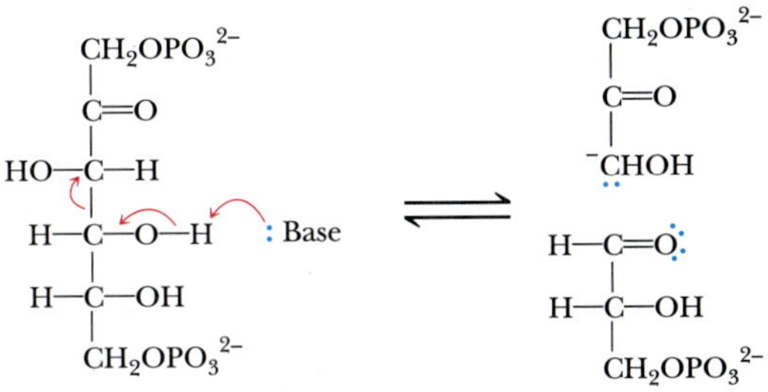

: Base

15.45

protecting group

1) NaOH
2) H^+, heat

deprotect

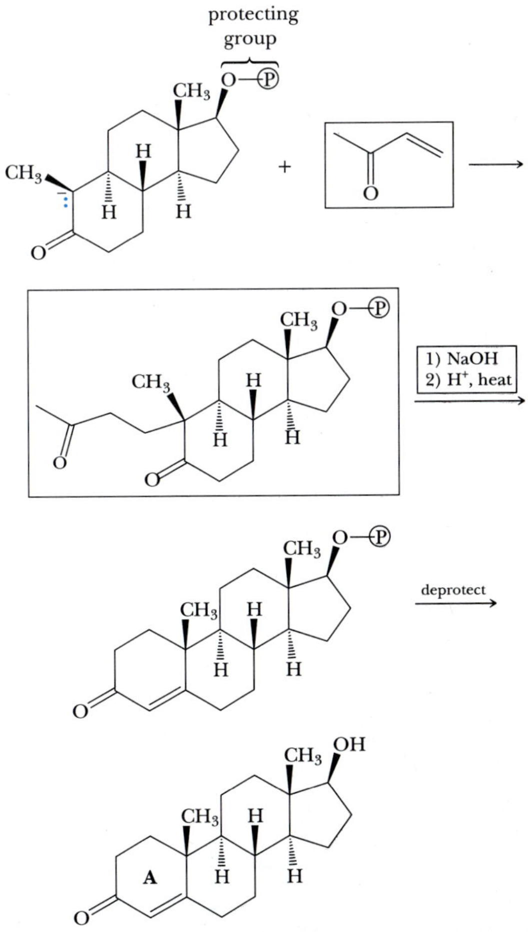

CHAPTER 16 Organic Polymer Chemistry

Problems

16.1 Br; n

Poly(vinyl bromide)

16.2 O; O; OH; OH; N–H; H–N; n

End-of-Chapter Problems

16.3 (a)

$HO-\overset{O}{\overset{\|}{C}}-C_6H_4-\overset{O}{\overset{\|}{C}}-OH + HOCH_2-C_6H_{10}-CH_2OH$

(b)

$HO-\overset{O}{\overset{\|}{C}}(CH_2)_6\overset{O}{\overset{\|}{C}}-OH + H_2N-C_6H_{10}-CH_2-C_6H_{10}-NH_2$

(c)

$HO(CH_2)_4OH + HOOC-C_6H_4-COOH$

(d) $HOOC(CH_2)_8COOH + H_2N(CH_2)_6NH_2$

16.5

$\left(\overset{O}{\overset{\|}{C}}-C_6H_4-\overset{O}{\overset{\|}{C}}OCH_2CH_2O\right)_n + 2nCH_3OH \xrightarrow{\text{acid}}$

Poly(ethylene terephthalate) Methanol

$nCH_3O\overset{O}{\overset{\|}{C}}-C_6H_4-\overset{O}{\overset{\|}{C}}OCH_3 + nHOCH_2CH_2OH$

Dimethyl terephthalate Ethylene glycol

16.7 HO; O; OH; O; +

H_2N; NH_2

16.9 (a) Cl; Cl (b) F; F

16.11 The chains are less able to pack together in the solid state.

16.13 $\left(CH-CH_2\right)_n$ with O–C(=O)–CH_3 $\left(CH-CH_2\right)_n$ with OH

Poly(vinyl acetate) Poly(vinyl alcohol)

16.15 A and B are the most rigid. C is the most transparent.

16.17 Yes

CHAPTER 17 Carbohydrates

Problems

17.1

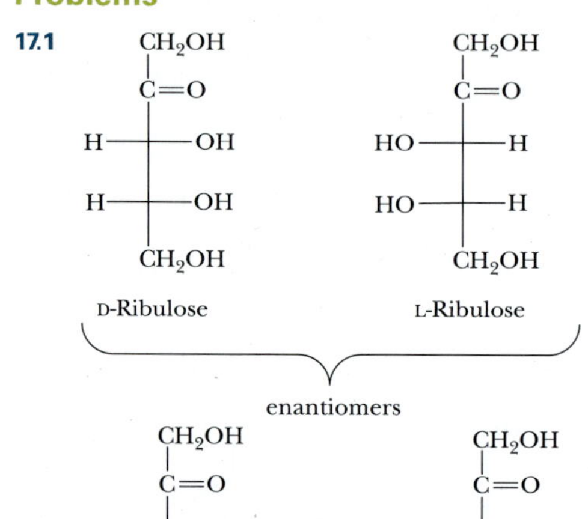

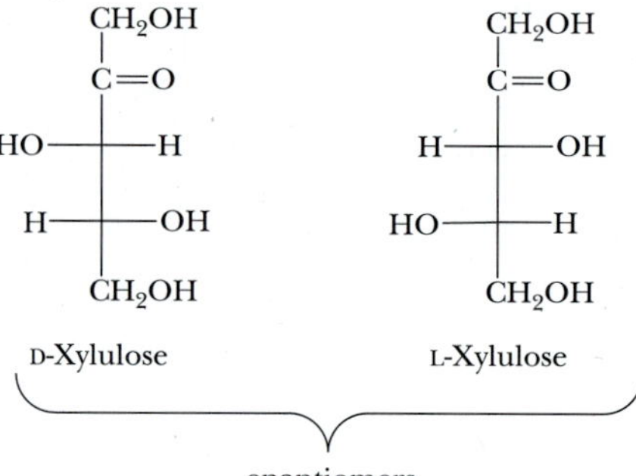

17.2 CH₂OH; O; H; H; OH; OH; OH; OH; H; H

α-D-Mannopyranose (α-D-mannose)

CH₂OH; O; OH; H; H; OH; OH; OH; H; H; H

β-D-Mannopyranose (β-D-mannose)

17.3

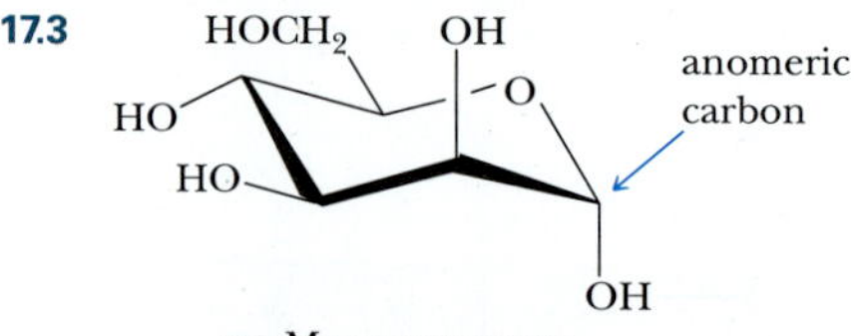

α-D-Mannopyranose

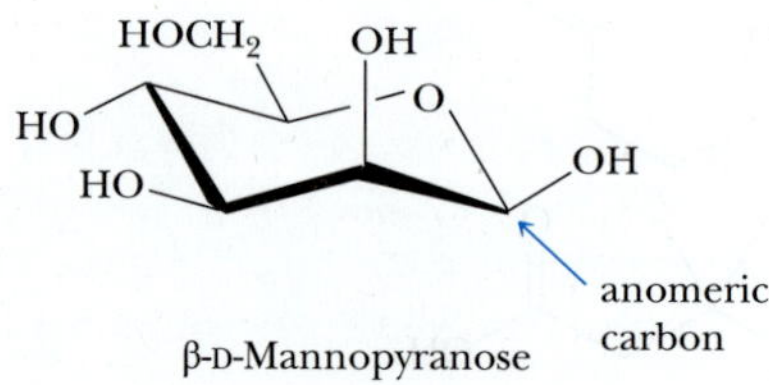

β-D-Mannopyranose

17.4

17.5

17.6 Optically inactive, because erythritol is a meso compound

17.7

End-of-Chapter Problems

17.9 D-Glucose

17.11 The designations refer to the configuration of the penultimate carbon. If the monosaccharide is drawn as a Fischer projection and the —OH group bonded to this carbon is on the right, the D designation is used; likewise, a monosaccharide is L if the —OH group is on the left.

17.13 (a) and (c) are D-monosaccharides, while (b) and (d) are L-monosaccharides.

17.15 Mono- and disaccharides are polar compounds and are able to participate in hydrogen bonding with water molecules.

17.17

2,6-Dideoxy-D-altrose

17.19 The α and β designations refer to the position of the hydroxyl (—OH) group on the anomeric carbon relative to the terminal —CH_2OH group. If both of these groups are on the same side of the ring (*cis*), a β designation is assigned. If the two groups are on the opposite side of the ring (*trans*), the monosaccharide is assigned α.

17.21 No, because anomers are compounds that differ only in the configuration of the anomeric carbon. These two compounds are enantiomers.

17.23

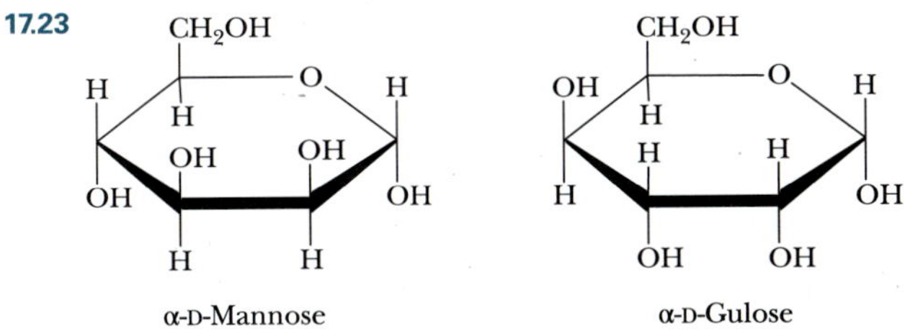

17.25 (a)

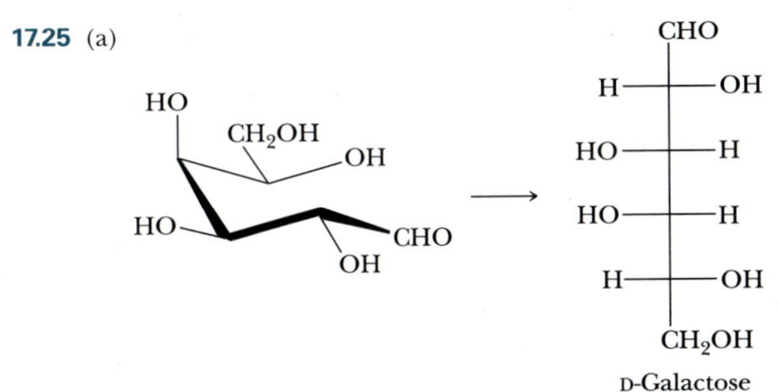

(b)

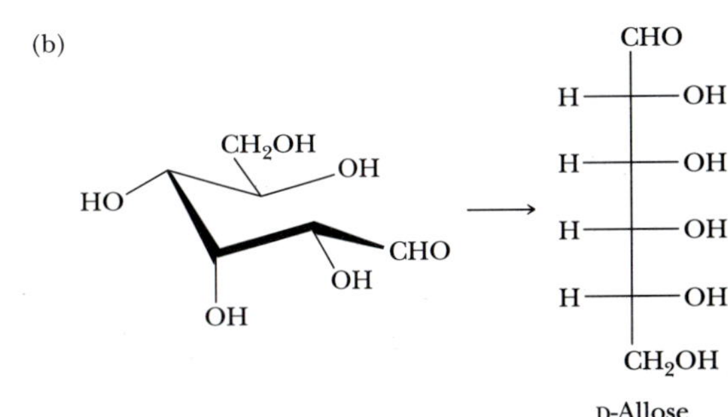

17.27 Mutarotation involves the formation of an equilibrium mixture of the two anomers of a carbohydrate. This process can be detected by observing the change in the optical activity of the solution over time.

17.29 Yes, and the value will change to −52.7° (an equilibrium mixture of α- and β-L-glucose).

17.31

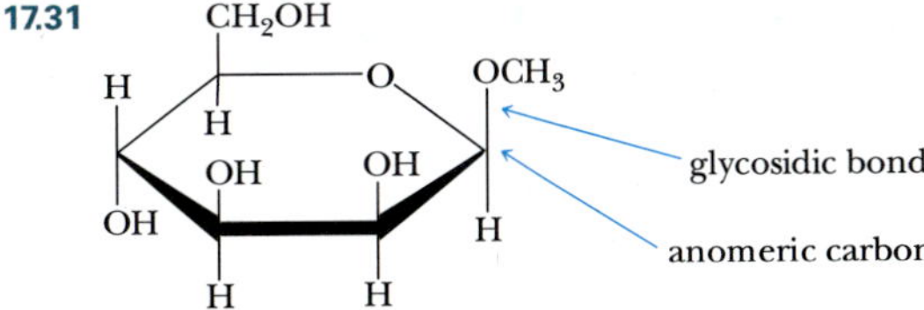

17.33

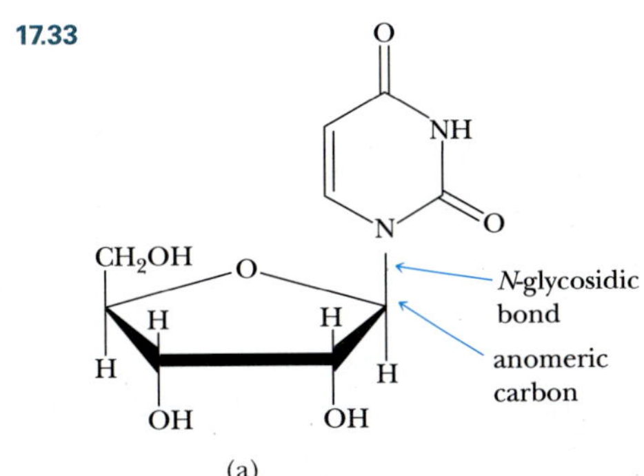

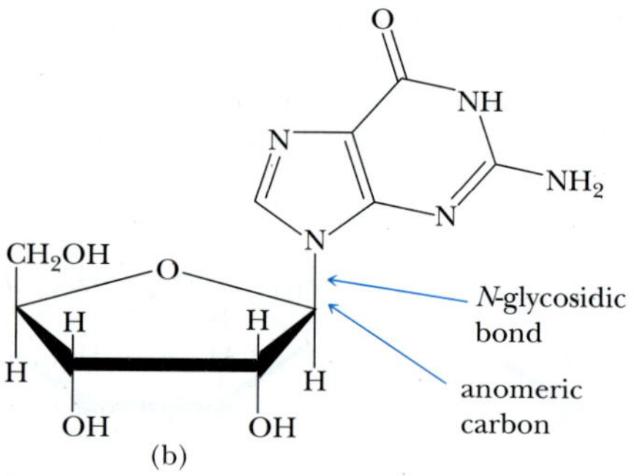

(b)

17.35

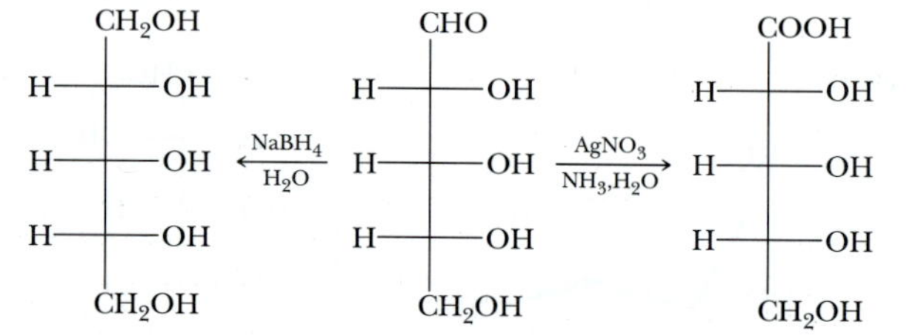

Ribitol optically inactive (meso)　D-Ribose　D-Ribonic acid optically active (chiral)

17.37 D-Arabinose and D-lyxose yield optically active alditols, while D-ribose and D-xylose yield optically inactive alditols.

17.39 D-Allose and D-galactose

17.41 The bond formed between the anomeric carbon of a glycoside and an —OR group

17.43 No

17.45 Maltose and lactose

17.47 (a) No (b) No (c) D-Glucose for both

17.49 An oligosaccharide is a short polymer of about 6 to 10 monosaccharides. While there is no definite rule, polysaccharides generally contain more than 10 monosaccharides.

17.51 Both types are composed of D-glucose, and both contain α-1,4-glycosidic bonds. However, amylose is unbranched, while amylopectin contains branches that result from α-1,6-glycosidic bonds.

17.53 (a)

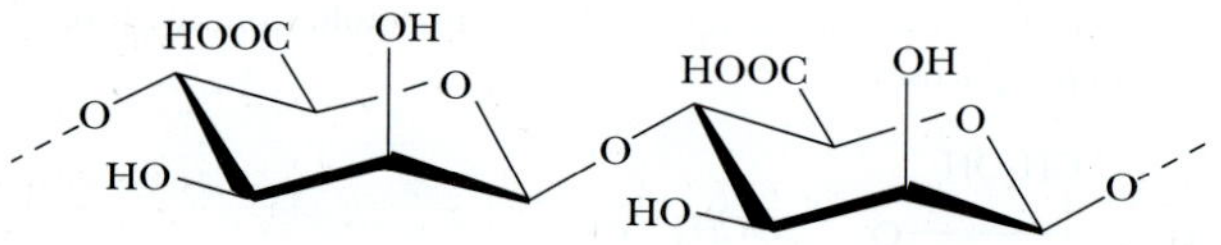

(b)

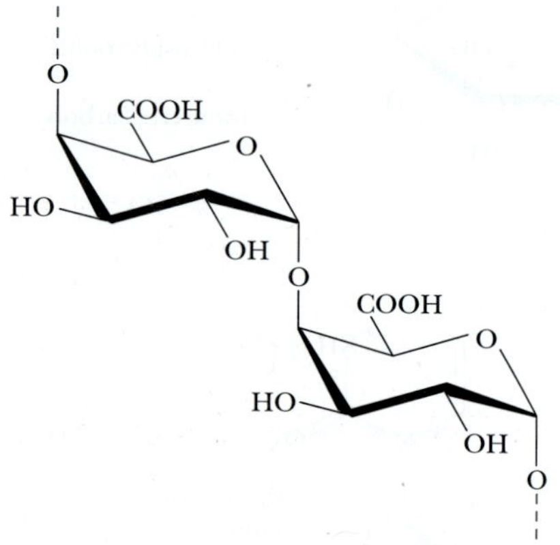

17.55 (a) D-Galactose, D-glucose, and D-glucose

(b) D-Galactose and D-glucose are connected α-(1,4), while the two D-glucose units are connected β-(1,4).

(c) With the two large, nonpolar hydrocarbon chains on the right of the molecule, the molecule is expected to be relatively insoluble in water.

17.57

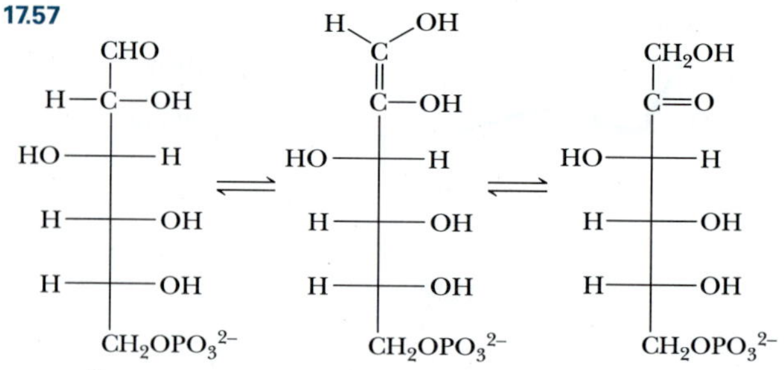

D-Glucose 6-phosphate　Enediol　D-Fructose 6-phosphate

17.59 First, it is difficult to control the stereochemistry of the glycosidic bond (α or β) because the formation of an acetal (from a hemiacetal) proceeds through an S_N1 mechanism; a mixture of α- and β-glycosidic bonds results. In addition, it is difficult to form only the desired 1,4-linkage, because any one of the hydroxyl groups located on carbons 2, 3, 4, and 6 could be used to form the bond.

CHAPTER 18 Amino Acids and Proteins

Problems

18.1 (a) Glycine (b) Isoleucine and threonine

18.2 Negative

18.3 Arginine will migrate toward the negative electrode, glutamic acid will migrate toward the positive electrode, and valine will remain at the origin.

18.4 Net charge is +1.

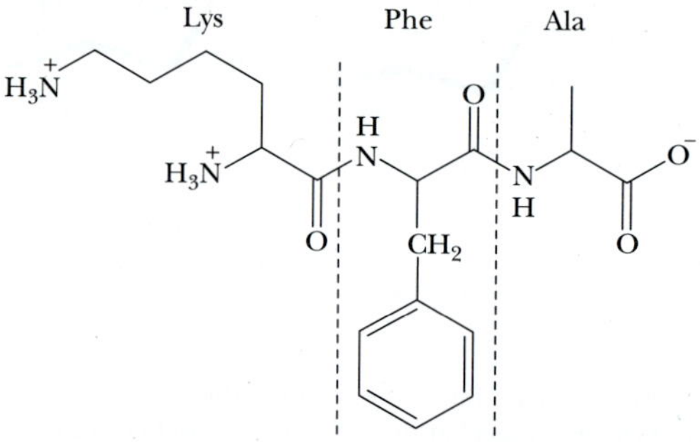

Lys　Phe　Ala

18.5 Trypsin does not hydrolyze any of the choices. Chymostrypsin hydrolyzes (a) and (b)

18.6 Ala-Glu-Arg-Thr-PhevLys-Lys-Val-Met-Ser-Trp

18.7 Aspartic and glutamic acids

End-of-Chapter Problems

18.9 *S*

18.11

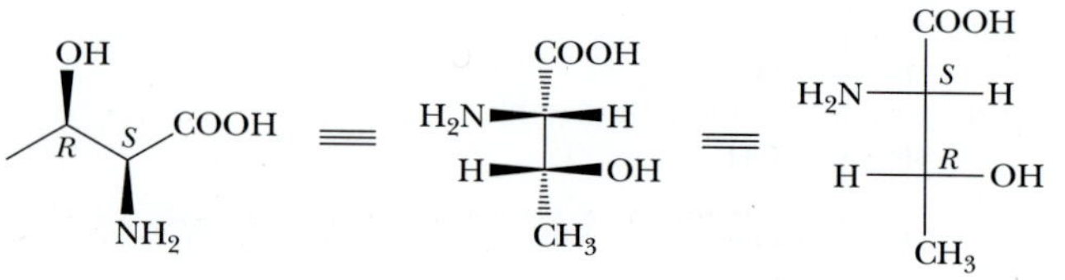

18.13 (a) 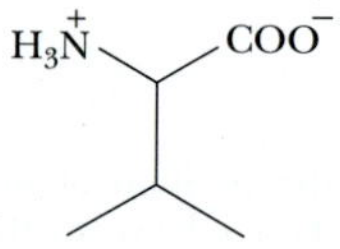　(b)

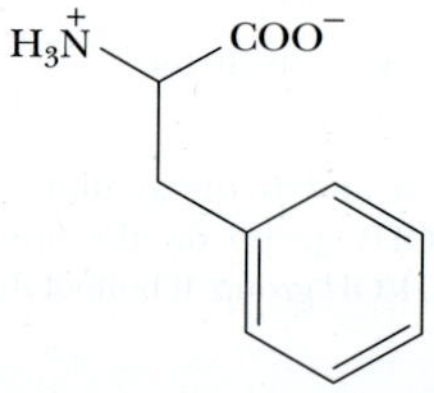

(c) $H_3\overset{+}{N}$ ... COO^- ... NH_2 (d) ... COO^-

18.15 Arg is a basic amino acid because its side chain is protonated (positively charged) at neutral pH. Lys and His are the other two basic amino acids.

18.17 $H_3\overset{+}{N}$ β α COO^-

β-Alanine

18.19 The biosynthesis of histamine occurs via the decarboxylation of histidine.

18.21 Serotonin and melatonin are both synthesized from tryptophan. In both cases, the biosynthesis involves a decarboxylation and an oxidation (hydroxylation) of the aromatic ring. In the case of melatonin, there are two more reactions: After the oxidation of the aromatic ring, the hydroxyl group is methylated, and the amino group is acetylated.

18.23 (a) COO^- NH_2 (b) COO^- NH_2

(c) COO^- N H (d) ^-OOC COO^- NH_2

18.25

$H_3\overset{+}{N}$ COOH NH_3^+ lysine at pH 1.0 —1 mol NaOH→ $H_3\overset{+}{N}$ COO^- NH_3^+

—2 mol NaOH→ $H_3\overset{+}{N}$ COO^- NH_2

—3 mol NaOH→ H_2N COO^- NH_2

18.27 (a)

pH vs. Moles of OH^- per mole of amino acid: HOOC ... COOH NH_3^+; HOOC ... COO^- NH_3^+; ^-OOC ... COO^- NH_3^+; ^-OOC ... COO^- NH_2; pK_{a1} = 2.10; pI = 3.08; pK_{a2} = 4.07; pK_{a3} = 9.47

(b)

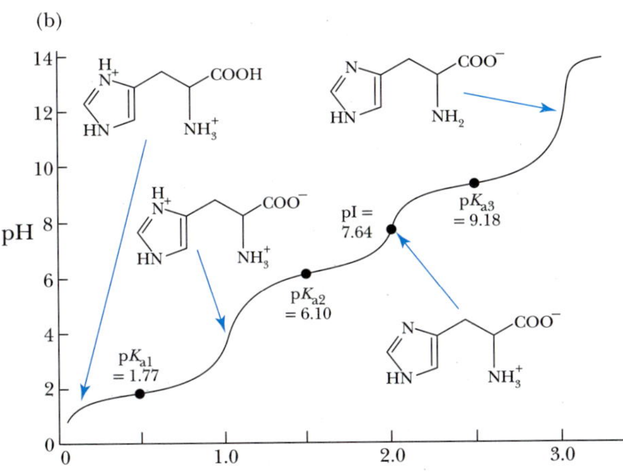

18.29 With glutamine, its pI value is determined by the pK_a values of the only two ionizable groups, the carboxylic acid (pK_a 2.17) and the α-amino group (pK_a 9.03).

18.31 Guanidine and the guanidino group are very strong amine bases due to the resonance stabilization of the conjugate *acid*, the guanidinium group.

18.33 (a) Cathode (b) Cathode (c) Cathode
(d) Anode (e) Anode (f) Cathode

18.35 Neutral amino acids

18.37 (a) 24 (b) 116,280

18.39 (a) Between residues 1 and 2
(b) Between residues 6 and 7, 10 and 11, 13 and 14, 22 and 23, and 25 and 26
(c) Between residues 12 and 13, 17 and 18, and 18 and 19
(d) Between residues 27 and 28

18.41 (a) peptide bonds; $H_3\overset{+}{N}$; NH_2; O^-; *N*-terminal amino acid; *C*-terminal amino acid

(b) peptide bonds; $H_3\overset{+}{N}$; NH_2; O^-; *N*-terminal amino acid; *C*-terminal amino acid

18.43 (a) From the *N*-terminal to the *C*-terminal: glutamic acid, cysteine, and glycine.
(b) The carboxyl group used to form the peptide bond is not that of the α-carboxyl group but rather that of side chain.
(c) Reducing agent

(d) Oxygen is reduced.

$$4G\text{-}SH + O_2 \longrightarrow 2G\text{-}S\text{-}S\text{-}G + 2H_2O$$

18.45 All outside

18.47 Amino acids that are polar, acidic, and basic will prefer to be on the outside of the protein surface, in contact with the aqueous environment to maximize hydrophilic and hydrogenbonding interactions; these amino acids include Arg, Ser, and Lys. Nonpolar amino acids will prefer to avoid contact with the aqueous environment and turn inward to maximize hydrophobic interactions; these include Leu and Phe.

18.49 No. First, the bulky *sec*-butyl side chains would destabilize an α-helix consisting of only isoleucine. Second, if this α-helix were in an aqueous environment, all the side chains, which are nonpolar, would be on the outside of the helix and exposed to the aqueous environment.

CHAPTER 19 Lipids

Problems

19.1 (a) 3 (b) All are chiral.

End-of-Chapter Problems

19.3 Each triglyceride contains three hydrophobic regions (the hydrocarbon chains of the fatty acids) and three hydrophilic regions (the ester groups).

19.5 Increase

19.7 Animal fat: human Plant oil: olive

19.9 A very high percentage of the saturated fatty acids have a low molecular weight.

19.11 Hardening refers to the catalytic hydrogenation of the C=C bonds in vegetable oil.

19.13 A good synthetic detergent should have a long, hydrophobic chain and a very hydrophilic head group (either ionic or very polar). In addition, it should not form insoluble precipitates with the ions that are commonly found in hard water, such as Ca^{2+}, Mg^{2+}, and Fe^{2+}.

19.15 The detergents are usually anionic.

19.17 (a)

1) $LiAlH_4$ 2) H_2O ; $SOCl_2$

(b)

$SOCl_2$; $2\ (CH_3)_2NH$; 1) $LiAlH_4$ 2) H_2O ; $PhCH_2Cl$

19.19

hydrophobic hydrophilic

19.21 Unsaturation reduces the melting point of the fatty acids and their ability to pack together.

19.23 (a)

(b)

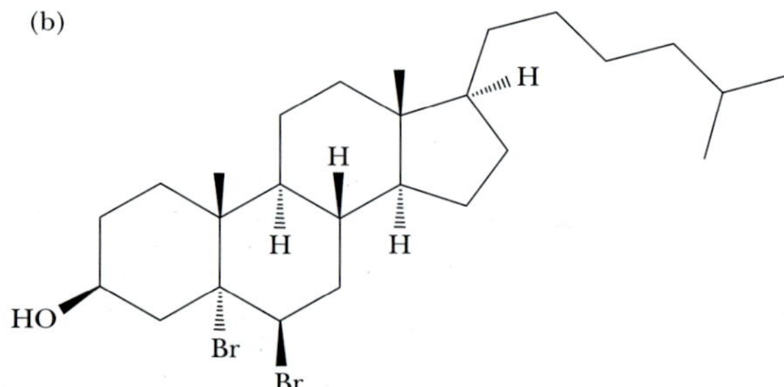

19.25

19.27 Cholic acid is able to act as an emulsifier because it contains both hydrophobic and hydrophilic groups.

19.29 Methandrostenolone has an extra carbon–carbon double bond in ring A and a methyl substituent on carbon 17.

19.31 Four chemical modifications occur when progesterone is converted to estradiol: Ring A is converted into an aromatic ring, the ketone of ring A is converted into a phenol, the methyl group on carbon 10 is removed, and the acetyl group on carbon 17 is replaced by a hydroxyl group.

19.33 Unoprostone differs from $PGF_{2\alpha}$ as follows: The double bond between carbons 13 and 14 is reduced, carbon 15 is oxidized from an alcohol to a ketone, and there are two extra carbons (21 and 22) at the end of the molecule.

19.35 16 *cis–trans*

19.37 Not soluble in water or blood plasma, much more soluble in dichloromethane.

19.39 Fluidity increases with increasing temperature.

19.41

CHAPTER 20 Nucleic Acids

Problems

20.1

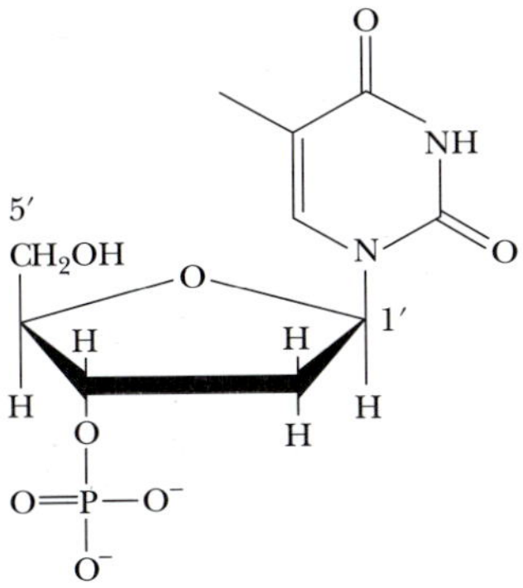

20.2

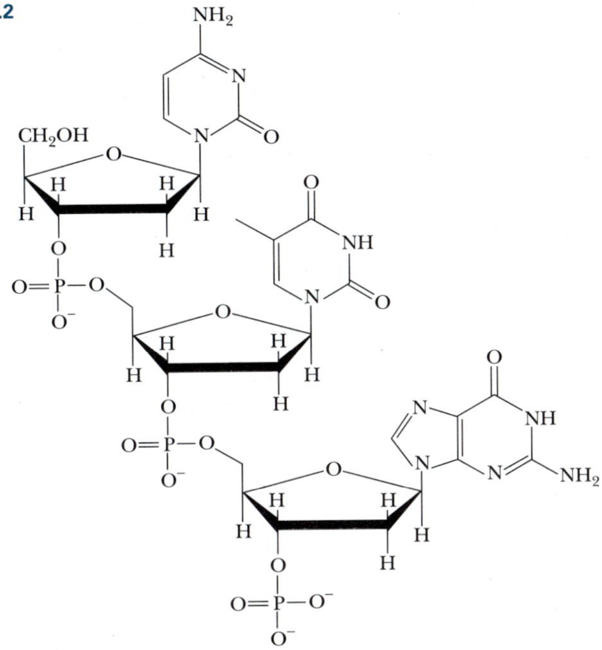

20.3 3′-GGCATGCT-5′

20.4 5′-TGGTGGACGAGTCCGGAA-3′

20.5 (a) 5′-UGC-UAU-AUU-CAA-AAU-UGC-CCU-CUU-GGU-UGA-3′

(b) Cys-Tyr-Ile-Gln-Asn-Cys-Pro-Leu-Gly

20.6 Restriction endonucleases *Fnu*DII and *Hpa*II will cleave at the sites indicated below.

5′-ACGTCGGGTCGTCGTCCTCT**CG**-**CG**TGGTGAGCTT**C**-**CGG**CTCTTCT-3′

*Fnu*DII *Hpa*II

End-of-Chapter Problems

20.7

Purines

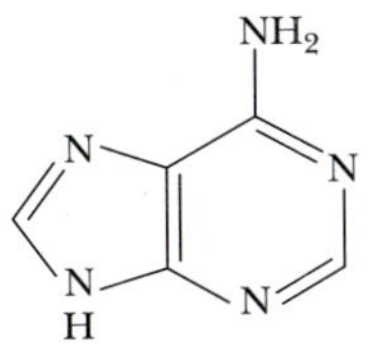

adenine 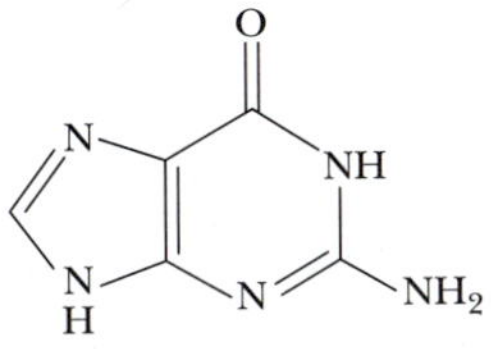 guanine

Pyrimidines

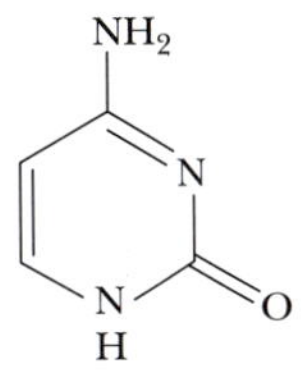

cytosine 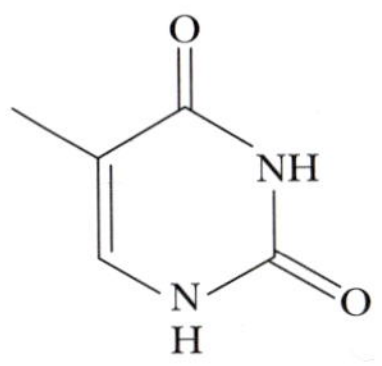 thymine 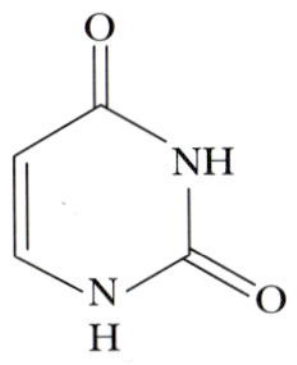 uracil

20.9 A nucleoside consists of only a nucleobase and ribose or 2-deoxyribose. A nucleotide is a phosphorylated nucleoside.

20.11 (a)

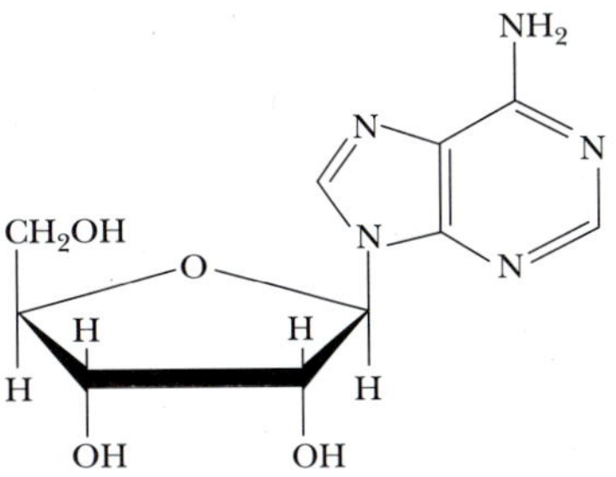

(b)

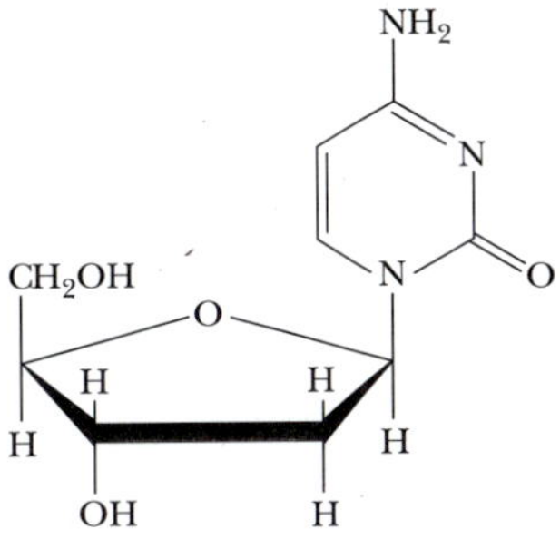

20.13 (a) Net charge of −4

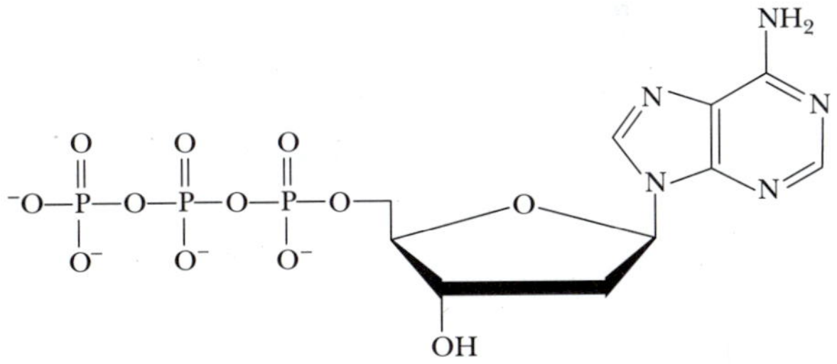

(b) Net charge of −2

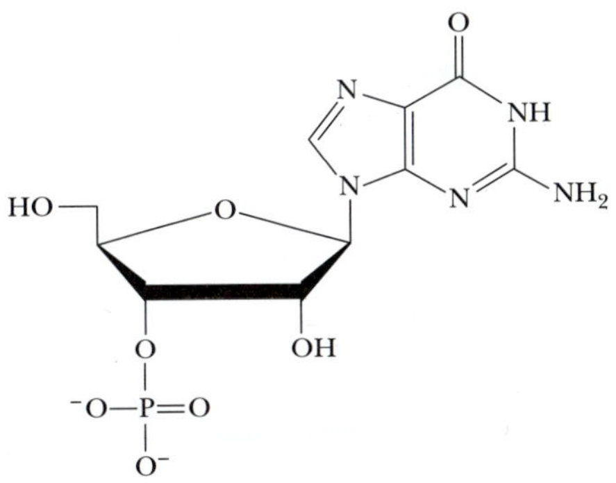

(c) Net charge of −3

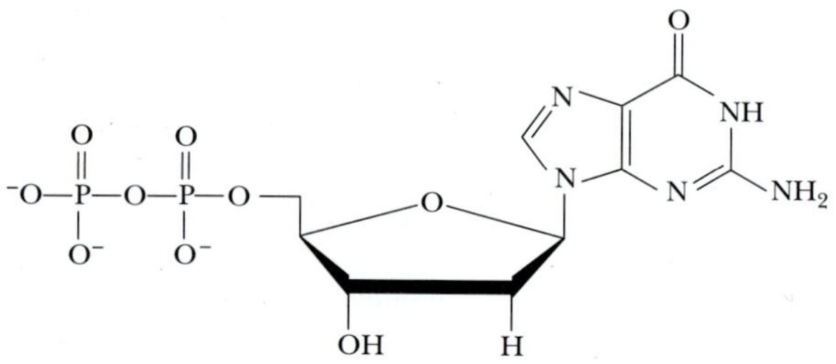

$^{-}O-P(=O)(O^{-})-O-P(=O)(O^{-})-O-$

OH H

NH NH$_2$

20.15 30.4% T, 19.6% G, and 19.6% C. These agree well with the experimental values found in Table 20.1.

20.17
- DNA consists of two antiparallel strands of polynucleotide that are coiled in a right-handed manner and arranged about the same axis to form a double helix.
- The nucleobases project inward toward the axis of the helix and are always paired in a very specific manner, A with T and G with C. (By projecting the bases inwards, the acidlabile *N*-glycosidic bonds are protected from the surrounding environment.)
- The base pairs are stacked with a spacing of 3.4 Å between them.
- There is one complete turn of the helix every 34 Å (ten base pairs per turn).

20.19 The nucleotides are 2-deoxyadenosine 5′-monophosphate (dAMP), 2-deoxythymidine 5′-monophosphate (dTMP), 2-deoxyguanosine 5′-monophosphate (dGMP), and 2-deoxycytidine 5′-monophosphate (dCMP).

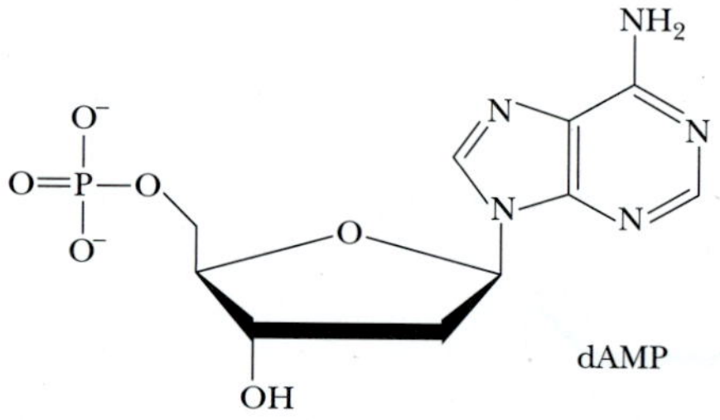

dAMP

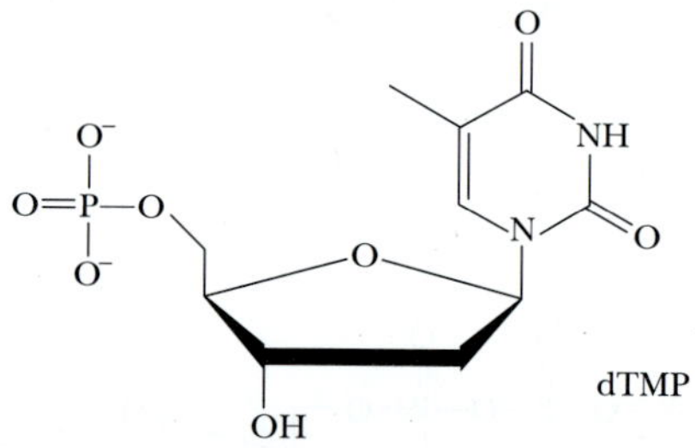

dTMP

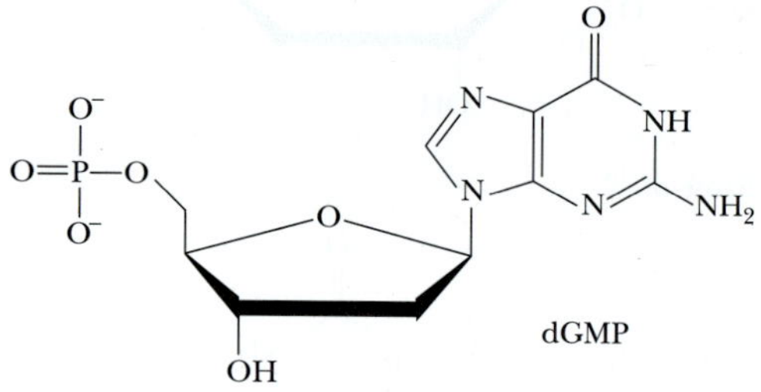

dGMP

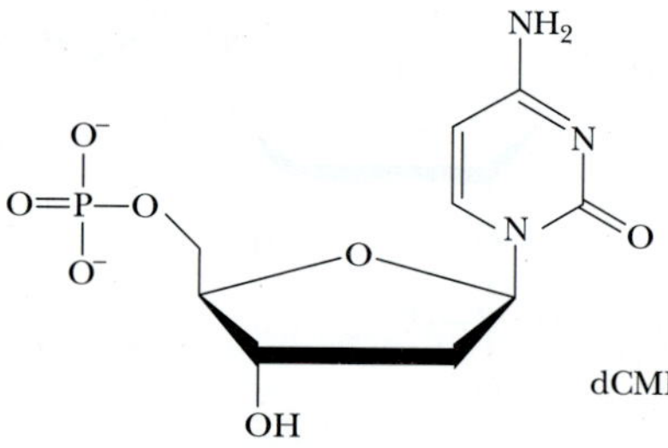

dCMP

20.21 The nucleobases, which are hydrophobic, are pointed inward. This minimizes their contact with water on the outside of the helix and also allows them to stack via hydrophobic interactions.

20.23 Chemically, they are all polymers of ribonucleotides. Functionally, mRNA is a carrier of protein-sequence information, tRNA carries amino acids for protein synthesis, and rRNA is a component of ribosomes.

20.25 The only difference between T and U is the absence of a methyl group in U. The absence of this methyl group has no impact on hydrogen bonding.

20.27 mRNA

20.29 3′-AGUUGCUA-5′

20.31 There are 20 amino acids that are specified by the genetic code and with three nucleotides, 64 different sequence combinations are possible.

20.33 Stop codons

20.35 3′-TGGCAATTA-5′

20.37 More than one codon can code for the same amino acid.

20.39 Both Phe and Tyr are structurally similar, except that Tyr contains a hydroxyl group on the aromatic ring. The codons for Phe are UUU and UUC, while those for Tyr are UAU and UAC; the codons for the two amino acids differ only in the second position.

20.41 The last base in the codons for Gly, Ala, and Val is irrelevant. Other codons in which the third base is irrelevant include those for Arg (CGX), Pro (CCX), and Thr (ACX).

20.43 With the exception of Trp and Gly, all codons with a purine in the second position code for polar, hydrophilic side chains.

20.45 Each amino acid requires one codon (three nucleotides). Therefore, $3 \times 141 = 423$ bases are required for the amino acids alone, plus another three for the stop codon, giving a total of 426 bases.

20.47

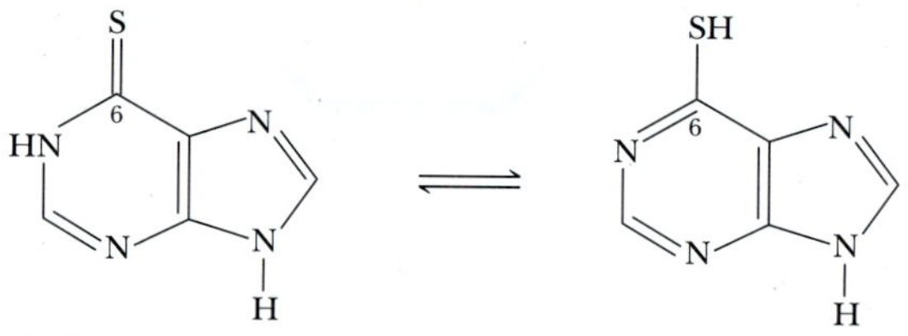

6-Mercaptopurine

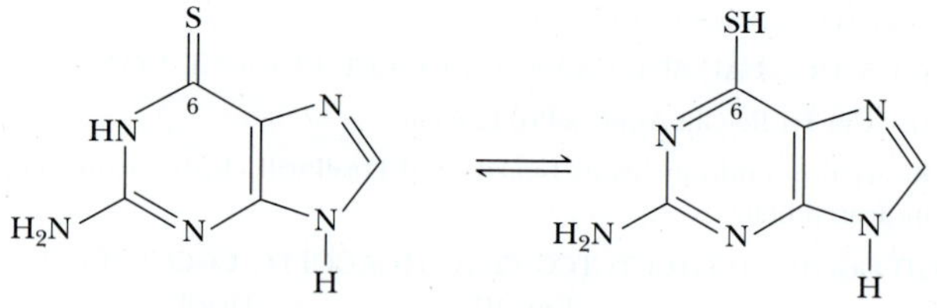

6-Thioguanine

20.49 (a) In the α-helices of proteins, the repeating units are amino acids that are linked by peptide (amide) bonds, whereas the repeating units in DNA are 2′-deoxy-D-ribose linked via 3′,5′-phosphodiester bonds.

(b) The R groups in the α-helices of proteins point outward from the helix, whereas the nucleobases in the DNA double helix point inward and away from the aqueous environment of the cell.

20.51 (a) Cordycepin is missing the 3′-OH group, so it acts as a chain terminator.

(b) The trichlorinated benzimidazole fragment mimics a purine base. This compound likely interferes with RNA polymerase, the enzyme that transcribes RNA from DNA.

(c) It is an analog of adenosine and likely interferes with the enzymes involved in nucleic acid synthesis.

20.53

CHAPTER 21 The Organic Chemistry of Metabolism

Problems

21.1 Neither

21.2 Blood pH decreases

End-of-Chapter Problems

21.3 Aspartic acid and glutamic acid; conjugate acids of histidine, lysine, and arginine; and serine and cysteine

21.5 One coenzyme required for glycolysis (the oxidation steps) is nicotinamide adenine dinucleotide (NAD^+), and it is derived from the vitamin niacin.

21.7 6

21.9 Four moles of ethanol and four moles of CO_2

21.11

21.13 Hydrogen added to carbonyl carbon

21.15 3 and 4

21.17

Palmitic acid (C_{16})

Stearic acid (C_{18})

Oleic acid (C_{18})

21.19 FAD (riboflavin), NAD^+ (niacin), and coenzyme A (pantothenic acid)

21.21 To oxidize the two carbon atoms of the acetyl group in acetyl-CoA into carbon dioxide

21.23 None of the intermediates involved in the cycle are destroyed or created in the net reaction.

21.25 (a) $C_6H_{12}O_6 + 6O_2 \longrightarrow 6CO_2 + 6H_2O$

(b) $C_{57}H_{104}O_6 + 80O_2 \longrightarrow 57CO_2 + 52H_2O$ RQ = 0.71

(c) Decrease:

$C_2H_6O + 3O_2 \longrightarrow 2CO_2 + 3H_2O$ RQ = 0.67

21.27 Carbons 1 and 6 of glucose become the methyl groups of acetyl-CoA. The even-numbered carbon atoms of palmitic acid become the methyl groups of acetyl-CoA.

ㄱ

ㅇ

ㅍ

ㅎ

유기화학교재연구회

권태우 · 김민경 · 김희갑 · 변희국 · 서영완 · 송양헌 · 송재경 · 안덕근 · 오광중 · 유상권 · 유은정 · 이경림
이난우 · 이상좌 · 이종백 · 이종원 · 윤 일 · 정윤성 · 정은희 · 홍성수 · 홍성엽 · 홍성철 · 한신호

편수자: 박봉진

유기화학입문 제6판

| 저 자 William H. Brown · Thomas Poon
| 역 자 유기화학교재연구회
| 발 행 인 김지영
| 발 행 처 자유아카데미
| 주 소 경기도 파주시 회동길 37-42
파주출판도시
| 전 화 031-955-1321
| 팩 스 031-955-1322
| 전자우편 main@freeaca.com(대표)
editor@freeaca.com(편집)
crm@freeaca.com(영업)
| 홈페이지 www.freeaca.com
| 등 록 제406-2003-017호, 1980. 7. 12
| 제6판1쇄 2017년 2월 25일 발행
| 제6판3쇄 2023년 3월 10일 발행
| 정 가 40,000원

역자와의 협의하에 인지생략

Printed in Korea
ISBN 979-11-5808-119-5 93430

Some Important Organic Functional Groups

	Functional Group*	Example	IUPAC Name
Acid anhydride	$-C(=\ddot{O})-\ddot{O}-C(=\ddot{O})-$	CH_3COCCH_3 (with two C=O)	Ethanoic anhydride (Acetic anhydride)
Acid chloride	$-C(=\ddot{O})-\ddot{Cl}:$	CH_3CCl (with C=O)	Ethanoyl chloride (Acetyl chloride)
Alcohol	$-\ddot{O}H$	CH_3CH_2OH	Ethanol (Ethyl alcohol)
Aldehyde	$-C(=\ddot{O})-H$	CH_3CH (with C=O)	Ethanal (Acetaldehyde)
Alkane	--------	CH_3CH_3	Ethane
Alkene	$>C=C<$	$CH_2{=}CH_2$	Ethene (Ethylene)
Alkyne	$-C\equiv C-$	$HC\equiv CH$	Ethyne (Acetylene)
Amide	$-C(=\ddot{O})-\ddot{N}<$	CH_3CNH_2 (with C=O)	Ethanamide (Acetamide)
Amine, primary	$-\ddot{N}H_2$	$CH_3CH_2NH_2$	Ethylamine
Amine, secondary	$-\ddot{N}H-$	$(CH_3CH_2)_2NH$	Diethylamine
Amine, tertiary	$-\ddot{N}<$	$(CH_3CH_2)_3N$	Triethylamine
Arene			Benzene
Carboxylic acid	$-C(=\ddot{O})-\ddot{O}-H$	CH_3COH (with C=O)	Ethanoic acid (Acetic acid)
Disulfide	$-\ddot{S}-\ddot{S}-$	CH_3SSCH_3	Dimethyl disulfide
Ester	$-C(=\ddot{O})-\ddot{O}-C-$	CH_3COCH_3 (with C=O)	Methyl ethanoate (Methyl acetate)
Haloalkane	$-\ddot{X}:$ $X = F, Cl, Br, I$	CH_3CH_2Cl	Chloroethane (Ethyl chloride)
Ketone	$-C(=\ddot{O})-$	CH_3CCH_3 (with C=O)	Propanone (Acetone)
Phenol	$\ddot{O}H$	OH	Phenol
Sulfide	$-\ddot{S}-$	CH_3SCH_3	Dimethyl sulfide
Thiol	$-\ddot{S}-H$	CH_3CH_2SH	Ethanethiol (Ethyl mercaptan)

* Where bonds to an atom are not specified, the atom is assumed to be bonded to one or more carbon or hydrogen atoms in the rest of the molecule.